ROBERT GARBE

DIE DAMPFLOKOMOTIVEN
DER GEGENWART

TEXTBAND

ROBERT GARBE

DIE DAMPFLOKOMOTIVEN DER GEGENWART

TEXTBAND

mit einer Einführung von
Prof. Dr.-Ing. Karl Rainer Repetzki

AUGUST STEIGER VERLAG

CIP-Kurztitelaufnahme der Deutschen Bibliothek

Garbe, Robert:
Die Dampflokomotiven der Gegenwart Textband
Einführung von Prof. Dr.-Ing. K.R. Repetzki
(Neuauflage) — Moers: Steiger 1980/81
ISBN 3-921564-32-8

© 1980/81 Steiger Verlag, 4130 Moers, Steinstraße 15
© Prof. Dr.-Ing. Karl Rainer Repetzki,
   Einführung zur Faksimile-Ausgabe

Diese Ausgabe erschien mit freundlicher Genehmigung des
Springer Verlags Berlin, Heidelberg, New York.

Gesamtherstellung Hain-Druck KG Meisenheim/Glan
ISBN 3-921564-32-8

**Einführung
zum Faksimiledruck 1980/81 von Robert Garbes
technischem Schriftwerk
von
Prof. Dr.-Ing. Karl Rainer Repetzki**

Die Entwicklung der Dampflokomotive liegt heute als ein abgeschlossenes, eineinhalb Jahrhunderte langes Kapitel der Technikgeschichte vor uns. Diese Maschine hat einen Aufschwung von Zivilisation und Kultur ermöglicht, der vorher undenkbar gewesen war und von dem wir heute alle profitieren. Männer, die ihrer technischen Vervollkommung Impulse gaben, haben damit zur Entstehung unserer heutigen Lebensform positive Beiträge geleistet. Zu den besonders hervorragenden unter ihnen gehört zweifellos der ehemalige preußische Lokomotivbeschaffungs-Dezernent Dr.-Ing. E.h. Robert Garbe. Sein bedeutendster Entwicklungsbeitrag war die Einführung des Heißdampfes im Lokomotivbetrieb, zunächst in Preußen. In kurzer Frist wurde daraus eine weltweit genutzte Neuerung. Sie bewirkte „den größten wärmewirtschaftlichen Fortschrifft, den die Lokomotive auf einmal getan hat" (Nordmann). Unser Land verdankt Robert Garbe darüberhinaus die Schaffung mehrerer Lokomotivgattungen, die mit ihrer hohen Leistung bei einfacher Bauweise jahrzehntelang Dienst taten und manche jüngere Konstruktion überdauerten.

Geh. Baurat Dr.-Ing. E.h. ROBERT GARBE
1847 - 1932

Robert Garbe wurde am 9. Januar 1847 als ältester Sohn des Schlossermeisters Ferdinand Garbe in Oberschlesiens Provinzhauptstadt Oppeln geboren. Es war die Zeit, in der das neue Verkehrsmittel Eisenbahn allgemeine Beachtung erregte. Ab 1848 gab es von Berlin nach Wien einen durchgehenden Schienenstrang, und die Züge nahmen - von dem heranwachsenden Jungen voller Interesse beobachtet - ihren Weg über die neuerbaute Oderbrücke in Oppeln. In diesen Jahren der Kindheit formte sich bei Robert Garbe der unumstößliche Wunsch nach einer Berufstätigkeit bei der Eisenbahn.

Den einfachen Verhältnissen des Elternhauses entsprechend, kommt für ihn, der später durch glänzende Vorträge und ausgezeichnet formulierte Veröffentlichungen berühmt wurde, für die Allgemeinbildung nur die Volksschule in Frage. Danach erlernt er im väterlichen Betrieb Schlosserei und Maschinenbau. Der Wunsch weiterzukommen, führt ihn zur Bauschule nach Breslau. Dort ergibt sich dann auch zum ersten Mal die ersehnte Möglichkeit, in einem Eisenbahnbetrieb tätig zu werden: er arbeitet in den Hauptwerkstätten der Oberschlesischen Eisenbahn und nutzt die Gelegenheit, im Frühjahr 1867 das Examen als Lokomotivführer abzulegen. Doch je tiefer er nun in den praktischen Eisenbahnbetrieb eindringt, umso deutlicher werden ihm die Lücken seiner theoretischen Kenntnisse. Zunächst versucht er dem durch den Besuch der Provinzial-Gewerbeschule in Brieg abzuhelfen. Er besteht die Abgangsprüfung mit Auszeichnung. Für seine herausragenden Leistungen wird ihm sogar die silberne Medaille der Schärff'schen Stiftung verliehen. Im Grunde aber wird ihm lediglich klar, daß es in Preußen eine Institution gibt, an der das technische Wissen noch wesentlich tiefergehend vermittelt wird, nämlich an der Königlich Preußischen Gewerbeakademie zu Berlin, der späteren Technischen Hochschule Berlin-Charlottenburg und heutigen Technischen Universität Berlin. Konsequent beginnt er im Jahre 1869 dort sein Studium und beendet es 1872 mit den besten Noten in allen Fächern.

Für kurze Zeit geht es danach noch einmal zurück zur Oberschlesischen Eisenbahn. Schon 1873 aber wird Garbe erst Werkmeister, dann bald Vorsteher der Zentralwerkstätte der Niederschlesisch-Märkischen Eisenbahn in Frankfurt/Oder. Allmählich spricht sich das Können und Wissen dieses Mannes und sein Geschick im Umgang mit einer zahlreichen Arbeiterschaft im Eisenbahnbereich herum, so auch in der Verwaltung der Kgl. Preußischen Eisenbahn in Berlin. Von dort ergeht im Jahre 1877 der Ruf an ihn, die Leitung der Hauptwerkstätte in Berlin-Rummelsburg zu übernehmen. Garbe nimmt an und verbleibt achtzehn Jahre auf diesem Posten. Hier sind es nicht nur technische Probleme, die ihn beschäftigen; er engagiert sich auch in sehr starkem Maße für die Lösung sozialer Fragen der ihm anvertrauten Mitarbeiter, vor allem der Ausbildung des Facharbeiternachwuchses und der materiellen Absicherung alter Werkstättenarbeiter. Mit solchen Themen befassen sich auch die ersten Veröffentlichungen dieses Mannes, den wir eigentlich nur als Lokomotivkonstrukteur in Erinnerung haben. 1888 erscheint ein Buch von ihm unter dem Titel „Der zeitgemäße Ausbau des gesamten Lehrlingswesens für Industrie und Gewerbe, Vorschläge zur Erziehung und Ausbildung". Für seine berufliche Zukunft bleibt aber doch die technische Seite seiner Werkstättenzeit von größerer Bedeutung, weil er hier eine Urteilsfähigkeit über die praktische Eignung von Konstruktionen und Werkstoffen, aber auch über die menschlichen Eigenheiten im Maschinenbetrieb gewinnt, die ihresgleichen sucht. Hier wurzelt seine Forderung nach einfachster Bauweise und Gestaltung bei bester Zugänglichkeit und Handlichkeit aller technischen Gegenstände, die er zu erheben nicht müde wurde.

Das Jahr 1895 bringt einen Wendepunkt in Garbes beruflicher Laufbahn. Bei gleichzeitiger Ernennung zum Direktionsmitglied der Preußischen Eisenbahn-Direktion Berlin vertraut man ihm das Dezernat für Bauarten und Beschaffung der Lokomotiven für die gesamte preußische Eisenbahnverwaltung an. In dieser Eigenschaft fällt ihm auch der Vorsitz des Lokomotivausschusses zu. Zu dessen Aufgaben gehörte es unter anderem, dem preußischen Ministerium für öffentliche Arbeiten die neu zu beschaffenden Lokomotiven vorzuschlagen, aber auch die 1878 begonnene Vereinheitlichung der Lokomotiven auf der Basis von sog. „Lokomotiven-Normalien" voranzutreiben.

Überwog bisher im Werkstättenwesen die Beschäftigung mit dem Detail, so war jetzt Garbes Fähigkeit gefordert, zukunftsweisende Gesamtkonzeptionen für den geschlossenen Organismus, den eine Dampflokomotive darstellt, zu entwickeln.

In diesem Zusammenhang wurde eine Begegnung bedeutsam, die Garbe zwei Jahre zuvor in seiner Eigenschaft als Mitglied des kaiserlichen Patentamtes gehabt hatte: der Zivilingenieur Wilhelm Schmidt aus Kassel hatte ihm von der erfolgreichen Anwendung hochüberhitzten Dampfes in ostfesten Dampfmaschinen berichtet und dargelegt, daß auch bei Dampflokomotiven bedeutende Leistungssteigerungen erzielbar sein müßten. Reifliche Überlegungen festigten in Garbe die Überzeugung, daß hier der echte Fortschritt in der Lokomotivtechnik zu suchen sei und daß dagegen die damals so häufige unsymmetrische Zweizylinder Naßdampf-Verbundmaschine und gar die vielgliedrige Vierzylinder-Naßdampf-Verbundmaschine im Grunde praxisferne Irrwege der Entwicklung darstellten.

Er erwirkt aus der neuen Position heraus die Genehmigung des Ministeriums zum Bau von vier Lokomotiven mit Überhitzern von Schmidt. Am 12. April 1898 geht die erste von ihnen - eine vom Stettiner Vulkan erbaute, abgewandelte Schnellzuglokomotive S3 mit symmetrischen Zylindern und einem sog. Langkesselüberhitzer - zwischen Stettin und Stargard auf Probefahrt. Noch im gleichen Jahr folgt eine von Henschel in Kassel gebaute Personenzuglokomotive P4 mit gleichen Baumerkmalen. 1899 stellen noch einmal der Stettiner Vulkan und daneben Borsig je eine weitere Schnellzuglokomotive - diesmal mit Rauchkammerüberhitzern - fertig. Alle Maschinen liefern ermutigende Meßfahrtergebnisse. Außerdem werden Wege zu weiteren Verbesserungen deutlich.

Von nun an kämpft Garbe für die symmetrische Zweizylinder-Heißdampflokomotive und gegen den Weiterbau von Naßdampflokomotiven. Mit dieser klaren Zielsetzung schreibt er auch sein erstes technisches Buch unter dem Titel „Die Dampflokomotiven der Gegenwart", das 1907 erscheint.

Natürlich kommt es nun zu Konflikten mit den Vertretern der Naßdampflokomotive, die auf viele bewährte Typen verweisen können und sogar auch durch ministerielle Erlasse in ihrer Baulinie gestützt werden. So geht zwar der Bau von Naßdampflokomotiven weiter, aber es gelingt Garbe, parallel dazu seine Heißdampflokomotive in mehreren Baureihen dem preußischen Lokomotivpark hinzuzufügen. Dabei bleiben zunächst auch Rückschläge nicht aus. Im Jahr 1902 kommen die ersten vier nach Garbes Konzeption gebauten Serienmaschinen heraus: die Schnellzuglokomotive S4, die Personenzuglokomotive P6, die Güterzuglokomotive G8 und die Tenderlokomotive T12. Aber nur die G8 befriedigt sofort vollauf und wird nach und nach mit über 1000 Stück gebaut. Die T12 gelangt erst zwischen 1905 und 1907 in die Serienfertigung, erweist sich dann aber ebenfalls als ein guter Wurf. Die S4 und die P6 zeigen dagegen Schwächen, die allerdings nichts mit dem Heißdampfprinzip zu tun haben. Im zweiten Anlauf konzipiert Garbe darauf die Schnellzuglokomotive S6 und die Personenzuglokomotive P8. Diesmal stellt sich auch hier der Erfolg ein. Die S6 wird mit 584 Exemplaren zu seinem „Paradepferd" im Schnellzugdienst, und die P8 verdient sich mit der Zeit den Ruf, eine der besten Lokomotiven der Welt zu sein. In vielen Versuchsfahrten und Messungen weist Garbe zweifelsfrei nach, daß mit diesen neuen

Maschinen aus gegebenen Mengen Brennstoff und Wasser wesentlich mehr Leistung als früher herausgeholt werden kann.

Im Jahre 1907 - Garbe ist 60 Jahre alt und seit 1901 Geheimer Baurat - wird das Königlich Preußische Eisenbahn-Zentralamt zu Berlin gegründet, um zukünftig alle übergeordneten Belange des Staatsbahnbetriebes, darunter auch die Lokomotivbeschaffung, von einer Stelle aus zu regeln. Garbe wird darin Leiter des Geschäftsbereiches „Konstruktion der Heißdampflokomotiven und Tender". Daneben aber gibt es gleichberechtigt einen Geschäftsbereich für „Konstruktion der Naßdampflokomotiven und Beschaffung der Lokomotiven" unter einem anderen Dezernenten, der zum Verdruß Garbes über den Bau seiner Entwürfe mitbestimmen und den Weiterbau von Naßdampflokomotiven veranlassen kann.

Auch in der Durchsetzung seiner auf äußerste Einfachheit ausgerichteten Konstruktionsprinzipien muß Garbe gegen Ende seiner Berufslaufbahn noch eine Niederlage einstecken, indem ihm für eine Variante der Schnellzuglokomotive S10 seine Zustimmung zur Vierzylinder-Verbundmaschine abgerungen wird. Das Ergebnis war zwar eine schnelle und starke Lokomotive, jedoch ist sie Garbe wohl immer als ein Luxus erschienen, den man sich als sparsamer Betriebsmann nicht zu leisten hatte.

Trotz solcher in jeder Ingenieurlaufbahn wohl unvermeidlicher Reibungen war das Ansehen Garbes ständig gewachsen. Schon 1904 hatte ihm das Kuratorium der Jubiläumsstiftung der Deutschen Industrie den größten Ehrenpreis verliehen und ihm damit die Möglichkeit für eine viermonatige Studienreise in die USA - u.a. zur Weltausstellung in St. Louis - gegeben. Offenbar haben ihn die dortigen Dampflokomotiven stark beeindruckt, denn er verwandte sie seither oft als Vergleichsmaßstab. Die wohl bedeutendste öffentliche Anerkennung wurde ihm zuteil, kurz nachdem er am 01. April 1912 aus dem Staatsdienst ausgeschieden war. Aufgrund seiner Verdienste um die Anwendung und Entwicklung der Heißdampflokomotive verlieh ihm die technische Hochschule Berlin-Charlottenburg die Würde eines Doktor-Ingenieur Ehren halber.

Garbe müßte kein so schaffensfreudiger Mann gewesen, wenn er nicht den "Ruhestand" als Aufforderung zu neuen Leistungen angesehen hätte. Es drängte ihn, seinen Erfahrungsschatz, aber auch seine Beobachtungen von Lokomotivbetrieb und -entwicklung im ersten Weltkrieg in einem Lehrbuch zu veröffentlichen. Als zweckmäßiges Verfahren bot sich eine zweite, entsprechend revidierte und erweiterte Auflage seines Buches von 1907 an. Diese kam 1920 unter unverändertem Titel heraus und liegt nun sechs Jahrzehnte später hier als Faksimiledruck vor.

Nach dem ersten Weltkrieg plante die neugebildete Deutsche Reichsbahn eine Vereinheitlichung des Dampflokomotivparkes durch Schaffung neukonstruierter Baureihen. Als Garbe die ersten Entwürfe zu sehen bekam, stellt er fest, daß zwar manche seiner Erkenntnisse verwirklicht waren, daß aber andererseits einige wichtige Baugruppen, wie die Kessel oder die Rahmen, nicht dem entsprachen, was er als beste Lösung ansah. Er fühlte sich dadurch noch einmal als Fachmann gefordert. Beschwörend faßte er seine Ratschläge in einem weiteren, seinem letzten Schriftwerk "Die zeitmäßige Heißdampflokomotive" zusammen. Das Buch kam 1924 heraus und liegt nun ebenfalls im Rahmen dieser Ausgabe als Faksimiledruck vor.

Garbes Ratschläge wurden damals zwar gelesen, aber kaum befolgt. Aus heutiger Sicht erkennt man jedoch, daß er in vielen Punkten Recht behalten hat. So wurden nach dem zweiten Weltkrieg viele Kessel der Einheitslokomotiven in Garbes Sinn verbessert. Sein Konstruktionsvorschlag für die Rahmen wurde sogar vorher schon beim Bau großer Serien wieder aufgegriffen.

Danach ist Robert Garbes nicht mehr an die Öffentlichkeit getreten. Er starb am 23. Mai 1932.

Man könnte meinen, die Beschäftigung mit der Dampflokomotive sei in unserer Zeit überlebt. Tatsächlich aber erweist sie sich in vieler Hinsicht als Bereicherung. Der heute tätige Ingenieur des Maschinenbaues, des Apparatebaus, der Werkstofftechnik, des Anlagenbaus, der Kerntechnik, der Sicherheitstechnik ist gut beraten, nachzulesen, was große Ingenieure vor ihm hier an kybernetischem Denken, an praxisnaher Konstruktionsarbeit, an Normungsarbeit, an Sicherheitsüberlegungen, an Gütevorschriften und Betriebsanleitungen geleistet und erarbeitet haben.

Der Technikhistoriker findet ein Gebiet vor, das mit seinen vielfältigen Aspekten zu einer wissenschaftlichen Durchdringung geradezu auffordert. Der nostalgische Dampflokomotivfreund schließlich schöpft Freude aus der Erhaltung der Erinnerung an eine beeindruckende Technik. Für diesen Personenkreis stellt Robert Garbes technisches Schriftwerk eine Fundgrube des Wissens dar. Dabei haben die einzelnen Kapitel seiner Bücher natürlich je nach Interessenlage eine unterschiedliche Bedeutung.

Im Werk "Die Dampflokomotive der Gegenwart" findet man am Anfang überwiegend theoretische Abschnitte, die den Entwurf der Maschinen als Ganzes zum Gegenstand haben und damit wohl in erster Linie den Ingenieur unter den Lesern ansprechen. Es folgen zwei Abschnitte über die Baugruppen und Komponenten der Lokomotiven wie Überhitzer, Kessel, Triebwerk, Laufwerk etc. in ihrer vielfältigen Gestaltungsmöglichkeit. Sie enthalten nicht nur für den Konstrukteur unserer Tage interessante Informationen, sondern erläutern auch allgemeinverständlich viele Einzelheiten der Maschine. Nach einer Betrachtung amerikanischer Heißdampflokomotiven schließen sich die Abschnitte an, die wohl heute das weiteste Interesse finden dürften: Vierzehn Heißdampflokomotiven und drei Tender der Preußischen Staatseisenbahn-Verwaltung sowie danach 33 ausgewählte ausländische Maschinen werden im Textband beschrieben und meist abgebildet, der größte Teil davon zusätzlich im Tafelband dargestellt. Danach spricht Garbe das in- und ausländische Versuchswesen mit Meßwagen und Versuchsständen an und führt das Werk mit Abschnitten über die preußischen Bau- und Unterhaltungsvorschriften der Lokomotiven, mit Ausführungen zu den Lokomotiven P8 und G12 sowie einem bemerkenswerten Literaturverzeichnis zu Ende.

Sein Werk "Die zeitgemäße Heißdampflokomotive" leitet Garbe mit einer umfassenden Darlegung der damals aktuellen Entwicklung des Lokomotivbaus ein. Ergänzend zu seinem Lehrbuch stellt er dazu 21 weitere herausragende europäische Lokomotiven mit Zeichnungen und Datentabellen vor, darunter auch seinen Konstruktionsprinzipien ferner liegende Maschinen, wie die bayrische S3/6 oder die sächsische XX HV. Von einer solchen Beurteilungsebene ausgehend, kommen dann mit strenger Logik und einer fesselnden Verbindung von theoretischen und praktischen Argumenten die Hinweise auf die möglichen Verbesserungen und Vereinfachungen. Um seine Vorstellungen zu verdeutlichen, beendet Robert Garbe dieses Buch und damit sein gesamtes Schriftwerk mit einem Entwurf für eine wesentlich verstärkte P8-Lokomotive, also jener Maschine, die so entscheidend zu seinem Weltruf beigetragen hat.

Mit der vorliegenden vollständigen Faksimileausgabe wird Garbes längst vergriffenes technisches Schriftwerk in begrenztem Umfang wieder erhältlich. Mancher interessierte Kenner wird die Bücher als Kostbarkeit der technischen Literatur seiner

Bibliothek einverleiben. Das Werk gehört jedoch auch in die Hochschulen und öffentlichen Büchereien, nicht zuletzt damit eine zahlreiche Leserschaft erkennen möge, welchen hohen Respekt wir dem großen Ingenieur Robert Garbe schulden.

Eine preußische Eisenbahn-Hauptwerkstätte zu Garbes Zeit

Die Dampflokomotiven der Gegenwart

Hand- und Lehrbuch
für den Lokomotivbau und -betrieb, für Eisenbahnfachleute
und Studierende des Maschinenbaues

Unter Durcharbeitung umfangreicher amtlicher Versuchsergebnisse und des Schrifttums des In- und Auslandes sowie mit besonderer Berücksichtigung der Erfahrungen mit Schmidtschen Heißdampf-Lokomotiven der Preußischen Staatseisenbahnverwaltung

Von

Dr.-Ing. e. h. Robert Garbe

Geheimem Baurat, Mitglied a. D. des Eisenbahn-Zentralamts Berlin

Zweite, vollständig neubearbeitete und stark vermehrte Auflage

In einem Text- und Tafelbande

Mit 722 Textabbildungen und 54 lithograph. Tafeln mit den Bauzeichnungen neuer, erprobter Heißdampflokomotiven des In- und Auslandes

Berlin
Verlag von Julius Springer
1920

Dem erfolgreichen Forscher
auf dem Gebiete der Wärmetechnik und Schöpfer
der Heißdampflokomotive

Herrn Baurat Dr.-Ing. ehrenhalber
Wilhelm Schmidt

zur bleibenden Erinnerung
an seine hohen Verdienste um den Lokomotivbau
und -betrieb in treuer Ergebenheit

gewidmet

vom Verfasser

Vorwort.

„Glaube an die Sache, der du dienst."

Unter diesem Kennwort und unter gleicher Bezeichnung wie die des vorliegenden neuen Hand- und Lehrbuches erschien im Jahre 1907 mein Versuch, der allgemeinen Anwendung des Heißdampfes im Lokomotivbau und -betriebe die Wege zu ebnen und den weiteren Neubau von Sattdampflokomotiven unter möglichst einwandfreier Begründung zu bekämpfen.

Das Buch ist seit 6 Jahren vergriffen. Es hat seinen Weg gemacht und nach dem Urteil zahlreicher Fachmänner des In- und Auslandes zur Erkenntnis der hohen Bedeutung der Anwendung des Heißdampfes im Lokomotivbetriebe neben dem Entgegenkommen vieler großer Eisenbahnverwaltungen nicht unerheblich beigetragen.

Bis Mitte 1919 hatten über 700 Eisenbahnverwaltungen Heißdampflokomotiven mit Schmidtschen Überhitzern eingeführt, und die Zahl dieser Lokomotiven war auf 61000 gestiegen. Wird dabei erwogen, daß durch den Weltkrieg die Verbindungen mit dem Auslande sehr mangelhaft waren, so muß angenommen werden, daß die genannten Zahlen weit hinter der Wirklichkeit zurückbleiben, und daß Sattdampflokomotiven in nennenswertem Umfange wohl kaum noch gebaut werden.

Aus diesem Grunde konnten Aufbau und Inhalt des vorliegenden neuen Hand- und Lehrbuches wesentlich auf die im Bau von Heißdampflokomotiven seit 1907 erreichten bedeutenden Fortschritte beschränkt werden, die, gestützt auf die bis dahin feststehenden Errungenschaften im Bau und Betriebe von Heißdampflokomotiven, nunmehr auch wesentlich den zahlreich gewordenen Mitarbeitern auf diesem Gebiete und meinen Nachfolgern zu verdanken sind.

Der erste Teil der ersten Auflage, der die Sattdampflokomotiven behandelt, durfte entfallen.

Der Siegeszug, den die Heißdampflokomotive gegenüber zahlreichen Gegnern, meine Hoffnungen noch übertreffend, inzwischen unter fruchtbarer Beteiligung der Fachwelt gemacht hat, gestattete aber auch zu meiner lebhaften Genugtuung, das einstige Kampf- und Werbebuch für die Einführung des Heißdampfbetriebs vom Jahre 1907 jetzt in ein Lehrbuch und Nachschlagewerk umzuwandeln, das zwar die für ein praktisches Lehrbuch unentbehrliche Beurteilung der Dinge freimütig bringt, aber neben den eigenen Arbeiten doch wesentlich auf der Sammlung, Auswahl und kritischen Durcharbeitung des inzwischen veröffentlichten, umfangreichen Schrifttums, den Versuchsergebnissen der bedeutendsten Eisenbahnverwaltungen und Lokomotivbauanstalten, sowie auf den Forschungsergebnissen und anderen Arbeiten von Fachschriftstellern des In- und Auslandes beruht, soweit diese Arbeiten bleibenden Wert besitzen.

Der Ausbau der Heißdampflokomotiven und mit ihm der größte Fortschritt im Lokomotivbau seit Stephenson ist nunmehr erreicht. Es dürfte daher die vornehmlichste Pflicht sein, an dieser Stelle ihrem Begründer, dem unermüdlichen

Forscher und erfolgreichen Erfinder auf dem Gebiete der Wärmetechnik, Herrn Baurat Dr.-Ing. ehrenhalber Wilhelm Schmidt, wie ich annehme auch im Namen der gesamten Fachwelt, den ihm gebührenden Dank und warme Anerkennung auszusprechen.

Nur wer, wie der Verfasser, den schwierigen, mühevollen Werdegang der Heißdampfmaschine und ganz besonders der Heißdampflokomotive verfolgen und daran mitarbeiten durfte, vermag die Unsumme von Arbeit und Opfern zu ermessen, die ihr Schöpfer bis zu ihrer lebensfähigen Ausgestaltung und viele Jahre hindurch für ihren Ausbau, stets unbeirrt durch zeitweise Mißerfolge, zu bringen bereit war.

Es darf hier daran erinnert werden, daß es mit dem Ergebnis der Schmidtschen Forschung, — nur sehr hoch überhitzter Dampf, der sogenannte Heißdampf, könne zu dem jetzt erreichten, segensreichen Ziele führen, nicht getan war. Fast die ganze Fachwelt hielt die praktische Anwendung eines Dampfes von 350° C für unmöglich. Es bedurfte daher noch kühnsten Wagemutes und großer Erfindungsgabe, um allmählich alle Hindernisse durch neuartige bauliche Einzelheiten und Einrichtungen für einen einfachen und sicheren Lokomotivbetrieb zu überwinden, die besonders der jüngeren Fachwelt gegenwärtig wohl fast selbstverständlich erscheinen mögen, die aber nur durch tiefe Erkenntnis und eine außerordentliche Erfindungsgabe so erstaunlich einfach gestaltet werden konnten.

In der langen Kriegszeit, in der die vorliegende Arbeit nur unregelmäßig gefördert und nicht beendet werden konnte, — schon weil Mitarbeiter, Zeichner und Setzer fehlten, — sind mehrere verdienstvolle Veröffentlichungen erschienen, wie sie ähnlich auch vom Verfasser für einzelne Abschnitte geplant und teilweise schon bis zum Satz vorbereitet waren. Hierdurch wurde es noch möglich, diese früheren Veröffentlichungen als Unterlagen mit zu benutzen, wobei die Vergleiche mit der eigenen Arbeit der Gründlichkeit und Allgemeingiltigkeit des Gebrachten nur förderlich sein konnten.

In dieser Beziehung schuldet der Verfasser vorwiegend Dank dem Geheimen Regierungsrat Herrn Professor Obergethmann an der Technischen Hochschule Berlin-Charlottenburg, sowie dem Geheimen Baurat und Vortragenden Rat im Preußischen Ministerium der öffentlichen Arbeiten Herrn Hammer und dem Regierungs- und Baurat, Mitglied des Eisenbahn-Zentralamtes, Herrn Strahl.

Die teilweise Benutzung der Arbeiten dieser Herren ist an den betreffenden Stellen des Werkes noch besonders kenntlich gemacht worden.

Hervorgehoben sei hier noch, daß das an der Technischen Hochschule Berlin-Charlottenburg von Obergethmann gelehrte Berechnungsverfahren hauptsächlich Anwendung gefunden hat, das unter Benutzung umfangreicher Versuchsergebnisse der Preußischen Eisenbahnverwaltung aufgebaut worden ist, und das die vielseitigen Beanspruchungen bei den stets wechselnden Arbeitslagen einer Lokomotive so klar zum Ausdruck bringt, daß es auch zur Grundlage für spätere Veröffentlichungen anderer Fachschriftsteller geworden ist.

Bei der Einteilung des umfangreichen Stoffes war ich bestrebt, die einzelnen Abschnitte so zu gestalten, daß jeder für sich ein Ganzes bildet und für sich allein gelesen werden kann. Waren hierbei auch Wiederholungen unvermeidlich, so wird bei der Schwierigkeit, das ganze Werk im Zusammenhang zu lesen, durch kurze Wiederholungen wichtiger Punkte und Rückblicke sicherlich das Verständnis erleichtert und das Gedächtnis unterstützt.

Die Einleitung gibt einen kurzen geschichtlichen Überblick über die Anwendung von hochüberhitztem Dampf (Heißdampf) im Lokomotivbetrieb und erwähnt die wesentlichsten Fortschritte im Lokomotivbau in den letzten 20 Jahren.

Der erste Abschnitt behandelt den Heißdampf als Arbeitsträger. Die in der ersten Auflage enthaltenen Betrachtungen konnten hier noch teilweise übernommen werden und sind den inzwischen gesammelten Erfahrungen entsprechend vervollständigt worden.

Im zweiten Abschnitt habe ich versucht, die Grundlagen für die Berechnung der Hauptabmessungen von Heißdampflokomotiven zu geben. Für die Ermittelung der Zugkraft ist hierbei die von Strahl aufgestellte Widerstandsformel[1]) benützt, die auf Grund von Versuchsfahrten des Eisenbahn-Zentralamtes entstanden ist. Ein durchgerechnetes Beispiel soll dem Leser zeigen, in welcher Weise er für die Feststellung der wesentlichen Abmessungen einer Lokomotive vorgehen kann.

Mit den Zwei- und Mehrzylinderlokomotiven mit einfacher und doppelter Dampfdehnung befaßt sich der dritte Abschnitt. Die Vor- und Nachteile der einzelnen Bauarten sind eingehend gewürdigt, und es ist gezeigt und bewiesen, daß es bei Anwendung von einfacher Dampfdehnung und nur zwei Zylindern durchaus angängig und richtig ist, auch die größten Leistungen, die von Personen- und Güterzuglokomotiven in einem wirtschaftlichen Eisenbahnbetriebe verlangt werden können, anstandslos und höchst wirtschaftlich zu erreichen.

Für den Lokomotivbetrieb wird größte Einfachheit der Bauart der Lokomotiven in Zukunft in noch höherem Maße die Hauptbedingung sein als bisher, und es ist daher zu hoffen, daß nach den nunmehrigen Erfahrungen mit den ganz erheblich schwereren und sehr kostspieligen Mehrzylinderlokomotiven sowohl im Betriebe als auch ganz besonders in den Werkstätten und nach den Ausführungen in diesem Werke wohl kein Fachmann darüber im Zweifel bleiben kann, daß die einfache Zwillings-Heißdampflokomotive mit Speisewasservorwärmer und Speisewasserreiniger (Schlammabscheider) für jede Gattung des Personen- und Güterzugdienstes die gegebene Einheitslokomotive werden sollte.

Die Kohlenersparnis, die durch Anwendung von Vierzylinder-Heißdampf-Verbundlokomotiven möglich ist, hat sich als so gering herausgestellt, daß die Ersparnisse durch erhöhte Beschaffungs- und Unterhaltungskosten schon nach kurzer Zeit aufgewogen werden.

Auch die Dreizylinderlokomotiven, die die Schwierigkeiten beseitigen sollten, denen die Vierzylinderlokomotiven im Betriebe unterworfen sind, haben in diesem keineswegs den erhofften allgemeinen Beifall gefunden und auch die Hoffnungen ihrer Anhänger nach vielen Richtungen hin nicht erfüllt.

Den störenden Bewegungen ist in diesem Abschnitt ein verhältnismäßig großer Platz eingeräumt. Auch die Einschaltung einer Gegengewichtsberechnung hielt ich für erforderlich, nachdem sich gezeigt hat, daß im Lokomotivbetrieb Gegengewichte für die hin und her gehenden Massen auf die Dauer nicht entbehrt werden können.

Bei der Anteilnahme, die sich für die Gleichstromlokomotive eine Zeitlang bekundete, glaubte ich auch diese Bauart nicht übergehen zu dürfen. Die inzwischen gesammelten Betriebserfahrungen des Eisenbahn-Zentralamtes konnten bei der Bearbeitung benutzt werden.

Im vierten Abschnitt wird eine größere Anzahl von Lokomotivüberhitzern besprochen. Auch die neueste Bauart des Schmidtschen Rauchrohrüberhitzers, der sogenannte Mittelrohrüberhitzer, konnte hier noch Aufnahme finden.

Es sei mir gestattet, Herrn Baurat Dr.-Ing. ehrenh. Wilhelm Schmidt, der Schmidtschen Heißdampf-Gesellschaft in Cassel-Wilhelmshöhe sowie ihrem technischen Direktor, meinem treuen Mitarbeiter an der ersten Auflage, dem Herrn Ingenieur S. Hoffmann, und dem Oberingenieur Herrn Thomsen für die liebenswürdige Unterstützung meiner Arbeit durch Überlassung von Zeichnungen und Aufstellung von Entwürfen auch an dieser Stelle meinen verbindlichsten Dank auszusprechen. Hoffmann verdanke ich u. a. die für die Lokomotivbau- und Betriebs-

---

[1]) Z. d. V. d. I. 1913, S. 326/332, 379/386, 421/424.

verhältnisse in Amerika gesammelten Unterlagen für die Ausführungen in den Abschnitten 6, 8 und 10 des Werkes.

Die wesentlichen Einzelheiten der Heißdampflokomotive sind im fünften Abschnitt zur Darstellung gelangt.

Hier schien es u. a. dringend nötig, auf die Vorteile der langen, schmalen Feuerbüchse, wie sie sich in jahrzehntelangem Betrieb bei der preußisch-hessischen Staatseisenbahn bestens bewährt hat, hinzuweisen und diesen die erheblichen Nachteile der breiten, kurzen Feuerbüchse mit ihrem vielfach übertrieben groß und in Form und Bauart unsachgemäß ausgeführten Rost gegenüberzustellen.

Auch die Rauchverbrennung, unter besonderer Berücksichtigung der Marcotty-Einrichtung, deren praktische Ausgestaltung für den Lokomotivbetrieb Herrn Baurat de Grahl zu danken ist, habe ich wegen ihrer allgemeinen Bedeutung umfassender behandelt, als dies in anderen Lehrbüchern des Lokomotivbaues üblich ist. Eingehend sind dabei die Verhältnisse beim Hochheizen der Lokomotive geschildert.

Das Bestreben, den bewährten Stephenson-Kessel durch andere, möglichst stehbolzenlose Kesselbauarten zu ersetzen, ließ es angezeigt erscheinen, diese neueren Bauarten gründlich zu beurteilen.

Nachdem sich die Ölheizung bei vielen Eisenbahnverwaltungen, besonders des Auslandes, gut bewährt hat, wird auch die gebrachte Übersicht der auf diesem Gebiete erzielten Erfolge von allgemeinerem Wert sein.

Eingehend ist besonders der große Fortschritt im Lokomotivbau, der durch sachgemäße Anwendung der Speisewasservorwärmung, der Kesselstein- bzw. Schlammabscheider und des durch den Ingenieur Herrn F. Wagner erfundenen Ventilreglers erreicht worden ist, gewürdigt.

Die Beschreibung der Einzelteile des Triebwerks sowie des Laufwerks ist durch gute Abbildungen unterstützt.

Bei der Behandlung der Lokomotivsteuerungen habe ich, angeregt durch ein vom Geheimen Hofrat Herrn Professor Grassmann in Karlsruhe erschienenes Werk, eine kurze Anleitung für eine planmäßige Ermittlung der Hauptabmessungen der inneren und äußeren Steuerung gegeben und durch Beispiele erläutert.

Der sechste Abschnitt läßt die Fortschritte im Lokomotivbau in Amerika erkennen, wo nach Einführung des Schmidtschen Überhitzers, abgesehen von den großen Malletlokomotiven, fast ausschließlich einfache Zwillingslokomotiven auch für die größten Leistungen gebaut werden.

Eine große Anzahl Heißdampflokomotiven der verschiedensten Bauarten sowohl der preußischen Staatseisenbahn wie auch anderer Eisenbahnverwaltungen ist im siebenten und achten Abschnitt beschrieben und auf Steindrucktafeln des beigegebenen Atlasses sowie durch Textabbildungen zur Darstellung gebracht.

Für die Überlassung der so wichtigen und umfangreichen Unterlagen sei mir gestattet als Erbauer der betreffenden Heißdampflokomotiven an dieser Stelle in Dankbarkeit zu nennen:

die Berliner Maschinenbau-Aktien-Gesellschaft vormals L. Schwartzkopff, Berlin und deren technischen Direktor Herrn Brückmann,
die Firma A. Borsig, Berlin-Tegel und deren Generaldirektor Herrn Baurat Neuhaus,
die Hannoversche Maschinenbau-Aktien-Gesellschaft vormals Georg Egestorff, Hannover-Linden, und deren technischen Direktor Herrn Baurat Metzeltin,
die Lokomotivfabrik Henschel & Sohn, Cassel, und deren technische Direktoren Herrn Baurat Witthöft und Herrn von Gontard,
die Linke-Hofmann-Werke, Breslau,
die Firma J. A. Maffei, München,

die Maschinenbau-Aktien-Gesellschaft für Lokomotivbau Hohenzollern, Düsseldorf-Grafenberg,
die Maschinenbauanstalt Humboldt, Cöln-Kalk,
die Aktiengesellschaft für Lokomotivbau Orenstein & Koppel-Arthur Koppel, Berlin,
die Firma F. Schichau, Elbing,
die Stettiner Maschinenbau-Aktien-Gesellschaft Vulcan, Stettin-Bredow, und deren Generaldirektor Geheimen Baurat Dr.-Ing. ehrenhalber Herrn Flohr,
die Union-Gießerei, Königsberg i. Pr.

Auch der Bayrischen Staatseisenbahnverwaltung sei hier bestens gedankt, durch deren Entgegenkommen es möglich wurde, Zeichnung und Beschreibung einer bei der Lokomotivfabrik Krauß & Komp., Aktien-Gesellschaft München, gebauten Heißdampf-Zahnradlokomotive zu bringen.

Für die im neunten Abschnitt veröffentlichen Versuchsergebnisse sind die Unterlagen in dankenswerter Weise von der Preußischen Staatseisenbahnverwaltung und deren Eisenbahn-Zentralamt zur Verfügung gestellt worden.

Bei der Auswahl der Versuchsergebnisse sind alle wichtigeren Lokomotiven der preußischen Staatsbahn berücksichtigt.

Besonders eingehend sind die Schnellzugslokomotiven behandelt, weil nun die Möglichkeit vorlag, durch Vergleich endlich erreichter, richtiger Verbrauchszahlen von Verbund- und Zwillingsanordnungen die geringen Ersparnisse der erstgenannten Bauart gegenüber der einfachen Zwillingsheißdampflokomotive an Betriebsstoff auch zahlenmäßig festzulegen.

Im zehnten Abschnitt sind einige Versuchsfahrten mit amerikanischen Heißdampflokomotiven beschrieben, deren Leistungsfähigkeit rechnerisch ermittelt und in Vergleich zu der Leistungsfähigkeit der preußischen Lokomotiven gestellt wurden.

Auf dem verbesserten Prüfstand der Pennsylvania-Eisenbahn in Altoona vorgenommene umfänglich durchgeführte Versuche mit einer 2B1-Heißdampf-Schnellzuglokomotive sind ausführlich beschrieben worden in der Annahme, daß die hier, wie ich glaube, erstmalig so eingehend veröffentlichten, sehr bemerkenswerten Ergebnisse auch den deutschen Fachmännern willkommen sein werden.

Nachdem sich Prüfstände für Lokomotiven sowohl in England wie auch in Amerika erhebliche Bedeutung verschafft haben und dort nicht nur für die wissenschaftliche Bewertung der Lokomotiven geschätzt werden, glaubte ich auch hierauf kurz eingehen zu müssen, da in Deutschland die Erbauung eines Lokomotivprüfstandes bisher immer noch nicht über den ersten Entwurf hinausgekommen ist.

Eine Einschaltung über den Meßwagen des preußischen Eisenbahn-Zentralamtes war aus diesem Grunde geboten.

Herrn Geheimen Baurat Hammer, sowie dem Verlag von F. C. Glasers Annalen für Gewerbe und Bauwesen sei für die Erlaubnis zur Benützung der umfangreichen Arbeiten hiermit verbindlichst gedankt.

Eingehend ist im elften Abschnitt die Bestimmung der Achsbelastungen an Lokomotiven behandelt. Alle grundlegenden Bauarten sind bei der Aufstellung der Formeln für die Achsbelastungen berücksichtigt. Besonders den Studierenden wird die hier veröffentlichte vollständige Gewichtsberechnung aller Bauteile einer 2C-Heißdampf-Personenzuglokomotive als Wegweiser bei ähnlichen Aufgaben und zu Gewichtsschätzungen dienen.

Die Abhandlung über die Einstellung der Lokomotiven in Krümmungen wird den Studierenden ein sehr willkommener Ratgeber sein, und dem erfahrenen Entwerfer wird sie bei auftretenden Zweifeln nützen. Aus diesem Grunde ist auch eine Betrachtung über die Fehlergrenze bei Anwendung des Royschen Verfahrens eingeschaltet.

Der zwölfte Abschnitt enthält vier Vorschriften über den Bau und Betrieb der Heißdampflokomotiven der preußischen Staatseisenbahnen, nämlich:

die besonderen Bedingungen für die Lieferung von Lokomotiven und Tendern,

die Vorschriften für die Beschaffenheit und Güteprüfung der beim Bau von Lokomotiven und Tendern zu verwendenden Baustoffe,

eine Anleitung für die Lokomotiven im Betriebe und

eine entsprechende Anleitung für die Behandlung der Lokomotiven und Tender in den Werkstätten.

Die eingehendste Kenntnis dieser hochwichtigen Vorschriften, die eine große Fülle schätzenswerter Erfahrungen bergen, ist für jeden Lokomotivbauer unerläßlich. Sie sollten den beteiligten Fachmännern stets zur Hand sein, und sie werden daher auch zur Vervollständigung des vorliegenden Werkes erheblich beitragen.

Das Schrifttum und die Hauptabmessungen der Mehrzahl aller bisher gebauten Heißdampflokomotivbauarten sind im dreizehntem Abschnitt zusammengetragen. Mit Hilfe dieses umfassenden Verzeichnisses wird es leicht sein, über die Mehrzahl der bisher ausgeführten Heißdampflokomotiven schnell und sicher Auskunft zu erhalten.

Der vierzehnte Abschnitt enthält Nachtragsbetrachtungen und eine Zusammenfassung der wichtigsten Folgerungen aus den in diesem Werke angeführten Tatsachen, Ansichten und Schlüssen in kurzen Sätzen.

Ein Namen-, Sach- und Inhaltsverzeichnis wird den Gebrauch des Buches erleichtern.

In vorstehendem konnte der Inhalt des neuen Werkes nur angedeutet werden, denn es würde das Vorwort zu sehr belasten, wenn auch nur ein erheblicher Teil der vielen wertvollen Einzelheiten, die seit Erscheinen der ersten Auflage zum Fortschritt im Bau der Heißdampflokomotiven beigetragen haben, erwähnt werden sollte.

Es mag nur noch kurz gesagt sein, daß ich bestrebt war, jede mir bekannt gewordene Arbeit, die dem Lokomotivbau galt, zu prüfen und, wenn angängig, zu bearbeiten und aufzunehmen.

Einige Irrtümer, die sich in der ersten Auflage befanden, sind beseitigt worden. Freudig begrüßte ich jeden wahren Fortschritt, so unter anderem die Verbesserung der Steuerung durch Einführung des Kolbenschiebers mit schmalen federnden Ringen, die Speisewasservorwärmung, den Schlammabscheider, den Ventilregler und anderer Einrichtungen.

Auch den Gründen, die zur Einführung der Vier- und Dreizylinderlokomotiven geführt haben, bin ich nachgegangen und habe, trotzdem diese mich nicht überzeugt hatten, bei der hohen Achtung, die ich vor dem Urteil der betreffenden Fachmänner habe, lieber an einen möglichen Irrtum meinerseits glauben wollen und die Erfolge abgewartet. Diese sind nun nach meiner immer wieder streng überprüften Ansicht im wesentlichen völlige Mißerfolge und die kleinen Erfolge, die ja vorauszusehen waren, wiegen die Unkosten und Schwierigkeiten nicht entfernt auf, die mit dem Bau und Betrieb von Mehrzylinderlokomotiven — ganz besonders in einem umfangreichen Betriebe — unbedingt vorhanden sein müssen.

Nur widerstrebend, aber aus ernstester Überzeugung, meiner Gewissenspflicht folgend, mußte ich einen Weiterbau von Mehrzylinderlokomotiven leider wieder bekämpfen. Ich tue dies, unterstützt von einem bereits ziemlich verbreiteten Unwillen gegen die Mehrzylinderlokomotiven im Betriebe und in den Werkstätten und unter Anführung von sachlichen Gründen, die nur zu widerlegen sind, wenn der von mir vorgeschlagene Bau der 2 C- und E-Lokomotiven im Betriebe nicht imstande sein sollte, dem umfangreichen Personen- und Güterzugdienst, wie ihn ein wirtschaftlicher Eisenbahnbetrieb und -verkehr erfordert, voll zu genügen.

Es bleibt noch die Pflicht, allen Schriftstellern zu danken, deren Arbeiten, die ich in dem sehr umfänglich gewordenen Schrifttum an vielen Stellen fand und teilweise benützen konnte, die Abrundung des vorliegenden Werkes mittelbar förderten. Ist es auch nicht möglich, an dieser Stelle alle diese Förderer namhaft zu machen, so habe ich doch durch Anführung im Text und durch Fußnoten versucht, meiner Dankespflicht zu genügen.

Wertvoll waren für meine Arbeiten auch die Niederschriften des Preußischen Ausschusses für Lokomotiven, in dem namhafte technische Vertreter der Eisenbahnverwaltungen von Baden, Oldenburg, Sachsen und Württemberg mitwirken. Einzelnen Mitgliedern konnte ich im vorstehenden schon meinen Dank aussprechen, dem Ausschuß in seiner Gesamtheit sei er hier noch dargebracht.

Auch einzelne Mitglieder des Norddeutschen Lokomotivverbands sind bereits erwähnt, aber es ist mir Bedürfnis, doch noch besonders anzuerkennen, daß der ganze Verband und ihr Vorsitzender, der Geheimrat Dr.-Ing. ehrenhalber Herr Ernst von Borsig, erheblich zum Gelingen des vorliegenden Werkes beigetragen haben.

An Stelle meines schon genannten Mitarbeiters für die erste Auflage trat für die vorliegende Arbeit Herr Regierungsbaumeister Dr.-Ing. Klug, der schon an der ersten Auflage mitwirkte. Als langjähriger Mitarbeiter des Herrn Geheimrat Obergethmann war er auch mit der Gliederung der Forschungsergebnisse Obergethmanns betraut und daher besonders geeignet, die Bearbeitung der einschlägigen Abschnitte für das vorliegende Werk zu übernehmen. Aber auch bei der Herstellung anderer Abschnitte durfte ich mich seiner treuen Mitarbeit erfreuen. Bei dem außerordentlich großen Zahlenwerk, das vorliegende Arbeit enthält, und bei der Bewältigung des umfangreichen Schrifttums sowie der Menge anderer Unterlagen und vieler Übersetzungen wurde die Mitarbeit weiterer technischer Kräfte dringend notwendig, und ich fand durch die Empfehlung des Dr. Klug in den Herren Dipl.-Ingenieuren Morgenroth und Schilling zwei begeisterte Jünger des Lokomotivbaues, die mich vor Beginn des Weltkrieges, und nachdem sie aus dem Felde zurückgekehrt waren, in jeder Beziehung bei der Herstellung der Handschrift und bei den Korrekturen eifrig unterstützten. Herrn Dr. Klug und diesen beiden Herren hier meinen besonderen Dank auszusprechen, ist mir eine liebe Pflicht.

Gleichermaßen gebührt dem Verlag aufrichtiger Dank und warme Anerkennung. Was es unter den gegenwärtigen Zeitverhältnissen heißt, dieses Werk mit seinen vielen Abbildungen, Zahlentafeln und Steindruck-Zeichenblättern so würdig auszustatten, wie der Verlag Julius Springer dies im Vertrauen auf die Bedeutung des Buches für den Lokomotivbau getan hat, wird jeder Fachmann ermessen, der den Inhalt genauer prüft.

Gern habe ich Kraft und Zeit in meinem Ruhestande — fast 7 Jahre hindurch — diesem Werke gewidmet in der Hoffnung, die durch die erste Auflage begonnene Arbeit in diesem Lehrbuch zu größerer Vollendung geführt zu haben, zum Nutzen des Lokomotivbaues und somit zum Fortschritt im Eisenbahnbetriebe und zum Segen unseres schwer geprüften Vaterlandes.

In diesem Sinne übergebe ich das Buch der Fachwelt.

Möchten meine Hoffnungen sich erfüllen!

Berlin SW 47, Yorckstraße 87,
   3. Dezember 1919.

Dr.-Ing. Garbe.

Inhaltsverzeichnis.

	Seite
Vorwort	V
Einleitung	1
1. Geschichtliches über die Anwendung von hochüberhitztem Dampf (Heißdampf) im Lokomotivbetriebe	1
2. Die wesentlichsten Fortschritte im Lokomotivbau in den letzten 20 Jahren	5

Erster Abschnitt.
Der Heißdampf als Arbeitsträger.

	Seite
1. Die wichtigsten Eigenschaften des Heißdampfes	15
a) Allgemeine Zustandsgleichung	15
b) Spezifisches Volumen	16
c) Wärmeleitfähigkeit	17
d) Spezifische Wärme	18
e) Wärmeinhalt des Heißdampfes	19
f) Dampfdehnung	19
g) Taupunkt	22
2. Heißdampf und der Kessel	22
a) Erzeugung von hochüberhitztem Dampf	22
b) Regeln für den Bau von Überhitzern	23
c) Lage der Überhitzerheizfläche zur Kesselheizfläche und Führung der Gase und des Dampfes	24
α) Führung der Gase	24
β) Führung des Dampfes	25
d) Wärmedurchgang durch die Überhitzerheizflächen	26
e) Wärmeausnutzung und Kesselwirkungsgrad der Heißdampflokomotiven	28
f) Verdampfungszahlen bei Sattdampf mit steigendem Wassergehalt und bei Heißdampf verschiedener Wärmegrade	29
3. Heißdampf und die Maschine	30
a) Zylinderabmessungen	30
b) Verhalten des Heißdampfes in den Zylindern	31
c) Mittlere Zylinderwandtemperatur und Füllungsverluste	35
d) Mittlere Zylinderwandtemperatur und Betriebssicherheit	35
e) Dampfaustrittsverluste	36
f) Spannung, Füllung und Dampftemperatur	36
4. Kohlen- und Wasserersparnis	38
a) Ermittelung des Dampfverbrauchs bei verschiedenen Eintrittsspannungen und Wärmegraden durch Rechnung	40
b) Unterschied in den Ersparnissen an Kohle und Wasser	43
c) Steigerung der Schleppleistung der Heißdampflokomotiven	43

Zweiter Abschnitt.
Berechnung der Hauptabmessungen der Heißdampflokomotiven.

	Seite
1. Berechnung der Zugkraft	48
a) Widerstandsformeln von Frank und Strahl	48
b) Steigungs- und Krümmungswiderstände	50
c) Bestimmung der Zugkraft	51

Inhaltsverzeichnis.

XIII

Seite

2. Berechnung der Zylinderabmessungen 52
   a) Bestimmung der Zylinderdurchmesser für einfache und doppelte Dehnung und Zwei- und Mehrzylinderanordnungen 53
   b) Werte für den mittleren Druck p_{mi} 55
   c) Zugkraftkennwerte (Charakteristik) C_1 und C_2 55
3. Beispiel für Berechnung und Entwurf einer Heißdampflokomotive 58
   a) Leistungsvorschrift 58
   b) Bestimmung von Z_i, Triebraddurchmesser, Zylinderabmessungen, Höchstleistung ... 58
   c) Kohlen- und Wasserverbrauch für eine PS$_i$-st, Rost- und Heizflächen, Rostanstrengungen (Brenngeschwindigkeit), Verhältnis $H : R$ 61
   d) Wandstärken des Kessels und der Feuerbüchse, Stehbolzen 62
   e) Berechnung des Blasrohres und des Schornsteins 63
   f) Berechnung der Stangenabmessungen 66
   g) Bestimmung der Abmessungen für Kurbel- und Kreuzkopfzapfen sowie der Achsschenkel und der Gegengewichte in Trieb- und Kuppelrädern 69
   h) Änderung der höchsten Dauerleistung bei verschiedenen Geschwindigkeiten. Berechnung der Geschwindigkeiten auf verschiedenen Steigungen. Einfluß des Vorwärmers auf die Höchstleistung ... 74

Dritter Abschnitt.
Zwei- und Mehrzylinderlokomotiven mit einfacher und doppelter Dehnung.

1. Vor- und Nachteile der Mehrzylinderlokomotiven 78
   a) Gewichtsvermehrung, Notwendigkeit zweier Triebwerke, vielgliedrige Steuerung, Kropfachsen, Schmierung, Begrenzung des Umfanges der wirtschaftlichen Dampfarbeit bei Anwendung der Verbundwirkung, Vierzylinder- und Dreizylinderlokomotiven 78
   b) Einige Grundsätze für den Bau von Lokomotiven 83
2. Die störenden Bewegungen der Lokomotiven 84
   a) Die verschiedenen Bewegungen 84
   b) Wirkung und Ausgleich der hin und her gehenden Massen 85
   c) Wirkung der Dampfkräfte 91
   d) Bestimmung des Zuckens und Drehens bei Zwei-, Drei- und Vierzylinderlokomotiven ... 93
   e) Berechnung der Gegengewichte. Ausgleich der Massenwirkungen durch sich drehende oder hin und her gehende Gewichte. Schlickscher Massenausgleich 101
      α) Ausgleich durch Anbringung sich drehender Massen 101
      β) Ausgleich durch hin und her gehende Massen (Bobgewichte) 105
      γ) Ausgleich durch besondere Kurbelversetzung (Schlickscher Ausgleich) 105
3. Der Leerlauf 106
4. Verbundlokomotiven mit mäßiger Überhitzung 111
5. Die Gleichstromlokomotive 115
   a) Vor- und Nachteile der Gleichstromlokomotiven 118
   b) Heißdampf- und Sattdampf-Gleichstromlokomotiven 122

Vierter Abschnitt.
Überhitzerbauarten.

1. Überhitzer, bei denen nur ein Teil der Heizgase zur Überhitzung verwendet wird (Rauchrohr- und Rauchkammerüberhitzer) 127
   a) Der Langkesselüberhitzer von Schmidt 127
   b) Der Rauchkammerüberhitzer von Schmidt 129
   c) Der Rauchrohrüberhitzer von Schmidt 135
   d) Der Schenectady-Überhitzer 144
   e) Der Vaughan-Horsey-Überhitzer 147
   f) Der Emerson-Yoerg-Überhitzer 149
   g) Der Überhitzer von Notkin 150
   h) Überhitzer von Churchward, Burrows und Champeney 150
   i) Der Überhitzer von Cockerill 151
2. Überhitzer, bei denen ein kleines Temperaturgefälle aller Heizgase zur Überhitzung angewendet wird 153
   a) Der Überhitzer von Pielock 153
   b) Der Buck-Jacobs-Überhitzer 156
   c) Der Clench-Gölsdorf-Überhitzer 156
   d) Der Kleinrauchrohrüberhitzer von Schmidt 157
   e) Der Mittelrauchrohrüberhitzer von Schmidt 164

Inhaltsverzeichnis.

	Seite
3. Abgasüberhitzer	165
a) Der Überhitzer von Klose	165
b) Der Überhitzer von v. Löw	166
c) Der Überhitzer von Egestorff	167
d) Der Überhitzer von Ranafier	168
4. Überhitzer mit besonderer Feuerung	168
Der Überhitzer von Hagans	168

Fünfter Abschnitt.
Bemerkenswerte bauliche Einzelheiten neuerer Lokomotiven.

1. Kessel . . . 171
   a) Feuerbüchsen, Baustoff, Gütevorschrift u. a. . . . 171
   b) Die Form der Feuerbüchse . . . 175
   c) Feuerschirm und Verbrennungskammer . . . 178
   d) Rauchverbrennungseinrichtungen . . . 180
   e) Wellrohrkessel und Wasserrohrkessel . . . 192
   f) Die Ölheizung der Lokomotiven . . . 206
   g) Selbsttätige Rostbeschicker . . . 220
   h) Speisewasservorwärmer . . . 227
   i) Kesselsteinabscheider (Schlammabscheider) . . . 250
   k) Ventilregler . . . 265
   l) Bemerkenswerte Einzelheiten an Kesseln der preußischen Heißdampflokomotiven . . . 268
2. Triebwerk der Heißdampflokomotiven . . . 275
   a) Zylinder, Kolben-, Kolbenstangenführungen, Stopfbuchsen, Druckausgleicher, Luftsaugeventile . . . 277
   b) Schieberbauarten . . . 288
   c) Neuere Lokomotivsteuerungen . . . 299
   d) Planmäßige Ermittlung der wesentlichen Abmessungen der Lokomotivsteuerung Bauart Walschaert . . . 307
   e) Trieb-, Kuppel- und Kreuzkopfzapfen, sowie Stangen und Kreuzköpfe . . . 319
   f) Schmiergefäße . . . 331
3. Laufwerk . . . 332
   a) Rahmen . . . 332
   b) Führerhaus . . . 340
   c) Drehgestelle . . . 341
   d) Achslager und Achsen . . . 345
   e) Tenderkupplungen . . . 353
4. Besondere Ausrüstungsteile der Lokomotive . . . 356
   a) Geschwindigkeitsmesser . . . 356
   b) Pyrometer . . . 358
   c) Sandstreuer . . . 359
   d) Schmiervorrichtungen . . . 361

Sechster Abschnitt.
Amerikanische Heißdampflokomotiven.

Fortschritte im Lokomotivbau in den letzten 15 Jahren . . . 372

Siebenter Abschnitt.
Die Heißdampflokomotiven der Preußischen Staatseisenbahn-Verwaltung.

1. Heißdampf-Schnellzugslokomotiven . . . 388
   a) 2 B-Heißdampf-Zwilling-Schnellzuglokomotive, Gattung S_9 . . . 388
   b) 2 C-Heißdampf-Vierling-Schnellzuglokomotive, Gattung S_{10} . . . 391
   c) 2 C-Heißdampf-Vierzylinder-Verbund-Schnellzuglokomotive, Gattung S_{10}^1, Bauart 1914 . . . 393
   d) 2 C-Heißdampf-Drillings-Schnellzuglokomotive, Gattung S_{10}^2 . . . 400
   e) Vorschlag für den Bau einer 2 C-Heißdampf-Zwillings-Schnellzuglokomotive . . . 405
2. Heißdampf-Personenzuglokomotiven . . . 407
   2 C-Heißdampf-Zwillings-Personenzuglokomotive, Gattung P_8 . . . 407

Inhaltsverzeichnis.

3. Heißdampf-Güterzuglokomotiven 414
   a) D-Heißdampf-Zwillings-Güterzuglokomotive, verstärkte Bauart, Gattung G_8 414
   b) E-Heißdampf-Zwillings-Güterzuglokomotive, Gattung G_{10}, mit Tender von 16,5 cbm Wasserinhalt 417
   c) 1 E-Dreizylinder-Heißdampf-Güterzuglokomotive, Gattung G_{12} 421
4. Heißdampf-Tenderlokomotiven 426
   a) 1 C-Heißdampf-Zwillings-Personenzug-Tenderlokomotive, Gattung T_{12} 426
   b) 1 D 1-Heißdampf-Zwillings-Güterzug-Tenderlokomotive, Gattung T_{14} 432
   c) E-Heißdampf-Zwillings-Güterzug-Tenderlokomotive, Gattung T_{16} (verstärkte Bauart) . . . 436
   d) 2 C 2-Heißdampf-Zwillings-Personenzug-Tenderlokomotive, Gattung T_{18} 441
   e) D-Heißdampf-Zwillings-Schmalspur-Tenderlokomotive, Gattung T_{38} 444
   f) E-Heißdampf-Zwillings-Schmalspur-Tenderlokomotive, Gattung T_{39} 448
5. Die Tender der Preußischen Staatseisenbahn-Verwaltung 452
   a) Der dreiachsige Tender mit Wasserbehälter von 16,5 cbm Rauminhalt 452
   b) Der vierachsige Tender mit Wasserbehälter von 21,5 cbm Rauminhalt 455
   c) Der vierachsige Tender mit Wasserbehälter von 31,5 cbm Rauminhalt 456

Achter Abschnitt.
Bemerkenswerte neuere Heißdampflokomotiven verschiedener Eisenbahnverwaltungen.

1. 2 B-Heißdampf-Zwilling-Personenzuglokomotive der Paulista-Eisenbahn-Gesellschaft, gebaut von A. Borsig, Berlin-Tegel 458
2. 2 B-Heißdampf Zwilling-Schnellzuglokomotive der Holländischen Eisenbahngesellschaft, gebaut von der Berliner Maschinenbau-Aktiengesellschaft vormals L. Schwartzkopff, Berlin 462
3. 2 C-Heißdampf-Zwilling-Schnellzuglokomotive der Nord-Brabant-Deutschen Eisenbahngesellschaft, gebaut von der Hohenzollern-Aktiengesellschaft für Lokomotivbau in Düsseldorf . . . 465
4. 2 C-Heißdampf-Zwilling-Schnellzuglokomotive der Dänischen Staatsbahnen, gebaut von A. Borsig, Berlin-Tegel 467
5. 2 C 1-Heißdampf-Vierling-Schnellzuglokomotive der Belgischen Saatsbahn, gebaut von der Société Anonyme de Saint Léonard, Lüttich 469
6. 2 C 1-Heißdampf-Vierling-Schnellzuglokomotive der Italienischen Staatsbahn, gebaut von E. Breda, Mailand 471
7. 2 C 1-Heißdampf-Vierzylinder-Verbund-Schnellzuglokomotive der Paris-Lyon-Mittelmeer-Bahn, gebaut von Henschel & Sohn, Cassel 473
8. 2 C 1-Heißdampf-Vierzylinder-Verbund-Schnellzuglokomotive der Badischen Staatsbahnen, gebaut von J. A. Maffei in München 475
9. 1 D-Heißdampf-Zwilling-Güterzuglokomotive mit 4 achsigem Tender der Portugiesischen Staatsbahnen, gebaut von der Berliner Maschinenbau-Aktiengesellschaft vormals L. Schwartzkopff, Berlin 478
10. 1 D-Heißdampf-Zwilling-Personenzuglokomotive für die Smyrna-Cassaba-Bahn, gebaut von der Maschinenbau-Anstalt Humboldt in Cöln-Kalk 481
11. 2 D-Heißdampf-Vierzylinder-Verbund-Schnellzuglokomotive für die Madrid-Zaragossa-Alicante-Eisenbahn, gebaut von der Hannoverschen Maschinenbau Aktiengesellschaft vormals Georg Egestorff und 2 D-Heißdampf-Zwilling-Güterzuglokomotive, gebaut von Henschel & Sohn in Cassel 483
12. E-Heißdampf-Zwilling-Güterzuglokomotive der Schwedischen Staatsbahnen, gebaut von Motola-Verkstads Nya A. B. und Nydqvist und Holm in Trollhättan 486
13. 1 E-Heißdampf-Zwilling-Tenderlokomotive für die Gewerkschaft Altenberg, gebaut von A. Borsig, Berlin-Tegel 488
14. 1 E-Heißdampf-Vierzylinder-Verbund-Güterzuglokomotive der Paris-Orléans-Bahn, gebaut von der Elsässischen Maschinenbauaktiengesellschaft in Belfort 492
15. 1 F-Heißdampf-Vierzylinder-Verbund-Personenzuglokomotive der Österreichischen Staatsbahnen, gebaut von der Wiener Lokomotivfabrik Akt.-Gesellschaft Wien-Floridsdorf 493
16. B-Heißdampf-Zwilling-Straßenbahnlokomotive, ausgerüstet mit einem Kleinrauchrohrüberhitzer von Schmidt, für die Westlandsche Stoomtram-Gesellschaft in Holland, gebaut von der Akt.-Gesellschaft für Lokomotivbau Hohenzollern in Düsseldorf-Grafenberg 496
17. C-Heißdampf-Zwilling-Straßenbahnlokomotive mit Kleinrauchrohrüberhitzer für die Straßenbahn-Gesellschaft Breskens-Maldeghem, gebaut von der Hannoverschen Maschinenbau Akt.-Gesellschaft vormals Georg Egestorff 500
18. C-Heißdampf-Zwilling-Tenderlokomotive mit Kleinrauchrohrüberhitzer für Verschiebedienst, gebaut von der Maschinenbauanstalt Humboldt in Cöln-Kalk 502
19. 1 D-Heißdampf-Zwilling-Lokomotive für die Piräus-Athen-Peloponnes-Eisenbahn-Gesellschaft, gebaut von A. Borsig, Berlin-Tegel 503

20. 1 D 1-Heißdampf-Zwilling-Tenderlokomotive der Niederländischen Staatsbahnen, gebaut von der Aktiengesellschaft Hohenzollern in Düsseldorf 507
21. 1 D 2-Heißdampf-Zwilling-Personenzug-Tenderlokomotive für die Argentinischen Staatsbahnen, gebaut von A. Borsig, Berlin-Tegel 510
22. 1 F 1-Heißdampf-Zwilling-Tenderlokomotive der Holländischen Staatsbahnen auf Java, gebaut von der Hannoverschen Maschinenbau Aktiengesellschaft vorm. Georg Egestorff 511
23. C + C-Heißdampf-Mallet-Verbundlokomotive für die Japanische Staatsbahn, gebaut von Henschel & Sohn in Cassel 513
24. 2 C 1-Naßdampf-Zwilling-Schnellzuglokomotive der Union-Pacific-R. R., gebaut von den Baldwinwerken 515
25. 1 D-Naßdampf-Zwilling-Güterzuglokomotive der Delaware-Lackawanna and Western R. R. . . 518
26. C + C-Naßdampf-Güterzuglokomotive der Baltimore and Ohio-R. R., gebaut von der American-Lokomotive-Co. in Schenectady 521
27. 1 D 1-Heißdampf-Zwilling-Güterzuglokomotive der Chesapeake und Ohio-Bahn, gebaut von der American-Locomotive-Co. in Schenectady 524
28. 1 D + D 1-Heißdampf-Verbund-Mallet-Lokomotive der Virginischen Eisenbahn, gebaut von der American-Locomotive-Co. 527
29. 1 E + E 1-Heißdampf-Verbund-Mallet-Lokomotive der Atchison-Topeka and Santa Fé-Bahn, gebaut von der Bahnwerkstatt in Topeka 528
30. 1 D + D + D 1-Heißdampf-Verbund-Gelenklokomotive mit Antrieb des Tenders für die Erie-Bahn, gebaut von den Baldwinwerken 531
31. 2 C 1-Heißdampf-Zwilling-Schnellzuglokomotive der Pennsylvania-Bahn, gebaut von der American-Lokomotive-Co. 534
32. C 1-Doppelverbund-Heißdampflokomotive für Reibungs- und Zahnbetrieb, gebaut von der Lokomotivfabrik Krauß & Co. A.-G., München 536
33. Dampfwagen der Pilatusbahn, gebaut von der Schweizer Lokomotiv- und Maschinenfabrik Winterthur 537

Neunter Abschnitt.

Versuchsfahrten mit Heißdampflokomotiven der Preußischen Staatseisenbahn-Verwaltung und deren Ergebnisse.

1. Versuchsfahrten mit der 2 B-Schnellzuglokomotive, Gattung S_6, mit Schmidtschem Rauchrohrüberhitzer und Kolbenschiebern von 150 mm Durchmesser mit festen Ringen 539
2. Vergleichsfahrten zwischen der 2 B-Heißdampf-Schnellzuglokomotive der Gattung S_6 und der 2 B 1-Vierzylinder-Verbund-Naßdampf-Schnellzuglokomotive Gattung S_9 543
3. Versuchsfahrten mit der 2 B-Heißdampf-Schnellzuglokomotive der Gattung S_6 und Kolbenschiebern von 220 mm Durchmesser mit federnden Ringen 549
4. Versuchsfahrten mit der 2 B-Heißdampf-Schnellzuglokomotive der Gattung S_6, mit Gleichstromzylindern der Bauart Stumpf 551
5. Versuchsfahrten mit der 2 B 1-Heißdampf-Vierzylinder-Verbund-Schnellzuglokomotive, Gattung S_9 557
6. Versuchsfahrten mit der 2 C-Heißdampf-Personenzuglokomotive Gattung P_8 560
7. Versuchsfahrten mit der 2 C-Heißdampf-Personenzuglokomotive, Gattung P_8, neuere Ausführung 564
8. Versuchsfahrten mit der 2 C-Heißdampf-Personenzuglokomotive, Gattung P_8, mit Speisewasservorwärmer 565
9. Versuchsfahrten mit der 2 C-Heißdampf-Vierlings-Schnellzuglokomotive, Gattung S_{10} 569
10. Versuchsfahrten mit der 2 C-Heißdampf-Drilling-Schnellzuglokomotive 572
11. Versuchsfahrten mit den 2 C-Heißdampf-Vierzylinder-Verbund-Schnellzuglokomotiven, Gattung $S_{10}{}^1$, Nr. 1101 Breslau (mit Hochwald-Schieber), Nr. 1103 Posen (mit Henschel-Schieber) und Nr. 1105 Danzig (mit Schichau-Schieber, zweite Lieferung) 575
12. Versuchsfahrten mit der 2 C-Heißdampf-Vierzylinder-Verbund-Schnellzuglokomotive, Gattung $S_{10}{}^1$ mit Speisewasservorwärmer 585
13. Versuchsfahrten mit der 2 C 2-Heißdampf-Tenderlokomotive, Gattung T_{18}, mit Speisewasservorwärmer 586
14. Vergleichsfahrten zwischen den D-Heißdampf-Güterzuglokomotiven, Gattung G_8, Nr. 4812 Posen (Ventilsteuerung Bauart Lentz), Nr. 4836 Essen (Gleichstrom, Ventilsteuerung Bauart Stumpf) und Nr. 4816 Stettin (Kolbenschieber mit schmalen, federnden Ringen) 588
15. Versuchsfahrten mit der D-Heißdampflokomotive der Gattung G_8 Nr. 4831 Magdeburg, mit Schichau-Schiebern 589
16. Versuchsfahrten mit der D-Heißdampf-Lokomotive der Gattung G_8 Nr. 4882 Posen ohne und mit Speisewasservorwärmer und 14 Atm. Kesseldruck 594

Inhaltsverzeichnis. XVII

17. Versuchsfahrten mit der 1 D 1-Heißdampf-Tenderlokomotive, Gattung T_{14}, mit Speisewasservorwärmer 602
18. Versuchsfahrten mit E-Tenderlokomotiven, Gattung T_{16}, mit und ohne Speisewasservorwärmer 604
19. Schlußfolgerungen aus den Versuchsergebnissen der Preußischen Staatseisenbahn-Verwaltung 605

Zehnter Abschnitt.
Versuche mit Heißdampflokomotiven verschiedener Eisenbahnverwaltungen.

1. Versuche mit amerikanischen Heißdampflokomotiven und deren Ergebnisse 614
2. Versuchsergebnisse mit einer 2 B 1-Heißdampf-Schnellzuglokomotive auf dem Prüfstand der Pennsylvania-Bahn in Altoona 625
3. Versuchsfahrten mit Heißdampflokomotiven, die mit Kleinrauchrohrüberhitzern ausgerüstet sind 647
4. Der Meßwagen der Preußischen Staatseisenbahn-Verwaltung 650
5. Prüfstände für Lokomotiven 661

Elfter Abschnitt.
Gewichtsberechnung, Achsbelastungen und Einstellung der Lokomotiven in Krümmungen.

1. Zur Gewichtsberechnung 670
2. Bestimmung der Achsbelastungen bei Lokomotiven 671
3. Beispiel einer Gewichtsberechnung und Lastverteilung der 2 C-Heißdampf-Personenzuglokomotive, Gattung P_8 691
4. Einstellung der Lokomotive in Krümmungen und das Roysche Verfahren 701

Zwölfter Abschnitt.
Vorschriften über den Bau und die Unterhaltung von Lokomotiven.

1. Besondere Bedingungen für die Lieferung von Lokomotiven und Tendern 708
2. Vorschriften für die Beschaffenheit und Güteprüfung der beim Bau von Fahrzeugen zu verwendenden Baustoffe 746
3. Anleitung für die Behandlung der Lokomotiven und Tender im Betriebe 764
4. Anleitung für die Behandlung der Lokomotiven und Tender in den Werkstätten 777

Dreizehnter Abschnitt.
Hauptabmessungen sowie Quellenangabe für sonstige bemerkenswerte Veröffentlichungen über Heißdampflokomotiven.

1. Hauptabmessungen ausgeführter Heißdampflokomotiven 813
2. Quellenangabe bemerkenswerter Veröffentlichungen über Heißdampflokomotiven 827

Vierzehnter Abschnitt.
Nachträge und Zusammenfassung.

1. Nachträge 833
2. Zusammenfassung 847

Namenverzeichnis 854

Sachverzeichnis 856

Tafeln der Bauzeichnungen im Atlas.

Einleitung.

1. Geschichtliches über die Anwendung von hochüberhitztem Dampf (Heißdampf) im Lokomotivbetriebe.

Kein Fortschritt im Lokomotivbau hat die Aufmerksamkeit der Fachkreise in solchem Maße auf sich gelenkt wie die Einführung hochüberhitzten Dampfes im Betriebe der Lokomotiven. Bei ortsfesten Anlagen und auf Schiffen ist mehr oder weniger überhitzter Dampf schon viel früher benutzt worden. Bereits im Jahre 1832[1]) berichtete J. Howard, daß er durch Dampfüberhitzung bei einer ortsfesten Anlage in Bermondsey 30% Dampfersparnis erzielt habe.

Auch auf Schiffen wurden von der amerikanischen und französischen Regierung und der englischen Admiralität schon in den 50er Jahren des letzten Jahrhunderts umfangreiche Versuche mit Dampfüberhitzung angestellt, die aber nur von geringem Erfolge begleitet waren, da es an geeigneten baulichen Einrichtungen und an Schmiermitteln fehlte.

Im Elsaß machte der Physiker Hirn in den 50er Jahren des vorigen Jahrhunderts eingehende Versuche mit überhitztem Dampf bei einer einfachen Kondensationsmaschine, die mit Dampf von $4^{1}/_{2}$ bis 5 Atm. Spannung bei einer Überhitzung von 50 bis 100° C arbeitete. Die erzielte Dampfersparnis betrug bis zu 23%. Auch bei weiteren Versuchen der Nachfolger Hirns (Schwoerer, Uhler u. a.) ist man mit der Steigerung der Dampftemperatur nicht über 250° C gegangen, da das zu jener Zeit benutzte organische Schmieröl eine höhere Temperatur nicht vertrug und auch geeignete Kolben, Schieber und Stopfbüchsen für hochüberhitzten Dampf noch nicht erfunden waren. Als man in den 70er Jahren anfing, hochgespannten Dampf zu benutzen, und durch Einführung der Verbundwirkung die Niederschlagsverluste in den Zylindern verringerte, verminderten sich natürlich auch die Ersparnisse, die durch Anwendung von nur mäßig überhitztem Dampf zu erzielen waren; seine Anwendung nahm daher wieder ab.

Erst durch die bahnbrechenden Forschungsarbeiten und Erfindungen des Zivilingenieurs Wilhelm Schmidt in Cassel-Wilhelmshöhe[2]) kam gegen Ende der 80er und zu Beginn der 90er Jahre der hochüberhitzte Dampf (Heißdampf) im ortsfesten Dampfmaschinenbau zu erneuter Anwendung. Schmidt zeigte, daß durch die Anwendung hochüberhitzten Dampfes von 320 bis 360° C der Dampfverbrauch erheblich vermindert wird, und daß sich ein sicherer Betrieb mit diesem Dampf bei den von ihm erdachten und gebauten Maschinen anstandslos durchführen ließ. Ermöglicht wurde dies weiter dadurch, daß um jene Zeit bereits ein säurefreies Mineralschmieröl von hoher Entzündungstemperatur von Amerika aus in den Handel gebracht worden war.

---

[1]) Vgl. Stach, Entwicklung und Anwendung der Dampfüberhitzung.

[2]) Gegenwärtig Preuß. Baurat, Dr.-Ing. ehrenhalber, Benneckenstein am Harz und Cassel-Wilhelmshöhe.

Gestützt auf seine Erfolge bei ortsfesten Anlagen war Schmidt, dessen besonderes Verdienst es ist, die Bedeutung sehr hoch überhitzten Dampfes zuerst klar erkannt zu haben, bereits 1893 an den Verfasser mit der Aufforderung herangetreten, die Einführung überhitzten Dampfes beim Lokomotivbetriebe unterstützen zu wollen. Nur zögernd, und erst nachdem ich die bedeutenden Erfahrungen Schmidts auf dem Gebiete der Anwendung hochüberhitzten Dampfes bei größeren ortsfesten Anlagen kennen gelernt hatte, entschloß ich mich, keineswegs die großen Schwierigkeiten der Übertragung auf Lokomotiven verkennend, der Sache näher zu treten.

Die Anwendung des sogenannten trockenen und leicht überhitzten Dampfes bei Lokomotiven, die in Europa sowohl als in Amerika mehrfach versucht worden war, hatte nennenswerte Erfolge nicht aufzuweisen vermocht. Die dauernd sichere Erzeugung hochüberhitzten Dampfes von 300° C und mehr in einem verhältnismäßig kleinen Lokomotivkessel wurde damals überhaupt noch von den bedeutendsten Fachmännern für ebenso unmöglich gehalten wie seine Verarbeitung in den Dampfzylindern einer Lokomotivmaschine. Da ich jedoch wiederholt Gelegenheit hatte, größere ortsfeste Anlagen Wilhelm Schmidtscher Bauart mit überhitztem Dampf von 350° und darüber sicher arbeiten zu sehen und mir lebhaft vor Augen trat, in wieviel höherem Maße die Möglichkeit der Verwendung hochüberhitzten Dampfes von Vorteil für den Bau und Betrieb der Lokomotiven sein könnte, ging ich auf die Anregungen und Vorschläge Schmidts ein und erkannte bald als von höchstem Werte in seinen Annahmen die nunmehr verbürgte Tatsache, daß die Leistungsfähigkeit einer Lokomotive von gegebenem Reibungsgewicht bei Anwendung von um 100° überhitztem Dampf um 33 bis 40 v. H. gesteigert werden könnte. Diese Tatsache in Verbindung mit dem höchst bedeutsamen Umstande, daß hochüberhitzter Dampf im Gegensatze zu gesättigtem Dampf ein schlechter Wärmeleiter ist, derart, daß bei genügend hoher und alle Moleküle des Wasserdampfes umfassender Überhitzung Niederschläge in den Dampfzylindern während des Arbeitsvorganges vollständig vermieden werden können, eröffnete die Aussicht, **die Lokomotiven zur Zwillingswirkung und zu einfachsten Bauarten zurückzuführen und dabei ihre Leistungsfähigkeit bei denkbar geringstem Gesamtgewicht und wirtschaftlichstem Betriebe wesentlich zu erhöhen.**

Das Verdienst, hohe Dampfüberhitzung, d. h. den Heißdampf, im Sinne der Wilhelm Schmidtschen Vorschläge und nach dessen Bauarten bei Lokomotiven zuerst angewandt und erprobt zu haben, gebührt unstreitig der preußischen Staatseisenbahnverwaltung und in dieser vorwiegend dem Wirklichen Geheimen Oberbaurat Müller. Er war es, der namentlich in der ersten Zeit meine Vorschläge und Anträge bezüglich Erprobung der Schmidtschen Ideen und Erfindungen unterstützte, der mir unentwegt auch gegenüber den eindringlichsten Gegenvorstellungen vieler Fachmänner seine Hilfe lieh, bei der von Schmidt als sachgemäß erkannten und geforderten und von mir stets verteidigten Wiedereinführung der einfachen Zwillingslokomotive bei Anwendung hoher Überhitzung.

Zu hohem Dank verpflichtet ist der deutsche Lokomotivbau und -betrieb hierbei auch den anderen leitenden Männern, die mit ihrem Vertrauen zu Schmidts Erfindungen und zu meinen Anregungen bezüglich der Vereinfachung der Lokomotiven und Verringerung der vielen Gattungen, Schmidts und meine Arbeiten stützten und die vielen kostspieligen Versuche zuließen, durch die es möglich wurde, daß die Heißdampflokomotive in verhältnismäßig kurzer Zeit einen hohen Grad von Einfachheit und Vollkommenheit erreichen konnte.

Es ist mir ein Bedürfnis, an dieser Stelle dankend noch zu nennen die Herren Staatsminister Exzellenz v. Budde, Staatssekretär Exzellenz Fleck, sowie Ministerialdirektor Exzellenz Wichert und den ehemaligen Präsidenten des Zentralamts, späteren Minister der öffentlichen Arbeiten, Exzellenz Hoff. Ohne das Vertrauen dieser Herren hätte die Heißdampfanwendung im Lokomotivbetriebe den schnellen Fortgang nicht erreicht und leicht eine falsche Entwicklung erlebt.

Nicht unerwähnt soll hier bleiben, daß allerdings bereits im Jahre 1879 und Anfang der 80er Jahre des letzten Jahrhunderts Franzosen, wie Auguste Estrade und Baron Raymond Seillière, sowie Louis Marie Theophile Riot in Paris, Vorschläge zum Einbau von Überhitzern in Lokomotivkessel gemacht haben (vgl. u. a. die deutschen Reichspatente Nr. 7150, 11874 und 17811 der Klasse 13). Diese Vorschläge waren jedoch praktisch unausführbar.

Der preußischen Staatseisenbahnverwaltung also gebührt das Verdienst, zuerst hochüberhitzten Dampf für Lokomotivbetrieb praktisch erprobt zu haben, und der Ingenieur Wilhelm Schmidt ist es, der den Kessel und die Lokomotivmaschine so ausgestaltet hat, daß bei einer erstaunlichen Mehrleistung und einer überraschenden Wirtschaftlichkeit die Anwendung des Heißdampfes bei Lokomotiven sich nunmehr bei größter Einfachheit unter vollkommener Betriebssicherheit durchführen läßt.

Hierzu mußten die Erfolge Wilhelm Schmidts bei ortsfesten Kesseln und Dampfmaschinen vorausgehen, so daß, als er an den Verfasser mit dem Vorschlage herantrat, den Heißdampf als Arbeitsträger beim Betriebe der Lokomotiven anzuwenden, nicht mehr die Frage war, ob bei den Versuchen diese oder jene kleinen Vorteile zu erreichen sind. Schon die ersten Beratungen konnten sich in der Richtung bewegen, ob und wie es möglich sein würde, die Lokomotive mit ihrer auf den kleinsten Raum beschränkten Kesselanlage und ihrer in Wind und Wetter, in Staub und Schnee arbeitenden Dampfmaschine so zu bauen und einzurichten, daß in einfacher Weise Heißdampf von durchschnittlich mehr als 300° C Temperatur dauernd und sicher erzeugt und in den Lokomotivzylindern ebenso dauernd und betriebssicher verarbeitet werden kann.

Von vornherein war sich Schmidt bei seinen Arbeiten darüber klar, daß ein wirksamer Lokomotivkesselüberhitzer zunächst nur geschaffen werden könne in engster baulicher Verbindung mit dem vorhandenen, durch viele Jahrzehnte bewährten Stephenson-Kessel, daß er ferner nur einen geringen Raum einnehmen und weder das Gewicht der Lokomotive wesentlich vermehren, noch die Schwerpunktslage des Kessels erheblich oder ungünstig verschieben dürfe.

Abgasüberhitzer waren als unzulänglich beziehungsweise als zu groß und zu schwer gänzlich auszuschließen. Ein wirksamer Überhitzer konnte nur durch Anwendung eines Teils der über dem Roste entwickelten Heizgase gehörig beheizt werden. Der Sattdampf mußte dabei in viele dünne Strahlen geteilt und dem die engen Rohre durchströmenden Dampfe mußte eine hohe Geschwindigkeit gegeben werden, wenn es glücken sollte, die großen Dampfmengen, die ein Lokomotivkessel erzeugen muß, hochgradig zu überhitzen. Mancher Vorschlag ist von Schmidt entworfen und verworfen worden, bevor der erste brauchbare Überhitzer, der sogenannte Langkesselüberhitzer, von ihm erfunden wurde und ich es wagen konnte, vor meine Vorgesetzten zu treten und um Genehmigung zu einem Versuche zu bitten.

Die ersten Lokomotiven mit Schmidtschen Langkesselüberhitzern waren eine nach den Angaben des Verfassers im Jahre 1898 beim Vulkan in Bredow bei Stettin gebaute 2 B-Schnellzuglokomotive und eine 2 B-Personenzuglokomotive, die Henschel & Sohn in Cassel in demselben Jahre lieferten. Beide Lokomotiven mußten sich aber in ihren Hauptabmessungen noch eng an die vorhandenen normalen Bauarten anlehnen. Obgleich naturgemäß mancherlei Mängel zu bewältigen waren, zeigten sie doch schon deutlich eine vermehrte Leistungsfähigkeit und Wirtschaftlichkeit gegenüber den gleichartigen Sattdampflokomotiven. Der Überhitzer erwies bereits die Möglichkeit, große Dampfmengen anstandslos auf durchschnittlich 300° zu überhitzen.

Nach verschiedenen Abänderungen von Einzeleinrichtungen am Überhitzer, an den Stopfbuchsen, Dampfkolben und Kolbenschiebern, Schmierpumpen und deren Leitungen, die sich bei den ersten Versuchsfahrten und weiter im regelrechten Betrieb als notwendig erwiesen, hat der fortgesetzte Betrieb mit diesen noch ohne grundlegende Erfahrungen gebauten Erstlings-Heißdampflokomotiven doch schon einwandfrei die praktische Möglichkeit des Heißdampfbetriebes bei Lokomotiven bewiesen und dem Erfinder des Überhitzers und dem Verfasser dieser Arbeit mancherlei Erfahrungen für den weiteren Ausbau der Heißdampflokomotive geliefert.

Die mit dem Langkesselüberhitzer gemachten Erfahrungen hinsichtlich nicht genügender Ausdehnungsfähigkeit und unbequemer Reinigung der Überhitzerrohre hatten Schmidt zunächst zur Erfindung des Rauchkammerüberhitzers geführt, der einen gewaltigen Fortschritt bedeutete und fast alle Schwierigkeiten beseitigte, die dem Langkesselüberhitzer noch anhafteten. Es wurden zunächst weitere vier Lokomotiven, zwei 2 B-Personenzug-Tenderlokomotiven von Henschel & Sohn in Cassel und zwei 2 B-Schnellzuglokomotiven, die eine vom Vulkan in Stettin und die andere von Borsig in Tegel nach meinen Angaben mit diesem neuen Überhitzer und mit verbesserten Maschineneinzelheiten erbaut. Die letztgenannte Lokomotive Nr. 74 Berlin wurde im Jahre 1900 nach einigen Probefahrten auf der Weltausstellung in Paris ausgestellt.

Schon die ersten Versuchsfahrten, die ich Ende 1899 und Anfang 1900 mit den 2 B-Tenderlokomotiven 2069 und 2070 Berlin auf der Strecke Grunewald-Belzig ausführte, zeigten, daß mit dem Rauchkammerüberhitzer ein wesentlicher Fortschritt erreicht worden war. Jede neue Versuchsfahrt, die unter Zuhilfenahme des Indikators und unter zahlreichen Messungen aller wichtigen Temperaturverhältnisse und der Luftleere in der Rauchkammer vorgenommen wurde, ergab neue Erfahrungen und regte zu neuen Verbesserungen an, die sich glücklicherweise fast alle in der Richtung der Vereinfachung der einzelnen Bauteile und des Gesamtbaues der Lokomotiven bewegen konnten.

Immerhin blieben nach lange Zeit hindurch auf dem Wege zur Vervollkommnung der Heißdampflokomotive viele Hindernisse zu überwinden.

Die Anstände, die in den ersten beiden Jahren der Erprobung des Rauchkammerüberhitzers sich zeigten, hatten Schmidt veranlaßt, eine gleichzeitig mit dem Rauchkammerüberhitzer erfundene, erheblich verbesserte Bauart des Langkesselüberhitzers, den sogenannten Rauchrohrüberhitzer, in Vorschlag zu bringen. Dieser wurde zwar nicht sofort bei der preußischen Staatseisenbahnverwaltung eingeführt, weil erst gewisse Erfahrungen mit dem Rauchkammerüberhitzer abgewartet werden sollten. Seit dem Jahre 1907 aber wird der Rauchrohrüberhitzer bei allen Lokomotiven der Preußischen Staatseisenbahnverwaltung ausschließlich angewendet. Er zeichnet sich dem Rauchkammerüberhitzer gegenüber durch größere Einfachheit, geringeres Gewicht, leichtere Zugänglichkeit und durch geringere Unterhaltungskosten vorteilhaft aus, wobei sich bei eingehenden Versuchen gezeigt hat, daß auch seine Leistungsfähigkeit der des Rauchkammerüberhitzers nicht nachsteht.

Nach den Erfahrungen, die mit dem Schmidtschen Rauchrohrüberhitzer nun schon etwa 16 Jahre bei fast sämtlichen Eisenbahnverwaltungen der Welt gemacht worden sind, dürfte mit seiner Einführung der bisher größte Fortschritt für die Erzeugung hochüberhitzten Dampfes im Lokomotivkessel und damit auch ein gewisser Abschluß in der Anwendung des Heißdampfes im Lokomotivbetriebe erreicht sein.

Zwar haben inzwischen die durchschlagenden Erfolge der Erfindungen Schmidts den Ausgangspunkt für eine große Reihe von Überhitzerbauarten gebildet. Die Mehrzahl dieser Überhitzer lehnt sich aber mehr oder weniger an die drei Grundbauarten Schmidts an, wobei jedoch keiner derselben die Vorbilder zu übertreffen vermochte. Eine Anzahl dieser Überhitzer wird im vierten Abschnitt beschrieben.

Ob etwa eine oder die andere Bauart dieser Überhitzer oder spätere Erfindungen zu einer gewissen Anwendung kommen mögen, kann gegenwärtig außer Betracht bleiben. Jedenfalls bleibt es das große Verdienst Wilhelm Schmidts, die Vorteile der Anwendung hochüberhitzten Dampfes für den Lokomotivbetrieb klar erkannt, die Anwendung angeregt, die praktische Durchführung durch eine erstaunliche Erfindungsgabe ermöglicht und zu hoher Vollkommenheit gebracht zu haben.

Bei Beginn des Jahres 1919 betrug die Gesamtzahl der mit Überhitzern nach den Schmidtschen Patenten ausgerüsteten Heißdampflokomotiven 40 200 bei 610 Eisenbahnverwaltungen, darunter 659 Lokomotiven mit Kleinrauchrohrüberhitzern bei 78 Bahnverwaltungen.

2. Die wesentlichen Fortschritte im Lokomotivbau in den letzten 20 Jahren.

Der gewaltige Aufschwung des Verkehrs in den letzten beiden Jahrzehnten hat naturgemäß vorwiegend an die Leistungsfähigkeit der Lokomotiven hohe Anforderungen gestellt. Zugkraft und Geschwindigkeit sind andauernd vergrößert worden.

Die Lokomotivbauer suchten den erhöhten Ansprüchen des Verkehrs im wesentlichen gerecht zu werden durch Vermehrung der gekuppelten Achsen zum Tragen der immer schwerer werdenden Sattdampfkessel, durch Steigerung des Dampfdrucks und zweistufige Dampfdehnung, sowie besonders in Amerika durch das nächstliegende Mittel, durch bedeutende Erhöhung der Raddrücke, die dort nicht etwa durch entsprechend besseren Oberbau, sondern vorwiegend durch gerechtfertigte, viel größere Bewegungsfreiheit der Lokomotivbauer erreicht wurde.

Die Lokomotiven wuchsen sehr erheblich an Länge und Höhe, aber die erzielte Vermehrung der Leistungsfähigkeit stand nicht in günstigem Verhältnis zur Vergrößerung der Gewichte, der Größenabmessungen und zu den stark vermehrten Beschaffungs-, Betriebs- und Unterhaltungskosten; sie wurde zu teuer erkauft. Gleichzeitig wuchs auch die Anzahl der Lokomotivgattungen von Jahr zu Jahr, was den Bau, den Betrieb und die Unterhaltung mehr und mehr erschwerte. Schon vor 15 Jahren waren z. B. in den Vereinigten Staaten von Amerika über 40 Lokomotivgattungen allein in bezug auf Anzahl und Anordnung der Achsen zu unterscheiden. Die Zahl der aus diesen Grundgattungen nach und nach entstandenen Unterbauarten, die in bezug auf Größenverhältnisse, sowie Verschiedenheiten der Kessel, Rahmen, Maschinenanordnungen und Sonder-Bauteile voneinander mehr oder weniger abweichen, wurde verwirrend groß.

Der Hauptgrund für diese Vermehrung der Unterbauarten lag in den schlechten Eigenschaften des gesättigten Wasserdampfes als Arbeitsträger, in seiner geringen Anpassungsfähigkeit gegenüber den sehr verschiedenen Beanspruchungen einer Lokomotive. Der Sattdampfbetrieb erfordert verhältnismäßig große und schwere Dampfkessel und verlangt sehr genau bemessene Zylindergrößen für eine eng begrenzte Leistung der betreffenden Lokomotivgattung. Zu große Zylinder verursachen bei kleineren Leistungen starke Vermehrung der Niederschlagsverluste, zu kleine bei jeder erheblichen Leistung zu große Zylinderfüllung und damit neben den unvermeidlichen Niederschlagsverlusten unmittelbare Dampfverschwendung.

Diese Übelstände und Schwierigkeiten konnten nur durch Verbesserung des Arbeitsträgers beseitigt werden, und eine gründliche Abhilfe wurde gefunden in der Anwendung hochüberhitzten Dampfes, des sogenannten Heißdampfes im Lokomotivbetrieb.

Durch langjährige Versuchs- und Betriebsergebnisse bei der preußischen Staatseisenbahnverwaltung ist erwiesen, daß bei Anwendung von Heißdampf die Leistungsfähigkeit einer einfachen Zwillingslokomotive gegenüber einer Naßdampflokomotive von demselben Gewicht um 40% und mehr bei erhöhter Wirtschaftlichkeit gesteigert werden kann. Es zeigte sich u. a., daß mit einer vierachsigen, zweifach gekuppelten Heißdampf-Zwillingslokomotive mindestens dieselbe Leistungsfähigkeit zu erzielen ist wie mit einer fünfachsigen vierzylindrigen Naßdampf-Verbundlokomotive mit zwei gekuppelten Achsen. Ganz allgemein ist demnach bei Anwendung von Heißdampf eine Vereinfachung der Lokomotivbauarten, die Herabziehung der Gattungszahlen, Verringerung der Achsen, des Gewichts und der Größe bei erheblicher Vermehrung der Leistungsfähigkeit und Wirtschaftlichkeit unter Verminderung der Beschaffungs- und Unterhaltungskosten zu erreichen. Die Einführung von Heißdampf bedeutet somit nicht nur eine einseitige Verbesserung etwa in der Richtung von Kohlen- und Wasserersparnis, wie sie z. B. die Einführung der Verbundwirkung unter Umständen erbringen kann, sondern Verbesserungen nach vielen Richtungen.

Die steigenden Erfolge, die die Preußische Staatseisenbahnverwaltung mit den mit Schmidtschen Überhitzern ausgerüsteten Lokomotiven in den letzten 10 Jahren erreicht hat, sind inzwischen auch in Amerika nicht unbeachtet geblieben. Schon bei meiner Anwesenheit daselbst im Jahre 1904 konnte ich wahrnehmen, daß sich auch bei den Amerikanern die Erkenntnis allmählich Bahn gebrochen hatte, daß mit der üblichen Anhäufung von Stahl- und Eisenmassen im Lokomotivbau allein nicht länger auszukommen sei. Von tüchtigen Ingenieuren wurde schon damals die Frage aufgeworfen: ,,Is our big engine not a failure?"

Nachdem in den letzten Jahren die Heißdampflokomotive sowohl in Europa als auch in Amerika sich fast ganz allgemein den ihr zukommenden Platz erobert hat, haben nunmehr auch noch weitere Bestrebungen, die auf Verbesserung der Wirtschaftlichkeit und Erhöhung der Leistungsfähigkeit hinzielen, eingesetzt. Hier sind vor allem Einrichtungen zur Vorwärmung des Speisewassers zu nennen, durch die bei Ausnutzung eines Teiles des Abdampfs erhebliche Kohlenersparnisse bzw. eine weitere wesentliche Erhöhung der Leistungsfähigkeit des Kessels erreicht worden sind.

Umfangreiche Versuche, die die Preußische Staatseisenbahnverwaltung mit verschiedenen Lokomotivgattungen angestellt hat, die mit Vorwärmern ausgerüstet wurden, haben derartig vorzügliche Ergebnisse gezeigt, daß die genannte Verwaltung gegenwärtig alle wichtigeren Lokomotivgattungen mit Vorwärmern versieht.

Auch der Einbau sog. Schlammabscheider ist von der Preußischen Staatseisenbahnverwaltung neuerdings in erheblichem Umfang in die Wege geleitet worden. Es werden verschiedene Einrichtungen erprobt, die bemerkenswerte Erfolge versprechen, da bereits erwiesen ist, daß durch sie der Ansatz von Kesselstein bei den hoch beanspruchten und schwer zu reinigenden Lokomotivkesseln stark vermindert werden kann. Die Reinigung der Kessel kann in erheblich längeren Zwischenräumen erfolgen, und auch eine bedeutende Schonung der Lokomotivkessel tritt dadurch ein, daß sie mit Wasser, das fast die Temperatur des Kesselwassers erreicht, gespeist werden.

a) Bezeichnung der Lokomotivbauarten.

Vor Besprechung der wichtigsten Bauarten erscheint es zweckmäßig, auf die verschiedenen Arten der Bezeichnung der Lokomotivgattungen kurz einzugehen.

Die früher übliche Bezeichnung, bei der in einem Bruch als Zähler die Anzahl der Kuppelachsen, als Nenner die Gesamtachsenzahl angegeben wird, läßt mehrdeutige Auffassungen zu. Es kann z. B. eine $^3/_5$ gekuppelte Lokomotive entweder vorn oder hinten ein zweiachsiges Drehgestell oder vorn und hinten je eine Laufachse oder ein einachsiges Drehgestell haben.

Besser als diese Darstellungsart war das vor etwa 15 Jahren von der American Locomotive Company eingeführte sog. Whytesche System.

Jede Lokomotivgattung wird durch eine Zahlengruppe dargestellt, die als erste Ziffer die Anzahl der vorderen Laufräder, als zweite die Zahl der gekuppelten Räder und als dritte Ziffer die Zahl der rückwärtigen Laufräder enthält. Sind Laufräder nicht vorhanden, so wird der Anzahl der Treibräder eine Null vor- oder nachgesetzt. Eine „2-6-0"-Lokomotive bedeutet demnach eine $^3/_4$ gek. Lokomotive mit vorderer Laufachse, eine „0-8-0" eine $^4/_4$ gek. Lokomotive. Durch einen weiteren Bindestrich getrennt wird dann das Gesamtgewicht der Lokomotive in Tausenden von Pfunden angegeben. Bei Verbundlokomotiven kommt an die Stelle des letzten Bindestriches ein C (Compound), bei Tenderlokomotiven ein T. Eine $^2/_5$ gek. Verbundlokomotive von 200 000 Pfund Gesamtgewicht wird demnach bezeichnet: „4-4-2 C 200". Dieses System ist in amerikanischen Fachschriften und im geschäftlichen Verkehr sehr gebräuchlich geworden und wird fast ausschließlich benutzt. Außer dieser das Kupplungsverhältnis der Lokomotive kennzeichnenden Darstellung sind in Amerika für die verschiedenen Gattungen noch Kennworte gebräuchlich. Für die meistverbreiteten Bauarten sind folgende Bezeichnungen üblich:

Schnellzug- und Personenzuglokomotiven[1])

∘∘◯◯	American
∘∘◯◯∘	Atlantic
∘◯◯◯	Columbia
∘◯◯◯◯	Tenwheeler
∘∘◯◯◯	Pacific
∘◯◯◯∘	Prairie
∘◯◯◯	Mogul

Güterzuglokomotiven[1])

∘◯◯◯◯	Consolidation
∘◯◯◯◯∘	Micado
∘◯◯◯◯◯	Decapod
∘◯◯◯◯◯∘	Santa Fé

Verschiebelokomotiven[1])[2])

◯◯	Four wheel switcher
◯◯◯	Six ,, ,,
◯◯◯◯	Eight ,, ,,
◯◯◯◯◯	Ten ,, ,, oder Hump engine.

In Deutschland ist durch den Verein deutscher Eisenbahnverwaltungen eine Bezeichnungsart eingeführt worden bei der Laufachsen durch arabische Zahlen, Kuppelachsen durch große lateinische Buchstaben angegeben werden. Eine 2 C 1-Lokomotive ist demnach eine solche, die ein vorderes zweiachsiges Drehgestell, drei gekuppelte Achsen und eine hintere Laufachse hat. Bei Gelenklokomotiven (in Amerika Articulated locomotives genannt) werden die einzelnen Gruppen durch ein +-Zeichen verbunden, z. B. 1 D + D + D 1.

Außerdem schlägt der Verein deutscher Eisenbahnverwaltungen noch folgende Kennzeichnungen vor:

Die Anzahl der Zylinder wird zwischen Punkten durch eine römische Zahl angegeben; als Bezeichnung für die Art des Dampfes wird eingeführt für:

Naßdampf t
Trockendampf ·tt·
Heißdampf T.

---

[1]) Bei der bildlichen Darstellung ist der Schornstein links zu denken.
[2]) Mit switcher wird jede Lokomotive ohne Laufräder bezeichnet.

Es wird ferner eine einstufige Dehnung mit dem Zeichen $\sqsubset$, zweistufige mit $\sqsubset\!\!\!=$ angedeutet.

Wenn auch der Verwendungszweck für alle Lokomotiven nicht eindeutig feststeht und auch aus der Bauart nicht immer zur Genüge hervorgeht, so ist es doch üblich, anzugeben, welche Zugart die Lokomotive in der Regel befördern soll. Es wird demnach mit

S eine Schnellzuglokomotive,
P eine Personenzuglokomotive,
G eine Güterzuglokomotive

bezeichnet. Die Tenderlokomotiven werden als solche besonders angeführt. In dieser Bezeichnungsweise wird also eine Mallet-Lokomotive für Güterzüge, die mit Trockendampf und Verbundwirkung in 4 Zylindern arbeitet, die zweimal drei gekuppelte Achsen mit je vorderer und hinterer Laufachse hat und als Tenderlokomotive ausgebildet ist, durch

$$1\,C + C\,1 \cdot IV \cdot tt \sqsubset\!\!\!= G\text{-Tenderlokomotive}$$

dargestellt.

Eine Zwillings-Heißdampf-Güterzuglokomotive mit vier Kuppelachsen und einfacher Dampfdehnung wird mit

$$D \cdot II \cdot T \cdot \sqsubset G\text{-Lokomotive}$$

eine vierachsige Naßdampf-Verbund-Schnellzuglokomotive mit vorderem Drehgestell und 2 Zylindern mit

$$2\,B \cdot II \cdot t \cdot \sqsubset\!\!\!= S\text{-Lokomotive}$$

bezeichnet.

b) Schnellzug- und Personenzuglokomotiven

Bis vor etwa 15 Jahren war die 2 B-Lokomotive die ausschließliche Schnellzuglokomotive, während für den Lokal- und Personenzugverkehr 1 B- und 1 C-Lokomotiven benutzt wurden. Das Gewicht der 2 B-Lokomotive, das zu Anfang der 80er Jahre des vorigen Jahrhunderts im Durchschnitt 30000 kg betrug, war im Jahre 1895 in Amerika schon bis auf 60000 kg gestiegen, wovon damals bereits rd. 38000 kg auf den beiden Treibachsen ruhten. Nur ungern trennten sich die Amerikaner von dieser mit Recht beliebten, einfachen Bauart, der sie den Namen gegeben hatten, aber innerhalb der genannten Gewichtsgrenzen ließ sich ein für amerikanische Verhältnisse genügend leistungsfähiger Naßdampfkessel nicht mehr bauen, und man sah sich zur Einführung einer rückwärtigen Laufachse gezwungen. Im Jahre 1895 wurde in Amerika die erste 2 B 1-Lokomotive für die Atlantic coast line (Philadelphia—Atlantic City) gebaut; also in demselben Jahre, in dem auch in Europa die erste 2 B 1-Lokomotive für die österreichische Kaiser Ferdinands-Nordbahn erbaut wurde. Man fand jedoch bald, daß ohne Vermehrung der Triebachslast diese 2 B 1-Lokomotiven nicht leistungsfähiger waren als die alten 2 B-Lokomotiven, weil die geringe Mehrleistung des Kessels durch den vergrößerten Eigenwiderstand der Lokomotiven aufgehoben wurde. Eine merkbar erhöhte Leistungsfähigkeit der Atlantic-Bauart wurde erst erzielt, als man den Kessel und die Dampfmaschine wesentlich vergrößerte und damit naturgemäß zu einer viel höheren Triebachsbelastung gelangte, die heute in Amerika schon bis zu 30 t für die Achse heranreicht. Diese Bauart hat als Schnellzuglokomotive für Naßdampfbetrieb sowohl als Zwillings- wie als 4 Zylinder-Verbundlokomotive in Europa wie in Amerika große Verbreitung gefunden.

Für den schweren Schnellzugdienst wurde aber bald die 2 C-Lokomotive angewandt, und hierauf begann man aus denselben Gründen, die zur Einführung der 2 B 1 geführt hatten, auch bei dieser Lokomotivgattung eine rückwärtige Laufachse einzubauen, wodurch die 2 C 1- (Pacific) Lokomotive entstand. Nach dieser Bauart werden die größten Schnellzugslokomotiven in Amerika ausgeführt.

In letzter Zeit macht sich jedoch in den Vereinigten Staaten wieder das Bestreben bemerkbar, die 2 C 1-Lokomotive durch die 2 B 1 zu ersetzen, was sich durch Erhöhung der Triebachsdrücke auf über 30 t sowie Anwendung von Schmidtschen Überhitzern und vergrößerten Zylindern mit Erfolg erreichen ließ.

Die 1 C 1-Gattung, die vorn nur ein einachsiges Deichselgestell besitzt, erfreut sich in Amerika sonderbarerweise noch gegenwärtig einer gewissen Beliebtheit bei einzelnen Verwaltungen.

Drehgestelle, bei denen eine Laufachse mit einer Triebachse verbunden ist (Krauß-Helmholtz und ähnliche), werden in Amerika nicht benutzt, werden dagegen in Europa ziemlich häufig angeordnet, besonders für schnellfahrende Tenderlokomotiven, wo sie sich besser bewährt haben, als nach dem Krümmungsmittelpunkt zu sich einstellende Laufachsen (Adams-Achsen und ähnliche). Die Frage, ob zweiachsige vordere Drehgestelle oder Laufachsen für hohe Geschwindigkeiten geeigneter sind, gilt in Amerika als noch nicht völlig entschieden, während bei uns zur Schonung der Gleise und Radreifen sowie wegen des ruhigeren Laufes als Grundsatz gilt, daß schnellfahrende Lokomotiven zweiachsige Drehgestelle haben müssen.

c) Güterzuglokomotiven.

Die Grundbauart der Güterzuglokomotive war lange Zeit die dreigekuppelte, für Strecken mit größeren Steigungen die viergekuppelte. Die zunehmenden Zuggewichte, besonders infolge erhöhter Einführung der 15- und 20-t-Wagen und die Vergrößerung der Höchstgeschwindigkeiten von 45 auf 60—65 km/st, bedingten leistungsfähigere und daher schwerere Kessel, was zunächst zur Anwendung von Laufachsen führte. So entstanden die 1 C-, 1 D- und 1 D 1-Bauarten, in Amerika Mogul, Consolidation und Micado genannt. Das natürliche Bestreben, bei Güterzuglokomotiven das Gesamtgewicht als Reibungsgewicht auszunutzen, ließ zunächst die E-Bauart entstehen, aus der sich besonders in Amerika die 1 E- (Decapod) und die 1 E 1-Bauart (Santa Fé) entwickelt haben.

Wie bei den schweren Schnellzuglokomotiven macht sich neuerdings in Amerika auch bei Güterzuglokomotiven das Bestreben bemerkbar, die Anwendung von Laufachsen unter Erhöhung der Achsdrücke einzuschränken. So wird z. B. vielfach in den Vereinigten Staaten statt der 1 D 1-Lokomotive eine 1 D-Bauart verwendet, die die gleiche Leistungsfähigkeit hat wie die erheblich schwerere und unwirtschaftlicher arbeitende 1 D 1-Lokomotive.

Mit der Vermehrung der gekuppelten Achsen wächst die Schwierigkeit, scharfe Krümmungen, wie sie besonders in Weichen auftreten, zu durchfahren. Es entstanden die sogenannten kurvenbeweglichen Triebwerke (Hagans, Meyer, Fairly u. a.). Sie haben sich jedoch im Betriebe nicht bewährt, da sie zu vielteilig gebaut werden müssen und daher hohe Betriebs- und Unterhaltungskosten verursachten.

Als einfachstes Mittel zum leichten Durchfahren von Krümmungen hat sich die Seitenverschieblichkeit der Kuppelachsen nach Bauart Helmholtz-Gölsdorf bewährt, die zuerst in größerem Umfange von Gölsdorf bei den österreichischen Staatsbahnen angewendet wurde, befriedigende Erfolge gezeigt und die oben erwähnten kurvenbeweglichen Triebwerke verdrängt hat. Die einfache Seitenverschieblichkeit der Kuppelachsen ist neuerdings sogar bei sechsgekuppelten Achsen angewendet worden.

Von kurvenbeweglichen Triebwerken werden vorwiegend nur die Bauart Klien-Lindner besonders für Schmalspurlokomotiven mit sehr starken Krümmungen und die Bauart Mallet gebaut. Die Malletlokomotiven haben in Amerika weite Verbreitung gefunden und sind dort bis zu den größten Abmessungen gebaut worden. Die stärkste Lokomotive der Welt war bis vor kurzer Zeit die 1 E + E 1-Malletlokomotive der Virginischen Eisenbahn, deren Zugkraft in neuester Zeit noch durch eine neue Bauart, 1 D + D + D 1, übertroffen wird, bei der auch die Tenderachsen durch eine besondere Dampfmaschine angetrieben werden. Mit dieser Lokomotive scheint man, vor der Hand wenigstens, in Amerika an die Grenze des Möglichen gekommen zu sein, so daß die Eigentümerin der Lokomotive, die Erie-Eisenbahn-Gesellschaft, den „Ruhm" in Anspruch nehmen kann, bis auf weiteres die „größte und schwerste Lokomotive" der Welt zu besitzen.

d) Tenderlokomotiven.

Tenderlokomotiven für Personenzüge werden mit zwei- oder neuerdings auch dreigekuppelten Achsen ausgeführt. Je nach der Menge der erforderlichen Vorräte an Kohle und Wasser sowie der Höchstgeschwindigkeit müssen entweder einfache Laufachsen oder Drehgestelle angewendet werden.

Tenderlokomotiven für Güterzüge erfordern vier- und fünffach gekuppelte Achsen, daneben auch Laufachsen. Hier ist man in Amerika bis zu einer 1 F 1-Tenderlokomotive gekommen, die als billiger Ersatz für die Malletlokomotive dient.

Eine auffällige Erscheinung im amerikanischen Eisenbahnwesen ist die geringe Verwendung von Tenderlokomotiven. Man begründet dies in Amerika mit der beschränkten Leistungsfähigkeit infolge des geringen Kohlen- und Wasservorrats und mit der zu geringen Geschwindigkeit infolge der kleinen Räder. Der letzte Vorwurf ist jedenfalls ungerechtfertigt, denn man kann ja Tenderlokomotiven mit beliebigem Triebraddurchmesser bauen, und was die beschränkte Leistungsfähigkeit anbelangt, so zeigen gerade die Erfahrungen auf den preußischen Staatseisenbahnen mit den Heißdampf-Tenderlokomotiven, daß hier die Anwendung des Heißdampfes Abhilfe schafft, weil mit denselben Vorräten an Wasser und Kohle etwa 50 % längere Strecken durchfahren werden können, was in der Mehrzahl der Fälle auch für amerikanische Verhältnisse genügen würde.

e) Entwicklung der Verbundlokomotiven.

Zweizylinder-Verbundlokomotiven.

Die erste Verbundlokomotive wurde im Jahre 1880 von Schichau in Elbing gebaut. In dem folgenden Jahrzehnt fanden zahlreiche Versuche statt zur Feststellung der richtigen Zylinder- und Steuerungsabmessungen, sowie zur Erprobung geeigneter Anfahrvorrichtungen. Durch die Teilung des Temperaturgefälles in zwei Stufen, also durch weitergehende Dehnung des Dampfes, wies die Naßdampf-Verbundlokomotive gegenüber der Naßdampf-Zwillingslokomotive Kohlenersparnisse von etwa 10 bis 15 % auf.

Ein Nachteil war die Notwendigkeit von Anfahrvorrichtungen, durch die infolge von Drosselungen und Undichtigkeiten ein Teil der Ersparnisse wieder aufgehoben wurde. Die ungünstigen Anfahrverhältnisse der Verbundlokomotive beschränken die Anwendung der Verbundwirkung auf solche Lokomotiven, die hauptsächlich längere Strecken ohne Aufenthalt zu durchfahren hatten, also auf Schnellzug- und Eilgüterzuglokomotiven.

In Europa waren namentlich Deutschland und Österreich Anhänger der Zweizylinder-Verbundlokomotive, und nur in diesen beiden Staaten hat sie erhebliche Verbreitung gefunden, während sie sich in Amerika geringerer Beliebtheit erfreute.

Nach dem Berichte der Kommission für zwischenstaatlichen Handel (Interstate Commerce Commission) befanden sich am 30. Juni 1903 unter den 43 245 amerikanischen Lokomotiven nur 849 (also nicht ganz 2%) mit Zweizylinder-Verbundanordnung, und diese Zahl ist seitdem sicherlich noch zurückgegangen[1]). Nicht, daß es hier an geeigneten Anfahrvorrichtungen gefehlt hätte. Aber bei dieser Lokomotivgattung stehen dem einzigen Vorteil der Kohlenersparnis so mächtige und gerade für den amerikanischen Lokomotivbetrieb maßgebende Nachteile gegenüber, daß die Verbundanordnung im amerikanischen Lokomotivbau niemals festen Fuß fassen konnte. Bei dem im allgemeinen mindergeschulten Lokomotivpersonal amerikanischer Bahnen haben diese stets die Anstände gescheut, die das Verbundsystem erfahrungsgemäß mit sich bringt, u. a. weniger sicheres und schnelles Anfahren, Unterhaltung der Anfahrvorrichtungen, große Kolben und Schieber. Weiter findet die Größe der zweizylindrigen Verbundlokomotive eher eine Grenze als die der Zwillingslokomotive, weil die nötige Vergrößerung des Niederdruckzylinders bald zu Abmessungen führte, die sich nicht mehr innerhalb des Umgrenzungsprofils unterbringen ließen. Um trotzdem die gewünschte Leistungsfähigkeit zu erzielen, ging man mit der Dampfspannung in die Höhe (bis zu $16^1/_2$ Atm.). Dieser hohe Druck im Kessel wirkt aber in erheblichem Grade zerstörend auf die Feuerbüchse, namentlich auf die Stehbolzen, so daß der verhältnismäßig nicht großen Kohlenersparnis wesentliche Mehrkosten für Beschaffung der Feuerbüchsen und Unterhaltung der Kessel gegenüberstehen.

Bei den großen Niederdruckzylindern (bis zu 914,4 mm Durchmesser und mehr) war für den ausströmenden Dampf nicht immer der nötige Übertrittsquerschnitt vom Schieberkasten zum Zylindersattel zu erreichen, weshalb solche Zweizylinder-Verbundlokomotiven bei höheren Geschwindigkeiten häufig versagten. Berücksichtigt man noch die Schwierigkeiten, die die Riesen-Niederdruckzylinder beim Leerlauf mit sich bringen, so ist es erklärlich, daß die Mehrzahl der amerikanischen Lokomotivbauer in den Verbundlokomotiven mit zwei Zylindern einen wesentlichen Fortschritt im Lokomotivbau gegenüber der einfachen Naßdampf-Zwillingslokomotive nicht sehen konnten und von einer Einführung derselben Abstand nahmen. Auf der Weltausstellung in St. Louis besaßen unter 33 ausgestellten amerikanischen Lokomotiven nur 7 Verbundanordnung, und unter diesen befand sich nur eine einzige Zweizylinderlokomotive, ein deutliches Zeichen, welch großer Beliebtheit sich das einfache Zwillingssystem noch immer in Amerika erfreut. In den letzten Jahren sind Verbundlokomotiven mit zwei Zylindern kaum noch gebaut worden.

f) Vierzylinder-Verbundlokomotiven.

Die ständig zunehmende Erhöhung der Leistungsfähigkeit erforderte bei Anwendung der Verbundwirkung derartig große Niederdruckzylinder, daß diese nicht mehr innerhalb des zur Verfügung stehenden lichten Raumes unterzubringen waren. Man sah sich deshalb gezwungen, die Zweizylinder-Verbundmaschine in zwei kleinere zu zerlegen. Die Verteilung des Dampfdrucks dabei auf vier Arbeitskolben und vier Kurbeln gestattete eine Herabminderung der größten Kolbenkräfte und eine Ausgleichung der hin- und hergehenden Massen ohne Anwendung von Gegengewichten für diesen Zweck in den Rädern, bedingte aber die Einführung einer gekröpften Triebachse. Die genannten Vorzüge der Vierzylinder-Verbundlokomotive verschafften ihr besonders in Frankreich und Österreich größere Verbreitung. In Amerika hat sie bisher nur verhältnismäßig wenig Anhänger gefunden; außer bei der Atchison-, Topeka- und Santa-Fé-Bahn werden gegenwärtig dort keine Vierzylinder-Verbundlokomotiven gebaut.

Vierzylinder-Verbundlokomotiven haben entweder 2 oder 4 Triebwerke. Die erste Triebwerksanordnung hat bezüglich der Massenwirkungen keine Vorteile vor

---

[1]) Von den im Jahre 1905 in allen Lokomotivfabriken der Vereinigten Staaten erbauten 5491 Lokomotiven hatten nur 177 Stück Zwei- oder Vierzylinder-Verbundanordnung.

der Zweizylinderanordnung; sie ist aus diesem Grunde in Europa wohl kaum gebaut worden. In Amerika dagegen ist sie weit verbreitet, und zwar entweder mit übereinanderliegenden oder hintereinanderliegenden Zylindern.

g) **Vierzylinder-Verbundlokomotiven mit vier Triebwerken.**

Die größte Verbreitung auf europäischen Bahnen hat die Bauart de Glehn aus dem Jahre 1893 (Abb. 1 u. 2) und die v. Borries aus dem Jahre 1897 gefunden

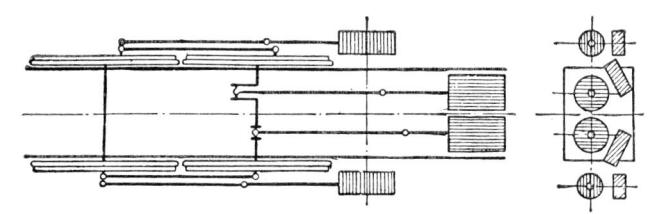

Abb. 1 und 2. Bauart de Glehn.

(s. Abb. 3 u. 4). Die erste Vierzylinder-Verbundlokomotive mit vier Kurbeln in Amerika wurde erst im Jahre 1902 von den Baldwin-Werken gebaut. Zylinder und

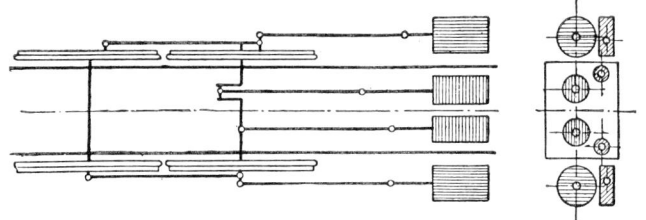

Abb. 3 und 4. Bauart v. Borries.

Kurbelanordnungen (Abb. 5 und 6) sind dieselben wie bei der v. Borriesschen Bauart (Antrieb auf eine Kropfachse), nur daß Hoch- und Niederdruckzylinder einer Maschinenseite von einem gemeinsamen Schieber gesteuert werden.

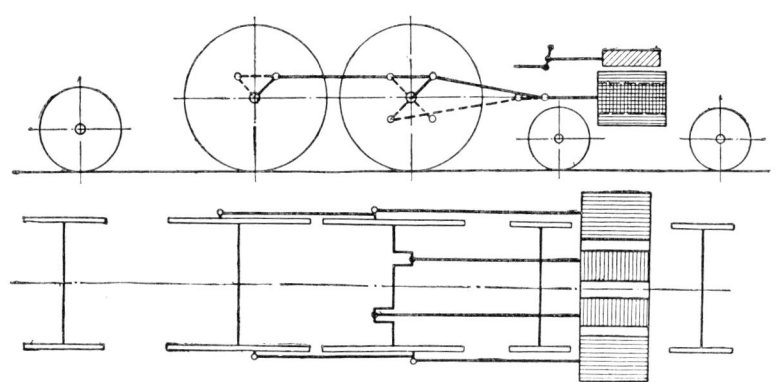

Abb. 5 und 6. Neuere Bauart Vauclain.

Im Jahre 1904 wurde bei einer Bestellung der Chicago-Burlington-Quincy R.-R. die Triebwerkanordnung von Baldwin so geändert, daß die innenliegenden Hochdruckzylinder die vordere gekröpfte Achse und die außenliegenden Niederdruckzylinder die zweite Achse antreiben.

Hier sei noch auf eine Bauart Vauclain verwiesen, die zum ersten Male im Jahre 1905 bei einer 2 C 1-Schnellzuglokomotive der Oregon Railroad and Navigation

Company Verwendung fand, bei der sämtliche vier Triebstangen an der zweiten Triebachse angreifen. Dies machte eine Gabelung der Triebstangen für die Innenzylinder notwendig, die in ähnlicher Form wie bei einzelnen Lokomotiven der Great Eastern Railway in England durchgeführt wurde. Die Triebstange (Abb. 7) wiegt etwa 500 kg!

Neben diesen Bauarten der Baldwin-Werke ist noch eine Vierzylinder-Verbundanordnung von Francis Cole, Oberingenieur der American Locomotive Company eingeführt worden, und zwar zum erstenmal bei der im Jahre 1904 für die New York-Central R.-R. gebauten 2 B 1-Lokomotive, die auch auf der Weltausstellung in St. Louis ausgestellt war. Die Grundanordnung (Abb. 8 und 9) der Zylinder und der Triebwerke lehnt sich an die de Glehnsche Bauart an, indem die vorn, unmittelbar hinter der Pufferbohle zwischen den Rahmen liegenden Hochdruckzylinder die vordere gekröpfte Achse antreiben, während die außen, hinter den Hochdruckzylindern liegenden Niederdruckzylinder an der zweiten Achse angreifen. Die beiden Zylinder einer Maschinenseite werden jedoch von zwei hintereinander liegenden Schiebern auf gemeinsamen Schieberstangen gesteuert.

Abb. 7. Gegabelte Triebstange.

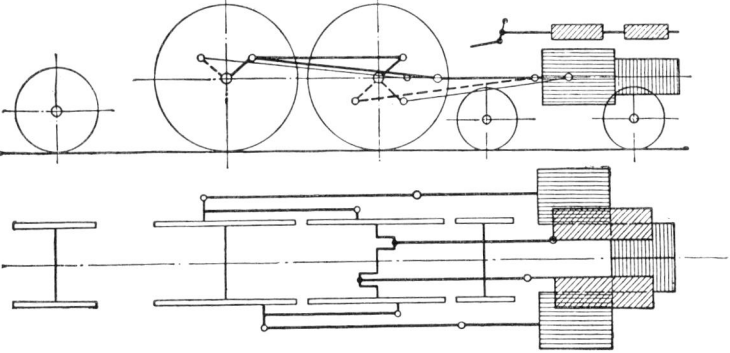

Abb. 8 und 9. Bauart Cole.

h) Vierzylinderlokomotiven mit zwei Triebwerken (Tandemverbund und Vauclain ältere Bauart).

Die Tandem-Anordnung bietet nur noch geschichtliches Interesse. Immerhin ist sie in Amerika noch ziemlich verbreitet. Sie wurde seinerzeit wegen ihrer großen Kolbenkräfte für die schwersten Güterzuglokomotiven angewendet. Ihre Triebwerksteile fallen natürlich sehr schwer aus; so wiegt z. B. bei einer 1 E 1-Güterzuglokomotive der Atchison-Topeka- und Santa-Fé-Bahn eine Triebstange 380 kg, eine Exzenterstange 83 kg.

Zur Untersuchung des Niederdruckzylinders muß der Hochdruckzylinder mit dem vorderen Deckel des Niederdruckzylinders abgehoben werden. Um die schwere Arbeit leichter zu bewerkstelligen, ist bei der genannten Lokomotive an der Rauchkammer ein Kran angebracht.

Auch die zweite Bauart (alte Bauart Vauclain), Abb. 10 und 11, ist zwar noch eine im Betrieb befindliche Vierzylinder-Verbund-Schnellzuglokomotive der Vereinigten Staaten, wird aber kaum mehr neu gebaut. Bei Schnellzuglokomotiven liegt der Hochdruckzylinder über dem Niederdruckzylinder. Bei Güterzuglokomotiven jedoch ordnet man gewöhnlich die Niederdruckzylinder oberhalb an, um bei den kleinen Raddurchmessern noch innerhalb des Profils bleiben zu können. Die Dampfverteilung ist die Woolfsche, d. h. der Dampf tritt unmittelbar ohne Verbinder aus dem Hochdruck- in den Niederdruckzylinder.

Beide Kolbenstangen einer Seite arbeiten an einem gemeinsamen Kreuzkopf, was infolge der während eines Hubes wechselnden Kolbendrücke starke Drehmomente in diesen Bauteilen hervorruft, die außergewöhnliche Abmessungen des Kreuzkopfes verlangen. Dadurch werden die ohnehin schweren hin und her gehenden Massen noch bedeutend vergrößert und erfordern sehr schwere Gegengewichte in den Triebrädern, die bei höheren Geschwindigkeiten große überschüssige Fliehkräfte in senkrechter Richtung ergeben, die den Oberbau schädlich beeinflussen. Aus diesen Gründen werden Lokomotiven dieser Bauart trotz ihrer Einfachheit, wie schon bemerkt, kaum noch neugebaut, und einzelne Bahnen haben sogar ihre Lokomotiven dieser Gattung wieder in Zwillingslokomotiven umbauen lassen.

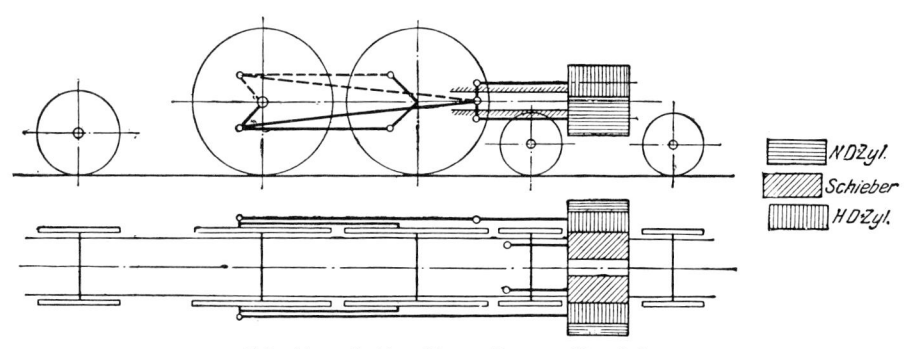

Abb. 10 und 11. Ältere Bauart Vauclain.

i) Dreizylinderlokomotiven.

Dreizylinderlokomotiven sind bisher trotz vielfacher Versuche bei keiner Eisenbahnverwaltung in erheblichem Umfange zur Einführung gelangt, trotzdem sie gegenüber den Vierzylinderlokomotiven eine erhebliche Vereinfachung bedeuten. Sie wurden vorwiegend als Verbundlokomotiven gebaut, und zwar am häufigsten mit einem innenliegenden Hochdruckzylinder und zwei außenliegenden Niederdruckzylindern, wobei entweder alle drei Zylinder auf dieselbe Achse oder, nach der Anordnung de Glehn, auf verschiedene Achsen wirken. In England sind auch mehrfach Dreizylinderlokomotiven mit einfacher Dehnung gebaut worden.

Neuerdings sind auch bei der Preußischen Staatseisenbahn-Verwaltung Drillings-Heißdampflokomotiven, und zwar 2 C - Schnellzug- und 1 E - Güterzuglokomotiven, eingeführt worden, da die Vierzylinderlokomotiven nicht allen Erwartungen entsprochen haben. Auf die bewährte Zwillingsanordnung zurückzugehen, wurde zunächst unterlassen, weil mehrfach angenommen wird, daß bei Zwillingswirkung die Kolbendrücke bezüglich der Zapfenbeanspruchungen unzulässig hohe Werte ergeben könnten. Dem gegenüber sei hier auf amerikanische Lokomotiven hingewiesen, bei denen Zwillingswirkung in Zylindern bis zu 700 mm Durchmesser und darüber angewendet wird. Man scheut sich dort demnach nicht, mit Rücksicht auf einfache Bauart weit größere Kolbendrücke zuzulassen, ohne ein Heißlaufen der Zapfen zu befürchten.

Erster Abschnitt.

Der Heißdampf als Arbeitsträger.

1. Die wichtigsten Eigenschaften des Heißdampfes.

Begriffsbestimmung.

Wenn in einem Gefäße unterhalb eines beweglichen Kolbens, der unter einem gleichbleibenden Drucke steht, Wasser durch Wärmezufuhr in Dampf verwandelt wird, so hängen Temperatur und Dichte des Dampfes nur von dem Kolbendruck ab, unter dem die Verdampfung stattfindet. Bleibt bei weiterer Wärmezufuhr der Druck gleich, wie hier angenommen, dann ändern sich auch die Temperatur des Dampfes und dessen Dichte nicht, solange noch Flüssigkeit in dem Gefäß vorhanden ist. In dem Raume zwischen der Flüssigkeit und dem beweglichen Kolben kann sich demnach für jede Kolbenstellung nur ein bestimmtes Dampfgewicht befinden. Jede durch weitere Wärmezufuhr hervorgerufene Vergrößerung des Dampfgewichts ist von einer entsprechenden Raumvergrößerung begleitet. Umgekehrt hat jede Raumverkleinerung durch Wärmeentziehung einen entsprechenden Dampfniederschlag zur Folge. Mit anderen Worten: weder eine Vergrößerung des Dampfraumes durch Wärmezufuhr noch eine Verminderung durch Wärmeentziehung vermögen eine Zustandsänderung des Dampfes herbeizuführen. Temperatur und Gewicht des Dampfes für die Raumeinheit bleiben gleich. Wasserdampf in dieser Zustandsform bezeichnet man als „gesättigten Dampf". Im Verfolg vorliegender Arbeit soll dieser Ausdruck auch durch die kurze Bezeichnung „Naßdampf" ersetzt werden, wegen seiner Neigung, sich zu Wasser niederzuschlagen. Ist die Flüssigkeit in dem Gefäße aber gänzlich verdampft, und wird dem Dampfe weiter Wärme zugeführt, so steigt jetzt seine Temperatur unter Abnahme der Dichte und man bezeichnet den Dampf als „überhitzten Dampf". Sein Volumen nimmt bei abnehmender Dichte nahezu gleichmäßig mit der Überhitzungstemperatur zu. Überhitzter Dampf, der um 100° und mehr über seine Sättigungstemperatur überhitzt ist, soll in der Folge, nach Wilhelm Schmidt, als „Heißdampf" bezeichnet werden. Für die Beurteilung der Erzeugung, Verarbeitung und der Vorteile des Heißdampfes ist es von besonderer Wichtigkeit, zunächst die Eigenschaften zu betrachten, durch die er sich vom Naßdampf unterscheidet, nämlich das spezifische Volumen, das Wärmeleitungsvermögen und den Wärmewert.

a) Allgemeine Zustandsgleichung. Die Temperatur des gesättigten Dampfes (Naßdampfes) und sein spezifisches Volumen hängen von der Spannung ab; wird ihm Wärme entzogen, so verwandelt sich ein Teil des Dampfes in Wasser, aber die Temperatur bleibt so lange dieselbe, als die Spannung gleich bleibt. Der gesetzmäßige Zusammenhang zwischen Temperatur, Spannung und Volumen des gesättigten Dampfes ist noch nicht völlig ermittelt, doch genügen für die Praxis die auf Grund eingehender Versuche Regnaults aufgestellten Dampftabellen[1]).

---

[1]) S. Hütte XX, Bd. 1, S. 333 ff.

Die allgemeine Zustandsgleichung für überhitzten Dampf lautet nach Zeuner

$$pv = RT - C\sqrt[4]{p}.$$

Hierin ist: $R = 0{,}00509$,
$p =$ Druck in kg/qcm,
$v =$ Spezifisches Volumen in cbm/kg,
$T =$ Absolute Temperatur $= 273 + t^0$,
$C = 0{,}193$.

Nach einer Gleichung von Tumlirz ist

$$p(v+C) = R \cdot T,$$

worin $R = 0{,}00471$
und $C = 0{,}016$
zu setzen ist.

H. L. Callendar hat ebenfalls eine Gleichung aufgestellt, nach der

$$p\left[v + C\left(\frac{273}{T}\right)^n\right] = R \cdot T \quad \text{ist},$$

hierin ist $R = 0{,}00471$
und $C = 0{,}075$.

Die Größen von p, v und T haben dieselbe Bedeutung wie in der Zeunerschen Gleichung.

Alle drei Formeln nähern sich für hohe Überhitzung immer mehr der allgemeinen Zustandsgleichung für vollkommene Gase

$$p \cdot v = R \cdot T.$$

b) Spezifisches Volumen. Während das spezifische Volumen des gesättigten Dampfes, das ist das Volumen, das die Gewichtseinheit des Dampfes einnimmt, bei wachsender Temperatur und Spannung kleiner wird, nimmt es beim überhitzten Dampfe zu, und zwar nahezu gleichmäßig mit der absoluten Temperatur T.

Die Zahlentafel 1 ist für Drücke von 1 bis 18 Atm. abs. und Dampftemperaturen von der Sättigungstemperatur bis 500° C ausgerechnet. Aus der Zahlentafel 1 ergibt sich z. B. für 13 Atmosphären absolut und eine

Dampftemperatur von 190,6°   250°   300°   350° C
das spezifische Volumen 0,156   0,182   0,202   0,222.

Zahlentafel 1.
Spezifisches Volumen von Sattdampf und Heißdampf bei verschiedenen Temperaturen und Spannungen.

Druck in Atm. abs.	Sättigungstemperatur t	Spez. Volumen bei t	100°	150°	200°	250°	300°	350°	400°	450°	500° C
1	99,1°	1,722	1,730	1,973	2,215	2,454	2,691	2,928	3,164	3,401	3,636
3	132,8°	0,616	—	0,647	0,731	0,813	0,894	0,974	1,053	1,132	1,211
6	157,9°	0,322	—	—	0,360	0,403	0,444	0,485	0,525	0,565	0,605
7	164,0°	0,279	—	—	0,307	0,344	0,380	0,415	0,450	0,484	0,518
9	174,4°	0,220	—	—	0,236	0,266	0,294	0,322	0,349	0,376	0,403
10	178,9°	0,199	—	—	0,212	0,238	0,264	0,289	0,314	0,338	0,363
12	186,9°	0,169	—	—	0,175	0,198	0,219	0,241	0,261	0,282	0,302
13	190,6°	0,156	—	—	0,160	0,182	0,202	0,222	0,241	0,260	0,279
15	197,2°	0,136	—	—	0,138	0,156	0,175	0,192	0,209	0,225	0,241
18	206,1°	0,115	—	—	—	0,129	0,145	0,160	0,173	0,187	0,201

Bei einer Überhitzung von 100° C beträgt demnach die Zunahme des spezifischen Volumens rund 25%. Aus dieser Zunahme des spezifischen Volumens ergibt sich, daß der thermische Wirkungsgrad der Heißdampflokomotive größer ist als der einer Naßdampflokomotive von gleicher Leistung, und daß er zunimmt mit der Überhitzung des Arbeitsdampfs.

Der thermische Wirkungsgrad η ist das Verhältnis der in Arbeit umgesetzten Wärmemenge zu der gesamten verbrauchten Wärme, also

$$\eta = \frac{AL}{Q}.$$

Dabei ist A das mechanische Wärmeäquivalent der Arbeitseinheit: $A = \frac{1}{427}$ Wärmeeinheiten, L ist die geleistete Arbeit in mkg und Q die zur Dampferzeugung verbrauchte Wärmemenge in Wärmeeinheiten. Ist ferner w der Wärmewert von 1 kg Dampf und V das zur Erzeugung der Arbeit L nötige Dampfvolumen vom spezifischen Gewicht γ, dann ist

$$\eta_1 = \frac{AL_1}{V_1 \gamma_1 w_1}$$

für Naßdampf, und

$$\eta_2 = \frac{AL_2}{V_2 \gamma_2 w_2}$$

für überhitzten Dampf, und

$$\frac{\eta_2}{\eta_1} = \frac{L_2}{L_1} \cdot \frac{V_1 \gamma_1 w_1}{V_2 \gamma_2 w_2}.$$

Da die in Vergleich zu ziehenden Lokomotiven gleiche Leistung haben sollen, so ist $L_2 = L_1$ und angenähert, unter Annahme eines gleichartigen Verlaufs der Dampfdehnung, gilt auch

$$V_2 = V_1, \quad \text{daher} \quad \frac{\eta_2}{\eta_1} = \frac{\gamma_1 w_1}{\gamma_2 w_2}.$$

Die thermischen Wirkungsgrade verhalten sich demnach angenähert umgekehrt wie die Produkte aus spezifischem Gewicht und Wärmewert. Trägt man die Dampftemperaturen als Abszissen und die zugehörigen Werte von η_2 für eine bestimmte Dampfspannung als Ordinaten in einem rechtwinkligen Koordinatensystem auf, so erhält man innerhalb der gebräuchlichen Temperaturen nahezu eine gerade Linie. Der thermische Wirkungsgrad wächst demnach nahezu proportional mit der Dampftemperatur, und es folgt aus dieser Betrachtung, daß der theoretische Dampf- und Kohlenverbrauch mit zunehmender Überhitzung abnimmt.

In dieser durch die Volumenvergrößerung des überhitzten Dampfes bewirkten Dampf- und Kohlenersparnis beruht aber nicht der wesentlichste Vorteil dieses Arbeitsträgers, sondern vor allem in der merkwürdigen Tatsache, daß er mit steigender Überhitzung mehr und mehr die Eigenschaften eines vollkommenen Gases annimmt.

c) **Wärmeleitfähigkeit.** Hochüberhitzter Dampf (Heißdampf) ist im Gegensatz zum Naßdampf ein schlechter Wärmeleiter. Wissenschaftliche Untersuchungen über diese hochwichtige Eigentümlichkeit liegen noch nicht genügend vor; der Umstand jedoch, daß in dem gleichen Raume Wasser, gesättigter und überhitzter Dampf nebeneinander bestehen können, läßt auf ein sehr geringes Wärmeleitungsvermögen des überhitzten Dampfes schließen. Ein so großer Vorteil diese Eigenschaft für die wirtschaftliche Anwendung des Heißdampfes in den Dampfzylindern auch ist, so ist sie andererseits auch ein Hindernis für den Wärmedurchgang im Überhitzer bei der Erzeugung des Heißdampfes. Auf beide Umstände soll bei Besprechung der Erzeugung bzw. Verarbeitung des Heißdampfes noch ausführlich zurückgekommen werden.

d) Spezifische Wärme. Über die spezifische Wärme des Satt- und Heißdampfes sind neuerdings von Knoblauch und Jakob im Laboratorium für technische Physik an der Technischen Hochschule in München umfangreiche Versuche angestellt worden, die im Gegensatz zu früheren Annahmen ergaben, daß die spezifische Wärme des Wasserdampfs c_p vom Druck und der Temperatur abhängig sind. Sie nimmt mit wachsendem Druck zu und mit wachsender Temperatur von der Sattdampftemperatur zunächst bis zu einem Kleinstwert ab, dann wieder zu.

Für die folgenden Berechnungen ist die Kenntnis der mittleren spezifischen Wärmen von Nutzen. Sie sind in der Zahlentafel 2 für Drucke von 10 bis 18 Atm. abs. und Temperaturen von 200 bis 500° berechnet und in Abb. 12 dargestellt.

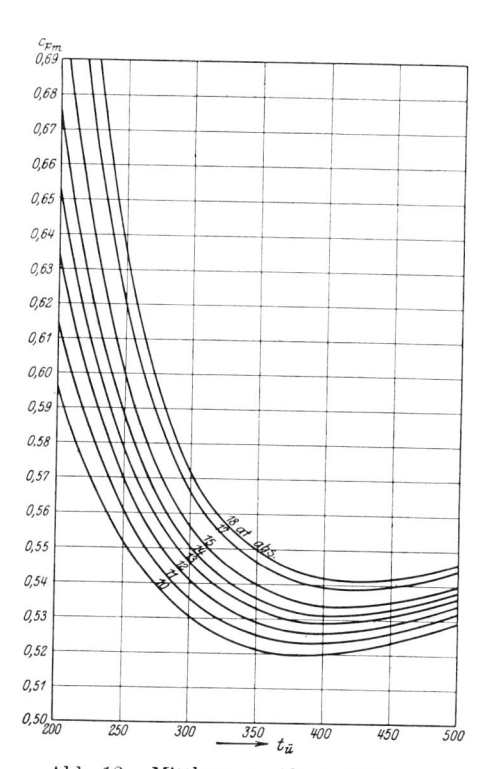

Abb. 12. Mittlere spezifische Wärme.

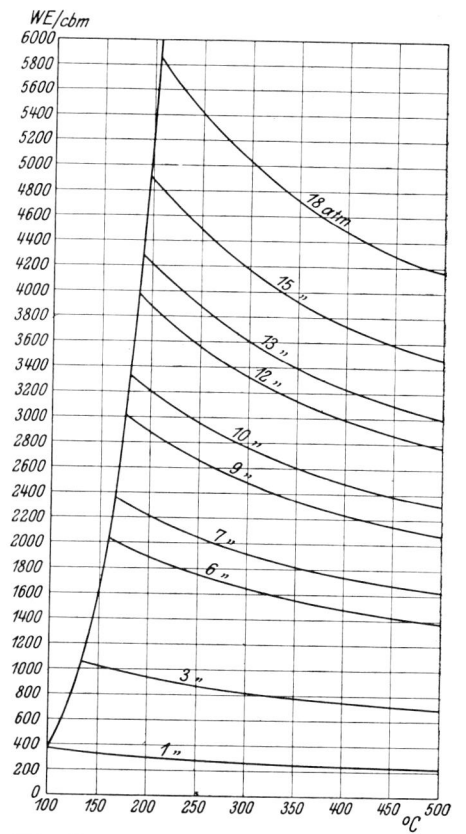

Abb. 13. Wärmeinhalt von 1 cbm Heißdampf.

Zahlentafel 2.

Werte von c_{pm} bei Überhitzung von t_s auf $t_ü$, ermittelt aus den Angaben von Knoblauch und Jakob (Z. d. V. 07, S. 128).

$t_ü \longrightarrow$

Atm. abs.	200	225	250	275	300	325	350	375	400	425	450	475	500	t_s	c_p bei t_s
18	—	—	0,635	0,596	0,572	0,558	0,550	0,544	0,542	0,541	0,542	0,544	0,546	206,1	0,807
17	—	—	0,621	0,588	0,566	0,554	0,546	0,542	0,540	0,539	0,539	0,542	0,544	203,3	0,777
16	0,751	0,668	0,609	0,580	0,561	0,550	0,543	0,539	0,537	0,536	0,537	0,539	0,542	200,3	0,751
15	0,713	0,644	0,598	0,572	0,556	0,546	0,540	0,536	0,534	0,534	0,535	0,537	0,540	197,2	0,726
14	0,677	0,623	0,588	0,564	0,550	0,542	0,536	0,533	0,531	0,532	0,533	0,535	0,538	194,0	0,704
13	0,654	0,608	0,579	0,558	0,546	0,538	0,533	0,530	0,529	0,529	0,531	0,533	0,536	190,6	0,681
12	0,635	0,595	0,570	0,552	0,541	0,534	0,529	0,527	0,526	0,527	0,529	0,531	0,534	186,9	0,660
11	0,615	0,582	0,561	0,545	0,536	0,530	0,525	0,524	0,523	0,525	0,527	0,529	0,531	183,1	0,640
10	0,597	0,571	0,552	0,539	0,530	0,525	0,522	0,520	0,520	0,522	0,524	0,526	0,529	178,9	0,621

e) **Wärmeinhalt des Heißdampfes.** Bezeichnet i' den Wärmeinhalt des Wassers im Grenzzustand von $0°$ ab gerechnet und r die Verdampfungswärme, d. h. die zur Verdampfung von 1 kg Flüssigkeit nötige Wärme in WE, so ist $i'' = i' + r$ der Wärmeinhalt des gesättigten Dampfes. Für die verschiedenen Drücke sind diese Werte in den Mollierschen Tabellen[1]) enthalten. Bezeichnet man mit $t_ü$ die Temperatur des überhitzten Dampfes und mit t_s die des gesättigten Dampfes, so ist zur Erzeugung von 1 kg überhitztem Dampf aus Wasser von $0°$ die folgende Wärmemenge erforderlich:

$$i = i'' + c_{pm}(t_ü - t_s)$$

$c_{pm}(t_ü - t_s)$ ist die Überhitzungswärme; für 13 Atm. abs. und $t_ü = 300°$ ergibt sich z. B.

$$i = 668,9 + 0,546(300 - 190,6) = 668,9 + 59,7 \text{ WE} = 728,6 \text{ WE}.$$

Die für die Überhitzung nötige Wärmemenge beträgt demnach in diesem Falle etwa 9%, der zur Verdampfung notwendigen. In Wirklichkeit hat jedoch der Überhitzer eine bedeutend größere Arbeit zu leisten, da er auch das vom Kesseldampf mitgerissene Wasser mit verdampfen muß. Weiteres hierüber folgt im ersten Abschnitt unter 2 und im vierten Abschnitt. Die in 1 kg Heißdampf von verschiedenen Spannungen und Temperaturen enthaltenen Wärmemengen sind aus den bereits erwähnten Mollierschen Tabellen (Hütte XX, Bd. 1) zu ersehen.

Dividiert man die Werte von i durch das spezifische Volumen, so erhält man die in 1 cbm Heißdampf enthaltenen Wärmemengen, die in Zahlentafel 3 als Zahlenwerte und in Abb. 13 zeichnerisch dargestellt sind.

Zahlentafel 3.
Wärmeinhalt in 1 cbm Heißdampf in WE.

	Temp. in ° Cels.								
	100	150	200	250	300	350	400	450	500
1 Atm. abs.	370	336	310	289	272	259	247	237	231
3 ,, ,,	—	1028	937	872	821	778	743	714	690
6 ,, ,,	—	—	1895	1758	1646	1562	1489	1429	1383
7 ,, ,,	—	—	2220	2058	1927	1825	1736	1670	1617
9 ,, ,,	—	—	2880	2662	2490	2342	2237	2150	2075
10 ,, ,,	—	—	3210	2957	2765	2610	2485	2385	2305
12 ,, ,,	—	—	3872	3565	3322	3140	2986	2867	2769
13 ,, ,,	—	—	4210	3870	3604	3395	3235	3111	3000
15 ,, ,,	—	—	4890	4492	4168	3925	3735	3585	3476
18 ,, ,,	—	—	—	5420	5030	4715	4485	4295	4160

f) **Dampfdehnung.** Die adiabatische Dehnung des überhitzten Dampfes und des Naßdampfes erfolgt nach einer Gleichung von der allgemeinen Form

$$p v^\varkappa = \text{constans}.$$

Nach Zeuner ist
  für überhitzten Dampf . . . $\varkappa = 1,333$
  ,, trocken gesättigten Dampf $\varkappa = 1,135$
  ,, Naßdampf mit x kg Dampf
    und $(1-x)$ kg Wasser $\varkappa = 0,1\,x + 1,035.$

Das Gewicht x des reinen Dampfes in 1 kg feuchtem Dampf heißt verhältnismäßige Dampfmenge oder Dampfgehalt. Die Flüssigkeit in 1 kg Dampf wiegt dann $(1-x)$ kg, dies ist die Dampfnässe oder Feuchtigkeit. Sowohl x als $1-x$ werden häufig in Prozenten angegeben. $x = 0,9$, oder $1-x = 0,1$ entspricht 90% Dampfgehalt und 10% Feuchtigkeit. Der Raum, den x kg trockener Dampf einnehmen, ist

---
[1]) Hütte XX, Bd. 1.

$x \cdot v_s$, die übrigen $(1-x)$ kg Wasser beanspruchen $(1-x)$ 0,001 cbm (1 kg Wasser $= 1\,l = 0,001$ cbm). Daher nimmt 1 kg feuchter Dampf den Raum ein
$$v = x \cdot v_s + (1-x)\,0{,}001.$$
Wird dem trocken gesättigten Dampf z. B. durch einen Dampfmantel genügende Wärme zugeführt, um ihn während des ganzen Verlaufes der Dehnung trocken gesättigt zu erhalten, dann erfolgt diese nach der Gleichung
$$p\,v^{1{,}0646} = 1{,}787.$$
Die Linie, nach der diese Dehnung erfolgt, nennt man Sättigungslinie. Diese Gleichungen gelten aber nur für ideal gedachte Maschinen. Unter der Einwirkung des Wärmeaustausches zwischen Dampf und Zylinderwandung erfolgt die Dehnung des gesättigten Dampfes nach einer Linie, die durch die Gleichung $pv=$ constans mit einer für praktische Zwecke genügenden Genauigkeit ausgedrückt wird. Der tatsächliche Verlauf der Dehnungslinie des überhitzten Dampfes erfolgt auch nach einer Gleichung von der allgemeinen Form $\qquad p v^{\varkappa} =$ constans,

wobei $\varkappa$ mit der Überhitzungstemperatur sich verändert. Professor Schröter[1]) und F. Richter[2]) haben den Verlauf der Dehnungslinie für verschiedene Füllungs- und

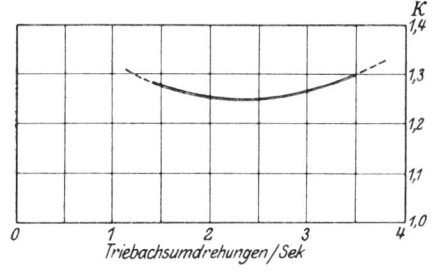

Abb. 14. Werte von $\varkappa$ in Abhängigkeit von den Triebachsumdrehungen.

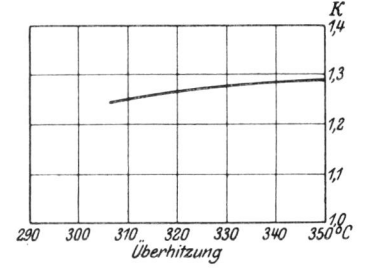

Abb. 15. Werte von $\varkappa$ in Abhängigkeit von der Überhitzung.

Überhitzungsgrade untersucht. Aus den Ergebnissen läßt sich nur entnehmen, daß der Dehnungsexponent mit der Dampftemperatur zunimmt; seine Werte hängen jedoch wesentlich von der Bauart der Zylinder ab. Professor Schröter fand Werte für $\varkappa$ zwischen 0,95 und 1,22 je nach Füllung und Temperatur, die Versuche Richters an Hochdruckzylindern von Dampfmaschinen mit dreifacher Dampfdehnung ergeben bei gleicher Füllung (20%) Werte von $\varkappa = 0{,}82$ für gesättigten Dampf bis zu $\varkappa = 1{,}26$ für 300° Dampftemperatur. Der Wert für die Adiabate $\varkappa = 1{,}33$ wurde somit nie erreicht. Neuere Untersuchungen über den Verlauf der Dehnungslinie sind von Dr. Sanzin in der Zeitschrift „Die Lokomotive" 1913, S. 198 angestellt. Es hat sich hierbei ergeben, daß der Exponent von der Füllung, der Umdrehungszahl der Triebräder und der Überhitzung abhängig ist und sich außerdem während des Verlaufes der Dehnungslinie noch ziemlich stark verändert. Die Abb. 14 zeigt die Größe des Exponenten für 50% Füllung und eine mittlere Überhitzung von 335° C in der Überhitzerkammer für verschiedene Triebachsumdrehungen in der Sekunde. Bei kleineren Geschwindigkeiten ist er wegen der stärkeren Abkühlung groß, er erreicht bei etwa 2,5 Umdr./Sek. seinen Kleinstwert und steigt dann bei höheren Umdrehungszahlen wegen der verminderten Abkühlungsverluste beim Eintritt und während der Füllung.

Abb. 15 zeigt den Einfluß des Überhitzungsgrades auf den Exponenten. Die Linie gilt für 50% Füllung und 3 Triebachsumdrehungen in der Sekunde bei 13 Atm. abs. Kesseldruck. Wie die Abb. 14 und 15 zeigen, liegt der Exponent zwischen 1,25 und 1,30.

---
[1]) Vgl. Zeitschrift des Vereins deutscher Ingenieure 1902, S. 803.
[2]) Vgl. Zeitschrift des Vereins deutscher Ingenieure 1904, S. 706.

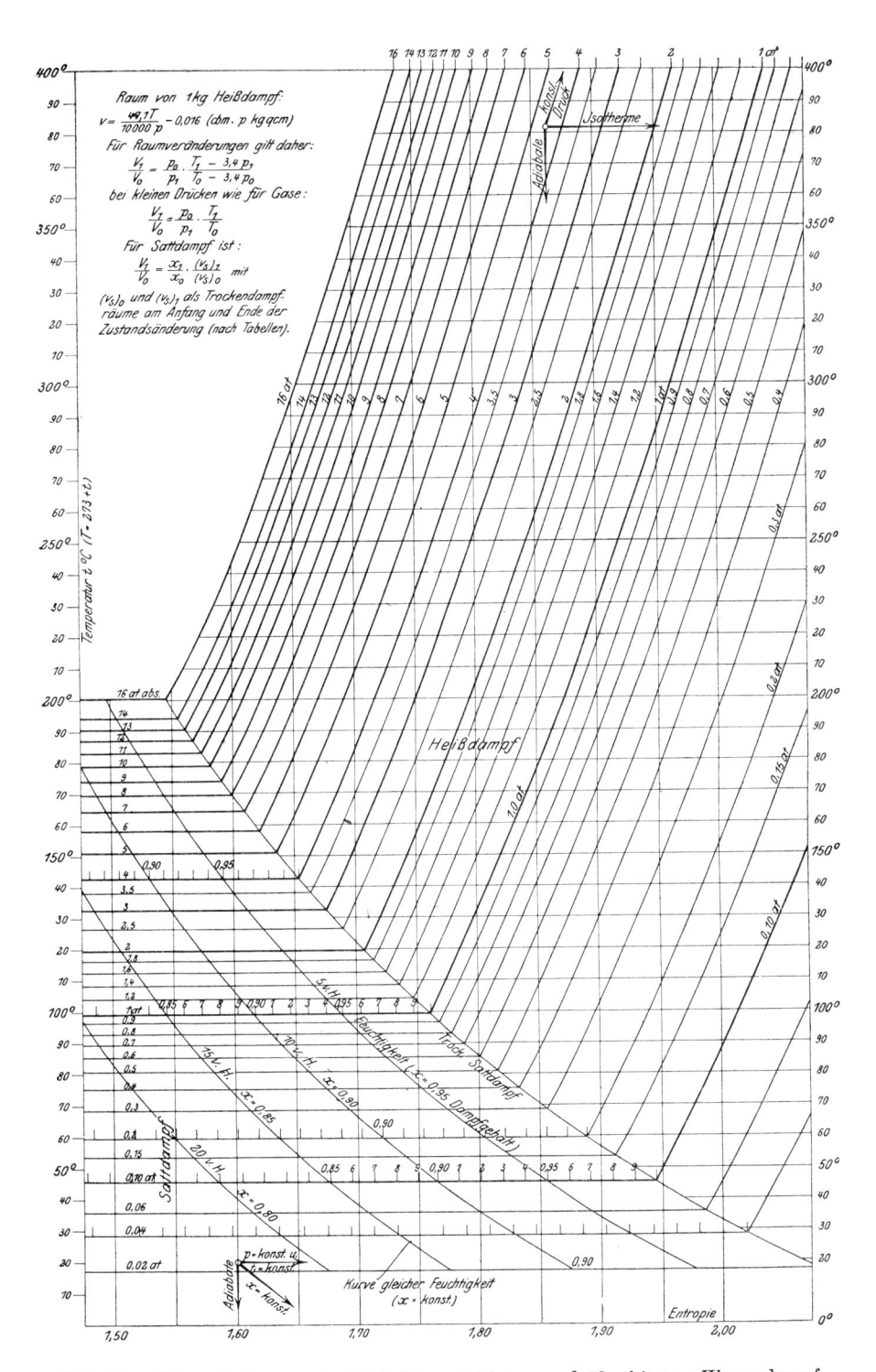

Abb. 16. Entropie-Temperaturtafel für gesättigten und überhitzten Wasserdampf (nach den Münchener Versuchen über c_p).

g) Taupunkt. Auf der Dehnungslinie des überhitzten Dampfes ist der Punkt am bemerkenswertesten, wo der Dampf in den gesättigten Zustand übergeht, und der sich als Schnittpunkt der Heißdampfadiabate mit der Sättigungslinie ergibt. Dabei ist jedoch diejenige Sättigungslinie

$$p v^{1,0646} = 1{,}787$$

einzutragen, die dem spezifischen Volumen des überhitzten Dampfes bei Beginn der Dehnung entspricht. Dieses ist natürlich kleiner, als das der Schieberkastentemperatur entsprechende. Anhaltspunkte über die Höhe der Dampftemperatur zu Beginn der Dehnung hat man nicht. Ein kleiner Fehler verursacht hier schon eine ziemlich bedeutende Verlegung des Taupunktes. Es ist daraus zu entnehmen, welch geringen Wert alle jene Taupunktsbestimmungen haben, die beweisen sollen, daß man schon bei mäßiger Überhitzung den Taupunkt erst am Ende der Dehnungslinie erhält. Für den Praktiker können ja auch hier nur die tatsächlichen Versuche maßgebend sein, und die haben gezeigt, daß eine durchschnittliche Schieberkastentemperatur von 300° nötig ist, um jeden Niederschlag in den Zylindern bei 0,2 Füllung zu vermeiden. In einfachster Weise läßt sich der Taupunkt aus der Entropietafel Abb. 16 feststellen. Bei adiabatischer Expansion, d. h. bei $\varkappa = 1{,}33$ ergibt sich der Taupunkt als Schnittpunkt der vom Zustandspunkt des Heißdampfes beim Beginn der Dehnung (d. h. vom Schnittpunkt der Druck- und Temperaturlinien) gefällten Senkrechten mit der oberen Grenzkurve. Beträgt z. B. die Temperatur und der Druck des Dampfes bei Beginn der Dehnung 300°C bzw. 12 Atm. abs., so wird bei adiabatischer Dehnung der Taupunkt bei 2,5 Atm. abs., d. h. bei 1,5 Atm. Überdruck eintreten. Wird die Dehnung bis auf 1 Atm. abs. fortgesetzt, so wird der Dampf am Ende 5% Feuchtigkeit haben, wie aus den Kurven gleicher Feuchtigkeit ebenfalls unmittelbar abzulesen ist. Ist die Dehnungszahl $\varkappa$ kleiner als 1,33, z. B. 1,2, so liegt der Taupunkt unterhalb des eben ermittelten. Man sieht hieraus, daß der Taupunkt bei den oben angenommenen Druck- und Temperaturverhältnissen, die etwa denen einer Heißdampflokomotive entsprechen, nicht unterschritten wird.

2. Heißdampf und der Kessel.

a) Erzeugung von hochüberhitztem Dampf. Die Mittel zur Erzeugung hochüberhitzten Dampfes, d. h. allen praktischen Anforderungen entsprechende Überhitzer, sind nur zu schaffen, wenn die Erkenntnis vorliegt, daß erst dann ein ganzer Erfolg zu erwarten ist, wenn der gesättigte Dampf in allen Molekülen genügend stark überhitzt wird. Die wertvolle Eigenschaft, ein schlechter Wärmeleiter zu sein, bereitet seiner Überführung in diese neue Zustandsform auch beträchtliche Schwierigkeiten. In Gegenwart von Wasserteilchen oder nassen Dampfbläschen bleibt die schädliche Neigung zur Rückbildung erheblich, sie wird geringer und verschwindet praktisch genommen während des Arbeitsvorganges im Zylinder erst völlig bei genügend hoher Überhitzung. Hier reicht die durch Taupunktbestimmung und sonstwie theoretisch errechnete Höhe der Überhitzung bei weitem nicht aus. Die verschiedenen Füllungsgrade und Temperaturgefälle, schlechtes oder schäumiges Kesselwasser, zu hoher Wasserstand, zu große Anstrengung des Kessels und ungeschicktes Fahren verlangen einen erheblichen Überschuß der Leistung des Überhitzers bei den vielen praktischen Beanspruchungen des Lokomotivkessels.

Dabei ist der Raum für die Anordnung eines Überhitzers bei Lokomotivkesseln sehr beschränkt und nur durch Anwendung hoher Temperaturen wird es daher möglich sein, eine angemessene hohe Überhitzung so großer Dampfmengen zu erreichen, wie sie ein Lokomotivkessel bei größerer Anstrengung erzeugt. Der Naßdampf muß den Überhitzer mit großer Geschwindigkeit durchströmen, um die stark erhitzten Rohre genügend zu kühlen. Es genügt dabei auch keineswegs, eine gewisse Wärmemenge durch die Überhitzerwände hindurchzuleiten, diese Wärme muß auch durch die in den Rohren fließende Dampfmenge auf jedes einzelne Dampfteilchen so lange übertragen werden, bis nicht nur der letzte Rest flüssigen Wassers verdampft, sondern auch jedes kleinste Dampfteilchen aus dem gesättigten in den überhitzten Zustand übergeführt worden ist. Hierzu bedarf es vor allem der Teilung des dicken Naßdampfstromes, wie er aus dem Kessel ausströmt, in sehr viele, dünne Strahlen.

Da gesättigter Dampf ein guter Wärmeleiter ist, so werden die an den überhitzten Flächen der dickwandigen Überhitzerrohre zunächst hinstreichenden Dampfbläschen schnell in überhitzten Dampf umgewandelt. Allmählich aber, in dem Maße, wie sich die Zahl der überhitzten, die Wärme schlecht leitenden Teilchen vermehrt, muß die Umbildung der etwas weiter von den Heizflächen hinströmenden Naßdampfbläschen sich schwieriger gestalten. Es ist daher neben der Teilung in feine Dampfstrahlen auch Richtungswechsel und damit anderweitige Mischung der Naß- und Heißdampfteilchen beim Durchgange des Dampfgemisches durch die Überhitzerrohre durchaus notwendig.

Befindet sich der Dampf im Zustande einer unvollkommenen Überhitzung, gewissermaßen einer Vorüberhitzung, halb Naßdampf, halb Heißdampf, so gibt das Thermometer etwa die Durchschnittstemperatur dieses Gemisches an. Diese Temperatur ist natürlich größer als die des gesättigten Dampfes, und es wird daher, indem man irrtümlich von der Vorstellung einer in allen Teilen gleichartigen Beschaffenheit des überhitzten Dampfes ausgeht, eine mäßige Überhitzung der ganzen Dampfmenge vorgetäuscht. Da in Wirklichkeit aber noch gesättigte Dampfteilchen mit ihren hinsichtlich Wärmeleitungsfähigkeit für die Rückbildung der Heißdampfteilchen günstigen Eigenschaften vorhanden sind, so bleibt der erwartete, durch Rechnung gefundene Erfolg in der Dampfmaschine zum Teil aus.

Es muß bei Beurteilung dieser Verhältnisse auch immer berücksichtigt werden, daß der ganze Vorgang sich in sehr kurzer Zeit abspielt. Ein Gemisch von Wasser, von gesättigtem und überhitztem Dampf wird im allgemeinen als Dauerzustand zwar unmöglich sein, — zum Ausgleich aber gehört Zeit, und diese ist bei Lokomotivüberhitzern nicht in genügendem Maße vorhanden. Um mit Sicherheit die nötige Überhitzungswärme an jedes in den Rohren dahinschießende Dampfteilchen heranzuleiten, ist bei der geringen Wärmeleitfähigkeit überhitzten Dampfes ferner ein hohes Temperaturgefälle (auch für dünne Dampfstrahlen) von außen nach innen notwendig. Wie der Erfolg beweist, wird dieses oft erreicht, wenn die Heizgase eine solche Temperatur haben, daß die gemessene Dampftemperatur des überhitzten Dampfes im Schieberkasten 300° überschreitet. Dann kann auch dahingestellt bleiben, welche Temperaturunterschiede an den verschiedenen Stellen des Querschnitts des Dampfstrahls etwa noch vorhanden sein mögen. Eine vollkommen gleichmäßige Wärmeverteilung wird man auch jetzt noch nicht voraussetzen dürfen. Die vom Thermometer angezeigte Temperatur wird nach wie vor ein Durchschnittswert bleiben; wesentlich aber ist, daß bei dieser Temperatur erfahrungsgemäß angenommen werden darf, daß der schlimmste Feind des Arbeitsvorganges beseitigt und kein Teilchen gesättigten Dampfes mehr in dem Gemisch von hoch und weniger hochüberhitzten Dampfteilchen vorhanden ist.

Ob sich der Vorgang beim Überhitzen großer Dampfmengen in kürzester Zeit ganz genau so abspielt, wie vom Verfasser hier dargestellt wurde, mag dahingestellt bleiben. Ausschlaggebend jedoch ist die bei zahlreichen Versuchsfahrten mit aller Bestimmtheit gemachte Beobachtung, daß die Leistungsfähigkeit der Lokomotive merklich sinkt und Kohlen- und Wasserverbrauch steigen, sobald die im Schieberkästen gemessene Dampftemperatur erheblich unter 300° herabgeht.

b) Regeln für den Bau von Überhitzern. Eine Temperatur von 300° und mehr ist bei dem kleinen, bei Lokomotiven zur Verfügung stehendem Raum und den begrenzten Gewichtsverhältnissen nur bei Überhitzerbauarten mit vielfach unterteilten Heizflächen erreichbar, die von Heizgasen von hoher Temperatur umspült werden. Diese von Wilhelm Schmidt zuerst richtig erkannten Grundbedingungen können kurz zusammengefaßt werden in

1. Anwendung einer ausreichend hohen, mit der Beanspruchung der Lokomotive ansteigenden Temperatur der Heizgase,
2. Unterteilung der möglichst großen Überhitzerheizfläche, d. h. Leitung des Dampfes durch viele enge, aber dickwandige Rohre,
3. Durchmischung des Dampfes auf seinem Wege durch die Überhitzerrohre und Verlängerung des Aufenthaltes in ihnen, indem der Dampf gezwungen wird, nach Durchströmung der zur Verfügung stehenden Rohrlängen rückkehrend weitere Rohrlängen zu durchstreichen,
4. Führung und Regelung des Durchzugs der Heizgase; Abstellen derselben beim Leerlauf und Stillstand der Lokomotive und beim Gebrauch des Bläsers, sofern nicht für genügende Sicherheit der Überhitzerrohre gegen Erglühen anderweit gesorgt ist, vergleiche vierter Abschnitt: „volle Besetzung der Siederohre" und Kühlung durch Naßdampf.

Diesen Bedingungen genügen alle Überhitzerbauarten Wilhelm Schmidts sowohl der Rauchkammer- als auch der Rauchrohrüberhitzer in bisher von seinen vielen Nachfolgern auf dem Gebiete der Überhitzerbauarten noch nicht erreichten vollkommensten Weise.

Es wird die Beurteilung des Wertes aller zu prüfenden weiteren Überhitzerbauarten erleichtern, wenn diese nach den vorstehenden Grundsätzen untersucht werden.

c) Lage der Überhitzerheizfläche zur Kesselheizfläche und Führung der Gase und des Dampfes. Man kann die Lokomotivkessel-Überhitzer von verschiedenen Gesichtspunkten aus unterscheiden:

1. mit Rücksicht auf ihre Lage in der Rauchkammer, im Langkessel oder in der Feuerbüchse;
2. je nachdem
   a) ein Teil der Heizgase (Flammrohr- und Rauchrohr-Überhitzer),
   b) sämtliche Heizgase (Siederohr-Überhitzer),
   c) die Abgase,
   d) eine besondere Feuerung zur Überhitzung benutzt werden;
3. je nachdem die Heizgase und der Dampf parallel und gleichgerichtet, parallel und entgegengesetzt gerichtet oder senkrecht zueinander geführt werden.

Eine theoretische Untersuchung der Wärmeausnutzung bei den einzelnen Anordnungen ist auf Grund unserer gegenwärtigen Kenntnis der Vorgänge im Lokomotivkessel bei der Wärmeerzeugung und -übertragung kaum möglich. Über die wärmetechnischen Vorzüge der einzelnen Überhitzerbauarten kann nur der praktische Versuch entscheiden. Es wurden zwar schon von verschiedener Seite zur Empfehlung der einzelnen Anordnungen derartige theoretische Untersuchungen durchgeführt, hierbei mußten jedoch so viele Voraussetzungen gemacht werden, daß an die allgemeine Gültigkeit der Ergebnisse ernstlich nicht gedacht werden kann. Hier soll nur die praktische Seite dieser Frage betrachtet werden, soweit sie von baulichen und betriebstechnischen Rücksichten abhängig ist. Feuerbüchsüberhitzer sowie Überhitzer mit besonderer Feuerung sollen dabei nicht eingehend behandelt werden, da sie schon aus baulichen Rücksichten für den Lokomotivbetrieb unbrauchbar sind.

α) **Führung der Gase.** Bei der Führung der Heizgase ist der größte Wert darauf zu legen, die Überhitzerrohre vor unmittelbarer Einwirkung der Stichflammen und der heißesten Gase nach Möglichkeit zu schützen. W. Schmidt ist deshalb auch beim Rauchkammer-Überhitzer von der Gegenstromanordnung abgegangen, um die erste, unmittelbar vor dem Flammrohr liegende Rohrgruppe möglichst zu schonen. Es ist demnach auch nicht als ein besonderer Vorzug zu betrachten, wenn ein Überhitzer gänzlich nach der Gegenstromanordnung gebaut ist. Auch bezüglich der Wärmeausnützung hat sich gezeigt, daß gerade bei Lokomotiven die Abgangstemperatur der Rauchgase viel weniger von der Führung derselben dem Dampfe gegenüber abhängig ist, als von der Lage des Ausströmrohres, den gesamten Ausströmungsverhältnissen und der Kesselbeanspruchung. Die Frage, ob senkrechte oder gleich gerichtete Heizgasführung für den Wärmedurchgang vorteilhafter ist, ist ebenfalls noch nicht gelöst. Versuche bei ortsfesten Kesselanlagen haben ergeben, daß senkrechte Rauchgasführung eine sehr ungleichmäßige Erwärmung der Überhitzerrohre hervorruft. Bei den sehr verschiedenen Temperaturen, die an den einzelnen Stellen der Lokomotiv-Rauchkammer herrschen, muß dieser Umstand bei Anordnung von Querüberhitzern in der Rauchkammer in verstärktem Maße eintreten, und auch die denkbar größten hier anwendbaren Überhitzerheizflächen können nur eine ganz ungenügende Wirkung ergeben.

Auch beim Pielock-Überhitzer werden Dampfstrom und Heizgase senkrecht zueinander geführt; diese Führung des Dampfes kann hierbei nur eine mangelhafte Berührung zwischen dem zu überhitzenden Dampf und den Siederohrwänden bewirken, wodurch der Wirkungsgrad des Überhitzers vermindert werden muß. Die Güte und Menge des erzeugten Heißdampfes hängt eben nicht nur von der Größe der Heizfläche und von der Temperatur der Gase und deren Führung ab, sondern wesentlich, wie bereits erwähnt, auch von der Führung des Dampfes.

β) Führung des Dampfes. Der Dampf ist auf seinem Wege durch den Überhitzer durch möglichst viele, enge, aber dickwandige Rohre zu leiten und wiederholt zu mischen, um trotz seiner mit der Überhitzung abnehmenden Wärmeleitfähigkeit eine gleichmäßige Wärmeübertragung zu ermöglichen. Besonderer Wert ist bei der Dampfführung darauf zu legen, daß der einmal erzeugte überhitzte Dampf nicht wieder durch gesättigten geleitet wird, wie es z. B. bei Verwendung der Fieldrohre oder beim Pielock-Überhitzer der Fall ist, wo der überhitzte Dampf durch den Dampfraum des Kessels geführt werden muß und durch den gut wärmeleitenden Naßdampf stark abgekühlt wird. Die dadurch bewirkte Abkühlung des Dampfes betrug z. B. bei Versuchen auf dem Prüfstande in St. Louis mitunter mehr als die Hälfte der erzeugten Überhitzung. Überhitzer mit Fieldrohren haben überhaupt nur ganz unbedeutende Überhitzungsgrade ergeben.

Überhitzer, bei denen die gesamten Heizgase zur Überhitzung herangezogen werden, sind entweder in der Rauchkammer angeordnet und bilden dann gewöhnlich eine Art Verlängerung der Siederohre (Abgas-Überhitzer), oder sie befinden sich im Langkessel und benutzen einen durch einen Dampfkasten abgeschlossenen Teil der Länge aller Siederohre für Überhitzungszwecke (Siederohr-Überhitzer). Erstere Anordnung ist wohl sehr einfach, bringt jedoch, wie zahlreiche praktische Versuche bewiesen haben (z. B. Versuche der sächsischen Staatsbahnen und der Lancashire-Yorkshire-Eisenbahnen in England) keine erhebliche und damit keine wirtschaftliche Überhitzung, weil die Gase mit einer zu geringen Temperatur in den Überhitzer eintreten, auch dann noch, wenn die Siederohre entsprechend verkürzt werden. Die zweite Anordnung im Langkessel ist wohl einfach, scheinbar billig und leicht; aber sie trifft der größte Vorwurf, der einer im Lokomotivbetriebe verwendeten Einrichtung gemacht werden kann, daß sie nicht betriebssicher ist, weil die zur Verankerung der Kesselwände bestimmten, an sich sehr dünnen Siederohre zum Überhitzen benutzt werden, ohne daß durch eine Regelvorrichtung eine schädliche Erwärmung der Rohre bei Reglerschluß und Bläserwirkung stets sicher verhindert werden kann.

Bei amerikanischen Malletlokomotiven zur Anwendung gelangte Abgasüberhitzer wie z. B. der Buck-Jakobs-Überhitzer, bei denen die gesamten Abgase ein in besondere Rohrwände eingewalztes Röhrenbündel durchstreichen müssen, können eigentlich nicht als Überhitzer bezeichnet werden. Bei dem genannten Überhitzer, der in eine 1 E 1-Lokomotive eingebaut wurde, ergab sich die größte Überhitzung des Frischdampfes z. B. zu nur 18,5°, die des Verbinderdampfes zu 50°. Erhebliche wirtschaftliche Erfolge sind hierbei nicht zu erwarten. Die Einrichtung kann nur als Dampftrockner angesprochen werden.

Es verbleiben demnach wesentlich nur noch jene beiden zuerst von W. Schmidt erdachten und eingeführten Grundbauarten, bei denen die in der Feuerbuchse entwickelten Heizgase von hoher Temperatur zur Überhitzung benutzt werden, entweder durch Abführung eines Teils durch ein weites Flammrohr nach der Rauchkammer, oder durch Durchführung eines Teils oder auch aller Heizgase durch Rauchrohre, in denen Überhitzerrohre angeordnet sind. Diese beiden Grundgattungen von Rauchkammer und Rauchrohrüberhitzern und ihre zahlreichen Abarten und Nachbildungen sind die einzigen Überhitzerbauarten, die sich infolge ihrer Betriebssicherheit und Wirtschaftlichkeit im Lokomotivbetriebe bisher bewährt haben, und die weiteren Betrachtungen in diesem Abschnitte werden sich daher auch nur auf diese beiden Grundbauarten beziehen.

d) Wärmedurchgang durch die Überhitzerheizflächen. Der genauen Bestimmung der Wärmedurchgangszahl auf Grund von Beobachtungen, die während einer Versuchsfahrt im Betriebe möglich sind, stellen sich fast unüberwindliche Hindernisse entgegen. Vor allem kann man den jeweiligen Wassergehalt des bei den verschiedensten Beanspruchungen des Kessels in den Überhitzer eintretenden Naßdampfes nicht genügend genau feststellen. Auch können die Temperatur- und Wassermessungen während der Fahrt nicht immer den gewünschten Grad der Genauigkeit haben. Wegen des ständig wechselnden Wassergehalts des Naßdampfes wird nicht nur der Wirkungsgrad des Überhitzers, sondern auch das Verhältnis des Wärmedurchganges in den einzelnen Überhitzerflächen geändert werden. Außerdem kennt man nur die mittlere Eintrittstemperatur der Gase in den Überhitzer, nicht aber die Temperatur der Gase beim Eintritt in die einzelnen Überhitzerheizflächenteile, die verschieden ist und den Wirkungsgrad der verschiedenen Überhitzerflächenteile wesentlich beeinflußt. Ebenso, wenn nicht noch schwieriger, gestaltet sich die Bestimmung der Wärmedurchgangszahl für die Verdampfungsheizfläche. Man kann wohl die mittlere Temperatur in der Feuerbüchse (im Mittel etwa 1400° C), sowie die Rauchkammertemperatur messen, die wesentlich von der Kesselbeanspruchung, der Länge und dem Durchmesser der Siederohre abhängt und an den verschiedenen Stellen der Rauchkammer auch verschieden ist. Was man bisher jedoch nicht hinreichend kennt, ist die Eintritts- und Austrittstemperatur der Gase aus den Siederohren. Aus den Versuchen auf dem Versuchsfelde in St. Louis schließt Vaughan[1]), Superintendent der Canadischen Pacific-Eisenbahn, daß im Durchschnitt 40% der Wärmeübertragung in der Feuerkiste stattfand[2]), und daß die Eintrittstemperatur der Gase in die Siederohre durchschnittlich 1000°, die Austrittstemperatur 400° C betrug. Versuche von Professor Goß, die 1912 gemacht wurden, ergaben den Anteil der Feuerkiste zu 34 bis 50% der gesamten Dampferzeugung, und zwar wurde über der Feuerkiste um so mehr verdampft, je weniger Kohle auf dem Rost verbrannt wurde. Ähnliche Ergebnisse kamen auch bei den Versuchen von Couche heraus, die Ende der 60er Jahre angestellt wurden[3]). Wenn auch neuere amerikanische Versuche auf dem Prüfstande (vgl. zehnten Abschnitt) hier eine weitere Klärung der Sachlage gebracht haben, so lassen doch die Ergebnisse keine allgemein gültigen Schlüsse zu, da die fast für jeden ein-

---

[1]) Vgl. H. H. Vanghan, ... The use of superheated steam on lokomotives, S. 15.

[2]) Diese Annahme ist für breite eiserne Feuerbuchsen gemacht. Für schmale, lange und tiefe kupferne Feuerbuchsen würde die Wärmeübertragung beträchtlich größer sein.

[3]) S. Couche, Voie, matériel roulant. Bd. II, S. 34 u. 35.

zelnen Lokomotivkessel anderen Verhältnisse eine große Rolle spielen und außerdem bei verschiedener Beanspruchung des Kessels kaum von vornherein zu übersehende Änderungen bezüglich des Temperaturverlaufes in den Heizflächen eintreten. Die aus Versuchen ermittelten Angaben können daher nicht als genügend betrachtet werden, um den Wärmedurchgang der Verdampfungsheizfläche mit dem der Überhitzerheizflächen in Vergleich zu stellen, d. h. um die Frage zu entscheiden, wie die Wärme an den Dampf von hoher Temperatur übertragen wird, gegenüber der Übertragung an das Kesselwasser. Offenbar spielt hierbei die gegenseitige Geschwindigkeit der beiden wärmeaustauschenden Mittel eine große Rolle. Der lebhafte Wärmeaustausch im Überhitzer ist wohl hauptsächlich der großen Relativgeschwindigkeit zwischen den Gasen und dem Dampfe zu verdanken.

Die Arbeit des Überhitzers ist bedeutend größer, als sich aus der bloßen Erhöhung der Dampftemperatur ergibt, und zwar wächst sie um so mehr, je feuchter der Kesseldampf ist. Um 1 kg trocken gesättigten Dampf von 12 Atm. Spannung auf 350° zu erhitzen, sind

$$W = 0{,}533 \, (350 - 190{,}6) = 85 \text{ Wärmeeinheiten}$$

notwendig; hat der gesättigte Dampf jedoch 7% Wassergehalt, so sind für die gleiche Überhitzung notwendig

$$W_1 = 0{,}07 \cdot 475{,}2 + 0{,}533 \, (350 - 190{,}6) = 33{,}3 + 85 = 118{,}3 \text{ Wärmeeinheiten.}$$

28% der Arbeit des Überhitzers besteht in diesem Fall in Verdampfungsarbeit. Je größer die Feuchtigkeit des Kesseldampfes ist, desto mehr muß von der in dem Überhitzer ausgetauschten Wärme zum Nachverdampfen verwendet werden. Man muß daher die Überhitzerflächen viel reichlicher bemessen, als es für die Überhitzung allein notwendig wäre. Wenn der Feuchtigkeitsgrad des Naßdampfes steigt, so wird der Wärmeaustausch im Überhitzer vergrößert, weil ein größerer Teil der Wärmeübertragung bei niedriger Dampftemperatur stattfindet. **Der Wirkungsgrad des Heißdampfkessels wird daher mit steigender Beanspruchung bis zu einem gewissen Grade zunehmen, zum Unterschied vom Naßdampfkessel, wo das Umgekehrte der Fall ist.**

Mit Rücksicht auf die Betriebssicherheit des Überhitzers darf man mit der Dampfgeschwindigkeit nicht unter eine gewisse Grenze gehen, weil sonst die Temperatur der Überhitzerrohre zu sehr erhöht wird. Die obere Grenze der Dampfgeschwindigkeit wird nur durch den zulässigen Spannungsabfall bestimmt, der aber bei gleichen Querschnittsverhältnissen für Heißdampflokomotiven bei einer bestimmten Drosselung viel kleiner ist, als für Naßdampflokomotiven, da der dem Kessel entströmende Dampf im Überhitzer vor seinem Eintritt in die Schieberkästen eine beträchtliche Volumenvergrößerung erfährt. Hierbei nimmt die Geschwindigkeit des Dampfes in den engen Überhitzerrohren zu, gleichzeitig steigert sich aber auch seine Dünnflüssigkeit, die viel größere Dampfgeschwindigkeiten gestattet, als bei Naßdampfmaschinen möglich sind. Bei der 2 B-Heißdampflokomotive der preußischen Staatsbahnen treten bei 120 km Fahrgeschwindigkeit (300 Umdrehungen in der Minute) und 20% Füllung Dampfgeschwindigkeiten bis zu 40 m/sek in den Überhitzerrohren auf.

Daß für die Wärmeübertragung im Überhitzer die höheren Dampfgeschwindigkeiten von Vorteil sind, ist u. a. bei Einführung des Rauchkammer-Überhitzers mit dreifachem Umgang des Dampfes und durch die Doppelschleifenanordnung beim Rauchrohr-Überhitzer von Wilhelm Schmidt praktisch bewiesen worden. Durch die Dreiteilung der Überhitzerfläche wurde die Dampfgeschwindigkeit im Vergleich zum älteren zweiteiligen Rauchkammer-Überhitzer im Verhältnis von 3:2 vergrößert. Die Anzahl und Größe der Rohre und die Überhitzerfläche blieben dieselben. Es zeigte sich bei den vom Verfasser durchgeführten Versuchen, daß der dreiteilige Überhitzer für die gleiche Maschinenleistung und Dampfüberhitzung eine kleinere Luftleere in der Rauchkammer und damit eine niedrigere Temperatur der Rauchgase beim Eintritt in den Überhitzer und beim Verlassen desselben ergab. Die Erhöhung der Dampfgeschwindigkeit hat also hier eine Verbesserung der Wärmeausnutzung mit sich gebracht. Die gleiche Erfahrung ist bei der Einführung der doppelten Rohrschleife beim Rauchrohr-Überhitzer von W. Schmidt gemacht worden, wo die Verdoppelung der Geschwindigkeit des Dampfes in den Überhitzerrohren sich als eine bedeutsame Verbesserung erwies.

e) **Wärmeausnutzung und Kesselwirkungsgrad der Heißdampflokomotiven.**
Die Bestimmung der Wärmeausnutzung im Überhitzer allein ist aus den schon wiederholt angegebenen Gründen erschwert, da man den Wassergehalt des Kesseldampfes nicht kennt. Einfacher dagegen ist es, die Gesamtwärmeausnutzung im Heißdampfkessel zu bestimmen, d. i. die Nutzwärme, die zur Dampfbildung und Überhitzung verwendet wurde. Das Verhältnis derselben zur gesamten zugeführten Wärmemenge gibt den Wirkungsgrad des Heißdampfkessels. In der nachstehenden Zahlentafel 4 wurden für einige Versuchsfahrten mit Heißdampflokomotiven der preußischen Staatsbahnen die Kesselwirkungsgrade bestimmt unter der Annahme einer Speisewassertemperatur von 15°C und einem Heizwert der Kohle von 6600 WE/kg.

Die Versuchsfahrten fanden in den meisten Fällen bei beträchtlichen Kesselbeanspruchungen statt. Die durchschnittlichen Beanspruchungen bei allen fünf Fahrten betrugen:

510 kg Kohle auf 1 qm Rostfläche,
58,2 „ Wasser auf 1 qm Verdampfungsheizfläche.

Der durchschnittliche Gesamtkesselwirkungsgrad war 67,8%, also beträchtlich höher als der einer gleich beanspruchten Naßdampflokomotive.

Zahlentafel 4.
Kesselwirkungsgrade bei Versuchsfahrten von Heißdampflokomotiven mit W. Schmidtschen Überhitzern der preußischen Staatseisenbahnen.

	2 B-Heißdampf-Schnellzuglokomotive 550 Cöln. Rauchkammer-Überhitzer	2 B-Heißdampf-Schnellzuglokomotive 193 Breslau. Rauchrohr-Überhitzer	1 C-Heißdampf-Personenzuglokomotive 181 Erfurt. Rauchkammer-Überhitzer	C-Heißdampf-Tenderlokomotive 2001 Magdeburg. Rauchrohr-Überhitzer	E-Heißdampf-Tenderlokomotive 1671 Breslau. Rauchkammer-Überhitzer
Reine Fahrzeit . . . . Min.	187	251$\frac{1}{2}$	151$\frac{1}{2}$	213	309$\frac{1}{2}$
Mittlere Geschwindigkeit . . . . . km/st	70,5	82,3	65,0	35,6	35
„ Umdrehungszahl in der Min.	192	208	215	140	138
„ Füllung v. H. des Hubes	29,5	28,2	31,0	32,6	32
Stündlicher Wasserverbrauch . . . . . kg	7480	7610	8040	4120	5330
„ Kohlenverbrauch . . . . „	1330	1300	1346	598	892
„ Wasserverbrauch — für 1 qm Verdampfungsheizfläche . . . kg	74,5	54,8	61,1	60,2	40,5
„ Kohlenverbrauch — für 1 qm Rostfläche . . . . kg	586	568	598	404	396
Mittlere Luftverdünnung in der Rauchkammer . . . . mm WS	89,5	132,6	107	73,8	58
„ Dampftemperatur[1]) im Schieberkasten . . . . °C	320	328	300	323	305
Überhitzter Dampf, erzeugt von 1 kg Kohle[2]) kg	5,62	5,85	5,97	6,88	5,98
Nutzwärme aus 1 kg Kohle . . . . . WE	4160	4360	4350	5120	4380
Kesselwirkungsgrad . . . . %	63	66	66	77,5	66,4

Heizwert der Kohle im Durchschnitt 6600 WE.

---

[1]) Von dem Temperaturabfall vom Überhitzer zum Schieberkasten, der nur gering ist, soll abgesehen werden; bei Berücksichtigung desselben würde der Kesselwirkungsgrad noch etwas größer werden.

[2]) Die in der Rauchkammer vorgefundene Löschemenge ist nicht berücksichtigt. Bei Abrechnung der Löschemenge steigt die Verdampfungsziffer beträchtlich über 6.

Die Ergebnisse der von mir durchgeführten vergleichenden Versuchsfahrten mit Naßdampflokomotiven können zwar nicht herangezogen werden, weil der Wassergehalt des Kesseldampfes nicht gemessen werden konnte, aber einen Anhaltspunkt für die bei Naßdampflokomotiven erzielten Kesselwirkungsgrade dürfte die nachstehende Zahlentafel 5 geben, die sich auf Versuchsergebnisse von zwei amerikanischen Naßdampflokomotiven auf dem Prüfstande in St. Louis beziehen.

Die Kesselwirkungsgrade dieser beiden amerikanischen Naßdampf-Lokomotiven sind bedeutend geringer, als die bei den in Zahlentafel 4 angeführten Heißdampflokomotiven, deren Kesselheizflächen und Rostflächen viel stärker beansprucht wurden. Die Abnahme des Kesselwirkungsgrades bei zunehmender Geschwindigkeit und Füllung kommt in Zahlentafel 5 sehr deutlich zum Ausdruck.

Zahlentafel 5.
Kesselwirkungsgrade amerikanischer Naßdampflokomotiven.

Lokomotive	Nummer des Versuchs	Umdrehungszahl in der Minute	Geschwindigkeit km/st	Füllung in v. H.	Indizierte Leistung auf 1 qm Heizfläche PS	Stündliche Verdampfung auf 1 qm Heizfläche kg	Stündliche Verbrennung auf 1 qm Rostfläche kg	Kesselwirkungsgrad v. H.
1 E-Güterzuglokomotive der Pennsylvania-Eisenbahn	116	120	32	30	4,3	46,2	349,0	55,60
	115	120	32	35	4,6	49,6	401,0	50,60
	102	160	43	20	3,6	40,5	325,0	48,40
	105	160	43	27	4,2	45,7	379,0	47,00
2 B 1-Vierzylinder-Verbund-Schnellzuglokomotive der Atchison-Topeka- und Santa Fé-Eisenbahn	605	160	60	35	3,3	30,0	207,5	66,16
	606	160	60	45	3,8	35,4	244,5	64,99
	607	160	60	55	4,9	44,0	329,0	62,48
	609	240	90	50	5,5	48,3	450,0	50,12
	610	240	90	53	5,8	56,9	588,0	44,05
	611	240	90	53	6,1	58,4	575,0	46,05
	613	280	106	50	5,5	52,8	516,0	47,27

Weitere bemerkenswerte Angaben über Kesselwirkungsgrade sind im neunten und zehnten Abschnitt enthalten. Besonders sei hier auf die neueren Untersuchungen auf dem Prüfstande in Altoona hingewiesen, bei denen die Abhängigkeit des Kesselwirkungsgrades von der Beanspruchung gut zu erkennen ist.

f) Verdampfungszahlen bei Sattdampf mit steigendem Wassergehalt und bei Heißdampf verschiedener Wärmegrade. Die Verdampfungsziffern zum Vergleich der Wirtschaftlichkeit heranzuziehen ist auf keinen Fall zulässig. Bei sehr angestrengten Fahrten mit Naßdampflokomotiven wird bei der großen Menge mitgerissenen Wassers mitunter eine zehnfache angebliche Verdampfung erreicht, und doch sind gerade dies die unwirtschaftlichsten Fahrten. Während sich die Verdampfungsziffer bei Dampfnässe scheinbar vergrößert, wird sie bei Heißdampflokomotiven sich entsprechend der höheren Temperatur des Dampfes, bzw. des größeren Wärmeinhalts der Gewichtseinheit, verkleinern. Die Zahlentafeln 6 und 7 geben eine Übersicht über die Verdampfungsziffern sowohl bei verschiedenem Wassergehalt als auch bei verschiedenen Überhitzungstemperaturen. Sie sind berechnet für Dampf von 12 Atm. Überdruck, sind aber auch genügend genau für alle im Lokomotivbetrieb auftretenden Spannungen. In 1 kg Naßdampf mit 5% Wassergehalt sind

$$0,95 \times 668,9 + 0,05 \times 193,7 = 645,1 \text{ WE}$$

enthalten. Wird die Verdampfungsziffer für trockenen Sattdampf gleich z gesetzt, dann wird die Verdampfungsziffer für unseren Fall

$$z' = z \frac{668,9}{645,1} = 1,0368 \, z.$$

Für $z = 7$ wird z. B. damit $z' = 1,0368 \cdot 7 = 7,26$.

Zahlentafel 6.

Verdampfungszahlen bei Sattdampf von 12 Atm. Überdruck mit steigendem Wassergehalt.

Wassergehalt	0	1	2	3	4	5	10	15 %
Verdampfungszahlen	5,5	5,54	5,58	5,62	5,66	5,70	5,92	6,16
	6	6,04	6,09	6,13	6,18	6,22	6,46	6,72
	6,5	6,55	6,59	6,64	6,69	6,74	7,00	7,28
	7	7,05	7,10	7,15	7,20	7,26	7,53	7,84
	7,5	7,55	7,61	7,66	7,72	7,78	8,07	8,40
	8	8,06	8,12	8,17	8,23	8,29	8,61	8,96
Verhältniszahlen	1	1,0071	1,0144	1,0217	1,0292	1,0368	1,0764	1,1194

Auf gleiche Weise, entsprechend den Wärmeinhalten für 1 kg ist die Zahlentafel 7 für die Veränderlichkeit der Verdampfungszahlen für Heißdampf entstanden. Erzeugt demnach 1 kg Kohle 6,22 kg Heißdampf von 350 ° C, so ist die Verdampfungsziffer, bezogen auf trockenen Sattdampf, gleich 7.

Zahlentafel 7.

Verdampfungszahlen von Sattdampf von 12 Atm. Überdruck und Heißdampf von 300°, 325° und 350° C.

Z	8,0	7,5	7,0	6,5	6,0	5,5
Z' bei $t_{\ddot{u}} = 300°$	7,34	6,88	6,42	5,96	5,51	5,05
„ 325°	7,22	6,77	6,32	5,87	5,41	4,96
„ 350°	7,10	6,66	6,22	5,77	5,33	4,88

Wiederholt wurde der Heißdampflokomotive der Vorwurf gemacht, daß die großen Ersparnisse, die sich aus der wirtschaftlichen Verarbeitung des Heißdampfes in der Maschine ergeben, zum großen Teile durch die schlechte Wärmeausnutzung im Heißdampfkessel wieder herabgezogen, ja unter Umständen ganz aufgehoben werden können. In Zahlentafel 4 ist durch zahlreiche, in der Praxis erlangte Zahlen der Beweis erbracht, daß durch den Einbau eines Überhitzers der Wirkungsgrad des Kessels keineswegs verschlechtert, sondern sogar verbessert wird.

3. Heißdampf und die Maschine.

Erst nachdem die besonderen Eigenschaften des Heißdampfes Schritt für Schritt an der Hand ausgedehnter Versuche erkannt worden waren, ist es auch gelungen, die Lokomotivmaschine diesem eigenartigen Arbeitsträger entsprechend in dem richtigen Verhältnis zum Reibungsgewicht der Lokomotive und zu der Heizfläche des Kessels derart zu bestimmen und zu bauen, daß bei dem vorhandenen Reibungsgewichte die größtmögliche Schleppleistung bei größter Wirtschaftlichkeit erhalten werden konnte.

a) Zylinderabmessungen. Durch den Einbau eines geeigneten Überhitzers in einen Lokomotivkessel kann seine Leistungsfähigkeit ohne Änderung der Feuerbuchse, des Kesseldurchmessers, der Siederohrlänge oder Rostfläche um mindestens ein Drittel gesteigert werden. Um diese vermehrte Leistungsfähigkeit jedoch voll auszunutzen, genügt es keineswegs, nur die Zylinderfüllung zu vergrößern; denn dadurch würden die Verluste infolge unvollständiger Dehnung, größeren Gegendrucks und zu heftiger Feueranfachung so bedeutend vermehrt werden, daß ein großer Teil der erhöhten Leistungsfähigkeit wieder verloren ginge.

Nur durch eine entsprechende Vergrößerung des Zylinderdurchmessers kann die Zugkraft unter Beibehaltung wirtschaftlicher Füllungen so gesteigert werden, daß die vermehrte Leistungsfähigkeit des Kessels voll ausgenutzt wird.

Beim Naßdampfbetrieb müssen die Zylinderdurchmesser möglichst genau für eine durchschnittliche, nach oben und unten ziemlich eng begrenzte Leistung einer Lokomotivgattung berechnet werden, um die Abkühlungsverluste auf ein erträgliches Mindestmaß zu beschränken. Bei kleineren Füllungen wachsen die Niederschlagsverluste, bei größeren Anstrengungen wird daneben noch die Dampfdehnung nicht genügend ausgenützt, und die Lokomotive arbeitet mit zunehmender Zylinderfüllung noch unwirtschaftlicher.

Beim Heißdampf fallen die großen Verluste durch Niederschläge gänzlich fort. Er ist ein schlechter Wärmeleiter und kann um seine ganze Überhitzungswärme abgekühlt werden, ohne sich niederzuschlagen, d. h. ohne seine Arbeitsfähigkeit teilweise zu verlieren, während beim Naßdampf die geringste Abkühlung zur Vernichtung einer entsprechenden Dampfmenge führen muß, die dadurch als Arbeitsträger verloren geht. Beim Heißdampfbetrieb kann daher der Ziylnderdurchmesser viel größer gewählt werden, so daß auch die größte Zugkraft bei der Durchschnittsgeschwindigkeit noch mit verhältnismäßig wirtschaftlichen Füllungen erhalten werden kann. — Je höher die absolute Überhitzung dabei ist, desto geringer kann die Füllung sein, d. h. desto weiter kann man die Dampfdehnung im Zylinder treiben, ohne Niederschlagsverluste befürchten zu müssen.

Eine hochwirtschaftliche Verarbeitung des Heißdampfes in den Zylindern ist nicht vorwiegend durch hohe Dampfspannung bedingt, wie dies bei Verwendung von Naßdampf der Fall ist. Selbst Heißdampf von 8 Atm. Spannung kann, abgesehen von den nicht sehr erheblichen Drosselverlusten, bei genügender Überhitzung noch mit verhältnismäßig großer Wirtschaftlichkeit arbeiten. Es ist also nur nötig, den Zylindern bedeutend größere Durchmesser zu geben, als sie für Naßdampf überhaupt praktisch anwendbar wären, um die Leistung und Wirtschaftlichkeit einer Lokomotive ganz erheblich zu steigern. Auch die Wirtschaftlichkeit bei kleinen und kleinsten Leistungen bleibt hierbei noch sehr groß und wird nur um die Drosselverluste verringert, die bei kleinsten Leistungen durch entsprechende Herabminderung der Dampfspannung durch Handhabung des Reglers entstehen und bei der sehr wechselnden Belastung im Lokomotivbetrieb unvermeidlich sind. Vgl. hierzu ersten Abschnitt unter 4. Es ist also möglich, die Anzahl der Lokomotivgattungen stark einzuschränken, was von weiterer, großer Bedeutung ist.

Hier liegt der Gegensatz und die große Überlegenheit des Heißdampfes gegenüber dem Sattdampf!

Auf Grund dieser Betrachtung wird es auch klar sein, warum durch bloßen Einbau eines Überhitzers unter Beibehaltung der für Naßdampfbetrieb gebräuchlichen Zylinderabmessungen niemals der volle Nutzen des Heißdampfbetriebes erzielt werden kann.

Auch der Verfasser ist seinerzeit nur schrittweise zur vollen Erkenntnis dieses Sachverhaltes gekommen. Erst durch Versuche von einem Neubau zum anderen konnte die für den neuen Arbeitsträger angemessene Vergrößerung der Dampfzylinder festgelegt werden; jeder weitere Schritt war hier förmlich zu erkämpfen. Die Durchmesser der Zylinder einer 2 B - Heißdampf - Schnellzuglokomotive z. B. wurden so in sechs Jahren von einem Neubau zum andern ohne nennenswerte Vergrößerung der Triebachslast von 480 bis auf 550 mm vergrößert. Jede neue Zylindervergrößerung brachte neben der vermehrten Leistungsfähigkeit auch eine erhöhte Wirtschaftlichkeit der Lokomotive mit sich.

b) Verhalten des Heißdampfes in den Zylindern Die Wärmemenge, die der gesättigte Dampf während der Füllung an die kühleren Zylinderwandungen abgibt, kann nur Verdampfungswärme sein, die durch Niederschlag eines entsprechenden Dampfgewichts frei wurde. Also auch wenn gesättigter Dampf trocken in den Zylinder eintritt, muß er schon bei Beginn der Dehnung einen gewissen Feuchtigkeitsgrad haben. Das Dampfgewicht, das durch das Indikatordiagramm angezeigt wird, ist demnach auch viel geringer, als das tatsächlich mit jedem Hub in den Zylinder gelangende; der Unterschied kann bei Naßdampfbetrieb je nach der Bauart der Maschine bis zu 40 % betragen.

Wenn der Dampf aus dem Schieberkasten in den Zylinder tritt, kommt er zunächst mit den metallischen Oberflächen der Dampfkanäle, Zylinderdeckel, Kolben und eines Teiles der Zylinderwandung in Berührung. Diese haben aber eine viel niedrigere Temperatur als der eintretende Dampf, da sie während der vorhergegangenen Dehnung und Ausströmung abgekühlt worden sind, weil sie mit Dampf von niedriger Spannung und Temperatur in Berührung waren. Es wird daher während der Füllung ein Wärmeaustausch zwischen Dampf und Zylinderwandungen stattfinden. Je größer dabei der Temperaturunterschied und das Verhältnis der Abkühlungsoberfläche zum Füllungsvolumen ist und je besser die Wärmeleitfähigkeit des Dampfes ist, um so größer ist dann auch der stattfindende Wärmeaustausch. Ist der Arbeitsträger gesättigter Dampf, dann hat dieser Wärmeaustausch, wie bereits erwähnt, Niederschläge zur Folge, wodurch ein entsprechender Teil des Dampfes seine Eigenschaft als Arbeitsträger verliert. Es wird demnach für die Dehnung ein geringeres Dampfgewicht zur Arbeit herangezogen, als in den Zylinder gefüllt wurde. Der teilweise zu Wasser gewordene Dampf ist über die metallische Zylinderoberfläche in Form kleiner Tröpfchen verteilt und bleibt zum weitaus größten Teil in dieser Nebelform bis zum Beginne der Ausströmung. Dieser Wassernebel bewirkt aber einen weiteren Niederschlag von Dampf, da Wasser, zumal in der den ganzen Dampfraum durchsetzenden, feinen Verteilung ein erheblich besserer Wärmeleiter als Dampf ist. Ein geringer Teil wird sich zwar schon während der Dampfdehnung infolge der Druckverminderung wieder zu Arbeitsdampf umbilden, immerhin wird aber, namentlich bei größeren Füllungen, die Wärmeabgabe an die Zylinderwände auch innerhalb des Dehnungszeitraums überwiegen, und zu den Niederschlagsverlusten während der Dampfeinströmung, den sogenannten Füllungsverlusten, kommt demnach noch ein weiterer Niederschlag während der Dehnung hinzu, der aber, wie schon angedeutet, verhältnismäßig gering ist. Die Hauptverlustquelle bilden die Füllungsverluste. Am Ende der Dehnung findet ein schwaches Nachverdampfen des Niederschlagwassers statt, das in dem Maße zunimmt, wie die Spannung des Dampfes, die der Temperatur des Niederschlagwassers entspricht, geringer wird. Es wird sich demnach am Ende der Dehnung ein größeres Dampfgewicht im Zylinder befinden als zu Beginn; die Zunahme ist jedoch gering. Erst während der Ausströmung, wenn die Spannung sehr schnell sinkt, findet ein stärkeres Nachverdampfen statt. Die zu dieser Dampfbildung nötige Wärmemenge vermag das Wasser nur zum geringsten Teil aus seiner eigenen Flüssigkeitswärme zu liefern, sie muß zum größten Teil den hocherwärmten Zylinderwandungen entzogen werden, deren Temperatur dadurch wieder erniedrigt wird, was bei der folgenden Füllung zu den bereits angeführten Füllungsverlusten Anlaß gibt. Der Wärmeaustausch findet dabei in der Ausströmzeit zuerst sehr schnell, dann mehr und mehr schleppend statt. Bei der großen Wärmemenge (539,7 WE), die für jedes Kilogramm zu verdampfenden Niederschlag von den Zylinderwänden hergegeben werden muß, und bei der gleichbleibend niedrigen Temperatur des Niederschlagwassers, sinkt das anfänglich große Temperaturgefälle natürlich sehr schnell und in dem Maße, wie das Temperaturgefälle sich verkleinert, verzögert sich der Fortgang des Nachverdampfens. Hierdurch muß bei zu großen Kolbengeschwindigkeiten, d. h. bei zu kurzen Zeiten für Beendigung des Vorgangs der Nachverdampfung der Augenblick eintreten, wo trotz starker Abkühlung der Zylinderwände doch noch unverdampftes Wasser zurückbleibt.

Hier liegt ein Hauptgrund dafür, daß Naßdampflokomotiven für hohe Kolbengeschwindigkeiten wenig geeignet sind und bei größeren Beanspruchungen zum Wasserspeien Veranlassung geben. Jede neue Füllung bringt bei zu hohen Geschwindigkeiten größer werdende Niederschlagsverluste, da die Zylinderwandtemperaturen in der Ausströmzeit mehr und mehr sinken müssen, und das damit größer werdende Temperaturgefälle zwischen der Temperatur des eintretenden Frischdampfes und der Zylinderwand nach und nach die Füllungsverluste so steigert, daß sie sich denen nähern, die in der ersten Zeit nach dem Anfahren der Lokomotive auftreten.

Beim Anfahren der Lokomotive, wenn die Zylinderwandungen noch nicht genügend vorgewärmt sind, werden die Niederschlagsverluste naturgemäß am größten, und man muß die Zylinderhähne offen halten, um dem Niederschlagswasser einen Ausweg zu gewähren. In dem Maße jedoch, wie die mittlere Zylinderwandtemperatur steigt, wird immer weniger Wasser gebildet, das mehr und mehr während der Ausströmzeit nachverdampft wird. Die wirtschaftlichste Beanspruchung im Betriebe von Naßdampflokomotiven wird erreicht, wenn bei passender Spannungstemperatur und richtigen Füllungsverhältnissen das ganze niedergeschlagene Wasser in der Ausströmzeit leicht nachverdampft wird, obgleich auch dann noch die so wieder entstandene Dampfmenge durch den Zylinder gewandert ist, ohne Arbeit geleistet zu haben.

Diese bisher für Naßdampfbetrieb betrachteten Verhältnisse gestalten sich bei Anwendung von genügend hoch überhitztem Dampf ganz bedeutend günstiger. Der Wärmeaustausch während des Füllungszeitraumes findet auf Kosten der Überhitzungswärme statt, wodurch nur die Überhitzungstemperatur vermindert wird, ohne daß hierbei Niederschläge eintreten. Der Verlust an Arbeitsvermögen infolge der Volumenverkleinerung ist nur unbedeutend. Während der Ausströmung brauchen die Zylinderwände verhältnismäßig wenig Wärme an den ausströmenden Dampf abzugeben, namentlich, was besonders betont werden soll, wenn er noch überhitzt ist, einerseits, weil auch der noch leicht überhitzte Dampf ein schlechter Wärmeleiter ist und andererseits, weil die von den Zylinderwandungen abgegebene Wärmemenge unmittelbar zur Temperaturerhöhung des Dampfes verwendet wird und nicht, wie beim Naßdampf, zum Nachverdampfen von Niederschlagwasser, was ohne Temperaturerhöhung stattfindet. Es wird demnach beim Heißdampfbetrieb ein viel geringerer Wärmeaustausch zwischen Dampf und Zylinderwandung stattfinden, als beim Naßdampfbetrieb. Die Wandungen werden während der Ausströmung nicht erheblich abgekühlt, und die mittlere Zylinderwandtemperatur liegt höher. In diesem verschiedenen Verhalten des gesättigten und des hoch überhitzten Dampfes beruht der wesentliche Vorteil, der sich aus der Anwendung des letzteren ergibt.

Neben dem unvermeidlichen Verluste, der durch die mit dem Auspuffdampf abziehende Wärmemenge entsteht, sind die Füllungsverluste, wie schon angedeutet, die Hauptursache des geringen thermischen Wirkungsgrades der Naßdampfmaschine. Diese Verluste zu vermindern, war der Hauptzweck der wichtigsten Erfindungen auf dem Gebiete des Dampfmaschinenbaues. Was jedoch weder Verbundwirkung noch Mantelheizung vermochten, das ist bei Anwendung hochüberhitzten Dampfes möglich geworden, nämlich: die gänzliche Vermeidung aller Niederschlagsverluste in den Zylindern. Dabei ist jedoch stets im Auge zu behalten, daß nur eine sehr hohe anfängliche Überhitzung den Dampf während des ganzen Arbeitszeitraums vor Niederschlägen schützen kann.

Die weiteren Betrachtungen werden u. a. auch einige Anhaltspunkte für die Bestimmung der Höhe der hierzu nötigen Überhitzung geben.

Die einzelnen Arbeitsvorgänge in den Zylindern theoretisch einwandfrei zu untersuchen, ist noch nicht gelungen. Man hat vielfach angenommen, daß sich diese

Verhältnisse bei überhitztem Dampf infolge seiner gasartigen Beschaffenheit einfacher gestalten würden, als bei gesättigtem Dampf. Leider haben sich diese Erwartungen nicht erfüllt, und man besitzt trotz vieler Versuche bei ortsfesten Heißdampfmaschinen noch immer keine genauen Angaben über den Verlauf der Dampftemperatur im Zylinder und über den Zusammenhang der Dehnungszahl mit der Dampftemperatur. Es ist daher noch nicht möglich, den Anteil der Einzelwirkungen in den Zylindern an der Gesamtwärmeersparnis theoretisch festzustellen. Die Untersuchung dieser Einzelvorgänge ist glücklicherweise nicht mehr von hoher Wichtigkeit, denn die Verbesserung der Wirtschaftlichkeit durch gesteigerte Überhitzung (bei der Lokomotive 350 bis 360°) ist durch Versuche festgestellt. Sie würde jedoch immerhin zur Erklärung und zum leichteren Verständnis erhaltener Versuchsergebnisse dienen können.

Dr.-Ing. Berner in München, der bei wiederholter Teilnahme an vom Verfasser geleiteten Versuchsfahrten mit Heißdampflokomotiven ein reges Interesse und hohes Verständnis für die Anwendung des Heißdampfes bei Lokomotiven bekundete, versuchte unter Zugrundelegung eines theoretischen Kreisprozesses sowohl unter Annahme vollständiger Dehnung (Clausius-Rankinescher Prozeß), als auch unter Berücksichtigung des Expansionsverhältnisses den Anteil zu bestimmen, den die Verminderung der Abkühlungsverluste an der gesamten Wärmeersparnis hat (Zeitschrift des Vereins deutscher Ingenieure 1905, Seite 1063). Er legte dabei die Versuche von Ripper an einem kleinen 18 pferdigen Schmidtmotor zugrunde (vgl. Zahlentafel 8).

Aus dieser Zahlentafel, die in Abb. 17 auch zeichnerisch dargestellt wurde, ist zwar bei einer Zunahme der Dampftemperatur von 310 auf 353° nur eine Steigerung der Wärmeersparnis infolge Verkleinerung der Füllungsverluste von 31,4 auf 34,5 v. H. dargestellt, die gesamte Wärmeersparnis ist hierbei jedoch von 39,6 auf 44,7 v. H. gestiegen, und auch dieser Versuch bestätigt die Ansicht des Verfassers über den Wert der Anwendung hoher Überhitzung.

Zahlentafel 8.

Wärmeersparnis durch die Vergrößerung des indizierten Wirkungsgrades mit und ohne Berücksichtigung des Expansionsverhältnisses.

1.	2.	3.	4.	5.	6	7.
Art der Maschine	Indizierte Leistung PS_i	Dampftemperatur °C	Indizierter Wirkungsgrad		Wärmeersparnis durch die Vergrößerung des indizert. Wirkungsgrades	
			bei vollständiger Dehnung	unt. Berücksichtigung d. Dehnungsverhältnisses	nach Spalte 4 v. H.	nach Spalte 5 v. H.
Einfach wirkende Zwillingsmasch. mit Auspuff von W. Schmidt	16,80	gesättigt	0,461	0,538	—	—
	16,53	211	0,516	0,630	10,6	14,6
	16,65	310	0,688	0,785	33,0	31,4
	16,82	353	0,705	0,821	34,7	34,5

Allerdings muß beim Bau der Zylinder, Kolben und Schieber für hochüberhitzten Dampf mit Rücksicht auf die auftretenden hohen Temperaturen besondere Sorgfalt angewandt werden, um jedes Klemmen oder Verziehen und jede unnötige Reibung der unter Dampf gehenden Teile zu verhindern. Der Heißdampf tritt in die Zylinder mit etwa 320 bis 340° ein und verläßt sie nahezu an derselben Stelle mit einer Temperatur von 120 bis 150° C und mit geringer Spannung. Diese bedeutenden Spannungs- und Temperaturunterschiede werden in dem Gußstück Werfen und Verziehen hervorrufen, wenn nicht möglichst alle Ursachen vermieden werden, die ungleiche Erwärmung oder ungleiche Ausdehnung hervorrufen können. Es ist daher jede Stoffanhäufung zu vermeiden, und aus dem gleichen Grunde sind die Wände des Schieberkastens vom Zylinder zu trennen.

c) **Mittlere Zylindertemperatur und Füllungsverluste**[1]). Grashof und Kirsch haben auf rechnerischem Wege, Callendar, Nicolson und Wilhelm Schmidt auf dem Wege des Versuches gezeigt, daß die Zylinderwandungen im Beharrungszustande der Maschine eine ziemlich gleichbleibende, mittlere Temperatur annehmen, von der nur die innersten, mit dem Dampf in unmittelbarer Berührung stehenden Oberflächenschichten in dem Kolbenlauf entsprechenden Schwingungen abweichen. Durch Erhöhung der mittleren Zylinderwandtemperatur wird stets eine Verminderung der Füllungsverluste und dadurch eine Wärmeersparnis in der Maschine hervorgerufen. Je größer der Wärmeaustausch zwischen Dampf und Zylinder-

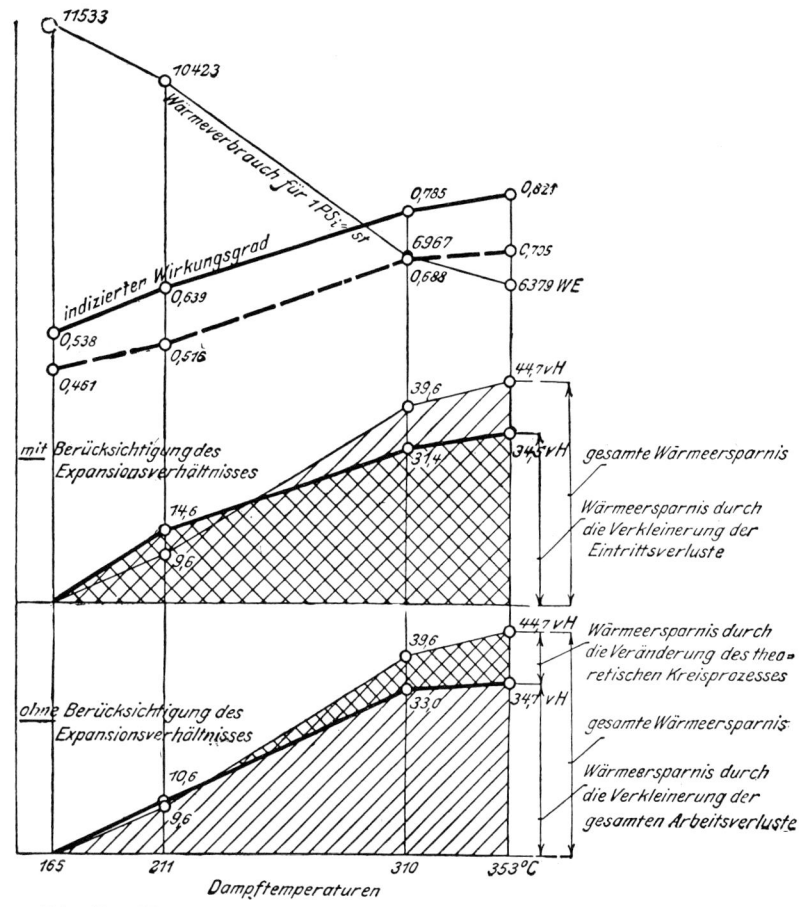

Abb. 17. Wärmeersparnis durch Dampfüberhitzung.

wandungen dabei ist, desto größer ist der Wärmeverlust der Maschine. Die während der Füllung an die Wände abgegebene und während der Ausströmung an den Dampf wieder zurückgegebene Wärmemenge fließt, wie schon erwähnt, durch den Zylinder, ohne Arbeit zu leisten. Hirn sowohl als Ripper haben diesen Wärmeaustausch für verschiedene Überhitzungsgrade, aber gleiche Füllung und Umdrehungszahlen untersucht und graphisch dargestellt. Nach Ripper beträgt dieser für hochüberhitzten Dampf nur $1/4$, bei mäßig überhitztem Dampf ungefähr $1/2$ desjenigen von gesättigtem Dampf.

d) **Mittlere Zylinderwandtemperatur und Betriebssicherheit.** Wenn aus wärmetechnischen Gründen eine hohe mittlere Zylinderwandtemperatur erwünscht er-

---

[1]) Vgl. O. Berner, Die Anwendung des überhitzten Dampfes bei der Kolbenmaschine, Zeitschrift des Vereins deutscher Ingenieure 1905, S. 1524, und W. Ripper, Steam engine, Theory and Practice, S. 113.

scheint, so ist ihr doch mit Rücksicht auf die Betriebssicherheit eine gewisse Grenze gezogen. Nach den wenigen Versuchen, die darüber bis heute vorliegen, muß angenommen werden, daß man mit der mittleren Zylinderwandtemperatur nicht viel über 250 bis 300 °C hinausgehen kann, ohne die Abnutzung der aufeinander gleitenden Teile zu erhöhen und die Betriebssicherheit zu verringern.

e) **Dampfaustrittsverluste.** Es wurde bereits wiederholt betont, daß nach den Erfahrungen des Verfassers eine durchschnittliche Schieberkastentemperatur von mindestens 300 °C zur Vermeidung jedes Niederschlagsverlustes in den Zylindern bei den Durchschnittsfüllungen einer Schwingensteuerung notwendig ist. Gegen eine so hohe, durchschnittliche Überhitzung wurde von vielen Seiten der Einwand erhoben, daß namentlich bei größeren Füllungen unvermeidlich sei, daß auch der ausströmende Dampf noch teilweise überhitzt ist, und daß dadurch ein Teil der teuer erkauften Überhitzungswärme zum Schornstein hinausgeht. Von denselben Seiten wurde dann vorgeschlagen, den Dampf nur so hoch zu überhitzen, daß er sich am Ende der Dehnung bereits im gesättigten Zustande befindet. Hiergegen haben schon die Versuche Seemanns mit einer W. Schmidtschen Versuchs-Heißdampfmaschine bewiesen, daß trotz der Zunahme der Temperatur des Auspuffdampfes mit steigen- Temperatur des Füllungsdampfes der Wärmeverbrauch der Maschine für 1 PS$_i$/st ständig abnahm. Vgl. Zahlentafel 9.

Zahlentafel 9.
Dampf- und Wärmeverbrauch einer W. Schmidtschen Auspuffmaschine für verschiedene Dampftemperaturen.

Umdrehungen in der Minute	Füllungsgrad v. H.	Indizier-Leistung PS$_i$	Eintrittsspannung absolut kg/qcm	Eintrittstemperatur °C	Dampfverbrauch f. 1 PS$_i$/st kg	Wärmeverbrauch f. 1 PS$_i$/st WE	Temperatur des Auspuffdampfes °C
153,4	24,3	41,26	8,00	209	12,00	8126,4	103
152,6	26,1	37,48	7,40	255	10,48	7305,6	109
149,9	23,4	44,74	9,20	309	8,27	5989,1	128
152,6	22,9	43,64	9,15	355	7,85	5858,4	156

Wir ersehen aus dieser Zahlentafel sowie aus ihrer zeichnerischen Darstellung in Abb. 18, daß der geringste Wärmeverbrauch für 1 PS$_i$/st bei der höchsten Dampftemperatur von 355 °C stattfand, wobei der ausströmende Dampf mit 156 °C, also bei der geringen Spannung noch beträchtlich überhitzt, abzog. — Aus der Darstellung des Wärmeinhalts von 1 cbm Heißdampf (Abb. 13) geht hervor, daß in 1 cbm um so weniger Wärme enthalten ist, je höher die Temperatur bei derselben Spannung ist. Je größer demnach die Auspufftemperatur des Dampfes ist, gleiche Auspuffspannung vorausgesetzt, desto geringer ist die abgeführte Wärmemenge, desto geringer also auch der Abwärmeverlust.

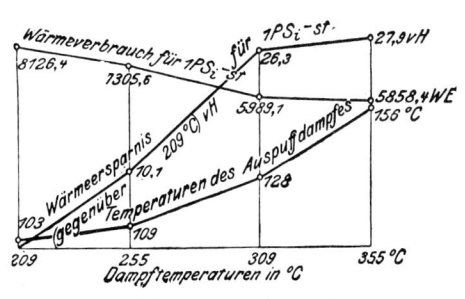

Abb. 18. Wärmeersparnis und Temperatur des Auspuffdampfes.

Auch die Versuche Kerrs[1]) zeigten ein ähnliches Verhalten der Auspuffmaschinen bei steigender Dampftemperatur.

f) **Spannung, Füllung und Dampftemperatur.** Der Heißdampfbetrieb gestattet infolge der großen, zulässigen Zylinder eine wesentliche Herabsetzung der Kesselspannung. Mit Hilfe des Wärmediagramms der verlustlosen Maschine läßt sich be-

---
[1]) Vgl. Engineering Record 1903, S. 78.

weisen, daß der theoretische Wärmeverbrauch mit steigender Anfangsspannung bei gesättigtem Dampf rascher abnimmt als bei überhitztem. Dr.-Ing. Berner[1]) gibt z. B. an, daß, während die theoretische Wärmeersparnis bei gesättigtem Dampf durch Erhöhung der Spannung von 10 auf 13 kg/qcm beinahe 9 v. H. beträgt, sie bei überhitztem Dampf von 350° C bei derselben Spannungszunahme nur etwa 2 v. H. betragen würde. Man muß jedoch bei der Übertragung derartiger theoretischer Erwägungen z. B. auf den praktischen Lokomotivbetrieb sehr vorsichtig sein. Meine Erfahrung brachte mich zu der Überzeugung, daß auch beim Naßdampfbetrieb sehr hohe Spannungen nur von bedingtem Vorteil sind, und daß dieser durch zu große Kesselbeanspruchung bei Pressungen von über 12 Atm. anderweitig wieder aufgewogen wird. Man kann bei wirtschaftlichem Betriebe kaum mehr als 10 Atm. in einem Zylinder abspannen, und der Führer wird und muß bei höherem Druck in zu vielen Fällen mit gedrosseltem Dampf arbeiten, weil er sonst gezwungen wäre, mit so kleinen Füllungen zu fahren, daß die Verluste durch schlechte Dampfverteilung und durch Niederschlag bei zu weit getriebenem Temperaturgefälle in einem Zylinder zu Dampfverschwendung führen. Jede Abdrosselung von Naßdampf wirkt aber überwiegend unwirtschaftlich, denn die geringe Erhöhung der Dampftemperatur über die Spannungstemperatur hinter der Drosselstelle kommt als Wirkung im Dampfzylinder kaum noch in Betracht. Wird aber bei kleinen Beanspruchungen der Lokomotive das Drosseln vermieden, so werden wieder zu geringe und daher für das Triebwerk schädliche Füllungsgrade mit der Schwingensteuerung erzielt. Da diese die beste Ausnutzung von Naßdampf in einem Zylinder nur zwischen 0,2 und 0,3 Füllung gestattet, so ist leicht einzusehen, daß eine Naßdampfzwillingslokomotive nur in sehr geringen Grenzen ihrer für mittlere Leistungen berechneten Zylinderabmessungen mit einigermaßen wirtschaftlichem Erfolge gefahren werden kann. Große Zylinder vermehren bei zu kleinen Füllungsgraden die Niederschläge, kleine Zylinder dagegen müssen bei einiger Anstrengung der Lokomotiven zu hoch gefüllt werden, arbeiten also mit unwirtschaftlicher Dampfdehnung und brauchen für das Anfahren zu hohe Spannungen. Die höchste Arbeitsleistung einer Naßdampflokomotive, die ihrem Reibungsvermögen entspricht, muß daher stets mit einer unmittelbaren Dampfverschwendung verbunden sein, die in kürzester Zeit den Kessel erschöpft, während bei kleiner Leistung und wirtschaftlichen Füllungsgraden der gedrosselte Dampf in höherem Grade, trotz anfänglicher Trockenheit, sein Arbeitsvermögen bei den unvermeidlichen Niederschlägen einbüßt. Das Anwendungsgebiet einer und derselben Lokomotivmaschine ist hiernach bei Benutzung von Naßdampf sehr beschränkt. Aus diesen Verhältnissen erklären sich auch die vielen Lokomotivgattungen für die verschiedenen Betriebsverhältnisse und Zugarten.

Hochüberhitzter Dampf dagegen ist, was nicht oft genug betont werden kann, ein dünnflüssiges Gas und ein schlechter Wärmeleiter. Auch bei den kleinsten noch wirtschaftlichen Füllungen und selbst bei starker Abdrosselung verhält er sich während der ganzen Arbeit in den Zylindern wie ein Gas. — Die Zylinder können nicht nur, sondern sie müssen so gewählt werden, daß man auch bei großer Beanspruchung nur mit einer noch immerhin wirtschaftlichen Füllung von etwa 0,4 fahren kann. Die größeren Zylinder machen die Leistungen der Lokomotive viel empfindlicher gegenüber Füllungsänderung, d. h. eine bestimmte Leistungsänderung wird bei einer Heißdampflokomotive durch eine viel geringere Füllungsänderung als bei einer Naßdampflokomotive mit den kleineren Zylindern erreicht werden können. Da also bei kleinster und größter Leistung erhebliche Wirtschaftlichkeit des Dampfverbrauches durch die Eigenschaften des Heißdampfes gewährleistet ist, so ist die Anwendung des Heißdampfes für die Herabminderung der Gattungszahlen von

---

[1]) Vgl. Zeitschrift des Vereins deutscher Ingenieure 1905, S. 1387.

höchster Bedeutung und es erübrigt, namentlich die vielen, mittleren Lokomotivgattungen weiter zu bauen, weil eben jede Heißdampflokomotive bei allen Beanspruchungen noch wirtschaftlich arbeitet.

Die volle Vermeidung der Niederschlagsverluste, die bei Naßdampflokomotiven namentlich bei kleinen Füllungen $1/3$ des verdampften Wassers und mehr betragen, kann bei einer Bemessung der Zylinder wie vom Verfasser angegeben und bei wirtschaftlichen Füllungen nur durch genügend hohe Überhitzung, d. h. eine Dampftemperatur im Schieberkasten von durchschnittlich 300 bis 350° C erreicht werden. — Eine solche Überhitzung aber entspricht dann auch einer Vermehrung der Schleppleistung der Lokomotive von rund 40 v. H.

Hierin liegt der kaum genügend hoch zu schätzende, größte Vorteil der Anwendung des Heißdampfes für den Bau, den Betrieb und die Unterhaltung der Lokomotiven.

Theorie und Erfahrung haben gezeigt, daß mit steigender Dampftemperatur eine stetige Zunahme der Wärmeersparnis eintritt.

Durch Verwendung von Ölen mit sehr hohem Flammpunkt und durch gute Schmiervorrichtungen bietet die Schmierung der unter Heißdampf gehenden Teile keine Schwierigkeiten mehr, und die Heißdampfmaschine ist dem neuen Arbeitsträger entsprechend in allen Teilen ausgebildet worden. Auf Grund langjähriger Betriebsergebnisse ist erwiesen, daß sich der Betrieb ortsfester Dampfmaschinenanlagen sogar mit hochüberhitztem Dampf von 350 bis 400° C anstandslos und ohne größere Ansprüche an die Bedienungsmannschaft durchführen läßt, und daß dabei eine viel größere Wirtschaftlichkeit erzielt wird, als beim Betrieb mit nur mäßig überhitztem Dampf.

Im Lokomotivbetrieb, wo der Kessel viel mehr und viel ungleichmäßiger angestrengt wird, läßt sich beim Naßdampfbetriebe nicht vermeiden, daß stets mehr oder weniger Wasser mit in die Zylinder hinübergerissen wird. Das einzige Mittel, um diese Wärmevergeudung, die unter Umständen sogar eine Gefahr für die Betriebssicherheit bedeutet, wirksam zu verhindern, ist die Anwendung hochüberhitzten Dampfes von 300 bis 360°. Der Heißdampfbetrieb bei Lokomotiven hat dann, wie gleichfalls nunmehr erwiesen ist, eine verhältnismäßig noch größere Wirtschaftlichkeit im Gefolge, als bei ortsfesten Anlagen.

Die wichtigsten Erfolge sind hier aber nicht die Kohlen- und Wasserersparnis, sondern die außerordentlich gesteigerte Leistungsfähigkeit der Lokomotiven und die Möglichkeit ihrer Zurückführung zur größten Einfachheit der Bauart.

4. Kohlen- und Wasserersparnis.

Die hauptsächlich durch den Wegfall aller Niederschlagsverluste in den Zylindern erzielte Kohlenersparnis beträgt bei gleicher Leistung, wie auf Grund zahlreicher Versuchsergebnisse mit Sicherheit angegeben werden kann, durchschnittlich 25 v. H. beim Vergleich einer Heißdampfzwillings- mit einer gleich schweren Naßdampfzwillingslokomotive und rund 20 v. H., wenn die Heißdampfzwillingslokomotive einer zwei- oder vierzylindrigen Verbundlokomotive gegenübergestellt wird. Die Wasserersparnis ist in den meisten Fällen noch beträchtlich größer, aus Gründen, die später noch angeführt werden sollen. Die durch die hohe Überhitzung herbeigeführte große Wasserersparnis, die gegenüber Naßdampfverbundlokomotiven bis zu 30 v. H. und gegenüber Naßdampfzwillingslokomotiven bis zu 50 und mehr v. H. beträgt, gestattet sehr erheblich längere Strecken ohne Wassereinnahme zu durchfahren, was besonders für Tender- und Schnellzuglokomotiven von besonderer Wichtigkeit ist. Dabei braucht der Heißdampfkessel nicht so häufig ausgewaschen zu werden und hat aus diesem Grunde eine längere Betriebs- und Lebensdauer.

Endlich wird das Anwendungsgebiet der aus betriebstechnischen Rücksichten oft recht wichtigen Tenderlokomotive wesentlich erweitert. Diese Zahlen über Kohlen- und Wasserersparnis sind verläßliche Durchschnittswerte und wurden, wie u. a. aus den im neunten und zehnten Abschnitt angeführten Versuchsergebnissen hervorgeht, wiederholt ganz wesentlich überschritten, besonders in solchen Fällen, bei denen die Naßdampflokomotiven verhältnismäßig stark beansprucht werden mußten, um deren Leistung der Leistung der Heißdampflokomotiven so weit wie möglich zu nähern. Wo in einzelnen Fällen im Betriebe diese Wirtschaftlichkeit nicht ganz erreicht werden sollte, ist entweder die Mannschaft nicht genügend eingearbeitet, oder die Heißdampflokomotive ist nicht ordnungsmäßig gebaut, oder in ungehörigem Zustande, oder sie wird in einem Zugdienst gefahren, bei dem ihre erhöhte Leistungsfähigkeit nicht zur Geltung kommt.

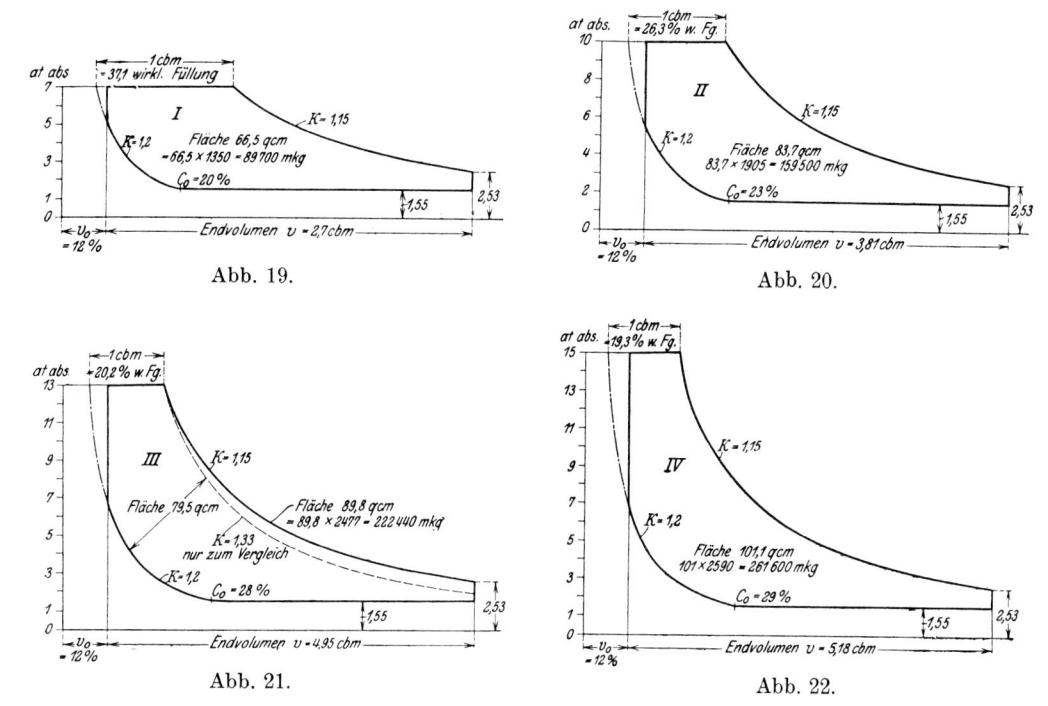

Abb. 19.

Abb. 20.

Abb. 21.

Abb. 22.

Abb. 19—22. Theoretische Dampfdruckschaulinien zur Ermittelung des Dampfverbrauchs bei verschiedenen Eintrittsspannungen.

Für die praktische Beurteilung der Wirtschaftlichkeit einer Lokomotive sind die Kohlenverbrauchszahlen die geeignete Grundlage. Allerdings kommen dabei Verhältnisse mit zur Geltung, die nicht immer von der veränderten Dampfart allein abhängig sind; ich meine vor allem den Kesselwirkungsgrad, der, wie schon wiederholt erwähnt, von den gesamten Verbrennungs- und Blasrohrverhältnissen sowie von der Feuchtigkeit des Kesseldampfes abhängt.

Der Einfluß der Feuchtigkeit auf die Verdampfungsziffer ist bereits in diesem Abschnitt behandelt worden.

Für die praktischen Zwecke des Lokomotivbetriebes wird man daher bei den Kohlenverbrauchszahlen als Vergleichsgrundlage bleiben müssen. Es wurden schon von den verschiedensten Seiten auf der Erfahrung beruhende Regeln zur Vorausbestimmung der Kohlenersparnis angegeben, die jedoch alle von der Voraussetzung ausgingen, daß die Kohlenersparnis gleichmäßig mit der Überhitzung zunähme, was aber in dieser allgemeinen Fassung den Erfahrungen widerspricht, denn eine nennenswerte Kohlenersparnis beginnt erst von einer mindestens 50° betragenden Überhitzung an, nimmt dann aber rasch zu[1]).

Im wesentlichen hängt die Kohlenersparnis von den folgenden Verhältnissen ab:
1. von der Verschiedenheit der spezifischen Volumina beider Dampfarten;
2. von dem ungleichen Wärmewert beider Dampfarten;
3. von der Feuchtigkeit des gesättigten Dampfes;
4. von den veränderten Abkühlungsverlusten infolge der höheren Temperatur einerseits und dem schlechten Wärmeleitungsvermögen des überhitzten Dampfes andererseits;
5. von den veränderten Verbrennungs- und Blasrohrverhältnissen und der Wärmeausstrahlung des Kessels.

a) Ermittelung des Dampfverbrauchs bei verschiedenen Eintrittsspannungen und Wärmegraden durch Rechnung. Um den Einfluß verschiedener Dampfeintrittsspannungen und Überhitzungstemperaturen auf den Dampfverbrauch der Lokomotiven feststellen zu können, sind in den Abb. 19 bis 22 vier verschiedene Dampfdruckschaulinien dargestellt, und zwar für Eintrittsspannungen des Frischdampfes von 7, 10, 13 und 15 Atm. abs. Für jede Schaulinie ist eine Dehnungsendspannung von 2,53 Atm. abs. und ein Gegendruck von 1,55 Atm. abs. angenommen. Die Zahl $\varkappa$ der Dehnungslinie ist zu 1,15, der der Verdichtungslinie zu 1,2 gewählt. Vom Punkte der Dehnungsendspannung ist die Dehnungslinie rückwärts bis zu der jeweiligen Eintrittsspannung eingetragen, ebenso ist mit den Verdichtungslinien verfahren. Die sich jedesmal ergebenden wirklichen Füllungen sind zu 1 cbm angenommen. Durch Planimetrieren der Schaulinien wurde dann die Arbeit ermittelt, die 1 cbm Dampf von 7, 10, 13 und 15 Atm. abs. theoretisch leistet. Vgl. Zahlentafel 10.

Zahlentafel 10.
Theoretische Arbeit von 1 cbm Heißdampf verschiedener Eintrittsspannung.

Schaulinie	Eintrittsspannung	Kompression	Wirkliche Füllung	Expansionsendvolumen	Flächenmaßstab	Fläche	Von 1 cbm Dampf geleistete Arbeit
I	7 Atm. abs.	20%	37,1%	2,70 cbm	1 qcm = 1350 mkg	66,5 qcm	89 700 mkg
II	10 ” ”	23%	26,3%	3,81 ”	” = 1905 ”	83,7 ”	159 500 ”
III	13 ” ”	28%	20,2%	4,95 ”	” = 2477 ”	89,8 ”	222 440 ”
IV	15 ” ”	29%	19,3%	5,18 ”	” = 2590 ”	101,1 ”	261 600 ”

In den nachstehenden Zahlentafeln 11 und 12 sind die Wärmeinhalte W_e von 1 cbm und die hieraus errechneten für 1 kg Heißdampf bei verschiedenen Temperaturen angegeben.

Zahlentafel 11.
Wärmeinhalt W_e in 1 cbm Heißdampf von

$t=$	200	250	300	350	400	450	500° C
7 Atm. abs.	2220	2058	1927	1825	1736	1670	1617 WE
10 ” ”	3210	2957	2765	2610	2485	2385	2305 ”
13 ” ”	4210	3870	3604	3395	3235	3111	3000 ”
15 ” ”	4890	4492	4168	3925	3735	3585	3476 ”

---

[1]) Vgl. Versuche von J. B. Flamme, Oberinspektor der belgischen Staatsbahnen, im American Engineer and Railroad Journal, September 1905, S. 338, an einer für Versuchszwecke gebauten Lokomotive mit kleinem Überhitzer, wobei sich ergab, daß bei der erzielten niedrigen Überhitzungstemperatur nennenswerte Ersparnisse an Brennstoff sowie eine vermehrte Kraftleistung nicht erzielt werden konnten.

Kohlen- und Wasserersparnis. 41

Zahlentafel 12.
Wärmeinhalt W_e von 1 kg Dampf.

$t =$	200	250	300	350	400	450	500° C
7 Atm. abs.	681,6	706,9	731,5	756,2	781,9	809,0	837,0 WE
10 „ „	678,7	705,3	730,2	755,4	780,4	807,9	835,5 „
13 „ „	675,0	703,3	728,6	753,9	779,8	806,7	834,9 „
15 „ „	672,5	702,1	727,7	752,1	778,8	805,6	833,5 „

Bezeichnet A die Arbeit von 1 cbm Dampf, W^{cbm} bzw. W^{kg} die Wärmeeinheiten in 1 cbm bzw. 1 kg Dampf, so werden A^{mkg} von W^{cbm} WE geleistet, folglich 1 mkg von $\dfrac{W^{cbm}}{A}$ WE und 75 mkg in 3600 Sek., d. h. also 1 PS$_i$/st von $\dfrac{W^{cbm} \cdot 75 \cdot 3600}{A}$ WE. Dividiert man weiter diesen Wert durch W^{kg}, so erhält man den Dampfverbrauch D in kg für 1 PS$_i$/st. Es ergibt sich somit

Theoretischer Dampfverbrauch D kg/st $= \dfrac{W^{cbm} \cdot 75 \cdot 3600}{W^{kg} \cdot A} = \dfrac{W^{cbm} \cdot 270000}{W^{kg} \cdot A}$.

Nach dieser Formel ist die nachstehende Zahlentafel 13 berechnet.

Zahlentafel 13.
Theoretischer Dampfverbrauch für 1 PS$_i$/st bei verschiedenen Spannungen und Überhitzungstemperaturen.

$t =$	200	250	300	350	400	450	500° C
7 Atm. abs.	9,80	8,77	7,94	7,27	6,68	6,22	5,82 kg
10 „ „	8,02	7,09	6,42	5,85	5,39	5,00	4,67 „
13 „ „	7,57	6,68	6,02	5,48	5,04	4,69	4,37 „
15 „ „	7,51	6,60	5,91	5,39	4,96	4,60	4,27 „

Zieht man von den Flächen dieser theoretischen Dampfdruckschaulinien 10 v. H. für Drosselung infolge schleichenden Schieberabschlusses ab, so müssen obige Werte durch 0,9 dividiert werden, es ergeben sich dann folgende Werte für den Dampfverbrauch in Zahlentafel 14:

Zahlentafel 14.
Werte von Zahlentafel 13 dividiert durch 0,9.

$t =$	200	250	300	350	400	450	500° C
7 Atm. abs.	10,9	9,74	8,82	8,08	7,42	6,91	6,47 kg
10 „ „	8,91	7,88	7,14	6,50	5,99	5,56	5,19 „
13 „ „	8,41	7,42	6,69	6,09	5,60	5,21	4,86 „
15 „ „	8,34	7,33	6,57	5,99	5,51	5,11	4,74 „

Zu diesen Werten für den Dampfverbrauch müssen nun nach den Ergebnissen zahlreicher Versuche noch rd. 10 v. H. zugeschlagen werden für die im Zylinder auftretenden Wärmeverluste. Man erhält dann den wirklichen Dampfverbrauch für 1 PS$_i$/st.

Zahlentafel 15.
Wirklicher Dampfverbrauch für 1 PS$_i$/st bei verschiedenen Eintrittsspannungen und Überhitzungstemperaturen.

$t =$	200	250	300	350	400	450	500° C
7 Atm. abs.	11,99	10,71	9,70	8,89	8,16	7,60	7,12 kg
10 „ „	9,80	8,67	7,85	7,15	6,59	6,12	5,71 „
13 „ „	9,25	8,16	7,36	6,70	6,16	5,73	5,35 „
15 „ „	9,17	8,06	7,23	6,59	6,06	5,62	5,21 „

Diese Werte sind in den Abb. 23 und 24 als Schaulinien aufgetragen, und zwar ist in Abb. 23 der Einfluß der Überhitzung, in Abb. 24 der verschiedener Dampfspannungen auf dem Dampfverbrauch dargestellt. Abb. 23 zeigt, wie der Dampfverbrauch mit Zunahme der Überhitzung ständig, und zwar bei den niederen Überhitzungstemperaturen etwas schneller als bei den höheren sinkt.

Weitere bemerkenswerte Aufschlüsse über den Dampfverbrauch gibt die Abb. 24. Man sieht hieraus, daß auch mit zunehmender Eintrittsspannung bis zu etwa 12 bis 13 Atm. abs. der Dampfverbrauch stark abnimmt, daß er sich von dieser Spannung ab bis zu 15 Atm. aber nur noch wenig verringern läßt. 12 bis 13 Atm. abs. stellen daher die praktisch richtigste Dampfdruckgrenze für den Lokomotivkessel dar, wie sie u. a. bei allen Heißdampflokomotiven der preußischen Staatseisenbahnen lange Zeit angewendet worden ist, und bei der, wie die Praxis gezeigt hat, die Unterhaltung der Kessel, insbesondere der Feuerbüchsen, zu Anständen keine Veranlassung gibt. Zum mindesten bleibt fraglich, ob die geringe Vermehrung der Leistungsfähigkeit

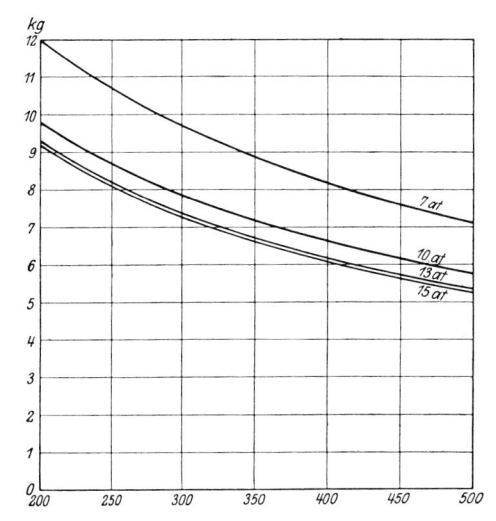

Abb. 23. Einfluß der Überhitzung auf den Dampfverbrauch.

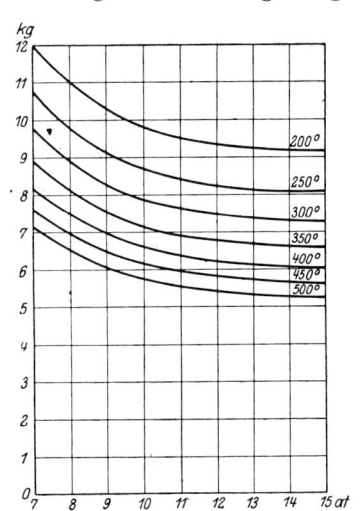

Abb. 24. Einfluß der Spannung auf den Dampfverbrauch.

einer Lokomotive durch die Erhöhung der Dampfspannung von 13 auf 15 Atm. abs. die Kosten lohnt, die allein schon der schwerere Kessel und die erheblich verteuerte Unterhaltung beanspruchen. Zu Spannungen von 15 Atm. abs. sollte daher bei Heißdampfanwendung und einfacher Dampfdehnung für den Lokomotivbetrieb nur in dringendsten Fällen gegriffen werden. Ein Teil des ersparten Kesselgewichts läßt sich zur Vergrößerung des Wasserraumes benützen.

Die Abb. 23 und 24 geben ferner darüber Aufschluß, welchen Einfluß die Drosselung des Arbeitsdampfes auf den Dampfverbrauch hat. Es ist hieraus ersichtlich, daß z. B. Dampf von 13 Atm. abs. und 350° C Temperatur ungefähr gleich wirtschaftlich arbeitet, wie Heißdampf von 9½ Atm. und 400° oder von 7½ Atm. und 500° C. Man müßte also die Dampftemperatur noch um 100 bzw. 150° steigern, wollte man bei 9½ bzw. 7½ Atm. Eintrittsspannung dieselbe Wirtschaftlichkeit erzielen. 360° ist aber etwa die praktische Grenze, bei der für Lokomotivzylinder die Schmierung und Wärmespannungen noch keinerlei Anstände verursachen und ein völlig einwandfreier Betrieb möglich ist. Hierüber wesentlich hinauszugehen, würde sich bei den großen Füllungen, mit denen die Lokomotiven zeitweilig arbeiten müssen, nicht empfehlen. Zum Zwecke eines günstigen Dampfverbrauches sollte man daher möglichst Heißdampf von 350° verarbeiten und die Steuerung so ausbilden, daß sie auch für kleine Füllungen noch gut gebraucht werden kann, daß also die Regelspannung nicht zu häufig und nicht zu stark gedrosselt werden muß.

Gegenüber einer ziemlich verbreiteten, übertriebenen Sorge vor der Schädlichkeit der Drosselwirkung ist aber, — praktische Anwendung von Heißdampf vorausgesetzt, — noch sehr zu beachten, daß bei der sehr wechselvollen Beanspruchung einer Lokomotive ein unvermeidliches Drosseln des Arbeitsdampfes auf schwachen Gefällen und bei sonstigen kleinen Leistungen wohl immer ein viel kleineres Übel sein wird, als zu klein bemessene Zylinder, die schon bei einiger Anstrengung der Lokomotive unwirtschaftliche Füllungen erfordern, die ungleich schädlicher wirken, als vorübergehende Drosselungen bei kleinen Leistungen. Genügend hohe Überhitzung vorausgesetzt wird im wechselvollen Betriebe stets vorteilhafter sein, die Dampfzylinder den angegebenen Regeln gegenüber größer als kleiner auszubilden. Eine Strecke gedrosselt, — also mit geringen Dampfmengen zu befahren, — verlangt nicht annähernd so große Preisgabe an Wirtschaftlichkeit, wie eine entsprechende Steigung, zu deren Bewältigung eine unwirtschaftliche Zylinderfüllung angewandt werden muß.

b) Unterschied in den Ersparnissen an Kohle und Wasser. Aus der Mehrzahl der praktischen Versuchs- und Betriebsergebnisse bei Vergleichsfahrten zwischen Sattdampf- und Heißdampflokomotiven ist zu entnehmen, daß die Kohlenersparnis im allgemeinen hinter der Wasserersparnis zurückbleibt. Es sind allerdings vereinzelte Ausnahmefälle bekannt, wo das Gegenteil zutraf; dies zeigt aber nur, daß bei den betreffenden Vergleichsfahrten der Wirkungsgrad des Naßdampfkessels wesentlich kleiner war, als der des Heißdampfkessels. Setzt man jedoch gleiche Wärmeausnutzung bei der Erzeugung des gesättigten und des überhitzten Dampfes voraus, so hängt der Unterschied in den Ersparnissen nur von den ungleichen Wärmewerten der beiden Dampfarten ab. Da man jedoch den wechselnden Wassergehalt des gesättigten Dampfes nicht genügend kennt, so lassen sich auch die Wärmewerte dieser beiden Dampfarten nicht genau bestimmen, und damit ist auch die Möglichkeit benommen, rechnerisch festzustellen, wieviel die Kohlenersparnis gegenüber der Dampfersparnis zurückbleiben muß. Gerade der wechselnde Wassergehalt des Naßdampfes hat den größten Einfluß auf den erwähnten Unterschied in den Ersparnisziffern.

c) Steigerung der Schleppleistung der Heißdampflokomotiven. Zu dem wirtschaftlichen Nutzen des Heißdampfbetriebes durch die Kohlen- und Wasserersparnis kommt bei Lokomotiven ein zweiter, noch wichtigerer Vorteil hinzu, nämlich eine bei wesentlich vermindertem Kohlenverbrauch ganz erheblich vergrößerte Leistungsfähigkeit.

Wiederholt hat der Verfasser bei vergleichenden Versuchsfahrten zwischen einer 2 B 1-Vierzylinder-Naßdampfverbundlokomotive und einer einfachen 2 B-Heißdampfzwillingslokomotive mit Schmidtschem Überhitzer im Durchschnitt 25 v. H. weniger Kohle für gleiche Schleppleistung bei nur mittlerer Anstrengung der leichteren Heißdampflokomotive gebraucht und selbst bei 40 v. H. Mehrleistung der Heißdampflokomotive betrug der Kohlenminderverbrauch noch etwa 10 v. H. Derartige Ergebnisse lassen von vornherein folgende einfache Schlüsse für die Praxis zu.

Nimmt man für gleiche Schleppleistung der beiden hier genannten Vergleichslokomotiven, die etwa der Höchstleistung der Vierzylinder-Naßdampfverbundlokomotive bei nur mittlerer Anstrengung der Heißdampflokomotive entspricht, nur 20 v. H. (anstatt 25 und mehr) Kohlenersparnis an, so kann mit dieser Kohlenmenge die Maschinenleistung der Heißdampflokomotive bei dann etwa gleicher Rostbeanspruchung beider Vergleichslokomotiven um rund

$$\frac{100-80}{80} \cdot 100 = 25 \text{ v. H.}$$

vergrößert werden. Da aber bei den jetzt vorkommenden Geschwindigkeiten und Abmessungen der Schnellzuglokomotiven etwa 40 v. H. der Arbeitsleistung allein zur Überwindung der Reibung in der Maschine und der Bewegungswiderstände (darunter namentlich des Luftwiderstandes) einer 2 B 1-Vierzylinderlokomotive mit Tender erforderlich sind und demnach nur etwa 60 v. H. der in den Zylindern erzeugten indizierten Pferdestärken auf den Zughaken übertragen werden, so stellt eine Vergrößerung des Arbeitsvermögens der Heißdampfmaschine von 25 v. H. eine Vermehrung der Schleppleistung von

$$\frac{25 \cdot 100}{60}, \text{ d. i. von etwa } 40 \text{ v. H.}$$

dar, die bei Vergleichsversuchen, wie schon erwähnt, wiederholt erreicht worden ist. Noch größere Mehrleistungen sind ohne Überanstrengung der Heißdampflokomotiven erzielt worden, wenn auch die Naßdampflokomotive eine Zwillingslokomotive von ungefähr gleichem oder größerem Gewicht als die Heißdampflokomotive war. Bei derartigen Vergleichsversuchen betrug bei der Höchstbeanspruchung der Naßdampflokomotive die Kohlenersparnis bei der gleichen Schleppleistung der nur mittelmäßig beanspruchten Heißdampflokomotive öfter 30 bis 40 v. H. — Werden nur 30 v. H. mehr Kohlen auf dem Roste der Heißdampflokomotive, also dieselbe Kohlenmenge wie bei der Naßdampflokomotive verbrannt, so erhöhen sich in diesem Falle — Zwilling gegen Zwilling — die Zahlen für die Mehrleistung der Heißdampfmaschine noch ganz bedeutend, und zwar für die indizierte Arbeit um

$$\frac{100-70}{70} \cdot 100 = 43 \text{ v. H.}$$

und für Mehrleistung und Schleppfähigkeit um

$$\frac{43}{60} \cdot 100 = \text{etwa } 70 \text{ v. H.}$$

Hierbei ist natürlich vorausgesetzt, daß die Dampfzylinder der Heißdampflokomotive entsprechend groß sind, und daß die Überhitzung genügt, um die durch Vermeidung der Niederschläge gleichsam gewonnene Dampfmenge bei wirtschaftlichen Füllungsgraden verarbeiten zu können.

Es gewährt somit die hohe Überhitzung die Möglichkeit, die in der Gegenwart immer dringender verlangte Erhöhung der Leistungsfähigkeit zwecks Erzielung höherer Geschwindigkeit oder größerer Schleppleistung zu erreichen, ohne den Kessel wesentlich zu vergrößern und damit zu unverhältnismäßig großen Abmessungen der Lokomotive Zuflucht nehmen zu müssen.

Die Zahlentafel 16 läßt die Zunahme der Schleppleistung einer Lokomotive bei Steigerung ihrer Maschinenleistung klar erkennen. Es ist eine Lokomotive angenommen, die mit ihrem Tender 120 t wiegt. Die indizierte Leistung betrage 1000 bis 1400 PS$_i$ bei einer Geschwindigkeit von 90 km/st auf der Wagerechten. Die indizierte Zugkraft

$$Z_i = \frac{270 \cdot N_i}{V}$$

liegt dementsprechend zwischen 3000 und 4200 kg. Unter der Annahme eines Kraftverbrauches von $Z_i = 200$ kg für die Widerstände des Triebwerks entsprechend $N_i = 67$ PS$_i$ bei 90 km/st. Geschwindigkeit verbleibt eine effektive Zugkraft von $Z_e = 2800$ bis 4000 kg entsprechend einer Leistung $N_e = 933$ bis 1333 PS$_e$ bei 90 km/st.

Zahlentafel 16.
Steigerung der Schleppleistung einer Lokomotive auf $1:\infty$ und bei $V = 90$ km/st, bei Steigerung ihrer Maschinenleistung.

		1.	2.	3.	4.	5.	6.	7.
1.	Indizierte Leistung und Zugkraft $Z_i = 270 \cdot N_i : V$	$N_i PS_i$		1000	1100	1200	1300	1400
2.	($V = 90$)	Z_i kg		3000	3300	3600	3900	4200
3.	Kraftverbrauch im Triebwerk ausschl. Lagerreibung	$N_1 PS$		67	67	67	67	67
4.	und roll. Reibung	Z_1 kg		200	200	200	200	200
5.	Zugkraft u. Leistung am Radumfang $Z_e = Z_i - Z_1$;	$N_e PS_e$		933	1033	1133	1233	1333
6.	$N_e = \dfrac{Z_e \cdot V}{270}$ ($V = 90$)	Z_e kg		2800	3100	3400	3700	4000
7.	Kraftverbrauch der Lok. mit Tender als Wagen	$N_2 PS$		316	316	316	316	316
8.	auf $1:\infty$ $Z_2 = 120 \cdot \left(2{,}5 + \dfrac{V^2}{1500}\right) = 120 \cdot 7{,}9$ kg	Z_2 kg		948	948	948	948	948
9.	Leistung und Zugkraft am Tenderzughaken auf	$N_z PS_z$		617	717	817	917	1017
10.	$1:\infty$ $Z_z = Z_i - (Z_1 + Z_2)$	Z_z kg		1852	2152	2452	2752	3052
11.	Schlepplast auf $1:\infty$ mit $V = 90$; $G_w = Z_z : 4{,}53$	G_w t		410	475	541	607	673
12.	Mehr an Maschinenleistung	%		0	10	20	30	40
13.	an Schlepplast auf $1:\infty$ bei $V = 90$ . . .	%		0	15,9	32,0	48,1	64,1

Der Kraftverbrauch der Lokomotive mit Tender errechnet sich für $V = 90$ km/st nach der in Reihe 7 und 8 angenommenen Formel zu

$$Z_2 = 120 \left(2{,}5 + \frac{V^2}{1500}\right) = 120 \cdot 7{,}9 \text{ kg} = 948 \text{ kg auf } 1:\infty;$$

entsprechend einem $N_2 = 316$ PS$_e'$.

Es verbleiben daher als Zugkräfte am Zughaken

$$Z_z = Z_e - Z_2 = 1852 \text{ bis } 3052 \text{ kg.}$$

Nimmt man für den Widerstand der D-Wagen

$$w_w = 2{,}5 + \frac{V^2}{4000}$$

an, so wird dieser für $V = 90$ km/st.

$$W_w = 2{,}5 + 2{,}03 = 4{,}53 \text{ kg/t.}$$

Teilt man die Werte von Z_z durch diese Zahl, so ergeben sich als Schlepplasten auf $1:\infty$ Wagengewichte von 410 bis 673 t.

Während also die Maschinenleistung nur um 40% gesteigert wurde, kann die Schlepplast um 64,1% vermehrt werden. Hierbei ist allerdings noch zu überlegen, ob das aus der vergrößerten Leistung N_i in den Zylindern sich ergebende Mehr an Schleppleistung auf $1:\infty$ auch auf Steigungen ganz ausgenutzt werden kann. Dies hängt weiterhin ab von der ausübbaren größten Zugkraft, der Reibungszugkraft Z_r.

Im gewöhnlichen Betriebe stellt sich die Kohlenersparnis der Heißdampflokomotive etwas niedriger, als bei Vergleichsversuchen, die zum Zwecke der Ermittlung der größten Schleppleistung beider Lokomotivarten vorgenommen werden. Wenn hierauf in Fachkreisen so vielfach hingewiesen und leider sehr einseitig damit der Wert hoher Überhitzung bemessen wird, so muß doch nachdrücklich daran erinnert werden, daß im regelrechten Vergleichsbetriebe die Naßdampflokomotiven von gleichem und größerem Gewichte als die Heißdampflokomotiven entsprechend den für ihre normale Leistung aufgestellten Fahrplänen beansprucht werden und daher verhältnismäßig noch wirtschaftlich arbeiten, während die Heißdampflokomotiven für die gleiche, fahrplanmäßige Leistung eine viel geringere Beanspruchung erfahren und daher unter Beeinträchtigung der Feuerhaltung und Wärmeausnutzung leiden, obgleich sie, was betont werden muß, auch bei geringerer Leistung noch sehr wirtschaftlich arbeiten. Während aber die Naßdampflokomotive unter ihrer normalen Leistung beansprucht mit vermehrten Niederschlagsverlusten und daher unwirtschaftlich, und über ihre normale Leistung beansprucht mit Zunahme dieser noch mit unmittelbarer Verschwendung von Dampf und daher von Kohle arbeitet, steigert sich bei der Heißdampflokomotive infolge zunehmender Überhitzung des Arbeitsdampfes mit zunehmender Leistung bis zu einem hohen Grade die Wirtschaftlichkeit, und zwar so, daß der Höchstwert ungefähr da liegt, wo die Naßdampflokomotive schon mit Erschöpfung kämpft und Kohle und Wasser in großen Mengen zum Schornstein hinausbefördert. Hier tritt alsdann die Wirtschaftlichkeit der Heißdampflokomotive in noch viel höherem Grade hervor, — denn hier muß der leidige Vorspanndienst bei der Naßdampflokomotive einsetzen, und dann handelt es sich nicht allein mehr um 25 bis 30% Kohlenersparnis, sondern um sichere Vermeidung des in einem gesunden wirtschaftlichen Betriebe geradezu unzulässigen Fahrens mit zwei Lokomotiven vor einem Zuge.

Die größte Bedeutung gewinnt hierbei der Heißdampf für sehr hohe Geschwindigkeiten bei beträchtlicher Schleppleistung, denn mit steigender Geschwindigkeit verbraucht die Lokomotive an sich einen immer größeren Teil der entwickelten Arbeit zur Eigenbewegung und zur Überwindung des größeren Luftwiderstandes, und hier kommt auch der viel geringere Eigenwiderstand der einfachen Heißdampflokomotive nach obigen Zahlenbeispielen zu erhöhter Geltung.

Diese bedeutende Erhöhung der Leistungsfähigkeit durch die Heißdampflokomotive, die sich bei allen Versuchen und im Betriebe immer wieder ergeben hat, ist für den Lokomotivbetrieb von viel größerer Bedeutung, als die größte Kohlen- und Wasserersparnis und sollte anstatt dieser im Vordergrunde aller Erwägungen stehen, um so mehr, als durch die Wirtschaftlichkeit bei kleinsten und größten Leistungen auch die Möglichkeit starker Herabziehung der vielen Lokomotivgattungen gegeben ist. Auf Grund der bei Versuchen ermittelten Ergebnisse und von im Betriebe gewonnenen Erfahrungen kann die Leistungsfähigkeit einiger älterer Bauarten von Heißdampflokomotiven der preußischen Staatsbahnen, wie in der Zahlentafel 17 (s. S. 47) angegeben, bewertet werden.

Die hier angegebenen Werte für die indizierten Leistungen wurden aus zahlreichen Dampfdruckschaulinien abgeleitet.

Besonderes Gewicht wurde hierbei darauf gelegt, nur solche Messungen zu benutzen, die Dauerleistungen auf ebener Strecke oder in Steigungen darstellen. Es wurde sorgfältig vermieden, Indikatorversuche zur Bewertung der Leistung heranzuziehen, die nur in Gefällen für kurze Zeit zu erzielen sind oder wenigstens durch Gefälle beeinflußt sein könnten.

Die nebenstehenden Zahlenangaben stellen somit die tatsächliche Dauermaschinenleistung der Lokomotiven, und zwar für diejenigen Geschwindigkeiten dar, mit denen sie nach ihrer Bauart zumeist gefahren werden. Bei höheren Geschwindigkeiten oder bei Überwindung von Steigungen ergaben sich für kürzere Zeiten noch bedeutend größere Leistungen, z. B. bei der 2 C-Heißdampflokomotive Gattung P 8 bis zu 1980 PS_i ohne Erschöpfung des Kessels, der sich in solchen Fällen höchster Beanspruchung von einem etwaigen Niedergange der Dampfspannung überraschend schnell wieder erholt. Die Höchstleistungen erreichen dabei Werte, wie sie bei Naßdampflokomotiven von ähnlichem Gewicht niemals auch nur annähernd erreicht werden können.

Zahlentafel 17.
Bewertung der Leistungsfähigkeit einiger älterer Heißdampflokomotiven der preußischen Staatsbahnen[1]).

	2 B-Heißdampf-Schnellzuglokomotive mit Rauchrohr-Überhitzer von W. Schmidt	2 B-Heißdampf-Schnellzuglokomotive mit Rauchkammer-Überhitzer von W. Schmidt	1 C-Heißdampf-Personenzuglokomotive mit Rauchkammer-Überhitzer von W. Schmidt	2 C-Heißdampf-Schnellzuglokomotive mit Rauchrohr-Überhitzer von W. Schmidt	1 C-Heißdampf-Personenzug-Tenderlokomotive m. Rauchkammer-Überhitzer von W. Schmidt	C-Heißdampf-Tenderlokomotive mit Rauchrohr-Überhitzer von W. Schmidt	D-Heißdampf-Güterzuglokomotive mit Rauchkammer-Überhitzer von W. Schmidt	E-Heißdampf-Tenderlokomotive mit Rauchkammer-Überhitzer von W. Schmidt
Zylinderdurchmesser . . . . mm	550	540	540	590	540	500	600	610
Kolbenhub . . . . „	630	600	630	630	630	600	660	660
Triebraddurchmesser . . . . „	2100	1980	1600	1750	1500	1350	1350	1350
Rostfläche . . . . qm	2,29	2,27	2,25	2,62	1,73	1,48	2,25	2,25
Kesselspannung . . . . . Atm.	12	12	12	12	12	12	12	12
Heizfläche, feuerberührte:								
Feuerkiste . . . . qm	12,31	10,56	11,95	14,72	9,20	7,5	12,13	11,95
Siederohre . . . . „	126,59	90,14	119,69	135,90	94,16	60,9	120,12	119,69
Verdampfungsheizfläche . . „	138,90	100,70	131,64	150,60	103,36	68,4	132,25	131,64
Überhitzerheizfläche . . . . „	37,40	30,80	31,70	49,38	29,50	16,4	31,70	31,70
Reibungsgewicht, betriebsfähig t	32,0	32,0	43,3	47,7	47,3	42,0	56,0	73,6
Lokomotivgewicht . . . . . . „	57,6	55,0	56,8	69,6	62,3	42,0	56,0	73,6
Gewicht v. Lokomotive u.Tender „	106,5	97,7	99,5	119,4	—	—	89,3	—
Genehmigt. Geschwindigkeit km/st	120	110	90	100	80	60	60	50
Geschwindigkeit, für welche die indizierte Leistung in PS$_i$ angegeben ist . . . . . . km/st	**100**	**90**	**80**	**90**	**70**	**40**	**40**	**35**
Umdrehungszahl in der Min. rd.	250	240	265	275	250	160	160	140
Indizierte Dauerleistung . . PS$_i$[2])	1250	1000	1200	1450	950	600	1100	1050
Zugehörige indiz. Zugkraft . kg[3])	3380	3000	4050	4350	3400	4050	7400	8100

[1]) Weitere Angaben für neuere Heißdampflokomotiven sind im neunten und zehnten Abschnitt enthalten.

[2]) Im Mittel 497 PS$_i$ auf 1 qm Rostfläche. Strahl ermittelt im Organ 1908, S. 360 für Heißdampf-Zwillinglokomotiven 480 PS$_i$/qm bei einer Kesselspannung von 12 Atm.

[3]) Die größte indizierte Zugkraft dieser Lokomotiven liegt viel höher und betrug z. B. bei der E-Tenderlokomotive bis rd. 15000 kg bei 10 km/st Geschwindigkeit.

Zweiter Abschnitt.

Berechnung der Hauptabmessungen der Heißdampflokomotiven.

Nachstehende Berechnungen sollen sich im wesentlichen auf die Bestimmung des Zylinder- und Triebraddurchmessers, des Rostes und der Heizfläche beschränken.

Die Zylinder einer Lokomotive sollen im allgemeinen so berechnet werden, daß die meistgebrauchte Zugkraft unter günstigster Dampfausnutzung erreicht wird, d. h. daß die Lokomotive bei der meistgebrauchten Zugkraft und Geschwindigkeit mit dem geringsten Dampfverbrauch für die Pferdekraftstunde arbeitet. Sie wird dann auf Steigungen bei kleineren Geschwindigkeiten und auch bei kleinsten Zugkräften und größter Geschwindigkeit noch günstig arbeiten, also ein möglichst großes Arbeitsgebiet möglichst wirtschaftlich beherrschen.

1. Berechnung der Zugkraft.

Die meistgebrauchte Zugkraft zu bestimmen ist bei bekannten Betriebsverhältnissen nicht schwierig. Zuggewichte, Geschwindigkeiten, Streckenverhältnisse (Steigungen und Krümmungen, sowie Anfahrbeschleunigungen) sind immer gegeben. Die Zugkräfte lassen sich aus den Widerstandsformeln ermitteln, die in großer Zahl und neuerdings in recht handlicher Form vorhanden sind.

a) Widerstandsformeln von Frank und Strahl. Hier sollen die Formeln von Professor Frank und Regierungs- und Baurat Strahl benutzt werden, die, wie eingehende Versuche der preußischen Staatseisenbahnverwaltung gezeigt haben, Werte ergeben, die mit der Wirklichkeit gut übereinstimmen.

Die Formeln von Frank lauten:
Der Widerstand für Lokomotive und Tender am Triebradumfange gemessen ist:

$$W_L{}^{\mathrm{kg}} = G_L{}^{\mathrm{t}} \left[2,5 + 0,0142 \left(\frac{v}{10}\right)^2 \right] + 0,54 \cdot 1,1 \, F_L \left(\frac{v}{10}\right)^2.$$

Der Widerstand der Wagen ist:

$$W_w{}^{\mathrm{kg}} = G_w{}^{\mathrm{t}} \left[2,5 + 0,0142 \left(\frac{v}{10}\right)^2 \right] + 0,54 (2 + n \cdot f_w) \left(\frac{v}{10}\right)^2.$$

Hierin bedeuten:
  V die Fahrgeschwindigkeit in km/st,
  G_L das Gewicht von Lokomotive und Tender in t,
  G_w das Gewicht der Wagen in t,
  F_L die Äquivalentfläche der Lokomotive $= 10$ qm,
  f_w die Äquivalentfläche der Wagen.

Der Wert von f_w ist je nach der Art der Wagen verschieden. Frank gibt an:
$f_w = 0,56$ für jeden Personenwagen und bedeckten Güterwagen,
$f_w = 0,32$ für jeden beladenen, offenen Güterwagen,
$f_w = 1,62$ für jeden leeren, offenen Güterwagen,
$f_w = 2,0$ für den ersten, der Lokomotive folgenden Wagen, bzw. für den Gepäckwagen,

$f_w = 0{,}76$ als Mittelwert, wenn der Zug aus $\frac{n}{2}$ gedeckten, $\frac{n}{4}$ offenen, beladenen und $\frac{n}{4}$ offenen, leeren Güterwagen besteht.

Anknüpfend an die Formel von Frank gibt die Hütte XXI. Auflage III. Band Seite 769 folgende vereinfachte Formel für den Widerstand für 1 t Wagengewicht an:

Zahlentafel 18.
Fahrwiderstand in kg für 1 t Wagengewicht verschiedener Zugarten.

Art des Zuges	Wagengewicht	Formel $w^{\text{km/t}}$
D-Wagen oder vierachsige Abteilwagen	300÷500 t	$w = 2{,}5 + \dfrac{(V^{\text{km/st}})^2}{4000}$
Zwei- oder dreiachsige Abteilwagen	300÷400 t	$w = 2{,}5 + \dfrac{(V^{\text{km/st}})^2}{3000}$
Vollbeladene offene Güterwagen (Kohlenzüge) . . .	800÷1300 t	$w = 2{,}5 + \dfrac{(V^{\text{km/st}})^2}{4400}$
Halbbeladene, bedeckte Güterwagen (Eilgüterzüge) .	800÷1000 t	$w = 2{,}5 + \dfrac{(V^{\text{km/st}})^2}{3000}$
$\frac{n}{2}$ bedeckte oder offene $+\frac{n}{2}$ beladene oder leere :	800÷1000 t	$w = 2{,}5 + \dfrac{(V^{\text{km/st}})^2}{2000}$
$\frac{n}{2}$ bedeckte und leere $+\frac{n}{2}$ offene und leere	400÷600 t	$w = 2{,}5 + \dfrac{(V^{\text{km/st}})^2}{1000}$
Leere Güterwagen (Kohlenzüge)	300÷500 t	$w = 2{,}5 + \dfrac{(V^{\text{km/st}})^2}{700}$

Strahl[1]) stellt unter Zugrundelegung der Versuche des Eisenbahn-Zentralamts Berlin Formeln für die Widerstände von Lokomotiven und Wagen auf, in denen auch der Einfluß des Windes berücksichtigt wird.

Für den Widerstand der Lokomotive gibt die Formel von Strahl bereits die indizierten Werte an, indem in der Formel die Reibung des Triebwerks dadurch Berücksichtigung findet, daß das Kuppelungsverhältnis und die Zylinderanzahl in ihr enthalten ist.

Nach den Strahlschen Formeln beträgt der Fahrwiderstand in kg für eine t Wagengewicht:

a) für D-Züge, Eil- und Schnellzüge, sowie schwere Güterzüge

$$w = 2{,}5 + \frac{1}{40}\left(\frac{V^{\text{km/st}}}{10}\right)^2 \text{ bei Windstille,}$$

$$w = 2{,}5 + \frac{1}{40}\left(\frac{V^{\text{km/st}}+12}{10}\right)^2 \text{ bei mittelstarkem Seitenwind;}$$

b) für gewöhnliche Personenzüge:

$$w = 2{,}5 + \frac{1}{30}\left(\frac{V^{\text{km/st}}+12}{10}\right)^2 \text{ bei mittelstarkem Seitenwind;}$$

c) für Eilgüterzüge:

$$w = 2{,}5 + \frac{1}{25}\left(\frac{V^{\text{km/st}}+12}{10}\right)^2 \text{ bei mittelstarkem Seitenwind;}$$

d) für gewöhnliche Güterzüge gemischter Zusammensetzung:

$$w = 2{,}5 + \frac{1}{20}\left(\frac{V^{\text{km/st}}+12}{10}\right)^2 \text{ bei mittelstarkem Seitenwind;}$$

e) für Leerwagenzüge aus zweiachsigen Güterwagen:

$$w = 2{,}5 + \frac{1}{10}\left(\frac{V^{\text{km/st}}+12}{10}\right)^2 \text{ bei mittelstarkem Seitenwind.}$$

---

[1]) Z. d. V. d. I. 1913, S. 424.

Den Lokomotivwiderstand setzt Strahl

$$W_L{}^{kg} = 2{,}5\,G_1 + c \cdot G_2 + 0{,}6 \cdot F \cdot \left(\frac{V+12}{10}\right)^2 \text{ für mittelstarken Seitenwind.}$$

Hierin bedeutet:

G_1 das Gewicht von Lokomotive und Tender in t auf den Laufachsen, G_2 das Gewicht der Lokomotive in t auf den Trieb- und Kuppelachsen, also das Reibungsgewicht, F die sogenannte Äquivalentfläche der Lokomotive = 10 qm und

$c = 5{,}8$ bei 2 Kuppelachsen und 2 Dampfzylindern,
$c = 6{,}0$,, 2 ,, ,, 4 ,,
$c = 7{,}3$,, 3 ,, ,, 2 ,,
$c = 7{,}5$,, 3 ,, ,, 4 ,,
$c = 8{,}4$,, 4 ,, ,, 2 ,,
$c = 8{,}6$,, 4 ,, ,, 4 ,,
$c = 9{,}3$,, 5 ,, ,, 2 ,,
$c = 9{,}5$,, 5 ,, ,, 4 ,, [1])

Die Strahlschen Formeln für den Widerstand der Fahrzeuge unterscheiden sich außerdem von den vereinfachten Frankschen Formeln hauptsächlich dadurch, daß durch Einsetzen einer die Fahrzeuggeschwindigkeit um 12 km überschreitenden Geschwindigkeit der Einfluß des mittleren Seitenwindes auf den Widerstand der Wagen berücksichtigt wird.

Die Zahl 12 ist natürlich, entsprechend den Windverhältnissen, zu verändern.

Die Formeln haben, wie schon angedeutet und wie Strahl in der Z. d. V. d. I. 1913 S. 424 u. f. nachweist, eine gute Übereinstimmung mit den durch Versuche des Eisenbahnzentralamts gefundenen Werten. Gegenüber älteren Formeln besitzen sie auch den Vorteil, daß sich auf einfachere Weise mit ihnen rechnen läßt.

b) Steigungs- und Krümmungswiderstände. Zu dem Fahrwiderstand auf ebener Strecke kommt auf Steigungen noch der Steigungswiderstand hinzu (Abb. 25).

Ist der Steigungswinkel α, dann wirkt außer dem Fahrwiderstand noch der Steigungswiderstand

$$W_s{}^{kg} = G^{kg} \cdot \sin \alpha$$

(G = Gesamtgewicht des Zuges in kg)

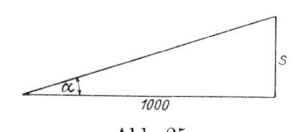

Abb. 25. Steigungswiderstand.

entgegengesetzt der Fahrrichtung. Gewöhnlich wird das Gewicht der Fahrzeuge in t angegeben. Die Gleichung lautet dann

$$W_s{}^{kg} = 1000 \cdot G^t \cdot \sin \alpha;$$

da der Winkel α sehr klein ist, kann man mit genügender Genauigkeit

$$\sin \alpha = \operatorname{tg} \alpha$$

setzen.

$$\operatorname{tg} \alpha = \frac{s}{1000} = \text{Steigung in } {}^0/_{00}.$$

$$W_s{}^{kg} = 1000\,G^t \cdot \frac{s}{1000}$$

ist also der Steigungswiderstand des ganzen Zuges.

Der Widerstand für 1 t ist daher:

$$w_s{}^{kg} = \frac{1000 \cdot s}{1000} = s.$$

In Gefällen muß der Wert für $W_s{}^{kg}$ natürlich vom Fahrwiderstand abgezogen werden.

---

[1]) Auffallend ist die geringe Bewertung der Widerstandszahl c für Vierzylinderlokomotiven gegenüber Zwillingslokomotiven gleicher Kuppelachszahl. Danach müßte der Einfluß der Reibungswiderstände von Zylinder und Triebwerk gegenüber der rollenden Reibung der Räder auf den Schienen sehr gering sein!

Endlich ist der Krümmungswiderstand noch zu berücksichtigen. Nach der von Röcklschen Formel ist
$$w_k^{kg/t} = \frac{650}{R^m - 55},$$
R = Krümmungshalbmesser in m.

Der Gesamtwiderstand des Zuges läßt sich also nach den jeweilig gegebenen Verhältnissen aus den Einzelwiderständen zusammensetzen; und aus W und der zugehörigen Geschwindigkeit V läßt sich nun die betreffende Leistung N in PS, die die Lokomotive erzeugen muß, wie folgt bestimmen:

der Widerstand W ist gleich der Zugkraft Z, die Leistung der Lokomotive ist also

$$N = \frac{W^{kg} \cdot v^{m/sek}}{75} = \frac{W^{kg} \cdot V^{km/st}}{3,6 \cdot 75} = \frac{Z^{kg} \cdot V^{km/st}}{270}.$$

c) **Bestimmung der Zugkraft.** Ist in der Formel für den Lokomotivwiderstand bereits der Widerstand des Triebwerks berücksichtigt, wie z. B. in der Strahlschen Formel, so ergibt sich der Wert N_i bzw. Z_i, d. h. die indizierte Leistung oder Zugkraft für die vorgeschriebene Geschwindigkeit auf der durch die Steigungs- und Krümmungsverhältnisse gegebenen Strecke unmittelbar. Ist in anderen Widerstandsformeln der Widerstand des Triebwerks noch nicht enthalten, so muß zu der errechneten Zugkraft Z_e = Zugkraft am Triebradumfang ein Zuschlag gemacht werden.

Geheimrat Obergethmann, Professor für Eisenbahn-Maschinenbau an der Technischen Hochschule Berlin, dessen Untersuchungen bei den theoretischen Arbeiten dieses Abschnittes und an anderen Orten benutzt werden durften, nimmt diesen Zuschlag $Z_i - Z_e$ zu 0,2 bis 0,3 C_1 an. C_1 nennt er die erste Zugkraftcharakteristik der Lokomotive. Die Bedeutung des Wertes C_1 ist weiter unten erläutert.

Dieser Zuschlag 0,2 bis 0,3 C_1 entspricht dem Werte $c \cdot G_2$ in der Strahlschen Formel für den Widerstand der Lokomotiven, weiter oben.

Die nachstehende Zahlentafel 19 zeigt in den Spalten 5 und 10 die Größen für die Werte $Z_i - Z_e$ in kg nach Obergethmann bzw. nach Strahl für die Heißdampflokomotiven der preußischen Staatsbahnen.

Zahlentafel 19.
Werte von $Z_i - Z_e$ nach Obergethmann und Strahl.

1.	2.	3.	4.	5.	6.	7.	8.	9.	10.
Nr.	Bezeichnung der Lokomotive	Gattung	C_1	Widerstand des Triebwerks 0,2÷0,3 C_1 nach Obergethmann kg	Anzahl der Kuppelachsen	Zylinder	Größtes Reibungsgewicht t	Größe c nach Strahl	Widerstand des Triebwerks nach Strahl kg
1	2 B Zwilling	S 4	884	177÷265	2	2	31,9	5,8	185
2	2 B Zwilling	S 6	908	182÷272	2	2	33,4	5,8	194
3	2 C Vierling	S 10	1177	225÷352	3	4	50,5	7,5	378
4	2 C Vierz.Verb.	S 10[1]	1240	248÷372	3	4	51,0	7,5	382
5	2 C Drilling	S 10[2]	1193	239÷358	3	3	52,05	—	—
6	1 C Zwilling	P 6	1147	229÷344	3	2	44,3	7,3	324
7	2 C Zwilling	P 8	1190	238÷357	3	2	47,6	7,3	348
8	D Zwilling	G 8[1]	1760	352÷528	4	2	68,0	8,4	572
9	E Zwilling	G 10	1870	374÷561	5	2	69,5	9,3	646
10	1 E Drilling	G 12	2300	460÷690	5	3	80	—	—
11	C Zwilling	T 8	1110	222÷333	3	2	45,6	7,3	333
12	2 C Zwilling	T 10	1190	238÷357	3	2	46,3	7,3	338
13	1 C Zwilling	T 12	1225	245÷367	3	2	51,0	7,3	372
14	1 D 1 Zwilling	T 14	1760	352÷528	4	2	63,7	8,4	535
15	E Zwilling	T 16	1818	364÷545	5	2	73,8	9,3	686
16	2 C 2 Zwilling	T 18	1196	239÷359	3	2	46,5	7,3	339

Mit Rücksicht auf die Schwierigkeit einer genauen Festlegung des Wertes von $Z_i - Z_e$ zeigen die Werte von Obergethmann und Strahl eine gute Übereinstimmung untereinander und mit Versuchsergebnissen.

Die meistgebrauchte indizierte Zugkraft läßt sich nun aus der Art der Züge, den Anforderungen des Fahrplans und den Streckenverhältnissen für alle Fälle leicht bestimmen und aus ihr lassen sich dann auch die Zylinderabmessungen herleiten.

2. Berechnung der Zylinderabmessungen.

Die Zylinder nach der größten Zugkraft, die sich aus dem Reibungsgewicht ergibt, zu bestimmen, wie dies in vielen Lehrbüchern geschieht, kann nicht empfohlen werden. Allerdings darf die größte Zugkraft, die beim Anfahren und auf Steigungen ausgeübt werden soll, bei der Berechnung der Zylinderabmessungen nicht unberücksichtigt bleiben; ihr Einfluß auf die Zylinderabmessungen wird aber geringer sein, wenn sie nicht zu oft und zu lange verlangt wird.

Daß die Dampfzylinder einer Heißdampflokomotive ganz erheblich viel größer ausgeführt werden müssen, als für den gleich großen Kessel einer Naßdampflokomotive überhaupt praktisch möglich wäre, ist schon im ersten Abschnitt dargelegt worden. Dennoch ist auch hier Maß zu halten.

Große Zylinder ergeben gegenüber kleineren bei Anwendung großer Zugkräfte bei Heißdampf zwar stets eine Dampfersparnis, da die Dampfdehnung weiter ausgenutzt werden kann, sie können aber doch zu ungünstigerem Dampfverbrauch im Durchschnitt führen, wenn das Fahren mit kleinen und kleinsten Zugkräften im Betriebe stark überwiegt und daher zu oft und lange mit stark gedrosseltem Dampf gefahren werden muß.

Bei übergroßen Zylindern können natürlich auch die Kolben- und damit die Zapfendrücke zu stark anwachsen, was größeren Verschleiß und Neigung zum Heißlaufen zur Folge haben würde. Auch darauf ist zu sehen, daß die hin und her gehenden Massen nicht zu groß werden.

Muß im allgemeinen Dienst einer Lokomotive überwiegend lange Zeit mit stark gedrosseltem Dampf oder mit zu kleinen Füllungen gefahren werden, so kann es auch vorkommen, daß nicht mehr genügend Auspuffspannkraft in dem aus dem Blasrohr ausströmenden Dampf vorhanden ist. Die Luftleere in der Rauchkammer kann dann so weit zurückgehen, daß nicht mehr genug Luft durch den Rost angesaugt wird und die Dampferzeugung trotz des an sich geringen Dampfverbrauchs nachläßt. Man müßte in solchen Fällen mit verstellbaren Blasrohren arbeiten, die aber nur durch Erhöhung des Gegendrucks größere Blasrohrgeschwindigkeiten erzielen lassen.

Erheblich größere Nachteile aber ergeben sich beim Heißdampfbetrieb für zu klein bemessene Zylinder. Kann die meistgebrauchte Zugkraft nur mit größeren Füllungen erreicht werden, so wird infolge zu geringer Ausnutzung der Dampfdehnung der Dampfverbrauch für die Pferdekraftstunde stark ansteigen. Eine zeitweilige Erhöhung der Zugkraft auf Steigungen und beim Anfahren, oder beim Fahren schwerer Züge wird bei zu kleinen Zylindern nur bis zu einem verhältnismäßig geringem Maße zulässig sein, so daß der Hauptvorteil der Heißdampflokomotive, die Möglichkeit großer Vermehrung der Leistungsfähigkeit und Wirtschaftlichkeit bei erheblich vergrößertem Verwendungsbereich, erheblich eingeschränkt wird. Zu kleine Zylinder sind daher unter allen Umständen schädlicher als zu große, eine Tatsache, die bei zahlreichen Versuchen mit Heißdampflokomotiven erwiesen worden ist. In allen Fällen kann nicht nur die Leistungsfähigkeit sondern auch der wirtschaftliche Verwendungsbereich einer Heißdampflokomotive dem Naßdampfbetrieb gegenüber ganz außerordentlich erweitert werden durch Anordnung entsprechend großer Dampfzylinder, und es muß daher auch die Hauptaufgabe des Erbauers sein, die großen Vorteile der gasartigen Beschaffenheit des Heißdampfs hierbei entsprechend auszunutzen.

Bei einem räumlich ausgedehnten Bahnnetz mit den verschiedensten Streckenverhältnissen (wie etwa das der preußischen Staatsbahnen) kann es unter besonderen Umständen allerdings noch zweckmäßig erscheinen, eine bestimmte Lokomotivgrundgattung mit zwei voneinander etwas verschiedenen Zylinderabmessungen zu bauen. Jedenfalls aber würden für eine Grundgattung (z. B. eine D- oder E-Lokomotivgattung) mehr als zwei verschiedene Zylinderdurchmesser nirgends eine erheblichere Bedeutung haben, um die umfänglichste Leistung der Gattung bei der größten praktisch möglichen Wirtschaftlichkeit im Durchschnittsdienst zu erreichen.

Es kann also eine Zweiteilung einer Grundgattung nur da empfohlen werden, wo tatsächlich in für sich abgegrenzten Gebieten erheblich schwächere Dauerleistungen verlangt werden. Auf jeden Fall sollten auch dann die Zylinderdurchmesser nur soweit voneinander abweichen, daß zeitweilig auch die Lokomotive mit den kleineren Zylindern die Lokomotive mit der stärkeren Maschine noch ersetzen kann.

Wie früher schon angedeutet wurde, ist auch der Verfasser nur nach und nach zur vollen Erkenntnis dieses wichtigen Sachverhaltes gekommen. Erst durch Versuche von einem Neubau zum anderen konnte die für den neuen Arbeitsträger angemessene Vergrößerung der Dampfzylinder erreicht und jeder weitere Schritt mußte hier widerstrebenden älteren Anschauungen gegenüber förmlich erkämpft werden. Die Durchmesser der Zylinder der 2 B gekuppelten Heißdampf-Schnellzuglokomotive z. B. wurden so in sechs Jahren von einem Neubau zum anderen ohne nennenswerte Vergrößerung der Triebachslast von 480 bis auf 550 mm vergrößert.

Jede neue Zylindervergrößerung brachte neben der vermehrten Leistungsfähigkeit auch eine erhöhte Wirtschaftlichkeit der Lokomotive im Gesamtdienst mit sich.

a) Bestimmung der Zylinderdurchmesser für einfache und doppelte Dehnung und Zwei- und Mehrzylinderanordnungen. Nach der Ermittelung von Z_i erfolgt nun die Bestimmung der Zylinderabmessungen für einstufige Dehnung in zwei Zylindern (Zwillingswirkung) nach der bekannten Beziehung:

$$Z_i^{\text{kg}} \cdot D^{\text{m}} \cdot \pi = \frac{\pi \cdot d^{2\,\text{cm}}}{4} \cdot 2\,s^{\text{m}} \cdot 2\,p_{mi}^{\text{Atm.}},$$

worin Z_i = meistgebrauchte, indizierte Zugkraft in kg,
D = Triebraddurchmesser in m,
d = Zylinderdurchmesser in cm,
s = Hub in m und
p_{mi} = mittlerer indizierter Druck in Atm. bedeutet.

Demnach ist der Zylinderdurchmesser einer Zwillingslokomotive:

$$d^{\text{cm}} = \sqrt{\frac{Z_i^{\text{kg}} \cdot D^{\text{m}}}{s^{\text{m}} \cdot p_{mi}}}.$$

Für Zweizylinder-Verbundlokomotiven lautet die Formel

$$Z_i^{\text{kg}} \cdot D^{\text{m}} \cdot \pi = \frac{\pi \cdot d_N^{2\,\text{cm}}}{4} \cdot 2\,s^{\text{m}} \cdot p_{mi}^{\text{Atm.}},$$

wobei d_N = Durchmesser des Niederdruckzylinders in cm
und p_{mi} = dem auf diesen bezogenen mittleren indizierten Druck ist.

Es ist also der Durchmesser des Niederdruckzylinders einer Zweizylinderlokomotive

$$d_N^{\text{cm}} = \sqrt{\frac{Z_i^{\text{kg}} \cdot D^{\text{m}} \cdot 2}{s_m \cdot p_{mi}}}.$$

Um für ein- und zweistufige Dampfdehnung eine einzige, handliche Formel zu erhalten, ist es zweckmäßig, in obigen Gleichungen alle Längenmaße auf dm zu bringen. Sie nehmen dann die Form an:

$$Z_i^{kg} \cdot D^{dm} \pi = 100 \cdot \frac{\pi d^{2\,dm}}{4} \cdot 2 s^{dm} \cdot 2 p_{mi},$$

$$Z_i^{kg} \cdot D^{dm} \pi = 100 \cdot \frac{\pi d_N^{2\,dm}}{4} \cdot 2 s^{dm} \cdot p_{mi}.$$

In beiden Formeln stellt der Ausdruck

$$\frac{\pi \cdot d^{2\,dm}}{4} \cdot 2 s^{dm}, \quad \text{bzw.} \quad \frac{\pi d_N^{2\,dm}}{4} \cdot s^{dm},$$

das Hubvolumen beider Zylinder bzw. des Auspuffzylinders in Litern dar, also beider Zylinder der Zwillingsmaschine bzw. des Niederdruckzylinders, aus denen der Dampf ins Freie auspufft. Bezeichnet man dieses Volumen mit V^1, so wird aus beiden Formeln

$$Z_i^{kg} \cdot D^{dm} \pi = V^1 \cdot 2 p_{mi} \cdot 100$$

und damit

$$Z_i^{kg} = \frac{200\, V^1}{D^{dm} \cdot \pi} \cdot p_{mi} \quad \text{oder} \quad V^1 = \frac{Z_i^{kg} \cdot D^{dm} \cdot \pi}{200\, p_{mi}}.$$

Die gleiche Überlegung läßt sich für sämtliche Zylinderanordnungen machen, für Vierlings-, Vierzylinderverbund-, Drillings- und Dreizylinderverbundanordnung. Man kommt dabei zu dem Ergebnis, daß für alle diese Zylinderanordnungen die angegebene Formel paßt, und zwar ist unter Zylinderinhalt immer der Querschnitt des Zylinders multipliziert mit dem Hub zu verstehen. Haben die in Frage kommenden Zylinder verschiedene Hübe, so müssen diese dabei natürlich berücksichtigt werden.

Zahlentafel 20 zeigt die Größe von V^1 und d^{cm} für verschiedene Lokomotivgattungen.

Zahlentafel 20.
Bestimmung der Zylinderdurchmesser für ein- und mehrstufige Dehnung und verschiedene Zylinderanordnungen bei gleichem Hub der betr. Zylinder.

Nr.	Gattung	Volumen der Auspuffzylinder V^1 [1])	Zylinderdurchmesser d cm
1	Zwillingslokomotiven	$2 \times \dfrac{d^2 \pi}{4} \cdot s$	$d = \sqrt{\dfrac{Z_i^{kg} \cdot D^{dm}}{s^{dm} \cdot p_{mi}}}$
2	2-Zylinder-Verbundlokomotiven	$\dfrac{d_N^2 \pi}{4} \cdot s$	$d_N = \sqrt{\dfrac{Z_i \cdot D}{s \cdot p_{mi}} \cdot 2}$
3	4-Zylinder-Verbundlokomotiven	$2 \times \dfrac{d_N^2 \pi}{4} \cdot s$	$d_N = \sqrt{\dfrac{Z_i \cdot D}{s \cdot p_{mi}}}$
4	3-Zylinder-Verbundlokomotiven m. einem Hochdruck- u. zwei Niederdruckzylind.	$2 \times \dfrac{d_N^2 \pi}{4} \cdot s$	$d_N = \sqrt{\dfrac{Z_i \cdot D}{s \cdot p_{mi}}}$
5	Drillingslokomotiven	$3 \times \dfrac{d^2 \pi}{4} \cdot s$	$d = \sqrt{\dfrac{Z_i \cdot D}{s \cdot p_{mi}} \cdot \dfrac{2}{3}}$
6	Vierlingslokomotiven	$4 \times \dfrac{d^2 \pi}{4} \cdot s$	$d = \sqrt{\dfrac{Z_i \cdot D}{s \cdot p_{mi}} \cdot \dfrac{1}{2}}$

---

[1]) d und s in dm.

Nachdem der für die jeweilige Lokomotivgattung angemessene Triebraddurchmesser D, ferner hierzu passend der Hub s und p_{mi} nach Zahlentafel 21 bestimmt worden ist, kann nun aus den in Zahlentafel 20 nach neuesten Erfahrungen errechneten Ausdrücken für Durchmesser und Hubvolumen für Zwillings-, Drillings- und Vierlingslokomotiven der Zylinder unmittelbar, und für Verbundlokomotiven der Niederdruckzylinder bestimmt werden. Der zugehörige Hochdruckzylinder steht bezüglich des Volumens dabei in einem durch die Erfahrung bestimmten Verhältnis, das je nach der Gattung der Lokomotiven verschieden zu bemessen ist.

Bei Zweizylinder-Verbundlokomotiven für Personen- und Schnellzüge wird das Zylinderraumverhältnis in der Regel zu 2,2 bis 2,4, für Güterzuglokomotiven zu 2,0 bis 2,2 gewählt.

Bei Vierzylinder-Verbundlokomotiven macht man den Hochdruckzylinder meistens etwas kleiner. Der Hochdruckzylinderinhalt ist hier $\frac{1}{2,4}$ bis $\frac{1}{3}$ des Niederdruckzylinderinhaltes.

Der Hochdruckzylinder soll derartig bemessen werden, daß bei den meistgebrauchten Leistungen die Arbeitsanteile des Hochdruck- und Niederdruckzylinders annähernd gleich sind. Je größer der Hochdruckzylinder gewählt wird, desto mehr muß zu diesem Zweck die Niederdruckfüllung gegenüber der des Hochdruckzylinders vergrößert werden. Große Hochdruckzylinder ergeben zwar auch bei Verbundwirkung große Zugkräfte, was für das Anfahren besonders erwünscht ist, bei kleineren Leistungen und gleicher Füllung im Niederdruckzylinder aber steigt hierbei die Arbeit des Hochdruckzylinders erheblich, da der Dampf schon hier bis fast zur Austrittsspannung heruntergedehnt wird. Bei großer Füllung dagegen wird die Dehnung schlecht ausgenützt. Kleine Hochdruckzylinder ergeben eine gute Ausnutzung des Dampfes, dagegen läßt sich die Leistung wegen der verringerten Gesamtfüllung nicht in dem Maße steigern, z. B. auf Steigungen, wie bei den Lokomotiven mit größeren Hochdruckzylindern.

b) Werte für den mittleren Druck p_{mi}. Für die Wahl des Wertes von p_{mi}, der bei jeweilig günstigster Ausnutzung des Dampfes eintritt, also dem geringsten Dampfverbrauch für die Pferdekraftstunde entspricht, hat Professor Obergethmann aus vielen Dampfdruckschaulinien und Erwägungen über die Feueranfachung bei verschiedensten Füllungen nachstehende Werte[1]) ermittelt:

Zahlentafel 21.
Werte von p_{mi} für günstigste Dampfausnutzung.

Für Naßdampflokomotiven mit einstufiger Dehnung . . . $p_{mi} = 4{,}0$ bis $4{,}2$ Atm.,
für Naßdampflokomotiven mit zweistufiger Dehnung . . . $p_{mi} = 3{,}8$ bis $4{,}0$ Atm.,
für Heißdampflokomotiven mit einstufiger Dehnung . . . $p_{mi} = 3{,}6$ bis $3{,}8$ Atm.,
für Heißdampflokomotiven mit zweistufiger Dehnung . . . $p_{mi} = 3{,}4$ bis $3{,}6$ Atm.

c) Zugkraftkennwerte (Charakteristik) C_1 und C_2. Von Wichtigkeit für die Beurteilung der Zylinderabmessungen und Triebraddurchmesser ist noch die Einführung der sogenannten Charakteristik.

In der Formel:

$$Z_i{}^{\text{kg}} = \frac{200\,V^{\text{l}}}{D^{\text{dm}} \cdot \pi} \cdot p_{mi}$$

setzt Professor Obergethmann den Wert

$$\frac{200\,V^{\text{l}}}{D^{\text{dm}} \cdot \pi} = C_1,$$

---

[1]) Siehe Glasers Annalen 1909, Bd. 64, Nr. 766.

der für Zwillingslokomotiven den einfachen Wert

$$C_1 = \frac{d^{2\,\text{cm}} \cdot s^{\text{dm}}}{D^{\text{dm}}}$$

annimmt. Es ist dann, wie aus den vorstehenden Gleichungen hervorgeht,

$$Z_i{}^{\text{kg}} = C_1 \cdot p_{mi}$$

oder in Worten: die Charakteristik C_1 mit dem jeweiligen Druck p_{mi} multipliziert ergibt die indizierte Zugkraft, die bei dem betreffenden Druck verwirklicht wird; dividiert man C_1 durch das Reibungsgewicht der Lokomotive in t ($G_r{}^t$), so erhält man eine andere Charakteristik C_2, eine Zahl, die wieder mit dem mittleren Druck p_{mi} multipliziert die Zugkraft für 1 t Reibungsgewicht ergibt. Für Zwillingslokomotiven ist also:

$$C_2 = \frac{C_1}{G_r} = \frac{d^{2\,\text{cm}} \cdot s^{\text{dm}}}{D^{\text{dm}} \cdot G_r^t}.$$

Dividiert man den Wert $C_2\, p_{mi}$, d. h. die Zugkraft in kg für eine Tonne Reibungsgewicht bei dem betreffenden p_{mi} durch 1000, so erhält man einen Wert

$$\alpha = \frac{C_2\, p_{mi}}{1000},$$

den man als „Ausnutzungsziffer" bezeichnen kann, da sie angibt, der wievielte Teil des Reibungsgewichtes der Lokomotive bei dem betreffenden p_{mi} als Zugkraft ausgenutzt wird. α darf bekanntlich im gewöhnlichen Betriebe den Wert von $\frac{1}{5}$ bis $\frac{1}{7}$ nicht überschreiten, da sonst die Lokomotive schleudert. Bei trockenen Schienen und guter Sandung ist noch $\frac{1}{4}$ erreichbar.

$C_2 = 25$ bedeutet also z. B.

$$\text{bei } p_{mi} = 3{,}5 \text{ Atm. ist } \alpha = \frac{3{,}5 \cdot 25}{1000} = \frac{1}{11{,}4},$$

$$\text{bei } p_{mi} = 5 \text{ Atm. ist } \alpha = \frac{5 \cdot 25}{1000} = \frac{1}{8},$$

$$\text{bei } p_{mi} = 7 \text{ Atm. ist } \alpha = \frac{7 \cdot 25}{1000} = \frac{1}{5{,}7},$$

oder mit anderen Worten: Die Zylinder der betreffenden Lokomotive sind derart bestimmt, daß bei einem mittleren Druck von 7 Atm. ungefähr die Schleudergrenze erreicht wird.

Die hierbei ausgeübte Zugkraft ist dann

$$Z_i = \frac{G_r^t}{5{,}7},$$

woraus aus den vorstehenden Widerstandsformeln die Geschwindigkeit oder das Zuggewicht errechnet werden kann, wenn eine der beiden Größen bekannt ist.

Bei $p_{mi} = 3{,}5$ Atm., also etwa der günstigsten Dampfausnutzung wird $\frac{1}{11{,}4}$ des Reibungsgewichts als Zugkraft ausgenutzt, die demnach die meistgebrauchte sein müßte.

In der folgenden Zahlentafel 22 sind für die Heißdampflokomotiven der preußischen Staatsbahnen die Werte für C_1 und C_2 angegeben.

Zahlentafel 22.

Werte für C_1 und C_2 für die Heißdampflokomotiven der preußischen Staatsbahnen.

Nr.	Gattung	Be-zeichnung	Zylinder-$\varnothing$ mm	Hub mm	Triebrad-$\varnothing$ mm	Reib-gewicht t	C_1	C_2
1	S 4	2 B	2×540	600	1980	31,9	884	27,7
2	S 6	2 B	2×550	630	2100	33,4	908	27,2
3	S 10	2 C	4×430	630	1980	50,5	1177	23,3
4	S 10^1	2 C	$2\times \frac{400}{610}$	660	1980	51,0	1240	24,3
5	S 10^2	2 C	3×500	630	1980	52,05	1193	22,9
6	P 6	1 C	2×540	630	1600	44,3	1147	25,9
7	P 8	2 C	2×575	630	1750	47,6	1190	25,0
8	G 8^1	D	2×600	660	1350	68,0	1760	25,9
9	G 10	E	2×630	660	1400	69,5	1870	26,9
10	G 12	1 E	3×570	660	1400	80,0	2300	28,8
11	T 8	C	2×500	600	1350	45,6	1110	24,3
12	T 10	2 C	2×575	630	1750	46,3	1190	25,7
13	T 12	1 C	2×540	630	1500	51,0	1225	24,0
14	T 14	1 D 1	2×600	660	1350	63,7	1760	27,6
15	T 16	E	2×610	660	1350	73,8	1818	24,6
16	T 18	2 C 2	2×560	630	1650	46,5	1196	25,7

Nach vorstehenden Ausführungen wird es nicht schwierig sein, für sogenannte Streckenlokomotiven die Zylinder richtig zu bestimmen, da die meistgebrauchte Zugkraft nach den gegebenen Leistungsbedingungen aus den Widerstandsformeln leicht festzustellen ist.

Für Verschiebe- und Vorortzuglokomotiven, die häufig anfahren müssen, werden die Zylinder mit Rücksicht auf die beim Anfahren geforderten Beschleunigungskräfte zu bestimmen sein, ohne Rücksicht auf die Dauerleistung des Kessels; dieser muß natürlich Zeit haben, sich nach dem Anfahren zu erholen. Immerhin aber dürfen die Zylinder auch nicht so groß ausgeführt werden, daß während des Anfahrens mit günstigster Dampfausnutzung gefahren werden kann, da hierfür die Zylinder eine Größe bekommen würden, die die Brauchbarkeit der Lokomotive für Zugfahrten zu stark beeinträchtigen könnte. Außerdem werden die Zugkräfte nach Erreichung der Höchstgeschwindigkeit im Verhältnis zu den Anfahrzugkräften so klein, daß bei allzu großen Zylindern und dementsprechend sehr kleinen Füllungen wieder mit unwirtschaftlichem Dampfverbrauch durch Drosselung und mangelhafte Feueranfachung gearbeitet werden müßte.

Unter Annahme einer Charakteristik C_1 bzw. C_2 kann man sich nach Feststellung der erforderlichen Zugkräfte aber leicht ein gutes Bild von der Richtigkeit der gewählten Zylinderabmessungen für den betreffenden Dienst der Lokomotive machen, wenn man sich nach der Gleichung

$$Z_i = C_1 \cdot p_{mi}$$

die mittleren Drücke errechnet, die bei den betreffenden Zugkräften angewendet werden. Je länger sich diese in der Nähe des günstigsten Wertes für p_{mi} — vgl. Zahlentafel 21 — befinden, um so richtiger sind die Zylinderabmessungen bestimmt und einen desto geringeren Dampfverbrauch wird die Lokomotive auch für ihren besonderen Dienst haben.

Weitere Bestimmungen von Abmessungen wesentlicher Bauteile sind in folgendem Beispiel enthalten.

3. Beispiel für die Berechnung und Entwurf einer Heißdampflokomotive.

a) Leistungsvorschrift. Es soll eine Zweizylinder-Heißdampfschnellzuglokomotive für eine Höchstgeschwindigkeit von 110 km/st berechnet und in den Hauptteilen dargestellt werden, die imstande ist, auf der Wagerechten einen Wagenzug von 520 t Gewicht mit einer Geschwindigkeit von 100 km/st zu befördern, d. h. den schwersten Zug von 52 Achsen mit der höchsten nach der Bau- und Betriebsordnung vom 4. November 1904 (4. Auflage 1913) gestatteten Geschwindigkeit. Ein Achsdruck von 17 t für die gekuppelten Achsen ist möglichst einzuhalten. Der Achsdruck der führenden Laufachsen soll 15 t nicht überschreiten. Der Tender muß etwa 30 cbm Wasser und 7 t Kohlen fassen können, sein Dienstgewicht wird daher erfahrungsgemäß mit etwa 62 t in Rechnung zu stellen sein.

Als Vorbild bzw. Anhalt für eine praktische Lösung der gestellten Aufgabe diene, besonders für eine möglichst sichere Bestimmung der Hauptabmessungen, eine Heißdampflokomotive der erprobten 2 C-Bauart der preußischen Staatseisenbahnen. Gewählt werde die 2 C gekuppelte Heißdampf-Personenzuglokomotive P 8, von der einwandfreie Versuchsergebnisse vorliegen (neunten Abschnitt) und deren Zugkraft der verlangten Leistung nahezu entspricht, die aber nur für 90 km in der Stunde gebaut ist. Die Leistung dieser Lokomotive bei Bergfahrten wird auch von der neuen Lokomotive verlangt. Die Hauptabmessungen der 2 C-HPL. sind auf der Tafel 6 gegeben.

Aus der Betrachtung der Abmessungen und Leistungen dieser 2 C-HPL. ergibt sich zunächst, daß die neue Schnellzuglokomotive für eine Höchstgeschwindigkeit von 110 km in der Stunde größere Triebräder und entsprechend größere Zylinder erhalten muß, und daß daher auch die Leistungsfähigkeit des Kessels soweit gesteigert werden sollte, als dies der Achsdruck von 17 t gestattet. Es ist dabei ohne weiteres zu ersehen, daß zweckmäßig eine erhebliche Verlängerung und eine gewisse Vertiefung der Feuerbüchse angenommen werden kann, daß eine Verlängerung des Langkessels geboten und angängig und daß Raum- und Gewichtsfreiheit für die Anbringung eines Vorwärmers zur Unterstützung der Kesselleistung und Erhöhung der Wirtschaftlichkeit vorhanden ist.

b) Bestimmung von Z_i, Triebraddurchmesser, Zylinderabmessungen, Höchstleistung. Nach dieser vorläufigen Feststellung seien zunächst die

Fahrwiderstände von Lokomotive mit Tender und für die Wagen untersucht unter Anwendung der vorstehend gebrachten Formeln von Strahl.

Danach ist:

a) Für Lokomotive und Tender:

$$W_{L+T} = 2{,}5 \cdot G_1 + c \cdot G_2 + 0{,}6\, F \cdot \left(\frac{V+12}{10}\right)^2,$$

worin für unseren Fall zu setzen ist:

$$G_1 = 81 - 51 + 62 = 92 \text{ t}$$
$$G_2 = 51 \text{ t}$$
$$c = 7{,}3,$$
$$F = 10.$$

Damit wird

$$W_{L+T} = 2{,}5 \cdot 92 + 7{,}3 \cdot 51 + 0{,}6 \cdot 10 \left(\frac{V+12}{10}\right)^2 = 602 + 6 \left(\frac{V+12}{10}\right)^2.$$

Für $V = 100$ km/st wird der Widerstand von Lokomotive und Tender:

$$W_{L+T} = 1355 \text{ kg}.$$

Beispiel für die Berechnung und Entwurf einer Heißdampflokomotive.

Zahlentafel 23.

Zulässige höchste Umdrehungszahlen der Triebräder der Lokomotiven (n in der Minute) nach der Bauart.

	Mindestens eine Achse unter oder hinter der Feuerbüchse und mit oder ohne hintere Laufachse, hinteres Dreh- oder Deichselgestell								Feuerbüchse überhängend		
	Lok. mit vorderem Drehgestell			Lok. mit vorderer Laufachse oder vorderem Deichselgestell			Lok. ohne vordere Laufachse		Lokomotive mit beliebiger Lage der Zylinder und		
	1	2	3	4	5	6	7	8	9	10	11
	freier Trieb-achse oder 2 gek. Achsen oder 3 gek. Achsen	4 gek. Achsen	5 gek. Achsen	freier Trieb-achse oder 2 gek. Achsen oder 3 gek. Achsen	4 gek. Achsen	5 gek. Achsen	mit freier Triebachse oder 2 gek. Achsen oder 3 gek. Achsen	mit 4 gek. Achsen oder 5 gek. Achsen	2 oder 3 gek. Achsen und mit vord. Laufachse, vord. Dreh- oder Deichselgestell	2 oder 3 gek. Achsen und ohne vord. Laufachse, vord. Dreh- oder Deichselgestell	4 oder 5 gek. Achsen mit u. ohne vord. Laufachsen
Zylinder außen oder zwei Zylinder außen und ein Zylinder innen											
$n =$	320	260	230	280	260	230	260	200	$n = 240$	220	180
	12	13	14	15	16	17				18	
Zylinder innen oder je zwei Zylinder innen und außen mit gegenläufigem Triebwerk	wie 1	wie 2 und 3	wie 4	wie 5 und 6	wie 7	wie 8			Lokomotiven mit Triebdrehgestellen, mit oder ohne überhängende Feuerbüchse und mit beliebiger Lage der Zylinder		
$n =$	360	280	310	280	280	250			$n = 200$		

Anmerkung: Für Lokomotiven, die zur beliebigen Verwendung in beiden Fahrrichtungen bestimmt sind, ist jeweils jene Umdrehungszahl der Triebräder zulässig, die der Radfolge in der betreffenden Fahrrichtung entspricht.

Aus „T. V." 1909, § 102, S. 49.

b) **Für die Wagen:**

Der 520 t schwere Wagenzug habe die für 100 km in der Stunde höchst zulässige Achsenzahl von 52 und bestehe aus 7 vierachsigen Wagen von je 42,5 t und 4 sechsachsigen Wagen von je 55,5 t Gewicht.

Dann ist:
$$W_w = G_w \cdot \left[2,5 + \frac{1}{40}\left(\frac{V+12}{10}\right)^2\right].$$

Mit $G_w = 520$ t, $V = 100$ km/st
wird $W_w = 2931$ kg.

Es ergibt sich der gesamte Widerstand
$$W_{ges} = W_{L+T} + W_w = 1355 + 2931 = 4286 \text{ kg}.$$

Da dieser Widerstand nach den Strahlschen Formeln errechnet wurde, so ist der Gesamtwiderstand des ganzen Zuges

$$W_{ges} = Z_i = \text{der indizierten Zugkraft der Lokomotive},$$

die gleichzeitig die „meistgebrauchte" darstellt, die für die Berechnung der Zylinderabmessungen zugrunde gelegt werden soll.

Die Abmessungen der Zylinder hängen zunächst vom Triebraddurchmesser ab und dieser von der Zahl der Triebradumdrehungen in der Minute, die nach § 102 der Technischen Vereinbarungen gestattet sind. — Vgl. Zahlentafel 23.

Nach Spalte 1 dürfen Lokomotiven mit vorderem Drehgestell und drei gekuppelten Achsen mit zwei Außenzylindern 320 Triebradumdrehungen in der Minute machen.

Aus der Beziehung:
$$D^m \cdot \pi \cdot n = \frac{1000 \cdot V^{\text{km/st}}}{60}$$

folgt für 110 km/st bei $n = 320$ in der Minute:
$$D = \frac{1000 \cdot V^{\text{km/st}}}{60 \pi \cdot 320} = 1,827 \text{ m}.$$

Es ist aber zweckmäßig, die gestattete Höchstzahl der Umdrehungen nicht zu beanspruchen, sondern den Wert für den Triebraddurchmesser nach oben abzurunden, hier vorteilhaft auf das vielvorkommende Maß von

$$D = 1980 \text{ mm}.$$

Bei $V = 110$ km/st ist dann:

$$n = 295 \text{ in der Minute}.$$

Bei der erheblichen Länge der Triebstange, die der Antrieb der Mittelachse erfordert und mit Rücksicht auf den Zylinderdurchmesser wird der Hub[1]) zweckmäßig zu 660 mm angenommen, und es wird bei einem mittleren indizierten Druck von $p_{mi} = 3,7$ (vgl. Zahlentafel 21) der Durchmesser des Zylinders

$$d^{\text{cm}} = \sqrt{\frac{Z_i^{\text{kg}} \cdot D^{\text{cm}}}{s^{\text{cm}} \cdot p_{mi}}} = \sqrt{\frac{4286 \cdot 198}{66 \cdot 3,7}} = 59 \text{ cm} = 590 \text{ mm}.$$

Die Zugkraftcharakteristik C_1 ist
$$C_1 = \frac{d^2 s}{D} = \frac{59^{2\,\text{cm}} \cdot 66^{\text{cm}}}{198^{\text{cm}}} = 1160.$$

---

[1]) Der Hub s wird bei Personen- und Schnellzuglokomotiven zu etwa 0,3 bis 0,4, bei Güterzuglokomotiven zu 0,4 bis 0,55 D angenommen.

Beispiel für die Berechnung und Entwurf einer Heißdampflokomotive. 61

Mit der meistgebrauchten Zugkraft $Z_i = 1160 \cdot 3{,}7 = 4286$ kg ergibt sich die größte Maschinenleistung bei $V = 100$ km/st zu

$$N_{i\max} = \frac{4286 \cdot 100}{270} = 1585 \text{ PS}_i.$$

Diese Leistung ist nun maßgebend für die Bestimmung der

Rost- und Heizfläche

der Lokomotive.

c) Kohlen- und Wasserverbrauch für eine PS$_i$-st, Rost- und Heizflächen, Rostanstrengungen, Verhältnis $H:R$. Nach Professor Obergethmann gelten für den Kohlen- und Wasserverbrauch der Lokomotiven folgende Werte, die mit den Ergebnissen aus praktisch-wissenschaftlichen Versuchen der Preußischen Staatseisenbahnverwaltung gut übereinstimmen.

Zahlentafel 24.
Kohlen- und Wasserverbrauch der Lokomotiven für eine PS$_i$-Stunde.

Nr.	Dampf	Zyl.-Anzahl	Kesseldruck		Wasser kg	Kohle kg	Verdampf.-Ziffer
1	Naßdampf	2 Zyl. Zwill.	13 Atm. abs.		11,2	1,60	7
2	„	2 „ Verb.	13 „ „		9,6	1,37	7
3	„	4 „ „	15 „ „		9,2	1,32	6,98
4	Heißdampf	2 Zyl. Zwill.	13 „ „	300°	7,4	1,15	6,42
5	„	„ „ „	13 „ „	325°	7,0	1,11	6,32
6	„	„ „ „	13 „ „	350°	6,7	1,08	6,22
7	Heißdampf	4 Zyl. Verb.	15 „ „	300°	7,0	1,09	6,42
8	„	„ „ „	15 „ „	325°	6,7	1,06	6,32
9	„	„ „ „	15 „ „	350°	6,4	1,03	6,22

Hierbei ist für den Kohlenverbrauch eine siebenfache Verdampfung angenommen, bezogen auf trockenen Wasserdampf (Sattdampf) von 13 Atm. abs. und 668,9 Wärmeeinheiten für 1 kg. Die anderen Verdampfungsziffern ändern sich entsprechend den Wärmeinhalten des betreffenden Dampfes. — Bei einem Heizwert der Kohlen von 7000 WE/kg entsprechen die angegebenen Verdampfungsziffern einem Kesselwirkungsgrad von

$$\eta = \frac{668{,}9 \cdot 7}{7000} = 0{,}6689 = \sim 67\%.$$

Bei Anwendung mittelguter Kohle können 7000 bis 7500 WE/kg in Rechnung gestellt werden.

Auf langen und schmalen Rosten lassen sich erfahrungsgemäß wirtschaftlich in der Stunde auf 1 qm Rostfläche verbrennen:

350 bis 450 kg Kohle bei Güterzuglokomotiven, bei denen das Verhältnis Heizfläche : Rostfläche $H:R = 60 \div 90$ ist, und

500 bis 600 kg Kohle bei Personen- und Schnellzuglokomotiven mit einem $H:R = 50 \div 70$.

Aus der Zahlentafel 24 unter Nr. 6 ist ersichtlich, daß für den vorliegenden Fall 1 PS$_i$-Stunde für Heißdampf von 350° von 1,08 kg Kohle erzeugt wird. Unter Annahme einer stündlichen Verbrennung von 550 kg auf 1 qm Rostfläche ergibt sich demnach eine Rostfläche von

$$R = \frac{1585}{550} \cdot 1{,}08 = 3{,}1 \text{ qm}.$$

Bei Anwendung von schmalen und tiefen kupfernen Feuerbüchsen und bei Siederohrlängen bis 5 m genügt nach der Erfahrung für Heißdampfschnellzuglokomotiven die Annahme eines Verhältnisses von

$$H : R = 53$$

vollkommen.

Für die Erzeugung von Heißdampf von 350° C kann man hierbei erfahrungsmäßig rd. $1/3$ der wasserverdampfenden Heizfläche als Überhitzerheizfläche annehmen. Demnach wird für den vorliegenden Fall die wasserverdampfende Heizfläche

$$H_w = 53 \cdot R = 53 \cdot 3{,}1 = 164 \text{ qm},$$

die Überhitzerheizfläche

$$H_{\ddot{u}} = \tfrac{1}{3} \cdot H_w = \tfrac{1}{3} \cdot 164 = 55 \text{ qm}.$$

Über der Rostfläche von 3,1 qm läßt sich nach dem Anhalt, den der Kessel P 8 bietet, eine Feuerbüchse von rd. 17 qm unmittelbarer Heizfläche bequem erreichen. Es ist daher im Langkessel — dessen Durchmesser entsprechend dem der P 8 mit 1600 angenommen werden soll — noch eine mittelbare Heizfläche von 164 — 17 = 147 qm unterzubringen, was leicht angängig ist, da der Langkessel gegenüber dem der P 8 wegen der größeren Triebräder um etwa 200 mm länger gebaut werden muß. Der Langkessel erhält damit eine Länge von 4900 mm zwischen den Rohrwänden.

Werden ferner nach dem Vorbild des Kessels der P 8 für den Überhitzer 26 Rauchrohre der üblichen Abmessungen 125/133 mm Durchmesser eingebaut, dann ergeben 26 Überhitzerelemente, zusammengesetzt aus Rohren von 30/38 mm Durchmesser, noch etwas mehr als die angenommene Überhitzerfläche von 55 qm, nämlich 61,5 qm, was nur günstig wirken kann.

d) Wandstärken des Kessels und der Feuerbüchse, Stehbolzen. Die Blechstärke des Langkessels ergibt sich aus der bekannten Gleichung:

$$s = \frac{D \cdot p \cdot x}{200 \, K \cdot z} + 1$$

(Hütte XXI. Auflage, Bd. II, S. 27), worin bedeuten:

D den Kesseldurchmesser in cm,

p den Kesselüberdruck in kg/qcm,

$x = 4$ bei Doppellaschennietung den Sicherheitsgrad gegen Zerreißen,

K die Zerreißfestigkeit des Bleches in kg/qcm,

$z = 0{,}75$ bei Doppellaschennietung das Verhältnis der Festigkeit der Nietnaht zu der des vollen Bleches.

Für flußeiserne Dampfkesselmäntel kann $K = 37$ kg/qcm angenommen werden. Mit $D = 1600$ mm, $p = 12$ Atm. ergibt sich:

$$s = \frac{160 \cdot 12 \cdot 4}{200 \cdot 36 \cdot 0{,}75} + 1 = 14{,}8 \text{ mm}.$$

Mit Rücksicht auf Abrosten wird zweckmäßig

$$s = 16 \text{ mm}$$

ausgeführt. Die Blechstärken für die Wände der äußeren und der inneren Feuerbüchse sind nach bewährten Beispielen anzunehmen.

Naheliegend wäre hier der Kessel der P 8 mit 16 mm Wandstärken. Da aber für den vorliegenden Fall möglichst an Gewicht gespart werden muß, um den Achsdruck von 17 t nicht zu überschreiten, erscheint eine Nachrechnung angebracht.

Für die Bestimmung der äußeren Feuerbüchswände ist

1. die Wandstärke nach Dubbel, Taschenbuch für den Maschinenbau 1914, S. 844:
$$s = c\sqrt{p(s_a^2 + s_b^2)}.$$
Hierin ist:
$$c = 0{,}017,$$
$$s_a = s_b = 90 \text{ mm}$$
die Entfernung der Stehbolzen. Somit
$$s = 0{,}017\sqrt{12 \cdot (8100 + 8100)} = 0{,}017 \cdot 441 = 7{,}5 \text{ mm}.$$

Mit Rücksicht auf die Kümpelungsarbeit, auf das Stehbolzengewinde und die Abrostung wird man nicht unter 13 mm Wandstärke gehen, gewählt sei:
$$s = 15 \text{ mm}.$$

2. Die Wandstärke der kupfernen Feuerbüchse
$$s = 5{,}83\, c \sqrt{\frac{p}{K_z}(a_s^2 + b_s^2)}.$$

Für die Entfernung der Deckenanker ist hier zu setzen
$a_s = b_s = 100$ mm,
$K_z =$ Festigkeit des Kupfers (nach Dubbel, Taschenbuch für den Maschinenbau 1914, S. 843),
$K_z \backsimeq 12$ kg/mm² (unter Berücksichtigung der Temperatur)[1]).

Dann ergibt sich
$$s = 5{,}83 \cdot 0{,}017 \sqrt{\frac{12}{12} 20000} = 5{,}83 \cdot 0{,}017 \cdot 141{,}5 \backsimeq 14 \text{ mm}.$$

Angenommen werde
$$s = 15 \text{ mm}.$$

Für die äußere gewölbte Feuerbüchse nimmt man, um ausreichenden Stoff für die Deckenankergewinde zu erhalten, ziemlich allgemein 20 mm an. Die kupferne und eiserne Rohrwand soll mit je 26 mm ausgeführt werden.

Nach diesen Berechnungen und Annahmen ist die auf Tafel 5 dargestellte 2 C-HSL. in den wesentlichsten Bauteilen entworfen worden, und aus diesen lassen sich nun leichter bestimmte Werte für weitere Einzelteile nach dem Vorbilde der P 8 annehmen oder berechnen.

Von Bedeutung wird es noch sein, die Verhältnisse des Blasrohrs und des Schornsteins sowie die Abmessungen der Triebstangen, der Zapfen und der Achsschenkel näher zu untersuchen und rechnerisch zu bestimmen.

e) Berechnung des Blasrohrs und des Schornsteins. In der Z. d. V. d. I. 1913, S. 1739 u. f. veröffentlicht Regierungs- und Baurat Strahl eine eingehende Theorie zur Berechnung des Blasrohrs und Schornsteins der Lokomotiven, bei der alle einschlägigen Größen berücksichtigt sind, die einen Einfluß auf die Abmessungen haben könnten. Strahl gibt die Formel für den Blasrohrquerschnitt in qcm an:
$$F^{\text{qcm}} = \frac{800 \cdot \varepsilon \cdot R}{\sqrt{6\,\varkappa\,\lambda}}.$$

Hierin ist:
$\varepsilon = 1{,}15$ für Heißdampflokomotiven,
$R =$ die Rostfläche in qm,
$\varkappa = 0{,}075 \cdot \left(\dfrac{R}{F_a}\right)^2 + \alpha_2 + \beta \cdot \left(\dfrac{R}{F_2}\right)^2$, worin

---
[1]) Vgl. fünfter Abschnitt 1 unter Schlammabscheider.

$\alpha_2 = 20$ für oberschles. Kohle,
$F_a =$ Gesamtquerschnitt der Luftöffnungen im Aschkasten in qm,
$F_2 =$ Gesamtquerschnitt aller Heiz- und Rauchrohre in qm,

$\beta =$ Ziffer für den mittleren Widerstand der Heiz- und Rauchrohre $= \dfrac{8 + \dfrac{l}{d}}{300}$, worin

$l =$ Länge und
$d =$ Durchmesser der Siederohre bezeichnen. Ferner ist

$$\lambda = \frac{1}{2} \cdot \left[1 + \left(\frac{F_1}{F_0}\right)^2\right], \text{ worin}$$

$F_1 =$ engster Querschnitt und
$F_0 =$ Mündungsquerschnitt des Schornsteins bedeuten.

Es ist $\lambda = 1$ für zylindrische Schornsteine, für konische ist einstweilen $0{,}7 \div 0{,}8$ zu setzen.

Für den vorliegenden Fall wird:

$$\beta = \frac{8 + \dfrac{4900}{45}}{300} = 0{,}39,$$

$$F_2 = \frac{1}{10\,000} \cdot \left[142 \cdot 4{,}5^2 \frac{\pi}{4} + 26 \cdot (12{,}5^2 - 4 \cdot 3{,}8^2) \cdot \frac{\pi}{4}\right] = 0{,}4265 \text{ qm},$$

$F_a = 0{,}22$, aus der Zeichnung ermittelt, stets möglichst groß zu gestalten.

$$\varkappa = 0{,}075 \cdot \left(\frac{3{,}1}{0{,}22}\right)^2 + 20 + 0{,}39 \cdot \left(\frac{3{,}1}{0{,}4265}\right)^2 = 55{,}5.$$

Also

$$F = \frac{800 \cdot 1{,}15 \cdot 3{,}1}{\sqrt{6 \cdot 55{,}5 \cdot 0{,}8}} = 175 \text{ cm}^2.$$

Demnach ist der Durchmesser des Blasrohrs an seiner Mündung

$$d = \sim 148 \text{ mm}.$$

Aus den Versuchen Strahls an stillstehenden Lokomotiven hat sich ergeben, daß der aus dem Blasrohr austretende Dampfstrahl sich etwa im Verhältnis 1:6 nach oben erweitert. Der engste Schornsteindurchmesser D_1 muß so gewählt sein, daß sich der Dampf nicht stößt. Der Mündungsquerschnitt mit dem Durchmesser D_0 dagegen muß so groß sein, daß der Dampfstrahl den Querschnitt vollständig ausfüllt, weil die sonst von außen eintretende Luft durch Wirbelbildung die Saugwirkung stören würde.

Nach Annahme der tiefsten Lage der Blasrohrmündung und der Schornsteinmündung steht die Entfernung dieser beiden h fest. Bezeichnet man noch die Entfernung des engsten Querschnitts mit dem Durchmesser D_1 von dem Mündungsquerschnitt mit dem Durchmesser D_0, also die Schornsteinhöhe mit h_s, so ist $\dfrac{D_0 - D_1}{h_s} = \dfrac{1}{n}$ die Verjüngung des Schornsteines. Hierin soll $n > 6$ sein.

Praktische Ausführungen zeigen Werte von $n = 10$ bis $n = 30$. Für den größten Schornsteindurchmesser gibt Strahl den Wert $D_0 = \dfrac{h}{6} + d + 85$ an.

In Tafel 5 ist die Blasrohroberkante wie bei der P 8 100 mm unter Kesselmitte angenommen. Die Schornsteinoberkante liegt 1750 mm über Kesselmitte; es wird also $h = 1850$ mm. Der nach der vorigen Gleichung größtmögliche Durchmesser D_{0gr} (vgl. Abb. 26) wird damit $\dfrac{1850}{6} + 148 + 85 = 541$ mm. Die zweite Bedingung,

Beispiel für die Berechnung und Entwurf einer Heißdampflokomotive.

daß der Dampfstrahl sich im engsten Querschnitt nicht stößt, ergibt einen kleinsten Durchmesser D_{1kl} von $\dfrac{h-h_s}{5,4}+d+85$, in unserem Falle also:

$$\frac{1850-940}{5,4}+148+85=401 \text{ mm}.$$

Nimmt man $D_1 = 420$ mm an, so wird

$$F_1 = 42^2 \cdot \frac{\pi}{4} = 1390 \text{ cm}^2.$$

Da nun

$$\lambda = \frac{1}{2}\cdot\left[1+\left(\frac{F_1}{F_0}\right)^2\right] = 0,8$$

angenommen war, so folgt jetzt

$$\left(\frac{F_1}{F_0}\right)^2 = 0,6 \quad \text{und} \quad F_0 = 1795 \text{ cm}^2$$

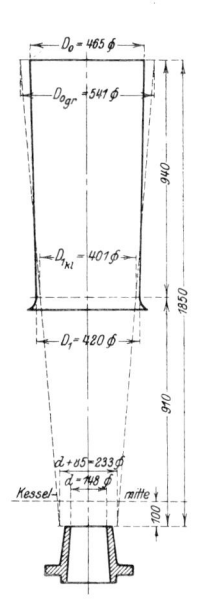

$$D_0 = 465 \text{ mm}.$$

Abb. 26. Schornstein- und Blasrohrabmessungen.

In einfacherer Weise kann zur Bestimmung des günstigsten Blasrohrdurchmessers angenommen werden, daß der Dampf bei den größten im Betriebe vorkommenden Dauerleistungen der Lokomotive unter der Annahme einer Blasrohrspannung von 1,3 Atm. abs. eine Geschwindigkeit von 200 bis 240 m/sek annimmt. Der Schornsteindurchmesser werde so gewählt, daß das aus ihm entweichende Dampfgemisch, das sich aus der Summe des Abdampfes von 1,3 Atm. Spannung und der auf 300° C angenommenen Abgasmenge bestimmt, im engsten Querschnitt eine Geschwindigkeit besitzt, die etwa halb so groß ist wie die vorher angegebene Blasrohrquerschnittgeschwindigkeit. Es ergibt sich damit für die vorliegende Lokomotive:

Größter stündlicher Dampfverbrauch nach Zahlentafel 24 unter Nr. 6 bei
1585 PS$_i$-st = 10600 kg = 1,35 · 10600 = 14300 cbm/st von 1,3 Atm. abs.
= 3,97 cbm/sek.

Kohlenverbrauch dabei = 1710 kg/st.

Daher Abgasmenge $= 1710 \cdot 12 \cdot \left(1+\dfrac{300}{273}\right) = 43000$ cbm/st $= 12,0$ cbm/sek.

Damit ergibt sich bei einer Rohrgeschwindigkeit des Dampfes von 230 m/sek ein Blasrohrdurchmesser von

$$\sqrt{\frac{3,970}{230\cdot\frac{\pi}{4}}} = 0,148 \text{ m} = 148 \text{ mm}.$$

Bei einer Ausströmgeschwindigkeit im Schornstein von 120 m/sek ergibt sich ein engster Querschnitt von $\dfrac{3,97+12}{120}=0,133$ m², was einem Durchmesser von 412 mm entspricht; ausgeführt werde 420 mm.

Nimmt man eine Verjüngung des Schornsteins von 1:25 an, so folgt bei einer Länge des Schornsteins von der engsten Stelle bis zur Mündung von 940 mm der Mündungsdurchmesser zu $420+\dfrac{940}{25}=458$ mm; ausgeführt werde 460 mm. Die Werte stimmen mit dem nach Strahl ermittelten gut überein.

Um verschiedenen Betriebsverhältnissen genügen und mit einer Blasrohrhaube auskommen zu können, bringt man zweckmäßig in der Blasrohrmündung eingelassen

Garbe Dampflokomotiven. 2. Aufl. 5

und angeschraubt einen eisernen Steg an, dessen Querschnitt ein gleichschenkliges Dreieck ist, das mit seiner Basis in der Ebene der Blasrohrmündung liegt, während die eine Schneide bildenden Seitenflächen des Stegs in der Blasrohrmündung liegen. Die Basis (obere Breite des Stegs) macht man gewöhnlich gleich $\frac{d}{10}$. Der Durchmesser des Blasrohrs wird entsprechend vergrößert, so daß das errechnete F auch nach Einbringen des Steges bleibt. Durch Einsetzen verschieden breiter Stege kann dann im Betriebe auf einfachste Weise die zweckmäßigste Blasrohrmündung F für die meistgebrauchte Zugkraft hergestellt werden.

f) Berechnung der Stangenabmessungen. Bei einer Geschwindigkeit von $V = 110$ km/st $= 30,6$ m/sek und einem Triebraddurchmesser von 1980 mm ist die minutliche Umdrehungszahl der Triebräder

$$n = \frac{60 \cdot V^{\text{m/sek}}}{D^{\text{m}} \pi} = \frac{60 \cdot 30,6}{1,98 \cdot \pi} = 295.$$

Bei einem Kurbelradius von $\frac{s}{2} = 330$ mm ist die Umfanggeschwindigkeit des Kurbelzapfens

$$u = \frac{s \pi n}{60} = \frac{0,660 \cdot \pi \cdot 295}{60} = 10,2 \text{ m/sek,}$$

die Winkelgeschwindigkeit

$$\omega = \frac{u}{r} = \frac{10,2}{0,33} = 30,9 \text{ 1/sek.}$$

Bei einem Zylinderdurchmesser von $d = 590$ mm und einem größten Druck im Zylinder von $p = 11$ Atm. wird der größte Kolbendruck

$$P_K = \frac{\pi d^2}{4} \cdot p = \sim 30000 \text{ kg.}$$

Da die Triebstange 3100 mm lang ist, wird das Verhältnis

$$\frac{r}{l} = \frac{330}{3100} = \frac{1}{9,4}$$

und damit die größte Triebstangenkraft

$$S = \frac{P_K}{\sqrt{1 - \left(\frac{r}{l}\right)^2}} = 30300 \text{ kg.}$$

Als Anhalt zur Berechnung sollen die bewährten Trieb- und Kuppelstangen der P 8 dienen. Die Triebstangen der P 8 sind 3000 mm lang und haben sich seit vielen Jahren nicht nur bei der P 8 mit 575 sondern auch bei der gleichen älteren Bauart mit Zylindern von 590 mm Durchmesser und trotz der kleinen Triebräder von 1750 mm Durchmesser noch bei 110 km Geschwindigkeit, entsprechend 333 Umdrehungen in der Minute, bewährt. Ihr Querschnitt ist I-förmig. Da die Triebstangen der neuen 2 C zwar um 100 mm länger werden, die Umdrehungszahl in der Minute wegen des größeren Raddurchmessers von 1980 mm sich aber auf 295 bei 110 km/st ermäßigt, so sollen für die Berechnung zunächst die gleichen Stangenquerschnitte zugrunde gelegt werden, wie sie bei der P 8-Lokomotive ausgeführt worden sind.

Es wird dann nachzuprüfen sein, ob die erforderliche Sicherheit gegen Ausknicken vorhanden ist bez. die zulässigen Beanspruchungen nicht überschritten werden.

Nach den vorläufig angenommenen Abmessungen der I-förmigen Querschnitte (Abb. 27 und 28) ergeben sich die Trägheitsmomente:

Beispiel für die Berechnung und Entwurf einer Heißdampflokomotive.

1. der Triebstange (Abb. 27)
bezogen auf die X-Achse
$$J_{xT} = \frac{BH^3 - bh^3}{12} = \frac{7,5 \cdot 14^3 - 5,5 \cdot 7,5^3}{12} = \mathbf{1522} \text{ cm}^4$$

und auf die Y-Achse
$$J_{yT} = \frac{(H-h)B^3 + (B-b)^3 h}{12} = \frac{6,5 \cdot 7,5^3 + 2,0^3 \cdot 7,5}{12} = \mathbf{233} \text{ cm}^4.$$

2. der Kuppelstange (Abb. 28)
bezogen auf die X-Achse
$$J_{x_K} = \frac{6 \cdot 12^3 - 4,5 \cdot 7,0^3}{12} = \mathbf{734} \text{ cm}^4$$

und auf die Y-Achse
$$J_{y_K} = \frac{5 \cdot 6^3 + 7 \cdot 1.5^3}{12} = \mathbf{92} \text{ cm}^4.$$

Maßgebend für die Beanspruchung der Stangen sind:
a) die größten Kolbenkräfte bzw. die größten Druckkräfte in den Kuppelstangen, sowie die Fliehkräfte der Stangenmassen, die die Stangen in senkrechter Richtung durchbiegen, (sogenannte Peitschenwirkung);
b) die größten Kolbenkräfte bzw. die größte Druckkraft in den Kuppelstangen, die ein Ausknicken der Stangen in wagerechter Richtung verursachen wollen.

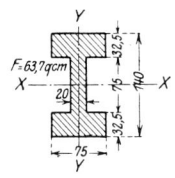

Abb. 27. Triebstangenquerschnittt. 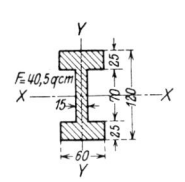　　Abb. 28. Kuppelstangenquerschnitt. 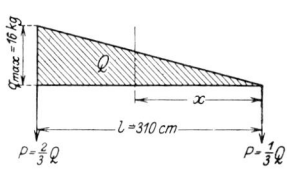　　Abb. 29. Belastungsschema der Triebstange.

Für die Berechnung der Triebstange nimmt man die Fliehkräfte im Schwerpunkt S angreifend und zur Vereinfachung der Rechnung noch weiter an, daß der Querschnitt der Stange auf ihrer ganzen Länge gleich bleibt

(hier also $F = 63,7$ qcm).

Dann ist, wenn γ = spezifisches Gewicht von Stahl = 7,85, die Masse von 1 dm Stangenlänge
$$\frac{F^{\text{qdm}} \cdot \gamma \cdot 1^{\text{dm}}}{g} = \frac{0,637 \cdot 7,85}{9,81} \ 0,51 \ \frac{\text{kg/sek}^2}{\text{m}}$$
oder　　0,051 für 1 cm Stangenlänge.

Die größte Fliehkraft q_{max} tritt im Stangenkopf auf, da hier die Beschleunigung am größten ist. Es ist dort für 1 cm Länge

$$q_{max} = 0,051 \cdot r \cdot \omega^2 = 0,051 \cdot 0,33 \cdot 30,9^2 = 16 \text{ kg für 1 cm Stangenlänge.}$$

Die Gesamtbelastung der Triebstange kann durch ein Dreieck (Abb. 29) dargestellt werden, dessen eine Kathete die Länge der Stange = 310 cm, die andere Kathete $q_{max} = 16$ kg ist; die Gesamtbelastung Q ergibt sich dann als Inhalt des Dreiecks zu

$$Q = q_{max} \cdot \frac{310}{2} = \frac{16 \cdot 310}{2} = 2480 \text{ kg.}$$

Das größte Moment wird hierbei nach Hütte XXI. Auflage, Bd. I, S. 568
$$M_{max} = 0,128 \, Q \cdot l,$$

wobei der gefährliche Querschnitt in der Entfernung
$$x = \tfrac{1}{3} l \cdot \sqrt{3} = 0{,}5774\, l$$
vom Stangenkopf entfernt liegt.

Hier wird also
$$M_{max} = 0{,}128 \cdot 2480 \cdot 310 = 98\,500 \text{ cmkg}.$$

Das Widerstandsmoment der Triebstange ist:
$$W = \frac{J}{\frac{14}{2}} = \frac{1522 \cdot 2}{14} = 218 \text{ cm}^3,$$

damit ergibt sich eine Biegungsbeanspruchung durch die Fliehkräfte bei einer Geschwindigkeit der Lokomotive von 110 km/st von
$$\sigma_b = \frac{98\,500}{218} = 450 \text{ kg/qcm}.$$

Hierzu kommt noch eine Druckbeanspruchung durch die Kolbenkraft von
$$\sigma_d = \frac{P_K}{F} = \frac{30\,000}{63{,}7} = 470 \text{ kg/qcm}.$$

Die Gesamtbeanspruchung wird demnach
$$\sigma = \sigma_b + \sigma_d = 450 + 470 = 920 \text{ kg/qcm},$$
während 1000 kg/qcm allgemein als zulässige Beanspruchung für den vorliegenden Fall gilt.

Gegen das Ausknicken der Stange in wagerechter Richtung ergibt sich nach der Eulerschen Knickformel
$$P = \frac{\pi^2 \cdot E \cdot J}{\mathfrak{S} \cdot l^2} \qquad \text{(Hütte XXI., Bd. I, S. 533).}$$

In der Formel bedeuten:

$\mathfrak{S}$ die Sicherheitszahl gegen Knicken,
E das Elastizitätsmaß des Stoffes, in diesem Fall $E = 2\,200\,000$ für Stahl,
J das kleinste Trägheitsmoment der Stange,
P die Belastung der Stange, hier $P = 30\,000$ kg,
l die Länge der Stange gleich 310 cm.

Es wird also die Sicherheit gegen Knicken:
$$\mathfrak{S} = \frac{\pi^2\, 2\,200\,000 \cdot 233}{310^2 \cdot 30\,000} = 1{,}75,$$

ein Wert, der bei erprobten Lokomotivtriebstangen sich als ausreichend erwiesen hat.

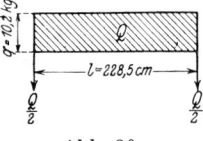

Abb. 30.
Belastungsschema der Kuppelstange.

Das Nachprüfen der Kuppelstangenquerschnitte auf Biegung und Knickung gestaltet sich in ähnlicher Weise. Die Nachprüfung wird hier aber einfacher, da die ganze Stange sich bei der Umdrehung der Kuppelzapfen parallel verschiebt.

Nehmen wir zur Vereinfachung wieder an, daß der Stangenquerschnitt $F = 40{,}5$ qcm sich gleichmäßig über die ganze Stangenlänge von $l = 228{,}5$ cm erstreckt, so stellt nebenstehende Rechtecksfläche (Abb. 30) die Belastung der Kuppelstange durch die Fliehkräfte dar.

Es wird
$$q = \frac{0{,}405 \cdot 7{,}85}{9{,}81} \cdot 0{,}33 \cdot 30{,}9^2 = 10{,}2 \text{ kg}$$
für 1 cm Stangenlänge, oder
$$Q = 10{,}2 \cdot 228{,}5 = 2330 \text{ kg}.$$

Das größte Biegungsmoment bei gleichmäßig verteilter Last ist:
$$M_{b\,max} = Q \cdot \frac{l}{8} = \frac{2330 \cdot 228,5}{8} = 66\,600 \text{ cmkg}.$$

Das Widerstandsmoment der Kuppelstange ist
$$W = \frac{J}{\frac{12}{2}} = \frac{734}{6} = 122,3 \text{ cm}^3,$$

die Biegungsbeanspruchung der Stange in senkrechter Richtung wird damit
$$\sigma_b = \frac{66\,600}{122,3} = 545 \text{ kg/qcm}.$$

Bei einer größten Kolbenkraft von 30 000 kg ist die größtmögliche Kuppelstangenkraft
$$P_K = \tfrac{1}{3} \cdot 30\,000 \text{ kg} = 10\,000 \text{ kg}.$$

Die größte Druckbeanspruchung wird damit:
$$\sigma_d = \frac{P_K}{F} = \frac{10\,000}{40,5} = 247 \text{ kg/qcm}.$$

Die Gesamtbeanspruchung der Kuppelstange ergibt sich demnach zu
$$\sigma = \sigma_b + \sigma_d = 545 + 247 = 792 \text{ kg/qcm}.$$

Die Knicksicherheit $\mathfrak{S}$ in wagerechter Richtung berechnet sich nach der vorhin angegebenen Formel zu:
$$\mathfrak{S} = \frac{\pi^2 \cdot 2\,200\,000 \cdot 92}{228,5^2 \cdot 10\,000} = 3,83.$$

Die vordere, nur 2100 mm lange Kuppelstange wird der Einfachheit wegen mit denselben Querschnitten ausgeführt.

g) Bestimmung der Abmessungen für Kurbel- und Kreuzkopfzapfen sowie der Achsschenkel und Gegengewichte in Trieb- und Kuppelrädern. Bei der Berechnung der Abmessungen des Kurbel- und Kreuzkopfzapfens können gleichfalls die Beanspruchungen als Anhalt zugrunde gelegt werden, die sich bei der 2 C-Lokomotive der Gattung P 8 ergeben. Die Zapfen haben sich noch bei 100 km/st Geschwindigkeit und größter Beanspruchung gut bewährt.

Für die P 8 ist der Zylinderdurchmesser 575 mm, der Kurbelzapfen hat einen Durchmesser $d_K = 165$ mm und eine Länge von $l_K = 148$ mm. Als Höchstgeschwindigkeit, die bei der Berechnung der Beanspruchungen des Zapfens der P 8-Lokomotive in Frage kommt, sei 90 km/st angenommen.

Bei einem mittleren Kolbendruck von $p_{mi} = 3,7$ Atm. wird die Kolbenkraft
$$P = \frac{57,5^2 \pi}{4} \cdot 3,7 = 9600 \text{ kg}.$$

Bei 90 km/st macht die Triebachse, deren Durchmesser 1750 mm ist,
$$n = \frac{90\,000}{1,75 \cdot \pi \cdot 60} = 273 \text{ Umdrehungen in der Minute}.$$

Die Zapfenoberfläche ist
$$d_K \cdot l_K = 16,5 \cdot 14,8 = 244 \text{ qcm}$$
und der spezifische Flächendruck
$$p_K = \frac{9600}{244} = 39,4 \text{ kg/qcm}.$$

Die Geschwindigkeit am Umfang des Zapfens ergibt sich zu
$$v_K = \frac{d_K \cdot \pi \cdot n}{60} = \frac{0,165 \cdot \pi \cdot 273}{60} = 2,36 \text{ m/sek}.$$

Damit wird die Reibungsleistung des Zapfens

$$p_K \cdot v_K = 39,4 \cdot 2,36 = 93 \frac{\text{mkg}}{\text{sek}} \text{ für } 1 \text{ cm}^2.$$

Im vorliegenden Falle ist der Zylinderdurchmesser = 590 mm, der der Berechnung zugrunde zu legende Kolbendruck

$$P = \frac{59^2 \pi \cdot 3,7}{4} = 10100 \text{ kg}.$$

Bei einer Geschwindigkeit von 110 km/st wird bei einem Triebraddurchmesser von 1980 mm die Umdrehungszahl n in der Minute

$$n = \frac{110\,000}{1,98 \cdot \pi \cdot 60} = 295.$$

Da der Zapfendurchmesser aus Festigkeitsrücksichten einer Vergrößerung nicht bedarf, so wird zweckmäßig beibehalten

$$d_K = 165 \text{ mm}.$$

Es wird dann

$$v_K = \frac{0,165 \cdot \pi \cdot 295}{60} = 2,54 \text{ m/sek}.$$

Behält man nun den oben ermittelten bewährten Wert

$$p_K \cdot v_K = 93 \frac{\text{mkg}}{\text{sek}} = \text{Reibungsleistung}$$

bei, so wird der spezifische Flächendruck

$$p_K = \frac{93}{2,54} = 36,6 \text{ kg/qcm}.$$

Da

$$p_K = \frac{P}{d_K \cdot l_K}$$

ist, wird

$$l_K = \frac{P}{d_K \cdot p_K} = \frac{10100}{16,5 \cdot 36,6} = 167 \text{ mm}.$$

Wird der Kurbelzapfen mit 170 mm Länge und 165 mm Durchmesser ausgeführt, dann kann er bei richtiger Wartung auch bei den größten Beanspruchungen und höchsten Geschwindigkeiten nicht zum Heißlaufen neigen.

Die Nachrechnung auf Biegungsbeanspruchung ergibt für die Kurbelzapfen so geringe Werte, daß diese für die Bestimmung der Abmessung nicht in Frage kommt.

Der Kreuzkopfzapfen der P 8-Lokomotive hat 110 mm Durchmesser und 90 mm Länge. Der spezifische Flächendruck wird damit

$$p_{Kr} = \frac{9600}{9 \cdot 11} = 97 \text{ kg/qcm}.$$

Im vorliegenden Falle muß also bei gleichem Flächendruck sein

$$p_{Kr} = \frac{10100}{d_{Kr} \cdot l_{Kr}} = 97,$$

d. h.

$$d_{Kr} \cdot l_{Kr} = \frac{10100}{97} = 104 \text{ qcm}.$$

Zweckmäßig wird nun beim Kreuzkopfzapfen l_{Kr} mit 90 mm beibehalten und d_{Kr} entsprechend vergrößert, womit er die Abmessungen erhält:

$$d_{Kr} = 116 \text{ mm},$$
$$l_{Kr} = 90 \text{ mm}.$$

Sowohl Kurbel- wie Kreuzkopfzapfen sind hohl auszuführen (vgl. Tafel 5). Die Kuppelzapfen erhalten die Abmessungen der P 8. Alle Zapfen werden mit glasharter, geschliffener und polierter Oberfläche und weichem Kern hergestellt (vgl. Fünfter Abschnitt 2).

Für die Berechnung der Achsschenkel werden ebenfalls die bewährten Abmessungen der P 8-Lokomotive zugrunde gelegt. Zur besseren Aufnahme der wagerechten Achslagerdrücke aber, die für die Größenbemessung des Achsschenkels wichtiger sind, als die erheblich kleineren senkrechten Drücke, soll das Triebachslager dreiteilig angeordnet werden, wie in den Abb. 31 bis 35 dargestellt ist.

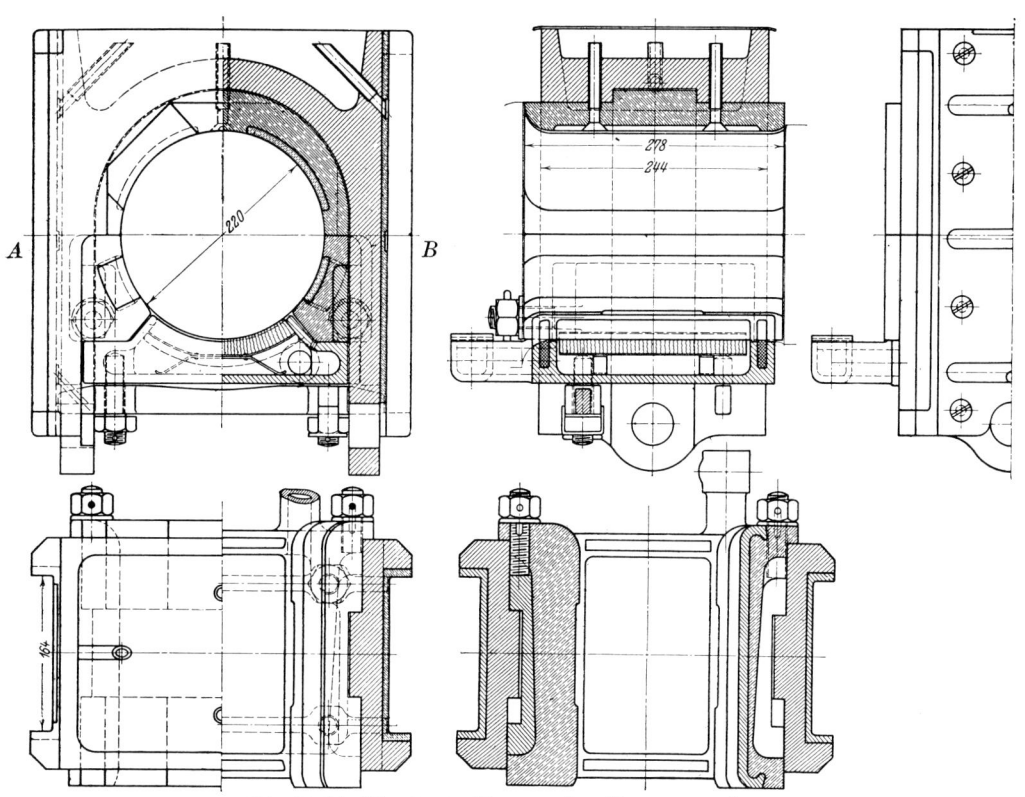

Abb. 31 bis 35. Dreiteiliges nachstellbares Achslager.

Die wagerechten Achslagerdrücke P_a der P 8 und P_a' der neuen Lokomotive verhalten sich wie die Quadrate der Zylinderdurchmesser, es ist also

$$\frac{P_a}{P_a'} = \frac{57,5^2}{59,0^2}.$$

Bezeichnet man entsprechend die Auflageflächen zur Aufnahme der wagerechten Achslagerdrücke mit f bzw. f' und mit p_a bzw. p_a' die spezifischen Auflagerdrücke, so ist:

$$\frac{p_a}{p_a'} = \frac{P_a}{P_a'} \cdot \frac{f'}{f} = \frac{57,5^2}{59,0^2} \cdot \frac{f'}{f}.$$

Soll in beiden Fällen die Reibungsleistung des Achsschenkels gleich sein, also

$$p_a \cdot v_a = p_a' \cdot v_a',$$

wo v_a bzw. v_a' die Umfangsgeschwindigkeiten des Achsschenkels bei den höchsten Geschwindigkeiten von 90 bzw. 110 km/st bedeuten, so folgt

$$\frac{p_a}{p_a'} = \frac{v_a'}{v_a}$$

oder nach Einsetzen der Werte für $\dfrac{p_a}{p_a'}$:

$$\frac{v_a'}{v_a} = \frac{57{,}5^2 \cdot f'}{59^2 \cdot f}.$$

Es verhält sich ferner: $\quad \dfrac{v_a'}{v_a} = \dfrac{110\text{ km/st}}{90\text{ km/st}} \cdot \dfrac{d_a}{d_a'} \cdot \dfrac{1750}{1980},$

worin d_a bzw. d_a' die Achsschenkeldurchmesser sind.

Es ist nun $\quad d_a = 210$ mm.

In Rücksicht auf die durch die Aufgabe vorgesehene, schwere Arbeit der neuen Schnellzuglokomotiven und im Hinblick auf ähnliche ausgeführte Lokomotiven, werde angenommen: $\quad d_a' = 220$ mm.

Dann ergibt sich: $\quad \dfrac{v_a'}{v_a} = 1{,}031.$

Damit wird $\quad \dfrac{v_a'}{v_a} = \dfrac{57{,}5^2 \cdot f'}{59^2 \cdot f} = 1{,}031,$

woraus $\quad \dfrac{f'}{f} = 1{,}031 \cdot \dfrac{59^2}{57{,}5^2} = 1{,}085 \qquad\qquad$ folgt.

Nach den Abmessungen des dreiteiligen Triebachslagers der P 8-Lokomotive ist die wagerechte Auflagerfläche $f = 26 \cdot 17 = 442$ qcm anzunehmen, also

$$f' = 1{,}085 \cdot 442 = 480 \text{ qcm.}$$

Bei dem angenommenen Schenkeldurchmesser von 220 mm ergibt sich nach der Bauart des dreiteiligen Lagers (s. Abb. 31) eine Höhe der wagerechten Auflagerfläche von etwa 175 mm, so daß die Schenkellänge demnach

$$\frac{480}{17{,}5} = \sim 27{,}5 \text{ cm} = 275 \text{ mm} \qquad\qquad \text{betragen muß.}$$

Ausgeführt werde der Triebachsschenkel mit einer Länge von 280 mm bei einem Schenkeldurchmesser von 220 mm, womit eine große Sicherheit gegen Heißlauf und für lange Dauer eine vollkommene ruhige Lage des Schenkels in den Lagern gegeben ist. Zweckmäßig erhalten die Kuppelachsen die gleichen Abmessungen, weil hierdurch die Herstellung der dreiteiligen Achslager einheitlich ausgeführt werden kann.

Es sollen nun noch die Gegengewichte zahlenmäßig berechnet werden.

Im dritten Abschnitt unter 2 (Abb. 47) sind die nachstehend zur Berechnung dienenden Formeln abgeleitet. Die auszugleichenden Massen werden durch Rechnung bestimmt, und zwar betragen:

a) die sich drehenden Massen:

1. Kurbelarm für Triebzapfen . . . . 75 kg
    „   „ Kuppelzapfen . . . . . . 35 „
2. Triebzapfen . . . . 100 „
   Kuppelzapfen . . . . 23 „
3. Gegenkurbel . . . . 10 „
4. $^3/_5$-Schwingenantriebsstange . . . . . . 15 „
5. 2 Kuppelstangen zusammen . . . . . . 280 „
6. $^3/_5$-Triebstange . . . . 135 „

b) die hin und her gehenden Massen

1. Kolben mit Stange . . . . 200 „
2. Kreuzkopf . . . . 145 „
3. $^2/_5$-Triebstange . . . . 90 „

Zusammen 435 kg

Mit den Bezeichnungen im dritten Abschnitt 2, ist dann zunächst für das **Triebrad** die höchstzulässige Fliehkraft

$$C = 0{,}15 \cdot 8500 = 1275 \text{ kg} = \frac{G'}{9{,}81} \cdot 0{,}33 \, (2\pi \cdot 4{,}92)^2$$

entsprechend $V_{max} = 110$ km/st oder $= 4{,}92$ Umdr./sek.

Es ergibt sich hieraus $G' = 39{,}8$ kg.

Mit $e_{hh} = 1040$ mm und $e_g = 755$ mm wird dann nach Seite 102 der Anteil der in jedem Rade auszugleichenden hin und her gehenden Massen aus der Gleichung gefunden

$$\frac{x}{100} \cdot 435 \cdot 1040 = 39{,}8 \cdot 755.$$

Daher $x = 6{,}65$, d. h. im Triebrad können $6{,}65\%$ der hin und her gehenden Massen ausgeglichen werden, wobei dann die Fliehkraft des Gegengewichts 15% des ruhenden Raddrucks beträgt.

Für das Triebrad betragen

a) die drehenden Massen und ihre Momente

$G_{d_1} = 75$ kg	$e_{d_1} = 760$ mm	$G_{d_1} \cdot e_{d_1} = 57000$ mm/kg	
$G_{d_2} = 100$,,	$e_{d_2} = 980$,,	$G_{d_2} \cdot e_{d_2} = 98000$	,,
$G_{d_3} = 10$,,	$e_{d_3} = 1110$,,	$G_{d_3} \cdot e_{d_3} = 11100$	,,
$G_{d_4} = 15$,,	$e_{d_4} = 1190$,,	$G_{d_4} \cdot e_{d_4} = 17850$	,,
$G_{d_5} = 140$,,	$e_{d_5} = 900$,,	$G_{d_5} \cdot e_{d_5} = 126000$	,,
$G_{d_6} = 135$,,	$e_{d_6} = 1040$,,	$G_{d_6} \cdot e_{d_6} = 140400$	,,
$\Sigma G_d = 475$ kg		$\Sigma G_d \cdot e_d = 450350$ mm/kg.	

b) Von den hin und her gehenden Massen G_{hh} werden ausgeglichen

$$\frac{6{,}65}{100} \cdot 435 = 29 \text{ kg.}$$

Mithin wird: $\quad \dfrac{x}{100} G_{hh} \cdot e_{hh} = 29 \cdot 1040 = 30160$ mm/kg.

Hieraus errechnet sich der Hebelarm der Ersatzmasse

$$e = \frac{450350 + 30160}{475 + 29} \approx 960 \text{ mm}$$

und die Ersatzmasse

$$E = 475 + 29 = 504 \text{ kg.}$$

Ferner wird mit $e_g = 755$ mm:

$$M = \frac{504 \, (960 + 755)}{1510} = 570 \text{ kg}$$

und

$$M' = \frac{504 \, (960 - 755)}{1510} = 68 \text{ kg}$$

und somit das auf den Kurbelkreis bezogene Gegengewicht

$$P = \sqrt{570^2 + 68^2} = 578 \text{ kg}$$

und

$$\text{tg}\, \alpha = \frac{68}{570} = 0{,}119$$

oder

$$\alpha = 6^0\, 50'.$$

Das am Radumfang angebrachte Gegengewicht wird dann

$$G = \frac{r \cdot P}{s_g} = \frac{330 \cdot 578}{700} = 272 \text{ kg,}$$

wenn der Schwerpunktsabstand des Gegengewichts zunächst probeweise zu $s_g = 700$ mm (zeichnerisch ermittelt) angenommen wird.

Zu diesen 272 kg sind noch etwa 20 kg für den Fortfall des Gewichts der an Stelle des Gegengewichts sitzenden Speichenstücke zuzuschlagen. Nunmehr läßt sich, unter Berücksichtigung der Forderung, daß die Stärke bezüglich Dicke des Gegengewichts in der Achsenrichtung höchstens 150 mm betragen darf, eine etwa sichelförmige Fläche des Gegengewichts ungefähr zeichnerisch eintragen und beiläufig berechnen. Sie sei hier zu 25 dm² angenommen. Dann wird also die Stärke oder Dicke des Gegengewichts

$$d = \frac{272 + 20}{25 \cdot 7{,}85} = 149 \text{ mm},$$

ist also noch zulässig.

Für jedes der beiden Kuppelräder betragen:

a) die drehenden Massen und ihre Momente:

$$\begin{array}{lll}
G_{d_1} = 35 \text{ kg} & e_{d_1} = 755 \text{ mm} & G_{d_1} \cdot e_{d_1} = 26425 \text{ mm/kg} \\
G_{d_2} = 23 \text{ ,,} & e_{d_2} = 820 \text{ ,,} & G_{d_2} \cdot e_{d_2} = 18860 \text{ ,,} \\
G_{d_5} = 70 \text{ ,,} & e_{d_5} = 900 \text{ ,,} & G_{d_5} \cdot e_{d_5} = 63000 \text{ ,,} \\
\hline
\Sigma G_d = 128 \text{ kg} & & \Sigma G_d \cdot e_d = 108285 \text{ mm/kg}
\end{array}$$

b) Von den hin und her gehenden Massen G_{hh} werden ausgeglichen wie vorher für das Triebrad

$$\frac{x}{100} \cdot G_{hh} = 29 \text{ kg}.$$

Diese ergeben ein Moment:

$$\frac{x}{100} \cdot G_{hh} \cdot e_{hh} = 30160 \text{ mm/kg}$$

$$e = \frac{108285 + 30160}{128 + 29} \backsim 880 \text{ mm}, \quad E = 157 \text{ kg},$$

$$M = 157 \frac{880 + 755}{1510} = 170 \text{ kg},$$

$$M' = 157 \frac{880 - 755}{1510} = 13 \text{ kg},$$

$$P = \sqrt{170^2 + 13^2} = 171 \text{ kg},$$

$$\text{tg } \alpha = \frac{13}{170}, \quad \alpha = 4^0 \; 20'.$$

Mit $F = 12$ dm² und $s_g = 750$ mm wird

$$d = \frac{171 \cdot \frac{330}{750} + 10}{12 \cdot 7{,}85} = 90 \text{ mm},$$

wenn 10 kg für fortfallende Speichenstücke angenommen werden.

Von den hin und her gehenden Massen werden also insgesamt ausgeglichen

$$3 \cdot 6{,}65 = \sim 20 \text{ v. H.}$$

h) Änderung der höchsten Dauerleistung bei verschiedenen Geschwindigkeiten. Berechnung der Geschwindigkeiten auf verschiedenen Steigungen, Einfluß des Vorwärmers auf die Höchstleistung. Nachstehend ist unter der Annahme einer gleichbleibenden Dampferzeugung bei allen Geschwindigkeiten berechnet, mit welcher Schnelligkeit der Zug von 520 t Wagengewicht auf verschiedenen Steigungen im Beharrungszustande befördert werden kann.

Bezeichnet man die höchste Dauerleistung einer Lokomotive bei der meistgebrauchten Geschwindigkeit V' mit 1, so ändert sich diese unter der Annahme gleicher Dampferzeugung bei anderen Geschwindigkeiten nach Professor Obergethmann wie folgt:

Beispiel für die Berechnung und Entwurf einer Heißdampflokomotive.

Zahlentafel 25.
Änderung der höchsten Dauerleistung bei verschiedenen Geschwindigkeiten im Verhältnis zur meistgebrauchten Geschwindigkeit $V' = 100\%$.

v. Hd. der Geschwindigkeit	40%	50%	60%	70%	80%	90%	100% V'	110%	120%
Verhältniszahlen für N_i . . .	0,78	0,83	0,87	0,91	0,95	0,985	1	0,985	0,95

Da im vorliegenden Falle $V' = 100$ km/st ist, entsprechend einer Höchstleistung von 1585 PS$_i$, so ergibt sich für die vorliegende Lokomotive:

Zahlentafel 26.
Höchste Dauerleistungen für verschiedene Geschwindigkeiten V.

V km/st =	40	50	60	70	80	90	100	110	120
N_i PS =	1235	1315	1380	1440	1505	1560	1585	1560	1505

In Abb. 36 sind die Verhältniszahlen und die verschiedenen Werte von N_i der Zahlentafeln 25 und 26 für $V = 40$ bis 120 km/st in einer Schaulinie dargestellt, die zeigt, wie unterhalb und oberhalb der günstigsten Geschwindigkeit die Leistung abnimmt, unterhalb infolge geringerer Ausnutzung der Dampfdehnung durch größere Füllungen, oberhalb wegen der Drosselverluste beim Eintritt des Dampfes in die Zylinder und geringerer Feueranfachung bei zu großer Dampfdehnung.

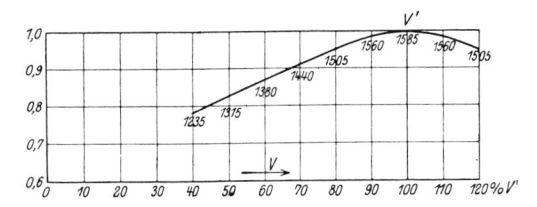

Abb. 36. Kesselleistung in Abhängigkeit von der Geschwindigkeit.

Aus der Beziehung
$$Z_i = \frac{270\,N_i}{V}$$
ergeben sich für obige Geschwindigkeiten folgende Zugkräfte:

Zahlentafel 27.
Größte Zugkräfte für verschiedene Geschwindigkeiten V.

V km/st	40	50	60	70	80	90	100	110	120
Z_i kg	8340	7100	6210	5560	5080	4680	4286	3830	3385
Z_e kg $= Z_i - Z_1$	8040	6800	5910	5260	4780	4380	3986	3530	3085

wenn der Triebwerkswiderstand $Z_1 = 0{,}2$ bis $0{.}3\,C_1 = 300$ kg angenommen wird.

Da nach früheren Darlegungen $Z_i = C_1 \cdot p_{mi}$ ist, werden diese Zugkräfte mit mittleren Zylinderdrücken von $p_{mi} = \dfrac{Z_i}{C_1} = \dfrac{Z_i}{1160}$ erzeugt.

Es kann demnach bei

V km/st =	40	50	60	70	80	90	100	110	120
mit $p_{mi} =$	7,2	6,1	5,4	4,8	4,4	4,0	3,7	3,3	2,9

gefahren werden.

Die Widerstände bei verschiedenen Geschwindigkeiten für die Lokomotive (81 t), Tender (62 t) und Wagenzug (520 t) nach den Strahlschen Formeln berechnet, zeigt

Zahlentafel 28.
Zugwiderstände bei verschiedenen Geschwindigkeiten.

V km/st =	0	10	20	30	40	50	60	70	80	90	100	110	120
W_{l+t} kg =	611	631	663	708	764	832	913	1005	1110	1226	1355	1495	1647
W_w kg =	1319	1363	1433	1529	1652	1800	1974	2174	2400	2653	2931	3235	3565
W_{ges} kg =	1930	1994	2096	2237	2416	2632	2887	3179	3510	3879	4286	4730	5212

Zu den in Zahlentafel 28 errechneten Werten von $W_{ges} = W_{l+t} + W_w$ kommt auf Steigungen von $s\,^0/_{00}$ noch der Steigungswiderstand hinzu, der im vorliegenden Falle

$$W_s (G_l + G_t + G_w) s = (81 + 62 + 520) \cdot s = 663\, s\,^0/_{00}$$

ist.

Hieraus folgt

Zahlentafel 29.
Steigungswiderstände auf verschiedenen Steigungen.

Steigung	W_s kg	Steigung	W_s kg
$1:1000 = 1\,^0/_{00}$	663	$1:200 = 5\,^0/_{00}$	3315
$1:500 = 2\,^0/_{00}$	1326	$1:150 = 6{,}67\,^0/_{00}$	4420
$1:250 = 4\,^0/_{00}$	2652	$1:100 = 10\,^0/_{00}$	6630

Fügt man diese Werte von W_s zu den oben ermittelten Werten von W_{ges}, so entsteht:

Zahlentafel 30.
Gesamtwiderstände $W_{ges} + W_s$ für verschiedene Steigungen in kg.

V km/st	0	10	20	30	40	50	60	70	80	90	100	110	120
$1:\infty$	1930	1994	2096	2237	2416	2632	2887	3179	3510	3879	4286	4730	5212
$1:1000$	2593	2657	2759	2900	3079	3295	3550	3842	4173	4542	4949	5393	5875
$1:500$	3256	3320	3422	3563	3742	3958	4213	4505	4836	5205	5612	6056	6538
$1:250$	4582	4646	4748	4889	5068	5284	5539	5831	6162	6531	6938	7382	7864
$1:200$	5245	5309	5411	5552	5731	5947	6202	6494	6825	7194	7601	8045	8527
$1:150$	6350	6414	6516	6657	6836	7052	7307	7599	7930	8299	8706	9150	9632
$1:100$	8560	8624	8726	8867	9046	9262	9517	9809	10140	10509	10916	11360	11842

Die vorstehenden Werte von $W_{ges} + W_s$, sowie die in Zahlentafel 27 für Z_i ermittelten sind in Abb. 37 als Schaulinien aufgetragen. Die Z_i-Linie ist nach oben bis zur Reibungsgrenze verlängert.

Bei $\mu = 1/5$ wird der Grenzwert von $Z_i = 1/5 \cdot 51000 + 300 = 10500$ kg.

Die Schnittpunkte der Z_i-Kurve mit den verschiedenen Widerstandslinien ergeben nun die Geschwindigkeiten, die die Lokomotive im Beharrungszustande mit dem Zuge von 520 t Wagengewicht auf den dargestellten Steigungen erreicht. Sie befördert demnach den angegebenen Zug auf $1:100$ noch mit $V = 36$ km/st, auf $1:200$ mit $V = 60$ km/st, auf $1:\infty$, wie angenommen noch mit $V = 100$ km/st.

Durch den Einbau eines Speisewasservorwärmers kann die Leistung der Lokomotive, wie im fünften Abschnitt 1 h näher erörtert ist, um etwa 15% erhöht werden. In diesem Falle ergibt sich:

Zahlentafel 31.
Höchste Dauerleistungen N_i' in PS_i für verschiedene Geschwindigkeiten V bei Anwendung eines Vorwärmers.

V km/st =	40	50	60	70	80	90	100	110	120
N_i =	1235	1315	1380	1440	1505	1560	1585	1560	1505
$0{,}15\, N_i$ =	185	197	207	216	226	234	238	234	226
N_i' =	1420	1512	1587	1656	1731	1794	1823	1794	1731

Beispiel für die Berechnung und Entwurf einer Heißdampflokomotive. 77

Hieraus ermitteln sich nach

Zahlentafel 32.

Größte Zugkräfte Z_i' bzw. Z_e' für verschiedene Geschwindigkeiten V bei Anwendung eines Vorwärmers.

V km/st	40	50	60	70	80	90	100	110	120
$Z_i' = \dfrac{270\,N_i'}{V}$	9580	8170	7140	6390	5850	5380	4930	4400	3900
$Z_e' = Z_i' - 300$	9280	7870	6840	6090	5550	5080	4630	4100	3600

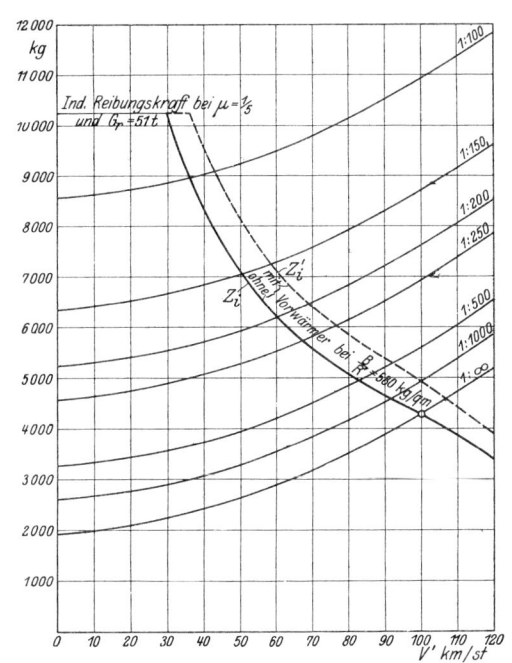

Abb. 37. Bestimmung der Schlepplasten auf verschiedenen Steigungen.

Die Werte für Z_i' sind ebenfalls als Schaulinie gestrichelt in Abb. 37 eingetragen. Man ersieht daraus, daß durch Anwendung eines Speisewasservorwärmers bei gleichem Kohlenverbrauch der angenommene Wagenzug von 52 Achsen auf der Wagerechten noch mit 106 km Geschwindigkeit bzw. mit 100 km Geschwindigkeit noch auf 1:1000 befördert werden kann.

Soll die nach der Aufgabe verlangte Höchstgeschwindigkeit von 100 km auf 1:∞ beibehalten werden, so stellt der Vorwärmer ein vorzügliches Mittel dar, den Kohlenverbrauch der Lokomotive um

$$100 - \frac{100}{115} \cdot 100 = 13\%$$

zu verringern. Die auf 1 qm in der Stunde zu verbrennende höchste Kohlenmenge verringert sich demnach um $0{,}13 \cdot 550 \simeq 70{,}0$ kg, so daß die Rostanstrengung nur noch 480 kg beträgt.

Dritter Abschnitt.
Zwei- und Mehrzylinderlokomotiven mit einfacher und doppelter Dehnung.

1. Vor- und Nachteile der Mehrzylinderlokomotiven.

a) **Gewichtsvermehrung, Notwendigkeit zweier Triebwerke, vielgliedrige Steuerung, Kropfachsen, Schmierung, Begrenzung des Umfangs der wirtschaftlichen Dampfarbeit bei Anwendung der Verbundwirkung, Vierzylinder- und Dreizylinderlokomotiven.** In Hinsicht auf die Größe der Dampfarbeit in den Zylindern genügt die Zwillingsanordnung in allen Fällen, und bei Anwendung hoher Überhitzung kann selbst die größtmögliche Arbeitsleistung auch noch wirtschaftlich in einem Zylinder erfolgen. Darüber sind auch die Anhänger der Vierzylinder-Verbundlokomotiven einig und auch die Mehrzahl der Fachmänner wohl darüber, daß die Anwendung von mehr als zwei Zylindern wesentlich nur wegen zu großer Niederdruckzylinder und wegen Beschränkung der sogenannten störenden Bewegungen vorwiegend für sehr schnellfahrende Lokomotiven empfohlen werden sollte.

Wesentlich also nur für sehr schnell fahrende und nicht zu schwere Züge sollte nach den gegenwärtigen Erfahrungen in Frage kommen, für die je nach Anordnung der Zylinder verschiedenen, kleinen Vorteile auch die nicht zu vermeidenden, zum Teil erheblichen Nachteile in Kauf zu nehmen, die die Anwendung von Mehrzylinderlokomotiven mit sich bringt.

Als wesentliche Nachteile der drei- und vierzylindrigen Lokomotiven sind anzuführen:

a) die Vermehrung des Gewichts des Kessels, der Achsen, Zylinder und des Triebwerks sowie der Beschaffungskosten;
b) die Notwendigkeit zweier Triebwerke, von denen eins versteckt und schwierig erreichbar für die Schmierung, Wartung und Unterhaltung, zwischen dem Rahmen und unter dem Kessel liegend angeordnet werden muß;
c) die vielgliedrige Steuerung;
d) die gekröpften, sehr kostspieligen und dabei nicht genügend zuverlässigen Achsen[1]);

---

[1]) Wenn die Kropfachsen auch heute bei Anwendung von zähen Stahlsorten etwas fester herzustellen sind als früher, so hat die Erfahrung in den letzten 10 Jahren doch bestätigt, daß die Haltbarkeit der Kropfachsen den wesentlich erhöhten Anforderungen an die Leistungsfähigkeit der Lokomotiven gegenüber nicht gesteigert werden konnte, sondern nach wie vor viel zu wünschen übrig läßt. Auch die beschränkten Raumverhältnisse gestatten eine Verstärkung der Kropfachsen nicht mehr, so daß ihre Anwendung mit Rücksicht auf die Betriebssicherheit große Vorsicht im Betriebe erfordert und daher auf ganz besondere Fälle beschränkt bleiben sollte.

Bemerkenswerte Aufschlüsse über das Verhalten der Kropfachsen geben die Beantwortungen technischer Fragen, herausgegeben vom Verein deutscher Eisenbahnverwaltungen nach den Beschlüssen der XX. Techniker-Versammlung vom 4. bis 6. Juli 1912 in Utrecht. Die gestellten Fragen lauten:

e) die Verteuerung der Schmierung, da diese für vier, wenn auch etwas kleinere Dampfmaschinen mehr als den doppelten Betrag erfordert gegenüber dem viel einfacheren Triebwerke der Zwillingslokomotive, weil das innere Triebwerk schwierig zu schmieren ist und viel Öl ungenützt vergeudet wird;

f) starke Begrenzung des Umfangs der wirtschaftlichen Dampfarbeit bei Anwendung von Verbundwirkung; unwirtschaftliche Dampfarbeit bei Erhöhung der Leistung, beim Anfahren und auf Steigungen durch Anwendung von Zwillingswirkung (Wechselvorrichtung).

Bericht
über die Beantwortungen der Fragen Gruppe III Nr. 2.
Kropfachsen.
(Vgl. Frage: Gruppe III Nr. 17 vom Jahre 1903.)

a) Wie ist der Baustoff für Kropfachsen (ein- und mehrteilige) zusammengesetzt, welche Vorschriften bestehen für seine Beschaffenheit und die Herstellung der Achsen, insbesondere auch hinsichtlich der Erzielung tunlich gleichmäßiger Dichtigkeit des Gefüges?

b) Welche Ausführungsformen (ein- und mehrteilige) von Kropfachsen werden angewendet, und welche Erfahrungen über ihre Haltbarkeit liegen vor?

c) Welche Bedingungen bestehen gegenüber den Herstellern der Kropfachsen oder den sie verwendenden Erbauern der zugehörigen Lokomotiven bezüglich einer Haftung für die Güte der Achsen?

d) Wie und mit welchem Erfolge werden abgenutzte oder in einzelnen Teilen ersetzte ein- und mehrteilige Kropfachsen mit Gegenkurbeln nachgearbeitet? Wie werden die Abstände der Achs- und Zapfenmitten und die Winkel richtig gestellt?

e) Welche Erfahrungen liegen über die Lebensdauer, womöglich als Lauflänge in km ausgedrückt, vor, und zwar insbesondere über die Einflüsse, welche der Baustoff, die Herstellungsweise, die Ausführungsform und die Art des Antriebes der Achse unter der Lokomotive etwa auf die Lebensdauer der Achse ausüben?

f) An welchen Stellen pflegen Anrisse oder Anbrüche an den Achsen vorwiegend aufzutreten und wie verlaufen sie gewöhnlich, längs oder quer zur Achse?

g) Welche Vorschriften bestehen für die Überwachung der Kropfachsen im Betriebe bezüglich des Auftretens von Anrissen und Anbrüchen, wie auch bezüglich der Ausmusterung von unbeschädigten, aber zu stark abgenutzten Achsen? Bestehen Bestimmungen, wonach Kropfachsen nach einer bestimmten Laufzeit oder Lauflänge auch dann ausgeschieden werden müssen, wenn an ihnen weder Anrisse noch starke Abnutzungen vorhanden sind, und wie lauten diese Bestimmungen?

h) Werden leicht angerissene Kropfachsen im Betriebe belassen, zutreffenden Falles unter welchen Voraussetzungen und Vorsichtsmaßregeln? Bestehen sonstige Bestimmungen über die Ausscheidung von Kropfachsen aus dem Betriebe?

i) Stehen Kropfachsen mit Ausschnitten nach der Bauart Frémont im Gebrauch und mit welchem Erfolge? Sind diese Ausschnitte von vornherein an neuen oder nachträglich an angerissenen älteren Kropfachsen zur Beseitigung der Anrisse angebracht worden?

Beantwortet sind die obigen neun Fragen von 27 Verwaltungen in Deutschland, Österreich-Ungarn, Holland und den Niederlanden. Aus den Antworten können folgende Schlußfolgerungen gezogen werden:

Schlußfolgerung.

Zu a. Als Baustoffe für Kropfachsen werden Tiegelflußstahl, Nickelflußstahl und in einigen wenigen Fällen Spezialstahl verwendet. Nickelflußstahl herrscht vor. Für die Beschaffenheit der Baustoffe werden Güteziffern verlangt, die sich in folgenden Grenzen bewegen:

Baustoff	Zugfestigkeit kg/mm²	Querschnittsverminderung %	Dehnung %	Bemerkungen
Tiegelflußstahl	50 bis 60	30 bis 45	20	} Nickelgehalt 3 bis 6%
Nickelflußstahl	55 bis 65	40 bis 45	18	

Für Spezialstahl bestehen in den einzelnen Fällen besondere Vorschriften.

Zur Erzielung einer möglichst gleichmäßigen Dichtigkeit des Gefüges, die fast durchweg besonders verlangt wird, soll die Formgebung der Kropfachsen nur durch Schmieden oder Pressen erfolgen.

Zu b. Die einteilige Bauart herrscht vor. Mehrteilige Kropfachsen stehen versuchsweise bei den Österreichischen Staatsbahnen, den Ungarischen Staatseisenbahnen, der priv. Südbahngesellschaft und der Holländischen Eisenbahngesellschaft in Verwendung. Der Vorteil dieser Bauform liegt in der Möglichkeit, die einzelnen Teile der Kropfachsen besser durchschmieden zu können.

Die besten gebräuchlichen Steuerungen lassen Höchstfüllungen des Hochdruckzylinders (E_{gr}) von 75 bis 80% zu. Diese entsprechen, auf den Niederdruckzylinder bezogen, Füllungen von $\frac{E_{gr}}{V}$, wenn V das Raumverhältnis des Niederdruck- zum Hochdruckzylinder bedeutet.

Bei einem Zylinderraumverhältnis von 2,3, was vielfach angewendet wird, beträgt selbst bei einer Höchstfüllung des Hochdruckzylinders von 80% die Füllung des Niederdruckzylinders nur $\frac{80}{2,3} = 34,5\%$.

Aus dieser Tatsache geht zunächst hervor, daß die größten Zugkräfte einer Vierzylinder-Verbundlokomotive stets ganz erheblich kleiner sind, als die einer Zwillingslokomotive gleicher Charakteristik.

Um beim Anfahren genügend große Anfahrzugkräfte zu erzielen, müßten daher die Zylinder einer Verbundlokomotive größer angenommen werden, als dies den meist gebrauchten Zugkräften entsprechen würde, was natürlich schlechtere Dampfausnutzung bei diesen bedeutet. Je richtiger die Zylinder für die meistgebräuchlichen Zugkräfte bestimmt sind, desto schlechter wird die Verbundlokomotive den Zug beschleunigen. Diese Tatsache ist es, die die Verbundlokomotiven für häufig haltende Züge untauglich macht.

Zur Überwindung dieses Übelstandes werden Verbundlokomotiven mit Wechselvorrichtungen versehen. Wechselvorrichtungen aber sind verwickelte und teuere Einrichtungen, verursachen Schwierigkeiten beim Einbau und bei der Handhabung im Betriebe, vermehren die Unterhaltungskosten, drosseln den Arbeitsdampf und

---

Kurbelachsen mit Schrägarm und parallelen Kurbelarmen kommen nebeneinander vor. Die letztere Bauform wird anscheinend mehr und mehr verlassen, weil Achsen dieser Bauart mehr zu Anrissen neigen.

Zu c. Die Hersteller der Kropfachsen oder die Lieferer der zugehörigen Lokomotiven haften für die Güte dieser Achsen entweder während einer bestimmten Zeit oder für einen bestimmten Laufweg; in zwei Fällen (Badische Staatseisenbahnen und Eisenbahndirektion Mainz) läuft die Haftung nach einer bestimmten Anzahl von Jahren ab, sofern die Achsen bis dahin die gewährleistete Anzahl von km noch nicht zurückgelegt haben.

Zu d. Die abgenutzten Laufflächen der Kropfachsen werden bei den meisten Verwaltungen auf schweren, besonders dafür eingerichteten Drehbänken nachgearbeitet. Bei zwei Verwaltungen (Eisenbahndirektion Hannover und Gesellschaft für den Betrieb von Niederländischen Staatseisenbahnen) werden Schleifmaschinen verwendet. Auf den von Hannover verwendeten Maschinen können jeweils auch die Abstände der Achs- und Zapfenmitten sowie die Kurbelwinkel nachgeprüft werden.

Zu e. Die Angaben über die Lebensdauer der Kropfachsen gehen außerordentlich weit auseinander. Die Lauflängen der ausgemusterten Achsen bewegen sich zwischen 48600 und 1332173 km.

Aus den Antworten können über die Einflüsse, welche der Baustoff, die Herstellungsweise, die Ausführungsform und Art des Antriebes der Achse unter der Lokomotive ausüben, keine allgemein gültigen Schlüsse auf die Lebensdauer der Kropfachsen gezogen werden. Offenbar sind hier die Einzelabmessungen, besonders aber die Größe der Beanspruchung wesentlich mitbestimmend.

Zu f. Es treten in der Regel Querrisse auf, und zwar in den Hohlkehlen zwischen den Traglagerstellen und den Kurbelarmen sowie in den Hohlkehlen der Kurbelzapfen. Die Querrisse der Kurbelzapfen liegen bei der Bauform mit parallelen Armen in den äußeren und inneren, bei der mit Schrägarm fast ausnahmslos nur in den äußeren Hohlkehlen.

Längsrisse zeigen sich seltener, und dann zumeist in den Trag- und Kurbellagerflächen.

Zu g. Die meisten Verwaltungen geben nur die allgemeine Weisung, die Achsen möglichst häufig auf Anrisse zu untersuchen. Einzelne Verwaltungen geben hierfür bestimmte Vorschriften.

Bezüglich der Ausmusterung von unbeschädigten aber stark abgenützten Achsen bestehen Bestimmungen bei Baden und der Preußisch-Hessischen Staatseisenbahn, daß die Achsen bei Abnützung von etwa 7% der ursprünglichen Durchmesser auszumustern sind. Bestimmungen, nach denen die Kropfachsen nach einer bestimmten Laufzeit oder Lauflänge ausgeschieden werden müssen, bestehen bei keiner Verwaltung.

Zu h. Leicht angerissene Kropfachsen werden unter bestimmten Voraussetzungen von einigen Verwaltungen weiter verwendet, wenn sich die Anrisse durch Bearbeitung beseitigen lassen, oder wenn diese Risse eine gewisse Größe nicht überschreiten.

sind Dampfverschwender, die bei häufiger und längerer Anwendung, z. B. auf Steigungen, eine etwaige Dampfersparnis durch Verbundwirkung in der Ebene wieder ausgleichen.

Bei Heißdampf-Verbundlokomotiven wachsen die Unzuträglichkeiten der Anwendung von Wechselvorrichtungen noch erheblich.

Zur Erhöhung der Zugkräfte der Verbundlokomotiven wird ferner der Dampfdruck im Kessel von 12 auf 14 bis 16 Atm. gesteigert, um durch höhere Eintrittsspannungen den mittleren Zylinderdruck zu vergrößern. Diese Maßnahme verlangt aber erheblich vermehrte Gewichte und Unterhaltungskosten der Kessel, insbesondere der Feuerbüchsen.

Die größten erreichbaren Zugkräfte der Schnellzug-Verbundlokomotiven sind meist nur so groß, daß unter gewöhnlichen Verhältnissen selbst beim Anfahren kaum mehr als zwei gekuppelte Achsen zum Schleudern gebracht werden können. Der Bau von dreifach gekuppelten Drei- und Vierzylinder-Verbundschnellzuglokomotiven mit einer Zylindercharakteristik von etwa $C_1 = 1200$, die vielfach angewandt wird, kann hiernach als notwendig nicht angesehen werden. Selbst wenn bei einer Mehrzylinder-Verbundlokomotive die größte Anfahrzugkraft etwas größer sein sollte, als von zwei Kuppelachsen unter gewöhnlichen Betriebsverhältnissen aufgenommen werden kann, dürfte es in der Mehrzahl der Fälle angemessen sein, den Zug um ein Geringes weniger zu beschleunigen. Denn schon bei Erreichung ganz kleiner Geschwindigkeiten muß die Steuerung entsprechend zurückgelegt und die Zugkraft derartig verkleinert werden, daß eine dritte Kuppelachse unnötig mitläuft und, infolge der Zapfenarbeit der Kuppelstangen, nur den Laufwiderstand der Lokomotiven und die Unterhaltungskosten vermehrt.

Über das Belassen angerissener Kropfachsen im Betriebe gehen die Meinungen auseinander. Während einige Verwaltungen solche Achsen nicht weiter verwenden, tun dies einige andere.

Sonstige Bestimmungen über Ausscheidung von Kropfachsen aus dem Betriebe bestehen nicht.

Zu i. Zwei Verwaltungen besitzen Kropfachsen, die von vornherein mit den Frémontschen Ausschnitten versehen wurden.

Zwei Verwaltungen ließen an angerissenen Achsen zur Entfernung der Risse oder zur Verhütung des weiteren Reißens die Frémontschen Ausschnitte anbringen.

Ein maßgebendes Urteil über die Bewährung des Frémontschen Ausschnittes bei neuen, wie bei angerissenen Achsen kann noch nicht abgegeben werden, da sie nur in geringem Umfange und seit noch nicht genügend langer Zeit in Verwendung sind.

Beachtenswert aus den einzelnen Angaben ist u. a. die Beantwortung der Frage 6 seitens der Direktion der Ungarischen Staatseisenbahnen. Bei einem Bestande von 64 Lokomotiven mit Kropfachsen mußten nach:

8	9	10	11	12	13	14	15	16	17	18	Monaten
4	2	2	1	1	4	3	1	2	2	1	Stück

d. h. 23 Stück = 36% nach 1½ Jahr, nach

20	22	23	25	26	27	30	31	32	36	39	Monaten
2	1	1	1	2	4	1	1	1	1	1	Stück

ausgewechselt werden, das sind zusammen 39 Stück = 61% nach einer Zeit von 3¼ Jahr! Hauptsächlich erhielten die Achsen Querrisse im Übergang der Zapfen in die Kurbelscheiben. Dieses ist die gefährlichste Stelle der ganzen Kropfachse. Zur Abhilfe der Anrisse ist die Vergrößerung des Halbmessers der Hohlkehle vorgeschlagen, leider wird dadurch aber die ohnehin schon aufs äußerste beschränkte Zapfenlänge noch mehr verringert, da die Hohlkehle nicht zum Tragen herangezogen werden kann.

Wie wenig Vertrauen die Betriebssicherheit der Kropfachsen verdient, beweist u. a. die Tatsache, daß die Badischen Staatsbahnen z. B. vorschreiben, daß die Kropfachsen nach jeder Probefahrt mit neuen gekröpften Achsen herausgenommen werden müssen, ferner nach Durchlauf von 100000 km, seit der letzten Untersuchung, wenn die Achsen noch nicht 550000 km, und nach 75000 km, wenn sie schon mehr als 550000 km zurückgelegt haben.

Für die Wartung sowie die Untersuchung in den Werkstätten müssen die gekröpften Achsen bei den an den Kurbelschenkeln vorzunehmenden Arbeiten und bei den durch das öfter auftretende Heißlaufen entstehenden Schäden auf alle Fälle viel kostspieliger bleiben als die betriebssichere, einfache Triebachse, die beliebig verstärkt werden kann.

Garbe, Dampflokomotiven. 2. Aufl.

Ähnliche Erwägungen gelten auch für vielfach gekuppelte Verbundgüterzuglokomotiven.

Unter allen Umständen bringt also die Anwendung von vier Zylindern eine wesentliche Steigerung der Kosten für die Beschaffung, den Betrieb und die Unterhaltung mit sich und erfordert eine wesentlich höhere Inanspruchnahme der Lokomotivmannschaften.

Die Wärmeausnutzung in den Zylindern kann selbstverständlich in zwei kleineren Dampfmaschinen nicht besser, sondern nur schlechter sein, als in einer größeren, gleichstarken Maschine. Nur wo der Niederdruckzylinder einer Zweizylinder-Verbundlokomotive das zulässige Maß erreicht hätte, ließe sich durch Anwendung von vier Zylindern bei unverhältnismäßig vergrößertem Kesselgewicht die Maschinenleistung etwas, jedenfalls aber nur ganz unwesentlich steigern. Wird eine bessere Wärmeausnutzung dagegen durch gleichzeitige Steigerung des Kesseldrucks von 12 auf 14, ja 16 Atm. angestrebt (was mit der Anwendung von vier Zylindern an sich nichts zu tun hat, dennoch aber leider mehrfach in Aufnahme gekommen ist), so stehen diesem Vorgehen wesentlich höhere Unterhaltungskosten des Kessels bei höherem Gewicht entgegen.

Die Vorteile der Anwendung von drei und vier Zylindern können also, wie schon betont, hauptsächlich nur in der Beschränkung der sogenannten störenden Bewegungen und in einer Verminderung der Achslager- und Triebzapfendrücke gesucht werden.

Beide Erscheinungen aber, sowohl die Wirkungen der sogenannten störenden Bewegungen, wie die der größeren Zapfendrücke, sind durch erprobte, einfache Maßnahmen praktisch unschädlich zu gestalten, so daß die Anwendung von Mehrzylinderlokomotiven, sofern alle Bedingungen in gebührende Rücksicht gezogen werden, wie schon angedeutet wurde, nur unter ganz besonderen Betriebsverhältnissen gerechtfertigt erscheinen kann.

Die Anhänger der Dreizylinderlokomotive wollen neben der Erreichung eines etwas besseren Anfahrvermögens das Zucken vermindern, müssen aber dafür stärkeres Schlingern (Drehen) als bei Zwillingslokomotiven auftritt, in den Kauf nehmen, während die Anhänger der Vierzylinderlokomotive das Zucken vermindern wollen und auch kleinere Schlingermomente erhalten.

Daß bei der Bauart einer an vier Stellen angegriffenen Kurbelachse sich nebenher die Eigenschaft ergibt, daß die Hauptachslager mäßiger beansprucht werden, ist zweifellos ein Vorteil hinsichtlich geringeren Verschleißes in den Lagern und dadurch längere Erhaltung der ruhigeren Lage der Achsschenkel in den Lagern. Es ist jedoch auch hier zu bedenken, daß nur durch Hinzufügung und Beanspruchung der inneren Kurbelzapfen an der gekröpften Achse und mit einer wesentlichen Vermehrung des Triebwerkes eine Entlastung der Achslager erreicht werden kann, wobei die Anordnung von vier Triebwerken an einer Achse die Länge der Achsschenkel für große Leistungen stark einschränkt, während bei einer Zweizylinderlokomotive für eine genügende Schenkelbemessung an der einfachen Achse bauliche Schwierigkeiten nicht vorhanden sind.

Die Dreizylinderanordnung verursacht Lagerdrücke wie die Zwillingslokomotive und hat den Nachteil, daß eine ungünstig beanspruchte Kropfachse angewendet werden muß, und nur den einen Vorteil, daß die Mittelkraft sämtlicher Kräfte, und zwar nicht nur der Massenkräfte, sondern auch der durch die Maschine an den Schienen erzeugten Zugkräfte, in die Längsachse der Lokomotive fällt.

Zu allseitiger Beurteilung der Frage: „Zwei- oder Mehrzylinderlokomotive" ist noch zu erwägen, daß die sogenannten störenden Bewegungen in sich geschlossen, hin und her gehende, sich nicht zusammensetzende Kräfte hervorrufen, deren Wirkung durch teilweisen Ausgleich der hin und her gehenden Massen, durch zweckentsprechende Verbindung des Tenders mit der Lokomotive und durch genügend große Abmessungen und sichere Ölung aller aufeinander gleitenden Flächen praktisch unschädlich gemacht werden kann.

Berücksichtigt man ferner die Tatsache, daß für die höchsten Beanspruchungen genügend fest und richtig gebaute Zweikurbellokomotiven in Europa und Amerika seit vielen Jahren anstandslos und mit großem wirtschaftlichen Erfolge vor schweren Schnellzügen bis 120 km/st betrieben werden, so erscheint die Auffassung berechtigt, daß bei den heute geltenden und in absehbarer Zeit zu erwartenden Höchstgeschwindigkeiten und schwersten Zügen, die Anwendung von mehr als zwei Zylindern nicht eine Frage größerer Leistungsfähigkeit, Wirtschaftlichkeit und Sicherheit, sondern hauptsächlich nur geringeren Verschleißes einiger Lagerungsteile und einiger gleitender Flächen der Lokomotive ist.

Bei dieser Sachlage wird es sich vom technischen und wirtschaftlichen Standpunkte empfehlen, zunächst bei der einfachen Zweizylinderlokomotive alle die naheliegenden Mittel anzuwenden, die bekannt und erprobt sind, um vorzeitigem Verschleiß der Lagereinrichtungen vorzubeugen, und es macht keinerlei Schwierigkeiten, dieser einfachsten Lokomotivart auch für die größten Leistungen die entsprechende Durchbildung der Einzelteile zu geben.

Möglichste Einfachheit aller Lokomotivgattungen sollte daher aus allen Gründen, besonders auch zur Erreichung eines leichten und sicheren Betriebsdienstes und schneller und billiger Unterhaltung, stets im Vordergrunde der Erwägungen stehen.

b) Einige Grundsätze für den Bau von Lokomotiven. Zu den baulichen Mitteln, mit denen die Zwillings-Schnellzuglokomotive für fast alle Leistungen durchaus befriedigend ausgebildet werden kann, sind außer der **Anordnung eines möglichst großen, festen Radstandes** zu rechnen:

a) Wahl besten Materials für Kolben, Kolbenstangen, Kreuzkopf und Triebstangen, um bei richtiger Formgebung kleinste Gewichte dieser Teile zu erhalten. Gegebenenfalls können Kolbenstangen und Kreuzkopfzapfen hohl ausgeführt werden.

b) Reichliche Abmessung geschliffener und polierter Achsschenkel und Kurbel- und Kuppelzapfen mit gehärteter, geschliffener und polierter Oberfläche; gegebenenfalls auch Einführung dreiteiliger Achslager, um den Kolbendruck besser aufzunehmen und den Verschleiß der Lager genügend herabzuziehen.

c) Gute Versteifung des Rahmens in der wagerechten Mittelebene der Zylinder, um die Zylinderdeckeldrücke besser zu den Punkten der entsprechenden Gegendrücke, d. h. den Achsbuchsen hinzuleiten, deren Gleitflächen genügend zu vergrößern sind.

d) Feste Verbindung des Kessels mit dem Rahmen und der Rauchkammer und möglichst großflächige Auflage an den äußeren Feuerbüchsseiten auf dem dort entsprechend verstärkten Rahmen; starke Verklammerung gegen Abheben des Kessels und gegen seitliche Verschiebung im Rahmen, ohne Aufhebung der Längsverschiebung der ganzen Verbindung; sichere Schmierung der Gleitflächen.

e) Wahl besten Federstahls und bestmögliche Abfederung.

f) Richtige Bemessung der Kompression.

g) Gute Aussteifung der Führerhausflächen durch hölzerne Andreaskreuze; feste Verbindung des Fußes des Führerhauses mit dem Rahmen und verschiebbare Absteifung des Daches mit der äußeren Feuerbüchsdecke des Kessels.

h) Verbindung zwischen Lokomotive und Tender durch eine der größten Zugkraft entsprechend verstärkte Querfeder und eine Kuppelung, die durch geringen Flächendruck der zusammen arbeitenden Teile vor schneller Abnutzung bewahrt bleibt. Erhaltung einer straffen Kuppelung zwischen Lokomotive und Tender.

i) Festsetzung des Betriebsdampfdruckes auf 12 Atm., der nicht nur für einstufige Dampfdehnung in jeder Beziehung sich bewährt hat, sondern auch für Verbundwirkung noch eine befriedigende Wirtschaftlichkeit gewährleistet. Die höchsten Lagerdrücke in den Kurbeltotpunkten können hierbei auch bei starker Vergrößerung der Durchmesser der Dampfzylinder in praktisch vorteilhaften Grenzen gehalten werden.

Nach vorstehenden Gesichtspunkten sind im wesentlichen die später beschriebenen und dargestellten neueren Zwillings-Heißdampflokomotiven der Preußischen Staatseisenbahnverwaltung erbaut.

Jede Gattung hat sich in einer Reihe von Jahren bestens bewährt. Hervorzuheben sind besonders die beispiellosen Leistungen und die Wirtschaftlichkeit der 2 B-HSL. Gattung S 6 (Tafel 1) und der 2 C-HPL. Gattung P 8 (Tafel 6) im schweren Schnellzug- und Personenzugbetriebe, bezogen auf den Umfang ihrer Kesselleistungsfähigkeit und ihres Gewichts.

2. Die störenden Bewegungen der Lokomotiven.

a) Die verschiedenen Bewegungen. Störende Bewegungen, die einen unruhigen Gang der Lokomotiven zur Folge haben, können entstehen durch:
1. Fehlerhafte Lage und Nachgiebigkeit des Oberbaus sowie Einwirkung der Schienenstöße,
2. Unregelmäßigkeiten im Antriebsvorgang, und
3. freie Massenkräfte.

Man unterscheidet (vgl. Abb. 38) sechs Arten von störenden Bewegungen:
1. Eine Bewegung in Richtung der X-Achse, das Zucken,
2. eine Bewegung in Richtung der Y-Achse, das Schwanken,
3. eine Bewegung in Richtung der Z-Achse, das Wogen;
4. eine Drehung um die X-Achse, das Wanken,
5. eine Drehung um die Y-Achse, das Nicken,
6. eine Drehung um die Z-Achse, das Schlingern oder Drehen.

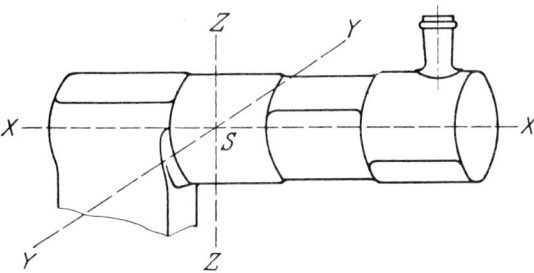

Abb. 38. Schwerpunktsachsen einer Lokomotive.

Das Wogen, Nicken, Wanken und Schwanken entsteht durch die wechselnden Kreuzkopfdrücke und durch Einwirkung der Schienenstöße und die Nachgiebigkeit des Oberbaus. Die Unvollkommenheiten der Schienenbahn haben einen sehr erheblichen Einfluß auf die Ruhe des Ganges der Lokomotive. Die durch diese hervorgerufenen Bewegungen des Lokomotivkörpers sind aber so sehr von Zufälligkeiten abhängig, daß sie sich rechnerisch nicht bestimmen lassen. Die unter 2. bis 5. genannten störenden Bewegungen sind außerdem bei einer ordnungsgemäß gebauten Lokomotive von untergeordneter Bedeutung für deren Haltbarkeit, so daß eine eingehendere Betrachtung nicht notwendig ist.

Das Zucken unter 1. und das Schlingern oder Drehen unter 6. wird hauptsächlich durch die hin und her gehenden Massen der Kolben, der Kolbenstangen, der Kreuzköpfe, der Schieber und Schieberstangen hervorgerufen. Der Einfluß, den auch die Bauart der Lokomotive auf die genannten Bewegungen hat, soll später betrachtet werden.

Die störenden Bewegungen der Lokomotiven. 85

Außer der durch die hin und her gehenden Massen bedingten Drehbewegung wird eine ähnliche Bewegung zwischen beiden Schienen, das Schlingern, auch durch die konische Form der Radreifen hervorgerufen, die aber nicht mit der Drehbewegung verwechselt werden darf.

Nachstehend sollen nur die praktisch erheblichen Bewegungen unter 1. und 6. für verschiedene Bauarten von Lokomotiven eingehender untersucht werden.

b) Wirkung und Ausgleich der hin und her gehenden Massen. Zunächst wird es nötig, die freien Massenkräfte zu bestimmen.

Mit den Bezeichnungen der Abb. 39 ist für ein Massenteilchen die **Kolbenbeschleunigung**

$$p_x = r\,\omega^2 \cdot \left(\cos\varphi + \frac{r}{l}\cdot\cos 2\varphi\right),$$

wenn ω die Winkelgeschwindigkeit der Kurbel bedeutet. (Das sonst übliche Minuszeichen vor dem zweiten Klammerwerte kann fortgelassen werden, wenn man φ stets von der inneren Totlage der Kurbel in demselben Sinne von 0° bis 360° weiterzählt.)

Hierbei ist die entsprechende Beschleunigungskraft:

$$P_x = M \cdot p_x.$$

Abb. 39. Kurbeltrieb.

Zu M sind zu rechnen:

1. Alle hin und her gehenden Massen (Kolben, Kolbenstange, Kreuzkopf),
2. die Masse der ganzen Triebstange.

Daß die Masse der ganzen Triebstange und nicht nur $2/3$ dieser, wie in vielen Lehrbüchern, u. a. auch im „Taschenbuch der Hütte", angegeben wird, zur Berechnung der Beschleunigungskraft anzunehmen ist, zeigt folgende Ermittlung:

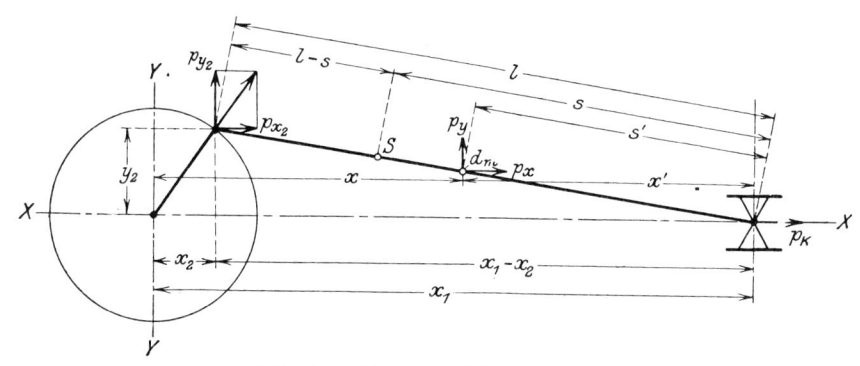

Abb. 40. Massenbeschleunigungen.

Es bezeichnen in Abb. 40:
X–X die Zylinderachse,
Y–Y die senkrechte Radachse,
$\quad p_K$ die Kolbenbeschleunigung,
$\quad S$ den Schwerpunkt der Triebstange,
$\quad M$ die Masse   ,,   ,,
$\quad l$ die Länge   ,,   ,,
$\quad s$ den Abstand des Schwerpunktes vom Kreuzkopfzapfen,
$\quad x_1$ die veränderliche Entfernung des Kreuzkopfzapfens vom Drehpunkt der Kurbel,

$\left.\begin{matrix}x_2\\y_2\end{matrix}\right\}$ die Projektionen des Kurbelzapfens auf die X- bzw. Y-Achse,

$\left.\begin{matrix}p_{x_2}\\p_{y_2}\end{matrix}\right\}$ die Beschleunigungen des Kurbelzapfens in Richtung der X bzw. Y-Achse,

d_m ein Massenteilchen der Triebstange in der Entfernung:

x von der Y-Achse und

x' von der Kreuzkopfzapfenmitte, in Richtung der X-Achse gemessen,

s' die Entfernung von d_m bis zur Kreuzkopfzapfenmitte, auf l gemessen,

$\left.\begin{matrix}p_x\\p_y\end{matrix}\right\}$ die Beschleunigungen von d_m in Richtung der X- bzw. Y-Achse.

Es ist dann die Beschleunigungskraft für die Masse der Triebstange in Richtung der X-Achse:

$$P_x = \int_{s'=0}^{s'=l} p_x \cdot d_m,$$

$$p_x = \frac{d^2 x}{d t^2},$$

$$x = x_1 - x',$$

$$x' = \frac{s'}{l} \cdot (x_1 - x_2),$$

also

$$x = x_1 - \frac{s'}{l} \cdot (x_1 - x_2).$$

Demnach

$$p_x = \frac{d^2 x}{d t^2},$$

$$= \frac{d^2 x_1}{d t^2} - \frac{s'}{l} \cdot \frac{d^2 x_1 - d^2 x_2}{d t^2}.$$

Hierin ist

$$\frac{d^2 x_1}{d t^2} = p_K$$

die Kolbenbeschleunigung, und

$$\frac{d^2 x_2}{d t^2} = p_{x_2},$$

die Beschleunigung des Kurbelzapfens.

Es wird also

$$p_x = p_K - \frac{s'}{l} \cdot (p_K - p_{x_2})$$

und damit

$$P_x = \int_{s'=0}^{s'=l} p_x \, d_m,$$

$$= \int_{s'=0}^{s'=l} \left[p_K - \frac{s'}{l} (p_K - p_{x_2}) \right] \cdot d_m,$$

$$= \int_{s'=0}^{s'=l} p_K \, d_m - \int_{s'=0}^{s'=l} \frac{s'}{l} \cdot (p_K - p_{x_2}) \cdot d_m.$$

Sieht man für einen Augenblick die dem Winkel φ (Abb. 40) entsprechenden Beschleunigungen p_k und p_{x_2} als konstant an, um p_k und p_{x_2} vor das Integralzeichen bringen zu können, was für lange Triebstangen, wie sie für Lokomotiven in der Regel verwendet werden, auch praktisch zulässig ist, so wird:

$$P_x = p_K \cdot \int_0^l d_m - \frac{1}{l}(p_K - p_{x_2}) \cdot \int_0^l s' d_m.$$

Hierin ist

$$\int_0^l d_m = M$$

und

$$\int_0^l s' d_m = M \cdot s.$$

Man erhält also

$$P_x = p_K \cdot M - \frac{1}{l}(p_K - p_{x_2}) \cdot M s,$$

$$= \frac{p_K}{l} M l - \frac{M s}{l} \cdot p_K + \frac{M s}{l} \cdot p_{x_2},$$

$$= M \cdot \left(\frac{l-s}{l} \cdot p_K + \frac{s}{l} \cdot p_{x_2}\right).$$

Hierin ist

$$M \cdot \frac{l-s}{l}$$

der Gewichtsanteil der Triebstange, der auf den Kreuzkopf entfällt, und

$$M \cdot \frac{s}{l}$$

der auf die Kurbel entfallende.

Für eine unendlich lange Triebstange, also für $\frac{l}{r} = \infty$, fällt in der Gleichung für die Kolbenbeschleunigung p_x das Glied $\frac{r}{l} \cos 2\varphi$ fort, und es wird $p_K = p_{x_2} = r \omega^2 \cos \varphi$.

Damit wird

$$P_x = M \cdot \left(\frac{l-s}{l} + \frac{s}{l}\right) \cdot p_K,$$

$$P_x = M \cdot p_K,$$

d. h. es kommt bei der Berechnung der Beschleunigungsdrücke die ganze Masse der Triebstange in Betracht[1]).

Diese Zwischenrechnung und die durch sie erhaltenen Werte lassen ferner erkennen, welcher Anteil der Masse der Triebstange als rotierend zu betrachten und daher durch Gegengewicht auszugleichen ist.

Der auf die Kurbel entfallende Gewichtsanteil der Triebstange $M \cdot \frac{s}{l}$, der mit der Kurbel sich drehend zu denken ist, verursacht eine Massenkraft in Richtung der Y-Achse von

$$P_y = M \cdot \frac{s}{l} \cdot p_{y_2}.$$

Diese Massenkraft kann durch Gegengewichte vollkommen ausgeglichen werden. Dadurch wird aber auch die Kraft P_x in einem Teilbetrage von der Größe

$$M \cdot \frac{s}{l} \cdot p_{x_2}$$

---

[1]) Vgl. auch Hartmann, Die Maschinengetriebe Bd. I, 1913, S. 350ff.

ausgeglichen, so daß nur noch der Restbetrag

$$M \cdot \frac{l-s}{l} \cdot p_{x_2}$$

für den Ausgleich übrig bleibt.

In der Regel ist

$$\frac{s}{l} = \tfrac{2}{3} \text{ bis } \tfrac{3}{5}.$$

Bei Lokomotiven werden daher auch in der Praxis $\tfrac{2}{3}$ bis $\tfrac{3}{5}$ der Masse der Triebstange bei den sich drehenden Massen ausgeglichen. Den Rest $m \cdot \dfrac{l-s}{l}$ rechnet man zu den hin und her gehenden Massen. Diese werden meist durch zusätzliche Gegengewichte teilweise ausgeglichen.

Nach den „Technischen Vereinbarungen", § 102 Abschnitt 3, darf die Fliehkraft des zusätzlichen Teils des Gegengewichtes bis zu 15% des ruhenden Raddruckes betragen. In Amerika, wo ein viel höherer Raddruck gestattet ist und der Oberbau ganz erheblich mehr beansprucht werden darf als bei uns, ist auch ein ungleich größerer Ausgleich der hin und her gehenden Massen üblich.

Die Wirkung der freien Massenkraft P_x kann unter verschiedenen Annahmen bestimmt werden:

1. Die Lokomotive wird als frei bewegliches Massensystem betrachtet, auf das nur innere Kräfte wirken. Die Abstützung der Räder gegen die Schienen wird vernachlässigt.

Diese ältere, vereinfachende Annahme entspricht aber, wie unter 3 gezeigt wird, zu wenig der Wirklichkeit und soll daher hier nicht berücksichtigt werden.

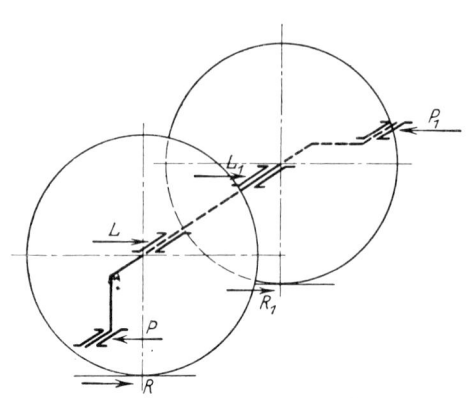

Abb. 41. Belastung der Triebachse.

2. Es werden die tatsächlichen Verhältnisse zugrunde gelegt.

Bei einer Zweizylinderlokomotive ist dann z. B. die Triebachse als Träger anzusehen, der nach Abb. 41 belastet ist:

$P P_1$ bezeichnet die Triebstangenkraft,
$L L_1$ den Lagerdruck,
$R R_1$ die Schienenreibung.

Der Träger ist in den beiden Lagerstellen und auf den Schienen abgestützt, also vierfach gelagert. Damit liegt ein statisch unbestimmtes System vor, und eine Berechnung der Kräfte L und R wäre nur möglich unter Anwendung der Elastizitätslehre, wenn die Verdrehungen und Durchbiegungen der Achse, der Radspeichen und der Kurbeln berücksichtigt werden könnten, was mit genügender Genauigkeit nicht durchführbar ist.

3. Die Schienenreibung wird berücksichtigt unter der Annahme, daß Triebwerks-, Lager- und Laufkreisebene der Räder zusammenfallen, die Triebachse demnach als Träger auf zwei Stützen anzusehen ist, der in den Lagerstellen belastet und in der Laufkreisebene unterstützt wird[1]).

Die Untersuchung nach 3. ist praktisch vollkommen ausreichend und soll nachstehend für verschiedene Triebwerke durchgeführt werden.

---

[1]) Vgl. Professor Jahn, Organ 1911, S. 163, 173, 191, 209 und Z. d. V. d. I. 1907, S. 1046, 1098, 1141.

Der Dampfdruck P (Abb. 42) wirkt in gleicher Stärke auf den Kolben und auf den Zylinderdeckel. Die auf diesen drückende Kraft P überträgt sich auf den Rahmen und sucht die Lokomotive in der gezeichneten Lage vorwärts zu bewegen. Die auf den Kolben wirkende Kraft P vermindert sich um die Beschleunigungskraft

$$P_x = m\,r\,\omega^2 \left(\cos\varphi + \frac{r}{l}\cos 2\varphi\right),$$

so daß auf den Kurbelzapfen, von allen Reibungsverlusten abgesehen, nur die Kraft

$$P' = \frac{P - P_x}{\cos\beta}$$

in Richtung der Triebstange wirkt.

Der Einfachheit wegen soll die endliche Länge der Triebstange vernachlässigt werden, was bei Lokomotiven, deren Triebstangen im allgemeinen im Verhältnis

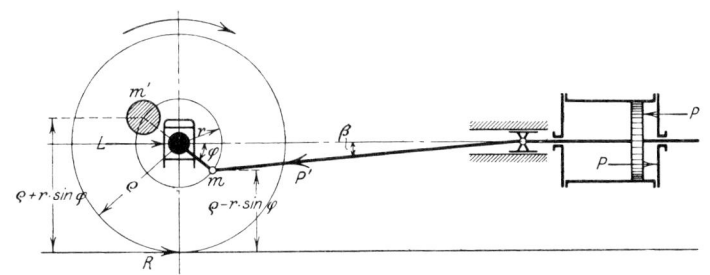

Abb. 42. Wirkung der Dampf- und Massenkräfte.

zum Kurbelradius lang sind, praktisch zulässig ist. Es wird dann (vgl. Abb. 42), da in vorstehender Gleichung $\beta = 0$, also $\cos\beta = 1$ zu setzen ist,

$$\boldsymbol{P' = P - P_x = P - m\,r\,\omega^2 \cos\varphi}.$$

Ist ϱ der Triebradhalbmesser,
  r der Kurbelhalbmesser,
  L der wagerechte Lagerdruck,
  R die Zugkraft am Triebradumfang,
  P der aus der Dampfdruckschaulinie bestimmte wirksame Dampfdruck für den Kurbelwinkel φ,
  P_x der zu P gehörige Massendruck,
so ist allgemein:

a) für ein einzylindriges Triebwerk:

$$L \cdot \varrho = P' \cdot (\varrho - r\sin\varphi),$$
$$L = P' \cdot \left(1 - \frac{r}{\varrho}\sin\varphi\right).$$

Setzt man in diese Gleichung den oben erhaltenen Wert für P' ein, so ergibt sich der Lagerdruck

$$L = (P - m\,r\,\omega^2\cos\varphi) \cdot \left(1 - \frac{r}{\varrho}\sin\varphi\right),$$

(1) $$\boldsymbol{L = P - P\frac{r}{\varrho}\sin\varphi - m\,r\,\omega^2\cos\varphi + m\frac{r^2\,\omega^2}{2\,\varrho}\sin 2\varphi}.$$

Die Zugkraft, die auf den Rahmen ausgeübt wird, ist

$$Z = P - L,$$

(2) $$\boldsymbol{Z = P\frac{r}{\varrho}\sin\varphi + m\,r\,\omega^2\cos\varphi - m\frac{r^2\,\omega^2}{2\,\varrho}\sin 2\varphi}.$$

Z ist also, entsprechend der Veränderlichkeit der Glieder auf der rechten Seite, während einer Umdrehung bald größer, bald kleiner als die mittlere Zugkraft Z_m, für die die Beziehung gilt (vgl. zweiten Abschnitt):

$$(3) \qquad Z_m = p_{mi} \cdot C_1.$$

Aus Gleichung 2 und 3 ergibt sich eine veränderliche Kraft

$$K = Z - Z_m,$$

die auf ein Zucken bzw. Schütteln in Richtung der Längsachse der Lokomotive hinwirkt.

In Gleichung 2 stellt das erste Glied den Einfluß der Dampfkräfte, das zweite den der hin und her gehenden Massen dar, während das letzte Glied die Abstützung der Räder auf den Schienen berücksichtigt.

Durch Anwendung eines Gegengewichtes von der Masse m' (vgl. Abb. 42), das ebenfalls am Radius r wirkend zu denken ist, wird:

$$(4) \qquad Z = P \cdot \frac{r}{\varrho} \sin \varphi + m\,r\,\omega^2 \cos \varphi - m'\,r\,\omega^2 \cos \varphi$$
$$- m \frac{r^2 \omega^2}{2\varrho} \sin 2\varphi - m' \frac{r^2 \omega^2}{2\varrho} \sin 2\varphi.$$

Setzt man in Gleichung 4 den Ausdruck für die Dampfkraft $P \frac{r}{\varrho} \sin \varphi = 0$, so bilden die vier übrig bleibenden Glieder die Summe der Massenkräfte unter Einwirkung des Gegengewichtes. Wird diese Kraft der hin und her gehenden Massen mit K'_m bezeichnet, so ist:

$$(4\text{a}) \quad K'_m = m\,r\,\omega^2 \cos \varphi - m'\,r\,\omega^2 \cos \varphi - m \frac{r^2 \omega^2}{2\varrho} \sin 2\varphi - m' \frac{r^2 \omega^2}{2\varrho} \sin 2\varphi.$$
$$= (m - m')\,r\,\omega^2 \cos \varphi - (m + m') \frac{r^2 \omega^2}{2\varrho} \sin 2\varphi.$$

Aus dieser Gleichung geht hervor, daß für ein einzylindriges Triebwerk ein vollkommener Massenausgleich durch in den Rädern angebrachte Gegengewichte unmöglich ist; denn, selbst wenn $m' = m$ wird, bleibt noch ein Restglied

$$K'_m = (m + m') \frac{r^2 \omega^2}{2\varrho} \sin 2\varphi.$$

Für zwei- und mehrzylindrige Lokomotiven lassen sich nun die Kräfte Z, K, K_m und K'_m ohne weiteres durch einfache Hinzufügung der Werte für die weiteren Kurbelstellungen finden, wobei nur zu berücksichtigen ist, daß die jeweiligen Werte für die Kurbelversetzungswinkel vom vorderen, rechtsseitigen Totpunkte in der Drehungsrichtung des Uhrzeigers einzusetzen sind. Es wird daher:

b) für eine Zwillingslokomotive mit Kurbeln unter 90^0, wenn P_r und P_l die entsprechenden Dampfkräfte P auf der rechten bzw. linken Seite darstellen:

$$Z = P_r \cdot \frac{r}{\varrho} \sin \varphi + P_l \cdot \frac{r}{\varrho} \sin(270^0 + \varphi) + m\,r\,\omega^2 [\cos \varphi + \cos(270^0 + \varphi)]$$
$$- m \frac{r^2 \omega^2}{2\varrho} [\sin 2\varphi + \sin(540^0 + 2\varphi)],$$

$$(5) \qquad Z = P_r \frac{r}{\varrho} \sin \varphi - P_l \frac{r}{\varrho} \cos \varphi + m\,r\,\omega^2 \cdot (\cos \varphi + \sin \varphi).$$

Das in dem Ansatz enthaltene dritte Glied der Gleichung, das die Abstützung der Lokomotive auf den Schienen ausdrückt, fällt also fort, wenn bei Zweizylinderlokomotiven die hin und her gehenden Massen auf beiden Seiten gleich sind. Bei Anwendung von Gegengewichten geht obige Gleichung über in:

$$Z = P_r \cdot \frac{r}{\varrho} \sin\varphi - P_l \cdot \frac{r}{\varrho} \cos\varphi + (m - m') \cdot r\,\omega^2 \cdot (\cos\varphi + \sin\varphi).$$

Bei Verbundlokomotiven, deren hin und her gehende Massen m_r und m_l verschieden sind, geht Gleichung 5 über in:

$$(6) \qquad Z = P_r \cdot \frac{r}{\varrho} \sin\varphi - P_l \frac{r}{\varrho} \cos\varphi + m_r\,r\,\omega^2 \cos\varphi + m_l\,r\,\omega^2 \sin\varphi$$
$$- m_r \frac{r^2\,\omega^2}{2\varrho} \sin 2\varphi + m_l \frac{r^2\,\omega^2}{2\varrho} \sin 2\varphi.$$

Von den drei verbleibenden Gliedern der Gleichung 5 stellen die beiden ersten Ausdrücke den Einfluß der Dampfkraft, der dritte die Wirkung der hin und her gehenden Massen dar.

Von Bedeutung ist nun die Untersuchung, in welcher Weise sowohl Dampf- als auch Massenkräfte auf das Zucken der Lokomotive wirken. Eine derartige Untersuchung ist in eingehender Weise von Regierungs- und Baurat Strahl in Glasers Annalen (1907, II, S. 27 ff.) veröffentlicht worden[1]).

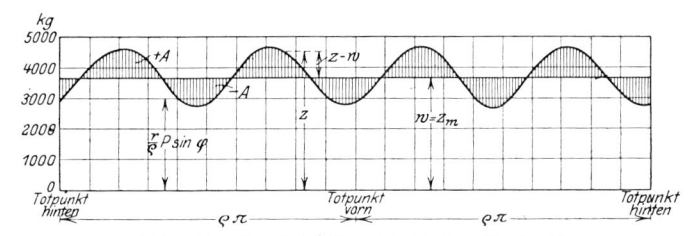

Abb. 43. Ungleichförmigkeit der Zugkraft.

Nachstehende Betrachtung folgt in bezug auf die Dampfkräfte im wesentlichen der Arbeit Strahls; in bezug auf die Massenkräfte ist versucht worden, den Gang der Rechnung zu vereinfachen.

Bezeichnet M die Masse der Lokomotive und des mit ihr straff gekuppelten Tenders,

$V = \dfrac{V_{\max} + V_{\min}}{2}$ die mittlere Geschwindigkeit während einer Umdrehung, worin

$V_{\max}$ die größte Geschwindigkeit,
$V_{\min}$ die kleinste Geschwindigkeit ist,

vgl. die in Abb. 43 dargestellte Tangentialdruckschaulinie,

A die sogenannte Arbeitsüberschußfläche der Dampfarbeit gegenüber der unveränderlichen Widerstandsarbeit W des Zuges (vgl. Abb. 43), so ist nach dem Satze von der lebendigen Kraft für die

a) **Wirkung der Dampfkräfte:**

$$A = \frac{M}{2} \cdot (V_{\max}^2 - V_{\min}^2)$$
$$= \frac{M}{2} \cdot (V_{\max} + V_{\min}) \cdot (V_{\max} - V_{\min}).$$

---

[1]) Hierbei wurde auch in dankenswerter Weise auf einen Fehler hingewiesen, der dem Verfasser der „Dampflokomotiven der Gegenwart" in der I. Auflage, S. 241 ff. in dem Abschnitt über das Zucken unterlaufen ist.

Wird die Geschwindigkeitszunahme $V_{max} - V_{min}$ mit $2c$ bezeichnet, so ist:

$$A = \frac{M}{2} \cdot 2V \cdot 2c = 2MVc$$

oder:

(7) $$c = \frac{A}{2MV}.$$

Hieraus läßt sich nun der sogenannte Zuckweg s_z, der von den Dampfkräften herrührt, berechnen, wenn t die Zeit angibt, während der die tatsächliche Geschwindigkeit der Lokomotive über die mittlere Fahrgeschwindigkeit erhöht wird. Bezeichnet $\frac{c}{2}$ die mittlere Geschwindigkeitserhöhung während der Zeit t, was angenähert richtig ist, so ist der Zuckweg:

$$s_z = \frac{c}{2} \cdot t.$$

Ist t' die Zeit für eine Umdrehung, dann ist:

$$V \cdot t' = 2\pi\varrho,$$

und da während einer Triebradumdrehung, wie aus Abb. 43 ersichtlich, acht Geschwindigkeitsänderungen nach oben und unten stattfinden, so ist

$$t = \frac{1}{8} \cdot t'.$$

Demnach: $$t' = 8t.$$

Daher: $$V \cdot 8t = 2\pi\varrho,$$

$$t = \frac{2\pi\varrho}{8V}.$$

Es wird also der Zuckweg, herrührend von den Dampfkräften,

(8) $$s_z = \frac{c}{2} \cdot \frac{2\pi\varrho}{8V} = \frac{A}{4MV} \cdot \frac{2\pi\varrho}{8V} = \frac{A\pi\varrho}{16MV^2}.$$

Man erkennt hieraus, daß der durch die Dampfkräfte verursachte Zuckweg mit dem Quadrat der Geschwindigkeit abnimmt. Die Masse der Lokomotive und des mit ihr straff gekuppelten Tenders wirkt ähnlich wie das Schwungrad einer ortsfesten Dampfmaschine, das während einer Umdrehung die von den Dampfkräften herrührenden Arbeitsunterschiede mehr oder minder ausgleicht. Bei kleineren Fahrgeschwindigkeiten, z. B. beim Anfahren, werden daher, entsprechend der geringen lebendigen Kraft der Lokomotiv- und Tendermasse, die durch die veränderlichen Dampfkräfte hervorgerufenen Geschwindigkeitsänderungen am größten sein, so daß Schwingungen in der Längsachse deutlich verspürt werden. Bei höheren Geschwindigkeiten verschwinden die Wirkungen der Dampfkräfte fast ganz. **Praktisch kommen daher die Dampfkräfte als Erzeuger störender Bewegungen einer auf Schienen fahrenden Lokomotive nicht in Betracht.**

Auch bezüglich der Wirkung der Dampfkräfte einer auf einem Prüfstand arbeitenden Lokomotive gegenüber einer auf Schienen fahrenden würde kein Unterschied bestehen, wenn die umlaufenden Massen der Räder, Tragachsen und Bremsen so groß wären, daß sie in ihrer Wirkung die Massen der Lokomotive und des Tenders ersetzen könnten, und wenn die Federn des Zugkraftmessers und die

Zughakenfeder keine Schwingngen der Lokomotive zulassen würden. Bei den bisher bekannt gewordenen Prüfständen, die fast alle mit Wasserbremsen Bauart Alden arbeiten, können diese Bedingungen aber nicht annähernd erfüllt werden. Hieraus sind die gegenüber der auf Schienen fahrenden Lokomotive um ein Vielfaches größeren Zuckbewegungen der Lokomotiven auf einem Prüfstand zu erklären, die tatsächlich festgestellt wurden (vgl. zehnter Abschnitt).

Bei einer für die Techn. Hochschule Berlin geplanten Lokomotivprüfanlage sollen an Stelle der unzulänglichen, keine Leistungsmessung gestattenden Wasserdruckbremsen Dynamomaschinen Anwendung finden, die sehr erheblich größere umlaufende Massen besitzen und daher einen größeren Gleichförmigkeitsgrad haben werden.

Es bleibt nunmehr noch der Einfluß zu untersuchen, den die hin und her gehenden Massen des Triebwerks auf die Ungleichförmigkeit der Fahrgeschwindigkeit der Lokomotive während einer Umdrehung ausüben. Die Wirkung an sich muß eine ähnliche sein wie die der veränderlichen Dampfkräfte, d. h. die Massenkräfte müssen auch auf Beschleunigung und Verzögerung der Lokomotive und des mit ihr straff verbundenen Tenders in ihrem Laufe wirken, also auch als Schüttelkräfte in der Längsachse sich äußern.

Diese Wirkung der Massenkräfte, Zucken genannt, ist von viel größerer Wichtigkeit als die der Dampfkräfte. Während diese für die Herstellung der Lokomotive nicht von Bedeutung sind, muß der Erbauer die Wirkung der Massenkräfte durch geeignete Maßnahmen möglichst unschädlich machen.

Setzt man in Gleichung 5 den Ausdruck für die Dampfkräfte

$$P_r \cdot \frac{r}{\varrho} \cdot \sin \varphi - P_l \cdot \frac{r}{\varrho} \cdot \cos \varphi$$

gleich 0, so bleibt ein Wert für die unausgeglichenen hin und her gehenden Massenkräfte übrig; es wird also:

(9) $$\boldsymbol{K}_m = m\, r\, \omega^2 (\cos \varphi + \sin \varphi).$$

Wird wie bei dem einzylindrigen Triebwerk ein Gegengewicht m' kreisend am Halbmesser r angebracht, so ist:

(10) $$\begin{aligned}\boldsymbol{K}'_m &= m\, r\, \omega^2 (\cos \varphi + \sin \varphi) - m'\, r\, \omega^2 (\cos \varphi + \sin \varphi) \\ &= m_n\, r\, \omega^2 \cdot (\cos \varphi + \sin \varphi),\end{aligned}$$

wenn $m_n = m - m'$ den Wert für die nicht ausgeglichenen Massen angibt.

Wird $m' = m$, so ist damit bei der Zwillingslokomotive vollkommener Massenausgleich erreicht. Praktisch läßt sich dieser jedoch nicht ausführen, da hierzu derartig große Gegengewichte erforderlich wären, daß die durch sie hervorgerufenen Be- und Entlastungen der Schienen weit über das durch die „Technischen Vereinbarungen" § 102 Abs. 3 als zulässig erachtete Maß hinausgehen würden.

In der Regel werden daher bei Schnellzuglokomotiven nur 15 bis 20% der hin und her gehenden Massen ausgeglichen.

d) Bestimmung des Zuckens und Drehens bei Zwei-, Drei- und Vierzylinderlokomotiven. Die rechnerische Ermittlung des sogenannten Zuckweges, herrührend von den Massenkräften, ist nachstehend unter der vereinfachten Annahme unendlich langer Triebstangen durchgeführt.

Die Masse $M_0 = M - 2\, m_n$ der Lokomotive und des mit ihr straff gekuppelten Tenders, abzüglich der nicht ausgeglichenen hin und her gehenden Massen sei in der Triebachse, und die hin und her gehenden Massen im Kurbelzapfen vereinigt gedacht,

dann ist, entsprechend den bereits eingeführten Bezeichnungen, nach dem Grundgesetz der Mechanik:
$$\text{Kraft} = \text{Masse} \times \text{Beschleunigung},$$

(11) $$K'_m = M_0 \cdot \frac{d^2 s}{d t^2}.$$

Durch Integration dieser Gleichung erhält man die Geschwindigkeitsänderung:

(12) $$\frac{d s}{d t} = \frac{1}{M_0} \cdot \int K'_m \cdot d t.$$

Wird in diese Gleichung die für K'_m aufgestellte Beziehung eingesetzt und dabei berücksichtigt, daß unter der Annahme gleichbleibender Winkelgeschwindigkeit während der Zeit dt $\varphi = \omega t$ ist, so erhält man:

$$\frac{d s}{d t} = \frac{m_n r \omega^2}{M_0} \cdot \int (\cos \omega t + \sin \omega t) \cdot d t$$

$$= \frac{m_n r \omega}{M_0} \cdot (\sin \omega t - \cos \omega t) + C.$$

Für $\cos \omega t = \sin \omega t$ ist $\frac{d s}{d t} = 0$. Damit wird die Integrationskonstante $C = 0$.

Der Höchstwert von $c = \frac{d s}{d t}$ wird somit erreicht für
$$\sin \omega t = - \cos \omega t,$$

d. h. für
$$\omega t = \tfrac{3}{4}\pi = 135^0.$$

Dann ist:
$$c_{\max} = \frac{m_n \cdot r \omega}{M_0} \cdot 2 \cdot \tfrac{1}{2} \sqrt{2} = \frac{m_n}{M_0} \cdot v \cdot \sqrt{2},$$

wenn v die Kurbelgeschwindigkeit bedeutet.

Die Integration der Gleichung
$$\frac{d s}{d t} = \frac{m_n}{M_0} r \omega \cdot (\sin \omega t - \cos \omega t)$$

ergibt den Zuckweg. Es ist:
$$s = \frac{m_n}{M_0} r \omega \cdot \int (\sin \omega t - \cos \omega t) d t,$$

oder
$$s = \frac{m_n}{M_0} r \cdot (- \cos \omega t - \sin \omega t) + C.$$

Aus der Überlegung folgt, daß bei 90^0 Kurbelversetzung für $\omega t = \frac{\pi}{4} = 45^0$ der voreilenden Kurbel $s = 0$ wird. Somit ist die Integrationskonstante:
$$C = \frac{m_n}{M_0} \cdot r \cdot (\cos 45^0 + \sin 45^0) = \frac{m_n}{M_0} \cdot r \cdot \sqrt{2}$$

und es ergibt sich nunmehr der Zuckweg:

(13) $$s = \frac{m_n}{M_0} \cdot r \cdot [\sqrt{2} - (\cos \omega t + \sin \omega t)]$$

Aus dieser Gleichung ist ersichtlich, daß der Zuckweg unabhängig von der Fahrgeschwindigkeit ist. Er erreicht einen Größtwert, wenn $(\cos \omega t + \sin \omega t)$ einen Kleinstwert hat. Dies ist der Fall für
$$\omega t = \tfrac{5}{4}\pi, \text{ wo } (\cos \omega t + \sin \omega t) = -2 \cdot \tfrac{1}{2} \cdot \sqrt{2} = -\sqrt{2} \qquad \text{ist.}$$

Somit ist:

(14) $$s_{max} = r \cdot \frac{m_n}{M_0} \cdot 2 \cdot \sqrt{2}.$$

Diese Formel stimmt mit der von v. Borries in der Eisenbahntechnik der Gegenwart angegebenen überein. Bei der Aufstellung der Gleichung hat v. Borries auf die Abstützung der Lokomotive keine Rücksicht genommen. Die Lokomotive ist vielmehr als freischwebende Massengruppe betrachtet, auf die der Satz von der Erhaltung des Schwerpunktes angewendet wurde. Die Übereinstimmung des Endergebnisses der v. Borriesschen Formel mit der oben abgeleiteten tritt nur für Zwillingslokomotiven auf, da eben bei diesen das Abstützungsglied herausfällt. Dagegen wäre die v. Borriessche Berechnungsweise z. B. für eine Maschine mit einzylindrigem Triebwerk nicht anwendbar.

Die Gleichung 14 gilt für Zwillingsmaschinen und für Vierzylindermaschinen, bei denen die Zylinderlage symmetrisch ist, da sich nur bei diesen Bauarten das die Abstützung berücksichtigende 3. Glied der allgemeinen Gleichung 2 für die Einzylindermaschine heraushebt.

Für Verbundlokomotiven hat Lihotzky in der Zeitschrift „Die Lokomotive", 1907, S. 151 ein Verfahren angegeben, das die zeichnerische Ermittlung des Zuckweges auf einfache Weise gestattet.

Um sich einen Begriff von der Größe des Zuckweges zu machen, sei dieser für die 2 B-Heißdampf-Zwillingsschnellzuglokomotive Gattung S 6 der Preußischen Staatsbahn berechnet. Es beträgt das Gewicht:

1. eines Kolbens mit Kolbenstange . . 170 kg
2. eines Kreuzkopfs . . . . 105 „
3. von $^2/_5$ einer Triebstange . . . . . 55 „

Mithin das Gesamtgewicht der hin und her gehenden Massen einer Seite $w = 330$ kg.

Das Gewicht der betriebsfähigen Lokomotive und des Tenders beträgt $57{,}6 + 48{,}9 = 106{,}5$ t. Der Kurbelhalbmesser ist: $r = 315$ mm. Da 7% der hin- und hergehenden Massen jeder Seite ausgeglichen sind, so ist das Gewicht der nicht ausgeglichenen Triebwerksmassen einer Seite:

$$w_n = 330 - 0{,}07 \cdot 330 = 307 \text{ kg}.$$

Das der Masse M_0 entsprechende Gewicht wird in unserem Falle:

$$106\,500 - 2 \cdot 307 = 105\,886 \text{ kg}.$$

Damit wird der Zuckweg:

$$s = \frac{2 \cdot 307}{105\,886} \cdot \sqrt{2} \cdot 315 = 2{,}58 \text{ mm}.$$

Dieser errechnete Zuckweg ist so gering, daß er bei einer richtig gebauten und gut unterhaltenen Lokomotive kaum als Störung empfunden werden kann. Auf jeden Fall sind die von den hin und her gehenden Massen herrührenden Bewegungen geringer als die von den Schienenstößen und mangelhafter Gleisanlage hervorgerufenen, auf die der Lokomotiverbauer bei deren Entwurf keinen Einfluß hat. Die infolge der Massenkräfte verursachten Zuckbewegungen werden sich als Erschütterungen fühlbar machen, die allerdings um so heftiger werden, je schlechter die Lokomotive in ihren Achslagern und Achslagerführungen unterhalten ist. Für die Ruhe des Ganges einer Lokomotive ist daher die sorgfältige Beaufsichtigung und Unterhaltung dieser Bauteile von allergrößter Bedeutung. Erst wenn die Lokomotive und ihre Unterhaltung vernachlässigt wird, wenn die Achslager und ihre Führungen, die Achsschenkel in ihren Lagern, die Stangenlager gegenüber ihren Zapfen durch zu weit getriebene Abnutzung unzulässiges Spiel erhalten, machen sich die Schüttelkräfte unangenehm bemerkbar, führen weitere Abnutzung der gleitenden Flächen schneller herbei und wirken auf Lockerung der Niet- und Schraubenverbindungen. Werden aber die Abmessungen der Achslager, Gleitbacken, Zapfen und Stangenlager entsprechend bemessen, so ist eine frühzeitige Abnutzung der gleitenden Flächen nicht zu befürchten, und Beaufsichtigung und Unterhaltung bleiben in befriedigenden Grenzen.

Durch die Reibung der Triebwerksteile, insbesondere des Kreuzkopfes, werden nun diese an und für sich gleichbleibenden Zuckbewegungen noch stark gedämpft. Beim Anfahren der Lokomotive, bei kleinen Geschwindigkeiten, bei denen infolge der hohen Dampfkräfte die Kreuzkopfreibung größer ist, wird die Reibung die Wirkung der Massenkräfte zum großen Teil aufzehren, und erst von einer gewissen Geschwindigksit an wird sich eine bemerkbare Zuckbewegung einstellen, die sich schließlich bei höheren Geschwindigkeiten in ein leichtes Erzittern in der Fahrrichtung auflöst, das bei einer richtig gebauten und vorschriftsmäßig unterhaltenen Lokomotive kaum unangenehm empfunden wird und weder auf den Oberbau noch auf den ruhigen Lauf der Lokomotive störend einwirken kann. Die Schüttelkräfte, die aus der Wirkung der unausgeglichenen hin und her gehenden Massen herrühren, wirken also nur auf Lockerung der Niet- und Schraubenverbindungen und des Kraftschlusses der beweglichen Verbindungen der Lokomotive und des Tenders, und es ist daher Sache des Erbauers, feste und gleitende Verbindungen entsprechend widerstandsfähig zu gestalten.

Aus diesem Grunde sind auch für alle Bauarten Formeln aufgestellt, die dem Erbauer die Errechnung der größten Schüttelkräfte ermöglichen.

Mit wachsender Geschwindigkeit werden auch die Einflüsse des Oberbaus bis zu einem Höchstwert zunehmen, bis diese von einer bestimmten Geschwindigkeit an wieder abnehmen. Diese durch die Erfahrung bestätigte Tatsache dürfte sich damit erklären lassen, daß die nicht abgefederten Massen infolge ihrer hohen lebendigen Kraft bzw. mangelnder Zeit nicht mehr allen Gleisunebenheiten, wie z. B. Stoßlücken, folgen können und daher die bei mittleren Geschwindigkeiten so unangenehm bemerkbaren hämmernden Bewegungen der Räder auf den Schienen nicht mehr fühlbar auftreten.

Neben den für die Ruhe des Laufs der Lokomotive im Geleise unschädlichen Zuckbewegungen sind noch die Drehbewegungen bemerkenswert. Diese vermögen unter Umständen einen unruhigen Lauf der Lokomotive und sogar Neigung zum Entgleisen hervorzurufen.

Von einer eingehenden Erläuterung der Wirkung der Dampfkräfte auf das Schlingern kann im folgenden Abstand genommen werden, da schon nachgewiesen wurde, daß ihr Einfluß als störende Bewegung überhaupt gering ist, und daß bei den meist gebrauchten Geschwindigkeiten eine Einwirkung der Dampfkräfte auf die Ruhe des Ganges verschwindet.

Die in Gleichung 4a erwähnte freie Massenkraft einer **Einzylindermaschine**

$$K'_m = (m - m') r \omega^2 \cos \varphi - (m + m') \frac{r^2 \omega^2}{2 \varrho} \sin 2 \varphi$$
$$= m_n r \omega^2 \cos \varphi - (m + m') \frac{r^2 \omega^2}{2 \varrho} \sin 2 \varphi,$$

hat in bezug auf die Z-Achse der Lokomotive einen Hebelarm a und erzeugt somit ein Drehmoment von der Größe

(15) $$\boldsymbol{M_d = K'_m \cdot a = m_n r \omega^2 \cos \varphi \cdot a - (m + m') \frac{r^2 \omega^2}{2 \varrho} \sin 2 \varphi \cdot a}.$$

Für eine zweizylindrige Lokomotive, deren rechte Kurbel um 90° voreilt, wird:

$$M_d = K'_{m\,\text{links}} \cdot a - K'_{m\,\text{rechts}} \cdot a$$

$$= m_n r \omega^2 \cos(\varphi + 270°) \cdot a - (m + m') \frac{r^2 \omega^2}{2\varrho} \sin(2\varphi + 540°) \cdot a - m_n r \omega^2 \cos\varphi \cdot a$$

$$+ (m + m') \frac{r^2 \omega^2}{2\varrho} \sin 2\varphi \cdot a$$

$$= m_n r \omega^2 \sin\varphi \cdot a + (m + m') \frac{r^2 \omega^2}{2\varrho} \sin 2\varphi \cdot a - m_n r \omega^2 \cos\varphi \cdot a$$

$$+ (m + m') \frac{r^2 \omega^2}{2\varrho} \sin 2\varphi \cdot a, \quad \text{daher}$$

(16) $$\boldsymbol{M_d = m_n r \omega^2 a (\sin\varphi - \cos\varphi) + (m + m') \frac{r^2 \omega^2}{\varrho} a \sin 2\varphi.}$$

Diese Gleichung lehrt, daß selbst bei völligem Ausgleich der hin und her gehenden

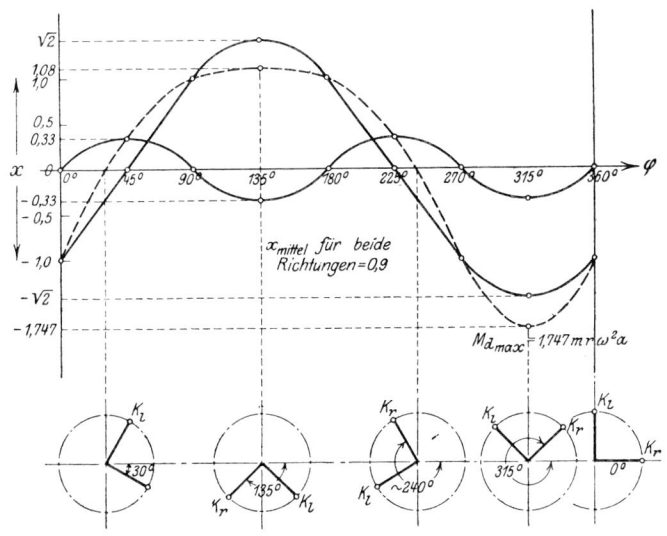

Abb. 44. Schlingermomente der Zwillingslokomotiven.

Massen, also für $m = m'$, d. h. $m_n = 0$, eine restlose Beseitigung des Schlingermomentes unmöglich ist. Es bleibt vielmehr das Glied $(m + m') \frac{r^2 \omega^2}{\varrho} a \sin 2\varphi$ bestehen, gleichgültig, ob die Massen vollkommen oder überhaupt nicht ausgeglichen sind.

In Abb. 44 ist für $m' = 0$ der Ausdruck $(\sin\varphi - \cos\varphi) + \frac{r}{\varrho} \sin 2\varphi$ zeichnerisch aufgetragen. Man ersieht daraus, daß M_d für $\varphi = 315°$ einen Höchstwert annimmt, und zwar wird

$$M_{d\,\text{max}} = (\sqrt{2} + \tfrac{1}{3}) m r \omega^2 \cdot a, = 1{,}747\, m r \omega^2 \cdot a.$$

Durch Planimetrieren ergibt sich das mittlere Schlingermoment für beide Seiten:

$$M_{d\,\text{mittel}} = 0{,}9\, m r \omega^2 \cdot \boldsymbol{a}.$$

Die Größe des Drehwinkels ψ läßt sich aus dieser Gleichung 16 feststellen, wenn man berücksichtigt, daß

$$M_d = J \cdot \frac{d^2 \psi}{d t^2} \qquad \text{ist.}$$

Garbe, Dampflokomotiven. 2. Aufl.

Hierin ist $J = \sum dM \cdot R^2$ das Trägheitsmoment der Lokomotive, bezogen auf die Drehachse, die durch den Schwerpunkt geht. Es ist also:

$$(17) \quad J \cdot \frac{d^2\psi}{dt^2} = m_n r \omega^2 a (\sin \omega t - \cos \omega t) + (m+m') \frac{r^2 \omega^2}{\varrho} a \sin 2\omega t.$$

Der aus dieser Gleichung 17 ohne Berücksichtigung der Reibung zu errechnende Wert von ψ (d. i. der Ausschlag im Bogenmaß für 1 m Länge) würde bei der 2 B-Heißdampf-Schnellzuglokomotive, Gattung S 6 der Preußischen Staatsbahn, bei einer Geschwindigkeit von 120 km/st etwa zehnmal in der Sekunde mit wechselndem Drehsinn zur Wirkung kommen. In diesen äußerst kurzen Wechselpausen, die einen bewegenden Einfluß auf die Lokomotive ausschließen, ist ein hoher Grad von Sicherheit dafür gegeben, daß ein Drehen der Lokomotive nicht hervorgerufen wird. Zu demselben Ergebnis kommt auch Dr.-Ing. Wolters in einem Aufsatz, in dem rechnerisch nachgewiesen wird, daß die Reibung an den senkrechten Achsgabelflächen und an den wagerechten Auflageflächen der Federstützen auf den Lagerkasten vollkommen ausreicht, um die Drehkräfte aufzuzehren, bevor noch die ebenfalls widerstehende, gleitende Reibung der Lokomotivräder mit in Anspruch genommen wird[1].

Immerhin wird beim Bau namentlich schnellfahrender Lokomotiven auf einen möglichst großen, festen Radstand nicht nur aus Rücksicht auf die damit vermehrte Unempfindlichkeit und Ruhe der Lokomotive den Einwirknugen der Gleislage gegenüber, sondern auch mit Rücksicht auf die hierdurch bedeutend verringerte Einwirkung der Drehkraft Wert zu legen sein.

Aus der Betrachtung geht hervor, daß es durchaus ungerechtfertigt erscheint, den störenden Eigenbewegungen der Lokomotiven, die durch die nicht ausgeglichenen, wagerecht bewegten Triebwerksmassen hervorgerufen werden, so erheblichen Wert beizumessen, wie fast allgemein bisher geschehen ist. Aus diesem Grunde wurde auch von einer Berechnung des Drehweges Abstand genommen und dafür nur eine Beziehung für die Momente aufgestellt, die einen guten Vergleich für die einzelnen Lokomotivbauarten ermöglicht.

Für eine **Dreizylinderlokomotive** mit 120° Kurbelversetzung ist die Summe der freien Massenkräfte:

$$K_{m\,\text{rechts}} + K_{m\,\text{mittel}} + K_{m\,\text{links}} = \sum K_m.$$

Nach Gleichung 4a wird, wenn Gegengewichte zum Ausgleich der hin und her gehenden Massen nicht vorhanden sind und die Massen aller drei Triebwerke gleich sind:

$$K_{m_r} = m r \omega^2 \cos \varphi - m \frac{r^2 \omega^2}{2\varrho} \sin 2\varphi,$$

$$K_{m_m} = m r \omega^2 \cos(\varphi + 120°) - m \frac{r^2 \omega^2}{2\varrho} \sin(2\varphi + 240°),$$

$$K_{m_l} = m r \omega^2 \cos(\varphi + 240°) - m \frac{r^2 \omega^2}{2\varrho} \sin(2\varphi + 480°).$$

Sonach ist die Summe der freien Massenkräfte:

$$\sum K_m = m r \omega^2 (\cos \varphi - \tfrac{1}{2}\sqrt{3} \sin \varphi - \tfrac{1}{2} \cos \varphi - \tfrac{1}{2} \cos \varphi + \tfrac{1}{2} \cdot \sqrt{3} \sin \varphi)$$
$$- m \frac{r^2 \omega^2}{2\varrho} (\sin 2\varphi - \tfrac{1}{2} \sin 2\varphi - \tfrac{1}{2}\sqrt{3} \cos 2\varphi - \tfrac{1}{2} \sin 2\varphi + \tfrac{1}{2} \cdot \sqrt{3} \cos 2\varphi), \quad \text{also}$$

$$(18) \quad \sum K_m = 0.$$

Freie Massenkräfte, die ein Zucken der Lokomotive hervorbringen könnten, sind demnach nicht vorhanden.

---
[1] Vgl. Dinglers Polytechn. Journal 1903, Bd. 318, S. 657.

Die störenden Bewegungen der Lokomotiven.

Die Untersuchung der Schlingermomente einer Dreizylinderlokomotive erfolgt auf ähnliche Weise wie die der Zweizylinderlokomotive. Da der mittlere Zylinder in bezug auf die Z-Achse als Drehachse keinen Hebelarm hat, so fällt sein Einfluß bezüglich des Drehens fort. Es wird:
$$M_d = (K_{m_l} - K_{m_r}) \cdot a,$$
wenn $2a$ die Entfernung der beiden äußeren Zylindermitten bedeutet.

Führt man in diese Gleichung die oben ermittelten Werte für K_{m_l} und K_{m_r} ein, so ergibt sich:

$$M_d = \left[m r \omega^2 \cdot \cos(\varphi + 120°) - m r \omega^2 \cos\varphi - m \frac{r^2 \omega^2}{2\varrho} \sin(2\varphi + 240°) \right.$$
$$\left. + m \frac{r^2 \omega^2}{2\varrho} \sin 2\varphi \right] \cdot a$$
$$= a m r \omega^2 \cdot \left[\cos(\varphi + 120°) - \cos\varphi - \frac{r}{2\varrho} \cdot [\sin(2\varphi + 240°) - \sin 2\varphi] \right]$$
$$= a m r \omega^2 \cdot \left[-\tfrac{1}{2} \cos\varphi - \tfrac{1}{2}\sqrt{3} \sin\varphi - \cos\varphi \right.$$
$$\left. - \frac{r}{2\varrho} \cdot (-\tfrac{1}{2} \sin 2\varphi - \tfrac{1}{2}\sqrt{3} \cos 2\varphi - \sin 2\varphi) \right]$$
$$= a m r \omega^2 \cdot \left[-\tfrac{3}{2} \cos\varphi - \tfrac{1}{2} \cdot \sqrt{3} \sin\varphi - \frac{r}{2\varrho} (-\tfrac{3}{2} \sin 2\varphi - \tfrac{1}{2}\sqrt{3} \cos 2\varphi) \right], \quad \text{also}$$

$$(19) \quad \boldsymbol{M_d = a\, m\, r\, \omega^2 \cdot \left[\frac{r}{2\varrho} (\tfrac{3}{2} \sin 2\varphi + \tfrac{1}{2}\sqrt{3} \cos 2\varphi) - (\tfrac{3}{2} \cos\varphi + \tfrac{1}{2}\sqrt{3} \sin\varphi) \right].}$$

Aus dieser Gleichung ist ersichtlich, daß das Drehen der Lokomotive bei Dreizylinder-Anordnung und Fehlen von Ausgleichsgewichten nicht beseitigt werden kann.

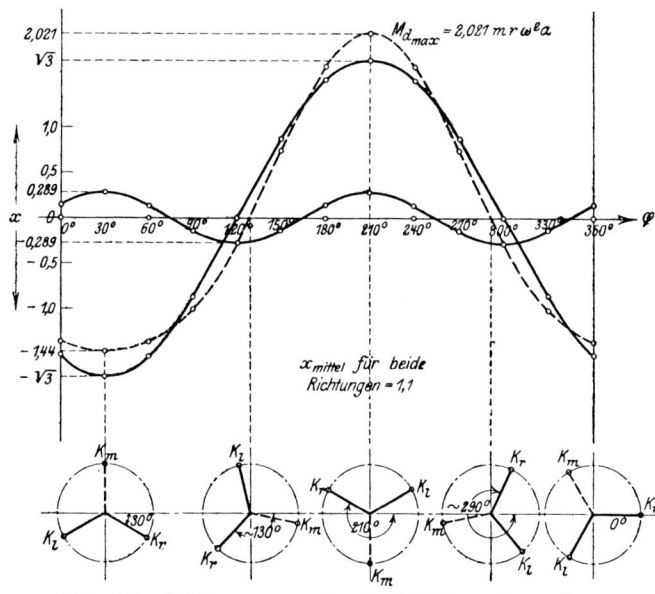

Abb. 45. Schlingermomente der Drillingslokomotiven.

In Abb. 45 ist der Ausdruck der Gleichung 19
$$\frac{r}{2\varrho} \cdot (\tfrac{3}{2} \sin 2\varphi + \tfrac{1}{2}\sqrt{3} \cos 2\varphi) - (\tfrac{3}{2} \cos\varphi + \tfrac{1}{2}\sqrt{3} \sin\varphi),$$
für
$$\frac{r}{2\varrho} = \tfrac{1}{6} \quad \langle r = 330 \text{ und } 2\varrho = 1980 \text{ mm} \rangle$$

zeichnerisch dargestellt. Man sieht daraus, daß das Drehmoment einen Höchstwert hat, wenn die voreilende rechte Kurbel um 30° über die hintere Totlage gelangt ist. In diesem Fall wird:

$$M_{d\max} = m\,r\,\omega^2 \cdot a \cdot (\sqrt{3} + \tfrac{1}{6}\sqrt{3}) = 2{,}021\,m\,r\,\omega^2\,a.$$

Durch Planimetrieren ergibt sich als Mittel für beide Richtungen:

$$M_{d\,\text{mittel}} = 1{,}1\,m\,r\,\omega^2\,a.$$

Nimmt man an, daß die hin und her gehenden Massen eines Triebwerkes einer Zwillings- und einer Drillingslokomotive gleich sind, so sieht man, daß bezüglich des Drehens die Drillingslokomotive ungünstiger dasteht, und zwar ist das Drehmoment $\frac{2{,}021}{1{,}747} = 1{,}156$ mal größer als bei der Zwillingslokomotive. Betrachtet man anstatt der Höchstwerte die mittleren Werte, so ergibt sich das Schlingermoment des Drillings zu $\frac{1{,}1}{0{,}9} = 1{,}22$ mal größer als das des Zwillings. Allerdings muß erinnert werden, daß die Drillingslokomotive frei von Zuckkräften ist, wenn die hier gemachte Annahme (nämlich Fehlen von Gegengewichten) zutrifft.

Bei Vierzylinderlokomotiven sind zwei Fälle zu unterscheiden:

a) Anordnung mit gleichen Massen bei Innen- und Außenzylindern (Vierlingsanordnung), Kurbelanordnung siehe Abb. 46.

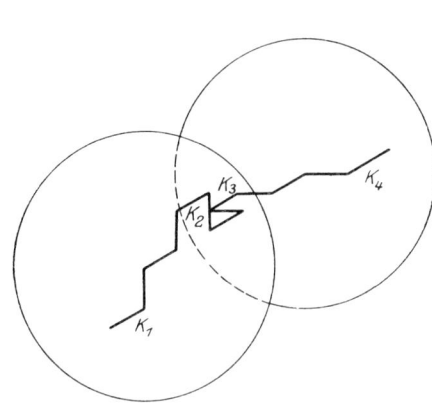

Abb. 46. Vierlingsanordnung.

Hierfür ist:

$$K_{m_1} + K_{m_2} + K_{m_3} + K_{m_4} = \Sigma K_m,$$

$$K_{m_1} = m\,r\,\omega^2 \cos\varphi - m\,\frac{r^2\,\omega^2}{2\,\varrho}\sin 2\varphi,$$

$$K_{m_2} = m\,r\,\omega^2 \cos(\varphi + 180°) - m\,\frac{r^2\,\omega^2}{2\,\varrho}\sin(2\varphi + 360°),$$

$$K_{m_3} = m\,r\,\omega^2 \cos(\varphi + 90°) - m\,\frac{r^2\,\omega^2}{2\,\varrho}\sin(2\varphi + 180°),$$

$$K_{m_4} = m\,r\,\omega^2 \cos(\varphi + 270°) - m\,\frac{r^2\,\omega^2}{2\,\varrho}\sin(2\varphi + 540°).$$

Nach Ausrechnung und Zusammenfassung ergibt sich:

(20) $$\Sigma K_m = 0,$$

d. h. Zuckkräfte fallen auch ohne Anwendung von Gegengewichten fort.

β) Anordnung mit nicht gleichen Massen der unter 180° versetzten Kurbeln und mit gleichem Hube (gewöhnlich Verbundanordnung).

In diesem Falle ist, wenn $m_1 = m_4 = m_a$ die hin- und hergehenden Massen der Außentriebwerke, $m_2 = m_3 = m_i$ die der Innentriebwerke bedeuten, nach Zusammenziehung der Funktionen:

$$\Sigma K_m = (m_a - m_i)\,r\,\omega^2 \cos\varphi - (m_a + m_i)\,\frac{r^2\,\omega^2}{2\,\varrho}\sin 2\varphi + (m_a - m_i)\,r\,\omega^2 \sin\varphi$$
$$+ (m_a + m_i)\,\frac{r^2\,\omega^2}{2\,\varrho}\sin 2\varphi,$$

(21) $$\Sigma K_m = (m_a - m_i) \cdot (\cos\varphi + \sin\varphi) \cdot r\,\omega^2.$$

Es fällt also auch hier der Einfluß der Abstützung fort.

Bezüglich des Schlingerns kann man sich die Vierzylindermaschine aus zwei unter 180° arbeitenden Zwillingsmaschinen zusammengesetzt denken. Der Abstand der beiden Außenzylindermitten sei $2a$, der der Innenzylinder $2i$. Es folgt dann, wenn allgemein $m_a \gtreqless m_i$ ist:

$$(22) \quad M_d = m_a r \omega^2 a \left(\sin \varphi - \cos \varphi + \frac{r}{\varrho} \sin 2\varphi \right)$$
$$+ m_i r \omega^2 i \left[\sin(\varphi + 180°) - \cos(\varphi + 180°) + \frac{r}{\varrho} \sin 2\varphi \right].$$

Ist bei Vierlingsmaschinen $m_i = m_a$, so wird beim Fehlen von Gegengewichten, da $\sin(\varphi + 180°) = -\sin\varphi$ und $\cos(\varphi + 180°) = -\cos\varphi$ ist:

$$(23) \quad M_d = m r \omega^2 \cdot \left[(\sin\varphi - \cos\varphi) \cdot (a-i) + \frac{r}{\varrho} \sin 2\varphi (a+i) \right],$$

d. h. durch die Gegenläufigkeit des Triebwerks allein wird das Schlingern der Lokomotive nicht beseitigt. Hierzu bedarf es vielmehr der Anbringung von Gegengewichten, die aber nur eine Beseitigung des ersten Gliedes der Gleichung herbeiführen können, außerdem aber auf ein Zucken der Lokomotive hinwirken.

Professor Jahn, der die Zuckkräfte und Schlingermomente für verschiedene Triebwerke untersucht hat, behandelt in dem Schlußabschnitt seines Aufsatzes „Ein Beitrag zur Lehre von den Gegengewichten", Organ 1911, S. 163 ff. außerdem noch den Einfluß der endlichen Länge der Schubstange. Da es hier darauf ankam, nur das Wesen der Sache zu erläutern, kann von einer weiteren Verfolgung dieses Gegenstandes Abstand genommen werden und Lesern, die sich für die Massenwirkungen besonders interessieren, das Studium des genannten Aufsatzes angelegentlichst empfohlen werden.

e) Berechnung der Gegengewichte. Ausgleich der Massenwirkungen durch sich drehende oder hin und her gehende Gewichte. Schlickscher Massenausgleich.
Der durch die Massen hervorgerufenen störenden Bewegungen der Lokomotive sucht man zu begegnen. Zunächst werden die sich drehenden Massen, d. h. die der Kuppelstangen, Zapfen, Kurbeln und $^3/_5$ der Triebstange stets ganz ausgeglichen.

Der Ausgleich der Wirkungen der hin und her gehenden Massen kann bei Anwendung von sich drehenden Gegengewichten nur teilweise geschehen. Nach § 102 der „Technischen Vereinbarungen" darf er nur soweit bewirkt werden, daß die durch das hierdurch bedingte Gegengewicht am Rade auftretende Fliehkraft bei der höchstzulässigen Geschwindigkeit 15% des ruhenden Raddruckes beträgt. Je größer daher die Fahrgeschwindigkeit bzw. die Umdrehungszahl der Triebräder, der Lokomotive ist, desto weniger kann von den hin und her gehenden Massen ausgeglichen werden.

Der Ausgleich der Massenwirkungen kann nun auf drei Arten geschehen:
α) durch Anbringung sich drehender Massen,
β) durch hin und her gehende Massen (Bobgewichte),
γ) durch besondere Kurbelversetzung, was aber nur bei Mehrzylindermaschinen möglich ist (Schlickscher Massenausgleich).

Die Anordnung zu α stellt das übliche Ausgleichsverfahren dar.

α) **Ausgleich durch Anbringung sich drehender Massen.**

1. Ausgleich der sich drehenden und hin- und hergehenden Massen für Lokomotiven mit Außenzylindern.

Die auszugleichenden Massen setzen sich bei Lokomotiven mit Außenzylindern zusammen aus:

a) den sich drehenden Massen.

Hierzu gehören:
1. der Kurbelarm im Rade, abzüglich der Speichenanteile für Trieb- bzw. Kuppelzapfen,
2. die Trieb- bzw. Kuppelzapfen,
3. die Gegenkurbel für die Steuerung,
4. das anteilige Gewicht der Kulissenantriebsstange,
5. die Anteile der Kuppelstangen für das betreffende Rad,
6. $^3/_5$ der Triebstange.

b) den hin und her gehenden Massen.

Hierzu gehören:
1. der Kolben mit Stange,
2. der Kreuzkopf,
3. $^2/_5$ der Triebstange.

Die Gewichte zu a seien mit G_{d_1} bis G_{d_6}, die hin und her gehenden Massen zu b mit G_{hh}, die Schwerpunktabstände von G_{d_1} bis G_{d_6} bis zur Achsmitte e_{d_1} bis e_{d_6}, und die Entfernung der Zylindermitte von Achsmitte mit e_{hh} bezeichnet. Die wagerechte Entfernung der Schwerpunktebene des Gegengewichts im Rade bis zur Achsmitte ist bei Regelspur $e_g =$ rd. 755 mm anzunehmen.

Hat der Teil des Gegengewichtes zum Ausgleich der hin und her gehenden Massen das Gewicht G' und ist r der Kurbelhalbmesser in m, so ist bei $n_{\max}$ Umdrehungen in der Sekunde dessen Fliehkraft

$$\text{Fliehkraft } C = \frac{G'}{9{,}81} \cdot r \cdot (2\pi \cdot n_{\max})^2.$$

Nach vorstehenden Ausführungen darf C bis 15% des ruhenden Raddruckes betragen. Es darf also sein

$$C = 0{,}15 \cdot \text{Raddruck}.$$

Aus dieser Gleichung läßt sich G' errechnen. Ferner wird der Anteil x in v. H. der hh-Massen, die in jedem Rade ausgeglichen werden können, gleich

$$\frac{x}{100} \cdot G_{hh} \cdot e_{hh} = G' \cdot e_g,$$

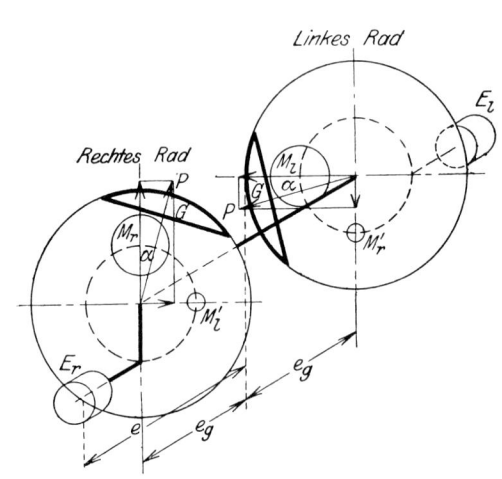

Abb. 47. Gegengewichtsberechnung für Zwillingslokomotiven mit Außenzylindern.

daraus folgt:

$$x = \frac{100\, g' \cdot e_g}{G_{hh} \cdot e_{hh}}.$$

Die Wirkungen der verschiedenen sich drehenden und hin und her gehenden Massen lassen sich vereinigen durch eine Ersatzmasse

$$E = \Sigma G_d + \frac{x}{100} \cdot G_{hh}$$

(vgl. Abb. 47), die an einem Hebelarm e angreift. e läßt sich nun aus der Momentengleichung ermitteln:

$$e = \frac{\Sigma G_d \cdot e_d + \dfrac{x}{100} \cdot G_{hh} \cdot e_{hh}}{\Sigma G_d + \dfrac{x}{100} \cdot G_{hh}}.$$

Zum Ausgleich der Massen E_l und E_r (für das linke und rechte Rad einer Achse) müssen nun in beiden Rädern Gegengewichte angebracht werden, und zwar nach Abb. 47 für

E_r im selben Rad M_r, im andern Rad M_r',
für E_l „ „ „ M_l, „ „ „ M_l'.

M und M' sind aus den Momentengleichungen zu ermitteln:

$$E_r \cdot (e + e_g) = M_r \cdot 2 e_g,$$
$$E_r \cdot (e - e_g) = M_r' \cdot 2 e_g,$$

hieraus folgt:

$$M_r = \frac{E_r \cdot (e + e_g)}{2 e_g},$$

$$M_r' = \frac{E_r \cdot (e - e_g)}{2 e_g}.$$

M und M' werden vereinigt nach der Gleichung:

$$P = \sqrt{M^2 + M'^2}.$$

Der Winkel α um den P bei der Lokomotive mit Außenzylindern in der Drehrichtung vorläuft, ist zu finden aus

$$\operatorname{tg} \alpha = \frac{M'}{M}.$$

Dieses zusammengesetzte Gegengewicht P bezieht sich nun auf den Kurbelhalbmesser r. Man nimmt zunächst probeweise ein (am zweckmäßigsten sichelförmiges) Gegengewicht G am Radumfang an und ermittelt den Schwerpunktsabstand s desselben von der Radmitte. Dann wird

$$G = \frac{r \cdot P}{s_g}.$$

Dieses G muß nun noch um das Gewicht der in dem Gegengewicht fortfallenden Speichenstücke vermehrt werden. Die Stärke des Gegengewichts darf in der Achsrichtung etwa 140 bis 150 mm betragen, seine Fläche f muß daher so gewählt werden, daß dieses Maß nicht überschritten wird.

2. Ausgleich der sich drehenden und hin und her gehenden Massen für Lokomotiven mit Innenzylindern.

Die Berechnung gestaltet sich ähnlich wie unter 1. Als drehende Massen kommen in Frage:
1. der Kurbelarm für die Kuppelzapfen in den Rädern abzüglich der Speichenanteile,
2. die Kuppelzapfen,
3. die Kuppelstangenanteile,
4. der Kropf der Triebachse,
5. die Gegenkurbel für die außenliegende Steuerung, oder die Anteile der Exzenter bei innenliegendem Steuerungsantrieb,
6. das anteilige Gewicht der Schwingenantriebstange oder der Exzenterstange,
7. $^3/_5$ der Triebstange.

Die hin und her gehenden Massen sind wie unter 1. zu berechnen.

Bei Aufstellung der Momente zur Ermittlung der Ersatzmasse ist zu beachten, daß die unter 180° zu den Innenkurbeln liegenden, außen umlaufenden Massen negativ zu rechnen sind, da sie entgegengesetzte Wirkungen haben. Die übrigen Berechnungen bleiben dieselben wie unter 1.

Zu beachten ist, daß für Lokomotiven mit Außenzylindern das rechte Rad mit der voreilenden Kurbel ein um α voreilendes Gegengewicht, das linke Rad, mit der nacheilenden Kurbel ein um a nacheilendes Gegengewicht erhält (vgl. Abb. 47).

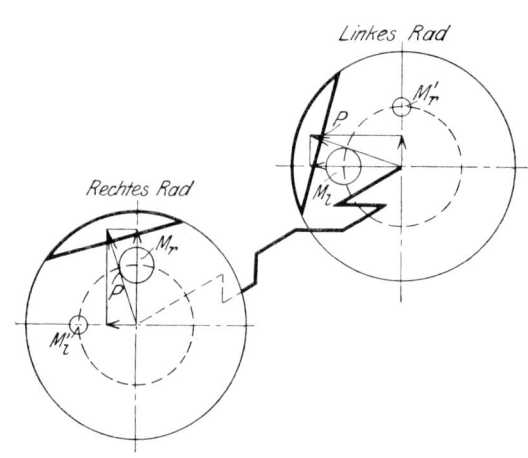

Bei Innenzylindern ist auf der Seite der voreilenden Kurbel dagegen ein nacheilendes, bei der nacheilenden Kurbel ein voreilendes Gegengewicht anzubringen (vgl. Abb. 48).

3. Ausgleich der sich drehenden und hin und her gehenden Massen für Vierzylinderlokomotiven.

Hier erfolgt der Massenausgleich sinngemäß wie unter 1 und 2. Man denke sich die Lokomotive aus einer Innenzylinder- und einer Außenzylindermaschine zusammengesetzt. Bei Vierzylinder-Verbundlokomotiven ist es zur Erzielung kleinster Gegengewichte zweckmäßig, die Niederdruckzylinder wegen der zugehörigen größeren hin und her gehenden Massen innen anzunehmen, wobei es dann möglich ist, von der Anbringung von Gegengewichten überhaupt Abstand zu nehmen.

Abb. 48. Gegengewichtsberechnung für Zwillingslokomotiven mit Innenzylindern.

4. Massenausgleich bei Drillingslokomotiven mit 120° Kurbelversetzung.

Wie vorher ermittelt, wird bei Dreizylinderlokomotiven das Zucken schon allein durch die Wirkung der Triebwerksmassen aufgehoben, dagegen eine vergrößerte

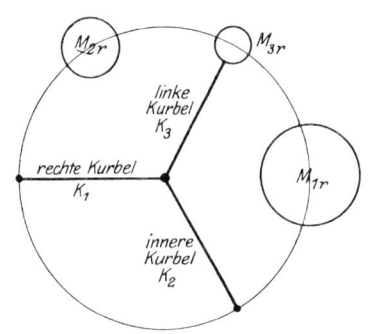

Abb. 49. Ermittelung der Gegengewichte bei Drillingslokomotiven.

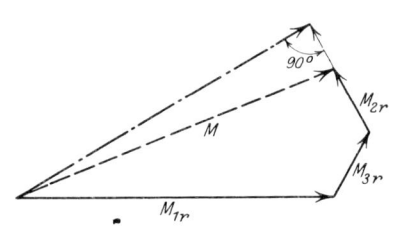

Abb. 50. Zusammensetzung der Gegengewichte.

Schlingerbewegung hervorgerufen. Da letztere Bewegung die gefährlichere ist, so versuchte man sie durch Anordnung von Gegengewichten zu verringern. Die Ermittlung der Größe derselben ist nach vorstehendem unter 1 und 2 einfach. Man erreicht hierdurch zwar eine Verringerung der Drehbewegung, aber die Lokomotive zeigt nun auch Zuckbewegungen, die mit der Größe der Gegengewichte zunehmen.

Nach Abb. 49 wird im rechten Rad die Anbringung folgender Gegengewichte erforderlich:

1. Ausgleichgewicht M_{1r} für die rechten Triebwerksmassen m_r, unter 180° versetzt zur rechten Kurbel;
2. Ausgleichgewicht M_{3r} der linken Triebwerksmassen m_l im rechten Rad, gleichlaufend mit der linken Kurbel oder um 120° der rechten voreilend;

3. Ausgleichsgewicht M_{2r} der sich drehenden Massen m_i des Innentriebwerks, unter 180° gegen die Innenkurbel versetzt bzw. um 60° der rechten Kurbel voreilend.

M_{1r}, M_{2r} und M_{3r} werden nach Abb. 50 zu einem einzigen Gegengewicht M vereinigt. Abb. 50 zeigt nun, daß M zu einem Kleinstwert wird, wenn es senkrecht auf M_{2r} steht. Man erreicht dies durch Vergrößern von M_{2r}, d. h. indem man außer den sich drehenden auch noch teilweise die hin und her gehenden inneren Triebwerksmassen ausgleicht. Neben der Verringerung des Gegengewichtes und seiner Fliehkraftwirkung erzielt man hierdurch noch den Vorteil, daß die Zuckkräfte verkleinert werden; auf die Schlingerbewegung der Lokomotive hat die Veränderung keinen Einfluß, weil das gedachte Zusatzgewicht zu M_{2r} in beiden Rädern gleichlaufend (unter 0°) angeordnet ist.

Bei den Drillingslokomotiven, Gattung S 10² der Preußischen Staatsbahn, sind z. B. nach Angaben von Najork in Glasers Annalen 1915, S. 149 35% der hin und her gehenden Massen der äußeren Triebwerke in Gegengewichten ausgeglichen. Die Schlingermomente sollen dadurch auf ein solches Maß herabgedrückt sein, wie es etwa bei Zwei- und Vierzylinderlokomotiven vorhanden ist, und betragen bei 100 km/st Geschwindigkeit $\sim$ 8400 mkg.

β) **Ausgleich durch hin und hergehende Massen (Bobgewichte).**

Ist nach Abb. 51 die Masse m durch ein Gegengewicht G derart ausgeglichen, daß $\dfrac{G}{g} = m$ und $\dfrac{r}{l} = \dfrac{r'}{l'}$ ist, so sind in jeder Kurbelstellung die Massenkräfte P_x und P_x' gleich groß und entgegengesetzt gerichtet, heben sich also auf, ohne daß eine

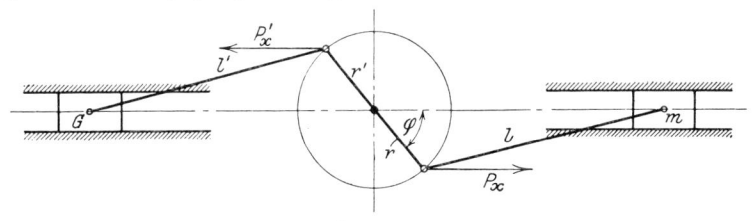

Abb. 51. Ausgleich durch Bobgewichte.

Kraft auf die Kurbelwelle und damit auf den Rahmen ausgeübt wird. Liegen m und G nicht in einer Ebene, so müssen die Momente ausgeglichen werden, in derselben Weise wie vorher erläutert worden ist.

γ) **Ausgleich durch besondere Kurbelversetzung (Schlickscher Ausgleich).**

Bei Vierzylinderanordnungen ermöglicht der Schlicksche Massenausgleich vollkommenen Ausgleich der Kräfte erster Ordnung (bis auf die Glieder mit 2φ, vgl. 2, b, Gleichung 4a, die die endliche Länge der Triebstange berücksichtigen). Erst bei Anwendung von mindestens fünf Zylindern läßt sich auch dieses Fehlerglied beseitigen. Das Wesen des Schlickschen Massenausgleichs besteht darin, die Triebwerksmassen und die Kurbelwinkel so zu bemessen, daß die Massendrücke
$$\sum P_x = 0$$
und auch die Momente
$$\sum M_d = 0$$
werden. Nach Schubert, „Theorie des Schlickschen Massenausgleichs bei mehrkurbeligen Dampfmaschinen" wird der bestmögliche Massenausgleich erreicht, wenn folgende Bedingungen erfüllt werden.

$$1. \quad \frac{A}{J} = \frac{\cos\frac{\gamma}{2}}{\cos\frac{\alpha}{2}},$$

$$2. \quad \frac{c}{d} = \frac{\operatorname{tg}\frac{\gamma}{2}}{\operatorname{tg}\frac{\alpha}{2}},$$

$$3. \quad 2\cdot\cos\frac{\alpha}{2}\cdot\cos\frac{\gamma}{2} = 1.$$

Hierin bedeutet:

A bzw. J das Triebwerksgewicht je eines äußeren bzw. inneren Zylinders,

$2c$ bzw. $2d$ den Abstand der Mitten der äußeren bzw. der inneren Zylinder,

α bzw. γ den Winkel, den die beiden äußeren bzw. inneren Kurbeln miteinander bilden.

Eine Eigentümlichkeit des Schlickschen Massenausgleichs besteht darin, daß die inneren Triebwerksmassen schwerer als die äußeren sein müssen, und daß der von den Außenkurbeln gebildete Winkel a kleiner als 90⁰ ist.

Der Vorteil des Schlickschen Massenausgleichs bei Lokomotiven würde darauf beruhen, daß die zum Ausgleich erforderlichen Massen in die Triebwerksteile zu legen wären, die zu den abgefederten Teilen der Lokomotive gehören, wodurch das nicht abgefederte Gewicht der Lokomotive, die Achsen, nicht durch Gegengewichte vermehrt wird.

Der allgemein übliche Ausgleich der hin und her gehenden Massen geschieht nach der unter α) genannten Art durch in den Rädern angeordnete Gegengewichte.

Ein Ausgleich durch hin und her gehende Gegengewichte ist meines Wissens nur einmal, bei einer 2 B 1-Lokomotive mit Vorspannachse von Krauß, die 1900 auf der Pariser Weltausstellung gezeigt wurde, ausgeführt worden.

Der bei Schiffsmaschinen häufig angewandte Schlicksche Massenausgleich ist bei Lokomotiven noch nicht ausgeführt worden, weil neben dem Nachteil der erforderlichen vier getrennten Steuerungen insbesondere das Anfahren wegen der eigenartigen Kurbelstellungen in Frage gestellt sein würde.

3. Der Leerlauf.

In den vorausgegangenen Betrachtungen dieses Abschnittes wurde der Gang der unter Dampf arbeitenden Zwillingslokomotive untersucht. Es konnte dabei auf Grund theoretischer Erwägungen die auch durch praktische Versuche bewiesene Tatsache festgestellt werden, daß trotz stark vergrößerter Zylinderabmessungen, die zur vollen Ausnutzung der Wirtschaftlichkeit und Leistungsfähigkeit einer Heißdampflokomotive gegenüber einer Naßdampflokomotive von gleicher Kesselgröße notwendig sind, ein vollkommen ruhiger Gang der Lokomotive auch bei einfacher Zwillingsanordnung dauernd erreicht werden kann. Da hierbei allein die Einwirkung der Massenkräfte in Betracht kam, ohne Rücksicht auf die Dampfkräfte, so werden die erhaltenen Schlußfolgerungen auch auf das Fahren der Lokomotive ohne Dampf, den sogenannten Leerlauf, Geltung haben. Bei genügend straffer Tenderkupplung, wie sie u. a. durch die im fünften Abschnitt, 3 vom Verfasser angegebene Bauart gewährleistet ist, können demnach auch beim Leerlauf wahrnehmbare störende Bewegungen der Lokomotive, die von den Massenkräften herrühren, in solchen Grenzen gehalten werden, daß der Einfluß auf den ruhigen Gang der Lokomotive und auf gute Erhaltung zusammenarbeitender Bauteile als unerheblich anzusehen ist.

Der Leerlauf. 107

Ein wesentlicher Unterschied beim Fahren mit bzw. ohne Dampf besteht jedoch in bezug auf die im Gestänge auftretenden Druckwechsel.

Betrachten wir zunächst als ersten Fall das Fahren ohne Dampf und ohne Verdichtung, also z. B. einen Leerlauf bei abgenommenen Zylinderdeckeln (Abb. 52), wobei von den zur Überwindung der gleitenden Reibung von Kolben und Kreuzkopf notwendigen Kräfte abgesehen werden soll. Die in dem Gestänge auftretenden Kräfte rühren dann nur von den geradlinig bewegten, unausgeglichenen Triebwerksmassen her. Bezeichnet man die Bewegungen und Kräfte, die vom Kurbelzapfen auf die Lagerschale der Triebstange übertragen werden, sofern sie nach vorn gerichtet sind, mit + und die nach hinten gerichteten mit —, dann ergibt sich in einzelnen Vierteln des Kurbelkreises der folgende Zusammenhang zwischen Massendrücken und den durch sie hervorgerufenen Kurbelzapfendrücken.

Viertelkreis	Bewegungsrichtung der wagerecht bewegten Triebwerksmassen	Die wagerecht bewegten Triebwerksmassen sind		Richtung der vom Kurbelzapfen auf die Lagerschalen wirkenden Kraft
		zu beschleunigen	zu verzögern	
I	+	beschleunigen	—	+
II	+	—	verzögern	—
III	—	beschleunigen	—	—
IV	—	—	verzögern	+

Im ersten und vierten Viertelkreis liegt daher die vordere und im zweiten und dritten die hintere Lagerschale der Triebstange am Kurbelzapfen an. Der Druckwechsel im Gestänge vollzieht sich demnach bei dieser nur von den Massenkräften beherrschten Kraftübertragung in der höchsten und tiefsten Kurbelstellung (in den Punkten a und b), also in dem Augenblick, wo die Geschwindigkeit der hin und her gehenden Massen gleich der Kolbengeschwindigkeit geworden ist, demnach wenn die nach Sinuslinien verlaufenden Massendrücke durch ihren Nullwert hindurchgehen. Der Druckwechsel wird also wegen des allmählich verlaufenden Kraftrichtungswechsels stoßlos vor sich gehen. Der Triebzapfen wird sich in den Lagern a und b allmählich von einer auf die andere Hälfte der Lagerschale abwälzen.

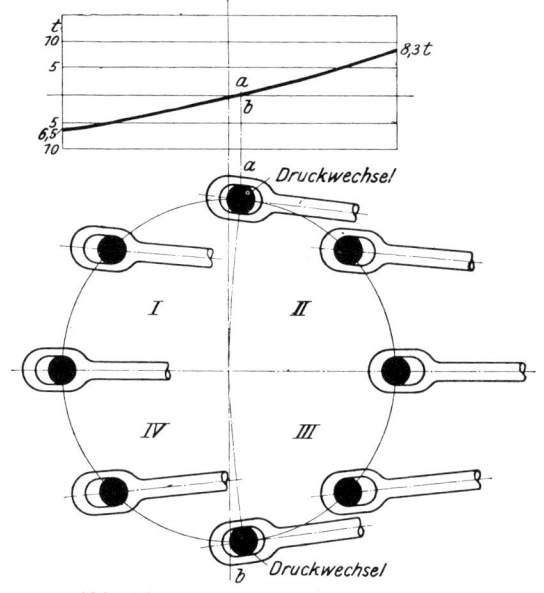

Abb. 52. Leerlauf bei abgenommenen Zylinderdeckeln.

Ganz anders gestalten sich jedoch diese Verhältnisse bei geschlossenen Zylindern, wenn beim Leerlauf, wie dies in Abb. 53 dargestellt ist, z. B. infolge von Luftansaugung, sich Verdichtungen einstellen, die größer sind als die in den Totpunkten eintretenden Höchstwerte des Beschleunigungsdruckes. In der Abb. 53 wurde aus einer Leerlaufschaulinie ohne Anwendung einer Druckausgleichsvorrichtung die Überdrucklinie abgeleitet und die Druckwechsel in den Schnittpunkten mit der Massendrucklinie bestimmt. Die Druckwechsel im Gestänge erfolgen, wie ersichtlich, unmittelbar vor dem Totpunkte im Augenblicke des Voröffnens, wo die im schädlichen Raum des Zylinders zusammengepreßte Luft- und Gasmenge mit der in den Schieberkästen, Dampfrohren, Überhitzerkästen und Überhitzerrohren befindlichen Gasmenge von viel geringerer Spannung in Verbindung tritt. Es findet ein augenblicklicher Druckwechsel im Zylinder statt. Die Verdichtungslinie fällt nahezu senkrecht ab bis unter die Massendrucklinie. Die plötzliche Entlastung des Gestänges bei diesem Druckwechsel ruft beim Leerlauf harte Stöße und Erschütterungen hervor, wenn nicht Kreuzkopf- und Kurbelzapfen, sowie Achsschenkel von ihren Lagerschalen vollkommen öldicht umschlossen werden und die Achsbüchsen in ihren Führungen

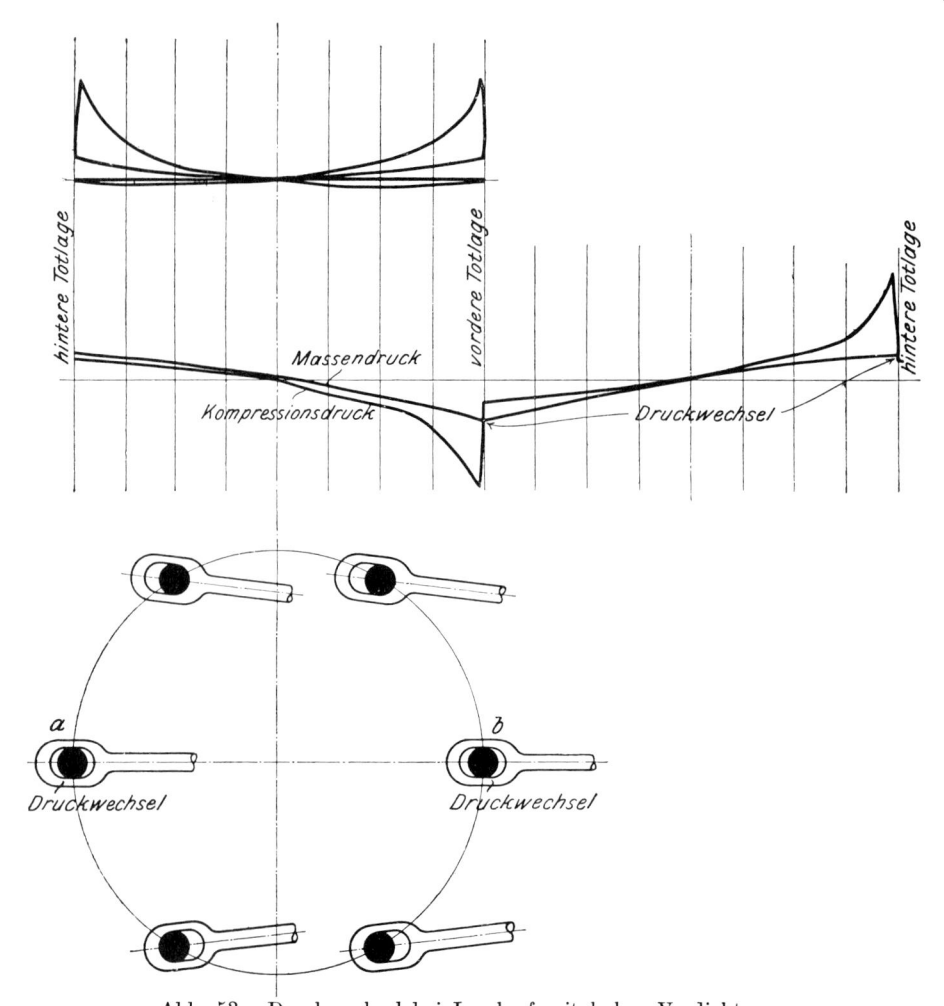

Abb. 53. Druckwechsel bei Leerlauf mit hoher Verdichtung.

gleichfalls öldicht gleiten. Solange der Zustand zwangsläufiger Paarung der genannten, wichtigen Bauteile erhalten bleibt, sind auch beim Leerlauf irgendwelche Erschütterungen nicht bemerkbar.

Mit fortschreitender Abnutzung der verschiedenen Umschluß- und Gleitflächen aber wirken die Verdichtungsstöße im Druckwechsel stärker und stärker auf immer schneller zunehmende Abnutzung und machen sich als Erschütterungen fühlbar. Neben richtiger Schmierung und guter Unterhaltung aller Gleit- und Umschlußflächen muß daher vor allem Vorsorge getroffen werden, zu hohe Verdichtungsdrücke zu verhindern.

Bei den Heißdampflokomotiven der preußischen Staatseisenbahnen ist dies mit Erfolg u. a. durch eine Druckausgleichsvorrichtung (Abb. 54 bis 57)[1] geschehen,

---

[1] Für Lokomotiven mit hohen Geschwindigkeiten ist der dargestellte Umlaufkanal von 60 mm Durchmesser zu klein; er wird zweckmäßig zu 70 bis 75 mm Durchmesser angenommen.

die beim Leerlauf nach Abschluß des Reglers durch Umsteuerung eines Drehschiebers die beiden Kolbenseiten in Verbindung setzt. Die Vorrichtung besteht aus einem, beide Zylinderseiten verbindenden Umlaufrohr, in das ein vom Führerstande aus zu betätigender, zylindrischer Drehschieber eingebaut ist. Dieser ist zur

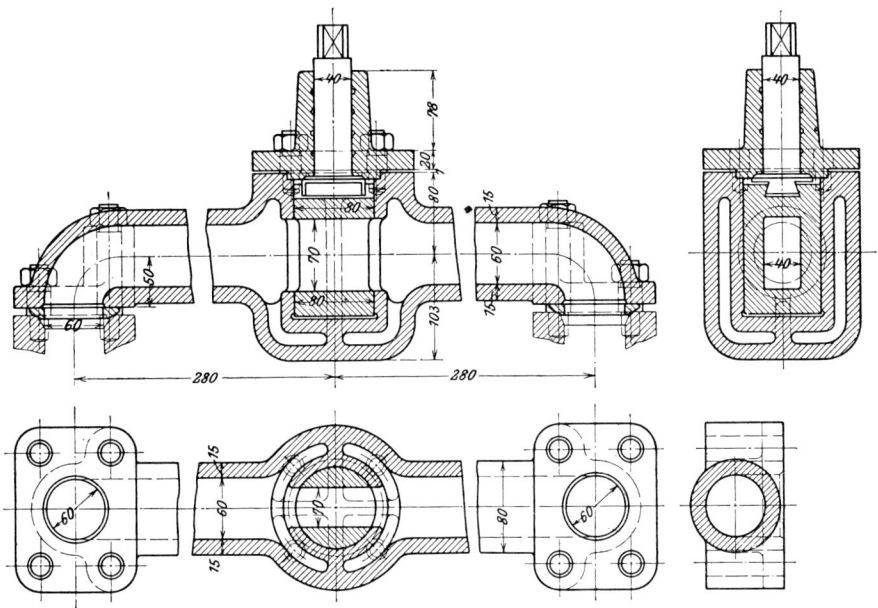

Abb. 54 bis 57. Druckausgleichvorrichtung.

Verhütung des Festsitzens in sein durch Dampf geheiztes Gehäuse nur ölsaugend eingepaßt, da er durch den Dampfdruck, der ihn an die Gehäusewand drückt, stets abdichtet. Nach außen ist er mit einem zylindrischen Schaftstück gekuppelt. Diese kurze Welle greift mit einem schwalbenschwanzförmigen Ansatz in eine entsprechend gestaltete Nute des Zylinderschiebers und dichtet mit einem konisch abgedrehten Rand gegen das Ventilgehäuse nach oben ab, so daß der Schaft keine Stopfbüchsendichtung braucht und mittels eines Vierkants am äußeren Ende leicht gedreht werden kann. Diese Bauart wurde seinerzeit in der Direktion Elberfeld angeregt und von Wilhelm Schmidt durchgearbeitet.

Sie wird meist von Hand betätigt, hat sich gut bewährt und verhindert, wie aus den späterdargestellten Dampfdruckschaulinien zu ersehen ist, zu große Verdichtungen und ist auch bei hohen Geschwindigkeiten und kleinen Füllungen noch wirksam.

Die Druckausgleichvorrichtung hat aber beim Leerlauf noch eine andere, nicht minder wichtige Aufgabe zu erfüllen, nämlich die, ein Ansaugen von Rauchgasen aus der Rauchkammer in die Zylinder während der Vorausströmung tunlichst zu vermeiden. In Abb. 58 und 59 sind theoretische Leerlaufschaulinien dargestellt für einen

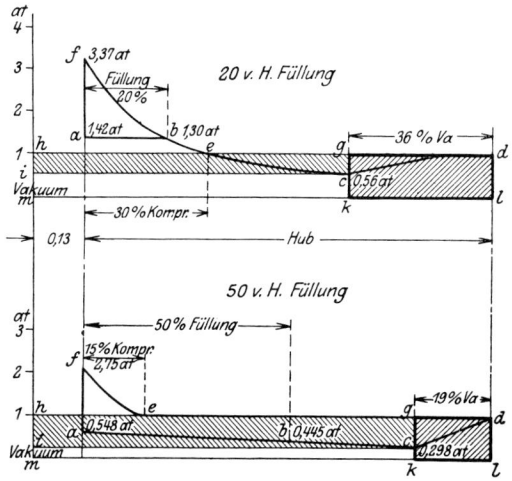

Abb. 58 und 59. Theoretische Leerlaufschaulinien.

Zylinder ohne Ausgleichvorrichtung und ohne Luftansaugeventile für 20% und 50% Füllung.

Dabei bedeuten:

$a\,b$ . . . . Füllung,
$b\,c$ . . . . Dehnung,
$c\,d$ . . . . Vorausströmung,
$d\,e$ . . . . Ausströmung,
$e\,f$ . . . . Verdichtung,
$f\,a$ . . . . Voreinströmung.

Die Schaulinien wurden vom Punkte e, dem Beginn der Verdichtung ausgehend entworfen unter Zugrundelegung der von einem Modell gewonnenen Steuerungsverhältnisse.

Das Ansaugen findet während der Vorausströmung von der Rauchkammer aus statt. Im Punkte c, dem Beginn der Vorausströmung, enthält der Zylinder eine Gasmenge $i\,c\,k\,m$. Die Gasmenge, die während der Vorausströmung angesaugt werden kann, ist durch die schraffierte Fläche $c\,k\,l\,d\,h\,i\,c$ dargestellt, die man sich in die Einzelflächen $k\,l\,d\,g$ und $i\,c\,g\,h$ zerlegt denken kann. Mit $g\,d = 0{,}36$ und $d\,l = 1{,}00$ wird der Inhalt von $k\,l\,d\,g = 0{,}36 \cdot 1{,}0$. Da ferner $h\,g = 0{,}77$ und $g\,c = 0{,}44$ ist, so wird Fläche $i\,c\,g\,h = 0{,}77 \cdot 0{,}44$. Bei 20% Füllung beträgt also die ganze Fläche $0{,}77 \cdot 0{,}44 + 0{,}36 \cdot 1 = 0{,}70$.

Bei 50% Füllung $0{,}94 \cdot 0{,}702 + 0{,}19 \cdot 1 = 0{,}85$.

Es werden also bei 50% Füllung 21,4% mehr Gase angesaugt, als bei 20% Füllung.

Kleine Füllungen, bei denen die Vorausströmung früher beginnt, verursachen demnach geringeres Ansaugen als das Auslegen der Steuerung beim Leerlauf auf größere Füllungen. Das Liegenlassen der Steuerung auf dem jeweiligen Arbeitsfüllungsgrade würde daher für den Leerlauf zu empfehlen sein, zumal auch die dabei zu leistende Ansaugearbeit geringer ist, die Lokomotive also weniger gebremst wird. Aber kleine Füllungen bedingen frühen Verdichtungsbeginn und damit höhere Verdichtungsenddrücke. Diese können und sollen zwar durch einen genügend groß bemessenen Umlauf stets unterhalb des größten Massendruckes gehalten werden, ein Vorlegen der Steuerung beim Leerlauf trägt aber zur besseren Erhaltung der Kolbenschieber und ihrer Büchsen bei und ist deshalb vorzuziehen.

Der Druckausgleich auf beiden Kolbenseiten, der durch das Umlaufrohr eintritt, bewirkt gleichzeitig auch eine wesentliche Verminderung der im Zylinder auftretenden Luftverdünnung, und durch Anbringung genügend groß bemessener Luftansaugeventile an den Zylinderdeckeln und Zylinderböden oder, wie dies neuerdings geschieht, durch ein großes Ventil am Einströmrohr, ist es möglich, die trotz des Umlaufrohres noch entstehende kleine Luftverdünnung fast zu vernichten. Um trotz der großen Abmessungen der Heißdampflokomotivzylinder einen vollkommenen ruhigen Gang der Lokomotiven auch beim Leerlauf zu gewährleisten, sind demnach die folgenden Bedingungen zu erfüllen:

1. Anbringung eines genügend groß bemessenen Umlaufkanals für die Druckausgleichvorrichtung zur Verminderung des Verdichtungsdruckes und der Luftverdünnung.
2. Nach jedesmaligem Schluß des Reglers sofortiges Öffnen des Drehschiebers der Druckausgleichvorrichtung und Vorlegen der Steuerung.
3. Anbringung genügend groß bemessener Luftansaugeventile in den Zylinderdeckeln und Zylinderböden oder in den Dampfeinströmungsrohren.

Werden diese drei Bedingungen erfüllt, dann ist auch beim Leerlauf ein vollkommen ruhiger Gang der Lokomotive selbst bei den höchsten Geschwindigkeiten gewährleistet. (Vgl. Dienstvorschriften, zwölfter Abschnitt.)

4. Verbundlokomotiven mit mäßiger Überhitzung.

Von Wilhelm Schmidt rührt der Ausspruch her: ,,Die Lokomotive hat gewissermaßen eine verkehrte Entwicklung genommen." Und er hat recht. Wäre es möglich gewesen, hohe Dampfüberhitzung früher anzuwenden, so hätte keine dringende Veranlassung vorgelegen, eine zweifache Dampfdehnung noch anzustreben, denn der Hauptnachteil der einstufigen Dehnung, die starken Niederschlagsverluste in den Zylindern, werden durch hohe Dampfüberhitzung viel gründlicher beseitigt, als durch die Verteilung der Dehnung auf zwei und mehr Zylinder. Der Gewinn der Verbundanordnung liegt hauptsächlich darin, daß die Verluste durch Dampfniederschlag im Zylinder, der bei der Naßdampfzwillingslokomotive etwa 35% beträgt, auf 25 bis 20% vermindert werden kann. Durch Anwendung von hochüberhitztem Dampf (320 bis 360° C) werden aber schon in der Zwillingsmaschine alle Niederschläge beseitigt. Im übrigen bedeutet die Verbundlokomotive keine Vereinfachung oder Verbesserung, sondern sie bringt im Lokomotivbetriebe wesentlich nur Unzuträglichkeiten. Diese Behauptung wird schon durch die Tatsache gestützt, daß, obgleich durch die Verbunddampfmaschine seinerzeit unbestritten eine wesentliche Verbesserung der Wärmeausnützung und damit auch eine entsprechende Erhöhung der Leistungsfähigkeit der Lokomotive erzielt wurde, sie sich während eines Zeitraumes von etwa 30 Jahren dennoch keine allgemeine Anerkennung im Lokomotivbetrieb verschaffen konnte. Daß z. B. die vielfach verbreitete Ansicht, in Amerika habe die Verbundlokomotive eine größere Verbreitung gefunden als in Europa, nicht zutreffend ist, zeigen u. a. nachstehende Angaben aus dem Bericht der Interstate Commerce Commission: Gesamtzahl der Lokomotiven der Vereinigten Staaten am 30. Juni 1903 = 43 245 Stück.

Davon Zwillingslokomotiven 40 443
Vierzylinder-Verbundlokomotiven 1953
Zweizylinder-Verbundlokomotiven 849

Dieser Umstand ist ein auffälliger Beweis dafür, daß die vielen praktischen Vorteile der Zwillingslokomotive, selbst bei Anwendung von Naßdampf, immer noch nicht ganz durch die hierbei größere Wirtschaftlichkeit der Verbundlokomotive aufgewogen werden.

Um den Erfolg der Verbundlokomotive durchschlagender zu gestalten, suchte man sie durch Anwendung von mäßiger Überhitzung zu verbessern.

Aber selbst eine Überhitzung von 50 bis 60% vermag die Bildung von Niederschlägen in den Zylindern nicht zu verhindern. Es ist nach zahlreichen, von Wilhelm Schmidt angestellten Versuchen, die im besonderen die Feststellung der mittleren Zylinderwandtemperaturen bei den verschiedenen Überhitzungsgraden und Füllungen, sowie der wirtschaftlich besten Überhitzung bezweckten, als sicher anzunehmen, daß erst von einer Füllung von 50 v. H. an eine mittlere Überhitzung von 50 bis 60° C genügend ist, um Niederschläge in diesem Zylinder zu vermeiden. Bei einer fortgesetzten Dehnung in einem zweiten Zylinder (Verbundmaschine) sind die Wirkungen der Anfangsüberhitzung verschwunden und die unwirtschaftlichen Niederschläge beim Eintritt in den zweiten Zylinder und während der Dehnung treten wieder auf. Auch die theoretischen Untersuchungen im ersten Abschnitt zeigen die stetige Zunahme der Wirtschaftlichkeit der Heißdampfmaschine mit wachsender Überhitzung.

In Abb. 60 sind die theoretischen Taupunkte für die adiabatische Dehnung überhitzten Dampfes eingetragen. Dabei bedeuten v_1, v_2 usw. die Füllungsvolumina des Naßdampfes; v'_1, v'_2 usw. die entsprechenden Volumina des Heißdampfes von 300° bzw. 250°, berechnet nach der Formel von Zeuner

$$p \cdot v = RT - C\sqrt[4]{p}.$$

In den Schnittpunkten der Adiabate $pv^{\frac{4}{3}}=C$ mit der Grenzkurve für trockenen gesättigten Dampf $pv^{1,0646}=C$ ergeben sich die Lagen der theoretischen Taupunkte $T.P.$ In Wirklichkeit werden diese Taupunkte $T.P.$ wegen der Wärmeverluste während der Füllung sowie wegen nicht genau adiabatischer Dehnung (Polytrope) anders liegen, andererseits wird die Temperatur des ausströmenden Dampfes zufolge Wärmeaufnahme aus den Zylinderwandungen etwas höher sein als dem Enddruck entspricht. Wie sich schon aus diesen Schaulinien ergibt, ist bei Füllungen von etwa 30% und einer Dampfspannung von 12 Atm. Überdruck eine Dampftemperatur von mindestens 300° C notwendig, um jeden Niederschlag zu vermeiden. Für einen mit hohen Füllungen arbeitenden Hochdruckzylinder einer Verbundmaschine würde allerdings eine um 50° niedrigere Temperatur genügen, im Niederdruckzylinder würden dann aber noch immer erhebliche Niederschläge stattfinden. Bei Füllungen

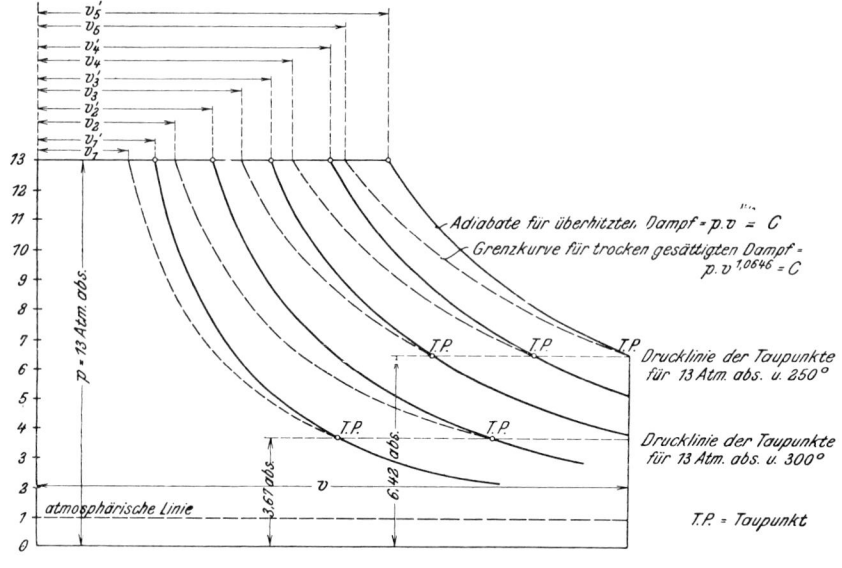

Abb. 60. Taupunktsbestimmung.

unter 50% würden aber selbst noch im Hochdruckzylinder Niederschläge auftreten können. Auf einfache Weise lassen sich die Taupunkte aus den Entropietafeln ermitteln (vgl. Abb. 16).

Auf eine nennenswerte Dampfersparnis bei Heißdampfverbundwirkung gegenüber Heißdampfzwillingswirkung ist also nur dann zu rechnen, wenn die Überhitzung so hoch gehalten wird, daß auch im Niederdruckzylinder Niederschläge gänzlich vermieden werden, was unter 300° nicht erreicht wird. Es ist zu beachten daß gleichgültig, ob die Dehnung des Dampfes in ein oder zwei Zylindern stattfindet, bei einem bestimmten Anfangsdruck und einem durch die Rücksicht auf vorteilhafteste Dehnung bestimmten Enddruck, also bei einem bestimmten Dehnungsverhältnis die Überhitzung in jedem Falle fast gleich groß sein muß, wenn der Taupunkt an derselben Stelle im Verlauf der Gesamtdehnungslinie liegen soll. Zu einem bestimmten Anfangsdruck und einer bestimmten Überhitzungstemperatur gehört also stets ein bestimmter kleinerer Druck, bei dem die Überhitzungswärme verbraucht ist und der Niederschlag beginnt. Bei der Verbundmaschine wird infolge des in jedem Zylinder kleineren Temperaturgefälles und auch weil der aus dem Hochdruckzylinder austretende Dampf die den Wänden entzogene Wärme noch teilweise nutzbar macht, dieser Druck, bei dem der Niederschlag beginnt, zwar tiefer, aber nur unwesentlich tiefer liegen, als bei Zwillingslokomotiven.

Einige Vorschläge, die Überhitzung zu teilen, lassen es an dieser Stelle noch wünschenswert erscheinen, zu untersuchen, ob es technisch und wirtschaftlich richtiger wäre, bei Verbundwirkung des Dampfes die Dampfüberhitzung zweistufig zu gestalten, d. h. den Kesseldampf zunächst nur auf eine Temperatur zu überhitzen, die genügen würde, die Niederschlagsverluste im Hochdruckzylinder zu vermeiden und dann noch einen Zwischenüberhitzer einzuschalten zur Vermeidung der Niederschlagsverluste im Niederdruckzylinder.

Auf Grund einiger bei ortsfesten Dampfmaschinen durchgeführter Versuche stellte Dr.-Ing. Berner[1]) einen beträchtlich größeren Wärmeverbrauch in der Maschine bei Zwischenüberhitzung gegenüber hoher Überhitzung des Hochdruckdampfes fest. Bei einem von Professor Gutermuth an einer Verbundmaschine durchgeführten Versuche konnte selbst durch eine Zwischenüberhitzung von 60° C eine Verminderung der Temperatur des Hochdruckdampfes um nur 20° C nicht gut gemacht werden. Nun lassen sich diese zumeist bei Kondensationsmaschinen gewonnenen Ergebnisse nicht ohne weiteres auf den mit Auspuff arbeitenden Lokomotivbetrieb übertragen, weil bei letzterem infolge der höheren Aufnehmerspannung die Überhitzungswärme unter günstigeren Temperaturverhältnissen zugeführt wird. Doch auch hierbei wird die gesamte Überhitzungswärme, die zur mäßigen Überhitzung des Hochdruckdampfes und zur nachträglichen Überhitzung des Aufnehmerdampfes notwendig ist, größer sein, als die zur Erreichung der gleichen Wirtschaftlichkeit der Lokomotivmaschine notwendige Überhitzungswärme bei nur einmaliger, aber hoher Überhitzung des Kesseldampfes. Ob sich dieser Verlust durch eine bessere Wärmeausnutzung im Kessel und Überhitzer wieder einbringen läßt, indem für die Zwischenüberhitzung nur ein Abgasüberhitzer verwendet wird, würde sich nur durch sehr eingehende, schwierige Versuche entscheiden lassen. Da jedoch bei den niedrigen Dampfspannungen im Aufnehmer von 3 bis 4 Atm. auch bei den hohen Füllungen des Niederdruckzylinders noch eine Überhitzung um rund 100° C (also eine Dampftemperatur von 240 bis 250° C) notwendig ist, um die Niederschlagsverluste auch in diesem Zylinder gänzlich zu beseitigen, so müßte ein solcher Abgasüberhitzer wegen der großen zu überhitzenden Dampfmengen eine sehr bedeutende Heizfläche erhalten. Ganz abgesehen von der Schwierigkeit, derartige Heizflächen in der Rauchkammer unterzubringen und dicht und sauber zu erhalten, ließe sich mit solchen Einrichtungen doch nur eine verhältnismäßig geringe Steigerung der Wirtschaftlichkeit erreichen. Dieser fragwürdigen kleinen Erhöhung der Wirtschaftlichkeit in bezug auf Kohlenverbrauch ständen aber gegenüber die größeren Gewichte und Beschaffungskosten und die baulichen und betriebstechnischen Schwierigkeiten des in seiner Anwendungsfähigkeit beschränkten Verbundsystems mit dem schädlichen Kesseldruck von 14 bis 16 Atm. Von der Annahme ausgehend, daß die hauptsächlichsten Niederschlagsverluste im Niederdruckzylinder stattfinden und durch deren Vermeidung die Wirtschaftlichkeit der Verbundlokomotiven erhöht werden könnte, wurde auch schon wiederholt die alleinige Überhitzung des Verbinderdampfes bei Verbundlokomotiven in Erwägung gezogen. Auf der Weltausstellung in Lüttich 1905 war eine von Cockerill in Seraing für Versuchszwecke gebaute Vierzylinder-Verbundlokomotive mit Rauchrohrüberhitzer ausgestellt, der so eingerichtet war, daß entweder der Hochdruck- und Niederdruckdampf überhitzt werden konnte, oder der letztere allein. Versuchsergebnisse sind nicht zu erlangen gewesen. Wie sie aber auch ausgefallen sein mögen, eine einwandfreie Lösung dieser Frage können sie nicht bieten. Denn ebenso wie bei der Heißdampf-Zwillingslokomotive der erhöhten Leistungsfähigkeit des Heißdampfes durch eine entsprechende Zylindervergrößerung Rechnung ge-

---

[1]) Vgl. Z. d. V. d. I. 1903, S. 784.

tragen werden mußte, um bei vielseitiger Anwendungsmöglichkeit die jeweils bestmögliche Wirtschaftlichkeit zu erlangen, werden auch bei einer Verbundmaschine die günstigsten Zylinderverhältnisse ganz verschieden sein, je nachdem Hoch- und Niederdruckzylinder oder nur der letztere allein mit überhitztem Dampfe arbeiten sollen.

An ein und derselben Verbundmaschine mit gleichbleibenden Zylinderverhältnissen lassen sich demnach derartige verschiedene Versuche einwandfrei überhaupt nicht durchführen.

Da bei dieser Anordnung (Überhitzung nur des Verbinderdampfes) die Niederschlagsverluste im Hochdruckzylinder, die durch die Verbundwirkung nur vermindert, aber nicht beseitigt werden, noch weiter fortbestehen, so kann auch selbst bei einer von vornherein richtigen Wahl der Zylinderverhältnisse für diese Art der Anwendung überhitzten Dampfes nicht dieselbe Wirtschaftlichkeit erwartet werden, wie bei einer genügend hoch getriebenen Überhitzung des Hochdruckdampfes.

Durch Zwischenüberhitzung wird sich daher selbst unter günstigen Umständen eine lohnende Dampfersparnis nicht erreichen lassen; auf jeden Fall stände aber eine geringe Erhöhung der Wirtschaftlichkeit in bezug auf Kohlenersparnis allein in keinem gesunden Verhältnis zu den vermehrten baulichen Schwierigkeiten, Anschaffungs- und Unterhaltungskosten und der Verminderung der Leichtigkeit der Bedienung, der Sicherheit des Anfahrens und der Anwendungsmöglichkeit der ganzen Lokomotive.

Bei der Frage nach der Wirtschaftlichkeit bei Anwendung der Verbundwirkung mit mäßig überhitztem Dampf ist weiter noch zu unterscheiden, ob überhitzter Dampf bei schon vorhandenen Verbundlokomotiven zur Erhöhung der Wirtschaftlichkeit angewendet, oder ob eine mäßige Überhitzung (250°) für neu zu bauende Lokomotiven angenommen werden soll. Für den ersten Fall ist zu bemerken, daß sich eine mäßige Kohlen- und Wasserersparnis beim Einbau eines geeigneten Überhitzers in vorhandene Verbundlokomotiven selbst unter Beibehaltung der Flachschieber zwar erreichen lassen würde, aber kaum in solchem Umfange, daß dadurch die Umänderungskosten und die bei Belassung der Flachschieber größeren Aufwendungen an Schmiermaterial aufgewogen werden. Vor allem ist keine nennenswerte Steigerung der Leistungsfähigkeit zu erwarten, weil eigentlich nur ein günstiger Füllungsgrad für eine bestimmte mittlere Leistung und Überhitzung vorhanden ist. Höhere Füllungen müssen zu unmittelbarer Dampfverschwendung, geringere dagegen zu Niederschlagsverlusten führen, so daß die mit der geringen Überhitzung (die die Flachschieber bei guter Schmierung noch zulassen) erreichte Wirtschaftlichkeit wieder herabgezogen wird.

Dasselbe ist gegen die Einführung einer mäßigen Überhitzung bei neu zu erbauenden Verbundlokomotiven einzuwenden. Auch wenn hier entlastete Kolbenschieber für den Hochdruckzylinder angewendet würden, also die Überhitzung etwas weiter getrieben werden könnte, als bei vorhandenen Lokomotiven mit Flachschiebern, läßt sich nicht annähernd die Leistungsfähigkeit so vergrößern und wirtschaftlich so abstufen wie bei einer richtig gebauten Zwillingslokomotive bei Anwendung hochüberhitzten Dampfes und entsprechend großer Zylinder.

Es kann daher für den Bau, Betrieb und die Unterhaltung einer nur unter günstigen Beanspruchungen möglichen, geringen Kohlenersparnis wegen nicht empfohlen werden, die bekannten Nachteile der Verbundanordnung gegenüber der Zwillingswirkung wieder in den Kauf nehmen zu wollen und die großen Vorzüge der Zwillingsanordnung aufzugeben.

Die Frage der Anzahl der Zylinder ist hierbei noch nicht in Betracht gezogen.

5. Die Gleichstromlokomotive.

Die neuerdings auf Vorschlag des Geheimen Regierungsrates Stumpf, Professor an der Technischen Hochschule zu Charlottenburg, auf Grund der mit ortsfesten Gleichstromdampfmaschinen erzielten günstigen Dampfverbrauchszahlen bei der Preußischen Staatseisenbahnverwaltung in einigen Ausführungsformen versuchsweise beschafften Gleichstromlokomotive ist zuerst gegen Ende des vorigen Jahrhunderts in Amerika gebaut worden. Ihre erste mir bekannte Erwähnung findet sie in der amerikanischen Zeitschrift Railway Master Mechanic vom September 1897 und im American Engineer, Car Builder and Railroad Journal ebenfalls vom September 1897. Weitere Angaben über die ersten Gleichstromlokomotiven sind veröffentlicht in der Railroad Age Gazette vom August 1898 und im American Engineer and Railroad Journal vom Mai 1900. Abb. 61 stellt eine von den Dickson Locomotive Works für die Intercolonial Railway of Canada im Mai 1901 gelieferte 1 D-Gleichstromlokomotive mit Zylindern von 534 mm Durchmesser und 711 mm Hub dar.

Der Zweck der Gleichstromdampfmaschine ist bekanntlich der, die Verluste zu vermeiden, die der in die Zylinder einströmende Dampf dadurch erfährt, daß er sich an den Wandungen des Zylinders, des Deckels und der Kanäle niederschlägt, die bei der „Wechselstrommaschine" von dem an ihnen mit großer Geschwindigkeit entlangstreichenden Auspuffdampf abgekühlt werden. Das Mittel hierzu besteht bei der Gleichstrommaschine darin, den Dampfeintritt und den Dampfaustritt räumlich möglichst weit von einander anzuordnen, den Dampf also nicht abwechselnd auf demselben Wege aus dem Zylinder herauszulassen, auf dem er hineingekommen ist.

In geringerem Maße wie bei der Gleichstrommaschine ist dieser Grundsatz schon bei der Ventilmaschine durchgeführt, bei der der Dampf durch die oben am Zylinder sitzenden Einlaßventile einströmt und unten durch die Auslaßventile entweicht.

Bei der Gleichstromdampfmaschine wird die Trennung der Ein- und Ausströmung in besserer Weise dadurch erreicht, daß der Dampfeintritt wie gewöhnlich an den Zylinderenden stattfindet, der Auspuff dagegen in der Mitte des Zylinders durch Schlitze erfolgt, die durch den Arbeitskolben etwa 10% vor Hubende freigegeben werden.

Abb. 61. Gleichstromlokomotive der Dickson Locomotive Works.

In der Abb. 62 ist ein Gleichstromzylinder Bauart Stumpf mit Ventilsteuerung nach einer Ausführung des Vulkan (Stettin) dargestellt, aus der die baulichen Unterschiede der Gleichstrommaschine gegenüber der Wechselstrommaschine zu ersehen sind. Der Kolben erhält eine Länge gleich 90% des gesamten Hubes, entsprechend muß der Zylinder verlängert werden. Ferner ergibt sich aus der Arbeitsweise der Gleichstromdampfmaschine, daß bei allen Füllungen die durch die Lage der Auslaßschlitze bestimmte Vorausströmung von 10% und die Verdichtung von 90% gleich bleiben.

Über die Vorzüge der Gleichstromwirkung berichtet der erwähnte Aufsatz im Railway Master Mechanic vom September 1897 folgendes:

„Die Vorteile, die von den Erfindern, den Herren Cleveland, angegeben werden, sind als erster und wichtigster, ein sehr verminderter Gegendruck, der praktisch unabhängig von der Größe der Füllung ist. Zweitens eine gleichmäßigere Temperatur der Zylinderwandungen, was daher rührt, daß der Frischdampf bei jedem Kolbenhub nur an den Enden in den Zylinder einströmt. Dies wird natürlich eine

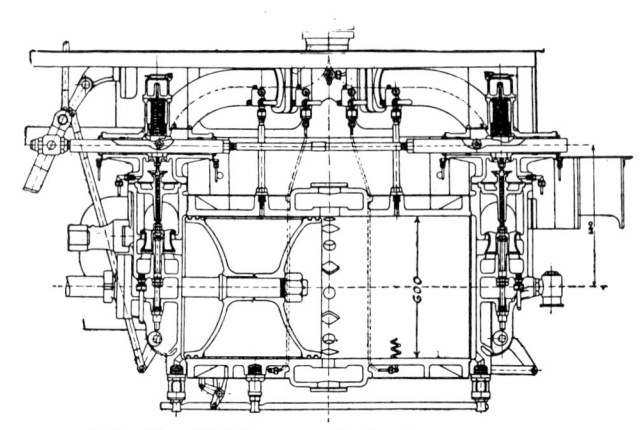

Abb. 62. Gleichstromzylinder Bauart Stumpf.

Verminderung der Eintrittskondensation und demzufolge auch der Nachverdampfung haben. Mit anderen Worten, der mittlere Teil des Zylinders, in dem die Expansion stattfindet, wird nie vom hochgespannten Dampf berührt."

Die ungewöhnlich hohe Verdichtung des Dampfes von rd. 90% macht bei der Gleichstrommaschine, die mit Auspuff arbeitet, besondere Maßnahmen erforderlich, um ein Ansteigen der Verdichtungsendspannung über die Eintrittsspannung zu vermeiden. Das einfachste Mittel ist die Vergrößerung des schädlichen Raumes, der bei den üblichen Kesseldrücken von etwa 12 Atm. bei Heißdampflokomotiven rd. 17% des Zylinderinhalts betragen muß, gegenüber rd. 12% bei Wechselstrommaschinen. Der große schädliche Raum wird bei den Gleichstrommaschinen der Bauart Stumpf zum größten Teil in die halbkugelförmig ausgebildeten Kolbenböden verlegt, wodurch die schädlichen Abkühlungsflächen auf einen Kleinstwert gebracht werden.

Die hohe Verdichtung wirkt besonders beim Ingangsetzen schwerer Züge störend. Gleichstromlokomotiven ziehen schwerfällig an und sind aus diesem Grunde für Verschiebedienst gänzlich ungeeignet. Man war daher bestrebt, die hohe Verdichtung für große Füllungen beim Anfahren unschädlich zu machen. Die Gleichstromlokomotiven der Intercolonial Railway of Canada hatten Kolbenschieber mit derartig großen Auslaßdeckungen, daß bei Füllung bis zu 30% die Schieber eine Verbindung zur Ausströmung nur dann offenhielten, wenn der Schlitzauschluß ebenfalls

Die Gleichstromlokomotive.

offen war. Der gesamte Dampf konnte also bis 30% Füllung aus den Zylindern dann nur durch die Schlitze entweichen, die Verdichtung war also ebenfalls durch die Lage der Schlitze im Zylinder bestimmt.

Bei Füllungen über 30% war dagegen auch noch nach dem Abschluß der Schlitze ein Entweichen des Dampfes aus dem Zylinder durch den Kolbenschieber möglich, so daß die Lokomotive nunmehr nicht als reine Gleichstromlokomotive arbeitete, wie bei den auf der Fahrt meist gebrauchten Füllungen bis zu 30%.

In gleicher Art ist eine Verdichtungsverminderung bei den letzten Ausführungen der Gleichstromlokomotiven der Preußischen Staatseisenbahn angewendet worden.

Die erste Gleichstromlokomotive der Bauart Stumpf wurde von der Kolomnaer Maschinenbau-Aktiengesellschaft für die Moskau-Kasan-Bahn[1]) gebaut. Sie war mit Stumpf-Ventilsteuerung versehen und hatte zum Zwecke der Verdichtungsverminderung einen auf der Schieberstange sitzenden Hilfsauslaßschieber, dem der Dampf von den Zylinderenden aus durch besondere Rohre zugeführt wurde. Später wurden diese Schieber aber entfernt, da sich Unzuträglichkeiten herausgestellt hatten, und die schädlichen Räume wurden durch Änderung der Kolbenhohlräume vergrößert.

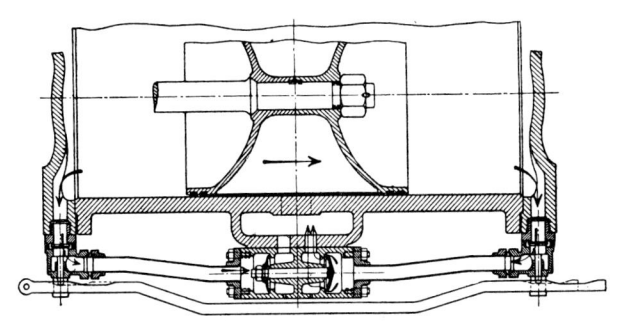

Abb. 63. Verdichtungsverminderer.

Die ersten für die Preußische Staatseisenbahn gebauten D-Heißdampfgleichstromlokomotiven, von denen eine auf der Brüsseler Weltausstellung 1910 gezeigt wurde, sowie die für die Schweizerischen Bundesbahnen gebauten 1 D-Lokomotiven waren mit einem Verdichtungsverminderer der Bauart Stumpf versehen, der nach dem bekannten Beispiel der bei ortsfesten Dampfmaschinen gebrauchten selbsttätigen Zylinderentwässerungsventile gebaut war. An dem unteren Teil des Auspuffwulstes ist ein doppelsitziges Ventil angebracht, das durch Rohrleitungen mit den Zylinderenden verbunden ist, siehe Abb. 63. In diese Leitungen sind in gewöhnlicher Weise zu betätigende Schlammventile eingeschaltet, nach deren Öffnen der nach Abb. 63 links wirkende Frischdampf das Doppelsitzventil links auf den Sitz aufdrückt, rechts dagegen eine Verbindung zwischen der rechten Zylinderseite und dem Auspuff herstellt, so daß die hier stattfindende Kompression teilweise zerstört wird. Läßt der Druck auf der linken Seite infolge der Dehnung nach und wächst er rechts, da nicht der ganze Dampf durch den engen Ventilspalt entweichen kann, an, so wird das Ventil umgesteuert und beim darauf folgenden Hub die linke Seite mit dem Auspuff verbunden. Nach dem Anfahren kann durch Schließen der Zylinderventile die Wirkung der ganzen Einrichtung ausgeschaltet werden.

Im Betriebe haben sich die Doppelventile nicht bewährt, da sie bald zerschlagen wurden. Über ihre Wirkung geben die drei in Abb. 64 bis 66 gezeichneten Dampf-

---

[1]) „Die Gleichstromdampfmaschine" von J. Stumpf, Verlag von R. Oldenbourg, München und Berlin.

druckschaulinien Auskunft[1]), die an einer der 1 D-Lokomotiven der Schweizerischen Bundesbahnen aufgenommen worden sind. Es fällt besonders bei diesen Anfahrschaulinien die erhebliche Flächenvermehrung, die durch die gestrichelten Linien dargestellt wird, bei Benutzung des Kompressionsverminderers auf, die eine beträchtliche Vergrößerung der Zugkraft bedeutet.

Weiterhin konnte bei den Gleichstromlokomotiven auf derartige, die Unterhaltung erschwerende Einrichtungen zur Verminderung der Kompression verzichtet werden, weil an Stelle der Ventilsteuerungen, die sowohl bei Güterzug- wie bei Personenzuglokomotiven keinerlei greifbare Vorteile bezüglich der Kohlen- und Wasserersparnis, wie auch der Unterhaltungskosten ergeben haben, wieder die bewährten Kolbenschieber mit federnden Ringen angewendet werden, bei denen, wie bereits bei den amerikanischen Gleichstromlokomotiven, durch entsprechende Ausbildung der Auslaßdeckungen bei großen Füllungen der Beginn der Verdichtung verzögert werden kann.

a) Vor- und Nachteile der Gleichstromlokomotiven. Eine bemerkenswerte Eigentümlichkeit der Gleichstrommaschine ist, daß der Dampfverbrauch für die Leistungseinheit nur bei verhältnismäßig kleinen Füllungen, etwa 15 bis 20%, als günstig anzusehen ist, daß er aber bei zunehmenden Füllungen viel stärker ansteigt, als der der gewöhnlichen Wechselstrommaschine, die mit Schwingensteuerung arbeitet.

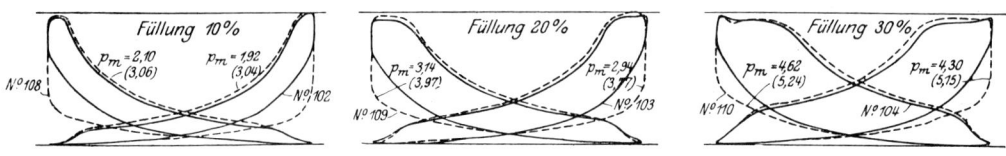

Abb. 64 bis 66. Gleichstrom-Dampfdruck-Schaulinien.

Die Gründe für diese, u. a. auch durch Versuche des Eisenbahn-Zentralamts bewiesene Tatsache sind folgende:

Während bei der Gleichstrommaschine der Verlust an Dampfdruckfläche durch die gleich hinter dem Totpunkte beginnende Verdichtung bei allen Füllungen gleich bleibt, wird bei der Wechselstrommaschine infolge der Eigentümlichkeit der Schwingensteuerung mit zunehmender Füllung der Beginn der Verdichtung immer mehr hinausgeschoben, so daß der durch die Verdichtung bedingte Flächenverlust immer kleiner wird. Bei gleichen „Skala"-Füllungen und Geschwindigkeiten wird unter der Annahme gleicher Drosselverluste bei der Einströmung und gleicher schädlicher Räume die Dampfdruckfläche mit zunehmenden Füllungen sich daher bei der Wechselstrommaschine schneller vergrößern, als bei der Gleichstrommaschine.

Die den Dampfverbrauch für einen Kolbenhub bestimmende „wirkliche" Füllung, bei der die zum Auffüllen des schädlichen Raumes vom Ende der Verdichtungsspannung bis zur Schieberkastenspannung benötigte Dampfmenge berücksichtigt ist, wird bei Füllungen von etwa über 20% trotz der hohen Verdichtung der Gleichstrommaschine bei der gewöhnlichen Dampfmaschine bei gleicher Skalafüllung kleiner sein.

Außerdem wird aber auch wegen der um etwa 50% größeren schädlichen Räume, die bei der Gleichstrommaschine gegenüber der Wechselstrommaschine bei Auspuffbetrieb erforderlich werden, die Dehnungslinie flacher verlaufen, als bei der Wechselstromdampfmaschine, der Dehnungsenddruck bei der Vorausströmung wird daher bei gleicher Skalafüllung bei der Gleichstrommaschine höher sein, als bei der gewöhnlichen Dampfmaschine, der Dampf wird also infolge geringerer Dehnung schlechter

---
[1]) Vgl. Schweizerische Bauzeitung 1911, S. 153.

ausgenutzt. Auch die zu der hohen Verdichtung erforderliche Arbeit wird wegen der mangelhaften Dehnung nur zum Teil wieder nutzbar gemacht. Dieser Übelstand wird ganz besonders bei größeren Füllungen auftreten und ebenfalls höheren Dampfverbrauch zur Folge haben.

Aus den eben dargestellten Eigentümlichkeiten erklärt sich die Tatsache, daß die Gleichstromlokomotive nur bei verhältnismäßig kleinen Füllungen von etwa 15 bis 20%, bei denen der Dampf im Zylinder genügend gedehnt werden kann, mit einem günstigen Dampfverbrauch arbeitet, der etwa dem der Wechselstrommaschine entspricht. Mit zunehmenden Füllungen wird der Dampfverbrauch der Gleichstrommaschine ungünstiger, da sich dann die Wirkungen des großen schädlichen Raumes, insbesonders die mangelhafte Dehnung, bemerkbar machen.

Das starke Ansteigen des spezifischen Dampfverbrauches ist durch eingehende Versuche mit Gleichstromlokomotiven nachgewiesen worden. Über Versuchsergebnisse mit 2 B-Heißdampf-Schnellzug- sowie D-Heißdampf-Güterzuggleichstromlokomotiven der Preußischen Staatseisenbahn wird im neunten Abschnitt berichtet.

Auch mit einer für die Ruppiner Eisenbahn-Gesellschaft bestimmten 1 B-Heißdampf-Tenderlokomotive sind vom Eisenbahnzentralamt Versuche auf der Strecke Grunewald—Belzig vorgenommen worden. Die Gleichstromlokomotive war mit Kolbenschiebersteuerung versehen; zur Dampferzeugung diente ein Stroomann-Kessel, außerdem war die Lokomotive mit einem Speisewasservorwärmer ausgerüstet. Zur Erzeugung möglichst trockenen Dampfes war ein Wasserabscheider Bauart Stumpf vorgesehen. Die Dampf- und Kohlenverbrauchszahlen sind in Zahlentafel 33 angegeben.

Zahlentafel 33.

	Belastung t	Mittlere Leistung am Zughaken PS_z	Verbrauch auf 1 PS_z/st		Verdampfungsziffer
			Kohle kg	Wasser kg	
Grunewald .	200	149	1,78	16,00	9,00
Belzig . . .	331	160	1,78	14,25	8,00
Belzig . . .	200	89	2,17	18,20	8,38
Grunewald .	331	117	2,08	17,30	8,28

Die Verdampfungszahlen sind außerordentlich hoch, höher als bei Anwendung eines Stroomann-Kessels und Speisewasservorwärmers zu erwarten ist. Der Grund hierfür ist nach den Angaben des Zentralamts in dem starken Überreißen von Wasser besonders auf Steigungen zu suchen, was trotz des Wasserabscheiders mehrfach festgestellt worden ist. Die Wasserverbrauchszahlen sind demnach als einwandfreie Vergleichszahlen nicht anzusehen. Aber auch die Kohlenverbrauchszahlen sind beträchtlich höher als bei gewöhnlichen Heißdampf-Wechselstrom-Tenderlokomotiven. Eine 1 D 1-Tenderlokomotive der preußischen Staatsbahn mit Speisewasservorwärmer, die naturgemäß wegen ihres erheblich größeren Gewichts und der größeren Achsenzahl viel größere Eigenwiderstände aufzuweisen hat, als die einfache 1 B-Lokomotive der Ruppiner Eisenbahn hat bei Versuchsfahrten auf der gleichen Strecke Kohlenverbrauchszahlen von nur 1,28 bis 1,33 kg für eine Pferdekraftstunde am Zughaben ergeben. Da beide Lokomotiven denselben Triebraddurchmesser von 1350 mm haben und auch mit annähernd gleicher Geschwindigkeit gefahren sind, ferner mit der ihrer Charakteristik entsprechenden günstigen Belastung gearbeitet haben, so sind die Verbrauchswerte vergleichsfähig, obwohl die Leistungen am Zughaken verschieden sind. Die Gleichstrommaschine hat danach im Mittel 50% Kohlen mehr verbraucht als die Wechselstrommaschine. Auffallend gegenüber der Wechselstromlokomotive ist die gewaltige Steigerung des Dampfverbrauchs bei verkleinerter Leistung, die allen Gleichstromlokomotiven eigentümlich ist, bei der in Rede stehenden 1 B-Lokomotive aber besonders hervortritt. Als Grund hierfür wird vielfach angenommen, daß sich besonders bei kleineren Füllungen und entsprechend kleineren Leistungen die Undichtigkeiten des Kolbens sehr bemerkbar machen.

Für eine D-Heißdampf-Güterzug-Gleichstromlokomotive der Moskau—Kasan-Bahn ergaben sich auf der Versuchsstrecke Rusaewka—Arapowo mit einem 1000 t schweren Güterzug nach Angaben des Direktors Noltein folgende Verbrauchswerte:

Für die ganze Strecke wurden von der Gleichstromlokomotive 157,2 kg Wasser für 1000 t/km verbraucht gegenüber 164,015 kg bei der gewöhnlichen Heißdampflokomotive mit Schmidtschen Kolbenschiebern mit federnden Ringen. Der Wasserverbrauch der Stumpf-Lokomotive ist demnach um 4,1% günstiger. Für die Teilstrecke Rusaewka—Paigarm, auf der größtenteils wegen dauernder Stei-

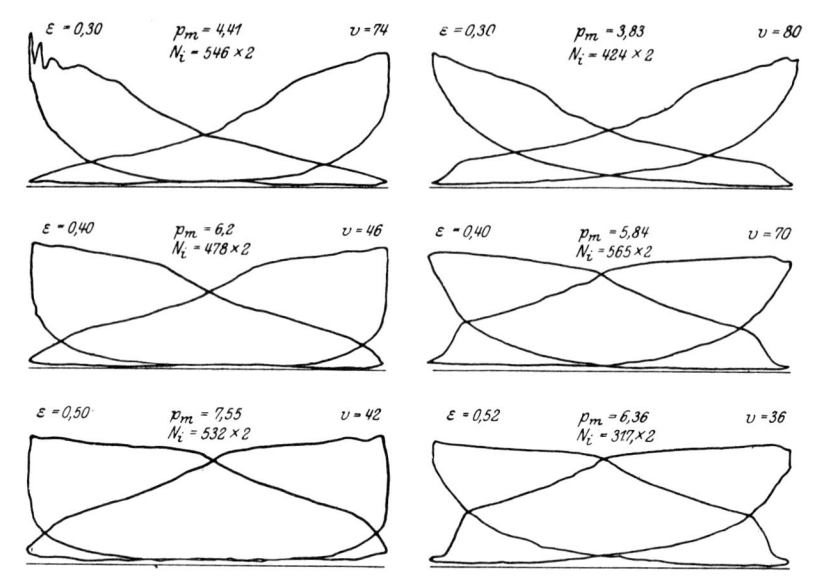

Abb. 67 bis 72. Vergleich von Wechselstrom- und Gleichstrom-Dampfdruckschaulinien.

gungen mit 40% Füllung gefahren werden mußte, verbrauchte die Stumpf-Lokomotive jedoch 416,8 kg Wasser gegenüber 383 kg der Wechselstromlokomotive, das sind 8,1% mehr.

Auf der Gefällestrecke Paigarm—Arapowo, auf der mit kleinen Füllungen gefahren werden konnte, stellt sich wieder zugunsten der Gleichstromlokomotive ein Minderverbrauch von 12,1% heraus. Würde die Versuchsstrecke in umgekehrter Richtung durchfahren sein, dann hätte jedenfalls die Gleichstromlokomotive keinerlei Dampfersparnis ergeben, da dann die Steigungen überwogen hätten und größere Füllungen notwendig geworden wären.

Der höhere Dampfverbrauch der Gleichstromlokomotiven bei größeren Füllungen hat auch auf die Kesselabmessungen insofern einen Einfluß, als die Kesselleistungsgrenze bei Gleichstromlokomotiven früher erreicht wird als bei Wechselstromlokomotiven, ein Umstand, der besonders beim Beschleunigen schwerer Züge in Frage kommt und größere Kessel für Gleichstromlokomotiven bedingt.

Aus der mangelhaften Dehnung und der gleichbleibenden hohen Verdichtung der Gleichstromlokomotiven folgt, daß diese auch größere Zylinder erhalten muß, als eine den gleichen Dienst versehende Wechselstromlokomotive. Schon bei den Füllungen, die den günstigsten Dampfverbrauch ergeben, ist der mittlere Druck der Gleichstromlokomotive geringer wegen der großen Verlustfläche durch die früh anfangende Verdichtung. Durch Vergrößerung der Füllung läßt sich nun die Zylinderleistung der Gleichstrommaschine nicht in dem Maße steigern, wie die einer Wechselstrommaschine, da bei jener die Dampfdruckfläche nur an einer Stelle, an der Dehnungslinie wächst, während sie bei dieser außerdem auch noch an der Verdichtungslinie einen Flächenzuwachs erfährt. Die bei Versuchsfahrten des Zentralamts gewonnenen Dampfdruckschaulinien (Abb. 67 bis 72) bringen dies links für Wechselstrom, rechts für Gleichstrom gut zum Ausdruck.

Diese Tatsache ist besonders bei Gleichstrom-Güterzuglokomotiven von Bedeutung, bei denen die Füllungen in weit größerem Maße wechseln, als bei Personen- und Schnellzuglokomotiven.

Die Vergrößerung der Zylinderabmessungen zur Erhöhung der Leistungsfähigkeit der Gleichstromlokomotiven hat aber eine unangenehme Vermehrung der ohnehin schon erheblich schwereren Kolbengewichte[1]), sowie eine Vergrößerung des größten Kolbendrucks und daraus hervorgehend schwerere Stangen, stärkere Zapfen und Lager zur Folge, was besonders bei schnellfahrenden Lokomotiven sehr unerwünscht ist.

Durch die bereits erwähnte Verwendung von Kolbenschiebern mit Hilfsauslaß ist das reine Gleichstromverfahren aufgegeben. Der schädliche Raum kann dabei etwas kleiner gehalten werden. Die an solchen Lokomotiven aufgenommenen Dampfdruckschaulinien ähneln nunmehr sehr denen gewöhnlicher Wechselstromlokomotiven. Die hierdurch erhoffte Verringerung des Dampfverbrauchs der Gleichstromlokomotiven kann allerdings nur unbedeutend sein. Durch den großen Schlitzauslaß entweicht der Dampf zwar schneller aus dem Zylinder, der Gegendruck wird etwas verringert, aber aus der Betrachtung der Dampfdruckschaulinien guter Wechselstromlokomotiven ist doch auch zu ersehen, daß an dem Verlauf der Ausströmlinie kaum noch etwas zu verbessern ist.

Wie aus den Zahlentafeln im neunten Abschnitt hervorgeht, haben die Gleichstromlokomotiven fast bei allen Fahrten mehr Kohlen verbraucht, als die zum Vergleich herangezogenen Wechselstromlokomotiven. Auch die bereits erwähnte D-Heißdampf-Gleichstromlokomotive der Moskau—Kasan-Bahn ergab trotz einer, infolge günstiger Fahrbedingungen erzielten Dampfersparnis von 4,1%, gegenüber der Wechselstromlokomotive, einen Kohlenmehrverbrauch von 6,1%.

Der Grund für diese Tatsache ist in den eigentümlichen Auspuffverhältnissen der Gleichstromlokomotive zu suchen. Im Augenblick der Eröffnung der Schlitze durch den Kolben entsteht infolge des plötzlich freiwerdenden großen Ausströmquerschnittes ein derartig heftiger Auspuff, daß die Luftleere in der Rauchkammer augenblicklich stark ansteigt. Da bereits 10% nach dem Totpunkt der Auspuff aufhört, läßt die Feueranfachung sofort nach. Durch dieses stoßweise, heftige Anfachen des Feuers werden leichtere Kohlenstückchen vom Rost hochgerissen — das Feuer tanzt — und viel kalte Luft strömt stoßweise in die Feuerbüchse ein. Der Kesselwirkungsgrad der Gleichstromlokomotive muß also geringer sein, als der einer mit viel gleichmäßigerer Luftleere arbeitenden Wechselstromlokomotive.

Der stoßweise Auspuff bei den Gleichstromlokomotiven hat auch größeren Funkenflug und erhöhte Löschemengen in der Rauchkammer zur Folge.

---

[1]) Der Kolben einer 1 D-Heißdampf-Güterzuglokomotive der Schweizerischen Bundesbahnen wiegt, obwohl er durch allseitige Bearbeitung so leicht wie möglich gehalten ist, bei 570 mm Durchmesser und 640 mm Hub mit Stange 280,8 kg und 68,3 kg mehr, als der einer Wechselstromlokomotive mit den gleichen maßgebenden Abmessungen.

Bei Versuchsfahrten auf der Strecke Biel—Chaux-de-Fonds mit 1 D-Heißdampf-Güterzuglokomotiven ergaben sich bei den Gleichstromlokomotiven 137 kg Lösche gegenüber 66 bis 77 kg bei gewöhnlichen Sattdampf- und Heißdampflokomotiven. Die unverbrannt gebliebene Kohlenmenge betrug also rd. 100% mehr bei der Gleichstromlokomotive.

Eine Erweiterung der Ausströmrohre und des Blasrohrs hat bei der D-Gleichstromlokomotive der Moskau—Kasan-Bahn, bei der auch über hohen Funkenflug geklagt wurde, eine nennenswerte Verbesserung des Kohlenverbrauchs ebensowenig ergeben wie die Ausführung runder oder rhombischer Auspufflöcher an Stelle rechteckiger zum Zwecke einer allmählicheren Eröffnung. Bei späteren Ausführungen ist durch Anwendung eines in die Ausströmleitung eingeschalteten größeren Behälters, eines „Auspufftopfes" versucht worden, einen gedehnteren Auspuff herbeizuführen. Es ist aber auch hierdurch nicht möglich gewesen, die ungünstigen Auspuffverhältnisse wesentlich zu verbessern. Immerhin wurde durch diese Maßnahme das schußartige Knallen der Auspuffschläge, das bei den ersten Gleichstromlokomotiven sehr unangenehm auftrat, erheblich gemildert.

Die an sich einfache Bauart des Gleichstromzylinders hat im Betriebe zu Schwierigkeiten Veranlassung gegeben. Die eigenartigen Temperaturverhältnisse und die dadurch hervorgerufenen Spannungen scheinen Rißbildungen besonders in den Stegen des Auspuffkanals zu begünstigen, wie dies bei den Versuchslokomotiven der Preußischen Staatseisenbahn beobachtet worden ist. Bei einer D-Güterzuglokomotive zeigten sich an der nach dem Rahmen zu gelegenen Seite Risse, die im warmen Zustande etwa $1/2$ mm auseinander klafften, während sie an der Außenseite kaum sichtbar waren. Dies läßt auf ganz erhebliche Spannungen im Zylindergußstück schließen.

Auch die zur Verringerung des Gewichts als Tragkolben ausgebildeten Kolben der Gleichstromlokomotiven haben sich nicht gut bewährt. Die Stumpfschen Kolben bestehen aus zwei kalottenförmig ausgebildeten Kopfstücken, in denen sich je zwei Kolbenringe befinden. Durch Anziehen einer auf der Kolbenstange sitzenden Mutter werden sie auf einen Laufring aus Schmiedestahl aufgepreßt, dessen Durchmesser 0,3% kleiner ist als der Zylinderdurchmesser. Es soll hierdurch ein Klemmen des Laufrings vermieden und eine möglichst großflächige Auflage der Laufringfläche auf der Zylinderwandung bewirkt werden. Trotz des geringen Flächendrucks und bester Preßschmierung (jeder Zylinder hat sechs Schmierstellen, zwei oben und vier im unteren Teil seitlich) haben bei den Versuchslokomotiven der Preußischen Staatseisenbahn die Kolben gefressen und die Zylinder beschädigt. Der Laufring hat sich verworfen, wodurch er nur an ganz vereinzelten Stellen zum Tragen kam. Die Moskau—Kasan-Bahn hat durch Abdrehen des Laufrings und Verlängern der Kolbenstange den ursprünglichen Tragkolben in einen getragenen Kolben umgewandelt, der nach Angabe des Direktors Noltein zu weiteren Klagen keine Veranlassung gegeben hat.

b) **Heißdampf- und Sattdampf-Gleichstromlokomotiven.** In letzter Zeit hat Professor Stumpf mehrfach vorgeschlagen, Gleichstromlokomotiven mit Sattdampf anstatt mit Heißdampf zu betreiben[1]). Er empfiehlt die „mit möglichst trockenem Dampf arbeitende **„Hochdrucksattdampfgleichstromlokomotive"** mit einem Druck von **16 bis 18 Atm.!** als eine nicht nur ökonomisch arbeitende Maschine", sondern auch „als eine einfache, billige, den Betriebsbedingungen mehr angepaßte Maschine".

---

[1]) Vgl. „Die Gleichstromdampfmaschine" von J. Stumpf, 1911, Verlag von R. Oldenbourg, S. 80 u. f.

Die Druckerhöhung von rd. 2 Atm. wäre bei den jetzigen Lokomotivkesseln dann möglich, wenn das Überhitzergewicht in verstärkten Wänden untergebracht würde. Unter Berücksichtigung des Spannungsabfalls von rd. 1 Atm. im Überhitzer ließen sich nach Prof. Stumpf sogar 3 Atm. gewinnen!

Die Behauptung, daß in der Gleichstromdampfmaschine Sattdampf und Heißdampf gleich günstig arbeitet, sucht Professor Stumpf durch Versuchsergebnisse, die er mit einer 300-PS-Kondensations-Gleichstrommaschine erhalten hat, zu begründen. Der Zylinder war mit absperrbaren Heizmänteln versehen, auch wurden die Deckel geheizt.

Die Schaulinien der Abb. 73 zeigen die zur Erzeugung einer PS_i-Stunde erforderlichen Wärmeeinheiten (im Dampf gemessen) bei einem Eintrittsdruck von 9,2 Atm. Überdruck, und zwar für Sattdampf mit Mantelheizung und für Heißdampf von 325° mit und ohne Mantelheizung.

Die aus dem Kondensat der Heizmäntel zurückgewonnene Wärme ist bei dem dargestellten Ergebnis berücksichtigt.

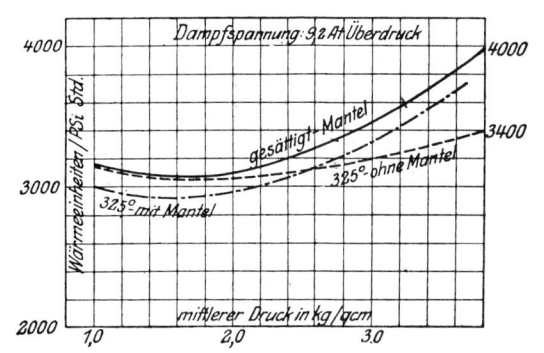

Abb. 73. Wärmeeinheiten für 1 PS_i/st. bei Wechselstrom- und Gleichstrom-Dampfmaschine.

Aus den Schaulinien ist nun ersichtlich, daß bis zu einem mittleren Druck von etwa 2 Atm. kein wesentlicher Unterschied in dem Wärmeverbrauch liegt. Bei den verwendeten geringen Füllungen, die Mitteldrücke von 1 bis 2 Atm. ergeben, ist danach die Wirkung des Heizmantels bei Sattdampf in Verbindung mit der Gleichstromwirkung noch derartig genügend, daß die Eintrittsverluste annähernd auf das Maß wie beim Heißdampfbetrieb gebracht werden.

Leider läßt der Versuch aber keine Anwendung auf Lokomotiven zu, da Dampfzylinder, die mit mittleren Drücken von 1 bis 2 Atm. bei den meistgebrauchten Zugkräften arbeiten, also den günstigsten Dampfverbrauch ergeben würden, derartig große Abmessungen erhalten müßten, daß es praktisch unmöglich wäre, sie unterzubringen.

Aus Abb. 73 ist ferner zu ersehen, daß schon bei einem mittleren indizierten Druck von 3,75 Atm., bei dem die Wechselstrom-Heißdampflokomotive etwa die meistgebrauchte Zugkraft ausübt, und für den sich die üblichen Zylindergrößen ergeben, der Wärmeverbrauch der Sattdampfmaschine um $\frac{3810 - 3270}{3270} \cdot 100$ = 16,5% größer ist, als der der Heißdampfmaschine. Bei höheren Mitteldrücken, die im Lokomotivbetrieb häufig angewendet werden müssen, würde das Verhältnis für die Sattdampfmaschine sich noch viel ungünstiger gestalten, wie aus der Neigung der Verbrauchslinien zu erkennen ist.

Will man also, unter der Voraussetzung, daß die angegebenen Verbrauchswerte im Verhältnis zueinander bei Kondensations- und Auspuffmaschinen ähnlich sind, annehmbare Verbrauchszahlen erhalten, so müßten bei der **Hochdrucksattdampf-Gleichstrommaschine** die Zylinder für mittlere Drücke von 2 bis höchstens 2,5 Atm. berechnet werden. Hierbei würde der Durchmesser (wenn der Hub der gleiche bleibt) umgekehrt im Verhältnis der Wurzel aus den mittleren Drücken, also $\sqrt{3,7}:\sqrt{2}$ bzw. $\sqrt{3,7}:\sqrt{2,5}$, das ist 1,36 bzw. 1,22mal größer sich gestalten, als der einer Wechselstrom-Heißdampflokomotive. Daß für den Betrieb derartig große Zylinder aus den verschiedensten Gründen nicht anwendbar sind, braucht hier nicht weiter erläutert zu werden.

Von einer „den Betriebsbedingungen mehr angepaßten Maschine" kann also für den Lokomotivbetrieb nicht die Rede sein.

Daß der hohe Anfangsdruck von 16 bis 18 Atm. wärmetechnisch eine bessere Ausnützung ergibt, ist zweifellos richtig, aber so hohe Dampfspannungen lassen sich im praktischen Lokomotivbetriebe nicht anwenden, da der übliche Lokomotivkessel **Stephensonscher Bauart**, der einzige, der sich trotz zahlreicher „Verbesserungsversuche" allein bewährt hat, für derartige Spannungen wenig geeignet ist. Wer die Schwierigkeiten kennt, die schon ein Dampfdruck von 15 Atm. verursacht, wird einen Feuerbüchskessel, der so eigenartigen Erschütterungen und schwierigen Betriebsverhältnissen ausgesetzt ist, wie der Lokomotivkessel, für einen Betriebsdruck von 18 Atm. nicht empfehlen.

Der erwähnte Abdrosselungsverlust im Überhitzer ließe sich im Schmidtschen Rauchrohrüberhitzer dadurch leicht vermindern, daß der Dampfdurchgangsquerschnitt entsprechend vergrößert wird. Es muß hier aber betont werden, daß eine gewisse Abdrosselung des Kesseldampfes bei Lokomotiven nicht allein zweckmäßig, sondern sogar erforderlich ist, um das Überreißen von Kesselwasser bei der stark wechselnden Dampfentnahme möglichst herabzuziehen. Die belgische Staatsbahn u. a. verwendet Rauchrohrüberhitzer mit einfachen U-Rohren, sie hat sich aber gezwungen gesehen, zur Vermeidung von Wasserschlägen in den Dampfzylindern sehr große Sicherheitsventile von 100 mm Durchmesser in den Deckeln anzubringen. Wenn nun schon bei Heißdampflokomotiven eine geringe Drosselung des Kesseldampfes nötig ist, wird sie bei Sattdampflokomotiven in viel höherem Maße erforderlich, da hier das mitgerissene Wasser unmittelbar in die Zylinder gelangt und nicht, wie bei Heißdampflokomotiven, im Überhitzer, bei genügender Länge der Rohre, verdampft wird. Die Praxis zeigt, daß bei Sattdampflokomotiven stets mit erheblich gedrosseltem Dampf gefahren werden muß, und zwar beträgt die absichtliche Drosselung hier mehr als 1 Atm. Es entspricht also nicht den Anforderungen des Lokomotivbetriebes, durch Weglassung des Überhitzers einen höheren Arbeitsdruck gewinnen zu können. Der Schieberkastendruck der Sattdampflokomotiven kann bei gleicher Kesselspannung niemals so hoch sein, wie bei Heißdampfmaschinen. Dabei ist es natürlich ohne Belang, ob es sich um Wechselstrom- oder um Gleichstrommaschinen handelt.

Die Anwendung selbsttätig wirkender Entwässerungseinrichtungen ist bei Lokomotiven nicht zu empfehlen. Bei den stark wechselnden Dampfmengen, die die Apparate mit verschiedenen Geschwindigkeiten durchströmen, kann niemals bei allen Dampfmengen eine gleich gute Wirkung erzielt werden, da die Entwässerung von der Geschwindigkeit des durchfließenden Dampfes abhängt. Arbeitet die Einrichtung bei kleinen Dampfmengen gut, dann wird sie bei größeren Mengen starke Drosselung verursachen. Werden die Querschnitte größer gewählt, so ist bei kleineren Dampfmengen die Entwässerung ungenügend. Außer der Schwierigkeit der Unterbringung von Entwässerungseinrichtungen spricht daher gegen eine Einführung ihre mangelhafte Wirkung.

Leider sind von zwei von der Maschinenbau-Aktiengesellschaft in Kolomna für die russische Staatsbahn gebauten Sattdampf-Gleichstromlokomotiven[1]) für 14 Atm. Kesseldruck keine Verbrauchszahlen veröffentlicht worden, was wünschenswert gewesen wäre, da in der Praxis erlangte Zahlenergebnisse mehr beweisen, als theoretische Erwägungen.

Bemerkenswert ist an den eben genannten Lokomotiven, daß das in den Heizmänteln sich niederschlagende Wasser durch eine von der Ventilstange durch Kurvenschub angetriebene kleine Pumpe mit Schlitzansaugung in den Kessel zurückgedrückt wird.

Versuche, die Geheimrat Professor Graßmann von der Technischen Hochschule zu Karlsruhe mit einer Kondensationsmaschine mit Ventilen für den Einlaß und Auslaß des Dampfes ausgeführt hat, ergaben einen Dampfverbrauch von 6,84 kg für eine PS_i-Stunde bei einer Eintrittsspannung des Dampfes von $p = 13,17$ Atm. abs. und $t = 199,1^0$ C. Bei einer Gleichstrommaschine ergab sich ein Dampfverbrauch von 7,84 kg bei $p = 12,54$ Atm. abs. und $t = 197,4^0$ C bei gleicher Luftverdünnung und gleichen schädlichen Räumen wie oben bei der Wechselstrommaschine. Wurde der schädliche Raum der Gleichstrommaschine auf seinen Kleinstwert gebracht, so wurden für 1 PS_i-Stunde 7,61 kg verbraucht. Die Gleichstrommaschine weist demnach gegenüber der Wechselstrommaschine 14,6 bzw. 11,2% Mehrverbrauch auf.

Bei Versuchen mit Heißdampf ergab sich für die Maschine mit Auspuffventilen bei $p = 13,4$ Atm. abs. und $t = 376,2^0$ C ein Dampfverbrauch von 4,85 kg für die PS_i-Stunde; bei der Gleichstrommaschine bei gleichem schädlichen Raum und $p = 12,77$ Atm. abs. und $t = 373,1^0$ C ein Dampfverbrauch von 5,09 kg, bei Verkleinerung des schädlichen Raums auf das Mindestmaß 5,10 kg für die PS_i-Stunde. Die Gleichstrommaschine hatte demnach einen Mehrverbrauch von 5%. Die Verkleinerung des schädlichen Raums ergab nur bei der Sattdampfmaschine einen Gewinn, und zwar 3%. Gegenüber der Heißdampfmaschine verbrauchte die Sattdampfmaschine mindestens $\frac{7,61 - 5,10}{5,10} \cdot 100 = 49,4\%$ mehr Dampf. Auf den Wärmeverbrauch bezogen sind für 1 PS_i-Stunde bei der Sattdampfgleichstrommaschine $\frac{5124 - 3910}{3910} \cdot 100 = 31\%$ mehr WE aufzuwenden, als für die Heißdampf-Wechselstrommaschine.

Nach diesen Ergebnissen kann kaum erwartet werden, daß bei Auspuffmaschinen die Verhältnisse sich so wesentlich zugunsten der Hochdrucksattdampfgleichstrommaschine verschieben sollten, daß diese auch nur annähernd den gleichen Wärmeverbrauch aufweist, als die Heißdampfmaschine.

Die Heißdampf-Gleichstrommaschine, die als ortsfeste, mit Dampfniederschlag arbeitende Dampfmaschine sich gut bewährt hat, hat als Lokomotivmaschine versagt, da die Arbeitsbedingungen einer für den Zugdienst verwendeten Maschine zu stark von denen abweichen, die an eine mit gleichbleibender Umdrehungszahl (die in den weitaus meisten Fällen noch dazu erheblich kleiner ist als bei Lokomotiven) und mit verhältnismäßig kleinen Füllungen arbeitende Betriebsdampfmaschine gestellt werden.

Die Nachteile der Gleichstrommaschine, das erhöhte Zylindergewicht, die Vermehrung des Gewichts der hin und her gehenden Massen durch den schweren Kolben,

---

[1]) Siehe „Die Gleichstromdampfmaschine" von J. Stumpf.

die größeren Beschaffungs- und Unterhaltungskosten, der stoßweise Auspuff und der infolge dessen geringere Kesselwirkungsgrad sind derartig schwerwiegend, daß auf weitere Einführung der Gleichstromlokomotiven nicht zu rechnen ist, zumal auch der theoretische Vorteil eine günstigere Dampfausnutzung im praktischen Betriebe nicht erreicht werden konnte. Wie fast alle Versuche gezeigt haben, ist sowohl der Kohlen- wie auch der Wasserverbrauch der Gleichstromlokomotiven im allgemeinen stets höher gewesen, als der den gleichen Dienst versehenden Wechselstromlokomotiven.

Vierter Abschnitt.

Überhitzerbauarten.

Alle Lokomotivkesselüberhitzer lassen sich in vier Gattungen unterbringen, und zwar nach den Gesichtspunkten, ob
1. ein großes Temperaturgefälle eines Teiles der in der Feuerbüchse entwickelten Heizgase (Rauchrohr- und Rauchkammerüberhitzer) oder
2. ein kleineres Temperaturgefälle der gesamten Heizgase zur Überhitzung herangezogen wird, oder
3. nur die Abgase für die Überhitzung benutzt werden (Abgasüberhitzer), oder aber
4. zur Beheizung des Überhitzers eine besondere Feuerung benutzt wird.

Die letztere Gattung hat bei Lokomotiven bisher keine praktische Anwendung gefunden, es soll deshalb am Ende dieses Abschnittes nur kurz auf einen Überhitzer dieser Bauart hingewiesen werden.

1. Überhitzer, bei denen nur ein Teil der Heizgase zur Überhitzung verwendet wird (Rauchrohr- und Rauchkammerüberhitzer).

Diese Grundgattung verdankt ihr Entstehen dem als Erfinder rühmlichst bekannten Baurat Dr.-Ing. ehrenhalber Wilhelm Schmidt; einige Hauptbauarten dieser Gattung sollen hier in der Reihenfolge ihrer Erfindung zunächst besprochen werden.

a) Der Langkesselüberhitzer von Schmidt (Abb. 74 und 75). Dieser Überhitzer stellt den ersten gelungenen Versuch dar, hochüberhitzten Dampf im Lokomotivkessel zu erzeugen. Er wurde im Jahre 1897 zum erstenmal bei einer neuen 2 B-Schnellzuglokomotive und einer neuen 2 B-Personenzuglokomotive der preußischen Staatseisenbahnen nach den Angaben des Verfassers vom Vulkan in Bredow bei Stettin bzw. von Henschel & Sohn in Kassel eingebaut. Dieser Überhitzer besteht aus einem im Langkessel eingebauten, 450 mm weiten Flammrohr, das, um die Einwirkung der Heizgase auf die Rohrenden zu mildern, nahe der Feuerbüchsrohrwand auf 200 mm eingezogen ist. Das in die Rauchkammer hineinragende vordere Ende dieses Rohres ist mit Schlitzen versehen und am Ende durch eine Rohrwand mit ringförmiger Verteilkammer verschlossen, in die U-förmige Stutzen für die Enden der Überhitzerrohre münden, und die durch eine Scheidewand in einen oberen und unteren halbkreisförmigen Raum geteilt ist. Der Dampf tritt vom Regler in die obere Kammerhälfte und von dort durch die von dieser Kammerhälfte ausgehenden U-förmigen Stutzen in die Überhitzerrohre, durchströmt diese im Gegenstrom, kommt nach Umkehrung in U-förmigen Kappen im Gleichstrom nach vorn, geht durch vordere U-förmige Stutzen wieder zurück und gelangt, hinten nochmals umbiegend, im Gleichstrom in die untere Kammer des Sammelkastens, von wo er in die Zylinder übertritt.

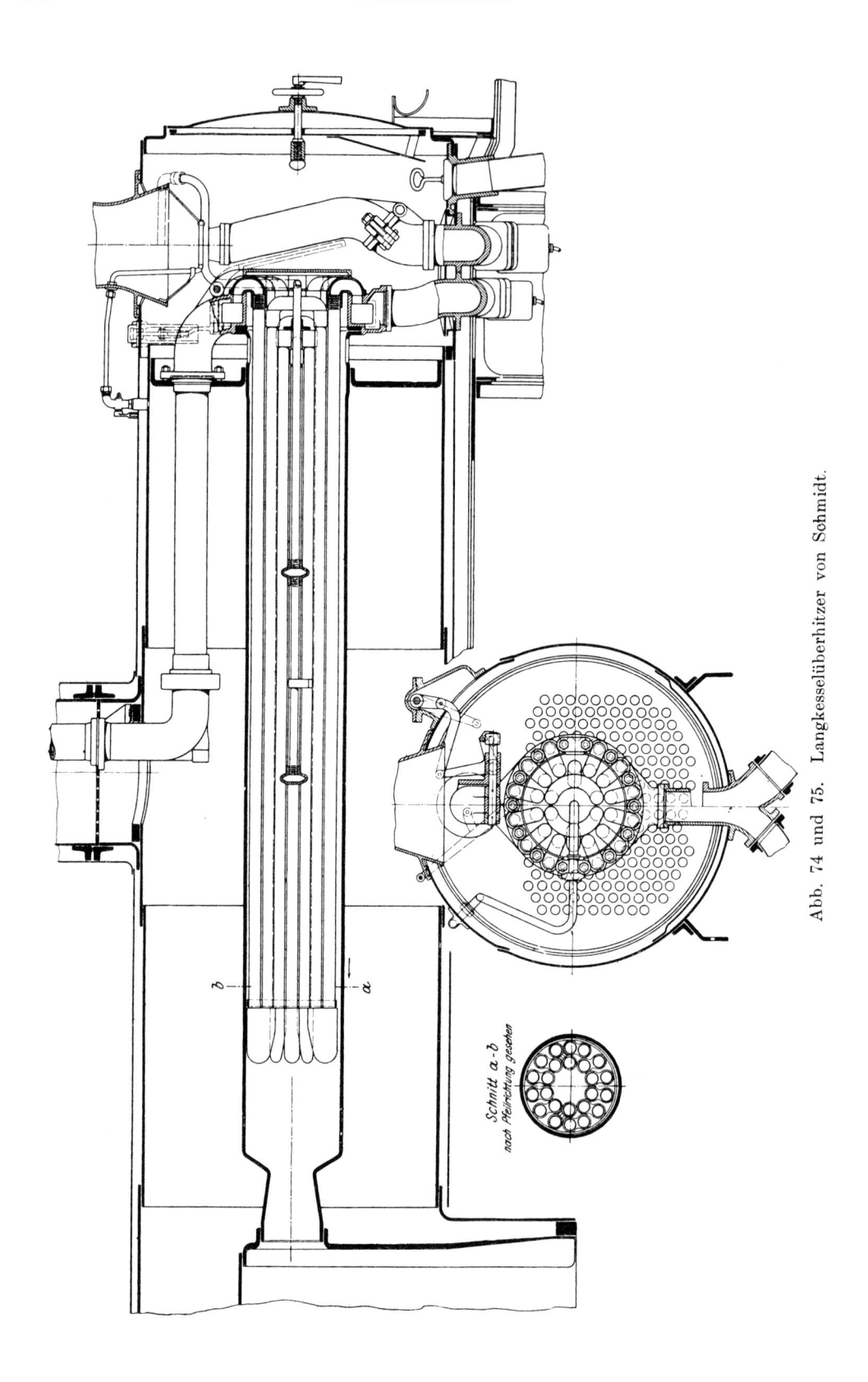

Abb. 74 und 75. Langkesselüberhitzer von Schmidt.

Schnitt a-b
nach Pfeilrichtung gesehen

Die Heizgase werden durch ein in der Mitte des Flammrohrs liegendes, kegelförmig endendes Rohr, den sog. Verdränger, gegen die Überhitzerrohre geleitet und treten durch die erwähnten Schlitze, die durch einen auf dem Flammrohrende aufgeschobenen Drehschieber mehr oder weniger geöffnet und geschlossen werden können, in die Rauchkammer.

Diese Bauart Schmidts war von grundlegender Bedeutung für die Entwicklung der Heißdampfanwendung im Lokomotivbetriebe. Die durch diese Überhitzerbauart gesammelten Erfahrungen hat Schmidt bei seinen weiteren wichtigen Erfindungen benutzen können, und sie sind auch für den Verfasser der Ausgang für den weiteren Ausbau der Heißdampflokomotive geworden. Bei dem gegenwärtigen Stande der Entwicklung der Heißdampflokomotive hat diese Überhitzerbauart allerdings nur noch geschichtlichen Wert, denn sie konnte sich im Betriebe als erster Versuch, hoch überhitzten Dampf zu erzeugen und zu verarbeiten, naturgemäß nicht vollkommen bewähren. Die damals der Feuerbüchse noch zu nahe liegenden hinteren Enden der Überhitzerrohre widerstanden trotz der Einziehung des großen Flammrohrs der Einwirkung der heißen Gase und der Stichflamme nicht lange genug. Die beiden Gruppen der Überhitzerrohre dehnten sich verschieden aus, da in der oberen der Dampf nur mäßig überhitzt von der Rauchkammer gegen die Feuerbüchse strömt, während sich in der unteren Rohrgruppe der zum Sammelkasten in der Rauchkammer zurückkehrende, hochüberhitzte Dampf befindet. Da die geraden Rohre an beiden Enden in steife U-förmige Stahlgußkappen eingedichtet waren, konnten sie in Ermangelung eines nachgiebigen Mittelgliedes der durch die verschiedenen Dampftemperaturen hervorgerufenen verschiedenen Längenausdehnung nicht Folge leisten, sie wurden krumm und rissen schließlich ab. Außerdem wurde beobachtet, daß beim Stillstehen und Anheizen der Lokomotive, namentlich wenn bei geschlossenem Regler der Bläserhahn angestellt wird, auch die vorderen Rohrenden zu hoch erhitzt werden und stark leiden. Um dies zu verhindern, führte Schmidt aus dem Kesseldampfraum ein kleines Blasrohr in das Überhitzerflammrohr, das den eintretenden Feuergasen einen schwachen Dampfstrahl entgegenblies. Dieser Schutzbläser konnte durch Verstellen eines Hahnes in der Dampfzuleitung so gesteuert werden, daß er in Tätigkeit trat, sobald der Regler geschlossen wurde. Aber auch diese Vorrichtung konnte den Mängeln des Langkesselüberhitzers, der sich auch schwer reinigen ließ, nicht genügend abhelfen. Immerhin konnten schon diese beiden Lokomotiven längere Zeit in befriedigendem Betriebe gehalten werden.

Die Mängel dieser Bauart führten Schmidt zur Erfindung seines Rauchkammerüberhitzers und dabei fast gleichzeitig zu einer wesentlichen baulichen Verbesserung des Langkesselüberhitzers in Gestalt des Rauchrohrüberhitzers.

b) Der Rauchkammerüberhitzer von Schmidt. Der in Abb. 76 und 77 dargestellte Rauchkammerüberhitzer einer 2 B-Heißdampf-Schnellzuglokomotive der preußischen Staatseisenbahnen, nach den Angaben des Verfassers, erbaut Anfang 1906 von der Maschinenbauanstalt Breslau, jetzigen Linke-Hofmann-Werken, zeigt die letzte Bauart dieses Überhitzers, mit dreifachem Richtungswechsel des Dampfstromes. Bei einer älteren Bauart war nur ein zweimaliger Richtungswechsel vorgesehen.

Die starke Überhitzung auf 300 bis 350° C wird hier dadurch erreicht, daß dem Überhitzer ein Teil der in der Feuerbüchse entwickelten heißen Verbrennungsgase unmittelbar zuströmt. Hierzu dient ein im unteren Teil der Rohrwände zwischen den Siederohren eingebautes Flammrohr von 280 bis 305 mm lichtem Durchmesser, je nach der Größe des Kessels.

Der in der Rauchkammer eingebaute Überhitzer besteht aus drei Reihen von je 19 bis 20 Rohren von dem in der Abbildung ersichtlichen lichten Durchmesser. Die Rohre sind der Rauchkammerwandung entsprechend derartig gebogen, daß sie im wesentlichen drei konzentrische Ringe bilden. Diese Ringgruppen sind in

130   Überhitzerbauarten.

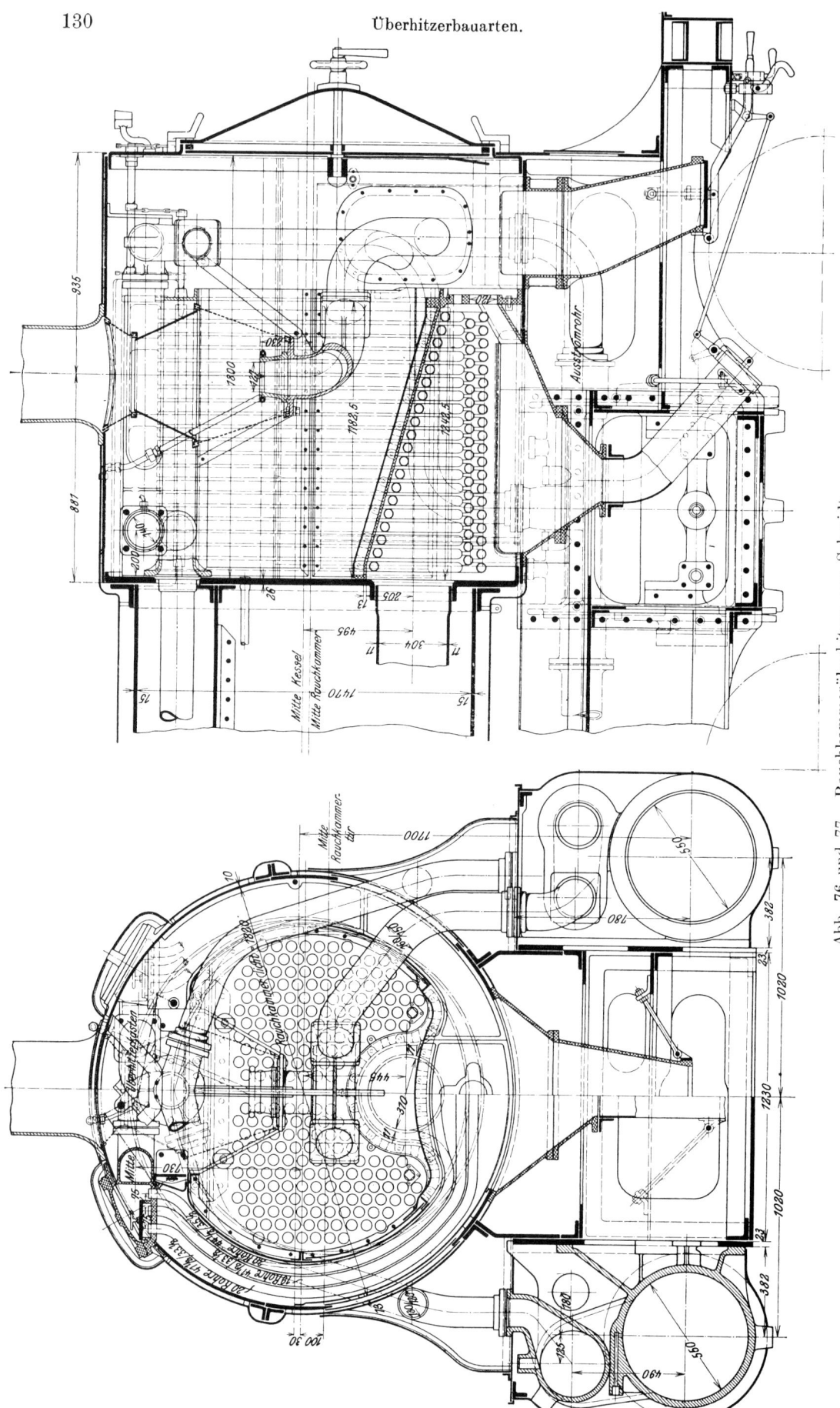

Abb. 76 und 77. Rauchkammerüberhitzer von Schmidt.

kleinen Abständen hintereinander eingebaut. Die nach oben abgebogenen Enden der Rohrbündel sind in den Böden von zwei langen Stahlgußdampfkammern eingewalzt, von denen eine rechts und eine links vom Schornstein in der Rauchkammerdecke angebracht ist. Sämtliche Rohre der inneren Ringe sind unten gewölbeartig von den beiden äußeren Ringreihen abgebogen, so daß zwischen der inneren und den beiden äußeren Ringreihen ein Raum (eine Überhitzungsfeuerbüchse) entsteht, in den die aus dem Flammrohre kommenden Heizgase zunächst eintreten. Die Ummantelung der Rohrgruppen schmiegt sich der Form der inneren Rohrringe an und geht rechts und links in der Rauchkammer bis über die Blasrohrhöhe hinauf, so daß der ganze Überhitzer bis in die Nähe der in die Dampfkammerböden eingewalzten Rohrenden in einen eisernen Kasten eingeschlossen ist. Dieser kann an beiden Seiten der Rauchkammer oben durch schmale Klappen abgeschlossen werden, die vom Führerstande aus gehandhabt werden.

Der Sattdampf vom Kessel strömt zunächst nach dem rechten Sammelkasten und dann durch die innere Rohrreihe nach dem linken. Ein innerer Deckel, der hier die zwei inneren Rohrreihen überdeckt, zwingt den Dampf, durch die mittlere Rohrreihe wieder nach dem rechten Sammelkasten zu treten. In diesem Kasten sind die beiden äußeren Rohrreihen durch einen inneren Deckel abgeschlossen, und es muß demnach der Dampf durch die äußeren Rohrreihen abermals nach dem linken Kasten strömen, von wo aus er hochüberhitzt in die Schieberkästen gelangt. Es findet also im Überhitzer eine dreimalige Richtungsänderung des Dampfstromes statt, und zwar derart, daß die Heizgase sowohl bei ihrem Eintritt, als auch bei ihrem Austritt mit Flächen in Berührung kommen, die von nassem Dampf gekühlt sind, während die vom Heißdampf bestrichenen und deshalb viel heißeren Wandungen genügend geschützt liegen. Die hohe Temperatur der Gase kann deshalb den Überhitzerrohrwandungen nicht gefährlich werden, und doch vermögen sich die Gase tief abzukühlen, weil sie bei ihrem Austritt zwischen den kältesten Rohren hindurch müssen. Die Sammelkästen haben von außen bequem zugängliche Deckel, nach deren Entfernung die Rohrenden leicht nachgewalzt oder gegebenenfalls zugepfropft werden können. Da die Rohre infolge der gebogenen Form sich frei auszudehnen vermögen und die Rohrdichtungen an den Enden des Feuergaszuges liegen, wo sie nur mit Gasen von etwa 300 bis höchstens 400° in Berührung kommen, so ist ein Undichtwerden fast ausgeschlossen. Sollten aber im Laufe der Zeit einzelne Rohre undicht werden, so kann man sich vorläufig durch das leicht auszuführende Zupfropfen der Rohröffnungen helfen und braucht die Lokomotive nicht aus dem Dienst zu nehmen. Erst wenn eine größere Anzahl Rohre unbrauchbar werden sollte, wird man die schadhaften durch neue ersetzen. Es kann zu diesem Zwecke die obere Rauchkammerhälfte abgeschraubt und mit dem ganzen Überhitzer zusammen abgehoben werden.

Wie bereits angedeutet, durchströmen die für die Überhitzung abgezweigten, in der Feuerbüchse entwickelten Heizgase das Flammrohr und den anschließenden gewölbeartigen Raum, der in der Rauchkammer durch die abgebogenen inneren und die äußeren Rohrringe gebildet wird, umspülen alsdann, veranlaßt durch die bei geöffneten Überhitzerklappen und arbeitender Lokomotive im Überhitzerkasten entstehende Luftverdünnung, die sämtlichen Überhitzerrohre aufwärts und ziehen aus den durch die Klappen gebildeten Öffnungen gemeinsam mit den aus den Siederohren austretenden Heizgasen durch den Schornstein ab. Die Wirkung dieser Umspülung der Überhitzerrohre durch die Heizgase steht demnach im Verhältnis zur Arbeitsleistung der Lokomotive und hört fast ganz auf, wenn der Regler geschlossen wird.

Durch die eigenartige Anordnung der Rohre ist zwar Sorge getragen, daß die Kastenwände nicht leicht übermäßige Wärme aufnehmen und erglühen können, es ist aber außerdem zum Schutz des Überhitzerkörpers und der Kastenwände der

Abb. 78.

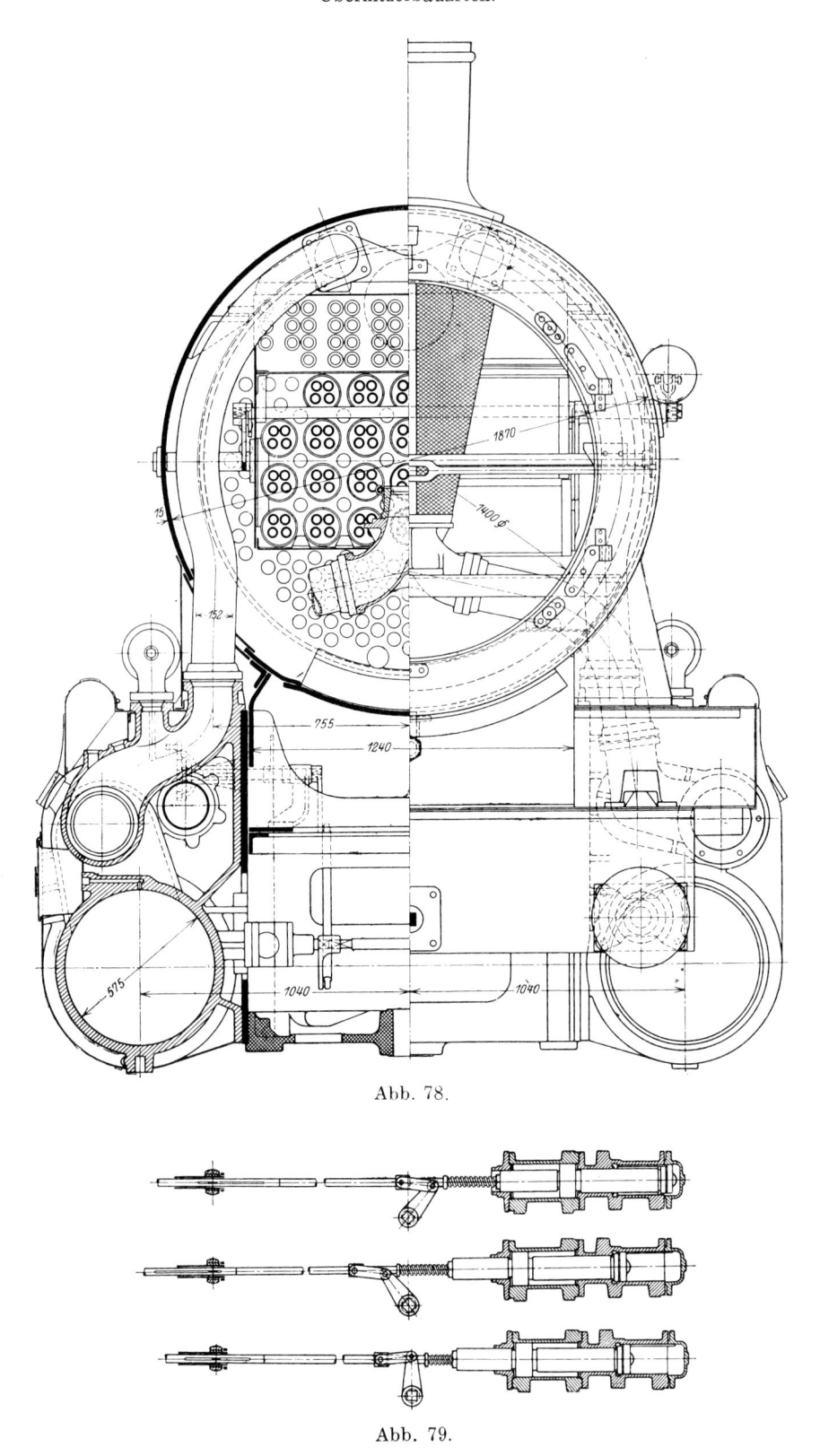

Abb. 79.

Abb. 78 bis 81. Rauchrohrüberhitzer von Schmidt mit senkrechtem Flansch.

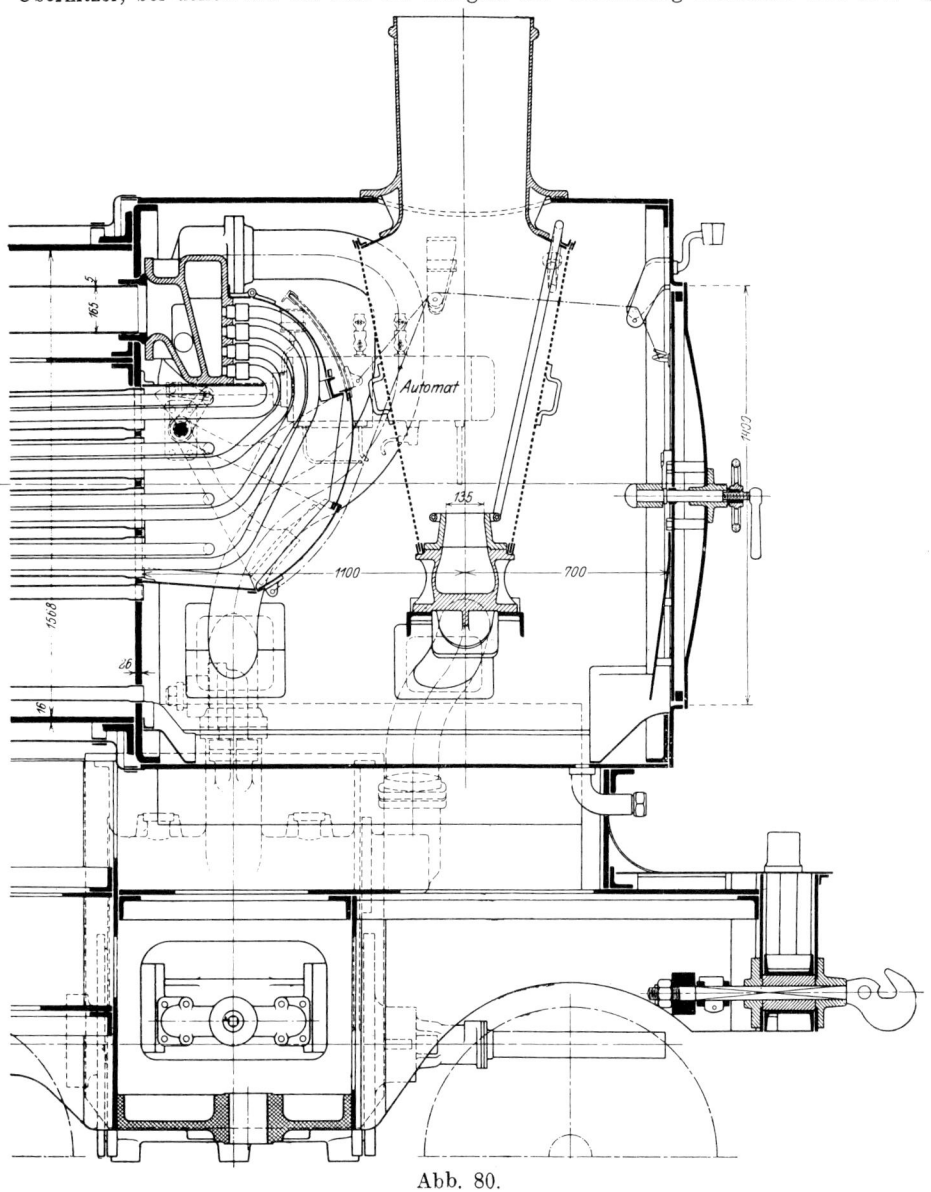

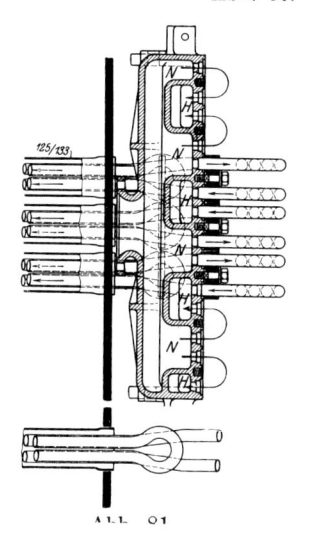

Überhitzer, bei denen nur ein Teil der Heizgase zur Überhitzung verwendet wird usw. 133

Abb. 80.

Abb. 78 bis 81.
Rauchrohrüberhitzer von Schmidt
mit senkrechtem Flansch.

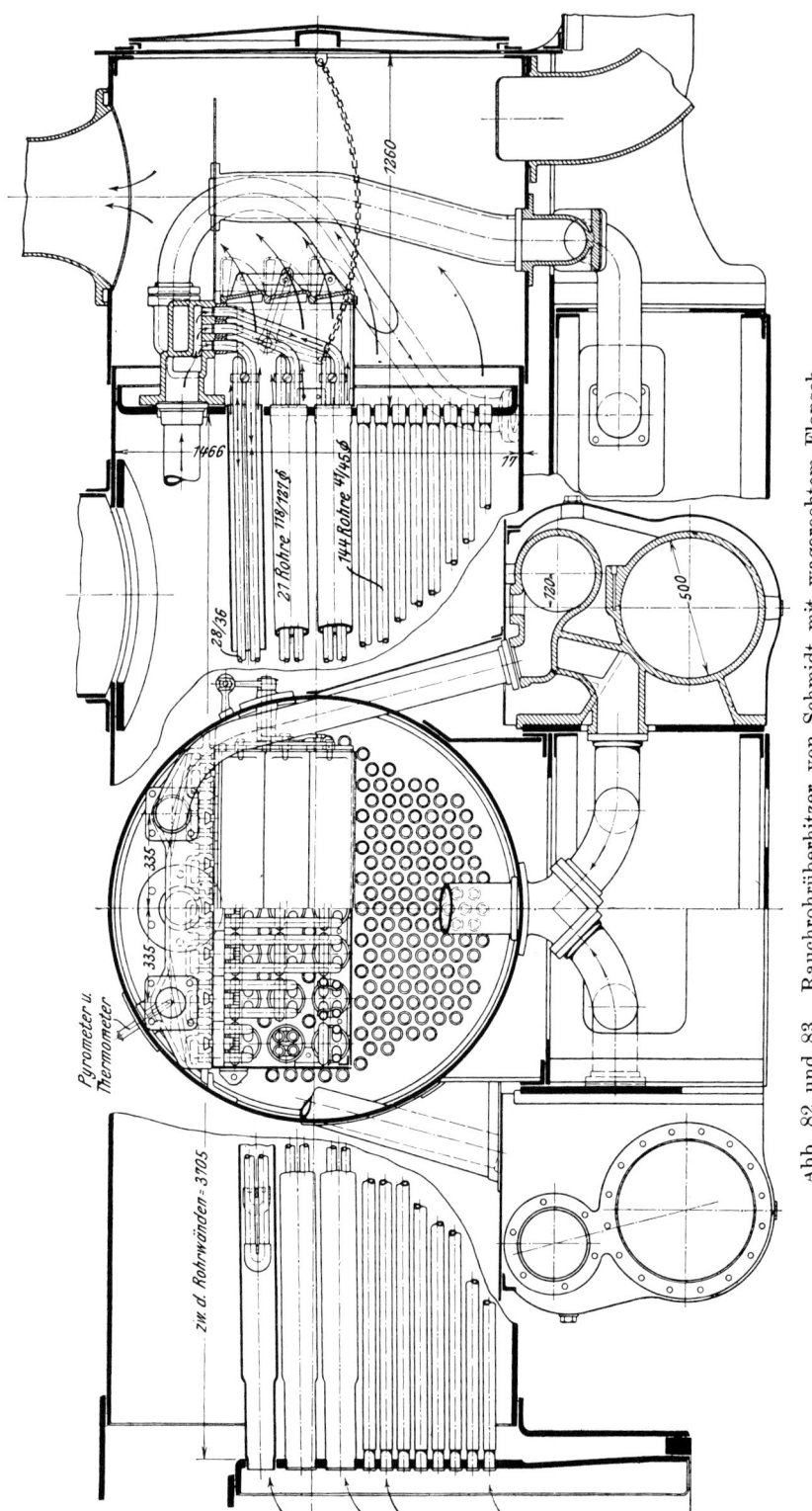

Abb. 82 und 83. Rauchrohrüberhitzer von Schmidt mit wagerechtem Flansch.

Überhitzer, bei denen nur ein Teil der Heizgase zur Überhitzung verwendet wird usw. 135

Bläserzug so mit dem Zuge für die Überhitzerklappen verbunden, daß diese Klappen sich schließen, wenn der Hilfsbläser geöffnet wird.

Die Eintrittstemperatur der Heizgase in den Überhitzer schwankt zwischen 600 und 800° C. Zahlreiche Messungen haben ergeben, daß in der Mitte des Überhitzerraumes eine Durchschnittstemperatur von 800° C bei der älteren Bauart und 600° C bei der neueren, dreiteiligen Bauart herrscht und daß die abziehenden Gase im Mittel etwa 330° C haben. Die unteren Rohrreihen des Überhitzers liegen so weit auseinander, daß die durch das Flammrohr mitgerissenen Löscheteilchen in den unter der Rauchkammer befindlichen Trichter hineinfallen können, so daß sich das Überhitzerrohrbündel erfahrungsgemäß nicht verstopft. Außerdem ermöglichen die abnehmbaren Verkleidungsbleche in den Seitenwänden des Überhitzerkastens eine leichte Untersuchung der Überhitzerrohre. Der sich auf den letzteren ansammelnde Ruß wird von Zeit zu Zeit durch Öffnen eines Ventils mit Druckluft oder Dampf abgeblasen. Dieses vom Führerstand aus zu bedienende Ventil versorgt

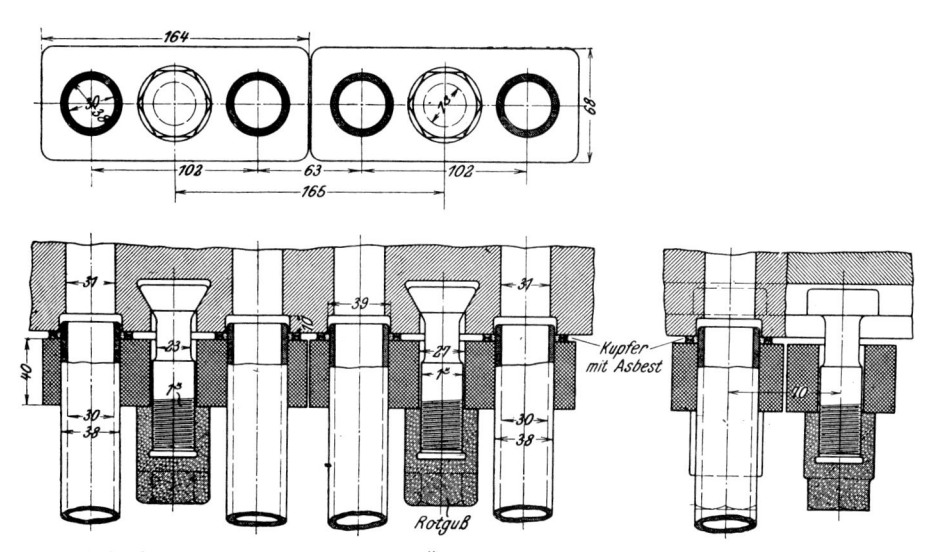

Abb. 84 bis 86. Befestigung der Überhitzerflanschen mit Schlitzschrauben.

zwei mit kleinen Löchern versehene, quer zu den Überhitzerrohren an der Rauchkammerwand innen angebrachte Rohre mit Druckluft oder trockenem Dampf aus dem Dom. Die einzelnen Dampfstrahlen sind nach oben und unten gerichtet, gehen zwischen den Überhitzerrohren durch und fegen sie rein. Die gesamte Anordnung des Überhitzers bedingt nur eine mäßige Vergrößerung des Durchmessers der Rauchkammer.

Neben dem Rauchkammerüberhitzer wurden bei einigen Eisenbahnverwaltungen auch Rauchrohrüberhitzer erprobt und die Erfahrungen führten im Jahre 1905 auch in der Preußischen Staatseisenbahnverwaltung zur Anwendung der fast gleichzeitig mit dem Rauchkammerüberhitzer erfundenen Überhitzerbauart Schmidts, des Rauchrohrüberhitzers, der sich in seiner verbesserten Anordnung mit Doppelschleifen als in jeder Beziehung gleichwertig mit dem Rauchkammerüberhitzer erwiesen hat, der dagegen in bezug auf Unterhaltungskosten wesentlich billiger ist und daher auch den Rauchkammerüberhitzer vollständig verdrängt hat.

c) Der Rauchrohrüberhitzer von Schmidt. Abb. 78 bis 81 zeigen den Rauchrohrüberhitzer einer 2 C-Heißdampf-Personenzuglokomotive der Preußischen Staatseisenbahnverwaltung, Gattung P 8.

Der Langkessel enthält hier vier (bei kleinen Kesseln nur 2 bis 3) Reihen größerer Rauchrohre (im vorliegenden Falle von etwa 124/133 mm Durchmesser). In jedem Rauchrohre befindet sich ein Überhitzerelement, bestehend aus zwei U-Rohren, die durch eine Schleife in der Rauchkammer zu einem Rohrstrang vereinigt sind. Der Dampf wird also in den Überhitzerrohren eines jeden Rauchrohres zweimal hin- und zurückgeführt. Die beiden Enden eines jeden Überhitzerelementes sind in der Rauchkammer abgebogen und in einen gemeinsamen, kräftigen Flansch eingewalzt, der durch eine in der Mitte zwischen den beiden abzudichtenden Öffnungen sitzende starke Schraube am Dampfsammelkasten befestigt wird, und zwar entweder an einem senkrechten Flansch (Abb. 78 bis 81) mittels wagerecht angebrachter Stiftschrauben oder an einem wagerechten Flansch (Abb. 82 u. 83) mittels senkrechter Schlitzschrauben (Abb. 84 bis 86).

Abb. 87. Modell eines amerikanischen Schmidt-Überhitzers.

Nach der ersten Bauart werden die Überhitzerrohre rückwärts gebogen, um die Befestigungsschrauben für die senkrechten Flansche besser zugänglich zu machen und eine etwas bessere Ausnützung der Heizgase zu erreichen. Sie ist bis jetzt bei den preußischen Heißdampflokomotiven angewendet worden.

Der zweiten Bauart mit wagerechtem Flansch (Abb. 82 u. 83 sowie 84 bis 86) gibt Schmidt den Vorzug wegen der Vermeidung der Zurückbiegung der Überhitzerrohre, Vermeidung von Stiftschrauben am Dampfsammelkasten und der Möglichkeit, die Klappen leichter selbstschließend anordnen zu können.

Abb. 87 zeigt die Rauchkammer und den Kessel einer amerikanischen Heißdampflokomotive mit einem Sammelkasten dieser Bauart.

In den Vereinigten Staaten von Amerika und in Kanada ist man, mit Rücksicht auf die besonderen Betriebs- und Werkstattsverhältnisse, zu einer etwas abgeänderten Befestigungsart der Überhitzerelemente am Sammelkasten übergegangen,

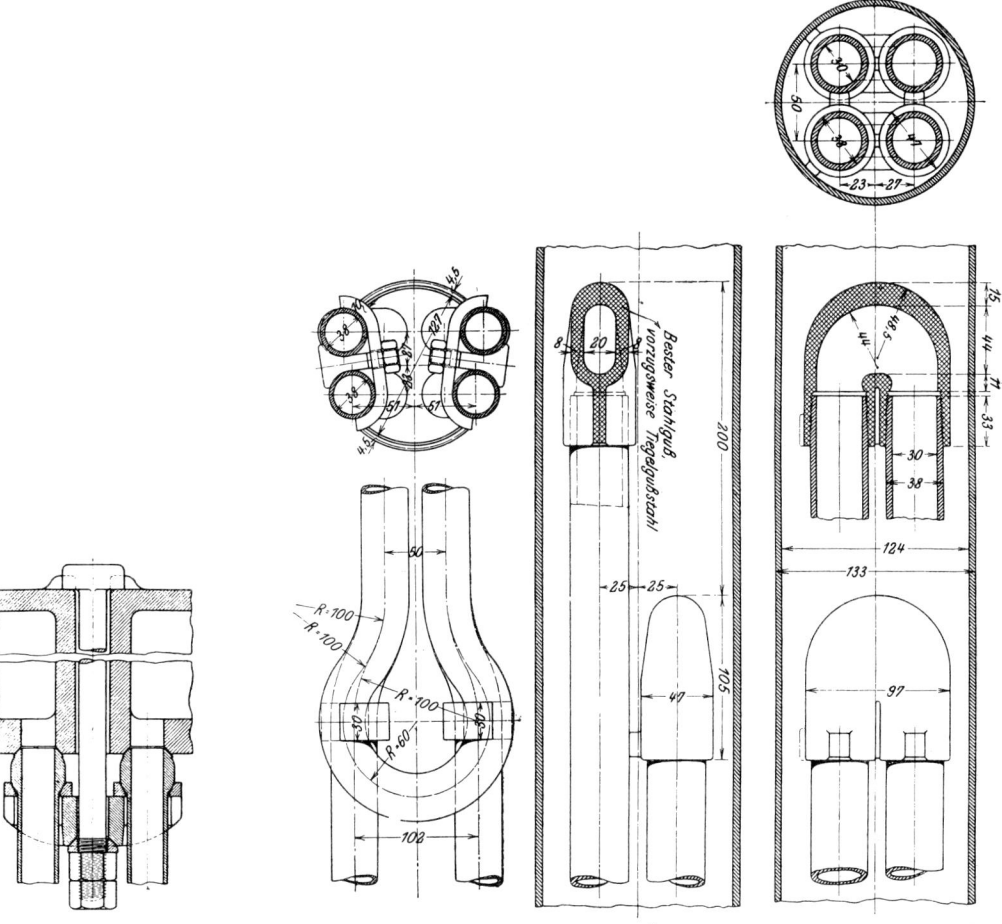

Überhitzer, bei denen nur ein Teil der Heizgase zur Überhitzung verwendet wird usw. 137

Abb. 88. Amerikanische Linsendichtung.

Abb. 89 bis 93. Einzelheiten der Überhitzerrohre zum Schmidtschen Rauchrohrüberhitzer.

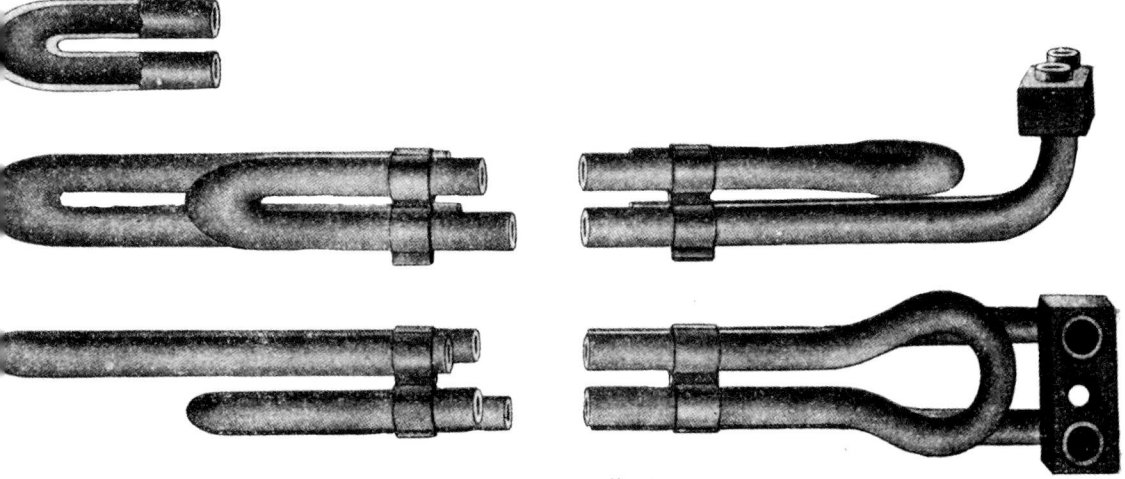

Abb. 94 bis 96. Geschweißte Überhitzerrohre.

138   Überhitzerbauarten.

Abb. 88. Die Enden der Überhitzerrohre sind dabei zu kugeligen Dichtungsflächen ausgebildet, die sich gegen entsprechende, nach Schablone geschliffene Sitzflächen am Sammelkasten metallisch anlegen und mittels eines losen Überwurfflansches angezogen werden. An Stelle der Schlitzschrauben werden auch häufig lange Schraubenbolzen, die durch den Sammelkasten hindurchgehen, zum Anziehen der Überhitzerelemente verwendet, unter entsprechender Ausbildung des Sammelkastens.

Endlich werden die Überhitzerrohrenden auch in die Grundfläche des Sammelkastens eingewalzt und die Einwalzstellen durch an der vorderen Seite des Sammelkastens angebrachte Deckel zugänglich gemacht, ähnlich wie dies bereits bei den Einwalzstellen der Überhitzerrohre des Rauchkammerüberhitzers angegeben wurde, und bei der in England vielfach ausgeführten Bauart von Robinson geschieht.

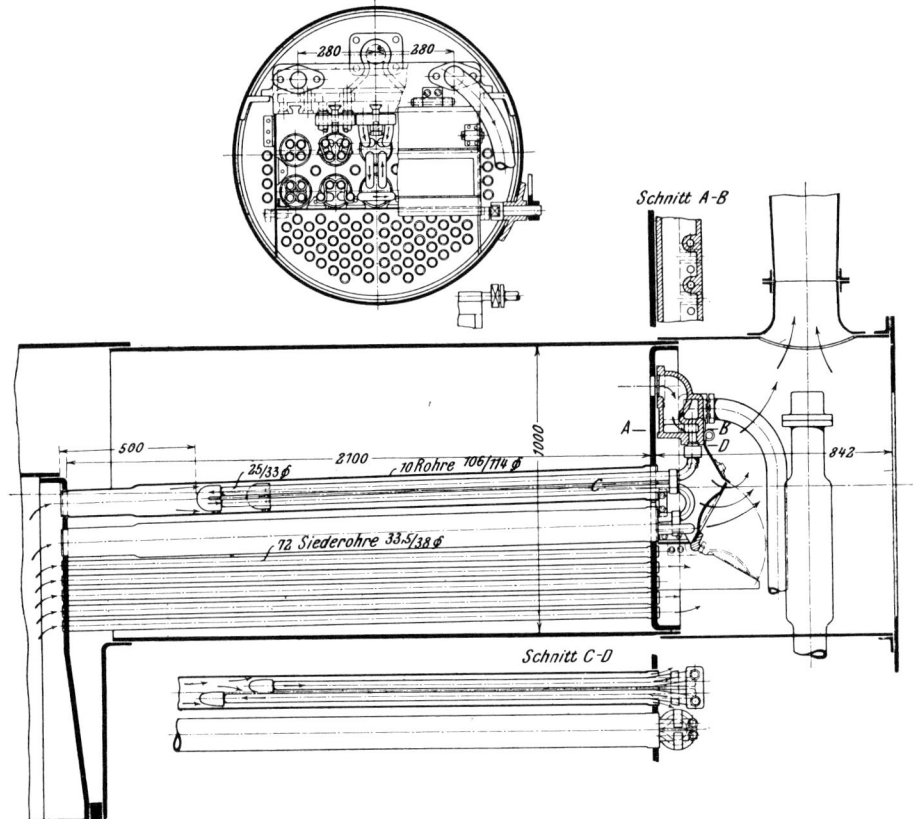

Abb. 97 bis 99. Rauchrohrüberhitzer von Schmidt für kleine Kessel.

Die Überhitzerelemente bestehen aus nahtlos gezogenen Stahlrohren, die vorn durch eine Schleife und hinten in den Rauchrohren entweder durch aufgeschraubte Stahlgußkappen, oder durch Schweißung hergestellt werden (s. Abb. 89 bis 93 sowie 94 bis 96). Die Kappenböden müssen verstärkt werden, um sie gegen die Wirkung der Feuergase widerstandsfähiger zu machen. Das Schweißen scheint den Vorzug zu verdienen und findet auch immer mehr Verbreitung, da Undichtigkeiten an den Umkehrenden nicht auftreten können und auch ein größerer freier Querschnitt für den Gasdurchgang in den Rauchrohren verbleibt, ohne den inneren Dampfquerschnitt der Überhitzerrohre zu drosseln.

In Abb. 97 bis 99 ist eine für sehr kleine Kessel bestimmte Bauart des Schmidtschen Rauchrohrüberhitzers dargestellt, bei der der Dampf in je zwei Rauchrohren mittels eines einzigen Überhitzerrohres viermal hin und zurück geführt wird, bevor er hochüberhitzt in den Dampfsammelkasten zurückkehrt. — Diese Anordnung gestattet auch bei sehr kurzen Siederohren, den Dampf auf einem möglichst langen Wege der Einwirkung der heißen Gase auszusetzen.

Bei den ersten Ausführungen des Rauchrohrüberhitzers von Schmidt für die belgischen Staatsbahnen, bestand jedes Überhitzerelement nur aus zwei getrennten U-Rohren, so daß der Dampf in jedem Rauchrohr nur einmal hin und zurück geführt wird. Die vier Rohrenden wurden in der Rauchkammer abgebogen, in einen gemeinschaftlichen Flansch eingewalzt und durch Klemmschrauben, die zwischen den einzelnen Flanschen sitzen, an dem Sammelkasten befestigt. Diese Befestigungs-

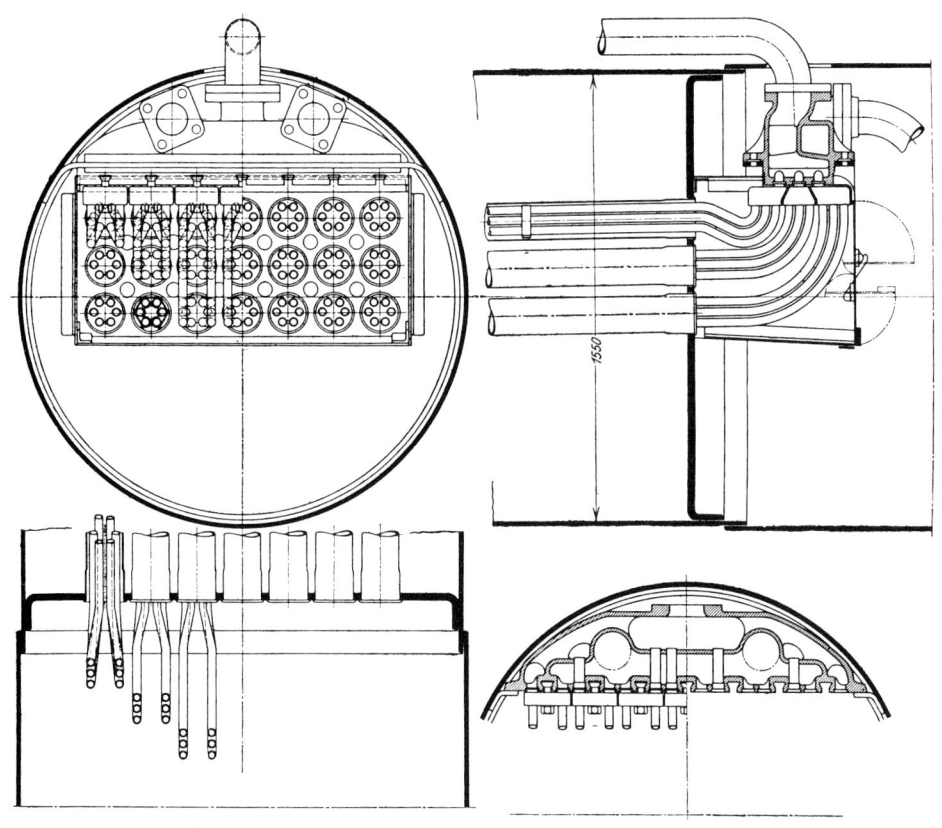

Abb. 100 bis 103. Rauchrohrüberhitzer von Schmidt mit 6 Rohrsträngen.

weise ließ jedoch namentlich bei metallischer Abdichtung der Flanschen zu wünschen übrig. Jede Schraube mußte zwei Nachbarelemente dichten, wodurch das gleichmäßige Anziehen der Schrauben sich schwierig gestaltete. Außerdem machte die Herausnahme eines Elementes die Lockerung der Befestigung und Wiederdichtung seiner beiden Nachbarelemente notwendig. Bei der eingangs genannten, neuen Bauart mit Schleifenanordnung sind diese Schwierigkeiten durch die unabhängige und gleichartige Befestigung eines jeden Flansches beseitigt. Dadurch vermindert sich auch die Zahl der abzudichtenden Öffnungen auf die Hälfte, weil jeder Flansch nur zwei Rohranschlüsse hat.

Neuere Bestrebungen gehen dahin, den Sattdampf noch mehr, etwa bis 400° zu überhitzen, um die Wirtschaftlichkeit weiter zu steigern. Eine höhere Temperatur läßt sich nun durch entsprechende Vergrößerung der Überhitzerheizfläche ohne Verkleinerung der jetzt üblichen Kesselheizfläche und ohne Vermehrung der bisher üblichen Anzahl der weiten Rauchrohre erreichen, wenn die Überhitzerelemente aus sechs oder mehr Rohrsträngen zusammengesetzt werden, statt wie bisher aus vier. Aus dieser Erwägung Schmidts ist eine neue Ausführungsform des Rauchrohrüberhitzers entstanden, die in Abb. 100 bis 103 dargestellt ist.

Bei dieser neuen Ausführungsform ist der Flansch, in dem die Rohrenden jedes Überhitzerelements befestigt sind, zu einer entsprechend geformten Zwischenkammer ausgebildet, die mit einer einzigen in der Mitte befindlichen Befestigungsschraube am Sammelkasten befestigt und gegen ihn abgedichtet ist. Dadurch wird erreicht, daß für jedes weite Rauchrohr statt des bisherigen einen, doppel-U-förmigen Elementes, 3, 4 oder 5 einfache U-förmige Rohre angeordnet werden können. Man gewinnt dadurch den Vorteil, daß nicht nur die Überhitzerheizfläche für ein Rauchrohr erhöht wird, sondern daß gleichzeitig auch die Querschnitte für Gas und Dampf sich reichlicher gestalten und somit eine größere Überhitzung erzielt wird, als diese bei der bisher üblichen Ausführung mit Doppel-U-Rohrelementen und Schleife möglich ist.

Die Rechnung ergibt, daß gegenüber dem Doppel-U-Rohrelement, d. h. dem 4 rohrigen Überhitzerelement

ein 6rohriges Überhitzerelement

7,25% mehr Gasquerschnitt,
14,6% mehr Heizfläche und
48,5% mehr Dampfquerschnitt,

ein 8rohriges Überhitzerelement

11,66% mehr Gasquerschnitt,
25% mehr Heizfläche und
45,7% mehr Dampfquerschnitt

und ein 10rohriges Überhitzerelement

17,83% mehr Gasquerschnitt,
31,2% mehr Heizfläche und
25,7% mehr Dampfquerschnitt

besitzt.

Die Überhitzung wächst etwa im Verhältnis wie die Heizfläche.

Werden also bei einer Heißdampflokomotive die vierrohrigen Überhitzerelemente durch 6-, 8- bzw. 10 rohrige Elemente mit Zwischenkammern ersetzt, so kann die Dampftemperatur unter Annahme eines Wassergehaltes des Dampfes von 5% und eines Kesseldruckes von 12 Atm. auf 325 bzw. 335 bzw. 345° steigen, wenn sie vorher nur 300° betrug.

Wenn man gleichzeitig die Überhitzerrohre um etwa 150 mm verlängert, d. h. bis 450 mm Entfernung an die Feuerbüchsrohrwand herangeführt, was nach den bisherigen Erfahrungen ohne Nachteil zulässig ist, so kann nach Versuchen von Professor Goß die Überhitzung um weitere 15° ansteigen, so daß dann mit einer Temperatur von 340, 350 bzw. 360° zu rechnen ist.

Es empfiehlt sich daher diese Ausführungsform bei solchen Heißdampflokomotiven anzuwenden, bei denen die bisherige Form aus irgendeinem Grunde nicht die gewünschte hohe Überhitzung ergeben hat, oder wo man überhaupt höhere Überhitzung (über 350°) anwenden will.

Die Herstellungskosten der neuen Ausführungsform stellen sich allerdings höher als die der bisherigen, doch wird dieser Nachteil durch die mit der höheren Überhitzung erzielte größere Kohlenersparnis in kurzer Zeit ausgeglichen.

Bei den bisher beschriebenen Rauchrohrüberhitzern strömen die Feuergase zum Teil durch die unten liegenden Siederohre nach der Rauchkammer, zum Teil durch die oben liegenden großen Rauchrohre und geben hierbei ihre Wärme an das sie umgebende Kesselwasser, vorwiegend aber an die innen liegenden Überhitzerrohre ab.

Überhitzer, bei denen nur ein Teil der Heizgase zur Überhitzung verwendet wird usw. 141

Der Durchzug der Gase durch die großen Rauchrohre wird durch in der Rauchkammer befindliche Klappen geregelt, die durch Dampfkraft offen gehalten werden, solange der Regler geöffnet ist und nach Reglerschluß durch ein Gegengewicht oder eine Feder in die Schlußstellung zurückgehen. Vgl. selbsttätige Einrichtung zur Klappenregelung (Automat) Abb. 104 bis 106.

Im Stillstande der Lokomotive und beim Fahren ohne Dampf findet demnach kein Gasdurchzug durch die Rauchrohre und somit auch keine Beheizung der in diesem Falle nicht vom Dampf gekühlten Überhitzerrohre statt. Es ist dadurch einem Erglühen der Rohre wirksam vorgebeugt.

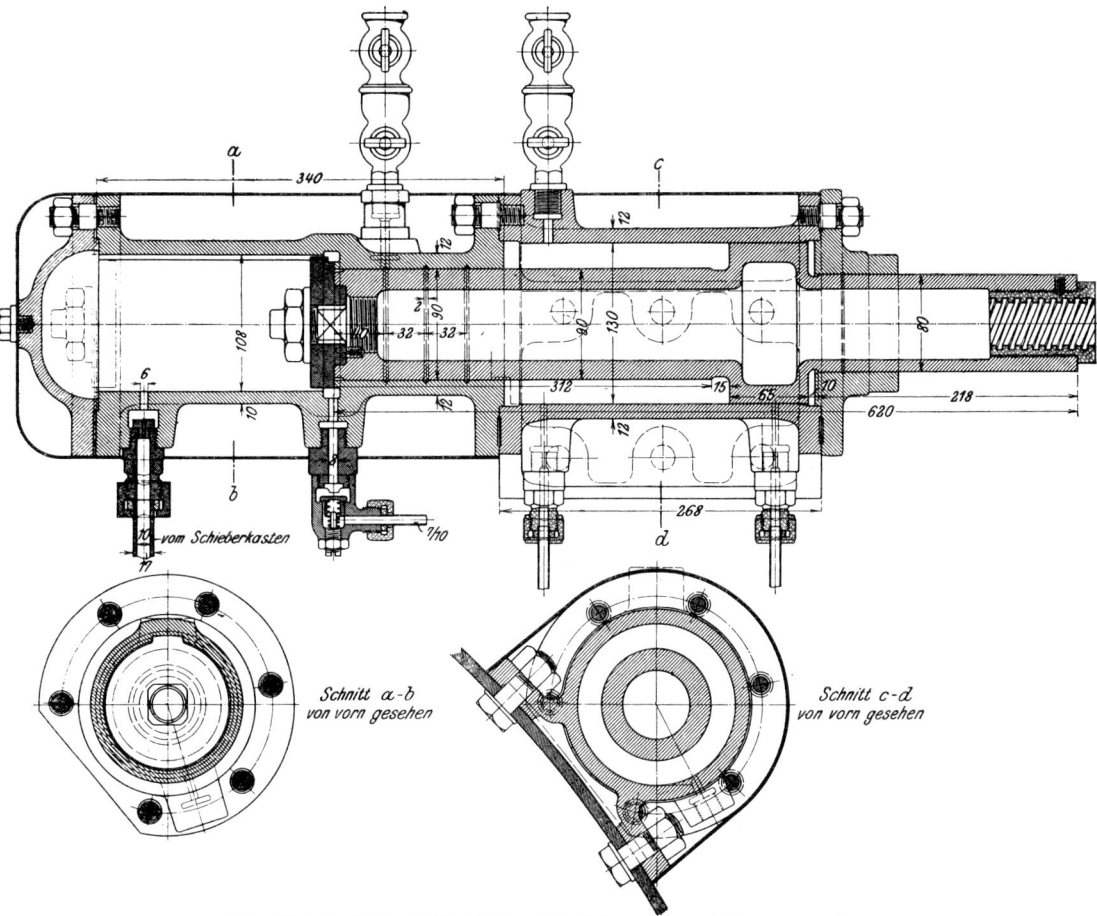

Abb. 104 bis 106. Selbsttätige Einrichtung zur Klappenregelung.

Die Überhitzerklappen können außerdem auch während der Fahrt unter Dampf durch ein Handrad vom Führerstande aus ganz oder teilweise geschlossen und geöffnet werden. In Tafel 6 ist das Bewegungsgestänge für die Überhitzerklappen der 2 C-Heißdampf-Personenzuglokomotive der preußischen Staatseisenbahnen dargestellt für die drei wichtigsten Klappenstellungen:

Stellung 1: Regler geschlossen. Automat ohne Dampf. Klappen durch Gegengewicht geschlossen.
Stellung 2: Regler offen. Kolben im Automat durch Dampfdruck in der Endstellung festgehalten. Klappen ganz geöffnet.
Stellung 3: Regler offen. Kolben im Automat durch Dampfdruck in der Endstellung festgehalten. Klappen können aber durch Handraddrehung teilweise oder ganz geschlossen werden.

Hierdurch lassen sich Dampfbildung und Überhitzung regeln. Wenn sich infolge der Klappenverstellung der Durchzug der Heizgase durch die großen Rauchrohre vermindert, sinkt natürlich der Grad der Überhitzung; entsprechend dem Grade der Drosselung können mehr Gase durch die unteren Siederohre strömen, und die Dampfbildung kann sich heben.

Die selbsttätige Einrichtung zur Regelung der Überhitzerklappen, Abb. 104 bis 106, sitzt außen an der linken Seite (Heizerseite) der Rauchkammer und besteht aus einem kleinen Dampfzylinder mit Kolben, dessen Bewegung durch Hebelübersetzung auf die Überhitzerklappen übertragen wird. Der Raum hinter dem Kolben ist durch ein Rohr in ständiger Verbindung mit dem Schieberkasten, der Kolben befindet sich daher stets, solange Dampfspannung im Schieberkasten herrscht, also solange der Regler offen ist, in der gezeichneten Endstellung. Damit Undichtigkeiten des Kolbens nicht zu Dampfverlusten führen, ist der Kolben im Automat so gestaltet, daß er in seiner Endstellung ein Ventil bildet, das durch den Dampfdruck geschlossen gehalten wird. Der Kolben ist gleichzeitig in seiner Verlängerung als Differentialkolben ausgebildet. Das Öffnen und Schließen der Klappen kann durch entsprechende Drosselung der bei jedem Hub eingesaugten Luft beliebig verzögert werden und somit ohne Schlag erfolgen.

Die Klappenanordnung hängt wesentlich von den Größenverhältnissen der Lokomotive ab. Bei kleineren Lokomotiven braucht nur eine einzige Klappe angeordnet zu werden, die sich vorteilhaft der Rohrkrümmung eng anschmiegt und einen ungehinderten Abzug der Heizgase gewährleistet. Bei größeren Kesseldurchmessern würde jedoch eine einzige Klappe sehr groß ausfallen und sich bei den hohen Temperaturen leicht verwerfen. Es wird daher die große Klappe in mehrere kleine zerlegt, gewöhnlich in drei. Bei der ersten 2 B-Heißdampf-Schnellzuglokomotive mit 2100 mm Triebraddurchmesser (Tafel II erste Auflage) wurden versuchsweise sieben senkrechte, fensterladenartig sich öffnende Klappen angeordnet. Der Gefahr des Verziehens sind diese kleinen Klappen natürlich noch weniger ausgesetzt, aber die Vielteiligkeit dieser Anordnung, die auch einen Kegelradantrieb in der Rauchkammer notwendig machte, ließ eine Anordnung mit nur drei größeren Klappen, die sich um wagerechte Zapfen drehen (vgl. Tafel 1), als empfehlenswerter erscheinen. Aber auch diese Anordnung war noch zu schwerfällig und wurde durch zwei kreisrund gebogene Blechtrommelteile ersetzt, wie sie z. B. in Tafel 6 dargestellt ist. Diese gebogenen, sich konzentrisch ineinander schiebenden leichten Klappen haben sich gut bewährt.

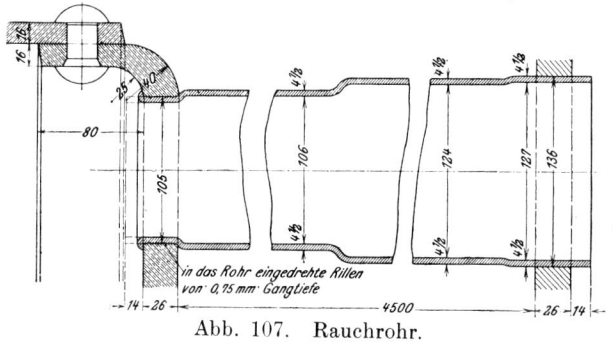

Abb. 107. Rauchrohr.

Der gewöhnlich aus bestem Zylindergußeisen, besser aber aus Stahlformguß, hergestellte Dampfsammelkasten ist so unterteilt und mit dem Kessel und Schieberkasten verbunden, daß der Dampf gleichzeitig durch sämtliche Überhitzerelemente hindurchströmen muß, um vom Kessel in die Zylinder zu gelangen.

Die Rauchrohre (Abb. 107) werden zur Verbesserung des Wasserumlaufs in der Nähe der Feuerbüchse auf eine größere Länge eingezogen, die Einwalzstellen am Feuerbüchsende sind mit in das Rohr eingedrehten Rillen von 0,75 mm Tiefe versehen. Mitunter wird vorgezogen, die Rohrenden mit Gasgewinde in die Feuerbüchsrohrwand einzuschrauben, was sich aber bei den Lokomotiven der Preußischen

Staatseisenbahnverwaltung als unnötig erwiesen hat. Ein sachgemäßes Einwalzen und Umbörteln genügt durchaus.

Die oben erwähnten Rillen im Feuerbüchsende der Rauchrohre werden nur angewandt in Kesseln mit kupfernen Rohrwänden, würden dagegen in Kesseln mit eisernen Rohrwänden ihren Zweck, mit Rücksicht auf die Härte des Metalls, nicht erfüllen und kommen daher auch z. B. bei den amerikanischen Lokomotiven, bei denen ausschließlich eiserne Rohrwände benutzt werden, nicht zur Verwendung.

Die Reinigung der großen Rauchrohre mit den darin befindlichen Überhitzerelementen von Ruß und Asche erfolgt am leichtesten durch Druckluft, in der Mehrzahl der Fälle am besten von der Rauchkammer aus[1]). Vorausgesetzt ist dabei, daß für diese hochwichtige Arbeit in den betreffenden Lokomotivschuppen die nötigen Einrichtungen — (Luftdruckanlage und Rohrverbindungen) — geschaffen werden und die Reinigung stets nach Beendigung einer Fahrt erfolgt. Wird hierauf streng gehalten — was selbstverständlich sein sollte —, dann ist diese Arbeit schnell erledigt und Verstopfungen und ein Herabziehen der Leistung des Überhitzers sind fast ausgeschlossen. Bei Unregelmäßigkeiten kann auch eine Nachhilfe von der Feuerbüchse aus stattfinden und manche Verwaltungen ziehen das Durchblasen von der Feuerbüchse aus vor.

Die Überhitzerrohre, deren Einzelheiten aus Abb. 84 bis 96 zu ersehen sind, werden nach Angaben von Schmidt so bemessen, daß der gesamte Dampfquerschnitt in Quadratzentimetern im Überhitzer ungefähr gleich ist 1% der Kolbenfläche in Quadratzentimetern mal der größten mittleren Kolbengeschwindigkeit in Metern. Bei dem Überhitzer der 2 B-Heißdampf-Schnellzuglokomotive der preußischen Staatsbahnen z. B. besteht der gesamte freie Rohrquerschnitt im Überhitzer aus 21 Rohren von 30 mm lichtem Durchmesser, und der Gesamtquerschnitt ist $21 \times 7{,}07 = 148$ qcm entsprechend einem Dampfrohr von 13,75 cm lichtem Durchmesser. Der Kolbenquerschnitt ist $55^2 \frac{\pi}{4} = 2376$ qcm, und daraus ergibt sich, daß der Querschnitt, für den der Überhitzer berechnet wurde, einer größten mittleren Kolbengeschwindigkeit von $\frac{148}{23{,}76} = 6{,}23 \frac{m}{sec}$ entsprechen würde. Bei dieser Kolbengeschwindigkeit macht die Lokomotive rund 300 Umdrehungen in der Minute, entsprechend einer Lokomotivgeschwindigkeit von rund 120 km/st. Wird angenommen, daß die Lokomotive bei dieser Geschwindigkeit 8000 kg = 8000 · 0,202 cbm Heißdampf von 300° in der Stunde verbraucht, so ergibt dies eine mittlere Dampfgeschwindigkeit in den Rohren von

$$v = \frac{8000 \cdot 0{,}202}{0{,}0148 \cdot 3600} = \sim 30 \text{ m/sek}.$$

Infolge der Dünnflüssigkeit des hochüberhitzten Dampfes haben sich so hohe Dampfgeschwindigkeiten als durchaus zulässig erwiesen, da sie keinen zu großen Spannungsabfall zwischen Kessel und Schieberkasten erzeugen, dafür aber den Wärmeaustausch im Überhitzer fördern und den Grad der Überhitzung erhöhen.

Für die Bemessung der Rauchrohrdurchmesser gilt als Grundsatz, daß durch den Einbau des Überhitzers der freie Querschnitt für den Durchgang der Heizgase nicht vermindert werden darf. Dabei kann angenommen werden, daß an der engsten Stelle ungefähr die Hälfte des Rauchrohrquerschnitts durch die Überhitzerrohre bzw. deren Rohrkappen verlegt wird. Die vier Querschnitte der Überhitzerrohre nehmen dabei etwa 40% des freien Rauchrohrquerschnitts in Anspruch.

Die Heizfläche des Überhitzers nimmt Schmidt mit etwa 25 bis 30% der Gesamtheizfläche an. Dabei wird durch den Einbau des Rauchrohrüberhitzers die

---

[1]) Vgl. hierzu zwölfter Abschnitt 3.

Heizfläche der Siederohre um etwas weniger als 25% vermindert, die Gesamtheizfläche wird demnach durch den Einbau des Überhitzers praktisch genommen nicht verändert, ist aber durch die hochliegenden, weiten Rauchrohre und durch die Überhitzerheizfläche wesentlich verbessert. Auch ist noch zu berücksichtigen, daß die überwiegend wirksame Verdampfungsheizfläche der Feuerbüchse dieselbe bleibt.

Für die Bestimmung der Abmessungen des Überhitzers sind noch gegenwärtig die Erwägungen maßgebend, die zuerst von Wilhelm Schmidt angestellt worden sind. Die Anzahl der großen Rauchrohre und ihre Durchmesser sowie die in diesen untergebrachten Überhitzerrohre muß so gewählt werden, daß etwa 42 bis 45% der gesamten Heizgasmenge durch die großen Rauchrohre abziehen kann. Bei Erfüllung dieser Bedingungen wird bei einem gut gebautem Kessel und richtig gehandhabter Feuerung die notwendige Überhitzung von 320 bis 350° leicht erreicht werden. Mit Rücksicht auf die geringe Wärmeleitfähigkeit des überhitzten Dampfes

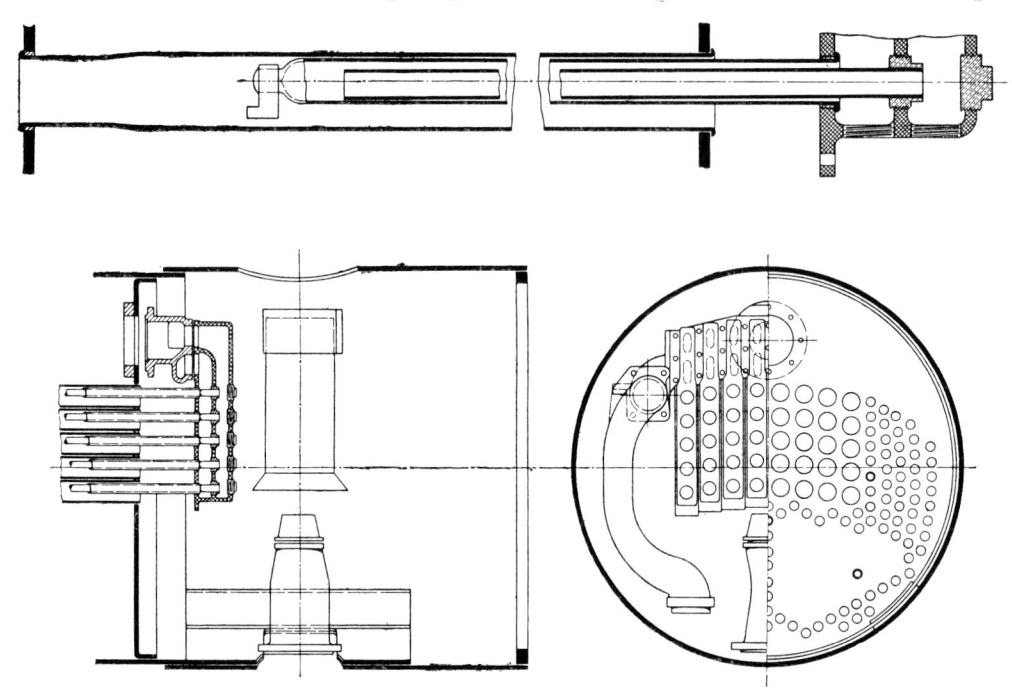

Abb. 108 bis 110.   Überhitzer älterer Bauart von Cole.

und die höhere Temperatur der Gase beim Eintritt in die großen Rauchrohre ist es weiter zur wirksamen Ausnutzung der Heizgase notwendig, diesen im Überhitzer eine verhältnismäßig größere Heizfläche entgegenzustellen, als die Heizgasmenge in den ausschließlich der Verdampfung dienenden gewöhnlichen Siederohren findet. Der Unterschied beträgt etwa 20%, das heißt ein Kubikmeter der durch die großen Rauchrohre abziehenden Heizgase hat etwa 20% mehr Heizfläche zu bestreichen, als ein Kubikmeter Heizgase, das durch die gewöhnlichen Siederohre abzieht. Dadurch ist es möglich, die Wärme der Heizgase im Überhitzer ebenso wirksam auszunutzen, sie also ebenso tief abzukühlen, wie in den gewöhnlichen Siederohren. Schmidt hat in voller Erkenntnis dieser Verhältnisse schon bei der ersten Ausführung seines Rauchrohrüberhitzers die Abmessungen der Rohre richtig gewählt, und diesem Umstand ist ein wesentlicher Anteil an dem großen Erfolg dieser Überhitzerbauart zuzuschreiben.

d) Der Schenectady-Überhitzer. Abb. 108 bis 110 stellt die ältere Bauart des von F. C. Cole, Oberingenieur der American Locomotive Company, im Jahre 1904

Überhitzer, bei denen nur ein Teil der Heizgase zur Überhitzung verwendet wird usw. 145

angewendeten, sog. „Schenectady"-Überhitzers dar. An Stelle von U-förmigen Überhitzerrohren benutzte Cole Fieldrohre, die sich in Rauchrohren von 75 mm Durchmesser befinden. Die in einer senkrechten Reihe liegenden Fieldrohre sind in der Rauchkammer durch eine Kammer aus Stahlguß (header) zu einem Überhitzergruppenelement zusammengefaßt, das an dem senkrechten Flansch des Hauptdampfsammelkastens durch Klemmschrauben befestigt ist. Der Hauptdampfsammelkasten ist durch eine wagerechte Wand in zwei übereinander liegende Kanäle geteilt; der vom Dom kommende nasse Dampf strömt zunächst in den oberen Kanal und von dort in die Einzelkammern, die durch senkrechte Zwischenwände in je zwei Kanäle geteilt sind; der vorn liegende steht mit dem Naßdampfkanal, der dahinter liegende mit dem Heißdampfkanal des Dampfsammelkastens in Verbindung. Der Dampf strömt nun durch die inneren, an ihrem hinteren Ende offenen Fieldrohre

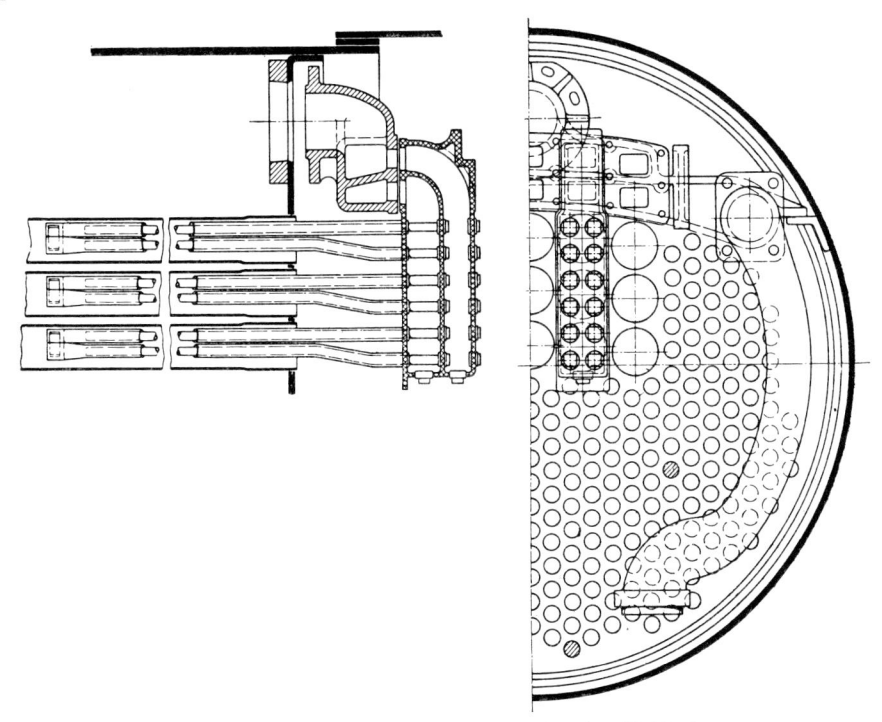

Abb. 111 und 112. Coleüberhitzer mit vier Fieldrohren.

von rund 27 mm äußerem Durchmesser nach rückwärts und kehrt durch die äußeren Rohre von 38 mm äußerem Durchmesser zu dem rückwärtigen Raum der Teilkammern zurück, die ihn dem unteren Kanal des Hauptdampfsammelkastens zuführen, von wo aus der überhitzte Dampf in die Schieberkästen gelangt.

Die erzielte Überhitzung ist nur gering, was hauptsächlich auf den grundsätzlichen Fehler der Fieldrohre zurückzuführen ist, daß der im innersten Rohr von den Einzelkammern strömende Naßdampf den ihn umspülenden, in der entgegengesetzten Richtung strömenden überhitzten Dampf wieder abkühlt. Die Temperatur des Dampfes auf seinem Wege zum Sammelkasten nimmt beständig ab. Die Dampftemperatur ist an der Stelle, wo die Heizgase mit ihrer höchsten Temperatur auf die Fieldrohrenden auftreffen, wesentlich höher als beim Austritt aus dem Überhitzer. Die Temperatur an den Rohrenden ist demnach höher als bei Verwendung von U-Rohren. Bei Versuchen hat sich ergeben, daß die Hälfte der an und für sich sehr geringen Überhitzung von etwa 40° auf dem Wege vom Dampfsammelkasten in der Rauchkammer zum Schieberkasten schon wieder verloren ging.

Garbe, Dampflokomotiven. 2. Aufl.

Um dem Verstopfen der Rauchrohre abzuhelfen, benutzte Cole bei einer späteren Bauart seines Überhitzers (Abb. 111 und 112) Rauchrohre von 125 mm Durchmesser mit je vier Fieldrohren; doch auch hierbei ergab sich nur eine unbedeutende Überhitzung, weil auch dieser Bauart der grundsätzliche Fehler der Fieldrohre anhaftet.

Cole gab daher bei seiner neuesten Bauart des Schenectady-Überhitzers (Abb. 113 bis 115) die Fieldrohre auf und benutzt U-Rohre von genau denselben Abmessungen wie Schmidt. Er näherte sich damit noch weiter der Schmidtschen Bauart; der einzige Unterschied besteht darin, daß er Teilsammelkästen anwendet, während Schmidt Abbiegung der Rohre in der Rauchkammer vorsieht. Dieser Unterschied bedeutet aber keine Verbesserung gegenüber dem Schmidt

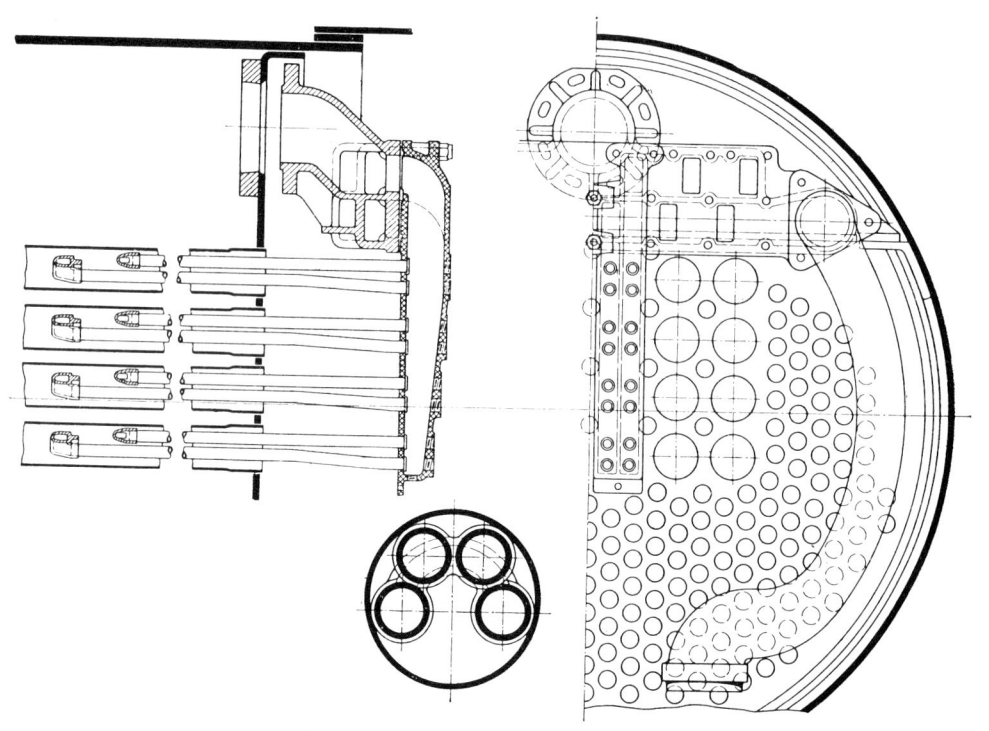

Abb. 113 bis 115. Coleüberhitzer mit U-Rohren.

schen Rauchrohrüberhitzer, die Änderung bzw. Abweichung verursacht vielmehr einen Hauptnachteil dieser neuesten Bauart Coles, da die Überhitzerrohre dabei an beiden Enden steif eingespannt sind, den verschiedenen Wärmeausdehnungen nicht folgen können, sich verbiegen müssen und nur eine kurze Lebensdauer haben können. Ferner wird durch die herunterhängenden Teilsammelkästen die Rohrwand-verbaut, die Reinigung der Rauchrohre erschwert und der Durchgang der Heizgase sehr behindert, was auch das Verlegen der Rohre veranlaßt. Die Teilsammelkästen haben den weiteren Nachteil, daß wie bei den Fieldohren in den Teilkammern ein Teil der Überhitzungswärme wieder an den Naßdampf verloren geht. Die Zahl der Verschraubungen und der abzudichtenden Öffnungen ist bei der Coleschen Bauart viel größer als bei dem Rauchrohrüberhitzer von W. Schmidt. Bei vier Überhitzerelementen nach Bauart Schmidt sind nur acht Rohröffnungen mit vier Schrauben abzudichten, während bei dieser Bauart Coles für jedes Überhitzerelement zunächst 16 Rohröffnungen im Teilkasten einzuwalzen, dann 16 Öffnungen, die zum Einführen der Rohrwalzen dienen, mit 16 großen Verschraubungen zu

Überhitzer, bei denen nur ein Teil der Heizgase zur Überhitzung verwendet wird usw. 147

verschließen und endlich die beiden großen, rechteckigen Öffnungen der Teilkammern mit sechs Klemmschrauben gegen den Hauptdampfsammelkasten abzudichten sind.

Die letzte bekannt gewordene Bauart des Coleüberhitzers ist einer Ausführungsform des Schmidt-Überhitzers mit seitlichen Sammelkästen sehr ähnlich, Abb. 116 zeigt eine Form, wie sie von der American Locomotive Company für einige Lokomotiven ausgeführt worden ist. Der Unterschied gegenüber der Schmidtschen Ausführungsform besteht wesentlich nur noch in der Befestigung der seitlichen Sammelkästen an der Rauchkammer.

Abb. 116. Überhitzer neueste Bauart Cole.

Während diese bei Schmidt frei in der Rauchkammer angeordnet sind, werden sie bei Cole an der Wand befestigt, wodurch eine gewisse Abkühlung des überhitzten Dampfes herbeigeführt werden dürfte.

e) Der Überhitzer von Vaughan und Horsey (Abb. 117 und 118). Dieser Lokomotivüberhitzer wurde von H. H. Vaughan, Superintendent der Canadian Pacific-Bahn, und A. W. Horsey, Oberingenieur derselben Bahn, gemeinsam entworfen. Auch sie benutzten Rauchrohre von rund 125 mm Durchmesser, in denen je zwei U-förmige Überhitzerrohre untergebracht sind. Naßdampfverteilkasten und Heißdampfsammelkasten sind voneinander getrennt. Von dem untenliegenden Sammelkasten für den überhitzten Dampf erstrecken sich schmale Teilsammelkanäle nach oben, in denen je vier Rohrstutzen eingeschraubt werden, die durch zwölf große Überwurfmuttern mit den Heißdampfenden der Überhitzerrohre verbunden sind.

10*

Der Naßdampf tritt aus dem großen Dampfverteilkasten in entsprechende, den Teilkanälen für den überhitzten Dampf nachgeformte, schmale Kanäle, die zwischen jenen liegen und sich von oben nach unten erstrecken. Die Verbindung der Naßdampfenden der Überhitzerrohre mit diesen Verteilkanälen des Naßdampfkastens geschieht ebenfalls durch Rohrstutzen und Überwurfmuttern, und zwar sind auch hier mit jedem Rohrstutzen vier Überhitzerrohre verbunden. Die in einem Rauchrohr befindlichen vier Überhitzerrohre sind demnach bei Vaughan durch vier Stück Verschraubungen von etwa 45 mm Durchmesser mit den Sammelkästen verbunden. Schmidt benötigt für den gleichen Zweck eine einzige, einfache 26 mm-Schraube. Das Herausnehmen einzelner Überhitzerelemente ist daher bei der Vaughanschen Anordnung nicht erleichtert. Für den gezeichneten Überhitzer mit 22 Rauchrohren sind $4 \times 22 = 88$ Stück 45 mm-Überwurfmuttern notwendig; Schmidt würde für den gleichen Zweck nur 22 Stück 26 mm-Schrauben brauchen. Die Verschraubungen beim Vaughan-Überhitzer sind außerdem sehr eng zusammengedrängt und daher schlecht zugänglich und die Abbiegungen sehr kurz, so daß das

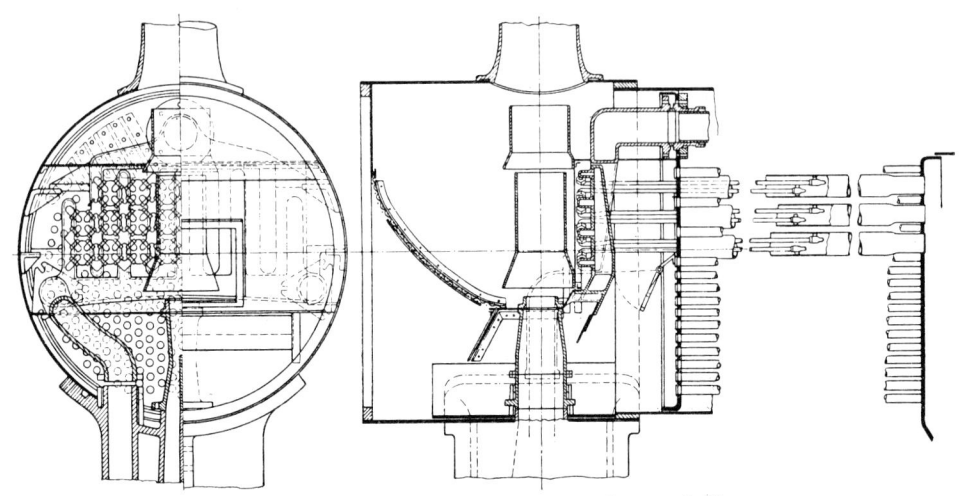

Abb. 117 und 118. Überhitzer von Vaughan und Horsey.

Abdichten der Rohre sehr erschwert wird. Die scharfen Abbiegungen in den Stahlgußrohrstutzen sind nicht nachgiebig und müssen ein Krummwerfen der Rohre infolge verschiedener Wärmeausdehnung begünstigen. Durch die beiden Dampfsammelkästen mit ihren senkrecht von oben nach unten und zwischen diesen von unten nach oben gehenden Teilsammelkanälen wird die Rohrwand stark verdeckt, und behufs Auswechselung eines Rauchrohres ist es notwendig, den ganzen Überhitzer mit beiden Sammelkästen und Dampfrohren abzubauen, während bei der Schmidtschen Anordnung nur ein bis vier Überhitzerelemente herauszunehmen und hierzu ein bis vier 26 mm-Schraubenmuttern zu lösen sind. Infolge der vielteiligen Form der beiden Dampfkammern, der vielen Rohrstutzen und schwer zugänglichen Verschraubungen, ist diese Anordnung jedenfalls teurer in der Anschaffung, weniger betriebsicher und viel teurer in der Unterhaltung als der Schmidtsche Rauchrohrüberhitzer. Der Überhitzer von Vaughan vermag naturgemäß bei gleicher Heizfläche und unter sonst gleichen Verhältnissen weder eine höhere Überhitzung noch eine größere Wirtschaftlichkeit als der Schmidtsche Rauchrohrüberhitzer zu erzeugen. Der Umstand, den Vaughan als besonderen Vorteil für seine Bauart hervorhebt, die Trennung der Naßdampf- von der Heißdampfkammer, ist gegenüber der großen Vielteiligkeit ganz unwesentlich.

f) Der Emerson-Yoerg-Überhitzer (Abb. 119). Emerson bildet die Dampfeinströmrohre zu Sammelkästen aus, wobei er den Dampfrohren einen rechteckigen Querschnitt gibt und sie durch eine senkrechte Zwischenwand so unterteilt, daß der rückwärtige Teil der Dampfrohre als Naßdampfkammer und der vordere Teil als Heißdampfkammer dient. Die beiden Heißdampfkammern müssen durch ein Zwischenrohr verbunden werden, da sonst, namentlich bei großen Füllungen, eine Abdrosselung des überhitzten Dampfes eintreten würde. Jeder Zylinder wird bei dieser seitlichen Anordnung der Sammelkasten nur von einer Hälfte des Überhitzers gespeist, es steht daher jedem Zylinder nur der halbe Dampfquerschnitt des Überhitzers zur Verfügung, während bei Überhitzerbauarten mit einem gemeinsamen Heißdampfsammelkasten jeder Zylinder vom ganzen Überhitzer gespeist wird.

Abb. 119. Emerson-Yoerg-Überhitzer.

Die Überhitzerrohre sind in entsprechende seitliche Vorsprünge oder Angüsse eingewalzt, wobei die Einwalzstellen in der üblichen Weise durch gegenüber den Mündungsstellen angeordnete Pfropfen zugänglich gemacht werden. Diese Anordnung hat den Nachteil, daß einzelne Überhitzerelemente nicht entfernt werden können, ohne den ganzen Überhitzer gleichzeitig herauszuziehen, was nach längerem Betriebe mit großen Schwierigkeiten verbunden ist, da sich namentlich die unten liegenden Rauchrohre bald verlegen und das Herausziehen der Überhitzerelemente erschweren. Emerson ist daher später auch dazu übergegangen, die Überhitzerelemente abnehmbar mit den Dampfrohren zu verbinden, was jedoch zu einer sehr vielteiligen Bauart führte und doch dem Übelstand nicht abhalf, daß sich die unteren Rauchrohre bald verlegten und für die Zwecke der Überhitzung unwirksam wurden. Diese Überhitzerbauart hat nur bei der Great Northern Railway und der Chicago, Burlington and Quincy Railway in den Vereinigten Staaten Anwendung gefunden.

g) Der Überhitzer von Notkin (Abb. 120 und 121). Bei diesem Überhitzer werden, wie beim Cole-Überhitzer, Fieldrohre angewendet, von denen jedoch die äußeren als Rippenrohre ausgebildet sind. Von dem Überhitzer von Cole unterscheidet er sich noch dadurch, daß der nasse Dampf durch das äußere Fieldrohr strömt und der angestrebte Heißdampf durch das innerste Rohr zurückkehrt. Der Dampfsammler befindet sich unmittelbar vor der Mündung der Rauchrohre (120 mm vor der Rauchkammerrohrwand) und muß infolgedessen jedenfalls den Zug der Heizgase durch die Überhitzerrauchrohre wesentlich beeinträchtigen und die Reinigung der Rauchrohre sowie die Auswechselung einzelner Überhitzerelemente ähnlich schwierig gestalten wie die Überhitzer von Cole und von Vaughan. Alle die Schwierigkeiten, die sich beim Cole-Überhitzer einstellten, werden auch beim Notkinschen Überhitzer eintreten. Die Rauchrohre von nur 73 mm Durchmesser müssen sich mit Lösche bald verlegen. Der Dampf wird seine höchste Temperatur am Feuer-

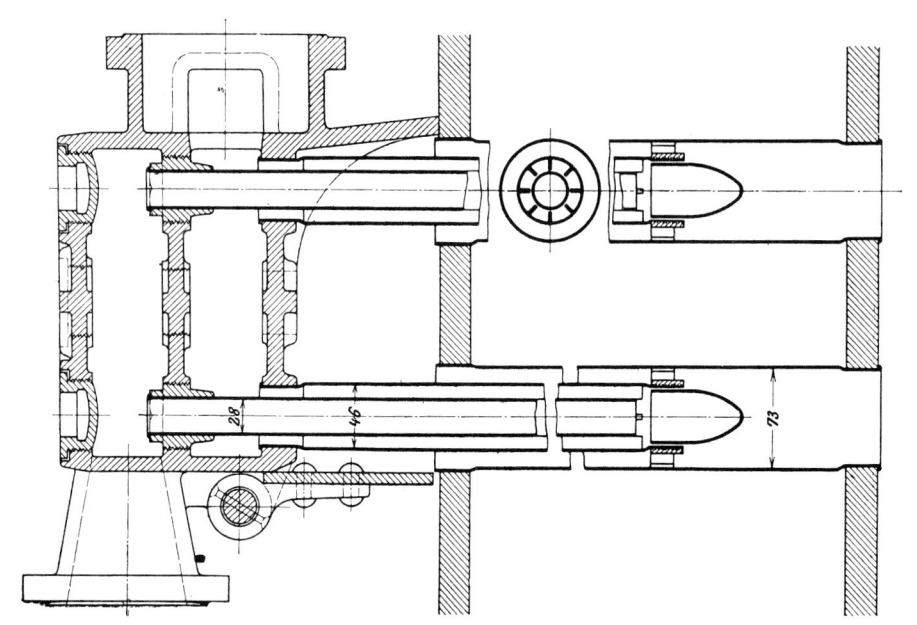

Abb. 120 und 121. Überhitzer von Notkin.

büchsende des Fieldrohres haben, und die Gefahr des Erglühens und Durchbrennens des Rohres an dieser Stelle ist um so naheliegender, als Notkin nur eine dünne Rohrkappe von etwa 2 mm Wandstärke vorgesehen hat, die außerdem nur 100 mm von der Rohrwand entfernt liegt. Auf dem Rückweg zur Rauchkammer wird der Dampf zum großen Teile wieder um die auf dem Hinwege erhaltene Überhitzung gebracht und dann noch unmittelbar vor dem Übertritt in die Heißdampfkammer des Sammelkastens durch den einströmenden Naßdampf einer weiteren Abkühlung ausgesetzt. Unter diesen Umständen wird sich auch bei dieser Anordnung des Überhitzers nur ein sehr ungenügender Überhitzungsgrad des Dampfes ergeben.

h) Überhitzer von Churchward, Burrows und Champeney (Abb. 122 bis 124). Der Sammelkasten ist zwischen den beiden wagerechten Rauchrohrreihen angeordnet und besitzt eine im wesentlichen oben liegende Naßdampfkammer, die an ihren Enden mit dem Hauptdampfrohr vom Kessel in Verbindung steht, und einer im wesentlichen darunter liegenden Heißdampfkammer, an deren Enden die Dampfeinströmrohre zu den Zylindern abzweigen. In jedem Rauchrohre befinden sich 6 Überhitzerrohre, deren Enden in der Nähe der Feuerbüchsrohrwand durch drei Stahlgußkappen

Überhitzer, bei denen nur ein Teil der Heizgase zur Überhitzung verwendet wird usw. 151

zu drei U-förmigen Überhitzerelementen vereinigt werden. Die vorderen Enden dieser Überhitzerelemente sind in der Rauchkammer in U-förmige Zwischensammelkammern (s. Abb. 123 und 124) eingewalzt, derart, daß die Naßdampfenden der zu einem Rauchrohr gehörigen Überhitzerelemente in den einen Schenkel der Zwischenkammer und die Heißdampfenden in den anderen Schenkel münden. Die drei Rohrmündungen der Dampfeintritts- und Austrittsseite werden in der Zwischenkammer zu je einer gemeinsamen Dampfeintritts- und Dampfaustrittsöffnung vereinigt, die gegen entsprechende Öffnungen im Hauptsammelkasten abgedichtet werden. Da diese Überhitzerbauart nur zwei Rauchrohrreihen vorsieht, so ist die damit erzielbare Überhitzung nur eine sehr geringe, trotzdem sechs Überhitzerrohre

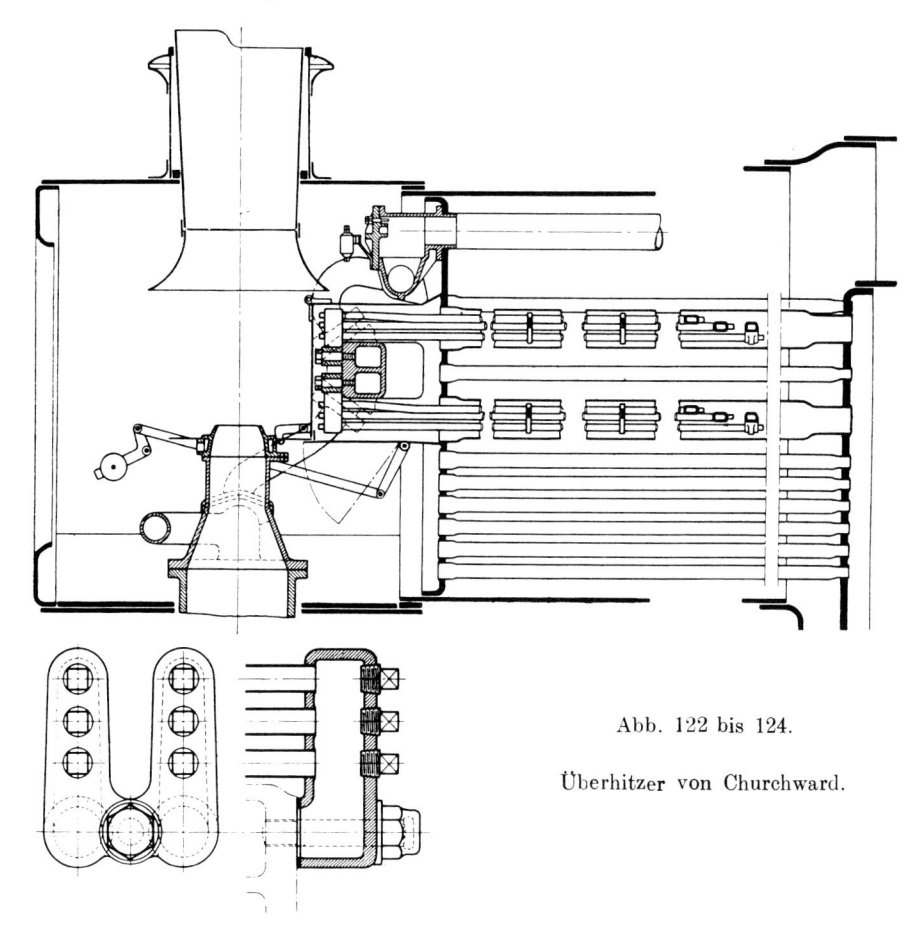

Abb. 122 bis 124.

Überhitzer von Churchward.

in jedem Rauchrohre angeordnet sind. Der Churchward-Überhitzer zeigt im übrigen Ähnlichkeiten mit der früher besprochenen Überhitzerbauart von Cole, mit der er auch die meisten Mängel gemein hat.

i) Der Überhitzer von Cockerill (Abb. 125 bis 127). Dieser von Cockerill in Seraing gebaute, sehr vielteilige Überhitzer ist hier nur in der einfachsten Ausführungsform zur Überhitzung des Niederdruckdampfes bei Zwei- und Vierzylinder-Verbundlokomotiven dargestellt. Er besteht aus zwei Bündeln von je 15 Rauchrohren, von denen jedes drei Überhitzerrohre enthält. Wie die Pfeile andeuten, geht der Dampf vom Regler in das Rohr L und von dort durch die Zuführungsrohre E und E' in die Hochdruckzylinder. Aus diesen strömt der Dampf durch die Rohre F und F' nach der Kammer D und von hier im Gegenstrom durch das linke Überhitzerrohrbündel nach G, wird von dort durch ein weites Rohr in die

Kammer H geleitet, geht von hier im Gleichstrom durch das andere Überhitzerrohrbündel nach der Kammer J und durch die Rohre $K\,K'$ nach den Niederdruckzylindern. Die Regelung der Heizgase in den Rauchrohren ist in den zur Verfügung stehenden Zeichnungen nicht ersichtlich gemacht, geschah jedoch in einer dem Verfasser bekannt gewordenen Ausführungsform durch einen Schieber, der den Eintritt der Heizgase in die Rauchrohrstutzen beherrschen sollte. Diese kurzen Rohrstutzen sind in in der Feuerbüchsrohrwand eingewalzt und tragen am anderen Ende die beiden Kästen G und H. Die im Langkessel angebrachten, sehr unzugänglichen Verteilkästen G und H für den nassen Dampf, die schon an sich den freien Durchzug der Heizgase stark behindern, bilden einen wesentlichen Nachteil dieses vielteiligen und kostspieligen Überhitzers, der wegen der Kürze der Überhitzerrohre und wegen der Abkühlung des teilweise überhitzten Dampfes in den Kammern G und H sowohl als in dem Verbindungsrohr, das durch den Naßdampfraum geführt ist, nur eine geringe und durch einen großen Verlust an Siederohrheizfläche teuer erkaufte Überhitzung ergeben kann.

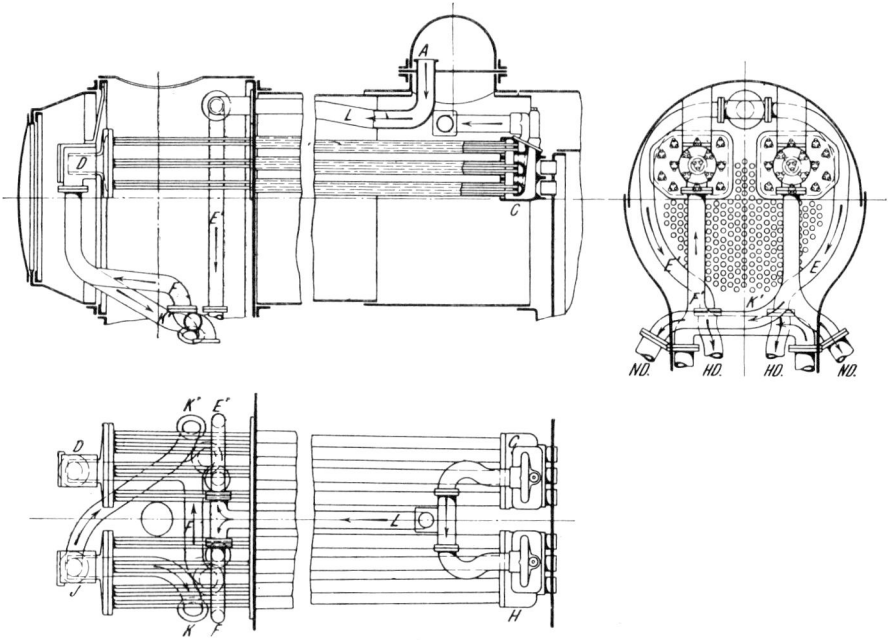

Abb. 125 bis 127. Überhitzer von Cockerill.

Über den Wert einer Zwischenüberhitzung, die die Niederschlagsverluste im Hochdruckzylinder weiter bestehenläßt, wurde schon im vorhergehenden Abschnitt gesprochen.

Die Erbauer hatten auch auf der Weltausstellung in Lüttich eine zweite Vierzylinder-Verbundlokomotive mit dem gleichen Überhitzer ausgestellt, der jedoch mittels eines zweiten Dampfreglers in der Rauchkammer so geschaltet werden konnte, daß eines der beiden Überhitzerrohrbündel zur Überhitzung des Hochdruckdampfes und nur das zweite für den Verbinderdampf benutzt werden konnte. Es sollte dadurch erprobt werden, ob es bei Verbundmaschinen wirtschaftlicher ist, Hoch- und Niederdruckdampf zu überhitzen oder nur den letzteren allein. Diese äußerst vielteilige Vorrichtung (Näheres siehe Bulletin du congrès international des chemins de fer, September 1905) konnte jedoch, wie bereits hervorgehoben, über diese Frage keinen verläßlichen Aufschluß geben, da die Versuche an einer und derselben Maschine durchgeführt wurden, während es doch notwendig wäre, die Zylinderverhältnisse zu ändern, je nachdem Hoch- und Niederdruckdampf oder nur der letztere allein überhitzt wird.

2. Überhitzer, bei denen ein kleines Temperaturgefälle aller Heizgase zur Überhitzung angewendet wird.

a) Der Überhitzer von Pielock (Abb. 128 bis 129). Der Hauptbestandteil dieses Überhitzers ist eine Dampfkammer von angenäherter Würfelform, die im Innern des Langkessels sämtliche Siederohre auf eine bestimmte Länge umschließt, wobei

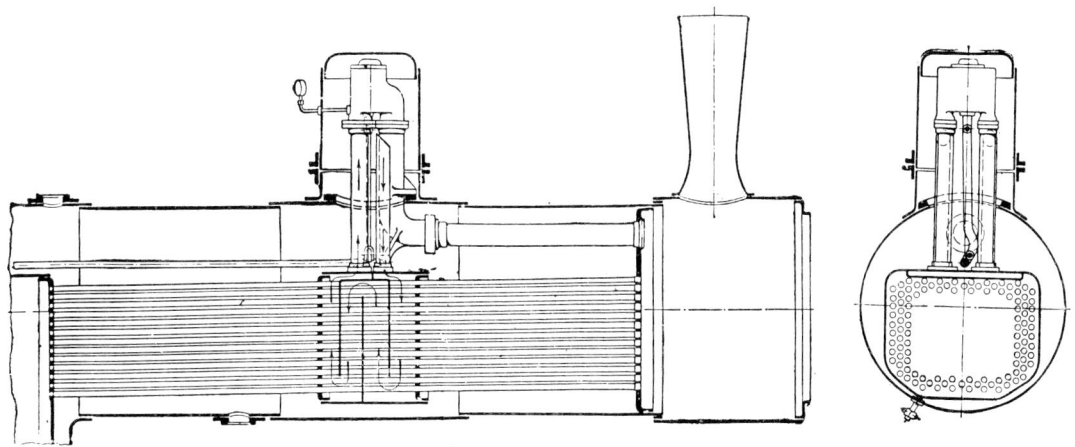

Abb. 128 und 129. Überhitzer von Pielock, ältere Bauart.

die Siederohre in die Vorder- und Hinterwand des Kastens dicht eingewalzt werden müssen. Der Durchmesser der Bohrungen in den vier Rohrwänden von der kupfernen Rohrwand des Kessels bis zur Rauchkammerrohrwand nimmt entsprechend zu, damit schadhafte Rohre durch die Rauchkammerwand entfernt werden können. Der Dampfkasten ist durch Scheidewände, die bei der älteren Bauart (Abb. 128 und 129) quer zu den Siederohren, bei der neueren dagegen (Abb. 130 und 131), wegen des leichteren Einbaues der Siederohre, gleichlaufend mit den Siederohren angeordnet sind, in Abteilungen geteilt, so daß der an der Decke des Überhitzers eintretende nasse Dampf auf einem möglichst langen Wege die Siederohre umspülen kann. Die Verteilung und Führung des Dampfes ist hierbei jedoch keine vollkommene, weil eine zwangsweise Unterteilung des starken, vom Dom kommenden Dampfstrahls in viele dünne Dampfstrahlen, wie dies bei den Schmidtschen Überhitzern grundsätzlich stattfindet, hier nicht ausreichend eintreten kann und dadurch eine genügend innige Berührung mit den Wandungen der Überhitzerrohre, hier der Siederohre, nicht zu erreichen ist.

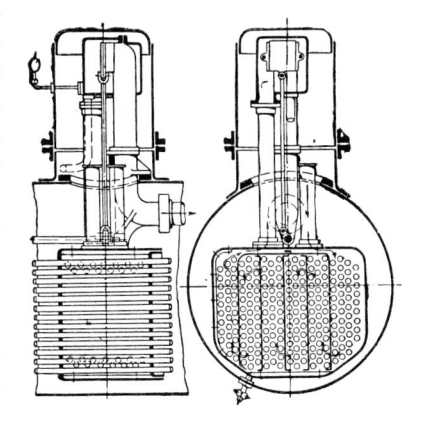

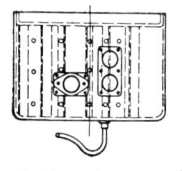

Abb. 130 und 131. Pielock-Überhitzer, neuere Bauart.

Der Grundfehler aller Siederohrüberhitzer liegt aber in der Benutzung dieser zur Verankerung der vorderen und hinteren Rohrwand dienenden Siederohre zur Überhitzung überhaupt, wodurch bei der Möglichkeit eines Erglühens dieser dünnen Kesselanker und der vermehrten Beanspruchung, der sie auf der Länge des Überhitzerkastens ausgesetzt sind, eine Betriebsgefahr nicht ausgeschlossen ist. Es ist weiter zu erwarten, daß das Gefüge und damit die Festigkeit der im Betriebe unter großer Zugspannung stehenden Siederohre durch die sog. Blauwärme, die selbst bei geringer Überhitzung in jeder Betriebspause, namentlich auch beim Gebrauch des Bläsers, eintreten muß, beeinflußt werden wird. Ungünstig müssen auch die verschiedenen Temperaturen und Ausdehnungen der Rohrbündel in den einzelnen Überhitzerabteilungen auf die Dauerhaftigkeit der Siederohre einwirken. Das Dichtwalzen der Siederohre in den Rohrwänden der Überhitzerkammer erfordert große Sorgfalt, wenn die Rohre nicht über Gebühr an diesen Stellen beansprucht werden sollen. Fehler sind nicht sichtbar, und bei eingetretenen Undichtigkeiten können die betreffenden Stellen in dem völlig unzugänglichen Überhitzerkasten nicht festgestellt werden. Ein Nachwalzen aller Dichtungsstellen kann unter Umständen wiederholt notwendig werden. Sowohl durch die Nässe des Dampfes als auch durch das Durchtreten von Wasser an den undichten Stellen in Verbindung mit der aus dem Wasser ausgetriebenen und den Überhitzer durchstreichenden warmen Luft müssen die in dem Überhitzer liegenden Teile der Rohre stark anrosten. Bei einigen Lokomotiven, die versuchsweise solche Überhitzer erhalten haben, hat sich gezeigt, daß die Siederohre innerhalb der Überhitzerkammer nach kurzer Zeit stark angerostet, teilweise sogar durchgerostet waren. Das Herausnehmen der Siederohre wird durch den Kesselstein, der sich an den Siederohrteilen außerhalb und hinter dem Überhitzer angesammelt hat, sehr erschwert. Die Rohre leiden daher beim Herausnehmen und es ist nicht ratsam, herausgenommene Rohre anzuschweißen und wieder zu benutzen, da beim Wiedereinziehen stets andere Stellen neu aufgewalzt werden müßten, die alten aber beim Ansetzen von Kesselstein ein erneutes Herausziehen noch schwieriger gestalten. Die Überhitzung kann bei dieser Überhitzergattung nur eine mittlere sein, um so mehr, als die Heizfläche beschränkt ist. Eine genügende Vergrößerung ist nicht gut angängig, da sonst der Wasserinhalt des Kessels zu sehr verkleinert, die Leistungsfähigkeit namentlich auf Steigungen herabgezogen anstatt gesteigert wird. Ein Verschieben des Überhitzers zur Erziehung höherer Überhitzung und damit größerer Wirtschaftlichkeit und Leistungsfähigkeit nach der hinteren Rohrwand zu ist wegen der erhöhten Gefahr des Erglühens der Siederohre, das mehrfach schon bei der bisherigen Lage des Überhitzers beobachtet wurde, ganz unzulässig. Ebenso wird eine Steigerung des Überhitzungsgrades bei wachsender Beanspruchung bis zu mittlerer Leistung nur in sehr geringem Maße erfolgen, wo aber eine bedeutende Mehrleistung des Überhitzers erforderlich ist, wird die Dampftemperatur sogar wieder sinken. Die Dampftemperatur, die im Dome gemessen mit 280 bis 300° angegeben wird, sinkt weiter auf dem Wege zum Schieberkasten sehr beträchtlich, da der Heißdampf durch den Langkessel geleitet wird. Nach Versuchen auf dem Lokomotivprüffelde in St. Louis hat der Temperaturabfall bis zu 59° betragen, so daß auf eine wirtschaftlich wirksame Überhitzung des Dampfes beim Eintritt in die Zylinder nicht mehr gerechnet werden kann.

Aus diesen Gründen ist zu ersehen, daß unter Umständen jede Überhitzerbauart, die die schwachen, vorwiegend als Feuerrohr und zur Verankerung vorgesehenen Siederohre zur Überhitzung benutzt, ohne daß die Möglichkeit vorliegt, beim Schluß des Reglers selbsttätig den Durchzug der Heizgase abzusperren, betriebsgefährlich werden kann.

Um das gefährliche Schwächen der Siederohre durch An- und Durchrosten möglichst zu verhindern, werden sie innerhalb des Überhitzerkastens mit einem nichtrostenden Metallüberzug versehen und der Überhitzerkasten wird beim Stillstand der Lokomotive mit Wasser gefüllt, das bei Wiederinbetriebsetzung der Lokomotive entleert werden muß. Diese Maßregel bildet eine lästige Beigabe für den Betrieb des Überhitzers, der auch trotz dieser Verbesserungen auf die Dauer als betriebssicher nicht angesehen werden kann.

Überhitzer, bei denen ein kleines Temperaturgefälle aller Heizgase angewendet wird. 155

Auf dem Versuchsstande in St. Louis wurde eine Vierzylinder-Verbundlokomotive (Bauart v. Borries) einer eingehenden Prüfung unterworfen. Bei 10 Versuchen, die insgesamt 21 Stunden und 20 Minuten dauerten, ergab sich als

mittlere Überhitzung des Dampfes beim Austritt aus dem Überhitzer im Dom . . . . 99° C
als mittlere Überhitzung des Dampfes im Dampfrohr zum Zylinder 54° C
als mittlerer Temperaturabfall . . . . 45° C.

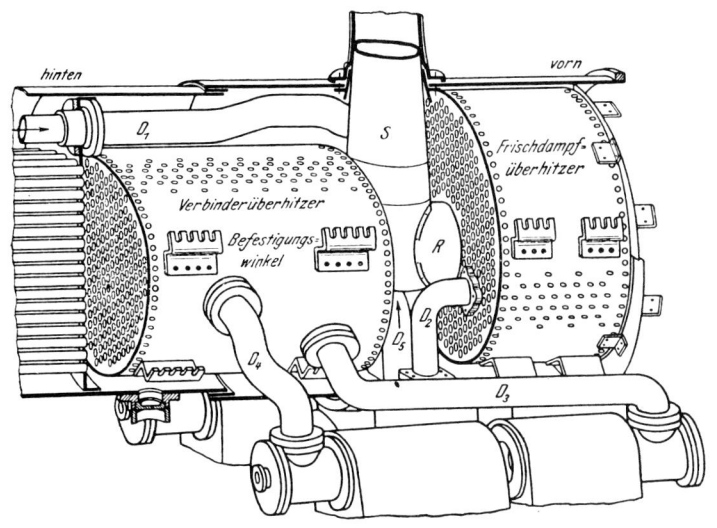

Abb. 132. Jacobs-Überhitzer.

Also nahezu die Hälfte der Überhitzung ging auf dem Wege zum Zylinder wieder verloren. Dieses Ergebnis ist nicht überraschend, da der überhitzte Dampf durch den Naßdampfraum des Kessels geleitet werden muß, der eine im Durchschnitt um rund 100° C niedrigere Temperatur hat. Bei einem dreistündigen Versuch, bei

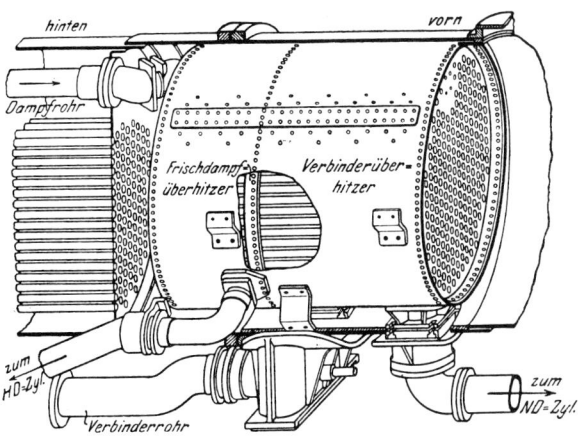

Abb. 133. Buck-Jacobs-Überhitzer.

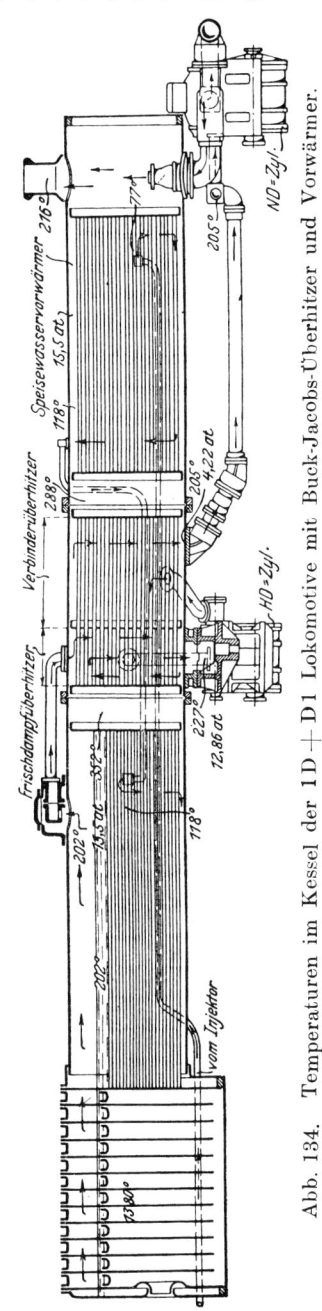

Abb. 134. Temperaturen im Kessel der 1D + D1 Lokomotive mit Buck-Jacobs-Überhitzer und Vorwärmer.

dem sich eine mittlere Überhitzung beim Austritt aus dem Überhitzer von 107° C ergab, betrug der Temperaturabfall sogar 59,2° C. Derartige geringe Überhitzungen vermögen im Lokomotivbetriebe nur eine kleine Erhöhung der Wirtschaftlichkeit im Kohlen- und Wasserverbrauch, nicht aber eine nennenswerte Vermehrung der Leistungsfähigkeit der Lokomotive herbeizuführen. Die scheinbare Einfachheit der Siederohrüberhitzer aller Bauarten wird durch die vorstehend erwähnten Mängel, durch die Kosten einer sehr sorgfältigen Überwachung, die gegenüber der erhöhten Beanspruchung der Siederohre und deren Betriebsgefahr unerläßlich ist und gegenüber dem häufigen, sehr kostspieligen Ersatz der Siederohre sehr teuer erkauft.

b) Der Überhitzer von Buck-Jacobs. Die ungewöhnlich großen Kessellängen, die sich bei Malletlokomotiven ergeben, führten in den Vereinigten Staaten zum Bau der in Abb. 132 bis 134 dargestellten Buck-Jacobs-Überhitzer, die in den verschiedensten Ausführungen auf der Atchison-Topeka- und Santa Fé-Bahn verwendet worden sind, neuerdings aber durch den Schmidt-Überhitzer verdrängt wurden, da die durch sie erreichte Überhitzung, wie zu erwarten war, nur sehr gering ist und daher erhebliche wirtschaftliche Vorteile nicht zu erzielen waren.

Abb. 132 zeigt einen Verbundüberhitzer einer 1 E 1-Vierzylinder-Tandemlokomotive der Atchison-Topeka- und Santa Fé-Bahn. Der Naßdampf gelangt aus dem Rohr D_1 in den vorderen Frischdampfüberhitzer, nimmt dort Wärme auf und geht durch das Rohr D_2 in den Hochdruckzylinder. Der von dort auspuffende Dampf geht durch D_3 in den Zwischenüberhitzer und aus diesem durch D_4 in den Niederdruckzylinder, aus dem er schließlich durch das Rohr D_5 in den Schornstein S entweicht.

Die Heizgase durchstreichen nach dem Austritt aus den Siederohren zunächst die Rohre der hinteren Überhitzertrommel für den Verbinderdampf, gehen dann durch die Rohre des vorderen Hochdruckdampfüberhitzers und kehren durch ein in der Mitte desselben liegendes weites Rohr R in den Schornstein S zurück. Zur Erzielung größerer Dampfgeschwindigkeiten sind in den Trommeln Lenkbleche eingebaut, durch die der Dampf auf längerem Wege an den Rohren vorbeigeführt wird.

Bei Versuchen ergab sich eine Überhitzung des Frischdampfes von nur 18,5°, des Verbinderdampfes von 50°, die Einrichtung ist also eigentlich nur als Dampftrockner anzusprechen.

Eine andere Ausführungsform des Buck-Jacobs-Überhitzers für Malletlokomotiven stellt Abb. 133 dar, die nach dem Gesagten ohne weitere Erklärung verständlich ist. Vor diesem Überhitzer liegt dann noch zur weiteren Ausnutzung der Wärme der Abgase ein Speisewasservorwärmer.

In Abb. 134 sind die durch Versuche ermittelten Temperaturen eingetragen. Auch hier sind die erreichten Überhitzungstemperaturen nur gering.

c) Siederohrüberhitzer von Clench und Gölsdorf (Abb. 135). Clench benützt die Rauchkammerenden der Siederohre C zur Überhitzung, indem er hinter der Rauchkammerrohrwand B eine zweite Rohrwand B_1 in den Langkessel einbaut und so zwischen B und B_1 eine Überhitzerkammer im Langkessel schafft, in die der nasse Kesseldampf geleitet wird. Mehrere, gleichlaufend mit den Rohrwänden angeordnete Scheidewände dienen zur Führung des Dampfes im Überhitzerkasten.

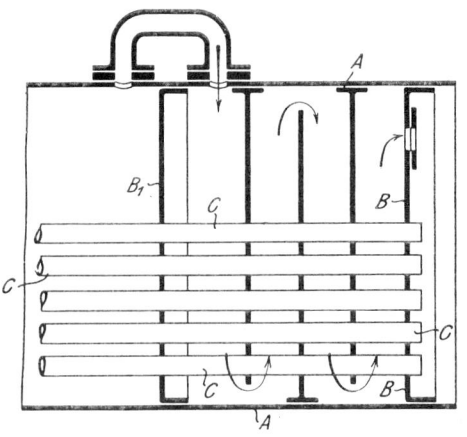

Abb. 135. Überhitzer von Clench.

Wegen der niedrigen Temperatur der Gase in diesem Überhitzer, der einen Übergang zu den Abgasüberhitzern bildet, und der unvollkommenen Führung des

Dampfes im Überhitzerkasten kann derselbe nur eine sehr geringe Überhitzung des Dampfes bewirken, die keinen Ersatz für die verlorene Kesselheizfläche und für die Schwierigkeiten beim Zusammenbau des Kessels bieten kann. Er ist trotzdem mehrfach als Dampftrockner angewendet worden, besitzt aber, wenn auch in geringem Maße, die Mängel der Siederohrüberhitzer.

d) Der Kleinrauchrohrüberhitzer von Schmidt. In dem Bestreben, den Rauchrohrüberhitzer weiter zu vervollkommen und besonders bei Lokomotiven, die häufig halten, schneller eine höhere Überhitzung zu erzielen, wurde diese neue Bauart geschaffen. Sie unterscheidet sich im wesentlichen dadurch von der unter 2, c dieses Abschnittes beschriebenen Gattung der Rauchrohrüberhitzer von Schmidt, daß der Automat und die Überhitzerklappen in Wegfall kommen, alle Rauchrohre des Kessels den gleichen oder fast den gleichen Durchmesser erhalten und alle oder die meisten Rauchrohre mit nur einem Überhitzer-U-Rohr von geringem Durchmesser besetzt werden.

Durch diese Bauart, bei der nahezu alle Heizgase für die Überhitzung nutzbar gemacht werden, erreicht man gegenüber der älteren Bauart mit einer kleineren Anzahl weiter Rauchrohre zwischen den Siederohren, durch die nur ein Teil der Heizgase hindurchgeht und für die Überhitzung ausgenutzt wird, folgende Vorteile:

1. Der Kessel erhält nur Rauchrohre von gleichem oder nahezu gleichem Durchmesser, die nur unwesentlich größer sind als die gewöhnlichen Siederohre, wodurch eine größere Lebensdauer der Rohrwände und ein leichteres Abdichten der Rohre erzielt wird.

2. Durch die Benutzung aller Gase kann eine höhere Überhitzung erreicht werden, und es genügt dafür eine niedrigere Temperatur der die Überhitzerrohre bestreichenden Gase. Dadurch wird auch die Lebensdauer der Überhitzerrohre eine längere.

Bei der niedrigeren Temperatur der Heizgase werden Abstellklappen für das Anheizen, wie die Erfahrung gezeigt hat, überflüssig und die Bedienung wird eine einfachere. Da die hier zur Verwendung kommenden Rauchrohre ungefähr nur den halben Durchmesser der Rauchrohre des älteren Rauchrohrüberhitzers haben, so ist das Wärmegefälle der Gase im Rauchrohr vor dem Auftreffen auf die Überhitzerenden beim Kleinrauchrohrüberhitzer etwa doppelt so groß als beim Großrauchrohrüberhitzer, vorausgesetzt, daß die Kappen der Überhitzerrohre in beiden Fällen von der Rohrwand gleichweit entfernt sind. Unter der Annahme, daß die Gase mit einer Durchschnittswärme von 1000° in die Rauchrohre eintreten und im Großrauchrohrüberhitzer bis auf 800° vor dem Auftreffen auf die Überhitzerrohre abgekühlt werden, würde die entsprechende Temperatur beim Kleinrauchrohrüberhitzer etwa nur 600° betragen. Es ergibt sich daraus, daß die Überhitzerrohre auch während des Haltens oder während der Fahrt mit geschlossenem Regler keiner zu hohen Temperatur ausgesetzt werden und Abstellklappen unnötig sind.

3. Die Verdampfungsheizfläche des Kessels wird nur um etwa 10 bis 12% gegenüber der eines gleich großen Naßdampfkessels verringert, während durch die großen Rauchrohre der älteren Überhitzerbauart etwa 20 bis 25% der Verdampfungsheizfläche fortfallen.

4. Durch die große Überhitzerheizfläche, die nur von erheblich ausgenutzten Heizgasen bestrichen wird, während die hohe Gastemperatur mehr der Verdampfung zugute kommt, wird in Verbindung mit der größeren Verdampfungsheizfläche eine tiefere Abkühlung der Gase, also ein besserer Kesselwirkungsgrad und damit eine größere Kohlenersparnis sowie eine größere Mehrleistung des Kessels erzielt, als bei dem Großrauchrohrüberhitzer. Hierzu kann noch eine weitere Ersparnis durch die höhere Überhitzung treten.

5. Die große Überhitzerheizfläche, die auch während des Stillstandes der Lokomotive nicht abgestellt, sondern immer von den heißen Gasen bestrichen wird, bewirkt ein schnelles Ansteigen der Dampftemperatur, sobald der Regler geöffnet wird. Die größere Eisenmasse der Überhitzerrohre dient als Wärmespeicher, so daß auch bei Kleinbahn- und Verschiebelokomotiven, die häufig und längere Zeit anhalten, die vollen Vorteile einer hohen Überhitzung erreicht werden.

6. Wesentlich höhere Überhitzungsgrade lassen sich in wirtschaftlicher Form erzielen, als bei dem Großrauchrohrüberhitzer. In Fällen, in denen die Überhitzung auf mehr als 350° durchschnittlich gehalten werden soll, müssen bei dem Großrauchrohrüberhitzer so viel große Rauchrohre angeordnet werden, daß dadurch die Verdampfungsheizfläche unverhältnismäßig stark vermindert wird, während bei dem Kleinrauchrohrüberhitzer auch die höchsten praktisch anwendbaren Überhitzungsgrade ohne zusätzliche Verminderung der Verdampfungsheizfläche dadurch zu erreichen sind, daß man eine entsprechend größere Anzahl von Rauchrohren mit Überhitzerrohren besetzt.

Die Überhitzerrohre bestehen aus nahtlos gezogenen Rohren aus Siemens-Martin-Eisen von 18 bis 24 mm äußerem Durchmesser, wobei zweckmäßig die lichten Durchmesser der Rauchrohre entsprechend zu 54 bis 70 mm anzunehmen sind.

In jedem Rauchrohr liegt nur ein Überhitzer-U-Rohr, dessen Umkehrende durch Schweißen hergestellt ist. Die Überhitzerrohre bestehen entweder aus einfachen U-Rohren oder aus Schlangen, die aus mehreren U-Rohren zusammengesetzt sind, und werden mit ihren in der Rauchkammer abgebogenen Enden gruppenweise durch Zwischenkammern oder Zwischenflanschen (je eine Zwischenkammer für die Dampfeintritts- und Austrittsenden) zu Überhitzerelementen vereinigt.

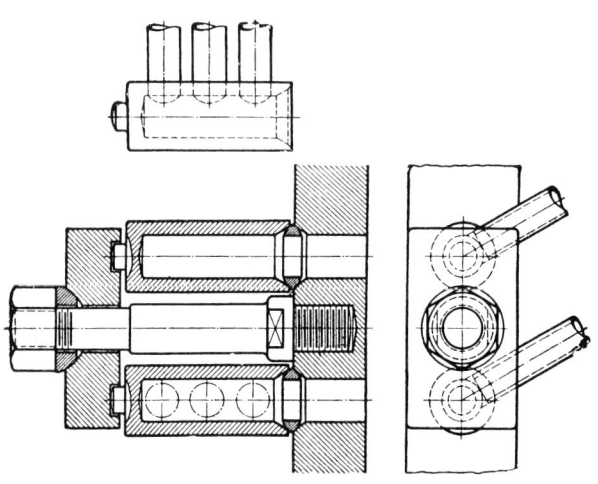

Abb. 136. Zwischenkammer eines Kleinrauchrohrüberhitzers von Schmidt.

Jede Überhitzereinheit, auch wenn aus mehreren Überhitzerrohrschlangen bestehend, besitzt also nur zwei Öffnungen, die je gegen die Verteilungs- und die Sammelkammer abzudichten sind. Dadurch wird die Zahl der Verschraubungen so klein, daß sie leicht zugänglich angeordnet und gegen Sammelkammern einfachster Form abgedichtet werden können.

Jede Zwischenkammer besteht entweder aus einem kurzen Rohrstück, das an dem einen Ende zugestaucht und verschweißt, und an dem anderen Ende mit einer eisernen Linse oder einem sonstigen Dichtungsring gegen die Sammelkammer abgedichtet ist oder aus einem gebohrten Zwischenstück (vgl. z. B. Abb. 136), bei dem die Rohrmündungen für den Dampfeintritt oder Dampfaustritt zu je einer Eintritts- bzw. Austrittsöffnung vereinigt sind.

Die flanschartigen Zwischenkammern kommen in verschiedenen Formen zur Ausführung. Ihre Bauart richtet sich besonders nach der Lage und Form der Verteilungskammer für den Sattdampf und der Sammelkammer für den überhitzten Dampf. Für eine in einem Gußkörper vereinigte Verteilungs- und Sammelkammer,

Überhitzer, bei denen ein kleines Temperaturgefälle aller Heizgase angewendet wird. 159

etwa nach Abb. 137, nehmen die Zwischenkammern zweckmäßig die abgebildete Form an.

Auf der einen Seite des Flansches (der Zwischenkammer) münden die Überhitzerrohrenden für den eintretenden Sattdampf auf der andern Seite des Flansches die Rohrenden des Elements für den austretenden Heißdampf ein. Die einzelnen

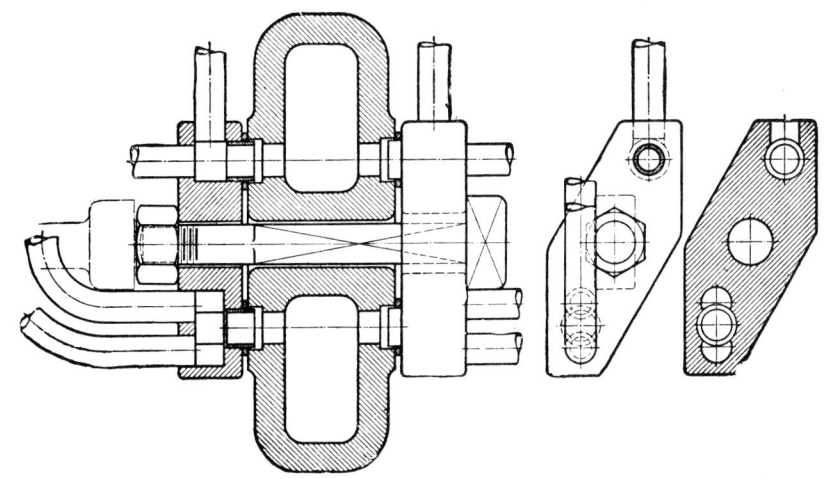

Abb. 137. Flanschartige Zwischenkammer für eine gemeinsame Verteilungs- und Sammelkammer in der Mitte der Rohrwand.

Dampfströme jeder Flanschseite werden durch in dem Flansch angeordnete Hohlräume zu einem gemeinsamen Dampfstrom auf der Gegenseite des Flansches vereinigt. Die Hohlräume in den Flanschen werden durch Fräsen bzw. Bohren der Löcher von beiden Seiten des Flansches hergestellt. Jedes Element hat also hier

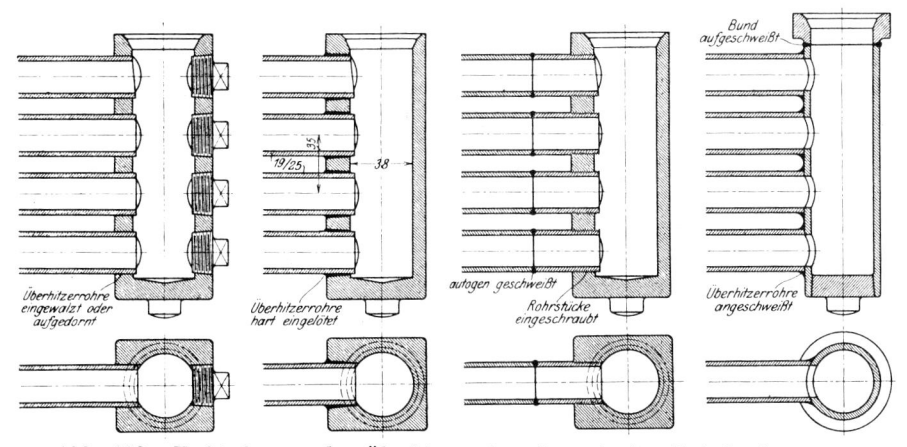

Abb. 138. Verbindungen der Überhitzerrohrenden mit den Zwischenkammern.

nur einen Flansch als Zwischenkammer und je zwei gegenüberliegende Elemente werden durch einen starken Schraubenbolzen befestigt. Die Verbindung der Rohrenden mit den Zwischenkammern geschieht durch Aufwalzen oder Dornen durch Schweißen oder durch Hartlöten, wie in Abb. 138 dargestellt ist.

Die Anordnung der Verteilungs- bzw. Sammelkammern kann, je nach den Platzverhältnissen in der Rauchkammer, in verschiedener Weise erfolgen. Es empfiehlt sich, eine möglichst große Rauchkammer vorzusehen und die Rauchrohre von der hinteren nach der vorderen Rohrwand zu seitlich so auseinanderlaufen zu lassen, daß eine in der Mitte vor der Rauchkammerrohrwand senkrecht angeordnete

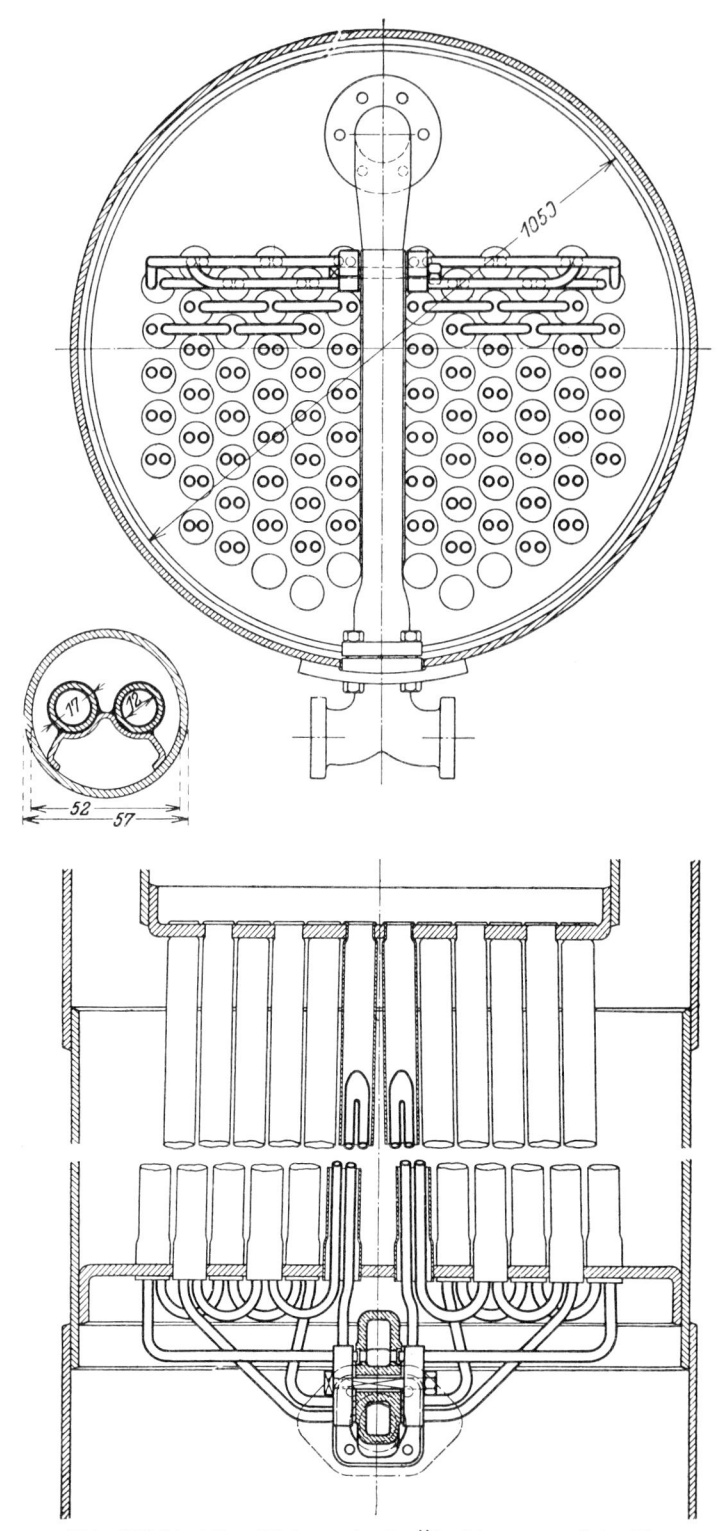

Abb. 139 bis 141. Kleinrauchrohr-Überhitzer von Schmidt.
Anordnung der Sammelkammern in der Mitte.

Überhitzer, bei denen ein kleines Temperaturgefälle aller Heizgase angewendet wird. 161

gemeinsame Verteilungs- und Überhitzerkammer keine Rauchrohre verdeckt. Eine Bauart mit einer derartigen Naßdampf- und Heißdampfkammer, senkrecht in der Mitte vor der Rohrwand angeordnet, zeigen die Abb. 139 bis 141. Sie dürfte die beste und einfachste Bauart namentlich für kleinere Kessel darstellen.

Bei größeren Kesseln wird vorteilhaft eine Naßdampfverteilungskammer in der Mitte und je eine Heißdampfsammelkammer an den Seiten der Rauchkammer angeordnet (Abb. 142 bis 144).

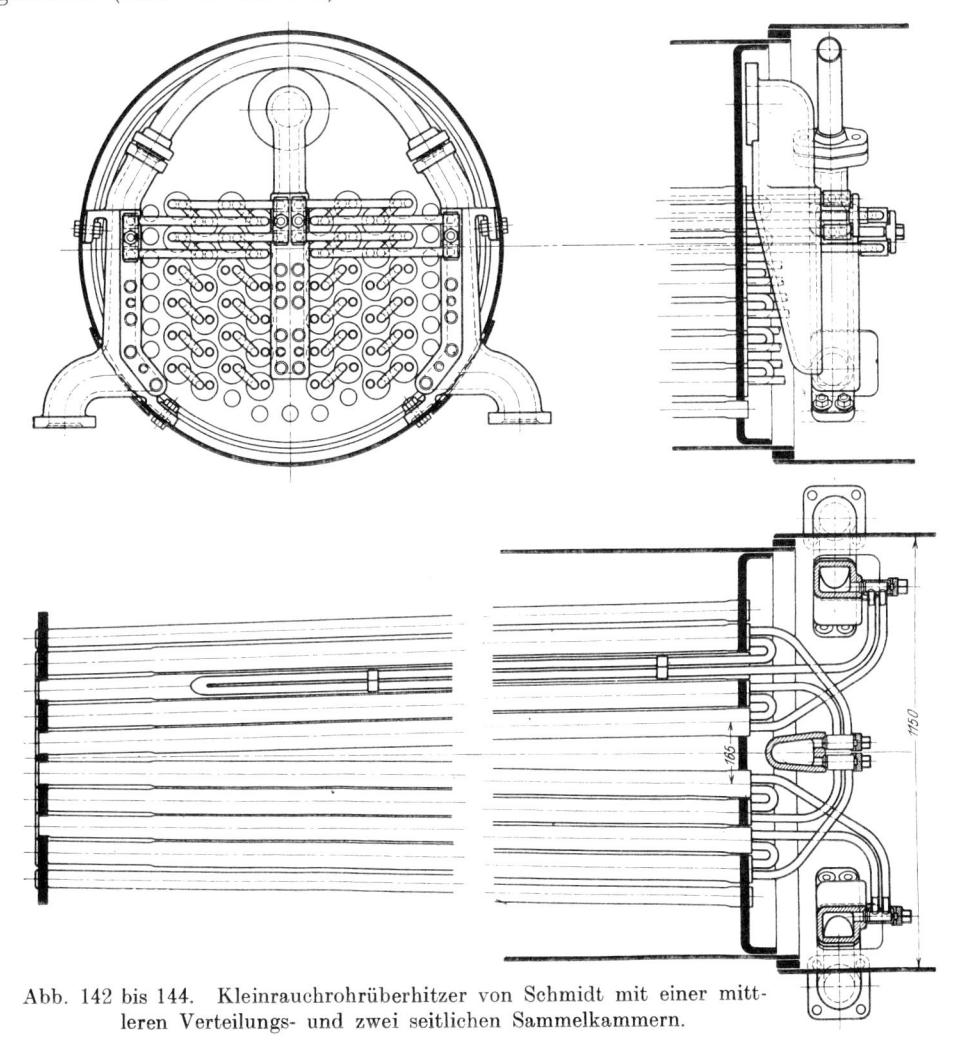

Abb. 142 bis 144. Kleinrauchrohrüberhitzer von Schmidt mit einer mittleren Verteilungs- und zwei seitlichen Sammelkammern.

Sehr einfach gestaltet sich auch die Anordnung einer Naßdampfkammer auf der einen, und einer Heißdampfkammer auf der anderen Seite (Abb. 145 bis 147).

Die Dampfzuführung vom Überhitzer zu den Zylindern muß dann von einer Seite erfolgen, eine Anordnung, die in einzelnen Fällen unter Umständen Schwierigkeiten verursachen kann. Neuerdings werden Kleinrauchrohrüberhitzer auch mit über den Rohren angebrachten Verteilungs- und Sammelkästen gebaut, wie sie bei den Großrauchrohrüberhitzern üblich sind.

Die Erfahrung hat bewiesen, daß das Weglassen der Klappen bei den kleinen Rauchrohren keine Unzuträglichkeiten nach sich zieht, und daß für die Überhitzerrohre während der Fahrt mit geschlossenem Regler oder während des Haltens keine zu hohe Temperatur zu fürchten ist. In Fällen, in denen es sich bei besonderen Be-

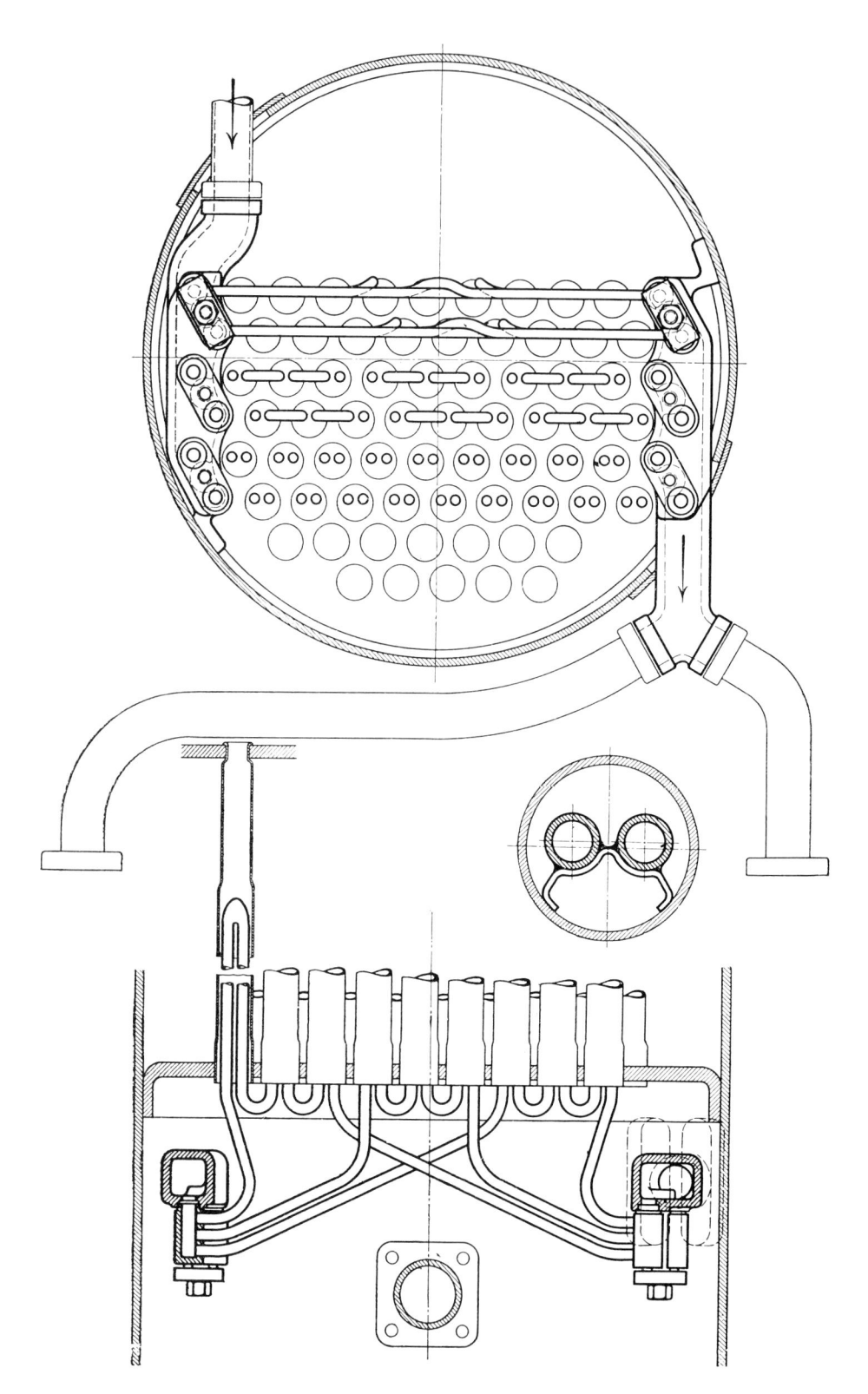

Abb. 145 bis 147. Kleinrauchrohrüberhitzer von Schmidt. Anordnung der Sammelkammer an den Seiten.

Überhitzer, bei denen ein kleines Temperaturgefälle aller Heizgase angewendet wird. 163

triebsverhältnissen herausstellt, daß die Temperatur des überhitzten Dampfes ständig zu hoch ist, genügt es, einige Überhitzereinheiten herauszunehmen und die entsprechenden Öffnungen in den Sammelkammern abzudichten.

Der Kleinrauchrohrüberhitzer findet infolge seiner oben besprochenen Vorteile ein immer größeres Anwendungsgebiet und hat bisher durchweg gute wirtschaftliche Ergebnisse erzielt. Er eignet sich, wie schon angedeutet, namentlich für Verschiebe- und Kleinbahnlokomotiven, weil er für Lokomotiven, die häufig halten müssen, die wertvolle Eigenschaft besitzt, sofort nach Öffnen des Reglers Heißdampf zu erzeugen und nach jedem Anhalten die Dampftemperatur schnell wieder in die Höhe zu bringen, so daß die Vorteile der Überhitzung auch bei längeren Aufenthalten und kurzen Stationsentfernungen in Erscheinung treten.

Da bei den Verschiebelokomotiven die Zylinderniederschlagsverluste besonders groß sind, tritt hier im Gegensatz zu der weit verbreiteten Anschauung der Vorteil der Heißdampfanwendung, nämlich eine erhebliche Kohlen- und Wasserersparnis und Mehrleistung sowie der Wegfall des Spuckens, besonders in Erscheinung. Die

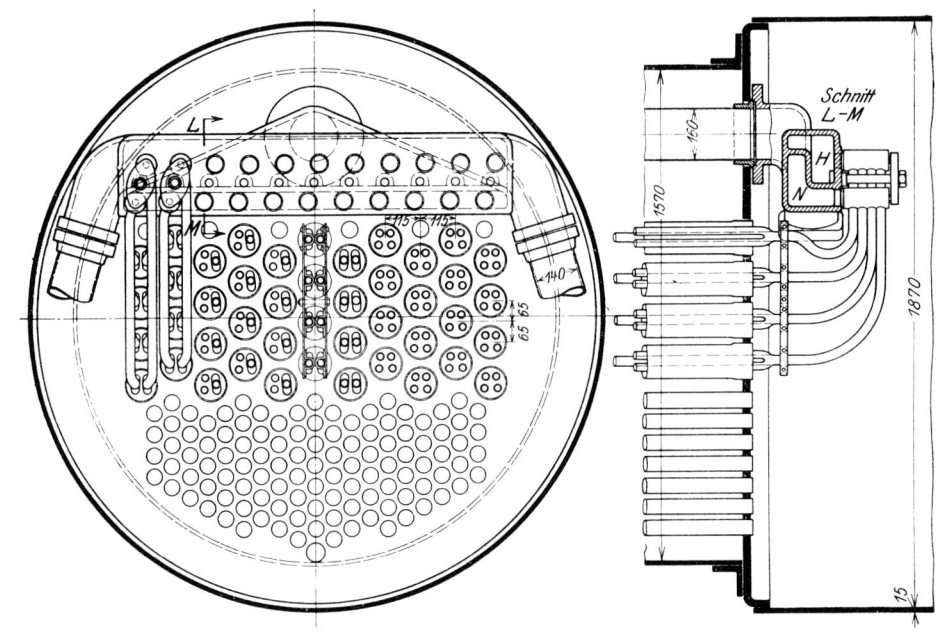

Abb. 148 und 149. Mittelrauchrohrüberhitzer von Schmidt.

Erfahrungen amerikanischer Eisenbahnverwaltungen haben auch tatsächlich gezeigt, daß die mit geeigneten Überhitzern für hohe Überhitzung ausgestatteten Verschiebelokomotiven noch größere Ersparnisse an Kohle und Wasser zu erzielen imstande sind, als Heißdampflokomotiven im Schnellzug- und Güterzugdienst[1]).

Der Kleinrauchrohrüberhitzer eignet sich aber auch für Vollbahnlokomotiven, besonders in Fällen, wo eine sehr hohe Durchschnittsüberhitzung gewünscht wird. Einige größere Bahnverwaltungen haben sich bereits nach eingehenden Versuchen entschieden, auch bei ihren neu zu beschaffenden Vollbahnlokomotiven den Kleinrauchrohrüberhitzer in Anwendung zu bringen.

Im achten Abschnitt sind einige Lokomotiven beschrieben, die mit dem neuen Überhitzer ausgerüstet sind. Aus den mitgeteilten Versuchsergebnissen ist das gute Arbeiten desselben zu ersehen, vor allem fällt das schnelle Ansteigen der Heißdampftemperatur nach dem Ingangsetzen der Lokomotive auf.

---

[1]) Siehe auch sechster Abschnitt.

e) **Der Mittelrauchrohrüberhitzer von Schmidt.** Neuerdings hat Schmidt noch eine dritte Bauart des Rauchrohrüberhitzers eingeführt, die er — zum Unterschied vom Großrauchrohrüberhitzer mit Rauchrohren von 125 mm l. D. und vom Kleinrauchrohrüberhitzer mit Rauchrohren von 70 mm l. D., unter Anwendung von Rauchrohren von 100 mm l. D. „Mittelrohrüberhitzer" nennt. Vgl. die Abbildungen 148 u. 149 und Tafel 55.

Während beim Großrohrüberhitzer in jedem Rauchrohr ein Doppel-U-Rohr mit zweimaliger Hin- und Rückführung des Dampfes angeordnet ist, sind hier in jedem Rauchrohre 2 einfache U-Rohre mit nur einmaliger Hin- und Rückführung des Dampfes vorhanden. Diese Anordnung hat verschiedene Vorteile:

1. Der Dampfweg ist nur halb so lang und deshalb die Abdrosselung geringer. Außerdem wird trotz wesentlich kleinerer Überhitzerrohre der Dampfquerschnitt größer und dadurch eine weitere Verringerung der Abdrosselung erreicht.

2. Infolge der kleineren Überhitzerrohre wird auch der Durchmesser der Rauchrohre erheblich kleiner, die Rohre werden leichter und handlicher und ihre Anordnung in einem geschlossenen Rohrfeld trägt zur Schonung der Rohrwände wesentlich bei.

3. Die kleineren Überhitzerrohre können eine verhältnismäßig dickere Wandstärke erhalten und finden im Rauchrohr mehr Platz, so daß ihre Umkehrenden durch einfaches Biegen hergestellt werden können. Aufgeschraubte oder geschweißte Kappen sind deshalb nicht erforderlich.

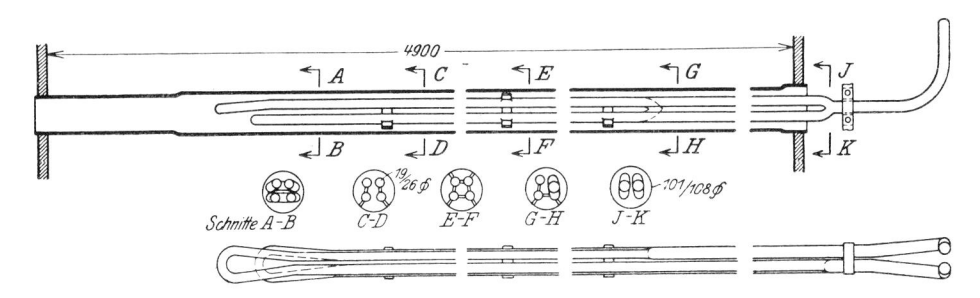

Abb. 150. Überhitzerelement.

Die beiden Naßdampfenden der in einem Rauchrohr angeordneten U-Rohre werden in der Rauchkammer zu einem Rohrstrang zusammengeschweißt, ebenso vereinigen sich auch die beiden Heißdampfenden zu einem Rohrstrang, aber nicht erst in der Rauchkammer, sondern schon innerhalb des Rauchrohres, etwa 1 m vor Eintritt in die Rauchkammer. Dadurch wird eine hohe Überhitzung bei gleichzeitiger guter Ausnutzung der Feuergase erreicht, indem die Feuergase zuletzt auf 2 Naßdampfrohre und nur auf 1 Heißdampfrohr treffen.

Die 4 in der Rauchkammer übereinander liegenden abgebogenen Enden für den Dampfeintritt sowohl wie für den Dampfaustritt einer jeden vertikalen Rauchrohrreihe sind in gemeinschaftlichen Zwischenkammern eingeschweißt, die von vorn gegen die obere in der Rauchkammer angeordnete Sammelkammer angeschraubt werden.

Die Abdichtung geschieht durch die bewährte metallische Kugeldichtung. Ein Überhitzerelement ist in Abb. 150 dargestellt.

Die Zahl der Schrauben und Abdichtungen ist nicht halb so groß wie beim Großrohrüberhitzer, und die Zugänglichkeit ist eine weit bessere. Die Sammelkammer gestaltet sich einfacher.

In der Zahlentafel 33a sind für einen Kessel die maßgebenden Querschnitte und Heizflächen bei Anwendung eines Großrauchrohr- und eines Mittelrauchrohrüberhitzers in Vergleich gestellt. Die Erweiterung des Querschnitts für den Dampfdurchgang und die Vergrößerung der Überhitzerheizfläche bei Anwendung eines Mittelrauchrohrüberhitzers bilden danach so erhebliche, weitere Vorteile, daß diese Bauart rückhaltlose Empfehlung verdient.

Zahlen-Tafel 33a.
Vergleichszahlen bei Anwendung eines Mittelrauchrohrüberhitzers gegenüber einem Großrauchrohrüberhitzer.

Bezeichnung	Großrauchrohr-überhitzer	Mittelrauchrohr-überhitzer	Mehr in %
Kessel-Heizfläche (feuerberührt)	157,1 m²	163,0 m²	3,8
Überhitzer-Heizfläche (feuerberührt)	54,6 m²	63,3 m²	15,9
Überhitzer-Heizfl. in % der Kesselheizfl. . .	34,8 %	38,8 %	4,0
Freier Gasquerschnitt	4133 cm²	4419 cm²	7,0
Freier Gasquerschnitt im Überhitzer . . .	48,7 %	58,7 %	10,0
Dampfquerschnitt im Überhitzer	183,7 cm²	249,4 cm²	36,0

3. Abgas-Überhitzer.

Dieser Gattung gehört wohl die Mehrzahl der bisher erfundenen Lokomotivüberhitzer an. Hierbei werden die aus den mitunter etwas verkürzten Siederohren austretenden Abgase zum Überhitzen des Dampfes verwendet. Bei der niedrigen Temperatur der Abgase in der Rauchkammer ist jedoch eine nennenswerte Überhitzung nicht zu erreichen. Diese Überhitzerbauarten trocknen vielmehr nur den Dampf. Die hierdruch erzielte Wirtschaftlichkeit ist viel zu gering, um die Kosten für Anschaffung und Unterhaltung des Überhitzers zu decken. Die Heranziehung von möglichst heißen Heizgasen wird stets eine grundsätzliche Bedingung für den Bau wirtschaftlicher Lokomotivüberhitzer sein. Es wird daher genügen, hier nur einige Bauarten aus der großen Zahl der bekannt gewordenen anzuführen.

a) Der Überhitzer von Klose (Abb. 151). Bei diesem Überhitzer wird der mittlere Teil der oberen Siederohre vor der Rauchkammer verkürzt und mündet in einen im Langkessel liegenden, diesen oben durchdringenden, von der Rauchkammer zugänglichen Kasten r, in den der Überhitzer a derart eingebaut ist, daß die aus den verkürzten Siederohren h in den Kasten r tretenden Heizgase durch den Überhitzer hindurch nach einem besonderen Schornstein s abgesaugt werden. Der Überhitzer kann durch eine Klappe abgeschlossen werden, die sich gegen die unteren Eintrittsöffnungen der Überhitzer legt. Die Wirkung dieses sehr schwierig einzubauenden Überhitzers, dessen Oberflächenausdehnung sehr beschränkt ist, kann nur ganz gering sein.

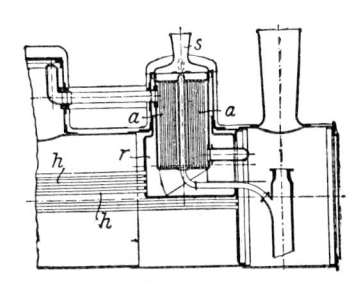

Abb. 151. Überhitzer von Klose.

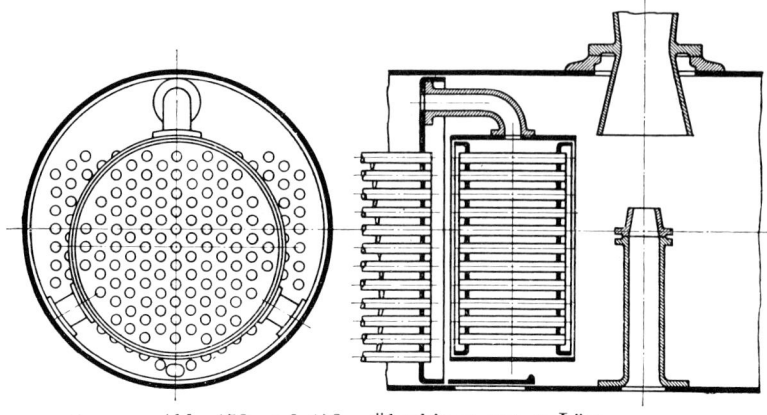

Abb. 152 und 153. Überhitzer von v. Löw.

b) Der Überhitzer von v. Löw (Abb. 152 und 153). Der Überhitzer besteht aus einem zylindrischen, vor der Rauchkammerrohrwand eingebauten Dampfsammel-

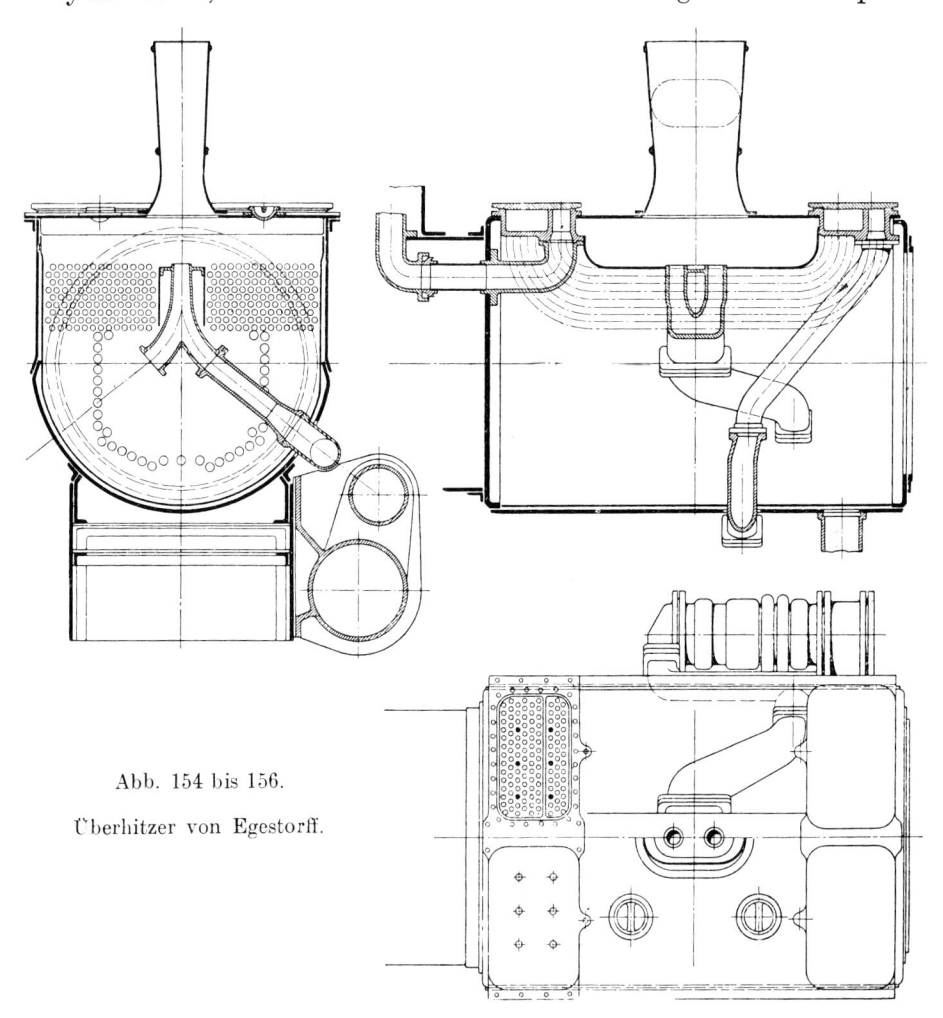

Abb. 154 bis 156.

Überhitzer von Egestorff.

kasten, der von kurzen, dünnwandigen Heizrohren durchzogen wird, die genau in der Fortsetzung der Kesselsiederohre liegen. Während des Arbeitens der Lokomotive werden die Heizgase durch die Überhitzerrohre ziehen und den den Dampfkasten durchströmenden Dampf trocknen, während des Stillstandes der Lokomotive aber zumeist schon vor dem Überhitzer in die Höhe steigen. Die Rohrstutzen für den Dampfeintritt und Dampfaustritt sind gleich groß und um je 120° versetzt, so daß man den Überhitzer in sechs verschiedene Lagen bringen kann, um dadurch eine ungleichmäßige Abnutzung der beiden Rohrwände auszugleichen.

Dieser Überhitzer, der nur ein ganz geringes Temperaturgefälle der Heizgase ausnutzt und dem Dampf auch keine geeignete Führung gibt, wird naturgemäß nur eine teilweise Trocknung des Dampfes, nicht aber eine wesentliche Überhitzung herbeiführen können. Die dadurch erzielbare geringe Verbesserung der Wirtschaftlichkeit bietet keine genügende Entschädigung für die vermehrten Kosten für Bau und Unterhaltung.

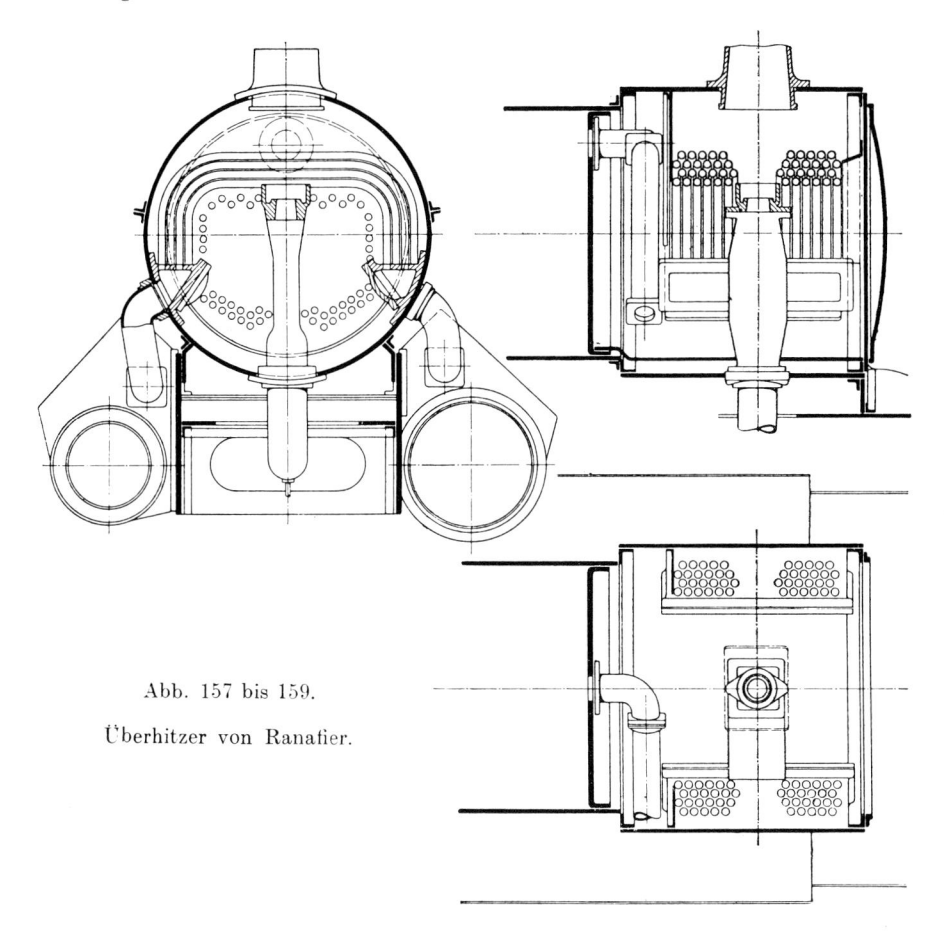

Abb. 157 bis 159.

Überhitzer von Ranafier.

Ein ähnlicher Dampftrockner wurde bereits im Jahre 1870 von der Chicago, Burlington and Quincy-Eisenbahn[1]) bei einigen Lokomotiven angewandt, jedoch aus den vorstehend angeführten Gründen bald wieder aufgegeben.

c) Der Überhitzer, Bauart Egestorff. Die Anordnung dieses Überhitzers (Abb. 154 bis 156) ist zwar an sich einfach, aber die Auswechselung einzelner unter den zahlreichen Rohren ist zeitraubend, kostspielig und umständlich, die Aussicht auf die Strecke sehr erschwert. Der größte Teil der vielteiligen Überhitzerfläche ist, weil nicht im Strom der Heizgase liegend, unwirksam, die Überhitzung kann infolgedessen trotz der vielen Rohre und der stark verkürzten Siederohre nur sehr gering sein. Da die Heiz-

---

[1]) Vgl. H. H. Vaughan, The use of Superheated Steam on Locomotives, S. 4.

gase auch beim Anheizen die noch kalten Überhitzerrohre bestreichen, wird die Lokomotive hierbei stark rußen, und auf den Rohren muß ein reichlicher Teerwasserniederschlag erfolgen, der in Verbindung mit Ruß die Wärmedurchleitung stark beeinträchtigt. Aus dem gleichen Grunde muß eine frühzeitige Zerstörung der Rohre durch Rost auch infolge des unter den Heizflächen sich niederschlagenden Wasserdampfes eintreten.

d) Der Überhitzer, Bauart Ranafier (Abb. 157 bis 159). Die Dampfkammern liegen rechts und links unten in der Rauchkammer. Die Überhitzerrohre sind hufeisenförmig in zwei Bündeln von der Naßdampfkammer zur Heißdampfkammer geführt. Das Auspuffrohr liegt zwischen den beiden Rohrbündeln. Kesselheizfläche geht hier zwar nicht verloren, wie bei dem vorgenannten Überhitzer, aber auch hier ist die Abgasführung sehr mangelhaft. Nur die der Rohrwand zunächst gelegenen Rohre werden so weit erwärmt, daß auf einige Dampftrocknung gerechnet werden kann. Im Bezirk der Eisenbahndirektion Erfurt konnte bei Erprobung eines ähnlichen Überhitzers von 10 qm Heizfläche ein wirtschaftlicher Erfolg nicht festgestellt werden.

4. Überhitzer mit besonderer Feuerung.

Der Rauchkammerüberhitzer mit besonderer Feuerung von Hagans (Abb. 160 u. 161).

Dieser Überhitzer stellt einen Entwurf dar, der einen Weg zeigen soll, die unzulängliche Wirkung der Lokomotivabgasüberhitzer zu erhöhen. Mit welcher Zähigkeit der Erfindungsgeist an der bisher so unfruchtbaren Aufgabe festhält, durch Abgase betriebene Rauchkammerüberhitzer praktisch nutzbar zu gestalten, zeigt schlagend dieses Beispiel.

Dieser Überhitzer besteht aus zwei seitlich am oberen Teil der Rauchkammer rechts und links angebauten Überhitzerkammern, in die 168 Stück bogenförmige Querrohre als Überhitzerrohre an 336 Einwalzstellen eingewalzt werden, denen 336 Verschraubungen gegenüberstehen. Durch unten an diesen Dampfkammern befindliche Stutzen strömt der Kesseldampf aus dem Regler auf der rechten Maschinenseite in den vorderen Teil und auf der linken Seite in den hinteren Teil der Dampfkammern. Durch innerhalb dieser Dampfkammern befindliche Scheidewände wird der Dampf zuerst durch die beiden untersten Überhitzerreihen geleitet, aus diesen dann durch die beiden obersten Reihen und so fort in wechselnder Weise durch die dritte und vierte von oben, dann fünfte und sechste, dann siebente und achte, und schließlich wird aus der neunten und zehnten Reihe der überhitzte Dampf durch ebenfalls unten an den Kammern in deren Mitte befindliche Stutzen mittels Dampfrohre in die Schieberkästen der Zylinder geführt.

Zur zusätzlichen Beheizung des Überhitzers ist unterhalb der Rauchkammer in einem muffelförmig ausgemauerten Kasten eine Ölfeuerung angebracht, die aus einem auf der Lokomotive oder auf dem Tender befindlichen Ölbehälter durch einen unterhalb der Rauchkammertür befindlichen Ölbrenner gespeist wird. Die aus einem oberen Schlitz dieses Heizkastens entströmenden Heizgase werden durch Scheidewände so geleitet, daß sie sich zunächst nur mit den, den beiden mittelsten Siederohren entströmenden Heizgasen mischen, dann die durch eine Scheidewand abgetrennte, untere Hälfte der Überhitzerrohre bestreichen und weiter um die Scheidewand herum nach dem Bestreichen der oberen Hälfte der Überhitzerrohre mit den übrigen Heizgasen durch den Schornstein entweichen. Obwohl bei der großen Anzahl Überhitzerrohre und der hohen Flammentemperatur der Ölfeuerung, der sie ausgesetzt sind, eine beträchtliche Dampfüberhitzung zu erwarten ist, so dürften doch der Verwirklichung dieses Entwurfs wegen der schwierigen praktischen Ausführung

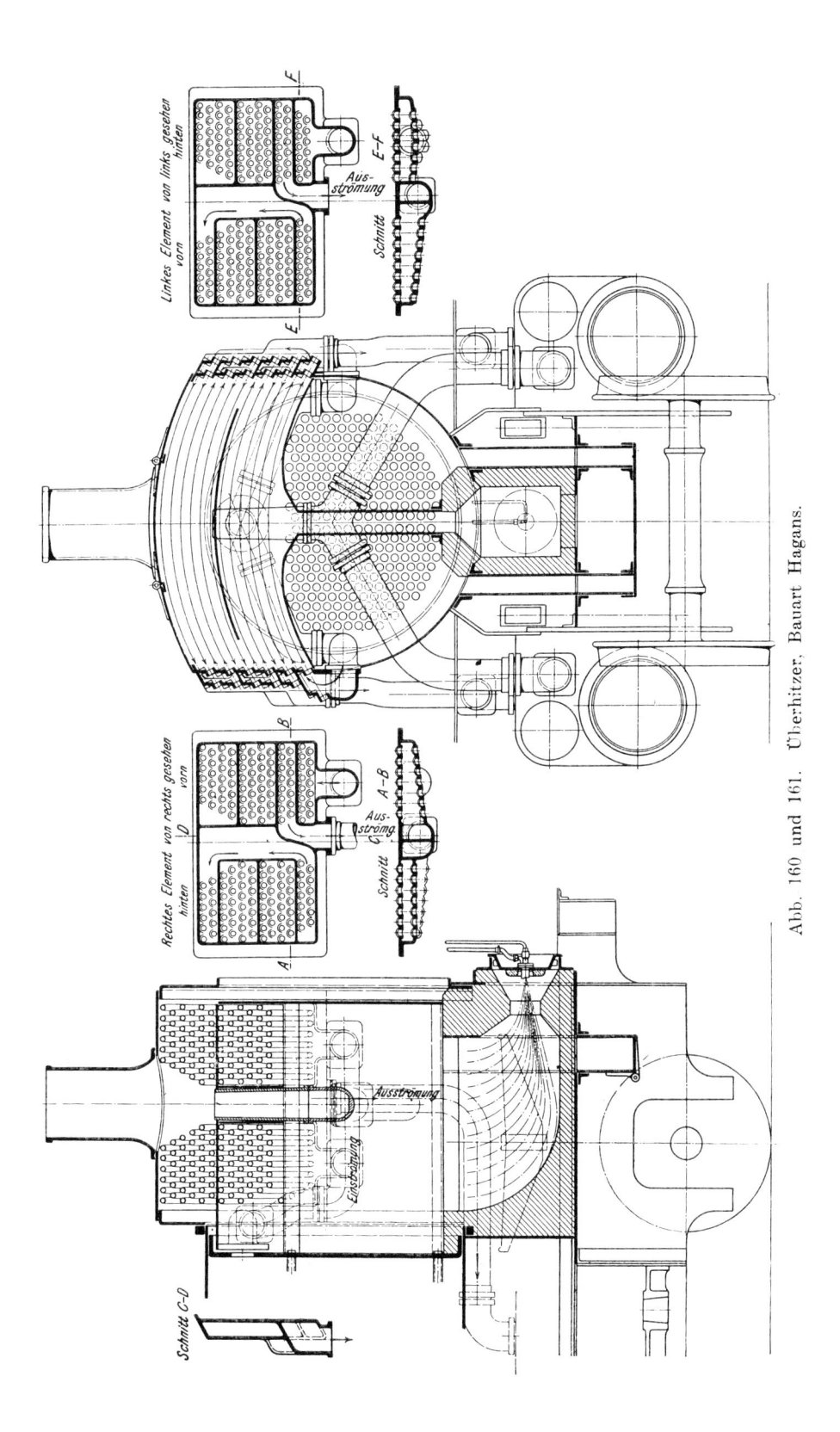

Überhitzer mit besonderer Feuerung. 169

Abb. 160 und 161. Überhitzer, Bauart Hagans.

und namentlich wegen der zahlreichen Anstände, die sich im Betrieb und bei der Unterhaltung ergeben müssen, fast unüberwindliche Schwierigkeiten entgegenstehen.

Im vorstehenden Abschnitt sind aus einer sehr großen Zahl von Überhitzerbauarten, die das kraftvolle Vorgehen und die Erfolge Wilhelm Schmidts auf dem Gebiete der Anwendung des überhitzten Dampfes für den Lokomotivbetrieb in den letzten fünfzehn Jahren ausgelöst haben, nur einige wenige ausgewählt worden, um der beteiligten Fachwelt ein Zurechtfinden in diesem Überhitzerwalde und eine sachgemäße Beurteilung des Wertes bereits vorhandener und weiter entstehender Erfindungen auf diesem vielumstrittenen Gebiete zu erleichtern.

Verfasser hat als Maßstab zur Beurteilung der Überhitzerbauarten bereits im ersten Abschnitt unter 2. „Heißdampf und der Kessel" die Grundsätze wiedergegeben, nach denen Schmidt gearbeitet hat. Die in dem vorliegenden Abschnitt dargestellten Grundbauarten Schmidts dürften in Verbindung mit jenen Grundsätzen eine sachgemäße Beurteilung des Wertes aller Überhitzerbauarten leichter ermöglichen.

Fünfter Abschnitt.
Bemerkenswerte bauliche Einzelheiten neuerer Lokomotiven.

1. Kessel.

a) Feuerbüchsen, Baustoff, Gütevorschriften u. a. Die flußeisernen Feuerbüchsen, die in Amerika schon seit 30 Jahren in auschließlicher Anwendung sind, haben sich in Europa nirgends einbürgern können, und zwar mit Recht. Als bester Baustoff für die Feuerbüchse einer Lokomotive, für diesen höchst beanspruchten Kesselteil, hat sich bei nicht zu hohen Dampfspannungen nach allen Erfahrungen und Ergebnissen zahlreicher, eingehender Versuche das biegsame und leicht zu dichtende Kupfer erwiesen. Auch nach der Ausmusterung der Lokomotive bleibt Kupfer noch wertvoll, während die eiserne Feuerbüchse mit ihren Rißgefahren und ihrer schwierigen Unterhaltung, nach ihrem Ausbau beinahe wertlos ist.

Die erhebliche Erhöhung des Dampfdrucks im Kessel, die die Einführung der Verbundwirkung mit sich brachte, hat zwar auch in Europa die Frage wiederholt angeregt, ob bei Dampfdrücken von 14 bis 16 Atm. die kupferne Feuerbüchse noch genügt, oder ob zu einer Änderung des Baustoffs geschritten werden muß. Die Reichseisenbahnen, die preußische Staatseisenbahnverwaltung u. a. haben Versuche mit widerstandsfähigeren Kupferlegierungen für Stehbolzen und Bleche aus Manganbronze (5 v. H. Mangangehalt) und Nickelkupfer angestellt, sind aber nach allseitigen Erwägungen bei der Verwendung von Kupferplatten für Feuerbüchsen geblieben. Dagegen ist man dazu übergegangen, für besonders beanspruchte Stehbolzen, besonders der oberen und der Eckreihen Mangankupfer zu verwenden, dessen Festigkeit 30% größer ist als von Kupfer und das vor diesem den weiteren Vorteil aufweist, daß seine Festigkeit bei Erhöhung der Temperatur sich ganz erheblich weniger vermindert[1]).

Leider hat Mangankupfer die unangenehme Eigenschaft, daß es nicht so feuerbeständig ist wie Kupfer, die Stehbolzenköpfe brennen leichter ab. Seine Verwendung muß sich also auf die angegebenen Stellen, die dem Feuer nicht allzusehr ausgesetzt sind, beschränken.

Fast alle Versuche, die in Deutschland mit flußeisernen Feuerbüchsen bisher gemacht wurden, haben mehr oder weniger schlechte Ergebnisse gehabt. Dies wird zumeist dem Umstande zugeschrieben, daß die Lokomotiven nicht in so großem Umfange wie in Amerika längere Zeit im Feuer gehalten werden, daß der häufigere Wechsel von Erwärmung und Abkühlung das Kesselmaterial ungünstig beanspruche und zu Rissen in den Feuerbüchsblechen Anlaß gebe. Jedoch auch trotz des größeren

---

[1]) Die Vorschriften der preußischen Staatseisenbahnen für Feuerbüchskupfer verlangen:

                                                    Festigkeit Dehnung

Kupferblech über 4 mm stark . . . . 22 kg/qmm 38%

Stangenkupfer . . . . 23 „ 38%

(s. auch zwölfter Abschnitt).

durchgehenden Betriebes amerikanischer Lokomotiven ist die Lebensdauer der eisernen Feuerbüchsen dort verhältnismäßig kurz. Es hat sich dabei noch nicht mit Sicherheit feststellen lassen, wie weit zu der kurzen Lebensdauer der Baustoff oder die baulichen Mängel, die die breite Feuerbüchse mit sich bringt, beitragen. Auf der „Master Mechanics Convention 1905" wurde aber ganz allgemein zugegeben, daß enge Feuerbüchsen eine längere Lebensdauer haben als breite. Im Westen Amerikas gibt es einzelne mit besonders schlechtem Speisewasser arbeitende Bahnlinien, die die schmiedeisernen Feuerbüchsen ihrer Lokomotiven alle drei Monate auswechseln müssen. Andererseits rühmen einzelne Bahnen im Osten des Landes ihren Feuerbüchsen eine Lebensdauer von fünf Jahren nach.

Die mittlere Lebensdauer der breiten Feuerbüchse kann zu etwa zwei bis drei Jahren angegeben werden, wobei man mit Flickarbeiten durchaus nicht so engherzig ist wie bei uns. Die Lebensdauer der schmalen Feuerbüchse kann zu sechs bis neun Jahren angenommen werden, sie hält also durchschnittlich etwa $3^1/_2$ mal so lange als die breite.

Gütevorschriften für Lokomotivkesselbaustoff in Amerika.

Die Vorschriften der „Master Mechanics Association" vom Jahre 1894 für Lokomotivkessel sind erweitert und verbessert worden durch die „Amerikanische Gesellschaft für Baustoffprüfung" (American society for testing materials) und durch den „Verband amerikanischer Stahlwerke" (Association of American Steel Manufacturers). — Die einzelnen Bahnen und Lokomotivfabriken besitzen eigene Baustoffvorschriften, die im allgemeinen einer der obengenannten mehr oder weniger folgen, aber doch in einzelnen Punkten Abweichungen zeigen. Der wesentliche Inhalt der meist verwendeten Bestimmungen der American society for testing materials soll hier kurz angeführt werden.

1. Vorschriften für Kesselbleche.

Zugfestigkeit . . . . 42 kg/qmm
Zulässige Grenzwerte
    mindestens . . . . 38,5 „
    höchstens . . . . 45,5 „

Die Dehnung in 200 mm soll nicht weniger als $25^0/_0$ betragen für Bleche von 19 mm ($^3/_4''$) Dicke oder darunter. Bei stärkeren Blechen ist für je 3 mm größere Dicke $1^0/_0$ der vorgeschriebenen Dehnung abzuziehen. Außer Kohlenstoff dürfen Kesselbleche enthalten:

    Phorsphor nicht mehr als (sauer) . . . . . . 0,06$^0/_0$
    Phosphor nicht mehr als (basisch) . . . . . 0,04$^0/_0$
    Schwefel nicht mehr als . . . . 0,05$^0/_0$
    Mangan nicht mehr als . . . . . . 0,30 bis 0,60$^0/_0$

2. Vorschriften für Feuerbüchsbleche.

Zugfestigkeit . . . . 40 kg/qmm
Zulässige Grenzwerte
    mindestens . . . . 36,5 „
    höchstens . . . . 43,5 „

Die Dehnung in 200 mm soll nicht weniger als $26^0/_0$ betragen.
Feuerbüchsbleche dürfen enthalten:

    Kohlenstoff . . . . 0,15 bis 0,25$^0/_0$
    Phosphor nicht mehr als (sauer) . . . . 0,04$^0/_0$
    Phosphor nicht mehr als (basisch) . . . . . . 0,03$^0/_0$
    Schwefel nicht mehr als . . . . 0,04$^0/_0$
    Mangan nicht mehr als . . . . . . 0,30 bis 0,50$^0/_0$

3. Biegeprobe.

Das Versuchsstück soll 38 mm breit sein und für 19 mm oder schwächere Bleche ebenso dick sein wie das fertige Blech; für Bleche über 19 mm Dicke kann es 12 mm breit sein.

Feuerbüchs- und Kesselbleche sollen durch Druck oder Schlag um 180° umgebogen werden können, ohne Risse an der äußeren Biegestelle zu zeigen.

4. Zugprobe.

Die Länge des Versuchsstückes für die Zugprobe soll 200 mm betragen.

Von den weiteren Bestimmungen der „American society for testing materials" dürften nur noch die Schwingungsversuche mit Stehbolzeneisen von Interesse sein.

Schon seit etwa 20 Jahren machen verschiedene amerikanische Bahnen, darunter die Pennsylvania R.-R. und die Baltimore and Ohio R.-R. Schwingungsversuche mit Stehbolzeneisen, wobei dieses möglichst der Wirklichkeit entsprechenden Biege- und Zugbeanspruchungen ausgesetzt wird. Nach den Vorschlägen der „American society for testing materials" soll das mit Gewinden versehene Probestück an einem Ende festgehalten sein, während das andere Ende in einem Kreise geführt wird, der im Abstand von 200 mm von der Einspannstelle einen Halbmesser von rund 3 mm hat. Das Probestück wird gleichzeitig durch eine kräftige Feder auf Zug beansprucht. Das Probestück muß mindestens 6000 Umdrehungen aushalten. Einige größere Bahnen schreiben derartige Versuche für Stehbolzeneisen vor, so z. B. die Baltimore and Ohio R.-R., die verlangt, daß das bewegliche Ende des Versuchsstückes 150 mm (6″) von der Einspannstelle einen Kreis von 3 mm ($^1/_8$″) Durchmesser beschreibt und dabei einer Zugbeanspruchung von 170 kg/qcm ausgesetzt wird. Die Zahl der Umdrehungen in der Minute soll 100 betragen.

Ein 22-mm-Stehbolzen muß dabei mindestens 2500 Umdrehungen
„ 25-mm-Stehbolzen „ „ „ 2000 „
„ 28-mm-Stehbolzen „ „ „ 1800 „

aushalten. Einen verläßlichen Anhalt bieten jedoch diese Versuche nicht. Die Baltimore and Ohio R.-R. machte z. B. elf Schwingungsversuche mit ganz genau demselben Stehbolzeneisen, wobei die Anzahl der Umdrehungen 3057 bis 7544 betrug. — Dieser große Unterschied in der Zahl der Umdrehungen zeigt deutlich, daß die Haltbarkeit bei dieser Prüfung weniger von der Baustoffbeschaffenheit als von anderen Umständen abhängt, wahrscheinlich von der Art der Einspannung.

Als zu Beginn des Weltkrieges das vorwiegend aus Amerika bezogene Kupfer für Lokomotivfeuerbüchsen nicht mehr zur Verfügung stand, mußte man auch in Deutschland notgedrungen zum Eisen als Ersatz greifen.

Als Baustoff wurde ein im basischen Flammofen erzeugtes Martinflußeisen verwendet, das eine Festigkeit von 34 bis 41 kg/qmm und eine Dehnung von mindestens 25 v. H. haben muß. Die sog. Güteziffer, das heißt die Zugfestigkeit zuzüglich der Dehnung soll mindestens 62 betragen.

Von jedem Blech werden Probestücke entnommen, das Prüfungsergebnis wird in den Kesselpapieren vermerkt. Bei der Verarbeitung der Bleche muß ganz besondere Sorgfalt aufgewendet werden. Insbesonders ist die Behandlung in der sog. Blauwärme, bei Temperaturen um 300°, streng zu vermeiden, da das Eisen dabei infolge einer Gefügeänderung die geringste Einschnürung aufweist, das heißt spröde wird. Außerdem hat sich herausgestellt, daß das bei dieser Temperatur bearbeitete Eisen die Sprödigkeit beibehält und bei Formänderungen daher leicht Rißbildung eintritt. Das Kümpeln und Richten der Feuerbüchsbleche soll sehr vorsichtig geschehen, nach der Fertigstellung muß ein nochmaliges Ausglühen erfolgen, um alle Spannungen auszugleichen. Das Blech ist langsam und gleichmäßig abzukühlen und vor Zugluft und Nässe dabei sehr sorgfältig zu schützen. Große

Gefahren bringt auch das teilweise Erhitzen der Bleche mit sich, da an der Übergangsstelle zwischen dem heißen und kalten Metall unvermeidlich Zerrungen auftreten, die zu Rissen Veranlassung geben können.

Der Feuerbüchsmantel und die Türwand werden bei den flußeisernen Feuerbüchsen der Preußischen Staatseisenbahn 11 mm, die Rohrwand 15 mm stark gemacht. Die Siederohre werden, wie bei den amerikanischen Lokomotiven, mit Kupferringen eingesetzt oder auch in die Rohrwand autogen eingeschweißt. Der Kupferring von 1 mm Stärke endet hinten etwa 0,5 mm vor der Rohrwand, das vordere Ende reicht bis über die Brust der Rohre. Das Auswechseln der eingeschweißten Rohre, von denen man sich ein besseres Dichthalten verspricht, ist schwierig, es muß dabei die 2 bis 3 mm starke Schweißstelle ausgefräst werden.

Beim Zusammenbau der eisernen Feuerkisten ist ein Nachdornen der gebohrten Nietlöcher grundsätzlich zu vermeiden, da hierdurch, besonders wenn noch Grat an den Löchern sitzt, leicht Zerrisse eintreten, die meist erst nach kürzerer oder längerer Betriebszeit sichtbar werden. Auch hat sich ein allzu starkes Versenken der Nietlöcher, namentlich an den Seitenwänden, als nachteilig herausgestellt.

Zur Beseitigung des Einflusses des Scherenschnittes sind die Blechkanten nach dem Ausglühen zu bearbeiten; dasselbe gilt von autogen geschnittenen Kanten, an denen das Eisen verbrennt und im weiteren Verlauf sein Gefüge ändert. Werden solche unbearbeiteten Kanten auf Biegung beansprucht, so besteht die Gefahr, daß Rißbildung eintritt, die sich bisweilen schon unmittelbar nach dem autogenen Schneiden feststellen läßt.

Die Breite der Überlappung ist zu 65 mm bei 20 mm starken Nieten bemessen worden. Die Nietung des Bodenrings und des Türlochs wird nach wie vor mit 23 mm starken Nieten ausgeführt. Alle Nieten sollen auf der Feuerseite ohne Versenkung ausgeführt werden.

Die Stehbolzen werden aus weichem, geglühten Flußeisen von 34 bis 41 kg/qmm Festigkeit und mindesten 25 v. H. Dehnung hergestellt. Sie werden mit 7 mm in der ganzen Länge durchbohrt und nach dem Einziehen an der Außenseite durch Verhämmern geschlossen, um die zahlreichen Durchbrechungen der Wärmeschutzbekleidung zu vermeiden. Anbrüche der Stehbolzen machen sich durch Kesselsteinansatz an der Feuerbüchsseite bemerkbar, wobei es gleichgültig ist, ob der Bruch sich innen oder außen befindet. Das Gewinde wird durchweg mit 23 mm bei 10 Gang auf 1 Zoll ausgeführt. Mit Rücksicht auf ein gutes Dichthalten im Gewinde hat man die Seitenwände etwas stärker ausgeführt als in Amerika, um dieselben Werkzeuge zum Gewindeschneiden und Bohren wie bei kupfernen Stehbolzen weiter verwenden zu können. Es werden hierdurch erhebliche Ersparnisse erzielt, da im Bereich der Preußischen Staatseisenbahnverwaltung jährlich etwa eine halbe Million Stehbolzen gebraucht werden.

Die Form der Feuerbüchse ist auch bei Flußeisenanwendung beibehalten, auch die Teilung der Stehbolzen ist dieselbe geblieben. Wo angängig, wurde der Wasserraum verbreitert, um die Biegungsbeanspruchungen der Stehbolzen zu verringern und den Wasserumlauf zu verbessern, auch der Ansatz des Kesselsteins wird hierdurch erschwert, der bei Eisen leichter Anlaß zu örtlichen Überhitzungen bietet.

Durch besondere Vorschriften über die Behandlung der eisernen Feuerkisten im Betriebe wird die Lokomotivmannschaft auf die Gefahren hingewiesen, die durch die Wärmeschwankungen beim Anheizen und bei Betriebspausen drohen. Das Auswaschen soll nur mit heißem Wasser erfolgen, auch ist der als Wärmespeicher dienende Feuerschirm stets in guter Ordnung zu halten.

Man hofft hierdurch, einen befriedigenden Betrieb aufrechterhalten zu können. Erfahrungen können wegen der kurzen Zeit noch nicht angegeben werden. Ob die flußeiserne Feuerkiste sich trotz der gegenüber früheren Ausführungen sorgfältigeren

Herstellung und Unterhaltung als ebenso wirtschaftlich wie die kupferne herausstellen wird, muß jedoch angezweifelt werden.

b) Die Form der Feuerbüchse. Die Form der Feuerbüchse einer Lokomotive ist für die Leistungsfähigkeit und ihren wirtschaftlichen Betrieb von höchster Bedeutung. Sie muß so gestaltet sein, daß auf ihrem Roste und in dem darüber gebildeten Raume, der inneren Feuerbüchse, eine möglichst gute Verbrennung möglichst großer Brennstoffmengen in möglichst hohem und langgestrecktem Raume vor sich gehen kann. Wo diese wichtigen Forderungen genügende Beachtung finden, herrscht bisher im Lokomotivbau die schmale, langgestreckte, tiefgebaute Feuerbüchse vor.

Mit Ausnahme der 2 B 1-Vierzylinder-Verbund-Naßdampf-Schnellzuglokomotiven der Gattungen S 7 und S 9 sind daher auch bei der Preußischen Staatseisenbahnverwaltung keine Lokomotivbauarten mit breiten Feuerbüchsen gebaut worden. Mit vollem Recht. Abgesehen von anderen, gewichtigen Gründen ist es eine unumstößliche Tatsache, daß bis zu Rostflächen von 3,3, ja sogar 3,5 qm die altbewährte schmale, zwischen den Rahmen liegende tiefe Feuerbüchse mit ihren erheblichen Vorteilen ohne weiteres angewandt werden kann. Auf den zugehörigen, erstklassigen, geneigten Rostflächen lassen sich aber mit einer Kohle von 7000 bis zu 7500 WE/kg Heizwert bei Anwendung von Heißdampf und Speisewasservorwärmung, Leistungen von 2000 PS und mehr, bzw. Zugkräfte erzeugen, die bis an die Grenze der Zughakenbelastung heranreichen.

Eine größere schmale, geneigte Rostfläche als 3,5 qm ist daher auch im schwersten Lokomotivbetriebe im allgemeinen nicht erforderlich, ja in der Mehrzahl der Betriebsfälle wird ein erheblich kleinerer Rost nicht nur ausreichen, sondern — allerdings im Gesamtbetrieb betrachtet — sogar wirtschaftlicher arbeiten. Der schmale, tiefliegende, geneigte Rost ist für den Lokomotivbetrieb so ungleich wertvoller als ein breiter, hochliegender Rost, daß von Anwendung über die Rahmenbreite hinaus gebauter Feuerbüchsen nicht dringend genug abgeraten werden kann. Selbst in Betriebsfällen, in denen minderwertiger Brennstoff benutzt werden muß, wird auf dem schmalen Rost durch angemessenes Heizen ein besseres Ergebnis erzielt werden können, als auf einem ganz erheblich größeren breiten Roste, auf dem im **eigenartigen Lokomotivbetriebe** für die Mehrzahl der Betriebsfälle eine wirklich wirtschaftliche Verbrennung gar nicht zu erreichen ist. Ein sicherer rechnerischer Vergleich der möglichen Höchstbeanspruchungen beider Rostanordnungen, auf die es doch bei Annahme einer breiten größeren Rostfläche vornehmlich ankommt, ist bei der großen Verschiedenheit der beiderseitigen Verbrennungsverhältnisse kaum angängig. Vielfach ziehen Liebhaber der breiten Feuerbüchse die starke Verschiedenheit des Güteverhältnisses der beiden Rostflächenarten gegenüber der Eigenart der Lokomotivfeuerhaltung zu wenig in Betracht und bedenken nicht genügend die weitgehende Möglichkeit, daß ein langer, schmaler und tiefliegender Rost auch ganz außerordentlich hohe Beanspruchungen noch bei wirtschaftlicher Verbrennung verträgt und noch bei sehr geringer Beanspruchung erst recht viel wirtschaftlicher arbeitet als ein breiter Rost.

Die nachstehenden Ausführungen dürften das Gesagte noch näher beleuchten.

Der Hauptvorzug der schmalen, langgestreckten und tiefgebauten Feuerbüchse vor der breiten ist, wie schon angedeutet, die Möglichkeit der Erzielung einer viel besseren Verbrennung der Kohle, die hier durch entsprechenden Einbau von Feuerschirmen und Schaffung langer Flammenwege wesentlich unterstützt werden kann, da so die günstigsten Bedingungen für eine vollkommene Mischung der Verbrennungsluft mit den Gasen zu erreichen ist.

Weiter ermöglicht die schmale Feuerbüchse die Unterbringung eines geräumigen Aschkastens mit großen Luftzuführungsöffnungen, so daß die Verbrennungsluft über die ganze freie Rostfläche gleichmäßig verteilt zur Brennschicht durchtreten kann.

Die tiefe Lage des Rostes zwischen den Rahmen gestattet ferner, eine für die höchsten Belastungen und die Entwickelung der gewaltigsten Flammenbildungen noch genügend hohe Feuerbüchse. Endlich gestaltet sich bei schmalen Feuerbüchsen der Wasserumlauf besser als bei breiten.

In Erkenntnis der Vorteile der schmalen Feuerbüchse sind neuerdings Feuerbüchsen mit Rostflächen von 3,5 und mehr qm Größe, bei der befürchtet wurde, daß der Rost wegen zu großer Länge nicht mehr durchweg schmal ausgeführt werden könne, trapezförmig gebaut worden. Der Rost erstreckt sich vorn möglichst tief zwischen den Rahmen und verbreitert sich nach hinten über die Rahmen und Räder hinaus. Durch diese Anordnung sind zwar einige Vorzüge der schmalen Feuerbüchse zu erreichen, sie müssen aber durch eine schwierigere und kostspieligere Gestaltung der Feuerbüchse sowie durch mancherlei Anstände im Betriebe und bei der Unterhaltung erkauft werden.

Umständlich ist besonders die Herstellung der gekümpelten Seitenbleche des Feuerbüchsmantels und des Feuerbüchsbodenringes.

Zwei kennzeichnende Formen dieser Feuerbüchsen sind in den Tafeln 23 u. 24 dargestellt. Bei französischen und italienischen Lokomotiven haben die trapezförmigen Feuerbüchsen einige Verbreitung gefunden.

Die breite Feuerbüchse, die ihren Ursprung in Amerika hat, gestattet die Anwendung beliebig großer Rostflächen. Die fortwährend steigenden Ansprüche, die an die Leistungsfähigkeit der Lokomotiven dort gestellt werden, besonders wenn noch schlechte Kohle verbrannt werden muß, haben zu Kesseln geführt, bei denen Roste von über 9 qm Größe ausgeführt worden sind. In letzter Zeit hat sich hier jedoch ein Wandel insofern ergeben, als diese selbst für amerikanische Verhältnisse übertrieben großen Rostflächen nur noch in seltenen Ausnahmefällen gebaut werden. Die Mehrzahl der schweren amerikanischen Personen- und Güterzuglokomotiven hat heute Rostflächen von 5 bis 6 qm, die bei den dort möglichen großen Kesseldurchmessern in Feuerbüchsen mit senkrecht abfallenden Seitenwänden untergebracht werden können.

Auch bei einzelnen europäischen Lokomotivbauern ist die Erkenntnis der großen Vorteile der schmalen Feuerbüchse noch nicht allgemein durchgedrungen, denn nur so dürfte es zu erklären sein, daß breite Feuerbüchsen von nur 2,7, ja sogar 2,59 qm Rostfläche ausgeführt worden sind, bei denen dann die Länge tatsächlich geringer ist als die Breite!

Die Mängel der breiten Feuerkiste sollen hier in Kürze aufgeführt werden:

Durch die Verbreiterung des Rostes wird die Feuerbüchse eine geringe Länge erhalten. Unterschreitet diese nun ein gewisses Maß, etwa 2,5 m, so steht den Verbrennungsgasen, die stets auf dem kürzesten Wege von der Oberfläche des Feuers zu den Siederohren hinströmen, ein zu kurzer Weg zur Verfügung, auf dem eine vollkommene Mischung mit der Verbrennungsluft nicht stattfinden kann. Die Folge davon ist eine mangelhafte Verbrennung, also eine ungünstige Ausnutzung der Kohle. Selbst durch den Einbau von Feuerschirmen und zwangsweise Einführung von Oberluft können die Verhältnisse nur wenig verbessert werden.

Ein gewisser Fortschritt in dieser Beziehung ist durch die neuerdings besonders bei großen Rostflächen in den Vereinigten Staaten in Aufnahme gekommene Verbrennungskammer von Gaines erreicht worden, über die später noch Näheres mitgeteilt werden soll.

Eine weitere Verschlechterung der Verbrennungsverhältnisse entsteht durch die ungenügende Größe des Aschekastens und seiner Luftzuführungsöffnungen.

Die hinteren Trieb- bzw. Laufräder gestatten bei der seitlich weit über den Rahmen hinausragenden Feuerbüchse nicht, dem Aschkasten die nötige einfache und sachgemäße Durchbildung zu geben, um geeignet liegende Öffnungen für den notwendigen leichten und gleichmäßigen Zutritt der großen Luftmengen zu erhalten. Die Öffnungen an den Seitenwänden der Aschkasten liegen zu hoch, sind zu schmal und Drahtsiebe vermindern häufig noch den geringen freien Querschnitt für den an den Seitenwänden durch die Fahrt der Lokomotive nicht unterstützten Lufteintritt. Außer diesen Öffnungen sind an der Vorder- und Hinterwand der Aschkasten zwar noch bewegliche Klappen angebracht, die mitunter auch durch Luftdruck betätigt werden. Da jedoch bei sehr großen Rostflächen auch diese Öffnungen nicht genügen, um eine gute Luftzufuhr herzustellen, so werden in solchen Fällen noch unmittelbar unter dem Feuerbüchsring seitliche Öffnungen angebracht, die entweder nur mit Sieben versehen werden oder Klappen besitzen, die unmittelbar von Hand oder durch ein Gestänge vom Führerstande aus betätigt werden.

Die mangelhafte Luftzufuhr verhindert eine vollkommene Verbrennung der Kohle auf dem Rost und begünstigt dadurch die Unwirtschaftlichkeit der breiten Feuerbüchse in viel höherem Grade, als häufiger angenommen wird.

Zur Erleichterung der Beschickung besonders der seitlichen hinteren Ecken des Rostes werden die breiten Feuerbüchsen vielfach mit zwei Feuertüren versehen. Der Erfolg kann jedoch nur ein teilweiser und einseitiger sein, weil durch die Türringe der Doppeltüren der Wasserumlauf an der Feuertürwand bedeutend beeinträchtigt wird, was zu Rissen in den Wandbörtelungen Anlaß gibt. Dies ist der Grund, weshalb neuerdings auch bei den breitesten Feuerbüchsen nur noch eine längliche große Tür verwendet wird, die aber wiederum die gleichmäßige Beschickung des Rostes erschwert und die Abkühlung der Rohrwand und damit Siederohrlaufen begünstigt.

Das wechselseitige Beschicken durch zwei Türen macht es schwierig, bei großen Rostflächen ein gleichmäßiges Feuer zu halten. Der Zutritt einer größeren Menge kalter Luft, als für vollkommene Verbrennung erträglich ist, läßt sich bei dem längeren Offenhalten der Tür und infolge des häufigeren Beschickens schwer vermeiden und hat Wärmeschwankungen in der Feuerbüchse zur Folge, die zu Undichtigkeiten der Nietverbindungen und zu Siederohrlaufen Veranlassung geben. Die Schwierigkeit der Beschickung von Hand wächst ganz erheblich, wenn die Größe der Rostfläche 4 bis 5 qm und die Breite 1,6 m überschreitet.

Mit der Zunahme der Rostgröße wachsen die Verluste an Brennstoff beim Halten und während der Dienstpausen sowie bei leichteren Fahrten, bei Talfahrten und beim Leerlauf. Diese Tatsache bildet eine weitere Ursache für die geringere Wirtschaftlichkeit der Lokomotiven mit breiten Feuerbüchsen, deren Bauart leicht zu einer unnötigen Vergrößerung der Rostfläche führt.

Durch die besonders in den letzten Jahren in Amerika in Aufnahme gekommenen selbsttätigen Rostbeschicker lassen sich zwar einige der genannten Übelstände vermeiden. Aber auch die Anwendung dieser vielteiligen, kostspieligen Einrichtungen vermögen nicht die Wirtschaftlichkeit der Verbrennung auf das Maß der bei langen, schmalen Feuerbüchsen erreichten zu heben.

Als ein erheblicher Nachteil der breiten Feuerbüchse müssen ihre vermehrten Unterhaltungskosten angesehen werden. Selbst in den Vereinigten Staaten, wo die breite Feuerbüchse größte Verbreitung gefunden hat, wird zugegeben, daß sie mehr Anstände im Betriebe verursacht als die schmale Feuerbüchse.

Zu der Unmöglichkeit, die großen Roste gleichmäßig zu beschicken, kommt ein vermehrtes Durchreißen des Feuers durch den ungleichmäßigen Durchzug der angesaugten Luft. Die an einzelnen Stellen durchstreichende kalte Luft bildet weiter eine Hauptursache für das bei breiten Feuerbüchsen wesentlich vermehrte Undichtwerden der Siederohre. Ein weiterer Übelstand, verursacht durch den oft mangelhaften Wasserumlauf, ist das häufige Reißen der Feuerbüchsseitenwände. Mühlfeld, Generalsuperintendant der Baltimore and Ohio R.-R., sagt z. B. in seinem Berichte an den Internationalen Eisenbahnkongreß in Washington (1905):

„Zu enge Zwischenräume zwischen den Wänden der inneren und äußeren Feuerbüchsen sowohl als Bauarten, die einzelnen Teilen nicht genügende Freiheit zur Ausdehnung geben, sind die Hauptursachen für die zahlreichen Undichtigkeiten und Brüche, die heutzutage so häufig bei unseren Feuerbüchsen (den breiten) auftreten."

Bei den neueren amerikanischen Kesseln wird daher auch auf einen freien Wasserumlauf besonderer Wert gelegt, und die Feuerbüchsringe werden entsprechend breit gehalten; vorn sind sie gewöhnlich 125 mm breit, an der Seite und hinten 100 bis 125 mm.

Nach einer Mitteilung des Wirklichen Geheimen Oberbaurats Dr.-Ing. Müller in der Verkehrstechnischen Woche 1909, Seite 357, hat die Chicago-Milwaukee- und St.-Paul-Eisenbahn Vergleichsversuche zwischen 18 Lokomotiven mit schmaler Feuerbüchse, die zehn Jahre im Betriebe waren, und 28 Lokomotiven derselben Gattung, aber breiten Feuerbüchsen, die vor sieben Jahren in Betrieb genommen waren, angestellt. Von den 18 schmalen Feuerbüchsen haben in den zehn Jahren nur vier je eine neue Feuertür-, Rohr-, Decken- oder Seitenwand erhalten. Dagegen haben alle 28 breiten Feuerbüchsen innerhalb der sieben Jahre der Reihe nach neue Tür-, Rohr- und Seitenwände bekommen, verschiedene von ihnen sogar schon zum drittenmal Seitenwände. Rohrlaufen wurde bei den breiten Feuerbüchsen etwa zehnmal so oft beobachtet wie bei den schmalen.

Die schlechten Erfahrungen mit breiten Feuerbüchsen haben die Chicago- und Altoona-Eisenbahn nach längeren Versuchen dazu geführt, 2 C 1-Schnellzuglokomotiven mit schmaler Feuerbüchse in Dienst zu stellen. Die Kessel der Lokomotiven der früheren Bauart mit einer Heizfläche von 369 qm und einer breiten Rostfläche von 5,2 qm wurden durch solche von 365 qm mit schmaler Rostfläche von $1,04 \times 2,95 = 3,068$ qm ersetzt. Trotz der Verkleinerung der Rostfläche um 41% stehen die neuen Lokomotiven nach Angaben der Bahngesellschaft in ihrer Leistung hinter ihren Schwesternmaschinen in keiner Weise zurück.

Als einen Grund für die schlechte Bewährung der breiten Feuerbüchse gibt Lawford Fry in der „Master Mechanics Convention 1905" den schlechteren Wasserumlauf besonders an den Seitenwänden an. Die senkrecht nach oben steigenden Dampfblasen hindern bei den schräg nach außen auseinandergehenden Wänden der breiten Feuerbüchse das Herabfallen des Wassers. (Siehe Abb. 162.) Bei der schmalen Feuerbüchse dagegen kann das erhitzte Dampfwassergemisch an der oben nach außen gehenden Feuerbüchsseitenwand entlang streichen, ohne sich mit dem außen herabfließenden Wasser zu kreuzen. Durch die Strömung an der Feuerbüchswand wird hier ein besserer Wasserumlauf, eine wirksamere Kühlung der hoch beanspruchten Bleche erzielt, die auf ihre Lebensdauer von günstigem Einfluß sein muß.

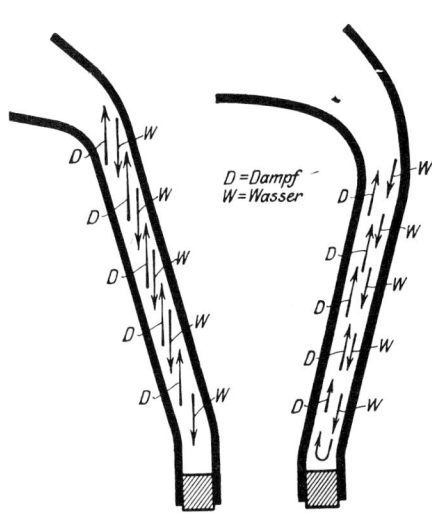

Abb. 162. Wasserumlauf bei schmaler und breiter Feuerbüchse.

c) Feuerschirm und Verbrennungskammer. In den Vereinigten Staaten haben besondere Rauchverbrennungseinrichtungen für Lokomotiven keinen Eingang gefunden; man begnügt sich hier mit der Verwendung sehr tiefer Feuerschirme. Der

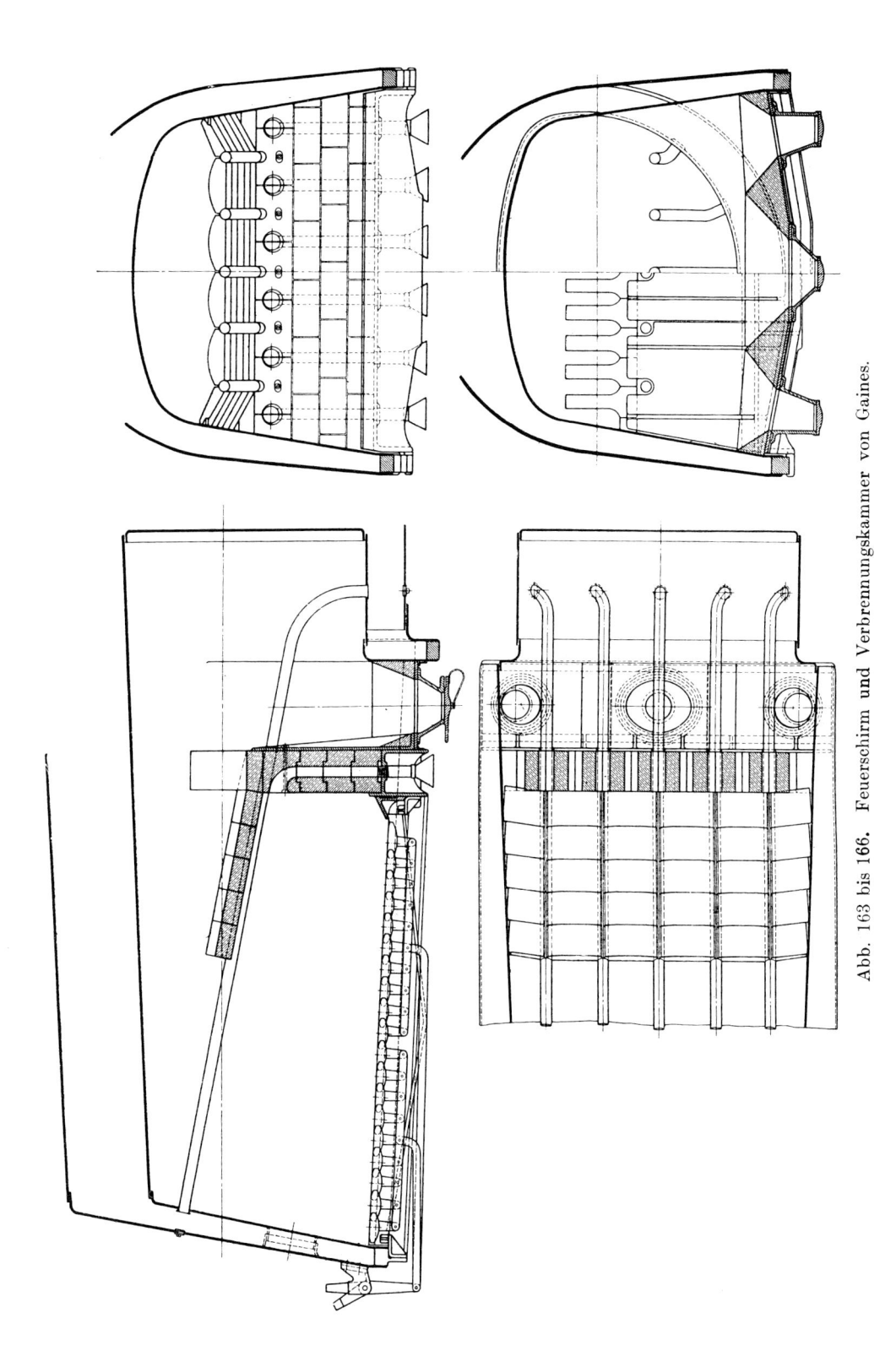

Abb. 163 bis 166. Feuerschirm und Verbrennungskammer von Gaines.

fast ausschließlich zur Verwendung kommende Feuerschirm ist der sog. Sectional Arch. Wie die Abb. 163 bis 166 zeigen, wird der Feuerschirm aus losen Steinen gebildet, die auf nach oben gewölbt angeordneten, in die Rohr- und Feuerbüchsrückwand eingeschweißten Wasserrohren ruhen, und die einzeln herausgenommen werden können. Die Bauart gewährleistet eine leichte Erneuerung der im Betriebe zerstörten Steine und verhütet das Einfallen der Schirme. Durch die gebogenen Wasserrohre wird außerdem ein guter Wasserumlauf erzielt. Zur Reinigung der Rohre von dem innen sich ansetzenden Kesselstein, der bei den in den hohen Temperaturen liegenden Rohren zu ernsten Betriebsstörungen Veranlassung geben könnte, sind an der Außenwand vor den Mündungen der Rohre Verschraubungen vorgesehen, nach deren Öffnen man mit geeigneten Vorrichtungen die Rohre durchstoßen kann.

Bei den langen Kesseln der neueren Personen- und Güterzuglokomotiven amerikanischer Bahnen wird zur Verkürzung der Rohrlänge vielfach in Verbindung mit dem oben genannten Feuerschirm eine Verbrennungskammer angewendet, die gleichfalls in Abb. 163 bis 166 dargestellt ist.

Vor dem Rost ist eine Feuerbrücke aus Chamottesteinen errichtet, die mehrfach von Luftkanälen durchzogen ist. Durch diese Kanäle wird während des Arbeitens der Lokomotive dauernd Luft angesaugt, die durch den Feuerschirm niedergehalten und so zur innigen Mischung mit den unverbrannten Rauchgasen gezwungen wird. Die über den Feuerschirm hinwegstreichenden Gase treffen vor dem Eintritt in die Verbrennungskammer auf fingerförmige Vorsprünge, die auf der Chamottewand sitzen. Hierdurch wird eine nochmalige gründliche Durchwirbelung der Rauchgase mit der Verbrennungsluft in der Verbrennungskammer erzielt. In dem zehnten Abschnitt sind Versuchsergebnisse mit dem Feuerschirm wiedergegeben, die seine gute Wirkung klar erkennen lassen. Durch Anwendung derartiger Einrichtungen konnte der Kesselwirkungsgrad um etwa 5% verbessert werden, vgl. Abb. 207.

d) Rauchverbrennungseinrichtungen. Daß ein dringendes Bedürfnis zur Beseitigung bzw. Milderung der durch die Lokomotivfeuerungen hervorgebrachten Rauchplage besteht, zeigen die außerordentlich zahlreichen Erfindungen, die zur Erzielung einer möglichst rauch- und rußfreien Verbrennung besonders in den letzten drei Jahrzehnten für Lokomotiven erdacht, gebaut, erprobt und wieder verworfen worden sind. Bei allen Bauarten wird die Wirkung des Unterluftstroms der Planrostfeuerung durch Zuführung von Oberluft über dem Roste mehr oder weniger wirksam unterstützt. Von der einfachsten aber auch schlechtesten Form der Zuführung der zur Rauchminderung durchaus nötigen Oberluft durch zeitweises Öffnen der Feuertür von Hand unmittelbar nach der Beschickung des Rostes bis zu der, durch selbsttätige Einrichtungen gesteuerten Luftzufuhr nach Menge und Zeit in dem Entgasungszeitraum, gibt es eine so große Reihe von mehr oder weniger vielteiligen Einrichtungen, daß es nicht angängig ist, hier auch nur die bemerkenswertesten eingehend zu beschreiben.

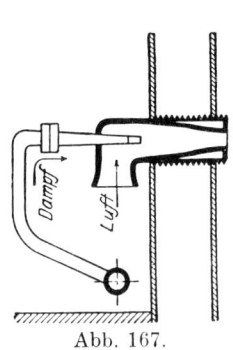

Abb. 167. Amerikanische Rauchverzehrungseinrichtung.

Auf der Weltausstellung in St. Louis fand Verfasser u. a. bei einer Lokomotive der Illinois Central R.-R. die in Abb. 167 dargestellte Rauchverbrennungseinrichtung, bestehend aus sechs dicht über dem Fußboden des Führerhauses angebrachten Dampfdüsen, durch die Luft in den Feuerraum gesaugt wird. Die Dampfzuströmung zu den sechs Düsen kann durch ein gemeinsames Dampfventil hergestellt werden. Durch diese Vorrichtung wird demnach wohl eine regelbare Oberluftzufuhr zur Feuerbüchse ermöglicht, und es kann sicher eine gewisse Rauchverminderung herbeigeführt werden —, aber auch dieser an sich einfachen Einrichtung haftet der Grundfehler der Mehrzahl aller Rauchverbrennungseinrichtungen an, der darin besteht, daß übersehen wird, daß Luft, die in die heiße Feuerbüchse einer fahrenden Lokomotive ohne Führung, Niederhaltung und Zerteilung eintritt, sofort im Feuerbüchsraum aufsteigt, die Feuerbüchsdecke abkühlt und zum großen Teil, ohne zur Rauchverbrennung erheblich beigetragen zu haben, mit den Feuergasen durch die obersten Siederohrreihen wieder abzieht. Alle Rauchverbrennungseinrichtungen, die bei Planrosten die Oberluftzufuhr nicht selbsttätig regeln, die veränderliche Luftmenge nicht führen, niederhalten und zerteilen, entsprechen den Anforderungen der chemischen Vorgänge nach jeder Beschickung des Planrostes nicht und leiden daher an dem Übelstande, mit großem Luftüberschuß nur eine geringe Wirkung hervorzubringen. Wie sehr aber gerade Luftüberschuß schädlich wirkt, weiß jeder Fachmann, der sich mit der so heiklen Feuerungsfrage der Lokomotive jemals ernstlich beschäftigt hat.

Hier hat vor etwa 25 Jahren ein von Langer in Wien eingeführtes Verfahren der selbsttätigen Einsteuerung von nach Menge und Zeit bemessener Oberluft nach jeder Beschickung unter Führung, Teilung und Niederhaltung dieser Luftmenge durch den von Thierry angegebenen Dampfschleier Wandel geschaffen. Marcotty und sein Direktor Baurat de Grahl haben in den letzten zwanzig Jahren die Einrichtungen zur Anwendung des auf dem Thierryschen Dampfschleier beruhenden Grundverfahrens derart verbessert und vereinfacht, daß die neueste Gesamteinrichtung auch für Lokomotivfeuerungen nach mehrjähriger, umfangreicher Erprobung als eine praktisch vollkommene und betriebssichere bezeichnet werden kann und daher hier eingehender behandelt werden soll.

Allgemeines.

Das der Rauchverbrennungseinrichtung Marcotty zugrunde liegende abgeänderte Verfahren stützt sich auf die Verwendung eines Dampfschleiers, dem die Aufgabe zufällt, die durch die Feuertür entsprechend der jedesmaligen Beschickung und Entgasung nach Menge und Zeit in den Verbrennungsraum eingesteuerte Oberluft im Innern des Feuerraumes durch Verteilung, Führung und Vermischung zu möglichst vollkommener und augenblicklicher Verbrennung der Rauchteilchen zu benutzen. Zur Bildung des Dampfschleiers ist trockener Dampf erforderlich; nasser Dampf entzieht dem Verbrennungsraum Wärme, die für die Rauchverbrennung nicht entbehrlich ist, während andererseits der Nutzeffekt der Feuerung Einbuße erleidet.

Der Dampfschleier ermöglicht infolge seiner schrägen Neigung zur Rostebene, ähnlich der Tenbrink-Feuerung, eine Verbrennung mit rückkehrender Flamme. Der dadurch bedingte längere Verbrennungsweg bewirkt ein besseres Ausbrennen der Kohlenteilchen, die sonst in großen Stücken als Kokslösche in die Rauchkammer mitgerissen werden und in glühendem Zustande zum Teil durch den Schornstein fliegen. Im Zusammenhang hiermit steht die Beobachtung, daß bei Tätigkeit des Dampfschleiers ein Ablöschen der Lösche weniger erforderlich und dadurch der Wärmeverlust durch Einspritzwasser geringer ist.

Zum leichteren Verständnis wird es zweckmäßig sein, zunächst die Verbrennungsverhältnisse in der Lokomotivfeuerbüchse näher zu betrachten.

Die in der Regel zur Verfeuerung gelangenden Steinkohlen bestehen zu 65 bis 80% aus Kohlenstoff (C), der Rest aus Wasserstoff (H), Sauerstoff (O), Stickstoff (N), Schwefel (S), sowie aus Wasser und unverbrennlichen Bestandteilen, die die Asche bilden.

Schon bei mäßiger Erhitzung der Kohlen unter Luftzutritt entweichen zunächst die flüchtigen Bestandteile. Es bilden sich außer den in der Elementaranalyse schon vorhandenen Bestandteilen wie Wasserstoff, Sauerstoff und Stickstoff hauptsächlich Kohlensäure (CO_2), Kohlenoxyd (CO), Methan oder Grubengas (CH_4) und unter Umständen Äthylen (C_2H_4). Die Zeiten, in denen Gasbildung und Verbrennung vor sich gehen, sind außer von der Temperatur in der Feuerbüchse von den Zugverhältnissen, den Brennstoffmengen, der Zusammensetzung des Brennstoffes, seiner Stückengröße und noch anderen Umständen abhängig. So wachsen z. B. Rauchentwickelung und flüchtige Bestandteile in der Regel mit der Zunahme des Wasserstoffgehaltes des Brennstoffes.

Mit dem Wasserstoffgehalt des Brennstoffes wächst auch dessen Langflammigkeit bei der Verbrennung. Kokse und Anthrazite verbrennen daher wegen ihres geringen Wasserstoffgehalts mit kurzer Flamme. Während Holz, das größtenteils den Ursprung aller Kohle bildet, etwa 50% Kohlenstoff, 6% Wasserstoff und 44% Sauerstoff und Stickstoff enthält, also sehr gasreich ist, hat Anthrazit, die geologisch älteste Kohlenart, 94,8% Kohlenstoffgehalt, dagegen nur 2,7% Wasserstoff- und 2,5% Sauerstoff- und Stickstoffgehalt.

Die Zahlentafel 34 gibt die flüchtigen Bestandteile und Heizwerte verschiedener Brennstoffe in Grenzwerten an.

Zahlentafel 34[1]).

Grenzzahlen für Heizwerte und flüchtige Bestandteile verschiedener Brennstoffe im lufttrockenen Zustande.

Art der Kohle	Heizwert WE/kg	Flüchtige Bestandteile
Koks (Gas-, Zechenkoks) .	6300 bis 7500	2 bis 4%
Anthrazit	8000 bis 8300	5 bis 6%
Steinkohlenbriketts . . .	6700 bis 7800	13 bis 22%
Ruhrkohlen	7100 bis 7900	15 bis 29%
Schlesische Kohlen . . .	6100 bis 7200	24 bis 33%
Saarkohlen	5800 bis 7400	29 bis 37%

Je nach der Menge der flüchtigen Bestandteile spricht man von gasarmen oder gasreichen Kohlen.

Zur Verbrennung der Gase sowohl wie des Kohlenstoffs wird Sauerstoff gebraucht, der aus der Luft entnommen wird. Der Luftbedarf einer Feuerung während jeder Beschickung ist dadurch stark wechselnd, daß unmittelbar nach dem Aufwerfen frischer Kohlen, bei genügend hoher Verbrennungstemperatur, sofort die flüchtigen Bestandteile, bei gasreichen Kohlen also große Gasmengen entweichen, die bedeutende Luftengen zu ihrer vollkommenen Verbrennung erfordern. Mit der Verbrennung des Kohlenstoffs selbst wird der Luftverbrauch in der Zeiteinheit geringer, da weniger Sauerstoff für die Gewichtseinheit erforderlich ist. So gehören zur vollkommenen Verbrennung von 1 kg C 2,66 kg O, die in 11,5 kg oder 8,9 cbm Luft enthalten sind, während 1 kg H 8 kg O oder 34,5 kg = 26,7 cbm Luft verlangt, das ist die dreifache Menge.

Zur Erzielung einer wirtschaftlichen, rauchschwachen Verbrennung ist daher zunächst erforderlich, daß jederzeit die nötige Verbrennungsluft vorhanden ist, um vollständige Oxydation der sich entwickelnden Gase und des Kohlenstoffs zu gewährleisten. Sofort nach dem Aufwerfen frischer Kohle muß eine viel größere Luftmenge in die Feuerbüchse hineinbefördert werden als später bei der Verbrennung des Kohlenstoffs allein. Um die günstigste Wirkung zu erzielen, muß unmittelbar nach der Beschickung Zusatzluft verwendet werden, die über der Feuerschicht eingeführt, mit den Rauchgasen innig gemischt, an solche Stellen der Feuerbüchse geleitet wird, wo die zur Entzündung des Gemisches erforderliche Temperatur herrscht.

---

[1]) Vgl. de Grahl, „Wirtschaftliche Verwertung der Brennstoffe", Verlag R. Oldenbourg, München

Durch einfaches Öffnen der Feuertür nach dem Aufwerfen der Kohlen wird die obige Bedingung daher nicht erfüllt, der Luftmangel kann zwar behoben werden, jedoch wird keine genügende Mischung der Luft mit den Gasen bewirkt werden können, da die durch das Feuerloch in die Feuerbüchse eingesaugte Luft infolge der starken Strahlung von unten sofort erhitzt wird und an der Feuerbüchsdecke entlang durch die oberen Siederohre abzieht. Trotz des dadurch entstehenden, erheblichen Luftüberschusses wird in Wirklichkeit eine scheinbar bessere Verbrennung nur auf Kosten des Brennstoffverbrauches erzielt, in der Hauptsache werden die Rauchgase stark verdünnt und dadurch weniger sichtbar. Die starke Abkühlung der Feuerbüchsdecke und der Rohrwand sind aber bei dieser ursprünglichsten Art der Rauchverminderung derartig schädlich, daß man nur im äußersten Notfalle ein Offenhalten der Feuertür gestatten sollte.

Eine große Erleichterung zur Erzielung einer Rauchverminderung gewährt die Befolgung der Regel, mit jeder Beschickung immer nur wenig Brennstoff aufzugeben, so daß auch nur geringe Gasmengen, die naturgemäß leichter verbrannt werden können, entstehen. Indes läßt sich diese Regel nur bei schwach oder mäßig angestrengten Lokomotiven durchführen. Im schweren Schnellzug- und Güterzugdienst, wo große Mengen an Brennstoff zur Erzielung großer Arbeitsleistungen erforderlich sind, tritt an Stelle der niedrigen Brennschicht die hohe, das heißt ein großer Wärmespeicher, und an Stelle der zeitweisen Oberluftzuführung die dauernde

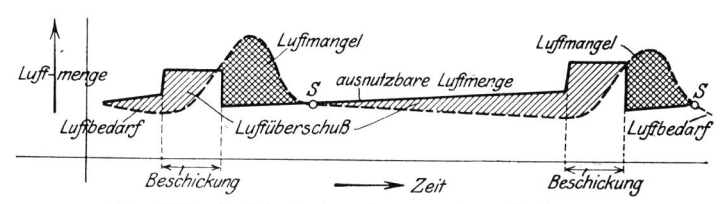

Abb. 168. Luftbedarf und ausnutzbare Luftmenge.

Die dauernde Oberluftzuführung ist bedingt durch den sich in stetem Entgasungszustande befindlichen Wärmespeicher, der ohne Oberluftzuführung einem Generator mit verhältnismäßig niedriger Verbrennungstemperatur gleichen würde. Erst durch die Verbrennung der sonst unverbrannt entweichenden Gase wird die Verbrennungstemperatur auf die gewünschte Höhe gebracht.

Das Aufwerfen frischer Kohlen geschieht am zweckmäßigsten so, daß die Seiten und die hinteren Teile des Rostes höher bedeckt werden.

Die Bildung einer möglichst langen Flamme wird durch die Wahl langer, schmaler Feuerbüchsen, in denen ein richtig angeordneter Feuerschirm angebracht ist, begünstigt. Bei kurzen, breiten Feuerbüchsen stößt die Flamme vorzeitig auf die abkühlende Rohrwand und erstickt in den engen Siederohren, so daß eine Abscheidung des unverbrannten Kohlenstoffs in Form von Ruß eintritt. Eine gute Durchmischung der Gase mit der Verbrennungsluft zum Zweck rauchschwacher und wirtschaftlicher Verbrennung ist daher bei breiten Feuerbüchsen viel schwieriger zu erzielen als bei schmalen und langen.

In Abb. 168 ist versucht worden, die Verhältnisse des Luftbedarfs bei der Planrostfeuerung einer Lokomotive augenscheinlich darzustellen. Luftbedarf und ausnutzbare Luftmenge bei einer Planrostfeuerung sind in Abhängigkeit zu den Beschickungszeiten, angenähert der Wirklichkeit entsprechend, eingetragen.

Der Luftbedarf der Feuerung, durch die gestrichelte Linie dargestellt, steigt unmittelbar nach jeder Beschickung des Rostes infolge der Gasbildung stark an; mit der Entgasung sinkt er, und verändert sich von hierab bei der Verbrennung des Kohlenstoffs nur wenig.

Anders wie der durch die gestrichelte Linie dargestellte Luftbedarf wechselt die durch die ausgezogene Linie dargestellte Luftzufuhr. Beim Öffnen der Feuertür, also beim Beginn der Beschickung, wird plötzlich eine sehr große Menge Luft zu der dauernd durch den Rost zufließenden in die Feuerbüchse einströmen; die ausgezogene Linie steigt senkrecht auf, bleibt dann während der Beschickung wagerecht und fällt plötzlich wieder beim Schluß der Feuertür.

Nach Schluß der Tür wird die Luft nur noch durch die Luftspalten des Rostes eintreten, wird also sofort viel weniger Luft in die Feuerbüchse gelangen. Die Menge wird abhängig sein von der Luftleere in der Rauchkammer, den Widerständen in den Siederohren, im Aschkasten, in den Rostspalten und insbesondere von der Höhe der Kohlenschicht und ihrem Zustande (Körnung der Kohle und Verschlakkung). Gemäß dem vorschreitenden Abbrand wird die Brennschichthöhe geringer und damit die angesaugte Luftmenge größer. Gibt demnach die ausgezogene Linie die in die Feuerbüchse einströmende „ausnutzbare Luftmenge an, das heißt also unter Berücksichtigung einer Luftüberschußzahl von 1,5, die bei Lokomotivfeuerungen üblich ist, $1:1,5 = \frac{2}{3}$ der tatsächlich einströmenden Luftmenge, so zeigen die kreuzweise gestrichelten Flächen Luftmangel an, während die einfach schraffierten Flächen Luftüberschuß andeuten.

Die angegebenen Verhältnisse treten bei gut unterhaltener Oberfläche des Feuers ein, bei der die Höhe der Brennschicht überall annähernd gleich groß und der Rost gleichmäßig klar ist. Die Luft wird dann nach der Entgasung an alle Kohlenteilchen gleichmäßig herantreten und eine gute Verbrennung wird die Folge sein. Je dünner die Brennschicht aber ist, das heißt je kleiner die Rostbelastung wird, desto eher werden Ungleichmäßigkeiten der Oberfläche beim Abbrennen nicht zu vermeiden sein. An den dünneren Stellen wird die Luft leichter durchtreten können, wodurch die Kohlenteilchen hier schneller verbrennen, so daß schließlich Löcher im Feuer entstehen, durch die fast die ganze angesaugte Luft hindurchgeht. Die notwendige gute Luftverteilung über den ganzen Rost ist dann nicht mehr vorhanden. Bei geringer Brennschicht bzw. Rostbelastung wird also mit unwirtschaftlichen Verbrennungsverhältnissen zu rechnen sein, man sollte daher niemals die Rostflächen übermäßig groß wählen, keinesfalls aber mit der Rostbeanspruchung unter etwa 250 kg/qm/st Rostfläche heruntergehen, da sonst stets mit Kohlenverschleuderung gearbeitet wird.

Je nach der Beanspruchung der Lokomotive wird die Rostanstrengung und damit auch die Feuerbüchsentemperatur verschieden sein. Diese ist aber maßgebend für die Entgasungsdauer der frisch aufgeworfenen Kohlen. Bei stark beanspruchter Lokomotive wird daher der Schnittpunkt S der gestrichelten und ausgezogenen Linie früher liegen als bei gering belasteter Lokomotive. Die Entgasung ist im ersten Fall heftiger und schneller vollendet als im zweiten Fall, in dem die Gasbildung langsamer stattfindet.

Beim Stillstand der Lokomotive wird infolge Fehlens des Auspuffs überhaupt keine nennenswerte Luftmenge durch den Rost hindurchgehen; die dann aufgeworfenen Kohlen werden also stets unter erheblichem Luftmangel vergasen und weniger verbennen, so daß in diesem Falle die Rauch- und Rußbildung am stärksten ist.

Wenn nun auch bei einer Lokomotivfeuerung bei mittlerer Beanspruchung und unter normalen Verhältnissen nach dem Entweichen der flüchtigen Bestandteile des Brennstoffs die angesaugte Luftmenge bei nicht zu starker Rostbelastung zu einer befriedigenden Verbrennung genügt, so wird doch stets unmittelbar nach dem Aufwerfen frischen Brennstoffs erheblicher Luftmangel eintreten, der nur durch zweckmäßig zugeführte Oberluft behoben werden kann, deren Menge nach dem Grade der Beanspruchung verschieden sein wird.

Ein Sonderfall liegt bei der Ausfahrt einer Schnellzuglokomotive aus dem Bahnhof vor, wenn die Brennschicht auf dem Rost, der Wärmespeicher, aufgefüllt werden muß. Bezeichnet in Abb. 169 A den Zustand bei der Abfahrt der Lokomotive, so folgt schnell hintereinander die 1., 2. usw. Beschickung. Der Heizer wirft zunächst, da er im Stillstande der Lokomotive einen genügend hohen Wärmespeicher wegen übermäßiger Dampfentwickelung nicht halten kann, mehrere Male größere Mengen Kohlen auf, denen zum Durchbrennen die Zeit fehlt. Die Folge davon ist eine starke, immer zunehmende Gasbildung, der nur durch reichliche Luftzuführung (z. B. durch Einstellung der Kipptür in die mittlere Stellung, vgl. Abb. 170 bis 174) Rechnung getragen werden kann.

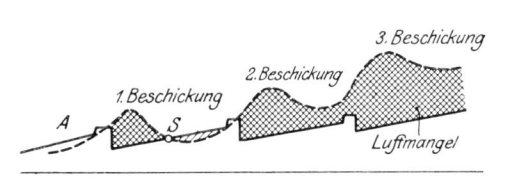

Abb. 169. Verhältnisse beim Hochheizen.

Die Regelung der Zuführung der Oberluftmenge in dem beschriebenen Sinne geschah bei älteren Ausführungen durch einen sog. Katarakt, der beim Türschluß Luftspalten für eine vom Heizer regelbare Zeitdauer öffnete. Hierin lag schon ein Nachteil des Kataraktes, da die Einströmdauer vom Heizer bestimmt und aus Unkenntnis vielfach falsch bewirkt wurde. Außerdem war die Schlußzeit des Kataraktes nicht von der Rostbeanspruchung und daher auch nicht von der Entgasungszeit abhängig. Der Katarakt mußte außerdem mit Öl gefüllt werden, was im Betriebe häufig unterblieb. Durch Mangel an Öl verrostete der Kolben und blieb stecken, so daß die ganze Einrichtung versagte. Das Öl selbst, das als Steuermittel diente, ist in kaltem Zustand dickflüssig, bei der Erwärmung dagegen dünnflüssig, bei gleicher Stellung des Regelhebels konnte daher der Katarakt langsamer oder schneller ablaufen.

Bei der nachstehend beschriebenen Ausführungsform wird der Einfachheit halber auf eine mechanische Steuerung der Oberluft ganz verzichtet. Die Menge derselben wird dagegen unmittelbar von der Luftleere in der Feuerbüchse abhängig gemacht. Es strömt dauernd Zusatzluft in den Verbrennungsraum ein, solange in der Rauchkammer ein Unterdruck herrscht, das heißt solange die Lokomotive unter Dampf fährt. Unmittelbar nach dem Aufschütten wird infolge der vergrößerten Schichthöhe bei ungefähr gleichbleibendem Unterdruck in der Rauchkammer die Luftleere in der Feuerbüchse steigen und infolgedessen mehr Zusatzluft einströmen als bei abgebranntem Feuer. Die erhöhte Oberluftzufuhr fällt aber gleichzeitig mit dem vermerten Luftverbrauch, wie Abb. 168 zeigt, zusammen, so daß durch die Einrichtung in einfachster Weise dem Luftmangel bei der Verbrennung der flüchtigen Bestandteile und des Kohlenstoffs des Brennstoffs abgeholfen wird.

Daß eine dauernde, von der jeweiligen Luftleere in der Feuerbüchse abhängige Oberluftzufuhr, durch die eine ganz beträchtliche Vereinfachung der Einrichtung infolge Wegfalls des Kataraktes erzielt worden ist, keinesfalls nachteilig auf die Verbrennung ist, haben mehrjährige Erfahrungen erwiesen. Bei hoher Brennschicht bzw. schnell aufeinanderfolgenden Beschickungen (vgl. Abb. 169), also großer Rostanstrengung, ist ohne dauernde Oberluftzuführung die Bildung unverbrannter Gase und von Teerdämpfen nicht zu vermeiden.

Die wesentlichen Teile der neuen Rauchverbrennungseinrichtung Marcotty.

Diese sind:
1. Eine Kipptür mit seitlichen Luftkanälen und in diesen befindlichen, regelbaren Luftklappen.
2. Zwei oberhalb der Tür angebrachte Düsen zur Erzeugung des Dampfschleiers, der die durch die Kanäle einströmende Oberluft niederhält und

mit den Rauchgasen durcheinanderwirbelt, wobei gleichzeitig deren Weg in der Feuerbüchse verlängert wird, und

3. ein zur Regelung der Zugverhältnisse dienendes selbsttätiges Absperr- und Bläserventil, das den Hilfsbläser in der Rauchkammer anstellt, wenn der Unterdruck hier einen bestimmten Kleinstwert erreicht hat, also auch zum Beispiel beim Stillstand der Lokomotive und deren Fahrt im Gefälle.

Abb. 170 bis 174 zeigen die Anordnung der Kipptür in ihren drei verschiedenen Stellungen. Die Tür wird aus der Schlußstellung links in die Offenstellung rechts

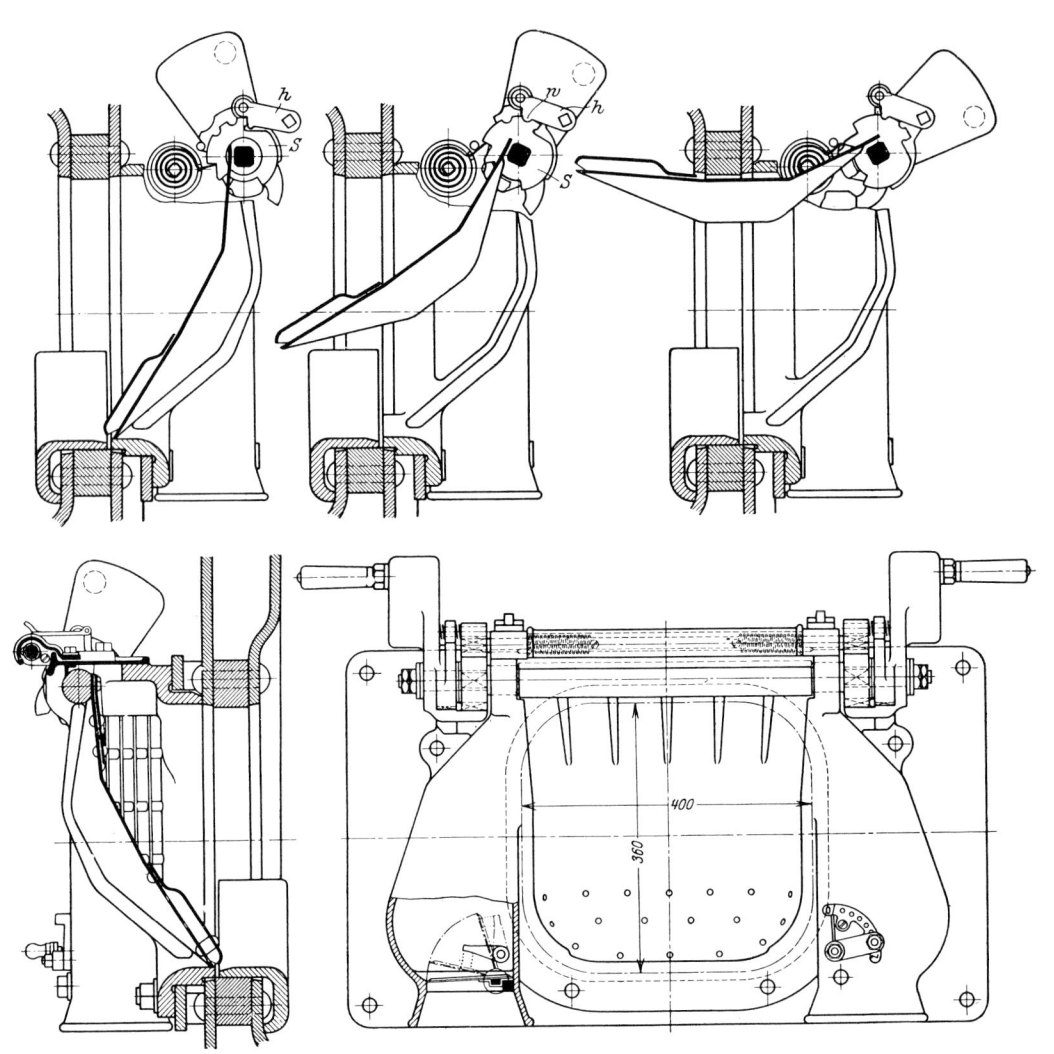

Abb. 170 bis 174. Kipptür zur Rauchverbrennungseinrichtung von Marcotty.

durch Umlegen eines der zu beiden Seiten des Türgeschränks angebrachten Hebelgewichtes gebracht. Die Tür ist in der Stellung links mittels des Hebels h fest verriegelt, der beim Umlegen des Hebelgewichtes aus der Sperrscheibe S gehoben wird. Eine Zwischenstellung dient dazu, bei stärkerem Beschicken des Rostes die Luftzufuhr zeitweise zu vermehren. Die Verriegelung der Tür in der Schlußstellung bewirkt, daß sie während der Fahrt nicht klappert. In den anderen Stellungen wird die Tür nur durch Kraftschluß gehalten, wobei eine Wulst w des Hebels h in eine entsprechende Nut der Sperrscheibe S eingreift. Der Kraftschluß ist so ausgebildet, daß bei geringstem Überdruck in der Feuerbüchse, beim plötzlichen Abstellen des Reglers z. B., und bei anderen Vorkommnissen, die es gestatten, daß Flammen zur Türöffnung herausschießen, die Tür sofort selbsttätig zuschlägt und dadurch Heizer und Führer vor Gefahr schützt.

In geschlossener Stellung tritt die Luft durch die seitlich angeordneten Luftklappen hindurch, wobei sich die in jedem Kanal befindliche Klappe nach Maßgabe der Luftleere in der Feuerbüchse hebt. Die Luftzuführung findet deshalb dauernd statt, solange die Lokomotive unter Dampf fährt.

Das Eigengewicht der Klappen ist derartig ausgeglichen, daß sie sich bereits bei einem ganz geringen Unterdruck in der Feuerbüchse öffnen. Auch mit Zunahme der Verschlackung des Feuers ist eine erhöhte Luftzuführung infolge der entstehenden höheren Luftleere bedingt; den theoretischen Anforderungen wird also sehr einfach entsprochen. Zur Vorwärmung der Luft und zur Verhütung, daß Kohlenstückchen beim Beschicken des Rostes in die Luftkanäle fallen, sind die Eintrittsöffnungen nach dem Feuerraum durch Rippen geschützt, zwischen denen die Luft entlang streichen muß.

Eine Drosselung der Oberluftzufuhr durch Herabdrehen der Hubbegrenzung der Klappen soll nur bei kurzflammiger, also gasarmer Kohle geschehen, sie soll aber niemals so weit getrieben werden, daß ein Erglühen der Tür eintreten kann.

Die Düse zur Bildung des Dampfschleiers zeigt Abb. 175.

Der Düsenkopf legt sich ventilartig gegen einen ringartigen Ansatz im durchbohrten Stehbolzen, um ein Festsetzen der Spindeldüse zu vermeiden. Diese Maßnahme war wichtig, weil sonst bei dem Ausblasen der Siederohre mit Preßluft Aschenteile zwischen Spindeldüse und hohlen Stehbolzen gelangten und hier festbrannten, so daß die Düse nicht mehr herauszunehmen war.

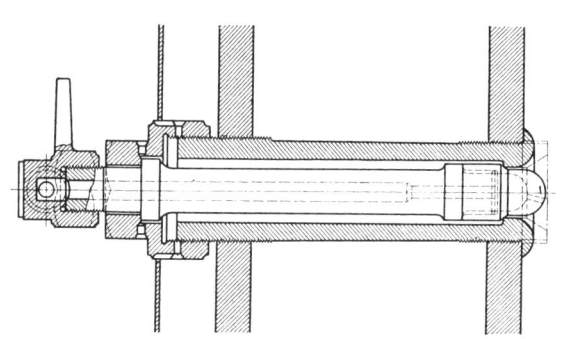

Abb. 175. Düse zum Dampfschleier.

Der Dampfschleier wird durch zwei Düsen gebildet, von denen jede 5 bis 6 Bohrungen von 2 mm Durchmesser enthält. Die Richtung des Dampfschleiers ist in den Abb. 176 bis 178 angedeutet. Die Neigung der Dampfstrahlen ist derartig, daß auch bei stärkstem Arbeiten der Lokomotive ein zu weites Hochreißen des vorderen Teils des Dampfschleiers verhütet wird. Durch den Schleier wird die durch die Kanäle einströmende Luft nach unten gedrückt und mit den Rauchgasen durcheinandergewirbelt. Das Gas-Luftgemisch wird dadurch gezwungen, zunächst über der glühenden Kohlenschicht entlang zu streichen, wodurch infolge der hohen Temperatur eine gute Verbrennung erzielt wird. Die zum größten Teil jetzt schon verbrannten Gase treten dann durch die hinteren Lücken des Dampfschleiers nach oben hindurch und gelangen, nachdem sie nun über Dampfschleier und Feuerschirm nochmals die ganze Feuerbüchslänge durchstrichen haben, in die Siederohre. Bei offener Feuertür verhindert der Dampfschleier das unmittelbare Auftreffen der kalten Luft auf die Rohrwand und trägt damit nicht unwesentlich zur besseren Erhaltung derselben bei.

Das selbsttätige Ventil, Abb. 179 bis 181, hat den Zweck, die Einrichtung anzustellen, wenn der Führer den Regler öffnet. Durch den Gegendruck, der nun vom Schieberkasten her auf die größere Seite des Kolbens 4 einwirkt, wird der Kolben nach rechts bewegt und damit das Ventil 12 aufgedrückt. Während der Fahrt der

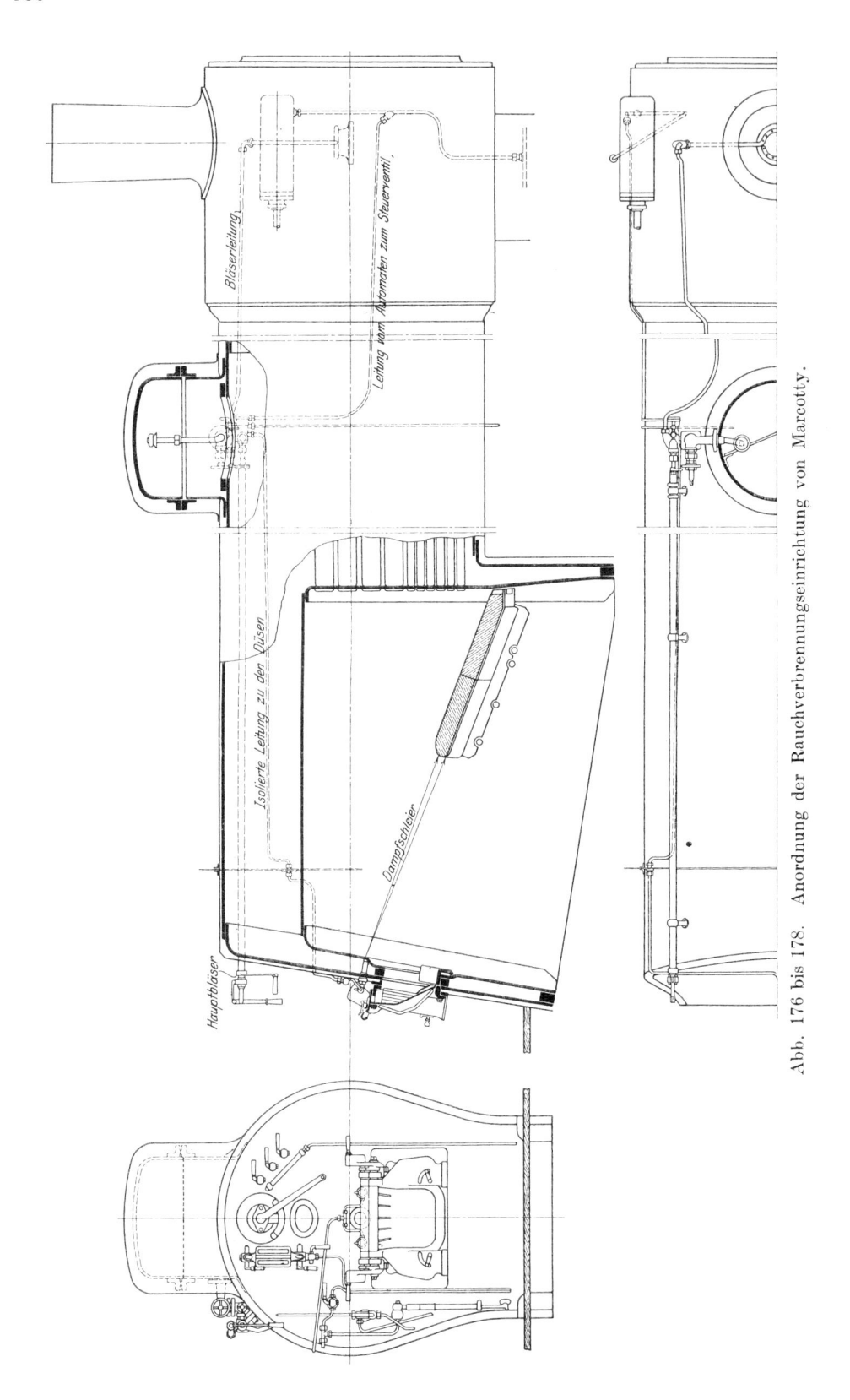

188   Bemerkenswerte bauliche Einzelheiten neuerer Lokomotiven.

Abb. 176 bis 178. Anordnung der Rauchverbrennungseinrichtung von Marcotty.

Lokomotive wirkt deshalb nur der Dampfschleier, während der Hilfsbläser abgestellt ist (gezeichnete Stellung). Beim Schluß des Regler wird durch den

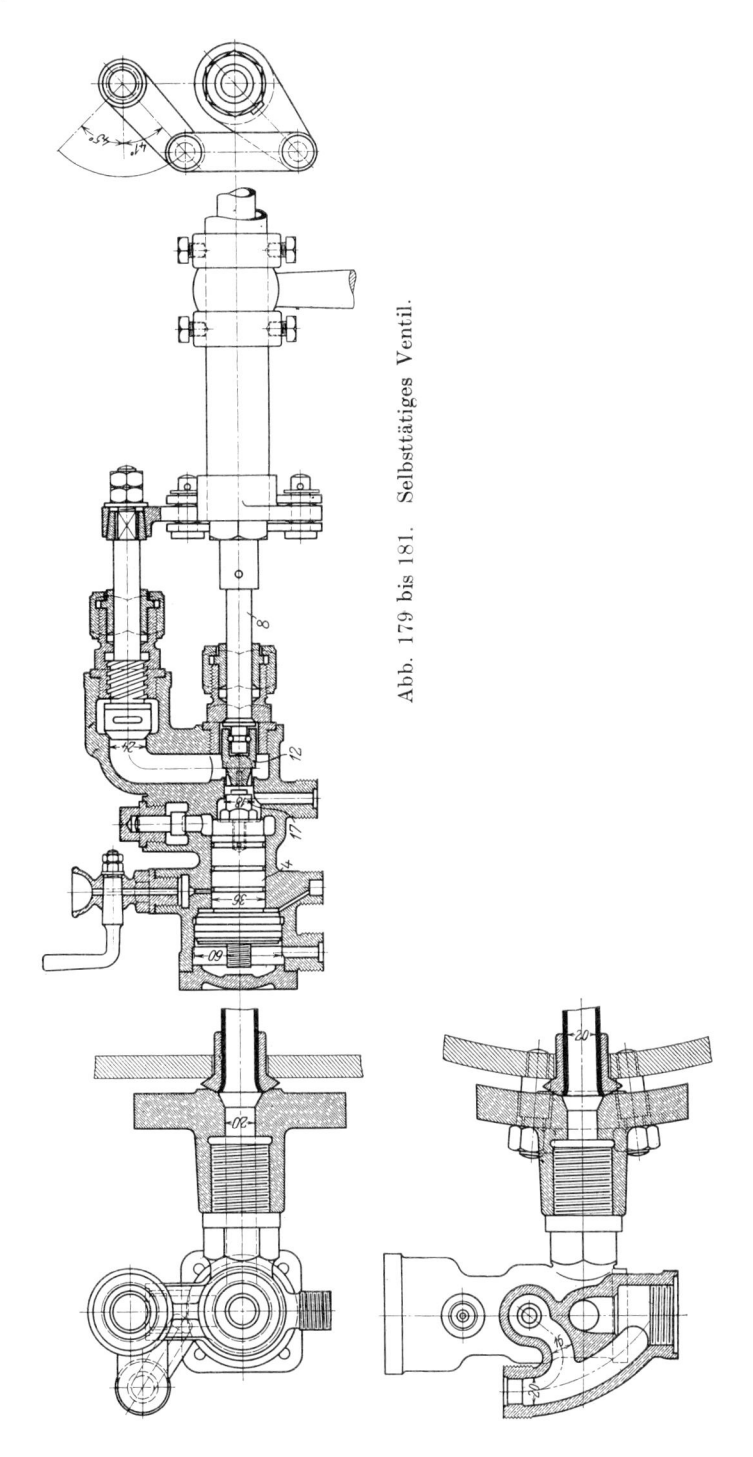

Abb. 179 bis 181. Selbsttätiges Ventil.

Frischdampf aus dem Kessel (Dom) der Kolben 4 wieder zurückbewegt und der für die Rauchverbrennung im Stillstand unentbehrliche Hilfsbläser selbsttätig angestellt.

Bei längerem Aufenthalt der Lokomotive würde dieser Hilfsbläser eine unnötige Dampfentwickelung mit sich bringen, wenn der Führer nicht imstande wäre, das Ventil 12 wieder auf seinen Sitz zurückzudrücken. Bei geschlossenem Regler ist dies möglich, weil der Gegendruck vom Schieberkasten hier fehlt; ist dagegen der Regler geöffnet, tritt das Ventil 12 wieder in Kraft und der Dampfschleier gelangt zur Wirkung. Durch den Kolbenansatz 17 ist die Vorrichtung getroffen, daß während der Fahrt der Dampfschleier schwach bläst, im Stillstande dagegen stärker. Der Ansatz verdeckt zu diesem Zwecke bei geöffnetem Regler den Durchgangsquerschnitt zum Dampfschleier, während bei geschlossenem Regler durch Zurückbewegen des Kolbens 4 die Öffnung zum Dampfschleier wieder freigegeben wird.

Bei Lokomotiven, die viel im Verschiebedienst verwendet werden, kann ohne weiteres durch Verkürzen des Kolbenansatzes 17 schwächere Bläserwirkung beim Reglerschluß erreicht werden. Im Bedarfsfalle kann trotzdem die Ventilspindel 8

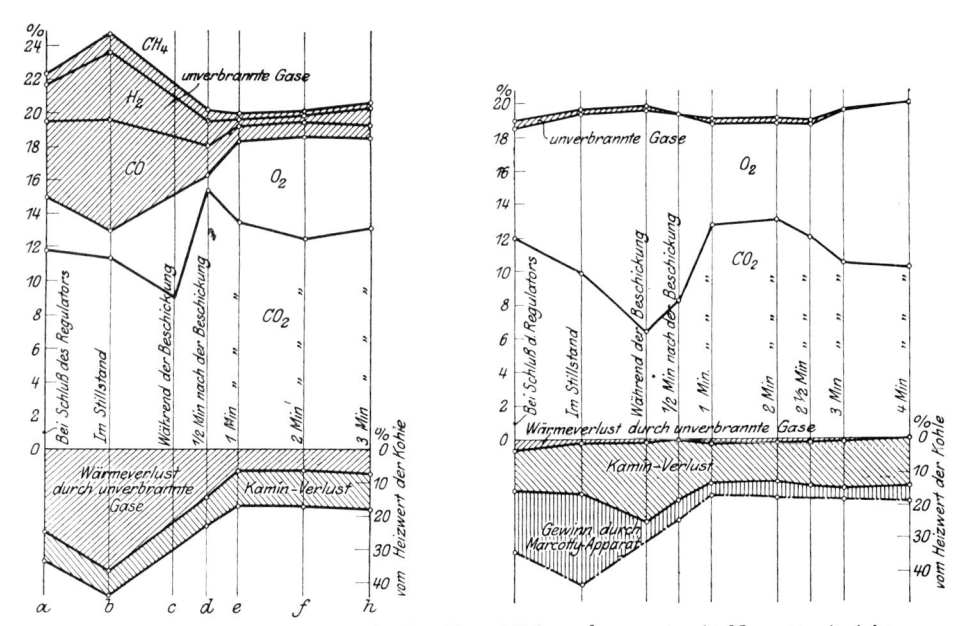

Abb. 182 und 183. Verbrennung in der Feuerbüchse ohne und mit Marcottyeinrichtung.

von Hand mit Hilfe eines Griffes weiter zurückgezogen werden, wodurch dann die Dampfschleier- und Bläserwirkung verstärkt werden.

Die Abb. 176 bis 178 zeigen eine Zusammenstellung aller Teile der Rauchverbrennungseinrichtung.

Der Hauptbläser der Lokomotive ist mit dem erwähnten Absperrventil vereinigt und wird durch ein besonderes, übergestreiftes Rohr durch Drehung eines nach oben stehenden Hebels in der in Abb. 180 dargestellten Weise geöffnet.

Die Wirkungsweise der Marcottyeinrichtung lassen augenscheinlich die Abb. 182 und 183 erkennen. Es sind hier die aus 62 Gasanalysen ermittelten Bestandteile der Rauchgase, und zwar Kohlensäure CO_2, Sauerstoff O, Kohlenoxyd CO, Wasserstoff H, Grubengas (Methan) CH_4, in Mittelwerten zeitlich geordnet aufgetragen. Die Abbildungen zeigen in anschaulicher Weise den Gang der Verbrennung in einem Kessel mit und ohne Rauchverbrennungseinrichtung, wobei zunächst das fast gänzliche Fehlen von unverbrannten Gasen bei Anwendung der Marcottyeinrichtung auffällt. Die Zahlentafeln 35 und 36 geben einige Analysen ziffernmäßig wieder.

Zahlentafel 35.
Analysen der Verbrennungsgase. Mit Marcotty-Einrichtung.

Nr.	Zeit	CO_2 %	O_2 %	CO %	H_2 %	CH_4 %	N_2 %	Bemerkungen
c	2^{41}	8,20	11,10	—	—	—	80,70	Beschickung während Fahrt
b	2^{48}	14,10	5,30	—	—	—	80,60	Im Stillstand
e	2^{53}	15,85	2,55	—	—	0,27	81,33	1 Minute nach Aufwerfen
f	2^{59}	16,20	2,40	—	—	—	81,40	2 Minuten nach Aufwerfen
h	3^{11}	10,50	9,20	—	—	—	80,30	3 Minuten nach Aufwerfen
a	3^{14}	14,60	3,10	0,44	0,31	0,30	81,25	Bei Regulatorschluß
e	3^{21}	12,60	5,10	0,27	0,09	0,14	81,90	1 Minute nach Aufwerfen
f	3^{26}	12,00	7,50	—	—	—	80,0	2 Minuten nach Aufwerfen
b	3^{28}	7,80	11,65	—	—	—	80,55	Im Stillstand
h	3^{37}	11,80	7,55	—	—	—	80,65	3 Minuten nach Aufwerfen
	4^{38}			Gasballon verunglückt				
b	4^{48}	10,15	8,85	0,16	0,13	0,13	80,58	Im Stillstand
c	4^{50}	10,30	9,00	—	—	—	80,70	1 Minute nach Aufwerfen
f	5^{20}	12,65	6,35	—	—	0,14	80,86	2 Minuten nach Aufwerfen
a	5^{34}	10,00	8,50	—	—	0,14	81,36	Bei Regulatorschluß
h	5^{40}	10,20	9,30	—	—	—	80,50	3 Minuten nach Aufwerfen
b	5^{47}	10,20	8,80	—	—	—	81,00	Im Stillstand
e	5^{56}	10,90	8,70	—	—	—	80,40	1 Minute nach Aufwerfen

Zahlentafel 36.
Analysen der Verbrennungsgase. Ohne Marcotty Einrichtung.

Nr.	Zeit	CO_2 %	O_2 %	CO %	H_2 %	CH_4 %	N_2 %	Bemerkungen
a	2^{29}	12,00	0,50	4,96	2,40	0,58	79,56	Bei Regulatorschluß
b	2^{48}	9,30	1,00	9,57	6,58	1,20	72,35	Im Stillstand
e	2^{53}	15,00	1,40	2,79	0,93	0,28	79,60	1 Minute nach Aufwerfen
h	2^{59}	14,75	1,00	4,21	1,03	0,34	78,67	3 Minuten nach Aufwerfen
f	3^{09}	14,80	0,70	5,07	1,31	0,37	77,75	2 Minuten nach Aufwerfen
a	3^{14}	12,90	1,10	7,74	1,43	0,43	76,40	Bei Regulatorschluß
h	3^{22}	17,50	1,90	0,27	0,18	0,11	80,04	3 Minuten nach Aufwerfen
c	3^{29}	12,90	0,90	7,64	2,24	0,46	75,86	Im Stillstand
f	3^{33}	13,10	6,60	—	—	—	80,30	2 Minuten nach Aufwerfen
e	3^{36}	13,15	5,60	0,33	0,14	0,05	80,73	1 Minute nach Aufwerfen
	4^{41}			Gasballon verunglückt				
h	4^{48}	9,00	10,70	0,21	0,21	0,08	79,80	3 Minuten nach Aufwerfen
b	4^{51}	14,00	1,30	2,82	0,56	0,14	81,18	Im Stillstand
f	4^{56}	10,00	9,20	—	—	—	80,80	2 Minuten nach Aufwerfen
e	5^{04}	11,80	7,30	0,16	0,13	—	80,61	1 Minute nach Aufwerfen
a	5^{06}	9,70	9,60	—	—	—	80,70	Bei Regulatorschluß
b	5^{21}	13,00	1,00	5,10	1,74	0,63	78,53	Im Stillstand
e	5^{30}	10,90	7,90	0,27	0,09	0,14	80,70	1 Minute nach Aufwerfen
f	5^{34}	11,30	7,80	—	—	—	80,90	2 Minuten nach Aufwerfen
h	5^{42}	12,1	6,9	—	—	—	81,00	3 Minuten nach Aufwerfen

Bei der Betrachtung der Wärmeverluste erscheint der Kaminverlust bei der Lokomotive ohne Einrichtung kleiner als bei der mit Rauchverbrennungseinrichtung, was darauf zurückzuführen ist, daß infolge der unvollkommenen Verbrennung die Temperaturen in der Feuerbüchse und demnach auch in der Rauchkammer niedriger sein müssen. Trotz der geringeren Abwärmeverluste wird in diesem Falle aber die Gesamtausnutzung schlechter sein, da der Wärmeverlust durch die unverbrannten Gase unverhältnismäßig größer ist. Der in Abb. 183 dargestellte Wärmegewinn ist natürlich bei Leerlauf oder Stillstand am größten, da ohne Oberluftzufuhr sehr schlechte Verbrennung stattfindet, aber auch während der Fahrt stellen sich noch ganz beträchtliche Ersparnisse ein, wie aus der Abb. 183 ersichtlich ist, die nur wenig dadurch verringert werden, daß der Dampfverbrauch der Düsen mit etwa 2 bis 3% in Rechnung gestellt werden muß.

e) **Wellrohrkessel und Wasserrohrkessel.** Als mit Einführung der Verbundwirkung die Dampfspannungen von 10 auf 12 und 14 Atm. erhöht wurden, gestaltete sich die bis dahin hinreichende Verankerung der flachen Wände der Feuerbüchse des alten Stephenson-Kessels mittels Stehbolzen schwieriger, und es mehrten sich die Versuche, die flachen Feuerbüchswände und deren Stehbolzenverankerung zu umgehen. Es entstanden die Wellrohr- und Wasserrohrlokomotivkessel und die neuerdings in den Vereinigten Staaten vielfach angewendete Jacobs-Shupert-Feuerbüchse.

1. Wellrohrkessel.

Bei diesem ist die Feuerbüchse durch ein gewelltes Flammrohr gebildet. — Wellrohrkessel (Bauart Lentz) wurden u. a. vor 20 Jahren auf den preußischen Staatsbahnen benutzt, jedoch wieder verlassen. Der neuerdings viel genannte Vanderbilt-Wellrohrkessel ist dem Lentz-Kessel in der Gesamtanordnung sehr ähnlich, nur ist das Wellrohr nach dem neueren System Morrison gewellt. Die Vanderbilt-Kessel wurden bei mehreren amerikanischen Bahnen (New York Central, Baltimore Ohio, Union Pacific) eingehend geprüft, ergaben jedoch im Betriebe ähnliche Übelstände wie die Lentzschen Kessel in Preußen. Er traten verschiedentlich Undichtigkeiten auf, die auf die sehr ungleichmäßige Erwärmung der Feuerbüchse und auf schlechten Wasserumlauf im Betriebe zurückgeführt wurden. Die Versuchsergebnisse in Amerika waren so unbefriedigend, daß die Wellrohrkessel abgeschafft worden sind.

Im letzten Jahrzehnt sind zwar von dem Blechwalzwerk Schulz-Knaudt, Aktiengesellschaft, Essen (Ruhr), das Wellrohre erzeugt, beachtenswerte Verbesserungen für eine gleichmäßigere Ausdehnung von Wellrohr und äußerem Kesselmantel gemacht worden. Eine D-Güterzuglokomotive wurde auch versuchsweise gebaut, die Erfahrungen waren jedoch ebenfalls nicht befriedigend[1]).

2. Wasserrohrkessel, Bauart Robert (Abb. 184 bis 187).

Diese Bauart wurde von Jaques Robert Betriebsingenieur der algierischen Linien der Paris-, Lyon- und Mittelmeer-Bahn entworfen.

Der Kessel besteht aus zwei wagerechten Rohren, wovon das obere, größere Rohr A den Dom trägt. Beide Rohre sind durch drei Rohrstutzen miteinander verbunden. In das hintere Ende des größeren Rohres sind gebogene Wasserrohre V_1 eingewalzt, deren untere Enden zu einem hohlen Fußring führen, der an Stelle des Feuerbüchsringes tritt. Diese dicht nebeneinander angeordneten Rohre bilden die Feuerbüchse. Ein zweites System von gebogenen Wasserrohren V_2 verbindet die beiden Hauptrohre der ganzen Länge nach. Es ist hier demnach die Feuerbüchse und der Langkessel als Wasserrohrkessel ausgebildet. Beide sind mit Blechen verkleidet, um den Luftzutritt zu verhindern, und der Kessel erhält hierdurch das Aussehen eines gewöhnlichen Lokomotivkessels von sehr großem Durchmesser. Die Lokomotive wurde im Februar 1904 zwischen Algier und Affieville in Betrieb gesetzt, es ergaben sich aber bald große Schwierigkeiten, indem sich außen an den Rohren eine nicht leitende Kruste von Ruß und Asche bildete, die eine häufige Kesselreinigung notwendig machte. Durch Einbau eines Dampfstrahlgebläses wurde diesem Übelstande abgeholfen. Die Wasserrohre, die ursprünglich aus Kupfer hergestellt waren, mußten durch Stahlrohre ersetzt werden. Im übrigen soll sich die Lokomotive in einem einjährigen Betriebe gut gehalten haben, wie aus einem Berichte von Saussol in der „Revue Générale des Chemins de Fer", April 1905, zu entnehmen ist. Weitere Ergebnisse sind nicht bekannt geworden. Dieser Kessel hat aber mit anderen Wasser-

---

[1]) Da diese Kessel im Lokomotivbetriebe bedeutungslos sind, soll hier von einer Darstellung abgesehen werden, um so mehr, als in Tafel 8 ein Stroomann-Kessel mit Wellrohrfeuerbüchse gezeigt wird.

rohrkesseln den einen großen Übelstand gemein, daß er die alte, nicht nur feste, sondern vor allem die ganze Lokomotive versteifende Feuerbüchse Stephensons durch eine Bauart ersetzen soll, die dem Kessel die Fähigkeit benimmt, noch weiter das Rückgrat der ganzen Lokomotive zu bilden. Die Rahmen einer solchen Lokomotive müßten viel stärker als bisher gegeneinander abgesteift werden, und das ist bei dieser Kesselbauart kaum möglich. Die von den Unebenheiten des Geleises herrührenden Stöße werden nicht genügend im Rahmen aufgefangen werden können, und es wird sich nicht vermeiden lassen, daß alle stärkeren Stöße auf den Kessel übertragen werden, was Anlaß zu fortwährenden Undichtigkeiten an den zahlreichen Verbindungsstellen der Rohre geben muß. Außerdem wird auch trotz des diesem Kessel nachgerühmten guten Wasserumlaufs ein Verlegen der Wasserrohre bei einiger-

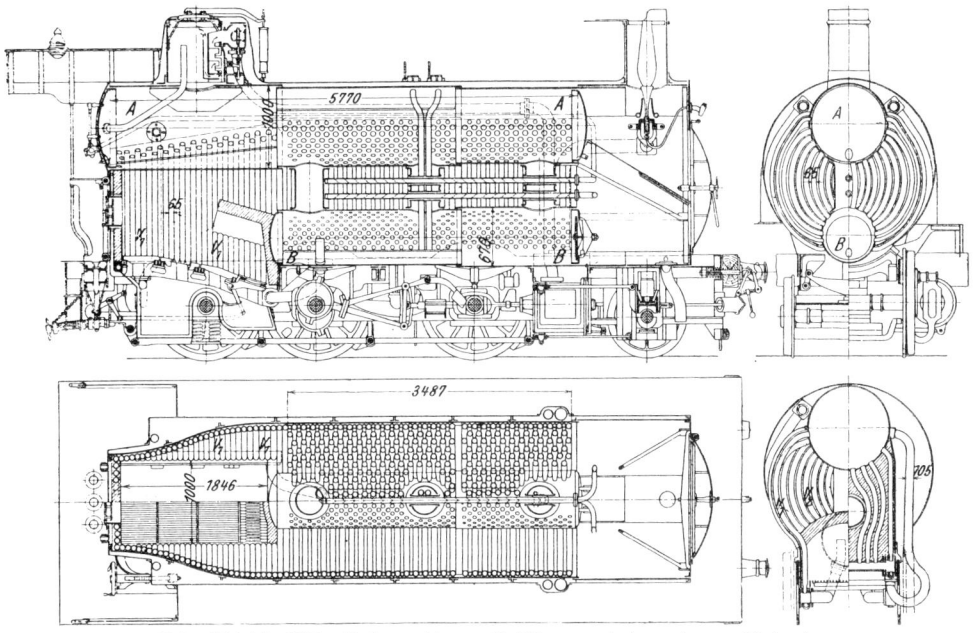

Abb. 184 bis 187. Lokomotive mit Wasserrohrkessel von Robert.

maßen schlechtem Speisewasser bald eintreten, und es ist demnach sehr fraglich, ob alle diese Übelstände durch den Fortfall der Stehbolzenverankerung aufgewogen werden können.

3. Wasserrohrkessel, Bauart Brotan (Abb. 188).

Dieser Wasserrohrkessel wurde von dem Ingenieur J. Brotan, Werkstättenvorstand der österreichischen Staatsbahnen, erfunden und besteht aus einer Wasserrohrfeuerbüchse und einem Siederohrlangkessel mit einem Dampfsammelrohr, das sich über die ganze Länge des Langkessels und der Feuerbüchse erstreckt und durch drei Rohrstützen mit ersterem verbunden ist. Wenn an Bauhöhe gespart werden muß, kann die Lagerung des Oberkessels auch auf Sattelstützen nach Abb. 189 erfolgen, oder man gibt Oberkessel und Hauptkessel Abplattungen nach Abb. 190. Die Rauchkammer hat einen elliptischen Querschnitt, um Platz für die Dampfein- und -ausströmrohre zu gewinnen. Die Seiten- und Rückwand der Feuerkiste werden von einer Anzahl entsprechend gebogener Stahlrohre gebildet, die dicht nebeneinander angeordnet sind. Sie münden oben in das Dampfsammelrohr und sind unten in das sog. Grundrohr eingewalzt, das den Feuerbüchsring der gewöhnlichen Feuerbüchse ersetzen soll. Die Rohre sind nahtlose Stahlrohre (Mannesmannrohre) von

95/85 mm Durchmesser. Das Grundrohr besteht aus Stahlguß und ist durch weite kupferne oder stählerne Rohre mit dem Langkessel verbunden. Der Feuerbüchsträger ist nach Abb. 191 bis 193 ausgebildet. Die Wasserrohre sind in Entfernungen

Abb. 188. Wasserrohrkessel, Bauart Brotan.

von 2 mm angeordnet und die Zwischenräume durch eingeschobene und verhämmerte Kupfer- oder Eisenstreifen und neuerdings durch Asbestschnur ausgefüllt. — Das ganze Rohrgebilde wird durch schmiedeeiserne Schließbänder zusammengehalten, durch Asbestmatratzen isoliert und mit 8 bis 10 mm starken Blechen verkleidet. Eine größere

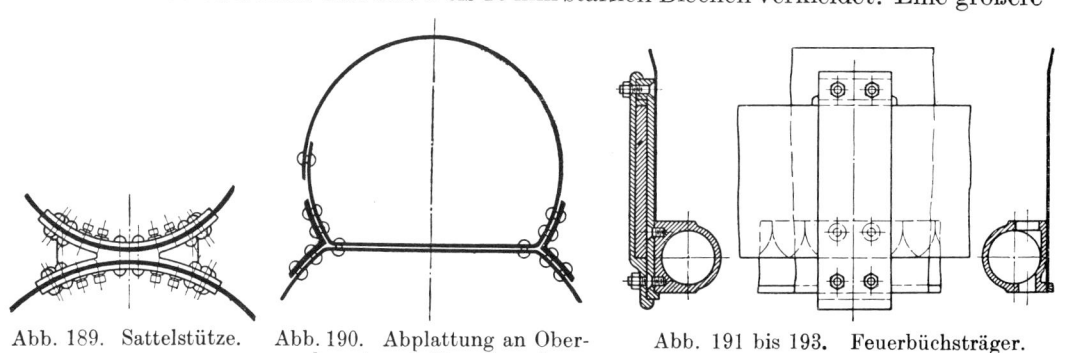

Abb. 189. Sattelstütze.   Abb. 190. Abplattung an Oberkessel und Hauptkessel.   Abb. 191 bis 193. Feuerbüchsträger.

Anzahl von Lokomotiven der österreichischen Staatsbahnen ist mit Brotankesseln ausgerüstet, Abb. 194 bis 195. Die genannte Bahnverwaltung hat die Verwendung der Kessel besonders dort in Aussicht genommen, wo die Beschaffenheit der Kohle den Einbau von schmiedeeisernen Feuerbüchsen an Stelle von kupfernen notwendig macht.

Kessel. 195

Auch die Preußische Staatseisenbahnverwaltung hat zwei Güterzuglokomotiven mit dem Brotankessel ausrüsten lassen. Bei den ständigen Erschütterungen, denen ein Lokomotivkessel ausgesetzt ist, werden die zahlreichen Rohranschluß- und Dichtungsstellen sicherlich sehr leiden und trotz Fortfalls der Stehbolzen dürften die Unterhaltungskosten dieser Kesselbauart bedeutend höher sein, als die des gewöhnlichen Lokomotivkessels.

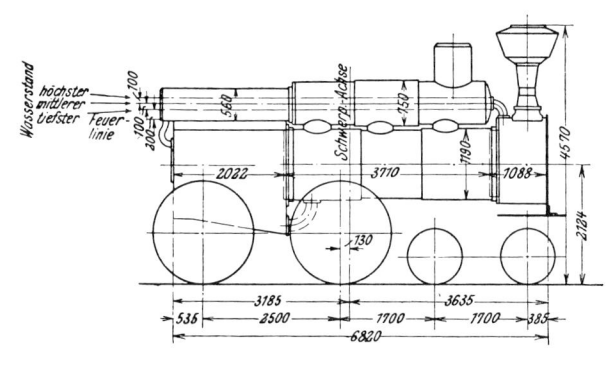

Abb. 194 und 195.
2 B-Schnellzuglokomotive der Österreichischen Staatsbahn mit Brotankessel.

Neuerdings hat die Bauart des Brotankessels eine Vereinfachung erfahren. Ein besonderer Oberkessel wird nicht mehr aufgesetzt, sondern an die hintere Rohrwand rückwärts ein größeres Rohr angeschlossen, in das die die Feuerbüchse bildenden Rohre eingewalzt sind, wie in Abb. 196 und 197 dargestellt ist.

4. Wasserrohrkessel, Bauart Stroomann.

Der in Tafel 8 dargestellte, von der Lokomotivfabrik Orenstein & Koppel in Nowawes bei Potsdam gebaute Kessel ist versuchsweise bei D-Güterzuglokomotiven der preußischen Staatsbahnen angewendet worden.

13*

Er besteht aus einem hinteren Rundkessel mit Dom, in dem sich ein nach Morison gewelltes Flammrohr befindet, den Wasserrohren, der vorderen Wasserkammer, dem Überhitzer und dem im oberen Teil des Rohrbündels eingebauten Abgasspeisewasservorwärmer.

Der Rundkessel hat einen lichten Durchmesser von 1950 mm und wird aus einem Blechschuß von 19 mm Stärke gebildet, dessen Längsnaht durch dreireihige Doppellaschennietung verbunden ist, während die Rundnähte durch zweireihige Nietung hergestellt sind. Der hintere Boden ist gewölbt und mit einer Kümpelung versehen, die zur Verbindung mit der Flammrohrrückwand dient.

Die vordere Rohrwand ist ebenfalls gewölbt und schräg eingesetzt. Sie bildet ein gemeinsames Stück mit der Flammrohrvorderwand, die Verbindungsstelle ist in der Mitte der Kümpelung autogen geschweißt. Die vordere Rohrwand ist mit dem hinteren Boden durch zwei Längsanker verbunden, die mit den zur Versteifung der Wellrohrböden erforderlichen zwölf eisernen Stehbolzen die einzige Versteifung des Rundkessels bilden.

Die Verbindung des Flammrohrs mit dem vorderen und hinteren Wellrohrboden erfolgt durch einfache Nietung.

Zwischen dem Rundkessel und der vorderen Wasserkammer liegen die Wasserrohre, die nach vorn geneigt angeordnet sind, wodurch das Aufsteigen der Dampfblasen begünstigt und ein besserer Wasserumlauf erreicht werden soll.

Das Rohrbündel besteht aus 111 nahtlos gezogenen flußeisernen Rohren von $82^1/_2$ zu $89^1/_2$ mm Durchmesser und neun Rohren von 50 zu 55 mm Durchmesser. Das Einbringen und Aufwalzen der Rohre geschieht von der Rauchkammer aus. Um dies zu ermöglichen, ist die Rauchkammerstirnwand abnehmbar eingerichtet. Die Befestigung erfolgt durch Hakenschrauben.

In das Rohrbündel sind zur Führung der Heizgase übereinanderliegende gewöhnliche Herdgußplatten eingeschoben, die durch seitlich angeordnete Halter befestigt sind.

Die aus 22 mm starken Blechen hergestellte Wasserkammer ist ebenfalls autogen geschweißt und durch eiserne Stehbolzen versteift. Die für das Einbringen und Aufwalzen der Rohre notwendigen Löcher in der Wasserkammer sind durch eiserne Pilze mit Klingeritdichtung verschlossen.

Die untersten Wasserrohre sind an ihrem hinteren Teil durch Chamotte abgedeckt, um zu verhüten, daß die dampfbildende obere Fläche der Rohre durch die Stichflammen getroffen wird.

Um die in dem Rohrbündel sich ansammelnde Flugasche durch den Löschetrichter entfernen zu können, ist in der Wasserkammer ein entsprechendes Loch vorgesehen, das durch einen abnehmbaren Deckel verschlossen wird.

Im unteren Teil des Rundkessels ist ein Schlammablaßventil angebracht.

Für die Reinigung des Kessels sind 4 Reinigungsluken oben und 1 große Reinigungsluke unten im Rundkessel vorgesehen.

Außerdem befindet sich im vorderen oberen Teil des Rundkessels ein Mannloch, durch das die in dem Kessel liegenden Rohrverbindungen zugänglich sind.

Beim Auswaschen des Kessels wird der Mannlochdeckel entfernt, wonach sowohl der Rundkessel als auch die einzelnen Wasserrohre ausgespült werden können. Es dürfte hierbei genügen, wenn nur einzelne Verschlüsse in der Wasserkammer geöffnet werden.

Die Entfernung der sich auf den Rohren ansammelnden Flugasche erfolgt mit Preßluft durch die in der Bekleidung des Kessels zu diesem Zweck vorgesehenen seitlichen Reinigungsluken. Auch das Flammrohr und die Abströmhaube bieten Gelegenheit, das zum Ausblasen des Wasserrohrbündels zu benützende Rohr einzuführen. Am zweckmäßigsten erfolgt die Reinigung von oben, damit die sich am

Boden ansammelnde Lösche durch den hierfür vorgesehenen Trichter entfernt werden kann.

Zur Verhütung der Wärmeausstrahlung nach außen sind die Wasserrohre mit einer etwa 30 mm starken Asbestschicht umgeben, um die ein aus zwei Teilen bestehender Blechmantel gelegt ist. Die Asbestmatten sind an dem Blechmantel befestigt und werden mit diesem gleichzeitig abgenommen.

Zwischen der oberen und unteren Platte sind die Überhitzerrohre eingebaut. Der Überhitzer besteht aus der in der Rauchkammer in der sonst üblichen Weise angeordneten Überhitzerkammer, von der die einzelnen Überhitzerelemente ausgehen. Die Überhitzerrohre, die einen Durchmesser von 34/42 mm besitzen, werden ebenfalls von der Rauchkammer aus eingebaut. In der Wasserkammer sind für die Aufnahme der Überhitzerelemente besondere Rohrstücke eingewalzt. Eine besondere Regelung der Feuergase ist bei der vorliegenden Bauart nicht erforderlich, da die Dampftemperaturen die zulässigen Grenzen nicht überschreiten und ein Durchbrennen der Überhitzerrohre bei abgestelltem Regler nicht eintreten kann.

In dem oberen Teil des Kessels ist ein Abgasspeisewasservorwärmer eingebaut, der aus einer vorderen und hinteren Wasserkammer und den dazwischenliegenden Rohren besteht. Die Rohre des Vorwärmers haben dieselben Abmessungen, wie die Wasserrohre des Kessels, ihre Reinigung von dem sich ansetzenden Kesselstein kann von der Rauchkammer aus nach Entfernung der Verschlußpilze in der vorderen Wasserkammer vorgenommen werden.

Die Speisung des Kessels erfolgt durch eine Knorrpumpe in die hintere Wasserkammer des Ab-

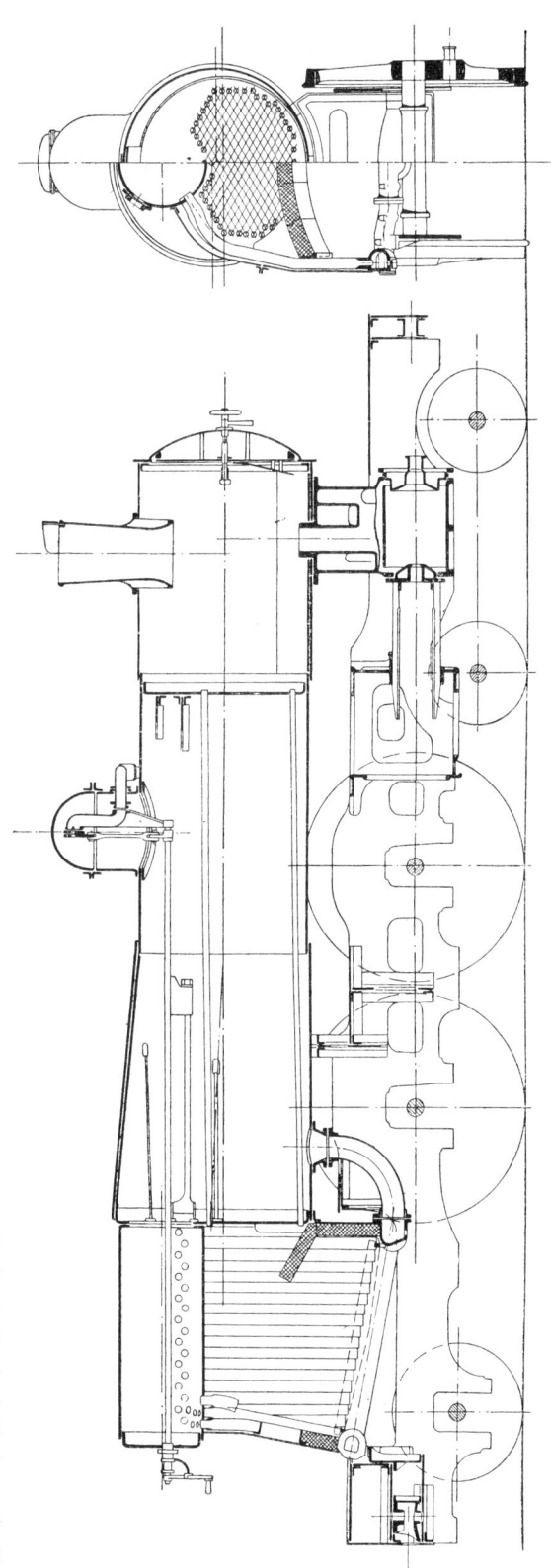

Abb. 196 und 197. Brotankessel ohne Dampfsammelrohr.

gasvorwärmers und durch eine gewöhnliche Dampfstrahlpumpe, deren Speiserohr an der rechten Seite der Kesselrückwand mündet.

Die erweiterte Rauchkammer erhält eine nach hinten umgebördelte Rückwand, die für die Lagerung bzw. Führung des Vorderkessels, das heißt der Wasserkammer,

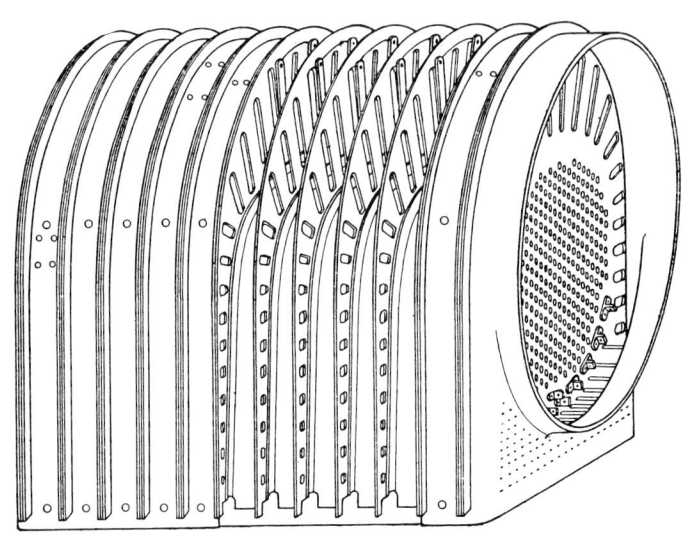

Abb. 198. Ansicht der Jacobs-Shupert-Feuerbüchse.

dient. Ein Rauchkammerspritzrohr erübrigt sich bei der vorliegenden Bauart; ebenso kann auf den Funkenfänger verzichtet werden, da sich die unverbrannte Lösche innerhalb des Rohrbündels ablagert.

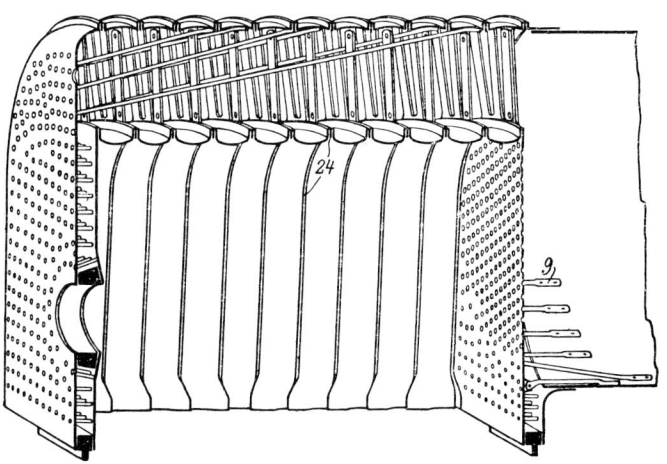

Abb. 199. Schnitt durch die Jacobs-Shupert-Feuerbüchse.

Der Kessel ist am vorderen Ende des Rundkessels fest mit dem Rahmen verbunden. Am hinteren Ende ist der Rundkessel auf einer Querversteifung des Rahmens abgestützt, so daß die geringe Ausdehnung des Rundkessels nach hinten erfolgen kann, während der vordere Teil, die Wasserkammer, in der mit dem Rahmen fest verbundenen Rauchkammer geführt wird, wobei die Ausdehnung des Rohrbündels nach vorn ebenfalls möglich ist.

5. Die Jacobs-Shupert-Feuerbüchse.

Die breite eiserne Feuerbüchse, die in Amerika vorherrscht, hat nach und nach Ausdehnungen angenommen, die die Fehler und Unzuträglichkeiten dieser bereits unter b dieses Abschnitts, „Form der Feuerbüchse", besprochenen Bauart immer häufiger zur Erscheinung bringen. In der Bauart der Jacobs-Shupert-Feuerbüchse ist ein eigenartiger Versuch zu sehen, die vielen Stehbolzen der übergroßen Feuerbüchsen auf eine erträgliche Zahl herabzuziehen, sowie die starren Riesenbüchsen etwas nachgiebiger und dabei doch widerstandsfähiger gegen Explosionsgefahr zu gestalten, die bei den amerikanischen Betriebsverhältnissen recht erheblich geworden ist.

Abb. 200. U-förmig gebogenes Bauglied.

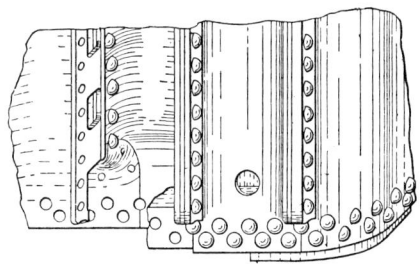

Abb. 201. Eckverbindung.

Bei der von der Jacobs-Shupert United States Firebox Company in Coatesville hergestellten Jacobs-Shupert-Feuerbüchse werden die seitlichen Stehbolzen und Deckenanker der Feuerbüchsen Stephensonscher Bauart vermieden. Stehbolzen

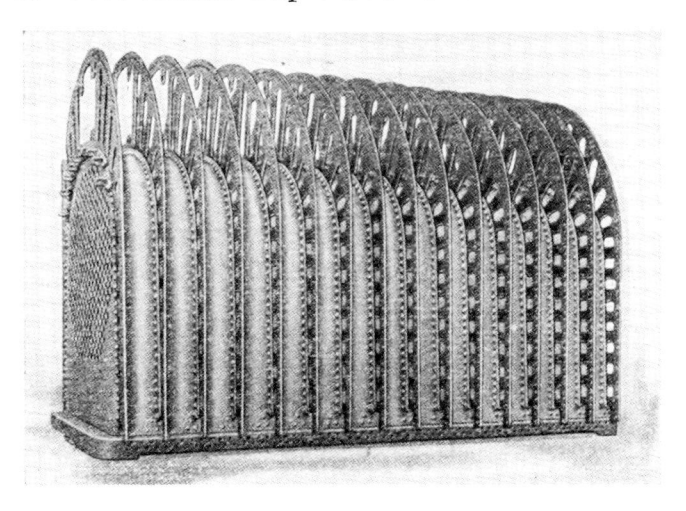

Abb. 202. Innere Feuerbüchse.

werden nur zur Versteifung der Stiefelknechtplatte sowie der Rückwand benutzt. Die innere Feuerbüchse und der Feuerbüchsmantel werden aus einer Anzahl U-förmig gebogener Blechstreifen gebildet, zwischen die an Stelle der Stehbolzen eigenartig gelochte Blechplatten genietet werden, und zwar derartig, daß keine Nietnaht vom Feuer berührt wird.

Abb. 198 und 199 geben zunächst eine Darstellung der neuen Feuerbüchse in Ansicht und Längsschnitt.

Zwischen die nach innen gebogenen Schenkel der inneren U-Stücke sind die Stehbleche genietet. Die Nietnähte liegen im Wasserraum, sind also den zerstörenden Wirkungen der Flammen entzogen. Nach der Feuerseite zu bilden die Stehbleche gute Stemmkanten (24 in Abb. 199), die eine dichte Verbindung der inneren U-Stücke gewährleisten. Während nun die Herstellung der oberen Nietnähte keine besonderen Schwierigkeiten bereitet, ist die Verbindung am Bodenring umständlicher. Die Ausführung der Vernietung an dieser Stelle zeigt Abb. 198. Das innere U-förmig gebogene Blech, Abb. 200, ist unten flachgedrückt, um den Anschluß an den Bodenring zu ermöglichen. Dabei ist die eine Seite der Abflachung zu einem Lappen derartig ausgeschmiedet, daß sich dieser, wie aus der Abb. 201 ersichtlich ist, unter den Ausschnitt des Stehblechs an das daneben liegende U-Blech heranlegt; die feste Verbindung an dieser Stelle wird durch drei Flickschrauben bewirkt.

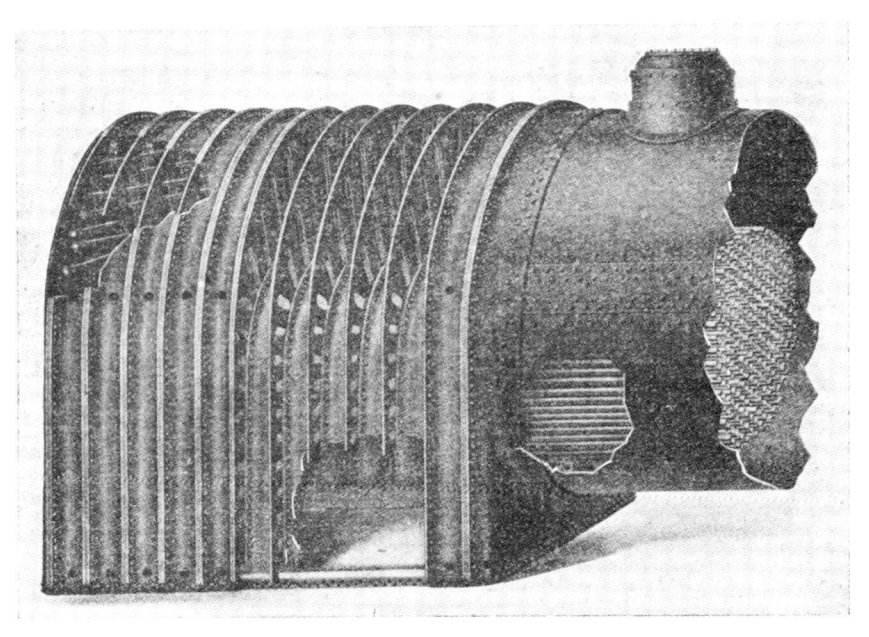

Abb. 203. Zusammengesetzte Feuerbüchse.

Abb. 202 zeigt die zusammengesetzte innere Feuerbüchse mit den zwischengenieteten, etwa 10 mm starken Stehblechen, die zur Erzielung des wagerechten Wasserumlaufs in der aus der Abbildung ersichtlichen Weise gelocht sind. Über der Feuerbüchsdecke haben die Bleche einen größeren Ausschnitt, der so groß ist, daß ein Mann hindurchkriechen kann, was für die Besichtigung und Reinigung der inneren Feuerkiste, insbesonders der Decke, wo sich erfahrungsgemäß der meiste Kesselstein absetzt, von Wert ist. Da die Festigkeit der Stehbleche infolge des Ausschnitts stark vermindert wird, sind an den betreffenden Stellen herausnehmbare Flacheisenanker angebracht.

Zwischen die Stehbleche werden die äußeren U-Stücke genietet, die den Feuerbüchsmantel bilden. Die nach außen zu gekehrten Flanschen sind etwas unterhalb der Oberkante des Bodenrings abgeschnitten (s. Abb. 198), der Steg des U-Blechs ist breitgeschlagen, so daß die beiden benachbarten Teile eine stumpfe Stoßfuge bilden. Die versetzt angeordneten Nieten im Bodenring haben eine derartige Teilung, daß immer ein oberer Niet durch die Stoßfuge hindurch geht. Eine zusammengesetzte Feuerbüchse zeigt Abb. 203. Die Hinterwand des Kessels sowie die Stiefelknechtplatte haben die gewöhnlichen Formen, nur sind sie mit entsprechenden Flanschen zum Anschluß an die äußeren U-Stücke versehen.

Jedes äußere U-Blech hat etwa in Höhe der Feuerbüchsdecke und oberhalb des Bodenrings eine Reinigungsöffnung.

Sämtliche Bleche sind hydraulisch gepreßt und werden nach Schablonen gebohrt, so daß das Aufreiben der Nietlöcher und die Zusammensetzung der einzelnen Teile erleichtert wird.

Die Herstellung der Feuerbüchse ist einfach. Nachdem das Türblech die inneren U-Stücke, die Stehbleche und die Rohrwandplatte durch Heftbolzen miteinander verbunden sind, wird der Bodenring herumgelegt, und dann werden die Nietlöcher an dieser Stelle gebohrt. Nach dem Aufreiben sämtlicher Löcher werden alle Teile mit einem zu diesem Zweck besonders hergestellten Zangennieter hydraulisch vernietet. Dann werden die Nähte verstemmt und die unteren Flickschrauben eingezogen. Nun können die äußeren U-Bleche und der Bodenring vernietet werden. Nach Einsetzen der Stiefelknechtplatte und der hinteren Türwand werden letztere mit dem Rohrwand- und Türwandblech durch Stehbolzen verbunden und die in Abb. 199 und 202 ersichtlichen Stangenanker zur Versteifung des oberen Teils der Türwand sowie die in Abb. 199 dargestellten Bodenanker 9 eingebaut.

Ein Vorteil, den die Jacobs-Shupert-Feuerbüchse aufweist, ist der, daß bei ihr durch Wassermangel eine Explosion nicht möglich ist, die bei der durch Stehbolzen versteiften Feuerbüchse dadurch entstehen kann, daß infolge von Erglühen die Festigkeit der Deckenanker und der Decke stark vermindert wird. Reißt in diesem Falle z. B. ein Stehbolzen, so wird die unversteifte Fläche sofort viermal größer, es treten Ausbeulungen und Anrisse in der Decke auf, die Risse können sich unter Umständen schnell fortpflanzen und eine Explosion ist dann unvermeidlich.

Die Zusammensetzung einer Feuerbüchse aus einzelnen Teilen schließt nun aus, daß sich ein Riß z. B. von einem U-Stück auf das danebenliegende übertragen kann. Da ferner die Stehbleche größere Zugbeanspruchungen als eine entsprechende Anzahl Stehbolzen aufnehmen können und die Form der U-Bleche größeren Widerstand gegen Durchbiegung verbürgt, als eine ebene Wand, so folgt, daß die Jacobs-Shupert-Feuerbüchse eine Bauart darstellt, die größere Sicherheit gegen Explosionen gewährleistet als die bisher übliche Form.

Durch die Verwendung von Stehblechen lassen sich auch die Nachteile der Stehbolzen, die schwierige Herstellung, das Lecken und Abbrennen der Köpfe (letzteres besonders bei Ölfeuerung) vermeiden.

Gegen Überhitzung, wie sie bei Wassermangel eintritt, ist besonders Kupfer sehr empfindlich, da die Festigkeit dieses Baustoffs mit zunehmender Erwärmung stark abnimmt.

Eine Ausbeulung der Decke, die die gefährlichen Anrisse zur Folge hat, wird jede auch noch so kurze Zeit andauernde Entblößung der durch Stehbolzen versteiften kupfernen Feuerkiste verursachen. Aber auch größere Kesselsteinablagerungen können infolge des verminderten Wärmeübergangs Überhitzungen der Decke und die angegegebenen Folgen hervorrufen.

Eine Überhitzung der inneren U-Bleche der Jacobs-Shupert-Feuerbüchse infolge zu großer Kesselsteinablagerungen wird sich dadurch kenntlich machen, daß sich der mittlere, die Wand bildende Teil etwas stärker ausbeult, die anfänglich elliptische Form wird sich mehr einem Halbkreis nähern. Ein kreisförmiger Querschnitt kann aber erheblich größere Beanspruchungen aufnehmen, ohne daß die Gefahr des Reißens auftreten wird. Die Nietnaht wird dabei nicht viel stärker angestrengt, so daß die genannte Formänderung nicht leicht Undichtigkeiten zur Folge haben wird. Beobachtet man bei einer Besichtigung der inneren Feuerkiste, daß die U-Bleche stärker als normal durchgebogen sind, so ist auf größere Kesselsteinablagerungen zu schließen. Nach Entfernung derselben, entweder von außen durch die oberen Waschluken oder von innen durch den oberen Ausschnitt der Stehbleche, kann durch Erhitzen mit einer Ölflamme mittels geeigneter Werkzeuge die ursprüngliche Querschnittsform wiederhergestellt werden.

Infolge des nicht genügend vollkommenen Wasserumlaufs wird bei jedem Lokomotivkessel das Wasser in den oberen Schichten wärmer als in den unteren. Da auch die Heizgase das Bestreben haben, mehr durch die oberen Siederohre als durch die unteren abzuziehen (besonders beim Anheizen), so werden sich die oberen Teile des Kessels stärker ausdehnen als die unteren. Die Rauchkammer und die hintere Rohrwand werden infolgedessen oben auseinandergedrückt, so daß die anfangs senkrechten Wände sich schräg stellen wollen. Da nun aber der untere Teil der Rauchkammer fest mit dem Rahmen verbunden ist, wird hauptsächlich die Feuerbüchse den Wärmeausdehnungen nachgeben müssen. Ist diese nun, wie es bei den durch Stehbolzen versteiften Feuerbüchsen der Fall ist, in sich sehr starr, so wird ihre Verbindungsstelle mit dem Langkessel, die Stiefelknechtplatte, stark auf Biegung beansprucht werden. Da ferner die Wandungstemperatur der inneren Feuerbüchse höher ist als die des Mantels, so wird sie sich ebenfalls mehr ausdehnen als dieser, wodurch die genannten Beanspruchungen noch vermehrt werden.

Bei der Jacobs-Shupert-Feuerbüchse ermöglicht die U-Form der einzelnen Abschnitte eine freiere Ausdehnung, da sie in der Längsrichtung etwas elastisch ist.

Um die durch die Bauart der Jacobs-Shupert-Feuerbüchse zu erwartenden Vorteile zu erweisen, wurde von der Atchison, Topeka und Santa Fé Eisenbahn ein eigenartiger Versuch an einem Kessel von 405 qm Heizfläche einer Güterzuglokomotive angestellt. Der Kessel wurde mit Öl geheizt, der entstehende Dampf konnte nur durch die beiden auf 15,7 Atm. eingestellten Sicherheitsventile entweichen, der erforderliche Zug wurde durch Druckluft erzeugt, die in den verlängerten Schornstein eingeblasen wurde. Vermittels elektrischer Pyrometer konnte die Temperatur der Feuerbüchsdecke gemessen werden. Das Wasser wurde nun so weit verdampft, bis der Wasserstand 150 mm unter der Feuerbüchsdecke war, die Wandungstemperatur stieg dadurch in 10 Minuten von 200° C (entspr. 15,7 Atm.) auf 591° C. Hierauf wurde das Feuer abgestellt und Wasser von 16° C in den Kessel gepumpt. Im Anschluß an diesen Versuch, der wohl jede Feuerbüchse mit Stehbolzenverankerung gefährdet hätte, wurde eine Besichtigung vorgenommen, bei der sich die ausgeglühten Stellen der Decke durch ihre hellere Färbung deutlich erkennbar machten. Die Siederohre waren mit der hinteren Rohrwand autogen verschweißt, da bei dem niedrigen Wasserstande 11 Rohre ebenfalls vom Wasser vollständig entblößt waren und auf gewöhnliche Weise eingewalzte Rohre dabei nicht dicht gehalten hätten. Der Versuch zeigte nun, daß Rißbildungen sowie irgendwelche Undichtigkeiten der Nietnähte als Folge des Wassermangels nicht eingetreten waren, die Feuerbüchse hatte den schweren Versuch gut überstanden.

Weitere, sehr bemerkenswerte Versuche fanden im Jahre 1912 unter der Leitung von Professor Goß statt. Es wurden Vergleichsversuche an zwei Kesseln angestellt, von denen der eine mit der Jacobs-Shupert-Feuerbüchse, der andere mit der gewöhnlichen Stehbolzenfeuerbüchse versehen war. Die Hauptabmessungen beider Kessel waren folgende:

Art der Feuerkiste	Jacobs-Shupert	Stehbolzen
Kesseldurchmesser vorn	1780 mm	1780 mm
an Stiefelknechtplatte	2133 „	2133 „
Siederohre, Anzahl	290	290
Länge	5540 mm	5540 mm
Durchmesser	57 „	57 „
Feuerbüchse, Länge innen	2786 „	2787 „
Breite innen	1940 „	1936 „
Tiefe „	1863 „	1899 „
Rostfläche	5,4 qm	5,4 qm
Heizfläche		
Feuerbüchse	21,4 „	19,2 „
Rohre	258 „	258 „
Gesamt	279,4 „	277,2 „

Zunächst sollte bei beiden Kesseln bei verschiedenen Rostbeanspruchungen der Anteil der Feuerbüchs- und der Siederohrheizfläche an der Verdampfung festgestellt werden. Bisher lagen hierüber nur Versuche von Couche[1]) aus dem Jahre 1860 vor, deren Ergebnisse aber für heutige Verhältnisse nicht mehr ganz zutreffend sein dürften.

Es wurden zu diesem Zweck in den Kesseln Trennwände eingebaut, wodurch es möglich wurde, das über der Feuerbüchse und den Siederohren verdampfte Wasser für sich zu messen. Die Versuche fanden mit Ölheizung und Kohlenheizung statt. Das Öl hatte einen Heizwert von 10 664 WE./kg bei einem spezifischen Gewicht von 0,8875, als Kohle wurde eine kurzflammige von rund 8000 WE./kg und eine langflammige von rund 7100 WE/kg verfeuert.

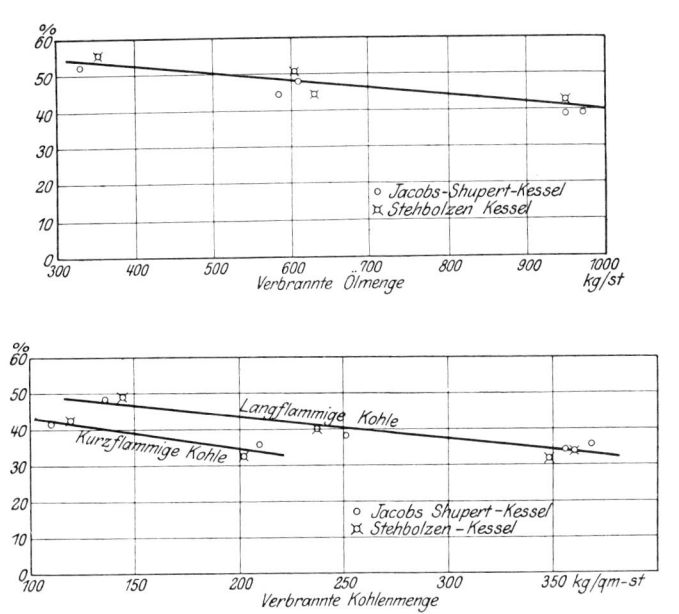

Abb. 204 und 205. Anteil der Feuerbüchse an der Gesamtverdampfung bei Verbrennung von Öl und Kohle.

Die Versuchsergebnisse sind in den Abb. 204 und 205 aufgetragen. Wie ersichtlich, nimmt die Jacobs-Shupert-Feuerbüchse die gleiche Wärmemenge auf, wie die Stehbolzenfeuerbüchse. Bemerkenswert bei den Versuchen war der gute Wirkungsgrad des Kessels bei der Ölheizung, der zwischen 70 und 80% lag, die Verdampfung war dabei eine 11- bis 13fache. Durch diese Versuche ist der Anteil der Feuerbüchse an der Verdampfung erheblich niedriger festgestellt, als bisher angenommen worden ist. Bei einer Brenngeschwindigkeit von 400 kg/qm/st Rostfläche wurden etwa 30% der Gesamtwärme in der Feuerbüchse übertragen. Hierbei muß aber daran erinnert werden, daß beide eisernen Versuchsfeuerbüchsen zu den breit gebauten gehören, und daß in einer langen, schmalen und tiefgebauten Feuerbüchse die Verbrennungsverhältnisse sich ungleich besser gestaltet hätten. Vgl. Fünfter Abschnitt unter b, „Die Form der Feuerbüchse".

Zu erwähnen bleibt noch, daß bei der langflammigen Kohle wegen der höheren Einstrahlung die Wärmeübertragung durch die unmittelbare Heizfläche besser ausfällt, als bei der kurzflammigen.

---

[1]) Siehe M. C. Couche, Voie, matiérel roulant des chemins de fer, Bd. 3, S. 32 bis 36.

Nach Herausnahme der Trennwände fanden weitere Verdampfungsversuche mit den beiden Kesseln statt. Die Hauptergebnisse sind in der Zahlentafel 37 und Abb. 206 und 207 dargestellt.

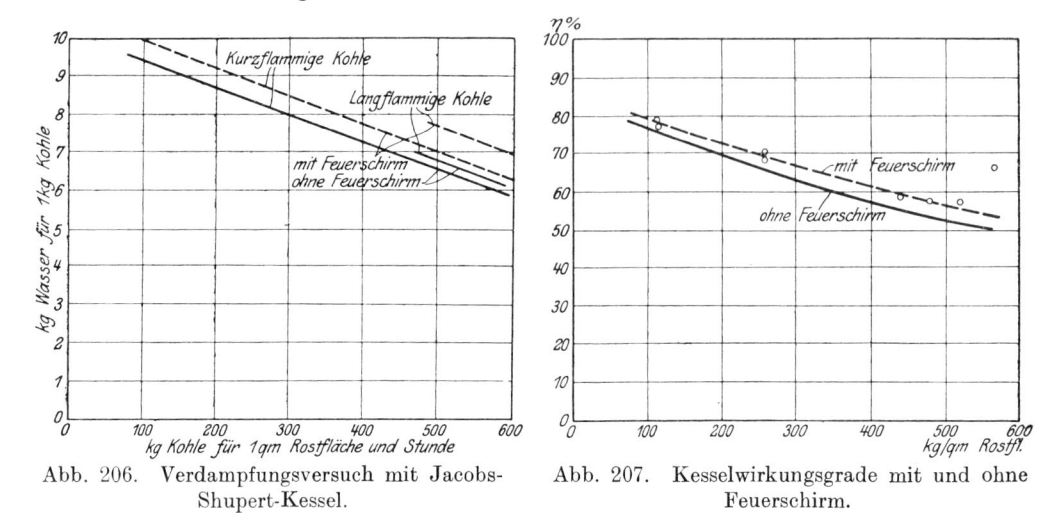

Abb. 206. Verdampfungsversuch mit Jacobs-Shupert-Kessel.

Abb. 207. Kesselwirkungsgrade mit und ohne Feuerschirm.

Zahlentafel 37.
Verdampfungsversuche mit dem Jacobs-Shupert-Kessel und einem gewöhnlichen Kessel mit Stehbolzenfeuerbüchse.

Nr.	1. Feuerschirm	2. Art der Kohle	3. Heizwert der Kohle WE/kg	4. Auf 1 qm Rostfläche stündlich verbrannte Kohlenmenge kg	5. Auf 1 qm Heizfläche stündlich verdampfte Wassermenge kg	6. Verdampf-Ziffer	7. Kesselwirkungsgrad v. H.	8. Rauchgase $CO_2 + O$ v. H.	9. Luftüberschuß	10. Wärmeverlust durch Abgase v. H.
1.*	Ohne	Kurzflammig	7960	124	20,7	8,85	71,86	11,0+ 8,1	1,6	13,3
2.*			7980	302	44,4	7,80	63,37	9,8+ 9,2	1,7	18,6
3.*			7990	397	54,2	7,21	58,29	—	—	—
4.*			7810	545	62,7	6,32	52,23	7,0+12,8	2,5	27,7
5.*			7940	556	65,2	6,20	50,41	6,4+12,6	2,4	31,9
6.			8190	105	20,6	9,60	76,62	10,8+ 7,8	1,6	15,2
7.			7970	266	39,8	7,74	62,26	8,8+10,6	2,0	21,4
8.			8010	461	61,5	6,84	54,64	—	—	—
9.			7940	461	58,6	6,48	52,25	—	—	—
10.*		Langflammig	7080	586	68,8	6,18	56,54	—	—	—
11.			7200	471	61,3	6,67	59,23	9,4+ 9,8	1,8	20,4
12.*	Mit	Kurzflammig	7960	122	21,4	9,26	74,82	9,6+ 9,7	1,8	15,8
13.*			7780	260	41,3	8,34	69,79	—	—	—
14.*			7760	481	62,2	6,85	56,76	7,3+11,1	2,1	28,7
15.*			7990	520	70,4	7,20	57,90	8,1+10,3	1,9	26,9
16.			7970	115	20,9	9,54	76,50	10,4+ 8,8	1,7	14,8
17.			7880	256	41,2	8,30	67,42	—	—	—
18.			7920	434	62,0	7,33	58,87	5,6+14,7	3,3	36,3
19.*		Langflg.	7000	583	78,0	7,10	65,34	10,2+ 7,8	1,6	22,0

Anmerkung: Die mit einem * versehenen Reihen beziehen sich auf die Jacobs-Shupert-Feuerkiste, die anderen sind die Ergebnisse mit dem Stehbolzenkessel.

Auch hier stellte sich keinerlei Vorzug der Jacobs-Shupert-Feuerbüchse heraus.

Eigenartig ist, daß die langflammige Kohle trotz ihres geringen Heizwertes eine bessere Verdampfung ergeben hat, als die kurzflammige Kohle.

Bei dem Versuch Nr. 19 scheint ein Irrtum unterlaufen zu sein. Verglichen mit dem Versuch Nr. 10, bei dem annähernd die gleiche Kohlenmenge verbrannt wurde, ist die Verdampfungsziffer und damit auch die auf 1 qm Heizfläche verdampfte Wassermenge unwahrscheinlich hoch. Bemerkenswert ist die Abb. 207, die die Kesselwirkungsgrade bei verschiedenen Brenngeschwindigkeiten darstellt. Wie ersichtlich, ergibt die Anwendung eines Feuerschirms der American Arch Company (vgl. Fünfter Abschnitt c) einen um etwa 5% besseren Kesselwirkungsgrad.

Zum Schluß wurden Versuche mit erniedrigtem Wasserstand angestellt, die die Sicherheit der Jacobs-Shupert-Feuerbüchse gegen Explosionen darlegen sollten. Die beiden Kessel wurden mit Öl geheizt, die Zugverhältnisse wurden so geregelt, daß etwa 49 kg Wasser auf 1 qm Heizfläche in der Stunde verdampft wurden. Nachdem der höchste Kesseldruck erreicht worden war, wurde mit dem Speisen aufgehört, so daß das Wasser allmählich verdampfte. Die Wirkung war, daß bei dem Stehbolzenkessel nach etwa 23 Minuten bei gleichbleibendem Druck von etwa 15,5 Atm. der Wasserspiegel bis um 380 mm unter die Feuerbüchsdecke gesunken war, worauf eine Explosion erfolgte. Es rissen dabei 188 Deckenanker und Stehbolzen, die Decke der Feuerbüchse wurde zum Teil eingedrückt und der Feuerschirm zerstört.

Eigenartig war das Ergebnis mit der Jacobs-Shupert-Feuerbüchse. Nach etwa 25 Minuten fing der Kesseldruck an zu sinken, bis er sich nach 55 Minuten auf 3,5 Atm. vermindert hatte. Der Grund hierfür liegt in der zunehmenden Verkleinerung der Verdampfungsheizfläche mit abnehmendem Wasserstand, der in der angegebenen Zeit um 900 mm unter die Feuerbüchsdecke gesunken war, wodurch etwa $^3/_4$ der Siederohre vom Wasser entblößt wurden. Eine Anzahl Siederohre wurden vom Dampfdruck zugedrückt, die Feuerbüchsenelemente hatten jedoch vollkommen dicht gehalten, sie hatten sich nur etwas mehr durchgewölbt.

Der Versuch hat bewiesen, daß der Kessel explosionssicher ist, was vielleicht für seine Einführung in Amerika mitsprechen wird, wo Kesselexplosionen, die durch Wassermangel hervorgerufen sind, durchaus keine so seltenen Ausnahmen bilden, als bei uns.

Wieweit der andere der Jacobs-Shupert-Feuerbüchse nachgerühmte Vorzug, die Verminderung der Unterhaltungsarbeiten, sich bewahrheiten wird, kann erst nach längerer Betriebszeit sich herausstellen.

Da in diesseitigen Lokomotivbetrieben für die Anstellung von Versuchen mit dieser Blechfeuerbüchse wohl kaum ein Bedürfnis vorliegen dürfte, so kann ein Eingehen auf die offenbaren Schwächen und Mängel dieser Bauart, gegenüber dem Vorzug größerer Sicherheit gegen Explosionsgefahr bei Wassermangel, hier wohl entfallen.

6. Gelenkkessel.

Lokomotiven mit Gelenkkesseln wurden zuerst von den Baldwinwerken gebaut und in beschränktem Maße auf der Southern Pacific und der Atchison-Topeka- und Santa Fé-Bahn eingeführt.

Der Unterschied zwischen diesen Lokomotiven und Malletlokomotiven besteht darin, daß bei der Fahrt in Krümmungen nicht das vordere Dampfdrehgestell um den Gelenkzapfen zwischen den beiden Triebwerken unter dem Kessel ausschlägt, sondern daß das vordere Kesselende fest mit dem Dampfdrehgestell verbunden ist und der Kessel über dem Drehzapfen durch ein Gelenk geteilt ist, wodurch die erforderliche Winkeleinstellung der beiden Kesselteile möglich wird.

Es ist selbstverständlich, daß diese Gelenkverbindung nicht von innen unter erheblichem Druck stehen darf, da sonst eine Dichtung wegen des großen Durchmessers derselben nicht möglich wäre. Der Kessel ist daher so gebaut, daß die vordere Rohrwand bereits hinter der Gelenkverbindung sitzt, der vordere Kesselteil dient zur Aufnahme eines Hochdruck- und Zwischendampfüberhitzers sowie eines Speisewasservorwärmers[1]), so daß die Gelenkverbindung nur gegen den geringen

---
[1]) Siehe Abschnitt V h.

Unterdruck der Rauchgase abzudichten hat, der vor der Rohrwand des Kessels herrscht.

Die Gelenkverbindung wird entweder, wie Abb. 208 und 209 zeigen, als Kugelgelenk mit Längsverschiebung oder als Balgenverbindung aus Blechringen nach Abb. 210 gebaut. Im letzten Falle sind die einzelnen Ringe 254 mm breit und haben einen Außendurchmesser von 1920 mm. Je zwei benachbarte Ringe sind innen vernietet und außen verschraubt. Um ein Zusetzen der Spalten zwischen den Ringen mit Lösche besonders im unteren Teil zu vermeiden, wodurch die Beweglichkeit leiden würde, gehen die Rauchgase durch ein Rohr von 1120 mm Weite hindurch, wie die Abb. 210 zeigt.

Bei dem üblichen Verhältnis von Heizfläche zu Rostfläche sind die Heizgase schon beim Verlassen der Siederohre des Hinterkessels so weit abgekühlt, daß eine wirtschaftliche Dampfüberhitzung kaum noch möglich ist. Auf jeden Fall genügt die Dampferzeugung nicht, um eine dem Reibungsgewicht der Lokomotiven entsprechende Zugkraft bei solchen Geschwindigkeiten auszuüben, wie sie bei amerikanischen Güterzuglokomotiven üblich sind. Der Gelenkkessel hat die Verwendung des Buck-Jacobs-Überhitzers und Vorwärmers zur Bedingung. Da diese Einrichtungen aus wirtschaftlichen Gründen heute nicht mehr gebaut werden, so hat auch der Gelenkkessel keine Bedeutung erlangt. Seine Anwendung beschränkt sich auf die Fälle, wo versucht worden ist, durch den Zusammenbau zweier vorhandener alter Lokomotiven mit geringen Kosten eine Lokomotive mit doppeltem Triebwerk zu schaffen.

f) Die Ölheizung der Lokomotiven.

1. Flüssige Brennstoffe.

Als flüssige Brennstoffe, die bei Lokomotiven Verwendung finden, kommen in Frage: Rohöl, Rohölrückstände und Teeröl.

Als Rohöl auch Erdöl, Rohpetroleum oder Naphtha wird ein Gemisch einer großen Anzahl von Kohlenwasserstoffen der Äthylen- und Äthanreihe bezeichnet.

Erdöle werden in vielen Ländern der Welt gewonnen. Nach der Erzeugungsmenge geordnet findet man sie vorwiegend in den Vereinigten Staaten, Rußland, Galizien, Niederländisch-Indien, Rumänien, Britisch-Indien, Mexiko, Japan, Peru, Deutschland, Kanada und Italien, und zwar steht Amerika weitaus an der Spitze aller ölerzeugenden Länder. An der im Jahre 1910 mit etwa 44 Millionen Tonnen betragenden Gesamterzeugung sind die Vereinigten Staaten mit 24 Millionen Tonnen zu 65% beteiligt. Rußland erzeugte 9, Galizien 1,6, Rumänien 1,1 Millionen Tonnen. Im Verhältnis zu diesen Mengen ist die Ölerzeugung Deutschlands sehr gering; sie betrug im Jahre 1910 etwa 145000 Tonnen, die aber immerhin schon einen Geldwert von 10150000 Mark darstellten. Die Fundstellen der deutschen Erdöle sind Wietze-Steinförde in Hannover, Oberhagen-Hanigsen in der Lüneburger Heide und Pechelbronn im Elsaß.

Je nach dem Ursprung ist die chemische Zusammensetzung und damit auch der Heizwert der Erdöle verschieden. So hat z. B. Erdöl aus

    West Virginien . . . . 10180 WE/kg
    Pennsylvanien 9963   „
    Java 10631   „
    Rumänien 10762   „
    Baku 11460   „
    West-Galizien 10231   „
    Ost-Galizien 10085   „

Die Rohölfeuerung für Lokomotiven hat meist nur in den Ländern Anwendung gefunden, in denen der Brennstoff in größerer Menge gewonnen wird, sonst vereinzelt nur da, wo die Vorteile der Ölfeuerung gegenüber der Kohlenfeuerung aus-

Abb. 208.

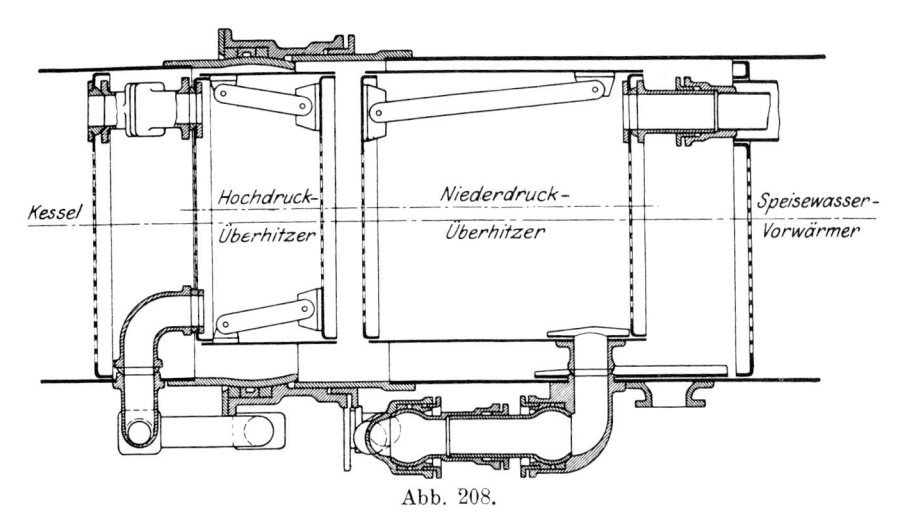

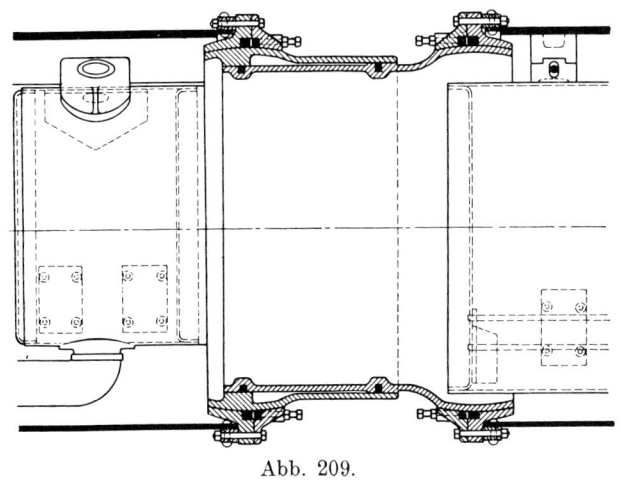

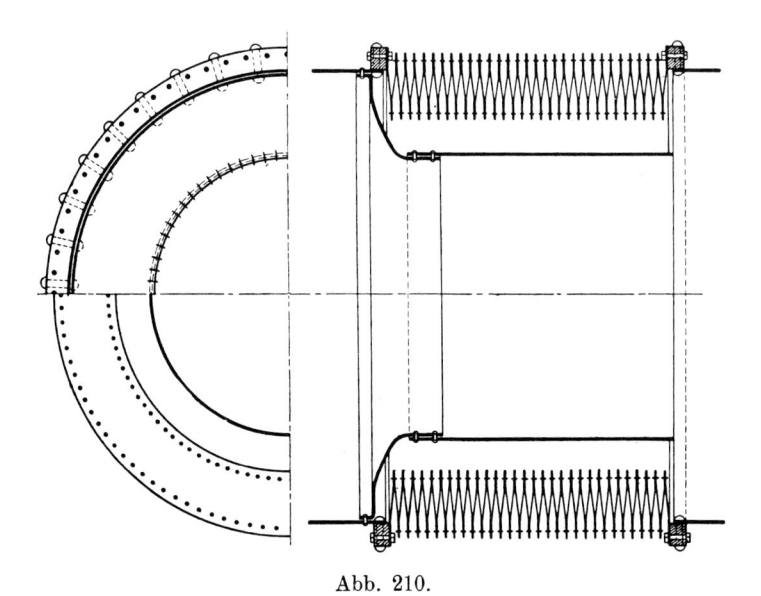

Abb. 209.

Abb. 210.
Abb. 208 bis 210. Gelenkverbindungen von Kesseln.

schlaggebend waren, — bei Bahnen mit vielen und langen Tunneldurchfahrten zur Vermeidung der Rauchentwicklung oder bei steigungsreichen Strecken zur vorübergehenden, außergewöhnlichen Erhöhung der Kesselleistung als Zusatzfeuerung.

In vielen Ländern sind es die hohen Einfuhrzölle, die neben den Transportkosten eine wirtschaftliche Ölfeuerung verhindern. So betrug z. B. bis 1914 für Deutschland der Einfuhrzoll 75 Mark/t Rohöl, so daß bei einem Preis von 25 Mark/t in Galizien und 20 Mark Fracht bis Berlin eine Tonne dort etwa 120 Mark kosten würde. Aber auch die deutschen Rohöle können sich wegen ihres hohen Preises (70,25 Mark/t im Jahre 1911) als Brennstoffe für Dampfkesselfeuerungen noch keinen Eingang verschaffen.

Die Verwendung eines Rohöls als Heizmaterial richtet sich auch danach, ob und wieviele Bestandteile es enthält, die eine weitergehende Verarbeitung desselben wirtschaftlicher gestalten können. Ist z. B. viel Benzin oder Leuchtöl in dem Rohöl vorhanden, so wird man diese wertvolleren Bestandteile, die natürlich zu besseren Preisen als das Rohöl Absatz finden können, durch einen Destillations- bzw. Raffinationsprozeß aus dem Rohstoff zu gewinnen suchen und nur die sog. Rückstände die fast denselben Heizwert wie das Rohöl haben, verfeuern. Andere Öle dagegen, die die umständliche Verarbeitung nicht lohnen würden, wird man ohne weiteres als Heizöl verbrennen. Zu diesen Ölen gehören besonders die kalifornischen und Texas Rohöle, die in großen Mengen in den Vereinigten Staaten als Heizöl Verwendung finden.

Über die weitgehende Verbreitung, die die Ölheizung der Lokomotiven in Amerika gefunden hat, gibt folgende, der Zeitschrift Railway Master Mechanic 1912, S. 371, entnommene Zahlentafel 38 Aufschluß:

Zahlentafel 38.

Anwendung der Ölfeuerung in den Vereinigten Staaten von Amerika.

Eisenbahn-Gesellschaft	In Anwendung seit	Anzahl der Lokomotiven	Brennerart	Heizwert in WE	Gewinnungsort des Öles
Atchison, Topeka und Santa Fé	1887	865	Booth	9300	—
Canadian Pacific	1912	90	Von Boden Ingles	—	Kalifornien
Central of Georgia	1912	6	Sheedy	—	Mexiko
Chicago und North Western	1911	25	Booth	—	Wyoming
Chicago, Milwaukee und St. Paul	1909	126	Booth	10550	Kalifornien
Chicago, Rock Island und Pacific	1908	69	Von Boden Ingles	—	Kansas u. Oklahoma (Standard Oil Comp.)
Delaware und Hudson Co.	1909	12	Von Boden Ingles	10830	Texas und Oklahoma
Sunset Central Lines	1900	310	Sheedy	10660	Texas und Oklahoma
Great Northern	1911	115	Von Boden Ingles	10280	Kalifornien
New York Central und Hudson River	1909	18	Von Boden Ingles	10740	Mid-Continental
San Antonio und Aransas Pass	1900	81	Sheedy	10550	Texas
Southern Pacific	1900	1239	Von Boden Ingles	10280	Kalifornien
Tehuantepec National	?	60	Booth	10550	Texas und Mexiko
Western Pacific	1909	67	Alle im Handel vorkommend. Bauarten	—	Kalifornien

Im allgemeinen wird sich die Verbrennung der Rückstände wirtschaftlicher stellen. Bei der sog. fraktionierten Destillation des Rohöls erhält man der Reihenfolge nach Benzin, Leuchtpetroleum, Mittel- oder Gasöl und die Rückstände. Diese werden als „Masut" (aus russischen Ölen) oder als „Pacura" (aus rumänischen Ölen) in den Handel gebracht.

Der Betrieb mit Rückständen ist ungefährlicher, als der mit Rohöl, da wegen Entfernung der niedriger siedenden Bestandteile der Entflammungspunkt höher liegt und keine nachträgliche Gasentwicklung mehr eintritt. Wegen ihrer Leichtentzündbarkeit müssen gewisse Rohöle sogar erst einige Zeit abgelagert werden, da sie sonst bei der weiteren Behandlung zu Explosionen Veranlassung geben können.

Für die Verfeuerung der Rückstände ist ihr Paraffingehalt von Bedeutung, da dieser großen Einfluß auf die Dünnflüssigkeit hat. Stark paraffinhaltige Öle müssen mehr vorgewärmt werden, um den zum Zerstäuben nötigen Grad der Dünnflüssigkeit zu erlangen. Rumänische Rückstände z. B. sind bei 20° 28mal, bei 50° dagegen nur 4mal dickflüssiger als Wasser.

Die Heizwerte von Rohöl und Rückständen sind praktisch gleich, sie haben etwa 10 500 WE/kg.

Das spezifische Gewicht der Rückstände, das von Bedeutung bei der Bemessung der Tenderbehälter sein kann, beträgt bei rumänischen 0,90 bis 0,98, bei russischen 0,89 bis 0,95 und bei amerikanischen Rückständen 0,95 bis 0,99.

In Deutschland verbrennt man neuerdings auf Lokomotiven das bei der Gas- und Kokserzeugung als Nebenerzeugnis gewonnene Teeröl. Unter diesem Namen faßt man die höher siedenden Bestandteile des Steinkohlenteers, wie sie im Mittel-, Schwer- und Anthrazenöl enthalten sind, zusammen. Der Verkauf der deutschen Teeröle liegt fast vollständig in den Händen der Deutschen Teerprodukten Vereinigung in Essen-Ruhr. Im Jahre 1911 betrug die Jahreserzeugung etwa 450 000 Tonnen, der Preis beläuft sich auf etwa 16 bis 20 Mark für eine Tonne. Da der Entflammungspunkt über 80° liegt, ist die Handhabung ungefährlich, das spezifische Gewicht ist 1 bis 1,06, das in ihm enthaltene Wasser scheidet sich daher an der Oberfläche ab, im Gegensatz zu den vorher erwähnten Rohölen und Rückständen, die leichter als Wasser sind. Das größere spezifische Gewicht des Teeröls hat auch insofern noch einen Vorteil, als im Fall eines Brandes das brennende Öl unter Wasser gesetzt werden kann.

Die Beschaffenheit des Teeröls ist stark abhängig von seinem Gehalt an Naphthalin, der zwar auf die Verwendungsfähigkeit als Brennstoff keinen Einfluß hat, aber dadurch unangenehm werden kann, daß sich das Naphthalin bei niederen Temperaturen in fester Form ausscheidet. Es ist daher zweckmäßig, die Aufbewahrungsbehälter mit Heizschlangen zu versehen, um das ausgeschiedene Naphthalin wieder in Lösung bringen zu können.

Wegen der Anwesenheit von Kreosolen hat das Teeröl sauren Charakter, es ist daher in bezug auf die Brenner eine gewisse Vorsicht geboten, da Kupfer und Messing vom Teeröl angegriffen werden. Ventile und Düsen, bei denen Materialabnutzungen störend wirken können, werden daher zweckmäßig aus Nickel oder Nickelstahl hergestellt.

Auch bei den Vorwärmern, die zum Anwärmen des Öls vor dem Eintritt in die Brenner dienen, darf Messing oder Kupfer nicht angewendet werden.

Da Teeröl auch auf organische Dichtungsmaterialien zerstörend einwirkt, so empfiehlt sich die ausschließliche Benutzung metallischer Dichtungsflächen, was besonders bei Rohrleitungen in Frage kommt.

Der Heizwert des Teeröls ist etwas geringer als der des Rohöls, er beträgt etwa 8800 bis 9200 WE/kg.

2. Vergleich der Heizwerte und Verdampfungsziffern von Kohle und Teeröl.

Da der Heizwert guter Steinkohle etwa 7500 WE/kg, der des Teeröls etwa 9000 WE/kg ist, so hätte 1 kg Öl denselben Heizwert wie $9000 : 7500 = 1,2$ kg Kohle. Tatsächlich liegt das Verhältnis aber viel günstiger für das Öl, da die Ölfeuerung noch folgende wärmetechnischen Vorteile bietet:

1. Die Verbrennungstemperatur ist eine höhere als bei Kohle. Bei Versuchen wurden mittels Segerkegels eine Flammentemperatur von 1600°C gemessen, gegenüber 1400 bis 1500° bei Verbrennung von Steinkohlen.

2. Bei Ölfeuerung ist das praktisch notwendige Verbrennungsluftvolumen viel kleiner, als bei Kohlenfeuerung, man kommt mit einer geringeren Luftüberschußzahl aus, weil das Öffnen der Feuertür sowie der Einfluß der verschiedenen Schütthöhe der Kohle fortfällt und der Brennstoff stets fein zerstäubt in die Feuerkiste eingespritzt wird. Es findet eine viel innigere Mischung der Verbrennungsluft mit dem Öl statt und man erreicht Luftüberschußzahlen, die wenig größer als 1 sind.

3. Da das Öl fast restlos verbrennt, hinterläßt es keine Asche, auch ein Versetzen der Siederohre mit unverbrannten Kohleteilchen findet nicht statt[1]), und es entfällt der Einbau von Funkenfängern, die wegen ihres Widerstandes einen erheblichen Anteil an der Größe der Luftleere in der Rauchkammer haben.

Diese Eigenschaften der Ölfeuerung bewirken eine bedeutende Vergrößerung des Kesselwirkungsgrades und damit auch eine Verbesserung der Verdampfungsziffer. Bei Kohlenfeuerung wird im allgemeinen ein Kesselwirkungsgrad von rund 60% angenommen; wird dagegen der Kessel mit flüssigem Brennstoff geheizt, so steigt er, wie Versuche gezeigt haben, auf 75% und mehr. An ortsfesten Kesseln, die allerdings unter günstigeren Verhältnissen arbeiten, sind schon Wirkungsgrade von 80 bis 85% festgestellt worden.

Eine den Tatsachen entsprechende Vergleichsziffer zwischen Kesseln mit Kohle geheizt — und solchen durch Ölfeuerung betrieben, muß auch die Verbesserung des Wirkungsgrades berücksichtigen. Unter diesen Umständen kann 1 kg Teeröl $\frac{9000 \cdot 0{,}75}{7500 \cdot 0{,}60} = 1{,}50$ kg Kohle ersetzen, bzw. 1 kg Kohle wird $1 : 1{,}50$ kg $= 0{,}67$ kg. Teeröl gleichwertig sein.

Zur Zerstäubung des Öls in den Brennern werden erfahrungsgemäß bei guten Zerstäubern etwa 4% des erzeugten Dampfes gebraucht. Zieht man diesen Betrag noch ab, so erhält man als Vergleichsziffer $0{,}96 \cdot 1{,}50 = 1{,}44$.

Wird bei Kohlenfeuerung für Heißdampf von 350°C entsprechend dem höheren Wärmeinhalt eine Verdampfungsziffer von 6,7 und für Sattdampf eine solche von 7,5 angenommen, so ergeben diese Zahlen mit 1,44 multipliziert die Verdampfungsziffern für Teeröl.

Man erhält demnach für Sattdampf $7{,}5 \cdot 1{,}44 = 10{,}8$ und für Heißdampf $6{,}7 \cdot 1{,}44 = 9{,}65$.

Bei der Benutzung von Rückständen vergrößern sich diese Zahlen entsprechend dem größeren Heizwert der Rückstände von 10 500 WE/kg auf $\frac{10\,500}{9000} \cdot 10{,}7 = 12{,}5$ für Sattdampf und $\frac{10\,500}{9000} \cdot 9{,}65 = 11{,}3$ für Heißdampf.

Bei Bestimmung der Verdampfungsziffer können leicht größere Fehler durch die Dampfnässe entstehen. So will z. B. Professor Urquhart eine Verdampfungsziffer von 14 kg Dampf für 1 kg Öl erhalten haben, während E. Butler in seinem Buche — Oil fuel — als „the ordinary practice of locomotives" die Verdampfungsziffer für trockenen Sattdampf zu 12,5 angibt.

Bemerkenswerte Versuche in bezug auf Wirtschaftlichkeit bei der Verbrennung von Kohle und Öl hat 1912 die Chicago- und North-Western-Eisenbahn ausgeführt. Die Lokomotiven wurden für die Beförderung von Güterzügen und Personenzügen mit Öl, Backkohle und Weichkohle geheizt. Das von der Mid-West-Oil-Gesellschaft gelieferte Öl hatte ein spez. Gewicht von 0,885 und einen Entflammungspunkt von 71°C.

---

[1]) Zur Reinigung der Siederohre von dem innen anhaftenden Rußansatz ist in den Vereinigten Staaten das Sanden üblich.

Die Zusammensetzung der Backkohle war:

Flüchtige Bestandteile, brennbar 40,48%
Kohlenstoff 39,10%
Feuchtigkeit 10,51%
Asche 9,91%

Die Weichkohle hatte folgende Zusammensetzung:

Flüchtige Bestandteile, brennbar 38,65%
Kohlenstoff 37,72%
Feuchtigkeit 2,21%
Asche 21,42%

Die Ergebnisse der Versuche waren folgende:

Bei Güterzügen betrug die Brennstoffersparnis bei der Ölfeuerung gegenüber Backkohle 31,78%, gegenüber Weichkohle 32,19%.

450 kg Öl waren gleichwertig 1000 kg Backkohle und 350 kg Öl entsprechen 1000 kg Weichkohle. Bei Personenzügen betrug die Kostenersparnis bei Öl gegenüber Backkohle sogar 50,94%, wobei 326 kg Öl 1000 kg Backkohle gleichwertig sind. Erhebliche Vorteile, die etwa zu 70 bis 80% gerechnet werden dürfen, bieten noch die billige Anfuhr des Öls und der Fortfall der Rückfahrt leerer Wagen.

3. Die Brenner.

Jeder Brenner (außer einigen verfehlten Bauarten) ist so eingerichtet, daß er das Öl zerstäubt und in diesem Zustand in den Feuerraum schleudert. Durch die äußerst feine Zerteilung wird eine innige Mischung des Öls mit der Verbrennungsluft erreicht.

Je nach der Art der Zerstäubung unterscheidet man reine Druckzerstäuber — Preßluft — und Dampfzerstäuber.

Die Druckzerstäuber kommen für Lokomotiven kaum in Frage. Versuchsweise sind von Körting einige Lokomotiven der rumänischen Staatsbahnen damit ausgerüstet worden, die sich jedoch wegen der verwickelten und vielteiligen Vorrichtungen nicht bewährt haben, so gut sie auch für stationäre Kessel sein mögen, da sie mit sehr geringem Dampfverbrauch arbeiten.

Ein in Limburg stationierter Triebwagen der Preußischen Staatseisenbahnverwaltung ist ebenfalls mit Körtingschen Druckbrennern ausgerüstet. Wie die Abb. 211 zeigt, ist die Einrichtung recht vielteilig. Das Öl wird durch eine Dampfpumpe mit einem Druck bis zu 8 Atm. in die Brennerleitung und durch Heizkörper gedrückt, in denen es auf etwa 110° C vorgewärmt wird. Es gelangt dann durch wechselweise einzuschaltende Filter zu den Brennern, die nach dem bekannten Verfahren der Streudüsen ausgebildet sind.

Preßluftzerstäuber haben wohl noch keine Anwendung im Lokomotivbetrieb gefunden, da sie gegenüber den Dampfzerstäubern zu teuer arbeiten. Der Vorteil, daß der Brennstoff gleich mit seiner Verbrennungsluft innig gemischt zur Verbrennung gelangt, hat sich in der Praxis als unwesentlich herausgestellt. Durch eine richtig gebaute Luftzuführung in der Feuerbüchse wird auch bei Dampfzerstäubern eine genügende Mischung von Öl und Luft erzielt. Erhebliche Schwierigkeiten würden beim Lokomotivbetrieb die Unterbringung und die Unterhaltung eines Kompressers verursachen, der sehr große Luftmengen fördern muß, nach Versuchen 0,52 kg Luft von atmosphärischer Spannung für 1 kg Öl.

Die Dampfzerstäuber sind die weitaus gebräuchlichsten. Der Dampfverbrauch beträgt bei guten Brennern im Mittel 0,5 kg Dampf für 1 kg Öl, d. h. bei einer Verdampfungsziffer von 12,5 4% des erzeugten Dampfes.

Nach ihrer Bauart kann man die Brenner einteilen in Flachschlitz- und Rundbrenner. Die Flachschlitzbrenner haben meist nur eine geringe Saugkraft, sie müssen daher immer an einer möglichst tiefen Stelle eingebaut werden, wohin das Öl durch seine Schwere von selbst zufließen kann; man bringt sie daher zweckmäßig unter der vorderen oder hinteren Feuerbüchswand an. Für Lokomotiven sind sie sehr geeignet, da sie eine über die ganze Rostfläche verbreitete Flamme ergeben, also eine gute Wärmeverteilung in der Feuerbüchse bewirken. Infolge der großen Oberfläche

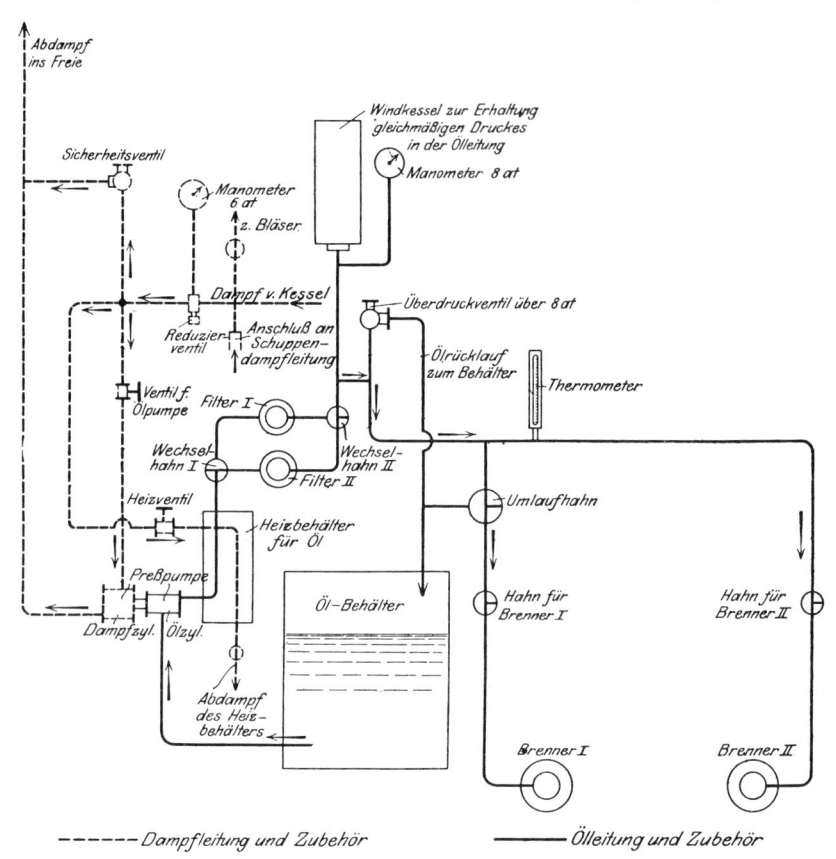

Abb. 211. Ölfeuerung von Körting.

der Flamme kann die Luft überall gut an die noch unverbrannten Ölteilchen herantreten, die Brenner werden also mit einer geringen Luftüberschußzahl arbeiten können.

Ihre Bauart ist einfach, öfter aber mit einem Fehler behaftet. Da das Öl durch einen in der Zuleitung befindlichen Hahn geregelt und abgesperrt wird, also nicht im

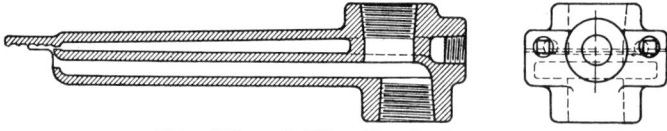

Abb. 212 und 213. Sheedy-Brenner.

Brenner selbst, so findet nach dem Abstellen der Ölzufuhr ein Nachtropfen statt. Die Tropfen können wegen Luftmangel nicht vollständig verbrennen. Abgesehen von unangenehmen Gerüchen, bilden sich an der Brennermündung Koksansätze, die die engen Mündungen versetzen und eine umständliche Reinigung erforderlich machen. Bei diesen Brennern sollte daher nach dem Absperren des Öls noch für kurze Zeit Dampf durch den Brenner hindurchgelassen werden, der das noch in den Zuleitungen befindliche Öl hinausbefördert.

Ein bei amerikanischen Lokomotiven viel verbreiteter Brenner ist der in Abb. 212 und 213 dargestellte Sheedy-Brenner. Der Dampf tritt bei c in die Dampfkammer des Brenners, bei seinem Austreten aus dem 1,5 mm breiten Schlitz reißt er den durch a in die Ölkammer eintretenden Brennstoff mit und zerstäubt ihn gleichzeitig. Durch den Rohranschluß b soll noch vorgewärmte Luft an das Gemisch herangeführt werden. Da jedoch die durch ein nur 32 mm starkes Rohr hindurchfließende Luftmenge bei der sehr geringen Saugwirkung des Brenners nur gering sein kann, so entsteht durch das Zumengen der Luft kein nennenswerter Nutzen. Durch einen etwa 6 mm breiten Schlitz tritt das Gemisch in die Feuerbüchse. Die Regelung der zu verbrennenden Ölmenge geschieht nur unvollkommen durch Drosseln der Zuleitung, der Brenner wird also namentlich bei kleineren Leistungen mit unverhältnismäßig großen Dampfmengen arbeiten.

Noch einfacher als der Sheedy-Brenner sind die in Abb. 214 bis 219 dargestellten Brenner von Boden-Ingles und Booth, die ebenfalls große Verbreitung in den

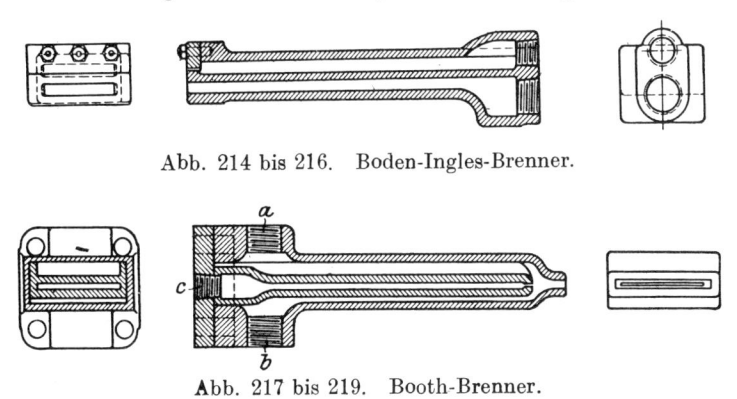

Abb. 214 bis 216. Boden-Ingles-Brenner.

Abb. 217 bis 219. Booth-Brenner.

Vereinigten Staaten gefunden haben. Das im oberen Teil austretende Öl wird durch den aus dem unteren Schlitz ausströmenden Dampf mitgerissen und zerstäubt. Bei den preußischen Staatsbahnen ist neuerdings versuchsweise auch ein von Sußmann entworfener Flachbrenner bei einer Lokomotive mit Zusatzölfeuerung probiert worden, dessen Bauart aus der Abb. 220 und 221 zu ersehen ist. Durch den Schlitz a strömt der Dampf und reißt das durch b hinzufließende Öl mit. Der leitende Gedanke bei dem Entwurf des Brenners war einfache Bauart und leichte Auswechselbarkeit. Die Regelung der Leistung geschieht auch hier nur durch Abdrosseln der Ölmenge mittels in die Zuleitungen eingebauter Ventile.

Weiter durchgebildet sind die Schlitzbrenner von G. C. Cosmovici. Der bei

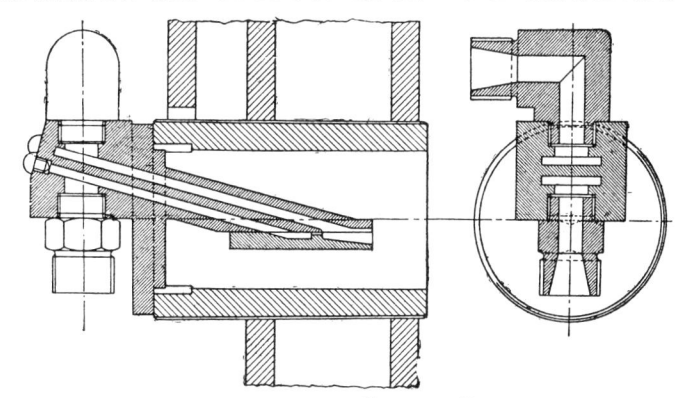

Abb. 220 und 221. Sußmann-Brenner.

den rumänischen Staatsbahnen mehrfach erprobte Brenner soll die Fehler vermeiden, die den einfachen Schlitzbrennern anhaften.

Wie die Abb. 222 und 223 zeigen, tritt das Öl aus einer Kammer a zu sechs Öffnungen b, über denen sechs 0,8 mm hohe Dampfschlitze c liegen. Der Zweck dieser Maßnahme ist der, die austretende Flamme in einzelne Streifen zu zerlegen, so daß durch die hierdurch erzielte Vergrößerung der Oberfläche die Verbrennungsluft besser an die noch unverbrannten Ölteilchen herankommen kann. Um eine gleichmäßige Ölzufuhr zu den sechs Öffnungen b zu erreichen, kann die zufließende Ölmenge durch kleine Ventile d geregelt werden. Bei etwaigen Verstopfungen der Öffnungen b kann mittels der Stange e und des Hebels f eine mit sechs Zähnen versehene Reinigungsvorrichtung g betätigt werden, deren Zähne in die Löcher b hineinpassen. Zum Durchstoßen der Dampfschlitze c dient ein durch den Hebel h

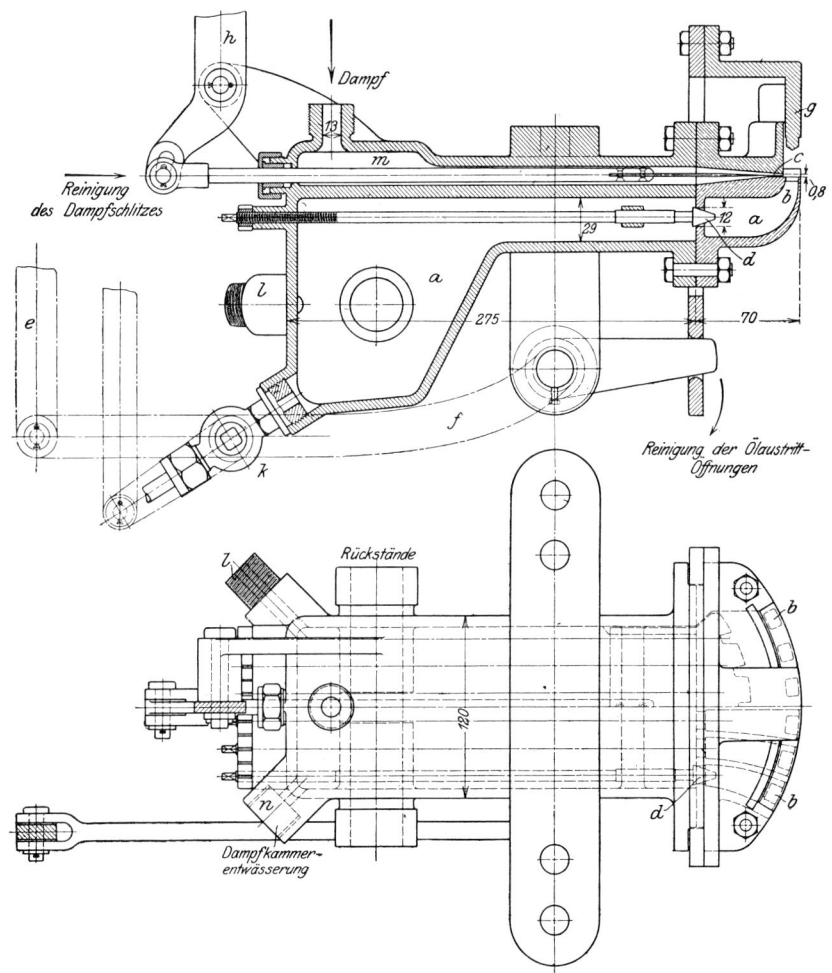

Abb. 222 und 223. Cosmovici-Brenner.

zu bewegendes Messer i. Die Ölkammer a ist verhältnismäßig groß ausgebildet und an ihrem tiefsten Punkt mit einem Hahn k versehen, der zum Ablassen des sich absetzenden Wassers dient. Der Stutzen l gestattet einen Dampfanschluß zum Ausblasen der Ölkammer a. Die oben liegende Dampfkammer m kann durch den Rohranschluß n entwässert werden. Die Cosmovici-Brenner haben sich auf den rumänischen Staatsbahnen gut bewährt, ein besonderer Vorteil ist ihre Geräuschlosigkeit.

Die Rundbrenner bilden kugelförmige Flammen, von kreis- oder ringförmigem Querschnitt. Das Öl kann innerhalb oder außerhalb des Dampfstrahls austreten. Ist die Dampfaustrittsöffnung nach außen düsenartig erweitert, so kann der Dampf nach Art der Lavaldüse eine höhere, — etwa die doppelte, — Geschwindigkeit annehmen, als wenn er aus einer nicht erweiterten Düse austritt. Für eine bestimmte Flammenlänge werden daher Brenner mit erweiterter Dampfdüse mit einem geringeren Dampfverbrauch arbeiten, da entsprechend der größeren Dampfgeschwindigkeit dem Dampf eine größere Ölmenge beigemischt werden kann.

Ist G_d in kg das sekundlich ausströmende Dampfgewicht, w_d in m/sek die Austrittsgeschwindigkeit des Dampfes, $G_ö$ in kg das sekundlich austretende Ölgewicht und $w_ö$ seine Geschwindigkeit vor dem Auftreffen auf den Dampfstrahl und bezeichnet man mit w_g in m/sek die Geschwindigkeit des Dampfölgemisches, so ergibt die Beziehung:

$$\frac{G_d \cdot w_d^2}{2g} = \frac{(G_d + G_ö) \cdot w_g^2}{2g} + \frac{G_d \cdot (w_g - w_d)^2}{2g} + \frac{G_ö \cdot w_ö^2}{2g},$$

d. h. die Energie des Dampfes ist gleich der Energie des Gemisches plus der Stoßverluste plus der Energie des austretenden Öles, die wegen der geringen Geschwindigkeit $w_ö$ vernachlässigt werden kann. Durch Umformung vorstehender Gleichung erhält man dann die einfache Beziehung:

$$w_g = \frac{G_d}{G_d + G_ö} \cdot w_d,$$

d. h. wenn w_g konstant bleiben soll, muß mit wachsendem w_d und konstantem G_d auch $G_ö$ wachsen.

Aus dieser einfachen Betrachtung folgt ohne weiteres die Überlegenheit der Brenner mit düsenartig erweiterter Dampfaustrittsöffnung.

Im folgenden sollen einige bewährte Rundbrenner besprochen werden.

Der in Abb. 224 dargestellte Kermodebrenner ist ein Ringbrenner mit innerer Ölzuführung, der schon eine geringe düsenartige Erweiterung des Dampfstrahls aufweist. Das Öl fließt mit drehender Bewegung unter Druck zu, wodurch eine bessere Zerstäubung erzielt werden soll. Durch einen Ringschieber E wird Luft durch die Öffnungen D nach F angesaugt.

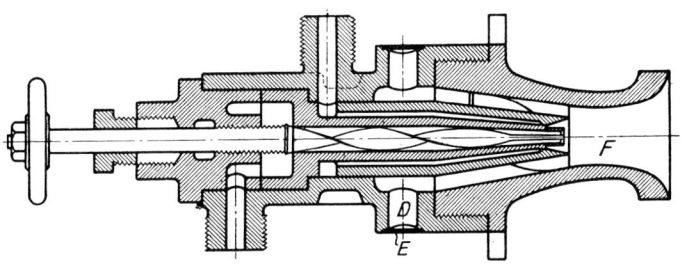

Abb. 224. Kermodebrenner.

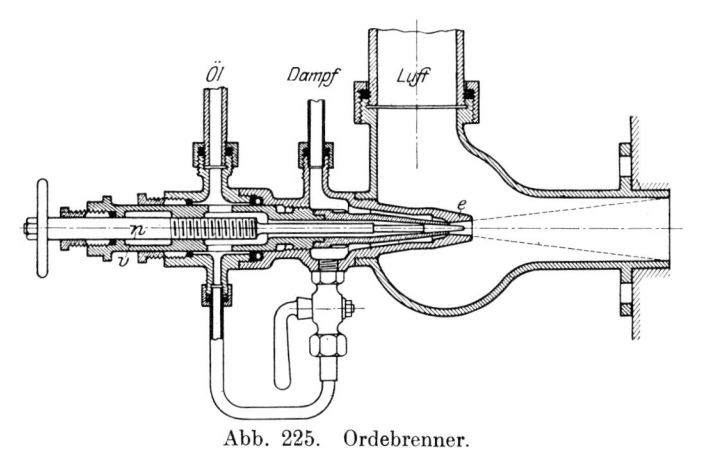

Abb. 225. Ordebrenner.

Ein anderer gut durchdachter amerikanischer Brenner ist der in Abb. 225 dargestellte Ordebrenner. Das Öl tritt an der engsten Stelle der Düse zum Dampf, das Gemisch gelangt in der Düse e zur Expansion, was eine gute Zerstäubung ergeben muß, zumal auch die Luftzuführung um den austretenden Gemischstrahl herum sehr vorteilhaft angeordnet ist. Die Regelung der Dampf- und Ölmengen geschieht durch Verstellen der Spindeln v und n im Brenner selbst.

Beim Urquhartbrenner, Abb. 226, strömt Dampf durch eine offenbar zu große Öffnung von 6 mm Durchmesser eines zugespitzten Rohres a, das als Absperr- und Regulierspindel für die Ölzuführung dient. In dem Konus b soll die Zerstäubung und Mischung erfolgen. Die Öffnung von 10 mm ist nach dem oben Gesagten für das Gemisch viel zu gering. Bei größerer Endöffnung könnte unbedingt mehr Öl zerstäubt werden. Die Dampfregulierung geschieht durch Drosseln in der Zuleitung.

Der Brenner hat auf russischen Lokomotiven Anwendung gefunden, wo er sich gut bewährt haben soll. Auch die ersten Versuche der rumänischen Staatsbahnen im Jahre 1887 wurden mit diesem Brenner ausgeführt, wobei sich Verdampfungsziffern von 11,6 bis 11,9 ergeben haben.

Abb. 226. Urquhartbrenner.

Eine größere Verbreitung haben auf europäischen Bahnen die Brenner von Holden gefunden. Bei der neueren Bauart gelangt das Öl, wie Abb. 227 zeigt, durch Heben des Ventils m aus der Kammer a nach b, c und d, das Ventil m ist dabei gegen Verdrehung gesichert. Will man bei ganz geöffnetem Ventil m die Leistung des Brenners noch erhöhen, so kann man durch Drehen der Spindel n ein kleines Ventil e heben, das Öl gelangt dann noch durch e, f und g nach h, wo es sich dem Hauptstrahl beimischen soll. Diese Vorrichtung ist ganz unnötig, da bei genügend großem Querschnitt des Hauptventils m dieselbe Wirkung auf einfachere und bessere Weise bewirkt werden kann. Holden versieht seine Brenner noch mit einem Ringbläser i, der die Flamme richten und die zur Verbrennung erforderliche Luftmenge ansaugen soll.

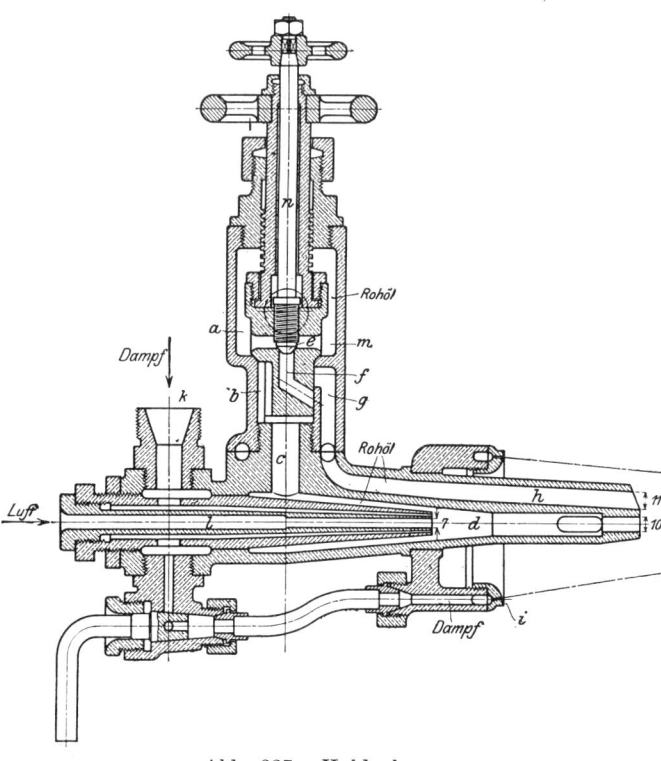

Abb. 227. Holdenbrenner.

Außerdem soll dadurch das Ausmauern der Feuerbüchse überflüssig werden. Dies könnte aber nur dadurch erreicht werden, daß der ringförmige Dampfschleier die Flamme abkühlt, was aber natürlich durchaus kein Vorzug des Brenners wäre. Bei Versuchen der rumänischen Staatsbahnen wurde auf die Ringbläserwirkung verzichtet.

Der durch den Stutzen k von oben in den Brenner eintretende Dampf wird durch ein Ventil in der Dampfzuleitung gedrosselt, durch das mittlere Rohr l wird ein Luftstrahl angesaugt.

Die beschriebenen Brenner gestatten bei günstigen Dampfverbrauchsverhältnissen nur eine geringe Regelung der Leistung.

Eine Verbesserung in diesem Sinne ist der Dragubrenner, Abb. 228, bei dem Dampf- und Ölmenge im Brenner selbst geregelt werden kann. Die Veränderung der Ölmenge geschieht durch die hohle Spindel a mittels der Kurbel b, die Dampfdüse befindet sich in der Spindel selbst und kann ihrerseits durch die Spindel c geregelt

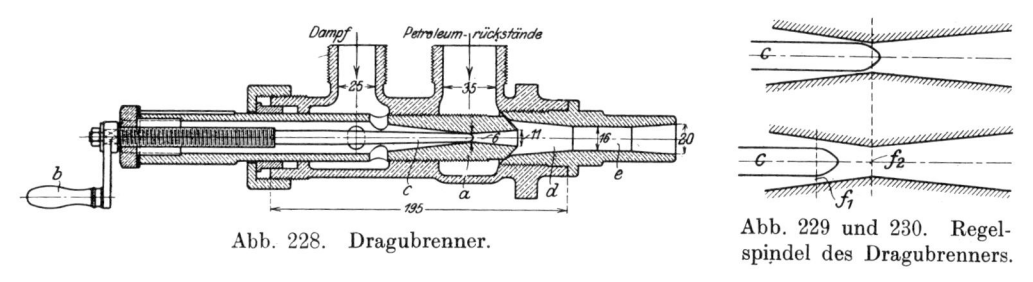

Abb. 228. Dragubrenner.

Abb. 229 und 230. Regelspindel des Dragubrenners.

werden. Der Dampf mischt sich in der konischen Erweiterung d mit dem Öl, das Gemisch tritt dann durch den zylindrischen Raum e abermals in eine konische Erweiterung, die der gewünschten Form der Flamme entspricht.

Bei voller Brennerleistung wird der Dragubrenner mit einem guten Wirkungsgrad arbeiten; als nachteilig wird sich jedoch bei der Regelung die Formgebung der Düse und Spindel c herausstellen. Zieht man nämlich die Spindel c zurück, Abb. 229 und 230, so wird der für den Dampfdurchgang maßgebende Querschnitt f_1 von dem engsten Teil der Düse f_2 nach links verlegt. Zwischen f_1 und f_2 tritt dann aber eine Querschnittserweiterung auf, wodurch Wirbelbildungen des Dampfes hervorgerufen werden, die ihrerseits Energieverluste in Gestalt höheren Dampfverbrauches mit sich bringen werden. Durch schlankeres Zuspitzen der Spindel c könnte man leicht erreichen, daß der engste Querschnitt stets in f_2 bliebe. Auch die Abdichtung und Führung der Spindel c nur im Gewinde muß als mangelhaft bezeichnet werden, ist aber gleichfalls leicht zu verbessern.

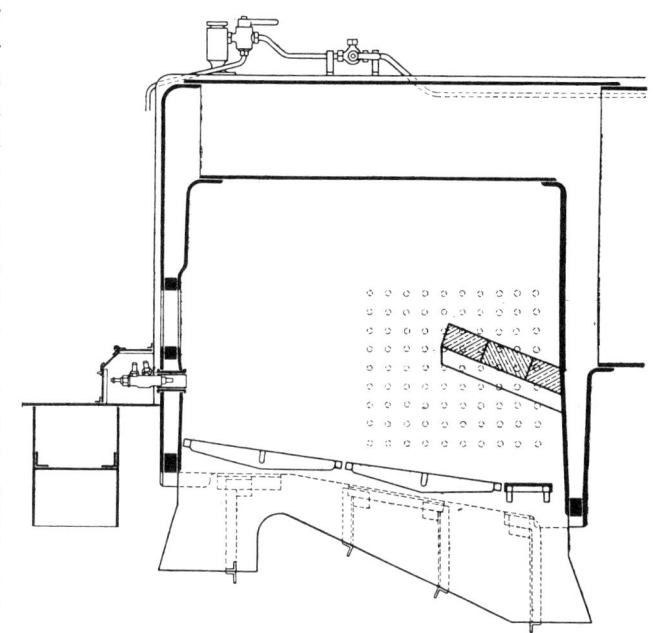

Abb. 231. Anordnung der Brenner in der Kesselrückwand.

4. Anordnung der Brenner in der Feuerbüchse.

Die Anordnung der Brenner in der Feuerbüchse richtet sich in erster Linie nach der Art der Feuerung, ob reine Ölfeuerung oder Zusatzölfeuerung angewendet werden soll. Bei der Zusatzölfeuerung müssen die Brenner in die hintere Feuerbüchswand derartig eingebaut sein, daß sie noch über der höchsten Kohlenschütthöhe liegen. Bei dieser Anordnung genügt ein Feuerschirm, der die Flamme am unmittelbaren Eintritt in die Siederohre hindert. In Abb. 231 ist eine derartige Feuerung einer 1 C-Lokomotive der rumänischen Staatsbahnen mit einer Heizfläche von 146,52 qm dargestellt, der Brenner liegt 320 mm über der Rostoberkante und ist in einem hohlen Stahlrohr unter der Feuerbüchse angeordnet.

Bei reiner Ölfeuerung ist es vorteilhaft, die Brenner unter der hinteren Feuerbüchsrückwand anzubringen, da auf diese Weise die Entfernung zwischen Feuerkistendecke und Flamme vergrößert wird, was das Abbrennen der Deckenankermuttern erschwert. Durch eine schräge Richtung nach oben kann man der Flamme eine größere Länge geben, auch fließt das Öl wegen der tiefen Lage der Brenner diesen besser zu. Die nötige Zugänglichkeit ist bei guter Anordnung unschwer zu erreichen.

Bei der Anbringung der Brenner unter der vorderen Feuerbüchswand, wie es in Amerika häufig geschieht, ist die Zugänglichkeit sehr erschwert; es können hierbei nur Brenner in Frage kommen, deren Regelung nur durch Drosseln geschieht. Das Nachtropfen des Öls aus den langen Leitungen ist besonders nachteilig.

Abb. 232 und 233 zeigen die Anordnungen in der Feuerbüchse, wie sie bei den Lokomotiven der Sunset-Central-Linien in Texas ausgeführt wird. Auffallend sind hier besonders die geringen Luftzuführungsöffnungen (0,14 qm).

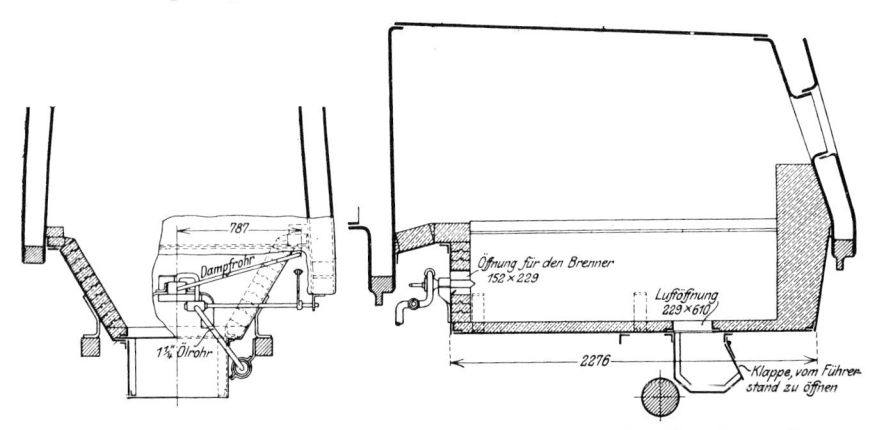

Abb. 232 und 233. Anordnung der Brenner in der Kesselvorderwand.

Als vorteilhaft bei dieser Anordnung der Brenner ist anzusehen, daß der Flammenweg auch ohne Anwendung des bei Ölheizung wegen der hohen Temperaturen schwer zu unterhaltenden Feuerschirms groß genug ist, um eine gute und rauchschwache Verbrennung zu erzielen. Auch hat man gefunden, daß bei vorn angebrachten Brennern die Feuerbüchsbleche, besonders an den Überlappungen, besser halten, als bei Anwendung hinten eingebauter Brenner. Bei letzterer Bauart scheint die Einschnürung der Flamme über dem Feuerschirm starke örtliche Überhitzungen zu begünstigen, die schon nach verhältnismäßig kurzer Zeit die Bleche zerstören können. Bei in oder unter der Hinterwand eingebauten Ölbrennern zeigte die Feuerbüchse oft nur eine Lebensdauer, die die Hälfte bis ein Drittel der bei Kohlenfeuerung üblichen betrug. Häufig mußte sie schon nach einem Jahr ausgewechselt werden, da Flicken wegen ihrer durch die doppelte Wandstärke bedingten Gefahr des Durchbrennens nicht in dem Maße wie bei mit Kohlen gefeuerten Kesseln angebracht werden konnten.

Bei kleinen Lokomotiven kann man die Brenner auch, wie in Abb. 234 gezeigt ist, in die Feuertür einbauen.

Die Ausmauerung der Feuerbüchse muß bei Lokomotiven mit reiner Ölfeuerung besonders sorgfältig ausgeführt werden. Sie hat den doppelten Zweck, die Flamme von den Feuerbüchswänden abzuhalten und gleichzeitig als Wärmespeicher zu dienen, damit beim Abstellen der Brenner keine zu schnelle Abkühlung der Feuerbüchse stattfindet und Spannungen in den Blechen und das gefürchtete Siederohrlaufen möglichst vermieden werden. Ferner muß Vorsorge getroffen werden, daß nach dem Abstellen der Brenner keine kalte Luft in die Feuerbüchse eingesaugt wird. In diesem Punkt ist die Kohlenfeuerung der Ölfeuerung überlegen, da hier die auch nach dem Aufhören der Blasrohrwirkung noch einströmende Luft sich an der glühenden Kohlenschicht noch anwärmen kann.

Zum Schutz der Siederohrbörtel sollte zweckmäßig, besonders bei hinten angebrachten Brennern, ein Chamottegewölbe eingebaut werden, um Stichflammen von der Rohrwand abzuhalten. Der Schirm darf jedoch nicht, wie es vielfach geschieht, der Ausbildung der Flamme hinderlich sein, es muß möglichst vermieden werden, daß die Flamme aufstößt, da sich sonst leicht Koks an den betreffenden Stellen absondert. Auch die Oberluftzuführung muß wohl erwogen werden; diese soll an mehreren Stellen und womöglich gut vorgewärmt auf die Flamme geleitet werden. Vorteilhaft ist ferner, unmittelbar vor der Brennermündung einen Chamotteschirm mit kreisförmigen Öffnungen anzubringen, der den Brenner vor der strahlenden Hitze der Feuerkistenausmauerung schützt und das Verkoken der Brennermündung verhütet. Auch die Anordnung von Luftzuführungskanälen in dem Feuerschirm hat sich als günstig erwiesen, da die hierdurch auf die Flamme tretende Luft stark angewärmt wird und eine innige Mischung mit den noch unverbrannten Ölteilchen ermöglicht.

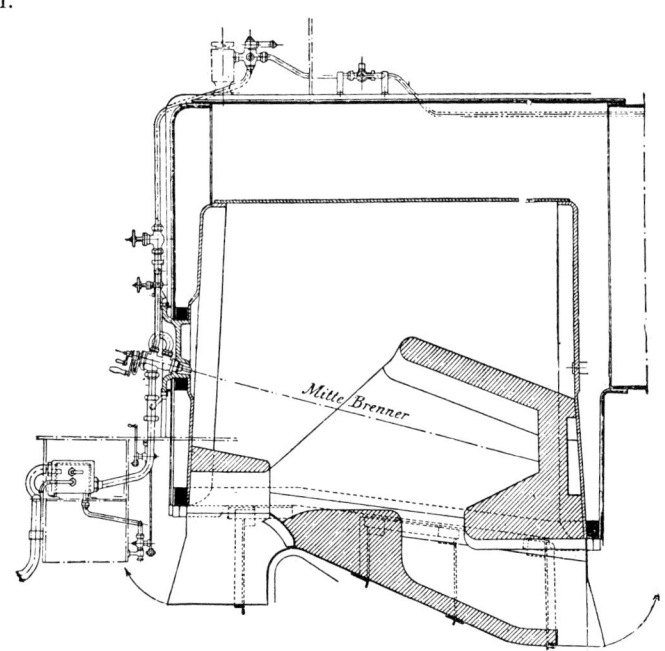

Abb. 234. Einbau des Brenners in die Feuertür.

Über besondere Erfordernisse, die an die Kessel mit Ölfeuerung gestellt werden, kann folgendes angegeben werden:

Wegen der heftigen Dampfentwickelung sollen die Zwischenräume für den Abstand der Siederohre im Kessel so breit als möglich gemacht werden (19 mm und mehr); auch der Wasserraum zwischen den Feuerbüchswänden sollte größer als bei Kohlenfeuerung bemessen werden. Die Feuerbüchse ist lang, schmal und tief auszuführen, um die Entwickelung der Flamme zu fördern und dabei zu verhindern, daß um die Flamme herum zu viel freier Raum bleibt, durch den Luft hindurchstreicht, die nicht an dem Verbrennungsvorgang teilnimmt.

Die Siederohrquerschnitte können enger gewählt werden, als bei Kohlenfeuerung. Da, wie schon bemerkt, das Abgasvolumen ein kleineres ist, und eine Gefahr durch Ablagern von Lösche nicht besteht, werden sich auch enge Rohre nicht zusetzen.

Der kleinste Durchmesser der Siederohre bzw. Rauchrohre wird wesentlich nur durch die Rücksicht auf sachgemäße Unterbringung der Überhitzerrohre bedingt.

Die Great-Eastern-Bahn vergrößert die Blasrohrfläche um 30% bei Lokomotiven mit Ölfeuerung mit der Begründung, daß weniger Zug erforderlich ist, um die nötige Luftmenge anzusaugen. Bei Stillstand der Lokomotive muß jedoch ein gut wirkender Bläser vorhanden sein.

Der Fortfall des Funkenfängers ist schon erwähnt. Alle Rohrleitungen sollen gut isoliert sein, um Abkühlungen nach Möglichkeit zu vermeiden. Niederschlagwasserhähne sind überall da anzuordnen, wo sich Wasser, sei es aus dem Dampf oder aus dem Öl, abscheidet. Zum Anheizen muß ein Anschluß an eine unter Dampf stehende Lokomotive für die Brenner vorhanden sein.

Die Vorwärmer, die den Zweck haben, das Öl dünnflüssiger zu machen und dadurch eine bessere Zerstäubung sowie infolge höherer Temperatur des Gemisches eine bessere Zündung zu ermöglichen, werden als einfache Röhrenvorwärmer, die durch Dampf geheizt werden, ausgebildet. In Amerika hilft man sich in einfacherer Weise vielfach dadurch, daß man die Ölleitungen zu den Brennern unter dem heißen Feuerbüchsboden entlang führt (s. Abb. 235).

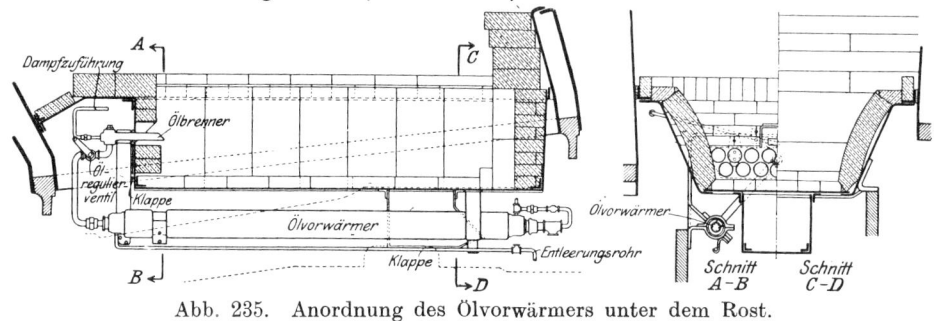

Abb. 235. Anordnung des Ölvorwärmers unter dem Rost.

Die Vorteile der Ölfeuerung sind, nochmals kurz zusammengefaßt, folgende:

Die Verbrennungstemperatur ist eine höhere, als bei Kohlenfeuerung.

Das Abgasvolumen ist kleiner, daher ist eine bessere Wärmeabgabe an den Kesselinhalt möglich.

Asche, Lösche sowie Funkenauswurf fallen fort.

Es ist verhältnismäßig leicht, eine fast rauchlose Verbrennung zu erzielen.

Es ist eine Leistungsregelung in weitesten Grenzen möglich.

Der Kesselwirkungsgrad ist besser.

Durch Zusatzölfeuerung kann auch minderwertiger Brennstoff günstig verbrannt werden.

Das Öl läßt sich besser und schneller und billiger verladen als Kohle.

Die schwere Arbeit des Heizers wird bedeutend erleichtert.

Hieraus geht hervor, daß sich Ölheizung, bzw. Zusatzölheizung besonders eignet für:

Tunneldurchfahrten und Stadtbahnlokomotiven wegen der rauchfreien Verbrennung des Öls.

Für Schnellzuglokomotiven zum Durchfahren langer Strecken ohne Einnehmen von Brennmaterial. Da mehr Brennstoff in demselben Tenderraum verladen werden kann, kann beim Mitführen der dem Kohlengewicht entsprechenden Ölmenge der frei werdende Tenderraum zur Vergrößerung des Wasserraums dienen.

Für besonders große Lokomotivleistungen, bei denen die zu verfeuernde Kohlenmenge so bedeutend ist, daß sie von einem Heizer nicht mehr bewältigt werden kann.

g) Selbsttätige Rostbeschicker. Die Frage der Anwendung selbsttätiger Rostbeschickungseinrichtungen für Lokomotiven ist schon sehr alt: Versuche mit den verschiedensten Bauarten fanden auf einer großen Anzahl amerikanischer Bahnen seit vielen Jahren statt. Es liegt in der Natur der Sache, daß der Bau einer Einrichtung, die die menschliche Arbeitskraft des Heizers vollkommener ersetzen soll, äußerst schwierig ist und eine große Anzahl baulicher Mittel erfordert, die auf einer Lokomotive schwer unterzubringen sind und die viel zusätzliche Unterhaltungsarbeiten verlangen. Daher ist es auch nicht verwunderlich, daß sich bisher noch keine der zahlreichen Einrichtungen voll bewährt hat. — Von den beiden nachstehend beschriebenen Rostbeschickern von Street und Crawford kann vielleicht gesagt werden, daß sie einigermaßen befriedigend arbeiten.

Die Notwendigkeit der Einführung selbsttätiger Rostbeschicker ergibt sich aus den großen Rostflächen, die die amerikanischen Lokomotiven fast durchweg aufweisen. Bei einer Rostfläche von 5,5 qm, die etwa das Mittel der in Zahlentafel 43 gegebenen Lokomotiven darstellt, und einer Verbrennung von 500 kg auf 1 qm/st ist bereits die Grenze der Handbeschickung erreicht. Mehr als etwa 2000 kg Kohle kann ein Heizer kaum vom Tender fortnehmen und kunstgerecht verfeuern, und länger als drei Stunden wird dabei auch ein kräftiger Mann nicht auszuhalten vermögen. Wenn auch dem Heizer durch Anwendung von durch Druckluft zu öffnender Feuertüren und selbsttätiger Kohlenzubringer auf dem Tender die Arbeit etwas erleichtert wird, so ist diese auf den großen Lokomotiven dennoch so schwer, daß Lokomotivheizer ganz außerordentlich hohe Löhne beanspruchen. Auch die gesetzgebenden Körperschaften in den Vereinigten Staaten haben sich mit der Frage befaßt und es sollten sogar bei großen Kesseln zwei Heizer vorgeschrieben werden.

Die Vergrößerung der Rostflächen über ein gewisses Maß hinaus ist überdies ein Unfug. Erfahrungsgemäß haben die sehr großen Roste nur unerheblich mehr Pferdestärken geleistet, als kleinere, obwohl natürlich die Zugkraft der betreffenden Lokomotiven, des größeren Reibungsgewichts wegen, eine höhere ist.

Die durch die Grenze der Leistungsfähigkeit des Heizers bedingte Größe einer Lokomotive kann nun durch die Anwendung selbsttätiger Rostbeschicker allerdings erheblich erweitert werden. Da an die Muskelkraft der Heizer keine so großen Anforderungen mehr gestellt zu werden brauchen, können dann geistig höherstehende Leute als Heizer beschäftigt werden, was für die Unterhaltung der Lokomotiven nur von Wert sein kann.

Die Brenngeschwindigkeit kann bei selbsttätigen Rostbeschickern bis auf 1000 kg/qm erhöht werden. Ob und wie allerdings solche Kohlenmengen verbrannt werden, ist eine andere Frage und hängt von vielen Dingen, besonders auch von der Menge der zugeführten Luft, die durch den Aschkasten eintritt, ab.

Der erste selbsttätige Rostbeschicker, der in größerem Maße versucht worden ist, war der von Kincaid, einem Ingenieur der Chesapeake und Ohiobahn erfunden, der von der Victor Stoker Company in Cincinnati auf den Markt gebracht wurde.

Bei dem Beschicker von Day-Kincaid (Abb. 236 bis 238) wird durch eine in dem obenliegenden Kohlenbehälter stetig umlaufende Schnecke die zugeführte Kohle von einem durch Dampf bewegten Kolben in die Feuerbüchse geworfen. Der vordere, bewegliche Boden des Kohlenbehälters ist mit diesem Kolben fest verbunden und folgt dessen Bewegung. Beim Rückwärtsgang des Kolbens fällt die Kohle aus dem Behälter in den Raum vor dem Kolben und wird bei seinem Vorwärtsgange nach vorn in die in die Feuerbüchse hineinragende Wurfrinne geschoben, wobei gleichzeitig der Kohlenbehälter durch die mitgenommene Bodenplatte abgeschlossen und die Kohle durch die stetig umlaufende Schnecke wiederum nach vorn gefördert wird. Der Kolben durchläuft in bestimmten Zeitabschnitten drei verschiedene Hublängen, wodurch eine gleichmäßige Beschickung der Rostfläche in der Längsrichtung erzielt werden soll. Die drei Einströmkanäle sind jedoch einzeln abstellbar, so daß die Reihenfolge der Wurfbewegungen geregelt und das Feuer in richtiger Lage erhalten werden kann. Die Steuerung der Beschickungsvorrichtung wird durch eine kleine Dampfmaschine betätigt, die auch die Förderschnecke antreibt. Durch Änderung der Umdrehungszahl der Schnecke sowohl als der Steuerung kann die Menge der Beschickung, durch Einschaltung einer oder der anderen Wurfweiten die Verteilung der Kohle bis zu einem gewissen Grade geregelt werden. Jedenfalls

Abb. 236.

Abb. 237.

Abb. 236 bis 238. Selbsttätiger Rostbeschicker von Day-Kincaid.

Abb. 238.

stellt aber die Bedienung dieser Vorrichtung noch bedeutende Ansprüche an die Tüchtigkeit und Geschicklichkeit des Heizers und vermag seine Arbeit nur teilweise zu erleichtern, da ihm doch obliegt, die Kohle in den Kohlenbehälter zu schaufeln, in dem sich die Förderschnecke bewegt.

Über die Erfahrungen, die man mit ihnen im Eisenbahnbetriebe machte, liegen einzelne Berichte vor, aus denen hervorgehen soll,

1. daß diese Einrichtungen fähig sind, auch die größten Roste zu beschicken,
2. daß ihre Anwendung die Arbeit des Heizers erleichtern kann,
3. daß man mit ihnen jedoch keine oder nur eine geringe Ersparnis an Brennstoff erzielen dürfte und
4. daß die Kosten für Kesselausbesserungen geringer sein sollen als bei Handfeuerung.

Der Hauptzweck der mechanischen Feuerung ist, eine gleichmäßige Beschickung großer, breiter Roste zu erreichen. Während aber bei ortsfesten Kesseln die Belastung nur innerhalb bestimmter Grenzen und allmählich schwankt, treten diese Schwankungen beim Lokomotivkessel oft sehr schnell und innerhalb viel weiterer Grenzen auf.

Die Hauptschwierigkeit bei den mechanischen Beschickungsvorrichtungen besteht aber nicht nur darin, die Kohle gleichmäßig zu verteilen, sondern sie auch in gleichmäßiger Schicht auf dem Rost zu erhalten und so ein stellenweises Durchreißen des Feuers zu verhindern. Der „mechanical stoker" von Kincaid soll dies nach den Berichten vieler Teilnehmer an Versuchsfahrten bewerkstelligen. Nach den Angaben des Professors Goß (Purdue University) soll das Feuer nach einer dreistündigen, schwierigen Fahrt noch so gleichmäßig gelegen haben „wie der Fußboden". Der Vorwurf, daß dieser mechanische Beschicker trotz seiner Regelvorrichtungen die Kohle zu ungleichmäßig verteilt, und daß ein unregelmäßiges Durchbrennen des Feuers nicht verhindert werden könne, scheint demnach nicht zuzutreffen.

Wenn dieser Rostbeschicker dem Heizer auch insofern die Arbeit etwas erleichtert, als die Kohle nur von dem Tender in den Behälter zu schaufeln ist, so wird doch seine Leistungsfähigkeit bei großen Rostflächen mit der Bedienung der Einrichtung wieder anderweit in Anspruch genommen. Es sind daher weiterhin eine größere Anzahl Rostbeschicker entstanden, bei denen die Kohle selbsttätig vom Tender unmittelbar ohne jegliches Zutun des Heizers auf den Rost befördert wird.

Der von der Locomotive Stoker Company New York vertriebene und bereits in größerer Anzahl verwendete Street Stoker, Abb. 239 bis 242, besteht im wesentlichen aus einer Förderschnecke, die die durch ein Sieb vom Tender hindurchfallenden Kohlenstücke zur Lokomotive führt, einem Becherwerk, das die Kohle hochhebt, einer Regeleinrichtung, die die Menge der zu verfeuernden Kohlen bestimmt, und schließlich einer Verteilungsvorrichtung zum Verteilen der Kohlen auf dem Rost.

Die ganze Einrichtung wird durch eine kleine schnellaufende Dampfmaschine in Bewegung gesetzt, die auf der Rückwand des Feuerkistenmantels angebracht ist.

Als Förderschnecke dient eine unter dem Kohlenraum des Tenders in einem Stahltrog laufende Stahlschraube; sowohl der Trog wie die Schnecke sind beweglich aufgehängt, da die Tenderachse gegenüber der Lokomotivachse nach allen Richtungen Ausschläge macht.

Über die Schnecke ist auf dem Tender ein starkes Gitter (3) mit 64 mm Maschenweite verlegt, durch das die Kohle hindurchfallen muß, ehe sie von der Schnecke weitergeschoben wird. Um das Durchtreten der Kohlenstücken zu unterstützen, wird das Gitter ständig hin und her bewegt.

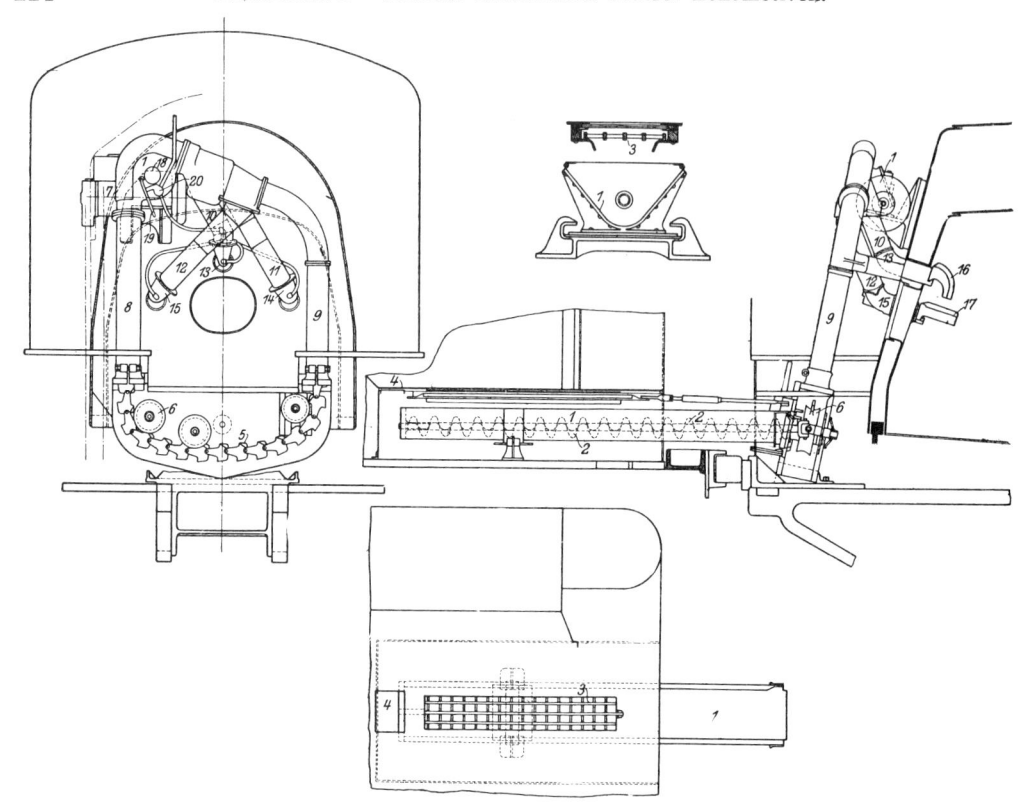

Abb. 239 bis 242. Rostbeschicker von Street.

Abb. 243. Ansicht des Rostbeschickers von Street.

Zur Regelung der geförderten Kohlenmenge kann das Sieb teilweise oder ganz durch eine Deckplatte (4) abgedeckt werden.

Die Schnecke wird von der Förderkette (5) durch ein auf der Schneckenachse sitzendes Kettenrad (6) angetrieben. Die Becherkette wird mit einer Geschwindigkeit von etwa 30 m in der Minute von einer mit 450 Umdreh./Min. laufenden Dampfmaschine durch Schneckenradübersetzung bewegt. Die Kette ist vollständig umkleidet, das aufsteigende Ende mit den gefüllten Bechern von einem 180 mm starken, das absteigende von einem 150 mm starken Rohr (8 und 9).

Der Antrieb der Becherkette erfolgt links oben an der höchsten Stelle (s. Abb. 241). Die geförderten Kohlen werden aus den Bechern ausgekippt und fallen zunächst in ein zylindrisches Sieb (Abb. 244), das auf seinem

Umfang verschiedene große Löcher hat. Die kleineren Kohlenstückchen fallen hindurch und gelangen in ein Rohr (10), das oberhalb der Feuertür in der Mitte in die Feuerbüchse einmündet. Das Sieb ist von außen drehbar, so daß die Menge der hindurchfallenden Kohlen leicht verändert werden kann. Die über die Sieböffnungen hinweggleitenden Kohlenstückchen fallen durch eine hochstehende Klappe in die beiden seitlichen Rohre (11 und 12). Durch Drehen der Klappe kann die Menge der nach links oder rechts geleiteten Kohlen ebenfalls leicht geregelt werden.

An der Mündung sind die Rohre nahezu rechtwinklig abgebogen, die Kohlenstücke fallen auf in die Feuerbüchse führende wagerechte Rohrstücke (13, 14 und 15) und werden von da durch Dampfstrahlen fortgeblasen. Durch Verteiler (16 und 17), gegen die die Kohlen anprallen, wird angestrebt, daß die ganze Rostfläche gleichmäßig bedeckt wird. Die dem Feuer ausgesetzten Verteiler verbrennen innerhalb eines Zeitraums von 2 bis 3 Monaten, sie können dann durch die Feuertür hindurch ersetzt werden.

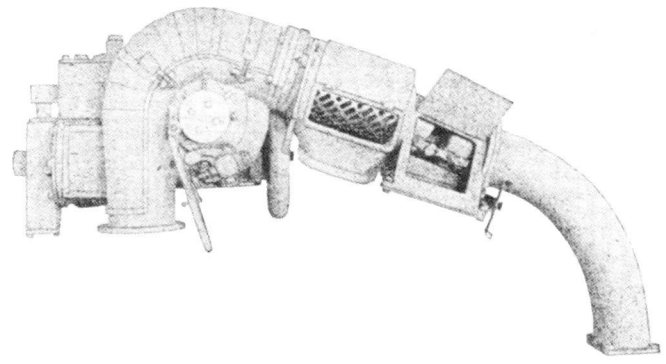

Abb. 244. Antrieb der Becherkette mit den Sieben.

In eigenartiger Weise werden die Dampfstrahlen geregelt, durch die die Kohle in die Feuerkiste geblasen wird.

Auf der Achse des Antriebsrades für die Becherkette ist außen (Abb. 245) eine Scheibe (18) aufgesetzt, die sich 30 mal in der Minute umdreht. Durch außen sitzende Griffe können am Umfang der Scheibe Nocken von verschiedener Größe zum Eingriff mit einem Hebel (19) gebracht werden, der ein Dampfventil (20) öffnet. Durch Veränderung der Anzahl oder der Dauer der Öffnungen können die Zeitfolge und die Länge der Dampfstrahlen verändert werden. Wird z. B. vorn mehr Kohle gewünscht, so werden länger andauernde Dampfstrahlen in die Verteilerrohre hineingeschickt.

Abb. 245. Antriebsdampfmaschine und Antrieb der Becherkette.

Der Antrieb der Schnecke erfolgt durch ein Wechselgetriebe, durch das sie stillgesetzt, mit der gewöhnlichen oder mit der dreifachen Geschwindigkeit laufen kann. Hierdurch kann die Gesamtkohlenmenge in weitgehendster Weise verändert werden. Die Deckplatten auf dem Tendersieb sollen zur Regelung nicht benutzt werden, der Heizer muß dafür sorgen, daß sie sich nie so weit öffnen, daß die Schnecke ganz in der Kohle liegt, da sonst schlecht zu sehen ist, ob die Schnecke fördert.

Der besonders auf der Pennsylvaniabahn zur Anwendung gekommene Crawford Stoker fördert die Kohlen ebenfalls unmittelbar vom Tender in die Feuerbüchse.

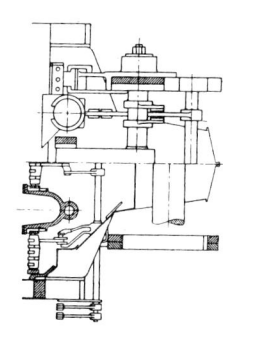

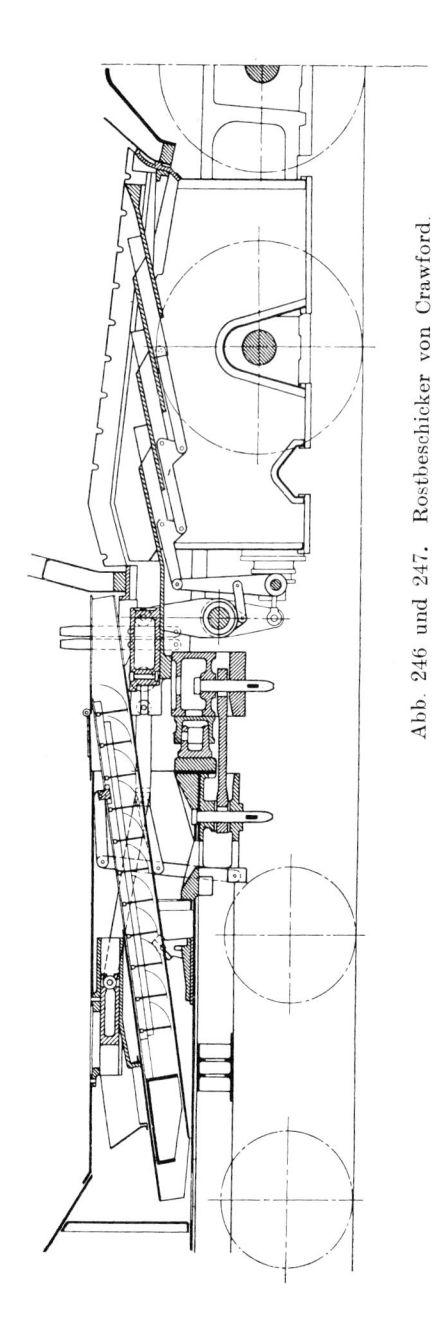

Er stellt im Gegensatz zu den eben beschriebenen Rostbeschickern eine Unterschubfeuerung dar, das heißt die Kohlen werden nicht von oben auf die brennende Kohlenschicht geworfen, sondern sie werden von unten nachgedrückt. Der Vorteil der Unterschubfeuerungen besteht darin, daß die Entgasung der Kohlen allmählicher vor sich geht, wodurch eine rauchlosere Verbrennung erzielt wird. Die aufsteigenden Gase durchstreichen mit Verbrennungsluft gemischt die glühende Brennschicht und verbrennen dadurch vollkommener als bei der gewöhnlichen Aufwurffeuerung.

Die Einrichtung besteht aus zwei, unter dem Bodenring angebrachten gußeisernen Trögen, Abb. 246 und 247, deren Seitenwände etwas über die Oberfläche des als Schüttelrost ausgebildeten Rostes hinüberragen. Sie haben eine Breite von 242 mm und eine Tiefe von 508 mm und sind nach vorn zu abgeflacht. In diese Tröge werden die Kohlen durch je einen unter dem Bodenring hinten liegenden, hin- und herbewegten Kolben von 203 mm Durchmesser hineingedrückt und durch drei kleinere Kolben, die im unteren Teil der Tröge liegen, über deren ganze Länge verteilt. Die kleineren Verteilerkolben arbeiten gleichzeitig, aber in entgegengesetzter Richtung wie die Zubringerkolben. Sie sind, wie aus den Abbildungen ersichtlich, durch Stangen gelenkig miteinander verbunden und erfahren ihre Bewegung durch eine kräftige Querwelle, die von einem links außerhalb des Rahmens sitzenden Dampfzylinder von 314 mm Durchmesser und 305 mm Hub in schwingende Bewegung versetzt wird. Die Steuerung dieses Zylinders geschieht durch ein Steuerventil, wie es von Westinghouse für die Steuerung der Dampfzylinder der Luftpumpe angewendet wird. Die Dampfzuleitung kann vom Heizer nach Bedarf geregelt und durch Veränderung der Hubzahl kann mehr oder weniger Kohle verbrannt werden.

Den Zubringerkolben wird die Kohle durch eine Förderrinne zugeführt. Unterhalb der Einfallöffnung im Tender ist ein Kohlenbrecher angeordnet, dessen Kolben ebenfalls, wie aus der Abbildung ersichtlich ist, von der Querwelle durch Hebel angetrieben wird. Die Kohle fällt, nachdem sie entsprechend zerkleinert ist, in die leicht geneigte Förderrinne, die eine Tiefe von 242 mm und eine Breite von 457 mm hat. Über dieser Rinne wird ein Rahmen bewegt, von dem Finger herabhängen. Beim Rückwärtsgang gleiten diese Finger über die Kohle hinweg, beim Vorwärtsgang dagegen greifen sie in die Kohle hinein und schieben sie dadurch nach vorn, wo sie schließlich durch zwei Öffnungen vor die Zubringerkolben fällt, die sie weiter unter den Rost befördern. Falls aus irgendeiner Ursache an der Förderrinne oder dem Kohlenbrecher eine Störung eintreten sollte, kann die Kohle vom Heizer auch unmittelbar durch eine Klappe vor die Zubringerkolben geschaufelt werden; beim Versagen der ganzen Einrichtung ist es möglich, den Rost durch die Feuertür in der gewöhnlichen Weise von Hand zu beschicken.

Obwohl durch die Tröge eine erhebliche Behinderung der Luftzuführung zu der brennenden Kohle stattfindet, soll sich doch durch Versuche erwiesen haben, daß noch genügend Luft durch die Rostspalten zutreten kann, und daß praktisch genommen eine rauchfre e Verbrennung erzielt wird. Bei guter Förderkohle braucht der Heizer den Feuerhaken nicht öfter zu gebrauchen, als bei Handfeuerung, während dies bei leicht zu Schlackenbildung neigender Kohle häufiger geschehen muß.

Mit Hilfe der Rostbeschicker ist man imstande, die Brenngeschwindigkeit bis auf etwa 1000 kg/qm in der Stunde zu steigern. Die Höchstgrenze hängt von der Möglichkeit der Zuführung der erforderlichen Verbrennungsluft ab. Als vorteilhaft hat sich beim Crawford-Rostbeschicker ergeben, daß sich die Kohle über die Ränder der Tröge erhebt, so daß im Querschnitt gesehen zwei Kohlenhügel auf dem Rost entstehen, die eine größere Oberfläche haben und der Luft einen leichteren Durchtritt gewähren als bei einem ebenen Feuer.

Wenn auch mit Rostbeschickern Kohlenersparnisse nicht gemacht werden können, so besteht doch ihr Vorzug für die nun einmal mit oder ohne Notwendigkeit bei amerikanischen Lokomotiven angewendeten Riesenroste darin, daß eine etwas weniger qualmende Verbrennung erzielt und vor allem, daß die Kesselleistung der Lokomotiven erheblich gesteigert werden kann. Ohne ihre Anwendung wären Lokomotiven mit Rostflächen bis zu 9,27 qm ein Unding, da selbst zwei Heizer auf die Dauer nicht die Kohlenmengen verarbeiten können, die auf derartig großen Rostflächen verbrennen. Auch der Fortfall des Öffnens der Feuertür beim Beschicken des Rostes von Hand wird zur Schonung der übergroßen, breiten eisernen Feuerbüchsen beitragen. Als Nachteile seien nur angeführt die hohen Anschaffungs- und vor allem die Unterhaltungskosten.

h) **Speisewasservorwärmer.** Die Vorwärmung des Speisewassers der Lokomotiven geschieht zweckmäßig durch Abdampf, aber auch die Abgase (Rauchgase) und diese in Verbindung mit Abdampf werden hierzu benutzt.

Vorwärmung durch den Abdampf wurde schon von Kirchweger und Rohrbeck (Organ für die Fortschritte des Eisenbahnwesens 1852, Seite 1, und 1855, Seite 122) angewendet. Die Einrichtung bestand darin, daß ein Teil des Abdampfes aus dem Auspuffrohr durch ein Drosselventil in das im Tender befindliche Wasser geleitet wurde. Die Kohlenersparnisse der mit den Kirchwegerschen und Rohrbeckschen Vorwärmeeinrichtungen versehenen Lokomotiven waren bereits erheblich. Bei der Niederschlesisch-Märkischen Bahn wurden 13%, bei der Magdeburg-Halberstädter Bahn 14 bis 15%, bei der Ostbahn sogar bis 21,7% festgestellt.

Rohrbeck Maschinenmeister der Sächsisch-Schlesischen Eisenbahn in Dresden) benutzte auch schon zwei auf dem Kessel liegende Röhrenvorwärmer. Das in diesen niedergeschlagene Wasser wurde in den Tender geleitet.

Trotz der augenscheinlichen Vorteile scheiterte damals eine allgemeine Einführung der Vorwärmereinrichtungen. Durch den Abdampf gelangte Öl in das Speisewasser, dessen Säure u. a. für die Innenflächen des Kessels sehr schädlich war, vor allem aber versagten bei stärker vorgewärmtem Wasser die Speisepumpen, die damals noch allgemein als sog. Fahrpumpen mit Kugelventilen ausgebildet waren, auch mußte bei längerem Aufenthalte zum Zweck des Wasserpumpens auf dem Bahnhof hin- und hergefahren werden, wenn die schwerfällig gebaute Reservedampfpumpe versagte. Durch die Anfang der 50er Jahre des vorigen Jahrhunderts erfolgte

Erfindung des Injektors, der sich außer durch seinen geringeren Preis und seine stete Betriebsbereitschaft noch dadurch auszeichnete, daß das Speisewasser schon erwärmt in den Kessel gedrückt wurde, waren die genannten Übelstände beseitigt. Die Verwendung der Dampfstrahlpumpe schloß nun aber die Vorwärmung des Speisewassers aus, da nur verhältnismäßig kaltes Wasser angesaugt werden konnte. Eine Erwärmung des Druckwassers hat ebenfalls wenig Zweck, da die durch den Abdampf im günstigsten Falle noch mögliche Weitererwärmung von 60 bis 70° auf etwa 90 bis 95° wirtschaftliche Vorteile nicht mehr bietet.

Die Speisewasservorwärmung bei Lokomotiven geriet daher ziemlich in Vergessenheit, bis in jüngster Zeit die immer größer und schwieriger zu bewältigenden Anforderungen an die Leistungsfähigkeit und Wirtschaftlichkeit der Lokomotiven den Gedanken wieder aufleben ließen, der nunmehr mit besseren baulichen Mitteln erfolgreich durchgeführt werden konnte.

Neben dem Abdampf steht bei Lokomotiven noch eine weitere Wärmequelle in den Abgasen zur Verfügung. Es lag daher nahe, auch diese zur Wärmeabgabe an das Speisewasser zu benutzen. Reine Abgasvorwärmer sind selten ausgeführt worden[1]), die meisten derartigen Einrichtungen bestehen darin, das Speisewasser erst durch den Abdampf auf etwa 90 bis 95° zu erwärmen und das so bereits vorgewärmte Wasser in einen Abgasvorwärmer, der in der Rauchkammer angeordnet ist, weiter zu erhitzen. Als solche Einrichtungen mögen hier der neuere Vorwärmer von Gaines[1]), der bei der Central of Georgia-Bahn, und der von Trevithik[2]), der bei den ägyptischen Staatsbahnen angewendet worden ist, sowie der von Brown[3]) auf der Minneapolis und St. Louis sowie der Chicago, Milwaukee und St. Paul-Bahn eingeführte Vorwärmer genannt werden. Einen größeren Erfolg haben alle die Rauchgase ausnützenden Vorwärmer nicht gehabt, trotzdem Speisewassertemperaturen von 140° und mehr erzeugt werden können, da ihr Betrieb mit vielen Schwierigkeiten verknüpft ist. Bei den angegebenen hohen Temperaturen schlägt sich bereits ein großer Teil der Kesselsteinbildner aus dem Speisewasser nieder, der an den stark beheizten Flächen festbrennt. Außerdem überziehen sich die Heizflächen an der beheizten Seite bald mit Teer, der sich aus den Rauchgasen ausscheidet. Die in die Rauchkammer übergerissenen Asche- und Löscheteilchen verbinden sich mit dem Teer zu einer den Wärmedurchgang stark hindernden Schicht, die im Verein mit dem auf der Wasserseite sich bildenden Kesselsteinansatz sehr bald ein beträchtliches Nachlassen der Vorwärmung bewirkt. Eine wirksame Reinigung der Heizflächen innen und außen ist kaum durchführbar, es ist daher erklärlich, daß Rauchgasvorwärmer sich keiner großen Beliebtheit im Betriebe erfreuen konnten. Von einer Berechnung derselben soll daher hier abgesehen werden, zumal sie der erwähnten Übelstände wegen neuerdings nur noch in geringem Maße gebaut werden. Als Beispiele sollen im folgenden nur die Vorwärmer von Gaines und Trevithik beschrieben werden.

Für neue Speisewasservorwärmer wird nur noch der Abdampf der Lokomotive benutzt, wobei Speisewassertemperaturen von 90 bis 100° C anstandslos erreicht werden.

Wird angenommen, daß das Tenderwasser von 15° auf 95° erwärmt wird, so ergibt sich die Berechnung der Wärmeersparnis durch Anwendung eines Vorwärmers wie folgt:

1 kg Sattdampf von 12 Atm. Überdruck enthält 669 WE, mithin beträgt die aus dem Abdampf zurückgewonnene Wärme

---

[1]) Z. B. Abschnitt V e Gelenkkessel und Eng. News 1909, Bd. 62, S. 606.
[2]) Z. B. Engineering 1911, S. 143 u. f.
[3]) Eng. News 1909, Bd. 62, S. 606.

$$\frac{95-15}{669} \cdot 100 = 12\%$$

der in 1 kg enthaltenen Wärmemenge oder

$$\frac{95-15}{669-15} \cdot 100 = 12{,}25\%$$

der 1 kg Dampf von 12 Atm. Überdruck zugeführten Wärmemenge. Bei Heißdampf von demselben Druck und 350° Temperatur werden die Zahlen entsprechend dem höheren Wärmeinhalte von 756 WE/kg etwas geringer, sie errechnen sich zu

$$\frac{95-15}{756} \cdot 100 = 10{,}6 \quad \text{bzw.} \quad \frac{95-15}{756-15} \cdot 100 = 10{,}7\%.$$

Bei der Annahme, daß von 1 kg Sattdampf von rd. 1 Atm. im Vorwärmer etwa 540 WE an das Speisewasser abgegeben werden können erwärmt 1 kg Abdampf

$$\frac{540}{95-15} = 6{,}75 \text{ kg}$$

Wasser von 15 auf 95° C. In dem Vorwärmer wird also der $\frac{1}{6{,}75}$ Teil des Abdampfes ausgenützt, das sind 14,8%. Um diesen Betrag wird die durch das Blasrohr entweichende Abdampfmenge verringert. Zur Erzielung des gleichen Rauchkammerunterdrucks müßte also das Blasrohr verengt werden. Es hat sich jedoch herausgestellt, daß bei Sattdampflokomotiven auch nach Einbau des Vorwärmers die Dampferzeugung noch ohne Verengung des Blasrohrs ausreichend ist, während bei Heißdampflokomotiven eine Verengung des Blasrohrdurchmessers um etwa 5% erforderlich wird.

Bemerkenswert ist, daß die durch die Vorwärmung des Speisewassers erzielten Brennstoffersparnisse sich sowohl bei Sattdampf- als auch in fast der gleichen Größe bei Heißdampflokomotiven erzielen lassen. Da die erforderlichen Einrichtungen verhältnismäßig billig sind und auch bei älteren Lokomotiven fast immer noch nachträglich eingebaut werden können, so empfiehlt sich die Verwendung der Speisewasservorwärmer nicht nur für neue Lokomotiven, sondern auch für vorhandene ältere, weniger leistungsfähige Lokomotiven.

Die Erfahrungen, die insbesonders die Preußische Staatseisenbahnverwaltung mit Vorwärmerlokomotiven gemacht hat, sind derartig gute, daß alle neuen Lokomotiven mit Vorwärmern ausgerüstet werden und auch bei den älteren Sattdampf- und Heißdampf-Personenzuglokomotiven der nachträgliche Einbau beschlossen ist.

Die Ersparnisse an Brennstoff, die durch die Anwendung von Speisewasservorwärmern erzielt werden, ergeben sich zunächst daraus, daß ein Teil der dem Kesselinhalt in Form von Kohle zugeführten Wärme durch Nutzbarmachung der im Abdampf enthaltenen Wärme ersetzt wird. Die hierdurch erzielbaren, oben errechneten Ersparnisse werden jedoch im praktischen Betriebe vielfach noch übertroffen. Es sind Brennstoffersparnise bei Heißdampflokomotiven von 12 bis 15%, in besonderen Fällen sogar bis 20% und mehr festgestellt worden. Der Grund hierfür ist, daß außer dem unmittelbaren Wärmegewinn durch Nutzbarmachung der Abdampfwärme in den meisten Fällen noch eine Verbesserung des Kesselwirkungsgrades eintritt.

Infolge der um etwa 12 bis 15% betragenden Verringerung der auf dem Roste zu verbrennenden Kohlenmenge werden nämlich die Verluste durch die besonders bei großen Rostbeanspruchungen mit hohen Temperaturen entweichenden Rauchgase und durch die übergerissene Lösche und Funken erheblich verkleinert.

Neben der Brennstoffersparnis sind aber noch weitere Vorteile zu erwähnen. Durch die verringerte Rostbeanspruchung z. B. kann die Verbrennungstemperatur in der Feuerbüchse niedriger gehalten werden, der Wärmedurchgang durch die hoch beanspruchten Wandungen der Feuerbüchse wird verkleinert, was ihre Unterhaltung erleichtert. Ferner wird die Haltbarkeit der Stehbolzen, die ganz besonders bei hohen Temperaturen leiden, wesentlich verbessert werden. Auch die gegenüber der Speisung mittels Injektors um etwa 20 bis 25° höhere Temperatur des in den Kessel gedrückten Speisewassers wird zur weiteren Schonung des Kessels beitragen, zumal die Speisung durch die Pumpe viel gleichmäßiger erfolgt, als durch den Injektor, dessen Förderleistung sich wenig regeln läßt. Das Kesselspeisewasser wird also eine höhere und viel gleichmäßigere Temperatur haben, wodurch ungleichmäßige Ausdehnungen der Kesselbleche und Siederohre, die Zerrungen und Undichtigkeiten verursachen, weniger störend auftreten werden.

Trotz der geschilderten Vorzüge, die die gleichmäßige Speisung des Kessels mit dem im Vorwärmer hoch erwärmten Wasser ergeben, kann die Vorwärmung jedoch unter Umständen auch Nachteile mit sich bringen. Bei Leerlauf der Lokomotive, bei der also kein Maschinenabdampf zur Verfügung steht, reicht der Abdampf der Speisepumpe nicht aus, um eine genügend hohe Vorwärmung zu ermöglichen. Wie Versuche ergeben haben und wie sich auch rechnerisch nachweisen läßt, wird durch den Pumpenabdampf die Speisewassertemperatur nur um etwa 10° erhöht, so daß also bei Leerlauf mit verhältnismäßig kaltem Wasser gespeist wird. Die Einrichtungen zur Speisewasservorwärmung eignen sich daher nicht für solche Lokomotiven, die häufig anhalten müssen, wie Stadtbahn- und wohl auch Vorortzuglokomotiven, da die Speisewasserpumpe nicht immer abgesperrt werden kann, wenn die Lokomotive ohne Dampf fährt. In diesem Falle werden sich nur geringe Ersparnisse ergeben, die durch die Nachteile der Speisung kalten Wassers aufgehoben werden.

In neuerer Zeit sind daher Vorschläge gemacht worden[1]), die darauf hinzielen, bei Leerlauf der Lokomotiven und angestellter Pumpe Frischdampf zum Heizen in den Vorwärmer zu schicken, was natürlich auch nur wirtschaftlich sein kann, wenn die Lokomotiven nicht oft halten, da die Vorwärmung durch Frischdampf Kohle kostet. Denselben Zweck würde eine Vorrichtung haben, durch die beim Leerlauf die Pumpe selbsttätig abgesperrt wird, so daß eine Speisung nur mit dem Injektor möglich ist, der ja als zweite Speisevorrichtung immer vorhanden sein muß. Dabei hätte man den weiteren Vorzug, daß der Injektor zeitweilig in Gang gesetzt werden müßte, was für die Betriebssicherheit desselben nur von Vorteil sein kann.

Als Speisewasserpumpen werden in der Regel schwungradlose Dampfkolbenpumpen benutzt. Bei den preußischen Staatseisenbahnen ist vorzugsweise die Knorrpumpe im Gebrauch.

Die Knorr-Speisewasserpumpe ist eine schwungradlose, einstufige, doppelt wirkende, stehende Dampfkolbenpumpe, die aus der Knorr-Luftpumpe entwickelt ist und daher deren bewährte Dampfsteuerung, bei den größeren Bauformen unverändert, bei den kleineren mit zweckentsprechender Vereinfachung besitzt. Gemeinsam ist ferner allen Größen der Knorr-Speisewasserpumpe die Vereinigung der beiden Saug- und Druckventilsätze in einem seitlich am Pumpenzylinder angebrachten Ventilkasten und die Anordnung eines den Pumpenzylinder umgebenden Heizmantels, der mit dem Abdampf des Dampfzylinders der Pumpe erwärmt wird. Da das Abdampfrohr der Pumpe in den Vorwärmer oder den Auspuffraum der Lokomotivdampfmaschine geführt wird, so ist selbst dann, wenn die Speisewasserpumpe nicht arbeitet, der Pumpenzylinder von Dampf umgeben, weil der sich niederschlagende Dampf durch solchen aus dem Vorwärmer oder Auspuffraum ersetzt wird. Mit dem Schutze gegen Einfrieren wird auf diese Weise zugleich der Beginn der Vorwärmung des Speisewassers schon im Pumpenzylinder erzielt. Je nach dem

---

[1]) Siehe Z. d. V. d. I. 1914, S. 1056.

Einbau der Pumpe auf der linken oder rechten Kesselseite wird der Ventilkasten rechts oder links am Pumpenzylinder angeordnet, so daß er bei Vorwärtsfahrt wirksam gegen den Luftzug geschützt ist. Als Regelbauart gilt die Rechtslage des Ventilkastens, entsprechend dem Einbau der Pumpe auf der linken Kesselseite.

Die Knorr-Speisewasserpumpe wird in vier Größen gebaut:

a) für 250 l minutlicher Leistung nach Abb. 248—251,
b) „ 120 l „ „ „ „ „
c) „ 60 l „ „ „ „ „
d) „ 25 l „ „ „ Abb. 252—254.

Die Leistungen gelten für 50 Doppelhübe in der Minute, indes kann die Förderung bei allen Pumpen durch Herunterregeln der Hubzahl bis auf einen Doppelhub in der Minute in den weitesten Grenzen verändert werden. Der Kessel kann also entsprechend der jeweiligen Dampfentnahme ununterbrochen gespeist werden.

Die Dampfsteuerung der Knorr-Speisewasserpumpe wirkt mittelbar. Sie ist gekennzeichnet durch zwei Bauteile, einen Hauptschieber, der den Dampfein- und -austritt für den Dampfzylinder regelt, und einen unmittelbar vom Dampfkolben betätigten Umsteuerungsschieber, der seinerseits die Bewegungen des Hauptschiebers beeinflußt. Die Steuerung ist in dem oberen Deckel des Dampfzylinders untergebracht, der Hauptschieber in wagerechter Lage, der Umsteuerungsschieber senkrecht in der Achse der beiden Zylinder angeordnet. Der Hauptschieber der beiden größeren Pumpen nach Abb. 248 bis 251 ist ein mit einem Differentialkolbensatz $k_1 k_2$ verbundener Muschelschieber s_1, der Umsteuerungsschieber ein Rundschieber s_2.

Im Betriebe steht der Raum d zwischen den beiden Kolben k_1 und k_2 durch den Dampfeintrittskanal c ständig unter Kesseldruck, der Raum l_2 links vom kleinen Kolben k_2 ständig unter Atmosphärendruck, der Raum l_1 rechts vom großen Kolben k_1 dagegen wird durch Vermittlung des Umsteuerungsschiebers abwechselnd mit Frischdampf gefüllt oder mit der Atmosphäre verbunden. Der im ersteren Falle sich ergebende Überdruck nach links wirft den Differentialkolbensatz mit dem Flachschieber s_1 in die linke Endstellung, in der der obere Zylinderraum durch den Kanal e Frischdampf erhält, der untere Zylinderraum durch die Kanäle f und g entlüftet wird. Der Dampfkolben K geht abwärts. Im anderen Falle ist der Überdruck nach rechts gerichtet, der Hauptschieber nimmt die rechte Endstellung ein (wie gezeichnet), der Kesseldampf strömt durch f unter den Arbeitskolben K, der verbrauchte Dampf durch e und g ins Freie, der Kolben K geht aufwärts. Die wechselweise Füllung des Raumes l_1 mit Frischdampf und Atmosphärenluft vermittelt der Umsteuerungsschieber s_2 dadurch, daß er von den Kanälen o und n, die beide in den Raum l_1 münden, abwechselnd den Kanal o freigibt und damit den die Umsteuerungskammer ständig füllenden Frischdampf nach l_1 leitet, oder o abdeckt und l_1 über n und m mit der freien Luft verbindet. Die Bewegung des Umsteuerungsschiebers s_2 geschieht durch Anschläge, die gegen das Hubende des Kolbens K in Wirksamkeit treten.

Bei den beiden kleineren Pumpen nach Abb. 252 bis 254 hat der Rundschieber dieselbe Aufgabe wie bei den Pumpen nach Abb. 248 bis 251 und wird auch in der gleichen Weise durch Anschläge vom Dampfkolben betätigt. Beim Hauptschieber dagegen ist zwecks Vereinfachung der Flachschieber fortgefallen und die beiden Kolben k_1 und k_2 des Differentialkolbensatzes, die bisher nur zur Steuerung dienten, übernehmen jetzt auch die Verteilung, arbeiten also als Kolbenschieber. Die Arbeitskammer l_1 des großen Kolbens k_1 wird auch hier wieder durch Vermittlung des Umsteuerungsschiebers abwechselnd mit Dampf gefüllt und mit der Luft verbunden, zwischen k_1 und k_2 aber steht ständig Atmosphärenluft, rechts vom kleinen Kolben k_2 ständig Frischdampf. Es überwiegt wiederum wechselweise der Überdruck auf der rechten und der linken Seite und wirft den Kolbensatz damit in die linke und in

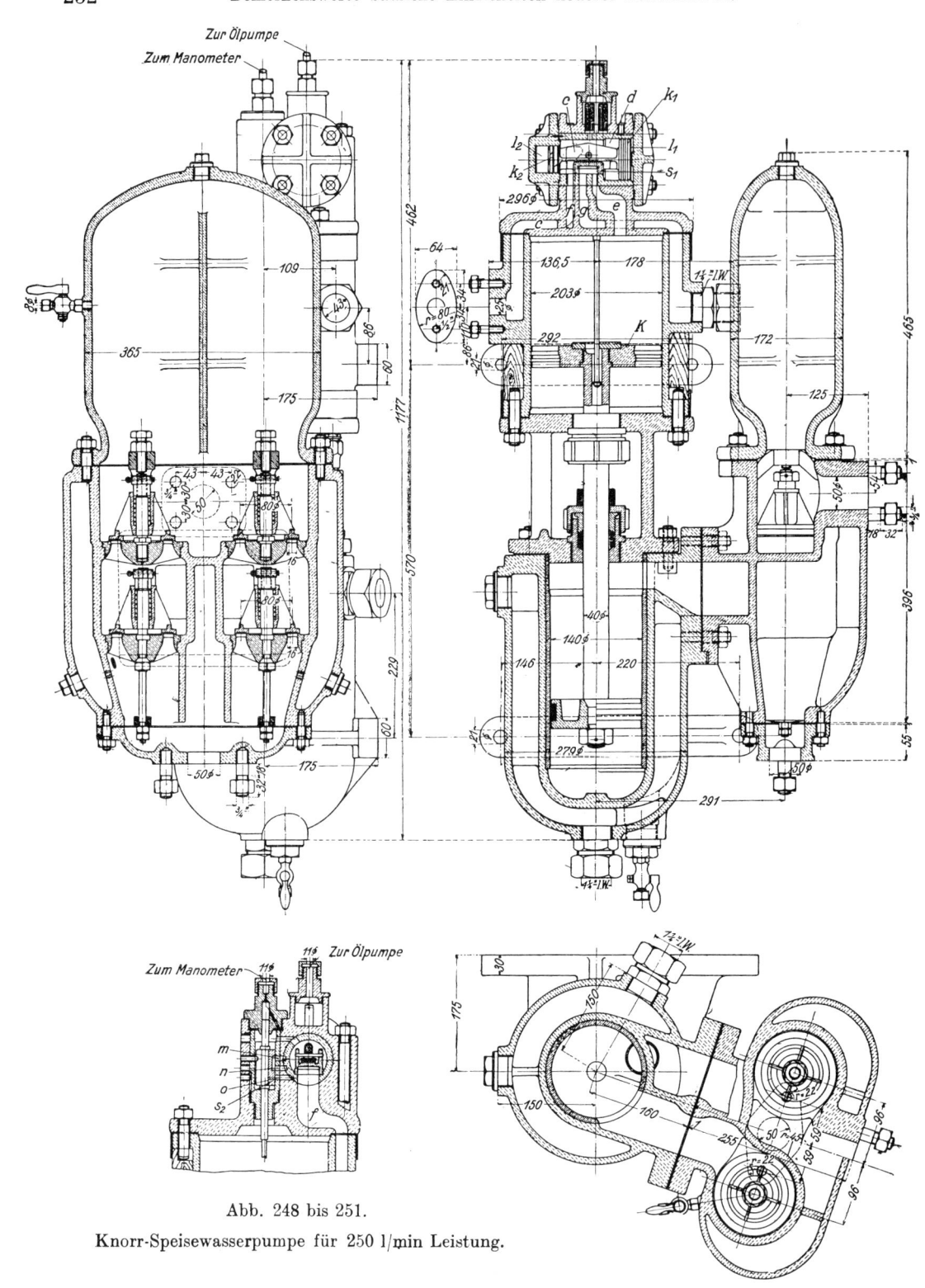

Abb. 248 bis 251.
Knorr-Speisewasserpumpe für 250 l/min Leistung.

die rechte Endstellung. In der ersteren wird der obere Zylinderraum durch e unmittelbar mit Frischdampf gespeist, der untere durch f entlüftet, in der rechten Endstellung des Kolbensatzes $k_1\,k_2$ strömt der verbrauchte Dampf oberhalb des Kolbens K

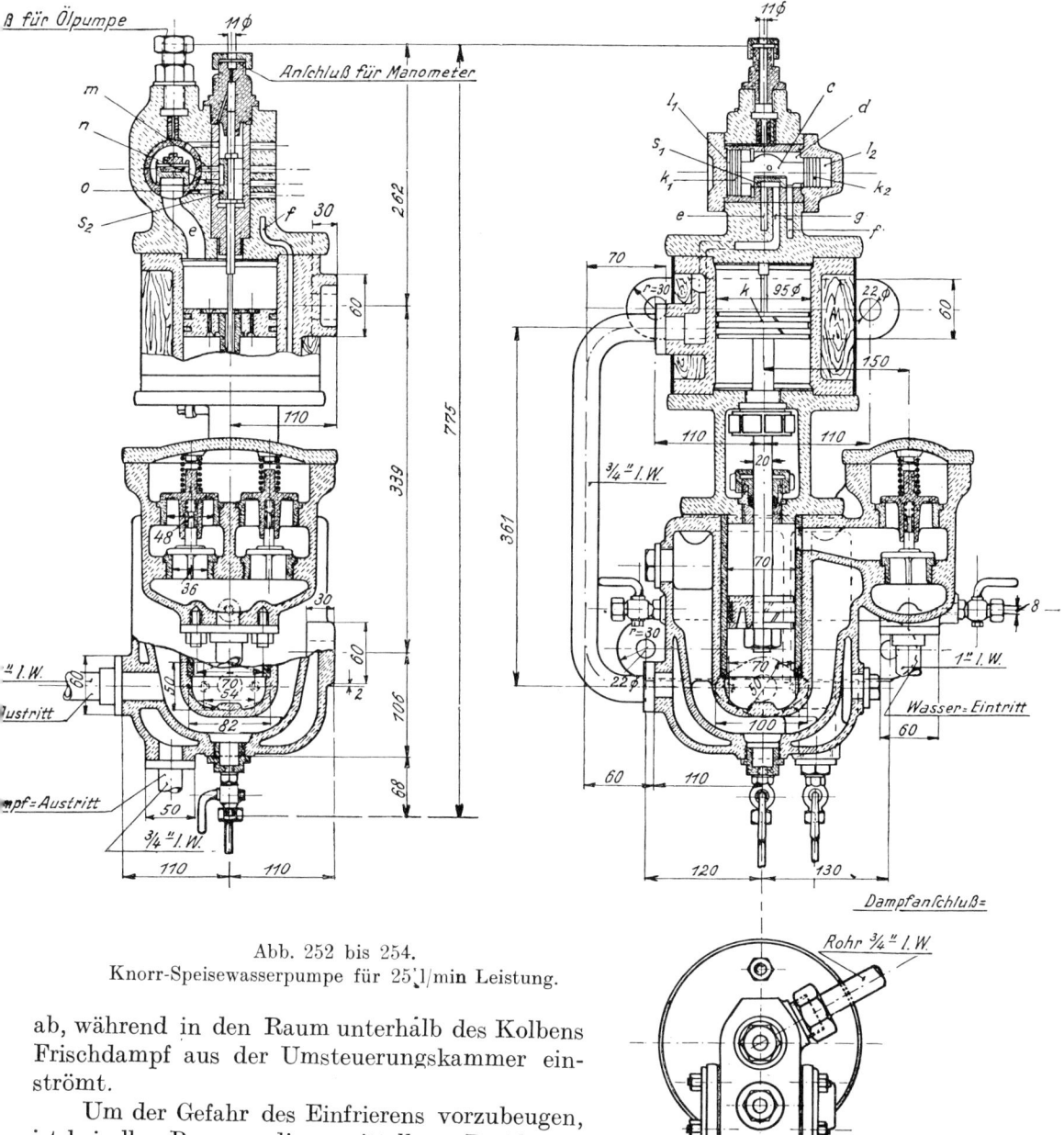

Abb. 252 bis 254.
Knorr-Speisewasserpumpe für 25 l/min Leistung.

ab, während in den Raum unterhalb des Kolbens Frischdampf aus der Umsteuerungskammer einströmt.

Um der Gefahr des Einfrierens vorzubeugen, ist bei allen Pumpen die unmittelbare Berührung zwischen Außenluft und Pumpenzylinder vermieden. Bei den Pumpen nach Abb. 248 bis 251 umgibt zu diesem Zweck der durch den Abdampf des Pumpenzylinders erwärmte Heizmantel den Wasserzylinder unmittelbar auf seinem ganzen Umfange, bei den Pumpen nach Abb. 252 bis 253 ist der Pumpenzylinder zunächst mit dem Druckwindkessel umgeben, um dessen unteren Teil sich der Heizmantel herumlegt. So schützt also der Windkessel den Pumpenzylinder durch eine Luftschicht, während durch den Heizmantel der untere mit Wasser gefüllte Teil des Windkessels erwärmt wird. Frostschutz durch Luft wird auch bei dem Ventilkasten der 250-l-Pumpe angewendet, der mit einem als Saugwindkessel benutzten, etwa 6 l fassenden Mantel versehen ist.

Der Druckwindkessel ist bei dieser, wie auch bei der 120-l-Pumpe als Haube über den Druckventilen angeordnet. Er faßt bei der ersteren etwa 16, bei der letzteren etwa 12 l. Dagegen ist bei den drei Pumpen von 120, 60 und 25 l Leistung von einem besonderen Saugwindkessel abgesehen worden.

Der Pumpenzylinder ist bei allen Ausführungen mit einem Rotgußfutter ausgebüchst, der Wasserkolben ist gleichfalls aus Rotguß, die Kolbenstange aus einer besonders zähen und widerstandsfähigen Spezialbronze hergestellt. Als Baustoff für die Kolbenringe wird Rotguß oder Hartgummi gewählt; auch vollwandige Pumpenkolben ohne Ringe, lediglich mit Labyrinthdichtung, haben sich im Betriebe gut bewährt. Durch Anordnung der zum Ventilkasten führenden Kanäle in den höchsten Punkten des Wasserzylinders ist der Bildung schädlicher Luftsäcke vorgebeugt.

Saug- und Druckventile sind bei der 250-l-Pumpe als Ringventile, bei der 120-l-Pumpe als ringähnliche Tellerventile, bei den beiden andern als gewöhnliche Tellerventile ausgebildet. Die beiden größeren Pumpen besitzen besondere Ventilsitze aus Rotguß. Diese sind mit ihren Dichtflächen im Ventilkastengehäuse sauber eingeschliffen und werden durch bronzene Druckstifte, die gleichzeitig als Ventilführung dienen, in ihrer Lage festgehalten.

Die Arbeitsweise der Pumpen ist die übliche der doppeltwirkenden Wasserpumpen. Bei jedem aufwärts gerichteten Hub saugt der Kolben Wasser durch das rechts liegende Saugventil und preßt gleichzeitig das in der oberen Zylinderkammer stehende Wasser durch das links liegende Druckventil in die Druckleitung und von dort durch den Vorwärmer in den Kessel. Bei der abwärts gerichteten Kolbenbewegung arbeitet das Saugventil links zusammen mit dem Druckventil rechts.

Im Betriebe wird infolge des in der Druckleitung herrschenden hohen Druckes, der gleich dem Kesseldruck, vermehrt um die Reibungswiderstände der Leitung ist, die in dem Windkessel eingeschlossene Druckluft allmählich von Wasser aufgezehrt und muß daher von Zeit zu Zeit ergänzt werden. Hierzu dient der in der Wand der Saugventilkammer angebrachte Schnüffelhahn, der zu diesem Zweck zu öffnen und bei normalem Gang der Pumpe ein bis zwei Minuten lang (je nach dem Inhalt des Windkessels) geöffnet zu halten ist. Der in der Wand des Druckwindkessels angebrachte Probierhahn gestattet die Einregulierung des Wasserstandes im Windkessel auf eine für den Betrieb als günstig erprobte Höhe.

Um die nicht arbeitende Pumpe vor Frost zu schützen, sind Entwässerungshähne am Wasserzylinderboden und, bei den beiden kleinen Pumpen, auch unten am Druckwindkessel angebracht, die eine vollständige Entwässerung sämtlicher Pumpenräume ermöglichen. Zu diesem Zweck wird zunächst die Saug- und Druckleitung für sich entleert, wofür in der Regel geeignete Vorrichtungen an der Lokomotive vorhanden sind, und dann die Pumpe bei geöffneten Entwässerungshähnen leerlaufend mit einer hohen Hubzahl zirka drei bis vier Minuten im Betrieb gehalten. Das vorher noch in den Druckräumen und den Ventilkammern sowie über und unter dem Pumpenkolben stehende Wasser wird auf diese Weise durch Spritzwirkung so gut wie vollständig entfernt, so daß bei sorgfältiger und sachgemäßer Beachtung des hier angegebenen Entwässerungsverfahrens eine Beschädigung an der Pumpe infolge Einfrierens auch bei starkem Frost nicht mehr zu befürchten ist.

Als Nachteil der schwungradlosen Dampfpumpen kann der verhältnißmäßig hohe Dampfverbrauch angesehen werden. Da die Pumpen ohne erhebliche Dehnung und Verdichtung arbeiten, ist die Ausnutzung des Dampfes eine geringe. Der Dampfverbrauch wird für Pumpen in der Größe, wie sie für Lokomotiven in Frage kommen, 35 bis 45 kg für die Pumpen-PS-Stunde betragen. Diese Verbrauchszahlen ergeben sich auf dem Prüfstand, wenn die Pumpe mit ihrer Höchstleistung arbeitet. Da diese in der Regel mindestens doppelt so groß ist, als die erforderliche Leistung, so werden infolge der geringeren Hubzahl die Niederschlagsverluste beträchtlich zunehmen, so daß im praktischen Betriebe sicher mit einem Dampfverbrauch von 50 kg für die Pumpen-PS-Stunde gerechnet werden kann. Der Abdampf der Pumpe wird allerdings in den Vorwärmer geleitet und ein Teil der in ihm enthaltenen Wärme auf das Speisewasser übertragen und somit weiter ausgenutzt. Der hohe Dampfverbrauch würde demnach keine allzu hohe schädliche Bedeutung haben, wenn nicht die Abdampfmenge von der Lokomotivmaschine schon so groß wäre, daß auf die in dem Pumpenabdampf befindliche Wärme ohne weiteres verzichtet werden könnte.

Wird mit Rücksicht auf die Widerstände in den Leitungen, Ventilen und Vorwärmern ein Gegendruck von 16 Atm. angenommen, so beträgt die Pumpenleistung für die Förderung von 8000 l Wasser in der Stunde, die etwa bei mittelstark beanspruchten Lokomotiven erforderlich ist,

$$\frac{8000 \cdot 160}{3600 \cdot 75} = 4{,}75 \text{ PS}.$$

Der Sattdampfverbrauch ist hierfür $50 \cdot 4{,}75 = 237{,}5$ kg.

(1 kg Sattdampf von 14 Atm. enthält 670 WE. Mithin verbraucht die Pumpe in einer Stunde $237{,}5 \cdot 670 =$ rd. 159000 WE. Da in 1 kg Heißdampf von 14 Atm. und 350° C 745 WE/kg enthalten sind, so entsprechen diesen 159000 WE

$$\frac{159000}{745} = 213 \text{ kg}$$

Heißdampf.)

Es stehen also zur Verarbeitung in der Lokomotivmaschine

$$8000 - 237{,}5 = 7762{,}5 \text{ kg}$$

Dampf zur Verfügung.

Würde statt der Dampfpumpe eine Fahrpumpe gewählt, so beträgt der Eigenverbrauch der Fahrpumpe bei einem Gesamtwirkungsgrad von 80% 6 PS und der Dampfverbrauch 42 kg bei $D/PS_i = 7$ kg, wie bei der Lokomotivmaschine. Demnach können von den 8000 kg, die in den Kessel gepumpt werden $8000 - 42 = 7958$ kg in nutzbare Arbeit verwandelt werden. Durch Anwendung einer Fahrpumpe könnte demnach eine Mehrleistung von

$$\frac{7958 - 7762}{7762} \cdot 100 = 2{,}53\%$$

aus der Lokomotive herausgeholt werden, die bei einem Wirkungsgrade $Z_z : Z_i = 0{,}7$ einer Vermehrung der Leistung am Zughaken um 3,62% entspricht.

Da Fahrpumpen billiger herzustellen sind als Dampfpumpen, die Regelung der Fördermenge in einfacher Weise geschehen kann und auch Schwierigkeiten in baulicher Hinsicht nicht vorhanden sein dürften, so können Versuche mit Fahrpumpen nur empfohlen werden. Diese hätten den weiteren Vorteil, daß ein Speisen des Kessels der Lokomotive beim Stillstand durch die Pumpe überhaupt nicht möglich ist. Bei Leerlauf könnte leicht eine Anordnung getroffen werden (z. B. in Verbindung mit dem Automaten für die Überhitzerklappen durch die etwa das Saugventil angehoben wird), die ein Kaltspeisen verhindert.

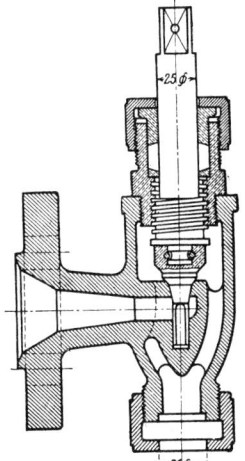

Abb. 255. Dampfventil.

Der Dampf für den Betrieb der Speisewasserpumpe wird dem Kesseldom entnommen und mittels eines fein regelbaren Dampfventils nach Bedarf gedrosselt. Abb. 255 stellt die bei den preußisch-hessischen Staatseisenbahnen neuerdings eingeführte Form des Dampfventils für Vollbahnvorwärmeranlagen, also insbesondere für die große Pumpe von 250 l minutlicher Leistung dar. Das Dampfventil wird vom Führerstande aus mittels Handrad und durchgehender Welle bedient. Der verhältnismäßig kleine Ventildurchmesser, verbunden mit der Drosselung durch den kegelförmigen Ventilschaft und mit der schwachen Neigung des Gewindes der Ventilspindel, ermöglicht eine feine Regelung des Dampfzuflusses und damit der Hubzahl der Pumpe, die für den Vorwä mebetrieb auf Vollbahnen mit stark wechselnder Belastung der Lokomotive erforderlich ist.

Zur Schmierung des Dampfzylinders der Speisewasserpumpe dient die in Abb. 256 dargestellte Ölpumpe. Sie besteht aus einem mit Öl gefüllten Gehäuse, innerhalb dessen sich in einem oben offenen kleinen Zylinder ein mit einem Handhebel gekuppelter Kolben so bewegt, daß er das Öl aus dem Gehäuse ansaugt und über zwei Rückschlagventile nach einem auf dem Steuerungskopf des Dampfzylinders angeordneten Behälter drückt. Von hier aus fließt es durch zwei Verteiler unmittelbar nach der Hauptsteuer- und der Umsteuerungskammer und gelangt von dort aus mit dem Dampf nach dem Dampfzylinder. Zu Beginn des Betriebes ist der Behälter vollständig zu füllen, dann fließt das Öl anfänglich durch die oberen großen Bohrungen in den Verteilern in größeren Mengen den Schiebern und dem Dampfzylinder zu, während später durch die unteren kleineren Bohrungen nur tropfenweise geschmiert wird.

Bei Verwendung geeigneter Schmiermittel genügt eine Füllung der Ölpumpe für 8 bis 10 Arbeitsstunden der Wasserpumpe.

Auf dem Führerstande der Lokomotive ist ein Manometer angebracht, das jedoch keinen Druck anzeigt, sondern nur dem Lokomotivpersonal kenntlich machen soll, ob die Pumpe arbeitet oder nicht. Da die Bewegung der Pumpenkolbenstange vom Führerstande in der Regel nicht beobachtet werden kann,

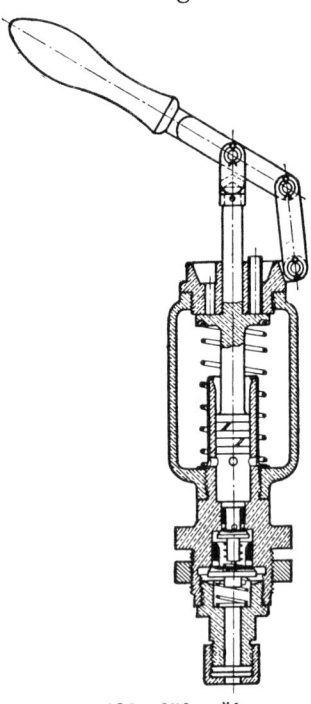

Abb. 256. Ölpumpe.

die Pumpen aber auch bei hoher Hubzahl ruhig laufen, so würde bei den mit der Fahrt unvermeidlich verbundenen Geräuschen dem Personal das Beobachten des ordnungsmäßigen Arbeitens der Pumpe unmöglich sein, wenn nicht im Führerhaus eine Vorrichtung zur Beaufsichtigung des Pumpenganges vorgesehen würde. Damit das Manometer diese Aufgabe erfüllt, ist es an die Verschlußkappe der Umsteuerungskammer der Pumpe und damit an die zylindrische Führung des oberen Endes der Umsteuerungsschieberstange angeschlossen. Dieser Raum ist aber durch einen Kanal in der Umsteuerungsschieberbüchse mit dem Raum über dem Pumpendampfkolben in Verbindung, steht also wechselnd unter Atmosphärendruck und unter dem Druck des Arbeitsdampfes. Der Zeiger des Manometers pendelt somit, wenn die Pumpe arbeitet, ständig hin und her und die Zahl der Ausschläge gibt unmittelbar die Zahl der Doppelhübe der Pumpe wieder. Da eine Druckmessung nicht beabsichtigt ist, fehlt eine Skala. Damit durch zu starke Pendelbewegungen die Lebensdauer des Manometers nicht beeinträchtigt wird und auch die Ablesbarkeit nicht leidet, werden die Zeigerbewegungen durch eine in der Verschlußkappe der Umsteuerungskammer angebrachte Drosselung gedämpft.

Um den Vorwärmer vor Überlastung zu schützen, wie sie bei zu schnellem Gang der Pumpe oder insbesondere dann eintreten kann, wenn der Heizer die Pumpe anstellt, ohne zuvor das Kesselabsperrventil geöffnet zu haben, kann gegebenenfalls die Anordnung eines Sicherheitsventils erwünscht sein, von dem Abb. 257 eine Ausführungsform darstellt. Es besteht aus einem Tellerventilkörper aus Rotguß, dessen Federbelastung durch eine Druckschraube beliebig eingestellt werden kann. Die Feder wird in der Regel auf einen den normalen Kesseldruck um 5 Atm. überschreitenden Druck eingestellt.

Das Sicherheitsventil wird möglichst in der Nähe der Eintrittsstelle des Wassers in den Vorwärmer, also an der ersten Kammer des Wasserkammerdeckels angebracht.

Die Anordnung der Vorwärmeranlagen an der Lokomotive richtet sich nach den räumlichen Verhältnissen und den für die einzelnen Bahnverwaltungen geltenden Betriebsgrundsätzen. Da der Heizer in der Regel die laufende Speisung des Kessels zu besorgen hat, so wird man zweckmäßig die Bedienung der Kolbenpumpe der Vorwärmeranlage, die ja als vollwertige Speisevorrichtung die eine der beiden Dampfstrahlpumpen ersetzt, dem Heizer übertragen, und da dieser im allgemeinen in Deutschland seinen Stand auf der linken Seite der Lokomotive hat, so wird auch die Pumpe auf deutschen Bahnen vorzugsweise auf der linken Kesselseite angebaut. Bei den Lokomotiven der preußisch-hessischen Staatseisenbahnen ist diese Anordnung die Regel. Sie ist dort auch weiterhin noch durch die fast allgemein angewandte Rechtslage der Luftpumpe begründet, zu der die nunmehr links liegende Wasserpumpe einen passenden Gewichtsausgleich schafft. Bei anderen Bahnverwaltungen, z. B. der badischen Staatsbahn, ist die Linkslage der Luftpumpe üblich, was den Anbau der

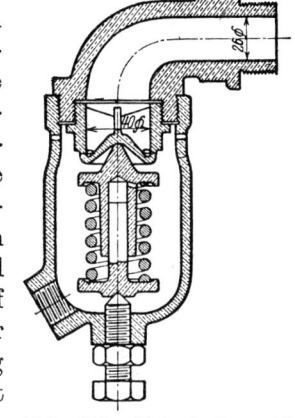

Abb. 257. Sicherheitsventil.

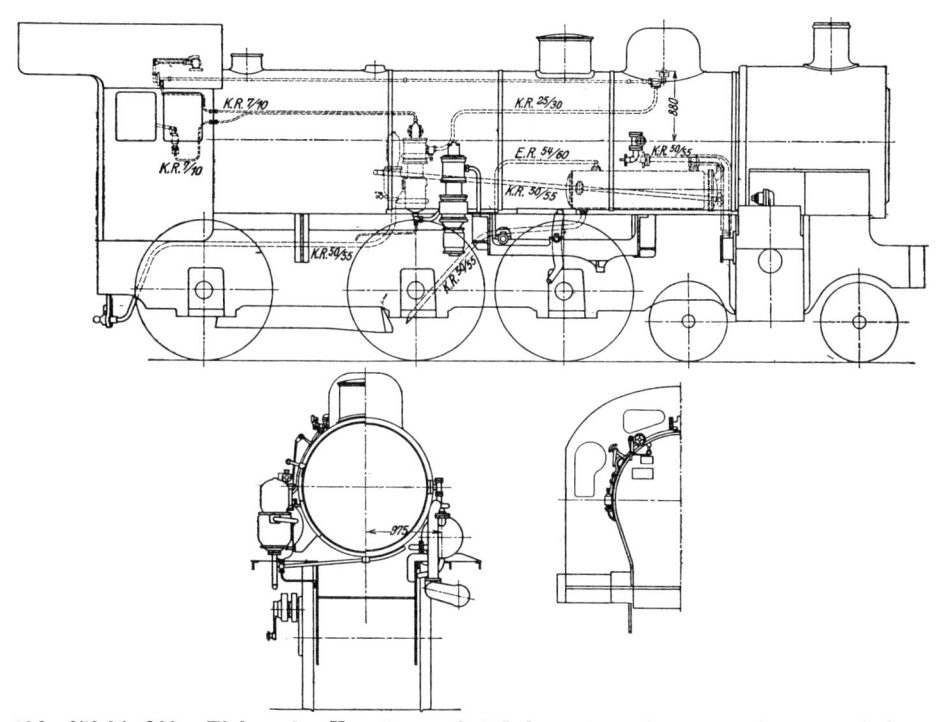

Abb. 258 bis 260. Einbau des Vorwärmers bei Lokomotiven der preuß. Staatseisenbahnen.

Wasserpumpe auf der rechten Kesselseite zweckmäßig erscheinen läßt. Bei Kleinbahnlokomotiven kommt neben dem Anbau der Pumpe am Kessel auch die Anordnung an der Stirnwand des Wasserkastens oder im Führerhaus selbst in Frage.

Abb. 258 bis 260 zeigt den Einbau eines runden Abdampfvorwärmers der Bauart

Knorr an einer 2 C-Heißdampf-Personenzuglokomotive Gattung P 8 der preußischen Staatseisenbahnen. Die Pumpe sitzt auf der linken Maschinenseite über der Triebachse. Die Druckleitung führt vom Windkessel zu dem unteren Eintrittsstutzen am Wasserkammerdeckel des auf dem Umlaufblech angeordneten Vorwärmers, aus dem oben liegenden Austrittsstutzen führt eine Leitung zum Kesselventil. Der zum Vorwärmen erforderliche Abdampf wird dem hinteren Ausströmkasten des linken Zylinders entnommen. Außerdem wird der Abdampf der Luft- und Speisepumpe in den Vorwärmer geleitet. Die Abdampfleitung der Wasserpumpe wird, da sie einen Wassersack bildet, an ihrem tiefsten Punkt durch ein selbsttätig wirkendes Entwässerungsventil entwässert. Die Ableitung des Niederschlagswassers aus dem Vorwärmer erfolgt durch ein vor den Aschkasten führendes Rohr. Sollte, besonders bei schwerem Arbeiten der Lokomotive, dem Vorwärmer zu viel Dampf zugeführt werden, was sich dadurch bemerkbar machen wird, daß an dem Abflußrohr zu viel Dampf austritt, so kann diesem Umstand dadurch abgeholfen werden, daß in die zum Vorwärmer führende Abdampfleitung eine Linse mit etwa 5 bis 10 mm verringerter Lichtweite eingesetzt wird. Den Querschnitt des Ausflußrohres zu verengen, empfiehlt sich nicht, da dann das Niederschlagswasser nicht genügend aus dem Vorwärmer entfernt wird und die Vorwärmung bald nachläßt.

Die Berechnung der Abdampfvorwärmer.

Die Vorwärmer enthalten in der Regel ein Röhrenbündel aus nahtlos gezogenen Messing-, Kupfer- oder Eisenrohren, das in mehrfachem Durchgang von dem Speisewasser durchflossen und dessen Außenseite vom Abdampf beheizt wird.

Die Berechnung der Heizfläche F der Vorwärmer erfolgt aus der Beziehung

$$F^{\mathrm{qm}} = \frac{Q}{k \cdot \tau},$$

worin bedeuten

Q die stündlich zu übertragende Wärmemenge in WE,

k die Wärmedurchgangszahl,

τ der mittlere Temperaturunterschied zwischen Dampf und Wasserwärme in $^{\circ}$ C.

Die Wärmedurchgangszahl k berechnet sich in unserem Fall nach dem Taschenbuch der Hütte zu

$$k = \frac{k_0}{1 + k_0 \cdot \frac{\delta}{\lambda}}.$$

Hierin ist:
$$k_0 = 1700 \cdot \sqrt[3]{v},$$

wenn v die Wassergeschwindigkeit in den Vorwärmerrohren bedeutet (die Formel gilt für $v = 0{,}05$ bis 2 m/sek),

δ die Wandstärke der Rohre in m und

λ die Wärmeleitzahl der Wand, d. h. die stündlich durch 1 qm Fläche des Stoffes hindurchgehende Wärmemenge bei 1° Temperaturunterschied.

Es ist
$\lambda = 40$ bis 50 für Eisen,
$\lambda = 50$ bis 60 für Messing,
$\lambda = 320$ für Kupfer.

Der mittlere Temperaturunterschied τ zwischen Dampf und Wasser ergibt sich aus der Gleichung

$$\tau = \frac{t_{wa} - t_{we}}{\ln \frac{t_d - t_{wa}}{t_d - t_{we}}},$$

worin t_{wa} und t_{we} die Temperaturen des Wassers beim Austritt bzw. Eintritt in den Vorwärmer sind und t_d die Dampftemperatur, die hier als gleichbleibend angesehen werden kann, bedeuten. Zur Bestimmung der Wärmedurchgangszahl k nehme man die Wassergeschwindigkeit v in den Rohren des Vorwärmers so an, daß bei einer Dampferzeugung D des Kessels von 50 kg Dampf für 1 qm Heizfläche H

$$v = 0{,}8 \text{ m/sek}$$

beträgt. Damit wird dann zunächst

$$k_0 = 1700 \sqrt[3]{v} = 1700 \sqrt[3]{0{,}8} = 1580.$$

Verwendet man Vorwärmerrohre aus Messing von 13/16 mm, ist also die Wandstärke $\delta = 0{,}0015$ m, so ergibt sich:

$$k = \frac{1580}{1 + 1580 \cdot \dfrac{0{,}0015}{55}} = 1510.$$

Bei der Annahme einer Eintrittstemperatur des Wassers von 10°, einer Abdampftemperatur von 105°, die einer Spannung von etwa 1,2 Atm. abs. entspricht, möge der Vorwärmer das Wasser auf 95° vorwärmen. Für diesen Fall wird dann

$$\tau = \frac{95 - 10}{\ln \dfrac{105 - 10}{105 - 95}} = \frac{85}{\ln \dfrac{95}{10}} = 37{,}8°$$

der mittlere Temperaturunterschied.

Bei einer wie oben angenommenen Dampferzeugung von $D^{kg} = 50 \cdot H^{qm}$ müssen nun $Q^{WE} = D^{kg}(95 - 10) = 50 \cdot H \cdot 85 = 4250 \, H^{qm}$ Wärmeeinheiten im Vorwärmer an das Speisewasser übertragen werden:

Es ergibt sich damit bei den gemachten Annahmen die Heizfläche des Vorwärmers

$$F^{qm} = \frac{4250 \cdot H^{qm}}{1510 \cdot 37{,}8} = 0{,}075 \, H.$$

Hierzu wird nun noch zweckmäßig ein Zuschlag zu machen sein, der die allmähliche Verminderung des Wärmedurchgangs infolge des Belegens der Heizflächen mit Kesselstein und Öl auf der Wasser- und Dampfseite berücksichtigt. Nimmt man hierfür 10 bis 20 % an, so ergibt sich nunmehr die **auszuführende Heizfläche des Vorwärmers** zu

$$F^{qm} = 0{,}0825 \text{ bis } 0{,}0904 = 8{,}25 \text{ bis } 9\%$$

der wasserverdampfenden Heizfläche des Kessels.

Die nach dieser Formel berechneten Vorwärmerheizflächen werden für vollspurige Lokomotiven gute Verhältnisse ergeben, bei denen sich Rostfläche zu Heizfläche etwa wie 1 : 50 bis 1 : 60 verhält, bei denen also die angegebene Verdampfung von 50 kg für 1 qm Heizfläche gut erreicht werden kann. Bei verhältnismäßig größeren Heizflächen, bei denen mit geringerer Dampferzeugung gerechnet werden muß, kann die Vorwärmerheizfläche entsprechend kleiner gemacht werden.

Die Vorschriften der preußischen Staatseisenbahnen schreiben für die einzelnen Vorwärmerrohre einen Probedruck von 25 Atm. vor, der Wasserraum des Vorwärmers ist zu prüfen mit einem Wasserdruck, der den Kesseldruck um 5 Atm. übersteigt, der Dampfraum muß 1 Atm. Überdruck aushalten.

Die Vorwärmer haben entweder zwei Wasserkammern, zwischen denen gerade Rohre eingewalzt sind, oder es werden gebogene Rohre angewendet, die in einer Kammer befestigt sind.

Bei Vorwärmern mit geraden Rohren kennzeichnet sich eine Undichtheit an den Einwalzstellen der Rohrbündel bei der Wasserdruckprobe des Wasserraumes durch Abfluß von Wasser aus dem Abflußrohr des Dampfraumes. Wenn Undichtheiten am Rohrbündel festgestellt werden, so ist nach Abnahme der Vorwärmerkappen zunächst zu versuchen, ob durch Wasserdruck im Dampfraum des Vorwärmers die undichten Rohre festgestellt werden können. Gelingt dieses nicht, so müssen die einzelnen Rohre durch Wasserdruck auf Dichtheit geprüft werden.

An Vorwärmern mit ausziehbarem Rohrbündel sind undichte Rohre ohne Schwierigkeit bei der Wasserdruckprobe des Vorwärmerwasserraumes aufzufinden. Schadhafte Rohre sind durch neue, mit 25 Atm. Wasserdruck auf Dichtheit geprüfte Rohre aus gleichem Baustoff zu ersetzen.

Bei den Lokomotiven der preußischen Staatseisenbahnverwaltung sind Vorwärmer der Bauart Schichau und Atlaswerke, mit zwei Wasserkammern sowie der Bauart Knorrbremse und Vulkan, mit einer Wasserkammer und ausziehbarem

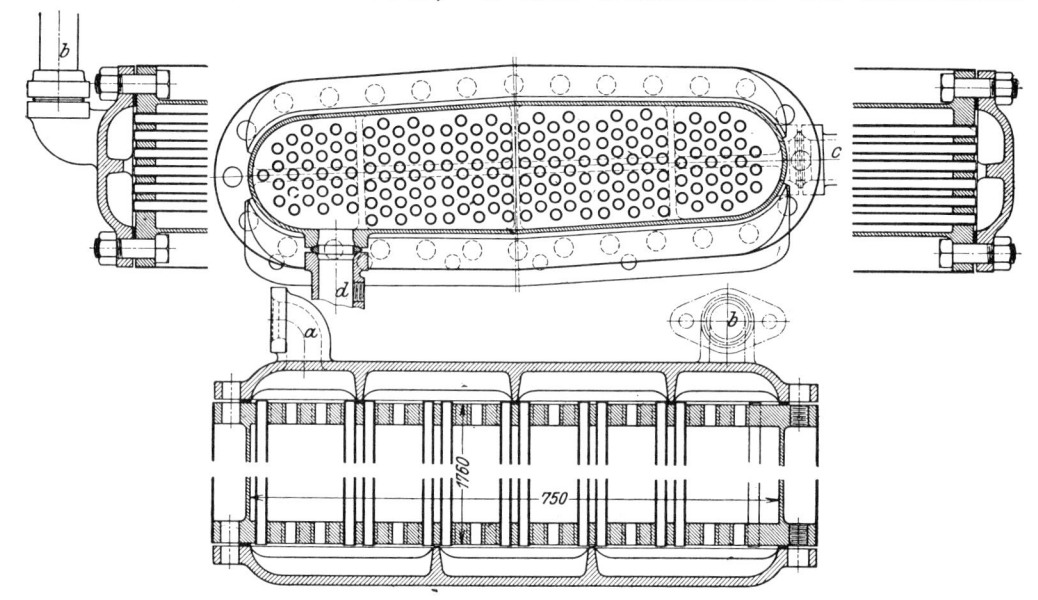

Abb. 261 bis 264. Vorwärmer von Schichau.

Rohrbündel in Anwendung. Bei allen Bauarten wird das Wasser durch Messingrohre von etwa 13/16 mm Stärke geleitet, während sie außen vom Abdampf umspült werden.

Die Vorwärmer werden in die Druckleitung der Pumpe eingeschaltet. Das Wasser kann daher auf das höchst erreichbare Maß angewärmt werden, ohne daß befürchtet werden muß (wie dies bei Vorwärmern, die in der Saugleitung liegen, der Fall wäre), daß die Pumpe nicht ansaugt. Sie werden als flache, oberhalb oder unterhalb des Kessels angeordnete Vorwärmer gebaut oder neuerdings in zylindrischer Form ausgeführt. Diese Bauart wird dann gewöhnlich auf dem Umlauf angebracht.

An dem in Abb. 261 bis 264 dargestellten Vorwärmer der Bauart Schichau sind die beiderseitigen eisernen Rohrwände mit dem Blechmantel des Dampfraumes verschweißt und die geraden nahtlos gezogenen Messingrohre von 16 mm äußeren und 13 mm inneren Durchmesser in den Rohrwänden durch Aufdornen gedichtet. Der Vorwärmermantel besteht aus zwei in den seitlichen Fugen verschweißten Blechmulden, die durch außen aufgenietete Winkeleisen gegen inneren Druck abgesteift sind. Jede Rohrwand trägt eine Kappe aus Flußeisenguß, deren Hohlraum durch Leitrippen so unterteilt ist, daß das bei a zugeführte Speisewasser in mehrfachem

Durchgang das Rohrbündel durchfließt und als vorgewärmtes Wasser bei b zum Kessel geht. Für die Abdichtung der Kappen gegen die Rohrwände ist ein Rost aus bestem Klingerit zu verwenden, dessen Querstege unter den Leitrippen der Kappe liegen und somit einen guten Anschluß der Leitrippen an die Rohrwände sichern. Die Befestigungsschrauben der beiderseitigen Kappen sind nach Inbetriebnahme der Vorwärmer wiederholt nachzuziehen. Der Abdampf wird dem Vorwärmer bei c zugeführt und das Niederschlagwasser fließt bei d ab.

Der Vorwärmer ist mit geringer seitlicher Neigung zu verlegen, um den Ablauf des Niederschlagwassers nach der Abflußöffnung hin zu fördern.

Da das Rohrbündel nicht aus dem Mantel herausgezogen, also nicht freigelegt werden kann, muß eine etwaige Reinigung der Rohre auf der Dampfseite durch Auskochen des Dampfraumes mit Sodalauge erfolgen. Die Lauge wird nach Verschluß der sonstigen Öffnungen mit Blindflanschen eingefüllt und durch Dampf, der in die Lauge geleitet wird, zum Kochen gebracht. Das Auskochen mit Lauge und heißem Wasser ist fortzusetzen, bis aus der Beschaffenheit der abfließenden Füllung die Beseitigung aller Rückstände festgestellt ist. Nach den Beobachtungen im Betriebe,

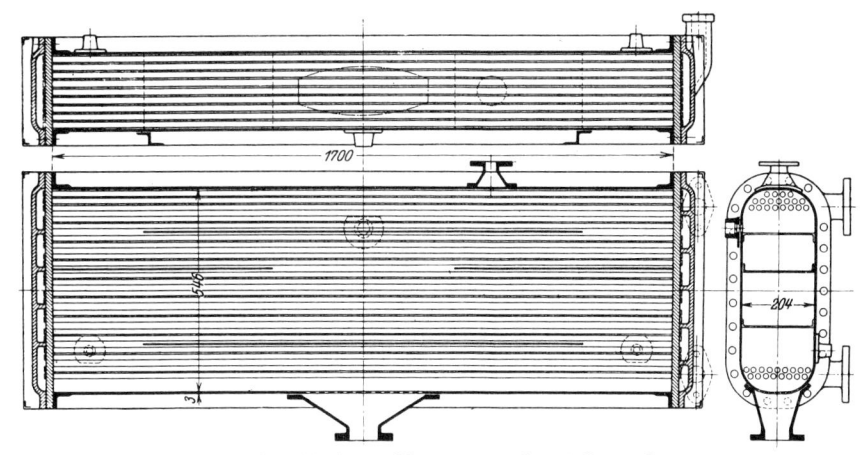

Abb. 265 bis 267. Vorwärmer der Atlaswerke.

die an einem Vorwärmer mit ausziehbarem Rohrbündel angestellt sind, wird ein Reinigen der Vorwärmer im Dampfraum voraussichtlich nur in mehrjährigen Zwischenräumen erforderlich werden.

Bei jeder Untersuchung der Lokomotiven sind die Kappen von den Rohrwänden abzunehmen und Rohre, in denen Kesselstein vorgefunden wird, durch Ausstoßen und Ausblasen mit Dampf zu reinigen. Nach den zurzeit vorliegenden Erfahrungen setzt sich Kesselstein nur in geringer Menge ab und nur in den Teilen der Rohre, die von dem zugeführten Abdampf zunächst getroffen werden. Bei jeder Druckprobe des Kessels sind auch die Vorwärmer der für die Abnahme vorgeschriebenen Druckprobe im Wasserraum und im Dampfraum zu unterziehen.

Die von den Atlaswerken gelieferten Vorwärmer, Bauart Atlaswerke, sind mit wenigen Ausnahmen nach Angabe der Abb. 265 bis 267 gebaut. Die Rohrwände sind aus Muntzmetall hergestellt und mit dem Vorwärmermantel verschraubt, doch kann auch hier das Rohrbündel nicht herausgezogen werden, so daß die Reinigung der Rohre auf der Dampfseite durch Auskochen des Dampfraumes mit Sodalauge vorzunehmen ist. Der Dampfraum ist durch mehrfache Scheidewände unterteilt, die einen Gegenstrom des Dampfes einerseits und des vorzuwärmenden Wassers anderseits bedingen und gemeinsam mit den auf den Vorwärmermantel genieteten Winkeleisen auch die Absteifung des Vorwärmermantels gegen inneren Druck übernehmen. Die Führung des Wassers durch die einzelnen Rohrgruppen wird durch Leitrippen in den Vorwärmerkappen geregelt.

Die Rohre dieser Vorwärmer bestehen aus Kupfer und werden ebenso wie beim Vorwärmer der Bauart Schichau in den Rohrwänden durch Aufdornen gedichtet.

Über Abnahme, Untersuchung und Reinigung dieser Vorwärmer, Bauart Atlaswerke, gelten die vorstehend für Vorwärmer der Bauart Schichau genannten Angaben.

Die von den Vulkanwerken gelieferten Vorwärmer sind in Abb. 268 bis 270 dargestellt. Sie haben ein ausziehbares Rohrbündel aus U-förmig gebogenen, nahtlos gezogenen Messingrohren. Durch Anwendung ungleicher Halbmesser für die Biegung der Rohre sind die äußeren Abmessungen dieses Vorwärmers annähernd auf den

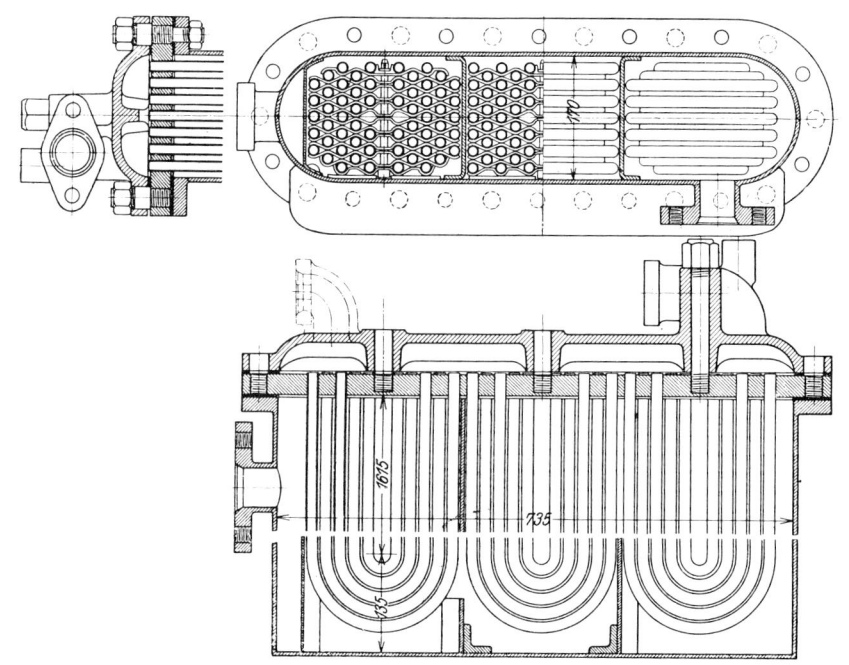

Abb. 268 bis 270. Vorwärmer der Vulkanwerke.

gleichen Umfang gebracht wie beim Vorwärmer Bauart Schichau und auch der Lauf des Wassers ist in gleicher Weise geregelt. Die auf der Rohrwand sitzende Kappe hat die gleichen Leitrippen wie die vordere Kappe am Vorwärmer Bauart Schichau, doch ist die Kappe mit der Rohrwand zwecks Absteifung der letzteren durch Stiftschrauben verbunden. Durch Einbau von Scheidewänden in den Dampfraum werden dessen breite Seitenflächen versteift und außerdem wird eine gegenläufige Bewegung von Speisewasser und Abdampf erzielt. Nahe ihrer Biegung sind die Rohre durch eingelegte, wellenförmig gebogene Flacheisen gegeneinander bzw. gegen den Mantel des Vorwärmers abgestützt.

Die von der Firma Knorrbremse gebauten flachen Vorwärmer sind in Abb. 271 bis 273 dargestellt. Die Rohrbündel dieser Vorwärmer bestehen aus U-förmigen, nahtlos gezogenen Messingrohren, die mit ihren beiden Enden in die Rohrwand eingesetzt und hier durch Aufdornen gedichtet sind; nahe der Biegung sind die Rohre durch eine Blechplatte gesteckt und werden von dieser abgestützt. Die eiserne Rohrwand ist auch hier mit einer Kappe aus Flußeisenguß abgedeckt, deren Leitrippen das Wasser in mehrfachem Durchgang durch das Rohrbündel führen. Die Rohrwand ist mit dem Vorwärmermantel verschraubt, so daß das Rohrbündel wie bei dem Vorwärmer der Bauart Vulkanwerke herausgezogen und gesondert durch Abkochen gereinigt und auch auf Dichtigkeit geprüft werden kann. Die Anordnung der Rohre ist so getroffen, daß jedes einzelne Rohr sich beseitigen und ersetzen läßt. Sollten die Rohre in den Biegungen durch Kesselstein verengt werden, so sind sie gegen neue Rohre auszuwechseln.

Einen zylindrischen Vorwärmer der Bauart Knorrbremse, wie er jetzt fast allgemein bei den preußischen Staatseisenbahnen zur Anwendung kommt, zeigen die Abb. 274 bis 277. Ähnlich sind auch die Vorwärmer Bauart Knorrbremse für Kleinbahnen gebaut, die mit Heizflächen bis herunter zu 2,5 qm hergestellt werden.

Wie bei dem flachen Knorrvorwärmer werden hier ebenfalls gebogene Messingrohre von 13/16 mm benutzt, durch die das Wasser in vierfachem Durchgang hindurch-

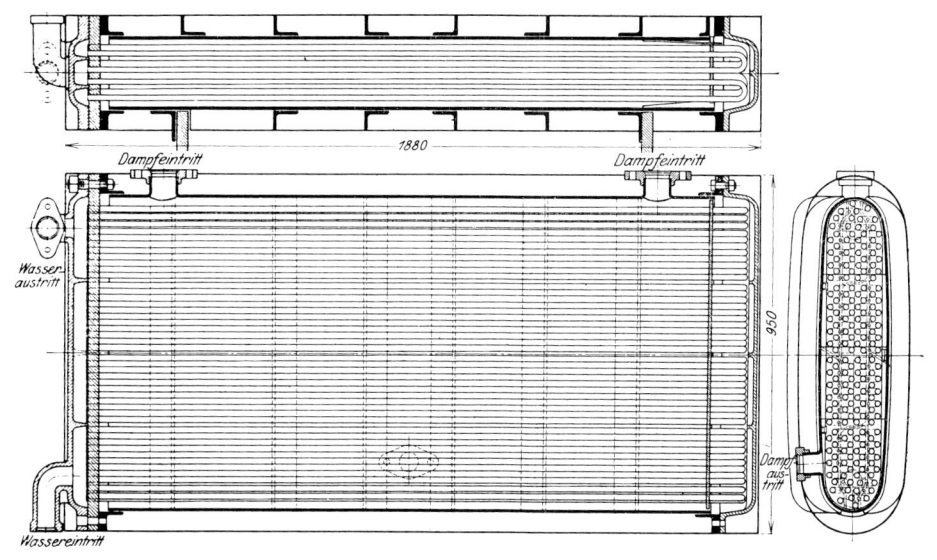

Abb. 271 bis 273. Flacher Vorwärmer der Knorrbremse A.-G.

fließt. Das Wasser tritt in den unteren Stutzen an der Wasserkammer ein und gelangt aus der obersten Kammer in die zum Kesselventil führende Druckleitung.

Die Stützplatte aus Messing, in der die Rohre zu Vermeidung von Schwingungen gelagert sind, befindet sich an dem der Wasserkammer entgegengesetzten Ende des Vorwärmers und ist mit reichlichen Aussparungen und Durchbohrungen versehen, damit der Dampf hindurchtreten und auch die U-förmigen Enden der Rohre heizen kann. Die Stützplatte ruht auf zwei seitlich am Vorwärmermantel angenieteten durchgehenden Leisten, die gleichzeitig als Führungsleisten dienen, um die Einführung des Rohrbündels in den Vorwärmermantel zu erleichtern. Die Enden dieser Leisten sind nicht angenietet, sondern können unter dem Druck je einer seitlich den Vorwärmermantel durchsetzenden Druckschraube sich gegen Aussparungen in der Stützplatte legen und damit die Stützplatte und das gesamte Rohrbündel gegen seitliche Verschiebungen sichern. Die senkrechten Schwingungen des Rohrbündels werden auch hier durch eine den Mantel im Scheitel durchsetzende Druckschraube verhindert. Durch diese Druckschraube wird die Stützplatte von oben gegen die seitlichen Leisten gepreßt, die ihrerseits durch Führungsstifte entlastet sind. Auf diese Weise ist ein bequemer Ein- und Ausbau des Rohrbündels ermöglicht; denn es brauchen zu diesem Zwecke nur die Schrauben an den Bordringen des Mantels auf der Wasserkammerseite sowie die Druckschrauben an den hinteren Enden des Vorwärmers gelöst zu werden, um das ganze Rohrbündel mit Rohrwand und Wasserkammer herausziehen zu können. Der hintere Vorwärmerdeckel braucht dagegen nicht gelöst zu werden, und auch an dem Vorwärmermantel sind hierfür keinerlei Arbeiten erforderlich. Um das Auswechseln des Rohrbündels zu erleichtern, sind bei beiden Vorwärmerbauarten die Eintritts- und Austrittsstutzen an der Wasserkammer so weit seitlich bzw. nach oben oder unten herausgezogen, daß die an diese Stutzen anschließenden Druckleitungen bei dem Ausziehen des Rohrbündels nicht hinderlich sind.

Die Dampfeinführungsstutzen befinden sich oben am Vorwärmermantel, der Stutzen zum Abfluß des Niederschlagwassers in der Mitte oder seitlich am Mantelboden. Durch die Lage der Wasser- und Dampfstutzen zueinander wird bereits eine gewisse Gegenstromwirkung erzielt, da der Dampf an der Seite des Vorwärmers eintritt, an der das Wasser mit der höchst erreichbaren Temperatur austritt. Diese

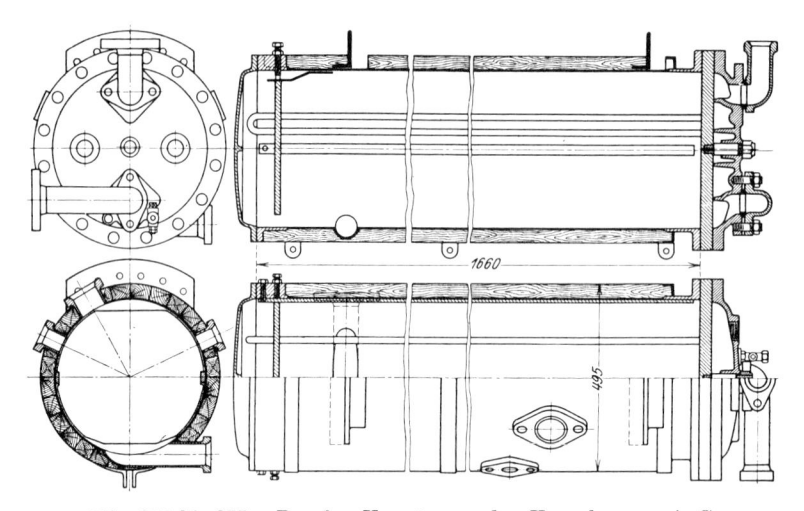

Abb. 274 bis 277. Runder Vorwärmer der Knorrbremse A.-G.

Gegenstromwirkung kann durch geeignet angeordnete Leitbleche noch verstärkt werden. Indes ist der hierdurch erreichbare Mehrgewinn an Wärme nur gering, weil bei richtiger Bemessung der Vorwärmerheizfläche auf diese Weise nur noch ein kleiner Rückgewinn an Flüssigkeitswärme erzielt werden kann, der neben der Niederschlagswärme des Dampfes keine erhebliche Rolle spielt. Die niedrigere Temperatur mit der bei zweckensprechender Gegenstromführung das Niederschlagwasser den Vorwärmer verläßt, verringert indes auch die Dampfentwicklung des aus der Abflußleitung austretenden Niederschlagwassers und kann daher unter Umständen bei dauernd stark belasteten Lokomotiven noch vorteilhaft sein. Im allgemeinen aber genügt es, um die Dampfentwicklung des Niederschlagwassers unschädlich zu machen, die Abflußleitung vor dem Aschkasten enden zu lassen, so daß die etwaigen Dämpfe durch den Rost hindurch abgesaugt werden. Die Knorrvorwärmer werden daher für gewöhnlich ohne besondere Leitbleche für Gegenstromführung gebaut.

Zum Schutze gegen Abkühlung ist der Mantel des Vorwärmers mit Holz verkleidet, das von einem Blech umgeben ist. Von einer Verkleidung des vorderen und hinteren Deckels ist dagegen abgesehen worden, um die Zugänglichkeit zu diesen Teilen nicht zu erschweren.

Die Wasserkammerdeckel sind zur bequemen Entleerung des Vorwärmers mit Entwässerungshähnen versehen. Zur völligen Entwässerung müssen naturgemäß außer den Entwässerungshähnen am Vorwärmer auch noch die in der Druckleitung vorhandenen Hähne geöffnet werden.

Über die Kohlenersparnisse, die sich bei Verwendung der Knorrvorwärmer bei den preußischen Staatseisenbahnen ergeben haben, ist im neunten Abschnitt berichtet.

Bei französischen Bahnen hat der Abdampfvorwärmer von Caille Potonié größere Verbreitung gefunden. Im Gegensatz zu den vorher beschriebenen Vorwärmern wird hier das Wasser durch den Vorwärmer hindurch gesaugt, wodurch der Vorteil erreicht wird, daß er nicht unter Druck steht. Da heißes Wasser aber schwer angesaugt wird, muß dafür Sorge getragen werden, daß Pumpe und Vorwärmer tiefer als der Tenderwasserkasten liegen, so daß das angewärmte Wasser der Pumpe unmittelbar zufließt. Zur Vermeidung dieses bisweilen auf bauliche Schwie-

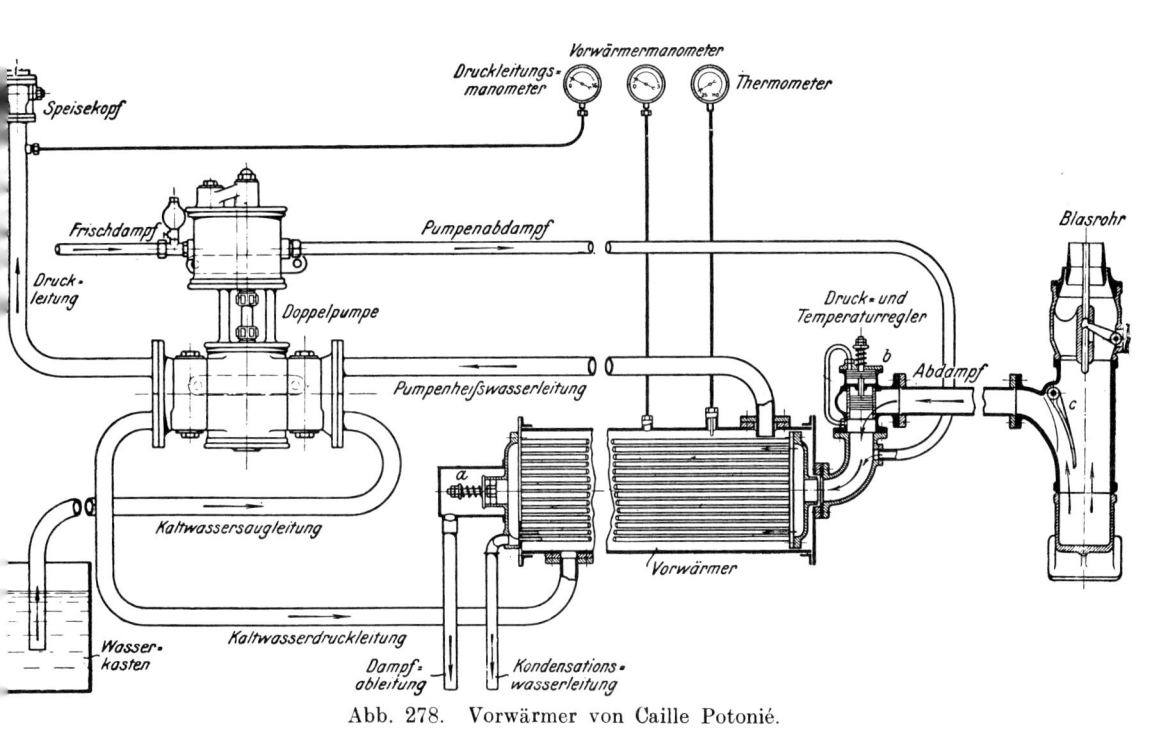

Abb. 278. Vorwärmer von Caille Potonié.

rigkeiten stoßenden Übelstandes haben die Erfinder neuerdings eine andere Anordnung getroffen, die in Abb. 278 dargestellt ist. Der Abdampf gelangt durch eine verstellbare Zunge c in einen Druck- und Temperaturregler, dessen Absperrkolben von einer Feder derartig beeinflußt ist, daß hinter demselben ein Druck von etwa 0,5 Atm. Überdruck eingestellt wird. Auf diesen Druck ist auch das Ventil a eingestellt. Der Dampf gelangt nun in die Vorwärmerrohre, das Niederschlagwasser tritt an der angegebenen Stelle hinten aus. Die Speisepumpe ist als Doppelpumpe ausgebildet. In dem Raum unterhalb des Kolbens wird beim Hochgang das kalte Wasser aus dem Tender angesaugt und beim Abwärtsgang durch den Vorwärmer gedrückt, gleichzeitig saugt aber der Kolben in den oberen Teil des Pumpenzylinders das angewärmte Wasser hinein, so daß im Vorwärmer selbst kein nennenswerter Druck auftritt. Beim Hochgang des Kolbens wird dann das heiße Wasser in den Kessel gedrückt. Bei dem angegebenen Dampfdruck von 0,5 Atm. Überdruck lassen sich Wassertemperaturen bis zu 110° erzielen. An einem Manometer und einem Thermometer lassen sich der Druck und die Temperatur des Wassers im Vorwärmer ablesen. Bei Versuchsfahrten sind 16 bis 17% Kohlenersparnisse der mit diesen Vorwärmern ausgerüsteten Lokomotiven festgestellt worden.

Eine eigenartige Dampfentnahme zeigt der Vorwärmer von Rieger, der bei den bayrischen Staatsbahnen versuchsweise zur Anwendung gekommen ist. Nach Abb. 279 wird in den Schornstein von oben ein Rohr hineingeleitet, in das beim Arbeiten der Lokomotive Dampf gelangt. Dieser wird in einen Röhrenvorwärmer geleitet, durch den das Wasser mit einem Injektor hindurchgedrückt wird. Der im Vorwärmer nicht niedergeschlagene Dampf wird entweder durch eine Rohrschlange in den Wasserkasten geführt oder, wenn das Tenderwasser etwa 40° (die Grenze der Ansaugungsmöglichkeit durch den Injektor) erwärmt ist, durch einen Dreiweghahn ins Freie gelassen. Bei Versuchen ergab sich eine Vorwärmung des Wassers durch den Injektor um etwa 35°, das im Vorwärmer dann noch um weitere 8° erwärmt wurde. Bei 40° Anfangstemperatur wurde eine Temperatur von 83° erreicht. Ob die geschilderte Art der Dampfentnahme zweckmäßig ist, muß bezweifelt werden. Bei abgesperrtem Dampf, wenn nur Rauchgase durch den Schornstein abziehen, wird sich Ruß und Teer abscheiden, wodurch das Rohr leicht verstopft wird. Da an den Blasrohrverhältnissen nichts geändert wird, so fällt allerdings jede Minderung der Luftleere in der Rauchkammer fort, was bei der Dampfentnahme vor dem Blasrohr in geringem Maße eintritt. Die Versuche haben aber gezeigt, daß in diesem Falle durch Verengerung des Blasrohrs, ohne schädliche Erhöhung des Gegendrucks, noch genügend Dampf gemacht werden kann. Als einziger Vorteil bleibt bei der Riegerschen Vorwärmerbauart bestehen, daß die Einrichtungen in der einfachsten Weise an alten Lokomotiven angebracht werden können.

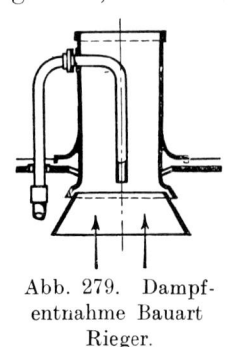

Abb. 279. Dampfentnahme Bauart Rieger.

Als Beispiele für Rauchgasvorwärmer seien hier die von Gaines und Trevithik erwähnt. Bei der in Abb. 280 bis 281 dargestellten Vorwärmereinrichtung von Gaines, die an Lokomotiven der Central of Georgia-Bahn angebracht ist, wird durch eine auf der linken Seite vorn an den Zylindern liegende Speisepumpe Wasser zunächst in einen ebenfalls auf der linken Seite liegenden Abdampfvorwärmer von 6 qm Heizfläche gedrückt. Von hier fließt das Wasser durch einen gleichgebauten Vorwärmer auf der rechten Maschinenseite. Der Abdampf aus den Zylindern wird beiden Vorwärmern durch ein 32 mm starkes Rohr zugeführt und durch die außen vom Wasser umspülten Rohre geleitet, außerdem wird noch der Abdampf der Speisewasser- und der Luftpumpe in die Vorwärmer geführt. Aus dem rechten Vorwärmer gelangt das Wasser in einen Rauchkammervorwärmer, der aus vier Sammelkästen besteht, zwischen denen gebogene, vom Wasser durchflossene Rohre eingewalzt sind. Die Heizfläche des Abgasvorwärmers beträgt 16,8 qm. Die erzielte Kohlenersparnis kann nur gering sein, da nach Angaben der Engineering News 1909 Speisewassertemperaturen von nur 88 kis 93° erreicht worden sind. Der Grund ist augenscheinlich in der viel zu kleinen Bemessung der Vorwärmerheizflächen zu suchen.

Versuche mit vereinigten Abdampf- und Rauchgasvorwärmern sind von dem ehemaligen Betriebsdirektor der Ägyptischen Staatsbahnen — F. H. Trevithik — gemacht worden, über die im Engineering 1911 berichtet ist[1]). Von den verschiedenen Ausführungsformen ist nur die letzte bemerkenswert, die an einer von Henschel & Sohn in Cassel gebauten 2 B-Personenzuglokomotive angebracht ist. Diese Lokomotive ist vom Regierungsbaumeister Sauer in der Zeitschrift des Vereines deutscher Ingenieure 1907, S. 11 beschrieben.

---

[1]) Siehe auch Dr.-Ing. Schneider, Speisewasservorwärmung bei Lokomotiven, Z. d. V. d. I. 1913, S. 687 u. f.

Der Abdampf der liegend angeordneten Speisewasserpumpe gelangt in einen Vorwärmer I von 0,65 qm Heizfläche, in den das Speisewasser, wie aus Abb. 282 bis 284[1]) ersichtlich ist, von unten eintritt. Die Pumpe drückt das schon etwas angewärmte Wasser weiter in die beiden seitlich neben der Rauchkammer liegenden hintereinander geschalteten Hauptvorwärmer II und III, die vom Abdampf aus den Zylindern beheizt werden. Abb. 283 und 284. Die Heizfläche der Vorwärmer II und III beträgt zusammen 13 qm. Sie enthalten je 75 Stahlrohre von 19 mm l. W. bei 1,6 mm Wandstärke und 1510 mm Länge zwischen den Platten. Aus den Abdampfvorwärmern gelangt das Wasser nun in den Rauchkammervorwärmer, dessen Heizfläche 23 qm beträgt. Er besteht aus zwei U-förmig gebogenen Ringen, die außen und innen durch Blechzylinder verbunden sind, zwischen die Ringe sind die von den Heizgasen durchflossenen Rohre eingewalzt. Die Rauchgase gehen durch einen Trichter zunächst nach vorn, kehren dann um und gelangen durch die Vorwärmerrohre in einen Raum zwischen der Rohrwand und dem Vorwärmer, aus dem sie durch den aus dem Blasrohr auspuffenden Dampf abgesaugt werden.

Bei den Versuchsfahrten ergaben sich Speisewassertemperaturen von 132 bis 138°, die Kohlenersparnis betrug dabei 20,6 v. H. gegenüber einer gleichen Lokomotive ohne Vorwärmung. Bei demselben Kohlenverbrauch konnte die Vorwärmerlokomotive eine 29,7 bis 35,4 v. H. größere Nutzlast befördern.

Der Rauchgasvorwärmer enthält 671 Rohre von 13 und 16,5 mm l. W. Die Zwischenräume zwischen den Rohren sind des geringen zur Verfügung stehenden Raumes wegen naturgemäß sehr eng. Die Folge davon wird sein, daß sie sich sehr bald mit Kesselstein zusetzen werden, der sich bei den hohen Wassertemperaturen von 130 bis 140° schon in ganz beträchtlichem Maße abscheidet. Eine Entfernung desselben ist aber kaum ohne erhebliche Schwierigkeiten möglich. Die Erwärmung des Wassers im Rauchgasvorwärmer wird daher bald nachlassen, so daß im praktischen

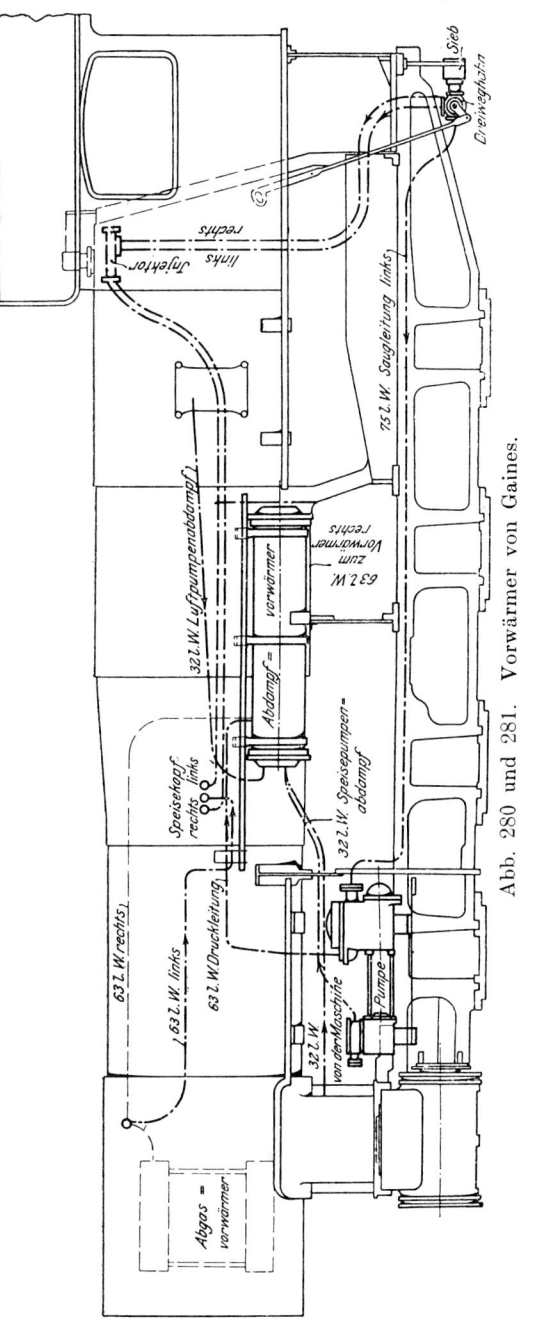

Abb. 280 und 281. Vorwärmer von Gaines.

---

[1]) Abb. 282 bis 284 stellen die in Z. d. V. d. I. 1907, S. 11 beschriebene Lokomotive dar, die Heizflächen der einzelnen Vorwärmer sind mehrfach geändert worden. Im Text sind die zuletzt angeführten Heizflächen angegeben.

248   Bemerkenswerte bauliche Einzelheiten neuerer Lokomotiven.

Betriebe sich kaum größere Kohlenersparnisse erzielen lassen werden, als mit den erheblich einfacheren und billigeren Abdampfvorwärmern allein.

Neben diesen in der Rauchkammer angeordneten selbständigen Vorwärmern

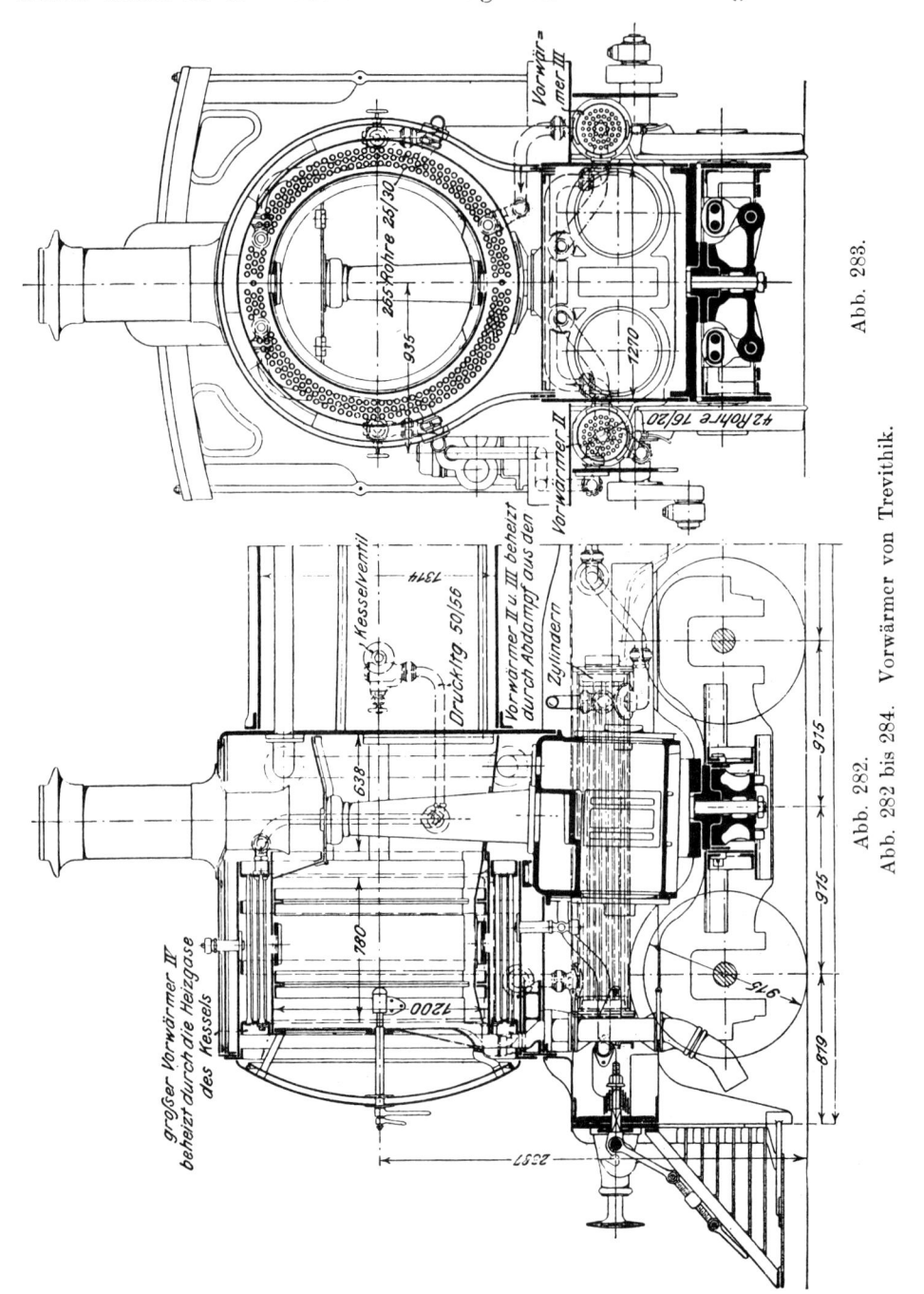

Abb. 282 bis 284. Vorwärmer von Trevithik.

sind noch Abgasvorwärmer zu erwähnen, bei denen durch Einbau einer Zwischenwand im Lokomotivkessel am vorderen Ende ein besonderer Raum geschaffen ist, in den das Wasser hineingespeist wird. Da das kalte Wasser sich nicht sogleich mit dem ganzen Kesselinhalt mischen kann, wird ein größeres Temperaturgefälle zwischen dem Wasser und den Heizgasen bestehen, die Wärme wird also in diesen

Kesseln besser ausgenutzt werden. Das in dem vorderen Kesselteil vorgewärmte Wasser fließt dann über einen Überlauf in den eigentlichen Verdampfungsraum des Kessels. Derartige Einrichtungen sind z. B. bei den rhätischen Bahnen in Anwendung gekommen.

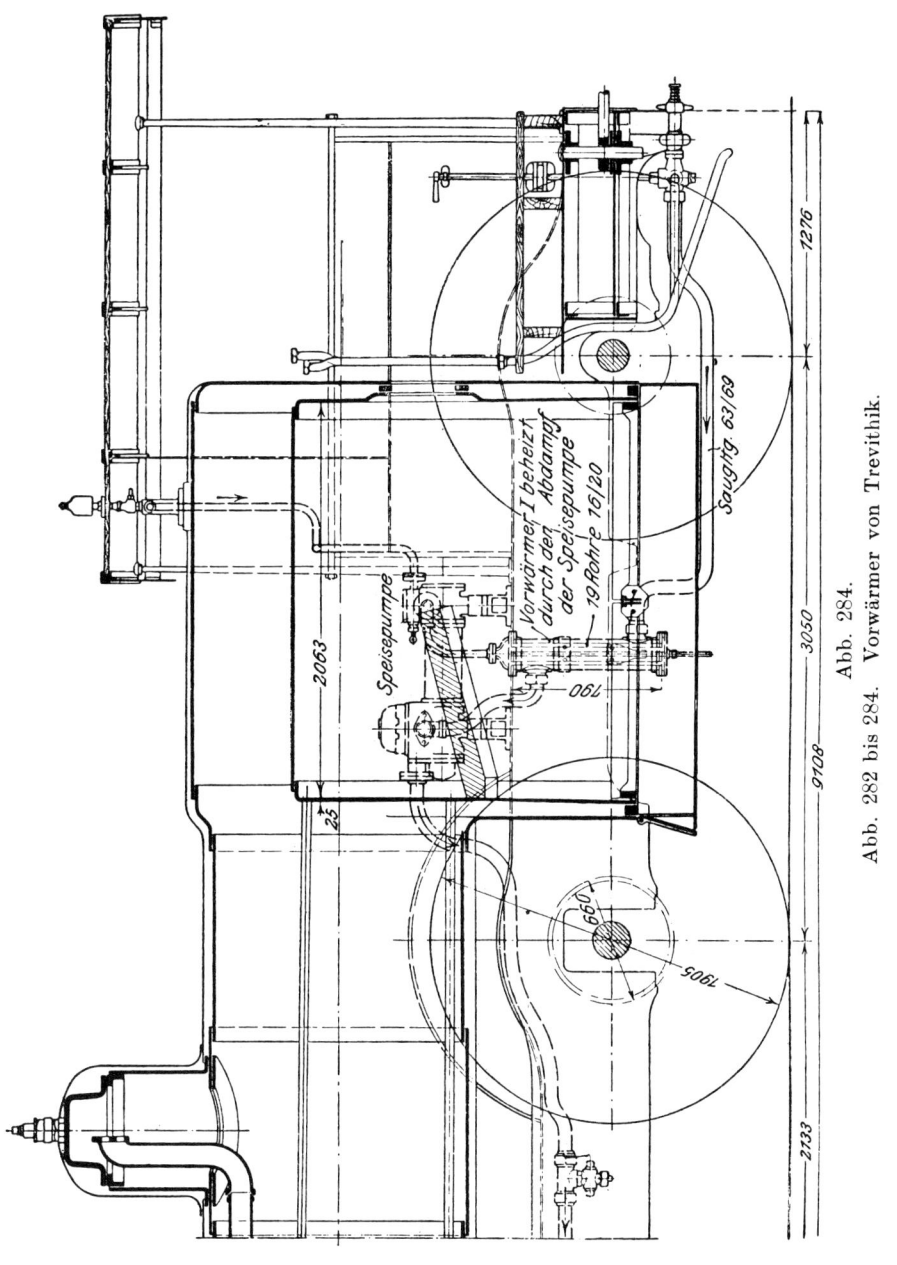

Abb. 282 bis 284. Vorwärmer von Trevithik.

Ähnlich ist der Speisewasservorwärmer Bauart Metzeltin, der von der Hannoverschen Maschinenbau-Aktien-Gesellschaft gebaut wird.

Als Nachteil ist wieder das Niederschlagen des Kesselsteins in dem vorderen Kesselteil zu erwähnen, der sich hier zum größten Teil abscheidet und wegen der starken Beheizung an den Rohren festbrennen wird, so daß er nur schwer zu entfernen ist. Den gleichen Nachteil werden die bei amerikanischen Malletlokomotiven angewendeten Vorwärmer haben, die den vorderen Teil des Kessels selbst bilden.

Hinter den Siederohren ist zunächst in einer Zwischenkammer vielfach ein Hochdruck- und ein Zwischendampfüberhitzer eingeschaltet, der Vorwärmer selbst wird durch zwei in den Kesselmantel eingesetzte Rohrwände gebildet, zwischen denen Siederohre eingewalzt sind. Mit diesen Vorwärmern sollen Temperaturen bis zu 120° erreicht werden. Bei einer 1 E + E 1-Malletlokomotive der Atchison-Topeka- und Santa Fé-Bahn mit einer Heizfläche von 364 qm hatte der Vorwärmer eine Heizfläche von 245 qm, die von 500 Rohren von 57 mm Durchmesser und 2743 mm Rohrlänge gebildet wurde. Bei derartigen Lokomotiven kann die Verwendung der genannten Vorwärmer vielleicht als zweckentsprechend bezeichnet werden. Bei neueren Malletlokomotiven, die den Schmidt-Überhitzer haben, werden sie jedoch nicht ausgeführt.

Neben den beschriebenen Vorwärmern bestehen noch eine Reihe andere Bauarten, die aber wenig Bemerkenswertes bieten.

Auf englischen Lokomotiven ist eine Vorwärmung des Speisewassers dadurch versucht worden, daß ein Teil des Abdampfes aus den Zylindern unmittelbar in die Tenderwasserkasten geleitet worden ist. Das Speisewasser wird dabei aber stark durch Öl verunreinigt. Bei der Bauart Drummond liegt der Vorwärmer unter dem Tender; als Nachteil sind die langen, beweglichen Rohrleitungen für den Abdampf und das warme Wasser zu bezeichnen.

Einen ähnlichen Vorwärmer hat die zurzeit schwerste Lokomotive der Welt, eine 1 D + D + D 1-Heißdampf-Malletlokomotive der Eriebahn (siehe Abschnitt 8). Der Abdampf aus den zum Tenderantrieb dienenden Niederdruckzylinder wird durch einen unter dem Tender liegenden Vorwärmer von etwa 40 qm Heizfläche geleitet. Das Wasser fließt hinten in den Vorwärmermantel hinein und wird vorn von den Speisepumpen angesaugt. Der Dampf geht durch 31 Röhren von 57 mm Durchmesser und 7,3 m Länge hindurch, der nicht niedergeschlagene Dampf entweicht durch ein hinten am Tender angebrachtes Rohr ins Freie.

i) Kesselsteinabscheider. Für die Speisung von Lokomotivkesseln sollte, wenn irgend möglich, nur solches Wasser verwendet werden, das weniger als 6 bis 7 deutsche Härtegrade hat.

Da das natürlich vorkommende Wasser, das aus Brunnen oder Quellen entnommen wird, in der Regel einen höheren Härtegrad aufweist, so ist eine Enthärtung stets zu empfehlen. Das aus offenen Flußläufen entstammende Wasser ist für gewöhnlich weich, kann aber durch Schlamm, Pflanzenreste usw. soweit verunreinigt sein, daß eine Absonderung dieser schädlichen Bestandteile unbedingt erforderlich ist. Die Abscheidung dieser mechanisch beigemengten Verunreinigungen kann leicht durch Filtrieren erfolgen. Ebenso kann auf einfache Weise eisenhaltiges Wasser für Kesselspeisezwecke brauchbar gemacht werden, indem man das Wasser durchlüftet, wodurch aus dem löslichen Eisenoxyd unlösliches Eisenoxydul erzeugt wird, das als brauner Schlamm abfiltriert werden kann.

Bedeutend schwieriger sind die im Wasser gelösten Fremdstoffe zu entfernen, die im Kessel schon bei einer bestimmten Erwärmung oder erst bei höherem Gehalt infolge Eindampfens ausfallen und dadurch festen Kesselstein oder Schlamm bilden, der die Heizflächen überzieht.

Die wesentlichen Nachteile des Kesselsteinansatzes sind:

1. Überhitzung der Kesselwände, besonders der Feuerbüchse, wodurch deren Festigkeit erheblich, ja in betriebsgefährlicher Weise vermindert werden kann bzw. die Ursache zu Anrissen gegeben wird;
2. Verminderung der Wärmeübertragung;
3. Neigung zum Siederohrlaufen;
4. Zusetzen der Armaturen;
5. Verminderung des Wärmeinhalts des Kessels.

Von besonderer Bedeutung sind hiervon die unter 1. und 2. genannten Punkte, die im folgenden rechnerisch untersucht werden sollen.

Bezeichnet in Abb. 285

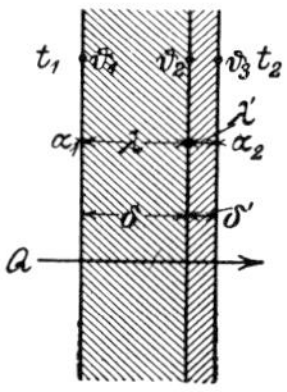

C die sog. Einstrahlungsziffer,
t_1 °C die Temperatur der Heizgase,
t_2 °C ,, ,, des Kesselwassers,
ϑ_1 °C ,, ,, der Wandungen,
ϑ_2 °C ,, ,, ,, ,,
ϑ_3 °C ,, ,, ,, ,,
α_1 in WE/m²·°C·st die Wärmeübergangszahl von Gas an Metall,
α_2 dsgl. von Metall an Wasser,
λ in WE/m²·m·°C·st die Wärmeleitzahl der Metallwand[1]),
λ' dsgl. des Kesselsteins,
δ in m, die Dicke der Kesselwandung,
δ' dsgl. Kesselsteinschicht,

Abb. 285. Bezeichnung der Temperaturen.

so ist die durch Leitung und Berührung übertragene Wärmemenge Q_b in WE/m²·st.

$$Q_b = k \cdot (t_1 - t_2),$$
$$= \alpha_1 \cdot (t_1 - \vartheta_1) = \frac{\lambda}{\delta} \cdot (\vartheta_1 - \vartheta_2),$$
$$= \frac{\lambda'}{\delta'}(\vartheta_2 - \vartheta_3) = \alpha_2 \cdot (\vartheta_3 - t_2),$$
$$= \frac{\delta}{\lambda} + \frac{1}{\alpha_2} + \frac{\delta'}{\lambda'}(\vartheta_1 - t_2) = Q \text{ allgemein.}$$

Der Wert von k ergibt sich aus der Beziehung:

$$\frac{1}{k} = \frac{1}{\alpha_1} + \frac{\delta}{\lambda} + \frac{\delta'}{\lambda'} + \frac{1}{\alpha_2}.$$

Die durch Strahlung übertragene Wärmemenge Q_s beträgt dann nach der Stephan-Boltzmannschen Gleichung:

$$Q_s = C \cdot \left[\left(\frac{273 + t_1}{100}\right)^4 - \left(\frac{273 + \vartheta_1}{100}\right)^4\right],$$

worin C für die vorliegenden Verhältnisse $= 4$ zu setzen ist.

Die gesamte, durch Leitung, Berührung und Strahlung übertragene Wärmemenge ergibt sich zu:

$$Q = Q_b + Q_s.$$

Nach Annahme der Werte für t_1, t_2, δ und δ' sowie Einführung der Werte für die Zahlen α und λ lassen sich hieraus die Wandungstemperaturen ϑ sowie die übertragenen Wärmemengen bestimmen.

In den folgeden Rechnungen ist gesetzt

$$t_2 = 200^0 \text{ C, entsprechend etwa 14 Atm.,}$$
$$\alpha_1 = 22$$

bei einer Geschwindigkeit der die Feuerbüchswandungen bestreichenden Gase von $w = 4$ m/sek nach der Formel

$\alpha_1 = 2 + 10 \cdot \sqrt{w}$,
$\alpha_2 = 5000$ (nach Angaben der Hütte XX. Auflage, Bd. I, S. 306),
$\lambda = 320$ für Kupfer und
$= 50$ für Eisen,
$\lambda' = 2$ für Kesselstein (Hütte XX, Bd. I, S. 307).

---

[1]) λ ist die Zahl in WE, die durch 1 qm Fläche der Wandung von 1 m Dicke bei 1° C Temperaturunterschied in der Stunde hindurchgehen.

Bei kupfernen Feuerbüchsen von 16 mm Dicke ergibt sich für das reine Blech, wo $\vartheta_2 = \vartheta_3$ ist:

$$Q = \frac{\vartheta_1 - t_2}{\dfrac{\delta}{\lambda} + \dfrac{1}{\alpha_2}} = \frac{\vartheta_1 - 200}{\dfrac{0,016}{320} + \dfrac{1}{5000}},$$

$$Q = 4000 \cdot (\vartheta_1 - 200)$$
$$= 4 \cdot \left[\left(\frac{273 + t_1}{100} \right)^4 - \left(\frac{273 + \vartheta_1}{100} \right)^4 \right] + \alpha_1 \cdot (t_1 - \vartheta_1).$$

Nimmt man als mittlere Einstrahlungstemperatur $t_1 = 1000^0$ C an, so wird

$$4000 \cdot (\vartheta_1 - 200) = 4 \cdot 12,73^4 - 4 \cdot \left(\frac{273 + \vartheta_1}{100} \right)^4 + 22\,000 - 22\,\vartheta_1.$$

Durch Zusammenfassen ergibt sich

$$\left(\frac{\vartheta_1 + 273}{100} \right)^4 + 1006\,\vartheta_1 = 231\,800.$$

Hieraus läßt sich zeichnerisch oder durch Probieren finden

$$\vartheta_1 = 230^0.$$

Damit ermittelt sich

$$Q = 4000 \cdot (230 - 200) = 120\,000 \text{ WE/m}^2\text{-st}.$$

Aus $Q = \alpha_2 \cdot (\vartheta_2 - t_2)$ folgt

$$\vartheta_2 = \frac{Q}{\alpha_2} + t_2 = \frac{120\,000}{5000} + 200 = 224^0.$$

Für einen Kesselsteinbelag von 2 mm Stärke ergibt sich

$$Q = \frac{\vartheta_1 - t_2}{\dfrac{\delta}{\lambda} + \dfrac{1}{\alpha_2} + \dfrac{\delta'}{\lambda'}}.$$

Mit
$$\delta' = 0,002 \quad \text{und} \quad \lambda' = 2$$
folgt

$$Q = 800 \cdot (\vartheta_1 - t_2) = 4 \cdot 12,73^4 - 4 \cdot \left(\frac{273 + \vartheta_1}{100} \right)^4 + 22\,000 - 22\,\vartheta_1;$$

$$\left(\frac{\vartheta_1 + 273}{100} \right)^4 + 206\,\vartheta_1 = 71\,775,$$

woraus sich ermittelt
$$\vartheta_1 = 342^0 \text{ C}.$$

Ferner wird
$$Q = 800 \cdot (342 - 200) = 113\,600 \text{ WE/m}^2\text{-st}.$$

Aus $Q = \alpha_2 \cdot (\vartheta_3 - t_2)$ folgt

$$\vartheta_3 = \frac{113\,600}{5000} + 200 = 223^0 \text{ C},$$

aus $Q = \dfrac{\lambda'}{\delta'} \cdot (\vartheta_2 - \vartheta_3)$

$$\vartheta_2 = \frac{\delta'}{\lambda'} \cdot Q + \vartheta_3 = \frac{0,002}{2} \cdot 113\,600 + 223 = 337^0 \text{C}.$$

In derselben Weise sind die in Zahlentafel 39 angegebenen Werte von Q und ϑ für 5 und 10 mm Kesselsteinbelag berechnet worden:

Kessel.

Zahlentafel 39.
Werte von Q und ϑ für reines Blech und Kesselsteinbelag für $t_1 = 1000°$ C.

	t_1	ϑ_1	ϑ_2	ϑ_3	t_2	Q	Abnahme von Q in %
Reines Blech	1000	230	224	—	200	120 000	0
2 mm Kesselstein	1000	342	337	223	200	113 600	5,3
5 „ „	1000	482	477	221	200	102 650	14,4
10 „ „	1000	644	640	217	200	84 500	29,4

In der Zahlentafel 40 sind die Werte für Q und ϑ für eine Temperatur $t_1 = 1400°$ in der Feuerbüchse ermittelt. Derartige hohe Einstrahlungstemperaturen können bei stark beanspruchten Rostflächen, wenn das Feuer gut durchgebrannt ist, zeitweilig vorkommen, auch bei der Nachverbrennung der Gase infolge Zuführung von Zusatzluft — bei Stichflammenbildung — werden derartig hohe Temperaturen eintreten.

Zahlentafel 40.
Werte von Q und ϑ für reines Blech und Kesselsteinbelag für $t_1 = 1400°$ C.

	t_1	ϑ_1	ϑ_2	ϑ_3	t_2	Q	Abnahme von Q in %
Reines Blech	1400	285	268	—	200	340000	0
2 mm Kesselstein	1400	587	572	262	200	309600	9,0
5 „ „	1400	888	876	250	200	250400	26,3
10 „ „	1400	1112	1100	235	200	173000	49,2

In Abb. 286 sind die Werte von ϑ_1 in übersichtlicher Weise in Abhängigkeit von der Kesselsteinstärke für die beiden angenommenen Einstrahlungstemperaturen von 1000° und 1400° aufgetragen.

Führt man die gleiche Rechnung für eiserne Feuerbüchsen von 11 mm Wandstärke aus, so ergeben sich für das reine Blech sowie für 2 und 5 mm Kesselstein die Wandungstemperaturen für $t_1 = 1000$ zu 250°, 360° und 500° bzw. 340°, 632° und 915 für $t_1 = 1400°$, die durch 1 qm hindurchfließenden Wärmemengen bleiben praktisch also dieselben wie bei Kupfer, das heißt bei der eisernen Feuerbüchse, die nur 11 mm stark ist, wird die gleiche Wärmemenge übertragen wie bei einer kupfernen von 16 mm Stärke.

Die Berechnung der Wandstärke einer durch Stehbolzen versteiften ebenen Platte kann nach der v. Bachschen Formel

$$\sigma_{max} = 0{,}2275 \cdot \left(\frac{a}{s}\right)^2 : p$$

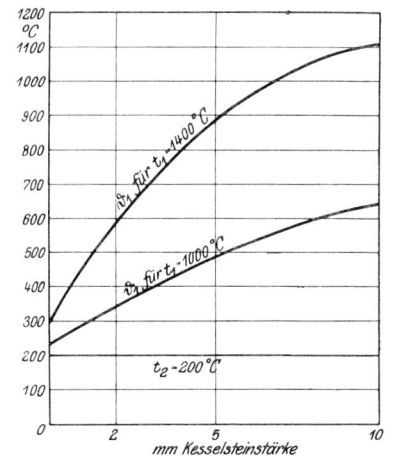

Abb. 286. Werte für ϑ_1 für $t_1 = 1000$ und 1400° C bei verschiedenen Kesselsteinstärken.

erfolgen, worin σ_{max} die Höchstbeanspruchung in kg/cm², a die Stehbolzenteilung in cm, s die Wandstärke in cm, p den Kesseldruck in Atm. bedeuten. Nimmt man als ungünstigen Fall an, daß ein Stehbolzen gerissen ist, so wird $a = 18$ cm zu setzen sein, wenn die Stehbolzenteilung zu 90 mm angenommen wird. Die Beanspruchung einer kupfernen Wand von $s = 16$ mm Stärke wird damit bei einem Kesseldruck von 14 Atm.

$$\sigma_{max} = 0{,}2275 \cdot \left(\frac{18}{1{,}6}\right)^2 \cdot 14 = 402 \text{ kg/cm}^2.$$

In Abb. 287 sind Werte für die Festigkeit des Kupfers bei verschiedenen Temperaturen angegeben, wie sie von Stribeck in der Z. d. V. d. I. 1903, S. 565, ermittelt worden sind. Es ist daraus ersichtlich, daß bei einer Temperatur von etwa 400° C die oben ermittelte Beanspruchung von 402 kg/cm² bereits die Zerreißfestigkeit vorstellt. Aus der Abb. 286 folgt, daß eine Wandungstemperatur von 400° bei einer Einstrahlungstemperatur von 1000° bereits bei einem Kesselsteinansatz von 3 mm erreicht wird. Bei 1400° Einstrahlungstemperatur genügt schon ein Kesselsteinbelag von etwa 1 mm, um eine Betriebsgefährdung unter den gemachten Annahmen herbeizuführen.

Auch bei eisernen Feuerbüchsen birgt der Kesselsteinansatz ernste Gefahren in sich, insofern, als schon bei der geringsten Ablagerung auf den Heizflächen die Temperaturen im Bereich der sog. Blauwärme liegen. Das Eisen nimmt bei einer Temperatur um 300° C ein kristallinisches Gefüge an und wird dabei spröde. Erleidet es bei dieser Temperatur Formänderungen, so treten sehr leicht Anbrüche ein. Dieser Gefahr ist aber die eiserne Feuerbüchse, besonders wenn sich Kesselstein abgelagert hat, dauernd ausgesetzt, indem sich bei jedesmaligem Öffnen der Feuertür infolge der eintretenden Abkühlung durch die kalte Luft eine Erniedrigung der Wandungstemperaturen einstellen muß. Hierbei findet eine Zusammenziehung der Wände statt, die besonders an den Kümpelstellen Zerrungen erheblicher Art hervorruft. Haben diese Stellen eine der Blauwärme entsprechende Temperatur infolge der Abkühlung angenommen, so werden Anrisse hier nicht zu umgehen sein.

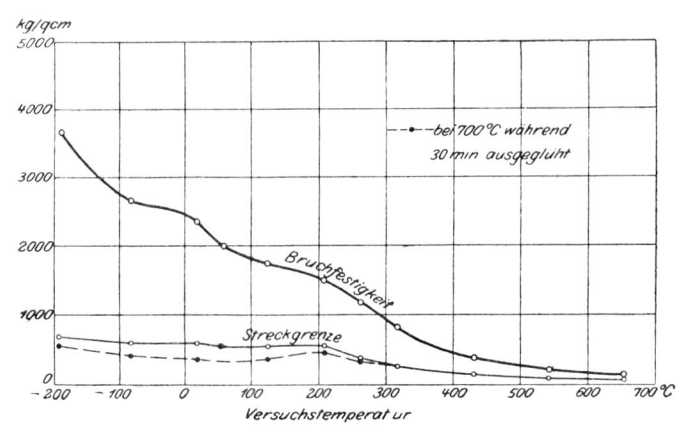

Abb. 287. Festigkeit von Kupfer bei verschiedenen Temperaturen nach Stribeck.

Die Erfahrungen der Preußischen Staatseisenbahnverwaltung haben ergeben, daß sich Angriffe vorwiegend an den seitlichen Umbügen der Decke und an den oberen Stehbolzenlöchern der Seitenwandungen zeigen. Es sind dies die Stellen, wo die heißesten Flammen entlangstreichen, die also am ersten die gefährlichen Temperaturen annehmen. Auch werden hier die Ausdehnungen am stärksten sein, so daß besonders die Beanspruchung der Stehbolzen und der Gewinde am größten wird. Hat das Eisen beim Gewindeschneiden bereits kleine Anrisse erfahren, so pflanzen sich diese leicht fort. In Amerika verwendet man mit Vorliebe an diesen Stellen bewegliche Stehbolzen, bei denen die Biegungsbeanspruchungen und die Lochleibungsdrücke erheblich verringert werden und damit auch die Gefahren der Bildung von Anrissen.

Eine Abhilfe gegen Anrisse läßt sich in gewissem Maße durch Anwendung von Bauformen schaffen, die den Eigenschaften des Eisens Rechnung tragen. Insbesondere sind an den gefährlichen Umbügen größere Krümmungshalbmesser als bei kupfernen Feuerkisten anzunehmen, um die Wand elastischer zu machen. Die Wandstärke ist so gering als möglich anzunehmen (in Amerika allgemein $^3/_8{''} = 9{,}5$ mm), um geringere Blechtemperaturen zu erhalten. Vorteilhaft ist ferner die Anbringung großer Ausstrahlflächen, d. h. von Feuerschirmen, sowie von Vorrichtungen, die wie z. B. der Rauchverminderungsapparat von Marcotty durch in die Feuerbüchse eingeblasene Dampfstrahlen die kalte durch die Feuertür eintretende Luft am sofortigen Aufsteigen verhindern. Die Vorteile der amerikanischen selbsttätigen Rostbeschicker, die in dieser Richtung liegen könnten, lassen sich wegen des großen Gewichts der Vorrichtungen und aus anderen Gründen bei unseren Lokomotiven nicht ausnutzen. In weitestgehender Weise läßt sich das Übel aber an der Wurzel fassen, indem man den schädlichen Kesselsteinansatz auf den Heizflächen vermeidet, da dann die Bleche eine betriebsgefährliche Temperatur nicht annehmen können.

In der Regel findet eine Reinigung des Lokomotivspeisewassers der Kosten wegen erst statt, wenn dasselbe eine Härte von mehr als 10 bis 12 deutsche Härtegrade aufweist. Das weitaus üblichste Reinigungsverfahren ist das zuerst von Stingl und Bérenger angegebene mittels Ätzkalk und Soda. Es werden dabei die im Rohwasser enthaltenen kohlensauren Salze durch den Ätzkalk, die schwefelsauren Salze durch die Soda ausgefällt. Auch Chlormagnesium wird durch Soda zerstört, indem sich kohlensaure Magnesia und Kochsalz bilden. Durch das Kalk-Soda-Verfahren wird also in der Hauptsache Kalzium- und Magnesiumkarbonat gebildet, die beide zum größten Teil unlöslich sind. Außerdem entstehen schwefelsaures und doppeltkohlensaures Natron und Kochsalz, die leicht im Wasser löslich sind, also keinen Kesselstein bilden.

Neben diesem durch seine Billigkeit sich auszeichnenden Verfahren wird vereinzelt die Reinigung mittels Kalkbaryt angewendet. Hierüber liegen aber zurzeit noch wenig Erfahrungen vor. Nach den vom Verein Deutscher Eisenbahnverwaltungen als Beantwortung technischer Fragen 1912 herausgegebenen „Fortschritte der Technik des deutschen Eisenbahnwesens in den letzten Jahren" ist die Reinigung mit Kalkbaryt teuer und der Betrieb der Anlage schwierig.

Das in letzter Zeit viel genannte Permutitverfahren empfiehlt sich zur Reinigung von Lokomotivspeisewasser weniger, trotzdem eine anfängliche Enthärtung bis auf 0^0 möglich ist.

Permutit wird durch Zusammenschmelzen von Feldspat, Kaolin und Soda als körnige Masse hergestellt, durch die das Rohwasser hindurchgefiltert wird. Die Kalzium- und Magnesiumsalze werden dabei von dem Permutit aufgenommen, es entstehen daher keinerlei Ausfällungen, alle Salze gehen aber in das Reinwasser in Lösung; die Karbonate bilden dabei Soda, die im Kessel unter anderem die unangenehme Wirkung hat, daß sie heftiges Schäumen und Spucken verursacht. Nach etwa 12 Stunden hört die Wirkung des Permutits auf, es muß dann durch die Einwirkung heißer Kochsalzlösung wieder gebrauchsfähig gemacht werden, wodurch Kalk- und Magnesiumsalze als Chloride ausgetrieben und durch Natron ersetzt werden.

Das Maß der Reinigung bei dem Kalk-Soda-Verfahren hängt von der Temperatur des Wassers und der Zeit der Einwirkung der Chemikalien in den Abscheidebehältern ab. Je wärmer das Wasser ist, desto schneller gehen die Umsetzungen vor sich, desto weitgehender wird das Wasser enthärtet. Da eine Vorwärmung des Wassers bei ortsfesten Reinigungsanlagen für Lokomotivspeisewasser kaum möglich ist, wird in der Regel, um einen möglichst geringen Härtegrad zu erzielen, mit Sodaüberschuß gearbeitet. Hierdurch entsteht aber die Gefahr, daß bei starker Inanspruchnahme der Reinigungsvorrichtung, wenn also das Wasser diese schnell durchlaufen muß, die Umsetzung der Soda mit den Sulfaten nicht vollständig in dem Reiniger erledigt werden kann. Es gelangt dann Soda in die Rohrleitungen, die infolge der darin eintretenden Ausfällungen verschlammen, oder sogar noch in die Lokomotivkessel, wo sie eine ganze Reihe von Übelständen mit sich bringt.

Die Neigung des sodahaltigen Wassers zum Spucken der Lokomotiven ist bereits erwähnt. Mit dem übergerissenen Wasser gelangt der beim Arbeiten der Lokomotive vorwiegend auf der Wasseroberfläche sich ansammelnde Schlamm (vgl. V. Artciche, Bulletin des Internationalen Eisenbahn-Kongreß-Verbandes 1912, S. 156, Schutzmaßregeln gegen die Bildung des Kesselsteins und für die Reinigung des Lokomotivspeisewassers), auf die Schieberlaufflächen und in die Zylinder, wo er durch seine schmirgelnde Wirkung einen vorzeitigen Verschleiß der aufeinander gleitenden Teile hervorruft. Die Soda hat ferner die unangenehme Eigenschaft, daß sie Kupfer angreift (siehe Wehrenfennig, Über die Untersuchung und das Weichmachen des Kesselspeisewassers, 2. Auflage, S. 27). In besonderem Maße zeigt sich der schädliche Einfluß der Soda bei den Armaturen, an denen sich starke Anfressungen bemerkbar machen, die von grünen Kupfersalzen bedeckt sind, auch die Düsen der Dampfstrahlpumpen leiden stark bei Verwendung sodahaltigen Wassers.

Auch Eisen wird in Gegenwart von Soda unter Umständen angegriffen. Gelangt diese infolge Überkochens z. B. in die Überhitzerrohre, so zersetzt sie sich unter dem Einfluß der hohen Temperatur in Gegenwart von Wasser in Natronlauge und Kohlensäure, die unter den gegebenen Verhältnissen zerstörend auf das Eisen einwirken können (siehe „Stahl und Eisen" 1911, S. 1043). An den Umkehrkappen der Überhitzerrohre sind vielfach derartige Anfressungen festgestellt worden, für die bisher stichhaltige Erklärungen noch nicht gefunden werden konnten, die aber auf die Einwirkung der Soda zurückzuführen sein dürften.

Infolge der stets wechselnden Härte des Rohwassers muß die Menge der zuzusetzenden Chemikalien andauernd sorgfältig geregelt werden, um ohne allzu großen Überschuß, besonders an Soda, die geringstmögliche Härte zu erzielen. Diese Feststellung der Zusätze wird aber vielfach von den Kesselwärtern nicht mit genügender Genauigkeit ausgeführt, so daß es nicht verwunderlich ist, wenn das nach dem Kalk-Soda-Verfahren gereinigte Wasser bisweilen noch ziemlich erhebliche Härtegrade aufweist.

Die hohen Anlage-, Unterhaltungs- und Betriebskosten der ortsfesten Wasserreinigungsanlagen haben zur Folge, daß eine Enthärtung des Lokomotivspeisewassers nur bei starkem Wasserbedarf, also auf großen Lokomotivstationen, wirtschaftlich ist. Bei einer täglich zu reinigenden Wassermenge von 500 bis zu 600 cbm stellen sich die Kosten im Mittel auf 4 bis zu 5 Pfennig für 1 cbm. Diese Werte werden jedoch häufig erheblich überschritten. Bei einer Anlage in Foggia der italienischen Staatsbahnen (Organ für die Fortschritte des Eisenbahnwesens 1915, S. 87) für 1000 cbm tägliche Leistung stellen sich die Kosten für 1 cbm Reinwasser schon auf 16 Pfennig. Das Wasser wird dabei mit Kalk und Soda von 28° d. H. auf 6,7° enthärtet.

In letzter Zeit haben sich vielfach für ortsfeste Kesselbetriebe wie auch für Lokomotiven als vollwertiger Ersatz der chemischen Reinigungsanlagen Einrichtungen gut bewährt, die ohne jeden Chemikalienzusatz eine Ausfällung der Kesselsteinbildner bewirken. Und zwar lediglich dadurch, daß das Speisewasser vor seinem Eintritt in den Kessel durch Frischdampf auf etwa 150° bis 160° C in einem besonderen Behälter erwärmt wird. Bei der Erwärmung auf diese Temperatur fällt eine große Menge der Stein- oder Schlammbildner als unlösliche Stoffe aus, zum Teil werden sie in leichtlösliche, nicht ausfallende Salze umgewandelt. Da die sog. Kesselstein- oder Schlammabscheider in unmittelbarer Nähe des Kessels angebracht sind, sind Wärmeverluste nicht zu befürchten. Die Reinigung des Wassers kann in ihnen, wie durch Versuche mehrfach festgestellt ist, auf 6° bis zu 5° d. H. gewährleistet werden. Es wird also das Wasser in ihnen besser gereinigt als dies bei den mit Chemikalien arbeitenden Reinigungsanlagen praktisch möglich ist.

Eine weitergehende Reinigung als bis auf 5° ist bei Lokomotivkesseln nicht einmal wünschenswert, weil sich im Betriebe herausgestellt hat, daß der sich dabei bildende dünne Kesselsteinbelag einen guten Schutz für die Eisenwände des Langkessels und die Siederohre gegen Einwirkungen von Chlorverbindungen, Säuren oder der Luft bietet.

Außer der Abscheidung der Kesselsteinbildner ist bei Anwendung von Schlammabscheidern noch der besondere Vorteil vorhanden, daß der Kessel mit praktisch luftfreiem Wasser gespeist wird. Die gefährlichen Anrostungen der Kesselbleche werden daher vermieden. Über den Rostangriff des Eisens durch Wasser sind in den Mitteilungen des Materialprüfungsamtes aus dem Jahre 1908 von Professor Heyn umfangreiche Versuche veröffentlicht, bei denen die große Schädlichkeit der im Wasser gelösten Luft festgestellt ist. Das Speisewasser der Lokomotiven ist stets bis zur Höchstgrenze mit Luft gesättigt wegen der Rüttelbewegungen, die es während der Fahrt im Tender erfährt. Außerdem kann noch mechanisch Luft durch die Dampfstrahlpumpe mitgerissen werden, wenn das Schlabberventil undicht ist. Die im Wasser gelöste Luft ist 66% sauerstoffhaltiger als die atmosphärische. Von der in einem Kubikmeter Wasser enthatenen Luft können 21,6 g Eisen aufgelöst werden. Wenn dabei bedacht wird, daß der Rostangriff sich nicht auf die Kesselwandungen gleichmäßig verteilt, sondern der Angriff des Eisens besonders da stattfindet, wo sich bereits ein Rostschwamm gebildet hat (Rostpocken), so tritt der schädliche Einfluß der im Speisewasser gelösten Luft und die Notwendigkeit ihrer Absonderung klar hervor.

Bei Verwendung von auf 150° bis zu 160° C vorgewärmtem Speisewasser werden schädliche Wärmespannungen, wie sie beim Speisen mit der Dampfstrahlpumpe nicht zu umgehen sind, fast vollständig vermieden; das Lecken der Siederohre, der Nietnähte und Stehbolzen sowie das zeitraubende Nachwalzen der Rohre wird dadurch erheblich verringert.

Infolge des stark verminderten Kesselsteinansatzes brauchen die Lokomotiven weniger oft ausgewaschen zu werden, sie können 5- bis 10mal so lange laufen, als die ohne Kesselsteinabscheider arbeitenden, den gleichen Dienst versehenden Lokomotiven. Bei den ungarischen Staatsbahnen werden z. B. die mit derartigen Vorrichtungen ausgerüsteten Eilzugslokomotiven erst nach einer Lauflänge von 16000 bis 18000 km ausgewaschen. Der bei Anwendung von Schlammabscheidern sich an den Heizflächen noch ansetzende Niederschlag ist in der Regel derartig weich, daß er durch einfaches Abspritzen oder Abbürsten leicht zu entfernen ist. Das umständliche Ausklopfen des Kessels mit Hammer und Meißel entfällt vollkommen, wodurch einmal an Arbeitslohn erheblich gespart wird und außerdem die Kesselbleche, die infolge gewaltsamen Ausklopfens vielfach auf der Oberfläche Verletzungen erhalten, die zu Anrissen Veranlassung geben, erheblich geschont werden. (Siehe Zeitschrift für Dampfkessel- und Maschinenbetrieb 1912, Nr. 21.)

Durch die weitgehende Vermeidung des Kesselsteinansatzes und völlige Beseitigung der Rostbildung wird eine ganz beträchtliche Schonung der hochbeanspruchten Lokomotivkessel bewirkt.

Nach den „Geschäftlichen Nachrichten für den Betrieb der vereinigten Preußisch-Hessischen Staatseisenbahnen" erforderte die gewöhnliche Unterhaltung der Lokomotiven im Rechnungsjahr 1912 rund 81 Millionen Mark. Von dieser Summe kann man etwa ein Drittel, das sind 27 Millionen Mark allein auf die Unterhaltung der Kessel rechnen. Werden durch Anwendung von Kesselsteinabscheidern hiervon nur 30% gespart, so beträgt der Gewinn allein infolge der verringerten Unterhaltungsarbeiten bereits über 8 Millionen Mark. Hierzu kommen noch die weiteren Ersparnisse durch die kürzere Außerbetriebsetzung der Lokomotiven, die bei dem hohen Anlagekapital ebenfalls ganz erheblich ins Gewicht fallen.

Die Reinigung des Kesselspeisewassers erfolgt in den Kesselsteinabscheidern billiger als bei mit Chemikalien arbeitenden ortsfesten Anlagen. Bei einem jährlichen Wasserverbrauch von 9000 cbm für eine größere Schnellzuglokomotive kostet die Wasserreinigung bei einem Preis von 5 Pf./cbm $(9000 \cdot 5 \cdot \frac{1}{100} =)$ 450 M. Ein Kesselsteinabscheider für eine derartige Lokomotive würde einschließlich der erforderlichen Rohrleitungen rund 1500 M. kosten, die mit 10% zu verzinsen und zu tilgen wären. Da Betriebskosten nicht entstehen, kostet die Reinigung des Speisewassers $1500 \cdot 0,1 = 150$ M., was für jede Schnellzuglokomotive eine jährliche Ersparnis von 300 M. ausmacht.

Die Kesselsteinabscheider, die verschiedentlich schon mit gutem Erfolge eingeführt worden sind, stellen zurzeit wohl das letzte Mittel dar, die Wirtschaftlichkeit der Dampflokomotive noch zu verbessern.

Eine sehr einfache Einrichtung zum Abscheiden der Kesselsteinbildner ist von Gölsdorf bei Lokomotiven der österreichischen Staatsbahnen eingeführt worden. Auf Grund der Erfahrung, daß sich an der Einmündung des Speiserohrs in den Kessel ganz erhebliche Schlamm- und Steinmengen ansetzen, läßt Gölsdorf das Speisewasser nicht in der üblichen Weise unmittelbar in den Kessel eintreten, sondern speist in einen nach Abb. 288 bis 290 geformten, zwischen den Siederohren und dem Kesselmantel liegenden Behälter hinein. Das bei a in den Behälter ein-

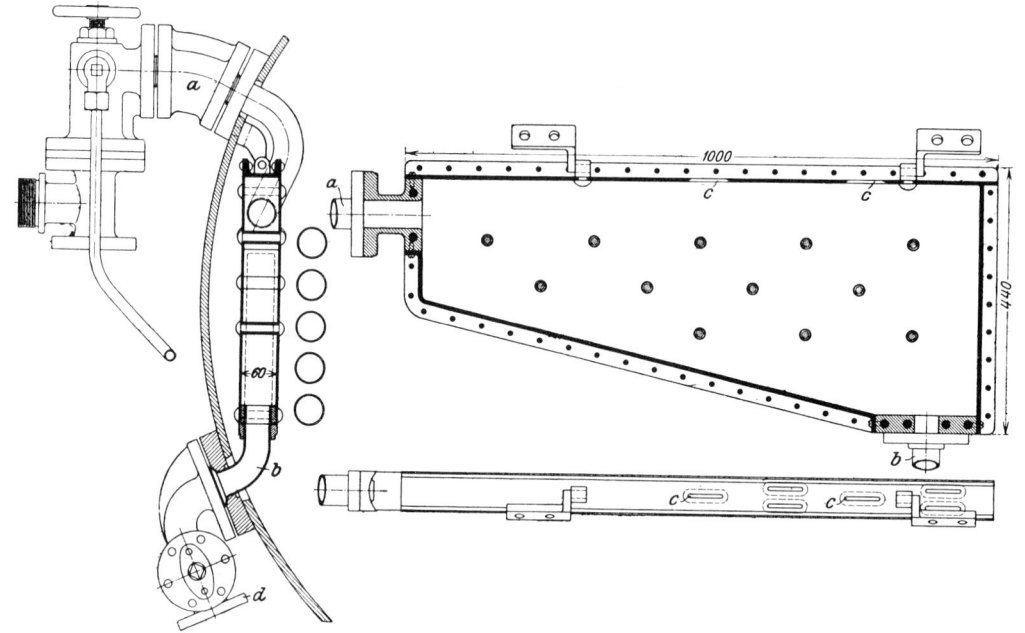

Abb. 288 bis 290. Speisewasserreiniger von Gölsdorf.

tretende Wasser wird darin von dem ihn umspülenden, heißen Kesselwasser erwärmt und läßt dadurch einen Teil der Kesselsteinbildner ausfallen. Infolge der verhältnismäßig niedrigen Wandungstemperatur kann der im unteren Teil sich ansammelnde Schlamm nicht festbrennen; nach Beendigung jeder Fahrt soll er durch b und d ausgeblasen werden, wobei man zweckmäßig zur Erzielung einer besseren Spülwirkung gleichzeitig die Dampfstrahlpumpe arbeiten läßt. Das gereinigte und erwärmte Wasser tritt aus dem Behälter durch längliche Schlitze c oben aus.

Dieser Wasserreiniger ist bei einer großen Anzahl von Lokomotiven zur Anwendung gekommen und hat sich überall da bewährt, wo die Zusammensetzung des Speisewassers derartig ist, daß sich vorwiegend Schlamm in dem Behälter bildet. Neigt das Wasser mehr zur Bildung härteren Steins, so kann sich die sehr unzugängliche Kammer leicht zusetzen und festsitzender Stein ist nur mit großen Schwierigkeiten daraus zu entfernen. Es ist also das Ausblasen des Behälters nach jeder Fahrt unbedingt erforderlich, um dem Schlamm keine Gelegenheit zum Zusammenbacken zu geben.

Kessel.   259

Eine der beschriebenen ganz ähnliche Einrichtung ist bei den rhätischen Bahnen versucht worden.

Der von der Hannoverschen Maschinenbau-A.-G. vorm. Georg Egestorff gebaute Speisewasservorwärmer, Bauart Metzeltin, bewirkt infolge der hierbei erreichbaren hohen Wassertemperaturen ebenfalls eine Ausfällung der Kesselsteinbildner und eine Entlüftung des Speisewassers.

Wie die Abb. 291 bis 292 zeigen, ist im vorderen Teil des Kessels eine Zwischenwand a eingebaut, in die die Siederohre nur leicht eingewalzt sind. Oberhalb der Rohre wird eine Wand b hergestellt, die nach hinten zu ein Winkeleisen c trägt, dessen nach unten gerichteter Flansch unterhalb von b einen Luftsack bildet. Das Wasser wird bei d unterhalb eines Ablenkblechs e nach unten zu in die vordere Kammer eingeleitet, erwärmt sich beim Hochsteigen an den Siederohren, wobei die Ausscheidung der Kesselsteinbildner und die Entlüftung vor sich gehen, und gelangt schließlich über den Überlauf in der Zwischenwand a in den Kessel. Der Luftsack unter dem Blech b soll den unnötigen Niederschlag des Kesseldampfes über der

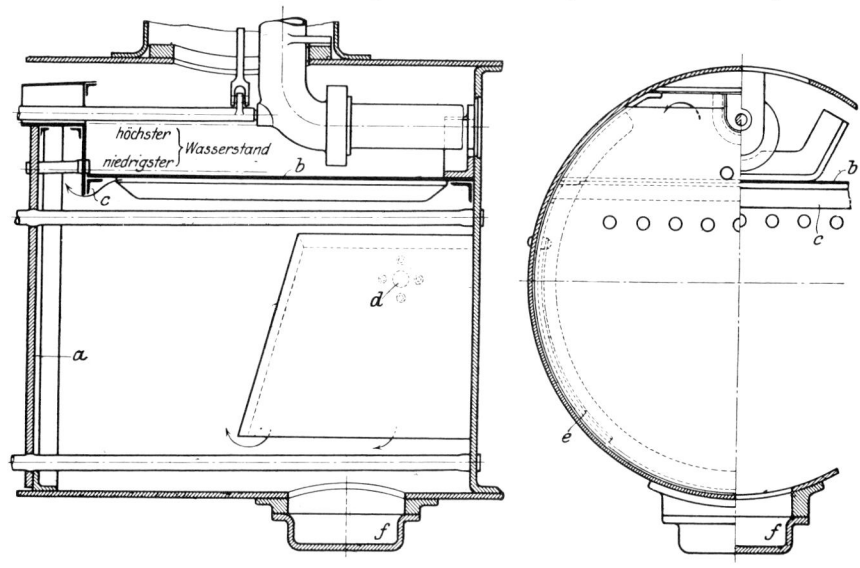

Abb. 291 und 292. Speisewasserreiniger von Metzeltin.

Kammer vermindern. Für die Aufnahme des sich bildenden Schlamms ist ein Schlammsammler f am Kesselbauch vorgesehen.

Die erwünschte Wirkung wird die Einrichtung zweifellos haben. Der Schlamm wird sich aber nicht nur in unschädlicher Weise in dem Schlammfänger ansammeln, sondern auch die Siederohre bedecken, wo er infolge der hohen Wandungstemperatur festbrennen und harten, den Wärmedurchgang hemmenden Stein bilden kann. Eine Reinigung der Rohre im Betriebe ist nur schwer oder gar nicht möglich, so daß die Einrichtung, wie die von Gölsdorf, nur bei gutartigem, vorwiegend schlammbildendem Wasser zu brauchen ist. Auch Rostungserscheinungen werden in erheblichem Maße störend auftreten, zumal die Abscheidung der Luft nur auf einem kleinen Teil der Heizfläche vor sich geht. Im übrigen wird das starke Belegen der Siederohre mit Schlamm und Kesselstein sehr bald ein Nachlassen der Vorwärmung des Speisewassers zur Folge haben.

Die eben geschilderten Mängel weisen auch die bei amerikanischen Malletlokomotiven mehrfach verwendeten Speisewasservorwärmer der Bauart Buck-Jacobs auf (vgl. Abb. 132 bis 133), die als besondere, von den Abgasen durchzogene Röhrenkessel ausgebildet sind.

17*

Das Entfernen des abgesonderten Schlamms geschieht in einfachster Weise, wenn die Abscheidebehälter außerhalb des Kessels angeordnet werden.

Ein bei den preußischen Staatsbahnen versuchsweise eingeführter Schlammabscheider von Schmidt & Wagner in Berlin ist in Abb. 293 und 294 dargestellt.

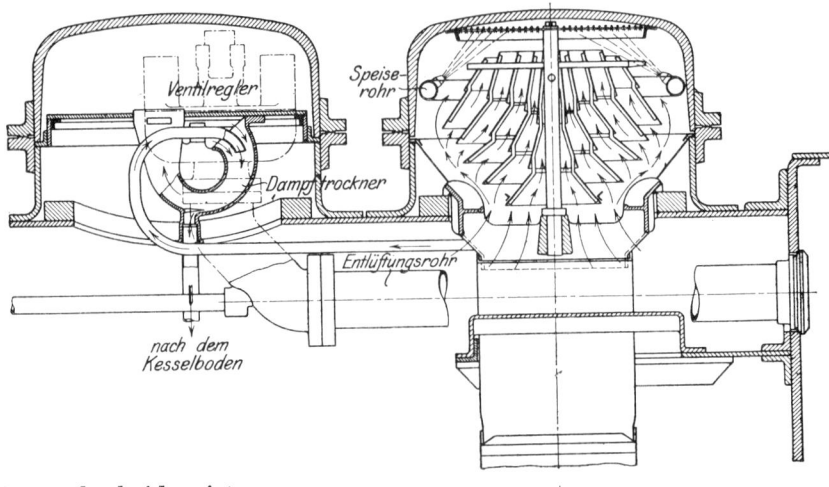

Der Schlammabscheider ist in einem zweiten Dom untergebracht, in dem das Wasser durch ein kreisförmig gebogenes Rohr durch 3 bis 5 Düsen gegen ein unter der Decke angebrachtes Drahtsieb, durch das Splinte hindurchgesteckt sind, gespritzt wird. Es fällt von hier auf eine Anzahl von kegelförmigen Rieselflächen herab, an denen es fein zerteilt herunterläuft und sich dabei durch den von unten zuströmenden Dampf erwärmt. Die ebenfalls aus Siebgeflecht hergestellten Rieselflächen sind zur Vergrößerung des Fließwiderstandes mit Stacheldraht bewickelt und an einer senkrechten Stange befestigt, so daß sie leicht nach Abnehmen der Domhaube aus dem Kessel herausgehoben werden können. Unterhalb der Rieselflächen ist ein Korb angeordnet, in den das gereinigte Wasser herabfällt und von dem dasselbe in zwei seitliche Rinnen nach dem Kesselboden geleitet wird (Abb. 294).

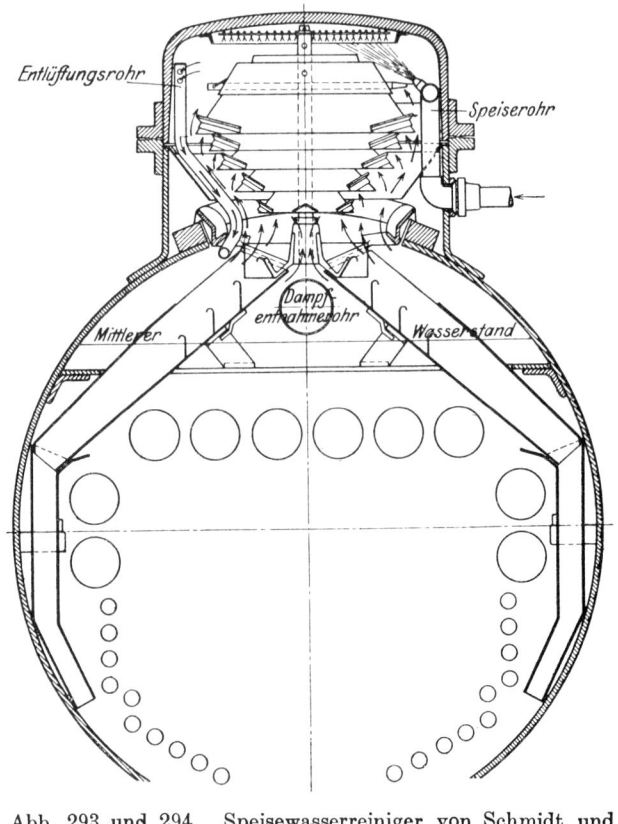

Abb. 293 und 294. Speisewasserreiniger von Schmidt und Wagner in besonderem Dom.

Die sich bei der Erwärmung des Wassers in der Domhaube abscheidenden Gase sollen durch ein Entlüftungsrohr abgesaugt werden. Im Dom ist ein Dampftrockner angebracht, der aus einem trompetenförmigen sich verengenden und dann wieder erweiternden Rohr besteht. Der zum Regler strömende Dampf muß entsprechend der zunehmenden Querschnittsverminderung seine Geschwindigkeit erhöhen und wird dadurch an der Mündungsstelle des Entlüftungsrohres, das in das Trompetenrohr hineinragt, eine Saugwirkung ausüben. Das mit dem Kesseldampf übergerissene Wasser wird durch die Fliehkraftwirkung nach außen geschleudert und soll durch eine am tiefsten Punkt angeordnete Zunge abgeleitet werden.

Dieser Reiniger ist auch bei den württembergischen Staatsbahnen erprobt worden.

Der in Abb. 295 und 296 dargestellte, bei den ungarischen Staatsbahnen angewendete Speisewasserreiniger von Pecz-Retjö besteht aus einem auf dem Kessel gelagerten Behälter a, der durch den Stutzen b mit dem Dampfraum des Kessels in Verbindung steht, und der hinten durch einen Deckel f verschlossen ist. Am unteren

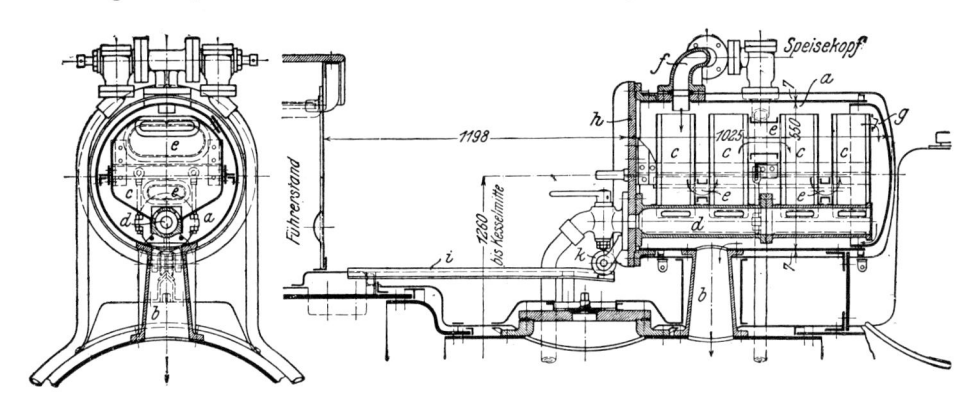

Abb. 295 und 296. Speisewasserreiniger von Pecz-Retjö.

Teil dieses Deckels ist ein in den Behälter hineinragendes Rohr d befestigt, der sog. Schlammfänger, auf dem eine Anzahl Zellen c sitzen. Diese sind abwechselnd oben und unten durch Zwischenstücke e verbunden, so daß das durch den Speisekopf h über der hinteren Zelle von oben herabfallende Wasser den durch Pfeile gekennzeichneten Weg durch die Zellen machen muß und dabei von dem durch den Stutzen b in den Behälter a strömenden Kesseldampf stark erwärmt wird. An ihrem unteren Teil sind die Zellen c durch längliche Schlitze mit dem Schlammfänger d in Verbindung gebracht, wodurch die sich bei der Erwärmung aus dem Wasser ausscheidenden Schlammteilchen hier ablagern können. Durch Öffnen des Abblasehahns g werden sie durch eine unter den Kessel führende Leitung entfernt. Die letzte Zelle ist oben mit einem Überlauf versehen, über den das Wasser in den Behälter a und von dort durch den Stutzen b in den Kessel fließt. Zur Reinigung der Zellen von dem sich daran festsetzenden härteren Kesselstein ist der Deckel mitsamt den Zellen leicht ausfahrbar, zu welchem Zweck unten an demselben eine Rolle i angebracht ist, die auf einer Schiene k entlang läuft.

Gleichzeitig mit dem Entschlammen ist ein teilweises Ablassen des Kesselwassers vorgeschrieben, was dadurch erleichtert wird, daß an verschiedenen Stellen des Langkessels und der Stiefelknechtplatte Hähne vorgesehen sind.

Die Erfahrungen, die die ungarischen Staatsbahnen mit diesem Wasserreiniger gemacht haben, sind gute, wenigstens bezüglich der Abscheidung des Kesselsteines. Die Auswaschzeiten haben sich gegenüber den mit (nach dem Kalk-Soda-Verfahren) gereinigtem Wasser arbeitenden Lokomotiven auf das Zehnfache verlängern lassen, wobei sich Lauflängen von 16000 bis zu 18000 km ergeben haben. Beim Auswaschen hat sich gezeigt, daß das Kesselinnere mit blättrigem Kesselstein bedeckt war, der sich durch einfaches Ausspritzen leicht entfernen ließ.

Zurzeit sind über 1000 Lokomotiven der ungarischen Staatsbahnen mit diesem Kesselsteinabscheider ausgerüstet. Neuerdings sind auch eine Anzahl Lokomotiven der österreichischen Staatsbahn damit versehen worden.

Als Vorzug der Zellen vor der Schalenbauart darf angesehen werden, daß die Abscheidung des Steins stets unter Wasser stattfindet; die Ausscheidungen können dabei niemals so verhärten, wie dies auf den Schalen der Fall ist, wo die Schlammteilchen beim Abstellen der Speisepumpen zusammentrocknen und daher festen Stein bilden können, der unter Umständen nicht leicht von den Schalen zu entfernen ist.

Als weniger empfehlenswert ist die Speisung in den Dampfraum zu bezeichnen, die dabei in der Weise bewirkt wird, daß sich an der Eintrittsstelle des Speiserohrs ein Luftsack bilden kann.

Die genannten Unvollkommenheiten sucht der in Abb. 297 und 298 dargestellte von der Knorrbremse A.-G. in Berlin angegebene Schlammabscheider zu vermeiden.

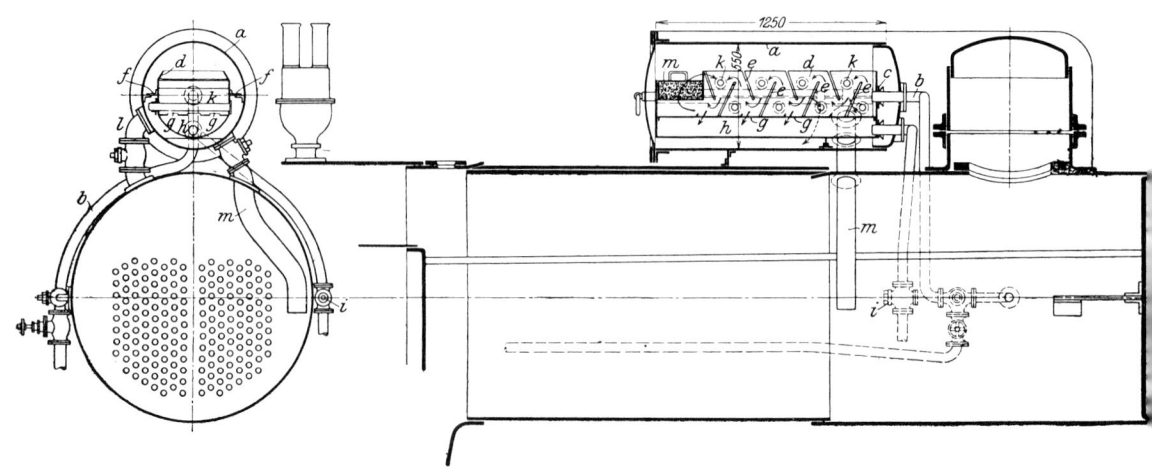

Abb. 297 und 298. Speisewasserreiniger Bauart Knorrbremse A.-G.

Das von der Dampfstrahlpumpe bzw. vom Vorwärmer kommende Wasser gelangt in den Behälter a durch das Rohr b, das nach innen verlängert ist und durch das Mundstück c in den Abscheiderraum d einmündet. Dieser ist durch schräg gestellte Wände e so geteilt, daß das Wasser im Zickzackweg von rechts nach links läuft. Die Einführung des frisch zugeführten Wassers unter Wasser hat den Zweck, die Abscheidung der bereits gelösten Gase allmählicher zu gestalten. Bei unmittelbarer Speisung in den Dampfraum, wie bei den vorher erwähnten Einrichtungen, trennt sich beim Austritt des Wassers aus dem Speiserohr die Luft zu plötzlich von diesem, so daß unter Umständen Stöße und Knattern in dem Wasserrohr erfolgen. Außerdem setzt sich an den Einlaufstellen des Wassers, ganz besonders bei Verwendung von Brausenrohren, leicht Kesselstein an, der den Einströmquerschnitt verengt.

Nachdem das Wasser die einzelnen Abscheidekammern durchlaufen hat, tritt es durch ein am Ende eingeschaltetes Koksfilter m, das die feinen, im Wasser noch schwebenden Schlammteilchen zurückhalten soll, über den Rand des Behälters d auf zwei seitlich angeordnete Winkeleisen f, die gleichzeitig als Auflager für den Abscheidebehälter d dienen, fließt auf diesen nach rechts entlang, von wo es schließlich durch Durchbrechungen derselben in den unteren Teil des Behälters a gelangt.

Die schräge Stellung der Leitwände hat den Zweck, die Absonderung der feinverteilten Ausfällungen zu erhöhen. Das Wasser nimmt nach unten zu eine größere Geschwindigkeit an, wodurch die Schlammteilchen beschleunigt werden und durch

Öffnungen g des Bodens in den toten Raum h gelangen, aus dem sie durch Öffnen des Hahns i ausgeblasen werden können. Die schrägen Leitwände sind zur Vergrößerung der Heizwirkung doppelwandig ausgeführt, so daß nach innen der Dampf eintreten kann; zum gleichen Zweck sind außerdem noch leicht zu entfernende Rohre k durch die Seitenwände des Behälters d hindurchgeführt.

Der zum Vorwärmen nötige Dampf gelangt durch das absperrbare Rohr l in den Behälter d, das gereinigte Wasser fließt durch die weite Leitung m, die ebenfalls mit einem Absperrventil versehen ist, ab und tritt unter dem Wasserspiegel aus.

Alle Verbindungsrohre zwischen dem Abscheider und dem Kessel sind demnach durch Ventile zu schließen; es ist hierdurch der Vorteil erreicht, daß bei etwaigen Störungen die Einrichtung abgeschaltet werden kann, und dem Kessel das erforderliche Wasser unmittelbar zuzuführen ist. Auch kann der Abscheidebehälter ausgefahren werden, wenn die Lokomotive unter Dampf steht.

Als Nachteil aller bisher beschriebenen Kesselsteinabscheider ist der Umstand zu erwähnen, daß sie, da das Wasser frei aus ihnen herabfallen muß, stets oben auf

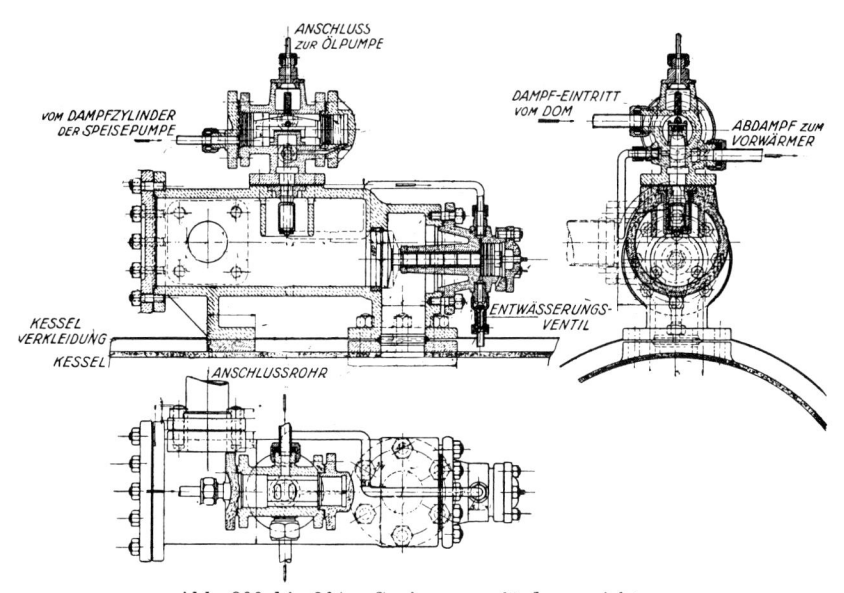

Abb. 299 bis 301. Speisewasserfördervorrichtung.

dem Kessel angeordnet werden müssen, wo, besonders bei den hochliegenden Kesseln der neueren Lokomotiven, der Platz wegen des Doms, des Sandkastens und der Sicherheitsventile sehr beschränkt ist, da außerdem auf das Herausziehen der Ausscheideschalen oder Behälter Rücksicht genommen werden muß, so ist es dadurch oft nicht möglich, ihnen die erforderliche Länge zu geben. Die auf dem Kessel liegenden großen Behälter wirken ferner unschön und sind nicht leicht zu bedienen.

Mit Hilfe der in Abb. 299 bis 301 dargestellten Vorrichtung, die gleichfalls von der Knorrbremse A.-G. angegeben ist, würde eine beliebige Lage des Kesselsteinabscheiders möglich sein, zum Beispiel, wie in Abb. 302 gezeigt, seitlich auf dem Umlaufblech.

Das im unteren Teil des Wasserreinigers sich ansammelnde heiße Wasser soll in einen auf dem Langkessel liegenden kleinen Behälter gehoben werden (Abb. 299), dessen Inhalt etwa nur 240% des Hubraums der Speisepumpe beträgt. Dieser Behälter wird bei jedem Hub der Speisepumpe durch einen von dieser mittelbar gesteuerten Kolben abwechselnd mit dem Dampfraum des Speisewasservorwärmers in Verbindung gebracht und unter Kesseldruck gesetzt. Im ersten Fall fließt das Wasser

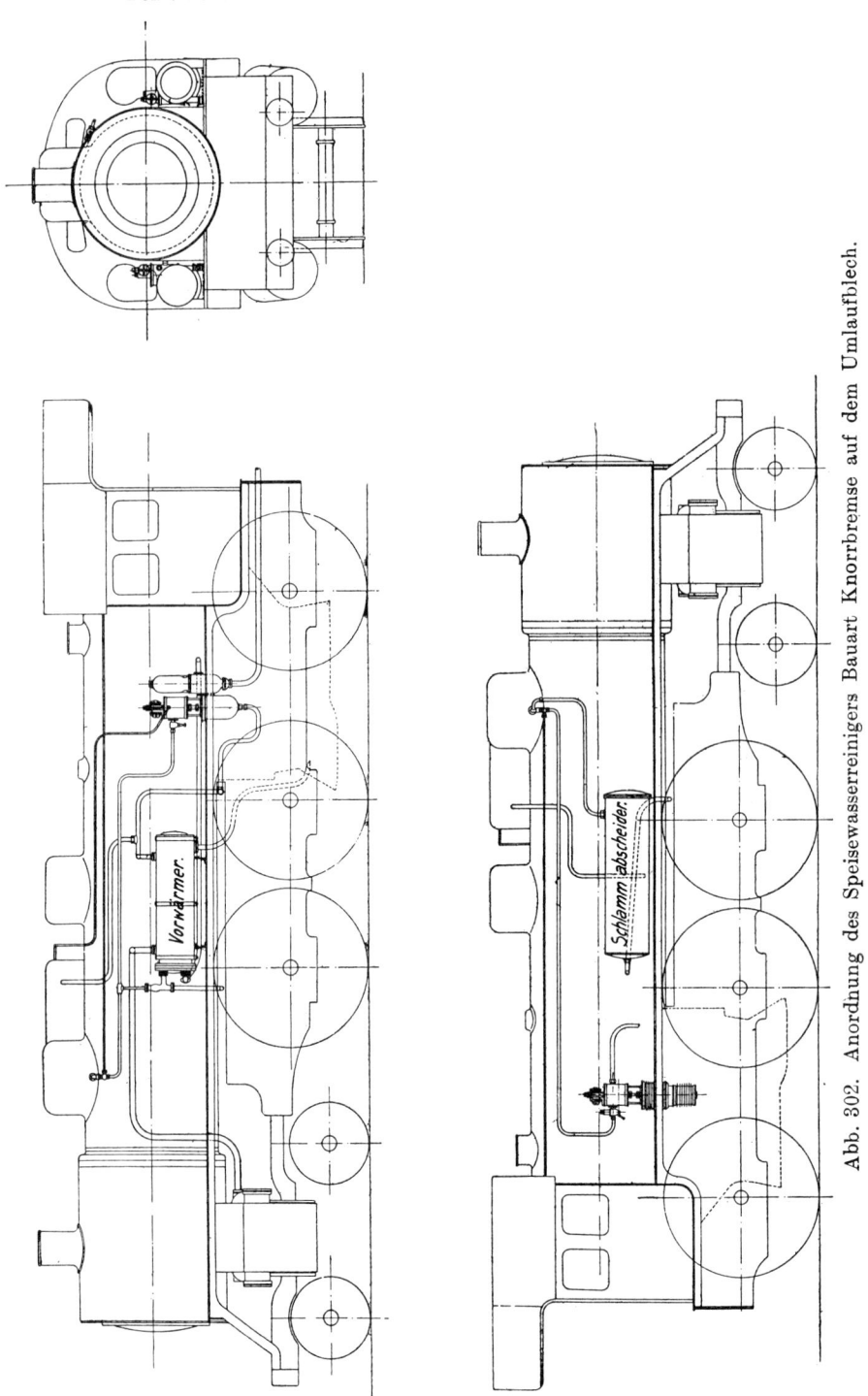

Abb. 302. Anordnung des Speisewasserreinigers Bauart Knorrbremse auf dem Umlaufblech.

infolge des im Abscheidebehälter herrschenden hohen Überdruckes in den kleinen Behälter hinein. Steuert der Kolbenschieber um, so wird das Wasser unter Druck gesetzt, gleichzeitig wird durch ein ebenfalls gesteuertes Ventil die Verbindungsleitung nach dem Kessel geöffnet, wodurch das Wasser in diesen abfließen kann. Um ein Austreten des Wassers aus dem kleinen Behälter in die zum Vorwärmer führende Rohrleitung zu vermeiden, ist vor die Öffnung ein Glockenventil vorge-

Kessel. 265

schaltet, das nur dem Dampf den Durchtritt gestattet, durch das hochsteigende Wasser jedoch geschlossen wird. Über die Bewährung dieser Einrichtung liegen Ergebnisse noch nicht vor.

k) Ventilregler. Die erheblichen Nachteile, die mit der Anwendung von Flachschieberreglern verknüpft sind, die schwierige dampfdichte Herstellung der ebenen Flächen, ihr schlechtes Dichthalten durch Verwerfung und Fressen der ebenen Flächen, die sich kaum in Schmiere halten lassen und ihre schwere Betätigung haben zur Einführung von Ventilreglern geführt.

Von den zahlreichen zur Ausprobung gelangten Ausführungen haben bei der preußischen Staatsbahn die von Schmidt & Wagner in Berlin gebauten Ventilregler die weiteste Verbreitung gefunden.

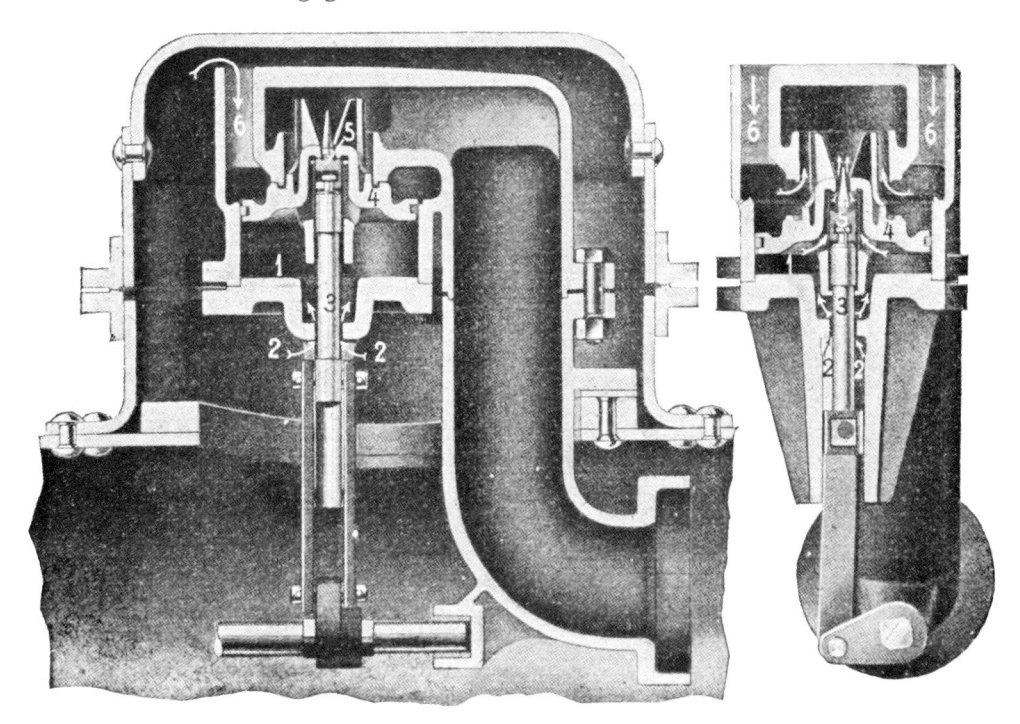

Abb. 303 und 304. Ventilregler von Schmidt & Wagner, ältere Bauart.

Eine bisher am meisten angewandte Ausführungsform ist in Abb. 303 und 304 dargestellt. Die erheblichen Vorzüge dieses Reglers bestehen darin, daß die ganze Handhabung ohne Kraftaufwand erfolgt, da das Hauptventil mittelbar durch den Dampf, also nicht vom Führer selbst bewegt wird, daß alle Dichtungen auf der Drehbank in einfacher Weise hergestellt werden können und ferner, daß der Dampf an der höchsten Stelle des Domes, wo er am trockensten ist, entnommen wird.

Bei der in Abb. 303 und 304 dargestellten älteren Bauart des Reglers steht die Entlastungskammer 1 durch den Ringspalt 2 zwischen der Spindel 3 und ihrer Deckelbohrung mit dem Dom in dauernder Verbindung. Bei geschlossenem Regler ist die im Hauptventil 4 vorgesehene Abflußöffnung der Kammer 1 vom Hilfsventil 5 dampfdicht verschlossen. Beim Öffnen des Hilfsventils 5 mittels der Reglerwelle und der Spindel 3 gibt der mit ihm verbundene Drosselkegel einen mit dem Hube an Querschnitt zunehmenden Ringspalt für den Dampfausfluß aus der Kammer 1 in die Schieberkästen frei. Dadurch wird schließlich in der Kammer 1 ein solcher Unterdruck erzeugt, daß das Hauptventil 4 von seinem Sitz abgehoben und gegen den Deckel zu bewegt wird. Bei diesem Eröffnungshube verengt das Hauptventil aber wieder zunehmend den vorher vom Drosselkegel freigelegten Ausflußringspalt und verdichtet gleichzeitig den noch in der Kammer 1 vorhanden gewesenen und ihr außerdem auch noch dauernd durch den Ringspalt 2 zufließenden Dampf. Das öffnende Hauptventil erzeugt also in der Kammer 1 einen mit seinem Hube zunehmen-

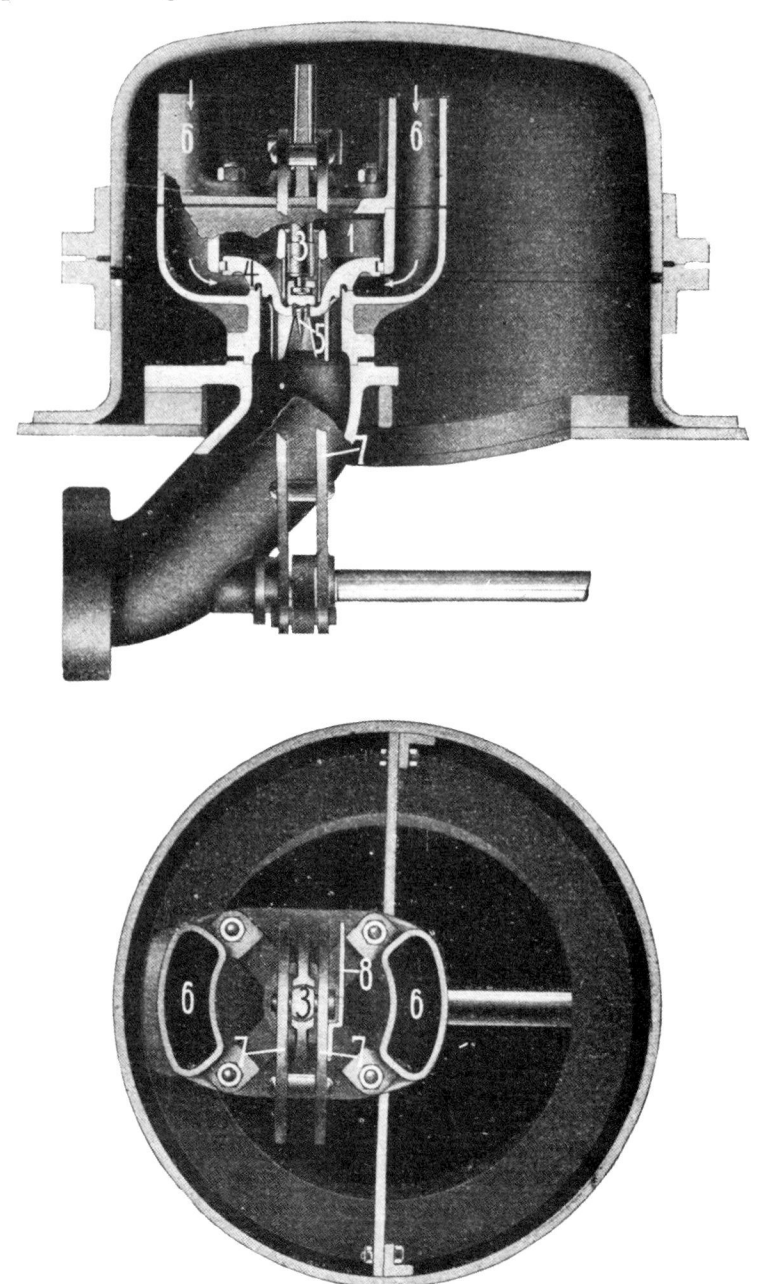

Abb. 305 und 306.

den Gegendruck, der es sofort zum Stillstand bringt, sobald die Eröffnungsbewegung des Hilfsventils 5 unterbrochen wird. Es stellt sich hierauf selbsttätig in eine solche Lage zum Drosselkegel ein, daß durch den dadurch bedingten Ringspalt ebensoviel Dampf aus der Kammer 1 abfließt, als dieser durch den Ringspalt 2 dauernd zuströmt. In dieser Lage sind alle auf das Hauptventil einwirkenden Kräfte ausgeglichen, und solange daher der Hilfsventilhub nicht geändert wird, verharrt das Hauptventil, im Dampfe schwimmend, unverrückbar fest in der einmal eingenommenen Gleichgewichtslage. Jede Hubveränderung des Hilfsventils verändert natürlich den Querschnitt des Ausflußringspaltes und vermehrt oder vermindert je nach der

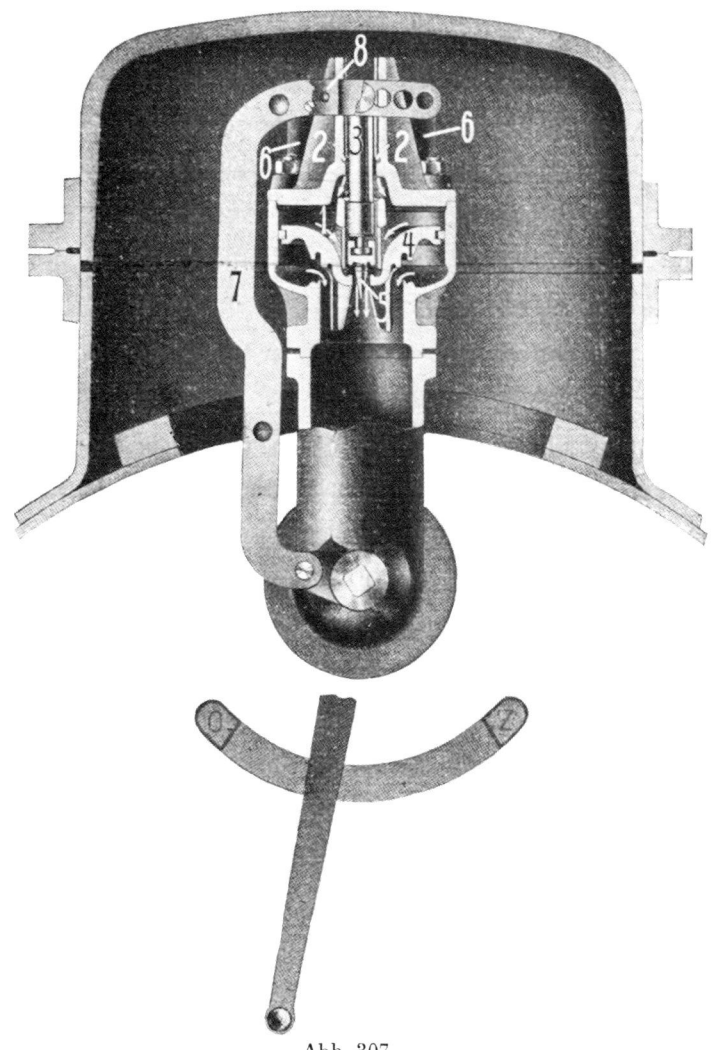

Abb. 307.
Abb. 305 bis 307. Ventilregler von Schmidt & Wagner, neuere Bauart.

Bewegungsrichtung den Druck in der Kammer 1 Diese Druckveränderung aber zwingt das Hauptventil sofort zu einer mit der Hilfsventilbewegung gleichgerichteten und gleichgroßen Hubveränderung, genau so, als wenn Haupt- und Hilfsventil fest miteinander verbunden wären. Der Regler läßt sich also spielend leicht öffnen und schließen, da der Führer dabei nur das kleine Hilfsventil zu bewegen hat, während die entsprechende Bewegung des Hauptventils allein vom Dampf bewirkt wird. Infolge der sich allmählich verbreiternden Öffnungen, die durch die abgeschrägten Flügel des Hauptventils gebildet werden, läßt sich der Dampfzufluß zu den Schieberkästen in denkbar feinster Weise regeln. Die hohe Lage der Dampfzuflußtaschen 6 hindert bei ruhiger Eröffnung des Reglers das Überreißen von Wasser. Der Regler ist dauernd dampfdicht, da die Ventilsitze durch überragende Schutzkanten gegen die abschleifende Wirkung des Dampfstromes gesichert sind und da der Dampfstrom auch Haupt- und Hilfsventil in langsame Drehung versetzt, so daß ihr Abschluß in immer neuen Berührungspunkten erfolgt.

Zu beachten ist, daß bei geschlossenem Regler der Handhebel noch mindestens 5 mm von dem Anschlagknaggen entfernt sein muß, und daß ferner der Regler ab und zu ganz geöffnet wird, damit sich in der Kammer 1 keine Rostansätze bilden, die die leichte Gangbarkeit beeinträchtigen könnten.

Der in Abb. 305 bis 307 dargestellte Ventilregler neuester Bauart von Schmidt & Wagner unterscheidet sich von dem vorher beschriebenen nur durch die Form des Gehäuses; die Wirkungsweise beider Regler ist genau die gleiche. Die Bauart gestattet nach Abheben des Deckels eine Untersuchung der arbeitenden Teile des Reglers, ohne daß er vom Einströmrohr abgeschraubt werden muß. Das Hilfsventil 5, das in der Spindel 3 hängt, steht durch den Laschenbügel 7 mit der Reglerwelle in Verbindung. Damit bei geschlossenem Regler der Handhebel wie bei dem vorigen Regler mindestens 5 mm von dem Anschlagknaggen entfernt bleibt, ist zur Vereinfachung des Einbaues der Laschenbügel 7 mit mehreren Umstecklöchern für den Verbindungsbolzen zwischen der Reglerspindel 3 und dem Laschenbügel 7 versehen. Das an dem Laschenbügel angebrachte drehbare Sicherungsblech 8 verhindert ein Herausfallen des Verbindungsbolzens.

l) Bemerkenswerte Einzelheiten an Kesseln der preußischen Heißdampflokomotiven. Die Abb. 308 bis 315 zeigen als Musterbeispiel die Ausführung des Kessels der 2 C-Heißdampflokomotive der Gattung P 8 der preußischen Staatsbahnen mit seinen wichtigsten Einzelheiten. Der unter Berücksichtigung aller bei Heißdampflokomotiven gemachten Erfahrungen gebaute Kessel hat sich bestens bewährt und wird in ähnlicher Form bei allen neueren Heißdampflokomotiven der preußischen Staatsbahn angewendet.

Die schmale Feuerbüchse wird von vorn eingebracht, bevor die Verbindung zwischen der Stiefelknechtplatte und dem Langkessel hergestellt ist. Die ältere Anordnung mit von hinten einzubauender Feuerbüchse, wobei die Türwand nach hinten gekümpelt war, hat sich nicht bewährt, da an den Kümpelstellen vielfach Anrisse auftraten, die auch durch Anbringung von aufgenieteten Versteifungswinkeln nicht vermieden werden konnten. Die Ausbildung des Feuerlochs hat gegenüber früheren Ausführungen ebenfalls eine Verbesserung erfahren. Die Webbsche Bauart wird aufgegeben und die Verbindung der beiden hinteren Wände wie früher durch einen zwischengenieteten verhältnismäßig schmalen Ring bewirkt, wodurch der Kesselsteinansatz verringert und seine für die Unterhaltung des Kessels schädlichen Folgen vermieden werden.

Die Verankerung der Feuerbüchse mit dem Mantel geschieht durch hohle Stehbolzen, die am äußeren Ende beim Anstauchen geschlossen werden. Anbrüche machen sich innen durch Kesselsteinansatz bemerkbar, wobei es gleichgültig ist, ob der Riß außen oder innen stattgefunden hat. Die Stehbolzen werden zylindrisch ausgeführt, was gegenüber der älteren, konischen Ausbildung des Gewindeteils eine große Vereinfachung bedeutet. Bei sorgfältiger Ausführung des Stehbolzengewindes und des Muttergewindes kann ein tadelloses Dichthalten erzielt werden. Durch Aufdornen der Löcher und sachgemäße Herstellung der Köpfe wird sich auch im Betriebe der zylindrische Stehbolzen ebenso bewähren wie der konische.

Sämtliche Stehbolzen erhalten 26-mm-Gewinde mit 10 Gang auf 1″.

Die Versteifung der Decke wird durch eiserne Deckenanker bewirkt, sie erhalten an der Feuerseite keine Köpfe, sondern es wird eine Mutter aufgeschraubt und das überstehende Gewinde des Kopfes nachträglich abgearbeitet. Etwa über der Mitte der Feuerbüchse sind zwei senkrechte Querversteifungen angebracht, die Anbrüche im oberen Gewinde der Deckenankerschrauben in den seitlichen Längsreihen infolge Streckens der Decke verhindern sollen.

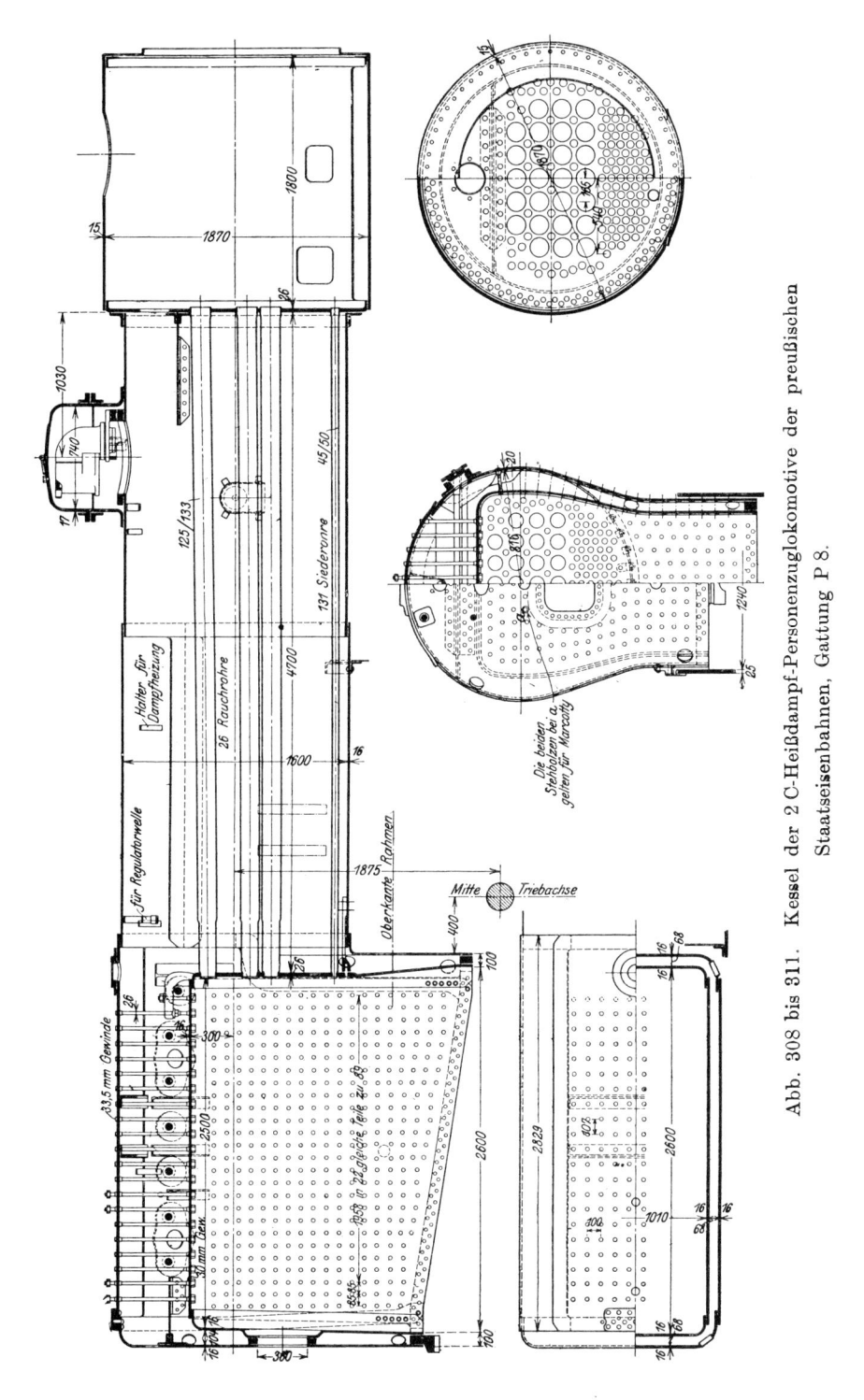

Abb. 308 bis 311. Kessel der 2 C-Heißdampf-Personenzuglokomotive der preußischen Staatseisenbahnen, Gattung P 8.

Zur Verminderung der Biegungsbeanspruchungen der Rohrwandkümpelung und Vermeidung von Anrissen an dieser nur schwierig auszubessernden Stelle werden bei der preußischen Staatseisenbahn an Stelle der vorderen Deckenanker Tragbügel (kurze Barrenanker) verwendet, die sich einerseits gegen die Rohrwand, andrerseits gegen eine auf den nächsten Deckenankern aufgeschraubte Mutter stützen und durch deren wagerechte Schenkel eine kurze Deckenankerschraube an Stelle der sonst üblichen Deckenanker hindurchgeführt wird. Beim Strecken der Rohrwand durch Wärmeausdehnungen oder infolge des Aufwalzens der Siede- und Rauchrohre erfolgt die Biegung der Feuerbüchsdecke nun erst an der Befestigung der ersten Deckenankerreihe, wobei der Winkel, um den die Kümpelung abgebogen wird, entsprechend der größeren Länge des abgebogenen Deckenstücks verringert und die Biegungsbeanspruchung demzufolge ebenfalls verkleinert wird.

Der Feuerbüchsmantel wird über der Feuerbüchsdecke durch kräftige Queranker sowie Winkel- und T-Eisen versteift. Der Bodenring von 68 mm Breite verbindet mit doppelter Nietung den Mantel mit der Feuerbüchse. Unterhalb der Siederohre wird der Langkessel und mit ihm die Stiefelknechtplatte mit der Feuerbüchsrohrwand durch die bekannten Bodenanker verbunden, die stets weit in den Langkessel hineinzuführen sind, damit beim Heben der Feuerbüchse durch die Wärmeausdehnung die Zusatzbeanspruchungen in den Befestigungsnieten am Langkessel möglichst gering ausfallen.

Sämtliche Quernähte des Langkessels werden mit Überlappungsnietung, die Längsnähte mit Doppellaschennietung ausgeführt. Der Domausschnitt wird durch einen kräftigen Ring verstärkt, das Domoberteil wird bei neueren Lokomotiven wegen der geringen Höhe aus einem Stück gepreßt. Die Verbindung des Oberteils mit dem Unterteil geschieht nach Abb. 312.

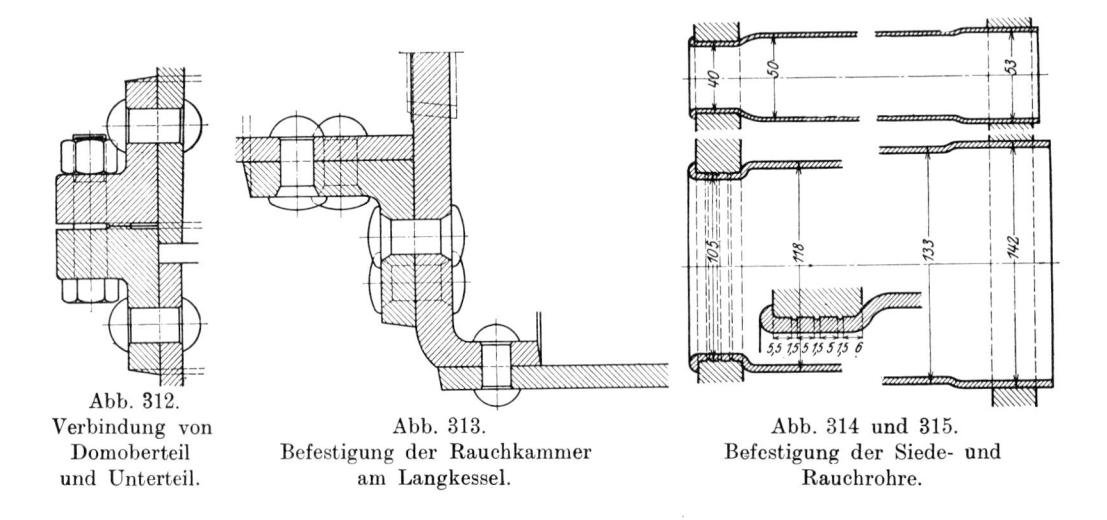

Abb. 312. Verbindung von Domoberteil und Unterteil.

Abb. 313. Befestigung der Rauchkammer am Langkessel.

Abb. 314 und 315. Befestigung der Siede- und Rauchrohre.

Die Rauchkammern der preußischen Heißdampfkessel erhalten meist einen erheblich größeren Durchmesser als der Langkessel, um das Zusetzen der unteren Siederohre mit Lösche zu vermeiden und das Arbeiten am Überhitzer zu erleichtern. Dementsprechend erfolgt die Befestigung der vorderen Rohrwand mit dem Langkessel durch einen kräftigen Winkelring und durch eine doppelte Nietreihe an beiden Flanschen. Abb. 313.

Der obere Teil der vorderen Rohrwand wie der der hinteren Türwand wird durch einen mit Winkeleisen versehenen Blechanker versteift.

Zur Reinigung des Kessels sind Luken vorgesehen und zwar durch einen Pilz verschließbare Auswaschluken, die an den vier unteren Ecken am Bodenring, an den Umbügen der Stiefelknechtplatte, an der Rückwand seitlich in Höhe der Feuerbüchsdecke sowie unten in der vorderen Rohrwand angebracht sind. Außerdem befinden sich seitlich am Feuerbüchsmantel je zwei große Reinigungsluken, die

die Reinigung der Feuerbüchsdecke erleichtern, und im Bodenring Schraubenpfropfen.

Die bei den preußischen Staatseisenbahnen übliche Befestigungsart der Siede- und Rauchrohre ist in Abb. 314 und 315 näher dargestellt und im zwölften Abschnitt beschrieben.

Von ganz erheblicher Wichtigkeit, die vielfach noch unterschätzt wird, ist die Bauart des Rostes. Grundsatz muß hier sein, die freie Rostfläche so groß zu gestalten, wie dies die Haltbarkeit des Baustoffs der Roststäbe zuläßt, d. h. die Roststäbe sind nach Möglichkeit lang und schmal herzustellen; die genügende Haltbarkeit ist durch entsprechende Höhe zu erreichen. Der beste, feuerbeständigste Baustoff ist für die Roststäbe gerade gut genug. Hier darf nicht gespart werden.

Die Spaltweite der Roststäbe richtet sich natürlich nach der vorwiegend verwendeten Kohle. Staubkohle erfordert wegen des Durchfallens der Teilchen in den Aschkasten engere Spaltweiten als Stückkohle. Die Stabbreite ist, wie schon angedeutet, unter allen Umständen so schmal als möglich zu halten, die Höhe möglichst groß. Es wird hierdurch eine gute Kühlung des Rostes durch die vom Aschkasten einströmende Luft gefördert und damit Verschlackung des Rostes und vorzeitiges Abbrennen vermindert. Als zweckmäßigste Spaltweiten gußeiserner Roststäbe haben sich bei den preußischen Staatseisenbahnen bei Verwendung von oberschlesischer Kohle 10 mm bei 10 mm Stabbreite und 13 mm bei 11 mm Stabbreite für westfälische Kohle ergeben. Eine weitere Verminderung der Schlackenbildung läßt sich durch die Einführung des aus dem Vorwärmer entweichenden überschüssigen Dampfes in den Aschkasten erreichen, da hierdurch eine vorzügliche Kühlung der Roststäbe bewirkt wird.

Von großer Bedeutung ist eine bestmögliche Verbindung des Kessels mit dem Rahmen, die vorn, an der Rauchkammer, eine durchaus feste sein, an der Feuerbüchse aber trotz innigster Verbindung mit dem Rahmen bei der Erwärmung des Kessels doch ein Gleiten auf dem Rahmen gestatten muß.

Die schlingernden Bewegungen, die die Lokomotive während der Fahrt ausführt, äußern sich besonders störend auf diese hintere Verbindung des Kessels mit dem Rahmen. Die große Masse des Kessels kann nur dann dämpfend auf den Einfluß des Schlingerns und anderer störender Bewegungen einwirken, wenn die feste Verbindung mit dem Rahmen dauernd bewahrt bleibt. Hier kann beim Bau kaum zu viel Sorgfalt angewendet werden und auch im Betriebe ist stets eine gute Schmierung aller gleitenden Flächen zu verlangen, besonders da die Bewegungen beim Ausdehnen und Zusammenziehen des Kessels an sich nur klein sind und daher gern als unschädlich angesehen werden, was sie keineswegs sind! — Zur dauernd guten Aufnahme der Schlingerkräfte ist es auch notwendig, die Verbindung zwischen dem hinteren Kesselende und dem Rahmen, das sog. Schlingerstück, besonders sorgfältig auszuführen.

Abb. 316 bis 318 zeigt eine Anordnung bei Lokomotiven der preußischen Staatseisenbahn. Ein am hinteren Querteil des Bodenrings angebrachter möglichst breiter Fuß wird auf und zwischen gut geölten Gleitlagern geführt. Versuchsweise sind die Führungsstücke auch nachstellbar gemachte, wie in Abb. 319 bis 321 dargestellt ist. Um hierbei der beim Anheizen erfolgenden Ausdehnung des Bodenringes Rechnung zu tragen, müssen die inneren Keilstücke fest angezogen werden, an den äußeren Keilstücken dagegen muß im kalten Zustande ein Spiel von 0,25 mm gelassen werden.

Von besonderer Wichtigkeit ist, wie schon angedeutet, die seitliche Auflagerung des hinteren Kesselendes, die das Abheben des Stehkessels vom Rahmen verhindern und gleichzeitig die Folgen der Seitenstöße mindern soll. Die Gleitlager müssen genügende Längsbeweglichkeit der Feuerbüchse gestatten, die durch die Erwärmung des Langkessels beim Anheizen hervorgerufen wird. Es muß für eine möglichst große Auflage und gute Schmierung der aufeinandergleitenden Teile gesorgt werden, um dem bisher an dieser Stelle häufig beobachteten Fressen vorzubeugen. Durch gut gebaute Gleitlager, wie sie in Abb. 322 bis 326 dargestellt sind, kann auch eine

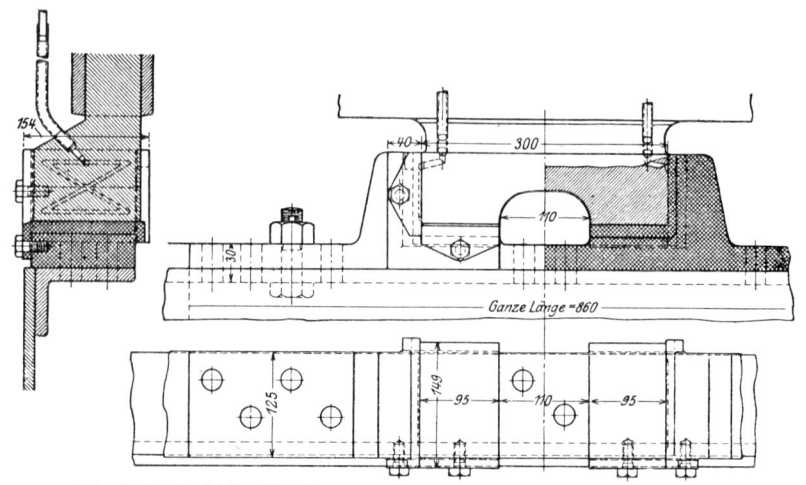

Abb. 316 bis 318. Schlingerstück einer 2 C-Schnellzuglokomotive.

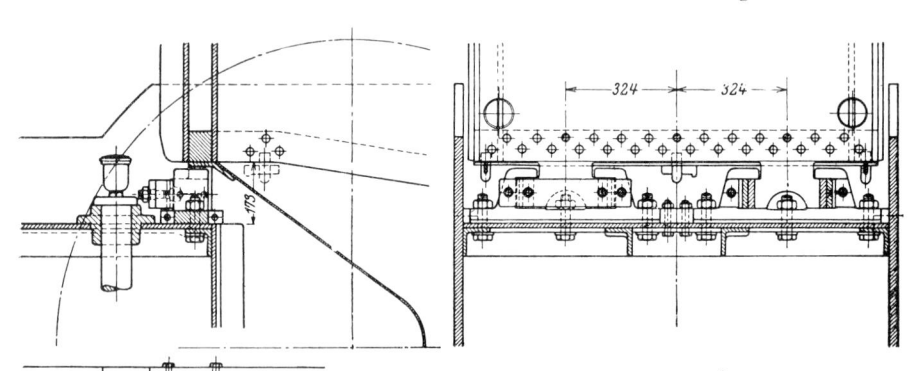

Abb. 319 bis 321. Nachstellbares Schlingerstück der 2 C-Personenzuglokomotive, Gattung P 8.

Entlastung der Schlingerstücke bewirkt werden, mit denen sie in enger Wechselbeziehung stehen. Die in den Abb. 322 bis 326 gezeigten Gleitlager sind beiderseitig nebeneinander ausgeführt, um eine möglichst große Oberfläche und gutes Anliegen der aufeinander sich bewegenden Teile zu gewährleisten.

Um die schädliche Anreicherung des Kesselwassers mit Salzen zu vermindern und das Festbrennen des sich bildenden Schlammes an den Heizflächen zu verhindern, ist es zweckmäßig, des öfteren einen Teil des Kesselwassers abzulassen. Es werden zu diesem Zweck am tiefsten Punkt des Kessels Schlammablaßventile oder Hähne vorgesehen. Zur Vermeidung des Festfressens der Hahnküken wird das Hahngehäuse geheizt, so daß die sich berührenden Oberflächen die gleiche Temperatur haben (Abb. 327 bis 329).

In Abb. 330 ist ein Schlammablaßventil von Liebermann dargestellt, dessen Ventilkegel sich von außen nachschleifen läßt.

Abb. 322 bis 326. Seitlicher Feuerbüchsträger.

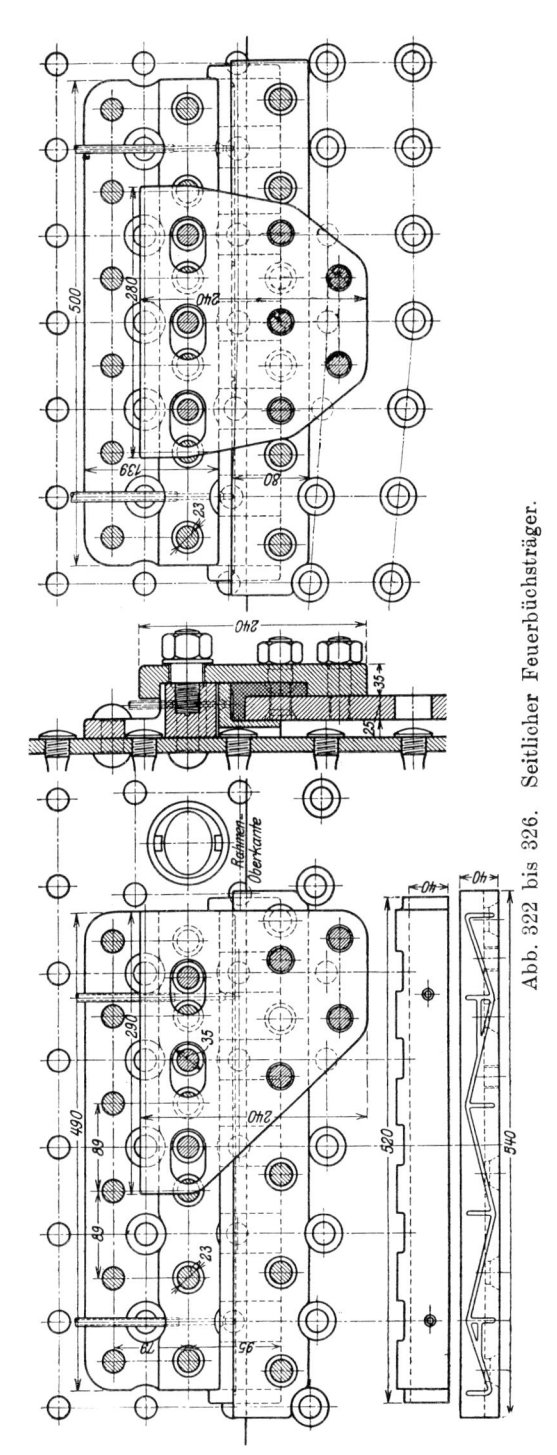

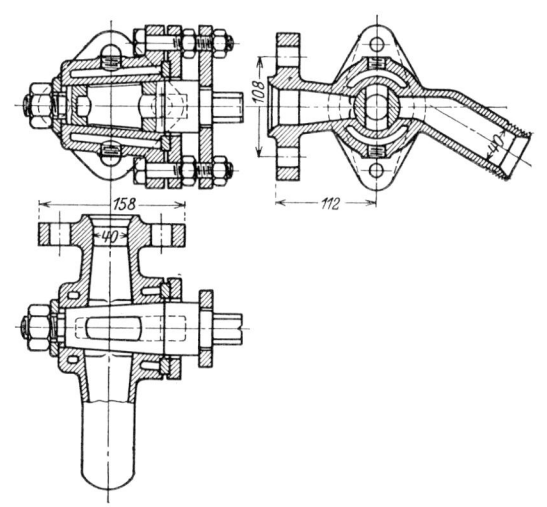

Abb. 327 bis 329. Schlammablaßhahn.

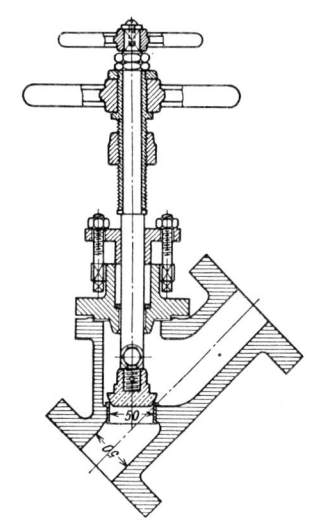

Abb. 330. Schlammablaßhahn. von Liebermann.

Sicherheitsventile.

Statt der bei den preußischen Staatseisenbahnen bisher allgemein angewendeten Ramsbottomschen Sicherheitsventile werden neuerdings, besonders bei größeren Kesseln, die sog. Popventile der Bauart Coale ausgeführt, die in Amerika bereits weite Verbreitung gefunden haben und sich vor den erstgenannten dadurch auszeichnen, daß die abzublasende Dampfmenge bequem geregelt werden kann, so daß die Drucksteigerung in beträchtlich geringeren Grenzen zu halten ist als bei dem Ramsbottomschen Ventil. Die Bauart des Popventils[1]) ist aus Abb. 331 ersichtlich. In dem Gehäuse a mit dem Ventilsitz b ist ein Ring c eingeschraubt, der durch eine

---

[1]) Nach einer Ausführung von H. Maihak A.-G. in Hamburg.

zahnradartige Ausbildung seiner äußeren Mantelfläche leicht in der Höhenlage verstellt werden kann. Zu diesem Zweck ist im Gehäuse a ein sonst verschlossenes Loch angebracht, durch das der Ring c Zahn für Zahn verdreht werden kann. Der Ventilkörper l, dessen Sitzfläche d konisch ausgeführt ist, erweitert sich flanschförmig über der Sitzfläche d. Oberhalb dieses Flansches wird der Ventilkörper l in dem Gehäuse e zylindrisch geführt und durch eine Feder auf den Sitz heruntergedrückt. Der ausströmende Dampf entweicht durch einen durchlochten Ringkanal unter die Haube f. Das Gehäuse e enthält außerdem das Muttergewinde für die Spannschraube g, durch deren zylindrische Bohrung die Probierspindel h hindurchgeht, auf die der Hebel i zur Lüftung des Ventils einwirkt. Über das Gehäuse e ist die Schalldämpfungshaube f geschraubt, an der eine plombierte Kappe k befestigt ist, die das unbefugte Nachstellen der Spannschraube g verhüten soll.

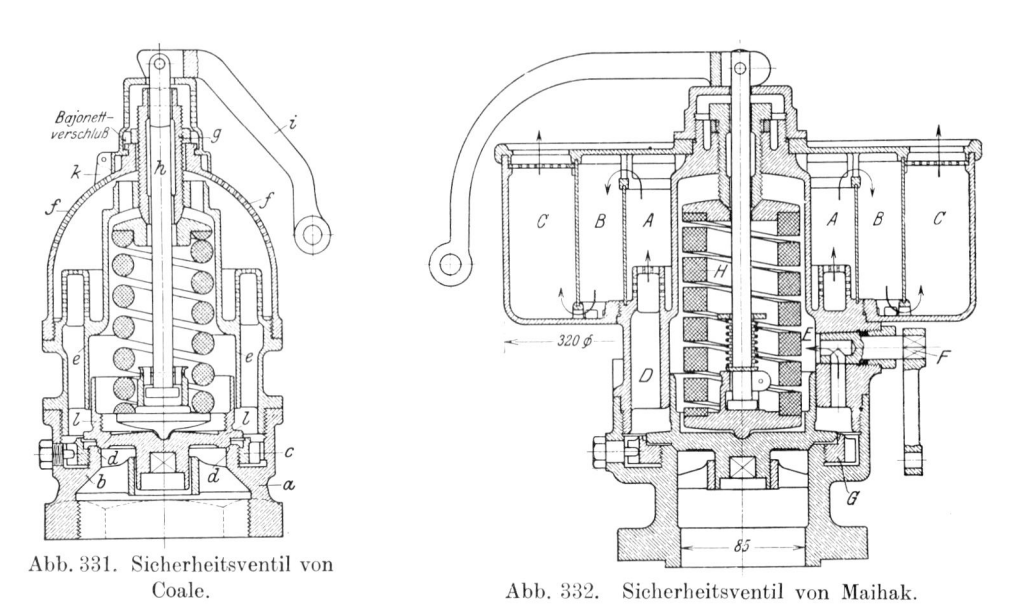

Abb. 331. Sicherheitsventil von Coale.

Abb. 332. Sicherheitsventil von Maihak.

Der Dampf gelangt im Augenblick des Abblasens in die durch den Sitz b im Gehäuse a, den Flansch des Ventils l und den Ring c begrenzte Kammer, so daß der auf die obere Ringfläche der Kammer von unten wirkende Druck das Ventil offen hält, bis der Kesseldruck soweit gesunken ist, daß er im Verein mit dem gleichfalls abnehmenden Druck in der Kammer zur Überwindung des Federdruckes nicht mehr ausreicht.

Eine andere Ausführung eines Sicherheitsventils von H. Maihak in Hamburg zeigt Abb. 332, die gegenüber dem eben beschriebenen einige wesentliche Verbesserungen aufweist.

Die eine bezieht sich auf die Anordnung eines Schalldämpfers. Wie aus der Abb. 332 ersichtlich, besteht dieser aus drei umeinander gelagerten Kammern A, B und C, die beim Abblasen des Sicherheitsventiles von dem Dampf nacheinander durchströmt werden. Die Kammern B und C sind mit haselnußgroßen Kieselsteinstücken gefüllt. Die Geschwindigkeit des Dampfes wird durch die Reibung in der Kesselsteinschicht und vor allen Dingen durch die Entspannung auf seinem Austrittswege ganz wesentlich herabgesetzt. Das Geräusch des austretenden Dampfes wird durch diese Einrichtung soweit vermindert, daß die Verständigung zwischen Führer und Heizer durch das Abblasen des Sicherheitsventiles nicht mehr gestört wird.

Die zweite Neuerung bezieht sich auf die Beseitigung der beim Schließen des Hochhubsicherheitsventiles schädlichen Wirkung der Zusatzfläche, die bei den bisher verwendeten Hochhubsicherheitsventilen noch vorhanden ist und die darin liegt, daß das Ventil nicht — wie dies zur Vermeidung von Spannungsverlusten nötig ist — dann schließt, wenn der Kesseldruck auf die normale Höhe gesunken ist, sondern erst wenn der verminderte Kesseldruck mal der vergrößerten Ventilkegelquerschnittsfläche der Federspannung entspricht. Dieser verminderte Kesseldruck liegt bei genügend großer Hochhubwirkung aber so tief unter dem Normaldruck, daß jedes Abblasen des Sicherheitsventiles einen bedeutenden unerwünschten Dampfverlust zur Folge hat. Ist der Führer gezwungen, mit stark befeuerter Lokomotive und mit hohem Wasserstand im Kessel auf offener Strecke zu halten, so treten die Sicherheitsventile in Tätigkeit, die dann den Kessel je nach Einstellung des Hochhubes bis zu $1^{1}/_{2}$ und 2 Atm. unter Einstellungsdruck des Sicherheitsventiles abblasen, womit einmal ein unmittelbarer Dampfverlust verbunden ist und ferner beim darauffolgenden Wiederanfahren nicht mit dem zulässigen Höchstdruck im Schieberkasten gearbeitet werden kann, also unwirtschaftlicher gefahren werden muß.

Der vorerwähnte Übelstand wird bei den Hochhubsicherheitsventilen nach Abb. 332 durch Einbau einer einfachen Vorrichtung beseitigt, mit der die Wirkung der Zusatzfläche aufgehoben und der Ventilschluß bei Erreichung des Einstellungsdruckes herbeigeführt werden kann. Die Einrichtung besteht in der Anordnung eines Abschlußorganes F, das in einer Verbindungsleitung zwischen den Räumen D und E des Ventiles liegt. An Stelle des in der Zeichnung dargestellten Hahnes F kann auch eine andere Abschlußvorrichtung (Ventil, Schieber oder dergleichen) gewählt werden. Der Hahn F wird durch eine Zugfeder in geschlossener Stellung gehalten. Kommt das Sicherheitsventil zum Abblasen, so arbeitet dasselbe infolge Wirksamkeit der Zusatzfläche zunächst als Hochhubventil. Durch entsprechende Bemessung der Zusatzflächengröße und Einstellung des Ringes G kann der Hochhub bis zum Vollhub gesteigert werden. Ist der Kesseldruck bis auf den Einstellungsdruck abgeblasen, so genügt es, einmal an der mit dem Hahn in Verbindung stehenden Zugstange zu ziehen, um das Ventil zu schließen. Durch die Betätigung des Hahnes F wird derselbe geöffnet und die Verbindung zwischen den Räumen D und E hergestellt. Da beim Abblasen des Ventiles in dem Raum D noch eine Spannung von etwa 6 bis 8 Atm. herrscht, strömt ein Teil des Dampfes nach dem Raum E über und belastet die eigentliche Ventilkegelquerschnittsfläche von oben, wodurch die Wirkung der Zusatzfläche aufgehoben wird. Sobald die Wirkung der Zusatzfläche aufgehoben ist, schließt die Feder H des Ventilkegels.

Bei dem Entwurf des Ventiles ist darauf Rücksicht genommen, daß die beim Abblasen des Ventiles von der Zusatzfläche ausgeübte nach oben gerichtete Kraft gleich ist der nach Öffnen des Hahnes auf den eigentlichen Ventilkegelquerschnitt ausgeübten nach unten gerichteten Kraft. Hierdurch wird erreicht, daß das Ventil selbst beim etwaigen Versagen der Schließvorrichtung, das heißt wenn die Abschlußvorrichtung in geöffneter Stellung stehen bleibt, noch als gewöhnliches Sicherheitsventil arbeitet.

Wird an Stelle des Hahnes F ein unter der Wirkung des Kesseldruckes stehendes selbsttätig arbeitendes Hilfsventil angeordnet, so fällt die Bedienung, die allerdings nur in einem einzigen Handgriff besteht, fort.

2. Das Triebwerk der Heißdampflokomotiven.

Bei der Anwendung von hochüberhitztem Dampf ist es wesentlich, daß alle Teile der Maschine, die mit diesem Triebmittel in Berührung kommen, wie Zylinder, Kolben, Stopfbüchsen, Schieber, Dichtungen und andere Teile, eine seinen Eigentümlichkeiten entsprechende Bauart aufweisen.

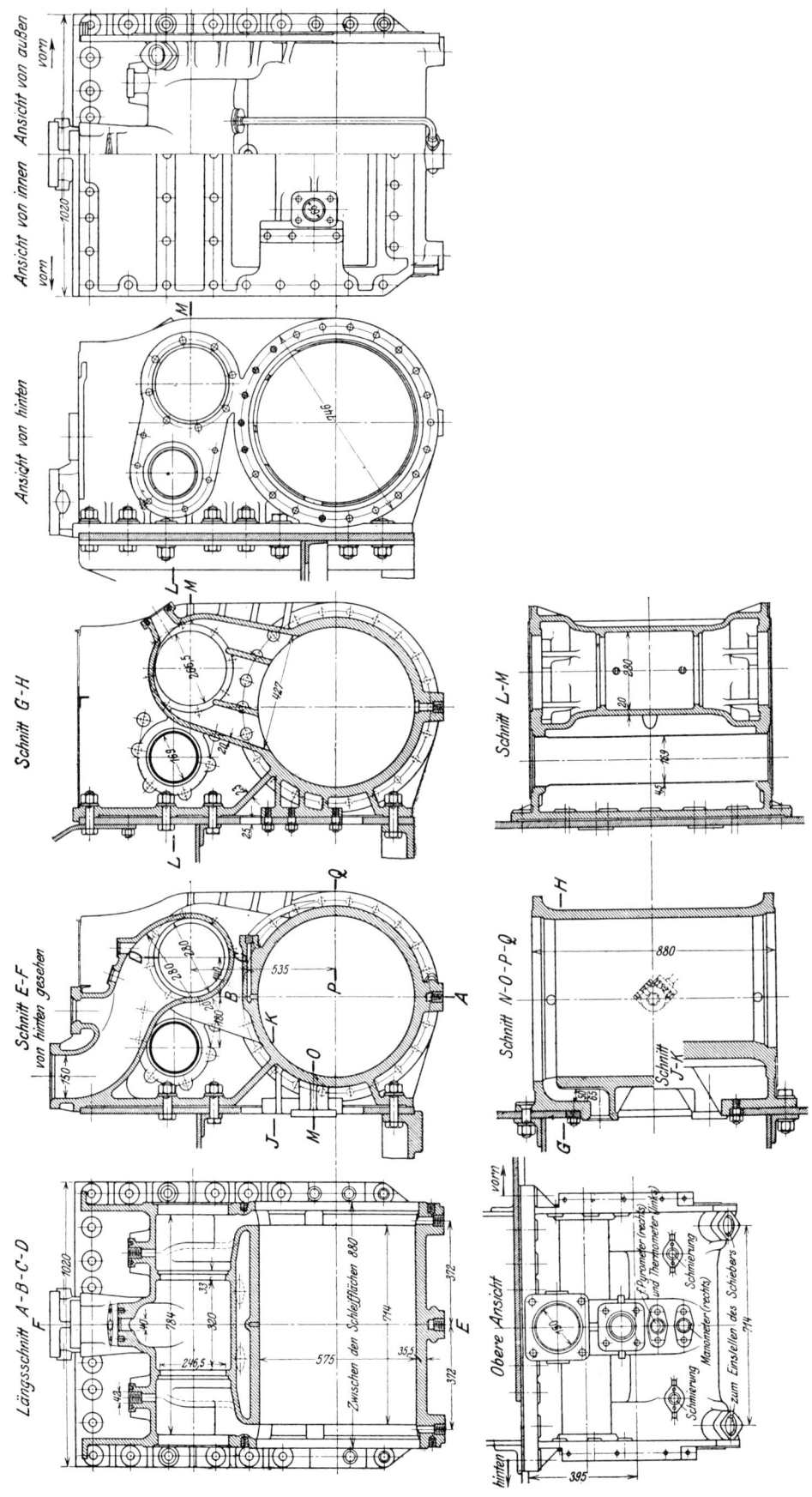

Abb. 333 bis 340. Zylinder der 2 C-Heißdampf-Personenzuglokomotive der preußischen Staatsbahnen.

In diesem Abschnitt sind Einzelheiten der Heißdampfmaschinen, vorwiegend der preußischen Heißdampflokomotiven enthalten, wie sie in den Grundzügen von Wilhelm Schmidt angegeben, durch Versuche nach und nach weiter herausgebildet worden sind und in mehrjährigem Betriebe sich bewährt haben. Die Benutzung dieser Einzelheiten dürfte daher dem Fortschritt förderlich sein und verbürgt von vornherein die praktischen Erfolge, wie sie weiterhin mitgeteilt werden.

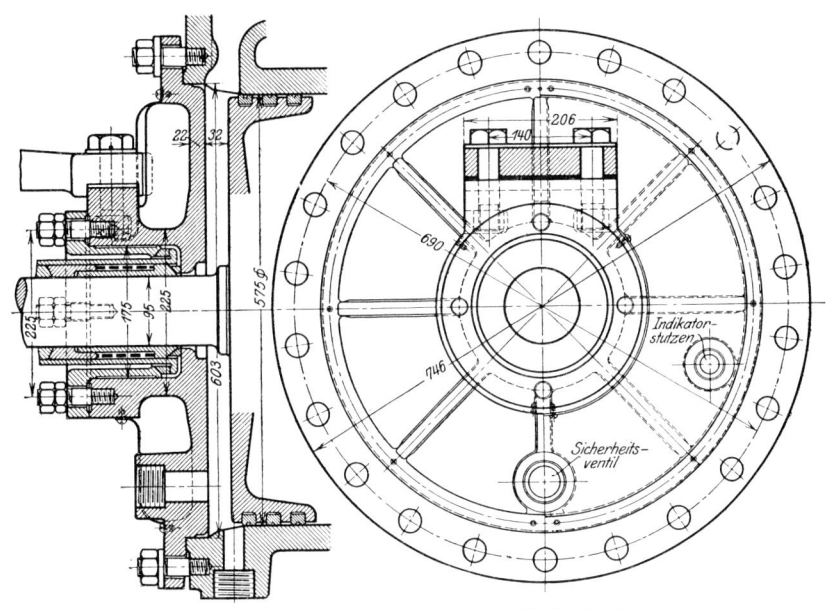

Abb. 341 und 342. Hinterer Zylinderdeckel.

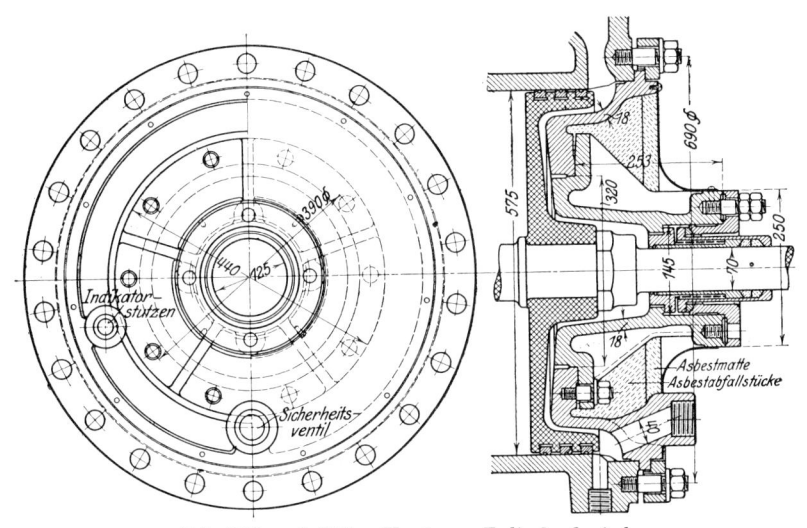

Abb. 343 und 344. Vorderer Zylinderdeckel.

a) Zylinder, Kolben, Kolbenstangenführungen, Stopfbüchsen, Druckausgleicher, Luftsaugeventile. In Abb. 333 bis 340 ist der Zylinder der 2 C-Heißdampf-Personenzuglokomotive der preußischen Staatseisenbahnverwaltung mit 1750 mm Triebraddurchmesser dargestellt. Er hat einen Durchmesser von 575 mm. Die Dampfeinströmung findet in der Mitte zwischen den beiden Kolbenschieberhälften statt. Der ausströmende Dampf wird von den beiden Enden des Schieberkastens aus durch Vorlagen (Ausströmkästen) in ein schmiedeeisernes Rohr von 169 mm lichtem Durch-

278 Bemerkenswerte bauliche Einzelheiten neuerer Lokomotiven.

messer geleitet, das in gleicher Höhe mit dem Schieberkasten neben demselben in die vordere und hintere Schieberkastenwand eingenietet ist. Vom vorderen Ende dieses Rohres geht dann der Auspuffdampf in der üblichen Weise zum Blasrohr.

Beim Entwurf der Heißdampfzylinder ist besondere Vorsorge zu treffen, daß jede Metallanhäufung, die zu ungleichmäßiger Ausdehnung durch die Wärme führen kann, vermieden wird. Die Wände des zylindrisch ausgebildeten Schieberkastens sind daher ihrer ganzen Länge nach von den Zylinderwandungen zu trennen, auch schon

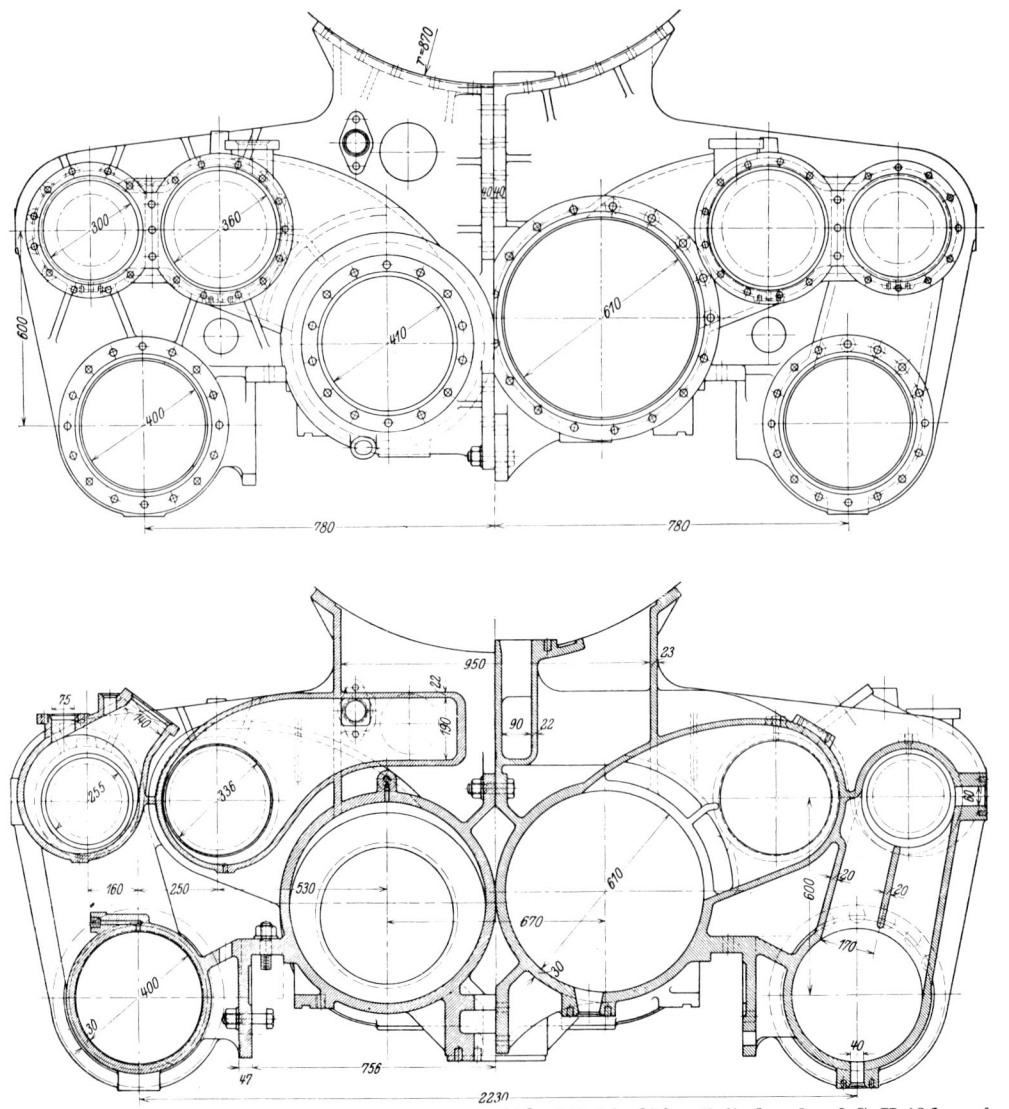

Abb. 345 bis 350. Zylinder der 2 C - Heißdampf-

aus dem Grunde, damit der in den Schieberkasten einströmende, hoch überhitzte Dampf den oberen Teil der Zylinderwandung nicht berühren und höher erwärmen kann, als dies durch die Dampfarbeit im Zylinder geschieht.

Kolben und Schieber müssen mit Mineralöl von möglichst hohem Flammpunkt geschmiert werden, das am sichersten und gleichmäßigsten durch eine Preßpumpe zwangläufig zugeführt wird. Die Zylinderschmierung findet in der Hubmitte an der höchsten Stelle des Zylinders statt, um eine gleichmäßige Verteilung des Öls zu gewährleisten. Die beiden Schieberkolben werden in derselben Art, getrennt für sich, geschmiert, so daß jeder Dampfzylinder drei gesonderte Ölzufuhrstellen besitzt; die Schmierpresse oder Pumpe muß daher mit sechs Ölabgabestellen arbeiten. Außer den beiden Flanschen für die Einführung der Schmierstutzen zur Schieberschmierung befinden sich am Schieberkasten noch zwei Öffnungen zum Einstellen der Schieber, auf der rechten Seite noch je eine Öffnung für das Fernmanometer (Arbeitsmanometer), weiter für das Fernpyrometer zur Angabe der Überhitzungstemperatur im

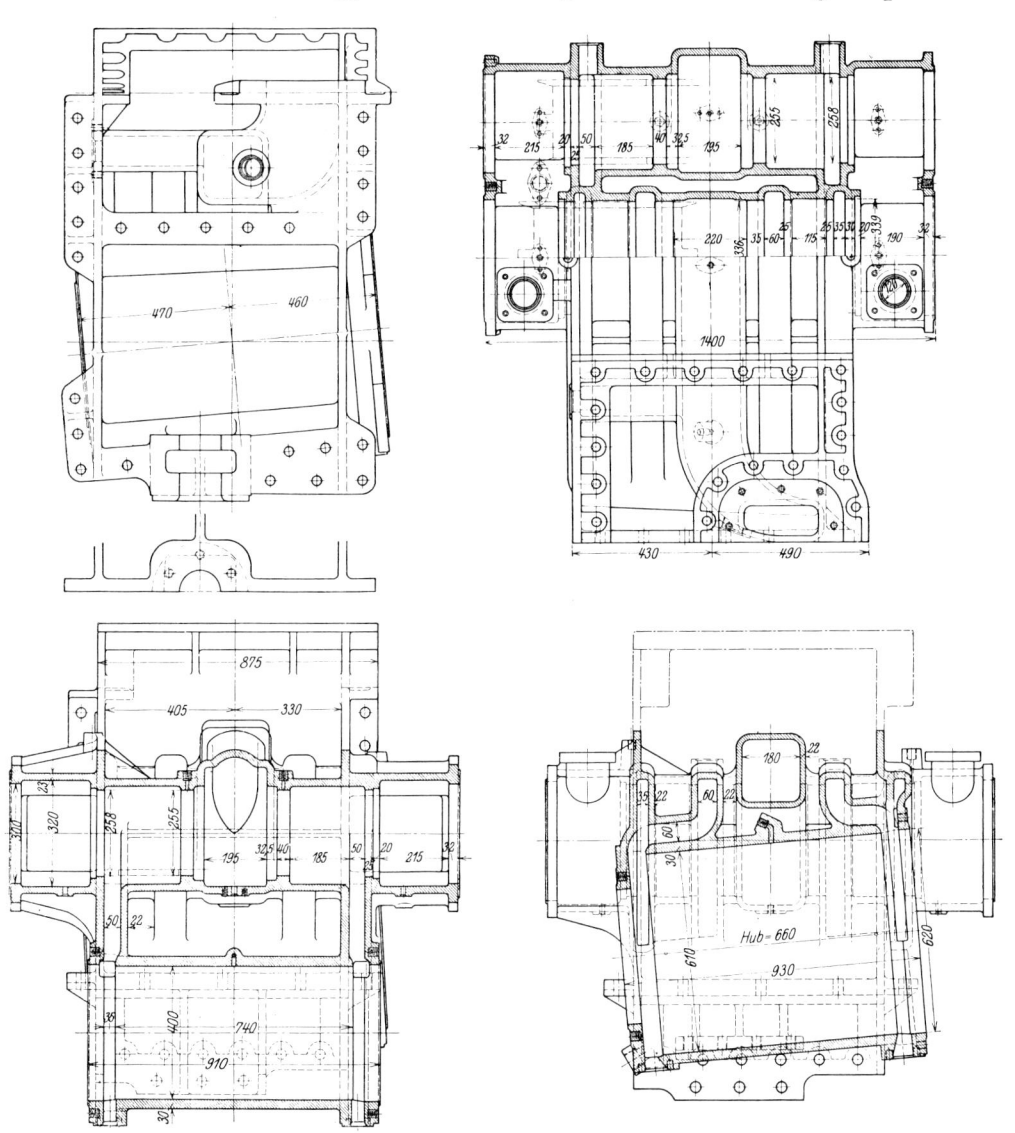

Verbundschnellzuglokomotive der preußischen Staatsbahnen.

Schieberkasten auf dem Führerstande und endlich eine Öffnung zu Einführung eines hochgradigen Thermometers zum Vergleich bei der zeitweiligen Untersuchung des Fernpyrometers. Da beide Dampfzylinder nach demselben Modell, austauschbar für beide Lokomotivseiten, hergestellt werden, so gießt man die genannten Flanschansätze auch für den linken Zylinder mit, bohrt sie aber nicht auf. Zylinder und Schieberkasten werden sehr sorgfältig mit besten, gut abgepaßten und befestigten Asbestmatratzen umkleidet.

Die Zugfestigkeit des Zylindereisens soll 18 bis 24 kg/mm² betragen — zur

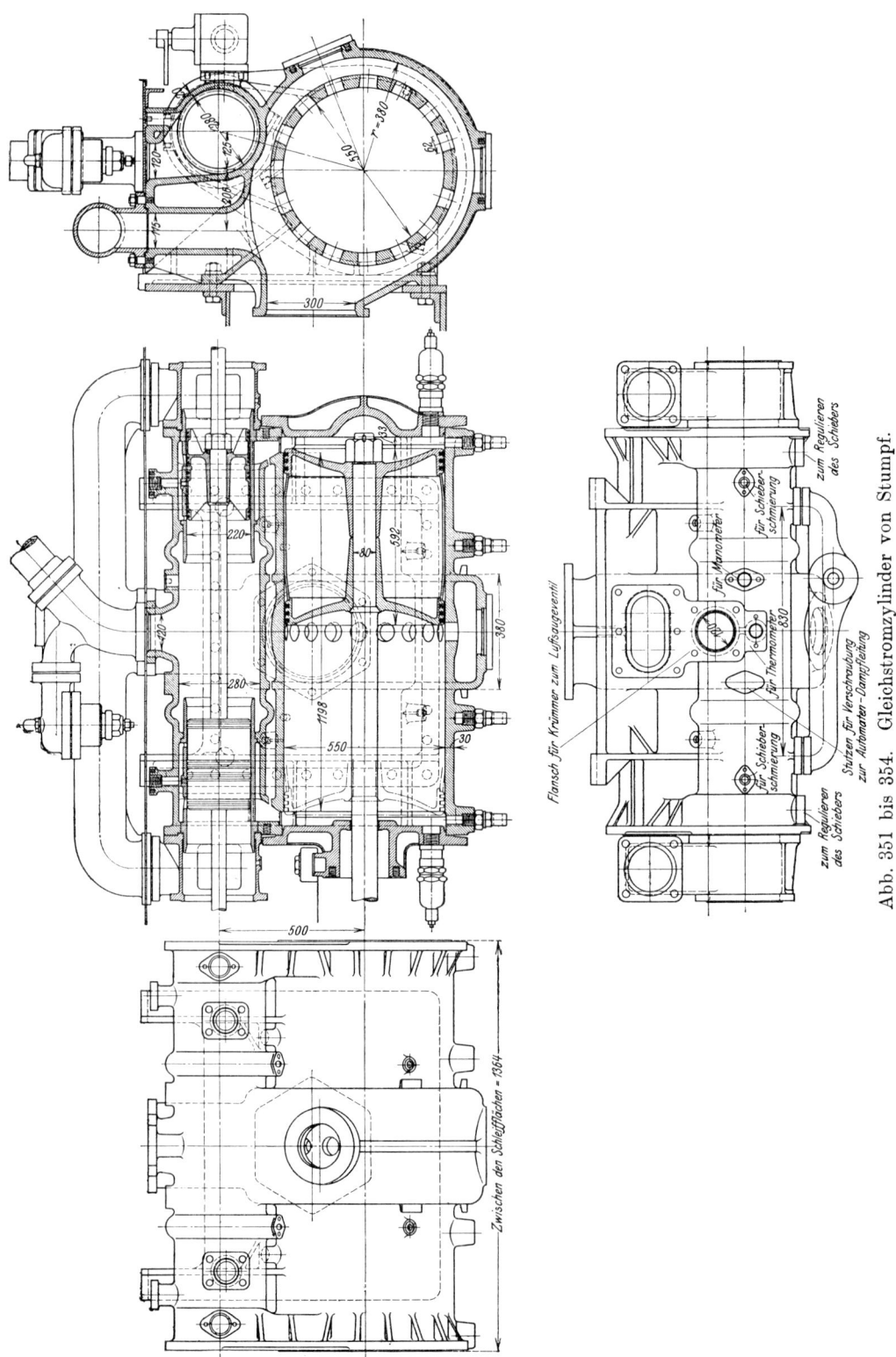

280   Bemerkenswerte bauliche Einzelheiten neuerer Lokomotiven.

Abb. 351 bis 354. Gleichstromzylinder von Stumpf.

Feststellung der Festigkeit sind an geeigneten Stellen Platten für Probestäbe von mindestens 350 mm Länge anzugießen. Nach der Fertigstellung wird der Zylinder einer Druckprobe von 14 Atm. unterworfen.

Zylinderboden und Deckel sind der Einzelheiten wegen in Abb. 341 bis 344 in etwas größerem Maßstabe zur Darstellung gebracht. Sie werden aus Zylindergußeisen oder, besonders die Böden, aus Flußeisenformguß hergestellt. Sie müssen gut versteift sein und sollten vor der Bearbeitung leicht ausgeglüht und zur Vermeidung von Spannungen recht langsam abgekühlt werden.

Abb. 345 bis 350 zeigen das Zylindergußstück der 2 C-Vierzylinder-Verbundlokomotive der preußischen Staatsbahnen Bauart 1914. Hoch- und Niederdruckzylinder sind paarweise zusammengegossen und in der Mitte verschraubt, die Abdampfrohre sind eingegossen und münden getrennt in der Mitte des als Kesselsattel ausgebildeten Gußstücks. Der Rahmen ist vorn als Barrenrahmen ausgebildet, der Zapfen für das Drehgestell wird mit einem Flansch an das Zylindergußstück von unten angeschraubt. Um den Ausbau der innenliegenden Niederdruckkolben von 610 mm zu ermöglichen, sind die Innenzylinder unter einer Neigung von 286:3400 angeordnet.

Abb. 351 bis 354 zeigen einen Gleichstromzylinder Bauart Stumpf für eine 2 B-Schnellzugslokomotive der Gattung S 6 mit Kolbenschiebern, die an Stelle der Ventile bei den letzten Ausführungen angewandt worden sind. Das Gußstück zeigt gegenüber den nach dem reinen Gleichstromgrundsatz arbeitenden Zylindern eine Vereinfachung durch den Fortfall der Auspuffleitung. Da bei der Anwendung von Kolbenschiebern aus den im dritten Abschnitt unter 5 erläuterten Gründen mit teilweisem Auslaß durch die Kolbenschieber gearbeitet wird, ist bei dem dargestellten Zylinder eine Verbindungsleitung der beiden Schieberköpfe vorgesehen, die durch

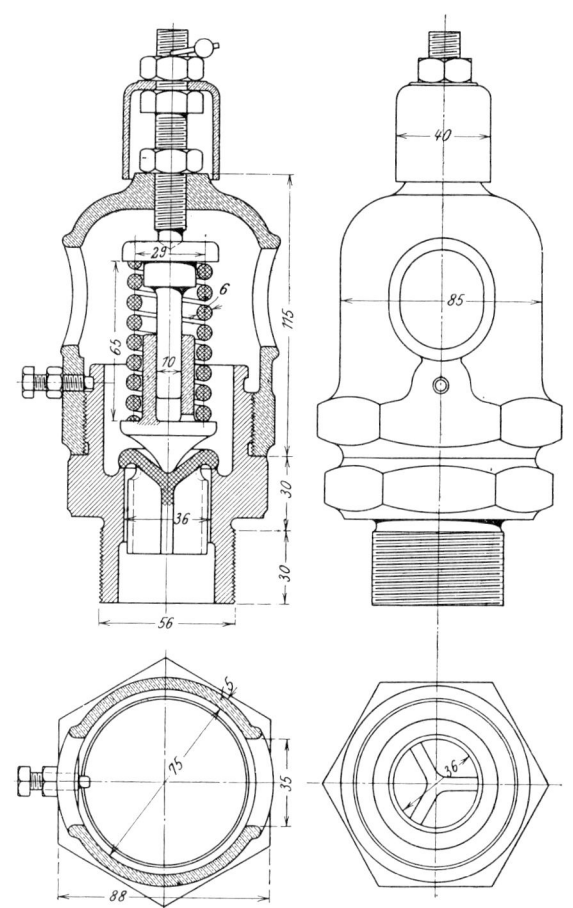

Abb. 355 bis 358. Zylinder-Sicherheitsventil.

ein senkrechtes Rohr mit dem Auspuffwulst verbunden ist. Dieser in der Mitte des Zylinders liegende Auspuffwulst läuft nach innen zu in ein 300 mm im Durchmesser starkes Rohr aus, an dem ein, zu dem als Standrohr ausgebildeten Auspuffrohr in der Rauchkammer führender Krümmer angeschlossen ist.

Die Zuführung des Schmieröls für die Zylinderlaufflächen muß bei Gleichstromzylindern sehr sorgfältig durchgeführt werden. Sie erfolgt an zwei Stellen oben und an je zwei unter etwa 30° gegen die wagerechte Zylindermitte liegende Stellen, wobei je zwei Schmierstellen unten und je eine oben verbunden sind, so daß jeder Zylinder durch zwei voneinander unabhängige Ölleitungen geschmiert wird.

Die Anwendung von Kolbenschiebern erfordert an Boden und Deckel der Dampfzylinder je ein Sicherheitsventil (Abb. 355 bis 358), das auf den Normaldruck des Kessels eingestellt wird und den Zylinder gegen Wasserschläge beim Anfahren mit kalten Zylindern und gegebenenfalls beim Überreißen von schäumigem Kesselwasser sichert.

Zur Erzielung eines ruhigen Laufs der Lokomotive bei Leerfahrt, d. h. bei abgesperrtem Dampf, wird bei allen Heißdampflokomotiven der preußischen Staats-

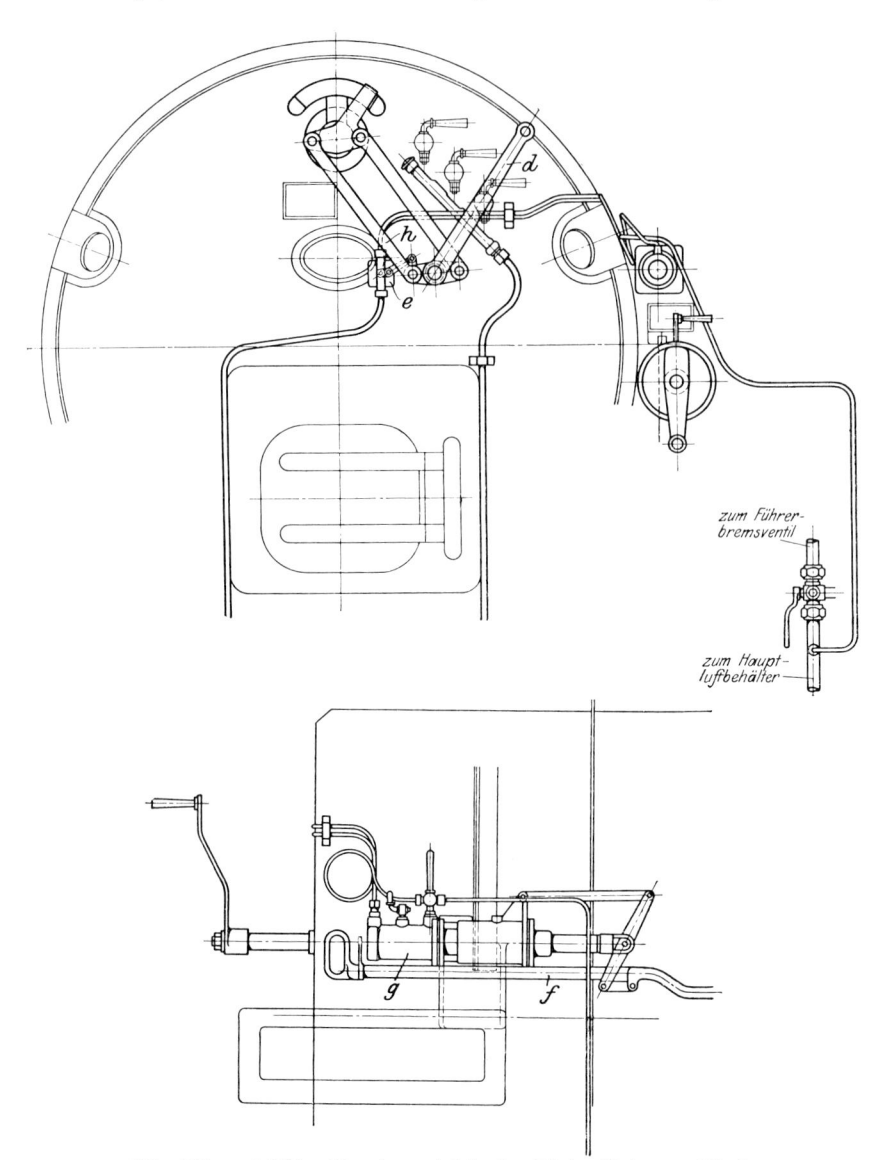

Abb. 359 und 360. Druckausgleich der Linke-Hofmann-Werke.

eisenbahnen eine Druckausgleichvorrichtung angebracht, durch die beide Zylinderseiten miteinander in Verbindung gesetzt werden (vgl. Abb. 54 bis 57).

Statt der Betätigung durch einen von Hand zu bedienenden Hahnzug wird von den Linke-Hofmann-Werken in Breslau eine in Abb. 359 und 360 dargestellte Druckluft- oder Dampfverstellung ausgeführt.

Die Einrichtung besteht aus einem mit dem Reglerhebel d verbundenen Dreiweghahn e und einem an das Gestänge f für den Umlauf a angeschlossenen Luftdruck- oder Dampfzylinder g. Beide Bauteile können auch zu einem Stücke vereinigt werden, wenn sich deren Unterbringung dadurch günstiger gestaltet.

Der Dreiweghahn e, der durch den vom Reglerhebel d bewegten Hebel h in zwei Endstellungen gebracht wird, führt durch zwei Rohre Druckluft oder Dampf nach dem Zylinder g, in dem ein mit dem Gestänge in Verbindung stehender Kolben nach vorn oder nach hinten gedrückt wird. Zur richtigen Verteilung des Druckmittels wird der Hebel h entsprechend eingestellt.

Befindet sich der Reglerhebel d in der Schlußstellung, so wird der Kolben in g den Druckausgleicher in der geöffneten Lage festhalten. Sobald der Reglerhebel etwas über die Schlußlage bewegt wird, also eben zu öffnen beginnt, entsteht auf den Kolben von g eine, der anfänglichen entgegengesetzt gerichtete Kraftwirkung und der Umlauf a wird geschlossen. Wird der Hebel d wieder in die Schlußlage zurückgeführt, der Regler also geschlossen, so öffnet sich auch sofort wieder der Druckausgleicher a.

Die Einrichtung läßt sich bei vorhandenen Lokomotiven leicht in das Gestänge für den Druckausgleich einbauen. Da sich dieser beim Arbeiten der dargestellten selbsttätigen Einrichtung mitbewegt, hat der Führer ein sichtbares Zeichen für deren richtige Wirkung.

An Stelle der Hähne sind neuerdings mit gutem Erfolge Ventile getreten. Abb. 361 stellt ein derartiges Druckausgleichventil mit Druckluftsteuerung nach einer Ausführung der Knorrbremse A.-G. dar, dessen Bauart ohne weiteres aus der Abbildung verständlich ist.

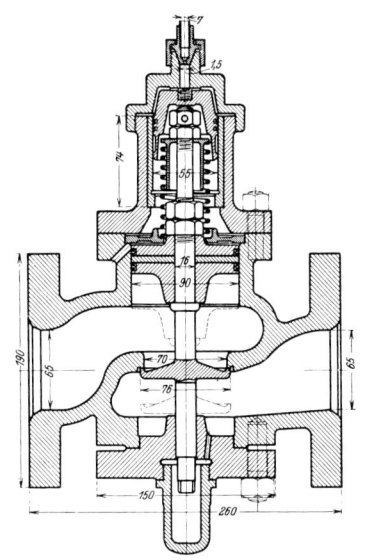

Abb. 361. Druckausgleichventil der Knorrbremse A.-G.

Es wird durch Druckluft geöffnet und durch Federkraft in Verbindung mit dem auf den unteren Ausgleichkolben lastenden Dampfdruck geschlossen.

Infolge der inneren Einströmung des Heißdampfs können die Stopfbüchsen am Schieberkasten entfallen, da an beiden Außenseiten der Schieber nur die geringe

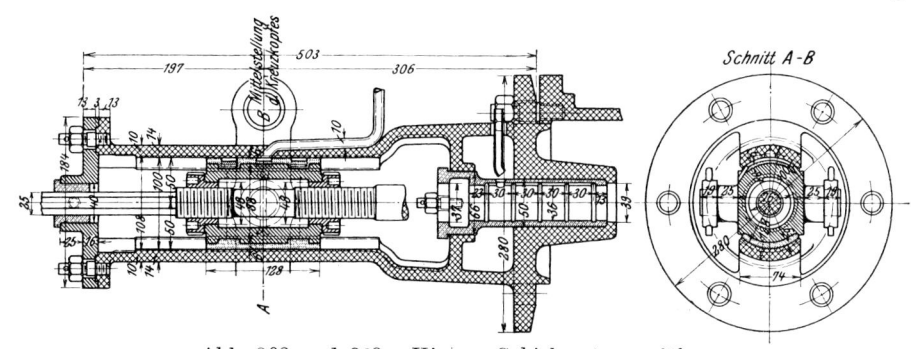

Abb. 362 und 363. Hintere Schieberstangenführung.

Spannung des Auspuffdampfes herrscht, die sich in einer genügend langen Führung (Labyrinthdichtung) verliert (Abb. 362 und 363). Die hohlen Schieberstangen werden am hinteren Ende voll gelassen und sind hier zu einer einseitigen prismatischen Führung ausgebildet, durch die erzielt wird, daß die Schieber stets wieder in der richtigen Lage, d. h. mit den Ringschlössern nach unten, eingebaut werden. Durch eine Stellschraube an der Prismenführung kann der Schieber zum Zweck des Stilllegens einer Lokomotivseite in seiner Mittellage festgestellt werden. Für das Einstellen des Schiebers sind Schaulöcher in den Schiebergehäusen vorgesehen. Um nach Herausnehmen des Schiebers diesen ohne weiteres wieder in seine richtige Lage einbringen zu können, ist jeder Lokomotive ein Stichmaß (Doppelhaken mit 2 Spitzen) beigegeben, das den Abstand von der Mitte des Zapfens des Schieberstangenkreuzkopfs bis zu einer in die Schieberstange vor ihrem Gewinde eingeschlagenen Körnermarke festlegt.

Statt der in den vorstehenden Abb. 362 und 363 dargestellten einfachen Labyrinthdichtung wird neuerdings die in Abb. 364 dargestellte ausgeführt. Es hat sich herausgestellt, daß die Dichtungen erheblicher Abnutzung unterliegen, weil der Auspuffdampf das Schmieröl heraustrieb. Bei der neueren Ausführung ist daher der dichtende Teil von dem tragenden getrennt, auch die Schieberstangen werden erheblich stärker ausgeführt, als für die ältere Bauart, Abb. 362, angegeben ist.

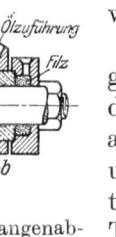

Abb. 364. Schieberstangenabdichtung der Knorrbremse A.-G.

Die Führungsbuchse erhält etwa in der Mitte eine Ausdrehung a, die sie in einen nach dem Zylinder zu liegenden dichtenden und in einem nach außen liegenden tragenden Teil trennt. Die Bohrungen b sorgen für Abführung des etwa austretenden Dampfes und Niederschlagswassers, so daß die eigentlichen Führungsbuchsen dauernd gut in Öl gehalten werden können. Als vorteilhaft hat es sich auch herausgestellt, daß die Führung gegen früher wesentlich kühler liegt.

Gesteuerte Luftsaugeventile.

Bei den mit Kolbenschiebern mit federnden Ringen ausgerüsteten Lokomotiven hat sich herausgestellt, daß neben dem Druckausgleich besonders gut wirkende

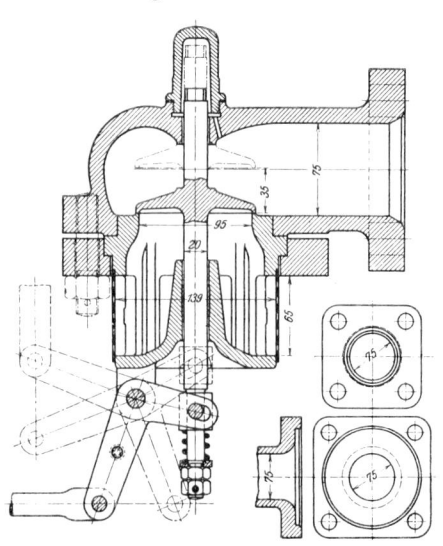

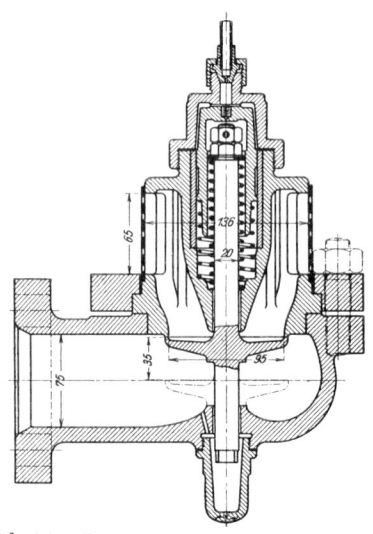

Abb. 365. Von Hand gesteuertes Luftsaugeventil.   Abb. 366. Luftgesteuertes Luftsaugeventil.

Luftsaugeventile angebracht werden müssen, um ein Verschmutzen der Schieber durch das bei der Verdichtung beim Leerlauf verbrennende und bei der Luftleere stark verdampfende Schmieröl zu vermeiden.

Zur Verhinderung des Zerschlagens sind die Ventilteller so leicht als möglich auszuführen, und es ist ferner durch geeignete Vorrichtungen dafür zu sorgen, daß möglichst wenig Staub während des Arbeitens angesaugt wird. Es ist daher zweckmäßig, die Luftsaugeventile in die Einströmkammer des Schieberkastens münden zu lassen und sie nicht, wie früher üblich, in den Zylinderdeckeln anzubringen, da sie am Schieberkasten mehr gegen Staub geschützt sind und außerdem mehr Platz für größere Ventile vorhanden ist.

Da bei selbsttätigen Luftsaugeventilen ein Hämmern der Ventile auf ihren Sitz nicht immer zu vermeiden ist, werden neuerdings gesteuerte Ventile angewandt, die das Schlagen vollständig verhindern und dadurch vorzeitige Undichtigkeiten und Beschädigungen vermeiden. Die Ventile werden entweder durch eine Anhubvorrichtung, die zweckmäßig mit dem Druckausgleich verbunden ist, während des Leerlaufes zwangläufig offen gehalten (siehe Abb. 365) oder auch, wo die Anbringung des Gestänges Schwierigkeiten verursacht, durch Druckluft betätigt (Abb. 366). Es wird zu diesem Zweck auf dem Führerstand ein Stellhahn angebracht (siehe Abb. 367 bis 368),

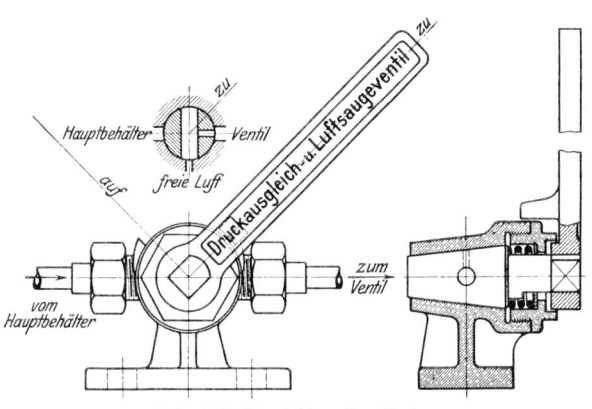

Abb. 367 bis 368. Stellhahn.

durch den der Führer sowohl Druckausgleich wie Luftsaugeventile betätigen kann. Die Abb. 365 und 366 zeigen Ausführungen der Knorrbremse A.-G., die bei der preußischen Staatseisenbahn weitgehend zur Einführung gelangt sind. Das Ventil wird bei Abb. 366 durch einen Luftdruckkolben geöffnet und durch Federkraft geschlossen. Zur Vermeidung des Schlagens wird die Luft durch eine mit einer 0,3 mm Bohrung ver-

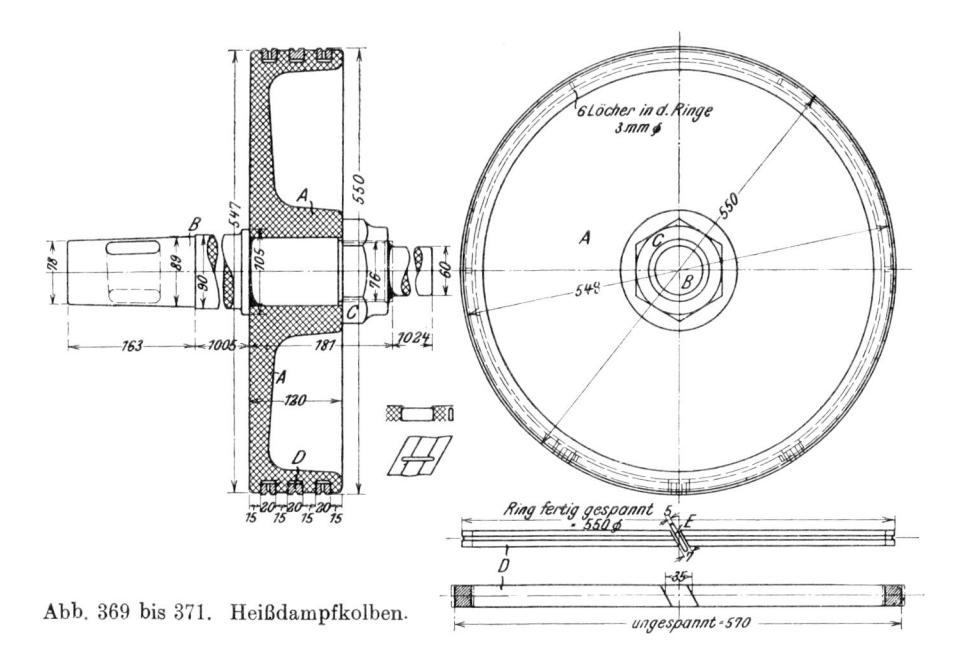

Abb. 369 bis 371. Heißdampfkolben.

sehenen Drosselscheibe geleitet; der Kolben wird durch eine leichte Spiralfeder abgestützt, die ihn, solange kein Druck vorhanden ist, in der Endlage festhält und gegen etwaige Schläge des Ventils sichert.

Als Dampfkolben hat sich bei den preußischen Heißdampflokomotiven der einfache sogenannte schwedische Kolben (Abb. 369 bis 371) mit drei, lediglich zum Abdichten und nicht zum Tragen dienenden Ringen Schmidtscher Bauart bewährt.

Der Erfolg beruht darauf, daß die drei leichten Dichtungsringe niemals zum Tragen des Kolbenkörpers beitragen dürfen, sondern nur mit ihrem geringen Gewicht und einer sehr kleinen Spannung durch den hinter sie tretenden Dampf leicht an die Zylinderwandung angedrückt werden können. Drei Ringe sind angewendet, damit der mittlere niemals zum Abklappen gebracht werden kann. In jedem Ringe ist eine kleine Rille eingedreht, aus der nach dem Innern der Ringnut im Kolbenkörper sechs Löcher von 3 mm Durchmesser führen. Wenn nunmehr in den Totpunkten der erste oder dritte Ring durch den Dampf zusammengepreßt wird, so tritt dieser sofort auch durch die kleine Öffnung unten an den Enden des Kolbenringes nach dem Innenraum der Ringnut und hebt die Abklappung augenblicklich auf. Gleichzeitig aber fließt ein Teil dieses Dampfes wieder durch die kleinen Löcher in die Rille ab, so daß das nachfolgende Anliegen des Ringes sehr sanft erfolgen kann. Ferner tritt eine kleine Dampfmenge unten auch durch die Lücke zwischen den beiden Enden des zweiten und dritten Ringes in die Ringnute und spannt sich durch die kleinen Löcher in der Rille genügend ab, um auch diese beiden Ringe nur zu einer leichten Anlage an die Zylinderwand zu bringen.

Der aus bestem Stahl hergestellte Kolbenkörper ist sehr leicht ausgeführt. Seine äußeren Kanten werden stark, die der tiefen Ringnuten etwas weniger abgerundet, damit der Kolbenkörper bei etwaigem leichten Aufsetzen auf die Zylinderwandung das Schmieröl gut verteilen und leicht darüber hinweggleiten kann. Der Durchmesser des Kolbenkörpers wird dabei um 5 mm kleiner gehalten als der Durchmesser des Zylinders, damit den Folgen der Ausdehnung und etwaiger Verwerfung genügend vorgebeugt werden und ein schädliches Aufliegen und Mittragen des Kolbens erst bei abgenutzten Führungen eintreten kann, was leicht zu vermeiden ist. Derartig sorgfältig ausgeführte Kolbenkörper haben sich in einem langjährigen Betriebe in jeder Hinsicht vorzüglich bewährt, und es ist möglich, bei richtiger Schmierung dieselben Kolbenringe zwei Jahre und länger ohne größere Abnützung im Betriebe zu halten, sofern nur von Zeit zu Zeit die Ringe auf ihre Querbeweglichkeit untersucht, die vordere Führungsbuchse für die Kolbenstange erneuert, die Kreuzkopfführung unterlegt oder nachgestellt und etwaige scharfe Kanten an den Kolbenringen durch Abrundung wieder beseitigt werden.

Statt der in Abb. 371 dargestellten Sicherung der Kolbenringe gegen Verdrehen durch einen schrägen Steg in den Ringnuten werden neuerdings Sicherungsschrauben angewandt, wie sie in ähnlicher Ausführung auch für die Kolbenschieberringe der Heißdampflokomotiven benützt werden. Bei amerikanischen Heißdampflokomotiven sind ähnliche Kolben und Ringe in Gebrauch, jedoch werden vielfach nur zwei Kolbenringe vorgesehen, wie Abb. 372 bis 374 zeigen.

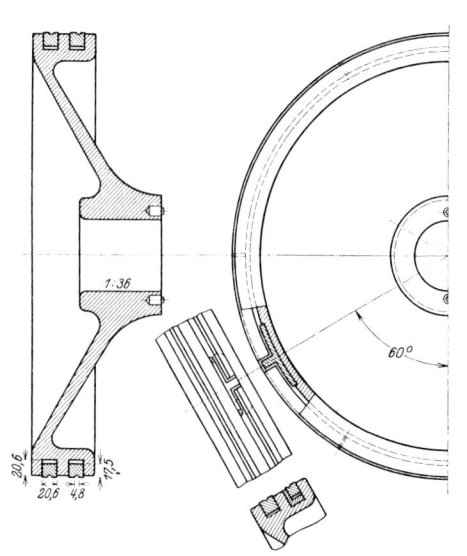

Abb. 372 bis 374. Amerikanische Heißdampfkolben.

Der Kolben wird von dem vorderen Stangenende durch eine feste Führungshülse vor der Stopfbüchse und hinten durch den Kreuzkopf getragen, so daß den bewährten Stopfbüchsen Schmidtscher Bauart nur die Abdichtung, nicht aber auch das Mittragen des Kolbenkörpers obliegt. Der gute und kühle Lauf der Kolbenstange ist durch diese Maßnahmen, die die Reibung in den Stopfbüchsen sehr herabziehen, außerordentlich gesichert. Dazu tritt die Kugelgelenkigkeit der Dichtungen in den Stopfbüchsen (Abb. 375 und 376) und ihre Bewahrung vor zu großer Erwärmung durch möglichst weites Hinausschieben, unter Zwischenschaltung einer Büchse, die als Labyrinthdichtung wirkt und nur noch kühlen, abgespannten Dampf zu den aus einer Art von Weißmetall bestehenden Dichtungsringen durchdringen läßt.

Eine erprobte Zusammensetzung für das Weißmetall der Stopfbüchsdichtungsringe ist folgende:

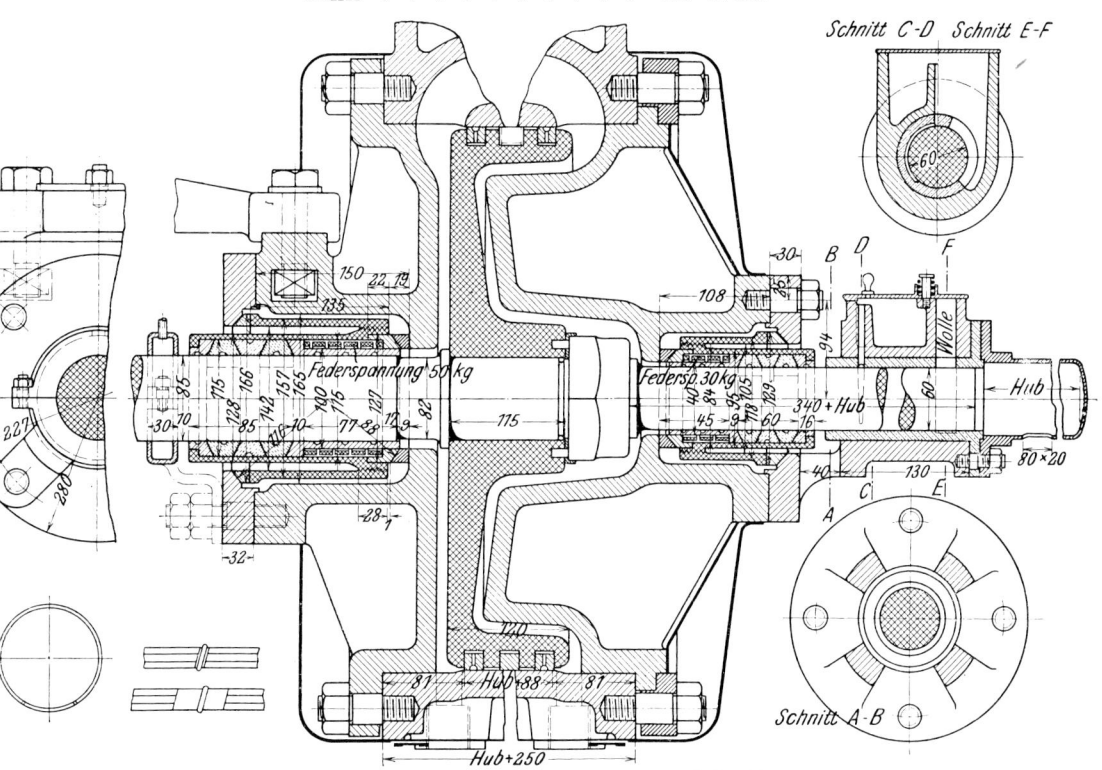

Antimon . . . . 15 v. H.
Blei . . . . 65 v. H.
Zinn . . . . 20 v. H.

Abb. 375 und 376. Stopfbüchse von Schmidt.

Endlich veranlaßt die halsartige Ausbildung des Gehäuses, die das Hinausschieben der Dichtungsringe bewirkt, auch eine gute Luftkühlung.

Die vordere Kolbenstangenführung ist neuerdings noch dadurch verstärkt worden, daß die Kolbenstange 70 mm Durchmesser erhalten und die mit einem 5 mm starken Weißmetallausguß versehene Führungsbüchse gegenüber Abb. 375 und 376 um 30 mm verlängert worden ist.

Bei amerikanischen Heißdampflokomotiven findet man eine vordere Kolbenstangenführung selten. Neuerdings wird jedoch die in Abb. 377 und 378 dargestellte Führung mehrfach angewendet, die nach oben offen ist und in Fällen, wo der Zwischenraum zwischen den Zylinderdeckeln und der Pufferbohle gering ist, die Herausnahme der Kolben erleichtert.

Wird der Dampfkolben durch rechtzeitiges Unterlegen bzw. Nachstellen der Kreuzkopfschuhe und Auswechslung der vorderen Führungsbüchse, wie sich das von selbst verstehen sollte und unbedingt in einem regelrechten Betriebe erfolgen muß, möglichst in seiner Mittellage erhalten, dann halten sich die Dichtungsringe der Stopfbüchsen jahrelang und der Verschleiß ist in allen Fällen ein überraschend geringer.

Bei der von Schmidt vorgeschlagenen Kolbenstangenstopfbüchse (Abb. 375 und 376) ist die äußere Kugelringfläche ungefähr in die Mittelebene der Packungsringe gebracht, um Ecken zu vermeiden und um die bei einer Durchbiegung der Kolbenstange erzeugten Seitenkräfte unmittelbar auf die weichen Packungsringe und nicht auf die gußeiserne Grundbüchse zu übertragen.

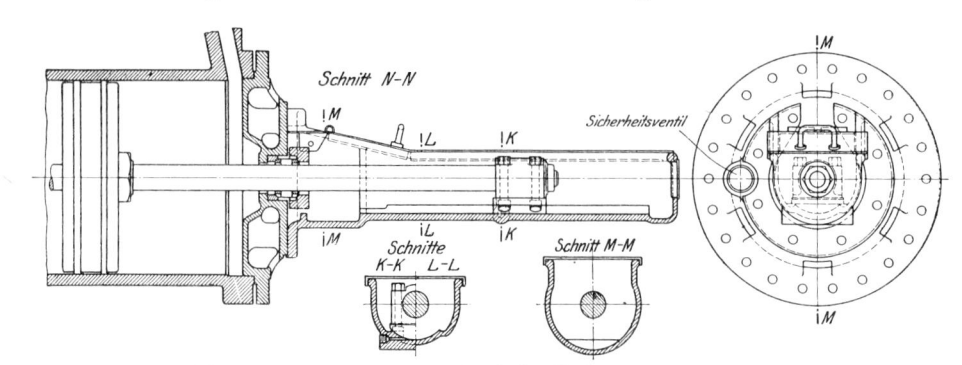

Abb. 377 und 378. Amerikanische Kolbenstangenführung.

b) Schieberbauarten. Zur Beurteilung der wichtigen Frage der Anwendung von Kolbenschiebern im Lokomotivbau gegenüber den früher fast allgemein angewendeten Flachschiebern ist es nötig, alle hauptsächlichen Gesichtspunkte in Erwägung zu ziehen, die bei der Herstellung, dem Betrieb und der Unterhaltung beider Schiebergattungen in Rechnung gezogen werden müssen, wenn kostspielige und unfruchtbare Versuche vermieden und das bisher in jahrelangen Versuchen Erreichte richtig geschätzt werden soll.

1. Flachschieber.

Diese Schieber können nicht auf der Drehbank angefertigt werden. Die Herstellung bedingt einen schwierigen Guß, Bearbeitung auf Hobel- und Fräsmaschinen, Verzinnen, Ausgießen mit Weißmetall, Abrichten, sowie Aus- und Überfräsen und Abrichten der Schiebergrundfläche. Bei großen Lokomotiven müssen sie solche Ausdehnungen erhalten, daß sich die Schieberkästen in Verbindung mit den starken und kostspieligen Schieberrahmen sehr umfangreich gestalten und große, schwere Deckel mit vielen Dichtungsschrauben und Stopfbüchsen erfordern, die im Betriebe dauernd unter Druck stehen. Unentlastete Flachschieber fressen leicht und auch teilweise entlastete Flachschieber, die weitere, sehr sorgfältig hergerichtete Einrichtungen verlangen, lassen sich dauernd nicht dicht halten. Jede Lokomotivgattung braucht besonders gebaute Schieber und Schieberkästen, Modelle und sonstige Bauteile.

Der Flachschieber in beiden Formen, belastet und entlastet, ist stets ein Bauteil von beträchtlichem Umfange und Gewicht. Er ist bei seiner großen, ebenen Dichtungsfläche nicht leicht in guter Schmierung zu halten und braucht einen beträchtlichen Arbeitsaufwand zu seiner Bewegung auf der Grundfläche des Schieberkastens unter dem Dampfdruck und infolge der Reibung in den Stopfbüchsen. Dieser Widerstand wirkt schädlich auf die Beanspruchung der zahlreichen Steuerungsteile und ihrer Gelenke und Gleitflächen. Hierzu treten die starken Stöße der großen Massen der Schieber, ihrer schweren Rahmen und Gestänge beim Hubwechsel, weil die Massendrücke nicht wie beim Dampfkolben durch geeignete Verdichtungsdrücke abgefangen werden können. Gegenkurbeln, Exzenterstangen, Schwingen, Schubstangen, Schieberrahmen, Steuerwelle, Gegengewichte, Steuerschrauben usw. müssen aus beiden

Gründen übermäßig schwer und kräftig ausgeführt werden. Die Stöße der großen unabgefangenen Massen in den Totpunkten in Verbindung mit dem Reibungswiderstande verursachen eine derartige Unruhe der ganzen Steuerungseinrichtung, daß ein Festlegen der Steuerspindel bei Veränderung der Füllungsgrade notwendig wird, um die zerstörenden Einflüsse wenigstens auf die Steuerungsmutter zu mildern. Sogar die Steuerungsböcke sind kaum genügend zu befestigen. Die Handhabung dieser schwerfälligen Steuerung beansprucht den Führer stark, sie braucht sorgfältige und reichliche Schmierung und oftmalige umständliche Verpackung der Stopfbüchsen.

Die Unterhaltung der vielartigen Flachschiebersteuerungen gehört zu einem der größten Übelstände im Lokomotivbetriebe. Die Nacharbeiten daran sind äußerst zahlreich, oft sehr zeitraubend und kostspielig. Die Lokomotiven müssen häufig wegen Nacharbeiten an den Schieber- bzw. Steuerungsteilen dem Betriebe entzogen werden. Zahlreiche Brüche an den für den Guß wenig günstig geformten Schieberkästen kommen vor; Grundflächen und Schieberspiegel sind dauernd einem kostspieligen Verschleiß unterworfen.

2. Kolbenschieber im allgemeinen und deren Entwicklung für die Heißdampfanwendung.

Die Kolbenschieber aller Gattungen sind in erster Linie aus dem Bestreben hervorgegangen, den Bau der Lokomotivsteuerungen zu vereinfachen, indem Schieber und Schieberbüchse als Drehkörper hergestellt und die unförmigen, eckigen Schieberkästen mit ihren Flanschen und großen Dichtungsflächen gleichfalls zu runden Hohlkörpern ausgebildet wurden.

Schon dieser Vorteil der fabrikmäßigen Herstellung auf der Drehbank erschien den Lokomotivbauern aller Länder so groß, daß unzählbare Bauarten entstanden sind.

Die Mehrzahl dieser Bauarten konnte sich jedoch bei Heißdampflokomotiven nicht bewähren, weil die Erbauer äußere Einströmung anwendeten und infolge zu groß gewählter Durchmesser zu schwere Schieberkörper entstanden, die in Verbindung mit nicht entlasteten federnden Dichtungsringen und unter Dampfdruck stehenden Stopfbüchsen starken Verschleiß der Büchsen und Ringe hervorbrachten, und so die Übelstände der zu großen Beanspruchung der Gewerkteile durch Reibungswiderstände und Stöße im Hubwechsel noch vermehrten.

Durch Übergang zur inneren Einströmung, hiermit Fortfall der reibenden Stopfbuchsen und durch teilweise Entlastung der federnden Dichtungsringe, ist unter anderem durch Schmidt schon beim Bau der ersten Heißdampflokomotive ein großer Fortschritt im Bau der Kolbenschieber erreicht worden. Die großen Trommelschieber der Versuchslokomotiven 131 Kassel, 74 und 86 Hannover, sowie 74 Berlin von 260 mm Durchmesser zeigten schon geringen Verschleiß bei den Dichtungsringen und Buchsen, aber die schweren Massen der Schieber mit nur einer Einströmungskante beanspruchten nach wie vor die Steuerungsteile ungünstig. Zur Beseitigung der schweren Trommelschieber, durch die der Abdampf seinen Weg nehmen mußte, entwarf deshalb Schmidt für den Bau der 2 B-Heißdampf-Personenzug-Tenderlokomotiven 2069 und 2070 Berlin kleinere Schieber mit doppelter innerer Einströmung von nur 230 mm Durchmesser und eigenartigen Dichtungsringen.

Auch diese Schieber bewährten sich, ihr Gewicht war aber noch beträchtlich und auch die Reibung der federnden Ringe nicht unbedeutend.

Die mit diesen viel leichteren und um 30 mm im Durchmesser kleineren Kolbenschiebern gewonnenen, scharf ausgeprägten Dampfdiagramme bestärkten den Verfasser in der Meinung, daß Gewicht und Durchmesser der Schieber noch stark verringert werden könnten. Zu gleicher Zeit kam er wieder auf den Gedanken zurück, die bei Anwendung von Heißdampf besonders schädliche Reibung der federnden

Dichtungsringe durch Anwendung geschlossener, nicht federnder Dichtungsringe zu beseitigen und den dabei unvermeidlichen Dampfverlust für die großen Vorteile einer fast reibungslosen und leichten Steuerung in den Kauf zu nehmen. Es entstand ein Schieber mit geschlossenen Kolbenringen von 180 mm Durchmesser, der allen Erwartungen entsprach, aber sich bei zu dichtem Einpassen doch leicht festsetzte, wenn die Schieberringe sich schneller ausdehnten als die Buchse. Namentlich beim Anfahren mußte große Vorsicht geübt werden.

In diese Zeit fiel die für die Kolbenschieber mit geschlossenen Ringen wichtige Erfindung der durch Heißdampf geheizten Schieberbuchse, und es entstand der von Schmidt durchgebildete Kolbenschieber mit geheizter Buchse, innerer doppelter Einströmung und einem einzigen, geschlossenen, querverschiebbaren und durch Abdampf gekühlten Kolbenringkörper von 170 mm Durchmesser, wie er im Vortrage des Verfassers vom November 1902 in der Zeitschrift des Vereins deutscher Ingenieure vom Jahre 1902, S. 155, Abb. 11 abgebildet ist.

Dieser Schieber wurde wieder an der 2 B-Heißdampf-Tenderlokomotive 2070 Berlin gründlich erprobt. Die Ergebnisse waren gut, aber der etwas schwierig herzustellende, gekühlte Schieberkörper neigte zu leichten Verziehungen und wurde daher von Schmidt durch zwei sehr einfache, querverschiebbare, geschlossene gußeiserne Ringe ersetzt.

Inzwischen veranlaßten die Ergebnisse der Versuche mit der Lokomotive 2070 den Verfasser, auch die Wirkung eines derartigen Schiebers von nur 150 mm Durchmesser zu erproben. Der Versuch gelang.

Dieser Schmidtsche Kolbenschieber (Abb. 379) zeigt auch bei größten Kolben- bzw. Dampfgeschwindigkeiten noch keine übermäßigen Abdrosselungen. Er wurde nach eingehenden Versuchen des Verfassers zum ersten Male im Jahre 1902 im regelmäßigen Betriebe bei sieben Heißdampflokomotiven verschiedener Gattungen mit bestem Erfolge zur Anwendung gebracht.

Die Ergebnisse bei einer 2 B-Schnellzuglokomotive von 550 mm Durchmesser der Zylinder bei sehr großen Kolbengeschwindigkeiten bewiesen, daß es angängig war, den sehr leichten Schieber von nur 150 mm Durchmesser für alle Heißdampflokomotivgattungen anstandslos anzuwenden.

Gegenüber den Flachschiebern und den Kolbenschiebern mit federnden Ringen der bisherigen Bauarten hatten diese Schieber die Vorteile der einfacheren Herstellung und der geringeren Schmierung.

Die Kolbenschieber mit ungefederten Ringen und geheizten Buchsen gaben so lange zu Klagen keinen Anlaß, als sie sorgfältig gepflegt bzw. die Ringe rechtzeitig erneuert wurden. Da die Betriebswerkstätten vielfach Mangel an geübten Handwerkern hatten, die zur Durchführung der Vorschriften erforderlich sind, so ließ die Wartung der Kolbenschieber zu wünschen übrig, und die Lokomotiven fuhren mit undichten Kolbenschiebern. Dadurch wurde der Betrieb unwirtschaftlicher und die Vorteile der Dampfüberhitzung gingen zum Teile verloren.

Man kam immer mehr zu der Ansicht, daß die großen Vorzüge des Heißdampfes nur dann voll zur Geltung kommen könnten, wenn es gelänge, einen Schieber zu bauen, dessen Unterhaltung auch weniger geübten Handwerkern, wie sie in den Betriebswerkstätten durchgängig nur anzutreffen sind, möglich ist, und der dauernde Dampfdichtigkeit aufweist.

Zu diesem Zweck war von Schmidt schon sehr früh ein Kolbenschieber mit federnden Ringen und stufenweiser Entlastung eingeführt worden, der in Abb. 380 und 381 dargestellt ist. Schmidt verwendet einen breiten, federnden Ring zur Abdichtung und vermeidet durch die besondere Bauart des Schieberkörpers das zu starke Anpressen und das Zusammendrücken des Ringes während der Verdichtung. Es sind zu dem Zweck hinter dem Ringe mehrere dampfdichte Räume geschaffen,

Das Triebwerk der Heißdampflokomotiven. 291

die durch radiale, im Ring angebrachte Löcher von 5 mm Durchmesser mit dem äußeren Dampfkanal in Verbindung stehen. Es ist also auf beiden Seiten des Ringes stets der gleiche Druck vorhanden; er wird nur durch die Federspannung gegen die Wandung gedrückt und so die Dichtung erzielt.

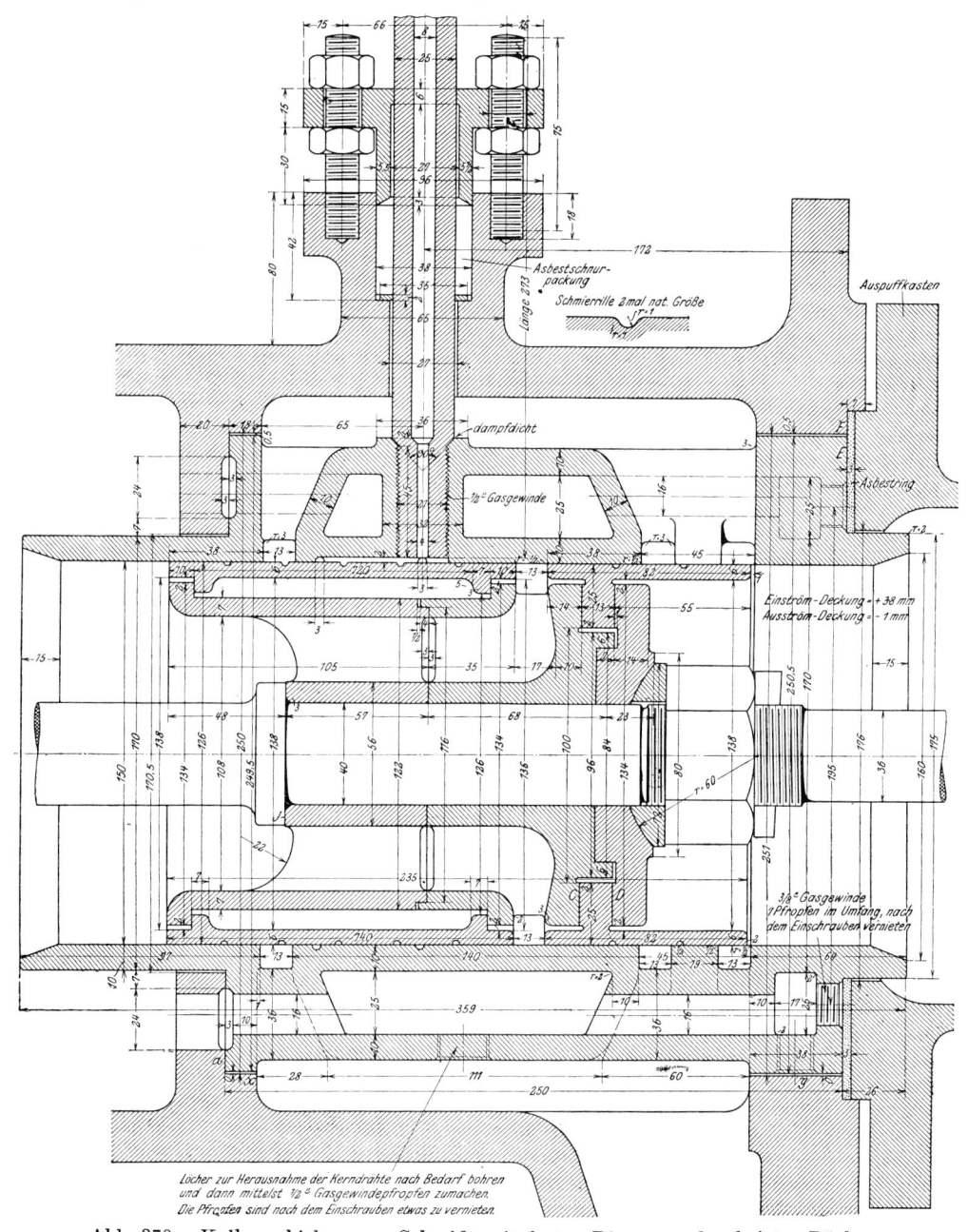

Abb. 379. Kolbenschieber von Schmidt mit festen Ringen und geheizter Büchse.

Um den dampfdichten Abschluß zwischen Deckel und Ring sowie zwischen Ring und Schieberkörper zu erzielen und zu verhindern, daß der Ring zwischen Schieberkörper und Deckel festgeklemmt wird, ist der Schieberdeckel schwach, federnd ausgebildet und nur mit dem inneren Rand gegen den Schieberkörper festgeschraubt, während der äußere Rand nur durch den auf den Deckel ausgeübten

19*

292   Bemerkenswerte bauliche Einzelheiten neuerer Lokomotiven.

Überdruck angepreßt wird. Der Dampfdruck im Schieberkasten sorgt also für den dichten Abschluß zwischen Deckel und Ring, Ring und Schieberkörper, gestattet aber zugleich bei Ausdehnung durch Nachgeben des Deckels Beweglichkeit des Ringes.

Die Lage der Ringe am Kolbenkörper ist so festgelegt, daß die Schnittfuge immer über den breiten Steg im Kanal der Büchse hinweggleitet, so daß durch die Schnittfuge keine Undichtigkeit entstehen kann. Die äußeren Schnittfugen des Ringes werden durch besondere Verschlußstücke, die am Schieberkörper bzw. Deckel angebracht sind, überdeckt. Sind diese Verschlußstücke angeschraubt, so sichern sie gleichzeitig den Ring gegen Drehung, sind sie aber angegossen, so ist zu diesem Zweck in der mittleren Schnittfuge ein besonderer Fixierstift angeordnet.

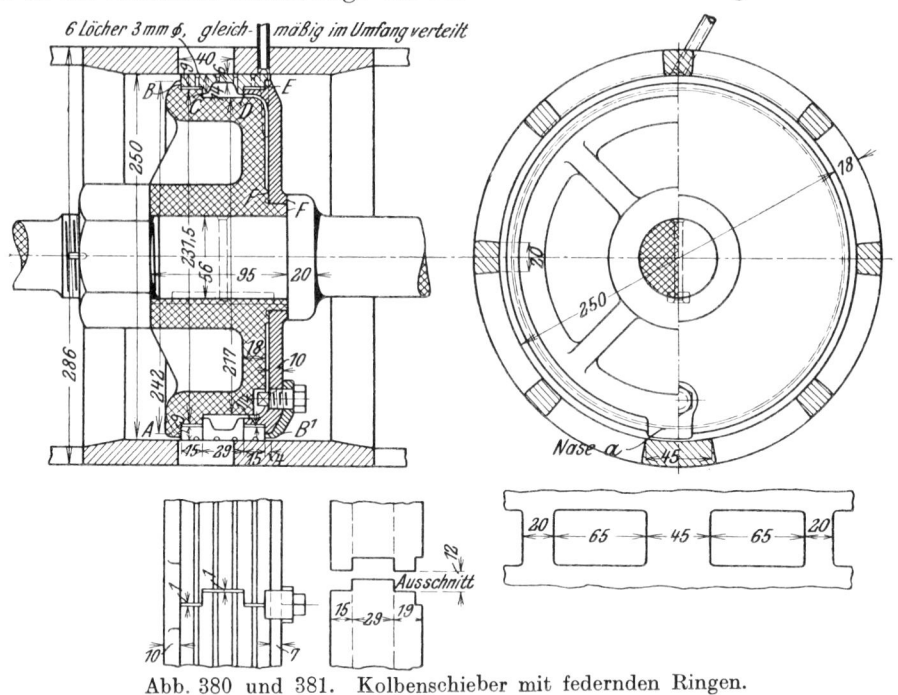

Abb. 380 und 381. Kolbenschieber mit federnden Ringen.

Dieser Kolbenschieber ist von Schmidt auch vielfach mit Trickkanal ausgeführt, wie er in Abb. 382 dargestellt ist. Er erreicht dadurch den Vorteil, daß infolge der doppelten Einströmung ein kleinerer Schieberdurchmesser bzw. bei gleichem Durchmesser eine größere Kolbengeschwindigkeit angenommen werden kann, als beim Schieber mit einfacher Einströmung.

Bei den sächsischen Staatsbahnen sind Kolbenschieber der Bauart Fester mit breiten federnden Ringen angewendet worden, deren Spannung nach einer gewissen Laufzeit durch ein Schloß aufgehoben wird, wodurch die Federkraft nach erfolgter Abnutzung ausgeschaltet wird und der Schieber dann gewissermaßen als fester Ringschieber arbeitet. Das Gewicht dieser Schieber ist erheblich, ihre Bauart ziemlich vielteilig. Wenn sie dauernd dicht halten sollen, verlangen sie hohe Unterhaltungskosten. Es ist ohne weiteres erklärlich, daß die Ringe solcher Schieber so fest zusammengehalten werden, daß sie sich nicht überall gleichmäßig anlegen und abdichten können, oder aber daß das Schloß die ganze Federkraft freigibt und hierdurch hohen Bewegungswiderstand und Abnutzung der aufeinander gleitenden Teile wie der äußeren Steuerung hervorruft. Ist schließlich die Abnutzung so weit fortgeschritten, daß die Federung durch das Schloß aufgehoben wird, so kann auf dauerndes Dichthalten nicht mehr gerechnet werden.

Der Kolbenschieber galt bisher ohne Rücksicht auf die Unterschiede der einzelnen Bauarten als ein entlasteter Verteilungskörper. Es wurde fast allgemein angenommen, daß die Schieberkolben auf dem ganzen Umfang allseitig von gleichen radialen Drücken umgeben sind, die sich, auf die Schieberachse bezogen, gegenseitig aufheben. Versuche von F. Becher im Jahre 1908 haben jedoch (vgl. Z. d. V. d. I. 1913, S. 184) das Vorhandensein ganz erheblicher Seitendrücke ergeben. Gleichzeitig sind von Becher Vorschläge zur Erzielung einer tatsächlichen Entlastung angegeben worden, die zur Ausführung der Kolbenschieber mit schmalen federnden Ringen geführt haben, wie sie jetzt allgemein bei der preußischen Staatseisenbahn verwendet werden.

Um Klemmungen des Schiebers in der Büchse zu vermeiden, gibt man ihm einen etwas geringeren Durchmesser als der Büchse. Er wird sich infolgedessen unten auflegen; oben wird ein Spielraum entstehen, so daß der Dampf einen ein-

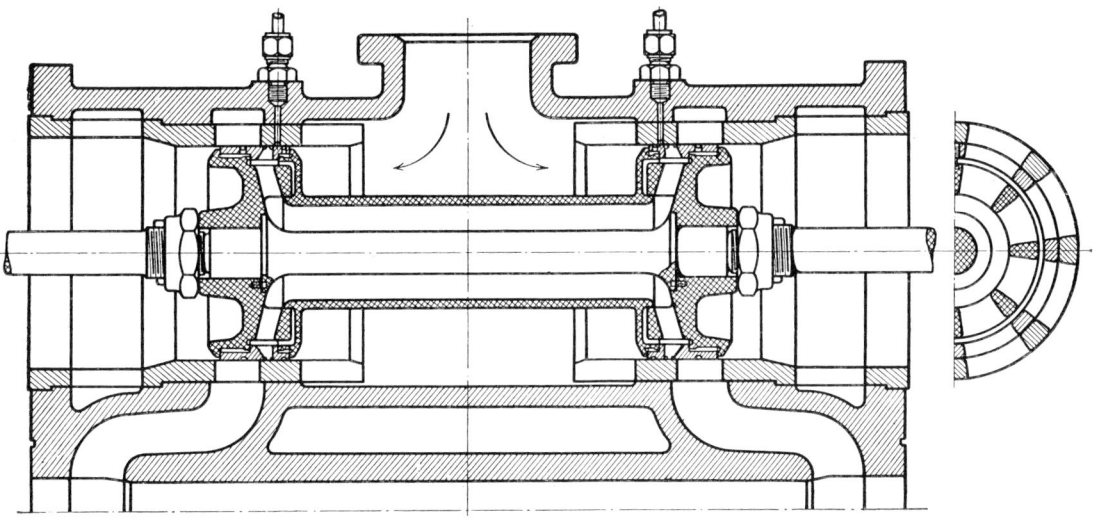

Abb. 382. Kolbenschieber von Schmidt mit Trickkanal.

seitigen Druck auf den Schieberkörper auszuüben vermag, wodurch eine erhöhte Schieberreibung und demzufolge Abnutzung eintritt, die sich stetig vergrößert. Über die Größe dieser Drücke gibt Becher eine Berechnung an.

Ist in Abb. 383

F der Frischdampfraum und
Ad der Abdampfraum,

so verliert sich die Spannung des bei a eintretenden Frischdampfes bis zum Austritt bei b in den Auspuffraum um einen von den jeweiligen Umständen abhängenden Betrag. Die Linie c gibt den ungefähren Druckverlauf an, d die Größe der Druckfläche, die unten, weil der Schieber an der Schieberbüchse als vollkommen dampfdicht anzunehmen ist, von der Linie des Vakuums begrenzt ist. Aus der Fläche d kann man den Durchschnittsdruck p_m ermitteln, mit dem die aufliegende Schieberfläche ($D^1 \cdot S^1$) zu multiplizieren ist, um den Gesamtdruck auf der einen Schieberhälfte während dieser gezeichneten Stellung zu erhalten. Bei der Mittelstellung des Schiebers ist infolge der eingetretenen Dampfdehnung im Zylinder der Druck bereits auf die in der Dampfdruckschaulinie mit e bezeichnete Spannung gesunken. Der Frischdampf strömt bei f ein und hat bei g den Zylinder- oder Kolbendampfdruck als Gegendruck. Bei h tritt der Zylinderdampf ein, der nun bei i in den Auspuffraum entweicht. Dementsprechend gestalten sich die beiden Belastungsflächen k und l.

In ähnlicher Weise ist in der Rechtsstellung des Schiebers die Belastungsdruckfläche ermittelt.

Welche Größen diese Seitendrücke erreichen können, zeigt die überschlägige Ermittlung bei einem Schieber mit doppeltem Dampfeintritt und den Abmessungen der Abb. 379, die Becher in dem angegebenen Aufsatz für den ungünstigsten Fall starker Abnutzung zu 5440 kg ermittelt. Bei einer Reibungszahl von 0,05 würde sich dabei ein Bewegungswiderstand von 272 kg errechnen. Es ist klar, daß hierdurch ganz beträchtliche Abnutzung der aufeinander gleitenden Teile des Schiebers und der Schieberbüchse, sowie eine erhebliche Zusatzbeanspruchung der Steuerungsteile bewirkt wird. Das bloße Gewicht des Schiebers von etwa 70 kg würde allerdings nur ganz geringe spezifische Auflagerdrücke verursachen, die etwa 0,13 kg/cm² betragen, die kaum irgendwelche Abnutzung ergeben können.

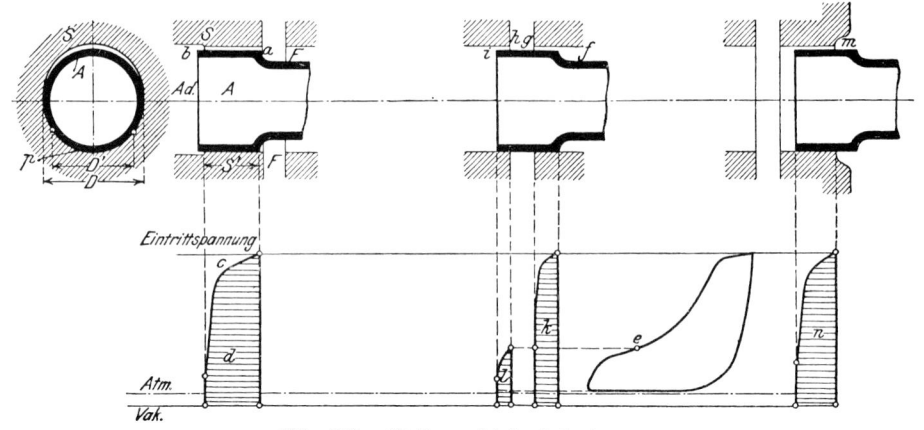

Abb. 383. Kolbenschieberbelastung.

Zur Behebung dieses Übelstandes gibt Becher auch die an und für sich sehr einfachen Mittel an. Tatsächlich vollständige Entlastung erzielt man nur dadurch, daß man den Kolbenschieberkörper am Anliegen an der Schieberbüchse in zuverlässiger Weise verhindert, d. h. ein gewisses Spiel zwischen Schieber und Büchse ausführt und dieses Spiel durch Anwendung ausreichender Führungen am Schieber oder der mit ihm fest verbundenen Schieberstange aufrechterhält. Auf jeden Fall sollten die Tragflächen außerhalb der Hochdruckspannung des Betriebsdampfes liegen.

Um die durch das geringe von vornherein vorgesehene Spiel des Schiebers in der Büchse hervorgerufene Undichtigkeit zu vermeiden, werden bei den Schiebern der preußischen Heißdampflokomotiven schmale Dichtungsringe verwendet, die bei ihrer geringen Breite nur eine unwesentliche Reibung verursachen. Diese schmalen Dichtungsringe müssen allerdings aus bestem, dichtem Gußeisen und mit großer Sorgfalt hergestellt werden. Verschiedene Lokomotivwerke, darunter besonders die Knorr-Bremse A.-G., fertigen sie in tadelloser Güte, so daß sie sich ungeachtet der geringen Breite sehr dauerhaft und im Betriebe gut laufend erwiesen haben. Durch ein besonderes Verfahren bei der Herstellung kann erreicht werden, daß sie am ganzen Umfang mit gleicher Federung anliegen.

Nach mehrjährigen eingehenden Versuchen seitens der Preußischen Staatseisenbahnverwaltung, bei denen sich diese Entlastung vorzüglich bewährte, wurden die in Abb. 384 und 385 dargestellten Schieber als Regelschieber für Heißdampflokomotiven angenommen.

Um die Beanspruchung des Steuerungsgestänges möglichst gering zu halten, ist das Gewicht so leicht wie möglich angenommen worden. Die Kolbenkörper sind einteilig, die Stange ist hohl ausgeführt. Zur Erzielung genügender Eintrittsquerschnitte ist der Durchmesser auf 220 mm festgesetzt worden. Der Kolbenschieber wird von der durchgehenden Stange getragen; die Tragflächen liegen außen in einem besonders eingesetzten Deckel und werden vor Wärmeeinstrahlungen durch eine Luftschicht geschützt. Sie können daher gut unter Öl gehalten werden. Der Dichtungsringquerschnitt ist zu 6 × 8 mm gewählt. Die Ringe lassen sich leicht über den ungeteilten Körper überschieben; sie haben zum Dichten ausreichende Breite und genügend große seitliche Anlageflächen, so daß ein Ausschlagen der Nuten nicht zu befürchten ist.

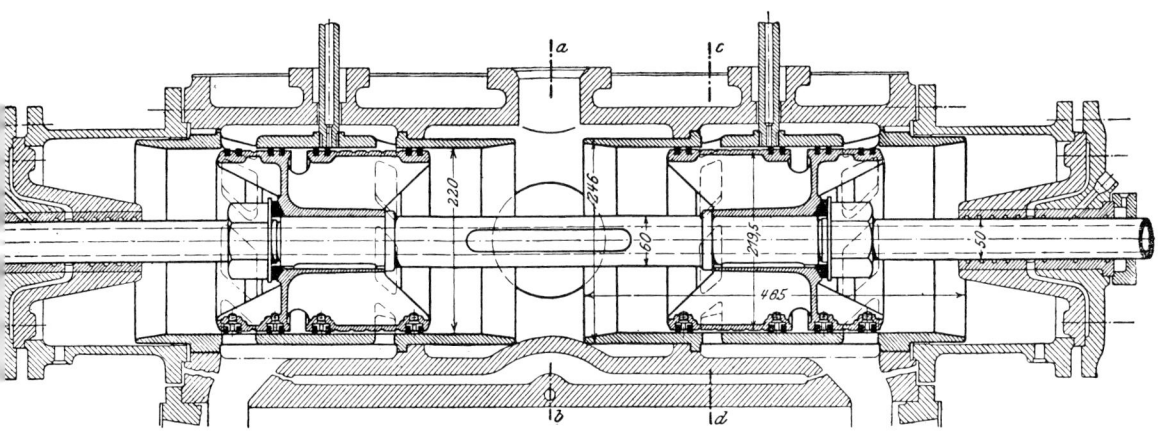

Abb. 384. Regelschieber für Heißdampflokomotiven der preuß. Staatsbahnen mit doppelter Einströmung.

Für schnellfahrende Lokomotiven wird der in der vorstehenden Abbildung gezeigte Schieber mit doppelter Einströmung angewandt, für Güterzuglokomotiven neuerdings ein ähnlicher Schieber mit einfacher Einströmung, nach Abb. 385, da sich herausgestellt hat, daß bei der geringen Schiebergeschwindigkeit dieser Lokomotiven trotz nur einfacher Einströmung die Drosselung doch in zulässigen Grenzen bleibt.

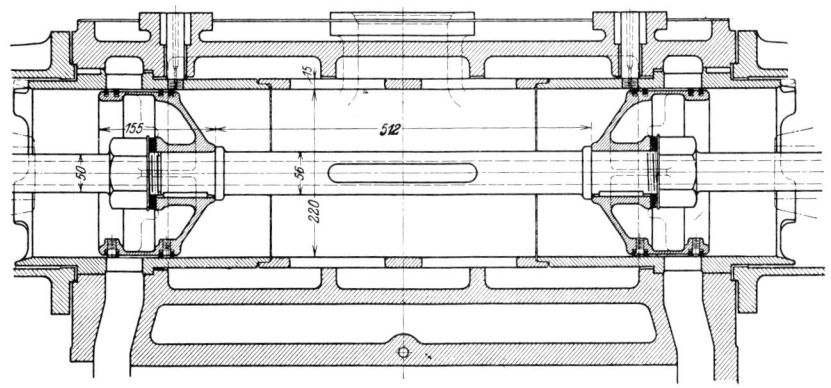

Abb. 385. Regelschieber für Heißdampflokomotiven der preuß. Staatsbahnen mit einfacher Einströmung.

Während bei den Schiebern der Lokomotiven der preußischen Staatseisenbahnen für jede dichtende Kante die Ringe paarweise angeordnet sind, wird vielfach auch eine einfache Abdichtung einer jeden Kante als ausreichend erachtet (vgl. Abb. 386). Die mit den in Abb. 384 und 385 dargestellten Schiebern gemachten Erfahrungen hinsichtlich der Dauerhaftigkeit der dünnen Ringe haben die Vereinfachung als zulässig erwiesen. Bei der halben Zahl der Ringe und Nuten stellt sich dieser Schieber erheblich billiger als bei Anwendung doppelter Ringe.

Wesentlich ist bei den in Abb. 384 bis 386 dargestellten Kolbenschiebern, daß nicht die Ringkanten, sondern die Schieberkörperkanten steuernde Kanten sind. Es wird hierdurch auch der Vorteil erreicht, daß die Ringe erheblich kleineren Querschnitt erhalten können, wodurch ihre Biegungsbeanspruchung verringert und die Federung erhöht wird. Auch gestatten die dünnen Ringe insofern eine erhebliche Vereinfachung des Schieberkörpers, als sie übergeschoben werden können, wo hingegen breitere Ringe stets mehrteilige Körper erfordern, da ihre geringere Elastizität ein Überstreifen nicht gestattet.

Zur Erzielung möglichst geringer Abnutzung ist es erforderlich, daß die Härte der Buchsen und Ringe in richtigem Verhältnis zueinander steht. Die Büchsen werden aus besonders widerstandsfähigem Eisen hergestellt, so daß hier eine merkliche Abnutzung überhaupt nicht eintritt. Aus demselben Grunde sind die Stege unter 45° geneigt; nur der unten liegende Steg geht gerade durch, da auf ihm die Stoßstellen der Ringe laufen.

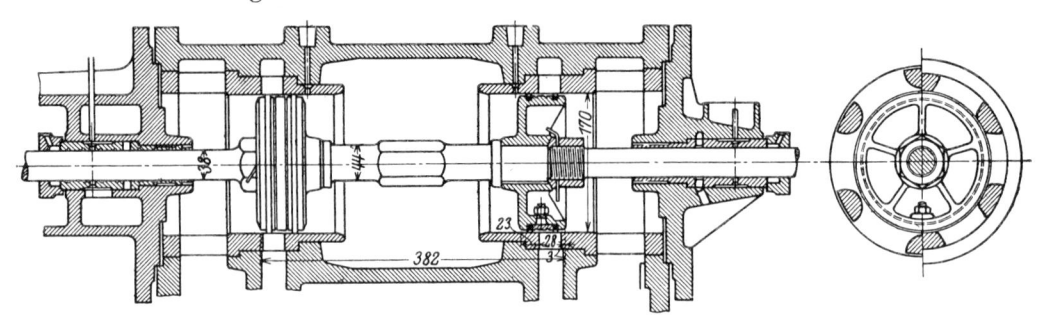

Abb. 386. Kolbenschieber mit einfacher Dichtung.

Die Schieberbüchsen werden für jede Schieberseite getrennt ausgeführt; sie sind nicht eingepreßt, sondern auf ihren Sitz aufgeschliffen, wodurch eine gute Abdichtung bei leichter Auswechselbarkeit erreicht wird. Um eine Ausdehnung der Büchse bei zunehmender Überhitzung zu gestatten, werden sie gegen die Ausströmkästen durch elastische Dichtungsmittel abgedichtet. Ihre genaue axiale Lage läßt sich durch Einsetzen eines passenden Rohrstückes leicht nachprüfen. Die Lage der Buchsen wird durch einen Keil festgelegt.

Um für alle Lokomotiven mit einem einzigen Schieberkörper auskommen zu können, ist der Ausgleich in der Länge der Zylinder durch die Schieberstange bewirkt worden. Zum Guß der Schieberkörper muß besonderes Gußeisen verwendet werden, da sich herausgestellt hat, daß gewöhnliches Gußeisen bei den erheblichen Temperaturschwankungen, denen es in dem Schieberkasten der Heißdampflokomotiven ausgesetzt ist, leicht zu Rissen und Verwerfungen neigt.

Die Knorrbremse A.-G., die den Bau von Kolbenschieber-Ausrüstungen für Heißdampflokomotiven als Sondererzeugnis aufgenommen hat, fertigt die Schieberteile mit Lehren von ± 0,015 mm an, so daß sie gegenseitig vollkommen auswechselbar sind.

Der von A. Borsig in Tegel gebaute Kolbenschieber von Hochwald gestattet eine Verringerung des schädlichen Raumes durch eine im Schieber selbst eingebaute Kammer. Die Abb. 387 zeigt einen Hochwaldschieber mit doppelter Einströmung, wie er für die Heißdampflokomotiven der preußischen Staatseisenbahnen mehrfach ausgeführt worden ist. Er besteht aus den beiden Schieberköpfen, die mit ihren Außenkanten die Ausströmung steuern, und aus einer zwischen den Schieberköpfen angeordneten Muschel, deren Stege innen die Einströmdeckung tragen. Sie arbeiten mit muldenförmigen Vertiefungen der Schieberköpfe zusammen, wodurch eine Verdoppelung der Einströmspalten erreicht wird. Um diese doppelte Eröffnung voll zur

Geltung gelangen zu lassen, bilden die den Zylinderkanal öffnenden Innenkanten der Schieberköpfe keine steuernden Kanten, sondern sie erhalten eine Deckung, die erheblich kleiner ist als die Einströmdeckung der Muschel. Wenn die Steuerkante der Muschel, also die Einströmung zu öffnen beginnt, haben die Innenkanten der Schieberköpfe den Zylinderkanal schon weit geöffnet, und es kann der an den beiden Eröffnungskanten eintretende Frischdampf durch die zwischen den Köpfen liegende Kammer hindurch ungehindert in den Zylinderkanal einströmen. Als Vorteil des Hochwaldschiebers vor dem in Abb. 384 dargestellten Schieber ist eine geringere Undichtigkeit zu nennen. Der Frischdampf kann erst durch die Ringe der Muschel in die Kammer entweichen, und von hier wird er nochmals durch die Ringe des Schieberkopfes vom Zylinderraume und der Ausströmung am Durchtreten verhindert. Er erfordert dabei nur 12 Ringe, während der vorgenannte Schieber 16 Ringe hat. Durch Anordnung der Kammer im Schieber kann man den schädlichen Raum im Zylinder entsprechend verkleinern. Da die Kammer nie mit der Ausströmung in Verbindung gebracht wird, ist der innere Niederschlag niemals so groß als im Zylinder. Die schädlichen Flächen des Kammerraumes wirken also weniger ungünstig als bei Verlegung des Raumes in den Zylinder. Man kann bei Lokomotiven, die mit Kammer-

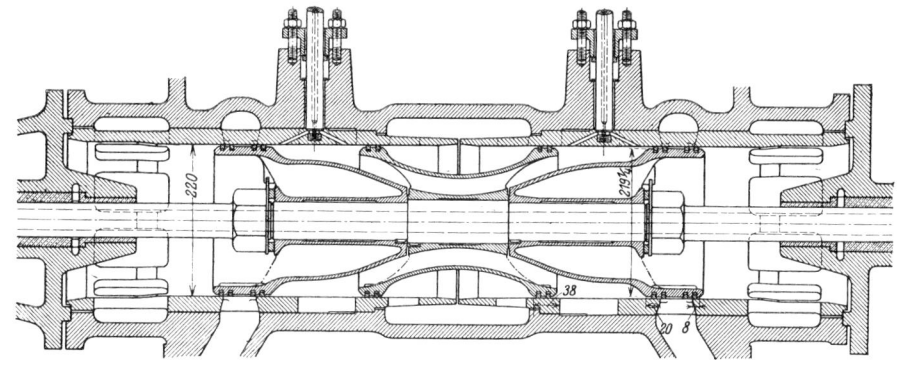

Abb. 387. Hochwaldschieber.

schiebern arbeiten, den schädlichen Raum im Zylinder so klein bemessen wie es die baulichen Verhältnisse zulassen, und die für das Arbeiten mit kleinsten Füllungen unentbehrliche Ergänzung in die Schieberkammer legen. Der Kammerraum hat die Eigenschaft, daß er beim Arbeiten mit kleinen und kleinsten Füllungen, also dann, wenn Verdichtungsraum besonders gewünscht wird, wegen der früh einsetzenden Verdichtung besonders wirksam ist. Auch ergibt er für einen beträchtlichen Teil des Kolbenweges mit seinem mittleren Druck eine Abstufung des Druck- und Temperaturgefälles zwischen Frischdampfraum und Auspuff.

Nachteilig ist das größere Gewicht des Schiebers, das infolge der Massenwirkungen besonders bei schnellfahrenden Lokomotiven erhebliche Zusatzbeanspruchungen des Steuerungsgestänges mit sich bringt und ein unruhiges Arbeiten der Steuerung zur Folge hat. Eingehende Versuche, die die preußische Staatseisenbahn mit dem Schieber ausgeführt hat, haben im übrigen gegenüber dem in Abb. 384 dargestellten Schieber eine nennenswerte Dampfersparnis bei richtig gewählten schädlichen Räumen im Zylinder nicht ergeben.

Der zum Auffüllen des schädlichen Raumes erforderliche Dampf wird stets nur mangelhaft ausgenutzt, gleichviel, ob er durch Verdichtung gewonnen oder ob er aus dem Frischdampf entnommen wird. Wird der schädliche Raum beim Hubwechsel lediglich durch Frischdampf aufgefüllt, so geht die gesamte Volldruckarbeit des Frischdampfes verloren. Füllt man dagegen den schädlichen Raum durch Verdichtung des Auspuffdampfes bis zur Eintrittsspannung an, so ist hierzu eine Arbeit aufzuwenden, die während der darauffolgenden Dehnung nicht in vollem Betrage zurückgewonnen werden kann, da der Dampfdruck am Ende der Dehnung stets größer ist als beim Beginn der Verdichtung.

Bei sehr kleinen Füllungen, bei denen die Dehnung sehr weit getrieben wird, wird die Verdichtungsarbeit auch in verhältnismäßig großem Maße zurückgewonnen; der Verlust durch Auffüllen des schädlichen Raumes durch Verdichtung ist also nur gering. Bei großen Füllungen ist dagegen zweckmäßig ein Auffüllen mit Frischdampf vorzunehmen, da einmal die Dehnung hierbei nur gering ist und andererseits die Verdichtungsarbeit größer sein würde als der Verlust an Volldruckarbeit, die der zur Auffüllung des schädlichen Raumes verwendete Frischdampf leisten könnte. Bei mittleren Füllungen gibt ein teilweises Auffüllen durch Verdichtung und eine Ergänzung der Füllmenge durch Frischdampf die wirtschaftlich besten Ergebnisse. Genauere Untersuchungen haben gezeigt, daß bei der Größe der schädlichen Räume, die bei Lokomotiven wegen Regelung der Ein- und Ausströmung durch einen einzigen Schieber nicht unterschritten werden darf, die übliche Kulissensteuerung vortrefflich geeignet ist, die Verdichtung bei wechselnder Füllung dem wirtschaftlich vorteilhaftesten Wert zu nähern.

Die im dritten Abschnitt unter 5. behandelten Gleichstromlokomotiven bestätigen diese Tatsache. Diese Lokomotiven arbeiten mit etwa 90% Verdichtung und haben schädliche Räume von 17%. Bei kleinen Füllungen arbeiten sie annähernd so wirtschaftlich wie Lokomotiven mit Wechselstromzylindern, haben aber, wie daselbst nachgewiesen, im Vergleich zu diesen bei großen Füllungen einen wesentlich größeren Dampfverbrauch ergeben. Gleichbleibende Verdichtung bei veränderlichen Leistungen wird erst bei sehr geringer Größe der schädlichen Räume, wie sie bei ortsfesten Kondensationsmaschinen üblich sind, wirtschaftlich zulässig.

Die Größe des schädlichen Raumes der Lokomotivzylinder nach unten zu wird bedingt durch die Forderung, daß bei den kleinsten häufig vorkommenden Leistungen noch bei vollem Schieberkastendruck gefahren werden kann, ohne daß der Verdichtungsdruck den Kesseldruck überschreitet. Es hat sich ergeben, daß Füllungen von etwa 10% angewendet werden können ohne negative Ausströmdeckungen bei 12 Atm. Kesseldruck mit schädlichen Räumen von 12 bis 13%. Bei 14 Atm. Kesseldruck kann man sie auf 11 bis zu 12% verringern.

Derartige schädliche Räume lassen sich bei Lokomotivzylindern für einfache Dehnung bei Anwendung sachgemäßer Abmessungen der Dampfkanäle ausführen, wenn man bei den kleinsten vorkommenden Zylindern von etwa 430 mm Durchmesser kleinste Abstände zwischen Kolben- und Zylinderdeckeln von 10 mm am vorderen und 15 mm am hinteren Ende des Zylinders als baulich zulässig erachtet. Der Abstand ist hinten stets größer auszuführen, weil beim Nachstellen der Lager und beim Nachtreiben der Kolbenstange im Kreuzkopf der Kolbenweg nach hinten verschoben wird. Bei größeren Zylindern kann man die Abstände größer wählen, weil der Anteil des schädlichen Raumes im Zylinder am gesamten schädlichen Raum mit der Größe der Zylinder abnimmt. Bei den üblichen Zylinderdurchmessern der Heißdampflokomotiven mit einfacher Dehnung von etwa 500 bis zu 600 mm wird der Abstand des Kolbens vom vorderen Zylinderdeckel mit 12 bis zu 15 mm zu bemessen sein. Die mit derartigen schädlichen Räumen versehenen Zylinder haben sogar bei Verwendung von Schiebern der Abb. 385 mit einfacher Einströmung bei den Versuchen der Preußischen Staatseisenbahnverwaltung derartig gute Ergebnisse gezeigt, daß ihnen jetzt der Vorzug vor allen Schiebern gegeben wird. Besonders hervorzuheben ist, daß sie infolge ihres geringen Gewichtes von etwa 50 kg für einen Schieber mit Stange nur verhältnismäßig geringe Massenwirkungen haben, was für das gute Arbeiten der Steuerungen von großem Werte ist. Wegen ihrer Billigkeit und Einfachheit werden diese Schieber bei der preußischen Staatseisenbahn vorzugsweise angewandt.

Bei amerikanischen Heißdampflokomotiven wird meist der in Abb. 388 dargestellte Kolbenschieber mit einfacher Einströmung angewandt. Die rechtwinklig geformten federnden Ringe werden zwischen ∬-förmig gestaltete Tragringe und den Schieberkörper, sowie gegen die durch die Schieberstange zusammengeschraubten Kopfstücke gespannt. Die Schieberkörper werden aus Gußeisen, wie in Abb. 388, oder auch aus nahtlos gewalzten Stahlrohren hergestellt.

c) Neuere Lokomotivsteuerungen. Trotzdem bei gut gebauten Lokomotiven mit **Walschaert-Heusinger**-Steuerung[1]) und entlasteten Kolbenschiebern, also in einfachster Weise Dampfverbrauchszahlen erreicht worden sind, die den in ortsfesten Betrieben im Durchschnitt erreichten nicht viel nachstehen, mehren sich doch noch unausgesetzt die Versuche, die Lokomotivsteuerungen zu verbessern, sei es durch Verwendung von Doppelschieber-, Drehschieber- und Ventilsteuerungen oder

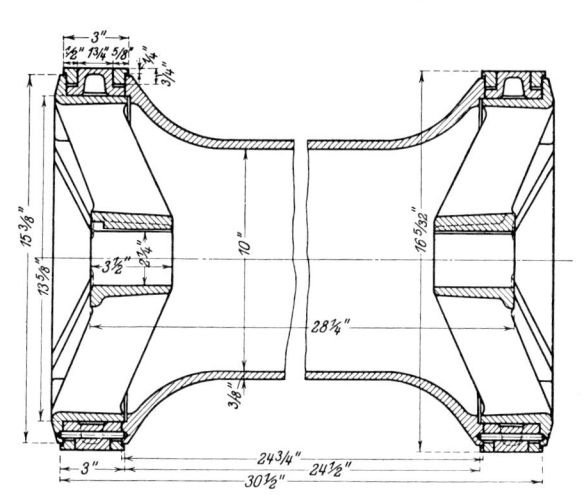

Abb. 388. Amerikanischer Kolbenschieber.

durch völlig neue Steuerungsantriebe. Alle diese Versuche gehen auf Grund der im ortsfesten Betriebe gewonnenen Erfahrungen von theoretischen Erwägungen aus und bieten geringfügige, meist nur auf dem Papier stehende Vergrößerungen des Dampfdiagramms und Verbesserung der Dampfverteilung an, die durch völlig neue, vielteilige und für den Lokomotivbetrieb, bei dem Einfachheit die Hauptbedingung ist und bleiben muß, ungeeignete Mittel erreicht werden sollen. Obwohl derartige Versuche bisher schon wiederholt bei den verschiedensten Bahnen gemacht wurden (vgl. die folgenden Ausführungen über Doppelschieber- und Drehschiebersteuerungen), haben sie infolge der betriebstechnischen Schwierigkeiten bisher nirgends einen praktischen Erfolg zu erzielen vermocht.

1. Doppelschiebersteuerungen.

Versuche, die Expansionsschiebersteuerungen auch bei Lokomotiven anzuwenden, wurde bereits vor etwa 70 Jahren gemacht. Schon im Jahre 1844 erhielt A. Borsig[2]) ein Patent auf eine Doppelschiebersteuerung für Lokomotiven, die auch praktisch erprobt wurde. Später machten auch Baldwin, Strong, Bonnefond[3]) und viele andere Ingenieure ähnliche Versuche. Alle diese Steuerungen gaben aber durch ihre Vielteiligkeit zu solchen Bedenken Anlaß, daß sie bald wieder verschwanden.

---

[1]) Diese Steuerung wird in Deutschland ganz allgemein nach Heusinger von Waldegg benannt. Nunmehr ist jedoch einwandfrei festgestellt worden, daß Walschaert bereits am 30. November 1844 ein belgisches Patent auf seine Steuerung erhalten hat, während Heusinger v. Waldegg seine Steuerung erst 1849 erfand, allerdings ohne die belgische Erfindung zu kennen. Beide Steuerungen stimmen in ihrer Einzelanordnung nicht vollständig überein. Bei der ursprünglichen Heusingersteuerung ist das untere Ende des Gegenlenkers in einer am Kreuzkopf drehbar angebrachten Hülse geführt, während Walschaert ein Gelenk einschaltet, wodurch die gleitende Reibung des Gegenlenkers in der Hülse vermieden wurde. Die heutigen Anwendungen entsprechen daher mehr dem Patent von Walschaert, und es erscheint richtiger, die Steuerung nach ihm zu benennen. Die Steuerung Heusingers wurde 1850/51 an einer kleinen Lokomotive ausgeführt, später, wie es scheint, nicht mehr. (Vgl. Fliegner, Umsteuerungen S. 120; Z. d. V. d. I. 1905, S. 1916 und 2088.

[2]) Vgl. A. Borsig, Festschrift zur Vollendung der 5000. Lokomotive, S. 35.

[3]) Vgl. Eisenbahntechnik der Gegenwart, Bd.: Lokomotiven, II. Auflage S. 279.

Trotzdem wurden in neuerer Zeit von dem Amerikaner Haberkorn und dem Franzosen Nadal diese Versuche erneuert.

Bei der Steuerung von Haberkorn[1]) ist jeder Zylinder mit zwei übereinanderliegenden getrennten Kolbenschiebern ausgestattet, von denen der dem Zylinder zunächst liegende als Verteilschieber, der darüber liegende als Expansionsschieber arbeitet. Der Antrieb erfolgt durch eine Goochsteuerung mit Doppelschwinge. Zur Umsteuerung sind zwei Hebel notwendig; einer für den Grund- oder Verteilschieber und der zweite für den Expansionsschieber. Dieser Umstand allein genügt, um die Einführung dieser Steuerung bei Lokomotiven sehr zu erschweren.

Die Steuerung von Nadal[2]), Chef-Ingenieur der französischen Staatsbahnen, ist bei einer in Lüttich im Jahre 1905 ausgestellt gewesenen 2B-Schnellzug-Verbundlokomotive der französischen Staatsbahnen angewendet worden. Hierbei hatte jeder Zylinder zwei nebeneinander angeordnete Kolbenschieber von 300 mm Durchmesser und Dampfeinlaß- und -auslaß werden getrennt gesteuert. Der Expansionsschieber wird von einer gewöhnlichen Walschaertsteuerung angetrieben, während der Verteilungsschieber seinen Antrieb durch Vermittelung einer Zwischenwelle von der Schieberschubstange erhält, ohne durch die am Kreuzkopf abgeleitete Bewegung des Gegenlenkers beeinflußt zu werden.

Auch dieser Steuerung wird als Hauptvorteil die für alle Füllungen nahezu gleichbleibende Vorausströmung und Verdichtung nachgerühmt[3]). Bei der in Lüttich ausgestellten Lokomotive war z. B. die Vorausströmung für alle Füllungen gleich (9 v. H. des Kolbenweges), während die Verdichtung bei

      32 v. H. Füllung im Hochdruckzylinder 10 v. H.
und bei   73 v. H. Füllung im Hochdruckzylinder 11,75 v. H.

des Kolbenweges betrug, also bei kleinen Füllungen (hohen Geschwindigkeiten kleiner war als beim Langsamfahren mit großen Füllungen! Beide Umstände jedoch sind eher als Nachteile anzusehen. Bei kleinen Füllungen und großen Geschwindigkeiten ist eine Vergrößerung des Vorausströmens und der Verdichtung nur erwünscht. Ersteres zur Verminderung des Gegendruckes und letzteres zum stoßlosen Auffangen der hin und her gehenden Massen im Totpunkte. Die Güte einer Lokomotivsteuerung läßt sich eben nicht nach dem Flächeninhalt des Indikatordiagramms allein beurteilen.

2. Drehschiebersteuerungen.

Drehschieber, die sich bei ortsfesten Dampfmaschinen, namentlich bei niedrigen Dampfspannungen und geringen Umdrehungszahlen bestens bewähren, wurden wiederholt versuchsweise auch bei Lokomotiven angewandt, namentlich in Amerika, dem Vaterlande der Corlisssteuerung. Schon Corliss hatte Ende der 50er Jahre eine Lokomotive mit der nach ihm benannten Steuerung versehen. Sie war jedoch nur kurze Zeit im Betriebe; ein Zeitgenosse von Corliss behauptet sogar von ihr in einer Ansprache vor dem amerikanischen Ingenieur-Verein (American Society of Mechanical Engineers), daß sie „eigentlich 365 Schieber besitze, da jeden Tag im Jahre ein Schieber erneuert werden müsse".

In den 90er Jahren entwarfen Durant und Lencauchez eine später von Polonceau verbesserte Drehschiebersteuerung[4]), die bei einigen Schnellzuglokomotiven der Paris—Orléans-Bahn Anwendung fand. Jeder Zylinder besaß vier Corlissschieber. Dampfeinlaß und Dampfauslaß erfolgte demnach getrennt, und die

---

[1]) Engineering News, 4. Mai 1905, S. 460.
[2]) Vgl. Glasers Annalen, 15. Juni 1905, S. 236; Revue Générale 1906, I, S. 144; Handbuch des Eisenbahnmaschinenwesens (Stockert), Bd. 1, S. 476.
[3]) Vgl. Z. d. V. d. I. 1906, S. 639.
[4]) Vgl. Eisenbahntechnik der Gegenwart, Bd.: Lokomotiven, III. Auflage S. 488.

Verdichtung konnte von der Füllung unabhängig gemacht werden. Zum Antrieb diente die Stephensonsteuerung. Wegen der Vielteiligkeit der ganzen Anordnung war diese Steuerung teuer in der ersten Anschaffung und namentlich in der Unterhaltung und konnte sich daher auch nicht behaupten, obwohl nach Angabe der Paris—Orléans-Bahn einige Dampfersparnis damit erzielt wurde.

Trotzdem wurden in Amerika wieder Versuche mit einer von C. W. Young[1]) entworfenen Drehschiebersteuerung gemacht, die probeweise bei zwei Lokomotiven der Chicago and Northwestern R.-R. und einer Lokomotive der Delaware and Hudson River R.-R. eingebaut wurde. Bei ihr wurden für jeden Zylinder nur zwei Corlissschieber angewandt. Der Dampfeinlaß und -auslaß wird auf jeder Kolbenseite durch einen gemeinsamen Corlissschieber geregelt. Der Antrieb erfolgt durch eine wegen der großen Schieberdurchmesser (250 mm) sehr kräftig gehaltenen Stephensonsteuerung, deren Schieberschubstange an der Schwingscheibe der Corlisssteuerung angreift. Der Hauptvorteil, der allen Corlisssteuerungen nachgerühmt wird, ist der geringe schädliche Raum, der sich hierbei ergibt. Dieser Vorteil kann sich aber nur auf die Wirtschaftlichkeit von Naßdampfmaschinen beziehen, bei denen große schädliche Räume infolge der vermehrten Niederschlagsverluste sehr lästig sind. Für den ruhigen Gang der Lokomotive bei hohen Geschwindigkeiten sind jedoch große schädliche Räume eher nützlich zu nennen, denn es genügt nicht allein, zum stoßfreien Auffangen der Massen im Totpunkt die Verdichtung entsprechend hoch zu treiben, sondern sie darf auch nicht zu plötzlich anwachsen, und dazu sind größere schädliche Räume nötig, die sich allerdings nur bei dem von jedem Niederschlagsverlust freien Heißdampfbetrieb mit der nötigen Wirtschaftlichkeit vereinigen lassen. Ob die Corlissschieber sich überhaupt bei den im Lokomotivbetrieb üblichen Dampfspannungen und Umdrehungszahlen bewähren können, ist nach unseren Erfahrungen sehr zweifelhaft.

Große Verbreitung hat in England hauptsächlich die Joysteuerung[2]) gefunden, die besonders bei innenliegenden Triebwerken, wie sie bis vor kurzem dort fast ausschließlich die Regel waren, gewisse bauliche Vorteile bietet, insofern, als keine Exzenter erforderlich sind. Nachteilig ist, wie bei allen derartigen Ellipsensteuerungen, die Abnutzung des Steins in der Kulisse, der ständig bei der Fahrt hin und hergeschoben wird und die bei dem viermaligen Druckwechsel bei jeder Triebradumdrehung Stöße in der Stellvorrichtung zur Folge hat. Auch wird die Größe der Füllung stark vom Federspiel beeinflußt, ein Mangel, den die dieser ähnlichen Verhoopsteuerung[3]) nicht aufweist.

3. Ventilsteuerung von Lentz.

Ventilsteuerungen für ortsfeste Dampfmaschinen haben in den letzten beiden Jahrzehnten eine ständig wachsende Verbreitung gefunden; hauptsächlich wegen ihrer leichten Regelbarkeit sind sie bei den Betrieben bevorzugt worden, wo es auf eine möglichst gleichmäßige Umdrehungszahl ankommt, also namentlich bei elektrischen Zentralen, Spinnereien usw. — Bei Lokomotiven wurde jedoch meines Wissens eine Ventilsteuerung zum ersten Male im Jahre 1905 bei einer von der Hannoverschen Maschinenbau-Aktiengesellschaft vormals Georg Egestorff für die Ilseder Hütte gebauten 1 B-schmalspurigen Tenderlokomotive versuchsweise angewandt[4]).

---

[1]) Z. d. V. d. I. 1906, S. 639; Revue Générale 1905, II, S. 587; Railway Age 1904, S. 657; Handbuch des Eisenbahnmaschinenwesens (Stockert) Bd. 1. S. 477.

[2]) Siehe z. B. Eisenbahntechnik der Gegenwart, Bd. 1, III. Auflage S. 484.

[3]) Siehe Z. d. V. d. I. 1916, S. 725.

[4]) Vgl. Z. d. V. d. I. 1905, S. 1408 und 1906, S. 641.

Die Steuerung (ältere Bauart Lentz) besteht aus vier gußeisernen Doppelsitzventilen (Abb. 389 und 390); die Einströmung und Ausströmung ist getrennt, aber trotzdem nicht unabhängig voneinander veränderlich, weil der Hub aller vier Ventile durch eine gemeinsame Hubkurvenstange bewerkstelligt wird. Die Ventilsitze sind unmittelbar im Zylinderguß eingefräst. Die Ventilspindeln sind nur durch Labyrinthdichtungen abgedichtet und tragen in ihrem die Hubstange durchlassenden Kopfe oben Rollen, die auf der mit Hubkurven versehenen Steuerungsstange laufen. Der Schluß der Ventile wird durch Federkraft bewirkt. Der Antrieb der Hubkurvenstange erfolgt durch eine gewöhnliche Walschaertsteuerung.

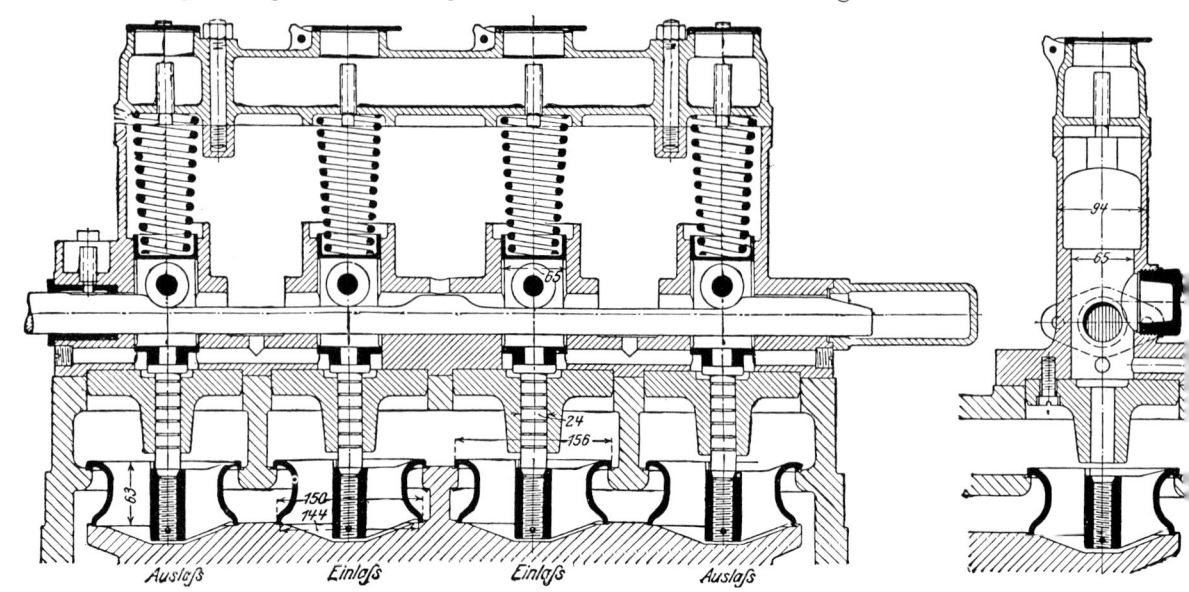

Abb. 389 und 390. Ventilsteuerung älterer Bauart Lentz.

Auf der Mailänder Ausstellung 1906 waren zwei weitere Lokomotiven mit Lentzcher Ventilsteuerung zu sehen; eine 2 B 1-Vierzylinder-Schnellzuglokomotive (Bauart v. Borries), bei der die Hochdruckzylinder Ventilsteuerung, die innenliegenden Niederdruckzylinder Kolbenschiebersteuerung haben, beide angetrieben von der bekannten Walschaert-v. Borries-Steuerung. Außerdem war noch eine C-Tenderlokomotive mit Pielocküberhitzer und Lentzscher Ventilsteuerung ausgestellt, die als besondere Neuheit die Lentzsche Umsteuerung aufwies. Es ist dies eine Umsteuerung ohne Schwinge, aber mit einem auf einer Gegenkurbel verdrehbar angeordneten Exzenter. Die Verdrehung des letzteren geschieht durch mehrere Zahnstangenübertragungen, die so verwickelte und schwierig zu unterhaltende Bauteile nötig machen, daß es schon aus diesen Rücksichten ausgeschlossen erscheint, daß die mehr für ortsfeste und geschützte Maschinen bestimmte Umsteuerung im Lokomotivbetriebe sich bewähren werde.

Was die den Ventilsteuerungen nachgerühmten Vorteile anbelangt, so ist wohl anzuerkennen, daß Schiebersteuerungen unter Umständen etwas langsamer öffnen und schließen und den Dampf stärker drosseln als Ventilsteuerungen. Die daraus sich ergebende geringere Völligkeit der Dampfdiagramme ist jedoch sehr unbedeutend.

Eine neuere Ausbildung der Lentz-Ventilsteuerung ist aus Abb. 391 bis 393 zu erkennen. Es ist dort die Hochdrucksteuerung der D-Güterzug-Verbundlokomotive der Eisenbahn-Direktion Oldenburg dargestellt. Die wesentliche Neuerung gegenüber den bisher gebräuchlichen Ausführungen besteht darin, daß der früher übliche,

Das Triebwerk der Heißdampflokomotiven. 303

Abb. 391 bis 393. Neue Lentzsteuerung.

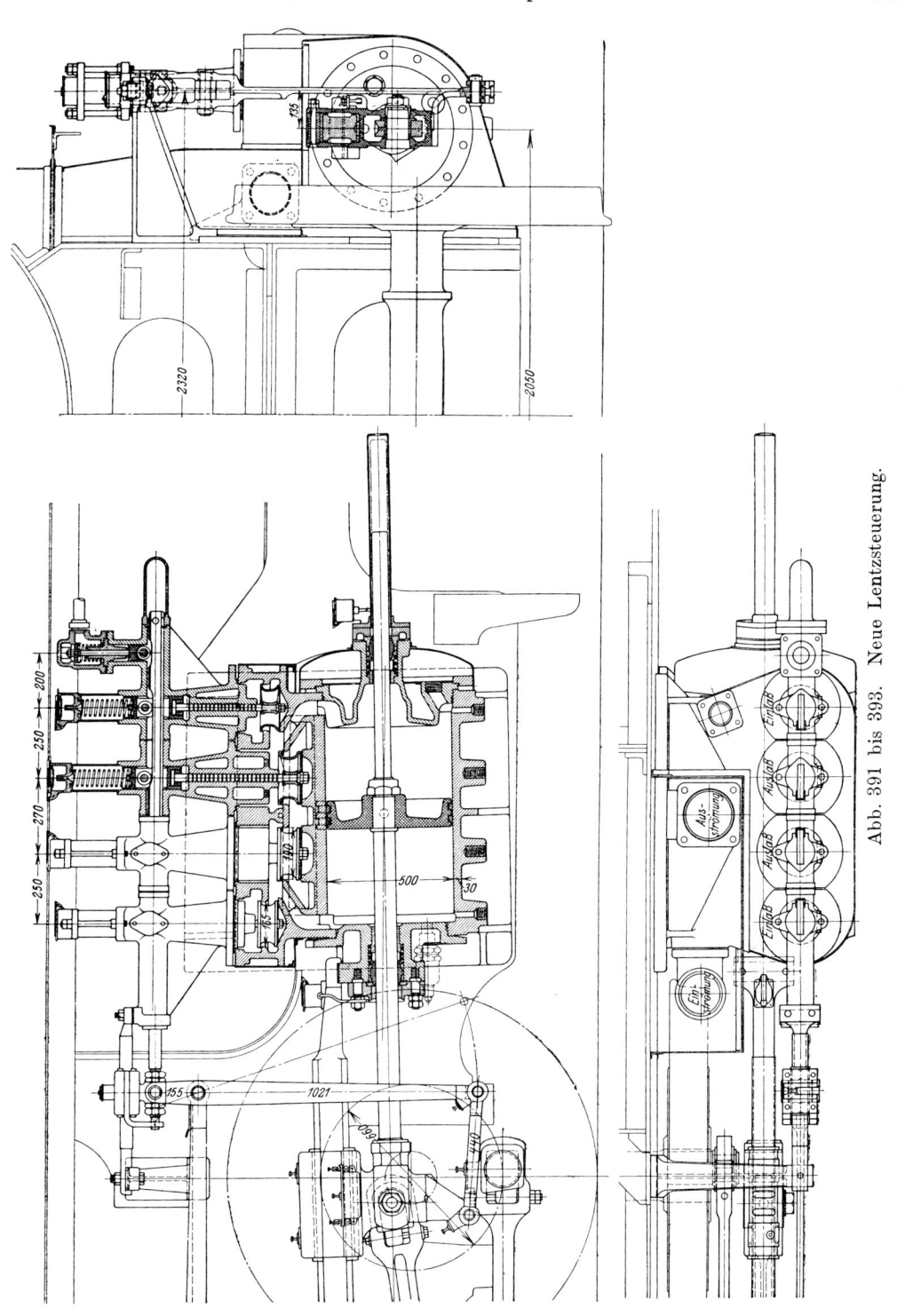

alle vier Ventile eines Zylinders enthaltende gemeinsame Ventilkasten durch vier voneinander unabhängige gußeiserne Führungen, die auf den Zylindern einzeln aufgeschraubt werden, ersetzt wird.

Hierdurch ergibt sich zunächst der Vorteil, daß die einzelnen Spindelführungen den verschieden großen Wärmeausdehnungen des Zylinders zwanglos folgen können.

Dann aber ist die Untersuchung jedes einzelnen Steuerventils nach Hochnahme einer Spindelführung mit Leichtigkeit möglich, während früher zu diesem Zweck der ganze Ventilkasten geöffnet werden mußte.

Auch die Bearbeitung wird nicht unwesentlich erleichtert. Während früher das sorgfältige Aufschrauben des schweren Ventilkastens stets sehr umständlich und schwierig war, sind nunmehr die einzelnen Spindelführungen in dem Zylinderkörper zentriert und es läßt sich durch genaue Maschinenbearbeitung ein besseres Dichthalten erreichen.

Die zur Aufnahme der Hubkurvenstange dienende Bohrung der Spindelführungen wird vorerst mit einer kleinen Zugabe auf der Maschine hergestellt und erst nach dem Aufschrauben sämtlicher Führungen auf den Zylinder mit einer Reibahle auf genaues Maß eingeschliffen.

Die einzelnen Spindelführungen stoßen mit dem Flansch der Hubkurvenstangenführung gegeneinander; besondere Abdichtungen sind an dieser Stelle nicht nötig, da dort ein Überdruck nicht vorhanden ist.

Sämtliche Ventile werden auf Schließen beansprucht. Die beiden Einströmventile von 165 mm Durchmesser mit kürzeren Spindeln befinden sich an den Enden des Zylinders; die Ausströmventile von 190 mm Durchmesser mit längeren Spindeln liegen nach der Zylindermitte zu. — Die Ventilspindeln sind so lang bemessen, daß sie eine genügende Abdichtung gegen Austreten des Dampfes erreichen. Sie sind in die Spindelköpfe, die die aus naturhartem Stahl hergestellten Gleitrollen tragen, mittels einer gesicherten Mutter eingeschraubt. Die Nockenstange ist gegen Verdrehen dadurch gesichert, daß sie an ihrem hinteren Ende einen Vierkantansatz trägt, der während des Hin- und Hergangs der Stange in einer entsprechend gestalteten Führungsbüchse läuft.

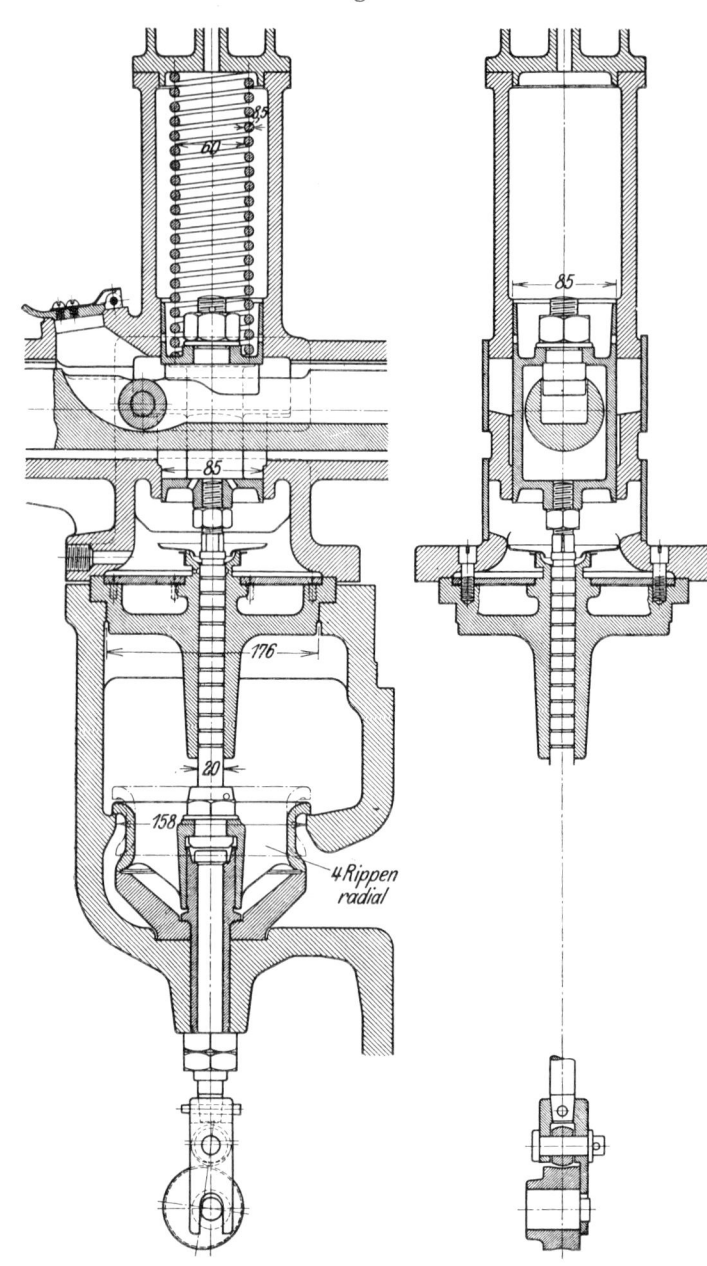

Abb. 394. Ventilsteuerung von Stumpf.

4. Ventilsteuerung nach Stumpf.

Bei den Gleichstromlokomotiven der preußischen Staatseisenbahn wurde anfänglich die Ventilsteuerung der Bauart Stumpf angewendet, die in Abb. 394 dargestellt ist. Sie unterscheidet sich von der Lentzsteuerung im wesentlichen dadurch, daß hier umgekehrt der Anhubnocken an der Ventilspindel, die Rollen dagegen an der hin und her gehenden Stange befestigt sind. Es soll hierdurch der Vorteil erreicht werden, daß die Nute, in der die Rolle sitzt, als Ölbad dient und so eine gute Schmierung der aufeinander arbeitenden Teile gewährleistet wird. Wie die Abbildungen ferner erkennen lassen, ist die Ventilspindel nach unten verlängert und kann hier durch eine exzentrisch gelagerte Rolle mitsamt dem Ventil hochgehoben werden. Es wird dadurch die Druckausgleichvorrichtung überflüssig gemacht; bei angehobenen Ventilen sind die Räume vor und hinter dem Kolben durch das Einströmrohr in Verbindung gesetzt. Außerdem wird noch der Vorteil erzielt, daß beim Leerlauf das Kurvenstück von der Rolle abgehoben wird, so daß kaum eine Abnutzung dieser Teile eintritt und der Widerstand der Steuerung verringert wird.

Ergebnisse mit dieser Steuerung sind im zehnten Abschnitt mitgeteilt.

Zur Verminderung der Abnutzung werden die Kurvenstücke aus gehärtetem Werkzeugstahl, die Rollenstange aus naturhartem Stahl

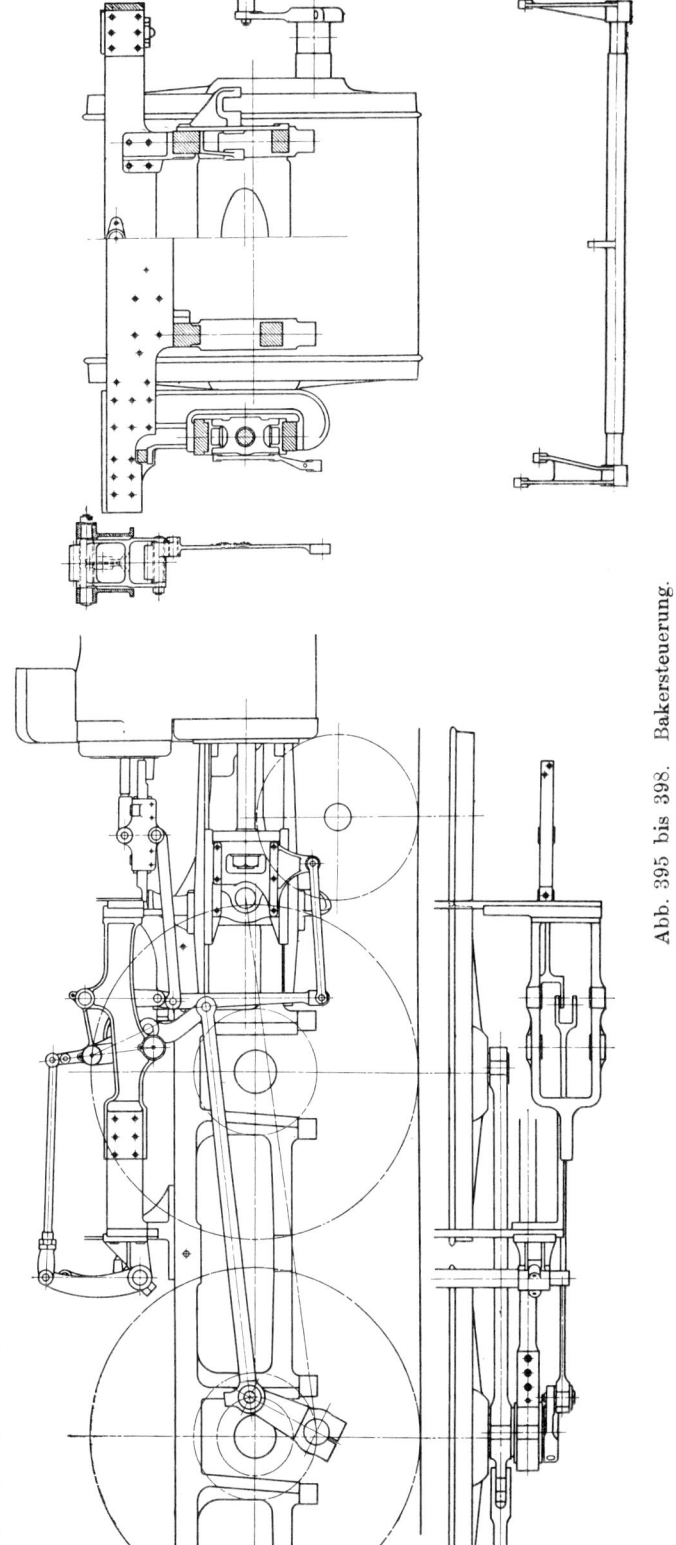

Abb. 395 bis 398. Bakersteuerung.

5. Die Bakersteuerung.

Die von der Baker Pilliod Company in Swanton, Ohio, in den letzten Jahren eingeführte Bakersteuerung hat sich in den Vereinigten Staaten große Verbreitung verschafft. Sie ähnelt der Walschaertsteuerung, vermeidet aber die Schwinge, die durch eine Lenkereinrichtung ersetzt ist.

Die ganze Steuerung sitzt, wie Abb. 395 bis 398 zeigt, in einem besonderen Stahlgußrahmen, der an den Lokomotivrahmen angeschraubt wird. Alle Einzelteile werden von der ausführenden Gesellschaft einheitlich hergestellt, so daß jede beliebige Lokomotive nach geringen Umbauten mit der Steuerung ausgerüstet werden kann. Zu verändern sind nur in der Hauptsache die Stangen, die mit Teilen der vorhandenen Lokomotive in unmittelbarer Verbindung stehen (wie z. B. die Exzenterstange und ihr Antriebskurbelarm, sowie die Schieberstange). Es ist daher nur ein kleines Lager von Ersatzteilen nötig, besonders auch da alle Steuerungsteile für die rechte und linke Seite vollkommen gleich sind.

Die Bakersteuerung leitet, wie die von Walschaert, die eine der den Schieberweg ergebenden Bewegungen vom Kreuzkopf ab, während die zweite von einem um 90° versetzten kleinen Kurbelarm der Triebachse (Exzenter) abgenommen wird. Der Kreuzkopf wirkt durch den Gegenlenker $a-b$ auf den Voreilhebel $b-c$ (Abb. 399 und 400), an dem bei d die Schieberstange angreift. Der Punkt c ist drehbar mit dem Winkelhebel $c-e-f$ mit dem festen Drehpunkt e verbunden; bei f greift mittels der Stange $f-g$ die Exzenterstange $g-h$ an. Etwa die Mitte i der Stange $f-g$ ist durch den Lenker $i-k$ an dem Hebel $l-k-o$ angelenkt, der durch die Steuerstange um den festen Punkt o gedreht werden kann und dessen Lage die Größe der Füllung bestimmt.

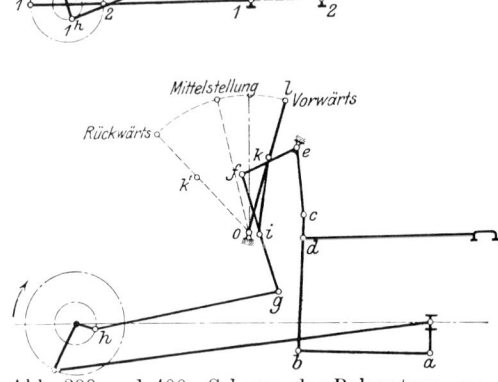

Abb. 399 und 400. Schema der Bakersteuerung.

Da die Steuerung gleiches lineares Voreilen besitzen soll, so muß, wenn der Kreuzkopf in einem der Totpunkte steht, sich der Punkt i genau senkrecht über o befinden. Im Totpunkte ist dann der zurückgelegte Schieberweg stets derselbe, wie auch die Stellung des Hebels $o-k-l$ sein möge; man kann den Hebel $o-k-l$ beliebig bewegen, ohne daß i seine feste Lage ändert. Dabei beschreibt k einen Kreis um o mit $o-k$ als Halbmesser.

Liegt i über o, so kann dabei k als Punkt des Lenkers $i-k$ denselben Kreis $k\,k'$ mit $i\,k\,(=o\,k)$ als Halbmesser um i beschreiben, wobei i als Mittelpunkt des Kreises stillsteht. Der Punkt i hat also für beide Totpunkte dieselbe Lage, da die angestellten Überlegungen für den einen wie für den anderen Totpunkt gelten. Auch der Punkt g nimmt für beide Totpunkte der Kurbel dieselbe Lage ein, wie aus der Abb. 400 zu ersehen ist. Der antreibende Kurbelarm (Exzenter) liegt für beide Kurbeltotpunkte 1 und 2 symmetrisch zur mittleren Exzenterstangenlage. Der Punkt b hat für beide Totlagen der Kurbel zwar verschiedene, für jeden einzelnen Totpunkt jedoch immer dieselbe Lage. Für jeden Totpunkt liegen daher unabhängig von der Füllung die Punkte g, i und b stets an derselben Stelle, damit auch die Punkte f, c und d, d. h. die Steuerung hat gleiches lineares Voreilen.

Bei Nullfüllung muß der Voreilwinkel $\delta = 90°$ werden, d. h. zwischen Maschinenkurbel und Ersatzexzenterkurbel muß ein Winkel von 180° bestehen, wenn der Schieber äußere Einströmung hat. Bei innerer Einströmung muß $\delta = 0°$ werden, d. h. der Schieber wird nur vom Kreuzkopf aus bewegt, der Punkt c muß stillstehen. Dies wird erreicht, wenn die Punkte k und f übereinanderfallen, denn nur in diesem Fall kann $h–g$ eine Bewegung ausführen, ohne f und k zu bewegen. Der Punkt i kann dann gleichzeitig einen Kreis um f und k beschreiben. Da k still liegt, muß der Punkt f das gleiche tun. Bei Nullfüllung und gleichzeitiger Totlage der Maschinenkurbel muß f über k, i über o liegen. In dieser Stellung befindet sich wegen der Versetzung des Exzenters um $90°$ die Exzenterkurbel in Hubmitte.

Bei der vorliegenden Steuerung ist der letzten Bedingung bezüglich der Lage der Punkte $f–k–o–i$ nicht entsprochen. Es ist vielmehr $f–i$ kleiner als $o–k$, so daß bei Nullfüllung und Totlage wohl o und i zusammenfallen, f jedoch unterhalb k liegt. Die Folge davon ist, daß bei Fahrt mit Nullfüllung der Punkt f nicht mehr still liegen kann. Zwischen den beiden Totlagen muß sich, wie leicht zu erkennen ist, der Punkt i beim Hingange des Kolbens um etwa dasselbe Maß nach der einen, wie beim Rückgang nach der anderen Seite von der Richtung $k–o$ entfernen. Ist $f-i$ kürzer als $o–k$, so muß der Punkt f dabei stets sinken, gleichgültig, ob i nach links oder nach rechts von o geht. Der Punkt c bewegt sich daher bei Hin- und Rückgang des Kolbens stets nach derselben Seite. Demnach wirkt bei Nullfüllung nicht wie bei der Walschaertsteuerung nur die Kreuzkopfbewegung (wobei die erreichten kleinsten Füllungen bei Hin- und Rückgang des Kolbens gleich sind), sondern es wirkt beim Hingang noch ein zusätzliches kleines Vorwärts-, beim Rückgang ein zusätzliches kleines Rückwärtsexzenter. Infolgedessen wird bei der Nullfüllung nach der Steuerungseinteilung die erreichte kleinste wirkliche Füllung der Zylinder beim Hingang des Kolbens um etwa ebensoviel vermehrt, wie beim Rückgang vermindert, gegenüber den in beiden Fällen gleichen Füllungen der Walschaertsteuerung.

In dieser Eigentümlichkeit liegt nun aber ein Vorteil der Bakersteuerung gegenüber der Walschaertsteuerung begründet. Denn da $f—i$ etwas kürzer ist als $o—k$, so beschreibt, wie oben ausgeführt, bei Nullfüllung der Punkt c beim Hin- und Rückgang des Kolbens eine kleine Bewegung. Die Folge ist, daß bereits bei Nullfüllung die größte Schieberöffnung etwas größer ist als das lineare Voreilen. Eine solche Steuerung muß bei allen Füllungen etwas mehr öffnen, als eine, die, wie die Walschaertsteuerung, bei Nullfüllung nur um das lineare Voreilen öffnet. Der Unterschied ist naturgemäß nur bei den kleinsten Füllungen und Schieberöffnungen erheblich.

Der größte Vorteil der Bakersteuerung besteht darin, daß sie keine Schwinge erfordert, sondern an deren Stelle um Zapfen schwingende, leicht zu schmierende Gelenke benutzt, die erforderlichenfalls in einfacher Weise ausgewechselt werden können, was für amerikanische Verhältnisse ihre Einführung rechtfertigt. Im übrigen hat sie, trotz ihres verwickelten Aussehens, nur ein Gelenk mehr als die gewöhnliche Walschaertsteuerung.

d) Planmäßige Ermittlung der wesentlichen Abmessungen der Lokomotivsteuerung, Bauart Walschaert. Unter den vielen Steuerungen, die für Lokomotiven in Frage kommen können, ist zur Zeit die Walschaert bzw. Heusinger-Steuerung wohl diejenige, die in Europa wegen ihrer Vorzüge bei neuen Lokomotiven fast ausschließlich ausgeführt wird.

Die Lehrbücher des Lokomotivbaues geben meist nur eine Beschreibung der Wirkungsweise dieser Steuerung und behandeln an Hand der Scheitellinie ihre Eigenschaften.

Mit diesen Anregungen allein aber dürfte es auch erfahrenen Fachmännern kaum möglich sein, eine vollständig neue Lokomotivsteuerung planmäßig zu entwerfen.

Die Lücke, die im Schrifttum an dieser Stelle zweifellos bestand, ist durch eine sehr dankenswerte Arbeit von Professor Graßmann in Karlsruhe ausgefüllt worden, die die Geometrie und Maßbestimmung der Schwingensteuerungen für alle möglichen, umsteuerbaren Maschinen an der Hand zahlreicher Beispiele eingehend behandelt[1]).

Nachstehend soll nach Graßmann gezeigt werden, wie bei dem Neuentwurf einer Lokomotive die Hauptabmessungen der Steuerung planmäßig festzustellen sind.

Ist ein in allen Bauteilen einstellbares Steuerungsmodell nicht vorhanden, so empfiehlt sich, zum Bau eines Steuerungsmodells, dessen Anfertigung immer zweckmäßig ist, da es alle Einflüsse erkennen läßt, die zum Teil theoretisch gar nicht zu behandeln sind, erst zu schreiten, nachdem die Maßbestimmung in der Weise erfolgt ist, wie nachstehend angegeben wird.

Bestimmung der Hauptabmessungen der Kolbenschieber.

Soll für eine Lokomotive eine neue Steuerung entworfen werden, so sind hierzu vor allem die Hauptabmessungen der Steuerungsschieber zu ermitteln. Für Heißdampflokomotiven mit einstufiger Dehnung kommen wohl ausschließlich Kolbenschieber mit einfacher oder doppelter innerer Einströmung und einfacher äußerer Ausströmung in Betracht, wie sie im fünften Abschnitt beschrieben sind.

Zur Maßbestimmung der Kolbenschieber geht man zweckmäßig von der Dampfdruckschaulinie bei einer bestimmten Füllung aus, der sogenannten Entwurfsfüllung s_1, die für Lokomotiven mit einstufiger Dampfdehnung 35% betragen soll. Es ist ausdrücklich darauf hinzuweisen, daß diese Entwurfsfüllung mit der an anderer Stelle (s. zweiter Abschnitt) erwähnten meistgebrauchten Füllung, die für die Berechnung der Hauptabmessungen der Lokomotive wesentlich ist, nichts zu tun hat.

Neben der Füllung ist für die Verhältnisse bei der Dampfeinströmung noch maßgebend die Größe des sogenannten Voreinströmungswinkels ε. Bei Lokomotiven mit einstufiger Dampfdehnung ist dieser bei der Entwurfsfüllung mit $11 \div 12°$ anzunehmen, sofern der Einlaß doppelt öffnet, was für Kolbenschieber mit Trickkanal zutrifft. Bei einfach öffnendem Schieber soll der Voreinströmungswinkel den ungünstigeren Einströmungsverhältnissen des Dampfes entsprechend größer und zwar mit etwa $15 \div 16°$ bei der Entwurfsfüllung angenommen werden. Durch die Füllung und den Einströmungswinkel wird die Größe der Einströmdeckung e bedingt.

Für die Verhältnisse des Auslasses ist die Ausströmdeckung i maßgebend, durch die Vorausströmung und Verdichtung beeinflußt werden. Bei Lokomotiven ist die Größe der Ausströmdeckung mit Rücksicht auf die Verdichtung zu bestimmen.

Auch bei Füllungen von etwa 20% soll der Verdichtungsenddruck höchstens die Größe des Dampfeintrittsdrucks p_1 in den Zylinder erreichen. Bei der Entwurfsfüllung von 35%, die beträchtlich größer ist, muß demnach der Verdichtungsenddruck p_5 niedriger sein. Er soll zweckmäßig etwa $^3/_4$ des Eintrittsdrucks p_1 erreichen. Somit ist also:
$$p_5 = {}^3/_4\, p_1.$$
Die Größe des schädlichen Raumes s_0 ist meist aus früheren Ausführungen bekannt. Er beträgt bei Zylindern von Kolbenschieberlokomotiven mindestens 10 Proz. Es kann demnach die Aufzeichnung der Verdichtungslinie, die dem Gesetz:
$$p \cdot v^{\varkappa} = \text{const.}$$
folgt, von der Verdichtungsendspannung ausgehend erfolgen. Für Heißdampflokomotiven ist zu setzen:
$$\varkappa = 1{,}2 \div 1{,}3.$$

---

[1]) R. Graßmann, Geometrie und Maßbestimmung der Kulissensteuerungen. Verlag von Julius Springer, Berlin 1916.

Mit Hilfe der in Zahlentafel 40a gegebenen Werte ist ihre Aufzeichnung ohne weiteres für jeden in Betracht kommenden Fall möglich (vgl. hierzu auch das weiter unten folgende Beispiel).

Zahlentafel 40a.

Werte von $\dfrac{s_2 + s_0}{s_1 + s_0}$ bzw. $\dfrac{s_4 + s_0}{s_0}$.

$\varkappa$	$\dfrac{p_2}{p_3}$ bzw. $\dfrac{p_5}{p_4}$													
	1,2	1,4	1,6	1,8	2,0	2,5	3,0	3,5	4,0	5,0	6,0	7,0	8,0	9,0	10
1,10	1,180	1,358	1,533	1,706	1,877	2,300	2,715	3,123	3,562	4,319	5,10	5,87	6,62	7,37	8,11
1,15	1,172	1,340	1,505	1,667	1,827	2,218	2,599	2,973	3,338	4,053	4,750	5,43	6,10	6,76	7,40
1,20	1,164	1,324	1,480	1,632	1,782	2,146	2,498	2,840	3,175	3,823	4,544	5,06	5,66	6,24	6,81
1,25	1,157	1,309	1,457	1,600	1,741	2,081	2,485	2,724	3,031	3,624	4,139	4,744	5,28	5,80	6,31
1,30	1,151	1,295	1,436	1,572	1,705	1,752	2,331	2,624	2,909	3,455	3,975	4,477	4,962	5,43	5,89

Der Schnittpunkt der Verdichtungslinie mit der Linie der Dampfaustrittsspannung p_4, die bei Schnellzuglokomotiven mit 1,4, bei Güterzuglokomotiven mit 1,3 at abs. anzusetzen ist, liefert den Beginn der Verdichtung, der um das Maß s_4 vor dem Totpunkt liegt. Wegen der unvermeidlichen Drosselung muß die für die Schiebersteuerung maßgebende Verdichtung s_4' kleiner als s_4 angenommen werden. Bei Lokomotiven ist zu setzen:
$$s_4' = (0{,}75 \div 0{,}8) \cdot s_4.$$

Der Steuerungspunkt für den Beginn der Verdichtung liegt damit fest und es kann nunmehr die Dampfdruckschaulinie und die Müllersche bzw. Zeunersche Schieberschaulinie für die Entwurfsfüllung von 35% aufgezeichnet werden.

Der Beginn der Vorausströmung VA ergibt sich aus der Schieberschaulinie ohne weiteres, wenn die drei übrigen Punkte nämlich der Beginn der Voreinströmung VE, der Beginn der Dampfdehnung D, und der Beginn der Verdichtung V festgelegt sind, wie solches hier geschehen ist.

Beispiel:

Es ist für eine Schnellzuglokomotive mit einem Dampfdruck von 12 at. entsprechend einem Dampfdruck von 13 at. abs. die Müllersche sowie die Zeunersche Schieberschaulinie und die Dampfschaulinie für eine Entwurfsfüllung von 35% zu verzeichnen. Der schädliche Raum im Zylinder ist mit 10% in Ansatz zu bringen. Es kommen Schieber mit einfacher Einströmung und einfacher Ausströmung zur Anwendung.

In Abbildung 401[1]) wurde zunächst der Schieberkreis der Müllerschen Schieberschaulinie mit einem Durchmesser von 100 mm aufgezeichnet. Die Kolbenweglinie KK ist also auch 100 mm lang. Da die Füllung 35% betragen soll, trage man auf der Kolbenweglinie die Strecke $s_1 = 35$ mm ab, lote den sich ergebenden Punkt bis zum Schnitt mit dem Schieberkreis herauf, wodurch man diejenige Stelle D erhält, bei der die Dampfdehnung beginnen muß. Der Füllungswinkel werde mit φ bezeichnet.

Da Schieber mit einfacher Einströmung vorgeschrieben sind und außerdem eine rasch laufende Maschine vorliegt, soll der Voreinströmungswinkel ziemlich groß, etwa mit $\varepsilon = 16^\circ$, ausgeführt werden. Trägt man diesen nunmehr entgegen dem Uhrzeigersinn an die Kolbenweglinie K—K an, so liefert der Schnittpunkt des freien Schenkels dieses Winkels mit dem Schieberkreis den Voreinströmungspunkt VE. Durch die Verbindung der Punkte VE und D mit dem Mittelpunkt O

---

[1]) Abbildungen 401 bis 404 sind auf $^2/_3$, Abb. 406 auf $^1/_2$ der natürlichen Größe verkleinert.

des Schieberkreises erhält man ein gleichschenkliges Dreieck VE—O—D. Das Lot von O auf VE—D gibt die Größe der zum Schieberkreis 100 mm gehörenden Einströmdeckung e' an. Es halbiert aber auch den Winkel VE—O—$D = \varepsilon + \varphi$ und gibt die Lage des Ersatzexzenters an, dessen Voreilwinkel ist:

$$\delta = 90 - \varphi + \frac{\varepsilon + \varphi}{2} = 90 + \frac{\varepsilon - \varphi}{2}.$$

In unserem Falle wurde errechnet:

$$\cos \varphi = \frac{15}{50} = 0{,}3; \quad \varphi = 72°30'.$$

Mit $\varepsilon = 16°$ erhält man also:

$$\delta = 90° + \frac{16° - 72{,}5°}{2} = 61{,}75°.$$

Die Größe des Ersatzexzenters ist durch OP gegeben. Da von einem Schieberkreisdurchmesser = 100 mm ausgegangen wurde, so muß sein:

$$OP = \frac{100}{2} = 50 \text{ mm}.$$

In der Zeunerschaulinie, Abbildung 402, werden die Punkte D und VE in derselben Weise wie in der Müllerschen Schieberschaulinie festgelegt. Die Halbierungslinie OP des Winkels $\varepsilon + \varphi$ liefert den Durchmeser für den sogenannten Zeunerkreis. Dieser schneidet O—VE in E_1 und O—D in E_2. Es ist:

$$OE_1 = OE_2,$$

da auch hier ein gleichschenkliges Dreieck vorliegt. Der Kreis mit OE_1 um O bestimmt die Einströmdeckung e'.

Die Dampfdruckschaulinie Abb. 403 kann jetzt, soweit die Einströmverhältnisse in Frage kommen, aufgezeichnet werden. Infolge der Drosselung verliert der Dampf auf dem Wege vom Kessel zum Schieberkasten rund $^1/_2$ at von seiner Spannung. Der Eintrittsdruck des Dampfes in den Zylinder beträgt also 12,5 at. abs.

Während der Füllung fällt der Druck des Dampfes weiter. Er beträgt bei Dehnungsbeginn rund 9 at.

Von dem Punkte D aus ist die Dehnungslinie nach dem Gesetz:

$$p \cdot v^\varkappa = \text{const.}$$

aufzuzeichnen, $\varkappa = 1{,}15$ ist in diesem Falle bei Heißdampf ein den Verhältnissen am meisten entsprechender Wert.

Auch zur Aufzeichnung der Dehnungslinie dient Zahlentafel 40a. Ist der Anfangsdruck beispielsweise $p_2 = 9$ at., so ergibt sich bei einem Druckverhältnis

$$\frac{p_2}{p_3} = 1{,}2$$

$$p_3 = \frac{p_2}{1{,}2} = \frac{9{,}0}{1{,}2} = 7{,}5 \text{ at.}$$

Nach Zahlentafel 40a ergibt sich das zu diesem Druck gehörige Volumen auf folgende Weise. Bei dem Exponenten $\varkappa = 1{,}15$ ist für

$$\frac{p_2}{p_3} = 1{,}2$$

$$\frac{s_2 + s_0}{s_1 + s_0} = 1{,}172,$$

also $\quad s_2 + s_0 = 1{,}172 \, (s_1 + s_0).$

Da $s_1 + s_0$ in der Dampfdruckschaulinie, Abb. 403, mit $35 + 10 = 45$ mm angenommen ist, so wird

$$s_2 + s_0 = 1{,}172 \cdot 45 = 5{,}274.$$

In derselben Weise sind bei Druckverhältnissen $p_2/p_3 = 1{,}4$ bzw. 1,6 bzw. 1,8 u. a. m. die sich ergebenden Drücke p_3 und die zugehörigen Volumina $s_2 + s_0$ zu ermitteln.

Der Endpunkt der Dehnungslinie wird sich auf Grund der Betrachtungen bei der Ausströmung des Dampfes ergeben.

Der Verdichtungsenddruck p_5 soll nach dem früher Gesagten bei der Entwurfsfüllung von 35 Proz. höchstens $^3/_4$ der Eintrittsspannung p_1 betragen. Es muß also sein:

$$p_5 = {}^3/_4 p_1 = {}^3/_4 \cdot 12{,}5 = 9{,}4 \text{ at.}$$

Von dieser Spannung aus ist nunmehr rückwärts die Verdichtungslinie zu entwerfen. $\varkappa$ ist in diesem Falle gleich 1,3 zu wählen.

Ist beispielsweise $p_5/p_4 = 7{,}0$, so ergibt sich

$$p_4 = \frac{p_5}{7{,}0} = \frac{9{,}4}{7{,}0} = 1{,}34 \text{ at.}$$

Andererseits ist:

$$\frac{s_4 + s_0}{s_0} = 4{,}477,$$

wie aus Zahlentafel 40a zu entnehmen ist. Mithin ist:

$$s_4 + s_0 = 4{,}477 \cdot s_0 = 4{,}477 \cdot 10 = 44{,}77,$$

da $s_0 = 10$ ist. Nachdem eine Anzahl von Punkten auf diese Art gefunden ist, kann die Verdichtungslinie aufgezeichnet werden.

Der Dampfaustrittsdruck ist nach dem früher Gesagten mit $p_4 = 1{,}4$ at. in Rechnung zu setzen, da hier eine Schnellzuglokomotive vorliegt.

Wie aus Abb. 403 hervorgeht, liegt der scheinbare Verdichtungsbeginn s_4 rund 33% vor Hubende. Der Steuerungspunkt V für die Verdichtung soll wegen der unvermeidlichen Drosselung bei etwa $(0{,}75 \div 0{,}8) \cdot s_4$ angenommen werden.

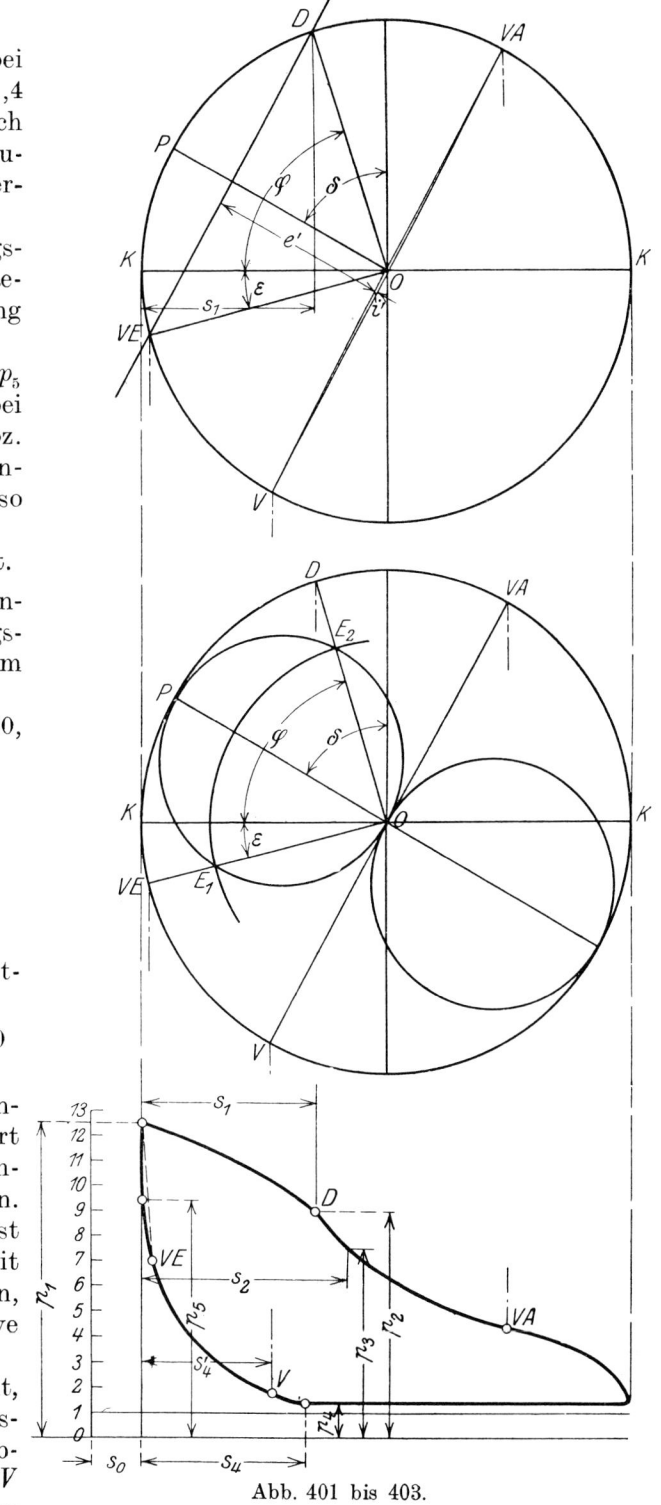

Abb. 401 bis 403.

Wir wählen:
$$s'_4 = 0{,}8 \cdot s_4 = 0{,}8 \cdot 33 = 26.$$

Der Punkt V der Dampfdruckschaulinie wird in die Müller- bezw. Zeunerschaulinie hinaufgelotet. Die Parallele durch V zur Geraden $VE-D$ ergibt in ihrem Schnittpunkt mit dem Schieberkreis der Müllerschaulinie, Abb. 401, den Vorausströmungspunkt VA. Der Abstand der Geraden $VA-V$ vom Punkte O stellt die Ausströmdeckung i' dar. In unserem Falle ist diese fast Null.

In der Zeunerschaulinie, Abb. 402, schneidet die Verbindungslinie von V mit O den Zeunerkreis kaum sichtbar. Die Ausströmdeckung würde als Kreis um O in die Erscheinung treten, der aber in unserem Beispiel wegen der geringen Größe der Ausströmdeckung kaum zu zeichnen ist.

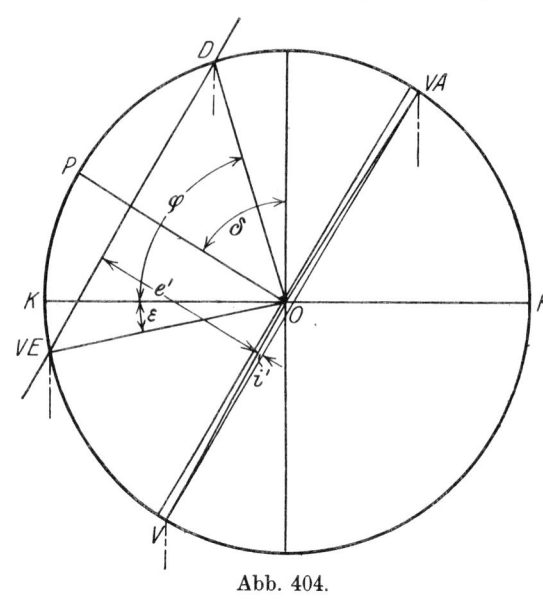

Den Voreinströmungspunkt VE erhält man in der Dampfschaulinie, Abb. 403, durch Herunterloten dieses Punktes aus der Müller- oder Zeunerschaulinie, Abb. 401 und 402, bis zum Schnitt mit der Verdichtungslinie.

In Abb. 404 ist die Müllersche Schieberschaulinie auch für eine Entwurfsfüllung von 35 % dargestellt, jedoch ist hierbei ein Kolbenschieber mit doppelter Einströmung angenommen. Dementsprechend ist ein Voreinströmungswinkel $\varepsilon = 11^0$ angenommen.

Abb. 404.

Durch das bisher erläuterte Verfahren ist bei festgesetzter Entwurfsfüllung von 35 % die Größe der Einströmdeckung e' und der Ausströmdeckung i' ermittelt, unter Annahme eines Schieberkreisdurchmessers von 100 mm.

Um die wirkliche Größe der Einströmdeckung e zu ermitteln, ist das Verhältnis e/e' als Maßstab zu suchen, nach dem sowohl die Ausströmdeckung i' als auch der Durchmesser des Schieberkreises für die Entwurfsfüllung zu vergrößern oder zu verkleinern ist. Professor Graßmann berechnet die Einströmdeckung aus folgender Gleichung: Es ist

$$e = \frac{c \cdot F}{y \cdot b}.$$

Diese Formel gilt sowohl für einfache wie doppelte Einströmung und einfache Ausströmung, wie sie bei Lokomotiven wohl ganz allgemein ausgeführt wird.

In dieser Gleichung ist

$F = $ Dampfkolbenfläche in cm²

$b = $ senkrecht zur Schieberschubrichtung gemessene Kanalbreite in cm; bei Anwendung von Kolbenschiebern ist

$b = \beta \cdot \pi d_1$, wobei

$\beta = 0{,}7 \div 0{,}75$ einen Verengungsfaktor durch die Laufbüchsenstege bedeutet und d_1 den inneren Durchmesser der Laufbüchse angibt, der mit etwa $0{,}35 \div 0{,}45$ des Zylinderdurchmessers d auszuführen ist.

$c = \dfrac{ns}{30}$ ist die Kolbengeschwindigkeit in m/sek. bei einem Kolbenhub s^m und einer Drehzahl n in der Minute, die 0,7 der für die betreffende Lokomotive zugelassenen

Höchstumdrehungszahl n' entspricht. Bei einer genehmigten Höchstgeschwindigkeit V in km/st. ergibt sich also die für die Rechnung anzusetzende Kolbengeschwindigkeit c in m/sek. bei einem in m gegebenen Triebraddurchmesser D

$$c \text{ m/sek.} = \frac{0{,}7 \cdot 1000 \cdot V \text{ km/st.} \cdot s^m}{\pi D^m \cdot 60 \cdot 30} = \frac{0{,}123 \cdot V \text{ km/st.} \cdot s^m}{D^m}.$$

Für y sind bei Heißdampf mit einfacher Dehnung folgende Werte einzuführen. Es ist
$y = 50 \div 60$ bei einfach öffnendem Einlaß,
$y = 55 \div 65$ bei doppelt öffnendem Einlaß.

Zur Festlegung der Schieberabmessungen ist jetzt nur noch die Kanalweite a des Schieberkanals, die lediglich mit Rücksicht auf den Auslaß zu bemessen ist, rechnerisch zu ermitteln.

Nach der Kontinuitätsgleichung ist

$$a = \frac{c \cdot F}{w \cdot b}.$$

In dieser Gleichung gelten für c, F und b dieselben Werte, wie sie oben angegeben worden sind.

w stellt die Dampfgeschwindigkeit dar; es ist bei Heißdampflokomotiven mit einfacher Dampfdehnung zu setzen

$$w = 45 \div 52 \text{ m/sek.}$$

Beispiel:

Für eine Heißdampf-Zwilling-Schnellzuglokomotive sind die Hauptabmessungen der Kolbenschieber mit doppelter Einströmung zu ermitteln. Bezüglich der Lokomotive liegen folgende Angaben vor:

Zylinderdurchmesser d . . . . 590 mm
Kolbenhub s . . . . 660 mm
Triebraddurchmesser D . . . . 1980 mm
Größte zulässige Geschwindigkeit V . 110 km/st.

Die Kolbengeschwindigkeit ergibt sich zu:

$$c = \frac{0{,}123 \cdot V \cdot s}{D} = 4{,}52 \text{ m/sek.}$$

Die Kolbenfläche ist nach Abzug des Kolbenstangenquerschnitts:
$F = 2660 \text{ cm}^2.$

Die Breite b des Schieberkanals wird wie folgt ermittelt. Es ist:

$$b = \beta \cdot \pi \cdot d_1.$$

Den Schieberdurchmesser d_1 wählen wir zu 0,37 des Kolbendurchmessers d. Also wird
$d_1 = 0{,}37 \cdot d = 0{,}37 \cdot 59 = 21{,}8$ rund 22 cm.

Setzt man den Verengungsfaktor $b = 0{,}7$, so erhält man demnach die Schieberkanalbreite

$$b_b = 0{,}7 \cdot \pi \cdot d_1 = 48{,}3 \text{ cm.}$$

Mit $y = 65$ ergibt sich die Größe der erforderlichen Einströmdeckung e aus der Gleichung:

$$e = \frac{c \cdot F}{y \cdot b} = 38{,}2 \text{ mm.}$$

Die Einströmdeckung wird auszuführen sein mit $e = 38$ mm. Das hierfür im Müllerschen Schieberdiagramm ermittelte Maß beträgt $e' = 37$ mm. Demnach ist das Diagramm im Verhältnis $\frac{38}{37}$ zu vergrößern. Die Schieberbewegung bei der Entwurfsfüllung muß also sein:

$$2 \cdot r_e = 100 \cdot \frac{38}{37} = 102{,}6 \text{ mm.}$$

Für die Ausströmdeckung i' wurde nach Abb. 404 gemessen rund 1,5 mm; auch diese ist im Verhältnis $\frac{38}{37}$ zu vergrößern, so daß also $i = 1{,}54$ mm wird. Wir führen i mit 2 mm aus.

Die Höhe a des Schieberkanals wird aus der Gleichung berechnet:

$$a = \frac{c \cdot F}{w \cdot b} = 5{,}5 \text{ cm,}$$

wenn man im Schieberkanal eine Dampfgeschwindigkeit $w = 45$ m/sek. zuläßt.

Hiermit sind sämtliche Maße berechnet, die für den Bau des Kolbenschiebers erforderlich sind.

Bestimmung der Abmessungen, die die äußere Steuerung erhalten muß.

Abb. 405 stellt die Walschaertsteuerung für innere Einströmung dar. Es bezeichne im folgenden:

$R = 0{,}5\, s$ den Halbmesser der Triebradkurbel,
r den Halbmesser der Gegenkurbel.
$c = OD$ die Entfernung des Angriffspunktes der Exzenterstange an der Schwinge vom Schwingendrehpunkt,
$u = OS$ irgendeinen Abstand des Schwingensteines vom Drehpunkt O,
U den größten Abstand OS des Schwingensteins vom Drehpunkt,
$AC = m$ den großen Hebelarm des Gegenlenkers,
$AB = n$ den kleinen Hebelarm des Gegenlenkers.

Die auf die Schieberstange im Punkte B übertragene Bewegung setzt sich aus zwei Einzelbewegungen zusammen, die zunächst jede für sich verfolgt werden können.

Die eine Bewegung erhält der Punkt B vom Kreuzkopf her. Sie ist für alle Füllungsgrade unveränderlich, wie ohne weiteres einzusehen ist. Wird mit X die halbe Größe des Ausschlages von Punkt B bezeichnet, soweit dieser allein vom Kreuzkopf herrührt, so ist:

$$\frac{R}{X} = \frac{m}{n},$$

wenn man sich den Punkt A vorläufig festgehalten denkt.

In dieser Gleichung ist R bekannt. Die Größe X ist aus der Schieberschaulinie zu ermitteln, wie noch weiter unten an einem Beispiel gezeigt werden wird. Um nicht zu große Winkelausschläge zu erhalten, ist bezüglich des Gegenlenkers für den großen Hebelarm m folgendes Verhältnis zu empfehlen:

$$m = (1{,}2 \div 1{,}4) \cdot s$$

Den kleinen Hebelarm n kann man nunmehr aus der Gleichung:

$$n = \frac{m \cdot X}{R}$$

berechnen, in der alle Größen der rechten Seite bekannt sind.

Die zweite Bewegung erhält der Punkt B von der Schwinge her; sie ist zu der ersten um 90° versetzt und wird von der Gegenkurbel r mit Hilfe der Exzenterstange auf den Punkt D der Schwinge übertragen. Durch Heben oder Senken des Schwingensteins kann der Ausschlag y der Schieberstange, soweit er von der Schwinge herrührt, verkleinert oder vergrößert werden. Der größte Wert von y möge mit Y bezeichnet werden. Er tritt auf, wenn u seinen Größtwert U erreicht hat, d. h. die Steuerung nach vorwärts oder rückwärts ganz ausgelegt ist. Wie die Größe von Y zu ermitteln ist, wird an einem weiter unten folgenden Beispiel gezeigt werden. Der Ausschlag des Punktes A am Gegenlenker soll bei der Größtfüllung mit k benannt werden.

Denkt man sich den Punkt C nunmehr vorläufig festgehalten, so besteht folgendes Verhältnis. Es ist:

$$\frac{k}{Y} = \frac{m}{m-n}.$$

Der Punkt A des Gegenlenkers muß demnach einen Antrieb von der Größe:

$$k = \frac{Y \cdot m}{m-n}$$

erhalten. In dieser Gleichung sind sämtliche Größen der rechten Seite bekannt. k kann somit rechnerisch ermittelt werden.

Um den Ausschlag k hervorzurufen, muß der Schwingenstein den Abstand U vom Drehpunkt der Schwinge haben. Es ist klar, daß die Größe von k auf zweierlei Weise erreicht werden kann, nämlich einmal durch einen verhältnismäßig großen Ausschlag der Schwinge, bei kleinem Abstand U vom Drehpunkt O, oder durch kleinen Schwingenausschlag, bei großem Abstand U. Bei der ersten Ausführungsart wird mit starkem Steinspringen zu rechnen sein.

Zwischen k und U soll zweckmäßigerweise das Verhältnis bestehen:

$$\frac{U}{k} = 2{,}6 \div 3{,}2.$$

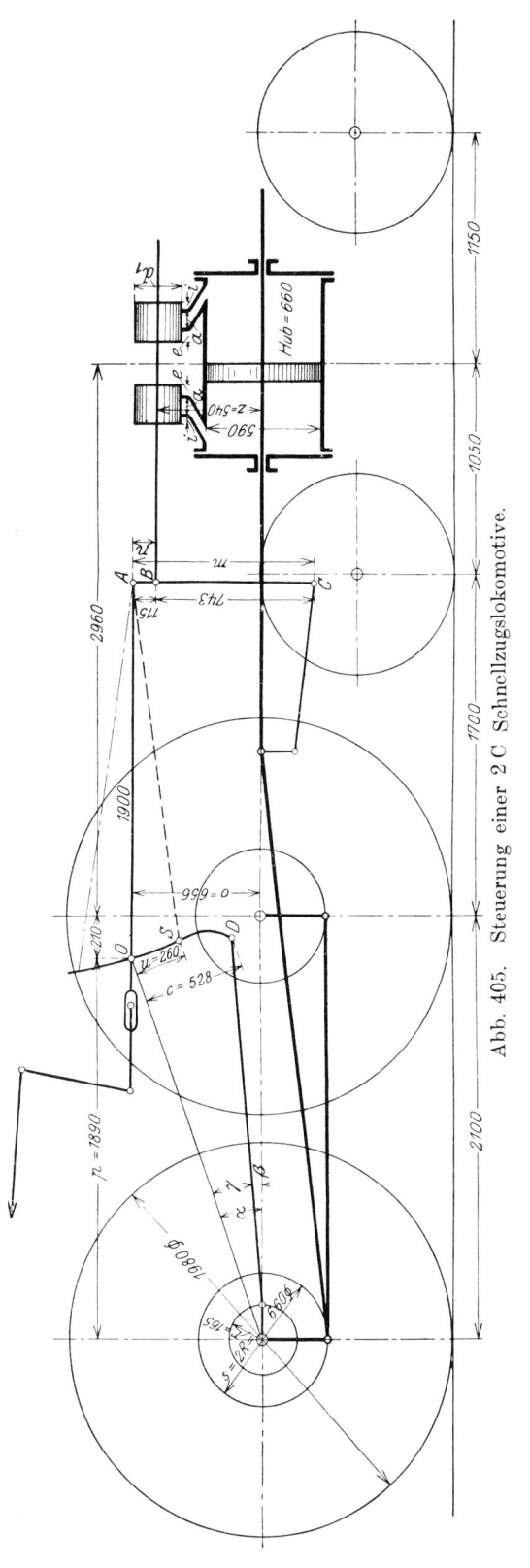

Abb. 405. Steuerung einer 2 C Schnellzugslokomotive.

Dabei ist der größere Wert für die vollkommeneren Steuerungen zu wählen. Kleinere Verhältniszahlen als 2,6 sollte man nicht zulassen, da das damit stark anwachsende Steinspringen zu rascher Abnutzung der Schwinge bzw. des Schwingensteins führen muß. Die Güte der Dampfverteilung, die anfänglich ebenso gut sein kann wie bei einer Lokomotive mit größerem U/k, wird hierunter stark leiden.

Der Schwingenantrieb erfolgt durch eine Exzenterstange. Der Antriebspunkt D liegt im Abstand c vom Schwingendrehpunkt. Die Exzenterstange ihrerseits wird von der Gegenkurbel aus in Bewegung gesetzt, deren Halbmesser r ist. Es besteht nunmehr folgende Beziehung:

$$\frac{r}{k} = \frac{c}{U}.$$

Der Halbmesser r der Gegenkurbel wird im allgemeinen halb so groß anzunehmen sein, als der Halbmesser der Antriebskurbel R. In obiger Gleichung ist dann aber c die einzige Unbekannte und es läßt sich damit das Maß c für den Abstand des Punktes D vom Schwingendrehpunkt O berechnen. Führt man für U/k wieder das obige Verhältnis $2,6 \div 3,2$ ein, so erhält man:

$$c = r \cdot \frac{U}{k} = r \cdot (2,6 \div 3,2).$$

Wegen der günstigeren Beanspruchung des Schwingenlagers O wird im allgemeinen verlangt, daß sich der Schwingenstein bei Vorwärtsfahrt der Lokomotive im unteren Teil der Schwinge befindet. Die Gegenkurbel r muß alsdann der Antriebskurbel R um einen Winkel von 90° nacheilen, wenn der Angriffspunkt D der Schwinge sich bei ihrer Mittelstellung in der Zylinderachse befindet. Meist wird jedoch der Punkt D eine höhere Lage haben, wie auch in Abb. 405 zu erkennen ist. Um eine Schränkung zu vermeiden, muß nunmehr die Gegenkurbel r senkrecht auf der von T aus gezogenen Tangente an den Kreis mit c um O stehen. Der Winkel, um den die Gegenkurbel dadurch der Antriebskurbel nacheilt, erhält nunmehr die Größe $90° + \beta$.

β kann auch rechnerisch gefunden werden. Die Höhe o des Schwingendrehpunktes O über der Zylinderachse ergibt sich aus der Gleichung:

$$o = z + \sqrt{n^2 - X^2},$$

wenn z die Entfernung von Zylindermitte bis Schieberkastenmitte angibt. Das Maß p, um das die Schwingenmitte vor der Triebachsmitte liegt, ist aus der Entwurfszeichnung der Lokomotive zu entnehmen, wobei zweckmäßig die Länge der Exzenterstange gleich der Länge der Schieberschubstange angenommen wird. Nach Abb. 405 ist alsdann der Winkel α zu berechnen aus der Beziehung:

$$\operatorname{tg} \alpha = \frac{o}{p}.$$

Den Winkel γ erhält man aus der Gleichung:

$$\operatorname{tg} \gamma = \frac{c}{\sqrt{p^2 + o^2 - c^2}}.$$

Aus der Differenz der Winkel α und γ ergibt sich die Größe des Neigungswinkels β.

Die Länge der Schubstange AS gibt gleichzeitig den Halbmesser der Schwinge an, wie aus Abb. 405 zu ersehen ist.

Auf dem gezeigten Wege lassen sich also alle Abmessungen auch der äußeren Steuerung ermitteln.

Bezüglich der Größe von X und Y sind noch einige Angaben zu machen. Für

Das Triebwerk der Heißdampflokomotiven. 317

die Entwurfsfüllung von 35 % sind nach der voraufgegangenen Entwicklung folgende Größen als bekannt anzusehen:

Schieberkreishalbmesser . . . . r_e
Voröffnungswinkel . . . . ε
Füllungswinkel . . . . φ
Voreilwinkel . . . . δ
Einlaßdeckung . . . . e
Auslaßdeckung i

Es lassen sich nun die für die größte Füllung erforderlichen Abmessungen X und Y zeichnerisch bestimmen. Zu diesem Zwecke werden am besten für Abb. 406 alle Größen in doppeltem Maßstab dargestellt. Um den Mittelpunkt Q sind mit e als Einlaßdeckung und r_e als Schieberkreishalbmesser (Ersatzexzenter) für die Entwurfsfüllung von 35 % zwei Kreise geschlagen. Da bekanntlich die Endpunkte der Ersatzexzenter bei allen Füllungen der Walschaertsteuerung auf einer geraden Scheitelkurve liegen, die senkrecht auf der Kolbenweglinie steht, so muß das von P auf die Kolbenweglinie gefällte Lot PQ die Richtung der Scheitellinie angeben. Der Schnittpunkt P wird durch den freien Schenkel des Winkels $\dfrac{\varphi-\varepsilon}{2}$ bestimmt. In dem Dreieck OPQ ist nunmehr $OQ = X$ das vom Kreuzkopf herrührende Wegmaß, und $QP = y$ die über die Schwinge geleiteten veränderlichen Bewegungsgröße, die von der Füllung abhängt und für die Höchstfüllung den Wert Y annimmt.

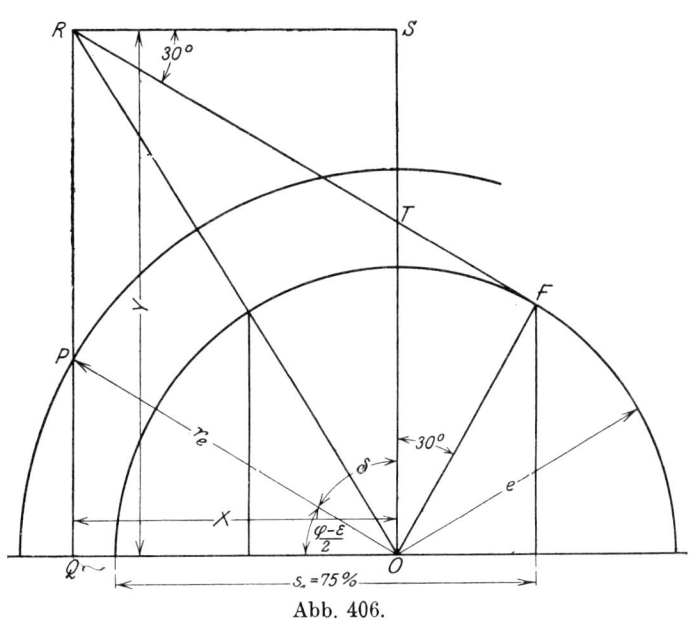

Abb. 406.

Bei Zwillingslokomotiven sollte die größte Füllung im allgemeinen mit Rücksicht auf das Anfahren nicht unter 75 % gewählt werden. Hierfür ist Y auf folgende Weise zu ermitteln. Der Punkt F auf dem mit e geschlagenen Kreise entspricht nach Abb. 406 der Füllung von $s_1 = 75 \%$. Die Tangente in F schneidet die Scheitelkurve QP in R. Es ist daher QR gleich dem Maß für Y bei 75 % Füllung.

Y kann nun auch rechnerisch gefunden werden. Es ist:
$$Y = QR = OT + TS.$$

Für 75 Proz. Füllung ist:
$$OT = \frac{OF}{\cos 30^0} = \frac{e}{0{,}866}$$
$$TS = RS \cdot \operatorname{tg} 30^0 = X \cdot 0{,}578,$$

daher
$$Y = \frac{e}{0{,}866} + X \cdot 0{,}578.$$

Auch X ist entweder aus der Zeichnung abzugreifen oder zu berechnen. Es ist:
$$X = \cos\frac{\varphi - \varepsilon}{2} \cdot r_e.$$

Beispiel.

Für die bisher im Beispiel behandelte 2C-Heißdampf-Zwilling-Schnellzuglokomotive sind die Werte von X und Y zu ermitteln, wenn als höchste Füllung 75% vorzusehen sind. Außerdem sind die Hauptabmessungen der äußeren Steuerung anzugeben.

Für die Entwurfsfüllung liegen fest:
$$r_e = 51{,}3 \text{ mm}$$
$$\varepsilon = 11^0$$
$$\varphi = 72^0\ 30'$$
$$\delta = 59^0\ 15'$$
$$e = 38 \text{ mm}$$
$$i = 2 \text{ mm}.$$

Mit diesen Werten wird berechnet:
$$X = \cos\frac{\varphi - \varepsilon}{2} \cdot r_e = \cos 30^0\ 45' \cdot 51{,}3$$
$$= 0{,}86 \cdot 51{,}3 = 44 \text{ mm}.$$
$$Y = \frac{e}{0{,}866} + 0{,}578 \cdot X$$
$$= \frac{38}{0{,}866} + 0{,}578 \cdot 44 = 69{,}5 \text{ mm}.$$

Abmessungen des Gegenlenkers.

Für den langen Hebelarm m des Gegenlenkers wählen wir:
$$m = 1{,}3 \cdot s.$$
Da der Kolbenhub $s = 660$ mm ist, so erhält man:
$$m = 1{,}3 \cdot 660 = 858 \text{ mm}.$$
Das Maß n des kleinen Hebelarms errechnet sich zu:
$$n = \frac{m \cdot X}{R} = \frac{858 \cdot 44}{330} = 115 \text{ mm}.$$

Abmessungen der Schwinge.

Der größte Ausschlag der Schwinge bei einer Füllung von 75% wird gefunden aus der Gleichung:
$$k = \frac{Y \cdot m}{m - n} = \frac{69{,}5 \cdot 858}{858 - 115} = 81{,}4 \text{ mm}.$$

Um dieses Maß muß der Schwingenstein bei der angegebenen Füllung nach jeder Seite ausschlagen. Seine Entfernung U vom Drehpunkt der Schwinge ergibt sich aus der Beziehung:
$$\frac{U}{k} = 2{,}6 \div 3{,}2.$$

Da eine möglichst vollkommene Steuerung erwünscht ist, so wählen wir die Ziffer 3,2. Hiermit wird:
$$U = 3{,}2 \cdot k = 3{,}2 \cdot 81{,}4 = 260 \text{ mm}.$$

Die Entfernung c des Angriffspunktes der Exzenterstange vom Schwingendrehpunkt wird bei einem Halbmesser der Gegenkurbel

$$r_g = R/2 = 165 \text{ mm}$$

und dem vorher festgelegten Verhältnis:

$$U/k = 3{,}2$$
$$c = r_g \cdot U/k = 165 \cdot 3{,}2$$
$$= 528 \text{ mm}.$$

Die Höhe o, in der die Schwinge über der Zylinderachse anzuordnen ist, liefert die Gleichung:

$$o = z + \sqrt{n^2 - X^2}$$
$$= 540 + \sqrt{115^2 - 44^2} = 656 \text{ mm}.$$

Das Maß p, mit dem die Schwinge vor der Treibachse zu lagern ist, wird aus der Entwurfszeichnung mit 1890 mm festgelegt. In derselben Weise ist der Krümmungshalbmesser der Schwinge mit 1900 mm anzugeben.

Abmessungen der Gegenkurbel, insbesondere Ermittlung des Aufkeilwinkels der Gegenkurbel.

Da es sich bei der vorliegenden Lokomotive um einen geneigten Antrieb handelt, so muß der Winkel, um den die Gegenkurbel der Antriebskurbel nacheilen muß, größer als 90° sein. Mit den Bezeichnungen der Abb. 405 wird:

$$\beta = \alpha - \gamma.$$

Die Größe des Winkels α läßt sich berechnen aus der Beziehung:

$$\operatorname{tg} \alpha = \frac{o}{p} = \frac{656}{1890} = 0{,}347$$
$$\alpha = 19° 10'.$$

Aus der Gleichung:

$$\operatorname{tg} \gamma = \frac{c}{\sqrt{p^2 + o^2 - c^2}}$$
$$= \frac{528}{\sqrt{1890^2 + 656^2 - 528^2}} = 0{,}274$$

erhält man:

$$\gamma = 15° 20'.$$

Aus der Differenz dieser beiden Winkel ergibt sich der Winkel

$$\beta = \alpha - \gamma = 3° 50'.$$

Die Gegenkurbel eilt also der Antriebskurbel um einen Winkel von:

$$90° + 3° 50' = 93° 50'$$

nach.

Abb. 405 zeigt nunmehr die in ihren wesentlichen Abmessungen festliegende Steuerung schematisch dargestellt. Nach diesem Schema wäre jetzt ein Steuerungsmodell anzufertigen, beziehlich ein vorhandenes entsprechend einzustellen, mit dessen Hilfe nachzuprüfen ist, ob die Steuerung den an sie gestellten Anforderungen auch bei Berücksichtigung der endlichen Triebstangenlänge und der theoretisch nicht zu behandelnden sonstigen Einflüsse genügt.

e) Trieb-, Kuppel- und Kreuzkopfzapfen, sowie Stangen und Kreuzköpfe.
Um ein Warmlaufen der Achsschenkel, Triebzapfen und Kreuzkopfbolzen bei den starken Kolbendrücken der Heißdampflokomotiven zu vermeiden und die Abnutzung der betreffenden Lager möglichst herabzuziehen, ist es erforderlich, bei genügender

Größenbemessung der Laufflächen größte Sorgfalt zu verwenden auf die Wahl des Baustoffs und die Herstellung, also genaueste Einhaltung der bestimmten Kurbellängen und -winkel, sorgfältiges Schleifen und Polieren aller Laufflächen sowie sauberes, genaues Einpassen in die Kurbelnaben.

Hier wird noch gegenwärtig im sonst so hochentwickelten Lokomotivbau arg gesündigt! Während beim Bau ortsfester Dampfmaschinen und ganz allgemein beim Bau aller hochbeanspruchten, durch Gase angetriebenen Kraftmaschinen aller Arten bei der Herstellung von Achsschenkeln und Zapfen sowie deren Lagern die größte Sorgfalt waltet, erhalten die Achsschenkel und Triebzapfen bei Lokomotiven vielfach noch nicht einmal die notwendigen und sonst überall möglichen Abmessungen zu genügender Verkleinerung des Flächendrucks für die ganz eigenartigen, außerordentlich hohen Beanspruchungen im schweren Lokomotivbetriebe. Vielfach noch werden die wichtigen Achsschenkel der Trieb- und Kuppelachsen einer Lokomotive in ziemlich ursprünglicher Weise nur auf der Drehbank mit dem Meißel abgedreht, mit der Schlichtfeile geschlichtet und erhalten dann manchmal nur durch Schmirgeln eine Art von Politur.

Ein derartiges rohes Verfahren ist um so weniger statthaft, als auch die alt hergebrachte Lagerung der Achsschenkel sehr viel zu wünschen übrig läßt. Nach sorgfältiger Herstellung der Schenkel auf der Drehbank kann nur durch ebenso sorgfältiges Fertigschleifen und gründliches Polieren auf der Schleifmaschine ein wirklich zylindrischer und durchaus runder Achsschenkel erhalten werden, der in Verbindung mit einer spiegelglatten Oberfläche weiteste Gewähr für Verdichtung und Glättung der geschabten Lagerschalen, leichten Lauf und lange Dauer der Lagerflächen verbürgt.

Noch unvollkommener als die Herstellung der Achsschenkel ist, wie schon angedeutet, ihre ursprüngliche Lagerung, bei der nur ein verhältnismäßig kleiner Teil der Schenkelfläche von der Lagerfläche wirklich öldicht umschlossen wird. Gegenüber der großen Beanspruchung durch die mächtigen Stöße im Hubwechsel, die in der Wagerechten auftreten, sind diese Halb- bzw. Drittellagerungen geradezu ungenügend. Wohl sind, besonders bei der Preußischen Staatseisenbahnverwaltung, Versuche mit dreiteiligen Lagerschalen gemacht worden, da aber die angewendete Bauart Obergethmann (vgl. die Abb. 474 bis 476) die erhofften Erfolge nicht sofort brachte, wurden sie leider aufgegeben, obgleich es nicht schwierig sein kann, auch hier zu ungleich besseren Ergebnissen durch Abänderung der Bauart zu gelangen. Ein Vorschlag des Verfassers in dieser Richtung ist in den Abb. 31 bis 35 enthalten und sollte ernsthaft erprobt werden.

Unbedingt erforderlich ist endlich eine genügend große, glasharte, hochglanzpolierte Oberfläche der Trieb- und Kuppelzapfen. Eine praktisch genommen unangreifbare Zapfenoberfläche aber kann durch edle Stahlsorten irgendwelcher Art niemals erreicht werden. Weiter darf zur Herstellung der glasharten Oberflächen unter keinen Umständen ein an sich härterer Grundstoff Verwendung finden. Schon eine geringe Härtbarkeit führt zu gefährlichen Härtespannungen. Es treten auch tiefgehende, verborgen bleibende Härterisse auf, die selbst längere Zeit nach dem Härten im Betriebe zum Bruche führen, was mehrfach vorgekommen ist.

Zwei Herstellungsarten — das lange bekannte Einsetzverfahren und ein eigenartiges Mannesmann-Verfahren — ergeben vorzüglich bewährte Trieb- und Kuppelzapfen mit glasharten Oberflächen. Für beide Verfahren muß der zu verwendende Grundstoff ein nicht härtbares, vorzügliches Eisen sein, von einer Festigkeit nicht unter 36 und nicht über 42 kg/qmm, von größter Dichtigkeit, d. h. durchaus frei von Bläschen und kleinsten Unganzheiten, und dieser Baustoff muß durch ein gutes Einsetzverfahren sehr sorgfältig und sehr tief an der Oberfläche in feinen Stahl verwandelt werden.

Der fertige, gedrehte und geschliffene Zapfen sollte in seinen Laufflächen eine nicht unter 3 mm tiefgehende, glasharte Außenhaut besitzen. Die arbeitenden Oberflächen müssen nach dem Härten nochmals sehr sauber rund geschliffen und dann hochglänzend poliert werden und unter der Lupe völlig rißfrei sein. Die Mittelbunde der Triebachszapfen dürfen nicht mitgehärtet werden, um schädliche Spannungen zu vermeiden, und selbstverständlich müssen auch die Zapfenwurzeln und alle sonst noch zu bearbeitenden Bunde ungehärtet bleiben, wofür erprobte, einfache Verfahren bekannt und ausgebildet sind.

Solche harten, genau rund geschliffenen und hochpolierten Zapfenflächen wirken verdichtend und glättend, wie Polierstähle auf die Lagerschalen, so daß bei genügenden Abmessungen ein Warmgehen bei selbst sparsamer Ölzufuhr gar nicht vorkommen kann und auch bei Vernachlässigung der Wartung ein Fressen der Lagerschalen fast ausgeschlossen ist.

Derartige Zapfen fertigt seit vielen Jahren die Firma A. Mannesmann in Remscheid nach einem eigenartigen, einwandfreien Verfahren nicht nur für Lokomotiven sondern auch für stark beanspruchte ortsfeste Dampfmaschinen und viele andere Kraftmaschinen in tadelloser Ausführung an. Die für die Heißdampflokomotiven bezogenen, aus ihrem sogenannten Verbundstahl hergestellten Trieb- und Kuppelzapfen sind mit einem Stahlpanzer von nicht unter 5 mm Stärke versehen und haben sich sehr gut bewährt.

Im gewöhnlichen Einsetzverfahren hergestellte Zapfen mit gehärteter Oberfläche werden gegenwärtig auch von Krupp, Bochum, Borsig und anderen größeren Werken, die sich mit Herstellung von Lokomotivachsen befassen, hergestellt und für die Achsen der Heißdampflokomotiven der Preußischen Staatseisenbahnverwaltung angewandt.

Eine glasharte, feine Stahlschicht von etwa 5 mm Tiefe in Verbindung mit dem inneren weichen Kern ist auch ganz besonders geeignet, hohen Festigkeitsbeanspruchungen ohne Bruchgefahr zu genügen.

Bei gelegentlichem Warmlaufen derartiger Zapfen infolge Ölmangels kommt es bisweilen vor, daß die Härteschicht feine Haarrisse aufweist, deren scharfe Kanten dann schabend auf den Weißmetallausguß der Lager wirken und Verschleiß verursachen können. Es ist daher unbedingt erforderlich, daß zeitweilig, ganz besonders nach einem Warmlaufen, die Stangen abgenommen und die Zapfen sorgfältig mit der Lupe untersucht werden. Mit einem guten Ölstein lassen sich etwaige Haarrisse leicht wieder glätten, so daß jede Gefahr beseitigt ist. Weitere Übelstände sind damit nicht verbunden, da die Risse nur durch die höchstens 5 mm starke Härteschicht hindurchgehen, in das weiche Kernmaterial aber nicht eindringen und die Festigkeit des starken Zapfens nicht gefährden können.

Neuerdings werden bei den Lokomotiven der preußischen Staatseisenbahn auch vergütete Chrom-Nickelstahlzapfen verwendet, bei denen wohl die erwähnten Härterisse vermieden werden können. Niemals aber kann die Hauptforderung erreicht werden, die Oberfläche der Zapfen kann keine annähernd so große Härte erhalten und in dem Maße politurfähig sein, wie die eisernen Zapfen mit Stahlpanzer. Abnutzung, Unrundwerden und Heißlaufen werden sich daher nicht vermeiden lassen. Außerdem spricht der bedeutend höhere Anschaffungspreis sehr gegen ihre allgemeine Verwendung im Lokomotivbau. Endlich aber ist auch die höhere Festigkeit des Nickel-Chromstahls bei der Verwendung als Zapfenbaustoff völlig überflüssig, da die Biegungsbeanspruchungen richtig bemessener Zapfen nur gering sind (etwa 1000 kg/qcm). Die Abmessungen aller Zapfen sind den Biegungsbeanspruchungen gegenüber bei Anwendung von Eisen schon übergroß, da sie für die starken Flächendrücke berechnet werden. Die Abmessungen der Nickel-Chromstahlzapfen dürfen also auch keineswegs kleiner gewählt werden als die der Zapfen aus eingesetztem Eisen!

322 Bemerkenswerte bauliche Einzelheiten neuerer Lokomotiven.

Eine große Genauigkeit bei der Herstellung der richtigen Zapfendurchmesser, Kurbelwinkel und -längen läßt sich durch die von der Werkzeugmaschinenfabrik Carl Hasse und Wrede in Berlin N 39 hergestellten Kurbelprüfeinrichtung Bauart Hermiersch erreichen. Bei der außerordentlichen Wichtigkeit der Sache soll eine eingehende Beschreibung dieser einfachen und leicht zu handhabenden Vorrichtung folgen.

Mit Hilfe der in Abb. 407 dargestellten Kurbelprüfeinrichtung lassen sich Radsätze sowohl beim Bau wie auch bereits eingebaute Radsätze auf die Übereinstimmung ihrer Kurbellängen und Kurbelstellungen untereinander prüfen, ohne daß

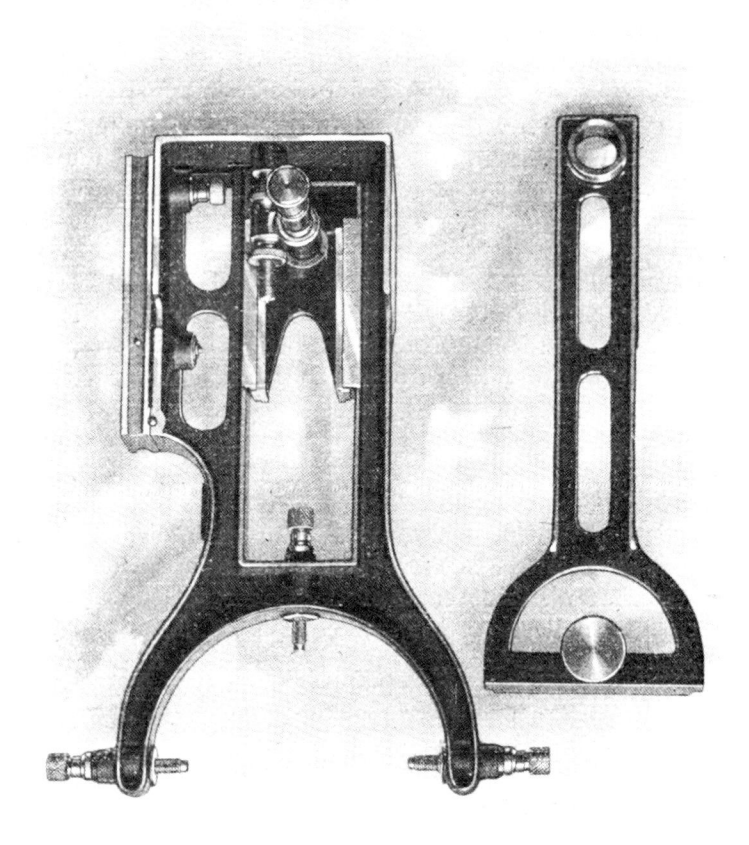

Abb. 407. Kurbelkontrollmeßapparat von Hermiersch.

eine Ortsveränderung der Radsätze erforderlich ist. Die Messungen, die von einem Manne mit Leichtigkeit ausgeführt werden können, sind auf $1/_{20}$ mm genau abzulesen.

Die Messung geht vom Körnerloch der Achse aus, in das der auf dem verschiebbaren Schlitten (Abb. 407) sitzende Körnerdorn hineingedrückt werden kann. Um ein fehlerhaftes Einstellen durch beschädigte Körnerlöcher zu vermeiden, wird der Körnerspitzenwinkel kleiner als 90° ausgeführt, so daß stets nur der innenliegende Kreis des Körnerloches, wie Abb. 409 zeigt, gefaßt wird. Durch die beiden Feinmeßschrauben kann nun der Kurbelzapfendurchmesser auf $1/_{20}$ mm genau gemessen werden. Stellt man den Schlitten für die an einem Maßstab ablesbare Kurbellänge genau ein, dann kann nach Andrehen der Feinmeßschraube gegen den

Kurbelzapfen der Unterschied zwischen der wirklichen und der Soll-Kurbellänge leicht ermittelt werden. Die Winkelstellung wird durch Wasserwagen und dem an der Meßvorrichtung selbst angebrachten rechten Winkel gemessen, wobei Abweichungen durch die Einstellung an dem beweglichen Schenkel mit einer Feinmeßschraube auf $1/20$ mm festgestellt werden können.

Bei der Anwendung der Vorrichtung ist folgende Reihenfolge einzuhalten:

Die zu untersuchende Achse wird so eingestellt, daß ein Zapfen fast senkrecht unter der Achsmitte steht, wie Abb. 408 zeigt. Der Körnerdorn wird auf den zu

Abb. 408. Kurbelkontrollmeßapparat von Hermiersch.

messenden Kurbelhalbmesser eingestellt und durch eine Feststellschraube in dieser Lage festgehalten. Eine der beiden Feinmeßschrauben wird sodann auf den an dem Feinmeßstab vorhandenen Soll-Durchmesser des Zapfens in die Nullstellung gebracht. Wird nun die gegenüberliegende zweite Feinmeßschraube gegen den Zapfen herangeschraubt, so ist der genaue Durchmesser desselben auf dieser Schraube abzulesen. Ein etwaiger Unterschied im Durchmesser des Kurbelzapfens muß zur vollständigen Übereinstimmung der Schraubenmaßstäbe auf beide Feinmeßschrauben verteilt werden, wodurch die genaue Mittellinie durch Kurbelzapfen- und Achsmitte gesichert ist.

Nachdem nun der Körnerdorn in das Körnerloch der Achse gesetzt und die Anlageleisten der Meßvorrichtung gegen die Stirnfläche des Rades gedrückt sind, wird die dritte Schraube gegen den Zapfen geschraubt. Der sich auf diesem Schraubenmaßstab nun zeigende Unterschied gegenüber den Angaben der beiden anderen Schrauben ergibt die Abweichung der Kurbellänge von der ursprünglich eingestellten und beabsichtigten Soll-Kurbellänge in $^1/_{10}$ mm. — Mit Hilfe der Wasserwage auf der Fläche wird nun die Kurbel in die genau senkrechte Lage gebracht, indem man die Achse mit Hilfe von Keilen entsprechend verlegt.

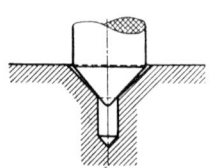

Abb. 409. Körnerloch.

Der gegenüberliegende, also in der Wagerechten liegende Kurbelzapfen wird hierauf in der gleichen Weise auf Durchmesser und Kurbellänge gemessen; alsdann wird die jetzt aufgesetzte Wasserwage mit der Feinmeßschraube so gestellt, daß sie genau auf Mitte einspielt. Auf einem Maßstab dieser Schraube ist dann die etwa vorhandene Abweichung von der richtigen Winkelstellung in $^1/_{10}$ mm genau abzulesen.

Die Prüfvorrichtung ist so eingerichtet, daß sie für Zapfendurchmesser von 130 bis zu 170 mm und Kolbenhübe von 560 bis zu 660 mm verwendbar ist. Kleinere Zapfendurchmesser können durch Verlängerungen für die Feinmeßschrauben gemessen werden.

Bei der Radsatzherstellung werden in die Bohrungen der Kurbelzapfen Hilfsdörner eingesetzt, um Abweichungen mit der Prüfvorrichtung festzustellen und Nacharbeiten an den Löchern vor dem Einpressen der Kurbelzapfen möglich zu machen.

Um das richtige Anzeigen der Vorrichtung in bezug auf genaue rechtwinklige Lage der Flächen und die Nullstellung der Feinmeßschrauben jederzeit einwandfrei nachzuweisen, ist der Vorrichtung ein Nachprüfer beigelegt, der den Abmessungen einer Kurbel von 315 mm Halbmesser und mit 130 mm Zapfendurchmesser entspricht (Abb. 407 rechts).

Es dürfte hier noch angezeigt sein, gegenüber den Bedenken mancher Fachmänner wegen zu großer Beanspruchungen der Triebzapfen starker Zwillingslokomotiven einen Hinweis auf amerikanische Verhältnisse in dieser Richtung zu bringen, der geeignet ist, den Hauptgrund der Gegner großer Zwillingslokomotiven zu entkräften.

Abb. 410 zeigt z. B. einen von den Baldwin-Werken hergestellten Triebzapfen einer 1 E 1-Zwillingslokomotive. Die Schenkelabmessungen betragen $9'' \times 9'' = 228,6 \times 228,6$ mm. Der Zylinderdurchmesser dieser Lokomotive ist 762 mm, der Hub 812,8 mm, der Triebraddurchmesser 1473,2 mm. Der Kesseldruck beträgt 14,06 Atm. Der Flächendruck am Kurbelzapfen bei größtem Kolbendruck ergibt sich zu 122,3 kg/cm².

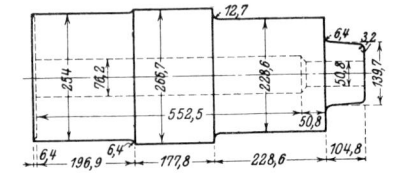

Abb. 410. Triebzapfen der Baldwin-Werke.

Man ersieht hieraus, wie ungleich größere Zylinder und Zapfenabmessungen die Amerikaner nicht scheuen, um nur die einfache Zweizylinderbauart zu erhalten.

Für einige neuere Lokomotiven sind in der folgenden Zahlentafel 41 die Auflagerdrücke ermittelt, und zwar unter Nr. 1 bis 10 für die preußische Staatseisenbahn und 11 bis 16 für amerikanische Lokomotiven von den Baldwin Locomotive Works.

Ein Vergleich des stärksten Zapfens der Lokomotiven der Preußischen Staatseisenbahnverwaltung für die G 10 unter Nr. 6 der Zahlentafel 41 mit dem Triebachszapfen Abb. 410 dürfte auffällig zeigen, wie zaghaft wir hier bisher vorgegangen sind, trotzdem Baustoff und Ausführung bei uns keineswegs zurückstehen.

Selbst wenn wir mit der Leistungsfähigkeit unserer Lokomotiven bis an die Grenze der Tragfähigkeit unserer Schraubenkupplungen gehen würden, bedürften wir nicht annähernd derartig großer Abmessungen für Zylinder und Triebzapfen.

Dennoch fehlen auch heut noch Versuche mit einfachen, genügend stark gebauten Heißdampflokomotiven, wenn nicht nur Meinungen einzelner Fachmänner Geltung behalten sollen, sondern ein unumstößlicher Beweis dafür erbracht werden soll, daß von einer gewissen Beanspruchung an an Stelle von einfachen Zwillingslokomotiven Drillings-, Vierlings- oder gar Vierzylinder-Verbundlokomotiven gebaut werden müßten!

Zahlentafel 41.
Ermittlung der spezifischen Auflagerdrücke für Kurbelzapfen.

Nr.	Gattung	Bezeichnung	Länge λ mm	Durchmesser δ mm	Fläche $\lambda \cdot \delta = F$ cm²	Kesseldruck p_k Atm.	Zylinderdurchmesser d mm	Kolbendruck $P = \frac{\pi d^2}{4} \cdot p_k$ kg	Spezifischer Auflagerdruck $p = \frac{P}{F}$ kg/cm²
1	S 6	2 B Zw.	150	160	240	12	550	28500	119
2	S 10²	2 C Dr.	130	160	208	14	500	27500	132
3	Entwurf des Verf.	2 C Zw.	170	165	280,5	12	590	32800	117
4	P 8	2 C Zw.	148	165	244	12	575	31200	128
5	G 8¹	D Zw.	130	175	227,5	14	600	39700	174
6	G 10	E Zw.	150	165	247,5	12	630	47400	151
7	T 12	1 C Zw.	120	160	192	12	540	33000	172
8	T 14	1 D 1 Zw.	120	165	198	12	600	34000	172
9	T 16	E Zw.	150	165	247,5	12	610	35100	142
10	T 18	2 C 2 Zw.	130	165	214	12	560	29600	138
11	—	2 B 1 Zw.	165	152,5	251,5	14,4	558,8	35300	140
12	—	2 C 1 Zw.	190,5	203,2	387	14,06	635	44500	115
13	—	1 D 1 Zw.	202,4	215,9	437	12,66	711,2	50250	115
14	—	1 E 1 Zw.	203,2	215,9	438	12,3	762	56100	128
15	—	1 E 1 Zw.	196,9	228,6	450	11,95	762	54500	121
16	—	1 E 1 Zw.	228,6	228,6	523	14,06	762	64000	122,3

Die Baldwin Locomotive Works lassen für die Auflagerdrücke der Zapfen bei Bügelköpfen 112 bis zu 127 kg/cm² Druck zu. Bei einigen Heißdampf-Güterzuglokomotiven der preußischen Staatseisenbahnen werden diese Werte unnötig ganz erheblich überschritten.

Die Kreuzkopfzapfendrücke sollen nach Angabe der Baldwin Works 316 bis zu 387 kg/cm² nicht überschreiten. Innerhalb dieser Grenzen liegen auch die Kreuzkopfzapfendrücke bei den preußischen Staatseisenbahnen. Bei der unter Nr. 8 angeführten Lokomotive, Gattung T 14 hat der Kreuzkopfzapfen 110 mm Durchmesser und 90 mm Länge. Der Auflagerdruck ergibt sich damit zu $\frac{34\,000}{99} = 343$ kg/cm².

Eine Nachprüfung zeigt in allen Fällen, daß die Biegungsbeanspruchung aller Zapfen 1000 bis zu 1200 kg/cm² nicht übersteigt.

Die Gegenkurbeln der Triebzapfen zum Antrieb der Steuerung sind bei der Mehrzahl der in Zahlentafel 41 aufgeführten Lokomotiven nach irgendeiner Bauart an dem Triebzapfenkopf besonders angebracht. Ist genügend Raum vorhanden, so kann die Gegenkurbel in einfacher und sicherer Weise, wie bei der Mehrzahl der Heißdampflokomotiven der Preußischen Staatseisenbahnverwaltung, in die Stirnfläche des Triebzapfens auf eine gewisse Tiefe eingelassen und mit Schrauben befestigt werden. — In anderen Fällen bildet die Gegenkurbel den Bund am Triebzapfenende, oder sie wird auf einen Zapfenansatz an der Stirnfläche aufgeklemmt (vgl. z. B. Abb. 395 und 410).

Obgleich die getrennte Ausführung von Triebzapfen und Gegenkurbel der Anforderung auf sachgemäße, genaue und billige Herstellung dieser wichtigen Bauteile allein entspricht, finden sich dennoch — so unbegreiflich dies erscheinen sollte — auch in der Gegenwart noch Ausführungen, bei denen der gewaltige Triebzapfen und die leichte Gegenkurbel aus einem Stück geschmiedet werden! Die getrennte Gegenkurbel läßt sich in jedem Falle leicht und sicher anbringen, die Bearbeitung des Triebzapfens und der Gegenkurbel mit ihrem kleinen Zapfen je für sich gestaltet sich ungleich leichter und die Abnehmbarkeit bietet wesentliche Vorteile, u. a. beim Einpressen des Triebzapfens in die Kurbelnabe des Rades, beim Abbauen der Stange und bei Herstellung der notwendigen harten Oberflächen des Triebzapfens.

Trieb- und Kuppelstangen.

In Abb. 411 bis 425 ist ein vollständiger bewährter Stangensatz der 2 C-Heißdampf-Personenzuglokomotive Gattung P 8 der preußischen Staatseisenbahnen dargestellt, entsprechend einer Ausführung der Berliner Maschinenbau-Aktien-Gesellschaft, vormals L. Schwartzkopff.

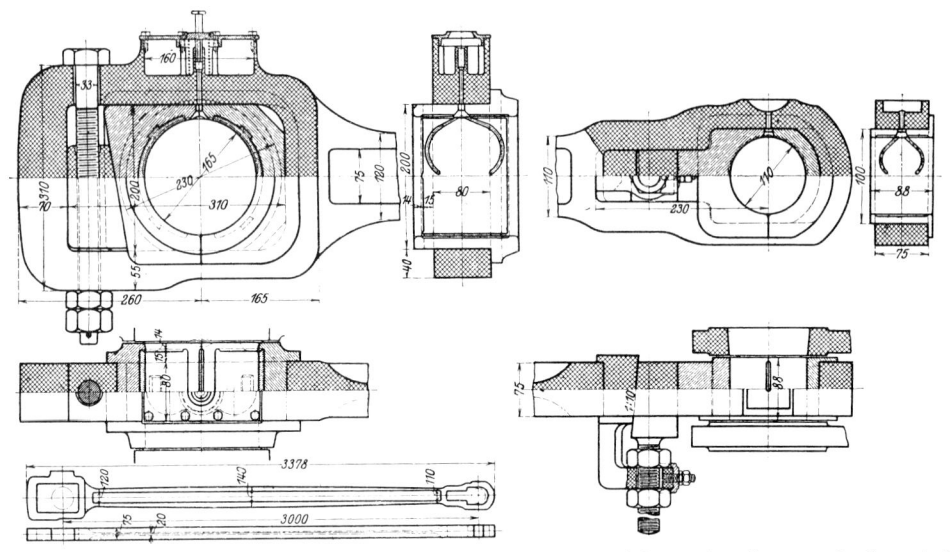

Abb. 411 bis 415. Triebstange der 2 C-Heißdampf-Personenzuglokomotive der preuß. Staatsbahn.

Abb. 416 bis 419. Vordere Kuppelstange.

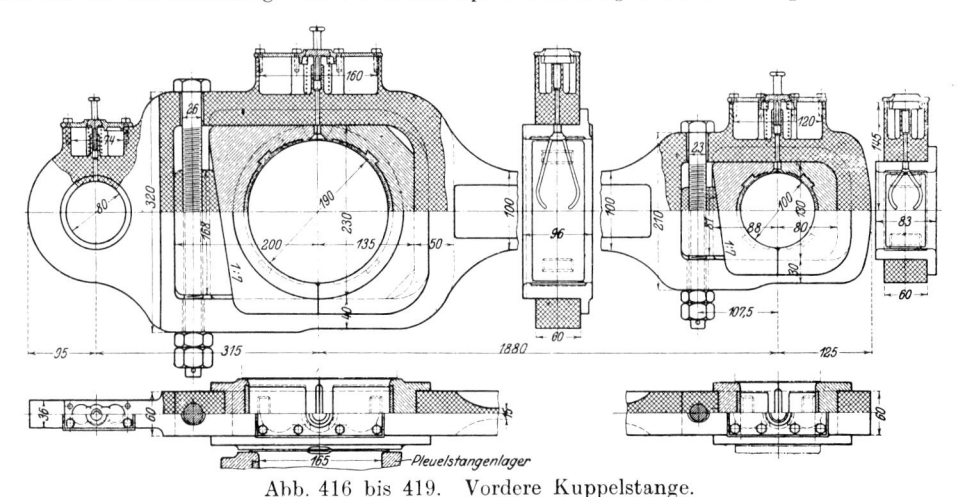

Abb. 426 bis 430 zeigt ferner die innere (Niederdruck-) Triebstange der 2 C-Vierzylinder-Verbundheißdampflokomotive der preußischen Staatseisenbahnen, gebaut von der Lokomotivfabrik Henschel & Sohn in Cassel.

Bemerkenswert ist, daß die Erfahrung gezeigt hat, daß sich bei hochpolierten, harten Zapfenflächen ein Weißmetallausguß der aus Bronze hergestellten Lagerschalen am besten eignet.

Die Form der großen Weißmetallspiegel geht aus den Abb. 411 bis 430 hervor. Die sonst übliche wagerechte Bronzerippe am Lagerschalenscheitel fehlt hier. Nur an den Schnittfugen der Lagerschalen oben und unten bleibt eine Bronzerippe zum besseren Festhalten des Weißmetallspiegels stehen.

Die Zusammensetzung des Weißmetalls ist dieselbe, wie sie bei der Preußischen Staatseisenbahnverwaltung für Achslagerspiegel zu Lokomotiven und für Achslager der Personen- und Güterwagen seit 50 Jahren

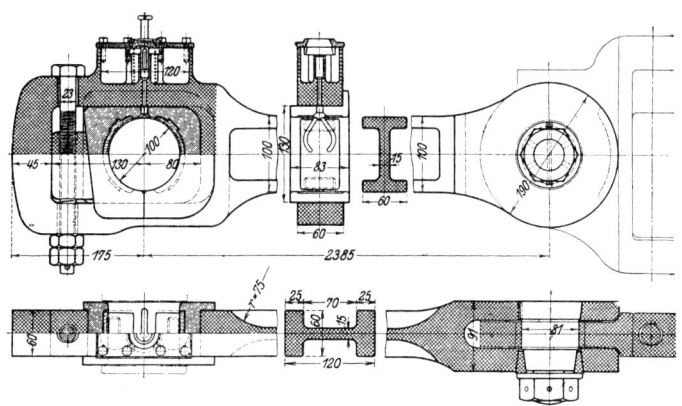

Abb. 420 bis 425. Hintere Kuppelstange.

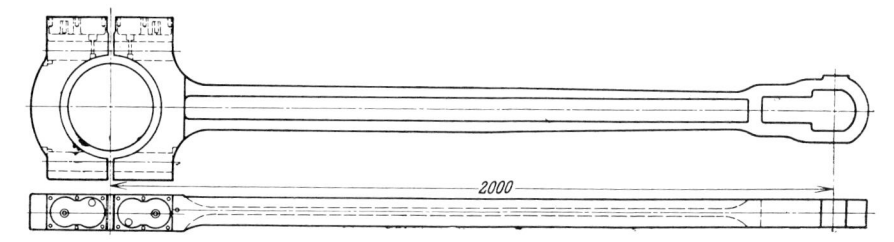

Abb. 426 und 427.

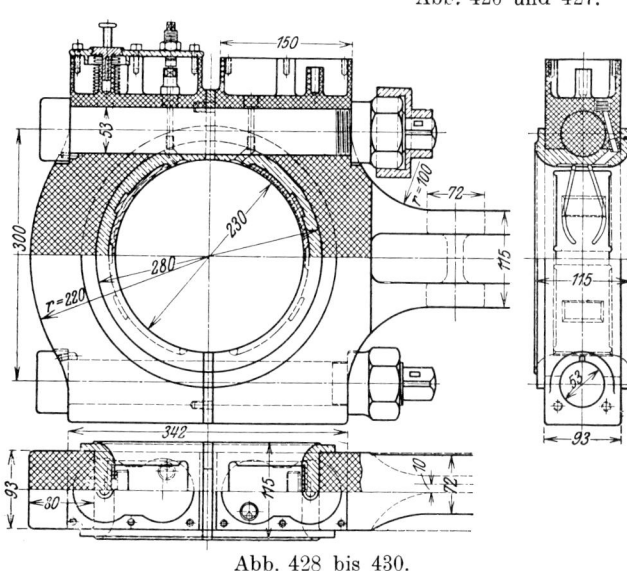

Abb. 428 bis 430.
Abb. 425 bis 428. Innere Triebstange der 2 C-Vierzylinder-Verbund-Heißdampflokomotive der preußischen Staatsbahn.

unverändert und mit Erfolg angewendet wird. Die Vorschrift zur Herstellung dieser Metallmischung lautet:

Das Weißmetall für Achsen- und Zapfenlagerspiegel ist aus Kupfer, Antimon und Zinn in folgender Weise herzustellen: 1 kg Kupfer wird mit 2 kg Antimon (regulus) und 6 kg vollkommen reinem Zinn zusammengeschmolzen. Das Antimon wird zugesetzt, wenn das Kupfer geschmolzen ist, und, wenn beide Metalle flüssig sind, das Zinn. Diese Legierung wird in dünne Platten ausgegossen und je 9 kg derselben mit 9 kg reinem Zinn wieder zusammengeschmolzen. Das Ganze wird sodann in 15 mm starke Platten (in Metallschalen) ausgegossen und ist damit zur Verwendung fertig. Größere Mengen, als vorstehend angegeben, dürfen mit einem mal nicht zusammengeschmolzen werden.

Die einzelnen Bestandteile der Legierung müssen möglichst vollkommen rein sein. So darf Antimon höchstens 1 v. H. Verunreinigungen und hiervon nicht mehr als 0,1 v. H. Arsen, Zinn dagegen nicht mehr als 0,2 v. H. Verunreinigungen enthalten. Weiterhin sollen besonders Blei und Zink nicht beigemengt sein.

Bei den Stangenlagern hängt von der gewissenhaften Herstellung möglichst großer wirklich tragender Flächen in Verbindung mit verrundeten Ölnuten bei richtiger Schmierung das Kaltlaufen wesentlich ab. Bei der starken Erhöhung der Beanspruchung, namentlich der Triebstangenlager der schnellfahrenden Heißdampflokomotiven darf nicht geduldet werden, daß das durch richtiges und sauberes Ausbohren auf den jeweiligen Zapfen beinahe fertige Lager durch starkes Befeilen und übermäßiges Schaben wieder verpfuscht wird. In Tausenden von Köpfen der Arbeiter besteht der unumstößliche Glaube, ein Stangenlager laufe nur kalt, wenn die Tragfläche nicht zu groß ist und möglichst nur eine Ellipse vorstelle.

Es genügt bei den vergrößerten Flächen der Triebstangenlager auch nicht ein einmaliges Aufpassen in der Werkstatt, vielmehr **muß jedes Triebstangenlager nach der Probefahrt unbedingt noch einmal untersucht werden**, auch wenn es bei der Probefahrt kalt gegangen ist. Erst bei einer Probefahrt erhalten die großen schweren Lagerteile ihre richtige Lagerung in den Stangenköpfen, und es müssen daher mindestens die Triebzapfenlager und die Kreuzkopflager geöffnet und nach dem jeweiligen Befunde der bei der Fahrt wirklich entstandenen Tragflächen, die oft recht winzig ausfallen, nachgeschabt und **an den Stoßfugen gehörig geschlossen zusammengepaßt** werden.

Der dichte Schluß der aufeinandergepaßten Stangenlager ist unbedingt notwendig. Auch hier begegnet man noch allzu häufig dem verderblichen Glauben, die Lagerteile dürften nur mit offener Fuge zusammengepaßt werden, damit gegenüber der Abnutzung der Lagerschalen Spiel zum Anziehen verbleibe. Da unsere Schmiereinrichtungen auch im besten Falle nur hinreichend ölen und sparsam auch ölen sollen, Lagerschalen aber reichlich Gelegenheit zur Abschleuderung eines beträchtlichen Teiles des Schmieröles vom Zapfen geben, so muß schon aus diesem Grunde **der dichte Schluß der Lagerschale überall und unbedingt durchgeführt werden**. Allerdings ist bei geschlossenen Lagerfugen sorgfältig darauf zu achten, daß Spiel zwischen Zapfenflächen und Lagerschalen vermieden wird, daß also das geschlossene Lager die Zapfenfläche öldicht umschließt, weil schon ein verhältnismäßig geringes Spiel in der Längsrichtung zu starken Schlägen im Hubwechsel und damit zum Herausschlagen des Öls und zum Heißlauf oder zum Zerschlagen der Lager Veranlassung gibt. Es ist daher nach sorgfältigem Zusammenpassen der Lagerschalen stets noch durch Längsverschiebung am Kreuzkopf zu untersuchen, ob Spiel im Kreuzkopf oder Triebzapfenlager vorhanden ist. Dieses muß unbedingt durch Nachpassen am Lagerstoß beseitigt werden.

Die Flächendrücke der Triebstangenlager der Mehrzahl der Heißdampflokomotiven sind an sich nicht allzu groß und verursachen an sich nicht ein Heißlaufen der Triebstangenlager. Wird noch auf ein reines und den Vorschriften wirklich entsprechend hergestelltes Weißmetall gehalten, so werden in Verbindung mit Schmiergefäßen, die leicht den wirklichen Ölvorrat in dem bezüglichen Schmiergefäße nachprüfen lassen, Heißlaufen der Stangenlager bald zu den Seltenheiten gehören.

Das Weißmetall wird durch die Anwendung der Blei-Antimon-Legierung für die Stopfbuchsdichtungsringe, die manchmal mit richtigen Weißmetallabfällen der Lagerschalen zusammengeschmolzen werden, allzuoft verunreinigt. Es empfiehlt sich daher bei Herstellung der wichtigen Achs- und Stangenlagerspiegel nur die reinste, nach den altbewährten Vorschriften für die gute Beschaffenheit und Prüfung der beim Bau von Betriebsmitteln nebst Zubehör zu verwendenden Materialien hergestellte Legierung zu verwenden. Willkürliche Zusätze von Antimon sind unzu-

Das Triebwerk der Heißdampflokomotiven.   329

lässig, weil sie die Legierung zu spröde machen; Blei darf hier nicht mit verwandt werden, da das Lager zu weich und schmierig wird.

Auch ist auf gut verrundete Ölnuten zu achten.

Laufen die Stangenlager nach einigen Tagen trotz gutem Schluß der Lagerschalen und richtiger Ölung nicht kalt, dann ist ein Abnehmen der Stangen und Nachhilfe erforderlich. Bei jedem Nachsehen ist auch zu untersuchen, ob bei angezogenem Kreuzkopflager das Lager im Triebstangenkopf beim Anheben der Triebstange genau mit dem Triebachszapfen zusammenfällt oder seitlich abweicht. Bei jeder Abweichung, die unbedingt zum Heißlauf führen muß, muß entweder die Kreuzkopfführung oder das Lager für den Kreuzkopfbolzen entsprechend berichtigt werden. Öfter schuppen sich kleine Flächenteilchen der neuen Lager ab und bilden auf der Lagerfläche Inseln, die Heißlauf verursachen, andernfalls drängt das Lager vielleicht am Stoß, oder die Auflagerfläche ist noch nicht groß genug, oder eine Ölnute versagt.

Aber auch ein kaltgehendes Triebstangenlager darf nicht zu lange ohne Nachprüfung laufen, schon weil es mit der Zeit sich abnutzt und auch Staub und Flächenteilchen der Lagerflächen eine unvermutete Ursache von Heißlauf bilden können. Es wird deshalb ein Nachsehen, Reinigen und gegebenenfalls ein Nachschaben und Zusammenpassen der Stoßfugen öfter als bisher an Auswaschtagen empfohlen. Auch auf gute Politur der Triebzapfen und Kreuzkopfzapfen und ganz besonders noch auf festen Sitz der letzteren ist zu halten. Lose Kreuzkopfbolzen führen zur Zerstörung von Kreuzköpfen und Heißlauf der Kreuzkopf- und Triebzapfenlager. Auf das feste Einschlagen des Kreuzkopfbolzens von hinten und hierauf erst die richtige Befestigung und Versicherung des aufgeschnittenen konischen Ringes in der vorderen Kreuzkopffläche sind die betreffenden Arbeiter aufmerksam zu machen. Ebenso ist auf größte Sorgfalt und Reinlichkeit beim Herausnehmen und Wiedereinbringen der Kolbenstangen Wert zu legen.

Bei einer 3492 mm langen Triebstange einer 2 B 1-Zwillings-Heißdampf-Schnellzuglokomotive der Pennsylvaniabahn hat der Triebzapfen 165 mm Länge und 152,5 mm Durchmesser. Der Kreuzkopfzapfen 100,8 mm Länge und 98,4 mm Durchmesser. Der Zylinderdurchmesser beträgt 558,8 mm. Der Kesseldruck 14,4 Atm. Die größte Kolbenkraft bei vollem Kesseldruck ermittelt sich damit zu 35 300 kg, und es wird der spezifische Auflagerdruck p_t am Triebachszapfen

$$p_t = \frac{35\,300}{16,5 \cdot 15,25} = 140 \text{ kg/cm}^2,$$

bzw. am Kreuzkopfzapfen

$$p_{kr} = \frac{35\,300}{9,84 \cdot 10,08} = 355 \text{ kg/cm}^2.$$

Beim Triebraddurchmesser von 2032 mm soll die Lokomotive bei Probefahrten eine zeitweilige Höchstgeschwindigkeite bis 156,1 km/st erreicht haben, entsprechend 408 Umdrehungen in der Minute!

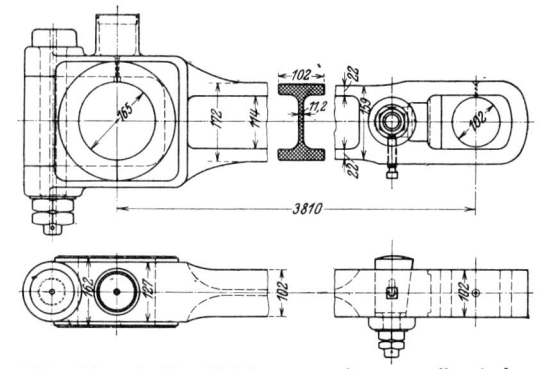

Abb. 431 und 432. Triebstange einer amerikanischen Drillingslokomotive.

Daß die Amerikaner die Länge der Triebstangen unbedenklich höher wählen als wir es bei europäischen Lokomotiven gewöhnt sind, zeigt die in Abb. 431 und 432 dargestellte Stange einer Dreizylinderlokomotive mit einfacher Dehnung der Philadelphia- und Reading-Bahn. Ihre Länge beträgt 150″ = 3810 mm; sie ist die längste Triebstange, die von den Baldwin-Werken bisher ausgeführt worden ist. Der Zylinderdurchmesser beträgt 3 × 457 mm, der Hub 609,6 mm, der Triebraddurchmesser 2032 mm, der Kesseldruck 16,9 Atm. Die Lokomotive soll bei Probefahrten Geschwin-

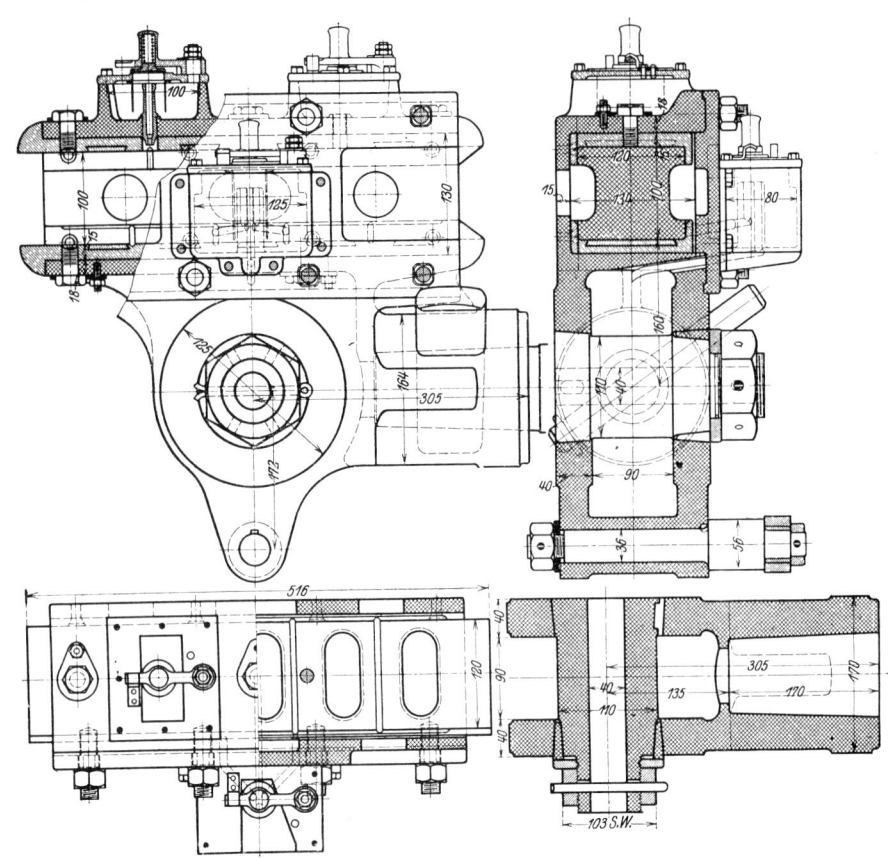

Abb. 433 bis 436. Kreuzkopf der 2 C-Heißdampf-Personenzuglokomotive der preußischen Staatsbahn.

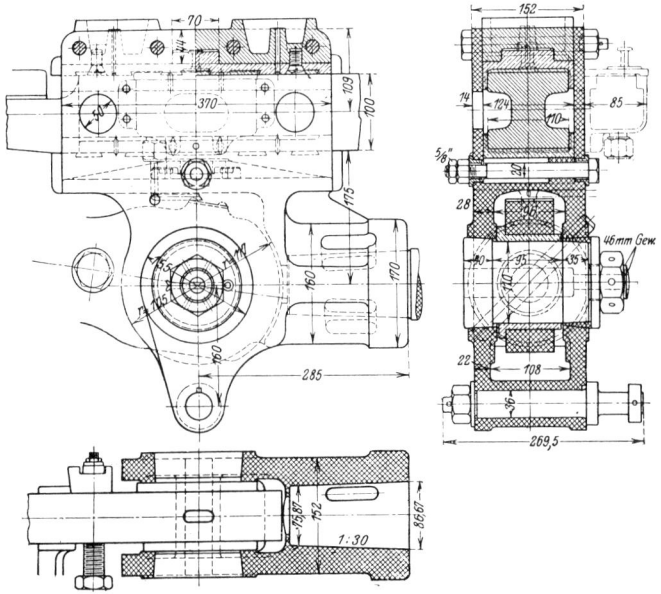

Abb. 437 bis 441. Nachstellbarer Kreuzkopf der 2 B-Heißdampf-Schnellzuglokomotive der preußischen Staatsbahn.

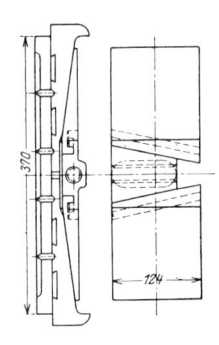

digkeiten bis 161 km/st erreicht haben bei rund 420 Umdrehungen in der Minute!! —

Die aus Stahlformguß hergestellten Kreuzköpfe der preußischen Heißdampflokomotiven (Abb. 433 bis 436) werden durchweg einschienig ausgeführt; ihre Auflagerfläche ist gegenüber älteren Ausführungen erheblich vergrößert worden, um die Abnutzung in möglichst engen Grenzen zu halten. Bei eintretendem Spiel entstehen durch die Massen-

Das Triebwerk der Heißdampflokomotiven. 331

wirkungen der einseitig liegenden Kreuzkopfmassen in der Kolbenstangenbefestigung erhebliche Zusatzbeanspruchungen, die zu Brüchen Veranlassung geben können. Außerdem wird dadurch die Mittellage des Kolbens im Zylinder verändert und ein Aufschlagen des Kolbenkörpers auf die Zylinderflächen hervorgerufen, das zu Riefenbildung Anlaß geben kann.

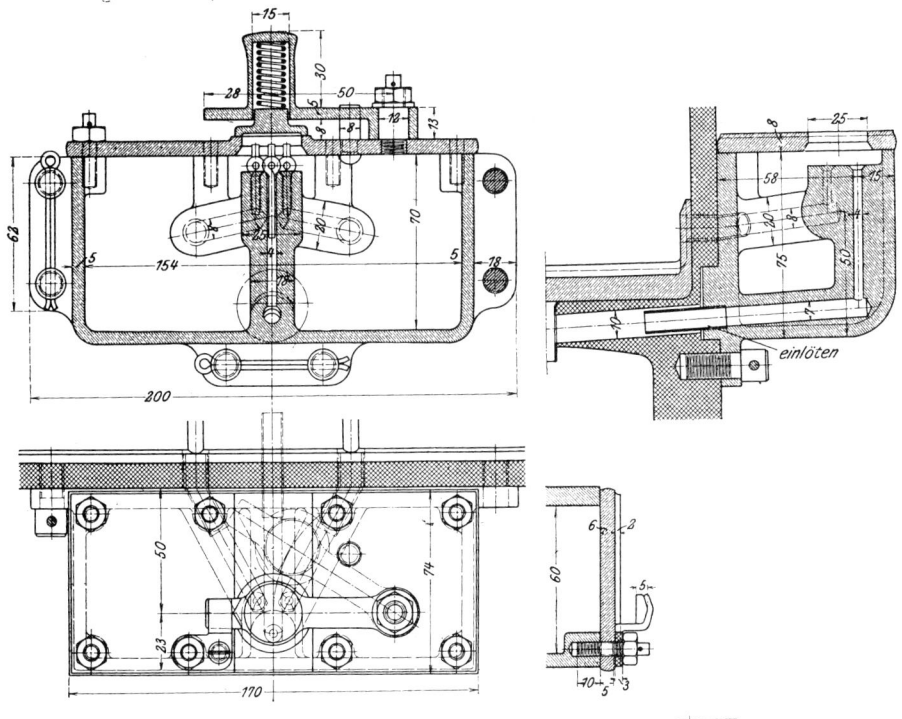

Die Abb. 437 bis 441 zeigen einen Kreuzkopf der S 6-Lokomotive, bei dem zur leichteren Beseitigung des Spiels bei eintretender Abnutzung eine Nachstellung der Auflagerflächen vorgesehen ist.

Der Kolbenstangenkopf ist so einzupassen, daß anfänglich noch ein kleiner Anzug möglich ist. Nach den Probefahrten soll bei endgültigem Antreiben des Keils der Stangenkopf im Kreuzkopf aufsitzen, um den Konus zu entlasten.

Die Kreuzkopflager erhalten keine Weißmetallspiegel, sondern werden aus reiner Kupfer-Zinnbronze hergestellt. Ölnuten werden wie bei allen Lagern angewendet.

f) Schmiergefäße. Die Ölgefäße für die Stangen und Kreuzköpfe werden möglichst groß gehalten, damit lange Strecken ohne Aufenthalt durchlaufen werden können. Bei den in Abb. 442 bis 448 dargestellten Schmiergefäßen, die sich leicht öffnen, bequem füllen und schließen lassen, gestattet der aus Messingdraht gebogene Schmierstift durch entsprechendes Anfeilen einer

Abb. 442 bis 448.

Fläche jeden Grad der Schmierung. Statt des Drahtes wird neuerdings auch ein Ölstift größeren Durchmessers verwendet, der sich ventilartig oben aufsetzt.

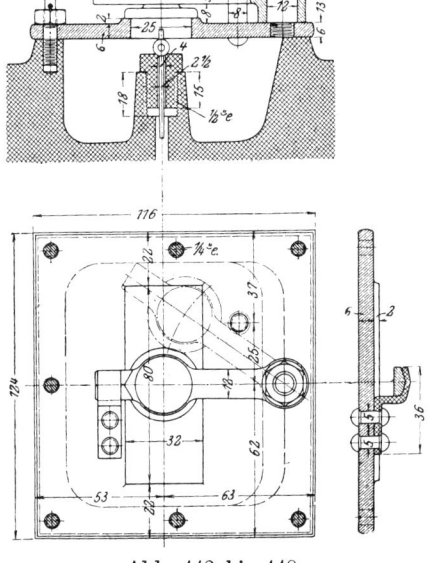

Die in diesen Abbildungen noch sichtbaren Sicherungen der Deckelschrauben durch gemeinsame Splinte haben sich nicht bewährt. Sie ließen ein festes Anziehen und damit eine gute Dichtung der Deckel, die durchaus notwendig ist, nicht zu. Bei neueren Ausführungen werden allgemein Schrauben mit Sechskantkopf und langem Gewindeschaft verwendet, der bei strammem Einpassen ohne jede Sicherung gut anziehen und dauernd dicht halten, auch jederzeit ohne weiteres nachgezogen werden können. Die Deckel werden öldicht aufgeschabt.

Die in Abb. 411 u. f. dargestellten Schmiergefäße mit durch eine innerhalb liegende Feder angedrücktem Verschlußpilz haben gegenüber dem obigen Kurbelverschluß den Nachteil, daß bei nicht stramm sitzenden Befestigungsschrauben durch den ständig von unten ausgeübten Federdruck ein Losewerden des Deckels eintreten kann, was Ölverlust während der Fahrt zur Folge hat. Um wegen der Massenwirkungen, die der Pilz während der Bewegung des Stangenkopfes erleidet, nicht zu starke Federn zu erhalten, die das Füllen erschweren, muß der Pilz möglichst leicht gehalten werden. In Abb. 428 ist die Schmierung der innenliegenden Treibstangen für die S 10^1-Vierzylinder-Verbundlokomotiven der preußischen Staatseisenbahn dargestellt. Es sind zwei Ölgefäße vorgesehen. Die Ölzufuhr zum Zapfen ist verstellbar durch Drehen einer durch Gegenmuttern gesicherten Schraube.

3. Laufwerk.

a) Rahmen. Im europäischen Lokomotivbau wird der einfache Blechrahmen (Plattenrahmen) mit Recht fast allgemein angewandt. Einige seiner bekanntesten Vorzüge sind:

1. Gleichmäßigkeit des Gefüges der durch Walzen hergestellten Bleche, das beim Richten durch Kaltwalzen noch weiter veredelt werden kann. Daher große Festigkeit des Baustoffes bei geringstem Gewicht.
2. Billigkeit, schnelle und leichte Herstellung bei einfachster Bearbeitung durch Fräsen oder Stoßen in Paketen nach Schablonen, was bei Reihenherstellung der Lokomotiven erhebliche Vorteile bietet, während der Barrenrahmen nur als Einzelstück umständlich bearbeitet werden kann.
3. Einfache und sachgemäße Anbringung aller Querverstrebungen, Pufferbohlen und Zugkästen.
4. Möglichkeit der Verwendung kurzer Schrauben und Niete, daher größte Festigkeit aller Verbindungen, was beim Rahmenbau von besonderem Werte ist.
5. Von großer Bedeutung ist die Möglichkeit, die Feuerbüchse zwischen den Rahmenplatten tief einzubauen und ihr dabei für die Mehrzahl aller Fälle noch eine genügende Breite und Länge zu geben, also breite, über die Rahmen hinausgebaute, niedrige Feuerbüchsen und damit mehrteilige Aschkästen zu vermeiden.

Wenn daher nicht ganz besondere Gründe für die Anwendung eines Barrenrahmens vorliegen (die Mehrzahl der von den Anhängern des Barrenrahmens angeführten Gründe sind nichtig oder minder wichtig), dann sollte stets der Plattenrahmen vorgezogen werden.

Die in Amerika fast ausschließlich angewandten Barrenrahmen haben in neuerer Zeit auch in Europa, wenn auch nur vereinzelt, Eingang gefunden. Verwiesen sei z. B. auf die schon vor etwa 15 Jahren gebauten 2 B 1- und 2 C-Schnellzuglokomotiven der bayerischen Staatsbahnen, die Barrenrahmen erhalten haben[1].

Besonders bei Vierzylinderlokomotiven wurde ein vereinigter Barren- und Plattenrahmen mehrfach eingeführt, bei dem das vordere Ende als geschmiedetes Barren-

---

[1] Vgl. Z. d. V. d. I. vom 18. März 1905.

stück, das Hinterteil dagegen als gewöhnlicher Plattenrahmen ausgebildet ist. Ein Vorzug dieses Rahmens, besonders bei Verbundlokomotiven, besteht darin, daß er zuläßt, je einen Hoch- und Niederdruckzylinder aus einem Stück zu gießen, was wegen des leichteren Einbaus der verschiedenen erforderlichen Dampfkanäle eine erhebliche bauliche Vereinfachung der Zylindergußstücke gestattet.

Für regelspurige Zweizylinderlokomotiven bietet der Barrenrahmen keinerlei Vorzüge gegenüber dem Plattenrahmen. In der Mehrzahl der Fälle muß seine Anwendung als bauwidrig bezeichnet werden. Es dürfte daher angezeigt sein, auf die Vor- und Nachteile des Barrenrahmens näher einzugehen.

Bis Anfang dieses Jahrhunderts wurden in Amerika fast ausschließlich schmiedeeiserne Barrenrahmen gebaut. Erst seit etwa 15 Jahren führte sich der Stahlgußrahmen mehr und mehr ein. Die Baldwin-Werke hatten allerdings bereits im Jahre 1895 begonnen, Lokomotivrahmen versuchsweise aus Stahlformguß herzustellen; es bedurfte jedoch mehrjähriger Versuche und Verbesserungen bei der Herstellung, bevor sie eine nennenswerte Verbreitung fanden. Einen größeren Erfolg konnte der Stahlgußrahmen erst erlangen, nachdem es gelungen war, durch Verwendung eines vorzüglichen Stahlgusses und durch gründliches Ausglühen alle Gußspannungen zu beseitigen. Ganz außerordentliche Schwierigkeiten waren hier zu überwinden. Ein aus einem Stück gegossener Teil des Rahmens einer 1 E-Lokomotive der Santa Fé-Bahn ist z. B. etwa 10,5 m lang und 125 mm dick, der Rahmen einer E-Güterzuglokomotive der Lake Shore and Michigan Southern R.-R. (siehe „The Railway Age", 21. Juli 1905, S. 70) ist sogar 12 m lang und 150 mm dick! Da ist es nicht leicht, Lunkerstellen zu vermeiden und den Rahmen in allen Teilen so vorzüglich auszuglühen, daß Spannungen vermieden werden. Der verwendete Stahlguß ist gewöhnlich nach dem basischen Verfahren im Martinofen hergestellt. Die gegossenen Rahmen müssen in den Lokomotivwerkstätten vor der Bearbeitung nachgerichtet werden. Das Schweißen von Bruchstellen soll nach Angaben der Eisenbahnen keine Schwierigkeiten bereiten.

Die schmiedeeisernen Barrenrahmen werden durch Ausschmieden aus Schrotpaketen hergestellt, die in der Regel in den Lokomotivfabriken zusammengeschweißt werden. Der Stahlgußrahmen hat gegenüber dem schweißeisernen Rahmen die folgenden Vorteile:
1. Er ist billiger, weil die teure Schweißarbeit wegfällt und weil man bei Anbringung von Arbeitsleisten nur genötigt ist, die Anpassungsflächen zu bearbeiten, während der schmiedeeiserne Rahmen ganz bearbeitet werden muß;
2. er ist verläßlicher, weil keine Schweißstellen vorkommen;
3. er ist leichter und gestattet eine bessere Baustoffverteilung, da man nicht an den rechteckigen Querschnitt gebunden ist, sondern die einzelnen Barren mit einem T- oder I-förmigen Querschnitt durchführen kann.

Trotzdem gehen die Ansichten über die Vor- und Nachteile beider Rahmenarten noch auseinander. Die „American Railway Master Mechanics Association" hat im Jahre 1904 eine Rundfrage an die bedeutendsten Bahnen der Vereinigten Staaten und Kanadas gerichtet, behufs Stellungnahme zu dieser Frage. 15 Eisenbahngesellschaften mit 5613 Lokomotiven erklärten sich zugunsten der geschweißten Rahmen, 18 Bahnen mit 11512 Lokomotiven gaben den Stahlgußrahmen den Vorzug, während 8 Bahnen mit 4015 Lokomotiven weder für den einen noch für den anderen sich aussprachen. Der aus Eisenbahntechnikern und Stahlgußfabrikanten bestehende Ausschuß der „Association" hat daraufhin seine Meinung wie folgt zusammengefaßt:

„Stahlguß ist ein besseres Material für Lokomotivrahmen als Schweißeisen. Die Zugfestigkeit von Stahl, der für Rahmen geeignet ist, beträgt ungefähr 5250 kg/cm^2, während die des besten Schweißeisens nur 3700 bis 3800 kg/cm^2

beträgt. Der Stahlgußrahmen hat keine Schweißstellen und ist von gleichmäßigem Gefüge. Die zahlreichen Vorsprünge, die zur Anbringung der Bremsgehänge, der Steuerwelle usw. nötig sind, erschweren die Herstellung neuerer schmiedeeiserner Rahmen sehr, während die Anbringung derartiger Arbeitsleisten und eine besondere Formgebung an einzelnen Stellen bei Stahlgußrahmen keine Schwierigkeiten bereitet. Die Schwierigkeiten, die man bisher mit Stahlgußrahmen hatte, sind auf schlechte Bauart oder mangelhafte Herstellung zurückzuführen, liegen also nicht im Material selbst begründet."

Als ein erheblicher Fortschritt im amerikanischen Lokomotivbau ist die Einführung des Vanadiumstahles zu nennen. Durch die Beimischung von $0{,}25\%$ Vanadium kann man die Festigkeit von Stahlguß, die etwa 42 bis zu 49 kg/mm^2 nach den Vorschriften der Pennsylvaniabahn betragen soll, um 10% erhöhen, so daß der Vanadiumstahlguß Bruchfestigkeiten von etwa 50 bis 60 kg/mm^2 hat. Es sei hierzu bemerkt, daß nach den Vorschriften für die Beschaffenheit und Güteprüfung der beim Bau von Fahrzeugen nebst Zubehör zu verwendenden Baustoffe der Preußischen Staatseisenbahnverwaltung als Zugfestigkeit von Flußstahlguß ohne Vanadiumzusatz ebenfalls 50 bis zu 60 kg/mm^2 verlangt werden. Der deutsche Stahlguß ist also erheblich besser als der für amerikanische Barrenrahmen verwendete.

Neben der erhöhten Festigkeit heben die Amerikaner besonders hervor, daß Vanadiumstahlguß die sog. Ermüdungseigenschaften in viel geringerem Maße zeigt als der gewöhnliche Stahlguß.

Immerhin ist es bemerkenswert, daß durch die Verwendung von Vanadiumstahlgußrahmen die Rahmenbrüche bei amerikanischen Lokomotiven ganz erheblich abgenommen haben. Die Southern Railway, die seit 1907 über 250 Lokomotiven mit Vanadiumstahlgußrahmen in Betrieb nahm, hat bis 1913 bei diesen nur drei Rahmenbrüche zu verzeichnen gehabt, wovon zwei noch dazu auf den Bruch anderer Bauteile zurückzuführen sind[1]).

Die New York-Central und Hudson-River-Bahn hat seit 1911 für 371 Lokomotiven Vanadiumstahlgußrahmen beschafft und bisher bei diesen noch keinen Anbruch aufzuweisen.

Auch bei den preußischen Staatsbahnen ist wiederholt angeregt worden, bei Lokomotiven mit breiter Feuerbüchse statt der Plattenrahmen Barrenrahmen aus Stahlformguß zu verwenden. Bei dem Entwurf eines Stahlformgußbarrenrahmens für die 2 B 1-Naßdampf-Vierzylinder-Verbundschnellzuglokomotive, Gattung S_9, hat sich dessen Gewicht zwar um nur 87 kg schwerer ergeben als das des bisher verwendeten Plattenrahmens, der Preis des Rahmens jedoch sollte sich ohne Modellkosten um 4475 M. höher stellen als der des Plattenrahmens. Dabei konnte die liefernde Firma für den Vanadiumstahlguß nur eine Festigkeit von 52 kg/mm^2 gewährleisten, also nicht mehr, als unser gewöhnlicher Stahlguß hat. Da durch die Verwendung derartiger Rahmen irgendwelche Vorteile gegenüber den bisherigen nicht zu verzeichnen sind, wurde von einer Ausführung abgesehen.

Neuerdings werden von der Lokomotivfabrik von A. Borsig in Berlin-Tegel Barrenrahmen mittels des autogenen Schneidverfahrens aus etwa 100 mm starken Platten ausgeschnitten. Es wird hierdurch eine erheblich vereinfachte Herstellung und eine erhöhte Festigkeit der Barrenrahmen erzielt, da gegenüber den geschweißten Barrenrahmen keinerlei Verbindungsstellen vorhanden und gegenüber den Stahlgußrahmen keine Lunkerstellen zu befürchten sind, die zu Brüchen Veranlassung geben können.

In den Abb. 449 bis 451 ist ein Barrenrahmen für die im achten Abschnitt 1 beschriebene 2 B-Schnellzuglokomotive für die Paulista-Eisenbahn in Südamerika dargestellt.

---

[1]) Siehe „Die Lokomotive" 1914, S. 45 ff.

Laufwerk. 335

Amerikanische Barrenrahmen für regelspurige Lokomotiven werden stets als Innenrahmen ausgeführt; nur bei Schmalspurlokomotiven finden zuweilen Außenrahmen Anwendung. Je nachdem der Teil des Rahmens, der vor dem vordersten Achslager liegt und die Zylinder trägt, als einzelner Barren, als Doppelbarren oder plattenförmig ausgebildet ist, unterscheidet man

1. single bar frame (Einbarrenrahmen),
2. double bar frame (Doppelbarrenrahmen),
3. slab frame (plattenförmiger Rahmen).

Abb. 452 bis 457 zeigen: oben einen Doppelbarrenrahmen aus Stahlguß, in der Mitte einen gleichen Rahmen aus Schmiedeeisen und unten einen Einbarrenrahmen aus Stahlguß.

Ein plattenförmiger Rahmen aus Stahlguß ist in den Abb. 458 und 459 dargestellt.

Wie ersichtlich, besteht der Rahmen aus drei Teilen: aus einem mittleren Hauptrahmen, der die Triebachsen aufnimmt, aus einem oder zwei vorderen plattenförmigen Barren, die zur Aufnahme der Zylinder dienen, und bei Lokomotiven mit hinteren, einstellbaren Laufachsen gewöhnlich noch aus einem besonderen hinteren Hilfsrahmen, der häufig als doppelter Plattenrahmen ausgebildet ist

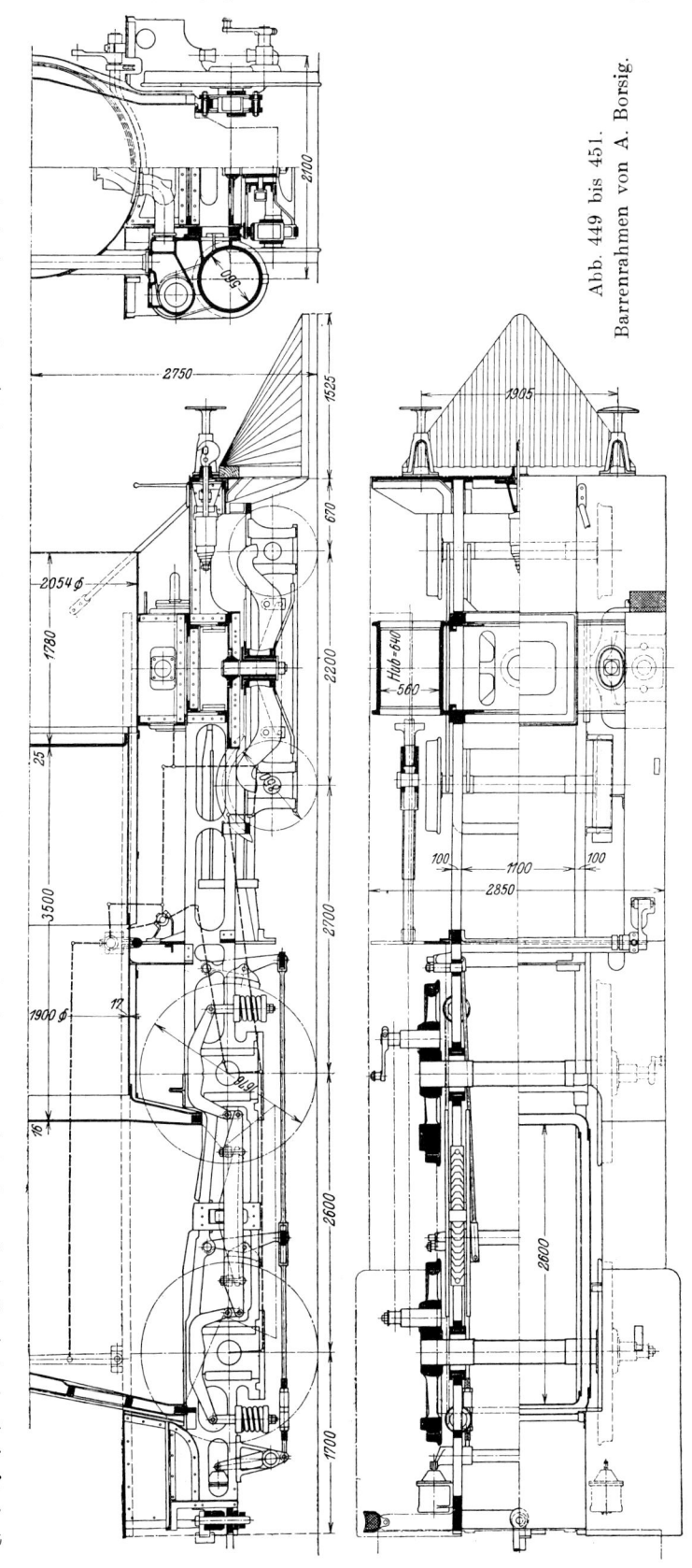

Abb. 449 bis 451. Barrenrahmen von A. Borsig.

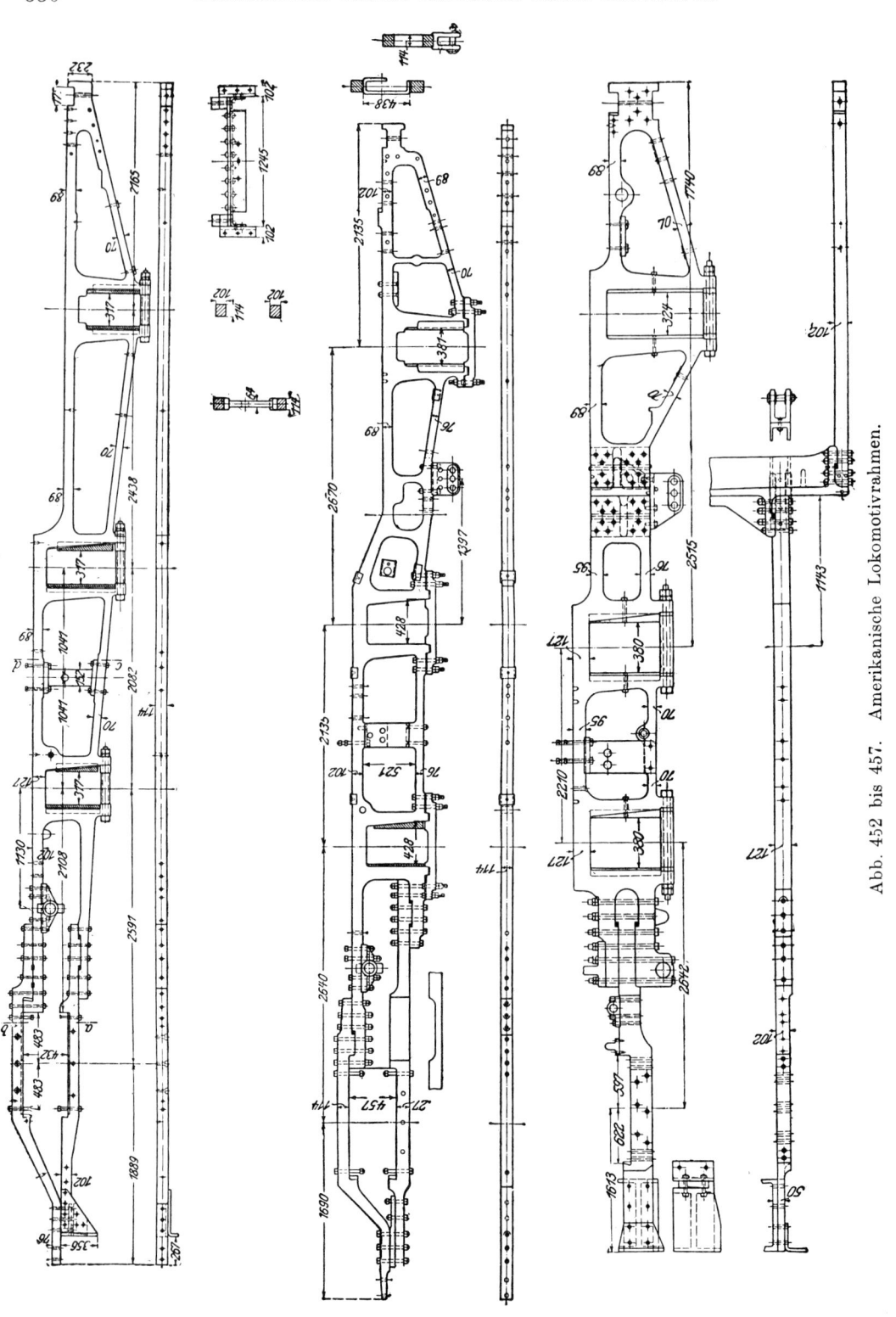

Abb. 452 bis 457. Amerikanische Lokomotivrahmen.

und hinter der letzten Triebachse mit dem Hauptrahmen verschraubt wird. Abb. 460 und 461 zeigen ein Beispiel für den letztgenannten Fall. In Abb. 457 ist der hintere Hilfsrahmen durch ein kräftiges gußstählernes Querstück mit dem Hauptrahmen verbunden. Der Hilfsrahmen steht hierbei, um außerhalb der Räder liegende Laufachsbüchsen zu ermöglichen, viel weiter von der Maschinenmitte ab als der Hauptrahmen. Durch die letztere immer mehr beliebte Anordnung werden die Laufachsbüchsen leichter zugänglich für die Wertung, und außerdem gestatten außenliegende Laufachsbüchsen eine bessere Durchbildung des Aschkastens.

Lokomotiven mit vorderem zweiachsigem Drehgestell haben meistens Einbarrenrahmen, und zwar ist der Barren entweder aus einem Stücke mit dem Hauptrahmen hergestellt, oder er bildet einen besonderen Barren, der mit dem Hauptrahmen durch Schrauben und Keile verbunden ist, in welchem Falle er zumeist aus Schmiedeeisen hergestellt wird, selbst wenn der Hauptrahmen aus Stahlguß besteht. Bei Doppelrahmenbarren ist der obere Barren stets als ein unabhängiges Stück ausgebildet, das mit dem Hauptrahmen durch Keile und Schrauben verbunden wird, während der untere Barren öfter auch aus einem Stück mit dem Hauptrahmen hergestellt wird. Der obere Barren muß abnehmbar sein, um die Zylinder einbringen zu können.

Der Einbarrenrahmen ist billiger in der Herstellung und beim Zusammenbau, aber der Doppelbarrenrahmen ist widerstandsfähiger. Der Einbarrenrahmen gestattet eine kräftigere Verbindung des Zylinders und Schieberkastens mit dem zugehörigen Zylindersattel.

Der größte Nachteil des amerikanischen Lokomotivrahmens ist seine mangelhafte senkrechte Querversteifung, der besonders bei innenliegenden Steuerungen auffällig in Erscheinung tritt.

Abb. 458 und 459. Plattenförmiger Rahmen aus Stahlguß.

Abb. 460 und 461. Amerikanische Lokomotivrahmen.

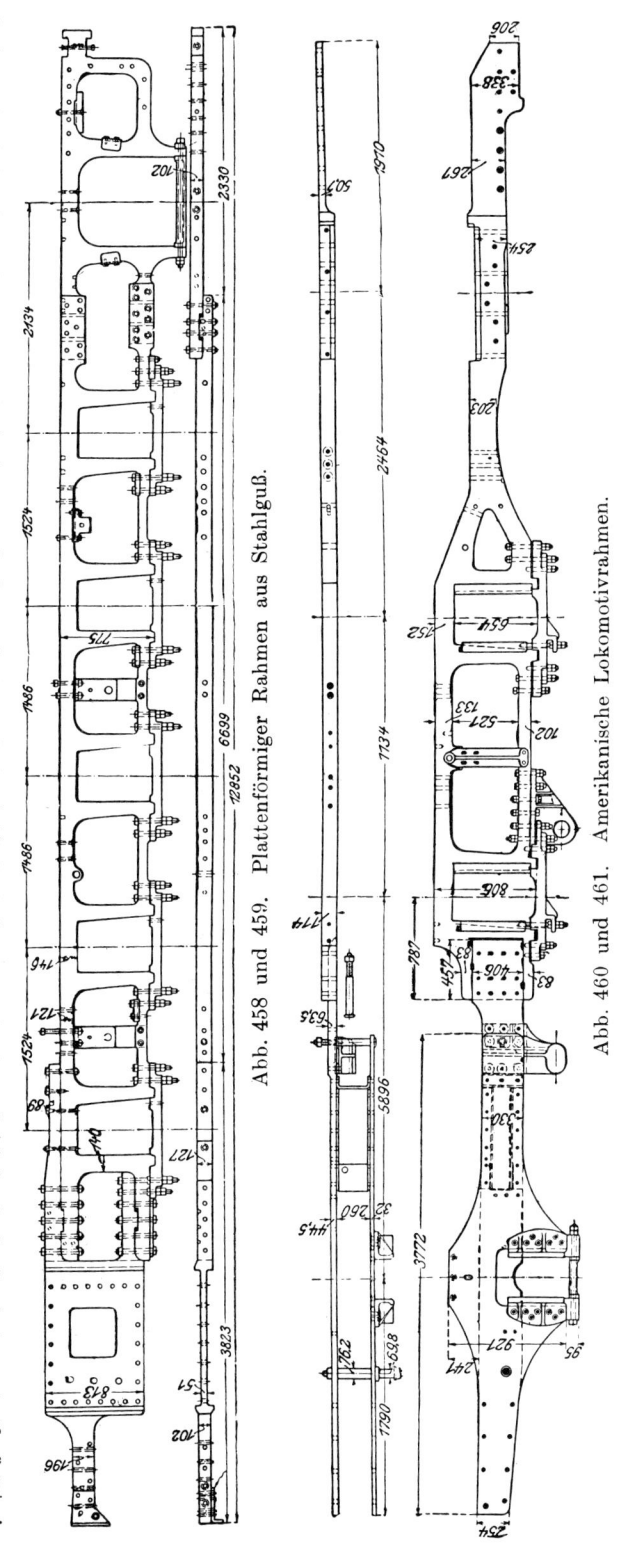

Der Zylindersattel bildet bei Barrenrahmen sozusagen das Rückgrat und ist ganz außerordentlichen Beanspruchungen ausgesetzt:

Garbe, Dampflokomotiven. 2. Aufl.

1. durch den Kolbendruck und Wasserschläge,
2. durch die Massenwirkung des Kessels,
3. durch die unter 90° stehenden Kurbeln, die beide Sattelhälften gegeneinander zu verschieben suchen,
4. durch die mangelhafte Querversteifung, die sich besonders in Krümmungen, wo gleichfalls Kräfte auftreten, die beide Rahmen gegeneinander zu verschieben trachten, bemerkbar macht,
5. durch die bei den schwächlichen hinteren Kesselbefestigungen auftretenden seitlichen Schwankungen des Kessels, die vom Rahmen aufgenommen werden müssen.

Es ist demnach nicht befremdlich, daß, obwohl man den Zylindersattel sehr lang und kräftig gestaltet und die Befestigung der Zylinder am Rahmen durch zahlreiche $1\frac{1}{4}''$- bis $1\frac{1}{2}''$-Schrauben erfolgt, die durch Keile entlastet werden, abgebrochene Bolzen und Sprünge in den Zylindersattelwänden oder im Rahmen häufig vorkommen. Gewöhnlich ist letzteres der Fall, und zwar treten die meisten Rahmenbrüche zwischen dem vordersten Achsager und dem Zylinder auf. Zur Verstärkung des Rahmens werden häufig unmittelbar vor und hinter dem Zylinder schmiedeeiserne Querverbindungen auf den Rahmen aufgeschrumpft. Ähnliches geschieht auch vor und hinter den Achslagern und zwar an den unteren Barren. Die Gleitstabträger sowohl als die verschiedenen Kesselträger stützen sich nur auf die Oberkante des Rahmens, ohne bis zum unteren Rahmengurt zu reichen, und geben daher keine Querversteifung.

Deems, Generalsuperintendant der New York Central- und des Grand Central-Systems, früher Generalsuperintendant der Schenectady-Werke der American Locomotive Comp., ein Mann, der als Eisenbahnfachmann und Lokomotivbauer hoch angesehen ist, äußerte sich über seine langjährigen Erfahrungen mit dem Barrenrahmen, diesem alten Liebling der Amerikaner, in einer Sitzung des New York Railroad Clubs im April 1904 offen und rückhaltslos wie folgt:

„Ich kenne keinen Gegenstand, der uns Eisenbahnleuten so viel Kummer bereitet, als die vielen Rahmenbrüche. Wir wundern uns ja nicht, wenn die Rahmen vor dem vordersten Achslager oder in der Nähe des Zylinders brechen; aber sie brechen selbst oberhalb der Achslager; der obere Barren (top rail) bricht, und der untere Barren (bottom rail) bricht; kurz, wir haben Rahmenbrüche an allen möglichen Stellen.

Ich will ja den Lokomotivfabriken keinen Vorwurf machen, denn die Rahmen, die wir in unseren eigenen Werkstätten bauen, brechen gerade so oft. Ich weiß es aus meiner eigenen Erfahrung, daß wir Rahmen mit der größten Sorgfalt bauten, und sie brachen doch an allen möglichen Stellen."

Die Master Mechanics Association hatte im Jahre 1903 eine Umfrage an die wichtigsten Eisenbahnen gerichtet, um die Stelle der meisten Rahmenbrüche ausfindig zu machen und damit eine Grundlage für Verbesserungen in der Bauart neuer Rahmen zu schaffen. Die eingelaufenen Antworten wichen jedoch so sehr voneinander ab, daß sich eine einheitliche Meinung nicht aufstellen ließ. Die Rahmen brechen eben, wie Deems bemerkte, an allen möglichen Stellen, am häufigsten aber in dem Teile zwischen dem vorderen Triebachslager und Zylinder.

Berechnen läßt sich die Rahmenstärke bei den durch die langen Bolzen nicht genügend festen Verbindungen des Rahmenbaues natürlich nicht.

Während früher die Ansicht vorherrschte, daß es vorteilhaft sei, die Rahmendicke schwach zu halten, um dadurch eine gewisse seitliche Nachgiebigkeit zu erreichen, hat man heute diesen Standpunkt gänzlich aufgegeben und glaubt, die Rahmen überhaupt nie zu stark machen zu können; daher die großen Rahmengewichte, die die tote Last der Lokomotive vermehren, ohne jedoch die Steifigkeit des zusammengebauten Rahmens entsprechend zu vergrößern, da die länger gewordenen Verbindungsbolzen in Verbindung mit den geringen Anlageflächen wirklich feste Verbindungen gar nicht zulassen.

Die großen Mängel des Barrenrahmens, die mit der Zunahme der Größe und Leistungsfähigkeit der Lokomotive stetig gestiegen sind, haben den Verfasser seit Jahren zu einem Gegner dieser Rahmenbauart gemacht. Ich benutzte daher jede Gelegenheit bei meiner Anwesenheit in Amerika, die Fachgenossen über den eigentlichen Grund des Festhaltens an dieser wenig zeitgemäßen Form der Verteilung und Verarbeitung von Eisenmassen zu befragen und erhielt wiederholt unter Zeichen des Erstaunens ob solcher Frage die Antwort: ,,Why? Because they are the best!" Hauptsächlich wurde als Vorteil hervorgehoben, daß der Barrenrahmen gegenüber dem Plattenrahmen einen schnelleren Zusammenbau der Lokomotive gestattet.

Diesen Grund konnte ich für die bisherigen amerikanischen Verhältnisse allerdings ziemlich gelten lassen, sagte aber auch, daß Plattenrahmen bei richtiger, fabrikmäßiger Herstellung wohl fast in derselben Zeit hergestellt und zusammengebaut werden könnten, wie Barrenrahmen neuer Lokomotivbauarten. Ernsthaft machte ich darauf aufmerksam, daß dieser Hauptgrund nach meiner Meinung nicht ausreicht, diese veraltete, mit so vielen Mängeln für den Betrieb und die Unterhaltung verknüpfte Bauart so hartnäckig festzuhalten, und besonders warmen Verteidigern der Barrenrahmen sagte ich:

,,Mir scheint, der wahre Grund, warum der alte Barrenrahmen so hoch in Ehren gehalten wird, sei wohl der, daß, weil der Zimmermann beim Bau der ältesten Lokomotive hölzerne Balken zum Rahmenbau hätte verwenden müssen, der Schmied ihm in der Nachahmung dieser Balkenrahmen naturgemäß gefolgt sei, weil Quadrateisenstangen sich am leichtesten schweißen und verarbeiten ließen. Große, starke Bleche seien damals noch gar nicht gewalzt worden, und so habe sich bei der schnellen Entwickelung des Lokomotivbaues der Barrenrahmenbau derartig eingebürgert, daß, nachdem es längst schon keine Schwierigkeiten mache, Platten in allen Längen, Breiten und Stärken zu walzen, diese vom Zimmermann dem Schmied überlieferte Rahmenbauart neuerdings auch in Stahlguß noch festgehalten werde."

Auch bei teilweiser Anerkennung der Vorteile für amerikanische Verhältnisse stehen diesen beim Barrenrahmenbau die folgenden Nachteile gegenüber:
1. Schwierigere und kostspieligere Herstellung sowohl bei schweißeisernen als Stahlgußrahmen.
2. Unverläßlichkeit infolge von Gußstahlspannungen oder fehlerhaften Schweißstellen.
3. Häufige Rahmenbrüche im Betriebe, die zu kostspieligen und zeitraubenden Ausbesserungen Veranlassung geben.
4. Mangelhafte Versteifung wegen der zu geringen Anlageflächen der Verbindungsteile und der langen Schraubenbolzen. Durchbiegung bei schlechter Gleislage und in Krümmungen.
5. Verringerung der wichtigsten Rostflächenbreite bei schmalen Feuerkisten, Einschränkung der Aschkästen.

Erfreulich ist es, daß in neuerer Zeit die Stimmen der amerikanischen Fachmänner sich mehren, die dem veralteten Barrenrahmen kräftig zu Leibe gehen. Bei der Wichtigkeit der Sache und um den weiteren Nachahmungen des Barrenrahmens bei uns zu begegnen, lasse ich noch zwei Auszüge folgen. Im American Engineer 1905, Seite 261, heißt es u. a.:

,,Lokomotivrahmenbrüche werden eine immer ernstere Angelegenheit, die jedem Kummer bereitet, der in irgendeiner Weise mit unseren großen Lokomotiven zu tun hat. Die Einführung des Plattenrahmens wäre wohl eines Versuches wert. Er müßte nur genügende Querversteifungen erhalten, wie es bei europäischen Lokomotiven schon seit Jahren geschieht."

The Railway Age 1905 bringt auf Seite 650 einen Aufsatz, aus dem die Sätze hervorgehoben sein mögen:

„Seitdem infolge der Einführung sehr schwerer Lokomotiven sich die Schwierigkeiten mit dem Barrenrahmen ständig häuften, beginnen auch amerikanische Lokomotivbauer die Anwendung des in Europa allgemein üblichen Plattenrahmens ernstlich in Erwägung zu ziehen. Die kleinen Lokomotiven, die wir noch vor zwanzig Jahren bauten, konnten die dem Barrenrahmen innewohnenden, sehr bedenklichen Schwächen nicht zur vollen Geltung bringen. Nunmehr befassen sich jedoch hervorragende Lokomotivbauer mit dem Gedanken, Versuche mit Plattenrahmen zu machen, um dadurch diesen bedenklichen Übelständen abzuhelfen. Der Plattenrahmen empfiehlt sich auch von selbst für solche Versuche, weil er die Möglichkeit bietet, die bei so großen Lokomotiven notwendigen Querversteifungen des Rahmens anzubringen."

b) Führerhaus. Eine erhebliche Bedeutung muß der richtigen Ausbildung und ganz besonders einer möglichst vollkommenen Versteifung des Führerhauses zugemessen werden.

Zur Schonung der Lokomotivmannschaft soll das Führerhaus gut lüftbar, aber doch auch möglichst zugfrei sein, was durch geeignete Anbringung der Fenster und gute Deckenentlüftung befriedigend zu erreichen ist. Um die Wärmeeinstrahlung von oben zu vermindern, wird das Dach vielfach bei den Lokomotiven der preußischen Staatseisenbahn doppelt ausgeführt. Oberhalb des innenliegenden Holzdachs sind die Vorder- und Rückwand sowie die Querversteifungen durchbrochen, so daß die Luft frei zwischen beiden Dächern hindurchstreichen kann. Im Winter kann die Öffnung in der Vorderwand verschlossen werden. Im inneren Holzdach sind Öffnungen vorgesehen, durch die die im Führerhaus aufsteigende heiße Luft abgesaugt wird. Wichtig ist die kräftige Versteifung der die Wände bildenden Bleche, die durch flache Holzkreuze wirksam unterstützt wird und die das unangenehme Dröhnen und Trommeln der Blechwände während der Fahrt erheblich verringert. Über dem Trittblech ist ein abnehmbarer Bohlenbelag angebracht, der vielfach zur Milderung der Stöße unter den Sitzen der Mannschaft federnd ausgebildet ist. Die Durchbrechungen im Bodenblech, die für die Durchführung von Rohren und Hebeln nötig sind, sollen nicht unnötig groß sein. Damit die durchgeführten Rohre nicht mit den scharfen Kanten des Trittblechs in Berührung kommen und sich bei dem unvermeidlichen Rütteln und Schütteln der fahrenden Lokomotive durchscheuern, sollten alle Rohre über dem Trittblech mit Winkelstulpen versehen werden, die den Spielraum der für ein leichtes Durchführen der Rohre mit ihren Flanschen nötig ist genügend abdecken, um Zugluft und Staub von unten von der Mannschaft abzuhalten und dennoch die Ausdehnung und Zusammenziehung der betreffenden Bauteile nicht hindern. Die früher als Windschneide gebaute Vorderwand des Führerhauses wird jetzt wieder völlig eben ausgebildet, da Windschneiden keinerlei Vorteile ergaben, dagegen die Anbringung von genügenden Versteifungen erheblich erschwerten. Außerdem bildeten diese Schneiden sehr unangenehme Staub- und Schmutzwinkel, die schlecht reinzuhalten waren, und endlich beeinträchtigten die schrägen Fenster den Ausblick auf die Strecke.

Unbedingt muß auch das Dach des Führerhauses durch geeignete Stützen gegen einen auf der Feuerbüchsdecke angebrachten Sattel abgestützt werden. Selbstverständlich sind die Schraubenlöcher in den Füßen der Stützen länglich auszuführen, damit bei der Ausdehnung des Kessels Zerrungen in der Abstützung vermieden werden. Diese Abstützung ist um so notwendiger, je länger das Führerhausdach zum erwünschten Schutz der Mannschaft nach hinten, zu einer sog. Schleppe, ausgebildet wird. Diese Schleppe ist zweckmäßig abnehmbar zu bauen.

c) **Drehgestelle.** Die Zunahme in der Größe und im Gewicht neuerer Lokomotiven erhöhte entsprechend die Anforderungen, die an das führende Drehgestell gestellt werden, um einen ruhigen Lauf der Lokomotiven zu erhalten, namentlich wenn man berücksichtigt, daß die Verbesserungen im Oberbau, insbesondere Verminderung der vorhandenen Krümmungen, nicht immer gleichen Schritt gehalten haben mit der zunehmenden Baulänge der Lokomotive. Dies gilt namentlich von Lokomotiven mit hinteren Laufachsen, also den 2 B 1- und 2 C 1-Bauarten, deren fester Radstand im Verhältnis zur Gesamtbaulänge der Lokomotive gering ist und die daher, wegen der größeren überhängenden Massen eine besonders starke Führung durch das vordere Drehgestell benötigen. Dazu kommt noch bei neueren Zwillingslokomotiven die infolge der größeren Zylinderdurchmesser und die dadurch bedingte größere Entfernung der Zylindermitten erhöhte Neigung zum Drehen.

Die gebräuchliche Anordnung der Drehgestelle besitzt Rückstellvorrichtungen, die durch Federn, durch Wiegenpendel oder Keilflächen betätigt werden.

In Abb. 462 bis 465 ist das Drehgestell der Lokomotive der preußischen Staatseisenbahnen dargestellt, das sich seit einer großen Anzahl von Jahren bestens bewährt hat und hier ausschließlich angewandt wird. Ein am Hauptrahmen der Lokomotive befestigter starker Drehzapfen sitzt öldicht in einem Gleitklotz, der in einer Führung des Drehgestellrahmens seitlich verschiebbar ist und durch zwei Blattfedern in der Mittellage gehalten wird. Der Drehgestellrahmen enthält außer dieser Führung noch die Ausschnitte für die beiden Achsen, wird aber zum Tragen der Last nicht mit herangezogen, kann also verhältnismäßig leicht gehalten werden. Die Lokomotive ruht mit zwei seitlichen Druckplatten auf den Bunden zweier Federn auf, die an kräftigen, mit den Enden auf den Achsbüchsen aufsitzenden Schwanenhälsen befestigt sind. Durch die Reibung der Druckstücke auf ihren Unterlagen wird eine gute Dämpfung der Schwingungen und ein sehr ruhiger Lauf in der Geraden wie in Krümmungen erreicht.

Die neuerdings ebenfalls allgemein eingeführte Bremsung des Drehgestells ist in den Abb. 466 bis 468 ersichtlich. Beide Achsen werden von innen einseitig mittels eines durch einen besonderen Bremszylinder betätigtes Gestänges abgebremst.

Die Anwendung von Drehgestellbremsen ergibt eine erhöhte Biegungsbeanspruchung des Drehzapfens, auch erfahren die Drehgestellfedern beim Bremsen eine größere Zusammendrückung, da infolge der Massenwirkung der Lokomotive bei vermehrtem Widerstand an den vorderen Rädern diese um die wagerechte Schwerachse nach vorn kippen will, das Drehgestell also mehr belastet. Es ist auf diesen Umstand bei der Anbringung der Bremsklötze Rücksicht zu nehmen.

Verfasser verkennt keineswegs die Bedeutung einer starken Bremsmöglichkeit für die Lokomotive, vermag aber gegenüber allen Erwägungen die Bremsung des führenden Drehgestells nicht als einen zweifellosen Fortschritt zu betrachten. Solange es nur irgendwie möglich bleibt, durch die Abbremsung der Triebräder allein die durchaus notwendige Bremswirkung zu erzielen, sollte das vordere Drehgestell der **schnellfahrenden** Lokomotiven durch eine Bremseinrichtung nicht ohne zwingende Gründe erheblich schwerer und noch unzugänglicher gemacht werden, als es nach seiner Bauart und Lage ohnehin sein muß. Bei den großen Anforderungen an die Widerstandsfähigkeit, die dem führenden Drehgestell besonders bei schnellfahrenden Lokomotiven gegeben werden muß, bewirkt sein durchaus notwendiges Gewicht schon bei einfachster Bauart beim Einfahren in Krümmungen erhebliche Stöße gegen die Schienen, die sich im Verhältnis der Masse des Drehgestells zu der der Lokomotiven auf den Führungszapfen und damit auf den Lokomotivkörper übertragen. Jede nicht durchaus notwendige Vermehrung des Gewichts des Drehgestells trägt also erheblich zur Zerstörung des Oberbaues und zur Lockerung des Zusammenhangs der Bauteile der Lokomotive bei. Eine verhältnismäßige Vermehrung des

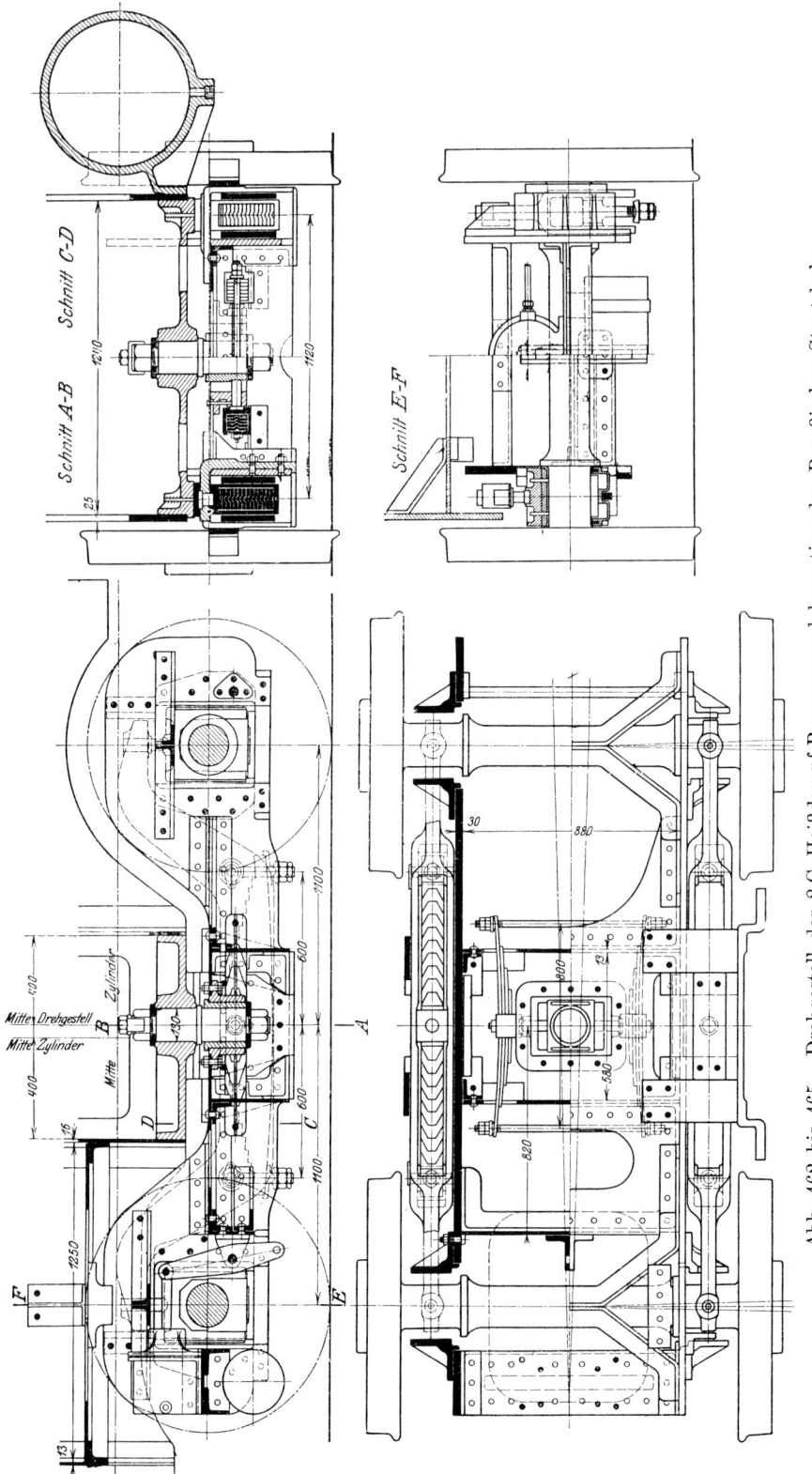

Abb. 462 bis 465. Drehgestell der 2 C-Heißdampf-Personenzuglokomotive der Preußischen Staatsbahn.

Laufwerk.

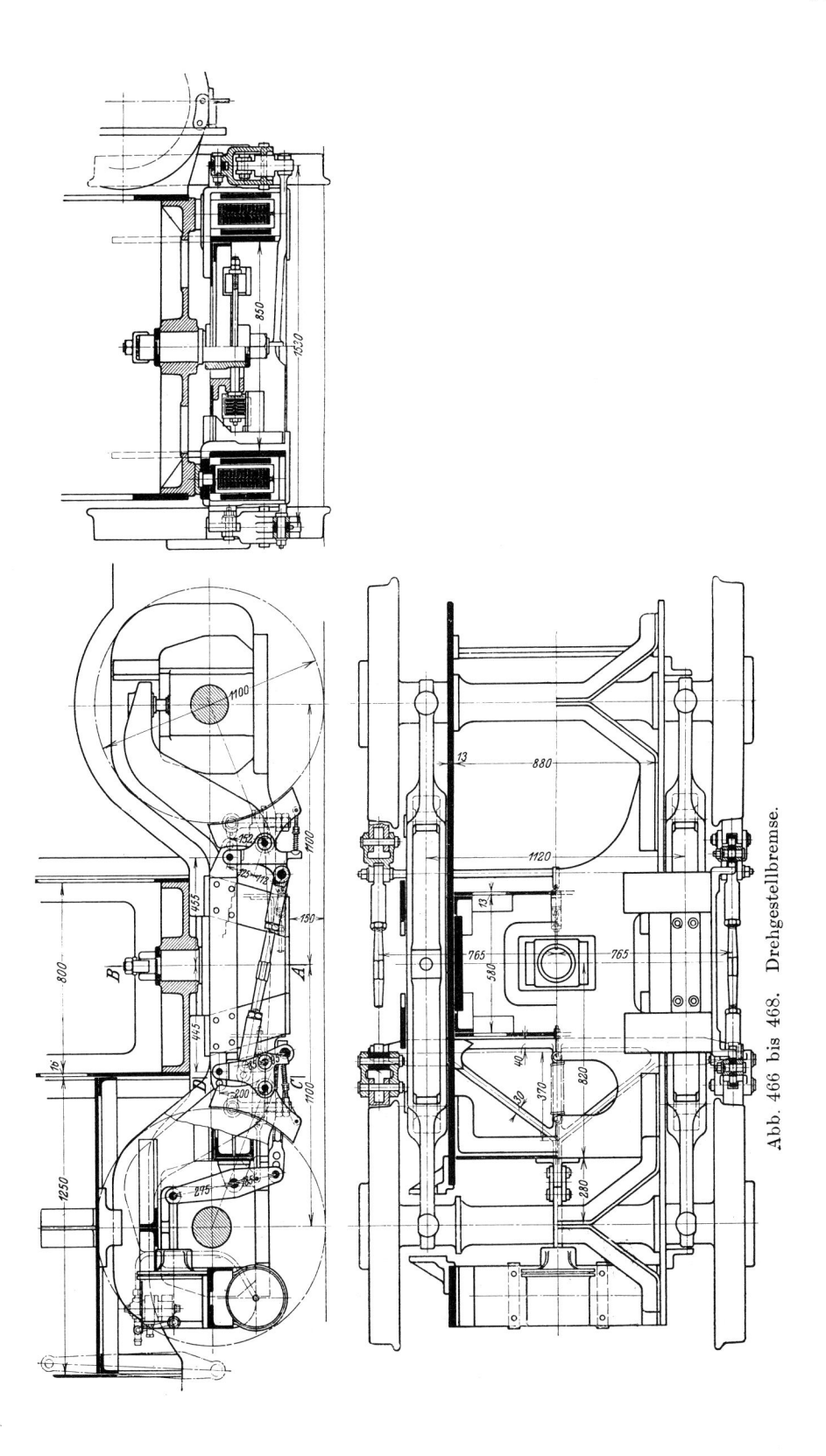

Abb. 466 bis 468. Drehgestellbremse.

Gewichtes des Drehgestells wirkt schädlicher, als eine beträchtlichere und jedenfalls viel notwendigere Erhöhung der Triebachslasten. — Es darf hier neben den schon angedeuteten Schwierigkeiten, die der Anbau einer Bremseinrichtung und deren Betrieb gegenüber der Unterhaltung der Lokomotive herbeiführen muß, noch auf die erhebliche Gefahr hingewiesen werden, die ein Feststellen der führenden Laufräder beim Bremsen hervorbringen kann. Wird die Bremseinrichtung so ausgestaltet, daß unter keinen Umständen (Glatteis, schlüpfrige Schienen u. a. Möglichkeiten) eine Feststellung der Laufräder einzutreten vermag, — dann ist der Zuschuß an Bremswirkung so gering, daß er die Kosten der Beschaffung, die umständliche Reinhaltung und Unterhaltung der Drehgestelleinrichtung nicht lohnt. Verbleibt aber auch nur die Möglichkeit einer Feststellung der führenden kleinen Laufräder und damit die Möglichkeit einer Entgleisungsgefahr der Lokomotive, — so sollte aus diesem sehr erheblichem Grunde das Drehgestell frei bleiben.

Die Rückstellung des Drehgestells in seine Mittellage durch Federn oder Pendel gibt in der Mittellage einen verhältnismäßig geringen seitlichen Widerstand, der sich erst mit der Größe der Ablenkung des Drehgestells vermehrt und damit auch eine Begrenzung für diese seitliche Ablenkung bietet. Aber gerade in der Mittelstellung läßt die Führung deshalb bisweilen zu wünschen übrig. Auch die Rückstellung durch Keilflächen, wie sie z. B. von einigen französischen Bahnen angewendet werden[1]), bietet keine gleichmäßige Rückstellkraft, da diese von der Beschaffenheit der Gleitflächen und deren Schmierung abhängig ist.

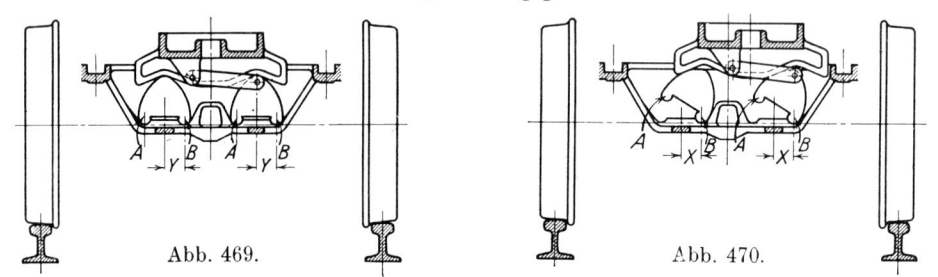

Abb. 469.   Abb. 470.

Abb. 469 und 470. Schematische Darstellung des Woodward-Drehgestells.

Diesen Übelständen sucht das amerikanische Woodward-Drehgestell abzuhelfen, indem es eine gleichmäßige Rückstellkraft anstrebt, die in der Mittellage ebenso groß ist, wie im verschobenen Zustand und die auch für alle Stellungen größer gehalten werden kann, als bei den oben besprochenen Anordnungen der Rückstellvorrichtung, ohne bauliche Schwierigkeiten zu veranlassen.

Die Abb. 469 u. 470 zeigen schematisch die Anordnung des Woodward-Drehgestells, während Abb. 471 bis 473 eine Ausführung dieses Drehgestells darstellen. Die Anordnung der Rückstellvorrichtung besteht im wesentlichen darin, daß die seitliche Bewegung der Drehpfanne durch zwei miteinander verbundene, herzförmige Gelenkstücke, die in den Punkten A und B aufruhen, derart abgewälzt wird, daß die Berührungspunkte dieser herzförmigen Gelenkstücke an der unteren Seite der Drehpfanne stets in der gleichen wagerechten Entfernung von dem Drehpunkt verbleiben, und demnach der Hebelarm, mit dem das auf der Drehpfanne aufruhende Gewicht als Rückstellkraft wirkt, immer der gleiche bleibt. Es ist dazu natürlich notwendig, daß die untere Seite der Drehpfanne, mit der diese auf den herzförmigen Gelenkstück aufruht, eine entsprechende Neigung erhält, andererseits hat man es aber auch in der Hand, durch entsprechende Änderung dieser Neigung eine im Belieben des Erbauers liegende, mit der Auslenkung steigende oder vermindernde Rückstellkraft zu erzeugen.

---
[1]) Z. B. Glasers Annalen 1912, II, S. 110.

Dieses Drehgestell findet eine immer größere Verbreitung bei amerikanischen Lokomotiven trotz der augenscheinlichen Mängel, die durch die verwickelte Bauart bedingt sind.

d) Achslager und Achsen. Die gegenüber den schwächeren Naßdampflokomotiven erheblich größeren Dampf- und Massendrücke der Heißdampflokomotiven, haben es notwendig gemacht, verbesserte Achslager anzuwenden, die den erhöhten Beanspruchungen mit Sicherheit entsprechen können. Neben Vergrößerung der Achsschenkelabmessungen hat u. a. ein von Professor Obergethmann entworfenes Achslager zur Erfüllung dieser Forderung beigetragen. Dieses in Abb. 474 bis 476 dargestellte dreiteilige Lager hat sich bei guter Ausführung und Unterhaltung bei den preußischen und einer großen Zahl anderer Heißdampflokomotiven bewährt. Außer der oberen Lagerschale umfassen noch zwei seitliche Schalen den Achsschenkel, die die wagerechten Achslagerdrücke, die erheblich größer sind als die senkrechten, in richtiger Weise aufnehmen können.

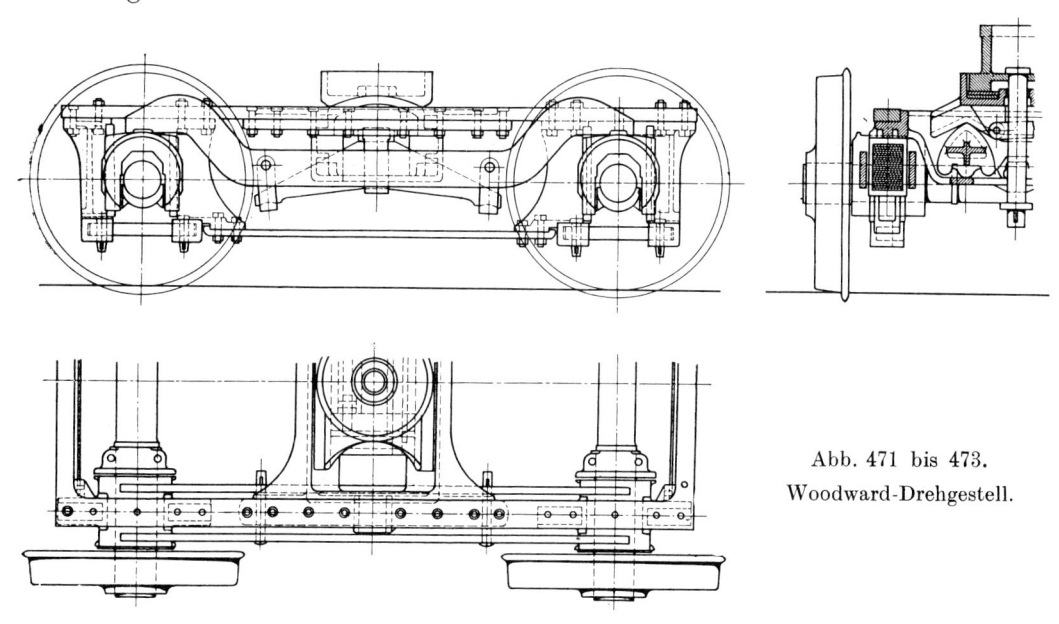

Abb. 471 bis 473.
Woodward-Drehgestell.

Zur Erkennung der Größe dieser wagerechten Achslagerdrücke sind in Abb. 477 diese aus zwei Dampfdruckschaulinien (für $V = 28$ km/st und $V = 90$ km/st), die sich bei einer Versuchsfahrt mit einer 2 B-Heißdampf-Schnellzuglokomotive ergaben, abgeleitet. In der Abbildung bedeuten

K die Kolbenkräfte,
A die wagerechten Achslagerdrücke,
R den Triebradhalbmesser.
$v =$ vorn,
$h =$ hinten.

Die Kolbendrücke wurden mit und ohne Berücksichtigung der Massendrücke aus den beiden Dampfdruckschaulinien abgeleitet, daraus die wagerechten Achslagerdrücke unter der Annahme unendlich langer Triebstangen bestimmt und in der mittleren Abbildung auf dem Kolbenweg aufgetragen. Dabei ist der Vereinfachung wegen die Zylinderebene in der Mittelebene des Lagers gedacht. (Bei außenliegenden Zylindern würden sich die Drücke noch etwas größer gestalten infolge der Hebelübersetzung.) Der größte wagerechte Achslagerdruck tritt natürlich bei kleinen Geschwindigkeiten auf; bei $V = 28$ km/st Geschwindigkeit beträgt er 28,6 t auf

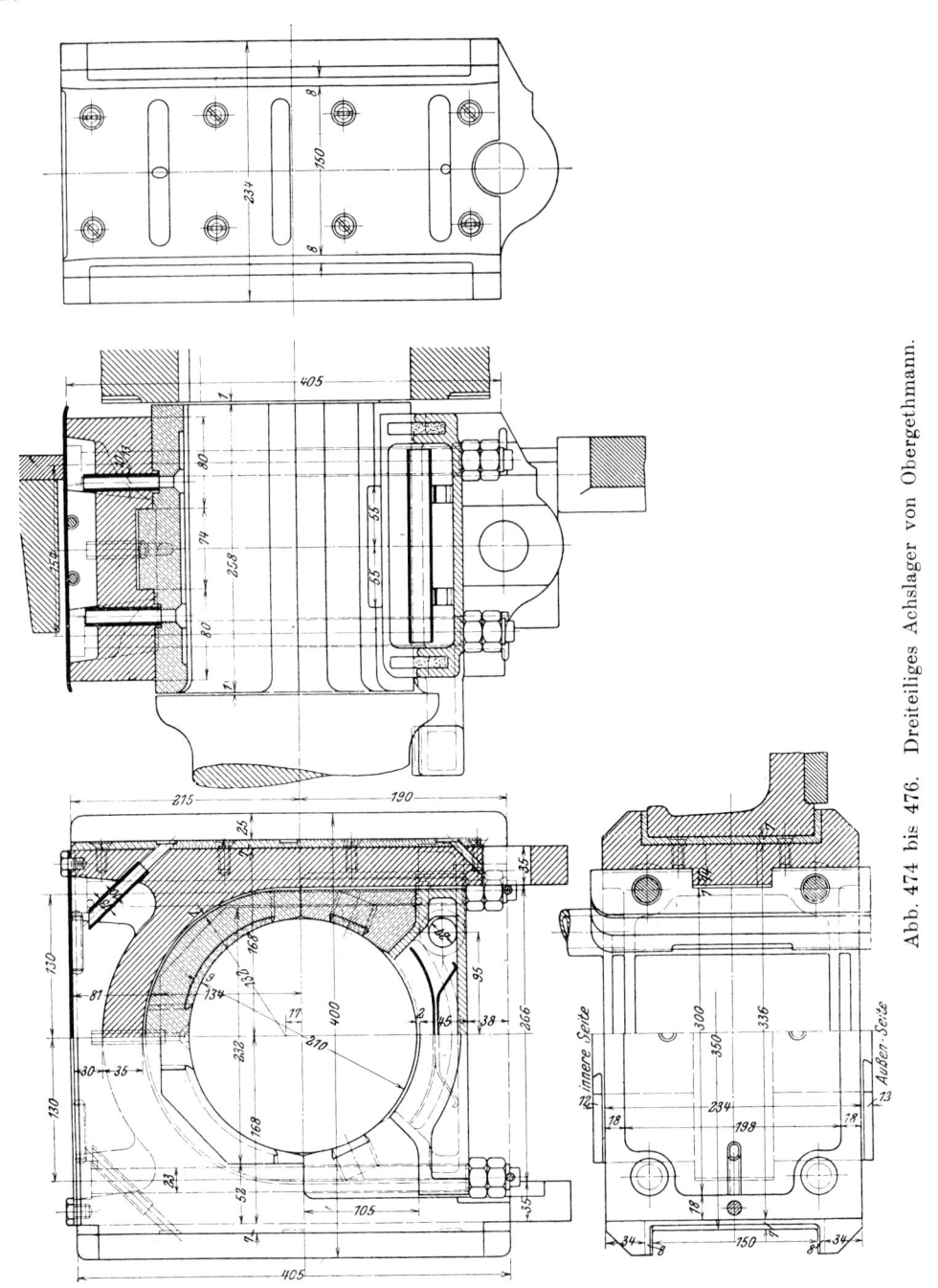

Abb. 474 bis 476. Dreiteiliges Achslager von Obergethmann.

einer Maschinenseite, also bei zwei gekuppelten Achsen auf ein Lager 14,3 t. — Ist das Lager einteilig, und den oberen Teil des Achsschenkels umfassend, so würde der größte spezifische Flächendruck in wagerechter Richtung

$$p_{max} = \frac{14\,300}{26 \cdot 10{,}5} = 52{,}5 \text{ kg/cm}^2$$

betragen.

Bei dem dreiteiligen Lager mit seitlichen Lagerschalen aber sinkt er auf

$$p'_{max} = \frac{14\,300}{26 \cdot 17} = 32{,}5 \text{ kg/cm}^2.$$

Die senkrechten Achsdrücke sind bedeutend geringer als die wagerechten und betragen z. B. bei einem Achsdruck von 16 t und einem Gewicht des Radsatzes nebst $1/2$ Schubstange (bzw. Kuppelstange) von rund 4 t nur $\dfrac{16000-4000}{2}=6000$ kg

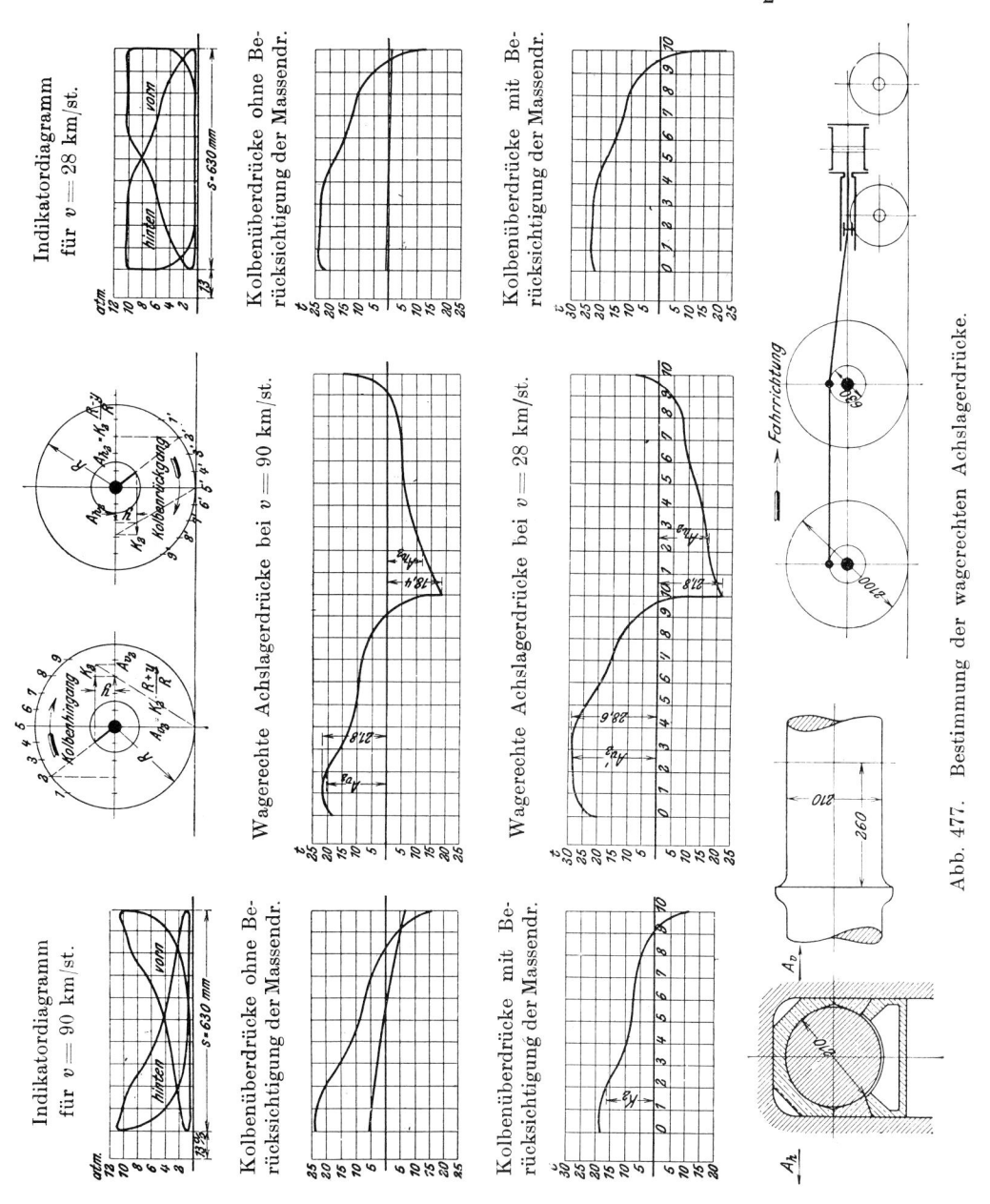

Abb. 477. Bestimmung der wagerechten Achslagerdrücke.

für ein Achslager. Der senkrechte spezifische Flächendruck ist daher

$$p_s = \frac{6000}{21 \cdot 26} = 11 \text{ kg/cm}^2,$$

demnach nur $1/3$ des wagerechten spezifischen Flächendrucks. Der zusammengesetzte Flächendruck wird daher unter einem Winkel zur Wagerechten angreifen, der beträchtlich unter 45° liegt. Wenn noch weiter berücksichtigt wird, daß gerade der Verschleiß in wagerechter Richtung für den ruhigen Gang der Lokomotive von der größten Bedeutung ist, so ist ersichtlich, daß schon eine so einfache Achslagerbauart wie die von Obergethmann von hohem Werte für die Erhaltung der Lagerschalen sein kann. Die baulichen Einzelheiten sind aus Abb. 474 bis 476 zu entnehmen.

Der den unteren Teil des Achsschenkels umfassende Teil des Lagers, der die beiden seitlichen Schalen und den gußeisernen Ölkasten enthält, kann leicht ausgebaut und nachgesehen werden.

Bei der Bearbeitung ist streng darauf zu sehen, daß das Lager mit den beiden, an den Fugen dicht und sauber zugepaßten Hilfsbacken fest verschraubt und nach genauer Herstellung der Stirnflächen bei Schaffung der nötigen Luft in der Längsachse des Schenkels auf der Drehbank auf den Durchmesser des zugehörigen Achsschenkels sauber und glatt ausgebohrt wird, so daß durch leichtes Überschaben der gesamten Fläche ein öldichter Umschluß erreicht wird, d. h. der Schenkel sich unter Ölzuführung eben richtig in dem geschlossenen Lager drehen kann, ohne daß ein Reiben in den Hohlkehlen eintritt.

Selbstverständlich müssen bei der großen und fast ringsum anschließenden Auflage der Achslager alle Ölnuten sauber ohne Grataufwurf eingebarbeitet und die Kanten der Ölnuten müssen gut und glatt stark gebrochen werden, damit das Schmieröl sich gut verteilen kann. Vor dem Ausdrehen, bzw. Aufpassen der Lager müssen die Achsschenkel unbedingt untersucht, gegebenenfalls sorgfältig berichtigt und gut poliert werden.

Vor dem Unterbringen der Achsen sind die mit allen drei Lagerteilen versehenen und auf dem Achsschenkel voll aufgepaßten Lager der Achsbuchsen nochmals zu untersuchen und etwa vorhandene Druckstellen sind durch leichtes Nachschaben zu beseitigen. Hierauf sind die Achsbuchsen nach guter Ölung und Untersuchung der Schmiervorrichtungen sorgfältig zusammenzubauen.

Das früher übliche Hinterlegen der Hilfsbacken mit Papier zur Herstellung eines gewissen Spielraums ist streng zu vermeiden. Das Vorbild der Hauptlager jeder ortsfesten Dampfmaschine muß hier den Arbeitern immer wieder vorgehalten werden. Wie eine solche Dampfmaschine sofort stark schlägt, wenn der Umschluß der Kurbelwelle in den Lagern und ihr fester Sitz in den Lagergehäusen nicht ein vollkommener ist, so kann auch eine Lokomotive nicht ruhig laufen, wenn in der wagerechten Richtung Spiel zwischen Achsschenkel und Lagerschale oder dieser und ihrer Achsbüchse gestattet wird. Wenn von Haus aus die Lager ohne Spiel sachgemäß aufgepaßt sind, dann erhalten sie sich lange in tadellosem Zustand, andernfalls treten von vornherein Stöße auf, die immer heftiger werden und bald zum Ausschlagen der Lagerschalen und zeitraubenden Ausbesserungsarbeiten führen müssen. Eine gewissenhafte Arbeit kostet hier außerdem weniger, als eine Pfuscherei durch übertriebenen Gebrauch von Feile und Schaber.

Um dem Wunsch nach einem nachstellbaren Lager Rechnung zu tragen, schlägt Verfasser das in Abb. 31 bis 35 dargestellte Lager vor, das in Anlehnung an das Obergethmannlager ein geringes Nachziehen der seitlichen Lagerschalen durch kräftige Keile gestattet, die hinter den Lagerschalen eingebaut und von innen leicht zugänglich sind.

Die Ausführung eines amerikanischen verlängerten Triebachslagers einer großen Heißdampflokomotive der American Locomotive Company zeigt Abb. 478 bis 480. Die senkrechten und wagerechten spezifischen Auflagerdrücke werden dadurch wesentlich verringert, daß die Achslager nach innen zu ganz erheblich verlängert und gegeneinander abgesteift werden. Diese Bauart verlangt große Gewichte, soll sich aber gut bewährt haben.

Der gleichen großen Beanspruchung in wagerechter Richtung wie die Lagerflächen unterliegen natürlich auch die Flächen der Achsbüchsgleitbacken und die zugehörigen

Achsgabelgleitbacken. Die hier entsprechend dem Federspiel der Lokomotive senkrecht aufeinander gleitenden Flächen müssen gleichfalls ohne Spielraum, öldicht zusammengepreßt und durch eine senkrechte Keilvorrichtung (Stellkeil), die sehr sorgfältig bedient werden muß, auch dauernd im Betriebe ohne Spielraum erhalten werden. Da die hier zusammenarbeitenden Flächen sehr groß ausgebildet werden können, so kann auch der Flächendruck stark herabgezogen werden. Dennoch ist hier eine gute und regelmäßige Schmierung ganz unerläßlich, wenn Fressen der gleitenden Flächen, — von denen das Öl sehr leicht abtropft, — Abnützung und zerstörende Stöße vermieden werden sollen. Hier wurde bis in die neueste Zeit viel gesündigt! Bei den Lokomotiven der preußischen Staatseisenbahnen werden, um eine dauernd gute Schmierung zu erreichen, große Dochtschmiergefäße für die Achsbüchsgleitflächen am Rahmen gut zugänglich angebracht, unter Aufhebung der schwer zugänglichen Dochtschmierung aus der Achsbüchse.

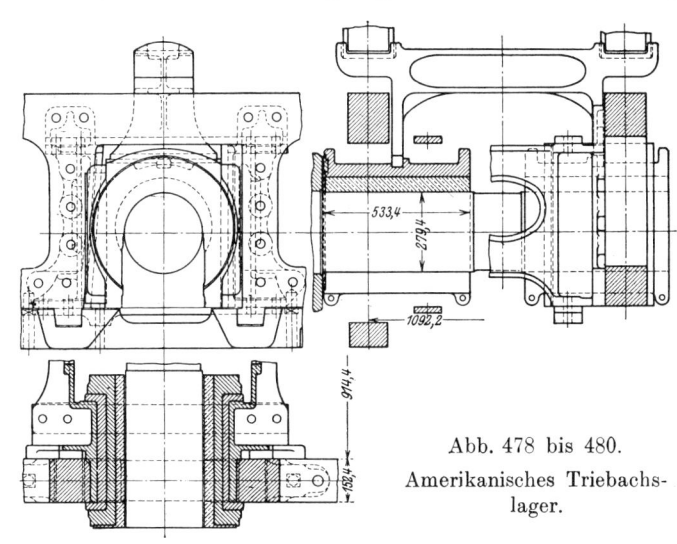

Abb. 478 bis 480. Amerikanisches Triebachslager.

Wie die Stellkeile für die Achsbüchsführungen angeordnet werden, ist aus den Zeichnungen einiger der Tafeln zu ersehen.

Die Achsen der Lokomotive werden aus saurem oder basischem Martin-, Thomas- oder Bessemerflußstahl von mindestens 50 kg/mm² Festigkeit hergestellt. Für Kropfachsen verwendet die preußische Staatseisenbahn Nickelflußstahl mit einem Nickelgehalt von mindestens 5% und mindestens 60 kg/mm² Festigkeit. Die Bunde sind mit den Achsen aus einem Stück geschmiedet, der Nabendurchmesser wird 10 mm im Durchmesser größer ausgeführt als der Achsschenkel, da hier erfahrungsgemäß die meisten Anbrüche, die sich nur schwer feststellen lassen, vorkommen. Um beim Wiederaufpressen der Räder die richtige Kurbelstellung zu gewährleisten, wird ein Keil mit rechteckigem Querschnitt eingelegt, Abb. 481 bis 482, mit gut abgerundeten Kanten, um Anrisse möglichst zu vermeiden. Aus demselben Grunde endet die Keilnut in der Achse etwa 40 mm vor dem Schenkel und muß hier ebenfalls gut abgerundet sein. Scharfe Übergänge sind der Anbruchgefahr wegen überall streng zu vermeiden. Sämtliche Achswellen erhalten an der Stirnfläche einen Kontrollriß von 100 mm Durchmesser.

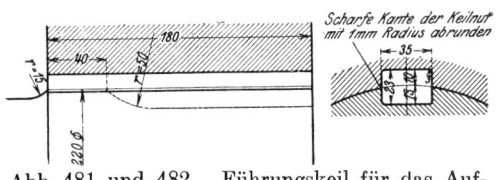

Abb. 481 und 482. Führungskeil für das Aufpressen der Räder.

Der Gefährlichkeit der Kropfachsen wird durch strenge Vorschriften für die Untersuchung und Überwachung entgegengetreten. Die nachstehend gegebene Anweisung der preußischen Staatseisenbahnen stimmt im wesentlichen mit den Vorschriften der badischen Staatsbahn überein.

I. Die gekröpften Triebachsen müssen herausgenommen und untersucht werden:

1. bei allen Arbeiten an den Lokomotiven, die das Herausnehmen der Achsen ohnedies erforderlich machen,
2. auch wenn an den Lokomotiven derartige Arbeiten nicht auszuführen sind:
   a) nach Durchlauf von etwa 100000 km seit der letzten Untersuchung, solange die Achsen noch nicht 550000 km Laufweg zurückgelegt haben,
   b) nach Durchlauf von höchstens 75000 km seit der letzten Untersuchung, wenn die Achsen schon mehr als 550000 km zurückgelegt haben.

II. Bei der Untersuchung, die sofort nach dem Herausnehmen der Achsen bei besonders guter Beleuchtung vorzunehmen ist, sind die Trag- und Kurbellager sowie die Exzenterscheiben abzunehmen, die Achsen sauber zu reinigen und hierauf in ihrer ganzen Länge und über den ganzen Umfang genauestens auf Fehlerstellen oder Beschädigungen (Anrisse, Schürfstellen) zu untersuchen. Dabei sind auch die Hohlkehlen an den Trag- und Kurbelzapfen sowie an den Exzentersitzen und die Keilnuten genau nachzusehen.

Die Radsätze sind unter langsamem Abrollen über mindestens eine ganze Radumdrehung durch Auflegen von 3 bis 5 cm starken Holzkeilen auf die Schienen Erschütterungen auszusetzen, deren Folgen bei Vorhandensein von Anrissen sich durch Öltropfen oder dünne Ölfäden auf der blanken Oberfläche der Achsen anzeigen.

Die Untersuchung der gekröpften Achsen ist durch einen Betriebsingenieur oder durch einen Werkmeister vorzunehmen.

Die Trag- und Kurbelzapfen der gekröpften Achsen dürfen erst, nachdem sie untersucht sind, abgedreht werden. Die Durchmesser der Zapfen sind nach dem Abdrehen genau festzustellen.

III. Das Ergebnis der Untersuchung der gekröpften Triebachsen sowie die Maße der Durchmesser ihrer Zapfen sind in einen für jede Achse besonders anzulegenden Untersuchungsnachweis einzutragen, der jeweils dem Betriebsbuch derjenigen Lokomotive beizulegen ist, der der Radsatz untersetzt wird.

Der Laufweg der Achsen ist aus dem Lokomotivbetriebsbuch in den Nachweis über die Untersuchung der Achsen einzutragen.

Sind die Achsen verbogen, im Nabensitz lose, oder haben sich die Räder verschoben, ferner bei jeder Beanstandung der Achsen wegen Vorkommens von Anrissen oder erheblichen Schürfstellen sowie im Zweifelfalle über den Umfang der Beschädigung ist der Radsatz nebst den zugehörigen Kuppelachsen an die Hauptwerkstätte einzusenden.

IV. Über die Weiterverwendung der gut befundenen und über die ausgemusterten gekröpften Triebachsen ist unter Vorlage des Untersuchungsnachweises der Direktion zu berichten:
1. wenn die Achsen bei der Untersuchung einen gesamten Laufweg von 750000 km zurückgelegt haben, oder demnächst zurücklegen werden,
2. wenn die Zapfen der Achsen um ein gewisses Maß abgedreht worden sind.

Bei Weiterverwendung der Achsen sind sie durch ein etwa 1 cm großes Kreuz (†) zu kennzeichnen, das unter den Nummer- und Baustoffbezeichnungen der Achsen einzuschlagen ist. Im Untersuchungsnachweis ist dies zu vermerken.

Der Untersuchungsnachweis über derartig gekennzeichnete Achsen ist der Direktion fortlaufend wieder vorzulegen, wenn die Achse weitere 75000 km zurückgelegt hat.

Nach den badischen Vorschriften lautet dieser Absatz:

In der Untersuchung der Achsen ist nach den obigen Vorschriften fortzufahren und der Antrag auf Weiterverwendung erneut zu stellen:
1. wenn die Achse weitere 75000 km zurückgelegt hat,

Laufwerk. 351

2. wenn auch nur ein Zapfen der Achse unter die oben genannten oder ausnahmsweise zugelassenen Maße hat weiter abgedreht werden müssen.

Als V folgt in den badischen Vorschriften noch:

Vom regelmäßig wiederkehrenden Abpressen der Räder der gekröpften Triebachsen und der zugehörigen Kuppelachsen nach bestimmter Laufzeit soll Abstand genommen werden.

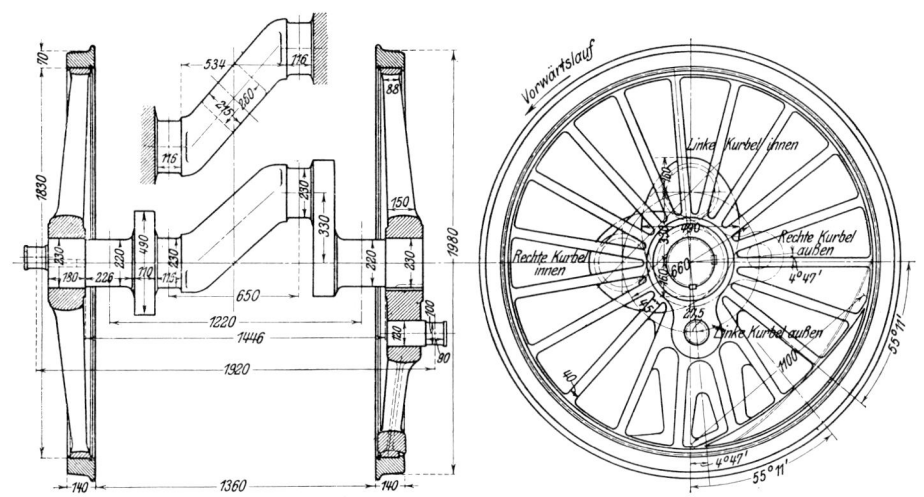

Abb. 483 und 484. Kropfachse der Vierzylinder-Verbund-Heißdampflokomotive der preußischen Staatseisenbahn, Gattung S 10[1].

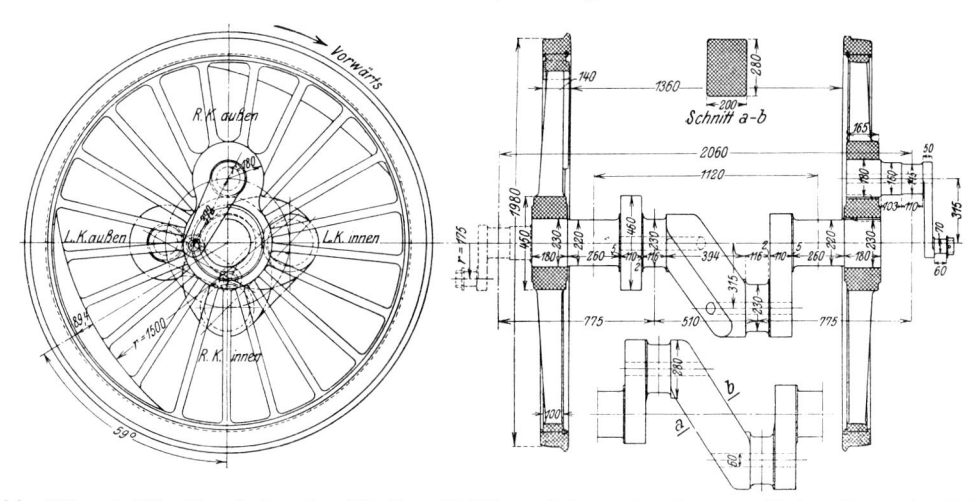

Abb. 485 und 486. Kropfachse der Vierlings-Heißdampflokomotive der preußischen Staatseisenbahn, Gattung S 10.

Die Räder der gekröpften Triebachsen sollen zur Untersuchung der Nabensitze erst dann abgepreßt werden, wenn die Achsen ausgeschossen werden. In diesem Falle sind aber auch die Räder der zu dieser auszuschießenden Triebachse gehörigen Kuppelachsen abzupressen, wenn diese Kuppelachsen eine Laufzeit von 10 Jahren nahezu erreicht oder überschritten haben.

In Abb. 483 und 484 ist die Kropfachse der Vierzylinder-Verbund-Heißdampflokomotive der preußischen Staatseisenbahn, Gattung S 10[1], und in Abb. 485 und 486 die der Vierlingslokomotive derselben Verwaltung dargestellt. Sie werden durchweg mit Schrägarmen gebaut, die besser herzustellen sind, als die mit geraden Kurbelwangen. Die große Entfernung der innenliegenden Niederdruckzylinder bei der erstgenannten Lokomotive gestattet nur eine sehr geringe Länge der Achsschenkel von 226 mm. Erheblich einfacher läßt sich die in Abb. 487 und 488 wiedergegebene Kropfachse der Drillingslokomotive, Gattung S 10², der preußischen Staatseisenbahnen bauen. Die größere Sicherheit beim Schmieden läßt eine längere Betriebsdauer dieser Achsen erhoffen, die wohl mitbestimmend bei der Wahl der Bauart dieser Lokomotiven war.

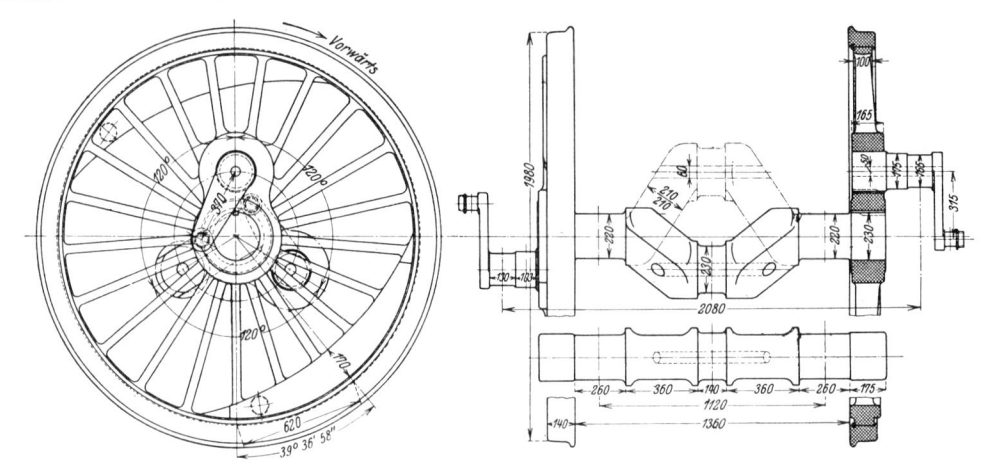

Abb. 487 und 488. Kropfachse der Drillings-Heißdampflokomotive der preußischen Staatseisenbahn, Gattung S 10².

Eine Berechnung der Kropfachsen läßt sich kaum durchführen, da die dynamischen Beanspruchungen im Betriebe, die den wesentlichsten Einfluß auf die Bemessungen der Schenkeldurchmesser haben, in ihrer vollen Größe nicht zu ermitteln sind. Man ist gezwungen, die Abmessungen auf Grund angenäherter Berechnungen zu wählen, ob diese stimmen, kann nur durch längeren Betrieb festgestellt werden. Eine solche Berechnung ist z. B. für die letztgenannte Achse von Geheimrat Obergethmann in Glasers Annalen 1914, Nr. 890, S. 26, durchgeführt, wobei sich nur mäßige Beanspruchungen ergeben haben.

Die Radkörper werden bei den Achsen der Lokomotiven für die preußische Staatseisenbahnen aus Flußeisenguß von 37 bis 44 kg Festigkeit und mindestens 20% Dehnung hergestellt. Die aus Tiegelflußstahl gefertigten Radreifen werden mit einem Schrumpfmaß von 1 mm auf 1 m inneren Durchmesser auf die Radgestelle vorn aufgezogen und mit Hilfe eines Sprengrings festgehalten. Die aus Gewichtsersparnis sichelförmig ausgebildeten Gegengewichte werden in die Radkörper eingegossen.

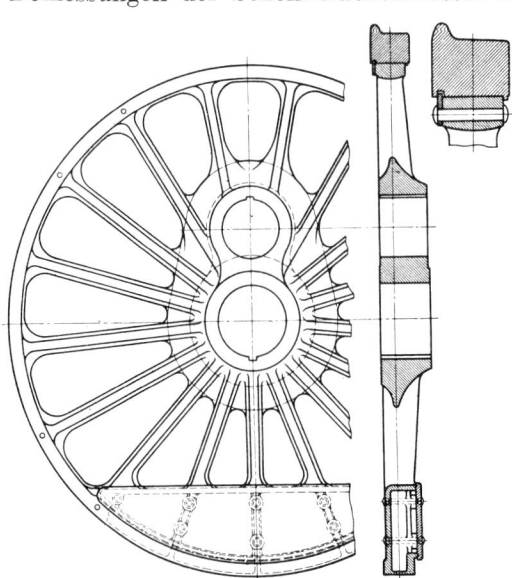

Abb. 489 bis 491. Amerikanisches Lokomotivrad.

Einen Radkörper einer amerikanischen Lokomotive zeigt Abb. 489 bis 491. Das Gegengewicht wird durch einen Bleiausguß hergestellt, auf den eine Deckplatte genietet wird. Die Stärke der neuen Radreifen wird hier beträchtlich höher genommen als bei uns, 102 mm gegenüber 75 mm. Die Befestigung der Radreifen erfolgt in einfacher Weise durch aufgenietete Segmentstücke, die in eine Nut des Reifens eingreifen.

e) Tenderkupplungen. Bei den großen Zylindern der Zweizylinder-Heißdampflokomotiven mit Tendern ist eine gute Kupplung zwischen Lokomotive und Tender von besonderem Wert. Bei Betrachtung der von den Dampf- und Massenkräften herrührenden störenden Bewegungen ist bereits der große Vorteil einer starren Kupplung zwischen Lokomotive und Tender, die diesen zum Mitschwingen bei den Längsbewegungen der Lokomotivmasse zwingt, zur Verminderung des Zuckens beleuchtet worden. Ganz besondere Beachtung verdient dabei die Stoßpufferfeder, die bei den Kupplungen der Heißdampflokomotiven gegenüber denen bei den älteren Naßdampflokomotiven verwendeten zur Erzielung eines möglichst ruhigen Ganges ganz erheblich verstärkt worden ist.

Ein Berechnung der Stoßpufferfedern läßt sich in einfacher Weise durchführen[1]).

Von der wirksamen größten Massenkraft P der unausgeglichenen hin- und hergehenden Triebwerksgewichte entfällt auf die Kupplung zwischen Lokomotive und Tender ein Anteil P', der dem Verhältnis des Tendergewichts G_t zum Gesamtgewicht von Lokomotive und Tender G_{l+t} entspricht, es ist also:

$$\frac{P'}{P} = \frac{G_t}{G_{l+t}}.$$

Beträgt z. B. der durch die unausgeglichenen hin und her gehenden Triebwerksteile bedingte Massendruck bei der S 6-Heißdampf-Schnellzuglokomotive der preußischen Staatseisenbahn bei 120 km/st Geschwindigkeit ± 14400 kg, so wird die Tenderkupplung unter der vereinfachenden Annahme, daß die Massenkräfte nicht durch die Reibung vermindert werden, bei einem Gewicht des Tenders von 49 t und einem Lokomotivgewicht von 57 t mit einer Kraft

$$P' = \pm 14400 \cdot \frac{49000}{57000 + 49000} = \pm 6657 \text{ kg}$$

allein durch die Massenkräfte auf Zug oder Druck beansprucht. Hierzu kommt noch die Belastung durch die Zugkraft, die z. B. bei der Beförderung eines Zuges von 10 D-Wagen zu je 36 t bei 120 km/st zu etwa 2500 kg angenommen werden kann, so daß also die Kupplung bei der Fahrt unter Dampf eine Zug- bzw. Druckbeanspruchung von

$$+ 6657 + 2500 = + 9157 \text{ kg}$$
bzw. $\quad - 6657 + 2500 = - 4157 \text{ kg}$

erfährt.

Wird bei der Geschwindigkeit von 120 km/st der Dampf plötzlich abgestellt, so wirken unter Voraussetzung gleichen spezifischen Widerstandes von Lokomotive und Wagen nur noch die Massenkräfte an der Kupplung, und zwar in einem Betrage von ± 6657 kg, wie vorstehend berechnet wurde. Die größte Zugbeanspruchung ist also kleiner, dagegen die Druckbeanspruchung größer geworden als beim Fahren mit Dampf.

Ist die Lokomotive nun völlig starr in der Längsrichtung mit dem Tender gekuppelt, so tritt demnach während einer Triebradumdrehung, die bei 120 km/st und einem Triebraddurchmesser von 2,10 m in $\dfrac{3,6 \cdot 2,1 \cdot \pi}{120} = \sim 1/5$ Sek. erfolgt, ein zweimaliger Druckwechsel von $2 \times 6657 = 13314$ kg in der Kuppelstange auf, der natürlich eine starke Inanspruchnahme insbesondere der Augen und Bolzen hervorruft.

---

[1]) Siehe auch „Die Beanspruchung der Kupplung einer Dampflokomotive" von Strahl, Glasers Annalen 1907, Bd. 61, S. 170ff.

Durch Anwendung einer genügend kräftigen Stoßpufferfeder ist man nun imstande, diesen gefährlichen Druckwechsel zu beseitigen. Wird z. B. eine Feder eingebaut, die die Lokomotive und den Tender mit einer Kraft von 7000 kg auseinanderdrückt, so bleibt zwar der Spannungsunterschied von 13314 kg bestehen, nur tritt dann kein Druckwechsel mehr auf, sondern die Kuppelstange erfährt lediglich eine Zugbeanspruchung, die zwischen

$$7000 + 2500 + 6657 = 16157$$
und
$$7000 + 2500 - 6657 = 2843 \text{ kg}$$

schwankt, die also kein Abheben der Anlageflächen der Bolzen und Augen bewirkt. Als geringste Zugbeanspruchung tritt bei 120 km/st bei Fahren ohne Dampf eine Kraft von $7000 - 6657 = 343$ kg auf.

Es ist bei allen Lokomotiven mit Schlepptendern von größter Wichtigkeit, die Stoßpufferfeder so stark zu machen, daß bei der höchstzulässigen Geschwindigkeit kein Druckwechsel in die Zugvorrichtung hineinkommt. Die Feder ist also mit mindestens 7000 bis zu 8000 kg Vorspannung einzusetzen, und es sind alle Mittel anzuwenden, daß diese Federkraft auch im Betriebe erhalten bleibt.

Das Nachlassen der Federspannung kann neben dem unvermeidlichen Setzen durch verschiedene Ursachen bedingt werden. Bei den älteren, von den Naßdampflokomotiven übernommenen Tenderkupplungen, die nur Punktberührung zwischen den Augen der Zugstange und den Kuppelbolzen aufwiesen, nutzte sich die geringe Berührungsstelle infolge des hohen Flächendruckes und mangelhafter Schmierung sehr bald ab. Die Stoßpufferfeder, die nur eine Anfangsspannung von 2000 kg hatte, und daher zur Aufnahme der Massendrücke schon an und für sich zu schwach war, streckte sich entsprechend, so daß der Absteifungsdruck zwischen Lokomotive und Tender noch mehr verringert wurde. Die Folge davon war, daß durch die Massenwirkungen die Stange noch heftiger in den Augen hin und her gschlagen wurde und damit die Abnutzung durch die natürlichen Bewegungen an der ausgerundeten Berührungsstelle sich schnell vergrößerte, so daß der Gang der Lokomotiven bald sehr unruhig wurde.

Ein wesentlicher Fortschritt wurde hier durch die Einführung der vom Verfasser vorgeschlagenen Tenderkupplung erreicht, bei der die Punktberührung zwischen den Augen der Kupplungsstange und den Bolzen (die zwar eine Bewegung nach allen Richtungen zwischen Lokomotive und Tender ermöglicht, aber gleichzeitig das roheste Mittel zur Erzielung einer solchen Einstellung darstellt) vermieden wird durch Kardangelenke, bei denen größere, gut zu ölende Auflagerlinien bzw. schmale Flächen zur Aufnahme der Kräfte ausgebildet werden können. Die Abnutzung kann dabei ganz erheblich herabgesetzt werden, so daß die Federspannung hierdurch kaum beeinträchtigt wird.

Ein Fehler der ersten Ausführungen dieser Kupplungen, den übrigens die älteren Kupplungen mit Punktberührung auch aufwiesen, war der, daß bei einem Ausschlagen der Kuppelbolzen in den Augen des Tenderzugkastens die Stoßpufferfeder zwar straff gespannt bleibt, aber trotzdem keine starre Verbindung zwischen Lokomotive und Tender mehr besteht, weil die am Kuppelbolzen aufgehängte Feder nur die Kupplungsstange auf Zug beansprucht, der Tender sich aber um das Spiel des Bolzens in den Augen des Zugkastens ungehindert hin und her bewegen und zur Aufnahme von Massenkräften nicht mehr herangezogen werden kann.

Die neueren Tenderkupplungen der preußischen Staatseisenbahn werden daher nach Abb. 492 bis 493 so ausgeführt, daß die Feder unmittelbar durch 2 Zapfen am Federbund mit dem Tenderzugkasten verbunden ist. Sie ist also nicht mehr am Bolzen angehängt bzw. gegen diesen abgestützt, es kann daher das peinlich saubere Einpassen des Bolzens in den Nabensitzen am Tenderzugkasten entfallen, und

Laufwerk. 355

der Bolzen wird sachgemäßer beansprucht, da alle Stöße schon bei nur geringem Spiel in den Kardangelenken, wie es zum richtigen Schmieren und Einstellen in der zur Fahrtrichtung senkrechten Ebene erforderlich ist, stets durch die Feder gehen.

Die Nabensitze für die Kupplungsbolzen müssen sorgfältig ausgebohrt werden, die Bolzen selbst sauber lang geschlichtet sein und stramm unter Ölung eingeschlagen werden, so daß sie vollständig fest sitzen, aber doch mit leichter Mühe herausgeschlagen werden können, was unter Umständen nur sehr schwer möglich ist, wenn die Längsschlichtung fehlt und die Oberfläche noch Drehriefen zeigt.

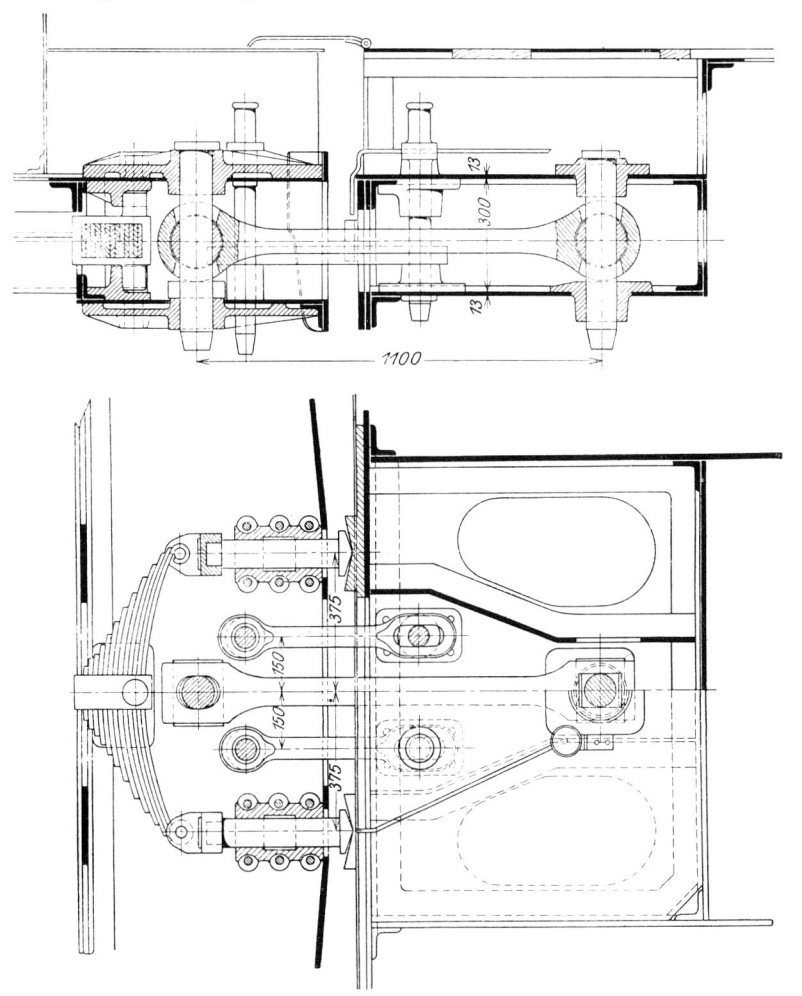

Abb. 492 und 493. Tenderkupplung der preußischen Staatsbahnen.

Von erheblichem Wert ist die Anbringung von Schmiergefäßen für die Stoßpuffer, deren Führungen, sowie für die Hauptbolzen der Kardangelenke, da durch gute Ölung dieser Teile die Abnutzung wesentlich verringert werden kann.

Beim Setzen der Feder kann durch Hinterlegung der hinteren Stoßpufferenden durch runde Plättchen die ursprüngliche Spannung wiederhergestellt werden.

Früher wurden bei amerikanischen Lokomotiven die Tenderkupplungen ähnlich wie auch bei der preußischen Staatseisenbahn mit Blattfeder und seitlichen Stoßpuffern ausgebildet. Seit Einführung der 2 C 1- und 1 D 1-Lokomotivbauarten jedoch mit großen überhängenden Massen genügten diese Federpuffer nicht mehr, um die nötige seitliche Bewegung zwischen Lokomotive und Tender zu gestatten.

23*

Aus diesem Grunde wurde zuerst von der Canadian Pacific Railway vor einigen Jahren der sog. „radiale Puffer" eingeführt, der jetzt allgemein zur Anwendung kommt. Diese Bauart gestattet in Krümmungen und bei großen überhängenden

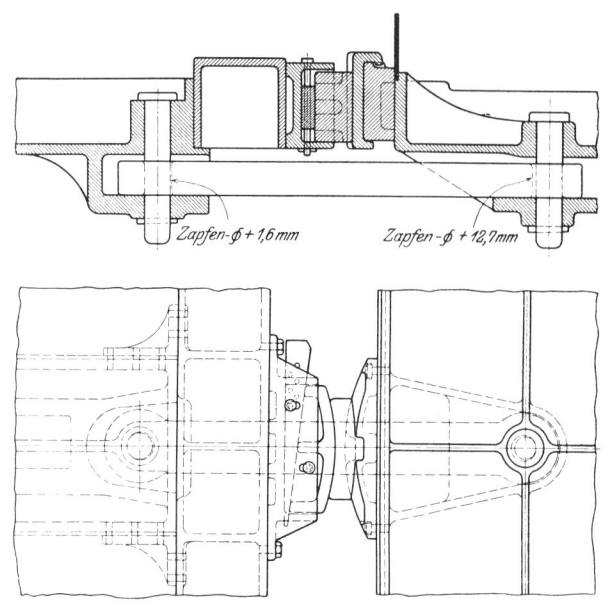

Abb. 494 und 495. Amerikanische Tenderkupplung.

Massen genügend seitliche Bewegung bei verhältnismäßig geringer Abnutzung. Auch läßt sich, Abb. 494 bis 495, der Puffer leicht der Zugstangenlänge durch Keilanzug anpassen, wenn die Augen ausgeschlagen sind. Dagegen werden die zylindrischen Pufferflächen und die Kupplungsbolzen bei der gegenseitigen Verdrehung von Lokomotiven und Tender sehr stark und fehlerhaft beansprucht.

4. Besondere Ausrüstungsteile der Lokomotive.

a) Geschwindigkeitsmesser. Das allgemeine Bedürfnis, die Geschwindigkeit der fahrenden Lokomotive ohne besondere Messungen stets sofort feststellen zu können, hat zu außerordentlich zahlreichen Bauarten von Geschwindigkeitsmessern geführt, die nicht nur die jeweilige Geschwindigkeit ohne weiteres ablesen lassen, sondern sie auch in irgendeiner Form unter Angabe der Zeitbestimmung auf einem Papierstreifen aufzeichnen. Die Mehrzahl dieser Einrichtungen, die naturgemäß nicht einfacher Bauart sein können, haben sich wegen der Vielteiligkeit ihrer bewegten Bauglieder im rauhen Lokomotivbetrieb nicht genügend bewährt. Besonders die selbsttätig aufzeichnenden Einrichtungen versagten. Es wurden daher die bedeutend einfacheren, nicht selbsttätig aufzeichnenden Geschwindigkeitsmesser neuerdings bevorzugt, um so mehr, als den Aufschreibungen im Verhältnis zum Aufwand für Beschaffung, Unterhaltung und Betrieb nur wenig praktischer Wert und Beweiskraft beizumessen ist.

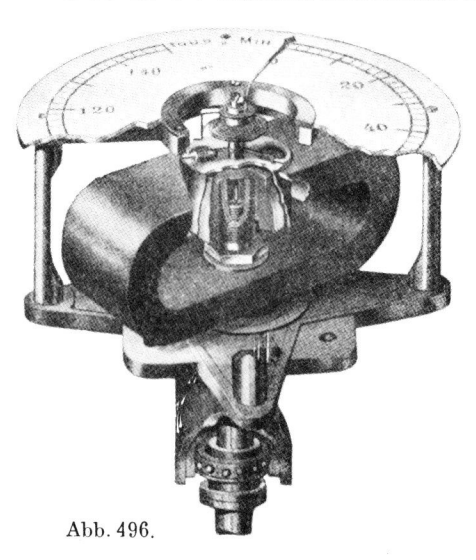

Abb. 496.

Sämtliche Personen- und Schnellzuglokomotiven der preußischen Staatseisenbahnen erhalten als Vorrichtung zum Anzeigen der Geschwindigkeit den Geschwindigkeitsmesser der Deuta-Werke in Berlin, der sich durch große Einfachheit auszeichnet.

Bei dem Deuta-Geschwindigkeitsmesser werden Wirbelströme zum Messen der Achsumdrehungszahlen benutzt. Die Vorrichtung, Abb. 496, setzt sich aus einem Dauermagneten mit einem konzentrisch dazu angeordneten Körper aus weichem Eisen, dem sog. Rückschluß, zusammen, die beide einen, von einem Magnetfeld durchsetzten Hohlraum bilden. In diesem ist ein äußerst leicht, aus Aluminium hergestellter, zylinderförmiger Kurzschlußanker auf einer zwischen Saphirsteinen leicht drehbar gelagerten Achse angeordnet, so daß seine wirksame Mantelfläche in dem Hohlraum von den magnetischen Kraftlinien durchschnitten wird. Auf die mit einem Zeiger versehene Achse wirkt das freie Ende einer Spiralfeder, deren anderes Ende an dem feststehenden Gehäuse festliegt.

Wird nun der Magnet von der Achse, deren Umdrehungszahl zu messen ist, in Drehung versetzt, so bilden sich im Anker Wirbelströme, die das Bestreben haben, ihn mitzudrehen. Dem wirkt die Spiralfeder entgegen, so daß die Verdrehung des Anzeigekörpers in geradem Verhältnis zu dem Drehmoment des Magnetfeldes und damit zur Umdrehungszahl der Achse bzw. zur Geschwindigkeit der Lokomotive steht. Der Zeiger gibt demnach auf dem völlig gleichmäßig geteilten Zifferblatt die Umdrehungszahl der Achse oder die Geschwindigkeit unmittelbar an. Bemerkenswert ist, daß die Angaben völlig unabhängig von der Temperatur sind, was bei ähnlichen Geschwindigkeitsmessern nicht immer der Fall ist.

Der Antrieb des Magnetsystems erfolgt in einfacher Weise unmittelbar durch eine biegsame Welle. Auf dem Kurbelzapfen eines Kuppelrades oder der Nabe einer Laufradachse wird ein Ausleger b, Abb. 497, bzw. ein mit einer Klemme versehener Bügel aufgebracht, deren Lochmitte genau laufend zum Achskörper ausgerichtet ist. In der Klemme ist eine, das Federspiel der Achse ausgleichende Drahtwelle a befestigt, die in leichtem Bogen nach oben geführt und mit einer in einem

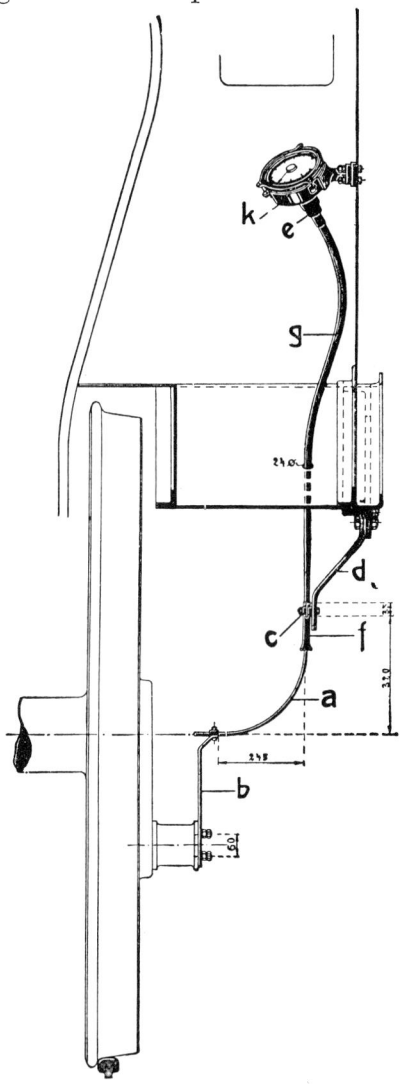

Abb. 497. Antrieb des Geschwindigkeitsmessers der Deuta-Werke.

Stahlschutzrohr gelagerten Gliederkette verbunden ist. Um unnötige Reibung zu vermeiden, muß die Drahtwelle a genau senkrecht in die an der Befestigungsstrebe d mittels der Schelle c befestigte Verlängerung f des Schutzrohrs g eingeführt werden. Mit der Gliederwelle ist die in Kugellagern laufende Achse des Geschwindigkeitsmessers, die das Magnetsystem trägt, durch einen Splint verbunden. Durch diese Übertragung der Drehung der wagerechten Lokomotivachse in die senkrechte, die sich gut bewährt hat, sind die früher üblichen Kegelräder, die zu Anständen Veranlassung gaben, vermieden.

Die Unterhaltung des Geschwindigkeitsmessers beschränkt sich auf ein nach 3- bis 4monatlicher Betriebszeit zu erfolgendes Schmieren und Nachsehen der beweglichen Wellen.

b) Pyrometer. Da die zur Feststellung der Temperatur des Heißdampfes bei den Lokomotiven der preußischen Staatseisenbahnen verwendeten Quecksilberpyrometer (erste Auflage, S. 438f.), den an sie geknüpften Erwartungen nicht genügend entsprochen haben und Versuche mit Widerstandsthermometern wegen der durch die mitzuführenden Trockenelemente sich ergebenden Unzuträglichkeiten ebenfalls nicht befriedigten, ist neuerdings ein von der Firma Siemens & Halske ausgeführtes thermoelektrisches Pyrometer eingeführt worden.

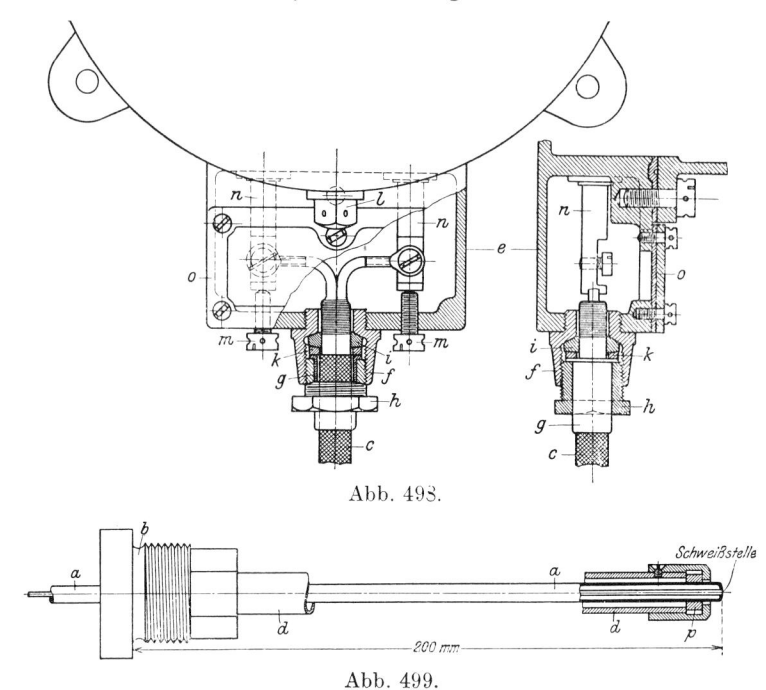

Abb. 498.

Abb. 499.
Abb. 498 und 499. Thermoelektrisches Pyrometer von Siemens & Halske.

Thermoelektrische Pyrometer haben vor allen anderen Wärmeanzeigern den Vorzug, daß sie die Temperatur ohne jede Nacheilung anzeigen; sie besitzen also keine Trägheit wie die Quecksilberthermometer. Infolge dieser Eigenschaft hat das thermoelektrische Pyrometer noch den Vorzug, daß die durch das Überreißen von Wasser verursachte Temperaturerniedrigung des Heißdampfes sofort angezeigt wird. Der Führer ist dadurch imstande, Wasserschläge im Zylinder weitgehend zu vermeiden und kann soweit als möglich mit ungedrosseltem Dampf fahren.

Das thermoelektrische Pyrometer für Heißdampflokomotiven, Abb. 498 und 499, besteht aus einem Thermoelement aus Kupferrohr und Konstantandraht und einer als Spannungszeiger ausgeführten Anzeigevorrichtung. Die Länge des Elements beträgt etwa 10 m, das Kupferrohr hat einen äußeren Durchmesser von 7 mm, der im Innern des Kupferrohres verlegte Konstantandraht ist 2 mm stark. Die Eintauchtiefe des Thermoelementes beträgt etwa 200 mm, der Einbau erfolgt derart, daß eine auf das Kupferrohr a hart aufgelötete Verschraubung mit Sechskant b in den zur Aufnahme des Thermoelementes bestimmten Befestigungsflansch der Lokomotive fest eingeschraubt wird, Abb. 499. Um das dünne Kupferrohr a innerhalb des Zylinders vor mechanischer Beschädigung (z. B. durch übergerissenes Wasser) zu schützen, ist ein Stahlrohr d von etwa 15 mm Außendurchmesser in die Mutter b eingeschraubt und mittels versenkter Schrauben festgehalten. Das Stahlrohr d ist mit einer Anzahl Löcher versehen. Die Berührung des Kupferrohres a mit dem Schutzrohr d, wodurch eine schädliche Wärmeableitung von der Lötstelle des Elementes in das Schutzrohr erfolgen könnte, wird durch einen in geeigneter Weise vorgesehenen Specksteinring p vermieden. Der Konstantandraht ist am unteren Ende des Kupferrohres a mit diesem verschweißt und wird, durch Asbestumspinnung isoliert, durch das Rohr a hindurch verlegt. Am oberen Ende des Thermoelementes ist an dieses ein kurzes Kabel c gelötet, durch welches die Verbindung zwischen Thermoelement und der Anzeigevorrichtung geschaffen wird. Um den verhältnismäßig starren Konstantandraht beim Austritt aus dem Kupferrohr vor Knickung oder Biegung zu schützen, ist über der Verbindungsstelle von Element und Kabel ein kurzes Messingrohr in geeigneter Weise befestigt.

Die Anzeigevorrichtung ist nach dem Déprez-d'Arsonval-System als Spannungszeiger ausgebildet, und zwar mit in Spitzen gelagertem System. Das ganze Gehäuse ist vollkommen wasserdicht ausgeführt, damit das Innere nicht durch Feuchtigkeit beschädigt werden kann. Die Skala geht von 0 bis 400° C und trägt bei 350° C einen deutlich sichtbaren, roten Strich. Die Anschlußklemmen nn des Instrumentes sind in einem kleinen angegossenen Kasten e untergebracht. Das Kabel c wird in den Kasten e durch das Gewindeansatzstück f eingeführt. Die Befestigung des Kabels c geschieht derart, daß auf dasselbe ein kurzes Messingrohr g, welches am oberen Ende einen kleinen gedrückten Flansch trägt, gelötet ist und daß dieses Messingrohr g mit einem Flansch durch die Sechskantmutter h, die in das Ansatzstück f geschraubt wird, festgehalten wird. Die Abdichtung des Kabels wird innerhalb des Ansatzstückes f durch den Gummiring i und den konischen Metallring k bewirkt. Die Vorderseite des Kastens e ist durch einen Deckel o verschlossen, der auf den Kasten aufgeschraubt wird.

Die Einstellung des Zeigers erfolgt durch Betätigung eines mit Schnitt versehenen Schraubenkopfes am Unterteile der Vorrichtung oberhalb des Kastens e. Der Schraubenkopf wird durch eine Kapselmutter l verdeckt. Auf der Unterseite des Kastens e sind zwei Schnittschrauben mm vorgesehen, die durch Rechtsdrehung auf die Anschlußklemmen nn geschraubt werden, wodurch zur Einstellung des Zeigers auf die gewünschte Anfangstemperatur das Instrument kurzgeschlossen wird. Während des Betriebes sind die Schrauben mm in entsprechender Stellung von den Anschlußklemmen nn entfernt, so daß das Element an die Anzeigevorrichtung angeschlossen ist.

Die Kapselmutter l, die Schrauben mm sowie zwei Deckelschrauben sind durchlocht und werden gemeinsam plombiert.

Zwecks Einstellung des Zeigers auf die Umgebungstemperatur werden die beiden auf der Unterseite des Kastens e vorgesehenen Kopfschrauben mm durch Rechtsdrehen auf die Anschlußklemmen nn geschraubt. Hierdurch wird eine direkte leitende Verbindung zwischen diesen beiden Klemmen nn hergestellt und somit die Vorrichtung kurzgeschlossen. Der Zeiger ist nunmehr auf die während des Betriebes auf dem Führerstande an der Verbindungsstelle von Element und Kabel herrschende Durchschnittstemperatur von 35° C einzustellen durch entsprechende Drehung des an der Unterseite des Instrumentes vorgesehenen Schraubenkopfes, der nach Abschrauben der Kapselmutter l zugänglich ist. Die Kapselmutter l wird nach erfolgter Einstellung des Instrumentzeigers wieder fest aufgeschraubt, und sodann werden die beiden Schrauben mm durch Linksdrehen (etwa 3 Drehungen) von den Klemmen nn entfernt. Der Zeiger gibt dann weiterhin die jeweilige Temperatur des überhitzten Dampfes an.

c) Sandstreuer. Sandstreuvorrichtungen dienen zur Erhöhung der Reibungsziffer zwischen Rad und Schiene und damit zur Vermehrung der Zugkraft bzw. Bremswirkung.

Während bei trocknen oder vollständig nassen, reinen Schienen die größte Zugkraft etwa zu $^1/_5$ bis $^1/_7$ des Reibungsgewichts angenommen werden kann, sinkt sie bei feuchten (schlüpfrigen) Schienen, bei Glatteisbildung oder bei fettigen Schienenköpfen, wie sie auf Bahnhofsgeleisen vorkommen können, auf $^1/_8$ bis $^1/_{10}$. Durch verläßlich wirkende Sandstreuvorrichtungen, wozu heute allein die Preßluftsandstreuer gezählt werden können, ist man imstande, die Reibungsziffer auf $^1/_4$ bis $^1/_3$ zu erhöhen.

Die Anzahl der Bauarten der Sandstreuer ist groß. Sie werden entweder von Hand oder durch Dampf- oder Luftdruck betrieben.

Von Hand zu betätigende Vorrichtungen sind unzulänglich, da sie den Sand nicht an die Berührungsstelle zwischen Rad und Schiene leiten können, wo er, besonders beim Anfahren, benötigt wird, da der Sand nur durch die eigne Schwere aus dem Sandkasten auf die Schiene fällt und die Mündungsstelle der Abfallrohre naturgemäß vor der Berührungsstelle liegen muß. Außerdem wird der herabfallende Sand bei windigem Wetter von den runden Schienenköpfen leicht fortgeblasen. Dampfsandstreuer, bei denen ein Dampfstrahl den Sand aus dem Behälter absaugt und unter Druck zwischen Rad und Schiene bläst, haben sich nicht bewährt, da durch die Feuchtigkeit des sich niederschlagenden Dampfes der Sand im Kasten leicht zusammenbäckt und die Streuung versagt; auch frieren die Abfallrohre im Winter leicht ein.

Die jetzt allgemein angewandten Preßluftsandstreuer von Brüggemann, Suckow u. a. weisen diese Mängel nicht auf und zeichnen sich außerdem durch Einfachheit aus, die geringe Anschaffungs- und Unterhaltungskosten verursacht.

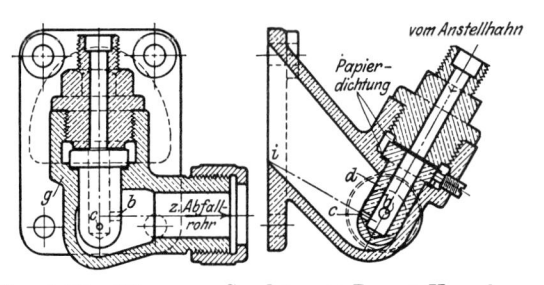

Abb. 500 und 501. Düse zum Sandstreuer Bauart Knorrbremse.

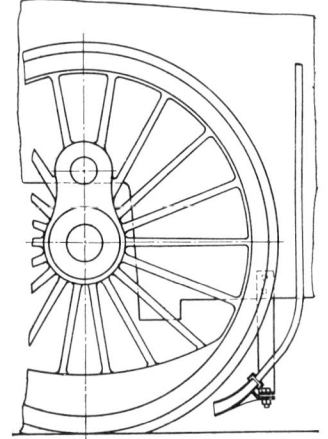

Abb. 502. Abfallrohr des Sandstreuers Bauart Knorrbremse.

Bei dem in Abb. 500 bis 501 dargestellten Sandstreuer der Knorrbremse A.-G. wird durch die in dem Gehäuse g sitzende, auswechselbare Düse d Preßluft geleitet, die aus den beiden Löchern b und c entweicht. Die größere Öffnung b mündet in das Sandabfallrohr, die aus ihr entweichende Luft bläst den vor ihr liegenden Sand unter Druck fort, während die aus der kleineren Öffnung c entweichende Preßluft den vor der Düse liegenden Sand aufwühlt und ihn zum Nachfallen in das Gehäuse g veranlaßt.

Die Luftzufuhr zu dem Sandstreuer wird durch einen Anstellhahn geregelt, der durch Drosseln der Preßluft schwaches und starkes Sanden gestattet, und zwar für die Vorwärts- oder auch für die Vorwärts- und Rückwärtsfahrt für zwei, vier oder mehr Streustellen. Das Sandabfallrohr mündet nach Abb. 502 in einen Schuh aus Temperguß, der mit einem Flansch zur Befestigung am Lokomotivrahmen versehen ist.

Der Anstellhahn wird an der Führerhausseitenwand in der Nähe des Bremsventils befestigt. Die Hauptluftzuleitung muß zwischen dem Führerbremsventil

Besondere Ausrüstungsteile der Lokomotive. 361

und Hauptluftbehälter abgezweigt werden, um eine Bremsung bei Betätigen des Sandstreuers zu vermeiden.

Die Streudüsen sind so tief am Sandkasten zu befestigen (siehe Abb. 503 und 504), daß hinter der zugeschärften Kante i der Düsen- bzw. Sandkastenöffnung sich Sand in größeren Mengen nicht dauernd ablagern kann.

Die Abfallrohre sind am Sandstreuer unter einem Winkel von etwa 8^0 in einer Länge von 100 bis 200 mm nach oben anzuschließen, um eine unbeabsichtigte Entleerung des Sandkastens durch die Erschütterungen während der Fahrt zu vermeiden, die weitere Leitung soll möglichst schlank ohne große Krümmungen geführt werden.

Um möglichst trocknen Sand in dem Kasten zu erhalten, ist das Kesselbekleidungsblech mit großen Aussparungen unter dem Kasten zu versehen. Bei mehrachsigen Lokomotiven sind zweckmäßig zwei Sandkästen anzubringen. Güterzug- und Tenderlokomotiven sind für beide Fahrrichtungen zu sanden.

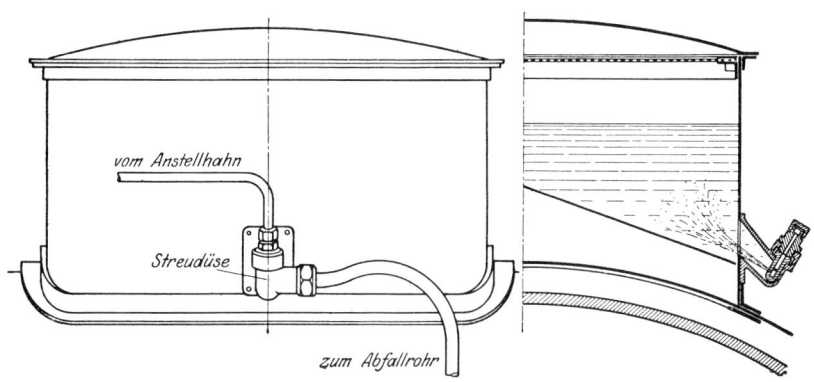

Abb. 503 und 504. Sandkasten zum Sandstreuer der Bauart Knorrbremse.

d) Schmiervorrichtungen. Von großer Bedeutung für die Einführung des Heißdampfes für den Lokomotivbetrieb ist eine zuverlässige Schmierung der unter Dampf arbeitenden Bauteile, der Kolben und Kolbenschieber. Sowohl hinsichtlich der Güte der Schmieröle, als auch der Ausbildung betriebssicherer Einrichtungen zur richtigen Verteilung des Schmiermittels, sind einige besondere Forderungen zu erfüllen.

Die Rücksicht auf die Dampftemperatur läßt nur reine Mineralöle von besonders hohem Entflammungspunkt (etwa 330^0 C) zu. Das Schmiermittel muß ohne Güteverminderung in bestimmten, der Umdrehungszahl der Triebräder angemessenen Mengen mit Sicherheit bis unmittelbar vor den Verbrauchsort geführt werden. Es darf daher auf dem Wege vom Öler nach den Dampfräumen, also in der Leitung, weder mit Wasser vermischt, noch vom Dampf aufgelöst, verkocht oder zersetzt werden, wie dies in gewissem Grade bei den Sichtölern geschieht.

Der Zufluß von Niederschlagswasser zu den Schmierstellen würde die Zusammenarbeit der betreffenden Bauteile ungünstig beeinflussen und dabei würde der Dampf das durch ihn zerstäubte Öl nutzlos an solche Stellen tragen, die der Einfettung nicht bedürfen.

Ein weiterer Übelstand der Sichtöler im Heißdampfbetriebe ist darin zu sehen, daß die Schmierung in hohem Grade von der Aufmerksamkeit des Heizers und überdies von Zufälligkeiten abhängig ist, indem das Öl nicht nach Bedarf, d. h. nach der Größe der jeweiligen Reibungsarbeit über Zylinder und Schieber verteilt wird, sondern ungehindert durch das eine oder andere Gabelende der gemeinsamen Zuleitung abfließen kann, und somit vorwiegend nach den Schmierstellen mit geringem Gegendruck gelangen kann.

Diese Erwägungen haben bei den preußischen Staatseisenbahnen dazu geführt, ausschließlich Schmierpressen oder -pumpen, die seit Jahrzehnten fast allgemein bei ortsfesten Maschinen in Anwendung sind, unter zweckmäßigem Ausbau in den Dienst der Heißdampflokomotiven zu stellen, während in Österreich Sichtöler (besonders von Friedmann) vorgesehen werden.

Auf jeder Seite der Lokomotive sind drei Stellen zu schmieren, je zwei Kolbenschieber und ein Dampfkolben. Die betreffenden Pressen müssen daher mit sechs Zylindern ausgerüstet sein. Jede Schmierstelle wird durch eine getrennte Leitung mit einem der Preßzylinder verbunden. Die Leitungen müssen ständig mit Öl gefüllt sein und werden durch geeignete Rückschlagventile an den Verbrauchsstellen unter Druck gehalten.

Für die erstrebte gleichmäßige Schmierung, entsprechend den Umdrehungszahlen der Triebräder, gewinnen diese Rückschlagventile oder Ölsparer eine besondere Bedeutung. Sie haben den Zweck, die Ölförderung dem Einfluß des Spannungswechsels an den Schmierstellen zu entziehen und ein unbeabsichtigtes Entleeren der langen Zuleitungen beim Stillstand der Lokomotive und selbst bei andauernden Leerfahrten sicher zu verhüten. Sie erfüllen dadurch zugleich die Forderung auf Sparsamkeit im Verbrauch an Heißdampföl.

Die Schmierpressen oder -pumpen finden Aufstellung auf der linken Seite des Führerhauses vor den Augen des Heizers und erhalten ihren Antrieb durch eine vom hinteren Triebrad hochgeführte, hin und her bewegte Schwinge. Die Ölförderung erfolgt also nur so lange, als die Lokomotive in Bewegung ist, und zwar im Verhältnis zur Fahrgeschwindigkeit. Die Regelung des Ölverbrauches geschieht durch Verschieben des Angriffspunktes der Schwinge auf dem Schalthebel.

Die Ölpressen oder -pumpen erfordern nur geringe Bedienung und Aufmerksamkeit seitens des Führers.

Einige der im Bereiche der preußischen Staatseisenbahnverwaltung bisher erprobten Schmiervorrichtungen sind nachstehend beschrieben.

Die Schmierpresse von Ritter in Altona.

Die Presse (Abb. 505 und 506) besteht im wesentlichen aus sechs um einen gemeinsamen Mittelpunkt angeordneten Zylindern, in die die Stempel A eintauchen, der Gewindespindel C mit Mutter, dem Schneckenrade D mit der Schnecke H und dem Schaltwerk L, sowie einer Füllvorrichtung. Die Kolben sind durch ein gemeinsames Querhaupt B, das auch die Gewindemutter aufnimmt, starr verbunden. Die Gewindespindel stützt sich im Oberteil auf eine feste, von vier Säulen getragene Platte. Das Schneckenrad sitzt lose auf der Spindel und wird durch eine Kuppelfeder E mit Hilfe der Flügelmutter F verbunden.

Diese Kuppelfeder ist das unterscheidende Merkmal der Ritterschen Presse von anderen Pressen. Die angepreßte Feder vermittelt die Bewegungsübertragung und verhindert nicht nur einen weiteren Niedergang der Kolben im tiefsten Punkte, sondern veranlaßt auch einen Stillstand der Presse beim Eintritt einer Verstopfung oder irgendeiner gefährlichen Hemmung. Die Feder schleift in solchen Fällen auf dem Schneckenrade, ohne dieses mit der Spindel C zu kuppeln.

Im gekuppelten Zustande des Schneckenrades ruft die vom Triebrade der Lokomotive eingeleitete pendelnde Bewegung des Schalthebels O mit Hilfe des gezahnten Schaltrades und der Schneckenradübersetzung eine verlangsamte Drehbewegung der Spindel C in ihrer Gewindemutter hervor. Die Tauchkolben schieben sich in die Preßzylinder hinein und verdrängen das Schmiermittel nach den Verbrauchsstellen.

Zum Füllen der Presse wird die Kuppelfeder gelöst und die Kurbel in der der

besondere Ausrüstungsteile der Lokomotive. 363

früheren Bewegung entgegengesetzten Richtung gedreht, wobei die Kolben hochsteigen und Öl ansaugen.

Die Füllung geschieht bei der neuen Ausführung aus einem gemeinsamen, mit einer Anzahl von Dreiweghähnen versehenen Füllbehälter von großem Inhalt. Diese Hähne sind mit den Preßzylindern verbunden und untereinander gekuppelt, so daß für das Einsaugen des Öles in die Presse und das Überleiten des Schmiermittels nach den Verbrauchsstellen nur das Umstellen eines einzigen Handgriffes erforderlich wird.

Um zu vermeiden, daß das Schaltrad bei der Hin- und Herbewegung mit dem Hebel zurückschwingt, sind in den Lagerdeckeln der Schnecke Bremsfedern angeordnet.

Im Oberteil der Schmierpumpe befindet sich ein Getriebeschutz für Schnecke und Schneckenrad. Das ordnungsmäßige Arbeiten der Schmierpresse sieht man an der Drehung der Handkurbel. Der Vorschub und Stand der Kolben ist äußerlich noch durch eine Zeigervorrichtung kenntlich gemacht.

Die Schmierpresse von W. Michalk in Deuben.

Als äußerliches Kennzeichen dieser Schmierpresse (Abb. 507 und 508) ist die Anwendung einer Räderübersetzung im Oberteil und ein gemeinschaftlicher Füllhahn in senkrechter Stellung anzusehen, der mit den einzelnen Zylindern durch Umführungsröhren in Verbindung steht. Im übrigen weicht die Bauart in ihren Grundzügen kaum von der Ritterschen Schmierpresse ab, und auch die Bewegungsübertragung vollzieht sich in gleicher Weise.

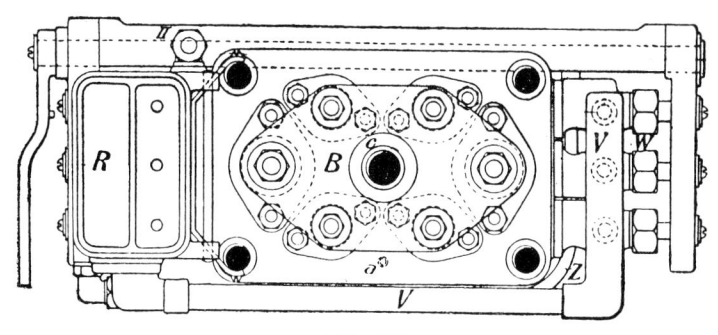

Abb. 505.

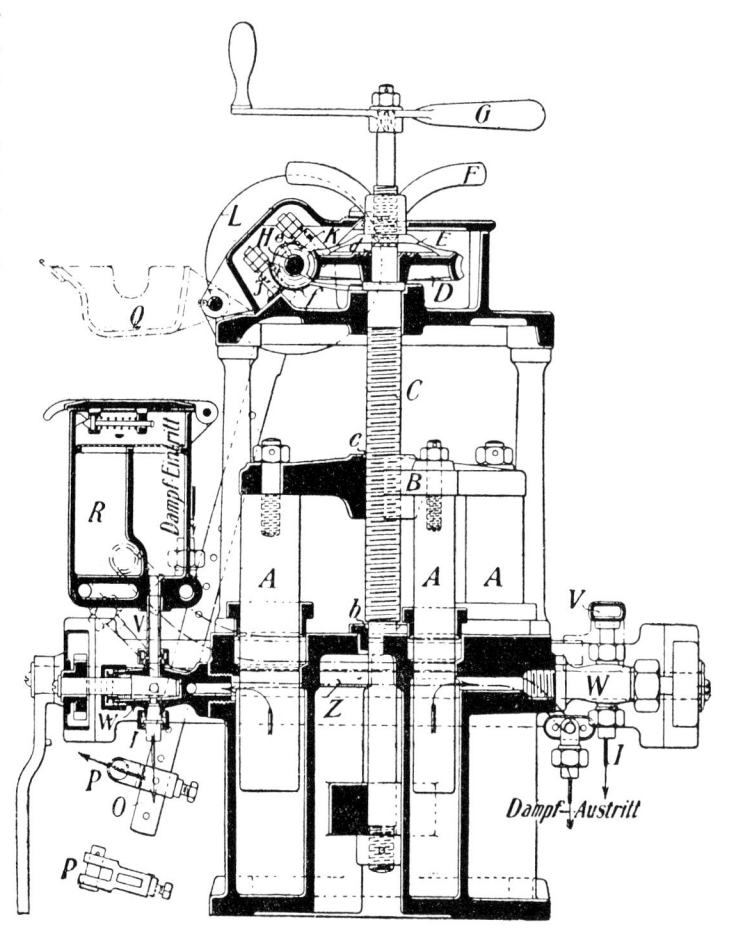

Abb. 506.
Abb. 505 und 506. Schmierpresse von Ritter.

Als Antrieb dient ein geräuschloses Kugelschaltwerk. Die Verbindung des Schneckenrades mit der Spindel erfolgt durch eine Riegelkuppelung. Schneckenwelle und Spindel stützen sich auf verstellbare Spurlager, wodurch ein leichter Gang dieser Teile gesichert werden soll.

In dem Querhaupt, das die Kolben zusammenfaßt, ist der Mutterteil der Gewindespindel drehbar angeordnet. Diese Mutter trägt einen Arm, der sich gegen die unten offene Gleitrippe an einer der stützenden Säulen zwischen Unter- und Oberteil des Apparates anlehnt.

In der tiefsten Kolbenstellung gleitet der Arm der Mutter aus seiner Führung heraus. Die Mutter nimmt nunmehr an der Drehung der Spindel teil und verhindert auf diese Weise einen weiteren Vorschub der Kolben und einen Bruch der Presse.

Neben dieser selbsttätigen Ausrückvorrichtung für den tiefsten Kolbenstand besitzt die Schmierpresse in den Umführungsrohren zwischen dem Zentralschmier-

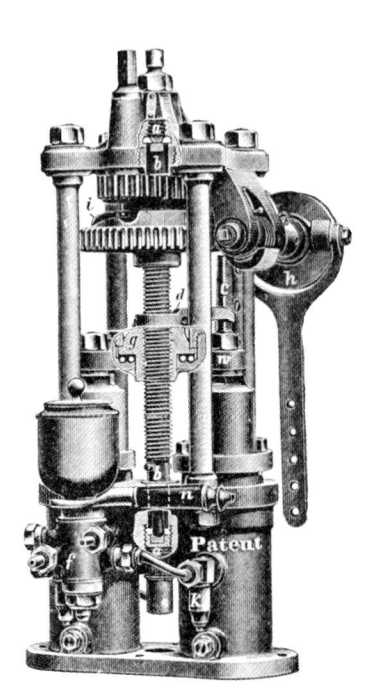

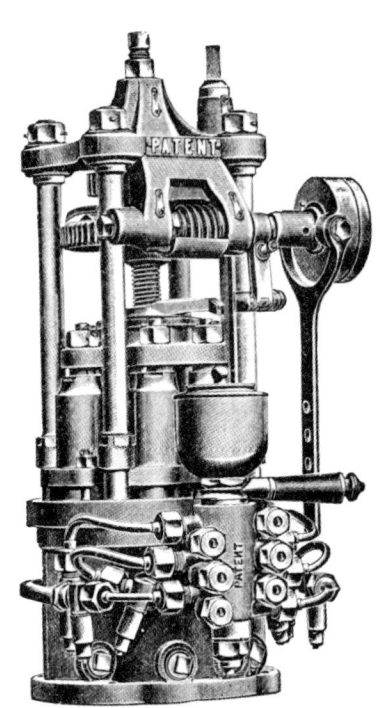

Abb. 507 und 508. Schmierpresse von Michalk.

hahn und den Preßzylindern noch sechs kleine Sicherheitsventile, die die Aufgabe haben, eine Verstopfung in den Ölkanälen und Leitungen anzuzeigen und eine Zerstörung des Apparates beim Eintritt solcher Hemmungen zu verhüten.

Die Füllvase ist in einfacher Weise unmittelbar auf dem aufrechtstehenden Hahnküken des Füllhahnes angeordnet.

Die eingangs erwähnte Räderübersetzung zwischen der Achse der Handkurbel und der Spindel hat den Zweck, das Hochbringen der Kolben von Hand beim Füllen der Zylinder zu erleichtern. Bei dieser Arbeit ist besonders darauf zu achten, daß die Ölvase nicht leer wird, da die in die Zylinder eindringende Luft hier wegen des tiefen Anschlusses der Umführungsrohre schwierig zu entfernen ist. Für das Füllen der Presse und zur Herstellung der Verbindung nach den Schmierstellen genügt ein einziger Handgriff.

Die Drehung der abnehmbaren Handkurbel oder ihrer Achse läßt das Arbeiten der Schmierpresse erkennen.

Die Lokomotivschmierpresse von Dicker & Werneburg in Halle a. S.

Diese Bauart (Abb. 509 und 510) zeigt insofern ein abweichendes Bild von den bisher beschriebenen Schmierpressen, als die Antriebsmittel im Unterteil des Apparates in einem vollständig abgedichteten, staubsicheren Ölsammelraume liegen. Die hauptsächlichsten Bewegungsteile, nämlich Schnecke, Schneckenrad, Spindel, Gewindemutter und ein Stirnräderpaar arbeiten ständig in einem Ölbade und sind somit in wirksamster Weise gegen äußere Beschädigungen und vorzeitige Abnutzung sowie gegen die Staubablagerungen auf der Lokomotive geschützt.

Die Stirnradübersetzung hat zunächst die Aufgabe, die Bewegung der Kolben von Hand, also die Bedienung der Presse zu erleichtern. Das größere Stirnrad c trägt die Mutter für die Schraubenspindel, während das kleinere Rad d von der Kurbel betätigt wird. Als Antrieb dient ein geräuschloses Rollenschaltwerk aus gehärtetem Stahl mit Federbremse für die Rücksperrung auf der Schneckenwelle.

Durch die Arbeit des Schaltrades und der Schnecke a werden Schneckenrad e und Spindel s in eine drehende Bewegung versetzt, wobei sich der Gewindeteil der Spindel in das feststehende Zahnrad c hineinschraubt und durch seine Abwärtsbewegung den Niedergang der Tauchkolben, d. h. die Förderung des Schmiermittels veranlaßt.

Die Einleitung dieser Kolbenbewegung erfolgt in sehr einfacher Weiser dadurch, daß man den Handgriff g der Kurbel heruntergedrückt. Der Griff legt sich ohne weiteres gegen die Rolle r am Querhaupt und verhindert damit die Drehung des Stirnräderpaares (Betriebsstellung siehe linke Abbildung). In der tiefsten Kolbenstellung gleitet der Handgriff über sein Widerlager hinweg und schafft auf diese Weise die notwendige selbsttätige Auslösung und Sicherheit gegen Bruch.

Bei der in der rechten Abbildung ersichtlichen hohen Lage des Handgriffes findet dagegen kein Kolbenvorschub statt. Die Presse ist ausgeschaltet, und der Griff kann zu ihrer Bedienung durch die Kurbel benutzt werden.

Die Füllung und zweckmäßige Entleerung der Preßzylinder vermittelt ein Zentralschmierhahn mit einer den vollen Inhalt der Presse fassenden Ölvase. Die Verbindungskanäle zwischen Zylinder und Hahn sind — unter Vermeidung aller äußeren Umführungsleitungen — in das Innere des Apparates verlegt und zum Durchstoßen eingerichtet. Die Sicherheitsvorrichtungen w gegen die Gefahren einer Rohrverstopfung sitzen unmittelbar am Gehäuse in übersichtlicher Lage, die Kupferröhrchen nach den Schmierstellen können zum Schutz gegen Beschädigungen verdeckt durch den offenen Fuß des Apparates geführt werden.

Zur Füllung der Ölkammer im Unterteil und zur Einfettung der außerhalb liegenden Bewegungsteile genügen einige Tropfen Lageröl, die unter dem Schmierlochdeckel i der oberen Spindel eingeführt werden. Das Öl fließt langsam an den Reibungsflächen der Spindel vorbei, durch die Spindelbohrung und das Kugellager nach der Ölkammer und fettet von hier auch in sparsamer Weise die Nabe des Schaltrades. Eine weitere Schmierung der bewegten Teile der Schmierpresse ist überflüssig.

Infolge der eingangs erwähnten, vereinfachten Anordnung kommen bei dieser Presse die gebräuchlichen Säulen und Spindelwiderlager im Oberteil in Wegfall, so daß die Kolben und Stopfbüchsen freiliegen. Die Stopfbuchsenmuttern sitzen in einer gemeinsamen Platte, die bequem abzunehmen ist, wodurch die Packungen leicht zugänglich sind.

Die Arbeit der Presse erkennt man an einem Zeigerwerk auf dem die Kolben verbindenden Querhaupt.

Neuerdings werden bei den Lokomotiven der Preußischen Staatseisenbahnverwaltung Schmierpressen nicht mehr verwendet, da sie viel Platz auf dem Führer-

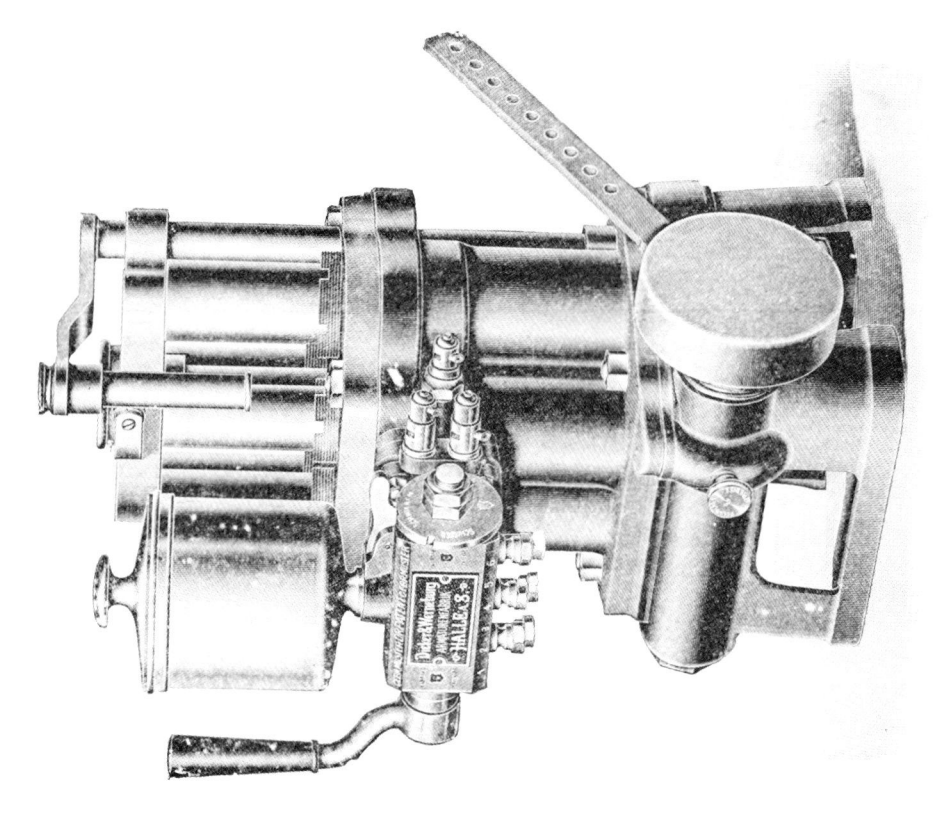

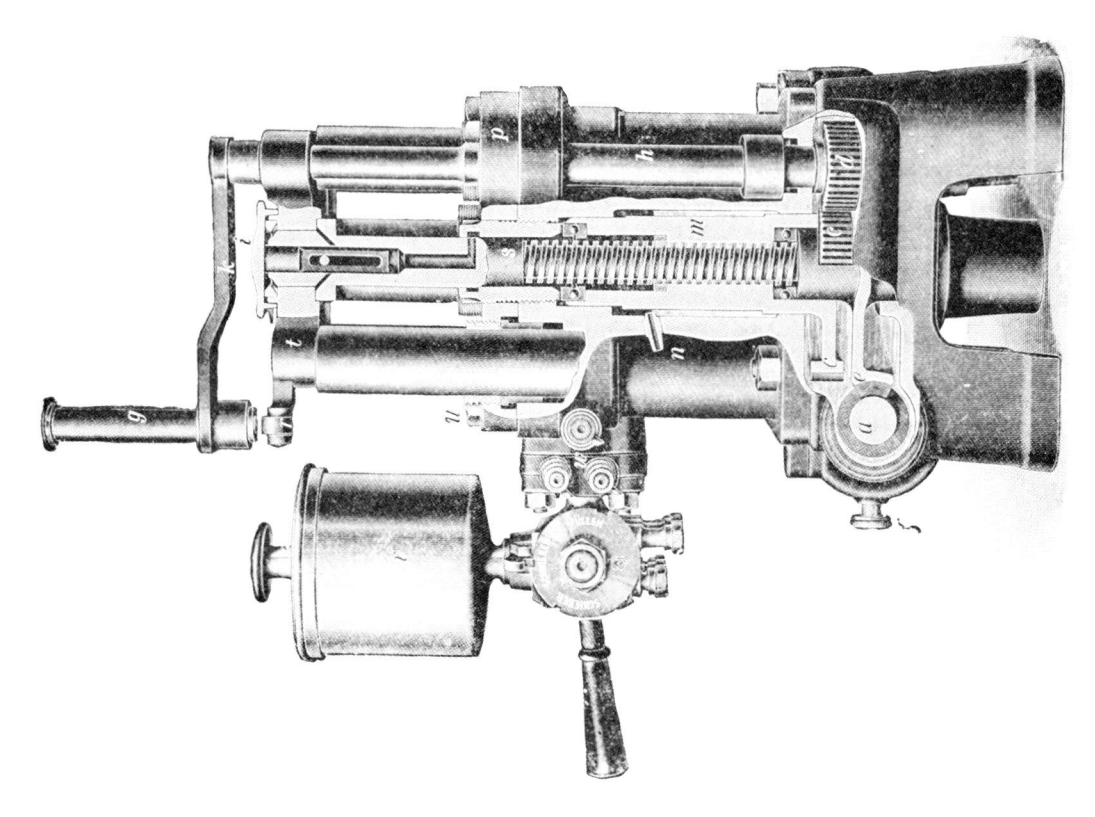

Abb. 509 und 510. Schmierpresse von Dicker & Werneburg.

stande einnehmen und ein nicht so sparsames Ölen zulassen wie Schmierpumpen, bei denen jeder Pumpenkolben für eine beliebige Ölförderung eingestellt werden kann, was bei den Pressen nicht der Fall ist. Ölpumpen, die überdies billiger sind als Ölpressen, werden ausgeführt von Dicker & Werneburg in Halle, von Michalk in Deuben bei Dresden und De Limon Fluhme & Co. in Düsseldorf. Der Ölverbrauch beträgt z. B. bei einer Pumpe von Dicker & Werneburg mit vier Ölabgabestellen 1,77 bis zu 2,75 kg für 1000 Zugkilometer, mit sechs Ölabgabestellen 2,70 bis zu 3,41 kg für 1000 Zugkilometer. Als besonders vorteilhaft muß noch hervorgehoben werden, daß sich die Ölabgabe zu den einzelnen Verbrauchsstellen bei den Pumpen in einfachster Weise von außen regeln läßt, was bei Schmierpressen nicht der Fall ist.

In den Abb. 511 bis 514 ist eine Schmierpumpe von Dicker & Werneburg mit sechs Ölabgabestellen dargestellt. Sie besteht aus einer Reihe von Aufsätzen $r\ q$, die eine Einzelpumpe mit Füllvase und Stellvorrichtung umfassen und auf das gemeinsame Antriebsgehäuse a aufgesteckt und durch zwei Schrauben befestigt werden.

Im Innern des vollständig abgeschlossenen Antriebsgehäuses a befindet sich eine der Anzahl der Einzelpumpen und Aufsätze entsprechende Zahl von Schrauben, räderpaaren $g\ f$, die durch das Schaltwerk i und die Welle e angetrieben werden.

Jede Einzelpumpe besitzt einen eingeschliffenen Steuerkegel 2 aus gehärtetem Stahl zur Vermittelung der Saug- und Druckabschnitte und im Innern dieses Kegels einen Stahlkolben 1 mit selbsttätig nachwirkender Stopfbüchse. Beim Einbringen eines Aufsatzes greift das flach ausgearbeitete Ende 3 der Steuerkegelachse in eines der Zahnräder f ein, so daß sich die Bewegung des Rades dem Steuerkegel mitteilt. Jede Umdrehung des Steuerkegels verursacht zwei Auf- und Niederbewegungen des Kolbens; der Kolben bewegt sich bei der Saugwirkung schnell nach oben, der Druckhub erfolgt langsam nach Maßgabe seines Hubes. Durch die Anschlußstützen p wird das Öl nach einer der zugehörigen beiden Schmierstellen gedrückt. Die Arbeit des Kolbens und die Ölförderung für jede Schmierstelle erfolgt vollkommen getrennt von der anderen. Die Ölwege für zwei Schmierstellen einer Einzelpumpe kommen niemals miteinander in Verbindung, so daß beide selbst unter verschiedenen Gegendrucken benutzt werden können. Man erreicht dadurch den Vorteil, daß für zwei gleichartige oder gleichbeanspruchte Schmierstellen nur ein Kolben und eine Füllvase benutzt werden kann. Die Bauteile jeder Pumpe können dadurch im Querschnitt doppelt so groß hergestellt und infolgedessen technisch besser durchgearbeitet werden, so daß die Pumpe trotz ihrer kleinen Abmessungen betriebssicherer wird. Der Kolbenhub wird durch die Spindel v in der Füllvase durch Drehen des mit der Spindel durch ein Dreikant lösbar verbundenen Deckels t geregelt; die Größe des Hubes ist außen durch einen Zeiger auf einer Skala zu erkennen.

Die Ausbildung der Schmierpumpe von Dicker & Werneburg gestattet bei etwaigem Versagen ohne jeden Ölverlust selbst während des Betriebes, eine Einzelpumpe mit Füllvase abzunehmen, nachzusehen bzw. auszuwechseln gegen einen auf der Lokomotive mitgeführten Vorratsaufsatz. Zu diesem Zweck sind nur zwei Schrauben zu lösen, da die mit den Anschlußstutzen p verbundenen Ölleitungen sich am Antriebsgehäuse befinden. Die Kammer des Antriebsgehäuses füllt sich selbsttätig mit Öl, so daß die hier eingeschlossenen Bewegungsteile ebenso wie die Arbeitsorgane der Einzelpumpe (Steuerkegel, Kolben usw.) ständig im Ölbad arbeiten. Mit Hilfe des Glashalters w, an dem das Skalenstück s befestigt ist und einer beide verbindenden Mutter kann die Füllvase angezogen werden.

In unmittelbarer Nähe der Schmierstelle wird ein Rückschlagventil in die Schmierleitung eingeschaltet, die ein Entleeren der Ölleitung beim Stillstand oder bei Leerfahrten verhüten soll.

Bei der neueren Schmierpumpe der Maschinenfabrik De Limon Fluhme & Co. in Düsseldorf, von der vor Abschluß des Buches keine Abbildung zu erlangen war,

368 Bemerkenswerte bauliche Einzelheiten neuerer Lokomotiven.

Abb. 513.

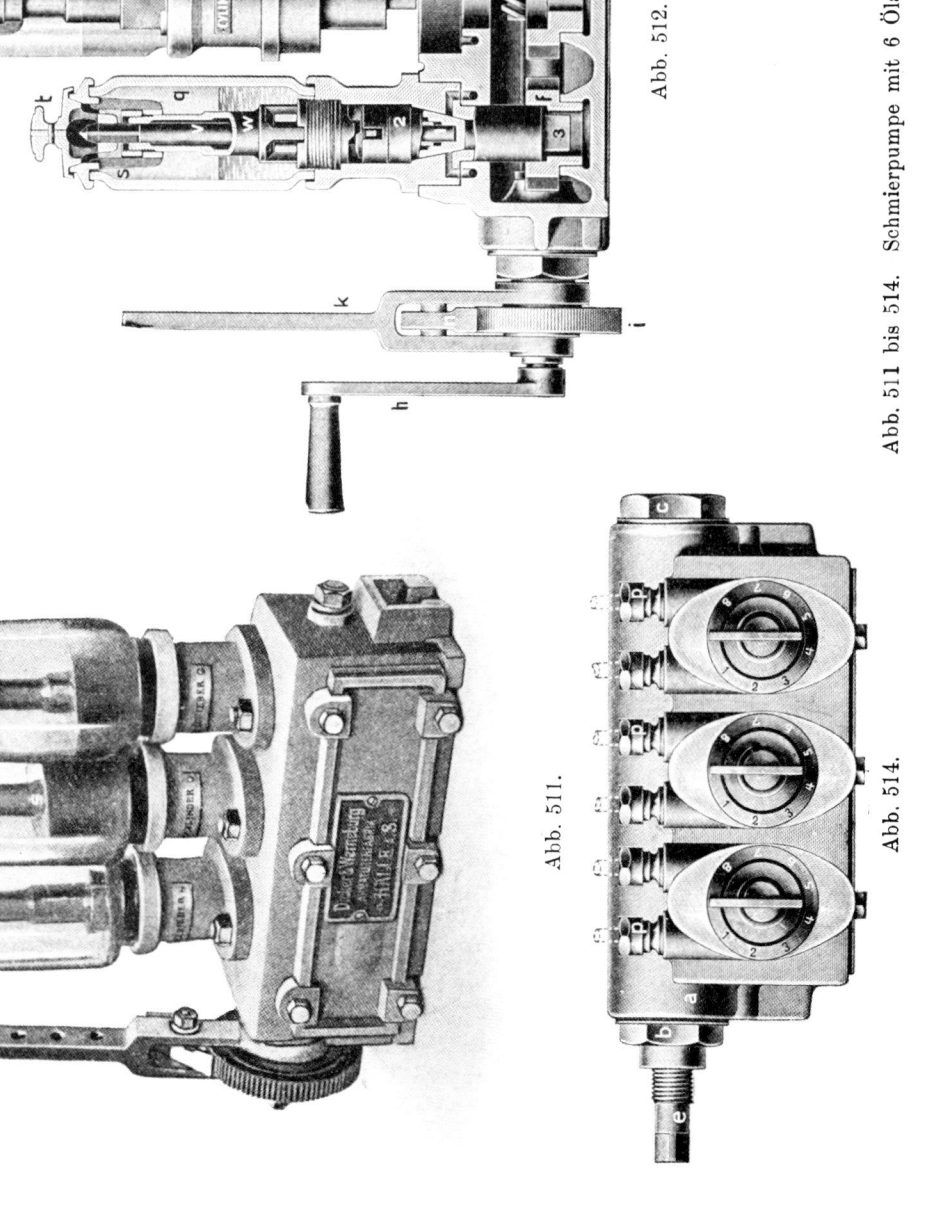

Abb. 512.

Abb. 511.

Abb. 514.

Abb. 511 bis 514. Schmierpumpe mit 6 Ölabgabestellen von Dicker & Werneburg.

ist das Ölgefäß der Schmierpumpe in so viele Kammern geteilt, als Auslässe vorhanden sind. Für jeden Auslaß ist eine besondere Ölpumpe vorhanden.

Jede dieser Ölpumpen ist unabhängig von den übrigen regelbar.

Die Ölförderung geschieht für jeden Auslaß durch einen auf und ab gehenden, selbstdichtenden Kolben, der dadurch, daß er sich gleichzeitig um seine Achse verdreht, die Öllieferung ohne Anwendung von Ventilen besorgt. Die Abdichtung ist auch gegen hohe Drücke eine durchaus vollständige und dauernde.

Der Antrieb erfolgt durch ein eingekapseltes Klinkenschaltwerk, das durch die Exzenterwelle und mittels der Antriebswelle die Kolben betätigt.

Jede Ölgefäßkammer besitzt ein Schauglas. Mit Hilfe eines Hahnes kann dieses Glas
1. mit der zugehörigen Ölkammer und den Zylindern in Verbindung gebracht werden (Stellung „Normal");
2. nur mit dem Zylinder verbunden werden, wobei die Kammer ausgeschaltet ist (Stellung „Kontrolle");
3. ganz ausgeschaltet werden (Stellung „Glasbruch").

Ein Heizkanal ist je nach Bedarf von rechts nach links umsteckbar. In Fällen, wo die Pumpe unmittelbar am Kessel angebracht ist, oder bei Verwendung dünnflüssigen Öls entfällt der Heizkanal.

Zur Betätigung der Schmierpumpe von Hand aus mittels einer mitgelieferten Kurbel ist eine besondere Welle vorgesehen, die durch Zahnräder auf die Exzenterwelle wirkt.

Zu jeder Pumpe werden 2 Ersatzgläser mit Verschraubungen und Dichtungen (rechts und links) eingeschraubt mitgeliefert.

Die Vorrichtung ist nicht höher als bis zum obersten Rande der einzelnen Kammern zu füllen, damit die Möglichkeit der Kontrolle durch die Schaugläser von Anfang an gesichert ist. Dickes Öl muß vor dem Einfüllen durch Anwärmen dünnflüssig gemacht werden. Keinesfalls darf etwa, um rascher einfüllen zu können, das Sieb entfernt werden.

Das Unterteil der Vorrichtung ist mit dünnem Maschinenöl zu schmieren, so daß die sich bewegenden Teile in Öl laufen. Das verunreinigte Öl kann durch eine Ablaßschraube zeitweilig abgelassen werden.

Durch Verkleinern oder Vergrößern des Ausschlages des Schalthebels kann die Gesamtlieferung der Pumpe vergrößert oder verkleinert werden.

Außerdem ist jeder Auslaß für sich mittels eines Schlüssels regelbar.

Durch Drehen desselben kann der Hub des betreffenden Kolbens und somit seine Öllieferung entsprechend vergrößert bzw. verkleinert werden.

Bei größtem Hub beträgt die Lieferung eines Kolbens etwa 0,4 cm³, die kleinste Einstellung rund $1/10$ davon.

Das ordnungsmäßige Arbeiten der Pumpe kann auf doppelte Weise nachgeprüft werden.
1. Zeigt jedes Ölstandsglas den Ölverbrauch in der betreffenden Gehäusekammer an; der Griff des Hahnes steht dabei nach abwärts („Normalstellung");
2. ist für jeden Auslaß eine genaue Kontrolle der Öllieferung für einen Kolbenhub dadurch ermöglicht, daß bei der Stellung des Hebels auf „Kontrolle" die zugehörige Pumpe nur aus dem Ölstandsglas saugt. Das ruckweise Sinken des Öles im Schauglas zeigt genau, wieviel Öl die betreffende Schmierstelle erhält.

Nach der Kontrolle soll der Hahngriff sofort wieder auf „Normal" gestellt werden.

Wenn ein Glas brechen sollte, so kann durch Verstellen des Hahngriffes auf „Glasbruch" das betreffende Glas ganz ausgeschaltet und somit ausgewechselt werden. Währenddessen entnimmt der Zylinder das Öl unmittelbar aus der ihm zugehörigen Kammer, so daß keine Störung der Schmierung eintritt.

Die Ölleitungen (gewöhnlich 5 × 8 mm Kupfer- oder Messingrohre) sollen vor dem ersten Indienststellen gründlich mit Dampf ausgeblasen werden. Zum erstmaligen Anfüllen der Leitungen mit Öl sind etwa 30 bis 50 Umdrehungen für ein Meter Rohr nötig.

Die Ölleitungen dürfen nie blind verschaubt werden, da auch bei kleinster Kolbenstellung noch Öl gefördert wird. Wünscht man jedoch einen Auslaß ganz auszuschalten, so stellt man für alle Fälle den betreffenden Hahn in die „Kontroll"-Stellung, sobald nämlich das Kontrollglas leer ist, hört die Schmierung von selbst auf.

Rückschlagventile sind am Ende der Rohrleitungen an der Verbrauchsstelle anzubringen. Durch ihre eigenartige Bauart verhindern sie wirksam den Austritt des Öles bei Unterdruck in den Zylindern.

In eigenartigem Gegensatz zu den bei uns vorherrschenden Ansichten über die zweckmäßigste Schmierung der Heißdampflokomotiven wenden die Amerikaner ausschließlich Sichtöler an, da Schmierpressen bzw. -pumpen für die amerikanischen Betriebsverhältnisse sich als zu verwickelt herausgestellt haben und häufig zu Betriebsstörungen Veranlassung gaben. Es sind dabei fast alle in Europa eingeführten Schmierpressen versucht worden, es hat sich jedoch keine als geeignet erwiesen.

Zum Schmieren der unter Heißdampf gehenden Teile werden in Amerika dieselben Mineralöle, wie für die Naßdampflokomotiven benutzt, ohne daß sich irgendwelche Schwierigkeiten ergeben hätten. Es wird dies zum Teil darauf zurückgeführt, daß man bei Leerlauf stets Naßdampf in die Zylinder eintreten läßt, der das Festbrennen des Öls verhütet. Es wird zu diesem Zweck vielfach ein besonderes Ventil im Führerhaus angebracht, das entweder von Hand betätigt wird oder mit dem Reglerhebel so verbunden ist, daß es bei geschlossenem Regler öffnet. Natürlich müssen Vorkehrungen getroffen sein, daß das Hilfsventil nach Beendigung des Leerlaufs, also bei arbeitender und stillstehender Lokomotive abschließt, weil sonst bei längeren Ruhepausen, also z. B. im Schuppen, sich so viel Dampf in den Zylindern ansammeln kann, daß die Lokomotive unter Umständen in Bewegung gerät.

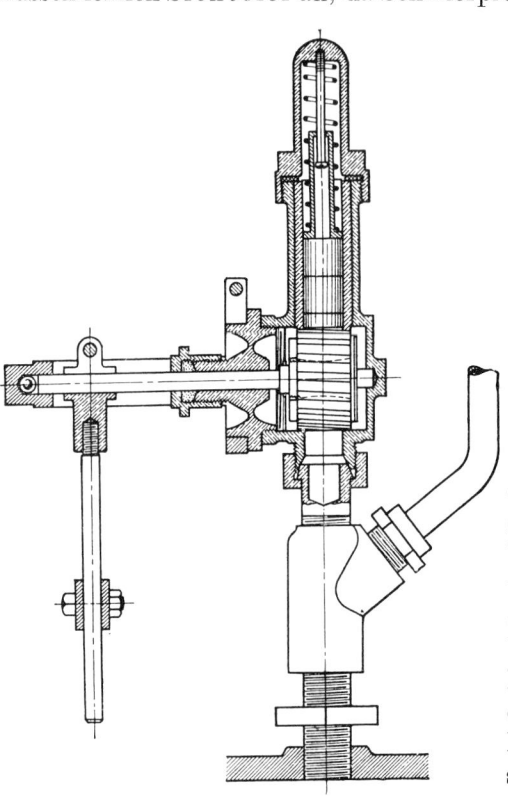

Abb. 515. Amerikanischer Graphitöler.

Vielfach wird zur Ölersparnis eine Graphit-Schmierung angewendet, die in Abb. 515 dargestellt ist. Der Graphit wird in Stückform in den Apparat eingeführt, der unmittelbar über der Schmierstelle angebracht ist. Durch einen von der Schieberstange in Bewegung gesetzten Fräser wird der Graphit abgefräst und mit dem Öl und Dampf gemischt der Schmierstelle zugeführt.

Auch bei der Preußischen Staatseisenbahnverwaltung sind neuerdings Versuche

Besondere Ausrüstungsteile der Lokomotive. 371

mit Graphitölung angestellt worden, die einen guten Erfolg gezeigt haben. Dem von der Pumpe oder Presse kommenden Öl wird durch ein auf dem Schieberkasten sitzendes Rührwerk, also in nächster Nähe der Öleintrittsstelle, mit Graphit vermischtes Öl zugesetzt. Zur Sicherung einer gleichmäßigen Graphitzufuhr ist jede Ölstelle mit einem besonderen Rührwerk versehen, die Mischflügel des Rührwerks, Bauart Michalk, sind, wie Abb. 516 und 517 zeigen, durch Zahnräder miteinander verbunden und werden durch ein Sperrad von der Schwinge angetrieben. Bei den Ver-

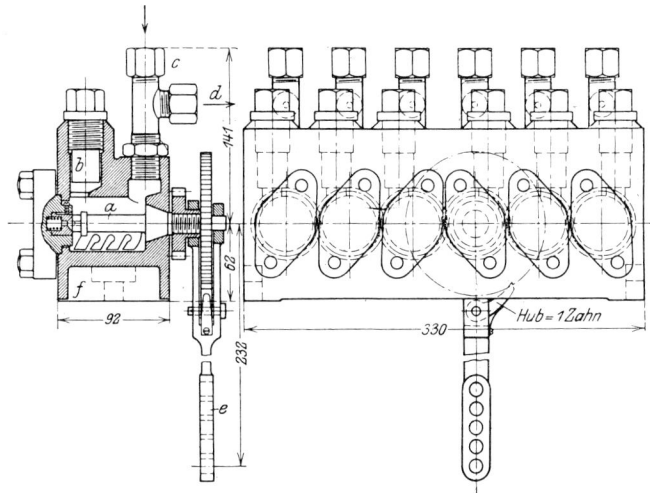

Abb. 516 und 517. Graphitölung von Michalk.

suchen wurden zunächst nach je 500 bis 600 km, später nur noch nach 1000 km Fahrt $5 \times 6 = 30$ g Graphit zugesetzt, wobei sich der Ölverbrauch von 1,6 g für 1000 Lokomotiv-Kilometer bei einer 2 B-Schnellzuglokomotive auf 1,075 kg, bei einer 2 C-Personenzuglokomotive sogar auf 0,848 kg ermäßigen ließ, das sind 37,7 bzw. 47,5% Ersparnisse an Zylinderöl. Die Laufflächen der Kolben und Schieber zeigten sich gut gefettet und hochglänzend und es hatten sich, entsprechend dem verminderten Ölverbrauch, weniger Rückstände abgesetzt. Wegen der sehr geringen Graphitmengen ist ein Verschmutzen der Schieber und Festsetzen der Ringe nicht zu befürchten, die Ölrohre zeigten sich frei von Graphitrückständen, was auf eine gute Verteilung des Graphits schließen läßt. Die Versuche sollen in größerem Umfange weitergeführt werden.

Sechster Abschnitt.

Amerikanische Heißdampflokomotiven.

Fortschritte im Lokomotivbau in den letzten 15 Jahren.

Der hauptsächlichste Fortschritt im amerikanischen Lokomotivbau seit etwa zehn Jahren ist vor allem durch die Einführung des Schmidtschen Rauchrohrüberhitzers gekennzeichnet, der dort zur Zeit bei fast allen Lokomotiven zur Anwendung kommt.

Vor dem Jahre 1910 waren Heißdampflokomotiven in den Vereinigten Staaten kaum anzutreffen, mit Ausnahme der Canadian Pacific-Eisenbahn, die vereinzelt den Rauchrohrüberhitzer von Schmidt und den Vaughan Horsey-Überhitzer in großem Maßstabe schon damals eingeführt hatte, wurde Heißdampf nur versuchsweise in sehr beschränktem Umfange angewandt. In ganz Amerika waren, abgesehen von den Lokomotiven der genannten Bahn, höchstens 200 bis 300 Heißdampflokomotiven zu jener Zeit im Betriebe, bei denen die verschiedensten Überhitzer von Cole und Emerson, sowie der Rauchkammerüberhitzer von Vauclain erprobt wurden. Die unrichtige Bemessung der Überhitzerheizflächen, namentlich auch die schlecht gewählten Verhältnisse bezüglich der Dampf- und Gasquerschnitte, waren die Ursache, daß die damaligen Heißdampflokomotiven nur sehr geringe Kohlen- und Wasserersparnisse aufwiesen. Da sich fernerhin auch große Schwierigkeiten bei der Unterhaltung der Überhitzer im Betriebe ergaben, so konnte auf dieser Grundlage eine allgemeine Einführung des Heißdampfs bei den amerikanischen Lokomotiven nicht erwartet werden.

Die Verhältnisse änderten sich erst nach der Gründung der Amerikanischen Lokomotiv-Überhitzer-Gesellschaft, der es, gestützt auf die langjährigen Erfahrungen der Schmidtschen Heißdampf-Gesellschaft, gelang, den Schmidtschen Rauchrohrüberhitzer in jeder Hinsicht auch für die amerikanischen Verhältnisse praktisch brauchbar und betriebssicher zu gestalten und einzuführen, und zwar mit einem Erfolge, daß zurzeit mehr als 95 v. H. sämtlicher im Bau befindlicher Lokomotiven mit dem Schmidtüberhitzer ausgerüstet werden. Gleichzeitig gehen auch immer mehr Eisenbahngesellschaften dazu über, den Überhitzer in alte, vorhandene Naßdampflokomotiven nachträglich einzubauen, wobei nicht einmal die Kosten gespart werden, zur vollen Ausnutzung der Vorteile, die der Heißdampf bietet, die Zylinder mit Flachschiebern gegen solche größeren Durchmessers mit Kolbenschiebern auszuwechseln.

Die geradezu überraschende Aufnahme, die der Schmidtüberhitzer in den Vereinigten Staaten gefunden hat, ist in erster Linie auf die Vorzüge der Schmidtschen Bauart und die damit zusammenhängende Wirtschaftlichkeit zurückzuführen. Aber auch die äußeren Umstände bei der Einführung lagen insofern günstig, als der amerikanische Lokomotivbau, praktisch genommen, am Ende seiner Leistungsfähigkeit angekommen war. Einesteils war eine Erhöhung des Raddrucks kaum mehr möglich, andrerseits waren die Naßdampfkessel bereits so groß bemessen, daß die erforderlichen Rostflächen von einem Heizer nicht mehr bedient werden konnten. Daß derartige Riesenlokomotiven während eines großen Teils ihrer Betriebszeit sehr unwirtschaftlich arbeiten müssen, ist klar. Der Wunsch, die Beförderungskosten herabzusetzen, trat immer dringender zutage, zumal viele der großen Eisenbahngesellschaften in den letzten Jahren nur sehr geringe Erträgnisse abwarfen. Eine Erlaubnis zur Erhöhung der Frachtsätze wurde von der Bundesregierung nicht erteilt, sondern darauf hingewiesen, eine Vermehrung der Einnahmen durch Anwendung solcher Mittel zu erstreben, die die Betriebskosten verringern.

Die Verhältnisse zur Einführung des Schmidtüberhitzers waren also sehr günstig, und bereits nach kurzer Versuchszeit, in der seine Wirtschaftlichkeit auch für amerikanische Verhältnisse erwiesen wurde, erfolgte seine allgemeine Einführung. Mehr noch als in Europa war es die erhöhte Leistungsfähigkeit der Heißdampflokomotive, die in vielen Fällen den Ausschlag gab, indem es gelang, genügend starke Lokomotiven zu bauen, die nur von einem Heizer bedient zu werden brauchten. Auch die vielfachen Ersparnisse an Vorspannlokomotiven, an Löhnen für die dazu erforderlichen Mannschaften, die in den Vereinigten Staaten besonders hoch sind, waren der Einführung des Schmidtüberhitzers förderlich.

In richtiger Erkenntnis der Vorteile der Heißdampflokomotiven begnügten sich die Amerikaner nicht allein mit der Anwendung von Überhitzern bei Personen- und Güterzuglokomotiven, sondern es wurden auch von vornherein allgemein Verschiebelokomotiven mit Überhitzern ausgerüstet. Diese Tatsache verdient um so mehr hervorgehoben zu werden, als bei europäischen Eisenbahnverwaltungen Heißdampflokomotiven für Verschiebezwecke nur wenig in Anwendung gekommen sind. Wie aus den weiter unten stehenden Versuchsergebnissen zu ersehen ist, werden jedoch auch durch den Einbau eines Überhitzers bei diesen Lokomotiven ebenso große Ersparnisse erzielt wie bei Streckenlokomotiven.

Die Gründe für diesen Erfolg der Heißdampf-Verschiebelokomotiven sind einesteils darauf zurückzuführen, daß dem Überhitzer besonders bemessene Rauchgasquerschnitte gegeben werden, um trotz der verhältnismäßig niedrigen Feuerbüchstemperatur die nötige Überhitzung zu erhalten. Ferner spricht der Umstand mit, daß Naßdampf-Verschiebelokomotiven besonders unwirtschaftlich arbeiten, da sie bei den hohen Zylinderfüllungen viel Wasser mitreißen. Die Möglichkeit einer erhöhten Kohlen- und Wasserersparnis ist demnach größer als bei Streckenlokomotiven. Obwohl die bei Anwendung schon größer bemessener Rauchrohrüberhitzer erzielte Überhitzung naturgemäß niedriger ist als bei Streckenlokomotiven, genügt doch schon eine mäßige Überhitzung, um bei Heißdampf-Verschiebelokomotiven gegenüber Naßdampflokomotiven erhebliche Ersparnisse zu erzielen.

Gleichzeitig erwies sich auch der Überhitzer als ein sehr wirksames Mittel, um die Überlastung der Roste herabzuziehen und damit die äußerst unangenehm empfundene Rauchentwicklung zu vermindern, was für die größtenteils innerhalb der Stadtgebiete arbeitenden Verschiebelokomotiven als besonderer Vorzug zu betrachten ist. Die Rauchbelästigung innerhalb der Großstädte ist in den Vereinigten Staaten wiederholt Gegenstand eingehender Untersuchungen gewesen, ohne daß bisher erfolgreiche Gegenmittel zur Anwendung gekommen sind.

In den letzten Jahren legen die amerikanischen Lokomotivbauer mehr als früher großen Wert darauf, die Wirtschaftlichkeit der Lokomotiven zu verbessern und die Leistungsfähigkeit zu erhöhen, wozu vielfach die Versuche benutzt worden sind, die auf dem Prüfstand in Altoona ausgeführt wurden, vgl. zehnter Abschnitt 2.

Hier verdienen besonders die Untersuchungen an Kesseln Erwähnung, die ziemlich grundlegende Änderungen im amerikanischen Lokomotivkesselbau ergeben haben. Wie aus dem Auszuge des Berichtes über die Untersuchung einer 2 B 1-

Lokomotive der Pennsylvania-Bahn hervorgeht, haben sich kürzere Siederohre, als bisher bei amerikanischen Lokomotiven benutzt worden sind, als vorteilhaft erwiesen. Je kürzer die Rohre sind, desto lebhafter kann die Verbrennung sein und desto schneller wird das Wasser verdampft. Allerdings nimmt der Kesselwirkungsgrad mit der Verkürzung der Rohre ab. Es ergab sich als vorteilhafteste Rohrlänge bei einem Durchmesser von 51 mm etwa 4,57 m.

Gleichzeitig zeigte sich der günstige Einfluß eines verlängerten Flammenweges in der für eine gute Verbrennung an sich sehr ungeeigneten breiten amerikanischen Feuerbüchse, wodurch die Verbrennung der Gase ganz erheblich verbessert werden kann. Der Einbau von Verbrennungskammern in Verbindung mit von Wasserrohren getragenen Feuerschirmen der Bauart Gaines (vgl. fünfter Abschnitt 1c) hat, wie aus den Versuchsergebnissen (zehnter Abschnitt) zu erkennen ist, die Dampferzeugung um etwa 5 bis 7 v. H. vergrößert. Bei schlechtem Speisewasser, das ein häufiges Nachwalzen der Siederohre erforderlich macht, ist jedoch ein langer Feuerschirm beim Arbeiten in der Feuerbüchse sehr hinderlich, die Lokomotiven müssen längere Zeit kalt stehen, ehe der Arbeiter in die Feuerbüchse gelangen kann.

Die Versuche in Altoona haben auch die bei uns längst bekannte Tatsache aufs neue bestätigt, daß bei Zylinderfüllungen von etwa 25 v. H. mit der günstigsten Dampfausnutzung gefahren, d. h. die PS_i-Stunde mit dem geringsten Dampfverbrauch geleistet wird. In Erkennung der Wichtigkeit dieser Tatsache werden in den letzten Jahren die Zylinder vergrößert, denn je längere Zeit die Lokomotiven mit den günstigsten Füllungen fahren können, desto wirtschaftlicher werden sie arbeiten. Allerdings setzt die in den Vereinigten Staaten mit Rücksicht auf größte Einfachheit der Bauart fast durchweg angewendete Zwillingslokomotive der Zylindergröße eine Grenze, da die Kolbenkräfte wegen der Zapfendrücke nur ein gewisses Maß annehmen dürfen. Jedoch geht man weit über die bei europäischen Lokomotiven bisher üblichen Abmessungen hinaus. Zylinderdurchmesser von 711 mm bei 13 Atm. Kesselspannung und Zwillingswirkung sind keine Seltenheit mehr. Als besonderer Vorteil bei der Anwendung von Heißdampf wird betrachtet, daß die bisher üblichen hohen Kesseldrücke von 15 bis 16 Atm. ermäßigt werden konnten, da man stets mit der größtmöglichen Schieberkastenspannung zu fahren imstande ist, ohne Überreißen von Wasser in die Zylinder befürchten zu müssen.

Auf die Wirtschaftlichkeit hat die Erniedrigung der Kesselspannung bei Heißdampflokomotiven nur sehr geringen Einfluß. Professor Goß sagt hierüber auf Grund eingehender Versuche auf dem Prüfstand in seinem Buch über „Die Anwendung des hochüberhitzten Dampfes im Lokomotivbetriebe": „Weder der Dampfnoch der Kohlenverbrauch wird wesentlich verändert durch erhebliche Veränderung des Dampfdrucks." Demzufolge sind bei den neueren Heißdampflokomotiven die Kesselspannungen durchweg ermäßigt worden; über 14 Atm. werden kaum noch angewendet.

Auch zu Verbesserungen der Schieber und Steuerungen hat die Heißdampfanwendung vielfach Veranlassung gegeben.

Die Dünnflüssigkeit des Heißdampfs gestattet die Anwendung kleinerer Schieberdurchmesser und demzufolge leichterer Steuerungsteile. Auf vielen Bahnen wird für alle Zylinderdurchmesser ein Kolbenschieber von 12 Zoll = 305 mm Durchmesser (vgl. fünfter Abschnitt 2b) mit einfacher Einströmung mit gutem Erfolg angewendet, dessen Deckungen und Kanaleröffnungen so gewählt sind, daß auch bei hohen Geschwindigkeiten bis zu 30 v. H. Füllung sich nur geringe Drosselerscheinungen zeigen. Bei größeren Füllungen wird in der Regel langsamer gefahren, so daß die Kanalweiten auch für die dann größeren Dampfmengen genügend weit sind.

Die Bakersteuerung (vgl. fünfter Abschnitt 2c), die eine große Verbreitung gefunden hat[1]), weist den Vorteil auf, daß sie besonders bei kleineren Füllungen größere Kanaleröffnungen ergibt als die gewöhnliche Heusingersteuerung, wodurch sie besonders für schnellfahrende Lokomotiven geeignet erscheint.

Die Anwendung von Heißdampf erforderte eine Änderung der bisher üblichen Art der Dampfzuleitung zu den Zylindern. Während der Frischdampf bei den älteren Sattdampflokomotiven durch in der Rauchkammer liegende, in den Zylindersattel mündende Gußeisenrohre geführt wurde, werden bei Heißdampflokomotiven, wie bei europäischen Lokomotiven, außenliegende Dampfeinströmrohre verwendet. Es ist hierdurch den Flanschen eine bessere Zugänglichkeit gesichert, und außerdem werden Wärmespannungen und Abkühlungsverluste des einströmenden Frischdampfes im Sattelstück vermieden.

Bei den übergroßen Rostflächen der breiten Feuerbüchsen werden besonders bei Güterzuglokomotiven Rostbeschicker eingebaut, von denen vorwiegend die Bauart Crawford und Street weite Verbreitung gefunden haben. Nach einem Bericht in der Railway Age Gazette vom Mai 1915 waren am 1. April 1915 935 Rostbeschicker auf 20 Bahnen im Betriebe. Der Crawford-Rostbeschicker (vgl. fünfter Abschn. 1g) wird hauptsächlich auf der Pennsylvania-Bahn, der von Street (fünfter Abschn. 1g) auf der Norfolk- und Westernbahn sowie der Baltimore- und Ohio-Bahn angewendet. Trotzdem diese Einrichtungen sehr verwickelter Bauart sind, scheinen die Rostbeschicker doch in letzter Zeit befriedigend zu arbeiten.

Wenn auch die Anschaffungs- und Unterhaltungskosten dieser schon wegen ihrer hohen Gewichte bei europäischen Bahnen unmöglichen Rostbeschicker erheblich sind, so ist nicht zu verkennen, daß sie die Arbeit des Heizers erleichtern und auch die Verdampfungsfähigkeit des Kessels verbessern, da das, besonders bei starker Rostbeanspruchung erforderliche häufige Öffnen der Feuertür fortfällt und auch die Kohlenschicht besser über den Rost ausgebreitet wird, als dies bei den großen breiten Rostflächen durch Handbeschickung überhaupt möglich ist. Als weiterer Vorteil kann angeführt werden, daß die starke Rauchentwicklung vermindert wird. Bei dem Crawford-Rostbeschicker, der eine Unterschubfeuerung darstellt, wohl ziemlich vollständig, bei dem Beschicker von Street, bei dem die Kohlen von oben auf das Feuer gestreut werden, wird sie jedenfalls sehr stark verringert, da die jeweils aufgeworfene Kohlenmenge gegenüber der Beschickung von Hand bedeutend vermindert wird.

Es ist anzunehmen, daß in Verbindung mit Verbrennungskammern und Feuerschirmen sowie genügend bemessenen Luftdurchtrittsöffnungen im Aschkasten, auf die neuerdings besonderer Wert gelegt wird, durch die Anwendung von Rostbeschickern erheblich günstigere Verbrennungsverhältnisse geschaffen werden können.

Eine andere Möglichkeit zur Erhöhung der Verdampfungsfähigkeit der Kessel ist durch Anwendung der Ölheizung gegeben, die besonders auf den westlichen und südlichen Bahnen, wo billiges Rohöl zu haben ist, in größtem Maße angewendet wird.

Die für europäische Verhältnisse ganz unmöglichen und selbst für amerikanische Betriebe schon vielfach übermäßig großen und schwerfälligen neueren Lokomotiven würden trotz viel besserer Verwendung der Baustoffmassen und mancher erheblichen Verbesserung von Einzeleinrichtungen, wie z. B. der Steuerungen, überhaupt kaum lebensfähig sein, ohne Benützung der besten Stahlsorten, die drüben hervorgebracht werden können, für alle hochbeanspruchten Bauteile. Diese ungefügen Riesen verdanken ihre erhebliche, wenn auch keineswegs im Verhältnis zu ihren Ausdehnungen und ihrem Gewicht stehende Leistungsfähigkeit daher auch zu gutem Teil der weitgehendsten Anwendung von vergütetem Chrom-Vanadiumstahl, der zur Herstellung

---

[1]) 1912 liefen bereits über 2000 Lokomotiven mit Bakersteuerung.

der Achsen, Kolben-, Trieb- und Kuppelstangen, zu Federn, Rahmen, Rädern und Radreifen verwendet wird[1]).

Vanadium ist ein grauweißes Metall, das ein spezifisches Gewicht von 5,5 hat. Es wird in der Regel als eine Legierung — Ferro Vanadium — dem geschmolzenen Stahl zugesetzt. Mit Chrom oder Nickel legiert erhält man den Chrom-Vanadium- oder den Nickel-Vanadiumstahl. Nach entsprechender Wärmebehandlung zeichnen sich die Vanadiumstähle durch große Zähigkeit, vermehrte Festigkeit und höhere Elastizitätsgrenze vor dem gewöhnlichen Kohlenstoffstahl vorteilhaft aus, auch soll Vanadiumstahl, die, besonders bei wechselnden Belastungen ausgesetzten Bauteilen, wie Stangen und Federn, unangenehm in Erscheinung tretende Ermüdung in viel geringerem Maße als Flußstahl zeigen. Auch Gußeisen läßt sich durch Vanadiumzusatz veredeln, wobei seine Festigkeit um 10 bis 25 v. H. erhöht und das Korn feiner wird. Wegen des größeren Widerstandes gegen Abnutzung eignet es sich vorzugsweise für Zylinder, Schieberbüchsen und Kolben- und Schieberringe. Für Achsen und Schmiedestücke werden drei Stahlsorten hergestellt, deren maßgebende Zusammensetzung und Festigkeitszahlen in Zahlentafel 42 angegeben sind.

Zahlentafel 42.
Zusammensetzung und Festigkeitswerte von Chrom-Vanadiumstahl.

	weich	mittel	hart
Kohlenstoff	0,18 bis 0,25	0,25 bis 0,32	0,32 bis 0,40 v. H.
Mangan	0,35 „ 0,50	0,40 „ 0,60	0,40 „ 0,60 „
Chrom	0,6 „ 0,8	0,8 „ 1,0	0,8 „ 1,0 „
Vanadium	über 0,16	über 0,16	über 0,16 „
Festigkeit an der Elastizitätsgrenze	79	93	103 kg/qmm
Bruchfestigkeit	96	105	117 „
Dehnung auf 50,8 mm Länge	20	17,5	16 v. H.
Einschnürung	61	58,6	54,5 „
Härtenummer (Brinell)	277	321	340

Die angegebenen Festigkeitswerte lassen sich noch erhöhen, jedoch wird die Bearbeitung dann bereits schwierig. Durch Einsetzen erlangt man Festigkeitswerte bis zu 140 kg/qmm bei Elastizitätsgrenzen von 126 kg/qmm, 8 v. H. Dehnung und 25 v. H. Einschnürung.

Die Veredlung erfolgt durch Ausglühen der rohgeschmiedeten Teile bei 800 bis 840°, die nach langsamem Erkalten wieder auf etwa 900° erhitzt und in Öl abgeschreckt werden, worauf sie nochmals auf 600 bis 650° angelassen und langsam zum Spannungsausgleich abgekühlt werden. Zur Anwendung kommt meist für Schmiedestücke der weichste Stahl, nur für Federn wird harter Vanadiumstahl mit einer Elastizitätsgrenze von 119 bis 158 kg/qmm, einer Bruchfestigkeit von 133 bis 175 kg/qmm und einer Härte nach Brinell von 418 benutzt.

Die gegenüber gewöhnlichem amerikanischen Flußstahl erheblich vermehrte Festigkeit des Vanadiumstahles gestattet eine Erhöhung der Sicherheitsziffer oder eine Verringerung des Gewichts, was besonders bei den Kolben-, Trieb- und Kuppelstangen von hoher Bedeutung ist, da durch eine Verminderung der Gewichte der hin- und hergehenden Teile auch die Gegengewichte und damit die überschießenden Fliehkräfte kleiner werden. Die Pennsylvania-Bahn gestattet z. B. eine 25 v. H. höhere Beanspruchung der genannten Bauteile, wenn hierfür Chrom-Vanadiumstahl verwendet wird.

Das Bestreben der amerikanischen Eisenbahngesellschaften geht infolge der steten Zunahme des Verkehrs besonders in den letzten Jahren immer mehr dahin,

---

[1]) S. die Lokomotive 1914 S. 41 u. f.

durch den Bau schwerer Lokomotiven eine höhere Wirtschaftlichkeit und Leistungsfähigkeit zu erzielen. Durch Verwendung von 50 t-Wagen an Stelle der älteren 30-t-Wagen ist man imstande gewesen, bei gleicher Achsenzahl das Zuggewicht ohne bedeutende Erhöhung der toten Lasten fast zu verdoppeln, die Beförderungskosten also erheblich zu verbilligen. Neuerdings ist man auf diesem Wege noch weiter fortgeschritten und baut sogar 75- bis 80-t-Güterwagen. Das Gewicht der Personenzüge ist hauptsächlich durch die Einführung der stählernen Personenwagen gewachsen, die besonders mit Rücksicht auf die Feuergefahr und die größere Sicherheit bei Zusammenstößen erfolgt ist. Das Wagengewicht ist von 60 t in den letzten Jahren ebenfalls auf 75 bis 80 t gestiegen. Güterzüge von 4000 t bis 6000 t und Personenzüge von 1000 t sind heute in den Vereinigten Staaten keine Seltenheit mehr. Neben den nicht unerheblichen Aufwendungen für die von Jahr zu Jahr steigenden Löhne der Lokomotivmannschaften wird ferner durch die Vergrößerung der Zuggewichte vielfach der zwei- beziehungsweise viergleisige Ausbau einer Strecke vermieden oder wenigstens auf Jahre noch hinausgeschoben.

Die Leistungen, die bei derartigen Zügen von den Lokomotiven hergegeben werden müssen, sind ganz außerordentlich hoch und in erster Linie allein durch die Anwendung des Heißdampfes überhaupt ermöglicht worden.

Sehr bemerkenswert ist dabei, daß die Amerikaner trotz der gewaltigen Abmessungen ihrer Lokomotiven in voller Erkenntnis der Vorteile fast ausschließlich Zweizylinderlokomotiven mit einfacher Dehnung des Dampfes bauen und dabei die größten Kolbendrücke (bis über 50 t) in Kauf nehmen, — nur mit Rücksicht auf die einfache Bauart der Zwillingslokomotive!

Es soll allerdings hierbei nicht unerwähnt bleiben, daß infolge des fast unbeschränkten Achsdrucks sich eine Verstärkung der Achsschenkel und Zapfen viel leichter ermöglichen läßt und daß dort auch der Massenausgleich viel höher getrieben wird als bei uns, wo der Achsdruck leider immer noch auf 17 t beschränkt ist und die überschießenden Fliehkräfte 15 v. H. des ruhenden Raddrucks nicht überschreiten dürfen.

Auch die größtmöglichen Freiheiten bezüglich des lichten Raums[1]) kommen dem amerikanischen Lokomotivbauer sehr zustatten. Für die Zuglängen sind die Grenzen ebenfalls erheblich weiter als bei uns, wo die Bahnhofslängen die Aufstellung von Güterzügen bis zu 6000 t gar nicht zulassen würden.

Nach der 1 D-Lokomotive, die lange Zeit die beliebteste Bauart der Güterzuglokomotiven war, wurde in den letzten Jahren die 1 D 1-Lokomotive die Regelbauart der amerikanischen Güterzuglokomotive. Neuerdings werden jedoch auch wieder zahlreiche 1 D-Lokomotiven mit wesentlich größeren Abmessungen als für die früheren Ausführungen gebaut. Als Vorteil der 1 D 1-Bauart wird angegeben, daß sie auch rückwärts ebenso leicht durch Krümmungen läuft, wie vorwärts, was vielleicht da in Frage kommt, wo sie auf Gebirgsstrecken als Schiebelokomotive verwendet wird, und dann besonders, daß der Kessel vergrößert werden konnte, wodurch es möglich war, die Zuggeschwindigkeit zu erhöhen. Die Vergrößerung der Ausmaße und Gewichte der Lokomotiven in den letzten 10 Jahren zeigt unter anderem der Vergleich einer 1 D-Sattdampf-Güterzuglokomotive der Delaware, Lackawanna and Western-Eisenbahngesellschaft mit Woottenfeuerkiste mit einer 1 D 1-Heißdampf-Güterzuglokomotive der Chesapeake- und Ohio-Bahn, deren Beschreibungen sich im achten Abschnitt befinden.

Die Beförderung von Güterzügen, die 5000 bis 6000 t wiegen, kann natürlich auch durch 1 D 1-Lokomotiven mit Reibungsgewichten bis zu 111 t nur auf Flach-

---

[1]) Die 1 D + D + D 1-Lokomotive der Eriebahn hat z. B. eine größte Breite von 3420 mm, eine größte Höhe von 4960 mm.

landstrecken erfolgen. Sobald einigermaßen erhebliche Steigungen zu überwinden sind, genügt dieses riesige Reibungsgewicht nicht mehr zur Erzeugung der erforderlichen Zugkraft. Man half sich mit weitgehendster Anwendung von Druck- und Vorspannlokomotiven, derart, daß die Beförderung von Güterzügen mit drei Zug- und zwei Schiebelokomotiven keine Seltenheit darstellte. Daß ein derartiger Betrieb äußerst unwirtschaftlich und auch betriebsunsicher ist, ist einleuchtend. Ein großer Teil der Lokomotiven ist schlecht ausgenutzt wegen der Wartezeiten und der Leerfahrten bergab und die Kosten für die Mannschaften verteuern den Betrieb. Ein Ausweg wurde hier in der Anwendung von Malletlokomotiven gefunden, die die Anwendung von Reibungsgewichten gestatteten, die bis zum Dreifachen des bisher möglichen steigen konnten.

Die im achten Abschnitt beschriebene C + C-Malletlokomotive der Baltimore und Ohio-Bahn war die erste ihrer Art, die in den Vereinigten Staaten gebaut worden ist. Sie erregte durch ihre gewaltigen Abmessungen auf der Ausstellung in St. Louis 1904 das Erstaunen der Fachwelt, da sie dort die „schwerste Lokomotive der Welt" war. Ein Erfolg war dieser Bauart jedoch nicht beschieden, sie ist niemals nachgebaut worden. Der Ehrgeiz der amerikanischen Eisenbahngesellschaften, von denen jede „die stärkste der Welt" besitzen wollte, führte sehr bald zum Bau immer schwererer Malletlokomotiven, die vielfach nicht allein zum Schieben, sondern nunmehr auch zum alleinigen Befördern schwerer Güterzüge auf Flachlandstrecken benutzt wurden. Das Streben nach dem Besitz absonderlicher Lokomotiven ging sogar so weit, daß eine Eisenbahngesellschaft eine 2 B + C 1-Malletlokomotive mit 1830 mm Triebraddurchmesser zur Beförderung von Schnellzügen verwendet hat! Als raschlaufende Lokomotive ist die Malletbauart des kurzen Radstands ihrer Dampfdrehgestelle und des großen Eigenwiderstandes wegen natürlich gänzlich ungeeignet, und es ist daher auch nicht verwunderlich, daß der Versuch vollständig mißlang.

In eigenartiger Weise wurden aus 1 D- und 1 C 1-Lokomotiven Gelenklokomotiven gebaut, indem von der ersten die Rauchkammer, von der zweiten die Feuerkiste und hintere Laufachse abgebaut und beide Lokomotiven durch eine Gelenkeinrichtung zwischen den Rahmen verbunden wurden, so daß eine 1 C + C 1-Lokomotive entstand. Der hintere Kessel diente als Dampferzeuger und war mit dem vorderen durch eine nachgiebige Verbindung, die als Kugelstopfbüchse oder als biegsame Blechverbindung (vgl. fünfter Abschnitt 1 e) ausgebildet war, verbunden. Da dieses Verbindungsstück natürlich keinen Druck aushalten konnte, wurde der Vorderkessel zum Einbau von Überhitzern für Hoch- und Niederdruckdampf sowie eines Speisewasservorwärmers benutzt.

Diese Bauart ist ebenfalls nicht ernst zu nehmen, da der Hinterkessel allein nicht genug Dampf erzeugen kann, um die dem erhöhten Reibungsgewicht entsprechende Vermehrung der Zugkraft auszunutzen. Die Geschwindigkeit muß trotz wirtschaftlicherer Ausnutzung der Kohle infolge der Anwendung von Überhitzern, Speisewasservorwärmer und Verbundwirkung erheblich verringert werden.

In den letzten Jahren hat der Bau von großen Malletlokomotiven beträchtlich nachgelassen. Einesteils liegt der Grund hierfür darin, daß die Eisenbahngesellschaften, die auf ihren Strecken derartige Riesenlokomotiven tatsächlich für ihre besonderen Verhältnisse noch wirtschaftlich verwenden können, bereits eine genügende Anzahl im Dienst haben. Andrerseits ist es durch die Anwendung des Schmidtüberhitzers in Verbindung mit dem in die Feuerbüchse eingebauten Schirm und einer Verbrennungskammer sowie dem selbsttätigen Rostbeschicker gelungen, äußerst leistungsfähige 1 D 1- und für besondere Zwecke 1 E 1-Lokomotiven zu bauen, deren Verwendungsmöglichkeit viel größer ist als die der schwerfälligen Malletlokomotiven, und deren Unterhaltungskosten vor allem erheblich geringer sind.

Die fast überschwengliche Begeisterung, mit der der Bau von Malletlokomotiven in den Vereinigten Staaten aufgenommen wurde, die zum größten Teil wohl dem Ehrgeiz der Eisenbahngesellschaften entsprang, jeweils die „größte Lokomotive der Welt" zu besitzen (was zu Werbezwecken natürlich weidlich ausgenutzt wurde), hat in der letzten Zeit merklich abgeflaut, da jedenfalls die Wirtschaftlichkeit der Riesenlokomotiven sehr zu wünschen übrig gelassen hat.

Eine eigenartige Malletheißdampflokomotive wurde im Jahre 1913 von den Baldwin-Werken für die Eriebahn gebaut. Sie unterscheidet sich von den bisher gebauten dadurch, daß auch die Tenderachsen angetrieben werden. Die Lokomotive hat sechs gleiche Zylinder, von denen zwei Hochdruck- und vier Niederdruckzylinder sind. Sie hatte übrigens gewissermaßen auch schon eine Vorgängerin, denn eine ähnliche Bauart mit angetriebenem Tender ist bereits im Jahre 1860 auf der englischen Nordbahn versucht, aber, jedenfalls wegen der hohen Unterhaltungskosten, bald wieder aufgegeben worden. Diese — zur Zeit wenigstens — schwerste Lokomotive der Welt, die zum Schieben schwerer Kohlenzüge der Eriebahn dient, ist im achten Abschnitt beschrieben.

Eine bemerkenswerte Tatsache im amerikanischen Lokomotivbau ist, daß Verbundwirkung seit der Einführung des Heißdampfs noch weniger angewendet wird wie schon bisher. Zweizylinder-Verbundlokomotiven sind in den Vereinigten Staaten meines Wissens überhaupt nicht gebaut worden. Die einzige Eisenbahnverwaltung, die die Verbundwirkung anwendet, ist die Atchison, Topeka und Santa Fé-Bahn, die seit dem Jahre 1903 Vierzylinder-Verbundlokomotiven eingeführt und auch neuerdings eine größere Anzahl derartiger Lokomotiven mit Schmidtüberhitzer in Betrieb genommen hat, die als 2 C 1-Lokomotiven gebaut, zur Beförderung schwerer Personenzüge dienen.

Als Personenzuglokomotive hat sich die 2 C 1, die sogenannte Pacific-Lokomotive, immer mehr eingeführt, so daß sie heutzutage als die Regelbauart für die Beförderung schwerer Schnellzüge mit hohen Geschwindigkeiten angesehen werden kann. Die ersten 2 C 1-Lokomotiven wurden als Schmalspurlokomotiven von den Baldwin-Werken 1901 für die Neu-Seeland-Staatsbahnen geliefert. 1902 baute die Amerikanische Lokomotiv-Gesellschaft die ersten Regelspurlokomotiven der Pacificbauart für die Missoury Pacific und die Chesapeake und Ohio-Bahn.

Vor der 2 C-Bauart hat die 2 C 1-Lokomotive den Vorteil, daß sie bei Anwendung der breiten Feuerbüchse die Unterbringung größerer und vor allem tiefliegender Rostflächen und größerer Kessel gestattet. Sie wird in umfangreichem Maße zur Beförderung schwerer Personenzüge von 600 bis 800 t Gewicht und, mit kleineren Triebrädern, auch für den Eilgüterzugdienst benutzt.

Eine der leistungsfähigsten 2 C 1-Zwillings-Heißdampflokomotiven ist die im achten Abschnitt beschriebene der Pennsylvania-Bahn, die mit allen neueren Einrichtungen versehen ist.

Eine sehr bemerkenswerte Ausführung stellt die dort ebenfalls beschriebene 2 B 1-Schnellzuglokomotive der Pennsylvania-Bahn dar, die jedoch als Ausnahme aufzufassen ist. Diese Lokomotive zeichnet sich durch weitgehende Verwendung des hochwertigen Vanadiumstahls und die sorgfältige Konstruktion aller Einzelteile sowie dadurch aus, daß bei ihr die größten bisher üblichen Triebachsdrücke überschritten sind. Sie hat ein Reibungsgewicht von 60,4 t, also einen Raddruck von 15,1 t. Entsprechend den gewaltigen Kesselabmessungen ist die Leistung der Lokomotive durchaus mit denen der 2 C 1-Lokomotiven in Vergleich zu stellen. Sie befördert z. B. auf der Strecke Manhattan Transfer N.Y. und Philadelphia Pa., auf der für längere Zeit mit einer Geschwindigkeit von rund 100 km/st gefahren wird, Züge von 13 Stahlwagen und 984 t Gewicht. Hierzu ist eine Leistung von etwa 2650 PS$_i$ erforderlich, entsprechend 520 PS$_i$ für 1 qm Rostfläche, was bei breiten

Rostflächen immerhin einen ganz beträchtlich hohen Wert darstellt. Da aber die Zylinder der Lokomotive viel zu klein sind, so muß bei der angegebenen Leistung mit ganz unwirtschaftlichen Füllungen gefahren werden, die einen hohen Dampfverbrauch bedingen. Wenn trotzdem die Lokomotive 2650 indizierte Pferdestärken dauernd hergeben konnte, so zeigt dies, daß der Kessel zwar mit übermäßig großen Abmessungen, aber als Kessel mit breiter Feuerbüchse im übrigen recht gut durchgebildet ist.

Hier sei dem Verfasser gestattet, eine Betrachtung über amerikanische und europäische, besonders aber in Deutschland übliche Achsbelastungen einzuschalten.

Es ist eine vielverbreitete Auffassung, daß die zur Erzielung derartig hoher Leistungen angewendeten Achsdrücke von 30 und mehr Tonnen der amerikanischen Lokomotiven im wesentlichen durch den besseren Oberbau und das größere Umgrenzungsprofil ermöglicht werden. Die nachstehenden Ausführungen werden jedoch darlegen, daß es mit dem Oberbau in Amerika im allgemeinen nicht besser bestellt ist als bei uns, und daß die ungeheuren Achsdrücke nach dem gegenwärtigen Stande der Technik bei weitem nicht nötig sind, um allen vernünftigen Betriebsanforderungen zu genügen.

Über die Achsdrücke neuerer amerikanischer Lokomotiven gibt die Zahlentafel 43 Aufschluß, die der Railway Age Gazette 1913 entnommen ist. Danach beträgt der höchste Triebachsdruck der im Jahre 1913 gebauten 1 D 1- beziehungsweise 1 D-Güterzuglokomotiven 27,8 beziehungsweise 26,7 t, der 2 C 1-Schnellzuglokomotiven 28,6 t. Die 2 B 1-Schnellzuglokomotive der Pennsylvania-Bahn (achter Abschnitt) hat sogar einen Achsdruck von 30,4 t.

Aber nicht allein diese gewaltigen Achsdrücke sind es, durch die der amerikanische Oberbau beträchtlich höher beansprucht wird als unser deutscher Oberbau, — in ganz besonders hohem Maße wirken auch noch die durch die Gegengewichte bedingten überschüssigen Fliehkräfte auf die Schienen ein. Für die dadurch erfolgende Vermehrung der Radbelastungen sind in den Vereinigten Staaten keine so engen Grenzen gezogen wie bei uns, wo sie bekanntlich bei der höchsten Geschwindigkeit der Lokomotive leider nur bis zu 15 v. H. des ruhenden Raddrucks betragen dürfen.

Wie weit man in dieser Beziehung geht, zeigt ein Aufsatz in der Railway Age Gazette vom 26. Dezember 1913, wo gesagt wird, daß „das augenscheinlich übertriebene Gewicht der Triebachsen von je 30,4 t der 2 B 1-Lokomotive der Pennsylvaniabahn dennoch zulässig erscheint, weil die dynamische Vermehrung des Achsdrucks durch die Gegengewichte bei 70 Meilen = 113 km in der Stunde weniger als 30 v. H. des ruhenden Raddrucks beträgt! — Bei einem Triebraddurchmesser von 2030 mm, wie ihn die in Frage stehende Lokomotive hat, machen die Triebräder bei $V = 113$ km/st 4,93 Umdrehungen in der Sekunde, es erfolgt also rund in jeder fünftel Sekunde eine zusätzliche Belastung und eine Entlastung von $\frac{30 \cdot 30,4}{100 \cdot 2} = 4{,}56$ t, der Raddruck wechselt also in Einfünftel-Sekunde zwischen $15{,}2 - 4{,}56 = 10{,}64$ t und $15{,}2 + 4{,}56 = 19{,}76$ t! Dies sind allerdings ganz gewaltige „Hammerblows", die den Oberbau mißhandeln, die aber nicht gescheut werden, wenn es darauf ankommt, leistungsfähige Lokomotiven zu bauen. Der Hersteller des Oberbaus hat sich nach den Anforderungen des Betriebs und nach dem Lokomotivbauer zu richten, nicht umgekehrt wie bei uns, wo der Bauingenieur den höchsten Raddruck vorschreibt und leider — dies muß einmal ausgesprochen werden — im allgemeinen ohne zwingende Notwendigkeit, zum Schaden eines ganz erheblichen Fortschritts im Lokomotivbau und Betrieb unentwegt festhält.

Daß diese gewaltigen Schienenbeanspruchungen in Amerika nicht etwa vereinzelt vorkommen, zeigt eine weitere Stelle in dem erwähnten Aufsatz, „daß diese Lokomotiven keine schlechtere Wirkung auf das Geleise ausüben, als die Mehrzahl

Zahlentafel 43.

Zusammenstellung der Hauptabmessungen amerikanischer Heißdampflokomotiven.

Bemerkenswerte Mikado- (1D1-) Lokomotiven erbaut im Jahre 1913.

Nummer	Laufachse	Gewichte Triebachsen G_r	Durchschn. f. 1 Triebachse	Schleppachse	Gesamtgewicht	Zylinder Durchmesser u. Hub d/s	Triebrad Durchm. D	Dampfdruck p	Größte Zugkraft Z^*	Rostfläche R	Heizfläche Rohre	Heizfläche Feuerbüchse H_a	Heizfläche Gesamt H_{ges}	Heizfläche Überhitzer H_u	Tender Kohle	Tender Wasser	Radstand der Triebachse	Radstand Gesamt	C_1^{**}	C_2^{***}	H_u in % von H_{ges}	$H_{ges}:R$	H_n in % von H_{ges}	$\frac{d^2 \cdot s}{4} \cdot s : H_{ges}$ 1:qm
	t	t	t	t	t	mm	mm	at	kg	qm	qm	qm	qm	qm	t	cbm	m	m			%			
1	12,48	111,1	27,8	22,4	146	686/762	1600	13,35	25400	5,54	417	20,2	440	100,6	12	28,4	5,03	11,0	2240	20,2	4,6	79,5	22,9	0,64
2	13,48	108,8	27,3	22,2	145	711/762	1600	12,64	25900	6,54	303	26,9	334	78,4	16	37,9	5,03	10,74	2420	22,2	8,1	51,1	23,5	0,91
3	13,15	108,8	27,0	23,6	145	711/762	1600	12,64	25 600	5,85	373	21,4	397	83,4	12,5	34,1	5,18	10,72	2420	22,4	5,4	67,8	21,0	0,76
4	17,06	103,4	25,9	23,9	144,5	686/762	1575	13,35	25 400	5,76	422	25,4	447	102,2	12,5	30,3	5,03	10,72	2280	22,1	5,6	77,6	23,2	0,65
5	12,70	106,0	26,4	20,7	139,5	711/762	1600	13,00	26 600	5,30	380	20,8	403	88,6	15	32,2	5,03	10,40	2420	22,0	5,2	76,2	22,0	0,76
6	12,70	103,0	25,8	21,1	137	686/813	1549	11,95	25500	5,85	366	21,4	390	82,6	13,3	31,4	5,34	11,10	2470	24,0	5,5	66,8	21,2	0,77
7	12,25	97,4	24,3	20,9	130,2	673/762	1549	13,00	25500	5,34	314	21,1	337	77,2	14	32,2	5,03	10,70	2230	22,8	6,3	66,8	22,9	0,81
8	11,80	96,8	24,2	19,7	128,4	686/762	1600	12,30	24700	5,24	316	22,5	338	70,3	15	34,1	5,03	10,70	2240	23,1	5,9	63,5	20,8	0,84
9	11,16	96,6	24,2	20,0	96,6	660/762	1600	14,05	24100	6,64	369	22,5	392	82,6	15	34,1	5,03	10,72	1940	20,1	5,7	59,1	21,1	0,62
10	10,75	91,4	22,9	14,7	117,0	597/813	1600	12,65	19500	4,58	316	18,6	335	52,6	16	26,5	5,03	10,80	1810	19,7	5,6	73,1	15,7	0,68

Bemerkenswerte Pacific- (2 C1-) Lokomotiven erbaut im Jahre 1913.

11	20,9	86,0	28,6	26,2	132,8	660/660	2032	14,40	17240	5,15	320	19,0	342	78,5	17,3	30,3	4,22	10,72	1415	16,4	5,6	64,4	22,9	0,66
12	21,1	84,8	28,0	25,4	130,4	635/711	1854	14,05	18360	8,81	332	22,9	358	76,2	10	34,2	3,96	10,62	1550	18,4	6,2	40,6	21,3	0,63
13	21,5	84,6	28,2	22,7	128,7	635/711	1753	14,05	19520	5,38	346	18,5	367	80,6	14	30,3	3,96	10,08	1640	19,4	5,0	68,2	22,0	0,61
14	23,3	81,6	27,2	23,0	127,9	686/711	1854	13,00	19710	5,53	328	20,4	352	81,6	14	30,3	3,96	10,40	1810	22,2	5,8	63,6	23,2	0,75
15	24,0	79,2	26,4	24,5	127,4	648/711	1854	13,35	18850	5,85	303	19,8	325	74,8	14	30,3	3,96	10,08	1605	20,3	6,1	55,6	23,0	0,72
16	25,6	74,5	24,8	23,2	123,0	4+4+6/711	1854	14,78	15410	5,35	300	16,8	320	57,4	12	32,2	4,17	10,69	2090	28,0	5,3	59,9	17,9	—
17	22,7	78,0	26,0	22,2	122,9	597/660	2007	14,05	14000	5,25	296	19,0	319	71,9	12	34,2	4,27	11,14	1570	15,0	6,0	60,8	22,6	0,58
18	22,5	75,1	25,0	20,2	117,8	635/711	1829	12,68	16800	6,18	330	22,4	355	78,2	14	32,2	3,96	10,40	1570	20,8	6,3	57,4	22,0	0,63
19	22,2	69,8	23,2	20,0	114,0	610/711	1854	14,05	17050	4,94	287	17,5	307	72,5	13	22,7	4,28	10,50	1425	20,4	5,7	66,2	23,6	0,68
20	22,4	72,3	24,0	18,2	112,6	610/711	1930	13,00	15200	5,25	219	17,5	238	54,5	16	26,5	4,02	10,43	1365	18,9	7,2	45,3	22,9	0,87

Bemerkenswerte (1 D-) Lokomotiven erbaut im Jahre 1913.

21	13,8	107,0	26,7	—	120,8	660/672	1448	13,00	25350	6,20	306	20,4	326	71,9	15	34,2	5,18	8,23	2290	21,4	6,3	52,6	22,1	0,80
22	11,6	104,2	26,2	—	116,0	635/762	1448	13,00	23500	9,27	192	23,8	287	57,8	14	34,2	5,18	7,96	2130	20,4	8,3	31,0	20,1	0,84
23	13,6	101,8	25,4	—	115,1	660/762	1422	12,30	24450	5,81	184	18,4	281	64,6	17	34,2	5,18	8,18	2340	23,0	6,5	48,3	23,0	0,93
24	11,3	84,5	24,9	—	95,7	610/762	1549	12,65	19500	4,96	203	16,5	222	48,5	12	27,7	5,18	7,92	1830	21,6	7,4	44,8	21,8	1,00

*) Die Zugkraft Z ist berechnet nach der Formel $Z = 0{,}85 \cdot p \cdot C_1$. **) $C_1 = \dfrac{d^2 \, s}{D}$. ***) $C_2 = \dfrac{d^2 \, s}{D \cdot G_r}$.

der amerikanischen Personenzuglokomotiven, die einen rund 4,5 bis 5,5 t geringeren Achsdruck haben!

Das Schienengewicht wird in den Vereinigten Staaten vielfach nach einer Faustregel bestimmt, wonach dieses für jede 3000 Pf. Raddruck 10 Pf. für 1 Yard betragen soll. Auf deutsche Maße umgerechnet ergibt sich für jede 1,36 t Raddruck ein Schienengewicht von 4,97 kg/m.

Die Zahlentafel 44 gibt die nach obiger Regel anzuwendenden Schienengewichte:

Zahlentafel 44.
Schienengewichte bei amerikanischen Eisenbahnen.

Raddruck in t	8	8,5	9	10	11	12	13	14	15
Schienengewicht in kg/m	29,6	30,5	32,9	36,6	40,2	43,8	47,5	51,2	54,8

Die Bettung amerikanischer Bahnen ist im allgemeinen nicht so gut wie in Deutschland. Einige gering belastete Bahnen des Westens besitzen überhaupt kaum eine besondere Bettung. Der Gleisbau liegt öfter unmittelbar auf dem entsprechend entwässerten Boden. Es werden vorwiegend hölzerne Schwellen verlegt (Eiche oder Kiefer), die jedoch in einem geringeren Abstande voneinander liegen als bei uns (Mittenabstand rund 0,5 m). Die Schienengewichte und Querschnitte sind bei den einzelnen Bahnen der Vereinigten Staaten sehr verschieden, doch werden stets Breitfußschienen angewendet. Dagegen ist jedoch die Schienenfußbreite größer, die Schienenhöhe aber kleiner als bei gleichschweren deutschen Schienen.

Unser Oberbau mit 41-kg-Schienen würde nach der obigen Zusammenstellung in Amerika statt mit 8,5 t mit 11 bis 12 t Raddruck belastet werden, wobei noch zu beachten ist, daß bei uns die durch die Fliehkraft der Gegengewichte bedingten Veränderungen der Belastung im Höchstfalle nur um 15 v. H. nach oben und unten schwanken. Da ferner infolge der geringeren Höhe der amerikanischen Schienen ihr Widerstandsmoment kleiner ist, als das einer gleichschweren deutschen Schiene, so folgt, daß die Amerikaner bedeutend höhere Biegungsbeanspruchungen zulassen als wir, oder auch, daß die Sicherheitsziffer bei der Berechnung erheblich geringer ist, als sie bei uns angenommen wird.

Da der Baustoff der amerikanischen Schienen keineswegs besser ist als der der deutschen, so zeigen uns die Amerikaner, daß wir unbedenklich mit der Beanspruchung höher gehen können und endlich höher gehen sollten.

Wenn wir nun auch keineswegs die gewaltigen Achsdrücke amerikanischer Lokomotiven für unsere Lokomotiven anstreben, so steht doch mit Sicherheit fest, daß unser Oberbau erheblich höhere Achsdrücke als 16 bis 17 t aufnehmen kann, und daß die Abnutzung der Geleise selbst bei Achsdrücken von 20 t noch in durchaus zulässigen Grenzen bleiben dürfte. Auch die Brücken, Stein- wie Eisenbrücken, würden ohne weiteres die erhöhte Belastung vertragen.

Die Vorteile, die sich durch die auf etwa 20 t erhöhten Achsdrücke für den Bau der Lokomotiven erzielen lassen und auf die ich seit langer Zeit schon hingewiesen habe, ohne daß allerdings eine wesentliche Erhöhung der zulässigen Radbelastungen seitens der maßgebenden Kreise bisher zugebilligt worden wäre, sind derartig weitgehend, daß ich es für meine Pflicht halte, nochmals auch an dieser Stelle nachdrücklich darauf hinzuweisen.

Die anerkannt beste Schnellzuglokomotive, die 2 B - Lokomotive, würde als einfache Zwillingslokomotive mit einem Reibungsgewicht von etwa 40 t imstande sein, auf nicht allzu steigungsreichen Strecken alle Schnellzüge zu befördern, die zurzeit im gewöhnlichen Verkehr vorkommen. Die 2 C-Vierzylinder-Verbundlokomotive würde überflüssig sein, da die dritte Achse nur beim Beschleunigen der Züge von Nutzen ist, bei den üblichen Charakteristiken dieser Lokomotiven dabei aber wegen der Verbundmaschine nicht einmal voll angetrieben werden kann. Bei schneller Fahrt muß die dritte Triebachse nur kraftverzehrend mitgedreht werden. Bei 40 t Reibungsgewicht und einer dabei ausführbaren Rostfläche von etwa 2,80 qm würde die 2 B-Lokomotive eine kaum zu übertreffende Schnellzuglokomotive sein, die sich durch sparsamen Kohlen- und Wasserverbrauch, leichte Bedienung und billige Unterhaltung vorteilhaft vor den jetzigen 2 C-Verbundlokomotiven mit 17 t Achsdruck auszeichnen würde.

Auch bei Güterzuglokomotiven würde sich durch Erhöhung der jetzt zulässigen Achsdrücke von 17 t auf etwa 20 t erheblich einfachere und billigere Lokomotiven bauen lassen. Eine D-Güterzuglokomotive mit einem Gewicht von 80 t wäre unbedingt leistungsfähiger als eine E-Lokomotive mit $5 \times 17 = 85$ t Gewicht, da ihr Laufwiderstand besonders in Krümmungen erheblich kleiner ist. Eine derartige Lokomotive könnte Dauerzugkräfte ausüben, die die jetzt gebräuchlichen Kuppelungen schon bis zur höchstzulässigen Grenze beanspruchen würden. Eine E-Lokomotive mit 100 t Reibungsgewicht würde auch den stärksten Anforderungen der Zukunft bezüglich Zugkraft und Leistungsfähigkeit genügen und alle 1 E- oder 1 E 1-Lokomotiven mit 17 t Achsdruck in jeder Beziehung übertreffen.

Auf jeden Fall würden die Ersparnisse bei der Beschaffung im Betriebe und in der Unterhaltung so erheblich sich gestalten, daß ein doch nur ganz unbeträchtlich größer werdender Verschleiß der Schienen und die Verstärkung einiger eiserner Brücken (Steinbrücken würden die Erhöhung der Achsbelastungen auf 20 t ohne weiteres aushalten) in kurzer Zeit mehr als aufgewogen sein würden.

Hier verdient auch noch auf die Ersparnisse hingewiesen zu werden, die durch die Erhöhung der Achsdrücke der Wagen zu erzielen sind. Die Beförderungskosten verringern sich, da das Verhältnis des toten Gewichts zum Ladegewicht günstiger wird. Ähnliches gilt für Personenwagen. Die Platzzahl kann vergrößert und eine Verstärkung solcher Bauteile vorgenommen werden, die jetzt erfahrungsgemäß noch einem schnelleren Verschleiß unterworfen sind, aber aus Gewichtsrücksichten nicht kräftiger gebaut werden können, z. B. die Drehgestelle.

Nicht unerwähnt soll auch bleiben, daß durch die Vergrößerung der Achsdrücke, also durch das erhöhte Ladegewicht der Wagen, sich ein erheblich verminderter Eigenwiderstand für die Gewichtseinheit ergibt. Während wir z. B. bei unseren 20-t-Güterwagen allgemein mit einem Laufwiderstand von 2,5 kg/t rechnen, haben diesbezügliche amerikanische Versuche für Wagen mit 65 t Ladegewicht nur einen solchen von 1,25 bis 1,50 kg/t ergeben. Bis zu 30 km/st-Geschwindigkeit etwa kann der Widerstand derartiger Güterzüge etwa durch die Formel

$$Z_e = \left(1{,}25 + \frac{V^2}{2000}\right) \cdot (G_{l+t} + G_w)$$

ausgedrückt werden. Die Verringerung des Laufwiderstandes bedingt eine ganz erhebliche Vermehrung der Schleppkraft. Das Wagengewicht kann bei derselben Leistung der Lokomotive ungefähr um

$$\frac{2{,}5 + \dfrac{V^2}{2000}}{1{,}25 + \dfrac{V^2}{2000}}$$

das sind bei 30 km/st $\dfrac{2{,}95}{1{,}70} = 73{,}5\,\%$ auf $1 : \infty$ vergrößert werden.

Zurückkommend auf die Größenverhältnisse amerikanischer Heißdampflokomotiven sei nochmals auf die Zahlentafel 43 hingewiesen, in der von einer Anzahl 1 D 1-, 2 C 1- und 1 D-Heißdampflokomotiven, die im Jahre 1913 erbaut sind, die wichtigsten Abmessungen sowie einige Rechnungswerte angegeben sind.

Bemerkenswert ist hierbei ein Vergleich mit den Angaben der Zahlentafel 45, die die Grenzwerte und Hauptabmessungen amerikanischer Lokomotiven aus dem Jahre 1905 nach einem Vortrag von Mühlfeld, dem Generalsuperintendenten der Baltimore- und Ohio-Bahn, angibt.

Zahlentafel 45.

Grenzwerte und Hauptabmessungen amerikanischer Lokomotiven aus dem Jahre 1905.

	Güterzug-Lokomotiven	Personen- und Schnellzug-Lokomotiven	Verschiebe-Lokomotiven
Gesamtgewicht . . . . kg	60 000—152 000	37500—85000	46 000—78 000
Triebraddurchmesser . . . . mm	1370—1750	1725—2140	∼ 1270
Kesseldruck . . . . Atm.	14—16$^1/_2$	12$^1/_4$—15$^1/_2$	∼ 14
Fester Radstand . . . . mm	3000—6000	2100—4500	2100—4000
Rostfläche . . . . qm	3—6,7	2,25—8,1	1,5—3,6
Länge der Siederöhren . . . . mm	3600—6400	3400—6100	3350—4270
Größter Schieberweg . . . . ,,	136—200	127—182	136—200
Äußere Deckung . . . . ,,	19—32	16—32	19—32
Innere Deckung . . . . ,,	0,8 bis minus 10	0 bis minus 10	0,8 bis minus 10
Heizfläche : Rostfläche	56—103	24,4—73	58—97
Heizfläche der Siederöhren . Heizfläche der Feuerbüchse	9,45—24,45	10,14—18,56	13,87—19,5
Triebachslast : Anzugskraft	3,52—5,93	4,24—6,11	4,16—4,51

Hier fällt zunächst die gewaltige Steigerung der Lokomotivgewichte in etwa 10 Jahren auf. Die C + C-Malletlokomotive der Baltimore- und Ohio-Bahn mit einem Reibungsgewicht von 152 t, die auf der Ausstellung in St. Louis noch die „schwerste Lokomotive der Welt" war, wird beinahe von der einfachen 1 D 1-Lokomotive Nr. 1 erreicht, die bereits ein Gesamtgewicht von 146 t besitzt. Ihr Triebachsdruck beträgt 27,8 t gegenüber 25,33 t der Malletlokomotive, was 1904 schon als ganz außerordentliche Belastung angesehen wurde. Gegenwärtig ist man, wie schon erwähnt, auf Achslasten von 30,5 t gekommen, und es ist nicht ausgeschlossen, daß die Achsdrücke noch weiter erhöht werden.

Bedingt werden die hohen Achsbelastungen in erster Linie durch die großen Kessel, die in den Vereinigten Staaten durchweg mit ganz erheblich größeren Rost- und Heizflächen versehen werden, als es unseren Anschauungen entspricht.

Während vor etwa 10 Jahren noch der Kesseldurchmesser von 2135 mm, wie ihn die C + C-Malletlokomotive der Baltimore- und Ohio-Bahn aufweist, als kaum zu übertreffendes Höchstmaß angesehen wurde, sind die Kesseldurchmesser besonders bei den Malletlokomotiven ganz beträchtlich vergrößert worden.

Die 1 D + D 1-Lokomotive der Virginischen Eisenbahn erreicht einen größten Kesseldurchmesser von 2845 mm bei einem Kesseldruck von 13 Atm.! Der kleinste Durchmesser beträgt vorn an der Rauchkammer 2540 mm. Diese Abmessungen sind bisher noch nicht überschritten worden, der Kessel der 1 D + D + D 1-Lokomotive hat einen größten Kesseldurchmesser von „nur" 2590 mm, wobei allerdings zu beachten ist, daß die Dampfspannung 14,7 Atm. beträgt; die Blechstärke des Langkessels ist dabei 25,4 mm! —

Diese außergewöhnlich großen Kesseldurchmesser bedingen eine sehr hohe Kessellage, die Kesselmitte liegt zum Beispiel bei der 1 D + D + D 1-Lokomotive 3230 mm über Schienenoberkante. Trotzdem konnte noch keine tiefe Feuerbüchse untergebracht werden, da die breite Rostfläche über 1600 mm großen Triebrädern gelagert ist. Der lichte Raum wurde für diese Lokomotive stark vergrößert, die Schornsteinoberkante liegt z. B. 4960 mm über S.-O.

Die Anzahl der Siederohre und Rauchrohre ist natürlich bei den großen Heizflächen ebenfalls sehr hoch. Bei einer wasserverdampfenden Heizfläche von 635 qm und einer Überhitzerheizfläche von 122 qm sind bei der 1 D + D 1-Malletlokomotive der Virginiabahn (vgl. achter Abschnitt) 344 Siederohre und 48 Überhitzerelemente vorgesehen, wobei die Siederohrlänge 7320 mm beträgt. Diese gewaltige Länge der Rohre, die dabei nur 57,2 mm Durchmesser haben, ergibt an der Rauchkammer ziemlich minderwertige Heizflächen, sie wird aber durch die als erforderlich erachtete Kessellänge bedingt, die 15,6 m beträgt! Vor der 3 m langen Rostfläche liegt noch eine 1370 mm lange Verbrennungskammer, so daß bei der insgesamt 36 qm großen unmittelbaren Heizfläche bereits ein sehr erheblicher Teil der erzeugten Wärmemenge hier aufgenommen und in den Siederohren verhältnismäßig wenig Wärme abgegeben wird. Um so mehr ist die große Siederohrlänge überflüssig, der vordere Teil hätte zweckmäßiger als Speisewasservorwärmer ausgebildet werden können, da hierdurch infolge des größeren Wärmegefälles eine bessere Ausnützung der Heizgase ermöglicht wird.

Einen ähnlichen Kessel hat die 1 D + D + D 1-Malletlokomotive der Eriebahn. Ihr Überhitzer ist noch größer, bei einer wasserverdampfenden Heizfläche von 640 qm beträgt die Überhitzerheizfläche 147 qm, die in 53 Elementen in 5 Reihen untergebracht ist.

Die Rostflächen der in Zahlentafel 43 angegebenen Lokomotiven liegen meist um 5,5 qm, wenn backende Kohle verbrannt wird. Bei Anwendung feinkörniger Anthrazitkohle, die nicht in hoher Schicht verbrannt werden kann, geht man sogar bis 9,27 qm herauf. Hier gestattet die Anwendung selbsttätiger Rostbeschicker beinahe beliebig große Rostflächen, die von Hand gar nicht zu bedienen wären.

Je nach den bewilligten Triebachsdrücken kann die Heizfläche im Verhältnis zur Rostfläche sehr verschieden sein. Man findet daher auch in Spalte 22 der Zahlentafel 43 für die Werte von $H:R$ die größten Abweichungen, sie schwanken zwischen etwa 45 und 80. Bei den sehr großen Rostflächen geht man sogar auf 31 herab.

Das Verhältnis der Überhitzerheizflächen zur wasserverdampfenden Heizfläche ist dagegen merkwürdigerweise sehr gleichmäßig, es schwankt nur sehr wenig, meist ist $H_ü$ etwa 22 v. H. von H_w. Es ist zwar etwas geringer als bei europäischen Lokomotiven, jedoch dürfte die geringere Überhitzerheizfläche in Anbetracht der vielfach reichlich großen Siederohrheizflächen, die dann geringer als bei unsern Lokomotiven beansprucht werden, noch genügend hohe Überhitzung gewährleisten.

Die Zylinderberechnung haben die Amerikaner bisher noch auf keine wissenschaftliche Grundlage gestellt. Die Zylinder werden nach der größten Zugkraft bestimmt, die zu $\frac{1}{4}$ bis $\frac{1}{4,5}$ des Reibungsgewichts angenommen wird. Da der Triebachsdruck außerordentlich hoch gewählt wird, so können sehr große Rost- und Heizflächen untergebracht werden, die dann in sehr schlechtem Verhältnis zu den Zylinderabmessungen stehen. Als Maß kann zum Vergleich das Verhältnis Zylinderinhalt in l : wasserverdampfende Heizfläche in qm dienen, das bei den preußischen Heißdampf-Güterzuglokomotiven etwa 1,3, bei Personen- und Schnellzuglokomotiven etwa 1,1 bis 1,3 beträgt; allerdings bei Anwendung tiefer, schmaler Rostflächen, die eine erheblich bessere Verbrennung ergeben, als selbst die von Verbrennungskammern, Feuerschirmen und mechanischen Rostbeschickern unterstützten breiten amerikanischen Rostflächen.

Wie aus der Zahlentafel 43 Spalte 24 ersichtlich ist, ist das Verhältnis $\frac{d^2 \pi}{4} \cdot s^l : H^{qm}$ der amerikanischen Heißdampflokomotiven ganz erheblich kleiner, es schwankt zwischen 0,58 und 1,0, die Heizflächen sind also gegenüber den bei europäischen Lokomotiven üblichen, bewährten Abmessungen viel zu groß bemessen.

Die Folge ist eine beträchtlich geringere Belastung der Rost- und Heizflächen als bei uns üblich ist, oder aber die Zylinderfüllungen werden bei größeren Leistungen über die wirtschaftlichen Grenzen hinaus stark gesteigert, was natürlich schlechtere Dampfausnutzung bedingt.

Die im achten Abschnitt beschriebene 2 B 1-Lokomotive der Pennsylvania-Bahn hat zum Beispiel ein Reibungsgewicht von 60,4 t. Die größte Zugkraft soll bei $\mu = \dfrac{1}{4,5}$ erreicht werden, wobei der mittlere Druck in den Zylindern bei der größten Füllung zu $0,8 \cdot p = 0,8 \cdot 14,4$ Atm. angenommen wird. Mit einem Hub $s = 661$ mm und einem Triebraddurchmesser $D = 2032$ mm ergibt sich dann

$$\frac{d^2 s}{D} \cdot 0,8\, p = Z_{i\,\max} = \frac{60,4}{4,5}$$

$$d = \sqrt{\frac{13350 \cdot 2032}{0,8 \cdot 14,4 \cdot 661}} = 597 \text{ mm.}$$

Bei dieser Art der Zylinderberechnung wird natürlich auf den Betrieb fast gar keine Rücksicht genommen. Die Zylinder sind so bestimmt, daß bei ausgelegter Steuerung, wobei sich ein mittlerer Druck von $0,8\, p$ ergibt, gerade die Schleudergrenze erreicht wird.

Für die vorliegende Lokomotive ist die Charakteristik

$$C_1 = \frac{d^2 s}{D} = \frac{597^2 \cdot 661}{2032} = 1160.$$

Die meistgebrauchte Zugkraft, entsprechend dem günstigsten Dampfverbrauch bei einem $p_{mi} = 4$ Atm. (bei 14,4 Atm. Kesseldruck) ist daher $Z_i = 4 \cdot 1160 = 4640$ kg.

Bei $V = 110$ km/st beträgt dann die Leistung $N_i = \dfrac{4640 \cdot 110}{270} = 1890$ PS$_i$, was bei einer Rostfläche von 5,12 qm einer Leistung von nur $\dfrac{1890}{5,12} = 370$ PS$_i$/qmR entspricht.

1 qm Rostfläche gibt bei Heißdampflokomotiven, bei denen gute Kohle von 7000 bis 7500 WE/kg verheizt wird, aber mindestens 500 PS her. Soll diese Kesselgrenze bei günstigster Dampfausnutzung erreicht werden, so müßte die Lokomotive mit einer Geschwindigkeit von $V = 5,12 \cdot \dfrac{500 \cdot 270}{4640} = 152$ km/st fahren!

Derartige Geschwindigkeiten sind natürlich ausgeschlossen, da die Höchstgeschwindigkeit sicher nicht über 110 km/st geht.

Bei einer Versuchsfahrt hat die Lokomotive auf der Strecke Manhattan-Transfer und Philadelphia einen Zug von 13 Stahlwagen im Gewicht von 984 t mit einer Geschwindigkeit von 60 Meilen = 96,4 km/st befördert. Rechnet man auf der Wagerechten mit einer mittleren Geschwindigkeit von 105 km/st, so ergibt sich bei einem Gewicht von Lokomotive und Tender von 180,5 t eine Zugkraft

$$Z_e = \left(2,5 + \frac{105^2}{3000}\right) \cdot (180,5 + 984) = 7170 \text{ kg,}$$

entsprechend einem

$$Z_i = Z_e + 0,3\, C_1 = 7170 + 0,3 \cdot 1160 = 7520 \text{ kg.}$$

Diese Zugkraft muß bereits mit einem $p_{mi} \tfrac{7520}{1160} = 6,5$ Atm. verwirklicht werden, also mit Füllungen von mindestens 45 v. H., bei denen die Pferdekraftstunde nicht annähernd mehr mit dem Kleinstwert an Dampf geleistet wird. Die Leistung beträgt für den angegebenen Fall

$$\frac{7520 \cdot 105}{270} = 2920 \text{ PS}_i,$$

entsprechend 574 PS_i für einen Quadratmeter Rostfläche, sie stellt also die von der Lokomotive zu erwartende Höchstleistung dar.

Soll der Zug von 984 t auch tatsächlich im Betriebe von der 2 B 1-Lokomotive gefahren werden, so sind die Zylinder viel zu klein. Die Charakteristik der Lokomotive müßte danach statt $C_1 = 1160$ in diesem Falle werden: $1160 \cdot \frac{7520}{4640} = 1880$, was bei einem Hub von $s = 711$ mm einem Durchmesser von 735 mm anstatt 597 entspricht. Die Lokomotive würde damit natürlich bei ausgelegter Steuerung schleudern, aber dafür während des größten Teils der Fahrt mit wirtschaftlichen Zylinderfüllungen von 22 bis 25 v. H. arbeiten können.

Siebenter Abschnitt.

Die Heißdampflokomotiven der Preußischen Staatseisenbahn-Verwaltung.

1. Heißdampf-Schnellzuglokomotiven.

Bis zum Jahre 1913 wurden von der Preußischen Staatseisenbahn-Verwaltung zur Beförderung von Schnellzügen 2 B-Zwillingslokomotiven der Gattung S_6 sowie 2 C-Vierlings- und 2 C-Vierzylinder-Verbundlokomotiven der Gattungen S_{10} und S_{10^1} und im Jahre 1914 die 2 C-Drillingslokomotiven S_{10^2} beschafft.

a) 2 B-Heißdampf-Zwillings-Schnellzuglokomotive Gattung S_6. Die 2 B-Heißdampf-Schnellzuglokomotive der Gattung S_6 ist aus der 2 B-Schnellzug-Verbundlokomotive der Gattung S_3 hervorgegangen. Als es sich im Jahre 1897 darum handelte, die Anwendung des Heißdampfes im Lokomotivbetriebe zu erproben, wurde die Stettiner Maschinenbau-Aktiengesellschaft Vulkan mit der Ausführung dieses Neubaues beauftragt. Diese erste Heißdampf-Schnellzuglokomotive erhielt einen Schmidtschen Langkesselüberhitzer, der im vierten Abschnitt 1a beschrieben ist. Die Zylinder dieser Lokomotive sollten im wesentlichen die Abmessungen der 2 B-Naßdampf-Schnellzug-Verbundlokomotive erhalten, wurden aber schon mit 460 mm Durchmesser, das heißt um 30 mm größer ausgeführt, als in dem ursprünglichen Entwurfe vorgesehen waren. Im Betriebe erwies sich bald, daß eine Vergrößerung der Zylinder auf 500 mm Durchmesser zweckmäßig war.

Bei einer im Jahre 1900 auf der Weltausstellung in Paris von A. Borsig-Berlin-Tegel ausgestellten 2 B-Heißdampf-Schnellzuglokomotive war zum ersten Male der Schmidtsche Rauchkammerüberhitzer, vierter Abschnitt 1b, zur Anwendung gekommen. In der Folge wurden die Zylinder dieser Lokomotive bis auf 540 mm Durchmesser vergrößert. Mit dem Rauchkammerüberhitzer waren noch die ersten der 2 B-Heißdampf-Schnellzuglokomotiven Gattung S_6 mit 2100 mm Triebraddurchmesser ausgerüstet. Seit dem Jahre 1906 ist auch diese Bauart mit dem Schmidtschen Rauchrohrüberhitzer, vierter Abschnitt 1c, versehen und besitzt Zylinder von 550 mm Durchmesser.

Die Hauptabmessungen dieser von den Linke-Hofmann-Werken in Breslau gebauten in Tafel 1 und Lichtbild 518 dargestellten stärksten zweifach gekuppelten Schnellzuglokomotive der Preußischen Staatsbahn, die sich in jahrelangem schwerem Schnellzugbetrieb bestens bewährt hat, sind folgende:

Zulässige Höchstgeschwindigkeit	110 km/st
Zylinderdurchmesser	550 mm
Kolbenhub	630 mm
Art und Lage der Steuerung	Walschaert, außen
Dampfüberdruck	12 kg/cm²
Rostfläche	2,305 m²

Heizfläche in der Feuerbüchse . . 12 m²
„   „ den Rohren . . . 124,96 m²
„   zusammen . . . . 136,96 m²
Überhitzer . . . . 40,32 m²
Triebraddurchmesser . . . . . 2100 mm
Gesamtgewicht, leer . . . . . 55,3 t
„   betriebsfähig . . 61,0 t
Reibungsgewicht . . . . 33,37 t
Größter Raddruck . . . . 8,37 t
Gesamtradstand der Lokomotive . 8 m
Fester Radstand . . . . 3 m
Geführte Länge . . . . 6,9 m
Gesamtlänge der Lokomotive zwischen Puffern und Stoßpuffern   10,95 m

Die beiden vorderen Laufachsen der Lokomotive sind in einem Drehgestell der sogenannten hannoverschen Bauart (vgl. fünfter Abschnitt 3c) untergebracht. In den Kuppelachsen waren bei den ersten Ausführungen nur die sich drehenden Massen ausgeglichen. Die Erhöhung des Triebachsdruckes auf beinahe 17 t gestattete bei späteren Ausführungen auch die Anwendung von Gegengewichten für die hin- und hergehenden Massen. Der Langkessel ist aus Blechen von 15 mm Stärke hergestellt. Er ist mit der erweiterten Rauchkammer durch einen Winkelring verbunden. Der äußere Feuerbüchsmantel weist keine besonderen Eigentümlichkeiten auf. Die kupferne Feuerbüchse wurde bei den älteren Ausführungen von hinten eingebaut; neuerdings wird sie jedoch in den äußeren Feuerbüchsmantel von vorn eingebracht. In die Rohrwände sind bei dem älteren dreireihigen Überhitzer 21 Rauchrohre von 125/133 mm Durchmesser und 152 Siederohre von 41/46 mm Durchmesser eingeführt. Wegen des bei den letzten Ausführungen angewandten vierreihigen Schmidt-Überhitzers sind hier 22 Rauchrohre und 149 Siederohre vorhanden.

Die Dampfverteilung erfolgt durch Kolbenschieber von 220 mm Durchmesser, die ihren Antrieb von einer außenliegenden Walschaertsteuerung erhalten.

Einige Lokomotiven dieser Gattung sind auch mit Gleichstrom-Zylindern der Bauart Stumpf ausgerüstet, Abb. 519. Bei diesen Lokomotiven war mit Rücksicht auf die Unterbringung der Zylinder der Achsstand der Drehgestellachsen auf 2200 mm zu vergrößern.

Als Bremse ist die Westinghouse- oder Knorr-Druckluftbremse vorhanden. Die Luft-

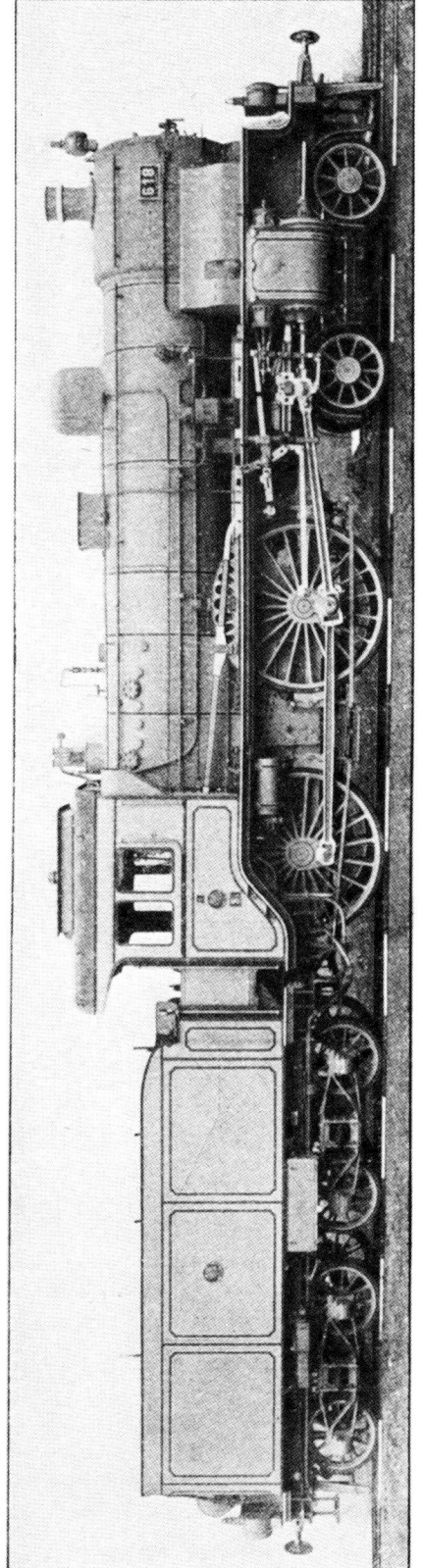

Abb. 518. 2B-Heißdampf-Schnellzuglokomotive der preußischen Staatsbahnen.

390   Die Heißdampflokomotiven der Preußischen Staatseisenbahn-Verwaltung.

Abb. 519. 2 B-Heißdampf-Schnellzuglokomotive (Bauart Stumpf) der preußischen Staatsbahnen.

pumpe arbeitet zweistufig. Sie ist an der rechten Seite der Lokomotive angeordnet. 8 Bremsklötze wirken auf die beiden Kuppelachsen. Die Drehgestellachsen werden nicht gebremst.

An Ausrüstungsgegenständen besitzt die Lokomotive:
1. Preßluftsandstreuer für die Kuppelräder bei Vorwärtsfahrt,
2. Rauchverminderungseinrichtung von Marcotty,
3. eine Einrichtung zum Messen der Dampfwärme,
4. Fernmanometer mit Leitung zum rechtsseitigen Schieberkasten,
5. Dampfheizeinrichtung,
6. Gasbeleuchtung von Pintsch.

Seit dem Jahre 1914 wird diese allseitig bewährte 2 B-Gattung für den Schnellzugdienst nicht mehr beschafft, da für die Beförderung der aus wirtschaftlichen Gründen erheblich verstärkten Schnellzüge die Kesselleistung nicht überall mehr völlig genügte und eine ausreichende Erhöhung des Achsdrucks zu entsprechender Vergrößerung des Kessels nicht genehmigt wurde.

Bei den seitdem zur Einführung gelangten 2 C-Lokomotiven ließ sich die Rostfläche des Kessels von 2,3 auf 3,1 m² vergrößern und damit die Kesselleistung so erhöhen, daß der Fahrplan auch für die stärksten Züge von 52 Achsen selbst bei schlechtem Wetter anstandslos innegehalten werden konnte.

Es wurden zunächst zwei Gattungen dreigekuppelter Schnellzugslokomotiven beschafft, eine mit vier Zylindern, die mit einfacher Dampfdehnung arbeitet, und eine Doppelverbundlokomotive, da man die mehrfach hervorgehobenen Vorzüge der Verbundanordnung auch bei Anwendung von hochüberhitztem Dampf ausproben wollte.

b) 2 C-Heißdampf-Vierlings-Schnellzuglokomotive Gattung S_{10}. Die 2 C-Heißdampf-Vierlings-Schnellzuglokomotive ist im Jahre 1910 von der Berliner Maschinenbau-Aktiengesellschaft vormals L. Schwartzkopff erbaut und auf der Weltausstellung in Brüssel ausgestellt worden.

Nach Vornahme einiger Änderungen, die sich hauptsächlich auf die Ausbildung des vorderen Rahmenteils als Barrenrahmen bezogen, wurde diese Vierlingslokomotive 1911 auch in Turin ausgestellt. Bei weiteren Ausführungen nach einem Entwurf der Stettiner Maschinenbau-Aktiengesellschaft Vulkan wurde der Kesseldruck von 12 auf 14 Atm. heraufgesetzt und der Überhitzer vergrößert, da sich bei dem bisher angewendeten dreireihigen zu hohe Drosselerscheinungen gezeigt hatten.

Die Hauptabmessungen der in Tafel 2 und Abb. 520 dargestellten Lokomotive sind folgende:

Zulässige Höchstgeschwindigkeit . . . . 110 km/st
Zylinderdurchmesser . . . . 4 × 430 mm
Kolbenhub . . . . 630 mm
Art und Lage der Steuerung:
    Walschaert außen mit Übertragungshebeln nach innen.
Dampfüberdruck . . . . 14 Atm.
Rostfläche . . . . 2,8 m²
Verdampfungsheizfläche . . . . 153,3 m²
Überhitzerheizfläche . . . . 61,6 m²
Triebraddurchmesser . . . . 1980 mm
Laufraddurchmesser . . . . 1000 mm
Gesamtgewicht, leer . . . . 73,2 t
    „   , betriebsfähig . . . . 80,0 t
Reibungsgewicht . . . . 50,4 t
Größter Raddruck . . . . 8500 kg

Fester Radstand der Lokomotive . . . . 4700 mm
Geführte Länge . . . . 8000 mm
Gesamter Radstand der Lokomotive . . . . . . 9100 mm
Gesamtradstand von Lokomotive und Tender . . . 17420 mm
Größte Länge der Lokomotive . . . . 12000 mm
Gesamtlänge der Lokomotive mit Tender . . . . 20750 mm

Alle vier Zylinder treiben die erste Kuppelachse an. Die Radflanschen der mittleren Achse sind zur Erleichterung des Durchlaufens von Krümmungen um 15 mm schwächer gedreht, das Drehgestell mit Bremse ist in der in Abb. 466 bis 468 bereits dargestellten üblichen erwähnten Bauart ausgeführt. Das Führerhaus ist mit doppeltem Dach versehen und im übrigen, wie bei der P_8-Lokomotive näher beschrieben ist, ausgestattet.

Der Langkessel besteht aus zwei Schüssen von 1600 mm größtem Durchmesser und 16 mm Wandstärke. An ihn schließt sich nach hinten der oben ebenfalls zylindrisch ausgebildete Feuerbuchsmantel an, dessen Decke aus einer 20 mm starken Platte gebildet ist. Die Feuertürwand ist zur Gewichtsersparnis am hinteren Ende des Kessels nach vorn abgeschrägt. Die Versteifung der Feuerkiste erfolgt durch Deckenanker und Stehbolzen in der üblichen Weise. Die Feuerbüchse ist von vorn in den Mantel eingebracht. Der zwischen den beiden hinteren Kuppelachsen liegende Aschkasten ist sehr geräumig und mit großen Klappen für die Lufteinströmung versehen. Der Kessel ist vorn mit den als Sattel ausgebildeten Innenzylindern fest verbunden. Der Langkessel ist hinter der Triebachse gegen den Rahmen abgesteift, der Feuerbüchsmantel in üblicher Weise beiderseits auf zwei Gleitlagern unterstützt (vgl. Abb. 322 bis 326). Ferner ist der Bodenring unter der Feuerbüchsrückwand wie in Abb. 316 bis 318 dargestellt, durch ein nachstellbares Gleitlager getragen. Alle fünf Gleitlager können durch besondere Schmiervorrichtungen gut geschmiert werden.

Zum Reinigen des Kessels sind an den in Tafel 2 dargestellten Stellen Luken und Auswaschöffnungen vorgesehen. Der Überhitzer ist vierreihig ausgeführt. Er besteht aus $3 \times 7 + 5 = 26$ Elementen aus nahtlosen flußeisernen Rohren von 32/40 mm Durchmesser. Die Rauchrohre haben einen Durchmesser von 125/133 mm, die Siederohre einen solchen von 45/50 mm. Ihre Länge beträgt 4900 mm. Die Überhitzerrohre sind mit senkrechten Flanschen an die Kammern des Sammelkastens angeschlossen, die hinteren Enden sind geschweißt. Die Überhitzerklappen werden in üblicher Weise selbsttätig vom sogenannten Automaten sowie vom Führerstand aus von Hand betätigt.

In der Rauchkammer ist ein kegelförmiger Funkenfänger von großen Abmessungen vorgesehen. Die Mündung des Blasrohrs, die durch einen Quersteg von 8 mm Breite verengt ist, beträgt 140 mm und liegt 100 mm unter Kesselmitte. Der Schornsteindurchmesser beträgt an der engsten Stelle 420 mm. In dem etwa über Kesselmitte liegenden Dom ist ein Regler Bauart Schmidt und Wagner angebracht.

Der Rahmen besteht in seinem hinteren Teil aus einem 25 mm starken Plattenrahmen, an den sich nach vorn unter Vermittlung zweier langer Winkeleisen und starker Schraubenbolzen 100 mm breite Barrenstücke anschließen.

Die Tragfedern der Kuppelräder bestehen aus 13 Lagen von 90 mal 13 mm Querschnitt. Die beiden hinteren Achsen sind durch Ausgleichhebel verbunden, während die Triebachse für sich abgefedert ist.

Die Zylinder liegen unter der Rauchkammer in einer wagerechten Ebene und sind zu je zwei Stück zusammengegossen, die beiden Gußstücke sind in der Mitte verschraubt. Ansätze an den Zylindern tragen die aus Stahlguß hergestellten Drehgestellpfannen. Die Barrenrahmen sind durch eine Öffnung des Gußstücks hindurchgesteckt und durch kräftige Schraubenbolzen mit diesem verbunden. Je zwei Schieberkästen einer Seite haben ein gemeinschaftliches Einströmrohr von 130 mm lichter Weite. Ein angegossener Stutzen nimmt ein großes Luftsaugeventil von derselben Weite auf. Die Abdampfleitungen sind möglichst einfach gehalten. Die Abdampfrohre jeder Seite vereinigen sich am Boden der Rauchkammer, wo sie in ein Standrohr einmünden.

Die Steuerung erfolgt durch zwei außenliegende Walschaertsteuerungen, wobei die Innenschieber mit einfacher Einströmung durch hinten liegende Umkehrhebel betätigt werden. Die allgemeine Anordnung der Steuerung ist in Abb. 524 dargestellt. Die Steuerungsergebnisse sind in Zahlentafel 46 wiedergegeben.

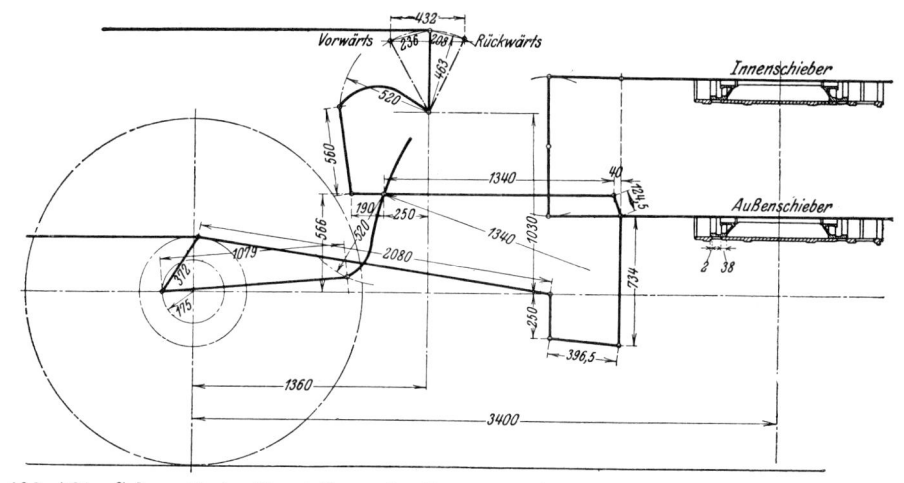

Abb. 521. Schematische Darstellung der Steuerung der 2 C-Vierling-Schnellzuglokomotive.

Die äußeren Triebstangen haben geschlossene Köpfe, während die innen liegenden Stangen, die besonders große Schmiergefäße besitzen, offen ausgeführt sind.

Die Bremse wirkt auf die Kuppelachsen doppelseitig, auf die Laufachsen des Drehgestells einseitig.

Wie alle Schnellzugslokomotiven, so ist' auch diese Bauart mit Speisewasservorwärmer versehen.

Die Lokomotive besitzt einen Preßluftsandstreuer von Knorr, der die ersten beiden Kuppelachsen bei Vorwärtsfahrt sandet. Eine Rauchverminderungseinrichtung Bauart Marcotty, ein thermoelektrisches Pyrometer zum Messen der Dampftemperatur und ein Fernmanometer vervollständigen die Ausrüstung der Lokomotive, die mit Gasbeleuchtung und Dampfheizung versehen ist.

Der vierachsige Tender führt 32 m³ Wasser und 7 t Kohle mit sich.

c) **2 C-Vierzylinder-Verbund-Heißdampf-Schnellzuglokomotive**, Gattung S_{10}^{1}, **Bauart 1914.** Sie wurde im Jahre 1911 von der Firma Henschel & Sohn in Cassel entworfen. Die innenliegenden Niederdruckzylinder wirken auf die vordere Triebachse, die außenliegenden Hochdruckzylinder auf die zweite Triebachse. Sämtliche vier Zylinder liegen in gleicher Flucht nebeneinander; je ein Hochdruckzylinder ist mit dem benachbarten Niederdruckzylinder zu einem Gußstück vereinigt. Den vorderen Teil des Rahmens bilden zwei kräftige Barren, die mit ihren hinteren ausgeschmiedeten Enden mit dem Blechrahmen verschraubt sind. Die Dampfverteilung erfolgt durch Kolbenschieber der Regelbauart. Die Hochdruckkolbenschieber haben innere Einströmung und werden durch die außenliegende Walschaertsteuerung in üblicher Weise gesteuert. Zwei von den Voreilhebeln mittels Laschen angetriebene

Zahle
Steuerungsergebnisse

		hinten	vorn
Schädlicher Raum des Außen-Zylinders	a	10,43 l	9,69 l
Hubvolumen	b	87,48 l	89,06 l
Schädlicher Raum in % des Hubvolumens $\frac{a \cdot 100}{b}$	c	11,92%	10,88%

Außenzylinder-Vorwärtsgang.

Füllungsgrad	Lineares Voröffnen	Größte Einström-Öffnung	Ausström-Öffnung	Größter Schieberweg aus Mittelstellung	Durchlaufener Kolbenweg vom gleichen Totpunkte gemessen bis Beginn der								Größter Steinausschlag aus Mittelstellung	Steinbewegung	Kolbenbewegung i
					Expansion		Vorausströmung		Kompression		Voreinströmung				
					a		b		c		d				
%	mm	mm	mm	mm	%	mm	%	mm	%	mm	%	mm	mm	mm	
10	3³/₄	4,2	41	43	9,8	61,9	61,9	390	57,3	362	96,7	610	20	3,5	rückwär
	5³/₄	6	42	44	10	63	57	359	52	327	97,6	615	21	3,5	vorwärts
20	5³/₄	6,6	43	45,5	20	126	70,7	445	66,7	420	98,3	620	50	3,5	rückwär
	5³/₄	8,3	44	45,7	19,5	123	66	416	61,9	390	99,1	624,3	52	5	vorwärt
30	5³/₄	10	45,5	48,5	30,6	192	77	485	73,5	465	99	624	76	3,5	rückwär
	5³/₄	11,7	47	49	29,3	184	72,3	455	68,8	433	99,4	626	80	7	vorwärt
40	5³/₄	13,5	50,5	52,5	41,8	254	81,6	513	78,9	497	99,4	626	98,5	4	rückwär
	5³/₄	15,5	51	53	38,6	244	77,5	488	74,2	467	99,5	627	103	8	vorwärt
50	5³/₄	18,5	52	57,5	52,4	330	85,6	540	83,2	525	99,6	628	130	4,5	rückwär
	5³/₄	21	52	57,5	47,7	301	81,9	516	79,2	500	99,6	628	136	10	vorwärt
60	5³/₄	25,5	52	64	62,6	394	89,5	562	87	550	99,7	628,5	161,5	5	rückwä
	5³/₄	27,5	52	64,5	57	356	86,2	544	83,5	526	99,7	628,5	168	11	vorwärt
70	5³/₄	38	52	76	73,7	464	92,4	582	91	573	99,8	628,8	210	7,3	rückwä
	5³/₄	38,3	52	76	67	422	90	568	88,2	557	99,9	629,3	215	11,5	vorwärt
Max.	5³/₄	45	52	83	78	492	93,6	590	92,5	584	99,9	629,3	239	8,7	rückwä
	5³/₄	45	52	83	71,3	450	91,5	577	90	568	99,9	629,3	240	10,5	vorwärt

Rückwärtsgang.

10	3³/₄	4,2	41	43	9	56,8	62,9	395	58,3	366	97,1	612	23	4	rückwä
	5³/₄	6	41,5	43,5	10,5	66,2	58	365	53,5	337	97,8	617	24	6	vorwärt
20	5³/₄	6,2	43	45	19,7	124	72,2	455	68,3	430	98,6	620	53	5	rückwä
	5³/₄	8,5	43,5	46	20,3	128	67,2	423	62,9	395	99	624	57	9	vorwär
30	5³/₄	9	45,5	47,5	30	189	78,3	492	74,8	470	99,2	625	78,5	6	rückwä
	5³/₄	11,5	46,5	48,5	30	189	73,4	462	70	441	99,4	626	83,5	11,5	vorwär
40	5³/₄	12	48,5	50,5	40,3	254	82,2	519	79,5	501	99,4	626	101	8	rückwä
	5³/₄	14,5	52	52	39,4	247	77,8	490	74,7	470	99,5	627	108	14	vorwär
50	5³/₄	16	52	55	50,5	317	85,9	540	83,5	526	99,5	627	126	9	rückwä
	5³/₄	19	52	56	48,3	305	82,3	519	79,5	501	99,6	628	133,2	16,5	vorwär
60	5³/₄	22,5	52	61,5	62	390	89	560	87,3	552	99,6	628	158	12	rückwä
	5³/₄	26	52	63,5	58,8	370	86,3	543	84,3	531	99,7	628,5	166	20	vorwär
Max.	5³/₄	31,5	52	70	71,3	450	92	580	90,5	570	99,8	628,5	201	16	rückwä
	5³/₄	36	52	73,5	68	427	90	568	88,1	556	99,8	628,8	208	22,5	vorwär

Heißdampf-Schnellzuglokomotiven.

Tafel 46.
C-Vierlinglokomotive. Gattung S 10.

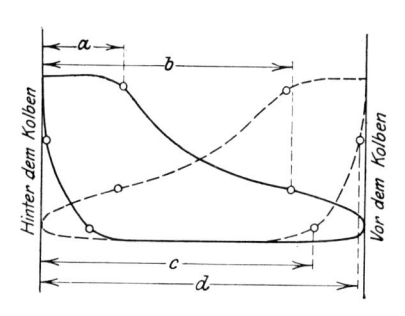

Innenzylinder-Vorwärtsgang.

vom Außenzylinder %	Lineares Voröffnen mm	Größte Einström-Öffnung mm	Ausström-Öffnung mm	Größter Schieberweg aus Mittelstellung mm	Durchlaufener Kolbenweg vom gleichen Totpunkte gemessen bis Beginn der								Kolben-bewegung nach
					Expansion		Voraus-strömung		Kompression		Vorein-strömung		
					a		b		c		d		
					%	mm	%	mm	%	mm	%	mm	
0	3	4	44	44	9,3	58,6	62,6	394	58,2	367	96,3	607	rückwärts
	6½	7	40	43	11,2	69,5	56,7	357	52	327	98,2	620	vorwärts
0	6½	6	46	46	20	126	70,8	446	66,7	420	97,8	616	rückwärts
	6½	10	42	45,5	20	126	66,2	416	62	390	99,2	628	vorwärts
0	6½	9	49	49	31,6	195	76,3	482	73,3	465	98,8	622	rückwärts
	6½	12,5	45	48,5	29,2	183,5	72,5	456	69	435	99,6	628	vorwärts
0	6½	13	52	53	42,5	268	81,4	513	77,8	490	99,2	625	rückwärts
	6½	17	51	52,5	38,3	242	78,3	493	75,2	475	99,7	628,5	vorwärts
0	6½	18	52	57,5	52,5	331	85,5	539	83	522	99,4	626	rückwärts
	6½	21,5	52	57,5	48,5	306	83	522	80	504	99,8	628,8	vorwärts
0	6½	25	52	64,5	61,5	386	88,7	558	86,3	543	99,6	628	rückwärts
	6½	28	52	64	58,7	370	86,8	545	84,3	532	99,9	629,3	vorwärts
0	6½	35	52	76	71,6	452	92	580	90,5	570	99,8	628,8	rückwärts
	6½	41	52	76	69,6	437	90,5	570	89,1	561	99,9	629,3	vorwärts
ax.	6½	42	52	83	76	478	93,3	588	91,8	578	99,9	629,3	rückwärts
	6½	48	52	83	74,5	469	92,2	582	91	573	99,9	629,3	vorwärts

Rückwärtsgang.

0	3	4	43	43,5	10,5	66,3	63,5	400	58,5	367	96,3	607	rückwärts
	6½	7	40	43	10,5	66,3	57,6	364	52,7	332	97,8	616	vorwärts
0	6½	6,5	45	46	21,7	136	72,3	456	68	428	98	617,4	rückwärts
	6½	9	43	45	19,6	124	67,6	425	63,3	399	99,3	625,6	vorwärts
0	6½	9	48	48,5	32,5	205	77,5	487	74,2	467	98,7	622	rückwärts
	6½	12	45	47,5	28,7	181	74,5	470	70	440	99,4	626	vorwärts
0	6½	12	51	52	43	271	82	518	79	496	99,3	625,6	rückwärts
	6½	15	48	50,5	37,3	235	79	496	75,6	475	99,6	628	vorwärts
0	6½	16	52	56	53,3	336	85,7	540	83	522	99,5	627	rückwärts
	6½	19	52	55	47	296	83	522	80	504	99,7	628,5	vorwärts
0	6½	24	52	63,5	63,5	400	89,2	562	87	548	99,9	629,3	rückwärts
	6½	25	52	61,5	57,6	364	87	548	85	536	99,9	629,3	vorwärts
ax.	6½	33,5	52	73,5	72,7	456	92,5	583	90	568	99,9	629,3	rückwärts
	6½	34	52	70	67,3	425	90,2	567	88,2	555	99,9	629,3	vorwärts

Übertragungswellen vermitteln die Bewegung der Niederdruckkolbenschieber, die für Außeneinströmung gebaut sind.

Die Hauptabmessungen der in Tafel 3 und Lichtbild 522 dargestellten Lokomotive sind folgende:

Zulässige Geschwindigkeit . .	110 km/st
Zylinderdurchm. Hochdruck .	400 mm
,, Niederdruck	610 mm
Kolbenhub	660 mm

Art und Lage der Steuerung:
  Walschaert außen mit Übertragungswelle nach innen.

Kessel:

Dampfüberdruck	15 kg/qm
Rostfläche	3,1 qm
Feuerbüchse } vom Feuer berührte Heizfläche {	. . 17,59 qm
Heizrohre	. . 147,09 qm
	Zus. 164,68 qm
Überhitzer	. . 58,50 qm
Wasserinhalt	7,15 cbm
Dampfraum	2,11 cbm
Verdampfungsoberfläche .	10,22 qm
Triebraddurchmesser (im Laufkreis)	1980 mm
Laufraddurchmesser (im Laufkreis)	1000 mm
Leergewicht	75196 kg
Dienstgewicht . } nach {	82126 kg
Reibungsgewicht } Berech- {	51579 kg
Größt. Raddruck } nung {	8600 kg

Die Feuerbüchse mit geneigter Vorder- und Hinterwand hat in der Ebene des Rostes eine lichte Länge von 3000 mm bei 1040 mm lichter Breite. Die Verankerung der Feuerbüchse mit dem Feuerkasten erfolgt in der üblichen Weise. Die Feuerbüchsdecke wird durch zwei mit Winkeln verstärkte Bleche gegen seitliches Strecken abgesteift. Außer den üblichen Reinigungsluken sind über den vorderen Ecken des Bodenringes zwei Reinigungspfropfen angeordnet, die ein Durchstoßen in der Querrichtung des Kessels beim Reinigen des Bodenringes ermöglichen. Statt der bisher üblichen Ramsbottom-Sicherheitsventile besitzen die Lokomotiven zwei Coale-Sicherheitsventile von je 89 mm lichter Weite, die auf dem hinteren Kesselschuß auf einem gemeinschaftlichen Untersatz gelagert sind. Die Lokomotive erhält 26 Überhitzerelemente aus Rohren von

Abb. 522. 2 C-Vierzylinder-Verbund-Heißdampf-Schnellzuglokomotive der preußischen Staatsbahnen.

30/38 mm Durchmesser, die in Rauchrohren von 125/133 mm Durchmesser liegen und in vier wagerechten Reihen angeordnet sind. Der Kessel enthält ferner 141 Heizrohre von 45/50 mm Durchmesser und 4900 mm freier Länge. Die Rauchkammer, die den gleichen Durchmesser wie der Langkessel hat, ist mit zwei Seitennischen versehen, in denen die Knorr-Speisepumpe für die Vorwärmeranlage sowie die Pumpe zur Luftdruckbremse untergebracht sind. Der Funkenfänger ist in der senkrechten Längsebene geteilt und seine beiden Hälften sind nach beiden Seiten aufklappbar, um beim Reinigen der Rohre das Abnehmen des Funkenfängers entbehrlich zu machen. An der Rohrwandseite ist vor dem Siebe des Funkenfängers ein zweites Drahtnetz angebracht zwecks sicherer Absonderung der aus den Rohren vorbrechenden Funken. Der Aschkasten hat wegen der um 200 mm vergrößerten Rostlänge hinter der Kuppelachse einen Aschentrichter mit besonderer Klappe erhalten.

Die Barrenteile tragen an ihrem vorderen Ende einen Pufferträger und sind durch zwei Streben gegen die Rauchkammer abgestützt zwecks Entlastung beim Anheben der Lokomotiven unter Verwendung des vorderen Rahmenendes als Stützpunkt. Zwei Pendelbleche, eines vor und eines hinter der vorderen Triebachse angeordnet, vermitteln weiter eine gute Verbindung des Rahmens mit dem Kessel. Der Rahmenbau der Lokomotive ist damit so wirksam versteift, daß ein Abheben der Lokomotive von den Achsen bei Verwendung von Querträgern unter dem vorderen und hinteren Rahmenende statthaft ist.

Die beiden Barrenrahmenteile werden unter den Zylindern hindurchgeführt und die auf das Drehgestell normaler Bauart fallende Last wird mittels besonderer Stützplatten übertragen. Die langen Hochdruckkolbenstangen werden durch je eine am Hochdruckleitstab befestigte Kolbenstangenführung nochmals unterstützt.

Die Schieber sind, wie eingangs erwähnt, nach Bauart Schichau gebaut. (Abb. 523 bis 526). Die Steuerung ist so bemessen, daß der Füllungsunterschied zwischen Hoch- und Niederdruckzylinder bei den gebräuchlichen Füllungen etwa $5^0/_0$ beträgt. Die Steuerungsergebnisse sind in Zahlentafel 47 (vgl. Abb. 527) wiedergegeben. Die Verbinderräume der beiden Zylinderpaare sind durch ein Rohr miteinander verbunden, um einen Ausgleich im Verbinder zu schaffen. An diesen beiden Rohren sitzt je ein Verbindersicherheitsventil von 90 mm Durchmesser, das bei 8 Atm. Überdruck abbläst. Der aus diesen Ventilen abströmende Dampf wird in die nach dem Vorwärmer gehende Abdampfleitung geführt. Von den vier durch Preßluft gesteuerten Knorr-Luftsaugeventilen sitzen zwei auf den Dampfeingangsräumen der Hochdruckschieberkasten und zwei auf den Verbinderrohren.

Die Druckausgleichvorrichtungen sind in der bei den preußischen Heißdampflokomotiven üblichen Weise ausgeführt; sie sind unter den Zylindern angeordnet und werden mittels Handzug bedient. Sie dienen zugleich als Anfahrvorrichtung, indem der Druckausgleich der Hochdruckzylinder allein geöffnet wird, während der Niederdruckzylinder geschlossen bleibt, so daß ein großer Teil des Dampfes, der hinter dem Hochdruckkolben steht, durch den geöffneten Druckausgleich und den offenen Auslaß der anderen Hochdruckzylinderseite in den Niederdruckzylinder übertreten kann. Sämtliche Zylinderentwässerungsventile sind in die Gehäuse der Hochdruckausgleichvorrichtung eingeschraubt und durch Rohrleitungen mit den zugehörigen Entwässerungsstellen verbunden. Um beim Indizieren der Lokomotive kurze Rohrleitungen zu erhalten, sind die Indikatorschrauben der Hochdruckzylinder in seitlich an die Flanschstutzen der Schauluken angegossene Nocken eingeschraubt, während sie bei den Niederdruckzylindern in den Flanschen der Schauluken sitzen.

Zur Aufspeicherung der Bremsdruckluft dienen zwei Hauptluftbehälter, die oberhalb der Kropfachse in der Längsrichtung der Lokomotive gelagert sind. Die Luftpumpe sitzt in einer rechtsseitigen Rauchkammernische; es wird durch diese

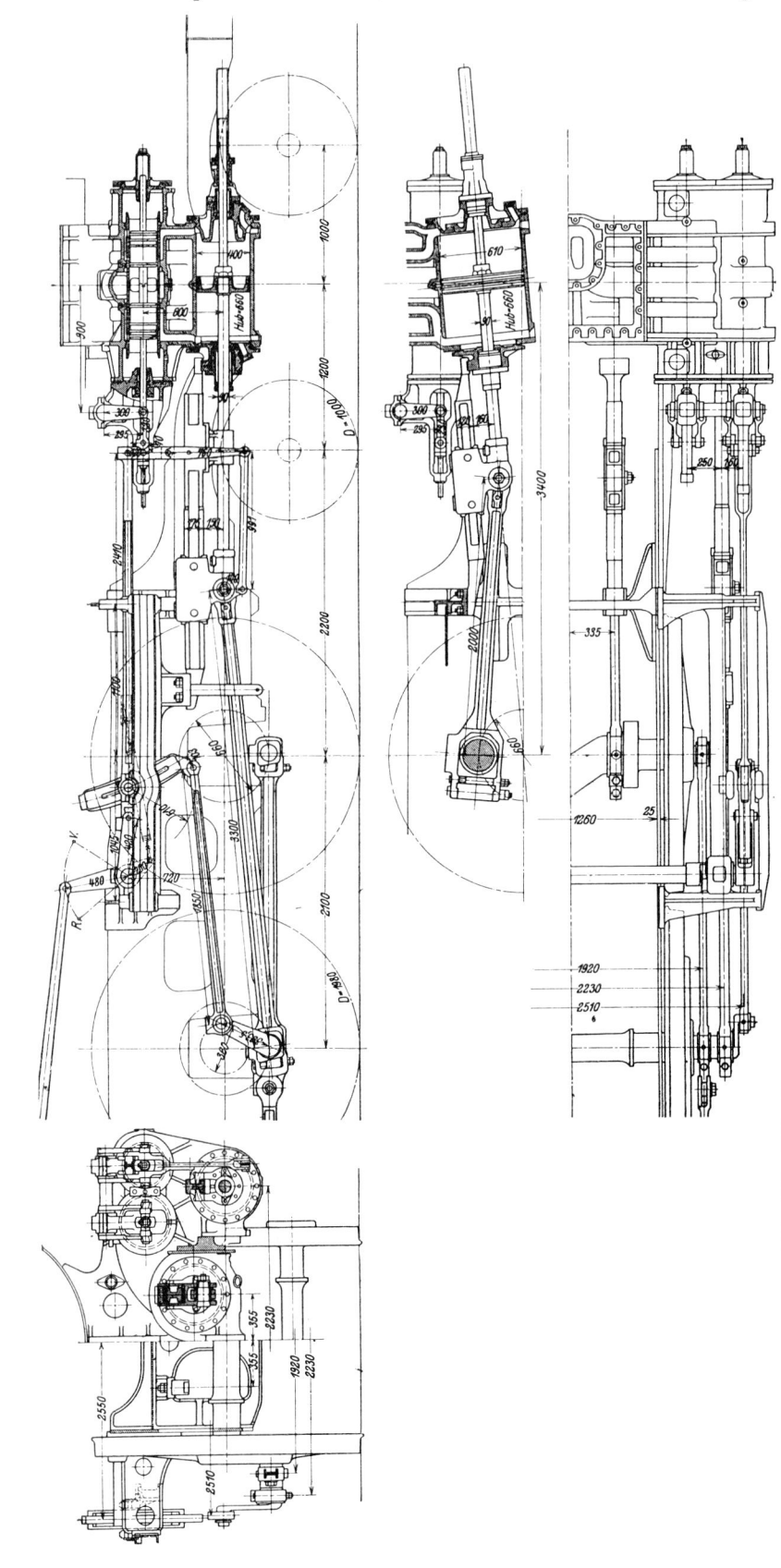

Abb. 523—526. Steuerungsanordnung der 2 C-Heißdampf-Vierzylinder-Verbund-Schnellzuglokomotive.

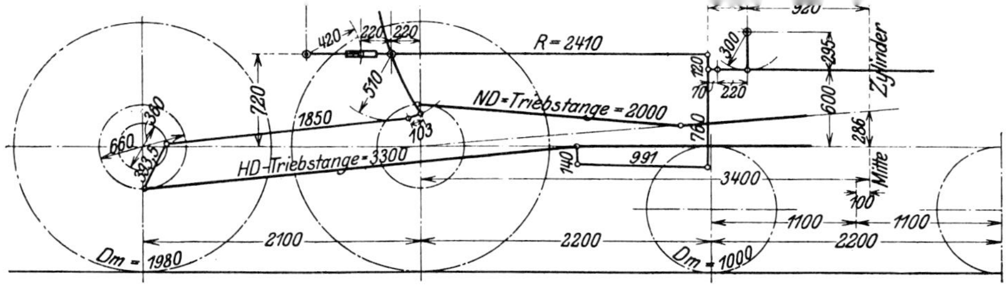

Abb. 527. Schematische Darstellung d… Steuerung der 2C-Heißdamp… Vierzylinder-Verbund-Schnellzuglokomotive S 1…

Zahlentafel 47.

Steuerungsergebnisse der 2 C-Vierzylinder-Verbund-Heißdampf-Lokomotive. Gattung S 10[1].

Vorwärts-Fahrt.

Steuerung steht auf % HD-Füllung	Zylinder	Kolbenseite	Voreilen	Größte Kanalöffnung für den Dampf: Eintritt	Austritt	Größter Schieberausschlag	Durchlaufener Kolbenweg bei Beginn der Expansion	Vorausströmung	Kompression	Größter Steinausschlag	Größte Steinbewegung
			mm	mm	mm	mm	%	%	%	mm	mm
20%	HD	hinten	7	9½+9½	45	47½	21	49	78½	45	2½
		vorn	7	9+9	45	47	19	49	78		
26%	ND	vorn	11½	14+14	55	48	25½	51½	75½		
		hinten	10½	13+13	55	47	26½	51½	77		
30%	HD	h	7	12+12	45	50	30½	56½	84	71	4
		v	7	12+12	45	50	29½	57½	83		
35½%	ND	v	11½	15½	55	49½	34½	60	80½		
		h	10½	16½	55	50½	36½	60	82½		
40%	HD	h	7	15+15	45	54½	40½	64	88	95	5
		v	7	14+14	45	52	39½	65	87		
44½%	ND	v	11½	18½+18½	55	52½	45	68	84½		
		h	10½	21+21	55	55	44½	66	86½		
50%	HD	h	7	15+15	45	59	50	69½	91	123	8
		v	7	15+15	45	57½	50½	72½	89		
54%	ND	v	11½	23+23	55	57	54½	74½	87½		
		h	10½	25+25	55	60½	53½	72	90		
60%	HD	h	7	15+15	45	67½	59½	75½	93½	156	10
		v	7	15+15	45	63½	61	78	92		
63½%	ND	v	11½	25+25	55	63½	64½	80	90		
		h	10½	25+25	55	68	62½	77	92½		
70%	HD	h	7	15+15	45	77½	69	81	95	201	13
		v	7	15+15	45	74	71	84	94		
72%	ND	v	11½	25+25	55	73½	74	86	93½		
		h	10½	25+25	55	79½	70½	82½	94½		
80%	HD	h	7	15+15	45	98	79	87½	97	273	21
		v	7	15+15	45	92	81	89½	96		
81½%	ND	v	11½	25+25	55	94	83½	91	95½		
		h	10½	25+25	55	97½	79½	88	97		

Rückwärts-Fahrt.

Steuerung steht auf % HD-Füllung	Zylinder	Kolbenseite	Voreilen	Größte Kanalöffnung für den Dampf: Eintritt	Austritt	Größter Schieberausschlag	Durchlaufener Kolbenweg bei Beginn der Expansion	Vorausströmung	Kompression	Größter Steinausschlag	Größte Steinbewegung
			mm	mm	mm	mm	%	%	%	mm	mm
30%	HD	h	7	12+12	45	50	30	57	85	70	5
		v	7	11½+11½	45	49½	30	58	83		
35%	ND	v	11½	15+15	55	49	34	61	80½		
		h	10½	16+16	55	50	36½	59½	83		
70%	HD	h	7	15+15	45	75	68	81½	95	196	16
		v	7	15+15	45	72½	71½	83½	94		
72%	ND	v	11½	25+25	55	72	74½	86½	93		
		h	10½	25+25	55	77	70	82½	95		

Maßnahme ein freier Ausblick auf die Strecke geschaffen. Die erste Kuppelachse wird von vorn, die zweite und dritte von hinten einseitig gebremst. Die Laufachsen des Drehgestelles werden ebenfalls einseitig gebremst.

Außer dem Preßluftsandstreuer und Marcotty-Rauchverbrenner besitzen die Lokomotiven eine Einrichtung zum Vorwärmen des Speisewassers durch Abdampf. Der Vorwärmer erhält den Abdampf durch zwei Rohrleitungen aus den Auspuffräumen der Niederdruckzylinder. Der Auspuff der Luftpumpe, der Speisepumpe und, wie bereits bemerkt ist, der Abdampf der beiden Verbinder-Sicherheitsventile wird ebenfalls in diese Abdampfrohre geleitet. Die Knorr-Speisepumpe sitzt verdeckt in einer linksseitigen Rauchkammernische. Die Niederschlagswasserleitung vom Vorwärmer wird wie üblich vor den Aschkasten geleitet.

Die Puffer und Zughaken haben verstärkte Federn erhalten.

Trotz einer im Betriebe festgestellten Kohlenersparnis der Vierzylinder-Heißdampf-Verbundlokomotive von etwa 7% gegenüber der mit einfacher Dehnung arbeitenden Vierlings-Lokomotive, Gattung S_{10}, hat sich ihre Wirtschaftlichkeit im allgemeinen nicht günstiger erwiesen, was seinen Grund an den höheren Beschaffungs- und Unterhaltungskosten findet. Die Heißdampf-Verbundlokomotive wird bei den preußischen Staatsbahnen daher vorzugsweise in solchen Bezirken angewandt, in denen die Kohlenkosten durch höhere aufzuwendende Frachtsätze größer werden, als in der Nähe der Kohlenbezirke, also hauptsächlich in den nördlichen und östlichen Teilen des Landes. Auch eignet sie sich besser für Strecken, auf denen nicht oft angefahren werden muß, da hierzu Verbundlokomotiven ganz allgemein weniger brauchbar sind, als Zwillingslokomotiven.

Die doppelt gekröpften Achsen der Vierzylinderlokomotiven haben sich auch bei Anwendung von Nickelstahl und erheblich verbesserter Herstellungsweise doch als ein schwacher Bauteil der Lokomotive erwiesen. Trotz strenger Vorschriften für die Untersuchung im Betriebe bieten sie nur wenig Gewähr für die Sicherheit gegen Brüche.

Seit dem Jahre 1914 werden bei der preußischen Staatsbahn auch Dreizylinderlokomotiven gebaut, die vor den Vierzylinderlokomotiven gewisse Vorteile aufweisen. Zunächst läßt sich die Kropfachse besser durchschmieden, so daß die Fasern in der Längsrichtung durchlaufen und nicht, wie bei den doppelt gekröpften Achsen, durch Ausschneiden der Kröpfe in ihrem Verlauf durch die Achse unterbrochen werden. Auch ist die einfach gekröpfte Achse erheblich billiger. Durch den Fortfall eines Innenzylinders wird die Lokomotive leichter und ihre Anschaffungskosten sowie die Unterhaltung im Betriebe werden gegenüber Vierzylinderokomotiven geringer. Auch die Anfahrzugkräfte sind bei der 120° Kurbelversetzung günstiger als bei der Vierzylinder-Lokomotive, die sich bezüglich des Anfahrens wie eine Zweizylinder-Lokomotive verhält.

d) 2 C-Heißdampf-Drillings-Schnellzuglokomotive Gattung S 10². Die 2 C-Drillings-Heißdampf-Schnellzuglokomotive wurde im Jahre 1914 von der Stettiner Maschinenbau-Aktiengesellschaft Vulkan in Bredow bei Stettin entworfen und erbaut.

Eine dieser Lokomotiven war auf der Baltischen Ausstellung in Malmö zu sehen. Die Bauart der Lokomotive ist aus Tafel 4 und Lichtbild 528 ersichtlich.

Die Hauptabmessungen der Lokomotive sind folgende:

Zulässige Geschwindigkeit	110 km/st
Zylinderdurchmesser	500 mm
Kolbenhub	630 mm
Triebraddurchmesser	1980 mm

Art und Lage der Steuerung: Walschaert außenliegend mit Übertragungshebeln nach innen.

Dampfüberdruck 14 Atm.
Rostfläche . . . 2,86 qm
Feuerber. Heizfl.
 in d. Feuerbüchse
 (Flußeisen) . . 14,62 qm
do. in den Heiz-
 und Rauchrohr. 138,92 qm
 Zusammen 153,54 qm
do. in d. Überhitz. 61,5 qm
Wasserinh. bei 150 mm Wasser-
 stand über Feuerbüchs-
 decke . . . . . 7,104 cbm
Dampfraum . . . 3,179 cbm
Verdampfungs-
 oberfläche . . . 8,712 qm
Heizfläche d. Vor-
 wärmers . . . . 14,0 qm
Durchmesser der
 Laufräder . . . 1000 mm
Fest. Radstand der
 Lokomotive. . . 4700 mm
Gesamtradstand . 9150 mm
Gesamtlänge der Lokomotive
 zwischen den Puffern und
 Stoßpuffern . . 12450 mm
Gesamtgewicht,
 leer . . . . 74,65 t
 betriebsfähig 81,24 t
Reibungsgewicht 52,95 t
Größter Raddruck 8,97 t

Von den drei gekuppten Achsen ist die vordere als Treibachse ausgebildet. Die mittlere Kurbel eilt der linken um 120° vor, der rechten um 120° nach.

Um ein zwangloses Durchfahren auch der engsten Weichenkrümmungen zu ermöglichen, ist der Spurkranz der mittleren Achse um 15 mm schwächer gedreht. Das vordere Drehgestell hat 40 mm Seitenspiel nach jeder Seite.

Die hin und her gehenden Massen gleichen sich bei Dreizylinderanordnung mit 120° Kurbelversetzung ohne Anwendung von Gegengewichten vollständig aus, wie die Darlegungen im dritten Abschnitt zeigen. Hierbei treten aber beträchtliche Momente auf, die namentlich bei schnellfahrenden Lokomotiven unerwünscht sind. Um diese Momente herabzumindern, sind in die Räder Gegengewichte eingebaut, die 35% der hin und her gehenden Teile ausgleichen.

Abb. 528. 2 C-Heißdampf-Drillings-Schnellzuglokomotive der preußischen Staatsbahnen.

Dadurch wird aber der ursprünglich vollkommene Massenausgleich aufgehoben und die Massenmomente werden nur teilweise ausgeglichen.

Der Langkessel hat einen Durchmesser von 1600 mm. Er besteht aus zwei Schüssen, deren vorderer durch einen Winkelring mit der erweiterten Rauchkammer in Verbindung steht. Die Blechstärke beträgt 16 mm.

Die kupferne Feuerbüchse ist von vorn in den Kessel eingebaut. Der äußere Feuerbüchsmantel besteht aus zwei seitlichen Blechen von 16 mm Stärke und einem Deckenblech von 20 mm Stärke. Bei den letzten Lieferungen mußte die Feuerkiste aus Flußeisen hergestellt werden. Die Rohrwand enthält 26 Rauchrohre von 125/133 mm Durchmesser und 129 Heizrohre von 45/50 mm Durchmesser. Die Feuerbüchsrückwand ist nach vorn geneigt.

Unter den 12 mm starken Roststäben des nach vorn abfallenden Rostes befindet sich der Aschkasten, der in der Vorder- und Rückwand je eine einstellbare Luftklappe hat. An der Rauchkammer ist der Kessel durch den als Zylindersattel ausgebildeten Mittelzylinder fest mit dem Rahmen verbunden. Eine weitere Unterstützung erfolgt durch eine zwischen den Rahmenplatten hochgeführte Absteifung vorn und ein dahinter angeordnetes Pendelblech. An der Feuerbüchse ist der Kessel durch je zwei seitliche und ein an der Feuerbüchsrückwand befindliches Lager in der üblichen Weise gegen den Rahmen verschiebbar abgestützt. Die hintere Feuerbüchsführung ist hier versuchsweise abgefedert. Die gehärteten seitlichen Führungsplatten werden durch nachstellbare Tellerfedern mit 10 t Druck seitlich an den Ansatz des Bodenrings gedrückt, wodurch Abnutzungen bis zu 2 mm durch die Feder ausgeglichen werden.

Der Überhitzer ist vierreihig ausgebildet. Er besteht aus 26 Elementen mit einem Durchmesser der nahtlos gezogenen Rohre von 32/40 mm. Die Befestigung der Rohre an dem Sammelkasten erfolgt durch senkrechte Flanschstücke.

Die Oberkante des 140 mm weiten Blasrohrs mit einem Steg von 13 mm liegt 100 mm unter Kesselmitte.

Der Rahmen der Lokomotive ist als zusammengesetzter Platten- und Barrenrahmen ausgebildet. Querversteifungen aus Blech und Winkeleisen sichern die gegenseitige Lage der 25 mm starken Hauptrahmenbleche. Mit Rücksicht auf eine bessere Zugänglichkeit zum Innentriebwerk ist der Rahmen in seinem vorderen Teil als Barrenrahmen ausgeführt. Die Barrenteile sind mit den Platten des Hauptrahmens durch kräftige Verschraubungen verbunden.

Die Tragfedern der Kuppelachsen bestehen aus 14 Blättern von 90 × 13 mm Querschnitt und sind 1200 mm lang. Sie sind unterhalb der Achslagerkasten angebracht. Die Federn der vierten und fünften Achse sind durch Ausgleichhebel verbunden. Auf dem rechten Umlaufblech ist zwischen der Trieb- und ersten Kuppelachse eine Einsteigeöffnung zum inneren Triebwerk vorgesehen. Außerdem ist es möglich, zwischen der zweiten Lauf- und Triebachse zu den inneren Triebwerksteilen zu gelangen.

Die drei Zylinder liegen in einer Ebene. Der Mittelzylinder ist mit den beiden äußeren verschraubt. Der Zylinderdurchmesser beträgt je 500 mm, der Kolbenhub 630 mm. Die Zuführung des Frischdampfes zum Innenzylinder erfolgt zu beiden Seiten der Lokomotive durch Hosenstutzen, die zwischen den Schieberkästen der äußeren Zylinder und den vom Überhitzer kommenden Einströmrohren für die Außenzylinder eingeschaltet sind. Ihre Abdichtung an den Zylindern erfolgt durch einseitig abgeflachte Linsen, um den Einbau zu erleichtern.

Die schädlichen Räume der Zylinder betragen vorn 10,8, hinten 10,05 v. H. des Hubraums bei einem Spielraum zwischen Kolben und Deckel vorn 10 und hinten 15 mm. Die Schmierung der Dampfkolben und Kolbenschieber erfolgt durch eine im Führerhaus angebrachte Schmierpumpe.

Die Bauart der Kreuzköpfe ist die übliche eingleisige. Die Triebstangen der beiden äußeren Triebwerke haben geschlossene Köpfe, während die Triebstange für das Innentriebwerk offen ausgeführt ist. Letztere haben bei einer Anzahl Lokomotiven eine besondere Ölzuführung für die vordere Lagerschalenhälfte des Kurbellagers erhalten. Hierbei wird das Öl von dem oberen Ölkasten durch ein besonderes Röhrchen auf Mitte Lagerschalenhälfte geführt.

Die Kropfachse sowie die Kuppel- und Triebzapfen sind aus vergütetem Chromnickelstahl hergestellt.

Bemerkenswert ist die Ausführung der Steuerung. Aus Abb. 529 bis 531 ist die Bauart derselben zu ersehen. Für die beiden äußeren Maschinenseiten sind zwei getrennte Walschaertsteuerungen vorhanden. Diese arbeiten wie die Maschinen unter 120° Kurbelversetzung. Bekanntlich läßt sich durch Zusammenfassung zweier unter 120° versetzten Bewegungen eine dritte Bewegung von gleicher Größe erzielen, die zu der ersten und zweiten ebenfalls um 120° verschoben ist. Es kann also durch ein Gestänge die Bewegung der beiden äußeren Schieberkreuzköpfe in ihrer vollen Größe auf den Innenschieberkreuzkopf übertragen werden. Bei der ausgeführten Lokomotive wird je ein im Verhältnis 1:2 geteilter Hebel a, Abb. 532, von den äußeren Schieberkreuzköpfen angetrieben. Durch Stangen b stehen die Hebel a mit einem an dem mittleren Schieberkreuzkopf befindlichen Hebel c in Verbindung. Der Hebel a verdoppelt die vom äußeren Schieber abgeleitete Bewegung. Der Hebel c ist in bezug auf die Übertragung der äußeren Steuerbewegung als einarmiger Hebel mit dem festen Drehpunkt C_2 für die rechtsseitige und C_1 für die linksseitige Steuerungsübertragung aufzufassen. Er verkleinert also die vom Hebel a erhaltene Bewegung auf den halben Wert, so daß also der Innenschieber, wie verlangt, die beiden äußeren Schieberbewegungen in ihrer vollen Größe erhält und vereinigt. Das Einstellen aller drei Schieber erfolgt auf gleiches lineares Voröffnen nach Einstellung der Steuerung auf 40 v. H. Füllung für den Vorwärtsgang. Die Büchsen der Kolbenschieber mit einfacher Einströmung bestehen aus einem Stück, wodurch der Ein- und Ausbau sehr erleichtert wird. Der mittlere Teil ist gegenüber den Laufflächen der Schieber um 5 mm erweitert, so daß festgebranntes Öl das Herausnehmen der Schieber nicht behindert.

Sämtliche Achsen der Lokomotive werden gebremst, und zwar die Räder des Drehgestells einseitig, während die Räder der Kuppelachsen beiderseits Bremsklötze haben. Die Bremsung erfolgt durch eine Druckluftbremse der Bauart Knorr. Für die Kuppelräder ist Schnellbremsung vorgesehen, die durch Anstellen eines Zusatzbremshahns erzielt wird. Hierbei erhalten diese Räder einen Bremsdruck von 182 v. H. des Raddrucks.

Die Tenderkupplung ist für eine Zugkraft von 40 t gebaut.

Wie alle neueren Lokomotiven so erhielt auch diese Bauart einen Speisewasservorwärmer. Das vorgewärmte Speisewasser wird durch eine Dampfpumpe in den Kessel gedrückt.

An besonderen Einrichtungen erhielt die Lokomotive:
Druckluftgesteuerte Luftsaugeventile,
Preßluftsandstreuer,
Rauchverminderungseinrichtung Bauart Marcotty,
Pyrometer zum Messen der Wärme des Dampfes im rechtsseitigen Schieberkasten,
Fernmanometer zum rechtsseitigen Schieberkasten,
Dampfheizeinrichtung,
Gasbeleuchtungseinrichtung.

Versuchsweise ist die 2 C-Drillingslokomotive auch mit Gleichstromzylindern der Bauart Stumpf ausgerüstet worden. Bei dieser Bauart greifen die Außenzylinder an der zweiten Triebachse, die Innenzylinder an der ersten Achse an, eine Maßnahme,

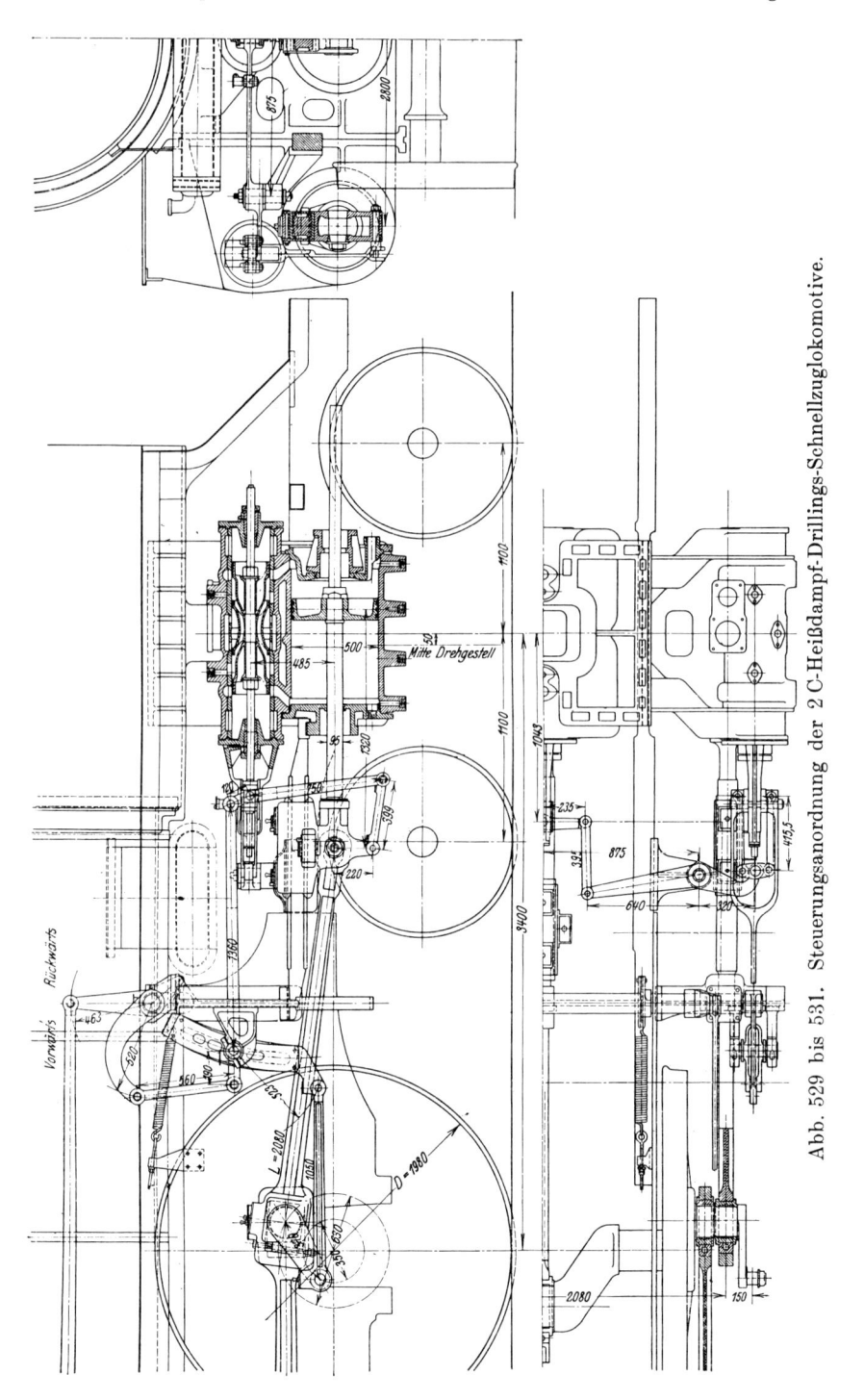

Abb. 529 bis 531. Steuerungsanordnung der 2 C-Heißdampf-Drillings-Schnellzuglokomotive.

die wegen der größeren Länge der Gleichstromzylinder erforderlich wurde. Aus demselben Grunde mußte auch der Innenzylinder weit nach vorn geschoben werden, da andernfalls die Innentriebstange zu kurz geraten wäre. Das erheblich höhere Gewicht der Zylinder ergibt Raddrücke, die an 18 t heranreichen. Bei Versuchsfahrten hat sich keinerlei Vorteil der Gleichstrombauart ergeben, so daß diese für die Zukunft wohl ausscheiden dürfte.

e) **Vorschlag für den Bau einer 2 C-Zwillings-Schnellzugslokomotive.** Das geringe Vertrauen, das mit Recht der doppeltgekröpften Achse gegenüber besteht, hat, wie bereits erwähnt, zum Bau von Dreizylinderlokomotiven geführt, deren nur einmal gekröpfte Achse nach Ansicht einiger Fachmänner eine etwas größere Betriebssicherheit bieten soll, und die durch Fortfall eines Zylinders mit seiner Steuerung und seinem Triebwerk gegenüber der Vierlings- und noch mehr der Vierzylinder-Verbundlokomotive beträchtlich billiger in der Anschaffung und auch der Unterhaltung ist. Hierdurch ist bereits ein erheblicher Schritt zu der vom Verfasser stets mit Nachdruck vertretenen Vereinfachung der Lokomotiven wieder getan.

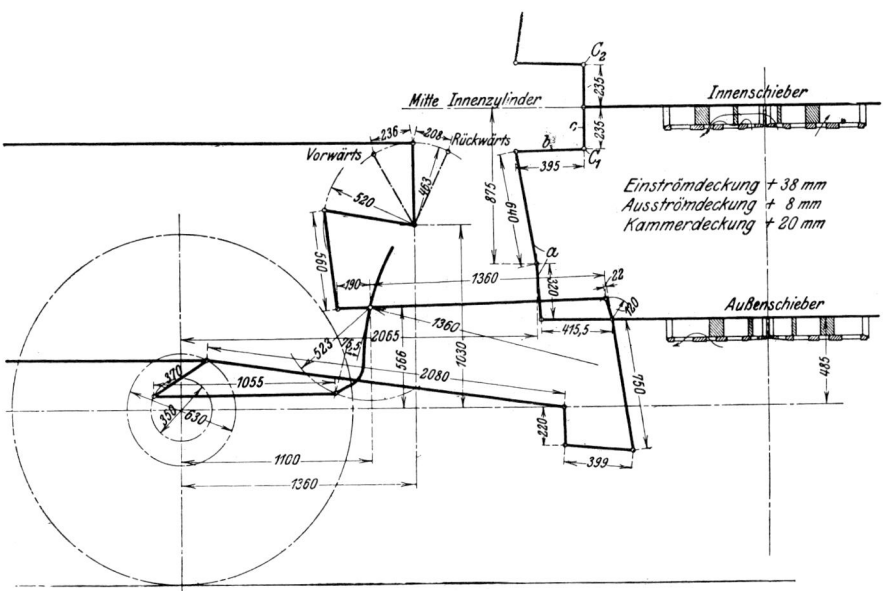

Abb. 532. Schematische Darstellung der Steuerung der 2 C-Heißdampf-Drillings-Schnellzuglokomotive.

Der Bau einer der S 10-Bauart gleich leistungsfähigen Zweizylinderlokomotive ist bisher aber bei der preußischen Staatseisenbahn leider unterblieben. Noch immer befürchten maßgebende Stellen zu große Kolbendrücke der Zwillingslokomotive, die bei den hohen Geschwindigkeiten bis zu 110 km/st, mit denen die Lokomotive fahren muß, ungewöhnliche Abnutzung und Heißlaufen der Zapfen und Lager ergeben könnten. Auch ein unruhiger Gang, hervorgerufen durch die nur unvollkommen auszugleichenden hin und her gehenden Massen der Zwillingslokomotive wird bisweilen noch gegen diese einfachste aller Lokomotivbauarten ins Feld geführt.

Wie wenig diese Gründe stichhaltig sind, zeigen in augenscheinlicher Weise Tausende von amerikanischen Lokomotiven, bei denen für Leistungen, gegen die die Leistung der S 10-Lokomotiven klein zu nennen ist, mit Rücksicht auf Einfachheit nur die Zweizylinderbauart gewählt wird. In der Zahlentafel 43 ist eine Anzahl neuerer amerikanischer Zwillingslokomotiven mit ihren Hauptabmessungen aufgeführt, bei denen Zylinderdurchmesser bis zu 686 mm bei 1854 mm und von 660 mm bei 2032 mm Triebraddurchmesser sogar bei einem Kesseldruck von 14,4 Atm. vorkommen!

Es beweist dies, daß Zapfenschwierigkeiten dort nicht in dem Maße vorkommen, daß sie zum Aufgeben dieser einfachen Bauart führen könnten. Allerdings muß betont werden, daß man auch den Zapfen Abmessungen gibt, wie wir sie bei uns bisher noch nicht gewöhnt sind. Beispiele hierfür sind im fünften Abschnitt gegeben.

Abb. 533. 2 C-Heißdampf-Personenzuglokomotive der Preußischen Staatsbahnen.

Wie die Berechnung der Zapfen und Achslagerabmessungen, die für eine 2 C-Heißdampf-Zwillingslokomotive mit 1980 mm Triebraddurchmesser im zweiten Abschnitt durchgeführt ist, ergeben hat, lassen sich die Beanspruchungen ohne Schwierigkeiten in solchen Grenzen halten, daß für kalten Lauf jede Gewähr übernommen werden kann.

Was den unruhigen Gang der Zweizylinderlokomotive anbetrifft, so läßt sich durch genügenden Ausgleich, besonders bei dem langen Radstand der 2 C-Bauart, die Wirkung der hin und her gehenden Massen derart herabmindern, daß irgendwelche schädlichen Einflüsse kaum zu verspüren sein werden, zumal es möglich ist, durch straffe Kuppelung des Tenders mit der Lokomotive und durch Verstärkung der in Frage kommenden Teile, wie Achslager, Achslagerführungen, gute Auflagerung der Feuerbüchse und Schlingerstücke, einen dauernd guten Zusammenhang der Teile zu gewährleisten. Verfasser möchte deshalb den Bau einer solchen, an Einfachheit nicht zu übertreffenden Zwillingslokomotive, die die gleiche Leistungsfähigkeit wie jede der vorher beschriebenen Vierzylinder- oder Dreizylinder-Schnellzuglokomotiven hat, den maßgebenden Stellen nachdrücklichst empfehlen.

Der Entwurf für eine derartige 2 C-Zwillings-Heißdampf-Schnellzuglokomotive ist in Tafel 5 dargestellt. Im zweiten Abschnitt sind ihre Hauptabmessungen durchgerechnet. Auch ist dort ihre Leistungsfähigkeit auf den verschiedenen Steigungen zeichnerisch dargestellt worden.

2. Heißdampf-Personenzuglokomotiven.

Zur Beförderung schwerer Personen- und Schnellzüge im hügeligen Gelände wird seit dem Jahre 1906 in steigendem Maße nur noch die 2 C-Zwillingslokomotive der Gattung P 8 beschafft, von denen zurzeit über 1200 Stück im Betrieb sind. Wegen ihrer großen Leistungsfähigkeit, vielseitigen Anwendbarkeit, einfachen Bedienung und Unterhaltung ist diese Bauart sehr beliebt.

2 C-Heißdampf-Zwillings-Personenzuglokomotive mit Tender von 21,5 cbm Wasserrauminhalt. Gattung P 8. Die 2 C-Heißdampf-Zwillings-Personenzuglokomotive wurde erstmalig von der Berliner Maschinenbau-Aktiengesellschaft vormals L. Schwartzkopff im Jahre 1906 nach den Angaben des Verfassers gebaut und in der auf Tafel 7 dargestellten Ausführungsform seit dem Jahre 1914 beschafft. Der Unterschied gegenüber der früheren Ausführung (erste Auflage S. 447 u. f.) besteht in der Vergrößerung des Überhitzers, Anbringung eines Vorwärmers und Änderung des Brems- und Steuerungsgestänges.

Lokomotiven der Gattung P_8 sind außer von der Berliner Maschinenbau-Aktiengesellschaft noch von den Bauanstalten Henschel & Sohn in Cassel, A. Borsig, Berlin-Tegel, F. Schichau in Elbing, Maschinenbauanstalt Humboldt in Köln-Kalk und den Linke-Hofmann-Werken in Breslau geliefert worden.

Die Bauart der Lokomotive ergibt sich aus den in Tafel 6 und Lichtbild 533 beigefügten Übersichtszeichnungen.

Die Hauptabmessungen der Lokomotive sind folgende:

Zulässige Höchstgeschwindigkeit	100 km/st
Zylinderdurchmesser	575 mm
Kolbenhub	630 mm
Art und Lage der Steuerung: Walschaert außenliegend.	
Kessel: Dampfüberdruck	12 kg/qcm
Rostfläche	2,62 qm
Feuerbüchse } vom Feuer berührte Heizfläche	14,52 qm
Heiz- und Rauchrohre	135,01 qm
zusammen	149,362 qm
Überhitzer	58,9 qm
Wasserrauminhalt bei 150 mm Wasserstand über Feuerbüchsdecke gemessen	6,50 cbm
Dampfrauminhalt bei 150 mm Wasserstand über Feuerbüchsdecke gemessen	2,44 cbm
Verdampfungsoberfläche	9,5 qm
Heizfläche des Vorwärmers	14 qm
Durchmesser der Triebräder im Laufkreis gemessen	1750 mm
Durchmesser der Laufräder im Laufkreis gemessen	1000 mm
Gesamtgewicht, leer	69180 kg
„ betriebsfähig	75280 kg
Reibungsgewicht	50280 kg
Größter Raddruck	8500 kg
Fester Radstand der Lokomotive	4580 mm
Geführte Länge	7250 mm
Gesamter Radstand der Lokomotive	8350 mm
Gesamter Radstand der Lokomotive mit Tender	15665 mm
Gesamtlänge der Lokomotive zwischen Puffern und Stoßpuffern	11202 mm
Gesamtlänge der Lokomotive mit Tender zwischen den Puffern	18592 mm

Die Leistungsfähigkeit der Lokomotive in Tonnen Zuggewicht auf längeren Steigungen ergibt sich auf nachstehender Zahlentafel 48:

Zahlentafel 48.

Leistungsfähigkeit der P_8 in Tonnen Zuggewicht auf verschiedenen Steigungen.

Steigung	Geschwindigkeit in km/st					
	40	50	60	70	80	90
1 : 40	115	80	55	30	—	—
1 : 60	215	160	125	85	60	25
1 : 100	380	300	235	180	140	85
1 : 150	555	440	345	275	215	150
1 : 200	700	550	430	345	270	190
1 : 300	910	720	570	460	350	250
1 : 400	1065	840	670	530	410	300
1 : 500	1185	930	735	590	455	330
1 : 1000	1510	1180	930	735	565	410
1 : ∞	2080	1600	1230	950	725	525

Zuggewicht in Tonnen.

Von den drei miteinander gekuppelten Achsen wird die mittlere angetrieben. Die rechten Kurbeln der Radsätze eilen den linken Kurbeln um einen Winkel von 90° voraus. Der Baustoff der Radstreifen ist Tiegelflußstahl und ihre Stärke beträgt bei neuen Reifen in der Laufkreisebene gemessen 75 mm.

Die Spurkränze des Triebradsatzes sind gegenüber dem Regelspurkranz um 15 mm schmaler gedreht. Das Drehgestell hat 40 mm Seitenspiel und wird durch an den Seiten des Mittellagers angebrachte Federn in seine Mittellage zurückgeführt. Die an den beiden Enden der Lokomotive überhängenden Massen sind auf das bei der Bauart der Lokomotive erreichbare Mindestmaß beschränkt. Die hin und her gehenden Triebwerksmassen sind zu 30% ihres Betrages, die umlaufenden Massen zum vollen Betrage durch Gegengewichte ausgeglichen. Die Lokomotive durchläuft Krümmungen mit einem Halbmesser bis herab zu 140 m bei 24 mm Spurerweiterung (Weiche 1:7) noch ohne Zwängen.

Das Führerhaus ist durch flache hölzerne Andreaskreuze versteift und mit einem doppelten Dache versehen. Oberhalb des innenliegenden Holzdaches sind die Vorder- und Rückwand sowie die Querversteifung durchbrochen, so daß die Luft frei zwischen beiden Dächern hindurchstreifen kann. Öffnungen im inneren Holzdach vermitteln die Lüftung des Führerhauses. An den Fensteröffnungen der Seitenwände sind hölzerne Armleisten angebracht, und außen an den Seitenwänden befinden sich drehbare Schutzgläser für die Vorwärtsfahrt. Das vom Dach ablaufende Regenwasser wird in Regenrinnen aufgefangen und bis an die Enden des Führerhauses fortgeleitet. Im Führerhaus befindet sich über dem Trittblech ein abnehmbarer Bohlenbelag.

Der Langkessel, dessen Wandstärke 16 mm beträgt, besteht aus zwei Schüssen, deren vorderer durch einen Winkelring mit der erweiterten Rauchkammer verbunden ist. Im Dampfdom befindet sich ein entlasteter Ventilregler der Bauart Schmidt und Wagner. Der eiserne Feuerbüchsmantel ist im oberen Teil halbwalzenförmig als unmittelbare Fortsetzung des Langkessels ausgeführt; der Mantel ist aus zwei Seitenblechen von 16 mm Stärke und einem zwecks Aufnahme der Deckenankerschrauben auf 20 mm verstärkten Deckenblech hergestellt. Außer den üblichen Versteifungen durch Queranker und aufgenietete Formeisen hat die Decke des Mantels noch zwei senkrechte, sichelförmige Blechverstrebungen erhalten, um Anbrüchen im oberen Gewinde der Deckenankerschrauben in den seitlichen Längsreihen infolge Sichstreckens der Decke vorzubeugen.

Die Feuerbüchse ist von vorn in den Feuerbüchsmantel eingebracht. Die in ihr befindlichen eisernen Niete von 23 mm Durchmesser erhalten wie üblich außen volle und innen halb versenkte Köpfe. Die Bodenanker treten bis dicht an die Rohrwand heran, um ein Ausbohren gebrochener Bodenankerschrauben zu erleichtern.

In die Rohrwände sind 131 Heizrohre von 45/50 mm Durchmesser und ferner zur Aufnahme der Überhitzerrohre 26 Rauchrohre von 125/133 mm Durchmesser in vier wagerechten Reihen eingezogen. Der lichte Abstand der Rohrwände beträgt 4700 mm. Die hinteren Enden der Heizrohre sind um 10 mm bis auf 40 mm Außendurchmesser eingezogen. Die Feuerbüchsrückwand ist senkrecht angeordnet. Der nach vorn geneigt verlegte Rost besteht aus zwei hintereinander liegenden Gruppen von gußeisernen Doppelstäben mit 12,3 mm oberer Breite und 15,4 mm Luftspalten. Unter den Roststäben hängt ein geräumiger Aschkasten mit je einer einstellbaren Luftklappe in der Vorder- und Rückwand.

Der Kessel ist an der Rauchkammer fest mit dem Rahmenbau verbunden. Das Gewicht des Kessels wird außer durch diese Nietverbindung durch ein bis an den Langkessel zwischen den Rahmenplatten hochgeführtes Stützblech sowie durch fünf am Feuerbüchsmantel beziehungsweise dem Bodenring befindliche Tragstellen auf den Rahmenbau übertragen. Um der Wärmedehnung des Kessels in seiner Längsrichtung Rechnung zu tragen, sind diese Tragstellen als Gleitlager ausgebildet. Für das Schmieren der vier an den Seitenwänden des Feuerbüchsmantels sitzenden Gleitlager, die mit Klammern versehen sind, um ein Abheben des Kessels vom Rahmenbau zu verhüten, sind vier besondere Schmiergefäße an der seitlichen Feuerbüchsbekleidung vorgesehen. Das fünfte Gleitlager der Feuerbüchse befindet sich am Bodenring unter der Mitte der Feuerbüchsrückwand. An dieser Stelle ist der Bodenring mit einem nach abwärts reichenden Ansatz versehen, dessen wagerechte Grundfläche als Gleitfläche eines Traglagers dient. Die beiden, der Lokomotivlängsachse gleichlaufenden Seitenflächen des Bodenringansatzes sind in lotrecht stehenden Backen des Traglagers dicht schließend geführt und sichern die feste Verbindung der Feuerbüchse mit dem Rahmenbau bei schlingernder Bewegung der Lokomotive. Die sich gegen den Bodenringansatz legenden Gleit- und Tragflächen werden aus vier auswechselbaren, gehärteten Stahlplatten gebildet. Für das Schmieren dieser Gleitflächen ist ebenfalls ein Schmiergefäß an der Bekleidung der Feuerbüchsrückwand vorgesehen.

Für das Reinigen des Kessels sind in den Seitenwänden des Feuerbüchsmantels je zwei große Reinigungsluken und in der Decke des Feuerbüchsmantels eine große Luke vorgesehen. Ferner befinden sich kleine Auswaschluken mit eingeschraubtem Rotgußfutter: über dem Bodenring je eine über dessen vier Ecken, je eine etwa auf der halben Länge der Seitenwände und eine in der Mitte der Rückwand, sowie je eine in den Ecken der Rückwand des Feuerbüchsmantels in Höhe der Feuerbüchsdecke und in den Ecken der Vorderwand in Höhe der Bodenanker, eine in der Rückwand unmittelbar über dem Feuerlochring und eine im unteren Rande der Rauchkammer-Rohrwand.

Der Überhitzer besteht aus dem gußeisernen Dampfsammelkasten und 26 Elementen, aus nahtlosen flußeisernen Rohren von 32/40 mm Durchmesser. Die Überhitzerrohre sind mit ihren vorderen Enden durch Flanschstücke an die Naßdampf- beziehungsweise Heißdampfkammern des Sammelkastens angeschlossen und mit ihren hinteren Enden in Umkehrkappen aus Flußeisenguß eingeschraubt.

Die Überhitzerklappen werden selbsttätig beim Öffnen des Reglers mittels Dampfes geöffnet, der in einen besonderen auf der linken Seite der Rauchkammer befindlichen Zylinder geleitet wird, und gelangen nach Schließen des Reglers durch ihr Eigengewicht in die Abschlußstellung. Die Einstellung der Klappen kann zwecks Änderung der Wärmezufuhr vom Heizerstand aus durch Handrad und Schraubenspindel geregelt werden. Beim Öffnen der Rauchkammertür werden die Klappen durch einen Kettenzug geöffnet; durch einen Vorstecker am äußeren Gestänge können die Klappen für längeres Arbeiten am Überhitzer dauernd offen gehalten werden.

In der Rauchkammer befindet sich ein seitlich aufklappbarer, kegelförmiger Funkenfänger. Die Mündung des Blasrohrs, die durch einen Quersteg von 13 mm verengt ist, hat einen lichten Durchmesser von 135 mm (für Lokomotiven mit Vorwärmer 130 mm) und liegt 100 mm unter der Kesselmitte. An dem Schornstein, dessen kleinster lichter Durchmesser 420 mm beträgt, ist zum Aufsetzen einer Verlängerung ein entsprechend abgedrehter Ansatz vorgesehen.

Das Gewicht des leeren Kessels einschließlich des Domes, der Heiz- und Rauchrohre sowie der am Kessel festgenieteten Teile beträgt rund 17 750 kg. Das Gewicht des gleichen Kessels jedoch einschließlich der feinen und groben Ausrüstungsteile sowie des Reglers, des Überhitzers, der Ein- und Ausströmrohre, des Rostes und der Luft- und Speisewasserpumpe beträgt rund 25 500 kg.

Die beiden Hauptrahmenplatten sind je 25 mm stark. Zur Sicherung ihrer gegenseitigen Lage sind sie außer durch den Pufferträger und den Zugkasten noch durch Querverstrebungen aus Blech und Winkeleisen miteinander verbunden. Die wagerechte Hauptverstrebung geht von dem Pufferträger bis zur Feuerbüchse durch. Zur Erzielung eines auch in lotrechter Richtung möglichst widerstandsfähigen Rahmenbaues ist die Höhe der Hauptrahmenplatten über den Achsausschnitten reichlich bemessen und sonstige Ausschnitte sind hier möglichst vermieden.

Die Tragfedern der gekuppelten Radsätze, die aus je 13 Blättern mit einem Querschnitt von 90 × 13 mm gebildet werden, liegen unterhalb der Achslagerkasten. Die Tragfedern der beiden hinteren Radsätze sind durch Ausgleichhebel miteinander verbunden. Die Achslager der beiden Laufachsen sind an jeder Seite ebenfalls durch einen aufliegenden Federträger verbunden, an dem eine Tragfeder angreift, die aus 13 Federblättern mit einem Querschnitt von je 90 × 16 mm besteht. Für das Schmieren der Hauptbolzen der Ausgleichhebel sind Schmiergefäße vorgesehen.

Die Kupplungen am vorderen Ende der Lokomotive und zwischen Lokomotive und Tender entsprechen der Regelbauart und sind neuerdings für eine Zugkraft von 40 Tonnen, die Pufferfedern für eine Druckkraft von je 12 Tonnen bemessen.

Die beiden Dampfzylinder von je 575 mm Durchmesser sind wagerecht außen auf die Rahmenplatten aufgehängt und mit diesen verschraubt und bleiben auch bei der zulässigen größten Abnutzung der Radreifen innerhalb der abgestuften Umgrenzungslinie der B. O. Das rechte und linke Dampfzylindergußstück sind einander völlig gleich. Die schädlichen Räume der Zylinder betragen vorn 12,6 v. H. und hinten 12,82 v. H. des Hubraumes bei einem Spielraum zwischen Kolben und vorderem Zylinderdeckel von 13 mm und zwischen Kolben und hinterem Deckel von 27 mm.

Der Durchmesser des Kolbenkörpers ist 5 mm kleiner als die Zylinderbohrung. Der Kolbenkörper mit Stange wird allein von dem Kreuzkopf und der am vorderen Zylinderdeckel befindlichen Führungsbüchse getragen. Die Kolbenstangen-Stopfbüchsen sind querbewegliche Metallstopfbüchsen nach der Regelbauart von Schmidt.

Für das Schmieren der Dampfkolben und Kolbenschieber ist auf der Heizerseite im Führerhaus eine Schmierpumpe mit sichtbaren Ölvorräten vorgesehen, die durch ein im Hub einstellbares Gestänge vom hinteren Kuppelradsatz aus angetrieben wird.

An jedem Dampfzylinder ist ein Ventildruckausgleicher und an jedem Dampfeinströmrohr ein Luftsaugeventil vorgesehen, die bei Leerlauf der Lokomotive durch einen im Führerhaus auf der Führerseite angebrachten Hahn durch Preßluft geöffnet werden. Nach Auslassen der Preßluft werden Druckausgleicher und Luftsaugeventile durch die in ihnen befindlichen Schraubenfedern wieder geschlossen.

Die Kreuzköpfe haben die übliche eingleisige Bauart, die Befestigung der Kreuzkopfbolzen erfolgt durch kegelförmige, durch Muttern und Unterlagscheiben angepreßte Büchsen.

Sämtliche Trieb- und Kuppelstangen haben geschlossene Köpfe mit nachstellbaren Lagerschalen aus Rotguß und Weißmetallspiegel.

Die außerhalb des Rahmenbaues liegende Walschaertsteuerung (Abb. 534 bis 536) gibt vorwärts und rückwärts Füllungen der Dampfzylinder bis zu 74 v. H. Füllungsstufen unter 15 v. H. sollen nicht benutzt werden, weil sonst bei der geringen Größe der schädlichen Räume der Zylinder ein zu hoher Verdichtungsdruck entsteht, der unruhigen Gang der Lokomotive und Stöße im Triebwerk zur Folge hat.

Die Steuerungsergebnisse sind in Zahlentafel 49 wiedergegeben.

Die Dampfverteilung erfolgt durch Kolbenschieber von 220 mm Durchmesser, neuerdings mit einfacher, innerer Einströmung, und acht federnden Ringen aus Gußeisen von 6×8 mm Querschnitt. Die Einströmdeckung beträgt 38 mm, die Ausströmdeckung 2 mm und die Voröffnung (lineares Voreilen) 5 mm.

Die vorderen und hinteren Schieberbüchsen sind nach der Mitte zu abgeschrägt, wodurch ein leichtes Ein- und Ausbringen der Kolbenschieber erreicht wird. Die hohlen Schieberstangen sind am hinteren Ende voll gelassen und hier ungleichseitig für eine prismatische Führung ausgebildet, durch die erzielt wird, daß die Schieber stets wieder in der richtigen Lage, d. h. mit den Ringschlössern nach unten, eingebaut werden müssen. Durch eine Stellschraube an der Prismenführung kann der Schieber zum Zwecke des Lahmlegens einer Lokomotivseite in seiner Mittellage festgestellt werden. Für das Einstellen der Schieber sind Schaulöcher in den Schiebergehäusen vorgesehen. Um nach Herausnehmen eines Schiebers diesen ohne weiteres wieder in seine richtige Lage bringen zu können, ist jeder Lokomotive ein Stichmaß (Doppelhaken mit zwei Spitzen) beigegeben, das den Abstand von der Mitte des Zapfens im Schieberkreuzkopf, bis zu einer in die Schieberstange vor ihrem Gewinde eingeschlagenen Körnermarke festlegt.

Die Bremse wirkt in zwei Gruppen auf die Räder, und zwar bremst die vordere Gruppe mit 11 160 kg = 45 v. H. des Raddrucks einseitig die Räder des Drehgestells und die hintere die gekuppelten Räder zweiseitig mit rund 34 000 kg = 67 v. H. des Reibungsgewichtes der betriebsfähigen Lokomotive. Neuerdings werden diese Lokomotiven auch mit der Schnellbahnbremse ausgerüstet.

Das Bremsgestänge jeder Gruppe gleicht die Klotzdrücke der Seiten für sich und die Bremsdrücke der beiden Maschinenseiten untereinander aus. Zum Nachstellen des Bremsgestänges dienen an der vorderen Gruppe zwei seitliche Stellschrauben und an der hinteren Gruppe eine Stellschraube und zwei Paar Zugstangen mit Nachstellöchern, von denen jedoch abwechselnd nur die eine oder die andere Vorrichtung zum Nachstellen des gesamten Bremsgestänges erforderlich ist. Das Übersetzungsverhältnis beträgt 1 : 6,3 an der vorderen Gruppe und 1 : 8,5 an der hinteren Gruppe.

Die Bremse ist eine selbsttätig wirkende Luftdruckbremse Kuntze-Knorr mit einer durch Dampf betriebenen zweistufigen Luftpumpe, die sich an der rechten Seite des Langkessels befindet. Der Gang der Pumpe läßt sich durch ein vom Führerstand aus mit einem Handrade einstellbares Dampfventil in weiten Grenzen regeln. Der Inhalt des Hauptluftbehälters beträgt rund 400 Liter.

Die Lokomotive ist mit einer Einrichtung zum Vorwärmen des Speisewassers durch Dampf versehen. Der Vorwärmer, Bauart Knorrbremse, wird zum größten Teil durch den Abdampf der Zylinder geheizt, von dem etwa der sechste Teil durch eine an dem hinteren, linken Auspuffkasten des Schiebergehäuses angeschlossene Rohrleitung in den Vorwärmer strömt. Außerdem wird noch der Abdampf der Luft-

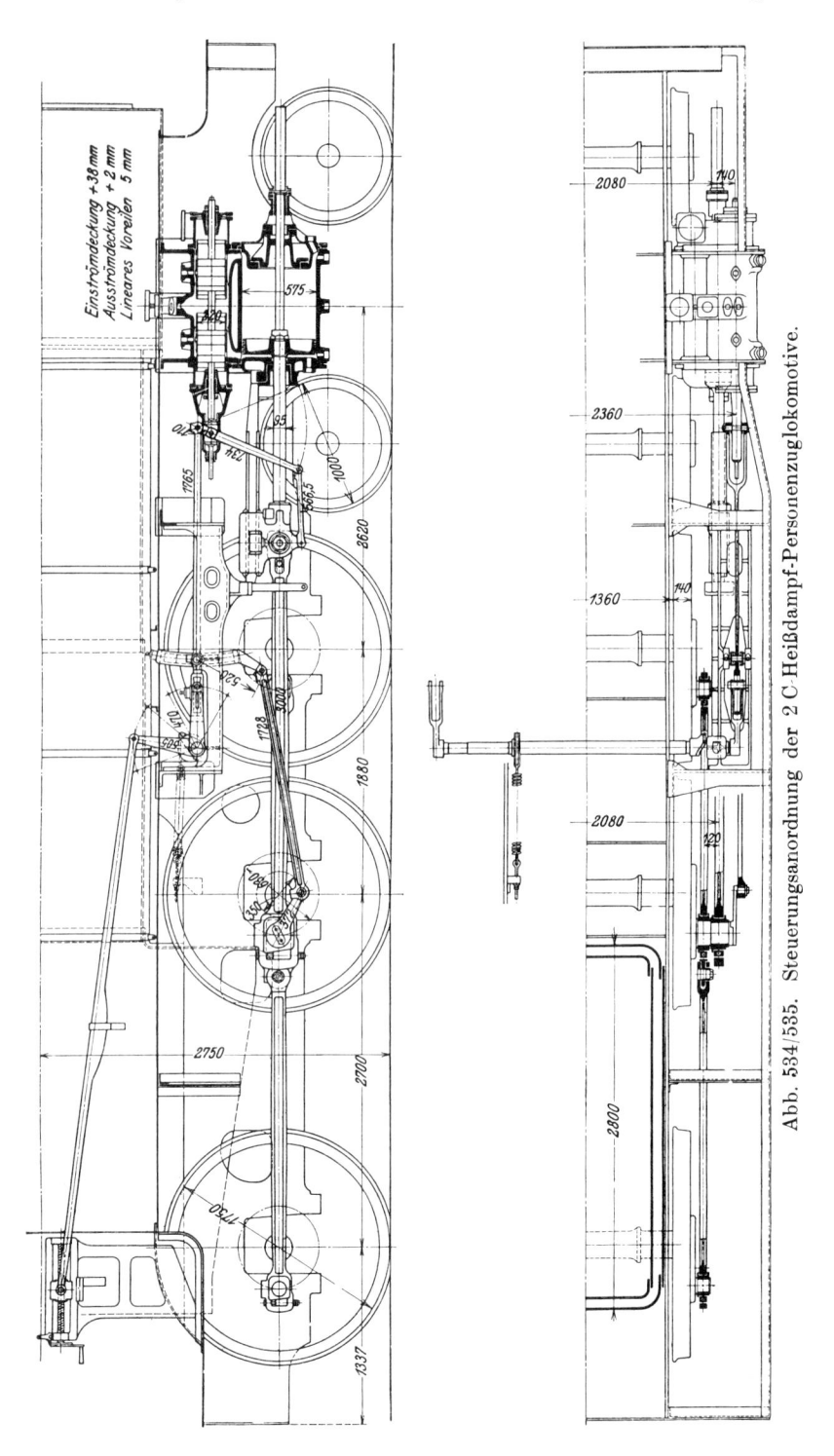

Abb. 534/535. Steuerungsanordnung der 2 C-Heißdampf-Personenzuglokomotive.

und Wasserpumpe in den Vorwärmer geleitet. Das Niederschlagwasser des Vorwärmers fließt durch ein innerhalb des Rahmenbaues befindliches Rohr auf die Strecke.

Der Gang der Speisepumpe läßt sich vom Heizerstand aus durch ein Handrad und Niederschraub-Dampfventil auf eine, an einem Manometer erkennbare und der

Steuerungsergebnisse für die 2 C-Heißdampf-Personenzuglokomotive der preußischen Staatsbahnen.

Zylinderdurchm. 575 mm
Kolbenhub . . . 630 mm
Einströmdeckung + 38 mm
Ausströmdeckung + 2 mm
Schädliche Räume
hinten . . . . 13,7 %
vorn . . . . 12,6 %

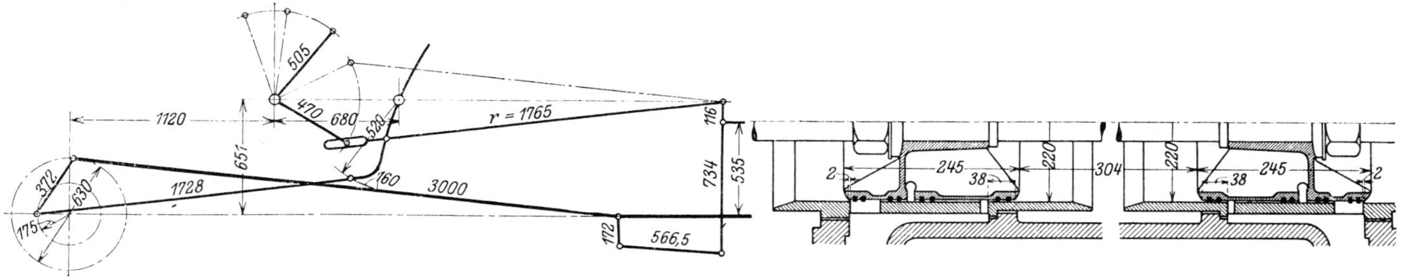

Abb. 536. Schematische Darstellung der Steuerung der 2 C-Heißdampf-Personenzuglokomotive.

Vorwärts: Steuerung steht auf Füllung %	Voreilen mm	Größte Kanalöffnung für den Dampf-Eintritt mm	Größte Kanalöffnung für den Dampf-Austritt mm	Größter Schieberweg aus Mittelstellung mm	Kolbenweg vom Totpunkt bis Beginn der Dehnung %	Ausströmung %	Kompression %	Voreinströmung %	Größter Steinausschlag aus Mitte nach unten mm	Steinbewegung mm		Rückwärts: Steuerung steht auf Füllung %	Voreilen mm	Größte Kanalöffnung für den Dampf-Eintritt mm	Größte Kanalöffnung für den Dampf-Austritt mm	Größter Schieberweg aus Mittelstellung mm	Kolbenweg vom Totpunkt bis Beginn der Dehnung %	Ausströmung %	Kompression %	Voreinströmung %	Größter Steinausschlag aus Mitte nach unten mm	Steinbewegung mm
0	5	5+5	41	43	5¾	52⅓	51¾	5¼	0	0	hinter d. Kolben	0	5	5+5	41	43	5½	52½	51¾	5	0	0
	5	5+5	41	43	6½	53	52½	6	0		vor „ „		5	5+5	41	43	6½	53	52½	6	0	
10	5	5½+5½	41½	43½	9¾	58¾	45½	2,75	19	½	hinter „ „	10	5	5¼+5¼	41½	43¼	10	59½	55½	2,8	21	2
	5	5½+5½	41½	43½	10½	59½	46	3,5	19		vor „ „		5	5½+5½	41¼	43½	10½	60	54¾	3,6	21	
20	5	7½+7½	43¼	45½	20¼	68	34¾	1	49	2	hinter „ „	20	5	7½+7½	43¼	45½	20½	69	33¾	1,25	52½	3½
	5	7¼+7¼	43½	45¼	19½	69½	36¼	1,8	49		vor „ „		5	7¼+7¼	43½	45¼	19¾	70½	35¼	1,75	52½	
30	5	10½+10½	44	48½	30½	73¾	27½	0,7	74	4	hinter „ „	30	5	10½+10½	44	48½	30	74½	27⅓	0,75	76	5½
	5	10+10	44	48	29½	76	29¾	1,25	74		vor „ „		5	9½+9½	44	47½	29½	76½	29¼	1,1	75½	
40	5	13+13	44	52½	40¾	78½	22	0,4	99½	6	hinter „ „	40	5	13+13	44	52½	40	79	21⅔	0,5	101	7½
	5	13+13	44	51¼	40	81	24½	0,75	99½		vor „ „		5	12¾+12¾	44	50¾	40	81½	24	0,75	100	
50	5	13+13	44	58	50	82½	17½	0,3	125½	7½	hinter „ „	50	5	13+13	44	57	49½	83	17¼	0,33	127	10
	5	13+13	44	55½	50	85¼	20	0,5	125		vor „ „		5	13+13	44	55	51	85¼	19¾	0,5	125	
60	5	13+13	44	65½	59	86⅓	13½	0,25	157½	10	hinter „ „	60	5	13+13	44	63½	58½	86½	13¼	0,25	157	12
	5	13+13	44	61½	60½	88¾	16	0,33	155		vor „ „		5	13+13	44	60½	61	88½	15¾	0,33	154	
70	5	13+13	44	77	68¾	90	9½	0,18	204	14	hinter „ „	70	5	13+13	44	73½	68	90	9¾	0,17	199	16
	5	13+13	44	71	71	92	11½	0,25	199		vor „ „		5	13+13	44	70	71¼	91¾	11¾	0,22	195	
max	5	13+13	44	82	72	91½	8½	0,16	223	16	hinter „ „	max	5	13+13	44	75½	69½	90½	9¼	0,16	206	16½
	5	13+13	44	75	74½	93	10¼	0,25	217		vor „ „		5	13+13	44	71¼	72½	92¼	11¼	0,2	201	

jeweilig verdampften Wassermenge entsprechende Hubzahl von 40 bis zu 1 in der Minute einstellen, so daß die Pumpe zum fortlaufenden Speisen des Kessels während der Fahrt und in kürzeren Pausen geeignet ist.

Auf der rechten Seite des Feuerbüchsmantels befindet sich eine Dampfstrahlpumpe mit einer Leistung von 250 l/Min. Sie dient lediglich zum Speisen des Kessels bei längerem Stillstand der Lokomotive und, falls die Kolbenpumpe versagt, zur Aushilfe.

Die Lokomotive ist mit nachstehenden besonderen Einrichtungen versehen:

Preßluftsandstreuer, vor die ersten beiden gekuppelten Achsen für Vorwärtsfahrt streuend,

Rauchverminderungseinrichtung Bauart Marcotty,

Thermoelement-Pyrometer zum Messen der Wärme des Dampfes im rechtsseitigen Schiebergehäuse,

Fernmanometer mit Leitung zum rechtsseitigen Schiebergehäuse,

Dampfheizeinrichtung,

Gasbeleuchtungseinrichtung.

Hierzu kommen je nach besonderer Bestimmung: Wärmekasten für Speisen und Getränke.

Die Lokomotive ist mit einem vierachsigen Tender gekuppelt, dessen Wasserkasten einen Rauminhalt von 21,5 cbm und dessen Kohlenkasten ein Fassungsvermögen von 7 t besitzt.

3. Heißdampf-Güterzuglokomotiven.

a) **D-Heißdampf-Zwillings-Güterzuglokomotive, verstärkte Bauart mit Tender von 16,5 cbm Wasserinhalt. Gattung G 8^1.** Die D-Heißdampf-Zwillings-Güterzuglokomotive verstärkter Bauart, die erstmalig im Jahre 1912 von der Lokomotivbauanstalt F. Schichau in Elbing gebaut wurde, ist aus der älteren D-Heißdampf-Güterzuglokomotive, Gattung G 8 (1. Auflage S. 449 u. f.) hervorgegangen, deren Leistung sie erheblich übertrifft. Lokomotiven der Gattung G 8^1 sind außer von F. Schichau noch von den Bauanstalten: A. Borsig, Berlin-Tegel, Hannoversche Maschinenbau-Aktiengesellschaft vormals Georg Egestorff in Hannover-Linden, Elsässische Maschinenbau-Gesellschaft in Grafenstaden, Henschel & Sohn in Cassel, Vulkan-Werke in Stettin-Bredow, A. Jung in Jungenthal bei Kirchen a. d. Sieg, Orenstein & Koppel in Berlin-Drewitz, Maschinenbauanstalt „Humboldt" in Cöln-Kalk und „Linke-Hofmann-Werke" in Breslau geliefert worden.

Von den recht leistungsfähigen und wirtschaftlich arbeitenden Lokomotiven der Gattung G 8 waren im Jahre 1913 bereits über 1000 Stück im Betrieb. Bei der erheblichen Zunahme der Zuggewichte der Güterzüge und den dadurch hervorgerufenen größeren Anforderungen an die Schleppkraft stellte es sich jedoch heraus, daß das Reibungsgewicht dieser Lokomotive nicht mehr ausreiche. Durch Vergrößerung des Kessels, Verstärkung des Rahmens und der Achsen sowie Einbau eines Speisewasservorwärmers wurde das Gewicht der Lokomotive von 57 auf 68 t erhöht und damit das Anwendungsgebiet und die Wirtschaftlichkeit dieser beliebten Lokomotive beträchtlich erhöht.

Die Bauart der Lokomotive zeigt Tafel 7 und Lichtbild 537.

Ihre Hauptabmessungen sind folgende:

Zulässige Höchstgeschwindigkeit	55 km/st
Zylinderdurchmesser	600 mm
Kolbenhub	660 mm

Art und Lage der Steuerung: Walschaert, außenliegend.

Kessel: Dampfüberdruck . . . . 14 kg/qcm
Rostfläche . . . . 2,626 qm
Feuerbüchse . . . . ⎫   ⎧ . . . . . . 13,885 qm
Heiz- und Rauchrohre . . . ⎬ vom Feuer ⎨ . . . . . . 130,535 qm
                                         berührte   ⎯⎯⎯⎯⎯⎯⎯⎯⎯⎯
                                         Heizfläche   Zusammen 144,420 qm
Überhitzer . . . . ⎭   ⎩ . . . . . . 51,880 qm
Wasserrauminhalt ⎱ bei 150 mm Wasserstand über ⎰ . . 6,290 cbm
Dampfrauminhalt ⎰ Feuerbüchsdecke gemessen ⎱ . . 2,150 cbm
Verdampfungsoberfläche . . . . 8,820 qm
Heizfläche des Vorwärmers, dampfberührt . . . . 15,2 qm
Raddurchmesser im Laufkreis gemessen . . . . 1350 mm
Gesamtgewicht, leer . . . . 61970 kg
„   betriebsfähig . . . . 67850 kg
Reibungsgewicht . . . . 67850 kg
Größter Raddruck . . . . 8520 kg
Gesamtradstand der Lokomotive . . . . 4700 mm
Gesamtradstand der Lokomotive mit Tender . . . . . . 13155 mm
Gesamtlänge der Lok. zwischen Puffern und Stoßpuffern . 10943 mm
„   „   „   mit Tender zwischen den Puffern . 18296 mm

Abb. 537. D-Heißdampf-Güterzuglokomotive der preußischen Staatsbahnen.

Die Leistungsfähigkeit der Lokomotive in Tonnen Zuggewicht auf längeren Steigungen ergibt sich aus nachstehender

Zahlentafel 50.

Leistungsfähigkeit der G 8¹ in Tonnen Zuggewicht auf verschiedenen Steigungen.

Steigung	Geschwindigkeit in km/st				
	15	20	30	40	50
1 : 40	340	310	210	140	90
1 : 60	530	390	340	240	160
1 : 100	870	810	580	420	300
1 : 150	1230	1140	810	600	430
1 : 200	1550	1420	1000	750	540
1 : 300	2000	1840	1300	970	690
1 : 400	2320	2160	1520	1120	800
1 : 500	2600	2480	1680	1230	870
1 : 1000	3300	3050	2140	1530	1070
1 : ∞	4650	4200	2900	2000	1380

Zuggewicht in Tonnen.

Von den vier gekuppelten Radsätzen ist der dritte Triebradsatz. Die rechten Kurbeln der Radsätze eilen den linken Kurbeln um einen Winkel von 90° voraus. Der Baustoff der Radreifen ist Tiegelflußstahl; die von Henschel & Sohn, Abteilung „Henrichshütte" in Hattingen, gelieferten Radsätze besitzen Reifen aus „Henschel-Spezialstahl". Die Festigkeit beider Stahlsorten soll mindestens 70 kg/qmm betragen. Die Stärke neuer Radreifen beträgt in der Laufkreisebene gemessen 75 mm.

Der letzte Kuppelradsatz hat eine Verschiebbarkeit von 3 mm nach jeder Seite erhalten, während die drei vorderen Radsätze fest gelagert sind. Die Spurkränze des zweiten Kuppelradsatzes und des Triebradsatzes sind gegenüber dem Regelspurkranz um 15 mm schmaler gedreht. Die an beiden Enden der Lokomotive überhängenden Massen sind auf das bei der Bauart der Lokomotive erreichbare Mindestmaß beschränkt. Durch diese Maßnahmen wird erreicht, daß die Lokomotive in geraden Gleisen ruhig läuft und Krümmungen mit einem Halbmesser bis herab zu 140 m bei 24 mm Spurerweiterung (Weiche 1:7) noch ohne Zwängen durchfahren kann.

Das Führerhaus ist wie bei der vorstehend beschriebenen P 8-Lokomotive ausgebildet.

Die Abmessungen des Langkessels entsprechen im wesentlichen ebenfalls dem der P 8-Lokomotive, wegen des 14 Atm. betragenden Kesseldrucks ist die Blechstärke jedoch zu 17 mm gewählt worden. In die Rohrwände sind 139 Heizrohre von 45/50 mm Durchmesser und 24 Rauchrohre von 125/133 mm Durchmesser in vier wagerechten Reihen eingezogen. Der lichte Abstand der Rohrwände ist um 200 mm kleiner, zu 4500 mm ausgeführt. Die hinteren Enden der Heizrohre sind statt wie sonst üblich um 10 mm hier 15 mm im Durchmesser auf 35 mm Außendurchmesser eingezogen.

Die Feuerbüchsrückwand ist geneigt angeordnet, um bei einer großen Rostfläche ein geringeres Gewicht des Hinterkessels zu erzielen und mehr Raum in dem Führerhaus zu schaffen. Der nach vorn geneigt verlegte Rost besteht aus zwei hintereinanderliegenden Gruppen von Guß- oder flußeisernen Stäben von 15 mm oberer Breite. Die Breite der Luftspalten beträgt, falls hauptsächlich schwere (westfälische Kohle) verfeuert wird, 14 mm, falls leichte (oberschlesische) Kohle verfeuert wird, 12 mm.

Die Verbindung des Kessels mit dem Rahmen erfolgt auf die gleiche Art wie bei der P 8-Lokomotive, nur sind unter dem Langkessel zwei Stützbleche angeordnet. Auch die Anzahl und Anordnung der Reinigungsluken ist dieselbe wie bei dem genannten Kessel.

Die Mündung des Blasrohrs, die durch einen Steg von 13 mm verengt ist, hat einen lichten Durchmesser von 130 mm und liegt 100 mm über der Kesselmitte. Der etwas kegelförmige Schornstein hat einen kleinsten Durchmesser von 410 mm und ist mit einem Absatz zum Aufsetzen eines Verlängerungsstückes versehen.

Die beiden Rahmenbleche sind je 30 mm stark. Außer den üblichen Versteifungen ist noch unter dem Aschkasten eine geschmiedete Verstrebung hinter der letzten Achse eingebaut. Die Achshalter sind oben geschlossen, um ein recht hohes Widerstandsmoment zu erzielen. Ausschnitte sind aus demselben Grunde in den Rahmenplatten möglichst vermieden.

Mit Rücksicht auf die unterhalb der Federbunde frei zu haltende Höhe von 160 mm ist die Anzahl der Federblätter durch Verwendung von mittelhartem Sonderstahl auf 11 Lagen mit einem Querschnitt von 90 × 13 mm herabgesetzt. Die Tragfedern des ersten und zweiten Radsatzes sowie die des dritten und vierten Radsatzes sind durch Ausgleichhebel miteinander verbunden. Für das Schmieren der Hauptbolzen der Ausgleichhebel sind trichterförmig erweiterte Schmierrohre vorgesehen.

Die Kuppelungen am vorderen Ende der Lokomotive und zwischen Lokomotive und Tender sind für eine Zugkraft von 40 t berechnet. Die beiden Pufferfedern sind für eine Druckkraft von je 12 t berechnet. Für das Schmieren der beiden Stoßpufferplatten sind besondere Schmiergefäße vorgesehen.

Die beiden vollständig gleichgebauten Dampfzylinder sind mit wagerecht liegenden Achsen außen auf die Rahmenplatten aufgehängt und mit diesen verschraubt. Die schädlichen Räume der Zylinder betragen vorn und hinten 7 v. H. des Hubraums bei einem Spielraum zwischen Kolben und vorderem Zylinderdeckel von 9 mm und zwischen Kolben und hinterem Deckel von 15 mm.

Kolben, Schmierung und Ausrüstung der Zylinder sowie die Schieber und Schieberstangenführungen sind von der gleichen Ausführung wie bei der P 8-Lokomotive.

Sämtliche Räder der Lokomotive werden einseitig von vorn gebremst. Der Gesamtdruck der 8 Bremsklötze beträgt 43 692 kg = $\sim$ 65 v. H. des Reibungsgewichts der betriebsfähigen Lokomotive.

Das Bremsgestänge gleicht die Klotzdrücke jeder Seite für sich und die Bremsdrücke der beiden Maschinenseiten untereinander aus. Zum Nachstellen des gesamten Bremsgestänges dient eine einzige Stellschraube am Hinterrande der Lokomotive. Nur bei stark vorgeschrittener Abnutzung der Klötze muß die erforderliche Verkürzung des Gestänges durch einmaliges Umstecken zweier Steckbolzen am Hinterende des großen Bremsdreiecks an der Bremswelle bewirkt werden. Das Übersetzungsverhältnis der Bremse beträgt 1:9,64.

Die Bremse ist eine selbsttätig wirkende Luftdruckbremse nach Regelbauart Westinghouse oder Knorr mit einer durch Dampf betriebenen zweistufigen Luftpumpe, die sich an der rechten Seite des Langkessels befindet. Der Rauminhalt des Hauptluftbehälters, der mit einem Entwässerungshahn versehen ist, beträgt $\sim$ 400 l.

Die Lokomotive ist mit einer Einrichtung zum Vorwärmen des Speisewassers durch Dampf versehen. Sie besitzt nachstehende besondere Einrichtungen:

Preßluftsandstreuer, vor sämtliche Räder für Vorwärtsfahrt streuend,
Rauchverminderungseinrichtung Bauart Marcotty mit Kipptür,
Thermoelement-Pyrometer Bauart Siemens & Halske zum Messen der Wärme des Dampfes im rechtsseitigen Schiebergehäuse,
Fernmanometer mit Leitung zum rechtsseitigen Schiebergehäuse,
Spurkranznäßvorrichtung am vordersten Radsatz.

Hierzu kommen je nach besonderer Bestimmung: Dampfheizeinrichtung, Gasbeleuchtungseinrichtung Bauart Pintsch, Wärmkasten für Speisen und Getränke.

Die Lokomotive ist mit einem dreiachsigen Tender nach Regelbauart gekuppelt, dessen Wasserkasten einen Rauminhalt von 16,5 cbm und dessen Kohlenkasten ein Fassungsvermögen von 7 t besitzt.

Versuchsweise wurde diese Gattung auch mit einem Wasserrohrkessel Bauart Stroomann gebaut, der auf Tafel 8 dargestellt und im fünften Abschnitt 1 e beschrieben ist.

b) E-Heißdampf-Zwillings-Güterzuglokomotive mit Tender von 16,5 cbm Wasserraum. Gattung G 10. Die E-Heißdampf-Zwillings-Güterzuglokomotive dient wesentlich zur Beförderung schwerer Güterzüge auf Strecken, für die nur ein Achsdruck von 14 t zugelassen ist, auf denen die G 8[1]-Lokomotive also wegen ihres zu hohen Achsdrucks nicht fahren kann. Sie wurde erstmalig im Jahre 1910 von der Lokomotivbauanstalt Henschel & Sohn in Cassel entworfen und gebaut. Bei späteren Lieferungen waren die Firmen A. Borsig in Berlin-Tegel, die Hannoversche Maschinenbau-Aktiengesellschaft vormals Georg Egestorff in Linden-Hannover und die Elsässische Maschinenbau-Gesellschaft in Grafenstaden beteiligt.

Die Bauart der Lokomotive zeigt Tafel 9 und Lichtbild 538. Ihre Hauptabmessungen sind folgende:

Zulässige Höchstgeschwindigkeit . . . . 60 km/st
Zylinderdurchmesser . . . . 630 mm
Kolbenhub . . . . 660 mm
Art der Steuerung: Walschaert, außenliegend.
Kessel:
   Dampfüberdruck . . . . 12 kg/qcm
   Rostfläche . . . . 2,62 qm
   Heizfläche der Feuerbüchse, feuerberührt . . . 14,64 qm
   Heizfläche der Heiz- und Rauchrohre, feuer-
     berührt . . . . 135,01 qm
   Heizfläche des Kessels, feuerberührt, insgesamt 149,65 qm
   Heizfläche des Überhitzers, feuerberührt . . . 53,00 qm
   Wasserrauminhalt bei 150 mm Wasserstand über
     Feuerbüchsdecke gemessen . . . . 6,1 cbm
   Dampfrauminhalt bei 150 mm Wasserstand über
     Feuerbüchsdecke gemessen . . . . 2,4 cbm
   Verdampfungsoberfläche . . . . 8,9 qm
   Heizfläche des Vorwärmers, dampfberührt . . . 15,2 qm
   Raddurchmesser im Laufkreis gemessen . . . . . 1400 mm
   Leergewicht . . . . 65120 kg
   Dienstgewicht . . . . 71720 kg
   Größter Raddruck . . . . 7250 kg
   Gesamtradstand der Lokomotive . . . . 6000 mm
   Gesamtradstand der Lokomotive mit Tender . . 14090 mm
   Gesamtlänge der Lokomotive zwischen Puffern und
     Stoßpuffern . . . . 11470 mm
   Gesamtlänge der Lokomotive mit Tender zwischen
     den Puffern . . . . 18880 mm

Die Leistungsfähigkeit der Lokomotive in Tonnen Zuggewicht auf längeren Steigungen ergibt sich aus nachstehender

Zahlentafel 51.

Leistungsfähigkeit der G 10 in Tonnen Zuggewicht auf verschiedenen Steigungen.

Steigung	Geschwindigkeit in km/st				
	15	20	30	40	50
1 : 40	360	350	235	160	100
1 : 60	565	550	385	275	185
1 : 100	960	940	645	470	330
1 : 150	1275	1260	900	610	465
1 : 200	1580	1560	1120	820	580
1 : 300	2065	2035	1450	1060	750
1 : 400	2410	2480	1680	1225	855
1 : 500	2680	2630	1850	1350	940
1 : 1000	3455	3400	2350	1690	1160
1 : ∞	4820	4700	3190	2240	1500

Zuggewicht in Tonnen.

Der mittlere der fünf Radsätze ist als Triebradsatz ausgebildet. Zum leichten Durchlaufen von Krümmungen ist der erste und der letzte Kuppelradsatz in den Achslagern um 28 mm nach jeder Seite verschiebbar eingerichtet. Der feste Radstand zwischen der zweiten und vierten Kuppelachse beträgt 3000 mm.

Führerhaus und Kessel entsprechen im wesentlichen dem Führerhaus und Kessel der P 8-Lokomotive.

Heißdampf-Güterzuglokomotiven.

Abb. 538. E-Heißdampf-Güterzuglokomotive der preußischen Staatsbahnen.

Abb. 539. 1 E-Heißdampf-Drillings-Güterzuglokomotive der preußischen Staatsbahnen.

Zwischen dem Blasrohr und Schornstein befindet sich ein kegelförmiger Funkenfänger. Die Mündung des Blasrohres, die durch einen Quersteg von 13 mm Breite verengt ist, hat einen lichten Durchmesser von 140 mm und liegt 25 mm unter Kesselmitte. Der Schornstein hat einen lichten Durchmesser von 420 mm an der engsten Stelle und einen lichten Durchmesser von 460 mm an der oberen Mündung.

Das Gewicht des leeren Kessels einschließlich des Doms, der Heizrohre und Rauchrohre beträgt zirka 17000 kg. Das Gewicht des Kessels einschließlich grober und feiner Armatur, mit Dampfregler, Überhitzer, Ein- und Ausströmrohren, Rost, Luft- und Speisewasserpumpe ist etwa 25000 kg.

Die beiden Rahmenplatten sind 30 mm stark. Zur Sicherung ihrer gegenseitigen Lage sind sie durch den Pufferträger und durch wagerechte und senkrechte Blechversteifungen sowie den Kuppelkasten miteinander verbunden. Die kräftigen Achshalter sind oben geschlossen.

Sämtliche Tragfedern, deren Blätter einen Querschnitt 90 × 13 mm besitzen, liegen unterhalb der Achsbüchsen. Die Tragfedern des ersten und zweiten Radsatzes, sowie diejenigen des vierten und fünften Radsatzes sind durch Ausgleichhebel miteinander verbunden.

Die Kupplungen am vorderen Ende der Lokomotive und zwischen Lokomotive und Tender sind für eine Zugkraft von 40 t berechnet. Die Druckkraft der Pufferfedern beträgt 12 t.

Die Stoßpufferpfannen sind so breit gehalten, daß ein Ausspringen der Stoßpufferköpfe aus der Pfanne auch in den engsten Krümmungen nicht möglich ist.

Die Drehbolzen der Ausgleichhebel sowie die Hauptkuppelbolzen und Stoßpufferpfannen werden durch besondere Schmiergefäße geschmiert.

Die beiden Dampfzylinder sind wagerecht außen auf die Rahmenplatten aufgehängt und mit diesen verschraubt. Die schädlichen Räume betragen an der Deckelseite 9,6 v. H. des Hubvolumens bei einem Abstand des Kolbens vom Deckel von 12 mm, an der Kurbelseite 9,7 v. H. des Hubvolumens bei 32 mm Kolbenabstand.

Die Ausführung des Triebwerks entspricht dem der P 8-Lokomotive.

Die außerhalb der Rahmen liegende Walschaert-Steuerung ist für Füllungen von 10 bis 70 v. H. für Vor- und Rückwärtsfahrt gebaut.

Die Dampfverteilung erfolgt durch Kolbenschieber der Regelbauart von 220 mm Durchmesser. Die Einströmdeckung beträgt 38 mm und die Ausströmdeckung 2 mm.

Die Ausführung der Schieberstangen und ihrer Führungen entspricht der üblichen Bauart.

Die zweite und vierte Kuppelachse werden einseitig, die Triebachse wird doppelseitig gebremst. Der Gesamtdruck der acht Bremsklötze beträgt 70 v. H. des Reibungsgewichtes der betriebsfähigen Maschinen. Die Bremsklötze entsprechen nicht der Regelbauart.

Das Bremsgestänge gleicht die Bremsdrücke jeder Seite für sich und der beiden Maschinenseiten untereinander aus. Das Nachstellen der Bremse erfolgt in einfachster Weise durch zwei in den Zugstangen unter der Triebachse angebrachte Spannschlösser. Das Übersetzungsverhältnis der Bremse ist 1:10,8. Die Bremse ist eine selbsttätig wirkende Luftdruckbremse der Regelbauart mit einer zweistufigen Luftpumpe, die sich an der rechten Seite des Langkessels befindet. Der Gang der Pumpe wird durch ein am Dom befindliches Niederschraubventil geregelt. Der Inhalt des Hauptluftbehälters ist 400 Liter.

Die Lokomotive ist mit einer Vorrichtung zum Vorwärmen des Speisewassers durch Abdampf versehen.

Auf der rechten Seite des Feuerkastens befindet sich eine Dampfstrahlpumpe der Regelbauart von 250 Liter Leistung in der Minute.

Die Lokomotive ist mit nachstehenden besonderen Einrichtungen versehen:
Preßluftsandstreuer, vor die zweite und vierte Kuppelachse bei Vorwärtsfahrt streuend,
Rauchverminderungseinrichtung Marcotty,
Thermoelement-Pyrometer zum Messen der Dampfwärme im Schieberkasten des rechten Zylinders,
Spurkranznässungsvorrichtung am vordersten Kuppelradsatz.

Ferner je nach Bestimmung: Dampfheizungseinrichtung, Gasbeleuchtungseinrichtung, Wärmekasten für Speisen und Getränke.

Die Lokomotive ist mit einem dreiachsigen Tender nach Regelbauart gekuppelt, dessen Wasserkasten einen Rauminhalt von 16,5 cbm und dessen Kohlenkasten mit Aufbau ein Fassungsvermögen von 7000 kg besitzt.

Die Zunahme des Güterverkehrs und die Vorzüge, die Güterwagen mit höherer Ladefähigkeit besitzen, veranlaßte die Preußische Staatseisenbahnverwaltung, noch schwerere Lokomotiven zu bauen, als es die G 8^1 und G 10 sind. Es fiel die Wahl auf eine 1 E-Dreizylinder-Lokomotive, da angenommen wurde, daß die erforderliche Zugkraft in zwei Zylindern nicht mehr einwandfrei zu erzeugen sei. Man fürchtete die hohen Triebwerksdrücke. Außerdem erhoffte man von einer vorderen Laufachse eine größere Schonung der Radreifen, besonders der vorderen Kuppelachsen. Wie wenig der erste Grund stichhaltig ist, zeigen die zahlreichen Ausführungen amerikanischer Lokomotiven, die trotz Anwendung von nur zwei Zylindern erheblich höhere Zylindercharakteristiken aufweisen, als die 1 E-Lokomotive. Auch die im folgenden Abschnitt beschriebene E-Lokomotive der schwedischen Staatseisenbahnen zeigt, daß die Zylinder einer Zwillingslokomotive unbedenklich auf 700 mm und mehr vergrößert werden können, ohne Heißlaufen befürchten zu müssen. Durch richtige Bemessung der Zapfen- und Achsschenkelabmessungen und besonders Verwendung eingesetzter Zapfen mit glasharten, polierten Oberflächen sind Beanstandungen dieser Art bei einer Zwillingslokomotive sicher nicht zu erwarten. Die großen Gewichte des Innenzylinders mit seinem Triebwerk, der Rahmenstücke und den Versteifungen der vordersten Kuppelachse ergeben schon beinahe den Achsdruck der Laufachse, so daß der Kessel wenig oder gar keinen Nutzen aus der Gewichtsvergrößerung der Lokomotive ziehen kann. Betrachtet man noch die größeren Laufwiderstände infolge der vorderen Laufachse mit ihrem verwickelten, schweren Deichselwerk, so wird ohne weiteres klar, daß eine fünfachsige, ganz erheblich billigere und sehr viel einfachere Zwillingslokomotive mit gleichem Reibungsgewicht dieselbe Leistungsfähigkeit ergeben hätte, als die vielteilige, außerordentlich kostbare 1 E-Lokomotive.

c) **1 E-Dreizylinder-Heißdampf-Güterzuglokomotive mit Tender von 20 cbm Wasserraum. Gattung G 12.** Die 1 E-Heißdampf-Güterzuglokomotive wurde im Jahre 1917 von der Lokomotivbauanstalt Henschel & Sohn in Cassel entworfen und gebaut. Ihre Bauart zeigt Tafel 10 und Lichtbild 539 (als 10000. von Borsig erbaute Lokomotive).

Die Hauptabmessungen der Lokomotive sind folgende:

Zulässige Höchstgeschwindigkeit	65 km/st
Zylinderdurchmesser	3×570 mm
Kolbenhub	660 mm
Art der Steuerung: Walschaert, außenliegend, mit Übertragungswellen nach innen.	
Dampfüberdruck	14 Atm.
Rostfläche	3,9 qm
Heizfläche der Feuerbüchse, feuerberührt	14,19 qm

Heizfläche der Heiz- und Rauchrohre, feuerberührt	180,77 qm
Heizfläche des Kessels insgesamt	194,96 qm
Heizfläche des Überhitzers	68,42 qm
Wasserrauminhalt bei 150 mm Wasserstand über Feuerbüchsdecke	8,00 cbm
Dampfrauminhalt bei 150 mm Wasserstand über Feuerbüchsdecke	3,19 cbm
Verdampfungsoberfläche	10,9 qm
Heizfläche des Vorwärmers	13,6 qm
Triebraddurchmesser im Laufkreis	1400 mm
Laufraddurchmesser im Laufkreis	1000 mm
Leergewicht	85000 kg
Dienstgewicht	93000 kg
Reibungsgewicht	80000 kg
Größter Raddruck	8000 kg
Gesamtradstand der Lokomotive	8500 mm
Gesamtlänge der Lokomotive zwischen Puffern und Stoßpuffern	11685 mm
Gesamtradstand der Lokomotive mit Tender	15375 mm
Gesamtlänge der Lokomotive mit Tender zwischen den Puffern	18475 mm.

Die Lokomotive besitzt vor ihren fünf gekuppelten Radsätzen einen in einem starken Deichselgestell gelagerten Laufradsatz. Der mittlere, geneigt liegende Zylinder arbeitet auf die als Kropfachse ausgebildete dritte Kuppelachse, die beiden wagerecht liegenden Außenzylinder auf die Triebzapfen des dritten Kuppelradsatzes. Die Triebkurbeln des Außentriebradsatzes sind zueinander um 120° versetzt. Die Triebkurbel des Innentriebradsatzes steht zur rechten Kurbel des Außentreibradsatzes unter einem Winkel von 132°21', zur linken Kurbel unter einem Winkel von 107°39'. Der feste Radstand der Lokomotive zwischen erster und vierter Kuppelachse beträgt 4500 mm. Die zweite und fünfte Kuppelachse haben je 25 mm Seitenverschiebung in den Achslagern nach jeder Seite, außerdem sind die Spurkränze der Triebachse um 15 mm gegen die Regelstärke abgedreht, um ein zwangloses Durchfahren von Krümmungen zu ermöglichen. Der begrenzte Ausschlag der Laufachse nach jeder Seite beträgt 80 mm.

Die Radsätze der ersten und vierten sowie der zweiten und fünften Kuppelachse sind vollkommen gleich und können gegenseitig vertauscht werden.

Das Führerhaus ist mit zwei in der Decke befindlichen Entlüftungsklappen versehen. Ebenso befindet sich in der Führerhaus-Vorderwand eine Luftklappe sowie zwei Klapp- und zwei Drehfenster. In den Seitenwänden sind zwei feste und zwei Schiebefenster sowie zwei aufklappbare Schutzgläser angebracht. Die hinteren Fensteröffnungen in den Seitenwänden sind mit hölzernen Armleisten versehen. Das Schutzdach ist über dem Armaturstutzen mit einem leicht abnehmbaren Deckel versehen, so daß bei Instandsetzungsarbeiten die Armaturen von oben her zugänglich gemacht werden können.

Der Rundkessel besteht aus einem vorderen und einem hinteren Schuß von 19½ bzw. 19 mm Blechstärke. Die Rauchkammer schließt sich mittels eines Zwischenringes an den vorderen Schuß an. Der Dom sitzt auf dem vorderen Ende des hinteren Schusses und nimmt einen entlasteten Ventilregler Bauart Schmidt & Wagner auf. Die Seitenbleche der äußeren Feuerbüchse der Bauart Belpaire haben eine Stärke von 18 mm, die Rückwand ist 16 mm und die Stiefelknechtplatte 17 mm stark. Die Versteifung des Stehkessels in seinem oberen Teil erfolgt durch Deckenanker sowie Quer- und Längsanker und zwei an der Hinterwand übereinander liegenden Blechverstrebungen, die durch Längsanker mit dem Langkessel verbunden sind.

Die eiserne Feuerbüchse wird von unten eingebracht. Die Feuerbüchsseitenwände und die Hinterwand haben eine Blechstärke von 11 mm, die Vorderwand eine solche von 15 mm. Die Stärke der Rauchkammerrohrwand beträgt 26 mm. Zwischen den Rohrwänden sind 34 Rauchrohre von 125/133 mm Durchmesser in vier übereinander liegenden Reihen sowie 189 Siederohre von 41/46 mm Durchmesser und 4800 mm Länge angeordnet.

Der Rost ist nach vorn geneigt und besteht aus drei hintereinander liegenden gußeisernen Roststabreihen. Die hintere Roststabreihe ist in der Mitte auf 360 mm Breite aufklappbar eingerichtet, um das Abschlacken zu erleichtern. Unter dem Rost hängt ein geräumiger Aschkasten mit zwei verstellbaren Luftklappen vorn und einer Luftklappe hinten. Vor den Klappenöffnungen sind Funkengitter angeordnet, um das Herausfallen glühender Aschenteile zu verhindern.

Der Kessel ist durch die Rauchkammer und den Rauchkammersattel des Innenzylinders mit dem Rahmen fest verbunden. Die bewegliche Verbindung erfolgt durch zwei unter dem Rundkessel befindliche Pendelbleche. Die als Gleitlager ausgebildeten Feuerbüchsträger unter der Vorderwand des Stehkessels und ein unter der Hinterwand des Stehkessels befindliches Pendelblech. Zwischen den Gleitlagern befindet sich ein Schlingerstück üblicher Bauart. Zwei Klammern verhindern ein Abheben des hinteren Kesselteils vom Rahmenbau. Zur Reinigung des Kessels sind in dem oberen Teil der Feuerbüchsseitenwände je vier Reinigungsluken angebracht. Ebenso befindet sich je eine große Reinigungsluke auf der Feuerbüchsdecke über der Rohrwand und unter dem hinteren Kesselschuß. Ferner sind folgende kleine Auswaschluken mit angeschraubten Rotgußfuttern vorhanden: 4 in den Ecken des Feuerkastens dicht über dem Bodenring, 2 in Mitte der Feuerbüchsseiten dicht über dem Bodenring, 2 in Mitte der Feuerbüchsseiten über den Feuerbüchsträgern, 5 in der Feuerbüchshinterwand, davon 2 in Höhe der Feuertür, 2 in Höhe der Feuerbüchsdecke und 1 über dem Feuertürring, 2 in der Stiefelknechtplatte und 1 in der Rauchkammerrohrwand.

Im Bodenring des Stehkessels befinden sich außerdem noch 6 Auswaschpfropfen.

Der Überhitzer besteht aus einem gußeisernen Dampfsammelkasten und 34 Elementen zu je einem Rohrbündel von 4 Rohren mit 32/40 mm Durchmesser und geschweißten Umkehrkappen. Die Rohrbündel der zwei oberen Überhitzerrohrreihen münden von unten, die zwei unteren Rohrreihen von vorne in die Naßdampf- beziehungsweise Heißdampfkammern des Dampfsammelkastens. Die sonst üblichen Fächerklappen zur Regelung der Überhitzung sind in Fortfall gekommen. Zwischen Blasrohröffnung und Schornstein ist ein nach beiden Seiten aufklappbarer Funkenfänger eingebaut. Der lichte Durchmesser des Blasrohres beträgt 135 mm mit einem Steg von 13 mm Breite. Die Mündung des Blasrohres liegt 220 mm unter Kesselmitte. Der Schornstein hat einen engsten lichten Durchmesser von 400 mm und einen lichten Durchmesser von 440 mm an der Mündung.

Das Gewicht des leeren Kessels einschließlich Dom, Heizrohren und Rauchrohren beträgt rund 20 000 kg. Das Gewicht des Kessels einschließlich grober und feiner Armatur, Regler, Überhitzer, Ein- und Ausströmrohren, Rost und Speisewasserpumpe rund 29 000 kg.

Die beiden Barrenrahmen der Lokomotive liegen zwischen den Rädern und sind 100 mm stark. Zur Sicherung ihrer gegenseitigen Lage sind sie durch die Pufferbohle, die Drehzapfenführung, den Mittelzylinder und die darunter liegende Zylinderstrebe aus Flußeisenformguß, die Leitstabhalter, die Steuerwellenverstrebung, den Feuerbüchsträger sowie den Kuppelkasten mit einander verbunden. Die Achslagerkasten der Trieb- und Kuppelachsen sind an ihren Gleitflächen gehärtet und gleiten zwischen den an die Barrenrahmen geschraubten gehärteten Gleitstücken und den gehärteten Stellkeilen.

Sämtliche Tragfedern der Trieb- und Kuppelachsen haben einen Blattquerschnitt von 120×13 mm. Die beiden hinteren Kuppelachsen haben auf jeder Seite eine zwischen beiden Achsen liegende gemeinsame Tragfeder; ferner sind an jedem Ende der über den Achslagerkasten dieser beiden hinteren Kuppelachsen befindlichen Ausgleichbügel zwei in Pfannen sitzende Spiralfedern eingebaut. An den Tragfedern der Laufachse sind die Federspannschrauben zwecks Sicherung einer ausreichenden Radbelastung mit Spiralfedern von je 7 t Tragkraft unterlegt. Die Tragfedern der Laufachse und der drei vorderen gekuppelten Achsen einerseits und die Tragfedern der beiden hinteren Kuppelachsen auf jeder Seite der Lokomotive andrerseits sind durch Ausgleichhebel miteinander verbunden. Zwischen der vorderen Triebachse und den drei vorderen gekuppelten Achsen sind die Ausgleichhebel derart angeordnet, daß mittels eines vor der vorderen Kuppelachse liegenden Querhebels auch ein Ausgleich der Radbelastungen zwischen den links- und rechtsseitigen Rädern dieser Achsen erzielt wird. Die Lokomotive ist somit auf drei Punkten unterstützt.

Die Kupplungen am vorderen Ende der Lokomotive und zwischen Lokomotive und Tender sind für eine Zugkraft von 40000 kg berechnet. Die Druckkraft der Pufferfedern beträgt 12000 kg.

Die Stoßpufferpfannen sind so breit gehalten, daß ein Abspringen der Stoßpufferköpfe auch in den engsten Krümmungen nicht zu befürchten ist.

Die Drehbolzen sämtlicher Ausgleichhebel und Hauptkuppelbolzen sowie die Stoßpufferpfannen werden durch besondere Ölgefäße geschmiert.

Die Laufachse ist in einem Bisselgestell mit Drehzapfen und Wiege gelagert. Der seitliche Ausschlag der Laufachse ist mit 80 mm nach jeder Seite begrenzt. Die Abfederung erfolgt durch zwei über den Laufachsbüchsen befindliche Tragfedern von 90×13 mm Blattquerschnitt und vier an den Federhängeeisen befindlichen Wickelfedern. Sämtliche Drehzapfen und Führungen werden durch außen am Rahmen leicht zugänglich angeordnete Ölgefäße geschmiert.

Von den drei Zylindern sind zwei wagerecht außen mit dem Barrenrahmen zwischen Laufachse und erster Kuppelachse verschraubt und arbeiten auf die Treibzapfen der dritten Kuppelachse. Der in der gleichen Querebene liegende Innenzylinder arbeitet ebenfalls über die erste und zweite Kuppelachse hinweg auf die als Kropfachse ausgebildete dritte Kuppelachse. Die Zylindermitte des Innenzylinders liegt in 100 mm Höhe über der Achsmitte der Kropfachse. Der schädliche Raum in den Zylindern beträgt sowohl für die Deckel als auch für die Kurbelseite $11^0/_0$ des Hubraums. Der Abstand des Kolbens in der Endlage vom vorderen Deckel beträgt bei allen drei Zylindern 19 mm, vom hinteren Deckel 21 mm. Der Durchmesser der Kolbenkörper ist 5 mm kleiner als die Zylinderbohrung. Die Kolbenkörper mit Stangen werden allein von den Kreuzköpfen und den an den vorderen Zylinderdeckeln befindlichen Führungsbüchsen getragen. Die Kolbenstangenstopfbüchsen entsprechen der Regelbauart nach Wilh. Schmidt.

Die Dampfkolben und Kolbenschieber werden durch eine im Führerhaus auf der Heizerseite angebrachte Schmierpumpe Bauart Michalk mit drei sichtbaren Ölbehältern und neun Ölrohren geschmiert. Die Pumpe wird durch ein Gestänge von der letzten Kuppelachse angetrieben.

Jeder Dampfzylinder hat einen durch Preßluft gesteuerten Ventildruckausgleicher und ein auf dem Schieberkasten sitzendes, ebenfalls durch Preßluft gesteuertes Luftsaugventil. Der Hahn zur Betätigung dieser Ventile befindet sich auf der Führerseite über dem Steuerbock. Die Kreuzköpfe sind in der üblichen eingleisigen Bauart ausgeführt.

Sämtliche Trieb- und Kuppelstangen des Außentriebwerks haben geschlossene Köpfe mit nachstellbaren Lagerschalen aus Rotguß mit Weißmetallspiegeln. Der hintere Kopf der inneren Triebstange besteht aus zwei Hälften, dem Bügel und der am hinteren Ende des Stangenschaftes angeschmiedeten anderen Hälfte, durch die der Bügel gesteckt und mittels Muttern und Gegenmuttern befestigt wird.

Die Steuerung ist für Füllungen von 10 bis $80^0/_0$ für die Vorwärts- und 20 bis 70% für die Rückwärtsfahrt gebaut. Die Dampfverteilung erfolgt durch Kolbenschieber von 220 mm Durchmesser mit einfacher Einströmdeckung von 38 mm und 2 mm Ausströmdeckung.

Die Schieberstangenführung und die Feststellung der Schieber in der Mittellage beim Lahmlegen eines Triebwerks wird in der üblichen Weise, vgl. P 8, ausgeführt.

Die Schieber der Außenzylinder werden durch eine Walschaertsteuerung bewegt. Die Dampfverteilung für den Innenzylinder setzt sich zusammen aus den von den Schieberkreuzköpfen mittels zweier übereinander liegender Übertragungswellen abgeleiteten und vereinigten Bewegungen, wie in Abb. 540 besonders dargestellt ist.

Die beiden Schieber der Außensteuerung werden auf ein Voreilen von 5 mm für alle Füllungsgrade einreguliert. Das Voreilen des Innenschiebers ist infolge der abgeleiteten Bewegungen für alle Füllungsgrade veränderlich. Bei Totlage der Steuerung, also 0 Füllung, beträgt das Voreilen bei Vorwärtsfahrt vorn 3 mm, hinten 5 mm.

Sämtliche Trieb- und Kuppelräder werden einseitig gebremst. Der Gesamtdruck der 10 Bremsklötze beträgt bei 3,5 Atm. Druck in den Bremszylindern $70^0/_0$

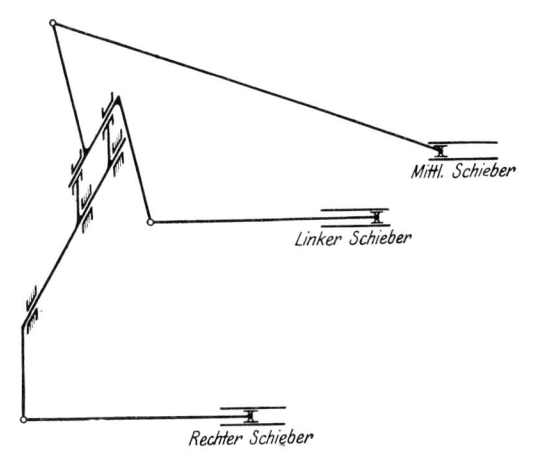

Abb. 540. Schematische Darstellung des Schieberantriebs für den Mittelzylinder der 1 E-Heißdampf-Drillings-Güterzuglokomotive.

des Reibungsgewichtes der betriebsfähigen Lokomotive. Das Bremsgestänge gleicht die Klotzdrücke für sich und die Bremsdrücke beider Maschinenseiten unter sich mittels Ausgleichhebel aus. Das Nachstellen der Bremse erfolgt in einfachster Weise durch zwei in die Zugstangen vor der Bremswelle eingeschaltete Spannschlösser. Das Übersetzungsverhältnis der Bremse ist 1:8,1. Die Bremse ist eine selbsttätig wirkende Luftdruckbremse Kuntze-Knorr mit Zusatzbremse und einer zweistufigen Luftpumpe, die sich an der rechten Seite des Langkessels befindet. Der Gang der Pumpe wird durch ein Niederschraubventil geregelt. Der Inhalt der beiden Hauptluftbehälter ist 800 l.

Die Lokomotive ist mit einer Vorrichtung zum Vorwärmen des Speisewassers durch Abdampf versehen. Der Heizdampf für den Vorwärmer Bauart Knorr, der auf dem linken Trittblech vor dem Führerhaus eingebaut ist, wird zum größten Teil von dem Abdampf der Zylinder geliefert, der durch eine Rohrleitung dem Auspuffraum des Innenzylinders entnommen wird. Außerdem wird noch der Abdampf der Luft- und Wasserpumpe in den Vorwärmer geleitet. Das Niederschlagwasser des Vorwärmers fließt in einen Behälter, der noch nicht verdichtete Abdampf wird durch ein Rohr in den Aschkasten geleitet.

Zur Förderung des Speisewassers dient eine mit Dampf betriebene Kolbenpumpe Bauart Knorr.

Auf der rechten Seite des Stehkessels befindet sich außerdem eine Dampfstrahlpumpe von 250 l Leistung in der Minute.

Im vorderen Teil des Langkessels ist ein Wasserreiniger eingebaut. Das von den Pumpen geförderte Speisewasser wird im Gegensatz zur gebräuchlichen Kesselspeisung in den Dampfraum des Kessels geleitet und beim Eintritt durch Streudüsen verteilt. Auf diese Weise wird eine Vorbedingung für das Abscheiden des Kesselsteins, eine genügende Erwärmung des Wassers, erzielt. Der Kesselstein setzt sich an den über den Rauchrohren befindlichen Rieselblechen ab. Der im Wasser abgeschiedene Schlamm wird nach dem unterhalb der Rieselbleche am Kesselbauch sitzenden Schlammsack mit Ablaßhahn abgeführt.

Die Lokomotive ist mit nachstehenden besonderen Einrichtungen versehen:

Preßluftsandstreuer, vor die erste, zweite, dritte und vierte Achse bei Vorwärtsfahrt streuend,

Rauchverminderungseinrichtung Marcotty,

Thermoelement-Pyrometer zum Messen der Dampfwärme im Schieberkasten des rechten Außenzylinders,

Spurkranznäßvorrichtung für Laufräder.

Ferner je nach Bestimmung: Dampfheizungseinrichtung, Gasbeleuchtungseinrichtung.

Die Lokomotive ist mit einem dreiachsigen Tender gekuppelt, der 20 cbm Wasser und 6000 kg Kohle faßt.

4. Heißdampf-Tenderlokomotiven.

a) 1 C - Heißdampf - Zwillings - Personenzug - Tenderlokomotive. Gattung T 12.

Die in großem Umfang gebaute 1 C-Heißdampf-Personenzug-Tenderlokomotive ist erstmalig mit Rauchkammerüberhitzer im Jahre 1902 (1. Auflage S. 455) von der Maschinenbauanstalt Uniongießerei in Königsberg und mit Rauchrohrüberhitzer im Jahre 1906 von der Lokomotivbauanstalt A. Borsig in Berlin-Tegel gebaut worden. Sie ist aus der 1 C-Naßdampf-Personenzug-Tenderlokomotive Gattung T 11 hervorgegangen, die sie an Leistung erheblich übertrifft. Lokomotiven der Gattung T 12 sind außer von A. Borsig noch von den Lokomotivbauanstalten Hohenzollern, Aktiengesellschaft für Lokomotivbau, Düsseldorf-Grafenberg und der Elsässischen Maschinenbau-Gesellschaft in Grafenstaden geliefert worden.

Die Bauart der Lokomotive ergibt sich aus Tafel 11 und Lichtbild 541.

Die Hauptabmessungen der Lokomotive sind folgende:

Zulässige Höchstgeschwindigkeit	80 km/st
Zylinderdurchmesser	540 mm
Kolbenhub	630 mm
Art und Lage der Steuerung: Walschaert, außenliegend.	
Kessel:	
Dampfüberdruck	12 kg qcm
Rostfläche	1,73 qm
Feuerbüchse — vom Feuer berührte Heizfläche	9,41 qm
Heiz- und Rauchrohre — vom Feuer berührte Heizfläche	67,6 + 30,8 = 98,4 qm
zusammen	107,81 qm
Überhitzer	33,4 qm
Wasserrauminhalt bei 150 mm Wasserstand über Feuerbüchsdecke gemessen	4,522 cbm
Dampfrauminhalt bei 150 mm Wasserstand über Feuerbüchsdecke gemessen	1,52 cbm
Verdampfungsoberfläche	6,8 qm
Heizfläche des Vorwärmers, dampfberührt	12,00 qm
Vorrat im Wasserkasten	7 cbm

Vorrat im Kohlenkasten	2500 kg
Raddurchmesser der Trieb- und Kuppelradsätze im Laufkreis gemessen	1500 mm
Raddurchmesser des Laufradsatzes im Laufkreis gemessen	1000 mm
Gesamtgewicht, leer	53470 kg
„ betriebsfähig	67960 kg
Reibungsgewicht	50970 kg
Größter Raddruck	8505 kg
Gesamtradstand der Lokomotive	6350 mm
Gesamtlänge der Lokomotive zwischen den Puffern	11800 mm

Die Leistungsfähigkeit der T 12-Lokomotive ohne Vorwärmer in Tonnen Zuggewicht auf längeren Steigungen ergibt sich aus nachstehender

Zahlentafel 52.

Leistungsfähigkeit der T 12 in Tonnen Zuggewicht auf verschiedenen Steigungen bei verschiedenen Geschwindigkeiten.

Steigung	Geschwindigkeit in km/st		
	45	60	75
1 : 40	70	35	—
1 : 60	130	60	30
1 : 100	220	130	70
1 : 150	305	190	100
1 : 200	385	240	130
1 : 300	495	315	175
1 : 400	580	360	205
1 : 500	640	395	220
1 : 1000	800	495	270
1 : ∞	1070	640	350

Zuggewicht in Tonnen.

Von den vier Radsätzen ist der vorderste als Laufradsatz ausgebildet. Von den drei hinteren Radsätzen ist der zweite Triebradsatz. Der erste Kuppelradsatz ist mit dem Laufradsatz in einem Drehgestell der Bauart Krauß-Helmholtz vereinigt. Die größte Verschiebung des Laufradsatzes aus der Mittellage nach jeder Seite beträgt 23 mm und die des vorderen Kuppelradsatzes 27 mm. Die Spurkränze des Triebradsatzes sind gegenüber dem Regelspurkranz um 15 mm schmaler gedreht. Die Einstellung des vorderen Kuppelradsatzes auf Mittellage wird durch doppelt geneigte Gleitstücke, die sich in den Ölkästen der Achslagerkasten befinden, bewirkt. Die an beiden Enden der Lokomotive überhängenden Massen sind auf das bei der Bauart der Lokomotive erreichbare Mindestmaß beschränkt.

Das Führerhaus ist mit eisernen Drehtüren versehen, die sowohl in geöffnetem als geschlossenem Zustande festgestellt werden können. Außer diesen Türen sind noch leicht lösbare Verschlußketten angebracht. Im Führerhaus befindet sich über dem Trittblech ein abnehmbarer Bohlenbelag. Für Führer und Heizer werden gepolsterte, lose Sitze mitgeliefert.

An der Hinterwand des Führerhauses befindet sich der Kohlenkasten, dessen Inhalt für 2500 kg Kohlen bemessen ist. Der außerhalb des Führerhauses liegende Teil dieses Kohlenkastens ist mit zwei über die ganze Breite reichenden geneigten Klappen abgedeckt. An der Hinterwand des Kohlenkastens ist ein Laufbrett angebracht, das durch Tritte an den Seitenwänden zugänglich ist, um das Einbringen der Kohlen zu erleichtern. Die vordere im Führerhaus gelegene Wand des Kohlenkastens ist auf Mitte mit einem Ausschnitt versehen, so daß die Bedienung des Rostes anstandslos erfolgen kann.

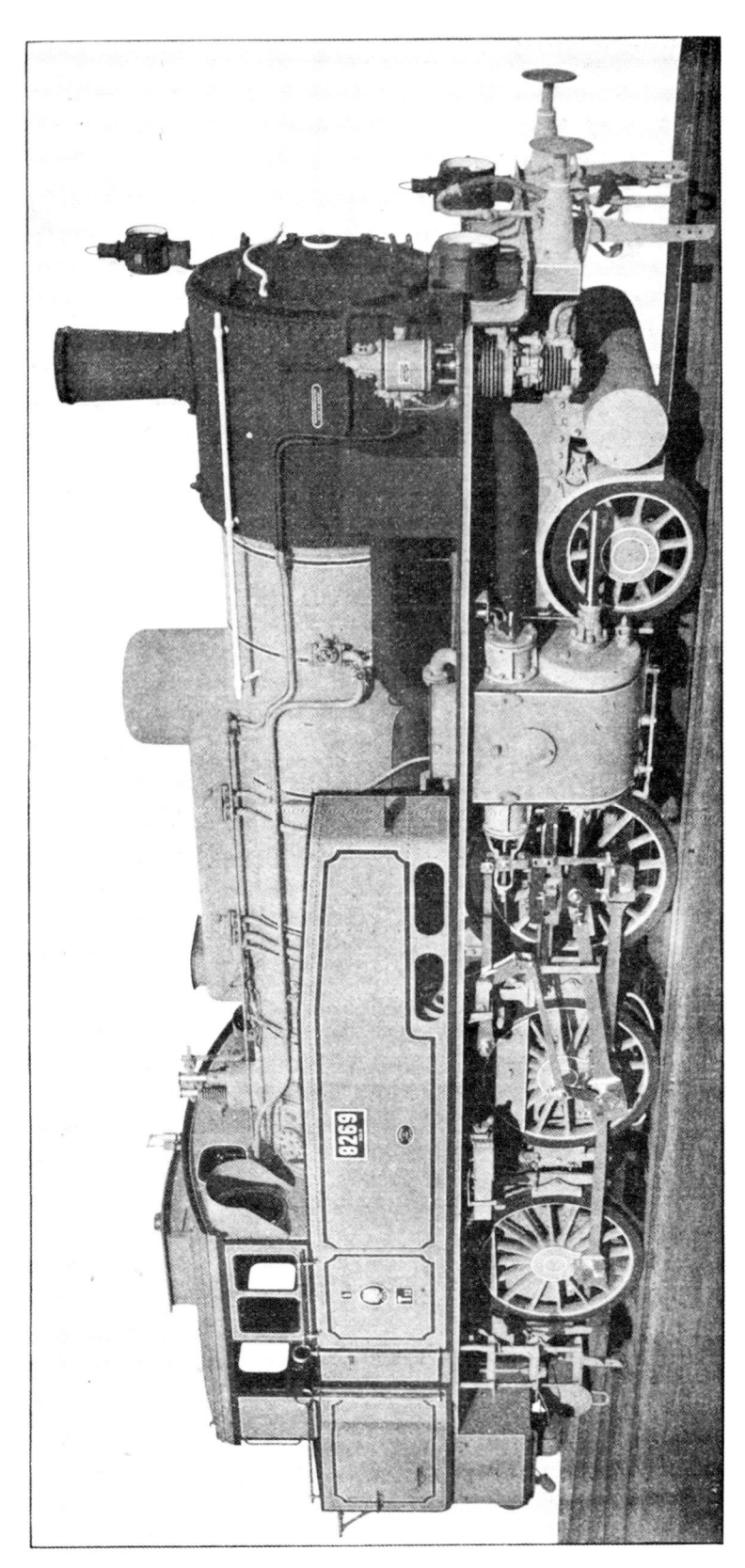

428   Die Heißdampflokomotiven der Preußischen Staatseisenbahn-Verwaltung.

Abb. 541. 1 C-Heißdampf-Tenderlokomotive der preußischen Staatsbahn.

Die Wasserkästen haben einen nutzbaren Inhalt von ungefähr 7,4 cbm und sind mit einem Überlaufrohr versehen, das die Wasserfüllung auf ungefähr 7 cbm beschränkt, um die Achsdrücke der Lokomotiven nicht über den höchsten zulässigen Wert von 17 t zu steigern. Zu beiden Seiten des Langkessels ist je ein Wasserkasten von ungefähr 2,1 cbm Inhalt angebracht, der nach hinten bis zum Führerhaus reicht und vorn ein Stück des Langkessels frei läßt. Diese Wasserkästen sind durch kräftige, an den Rahmen angenietete Kragträger unterstützt. Die Verbindung der Wasserkästen mit den Kragträgern geschieht in der Weise, daß die Wasserkästen abgenommen werden können, ohne daß Teile zerstört werden oder Undichtheiten entstehen. Die an das Führerhaus anstoßende hintere Stirnwand des rechtsseitigen Wasserkastens ist innerhalb des Führerhauses mit einem Hahn zur Wasserentnahme ausgerüstet. In der Decke ist jeder Wasserkasten mit einer verschließbaren Eingußöffnung versehen. Unterhalb des Langkessels befindet sich ein dritter in den Rahmenbau eingenieteter Wasserkasten von ungefähr 3,2 cbm Inhalt, der nahe seiner Oberkante mit den beiden seitlichen Behältern verbunden ist. Zwei Einsteigöffnungen, von denen die eine sich in der vorderen Stirnwand beziehungsweise dem hinteren Bodenblech befindet, dienen zum Einsteigen. Die durch die für den ersten Kuppelradsatz im Wasserkasten bedingte Aussparung entstehenden beiden Abteilungen sind an den tiefsten Punkten durch eine Rohrleitung miteinander verbunden. Zur Abführung der Luft ist ein Luftauslaßrohr am unteren Wasserkasten an geeigneter Stelle angebracht und hinter dem oberen Wasserkasten bis zu dessen oberer Kante hinaufgeführt. Der rechtsseitige und der untere Wasserkasten sind mit je einem Wasserstandsanzeiger versehen, deren jeder durch Hebelwerk mit einem Zeiger in Verbindung steht, der die jeweilige Füllung angibt.

An der rechten Seite des Kohlenkastens ist ein Doppelschrank für Kleider und kleinere Werkzeuge angebaut. Der Kleiderkasten ist mit einer Holzverschalung versehen. An der linken Seitenwand des Führerhauses ist ein Schlüsselkasten angebracht. Für die größeren Werkzeuge sind unterhalb des Kohlenkastens und außerhalb des Rahmens von außen zugängliche Kästen angebracht. Für die Feuergeräte sind am Kohlenkasten und auf den Decken der seitlichen Wasserkästen entsprechende Haken vorgesehen.

Der Langkessel, dessen Wandstärke 13 mm beträgt, besteht aus zwei Schüssen, deren vorderer durch einen Winkelring mit der erweiterten Rauchkammer verbunden ist. Im Dampfdom befindet sich ein entlasteter Ventilregler der Bauart Schmidt & Wagner. Der eiserne Feuerbüchsmantel ist im oberen Teil als unmittelbare Fortsetzung des Langkessels ausgeführt; der Mantel ist aus zwei Seitenblechen von 14 mm Stärke und einem zwecks Aufnahme der Deckenankerschrauben auf 20 mm verstärkten Deckenblech gebildet. Die Stärke des Feuerbüchsmantels in der Vorderwand beträgt 16 mm und in der Hinterwand 14 mm. Außer den üblichen Versteifungen durch Queranker und Deckenankerschrauben werden die Wände der Feuerbüchse mit denen des Mantels durch Stehbolzen verbunden.

Die kupferne Feuerbüchse ist von unten in den Feuerbüchsmantel eingebracht. Die in ihr befindlichen eisernen Niete von 23 mm Durchmesser erhalten die üblichen vollen Köpfe. Die Bodenanker treten bis auf 20 mm Abstand an die Rohrwand heran. Bei den letzen Ausführungen dieser Bauart fanden eiserne Feuerbüchsen Verwendung.

In die Rohrwände sind 120 Heizrohre von 41/46 mm Durchmesser und ferner zur Aufnahme der Überhitzerrohre 18 Rauchrohre von 125 mm innerem und 133 mm äußerem Durchmesser in drei wagerechten Reihen eingezogen. Der lichte Abstand der Rohrwände beträgt 4370 mm. Die hinteren Enden der Heizrohre sind wie üblich mit 8 mm im Durchmesser eingezogen.

Der wagerecht verlegte Rost besteht aus zwei hintereinander liegenden Roststabreihen. Unter dem Roste hängt ein geräumiger Aschkasten mit je einer verstellbaren Luftklappe in der Vorder- und Rückwand. Der Boden des Aschkastens hat eine verschließbare Einsteigöffnung.

Der Kessel ist an der Rauchkammer fest mit dem Rahmen verbunden. Das Gewicht des Kessels wird außer durch diese Verbindung durch zwei am Feuerbüchsmantel befindliche seitliche, als Gleitlager ausgebildete Kesselträger auf den Rahmen übertragen, die mit Klammern versehen sind, um ein Abheben des Kessels vom Rahmen zu verhüten. Das Schmieren der beiden an den Seitenwänden des Feuerbüchsmantels sitzenden Gleitlager (Kesselträger) sowie auch des an der Hinterwand angebrachten Schlingerstückes erfolgt durch besondere Schmiergefäße.

Für das Reinigen des Kessels ist in den beiden Seitenwänden und in der Decke des Feuerbüchsmantels je eine große Reinigungsluke vorgesehen. Ferner befinden sich noch kleine Auswaschluken mit eingeschraubtem Rotgußfutter: über dem Bodenring je eine über dessen vier Ecken, je eine etwa auf der halben Länge der Seitenwände und eine in Mitte der Rückwand, sowie je eine in den Ecken der Rückwand des Feuerbüchsmantels in Höhe der Feuerbüchsdecke und eine am unteren Rande der Rauchkammerrohrwand.

Der Überhitzer besteht aus einem gußeisernen Dampfsammelkasten und 18 Elementen, die aus einem Bündel von je 4 nahtlosen, flußeisernen Rohren von 28/36 mm Durchmesser bestehen. Die Überhitzerrohre sind mit ihren vorderen Enden durch Flanschstücke an die Naßdampf- beziehungsweise Heißdampfkammern des Sammelkastens angeschlossen. Mit ihren hinteren Enden sind sie in Umkehrkappen aus Flußeisenguß eingeschraubt.

In der Rauchkammer befindet sich ein zweiteiliger, kegelförmiger Funkenfänger. Die Mündung des Blasrohres, die durch einen Quersteg von 13 mm Breite verengt ist, hat einen lichten Durchmesser von 130 mm und liegt 158 mm über der Kesselmitte. Der kleinste lichte Durchmesser des Schornsteins beträgt 380 mm.

Das Gewicht des leeren Kessels einschließlich des Domes, der Heiz- und Rauchrohre sowie der am Kessel festgenieteten Teile beträgt rund 11000 kg. Das Gewicht des gleichen Kessels, jedoch einschließlich der feinen und groben Ausrüstungsteile, sowie des Reglers, des Überhitzers, der Ein- und Ausströmrohre, des Rostes und der Luft- und Speisewasserpumpe beträgt rund 16000 kg.

Die beiden Hauptrahmenplatten sind je 15 mm stark. Zur Sicherung ihrer gegenseitigen Lage sind sie außer durch die Pufferträger noch durch zahlreiche Querverstrebungen aus Blech zwischen den Zylindern und den Rädern verbunden. Die obere wagerechte Hauptverstrebung ist bis in die Nähe des Stehkessels geführt.

Die Tragfedern der beiden vorderen Achsen liegen oberhalb, die der beiden hinteren Achsen unterhalb der Achslagerkasten und haben in den einzelnen Lagen einen Querschnitt von 90×13 mm. Die Tragfedern des ersten und zweiten Radsatzes sowie die Tragfedern des dritten und vierten Radsatzes sind durch Ausgleichhebel miteinander verbunden. Durch diese Anordnung der Ausgleichhebel wird ein Abstützen des Rahmens auf vier Punkten erreicht.

Die Zughaken greifen an besonderen Zughakenträgern an, die hinter dem Laufradsatz beziehungsweise hinter dem hinteren Kuppelradsatz um eine senkrechte Achse drehbar gelagert sind. Die Zughaken sind in wagerechter Richtung beweglich angeordnet.

Die beiden vertauschbar gleichgebauten Dampfzylinder sind wagerecht liegend außen an den Rahmenplatten aufgehängt und mit diesen verschraubt. Die schädlichen Räume der Zylinder betragen vorn 10,55 v. H. und hinten 10,50 v. H. des Hubraumes bei einem Spielraum zwischen dem Kolben und dem vorderen Zylinderdeckel von 10 mm und zwischen dem Kolben und dem hinteren Zylinderdeckel von 18 mm.

Kolben, Schieber, Schmierung, Ausrüstung der Zylinder und Kreuzköpfe entsprechen den üblichen Ausführungen, z. B. der P 8-Lokomotive.

Sämtliche Trieb- und Kuppelstangen haben geschlossene Köpfe mit nachstellbaren Lagerschalen aus Rotguß mit Weißmetallspiegel. Das Gelenk der Kuppelstangen zwischen dem vorderen Kuppelradsatz und dem Triebradsatz ist nach der Bauart Borsig ausgeführt.

Beim Abnehmen beziehungsweise Anbringen der Trieb- und Kuppelstangen ist folgendes zu beachten: Die Lokomotive ist mit den Achsen so zu stellen, daß die Trieb- und Kuppelzapfen sich in ihrer tiefsten Lage befinden und die Gegenkurbel des Triebradsatzes nach oben zeigt. In dieser Stellung lassen sich nach dem Entfernen der Stellkeile die hinteren und vorderen Lagerschalenhälften der Stangen herausnehmen. Die vorderen und hinteren Kuppelstangen lassen sich durch Herausnehmen des Gelenkbolzens ohne weiteres aus dem Gelenk nach aufwärts oder abwärts lösen.

Die außerhalb des Rahmens liegende Steuerung ist nach Bauart Walschaert ausgeführt und ergibt vorwärts und rückwärts Füllungen bis zu 75 v. H. Füllungsstufen unter 15 v. H. sollen nicht benutzt werden.

Beim Ein- und Ausbau der Steuerungswelle muß der linksseitige Hebel von der Welle abgenommen werden. Der Hebel ist zwecks Erleichterung dieser Maßnahme mit einem kegelförmigen Sitz versehen und wird mit Schraubenmutter befestigt.

Die Lokomotive ist mit einer Bremse ausgerüstet, von der die Räder des Trieb- und hinteren Kuppelradsatzes zweiseitig gebremst werden.

Das Bremsgestänge gleicht die Klotzdrücke jeder Seite für sich und die Bremsdrücke der beiden Maschinenseiten untereinander aus. Zum Nachstellen des gesamten Bremsgestänges sind an den Zugstangen Nachstellvorrichtungen vorgesehen. Das Nachstellen der Bremse ist in der Weise vorzunehmen, daß die mit Nachstellvorrichtung versehenen Zugstangen mit Ausnahme der nachstehend aufgeführten durch Nachstellen der Muttern verkürzt werden. Die mittleren Zugstangen zwischen dem für den Ausgleich der Bremsdrücke der beiden Maschinenseiten eingeschalteten Ausgleichhebel und der Bremswelle müssen durch Nachstellen verlängert werden. Wird das Nachstellen in dieser Weise vorgenommen, so führen die Ausgleichhebel bei fortschreitender Abnutzung der Bremsklötze fortschreitende Bewegung aus und es bedarf keiner weiteren Nachstellung des Bremsgestänges zwecks Berichtigung ihrer Lage.

Außer einer Wurfhebelbremse, deren Gestänge durch die übliche Nachstellschraube im Führerhaus entsprechend der zum Umlegen des Wurfhebels verfügbaren Kraft des Heizers verlängert wird, ist noch eine selbsttätig wirkende Luftdruckbremse mit einer durch Dampf betriebenen zweistufigen Luftpumpe, die sich auf der rechten Seite am Rauchkammermantel befindet, angebaut. Der Gang der Luftpumpe läßt sich von einem vom Führerstand mittels Handrades einstellbaren Niederschraub-Dampfventil in weiten Grenzen regeln. Der Inhalt des Hauptluftbehälters beträgt rund 400 l.

Auch diese Lokomotive erhält eine Einrichtung zum Vorwärmen des Speisewassers durch Abdampf. Zur Förderung des Wassers dient eine mit Dampf betriebene Kolbenpumpe, die das Speisewasser aus dem unteren Wasserkasten ansaugt und durch das Rohrbündel des Vorwärmers in den Kessel drückt. Der Dampfzylinder nebst Steuerung der an der linken Seite der Rauchkammer befindlichen Wasserpumpe entspricht genau den betreffenden Teilen der Luftpumpe.

Auf der rechten Seite des Feuerbüchsmantels befindet sich eine Dampfstrahlpumpe; sie dient lediglich zum Speisen des Kessels, bei längerem Stillstand der Lokomotive und, falls die Kolbenpumpe versagt, zur Aushilfe.

Die Lokomotive ist mit nachstehenden besonderen Einrichtungen ausgestattet:

Preßluftsandstreuer Bauart Knorrbremse, der an den Rädern des Triebradsatzes für Vorwärts- und Rückwärtsgang streut. Der Einstellhahn befindet sich im Führerhaus auf der Führerseite.

Rauchverminderungseinrichtung Bauart Marcotty mit Kipptür.

Thermoelement-Pyrometer zum Messen der Wärme des Dampfes im rechtsseitigen Schiebergehäuse.

Fernmanometer mit Leitung zum rechtsseitigen Schiebergehäuse.

Spurkranznäßvorrichtung, verwendbar für Vorwärts- und Rückwärtsfahrt, zum Nässen der Spurkränze an den Rädern des Laufradsatzes beziehungsweise des hinteren Kuppelradsatzes.

Dampfheizeinrichtung.

Gasbeleuchtungseinrichtung.

Hierzu kommen je nach besonderer Bestimmung: Wärmekasten für Speisen und Getränke, bei den mit Vorwärmern ausgerüsteten Lokomotiven ein Behälter im linken seitlichen Wasserkasten zur Aufnahme des Niederschlagswassers.

b) 1 D 1-Heißdampf-Zwillings-Güterzugtenderlokomotive Gattung T 14. Die Bauart der von der Uniongießerei in Königsberg i. Pr. gebauten Lokomotive zeigt uns Tafel 12 und Lichtbild 542.

Die Hauptabmessungen der Lokomotive sind folgende:

Zulässige Geschwindigkeit	65 km/st
Zylinderdurchmesser	600 mm
Kolbenhub	660 mm
Art und Lage der Steuerung: Walschaert, außenliegend.	

Kessel:

Dampfüberdruck	12 kg/qcm
Rostfläche	2,50 qm
Feuerbüchse vom Feuer berührte Heizfläche	13,89 qm
Siede- und Rauchrohre	$81{,}13 + 40{,}28 = 121{,}41$ qm
	zusammen 135,30 qm
Überhitzer	48 qm
Wasserinhalt bei 150 mm Wasserstand über Feuerbüchsdecke	5,55 cbm
Dampfraum bei 150 mm Wasserstand über Feuerbüchsdecke	2,83 cbm
Verdampfungsoberfläche	9,527 qm
Vorrat im Wasserkasten	11 cbm
,, ,, Kohlenkasten	4000 kg
Raddurchmesser der Trieb- und Kuppelachse im Laufkreis gemessen	1350 mm
Raddurchmesser der Laufachse im Laufkreis gemessen vorn	1000 mm
hinten	1000 mm
Gesamtgewicht, leer	73130 kg
,, betriebsfähig	94410 kg
Reibungsgewicht	63030 kg
Größter Raddruck	7920 kg

Von den sechs Achsen ist die vordere und hintere als Laufachse ausgebildet. Von den vier mittleren Achsen ist die dritte Triebachse. Die vier gekuppelten Achsen sind unverschiebbar im Rahmen gelagert. Die Spurkränze der zweiten Kuppelachse und der Triebachse sind um 15 mm gegenüber der Regelstärke der Spurkränze schwächer gedreht.

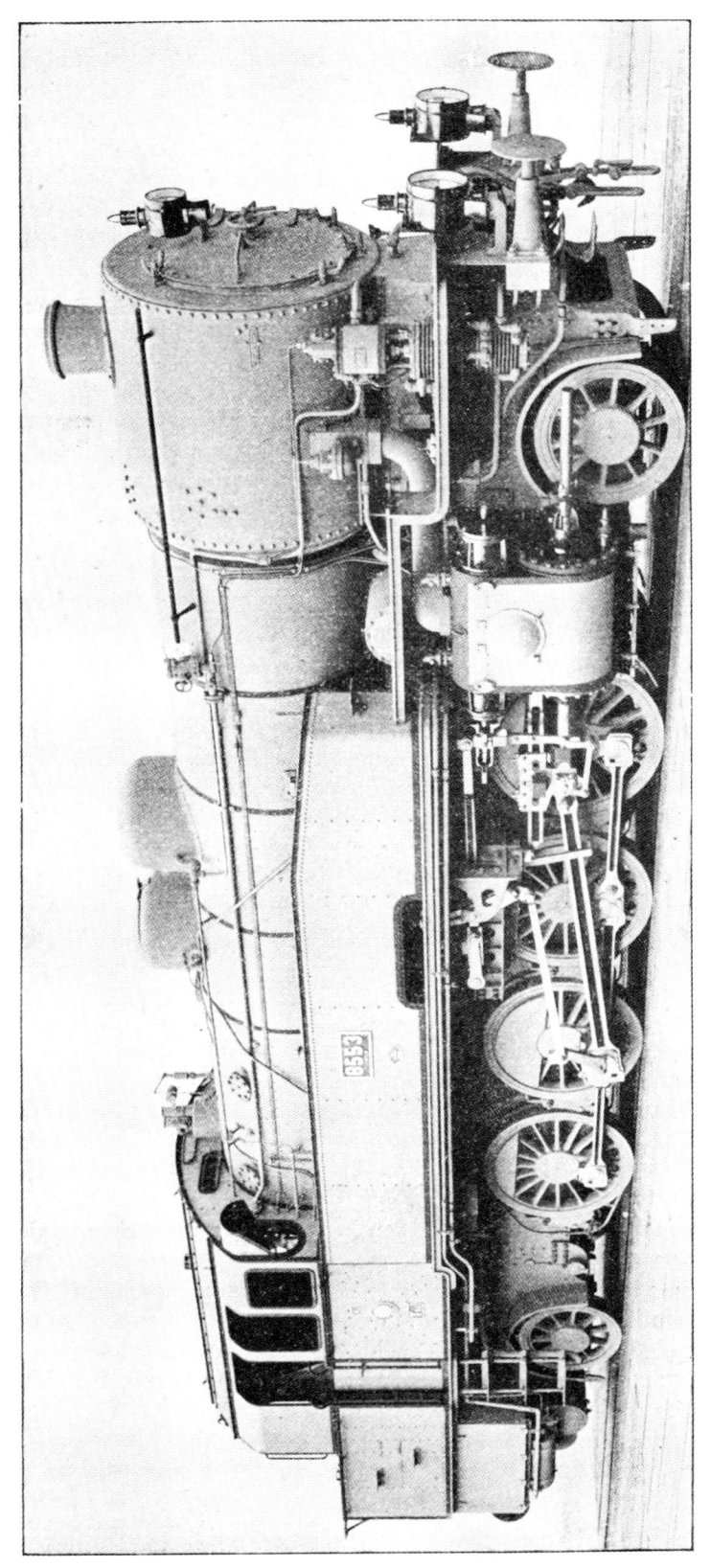

Abb. 542. 1 D 1-Heißdampf-Tenderlokomotive der preußischen Staatsbahnen.

Die beiden Laufachsen sind radial verschiebbar angeordnet. Die größte Verschiebung nach jeder Seite beträgt 30 mm. Hierdurch wird ein ruhiger, zwangloser Gang der Lokomotive bei günstiger Lage der Achsen im Gleise selbst beim Fahren durch Krümmungen von 180 m Halbmesser erreicht; das Durchfahren von Krümmungen mit 140 m Halbmesser erfolgt noch ohne Verdrücken des Gleises. Die Einstellung der Laufachsen auf Mittellage wird durch doppelt geneigte Gleitstücke, die sich in den Ölkästen der Achsbüchsen befinden, bewirkt. Die Laufachsen und Radialachsbüchsen liegen vorn und hinten in gleicher Entfernung von der benachbarten Kuppelachse und sind in allen Teilen gleich gebaut und symmetrisch angeordnet. Zur Schmierung der unteren Tragflächen an dem radial einstellbaren Gehäuse der Laufachsbüchsen sind in dessen unterem Teil von außen beziehungsweise von innen zugängliche Schmierdeckel vorgesehen.

Das Führerhaus ist mit einem doppelten Dach ausgestattet. In der Vorder- und Hinterwand sowie in der inneren Decke sind Lüftungsklappen vorgesehen, wodurch in beiden Fahrtrichtungen eine gute Entlüftung erreicht wird. Um den in dem Hohlraum zwischen den beiden Decken sich etwa ansammelnden Staub zu entfernen, kann die äußere Decke nach Lösen der Befestigungsschrauben abgehoben werden.

Die Öffnungen in den Führerhausseitenwänden neben dem Führer- und Heizerstande sind möglichst hoch ausgeführt und die unteren Begrenzungen der Öffnungen sind mit hölzernen Armleisten versehen. An den Führerhausseitenwänden sind außen umlegbare Schutzgläser für Vor- und Rückwärtsfahrt der Lokomotive angeordnet.

Der Kohlenkasten reicht über die ganze Breite der Führerhaushinterwand und hat im mittleren Teil einen erhöhten Aufbau erhalten. Zum Füllen des Kohlenkastens ist in dem Aufbau sowie seitlich in jedem der niedrigen Teile je eine Klappe vorgesehen. Die Kohlenentnahme erfolgt durch eine Öffnung vom Führerstand aus, die durch einen Schieber verschlossen wird. Dieser Schieber ist in dem Rahmen einer Tür geführt, die um eine senkrechte Achse drehbar gelagert ist; außerdem ist oberhalb der Tür noch eine Klappe vorgesehen. Nach Öffnen der Tür mit Schieber und der Klappe entsteht eine so große Öffnung, daß der Heizer während der Fahrt bequem in den Kohlenkasten gelangen kann, um die seitlich lagernden Kohlen hervorzuschaffen.

Beim Abheben der Lokomotive von den Achsen sind die vorderen und hinteren Bahnräumer abzunehmen und die Querträger der Hebevorrichtung unmittelbar vor der vorderen und hinter der hinteren Laufachse zu lagern.

In der Leistung ist diese Lokomotive der D-Heißdampf-Güterzuglokomotive der Gattung G 8 älterer Bauart gleichzusetzen.

Die Ausführung des Kessels entspricht vollkommen der bei den Lokomotiven der preußischen Staatsbahn üblichen.

Die Feuerbüchse ist von vorn in den Feuerbüchsmantel eingebracht. Zwischen den Rohrwänden sind 22 Rauchrohre, von 125 mm innerem und 135 mm äußerem Durchmesser in vier wagerechten Reihen zur Aufnahme der Überhitzerrohre von 32/40 mm Durchmesser angeordnet und außerdem sind 122 Heizrohre von 45/50 mm Durchmesser vorgesehen. Die Feuerbüchsrückwand ist der leichteren Rostbeschickung wegen etwas geneigt angeordnet. Der Rost ist nach vorn geneigt und besteht aus drei hintereinander liegenden Roststabreihen.

Die Rahmenplatten der Lokomotive bestehen aus durchbrochenen, gleichmäßig starken Blechen von 25 mm Stärke. Zur Sicherung der gegenseitigen Lage sind die Rahmenplatten durch eine Anzahl lotrechter und wagerechter Blechverbindungen versteift. Über der vorderen Laufachse ist ein kleiner und über den beiden vorderen Kuppelachsen ein größerer Wasserkasten eingebaut. Beide Wasserkasten sind durch zwei Rohre miteinander verbunden. Ferner ist noch ein unteres Verbindungsrohr vorgesehen, an welchem vorn zum vollständigen Entleeren der unteren Wasserkasten ein Ablaßhahn angebracht ist.

Zur Erzielung eines ruhigen Ganges der Lokomotive und eines Ausgleiches der Raddrücke sind die Tragfedern der vorderen drei Achsen sowie die Tragfedern der hinteren drei Achsen durch Ausgleichhebel miteinander verbunden. Durch diese Anordnung der Ausgleichhebel wird eine Abstützung der Lokomotive auf vier Punkten erreicht.

Für die Schmierung der Hauptbolzen der Ausgleichhebel sind außen am Rahmen beziehungsweise innen auf den Lagern der Kniehebel besondere Schmiergefäße angeordnet. Zur Schmierung der Bolzen an den Federgehängen sind in den Rahmenplatten entsprechende Bohrungen vorgesehen.

Die Zughaken greifen an besonderen Zughakenträgern an, die zwischen jeder Laufachse und der benachbarten Kuppelachse um eine senkrechte Achse drehbar gelagert sind. Die Zughaken sind in lotrechter und wagerechter Richtung beweglich angeordnet. Die Enden der Zughaken werden an den Pufferträgern durch abgefederte Unterlagen in der vorgeschriebenen Höhe gehalten.

Um das Ein- und Ausbauen des vorderen Zughakenträgers zu erleichtern, sind an der oberen und unteren Querversteifung besondere Seilrollen angebracht.

Mit Rücksicht auf das abgestufte Umgrenzungsprofil sind die Dampfzylinder geneigt angeordnet. Die schädlichen Räume betragen vorn und hinten je $8,8\%$ des Hubvolumens. Der Spielraum zwischen Kolben und vorderem Zylinderdeckel beträgt 10 mm und zwischen Kolben und hinterem Zylinderdeckel 18 mm.

An jedem Zylinder sind Druckausgleicher und an den Dampfeinströmrohren Luftsaugeventile vorgesehen, die durch einen im Führerhause auf der Führerseite angebrachten Hahn mittels Druckluft für den Leerlauf geöffnet werden können.

Für die Schmierung der Dampfzylinder und Kolbenschieber ist eine Schmierpumpe Bauart Michalk auf der Heizerseite im Führerhause vorgesehen.

Sämtliche Trieb- und Kuppelstangen haben geschlossene Köpfe. Für die Kreuzkopflager der Triebstangen wird noch je ein besonderer Stellkeil mitgeliefert, der nach größerer Abnutzung der Lagerschalen einzubauen ist.

Die Kreuzkopfbolzen werden von außen eingebaut und sind an ihren Enden kegelförmig abgesetzt. Das nach außen liegende Ende wird von einem geschlitzten kegelförmigen Stahlring umfaßt, der durch eine Druckplatte mittels vier Schrauben angezogen werden kann. Zur Sicherung der Schraubenmuttern ist über der Druckplatte eine Sicherungsplatte eingebaut. Um den Kreuzkopfbolzen herauszubringen, wird die äußere Druckplatte abgeschraubt und die im Bolzenende für diesen Zweck aufgehobene Kopfschraube gelöst. Hierauf wird die äußere Sicherungsplatte wieder aufgesetzt und die Kopfschraube durch diese hindurch in den Bolzen eingeschraubt, bis er sich löst.

Beim Einbringen der Bolzen sind diese zunächst mittels der Druckplatte fest in den Kreuzkopf zu drücken und erst dann ist der geschlitzte Stahlring einzubauen.

Die Dampfkolben und Kolbenstangen sind die gleichen wie bei den G 8-Lokomotiven.

Die Steuerung ist nach Bauart Walschaert ausgeführt. Die Leiste auf dem Steuerungsbock ist für Füllungsgrade von 15 bis 76% eingeteilt.

Die Dampfverteilung erfolgt durch Kolbenschieber von 220 mm Durchmesser mit einfacher Einströmung und schmalen federnden Ringen. Die Einströmdeckung beträgt wie bei den G 8¹-Lokomotiven 45 mm, die Ausströmdeckung 5 mm und die Voreilung 3 mm.

Die Schieberbüchsen sind durch je eine mittlere Buchse verbunden, wodurch ein leichtes Einbringen der Kolbenschieber ermöglicht und die Gefahr vermieden wird, daß die Kolbenringe sich an den Kanten der Buchsen fangen. Um das richtige Einbringen und Verharren der Kolbenschieber in ihrer Lage zu sichern, sind die hinteren Enden der Schieberstangen der Regelbauart gemäß prismatisch ausgebildet. An der Innenseite der prismatischen Führung befindet sich eine Stellschraube mit gehärteter Spitze, die in eine entsprechende Vertiefung an der inneren Seite der Schieberstange eingreift und nötigenfalls den Schieber in seiner Mittellage festhält.

Beim Ein- und Ausbauen der Steuerungswelle muß der linksseitige Steuerhebel von der Welle abgenommen werden. Der Hebel ist zwecks Erleichterung dieser Maßnahme mit kegelförmigem Sitz versehen und mit Schraubenmutter befestigt.

Die Lokomotive ist mit einer Wurfhebelbremse ausgerüstet, von der sämtliche Kuppelräder einseitig mit gleicher Richtung der Klotzdrücke gebremst werden. Es ist damit nach Möglichkeit die Abnutzung der Stangenlager gleichmäßig gestaltet. Die Bremse ist mit einer unterhalb der hinteren Kuppelachse angebrachten Ausgleichvorrichtung versehen, so daß beide Lokomotivseiten gleichmäßig gebremst werden. Zum Nachstellen des Bremsgestänges sind in den Zugstangen unterhalb der vorderen und hinteren Kuppelachse Nachstellvorrichtungen mit gleicher Gewindesteigung vorgesehen. Das Nachstellen der Bremse ist in der Weise vorzunehmen, daß die beiden vorderen Stellschrauben gekürzt und die beiden hinteren um den gleichen Betrag verlängert werden. Wird das Nachstellen in dieser Weise vorgenommen, so führen die Ausgleichhebel bei fortschreitender Abnutzung der Klötze fortschreitende Bewegung aus und es bedarf keiner weiteren Nachstellung des Bremsgestänges zwecks Berichtigung ihrer Lage. Das Gestänge des Wurfhebels wird durch die übliche Nachstellschraube im Führerhause verlängert entsprechend der zum Umlegen des Wurfhebels verfügbaren Kraftanstrengung des Heizers.

Die Lokomotive ist mit einer Vorrichtung zum Vorwärmen des Speisewassers durch Abdampf versehen. Außerdem ist sie mit den nachfolgenden besonderen Einrichtungen ausgestattet:

Luftdruckbremse Bauart Knorr beziehungsweise Westinghouse mit zweistufiger Luftpumpe. Die Übersetzung im Bremsgestänge ist entsprechend den vorgeschriebenen Bremsprozenten bemessen.
Speisewasserpumpe und Preßluftsandstreuer Bauart Knorr. Der Anstellhahn befindet sich im Führerhaus auf der Führerseite.
Dampfheizungseinrichtung.
Gasbeleuchtungseinrichtung Bauart Pintsch.
Rauchverbrennung Bauart Marcotty mit Kipptür.
Wärmetöpfe für Speisen.
Thermoelektrisches Pyrometer mit Anschluß am rechten Schieberkasten.
Fernmanometer mit Leitung vom rechten Schieberkasten.
Radreifennäßvorrichtung, verwendbar für Vorwärts- und Rückwärtsfahrt zum Nässen der Spurkränze an den Laufachsen.

c) E-Heißdampf-Zwillings-Güterzug-Tenderlokomotive verstärkter Bauart. Gattung T 16.

Die E-Heißdampf-Zwillings-Güterzug-Tenderlokomotive verstärkter Bauart wurde erstmalig im Jahre 1913 von der Berliner Maschinenbau-Aktiengesellschaft vormals L. Schwartzkopff gebaut; sie ist aus der älteren E-Heißdampf-Güterzug-Tenderlokomotive Gattung T 16 (1. Auflage S. 456 u. f.), die nur 7 t Raddruck hatte, hervorgegangen, deren Leistung sie erheblich übertrifft. Lokomotiven dieser Gattung sind außer von der Berliner Maschinenbau-Aktiengesellschaft auch von der Elsässischen Maschinenbau-Gesellschaft in Grafenstaden geliefert worden.

Die Bauart der Lokomotive zeigt Tafel 13 und Lichtbild 543 u. 544. Die Hauptabmessungen der Lokomotive sind folgende:

Zulässige Höchstgeschwindigkeit	50 km/st
Zylinderdurchmesser	610 mm
Kolbenhub	660 mm
Art und Lage der Steuerung: Walschaert. außenliegend.	
Dampfüberdruck	12 kg/qcm
Kessel:	
Rostfläche	2,25 qm
Feuerbüchse ⎫ vom Feuer ⎧	11,704 qm
Heiz- und Rauchrohre ⎬ berührte ⎨	121,230 qm
⎭ Heizfläche ⎩ zusammen	132,934 qm
Überhitzer	45,274 qm
Wasserrauminhalt bei 150 mm Wasserstand über Feuerbüchsdecke gemessen	5,32 cbm
Dampfrauminhalt bei 150 mm Wasserstand über Feuerbüchsdecke gemessen	1,78 cbm
Verdampfungsoberfläche	8,0 qm
Heizfläche des Vorwärmers, dampfberührt	15,2 qm
Raddurchmesser, im Laufkreis gemessen	1350 mm
Gesamtgewicht, leer	63770 kg
,, betriebsfähig	80820 kg
Reibungsgewicht	80820 kg
Größter Raddruck	8120 kg
Gesamtradstand der Lokomotive	5800 mm
Gesamtlänge der Lokomotive zwischen den Puffern	12660 mm

Die Leistungsfähigkeit der mit Speisewasser-Vorwärmer ausgerüsteten Lokomotive in Tonnen Zuggewicht auf längeren Steigungen ergibt sich aus nachstehender

Zahlentafel 53.

Leistungsfähigkeit der T 16 in Tonnen Zuggewicht auf verschiedenen Steigungen und bei verschiedenen Geschwindigkeiten.

Steigung	Geschwindigkeit in km/st			
	15	20	30	45
1 : 40	410	340	230	110
1 : 60	620	520	360	185
1 : 100	990	845	600	310
1 : 150	1370	1160	820	440
1 : 200	1700	1440	1020	550
1 : 300	2210	1870	1300	710
1 : 400	2570	2140	1520	820
1 : 500	2860	2420	1680	900
1 : 1000	3670	3080	2120	1120
1 : ∞	5150	4250	2820	1525

Der mittlere der fünf Radsätze ist als Triebradsatz ausgebildet. Die rechten Kurbeln der Radsätze eilen den linken Kurbeln um einen Winkel von 90° voraus. Der Baustoff der Radreifen ist Tiegelflußstahl und ihre Stärke beträgt bei neuen Reifen in der Laufkreisebene gemessen 75 mm.

Bei einem 5800 mm betragenden Radstand der Lokomotive haben die an jedem Ende befindlichen Kuppelradsätze eine Verschiebbarkeit von 26 mm nach jeder Seite erhalten. Die drei mittleren Radsätze sind unverschiebbar. Die an den beiden Enden der Lokomotive überhängenden Massen sind auf das bei der Bauart der Lokomotive erreichbare Mindestmaß beschränkt. Die Lokomotive kann Krümmungen mit Halbmessern bis herab zu 140 m bei 24 mm Spurerweiterung (Weiche 1:7) noch ohne Zwängen durchfahren.

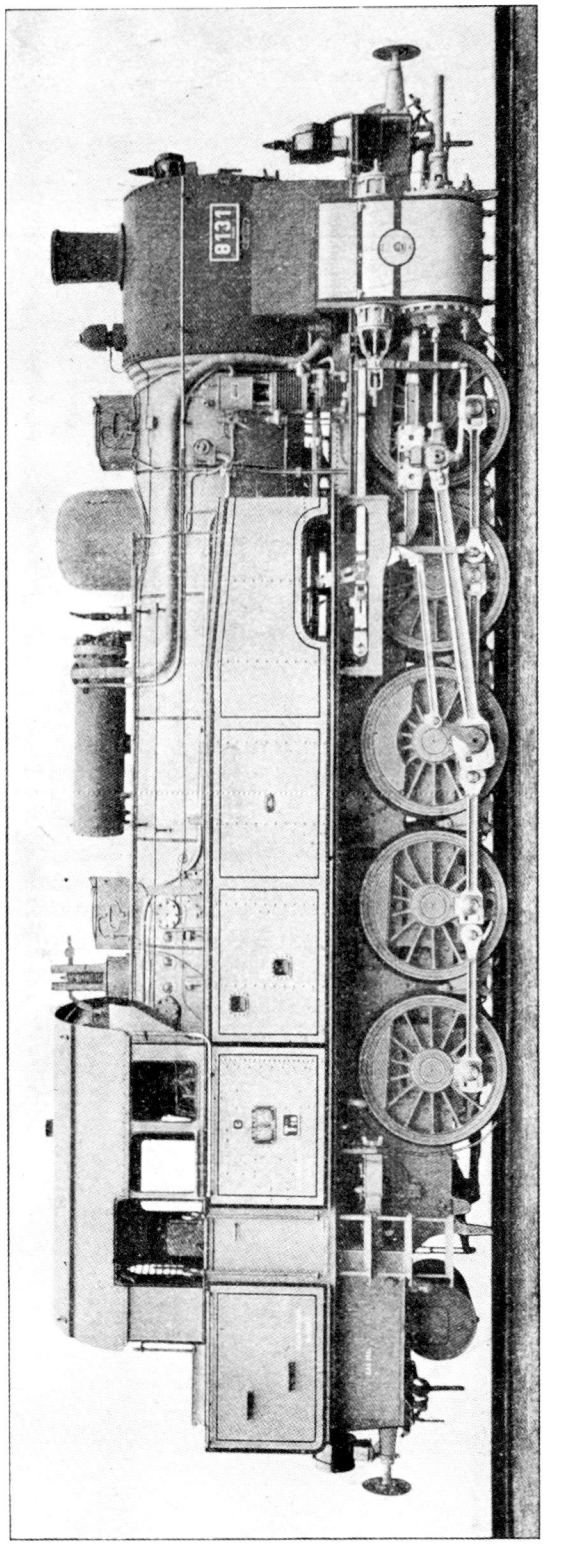

Abb. 543. E-Heißdampf-Tenderlokomotive der preußischen Staatsbahnen.

Das Führerhaus entspricht der üblichen Ausführung, wie vorher beschrieben.

Der Kessel, dessen Wandstärke 15 mm beträgt, und seine Verbindung mit dem Rahmen ist in der üblichen Weise durchgebildet. Außer den Versteifungen durch Queranker und aufgenietete Formeisen hat die 20 mm starke Decke des Mantels noch eine senkrechte, sichelförmige Blechverstrebung erhalten, um Anbrüchen im oberen Gewinde der Deckenankerschrauben in den seitlichen Längsreihen infolge Sichstreckens der Decke vorzubeugen.

Die Feuerbüchse ist von vorn in den Feuerbuchsmantel eingebracht. Die in ihr befindlichen eisernen Niete erhalten außen volle und innen halb versenkte Köpfe. Die Bodenanker treten bis zu einem Abstand von 40 mm an die Rohrwand heran.

In die Rohrwände sind 143 Heizrohre von 41/46 mm Durchmesser, von 4500 mm Länge und ferner zur Aufnahme der Überhitzerrohre 22 Rauchrohre von 125/133 mm Durchmesser in vier wagerechten Reihen eingezogen.

Die Feuerbuchsrückwand ist geneigt angeordnet, um bei der großen Rostfläche ein geringes Gewicht des Kessels zu erzielen und Raum in dem Führerhause zu schaffen.

Der nach vorn geneigt verlegte Rost besteht aus zwei hintereinander liegenden Gruppen von gußeisernen Stäben von 9 mm oberer Breite und 9 mm Luftspalten. Unter den Roststäben hängt ein geräumiger Aschkasten mit je einer einstellbaren Luftklappe in der Vorder- und Rückwand des oberen Teiles und des vertieften mittleren Teiles, so daß im ganzen vier Klappen die Luftzufuhr regeln.

Der Überhitzer besteht aus dem gußeisernen Dampfsammelkasten und 22 Elementen, die aus Bündeln von je 4 nahtlosen, flußeisernen Rohren von 30/38 mm Durchmesser bestehen.

Die Überhitzerklappen werden selbsttätig beim Öffnen des Reglers geöffnet.

In der Rauchkammer befindet sich ein seitlich aufklappbarer kegelförmiger Funkenfänger. Die Mündung des Blasrohres, das mit einem Quersteg von 13 mm versehen ist, hat einen lichten Durchmesser von 135 mm und liegt 125 mm über der Kesselmitte. An dem Schornstein, dessen kleinster lichter Durchmesser 400 mm beträgt, ist zum Aufsetzen einer Verlängerung ein entsprechend abgedrehter Ansatz vorgesehen.

Das Gewicht des leeren Kessels einschließlich des Domes, der Heiz- und Rauchrohre sowie der am Kessel festgenieteten Teile beträgt rund 15050 kg. Das Gewicht des gleichen Kessels jedoch einschließlich der feinen und groben Ausrüstungsteile sowie des Reglers, des Überhitzers, der Ein- und Ausströmrohre, des Rostes und der Luft- und Speisewasserpumpe beträgt rund 23 400 kg.

Die beiden Hauptrahmenplatten sind je 25 mm stark. Zur Querversteifung dient in dem mittleren Teil des Rahmens ein Wasserbehälter. Die wagerechte Hauptverstrebung geht von den Zylindern bis zu der Feuerbüchse durch und bildet gleichzeitig den Boden des Wasserkastens. Unter dem Aschkasten sind die Federgehänge-Halter zu Verstrebungen ausgebildet. Zur Erzielung eines auch in lotrechter Richtung möglichst widerstandsfähigen Rahmenbaues ist die Höhe der Hauptrahmenplatten über den Achsausschnitten reichlich bemessen und sind sonstige Ausschnitte hier möglichst vermieden.

Sämtliche Tragfedern, deren Blätter einen Querschnitt von 90×13 mm besitzen, liegen unterhalb der Achslagerkasten. Sie werden aus 11 Federblättern gebildet, die aus mittelstarkem Sonderstahl hergestellt sind. Die Tragfedern des ersten und zweiten sowie die des vierten und fünften Radsatzes sind durch Ausgleichhebel miteinander verbunden. Für das Schmieren der Hauptbolzen der Ausgleichhebel sind trichterförmig erweiterte Schmierlöcher vorgesehen.

Die beiden gleichen Dampfzylinder sind wagerecht außen an den Rahmenplatten aufgehängt und angeschraubt und reichen in die abgestufte Umgrenzungs-

Abb. 545. 2 C 2-Heißdampf-Tenderlokomotive der preußischen Staatsbahn.

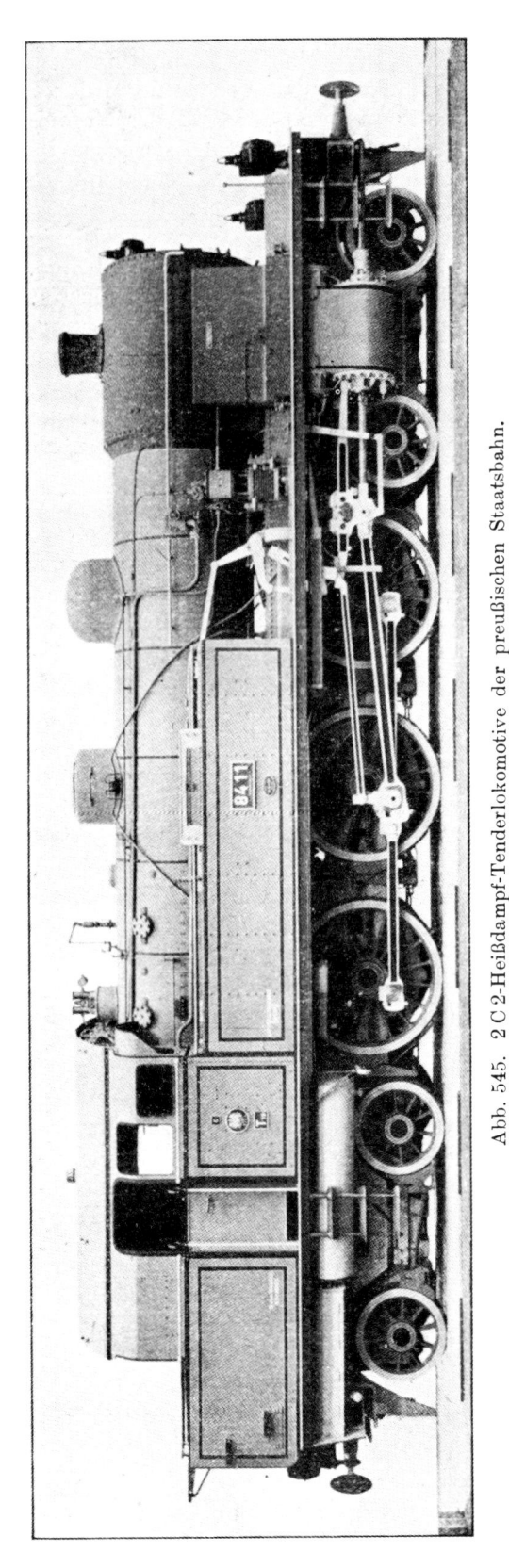

stufe der B. O. hinein. Die schädlichen Räume der Zylinder betragen vorn und hinten 11,4 v. H. des Hubraumes bei einem Spielraum zwischen Kolben und vorderem Zylinderdeckel von 12 mm und zwischen Kolben und hinterem Deckel von 32 mm.

Sämtliche Trieb- und Kuppelstangen haben geschlossene Köpfe mit nachstellbaren Lagerschalen aus Rotguß mit Weißmetallspiegel.

Die Steuerung ist nach Bauart Walschaert ausgeführt und ergibt vorwärts und rückwärts Füllungen der Dampfzylinder bis zu 74 v. H. Füllungsstufen unter 15 v. H. sollen nicht benutzt werden, weil sonst ein zu hoher Verdichtungsdruck entsteht, der unruhigen Gang der Lokomotive zur Folge hat.

Die Bremse wirkt mit acht Bremsklötzen und einem Gesamtdruck von 53 224 kg $=$ rund 71 v. H. des Gesamtgewichts (Reibungsgewichts) der betriebsfähigen Lokomotive auf die Räder und zwar zweiseitig auf den Triebradsatz und einseitig auf den zweiten und vierten anschließenden Radsatz.

Das Bremsgestänge gleicht die Klotzdrücke jeder Seite für sich und die Bremsdrücke der beiden Maschinenseiten untereinander aus. Zum Nachstellen des Bremsgestänges dienen drei Stellschrauben. Das Übersetzungsverhältnis der Bremse beträgt 1 : 9.

Die Bremse ist eine selbsttätig wirkende Luftdruckbremse, die sich an der rechten Seite des Langkessels befindet.

Die Lokomotive ist mit einer Einrichtung zum Vorwärmen des Speisewassers durch Abdampf versehen. Der runde Vorwärmer ist nach der Bauart Knorr ausgeführt und ist auf dem Langkessel hinter dem Dom gelagert.

Auf der rechten Seite des Feuerbüchsmantels befindet sich eine Dampfstrahlpumpe nach Regelbauart mit einer Leistung von 250 l/Min. Sie dient lediglich zum Speisen des Kessels bei längerem Stillstand der Lokomotive und, falls die Kolbenpumpe versagt, zur Aushilfe.

Die Lokomotive ist mit nachstehenden besonderen Einrichtungen versehen:

Preßluftsandstreuer für Vor- und Rückwärtsfahrt vor die in der jeweiligen Fahrtrichtung beiden ersten Radsätze streuend.

Rauchverminderungseinrichtung Bauart Marcotty.

Thermoelement-Pyrometer zum Messen der Wärme des Dampfes im rechtsseitigen Schiebergehäuse.

Fernmanometer mit Leitung zum rechtsseitigen Schiebergehäuse.

Spurkranznäßvorrichtung für Vor- und Rückwärtsfahrt für den vordersten Radsatz der Fahrtrichtung.

Dampfheizeinrichtung.

Hierzu kommen je nach besonderer Bestimmung: Gasbeleuchtungseinrichtung, Wärmekasten für Speisen und Getränke.

d) 2 C 2-Heißdampf-Personenzug-Tenderlokomotive Gattung T 18. Diese Lokomotive, die vom Vulkan-Stettin-Bredow zunächst für den Verkehr zwischen Altefähr und Saßnitz auf Rügen gebaut war, sollte als Ersatz für die T 12-Lokomotive dienen, bei der weder die Leistung noch die mitzuführenden Vorräte an Kohlen und Wasser zur Beförderung der schweren Züge ausreichten. Sie stellt zurzeit die leistungsfähigste Personenzug-Tenderlokomotive der preußischen Staatsbahnen dar.

Die Bauart der Lokomotive zeigt Tafel 14 und Lichtbild 545.

Die Lokomotive hat ein vorderes und hinteres zweiachsiges Drehgestell und drei gekuppelte Achsen in vollkommen symmetrischer Anordnung. Die Drehgestellzapfen sind mit Rückstellfedern versehen und haben eine Seitenverschiebbarkeit von 40 mm nach jeder Seite. Die Spurkränze der Radreifen der mittleren Kuppelachse (Triebachse) sind um 15 mm schwächer gedreht, um das Durchfahren von Weichen mit 140 m Durchmesser ohne Zwängen der Lokomotive im Gleise zu ermöglichen. Die gewählte Achsenanordnung gewährleistet gleich gutes Vorwärts- und Rückwärtsfahren, auch bei hohen Fahrgeschwindigkeiten.

Die Wasser- und Kohlenvorräte sind über die ganze Länge der Lokomotive so verteilt, daß bei abnehmenden Vorräten die Entlastung aller Achsen eine möglichst gleichmäßige ist.

Die Hauptabmessungen der Lokomotive sind folgende:

Zulässige Höchstgeschwindigkeit	90 km/st
Zylinderdurchmesser	560 mm
Kolbenhub	630 mm
Triebraddurchmesser	1650 mm
Laufraddurchmesser	1000 mm
Fester Radstand	4100 mm
Gesamtradstand	11700 mm
Zapfenentfernung der Drehgestelle	9500 mm
Lage und Art der Steuerung: außen, Walschaert.	
Kessel:	
Dampfüberdruck	12 kg/qcm
Rostfläche	2,39 qm
Feuerberührte Heizfläche der Feuerbüchse	13,07 qm
,, ,, ,, Rauchrohre	44,30 qm
,, ,, ,, Heizrohre	81,12 qm
zusammen	138,49 qm
Feuerberührte Heizfläche des Überhitzers	49,20 qm
Heizfläche des Vorwärmers	15,65 qm
Anzahl der Rauchrohre	24
,, ,, Heizrohre	134
,, ,, Überhitzerelemente	24

Durchmesser der Rauchrohre . . . . 125/133 mm
„   „ Heizrohre . . . . 41/46 mm
„   „ Überhitzerrohre . . . . 29/36 mm
„   „ Vorwärmerrohre. . . . . 13/16 mm
„   des Kessels. . . . . 1498 mm
Abstand beider Rohrwände . . . . 4700 mm
Wasserrauminhalt bei 150 mm Wasserstand über
   Feuerbüchsdecke . . . . 5,650 cbm
Dampfrauminhalt bei 150 mm Wasserstand über
   Feuerbüchsdecke . . . . 2,868 cbm
Verdampfungsoberfläche . . . . 8,507 qm
Fassungsvermögen des Kohlenkastens . . . . . . 4500 kg
Inhalt des Wasserkasten. . . . . 12 cbm
Gesamtgewicht der Lokomotive, leer . . . . . . 83170 kg
„   „   „ , betriebsfähig . . 105030 kg
Größtes Reibungsgewicht der Lokomotive . . . . 46470 kg
Mittleres   „   „   „   . . . . 42800 kg
Größter Achsdruck . . . . 15560 kg

Die Leistungsfähigkeit der mit Vorwärmer ausgerüsteten Lokomotive in Tonnen Zuggewicht auf längeren Steigungen ergibt sich aus nachstehender

Zahlentafel 54.
Leistungsfähigkeit der T 18 in Tonnen Zuggewicht auf verschiedenen Steigungen bei verschiedenen Geschwindigkeiten.

Steigung	Geschwindigkeit in km/st			
	45	60	75	90
1 : 40	120	70	—	—
1 : 60	200	135	80	—
1 : 100	345	235	155	90
1 : 150	500	345	235	140
1 : 200	615	430	290	180
1 : 300	800	560	375	235
1 : 400	935	640	430	270
1 : 500	1005	700	470	290
1 : 1000	1320	880	580	355
1 : ∞	1760	1150	730	440

Der Kessel ist von üblicher Bauart. Die Verankerung der Feuerbüchse und des Feuerbüchsmantels wird ergänzt durch zwei mit Winkeln verstärkte Versteifungsbleche an der Decke des Feuerbüchsmantels.

An Reinigungsluken sind angeordnet: zwei Stück in den unteren Ecken der Stiefelknechtwand, zwei Stück in den unteren Ecken der Rückwand des Feuerbüchsmantels, zwei Stück im Umbug der Rückwand des Feuerbüchsmantels in Höhe der Feuerbüchsdecke, zwei Stück im Umbug der Rückwand des Feuerbüchsmantels in halber Höhe der Feuerbüchse, zwei Stück auf Mitte der Rückwand des Feuerbüchsmantels oberhalb und unterhalb des Feuertürloches, zwei Stück an den Seitenwänden des Feuerbüchsmantels zwischen der dritten und vierten Stehbolzenreihe von oben und der dreizehnten und vierzehnten Stehbolzenreihe von hinten, ein Stück in der unteren Rauchkammerrohrwand, vier Stück große Tellerluken auf dem oberen Feuerbüchsmantel, ein Stück auf dem Scheitel des hinteren Langkessels.

Die Domhaube ist aus einem Stück gepreßt. Zur Verhütung des Übertretens von Kesselwasser in die in den Dom mündenden Leitungen der Heizung und der Pumpen beim Bremsen ist ein großes Verbindungsrohr vom hinteren Teil des Dampfraumes zur Domhaube eingebaut.

Der Rahmen besteht aus zwei durchgehenden 30 mm starken Blechen, die zur Aufnahme eines möglichst großen, zwischen denselben liegenden Wasserkastens über den Achsausschnitten eine große Höhe erhielten, wodurch gleichzeitig die für das Anheben dieser langen und schweren Lokomotive bei Abstützung in zwei Punkten notwendige Festigkeit in senkrechter Richtung erzielt wurde.

Der untere Wasserkasten erstreckt sich von der Feuerbüchse bis Vorderkante Rauchkammer und bildet auf dieser Länge eine gute Versteifung des Rahmens in wagerechtem Sinne. Zwischen der ersten Kuppelachse und der Triebachse befindet sich unter dem Boden des Wasserkastens ein großer Sammelbehälter, in den die Saugrohre der Speisevorrichtungen münden.

Sämtliche Tragfedern der Lokomotiven bestehen aus mittelhartem Sonderstahl. Die unterhalb der Achsbüchsen angeordneten Tragfedern der gekuppelten Achsen sind durch Ausgleichhebel verbunden. Infolge der Anordnung eines vorderen und hinteren Drehgestelles kann durch Nachspannen dieser Federn die Achsbelastung so geregelt werden, daß das Reibungsgewicht bei vollen Vorräten 17000 kg an jeder gekuppelten Achse beträgt.

Die Pufferträger bestehen aus je einer versteiften Stirnplatte mit starken seitlichen Kragträgern.

Der vordere und hintere Zughaken sind genau auf Mitte Zapfen der Drehgestelle drehbar gelagert, um den beim Befahren von Krümmungen auftretenden seitlichen Zug zweckmäßig auf die Räder zu übertragen. Die aus Flußeisenguß bestehende untere wagerechte Rahmenverbindung über den Drehgestellen dient zur Befestigung des Drehgestellzapfens und als unteres Lager für das Querhaupt der Zugvorrichtung. Das obere Lager für dieses Querhaupt ist am vorderen Ende der Lokomotive am Wasserkastenboden, am hinteren Ende an einer besonderen durchgehenden wagerechten Versteifungsplatte befestigt. Der Rahmenbau der Drehgestelle ist von der üblichen Bauart, jedoch mit Rücksicht auf die Drehgestellbremse durch einige besondere Versteifungen verstärkt.

Die außen liegenden Dampfzylinder sind zwischen den beiden vorderen Laufachsen wagerecht angeordnet. Die Gradführungen sind vorn an den hinteren Zylinderdeckeln und hinten an einem die vorderen Kuppelräder umfassenden Träger aus Flußeisenguß befestigt. Die Triebstange greift an der mittleren gekuppelten Achse an.

Die durch Preßluft gesteuerten Knorr-Luftsaugeventile sitzen an den Eingangsstutzen der Schiebergehäuse, während die ebenfalls durch Preßluft gesteuerten Knorr-Druckausgleicher innerhalb der Rahmenbleche an der üblichen Stelle der Zylinder angebracht sind.

Die Steuerung ist mit gleichen Füllungsverhältnissen für beide Fahrrichtungen ausgeführt. Die Schieber haben doppelte Einströmung. Die Steuerungszugstange ist bis zum vorderen Ende des seitlichen Wasserkastens geradlinig geführt und mit dem Hebel auf der Steuerwelle durch ein Zwischenglied verbunden.

Sämtliche Räder der Lokomotive werden einseitig durch Luftdruck gebremst. Die Luftdruckbremse besteht aus drei gesonderten Gruppen, je einer für jedes Drehgestell und einer für die gekuppelten Achsen. Die gekuppelten Achsen werden mit etwa 70%, die Drehgestellachsen mit etwa 50% ihres größten Schienendruckes abgebremst.

Das gesamte Bremsgestänge jeder Bremsgruppe ist mit Ausgleichhebeln zur gleichmäßigen Verteilung des Bremsdruckes auf die einzelnen Bremsklötze versehen. Die Nachstellvorrichtungen sind so angeordnet, daß ein ungleichmäßiges Nachstellen einzelner Bremsklötze nicht erfolgen kann. Die zweistufige Luftpumpe ist rechts vorn am Kessel so tief angeordnet, daß sie den freien Ausblick auf die Strecke nicht behindert. Der Hauptluftbehälter sitzt rechts außerhalb des Rahmens unter dem Führerhause. Soweit die Lokomotiven mit Zusatzbremse ausgerüstet sind, wirkt diese nur auf die gekuppelten Räder. Die Wurfhebelhandbremse wirkt ebenfalls nur auf die gekuppelten Räder und ist an der senkrechten zum Wurfhebel führenden Zugstange mit einer Feineinstellung versehen.

Wie bereits erwähnt wurde, ist ein großer Teil, etwa die Hälfte des Wasservorrats, zwischen dem Rahmen untergebracht. Die andere Hälfte befindet sich in zwei seitlichen, vor dem Führerhause liegenden Wasserkasten, die so niedrig gehalten sind, daß der freie Ausblick auf die Strecke nicht behindert wird. Auf den seitlichen Wasserkasten befinden sich die großen Füllöffnungen, die von einer nach außen offenen Blechnische umgeben sind, um zu verhindern, daß das Spritzwasser auf die Achsbüchsen läuft. Ebenso ist für die Ableitung des Regenwassers von der Decke der seitlichen Wasserkasten eine Rinne über die ganze Länge der Wasserkasten angebracht. Die Verbindung der seitlichen mit dem unteren Wasserkasten erfolgt durch je einen weiteren Verbindungskrümmer aus Flußeisenguß, der gleichzeitig als Wasserkastenträger dient und zur Befestigung des Gleitstangen- und Schwingenlagerträgers ausgebildet ist. Eine vereinigte Schwimmeranordnung zeigt den Wasserstand der oberen und unteren Kasten an einem Doppelzeiger an.

Das geräumige Führerhaus schließt vorn an die seitlichen Wasserkasten an und stützt sich hinten auf den Kohlenkasten. In einem größeren Abstande von dem gewölbten Blechdach des Führerhauses ist eine durchgehende gerade Holzdecke angeordnet, die mit regelbaren Öffnungen versehen ist, die in Verbindung mit den oberhalb dieser Holzdecke in der Vorder- und Rückwand des Führerhauses befindlichen, ebenfalls regelbaren Öffnungen eine ausgiebige Lüftung ermöglichen.

Der Kohlenkasten ragt zum Teil in das Führerhaus hinein. In der Mitte der Vorderwand ist eine breite Öffnung zur Entnahme der Kohlen vorgesehen, die durch eine zusammenlegbare Klappe und ein Vorsatzbrett völlig geschlossen werden kann, um das Verschmutzen des Führerstandes beim Bekohlen zu verhüten. In geöffnetem Zustande der Klappe kann der Heizer in den Kohlenkasten treten und die im hinteren Teil des Kohlenkastens liegende Kohle heranziehen. Der Boden des Kohlenkastens ist nach hinten schwach ansteigend angeordnet. Der dadurch zwischen dem Kohlenkastenboden und dem Trittblech geschaffene Hohlraum dient zur Unterbringung der seltener gebrauchten größeren Geräte wie Brechstangen, Windebohlen, Bindeketten usw. Zwei hinten zu beiden Seiten unter dem Trittblech angebrachte große Kasten dienen zur Aufnahme der übrigen Geräte und zwei weitere an diese anschließenden Kasten als Kleiderkasten für Führer und Heizer. Außer einem Schlüsselschrank mit darüber befindlichen zwei kleinen Kasten für kleinere Ölkannen und Werkzeuge befinden sich im Innern des Führerhauses zu beiden Seiten auf der Decke des Kohlenkastens je ein Ablegekasten für Führer und Heizer. Hinter diesem Ablegekasten sind die langen Feuergeräte auf dem Kohlenkasten untergebracht.

Die Lokomotiven sind ausgerüstet mit einem Preßluftsandstreuer für beide Fahrtrichtungen, mit Marcotty-Rauchverbrenner, Dampfheizung und Gasbeleuchtung. Außerdem haben die Lokomotiven eine Einrichtung zum Vorwärmen des Speisewassers durch Abdampf. Die Speisepumpe der Vorwärmeranlage ist auf der linken Seite des Kessels so tief angeordnet, daß die freie Aussicht auf die Strecke auch auf dieser Seite nicht behindert wird. Die Abwasserleitung des Vorwärmers mündet vor den Aschkasten.

Der Druck der Pufferfedern beträgt 12 t, die Zughakenfedern haben 20 t Endspannung.

e) D - Heißdampf - Zwillings - Schmalspur - Tenderlokomotive mit Kleinrauchrohrüberhitzer Gattung T 38. Die in Abb. 546 dargestellte, für das oberschlesische Schmalspurnetz der preußischen Staatsbahnen von der Lokomotivfabrik

Orenstein & Koppel Arthur Koppel gebaute vierachsige Tenderlokomotive ist mit radial einstellbaren Endachsen, die durch Blindwellen angetrieben werden, versehen. Die Spurweite beträgt 785 mm und der Achsdruck 8000 kg. Die Lokomotive ist in ihren äußeren Abmessungen dem Umgrenzungsprofil für die Betriebsmittel der oberschlesischen Schmalspurbahnen angepaßt. Ihre Hauptabmessungen sind folgende:

Zulässige Höchstgeschwindigkeit	30 km/st
Zylinderdurchmesser	400 mm
Kolbenhub	400 mm
Art und Lage der Steuerung: Walschaert, außen.	
Kessel:	
Dampfüberdruck	13 Atm.
Rostfläche	1,04 qm
Verdampfungsheizfläche	38,92 qm
Überhitzer	18,82 qm
Heizfläche des Vorwärmers	6,7 qm
Durchmesser der Triebräder	810 mm
Gesamtgewicht, leer	26 t
,, , betriebsfähig	32 t
Reibungsgewicht	32 t
Gesamtradstand	3800 mm
Fester Radstand	1600 mm
Vorrat an Wasser	3,5 cbm
,, ,, Kohle	1,5 t

Abb. 546. D-Heißdampf-Schmalspurlokomotive der preußischen Staatsbahnen.

Die Lokomotive ist entworfen als Heißdampflokomotive mit Kleinrauchrohr-Überhitzer der Bauart Schmidt und besitzt eine Einrichtung zur Vorwärmung des Speisewassers durch Abdampf. Die Vorratsbehälter für Wasser vermögen 3½ cbm zu fassen, der Kohlenbehälter ist für die Aufnahme von 1500 kg Kohlen bemessen.

Es sind Einrichtungen vorgesehen, die ein Sanden der Schienen vor und hinter den beiden fest im Rahmen gelagerten, gekuppelten Achsen ermöglichen. Von einem Sanden der Schienen vor den beweglichen Endachsen dagegen ist Abstand genommen worden in der Erwägung, daß die Verschiebung dieser Achsen gegen den Rahmen auf das Durchfahren von Krümmungen mit 20 m Halbmesser bemessen werden mußte und somit für ein sachgemäßes Sanden der Schienen vor diesen Achsen verwickelte Einrichtungen erforderlich gewesen wären.

Der Kessel entspricht der Regelbauart für 13 Atm. Überdruck. Die Reinigungsöffnungen sind in der üblichen Anordnung und Anzahl vorgesehen. Nur in der vorderen Rohrwand über dem Rohrbündel sind noch zwei Waschbolzen angebracht. Die vordere Stirnwand der Rauchkammer ist zum Abnehmen eingerichtet, damit die in der Rauchkammer gelegenen Teile, insbesondere die Überhitzereinrichtung, ausgewechselt werden können, ohne daß die Rauchkammertür übermäßig große Abmessungen erhält.

Der Kessel hat 48 Rauchrohre von 64/70 mm Durchmesser, die zur Aufnahme der Überhitzerelemente von 17/22 mm Durchmesser dienen, außerdem sind noch 19 Siederohre von 41/46 mm Durchmesser eingebaut. Der Verteilungskasten für den Naßdampf des Kleinrauchrohr-Überhitzers ist in der Mitte der vorderen Rohrwand angeordnet. Von hier strömt der Dampf durch die Überhitzerelemente in zwei seitlich angebrachte Sammelkasten, die je mit dem benachbarten Zylinder in Verbindung stehen und außerdem durch ein unter der Rauchkammer gelegenes Ausgleichrohr miteinander verbunden sind.

Die Hauptrahmen der Lokomotive liegen außerhalb der Räder und sind durch die Pufferträger sowie durch eine wagerechte Blechplatte, die in ganzer Länge des Rahmens durchgeführt ist, verbunden. Außerdem dienen zur Versteifung des Rahmens die Wände des Wasserkastens, der zwischen den Hauptrahmenblechen gelagert ist und senkrechte Versteifungsbleche, die an geeigneten Stellen untergebracht sind und deren Verwendung sich besonders wegen der Aufhängung der Bremsgehänge als erforderlich erwiesen hat. Die Zug- und Stoßvorrichtungen sind in Übereinstimmung mit den gleichartigen Teilen vorhandener Betriebsmittel der oberschlesischen Schmalspurbahnen ausgebildet. Jeder Zughaken ist in der Längsrichtung der Lokomotive abgefedert und drehbar gelagert unter möglichst weiter Verschiebung des Festpunktes nach der Längsmitte der Lokomotive hin.

Die beiden mittleren Achsen der Lokomotiven sind unverschiebbar im Rahmen gelagert, die beiden Endachsen dagegen in Bisselgestellen untergebracht. Um die Endachsen der Lokomotive für Triebzwecke ausnützen zu können, ist im wesentlichen die Bauart Klien-Lindner verwendet, jedoch in der veränderten Form, wie sie von der Firma Orenstein & Koppel ausgeführt wird. Die Hohlachse wird von der dazugehörigen Blindwelle durch Zapfen angetrieben und ist gegen diese quer zum Gleise verschiebbar, in der Art, daß eingebaute Spiralfedern auf Mittelstellung wirken, Abb. 547. Die Verbindung der Hohlachsen mit dem zugehörigen Bisselgestell geschieht durch auswechselbare Lager des Bisselgestells, die in die Enden der Hohlachsen eingreifen. Diese Lager des Bisselgestells haben an einer Endachse wagerechte Schlitze, in denen die Kernachse in senkrechtem Sinne abgestützt wird, an der anderen Endachse dagegen fehlen diese wagerechten Schlitze. Im übrigen sind die Kernachsen in den Hauptrahmenblechen in üblicher Weise gelagert. Zwischen jeder Endachse und der benachbarten fest gelagerten Achse sind Federträger eingebaut, die durch Spiralfedern belastet sind und die Raddrücke ausgleichen. Es ist hiernach ersichtlich, daß beim Befahren von Krümmungen die Hohlachsen mit

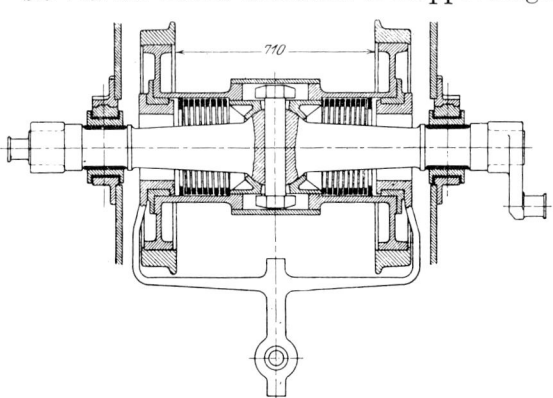

Abb. 547. Klien-Lindner-Hohlachse — Bauart Orenstein & Koppel.

den an ihnen befestigten Rädern sich nach dem Krümmungsmittelpunkt einzustellen vermögen nach Maßgabe der Führung, die vom Bisselgestell erzwungen wird, und daß ferner die in die Hohlachse eingebauten Wickelfedern bei jeder Ausweichung der Achse auf Mittelstellung wirken. Die vorstehend angegebene Lagerung der Kernachsen bedingt in Verbindung mit dem durch die Federträger erlangten Ausgleich eine Abstützung des Rahmens in drei Punkten, so daß eine gleichmäßige Belastung aller Räder auch beim Befahren schlecht liegender Gleise erzielt wird.

Wegen der Anordnung der Hauptrahmenbleche außerhalb der Räder, die mit Rücksicht auf die Abmessung der Feuerbüchse nicht zu umgehen war, sind sämtliche Achsen mit besonderen Kurbeln versehen, die aus vergütetem Chromnickelstahl hergestellt und bei allen Achsen mit Ausnahme der Triebachse gesondert gefertigt und auf die Enden der Achsen aufgepreßt sind. Bei der Triebachse dagegen war es geboten, eine Bauart zu wählen, die mehr Gewähr für einen ausreichend festen Sitz der Kurbeln bietet. An der Triebachse ist jede Kurbel mit dem anschließenden Teil der Achse einteilig hergestellt; die Achse ist auf ihrer Längsmitte durchschnitten und beide Hälften sind durch eine aufgepreßte Hülse zu einem Ganzen vereinigt,

Mit Rücksicht auf die beschränkten Abmessungen des verfügbaren Umgrenzungsprofils der Betriebsmittel war es erforderlich, die Zylinder soweit als möglich nach einwärts zu rücken und die Triebstangen innerhalb der Kuppelstangen zu lagern. Es ergab sich daraus die Notwendigkeit, die Triebstange über die Kurbel der zweiten Achse hinweg zu führen und die Dampfzylinder in stark geneigter Lage anzubringen. Eine nachteilige Beeinflussung des Ganges infolge der Schräglage dürfte kaum eintreten, da die Triebstange im Verhältnis zum Kurbelarm eine beträchtliche Länge erhalten konnte. Die sonstigen Einzelheiten der Triebwerkteile sind im wesentlichen den bewährten Ausführungen der Regelbauart nachgebildet.

Die Dampfverteilung wird durch Kolbenschieber mit federnden Ringen bewirkt, die der üblichen Bauart entsprechend mit innerer Einströmung und äußerer Ausströmung gebaut sind. Die Bewegung dieser Schieber geschieht durch eine Kulissensteuerung, die mit Rücksicht auf die beschränkten Raumverhältnisse in eigenartiger Ausführung vorgesehen ist. Da das Umgrenzungsprofil für die Ausführung von Steuerungsexzentern nicht den erforderlichen Raum frei läßt, so ist die rechtsseitige Kurbel des Triebwerkes in bekannter Weise als Steuerungsexzenter für den linksseitigen Schieber und umgekehrt die linksseitige Triebkurbel als Steuerungsexzenter für den rechtsseitigen Schieber verwendet worden. Die von den Kurbeln des Triebwerkes abgezweigten Bewegungen sind an den zugehörigen Kreuzköpfen entnommen und nach Bedarf durch Hebelübersetzung verringert. Die Veränderung der Füllungen und die Einstellung der Steuerung auf Vorwärts- und Rückwärtsgang erfolgt durch einen Steuerungshändel üblicher Bauart mit Zahnbogen für die Feststellung in beliebiger Lage.

Die Lokomotive erhält Luftsaugeventile und Druckausgleicher, die durch Dampfdruck betätigt werden, und, um die Betätigung dieser Ventile gleichzeitig mit der entsprechenden Handhabung des Reglers zu erzwingen, ist ein Strnadregler vorgesehen, dessen Dampfkammer für diesen Zweck die passenden Dampfdrücke verfügbar macht.

Der Ausgleich der hin und her gehenden Triebwerkmassen hat sich bis zu einem Betrage von $30^0/_0$ durchführen lassen bei Ausführung der Ausgleichgewichte als Bleieinguß in den Radkörpern. Den Ausgleich noch weiter zu steigern war wegen der geringen Raddurchmesser nicht möglich.

Die Übertragung des Lokomotivgewichtes auf die Achslagerkasten wird vermittelt unter Zwischenschaltung von Wickelfedern durch Längsträger, die zwischen jeder Endachse und der benachbarten Kuppelachse vorgesehen sind. Die Spannschrauben dieser Federn sind mit Kreuzgelenkscheiben unterlegt, so daß ein Brechen der Schrauben im Gewinde nicht zu befürchten steht. Von der Verwendung der üblichen Blattfedern mußte Abstand genommen werden, da hierbei ein seitlicher Zugang zu dem von unten unzugänglichen Aschkasten nicht zu ermöglichen war.

Die Vorratsbehälter für Wasser sind zum Teil seitlich vom Kessel oberhalb des Umlaufbleches gelagert und im übrigen zwischen den Hauptrahmenblechen untergebracht.

Der Kohlenbehälter liegt an der Rückwand des Führerhauses. Um einerseits für das Handhaben der Schürgeräte ausreichenden Raum zu schaffen und andererseits auch die außerhalb der Rückwand des Führerhauses gelegenen Füllöffnungen für den Kohlenkasten ausreichend groß bemessen zu können, ist die Rückwand keilförmig vorgebaut worden ähnlich wie dies für die auf Tafel 15 dargestellte E-Schmalspur-Tenderlokomotive angeordnet ist. Diese Bauart ermöglicht auch eine Ausführung der Entnahmeöffnungen am Kohlenkasten in Übereinstimmung mit der Bauart, die bei neueren Tenderlokomotiven der preußischen Staatsbahnen mehrfach mit bestem Erfolg verwendet ist. Die Vorderwand des Kohlenkastens ist auf Mitte in ganzer Höhe geschlitzt und der Kohlenkasten durch Schieber und Klappen in der Art zugänglich gemacht worden, daß die Entnahme der Kohlen aus entferntesten Winkeln des Kastens keine Schwierigkeiten bietet.

Mit Rücksicht auf die günstigen Ergebnisse, die bisher bei Lokomotiven der preußischen Staatsbahn sowohl bei Heißdampf- als Naßdampflokomotiven mit Einrichtungen erzielt sind, die ein Vorwärmen des Speisewassers durch Abdampf ermöglichen, ist ein Abdampf-Vorwärmer vorgesehen worden. Der Vorwärmer ist zwischen den beiden mittleren Achsen der Lokomotive quer zum Rahmen so gelagert, daß seine Kappen und Anschlußstellen bequem zugänglich bleiben. Die dampfberührte Heizfläche des Vorwärmers ist zu 6,7 qm reichlich bemessen.

Zur Speisung des Kessels ist eine Dampfkolbenpumpe und außerdem sind zwei Strahlpumpen zu 80 l/Min. vorhanden. Der Abdampf für den Betrieb des Vorwärmers wird an geeigneter Stelle einseitig aus dem Auspuff entnommen.

Die Bremse der Lokomotive wirkt mit beiderseits gleichem Druck auf die Räder der beiden fest gelagerten mittleren Achsen, und zwar sind, wie es bei Schmalspurbetriebsmitteln üblich ist, Bremsklötze vorgesehen, die hakenförmig über die Spurkränze greifen. Die Endachsen zum Bremsen heranzuziehen, war mit Rücksicht auf ihre Beweglichkeit nur schwer ausführbar, da eine Bauart hätte verwendet werden müssen, die das Gewicht der Lokomotive in unzuträglichem Maße erhöht haben würde. Das Gestänge der Bremse ist so gestaltet, daß die Klotzabnutzung ausgeglichen werden kann, ohne daß die Lage der Ausgleichhebel durch die Abnutzung der Klötze in unzulässigem Maße beeinflußt wird, und es ist außerdem ein Ausgleichhebel vorgesehen, der eine gleichmäßige Verteilung der Bremsklotzdrucke auf beiden Seiten erzwingt. Zum Anziehen der Bremse ist einerseits ein Wurfhebel üblicher Bauart vorgesehen und andererseits ist es auch möglich, die Bremse durch Dampfdruck zu betätigen. In letzterem Falle erfolgt die Zulassung des Dampfes zu den Bremszylindern durch ein Ventil, das eine Verstärkung und Verringerung des Druckes im Bremszylinder in beliebigem Maße gestattet.

f) E-Heißdampf-Zwillings-Schmalspur-Tenderlokomotive mit Kleinrauchrohrüberhitzer, Gattung T 39. Die stetig wachsenden Anforderungen an die Leistungsfähigkeit der oberschlesischen Schmalspurbahnen veranlaßten die Eisenbahn-Verwaltung, zunächst 7 Stück der nachstehend beschriebenen Heißdampf-Tenderlokomotive mit Zahnradkupplung — Bauart Orenstein & Koppel — zu beschaffen.

Die allgemeine Bauart der Lokomotive ergibt sich aus Tafel 15. Die Hauptabmessungen sind folgende:

Zulässige Höchstgeschwindigkeit . . . . 30 km/st
Zylinderdurchmesser . . . . 450 mm
Kolbenhub . . . . 450 mm
Art und Lage der Steuerung: Walschaert, außenliegend.
Kessel:
   Dampfüberdruck . . . . 13 kg/qcm
   Rostfläche . . . . 1,4 qm
   Vom Feuer berührte Heizfläche der Feuerbüchse . 4,92 qm
   „ „ „ „ „ Heiz- und
    Rauchrohre . . . . 44,60 qm
                               zusammen 49,52 qm
   Vom Feuer berührte Heizfläche des Überhitzers . 21,50 qm
   Wasserrauminhalt bei 150 mm Wasserstand über
    Feuerbüchsdecke gemessen . . . . 2600 l
   Dampfrauminhalt bei 150 mm Wasserstand über
    Feuerbüchsdecke gemessen . . . . 800 l
   Verdampfungsoberfläche . . . . 4,6 qm
Raddurchmesser, im Laufkreis gemessen . . . . . 820 mm
Gesamtgewicht, leer . . . . 32000 kg
   „   , betriebsfähig . . . . 40000 kg
Reibungsgewicht . . . . 40000 kg
Größter Raddruck . . . . 4000 kg
Radstand, fester . . . . 2200 mm
   „   , totaler . . . . 4144 mm
Raum für Wasser . . . . 4500 l
   „   „ Kohle . . . . 1750 kg
Kleinster Krümmungshalbmesser . . . . 30 m

Die mittleren drei Achsen sind in der allgemein üblichen Weise durch Kuppelstangen verbunden, während die Kupplung der beiden Endräder durch Zahnräder erfolgt, wie Abb. 548 zeigt. Die drei mittleren Achsen sind im Rahmen fest gelagert, die beiden Endachsen dagegen sind seitlich verschiebbar und radial einstellbar angeordnet. Sämtliche Räder liegen hier außerhalb des Rahmengestelles; bei der Mittelachse, die als Triebachse ausgebildet ist, sind die Spurkränze fortgelassen. Die Stärke der inneren Radreifen beträgt, in der Laufkreisebene gemessen, 62,5 mm. Das Öl zum Schmieren der Achsschenkel wird in die im oberen Teil des Lagerkastens vorgesehenen Schmierkästen eingefüllt.

Die zweite und vierte Achse besitzt in der Mitte eine kugelförmig ausgebildete Verstärkung, in welcher ein Mitnehmerbolzen eingepreßt ist, dessen an beiden Seiten vorstehende Enden mit besonderen Gleitstücken versehen sind, durch welche

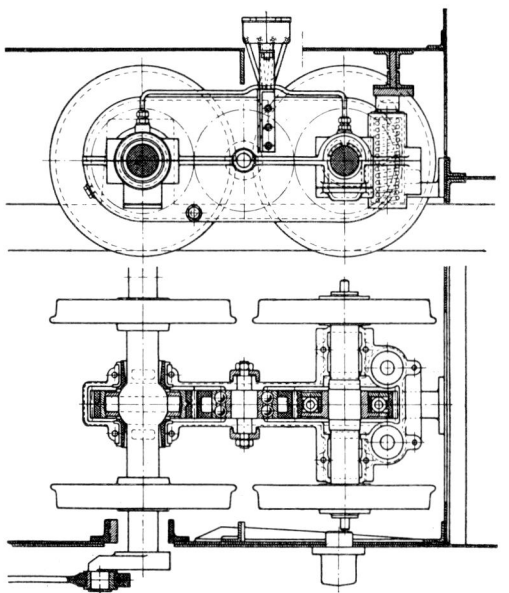

Abb. 548. Zahnradantrieb für Endachsen.

die Übertragung der Drehbewegung auf das Antriebsrad erfolgt (Abb. 548). Zur Kupplung mit den Endachsen sind drei Zahnräder angeordnet, die in einem Stahlgußgehäuse eingekapselt sind. Die Lagerung des letzteren erfolgt einmal auf den beiden seitlichen Hohlzapfen des auf der kugeligen Wulst sitzenden Zahnrades, während das andere Ende des Stahlgußgehäuses die Achsschenkel der radial einstellbaren Endachse umschließt. Die auf der Endachse befindlichen Räder sind als federnde Zahnräder ausgebildet, um außergewöhnlich hohe Zahndrücke, die z. B. in den Schienenstößen auftreten könnten und ein Schleifen der benachbarten Achse zur Folge haben würden, zu vermeiden. Das Kugelgelenk auf der zweiten und vierten Achse bildet den Drehpunkt für das als Deichsel anzusprechende Zahnradgehäuse mit der seitlich verschiebbaren Achse. Der Zahnkranz des Rades auf der zweiten und vierten Achse ist zweiteilig ausgeführt, um eine Auswechslung desselben zu ermöglichen, ohne daß die Radsterne abgepreßt zu werden brauchen.

Es ist unbedingt erforderlich, daß nach einer Betriebsdauer von etwa vier Wochen das Zahnradgehäuse nach Entfernung der seitlichen Öl-Ablaßschrauben gereinigt und durch die vorgesehenen Füllschrauben mit frischem Öl aufgefüllt wird. Nach längerer Betriebsdauer sollte das Unterteil des zweiteilig ausgebildeten Gehäuses losgenommen werden, um die ordnungsmäßige Schmierung der Lagerstellen des Kugellagers und der Zahnräder nachprüfen zu können.

Der feste Radstand der Lokomotive ist reichlich groß gewählt, um eine gute Führung und den damit verbundenen ruhigen Gang der Lokomotive zu erzielen; durch die gleichartige Achsanordnung läuft die Lokomotive bei Vorwärts- und Rückwärtsfahrt gleich gut.

Die Vorder- und Rückwand des Führerhauses erhalten je zwei Drehfenster, die Rückwand außerdem eine viereckige, geteilte Blechklappe. Die Seitenwände des Hauses sind mit je zwei Fenstern, von denen das hintere nach vorn verschiebbar ist, ausgerüstet. Die Einsteigeöffnungen werden durch eiserne Drehtüren verschlossen. Für Führer und Heizer sind Sitze vorgesehen. An der Rückwand des Führerhauses schließt sich der Kohlenkasten an, der außen durch zwei Klappen verschlossen wird und in der Innenwand zusammenlegbare Klappen besitzt, welche dem Heizer gestatten, die in den Ecken des Kastens lagernden Kohlen bequem hervorzuholen. Außerdem ist durch den Einbau dieser schräg liegenden Klappen Raum für die Bedienung geschaffen.

Die zu beiden Seiten des Langkessels aufgesetzten Wasserkasten werden von den Geradführungsträgern sowie von am Rahmen befestigten Auslegern getragen.

Der obere Teil des Feuerbüchsmantels ist als unmittelbare Fortsetzung des zylindrischen Langkessels ausgeführt, durch Unterlagen verstärkt und durch fünf Queranker versteift.

Die Verankerung der oberen Feuerbüchsrückwand sowie der Rauchkammerrohrwand erfolgt in der üblichen Weise durch Versteifungsbleche. Der Langkessel besteht aus zwei zylindrischen Schüssen mit einem Dampfdom auf dem vorderen Kesselschuß. Das Rohrbündel enthält 56 Rauchrohre mit einem Durchmesser von 64/70 mm, die zur Aufnahme der Überhitzerrohre dienen und aus 12 Siederohren mit Durchmessern von 41/46 mm.

Für die Reinigung des Kessels sind in den Seitenwänden des Feuerbüchsmantels je eine große Reinigungsluke und auf der Decke des hinteren Kesselschusses ebenfalls eine solche vorgesehen, sowie zahlreiche kleinere Reinigungsöffnungen mit eingeschraubten Futterstücken an geeigneten Stellen des Kessels.

Der Überhitzer besteht aus einem mittleren Naßdampf- und zwei seitlichen Heißdampfkammern unter Anwendung von 24 Elementen, aus nahtlos gezogenen flußeisernen Rohren von 17/22 mm Durchmessern. Die Überhitzerrohre haben an den hinteren Umkehrstellen aufgeschweißte flußeiserne Kappen und sind mit ihren vorderen Enden durch Flanschstücke an die Naßdampf- bzw. Heißdampfkammern angeschlossen.

In der Rauchkammer befindet sich ein zweiteiliger kegelförmiger Funkenfänger nach der Regelbauart. Die Mündung des Blasrohres hat einen lichten Durchmesser von 86 mm und liegt 100 mm über der Kesselmitte.

Der Schornstein hat einen kleinsten Durchmesser von 395 mm.

Das Gewicht des leeren Kessels einschließlich des Domes, der Heiz- und Rauchrohre sowie der am Kessel festgenieteten Teile beträgt rund 6300 kg. Einschließlich der feinen und groben Ausrüstungsteile sowie des Reglers, des Überhitzers, der Ein- und Ausströmrohre, des Rostes und des Aschkastens beträgt das Gewicht rund 9000 kg.

Die Rahmenplatten der Lokomotive bestehen aus Blechen von 30 mm Stärke; zur Sicherung ihrer gegenseitigen Lage sind sie durch den dazwischenliegenden Wasserkasten und durch eine Anzahl lotrechter und wagerechter Blechverbindungen versteift.

Das Gewicht der Lokomotive wird durch sechs Längsfedern, welche unter sich durch Ausgleichhebel untereinander verbunden sind, und durch vier in den Zahnradgehäusen liegende Spiralfedern auf die Achsen übertragen.

Die an der Lokomotive vorgesehenen Doppelpuffer mit seitlich ausschlagenden Zughaken entsprechen der Regelbauart der oberschlesischen Schmalspurbahnen.

Die beiden Dampfzylinder sind außerhalb der Rahmenplatten in geneigter Lage angeordnet, so daß auch bei der zulässigen größten Abnutzung der Radreifen das Umgrenzungsprofil nicht überschritten wird. Die schädlichen Räume betragen vorn und hinten $11^0/_0$ des Hubvolumens. Der Spielraum zwischen Kolben und den Zylinderdeckeln beträgt vorn und hinten $9\frac{1}{2}$ mm. Der Durchmesser des Kolbenkörpers ist 3 mm kleiner gehalten als die Zylinderbohrung. Der Kolbenkörper mit Stange wird in der normalen Weise von dem Kreuzkopf und der am vorderen Zylinderdeckel befindlichen Führungsachse getragen. Die Kolbenstangenstopfbüchsen sind als bewegliche Metallstopfbüchsen ausgebildet.

Für die Schmierung der Dampfkolben und Kolbenschieber ist eine Schmierpumpe mit acht Ölabgabestellen der Bauart Michalk vorgesehen. Eine weitere Schmierpumpe gleicher Bauart mit vier Ölabgabestellen dient für das Schmieren der Lagerstellen des Zahnradgehäuses.

An jedem Dampfzylinder befindet sich auf dem Schieberkasten eine Druckausgleichvorrichtung, deren Ventile gleichzeitig als Sicherheits- und Luftsaugeventile wirken. Die Vorrichtungen funktionieren selbsttätig, indem die Ventile vor Einströmung des Dampfes in die Zylinder, das wäre vor Öffnung des Reglers, durch den aus der Vorkammer des Ventilreglers entnommenen Dampf geschlossen werden, während bei Leerlauf der Lokomotive die Öffnung der Ventile durch Spiralfedern bewirkt wird.

Die Trieb- und Kuppelstangen erhalten keine nachstellbaren Lager, sondern Rotgußbüchsen. Bei der Anordnung der Stangen besteht insofern gegenüber der sonst üblichen Bauart eine Abweichung, als die Triebstange nicht unmittelbar am Triebzapfen, sondern an einem im hinteren Kopf der Kuppelstange angeordneten Gelenkbolzen angreift.

Die Walschaertsteuerung gibt bei Vor- und Rückwärtsfahrt Füllungen bis zu $80^0/_0$. Die Dampfverteilung erfolgt durch Kolbenschieber von 170 mm Durchmesser mit einfacher innerer Einströmung und acht federnden Ringen. Die Einströmdeckung beträgt 24 mm, die Ausströmdeckung 1 mm und die Voröffnung $3\frac{1}{2}$ mm. Es ist eine durchgehende Schieberbüchse in die Zylinder eingepreßt, deren Bohrung in der Mitte etwas größer gehalten ist, um den Schieber besser ein- und ausbauen zu können.

Die Lokomotive ist mit einer Wurfhebelbremse ausgerüstet, von welcher die im Rahmen fest gelagerten drei mittleren Achsen einseitig von vorn gebremst werden. Es ist damit nach Möglichkeit die gleichmäßige Abnützung der Büchsen in den

Kuppelstangen erreicht. Das Bremsgestänge ist mit Ausgleichhebeln versehen, so daß beide Lokomotivseiten gleichen Bremsdruck erhalten. Zum Nachstellen des gesamten Bremsgestänges dient eine Spannschraube. Nur bei stark vorgeschrittener Abnutzung der Bremsklötze muß die erforderliche Verkürzung des Gestänges durch einmaliges Umstecken der Bolzen bewirkt werden.

Außer der Handbremse ist die Lokomotive noch mit einer Dampfbremse ausgerüstet.

Der Gesamtbremsdruck der Dampfbremse beträgt bei 10 Atm. Druck im Bremszylinder 22000 kg = 55% des Gesamtgewichtes der betriebsfähigen Lokomotive.

5. Die Tender der Preußischen Staatseisenbahn-Verwaltung.

Neben einem Tender von 16,5 cbm Wasserinhalt, der hauptsächlich für Güterzuglokomotiven benutzt wird, werden neuerdings für Schnellzugslokomotiven besondere Tender von 21,5 cbm und 31,5 Wasserinhalt gebaut, die von den Vulkan-Werken in Stettin entworfen worden sind. Sie zeichnen sich in erster Linie durch die Anwendung von Fachwerkträgern an Stelle der sonst üblichen Blechrahmen für die Drehgestelle aus, wodurch eine erhebliche Gewichtsverminderung erzielt werden konnte. Das Verhältnis Eigengewicht : Ladegewicht, das bei dem früheren 21,5-cbm-Tender 0,87 betrug, sank bei dem neuen Tender auf 0,74. Die neue Drehgestellbauart zeichnet sich besonders durch große Übersichtlichkeit und bequeme Zugänglichkeit aller unter dem Tender liegenden Teile, besonders der Bremse vorteilhaft gegenüber der sonst üblichen Bauart mit Blechrahmen aus. Infolge der Anordnung von Doppeltragfedern laufen diese Tender auch erheblich weicher und ruhiger als die früheren Tender.

Die guten Erfahrungen, die mit dem neuen 21,5-cbm-Tender gemacht wurden, veranlaßten die Preußische Staatseisenbahn-Verwaltung, den Vulkan-Werken den Entwurf und die Ausführung einer Anzahl noch erheblich größerer Tender zu übertragen. Diese Tenderbauart entsprach ziemlich genau der des neuen Tenders von 21,5 cbm Wasserinhalt. Die Vorteile der neuen Bauart kamen hier besonders zur Geltung. Unter Einhaltung eines höchstzulässigen Schienendruckes von 16000 kg für jede Achse gelang es bei diesem vierachsigen Tender, 31,5 cbm Wasser und 7000 kg Kohlen unterzubringen und ein Verhältnis Eigengewicht : Ladegewicht von 0,61 zu erzielen.

Die Bauart des Drehgestelles ist aus Abb. 549 ersichtlich. Auch diese neue Tendergattung bewährte sich im Betriebe ausgezeichnet. Sämtliche Personenzug- und Schnellzuglokomotiven der preußischen Staatsbahn erhalten nur noch 21,5- und 31,5-cbm-Tender der Bauart Vulkan-Werke.

Um bei schnellfahrenden Zügen die Betriebssicherheit durch Verkürzung der Bremswege zu erhöhen, führt die Preußische Staatseisenbahn-Verwaltung zurzeit eine Verbundschnellbahnbremse ein, bei der die Fahrzeuge mit 200% ihres Eigengewichtes abgebremst werden können. Die erste Versuchsausführung an einer vierzylindrigen Schnellzuglokomotive mit 31,5-cbm-Tender wurde ebenfalls von den Vulkan-Werken ausgeführt. Infolge der großen Bremsklotzdrücke müssen hierbei die Tenderachsen zweiseitig gebremst werden, wodurch eine völlige Umgestaltung der Drehgestelle notwendig wurde.

a) Dreiachsiger Tender mit Wasserbehälter von 16,5 cbm Rauminhalt. Dieser von der Firma F. Schichau in Elbing entworfene Tender soll in der Hauptsache für die G 8[1] und G 10-Lokomotiven verwendet werden, um mit ihnen längere Strecken ohne Brennstoff- und Wasseraufnahme durchfahren zu können, als dies mit den früher üblichen 12-cbm-Tendern möglich war.

Bei dem in Tafel 16 dargestellten Tender ist im wesentlichen die Bauart bei-

Die Tender der Preußischen Staatseisenbahn Verwaltung. 453

behalten, die sich bei dreiachsigen Tendern mit Plattenrahmen bewährt hat. Er besteht aus zwei außerhalb der Räder liegenden Längsplatten von 20 mm Stärke, die vorn durch den Zugkasten, hinten durch die Pufferbohle und zwischen den Achsen durch senkrechte Blechstreben miteinander verbunden sind. Im vorderen Zugkasten ist, wie bei den neueren Tendern allgemein üblich, die Stoßfeder gesondert vom Hauptkuppelbolzen gelagert und dadurch der Tender gegen die Lokomotive auch bei nicht genau eingeschliffenem Hauptkuppelbolzen im Tenderzugkasten gut abgefedert.

Im Zugkasten sind außerdem die beiden Bolzen für die Notkuppelung und die Stoßpuffer mit ihren Führungen untergebracht. Die Stoßpuffer stützen sich mittels besonderer Schuhe gegen die Enden der wagerecht liegenden Stoßfeder. Der Bund dieser Feder ist oben und unten mit je einem Zapfen versehen, der sich gegen halbzylindrische Pfannen am Zugkasten legt. Der Stoßpufferkopf hat die gewöhnliche flache Keilform und stützt den Tender gegen schwalbenschwanzförmige ausgearbeitete Stoßplatten am Lokomotivzugkasten ab.

Abb. 549. Drehgestell des vierachsigen Tenders.

Die mittleren Langstreben sind abweichend von der bisher üblichen Bauart so hoch ausgeführt, daß sie am vorderen Ende mit der oberen und unteren Deckplatte des Zugkastens verbunden werden können und somit die Zugkraft am vorderen Zugkasten nach der hinteren Zugvorrichtung gut übertragen. Es wird durch die Zugkraft also nicht mehr wie bei den älteren Tendern eine Biegungsbeanspruchung auf die Hinterplatte des Zugkastens ausgeübt. Im hinteren Teile des Untergestelles sind die Langstreben wie üblich auseinandergezogen, um im wesentlichen die diagonale Verstrebung zu übernehmen.

Ungefähr in der Mitte zwischen den beiden Hinterachsen greift die hintere Zugvorrichtung an, die ebenfalls nach den neueren Ausführungen in wagerechter Ebene beweglich durch einen Bolzen mit dem Untergestell verbunden ist.

Durch die Wahl des verhältnismäßig langen Radstandes von 4400 mm wurde ein niedriger Wasserkasten möglich. Der Ausblick auf die Strecke wurde dadurch freigehalten, daß der Kolbenbehälter, wie bei dem Tender mit 31,5 cbm Wasserraum, nicht in der vollen Breite des Wasserkastens von 3000 mm ausgeführt, sondern als besonderer Kasten von 2100 mm Breite auf die Wasserkastendecke aufgesetzt wurde. Zwischen Tenderbordwand und Kohlenkasten können die Feuergeräte sicher gelagert werden.

Die Wasserkastendecke ist in ihrem hinteren wagerechten Teil mit einer reichlich großen Wassereinlauföffnung versehen. Der Einlauf ist mit einer Schutzwand zum Auffangen des etwa überlaufenden Wassers umgeben und die Rückwand des Wasserkastens im Bereich dieses Schutzbleches bis auf Oberkante des Wasserkastens ausgespart, so daß das überfließende Wasser nach rückwärts frei ablaufen kann. Das quer über die Tenderrückwand reichende obere Trittbrett führt es dann nach beiden Seiten des Tenders ab.

Der mittlere Teil der Wasserkastendecke ist wie bei allen Tendern der preußisch-hessischen Staatsbahnen geneigt, um das Vorziehen der Kohlen zu erleichtern. Das Vorderende ist wagerecht. Hier sind in gewohnter Weise auf beiden Seiten Werkzeugkästen untergebracht, die zwischen sich einen angemessenen Raum für das Aufschaufeln der Kohle freilassen. Der hohe Kohlenbehälter gab die Möglichkeit, vor seiner Vorderwand besondere Schränkchen für Kleider und sonstige persönliche Bedarfsgegenstände der Lokomotivmannschaft auf den Werkzeugkästen aufzustellen.

Der Wasserkasten ist im Innern durch Kreuzstreben aus Winkeleisen und durch Querzüge aus Blech reichlich versteift; die Verstrebungen sind über die Länge des Kastens möglichst gleichmäßig verteilt. Die Querzüge aus Blech sind in ihrer Höhenlage über dem Boden verschieden und zwar derart angeordnet, daß sie die Stöße des beim Bremsen vor- oder rückwärts drängenden Wassers mildern. Der Wasserstandsanzeiger hat die übliche Form mit Hebel und Schwimmer. Welle und Zeiger liegen in der Längsrichtung des Tenders; die Anzeigetafel befindet sich unterhalb des linksseitigen vorderen Werkzeugkastens.

Um auch bei niedrigerem Wasserstande im Tender Wirbelungen im Abflußrohr zu verhindern und das dadurch etwa bedingte Mitreißen von Luft zu vermeiden, sind an den beiden Entnahmestellen am Boden des Wasserbehälters besondere Wasserkästen vorgesehen, auf deren Boden die Abschlußventile ruhen.

Am Rahmen ist der Wasserkasten derart befestigt, daß er nach Lösen einer beschränkten Anzahl Schrauben als Ganzes frei von ihm abgehoben werden kann.

Hinter dem Wasserkasten sitzt auf dem Rahmen ein geräumiger Werkzeugkasten; seitlich unter dem Wasserkasten sind Behälter für Kleider untergebracht und Halter für die beiden Lokomotivwinden angeordnet.

Die Last wird auf die Achsen durch über den geschlossenen Achsbüchsen außerhalb der Rahmen liegende Blattfedern übertragen, die mittels Federgehängeschrauben gelenkig aufgehängt sind. Die Tragfedern haben geschlossene Augen und aufgelegte Rippenplatten. Die Federn der beiden Hinterachsen sind durch Ausgleichhebel verbunden.

Für das Durchfahren enger Krümmungen und der Weiche 1:9 mußte die Mittelachse bei dem Radstande von 4400 mm eine Querverschieblichkeit von 16 mm erhalten.

Die Bremse ist im wesentlichen übereinstimmend mit der Bremse des dreiachsigen Tenders von 12 cbm Wasserinhalt gebaut. Sie wirkt auf sämtliche Räder doppelseitig mit einem durch senkrechte Hebel und durch Dreiecksquerbalken ausgeglichenen Gestänge. Die Bremsklötze sind mit doppelten Hängeeisen aufgehängt. Die Tender erhalten ebenso wie alle neueren Lokomotiven außer der Handbremse Luftdruckbremse.

Die Hauptabmessungen des Tenders sind folgende:

Rauminhalt des Wasserkastens	16,5 cbm
Fassungsvermögen des Kohlenkastens	7000 kg
Raddurchmesser	1000 mm
Gesamtgewicht, leer	21,4 t
,, , betriebsfähig	44,9 t
Größter Raddruck	7,48 t
Gesamtlänge des Tenders zwischen den vorderen Flächen des Zugkastens und den Puffern	7,31 m

b) Vierachsiger Tender mit Wasserbehälter von 21,5 cbm Rauminhalt. Die Hauptabmessungen des in Tafel 17 dargestellten Tenders sind folgende:

Rauminhalt des Wasserkastens	21,5 cbm
Fassungsvermögen des Kohlenkastens	7000 kg
Raddurchmesser, im Laufkreis gemessen	1000 mm
Gesamtgewicht, leer	21960 kg
„ , betriebsfähig	48460 kg
Größter Raddruck	6100 kg
Gesamtradstand	4750 mm
Gesamtlänge des Tenders zwischen den vorderen Flächen des Zugkastens und den Puffern	7290 mm

Das Untergestell mit dem Wasserkasten ruht vermittels vier Kugelzapfen mit Lagern auf zwei Fachwerk-Drehgestellen. Die durch die Gleitstücke der Kugelpfannen begrenzten Seitenausschläge der Drehgestelle ermöglichen ein zwangloses Durchfahren von gekrümmten Gleisen mit Krümmungs-Halbmesser bis herab zu 140 m bei 24 mm Spurerweiterung (Weiche 1:7). Die Verschiebbarkeit der Kugelpfannen beträgt 10 mm nach jeder Seite.

Der Wasserkasten des Tenders ist aus Flußeisenblechen mit Winkel- und T-Eisenverbindungen hergestellt. Zur Versteifung des Kastens dienen gleichmäßig über seine Länge verteilte Kreuzstreben aus Winkeleisen und wagerechte Blechverstrebungen, deren Höhenlage im Wasserraum verschieden bemessen ist, damit sie gleichzeitig als Prellbleche für das Wasser dienen.

Der Wasserkasten, der einschließlich der Aufbauten ein Leergewicht von 5750 kg besitzt, läßt sich vom Rahmenbau abheben, sobald von den acht Befestigungsstellen die Schraubenverbindungen gelöst sind.

Die Wassereinlauföffnung, die 2750 mm über Schienenoberkante liegt, ist am hinteren Ende des Wasserkastens über der Quermitte der Decke angeordnet. Ein Schwimmer mit auf der Heizerseite befindlichem Zeiger gibt den jeweiligen Wasservorrat des Kastens in cbm an.

Zur Erleichterung der Kohlenentnahme ist die Decke des Wasserkastens, die in ihrem vorderen und hinteren Teil wagerecht verläuft, in ihrem mittleren Teil nach vorn geneigt. Als vorderer Abschluß des Kohlenkastens dienen zwei abnehmbare hölzerne Vorsatzbretter.

Der Kohlenaufbau von geringerer Breite als der Wasserkasten sichert bei Rückwärtsfahrt einen guten Ausblick auf die Strecke.

Vor dem Kohlenkasten sind auf dem Wasserkasten rechts und links Werkzeugkasten aufgebaut. Von diesen vier Kasten kann einer für den persönlichen Bedarf der Lokomotivmannschaft frei bleiben.

Außer diesen Behältern sind noch zwei Kleiderkasten unter und ein großer Werkzeugkasten hinter dem Wasserkasten vorhanden.

Das Untergestell besteht aus zwei Längsträgern, der mittleren, hinteren und vorderen Querversteifung, die ebenso wie die Pufferbohle aus U-Eisen gebildet sind.

Die mittlere aus Winkeleisen bestehende Längsverbindung kann eine Zugkraft von 40 t vom Zugkasten zum Angriffspunkt der Zugvorrichtung am hinteren Drehzapfen übertragen.

Die Querstreben vorn und hinten stützen den Zugkasten beziehungsweise die Puffer gegen die Längsträger beziehungsweise hinteren Querverbindungen ab.

Die Kupplungen am vorderen und hinteren Ende des Tenders sind für eine Zugkraft von 40 t berechnet.

Die Stoßfeder der vorderen Kupplung besteht aus 13 Blättern gewöhnlichen Federstahls von 90 × 13 mm Querschnitt und ist im Zugkasten für sich besonders gelagert. Die Einsetzspannung der Stoßfeder beträgt 9000 kg bei einer Pfeilhöhe von 25 mm bis Mitte Auge.

Für das Schmieren der Gleit- und Druckflächen der vorderen Kupplung sind besondere Schmiergefäße vorgesehen.

Die Zugvorrichtung ist unmittelbar über dem Drehzapfen drehbar gelagert. Der Zughaken kann in seiner Führung 62 mm nach jeder Seite in Krümmungen ausschlagen. Die beiden Pufferfedern sind für eine Druckkraft von 12 t berechnet.

Über dem Zugkasten ist als Stand für die Lokomotivmannschaft ein Aufbau vorgesehen, der mit dem Holzbohlenbelag im Führerhaus bündig liegt.

Der Drehgestellrahmen besteht aus einer oberen und unteren Gurtung und einer Strebe, die sämtlich Flacheisenform haben. Gurtungen und Strebe sind vorn und hinten an den Achsbüchsen befestigt und werden in der Mitte durch einen Stahlgußkasten zusammengehalten.

An diesem Kasten sind außerdem die Querträgerbleche befestigt, zwischen denen die Federn mit einer Federstützplatte auf den Federbügeln ruhend angeordnet sind.

Diese Federstützplatten können bei stark abgenützten Radreifen gegen stärkere Platten ausgewechselt werden, damit die vorgeschriebene Pufferhöhe nicht unterschritten wird.

Zu jedem Drehgestell gehören vier Doppelfedern aus gewöhnlichem Federstahl mit je sieben Lagen für eine einfache Feder und 90 × 13 mm Querschnitt. Auf diesen Federn ruht ein Tragbalken aus Z-Eisen, an dem unmittelbar über den Federn die Gleitplatten für die Kugelpfannen angeordnet sind. In der Mitte des Tragbalkens ist der Drehzapfen gelagert.

Die Drehgestelle sind bei den Achsbüchsen durch Ketten mit den Längsträgern des Hauptrahmens verbunden, damit bei einer Entgleisung das Drehgestell keine Querstellung zur Längsrichtung des Tenders einnehmen kann.

Sämtliche Achsen sind einseitig gebremst. Das Bremsen des Tenders kann sowohl durch Luftdruck als auch von Hand mittels Wurfhebel erfolgen. Das Übersetzungsverhältnis der Luftdruckbremse nach der Bauart Westinghouse oder Knorr beträgt 1:8,236. Der Gesamt-Bremsklotzdruck beträgt bei Verwendung der Luftdruckbremse 24074 kg = rund 66,5 % des 36210 kg betragenden Gesamtgewichts des mit halben Wasser- und Kohlenvorräten ausgerüsteten Tenders.

Die Befestigung des Bremszylinders an der mittleren Querversteifung wird bei der Verwendung der Doppelausgleichhebel durch den Bremszylinderdruck nicht beansprucht.

Die Nachstellung der Bremse erfolgt zuerst durch Verkürzung der Zugstangen an den Doppelhebeln der Bremszylinder. Bei weiterer Abnutzung werden diese Löcher wieder zurückgesteckt und die Druckstange unter den Drehgestellen um ein Loch verlängert.

Der Tender ist mit Dampfheizleitung und Gasbeleuchtungseinrichtung Bauart Pintsch versehen. Der Gasbehälter von 305 Liter Rauminhalt ist auf der Decke des hinteren Werkzeugkastens angebracht.

c) Vierachsiger Tender mit Wasserbehälter von 31,5 cbm Rauminhalt. Dieser Tender wird mit einseitiger und doppelseitiger Bremsklotzanordnung mit 12 und 14″ Bremszylindern gebaut.

Seine Hauptabmessungen sind folgende:

Rauminhalt des Wasserkastens	31,5 cbm
Fassungsvermögen des Kohlenkastens	7000 kg
Raddurchmesser, im Laufkreis gemessen	1000 mm

Die Tender der Preußischen Staatseisenbahn-Verwaltung. 457

Gesamtgewicht, leer	28710 kg
,, , betriebsfähig	67210 kg
Größter Raddruck	8450 kg
Gesamtradstand	5600 mm
Gesämtlange des Tenders zwischen den vorderen Flächen des Zugkastens und den Puffern	8650 mm

Abb. 550. Vierachsiger Tender der preußischen Staatsbahnen.

Die Bauart des in Abb. 550 dargestellten Tenders entspricht vollkommen der des 21,5-cbm-Tenders, jedoch gemäß der höheren Belastung ruht jedes Drehgestell auf vier Doppelfedern aus Sonderstahl von acht Lagen mit 90×13 mm Querschnitt.

Bei der einseitigen Bremsklotzanordnung ist bei einem Übersetzungsverhältnis von 1:10,4 der gesamte Klotzdruck 30,4 t, das sind $67,8^0/_0$ des Gesamtgewichts mit halben Vorräten, bei der doppelseitigen Bremsklotzanordnung sind die entsprechenden Werte 1:8,55, 33,80 t = $70,5^0/_0$.

Abb. 550 zeigt die neueste Ausführung des Tenders mit Schnellbahnverbundbremse. Die zweiseitige Bremsklotzanordnung, die wegen der hohen Abbremsung erforderlich ist, machte eine erhebliche Änderung des Drehgestells gegenüber der in Tafel 17 dargestellten Ausführung notwendig. Infolge der erhöhten, nicht abgefederten Gewichte wurde eine Abfederung des Drehgestellrahmens erforderlich, wie aus der Abb. 549 ersichtlich ist.

Achter Abschnitt.

Bemerkenswerte neuere Heißdampflokomotiven verschiedener Eisenbahn-Verwaltungen
(ausgerüstet mit Schmidtschen Rauchrohr- und Kleinrauchrohr-Überhitzern).

1. 2 B-Heißdampf-Zwilling-Personenzuglokomotive der Paulista-Eisenbahn-Gesellschaft.

Gebaut von A. Borsig, Berlin-Tegel.

Abb. 551 und Tafel 18 stellen eine von A. Borsig im Jahre 1911 für die Paulista-Eisenbahn-Gesellschaft in Südamerika gebaute 2 B-Heißdampf-Personenzuglokomotive für 1600 mm Spurweite dar. Der Oberbau der Bahnen dieser Gesellschaft gestattete Achsdrücke von rund 19 t. Die großen Vorzüge höherer Achsdrücke kommen bei dieser Lokomotive deutlich zum Vorschein. Sie sind gekennzeichnet durch hohe Anzugkraft infolge des großen zur Verfügung stehenden Reibungsgewichtes, ferner durch große Kesselleistung, da die hohe Achsbelastung zur Unterbringung eines reichlich bemessenen Kessels ausgenützt werden kann, wodurch der Bau einer verhältnismäßig einfachen und trotzdem sehr leistungsfähigen Lokomotive ermöglicht wird.

Als größte Dauerleistung war von der Paulista-Eisenbahn-Gesellschaft verlangt die Beförderung eines Personenzuges im Gewichte von 300 t auf einer Steigung von $20^0/_{00}$ mit einer Fahrgeschwindigkeit von 40 km/st. Rechnet man das Dienstgewicht von Lokomotive und Tender zu $G_1 = 104$ t, so ergibt sich für den Widerstand bei der gewünschten Fahrgeschwindigkeit in der Steigung

$$W_1 = \left(2{,}5 + \frac{V^2}{1500} + s^0/_{00}\right) \cdot G_1 = \left(2{,}5 + \frac{V^2}{1500} + 20\right) \cdot 104 = 2451 \text{ kg}.$$

Der Widerstand W_2 des Wagenzuges G_2 beträgt unter den gleichen Verhältnissen

$$W_2 = \left(2{,}5 + \frac{V^2}{3500} + s^0/_{00}\right) = \left(2{,}5 + \frac{V^2}{3500} + 20\right) \cdot 300 = 6886 \text{ kg}.$$

Der Gesamtwiderstand errechnet sich also zu 9337 kg. Mit einer Reibungszahl von $\mu = \frac{1}{4}$ würde das Reibungsgewicht gerade ausreichen, um auf trockenen Schienen das verlangte Wagengewicht mit 40 km/st Fahrgeschwindigkeit eine Steigung von $20^0/_{00}$ hinaufzuschleppen.

Aber auch die Kesselabmessungen ermöglichen die gewünschte Leistung. Der Rost ist mit 3,1 qm ausgeführt. Bei einer stündlichen Verbrennung von $B = 600$ kg/qm Kohle auf der Steigung und einem Kohlenverbrauch, der bei den Heißdampflokomotiven erfahrungsgemäß bei den niedrigen Geschwindigkeiten $k = 1{,}21$ kg/PS$_i$-st beträgt, liefert der Kessel

$$N_i = \frac{R \cdot B}{K} = \frac{3{,}1 \cdot 600}{1{,}21}$$
$$= 1535\, \text{PS}_i,$$

wohingegen der Gesamtwiderstand von 9337 kg am Triebradumfang einer Leistung entspricht:

$$N_e = \frac{9337 \cdot V}{270} = \frac{9337 \cdot 40}{270}$$
$$= 1385\, \text{PS}_e,$$

so daß zur Deckung der Triebwerksverluste noch 150 PS verbleiben.

Für die Bemessung der Zylinderdurchmesser war von wesentlicher Bedeutung, daß die größte Zugkraft am Triebradumfang mit einem Diagramm ermöglicht werden sollte, dessen mittlerer Druck etwa 0,65 des Kesseldrucks, also rund 7,8 kg/qcm betragen sollte; aus der Gleichung $Z = C_1 p_m$ $= \frac{d^2 s}{D}$ kann nunmehr, da die Zugkraft Z_t mit rund 9500 kg, ferner $p_m = 7{,}8$ kg/qcm bekannt ist, während die Durchmesser der Triebräder mit 1676 mm festgelegt sind, die Größe der Zylinderdurchmesser errechnet werden. Diese ist

$$d^2 = \frac{Z \cdot D}{s \cdot p_m} = \frac{9500 \cdot 1676}{64 \cdot 7{,}8}$$
$$= \text{rd. } 3100\, \text{qcm}$$

und hieraus folgt

$$d = \sqrt{3100} = \text{rd. } 56\, \text{cm}.$$

Die Zugkraftcharakteristik C_1 wird damit

$$C_1 = \frac{d^2 \cdot s}{D} = \frac{56^2 \cdot 64}{167{,}6}$$
$$= \text{rd. } 1200.$$

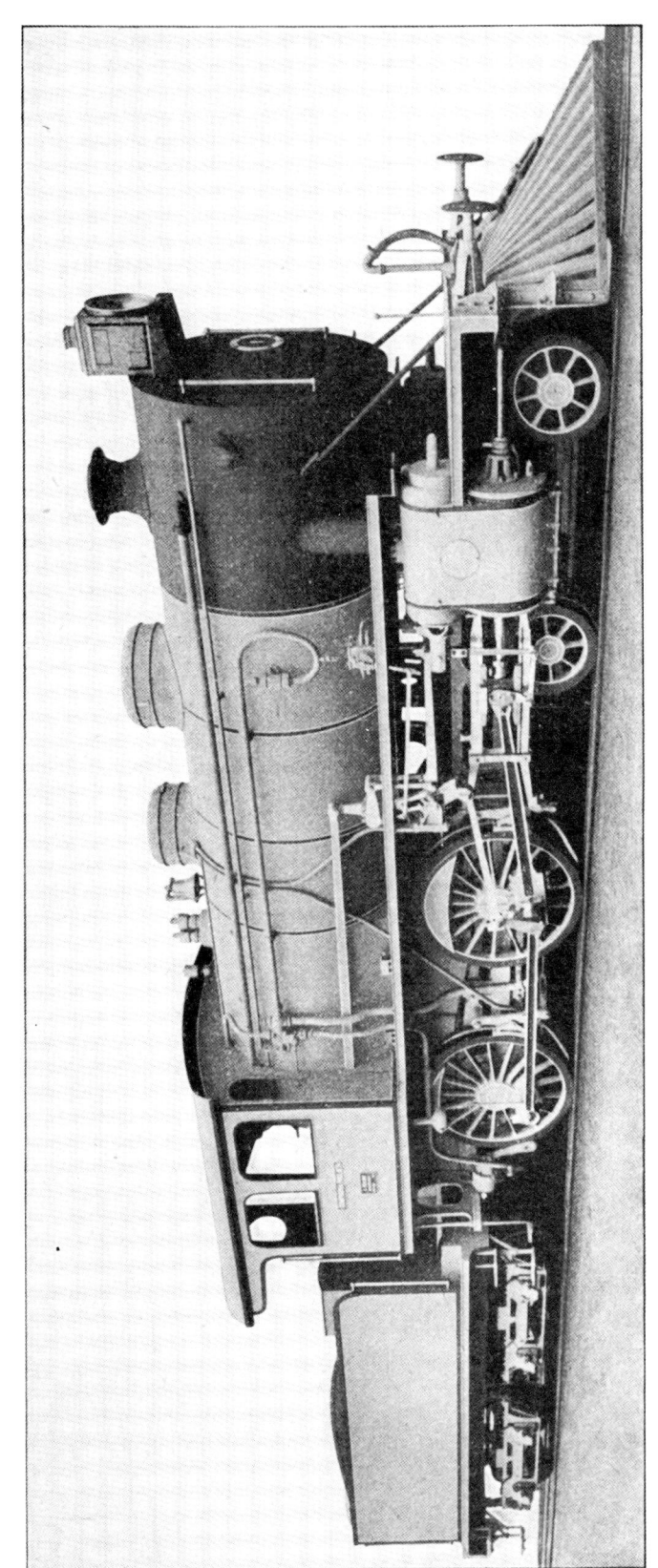

Abb. 551. 2 B-Heißdampf-Schnellzuglokomotive der Paulista-Eisenbahn-Gesellschaft.

Sie ist also für eine 2 B-Lokomotive verhältnismäßig groß und ermöglicht entsprechend große Zugkräfte. Bei Füllungen von etwa 20% kann die Lokomotive entsprechend einem mittleren Dampfdruck $p_m = 3{,}6$ kg/qcm Zugkräfte ausüben, die sich errechnen zu
$$Z = C_1 \cdot p_m = 1200 \cdot 3{,}6 = 4320 \text{ kg.}$$

Der Kessel leistet bei einer mittleren Rostanstrengung von 500 kg/qm rund 1400 PS. Die Geschwindigkeit, bei der die Lokomotive bis zur Kesselleistungsgrenze beansprucht wird, sofern sie die günstigsten Zugkräfte von 4320 kg ausübt, ist demnach
$$V = \frac{N_i \cdot 270}{Z_i} = \frac{1400 \cdot 270}{4320} = 87 \text{ km/st.}$$

Mit Hilfe der im zweiten Abschnitt angegebenen Widerstandsformeln läßt sich nachweisen, daß diese Leistung der Beförderung eines Wagenzuges von 900 t Wagengewicht bei Einhaltung einer Fahrgeschwindigkeit von 87 km/st in der Ebene entspricht.

Die Leistungen der 2 B-Paulista-Lokomotive sind also sehr beträchtlich und dürften die größten Werte darstellen, die von einer nur zweifach gekuppelten Heißdampflokomotive erreicht werden können. Sie zeigen aber deutlich, in wie großem Umfange die Leistungsfähigkeit der zweigekuppelten Lokomotive durch die Erhöhung der zulässigen Achsdrücke und die damit gegebene Anwendungsmöglichkeit größerer Kessel gesteigert werden kann.

Die Hauptabmessungen der Lokomotive sind folgende:

Zylinderdurchmesser	560 mm
Kolbenhub	640 mm
Triebraddurchmesser	1676 mm
Fester Radstand	2600 mm
Gesamtradstand	7500 mm
Dampfdruck	12 Atm.
Heizfläche	179,9 qm
Überhitzerheizfläche	50,1 qm
Gesamtheizfläche	230,0 qm
Rostfläche	3,1 qm
Leergewicht	56400 kg
Dienstgewicht	64400 kg
Reibungsgewicht	38400 kg
Spurweite	1600 mm

Die Feuerbüchse ist, wie bei amerikanischen Lokomotiven allgemein üblich, aus Flußeisen hergestellt. Den großen an die Lokomotive zu stellenden Anforderungen entsprechend ist der Rost mit 3,1 qm ausgeführt bei einer Breite von 1,28 m und einer Länge von 2,6 m. Die zur Verbindung der Feuerbüchse mit dem Stehkessel dienenden Stehbolzen sind ebenfalls aus Flußeisen hergestellt. Sie haben einen Schaftdurchmesser von 21 mm. Ihre Teilung schwankt in den Grenzen von 86—95 mm. Von den flußeisernen Deckenankern sind die beiden vorderen Reihen beweglich angeordnet.

Der Rundkessel besteht aus zwei Blechschüssen, die durch Überlappungsnietung miteinander verbunden sind. Die Blechstärke beträgt 17 mm, dis Längsnähte des Kessels sind mit Innen- und Außenlaschen vernietet.

In dem Langkessel befinden sich 218 nahtlos gezogene Siederohre von 45/50 mm Durchmesser, zur Unterbringung des dreireihigen Schmidtschen Rauchrohrüberhitzers sind 30 Rauchrohre von 125/133 mm Durchmesser angeordnet. Die Überhitzerrohre sind an dem Dampfsammelkasten mit wagerechten Flanschen befestigt.

Der Dampfdom hat einen Durchmesser von 740 mm. In seinem Inneren ist ein Ventilregler untergebracht. Das Überschreiten des zulässigen höchsten Dampfdruckes verhüten zwei Pop-Sicherheitsventile. Mit dem Kessel ist die Rauchkammer durch Überlappungsnietung vereinigt. Bei einer Länge von 1780 mm ist sie sehr geräumig ausgestaltet, so daß eine gleichmäßige Feueranfachung gewährleistet ist.

An Ausrüstungsgegenständen besitzt der Kessel noch zwei Wasserstände und zwei Nathan-Dampfstrahlpumpen.

Auf eine feste Verbindung des Kessels mit dem Rahmen ist großes Gewicht gelegt. Im vorderen Teile wird die Kessellast durch einen Kastenträger aufgenommen, der sich über den größten Teil der Rauchkammer erstreckt. Die Rauchkammer selbst ist durch zwei Rundstangen gegen die vordere Pufferbohle abgestützt. Vor der vorderen Triebachse ist ein zwischen den Rahmenplatten sitzendes federndes Blech angeordnet, das den Kessel unterstützt. An der Feuerbüchse ist für die bewegliche Verbindung des Kessels mit dem Rahmen durch Klammern gesorgt, die ein Abheben des Kessels verhüten.

Der Rahmen ist, den Wünschen der Paulista-Eisenbahn-Gesellschaft entsprechend, als Barrenrahmen ausgeführt. Da die in Amerika übliche Herstellung dieser Rahmenart durch Schweißen zu häufigen Brüchen Veranlassung gibt, so sind die Hauptrahmenbleche dieser Lokomotive aus gewalzten Platten von 100 mm Stärke hergestellt und die erforderlichen Ausschnitte autogen herausgeschnitten worden.

Für eine ausreichende Querversteifung sorgen die vordere Pufferbohle und ein zwischen den beiden Zylindern angeordneter, aus Winkeln und Platten hergestellter und mit dem Rahmen verschraubter Kasten, ferner eine vor der vorderen Kuppelachse befindliche Verstrebung und der hintere Zugkasten.

Vom Rahmen wird die Last durch die Federn auf die Achsen übertragen. Bemerkenswert ist die Anordnung der Blattfeder zwischen den beiden Kuppelachsen. Diese ist in einem Ausschnitt des Rahmens gelagert. Hierdurch soll bei Federbrüchen ein Herunterfallen der Feder auf die Schienen und damit die Herbeiführung von Unfällen verhütet werden. Vor und hinter den beiden Kuppelachsen sind Wickelfedern angeordnet, die durch Hebel mit den Achsen und der Blattfeder in Verbindung stehen. Der Radstand des Drehgestells beträgt 2,2 m. Die Laufachsen haben Räder von 850 mm Durchmesser. Der Zapfen des Drehgestells befindet sich in der Mitte zwischen den beiden Achsen; er gestattet seitliche Ausschläge bis zu 50 mm nach beiden Seiten.

Die Achsschenkel der Triebräder haben bei einer Länge von 305 mm einen Durchmesser von 230 mm. Der Triebzapfen ist 170 mm lang und mißt im Durchmesser 165 mm, die Kuppelzapfen sind 110 mm lang und haben einen Durchmesser von 100 mm. Bemerkenswert ist die Art des Antriebs, die von der in Europa üblichen abweicht. Die Triebstange kreist in einer Ebene neben den Triebrädern, während die Kuppelstangen außen angeordnet sind.

Die Köpfe der Triebstangen sind nach Vorschrift der Paulista-Eisenbahn-Gesellschaft offen ausgeführt. Die Kuppelstangenköpfe erhielten eingepreßte Lager. Die Kreuzköpfe sind doppelschienig geführt. Die 70 mm starke Kolbenstange ist durch den vorderen Zylinderdeckel hindurchgeführt und hat vorn eine nachstellbare Lagerung. Die Zylinder sind in der für Heißdampf üblichen bewährten Bauart Schmidt ausgeführt. Die Dampfverteilung besorgen Hochwaldkolbenschieber mit einem Durchmesser von 200 mm, die von einer außenliegenden Walschaertsteuerung angetrieben werden.

An besonderen Einrichtungen besitzt die Lokomotive vereinigte Dampf- und Luftsaugebremse, die derart eingerichtet ist, daß die Lokomotive und der zugehörige Tender durch die Dampfbremse beeinflußt werden, während auf den Wagenzug die Saugebremse einwirkt. Die Lokomotivbremszylinder sind zu beiden Seiten des

Führerhauses unterhalb der Plattform angebracht. Die Lokomotive ist ferner ausgerüstet mit einem Geschwindigkeitsmesser von Hasler, mit einer Schmierpresse von Friedmann und einer Azetylen-Kopflaterne. In Rücksicht auf die eigenartigen Verhältnisse der in Frage kommenden Bahn ist das Führerhaus besonders bequem ausgestattet.

2. 2B-Heißdampf-Zwilling-Schnellzuglokomotive der Holländischen Eisenbahn-Gesellschaft.

Gebaut von der Berliner Maschinenbau-Aktiengesellschaft vormals L. Schwartzkopff.

Die in Abb. 552 und Tafel 19 dargestellte Lokomotive hat folgende Hauptabmessungen:

Lokomotive:

Zylinderdurchmesser	530 mm
Kolbenhub	660 mm
Triebraddurchmesser	2100 mm
Fester Radstand	3300 mm
Gesamter Radstand	7900 mm
Dampfüberdruck	12,4 kg/qcm
Rostfläche	2,4 qm
Heizfläche der Feuerbüchse	12,0 qm
Heizfläche der Rohre	108,8 qm
Heizfläche des Kessels	120,8 qm
Heizfläche des Überhitzers	40,0 qm
Leergewicht	53,6 t
Dienstgewicht	59,3 t
Reibungsgewicht	34,2 t

Tender:

Raddurchmesser	1105 mm
Radstand	4000 mm
Wasservorrat	19,0 cbm
Kohlenvorrat	6000 kg
Leergewicht	18,5 t
Dienstgewicht	43,5 t
Spurweite	1435 mm

Das Drehgestell kann sich nach jeder Seite um 40 mm verschieben. Die Spurkränze der vorderen Triebachse sind um 7 mm schwächer gedreht; hierdurch wird ein Durchfahren von Krümmungen bis 100 m Halbmesser ermöglicht.

Der Kessel zeigt die übliche Bauart. Die zwischen den Rahmen liegende Feuerbüchse hat eine runde Decke, die Rückwand ist nach vorn geneigt; die Vorderwand ist tief herabgezogen. Die kupferne Feuerbüchse enthält ein Feuergewölbe aus Schamottesteinen. Im Rundkessel befinden sich 137 Siederohre aus Schweißeisen von 41/46 mm Durchmesser und 4200 mm Länge, sowie 21 große Rauchrohre von 125/133 mm Durchmesser zur Aufnahme der Überhitzerelemente. Der Rauchrohr-Überhitzer wird gebildet aus 21 Elementen, jedes bestehend aus vier nahtlos gezogenen, mit angeschweißten Umkehrenden versehenen Eisenrohren von 32/40 mm Durchmesser. Die vorderen Enden der Überhitzerrohre münden von unten in einen an der Rauchkammer-Rohrwand befestigten Dampfsammelkasten, von wo der überhitzte Dampf nach den Zylindern geleitet wird.

Im Dampfdom ist ein Regler Bauart Zara untergebracht. An Armaturen sind zu erwähnen: zwei Pop-Sicherheitsventile von 85 mm Durchgang, zwei Wasserstände Bauart Dewrance, zwei Gresham-Dampfstrahlpumpen, sowie die sonst üb-

2 B-Heißdampf-Zwilling-Schnellzuglokomotive der Holländischen Eisenbahn-Gesellschaft. 463

Abb. 552. 2 B-Heißdampf-Schnellzuglokomotive der Holländischen Eisenbahn-Gesellschaft.

lichen Dampfentnahmehähne, Manometer und Fernthermometer. Die Kesselverkleidung besteht aus Eisenblechen, auf deren Innenseite Filztafeln zum Schutz gegen Wärmeausstrahlung befestigt sind. Der Rost ist nach vorn geneigt und besteht aus gußeisernen Stäben, die auf walzenförmigen Trägern gelagert sind. Das Ausströmrohr in der Rauchkammer hat ein festes Mundstück, zwischen diesem und dem Schornstein befindet sich ein korbartiges Funkensieb von besonders vorgeschriebener Form.

Der Kessel ist vorn mit dem Zylindersattel verschraubt, die Feuerbüchse stützt sich mit Gleitstücken seitlich auf die Rahmen und wird hinten durch ein Schlingerstück geführt.

Der Rahmen besteht aus zwei Blechen von 32 mm Stärke. Sie werden durch die vordere Pufferbohle, die innenliegenden Zylinder, den Gleitstangenträger aus Stahlguß, zwei Stahlgußverstrebungen vor und hinter der Feuerbuchse und den hinteren Zugkasten aus Stahlguß verbunden. Das Drehgestell ist nach der bekannten Bauart der preußischen Staatsbahnen ausgeführt. Die Tragfedern der Trieb- und Kuppelachsen sind nicht durch Ausgleichhebel miteinander verbunden.

Die Zylinder und das Triebwerk befinden sich innerhalb der Rahmen. Die beiden Zylinder sind aus einem Stück gegossen und bilden oben einen Sattel für die Aufnahme des Kessels.

Die Kolben haben drei Ringe, die Stangen sind vorn geführt, die Stopfbuchsen sind nach der Bauart Schmidt gebaut. Die Hochwald-Kolbenschieber werden durch eine Walschaertsteuerung bewegt, die ihren Antrieb durch zwei auf der Triebachse befestigte Exzenterscheiben erhalten. Die Kurbelarme der Kropfachse sind nach der Bauart Frémont ausgespart. Die Zylinderablaßventile sind mit je einem Sicherheitsventil zusammengebaut und werden durch einen an der Feuerbüchs-Rückwand befindlichen Hahn mittels Dampf betätigt. Auf den Schieberkästen sind Luftsauge- und Sicherheitsventile vorgesehen. Die Zylinder, Schieberkästen und Einströmrohre sind durch Asbestmatten gegen Abkühlung geschützt. Die Achsbuchsen sind mit sogenannten Unterlagern versehen, wodurch eine größere Tragfläche für die wagerechten Drucke erhalten wird.

Die selbsttätige Westinghouse-Bremse wirkt nur auf die Vorderseite der vier gekuppelten Räder. Die Schmierung der Kolben und Schieber erfolgt durch eine dreifache Schmierpumpe Bauart Michalk.

An sonstigen Ausrüstungsteilen sind noch zu erwähnen: Ein Dampfsandstreuer Bauart Holt & Gresham, die Sandbehälter befinden sich unter dem Trittblech vor der Triebachse; ein Flüssigkeits-Geschwindigkeitsmesser Bauart Stroudley und eine Dampfheizvorrichtung mit Druckverminderungsventil.

Das Dach des Führerhauses hat innen eine Verschalung aus dreifach geleimtem Holz.

Der Tender ruht auf drei Achsen; die Tragfedern sind unabhängig voneinander über den Achsen angeordnet. Die 22 mm starken Rahmenplatten sind durch kräftige Querverbindungen miteinander verbunden. Der vordere Zugkasten ist aus Stahlguß hergestellt. Der hintere Zughaken ist mit einer Reibungsvorrichtung Bauart Westinghouse ausgestattet. Der Wasserkasten ist aus verzinkten Eisenblechen zusammengesetzt; die nach vorn geneigte Decke bildet den Boden für den Kohlenraum.

Die drei Achsen werden einseitig durch die mit einer Handbremse zusammengesetzte Westinghouse-Bremse gebremst. Die Hängeeisen der beiden hinteren Bremsklötze sind nach unten verlängert und dienen so gleichzeitig als Bahnräumer.

Die Lokomotive vermag einen Zug von 12 vierachsigen Wagen im Gewichte von rund 400 t auch bei weniger günstigem Wetter auf Strecken von 200 km Länge, ohne Wasser einzunehmen, mit einer Geschwindigkeit von durchschnittlich 90 km/st zu befördern.

3. 2 C - Heißdampf-Zwilling-Schnellzuglokomotive der Nord-Brabant-Deutschen Eisenbahngesellschaft.

Gebaut von der Hohenzollern Aktiengesellschaft für Lokomotivbau in Düsseldorf.

Die in Abb. 553 dargestellte Lokomotive ist aus einer im Jahre 1908 erstmalig von der Firma Beyer, Peacock & Co. in Manchester gebauten 2 C - Naßdampflokomotive hervorgegangen. Bei Gelegenheit der Erneuerung eines gebrochenen Zylinders wurde in den Kessel ein Kleinrauchrohr-Überhitzer von Schmidt eingebaut. Von den vorhandenen 228 Siederohren von 43/48 mm Durchmesser wurden 178 Stück mit Überhitzerrohren besetzt. Die an den Umkehrenden geschweißten Überhitzerrohre von 10/15 mm Durchmesser reichen bis 600 mm an die Feuerbüchse heran und münden in zwei seitlich angeordneten Sammelkästen, die am Rauchkammermantel befestigt sind.

Da die Naßdampflokomotive mit Flachschiebern ausgerüstet war und an der für Außeneinströmung eingerichteten Steuerung nichts geändert werden sollte, andererseits aber für Heißdampf-Inneneinströmung zur Schonung der Stopfbüchsen nötig ist, so wurde der sogenannte E-Schieber, Abb. 554[1]), für die Heißdampfzylinder vorgesehen, bei dem, wie aus der Darstellung ohne weiteres hervorgeht, Inneneinströmung unter Beibehaltung der Bewegungsrichtung wie für Außeneinströmung erfolgt. Die Schieber haben 220 mm Durchmesser und sind zur Abdichtung mit acht schmalen federnden Ringen von 6 mm Breite und 8 mm Höhe versehen.

Bemerkt soll noch werden, daß die Zylinderdurchmesser von 482 mm auf 510 mm, soweit es der zur Verfügung stehende Raum zwischen den Rahmen zuließ, vergrößert wurden.

Die mit der Lokomotive auf Grund der Probefahrten erzielten günstigen Ergebnisse bezüglich des Kohlen- und Wasserverbrauchs veranlaßten die genannte Bahnverwaltung, weitere Heißdampflokomotiven derselben Bauart zu beschaffen. Die neuen Lokomotiven erhielten jedoch den gewöhnlichen Rauchrohr-Überhitzer von Schmidt mit 3 × 7 Rohren.

Steuerung, Zylinder und Triebwerk der in

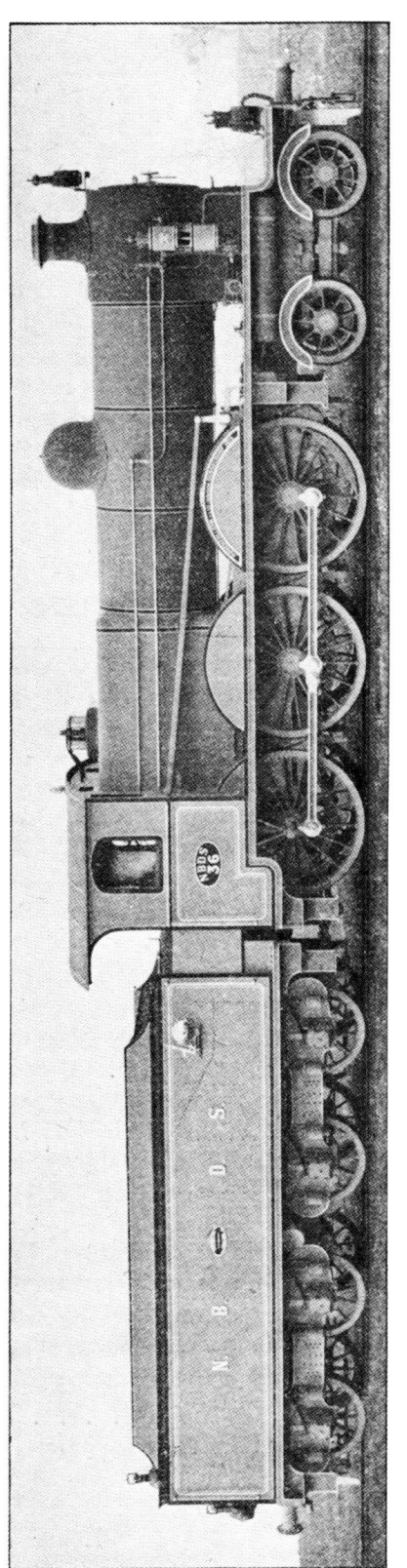

---

[1]) Eine Abhandlung über den E-Schieber ist in Z. d. V. D. Ing. 1914 S. 695 u. f. gegeben.

Abb. 553. 2 C-Heißdampf-Schnellzuglokomotive der Nord-Brabant-Deutschen Eisenbahngesellschaft.

Abb. 553 dargestellten Lokomotive sind dieselben geblieben, wie bei der umgebauten Naßdampflokomotive.

Die Kesselmitte des aus drei nach vorn zu verjüngten Schüssen bestehenden Langkessels liegt 2743 mm über Schienenoberkante, der größte Kesseldurchmesser beträgt 1426 mm, die Blechstärke ist bei 13,4 Atm. Kesseldruck zu 17 mm angenommen. Die Rauchkammer ist durch einen Winkelringflansch auf einen größeren Durchmesser gebracht, die vordere Rohrwand ist nach englischen Vorbildern heruntergezogen und mit dem Zylindergußstück verbunden.

Die Feuerbüchse ist nach der Bauart Belpaire mit senkrechter Vorder- und Rückwand ausgebildet, der 2,59 qm große Rost liegt wagerecht und ist in zwei Felder geteilt. Die 2745 mm lange äußere Feuerbüchse liegt über der letzten Kuppelachse, die mittlere Kuppelachse überragt sie um 571 mm, die Ausbildung des Aschkastens wird durch diese Lage ungünstig beeinflußt. Der Grundring ist vorn 88, im übrigen 76 mm breit. Bei 25,5 mm starken Rahmenblechen und 1270 mm Entfernung der beiden Rahmenbleche voneinander ließ sich dabei eine Rostbreite von 1031 mm erreichen. Vor dem Kreuzkopfführungsträger sind des Drehgestells wegen die Rahmenbleche etwas eingezogen. Die unter 1:24 geneigt liegenden Dampfzylinder sind nicht als Sattel ausgebildet, sondern mit wagerechten Flanschen mit der Rauchkammerrohrwand verschraubt.

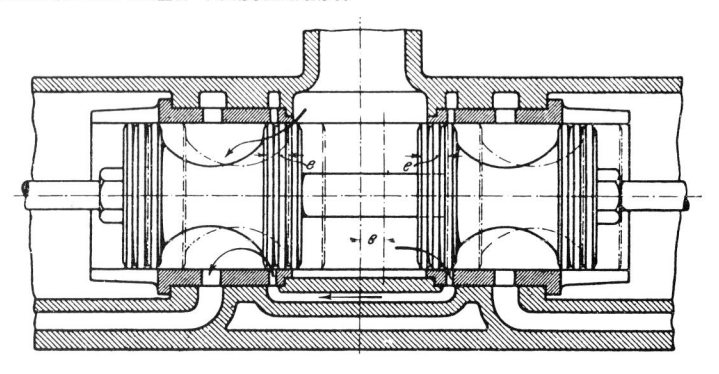

Abb. 554. E-Schieber.

Die Kreuzkopfführungen sind nach englischer Bauweise mit vier Linealen ausgeführt. Die Ausströmstutzen des Schieberkastens sind durch ein Hosenrohr an das Blasrohr angeschlossen. Der zylindrische, in die Rauchkammer hineinragende Schornstein ist von einem Mantel umkleidet. Die Rauchkammer ist in Höhe des Überhitzerkastens durch ein wagerechtes Blech abgeschlossen, an das sich nach dem Blasrohr zu der Funkenfänger anschließt.

Der Tender der Lokomotive ist vierachsig und faßt 20 cbm Wasser und 8,4 t Kohle.

Die Bremsung erfolgt durch Westinghouse-Bremse. Die Lokomotive ist ausgerüstet mit einem Sandstreuer Bauart Gresham, Geschwindigkeitsmesser von Hasler, einer Schmierpresse von Wakefield. Als Regler wird ein Ventilregler von Schmidt & Wagner angewandt.

Die Hauptabmessungen der Lokomotive sind folgende:

Zylinderdurchmesser	510 mm
Kolbenhub	666 mm
Laufrad-Durchmesser	1026 mm
Triebrad-Durchmesser	1981 mm
Heizflächen: Feuerbüchse	13,5 qm
Rohre	104,7 qm
zusammen	118,2 qm

Überhitzerheizfläche	36,5 qm
Rauchrohre, Anzahl	21
„ Durchmesser	125/133 mm
Siederohre, Anzahl	112
„ Durchmesser	43/48 mm
„ Länge	4080 mm
Dampfdruck	13,4 Atm.
Rostfläche	2,59 qm
Leergewicht	56,1 t
Reibungsgewicht	43 t
Dienstgewicht	61,6 t
Tender:	
Wasser	20 cbm
Kohle	8,4 t
Leergewicht	24 t
Dienstgewicht	51 t
Gesamtes Dienstgewicht von Lokomotive und Tender	112,6 t
Gesamte Länge von Lokomotive und Tender zwischen den Puffern gemessen	19286 mm
Gesamtradstand von Lokomotive und Tender	16406 mm

4. 2 C-Heißdampf-Zwilling-Schnellzuglokomotive der dänischen Staatsbahnen.

Gebaut von A. Borsig, Berlin-Tegel.

Die dänischen Staatsbahnen begannen mit der Einstellung von Heißdampflokomotiven im Jahre 1908. Die ersten Lokomotiven dieser Art waren 1 C-Güterzuglokomotiven, die von der Berliner Maschinenbau-Aktiengesellschaft vormals L. Schwartzkopff geliefert wurden. Auf die Eigenart des Heißdampfes war bei dieser Bauart wenig Rücksicht genommen. Sämtliche Hauptabmessungen der gleichartigen, im Jahre 1902 entworfenen 1 C-Naßdampf-Güterzuglokomotive waren beibehalten, nur war in den Kessel ein Überhitzer von 22,43 qm Heizfläche eingebaut. Große Erfolge scheint diese erste 1 C-Heißdampflokomotive nicht erzielt zu haben, was bei den viel zu kleinen Zylindern von 430 mm Durchmesser bei Triebrädern von 1404 mm Durchmesser auch nicht zu erwarten war. Im Jahre 1909 wurde eine neue, verstärkte 1 C-Naßdampf-Güterzuglokomotive entworfen.

Für den Schnellzugdienst waren schon im Jahre 1905/06 vierzylindrige 2 B 1-Schnellzug-Verbundlokomotiven in Dienst gestellt worden. Die weitere Zunahme der Zuglasten zwang auch hier, für gewisse Strecken zur dreifach gekuppelten Lokomotive überzugehen. Der Entwurf dieser 2 C-Heißdampflokomotive erfolgte durch die Firma A. Borsig, Berlin-Tegel, in Gemeinschaft mit der Generaldirektion der dänischen Staatsbahnen. Zur Anwendung kam nun wieder die einfache Zwillingslokomotive mit Schmidtschem Überhitzer. Nachdem sich die im Jahre 1912 in Auftrag gegebenen zwei Probelokomotiven gut bewährt hatten, erfolgte eine Nachbestellung auf 10 Lokomotiven gleicher Bauart.

Die Hauptabmessungen der in Abb. 555 und Tafel 20 dargestellten Lokomotive sind folgende:

Zylinderdurchmesser	570 mm
Kolbenhub	670 mm
Laufraddurchmesser	1054 mm
Triebraddurchmesser	1866 mm
Kesselüberdruck	12 Atm.

Rostfläche	2,62 qm
Heizfläche der Feuerbüchse . .	17,0 qm
,, ,, Rohre	140,8 qm
Überhitzerheizfläche	44,5 qm
Gesamte wasserverdampf. Heizfläche	157,8 qm
Fester Radstand	4600 mm
Gesamter Radstand	9050 mm
Leergewicht	62,0 t
Reibungsgewicht	48,0 t
Dienstgewicht	69,0 t

Die Feuerbüchse ist lang und schmal zwischen die Hauptrahmenbleche eingebaut.

Die äußere Feuerbüchse bildet oben eine Verlängerung des zylindrischen Langkessels und ist unten auf 1190 mm zusammengezogen. Die Rostfläche hat 2480 mm Länge bei 970 mm Breite.

Die innere Feuerbüchse besteht aus Kupfer. Das Mantel- und Türwandblech haben 15 mm Stärke. Die Rohrwand ist 27 mm stark und in üblicher Weise nach unten eingezogen. Die Stehbolzen der beiden oberen und der hintersten Reihe haben 29 mm Gewinde- und 26 mm Schaftdurchmesser. Die übrigen haben 26 mm Gewinde- und 23 mm Schaftdurchmesser. Die Stehbolzen sind aus Manganbronze beziehungsweise Kupfer hergestellt.

Der Bodenring hat einfache Nietreihe. Nur an den vier Ecken sind Lappen mit doppelter Nietung vorgesehen. Im übrigen sind die innere und äußere Feuerbüchse durch Decken- und Queranker, die Rückwand durch Blechanker kräftig versteift. Die beiden vorderen Deckenankerreihen sind beweglich angeordnet.

Der Langkessel besteht aus zwei Schüssen von 15 mm Blechstärke. Die Quernähte sind doppelt mit Überlappung vernietet, während bei den Längsnähten Innen- und Außenlaschen zur Anwendung kommen. Die Rauchkammerrohrwand hat 26 mm Wandstärke. Die Rauchkammer ist mit Überlappungsnietung am Langkessel befestigt. Sie ist nach unten bis an den Rahmen verlängert und bietet daher reichlich Platz für die Lösche.

Im Langkessel sind oben in drei Reihen 24 Rauchrohre von 125/133 mm und 153 Siederohre von 46½/51 mm Durchmesser vorhanden. Die Länge zwischen den Rohrwänden beträgt 4500 mm. Sämtliche Rohre sind nahtlos gewalzt.

Abb. 555. 2 C-Heißdampf-Schnellzuglokomotive der dänischen Staatsbahnen.

Die Rauchkammertür hat die übliche Bauart. Die Feuertür, die das Feuerloch nach Bauart Webb verschließt, ist als Schiebetür ausgebildet.

Die Dampfsammelkasten sind aus dichtem Zylindergußeisen hergestellt.

Die ebenfalls nahtlos gezogenen Überhitzerrohre haben 30/38 mm Durchmesser. Der Durchtritt der Gase durch den Überhitzer wird in üblicher Weise von einem mit dem Schieberkasten in Verbindung stehenden Automaten geregelt. Zur Feineinstellung der Klappenöffnung dient eine Welle mit einem vom Führerhaus aus verstellbaren Handrad.

Das Rahmengestell ist aus Platten und Winkeln zusammengesetzt. Die Hauptrahmenbleche haben eine Stärke von 25 mm. Die Federn der beiden hinteren Kuppelachsen sind durch Ausgleichhebel verbunden. Die Triebachse ist für sich gegen den Rahmen abgefedert.

Die Maschine besitzt zwei außenliegende Zylinder von 570 mm Durchmesser und 670 mm Hub. Die Zugkraftcharakteristik ist

$$C_1 = \frac{d^2 \cdot s}{D} = \frac{570^2 \cdot 670}{1886} = \sim 1160.$$

Sie liegt also nur wenig unter dem Wert der 2 C-Personenzuglokomotive der preußischen Staatsbahnen. Der Wirkungskreis der dänischen 2 C-Heißdampflokomotive dürfte daher ein sehr großer sein und sie wird vorteilhaft nicht nur in schwerem Schnellzugbetriebe, sondern auch im Personenzugdienst und im Eilgüterzugdienst Anwendung finden.

Der Antrieb der Kolbenschieber der Bauart Hochwald erfolgt durch eine außen liegende Walschaert-Steuerung üblicher Bauart.

Die Triebstange arbeitet auf die erste der drei gekuppelten Achsen. Diese Anordnung war durch die gewählte Achsstellung bedingt. Die hin und her gehenden Massen sind durch in den Triebrädern angeordnete Gegengewichte teilweise ausgeglichen.

Die Decke des Führerhauses ist mit zwei Luftsaugevorrichtungen und einer verstellbaren Entlüftungsklappe versehen. Außerdem reicht sie zum Schutze der Mannschaft weit über den Tender hinaus. An der linken Vorderwand ist eine Ausgangstür auf den Umlauf vorgesehen. Die Hinterwand weist zwei Klappsitze auf. Bemerkenswert ist noch, daß der sehr starke hölzerne Bodenbelag, auf Konsolen liegend, ungefähr 650 mm über den Tenderzughaken hinausragt, so daß das Personal stets mit beiden Füßen auf unverrückbarem Fußboden steht.

Als Bremse ist die selbsttätige Luftsaugebremse zur Ausführung gekommen. Sämtliche gekuppelte Achsen werden einseitig gebremst. Von einer Bremsung des Drehgestells wurde Abstand genommen.

Der Tender faßt 21 cbm Wasser und 6 t Kohle. Er ist vierachsig. Sein Hauptkennzeichen sind die vier in dem Hauptrahmen gelagerten Achsen, von denen die erste 20 und die dritte 10 mm nach jeder Seite verschiebbar ist. Die Klappen der langen seitlichen Wassereingüsse können durch Züge geöffnet werden.

5. 2 C 1-Vierling-Heißdampf-Schnellzuglokomotive der belgischen Staatsbahn.

Gebaut von der Société Anonyme de Saint-Léonard, Lüttich.

Diese zur Beförderung schwerer Schnellzüge von der belgischen Staatsbahn in mehreren Ausführungen auf der Weltausstellung in Brüssel ausgestellte Lokomotive mit einer Rostfläche von 5 qm, einem Reibungsgewicht von 75 t und einem Dienstgewicht von 102 t ist eine der schwersten und leistungsfähigsten Schnellzuglokomotiven europäischer Bahnen.

Die Hauptabmessungen dieser in Tafel 21 dargestellten Lokomotive sind folgende:

Zylinderdurchmesser	4×500 mm
Kolbenhub	660 mm
Triebraddurchmesser	1980 mm
C 1	1665
Fester Radstand	4100 mm
Gesamtradstand	11425 mm
Dampfdruck	14 Atm.
Heizfläche	$20 + 220 = 240$ qm
Anzahl der Siederohre	230
Durchmesser der Siederohre	45/50 mm
Überhitzerheizfläche	62 qm
Anzahl der Rauchrohre	31
Durchmesser der Rauchrohre	118/127 mm
Länge zwischen den Rohrwänden	5000 mm
Rostfläche	5 qm
Leergewicht	92 t
Dienstgewicht	102 t
Reibungsgewicht	57 t
C 2	29,2
Tender:	
Wasservorrat	24 cbm
Kohlenvorrat	6,5 t
Tendergewicht, betriebsfähig	53,5 t

Der Kessel hat drei Längsschüsse mit Wandstärken von 20 mm; der hintere Schuß erweitert sich von etwa 1800 mm auf 1980 mm konisch nach oben, so daß es möglich wurde, einen dreireihigen Überhitzer mit 31 Rauchrohren einzubauen. Die Feuerbuchsrückwand ist abgeschrägt und in ihrem oberen Teile senkrecht zurückgebogen. Der Regler ist als entlastetes Ventil ausgeführt, die Siederohre bestehen aus Messing mit eisernen Vorschuhen an der Feuerbüchsenseite. Sie sind mit etwa 20 bis zu 35 mm wegen der stärkeren Ausdehnung nach oben durchgebogen. Zur Verankerung der Rohrwände, die hier nur in geringem Maße durch die Rohre erfolgt, sind vier eiserne Zuganker zwischen die beiden Rohrwände eingespannt. Der schräg liegende Rost besteht aus fünf Teilen, wobei der zweite Teil als Kipprost ausgebildet ist. Die Beschickung erfolgt durch zwei Feuertüren.

Die Innenzylinder liegen vor der Rauchkammer; die Lokomotive erhält dadurch ein eigenartiges Aussehen. Die Rauchkammer ist unmittelbar mit den 30 mm starken Rahmenblechen, die aus Herstellungsrücksichten aus zwei Teilen zusammengesetzt sind, verbunden. Langkessel und Feuerbüchse sind wie üblich verschiebbar unterstützt. Die Federn der drei Kuppelachsen sind durch Ausgleichhebel verbunden. Die hintere Adamsachse, die seitliche Ausschläge von je 50 mm machen kann, ist für sich abgefedert. Das vordere Drehgestell ist nach der bei belgischen Lokomotiven beliebten Bauart von Flamme ausgeführt. Die Last der Lokomotive wird durch einen Kugelzapfen auf eine Pfanne übertragen, die mit vier Pendeln an der mittleren Querverbindung der Drehgestellrahmen aufgehängt ist. Die Achsen des Drehgestells werden durch zwei mit je zwei Kolben versehenen Bremszylinder gebremst. Die Schenkel aller Achsen sind reichlich bemessen; es beträgt der Durchmesser und die Länge bei den Kuppelachsen in der Reihenfolge von vorn nach hinten 230×250, 265×340 und 230×250 mm.

Um den ohnehin schon groß ausfallenden Radstand tunlichst klein zu halten, sind die Triebräder so nahe als möglich zusammengeschoben. Bei 1980 mm Triebraddurchmesser beträgt der Radstand nur 2050 mm. Es konnten daher nur einseitig wirkende Bremsklötze, die tief unter der Mitte angreifen, angeordnet werden. Aus demselben Grunde wurde auch das Drehgestell nahe an die erste Kuppelachse herangerückt. Die Außenzylinder liegen mitten zwischen den Rädern des Drehgestells und greifen die zweite Kuppelachse an. Um nun bei den großen Triebrädern nicht allzu lange Stangen zu erhalten, hat man die Kolbenstange nach hinten verlängert und zwischen der Stopfbüchse und den Gleitbahnen mit einer Führung versehen. Da eine Schräglegung der Innenzylinderachsen wegen der großen Triebraddurchmesser nicht mehr angängig erschien, es also auch nicht möglich war, die zweite Kuppelachse auch innen anzutreiben, so mußte die erste Kuppelachse als Kropfachse ausgebildet und die Innenzylinder mußten sehr weit nach vorn gelegt werden. Ihr Hineinreichen in das Drehgestell erforderte aber eine geringe Hebung, so daß die Zylinder doch eine Neigung von 54 : 1000 erhalten haben. Vor der Rauchkammertür ist eine große Plattform ausgebildet, von der man durch Klappen eine Zugänglichkeit zu dem inneren Triebwerk geschaffen hat. Die Kreuzkopfführungen bestehen aus zwei übereinander liegenden Gleitbahnen. Die Außenschieber werden unmittelbar durch eine Walschaert-Steuerung angetrieben, die Innenschieber erhalten ihre Bewegung durch eine vor den Zylindern angebrachte schwingende Welle, die von der verlängerten äußeren Schieberstange angetrieben wird. Für die Umsteuerung ist ein Dampfvorspann (Servo moteur) Bauart Rongy vorgesehen. Die auf der linken Seite aus dem Führerhaus austretende Steuerstange wird unmittelbar vor der sehr breiten Feuerbüchse unterbrochen und unter Zwischenschaltung eines Hebels näher an den Kessel herangerückt. Die Luftdruckbremse nach Westinghouse wirkt auf alle Triebräder der Lokomotive einseitig.

Der nur dreiachsige Tender hat ein Fassungsvermögen von 24 cbm Wasser und 7 t Kohle. Sein Dienstgewicht beträgt 53,6 t, so daß bei allen Vorräten beinahe ein Raddruck von 9 t erreicht wird.

6. 2 C 1-Heißdampf-Vierling-Schnellzuglokomotive der italienischen Staatsbahn.

Gebaut von der Maschinenbau-Gesellschaft Ernesto Breda in Mailand.

Diese von der Italienischen Staatsbahn-Direktion selbst entworfene Lokomotive ist die zurzeit leistungsfähigste Schnellzugslokomotive der italienischen Bahnen. Sie war auf der internationalen Industrie- und Gewerbe-Ausstellung in Turin 1911 ausgestellt. Ihre Hauptabmessungen sind:

Zylinderdurchmesser	4 × 450 mm
Kolbenhub	680 mm
Triebraddurchmesser	2030 mm
C 1	1355
Fester Radstand	4300 mm
Gesamtradstand	10050 mm
Dampfüberdruck	12 Atm.
Wasserverdampfende Heizfläche:	
Feuerkiste	16 qm
Siederohre	194 qm
zusammen	210 qm
Überhitzerheizfläche	67 qm
Rauchrohre, Anzahl	27
„ Durchmesser	125/133 mm

Siederohre, Anzahl	155
„ Durchmesser	47/52 mm
Rostfläche	3,5 qm
Leergewicht	78,8 t
Dienstgewicht	87,7 t
Reibungsgewicht	51 t
C 2	26,6

Die in Tafel 22 dargestellte Lokomotive besitzt eine eigentümliche Rostform. Bei den über 3 qm großen Rostflächen der 2 C 1-Lokomotiven sind fast stets breite Feuerbuchsen angewandt worden, die hinter die letzte Achse gelegt werden müssen. Durch eine trapezförmige Ausbildung des Rostes, der vorn 832, hinten 1570 mm breit ist, ist es möglich, der Feuerbuchse vorn eine Tiefe zu geben, wie sie sonst nur bei den bewährten schmalen, zwischen den Rahmen liegenden ausführbar ist. Auch wird das Gewicht mehr nach vorn gelegt und die Hinterachse entlastet. Sie kann infolgedessen erheblich nach vorn gerückt werden, wodurch wieder der Radstand sich verringert. Die Rohrlänge beträgt 5,8 m, ist also für die Siederohre von 47 mm innerem Durchmesser reichlich groß. Bemerkenswert ist die Ausführung der vorderen Deckenanker, die hinten beweglich am Feuerbuchsmantel aufgehängt und durch drei Stehbolzen mit der Feuerbuchsdecke verbunden sind. Der Überhitzer ist in 27 Rauchrohren untergebracht, die zu je neun in drei Reihen angeordnet sind. Der ziemlich weit vorn liegende Dom hat einen verhältnismäßig kleinen Durchmesser; um ihn herum ist der Sandkasten angebracht. Der Regler ist nach der Bauart Zara als Ventilregler ausgebildet. Zur besseren Dampfentwässerung wird der Dampf dem Dom durch ein oben geschlitztes Rohr zugeführt. In den Langkessel ist vorn ein Schlammabscheider der Bauart Gölsdorf eingebaut (vgl. fünfter Abschnitt 1i).

Die vier gleich großen Zylinder sind zu je zwei in einem Stück gegossen; sie werden durch je einen Kolbenschieber gesteuert, wobei der Dampf dem Innenzylinder durch Kreuzkanäle zugeführt wird. Diese Anordnung ergibt eine sehr einfache Bauart der Steuerung, die sich durch nichts von der einer gewöhnlichen Zwillingslokomotive unterscheidet. Die Innenzylinder haben Druckausgleicher, die Außenzylinder Luftsaugeventile im Schieberkasten, außerdem sind Sicherheitsventile gegen Wasserschlag in den Zylinderdeckeln angebracht.

Alle vier Zylinder arbeiten auf die zweite Kuppelachse. Diese ist mit schrägen Verbindungsarmen zwischen Kurbelscheiben, die durch Schrumpfringe verstärkt sind, aus einem Stück geschmiedet.

Die beiden Rahmenbleche von 30 mm Stärke laufen glatt durch; sie sind über den Achslagern reichlich hoch gehalten. Die Achslagerführungen sind oben geschlossen, die Achslager selbst können durch an den Rahmen angebrachte Schmiergefäße geschmiert werden.

Die Kreuzköpfe sind nur oben doppelt geführt, wie aus der Tafel 22 ersichtlich ist. Die Kuppelstangen-Lager sind an den Kuppelzapfen nur als Büchsen ausgebildet, an den Triebachszapfen jedoch mit doppelter Nachstellung versehen, um beim Anziehen der Achslagerstellkeile ein Zwängen in den Kuppelstangenlagern zu vermeiden.

Das vordere Drehgestell hat eine breite Drehpfanne mit Wiegenaufhängung; es kann 40 mm nach jeder Seite ausschlagen. Die Achsen des Drehgestells werden durch einen besonderen Bremszylinder innen einseitig gebremst, die Kuppelachsen werden ebenfalls einseitig durch zwei Bremszylinder gebremst.

Die hintere Laufachse ist als Schleppachse an einem 1525 mm langen Dreharm ausgebildet. Die Federn der drei Kuppelachsen sind sämtlich durch Ausgleichhebel verbunden, die Laufachse ist getrennt gefedert, so daß die Lokomotive in fünf Punkten unterstützt ist.

7. 2 C 1 - Heißdampf - Vierzylinder - Verbund - Schnellzuglokomotive der Paris—Lyon—Mittelmeer-Bahn.

Gebaut von Henschel & Sohn in Cassel.

Die in Abb. 556 und Tafel 23 dargestellte Lokomotive ist bestimmt, schwere Schnellzüge auf wechselndem Gelände mit Geschwindigkeiten bis zu 130 km/st zu befördern.

Der Kessel ist sehr groß ausgeführt; die Feuerbüchse ist weit über die Räder hinaus verbreitert, um bei 4,25 qm Rostfläche keine zu große Länge des Rostes zu erhalten. Vorder- und Hinterwand der Feuerbüchse sind stark geneigt. Die Verankerung wird durch flußeiserne Quer- und Deckenanker bewirkt sowie durch Blechanker an der Hinterwand und der vorderen Rohrwand. Die Feuerbüchse ist mit dem Mantel durch Stehbolzen aus Manganbronze verbunden. Der Rost ist in seinem vorderen Teile als Kipprost ausgebildet. Der Aschkasten besteht aus drei Teilen, einem mittleren zwischen den Hauptrahmen und zwei außerhalb der Rahmen liegenden Teile. Der Kessel enthält 143 Siederohre von 55 mm und 28 Rauchrohre von 133 mm Außendurchmesser mit der großen Länge von 5,5 m. Trotz dieser erheblichen Länge des Kessels ist eine Rauchkammerlänge von etwa 3 m durch die Anordnung der Zylinder bedingt. Der Dom ist gegen den Kessel abgeschlossen und erhält den Dampf nur durch ein von der Feuerbüchse her kommendes Zuführungsrohr. Der Regler ist als Ventilregler ausgebildet. Der Überhitzer ist in 28 Rohren untergebracht. Der aus dem Überhitzer kommende Dampf tritt zunächst in die außerhalb der Rahmen liegenden und auf die mittlere der gekuppelten Achsen wirkenden Hochdruckzylinder, von diesen durch kurze Überströmrohre nach den zwischen den Rahmen liegenden und die vordere der gekuppelten Achsen antreibenden Nieder-

Abb. 556. 2 C 1-Heißdampf-Vierzylinder-Verbundlokomotive der Paris—Lyon—Mittelmeer-Bahn.

druckzylindern. Der aus diesen entweichende Abdampf tritt durch das unmittelbar auf den Ausströmkammern sitzende Standrohr in den Schornstein. Das Blasrohr ist mit einer einstellbaren Düse zum Drosseln des austretenden Dampfes versehen. Zwischen der Blasrohrmündung und dem tief in die Rauchkammer eintretenden Schornsteine ist ein kegelförmiger Funkenfänger angebracht. Der ganze Kessel ist nur mit seinem Rauchkammerende fest mit dem Rahmen beziehungsweise mit den Niederdruckzylindern verbunden. An den übrigen vier Unterstützungsstellen ist er längsverschiebbar gelagert. Die Hauptrahmen ebenso wie die des Drehgestells bestehen aus je einer Blechplatte. Die beiden Bleche sind durch Stahlgußstreben sowie geschmiedete Querverbindungen gegeneinander abgesteift. Außerdem bilden die vordere Pufferbohle sowie der hintere Kuppelkasten, die aus Blechen beziehungsweise Formeisen hergestellt sind, kräftige Versteifungen.

Das vordere zweiachsige Drehgestell hat eine Seitenverschiebung von 2×60 mm, die in einem Deichselgestell liegende Hinterachse eine solche von 2×66 mm. Die Lokomotive ist dadurch befähigt, Bahnkrümmungen von 150 m Halbmesser ohne Zwängen zu durchfahren. Die Rückstellvorrichtung beider Drehgestelle wird durch keil- beziehungsweise schraubenförmige Auflage der betreffenden Drehzapfen bewirkt. Die Federn der gekuppelten Achsen sowie die des Drehgestells sind durch Ausgleichhebel verbunden. Bei der Hinterachse sind Spiralfedern zur Abfederung angewendet.

Das Triebwerk ist nach der De Glehnschen Anordnung ausgeführt. Hoch- und Niederdruckzylinder besitzen getrennte Steuerungen, die nur insoweit gemeinsam verbunden sind, als sie mit einer Steuerschraube vom Führer aus bedient werden. Die Steuerung der Hochdruckzylinder gibt Füllungen bis zu $80^0/_0$ in jeder Fahrtrichtung; die Steuerung der Niederdruckzylinder gibt dagegen für beide Fahrtrichtungen nur je eine größte Füllung von $63^0/_0$. Zu diesem Zweck ist der Steuerbock derart eingerichtet, daß er die Niederdrucksteuerung jedesmal in der betreffenden Endstellung festlegt, während für jede Fahrtrichtung von Vollfüllung bis Null für Hochdrucksteuerung jede beliebige Füllung eingestellt werden kann. Mit Überschreitung des Nullpunktes wird die in der Endstellung liegende Niederdrucksteuerung ausgeklinkt und nach dem Vollfüllungspunkt der entgegengesetzten Fahrtrichtung mitgenommen, wo sie wiederum festgelegt wird. Dieses Ausrücken, Mitnehmen und Festklinken der Niederdrucksteuerung geschieht also selbsttätig nur durch Umlegen der Hochdrucksteuerung. Um ein Schlagen der Niederdrucksteuerung während des Umlegens in Fahrt zu verhindern, ist diese mit einer Dämpfungseinrichtung in Gestalt einer Glyzerinbremse versehen.

Die Bremsung der Lokomotive erfolgt durch eine Luftdruckbremse Bauart Westinghouse, die auf die Räder des Drehgestells und getrennt hiervon auf die gekuppelten Räder wirkt.

Das Führerhaus ist mit einer Windschneide versehen, sowie mit einem geräumigen Lüftungsaufbau und Luftschiebern in den Stirnwänden.

Weiter ist noch zu erwähnen die dreiflügelige Feuertür, die derart eingerichtet ist, daß bei einem Öffnen eines der seitlichen Flügel jedesmal der mittlere Flügel mit geöffnet wird, dieser aber auch unabhängig von den beiden äußeren für sich geöffnet werden kann.

Außer der üblichen Ausrüstung, wie sie jede Lokomotive hat, ist noch an besonderem Zubehör folgendes zu erwähnen:

Eine Einrichtung zum Einführen von Frischdampf unmittelbar in die Schieberkästen der Niederdruckzylinder zur Erleichterung des Anfahrens.

Eine Einspritzvorrichtung in die Ausströmräume der Niederdruckzylinder, die bei längeren Fahrten im Gefälle als Gegendruckbremse benutzt werden.

Dampfsandstreuer, die auf die Vorderseite der vorderen und auf die Rückseite der hinteren gekuppelten Räder wirken.

Ein Auftrieb-Sichtöler mit acht Ölabgabestellen für die Schmierung der Kolbenschieber, während für die Schmierung der Dampfkolben nur einfache Schmiervasen vorgesehen sind.

Die nicht selbsttätige Westinghouse-Bremse, die neben der selbsttätigen auf Gefällstrecken den Wagenzug bremsen soll.

Die Hauptabmessungen der Lokomotive sind folgende:

Durchmesser der Hochdruckzylinder	440 mm
,, ,, Niederdruckzylinder	650 mm
Kolbenhub	650 mm
Durchmesser der Triebräder	2000 mm
$C_1 = 1373$.	
Durchmesser der Räder des Drehgestells	1000 mm
,, ,, Schleppräder	1360 mm
Anzahl der Siederohre	143
Äußerer Durchmesser der Siederohre	55 mm
Anzahl der Rauchrohre	28
Äußerer Durchmesser der Rauchrohre	133 mm
Länge der Rohre	5500 mm
Mittlerer Kesseldurchmesser	1688 mm
Länge der Kupferfeuerbüchse, oben	2282 mm
Heizfläche der Feuerbüchse	15,49 qm
,, ,, Siede- und Rauchrohre	186,49 qm
,, insgesamt	201,98 qm
Überhitzerfläche	64,5 qm
Rostfläche	4,25 qm
Dampfüberdruck	16 kg/qcm
Fester Radstand	4200 mm
Gesamtradstand	11230 mm
Leergewicht	83700 kg
Dienstgewicht	92600 kg
Reibungsgewicht	55200 kg
$C_2 = 24,9$.	

8. 2 C 1-Vierzylinder-Verbund-Heißdampf-Schnellzuglokomotive der badischen Staatsbahnen.

Gebaut von J. A. Maffei, München.

Die auf Tafel 24 dargestellte Lokomotive sollte den gestellten Bedingungen gemäß imstande sein, auf der Schwarzwaldbahn mit $20^0/_{00}$ größten und $16^0/_{00}$ mittleren Steigungen bei einem Reibungsgewicht von 48 t eine Zuglast von 185 t mit einer Geschwindigkeit von 50 km/st zu befördern. Außerdem sollte sie auf den Strecken Mannheim—Basel beziehungsweise Heidelberg—Basel, die 257 und 251 km lang sind, ja selbst bis nach Konstanz, Entfernungen von 312 beziehungsweise 306 km, ohne Wechsel durchlaufen können. Diese Forderung bedingte eine erhebliche Rostgröße, die bei Annahme eines breiten Rostes bis zu 4,5 qm Rostfläche führte. Die Ausführung einer einfachen 2 C-Lokomotive war durch die Bedingung eines Reibungsgewichts von nur 48 t natürlich unmöglich und der Einbau einer hinteren Laufachse war notwendig geworden. Diese Achse ist durch Hebel mit der hinteren Kuppelachse derartig verbunden, daß ein Teil ihres Gewichtes auf diese im Bedarfsfalle übertragen und dadurch das Reibungsgewicht entsprechend erhöht werden kann. Später ist das geplante Reibungsgewicht von 48 t erheblich vermehrt worden.

Die Hauptabmessungen dieser Lokomotive sind folgende:

Zylinderdurchmesser	425/650 mm
Kolbenhub, Hochdruck	610 mm
,, , Niederdruck	670 mm
Triebraddurchmesser	1800 mm
Rostfläche	4,5 qm
Heizfläche:	
Feuerbüchse	14,65 qm
175 Heizrohre	140,21 qm
5 Ankerrohre	2,73 qm
25 Rauchrohre	51,13 qm
	208,72 qm
Überhitzerheizfläche	50,00 qm
Länge der Siederohre	5100 mm
Kesseldruck	16 Atm.
Dampfraum des Kessels	3,08 qm
Wasserraum	7,17 qm
Höhe der Kesselmitte über Schienenoberkante	2820 mm
Fester Achsstand der Lokomotive	3880 mm
Gesamtachsstand	11210 mm
Reibungsgewicht	49,6 t
,, , verstärkt	52,4 t
Dienstgewicht der Lokomotive	88,3 t
,, des Tenders	51 t
Gewicht von Lokomotive und Tender	139,3 t

Der Langkessel besteht aus drei Schüssen, die durch Zackenlaschen an den Längsnähten verbunden sind. Die Feuerbüchse ist zur Gewichtsersparnis und um den Schwerpunkt möglichst weit nach vorn zu verlegen, mit einer schrägen Vorder- und Hinterwand versehen. Die Feuertür hat drei nach innen aufklappende Flügel. Die Feuerkistendecke ist nach hinten zu geneigt, die Verankerung in der üblichen Weise ausgeführt. Vor der Rohrwand ist ein sehr kurz gehaltener Feuerschirm angeordnet. Der vordere Teil des Rostes ist als Kipprost ausgebildet. Der Aschkasten ist um die Rahmen herum gebaut, um eine genügende Luftzuführung zu erreichen. Der Schmidtsche Rauchrohr-Überhitzer ist dreireihig ausgeführt.

Der auf dem vordersten Schuß sitzende Dampfdom ist mit dem Sandkasten in einem gemeinsamen Aufsatz vereinigt. Als Sicherheitsventile sind Popventile gewählt.

Die 2,865 m lange Rauchkammer hat denselben Durchmesser wie der Kessel. Sie wird von einem Bekleidungsblech umgeben. Das ringförmige Blasrohr ist vom Führerstand aus verstellbar. Durch ein unten verschließbares Abfallrohr soll die Entleerung der Rauchkammer erleichtert werden. Die Rauchkammertür ist durch einen kegelförmigen Ansatz als Windschneide ausgebildet. Das gleiche gilt von der Führerhaus-Vorderwand.

Der Feuerbüchsring ruht mit Schuhen auf einer Querverbindung des als Barrenrahmen ausgebildeten Lokomotivrahmens. Die Schuhe gestatten eine Längsverschiebung des Kessels und hindern Querverschiebungen. Die Rauchkammer ist durch die als Sattelstück ausgebildeten Zylinder fest mit dem Rahmen verbunden. Der Langkessel ist außerdem noch an zwei Stellen mit dem Barrenrahmen durch Pendelbleche verbunden.

Alle vier Zylinder liegen nebeneinander. Die beiden geneigt angeordneten inneren Hochdruckzylinder mit ihren Schieberkästen, dem Rauchkammersattel und den Auflagerungen auf dem Rahmen sind aus einem Stück gegossen. Die Verbindung zwischen Hoch- und Niederdruckzylinder erfolgt durch nach oben V-förmig gebogene Rohre, die durch Linsen abgedichtet sind.

Die Kolbenschieber für den Hochdruck haben einfache, die Niederdruckschieber doppelte Einströmung. Sie werden durch eine außen liegende Walschaert-Steuerung unter Zwischenschaltung einer Umkehrwelle für die innen liegenden Hochdruckschieber betätigt. Die Hochdruckschieber haben innere, die Niederdruckschieber äußere Einströmung.

Alle vier Kolben treiben die mittlere Kuppelachse an. Bei einer Stangenlänge von innen 2800 mm und außen 3225 mm und Kurbelarmen von 305 beziehungsweise 335 mm beträgt das Verhältnis Stangenlänge : Kurbelarm für die Hochdruckmaschine 9,2 und für die Niederdruckmaschine 9,6. Durch die Wahl eines geringeren Kurbelarmes für die Hochdruckmaschine erhält die Kropfachse eine günstigere Form. Um bei jeder Kurbelstellung sicher anfahren zu können, ist außer einem bei etwa 68% Füllung selbsttätig sich öffnenden Anfahrhahn, durch den Frischdampf bis zu 9 Atm. in den Zwischenbehälter geleitet wird, noch eine Anfahrvorrichtung auf den Niederdruckzylindern angeordnet. Es sind ferner die Schieberkästen und Zylinder mit Luftsauge- und Sicherheitsventilen versehen.

Die Schmierung erfolgt durch zwei zehnstemplige Schmierpressen Bauart Friedmann. Es werden hierdurch die Zylinder, Zwischenbehälter und die Stopfbüchsen für die Kolben- und Schieberstangen mit Öl versehen. Die Kreuzköpfe sind einschienig geführt. Die Kropfachse und die Triebstangen sind aus Nickelstahl hergestellt.

Die beiden Hoch- und Niederdruckkurbeln einer Seite stehen unter 90°, Hochdruck- und Niederdruckkurbeln wegen der schrägen Lage der Hochdruckzylinder rechts unter einem Winkel von 170°34′11″, links unter 189°25′49″. Die hin und her gehenden Massen sind nicht ausgeglichen, die drehenden Massen hingegen vollständig.

Das Drehgestell kann nach beiden Seiten 75 mm ausschlagen; die als Adamsachse ausgebildete hintere Laufachse 61,5 mm. Die Spurkränze der mittleren Achse sind schwächer gedreht, so daß trotz des langen Radstandes ein zwangloses Durchlaufen der engsten Weichenkrümmungen gewährleistet wird.

Der Rahmen der Lokomotive ist nach amerikanischen Vorbildern als geschweißter Barrenrahmen gebaut. Die Schweißfugen sind so gelegt, daß sie keine Zugbeanspruchungen zu erleiden haben. Die 12,76 m langen Rahmen sind aus einem Stück, ohne Keil- oder Schraubenverbindung, hergestellt, Zugkasten und Pufferbohlen bestehen aus Preßblech.

Die Federn der drei Triebachsen und der hinteren Laufachse sind durch Ausgleich- beziehungsweise Winkelhebel und Stangen miteinander verbunden.

Die Lokomotive ist mit einer in Abb. 557 dargestellten Vorrichtung zur Vermehrung des Reibungsgewichts versehen. Zwischen der dritten Kuppelachse und der Laufachse ist ein wagerecht liegender Dampfzylinder angebracht, dessen Kolben vom Führerstand aus gesteuert werden kann. Durch Verschieben desselben kann die Verbindungsstange der beiden Winkelhebel in die punktierte Lage gesenkt werden, wodurch infolge der Änderung des Hebelverhältnisses eine Entlastung der Laufachse unter gleichzeitiger Mehrbelastung der Kuppelachsen von rund 3 t erzielt wird.

Die in Federn hängende Bühne des Führerstandes ist bis an die Vorderwand des Tenders verlängert.

An besonderen Einrichtungen besitzt die Lokomotive einen Geschwindigkeitsmesser von Haußhälter, eine selbsttätige und zum Befahren langer Bremsstrecken

478 Bemerkenswerte neuere Heißdampflokomotiven verschiedener Eisenbahn-Verwaltungen.

eine nicht selbsttätige Westinghouse-Bremse, die 57% vom Dienstgewicht der Lokomotive abbremsen.

Der auf zwei Drehgestellen ruhende Tender hat zwei seitliche Wassereinläufe von 3,5 m Länge, er faßt 20 cbm Wasser und 7 t Kohle.

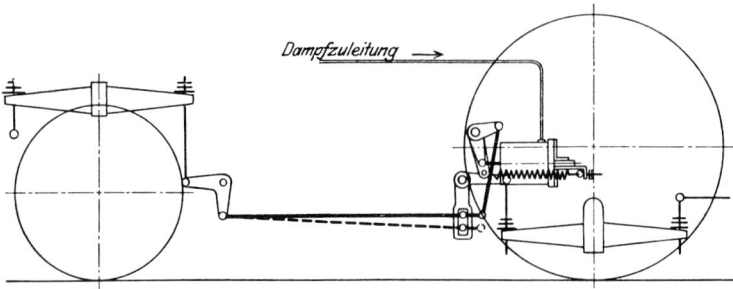

Abb. 557. Vorrichtung zur Vermehrung des Reibungsgewichts.

Bei den Versuchsfahrten hat die Lokomotive auf der 312 km langen Strecke Mannheim—Konstanz auf einer Steigung von 16,3⁰/₀₀ einen Zug von 194 t Wagengewicht mit einer Geschwindigkeit von im Mittel $V = 55$ km/st befördert. Es ergibt dies etwa 6580 kg Zugkraft am Triebradumfang, entsprechend einer Leistung von 1425 PS_i, was bei einer Rostfläche von 4,5 qm nur 316 PS_i auf 1 qm ausmacht.

Auf der Strecke Mannheim—Basel, die nur sehr mäßige Steigungen aufweist, konnte sie einen Zug von 460 t Gewicht stellenweise mit 110 km in der Stunde befördern, was Leistungen von etwa 1755 PS_i, aber auch nur 390 PS_i/R ergibt.

9. 1 D-Heißdampf-Zwilling-Güterzuglokomotive mit vierachsigem Tender, Serie 101 bis 106 für die portugiesischen Staatsbahnen.

Gebaut von der Berliner Maschinenbau-Aktiengesellschaft vormals L. Schwartzkopff.

Die in Abb. 558 und Tafel 25 dargestellte Lokomotive hat folgende Hauptabmessungen:

Spurweite	1676 mm
Zylinderdurchmesser	560 mm
Kolbenhub	630 mm
Triebraddurchmesser	1330 mm
Fester Radstand	3200 mm
Gesamter Radstand	7300 mm
Dampfüberdruck	12 kg/qcm
Rostfläche	2,84 qm
Heizfläche: Feuerbüchse	13,10 qm
Rohre	132,77 qm
Kessel	145,87 qm
Überhitzer	45,80 qm
Leergewicht	58,64 t
Dienstgewicht	64,55 t
Reibungsgewicht	55,70 t
Tender:	
Raddurchmesser	850 mm
Radstand	4500 mm
Wasservorrat	12,5 cbm
Kohlenvorrat	4,5 t
Leergewicht	18,68 t
Dienstgewicht	36,92 t

Die vordere Laufachse ist in einem Bisselgestell mit Wiegenaufhängung des mittleren Druckzapfens untergebracht. Der Ausschlag beträgt nach jeder Seite 50 mm. Die hintere Kuppelachse kann sich nach jeder Seite um 20 mm geradlinig verschieben, wodurch es möglich wird, Krümmungen bis 200 m Halbmesser durchfahren zu können. Die Maschine hat ein ziemlich einfaches Aussehen, da sämtliche Züge und Rohrleitungen möglichst verdeckt zwischen den Rahmen beziehungsweise unter dem Trittbrett untergebracht sind. Der Kessel zeigt die übliche Bauart, die Feuerbüchse hat eine runde Decke und liegt zwischen den Rahmen. Die Roststäbe aus Flußeisen sind wagerecht angeordnet. Die innere Feuerbüchse besteht aus Kupfer und enthält ein Feuergewölbe aus Schamottesteinen. Im Rundkessel befinden sich 142 Siederohre aus Flußeisen von 45/50 mm Durchmesser und 4500 mm Länge, sowie 24 Rauchrohre von 125/133 mm Durchmesser. Der Rauchrohr-Überhitzer besteht aus 24 Rohrelementen von je 30/38 mm Durchmesser mit angeschweißten Umkehrenden. Am Sammelkasten in der Rauchkammer sind diese Elemente von unten mittels Flanschen befestigt, der überhitzte Dampf wird seitlich nach den Zylindern abgeleitet. Die Klappen an der Verkleidung des Sammelkastens können in der üblichen Weise selbsttätig oder durch einen Handzug vom Führerstand aus bewegt werden. Die Domhaube ist aus einem Stück gepreßt; im Dom befindet sich ein Regler Bauart Zara. An Armaturen sind, außer den allgemein üblichen, folgende besonders zu erwähnen:

Zwei Dampfstrahlpumpen Bauart Gresham und Craven an der Feuerbüchs-Rückwand, zwei Pop-Sicherheitsventile mit $3\frac{1}{2}''$ Durchgang, zwei Wasserstände Bauart Klinger, ein Fernpyrometer von Steinle & Hartung (vgl. 1. Auflage S. 438). Das Ausströmrohr in der Rauchkammer hat ein festes Mundstück; der darüber befindliche Funkenfänger wird aus einem korbförmigen Drahtgeflecht gebildet. Der Kessel ist zum Schutze gegen Wärmeausstrahlung mit Asbestmatten belegt.

Der Kessel ist vorn mit dem Rauchkammerträger verschraubt und stützt sich hinten mit dem Bodenring der Feuerbüchse auf einige innerhalb der Rahmen befestigte Gleitstücke; hinter und vor der Feuerbüchse sind Schlingerstücke vorgesehen.

Das Rahmengestell wird aus zwei 30 mm starken Hauptrahmenblechen gebildet, die durch Querverbindungen aus Blech miteinander verbunden sind. Das Bisselgestell hat eine lange Deichsel, deren Führungsbolzen vor der ersten Kuppelachse gelagert ist. Das Gewicht der Lokomotive wird durch einen drehbaren Mittelzapfen über der Laufachse auf eine Wiege übertragen, die mit vier Pendeln in dem Bisselgestell hängt. Zwischen Bisselachse und den Tragfedern der vorderen Kuppelachse ist ein mittlerer Ausgleichhebel angeordnet. Die Tragfedern der drei hinteren gekuppelten Achsen sind gleichfalls durch Ausgleichhebel miteinander verbunden.

Die Zylinder und das Triebwerk liegen außerhalb der Rahmen. Die dritte gekuppelte Achse ist Triebachse, so daß die Triebstangen 3200 mm lang werden mußten. Zylinder, Kolben und Stopfbüchsen zeigen die übliche Schmidtsche Bauart. Die durch eine Walschaert-Steuerung angetriebenen Kolbenschieber haben 260 mm Durchmesser und sind nach einer Bauart von Maffei in München gebaut worden (vgl. Abb. 386). Auf den Schieberkästen sitzen Luftsaugeventile; die hinteren und vorderen Seiten der Zylinder sind durch Umlaufvorrichtungen miteinander verbunden, die durch Kolbenventile mittels Dampf selbsttätig gesteuert werden. Ebenso werden die Zylinderablaßventile durch einen an der Feuerbüchs-Rückwand befestigten Dampfhahn betätigt. Zylinder, Schieberkasten und Einströmrohre sind mit Asbestmatten verkleidet. Die Schmierung der Kolben und Schieber erfolgt durch eine Friedmannsche Schmierpumpe; für die Kolben sind außerdem noch zwei Keßlersche Schmierapparate vorgesehen.

Die vier gekuppelten Achsen werden einseitig durch eine selbsttätige Luftsaugebremse der Vacuum-Brake Co. Ltd. in London gebremst. Die Lokomotive ist ferner

480 Bemerkenswerte neuere Heißdampflokomotiven verschiedener Eisenbahn-Verwaltungen.

Abb. 558. 1 D-Heißdampf-Güterzuglokomotive der portugiesischen Staatsbahnen.

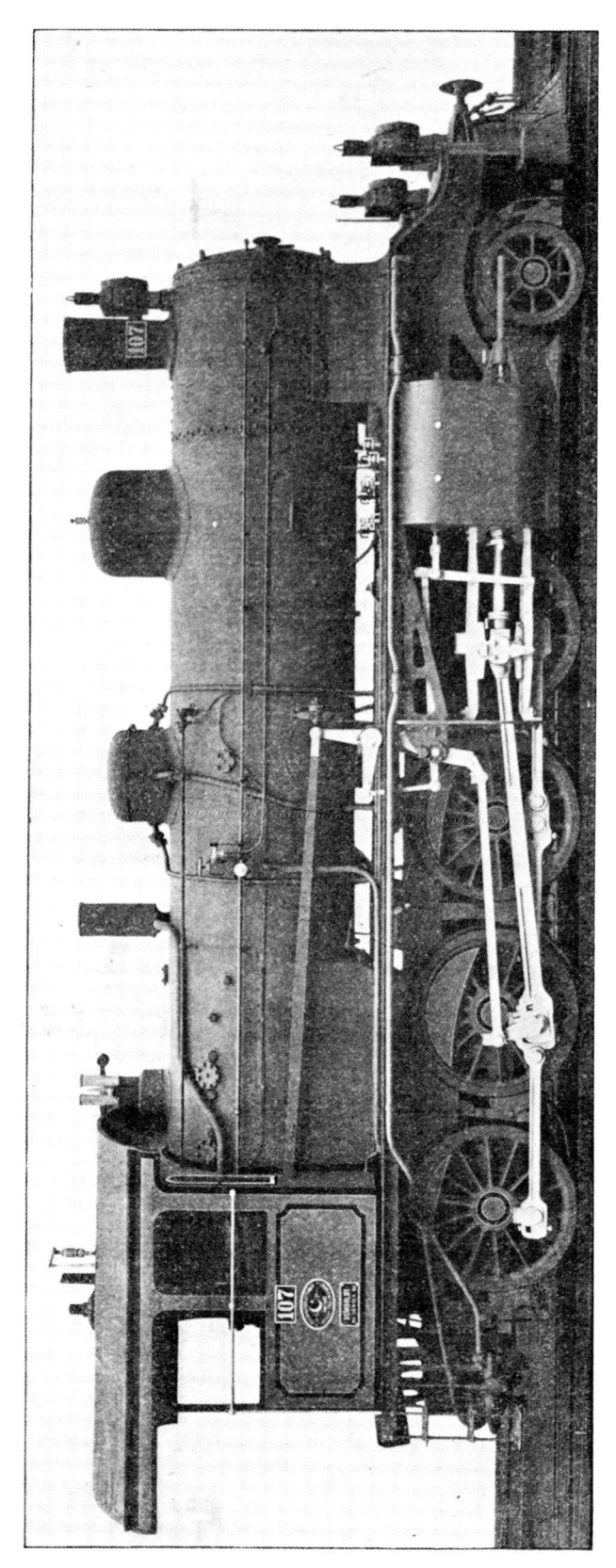

ausgerüstet mit einem Sandstreuer Bauart Gresham, einem Geschwindigkeitsmesser Bauart Haußhälter und Signallaternen mit Azetylenbeleuchtung.

Der Tender ruht auf zwei zweiachsigen Drehgestellen. Auf dem aus Profileisen kräftig gebauten Rahmengestell ist der Wasserkasten angebracht, dessen Decke nach vorn geneigt ist, die zusammen mit einem gitterartigen Aufbau den Kohlenraum bildet. Die Räder werden alle zweiseitig durch eine mit der Luftsaugebremse vereinigte Handbremse gebremst. Werkzeug- und Kleiderkästen sind ausreichend vorgesehen.

Die Lokomotive befördert bei gewöhnlicher Witterung einen Wagenzug von 440 t auf einer längeren Steigung von $15\,^0/_{00}$ oder 1:66,6 mit 30 km/st.

10. 1 D-Heißdampf-Zwilling-Personenzuglokomotive für die Smyrna—Cassaba-Bahn.

Gebaut von der Maschinenbau-Anstalt Humboldt, Cöln-Kalk.

Die Société Ottomane forderte in ihrer Ausschreibung Heißdampf-Zwillingslokomotiven, die imstande sein sollten, einen Wagenzug von 180 t auf langer Steigung von 1:40 mit einer Geschwindigkeit von 16 km/st und einen Wagenzug von 720 t in der Ebene mit einer Höchstgeschwindigkeit von 65 km/st zu befördern. Der Achsdruck durfte 13 t nicht überschreiten.

Für die größte auf der Steigung zu leistende Zugkraft ergibt sich unter der vorläufigen Annahme eines Tendergewichts von 37 t und eines Lokomotivgewichts von 60 t eine Zugkraft auf der Steigung 1:40

$$Z_e = (180 + 37 + 60) \cdot \left(2{,}5 + \frac{16^2}{2000} + 25\right) = 7650 \text{ kg}.$$

Bei einer Reibungsziffer von $r = \frac{1}{6{,}5}$ muß demnach die Lokomotive ein Reibungsgewicht von $6{,}5 \cdot 7650 = 49{,}6$ t haben, was bei einem Achsdruck von 13 t durch $\frac{49{,}6}{13} = \sim 4$ Triebachsen erreicht wird.

Um für die höheren Geschwindigkeiten in der Ebene bis zu 65 km in der Stunde einen ruhigen Lauf zu gewährleisten, wurde eine vordere Laufachse vorgesehen, die mit der ersten Kuppelachse zu einem Drehgestell Bauart Zara vereinigt, ein zwangloses Durchfahren von Krümmungen bis zu 180 m Halbmesser herab gestattet.

Es ergibt sich damit ein Gesamtgewicht der Lokomotive von $4 \times 13 + 11 = 63$ t.

Die zur Beförderung eines Zuges von 720 t mit 65 km/st auf $1:\infty$ erforderliche Zugkraft ergibt sich zu

$$Z_e = (720 + 37 + 63) \cdot \left(2{,}5 + \frac{65^2}{2000}\right) = 3780 \text{ kg}$$

oder entsprechend

$$Z_i = 3780 + 400 = 4180 \text{ kg}.$$

Die dazu erforderliche Leistung ist

$$N_i = \frac{4180 \cdot 65}{270} = 1010 \text{ PS}.$$

Mit Rücksicht auf die Höchstgeschwindigkeit von 65 km/st wurde der Triebraddurchmesser zu 1400 mm gewählt. Der Zylinderdurchmesser ist zu 530 mm bei 660 mm Hub angenommen. Es ergibt sich damit eine Charakteristik C_1 von 1320 qcm. Auf $1:\infty$ wird dabei mit einem mittleren Druck $p_{mi} = \sim 3{,}2$ Atm. gefahren, der etwas geringer als der wirtschaftlichste ist. Wegen der häufig vorkommenden Steigungen, auf denen mit größeren Füllungen gefahren werden muß, können demnach die Zylinder als gut bemessen angesehen werden.

Die Hauptabmessungen der in Abb. 559 dargestellten Lokomotive sind folgende:

Zylinderdurchmesser	530 mm
Kolbenhub	660 mm
Triebraddurchmesser	1400 mm
Laufraddurchmesser	850 mm
Radstand	7700 mm
Dampfüberdruck	12 Atm.
Feuerberührte Verdampfungsheizfläche	141,05 qm
Überhitzerheizfläche	33 qm
Rostfläche	2,4 qm
Leergewicht	56550 kg
Dienstgewicht	63050 kg
Reibungsgewicht	51500 kg
C_1	1320 qcm
C_2	25,6 qcm/t

Die Kesselabmessungen sind für die geforderten Leistungen etwas reichlich bemessen.

Bemerkenswert ist, daß die in den Rädern angebrachten Gegengewichte so berechnet wurden, daß in jedem Rad die sich drehenden Massen ganz ausgeglichen sind, während von den hin und her gehenden Massen 50% ausgeglichen und auf die 6 Kuppelräder gleichmäßig verteilt sind. In den Triebrädern ist somit ein Ausgleich für die hin und her gehenden Massen nicht angebracht, da das hier ausgeführte Gegengewicht bereits reichlich groß ist.

Der Rahmen besteht aus Blechplatten von 25 mm Stärke, die durch Längs- und Querstreben miteinander verbunden sind.

Lokomotive und Tender werden durch eine Schraubenkupplung miteinander verbunden; die Feder im Tenderzugkasten hat eine Spannung von 6000 kg.

Die Tragfedern der Kuppelachsen sind unterhalb, die der Laufachse oberhalb der Achsbüchsen angebracht. Letztere ist als Querfeder mit 130 × 13 mm Querschnitt der einzelnen Blätter ausgebildet. Die anderen Federn haben Federstahl von 90 × 13 mm Querschnitt. Ihre Beanspruchung beträgt etwa 40 kg/qmm, während die vordere Querfeder mit 60 kg/qmm beansprucht wird. Die Federn der hinteren drei Kuppelachsen sind durch Ausgleichhebel miteinander verbunden, die vordere Laufachse und die erste Kuppelachse zu einem Drehgestell der Bauart Zara vereinigt.

Die Führung des Drehgestells übernimmt der Drehzapfen, während die Belastung durch zwei neben dem Drehzapfen liegende Gleitpfannen durch den Hauptrahmen erfolgt. Die Ausschläge von der Mittelstellung nach beiden Seiten betragen für die Kuppelachse 20 und für den Drehzapfen 30 mm. Blattfedern in der Ebene des Drehzapfens bringen das Drehgestell in die Mittellage zurück und bewirken beim Lauf in der Geraden einen schlingerfreien Gang. Die auf die Kuppelachse entfallende Last wird durch ein auf die Querfeder sich stützendes Druckstück mittels Hängeeisen auf die Achslager übertragen, die durch die zwischen den Hauptrahmen befindlichen Gleitbacken geführt werden. Beim Bruch der Querfeder stützen sich die an den Federbund befindlichen Ansätze auf den Querhebel, der mit seinen Enden auf den Bolzen des Federhängeeisens ruht und durch Fangbügel gesichert ist. Die auf die Laufachse entfallende Last wird in einfacher Weise durch zwei auf die Lager sich stützende Federn übertragen.

Die drei oberen Reihen Stehbolzen sowie die sämtlichen äußeren Reihen haben im Gewinde 30 mm Durchmesser erhalten, während die übrigen Stehbolzen mit 25 mm Gewinde ausgeführt sind. Die drei oberen Reihen der Seitenwände sind aus

Manganbronze, die übrigen aus Kupfer angefertigt. Im unteren Teil des Rundkessels ist innen ein Schutzbelag aus 5 mm dicken Blechen vorgesehen um das Anrosten zu verhüten. Bei einem Wasserstand von 150 mm über der Feuerbüchsdecke faßt der Kessel etwa 5,6 cbm Wasser, die Verdampfungsoberfläche beträgt bei diesem Wasserstand etwa 8,5 qm.

Die Speisung des Kessels wird bewirkt durch zwei nicht saugende Dampfstrahlpumpen Bauart Friedmann.

Der Austritt des Wassers durch die am Rundkessel angebrachten Speiserückschlagventile erfolgt nicht unmittelbar in den Kessel, sondern zunächst in einen Wasserreiniger Bauart Gölsdorf (vgl. Abb. 288—290).

Der Rost ist in seinem vorderen Teil als Kipprost ausgebildet.

Der Regler ist ein Flachschieberregler mit Entlastungsschieber. Bei ganz geöffnetem Regler beträgt die Durchgangsöffnung 8235 qmm oder $1/20$ des Zylinderquerschnitts.

Das Blasrohr ist verstellbar eingerichtet. Der kleinste Blasrohrquerschnitt beträgt 10300 qmm, der größte 16 600 qmm oder $1/21$ beziehungsweise $1/13$ des Zylinderquerschnittes.

Auf Wunsch der Bahngesellschaft wurde das Dampfeinströmrohr am Zylinder mit einer Stopfbüchse versehen. Zur Schmierung der Kolben und Schieber ist ein Zentralöler Bauart Detroit (Galena-Apparat) mit sechs Ölabgabestellen vorgesehen; außerdem können dieselben Ölstellen noch von Hand durch einfache Schmiergefäße geölt werden.

Der Steuerbock der Walschaert-Steuerung ist abweichend von der üblichen Anordnung am Kessel befestigt; bei Bestimmung der Länge der Steuerstange ist auf die Ausdehnung des Kessels Rücksicht genommen.

Sämtliche Achsen der Lokomotive sind einseitig gebremst durch eine Luftsaugebremse Bauart Hardy. Die festen Achsen können auch noch durch eine Spindelbremse gebremst werden. Für längere Gefällestrecken ist außerdem noch eine Le Chatelier-Bremse vorgesehen.

Die Sandung der Schienen erfolgt durch einen Hand- und einen Dampfsandstreuer. Außerdem ist die Lokomotive mit einer Vorrichtung zur Entnahme von Heizdampf versehen, der durch ein selbsttätiges Druckminderungsventil Bauart Wolf, Magdeburg, auf 4 Atm. abgespannt wird. Das Niederschlagswasser wird durch einen Wasserabscheider Bauart Heintz abgeleitet.

11. 2 D - Heißdampflokomotive für die Madrid—Zaragossa—Alicante-Eisenbahn.

a) 2 D-Vierzylinder-Verbund-Schnellzuglokomotive, gebaut von der Hannoverschen Maschinenbau-Aktiengesellschaft, vormals Georg Egestorff.

b) 2 D-Zweizylinder-Güterzuglokomotive von Henschel & Sohn, Cassel.

Für den Entwurf waren folgende Bedingungen maßgebend: Der Achsdruck sollte 15 t nicht erheblich überschreiten. Als kleinste Krümmungen kommen Weichenkurven von 180 m Halbmesser ohne Spurerweiterung in Betracht. Die Schnellzuglokomotive muß Wagenzüge von 280 t Gewicht mit 50 km/st über Steigungen von $15^0/_{00}$ befördern; die Güterzuglokomotive soll 350 t Mindestlast mit 30 km/st auf gleicher Steigung befördern. Die zur Verwendung kommende Kohle hat einen Heizwert von 7000 WE/kg.

Auf Grund dieser Angaben ergaben sich für die in Abb. 560 und Tafel 26 dargestellten Lokomotiven folgende Hauptabmessungen:

	Sz.-Lok.	Gz.-Lok.
Zylinderdurchmesser:		
Hochdruck . . . mm	420	580
Niederdruck . . ,,	640	—
Kolbenhub . . . . ,,	650	660
Triebraddurchmesser ,,	1600	1400
Laufraddurchmesser ,,	975	850
C_1 . . . . qcm	1665	1585
Fester Radstand . mm	3400	3200
Gesamtradstand . . ,,	9700	8700
Kesseldruck . . . Atm.	16	12
Kesselmitte über		
Schienenoberk. . mm	3000	2900
Heizflächen:		
Feuerbüchse . . qm	14,67	14,10
Siederohre . . . ,,	186,46	203,50
zusammen	201,13	217,60
Überhitzerheizfläche qm	57	60,6
Rostfläche . . . . ,,	4,1	3,9
Siederohre, Anzahl Stck.	185	214
Durchmesser mm	45/50	45/50
Rauchrohre, Anz. Stck.	24	27
Durchmesser mm	130/138	125/133
Siederohrlänge . . .,	5250	5000
Leergewicht . . . . t	79	69,92
Dienstgewicht . . . . t	88	78,55
Reibungsgewicht . . . t	61	58,30
Tenderleergewicht . . t	24,5	18,3
Tenderdienstgewicht . t	56	36,3
Wasservorrat . . cbm	25	14
Kohlenvorrat . . . t	6	4
Spurweite . . . . mm	1676	1676

Abb. 560. 2 D-Heißdampf-Schnellzuglokomotive der Madrid—Zaragossa—Alicante-Eisenbahn.

Für die Schnellzuglokomotive wurde als größte Dauerleistung 1990 PS_i rechnerisch ermittelt, was einer Leistung von 485 PS_i und einer Rostanstrengung von 580 kg/qm entspricht. Die sich ergebende große Rostfläche bedingt die Anwendung einer breiten Feuerbüchse und gestattet bei der hohen Kessellage eine Tiefe unter den Siederohren von 700 mm, die im Hinblick auf die zur Verwendung gelangende Kohle erstrebenswert erschien. Der Kessel besteht aus zwei zylindrischen Schüssen, deren größter lichter Durchmesser 1680 mm beträgt.

Der Schmidtsche Rauchrohrüberhitzer besteht aus 3×8 Einheiten. Der Rost ist teilweise als Kipprost ausgebildet. Als Regler dient ein Ventilregler Bauart Zara. Die Blasrohrmündung ist durch eine Düse vom Führerstand aus zu verstellen; die Einrichtung hat sich bei den stark wechselnden Streckenneigungen der spanischen Bahnen und der dadurch hervorgerufenen weitgehenden Belastungsschwankungen bestens bewährt. Der Rahmen ist in seinem hinteren Teil als Plattenrahmen, vorn als Barrenrahmen ausgebildet. Wegen der großen Durchmesser der Niederdruckzylinder mußte er vorn nach außen abgekröpft werden. Je ein Hoch- und Niederdruckzylinder sind zusammengegossen und in der Mitte verschraubt. Der obere Teil des Gußstücks bildet einen Sattel, auf dem der Kessel verschraubt ist. Sämtliche vier Zylinder liegen in einer Ebene; die Niederdruckzylinder haben eine Neigung von 1:38 erhalten, um das nötige Seitenspiel des Drehgestells zu erzielen und um mit dem innen einseitig geführten Kreuzkopf über die hintere Drehgestellachse hinwegzukommen. Hoch- und Niederdruckzylinder haben ein Zylinderverhältnis von 1:2,325; sie werden durch einen gemeinsamen Kolbenschieber gesteuert. Der innen liegende Hochdruckschieber hat einen Durchmesser von 320 mm, während die beiden außerhalb liegenden Niederdruckschieberhälften 440 mm Durchmesser haben. Die Niederdruckfüllung ist bei den meistgebrauchten Füllungen etwa $10^0/_0$ größer als die Hochdruckfüllung. Die schädlichen Räume sind zur Vermeidung von Schleifenbildung für die Hochdruckzylinder auf $20^0/_0$, für die Niederdruckzylinder auf $14^0/_0$ bemessen. Bei ausgelegter Steuerung erhalten die Niederdruckzylinder durch kraftschlüssig eingeschaltete Füllventile eine zusätzliche Dampffüllung, die eine größte Füllung bis zu $82^0/_0$ gestattet. Die Zylinder sind mit doppeltem Druckausgleich versehen. — Es werden nicht nur Deckel- und Kurbelseite desselben Zylinders, sondern auch die entsprechenden Seiten von Hoch- und Niederdruckzylinder durch ein selbsttätiges Ventil verbunden, das in Tätigkeit tritt, sobald der Regler geschlossen wird. Die Lokomotive ist außerdem mit einer Einrichtung versehen, die für den Fall, daß am Niederdrucktriebwerk irgend eine Störung eintritt, gestattet, daß mit den Hochdruckzylindern allein gefahren werden kann. Zu dem Zweck ist zwischen dem Verbinderraum und Auspuff ein Hahn geschaltet, durch den der Abdampf des Hochdruckzylinders unmittelbar in den Schornstein geleitet werden kann. Mit dem Zylindergußstück ist das Drehgestell durch einen Zapfen unter Zwischenschaltung einer Wiege verbunden, die einen Ausschlag des Drehgestells von 60 mm zuläßt. Zur Erleichterung des Laufes durch Krümmungen ist die zweite Kuppelachse um 5 mm abgedreht, die letzte Achse kann sich 20 mm nach jeder Seite verschieben. Die Lokomotive ist mit einer Luftsaugebremse ausgerüstet.

Auch für die in Tafel 26 dargestellte Güterzuglokomotive ergab sich mit Rücksicht auf den zur Verwendung kommenden Brennstoff eine fast 4 qm große Rostfläche von 1626 mm Breite und 2400 mm Länge. Der Rest besteht aus Flußeisenstäben von 10 mm Kopfbreite und 11 mm Luftspalt und ist in seinem mittleren Teil mit einer Kippvorrichtung versehen. Der Aschkasten hat zwei vordere und eine hintere Luftklappe.

Der Kessel ist mit zwei $3^1/_2{}^0$ Coale-Sicherheitsventilen und mit zwei unter dem Führerstande angeordnete nichtsaugende Dampfstrahlpumpen Bauart Friedmann ausgerüstet.

Der am Rauchkammerträger mit dem Blechrahmen verbundene Kessel ruht mit der Feuerbüchse mittels je zwei Gleitplatten auf einem vorderen und hinteren Stahlgußträger.

Der vordere Teil des aus 32 mm starken Blechplatten bestehenden Rahmens ruht auf seitlichen Gleitplatten des zweiachsigen Drehgestells. Der hintere Teil hängt in den unter Achsbüchsen der Trieb- und Kuppelachsen angeordneten Tragfedern von 900 mm Länge, von denen je drei durch Ausgleichhebel miteinander verbunden sind. Die Trieb- und Kuppelachslager haben gehärtete Gleitschuhe.

Um die verlangte Kurvenläufigkeit der Lokomotiven zu ermöglichen, hat das Drehgestell nach jeder Seite 40 mm und die hintere Kuppelachse 15 mm Ausschlag.

Die Dampfverteilung von 10—80 % Füllung erfolgt durch Kolberschieber mit doppelter innerer Einströmung und kleinen, federnden Dichtungsringen. Die Einströmdeckung beträgt 31 mm, die Ausströmdeckung 0 mm.

Für Leerfahrt ist auf dem Einströmraum des Überhitzerkastens ein Luftsaugeventil mit vier kleinen Tellerventilen angebracht. Die Zylinderdeckel sind gegen Wasserschläge mit Sicherheitsventilen versehen. Kolben und Schieber werden durch einen Dampfsichtschmierapparat geschmiert. Das Blasrohr ist mit einer verstellbaren Auspuffdüse versehen, deren birnenförmig ausgebildetes Einsatzstück vom Führerstand aus mittels Spindel und Handrad gehoben oder gesenkt werden kann.

Die Lokomotive ist mit einer Luftsaugebremse, einer Gegendampfbremse, einem Dampfsandstreuer Bauart Grescham und einer Dampfheizungseinrichtung Bauart Heintz ausgerüstet.

Der Tender wird doppelseitig und durch eine Handbremse gebremst.

Mit diesen Güterzuglokomotiven wurden auf der Strecke Baeza—Alumradiel Versuchsfahrten angestellt.

Die 59 km lange Strecke weist eine fast andauernde Steigung von 14,7 ⁰/₀₀ mit zahlreichen Rechts- und Linkskrümmungen von 500 bis 600 m Halbmesser auf. Es konnte ein aus 30 Wagen bestehender Zug von 498 t Gewicht auf dieser Strecke mit einer mittleren Geschwindigkeit von 30 km/st befördert und die eingangs erwähnte Bauvorschrift um rund 40 v. H. überschritten werden.

12. E-Heißdampf-Zwilling-Güterzuglokomotive der schwedischen Staatsbahnen.

Gebaut von Motola verkstads nya A.-B. und Nydqvist & Holm in Trollhättan.

Diese in Tafel 27 dargestellte, von der schwedischen Staatsbahn zum Befördern schwerer Erzzüge bestimmte Lokomotive zeichnet sich dadurch aus, daß sie die größten Zylinder aller europäischen Zwillingslokomotiven besitzt und überhaupt wohl die schwerste und leistungsfähigste fünfachsige Güterzuglokomotive Europas ist.

Der aus drei Schüssen von 17,5 mm Stärke zusammengesetzte Langkessel hat einen inneren Durchmesser von 1800 mm, die Schüsse sind nicht überlappt, sondern durch Laschennietung miteinander verbunden. Die indirekte Heizfläche wird durch 193 Siederohre von 44/50 mm und 30 Rauchrohre von 124/133 mm Durchmesser und 4800 mm Länge gebildet und beträgt 183 qm. Die kupferne Feuerbüchse mit ziemlich senkrechten Seitenwänden hat eine etwas gewölbte Decke, es ist dadurch möglich geworden, 30 Rauchrohre in 4 Reihen übereinander unterzubringen, wobei die oberste Reihe 6, die drei unteren je 8 Rohre besitzen. Die Rostfläche von 3,15 qm ist nach vorn zu etwas geneigt und an der Rohrwand als Kipprost ausgebildet. Der verhältnismäßig weite Dom ist oben durch einen Stahlgußdeckel abgeschlossen, der auf einen ebenfalls aus Stahlguß bestehenden Winkelring aufgeschraubt ist. Die Lokomotive hat zwei Sandkasten, von denen der vordere mit unter der Domverschalung liegt. Die Tür zum Reinigen der Rauchkammer hat des besseren Abdichtens wegen einen sehr kleinen Durchmesser bekommen, zum Herausnehmen der Überhitzerelemente oder der Siederohre kann die vordere Rauchkammerwand abgeschraubt werden.

Der Rahmen ist nach amerikanischen Vorbildern als Stahlgußbarrenrahmen ausgebildet und besteht aus zwei Teilen, die hinter der dritten Achse durch Keile und Schrauben miteinander verbunden sind.

Zwischen den Zylindern ist der Rahmen als Plattenrahmen ausgeführt. Als Querversteifung dient ein kräftiges Gußstück, in das die Ausströmrohre mit eingegossen sind. Wegen der breiten Feuerbüchse liegen die durch Ausgleichhebel verbundenen Federn der vierten und fünften Achse unterhalb der Achslager, die vorderen drei Tragfedern sind ebenfalls durch Hebel verbunden, so daß die Lokomotive in vier Punkten unterstützt ist.

Die Zylinder von 700 mm Durchmesser mußten ihrer Größe wegen und weil die Triebräder nur 1300 mm Durchmesser haben, 1:20 geneigt angeordnet werden. Trotz der großen Kolbenkräfte haben die Achsschenkel der Triebachse nur 212 mm Durchmesser bei einer Länge von 250 mm; auch der Zapfendurchmesser der Triebkurbel beträgt nur 160 mm, so daß sich ziemlich hohe Flächendrücke bei Ausübung großer Zugkräfte ergeben. Die zum Ausgleich der großen hin- und hergehenden Massen dienenden Gegengewichte waren bei dem kleinen Raddurchmesser von 1300 mm schwer unterzubringen. Um größere Gewichte zu erzielen, hat man das Gegengewicht der Triebachsen durch Bleieinguß hergestellt.

Die Endachsen sind zum leichteren Durchfahren von Krümmungen um je 20 mm nach jeder Seite verschieblich. Die Achslager der vorderen Achse sind miteinander verbunden und verschieben sich mit der Achse gleichzeitig in den Achslagerführungen. Die Federn sind fest am Rahmen geführt und bewirken durch keilförmige Gleitstücke mit einer Neigung 1:8 die Rückstellung in der Geraden. Die letzte Achse ist in gewöhnlicher Weise mit den Schenkeln im Achslager verschiebbar. Die Kuppelstangenlager sind nicht nachstellbar, sondern als einfache, nach eingetretener Abnutzung leicht auswechselbare Büchsen ausgebildet.

Die Walschaert-Steuerung treibt Kolbenschieber mit federnden Ringen und Trickkanal nach Schmidtscher Bauart an. Die Druckausgleichvorrichtung für den Leerlauf besteht aus zwei Ventilen, die auf den Einströmkanälen sitzen und die eine unmittelbare Verbindung dieser Kanäle mit dem Einströmungsraum des Schieberkastens herstellen. Beim Arbeiten der Lokomotive unter Dampf sind sie durch den auf ihnen ruhenden Dampfdruck geschlossen. Beim Absperren des Dampfes öffnen sie sich selbsttätig und verbinden dann die beiden Kolbenseiten untereinander und mit dem Einströmrohr. Die Bremsung erfolgt durch eine Druckluftbremse; es werden alle fünf Achsen einseitig gebremst, und zwar die ersten drei von vorn, die vierte und fünfte von hinten. Bemerkenswert ist noch, daß die Luftpumpe sowohl für die Preßluft als auch für den Dampf mit zweistufiger Dehnung arbeitet. Der Führerstand ist allseitig geschlossen.

Bei den Versuchsfahrten beförderte die Lokomotive einen Erzzug von 1456 t einschließlich Lokomotive auf einer Steigung von 1:100 mit einer Geschwindigkeit von 12,1 km in der Stunde, wobei die ausgeübte Zugkraft etwa 18 400 kg betrug, was einer Leistung von rund 825 PS_i entspricht. Mit einem $C_1 = 2410$ betrug dabei der mittlere indizierte Druck

$$p_{mi} = \frac{Z}{C_1} = \frac{18400}{2410} = \sim 7{,}6 \text{ Atm.},$$

der bei etwa 45 % Füllung erreicht wird. Die günstigste Geschwindigkeit ergibt sich rechnungsgemäß bei rund 35 km Geschwindigkeit, wobei die Lokomotive dann 1100 bis 1150 PS_i leistet.

Nach einer Mitteilung der schwedischen Staatsbahn bewähren sich diese Lokomotiven, von denen 5 im Betriebe sind, gut. Die großen Zylinderkräfte haben eine ungünstige Wirkung auf den Gang der Lokomotive nicht ausgeübt.

13. 1E-Heißdampf-Zwilling-Tenderlokomotive für die Gewerkschaft Altenberg.
Gebaut von A. Borsig, Berlin-Tegel.

Auf einer etwa 23 km langen Sandversatzbahn in Oberschlesien sind Lastzüge zu befördern, die sich aus 20 dreiachsigen Wagen zu je 56 t Gewicht zusammensetzen. In der Lastrichtung befinden sich mehrere Steigungen von 1:130. Für die Ermittlung der Hauptabmessungen war die notwendige Leistung in dieser Steigung maßgebend. Das Dienstgewicht der Lokomotive war zu $G_1 = 97$ t angenommen. Legt man für die Rechnung eine Fahrgeschwindigkeit von 25 km/st zugrunde, so erhält man für den Fahrwiderstand der Lokomotive in der Steigung

$$W_1 = G_1 \left(2{,}5 + \frac{V^2}{1500} + s\,^0/_{00}\right) = 97\,(2{,}5 + 0{,}4 + 7{,}7) = 1030 \text{ kg}.$$

Für den Wagenzug, der aus Wagen mit sehr hohem Ladegewicht besteht, kann, wie in Amerika stattgehabte Versuche zeigen, der Grundwiderstand geringer als sonst üblich angenommen werden. In unserem Falle ist er zu 2,0 kg/t geschätzt. Damit ergibt sich der Gesamtwiderstand des Wagenzuges G_2 zu

$$W_2 = G_2 \left(2{,}0 + \frac{V^2}{3000} + s\,^0/_{00}\right) = 1120\,(2{,}0 + 0{,}21 + 7{,}7) = 11100 \text{ kg}.$$

Der Gesamtwiderstand von Wagenzug und Lokomotive ist also

$$W_g = W_1 + W_2 = 12130 \text{ kg}.$$

Er entspricht einer Leistung am Radreifen der Lokomotive von

$$N_e = \frac{W_g \cdot V}{270} = \frac{12130 \cdot 25}{270} = 1125 \text{ PS}.$$

Rechnet man für die Reibungsverluste im Triebwerk als Zuschlag 40 PS, so hat der Kessel im Höchstfalle zu liefern

$$N_i = N_e + 40 = 1165 \text{ PS}.$$

Bei den langsam fahrenden Güterzuglokomotiven lassen sich bekanntlich nicht so hohe Rostanstrengungen erzielen, wie sie bei den schnellfahrenden Lokomotiven der Personenzüge die Regel bilden. Zur Ermittlung der Größe der Rostfläche R soll daher mit einer Verbrennung $\frac{B}{R}$ von 400 kg/m² Kohle in der Stunde gerechnet werden. Wird ein Brennstoffverbrauch von 1,1 kg für die PS-st angenommen, also $\frac{B}{PS_i} = 1{,}1$ kg gesetzt, dann ergibt sich aus

$$R = PS_i \cdot \frac{B}{PS_i} \cdot \frac{1}{\frac{B}{R}}$$

$$R = \frac{1165 \cdot 1{,}1}{400} = 3{,}2 \text{ qm}.$$

Für die Bemessung der Triebraddurchmesser war zu berücksichtigen, daß wegen der großen erforderlichen Zugkräfte ein möglichst kleiner Durchmesser von Vorteil ist. Andererseits war aber die Bedingung gestellt, daß die Lokomotive befähigt sein sollte, in der Ebene eine Fahrgeschwindigkeit von 50 km/st zu erreichen. Mit Rücksicht hierauf ist der Triebraddurchmesser auf 1250 mm festgesetzt worden.

Die Zylinderdurchmesser wurden sehr reichlich bemessen, da die Hälfte des Weges der Lastzüge in der Steigung liegt. Es wurde angenommen, daß auch für die Fahrt in der Steigung 1:130 keine größeren Mitteldrücke als 5,5 kg/qcm im Zy-

1 E-Heißdampf-Zwilling-Tenderlokomotive für die Gewerkschaft Altenberg.

Abb. 561. 1 E-Heißdampf-Tenderlokomotive der Gewerkschaft Altenberg.

linder auftreten sollten, entsprechend einer Füllung von etwa 40—50%, damit noch eine erhebliche Dampfdehnung erzielt werde. Da der Widerstand in der Steigung wie oben ermittelt etwa 12000 kg beträgt, so ist die notwendige Zugkraftcharakteristik C_1 der Lokomotive zu ermitteln aus der Gleichung

$$Z = C_1 \cdot p_m.$$

Es ergibt sich

$$C_1 = \frac{Z}{p_m} = \frac{12\,000}{5,5} = 2180.$$

Da die Charakteristik

$$C_1 = \frac{d^2 s}{D}$$

nur eine Beziehung zwischen Kolbendurchmesser, Kolbenhub und Triebraddurchmesser darstellt, so ergibt sich der Zylinderdurchmesser d, den Kolbenhub $s = 64$ cm festgesetzt, zu

$$d = \sqrt{\frac{C_1 \cdot D}{s}} = \sim 64 \text{ cm}.$$

Die auf 1 t Reibungslast bezogene Zugkraftcharakteristik ist

$$C_2 = \frac{C_1}{G_r} = \frac{2180}{87,5} = 25 \text{ qcm/t}.$$

Sie zeigt also einen guten Wert.

Für die Fahrten in der Ebene sind die Widerstände bei 50 km/st Fahrgeschwindigkeit:

1. der Lokomotive

$$W_1 = G_1 \left(2,5 + \frac{V^2}{1500}\right) = 97\,(2,5 + 1,67) = 425 \text{ kg},$$

2. des Wagenzuges

$$W_2 = G_2 \left(2,0 + \frac{V^2}{3000}\right) = 1120 \cdot 2,83 = 3170 \text{ kg}.$$

Am Triebradumfang ist also eine Gesamtzugkraft

$$Z_e = W_1 + W_2 = \sim 3600 \text{ kg}$$

erforderlich. Diese entspricht einer Leistung von

$$N_e = \frac{Z_e \cdot V}{270} = \frac{3600 \cdot 50}{270} = \sim 670 \text{ PS}_e.$$

Die nach diesen Erwägungen ausgeführte und in Abb. 561 sowie Tafel 28 dargestellte Lokomotive wiegt im leeren Zustande 76,5 t. Von dem Dienstgewicht von ungefähr 97 t entfallen auf die Kuppelachsen etwa 85 t. Die Laufachse ist mit 12 t belastet. Das Gewicht über den Kuppelachsen ist auf dieselben annähernd gleichmäßig verteilt. Es ergibt sich demnach ein Raddruck von ungefähr 8,5 t.

Der Gesamtradstand der Lokomotive beträgt 8,0 m, der feste Radstand 2,8 m. Nach der Betriebsvorschrift soll die Lokomotive Krümmungen mit einem kleinsten Halbmesser von 200 m zwanglos durchlaufen. Um dies zu erreichen, ist die Laufachse mit der vorderen Kuppelachse zu einem Kraußschen Drehgestell bekannter Bauart vereinigt, während die hintere Achse eine Seitenverschiebbarkeit von 20 mm nach jeder Seite erhalten hat. Eine zeichnerische Ermittlung ergab, daß das Fahrzeug selbst Krümmungen von 180 m Halbmesser bei einer Spurerweiterung von 15 mm ohne Schwierigkeit durchlaufen kann. Die drei mittleren Achsen sind im Rahmen fest gelagert.

Die Trieb- und Kuppelradsätze haben einen Durchmesser von 1250 mm, der Laufradsatz einen solchen von 1000 mm. Die festgelagerten Kuppelachsen haben

1 E-Heißdampf-Zwilling-Tenderlokomotive für die Gewerkschaft Altenberg.

Achsschenkel von 260 mm Länge bei einem Durchmesser von 205 mm. Die Trieb- und Kuppelzapfen haben einen Durchmesser von 190 mm und eine Länge von 120 mm. Demnach sind sämtliche Lagerstellen reichlich bemessen.

Die Baustoffe für Achsen, Radsterne und Reifen sind nach den hierfür geltenden Vorschriften der Preußischen Staatsbahn zur Ausführung gebracht. Die Abmessungen der Radreifen entsprechen den hierfür maßgebenden technischen Vereinbarungen.

Der Lokomotivrahmen ist aus Platten, Blechen und Winkeln zusammengesetzt. Er ruht mittels kräftiger, unterhalb der Kuppelachsen und oberhalb der Laufachse angeordneter Tragfedern auf den Achsen. Die Federn der zweiten und dritten, sowie der vierten und fünften Kuppelachse sind durch je einen Ausgleichhebel miteinander verbunden. Auf eine kräftige Versteifung der Rahmenplatten ist besonderes Gewicht gelegt. Die Pufferbohlen sind mit Mittelpuffern der Bauart van der Zypen und Charlier ausgerüstet.

Auf dem Rahmen ist der Kessel zuverlässig gelagert. Die Kesselachse liegt 2800 mm über Schienenoberkante. Diese hohe Lage des Lokomotivkessels ermöglicht eine günstige Ausbildung des Rostes, dessen Oberfläche 3,25 qm groß ist. Die wasserberührte Heizfläche beträgt im ganzen 182 qm. Davon entfallen auf die Feuerbüchse 14 qm, auf die Heizrohre 168 qm. Die Überhitzerheizfläche ist 52 qm groß.

Der Langkessel ist aus zwei Blechschüssen von 17 mm Wandstärke zusammengesetzt. Der kupferne Feuerbuchsmantel hat eine Wandstärke von 15 mm. Die Rohrwand ist 25 mm stark. Es sind 163 Siederohre von 45 mm innerem und 50 mm äußerem Durchmesser mit Kupferstutzen vorgesehen.

Der Überhitzer Schmidtscher Bauart ist in 24 eisernen Rauchrohren von 125 mm innerem und 133 mm äußerem Durchmesser untergebracht. Die Rauchkammer ist 1600 mm lang. Sie ist also sehr groß ausgeführt und gestattet eine günstige Unterbringung der Rohrleitungen. Ferner bietet sie ausreichenden Raum für die Lösche.

Die Ausrüstung des Kessels ist die übliche. Der Arbeitsdruck des Kessels beträgt 12 Atm.

Von dem Überhitzerkasten strömt der Heißdampf in die in Zwillingswirkung arbeitenden Dampfzylinder. Diese haben einen Durchmesser von 640 mm bei einem Hube des Kolbens von gleicher Größe. Der Kolben steht durch die Kolbenstange von 70 mm Durchmesser mit dem einschienig geführten Kreuzkopf in Verbindung. Die Triebstange wirkt auf die mittlere gekuppelte Achse. Trieb- und Kuppelstangen sind mit nachstellbaren Lagern ausgerüstet.

Die Dampfverteilung vermitteln durch eine Walschaert-Steuerung angetriebene Hochwald-Kolbenschieber.

Die 1 E-Tender-Lokomotive ist mit reichlichem Raum für Betriebsvorräte ausgestattet. Sie vermag einen Wasservorrat von 12 cbm und einen Kohlenvorrat von 3 t mit sich zu führen. Sie ist mit Druckluft- und Handbremse versehen. Jede der Kuppelachsen ist durch einen auf die Vorderfläche der Radreifen wirkenden Bremsklotz gebremst.

Das Führerhaus ist recht geräumig gehalten und bietet der Mannschaft bei Durchführung des Dienstes manche Bequemlichkeit.

Die Hauptabmessungen der Lokomotive sind:

Zylinderdurchmesser	640 mm
Kolbenhub	640 mm
Triebraddurchmesser	1250 mm
Fester Radstand	2800 mm
Gesamtradstand	8000 mm
Dampfdruck	12 Atm

Rostfläche	3,25 qm
Heizfläche	182 qm
Überhitzerheizfläche	52 qm
Gesamtheizfläche	234 qm
Leergewicht	76,5 t
Dienstgewicht	97,0 t
Reibungsgewicht	85,0 t

14. 1E-Heißdampf-Vierzylinder-Verbund-Güterzuglokomotive der Paris—Orléans—Bahn.

Gebaut von der Elsässischen Maschinenbau-Aktiengesellschaft in Belfort.

Die auf der Weltausstellung in Brüssel 1910 gezeigte 1E-Lokomotive ist nach der bei dieser Bahn beliebten Verbundanordnung der Bauart De Glehn ausgeführt. Der Achsdruck der Kuppelachsen beträgt nur 15,4 t, obwohl bei dieser Bahn Schnellzuglokomotiven mit 18 t Triebachsdruck verkehren! Gleichwohl ist noch eine vordere Laufachse angewendet, die mit nur 8,3 t belastet und nur durch die Innenzylinder bedingt ist, die für die vordere Kuppelachse einen zu großen Achsdruck ergeben hätten. Die Lokomotive hätte ohne weiteres als einfache Zwillingslokomotive gebaut werden können, wobei die Zylinder nicht einmal übermäßig groß ausgefallen wären. Die vordere Laufachse hätte dabei fortfallen können; das Reibungsgewicht konnte leicht entsprechend vergrößert werden, und die Lokomotive wäre damit ganz erheblich einfacher, billiger und leistungsfähiger geworden. Auch hätte dann ohne weiteres der Kesseldruck von 16 auf 12 Atm. verringert werden können.

Der Rost der in Tafel 29 abgebildeten Lokomotive zeigt, um vor den Siederohren eine möglichst große Tiefe der Feuerbüchse zu erzielen, einen trapezförmigen Grundriß. Der vordere zwischen den Rahmen liegende Teil ist 1000 mm breit und verbreitert sich nach hinten auf 1680 mm. Es ergibt sich bei einer Länge von 2850 mm eine Rostfläche von 3,8 qm. Wegen des hohen Kesseldruckes sind die Wandstärken des Langkessels zu 20 mm angenommen. Die Siederohrlänge beträgt 5250 mm. Der Überhitzer ist in 3×8 Rauchrohren untergebracht. Das Blasrohr ist, wie bei französischen Bahnen vielfach üblich, an seiner Mündung verstellbar. Bei der Ausführung eines Standrohres in der Rauchkammer ergibt sich eine mangelhafte Führung des Abdampfes aus den Niederdruckschieberkästen.

Die vier Zylinder sitzen zwischen der Laufachse und der ersten Kuppelachse. Die beiden Hochdruckzylinder, deren Achsen 12,5:100 geneigt sind, sind zusammengegossen und bilden oben den Rauchkammersattel. Sie treiben die zweite Kuppelachse an, während die außen sitzenden Niederdruckzylinder auf die dritte Kuppelachse wirken. Die Steuerung erfolgt durch Kolbenschieber von 226 und 300 mm Durchmesser, die von zwei voneinander unabhängigen Walschaert-Steuerungen bewegt werden. Die Kreuzkopfführung ist außen zweigleisig, innen sind die Kreuzköpfe durch vier Gleitbahnen geführt! Die Länge der inneren Triebstange beträgt nur 2 m. Der Hub ist innen, um den Bau der Kropfachse zu vereinfachen und ein günstigeres Stangenverhältnis zu bekommen $\left(\dfrac{l}{r} = 6,45\right)$, zu 620 mm ausgeführt; außen beträgt er 650 mm.

Die vordere Laufachse ist nach der Bauart Busse als eine in beiden Fahrtrichtungen gezogene Deichselachse ausgebildet, eine Bauart, die vor der üblichen Bisselachse den Vorteil besserer Einstellung ergibt. Es liegen dabei vor der Achse Lenkstangen, hinten ist sie mit dem Rahmen durch den gewöhnlichen Bisselarm verbunden, der aber bei der Rückwärtsfahrt nur als Mitnehmer dient. Zur Erzielung einer guten Einstellung haben die Bolzen in den Augen entsprechendes

Spiel. Zur Erleichterung der Einstellung in Krümmungen ist die letzte Kuppelachse 2×26 mm seitlich verschiebbar. Bei der 2. und 3. Kuppelachse sind die Spurkränze schwächer gedreht. Sämtliche Kuppelachsen, auch die verschiebbare, werden von vorn einseitig gebremst. Durch den Sandstreuer kann aus zwei auf dem Kessel sitzenden Kästen Sand vor die 1., 2., 4. und 5. Kuppelachse gestreut werden.

Der Tender ist äußerst leicht gehalten, er ist zweiachsig und faßt nur 12 cbm Wasser und 5 t Kohle.

Die Hauptabmessungen dieser Lokomotive sind:

Zylinderdurchmesser:	
Hochdruck	460 mm
Niederdruck	660 mm
Hub:	
Hochdruck	620 mm
Niederdruck	650 mm
Triebraddurchmesser	1400 mm
C_1	2020 qcm
Heizfläche:	
in der Feuerbüchse	15,1 qm
in den Siederohren	186,1 qm
zusammen	201,2 qm
Überhitzer	55,4 qm
Rostfläche	3,8 qm
Kesseldruck	16 Atm.
184 Siederohre zu	45/50 mm
24 Rauchrohre zu	125/133 mm
Reibungsgewicht	76,9 t
Gesamtgewicht	85,2 t
C_2	26,3 qcm/t
Tendergewicht mit vollen Vorräten	31,15 t
Kohlenvorrat	5 t
Wasservorrat	12 cbm

15. 1 F-Vierzylinder-Verbund-Personenzuglokomotive der österreichischen Staatsbahnen.

Gebaut von der Wiener Lokomotivfabrik-Aktiengesellschaft in Wien-Floridsdorf.

Die in Tafel 30 dargestellte Vierzylinder-Verbund-Heißdampflokomotive ist die erste, die nach der 1 F-Bauart ausgeführt ist. Sie wurde nach den Angaben des Oberbaurats Gölsdorf gebaut und dient zur Beförderung schwerer Personen- und Schnellzüge auf den Alpenlinien der österreichischen Staatsbahnen, besonders auf der Tauernbahn.

Die Schwierigkeit beim Bau neuer Lokomotiven mit größerer Leistungsfähigkeit für diese Bahnen liegt darin, daß der Oberbau nur für Achsdrücke bis zu 13,5 t berechnet ist, so daß Lokomotiven für größere Schlepplasten viele gekuppelte Achsen erhalten müssen. Zur Erleichterung der Durchfahrt durch Krümmungen sind die Achsen nach der bekannten Gölsdorfschen Anordnung seitenverschieblich ausgeführt. Bemerkenswert ist hierbei die letzte Achse mit ihrer Kuppelstange. Bei einem Seitenspiel der fünften Achse von 2×26 mm kann sich die sechste Achse um 2×40 mm verschieben. Infolge der kurzen Kuppelstange zwischen den beiden Achsen wäre man mit einfachem Spiel der Stangenlager auf den Kuppelzapfen nicht ausgekommen, man hat sich infolgedessen dadurch geholfen, daß man die Stange mit kardanartig ausgebildeten Köpfen versehen hat, wodurch eine größere Querbeweglichkeit gesichert wird.

Zur Ausnutzung des hohen Reibungsgewichts hat die Lokomotive einen Kessel von 249 qm wasserverdampfender Heizfläche und 47 qm Überhitzerheizfläche. Die Kesselspannung ist 16 Atm., da die Maschine mit Verbundwirkung arbeitet. Der innere Kesseldurchmesser beträgt am dritten Schuß 1855 mm, die Kesselmitte liegt daher sehr hoch, 2980 mm über Schienenoberkante. Durch die hohe Kessellage ist eine gute Übersichtlichkeit des inneren Triebwerks erreicht. Der zweite Kesselschuß ist konisch, wobei die untere Linie des Kessels wagerecht liegt. Die mittelbare Heizfläche wird durch 210 Siederohre von 48/53 mm Durchmesser und 27 Rauchrohre von 125/133 mm Durchmesser und 5000 mm Länge erzielt. Der Feuerbüchsmantel hat senkrechte Seitenwände, die Rückwand ist nach vorn zu etwas abgeschrägt. Die Rostfläche des Kessels beträgt 5 qm und liegt über den Rädern. In die Feuerbüchse ist eine Ölzusatzfeuerung eingebaut. Das Öl wird durch zwei Brenner nach der Bauart Holden (fünfter Abschnitt 1f) in den Feuerraum unter einen langen Schirm eingespritzt. Zur Verminderung der Wärmeausstrahlung ist der im Führerhaus liegende Teil des Kessels mit Blauasbestmatten bekleidet. Bemerkenswert ist noch, daß die hinteren Enden der Rauchrohre als Spiralwellrohre nach dem Patent Pogany-Lahmann ausgeführt sind. Diese Bauart soll ein besseres Dichthalten der Einwalzstelle in der Feuerbüchsrohrwand bewirken. Die Rauchrohre haben im Betriebe infolge ihres größeren Durchmessers eine höhere Wandungstemperatur, als die engeren Siederohre, da die durch sie abziehenden Heizgase heißer sind, als die durch letztere hindurchtretenden. Sie werden sich infolgedessen mehr ausdehnen, als die Siederohre und starke Drücke auf ihre Befestigungsstellen ausüben. Durch die Wellenform soll nun das Rauchrohr in der Längsrichtung nachgiebiger werden als ein gewöhnliches Rohr!

Der Überhitzer ist ein Schmidtscher Rauchrohrüberhitzer und besteht aus 3×9 Einheiten. Der Regler sitzt auf dem Überhitzerkasten in der Rauchkammer und wird durch eine außerhalb des Kessels liegende Stange betätigt.

Der Rahmen besteht aus 30 mm starken Blechen, die durch wagerechte und senkrechte Versteifungen miteinander verbunden sind. Um den bei der großen Achsenzahl sich ergebenden langen Achsstand möglichst klein zu halten, sind die Achsen sehr nahe zusammengerückt. Bei 1450 mm Raddurchmesser sind die Kuppelachsen nur 1530 mm voneinander entfernt, dabei sind die fünf mittleren Achsen einseitig, und zwar von hinten gebremst. Die vordere Achse ist als Adamsachse mit 50 mm Seitenspiel ausgebildet, die zweite und fünfte Kuppelachse sind 26 mm, die sechste Kuppelachse sogar 40 mm seitlich verschiebbar, die dritte Kuppelachse ist die Triebachse; sie besitzt keine Spurkränze,

Die innenliegenden Hochdruckzylinder von 450 mm Durchmesser liegen geneigt und bilden mit dem Zylindersattel zusammen ein Gußstück. Die wagerecht und außenliegenden Niederdruckzylinder sind mit dem für Hoch- und Niederdruckzylinder gemeinsamen Schieberkasten zusammengegossen. Die Schieber sind als Kolbenschieber ausgebildet und sitzen hintereinander auf derselben Schieberstange, wodurch der Antrieb der Schieber durch die außenliegende Walschaert-Steuerung sehr einfach wird. Der Schieberkasten ist nur durch kurze Rohre mit dem Niederdruckzylinder verbunden.

Die Lokomotive hat Geschwindigkeiten bis zu 85 km in der Stunde erreicht, ihre Höchstgeschwindigkeit ist im gewöhnlichen Betriebe auf 60 km in der Stunde festgesetzt. Sie hat Züge von 300 t Gewicht auf Steigungen von 27 auf Tausend mit 32 km in der Stunde befördert, was einer Leistung von etwa 1600 PS_i entspricht.

Lokomotiven mit dem Kleinrauchrohr-Überhitzer von Schmidt.

Nach der erfolgreichen Einführung des Schmidtschen Rauchrohrüberhitzers im in- und ausländischen Vollbahnbetriebe hat es sich die Schmidtsche Heißdampf-Gesellschaft m. b. H. Cassel-Wilhelmshöhe zur Aufgabe gemacht, die hohen wirtschaftlichen Vorteile der Heißdampfanwendung auch dem Lokomotivbetriebe auf Klein- und Nebenbahnen und für den Verschiebedienst nutzbar zu machen.

Der vor Jahren in einigen Fällen unternommene Versuch, die im Vollbahnbetriebe so erfolgreiche Bauart des Schmidtschen Rauchrohrüberhitzers auch im Klein- und Nebenbahnbetriebe anzuwenden, bei dem wesentlich anders geartete Betriebs- und Streckenverhältnisse als auf den Vollbahnen vorliegen, hatte damals nicht allen Anforderungen entsprochen. So konnte z. B. die zur Erzielung einer hohen Wirtschaftlichkeit nötige, schnell aufsteigende und gleich hohe Überhitzung wie im Vollbahnbetriebe nicht erreicht werden. Inzwischen ist es auf Grund eingehenden Studiums und der bei verschiedenen Versuchsausführungen gemachten Erfahrungen gelungen, in dem von seinem Erfinder als „Kleinrauchrohrüberhitzer" (Patent Dr. W. Schmidt) bezeichneten Überhitzer eine neue Bauart zu schaffen, die auch den wechselnden Anforderungen des Klein- und Nebenbahn-Lokomotivbetriebes und des Verschiebedienstes in jeder Hinsicht entspricht.

Während die gewöhnliche Bauart des Schmidtschen Rauchrohrüberhitzers für Vollbahnlokomotiven zur Aufnahme der Überhitzerelemente je nach der Größe der Lokomotive zwei bis vier Reihen Rauchrohre von einem erheblich größeren Durchmesser als dem der sogenannten Siederohre vorsieht, kommen bei Anwendung des Kleinrauchrohrüberhitzers nur Kesselrauchrohre (Siederohre) von ein und demselben Durchmesser zur Verwendung, die nahezu alle mit je einem Überhitzerelement besetzt werden. Hierdurch wird erreicht, daß nahezu die ganze erzeugte Gasmenge auf den Überhitzer einzuwirken vermag, und daß deshalb für eine gegebene Dampfmenge und Überhitzungshöhe erheblich geringere Heizgastemperaturen genügen. Weiter ist hierbei angängig, die Überhitzerelemente in einer Entfernung von der Feuerbüchsrohrwand anzuordnen, die es gestattet, auf eine Regelvorrichtung in der Rauchkammer zu verzichten, ohne die Lebensdauer der Überhitzerelemente zu beeinträchtigen. Dadurch wird die Bedienung der Heißdampflokomotiven wesentlich vereinfacht.

Würde dennoch eine Regelung der Dampftemperatur gewünscht, so wäre leicht ein besonderes Ventil anzuordnen, durch das dem Heißdampf Naßdampf zugesetzt werden könnte.

Der Schmidtsche Kleinrauchrohrüberhitzer ist seit etwa acht Jahren bereits bei einer größeren Anzahl von Voll- und Kleinbahnlokomotiven mit bestem Erfolge angewandt worden.

Das von amerikanischen Bahnverwaltungen gegebene Beispiel, Heißdampf in steigendem Maße auch bei Verschiebelokomotiven anzuwenden, verdient auch in Europa Nachahmung. Da bei Verschiebelokomotiven die Niederschlagsverluste recht groß sind, tritt hier im Gegensatz zu weit verbreiteten unrichtigen Anschauungen der Vorteil der Heißdampfanwendung, nämlich eine erhebliche Kohlen- und Wasserersparnis und Mehrleistung und der Fortfall des Spuckens, besonders in die Erscheinung. Die Höhe der durch die Heißdampfanwendung herbeigeführten Wasserersparnis ist für Tenderlokomotiven allgemein von großem Wert, indem dadurch die Möglichkeit des Zurücklegens größerer Strecken ohne Wassereinnahme gegeben wird.

Die Bedienung einer Heißdampflokomotive in der durch Anwendung eines Kleinrauchrohrüberhitzers erreichten Ausführungsform bedingt keine größere Aufmerksamkeit, beziehungsweise stellt keine höheren Anforderungen an die Bedienungsmannschaft als eine Naßdampflokomotive, und die Durchbildung aller Bauglieder der Heißdampflokomotiven hat heute einen solchen Grad erreicht, daß auch die Unterhaltungskosten für Maschinen dieser Art nicht größer sind als bei Naßdampflokomotiven. Allerdings muß regelmäßige und sorgfältige Reinhaltung der Rauchrohre unbedingt zur Pflicht gemacht werden.

Der Einbau des Schmidtschen Kleinrauchrohrüberhitzers ist auch in vorhandene Lokomotiven möglich und auch bereits mit gutem Erfolg durchgeführt worden. Sofern hierbei Flachschieber beibehalten werden müssen, darf allerdings der Überhitzer nur für die Erzielung einer Dampftemperatur von 270 bis 300 Grad bemessen werden, während bei Kolbenschiebermaschinen unbedenklich mit Dampftemperaturen bis 400 Grad gearbeitet werden kann.

16. B-Heißdampf-Zwillings-Straßenbahnlokomotive für die Westlandsche Stoomtram-Gesellschaft in Holland
(ausgerüstet mit Kleinrauchrohr-Überhitzern).

Gebaut von der Aktiengesellschaft für Lokomotivbau „Hohenzollern" in Düsseldorf-Grafenberg.

Die Westlandsche Stoomtram Maatschappij hat sechs Heißdampflokomotiven mit Kleinrauchrohrüberhitzer in Dienst gestellt.

Um einen Überblick zu geben, welche Anforderungen für den Bau dieser Lokomotiven geltend waren, sollen die Betriebsverhältnisse der Bahn kurz beschrieben werden. Fast alle Züge der Gesellschaft dienen gleichzeitig zur Beförderung von Personen-, Post- und Güterwagen. Sie halten nicht nur an den Bahnhöfen, sondern wenn nötig auch an Zwischenhaltestellen zum Ein- und Aussteigen von Reisenden beziehungsweise Auf- und Entladen von Gütern. Die Aufenthaltszeiten auf den Bahnhöfen und Zwischenhaltestellen sind manchmal sehr beträchtlich. Die damit verbrachte Zeit muß zum größten Teil während der Fahrt wieder eingeholt werden, denn die Linien der Bahn sind nur eingleisig ausgeführt und deshalb kann der Betrieb nur dann in fahrplanmäßiger Weise erfolgen, wenn die Züge zu den vorgeschriebenen Zeitpunkten an den Kreuzungsstellen ankommen. Die Zwischenhaltestellen liegen teilweise nur 200 bis 500 m voneinander entfernt, und es halten z. B. auf der 4,9 km langen Strecke Haag—Loosduinen die Westlandzüge bereits 9- bis 10 mal. Besonders auf dieser Strecke wird auf die fahrplanmäßige Beförderung der Züge sehr erheblicher Wert gelegt, weil Verspätungen die erforderliche Regelmäßigkeit des dort eingerichteten Vorortdienstes (ein Zug alle 25 Minuten in beiden Richtungen) sehr stören würden.

Die mit den Lokomotiven zu befördernden Zuglasten steigen noch stetig an, sind jedoch dabei fortwährend großen Schwankungen unterworfen.

Die Streckenverhältnisse sind im allgemeinen nicht ungünstig. Sämtliche Linien haben den Charakter einer Flachlandbahn und die Krümmungen haben mit nur zwei Ausnahmen einen Halbmesser von unter 100 m. Es kommen jedoch einige Stellen vor, die als recht schwierig zu bezeichenn sind und für die an die Lokomotiven zu stellenden Anforderungen maßgebend waren. Im Haag, wo die Bahn anfängt, schließt eine Krümmung von 30 m Halbmesser und etwa 90° Bogenlänge unmittelbar an die dortige Abfahrtsstelle an und darauf folgt eine schwächere Krümmung, die aber in einer Steigung von 1:30 liegt. Die Länge der Westlandzüge, die bei Abfahrt vom Haag meistens aus drei oder vier 14 m langen vierachsigen Personenwagen, einem vierachsigen Post- und Gepäckwagen und zwei zweiachsigen Güterwagen bestehen, ist derart, daß die Lokomotive beim Anfahren nicht nur den Anfahrwiderstand, sondern auch die erheblichen, durch die Krümmung und durch die Steigung verursachten Widerstände gleichzeitig mit zu überwinden hat. Es kommt noch hinzu, daß an dieser Stelle eine ganz niedrige Zuggeschwindigkeit wegen des hier besonders lebhaften Straßenverkehrs polizeilich vorgeschrieben ist. Die Lokomotive kann daher keinen Anlauf nehmen und ist zur Überwindung sämtlicher Widerstände vollständig auf ihre eigene Zugkraft angewiesen.

In den letzten Jahren konnte bei dem stetig wachsenden Verkehr, der seinerseits die Aufenthalte auf den Bahnhöfen und Zwischenhaltestellen vergrößerte und außerdem noch die Zuglasten erhöhte, der Fahrplan mit den vorhandenen Lokomotiven nicht mehr eingehalten werden. Um nur einigermaßen mit den Fahrzeiten auszukommen, mußte die Bahngesellschaft die Anzahl der Zwischenhaltestellen beschränken. Des weiteren wurden täglich zwei besondere Güterzüge eingelegt, aber auch diese Maßregeln schafften nur für kurze Zeit einige Erleichterungen, und sehr bald machte sich das Bedürfnis nach Lokomotiven geltend, die imstande waren, gemischte Züge von 110 t Bruttogewicht anstandslos zu befördern. Als größte Geschwindigkeit mußten 50 km in der Stunde angenommen werden, damit unter allen Umständen etwaige Verspätungen unterwegs wieder eingeholt werden konnten. Gleichzeitig wurde gewünscht, daß die zu beschaffenden Lokomotiven möglichst wirtschaftlich arbeiteten und sich ohne weiteres dem stark wechselnden Verkehr anpaßten.

Auf dieser Grundlage wurde Ende 1910 von der Gesellschaft ein Programm für die Lieferung von 6 Lokomotiven aufgestellt und zur Ausführung der Entwurf der Aktiengesellschaft für Lokomotivbau „Hohenzollern" bestimmt, die Lokomotiven mit klappenlosem, vollbesetztem Rauchrohrüberhitzer nach den Patenten von Wilhelm Schmidt in Cassel-Wilhelmshöhe angeboten hatte. Für die Wahl von Heißdampflokomotiven war hauptsächlich die Erwägung maßgebend, daß die verhältnismäßig großen Zylinder ein sicheres und rasches Anfahren auch auf den ungünstigen Strecken zuließen und daß nur in Verbindung mit Heißdampf die gewünschte Wirtschaftlichkeit erzielt werden konnte.

Die Ausführung des vollbesetzten Überhitzers wurde als allein zweckmäßig erachtet, weil bei den ungewöhnlich kurzen Fahrstrecken und den langen Aufenthalten auf den Stationen nur bei einer sehr großen Überhitzerfläche eine zweckmäßige und rasche Steigerung der Dampftemperatur zu erwarten war.

Von diesen Lokomotiven, deren äußeres Bild das einer Straßenbahnlokomotive ist, deren Leistungsfähigkeit jedoch für starken Lokalbetrieb ausreichen würde, sind in folgendem die Hauptabmessungen und einige der wichtigsten Verhältniszahlen wiedergegeben:

Spurweite	1435 mm
Zylinderdurchmesser (d)	340 mm
Kolbenhub (s)	400 mm
Raddurchmesser (D)	970 mm
Wasservorrat	1750 l
Kohlenvorrat	500 kg
Leergewicht	17 t
Gewicht mit ½ Vorräten (G_r)	20 t
Dienstgewicht mit vollen Vorräten	21 t

$$C_1 = 477, \quad C_2 = \frac{d^2 \cdot s}{D \cdot G_r} = 24.$$

Dampfüberdruck (p)	12 kg/qcm
Anzahl der Rohre von 54/60 Durchmesser	54 Stück
„ „ „ von 45/50 „	4 Stück
Überhitzerelemente von 15/20 „	24 Stück

Freie Länge der Rohre zwischen den Rohrwänden	2180 mm
Feuerberührte Heizfläche der Feuerbüchse	3,6 qm
,, ,, ,, Rohre	21,2 qm
,, ,, des Überhitzers	14,3 qm
Rostfläche	0,8 qm
Verhältnis $\dfrac{\text{Überhitzerfläche}}{\text{Kesselheizfläche}}$	$\dfrac{1}{1,73}$ qm
Ganze Länge der Lokomotive zwischen den Puffern	6110 mm
Größte Breite der Lokomotive	2600 mm
Länge des Führerhauses	4500 mm
Höhe der Kesselmitte über Schienenoberkante	2100 mm
Höhe der Schornsteinmündung über Schienenoberkante	4042 mm
Radstand	2100 mm

Die Bauart der Lokomotive ergibt sich aus der Zeichnung Tafel 31. Bei dem verhältnismäßig großen Radstande von 2100 mm ist die Gesamtlänge der Lokomotive kurz gehalten.

Da die Rostfläche sehr reichlich zu bemessen war, um trotz niedriger Brennschicht eine ausreichende Menge Brennstoff fassen zu können, so wurde ein breiter Rost gewählt, damit hinter der Feuerbüchse noch Raum genug blieb zur Unterbringung des Kohlenvorrats, der in einem nur 400 mm hohen, über die ganze Breite des Führerhauses reichenden Kasten gelagert ist. Um bei dieser Anordnung eine genügende Zugänglichkeit der unteren Auswaschluken am Stehkessel zu erhalten, wurden die äußeren Teile der Kohlenkastenvorderwand drehbar ausgebildet, so daß sie gegen die Führerhausseitenwände zurückgeschlagen werden können. Die Rauchkammer reicht durch die Vorderwand des Führerhauses hindurch und durch diese Anordnung wurde nicht allein eine Beschränkung der Länge des Führerhauses erzielt, sondern es wurde damit gleichzeitig die Möglichkeit gegeben, eine Entleerung der Rauchkammer vorzunehmen, ohne den Innenraum des Führerhauses durch Lösche zu verunreinigen.

Die Wasserkästen sind unterhalb der Plattform zu beiden Seiten der Lokomotive gelagert. Sie haben in ihrer ganzen Länge denselben Querschnitt, werden durch die Stirnwände der Lokomotive begrenzt und durch Stützen getragen, die mit dem Blechrahmen verschraubt sind. Die Zugänglichkeit der Kuppelstangen wird durch diese Ausführung der tiefgehenden Wasserkästen nicht gehindert.

Der Kessel ist oberhalb des Rahmens gelagert, vorn durch zwei seitliche, an der Rauchkammer angenietete, senkrechte Blechplatten mit dem Rahmen fest verbunden, während er hinten auf dem Rahmen aufsteht und in üblicher Weise gegen seitliche Verschiebung und Abhebung gesichert ist. Der verhältnismäßig tiefe Aschenkasten ist an dem Bodenring der Feuerkiste aufgehängt und mit einer im Boden befindlichen verschließbaren Öffnung versehen, durch die der Zugang zur inneren Feuerbüchse gewahrt bleibt. Die Luft tritt unter dem Rost nur durch eine hintere Klappe ein, deren Öffnung durch ein verstellbares Sieb verschlossen ist, um das Herausfallen von glühenden Kohlenteilen zu verhindern. Der Kessel zeigt gewöhnliche Ausführung. Die Stehbolzen sind aus Kupfer angefertigt, während die Decken- und Queranker aus Flußeisen bestehen. Die beiden vorderen Reihen der Deckenanker sind beweglich ausgebildet, die vordere Rohrwand und die hintere Wand der äußeren Feuerbüchse durch Blechanker mit dem Rundkessel beziehungsweise mit dem Feuerbüchsmantel versteift. Die Rohrwände sind außer durch die Rauchrohre auch noch durch Rundeisenanker miteinander verbunden. Auf dem Rundkessel, der nur aus einem Blech hergestellt ist, sitzt der Dom, der mit Rücksicht auf die Eigenschaft des zur Verwendung kommenden Speisewassers, das leicht zum

Aufschäumen neigt, möglichst hoch geführt ist. Die Wasserräume zwischen Kupferbüchse und Feuerbüchsmantel erweitern sich nach oben hin beträchtlich, so daß die sich bildenden Dampfblasen ungehindert aufsteigen können. Die Längsnaht des Kessels wird durch eine Doppellaschennietung gebildet, während die übrigen Nähte mit ein- beziehungsweise zweireihiger Nietung versehen sind. An der linken Seite des Feuerbüchsmantels liegt die Türöffnung, die durch eine hohle Drehtür geschlossen wird. Die Tür enthält eine Luftklappe, um nach dem Auffüllen von Kohlen oberhalb der Brennschicht angewärmte Luft zuführen zu können, damit eine Rauchentwicklung möglichst vermieden wird. Eine der sechs zur Ausführung gelangten Lokomotiven wurde probeweise mit einer Rauchverbrennungseinrichtung Bauart Marcotty versehen. Zur Speisung des Kessels dienen zwei saugende Strahlpumpen. Zum Schutze gegen Wärmeausstrahlung wurde der gesamte Kessel mit einer Asbestbekleidung versehen.

Sämtliche Dampfabsperrventile sind an der als Armaturstutzen ausgebildeten Reglerstopfbüchse untergebracht, nur das Dampfventil für die selbsttätige Luftsaugebremse und die Hähne für den Kessel und für den Kontrollmanometerhahn haben je einen eigenen Anschluß am Dom erhalten. Die Sicherheitsventile nach Bauart Ramsbottom sitzen auf dem Feuerbüchsmantel und haben Durchmesser von je 50 mm. Es sind zwei Wasserstandsgläser vorhanden, die an den beiden Enden des Kessels angeordnet sind und deren Abschlußhähne vom Führerstande bequem gehandhabt werden können.

Im Langkessel ist, wie bereits erwähnt, ein Überhitzer mit voller Besetzung der Rauchrohre untergebracht. Nur die hinter dem Blasrohr liegenden Rauchrohre wurden von Überhitzerelementen freigehalten, und diese Rohre wurden enger als die anderen gewählt, um denselben Durchgangsquerschnitt zu erhalten. In der Rauchkammer ist seitlich je eine Sattdampfkammer und davor je eine Heißdampfkammer untergebracht. Die beiden Sattdampfkammern sind mit dem von dem Regler kommenden Kreuzrohre verbunden. An jede Sattdampfkammer sind 12 Überhitzerelemente angeschlossen, die abwechselnd zwei oder drei Rauchrohre in einer wagerechten Reihe durchlaufen und den Dampf im überhitzten Zustande den Heißdampfkammern zuführen. Diese stehen mit den darunter liegenden Schieberkästen und oben durch ein Rohr miteinander in Verbindung, so daß die Überhitzerelemente der beiden Seiten während der Fahrt ihren Dampf austauschen können.

Der obere Teil des zweiteiligen Funkenfängers ist mit der Verlängerung des Schornsteines fest verbunden, während der untere Teil beweglich eingerichtet ist und mit einer Kette hochgezogen werden kann, wodurch die gesamten Überhitzerelemente zur Reinigung freigelegt werden.

Zur Prüfung der Überhitzung dient ein Fernpyrometer, während zur Messung des Schieberkastendruckes ein Manometer vorhanden ist.

Die Zylinder liegen zwischen den Rahmen und sind mit ihren Schieberkästen aus einem Stück gegossen. Die Dampfverteilung mit innerer Einströmung erfolgt durch Kolbenschieber mit federnden Dichtungsringen nach der Bauart Schmidt. Die Schieber werden durch eine Joysteuerung bewegt, bei der durch Einschaltung eines Umkehrzwischenhebels die Inneneinströmung erzielt ist. Jeder Schieberkasten ist mit einem Luftsaugeventil versehen, während die Zylinder mit Sicherheitsventilen ausgerüstet wurden.

Der große Radstand gestattete die Ausbildung einer verhältnismäßig langen Triebstange, so daß trotz der Neigung von 1:11,5, unter der die Zylinder gegen die Triebachse gelagert sind, die auf die Tragfedern rückwirkenden Kräfte keinen störenden Einfluß auf den Gang der Lokomotive ausüben.

Die Kolbenstangen sind mit den eingleisig geführten Kreuzköpfen in üblicher Weise verbunden und nur im hinteren Zylinderdeckel mit beweglichen Stopfbüchsen abgedichtet, während die vorderen Verlängerungen in festen gußeisernen Tragbüchsen gleiten, die nach außen hin geschlossen sind.

Die Kreuzkopfgeradführungen sind vorn mit den Zylinderdeckeln und hinten mit einer Querverbindung des Rahmens verschraubt. Weitere Verbindungen der beiden Hauptrahmenbleche untereinander bilden die Stirnwände mit Pufferschwellen, die aus U-Eisen hergestellt sind, das Zylinderpaar und einige Querverbindungen, die in der Nähe der Achsgabelhalter angeordnet sind.

Der Rahmen ist unten mit einem abnehmbaren Boden aus Eisenblech versehen, durch den sämtliche Triebwerks- und Steuerungsteile gegen Staub geschützt werden.

Die Tragfedern sind außerhalb der Rahmen über den Achsbüchsen angeordnet und gegen Herabfallen gesichert.

Für die Schmierung der Zylinder ist eine Friedmannsche Schmierpumpe vorgesehen, durch die probeweise nur der einströmende Dampf geschmiert wird. Vorsichtshalber wurden jedoch noch weitere Ölabgabestellen zu den Schiebern und den Kolben vorgesehen, damit die Schmierung nötigenfalls weiter ausgebildet werden kann. Soweit bekannt geworden, hat sich aber die Schmierung des einströmenden Dampfes allein als vollständig genügend für Zylinder und Kolben erwiesen. Die Schmierpumpe, die in der Nähe der Zylinder ihre Aufstellung gefunden hat, wird durch einen Mitnehmer angetrieben, der auf dem linksseitigen Zwischenhebel der Steuerung angeschraubt ist.

Die Lokomotiven sind ausgerüstet mit einer Luftsaugebremse System Hardy, Wurfhebelbremse, Dampfheizungseinrichtung, Dampfläutewerk von Latowsky, Dampfpfeife, gewöhnlichen Puffern und Schraubenkuppelungen sowie Straßenbahnkuppelungen und mit je einem Sandstreuer für jede Fahrtrichtung.

17. C-Heißdampf-Zwillings-Straßenbahnlokomotive für die Straßenbahn-Gesellschaft Breskens-Maldeghem
(mit Kleinrauchrohr-Überhitzer).

Gebaut von der Hannoverschen Maschinenbau-Aktiengesellschaft vormals Georg Egestorff.

Die Tafel 32 zeigt eine im Jahre 1913 gebaute Straßenbahnlokomotive, bei der ein Kleinrauchrohrüberhitzer für volle Besetzung eingebaut ist. Ihre Hauptabmessungen sind folgende:

Spurweite	1000 mm
Zylinderdurchmesser	340 mm
Kolbenhub	370 mm
Raddurchmesser	850 mm
Fester Radstand	2050 mm
Dampfdruck	12 Atm.
Rostfläche	0,735 qm
Heizfläche des Kessels in der Feuerbüchse	3,2 qm
,, ,, ,, ,, ,, Rohren	27,0 qm
zusammen	30,2 qm
Heizfläche des Überhitzers	14,2 qm
Wasservorrat	1800 l
Kohlenvorrat	500 kg
Leergewicht	17800 kg
Dienstgewicht	21700 kg

Der Kessel liegt frei über den Rädern und dem Rahmen, seine Mittelachse befindet sich 1850 mm über Schienenoberkante. Durch diese Kessellage ist eine sehr einfache und zweckentsprechende Gestaltung der Feuerbüchse ermöglicht und wird eine leichte Zugänglichkeit aller Reinigungsluken und Stehbolzen erreicht.

Bei der Wahl des festen Radstandes ist besonders darauf Gewicht gelegt worden, daß die vorn und hinten überhängenden Massen nach Möglichkeit klein bleiben. Der Gang der Lokomotive ist hierdurch ein ruhiger und die Gleise werden durch Stöße wenig beansprucht.

Der Langkessel besteht aus einem Blech von 13 mm Stärke und besitzt einen lichten Durchmesser von 938 mm. Von den 66 Rauchrohren von 54/60 mm Durchmesser sind zur Bildung des Überhitzers 54 Stück mit U-Rohrelementen von 13/18 mm Durchmesser besetzt, deren abgebogene Enden in den beiden in der Rauchkammer befindlichen Sammelkasten befestigt sind. Der linksseitige Sammelkasten bildet hierbei die Naßdampfkammer, während der rechtsseitige Sammelkasten zur Aufnahme des Heißdampfes dient, von dem aus dann die Dampfzuleitungsrohre zu den Zylindern abzweigen. Durch den Wegfall der Überhitzerklappen in der Rauchkammer wird die Bedienung des Überhitzers bedeutend vereinfacht, und infolge der ständigen Ausnutzung fast der gesamten Heizgasmenge für die Zwecke der Überhitzung kann diese auch bei häufigem Anhalten der Lokomotive hoch gehalten werden, ohne daß die Heizgase den Überhitzerrohren gefährlich werden, ein Umstand, der bekanntlich bei weiten Rauchrohren eintreten kann, wenn die Zugreglerklappen offen gelassen werden. Diese Gefahr ist, wie bereits erwähnt, bei diesem Überhitzer völlig ausgeschlossen. Die Heizgase werden, bevor sie den Überhitzer treffen, in den engen Rauchrohren stärker abgekühlt, als in den weiten, weil das Verhältnis von Rauchrohrumfang, also der Kühlfläche, zum freien Querschnitt im ersteren Falle ein größeres ist als im letzteren. — Die erzielte Überhitzer-Heizfläche beträgt 14,2 qm.

Die Kessel-Armatur ist die im Lokomotivbau übliche.

Der Stand des Führers und die Feuerung sind seitlich vom Kessel auf der linken Seite angeordnet.

Der Kessel ruht auf einem Blechrahmen, dessen 10 mm starke Seitenplatten teilweise die Wandungen des zwischen den Rahmen liegenden Wasserkastens bilden.

Die Tragfedern der ersten und zweiten Achse befinden sich oberhalb der Lagerbüchsen und sind durch Ausgleichhebel miteinander verbunden. — Die Federn der dritten Achse liegen etwas niedriger, um für die Feuerbüchse Platz zu schaffen. — Der besseren Federung halber sind bei dieser Achse an den Federgehängen selbst außerdem noch Spiralfedern vorgesehen.

Die Zug- und Stoßvorrichtungen sind in der bei Straßenbahnen üblichen Weise ausgeführt.

Die beiden wagerecht liegenden Zylinder befinden sich außerhalb des Blechrahmens. — Die Dampfverteilung geschieht durch Walschaert-Steuerung und Schmidtsche Kolbenschieber mit federnden Ringen von 150 mm Durchmesser.

Der Antrieb erfolgt auf die zweite Achse, die wegen des besseren Krümmungsdurchgangs ohne Spurkränze ausgebildet ist.

Die Ausführung des Führerhauses ist in der für Straßenbahnen üblichen Art mit Schutzdach über der gesamten Lokomotive, sowie mit vorderen, seitlichen und hinteren Verkleidungen des Triebwerks und des Kessels durchgeführt.

Die drei Fensteröffnungen jeder Seite sind mit je einem Schiebefenster versehen, das nach Bedarf verschoben werden und so die Bedienungsmannschaft vor Regen und Zugluft schützen kann.

An der hinteren Führerhauswand ist der 500 kg fassende Kohlenkasten sowie der Werkzeugschrank untergebracht.

Die Lokomotive ist mit Körting-Bremse, sowie mit Spindelbremse und Handsandstreuer ausgerüstet.

Vom Führerstand aus sind alle vom Führer und Heizer zu bedienenden beziehungsweise zu beobachtenden Einrichtungen in handlicher Weise angebracht. — Durch ein besonderes, durch Handzug in Tätigkeit zu setzendes Wechselventil ist es dem Führer möglich, bei Fahrten durch die Stadt den aus den Zylindern entweichenden Abdampf durch ein besonderes Rohr oberhalb des Führerhauses ins Freie zu führen und dadurch Rußbelästigungen zu vermeiden. Zu demselben Zwecke erhielt die Lokomotive auch noch sowohl in der Rauchkammer als auf dem Schornstein je einen Funkenfänger. Zur Regelung der Feueranfachung kann der Führer durch einen Handzug die Blasrohrmündung in der Höhe verstellen.

18. C-Heißdampf-Zwilling-Tenderlokomotive
(mit Kleinrauchrohr-Überhitzer für Verschiebedienst).
Gebaut von der Maschinenbau-Anstalt Humboldt in Cöln-Kalk.

Die in Tafel 33 dargestellte Lokomotive dient zum Verschieben und Schleppen schwerer Züge auf Werkbahnen und ist für eine größte Geschwindigkeit von 40 km in der Stunde gebaut.

Das Dienstgewicht sollte nach den Vorschriften der Bestellerin mindestens 48 t, entsprechend einem Raddruck von 8 t und der Wasservorrat 8 cbm betragen. Da Krümmungen bis zu 40 m Halbmesser zu durchfahren sind, so ist der vorderen Achse eine seitliche Verschiebung von 10 mm nach jeder Seite gegeben und die ganze Länge der Lokomotive wurde möglichst kurz bemessen.

Die Verdampfungsheizfläche beträgt 80,8 qm, die Überhitzerheizfläche 38,2 qm oder 47 % der ersteren. Die Rostfläche hat eine Größe von 1,34 qm, mithin ist

$$\frac{H}{R} = \frac{80,8}{1,34} = 60,4.$$

Der Durchmesser des Rundkessels ist 1352 mm, die Wandstärke beträgt 14 mm, die Entfernung zwischen den Rohrwänden 3450 mm. Der Langkessel wird von 78 Rauchrohren mit einem lichten Durchmesser von 64 mm und einem äußeren Durchmesser von 70 mm durchzogen, die in 12 Reihen angeordnet sind. Im unteren Teil des Kessels befinden sich noch 45 Siederohre von 41/46 mm Durchmesser. Der Kessel selbst ist vorn und hinten in üblicher Weise mit dem Rahmen verbunden.

Die Überhitzerelemente des Kleinrauchrohrüberhitzers befinden sich in den 78 Rauchrohren. In jedem Rauchrohr liegt nur ein Überhitzer-U-Rohr, dessen Umkehrende durch Schweißen hergestellt ist und sich in einer Entfernung von 350 mm von der Feuerbüchsrohrwand befindet. Die Überhitzerelemente mit 18/23 mm Durchmesser je zweier gegenüberliegender Rauchrohre sind vereinigt, so daß also der dem Kessel entnommene Frischdampf gezwungen ist, zweimal im Gegenstrom und zweimal im Gleichstrom die Überhitzerrohre zu durchströmen, um dann mit einer Temperatur von etwa 300° durch die Heißdampfkammer des Sammelkastens zu den Zylindern zu gelangen.

Bei einem Zylinderdurchmesser von 480 mm und einem Kolbenhub von 550 mm ist das Verhältnis zwischen dem Zylinderinhalt in l und der Verdampfungsheizfläche in qm gleich 1,17; die Charakteristik ist

$$C_2 = \frac{d^2 \cdot s}{D \cdot G_r} = \frac{48^2 \cdot 55}{110 \cdot 43} = 26,7,$$

wobei bedeutet: d = Zylinderdurchmesser in cm, s = Kolbenhub in cm, D = Triebraddurchmesser in cm, G_r Reibungsgewicht in t (mittleres Reibungsgewicht mit Rücksicht auf die Schwankungen desselben infolge des großen Wasser- und Kohlenvorrats).

Die Zylinderdeckel sind mit Sicherheitsventilen versehen, deren Federspannung so bemessen ist, daß die Ventile bei $13^1/_2$ Atm. abblasen. Am Schieberkasten ist ferner ein Luftsaugeventil angebracht. Der bei Heißdampflokomotiven übliche Druckausgleicher oder Umlaufhahn ist nicht vorgesehen, beim Fahren ohne Dampf im Gefälle muß die Steuerung ganz ausgelegt werden.

Die Maschine arbeitet mit Zwillingswirkung, hat außenliegendes Triebwerk und Walschaert-Steuerung.

Zur Aufnahme der 8 cbm Wasser war es erforderlich, zwei seitliche Wasserkasten und außerdem zwischen dem Rahmen einen Wasserbehälter vorzusehen, der gleichzeitig als Versteifung dient.

Die Tragfedern der beiden vorderen Achsen sind oberhalb, die der hinteren Achse unterhalb der Achsbüchsen angeordent. Der Kohlenkasten für 2,2 cbm Kohlen ist hinter dem Führerstand angebracht. Das Führerhaus selbst ist geräumig, Vorder- und Hinterwand haben drehbare Fenster; außerdem ist ein Lüftungsaufsatz vorhanden und an der Decke eine Laterne für Petroleumbeleuchtung angebracht.

Die Achsen werden einseitig durch eine Extersche Wurfhebelbremse abgebremst.

Statt der gewöhnlichen Ramsbottomschen Sicherheitsventile hat der Kessel zwei Hochhubsicherheitsventile der Bauart Coale erhalten, die nebeneinander angeordnet sind.

Neben den üblichen Kesselarmaturen und Ausrüstungsgegenständen ist ein Dampfläutewerk vorgesehen.

Die Plattform vor der Rauchkammer ist als Rangiererstand ausgebildet.

Der Sandkasten besitzt nach jeder Seite zwei Ablaufrohre für Vor- und Rückwärtsfahrt.

19. 1 D-Heißdampf-Zwillinglokomotive der Piräus—Athen—Peloponnes-Eisenbahn-Gesellschaft.

Gebaut von A. Borsig, Berlin-Tegel.

Die in Abb. 562 und Tafel 34 dargestellte Lokomotive ist eine 1 D-Heißdampflokomotive, die für eine Spurweite von 1000 mm ausgeführt ist. Ihre Hauptabmessungen sind folgende:

Zylinderdurchmesser	470 mm
Kolbenhub	550 mm
Triebraddurchmesser	1020 mm
Kesseldruck	11 Atm.
Rostfläche	2,16 qm
Heizfläche	116,8 qm
Überhitzerheizfläche	36,0 qm
Gesamtheizfläche	152,96 qm
Leergewicht	40,0 t
Dienstgewicht	45,0 t
Reibungsgewicht	38 t

Der Durchmesser der Triebachse wurde bei einer Neubestellung auf 1200 mm erhöht.

Die Lokomotive ist für die genannte Eisenbahngesellschaft erstmalig im Jahre 1912 ausgeführt worden. Ihre Leistungen haben den gehegten Erwartungen entsprochen. Im Jahre 1914 erfolgte eine weitere Bestellung auf mehrere Lokomotiven der gleichen Bauart. Nur war eine geringe Erhöhung des Triebraddurchmessers gewünscht, der die Lokomotive befähigen sollte, noch mit 48 km/st Fahrgeschwindigkeit zu verkehren. Dabei war zur Bedingung gemacht, daß an den übrigen Einzelteilen wegen der Austauschbarkeit mit Teilen der ersten Lieferung möglichst keine Änderungen vorgenommen werden sollten. Insbesondere waren die alten Zylinderabmessungen beizubehalten. Diese Bedingung hat naturgemäß zur Folge, daß bei Erhöhung des Triebraddurchmessers die Zugkraft geringer ausfällt. Berücksichtigt man dabei nur die Füllung, so würde sich die Zugkraft sehr erheblich vermindern. Bei einem Mitteldruck von 3,6 kg/qcm im Zylinder erhält man Zugkräfte am Triebradumfang, die folgende Werte haben:

$$\text{bei } D = 1020 \text{ mm } Z_i = 4280 \text{ kg}$$
$$\text{,, } D = 1100 \text{ ,, } Z_i = 3960 \text{ ,,}$$
$$\text{,, } D = 1200 \text{ ,, } Z_i = 3640 \text{ ,,}$$

Diese Werte zeigen nicht unbeträchtliche Unterschiede. Sie sind aber nicht vergleichsfähig, da die drei angeführten Kräfte Z_i jeweils bei einer anderen günstigsten Geschwindigkeit liegen.

Es sind daher die Zugkräfte ermittelt worden, wie sie sich aus den Kessel- sowie den Zylinder- und Triebradabmessungen ergeben, und zwar ist die Rechnung nur für 1020 und 1200 mm Triebraddurchmesser ausgeführt. Die Kesselleistung beträgt bei einer Rostanstrengung von 350 kg/qm und einem Kohlenverbrauch von 1,11 kg für die PS$_i$/Stunde $N_i = \dfrac{2,16 \cdot 350}{1,11} = 680$ PS. Die Zugkraftcharakteristik der Lokomotive ist bei 1020 mm Triebraddurchmesser $C_1 = \dfrac{d^2 s}{D} = \dfrac{47^2 \cdot 55}{102} = 1190$, bei 1200 mm Triebraddurchmesser $C_1 = \dfrac{d^2 s}{D} = \dfrac{47^2 \cdot 55}{120} = 1010$; die wirtschaftlichsten Zugkräfte sind dementsprechend $Z_g = C_1 \cdot p_m = 1190 \cdot 3,6 = 4280$ kg beziehungsweise $Z_g' = C_1 \cdot p_m = 1010 \cdot 3,6 = 3640$ kg. Sie treten auf bei einer günstigen Geschwindigkeit, die sich für den Fall 1 zu $V = \dfrac{680 \cdot 270}{Z_g} = 43$ km/st, im Fall 2: $V = \dfrac{680 \cdot 270}{Z_g} = \sim 50$ km/st. Die Entwicklung des Zugkraftdiagramms hat folgendes Ergebnis:

Fahr-geschwindig-keit: V km/st	Zugkraft in kg für	
	$D = 1020$ mm	$D = 1200$ mm
20	7050	6500
30	5400	5000
40	4600	4300
50	3850	3640

Wie diese Übersicht zeigt, ist die Ermäßigung der Zugkraft so gering, daß dafür der Vorteil größerer Triebräder gern eingetauscht werden konnte. Es sind dementsprechend an der zuletzt ausgeführten Bauart Triebräder von 1200 mm zur Anwendung gelangt.

Um der Lokomotive das Durchfahren starker Krümmungen zu erleichtern, ist die hintere Achse mit einem Seitenspiel von 15 mm nach jeder Seite ausgestattet. Die erste Achse ist als Laufachse ausgebildet und in einem Deichselgestell gelagert. Ihr Durchmesser beträgt 830 mm. Die erste, zweite und dritte Kuppelachse sind im Rahmen fest gelagert. Dementsprechend hat der feste Radstand eine Größe von 2,6 m. Der Gesamtradstand beträgt 5,950 m.

Unterhalb der Kuppelachsen sind kräftige Blattfedern vorhanden. Zwischen der zweiten, dritten und vierten Kuppelachse sind Ausgleichhebel eingebaut. Die Laufachse ist durch Wickelfedern gegen den Rahmen gestützt.

Die Kesselachse liegt 2200 mm über Schienenoberkante, so daß eine Unterbringung des verhältnismäßig großen Rostes über den hinteren Kuppelrädern durch seitlichen Ausbau möglich wurde.

1 D-Heißdampf-Zwillinglokomotive der Piräus—Athen—Peloponnes-Eisenbahn-Gesellschaft. 505

Abb. 562. Heißdampflokomotive der Eisenbahn Athen—Peloponnes.

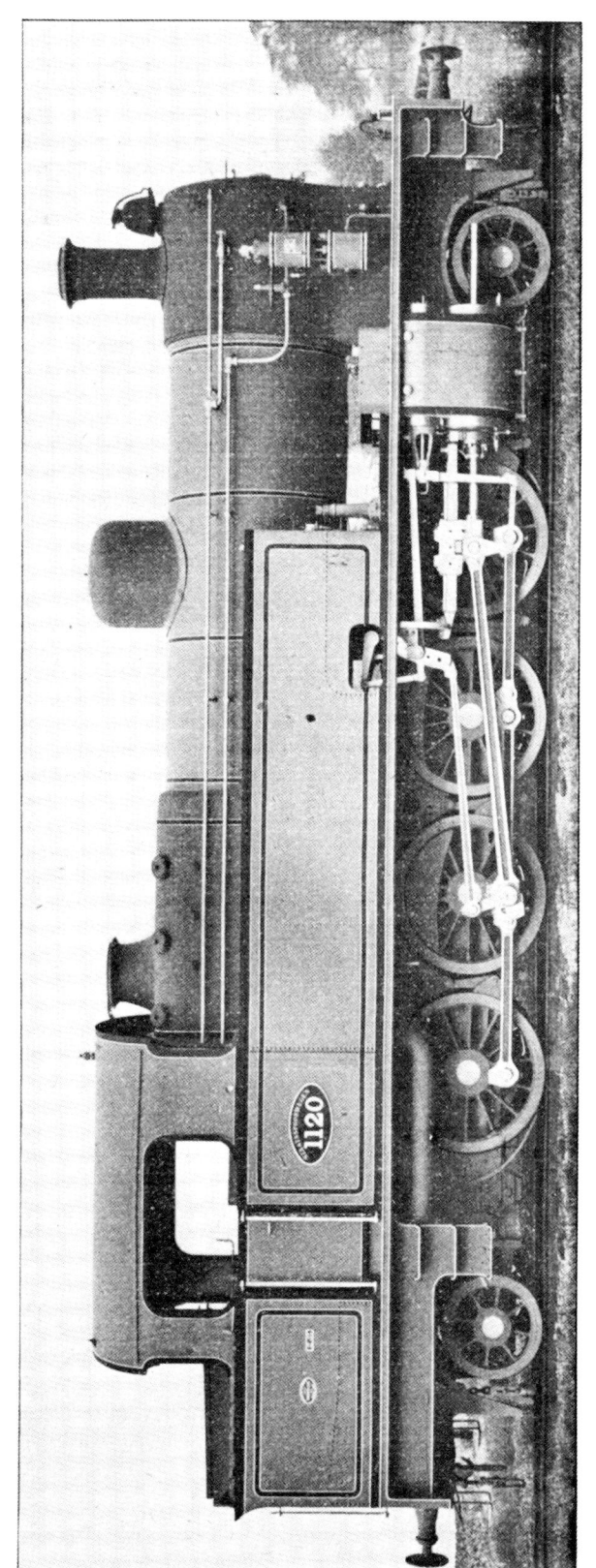

Abb. 563. 1 D 1 - Heißdampf-Tenderlokomotive der niederländischen Staatsbahnen.

Der Langkessel ist aus zwei Blechschüssen von 15 mm Wandstärke zusammengesetzt, die durch zweireihige überlappte Nietungen miteinander verbunden sind. Für die Längsnähte ist vierreihige Laschennietung ausgeführt. Die Innenlasche hat die doppelte Breite der Decklasche, dementsprechend sind die Nieten der beiden Außenreihen einschnittig, die der Innenreihen zweischnittig beansprucht. An den Langkessel schließt sich vorn die aus 10 mm starken Blechen hergestellte Rauchkammer an. Ihr Durchmesser beträgt 1636 mm gegen 1500 mm äußeren Durchmesser des vordersten Kesselschusses. Sie ist also ähnlich wie bei den Lokomotiven der preußischen Staatsbahnen in ihrem Durchmesser vergrößert. Nach außen wird diese Überhöhung durch die Verkleidung verdeckt. Die Länge der Rauchkammer beträgt 1510 mm. Sie ist also sehr geräumig gehalten und gestattet eine gute Führung der Dampfein- und ausströmrohre.

An den hinteren Kesselschuß, dessen äußerer Durchmesser 1532 mm beträgt, schließt sich der Stehkessel an. Die kupferne Feuerbüchse ist durch ebensolche Stehbolzen mit dem Stehkessel verbunden. Mit dem Feuerbüchsmantel ist sie durch flußeiserne Deckenanker von 26 mm Schaftdurchmesser, deren beide vordere Reihen beweglich sind, verankert. Die Feuerbüchsdecke ist geneigt. Die seitlichen Wände des Stehkessels sind durch 5 Zuganker abgesteift. Mit dem Langkessel ist die Feuerbüchse außer durch Stehbolzen und Stiefelknechtplatte durch 9 Bodenanker verbunden, deren Länge reichlich bemessen ist, so daß sie, ohne selbst erheblich auf Biegung beansprucht zu werden, an den senkrechten Bewegungen der Rohrwand teilnehmen können. An der hinteren Kesselwand befindet sich das Feuerloch, das durch eine Drehtür verschlossen wird. Der Bodenring hat an den Längsseiten der Feuerbüchse einen Querschnitt von 66 × 93 mm. Die Versteifungen an der Rauchkammerrohrwand und der hinteren Feuerbüchswand entsprechen den üblichen Ausführungen. In dem Langkessel befinden sich 126 Siederohre von 45 mm innerem und 50 mm äußerem Durchmesser. Außerdem sind 21 Rauchrohre von 125/133 mm Durchmesser vorhanden. Der Schmidtsche Rauchrohrüberhitzer ist dreireihig und besteht aus 3 × 7 Elementen. Der Anschluß der Überhitzerrohre an den Sammelkasten erfolgt mittels wagerechten Flansches. Der Dampfdom hat 700 mm Durchmesser. In ihm befindet sich ein Ventilregler der Bauart Schmidt & Wagner. Der Rahmen war nach Vorschrift der Bestellerin besonders sorgfältig herzustellen, da infolge des schlechten Oberbaues der Eisenbahnen, für welche die Lokomotiven bestimmt sind, starke Stöße befürchtet wurden. Es erschien hier ein aus Platten von 76 mm Stärke hergestellter Barrenrahmen als zweckmäßig. Für eine ausreichende Querversteifung der beiden Rahmenseiten ist Sorge getragen. Es sind an Verstrebungen von vorn nach hinten angeordnet: die aus Winkeln und Blechen zusammengesetzte vordere Pufferbohle, die kastenförmige Zylinderversteifung, ferner Querstreben, die hinter der zweiten und dritten Achse und vor der vierten und fünften Achse eingebaut sind, eine Querversteifung vor dem Vorderteil der Feuerbüchse und der kräftig gehaltene hintere Zugkasten. Der Rahmen ist mit dem Kessel an der Rauchkammer fest verbunden. Ferner sind zwei federnde Bleche vorhanden, die als Rahmenabsteifungen ausgebildet sind und der Längenausdehnung des Kessels entsprechend sich einstellen. Außerdem ist eine gleitende Verbindung des Kessels mit dem Rahmen an der Stiefelknechtplatte vorgesehen und für Unterstützung am hinteren Teile des Bodenringes gesorgt.

Die Zylinder der Lokomotivmaschine arbeiten in Zwillingwirkung.

Die Dampfverteilung erfolgt durch Kolbenschieber der Bauart Hochwald, die durch eine äußere Walschaert-Steuerung angetrieben werden. Die Triebstangen haben I-förmigen Querschnitt. Die Lagerschalen sind in der üblichen Weise nachstellbar eingerichtet. Die Triebstange wirkt auf die dritte Kuppelachse. An Bremsen ist neben der Handbremse für den Tender eine Luftsaugebremseinrichtung von Hardy vorgesehen. Die Räder sämtlicher gekuppelter Achsen sind einseitig gebremst. Zwei Bremszylinder sind unterhalb der Plattform des Führerhauses zu beiden Seiten desselben angebracht, zur Erzielung gleichen Bremsdruckes an sämtlichen Rädern sind in die Bremsgestänge Ausgleichhebel eingebaut. Auf dem Kessel ist ein großer Sandbehälter angeordnet. Mit Rücksicht auf die Heuschreckenplage war die Sandstreuvorrichtung besonders sorgfältig durchzubilden. Die Fallrohre sind so vorgesehen, daß jede der vier Kuppelachsen gesandet werden kann.

Das geräumige Führerhaus ist zum Schutze gegen Hitze und Kälte mit einem doppelten Dach ausgestattet. Die Seitenwände des Führerhauses sind mit je zwei Schiebefenstern, die Vorderwand mit zwei Klappfenstern versehen, von denen das auf der Heizerseite gelegene als Tür ausgebildet ist. In dem Führerhaus sind die Armaturen handlich und übersichtlich angeordnet.

An besonderen Einrichtungen besitzt die Lokomotive neben der Hardyschen Saugbremse einen Sirius-Geschwindigkeitsmesser und eine Schmierpresse von Friedmann. Zur Betätigung der Signalscheibe bzw. Signallaterne ist ein Gestänge vorgesehen, das vom Lokomotivführer bedient werden kann.

20. 1D1-Heißdampf-Zwilling-Tenderlokomotive der niederländischen Staatsbahnen.

Die von der Aktiengesellschaft für Lokomotivbau „Hohenzollern" in Düsseldorf gebaute, in Abb. 563 dargestellte Lokomotive zeigt bis auf die Anordnung der Zylinder außerhalb der Rahmen die in den Niederlanden übliche Gestalt: einfache Formen an Kessel und Rahmen, Belpaire-Feuerbüchse, große Rauchkammer mit Winkelringverbindung nach dem Kessel zu, verdeckte Verlegung der Rohrleitungen und Züge und endlich blanke Dom-, Ventil- und Schornsteinbekleidungen.

Die gewählte Achsenanordnung gewährt einen ruhigen Lauf nach beiden Richtungen bis zu den höchsten Geschwindigkeiten von 60 km/st. Die Bisselgestelle an den Enden sind vollständig gleich und unabhängig von den vier festen Triebachsen einstellbar. Sie haben nach jeder Seite einen Ausschlag von 80 mm und werden durch Blattfedern in der Mittellage gehalten. Ihre Belastung erfolgt durch einen Kugelzapfen, der von den Tragfedern aus durch einen Querhebel die Last vom Hauptrahmen überträgt. Zur Erreichung eines besonders weichen Ganges der führenden Räder sind die Laufachsen im Bisselgestell nochmals abgefedert. Um die kleinsten Krümmungen von 150 m Halbmesser glatt durchfahren zu können, haben die mittleren Kuppelachsen um 10 mm dünnere Spurkränze erhalten. Die Rahmenbleche sind 25 mm stark, die Achsbüchsen erhielten keine Keilnachstellvorrichtungen, sondern sind mit Weißmetallführungen versehen. Die Übertragung der Last auf die einzelnen Achsen erfolgt durch seitliche Ausgleichhebel zwischen der ersten und zweiten, dritten und vierten und fünften und sechsten Achse. Die Tragfedern der Triebachsen liegen unterhalb der Lager und sind 1000 mm lang. Sie bestehen aus 14 Lagen von 90 mm breitem und 13 mm starkem Federstahl. Die Dampfkolben erhielten drei gußeiserne Ringe, die Kolbenstange hinten eine bewegliche Stopfbüchse nach Schmidt und vorn eine Tragbüchse mit langer geschlossener Gußeisenhülse. Die Kolbenschieber von 250 mm Durchmesser sind nach Bauart Schmidt für Inneneinströmung mit breiten und federnden Ringen und Durchbohrungen für den Dampfdruckausgleich ausgeführt.

Ihre Schmierung erfolgt durch eine achtstempelige Schmierpumpe Bauart Friedmann, die im Führerhaus untergebracht ist und von der Schwinge aus angetrieben wird. Zur Minderung der Stöße beim Leerlauf ist ein mit Preßluft gesteuertes Druckausgleichventil in das Umlaufrohr zwischen den beiden Zylinderenden eingeschaltet und am Schieberkasten ist ein gleichfalls durch Preßluft gesteuertes Luftsaugeventil angebracht. Beide Ventile werden durch einen gemeinsamen Hahn betätigt.

Die Walschaert-Steuerung hat an allen Drehpunkten gehärtete Büchsen erhalten. Gleitstangen, Trieb- und Kuppelzapfen sind im Einsatz gehärtet und geschliffen. Die Kreuzköpfe bestehen aus Flußstahlguß und sind aus einem Stück hergestellt. Trieb- und Kuppelstangen erhielten am Schaft I-förmigen Querschnitt. Nur die Triebstangen erhielten Nachstellvorrichtungen, die Kuppelstangen dagegen eingepreßte Bronzebüchsen. Infolgedessen sind die Gegenkurbeln abnehmbar auf den Zapfen angebracht, was ganz allgemein zu empfehlen ist.

Zug- und Stoßvorrichtungen entsprechen den technischen Vereinbarungen des Vereins deutscher Eisenbahnverwaltungen. Die Puffer sind in starken Stahlgußhülsen geführt. Die Angriffspunkte der Zughaken sind an beiden Enden bis in die Mitte zwischen Lauf- und Kuppelachse geführt und beweglich in der Pufferbohle gelagert.

Die Lokomotive wird durch 8 Bremsklötze abgebremst, die alle an der vorderen Seite der Räder liegen. Im Gestänge sind Ausgleichhebel eingeschaltet, wodurch die Klötze gleichmäßig zum Anliegen kommen. Außer der Spindelbremse ist eine Westinghousebremse vorgesehen, deren Luftpumpe auf der rechten Seite der Rauchkammer angebracht ist. Der Führerstand ist, wie in den Niederlanden meist üblich, links, weshalb auch alle Handgriffe, Steuerschraube usw. auf dieser Seite angeordnet wurden. Das Führerhaus ist geräumig, erhielt doppeltes Dach, seitliche Türen, Schiebefenster sowie Sitzgelegenheiten für die Bedienungsmannschaft. Der Wasservorrat ist außer in den seitlichen Kästen auf der Plattform noch im hinteren Kasten unterhalb der Kohlen untergebracht. Die Sandkästen liegen vorn und hinten unter der Plattform und werden durch Preßluft betätigt.

Der Kessel hat eine lange, schmale, zwischen den Rahmen liegende Feuerbüchse. Er hat einen Durchmesser von 1500 mm und enthält 147 Siederohre von 43/48 mm und 21 Rauchrohre von 125/133 mm Durchmesser zur Aufnahme der Überhitzerschlangen. Die letzteren sind mit geschweißten Umkehrenden versehen und haben 29/36 mm Durchmesser. Der Rauchrohrüberhitzer von Schmidt ist mit selbsttätigem Klappenzug versehen und besitzt einen gußeisernen Dampfsammelkasten in der Rauchkammer. Die Feuerbüchse erhielt zum Schutze der Rohrwand einen Feuerschirm und zur Erleichterung des Entschlackens einen gußeisernen Kipprost im vorderen Teil, der vom Heizerstande aus bewegt werden kann. Auch zur Entleerung des Aschkastens vom Führerstande aus ist eine Vorrichtung vorhanden. Der Kessel erhielt ferner einen Ventilregler im Dom (Bauart Schmidt & Wagner), zwei Gresham-Injektoren Nr. 9, zwei Ramsbottom-Sicherheitsventile und ein großes Popventil, zwei Wasserstände mit Selbstschluß und zwei Hähne zum Ausblasen der Siederohre mit Dampf an beiden Enden.

Vorn auf der Rauchkammer ist ein Dampfläutewerk angebracht, auch erhielt die Lokomotive Dampfheizeinrichtung für den Wagenzug.

Die Hauptabmessungen der Lokomotive sind folgende:

Zylinderdurchmesser	520 mm
Kolbenhub	660 mm
Triebraddurchmesser	1400 mm
Laufraddurchmesser	915 mm
Radstand der gekuppelten Achsen	4650 mm
Radstand im ganzen	9300 mm
Dampfüberdruck	12 Atm.
Rostfläche	2,33 qm
Heizfläche der Feuerbüchse	13,5 qm

Heizfläche der Siederohre . . . . 83,5 qm
„   „   Rauchrohre . . . . 34,4 qm
„   „   Überhitzers . . . . 38,2 qm
Wasserverdampfende Heizfläche . . . . 131,4 qm
Inhalt der Wasserbehälter . . . . 8,2 cbm
„   „   Kohlenbehälter . . . . 2500 kg
Leergewicht . . . . 72000 kg
Reibungsgewicht . . . . 60000 kg
Dienstgewicht . . . . 88000 kg
Ganze Länge, zwischen Puffern gemessen . . . . 13090 mm
Kleinster Krümmungshalbmesser . . . . 150 m
Größte zulässige Geschwindigkeit . . . . 60 km/st
C_1 1274
C_2 21,3

Die früher bei den niederländischen Staatsbahnen angewandten 1 D 1-Naßdampflokomotiven hatten die gleichen Abmessungen wie die Heißdampflokomotiven, ihre Heizfläche betrug aber 157,5 qm. Mit beiden Bauarten wurden auf der Linie Maastrich—Simpelveld Versuchsfahrten unternommen, deren Ergebnis in Zahlentafel 55 angegeben ist.

Zahlentafel 55.

Kohlen- und Wasserverbrauch von 1 D 1-Sattdampf- und Heißdampflokomotiven der niederländischen Staatsbahnen.

		Sattdampf	Heißdampf	Ersparnis	Sattdampf	Heißdampf	Ersparnis
Wagengewicht	t	669	712	—	564	835	—
Wagenachsen	—	59	54	—	52	65	—
Brennstoffverbrauch:							
insgesamt	kg	1000	850	—	780	920	—
für 1 km	„	41,7	35,4	—	32,5	38,4	—
„ 1 Wagenachskm	„	0,708	0,656	—	0,625	0,590	5,6%
„ 1 t km	„	0,0624	0,0497	20,3%	0,0576	0,0459	20,3%
„ 1 qm Rostfläche und Stunde	„	450	365	—	310	430	—
Wasserverbrauch:							
insgesamt	kg	6500	5150	—	6500	5600	—
für 1 km	„	288	215	—	271	234	—
„ 1 Wagenachskm	„	4,88	3,98	—	5,21	3,59	—
„ 1 t km	„	0,430	0,302	29,8%	0,481	2,80	41,8%
Dampferzeugung auf 1 qm Heizfläche und Stunde[1]	„	45,5	38,6	—	37,5	45,8	—
für 1 kg Kohle	„	6,8	5,95	—	8,2	5,98	—
Fahrzeit	Min.	57	60	—	65	55	—

Als größte Zugkraft der Heißdampflokomotive wurde auf einer Steigung von 6,5°/₀₀ 11 600 kg indiziert, als größte Leistung wurde auf einer Steigung von 7,7°/₀₀ bei $V = 25$ km in der Stunde 884 PS$_i$ festgestellt, was 397 PS$_i$ auf 1 qm Rostfläche entspricht.

Da sich ferner bezüglich der Wartung der Heißdampflokomotiven im schweren Güterzugdienste Nachteile nicht ergaben, sah sich die Bahngesellschaft veranlaßt, nur noch die Heißdampfbauart zu beschaffen. Sie hat inzwischen eine größere Anzahl dieser leistungsfähigen Lokomotiven nachbestellt und verwendet sie auch auf der Strecke Emmerich—Arnheim—Utrecht, woselbst ebenfalls ein lebhafter Güterverkehr herrscht. Hier betrug die geförderte Zuglast 1320 t auf Steigungen von 1:200.

---
[1] Für Kohlennässen und Schlabberwasser sind 100 l abgezogen.

21. 1 D 2 - Heißdampf-Zwilling-Personenzug-Tenderlokomotive für die argentinischen Staatsbahnen.

Gebaut von A. Borsig in Berlin-Tegel.

Die in Abb. 564 und auf Tafel 35 dargestellte Lokomotive ist eine sehr leistungsfähige Personenzug-Tenderlokomotive für 1 m Spurweite, die s. Z. auf der Verkehrsausstellung in Buenos Aires ausgestellt war. Ihre Hauptabmessungen sind folgende:

Zylinderdurchmess.	520 mm
Kolbenhub	600 mm
Triebraddurchmess.	1200 mm
C_1	1352 qcm
Fester Radstand .	2825 mm
Triebachsstand . .	4200 mm
Dampfdruck . . .	12 Atm.
Wasserverdampfende Heizfläche . . .	120,7 qm
Überhitzerheizfläche	36 qm
Rostfläche	2,8 qm
Leergewicht . . .	61 t
Dienstgewicht . . .	80 t
Reibungsgewicht .	52 t
C_2	26 qcm/t
Inhalt der Wasserkästen	10 cbm
Kohlenvorrat . . .	3 cbm

Die vordere Laufachse ist als Bisselachse mit einem Seitenspiel von $2 \times 12,5$ mm ausgebildet, die zweite und vierte Kuppelachse sind ebenfalls um $2 \times 12,5$ mm seitlich verschiebbar. Die Lokomotive kann dabei Krümmungen von 120 m Halbmesser anstandslos durchfahren.

Der Kessel hat eine wasserverdampfende Heizfläche von 120,7 qm, wovon 10,5 qm auf die Feuerbüchse kommen. Der Überhitzer besteht aus 21 Einheiten, die in 3 Reihen angeordnet sind. Die verhältnismäßig große Rostfläche von 2,3 qm bedingt eine

Abb. 564. 1 D 2 - Heißdampf-Personenzuglokomotive für die argentinischen Staatsbahnen.

über die Rahmen hinausgehende Feuerbüchse, die mit senkrechten Wänden zur Ausführung gelangte. Der wagerechte Rost ist nach der Längsmitte zu geneigt, um den Zwischenraum zwischen dem Feuerschirm und Rostoberkante zu vergrößern, der sonst besonders vorn unzulässig niedrig geworden wäre. Um ein Verstopfen der unteren Siederohre zu vermeiden, ist der Feuerschirm bis auf den Rost verlängert und auf diese Weise eine Verbrennungskammer geschaffen. Die sich hier ansammelnde Lösche kann durch eine vom Führerstand zu öffnende Klappe während der Fahrt entfernt werden. Die verhältnismäßig große Rauchkammer ist am Boden mit einem Löschtrichter versehen, die eine Entleerung ohne Öffnung der vorderen Tür gestattet.

Die mit Hochwald-Schiebern ausgerüsteten Zylinder sind mit Druckausgleichern versehen. Auf dem Überhitzerkasten ist ein großes Luftsaugeventil angebracht, durch das beim Leerlauf Luft durch die Überhitzerrohre angesaugt wird, die dadurch gleichzeitig gekühlt werden.

Die Wasserkästen fassen 10 cbm in zwei seitlichen und einem quer unter dem Kohlenkasten liegenden Behälter.

Zur Kesselspeisung dienen zwei nichtsaugende Dampfstrahlpumpen. Eine selbsttätige Westinghousebremse wirkt einseitig auf alle vier Kuppelachsen.

Da die Lokomotive nach beiden Richtungen fahren muß, sind vorn und hinten kräftige Kuhfänger angebracht, oberhalb welcher sich zu beiden Seiten abgefederte Puffer befinden, die zur Vornahme von Verschiebebewegungen auf den Bahnhöfen gebraucht werden und während der Fahrt heruntergeklappt werden können.

22. 1F1-Heißdampf-Zwilling-Tenderlokomotive der holländischen Staatsbahnen auf Java.

Gebaut von der Hannoverschen Maschinenbau-Aktiengesellschaft vorm. Georg Egestorff, Hannover-Linden.

Diese Lokomotive ist die erste nach der 1F1-Bauart hergestellte und soll als Ersatz für C+C-Naßdampf-Mallet-Lokomotiven auf der genannten Bahn dienen. Besondere Schwierigkeiten boten die Einstellung der Lokomotive in Krümmungen, die bis zu 150 m Halbmesser vorhanden sind und die durch besondere Einrichtungen an den hinteren Kuppelstangen erfolgreich überwunden wurden.

Die Hauptabmessungen der in Tafel 36 dargestellten Lokomotive sind folgende:

Spurweite	1067 mm
Zylinderdurchmesser	540 mm
Hub	510 mm
Triebraddurchmesser	1102 mm
C_1	1350 qcm
Reibungsgewicht	57 t
C_2	23,7 qcm/t
Dienstgewicht	75 t
Dampfdruck	12 kg/qcm
Rostfläche	2,6 qm
Wasserverdampfende Heizfläche, feuerberührte	131,51 qm
Überhitzerheizfläche, feuerberührte	40,79 qm
Kesselmitte über Schienenoberkante	2450 mm
Fester Radstand	3750 mm
Triebachsstand	6250 mm
Gesamtradstand	10250 mm
Wasservorrat	8,5 cbm
Leergewicht	59 t

Der Rost gestattet bei einer Breite von 1300 mm und einer Länge von 2000 mm, entsprechend einer Rostfläche von 2,6 qm, bei einem Kesseldurchmesser von 1404 mm ein senkrechtes Herabziehen des äußeren Feuerbüchsmantelblechs. Die Rohrwand mußte im unteren Teil etwas nach hinten geneigt werden, um eine möglichst große Feuerraumtiefe und bessere Luftzuführung zum Aschkasten zu erhalten. Der Feuerbüchsmantel besteht aus einem einzigen Blech von 16 mm Stärke. Hinten ist die Feuerbüchse zur Gewichtsersparnis abgeschrägt. Die Heizrohre haben eine Länge von 4950 mm. Bemerkenswert ist noch, daß über den Deckenankern der äußersten Reihe zur besseren Abdichtung eine Verstärkungslasche von 150 mm Breite und 10 mm Stärke mit dem Mantelblech vernietet ist. Der Kessel ist mit einem Ventilregler ausgerüstet und enthält einen Schmidtschen Rauchrohrüberhitzer von 3 × 6 Elementen. Erwähnenswert ist, daß die Rauchkammertür nur lose in den Gelenkbändern hängt und durch die fünf auf den Umfang verteilten Vorreiber so leichter dicht an die Rauchkammer gepreßt werden kann.

Besonders schwierig war der Aschkasten auszuführen. Die Unterkante Bodenring liegt 175 mm über Oberkante Rahmen. Der Rost überragt den Rahmen dabei seitlich um je 230 mm. Eine dreiteilige Ausbildung des Aschkastens war nicht angängig, weil hier neben dem Rahmen die vorletzten und letzten Kuppelräder liegen und die Kuppelstangen beziehungsweise deren Lager in manchen Stellungen unzugänglich geworden wären. Der Aschkasten konnte daher nur zwischen die Rahmen gelegt werden. Die seitlichen Teile erhielten dabei eine Neigung von 1:5, die während der Fahrt im allgemeinen ein Herunterrutschen der Asche gewährleisten dürfte. Um mit Sicherheit etwa hier liegende Asche zu entfernen, wurde auf diesen schrägen Ebenen ein mit feinen Löchern versehenes Dampfrohr entlanggeführt, mit Hilfe dessen die Asche hier fortgeblasen werden kann. Zur Verbesserung der Luftzuführung unter die über den Rahmen hinausreichenden Teile der Rostfläche ist zwischen den schrägen Flächen und dem Bodenring an den Längsseiten des Aschkastens ein vom Führerhaus aus einstellbarer Gitterschieber angebracht.

Die beiden Hauptrahmen werden von 23 mm starken Blechen gebildet. Wegen der 30 mm betragenden Seitenverschieblichkeit der beiden äußersten Kuppelachsen wurde die lichte Entfernung der Rahmenplatten zu 840 mm angenommen. Um die Bearbeitung der Rahmen zu vereinfachen, wurde die vordere Laufachse, die 100 mm Seitenspiel haben muß, in einen Rahmenausschnitt gelegt, der durch ein 23 mm starkes Kümpelblech geschlossen wird. Hinten konnte man den Rahmen auf eine größere Länge einziehen, so daß hierdurch der erforderliche Seitenausschlag möglich wird, was vorn wegen der Anordnung der Zylinder nicht ausgeführt werden konnte.

Bemerkenswert ist die Ausbildung des Wasserkastens. Das Wasser ist nicht wie bei Tenderlokomotiven sonst üblich in seitlichen Wasserkästen, die die Feuerbüchse unzugänglich machen und die Übersicht über die Strecke erschweren, untergebracht, sondern es ist quer unter dem Kessel über dem Rahmen ein flacher 2498 mm breiter Kasten, der innerhalb des Rahmens nach unten vertieft ist, so daß ein T-förmiger Querschnitt entsteht, angeordnet. Außerdem ist unter dem Führerstand und unter dem Kohlenkasten Wasser aufgespeichert, so daß insgesamt 8,5 cbm Wasser untergebracht sind.

Die vier mittleren Achsen sind fest gelagert. Der feste Radstand von 3750 mm erlaubt ohne weiteres ein Durchfahren von Krümmungen von 150 m Halbmesser. Nach dem Royschen Verfahren, Abb. 565, ergibt sich für die vorderste und hinterste der Kuppelachsen bei dem angegebenen Halbmesser und 20 mm Spurerweiterung ein erforderliches Seitenspiel von 2 × 30 mm, für die Adamsachsen ein solches von 100 mm. Diese erhielten Rückstellfedern, die einen Anfangsdruck von 348 kg und bei 100 mm Ausschlag einen solchen von 1300 kg ausüben. Die gekuppelten

Achsen haben keine Rückstellvorrichtungen. Die seitenverschieblichen Kuppelachsen haben keine verlängerten Zapfen erhalten, es sind anstatt dessen Kuppelstangen der Bauart Hagans ausgeführt worden, weil dadurch das Hinausschieben der Zylindermitten vermieden werden konnte. Um eine Auswechselbarkeit sämtlicher Kuppelachsen zu ermöglichen, sind sie mit den gleichen Schenkelabmessungen von 155/240 ausgeführt. Die Endkuppelachsen haben eine Lagerlänge von 180 mm, so daß die Achse sich nach jeder Seite um 30 mm verschieben kann.

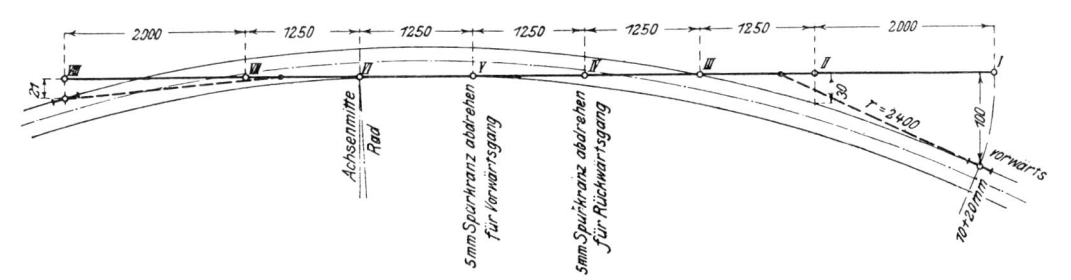

Abb. 565. Einstellung der 1 F 1-Lokomotive in einer Krümmung mit 150 m Halbdurchmesser.

Sämtliche Kuppelachsen haben untenliegende Federn von 900 mm Länge; die Federn von je zwei aufeinander folgenden Achsen sind durch Längshebel verbunden.

Der Zylinderdurchmesser konnte mit Rücksicht auf den lichten Raum nicht über 540 mm vergrößert werden. Im übrigen sind die Zylinder und Kolbenschieber nach der Bauart der Preußischen Staatseisenbahn, auch mit Druckausgleich, Umlaufkanal und Schmidtschen Stopfbüchsen ausgeführt.

Die Lokomotive hat eine Handspindelbremse und eine selbsttätige Luftsaugebremse, die durch ein Ausgleichgestänge auf die vierte und sechste Achse doppelseitig wirkt.

Wegen der langen Talfahrten ist ferner eine Riggenbachbremse angebracht. An der Vereinigungsstelle der Ausströmrohre unterhalb der Rauchkammer ist ein Drehschieber eingebaut, der bei zurückgelegter Steuerung das Ansaugen aus der Rauchkammer verhindert und Einströmung frischer Luft in die Zylinder gestattet. Gleichzeitig wird zur Kühlung Kesselwasser in die Zylindermitte eingespritzt. Das Dampf-Luftgemisch entweicht nach Durchlaufen des Überhitzers durch ein vom Führerstand zu regelndes Ventil in die Ummantelung des Schornsteines. Zur Geräuschverminderung ist der Zwischenraum mit Kupferspänen angefüllt.

23. C + C-Mallet-Heißdampf-Verbundlokomotive für die japanischen Staatsbahnen.

Gebaut von Henschel & Sohn, Cassel.

Die in Abb. 566 und Tafel 37 dargestellte Lokomotive ist bestimmt, Güterzüge von ~ 400 t Wagengewicht auf Steigungen von 20 $^0/_{00}$ mit Geschwindigkeiten von 25 km/st und auf der Wagerechten Güterzüge von 1400 t mit etwa 45 km/st zu befördern. Es sollen dabei Krümmungen von 90 m Halbmesser anstandslos durchfahren werden. Die hierzu erforderliche Leistung von 1100 PS in Verbindung mit dem bei einer Spurweite von 3′6″ = 1067 mm zulässigen höchsten Achsdruck von 11,4 t bedingt die Anwendung von sechs Triebachsen; zur Erzielung guter Kurvenläufigkeit ist die Bauart Mallet gewählt worden. Die Lokomotive besitzt zwei Rahmengruppen mit je drei gekuppelten Achsen; beide Gestelle sind durch ein Gelenk miteinander verbunden. Der Kessel ist an dem hinteren Gestell über den Zylindern mit einem angenieteten Stahlguß-Sattelstück befestigt und kann sich infolgedessen nach vorn und hinten frei ausdehnen. Der Schmidt-Überhitzer ist in 16 Rauchrohren von 140 mm äußerem Durchmesser untergebracht. Der Heißdampf wird durch zwei außen am Kessel entlanglaufende, in Stopfbüchsen mündende Rohre den am hinteren Gestell angebrachten Hochdruckzylindern zugeführt. Der Abdampf aus den Hochdruckzylindern gelangt durch ein an beiden Enden in Stopfbüchsen gelenkig geführtes und längsverschiebbares Verbinderrohr in die Schieberkästen der Niederdruckzylinder, deren Abdampf durch ein ebenfalls gelenkiges Rohr in das Blasrohr entweicht.

Um mit der Lokomotive unter allen Umständen anfahren zu können, und zur Erzielung größerer Zugkräfte, als sie bei Verbundwirkung möglich sind, wird beim Auslegen der Steuerung auf die größte Füllung selbsttätig durch ein Ventil Frischdampf in den Verbinder geleitet.

Alle Zylinder haben Kolbenschieber mit innerer Einströmung, die von zwei zwangläufig miteinander verbundenen Walschaert-Steuerungen bewegt werden, wobei die Niederdrucksteuerung so eingestellt ist, daß sie stets etwas größere Füllung als die Hochdrucksteuerung ergibt. Die Schmierung der Kolbenschieber und der Dampfkolben erfolgt durch Schmierpressen, und zwar die der Hochdruckzylinder durch eine sechsfache, die der Niederdruckzylinder durch eine vierfache Schmierpresse; beide werden von den Hochdruckschwingen angetrieben.

Die Rahmen sind als Barrenrahmen ausgebildet. Die Tragfedern im hinteren Gestell sind in entsprechenden Ausschnitten der Barrenrahmen angeordnet und werden durch auf den Achsbüchsen liegende Ausgleichhebel getragen. Die Federn im vorderen Gestell liegen in üblicher Weise über den Achsbüchsen und Rahmen und sind ebenfalls durch Hebel miteinander verbunden. Da das vordere Gestell erfahrungsgemäß in der Geraden leicht zum Schlingern neigt, so ist unter der Rauchkammer eine kräftige Feder angeordnet, die die Eigenbewegungen des Vordergestells dämpft und die außerdem zur Rückstellung desselben in die Mittellage beim Übergang aus einer Krümmung in die Gerade dient.

Der dreiachsige Tender faßt etwa 12,5 cbm

Wasser und 3 bis 4 t Kohle; die vordere Achse des Tenders ist fest, die beiden hinteren sind zur Erleichterung des Durchlaufens von Krümmungen in einem Drehgestell Bauart Diamond vereinigt.

Lokomotive und Tender sind durch eine selbsttätige Luftsaugebremse gebremst; außerdem ist eine kräftig wirkende Handspindelbremse vorgesehen.

Außer den üblichen Kesselarmaturen ist eine Vorrichtung angebracht, um bei längeren Talfahrten die Bremsklötze mit Tenderwasser zu kühlen. Auf dem Kessel sind zwei Sandkästen angebracht, um jedem Gestell Sand zuführen zu können. Der Rost ist entsprechend der zu verwendenden Kohle nach amerikanischem Vorbilde als Schüttelrost ausgebildet.

Die Hauptabmessungen der Lokomotive sind folgende:

Zylinderdurchmesser, Hochdruck	2×420 mm
,, , Niederdruck	2×650 mm
Hub	610 mm
Triebraddurchmesser	1245 mm
C_1	2070 qcm
Anzahl der Siederohre	100
Außendurchmesser der Siederohre	57 mm
Anzahl der Rauchrohre	16
Außendurchmesser der Rauchrohre	140 mm
Länge zwischen den Rohrwänden	4950 mm
Kesselmitte über Schienenoberkante	2337 mm
Heizfläche der Feuerbüchse	12,27 qm
,, ,, Siederohre	123,10 qm
Verdampfungsheizfläche	135,37 qm
Überhitzerheizfläche	37,5 qm
Rostfläche	2,1 qm
Dampfdruck	14 Atm.
Leergewicht	61,2 t
Gesamtgewicht, betriebsfähig	67,85 t
C_2	30,5 qcm/t

Vor der Beschreibung einiger der neueren amerikanischen Heißdampflokomotiven dürfte der Mehrzahl der Leser dieses Werkes die Erwähnung einiger Naßdampflokomotiven zum Vergleich wertvoll sein, die ungefähr zur Zeit kurz vor der allgemeinen Einführung des Heißdampfbetriebs im Lokomotivbau der Vereinigten Staaten bemerkenswert hervorgetreten sind. Die Entwicklung des amerikanischen Lokomotivbaues in den letzten 15 Jahren dürfte hierdurch leichter erkennbar werden. Es sind daher nachstehend zunächst Auszüge der Beschreibungen von drei Naßdampflokomotiven gebracht, die 1904 auf der Weltausstellung in St. Louis gezeigt und die damals die schwersten und leistungsfähigsten Lokomotiven der Vereinigten Staaten waren.

24. 2 C 1 - Naßdampf - Zwilling - Schnellzuglokomotive der Union Pacific R.-R.

Diese in Abb. 567 dargestellte, von den Baldwin-Werken erbaute Lokomotive gehört der Pacific-Type, der schwersten amerikanischen Schnellzug-Lokomotivgattung an, die infolge der Einführung der breiten Feuerkiste aus der 2 C-Lokomotive durch Hinzufügung einer hinteren, einstellbaren Laufachse entstanden ist. Sie war zur Zeit der Ausstellung die schwerste Schnellzuglokomotive der Vereinigten Staaten

(102,3 t ohne Tender und 162 t mit Tender). Der lange Radstand dieser Lokomotivbauart bedingt eine große Siederohrlänge, im vorliegenden Falle 6100 mm, bei einem äußeren Rohrdurchmesser von 57,2 mm.

Bemerkenswert ist an dieser Lokomotive das Deichseldrehgestell, in dem die hintere Laufachse liegt (Abb. 568—569). Dieses Drehgestell (radial truck) ist die normale Bauart der Baldwin-Werke für die hinteren Laufachsen aller dreifach gekuppelten Schnellzuglokomotiven, wobei das auf der Laufachse ruhende Lokomotivgewicht auf Pendel wirkt und durch diese die Rückstellkraft erzeugt.

Der Rahmen (Abb. 570 und 571) ist vierteilig; besonders die Art der Verbindung des hinteren Teiles, unter dem der Drehgestellrahmen liegt, mit dem vorderen dürfte bei europäischen Fachmännern wenig Beifall finden. Die zahlreichen Bolzenlöcher zur Befestigung der beiden Zylinderpaßstücke am Hauptrahmen verursachen eine bedeutende Schwächung des Rahmens an der meist beanspruchten Stelle. Die Lokomotive war mit einem Vanderbild-Tender von 59,7 t Gesamtgewicht ausgerüstet.

Die Hauptabmessungen der Lokomotive sind folgende:

Zylinderdurchmesser	560 mm
Hub	712 mm
Triebraddurchmesser	1955 mm
Feuerbüchse, Länge und Breite	2745 × 1675 mm
Kesseldurchmesser	1778 mm
Siederohre:	
Anzahl	245
Durchmesser	57,2 mm
Länge	6100 mm
Heizfläche, wasserberührt:	
Feuerbüchse	16,7 qm
Siederohre	267 qm
Zusammen	283,7 qm
Rostfläche	4,6 qm
Kesseldruck	14 Atm.
Reibungsgewicht	64,2 t
Gesamtgewicht	102,3 t
Triebachsstand	4067 mm
Gesamtradstand	10167 mm
Tender:	
Gewicht	59,7 t
Kohle	12,7 t
Wasser	26,5 cbm

Abb. 567. 2 C 1-Zwillings-Schnellzuglokomotive der Union Pacific R.-R. Zylinderdurchmesser 560 mm | Triebraddurchmess. 1955 mm | Heizfläche, wasserber. 283,7 qm | Lokomotivgewicht . . 102,3 t
Kolbenhub . . . . 712 „ | Dampfspannung . . 14 Atm. | Rostfläche . . . . . 4,6 „ | Tendergewicht . . . 59,7 t

Abb. 568 bis 569. Hinteres Deichseldrehgestell.

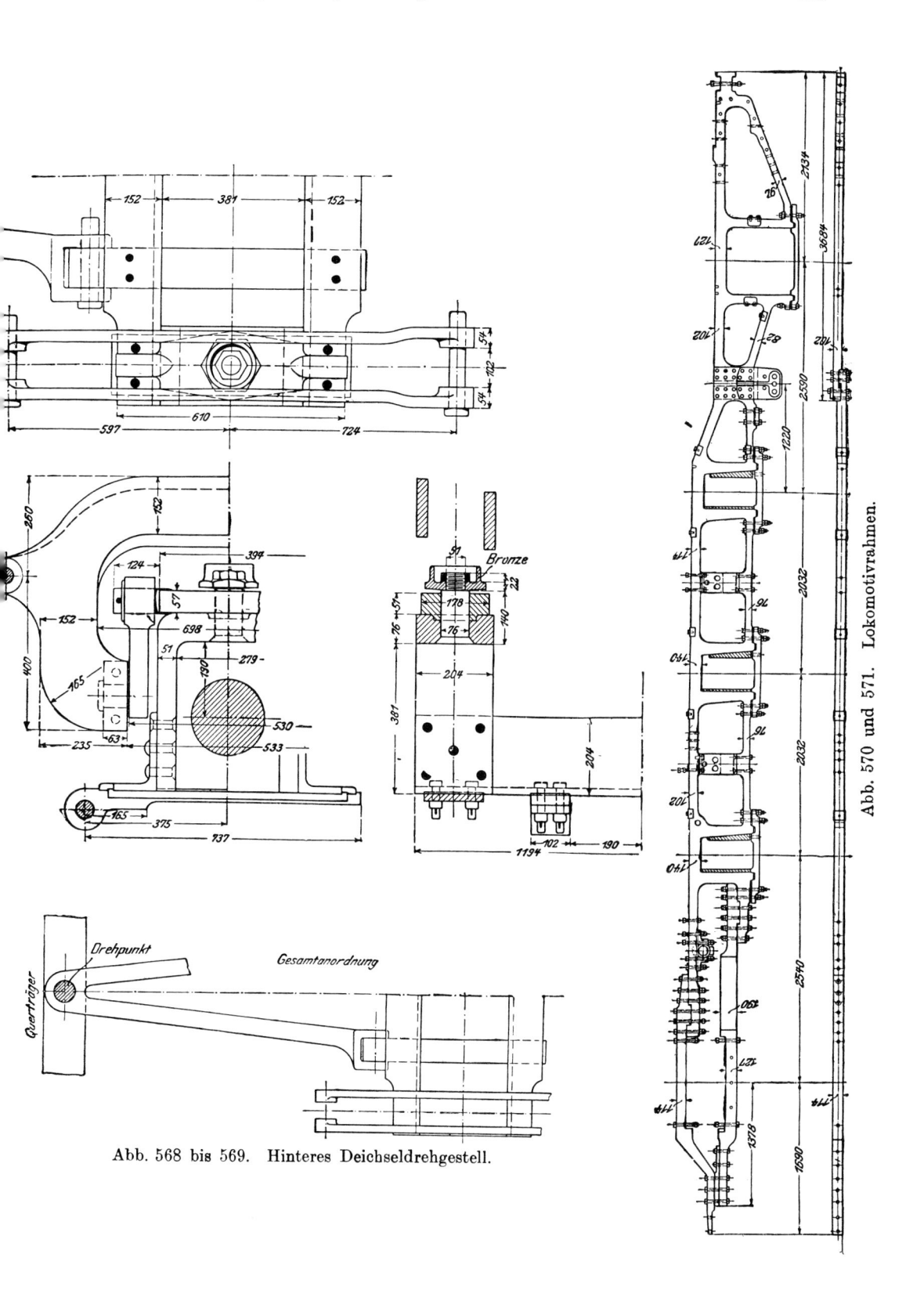

Abb. 570 und 571. Lokomotivrahmen.

25. 1 D - Naßdampf - Zwilling - Güterzuglokomotive der Delaware, Lackawanna and Western R.-R.

Bemerkenswert bei dieser in Abb. 572 dargestellten Lokomotive ist vor allem die nach ihrem ersten Erbauer genannte „Wootten"-Feuerbüchse. — Die innere Feuerbüchse (zwischen hinterer Rohrwand und Feuerbuchsrückwand) hat eine Länge von 3320 mm und ihre innere Breite beträgt 2749 mm, die Rostfläche demnach 8,83 qm! Diese gewaltigen Abmessungen des Rostes wurden gewählt, um feinkörnige Anthrazitkohle zur Lokomotivfeuerung benutzen zu können. Dieser Brennstoff kann nur in niedriger Schicht aufgetragen werden und, um ein Durchreißen des Feuers bei der in Amerika üblichen heftigen Blasrohrwirkung zu verhindern, wurden so große Rostflächen gewählt. Bei der Ausstellungslokomotive betrug das Verhältnis der Heizfläche zur Rostfläche 29,2[1]). Die ursprüngliche Form des „Wootten-Kessels", wie er von John E. Wootten, Superintendant of Motive Power der Philadelphia and Reading R.-R., im Jahre 1877 zum ersten Male erbaut wurde, ist in Abb. 573 und 574 dargestellt. Der Kessel hatte eine lange, überhängende Feuerbüchse mit einer in den Langkessel hineinreichenden Verbrennungskammer, die durch eine Feuerbrücke von der eigentlichen Feuerbüchse getrennt ist. Der Feuerbuchsring hatte einen U-förmigen Querschnitt. Diese Bauart bewährte sich im Betriebe infolge von Undichtheiten, namentlich am Bodenring, sowie wegen zahlreicher Stehbolzenbrüche sehr schlecht. Diesem Übelstand sollte die in Abb. 575 und 576 dargestellte, von den Baldwin-Werken verbesserte Bauart abhelfen, bei der die Seitenwände der Feuerbüchse gekrümmt sind, damit die Stehbolzen möglichst senkrecht zu beiden Blechen stehen. Der Feuerbuchsring hatte wieder den gewöhnlichen rechteckigen Querschnitt. Wootten-Kessel dieser Bauart sind heute noch im Betriebe.

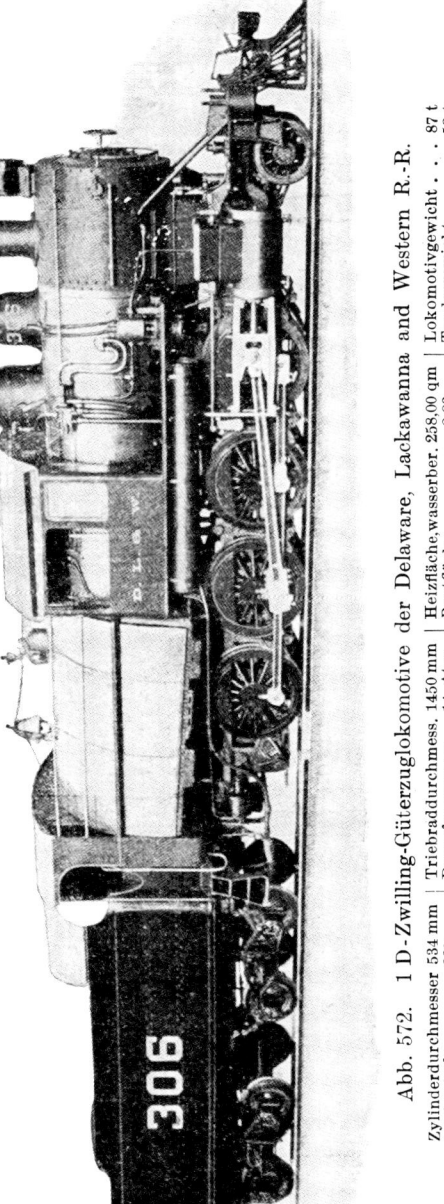

Inzwischen brachte Alexander Mitchell, Superintendant of Motive Power der Lehigh Valley-Eisenbahn, den in Abb. 577 u. 578 dargestellten Kessel zur Einführung, bei dem die Verbrennungskammer ganz beseitigt und die hintere Rohrwand senkrecht angeordnet ist. Im Betriebe gab diese Bauart noch viel mehr Störungen als die zuerst genannten Bauarten infolge der großen Mengen kalter Luft, die zeitweise die ungeschützte hintere Rohrwand bestrich und fortgesetztes Undichtwerden der

Abb. 572. 1 D-Zwilling-Güterzuglokomotive der Delaware, Lackawanna and Western R.-R.
Zylinderdurchmesser 534 mm | Triebraddurchmess. 1450 mm | Heizfläche,wasserber. 258,00 qm | Lokomotivgewicht . . . 87 t
Kolbenhub . . . . 660 „ | Dampfspannung . . 14 Atm. | Rostfläche . . . . . 8,83 „ | Tendergewicht . . . 53 t

---
[1]) Vgl. Record of Recent Construction Nr. 21 bis 30, Baldwin Works, Philadelphia, S. 195.

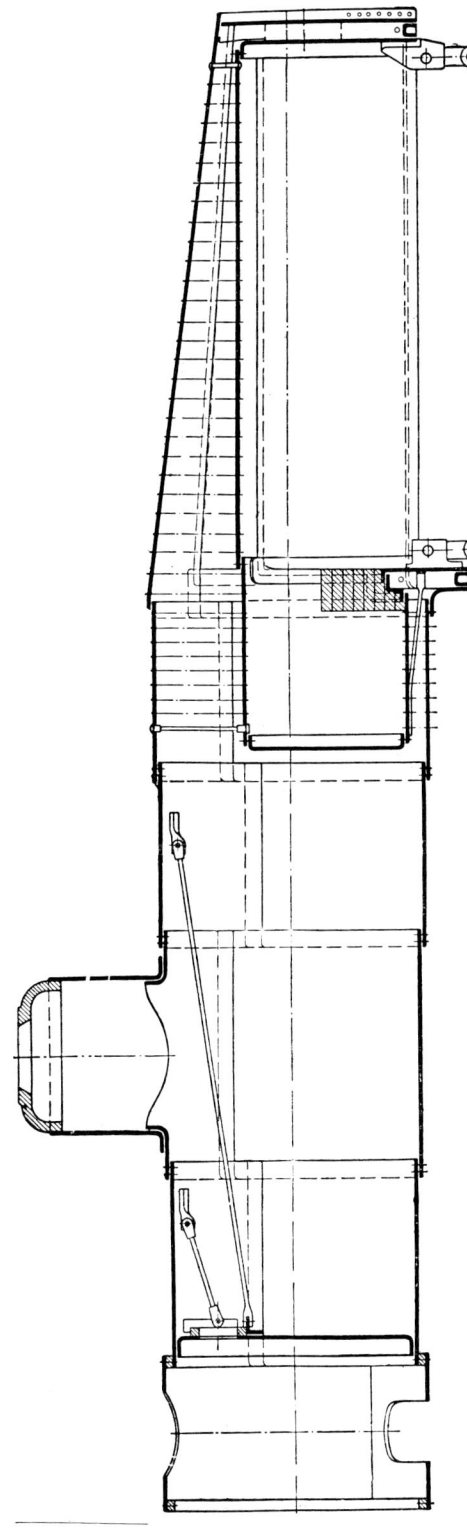

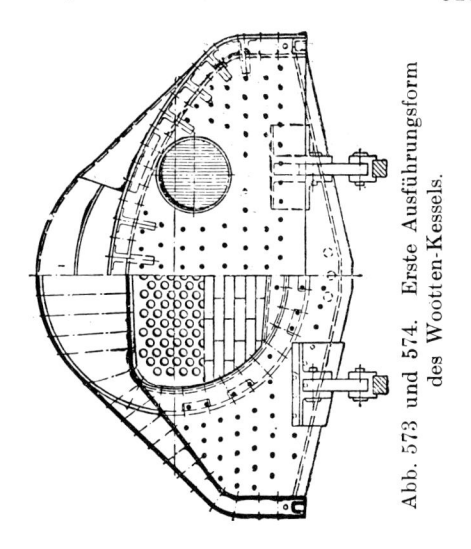

Abb. 573 und 574. Erste Ausführungsform des Wootten-Kessels.

Siederohre an ihren Einwalzstellen hervorrief. Schließlich kehrte man wieder zu einer sehr verkürzten Verbrennungskammer zurück[1]) (Abb. 579 und 580).

Auch der Kessel der Ausstellungslokomotive gehörte der letztgenannten Art an. Dieser Wootten-Kessel gab den Anstoß zur Einführung der breiten Feuerbüchse. Die Nachteile der letzteren, die im fünften Abschnitt eingehend besprochen werden, beziehen sich in erhöhtem Maße auf die Wootten-Feuerbüchse. Infolge ihrer großen Breite wurde eine Trennung des Führerstandes vom Heizerstande notwendig; ersterer mußte vor die Feuerbüchse verlegt werden und Führer und Heizer müssen sich durch ein Sprachrohr verständigen. Es ist zwar ein Verbindungsgang zwischen Heizer- und Führerstand vorgesehen, der jedoch so schwer gangbar ist, daß davon kaum Gebrauch gemacht wird. Der Platz für den Heizer ist sehr eng und unbequem und infolge der Nähe des Kessels namentlich im Sommer sehr unangenehm. Die Armaturen sind unübersichtlich angeordnet und zum Teil sehr schwer erreichbar. Der Dom ist vor dem Führerhaus angeordnet. Bei einigen anderen Lokomotiven dieser Bauart befindet er sich im Führerhaus und trägt die Armaturen. Der Aschkasten mußte natürlich sehr stark eingezogen

---

[1]) Dieser Kessel, der, wie Vauclain in einer Rede hervorhebt, „der furchtlosen Ingenieurkunst des Herrn James Higgins, Superintendant der Lehigh R.-R., sein Entstehen verdankt," zeichnet sich durch die größte bisher erreichte Siederohrzahl aus; es sind davon 511 Stück von 50,8 mm äußerem Durchmesser untergebracht!

werden. Die Luftzufuhr geschieht durch seitliche Öffnungen unterhalb des Bodenringes; eine derselben ist mit Düsen versehen zur Erzeugung künstlichen Zuges. Die Luftzufuhr kann durch Änderung der Dampfzufuhr zur Düse vom Heizerstand aus geregelt werden. Die Feuertür hat eine lichte Höhe von 400 mm und eine lichte Breite von 870 mm; trotz dieser großen Breite ist naturgemäß die seitliche Beschickung der Rostfläche mit erheblichen Schwierigkeiten verbunden und auf die Dauer wird auch der tüchtigste Heizer nicht in der Lage sein, eine Rostfläche von 8,83 qm gleichmäßig zu beschicken. Die Folge hiervon sind fortwährende Schwierigkeiten mit dem Dichthalten der Siederohre. Da diese Lokomotiven jedoch ein sonst für Lokomotivkessel unbrauchbares Feuerungsmittel verwerten, sind sie bei einigen Bahnen trotz aller Übelstände beliebt.

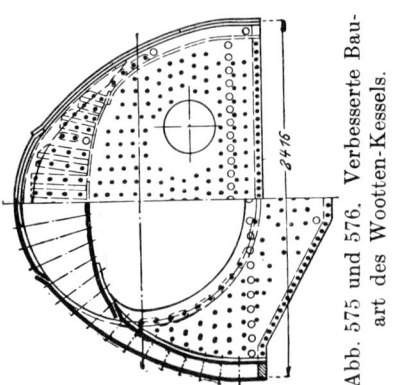

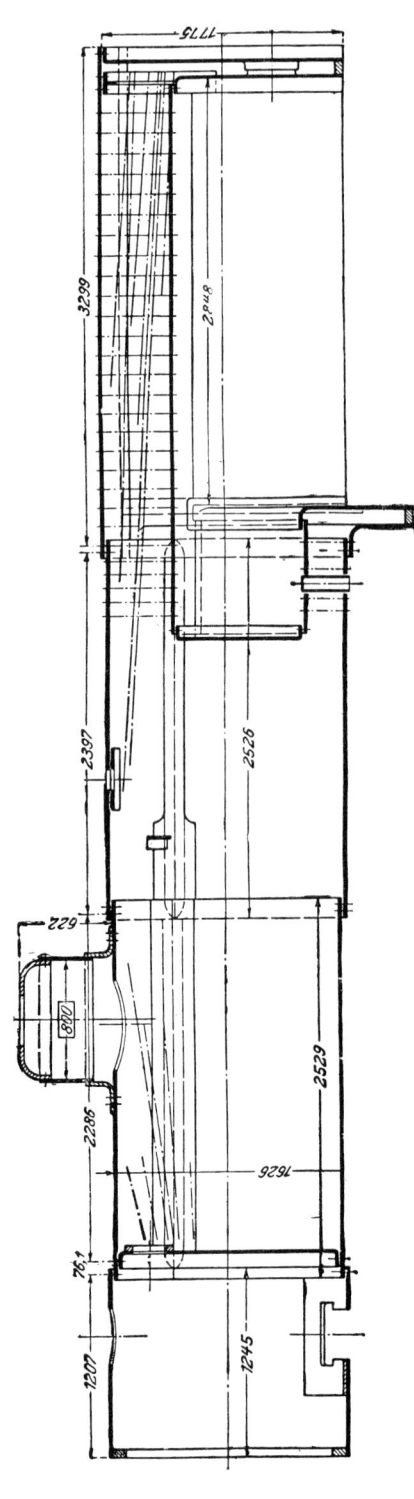

Abb. 575 und 576. Verbesserte Bauart des Wootten-Kessels.

Die Hauptabmessungen der Lokomotive sind folgende:

Zylinderdurchmesser	534 mm
Hub	660 mm
Triebraddurchmesser	1450 mm
Feuerbüchse, Länge und Breite	3206 × 2749 mm
Kesseldurchmesser	1790 mm
Siederohre:	
Anzahl	350
Durchmesser	50,8 mm
Länge	2410 mm
Heizfläche, wasserberührt:	
Feuerbüchse	20,9 qm
Siederohre	237,1 qm
Zusammen	258 qm
Rostfläche	8,83 qm
Kesseldruck	14 Atm.
Reibungsgewicht	78 t
Gesamtgewicht	87 t
Triebachsstand	4830 mm
Gesamtradstand	7523 mm
Tender:	
Gewicht	53 t
Kohle	9,1 t
Wasser	22,7 cbm

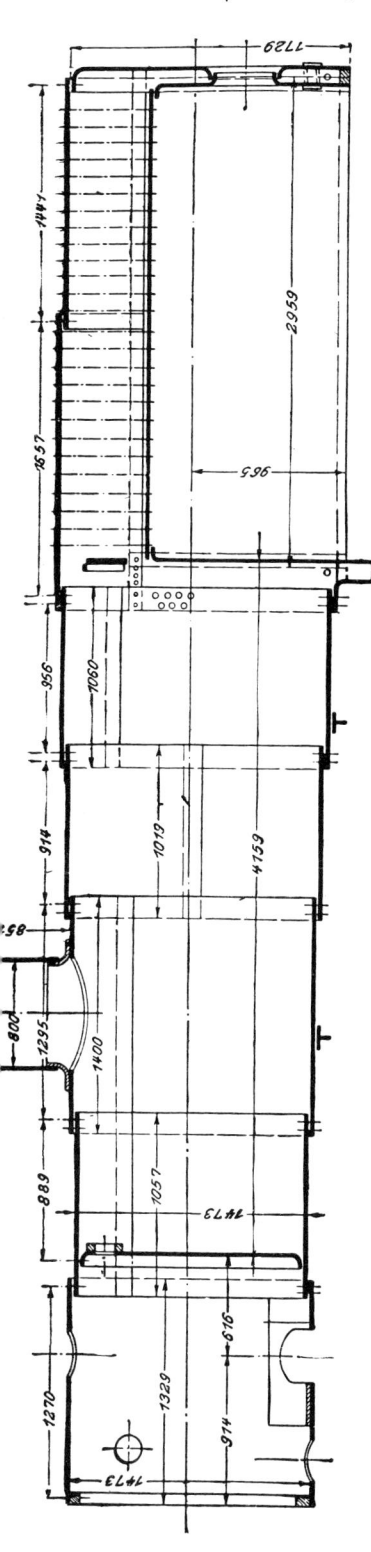

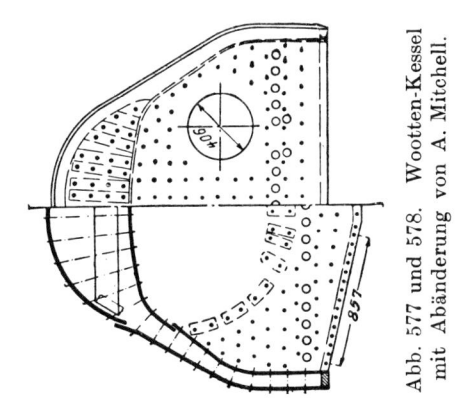

Abb. 577 und 578. Wootten-Kessel mit Abänderung von A. Mitchell.

26. C+C-Naßdampf-Güterzuglokomotive der Baltimore and Ohio R.-R.

Diese in Abb. 581 und auf Tafel 38 dargestellte, von den Schenectady Werken der American Locomotive Co. gebaute Lokomotive erregte seinerzeit infolge ihrer riesigen Abmessungen das größte Aufsehen unter allen auf der Ausstellung in St. Louis 1904 ausgestellten Lokomotiven. Auch sonst war diese Maschine in mehr als einer Hinsicht bemerkenswert, da sie den ersten Versuch darstellte, die Malletlokomotive der amerikanischen Bauart anzupassen und bei ihr auch die Walschaert - (Heusinger-) Steuerung zum ersten Male bei amerikanischen Dampflokomotiven anzuwenden[1]). Die grundsätzliche Anordnung der Malletlokomotiven ist beibehalten; die Hochdruckzylinder sind am hinteren Rahmen, der mit dem Kessel fest verbunden ist, angebracht, während die Niederdruckzylinder am vorderen Rahmen befestigt sind, der als Dampfdrehgestell ausgeführt und mit zwei übereinander liegenden Drehzapfen am hintern Ende oben und unten drehbar gekuppelt ist. Diese Kupplung erscheint, trotzdem die Bolzen 114 mm Durchmesser haben, für die riesigen Bauteile nicht genügend kräftig, denn sie muß alle Stöße auf die Pufferbohle unvermittelt aufnehmen. Die Schwäche des amerikanischen Barrenrahmens, gute Querverbindungen kaum zuzulassen, kommt hier, wo dem vorderen Drehgestell das Rückgrat, der Zylindersattel zur Verbindung mit dem Kessel, fehlt, recht deutlich zum Ausdruck. Vier große, bis an die untere Rahmenbarre gehende Stahlgußkästen müssen eingebaut werden, um den Rahmen, der ohne steife Verbindung mit dem Kessel ist, die nötige Diagonalversteifung in wagerechter und senkrechter Richtung zu geben, und es ist bemerkens-

---

[1]) Die Walschaert-Steuerung war in Amerika bis zum Jahre 1904 nur bei einigen Dampfwagen und kleinen Preßluftlokomotiven verwendet worden.

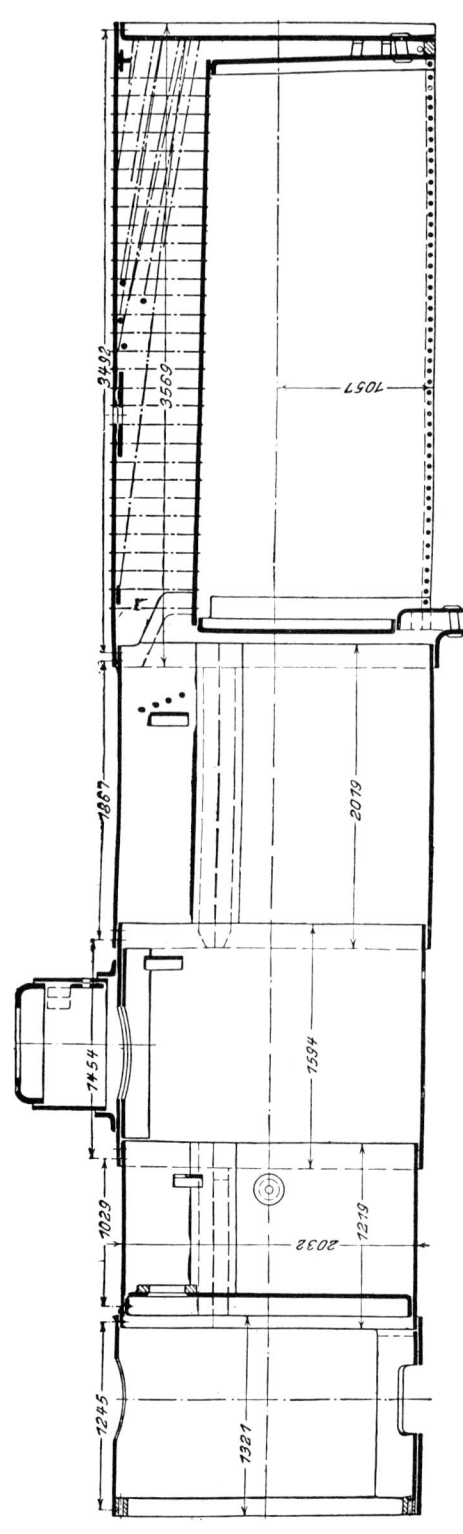

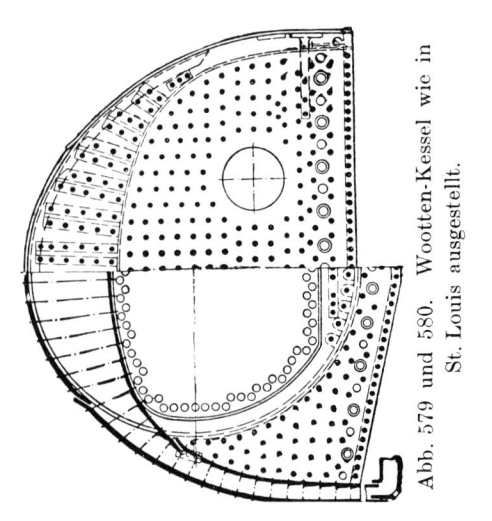

Abb. 579 und 580. Wootten-Kessel wie in St. Louis ausgestellt.

wert, wie die Barren dabei verbohrt werden und welche unzulässige Länge die Befestigungsbolzen für feste Verbindungen dabei erhalten müssen. Die Feuerbüchse ist am hinteren Rahmen in der üblichen Weise befestigt. Nicht sehr empfehlenswert erscheint die Befestigung des Hochdruckzylindersattels am Kessel mit konisch eingeriebenen Bolzen. Im Falle von Schraubenbrüchen oder Undichtheiten müßten sämtliche Siederohre herausgenommen werden, um die Bolzen auszuwechseln oder abzudichten. Der Kessel ruht auf dem beweglichen Vorderrahmen in zwei Gleitlagern, wovon das vordere, unterhalb der Rauchkammer befindliche, gleichzeitig die Rückstellvorrichtung enthält, die auch dazu berufen ist, die schlingernden Bewegungen des Vorderrahmens zu mildern. Der Hauptwiderstand gegen Verdrehung des Vorderrahmens wird jedoch durch die Reibung auf den Gleitflächen der beiden Kesselträger erzeugt. Zwischen Hauptrahmen und beweglichem Rahmen sind zwei nachstellbare senkrechte Zugstangen eingebaut, wodurch es möglich wird, einen Teil des vorderen Überhanges des Hauptrahmens auf das hintere Ende des beweglichen Rahmens zu übertragen, um den großen Überhang der schweren Niederdruckzylinder auszugleichen. Die Hochdruckzylinder mußten unsymmetrisch geteilt werden mit Rücksicht auf das in der Längsachse befindliche bewegliche Aufnahmerohr, das um ein Kugelgelenk in der unmittelbaren Nähe des Drehzapfens des Vorderrahmens drehbar ist. Das vordere Ende des Rohres kann sich in einem an den Niederdruckzylindern angebrachten Kreuzstück abgedichtet verschieben. Diese Längsverschiebbarkeit ist notwendig wegen der Wärmeausdehnung und weil der Drehpunkt des Aufnahmerohres nicht mit dem Drehpunkt des vorderen Rahmens zusammenfällt. Das Ausströmrohr (Abb. 582) ist in seinen beiden Enden drehbar und vorn außerdem noch in der Längsrichtung verschiebbar. Die Rohrgelenke sind so ausgeführt, daß das Nachziehen der Stopfbüchsen für die Packung kein Klemmen der Kugelstücke verursachen kann, ein Umstand, auf den bei den europäischen Malletlokomotiven nicht immer genügend Rücksicht genommen wurde. Das Wechselventil und die Anfahrvorrichtung (System Mellin) befinden sich im Hochdruckzylinder. In der Anfahrstellung wird abgedrosselter Frischdampf von 5—6 Atm. Spannung in den Niederdruckzylinder geleitet und gleichzeitig der Auspuffdampf des Hochdruckzylinders durch ein besonderes Ausströmrohr nach der Rauchkammer geführt.

Wie schon erwähnt, wurde für beide Maschinen Walschaert- (Heusinger-) Steuerung benützt. Die bei dem niedrigen Barrenrahmen ziemlich schwierige Lagerung der Festpunkte für die außenliegende Steuerung wurde in geschickter Weise durchgeführt. Die Schieberstangenführung hat prismatische Form, um ein Nachstellen zu ermöglichen. Eine Luftdruck-Umsteuervorrichtung mußte angebracht werden, da ein Umsteuern von Hand bei den vielen Gelenken der doppelten Steuerung unmöglich gewesen wäre. Infolge des riesigen Kessels (2135 mm Durchmesser) verblieb nur eine sehr geringe Bauhöhe für den Dom. Doch wurde die daraus sich ergebende bauliche Aufgabe geschickt gelöst. Der niedrige Dom ist dabei, um Bauhöhe für die seitlichen Flanschen der Dampfeinströmrohre zu erhalten, aus Stahlguß hergestellt worden. Der Schornstein mußte beträchtlich in das Innere der Rauchkammer verlängert werden. Das Triebwerk und dementsprechend die Gegengewichte erscheinen sehr schwer, die Tragfedern jedoch mit Rücksicht auf die über 25 Tonnen große Achslast auffallend leicht. Derartige Unstimmigkeiten sind

Abb. 581. C + C-Güterzuglokomotive (Bauart Mallet) der Baltimore and Ohio R.-R.

| Zylinderdurchmesser | 508 u. 813 mm | Triebraddurchmesser | 1425 mm | Heizfläche, wasserberührt | 518,40 qm | Lokomotivgewicht | 152 t |
| Kolbenhub | 813 " | Dampfspannung | 16,5 Atm. | Rostfläche | 6,72 " | Tendergewicht | 65 t |

Abb. 582. Ausströmrohr.

übrigens an dieser Lokomotive sehr zahlreich. U. a. sei nur erwähnt, daß alle vier Kolbenstangenkeile an den Kreuzköpfen geradezu unzulässig schwach ausgeführt sind. Sämtliche Triebachsen werden einseitig gebremst, wofür vier Bremszylinder vorgesehen sind.

Die Lokomotive wurde seinerzeit von der Baltimore and Ohio-R.-R. in der Absicht beschafft, schwere Güterzüge ungeteilt über die gebirgige, krümmungsreiche Strecke Connesville—Rockwood (Länge 70 km, Gesamtsteigung 280 m, größte Steigung 1:100) zu befördern, für welchen Dienst bisher zwei oder drei 1 D-gekuppelte Güterzuglokomotiven von je 88 Tonnen Gewicht notwendig waren. Nach den Angaben von Mühlfeld, Generalsuperintendant der Baltimore and Ohio R.-R.[1]) hat die Mallet-Lokomotive gemeinsam mit einer 1 D-gekuppelten Lokomotive einen Zug von 2900 Tonnen Wagengewicht mit 16 km Geschwindigkeit über die Strecke befördert, während sie allein einen Zug von 2150 Tonnen Wagengewicht oder 2150 + 152 + 65 = 2367 Tonnen Gesamtzuggewicht mit einer Durchschnittsgeschwindigkeit von 17 km/st zu befördern imstande war.

Die Hauptabmessungen dieser Lokomotive sind:

Zylinderdurchmesser	508/813 mm
Hub	813 mm
Triebraddurchmesser	1425 mm
Feuerbüchse, Länge, Breite	2,745 × 2,535 mm
Kesseldurchmesser	2135 mm
Siederohre:	
Anzahl	436
Durchmesser	57,2 mm
Länge	6406 mm
Heizfläche, wasserberührt:	
Feuerbüchse	20,4 qm
Siederohre	498 qm
Zusammen	518,4 qm
Rostfläche	6,72 qm
Kesseldruck	16,5 Atm.
Reibungsgewicht	152 t
Gesamtgewicht	152 t
Triebachsstand	3050 + 3050 mm
Gesamtradstand	9353 mm
Tender:	
Gewicht	65 t
Kohle	11,8 t
Wasser	22,7 cbm

27. 1 D 1-Heißdampf-Zwilling-Güterzuglokomotive der Chesapeake und Ohio-Bahn.

Gebaut von der American Locomotive Company.

Bis vor einigen Jahren war die 1 D-Lokomotive die meistgebrauchte Güterzuglokomotive der Vereinigten Staaten. Diese Achsanordnung setzte der Leistungsfähigkeit des Kessels aber eine gewisse Grenze, da einmal die langen Siederohre (weit über 5 m Länge) zu Anständen Veranlassung gaben und man vor allem nicht imstande war, der Feuerbüchse eine zur Verbrennung günstige, genügend große Tiefe zu

---

[1]) Railway Age vom 23. Februar 1906, Seite 283.

geben, da der Rost über den Rädern liegen mußte und die Kesselmitte nicht beliebig höher gelegt werden konnte. Diese Schwierigkeiten wurden bei der 1 D 1-Bauart umgangen. Die Kessel konnten vergrößert werden und durch die größere Feuerbüchstiefe war man imstande, mehr Kohlen zu verbrennen, die Leistung also zu erhöhen.

Die in Abb. 583 und auf Tafel 39 dargestellte 1 D 1-Lokomotive der Chesapeake und Ohio-Bahn ist die zur Zeit leistungsfähigste Lokomotive dieser Bauart und ist in großem Umfang von der Bahngesellschaft beschafft worden.

Der aus drei Schüssen zusammengesetzte Langkessel hat vorn einen Durchmesser von 2117 mm, hinten von 2438 mm; der mittlere Schuß ist kegelförmig. Bemerkenswert ist, daß der Kesseldruck nur 11,95 Atm. beträgt, die Blechstärke des Kessels beträgt 25,4 mm. Der Überhitzer besteht aus 4×10 Einheiten, seine Heizfläche beträgt 78,5 qm. Der Langkessel wird außerdem von 238 Rohren von 57,2 mm Durchmesser und 5791 mm Länge durchzogen, die zusammen 347,4 qm Heizfläche ergeben. In die mit einer 502 mm langen Verbrennungskammer versehene Feuerbüchse ist ein von Wasserrohren getragener Feuerschirm eingebaut. —

Der breite, als Schüttelrost ausgebildete Rost ist 6,2 qm groß und kann mittels Druckluft betätigt werden. Zur Bedienung des Rostes ist ein selbsttätiger Rostbeschicker von Street eingebaut. Sämtliche Eckstehbolzen sind beweglich, um die an diesen Stellen häufig beobachteten Brüche möglichst zu vermeiden. Zum gleichen Zweck sind die Wasserzwischenräume zwischen Feuerkiste und Mantel ziemlich groß gehalten. Sie betragen vorn 127 mm, an den Seiten und hinten 114,3 mm.

Bei einem Triebraddurchmesser von 1422 mm ergeben die Zylinder von 737 mm Durchmesser und 711 mm Hub eine Charaktersitik von $C_1 = 2710$. Die Kolbenschieber üblicher Bauart (Abb. 389) haben einen größten Hub von 177,8 mm, die Einlaßdeckung beträgt 30,2 mm. Sie werden durch eine Walschaert-Steuerung angetrieben.

Die 152 mm breiten Rahmen sind aus Vanadiumstahl gegossen. Alle vier gekuppelten Achsen werden einseitig von hinten gebremst. Die Federn der ersten drei Achsen sind durch Ausgleichhebel, ebenso die der drei hinteren Achsen auf jeder Seite verbunden, so daß die Lokomotive auf drei Punkten ruht.

Nachstehend sind die Hauptabmessungen dieser bemerkenswerten Lokomotive angegeben:

Betriebsgewicht	142,9 t
Reibungsgewicht	110,0 t
Dienstgewicht von Lokomotive und Tender	219,5 t
Triebachsstand	5029 mm
Achsstand der Lokomotive	10617 mm
Gesamtachsstand von Lokomotive und Tender	20700 mm
Zylinderdurchmesser	737 mm
Zylinderhub	711 mm
Triebraddurchmesser	1422 mm
Charakteristik C_1	2710 cm
„ C_2	24,6
Durchmesser der vorderen Laufräder	762 mm
„ „ hinteren „	1067 mm
Kesseldruck	11,95 Atm.
Äußerer Durchmesser des ersten Ringes	2127 mm
Feuerbüchse: Breite	2134 mm
„ Länge	2896 mm
„ Wandung (eiserne)	9,5 mm

526 Bemerkenswerte neuere Heißdampflokomotiven verschiedener Eisenbahn-Verwaltungen.

Abb. 583. 1 D 1 - Heißdampf-Güterzuglokomotive der Chesapeake und Ohio-Bahn.

Abb. 584. 1 D + D 1 - Heißdampf-Vierzylinder-Verbundlokomotive der Virginia-Bahn.

Siederohre: Anzahl	238
„ Durchmesser, außen	57,2 mm
Rauchrohre: Anzahl	40
„ Durchmesser außen	139,5 mm
Rohrlänge	5791 mm
Heizfläche: Rohre	347,4 qm
„ Feuerbüchse	26,3 qm
„ Feuerschirmrohre	2,6 qm
„ Gesamt	376,3 qm
„ Überhitzer	78,5 qm
Rostfläche	6,2 qm
Kesselmitte über Schienenoberkante	2997 mm
Höhe der Schornsteinoberkante über Schienenoberkante	4521 mm
Tender:	
Wasser	30,07 cbm
Kohle	13,6 t

28. 1 D + D 1-Heißdampf-Verbund-Malletlokomotive der Virginischen Eisenbahn.

Gebaut von der American Locomotive Company.

Die in Abb. 584 und auf Tafel 40 dargestellte 338 t schwere Malletlokomotive war bis zum Jahre 1912 die „leistungsfähigste der Welt". Ihr Gewicht wird nur von der unter Nr. 29 dieses Abschnitts beschriebenen 1 E + E 1-Malletlokomotive der Atchison, Topeka und Santa Fé-Bahn übertroffen, die sogar 386,5 t wiegt. Ungefähr gleich schwer ist die 1 D + D + D 1-Malletlokomotive der Erie-Bahn. Diese Lokomotive, bei der auch die Tenderachsen angetrieben werden, wiegt 387 t.

Bei einer Achsenanordnung, wie sie die 1 D + D 1-Lokomotive aufweist, ergab sich eine derartige Baulänge des Kessels, daß trotz 7,315 m langer Siederohre noch eine Verbrennungskammer von 1,66 m Länge eingebaut werden mußte, um nicht noch größere Siederohrlängen zu erhalten.

Der Kesseldurchmesser beträgt vorn an der Rauchkammer 2540 mm; der größte Kesseldurchmesser ist 2845 mm bei einem Kesseldruck von 14,05 Atm. Der Bodenring bedeckt eine Fläche von 2743 × 4394 mm, wovon jedoch der vordere Teil mit zur Verbrennungskammer benutzt ist. Die Heizfläche der Feuerbüchse einschließlich der Verbrennungskammer ist 38,9 qm groß. Die Siederohrheizfläche setzt sich zusammen aus 334 Rohren von 57,5 mm äußerem Durchmesser, was für die große Länge von 7,315 m ein verhältnismäßig kleiner Durchmesser ist, und aus 48 Rauchrohren von 140 mm äußerem Durchmesser. Sie beträgt zusammen 590 qm, so daß die gesamte Verdampfungsheizfläche 629 qm erreicht. Der in den 48 Rauchrohren untergebrachte Schmidt-Überhitzer hat eine Heizfläche von 121,8 qm. Die als Schüttelrost ausgebildete Rostfläche beträgt 9,29 qm. Die Beschickung dieser riesigen Rostfläche geschieht durch einen selbsttätigen Rostbeschicker der Bauart Street. In die Feuerbüchse ist ein von fünf Wasserrohren von 89,3 mm Durchmesser getragener Feuerschirm eingebaut; die Rohre sind in die Wandungen eingewalzt, nach der Wasserseite zu aufgeweitet und elektrisch verschweißt. In der Feuerbrücke, die die hintere Begrenzung der Verbrennungskammer bildet, sind sechs Luftzuführungsöffnungen vorgesehen, durch die beim Arbeiten der Lokomotive hocherhitzte Luft unter den Feuerschirm geleitet wird, die zur besseren Verbrennung der Feuergase wesentlich beiträgt. Die sich in der Verbrennungskammer ansammelnde Lösche kann durch drei mit Schiebern verschlossene Klappen entfernt werden.

Die gewaltigen Abmessungen des Kessels bedingten eine Höhe der Kesselmitte von 3240 mm. Die Entfernung der Schornsteinoberkante über Schienenoberkante ist 5 m. Die Zylinderdurchmesser sind die größten, die jemals bei einer Lokomotive ausgeführt worden sind. Die Hochdruckzylinder haben einen Durchmesser von 711 mm, die Niederdruckzylinder einen solchen von 1118 mm, bei einem Hube von 813 mm. Bei einem Triebraddurchmesser von 1422 mm ergibt sich hiermit eine Charakteristik $C_1 = 7130$ qcm! Die größte Breite der Lokomotive an den vorderen Niederdruckzylindern beträgt 3658 mm, so daß das Profil für die Lokomotive erheblich vergrößert werden mußte. Die Steuerung ist als Walschaert-Steuerung ausgebildet. Die Hochdruckzylinder werden durch Kolbenschieber, die Niederdruckzylinder durch Flachschieber gesteuert!

Bei der Lokomotive ist in weitestgehendem Maße Vanadiumstahl verwendet worden. Rahmen, Kreuzköpfe, Radreifen, Federn, Triebachsen, Kolbenstangen und Körper sind aus diesem Baustoff hergestellt. Die Zylinder und Schieberkästen sind mit Vanadiumgußeisenbuchsen ausgebuchst.

Der Achsstand des vorderen Triebgestells beträgt 7,5 m, der der hinteren festen Achsen 6,6 m, der gesamte Achsstand der Lokomotive ist 17,475 m, einschließlich des Tenders 27,868 m!

Das Triebachsgewicht beträgt 217,5 t, was einem mittleren Triebachsdruck von 27,2 t entspricht. Mit ihrem vierachsigen Tender, der 14,5 t Kohle und 45,5 cbm Wasser faßt, wiegt die ganze Lokomotive 348 t.

Die 1 D + D 1-Lokomotive ist für den Schiebedienst über eine 22,5 km lange Strecke von 2,07 v. H. Steigung gebaut. Güterzüge von 3840 t Gewicht, von einer älteren Malletlokomotive gezogen, werden mit Hilfe von zwei 1 D + D 1-Drucklokomotiven über diese Steigung befördert.

Die gewaltigen Abmessungen und Gewichte dieser und der folgenden Lokomotiven zeigen die Entwicklung des amerikanischen Lokomotivbaus in den letzten 10 Jahren in besonders eindringlicher Weise.

Die unter Nr. 25 dieses Abschnitts beschriebene C + C-Malletlokomotive der Baltimore und Ohio-Bahn, die auf der Ausstellung in St. Louis als kaum zu übertreffende Riesenlokomotive angestaunt wurde, kann betreffs ihrer Gewichte, Abmessungen und Leistungen keinen Vergleich mehr aushalten.

29. 1 E + E 1-Heißdampf-Verbund-Malletlokomotive der Atchison, Topeka und Santa Fé-Bahn.

Gebaut in der Bahnwerkstatt in Topeka.

Die in Abb. 585 dargestellte Lokomotive ist die erste der 1 E + E 1-Bauart. Sie ist zur Beförderung 2000 t schwerer Güterzüge über Strecken mit starken Steigungen von $12^0/_{00}$ der Bahngesellschaft in Arizona bestimmt. Nicht nur die Lokomotive, sondern auch der Tender weist ungewöhnliche Abmessungen auf. Da auf der ganzen Strecke großer Mangel an gutem Speisewasser herrscht, hat der Tender zwei dreiachsige Drehgestelle erhalten. Er faßt 45,5 cbm Wasser und enthält außerdem 15,2 cbm Öl, das zum Heizen des Kessels dient. Er wiegt betriebsfähig 107 t. Lokomotive und Tender haben zusammen eine Länge von 37,2 m und ein Dienstgewicht von 386 t, wovon 249 t auf die zehn Triebachsen kommen. Der Radstand von Lokomotive und Tender beträgt 33 m, zum Drehen werden Drehscheiben von 36 m Durchmesser benutzt.

Trotz der erheblichen Länge des Kessels ist der dampferzeugende Teil verhältnismäßig klein. Die Siederohre haben nur eine Länge von 5 m, der vordere Teil enthält einen Buck-Jacobs-Überhitzer für Hochdruck- und Niederdruckdampf sowie einen Speisewasservorwärmer, in dem die Rauchgase ihre letzte Wärme an das Speisewasser abgeben. Der Vorwärmer hat eine Länge von 2,438 m und wird von 500 Rohren durchzogen.

Neuerdings wird der Buck-Jacobs-Überhitzer nicht mehr gebaut, da durch den Schmidt-Überhitzer neben erheblich größerer Einfachheit eine größere Dampferzeugung und höhere Überhitzung gewährleistet wird.

Die Feuerbüchse ist nach der Bauart Jacobs-Shupert ausgeführt, die im fünften Abschnitt 1e beschrieben ist. Die Zylinder treiben die mittlere der fünf Achsen an, deren Flansche zum besseren Durchlaufen von Krümmungen abgedreht sind.

Die Hauptabmessungen der Lokomotive sind folgende:

Hochdruckzylinderdurchmesser	711 mm
Niederdruckzylinderdurchmesser	965 mm
Hub	812 mm
Triebraddurchmesser	1448 mm
C_1	5200 qcm
Fester Radstand	6020 mm
Triebradstand	15300 mm
Gesamtradstand	20243 mm
Kesseldurchmesser	1990 mm
Kesselmitte über Schienenoberkante	3000 mm
Dampfdruck	18,8 Atm.
Siederohre: Anzahl	377
,, Durchmesser	57 mm
,, Länge	4975 mm
Heizfläche: Feuerbüchse	27,4 qm
,, Rohre	336 qm
,, Speisewasservorwärmer	247 qm
,, Überhitzer	216 qm
Rostfläche	7,62 qm
Gesamtgewicht, betriebsfähig	279 t
Reibungsgewicht	249 t
Tender:	
Leergewicht	47,8 t
Wasser	45,5 cbm
Öl	15,2 cbm
Gesamtgewicht, betriebsfähig	107 t
Gesamtgewicht von Lokomotive und Tender	386 t

30. 1D+D+D1-Heißdampf-Verbund-Gelenklokomotive mit Antrieb des Tenders für die Erie-Bahn.

Die Baldwin-Werke haben für die Erie-Bahn eine neue Lokomotivgattung ausgeführt, die den Namen Triplex-Verbund oder Centipede, das ist Tausendfuß, erhalten hat. Sie ist aus der Malletbauart dadurch entstanden, daß außer den bisherigen vier Zylindern unter dem Kessel noch ein drittes Paar angewendet wird, durch das die Tenderachsen angetrieben werden. Die Lokomotive arbeitet demzufolge mit zwei Hochdruck- und vier Niederdruckzylindern.

Die bisher schwerste Lokomotive der Welt, die vorherbeschriebene 1 E + E 1-Malletlokomotive der Santa Fé-Bahn, hatte ein Gesamtgewicht von 386 000 kg einschließlich des Tenders mit vollen Vorräten. Die Triplexlokomotive wiegt 387 000 kg, so daß sie also deren Gewicht noch um 1,0 t überschreitet. Die früheren stärksten

Abb. 585. 1E + E1-Heißdampf-Vierzylinder-Verbundlokomotive der Atchison, Topeka und Santa Fé-Bahn.

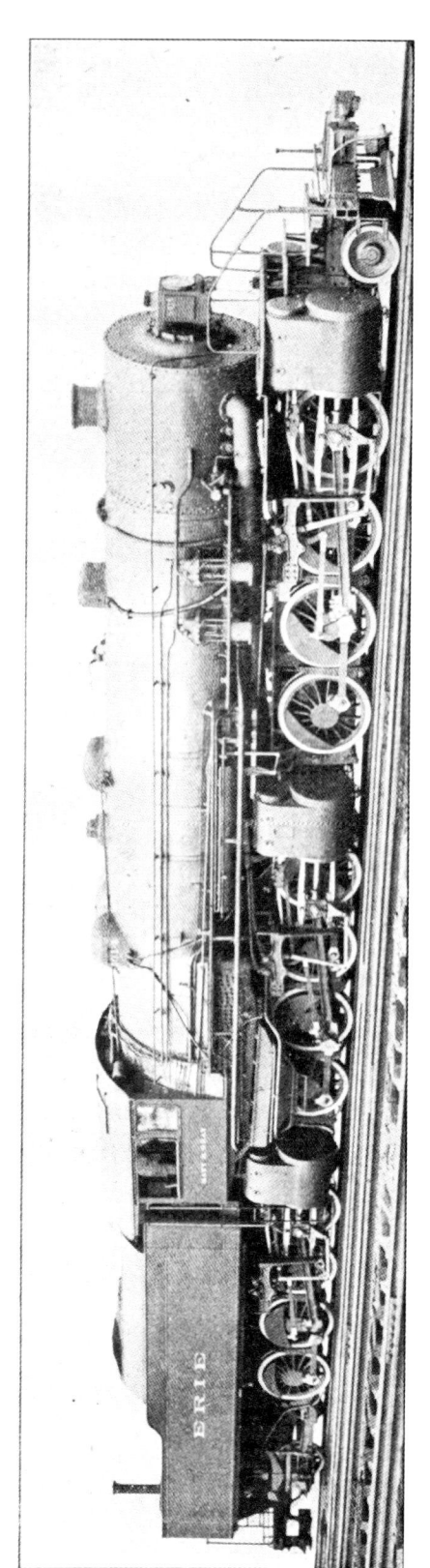

Abb. 586. 1D + D + D1-Heißdampf-Sechszylinder-Verbundlokomotive der Erie-Bahn.

Malletlokomotiven der 1 D + D 1-Bauart (vgl. Nr. 27 dieses Abschnitts) hatten eine errechnete Zugkraft von „nur" 52 200 kg, während sich für die neue Lokomotive eine Zugkraft von 72 600 kg ergibt! Die 1 D + D + D 1-Lokomotive dient zum Schiebedienst auf einer etwa 13 km langen Steigung von 10,6 $^0/_{00}$ östlich der Stadt Susquehanna im Staate Pennsylvania. Die vollbeladenen Züge werden zurzeit durch eine 1 D-Zuglokomotive sowie zwei 1 D- und eine Malletlokomotive als Schiebelokomotiven über diese Steigung befördert. Diese drei Schiebelokomotiven sollen nun durch die Triplexlokomotive ersetzt werden. Es ist bei dieser in Abb. 586 und Tafel 41 dargestellten Lokomotive der Versuch wiederholt worden, die Erhöhung der Zugkraft nicht durch Vermehrung der Achsbelastungen oder der Achsenzahl der Lokomotive zu erreichen, sondern es ist der Tender, der bisher nur eine tote Last darstellte, zur nutzbringenden Erzeugung von Zugkraft mit herangezogen.

Alle sechs Zylinder haben die gleiche Größe, und zwar beträgt ihr Durchmesser 914 mm, ihr Hub 814 mm, das Zylinderverhältnis von Hochdruck zu Niederdruck ist demnach 1:2. Die Hochdruckzylinder treiben die mittleren vier Achsen an, je ein Niederdruckzylinderpaar die vorderen und die Tenderachsen. Der linke Hochdruckzylinder liefert den Dampf für die vorderen, der rechte den für die beiden hinteren Niederdruckzylinder.

Der Kessel hat mit einer wasserverdampfenden Heizfläche von 639,7 qm und einer Überhitzerheizfläche von 147 qm ungewöhnlich große Abmessungen. Der Langkessel ist konisch, er hat vorn einen Durchmesser von 2,39 m, am Dom ist sein Durchmesser 2,75 m. Die Quernähte sind dreifach, die Längsnähte sechsfach genietet. Da die Feuerbüchse über den Rädern liegt, erhielt der Stehkessel eine eigenartige Form. Wegen des großen Kesseldurchmessers liegt der Bodenring in derselben Höhe wie die untere Kessellinie.

Der Langkessel enthält 326 Siederohre von 57 mm Durchmesser und 53 Rauchrohre von 140 mm äußerem Durchmesser. Die Rohrlänge beträgt 7,3 m, eine hinter dem Rost angeordnete Verbrennungskammer hat eine Länge von 1,37 m.

Bei dem hochliegenden Kessel (die Kesselmitte liegt 3,22 m über Schienenoberkante) konnte des Profils wegen nur ein verhältnismäßig niedriger Dom angewendet werden. Die hinter diesem angeordneten Sicherheitsventile sind auf einem flachen Stahlgußstück angebracht. Zwei domförmige Sandkästen liegen seitlich über der Feuerbüchse.

Die 10 mm starke flußeiserne Feuerbüchse von 4,12 m Länge und 2,74 m Breite wird durch bewegliche Stehbolzen, Bauart Tate, mit dem Mantel versteift. Die Rostlänge beträgt 3,05 m. Sie wird nach vorn durch eine mit Sekundärluftzuführungen versehene Feuerbrücke nach Gaines begrenzt, an die sich die bereits erwähnte Verbrennungskammer anschließt. Der Feuerschirm wird von sechs 89 mm starken Wasserrohren getragen. Die Befeuerung der 8,36 qm großen Rostfläche kann natürlich nicht mehr von Hand erfolgen; es ist zu diesem Zweck eine mechanische Rostbeschickungseinrichtung der Bauart Street vorgesehen.

Der Schmidt-Überhitzer von 147 qm Heizfläche ist der größte, der jemals bei Lokomotiven eingebaut worden ist. Er besteht aus 53 Elementen, der Sammelkasten ist so eingerichtet, daß die Sattdampf- und Heißdampfkammern voneinander getrennt sind.

Das Blasrohr ist verstellbar, die Klappen an der Mündung können vom Führerstand aus so verstellt werden, daß die Dampfaustrittsöffnung von 178 × 228 mm bis auf 178 × 76 mm verengt wird. Der Schornstein hat 558 mm Durchmesser und erstreckt sich nach innen bis unterhalb der Kesselmitte.

Der Heißdampf wird vom Überhitzerkasten durch außenliegende Rohre zu den in der Mitte angeordneten Hochdruckzylindern geleitet. Der Hochdruckzylindersattel hat zwei eingegossene Kanäle, der eine führt von dem Auspuffraum des rechten

Zylinders nach hinten, der andere von dem des linken Zylinders nach den vorderen Niederdruckzylindern. Die Aufnehmerrohre haben die bei Malletlokomotiven übliche Ausführung mit Kugelgelenken und Längsverschiebung. Der Auspuffdampf der vorderen Zylinder wird ins Blasrohr geleitet und dient zur Feueranfachung, der aus dem hinteren Zylinder durchströmt einen Speisewasservorwärmer, wobei der nicht kondensierte Dampf durch ein auf dem Lichtbild ersichtliches senkrechtes Rohr hinten am Tender entweicht.

Alle sechs Zylinder sind vollständig gleich ausgeführt, sie bestehen aus Stahlguß und sind innen ausgebüchst. Die Kolbenschieber von 406 mm Durchmesser haben innere Einströmung und werden durch Bakersteuerungen angetrieben. Die drei Steuerungen werden durch eine Ragonnet-Kraftumsteuerung verstellt.

Der Tender führt 37,85 cbm Wasser und 16 t Kohle mit, die Kästen ruhen mittels sechs kräftigen Stahlgußträgern auf dem Rahmen auf.

Die Rahmen sind aus 152 mm starkem Vanadiumstahl als sogenannte Einbarrenrahmen hergestellt, die beiden vorderen Rahmen bestehen aus einem Stück, der Tenderrahmen ist dagegen aus zwei Stücken zusammengesetzt. Die Gelenkverbindung zwischen dem vorderen Maschinendrehgestell und dem mit dem Kessel fest verbundenen mittleren Rahmenstück läßt eine Bewegung in senkrechter und wagerechter Richtung zu. Die Verbindung des mittleren Rahmens mit dem Tender ist ähnlich ausgeführt. Bei dem großen Gesamtradstand von 27,432 m, entsprechend den zwölf gekuppelten Triebachsen, kann die Lokomotive immerhin noch Krümmungen von 109 m Halbmesser durchfahren.

Die Feder- und Ausgleichhebel-Anordnung ist folgende: Die vordere Laufachse ist in der Mitte belastet, die vier Kuppelachsen des vorderen und die des mittleren Triebgestells sind — jede für sich — durch Ausgleichhebel verbunden. Am Tender sind die ersten beiden Kuppelachsen und die dritte und vierte mit der hinteren Laufachse durch Hebel verbunden, so daß die Lokomotive auf insgesamt neun Punkten unterstützt ist.

Bemerkenswert ist die Anordnung des Speisewasservorwärmers. Der Abdampf der hinteren Niederdruckzylinder wird, wie bereits erwähnt, in einen unter dem Tender zwischen dem Rahmen liegenden Rohrvorwärmer von 508 mm Durchmesser und 7,3 m Länge geleitet. Der Abdampf geht durch 31 Rohre von 57 mm Durchmesser hindurch und entweicht durch ein nach oben führendes Rohr. Das Wasser fließt hinten in den Mantel hinein und wird vorn von den Speisepumpen angesaugt. Anfänglich waren einfach wirkende Pumpen mit einem Kolben von 178 mm Durchmesser und 254 mm Hub eingebaut, die durch einen Hebel vom Kreuzkopf der Hochdruckzylinder angetrieben wurden. Sie wurden später durch gewöhnliche Dampfspeisepumpen ersetzt. Außer diesen beiden Kolbenpumpen dienen zur Speisung des Kessels noch zwei Injektoren, von denen jeder 474 l in der Minute zu fördern vermag. Diese sollen nur bei Stillstand der Lokomotive benutzt werden, wenn kein Abdampf für den Vorwärmer vorhanden ist.

Als besonderer Vorteil der Lokomotive wird hervorgehoben, daß die Zylinder, Kolben, Schieber, Kreuzköpfe, das Gestänge und die Steuerungen bei allen sechs Maschinen gleich gebaut sind, so daß man mit wenig Ersatzteilen auskommt. Die Kolben sind der Gewichtsersparnis wegen aus Stahlguß hergestellt, an der Lauffläche sind sie jedoch mit gußeisernen Laufringen versehen.

Große Schwierigkeiten verursachte die Anbringung des Aschkastens und besonders die Herstellung genügend großer Luftzuführungsöffnungen. Sehr hinderlich war hier die hohe Lage des Rostes über den Triebrädern und die Durchführung des Aufnehmerrohres für die hinteren Zylinder unterhalb des Rostes. Es sind seitliche Luftöffnungen außerhalb des Rahmens von 1520 × 203 mm sowie zwei Klappen von 305 × 305 mm im unteren Teil des Aschkastens vorn vorgesehen, die mit Sieben und Ablenkblechen zum Schutz gegen das Herausfallen glühender Ascheteilchen versehen sind.

Die Schmierung der unter Dampf arbeitenden Teile wird durch zwei Sichtöler bewirkt, die je vier Ölstellen besitzen, von denen die beiden Hochdruckzylinder, die Hochdruckschieber, jeder der beiden Aufnehmer, die beiden Luftpumpen und die Antriebsmaschine für den Rostbeschicker Öl erhalten. Außer der Schmierung durch den Dampf werden die Niederdruckschieber noch durch aufgesetzte Tropföler geschmiert.

Zur Verminderung der Flanschabnutzung werden die Flanschen der vorderen Kuppelachse, der ersten und vierten Achse des mittleren Triebgestells und der hinteren Kuppelachse des Tenders geschmiert.

Neben den bereits erwähnten Sandkästen über der Feuerbüchse, die die erste und vierte Achse des mittleren Triebgestells sanden, ist ein Sandkasten im vorderen Zylindersattel angebracht, der Sand vor die erste Kuppelachse gelangen läßt. Für die letzte Kuppelachse des Tenders ist ein vierter Sandkasten um das hintere Auspuffrohr herumgelegt. Die Betätigung der Sandstreuer geschieht durch Druckluft.

Zum Anfahren wird ein von Hand bedientes Anfahrventil benutzt, durch das Frischdampf in die im mittleren Zylindersattel liegenden Auspufräume der Hochdruckzylinder geleitet wird, die mit den Aufnehmern in unmittelbarer Verbindung stehen.

Die Hauptabmessungen der Lokomotive sind folgende:

Achsdruck der vorderen Laufachse	14,5 t
,, ,, ,, vier Triebachsen	113,3 t
,, ,, zweiten vier Triebachsen	115,1 t
,, ,, hinteren vier Triebachsen	116,6 t
,, ,, hinteren Laufachse	27,0 t
Gesamtes Reibungsgewicht	345 t
,, Gewicht von Lokom. und Tender, betriebsfähig	386,6 t
Triebachsstand jeder der drei Maschinen	5,03 m
Gesamttriebsachsstand	21,8 m
Gesamtradstand von Lokomotive und Tender	27,44 m
Zylinderdurchmesser	914 mm
Kolbenhub	814 mm
Triebraddurchmesser	1600 mm
Triebachsschenkel, Durchmesser	280 mm
,, Länge	332 mm
Kesseldruck	14,7 Atm.
Feuerbüchse, Länge	4,11 m
,, Breite	2,74 m
Siederohre, Anzahl	326
,, äußerer Durchmesser	57 mm
Rauchrohre, Anzahl	53
,, äußerer Durchmesser	140 mm
Siederohrlänge	7,32 m
Heizfläche der Siederohre	595,2 qm
,, ,, Feuerschirmrohre	8,2 qm
,, ,, Feuerbüchse	35,3 qm
Gesamte wasserverdampfende Heizfläche H	638,7 qm
Überhitzerheizfläche	147 qm
Rostfläche R	8,36 qm
Verhältnis $H:R$	76,5
Kohlenvorrat auf dem Tender	16 t
Wasservorrat	37,85 cbm

534 Bemerkenswerte neuere Heißdampflokomotiven verschiedener Eisenbahn-Verwaltungen.

Abb. 587. 2 C 1 - Heißdampf-Schnellzuglokomotive der Pennsylvania Bahn.

31. 2 C 1 - Heißdampf-Zwilling-Schnellzuglokomotive der Pennsylvania-Bahn.

Gebaut von der American Locomotive Company.

Die in Abb. 587 und 588 dargestellte Lokomotive ist eine der größten Schnellzuglokomotiven der Vereinigten Staaten; ihre Hauptabmessungen sind folgende:

Gesamtgewicht, betriebsfähig . . .	144 t
Reibungsgewicht G_r	89,7 t
Zylinderdurchmesser d	686 mm
Hub s	711 mm
Triebraddurchmesser D	2032 mm
$C_1 = \dfrac{d^2 s}{D}$	1645 qcm
$C_2 = \dfrac{C_1}{G_r}$	18,35 qcm/t
Heizfläche, wasserberührt:	
Feuerbüchse	21,6 qm
Siederohre	406 qm
Gesamtheizfläche	427,6 qm
Gesamtheizfläche, feuerberührt . .	390 qm
Überhitzerheizfläche	121 qm
Rostfläche unter Abzug der durch die Tröge des Rostbeschickers bedeckten Teile	5,39 qm
Kesseldruck	14 Atm.
Anzahl der Siederohre	241
Durchmesser der Siederohre außen .	57 mm
Anzahl der Überhitzerrohre . . .	40
Durchm. der Überhitzerrohre außen	139,6 mm
Länge der Siederohre	6677 mm

Der Kessel besitzt eine Feuerbüchse von der üblichen Form mit annähernd senkrechten Wänden. Die Feuerbüchse ist wegen der hinteren Triebachse vorn zurückgezogen. Es ist ein von Wasserrohren getragener Feuerschirm eingebaut, dessen Bauart im fünften Abschnitt 1 beschrieben ist.

Der aus 40 Elementen bestehende fünfreihige Schmidt-Überhitzer weist keine besonderen Eigentümlichkeiten auf.

Wegen des großen Kesseldurchmessers von 2260 mm und der hohen Kessellage von 3023 mm der Mitte über Schienenoberkante konnte nur ein sehr flacher Dom und ein sehr niedriger Schornstein ausgebildet werden.

Die Beschickung des Rostes geschieht durch eine Unterschub-Feuerung der Bauart Crawford, von der sich eine Beschreibung im fünften Abschnitt 1 g befindet.

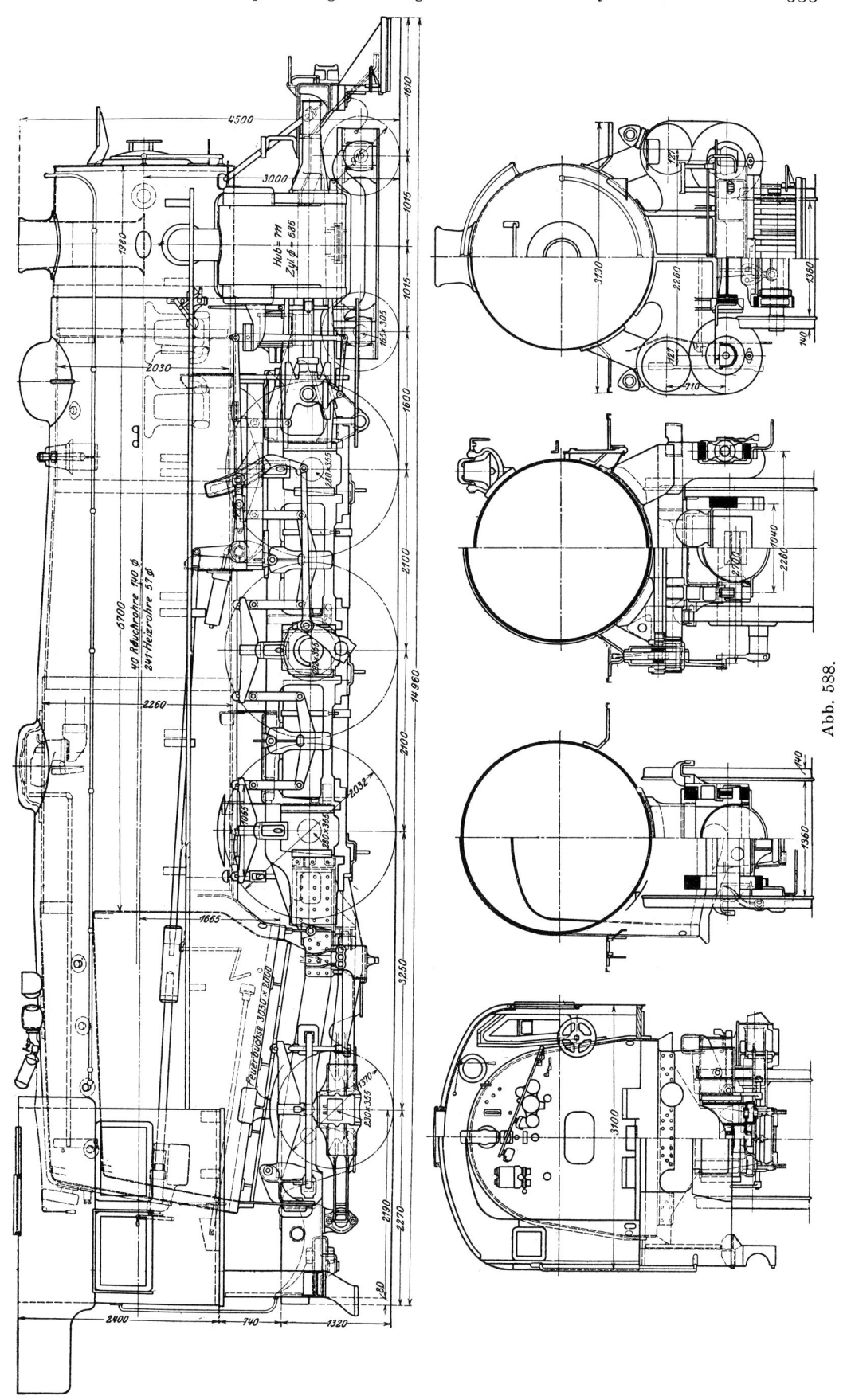

2 C 1 - Heißdampf-Zwilling-Schnellzuglokomotive der Pennsylvania-Bahn.

Abb. 588.

Dem Blasrohr hat man seltsamerweise einen elliptischen Mündungsquerschnitt von 133,35 und 177,8 mm Durchmesser gegeben.

Die Dampfzuleitungsrohre zu den Zylindern sind, wie bei neueren amerikanischen Heißdampflokomotiven üblich, außen an der Rauchkammer entlang angeordnet.

Die Zylinder sind zur Gewichtsersparnis aus Stahlguß hergestellt und mit gußeisernen Büchsen versehen. Die Schieber haben die gewöhnliche Form der Ringe mit L-förmigem Querschnitt. Ihre Bauart ist im fünften Abschnitt 2b beschrieben.

Die Walschaert-Steuerung wird durch eine Schraubensteuerung vom Führer verstellt.

Die Kolbenstangen gehen vorn durch den Deckel hindurch und laufen auf nachstellbaren Schuhen in besonderen Führungen.

Die hintere Laufachse ist in ein Bisselgestell eingebaut, das eine Sonderbauart der American Locomotive Company darstellt.

Die vordere Pufferbohle ist aus einem Preßblech hergestellt und seitlich soweit verkürzt, daß die Kolben nach vorn bequem herausgenommen werden können.

Die Lokomotive wurde auf dem Prüfstand der Pennsylvania-Bahn in Altoona eingehenden Versuchen unterzogen und hat dabei indizierte Leistungen von 2500 PS_i bei Geschwindigkeiten von 92 km/st ergeben. Bei einer Verbrennung von 3930 kg Kohle in der Stunde wurden 24450 kg Wasser verdampft bei einer Überhitzung um 112°. Der günstigste Dampfverbrauch ergab sich zu $\sim$ 8 kg/PS_i-st bei einer Leistung von 2000 PS_i. Der Kohlenverbrauch betrug dabei 1,09 kg/PS_i-st.

Die Lokomotive zeichnet sich durch ihre außergewöhnlich großen Zylinder aus, die wohl als die größten für Schnellzuglokomotiven ausgeführten gelten können. Bei einem Kesseldruck von 14 Atm. ergibt sich eine größte Kolbenkraft von mehr als 50 t. Die Lokomotive zeigt, welche gewaltigen Abmessungen die amerikanischen Lokomotivbauer ohne Bedenken bei Zweizylinder-Lokomotiven zulassen, und daß dort keine Neigung besteht, die einfache Zweizylinderbauart wegen Zapfenschwierigkeiten oder Befürchtung unruhigen Laufs aufzugeben! —

Im zehnten Abschnitt 2 ist noch eine sehr bemerkenswerte 2 B 1-Heißdampf-Schnellzuglokomotive beschrieben, die ebenfalls für die Pennsylvania-Bahn gebaut ist. Auch mit dieser Lokomotive sind auf dem Prüfstand in Altoona eingehende Versuche angestellt worden, deren Ergebnisse gleichfalls an der obengenannten Stelle niedergelegt sind.

32. C1-Doppelverbund-Heißdampflokomotive für Reibungs- und Zahnbetrieb

(mit Schmidtschem Kleinrauchrohrüberhitzer).

Diese Lokomotive wurde für die regelspurige Lokalbahn Erlau—Wegscheid der Bayrischen Staatsbahnen von der Lokomotivfabrik Krauß & Co., München, erbaut.

Sie ist in Tafel 42 dargestellt. Der Reibungs- und Zahnradantrieb (sogenannter gemischter Antrieb) wird durch vier Zylinder und vier voneinander unabhängige Triebwerke bewirkt. Die drei Reibungsachsen von 1006 mm Durchmesser werden durch zwei Hochdruckzylinder von 460 mm Durchmesser und 508 mm Hub auf gewöhnliche Art angetrieben. Für den zusätzlichen Zahnradantrieb sind in einem zwischen der ersten und zweiten Triebachse innerhalb der Hauptrahmen eingebauten Gestelle zwei Triebzahnräder in der Längsachse der Lokomotive hintereinander fest gelagert. Das Gestell für die Lagerung der Zahnräder stützt sich auf die vier Achsbüchsen der ersten und zweiten Triebachse ab und wird durch vier am Hauptrahmen angebrachte Gleitlager gehalten, die das Federspiel des Hauptrahmens gegenüber dem Lagergestell gestatten. Die Triebzahnräder erhalten ihren Antrieb durch zwei über ihnen gelagerte, miteinander gekuppelte Zahnräder. Diese werden durch zwei über den Hochdruckzylindern liegende Niederdruckzylinder von den gleichen Abmessungen der Hochdruckzylinder mittels Triebstangen und Kurbeln angetrieben. Durch das Übersetzungsverhältnis der Zahnräder von 1:2 gestaltet sich das Zylinderraumverhältnis des Hochdruck- zum Niederdruckzylinder gleichfalls wie 1:2. Die Umleitung des Abdampfes wird durch in der Abdampfleitung angebrachte Drehschieber bewirkt.

Die Walschaert-Steuerungen beider Maschinen sind zu gemeinsamer Verstellung verbunden.

An den Triebzahnrädern ist neben den Zahnkränzen Klotzbremsung vorgesehen.

Der feste Achsstand der Lokomotive beträgt 2330 mm. Die hintere Kuppelachse ist mit der Endachse zu einem Kraußschen Drehgestell vereinigt. Durch diese Achsanordnung wird die Unterbringung des Kessels mit 1,8 qm Rost- und 70 qm Heizfläche ermöglicht.

Der Kessel ist mit einem Schmidtschen Kleinrauchrohrüberhitzer versehen. Die Überhitzerelemente bestehen aus nahtlos gezogenen Rohren aus Siemens-Martin-Eisen von 15/20 mm Durchmesser, die in Rauchrohren von 57,5/63 mm Durchmesser gelagert sind. Die Anordnung der Dampfsammelkammern erfolgte an den Seiten der Rauchkammer.

Der Wasservorrat ist auf zwei seitlich des Kessels angeordneten Wasserkästen von 4 cbm Inhalt verteilt, für die Kohlenvorräte ist ein 2 cbm großer Raum an der Hinterwand des Führerhauses vorgesehen.

Das Dienstgewicht der Lokomotive beträgt 58 t, das Reibungsgewicht 46,5 t.

Nach den über diese Lokomotive bekannt gewordenen Betriebsergebnissen dürfte anzunehmen sein, daß die Kessel- und Maschinenabmessungen für die ursprünglich geforderten Leistungen von 90 t Zuggewicht mit $V = 10$ km/st auf den Zahnradstrecken von 1:14 Steigung zu gering sind, um die erforderliche Dampfmenge bei wirtschaftlicher Dehnung in den Zylindern zu erzeugen. Bei dieser Belastung muß bei ganz geöffnetem Regler mit voll ausgelegter Steuerung gefahren werden, und es wird in einzelnen Fällen sogar noch notwendig, den Niederdruckzylindern Frischdampf zuzuführen.

Die Rostbeanspruchung wird dabei übermäßig groß und der Heizer hilft sich mit so hohem Feuer, daß das Brennmaterial einen Teil der Rohre verlegt. Die zu geringe Tiefe der Feuerbüchse in Verbindung mit dem Fehlen eines Feuerschirms, sowie der hohe Unterdruck begünstigen naturgemäß ein Mitreißen von glühenden Kohlenteilchen in so erheblicher Menge, daß die Rauchrohre sich leicht zusetzen und wohl auch derartig versetzen, daß ein Reinigen durch Preßluft vom Luftbehälter der Westinghousebremse oft kaum möglich ist. Ein Durchstoßen der Rohre wird gleichfalls erschwert, da die vielen Zünder ein Erglühen und Verwerfen der Überhitzerrohre herbeiführen.

33. Dampfwagen der Pilatusbahn
(mit Schmidtschem Rauchrohrüberhitzer).

Gebaut von der Schweizerischen Lokomotiv- und Maschinenfabrik Winterthur.
Vergl. Tafel 43.

Bei dem für 800 mm Spur gebauten Dampfwagen der Pilatusbahn kam die liegende Doppelleiter-Zahnstange mit wagerechtem Eingriff von beiden Seiten zur Anwendung, um bei den auf starken Steigungen von $48^0/_0$ auftretenden großen Zahndrucken im Verhältnis zur Last ein Aufsteigen der Räder zu vermeiden.

Der Antrieb von der Dampfmaschine erfolgt mittels einer Stirnrad- und je einer Kegelrad-Übersetzung, die die Bewegung von der senkrechten auf die wagerecht zur Gleisebene stehenden Achsen der Triebzahnräder überträgt. Am vorderen Wagenende sind noch zwei Zahnräder angeordnet, die durch Schneckenräder eine Bremswelle leer mittreiben.

Der quer über der Dampfmaschine liegende Kessel ist bei den neueren Ausführungen mit Schmidtschem Rauchrohrüberhitzer ausgerüstet, was, wie aus Zahlentafel 55a hervorgeht, eine ganz erhebliche Ersparnis an Brennstoff und Wasser dem Naßdampfwagen gegenüber ergab.

Der Wagenkasten enthält vier stufenweise aufgebaute Abteile und faßt 35 Fahrgäste, was einem Dienstgewicht des Wagens von 13200 kg entspricht.

Zahlentafel 55a.

Ergebnisse von je 2 Versuchsfahrten mit dem Heißdampfwagen Nr. 11 und dem Naßdampfwagen Nr. 10 der Pilatusbahn; ausgeführt Juni 1909.

	Triebwagengewicht voll ausgerüstet	Totale Fahrzeit (ohne Halte)	Fahrleistung pro Fahrt	Anzahl Tonnen-Kilometer pro Fahrt	Gesamter Kohlenverbrauch pro Fahrt	Gesamter Wasserverbrauch pro Fahrt	Brennstoffverbrauch pro t/km	Wasserverbrauch pro t/km	1 kg Kohle verdampft an Wasser:
	t	Min. Sek.	km	t/km	kg	l	kg	l	l
H.-D.-Wagen Nr. 11									
1. Versuchsfahrt ..	13,5	63 55	4,6	60,95	132,0	913	2,165	14,979	6,75
2. „ ..	13,5	57 05	4,6	60,95	135,0	889,5	2,214	14,593	
Im Mittel:							2,190	14,787	
N.-D.-Wagen Nr. 10									
1. Versuchsfahrt ..	12,5	65 50	4,6	57,5	233,5	1491,5	4,0608	25,939	6,188
2. „ ..	12,5	66 15	4,6	57,5	245,5	1469,5	4,2608	25,556	
Im Mittel:							4,1608	25,747	

Ersparnis bei Heißdampf gegenüber Naßdampf pro t/km:
an Kohle: **47,37 %**,
an Wasser: **42,65 %**.

Neunter Abschnitt.

Versuchsfahrten mit Heißdampflokomotiven der Preußischen Staatseisenbahn-Verwaltung und deren Ergebnisse.

Aus der Erkenntnis des großen Wertes praktischer Betriebsversuche mit jeder neuen Lokomotivgattung schrieb der Verfasser bereits im Jahre 1906:

„Versuchsfahrten sollten mit jeder neuen Lokomotivgattung unternommen werden, um grundlegende, dem Betriebe als erstrebenswert hinzustellende Ergebnisse zu erlangen, und gleichzeitig den weiteren Ausbau der Heißdampflokomotiven im Sinne erhöhter Leistungsfähigkeit, Wirtschaftlichkeit, Einfachheit und Einheitlichkeit der Bauarten zu fördern.

Nur auf diesem Wege ist es dem Verfasser von einer Beschaffung zur anderen gelungen, die notwendigen Grundlagen für die Verbesserungen zu gewinnen, so daß heute von den Heißdampflokomotiven der Preußischen Staatseisenbahn-Verwaltung behauptet werden kann, daß Schwierigkeiten und ungelöste Fragen, z. B. in bezug auf den Überhitzer, auf Schmierung, Stopfbüchsen, Schieber und Arbeitskolben, somit sogenannte „Kinderkrankheiten" nicht mehr bestehen, und daß nennenswerte, außerhalb der natürlichen Abnützungsverhältnisse liegende Unterhaltungskosten der mit dem Heißdampf in Verbindung stehenden Teile und Einrichtungen nicht mehr verursacht werden.

Aber auch in Zukunft werden Versuchsfahrten mit jeder neuen Heißdampflokomotivgattung zur Beurteilung der Leistungsfähigkeit und Wirtschaftlichkeit vorzunehmen sein. Die für diesen Zweck aufzuwendenden Mittel stehen jedenfalls in gar keinem Verhältnis zu dem großen Nutzen, der durch sie erbracht wird.

Es ist klar, daß die auf offener Strecke, bei stetig wechselnder Beanspruchung der Maschine und des Kessels, gewonnenen Versuchsergebnisse nicht völlig den für wissenschaftliche Untersuchungen nötigen Grad der Genauigkeit haben können. Zur Bestimmung der Leistungsfähigkeit und Wirtschaftlichkeit einer Lokomotive wird jedoch der Versuch auf offener Strecke stets das beste Mittel bieten.

Aus den Ergebnissen des regelmäßigen Betriebes allein läßt sich ein grundlegendes Urteil über die Leistung der Heißdampflokomotiven und den Verbrauch an Kohle und Wasser nicht gewinnen, weil in den verschiedenen Maschinen- und Werkstättenämtern die Behandlung und Unterhaltung der Heißdampflokomotiven keine einheitliche ist, die Führer und Heizer noch zu sehr nach alter Gewohnheit fahren und heizen, und weil die Messungen bezüglich des Materialverbrauches im Betriebe zu ungenau sind.

Wenn die aus einigen Betriebsergebnissen berechneten Kohlen- und Wasserverbrauchswerte in den meisten Fällen nicht jene Werte erreichen, die sich bei Versuchsfahrten ergaben, so liegt der Grund meistens darin, daß vielfach die Zugstärken und die Fahrpläne nicht den verhältnismäßig hoch liegenden wirtschaftlichen Leistungen der Heißdampflokomotiven entsprechen.

Es muß bei richtigen Vergleichsfahrten unterschieden werden zwischen Versuchen auf Leistungsfähigkeit und solchen auf Wirtschaftlichkeit.

Bei allen Versuchen sind selbstverständlich nur Lokomotiven zu vergleichen, die bestimmt sind, einander zu ersetzen bzw. in einem gleichen oder gleichartigen Dienstplan zu fahren, und die Strecken und Witterungsverhältnisse müssen bei den Vergleichsfahrten möglichst die gleichen sein. Handelt es sich um Leistungsversuche, ohne wesentliche Rücksicht auf Wirtschaftlichkeit, so sind im besonderen folgende Bedingungen zu stellen:

1. Bei Bestimmung der Schleppleistung ist durch Abstufung der Zuglast festzustellen, eine wie große Achsenzahl jede der zum Vergleich stehenden Lokomotivgattungen noch ohne Erschöpfung des Kessels mit Sicherheit zu befördern vermag bzw. von welcher Achsenzahl an Vorspannlokomotiven notwendig werden.

2. Bei Schnellfahrversuchen ist bei gleicher Zugbelastung der Vergleichslokomotiven festzustellen, welche Geschwindigkeit sie dauernd ohne Überanstrengung mit Rücksicht auf die Betriebssicherheit zu erreichen vermögen.

Bei Versuchen zum Vergleiche der Wirtschaftlichkeit sind vorzugsweise die folgenden Bedingungen einzuhalten:

1. Die Belastung hat durch gleichartige und gleichschwere Züge zu erfolgen. Wo nach dem Fahrplan gefahren wird, sind die Vergleichslokomotiven in je gleicher Anzahl in demselben Dienstplan zu fahren. Zum Vergleiche sind selbstverständlich nur Lokomotiven mit annähernd gleichem, nutzbarem Reibungsgewicht, d. h. gleich viel gekuppelten Achsen, heranzuziehen. Eine verschiedene Zugbelastung auf Grund der aus Formeln errechneten Werte für die Zugkraft ist zu verwerfen, weil sich mit der Verschiedenheit der Zugbelastungen die Verhältnisse zugunsten der einen oder der anderen Lokomotivgattung derart verschieben, daß ein Vergleich auf Wirtschaftlichkeit nicht mehr statthaft ist.

2. Die durchschnittliche Fahrgeschwindigkeit muß bei den Vergleichsfahrten unbedingt dieselbe sein. Im andern Falle würde, und dies geht aus den vorgenommenen Versuchen immer wieder hervor, bei der schneller fahrenden Lokomotive unverhältnismäßig mehr Kohle verbraucht werden, als der dadurch erreichten höheren Leistung entspricht.

3. Mit der Mannschaft ist nach Möglichkeit derart zu wechseln, daß von ihr jede der zu vergleichenden Gattungen annähernd gleich lange gefahren wird. Bei neuen Gattungen liegt dann allerdings noch die Gefahr einer nicht sachgemäßen Behandlung infolge Unkenntnis derselben vor. Deshalb ist besonders darauf zu sehen, daß sich die Mannschaften schon vorher mit der neuen Lokomotive genügend vertraut gemacht haben. Nur bei Einhaltung dieser eigentlich von selbst gegebenen Bedingungen können einwandfreie Ergebnisse bei den Vergleichsfahrten erzielt werden. Der Kohlen- und Wasserverbrauch läßt dann einen unmittelbaren Schluß auf die Wirtschaftlichkeit zu."

Die Versuchsfahrten der Preußischen Staatseisenbahn-Verwaltung und deren Zentralamt haben seither fortgesetzt steigende Bedeutung erlangt und zu ganz erheblichen Vervollkommnungen der Lokomotiven geführt. Sie wurden unter steter Verbesserung der Meßeinrichtungen und unter Mitführung eines Meßwagens (vgl. zehnter Abschnitt) bis zur Gegenwart fortgesetzt und bieten überaus lehrreiche Unterlagen für den Bau und Betrieb der Heißdampflokomotiven.

Aus den reichhaltigen Unterlagen über die Ergebnisse der Versuchsfahrten und des Betriebes mit den bisher für die Preußische Staatseisenbahn-Verwaltung erbauten Heißdampflokomotivgattungen sind im folgenden möglichst die lehrreichsten Ergebnisse, nach Lokomotivgattungen geordnet, zusammengestellt.

1. Versuchsfahrten mit der 2 B-Heißdampf-Schnellzuglokomotive mit Schmidtschem Rauchrohr-Überhitzer und Kolbenschiebern von 150 mm ⌀ mit festen Ringen.

Die Versuchsfahrten fanden im März 1906 auf der Strecke Breslau—Sommerfeld und zurück (344,96 km) statt. Die Hauptergebnisse sind in Zahlentafel 56 zusammengestellt. Es wurden Fahrten mit Zügen bestehend aus vierachsigen Wagen von 36, 44 und 52 Achsen ausgeführt und zwar nach einem Fahrplan, bei dem die für die Strecke Breslau—Sommerfeld und zurück bestehenden Schnellzugs-Fahrzeiten um 10 v. H. (entsprechend einer Grundgeschwindigkeit von 100 km/st des Fahrplans) vermindert waren. Es konnte jedoch bei allen Fahrten diese verringerte Fahrzeit noch wesentlich und zwar um 16 bis 41 Minuten gekürzt werden, wie im einzelnen aus Spalte 5 der Zahlentafel 56 hervorgeht, in der die Ergebnisse von drei der sechs unternommenen Versuchsfahrten eingetragen sind. Am letzten Versuchstag (31. März) wurde mit 36 Achsen (306,3 t Zuggewicht) eine Fahrt in einem Fahrplan von 110 km Grundgeschwindigkeit ausgeführt, wofür eine Gesamtfahrzeit von 238 Minuten angesetzt war. Hierbei wurde die 344,96 km lange, für die Entfaltung von großen Geschwindigkeiten wegen zahlreicher Baustellen wenig geeignete Strecke in 222 Minuten zurückgelegt, was einer Durchschnittsgeschwindigkeit von 93,2 km/st entspricht. Als Höchstgeschwindigkeit wurden hierbei 123 km/st wiederholt erreicht (vgl. Tafel 45). Geschwindigkeiten von 110 bis 120 km/st konnten auf wagerechter Strecke und in leichtem Gefälle dauernd erzielt werden, ohne daß der Kessel übermäßig angestrengt worden wäre, was schon aus der verhältnismäßig geringen Luftverdünnung in der Rauchkammer und der gut erhaltenen Kesselspannung hervorgeht. Bei der angeführten beschleunigten Schnellzugfahrt mit 36 Achsen betrug die Luftverdünnung im Mittel 137 mm Wassersäule, bei den anderen Fahrten, bei denen keine so hohen Geschwindigkeiten angestrebt wurden, war die Luftverdünnung bedeutend niedriger (vgl. Spalte 5 und 12). Die Überhitzung war durchaus befriedigend und betrug im Mittel 330°. Bei angestrengterem Fahren stieg sie noch weiter, so daß vielfach mit halb geschlossenen Überhitzerklappen gefahren werden konnte, was die Dampfbildung günstig beeinflußte. Die Rauchkammertemperatur überstieg, nur bei sehr angestrengtem Fahren 300° C, was auf eine gute Ausnützung der Wärme im Überhitzer schließen läßt und auch für die Erhaltung der Überhitzerklappen von Vorteil ist. Wegen der engen Maschenweite des Funkenfängers, die für den Direktionsbezirk Breslau bei der leichten schlesischen Kohle mit nur 6 mm vorgeschrieben ist, während sie anderwärts 8 bis 9 mm beträgt, war die Ansammlung von Lösche in der Rauchkammer ziemlich beträchtlich, doch behinderte sie den Austritt der Rauchgase aus den Siederöhren nicht, so daß die untersten Rohrreihen nach beendeter Fahrt noch frei lagen.

Trotz der großen Löschmengen, die bei der sehr leichten Kohlenart und dem engmaschigen Funkenfänger bei der erheblichen Leistung der Lokomotive unvermeidlich waren, arbeitete die Lokomotive bei allen Belastungen noch sehr wirtschaftlich. Aus Spalte 4 und 6 der Zahlentafel 56 ist ersichtlich, welchen bedeutenden Einfluß hierbei die Steigerung der Geschwindigkeit auf den Kohlenverbrauch hat. So wurde z. B. bei der Fahrt mit 36 Achsen und 93,2 km/st mittlerer Geschwindigkeit um 12,3 v. H. mehr Kohle verbraucht als bei der Fahrt mit 52 Achsen, die aber

542 Versuchsfahrten mit Heißdampflokomotiven.

Zahlentafel 56.

Versuchsergebnisse bei den mit der 2 B-Heißdampf-Schnellzuglokomotive Nr. 193 Breslau auf der Strecke Breslau—Sommerfeld und zurück (344,96 km) im März 1906 angestellten Versuchsfahrten.

1	2	3			4		5[1])	6	7	8	9	10	11	12[2])	13[2])	14[2])	15[2])	16[2])		17	18
Tag der Fahrt	Lokomotive Nr.	Zugstärke:			Betriebsstoffverbrauch		Fahrzeit	Kohlenverbrauch auf 1000 t/km Zuggew.	Ausströmhaube	Lösche		Mittl. Schieberkastendruck	Mittlere Füllung	Mittlere Luftverdünnung	Mittlere Geschwindigkeit	Mittl. Temperatur der aus den Rauchröhren ausstr. Überhitzergase	Mittlere Überhitzungstemperatur	Mittlere Rauchkammertemperatur		Wetter	Bemerkungen
		Anz. der Achsen	Wagen	Wagengewicht	Zuggewicht	Kohlen	Wasser				Korbanzahl (1 Korb = 37 kg)	Beschaffenheit								vorn	hinten		
				t	t	kg	cbm	Min.				Atm.		mm	km/st	Grad	Grad	Grad	Grad		
31./3.[3])	193	9	36	306,30	412,80	4800	30,8	planmäßig 238 gebraucht 222 (16)	33,7	125 mm Durchm. 10 mm Steg	34½	mäßig feucht mittel bis körnig	10,18	0,282	145 (180)	93,2 (123)	404 (420)	337 (365)	315 (335)	295 (335)	Schön und trocken mit mäßigem Seitenwind	—
29./3.[4])	193	11	44	361	467,50	5450	31,9	planmäßig 272 gebr. 261½ (20½)	33,8	desgl.	26	mäßig feucht mittel bis grob	10,19	0,282	131,5 (170)	82,3 (122)	353,5 (371)	326,5 (350)	296 (355)	294 (340)	Nebliges Schneewetter mit heftigem Seitenwind	Unterwegs neunmal gehalten
30./3.	193	13	52	431,07	537,57	4275	31,5	planmäßig 309 gebraucht 268 (41)	23,1	desgl.	22	desgl.	9,95	0,259	108,9 (160)	77,3 (110)	389 (420)	325 (350)	278 (305)	257 (285)	Veränd. mit Schneetreib. und mäßigem Seitenwind	—

[1]) In Spalte 5 bedeuten die eingeklammerten Zahlen die Kürzung der Fahrzeit.
[2]) In Spalte 12 bis 16 bedeuten die eingeklammerten Zahlen Höchstwerte.
[3]) Vgl. Tafel X und XI.
[4]) Vgl. Tafel XII und XIII.

nur eine Durchschnittsgeschwindigkeit von 77,3 km/st ergab. Die stündlich verdampften Wassermengen betrugen:

Zahlentafel 57.

Zuggewicht t	Mittlere Geschwindigkeit km/st	Gesamte verdampfte Wassermenge kg	Stündlich verdampfte Wassermenge kg	Stündlich verdampfte Wassermenge	
				auf 1 qm Verdampfungsheizfläche	auf 1 qm Gesamtheizfläche (mit Überhitzerheizfläche
412,8	93,2	30800	8370	60	47,5
467,5	82,3	31900	7630	55	43,3
537,57	77,3	31500	7050	51	40

Die Beanspruchung des Kessels war demnach bei keiner Fahrt eine übergroße und die Dampfbildung war auch stets reichlich. Die Leistungen der Lokomotive in Pferdestärken (bis 1440 PS_i) kommen in den Schaulinien der Tafel 45 und 46 so deutlich zur Geltung, daß eine weitere Besprechung hier unterbleiben kann.

2. Vergleichsfahrten zwischen der 2 B-Heißdampf-Schnellzuglokomotive der Gattung S 6 Nr. 636 Halle und der 2 B 1-Vierzylinder-Verbund-Naßdampf-Schnellzuglokomotive Gattung S 9 Nr. 921 Hannover.

Bemerkenswerte Versuchsfahrten mit der 2 B-Heißdampf-Schnellzuglokomotive Gattung S 6 fanden im Mai und Juni des Jahres 1909 auf der vielfache Krümmungen und Steigungen aufweisenden Strecke Grunewald—Mansfeld und ferner auf der Flachlandstrecke Wustermark—Hannover statt. Die zu den Versuchen herangezogene Lokomotive Nr. 636 Halle war an Stelle der früher üblichen Schieber mit festen Ringen mit Kolbenschiebern der Bauart Schmidt mit breiten federnden Ringen (vgl. fünfter Abschnitt 2b) ausgerüstet. Die Ergebnisse dieser Fahrten waren gleichzeitig als Unterlagen für einen Vergleich mit der 2 B 1-Vierzylinder-Verbund-Naßdampf-Schnellzuglokomotive der Gattung S 9 gedacht, die damals mit einer Rostfläche von 4 qm die größte 2 B 1-Schnellzuglokomotive der preußischen Staatseisenbahnen war. Die Hauptabmessungen der Vergleichslokomotiven sind in Zahlentafel 58 angegeben.

Zahlentafel 58.
Hauptabmessungen der Vergleichslokomotiven.

	2 B-Heißdampf-Schnellzuglokomotive S 6	2 B 1-Vierzylinder-Verbund-Naßdampf-Schnellzuglokomotive S 9
Dampfüberdruck in Atm.	12	14
Zylinderdurchmesser in mm	550	$2 \cdot 380/580$
Kolbenhub in mm	630	600
Triebraddurchmesser in mm	2100	1980
$C_1 = \dfrac{d^2 \cdot s}{D}$	910	1020
$C_2 = \dfrac{C_1}{G_r}$	27,6	31,0
Rostfläche in qm	2,3	4,0
Heizfläche in qm	131,0	236,21
Überhitzerheizfläche in qm	40,3	—
Reibungsgewicht in t	33,0	33,0
Dienstgewicht in t	60,0	74,5

Über das Ergebnis der Versuchsfahrten berichtet das Eisenbahnzentralamt wie folgt:

Vor den eigentlichen Vergleichsfahrten wurden auf der Strecke nach Güterglück je 2 Fahrten zum Einregeln der Schieber, zur Beurteilung der Blasrohrverhältnisse und zur allgemeinen Erprobung der Lokomotiven unternommen.

Die Vergleichsfahrten, bei denen Wirtschaftlichkeit, Leistung, Lauf- und Bauart der Lokomotiven beurteilt werden sollten, wurden nach folgenden Gesichtspunkten ausgeführt:

Um eine einwandfreie Vergleichsgrundlage zu schaffen, wurde besonderer Wert gelegt auf genaue Geschwindigkeitshaltung bei sämtlichen Fahrten. Der Zug bestand stets (mit Ausnahme des 60-Achsen-Zuges) aus den gleichen Wagen in der gleichen Reihenfolge, so daß abgesehen von den Einflüssen der Witterung stets mit einem für beide Vergleichsfahrten gleichen Zugwiderstand gerechnet werden konnte. Unter diesen Verhältnissen konnten Zugwiderstand und Geschwindigkeit mit möglichster Annäherung für je zwei entsprechende Vergleichsfahrten als gleich betrachtet werden, so daß die indizierten Leistungen und die auf 1000 t/km — als Einheit der Arbeit — berechneten Verbrauchswerte sich unmittelbar miteinander vergleichen lassen.

Da die Lokomotiven im Betriebe nur in seltenen Ausnahmefällen mit dem Höchstwert ihrer Leistungen beansprucht werden, so geben Versuchsfahrten nur mit der größten zulässigen Belastung kein ausreichendes Bild über das Verhalten der Lokomotiven im Betriebe, es empfiehlt sich daher zur Beurteilung einzelner Bauarten sowie beim Vergleich zweier Bauarten untereinander Leistungen und Verbrauchswerte von einer kleineren Zugstärke ab über die durchschnittliche bis zu der größtmöglichen zu ermitteln.

Geplant waren anfänglich nur die Fahrten mit 28, 35, 44 und 52 Achsen, d. h. bis zu der durch die Eisenbahn-Bau- und Betriebsordnung vorgesehenen Grenze. Erst nachdem die größte zulässige Zugstärke anstandslos von beiden Lokomotiven befördert war, wurde beschlossen, noch Fahrten mit 60 Achsen auszuführen, um zu erweisen, daß den Lokomotiven beider Bauarten ein voll ausreichender Rückhalt auch bei der Beförderung der stärksten zulässigen Züge noch verblieben war. Dieser befähigte die Lokomotiven dann, zu der Ausnahmeleistung den nach der Bau- und Betriebsordnung für Schnellzugbeförderung unzulässigen 60-Achsen-Zug planmäßig zu befördern.

Um dem Gewicht der Fahrgäste und des Gepäcks Rechnung zu tragen und die Versuche unter möglichst ungünstigen Verhältnissen anzustellen, wurden die Züge aus nur vierachsigen (nicht, wie die Bau- und Betriebsordnung bei 52 Achsen vorschreibt, aus sieben vierachsigen und vier sechsachsigen) Wagen gebildet. Der Zugwiderstand wächst infolge der um rund 35 v. H. größeren Zuglänge (15 statt 11 Wagen) und des hierdurch bedingten höheren Luftwiderstandes, zumal die Faltenbälge nicht angeschlossen waren, recht erheblich.

Die sämtlichen Fahrten einschließlich der mit den 60-Achsen-Zügen verliefen gut. Die Dampfbildung war auch bei den schwersten Fahrten unter Verwendung mittelguter oberschlesischer Stückkohlen ausreichend. Der kleine Kessel der Lokomotive S 6 war bei der schwersten Fahrt, die auf dem Hinwege auch noch durch starken Gegenwind einen erheblichen Mehrbedarf erforderte, über die wirtschaftliche Grenze hinaus, der der Lokomotive S 9 noch nicht bis zu dieser beansprucht.

Die für die einzelnen Fahrten ermittelten Werte sind in Zahlentafeln 59 bis 61 zusammengestellt. Der Wassermehrverbrauch der Lokomotive S 9 beträgt hiernach im Durchschnitt der Fahrten mit den zulässigen Zugstärken 34,2 v. H., der Kohlenmehrverbrauch 22,5 v. H.

Kurze Bemerkungen über die jeweilige Witterung sind in den Zahlentafeln 59 bis 61 gegeben.

der Preußischen Staatseisenbahn-Verwaltung und deren Ergebnisse.

Zahlentafel 59.

Versuchsergebnisse bei den mit der 2 B 1-Vierzylinder-Verbund-Naßdampf-Schnellzuglokomotive Gattung S 9 Nr. 921 Hannover auf der Strecke Wustermark—Hannover und zurück im Mai und Juni 1909 angestellten Versuchsfahrten.

Laufende Nr.	Tag der Fahrt	Strecke	Entfernung km	Fahrzeit Minuten	Zugstärke Achsenzahl	Zugstärke Gewicht t	Betriebsstoffverbrauch Kohlen im ganzen kg	Betriebsstoffverbrauch Kohlen auf 1000 t/km kg	Betriebsstoffverbrauch Wasser im ganzen l	Betriebsstoffverbrauch Wasser auf 1000 t/km l	Verdampfungsziffer	Löscherückstände aus der Rauchkammer kg	Kesselleistung Erzeugte Dampfmenge auf 1 qm Heizfläche und Stunde kg	Kesselleistung Verbrannte Kohlenmenge auf 1 qm Rostfläche und Stunde kg	Mittlere Luftleere in der Rauchkammer mm/WS.	Mittlere indizierte Leistung PS	Bemerkungen
1	22. V.	Wustermark-Hannover / Hannover-Wustermark	225 / 225	450	154 / 156	310	28	224	6050	60,02	20850 / 20475	41325	410	6,83	160	34,3 / 33,3	33,8	293	40,6	900	Wetter: gut, ohne Wind bei der Hinfahrt. Bei der Rückfahrt mäßiger Wind von links hinten
2	24. V.	Wustermark-Hannover / Hannover-Wustermark	225 / 225	450	161 / 158	319	36	290	7300	55,36	26450 / 21875	48275	370	6,68	400	42,4 / 35,1	38,8	344	58,9	990	Wetter: mittelstarker Wind von rechts vorn bei der Hinfahrt. Rei der Rückfahrt kein Wind
3	25. V.	Wustermark-Hannover / Hannover-Wustermark	225 / 225	450	159,5 / 165,5	325	44	359	7910	49,00	28500 / 26125	54625	338	6,9	500	46,1 / 41,9	44,0	370	80,0	1070	Wetter: leichter Wind von rechts vorn bei der Hinfahrt. — Bei der Hinfahrt blies ab Stendal ein Schlammhahn.
4	26. V.	Wustermark-Hannover / Hannover-Wustermark	225 / 225	450	161,5 / 162,5	324	52	428	8400	43,61	27125 / 25975	53100	276	6,33	560	42,6 / 40,6	41,6	389	85	1120	Wetter: gut, ohne Wind
5	28./29. VI.	Wustermark-Hannover / Hannover-Wustermark	225 / 225	450	165 / 160,5	325,5	60	502	8350	37,00	29525 / 27325	56850	252	6,8	560	45,4 / 43,1	44,5	386	89,0	1190	Wetter: gut ohne Wind

Garbe, Dampflokomotiven. 2. Aufl.

546

Zahlentafel 60.

Versuchsergebnisse bei den mit der 2 B-Heißdampf-Schnellzuglokomotive der Gattung S 6 Nr. 636 Halle auf der Strecke Wustermark—Hannover und zurück im Mai und Juni 1909 angestellten Versuchsfahrten.

Laufende Nr.	Tag der Fahrt	Strecke	Entfernung km	Fahrzeit Minuten	Zugstärke Achsenzahl	Zugstärke Gewicht t	Betriebstoffverbrauch Kohlen im ganzen kg	Betriebstoffverbrauch Kohlen auf 1000 t/km kg	Betriebstoffverbrauch Wasser im ganzen l	Betriebstoffverbrauch Wasser auf 1000 t/km	Verdampfungsziffer	Löscherückstände aus der Rauchkammer kg	Kesselleistung Erzeugte Dampfmenge auf 1 qm Heizfläche und Stunde kg	Kesselleistung Verbrannte Kohlenmenge auf 1 qm Rostfläche und Stunde kg	Mittlere Überhitzung °C	Mittlere Luftleere in der Rauchkammer mm/WS.	Mittlere indizierte Leistung PS	Bemerkungen
1	12. V.	Wustermark-Hannover	225	156	28	224	5250	52,08	17450	321	6,17	460	48,4	44,0	441	328	61,0	820	Wetter: starker Wind von rechts bei der Hinfahrt und von seitlich links bei der Rückfahrt
		Hannover-Wustermark	225	161					14950				40,3						
2	14. V.	Wustermark-Hannover	225	159,5	36	290	5700	43,83	18050	266	6,09	600	49,0	47,0	465	339	71,0	900	Wetter: gut, ohne Wind.
		Hannover-Wustermark	225	160					16675				45,0						
3	15. V.	Wustermark-Hannover	225	160	44	359	6470	40,05	20725	246	6,12	660	56,0	55,1	512	352	81,5	980	Wetter: mäßig starker Wind bei der Hinfahrt von rechts vorn.
		Hannover-Wustermark	225	157					18900				54,3						
4	17./18. V.	Wustermark-Hannover	225	161,5	52	428	6650	34,53	21925	208	6,03	880	59,0	53,8	536	345	79,5	1040	Wetter: gut, ohne Wind.
		Hannover-Wustermark	225	162					18250				49,0						
5	12.VI.	Wustermark-Hannover	225	164,5	60	499	8241	36,7	22950	189	5,16	1160	60,5	56,6	613	342	113,0	1130	Wetter: Starker Wind bis Stendal von vorn bei der Hinfahrt. Ab Stendal mittelstarker Wind aus derselben Richtung. Bei der Rückfahrt bis Stendal mäßig starker Wind. Ab Stendal windstill.
		Hannover-Wustermark	225	161					19550				52,6						

Zahlentafel 61.

Versuchsergebnisse bei den mit der 2 B - Heißdampf-Schnellzuglokomotive der Gattung S 6 Nr. 636 Halle auf der Strecke Grunewald—Sangerhausen und zurück im September 1909 angestellten Versuchsfahrten.

Laufende Nr.	Tag der Fahrt	Strecke	Entfernung km	Fahrzeit Minuten	Zugstärke Achsenzahl	Zugstärke Gewicht t	Betriebsstoffverbrauch Kohlen im ganzen kg	Betriebsstoffverbrauch Kohlen auf 1000 t/km kg	Betriebsstoffverbrauch Wasser im ganzen l	Betriebsstoffverbrauch Wasser auf 1000 t/km l	Verdampfungs-ziffer	Löscherrückstände aus der Rauch-kammer kg	Kesselleistung Erzeugte Dampfmenge auf 1 qm Heizfläche und Stunde kg	Kesselleistung Verbrannte Kohlenmenge auf 1 qm Rostfläche und Stunde kg	Bemerkungen
1	10. IX.	Grunewald–Sangerhausen	200	183	36	315	2600	38,49	16600	249	6,48	360	39,1	37,7	349,4
		Sangerhausen–Grunewald	400	359			2250		14800				36,3		
			200	176											
2	11. IX.	Grunewald–Sangerhausen	200	184,5	44	389	3100	37,6	18550	230	6,11	640	43,4	42,7	421,2
		Sangerhausen–Grunewald	400	359,5			2750		17175				42,5		
			200	175											
3	13. IX.	Grunewald–Sangerhausen	200	191	52	461	3850	40,96	22800	234	5,71	1440	51,8	50,0	526,3
		Sangerhausen–Grunewald	400	370			3650		20050				48,3		
			200	179											

Zur ersten Fahrt mit der Lokomotive S 6 — der überhaupt ersten Versuchsfahrt — bleibt nur noch zu bemerken, daß auf dieser Fahrt dem Führer die Streckenausnützung trotz genommener Streckenkenntnis noch nicht völlig gelang, es wurde auf Steigungen zum Teil zu scharf gefahren.

Das Lokomotivreibungsgewicht und die durch die Bau- und Betriebsordnung vorgesehene größte Achsenzahl bilden die oberen Grenzen der Leistung (der „möglichen" und der „verlangten") bei der höchsten zulässigen Grundgeschwindigkeit von 90 km/st für die Strecke Berlin—Hannover für die Vergleichslokomotiven. Diese „verlangte" Höchstleistung haben beide Lokomotiven bei voll ausreichendem Kesselrückhalt entwickelt; die „mögliche", durch das Reibungsgewicht bedingte, war gleichfalls erheblich größer als erforderlich (bewiesen, durch eine Fahrt der S 6-Lokomotive nach Sangerhausen, über die am Schluß berichtet wird.

Die Schaulinien der Abb. 589 geben nicht nur die Verbrauchswerte wieder, sondern ermöglichen vor allem eine Kritik der Abmessungen der Lokomotiven einer bestimmten Bauart für eine gegebene Geschwindigkeit und Strecke: Aus dem Verlauf der Dampfverbrauchslinien kann man erstens die Größe der Zylinderdurchmesser nachprüfen. Die Lokomotiven sollten bei „der am häufigsten verlangten Zugkraft" den günstigsten Dampfverbrauch für die Einheit der Leistungen ergeben, wie dies in dem Abschnitt über die Berechnung der Zylinderabmessungen näher erläutert ist.

Über die diese Zugkraft bedingende Zugstärke hinaus kann man schon einen etwas steigenden Dampfverbrauch für die Einheit zulassen. Es müßten demnach die Dampfverbrauchslinien ihren Umkehrpunkt bereits in der Nähe des 44-Achsen-

Zuges haben. Die Zylinderabmessungen sind folglich für beide Lokomotivarten bei Verwendung nur auf Flachlandstrecken für die gegebenen Grenzen in Geschwindigkeit und Zugstärke etwas zu groß. Da aber die Lokomotiven beider Bauarten, besonders die S 6-Lokomotive, auch vielfach Hügellandstrecken durchfahren, zudem die Wirtschaftlichkeit der Heißdampflokomotiven auch bei geringeren Zuglasten noch sehr erheblich ist und ihr Anfahrvermögen nicht wesentlich geschmälert werden darf, so ist eine Verkleinerung der Zylinder nicht zu empfehlen.

Zweitens kann man aus den Kohlenverbrauchslinien die richtige Wahl der Kesselabmessungen nachprüfen. Ein Kessel muß auch bei schwerster Beanspruchung und ungünstigster Witterung noch über einen nicht unerheblichen Rückhalt ver-

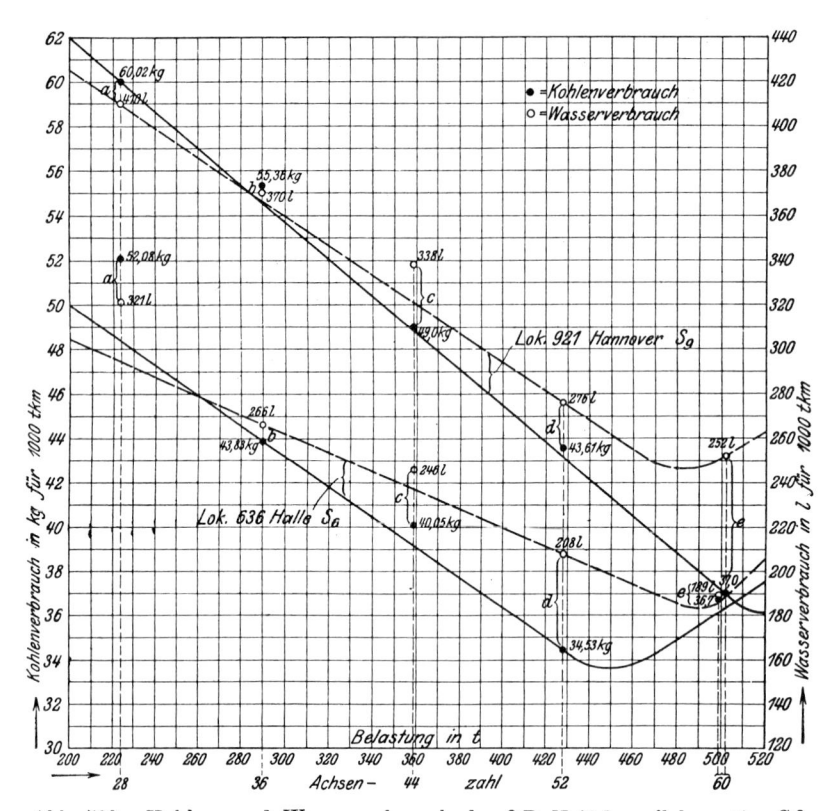

Abb. 589. Kohlen- und Wasserverbrauch der 2 B-Heißdampflokomotive S 6 und 2 B 1-Sattdampflokomotive S 9.

fügen. Der Umkehrpunkt dieser Linien sollte demnach ein wenig jenseits der größten zulässigen Zugstärke liegen. Die Größe des Kessels der Lokomotive S 6 ist folglich richtig gewählt. Der Kessel der Lokomotive S 9 ist für die gegebenen Verhältnisse zu groß.

Der Lauf beider Lokomotiven in der Geraden war gut und ruhig; bei der Einfahrt in schärfere Gleiskrümmungen mit höherer Geschwindigkeit (z. B. bei Rathenow, wo allerdings eine schlechte Gleisanlage hinzukommt) traten jedoch bei Lokomotive S 9 infolge der hinten über den festen Radstand überhängenden Massen erhebliche Seitenstöße mit auslaufenden Pendelschwingungen ein, die zum mindesten auf die Gleislage ungünstig einwirken müssen.

Bei den Fahrten mit der S 9-Lokomotive machten sich einige auf bauliche Mängel zurückzuführende Anstände bemerkbar. Das Anfahren zumal auf steigender Strecke war häufig schwierig, die Steuerung bewegte sich schwer und lag unruhig. Der Kessel ist nach den Versuchsergebnissen bei weitem zu groß. Er vermehrt den Laufwiderstand durch überschüssiges Gewicht.

Die Zylinderverhältnisse sind auch unter der beabsichtigten Berücksichtigung besserer Anfahrmöglichkeit ungünstig gewählt. Das Arbeitsverhältnis von Niederdruck- zu Hochdruck-Zylinder schwankt zwischen den Werten 1:1,7 und 1:2,1. Im Vergleich zur zweizylindrigen Heißdampflokomotive ist ferner die mittlere indizierte Leistung infolge des größeren Eigenwiderstandes der vierzylindrigen Maschine und des bereits erwähnten erhöhten Laufwiderstandes durchschnittlich um 80 PS oder rund 8 v. H. höher.

Außer dem höheren Beschaffungspreis der Lokomotive S 9 (89006 M. zu 76987 M. = 12019 M. = 15,6 v. H.) dürften auch die Unterhaltungskosten höher werden, da die doppelte Zahl der Kolben, Schieber und Stangen instand zu halten ist.

Bei der Lokomotive Nr. 636 ist der Schmidtsche Federringschieber eingebaut, der infolge Abklappens der breiten Federringe während der Verdichtung zu geringen Dampfverlusten Veranlassung gibt.

Um zu erweisen, daß die Lokomotiven der Gruppe S 6 nicht nur für reine Flachlandstrecken verwendbar sind, wurden noch einige Versuchsfahrten auf der Strecke Berlin—Sangerhausen angeschlossen. Es befinden sich auf dieser Strecke Steigungen bis zu 1:84 und längere Strecken 1:100 (13,4 km Sandersleben—Mansfeld). Es lag daher die Möglichkeit vor, die Lokomotive bis zu der durch ihr Reibungsgewicht bedingten Grenze der Zugkraft zu beanspruchen.

Die auf diesen Fahrten ermittelten Werte sind in Zahlentafel 61 zusammengestellt. Es gelang, den stärksten zulässigen Zug (52 Achsen im Gewichte von 461 t) auf dieser Strecke noch planmäßig zu befördern. Reibungsgewicht, Maschinen- und Kesselleistung waren allerdings bis an die äußerste Grenze beansprucht. Es darf hier aber nicht unerwähnt bleiben, daß für Geschwindigkeiten von 35 km in der Stunde auf den starken Steigungen 1:100 die Raddurchmesser mit 2100 mm zu groß sind, so daß Blasrohrwirkung und Maschinenleistung durch die bedingte niedrige Umlaufzahl der Achsen von 88 in der Minute stark vermindert werden.

Der Beweis, daß die S 6-Lokomotive nicht nur für reine Flachlandstrecken verwendbar ist, dürfte besonders durch die Fahrt nach Sangerhausen als erbracht bezeichnet werden. Das Verwendungsgebiet der S 6-Lokomotive dürfte demnach erheblich erweitert werden können.

Zusammenfassend kann als Ergebnis der Versuchsfahrten berichtet werden: Die Heißdampflokomotive S 6 hat sich bei erheblich geringeren Anschaffungskosten als wesentlich wirtschaftlicher in den Betriebskosten bei vollausreichender Leistung erwiesen als die Vergleichs-Naßdampf-Verbundlokomotive S 9.

Die 52-Achsen-Fahrt nach Sangerhausen hat ergeben, daß die S 6-Lokomotive auch für gemischte Strecken bei den zulässigen höchsten Zugstärken und Geschwindigkeiten voll ausreichend ist.

3. Versuchsfahrten mit der 2 B-Heißdampf-Schnellzuglokomotive der Gattung S 6 mit Schmidtschem Rauchrohr-Überhitzer und Kolbenschiebern von 220 mm ⌀ und schmalen federnden Ringen, Nr. 624 Posen.

Im Jahre 1910 fanden Versuchsfahrten mit zahlreichen Schnellzug- und Personenzuglokomotiven statt. Auch eine 2 B-Heißdampflokomotive — Nr. 624 Posen — die mit Kolbenschiebern von 220 mm Durchmesser (vgl. fünfter Abschnitt 2b) und mit schmalen federnden Ringen ausgerüstet war, wurde zu diesen Versuchen herangezogen. Das Ergebnis ist in Zahlentafel 62 angegeben. Hierzu bemerkt das Eisenbahn-Zentralamt folgendes:

Zahlentafel 62.

Versuchsergebnisse bei den mit der 2 B-Heißdampf-Schnellzuglokomotive der Gattung S 6 Nr. 624 Posen auf den Strecken Grunewald—Mansfeld und Wustermark—Hannover und zurück im Oktober und November 1910 angestellten Versuchsfahrten.

Nr. der Fahrt	Tag der Fahrt	Strecke	Entfernung km	Fahrzeit Min.	Zugstärke Achsenzahl	Zugstärke Gewicht t	Durchschnittsleistung am Zughaken in PS$_z$	Betriebsstoffverbrauch Kohlen im ganzen kg	Betriebsstoffverbrauch Kohlen auf 1000 t/km kg	Betriebsstoffverbrauch Kohlen auf 1 PS$_z$-st kg	Betriebsstoffverbrauch Wasser im ganzen l	Betriebsstoffverbrauch Wasser auf 1000 t/km l	Betriebsstoffverbrauch Wasser auf 1 PS$_z$-st l	Verdampfungsziffer	Löscherückstände aus der Rauchkammer kg	Kesselleistung Erzeugte Dampfmenge auf 1 qm Heizfläche und Stunde kg	Kesselleistung Verbrannte Kohlenmenge auf 1 qm Rostfläche u. Stunde kg	Mittlere Überhitzung °C	Mittlere Luftleere in der Rauchkammer mm/WS.	Wetter	Bemerkungen
1	15. XI.	Grunewald-Güsten	145	112	37	314	549	2150	38,6	1,553	15050	270	10,93	7,0	200	44		378	324	73	Gut	
		Güsten-Mansfeld	32	36			561						10,85			49						
2	19. XI.	Grunewald-Güsten	145	118	45	391	665	3100	44,87	1,75	17900	259	9,80	10,10	360	43	43	512	350	108	Außergewöhnlich starker Schneesturm von rechts vorn	Auf der Steigung Güsten-Mansfeld trat Schleudern ein
		Güsten-Mansfeld	32	40			673						10,84	5,78								
							705															
3	9. XII.	Wustermark-Hannover	229	173	29	253	417	1800	30,67	1,482	12900	222	10,75	10,75	220	32	32	271	331,5	40	Gut	
		Hannover-Wustermark	229	171			417,5	1750			12800		10,75	7,24		32		267		—		
							418															
4	17./18. XI.	Wustermark-Hannover	229	175	37	315	560	2775	33,09	1,586	17600	230	10,78	11,0	220	44	42	414	331	70	Mäßiger seitlicher Wind bei 2° Kälte	
		Hannover-Wustermark	229	170			523	2000			15600		11,2	6,96	140	40		306	329	85		
							487															
5	22./23. XI.	Wustermark-Hannover	229	171	45	395	656	3200	30,32	1,50	18950	201	10,12	9,95	300	48	46	488	351	90,5	Mäßiger seitlicher Wind bei 2° Kälte	
		Hannover-Wustermark	229	171			637	2250			17200		9,78	6,53	260	43		343	348,5	101		
							617															

Die S 6-Lokomotive mit Kolbenschiebern mit schmalen Federringen übertrifft hinsichtlich der Wirtschaftlichkeit alle verglichenen Lokomotiven. Der Eigenwiderstand der Lokomotive ist sehr gering. Ihr Lauf ist auch bei den größten zulässigen Geschwindigkeiten noch ruhig und stoßfrei. Die größte Dauerleistung mag etwa 1050 bis 1100 indizierte PS betragen[1]). Dem entspricht eine Leistung am Zughaken von rund 700 PS. Für den schweren Schnellzugbetrieb reicht zwar das Reibungsgewicht im allgemeinen noch aus, weil die Reibungsziffern bei dieser Lokomotive im Vergleich zu den S 7- und S 9-Lokomotiven besonders hohe Werte aufweisen. Hingegen wird die Leistungsfähigkeit des Kessels bei hohen Geschwindigkeiten und schweren Zügen nicht mehr genügen. Die Dampfverteilung der S 6-Lokomotive ist, wie sich aus den Dampfschaulinien erkennen läßt, bei allen Füllungen einwandfrei. Die bauliche Durchbildung läßt nichts zu wünschen übrig.

Die S 6-Lokomotive, die als die stärkste vierachsige Schnellzuglokomotive angesprochen werden muß, ist wegen ihrer bei kleinen und großen Leistungen fast gleich hohen Wirtschaftlichkeit für die Beförderung von Schnellzügen bis zu etwa 400 t Wagengewicht auf ebenen Strecken sowie im Hügelland bestens geeignet.

Eine weitere Verbesserung der Wirtschaftlichkeit und eine Erhöhung der Schleppleistung läßt sich in sehr einfacher Weise durch den Einbau eines Speisewasservorwärmers erreichen. Durch Anwendung eines Vorwärmers kann erfahrungsgemäß die Kesselleistung einer Lokomotive um $15^0/_0$ gesteigert werden. Als größte indizierte Dauerleistung der Lokomotive wurden oben 1100 PS_i angegeben, die sich nunmehr auf $1100 + 0{,}15 \cdot 1100 = 1265\ PS_i$ erhöhen. Da der Eigenwiderstand der Lokomotive bei gleicher Fahrgeschwindigkeit derselbe bleibt, vermehrt sich demnach auch die Schleppleistung um $0{,}15 \cdot 1100 = 165$ PS. Betrug diese bei der Lokomotive ohne Vorwärmer 700 PS, so stehen nunmehr am Zughaken $700 + 165 = 865$ PS zur Verfügung, oder mit anderen Worten, die Schleppleistung der Lokomotive kann im vorliegenden Falle ohne jeden Mehraufwand an Brennmaterial um $23{,}6^0/_0$ gesteigert werden. Die Lokomotive wäre damit imstande, selbst über Hügellandstrecken Züge bis 400 t zu schleppen. Bei leichteren Zügen, wenn also eine Erhöhung der Schleppleistung nicht erforderlich ist, wird der Kohlenverbrauch der Lokomotive entsprechend den obigen Ausführungen um 10 bis $12^0/_0$ fallen. Die schon jetzt außerordentlich hohe Wirtschaftlichkeit würde damit noch weiter um ein Beträchtliches steigen.

4. Versuchsfahrten mit 2 B - Heißdampf - Schnellzuglokomotiven mit Schmidtschem Rauchrohr-Überhitzer und Gleichstromzylindern der Bauart Stumpf.

Mit der im Jahre 1910 von den Linke-Hofmann-Werken gelieferten 2 B-Heißdampf-Schnellzuglokomotive mit Gleichstromzylindern und Ventilsteuerung Bauart Stumpf Nr. 633 Breslau fanden eingehende Versuchsfahrten auf den Strecken Grunewald—Mansfeld und Wustermark—Hannover statt. Da die Lokomotive mit Zylindern von nur 500 mm Durchmesser ausgerüstet war (gegenüber 550 mm Durchmesser der S 6 gewöhnlicher Bauart), so stand von vornherein zu erwarten, daß diese Lokomotive die Leistungsfähigkeit der üblichen Wechselstrombauart nicht erreichen würde. Die Versuchsfahrten bestätigten dies; die größte Dauerleistung der Gleichstromlokomotive betrug 750 bis 800 PS_i gegenüber 1100 PS_i der vorgenannten Regelbauart, was 550 PS am Zughaken entspricht. Ihre Leistung war also um 25 bis $30^0/_0$ geringer als die der Wechselstromlokomotive. Der Dampfverbrauch hatte nur bei 480 PS am Zughaken seinen Kleinstwert von etwa 11 kg/PS_z-st. Er stieg bei geringeren und größeren Leistungen erheblich an. Die kleinen Zylinder hatten

---

[1]) Bei einer Verbrennung von 512 kg Kohle auf 1 qm Rostfläche (s. Zahlentafel 62) und 1,1 kg Kohle für 1 PS_i-st ergibt sich eine errechnete Leistung von $\dfrac{512 \cdot 2{,}3}{1{,}1} = 1072\ PS_i$.

auch zur Folge, daß das Anfahren häufig erschwert war. Das Ergebnis der Versuchsfahrten ist in Zahlentafel 63 wiedergegeben.

Die mit der Lokomotive 633 Breslau gemachten Erfahrungen zeigten, daß mit Zylindern von 500 mm Durchmesser genügend große Zugkräfte nicht zu erreichen waren. Die von den Linke-Hofmann-Werken in Turin ausgestellte 2 B-Heißdampf-Schnellzuglokomotive mit Gleichstromzylindern und Ventilsteuerung Bauart Stumpf Nr. 657 Halle erhielt demgemäß Zylinder mit 550 mm Durchmesser. Über den Ausfall der Versuchsfahrten mit dieser Maschine besagt der Bericht des Eisenbahn-Zentralamtes folgendes:

Die Maschine war mit einem Blasrohr von 125 mm lichter Weite und einem Steg von 9 mm Stärke angeliefert. Bei der ersten Fahrt war die Dampfbildung ungenügend, die Überhitzung jedoch viel zu hoch. Das Pyrometer zeigte selbst bei geschlossenen Überhitzerklappen Dampftemperaturen bis 370° an. Nach Entfernung der Zwischendüse aus der Rauchkammer und Einbau eines größeren Funkenfängers war die Dampfbildung wesentlich besser, jedoch immer noch nicht ausreichend, und die Überhitzung immer noch zu hoch. Es wurde daher das Blasrohr nach Entfernung des Stegs um 180 mm tiefer gesetzt. Die Dampfbildung war jetzt ausreichend, jedoch nicht übermäßig, die Überhitzung auch jetzt noch zu hoch. Mit Rücksicht auf den nach Ausweis der Dampfschaulinien bei größeren Füllungen auftretenden erheblichen Gegendruck und im Hinblick auf die guten Erfahrungen bei den Versuchsfahrten mit dem erweiterten Blasrohr bei der G 8-Lokomotive, die dieselben Kesselabmessungen hat, wurde statt des Blasrohres von 125 mm Durchmesser ein solches von 135 mm mit 13 mm starkem Steg und ein erweiterter Schornstein eingebaut. Um die Überhitzung herabzuziehen, wurde der Feuerschirm von 1100 auf 800 mm verkürzt. Die Dampfbildung war jetzt wesentlich besser, auch ließ sich die Überhitzung durch Schließen der Klappen in den üblichen Grenzen halten. Bei geöffneten Klappen und leichter Beanspruchung wurde im Mittel noch eine Dampftemperatur von 335° erreicht.

Bei der ersten Versuchsfahrt stieg die Temperatur im Zylinder bei Leerlauf nach einigen Umdrehungen auf über 400°, so daß ohne Zuleitung von Frischdampf nicht gefahren werden konnte. Die Ursache war nach Ausweis der Leerlaufdiagramme auf die beim Leerlauf in den Zylindern zu leistenden erheblichen Verdichtungsarbeiten zurückzuführen. Der Druckausgleich erfolgt bei der Stumpfmaschine in der Art, daß die Dampfeinlaßventile bei Leerlauf durch einen Handzug vom Führerstande aus angehoben werden. Da gleichzeitig der Federdruck von vier Ventilen überwunden werden muß, konnte, um die Bedienung des Druckausgleichs nicht zu sehr zu erschweren, eine Ventilerhebung von nur 7 mm vorgesehen werden. Die Folge hiervon war, daß der Luft der Übertritt zur anderen Kolbenseite erschwert wurde, starke Verdichtung und Erwärmung der Luft eintrat, die um so größer war, als die in den Zylinderdeckeln befindlichen selbsttätigen Luftsaugeventile nur während des Hingangs des Kolbens geöffnet blieben. Um ein ständiges Offenhalten der Luftsaugeventile und ein weiteres Öffnen der Ventile und so einen besseren Druckausgleich zu erzielen, wurden die Luftsaugeventile wie auch die Dampfventile mit Drucklufsteuerung versehen. Der Hub der Dampfventile konnte jetzt von 7 auf 20 mm vergrößert werden und die Temperatur stieg nunmehr auch bei den größten Geschwindigkeiten nicht über 350°. Versuchsweise wurde auch ein großes mit Luft gesteuertes Knorrsches Luftsaugeventil in das Einströmrohr eingebaut. Die hiermit erzielte weitere Temperaturerniedrigung war jedoch so unbedeutend, daß der Einbau sich nicht verlohnt.

Bei den Probefahrten trat wiederholt der Fall ein, daß die Einströmventile nach vollzogener Füllung nicht sofort auf ihren Sitz zurückgingen und die eine Kolbenseite zeitweise volle Füllung erhielt, so daß eine unmittelbare Verbindung

Zahlentafel 63.

Versuchsergebnisse bei den mit der 2 B-Heißdampf-Schnellzuglokomotive der Gattung S 6 mit Gleichstrom-Ventilsteuerung Bauart Stumpf (Zylinderdurchmesser 500 mm) Nr. 633 Breslau auf den Strecken Grunewald—Güsten—Mansfeld und Wustermark—Hannover und zurück im Jahre 1910 angestellten Versuchsfahrten.

Nr. der Fahrt	Tag der Fahrt	Strecke	Entfernung km	Fahrzeit Min.	Leistung am Zughaken in PS_z	Betriebsstoffverbrauch Kohlen im ganzen kg	Kohlen auf 1000 t/km kg	Kohlen auf 1 PS_z-st kg	Wasser im ganzen l	Wasser auf 1000 t/km l	Wasser auf 1 PS_z-st l	Verdampfungsziffer	Löscherrückstände a. der Rauchkammer kg	Kesselleistung Erzeugte Dampfmenge auf 1 qm Heizfläche und Stunde kg	Kesselleistung Verbrannte Kohlenmenge auf 1 qm Rostfläche u. Stunde kg	Mittlere Überhitzung °C	Mittlere Luftleere in der Rauchkammer mm/WS.	Wetter	Bemerkungen
1	7. IX.	Grunewald-Güsten Güsten-Mansfeld	145 177 32	112 154 42	544 550 564	2325	42,24	1,646	10000 5350	222 540	9,85 10,86 13,55	6,61	200	39 55	43 394	312	80	Gut	Einmal nicht planmäßig gehalten. Wegen zu geringer Maschinenleistung auf der Strecke Güsten — Mansfeld Fahrtverlust.
2	5. IX.	Grunewald-Güsten Güsten-Mansfeld	145 177 32	123 178 55	563 544 502	2750	40,9	1,702	11550 5950	210 488	10,00 10,87 12,91	6,47	240	41 47	43 404	313	73	Gut	Wie zu 1.
3	8. XII.	Wustermark-Hannover Hannover-Wustermark	229 458 229	166 333 167	403 443 482	1925 2650	33,21 45,75	1,75 1,975	13750 15500	237 268	12,32 11,88 11,55	6,4	440	36 40	302 414	314	47	Gut	Schlesische Kohle. Zweimal nicht planmäßig gehalten. Belastung 29 Achsen = 253 t.
4	25./26. XII.	Wustermark-Hannover Hannover-Wustermark	229 458 229	176 347 171	464 478 493	2250 2050	31,18 28,4	1,652 1,459	15600 15750	202 219	10,71 10,95 11,21	7,06	160 280	36 38 39	333 313	317 325	60 82	Gut	Hinfahrt schlesische, Rückfahrt westfälische Kohle. Belastung 37 Achsen = 315 t.
5	29./30. XII.	Wustermark-Hannover Hannover-Wustermark	229 458 229	171 340 169	522 530 536	2900 2950	31,8 32,37	1,95 1,95	17100 17900	188 196	11,48 11,64 11,78	5,98	320 360	43 44 46	442 454	336 335	80 117	Gut	Hinfahrt schlesische, Rückfahrt westfälische Kohle. Belastung 45 Achsen = 395 t.

des Schieberkastens mit dem Auspuff hergestellt war und beim Rückgang des Kolbens eine ungewöhnlich hohe Verdichtung eintrat. Durch den hierbei auftretenden starken Kolbendruck wurde die Kolbenstange derart in den Kreuzkopf hineingedrückt, daß der Kolbenkeil herausfiel, außerdem streckten sich die vorderen Zylinderdeckelschrauben, was wiederum ein Lösen und Undichtwerden des Zylinderdeckels zur Folge hatte. Um derartige Vorkommnisse nach Möglichkeit zu vermeiden, wurden die Ventilfedern durch Unterlegen von 20 mm starken Scheiben stärker belastet. Auch jetzt trat zeitweise noch ein zögerndes Schließen der Ventile ein, jedoch bei Füllungen und Geschwindigkeiten außerhalb der Grenze der Kesselleistung, wie sie im gewöhnlichen Betriebe kaum vorkommen.

Die Lokomotive ist in gleicher Weise wie die seinerzeit erprobte Lokomotive 633 mit einem Verdichtungsverminderer ausgerüstet. Die Wirkung nimmt mit zunehmender Geschwindigkeit der Lokomotive wegen der von dem Doppelsitzventil freigegebenen nur geringen Querschnitte sehr schnell ab. Die Zunahme des mittleren Drucks und die hierdurch bedingte mittlere Beschleunigung wird daher durch die Einrichtung nur unwesentlich erhöht. Die Einrichtung muß daher als entbehrlich bezeichnet werden, um so mehr als, wie später noch näher erläutert werden wird, eine Vergrößerung der Zylinder erwünscht und der dann beim Anfahren auch ohne Verdichtungsverminderer zur Verfügung stehende mittlere Druck genügen wird, um das Reibungsgewicht der Lokomotive voll auszunutzen. Die Einrichtung gibt außerdem zu häufigen Ausbesserungen Veranlassung, da das Doppelsitzventil der ungünstigen Beanspruchung nur kurze Zeit standhält. Bei Anlieferung der Lokomotive war die Einrichtung derart getroffen, daß der Verdichtungsverminderer bei $40^0/_0$ Füllung gleichzeitig mit der Steuerung angestellt wurde. Da Füllungen von $40^0/_0$ häufig auch bei größeren Geschwindigkeiten benutzt wurden, so wurde bei dieser Anordnung das aus Rotguß gefertigte Doppelsitzventil des Druckverminderers in kurzer Zeit zerstört und eine Änderung dahin vorgenommen, daß die Einrichtung erst bei $65^0/_0$ Füllung, also im wesentlichen nur während des Anfahrens in Tätigkeit tritt. Außerdem wurde das Doppelsitzventil aus Stahl gefertigt. Auf das zum Anfahren aus der ungünstigsten Stellung zur Verfügung stehende Drehmoment ist der Verdichtungsverminderer ohne Einfluß. Hierfür ist allein die durch die Abmessung der Steuerung erreichbare größte Füllung maßgebend.

Zur Feststellung der Leistungsfähigkeit und des Betriebsstoffverbrauchs bei verschiedenen Belastungen wurden mit der Lokomotive 657 (Stumpf-Zylinder) und 667 (Kolbenschieber) auf der Strecke Wustermark—Lehrte und zurück Vergleichsfahrten mit Zügen von 53, 37 und 21 Achsen Stärke unternommen, und auf der Strecke Grunewald–Mansfeld Züge von 37 Achsen befördert. Die Ergebnisse sind in Zahlentafel 64 wiedergegeben. Der Vergleich mit den Ergebnissen der früheren Versuchsfahrten mit der Stumpflokomotive mit Zylindern von 500 mm Durchmesser (vgl. Zahlentafel 63) zeigt die wesentliche Einwirkung der größeren Zylinder auf die Leistungsfähigkeit. Während die Lokomotive mit den kleinen Zylindern nicht imstande war, selbst bei günstigster Witterung einen 53 Achsen starken Zug auf der Strecke zwischen Wustermark und Lehrte mit 90 km/st Geschwindigkeit planmäßig zu befördern, bereitete der Lokomotive mit Zylindern von 550 mm Durchmesser die planmäßige Beförderung dieses Zuges auch bei mittelstarkem Winde keine Schwierigkeit. Auch auf der Strecke von Güsten nach Mansfeld konnte ein Zug von 37 Achsen anstandslos befördert werden. Um die Fahrzeit einzuhalten, mußten hierbei bei der Stumpflokomotive Füllungen bis zu $60^0/_0$ gehalten werden. Für die Stumpflokomotive muß diese Füllung für die in Frage kommenden Geschwindigkeiten von 50 bis 60 km/st als Höchstgrenze angesehen werden, da eine weitere Vergrößerung eine Steigerung des mittleren Kolbendrucks nicht mehr zur Folge hat, weil der durch Höherlegung der Dehnungslinie erzielte Gewinn durch Steigerung des Auspuffdrucks wieder verloren geht. Bei der Kolbenschieberlokomotive brauchten infolge größerer Völligkeit der Dampfdruckschaulinien zur Beförderung des gleichen Zuges nur Füllungen bis 50% angewandt zu werden. Es konnte daher mit dieser Lokomotive auf der Strecke Güsten—Mansfeld noch ein 45 Achsen starker Zug planmäßig befördert werden, wobei dann erst Füllungen bis 65% angewendet werden mußten. Auch bei der schwereren Fahrt auf der Strecke Wustermark—Lehrte erforderte die Stumpfmaschine größere Füllungen und arbeitete deswegen nicht so wirtschaftlich wie die Kolbenschieberlokomotive. Bei Füllungen von etwa 15% ist der Diagrammverlauf bei beiden Lokomotivgattungen ungefähr der gleiche. Bei Anwendung von Füllungen in dieser Größe wird die Stumpflokomotive daher wegen der günstigeren Auspuffverhältnisse und hieraus sich ergebenden geringeren Gegendrucks günstige Verbrauchswerte erzielen. Bei der Versuchsfahrt mit 21 Achsen, bei der Füllungen über 16% kaum erforderlich waren, hat denn auch die Stumpflokomotive recht günstige Verbrauchswerte erzielt. Trotzdem die beförderte Zuglast bei der gleichen Achsenzahl etwa 9% größer war, ist der Verbrauch an Kohlen und Wasser etwas geringer. Dieses Ergebnis ist zum großen Teil auf die hohe Überhitzungstemperatur des Dampfes bei der Stumpflokomotive zurückzuführen, die durchschnittlich $30°$ höher war als bei der Kolbenschiebermaschine.

Bei den Versuchsfahrten, bei denen größere Füllungen angewandt werden mußten, sind die Ergebnisse für die Stumpflokomotive bedeutend ungünstiger, trotzdem auch hier die durchschnittliche Überhitzung wesentlich höher war als bei der Kolbenschieberlokomotive. Besonders bei der Vergleichsfahrt auf der Steigungsstrecke von Grunewald nach Mansfeld fällt der erhebliche Mehrverbrauch der Stumpflokomotive auf, um so mehr als die von ihr beförderten Zuglasten geringer waren als bei der Kolbenschieberlokomotive. Auch bei den Vergleichsfahrten Nr. 1 und 2 der Zahlentafel 64 sind die Verbrauchswerte der Stumpflokomotive höher. Auf der Versuchsfahrt der Stumpflokomotive zu 1 ist der Mehrverbrauch allerdings teilweise auf die verschiedenen Witterungsverhältnisse zurückzuführen. Bei 2 waren die Zuglasten nicht genau gleich. Die auf die am Zughaken geleistete Pferdekraftstunde bezogenen Verbrauchswerte konnten nicht ermittelt werden, weil die die Fläche des Zugkraftdiagramms selbsttätig vermessende Vorrichtung des Meßwagens zur Zeit der Versuche nicht mehr zuverlässig arbeitete und ein einwandfreies Nachplanimetrieren des Zugkraftdiagramms von Hand mit den vorhandenen Vorrichtungen nicht möglich war.

Bezüglich der Diagrammvölligkeit ist noch zu bemerken, daß die Stumpflokomotive bei größeren Füllungen immer mehr hinter der Kolbenschieberlokomotive zurückbleibt, da bei der Kolbenschieberlokomotive die Verdichtung bei zunehmender Füllung abnimmt, während sie bei der Stumpflokomotive unverändert bleibt. Hieraus ist ersichtlich, daß die Stumpflokomotive, um bei größeren Füllungen die gleichen Leistungen wie die Kolbenschieberlokomotive aufzuweisen, größere Zylinder erhalten muß.

Die schlechte Bewährung der Ventilsteuerung bei Lokomotiven und die geringere Völligkeit der Dampfdruckschaulinien bei größeren Füllungen veranlaßten die Preußische Staatseisenbahn-Verwaltung gelegentlich des Umbaus der Lokomotive 634 Breslau, die auf 550 mm vergrößerten Gleichstromzylinder mit Kolbenschiebern und Hilfsauslaß zu versehen (vgl. hierzu Abb. 351—354).

Um trotz Anwendung des Kolbenschiebers bei den hauptsächlich verwendeten Füllungen Gleichstromwirkung zu erhalten, wurde eine Ausströmdeckung von 42 mm gewählt. Aus einer Zusammenstellung der Steuerungsverhältnisse geht hervor, daß für alle Füllungsgrade die Ausströmung durch die Auslaßschlitze des Zylinders früher beginnt als durch den Schieber. Die Verdichtung erfolgt von 17% Füllung ab durch Kolben und Schieber gleichzeitig. Bis zu dieser Füllung arbeitet demnach

Zahlentafel 64.

Versuchsergebnisse bei den mit der 2 B- Heißdampf-Schnellzuglok. mit Gleichstromventilsteuerung Bauart Stumpf (Zylinderdurchm. 550 mm) der Gattung S 6 Nr. 657 Halle und der 2 B-Heißdampf-Schnellzuglok. der Regelbauart Gattung S 6 Nr. 667 Halle im Jahre 1912 auf der Strecke Wustermark—Lehrte und Grunewald—Mansfeld und zurück angestellten Versuchsfahrten.

Fahrt Nr.	Strecke	Entfernung km	Fahrzeit Min.	Wagengewicht t	Betriebsst.-Verbrauch Kohlen im ganz. kg	Kohlen auf 1000 t/km kg	Wasser im ganzen l	Wasser auf 1000 t/km l	Verdampfungsziffer	Löscherückst. aus d.Rauch. kg	Kesselleistung Erz. Dampfmenge a. 1qm Heizfläche und Stunde kg	Verbrannte Kohlenm. auf 1qm Heizfl. und Stunde kg	Mittlere Überhitzung °C	Mittlere Luftleere in der Rauchk. mmWS	Wetter	Bemerkungen
	**1. Fahrten mit Nr. 567 Halle.**														
1	Wustermark—Lehrte	213	155	207	1500	34	11 100	252	7,4	120	21,4	253	332	32,6	Gut.	Bei km 170,0 Haltesignal, abgebremst auf 30 km/st Fahrgeschwindigkeit.
	Lehrte—Wustermark	213	150		1450	33	11 350	258	7,8		33,0	252	334	45	Teilweise Regen.	
2	Wustermark—Lehrte	213	155	321	2400	35	15 600	228	6,51	120	44,1	404	352	56,5	Gut, leichter, seitlicher Wind.	
	Lehrte—Wustermark	213	151		2150	32	15 400	225	7,17	200	44,7	371	353	67	Gut.	
3	Wustermark—Lehrte	213	154	454	3150	33	18 900	196	6,0	320	53,8	533	354	83	Mittelstark. Seitenwind von rechts hinten.	
	Lehrte—Wustermark	213	154		2850	30	19 300	200	6,78	400	55,0	483	352	102	Mittelstark. Seitenwind von links vorn.	
4	Grunewald—Mansfeld	177	157	319	2600	46	16 500	292	6,35	320	46,1	432	342	79	Gut, mittelstark. Wind von rückwärts.	Bei km 101 gehalten (1 Min.), „ 130 Umbaustelle.
	Mansfeld—Grunewald	177	143	319	1800	32	12 900	229	7,17	200	39,5	328	348	79	Mittelstarker Wind von vorn.	Bei km 51 gehalten wegen Umbaustelle.
	**2. Fahrten mit Nr. 667 Halle.**														
1	Wustermark—Lehrte	213	158	189	1700	42	11 550	287	6,77	—	32	280	309	51	Gut.	Bei km 118,0 Halt, „ 157,0 Langsamfahrsign., „ 200,0 „ (5 km), Bei km 220,0 „ (5 km), „ 166,0 „ (5 km), „ 35,0
	Lehrte—Wustermark	213	156		1300	32	11 100	276	8,55	40	31,2	217	306	52	Gut.	
2	Wustermark—Lehrte	213	160	309	2000	30	14 850	226	7,43	40	40,7	326	323	70	Gut, leichter Wind von von.	Bei km 163,2 Langsamfahrs. (5 km), Bei km 215,0 „ 173,0 „ 50,0
	Lehrte—Wustermark	213	148		1850	28	14 250	217	7,20	80	42,2	326	330	75	Kein Wind.	
3	Wustermark—Lehrte	213	160	454	2750	28	17 600	182	6,4	320	48,2	448	335	120	Gut.	Bei km 161,5 Langsamfahrsign., „ 215,0 „ (5 km), Bei km 220,0 „ 160,0 „ (5 km), „ 56,0
	Lehrte—Wustermark	213	154		2600	27	17 900	185	6,9	280	51,0	440	340	120	Gut.	
4	Grunewald—Mansfeld	177	155	327	2250	39	15 600	269	6,94	160	44,2	378	325	88	Stark.Wind von Grunew. bis Belzig. Von Belzig bis Güst.Regen. Stark.Wind v. Güst. b. Mansf. v. vorn.	Bei km 31,5 Langsamfahrsign., „ 135,0 wegen Brückenbau gehalten.
	Mansfeld—Grunewald	177	143		1450	25	10 400	180	7,18	40	31,7	265	321	59	Mittelstarker Wind von rückwärts.	Bei km 80,0 und 78,0 gehalten wegen Blockstörung.
5	Grunewald—Mansfeld	177	166	406	3100	43	19 650	274	6,34	200	52,0	487	336	104	Teilweise starker, tellw. mittelst. Wind von vorn.	Bei km 31,3 Langsamfahrsignal, „ 136,0 wegen Brückenbau gehalten.
	Mansfeld—Grunewald	177	141		1800	25	12 000	167	6,68	120	37,3	333	328	68	Mittelstarker Wind von rückwärts.	„ 157,0/35 Min. gehalten. Bei km 136,0 Langsamfahrsignal wegen Brückenbau.

die Lokomotive mit reiner Gleichstromwirkung. Bei größeren Füllungen findet, nachdem der Kolben die Auslaßschlitze bereits geschlossen hat, weitere Ausströmung durch den Schieber statt, bis zum Beginn der durch den Schieber gesteuerten Verdichtung. Aber auch bei Füllungen über 17 % wird der größte Teil des Dampfes durch die Auspuffschlitze entweichen, da ja, wie gesagt, die Auspuffschlitze den Dampfaustritt stets früher öffnen, als der Schieber, und nur ein kleiner Teil wird im Wechselstrom durch den Schieber strömen.

Um den Einfluß verschiedener Ausströmdeckungen zu untersuchen, wurden außer dem genannten Schieber noch solche mit 24 mm und 52 mm Deckung eingebaut. Aber auch hierdurch wurde der geringere Kohlenverbrauch der Regelbauart nicht erreicht.

Die Gleichstromwirkung hat also in keinem Falle ihre Überlegenheit über die einfache Wechselstromlokomotive zu beweisen vermocht. Günstigenfalls würde dadurch ein geringer Vorteil im Dampfverbrauch zu erreichen sein, daß infolge der günstigen Wirkung des Schlitzauslasses auf die Entfernung des Dampfes aus dem Zylinder eine Verbesserung in dem Verlauf der Ausströmlinie zu erzielen ist.

Berücksichtigt man außerdem noch die Nachteile der Gleichstromlokomotiven: stoßweiser Auspuff und daraus sich ergebender schlechterer Kesselwirkungsgrad, unruhiger Lauf infolge größerer hin und her gehender Massen, höhere Beschaffungskosten, ungünstige Bauart des Zylinders und Kolbens, die Rißbildungen zu begünstigen scheint und zu Schwierigkeiten im Betriebe Veranlassung gibt, so ist es erklärlich, wenn sich diese Bauart weiteren Eingang im Lokomotivbau kaum verschaffen wird.

5. Versuchsfahrten mit der 2 B 1 - Heißdampf - Vierzylinder-Verbund-Schnellzuglokomotive Gattung S 9 Nr. 903 Hannover, mit Schmidtschem Rauchrohr-Überhitzer.

Durch die unter 2 dieses Abschnitts beschriebenen Vergleichsfahrten zwischen der 2 B-Heißdampf-Schnellzuglokomotive Gattung S 6 und der Vierzylinder-Verbund-Naßdampf-Schnellzuglokomotive Gattung S 9 ist der verhältnismäßig hohe Kohlen- und Wasserverbrauch der letzteren erwiesen worden. Da die letzte der 99 Naßdampflokomotiven von dieser Gattung erst im Jahre 1910 angeliefert worden ist, also noch mit einer längeren Dienstfähigkeit dieser Gattung zu rechnen ist, erschien es angebracht, die Wirtschaftlichkeit der Lokomotiven durch Einbau eines Überhitzers zu erhöhen. Später wurde noch ein Vorwärmer Bauart Knorrbremse eingebaut. Änderungen an den Zylindern und Steuerungsverhältnissen wurden nicht vorgenommen. Nur die Kolbenschieber, die bisher mit breiten, federnden Ringen versehen waren, wurden durch solche mit schmalen federnden Ringen ersetzt, wie sie bei den Heißdampflokomotiven der preußischen Staatsbahn jetzt allgemein üblich sind.

Die Versuchsfahrten wurden nur auf der Strecke Wustermark—Lehrte und zurück ausgeführt und auch hier nur mit Zuggewichten von rund 300 und 500 t, weil das Anziehen schwerer Züge, ebenso wie die Beförderung der Züge in den üblichen Stärken auf der Strecke Grunewald—Mansfeld infolge des geringen Reibungsgewichtes von $17{,}36 + 17{,}37 = 34{,}73$ t und der das Schleudern fördernden Achsanordnung der Lokomotive Schwierigkeiten verursacht hätte.

Die Versuchsergebnisse sind in Zahlentafel 66 wiedergegeben. Zum Vergleich sind die Ergebnisse von 2 Fahrten mit der ohne Überhitzer versehenen Lokomotive 916 Hannover in derselben Zusammenstellung angegeben. Wie aus diesen hervorgeht, wurde der Kohlenverbrauch bei dem 500-t-Zuge von 1,625 kg/PS$_z$-st der Naßdampflokomotive auf 1,395 bzw. 1,248 kg/PS$_z$-st der Heißdampflokomotive ohne und mit Vorwärmer ermäßigt, was eine Ersparnis von 14 bzw. 23,5 % an Kohlen

Zahlentafel 65.

Versuchsergebnisse bei den mit der 2 B-Heißdampf-Schnellzuglokomotive der Gattung S 6 mit Gleichstrom-Kolbenschiebersteuerung Bauart Stumpf (Zylinderdurchmesser 550 mm) Nr. 634 Breslau auf den Strecken Grunewald—Mansfeld und zurück und Wustermark—Hannover und zurück im Winter 1913 angestellten Versuchsfahrten.

Nr. der Fahrt	Strecke	Entfernung km	Fahrzeit Min.		Mittlere Leistung am Zughaken in PS$_z$	Betriebsstoffverbrauch					Verdampfungsziffer	Löscherückstände a. der Rauchkammer kg	Kesselleistung		Verbrannte Kohlenmenge auf 1 qm Rostfläche u. Stunde kg	Mittlere Überhitzung °C	Mittlere Lufttleere in der Rauchkammer mm WS.	Wetter	Bemerkungen
						Kohlen		Wasser					Erzeugte Dampfmenge auf 1 qm Heizfläche und Stunde kg						
						im ganzen kg	auf 1 PS$_z$-st kg	im ganzen l	auf 1 PS$_z$-st l										
1	Grunewald-Mansfeld	177	158		497	2800	2,14	17050	13,02		6,09	200	47,3		462	318	81	Gut	Abströmdeckung der Schieber 54 mm.
	Mansfeld-Grunewald	177	139	297	363	1550	1,845	10400	12,35	12,77	6,71	—	32,8	40,5	291	—			
2	Grunewald-Mansfeld	177	156		469	2600	2,13	15350	12,58		5,9	200	43,15		434	317	78	Gut	Abströmdeckung der Schieber 42 mm.
	Mansfeld-Grunewald	177	141	297	366	1600	1,86	10600	12,32	12,48	6,62	80	32,96	38,34	296	—			
3	Grunewald-Mansfeld	177	153^1/$_2$		476	2600	2,133	15900	13,05		6,12	280	45,4		442	308	69	Gut	Abströmdeckung der Schieber 25 mm.
	Mansfeld-Grunewald	177	143^1/$_2$	297	335	1550	1,932	10250	12,78	12,95	6,62	160	31,3	38,6	282	—			
4	Wustermark-Lehrte	213	156		532	2550	1,842	15400	11,12		6,04	200	43,25		426	322	74	Gut	Abströmdeckung der Schieber 54 mm.
	Lehrte-Wustermark	213	156	312	568	2750	1,862	16150	10,93	11,02	5,88	240	45,4	44,35	460	318	—		
5	Wustermark-Lehrte	213	156^1/$_2$		500	2575	1,974	15100	11,56		5,87	160	42,3		429	314	56	Gut	Abströmdeckung der Schieber 42 mm.
	Lehrte-Wustermark	213	150	306^1/$_2$	479	2475	2,065	14700	12,26	11,9	5,94	160	43,0	42,62	430	—	—		
6	Wustermark-Lehrte	213	159		559	2850	1,925	17000	11,48		5,97	360	46,9		467	317	69	Gut	Abströmdeckung der Schieber 25 mm.
	Lehrte-Wustermark	213	148^1/$_2$	307^1/$_2$	429	1800	1,695	12900	12,15	11,74	7,17	120	38,1	42,66	316	—	—		

Zahlentafel 66.

Versuchsergebnisse bei den mit der 2 B 1-Vierzylinder-Verbund-Heißdampf-Schnellzuglokomotive Gattung S 9 Nr. 903 Hannover auf der Strecke Wustermark—Lehrte und zurück im Jahre 1914 angestellten Versuchsfahrten Nr. 1 und 2 ohne Vorwärmer, Nr. 3 und 4 mit Vorwärmer. Hierzu zum Vergleich Nr. 5 und 6, Versuchsergebnisse der Fahrten mit der 2 B 1-Vierzylinder-Verbund-Naßdampf-Schnellzuglokomotive Gattung S 9 Nr. 916 Hannover.

Fahrt Nr.	Strecke	Entfernung	Fahrzeit	Leistung in PS$_z$ am Zughaken	Betriebsstoffverbrauch					Verdampfungsziffer	Löscherückstände aus d. Rauchkammer	Kesselleistung			Überhitzung im Mittel	Mittlere Luftleere in der Rauchkammer	Wetter	Bemerkungen
					Kohlen			Wasser				Erzeugte Dampfmenge auf 1 qm Heizfläche und Stunde	Verbrannte Kohlenmenge auf 1 qm Heizfläche u. Stunde					
		km	Min.	PS$_z$	im ganzen kg	auf 1 PS$_z$-st kg		im ganzen kg	auf 1 PS$_z$-st kg		kg	kg	kg		°C	mm WS.		
1	Wustermark–Lehrte / Lehrte-Wustermark	213 / 213	156 / 156	572 / 456	2900 / 2100	1,95 / 1,77		17400 / 15900	11,70 / 13,38	6,6	200	36,7 / 33,5	35,1	241 / 220	323 / 317,5	67,5 / 52	Gut. Hinfahrt ziemlich starker Wind von rückwärts	Wagengewicht rund 300 t
		426	312	514		1,872			12,45									
2	Wustermark–Lehrte / Lehrte-Wustermark	213 / 213	155 / 155	783 / 786	3050 / 2600	1,508 / 1,28		19900 / 19700	9,83 / 9,71	7,05	200	42,2 / 41,8	42,0	274 / 252	328 / 338	74 / 85	Hinfahrt ziemlich starker Wind von rückwärts. Rückfahrt umgekehrt. Regen	Wagengewicht rund 500 t
		426	310	784		1,395			9,77									
3	Wustermark–Lehrte / Lehrte-Wustermark	213 / 213	158 / 152	430 / 588	1900 / 1800	1,678 / 1,272		13850 / 16100	12,24 / 11,38	8,1	—	28,9 / 34,9	31,8	180 / 177	295 / 324	51,5 / 82	Gut. Hinfahrt ziemlich starker Wind von rückwärts	Wagengewicht rund 300 t
		426	310	492		1,455			11,78									
4	Wustermark–Lehrte / Lehrte-Wustermark	213 / 213	156 / 155	689 / 734	2400 / 2200	1,34 / 1,16		17750 / 19000	9,92 / 10,02	8,0	160	37,5 / 40,3	38,9	223 / 212	313 / 328	56,9 / 81,5	Gut. Auf der Rückfahrt leichter Wind von vorn	Wagengewicht rund 500 t
		426	311	712		1,248			9,97									
5	Wustermark–Hannover / Hannover-Wustermark	213 / 229	158 / 166	685 / 658	3400 / 3000	1,917 / 1,647		22950 / 23100	12,95 / 12,69	7,15	300	38 / 37	37,5	323 / 270	— / —	93 / 87	Gut	Wagengewicht 450 t
		442	324	665		1,782			12,83									
6	Wustermark–Hannover / Hannover-Wustermark	229 / 229	172 / 171	760 / 800	3650 / 3600	1,675 / 1,579		26550 / 27800	12,18 / 12,18	7,49	360	41 / 42	41,5	318 / 316	— / —	110 / 118	Leichter seitlicher Wind, sonst gut	Wagengewicht 514 t
		458	343	780		1,625			12,18									

bedeutet. Der Wasserverbrauch ermäßigte sich dabei von 12,18 kg/PS$_z$-st auf 9,77 bzw. 9,97 kg/PS$_z$-st (durch die Vorwärmung wird bekanntlich nur Kohlenersparnis erzielt), also um rund 20%.

Der Einbau eines Überhitzers und Vorwärmers hat also, wie aus diesen Zahlen hervorgeht, die Wirtschaftlichkeit der Lokomotivgattung S 9 beträchtlich erhöht. Gleichwohl sind die Dampfverbrauchszahlen der einfachen 2 B-Heißdampf-Schnellzuglokomotive Gattung S 6 nicht erreicht (vgl. Zahlentafel 62). Der Kohlenverbrauch auf der Strecke Wustermark—Lehrte ist bei der S 9-Lokomotive mit Überhitzer, aber ohne Vorwärmer, bei Beförderung des 300-t-Zuges noch um 13% höher $\left(\frac{1,95-1,645}{1,95}\right) \cdot 100$. Erst nach Einbau eines Vorwärmers hat die S 9-Lokomotive den gleichen Kohlenverbrauch wie die S 6-Lokomotive ohne Vorwärmer erreicht. Der verhältnismäßig höhere Kohlenverbrauch der S 9-Lokomotive dürfte außer durch den vermehrten Eigenwiderstand der Lokomotive auf den für eine zweigekuppelte Maschine viel zu großen und daher bei den meist vorkommenden Belastungen mit schlechtem Wirkungsgrad arbeitenden Kessel zurückzuführen sein. Eine Rostbeanspruchung von 180 kg/qm in der Stunde, wie sie bei der Versuchsfahrt mit einem 300-t-Zuge, der im gewöhnlichen Betriebe vielfach üblich ist, festgestellt wurde, ist derartig niedrig, daß hierbei ein gutliegendes Feuer nicht unterhalten werden kann. Selbst bei dem 500-t-Zuge brauchten nur 224 kg/qm in der Stunde auf dem Roste verbrannt werden. Würde man den Rost von 4 qm mit 300 bis 400 kg/qm Kohle stündlich beschicken, was zur Unterhaltung eines einwandfreien Feuers unbedingt erforderlich ist, so würden sich hierbei derartig große Dampfmengen ergeben, daß ihre Verarbeitung im Flachland bei den üblichen Zügen von 300 bis 400 t Geschwindigkeiten von 110 bis 120 km/st erfordern würde, wie sie im gewöhnlichen Betriebe zurzeit nicht üblich sind. Für die Beförderung schwererer Züge, die bei kleineren Geschwindigkeiten die angegebene Kesselleistung ebenfalls erforderlich machen würden, ist die Lokomotive wegen ihres geringen Reibungsgewichtes, das nur niedrige Beschleunigung zuläßt, wenig geeignet. Auch die Verbundmaschine als solche ist (trotz der vorhandenen Anfahrvorrichtung) für die Ingangsetzung schwerer Züge nicht zweckmäßig, was sich besonders bemerkbar machen muß, wenn die Lokomotive in der Steigung Züge anfahren soll. Die ganze Betrachtung zeigt, daß Rostflächen, wie sie bei der S 9-Lokomotive zur Anwendung gekommen sind, bei Verfeuerung von Kohlen, die etwa 7000 WE/kg aufweisen, nicht notwendig sind, daß sie vielmehr unter allen Umständen bei den meist gefahrenen Zügen zu einer erheblichen Kohlenverschleuderung führen müssen.

6. Versuchsfahrten mit einer 2 C-Heißdampf-Personenzuglokomotive mit Schmidtschem Rauchrohr-Überhitzer Gattung P 8.

Im August 1906 fanden auf der Strecke Grunewald—Sangerhausen und zurück (395,2 km) eine Reihe von Versuchsfahrten statt mit einer nach den Angaben des Verfassers von der Berliner Maschinenbau-Aktiengesellschaft vorm. L. Schwartzkopff, neu gebauten 2 C-Heißdampf-Personenzuglokomotive mit Schmidtschem Rauchrohrüberhitzer. Es wurden hierbei auf der an starken Steigungen (bis 1:1000) und scharfen Krümmungen (bis $R = 350$ m) reichen Strecke Züge von 10, 12 und 14 vierachsigen D- bzw. Abteilwagen ohne Überanstrengung der Lokomotive und mit einer erheblichen Kürzung der fahrplanmäßigen Schnellzugfahrzeit befördert (vgl. Spalte 5 in Zahlentafel 67).

Die zur Beurteilung der hervorragenden Leistungen dieser für den schweren Personenzugdienst bestimmten Heißdampf-Zwillingslokomotive erforderlichen Hauptabmessungen sind:

der Preußischen Staatseisenbahn-Verwaltung und deren Ergebnisse.

Zylinderdurchmesser	590 mm
Hub	630 mm
Triebraddurchmesser	1750 mm
Kesselspannung	12 Atm.
Rostfläche	2,6 qm
Verdampfungsheizfläche:	
Siederohre + Feuerbüchse	135,9 + 14,7 qm = 150,6 qm
Überhitzerheizfläche	49,4 qm
Reibungsgewicht, betriebsfähig (gewogen)	47,7 t
Gesamtgewicht, ,, ,,	69,55 t
Gewicht des Tenders, betriebsfähig (gewogen) mit vollen Vorräten	49,85 t

Die Hauptergebnisse der fünf Versuchsfahrten sind in Zahlentafel 67 zusammengestellt; die Fahrten vom 1. und 6. August sind außerdem in Tafeln 47 und 48 zeichnerisch dargestellt, so daß es nur der Hervorhebung einiger besonders bemerkenswerter Ergebnisse bedarf.

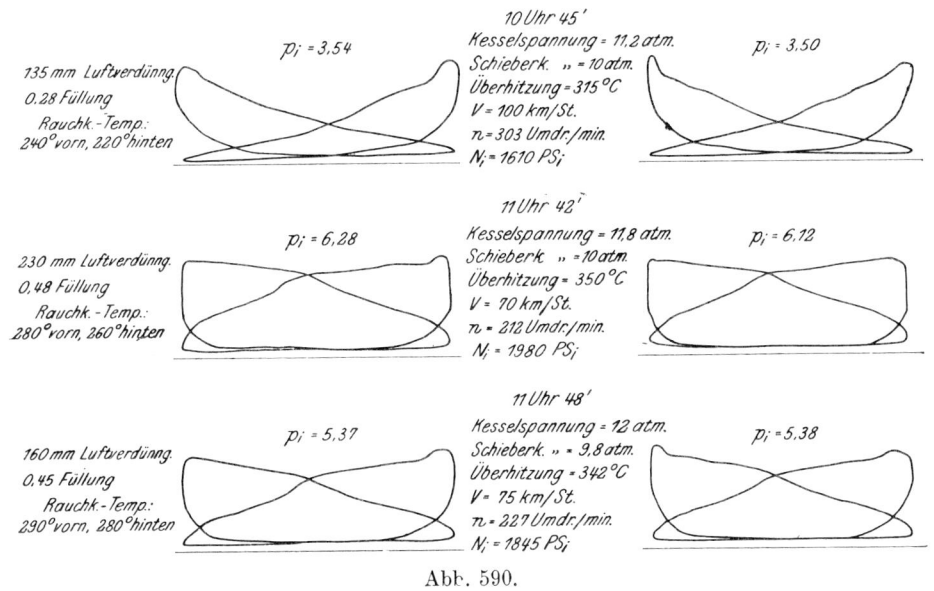

Abb. 590.
Versuchsfahrt der 2 C-Heißdampf-Schnellzuglokomotive Nr. 2401 Cöln mit Schmidtschem Rauchrohr-Überhitzer. Wagengewicht 48 Achsen = 400 t. Zuggewicht = 520 t. Fahrt am 1./8. 06 von Grunewald—Sangerhausen (Tafel 45).

Bei den Fahrten mit 40 Achsen (rund 450 t Zuggewicht) wurden die langen Steigungen von 1:100 stets sehr leicht genommen, wobei wiederholt im Anstieg eine Steigerung der Fahrgeschwindigkeit bis 50 km/st und auf Steigungen von 1:150 auf 60 km/st und mehr bei guter Dampf- und Wasserhaltung erzielt werden konnte.

Die bei diesen beiden Fahrten erreichten Geschwindigkeiten überstiegen öfter 100 km/st (303 Umdrehungen in der Minute). Zwei Paar hierbei aufgenommene Dampfdruckschaulinien und ein bei 100 km Geschwindigkeit aufgenommenes Schaulinienpaar für 1610 PS_i sind in Abb. 590 dargestellt. Bemerkenswert ist, daß bei 70 km/st, entsprechend 212 Triebradumdrehungen, ein mittleres p_i im Zylinder von 6,2 bei 10 Atm. Dampfdruck im Schieberkasten erreicht wurde, was 62% dieses Druckes entspricht. Die höchste Geschwindigkeit, die sich auf dieser Fahrt mit 48 Achsen ergab, war 105 km/st.

Garbe, Dampflokomotiven. 2. Aufl.

Zah
Versuchsergebnisse bei den mit der 2 C - Heißdampf - Personenzuglokomotive Nr.
Versuchsfahrten. Weglänge 395,2

1.	2.	3.			3.		5.		6.		7.	8.	9.	1
Tag der Fahrt	Lok. Nr.	Zugstärke			Betriebsstoffverbrauch		Fahrzeit		Kohlenverbrauch für 1000 t/km bezogen		Ausströmhaube	Lösche		Schi kas Druc Mi Atr
		Anzahl der		Zuggewicht t								Korbanzahl (1 Korb = 37 kg)		
		Wagen	Achsen	Wagengewicht t	Kohlen kg	Wasser cbm	Minuten	gekürzt Minuten	Wagengewicht kg	Zuggewicht kg			Beschaffenheit	
1./8.	1) Cöln 2401	12	48	400,5	519,9	—	—	178	—	—	—	130 mm Dm. 10 mm Steg	25	mäßig feucht, fein- bis grobkörnig	9, (10
3./8.	„	10	40	335,6	455,0	6400	39,3	322½	68½	48,4	35,6	130 mm Dm. 10 mm Steg	29	mäßig feucht, mittel- bis grobkörnig	9, (11
4./8.	„	12	48	400,5	519,9	6850	42,5	349	42	43,3	33,4	130 mm Dm. 10 mm Steg	31	mäßig feucht, mittel- bis grobkörnig	9,8 (11.
6./8.	2) „	14	56	471,2	590,6	6300 darunter 2000 kg schlesische Stückkohle	50,2	327½	63½	33,8	27,0	132 mm Dm. 10 mm Steg	38	mäßig feucht, mittel- bis grobkörnig	10 (11.
8./8.	„	10	40	329,9	449,3	5950	37,2	351	40	45,7	33,5	132 mm Dm. 13 mm Steg	19	mäßig feucht, fein- bis mittelkörnig	9,4 (11,

[1]) Vergleiche Tafel 45.
[2]) Vergleiche Tafel 46.
[3]) Die eingeklammerten Zahlen sind Höchstwerte.

der Preußischen Staatseisenbahn-Verwaltung und deren Ergebnisse. 563

l 67.
auf der Strecke Grunewald—Sangerhausen und zurück im August 1906 angestellten
mäßige Schnellzug-Fahrzeit: 391 Minuten.

12.	13.	14.	15.	16.		17.	18.
Luftverdünnung in der Rauchkammer im Mittel mm[3])	Mittlere Geschwindigkeit km/st[3])	Mittlere Temperatur der austretenden Überhitzergase Grad[3])	Dampftemperatur im Schieberkasten im Mittel Grad[3])	Mittlere Rauchkammertemperatur		Wetter	Bemerkungen
				vorn Grad[3])	hinten Grad[3])		
153 (240)	66,6 (100,0)	353,5° (380)	335,0° (360)	253,3° (310)	245° (300)	Sehr heiß bei mäßigem Winde	Diese Zahlen beziehen sich nur auf die Hinfahrt.
146,4 (240)	73,5 (103)	364° (400)	329,9° (360)	204,1° (320)	256,4° (320)	Sehr heiß und trocken, mäßiger Seitenwind von links bei Hinfahrt, von rechts bei Rückfahrt.	Die Fahrt wurde ungünstig beeinflußt durch wiederholtes Halten vor Signalen, im ganzen: 5 mal außerfahrplanmäßig Halt, 7 mal Langsamfahrt. Lager, Zapfen usw. waren noch nicht eingelaufen.
151,7 (220)	68 (105)	370,3° (415)	318,1° (345)	260° (340)	255° (320)	Veränderlich mit starken Regenfällen bei Rückfahrt. Ziemlich heftiger Seitenwind von rechts bei Hinfahrt, von links bei Rückfahrt.	Die Hinfahrt wurde ungünstig beeinflußt durch wiederholtes Halten vor Signalen da der vorauffahrende D-Zug 46 Verspätung hatte; die Rückfahrt durch vielfaches Langsamfahren wegen Streckenumbaues, im ganzen: 10 mal Langsamfahrt, 5 mal Halt (außerfahrplanmäßig).
141,6 (230)	65,1 (96)	389,8° (415)	302,6° (345)	283,7° (345)	255,8° (300)	Heftiger Seitenwind von rechts bei Hinfahrt, von links bei Rückfahrt.	Die letzten 41 km wurden wegen eines warmen Stangenlagers nur mit Güterzugsgeschwindigkeit zurückgelegt, daher der geringe Kohlenverbrauch.
105 (165)	67,5 (90)	370° (420)	315,6° (330)	205,1° (260)	220° (260)	Mäßiger Seitenwind von rechts bei Hinfahrt, von links bei Rückfahrt.	Betriebsfahrt mit um 10% erhöhter fahrplanmäßiger Geschwindigkeit, um die Wirtschaftlichkeit bei geringerer Beanspruchung der Lokomotive festzustellen. Kohlen sind unterwegs nicht genommen. 7 mal Langsamfahrt, 7 mal Halt, vergl. oben, Fahrt am 4./8.

Um die größtmögliche Zugkraft zu erproben, wurde die in Tafel 46 dargestellte Versuchsfahrt mit 56 Achsen hinter dem Tender unternommen, entsprechend einem Zuggewicht von 590,6 t.

Auf der langen Steigung 1:150 Nedlitz—Wiesenburg war die Lokomotive dabei imstande, eine Geschwindigkeit von rund 70 km aufrechtzuhalten und durchschnittlich 1500 PS_i zu entwickeln.

Auf der Steigung 1:100 wurde derselbe Zug mit einer von 32 km/st auf 44 km/st ansteigenden Geschwindigkeit befördert, wobei die Lokomotive ziemlich an der Grenze ihrer durch das verhältnismäßig geringe Reibungsgewicht von 47,7 t begrenzten Zugkraft angelangt war.

Der Kohlen- und Wasserverbrauch dieser Heißdampf-Lokomotivgattung ist bei allen Leistungen ein überraschend geringer. Der geringste Betriebsstoffverbrauch ergab sich bei der Fahrt mit 56 Achsen mit 27 kg Kohle und 0,215 cbm Wasser, bezogen auf 1000 t/km Zuggewicht. Da jedoch bei dieser Fahrt auch etwa 2 t bessere Kohle verwendet worden sind als bei den vorangegangenen, so können diese Zahlen nicht als ganz einwandfrei angesehen werden. Die hohe Verdampfungsziffer (7,95) kommt zum Teil auch daher, daß die Pumpen stark schlabberten und daß auf der letzten Strecke der Versuchsfahrt (41 km) wegen eines warm gewordenen Stangenlagers nur mit Güterzugsgeschwindigkeit gefahren wurde, die Luftverdünnung in der Rauchkammer daher sehr klein und die Löschebildung während dieser Zeit sehr gering war. Verläßlicheren Anhalt für die Wirtschaftlichkeit dieser Heißdampflokomotive bei großen Leistungen bietet die Fahrt mit 48 Achsen, bei der 33,4 kg Kohle und 0,207 cbm Wasser für 1000 t/km Zuggewicht verbraucht wurden.

Die Fahrten haben ergeben, daß das Wasser einer Tenderfüllung (21,5 cbm) für die steigungsreiche Fahrt Grunewald—Sangerhausen (197,6 km) bei Zügen von 40 Achsen reichlich, bei 48 Achsen aber nur noch knapp ausreicht. Die Kohlenladung von 5 t würde zu jeder Fahrt stets vollauf genügen.

Die 2 C - Heißdampf-Personenzuglokomotive ist somit in hohem Grade geeignet für den schwersten Personenzug- und Eilgüterzugdienst im Flach- und Hügellande, wird aber auch bei leichterem Zugdienst immer noch hochwirtschaftlich arbeiten, und somit wird das Gebiet, auf dem diese 2 C - Heißdampflokomotive mit großem betriebstechnischen und wirtschaftlichen Vorteil Verwendung finden kann, ein außerordentlich umfangreiches sein.

7. Versuchsfahrten mit der 2 C - Heißdampf-Personenzug-Lokomotive, Gattung P 8, Nr. 2425 Frankfurt, mit Schmidtschem Rauchrohrüberhitzer. Neuere Ausführung.

Bei der ersten Ausführung der P 8-Lokomotive war von einem Ausgleich der hin- und hergehenden Massen abgesehen worden. Da die Lokomotive für den schwersten Schnellzug- und Personenzugdienst im Hügelland vorgesehen war, so erschienen für die hier in Frage kommenden geringeren Geschwindigkeiten die Zylinder von 590 mm Durchmesser nicht zu groß. Die vorzügliche Bewährung der P 8 hatte jedoch bald ihre Verwendung auch im schweren Schnellzugdienst des Flachlandes mit Geschwindigkeiten bis zu 100 km in der Stunde zur Folge, wofür sie naturgemäß infolge ihrer kleinen Triebräder von 1750 mm Durchmesser wenig geeignet war. Die Wirkung der verhältnismäßig großen hin und her gehenden Massen verursachte bei den übergroßen Geschwindigkeiten, für die die Lokomotive nicht gebaut war, unruhigen Lauf durch starken Verschleiß der Lager. Da bei den großen Geschwindigkeiten nur verhältnismäßig kleine Zugkräfte erforderlich sind, so mußte überdies bei den großen Zylindern mit so kleinen Füllungen oder so stark gedrosseltem Dampf gefahren werden, daß die Wirtschaftlichkeit darunter litt. Es wurden daher die Zylinderdurchmesser von 590 auf 575 mm verkleinert und gleichzeitig wurden auch

der Preußischen Staatseisenbahn-Verwaltung und deren Ergebnisse.

die hin und her gehenden Massen teilweise ausgeglichen. Außerdem wurden die Kolbenschieber mit festen Ringen gegen solche von 220 mm Durchmesser mit federnden Ringen wie bei allen Lokomotiven der preußischen Staatseisenbahn ersetzt. Mit einer solchen Lokomotive, Nr. 2425 Frankfurt, fanden im Jahre 1910 auf der Strecke Grunewald—Mansfeld Versuchsfahrten mit Zügen von verschiedener Belastung statt. Die Ergebnisse dieser Fahrten sind in Zahlentafel 68 angegeben. Sie zeigen deutlich die hohe Wirtschaftlichkeit der P 8 - Lokomotive, die sich überall da bewährt hat, wo auf Steigungen, die mit langen Gefäll- oder Flachlandstrecken abwechseln, schwere Personenzüge mit Höchstgeschwindigkeiten von 85 bis 90 km in der Stunde befördert werden müssen. Auch die sonstige bauliche Durchbildung der Lokomotive muß als in jeder Beziehung gelungen und zweckmäßig bezeichnet werden.

8. Versuchsfahrten mit der 2 C-Heißdampf-Personenzuglokomotive Gattung P 8, Nr. 2435 Halle, mit Schmidtschem Rauchrohrüberhitzer und Speisewasservorwärmer.

Die Tatsache, daß mit zunehmender Überhitzung die Wirtschaftlichkeit der Heißdampflokomotive beträchtlich verbessert wird, hat dazu geführt, daß die Preußische Staatseisenbahn-Verwaltung auch die P 8-Lokomotive mit einem vierreihigen anstatt des dreireihigen Überhitzers ausrüsten ließ. Gleichzeitig wurde zur weiteren Verbesserung der Wärmeausnutzung der Einbau eines Speisewasservorwärmers vorgenommen. Hierzu ist allgemein folgendes zu sagen:

Der Einbau eines Speisewasservorwärmers entlastet den Kessel,

Zahlentafel 68.

Versuchsergebnisse bei den mit der 2 C-Heißdampf-Personenzuglokomotive der Gattung P 8 Nr. 2425 Frankfurt auf der Strecke Grunewald—Mansfeld im Dezember 1910 angestellten Versuchsfahrten.

Laufende Nr.	Tag der Fahrt	Strecke	Entfernung km	Fahrzeit Min.	Zugstärke Achsenzahl	Zugstärke Gewicht t	Durchschnittl. Leistung am Zughaken in PSz	Betriebsstoffverbrauch Kohlen im ganzen kg	Kohlen auf 1000 t/km kg	Kohlen auf 1 PSz/st kg	Wasser im ganzen l	Wasser auf 1000 t/km	Wasser auf 1 PSz-st	Verdampfungsziffer	Löscherückstände aus der Rauchkammer kg	Kesselleistung Erzeugte Dampfmenge auf 1 qm Heizfläche und Stunde kg	Kesselleistung Verbrannte Kohlenmenge auf 1 qm Rostfläche und Stunde kg	Mittlere Überhitzung °C	Mittlere Luftleere in der Rauchkammer mm/WS.	Wetter
1	14.XII.	Grunewald–Güsten	145	111	45	388	603	2800	40,8	1,798	12800	227	11,46	6,33	320	46	448	335	—	Gut
		Güsten–Mansfeld	32	33			648				4900	395	11,04			59	49			
2	15.XII.	Grunewald–Güsten	145	110	53	458	735	3100	38,26	1,645	14100	212	10,47	6,36	440	51	489	346	122	Gut
		Güsten–Mansfeld	32	36			880				5600	383	10,6			62	55			

565

Zahlentafel 69.

Versuchsergebnisse bei den mit der 2 C-Heißdampf-Personenzuglokomotive mit Speisewasservorwärmer der Gattung P 8 Nr. 2435 Halle im Frühjahr 1914 auf der Strecke Grunewald—Mansfeld und zurück angestellten Versuchsfahrten.

Fahrt Nr.	Strecke	Entfernung km	Fahrzeit Min.	Wagengewicht t	Durchschnittl. Leistung am Zughaken in PS_z [1]	Betriebsstoffverbrauch Kohlen im ganzen kg	Kohlen auf 1 PS_z-st kg	Wasser im ganzen l	Wasser auf 1 PS_z-st l	Verdampfungsziffer	Löscherückstände aus d. Rauchkammer kg	Kesselleistung Erzeugte Dampfmenge auf 1 qm Heizfläche und Stunde kg	Verbrannte Kohle auf 1 qm Rostfläche und Stunde	Bemerkungen
Verhältnis der bedeckten zur freien Rostfläche 1:1														
1	Grunewald—Mansfeld	177	158,5	300	416 (593)	2150	1,955	14650	13,32	6,82		37,0		Verfeuert wurde leichte oberschlesische Würfelkohle
	Mansfeld—Grunewald	177 / 354	143,5 / 302		303	1550	2,03 / 2,14	9800	13,4 / 13,52	6,32	120	27,3 / 32,5	280	
2	Grunewald—Mansfeld	177	160	465	558 (811)	2600	1,75	17350	11,68	6,67		43,5		Wie bei 1
	Mansfeld—Grunewald	177 / 354	144 / 304		486 / 525	1950	1,67 / 1,71	13500	11,55 / 11,6	6,93	320 / 160	37,6 / 40,7	342	
Verhältnis der bedeckten zur freien Rostfläche 2:1														
3	Grunewald—Mansfeld	177	156	300	380 (556)	1900	1,935	13850	14,00	7,30		35,2		Wie bei 1
	Mansfeld—Grunewald	177 / 354	162 / 318		313 / 346	1600	1,89 / 1,905	11500	13,60 / 13,78	7,20	40	28,5 / 32,0	252	
4	Grunewald—Mansfeld	177	169	465	611 (881)	3250	1,89	19900	11,52	6,12		47,5		Wie bei 1
	Mansfeld—Grunewald	177 / 354	145 / 314		448 / 535	1950	1,80 / 1,86	12550	11,6 / 11,55	6,43	360 / 240	34,7 / 41,4	380	
5	Grunewald—Mansfeld	177	156,5	465	593 (808)	2500	1,615	18600	12,00	7,45		47,7		Verfeuert wurde mittelgute westfälische Kohle mit Briketts im Verhältnis 1:3
	Mansfeld—Grunewald	177 / 354	147 / 303		435 / 517	1550	1,455 / 1,55	12350	11,58 / 11,82	7,97	200 / 120	33,7 / 35,0	308	

[1]) Die eingeklammerten Zahlen geben die mittleren Leistungen am Zughaken in PS_z auf der Steigungsstrecke Güsten—Mansfeld an.

d. h. zur Verdampfung gleicher Wassermengen ist die Verbrennung einer geringeren Kohlenmenge erforderlich. Dies hat aber zur Folge, daß bei nachträglich eingebautem Vorwärmer die bisherige Überhitzerheizfläche nicht mehr ausreicht, um genügend hohe Überhitzung zu ergeben. **Es ist also unbedingt erforderlich, bei Heißdampflokomotiven mit Vorwärmer zur Erreichung größtmöglicher Wirtschaftlichkeit die Überhitzerheizfläche zu vergrößern.**

Die Versuchsfahrten fanden im Februar 1914 mit der Lokomotive 2435 Halle auf der Strecke Grunewald—Mansfeld einmal ohne Vorwärmer, dann mit Vorwärmer statt.

Tafel 49 zeigt das Schaubild einer Fahrt mit Vorwärmer am 24. Februar 1914 mit einem 463 t schweren Zuge. Im Gegensatz zu einer Vergleichsfahrt ohne Vorwärmer, bei der die Überhitzerklappen während der ganzen Dauer der Bergfahrt geschlossen gehalten werden mußten, um ein übermäßiges Ansteigen der Überhitzung zu verhüten, genügte bei dieser Fahrt ein zeitweiliges Schließen der Klappen zwischen km 168,0 und 175,0. Gleichzeitig wurden bei dieser Fahrt Messungen der Temperaturen des Abdampfes, des vorgewärmten Speisewassers und des aus dem Vorwärmer austretenden Niederschlags gemacht. Die Vorwärmung erreicht danach Temperaturen bis zu 100° C und darüber, fällt jedoch, wie zu erwarten, schnell, sobald der Regler geschlossen wird. Der alsdann zur Vorwärmung noch verfügbare Abdampf der Luft- und Wasserpumpe läßt die Vorwärmung nur bis auf etwa 60° C steigen.

Der Spannungsabfall zwischen Kessel und Schieberkasten schwankte zwischen 1,0 Atm. bei Füllungen um 50 v. H. und darüber und 0,4 Atm. bei 20 v. H. Füllungsgrad. Die Höchstleistung wurde auf der in Tafel 47 dargestellten Fahrt bei km 172,8 mit 1300 PS_z erreicht, entsprechend 1620 PS_i.

Einen Vergleich des Betriebsstoffverbrauches mit und ohne Vorwärmer ergibt Zahlentafel 69.

Die Lokomotive war mit übermäßig starken Roststäben (die Roststäbe hatten eine Stärke von 20 mm!) angeliefert worden. Auch die Spaltbreite war viel zu groß; sie betrug gleichfalls rund 20 mm, so daß die freie Rostfläche sich etwa gleich der bedeckten Rostfläche gestaltete.

Bei der Fahrt mit einem 300-t-Zuge ergab sich eine verhältnismäßig kleine Verdampfungsziffer, die auf schlechte Verbrennung, d. h. zu großen Luftüberschuß schließen ließ. Es wurde daher ein Rost eingebaut, bei dem die Spaltbreite von 20 mm auf 10 mm verkleinert wurde bei einer Roststabbreite von 20 mm, so daß das Verhältnis der freien zur bedeckten Rostfläche sich wie 1:2 statt früher 1:1 verhielt. Der Kohlen- und Wasserverbrauch sowie das Verhältnis von Wasser- zu Kohlenverbrauch für die einzelnen Fahrten ist in Zahlentafel 70 wiedergegeben.

Zahlentafel 70.

Betriebsstoffverbrauch bei Anwendung einer freien Rostfläche 1:1 bzw. 1:2 und mäßiger Beanspruchung der Lokomotive.

Strecke	Rost 1:1 (I. Fahrt)				Rost 1:2 (II. Fahrt)				Mehrverbr. an Kohle bei einem Rost 1:1 gegenüb. 1:2
	Kohlenverbrauch f. 1 PS_z-st	Dampfverbrauch f. 1 PS_z-st	D./K.	PS_z	Kohlenverbrauch f. 1 PS_z-st	Dampfverbrauch f. 1 PS_z-st	D./K.	PS_z	
Grunewald-Mansfeld	1,955	13,32	6,82	416	1,935	14,0	7,3	380	1,0 %
Mansfeld-Grunewald	2,14	13,52	6,32	303	1,89	13,6	7,2	213	13,1 %
Grunewald-Mansfeld-Grunewald .	2,03	13,4	6,62	362	1,905	13,70	7,25	346	6,5 %

Wie aus den Ergebnissen dieser Zahlentafel hervorgeht, wurde bei den Fahrten mit der kleineren bedeckten Rostfläche ein besseres Verhältnis von Wasser- zu

Kohlenverbrauch erzielt, weil für so kleine Leistungen die freie Rostfläche bei 1:1 zu groß war und daher mit Luftüberschuß gearbeitet werden mußte. Die Angabe der reinen Verdampfungsziffern ohne gleichzeitige Hinzufügung der Überhitzungstemperaturen und der Rostbeanspruchung hat wenig Wert, da bei höherer Überhitzung die Verdampfungsziffer naturgemäß kleiner werden muß.

Der geringere Dampfverbrauch bei der Fahrt I mit der größeren freien Rostfläche deutet darauf hin, daß höher überhitzter Dampf verarbeitet worden ist, wodurch sich ohne weiteres kleinere Verdampfungsziffern ergeben. Bei näherer Betrachtung der Kohlenverbrauchszahlen findet man, daß bei der kleinsten Beanspruchung der Lokomotive der Unterschied am größten ist. (Vgl. hierzu in Zahlentafel 69 Talfahrt Mansfeld—Grunewald). Aber schon bei der Bergfahrt mit dem 300-t-Zuge bei einer Leistung von 416 PS hat die Lokomotive mit der großen freien Rostfläche nur noch einen Mehrverbrauch an Kohle von 1%. Wie sehr sich die Verhältnisse mit zunehmender Belastung zu ungunsten der kleinen freien Rostfläche veränderte, zeigen zwei Fahrten mit einem 465 t-Zuge. Die Ergebnisse sind in Zahlentafel 70 zusammengefaßt.

Zahlentafel 71.
Betriebsstoffverbrauch bei Anwendung einer freien Rostfläche 1:1 bzw. 1:2 und stärkerer Beanspruchung der Lokomotive.

Strecke	Rost 1:1 (III. Fahrt)				Rost 1:2 (IV. Fahrt)				Minderverbrauch an Kohle bei einem Rost 1:1 gegenüb. 1:2
	Kohlenverbrauch f. 1 PS_z-st	Dampfverbrauch f. 1 PS_z-st	D./K.	PS_z	Kohlenverbrauch f. 1 PS_z-st	Dampfverbrauch f. 1 PS_z-st	D./K.	PS_z	
Grunewald-Mansfeld	1,75	11,68	6,67	558	1,98	11,52	6,12	611	11,6%
Mansfeld-Grunewald	1,67	11,55	6,93	486	1,80	11,60	6,43	448	7,0%
Grunewald-Mansfeld-Grunewald	1,71	11,60	6,79	525	1,86	11,55	6,24	535	8,0%

Die Fahrt III stellt die bei Anwendung einer großen freien Rostfläche erhaltenen Ergebnisse dar, während bei Fahrt IV die kleine freie Rostfläche zur Verwendung kam. Das Endergebnis zeigt, daß mit zunehmender Leistung die große freie Rostfläche, wie zu erwarten, außerordentlich günstig auf den Kohlenverbrauch einwirkt. Diese durch die Versuchsfahrten festgestellten Tatsachen lassen sich durch einfache Überlegung erklären. Bei kleinen Lokomotivleistungen, wie sie mit dem 300-t-Zuge auf der Talfahrt I erforderlich sind, ist bei Verwendung einer Rostfläche 1:1 eine Verbrennung von nur 247 kg/qm notwendig. Für eine so geringe Beanspruchung ist der Rost viel zu groß. Es muß wegen der größeren Anzahl der Luft zur Verfügung stehenden Spalten bei der niedrigen Brennschicht leicht Luftüberschuß eintreten, was schlechte Verbrennung zur Folge hat. Beschränkt man den Luftzutritt durch Verengung der Rostspalten, so wird sich bei den hier in Frage stehenden kleinen Leistungen der so veränderte Rost allerdings im Vorteil befinden. Aber schon bei einer Leistung von etwa 400 PS muß sich das Bild zugunsten des Rostes 1:1 verändern, da bei 400 PS schon Rostbeanspruchungen von etwa 300 kg/qm erforderlich sind, die bessere Verhältnisse für die Verbrennung ergeben. Noch günstiger für eine große freie Rostfläche und ungünstiger für eine kleine freie Rostfläche werden die Verhältnisse, sobald noch größere Verbrennungen und somit größere Leistungen erforderlich sind. Bei Beanspruchungen von 500 kg/qm und Stunde und darüber ist die freie Rostfläche für eine gute Verbrennung nur dann noch groß genug auszubilden, wenn die Roststäbe so schmal ausgeführt werden, wie es der Baustoff, Guß- oder Schmiedeeisen, praktisch zuläßt.

Eine Verkleinerung der Spaltweiten bei Rostflächen, wie sie die starken P 8-, S 9- und S 10-Lokomotiven für ihre großen Leistungen besitzen müssen, als Mittel, diese für die wirtschaftliche Beförderung leichter Züge geeigneter zu machen, muß unter allen Umständen als verfehlt bezeichnet werden. Das einzige Mittel zur Herabsetzung der angesaugten Luftmenge ist in diesem Falle die Anwendung eines verstellbaren Blasrohrs, das bei leichten Fahrten erweitert werden kann, was zur Herabminderung des Auspuffdrucks und damit zu geeigneter Ermäßigung der Luftverdünnung in der Rauchkammer führt.

Zur Erreichung der günstigsten Verbrennungsverhältnisse ist es erforderlich, die Roststabbreite so schmal wie möglich zu machen, d. h. so schmal, wie es die Herstellung der gußeisernen Roststäbe und deren Handhabung im Betrieb zuläßt. Auf Güte und vorzügliche Herstellung der Roststäbe ist in viel höherem Maße zu sehen, wie im allgemeinen bisher! Der beste und feuerbeständigste Baustoff ist hier gerade gut genug! — Gußeiserne Roststäbe, die als Herdguß hergestellt werden, können allerdings kaum weniger als 15 mm Stärke erhalten, bei sorgfältig eingeformten oder in Schalenguß hergestellten oder schmiedeeisernen Roststäben kann man aber unbedenklich bis auf 10 mm Stärke herabgehen. Diese Stärke für Roststäbe allgemein anzustreben, muß ernstlich empfohlen werden. Derartige Roststäbe werden durch die durchstreichende Verbrennungsluft genügend gekühlt, so daß einmal ihr Abbrand ein geringer ist, andererseits aber auch Schlackenbildung verhindert wird. Auf der schmalen Oberfläche des Stabes kann sich nur wenig Schlacke ansammeln, die infolge der Abkühlung niemals recht flüssig wird und die Spalten verstopft, sondern in gekörnter Form durch die Spalten in den Aschkasten fällt. Die Spaltweite zwischen den Stäben richtet sich nach der Art der zu verbrennenden Kohle. Leichtschlackende Kohle, z. B. westfälische Kohle, erfordert etwas größere Spaltweiten als die weniger zu Schlackenbildung neigende oberschlesische Kohle. Natürlich darf die Entfernung der Roststäbe auch nicht zu weit gemacht werden, da sonst die Menge der in den Aschkasten fallenden Kohlenstückchen zu erheblich wird. Schmale Roststäbe mit den höchst zulässigen Spaltweiten ergeben für mittlere und große Beanspruchung des Rostes die beste Verbrennung, da die Luft in vielen dünnen Strahlen verteilt an die glühenden, nur schmal gestützten Kohlenstückchen heran kann. Die besten Verhältnisse werden erreicht, wenn bei einer Stabbreite von 10 mm bei Verbrennung oberschlesischer Kohle die Spaltweite 10 mm, bei westfälischer Kohle bis 13 mm breit gemacht wird. Natürlich müssen dementsprechend die Baulängen und Bauhöhen der Roststäbe angeordnet werden.

9. Versuchsfahrten mit der 2 C-Vierlings-Heißdampf-Schnellzugslokomotive Gattung S 10, Nr. 1002 Erfurt, mit Schmidtschem Rauchrohrüberhitzer.

Da die 2 C-Heißdampf-Personenzuglokomotive P 8 wegen ihrer kleinen Triebräder für den eigentlichen Schnellzugdienst mit hohen Geschwindigkeiten über 90 bis 100 km/st wenig geeignet war, wurde von der Berliner Maschinenbau-Aktiengesellschaft vorm. L. Schwartzkopff eine 2 C-Vierlings-Schnellzuglokomotive mit Triebrädern von 1980 mm Durchmesser erbaut. Die Abmessungen dieser Lokomotive sind im siebenten Abschnitt und auf Tafel 2 angegeben. Von den beiden zunächst beschafften Lokomotiven war die eine in Brüssel ausgestellt, während mit der anderen eingehende Versuchsfahrten ausgeführt wurden. Bei diesen war insbesondere festzustellen, inwieweit die neue Bauart geeignet erschien, an Stelle der schon früher erwähnten P 8-, S 6- und S 9-Lokomotiven zu treten. Die Ergebnisse der umfangreichen Versuche sowohl auf der Flachlandstrecke Wustermark—Hannover wie auch auf der Hügellandstrecke Grunewald—Mansfeld sind in der Zahlentafel 72 wiedergegeben.

Wie zu erwarten war, erreichte der Wasserverbrauch nicht die günstigen Werte der P 8-Lokomotive. Der Eigenwiderstand einer Vierzylinderlokomotive muß unter allen Umständen erheblich größer sein als der einer zweizylindrigen. Bei Anwendung einfacher Dehnung wird sich unter Voraussetzung gleicher Eintrittsspannung

Zahlentafel 72.

Versuchsergebnisse bei den mit der 2 C-Heißdampf-Vierlings-Schnellzuglokomotive Gattung S 10 Nr. 1002 Erfurt auf den Strecken Grunewald—Mansfeld und Wustermark—Hannover und zurück im September und Oktober 1910 angestellten Versuchsfahrten.

Laufende Nr.	Tag der Fahrt	Strecke	Entfernung km	Fahrzeit Min.	Leistung am Zughaken in PS$_z$	Betriebsstoffverbrauch Kohlen im ganzen kg	Kohlen auf 1 PS$_z$/st kg	Wasser im ganzen l	Wasser auf 1 PS$_z$/st l	Verdampfungsziffer	Löschrückstände aus der Rauchkammer kg	Kesselleistung: Erzeugte Dampfmenge auf 1 qm Heizfläche und Stunde kg	Kesselleistung: Verbrannte Kohlenmenge auf 1 qm Rostfläche und Stunde kg	Mittlere Überhitzung °C	Mittlere Luftleere in der Rauchkammer mm/WS	Wetter	Bemerkungen
1	14. IX.	Grunewald–Güsten Güsten–Mansfeld	145 177 32	112 148 36	578 632 799	2900 3500	1,857	12450 5650	11,53 11,78	11,61 6,24	360	43 55	47 452	303	—	Gut	Wagengewicht 380 t (45 Achsen), 2 mal nicht planmäßig gehalten.
2	29. IX.	Grunewald–Güsten Güsten–Mansfeld	145 177 32	112 148 36	723 778 950	3550 3500	1,85	14800 6650	10,96 11,65	12,18 6,05	400	51 63	56 553	336	99 161	Gut	Wagengewicht 450 t (53 Achsen), 1 mal nicht planmäßig gehalten. Auf der Steigung Güsten-Mansfeld mußte der Kessel überanstrengt werden.
3	4./5. X.	Wustermark–Lehrte Hannover–Wustermark	213 442 229	160 323 163	767 795 824	3500 3500	1,636	21750 23550	10,61 10,51	10,58 6,47	320 440	53 56	54 503 494	342	104 94 196 170	Mittelstarker Wind von vorn do.	Wagengewicht 450 t (53 Achsen).
4	7./8. X.	Wustermark–Hannover Hannover–Wustermark	229 458 229	173 344 171	725 771 814	3400 3350	1,525	22050 24350	10,55 10,5	10,52 6,87	320 400	49 53	51 454 452	348	82 67 117 119	Gut	Wagengewicht 514 t (61 Achsen).

und Eintrittstemperatur für jede Lokomotive ein günstigster Dampfverbrauch für die Pferdekraftstunde ergeben, wobei es ganz gleichgültig ist, ob die Lokomotive zwei, drei oder vier Zylinder hat. Daß der Dampfverbrauch am Zughaken der einzelnen Bauarten verschieden ausfallen muß, ist ganz natürlich, da in diesen Werten der Eigenwiderstand der Lokomotiven bereits enthalten ist. Er muß höher ausfallen, wenn die Lokomotive statt zwei Kuppelachsen drei hat (vgl. P 8- und S 6-Lokomotiven). Er muß ferner wegen des größeren Eigenwiderstandes der Triebwerke sowie des vermehrten Raum- und Flächenschadens bei Drei- und Vierzylinderlokomotiven größer sein als bei richtig gebauten Zwillingslokomotiven. Aus diesen Erwägungen heraus darf der Dampfverbrauch der S 10-Vierlingslokomotive 1002 Erfurt als nicht zu hoch angesprochen werden. Daß hier auch die Steigerung des Dampfdrucks von 12 auf 14 Atm. wenig an der Verringerung des Dampfverbrauchs ändern konnte, war nach den theoretischen Ermittlungen im ersten Abschnitt zu erwarten.

Die nachfolgend erwähnten Versuche mit der Lokomotive 1001 Cassel, bei der der Dampfdruck von 12 auf 14 Atm. heraufgesetzt wurde, beweisen die Richtigkeit dieser Überlegungen. Bei den Versuchen, denen die Lokomotive unterworfen wurde, handelte es sich hauptsächlich darum, einen Anhalt für den Vergleich mehrerer Schieberbauarten zu erhalten. Es wurden daher bei diesen Fahrten nur die Dampfverbrauchszahlen gemessen. Diese sind in Zahlentafel 73 angegeben.

Zahlentafel 73.

Fahrzeiten, Leistungen und Dampfverbrauchszahlen bei den mit der 2 C-Heißdampf-Vierling-Schnellzuglokomotive mit Schmidtschem Rauchrohrüberhitzer der Gattung S 10 (Kesselüberdruck 14 Atm.) Nr. 1001 Cassel auf der Strecke Wannsee—Mansfeld mit einem Zuge von 350 t Gewicht angestellten Versuchsfahrten zur Untersuchung verschiedener Schieberbauarten.

Nr. der Fahrt	Strecke	Fahrzeit Min.		Mittlere Leistung am Zughaken PS_z		Wasserverbrauch			Schieberbauart
						im ganzen l	auf 1 PS_z/st l		
1	Wannsee-Güsten-Mansfeld	107,5 33	263	417 694	476	10 350 5 000	13,82 13,20	13,20	Schichau mit einfacher Einströmung
	Güsten-Grunewald	122,5		472		12 450	12,80		
2	Wannsee-Güsten-Mansfeld	106,5 33	255,5	426 694	472	10 600 4 800	14,00 12,57	13,53	Hochwald Einströmdeckung + 38 mm Abströmdeckung + 12 „ Kammerdeckung + 28 „
	Güsten-Grunewald	116		450		11 800	13,58		
3	Wannsee-Güsten-Mansfeld	105,5 33	249,5	506 726	532	11 700 5 100	13,13 12,76	12,88	Hochwald (Ausführung v. Schwartzkopff) Einströmdeckung + 38 mm Abströmdeckung + 15 „ Kammerdeckung + 25 „
	Güsten-Grunewald	111		498		11 900	12,92		

Die Vergrößerung der Rostfläche von 2,69 qm auf 2,98 qm hat naturgemäß die Leistungsfähigkeit der Lokomotive gegenüber der Zwillingslokomotive Gattung P 8 erhöht. Die Steigerung des Kesseldrucks, die nur zur Erhöhung der Wirtschaftlichkeit der Lokomotive angeordnet wurde, wird aber in Zukunft größere Unterhaltungskosten der Kessel bedingen. Auch die Beanspruchung der Kropfachse, die den unangenehmsten Bauteil der Vierzylinderlokomotive darstellt, ist durch die

Erhöhung des Kesseldrucks um $\frac{14-12}{12} \cdot 100 = 16^2/_3\%$, also ganz erheblich gesteigert worden. Die wenig günstigen Erfahrungen mit den Kropfachsen der Vierlingslokomotiven haben dazu geführt, den weiteren Neubau dieser Gattung vorläufig einzustellen.

10. Versuchsfahrten mit der 2 C-Heißdampf-Drillings-Schnellzuglokomotive mit Schmidtschem Rauchrohrüberhitzer Nr. 1201 Halle.

Die Anstände, die sich an den Kropfachsen der Vierlingslokomotiven herausstellten, führten zur Aufstellung eines neuen Entwurfs einer 2 C-Heißdampf-Schnellzuglokomotive mit drei Zylindern unter 120° Kurbelversetzung und mit einfacher Dampfdehnung. Der Entwurf und die Ausführung der ersten Lokomotiven dieser Art stammten von der Stettiner Maschinenbau-Aktiengesellschaft Vulkan in Bredow bei Stettin.

Die Lokomotive war ursprünglich mit Kammerschiebern ausgerüstet. Die Eigentümlichkeit des Kammerschiebers gestattet für das Anfahren eine größere Füllung nach folgender Überlegung. Der Frischdampf tritt bekanntlich aus dem in der Mitte des Schiebers gelegenen Einströmraum über die die Füllung bestimmende Einströmsteuerkante zunächst in die Schieberkammer. Die Verbindung zwischen dieser und dem Zylinder wird durch eine Deckung gesteuert, die kleiner ist als die die Füllung bestimmende Hauptdeckung des Kammerschiebers. Wenn dieser zu öffnen beginnt, besteht also bereits zwischen Kammer und Zylinder eine größere Öffnung. Verbindet man durch eine absperrbare Rohrleitung Einström- und Kammerraum, so wird dadurch die Wirkung der größeren Hauptdeckung ausgeschaltet und die Größe der Füllung durch die kleinere Hilfsdeckung bestimmt. Zur Verbesserung des Anfahrens erhielten die Drillingslokomotiven die eben beschriebene Einrichtung, wodurch die größte Füllung von 78% auf etwa 87% heraufgesetzt werden kann. Die Verbindungsleitung zwischen Einström- und Kammerraum konnte durch ein luftgesteuertes Doppelsitzventil abgesperrt werden. Diese Einrichtung wurde gleichzeitig für den Druckausgleich benutzt. Die Wirkungsweise ist hierbei folgende: Beim Leergang wird die im Zylinder befindliche Gasmenge nur so lange verdichtet, bis sich die kleinere Kammerdeckung öffnet. Durch diese, die Kammer und die vorher erwähnte Überströmleitung der Anfahreinrichtung wird nun eine Verbindung über die Einströmrohre und den Überhitzer bis zum Reglerventil hergestellt. Die Verdichtung kann daher auch nur niedrige Werte erreichen und die Fläche der Leerlaufschaulinien muß klein ausfallen auch ohne Anwendung von Luftsaugeventilen.

Nach der Anlieferung der ersten Lokomotive Nr. 1201 Halle fanden im Mai 1914 eingehende Versuchsfahrten auf den Strecken Grunewald—Mansfeld und Wustermark—Hannover statt. Wie aus den Versuchsberichten des Zentralamtes hervorgeht, bewährten sich die erwähnten Ventile jedoch nicht. Sie zerschlugen sich schon bei den ersten Fahrten und verursachten dann erhebliche Dampfverluste. Da die Steuerung im ausgelegten Zustande beim Leerlauf ruhig liegt und auch der Übergang von der Fahrt mit Dampf in den Leerlauf und umgekehrt sich bei einiger Aufmerksamkeit des Lokomotivführers bewirken läßt, ohne daß die auftretenden Stöße eine für die Lokomotive nachteilige Stärke annehmen, wurden die Ventile ausgebaut und die Öffnungen verschlossen, so daß die Lokomotive nun ohne Druckausgleich im Leerlauf arbeitete. Das Anziehen der Lokomotive blieb trotz der dadurch ebenfalls fortgefallenen Anfahrvorrichtung gut.

Auch die Kammerschieber wurden durch gewöhnliche Schieber mit einfacher Einströmung ersetzt, nachdem durch besondere Versuche festgestellt war, daß bei

Anwendung dieser einfachen Schieber keine wirtschaftlichen Nachteile gegenüber den Kammerschiebern entstehen. Als Vorteile der einfachen Schieber sind dagegen anzuführen, das um rund 30 v. H. geringere Gewicht, die geringere Anzahl der Abdichtungsringe und die geringeren Beschaffungs- und Unterhaltungskosten. Da beim einfachen Schieber als Verdichtungsraum nur der schädliche Raum des Zylinders verbleibt, der in vorliegendem Fall nur 7 v. H. des Zylinderinhalts beträgt, so konnte die Lokomotive zur Vermeidung unzulässig hoher Verdichtungsendspannungen nur mit Zylinderfüllungen von 15 v. H. und darüber betrieben werden. Für weitere Beschaffungen ist daher die Vergrößerung des schädlichen Raumes auf 10 v. H. in Aussicht genommen, um auch kleinere Füllungen anwenden zu können.

Die freie Rostfläche betrug bei den Versuchsfahrten 50 v. H. der gesamten Rostfläche.

Die Lokomotive arbeitete in jeder Hinsicht auf Berg- sowohl wie auf Flachlandstrecken gut. Das Anfahren war besser als bei allen zur Zeit im Betriebe befindlichen Lokomotiven anderer Gattungen. Der Lauf der Lokomotive war selbst bei den höchsten Geschwindigkeiten ruhig. Beim schweren Arbeiten der Lokomotive machten sich geringe Bewegungen im Rahmenbau bemerkbar, deren Beseitigung durch Anwendung von Federblechverbindungen mit dem Kessel erfolgen soll.

Der Kessel der Lokomotive befriedigt in jeder Hinsicht.

Da, wie eingangs erwähnt, die Lokomotive ohne Druckausgleicher bei einiger Geschicklichkeit des Führers beim Übergang vom Leerlauf in die Fahrt mit Dampf und umgekehrt zwar stoßfrei arbeitet, bei der Beschaffung der Lokomotivgattung in größerem Umfange jedoch damit gerechnet werden muß, daß auch weniger geschultes Personal die Lokomotiven bedienen muß, so empfiehlt es sich, bei den weiter zu beschaffenden Lokomotiven den Druckausgleicher in der üblichen Weise durch Verbinden der Zylinderenden vorzusehen.

Die Ergebnisse der Versuchsfahrten sind in Zahlentafel 74 und Tafeln 50 und 51 angegeben. Die Zahlen über den Betriebsstoffverbrauch zeigen, daß auch bei dieser Bauart aus den vorher erläuterten Gründen der Betriebsstoffverbrauch nicht günstiger ist, als der einfacher Zwillingslokomotiven, die ebenfalls mit Vorwärmer ausgerüstet sind. Selbstverständlich wird die Lokomotive wegen der großen Kesselabmessungen leistungsfähiger sein als die P 8-Lokomotive. Immerhin stellt die Fahrt mit einem 700 t-Zuge bei 100 km Grundgeschwindigkeit eine Leistung dar, die der Lokomotive im Dauerbetriebe niemals zugemutet werden kann. Der Kessel war bei dieser Fahrt dauernd bis an die Grenze der Leistungsfähigkeit beansprucht. Bei einer stündlichen Verbrennung von im Mittel 600 kg/qm (bei der Hinfahrt nach Hannover betrug dieser Wert sogar 650 kg/qm) war die Luftleere in der Rauchkammer 173 mm, dabei wurden bereits 1480 kg Lösche in die Rauchkammer mitübergerissen, das sind 18,3% der gesamten verbrannten Kohle. Man sieht aber, welche gewaltigen Leistungen selbst bei Anwendung einfacher Dehnung aus Heißdampflokomotiven mit schmalem zwischen dem Rahmen liegenden Rost herausgeholt werden können.

Als bemerkenswert hat sich bei den Versuchsfahrten die Tatsache herausgestellt, daß der Innenzylinder, besonders bei hohen Fahrgeschwindigkeiten, mehr Arbeit leistet als ein Außenzylinder. Als Ursache hierfür wurde das Durchfedern der verhältnismäßig schwach gehaltenen Steuerungsteile ermittelt. Ob durch Verstärkung des Gestänges eine Besserung der Dampfverteilung ohne Hervorrufung anderer Mängel möglich sein wird, muß abgewartet werden.

Zahlentafel 74.

Versuchsergebnisse bei den mit der 2 C-Heißdampf-Drillings-Schnellzuglokomotive mit Speisewasservorwärmer Gattung S 10² Nr. 1201 Halle auf den Strecken Grunewald–Mansfeld und zurück und Wustermark–Lehrte und zurück im Mai 1914 angestellten Versuchsfahrten.

Laufende Nr.	Strecke	Entfernung km	Fahrzeit Min.	Betriebsstoffverbrauch Kohlen im ganzen kg	Betriebsstoffverbrauch Kohlen auf 1 PSz-st kg	Betriebsstoffverbrauch Wasser im ganzen l	Betriebsstoffverbrauch Wasser auf 1 PSz-st l	Verdampfungsziffer	Löscherückstände aus der Rauchkammer kg	Kesselleistung Erzeugte Dampfmenge auf 1 qm Heizfläche und Stunde kg	Kesselleistung Verbrannte Kohlenmenge auf 1 qm Rostfläche und Stunde kg	Mittlere Überhitzung °C	Mittlere Luftleere in der Rauchkammer mm/WS.	Leistung am Zughaken in PSz[1]	Wetter	Bemerkungen
1	Grunewald–Mansfeld	177	152	2050	1,84	14950	13,37	13,26	260	38,7	287			440 (621)	Gut. Hinfahrt fast windstill. Rückfahrt mäßiger, seitlicher Wind.	Wagengewicht rund 300 t.
		354	288		1,805									420		
	Mansfeld–Grunewald	177	136	1600	1,78	11900	13,22	7,35		36,5	250			397		
2	Grunewald–Mansfeld	177	148	2600	1,75	17400	11,72	11,69	nicht angegeben	46,3	374			602 (841)	Gut, fast windstill.	Wagengewicht rund 400 t.
		354	284		1,65									543		
	Mansfeld–Grunewald	177	136	1650	1,532	12650	11,77	7,08		41,7	259			474		
3	Grunewald–Mansfeld	177	148	3200	1,66	21000	10,93	10,96	nicht angegeben	56,0	460			782 (1086)	Gut.	Wagengewicht rund 500 t.
		354	284		1,60									713		
	Mansfeld–Grunewald	177	136	2200	1,518	16000	11,04	6,87		51,5	344			639		
										46,4						
4	Wustermark–Lehrte	213	158	1950	1,715	15150	13,32	8,27	80	37,7	263	293	45,7	432	Leichter Wind, der später stärker wurde.	Wagengewicht rund 300 t.
		426	318		1,648									412		
	Lehrte–Wustermark	213	160	1650	1,581	14600	14,00	13,62		35,9	220	298	61,8	391		
5	Wustermark–Lehrte	213	156,5	2800	1,492	20400	10,88	11,38	360	51,2	381	321	82,4	719	Teilweise Regen. Bei der Hinfahrt mittelstarker Wind von links vorn, bei der Rückfahrt mäßiger Wind umgekehrt.	Wagengewicht rund 500 t.
		426	311		1,445									634		
	Lehrte–Wustermark	213	154,5	1950	1,352	17000	12,08	7,88		47,3	269	309	75,8	546		
										43,3						
6	Wustermark–Lehrte	213	149	4550	1,638	26800	9,64	9,62	1480	70,6	650	348	173	1120	Hinfahrt mäßiger Wind von links vorn, Rückfahrt starker seitlicher Wind von rechts rückwärts.	Wagengewicht rund 700 t Grundgeschwindigkeit 100 km/st.
		426	290		1,562									1073		
	Lehrte–Wustermark	213	141	3550	1,48	23000	9,60	6,15		67,5	536	341	181	1020		
										64,1						

[1]) Die eingeklammerten Werte stellen die mittleren Leistungen am Zughaken auf der Steigungsstrecke Güsten–Mansfeld dar.

11. Versuchsfahrten mit den 2 C-Vierzylinder-Verbund-Heißdampflokomotiven Gattung S 10¹, Nr. 1101 Breslau (mit Hochwaldschieber), Nr. 1103 Posen (mit Henschelschieber) und Nr. 1105 Danzig (mit Schichauschieber, zweite Lieferung) mit Schmidtschem Rauchrohrüberhitzer.

Die günstigen Erfahrungen, die anderwärts mit der Anwendung der Verbundwirkung auch bei Heißdampflokomotiven gemacht wurden, haben die Preußische Eisenbahnverwaltung veranlaßt, auch ihrerseits der Frage der Heißdampfverbundwirkung näherzutreten. Eine Erhöhung der Leistungsfähigkeit der 2 C-Heißdampf-Vierlings-Schnellzuglokomotive erschien nach den vorangegangenen Versuchen ohne Vergrößerung einiger Abmessungen und Erhöhung des Raddrucks nicht mehr möglich. Es wurde daher der Bau einer 2 C-Heißdampf-Vierzylinder-Verbund-Schnellzuglokomotive beschlossen, deren Kesselspannung auf 15 Atm. heraufzusetzen war. Mit der Ausführung des Entwurfs und dem Bau der Lokomotiven wurde die Firma Henschel & Sohn in Cassel betraut.

Die erste der neu angelieferten Lokomotiven Nr. 1101 Halle wurde im Oktober 1911 weitgehenden Prüfungen unterzogen.

Vor Erprobung der Lokomotive auf der Strecke wurden die Blasrohr- und Schornsteinverhältnisse an der ruhenden Lokomotive überprüft.

Die Schornsteinform und Blasrohranlage sollen künftighin entsprechend der Abb. 591 gestaltet und das Blasrohr mit 145 mm lichtem Durchmesser bemessen werden unter Anwendung eines Blasrohrsteges von 8 mm Breite für oberschlesische Kohlen und 13 mm Breite für westfälische Kohlen.

Bereits bei den einleitenden Fahrten hat sich gezeigt, daß die Schieber, besonders die der Niederdruckzylinder, einer namhaften Verringerung der Ausströmdeckung zu unterziehen waren, um die Dampfverdichtung auf den zulässigen Be-

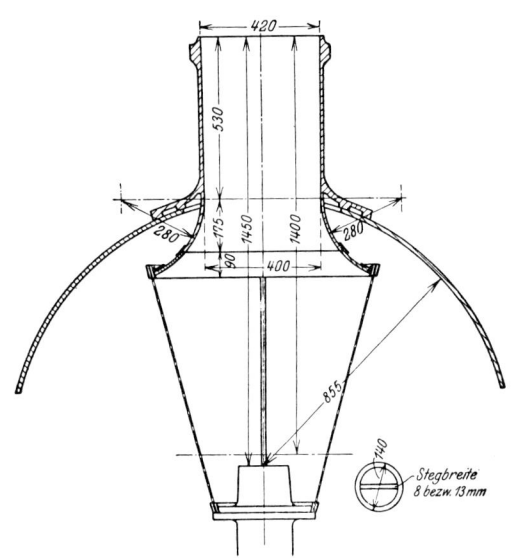

Abb. 591. Schornsteinabmessungen und Blasrohr der 2 C-Vierzylinder-Verbund-Heißdampflokomotive.

trag zu ermäßigen. Beim Entwerfen der Steuerung war der Einfachheit wegen auf die Verwendung eines gesonderten Voreilhebels für die Innenzylinder, wie ihn die Lokomotiven der Gattung S 9 aufweisen, verzichtet worden, und die Unregelmäßigkeiten, die für die Bewegung der Innenschieber aus der Abzweigung ihrer Voreilbewegung vom äußeren Kreuzkopf erwachsen, sind mit gutem Erfolg behoben worden durch Entnahme der Bewegung für die Innenschieber von einem seitwärts der Längsachse jedes äußeren Voreilhebels gelegenen Punkte. Es war indessen versäumt worden, die schädlichen Räume den am Steuerungsmodell abgelehnten Verdichtungswerten entsprechend hinreichend groß zu bemessen, so daß die negativen Ausströmdeckungen an den Niederdruckschiebern auf minus 25 mm am vorderen und auf minus 7 mm am hinteren Schieberkörper vergrößert werden mußten, um eine einwandfreie Form der Dampfdruckschaulinien für Füllungen bis abwärts zu 20% im Hochdruckzylinder zu erhalten. Diese Maßnahmen waren unerläßlich, da die erheblich verstärkte Lokomotive sich als außerordentlich leistungsfähig erwies und bei Beförderung von Zügen bis zu 40 Achsen auf Flachlandstrecken dauernd mit

Füllungen von nur 20 bis 30% betrieben werden muß, wenn der volle Druck im Hochdruckschieberkasten Verwendung finden soll. Die nötigen Abänderungen haben sich durch Verkürzen der Niederdruckschieber an den Ausströmdeckungen, Hinterlegen der Schieberkörper an ihren Naben sowie Vertauschen der hinteren und vorderen Schieberkörper unter Verwendung der gelieferten Teile durchführen lassen.

In Abb. 592 bis 598 ist ein Satz Dampfdruckschaulinien zusammengestellt, der insgesamt alle Arbeitsweisen umfaßt, denen die Lokomotive im Betriebe zu unterziehen ist. Für jeden Füllungswert ist zunächst eine bei ganz geringer Fahrgeschwindigkeit aufgenommene Schaulinie eingetragen und im übrigen für die gleiche Füllung je eine weitere Schaulinie für eine mittlere Fahrgeschwindigkeit und eine für die durch die Bauart der Lokomotive bedingte bezw. durch die Kesselleistung gegebene Höchstgeschwindigkeit aufgenommen. Allgemein lassen die für geringe Fahrgeschwindigkeit gültigen Schaulinien nur ganz geringe Schleifenbildung am Ende der Dehnungslinie erkennen, so daß die bei höheren Fahrgeschwindigkeiten und Füllungen von weniger als 40% insbesondere am unteren Ende der Hochdruckschaulinien auftretenden Schleifen im wesentlichen auf die Eigenschwingungen des Indikators zurückzuführen sind. Der rasche Druckabfall bei Beginn der Ausströmung in den Hochdruckzylindern ist unvorteilhaft.

Die den einzelnen Schaulinien entsprechenden Leistungen beider Hochdruckzylinder bzw. beider Niederdruckzylinder sind in den Abb. 592 bis 598 vermerkt, und die Werte zeigen, daß bei jeder Betriebsweise die Hochdruckzylinder weit mehr als die Niederdruckzylinder belastet sind. Abhilfe könnte nur durch Erhöhen des Verbinderdrucks geschaffen werden, und es ist bei der in Rede stehenden Lokomotive bereits durch Verkürzen der Ausströmdeckungen an den Hochdruckzylindern alles Zulässige geschehen. Bei weiterer Steigerung des Verbinderdrucks, der sich zur Zeit je nach der Betriebsweise auf 3 bis 4 Atm. stellt, würden sich bei gleichbleibenden Zylindergrößen am unteren Ende der Hochdruckschaulinien schädliche Schleifen bilden, so daß mit dem weiteren Ausgleich der Leistungen unbedingt eine Verkleinerung der Hochdruckzylinder vorgenommen werden müßte. Dem steht aber entgegen, daß mit verkleinerten Hochdruckzylindern der Kessel in starken Steigungen von etwa 1:100 bei den üblichen Fahrgeschwindigkeiten von etwa 45 bis 50 km/st auch mit voll ausgelegter Steuerung nicht mehr auszunutzen sein würde, und da gerade auf hohe Leistung in der Steigung seitens des Betriebes Gewicht gelegt wird, so ist von einem Ausgleich der Leistungen zwischen Hochdruckzylindern und Niederdruckzylindern, der übrigens keine wirtschaftlichen Vorteile bringen würde, Abstand genommen.

Bei der für die Lokomotive festgesetzten Höchstgeschwindigkeit von 110 km/st erscheint der Kessel mit etwa 35 bis 40% Füllung auf seine Grenzleistung ausgenutzt, bei einer Leistung von rund 1700 PS_i. Bei Steigerung der Füllungen über 35 bis 40% und Herabminderung der Fahrgeschwindigkeit sind die bei höchster Kesselleistung erreichbaren indizierten Leistungen nur auf etwa 1600 PS_i anzunehmen. Bei Verringerung der Füllungen unter 35% bis auf rund 20% lassen sich bei der zulässigen Höchstgeschwindigkeit von 110 km/st aus der Lokomotive noch indizierte Leistungen von rund 1100 PS_i ziehen.

Für die weiter zu erbauenden Lokomotiven gleicher Art ist auf Verwendung größerer Sicherheitsventile am Verbinder Bedacht genommen worden. Die in der Abb. 598 dargestellten Leerlaufschaulinien zeigen für Füllungen von 45 bis 60% und geöffneten Druckausgleich nur noch mäßigen Unterdruck und Verdichtungsdruck, und dieser befriedigende Verlauf der Leerlaufvorgänge kann tatsächlich erreicht werden, da ein Auslegen der Steuerung auf 55% sich auch bei den größten Fahrgeschwindigkeiten als zulässig erwiesen hat.

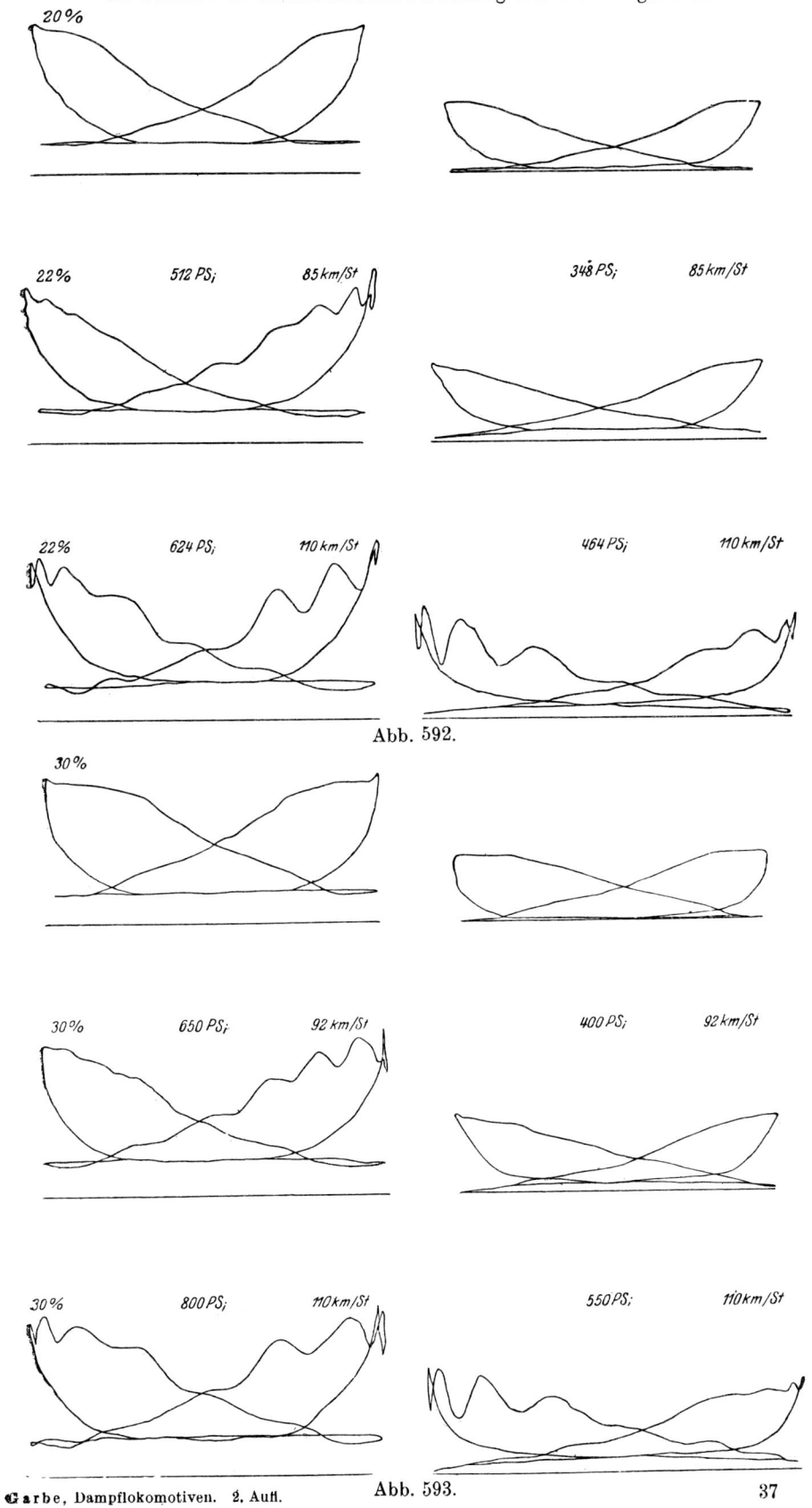

der Preußischen Staatseisenbahn-Verwaltung und deren Ergebnisse. 577

20%

22%   512 PS;   85 km/St   348 PS;   85 km/St

22%   624 PS;   110 km/St   464 PS;   110 km/St

Abb. 592.

30%

30%   650 PS;   92 km/St   400 PS;   92 km/St

30%   800 PS;   110 km/St   550 PS;   110 km/St

Garbe, Dampflokomotiven. 2. Aufl.   Abb. 593.   37

Abb. 594.

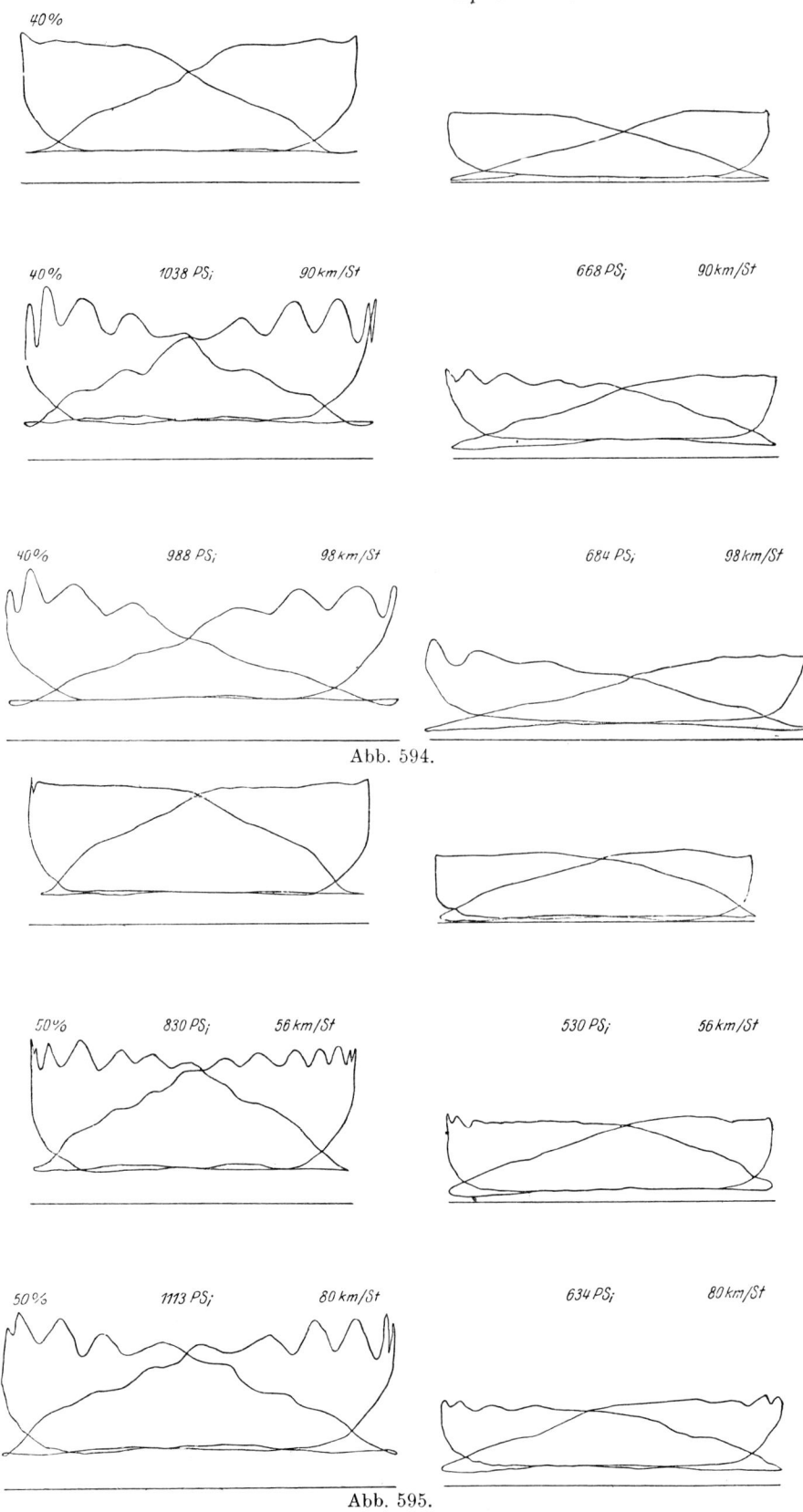

Abb. 595.

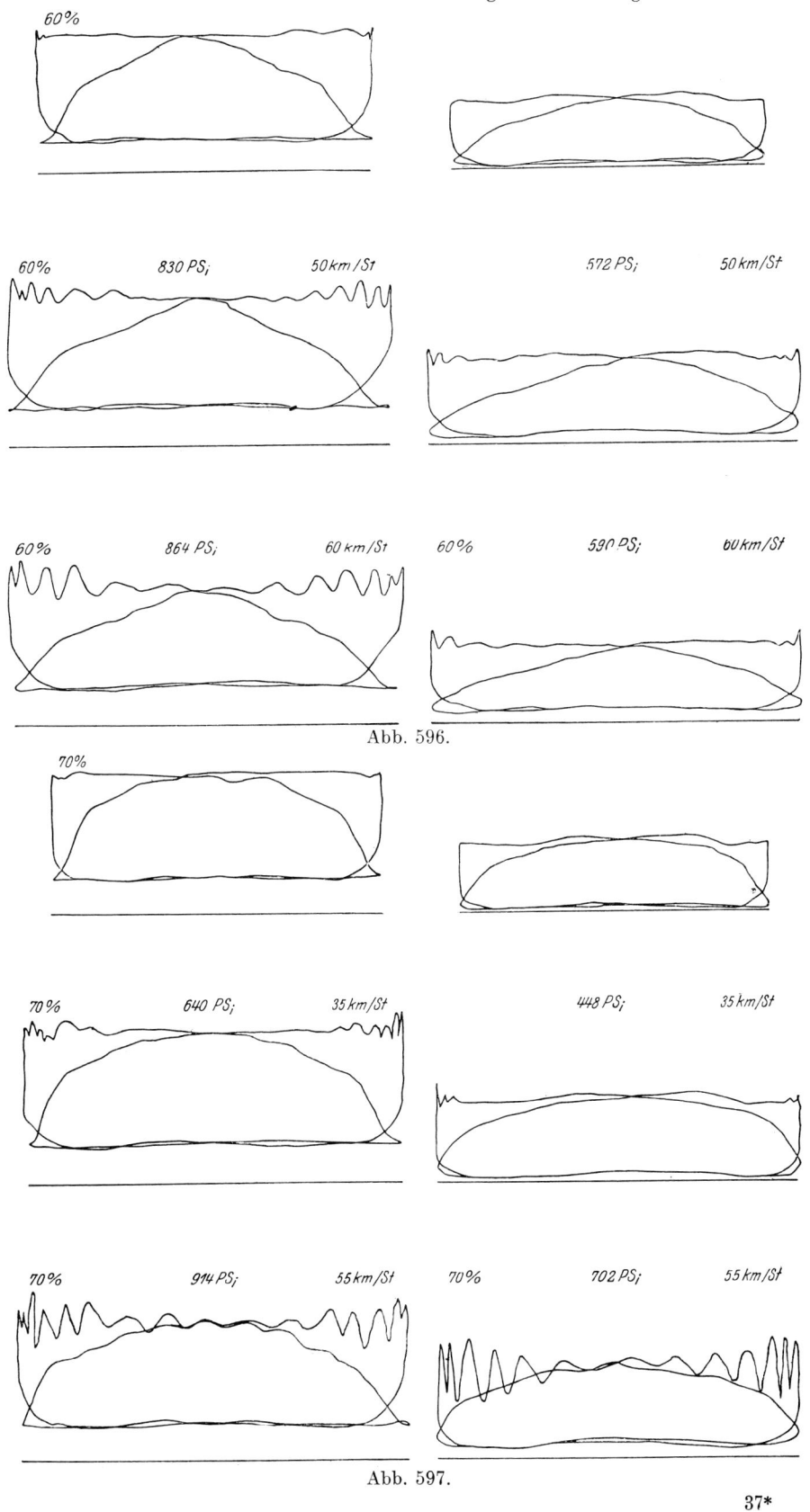

der Preußischen Staatseisenbahn-Verwaltung und deren Ergebnisse.

Abb. 596.

Abb. 597.

Abb. 598.

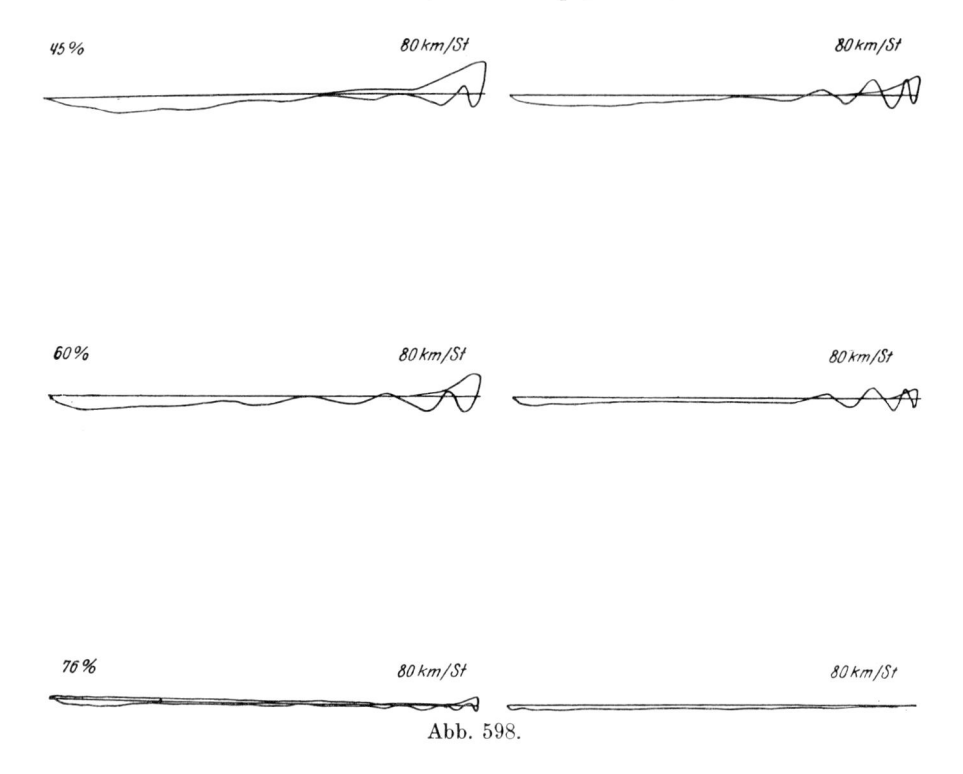

Zur Ermittelung der Grenzleistungen und der Verbrauchswerte sind Versuchszüge mit 90 km/st Grundgeschwindigkeit auf der Strecke Grunewald—Mansfeld—Grunewald mit Zugstärken von 37 bis 53 Achsen in Abstufungen von je 8 Achsen und auf der Strecke Wustermark—Hannover—Wustermark mit Zugstärken von 37 bis 69 Achsen in gleichen Abstufungen gefahren und ohne jeden Anstand befördert worden. Für die Züge von Hannover nach Wustermark ist dabei westfälische Kohle mit einem Blasrohr von 145 mm lichter Weite und 13 mm starkem Steg und für die übrigen Züge oberschlesische Kohle mit einem Blasrohr von gleicher lichter Weite mit 8 mm starkem Steg verfeuert worden.

Die bei diesen Fahrten beobachteten größten indizierten Dauerleistungen sind bereits bei Behandlung der Zylinderabmessungen erwähnt worden. An mittlerer Leistung am Tenderzughaken vom Anfahren bis zum Anhalten sind auf Flachlandstrecken vielfach Beträge von 1000 bis 1100 PS_z und auf der Strecke Güsten—Mansfeld mit dauernden Steigungen von 1:100 bei Fahrgeschwindigkeiten bis zu 45 km/st abwärts Beträge von 900 bis 1000 PS_z vermessen und ohne Überanstrengung des Kessels eingehalten worden. Die Lokomotive vermag somit unter nahezu allen Betriebsverhältnissen mittlere Leistungen von rund 1000 PS_z am Tenderzughaken nutzbar zu machen und übertrifft damit die Lokomotiven aller übrigen Gattungen. Die Verdampfungsziffer liegt beim Verfeuern von oberschlesischen Kohlen zwischen 5,8 und 6,4 und bei Verwendung westfälischer Kohlen mit Briketts vermischt zwischen 6,7 und 7,1 je nach der größeren bzw. kleineren Beanspruchung des Kessels. Der Unterdruck in der Rauchkammer hält sich bei mittleren bis kräftigen Leistungen zwischen 100 und 150 mm und steigt nur bei äußerster Anstrengung des Kessels auf 190 mm; hierbei ist anzuführen, daß die höchsten Werte dieses Unterdrucks sich durch Vergrößern der Aschkastenklappen um mindestens 25 mm werden verkleinern lassen. Die Temperatur des Dampfes der Hochdruckschieberkasten hält sich wie bei andern guten Heißdampflokomotiven zwischen 300 und 350°, die Temperatur des Dampfes im Verbinder bewegt sich zwischen 150 und 180° und steigt nur bei ganz ungewöhnlich großen Leistungen auf 200°. Die Temperatur des Abdampfes liegt fast stetig bei 110° und steigert sich nur beim Arbeiten mit gedrosseltem Dampf.

Die Beobachtungen während der Versuchsfahrten und im Betriebe haben Anlaß zur verbesserten Ausführung vieler Einzelheiten bei weiter zu beschaffenden gleichartigen Lokomotiven gegeben.

Mit mehreren Lokomotiven der geänderten Bauart fanden wieder ausgedehnte Versuchsfahrten statt, bei denen neben der Ermittlung der Werte für den Kohlen- und Wasserverbrauch auch der Einfluß verschiedener Schieberbauarten auf den Betriebsstoffverbrauch festgestellt werden sollte. Die Versuchsfahrten wurden ausgeführt mit Zuggewichten, wie sie im Schnellzugbetrieb üblich sind. Von jeder der drei Lokomotiven wurden je zwei verschieden schwere Züge auf den Strecken Grunewald—Mansfeld und Wustermark—Lehrte befördert. In den Zahlentafeln 75 bis 77 sind die Versuchsergebnisse wiedergegeben.

Obwohl die Verbrauchswerte bei den drei Versuchslokomotiven im einzelnen auseinandergehen, geben sie doch einen guten Anhalt für die Beurteilung dieser Lokomotivbauart im Ganzen. Die Zusammenstellung zeigt, daß bei der Beförderung von Zügen mit 32 Achsen im Gewicht von ungefähr 300 t, wie diese im Schnellzugbetrieb vielfach die Regel bilden, der Betriebsstoffverbrauch der S 10^1-Verbundlokomotive keineswegs besonders günstig ist. Er betrug im Durchschnitt, wie aus Zahlentafel 75 ersichtlich ist, 12,72 kg/PS$_z$-st Dampf bei einer mittleren Leistung von 454 PS am Zughaken. Die einfachere 2 B-Heißdampf-Zwilling-Schnellzuglokomotive S 6 brauchte bei ähnlicher Leistung (417,5 PS$_z$) 10,75

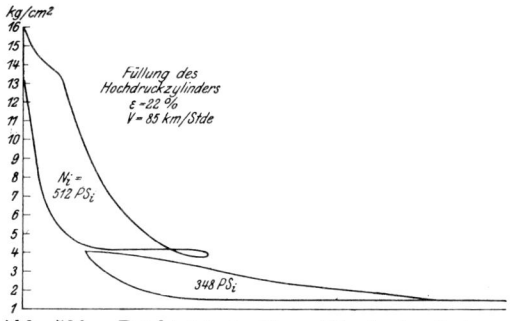

Abb. 599. Rankinisierte Dampfdruckschaulinien.

kg/PS$_z$-st Dampf, was einem Mehrverbrauch der S 10^1-Lokomotive gegenüber der S 6 von 18,5% entspricht. Der hohe Betriebsstoffverbrauch der S 10-Lokomotive trotz des hohen Kesseldrucks und der Verbundwirkung ist auf die zu geringe Beanspruchung der Lokomotive zurückzuführen.

In Abb. 599 ist eine rankinisierte Dampfdruckschaulinie für eine Leistung von 512 PS$_i$ in den Hochdruckzylindern und 348 PS$_i$ in den Niederdruckzylindern, somit einer Gesamtleistung von 860 PS$_i$ bei einer Fahrgeschwindigkeit von 85 km/st und einer Füllung von 22% im Hochdruckzylinder dargestellt (vgl. Abb. 592). Die gezeichneten Dampfdruckschaulinien ergeben schon eine größere Leistung, als sie einer Belastung des Zuges mit ungefähr 300 t Wagengewicht bei 85 km/st Geschwindigkeit entspricht. Wie diese Abbildung zeigt, wird bereits bei einer Füllung von 22% und voll geöffnetem Regler die Dehnung so weit getrieben, daß die Austrittsspannung schon vor Hubende erreicht wird. Auch Dampfdruckschaulinien, die bei 30% Füllung des Hochdruckzylinders aufgenommen sind, zeigen die zu weit getriebene Dehnung im Niederdruckzylinder. Für Leistungen, die mit so kleinen Dampfdruckschaulinien verwirklicht werden müssen, ist der gewählte Niederdruckzylinder somit zu groß. Wird bei den betrachteten Füllungen der Eintrittsdampf noch gedrosselt, so werden die Verhältnisse noch ungünstiger und es muß in der Dampfdruckschaulinie des Niederdruckzylinders Schleifenbildung eintreten. Hiernach erscheint der hohe Dampfverbrauch bei der erwähnten Fahrt verständlich. Die Lokomotive sollte daher in Zugdiensten Verwendung finden, wo mit Füllungen von mindestens 25 bis 30% des Hochdruckzylinders gefahren werden muß.

Für Züge von 300 t Wagengewicht ist die 2 B-Heißdampf-Zwilling-Schnellzug-

Zahlentafel 75.

Versuchsergebnisse bei den mit der 2 C-Vierzylinder-Verbund-Heißdampf-Schnellzuglokomotive (mit Henschel-Schiebern) der Gattung S 10 Nr. 1103 Posen auf den Strecken Grunewald—Mansfeld und zurück und Wustermark—Lehrte und zurück 1912 angestellten Versuchsfahrten.

Fahrt Nr.	Strecke	Entfernung km	Fahrzeit Min.	Zugstärke Achsenzahl	Zugstärke Gewicht t	Leistung am Zughaken PS$_z$[1]	Kohlen im ganzen kg	Kohlen auf 1 PS$_z$-st kg	Wasser im ganzen l	Wasser auf 1 PS$_z$-st l	Verdampfungsziffer	Löscherrückstand aus der Rauchkammer kg	Kesselleistung Erzeugte Dampfmenge auf 1 qm Heizfläche u. Std. kg	Kesselleistung Verbrannte Kohlenmenge a. 1 qm Rostfläche u. Std. kg	Wetter	Bemerkungen
1	Grunewald–Mansfeld	177	151	50	419	638 (882)	2950	1,833	19300	11,97	11,85	200	46,2	396	Regen und mäßiger Wind von vorn bei der Hinfahrt. Mäßiger Wind v. rückwärts bei der Rückfahrt.	
		354	288			550		1,778		11,7	6,66					
	Mansfeld–Grunewald	177	137			449	1750	1,708	12000			120	31,6	260		
2	Grunewald–Mansfeld	177	153	59	515	706 (956)	3150	1,748	19950	11,09	11,03	280	47,5	417	Mäßiger Wind von vorn bei der Hinfahrt. Mäßig. Wind von rückwärts bei der Rückfahrt.	
		354	291			610		1,697			6,75					
	Mansfeld–Grunewald	177	138			502	1875	1,625	12700	11,00		200	33	275		
3	Wustermark–Lehrte	213	154	33	273	512	2450	1,862	15900	12,1	12,72	120	37,2	320	Mittelstarker Wind von vorn b i der Hinfahrt. Mäßiger Wind v. rückwärts bei der Rückfahrt.	
		426	302			454		1,838			6,93					
	Lehrte–Wustermark	213	148			395	1750	1,795	13200	13,53		80	32,5	230		
4	Wustermark–Lehrte	213	156	59	515	720	3050	1,629	19500	10,4	10,57	440	38	395	Mäßiger Wind von vorn bei der Hinfahrt. Mäßig. Wind von hinten bei der Rückfahrt.	
		426	306			721		1,536			6,88					
	Lehrte–Wustermark	213	150			721	2600	1,445	19400	10,76		240	39	350		

[1]) Die eingeklammerten Werte geben die mittleren Leistungen am Zughaken auf der Steigungsstrecke Güsten—Mansfeld an.

Zahlentafel 76.

Versuchsergebnisse bei den mit der 2 C-Vierzylinder-Verbund-Heißdampf-Schnellzuglokomotive (mit Schichau-Schiebern) der Gattung S 10 Nr. 1105 Danzig auf den Strecken Grunewald—Mansfeld und zurück und Wustermark—Lehrte und zurück 1912 angestellten Versuchsfahrten.

Fahrt Nr.	Strecke	Entfernung km	Fahrzeit Min.	Zugstärke Achsenzahl	Zugstärke Gewicht t	Leistung am Zughaken PSz[1]	Betriebsstoffverbrauch Kohlen im ganzen kg	Betriebsstoffverbrauch Kohlen auf 1 PSz-st kg	Betriebsstoffverbrauch Wasser im ganzen l	Betriebsstoffverbrauch Wasser auf 1 PSz-st l	Verdampfungsziffer	Löscherückstand aus der Rauchkammer kg	Kesselleistung Erzeugte Dampfmenge auf 1 qm Heizfläche u. Std. kg	Kesselleistung Verbrannte Kohlenmenge a. 1 qm Rostfläche u. Std. kg	Wetter	Bemerkungen
1	Grunewald-Mansfeld	177	160	45	427	758 (887)	3300	1,65	21550	10,65	10,82	160	49	420	Starker seitlicher Wind bei der Hinfahrt von rechts vorn. Bei der Rückfahrt stärker seitlicher Wind von links hinten.	
	Mansfeld-Grunewald	177	140			671 572	2150	1,61	14800	11,025	6,52		38	315		
		354	300					1,62								
2	Grunewald-Mansfeld	177	152,5	53	502	746 (1032)	3300	1,735	21000	11,02	11,02	240	50	440	Gut. Teilweise leichter Regen.	
		177	152,5			746		1,735			6,37					
3	Wustermark-Lehrte	213	152	33	325	539	2500	1,83	16850	12,35	13,33	120	40	335	Mittelstarker Wind von vorn bei der Hinfahrt. Gut bei der Rückfahrt.	
	Lehrte-Wustermark	213	148			370	1650	1,81	13700	15,02	7,42	40	33	227		
		426				455		1,726								
4	Wustermark-Lehrte	213	154	53	519	700	2700	1,5	18750	10,45	10,23	80	44	358	Leichter Wind von vorn bei der Hinfahrt. Gut bei der Rückfahrt.	
	Lehrte-Wustermark	213	143			774	2400	1,3	18450	10,00	7,29	80	49,5	342		
		426	297			734		1,336								

[1]) Die eingeklammerten Werte geben die mittleren Leistungen am Zughaken auf der Steigungsstrecke Güsten—Mansfeld an.

Zahlentafel 77.

Versuchsergebnisse bei den mit der 2 C-Vierzylinder-Verbund-Heißdampf-Schnellzuglokomotive (mit Hochwald-Schiebern) der Gattung S 10 Nr. 1101 Breslau auf den Strecken Grunewald—Mansfeld und zurück und Wustermark—Lehrte und zurück 1912 angestellten Versuchsfahrten.

Fahrt Nr.	Strecke	Entfernung km	Fahrzeit Min.	Zugstärke Achsenzahl	Zugstärke Gewicht t	Leistung am Zughaken PSz[1]	Betriebsstoffverbrauch Kohlen im ganzen kg	Betriebsstoffverbrauch Kohlen auf 1 PSz-st kg	Betriebsstoffverbrauch Wasser im ganzen l	Betriebsstoffverbrauch Wasser auf 1 PSz-st l	Verdampfungsziffer	Löschrückstand aus der Rauchkammer kg	Kesselleistung Erzeugte Dampfmenge auf 1 qm Heizfläche u. Std. kg	Kesselleistung Verbrannte Kohlenmenge a. 1 qm Rostfläche u. Std. kg	Wetter	Bemerkungen
1	Grunewald–Mansfeld	177	152	49	420	569 (825)	2400	1,665	16250	11,25	11,37	160	38,8	320	Gut	
	Mansfeld–Grunewald	177	137			458	1750	1,672	12000	11,47	6,81	120	27,7	260		
2	Grunewald–Mansfeld	177	151	57	484	704 (984)	2800	1,58	18550	10,45	10,58	240	45,6	375	Gut. Leichter seitlicher Wind bei der Hin- u. Rückfahrt.	
	Mansfeld–Grunewald	177	137			567	2025	1,565	14000	10,81	6,75	160	37	300		
3	Wustermark–Lehrte	213	156	33	282	414	2000	1,858	12950	12,0	11,8	80	30	260	Gut, mäßiger Wind von rechts seitlich bei der Hinfahrt. Leichter Wind von links rückwärts u. teilweise Regen bei der Rückfahrt.	
	Lehrte–Wustermark	213	150			432	1750	1,7	13100	11,65	6,95	40	31,6	236		
4	Wustermark–Lehrte	213	159	57	485	703	2900	1,431	19200	10,31	10,18	160	44	370	Bei der Hinfahrt teilweise Regen, sonst gut. Bei der Rückfahrt leichter Wind v. rückwärts.	
	Lehrte–Wustermark	213	148			722 732	2500	1,463 1,387	18400	10,2	6,96	120	45	342		

[1]) Die eingeklammerten Werte geben die mittleren Leistungen am Zughaken auf der Steigungsstrecke Güsten—Mansfeld an.

lokomotive vollkommen ausreichend, die bezüglich des Betriebsstoffverbrauchs bei dieser Belastung der 2 C-Vierzylinder-Verbund-Heißdampflokomotive um durchschnittlich 15% überlegen ist.

12. Versuchsfahrten mit der 2 C-Heißdampf-Vierzylinder-Verbund-Schnellzuglokomotive Gattung S 10[1], Nr. 1112 Danzig, mit Schmidtschem Rauchrohrüberhitzer und Speisewasservorwärmer.

Um auch bei der 2 C-Heißdampf-Vierzylinder-Verbundlokomotive, deren Triebachsdruck bereits das gesetzlich höchst zulässige Maß von 17 t erreicht hatte, die Vorteile der Speisewasservorwärmung anwenden zu können, war die Aufstellung eines Neuentwurfs erforderlich. Auch dieser wurde der Firma Henschel & Sohn in Cassel übertragen. Die erste nach diesem Neuentwurf gebaute Lokomotive wurde im Frühjahr 1914 angeliefert und für die Versuchsfahrten in der Hauptwerkstätte Grunewald hergerichtet. Wie bei allen neuen Lokomotivbauarten wurden auch für diese die an den einzelnen Achsen vorhandenen Triebachsdrücke mittels Schenkscher Wagen festgestellt. Die Gewichte sind in Zahlentafel 78 zusammengestellt.

Zahlentafel 78.
Gewichte der 2 C - Heißdampf-Vierzylinder-Verbundlokomotive.

	5 Achse	4 Achse	3 Achse	2 Achse	1 Achse	Zusammen
Leergewicht . . . . kg	15 550	15 860	16 080	14 980	15 180	77 650
Dienstgewicht . . . . kg	17 310	17 320	17 360	15 980	16 200	84 170

Bei der ersten Bauart der 2 C-Heißdampf-Vierzylinder-Verbund-Schnellzuglokomotive Gattung S 10[1] waren umfangreiche Versuche zur Feststellung der zweckmäßigsten Größe des Blasrohrs veranstaltet worden. Es wurde als beste Blasrohröffnung ein Durchmesser von 145 mm mit einem Stege von 8 mm ermittelt. Hier war zunächst ein zu großer Blasrohrdurchmesser angewandt worden, wobei sich herausstellte, daß der Kessel, namentlich bei der Beförderung leichter Züge, sehr schlecht Dampf machte. Es wurde daher eine Verkleinerung des Blasrohrdurchmessers auf 130 mm vorgenommen, um bei dem bei leichten Fahrten niedrigen Auspuffdruck noch genügend Dampf machen zu können. Für leichte Züge ergab sich ferner eine schlechte Verdampfungsziffer, was darauf zurückzuführen ist, daß die bei der Anwendung eines Speisewasservorwärmers erheblich herabgesetzte Kohlenmenge nicht ausreichte, um auf dem 3,1 qm großen Rost mit 60% freier Rostfläche einwandfreies Feuer zu unterhalten. Man half sich dadurch, daß durch Anwendung stärkerer Roststäbe die freie Rostfläche von 60 auf 48% der Gesamtfläche verkleinert wurde, ein Mittel, das, wie schon bei Besprechung der Versuchsfahrten mit der P 8-Lokomotive erwähnt, unbedingt zu verwerfen ist. Der Versuch zeigt, daß der Rost von 3,1 qm für Beanspruchungen, wie sie bei Beförderung von Zügen mit ungefähr 300 t Wagengewicht erforderlich sind, zu groß ist und daß in diesem Falle mit schlechter Verbrennung von vornherein gerechnet werden muß. Das angewandte Mittel der Verkleinerung der freien Rostfläche bedingt natürlich bei stärkeren Belastungen größere Luftleere in der Rauchkammer, die nur durch Erhöhung des Gegendrucks im Blasrohr zu erzielen ist und somit einen Arbeitsverlust bedeutet. Neben den in Wirklichkeit verschlechterten Verbrennungsverhältnissen wird durch die breiten Roststäbe die Schlackenbildung auf dem Roste wegen der unzureichenden Kühlung begünstigt und ein größerer Abbrand der Roststäbe hervorgerufen. Es kann daher auch aus diesem Grunde nicht genug vor der Verwendung breiter Roststäbe gewarnt werden. Ein Rost ist vielmehr stets mit schmalen hohen Stäben auszuführen, der die durchstreichende Verbrennungsluft stark erhitzt und dabei selbst durch die Luftkühlung vor Abbrand geschützt ist. Die Spaltenbreite ist so groß auszuführen, wie es mit Rücksicht auf die Korngröße der Kohle irgend zulässig erscheint. Ähnliche Übelstände wie die hier angeführten haben sich in noch erhöhtem Maße bei den Versuchsfahrten mit der 2 B 1-Vierzylinder-Verbund-Heißdampflokomotive Gattung S 9 herausgestellt. Hier mußte bei Zügen von 300 t Gewicht sogar die Aschkastenklappe teilweise geschlossen werden, um einigermaßen günstige Verdampfung zu erzielen.

Bei den neuen S 10-Lokomotiven mit Vorwärmer ist der Verbinder für die beiden rechtsseitigen und für die beiden linksseitigen Maschinen getrennt angeordnet, während bei den früheren Heißdampf-Verbundlokomotiven ein gemeinsamer Verbinder vorhanden war. Bei der Lokomotive 1112 Danzig war auf der linken Seite versuchsweise der Verbinder für die Kolben- und Deckelseite getrennt. Die Anordnung bewährte sich jedoch nicht, weil hierbei die auf die Stirnflächen der Schieber wirkenden starken Schwankungen der Verbinderdrücke unruhige Lage der Schieber zur Folge hatte. Es wurde deshalb wie auf der rechten Seite eine Verbindung zwischen beiden Räumen geschaffen. Der Lauf der Lokomotive war nun ein ruhiger, das Anziehen ebenfalls gut. Die Ergebnisse der Versuchsfahrten sind in Zahlentafel 79 niedergelegt. Sie zeigen, daß gegenüber der älteren Bauart nicht zu unterschätzende Kohlenersparnisse erzielt wurden, die auf den Einbau des Vorwärmers zurückzuführen sind. Die erreichten Ersparnisse an Wasser sind wohl nur auf einen Zufall zurückzuführen, da die Anwendung eines Vorwärmers auf den Wasserverbrauch der Lokomotiven keinen Einfluß hat.

13. Versuchsfahrten mit der 2 C 2 - Heißdampf - Tenderlokomotive Nr. 8401 Mainz, Gattung T 18, mit Schmidtschem Rauchrohrüberhitzer und Speisewasservorwärmer.

Diese neue Lokomotivgattung wurde im Frühjahr 1914 von den Vulkanwerken in Stettin erbaut. Sie ist mit einem Speisewasservorwärmer der Bauart Vulkan, Abb. 268 bis 270, ausgerüstet. Die Versuchsfahrten fanden auf der Strecke Grunewald—Mansfeld statt und zwar mit Zügen von 392 t und 464 t Wagengewicht. Bei der Fahrt mit dem 392-t-Zuge, die in Tafel 52 zeichnerisch dargestellt ist, stellte sich heraus, daß das berechnete Blasrohr zu groß war und der Kessel bei dem leichten Zuge ungenügend Dampf machte. Auch die Überhitzung war unzureichend, was auf die zu tiefe Lage des Blasrohrs zurückzuführen war. In Tafel 50 kommen diese Verhältnisse deutlich zum Ausdruck. Hier wurde Abhilfe geschaffen durch Höhersetzen des Blasrohres um 100 mm und Verengung des Blasrohrdurchmesser von 130 auf 125 mm unter Anwendung eines Steges von 13 mm Breite. Mit der so veränderten Lokomotive fand eine Fahrt mit einem 464-t-Zuge statt. Die Ergebnisse beider Versuchsfahrten sind in Zahlentafel 80 und Tafel 52 wiedergegeben. Die Dampfverbrauchszahlen bestätigen das bei Besprechung der Ergebnisse von Versuchsfahrten mit der Vierlingslokomotive 1002 Erfurt Gesagte. Sie bewegen sich wieder in den für gute Heißdampflokomotiven mit einfacher Dehnung und drei gekuppelten Achsen üblichen Grenzen von 12,5 bis 11,5 kg für die Pferdekraft-Stunde am Zughaken. Der gegenüber der 2 C-Heißdampf-Personenzuglokomotive Gattung P 8 noch günstigere Dampfverbrauch ist auf den geringeren Eigenwiderstand dieser Lokomotive ohne Schlepptender zurückzuführen. Auch bei dieser Lokomotive zeigte sich wieder der günstige Einfluß des Speisewasservorwärmers auf den Kohlenverbrauch. Die Temperatur des Speisewassers betrug beim Arbeiten der Lokomotive durchschnittlich 100°C. Beim Leerlauf der Lokomotive fiel die Temperatur zeitweilig bis auf 34°C, wie auch aus Tafel 52 und 53 ersichtlich ist. **Es ist daher bei längeren Fahrten mit geschlossenem Regler mit der Dampfstrahlpumpe zu speisen, um die für die Erhaltung des Kessels schädliche Einnahme kalten Wassers zu vermeiden!** Mit Rücksicht auf die schädlichen Räume der Zylinder dürfen Füllungen unter 20% nur bei voll geöffnetem Regler angewandt

Zahlentafel 79.

Versuchsergebnisse bei den mit der 2 C-Vierzylinder-Verbund-Heißdampf-Schnellzuglokomotive mit Speisewasservorwärmer der Gattung S 10 Nr. 1112 Danzig auf den Strecken Grunewald–Mansfeld und zurück und Wustermark–Lehrte und zurück im Mai 1914 angestellten Versuchsfahrten.

Nr. der Fahrt	Strecke	Ent-fernung km	Fahrzeit Min.	Leistung am Zughaken in PS_z[1]	Betriebsstoffverbrauch Kohlen im ganzen kg	auf 1 PS_z-st kg	Wasser im ganzen l	auf 1 PS_z-st l	Verdampfungsziffer	Löscherrückstände aus d. Rauchkammer kg	Kesselleistung Erzeugte Dampfmenge auf 1 qm Heizfläche u. Stunde kg	Verbrannte Kohlenmenge auf 1 qm Rostfläche und Stunde kg	Überhitzung im Mittel °C	Mittlere Luftleere in der Rauchkammer mm WS.	Wetter	Bemerkungen
1	Grunewald–Mansfeld Mansfeld–Grunewald	177 177	354	151 143	294	455 (713) 415	437	2250 1750	1,963 1,71	1,87	15150 12800	13,23 12,95	13,05	6,95	160	36,7 32,8	34,8	288 237			Gut. Hinfahrt Wind von rückwärts. Rückfahrt umgekehrt	Wagengewicht rund 300 t
2	Grunewald–Mansfeld Mansfeld–Grunewald	177 177	354	152 144	296	640 (894) 472	558	2700 1750	1,665 1,545	1,616	18350 13200	11,31 11,65	11,46	7,09	160 80	44,2 33,6	39,0	344 235			Gut	Wagengewicht rund 400 t
3	Grunewald–Mansfeld Mansfeld–Grunewald	177 177	354	153 135	288	796 (1030) 624	715	3200 2000	1,575 1,425	1,512	21550 14700	10,62 10,47	10,57	6,98	200 120	51,5 39,9	46,1	405 287			Gut. Teilweise starker Regen, leichter Seitlicher Wind	Wagengewicht rund 500 t
4	Wustermark–Lehrte Lehrte–Wustermark	213 213	426	159 158	317	443 458	450	2050 1725	1,745 1,432	1,59	14850 15300	12,65 12,69	12,67	7,99	— —	34,4 35,4	34,9	249,5 211	302,5 310,5	23,4 27,3	Gut	Wagengewicht rund 300 t
5	Wustermark–Lehrte Lehrte–Wustermark	213 213	426	159 151	310	773 745	760	2800 2150	1,366 1,145	1,26	20350 19000	9,93 10,72	10,00	7,95	160 120	46,8 46,1	46,5	341 276	339 333,5	88,5 100,5	Gut, sehr warm, leichter Wind	Wagengewicht rund 500 t
6	Lehrte–Wustermark	213		146		1067		3700	1,424		24000		9,23	6,49	520	60,2		480	352	152	Gut	Wagengewicht rund 700 t. Grundgeschwindigkeit 160 km/st

[1]) Die eingeklammerten Zahlen geben die mittleren Leistungen am Zughaken in PS_z auf der Steigungsstrecke Güsten–Mansfeld an.

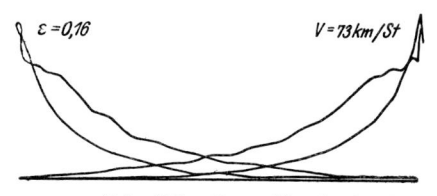

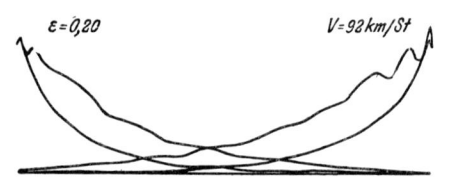

Abb. 600. Dampfdruckschaulinie der 2 C 2 - Heißdampf-Tenderlokomotive.

Zahlentafel 80.

Versuchsergebnisse bei den mit der 2 C 2-Heißdampf-Personenzug-Tenderlokomotive mit Speisewasservorwärmer Bauart Vulkan der Gattung T 18, Nr. 8401 Mainz, auf der Strecke Grunewald—Mansfeld und zurück im Jahre 1914 angestellten Versuchsfahrten.

Nr. der Fahrt	Strecke	Entfernung km	Fahrzeit Min.	Zugstärke Achsenzahl	Zugstärke Gewicht t	Durchschnittliche Leistung am Zughaken in PS$_z$¹)	Betriebsstoffverbrauch Kohle im ganzen kg	Betriebsstoffverbrauch Kohle auf 1 PS$_z$-st kg	Betriebsstoffverbrauch Wasser im ganzen l	Betriebsstoffverbrauch Wasser auf 1 PS$_z$-st l	Verdampfungsziffer	Kesselleistung Löscherückstände aus d. Rauchkammer kg	Kesselleistung Erzeugte Dampfmenge auf 1 qm Heizfläche und Stunde kg	Kesselleistung Verbrannte Kohle auf 1 qm Rostfläche und Stunde kg	Bemerkungen
1	Grunewald-Mansfeld	177	162,5	37	392	473 (632)	4100	1,87	15750	12,25	6,76	160	42,0	328	
	Mansfeld-Grunewald	177	151			363			11950	13,05			34,3		
2	Grunewald-Mansfeld	177	157	45	464	614 (879)	4650	1,675	18450	11,48	6,9	240	50,9	389	
	Mansfeld-Grunewald	177	143			487			13600	11,72		200	41,2		

¹) Die eingeklammerten Zahlen geben die mittleren Leistungen am Zughaken in PS$_z$ auf der Steigungsstrecke Güsten—Mansfeld an.

werden. Ist hierbei die Leistung noch größer als verlangt, so ist die Steuerung auf 20% Füllung auszulegen und mit gedrosseltem Frischdampf zu fahren. Die in Abb. 600 dargestellten Dampfdruckschaulinien zeigen, daß bei Füllungen unter 15% und gedrosseltem Eintrittsdampf die Verdichtungsendspannung die Eintrittsspannung übersteigt, was zu Schleifenbildung in den Schaulinien und unruhigem Lauf der Lokomotive (Stöße im Triebwerk beim Druckwechsel) Veranlassung gibt.

14. Vergleichsfahrten zwischen den D - Heißdampf - Güterzuglokomotiven der Gattung G 8 Nr. 4812 Posen (Ventilsteuer. Bauart Lentz), Nr. 4836 Essen (Gleichstromventilsteuerung Bauart Stumpf) und Nr. 4816 Stettin (Kolbenschieber mit schmalen federnden Ringen).

Die drei Lokomotiven beförderten auf der Strecke Grunewald—Nedlitz je einen leichten, einen mittelschweren und einen schweren Zug. Das Wagengewicht des schweren Zuges betrug rund 1000 t und die Grundgeschwindigkeit bei allen Fahrten 35 km in der Stunde.

Zahlentafel 81 enthält die Versuchsergebnisse der nach dem Wagengewicht geordneten Fahrten. Die Lentz-Lokomotive 4812 besaß bei der Fahrt Nr. 1 Nockenstangen von solcher Form, daß sie einer Ausströmdeckung von — 2 mm entsprach. Dadurch wurde die Dampfverteilung ungünstig beeinflußt. Die Vorausströmung setzte zu früh, die Verdichtung zu spät ein. Der Dampfverbrauch war verhältnismäßig hoch. Er betrug durchschnittlich 12,80 kg für die Zughaken-PS-st. Die Nockenstangen wurden deshalb durch solche ersetzt, deren Kurven eine Ausströmüberdeckung von + 2 mm entsprachen. Die nach der Abänderung aufgenommenen Dampfdruckschaulinien zeigten eine wesentliche Besserung.

Damit ein sanftes Anheben der Ventile gewährleistet und Stöße vermieden werden, dürfen die Hubkurven der Nockenstangen bei Lokomotiven nur mit geringer Steigung gegen die Bewegungsrichtung ausgebildet werden. **Bei derartigen Ventilsteuerungen erfolgt deshalb die Eröffnung im allgemeinen schleichender als bei Schiebersteuerungen.** Das bedingt größere Drosselung des Frischdampfes während der Füllung. Der Dampfverbrauch der Lokomotiven mit Lentzsteuerung Abb. 601 ist deshalb durchweg bei allen Leistungen um etwa 5 v. H. größer als der der Kolbenschieberlokomotive. Die günstigste Dauerleistung beträgt bei beiden Lokomotiven etwa 700 PS$_z$.

Vergleicht man mit diesen bei den Kurven die der Gleichstromlokomotive, so findet man, daß der Dampfverbrauch bei größeren Füllungen und entsprechend größeren Leistungen schnell zunimmt.

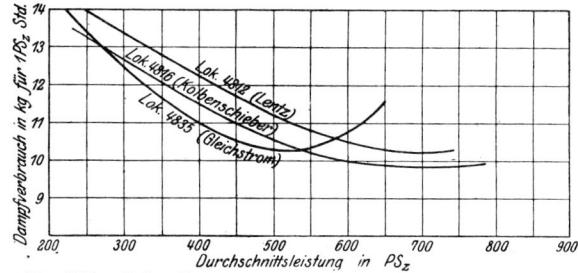

Abb. 601. Schaulinien für den Verbrauch von D-Heißd. Güterzuglokomotiven.

Die Erklärung für diese eigenartige Tatsache ist bei Besprechung der Gleichstrombauart, dritter Abschnitt 5, gegeben worden.

Bei hohen Leistungen müssen bei der Gleichstromlokomotive größere Füllungen als bei der Wechselstromlokomotive angewendet werden. Dadurch ergibt sich ein durch das Abströmen des noch hochgespannten Dampfes bedingter Verlust. Bei der Fahrt Nr. 8 der Zahlentafel 81 mußten bei der Gleichstromlokomotive auf der Steigung von Belzig nach Wiesenburg z. B. Füllungen von 70 v. H. angewandt werden gegenüber Füllungen von 50 bis 60 v. H. der Wechselstromlokomotiven. Hierbei betrug der Druck des abströmenden Dampfes kurz vor dem Auspuff noch 6 bis 7 Atm.

Bei geringeren Leistungen befriedigte die Wirtschaftlichkeit der Gleichstrom-Güterzuglokomotive. Der Dampfverbrauch war hier sogar etwas geringer als der der Kolbenschieberlokomotive.

Die Leistungsfähigkeit der G 8-Lokomotive mit Kolbenschiebern war eine sehr gute. Die volle Ausnutzung der Dampfmaschine wurde aber durch das zu geringe Reibungsgewicht von nur 57 t beeinträchtigt, sonst wäre ihre Überlegenheit vor den Lokomotiven mit Ventilsteuerung noch mehr in die Erscheinung getreten.

15. Versuchsfahrten mit der D-Heißdampf-Güterzuglokomotive der Gattung G 8, Nr. 4831 Magdeburg, mit Schmidtschem Rauchrohrüberhitzer und Schichau-Schiebern
(letzte Ausführung der G 8 mit 12 Atm. Kesseldruck).

Mit einer der letzten im Jahre 1913 von der Hannoverschen Maschinenbau-Aktiengesellschaft vorm. Georg Egestorff in Hannover-Linden gebauten D-Heißdampf-Güterzuglokomotiven mit 12 Atm. Kesseldruck der Gattung G 8 fanden Versuchsfahrten mit Schichau-Schiebern mit doppelter Einströmung auf der Strecke Grunewald—Nedlitz statt. Die Ergebnisse, die gleichzeitig als Unterlage für den Vergleich mit der unter Versuch 16 behandelten D-Heißdampf-Güterzuglokomotive mit 14 Atm. Kesseldruck dienen, sind in Zahlentafel 82 wiedergegeben. Wie aus

Ergebnisse von Versuchsfah[rten]
Hügellandstrecke Grunewald—Ned[litz]

1.	2.	3.	4.	5.	6.	7.	8.	9.	10.	11.	12.	13.
Laufende Nr. der Fahrten	Gattung und Nummer der Lokomotiven	Fahrt fand statt am	Strecke	Ent-fernung km			Zugstärke Gewicht t	Achsen-zahl	Fahrzeit Min.			Du[rch]schn[ittliche] leist[ung] a[m] Ten[der]zugh[aken] P[S]

1. Leichte Züge.

1	G 8 Lentz Betr. Nr. 4812 Posen	28. 1. 1911	Grunewald—Beelitz Beelitz—Belzig Belzig—Nedlitz Nedlitz—Belzig Belzig—Grunewald	35 28 28 28 63	91 91		182	622	68	69 50 56 69 107	175 176	351	300 345 445 — —
2	G 8 Gleichstrom Betr. Nr. 4836 Essen	1. 2. 1911	Grunewald—Beelitz Beelitz—Belzig Belzig—Nedlitz Nedlitz—Belzig Belzig—Grunewald	35 28 28 28 63	91 91		182	622	68	74 55 60 63 112	189 175	364	257 336 505 — —
3	G 8 Kolbenschieber Betr. Nr. 4816 Stettin	2. 2. 1911	Grunewald—Beelitz Beelitz—Belzig Belzig—Nedlitz Nedlitz—Belzig Belzig—Grunewald	35 28 28 28 63	91 91		182	622	68	69 49 57 67 117	175 184	359	256 324 506 — —

2. Mittelschwere Züge.

4	G 8 Lentz Betr. Nr. 4812 Posen	7. 2. 1911	Grunewald—Beelitz Beelitz—Belzig Belzig—Nedlitz Nedlitz—Belzig Belzig—Grunewald	35 28 28 28 63	91 91		182	835	90	71 52 58 69 114	181 183	364	347 443 629 — —
5	G 8 Gleichstrom Betr. Nr. 4836 Essen	9. 2. 1911	Grunewald—Beelitz Beelitz—Belzig Belzig—Nedlitz Nedlitz—Belzig Belzig—Grunewald	35 28 28 28 63	91 91		182	840	88	72 52 61 64 110	185 174	359	338 410 575 — —
6	G 8 Kolbenschieber Betr. Nr. 4816 Stettin	11. 2. 1911	Grunewald—Beelitz Beelitz—Belzig Belzig—Nedlitz Nedlitz—Belzig Belzig—Grunewald	35 28 28 28 63	91 91		182	715	85	72 49 55 65 107	176 172	348	289 358 521 — —

3. Schwere Züge.

7	G 8 Lentz Betr. Nr. 4812 Posen	23. 2. 1911	Grunewald—Beelitz Beelitz—Belzig Belzig—Nedlitz Nedlitz—Belzig Belzig—Grunewald	35 28 28 28 63	91 91		182	980	118	70 55 58 66 122	183 188	371	408 539 762 — —
8	G 8 Gleichstrom Betr. Nr. 4836 Essen	16. 2. 1911	Grunewald—Beelitz Beelitz—Belzig Belzig—Nedlitz Nedlitz—Belzig Belzig—Grunewald	35 28 28 28 63	91 91		182	980	118	68 53 59 65 127	180 192	372	432 555 700 — —
9	G 8 Kolbenschieber Betr. Nr. 4816 Stettin	18. 2. 1911	Grunewald—Beelitz Beelitz—Belzig Belzig—Nedlitz Nedlitz—Belzig Belzig—Grunewald	35 28 28 28 63	91 91		182	980	118	69 54 56 67 123	179 190	369	438 597 815 — —

der Preußischen Staatseisenbahn-Verwaltung und deren Ergebnisse.

§1 81.
Güterzuglokomotiven.
ndgeschwindigkeit 35 km in der Stunde.

16.	17.	18.	19.	20.	21.	22.	23.	24.	25.	26.	27.	28.	29.	30.	31.	32.
	Betriebsstoffverbrauch											Verdampfungsziffer	Löscherückstände		Wetter	Bemerkungen
	Kohlen kg						Wasser kg									
m zen	auf 1000 tkm	auf 1 PS$_z$-st	im ganzen					auf 1000 tkm			auf 1 PS$_z$-st					
1. Leichte Züge.																
2950	28,35 / 23,87	26,08 / —	1,920	4400 / 3450 / 2900 / 3800 / 5300	10750 / 9100	19850		202 / 198 / 166 / 218 / 135	190 / 160	175	13,95 / 12,50 / 12,13 / — / —	12,80	6,72 / 6,74	6,73	80	Teilweiser leichter Regen und leichter Wind von vorn bei der Hinfahrt.	Auf der Rückfahrt konnten Zugkraftmessungen nicht ausgeführt werden, weil der Meßwagen in Nedlitz nicht gedreht werden kann
2825	27,37 / 22,52	24,92 / —	1,976	3400 / 3350 / 2950 / 3000 / 5000	9700 / 8000	17700		157 / 193 / 169 / 172 / 128	171 / 141	156	12,55 / 12,50 / 12,10 / — / —	12,36	6,26 / 6,28	6,27	40	Gut	Wie oben
2625	25,20 / 21,22	23,21 / —	1,842	3500 / 3200 / 2800 / 3100 / 4800	9500 / 7900	17400		161 / 184 / 162 / 178 / 123	168 / 139	154	13,00 / 12,32 / 11,02 / — / —	12,30	6,67 / 6,58	6,63	keine	Gut, teilweise leichter Schneefall	Wie oben
2. Mittelschwere Züge.																
3350	24,39 / 19,79	22,02 / —	1,802	4750 / 4250 / 3500 / 3900 / 6200	12500 / 10100	22600		162 / 182 / 150 / 167 / 118	165 / 133	149	13,00 / 11,95 / 11,52 / — / —	12,17	6,76 / 6,74	6,75	100	Schneetreiben	Wie oben
3350	24,58 / 19,34	21,92 / —	1,948	4350 / 3900 / 3400 / 3900 / 5400	11650 / 9300	20950		148 / 166 / 145 / 166 / 102	153 / 122	137	12,25 / 11,85 / 12,20 / — / —	12,11	6,22 / 6,30	6,26	80	Gut (2° Kälte)	Wie oben
2650	22,30 / 18,45	20,18 / —	1,722	4000 / 3300 / 2800 / 3500 / 5000	10100 / 8500	18600		160 / 165 / 140 / 175 / 111	155 / 131	143	13,21 / 11,51 / 11,10 / — / —	12,00	6,96 / 7,08	7,02	20	Gut	Wie oben
3. Schwere Züge.																
3800	24,71 / 17,97	21,30 / —	1,711	5200 / 4600 / 4200 / 4500 / 6000	14000 / 10500	24500		151 / 167 / 153 / 164 / 97	157 / 118	137	11,55 / 10,65 / 10,32 / — / —	10,88	6,37 / 6,56	6,45	260	Mittelstarker Wind von vorn bei der Hin- u. umgekehrt bei der Rückfahrt	Wie oben
3650	24,50 / 16,27	20,43 / —	1,722	4200 / 4600 / 4500 / 4700 / 4900	13300 / 9600	22900		125 / 167 / 164 / 171 / 80	149 / 108	128	9,27 / 10,35 / 11,68 / — / —	10,40	6,05 / 6,62	6,43	160	Mittelstarker Wind von vorn bei der Hin- u. umgekehrt bei der Rückfahrt	Wie oben
3400	23,00 / 15,14	19,05 / —	1,497	4800 / 4700 / 4300 / 4200 / 5200	13800 / 9400	23200		140 / 171 / 157 / 153 / 84	155 / 105	130	10,41 / 10,05 / 9,93 / — / —	10,09	6,74 / 6,96	6,83	60	Regen u. mittelstarker Wind von vorn bei der Hin- und umgekehrt bei der Rückfahrt	Wie oben

Zahlentafel 82.

Versuchsergebnisse bei den mit der D-Heißdampf-Güterzuglokomotive mit 12 Atm. Kesseldruck Gattung G 8 Nr. 4831 Magdeburg auf der Strecke Grunewald—Nedlitz im Jahre 1913 angestellten Versuchsfahrten.

Nr. der Fahrt	Strecke	Entfernung km	Fahrzeit Min.	Zugstärke Achsenzahl	Zugstärke Gewicht t	Mittlere Leistung am Zughaken in PS$_z$	Kohlen im ganzen kg	Kohlen auf 1 PS$_z$-st kg	Wasser im ganzen l	Wasser auf 1 PS$_z$ st	Verdampfungsziffer	Löschrückstände a. der Rauchkammer kg	Erzeugte Dampfmenge auf 1 qm Heizfläche und Stunde kg	Verbrannte Kohlenmenge auf 1 qm Rostfläche u. Stunde kg	Mittlere Überhitzung °C	Mittlere Luftleere in der Rauchkammer mm WS	Temp. des gespeisten Wassers °C	Temp. des Tenderwassers °C	Wetter	Bemerkungen
1	Grunewald— Brück— Belzig— Nedlitz	49 14 27	91 30 61	110	1013	248 537 328	1900	1,946	5520[1] 2520 3220	14,65[1] 9,4 9,66	11,5[1] 5,93	200	25,2 35,0 22,0	266	337	78	88 86 76	17 13 13	Gut und kein Wind	[1] Werte ungenau, da Spritzhahn offen.
	Nedlitz— Belzig— Grunewald	27 90 63	62 180 118	110	1013	344 254 207	1350	1,77	3570 2060 5960	10,02 14,63	12,5 7,07		25,6 24,0 21,0	191	340	42	77,5 67,0	17 17		
2	Grunewald— Brück— Belzig— Nedlitz	49 14 27	89 30 60	86	835	188 390 231	1350	1,92	3890 2060 2600	13,9 10,58 11,28	12,15 6,33	80	18,0 28,5 18,0	192	331	55	73 77,5 67,0	13 13 13	Gut. Regen und kein Wind	
	Nedlitz— Belzig— Grunewald	27 90 63	63 183 120	86	835	252 200 174	1150	1,88	3160 4880	11,93 14,0	13,2 6,89		20,8 16,9	160	330	69		13 13		
3	Grunewald— Brück— Belzig— Nedlitz	49 14 27	86 28 61	68	616	165 336 184	1150	1,98	3670 1875 2205	15,5 11,95 11,8	13,33 6,72		17,8 27,9 15,0	168	324	38,5	72,5 72,4 72,4	11 11 11	Hinfahrt mittelstarker Seitenwind von rückwärts. Rückfahrt mittelstarker Seitenwind von vorn	
	Nedlitz— Belzig— Grunewald	27 90 63	62 180 118	68	616	220 172 147	1050	2,03	2915 4250	12,8 14,68	13,85 6,82		19,5 15,0	149	314	37		11 11		

dieser ersichtlich ist, arbeitete die Lokomotive auch bei leichter Belastung (Zuggewicht = 600 t) durchaus wirtschaftlich. Der Betriebsstoffverbrauch betrug bei einer Leistung von 199 PS_z am Zughaken auf der Hinfahrt 1,98 kg Kohle und 13,33 l Wasser für die Pferdekraftstunde. Dabei wurde eine Überhitzungstemperatur von im Mittel 324° C erreicht. Diese sank auf der Rückfahrt trotz der noch geringeren Beanspruchung (172 PS_z) um nur 10° auf 314° C.

Bemerkenswert erscheint bei diesen Fahrten noch die sehr niedrige, mittlere Rostanstrengung. Von Grunewald nach Nedlitz wurden im Mittel 168 kg Kohle auf 1 qm Rostfläche in der Stunde verbrannt, auf der Rückfahrt waren es sogar nur 149 kg. Um den großen Einfluß von Steigungen auf die Rostanstrengung der Lokomotiven zu erkennen, soll hier ermittelt werden, wieviel kg Kohle auf 1 qm Rostfläche in der Stunde auf der Strecke Brück—Belzig mit Steigungen von 1:250 und 1:150 verbrannt werden mußten. Der Wasserverbrauch betrug für diesen Fahrtabschnitt 1875 l. Nimmt man an, daß die Lokomotive hierbei mit 6,7facher Verdampfung, was als Durchschnitt für die ganze Fahrt ermittelt wurde, arbeitete, so mußten zur Bewältigung der Steigungsstrecke Brück—Belzig $\frac{1875}{6,7} = 280$ kg Kohle verbrannt werden. Das ergibt bei einer Fahrtdauer von 28 Minuten und einer Rostfläche von 2,35 qm eine Rostanstrengung von 255 kg/qm Kohle in der Stunde, oder es mußte die Verbrennung bei der Fahrt auf der Steigung gegenüber der mittleren Beanspruchung um $\frac{255-168}{168} \cdot 100 = 52\%$ gesteigert werden. Bei größeren Schleppleistungen ergeben sich entsprechend steigende Beanspruchungen. (Vgl. Zahlentafel 85 Fahrt 3 der G 8_1, wo auf der Strecke Güsten—Mansfeld mit dauernden Steigungen von 1:100 bei Beförderung eines 1000-t-Zuges bis 420 kg/qm Kohle in der Stunde verbrannt werden mußten, während im Gefälle Mansfeld—Sangerhausen mit ähnlichen Steigungen nur 115 kg/qm Kohle stündlich zu verfeuern waren.)

Um darzulegen, wieviel wirtschaftlicher eine Lokomotive mit Heißdampf statt mit Sattdampf arbeitet, sollen hier zwei Fahrten verglichen werden, von denen die eine mit der D-Heißdampf-Güterzuglokomotive Gattung G 8 Nr. 4831 Magdeburg, die andere mit der im Jahre 1909 neu entworfenen D-Naßdampf-Güterzuglokomotive Gattung G 9 Nr. 5104 Breslau stattfand. Die Hauptabmessungen der Vergleichslokomotiven sind in Zahlentafel 83 wiedergegeben.

Zahlentafel 83.

Hauptabmessungen der Vergleichslokomotiven Gattung G 8 und G 9.

	G 8	G 9
Zylinderdurchmesser . . . mm	600	550
Kolbenhub . . . . mm	660	630
Triebraddurchmesser . . . mm	1350	1250
Zugkraftcharakteristik C_1 . qcm	1730	1525
Rostfläche . . . . qm	2,35	3,04
Heizfläche . . . . qm	137,9	198
Überhitzerheizfläche . . . qm	38,97	—
Reibungsgewicht . . . . t	57,16	60
Leergewicht . . . . . . t	51,02	52,15

Die Ergebnisse der Fahrten enthält Zahlentafel 84. Wie aus dieser hervorgeht, war die Heißdampflokomotive auf allen Streckenabschnitten etwas mehr belastet als die Naßdampflokomotive. Trotzdem erscheint ein Vergleich des auf die Einheit bezogenen Betriebsstoffverbrauchs zulässig, wenn man berücksichtigt, daß die Charakteristik der Heißdampflokomotive größer ist als die der Naßdampflokomotive.

Für die Fahrt Grunewald—Nedlitz betrug der Mehrverbrauch der Naßdampflokomotive an Kohle $\frac{2{,}45 - 1{,}946}{1{,}946} \cdot 100 = 26{,}4\,^0/_0$, an Wasser $\frac{16{,}63 - 11{,}5}{11{,}5} \cdot 100 = 44{,}5\,^0/_0$ auf die Leistungseinheit bezogen, dabei leistete die Heißdampflokomotive am Zughaken durchschnittlich 322 PS_z gegenüber 296 PS_z der Naßdampflokomotive.

Ebenso günstige Verhältnisse ergeben sich für die Rückfahrt. Hier verbrauchte die Naßdampflokomotive mehr: an Kohle $\frac{2{,}41 - 1{,}875}{1{,}875} \cdot 100 = 28{,}5\,^0/_0$, an Wasser $\frac{17{,}75 - 12{,}5}{12{,}5} \cdot 100 = 42\,^0/_0$, obwohl die Heißdampflokomotive 254 PS_z leistete gegen 211 PS_z der Naßdampflokomotive.

Die große Überlegenheit der Heißdampflokomotive wird besonders augenfällig, wenn man beachtet, daß die beiden verglichenen Lokomotiven ungefähr das gleiche Leergewicht haben, die Naßdampflokomotive aber einen erheblich größeren Kessel besitzt als die Heißdampflokomotive.

Der Vergleich zeigt, daß zur Beförderung von Güterzügen mit ungefähr 1000 t Gewicht Naßdampflokomotiven große Kessel mit Rostflächen von 3 qm benötigen, daß Heißdampflokomotiven die gleichen Leistungen mit kleineren Kesseln und ganz erheblich größerer Wirtschaftlichkeit verwirklichen.

16. Versuchsfahrten mit der D-Heißdampf-Güterzuglokomotive der Gattung G 8_1, 4882 Posen, mit Schmidtschem Rauchrohrüberhitzer ohne und mit Speisewasservorwärmer
(neueste Ausführung mit 14 Atm. Kesseldruck).

Über die Versuchsfahrten berichtet das Eisenbahn-Zentralamt:

Zur Erprobung der erstmalig von der Firma Schichau-Elbing gelieferten G 8_1-Lokomotive verstärkter Bauart, siebenter Abschnitt 8, wurden mit Lokomotive 4882 Posen auf der Strecke Grunewald—Nedlitz und Güsten—Sangerhausen Versuchsfahrten mit verschiedenen Belastungen unternommen. Die Lokomotive ist mit Vorwärmer und Trickkammerschieber der Bauart des Eisenbahn-Zentralamts ausgerüstet. Da für den größten Teil der Lokomotiven dieser Gattung Vorwärmer nicht vorgesehen sind, mußten durch Fahrten mit verschiedenen Belastungen auch die Verbrauchswerte bei Ausschaltung des Vorwärmers festgestellt werden. Die Ergebnisse sind in Zahlentafel 85 niedergelegt. Bei der Fahrt unter 3 und 2 war der Trickkammerschieber durch Verschließen der Hilfseinströmung zu einem Schichau-Schieber mit einfacher Einströmung umgewandelt worden.

Zur leichteren Beurteilung der durch die Vorwärmung gewonnenen Vorteile sind zwei entsprechende Fahrten je mit leichter und schwerer Belastung mit und ohne Vorwärmer auf Zahlentafel 85 gegenübergestellt. Zum Vergleich kann die Zahlentafel 84 herangezogen werden, in der die Versuchsergebnisse mit der leichteren Lokomotive der Gattung G 8, 4831 Magdeburg angegeben sind.

Bei diesen Versuchsfahrten wurde zum ersten Mal der Wasserverbrauch außer in der bisher üblichen Weise (mittels Meßlatte im Tender) mit Hilfe eines von der Firma Siemens & Halske probeweise zur Verfügung gestellten Heißwassermessers festgestellt. Der Messer wurde in der Druckleitung der Dampfstrahlpumpe bzw. des Vorwärmers eingeschaltet, so daß er die dem Kessel tatsächlich zugeführte Wassermenge angibt, während bei der bisher üblichen Meßweise auch das Schlabber- und Spritzwasser als Kesselspeisewasser mit vermessen wurde. Auch die Ungenauigkeiten, die bisher beim Festlegen der Meßlattenteilstriche, beim Abschätzen des Wasserspiegels zwischen zwei Teilstrichen und infolge der durch die Unebenheiten des Gleises bedingten verschiedenen Stellungen des Tenders unvermeidlich waren,

Zahlentafel 84.

Versuchsergebnisse bei Vergleichsfahrten mit einer D-Heißdampf-Güterzuglokomotive Gattung G 8 mit 12 Atm. Kesseldruck und 2,35 qm Rostfläche Nr. 4831 Magdeburg und einer D-Naßdampf-Güterzuglokomotive Gattung G 9 mit 12 Atm. Kesseldruck und 3 qm Rostfläche Nr. 5104 Breslau auf der Strecke Grunewald—Nedlitz und zurück bei ungefähr gleichen Leistungen am Zughaken.

Lokomotive Nr.	Strecke	Entfernung km	Fahrzeit Min.	Mittlere Leistung am Zughaken in PS$_z$	Betriebsstoffverbrauch Kohlen im ganzen kg	Betriebsstoffverbrauch Kohlen für 1 PS$_z$-st kg	Betriebsstoffverbrauch Wasser im ganzen l	Betriebsstoffverbrauch Wasser für 1 PS$_z$-st l	Verdampfungsziffer	Löscherrückstände a. der Rauchkammer kg	Kesselleistung Erzeugte Dampfmenge auf 1 qm Heizfläche und Stunde kg	Kesselleistung Verbrannte Kohlenmenge auf 1 qm Rostfläche u. Stunde kg	Mittlere Überhitzung °C	Mittlere Luftleere in der Rauchkammer mm WS.	Wetter	Bemerkungen
G 9 5104 Breslau	Grunewald—Brück—Belzig—Nedlitz	49 14 27	86,5 29,5 60,0	259 470 263	2125	2,45	6350 3725 4375	17,0 16,13 16,63	6,79		22,2 38,2 22,1	240				
		90	176	296				16,63			42,9					
	Nedlitz—Belzig—Grunewald	27 63	65,5 117,5	274 176	1550	2,41	4900 6525	16,37 18,9	7,37	120	22,6 16,8	170				
		90	183	201				17,75			18,9					
G 8 4831 Magdeburg	Grunewald—Brück—Belzig—Nedlitz	49 14 27	91 30 61	248 537 328	1900	1,946	5520[1] 2520 3220	14,65 9,4 9,66	5,93	200	25,2 35,0 22,0	266	337	78	Gut und kein Wind	[1]) Werte ungenau, da Spritzhahn offen
		90	182	322				11,5[1]			25,6					
	Nedlitz—Belzig—Grunewald	27 63	62 118	344 207	1350	1,873	3570 5960	10,02 14,63	7,07		24,0 21,0	191	340	42		
		90	180	252				14,63			22,5					

Zahlentafel 85.

Versuchsergebnisse bei den mit der D-Heißdampf-Güterzuglokomotive mit 14 Atm. Kesseldruck Gattung G 8¹ Nr. 4882 Posen auf der Strecke Grunewald—Nedlitz und zurück ohne Speisewasservorwärmer und auf der Strecke Güsten—Sangerhausen und zurück mit Speisewasservorwärmer im Frühjahr 1913 angestellten Versuchsfahrten.

Nr. der Fahrt	Strecke	Entfernung km	Fahrzeit Min.	Zugstärke Achsenzahl	Zugstärke Wagengewicht t	Mittlere Leistung am Zughaken PSz	Kohlen im ganzen kg	Kohlen auf 1 PSz-st kg	Wasser im ganzen l	Wasser auf 1 PSz-st l	Verdampfungsziffer	Löschrückstände aus der Rauchkammer kg	Erzeugte Dampfmenge auf 1 qm Heizfläche und Stunde kg	Verbrannte Kohle auf 1 qm Rostfläche und Stunde kg	Mittlere Überhitzung °C	Mittlere Luftleere in der Rauchkammer mm WS	Temperatur des gespeisten Wassers °C	Temperatur des Tenderwassers °C	Wetter	Bemerkungen
	Fahrten ohne Speisewasservorwärmer.																			
1	Grunewald—Brück—Belzig—Nedlitz	49 / 14 / 27	84 / 28 / 62	90	85	827	291 / 554 / 280	1600	1,675	4690 / 2550 / 3320	12,18 / 9,88 / 11,48 (11,35) (11,88)	6,78	80	24,5 / 38,0 / 22,2	26	209	329	51	72,5 / 75,6 / 80°	10 / 10 / 10	Teilweise Regen. Mittelstarker seitlicher Wind von links vorn bei der Hinfahrt und umgekehrt bei der Rückfahrt	Trick-Kammerschieber
	Nedlitz—Belzig—Grunewald	27 / 63	60 / 120	90	85	827	323 / 188	1300	1,86	3600 / 5030	11,12 / 13,38 (12,4)	6,65		25 / 17,5		171	330	79	75 / 75	10 / 10		
2	Grunewald—Brück—Belzig—Nedlitz	49 / 14 / 27	86,5 / 28,5 / 62	90	105	1018	448 / 663 / 343	2050	1,56	6640 / 2895 / 3760	10,25 / 9,18 / 10,6 (10,09) (10,7)	6,48	200	32 / 42 / 25	31	265	334	65	75	10	Teilweise Regen. Hinfahrt mäßiger Wind von vorn; Rückfahrt umgekehrt	Trick-Kammerschieber
	Nedlitz—Belzig—Grunewald	27 / 63	62 / 120	90	105	1018	383 / 203	1400	1,748	4150 / 4960	10,47 / 12,2 (11,4)	6,52		28 / 17		175	326	118	75	10		
	Fahrten mit Speisewasservorwärmer.																			
3	Güsten—Sandersleben—Hettstedt—Mansfeld—Sangerhausen	16 / 6 / 9 / 22	32 / 18 / 24 / 56	53	111	1009	648 / 884 / 838 / 150	502²) / 1630	1,5	9800	10,35 (10,9)	7,22		55		420	330	96	80 / 98 / 82 / 54	15	Gut. Leichter seitlicher Wind	Schichau-Schieber mit einfacher Einströmung
	Sangerhausen—Blankenheim—Güsten	11 / 53 / 42	27 / 97	115	987	890 / 139	304	950	1,51	4100 / 4000	10,25 / 17,8 (12,9)	8,53		63 / 17		380 / 117	327	108	95 / 58	15		Verfeuert wurde westfälische Kohle mit Briketts vermischt. Trick-Kammerschieber

¹) Für Güsten-Mansfeld im Mittel 767 PSz.

²) 1960¹⁴

sind bei Verwendung des Messers ausgeschaltet. Da der Speisewassermesser das Volumen des Wassers, nicht sein Gewicht mißt, muß die Temperatur des den Messer durchfließenden Wassers bekannt sein, um die erforderliche Umrechnung vornehmen zu können. Bei der Speisung mit der Dampfstrahlpumpe ist außerdem noch das zur Förderung des Wassers in den Kessel erforderliche Dampfgewicht abzuziehen. Sind nach den Angaben des Wassermessers z. B. 1000 Liter gespeist worden und hat die Temperatur im Wassermesser 70^0 betragen, so ist die Dichte des Wassers $= 0,978$. Es haben demnach einschließlich des zur Förderung in den Kessel erforderlichen Dampfgewichts 978 kg Wasser den Wassermesser durchströmt. Beträgt die Tender-Wassertemperatur 10^0, so sind dem Speisewasser durch den Kesseldampf $(70-10)\ 978$ WE. zugeführt worden. Enthält der Dampf $1,5^0/_0$ Wasser, so enthält 1 kg Dampf-Wassergemisch von 14 Atm. Überdruck $0,985 \times 670,5 + 0,015 \times 197,2 = 663$ WE. In dem durch den Wassermesser strömenden Wasser sind demnach $\dfrac{60 \cdot 978}{663} = 88,5$ kg Dampf enthalten. In Wirklichkeit sind also nur 889,5 kg aus dem Tender entnommenes Speisewasser durch den Messer hindurchgegangen. Wird der Wassermesser in die Druckleitung des Vorwärmers eingeschaltet, so sind seine Angaben nur nach dem der Temperatur des Wassers entsprechenden spezifischen Gewicht richtig zu stellen.

In Zahlentafel 85 sind den Angaben des Wassermessers die nach der bisherigen Meßweise sich ergebenden Verbrauchswerte in Klammern gegenübergestellt. Der Unterschied gegenüber den Werten des Wassermessers ist durch den auf verschiedenen Streckenabschnitten verschiedenen Verbrauch an Schlabber- und Spritzwasser und die beim Feststellen des Wasserverbrauchs in der bisherigen Weise unvermeidlichen Ungenauigkeiten zurückzuführen. Als mittlerer Verbrauch für Schlabber- und Spritzwasser kann demnach etwa $4^0/_0$ angenommen werden. Der größere Unterschied bei der Fahrt 2 erklärt sich dadurch, daß bei dieser Versuchsfahrt die Deckel des Vorwärmers undicht waren.

Bezüglich Bauart und Bewährung des Schiebers und Dampfverbrauchs ist folgendes zu sagen:

Die Lokomotive ist mit Trickkammerschieber der Bauart des Eisenbahn-Zentralamts Abb. 602 ausgerüstet. Der schädliche Raum des Zylinders beträgt $9^0/_0$, der Kammerraum $4^0/_0$. Die Einströmdeckung, die bei dem normalen Schieber 38 mm beträgt, ist hier auf 45 mm vergrößert worden, um die Mündungen des Trickkanals unterbringen zu können. Die Ausströmdeckung beträgt 8 mm.

Die Dampfschaulinien zeigten, daß trotz verhältnismäßig kleiner Kammer mit allen Füllungen und vollem Schieberkastendruck gefahren werden kann, und daß selbst bei Drosselung des Schieberkastendrucks auf 10 Atm. und Mittellage der Steuerung noch positive Arbeit geleistet wird. Die Gegendrucklinie nimmt auch bei großen Füllungen und Geschwindigkeiten infolge Vergrößerung der Ausströmöffnungen, zweckmäßiger Führung des Auspuffdampfes und Verminderung der Auspuffspannung infolge Entnahme eines Teiles des Abdampfes für den Vorwärmer einen günstigen Verlauf. Der Verlauf der Leerlaufschaulinien bei geschlossenem Druckausgleich zeigte, daß der Einfluß der kleinen Kammer auf den Verlauf der Verdichtungslinie nicht erheblich ist. Die Einwirkung der hohen Verdichtungsspannung auf den Lauf der Lokomotive machte sich bei geschlossenem Druckausgleich sehr unangenehm bemerkbar.

Der Dampf- und Brennstoffverbrauch der Lokomotive unter verschiedenen Verhältnissen ist aus Zahlentafel 85 ersichtlich.

Der Trickkammerschieber läßt sich durch Verschließen der Trickkanäle mit gußeisernen Ringen leicht in einen Schichauschieber mit einfacher Einströmung umwandeln. Es war daher Gelegenheit geboten, ohne große Mühe einwandfreie

Vergleichsversuche zwischen Kammer- und Schichauschieber anzustellen. Die Dampfschaulinien für Schichauschieber zeigten für Füllungen bis zu 15% einwandfreien Verlauf. Die Verdichtungsspannung, der infolge Erhöhung des Kesseldrucks auf 14 Atm. größerer Spielraum gegeben ist, erreicht erst bei der genannten Füllung die Höhe der Eintrittsspannung. Die Arbeitsleistung bei 15% Füllung entspricht etwa der Leistung des Trickkammerschiebers bei Nullfüllung. Es lassen sich also kleine Leistungen unter vollem Schieberkastendruck erreichen. Ein Vorteil ist daher in dieser Beziehung vom Kammerschieber nicht zu erwarten. Zur weiteren Verringerung der Leistung muß in beiden Fällen der Schieberkastendruck gedrosselt werden. Bei dieser Betriebsweise lag, besonders bei Anwendung des Schichauschiebers, die Befürchtung nahe, es könnten unzulässig hohe, die Schmierung gefährdende Temperaturen auftreten, da der gedrosselte Dampf bei der geringen Abspannung wenig an Temperatur verliert, die Verdichtung aber stets wieder auf etwa 14 Atm. getrieben wird. Die Dampfdruckschaulinien zeigten jedoch, daß auch in dieser Beziehung ein wesentlicher Vorteil für den Kammerschieber nicht in Anspruch zu nehmen ist. Auch hat sich bei dieser Betriebsweise beim Schichauschieber ebensowenig wie beim Kammerschieber eine Temperatursteigerung des Auspuffdampfes feststellen lassen.

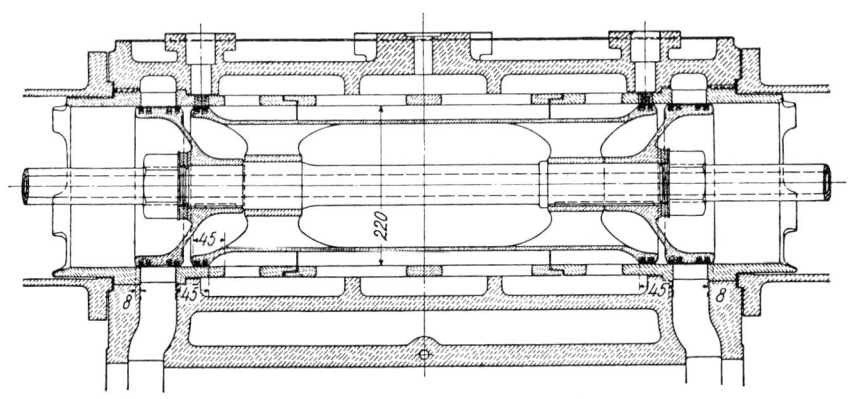

Abb. 602. Trickkammerschieber des Eisenbahnzentralamts.

Bezüglich der Wirtschaftlichkeit endlich ist zu bemerken, daß die Kammer günstigenfalls hierauf einen nachteiligen Einfluß nicht ausübt. Dies würde der Fall sein, wenn die Kammer im Augenblick ihrer Verbindung mit dem Zylinder unter allen Umständen Zylinderspannung aufweist, was jedoch nur bei unendlich kleiner Kammer erreichbar ist. Bezüglich der Wirtschaftlichkeit ist der Kammerschieber daher bei gleichen schädlichen Räumen dem Schichauschieber unterlegen. Die Unterschiede können im vorliegenden Falle wegen des zur Anwendung gekommenen kleinen Kammerraums nicht erheblich sein.

Wie der Vergleich der in Zahlentafel 85 angegebenen Werte zeigt, hat der Schichauschieber zum Teil etwas höhere Wasserverbrauchswerte ergeben. Dies erklärt sich jedoch im vorliegenden Falle dadurch, daß bei der Fahrt mit Schichauschieber der Vorwärmer in Tätigkeit war und wegen der geringeren Rostbeanspruchung die Überhitzung abgenommen hat. Es ergaben sich bis zu 31° betragende Unterschiede dieser Werte zuungunsten der Fahrt mit Schichauschieber. Es würde dies einem Mehrverbrauch an Wasser bis zu 5% entsprechen. Auf gleiche Überhitzung bezogen ergeben sich daher für den Schichauschieber günstigere Verbrauchswerte. Auch bei der Fahrt, bei der die Überhitzungstemperaturen ungefähr die gleichen waren, sind die Verbrauchswerte für den Schichauschieber etwas günstiger.

Die Fahrten mit Lokomotive 4831 Magdeburg, die Schichauschieber mit doppelter Einströmung besitzt, haben ungefähr die gleichen Versuchswerte wie die Schichauschieber mit einfacher Einströmung ergeben.

Der Vergleich der Dampfdruckschaulinien für den Schichauschieber mit einfacher und doppelter Einströmung zeigte, daß ein merklicher Unterschied in der Drosselung der Einströmungslinie nicht festzustellen ist.

Die zum Teil etwas günstigeren Brennstoffverbrauchswerte der neuen $G\,8_1$-Lokomotive sind auf den günstigeren Wirkungsgrad des Kessels bei gleicher Leistung zurückzuführen.

Mit Rücksicht auf die große Einfachheit des nur 8 Ringe erfordernden Schiebers, die leichte Handhabung der Steuerung infolge des geringeren Gewichts (er ist etwa 30 kg leichter als der Kammerschieber), die geringeren Kosten der Beschaffung und Unterhaltung, sowie den geringeren Betriebsstoffverbrauch ist diese Bauart dem Kammerschieber vorzuziehen.

Die für die Beurteilung der Leistungsfähigkeit der Lokomotive maßgebenden Angaben sind nachstehend zugleich mit den entsprechenden Werten für die normale G 8- und die G 10-Lokomotive gemacht:

	Reibungsgewicht in t		Heizfläche in qm		Rostfläche
	ohne Vorwärmer	mit Vorwärmer	Kessel	Überhitzer	qm
Verstärkte $G\,8_1$-Lokomotive .	67,14	68,12	144,17	46,17	2,63
G 10-Lokomotive	69,5		154	52,7	2,6
Normale G 8-Lokomotive . .	57		137,9	39	2,3

Die Rostflächen der $G\,8_1$- und G 10-Lokomotivgattungen sind hiernach ungefähr gleich. Die Verdampfungsheizfläche der G 10-Lokomotive ist etwa um 7% größer. Hieraus ist jedoch nicht zu folgern, daß auch die Leistungsfähigkeit des Kessels um den gleichen Betrag größer ist als die der $G\,8_1$-Lokomotive, da der Mehrbetrag an Heizfläche bei der G 10-Lokomotive auf die wenig wirksame Heizfläche der um 200 mm längeren Siederohre entfällt, die für die Leistung ausschlaggebende Feuerbuchsheizfläche bei beiden aber ungefähr die gleiche ist. Hieraus ist zu ersehen, daß der Kessel der $G\,8_1$-Lokomotive auch ohne Anwendung der Vorwärmung dem der G 10 an Leistungsfähigkeit nur wenig nachsteht, ihm bei Anwendung des Vorwärmers dagegen erheblich überlegen ist. Das Reibungsgewicht der G 10-Lokomotive übertrifft das der $G\,8_1$-Lokomotive nur um etwa 1,5 t. Demnach wird die G 10-Lokomotive für Geschwindigkeiten, für die die Kesselleistung noch nicht in Frage kommt, etwas leistungsfähiger sein. Der Unterschied ist aber unerheblich und wird dadurch zum Teil wieder aufgehoben, daß die G 10-Lokomotive größeren Eigenwiderstand besitzt. Es wurde demgemäß mit der $G\,8_1$-Lokomotive bei allen Geschwindigkeiten die Leistung der G 10-Lokomotive erreicht. Die größte beobachtete Anzugskraft betrug 18 t, die Kesselleistung reichte bei Ausschaltung des Vorwärmers aus, um am Tenderzughaken dauernd eine Zugkraft von 11 000 kg bei 27 km Geschwindigkeit entsprechend einer Leistung von $\frac{11\,000 \times 27}{270} = 1100$ PS am Zughaken auszuüben. Bei Anwendung des Vorwärmers konnte die Dauerleistung auf 1250 PS_z entsprechend einer Zugkraft von 12 500 kg auf 27 km Stundengeschwindigkeiten gesteigert werden. Es entspricht dies einem Reibungsziffer von 1:5,5. Das Reibungsgewicht kann demnach bis zu einer Geschwindigkeit von 27 km voll ausgenutzt werden. Die indizierte Leistung betrug hierbei nach Ausweis der Dampfdruckschaulinien etwa 1600 PS_i (Belastung 1009 t, Steigung 1:100, Gewicht von Lokomotive mit Tender 112 t). Zur Erreichung dieser Leistung war beim Schichauschieber die Anwendung einer Füllung von 58 %, beim Kammerschieber von 52 % erforderlich. Es war ohne Benutzung der Kesselreserve möglich, den 1009 t schweren, 111 Achsen starken Zug auf der Strecke von Sangerhausen nach Blankenheim in 27 Minuten zu befördern, während für dieselbe Strecke und für die ältere G 8-Lokomotive bei einer Belastung von nur 675 t fahrplanmäßig 44 Minuten vorgesehen sind. Die Strecke von Güsten nach Mansfeld, die von der älteren G 8 mit einer Belastung von 750 t fahrplanmäßig in 92 Minuten zurückzulegen ist, konnte von der verstärkten $G\,8_1$-Lokomotive mit 1009 t Belastung in 74 Minuten zurückgelegt werden. Es sind dies Leistungen, wie sie von der G 10-Lokomotive bisher nicht erreicht worden sind. Die Verwiegung hat ergeben, daß bei Anordnung des Vorwärmers vor dem Stehkessel die Achsbelastung 17 t nicht übersteigt.

Bezüglich des Brennstoffverbrauchs mit und ohne Vorwärmer ist anzuführen: Bei den Vergleichsfahrten zur Feststellung der durch die Vorwärmung zu erzielenden Vorteile wurde zur Erreichung einwandfreier Ergebnisse besonderer Wert darauf gelegt, daß auch auf den einzelnen Strecken die Beanspruchung der Lokomotive bei Fahrt mit und ohne Vorwärmer möglichst die gleiche war. Die angegebenen Werte zeigen demnach auch gute Übereinstimmung. Die Kohle wurde hierbei in einzelnen vorher genau verwogenen Körben zugemessen. Nach Zahlentafel 85 sind bei annähernd gleicher Gesamtleistung ohne Vorwärmer 1225, mit Vorwärmer 900 kg Kohle verbraucht worden. Der Verbrauch auf eine PS_z-st betrug 1,753 kg ohne Vorwärmer gegen 1,328 kg mit Vorwärmer, entsprechend einer Ersparnis an Brennstoff von 24 %. Es ist ersichtlich, daß eine so große Ersparnis nicht allein der Vorwärmung zuzuschreiben ist, sondern zum Teil auf die Erhöhung des Kesselwirkungsgrades infolge geringerer Rostbeanspruchung zurückzuführen ist. Zur Ermittlung des durch die Vorwärmung mittels Abdampf erzielten Gewinnes ist zunächst festzustellen, welcher Teil der Vorwärmung dem Abdampf der Speisepumpe zuzuschreiben ist. Beträgt der Dampfverbrauch 30 kg für 1 Pumpenpferdekraftstunde = 270 000 mkg in 1 Stunde, so sind bei einer Eintrittsspannung von 9 Atm. $30 \cdot 666{,}1 = 20\,000$ WE. aufzuwenden. Zur Förderung von 1 cbm Wasser auf beispielsweise angenommen 18 Atm. Gegendruck in einer Stunde sind demnach $\dfrac{180 \cdot 1000}{270\,000} = 0{,}66$ PS-st erforderlich, für die nach dem obigen $20\,000 \cdot 0{,}66 = 13\,333$ WE. aufgewendet werden müssen. Da die Dampfmaschine der Pumpe mit Volldruck arbeitet, so gehen von den in dem Eintrittsdampf enthaltenen WE. schätzungsweise 13 000 WE. in den Auspuff. Entweicht das Kondenswasser mit einer Temperatur von 100° ins Freie, so gehen von den 13 000 WE. verloren $30 \cdot 0{,}66 \cdot 100 = 2000$ WE., so daß vom Abdampf der Pumpe an 1 cbm Speisewasser nutzbar übertragen werden können $13\,000 - 2000 = 11\,000$ WE., wodurch seine Temperatur um $\dfrac{11\,000}{1000} = 11°$ erhöht wird.

Die Vorwärmung hat im Durchschnitt 98°C betragen, bei einer durchschnittlichen Überhitzungstemperatur von 339° und einer Tenderwassertemperatur von 10°. Das Speisewasser ist demnach um $98 - (10 + 11) = 77°$ vorgewärmt worden. Da zur Erzeugung von 1 kg Heißdampf von 14 Atm. und 339° 748 WE. erforderlich sind, beträgt demnach die dem Abdampf entnommene Wärme $\dfrac{77}{748} \cdot 100 = 10{,}4 \%$ der gesamten dem Wasser zugeführten Wärme. Von der festgestellten Gesamtersparnis von 24 % sind demnach 13,6 % auf die Verbesserung des Kesselwirkungsgrades infolge geringerer Beanspruchung zurückzuführen.

Die verfeuerte Kohle hat einen Heizwert von etwa 7000 WE., da die Verdampfungsziffer bei der Fahrt ohne Vorwärmer 5,47 betragen hat und zur Erzeugung von 1 kg von 14 Atm. und 343° mittlerer Überhitzungstemperatur bei 10° Tenderwassertemperatur 741 WE. aufzuwenden sind, so ergibt sich unter diesen Verhältnissen ein Kesselwirkungsgrad von

$$\frac{5{,}47 \times 741}{7000} = 0{,}58 = 58\,\%$$

Unter Annahme des gleichen Wirkungsgrades hätte demnach die Verdampfungsziffer bei der Fahrt mit Vorwärmer, bei der die Überhitzung 8° niedriger war, $\frac{7000 \times 0{,}58}{746-77} = 6{,}1$ betragen müssen. Da sie in Wirklichkeit jedoch $= 7{,}55$ war, so muß der Kesselwirkungsgrad $\frac{669 \times 7{,}55}{7000} = 0{,}722 = 72{,}2\,\%$ betragen haben. Von der gesamten verbrannten Kohlenmenge werden also $72-58 = 14\,\%$ mehr ausgenutzt, was mit der oben errechneten Zahl gut übereinstimmt. Dies Ergebnis ist im Hinblick auf die Rostbeanspruchung, die ohne Vorwärmer 540, mit Vorwärmer 410 kg/qm betragen hat und die erheblich geringeren Unterdrücke in der Rauchkammer, die entsprechend geringere Rauchkammertemperaturen und geringeres Überreißen unverbrannter Kohlenteilchen bedingen, erklärlich.

Bemerkenswert ist, daß der Dampfverbrauch für eine PS_z-st bei der Fahrt mit Vorwärmer etwas höher war. Der Mehrverbrauch betrug etwa 4%. Es ist dies auf den Dampfverbrauch der Speisepumpe und auf die bei der Fahrt mit Vorwärmer erzielte geringere Überhitzung zurückzuführen. Der Dampfverbrauch der Speisepumpe beträgt wie oben angenommen $0{,}66 \times 30$ kg $= 20$ kg für 1000 l in den Kessel gefördertes Wasser, also 2,0% des gesamten Wasserverbrauchs. Die Überhitzung war bei der Fahrt mit Vorwärmer etwa 8° niedriger. Da bei einer Steigerung der Überhitzung von 300 auf 350° der Dampfverbrauch für die Leistungseinheit um 9% zurückgeht, so ist im vorliegenden Falle ein Mehrverbrauch von etwa 1,4% begründet. Der Gesamtmehrverbrauch bei Anwendung der Vorwärmung würde demnach in vorliegenden Verhältnissen etwa 3,4% betragen müssen.

Auch bei der leichten Beanspruchung sind die Brennstoffersparnisse erheblich, trotzdem hier die Überhitzung bei Anwendung der Vorwärmung niedriger war. Die Ersparnisse sind hierbei jedoch im wesentlichen auf die Vorwärmung allein zurückzuführen. Die durchschnittliche Vorwärmung betrug 80°, die Temperatur des Tenderwassers 15°. Bei einer durchschnittlichen Überhitzungstemperatur von 303° ergibt sich demnach rechnungsmäßig eine Ersparnis von $\frac{80-(15+11)}{714} \cdot 100 = 7{,}6\,\%$.

Bei der Fahrt ohne Vorwärmer betrug die Verdampfungsziffer 6,95. Es entspricht dies bei einer Überhitzungstemperatur von durchschnittlich 313°, 15° Tenderwassertemperatur und einem Heizwert der Kohle von 7000 WE. einem Kesselwirkungsgrad von $\frac{6{,}95 \times 720}{7000} = 0{,}715$.

Unter Annahme des gleichen Wirkungsgrades würde die Verdampfungsziffer bei Anwendung der Vorwärmung unter Berücksichtigung einer durchschnittlichen Überhitzung von $\frac{7000 \times 0{,}715}{708-54} = \sim 7{,}7$ betragen müssen. Daß sie in Wirklichkeit jedoch nur 7,4 betragen hat, ist ein Zeichen dafür, daß die vorliegende Beanspruchung (etwa 150 kg/qm Rostfläche und Stunde bei 11 bis 26 mm Unterdruck in der Rauchkammer) die Grenze darstellt, bei deren Unterschreitung der Gütegrad des Kessels wieder abnimmt.

Zu der großen Ersparnis an Brennstoff kommt als weiterer Vorteil der Vorwärmung hinzu die einfachere Bedienung der Speisepumpe und somit Entlastung des Personals, gleichmäßigere Temperatur im Kessel und dadurch Vermeidung von Undichtheiten und Verringerungen der Druckabnahme während der Speisung.

Allgemein ist noch zu sagen: Auch die übrigen an der Lokomotive angebrachten Änderungen haben sich bewährt. Bei Leerlauf und voller Auslage liegt die Steuerung nach Anbringung der Kuhnschen Schleife für alle in Frage kommenden Geschwindigkeiten ruhig. Die Beschränkung des seitlichen Spiels der letzten Achse von 10 auf 3 mm nach jeder Seite hat auf den Lauf der Lokomotive einen merkbar günstigen Einfluß ausgeübt. Die Überhitzung war zunächst trotz des vierreihigen Überhitzers nicht befriedigend. Durch Höherstellung des Blasrohrs um 150 mm wurden einwandfreie Verhältnisse geschaffen.

17. Versuchsfahrten mit der 1 D 1-Heißdampf-Tenderlokomotive der Gattung T 14, Nr. 8501 Berlin, mit Schmidtschem Rauchrohrüberhitzer und Speisewasservorwärmer.

Im Frühjahr 1914 wurde von der Union-Gießerei in Königsberg i. Pr. eine neue 1 D 1-Heißdampf-Güterzug-Tenderlokomotive angeliefert, die für die Beförderung schwerer Güterzüge auf nicht zu lange Entfernungen bestimmt ist. Zur Feststellung der Leistungsfähigkeit und der Wirtschaftlichkeit dieser neuen Lokomotivgattung fanden auf der Strecke Grunewald—Nedlitz Versuchsfahrten mit Zügen im Gewicht von 700 t, 900 t und 1100 t statt, deren Ergebnisse in Zahlentafel 86 angegeben sind.

Da die Lokomotive die gleichen Hauptabmessungen und die gleiche Charakteristik wie die D-Heißdampf-Güterzuglokomotive mit Schlepptender Gattung G 8 hat, so ergibt sich, wie zu erwarten, ein Dampfverbrauch, der entsprechend dem geringeren Eigenwiderstande der Tenderlokomotive gegenüber dem der G 8-Lokomotive mit Tender bei den gleichen Leistungen am Zughaken etwas kleiner ist. Auffallend ist die außergewöhnlich hohe Verdampfungsziffer bei der Fahrt 1 mit dem 700-t-Zuge. Hierbei betrug die Rostbeanspruchung $\frac{1900}{334} \cdot \frac{60}{2,5} = 136,5$ kg/qm Kohle in der Stunde. Wie bei der vorhergehenden Besprechung der Versuchsergebnisse der G 8_1-Lokomotive hervorgehoben wurde, wird der Kesselwirkungsgrad bei Rostbeanspruchungen von 150 kg/qm und darunter merklich schlechter. Er kann nach den bezüglichen Ausführungen kaum mehr als 70 % betragen. Unter Annahme guter Kohle mit einem Heizwert von 7000 WE./kg ergibt sich, wenn die Vorwärmung 70° und die Heißdampftemperatur 300° beträgt, ein Kesselwirkungsgrad von

$$\frac{(730-70) \cdot 8,95}{7000} \cdot 100 = 84,3 \%.$$

Selbst bei Verfeuerung von Kohlen mit 7500 WE./kg würde sich der Wirkungsgrad des Kessels ergeben zu

$$\eta_k = \frac{(730-70) \cdot 8,95}{7500} \cdot 100 = 79 \%.$$

Wenn auch durch die Anwendung von sogenannten „Heizgasreglern" (Bandeisenspiralen, die bei der Versuchslokomotive in die Siederohre eingebracht sind und die ein Durchwirbeln der Heizgase und somit bessere Wärmeübertragung an das Kesselwasser bewirken sollen) ein besserer Kesselwirkungsgrad zu erwarten war, so erscheint die Verdampfungsziffer doch mit Rücksicht auf die sehr niedrige Rostbeanspruchung unwahrscheinlich hoch. Da die Dampfverbrauchswerte in den für Güterzuglokomotiven üblichen Grenzen liegen, muß angenommen werden, daß bei der Feststellung der verbrannten Kohlenmenge bei der Fahrt 1 ein Meßfehler vorliegt.

Wenn auch die Heizgasregler einen gewissen Einfluß auf die Wärmeübertragung ausüben, so ist doch nicht anzunehmen, daß dieser derartig hoch ist, wie ihn die Versuche ergeben haben, zumal da die Verdampfungsziffern bei den Fahrten 2 und 3 die bei Lokomotiven ohne Heizgasregler, aber mit Vorwärmer üblichen Werte aufweisen.

der Preußischen Staatseisenbahn-Verwaltung und deren Ergebnisse.

Zahlentafel 86.

Versuchsergebnisse bei den mit der 1 D 1-Heißdampf-Tenderlokomotive der Gattung T 14 mit Schmidtschem Rauchrohrüberhitzer und Speisewasservorwärmer Nr. 8501 Berlin auf der Strecke Grunewald—Nedlitz und zurück im Frühjahr 1914 angestellten Versuchsfahrten.

Nr. der Fahrt	Strecke	Entfernung km	Fahrzeit Minuten	Wagengewicht t	Mittlere Leistung am Zughaken PS$_z$	Betriebsstoffverbrauch Kohlen im ganzen kg	Betriebsstoffverbrauch Kohlen auf 1 PS$_z$-st kg	Betriebsstoffverbrauch Wasser im ganzen l	Betriebsstoffverbrauch Wasser auf 1 PS$_z$-st l	Verdampfungsziffer	Löscherückstände aus der Rauchkammer kg	Kesselleistung Erzeugte Dampfmenge auf 1 qm Heizfläche und Stunde kg	Kesselleistung Verbrannte Kohlenmenge auf 1 qm Rostfläche und Stunde kg	Bemerkungen
1	Grunewald—Belzig—Nedlitz	62,13	100	700	367	1900	1,28	6500	10,62	10,8	Keine	27,0	136,5	
		89,75	154		339			2900	11,38			18,7		
	Nedlitz—Belzig—Grunewald	27,62	57		311			3200	10,83	12,33				
		89,75	180		205			4400	13,78					
			123		156									
2	Grunewald—Belzig—Nedlitz	62,13	116	900	402	2450	1,3	8050	10,36	10,13	80	36,8	165,8	
		89,75	168		396			3200	9,78			20,1		
	Nedlitz—Belzig—Grunewald	27,62	52		378			3600	9,41	11,02				
			57		403			4900	12,52					
		89,75	187		247									
		62,13	130		180									
3	Grunewald—Belzig—Nedlitz	62,13	124	1100	498	3250	1,33	10000	9,72	9,54	80	33,5	229,0	
		89,75	185		477			4000	9,13			27,8		
	Nedlitz—Belzig—Grunewald	27,62	61		432			4400	9,18	10,02				
			52		554			5400	10,48					
		89,75	156		375					7,33				
		62,13	104		297									

Versuche, die mit Heizgasreglern an 1 C-Heißdampf-Tenderlokomotiven angestellt worden sind, ergaben eine Kohlenersparnis von etwa 7 bis 8%, und zwar ist hiervon etwa die Hälfte auf die bessere Wärmeabgabe in den Siederohren infolge der Durchwirbelung der Heizgase, die andere Hälfte auf die größere Überhitzung zu rechnen, die ihre Ursache darin hat, daß infolge des vermehrten Widerstandes der Heizgase in den mit den Reglern besetzten Siederohren mehr Heizgase durch die Rauchrohre hindurchgehen.

Als Nachteil hat sich ergeben, daß die eingebauten Bandeisenspiralen einen größeren Unterdruck in der Rauchkammer verlangten und daß sich schon bei gewöhnlich beanspruchter Rostfläche die besetzten Siederohre mit Lösche zusetzten und dadurch die Verdampfung beeinträchtigt wird. Sie sind also nur bei Lokomotiven zu verwenden, die dauernd auf kleine Leistungen beansprucht werden und bei denen durch sorgfältiges Reinhalten der Rohre und Verwendung geeigneter Kohle Verstopfungen vermieden werden können.

Trotz des reichlich bemessenen Überhitzers war die erreichte Überhitzungstemperatur insbesondere bei den leichten Fahrten nicht ausreichend, was sich aus der mit 136 kg/qm Kohle in der Stunde zu geringen Rostbeanspruchung erklärt, da sich hierbei eine gute Verbrennung nicht mehr erzielen läßt. Im übrigen sind die Kohlen- und Wasserverbrauchszahlen als gut zu bezeichnen, so daß die Lokomotive zur Beförderung schwerer Güterzüge über kurze Strecken gut geeignet erscheint.

18. Versuchsfahrten mit der E-Heißdampf-Tenderlokomotive der Gattung T 16 mit Schmidtschem Rauchrohrüberhitzer mit und ohne Vorwärmer.

Die ersten E-Heißdampf-Güterzug-Tenderlokomotiven der Preußischen Staatseisenbahn-Verwaltung gelangten im Juni 1905 zur Abnahme. Trotz ihres 14 t nur wenig überschreitenden Achsdrucks waren sie äußerst leistungsfähige Lokomotiven, die sich überall, wo sie verwendet wurden, großer Beliebtheit erfreuten. Über die Versuchsergebnisse mit diesen Lokomotiven muß auf die erste Auflage dieses Werkes S. 418 u. f. verwiesen werden. Die inzwischen ausgeführte Verstärkung des Oberbaus ließ eine Erhöhung der Achsdrucke zu. Im Jahre 1913 kam daher eine nach den Entwürfen der Berliner Maschinenbau-Aktiengesellschaft vorm. L. Schwartzkopff gebaute verstärkte E-Heißdampf-Güterzugs-Tenderlokomotive zur Ablieferung, deren Gewicht nunmehr 80 t betrug. Mit dieser noch ohne Vorwärmer gebauten Lokomotive — 8134 Kattowitz — sind vom Eisenbahnzentralamt in Berlin Versuche auf der Strecke Grunewald—Nedlitz mit Zügen von 91, 112 und 130 Achsen im Gewicht von 814, 1002 und 1209 t ausgeführt worden, wobei sich die in Zahlentafel 87 eingetragenen Versuchswerte ergaben.

Zahlentafel 87.
Versuchswerte bei Fahrten mit der E-Heißdampf-Tenderlokomotive Nr. 8134 Kattowitz.

Strecke	Entfernung km	Belastung t	Fahrzeit Min.	Leistung PS$_z$	Kohle kg	Wasser l
					für 1 PS$_z$-st.	
Grunewald—		814	340½	278	1,538	10,72
Nedlitz—	182	1002	335½	335	1,495	10,62
Grunewald		1209	337	368	1,595	10,50

Die mittlere Höchstleistung der Lokomotive betrug auf der Fahrt von Brück nach Belzig mit dem 1209-t-Zuge 763 PS am Zughaken. Die Lokomotive arbeitete bei allen Fahrten gut und, wie aus der Zahlentafel 87 hervorgeht, auch sehr wirtschaftlich.

Von der Berliner Maschinenbau-Aktiengesellschaft vorm. L. Schwartzkopff wurde auf der Baltischen Ausstellung in Malmö 1914 u. a. auch eine E-Heißdampf-Tenderlokomotive der Gattung T 16 ausgestellt. Diese war, wie alle neueren Lokomotiven der preußischen Staatsbahnen, mit einem Speisewasservorwärmer ausgerüstet. Die Hauptabmessungen der zu den Versuchen herangezogenen Lokomotive sind im siebenten Abschnitt angegeben.

Die Versuchsfahrten mit der Vorwärmerlokomotive fanden statt am 28. März 1914 auf der Strecke Güsten—Mansfeld—Sangerhausen mit einem Wagenzuge von 1126 t, ferner wurden Vergleichsfahrten am 30. und 31. März 1914 auf den Strecken Arnstadt—Oberhof mit Wagenzügen von 436 t und 605 t mit Lokomotiven der Gattung T 16 mit und ohne Vorwärmer ausgeführt. Die Ergebnisse der Versuchsfahrten sind in Zahlentafel 88 wiedergegeben. Auf der Strecke Güsten—Mansfeld mit dauernden Steigungen von 1:100 leistete die Lokomotive bei Beförderung eines Zuges von 1121 t durchschnittlich 716 PS_z am Zughaken, was etwa 1000 indizierten Pferdestärken entspricht. Als Höchstleistung wurde bei der Fahrt von Güsten nach Mansfeld 1300 PS_i kurz nach der Ausfahrt aus Güsten erzielt. Da während der Fahrt sehr starker Seitenwind herrschte, mußte fast durchweg mit Füllungen bis zu 70 $^0/_0$ bei ständiger Anwendung des Sandstreuers gefahren werden. Trotzdem konnte der Kesseldruck gut gehalten werden. Der verhältnismäßig hohe Dampfverbrauch bei dieser Fahrt kann auf die dauernde Anwendung hoher Füllungsgrade zurückgeführt werden. Die größte erreichte Dauerzugkraft betrug 14 500 kg am Zughaken. Die Überhitzungstemperatur stieg bei starker Beanspruchung der Lokomotive mehrfach bis über 360° C. Die Speisewassertemperatur betrug im Mittel 80 bis 90° C.

Die Fahrten von Arnstadt nach Oberhof und Suhl wurden am ersten Tage mit einem Zuggewicht von 436 t, am zweiten Tage mit einem Zuge von 605 t ausgeführt. Die Beförderung des zuletzt genannten Zuges war unter günstigen Witterungsverhältnissen auf dieser Strecke, die Steigungen von 1:50 (stellenweise sogar 1:30) enthält, gerade noch möglich. Bei der dabei erforderlichen starken Rost- und Kesselbeanspruchung (72 kg Dampf auf 1 qm Heizfläche und Stunde) von Gräfenroda nach Oberhof setzten sich die Heiz- und Rauchrohre mit Lösche zu, so daß Dampfmangel eintrat und auch die Überhitzung stark zurückging. Dabei ist die Lokomotive überanstrengt worden. Als größte Zugbelastung dürften daher auf Steigungen 1:50 bei günstiger Witterung für diese Lokomotiven 550 t anzusetzen sein.

19. Schlußfolgerungen aus den Versuchsergebnissen der Preußischen Staatseisenbahn-Verwaltung.

Die vorstehend besprochenen Versuchsergebnisse lassen bemerkenswerte Schlüsse für den weiteren Fortschritt im Lokomotivbau zu. Es sollen hier zunächst die mit Personen- und Schnellzuglokomotiven erzielten Ergebnisse gegenübergestellt werden. Zur besseren Übersicht sind in den Abb. 603 und 604 die auf der Steigungsstrecke Grunewald—Mansfeld und auf der Flachlandstrecke Wustermark—Lehrte erzielten Wasserverbrauchszahlen verschiedener Gattungen neuerer Personen- und Schnellzuglokomotiven in Abhängigkeit von der Leistung dargestellt. Die angegebenen Zahlen sind insofern vergleichsfähig, als die Versuchszüge von sämtlichen Lokomotiven mit der gleichen Grundgeschwindigkeit befördert wurden. Zu beachten ist allerdings, daß in den angegebenen Zahlen auch die Verluste für Schlabberwasser, Speisepumpen, Wasser zum Kohlennässen u. a. m. mitenthalten sind. Bei Beurteilung der Wirtschaftlichkeit ist des weiteren noch zu berücksichtigen, daß die Kesseldrücke der betrachteten Lokomotiven zwischen 12 und 15 Atm. liegen, wodurch die Lokomotiven mit den höheren Kesseldrücken bei alleiniger Berücksichtigung des Wasserverbrauchs zu günstig dastehen.

Zahlentafel 88.

Versuchergebnisse bei den mit der E-Heißdampf-Güterzug-Tenderlokomotive mit Speisewasservorwärmer der Gattung T 16 auf den Strecken Güsten—Mansfeld und Arnstadt—Suhl im März 1914 angestellten Versuchsfahrten.

Nr. der Fahrt	Strecke	Entfernung km	Fahrzeit Min.	Zugstärke Gewicht t	Durchschnittl. Leistung am Zughaken PS_z	Betriebsstoffverbrauch Kohlen im ganzen kg	Kohlen auf 1 PS_z-st kg	Wasser im ganzen	Wasser auf 1 PS_z-st	Verdampfungsziffer	Kesselleistung Erzeugte Dampfmenge auf 1 qm Heizfläche und Stunde kg	Verbrannte Kohlenmenge auf 1 qm Rostfläche und Stunde kg	Wetter	Bemerkungen
1	Güsten— Sandersleben— Hettstedt— Mansfeld	16,07 6,43 9,18	38 23 30	1121	632 777 777	1725	1,59	5000 3800 5300	12,5 12,78 13,62	8,18 12,98	59,0 74,3 79,5	73,7 505	Starker Wind von rechts vorn. Mittlere Tagestemperatur 4° C.	
2	Arnstadt— Gräfenroda— Suhl	14,2 27,5	35 54	436	385 540	—	—	2760 5900	12,3 12,12	12,2	35,5 49,1	43,7		

Vergleichsfahrten mit und ohne Vorwärmer auf der Strecke Suhl—Oberhof

	Suhl—Oberhof	11,6	37	436	618	—		4700	12,32	—	57,1	—		Ohne Vorwärmer
	Suhl—Oberhof	11,6	40	436	582	—		4900	12,62	—	55,1	—		Mit Vorwärmer
	Suhl—Oberhof	11,6	45	605	682	—		6300	12,32	—	63,0	—		Ohne Vorwärmer
	Suhl—Oberhof	11,6	48	605	639	—		7150	13,97	—	67,0	—		Mit Vorwärmer
3	Arnstadt— Gräfenroda— Oberhof	14,2 30,1 15,9	36 87 51		381 482 554	[1]		2750 5700	12,02 12,10	12,08	34,4 50,2	43,2		[1] Kohlenverbrauch gemessen für die Strecke Arnstadt–Suhl = 1800 kg. Mittl. Leistung 522 PS_z. Spez. Kohlenverbrauch = 1,668 kg/PS_z-st.

In Abb. 605 sind für einige Lokomotiven die Kohlenverbrauchszahlen (schlesische Kohle) für die Strecke Grunewald—Mansfeld angegeben. Für die Strecke Wustermark—Lehrte konnten vergleichsfähige Kohlenverbrauchszahlen nicht beigebracht werden, da vielfach schlesische und westfälische Kohlen zusammen mit ganz verschiedenen Heizwerten verfeuert wurden. Soll die verbrannte Kohle als Unterlage für den Vergleich mehrerer Lokomotiven herangezogen werden, was erstrebenswert wäre, so ist darauf zu achten, daß neben genauester Feststellung des Kohlenverbrauchs auch gleichwertige Kohle verfeuert wird, deren Ursprung oder Heizwert anzugeben ist. In welchem Maße die Kohlenverbrauchszahlen für schlesische und westfälische Kohle bei gleichen Leistungen derselben Lokomotive (S9, S 6 und S 10) auseinandergehen, zeigen die in Abb. 606 und 607 dargestellten Werte. Es treten danach Unterschiede von 15 bis 20% auf, die natürlich nicht ausschließlich auf den besseren Heizwert der westfälischen Kohle, sondern auch zum Teil auf die bessere Eignung der betreffenden Roste und des Blasrohrs für diese Kohlensorte zurückzuführen sind. Genaue Kenntnisse über diesen sehr bemerkenswerten Punkt zu schaffen, wäre eine sehr lohnende Aufgabe, die allerdings kaum durch Versuchsfahrten gelöst werden kann, sondern einwandfrei nur in einer Lokomotivprüfanlage zu klären sein wird.

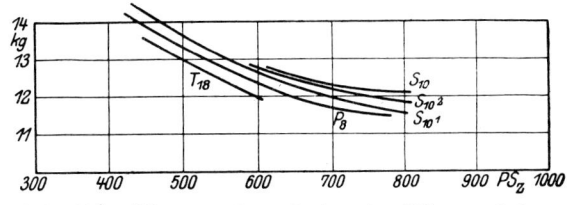

Abb. 603. Wasserverbrauch für eine PS_z-st auf der Strecke Grunewald—Mansfeld.

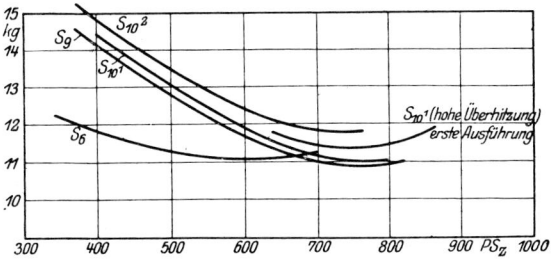

Abb. 604. Wasserverbrauch für eine PS_z-st auf der Strecke Wustermark—Hannover.

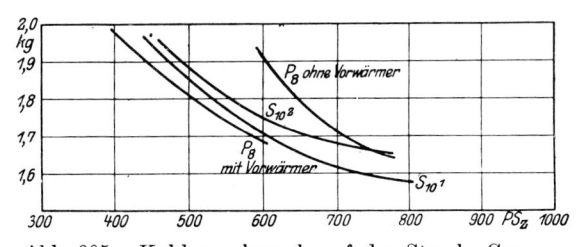

Abb. 605. Kohlenverbrauch auf der Strecke Grunewald—Mansfeld.

Bei Betrachtung der Schaulinien für den Wasserverbrauch auf der Flachlandstrecke Wustermark—Lehrte fällt der außerordentlich geringe Bedarf der einfachen Zwillings-Heißdampf-Schnellzuglokomotive mit nur zwei gekuppelten Achsen (2 B, Gattung S 6) auf. Die nur 2,3 qm betragende Rostfläche läßt es erklärlich erscheinen, daß die größten Dauerleistungen der Lokomotive nicht über 650 bis 900 PS am Zughaken betrugen. Hierbei ist der Dampfverbrauch nicht ungünstiger als der neuester Heißdampf-Verbundmaschinen mit 4 Zylindern. Bei kleineren Leistungen von etwa 400 bis 450 PS_z, wie solche bei Beförderung von Schnellzügen mit etwa 30 Achsen häufig verlangt werden, ist der Dampfverbrauch der einfachen Zwillingslokomotive mit nur zwei gekuppelten Achsen nur unwesentlich höher als bei der Höchstleistung, aber stets beträchtlich niedriger als der der Vergleichslokomotiven. Der Grund hierfür ist leicht einzusehen. Die erheblich schwereren Vierzylinderlokomotiven haben bei gleicher Leistung am Zughaken größeren Eigenwiderstand als die einfache 2 B-Zwillingslokomotive. Dieser muß aber von der Lokomotivmaschine vollständig gedeckt werden. Das Verhältnis „indizierte Zugkraft : Zugkraft am Zughaken" wird also bei gleicher Leistung am Zughaken sehr zuungunsten der schwereren Lokomotiven ausfallen. Dazu kommt aber auch noch die schlechtere Dampfausnutzung der schwereren Lokomotiven bei kleineren Leistungen wegen der größeren Zugkraftcharakteristiken. Den geringeren Eigenwiderstand der Zwillingslokomotive begünstigt der größere Durchmesser der Triebräder von 2100 mm.

Zusammenfassend läßt sich sagen, daß die 2 B-Heißdampf-Schnellzuglokomotive die geeignetste Lokomotive zur Beförderung mittelschwerer Schnellzüge auf Flachland- und leichten Hügellandstrecken ist bei Grundgeschwindigkeiten bis zu 100 km/st. Dabei kann die Leistungsfähigkeit dieser Lokomotivgattung noch ganz erheblich gesteigert werden.

Würde man für diese einfachste und wirtschaftlichste Lokomotive auch nur einen Triebachsdruck von rund 18 t zulassen, wie ihn z. B. die 2 C-Heißdampf-Drillings-Schnellzuglokomotive Bauart Stumpf schon jetzt hat, so ließe sich bei gleichzeitigem Einbau eines Speisewasservorwärmers die Rostfläche von 2,3 qm auf etwa 2,6 qm vergrößern, und diese billigste Lokomotive würde auch zur Beförderung der Mehrzahl der schweren Schnellzüge geeignet sein. Mit einem Triebachsdruck von 20 t, der durchaus zeitgemäß ist und immer wieder gefordert werden sollte, könnte die einfache 2 B-Lokomotive derartig verstärkt gebaut werden, daß sie die 2 C-Lokomotivgattung in der Mehrzahl aller Fälle mit großem Nutzen zu ersetzen geeignet wäre.

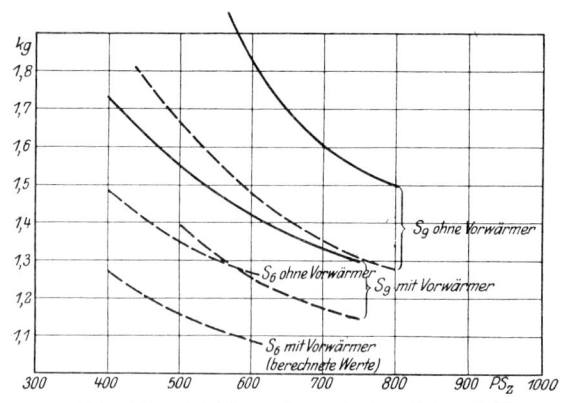

Abb. 606. Kohlenverbrauch der S6 und S9.

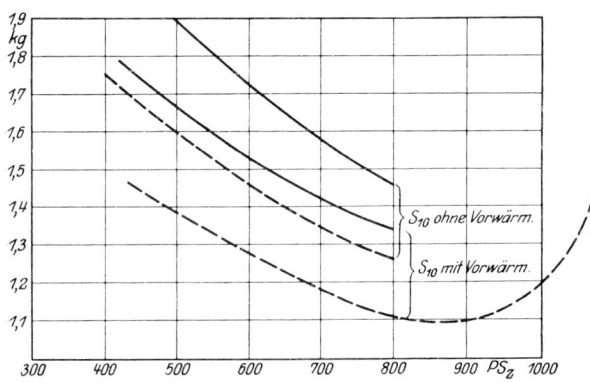

Abb. 607. Kohlenverbrauch der S10-Vierlingslokomotive.

Nächst der 2 B-Heißdampf-Zwillingslokomotive zeigt die 2 B 1-Vierzylinder-Verbund-Heißdampflokomotive mit Speisewasservorwärmer den günstigsten Dampfverbrauch. Dieser beträgt etwa 10 kg für die Pferdekraftstunde. Die Höchstleistung ist infolge der reichlich großen Kessel- und Zylinderabmessungen etwa 150 PS_z größer als die der 2 B-Lokomotive. Bei kleineren Leistungen steigt im Gegensatz zu der 2 B-Lokomotive der Dampfverbrauch der 2 B 1 beträchtlich. Als Ursache hierfür ist der bei kleinen Leistungen im Verhältnis zur Gesamtleistung große Eigenverbrauch der Lokomotive anzusehen, der bei der gleichen Grundgeschwindigkeit, wie hier betrachtet, unveränderlich ist. Die bessere Dampfausnützung durch die Verbundanordnung und den höheren Kesseldruck reicht also bei dieser Lokomotive nicht aus, um den gegenüber der vorher betrachteten 2 B-Lokomotive durch die hintere Laufachse und das Innentriebwerk vermehrten Eigenwiderstand bei kleinen und mittleren Leistungen aufzuheben. Eine Lokomotive mit ähnlichen Hauptabmessungen zu bauen, kann nicht empfohlen werden, da Kesselgröße, Zylinderabmessungen und Reibungsgewicht in keinem guten Verhältnis zueinander stehen.

Weitere wichtige Schlüsse für den Fortschritt im Lokomotivbau lassen sich auch aus den mit den verschiedenen Bauarten der 2 C-Lokomotiven erzielten Versuchsergebnissen ziehen. Vor allem ist jetzt eine einwandfreie Beantwortung der Frage möglich, ob die Anwendung einfacher Dampfdehnung oder die Verbundwirkung bei Heißdampflokomotiven vorzuziehen ist. Die drei verschiedenen Bauarten der Gattung S 10 sind bezüglich ihres Dienstgewichtes ziemlich gleich, so daß der Fahrwiderstand bei der gleichen Grundgeschwindigkeit annähernd derselbe ist. Als Dampfverbrauchswerte der Vierlingslokomotive sind die mit der ältesten Ausführung erzielten Zahlen angegeben. Der Dampfverbrauch beträgt bei dieser Lokomotive (trotz des um 3 Atm. geringeren Kesseldrucks und zu großer schädlicher Räume von 17%) nur etwa 3 bis 5% mehr als der der mit 15 Atm. Kesseldruck arbeitenden Verbundmaschine. In der Zahlentafel 89 sind für die Vierlingslokomotive 1002 Erfurt im Vergleich mit verschiedenen Vierzylinder-Verbundlokomotiven bei fast gleichen Leistungen die Dampfverbrauchszahlen für die Pferdekraftstunde, sowie die Ersparnisse zugunsten der Verbundanordnung angegeben.

Zahlentafel 90.

Strecke	Lokomotive	Leistung am Zughaken PS_z	Dampfverbrauch für 1 PS_z-st kg	Ersparnis zugunsten der Verbundanordnung %
Grunewald–Güsten .	1002 Erf. (Vierl.)	578	11,53	— 3,6
	1103 Pos. (Verb.)	574	11,9	
Güsten–Mansfeld . .	1002 Erf. (Vierl.)	799	11,78	+ 4,2
	1101 Bresl. (Verb.)	825	11,29	
Grunewald–Güsten .	1002 Erf. (Vierl.)	723	10,96	+ 4,2
	1105 Danzig (Verb.)	720	10,5	
Güsten–Mansfeld . .	1102 Erf. (Vierl.)	950	11,65	+ 3,1
	1103 Pos. (Verb.)	956	11,29	
Wustermark–Lehrte .	1002 Erf. (Vierl.)	725	10,55	+ 1,3
	1103 Pos. (Verb.)	720	10,4	
Lehrte–Wustermark .	1002 Erf. (Vierl.)	814	10,5	+ 4,75
	1105 Danzig (Verb.)	774	10,0	

Ganz ähnliche Verhältnisse ergeben sich, wenn man die Verbrauchszahlen der neuesten 2 C-Drillings-Heißdampf-Schnellzuglokomotive mit Speisewasservorwärmer den Ergebnissen gegenüberstellt, die mit einer 2 C-Heißdampf-Vierzylinder-Verbundlokomotive neuester Ausführung mit Speisewasservorwärmung erzielt worden sind. In Zahlentafel 90 sind wie vorher die Ergebnisse von Versuchsfahrten mit den genannten Lokomotiven gegenübergestellt.

Zahlentafel 89.

Strecke	Lokomotive	Leistung am Zughaken PS_z	Dampfverbrauch für 1 PS_z-st kg	Ersparnis zugunsten der Verbundlokomotive %
Grunewald–Mansfeld .	1201 Halle (Drilling)	440	13,22	+ 0,70
	1112 Danzig (Verb.)	455	13,23	
Mansfeld–Grunewald .	1201 Halle (Drilling)	397	13,22	+ 2,0
	1112 Danzig (Verb.)	415	12,95	
Grunewald–Mansfeld .	1201 Halle (Drilling)	602	11,72	+ 3,5
	1112 Danzig (Verb.)	640	11,31	
Mansfeld–Grunewald .	1201 Halle (Drilling)	474	11,77	+ 1,0
	1112 Danzig (Verb.)	472	11,65	
Grunewald–Mansfeld .	1201 Halle (Drilling)	782	10,93	+ 2,8
	1112 Danzig (Verb.)	796	10,62	
Mansfeld–Grunewald .	1201 Halle (Drilling)	639	11,04	+ 5,15
	1112 Danzig (Verb.)	624	10,47	
Wustermark–Lehrte .	1201 Halle (Drilling)	432	13,32	+ 2,9
	1112 Danzig (Verb.)	443	12,65	
Lehrte–Wustermark .	1201 Halle (Drilling)	1020	9,6	+ 3,85
	1112 Danzig (Verb.)	1067	9,23	

Wie diese Zusammenstellungen zeigen, sind Leistungen zwischen 400 und 1050 PS am Zughaken berücksichtigt, wie sie im Schnellzugbetrieb in Frage kommen. Um möglichst einwandfreie Unterlagen für den Vergleich zu erhalten, sind in den Zahlentafeln nur die Ergebnisse solcher Fahrten aufgenommen, bei denen die Lokomotiven auf derselben Strecke fast die gleichen mittleren Leistungen aufzuweisen hatten.

Aus den Zusammenstellungen ist ersichtlich, daß durch die Anwendung der Verbundwirkung bei Heißdampflokomotiven gegenüber der einfachen Dehnung Dampfersparnisse von 3 bis 4 % gemacht werden können.

Nach den obigen Ausführungen muß bezweifelt werden, ob hierdurch die im dritten Abschnitt angeführten Nachteile der Verbundlokomotiven aufgewogen werden. Schon allein der höhere Anschaffungspreis und die durch die Verbundanordnung entstehenden höheren Unterhaltungskosten werden kaum durch die geringe Wärmeersparnis gedeckt werden.

Irgendwelche Ersparnisse bei Heißdampf-Güterzug-Verbundlokomotiven, die häufiger anfahren müssen, werden naturgemäß kaum nachweisbar sein, da die obigen Zahlen von 3 bis 4 %, wie betont werden muß, unter den für Verbundlokomotiven denkbar günstigsten Verhältnissen ermittelt worden sind.

Zusammenfassend kann daher gesagt werden: „Die mit Hilfe des Meßwagens der Preußischen Staatseisenbahn-Verwaltung festgestellten Ergebnisse haben die noch immer weit verbreitete Ansicht von der großen Überlegenheit der Heißdampf-Verbundlokomotive über die Heißdampflokomotive mit einfacher Dampfdehnung endgültig zerstört."

Die Preußische Staatseisenbahn-Verwaltung hat in richtiger Erkenntnis dieser Tatsache für die weitere Beschaffung schwerer Schnellzuglokomotiven in erster Linie die mit einfacher Dehnung arbeitende Drillingslokomotive ins Auge gefaßt, die gegenüber der Vierzylinderlokomotive noch den Vorteil einer einfach gekröpften und daher billiger und betriebssicherer herzustellenden Triebachse hat. Die bisher beschafften Vierzylinder-Heißdampf-Verbundlokomotiven sollen nur noch für schwere Schnellzüge Verwendung finden, die längere Flachlandstrecken ohne Aufenthalt durchfahren. Mit den bisherigen Zylinderabmessungen sind sie aber auch für diesen Dienst nicht besonders geeignet.

Auch bei anderen Eisenbahnverwaltungen hat sich auf Grund ihrer Betriebserfahrungen die Erkenntnis mehr und mehr Bahn gebrochen, daß die einfache Dampfdehnung bei Heißdampflokomotiven vorzuziehen ist. Genannt seien hier nur die ungarischen Staatsbahnen und die belgischen Staatsbahnen.

Die in Abb. 603 dargestellten Dampfverbrauchsschaulinien von Schnellzuglokomotiven zeigen die hohe Wirtschaftlichkeit der einfachen 2 C-Zwillings-Personenzuglokomotive der Gattung P 8, die zum großen Teil durch den kleineren Eigenwiderstand gegenüber den Mehrzylinderlokomotiven zu erklären ist. Um so auffallender ist der geringere Dampfverbrauch, als die erwähnte Lokomotive Triebräder von nur 1750 mm Durchmesser gegenüber 1980 mm der übrigen 2 C-Lokomotiven aufweist und somit erheblich mehr Reibungsarbeit in den Lagern zu verrichten ist. Auch der Kesseldruck beträgt nur 12 Atm. gegenüber 14 und 15 Atm. der Vergleichslokomotiven. Daß die Höchstleistung der P 8-Lokomotiven niedriger liegt als bei den S 10-Lokomotiven, ist durch die kleinere Rostfläche begründet.

Die anerkanntermaßen vorzügliche Bewährung der 2 C-Heißdampf-Personenzuglokomotiven, von der bei den preußischen Staatsbahnen im Jahre 1914 etwa 1000 Stück im Betrieb waren, ferner ihre von einer dreifach gekuppelten Drei- oder Vierzylinderlokomotive unerreichte Wirtschaftlichkeit haben den Verfasser veranlaßt, im zweiten Abschnitt 3 eine 2 C-Zwillings-Heißdampf-Schnellzuglokomotive vorzuschlagen, die zur Erhöhung der Leistungen einen größeren Kessel erhalten hat und deren Triebräder auf 1980 mm vergrößert sind. Um die bewährte Charakteristik der P 8 - Lokomotive beizubehalten, sind die Zylinderdurchmesser auf 595 mm berechnet worden. Die hierdurch bedingten größeren Zapfen- und Lagerbeanspruchungen können, wie im zweiten Abschnitt nachgewiesen ist, ohne weiteres durch entsprechende Bemessung der betreffenden Teile in den zulässigen Grenzen gehalten werden. Schädliche, störende Bewegungen dieser Zweizylinderlokomotiven sind wegen des langen Radstandes und der weitgehenden Ausgleichsmöglichkeit der hin und her gehenden Massen nicht zu befürchten. Daß mit Zweizylinderlokomotiven ein einwandfreier schwerster Schnellzugbetrieb möglich ist, zeigen die Erfahrungen der Amerikaner, die selbst die größten 2 C 1 - Lokomotiven mit nur 2 Zylindern bauen[1]).

Die hier ausgewählten Ergebnisse aus den höchst verdienstvollen Versuchen der Preußischen Staatseisenbahn-Verwaltung und deren Zentralamt sowie die daran angeschlossenen Schlußfolgerungen des Verfassers zeigen beweiskräftig den großen Nutzen der einfachen Zwillingslokomotive für alle Bauarten und geben dem Lokomotivbauer und den Eisenbahnverwaltungen Anhaltspunkte, die vom Verfasser stets betonte möglichste Einfachheit der Entwürfe im Lokomotivbau erneut in den Vordergrund der Erwägungen zu stellen.

Aber noch auf einen anderen Punkt möchte Verfasser hier hinweisen, der dem aufmerksamen Leser nicht entgangen sein wird. Es sind dies die vielfachen Unstimmigkeiten, die sich bei der gleichen Leistung derselben Lokomotive auf derselben Strecke im Kohlen- und Wasserverbrauch ergaben. Wo es sich im vorhergehenden darum handelte, durch den Vergleich der Versuchsergebnisse festzustellen, welcher Lokomotivbauart der Vorzug gebührt, ist Verfasser so vorgegangen, daß möglichst viele Ergebnisse für den Vergleich beigebracht wurden.

Für die Klärung vieler Fragen, die für den weiteren Fortschritt im Lokomotivbau von größter Wichtigkeit sind, können aber Versuchsfahrten auf der Strecke trotz Mitführen eines Meßwagens allein keine erschöpfenden Grundlagen geben. Die Feststellung des Kohlen- und Wasserverbrauchs ist hierbei mit derartigen Schwierigkeiten verknüpft, daß vollkommen einwandfreie Angaben nicht möglich sind. Für den Wasserverbrauch ist hier zwar einigermaßen Abhilfe geschaffen durch Einbau eines besonderen Wassermessers. Wie groß die bisher bei der Messung des Speisewassers mittels Latte gemachten Fehler sind, zeigen die Versuche mit der D-Heißdampf-Güterzuglokomotive (vgl. u. a. Zahlentafel 85). Größere Schwierigkeiten macht die Feststellung des Kohlenverbrauchs besonders bei Teilfahrten, wo ein genaues Abwägen nicht möglich ist und die Angaben sich mehr oder weniger auf Schätzungen beziehen müssen.

Durch Verwendung des Meßwagens ist die Feststellung der Zugkraft am Zughaken des Tenders und in Verbindung mit einem Geschwindigkeitsmesser die jeweilige Leistung am Zughaken leicht und einwandfrei feststellbar. Es lag daher nahe, die Verbrauchszahlen auf die Leistungseinheit am Zughaken zu beziehen. Bei gleichen Grundgeschwindigkeiten auf denselben Strecken sind die so ermittelten Verbrauchswerte für verschiedene Lokomotivgattungen vergleichsfähig, insofern als sich hieraus die Zugförderungskosten mit den betreffenden Lokomotiven ermitteln lassen, was für den praktischen Betrieb die Hauptsache ist. Sie bieten aber keine Grundlage für den Vergleich verschiedenartiger Lokomotiven.

Für den wissenschaftlichen Vergleich ist aber allein der Verbrauch für die in den Zylindern geleistete Arbeit, also die indizierte Pferdekraftstunde maßgebend, da hierdurch alle durch den Eigenwiderstand der Lokomotive und Witterungsver-

---

[1]) Auch bei der Preußischen Staatseisenbahnverwaltung ist der Bau von Drei- und Vierzylinder-Schnellzuglokomotiven in den letzten vier Jahren eingestellt und die 2 C-Personenzuglokomotive P 8 trotz ihrer Triebräder von nur 1750 mm Durchmesser in großem Umfang beschafft und auch für den Schnellzugdienst benutzt worden.

hältnisse verursachten Unstimmigkeiten ausgeschaltet werden. Die Anwendung eines Indikators, mit dessen Hilfe die indizierte Leistung festgestellt werden kann, für beide Kolbenseiten muß zu Fehlern Veranlassung geben, da wegen der erforderlichen langen und engen Rohrleitungen die Dampfdruckschaulinien niemals den tatsächlichen Verhältnissen voll entsprechen. In Abb. 608 sind Schaulinien einer 2 C-Heißdampf-Schnellzuglokomotive dargestellt, für 0 und 10 % Füllung und $V = 95$ km/st. Die eigenartigen Schwingungen, die die Dehnungslinie der einen Seite aufweist, sind auf Fehler im Indikator und auf größere Widerstände der Anschlußleitung dieser Seite zurückzuführen. Jedenfalls sind derartige Druckschwankungen im Zylinder nicht denkbar und bei ortsfesten schnellaufenden Dampfmaschinen niemals beobachtet worden. Zum genaueren Aufschreiben der Dampfdruckschaulinien sollten daher zwei Indikatoren an jedem Zylinder angebracht werden, die mit möglichst kurzen Anschlüssen mit dem Innern des Zylinders verbunden sind. An der fahrenden Lokomotive werden sich derartige Indikatoren schwer anbringen lassen, so daß auf eine genaue Feststellung der indizierten Leistung schon aus diesem Grunde verzichtet werden muß. Derartige Messungen werden einwandfrei nur auf einem Prüfstand vorgenommen werden können, wo die örtlichen Verhältnisse eine zweckentsprechende Anbringung der Indikatoren leichter zulassen als an der fahrenden Lokomotive.

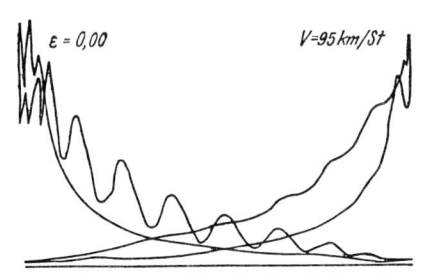

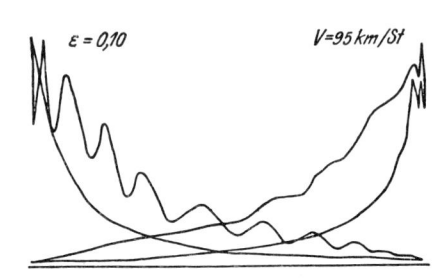

Abb. 608. Dampfdruckschaulinien einer 2 C-Lokomotive bei 0,00 und 0,10 % Füllung und 95 km Geschwindigkeit.

Neben der Messung der Leistung durch die Indikatoren läßt sich auf Prüfständen die Leistung der Lokomotive auch dadurch feststellen, daß zunächst die Leistung am Zughaken durch besondere Meßvorrichtungen ermittelt wird. Schlägt man zu dieser Leistung noch den Eigenverbrauch der Lokomotive bei den verschiedenen Geschwindigkeiten einschließlich des Rollwiderstandes hinzu, so erhält man ebenfalls die indizierte Leistung. Die Ermittlung der Leistung am Triebradumfang kann z. B. dadurch erfolgen, daß die Lokomotive durch die Tragrollen Dynamomaschinen antreibt, deren Leistungen durch Meßvorrichtungen in einfacher Weise abgelesen werden kann. Umgekehrt kann dann durch Hineinschicken von Strom in die Dynamomaschinen (wobei diese dann als Motoren arbeiten) auf sehr einfache Weise der Eigenverbrauch des Triebwerks und des Rollwiderstandes bei den verschiedenen Geschwindigkeiten ermittelt werden. Somit läßt sich auch ohne Indikatoren die Arbeitsleistung im Zylinder feststellen.

Es bedarf kaum einer Erwähnung der Tatsache, daß auch sämtliche anderen Messungen, die zur Beurteilung der Güte und Leistungsfähigkeit der Lokomotiven erforderlich sind, in einwandfreier Weise nur auf einem Prüfstand möglich sind. Insbesondere können Ermittlungen geeigneter Schieberbauarten, bei denen es naturgemäß auf größte Genauigkeit der Dampf- und Kohlenverbrauchszahlen ankommt, nur auf einen mit allen Meßvorrichtungen versehenen Prüfstand ausgeführt werden.

Wird erwogen, wie große Fortschritte der Bau ortsfester Kraft- und auch der Arbeitsmaschinen den Prüfständen verdankt, so ist es verwunderlich, daß in Deutschland, dessen Lokomotivbau wohl vorbildlich genannt werden kann, noch keine Prüfanlage für Lokomotiven besteht. Die mit Hilfe von Meßwagen und der auf der Lokomotive angebrachten Hilfseinrichtungen ermittelten Ergebnisse können als ziemlich einwandfreie Grundlage nur angesehen werden, wenn zahlreiche, kostspielige Versuchsfahrten ausgeführt werden, die sich über den ganzen Verwendungsbereich der Lokomotive erstrecken. Als Ergänzung der Versuche auf Prüfanlagen werden auch später Versuchsfahrten auf der Strecke nicht zu entbehren sein, es ist aber anzunehmen, daß durch die gemeinsame Anwendung beider Prüfverfahren eine vertiefte Erkenntnis über die verwirklichten Vorgänge der Dampferzeugung und Verarbeitung bei einer Lokomotive zu erreichen sind und daß diese befruchtend auf den weiteren Ausbau der neuzeitigen Dampflokomotive einwirken wird.

Zehnter Abschnitt.

Versuche mit Heißdampflokomotiven verschiedener Eisenbahnverwaltungen.

1. Versuche mit amerikanischen Heißdampflokomotiven und deren Ergebnisse.

Angaben über die Leistungsfähigkeit amerikanischer Lokomotiven finden sich vielfach in der einschlägigen Literatur. Es sind jedoch meist Ausnahmeleistungen, die mit besonders schweren Zügen erreicht werden, die die Lokomotiven im gewöhnlichen Zugverkehr nicht annähernd herzugeben haben. Bei einer Rostbeanspruchung von 500 bis 550 PS_i auf 1 qm Rostfläche, wie wir sie ohne weiteres bei unseren Heißdampflokomotiven mit schmalen, tiefliegenden Rosten erzielen, ergeben sich dann natürlich bei den Riesenkesseln der amerikanischen Lokomotiven für unsere Verhältnisse ganz ungewöhnlich hohe Leistungen.

Bei den im regelmäßigen Zugverkehr gefahrenen Zügen wird der Kessel jedoch meist nur gering beansprucht, sogar auch bei den vorkommenden Höchstleistungen.

Der bekannte 20. Century Ltd., der 18-Stundenzug zwischen New York und Chikago, ist einer der schwersten schnellfahrenden Personenzüge der vereinigten Staaten. Durch die neuerdings immer mehr zunehmende Verwendung eiserner Personenwagen ist das Gewicht so gestiegen, daß seine fahrplanmäßige Beförderung mit Sattdampflokomotiven nicht mehr möglich war. Weder Vierzylinder-Verbundlokomotiven der Bauart Cole noch die mit mäßiger Überhitzung arbeitenden Heißdampflokomotiven mit Schenectady-Überhitzer waren imstande, die erforderliche Leistung herzugeben. Neuerdings wird der Zug mit einer von der American Locomotive Company gebauten 2 C 1-Zwillings-Heißdampflokomotive erfolgreich gefahren, deren Hauptabmessungen in der Zahlentafel 43 unter Nr. 17 angegeben sind.

Eine dieser Lokomotiven beförderte einen Zug von 555 t Wagengewicht auf einer 193 km langen Strecke mit einer Geschwindigkeit von 109 km/st. Mit einem Lokomotivgewicht von 122 t, einem Tendergewicht von 71 t ist das Gesamtgewicht $555 + 122 + 71 = 748$ t. Die Zugkraft errechnet sich hierbei zu

$$Z_i = 748\left(2{,}5 + \frac{109^2}{3000}\right) + 0{,}3\, C_1.$$

Mit $C_1 = 1170$ wird

$$Z_i = 4840 + 351 = 5191 \text{ kg},$$

was einer Leistung von 2100 PS_i oder $\frac{2100}{5{,}25} = 400\, PS_i$ für 1 qm Rostfläche oder $\frac{2100}{319} = 6{,}23\, PS_i$ für 1 qm wasserverdampfende Heizfläche entspricht.

Dies sind durchaus keine besonderen Leistungen. Bei den hohen Geschwindigkeiten von über 100 km/st könnte die Kesselleistung um mindestens 20 v. H. größer sein. Es muß jedoch beachtet werden, daß die Zylinder für die angegebene Leistung viel zu klein sind. Die Charakteristik C_1 ist nur 1170, eine Zugkraft von 5191 kg muß daher schon mit einem mittleren Druck von $\frac{5191}{1170} = 4{,}45$ Atm. erzeugt werden, wegen der hierzu erforderlichen hohen Füllungen wird der Dampf schon unwirtschaftlich verarbeitet.

Auf Grund der mit dieser Lokomotive gewonnenen Erfahrungen hat die American Locomotive Company einen neuen Entwurf aufgestellt, bei dem unter Innehaltung der Gewichte die Zylinder beträchtlich vergrößert worden sind. Sie sind auf 686 mm Durchmesser und 711 mm Hub gebracht worden, so daß die Charakteristik von 1170 auf 1670 erhöht worden ist. Außerdem sind unter Herabsetzung der Kesselspannung von 14 auf 12,32 Atm. die Rost- und Heizflächen unnötigerweise noch weiter gesteigert worden. Die neue Lokomotive, die als 50000. Lokomotive der American Locomotive Company ausgeführt worden ist, hat eine Rostfläche von 5,55 qm, eine wasserverdampfende Heizfläche von 375 qm und eine Überhitzerheizfläche von 83 qm! —

Bei Vergleichsfahrten hat diese Lokomotive 25% Kohlenersparnis bei gleicher Zugkraft oder 33% Mehrleistung bei gleichem Brennstoffverbrauch gegenüber gleichschweren Sattdampflokomotiven ergeben, Werte, die sich auch bei europäischen Heißdampflokomotiven vielfach gezeigt haben.

Eine 2 C 1-Lokomotive der Boston und Albany-Eisenbahn mit 559/660 mm Zylindern, 1905 mm Triebraddurchmesser, 70,5 t Reibungsgewicht und 112 t Dienstgewicht befördert auf der 161 km langen Strecke von Boston nach Springfield einen 11-Wagen-Zug im Gewicht von 450 t mit einer Reisegeschwindigkeit von 75 km/st, wobei eine 92 km lange Steigung von im Mittel 3 v. T. zu durchfahren ist. Nimmt man hier eine Dauergeschwindigkeit von 75 km/st an, so ergibt sich mit einem Tendergewicht von 70 t ein Gesamtgewicht des Zuges von $450 + 112 + 70 = 632$ t und ein Zugwiderstand von $2{,}5 + \frac{75^2}{3000} + 3 = 7{,}38$ kg/t.

Die Charakteristik der Lokomotive ist $C_1 = \frac{55{,}9^2 \cdot 66}{190{,}5} = 1080$ und es wird damit die indizierte Zugkraft

$$7{,}38 \cdot 632 + 0{,}3\, C_1 = 4650 + 324 = 4974 \text{ kg}$$

erzeugt, was einer Leistung von $\frac{4974 \cdot 75}{270} = 1382$ PS$_i$ entspricht. Da die Rostfläche 5,28 qm beträgt, werden dabei auf 1 qm nur $\frac{1382}{5{,}28} = 262$ PS$_i$ geleistet, was äußerst gering ist. Der 450-t-Zug könnte über die Steigung von 3 v. T. mit 75 km/st mit einer Lokomotive befördert werden, deren Rostfläche um die Hälfte kleiner ist! —

Die Zylinder der Lokomotive sind aber schon für diese geringe Leistung viel zu klein bemessen. Die Zugkraft von 4974 kg muß bereits mit einem mittleren Kolbendruck von $p_{mi} = \frac{4974}{1080} = 4{,}61$ Atm. erzeugt werden, was bei 14 Atm. Kesselspannung mit Rücksicht auf günstige Dampfausnutzung viel zu groß ist. Daß die Abmessungen der Zylinder viel zu klein sind, ergibt sich auch aus dem zu geringen Verhältnis des Zylinderinhalts zur Heizfläche, das in besterprobter Weise bei den preußischen Heißdampflokomotiven 1,1 bis 1,3 gewählt wird. Hier ist das Verhältnis nur $5{,}59^2 \frac{\pi}{4} \cdot 660 : 308 = 0{,}526$, also noch nicht einmal halb so groß. Die Zylinder der Lokomotive sind also zu klein, der Kessel aber um das Doppelte zu groß gewählt!

Die oben genannte Leistung würde ohne weiteres von der preußischen P 8-Lokomotive, die nur 68,5 t wiegt, also 43,5 t oder 38,8 % leichter ist als die amerikanische, hergegeben werden, wobei nicht nur infolge des verringerten Zuggewichtes, sondern auch durch die bessere Verbrennung auf dem kleineren, dabei langen, schmalen Rost ganz erheblich wirtschaftlicher gefahren werden würde.

Gegenüber den früher auf der Boston und Albany-Bahn verwendeten Naßdampflokomotiven bedeutet die Einführung der Heißdampflokomotiven auf der genannten Bahn noch insofern einen Fortschritt, als letztere die 162 km lange Strecke von Boston nach Springfield mit einem Wasservorrat von 30 cbm ohne Wasserzunahme unterwegs durchfahren können, während die älteren 2 C 1-Naßdampflokomotiven bei einem kleineren Zuggewicht von nur 365 t = 9 Wagen 80 km hinter Boston Wasser nehmen mußten.

Eine der schwersten Schnellzuglokomotiven ist die 2 C 1-Lokomotive der Delaware, Lackawanna und Western-Bahn. Sie hat Zylinder von 635 mm Durchmesser und 711 mm Hub bei einem Triebraddurchmesser von 1855 mm. Die zur Verfeuerung von Anthrazitkohle eingerichtete Rostfläche ist 8,8 qm, die wasserverdampfende Heizfläche 360 qm groß, der Überhitzer hat 76 qm. Ihr Gesamtgewicht beträgt 131 t bei 84,2 t Reibungsgewicht, der Achsdruck beträgt demnach 28 t!

Ihrer kleinen Triebräder wegen ist die Lokomotive zur Beförderung von Schnellzügen über hügeliges Gelände geeignet. Auf der 218 km langen Strecke von Hoboken nach Scranton befindet sich eine 29 km lange Steigung von 14,8 v. T., auf der die Lokomotive einen Zug von 470 t Wagengewicht mit einer Beharrungsgeschwindigkeit von 45 km in der Stunde befördern konnte.

Mit einem mittleren Tendergewicht von 60 t ist die auf dieser Steigung ausgeübte Zugkraft
$$Z_i = (470 + 131 + 60)\left(2,5 + \frac{45^2}{3000} + 14,8\right) + 0,3\, C_1.$$

Mit $C_1 = \dfrac{63,5^2 \cdot 71,1}{185,5} = 1540$ ergibt sich $Z_i = 661 \cdot 17,98 + 462 = 12\,325$ kg, was einer Leistung von $\dfrac{12325 \cdot 45}{270} = 2060$ PS$_i$ oder $\dfrac{2060}{8,8} = 234$ PS$_i$ auf 1 qm Rostfläche oder $\dfrac{2060}{360} = 5,7$ PS$_i$ auf 1 qm Heizfläche entspricht.

Die Kesselleistungen sind also für Heißdampflokomotiven sehr gering. Wie bei den vorigen Beispielen ist auch hier der Kessel viel zu groß. Die großen Kesselabmessungen werden hauptsächlich wegen des verlangten Reibungsgewichtes erforderlich, das ohne einen übermäßig schweren und demzufolge teuren Kessel nicht zu erreichen ist.

Dadurch, daß die Zylinder wieder nach der größten Zugkraft bestimmt sind, die $\dfrac{1}{4,5}$ des Reibungsgewichts betragen soll, wobei diese mit einem mittleren indizierten Druck von $0,85 \cdot 14$ Atm. bewirkt wird, sind die Abmessungen derselben im Verhältnis zur Heizfläche viel zu klein. Das Verhältnis Zylinderinhalt in l : Heizfläche in qm beträgt nur $6,35^2 \dfrac{\pi}{4} \cdot 7,11 : 360 = 0,63$, die Kesselheizfläche ist also im Vergleich mit den bei unseren preußischen Heißdampflokomotiven wieder etwa um das Doppelte zu groß.

Zum Befördern schwerer Schnellzüge über Gebirgsstrecken hat die Chesapeake und Ohio-Bahn versuchsweise 2 D 1-Heißdampflokomotiven eingeführt. Diese Lokomotiven, die als „die schwersten Personenzuglokomotiven der Welt" bezeichnet werden, haben folgende Hauptabmessungen:

Zylinderdurchmesser	736 mm
Hub	711 mm
Triebraddurchmesser	1574 mm
Dampfdruck	12,7 Atm.
Rostfläche	6,2 qm
Wasserverdampfende Heizfläche	389,8 qm
Überhitzerheizfläche	78,5 qm
Reibungsgewicht	108,4 t
Triebachsdruck	27,1 t
Dienstgewicht	149,7 t

Mit diesen Lokomotiven konnten Personenzüge von 10 Wagen im Gewicht von 540 t über eine Steigung von 25,2 v. T. mit einer Geschwindigkeit von 40 km/st befördert werden. Mit einem Tendergewicht von 70 t ergibt sich ein Gesamtzuggewicht von $540 + 149,7 + 70 = 759,7$ t. Die Zugkraft auf der Steigung wird damit

$$Z_i = 759,7 \left(2,5 + \frac{40^2}{3000} + 25,2\right) + 0,4\, C_1 = 21\,400 + 0,4 \cdot \frac{73,6^2 \cdot 71,1}{154,7} = 22\,400 \text{ kg},$$

was einer indizierten Leistung von

$$\frac{22\,400}{270} \cdot 40 = 3320 \text{ PS}_i$$

entspricht. Auf 1 qm Heizfläche entfallen dabei 8,5 PS_i, auf 1 qm Rostfläche 536 PS_i.

Dieselbe Lokomotive ist auch imstande, auf einer Steigung von 2,84 v. T. einen Güterzug im Gewicht von 3800 t mit einer Geschwindigkeit von 37,8 km/st zu befördern. Die hierzu erforderliche Zugkraft ist noch etwas kleiner als bei der Fahrt mit dem erwähnten Personenzug, sie berechnet sich zu

$$Z_i = (3800 + 149,7 + 70) \cdot \left(1,5 + \frac{37,8^2}{2000} + 2,84\right) + 0,4 \cdot 2490 = 21\,300 \text{ kg},$$

was einer Leistung von

$$\frac{21\,300}{270} \cdot 37,8 = 2980 \text{ PS}_i$$

entspricht, gleich 7,65 PS_i für 1 qm Heizfläche oder 480 PS_i auf 1 qm Rostfläche.

Es sind dies Leistungen, wie wir sie von den Kesseln der preußischen Heißdampflokomotiven gewohnt sind. Mit Rücksicht auf die niedrigen Geschwindigkeiten von 37,8 und 40 km in der Stunde sind sie immerhin ganz bemerkenswert hoch. Eine Dauerleistung von 3000 bis 3300 PS_i ist bei einer Lokomotive aber nur denkbar, wenn ein selbsttätiger Rostbeschicker (in diesem Fall ein Street-Rostbeschicker) angewendet wird, da kaum 2 Heizer imstande wären, die hierfür nötige Kohlenmenge für längere Zeit zu verfeuern.

Die Zugkraft ist bei der Beförderung des Personenzuges $^1/_5$ des Reibungsgewichts, sie stellt bei gutem Wetter die höchstmögliche Zugkraft dar. Der mittlere Dampfdruck in den Zylindern errechnet sich dabei zu $\frac{22\,400}{2490} = 9$ Atm., der bei ziemlich voll ausgelegter Steuerung zu erreichen ist. Es ist daraus zu erkennen, daß es sich nur um vorübergehend unter günstigen Umständen zu erreichende Höchstleistungen handelt. Im fahrplanmäßigen Betriebe kann man von der Lokomotive Leistungen von 3300 PS_i natürlich nicht erwarten.

Auch bei den Güterzuglokomotiven zeigt sich die Tatsache, daß die Leistungsfähigkeit des Kessels im Betriebe in nur sehr geringem Maße ausgenutzt wird. Eine 1 D 1-Heißdampflokomotive der Chesapeake und Ohio-Bahn, die in größerer Anzahl eingeführt ist, hat folgende Hauptabmessungen erhalten:

Zylinderdurchmesser	737 mm
Hub	711 mm
Triebraddurchmesser	1422 mm
Dampfdruck	12 Atm.
Rostfläche	6,2 qm
Verdampfungsheizfläche	373,3 qm
Überhitzerheizfläche	77,3 qm
Reibungsgewicht	109 t
Triebachsdruck	27,25 t
Dienstgewicht	142 t

$$C_1 = \frac{73,7^2 \cdot 71,1}{142,2} = 2710 \text{ qcm.}$$

Ihr Rost ist als Schüttelrost ausgebildet und wird durch einen Rostbeschicker von Street bedient.

Beim Bau der Lokomotive war vorgeschrieben, daß sie imstande sein sollte, einen Zug von 3600 t auf einer anhaltenden Steigung von 3 v. T. mit einer Geschwindigkeit von 24 km in der Stunde zu befördern.

Mit einem Tendergewicht von 70 t ist hierzu eine Zugkraft erforderlich, die sich zu

$$Z_i = (3600 + 142 + 70) \cdot \left(1,5 + \frac{24^2}{2000} + 3\right) + 0,4\, C_1 = 19710 \text{ kg}$$

ergibt, was einer Leistung von 1750 PS$_i$ entspricht. Dies bedeutet eine Rostanstrengung von nur $\frac{1750}{6,2} = 283$ PS$_i$ auf 1 qm Rostfläche oder eine Heizflächenbeanspruchung von $\frac{1750}{373} = 4,7$ PS$_i$ auf 1 qm Heizfläche.

Bei den mit der Lokomotive ausgeführten Probefahrten konnte sie auf der in Abb. 609 dargestellten Strecke einen Zug von 112 Wagen im Gewicht von 6880 t auf einer Steigung von 12,8 km Länge von 2 v. T. mit einer Beharrungsgeschwindigkeit von 11,5 km/st befördern (s. km 60 auf Abb. 609). Die hierfür erforderliche Zugkraft errechnet sich zu

$$Z_i = (6880 + 212) \cdot \left(1,5 + \frac{11,5^2}{2000} + 2\right) + 1080 = 26380 \text{ kg,}$$

die entsprechenden Leistungen ergeben sich zu nur $\frac{26380}{270} \cdot 11,5 = 1140$ PS$_i$ oder $\frac{1140}{6,2} = 183$ PS$_i$ auf 1 qm Rostfläche und $\frac{1140}{373} = 3,06$ PS$_i$ auf 1 qm Heizfläche.

Da die Zugkraft von 26380 kg bereits $\frac{1}{4,2}$ des Reibungsgewichts beträgt und bei 9,5 Atm. Mitteldruck in den Zylindern entsprechend einer Füllung von 72% verwirklicht werden muß, so kann man derartige Leistungen der Lokomotive im fahrplanmäßigen Betriebe natürlich nicht zumuten. Die höchsten Kesselleistungen ergeben sich bei km 50 und 110 zu etwa 1540 bis 1620 PS$_i$, die bei der großen Rostfläche von 6,2 qm recht mäßig zu nennen sind. Auf 1 qm Rostfläche kommen dabei nur 250 bis 260 PS, das sind Leistungen, die bei unseren preußischen Heißdampflokomotiven im gewöhnlichen Zugdienst stets erreicht, meistens aber ganz erheblich überschritten werden.

Über die Leistungsfähigkeit der Malletlokomotiven liegen nur wenige Versuchsergebnisse vor, da, wie früher schon angeführt wurde, diese Lokomotivgattung weniger zum alleinigen Befördern von Güterzügen, sondern fast ausschließlich als Druck- oder Vorspannlokomotive auf starken Steigungen benutzt wird.

Bekannt gewordene Versuchsfahrten mit Malletlokomotiven sind daher meist keine Fahrten vor fahrplanmäßigen Zügen, sondern in der Regel solche mit derartig schweren Zügen, wie sie im gewöhnlichen Betriebe niemals ausgeführt werden.

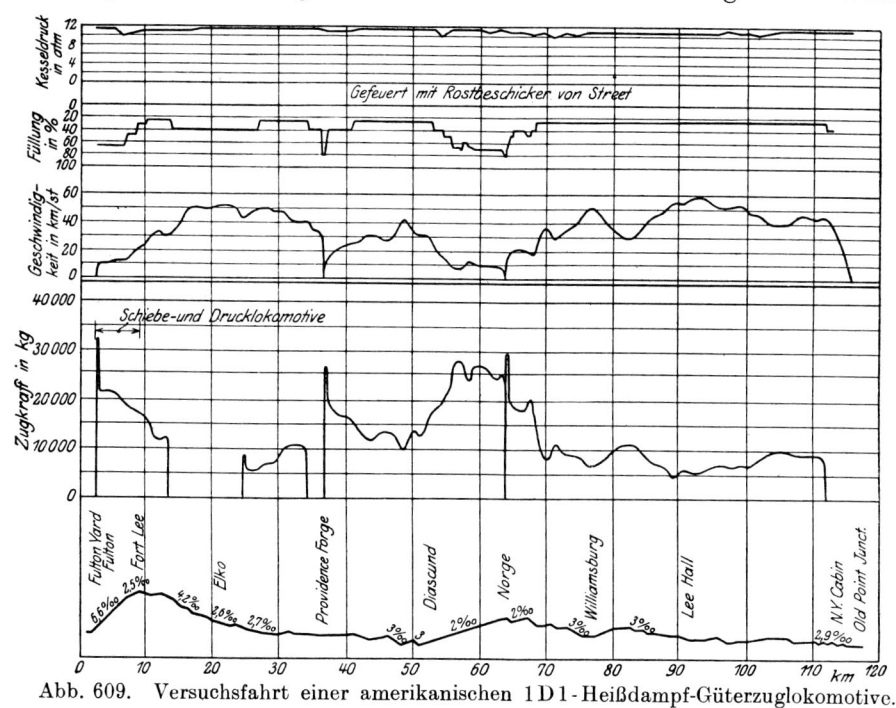

Abb. 609. Versuchsfahrt einer amerikanischen 1 D 1 - Heißdampf-Güterzuglokomotive.

Eine 1 C + C 1-Malletlokomotive, die auf der Chesapeake und Ohio-Bahn in größerer Anzahl läuft, hat folgende Hauptabmessungen:

Zylinderdurchmesser	2 × 557/984 mm
Hub	813 mm
Triebraddurchmesser	1488 mm
Dampfdruck	14 Atm.
Verdampfungsheizfläche	408,5 qm
Überhitzerheizfläche	89,5 qm
Rostfläche	5,3 qm
Reibungsgewicht	136 t
Triebachsdruck	22,6 t
Dienstgewicht	160 t

$$C_1 = \frac{98{,}4^2 \cdot 81{,}3}{1488} = 5300.$$

Für den Bau wurde angegeben, daß die Lokomotive imstande sein sollte, einen Wagenzug von 2700 t auf einer Steigung von 4 v. T. mit einer Geschwindigkeit von 24 km/st zu befördern, ferner denselben Zug über eine Steigung von 5,7 v. T. mit 19 km/st.

Mit einem Tendergewicht von 80 t ergibt sich ein Gesamtzuggewicht von 160 + 80 + 2700 = 2940 t und für den ersten Fall eine Zugkraft von

$$Z_i = 2940\left(1{,}5 + \frac{24^2}{2000} + 4\right) + 0{,}6\,C_1 = 17000 + 3180 = 20180 \text{ kg}$$

entsprechend einer Leistung von

$$\frac{20180 \cdot 24}{270} = 1793 \text{ PS}_i,$$

was $\frac{1793}{408,5} = 4,4 \, \text{PS}_i$ auf 1 qm Heizfläche oder $\frac{1793}{5,3} = 338 \, \text{PS}_i$ auf 1 qm Rostfläche entspricht.

Für den zweiten Fall errechnet sich die Zugkraft zu

$$Z_i = 2940\left(1,5 + \frac{19^2}{2000} + 5,7\right) + 0,6\,C_1 = 24880 \text{ kg,}$$

was einer Leistung von 1750 PS_i oder 4,28 PS_i auf 1 qm Heizfläche bzw. 330 PS_i auf 1 qm Rostfläche entspricht.

Es sind dies Leistungen, die als recht gering zu betrachten sind und die mit erheblich kleineren Kesseln erreicht werden könnten.

Die zurzeit größte Malletlokomotive der Welt ist die 1 D + D + D 1-Lokomotive mit Tenderantrieb der virginischen Eisenbahn, die im achten Abschnitt unter Nr. 29 eingehend beschrieben ist. Diese Bahn hat auf ihrer eingleisigen Hauptstrecke eine 22,5 km lange Steigung von 20,5 v. T. zu überwinden, über die bisher Züge von nur (!) 3000 t Wagengewicht befördert wurden. Hierzu waren drei Malletlokomotiven erforderlich, eine leichtere zum Ziehen und zwei schwerere zum Drücken. Unter Zuhilfenahme der neueren Malletlokomotive beabsichtigt man, das Zuggewicht auf dieser Steigung auf 3850 t zu erhöhen.

Im Juli 1914 wurde mit der Lokomotive auf der Eriebahn zwischen den Orten Binghamton und Susquehanna, die 37 km voneinander entfernt sind, ein Probezug von 250 beladenen Kohlenwagen und einem Dynamometerwagen befördert. Die Länge dieses Zuges betrug 2600 m, das Gewicht ausschließlich der Lokomotive 16250 t.

Das Ingangsetzen dieses gewaltigen Zuges geschah mit Hilfe von Drucklokomotiven, um ein Brechen der Kuppelungsköpfe zu vermeiden und um schneller auf Geschwindigkeit zu kommen. Bei dieser Fahrt wurde eine Höchstgeschwindigkeit von 22,5 km/st erreicht, die größte Zugkraft, die vom Zugkraftmesser aufgezeichnet wurde, betrug 59000 kg.

Ein 250-Wagen-Zug kann natürlich im fahrplanmäßigen Betriebe niemals befördert werden, da die Bahnhofseinrichtungen für eine Zuglänge von 2,6 km nicht ausreichen und auch die Bremsung eines so langen Zuges ganz erhebliche Schwierigkeiten verursachen würde. Der Zug ist nur für die Probefahrt zusammengesetzt, um die Leistungsfähigkeit der Lokomotive zu erweisen.

Mit einem Lokomotivgewicht von 388 t ergibt sich bei der größten Geschwindigkeit von 22,5 km/st eine Zugkraft von

$$Z_i = (16250 + 388) \cdot \left(1,5 + \frac{22,5^2}{2000}\right) + 0,5\,C_1,$$

wenn der Zuschlag für die inneren Widerstände der Lokomotive entsprechend den drei Triebwerken hier gleich $0,5\,C_1$, was sicher nicht zu hoch ist, gesetzt wird. Es ergibt sich

$$Z_i = 28300 + 4250 = 32550 \text{ kg,}$$

was einer Leistung von

$$\frac{32550 \cdot 22,5}{270} = 2710 \, \text{PS}_i$$

oder

$\frac{2710}{640} = 4,23 \, \text{PS}_i$ auf 1 qm Heizfläche und $\frac{2710}{8,36} = 324 \, \text{PS}_i$ auf 1 qm Rostfläche entspricht.

Diese Leistung ist von einer Lokomotive der in Frage kommenden Größe durchaus zu erwarten. Lokomotiven der preußischen Staatsbahn, die auch wie die

1 D + D + D 1-Lokomotive der Eriebahn mit Speisewasservorwärmern ausgerüstet sind, haben vielfach bei Probefahrten die doppelte Leistung, auf die Heiz- oder Rostfläche bezogen, ergeben.

Bemerkenswerte Versuche mit C-Heißdampf-Verschiebelokomotiven sind von der Lake Shore and Michigan Southern-Bahn auf den Bahnhöfen in Cleveland und Chicago angestellt worden.

Die in Abb. 610 dargestellte C-Verschiebelokomotive gleicht den Lokomotiven der New York Central-Bahn, die folgende Hauptabmessungen besitzen:

Zylinderdurchmesser . . . . 533,4 mm
Zylinderhub . . . . 711,2 mm
Triebraddurchmesser. . . . . 1447,8 mm
Kessel: 165 Siederohre mit 50,8 mm Durchmesser
       22 Rauchrohre mit 139,7 mm Durchmesser
Länge zwischen den Rohrwänden. . . . . 4876,7 mm
Heizfläche: Feuerbüchse. . . . . 13,19 qm
       Rohre . . . . 174,56 qm
                zusammen 187,75 qm
       Überhitzer . . . . 35,49 qm
Rostfläche . . . . 3,04 qm
Reibungsgewicht . . . . 77,11 t
Radstand. . . . . 3505 mm
Tender:
   Wasser. . . . . 19 cbm
   Kohle . . . . 6,5 t

Wenn auch naturgemäß die Temperatur des Heißdampfes nur gering war (im Mittel etwa 230 bis 240°), so haben sich doch ganz erhebliche Ersparnisse gegenüber der Naßdampflokomotive ergeben, die ihren Hauptgrund darin haben, daß der gerade bei Verschiebelokomotiven ganz erhebliche Niederschlag in den Zylindern bei Anwendung von Heißdampf fortfällt. Besonders wird hervorgehoben, daß der Auswurf von ruß- und ölhaltigem Wasser, der zu großen Belästigungen Veranlassung gab, gänzlich aufgehört hat und auch die Qualmentwicklung der Heißdampflokomotiven erheblich geringer war als bei den Naßdampflokomotiven. Die Pausen zum Einnehmen von Kohle und Wasser konnten infolge des geringeren Verbrauchs um etwa 50 v. H. verringert werden und das Feuer, das bei den Naßdampflokomotiven alle 12 Stunden gereinigt werden mußte, liegt bei den Heißdampflokomotiven 24 Stunden ohne Ausschlacken. Das Siederohrlecken, unter dem die Naßdampflokomotiven sehr litten, hat vermutlich aus diesem Grund fast ganz nachgelassen und die genannte Gesellschaft erwartet eine Ersparnis an Kesselausbesserungsarbeiten, die im Verhältnis zu der Kohlen- und Wasserersparnis steht.

Zahlentafel 91.
Versuche mit Heißdampf- und Naßdampf-Verschiebelokomotiven.

	Heißdampf-Lokomotive	Naßdampf-Lokomotive	Unterschied Proz.
1. Cleveland Personenbahnhof.			
Durchschnittswerte	2.—8. XI. 11	9.—14. XI. 11	
Wasserverbrauch in der Stunde . . . . . cbm	1,410	1,99	—29
Kohlenverbrauch in der Stunde . . . . . kg	134	237	—43
Beförderte Wagen in der Stunde	12,3	15,4	—20
Haltezeit in der Stunde . . . . Min.	27,7	22,9	+21
Kohlenverbrauch für 1 Wagen . . . . . kg	10,9	15,3	—29
Wasserverbrauch für 1 Wagen . . . . . cbm	0,114	0,128	—11
Kilogramm Wasser für 1 kg Kohle	10,5	8,4	+25

	Heißdampf-Lokomotive	Naßdampf-Lokomotive	Unterschied Proz.
2. Chicago Personenbahnhof.			
Durchschnittswerte	12.—19. XII. 11	20.—27. XII. 11	
Wasserverbrauch in der Stunde . . . . . cbm	1,29	1,84	— 30
Kohlenverbrauch in der Stunde . . . . . kg	204	344	— 41
Beförderte Wagen in der Stunde	33,2	33,8	— 2
Haltezeit in der Stunde . . . . Min.	10,7	11,8	— 9
Kohlenverbrauch für 1 Wagen . . . . . kg	6,1	10,1	— 40
Wasserverbrauch für 1 Wagen . . . . . cbm	0,039	0,545	— 21
Kilogramm Wasser für 1 kg Kohle	6,4	5,4	— 19
Als Mittel aus beiden Versuchen 1 und 2 ergibt sich:			
Wasserverbrauch in der Stunde . . . . . cbm	1,37	1,94	+ 29
Kohlenverbrauch in der Stunde . . . . . kg	157	273	— 42
Beförderte Wagen in der Stunde	19,3	21,6	— 21
Haltezeit in der Stunde . . . . Min.	22,1	19,2	— 15
Kohlenverbrauch für 1 Wagen . . . . . kg	8,2	12,6	— 35
Wasserverbrauch für 1 Wagen . . . . . cbm	0,071	0,090	— 21
Kilogramm Wasser für 1 kg Kohle	8,7	7,1	+ 22

Die Ersparnis der Heißdampflokomotive beträgt demnach 35% an Kohle und 21% an Wasser.

Zur Einnahme von Kohle und Wasser mußten innerhalb eines Zeitraumes von fünf Tagen die Naßdampflokomotiven im Durchschnitt 2 Stunden 13 Minuten, die Heißdampflokomotiven nur 55 Minuten aus dem Betrieb genommen werden.

Die günstigen Erfolge, die mit den Heißdampf-Verschiebelokomotiven erzielt worden sind, haben eine große Anzahl amerikanischer Eisenbahngesellschaften ebenfalls zur Einführung derselben veranlaßt, ja sogar alte Sattdampflokomotiven sind vielfach mit Überhitzern ausgerüstet worden.

Auf Grund der Erfahrungen der amerikanischen Eisenbahngesellschaften wäre zu wünschen, daß die allgemeine Anwendung von Heißdampf-Verschiebelokomotiven auch bei europäischen Bahnverwaltungen erwogen würde, da sich auch hier ganz erhebliche Vorteile mit Sicherheit ergeben müssen.

Die Buffalo, Rochester und Pittsburgh-Eisenbahn hat auf der in Abb. 611 dargestellten Strecke bemerkenswerte Vergleichsversuche zwischen 2 B 1- und 1 D-Sattdampf- und Heißdampflokomotiven angestellt, von denen letztere in der Feuerbüchse einen Feuerschirm eingebaut hatten.

Die Abmessungen der 2 B 1-Lokomotive waren folgende:

	Naßdampf	Heißdampf
Gesamtgewicht . . . . t	78,5	84
Triebachsdruck . . . . t	44,8	51,6
Zylinderdurchmesser . . . . mm	515	515
Hub . . . . mm	660	660
Triebraddurchmesser . . . . mm	1830	1830
Kesseldruck . . . . Atm.	14	14
Heizfläche, Feuerbüchse . . . . qm	18	20,5
„ , Rohre . . . . . qm	260	200
„ , gesamt . . . . . qm	278	220,5
„ , Überhitzer . . . qm	—	44,6
Überhitzereinheiten	—	26
Rostfläche . . . . qm	5,05	5,05

Der Zug bestand aus sechs Wagen und hatte ein Gesamtgewicht von 261 t im Durchschnitt bei den Heißdampflokomotiven und 262 t bei den Naßdampflokomotiven. Die Heißdampflokomotive wog mit Tender 172 t, die Naßdampflokomotive 169 t. Die Entfernung betrug 156 km, die fahrplanmäßige Fahrzeit 2 Stunden 48 Minuten. Als Kohle wurde bei allen Fahrten, je zwei mit der Heiß- und Naß-

Versuche mit amerikanischen Heißdampflokomotiven und deren Ergebnisse. 623

dampflokomotive, eine gute Förderkohle verfeuert. In der Zahlentafel 92 sind die Wasser- und Kohlenverbrauchszahlen der beiden Lokomotiven zu erkennen.

Abb. 610. Ü-Heißdampf-Verschiebelokomotive.

Abb. 611. Versuchsstrecke der Buffalo, Rochester und Pittsburgh E. E.

Zahlentafel 92.

		Heißdampf	Naßdampf	v. H. der Heiß-dampflokomotive
Fahrtlänge	km	156	156	—
Fahrzeit	st	2,5	2,63	105,3
Anzahl der Aufenthalte		9	9	—
Langsamfahrsignale		8	5	—
Wagentonnenkilometer	tkm	40600	40800	100,3
Gesamt „	tkm	620	615	99,1
Gesamtkohlenverbrauch	kg	2880	3310	115
Kohlenverbrauch für 100 Gesamttonnenkilometer	kg/tkm	4,63	5,38	116,1
Auf 1 qm Rostfläche verbrannte Kohle in der Stunde	kg/qmst	202	223	110
Gesamtwasserverbrauch	kg	2230	2700	121,3
Verdampfungsziffer	kg/kg	7,74	8,16	105,5
Wasser verdampft auf 1 qm Heizfläche in der Stunde	kg/qm	35,8	33,0	92,1
Wasser f. 100 Gesamttonnenkilometer	kg/tkm	3,6	4,4	122,4

Ebenfalls vier Versuche wurden mit zwei 1 D-Lokomotiven angestellt, von denen die eine mit Naßdampf arbeitete, während die andere sonst vollständig gleiche einen Überhitzer und einen in die Feuerbüchse eingebauten Feuerschirm besaß.

Die Lokomotiven hatten die folgenden Hauptabmessungen:

		Naßdampf	Heißdampf
Gesamtgewicht	t	83,5	88,1
Triebachsdruck	t	74,5	78,5
Zylinderdurchmesser	mm	533	533
Hub	mm	711	711
Triebraddurchmesser	mm	1448	1448
Kesseldruck	Atm.	14	14
Heizfläche, Feuerbüchse	qm	17,65	20,3
„ , Rohre	qm	248	200
„ , gesamt	qm	265,65	220,3
„ , Überhitzer	qm	—	42,7
Überhitzereinheiten		—	28
Rostfläche	qm	5,05	5,05

Es wurde dieselbe Kohle verfeuert wie bei den Versuchsfahrten mit den 2 B 1-Lokomotiven. Die Durchschnittswerte von den beiden Fahrten der Heißdampf- und Naßdampflokomotive sind in Zahlentafel 93 aufgezeichnet.

Zahlentafel 93.

		Heißdampf	Naßdampf	v. H. der Heiß-dampflokomotive
Fahrtlänge	km	153	153	—
Fahrzeit	st	6,23	6,67	107
Anzahl der Aufenthalte		12,5	17,5	140
Wagentonnenkilometer	t/km	332000	310000	93,3
Gesamt „	t/km	356000	331000	93,5
Gesamtkohlenverbrauch	kg	5430	7280	134
Kohlenverbrauch für 100 Wagentonnenkilometer	kg/tkm	1,63	2,33	142,9
Kohlenverbrauch für 100 Gesamttonnenkilometer	kg/tkm	1,52	2,18	143,3
Kohle auf 1 qm Rostfläche u. Stunde	kg/qmst	122	153	125,5
Gesamtwasserverbrauch	kg	41700	57400	137,9
Stündl. „	kg/st	4730	6100	128,9
Verdampfungsziffer	kg/kg	7,69	7,89	102,7
Wasser verdampft auf 1 qm Heizfläche in der Stunde	kg/qmst	21,5	22,9	106,8
Wasser f. 100 Gesamttonnenkilometer	kg/tkm	1,18	1,74	147,3

Zu bemerken ist hierzu noch, daß auf der Steigung zwischen Falls Crek und Mc Minus Summet und zwischen Clarion Junction und Freemann bei allen Fahrten mit Vorspann- bzw. mit Schiebelokomotiven gefahren wurde, deren Dampf- und Kohlenverbrauch jedoch in obigen Zahlen nicht mit enthalten ist. Betont muß zu diesen Versuchsergebnissen noch werden, daß die Dampfzylinder der Heißdampflokomotiven viel zu klein ausgeführt sind. Die Ersparnisse der Heißdampflokomotive wären bei Anwendung größerer Zylinder ganz erheblich größer ausgefallen.

2. Versuchsergebnisse mit einer 2 B 1-Heißdampf-Schnellzuglokomotive auf dem Prüfstand der Pennsylvaniabahn in Altoona.

Im folgenden ist auszugsweise die Übersetzung eines Berichtes der Pennsylvania-Eisenbahn wiedergegeben, der in ausführlicher Weise die Versuche mit einer 2 B 1-Personenzuglokomotive der Klasse E 6 s schildert[1]).

Die Einführung dieser neuen E 6 s-Lokomotivbauart auf der Pennsylvaniabahn bedeutet insofern einen bemerkenswerten Fortschritt, als man bei dem Entwurf bestrebt war, durch Anwendung der bestgeeigneten Baustoffe und sorgfältigste Durchbildung aller Einzelteile eine zweigekuppelte Lokomotive zu schaffen, die die bisher zur Beförderung der üblichen Personenzüge verwendete 2 C 1-Lokomotive ersetzen sollte. Wie die späteren Ausführungen zeigen werden, ist der Versuch tatsächlich als gelungen zu bezeichnen. Bei einem Reibungsgewicht von 64 t erhält man derartig hohe Anfahrzugkräfte, daß die Lokomotive in nicht allzu hügligem Gelände ihren Dienst erfolgreich ausführen kann. Vor den dreigekuppelten Lokomotiven hat sie den Vorteil, daß sie ihres geringeren Gewichts wegen erheblich billiger ist und, da sie weniger bewegte Teile hat, auch einfacher zu unterhalten ist. Ihr Eigenwiderstand ist geringer, was auf den Dampf- und Kohlenverbrauch von günstigem Einfluß sein wird.

Beschreibung der Lokomotive.

Die neue Lokomotive ist aus einer Naßdampflokomotive hervorgegangen, die im Jahre 1910 entworfen worden ist und die als E 6-Klasse bezeichnet wird.

Ihre feuerberührte Heizfläche beträgt 287 qm, während die E 6-Naßdampflokomotive nur 215 qm hatte. Die Vermehrung der Heizfläche um 33,2 % bei der Heißdampflokomotive ist die Grenze, die durch das zulässige Gewicht auf den Triebrädern gegeben war. Der außergewöhnlich hohe Triebachsdruck beträgt 30,8 t. Es haben sich hierbei keinerlei Anstände betreffs der Erwärmung der Achsschenkel (241·330 mm) oder wegen der Schienenabnutzung ergeben. Nach Beendigung der Versuche wurden die Federn und Ausgleichhebel verändert, so daß der Triebachsdruck auf 29,5 t ermäßigt werden konnte.

Allgemeine Anordnung.

Die Abbildung 648 zeigt die E 6 s-Lokomotive. Die Hauptabmessungen sind:

Gesamtgewicht, betriebsfähig	106 t
Reibungsgewicht	61,6 t
Zylinderdurchmesser	558,8 mm
Zylinderhub	660 mm
Triebraddurchmesser	2032 mm
Heizfläche (wasserberührt) der Rohre	224 qm
„ der Feuerbüchse	23,7 qm

---

[1]) Die Übersetzung bzw. Überarbeitung dieses sehr umfangreichen amerikanischen Berichts dürfte nicht nur unmittelbar manche Erweiterung der Erkenntnisse über die Vorgänge bei der Verbrennung, Dampfbildung, Dampfarbeit und andere Vorgänge beim Betriebe von Lokomotiven vermitteln, sondern auch für den Bau einer praktischen Lokomotiv-Prüfungsanlage wertvolle Anregungen geben.

Überhitzerheizfläche (feuerberührt)	64,0 qm
Gesamtheizfläche einschl. des Überhitzers, wasserberührt	311,7 qm
desgl. feuerberührt	287,0 qm
Rostfläche	5,13 qm
Kesseldruck	14,4 Atm.
Schieber(Kolbenschieber)-Durchmesser	356 mm
Steuerung: Walschaert.	
Feuerbüchsbauart: Belpaire.	
Anzahl der Siederohre	242
Anzahl der Rauchrohre	36
Außendurchmesser der Siederohre	50,8 mm
Außendurchmesser der Rauchrohre	136,5 mm
Länge der Rohre	4184 mm
Charakteristik C_1	1015

Die berechnete größte Zugkraft (beim Anfahren) beträgt 11700 kg mit 80 v. H. des Kesseldrucks als mittleren Druck in den Zylindern. Das entspricht einer Zugkraft von 1015 kg für 1 Atm. Kesseldruck; das Verhältnis von Triebachsgewicht zur berechneten Zugkraft ist 5,48.

In der Feuerbüchse ist eine Verbrennungskammer von 914 mm Länge eingebaut, die mit der geringstmöglichen Anzahl von Verbindungsstellen ausgeführt ist, um ein Undichtwerden dieses sonst zu Störungen Veranlassung gebenden Kesselteils möglichst zu vermeiden.

Die Belpairefeuerkiste hat ein Innenmaß von 1829 × 2800,25 mm, der Rost ist 5,13 qm groß. In der Feuerbüchse ist ein von 3 Wasserrohren getragener Feuerschirm eingebaut.

Der Rauchrohrüberhitzer von Schmidt hat eine Heizfläche von 64 qm, was 22% der gesamten Heizfläche entspricht.

Die Zylinder mit 558,8 mm Durchmesser und 660 mm Hub sind aus Gußeisen mit eingesetzter Gußeisenbüchse hergestellt. Sie sind mit dem halben Sattelstück zusammengegossen, was insofern eine Abweichung von der bisher in Amerika üblichen Bauart darstellt, als sonst stets ein getrenntes Sattelstück ausgeführt worden ist. Hierbei gingen die Dampfrohre durch den Sattel hindurch und waren mit den Schieberkästen durch kurze Rohre verbunden.

Bei der E 6 s-Lokomotive sind die Einströmrohre durch die Seitenwand der Rauchkammer in der bei uns üblichen Weise hindurchgeführt und münden unmittelbar in die Schieberkästen. Hierdurch ist ein möglichst kurzer und drosselungsfreier Durchgang des Dampfes gegeben, der besonders bei Heißdampflokomotiven wegen des ohnehin unvermeidlichen Druckabfalls im Überhitzer wichtig ist.

Ein anderer Bauteil, der einen erheblichen Einfluß auf die Dampferzeugung hat und oft weniger Beachtung erfährt, als eigentlich angebracht erscheint, ist die Auspuffleitung bis zum Blasrohr. Sie ist im vorliegenden Falle mit großem Querschnitt und schlanken Krümmungen ausgeführt.

Von den vorgesehenen Einrichtungen zum Ölen der Zylinderlaufflächen und der Schieber wurde kein Gebrauch gemacht, da es für besser befunden wurde, das Öl in das Dampfrohr über dem Schieberkasten einzuführen.

Die Zylinder werden durch Kolbenschiebe mit einfacher Einströmung gesteuert, die Abdichtung erfolgt auf jeder Seite durch zwei L-förmige federnde Ringe.

Ein Luftsaugeventil von 95 mm Durchmesser ist seitlich am Schieberkasten angebracht.

Der Rost ist ein gewöhnlicher Schuttelrost mit fingerförmigen Ansätzen. Die

Rostfläche ist dieselbe wie bei der früheren E 6-Lokomotive. Der Aschkasten ist selbstentleerend, die Einrichtung kann vom Führerstand aus betätigt werden.

Das Drehgestell stellt eine neue Bauart dar. Das Gewicht wird durch kugelige Auflagerflächen auf das Gestell übertragen. Es wird durch Schraubenfedern, die in Taschen am hinteren Ende des Gestells liegen, in der Mittellage gehalten. Die Laufachse wird durch einen besonderen Bremszylinder und Gestänge unabhängig von den übrigen Achsen gebremst.

Es sind im ganzen 40 Versuche mit der E 6 s-Lokomotive gemacht worden. 7 von diesen sind wegen zu geringen Dampfdrucks oder wegen zu kurzer Dauer der Versuche bei den Auswertungen unberücksichtigt geblieben.

Von 27 Versuchen mit ganz geöffnetem Regler waren vier von weniger als einstündiger, 8 von zweistündiger Dauer.

Die beiden folgenden Zahlentafeln 94 und 95 zeigen die Versuchsgrundlagen betr. Geschwindigkeit und Füllung bei ganz und nur teilweise geöffnetem Regler. Die Versuche mit ganz offenem Regler wurden bei Geschwindigkeiten von 48,3 bis 137 km/st bei Füllungen von 20 bis 50% gemacht.

Zahlentafel 94.

Versuche mit ganz offenem Regler.

Umdr./Min.	km/st	Füllungen in % des Hubes							
		20	25	30	35	38	40	45	50%
120	45,8	+	+	+			+		
160	61,1		+	+	+				+
200	76,4	+	+	+	+				+
240	91,7	+	+	+		+			
280	107,0	+	+	+	+				
320	122,2	+	+						
360	137,4	+	+	+					

Sechs Versuche (Zahlentafel 95) mit gedrosseltem Dampf wurden vorgenommen, um die Veränderlichkeit der Zugkraft bei derselben Geschwindigkeit gegenüber der bei ganz geöffnetem Regler zu zeigen.

Zahlentafel 95.

Versuche mit nur teilweise geöffnetem Regler.

Umdr./Min.	km/st	Füllungen in % des Hubes							
		20	25	30	35	38	40	45	50%
200	76,4			+			+		
240	91,7			+			+		
280	107,0			+			+		

Bei einem Versuch bei 200 Umdrehungen in der Minute und voller Reglerröffnung ergab sich bei 20% Füllung z. B. eine Zugkraft von 3160 kg, bei teilweise geöffnetem Regler ergaben sich bei derselben Geschwindigkeit bei 30 und 40% Füllung Zugkräfte von 3170 und 3210 kg.

Luftzufuhr und Verbrennung. Es wurden bei dieser Lokomotive keine besonderen Beobachtungen angestellt, um die Menge der in die Feuerbüchse durch den Rost eintretenden Luft zu bestimmen. Da die Lokomotive von Hand gefeuert werden mußte, wären genaue Messungen infolge des häufigen Öffnens der Feuertür sehr schwierig gewesen. Bei Lokomotiven, die mit selbsttätigen Rostbeschickern versehen sind, wären derartige Messungen leicht durchführbar, da hier das Öffnen der Feuertür fortfällt und alle Luft durch den Aschkasten hindurchgehen muß.

Die Luftöffnungen im Aschkasten betragen 14% der gesamten Rostfläche. Der im Aschkasten gemessene Unterdruck war in keinem Fall ungewöhnlich groß, was darauf hindeutet, daß die Luftöffnungen genügend waren[1]).

Die bei den Versuchen verbrannte Kohle war eine Backkohle, wie sie bei Versuchen mit Personenzuglokomotiven auf dem Versuchsstand in der Regel verwandt und die auch im Betriebe verfeuert wird.

Von jedem in die Bansen entladenen Wagen wurden Proben entnommen.

Die Untersuchung der lufttrockenen Kohle gab folgende Zusammensetzung:

Fester Kohlenstoff . . . . 58,45 %
Flüchtige Bestandteile. . . . . . . 33,65 %
Feuchtigkeit . . . . 1,54 %
Asche . . . . 6,36 %
—————
100,00 %

Heizwert für 1 kg trockener Kohle . . 8040 WE
Heizwert für 1 kg im Verbrennbaren . 8080 WE

Die Kohle bestand aus

Kohlenstoff . . . . 79,19 %
Wasserstoff . . . . 5,08 %
Stickstoff . . . . 1,53 %
Schwefel . . . . 1,62 %
Asche . . . . 6,36 %
Sauerstoff . . . . 6,22 %
—————
100,00 %

Zahlentafel 96.
Druck des Dampfes an verschiedenen Stellen.

Versuchs-Nummer	Versuchs-Bezeichnung[2])	Versuchsdauer Min.	Dampfdrücke				
			Kesseldruck Atm.	beim Eintritt in den Überhitzer Atm.	Umkehrschleife Atm.	Zweigrohr Atm.	Auspuff Atm.
2801	120 — 20 — F	120	14,4	—	—	14,2	0,035
2818	120 — 25 — F	120	14,3	—	—	14,1	0,092
2802	120 — 30 — F	120	14,3	—	—	14,1	0,092
2817	120 — 40 — F	120	14,3	—	—	13,9	—
2814	160 — 25 — F	60	14,4	14,0	13,9	14,1	0,134
2803	160 — 30 — F	120	14,4	—	14,3	14,1	0,155
2804	160 — 35 — F	120	14,3	14,3	14,2	14,0	0,176
2808	160 — 50 — F	60	14,5	14,1	14,1	13,9	0,450
2826	200 — 20 — F	120	14,2	14,1	—	13,8	0,0703
2807	200 — 25 — F	120	14,3	14,1	14,1	14,0	0,197
2815	200 — 35 — F	90	14,4	14,1	14,0	13,9	0,324
2809	200 — 50 — F	60	13,2	12,5	12,3	12,4	0,514
2810	200 — 50 — F	60	12,9	12,4	12,2	12,1	0,464
2816	240 — 20 — F	90	14,4	14,1	14,1	14,0	0,119
2813	240 — 25 — F	90	14,4	13,9	14,0	13,8	0,253
2811	240 — 30 — F	60	14,4	14,1	13,6	13,9	0,324
2825	240 — 38 — F	60	13,9	13,6	—	13,2	0,464
2819	280 — 20 — F	90	14,3	14,2	14,2	13,8	0,099
2821	280 — 25 — F	90	14,4	14,2	14,2	13,7	0,317
2820	280 — 35 — F	60	14,4	14,2	13,9	13,5	0,528
2812	280 — 30 — F	60	14,5	14,3	—	13,7	0,422
2824	320 — 20 — F	30	13,7	13,5	—	13,2	0,176
2827	320 — 20 — F	30	14,4	14,3	—	13,8	0,211
2823	320 — 25 — F	60	14,1	13,8	—	13,3	0,394
2838	360 — 20 — F	30	14,4	14,3	14,3	13,8	0,312
2840	360 — 25 — F	30	14,4	14,3	14,2	13,6	0,597
2839	360 — 30 — F	15	13,5	13,2	13,1	12,5	0,584

[1]) Vgl. dagegen Seite 631, wo sich das Gegenteil herausgestellt hat.
[2]) Es bezeichnet die erste Zahl die Umdrehungen der Triebräder in der Minute, die zweite die Füllung, mit der die Lokomotive arbeitet; F bedeutet, daß der Regler voll geöffnet war.

Zahlentafel 97.
Dampftemperaturen an verschiedenen Stellen.

Versuchs-Nummer	Um-drehungen Min.	Temperaturen des Dampfes im			Überhitzung im Auspuff °C
		Kessel °C	Zweigrohr °C	Auspuffkanal °C	
2801	120	198,5	277	109	8,9
2818		198,1	289	110	10,7
2802		198,1	285	108	6,3
2817		198,1	312	—	—
2814	160	198,5	298	110	7,4
2803		198,5	306	109	6,3
2804		198,4	320	114	10,3
2808		199,0	323	136	26,2
2826	200	198,0	295	109	8,2
2807		198,5	303	110	5,7
2815		198,8	320	127	20,0
2809		195,0	324	151	40,2
2810		193,8	320	149	39,2
2816	240	198,5	303	110	7,5
2813		198,5	314	117	11,5
2811		198,5	312	120	12,3
2825		196,1	324	142	31,6
2819	280	198,3	307	110	8,3
2821		198,4	323	125	18,4
2820		198,4	329	145	34,3
2812		198,8	319	127	17,8
2824	320	196,1	302	112	8,8
2827		198,5	308	111	6,7
2823		195,8	323	130	21,6
2838	360	198,6	322	123	16,6
2840		198,6	326	143	30,3
2839		196,0	311	132	20,3

In den Zahlentafeln 96 und 97[1]) sind Angaben über Druck und Temperatur des Dampfes an den verschiedenen Beobachtungsstellen gemacht. In der Umkehrschleife, d. h. an der Stelle, wo der Dampf einen Durchgang durch den Überhitzer vollendet hat, beträgt der Druckabfall bei der größten durchfließenden Dampfmenge 0,295 Atm. Der höchste Druckabfall des Dampfes nach dem Austritt aus dem Überhitzer ist 0,844 Atm. oder 6% des Kesseldrucks. Zur Messung der Auspuffspannung wurde ein Rohr gegen den Dampfstrom gerichtet, es stellen die Angaben also den dynamischen Druck des Abdampfes dar.

In Zahlentafel 98 sind die Ergebnisse über den Unterdruck sowie die Temperaturen der Rauchgase in der Feuerbüchse und der Rauchkammer eingetragen. Bemerkenswert ist hier der hohe Widerstand, den die Ablenkplatte in der Rauchkammer verursacht. Die Feuerbüchstemperaturen sind verhältnismäßig gering, sie übersteigen bei der größten stündlich verbrannten Kohlenmenge von 2890 kg, d. h. 564 kg auf 1 qm Rostfläche, nicht 1300°.

Bei Betrachtung der Abb. 612, in der die Temperaturen in Abhängigkeit von den verbrannten Kohlenmengen aufgetragen sind, fällt besonders auf, daß die Temperaturunterschiede zwischen der Feuerbüchse und der Rauchkammer bei allen Verbrennungsmengen ziemlich gleich sind. Nimmt man an, daß die Rauchgase bei allen Temperaturen die gleiche Dichte haben, so würde dies bedeuten, daß die Kessel-

---

[1]) Die Zahlen der Tafeln sind sämtlich mit dem Rechenschieber auf metrische Maße umgerechnet worden, die hierbei entstandenen Ungenauigkeiten kommen nicht in Betracht.

630 Versuche mit Heißdampflokomotiven verschiedener Eisenbahnverwaltungen.

heizfläche von jedem Kubikmeter Rauchgase eine bestimmte feste Wärmemenge aufnimmt. Eine größere Verdampfung würde demnach nur durch eine Vermehrung des Gewichts oder der Menge der Rauchgase erzielt werden und nicht auch durch eine Erhöhung der Temperatur.

Dieser Schluß scheint nicht gerechtfertigt zu sein. Mit Erhöhung der Anfangstemperatur steigt auch die mittlere Temperatur der Rauchgase und damit auch der Temperaturunterschied zwischen Rauchgasen und Kesselwasser, der für die Wärmeübertragung maßgebend ist. Mit dem Ansteigen des Temperaturunterschieds erhöht sich der Wärmeübergang, es muß daher notwendigerweise der Unterschied zwischen Feuerbüchse und Rauchkammer bei höheren Feuerbüchstemperaturen größer werden. Eine größere Verdampfung wird also durch Erhöhung der Temperaturen und durch Vermehrung der Rauchgasmengen bewirkt. Daß bei den vorliegenden Versuchen, wie Abb. 612 zeigt, der Temperaturunterschied bei allen Verbrennungsmengen der gleiche ge-

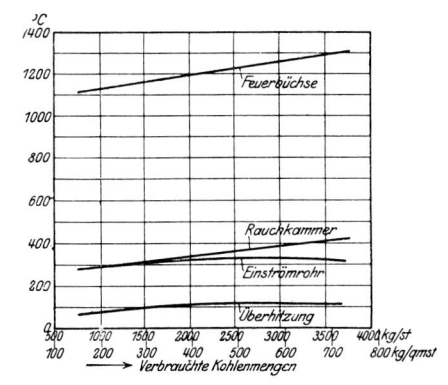

Abb. 612. Feuerbuchs- und Rauchkammertemperaturen in Abhängigkeit von der verbrannten Kohlenmenge.

Zahlentafel 98.
Verbrennungsverhältnisse, Unterdruck und Temperaturen.

Versuchs-Nummer	Zug in mm WS.				Temperaturen °C	
	vor der Ablenkplatte	hinter der Ablenkplatte	Feuerbüchse	Aschkasten	Feuerbüchse	Rauchkammer
2801	71	38,1	22,9	0,5	942	291
2818	114	53,2	22,9	2,0	1155	211
2802	107	61,0	30,5	2,3	1066	323
2826	114	68,6	27,9	1,5	1225	298
2814	163	73,8	33,0	4,1	1098	316
2816	173	73,8	27,9	3,8	1248	336
2803	140	86,5	38,1	2,5	1126	352
2817	158	89,0	33,0	5,3	1170	312
2819	168	76,4	27,9	3,2	1208	252
2807	158	86,6	40,7	2,3	1042	—
2804	163	94,0	45,7	2,8	1122	366
2827	216	129,5	58,4	2,0	1305	279
2813	262	116,8	53,4	5,6	1241	345
2824	214	137,0	48,2	1,3	1315	346
2815	286	129,4	55,8	7,1	1152	277
2838	265	142,2	66,1	3,1	1262	379
2811	305	124,3	50,8	5,6	1240	361
2821	254	124,3	55,8	3,6	1242	370
2823	307	177,8	73,6	3,3	1280	373
2812	340	167,5	76,2	5,6	1282	389
2808	352	147,2	60,9	3,3	980	406
2825	331	180,4	73,6	3,8	1281	410
2810	410	188,0	78,6	3,8	1278	405
2809	388	190,5	71,1	4,3	1175	404
2839	388	208,5	81,4	3,8	1274	385
2820	328	162,4	66,1	4,6	1272	358
2840	361	200,5	76,2	4,1	1300	406

Betreffs der bei den Versuchen verbrannten Kohlenmengen s. Zahlentafel 99.

blieben ist, rührt offenbar davon her, daß bei höheren Verbrennungsmengen auch die Temperatur der Abgase aus dem Überhitzer gestiegen ist und dadurch die Rauchkammertemperatur erhöht hat. Zahlentafel 99 zeigt die Versuchsergebnisse bezüglich der Speisewassertemperaturen, der stündlich auf 1 qm Rostfläche verbrannten Kohlenmengen und des stündlich auf 1 qm Heizfläche verdampften Wassers sowie die Löschemengen und die in das Speisewasser und im Überhitzer nutzbar übergeführten Wärmemengen.

Zahlentafel 99.

Kohlen- und Wasserverbrauch, Lösche und übertragene Wärmemengen.

Versuchs- nummer	Speise- wasser- tempera- tur °C	Ver- feuerte trockene Kohle auf 1 qm R und Std. kg	Ver- dampftes Wasser auf 1 qm H u. Std. kg	Stündl. verbrann- te trocke- ne Kohle kg	Lösche aus dem Schorn- stein in der Std. kg	Lösche beträgt v. H. der verfeuer- ten Kohle	In das Speise- wasser über- geführte WE in der Minute	Zur Über- hitzung ver- wandte WE in der Minute
2801	19,3	161	26,8	826	13,9	1,56	83 000	5 450
2818	16,5	192	29,9	985	38,6	3,88	93 500	7 870
2802	14,7	217	23,5	1110	35,3	3,23	104 200	7 540
2826	12,7	241	34,2	1238	63,6	5,10	107 600	8 830
2814	13,5	260	37,0	1335	45,7	3,40	116 000	9 460
2816	14,2	260	37,3	1335	58,0	4,54	116 700	12 360
2803	13,6	274	39,8	1408	59,2	4,47	125 400	9 960
2817	13,7	286	40,0	1465	112,5	7,67	125 500	11 680
2819	12,7	273	40,4	1400	103,8	7,20	126 800	11 500
2807	12,8	297	41,7	1520	99,5	6,73	130 800	11 600
2804	14,2	310	43,6	1592	104,2	6,49	136 500	11 480
2827	12,4	470	46,5	2410	353,0	14,68	146 000	13 390
2813	14,5	347	46,7	1780	188,0	10,73	146 100	14 040
2824	12,8	480	47,6	2460	286,5	13,51	149 300	13 280
2815	13,8	404	50,1	2080	154,0	8,31	157 000	15 850
2838	11,7	373	50,0	1913	174,0	9,11	157 200	16 200
2811	15,1	396	51,1	2030	171,2	8,67	159 700	15 220
2821	12,3	380	50,8	1950	194,5	9,66	159 400	16 600
2823	12,6	609	55,3	3120	366,5	13,48	173 500	18 190
2812	12,4	473	55,5	2420	224,0	9,25	174 000	17 590
2808	16,2	474	58,5	2422	266,0	10,87	182 200	17 690
2825	12,9	617	58,4	3160	375,0	—	182 800	19 300
2810	14,6	622	60,4	3180	426,0	13,82	188 500	19 880
2809	15,0	608	60,3	3110	459,0	14,05	188 600	20 150
2839	11,1	695	60,9	3560	457,0	12,83	191 500	15 800
2820	13,2	520	61,2	2670	356,5	13,56	191 600	20 550
2840	10,6	564	61,3	2890	328,5	12,83	192 500	20 050

Eine gute Wärmeaufnahme durch die Heizflächen ist weniger schwierig zu erreichen als eine gute Verbrennung der Kohle auf dem Rost, besonders bei größerer Rostbelastung. Die Höchstgrenze der Verbrennung wird durch die zuzuführende Luftmenge bestimmt. Luftüberschüsse sind in allen Fällen leicht zu erreichen, die Schwierigkeit besteht darin, die Luft richtig zu verteilen, so daß jedes Kohlenteilchen seine erforderliche Verbrennungsluftmenge auch richtig zugemessen bekommt. Bei der untersuchten Lokomotive zeigte es sich, daß bei hohen Rostbelastungen die durch die Rostspalten hindurchtretende Luftmenge nicht genügte, um eine vollkommene Verbrennung zu erreichen. Zur Erzielung der größtmöglichen Verdampfung mußte die Feuertür dauernd geöffnet werden. Wurde sie dabei geschlossen gehalten, so fiel sofort der Dampfdruck.

Man muß daher aus den Versuchen den Schluß ziehen, daß die Kesselleistung durch die Grenzen der Verbrennung auf dem Rost festgelegt wird und nicht durch die Abnahme der Wärmeaufnahme durch die Heizflächen.

Zahlentafel 100.
Verdampfungsziffern und Kesselwirkungsgrade.

Versuchs-nummer	Überhitzung des Dampfes °C	Verdampfte Wassermenge in der Stunde kg	Verdampfungs-ziffer bezogen auf die verf. Kohlenmenge[1]	Verdampfungs-ziffer bezogen auf Normaldampf[2]	Kesselwirkungs-grad %
2801	78,4	7 680	9,13	10,10	80,01
2818	91,3	8 630	8,60	9,48	74,91
2802	87,2	9 610	8,48	9,50	75,38
2826	98,6	9 880	7,64	8,82	71,50
2814	100,5	10 660	7,84	8,83	69,13
2816	105,3	10 740	7,90	8,91	69,72
2803	94,4	11 500	8,02	8,99	71,35
2817	113,9	11 540	7,81	8,76	68,60
2819	109,9	11 640	8,15	9,26	72,29
2807	107,8	12 010	7,75	8,79	69,81
2804	99,2	12 560	7,69	8,72	69,21
2827	111,0	13 380	5,46	6,20	50,32
2813	116,8	13 440	7,41	8,44	67,06
2824	106,8	13 720	5,46	6,20	50,32
2815	122,5	14 440	6,82	7,82	61,07
2838	125,7	14 420	7,40	8,50	69,03
2811	114,9	14 700	7,11	8,08	64,18
2821	127,0	14 640	7,37	8,46	66,15
2823	128,0	15 920	5,02	5,76	45,03
2812	123,7	15 950	6,46	7,43	58,95
2808	117,2	16 820	6,81	7,75	61,43
2825	129,4	16 840	4,93	5,98	48,60
2810	129,6	17 380	5,35	6,15	48,75
2809	131,4	17 400	5,48	6,28	49,89
2839	117,4	17 540	4,84	5,52	44,76
2820	132,7	17 610	6,47	7,46	56,30
2840	129,7	17 630	5,98	6,90	55,94

Zahlentafel 100 gibt die verdampften Wassermengen in der Stunde, die Überhitzung des Dampfes sowie die hierbei erzielten Verdampfungsziffern, d. i. das Verhältnis der verdampften Wassermenge zu der verbrannten Kohlenmenge an. Ferner sind die Kesselwirkungsgrade festgestellt.

Die Überhitzung vermehrt sich fast im gleichen Verhältnis, wie die Verdampfung zunimmt. Der Kesselwirkungsgrad schwankt zwischen 80% und weniger als 50%.

In Abb. 613 ist der Wasserverbrauch in Abhängigkeit vom Kohlenverbrauch zeichnerisch dargestellt, und zwar zum Vergleich für die Heißdampf- wie für die Naßdampflokomotive. Es ist selbstverständlich, daß bei gleichem Kohlenverbrauch die verdampfte Wassermenge bei der Naßdampflokomotive größer ist als bei der Heißdampflokomotive.

In Abb. 614 und 615 sind die Kesselwirkungsgrade der untersuchten Heißdampflokomotive mit der E 6-Sattdampflokomotive verglichen, und zwar sind sie bezogen auf gleiche Verdampfung bzw. gleiche Verbrennung. Wie bereits erwähnt, sind die beiden Kessel sehr ähnlich, die Rostflächen sind gleich, die wasserverdampfende Heizfläche des Heißdampfkessels ist nur wenig größer als die des Naßdampfkessels.

---

[1] Nicht die umgerechnete trockene Kohle.
[2] Normaldampf von 1 Atm. aus Wasser von 0° = 639 WE/kg.

Wie die Abbildungen ergeben, hat der Sattdampfkessel in beiden Fällen einen etwas besseren Wirkungsgrad. Besonders tritt dies in die Erscheinung, wenn die Wirkungsgrade auf die verdampften Wassermengen bezogen werden. Es ist klar, daß der Sattdampfkessel entsprechend dem geringeren Wärmeinhalt des Sattdampfes bei gleicher verdampfter Wassermenge einen höheren Wirkungsgrad haben muß als der Heißdampfkessel. Dieser Nachteil ist aber nur ein scheinbarer, denn er wird durch den Gewinn in der Dampfmaschine infolge der Überhitzung mehr als aufgewogen. Bezogen auf gleiche verbrannte Kohlenmengen, was entschieden vernunftgemäßer ist, wird der Unterschied der Wirkungsgrade geringer, bei größerer Rostanstrengung werden sie sogar gleich.

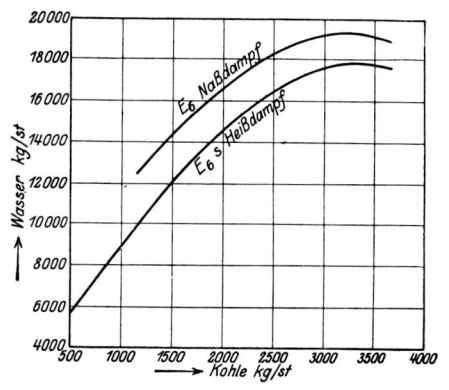

Abb. 613. Wasserverbrauch in Abhängigkeit vom Kohlenverbrauch.

Wegen der geringeren Wärmeleitfähigkeit des Heißdampfes wird die Wärme der Abgase in den Rauchrohren etwas weniger als in den Siederohren ausgenutzt, so daß die Rauchkammertemperaturen der Heißdampflokomotive etwas höher erscheinen als bei der Sattdampflokomotive.

Der Kesseldruck betrug im Durchschnitt 14,37 Atm. bei den einstündigen Versuchen. An der Umkehrschleife im Überhitzer betrug er im Mittel 14,20 bzw. 13,94 Atm. an zwei verschiedenen Rohren. In dem Zweigrohr zu den Zylindern wurde im Mittel 13,53 Atm. gemessen, was einem Druckabfall von 0,84 Atm., das sind weniger als 6 % des Kesseldrucks, entspricht. Über die Vorteile des geringen Druckabfalls wird später berichtet werden.

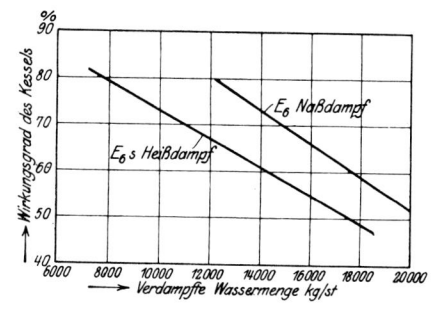

Abb. 614. Kesselwirkungsgrade in Abhängigkeit von der verdampften Wassermenge.

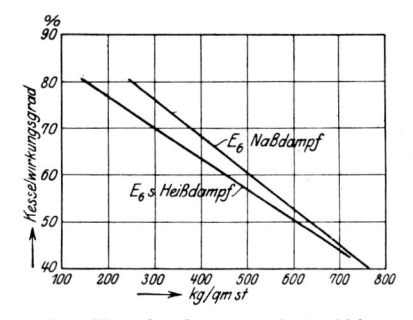

Mit dieser Lokomotive wurde zum ersten Male der Versuch vollständig durchgeführt, die aus dem Schornstein herausfliegenden Funken aufzufangen und zu wiegen. Vorrichtungen zum Trennen der Funken und des aus dem Schornstein ausströmenden Dampfes hatten wenig Erfolg. Es wurde daher eine große Funkenkammer von 1700 cbm Inhalt über dem Versuchsstand gebaut. Der

Abb. 615. Kesselwirkungsgrade in Abhängigkeit von der Rostanstrengung.

Dampf und die Abgase entspannen sich hier und entweichen aus Gittern, die an den unteren Teilen der Seitenwände angeordnet sind. Die Funken fallen auf den Boden der Kammer, wo sie zusammengefegt und nach jedem Versuch gewogen werden.

Die Funken mußten schon mit Beginn des Anheizens gesammelt werden, da schon während des Anheizens die Kammer mit Rauch gefüllt ist, so daß die hierbei entstehenden Funken nicht mehr herausgeholt werden können. Es wurden daher die Kohlen, die 15 bis 30 Minuten vor Beginn des eigentlichen Versuchs verfeuert wurden, mit aufgeschrieben und bei der Berechnung der bei Verbrennung von 1 kg entstehenden Funken mit einbezogen.

Die Funkenkammer arbeitete so gut, daß praktisch alles, was als Funken angesehen werden konnte, auch zurückgehalten wurde. Es entwich nur feiner Staub mit dem Rauch. Die Ergebnisse der Untersuchungen sind in Zahlentafel 99 zusammengetragen. Der Funkenauswurf betrug dabei 1,5 bis 14 % der gesamten verbrannten Kohlenmenge.

Lufttrockene Proben der Funken hatten die in Zahlentafel 101 aufgeführten Ergebnisse.

Zahlentafel 101.
Bestandteile der Löschemengen.

Versuchs-nummer	Feuchtig-keit	Flüchtige Bestand-teile	Kohlen-stoff-gehalt	Asche	Schwefel	Heizwert in WE/kg	Stündlich verfeuerte Kohlenmengen kg
2818	1,46	10,29	61,32	26,93	1,15	5450	9850
2814	1,07	1,20	75,12	22,60	1,62	5960	1335
2804	1,05	8,25	68,96	21,74	1,56	5810	1590
2813	0,75	4,49	76,86	19,90	1,09	6040	1780
2811	0,99	5,09	77,86	16,06	1,62	6500	2030
2840	0,93	4,36	80,23	14,48	1,82	6710	2895
2809	1,05	6,92	77,48	14,55	1,26	6430	3110
2810	0,57	4,95	79,70	14,78	1,14	6630	3180

Die Überhitzerrohre sind so angeordnet, daß an der wärmsten Stelle, an den Kappen, eine Temperatur von über 815° herrscht. Es ließ sich hierdurch eine Überhitzung bis zu 133° bei einer Verdampfung von etwa 17 600 kg in der Stunde erzielen.

Eins der bemerkenswertesten Kennzeichen der Lokomotive ist ihre kurze Siederohrlänge von 4181 mm. Ein Vergleich betreffs der Wärmeausnutzung bei Kesseln mit längeren Rohren kann auf einige Schlüsse über die wünschenswerteste Länge der Siederohre bei Lokomotivkesseln führen.

Es muß allerdings gesagt werden, daß über die zweckmäßigste Länge der Rohre auch bei Benutzung der in großer Anzahl vorliegenden Versuchsergebnisse sichere Schlüsse nicht zu machen sind. Vor einigen Jahren sind von M. A. Henry auf der P. L. M.-Bahn in Frankreich sorgfältige Versuche hierüber angestellt worden, die in diesem Zusammenhang besonders bemerkenswert sein dürften. Die damals verwendeten Rohre hatten fast denselben Durchmesser wie die des hier untersuchten Kessels.

Bei den französischen Versuchen wurde die Rohrlänge in 5 Zwischenstufen von 2840 bis 6700 mm verändert. Bei einigen Versuchen wurde auch ein langer Feuerschirm angewandt, ähnlich wie bei der Versuchslokomotive.

Bezüglich der Verbrennungsmengen, der Schnelligkeit der Dampferzeugung und des Kesselwirkungsgrades ergaben die französischen Versuche folgendes:

a) Die Lebhaftigkeit der Verbrennung steigerte sich allmählich mit der Verkürzung der Rohrlänge.

b) Die Schnelligkeit der Verdampfung vermehrte sich bei Verkürzung der Rohre, bis bei einer Länge zwischen 3780 mm und 4270 mm ein Höchstwert erreicht wurde; bei weiterer Verkürzung fiel die Verdampfungsfähigkeit.

c) Bei kurzen Rohren war der Kesselwirkungsgrad geringer als bei längeren.

Aus den Ergebnissen der französischen Versuche ist zu schließen, daß die günstigste Rohrlänge bei einem inneren Durchmesser von 46 mm etwa 4260 mm beträgt, was einem Verhältnis der Länge zum Durchmesser von etwa 93 entspricht. Die

Luftleere und daher auch die Verdampfung waren bei diesen Versuchen nur gering. Aus den Aufzeichnungen der Ergebnisse geht hervor, daß bei stärkerem Zug und vermehrter Verdampfung die Rohrlänge größer sein muß. Es ist daher wahrscheinlich, daß für den vorliegenden Fall das Verhältnis der Länge zum Durchmesser 100 oder noch mehr sein sollte.

Die Versuche der E 6 s-Lokomotive lassen einen Vergleich zu mit einem Kessel einer Lokomotive der sog. K 2 sa-Klasse, der Siederohre von 6400 mm Länge hat. Ein Unterdruck von 152 mm hinter der Ablenkplatte in der Rauchkammer (d. h. unmittelbar vor der Rohrwand gemessen) war bei dem vorliegenden Kessel mit 4180 mm langen Rohren genügend, um 488,2 kg Kohle auf 1 qm Rostfläche zu verbrennen. Bei dem Kessel mit den längeren Siederohren konnten bei demselben Unterdruck nur 430 kg auf 1 qm Rostfläche verbrannt werden. Die auf 1 qm Heizfläche verdampften Wassermengen betrugen 72 kg bzw. 52,8 kg. Der Kessel mit den kurzen Rohren verdampfte also erheblich mehr Wasser als der mit den langen Rohren. Bezüglich des Wirkungsgrades steht jedoch der Kessel mit den langen Rohren, wie zu erwarten, günstiger da, er zeigte einen Wirkungsgrad von 64%, während der mit den kürzeren Rohren nur einen solchen von 57% aufwies.

Die auszuführende Rohrlänge eines Lokomotivkessels hängt davon ab, wieviel man an Kesselwirkungsgrad opfern will, um schnelle Verdampfung bei geringem Wärmeverlust zu erzielen.

Wegen der Unmöglichkeit, innerhalb enger Grenzen die zweckmäßigste Rohrlänge genau zu bestimmen, glauben wir, die Rohrlänge bei der vorliegenden Lokomotive auf 4572 mm verlängern zu können, da sie dann dieselben Rohre hat, wie eine große Anzahl Lokomotiven der Pennsylvania-Gesellschaft. Die Heizfläche würde dabei auf 306 qm oder um 8% vergrößert werden, das Verhältnis der Länge zum Innendurchmesser wäre 103, welchen Wert wir für den Siederohrdurchmesser am passendsten halten.

Der Verlust durch unvollkommene Verbrennung war verhältnismäßig gering. Der Rauch aus dem Schornstein ging über das gewöhnliche Maß hinaus. Bei geringer Leistung qualmte die Lokomotive nur mäßig. Die Rauchbildung betrug nach der Ringelmann Skala gemessen 6 bis 78%.

In der Zahlentafel 102 sind eine Anzahl Abgasanalysen angegeben.

Zahlentafel 102.

Rauchkammergase.

Versuchs-nummer	Bestandteile				Wärme-verlust durch CO %	Temperatur der Abgase °C	Rauchbildung nach der Ringelmann-Skala %
	Sauerstoff O %	Kohlenoxyd CO %	Kohlensäure CO_2 %	Stickstoff N %			
2818	6,3	0	12,4	81,3	0	211	6
2814	6,0	0,4	13,0	80,6	1,67	316	14
2804	5,9	0	12,3	81,8	0	366	10
2813	3,6	0	13,1	83,3	0	345	14
2811	4,5	0	9,9	85,6	0	361	22
2810	0,0	5,0	13,0	82,0	15,77	405	64
2809	0,2	2,2	14,0	83,6	7,70	404	62
2840	0,2	0	16,8	83,0	—	406	54

Mit Hilfe dieser Zahlen ist die Wärmeausnützung für die angegebenen Versuche in der Zahlentafel 103 aufgestellt.

Zahlentafel 103.
Wärmeausnutzung bei verschiedener Rostbeanspruchung.

Versuchs-nummer	Aufge-nommen vom Kessel WE	Ver-dampfung der Feuchtig-keit in der Kohle WE	Verluste durch					Heizwert der Kohle WE
			Dampfbildung bei Ver-brennung des Wasserstoffs WE	Abgase WE	Kohlen-oxyd WE	Funken WE	Strahlung und un-ermittelt WE	
2818	6120	12,9	318	745	0	211	753	8160
2814	5640	13,6	326	875	133	203	849	8040
2804	5563	14,5	351	1368	0	377	366	8040
2813	5392	13,8	344	1180	0	648	462	8040
2811	5158	14,5	348	1648	0	119	752	8040
2810	3920	15,0	360	1022	1238	916	569	8040
2809	4016	15,0	360	1024	602	903	1120	8040
2840	4438	14,7	360	1114	0	862	1111	7860

In Zahlentafel 104 und in Abb. 616 sind die genannten Werte in v. H. angegeben.

Zahlentafel 104.
Werte der Zahlentafel 102 in v. H.

Versuchs-nummer	Aufge-nommen vom Kessel %	Ver-dampfung der Feuchtig-keit in der Kohle %	Verluste durch					Ins-gesamt %
			Dampfbildung bei Ver-brennung des Wasserstoffs %	Abgase %	Kohlen-oxyd %	Funken %	Strahlung und un-ermittelt %	
2818	74,93	0,15	3,90	9,13	0	2,59	9,23	99,93
2814	70,21	0,168	4,05	10,88	1,65	2,52	10,57	100,48
2804	69,20	0,18	4,35	17,00	0	4,69	4,55	99,97
2813	69,07	0,17	4,28	14,66	0	8,07	5,75	100,00
2811	64,18	0,18	4,33	20,46	0	1,47	9,35	99,97
2810	48,75	0,186	4,48	12,70	15,38	11,39	7,09	99,90
2809	49,89	0,186	4,48	17,74	7,51	11,25	13,93	99,99
2840	55,94	0,18	4,57	14,18	0	10,95	14,15	99,97

Der größte Wärmeverlust wird durch die heißen Abgase bedingt, der infolge der hohen Rauchkammertemperaturen bis zu 406° bei der untersuchten Lokomotive ziemlich erheblich ist. Verluste durch unvollkommene Verbrennung sind nur bei den stärksten Rostbeanspruchungen nachzuweisen. Bei dem Versuch 2810 ist die angeführte Luftmenge nicht ausreichend gewesen, der CO-Gehalt der Abgase beträgt 5%, der Verlust hierdurch berechnet sich auf über 15%.

Blasrohr. Zu Beginn der Versuche war der Blasrohrdurchmesser 165,1 mm, der engste Durchmesser des Schornsteins 432 mm, der obere 483 mm. Mit diesen Verhältnissen konnten nur 16500 kg Wasser stündlich oder 57 kg auf 1 qm Heizfläche verdampft werden, was für zu gering gehalten wurde.

Um die Zugverhältnisse zu untersuchen, wurden die dynamischen Drücke des Abdampfes und der Abgase an der Schornsteinmündung gemessen, deren Ergebnisse in den Abb. 617 bis 619 dargestellt sind. Die Ausströmgeschwindigkeiten wurden in vier verschiedenen senkrechten Ebenen gemessen. Bei Verwendung einer kreisförmigen Blasrohrmündung zeigte sich eine hohe Druckspitze in der Mitte des Schornsteins, an den Seiten war der Druck sehr gering, so daß man annehmen muß, daß der Schornsteinquerschnitt nicht völlig ausgefüllt wird. Die in Abb. 617—618 dargestellten Drücke beziehen sich auf eine Luftleere in der Rauchkammer von 206 mm WS., wobei stündlich 14 800 kg Wasser verdampft werden. Um die Schornsteinverhältnisse zu verbessern, wurde an Stelle des kreisförmigen Blasrohrs ein rechtwinklig geformtes untersucht. Die Drücke in der Mitte des Strahls wurden dadurch sehr verringert, an den Seiten dagegen vermehrt, es ergab sich also eine gleichförmigere Druckverteilung von Dampf und Abgasen über dem ganzen Schornsteinquerschnitt. Mit diesem Blasrohr wurde bei einer Luftleere in der Rauchkammer von 328 mm WS. eine Wasserverdampfung von 17 600 kg in der Stunde erreicht, was einer Vermehrung von 7% gegenüber der mit dem kreisförmigen Blasrohr erreichbaren Verdampfung entspricht.

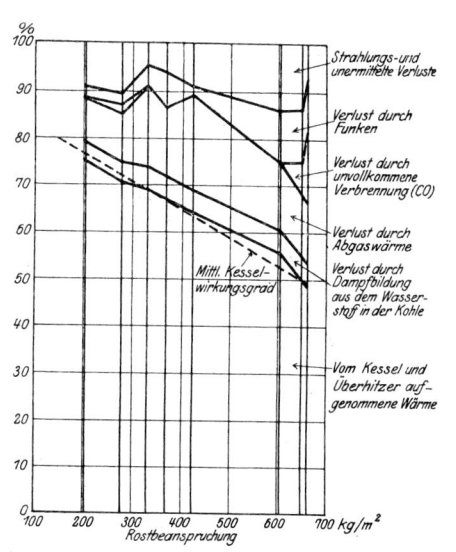

Abb. 616. Wärmeausnutzung bei verschiedener Rostbeanspruchung.

Temperaturen in den Siederohren.

Bei diesen Versuchen wurde mittels Thermoelemente die Temperaturen in Abständen von 1 Fuß = 304,8 mm in den Siede- und Rauchrohren gemessen.

Das Thermoelement besteht aus zwei in einem Eisenrohr angeordneten Drähten aus Platin, und Platin mit 10% Rhodium. Durch die Verbindung der beiden Metalle wird ein Thermoelement gebildet, dessen elektromotorische Kraft proportional der Temperatur ist. Als Ablesevorrichtung dient ein empfindliches Galvanometer Um den Rauchgasen möglichst wenig Widerstand bei ihrem Durchtritt durch die

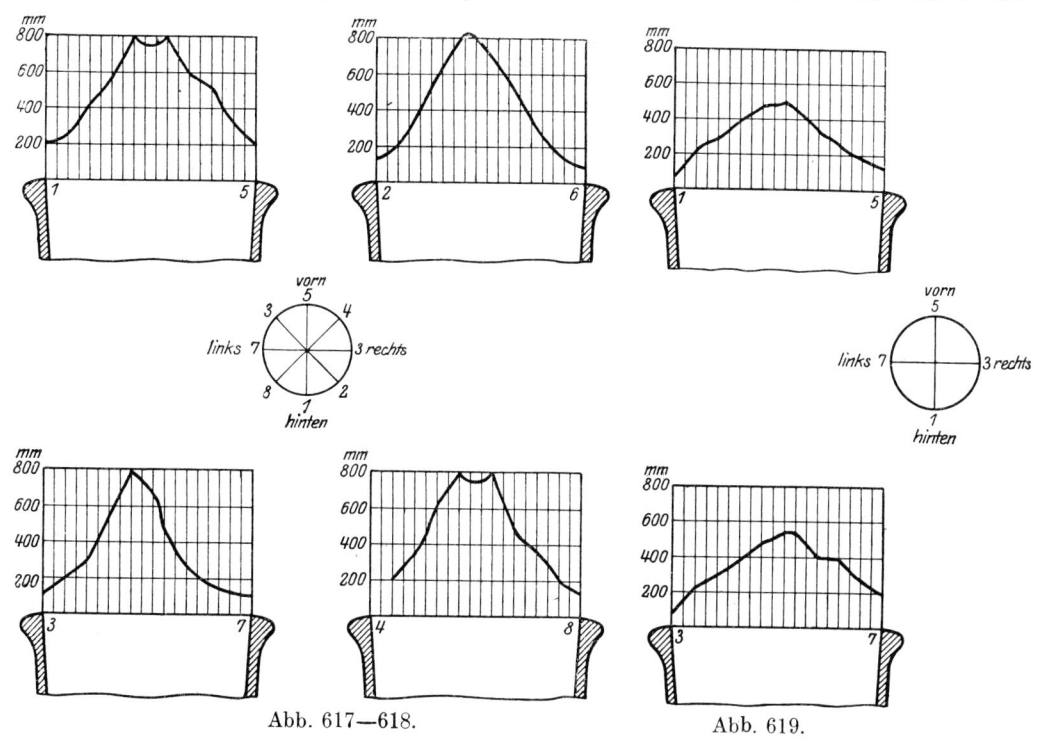

Abb. 617—618.   Abb. 619.
Abb. 617 bis 619. Druckverhältnisse des Dampf-Gas-Gemisches.

Rohre zu bieten, ist es unbedingt erforderlich, das Element so klein als möglich zu machen. Es wird durch ein kleines, sternförmiges Blech in der Mitte des Rohres gehalten. Die mit einer feuerfesten Isolation bekleideten Drähte wurden in ein 1¼" starkes Eisenrohr von über 9 m Länge hineingesteckt, auf das am Ende eine Schutzkappe aufgeschraubt war, es konnte so die Meßstelle durch die Rauchkammertür und die Rohre hindurch bis an das Feuerbüchsende verschoben werden. Zur Messung der Temperatur in den Rauchrohren wurde das Thermoelement in ein ¾" starkes Eisenrohr eingebaut, das langsam auf dem unteren Teile der Rauchrohre vorgezogen wurde.

Die ermittelten Temperaturen sind in den Abb. 620 und 621 zeichnerisch dargestellt; sie beziehen sich auf die Versuche 2820, 2815, 2819 und 2818. Für den ersten Versuch sind in Abb. 620 auch noch die Temperaturen in dem angedeuteten

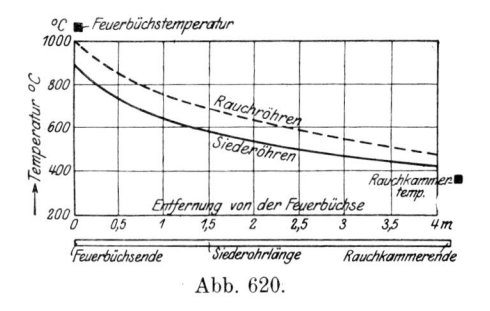

Abb. 620.

Abb. 620 und 621. Temperaturen in den Rauch- und Siederohren.

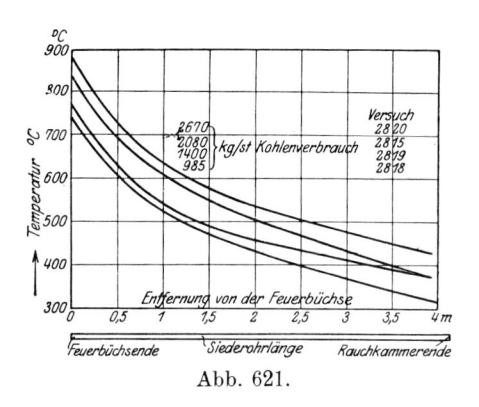

Abb. 621.

Rauchrohre angegeben. Der schnellste Temperaturabfall findet ab Rohrwand auf etwa ein Meter Länge der Rohre statt, danach fällt die Temperatur langsamer. Es beweist dies, daß der größte Teil der Wärme schon in der ersten Hälfte der Siederohre vom Kessel aufgenommen wird. Die Temperaturen in den Rauchrohren waren in allen Fällen 56 bis 111° höher als in den Siederohren.

Aus den Versuchen hat sich ergeben, daß es ziemlich gleichgültig ist, in welchem Rohr die Temperatur gemessen wird, da diese in den oberen und unteren Rohren beinahe gleich sind.

Maschinenleistung. In Zahlentafel 105 sind Angaben über die Umdrehungen in der Minute, die entsprechenden Geschwindigkeiten in km/st, die aus den Dampfdruckschaulinien ermittelten Füllungen, die Dampfdrücke im Kessel und Einströmrohr, sowie die indizierte Leistung eingetragen.

Obwohl die Füllung durch den Steuerhebel festgelegt ist, ändert sie sich doch tatsächlich bei jeder Geschwindigkeit infolge der Massenwirkungen des Gestänges. Die Überhitzung im Zweigrohr konnte nicht bei allen Versuchen gleich gehalten werden, da bei dem Schmidtüberhitzer die Überhitzung sowohl bei Zunahme der Füllung wie der Fahrtgeschwindigkeit wächst, worauf später noch zurückgekommen werden wird.

Um einen Vergleich mit entsprechenden Werten einer Naßdampflokomotive zu ermöglichen, sind in Zahlentafel 106 Ergebnisse zusammengestellt, die sich bei der Untersuchung der Lokomotive der Gattung E 6 ergeben haben. Es ist hieraus ersichtlich, daß die Höchstleistung beträchtlich geringer ist als die der Heißdampflokomotive (vgl. Zahlentafel 105).

In Zahlentafel 107 ist der Kohlen- und Wasserverbrauch sowie der Wärmeverbrauch für die PS_i-Stunde angegeben. Ferner ist der mittlere Druck im Zylinder und der Gesamtdampfverbrauch aufgezeichnet.

Zahlentafel 105.

Maschinenleistung bei verschiedenen Geschwindigkeiten und Füllungen.

Versuchs-nummer	Umdreh-ungen in der Minute	Geschwin-digkeit km/st	Füllung %	Dampfdruck im		Überhitzung im		Wärme-inhalt von 1kg Dampf WE	Indizierte Leistung PS$_i$
				Kessel Atm.	Zweigrohr Atm.	Zweigrohr °C	Auspuff °C		
2801	120	45,4	21,0	14,4	14,2	78,5	8,9	711	767
2818	120	45,4	27,8	14,3	14,1	91,3	10,7	717	988
2802	120	45,4	30,2	14,3	14,1	87,2	6,3	716	1070
2817	120	45,4	42,8	14,3	13,9	113,9	—	728	1375
2814	160	60,6	29,4	14,4	14,1	100,1	7,4	722	1283
2803	160	60,6	32,0	14,4	14,1	94,4	6,3	719	1375
2804	160	60,6	36,2	14,3	14,0	99,2	10,3	721	1510
2808	160	60,6	49,8	14,5	13,9	117,2	26,2	730	1907
2826	200	75,8	23,8	14,2	13,8	98,7	8,2	722	1245
2807	200	75,8	30,8	14,3	14,0	107,8	5,7	726	1550
2815	200	75,8	37,3	14,4	13,9	122,7	20,0	732	1870
2809	200	75,8	50,7	13,2	12,4	131,4	40,2	736	2043
2810	200	75,8	51,7	12,9	12,1	129,6	39,2	735	2024
2816	240	90,7	25,0	14,4	14,0	105,4	7,5	724	1444
2813	240	90,7	32,9	14,4	13,8	116,8	11,5	730	1760
2811	240	90,7	35,7	14,4	13,9	115,0	12,3	729	1900
2825	240	90,7	41,0	13,9	13,2	129,4	31,6	735	2072
2819	280	105,7	25,6	14,3	13,8	109,9	8,3	726	1577
2821	280	105,7	32,8	14,4	13,7	126,9	18,4	735	1994
2820	280	105,7	41,2	14,4	13,5	132,7	34,3	735	2300
2812	280	105,7	36,3	14,5	13,7	123,8	17,8	734	2093
2824	320	120,8	26,8	13,7	13,2	106,9	8,8	724	1747
2827	320	120,8	30,2	14,4	13,8	111,0	6,7	727	1766
2823	320	120,8	33,8	14,1	13,3	128,1	21,6	734	2147
2838	360	135,9	27,5	14,4	13,8	125,7	16,6	734	2023
2840	360	135,9	37,5	14,4	13,6	129,7	30,3	737	2384
2839	360	135,9	36,1	13,5	12,5	117,5	20,3	729	2390

Zahlentafel 106.

Maschinenleistung einer Naßdampflokomotive der Gattung E 6.

Versuchs-nummer	Versuchs-bezeichnung	Füllung aus Diagramme %	Kessel-überdruck Atm.	Dampf-feuchtigkeit %	Wärmeinhalt von 1 kg Dampf WE	Indizierte Leistung PS$_i$
2008	120 — 25 — F	27,3	14,4	0,66	662	1042,7
2002	160 — 25 — F	29,9	14,3	0,61	662	1260,7
2006	200 — 25 — F	31,1	14,1	0,30	664	1466,6
2000	200 — 25 — F	29,8	14,5	0,56	663	1500,7
2009	200 — 25 — F	30,5	14,5	0,30	664	1539,3
2007	200 — 25 — F	30,8	14,4	0,68	663	1546,0
2004	220 — 30 — F	34,6	14,0	0,78	662	1702,9
2005	240 — 30 — F	34,1	12,2	0,48	663	1529,2
2001	120 — 35 — F	33,1	14,4	0,58	664	1210,4

Der Wasserverbrauch für die PS$_i$-Stunde fällt mit Zunahme der Überhitzung und Abnahme der Füllung. Für gleiche Füllung nimmt der Wasserverbrauch ab mit Erhöhung der Überhitzung, und zwar bei kleinen Füllungen schneller als bei größeren.

Im allgemeinen steigert sich beim Schmidtüberhitzer die Überhitzung mit Zunahme der Leistung und kann bei gegebener Füllung ohne Änderung der Geschwindigkeit nicht gesteigert werden.

Bei gleicher Überhitzung steigert sich die Temperatur im Auspuff mit Vergrößerung der Füllung.

Zahlentafel 107.

Kohlen- und Wasserverbrauch für eine PS_i-Stunde bei verschiedenen Belastungen.

Versuchs-nummer	Um-drehungen in der Minute	Stündlicher Dampf-verbrauch der Zylinder kg	Mittlerer indizierter Druck Atm.	Indizierte Leistung PS_i	Trockene Kohle für 1 PS_i-st kg	Überhitzter Dampf für 1 PS_i-st kg	Wärme-verbrauch für 1 PS_i-st
2801	120	7210	4,58	767	1,092	9,53	6330
2818	120	8440	5,90	988	1,010	8,67	6070
2802	120	9490	6,21	1070	1,050	8,98	6290
2826	200	9680	4,45	1245	1,007	7,90	5590
2814	160	10220	5,74	1283	1,056	8,10	5730
2803	160	11300	6,16	1375	1,039	8,35	5880
2817	120	11230	8,21	1375	1,083	8,28	5920
2816	240	10570	4,31	1444	0,940	7,45	5300
2804	160	12400	6,76	1510	1,070	8,35	5900
2807	200	11890	5,55	1550	0,992	7,80	5545
2819	280	11440	4,04	1577	0,903	7,37	5220
2824	320	13600	3,90	1747	1,429	7,81	5620
2813	240	13200	5,26	1760	1,025	7,63	5460
2827	320	13180	3,95	1766	1,383	7,58	5420
2815	200	14270	6,70	1870	1,125	7,74	5520
2811	240	14540	5,68	1900	1,083	7,77	5550
2808	160	16620	8,53	1907	1,288	8,85	6320
2821	280	14480	5,11	1994	0,992	7,37	5320
2838	360	14280	3,90	2023	0,990	7,18	5350
2810	200	17230	7,25	2024	1,596	8,65	6230
2809	200	17230	7,33	2043	1,546	8,55	6170
2825	240	16640	6,18	2072	1,546	8,15	5880
2812	280	15730	5,36	2093	1,174	7,62	5490
2823	320	15780	4,80	2147	1,473	7,47	5380
2820	280	17420	5,88	2300	1,180	7,70	5580
2840	360	17040	4,74	2384	1,229	7,26	5270
2839	360	17380	4,75	2390	1,510	7,38	5300

In den Abb. 622 bis 624 sind bemerkenswerte Dampfdruckschaulinien der Lokomotive, nach der Geschwindigkeit geordnet, dargestellt. Für die auf der linken Seite aufgenommenen Schaulinien ist auch der Schieberkastendruck aufgenommen. Infolge der dynamischen Wirkungen des Dampfes bei der Einströmung zeigt der Schieberkastendruck nach Beendigung der Füllung eine Druckerhöhung, die z. B. bei dem Versuch 2840 bis auf 16,2 Atm. bei 14,5 Atm. Kesseldruck hinaufgeht!

In Abb. 625 sind zwei Dampfdruckschaulinien übereinander gezeichnet, von denen die eine von der Heißdampflokomotive E 6 s, die andere von der ähnlichen Sattdampflokomotive E 6 stammt. Die wirkliche Füllung ist in beiden Fällen etwa $30^0/_0$. Die indizierte Leistung rund 1500 PS_i. Bemerkenswert ist, daß die Heißdampflokomotive hierzu etwa 453,6 kg weniger Wasser verbraucht, das sind rund $30^0/_0$ weniger als die Naßdampflokomotive. Die für 1 PS_i-Stunde benötigten Wärmemengen berechnen sich zu 5660 bzw. 7470 WE, d. h. die Heißdampflokomotive leistet dieselbe Arbeit bei derselben Geschwindigkeit mit einem um $24^0/_0$ geringeren Wärmeaufwand.

Abb. 626 zeigt zwei Sätze von Druckschaulinien, bei denen der Wasserverbrauch in der Stunde für Heißdampf und Naßdampf praktisch derselbe ist. Die Füllungen betragen für die Naßdampfdruckschaulinien 30 bzw. $32^0/_0$, für die Heißdampfdruckschaulinien 50 bzw. $55^0/_0$. Die Vermehrung der Leistung bei Heißdampf beträgt 33,9 bzw. $33,3^0/_0$.

Einfluß der Drosselung. Um den Einfluß der Drosselung des Dampfes auf den Kohlen- und Wasserverbrauch für die PS-Stunde am Zughaken zu zeigen, sind 6 Versuche angestellt worden, wovon zwei mit 200 Umdrehungen in der Minute, — je einer

Abb. 622. Abb. 623.

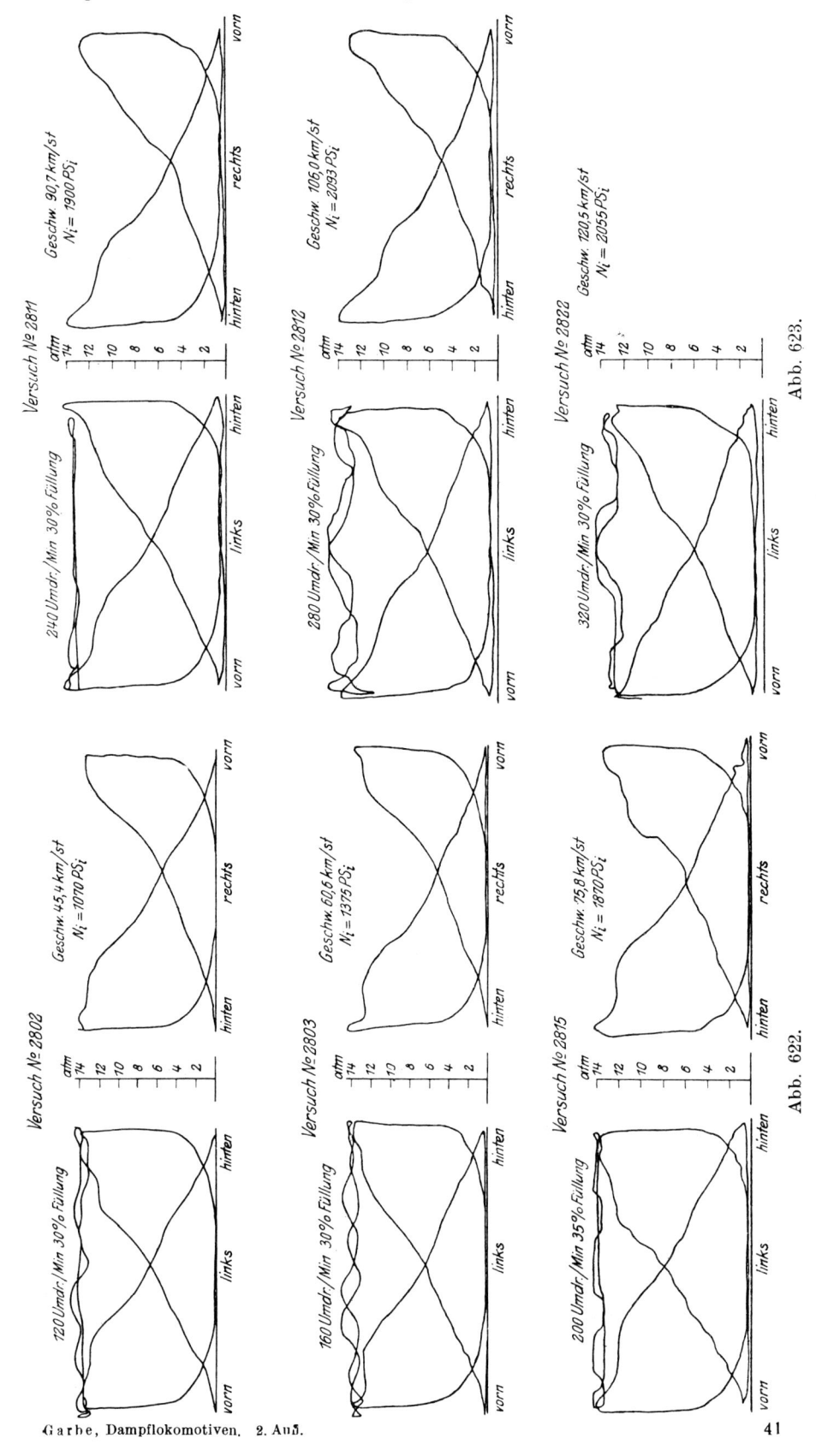

Abb. 622 bis 624. Bemerkenswerte Dampfdruckschaulinien.

mit 30 und 40% Füllung —, zwei mit 240 Umdrehungen und zwei mit 280 Umdrehungen ausgeführt wurden. Bei den 6 Versuchen mit 30 und 40% Füllung wurde

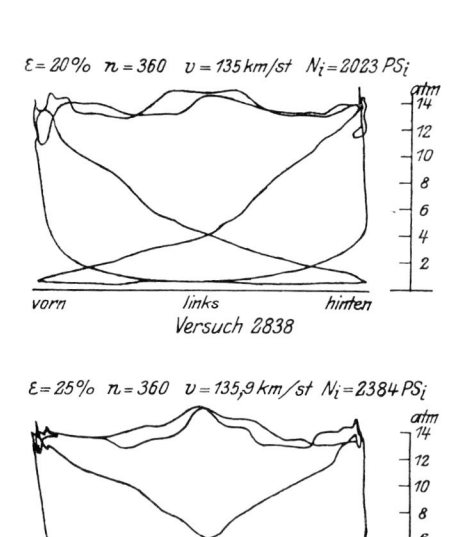

Abb. 622 bis 624. Bemerkenswerte Dampfdruckschaulinien.

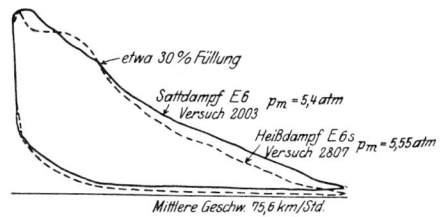

Abb. 625. Dampfdruckschaulinie der Naßdampf- und Heißdampflokomotive.

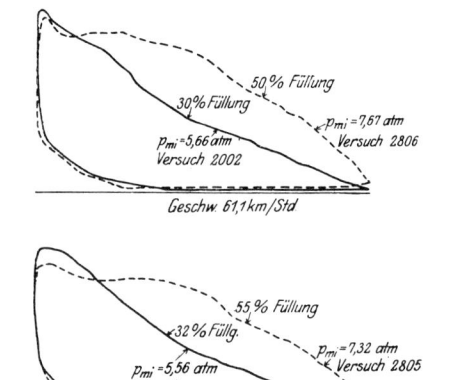

Abb. 626. Dampfdruckschaulinie einer Naßdampf- und Heißdampflokomotive bei gleichem Wasserverbrauch.

der Dampf so weit gedrosselt, daß bei der betreffenden Geschwindigkeit jedesmal möglichst dieselbe Dynamometerleistung wie bei ganz geöffnetem Regler und 20% Füllung innegehalten wurde. Wenn dies auch in allen Fällen nicht ganz zu erreichen gewesen ist, so zeigen die Schaulinien in Abb. 627 und die Zahlenwerte in Zahlentafel 108 doch deutlich die Zunahme des Kohlen- und Wasserverbrauchs mit Er-

Zahlentafel 108.

Kohlen- und Dampfverbrauch für die PS_i-st bei verschiedenen Füllungen. Einfluß der Drosselung.

Versuchs-nummer	Versuchs-bezeichnung	Leistung PS_i	Kohle kg/PS_i-st	Dampf kg/PS_i-st	Bemerkungen
2826	200 — 20 — F	1245	1,01	7,91	Skalafüllung 20% ungedrosselt
2816	240 — 20 — F	1444	0,94	7,46	
2819	280 — 20 — F	1568	0,90	7,37	
2828	200 — 30 — P	1156	1,01	8,27	Skalafüllung 30% gedrosselt
2830	240 — 30 — P	1628	1,02	8,14	
2832	280 — 30 — P	1724	1,00	7,78	
2829	200 — 40 — P	1170	1,04	8,92	Skalafüllung 40% gedrosselt
2831	240 — 40 — P	1680	1,16	8,64	
2833	280 — 40 — P	1632	1,17	8,77	

höhung der Füllungen. Der geringste Verbrauch wird stets bei Füllungen von 20% oder noch weniger erzielt. Es folgt daraus, daß, wenn die Dampfzylinder bei 20% Füllung nicht die größte Leistung entwickeln, sie zur Erzielung geringsten Wasser- und Kohlenverbrauchs unbedingt vergrößert werden müssen. Mit anderen Worten, die Zylinder einer Lokomotive sollten so groß sein, daß sie für die meistgebrauchte oder Durchschnittsleistung nicht mit Füllungen über 20% zu arbeiten brauchen.

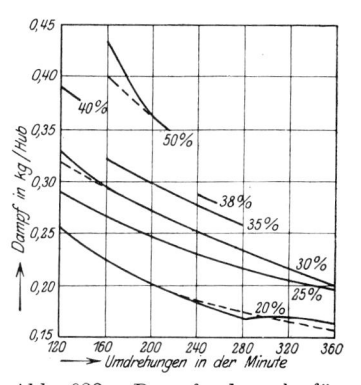

In Abb. 628 ist der Dampfverbrauch für einen Hub bei verschiedenen Geschwindigkeiten und Füllungen dargestellt. Das in die Zylinder eingefüllte Dampfgewicht nimmt bei höheren Geschwindigkeiten infolge der größeren Drosselung des Dampfes im Überhitzer und in den Dampfkanälen in der dargestellten Weise ab. Die punktierten Linien stellen den mutmaßlichen Verlauf der Dampfgewichte dar, da die Ergebnisse offenbar mit Maßfehlern behaftet sind, wie sich aus dem Verlauf der ausgezogenen Kurven ergibt.

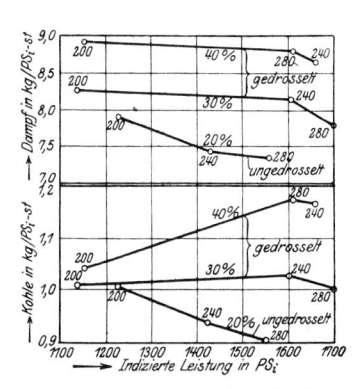

Abb. 627. Zunahme des Kohlen- und Wasserverbrauchs mit Erhöhung der Füllung.

In Zahlentafel 109 und in Abb. 629 sind die Dampfverbrauchszahlen für die indizierte Pferdekraftstunde bei verschiedenen Füllungen aufgetragen. Der Dampfverbrauch vermindert sich danach mit zunehmender Leistung und abnehmender Füllung. Auffällig ist der hohe Dampfverbrauch bei kleinen Leistungen. Da mit ganz geöffnetem Regler gefahren wurde, konnte bei 20% Füllung, der kleinsten, die bei den Versuchen angewendet wurde, keine kleinere Leistung als etwa 800 PS erzielt werden. Bei noch kleineren Leistungen hätte man drosseln müssen, der Dampfverbrauch für die PS_i-Stunde wäre aber nach dem Vorstehenden dann augenscheinlich noch größer geworden. Die Erzielung geringsten Wasserverbrauchs bei kleinen Leistungen ist aber unwesentlich; kommen diese häufiger vor, dann müssen eben die Zylinder kleiner gemacht werden.

Abb. 628. Dampfverbrauch für einen Hub bei verschiedenen Geschwindigkeiten und Füllungen.

Aus dem Verlauf der Schaulinien erkennt man ferner, daß offenbar der günstigste Dampfverbrauch bei 20% Füllung noch nicht erreicht wird, erst bei den höchsten Umdrehungszahlen wird man wegen des vermehrten Dampfwiderstandes die Füllung auf etwa 25% erhöhen müssen, um größere Leistungen als 2000 PS zu erzielen.

Der geringste gemessene Dampfverbrauch war 7,18 kg für die PS_i-st bei 20% Füllung und etwa 2000 PS_i bei 360 Umdrehungen in der Minute oder 136 km/st Fahrgeschwindigkeit.

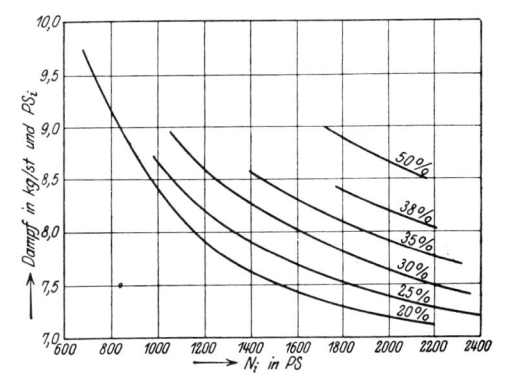

Abb. 629. Dampfverbrauch für die indizierte Pferdekraftstunde bei verschiedenen Füllungen.

Diese Ergebnisse beweisen, daß die Vorteile der Heißdampfanwendung noch augenscheinlicher sich dargestellt hätten, wenn erheblich größere Dampfzylinder zur Anwendung gekommen wären.

Zahlentafel 109.
Dampf- und Kohlenverbrauch bei verschiedenen Füllungen.

Versuchs-nummer	Dampfverbrauch kg für die PS_i-st	Kohlenverbrauch kg für die PS_i-st	Versuchs-bezeichnung	Bemerkungen
2818	8,67	1,010	120 — 25 — F	
2814	8,10	1,056	160 — 25 — F	Heißdampf-
2807	7,80	0,992	200 — 25 — F	lokomotive
2811	7,77	1,083	240 — 30 — F	E 6 s
2804	8,35	1,070	160 — 35 — F	
2008	11,60	1,270	120 — 25 — F	
2002	11,64	1,315	160 — 25 — F	
2006	11,34	1,633	200 — 25 — F	
2003	11,20	1,315	200 — 25 — F	Naßdampf-
2009	10,97	1,450	200 — 25 — F	lokomotive
2004	11,46	1,814	220 — 30 — F	E 6
2005	12,30	2,490	240 — 30 — F	
2001	11,79	1,360	120 — 35 — F	

In Zahlentafel 110 sind zum Vergleich der Naßdampf- und Heißdampflokomotive die Kohlen- und Wasserverbrauchszahlen für die PS_z-st (am Zughaken) für verschiedene Füllungen und Umdrehungszahlen angegeben.

Zahlentafel 110.
Kohlen- und Wasserersparnis bei Naßdampf und Heißdampf, bezogen auf die Leistung am Zugkraftmesser.

Versuchs-Nummer	Versuchs-bezeichnung	Loko-motiven-Gattung	Geschwin-digkeit km/st	Leistung am Zug-kraftm. PS_d	Kohle für die PS_d-st kg	Dampf für die PS_d-st kg	Ersparnisse Kohle %	Ersparnisse Wasser %
2008	120 — 25 — F	E 6	46,0	858	1,54	14,3		
2818	120 — 25 — F	E 6 s	45,3	843	1,18	10,2	23,5	29,0
2001	120 — 35 — F	E 6	46,0	1035	1,59	14,0		
2817	120 — 40 — F	E 6 s	45,3	1220	1,22	9,4	22,8	33,2
2002	160 — 25 — F	E 6	61,3	1101	1,54	13,5		
2814	160 — 25 — F	E 6 s	60,6	1058	1,27	9,8	17,6	27,2
2009	200 — 25 — F	E 6	76,8	1253	1,82	13,7		
2807	200 — 25 — F	E 6 s	75,8	1170	1,32	10,3	27,5	24,8
2004	220 — 30 — F	E 6	84,3	1339	2,32	14,8		
2811	240 — 30 — F	E 6 s	90,9	1342	1,54	11,0	33,3	25,4
2005	240 — 30 — F	E 6	92,0	1180	3,27	16,1		
2811	240 — 30 — F	E 6 s	90,9	1342	1,54	11,0	52,8	31,8

In Abb. 630 ist für die verschiedenen Leistungen der Kohlen- und Wasserverbrauch für 1 PS_i-st aufgetragen. Während der Dampfverbrauch dabei ständig abnimmt, zeigt die Kohlenverbrauchslinie bei etwa 1400 PS_i einen Kleinstwert von 1,04 kg für die PS_i-st. Die Erhöhung dieser Werte bei vergrößerten Leistungen rührt offenbar von den bei höheren Geschwindigkeiten übergerissenen unverbrannten Kohlenmengen her.

Zugkraftmesser-Aufzeichnungen. Der günstige Einfluß des Überhitzers ist bereits bei der Besprechung des Kessels erörtert worden. Am besten wird er erkannt, wenn die Zugkräfte bzw. die Zugkraftleistungen verglichen werden.

Beide Lokomotiven, die E 6 s und die E 6, sind (mit Ausnahme des Überhitzers) vollkommen gleich. Da bei den Versuchen auch dieselbe Kohle verwendet worden ist, so gibt die Abb. 631 in überzeugender Weise ein anschauliches Bild von den Vorzügen, die der Einbau des Überhitzers bei der E 6-Lokomotive mit sich gebracht hat. Es ist hier der Dampfverbrauch für die Pferdekraftstunde am Zugkraftmesser für beide Lokomotiven dargestellt. Die Grenze der Sattdampflokomotive liegt etwa bei 1300 PS. Die Dampfverbrauchslinie steigt bei höheren Leistungen ganz beträchtlich an, während sie bei der Heißdampflokomotive, die über 1800 PS ergab, ständig abfällt. Man muß aus dem Verlauf der Dampfverbrauchslinie für die Heißdampflokomotive schließen, daß für diese größere Zylinder angebracht erscheinen, die den günstigsten Dampfverbrauch näher mit der durchschnittlich geforderten Leistung der Lokomotive zusammenfallen lassen, d. h. die den geringsten Dampfverbrauch für die PS-Stunde schon früher ergeben würden. Mit anderen Worten: es sollten so große Zylinder angewendet werden, daß der kleinste Dampfverbrauch etwa bei 1400 bis 1500 PS erzielt wird.

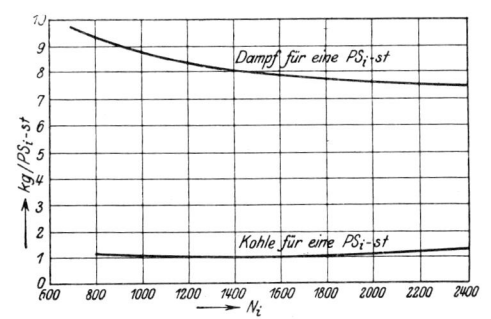

Abb. 630. Kohlen- und Wasserverbrauch für die PS$_i$-st bei verschiedenen Leistungen.

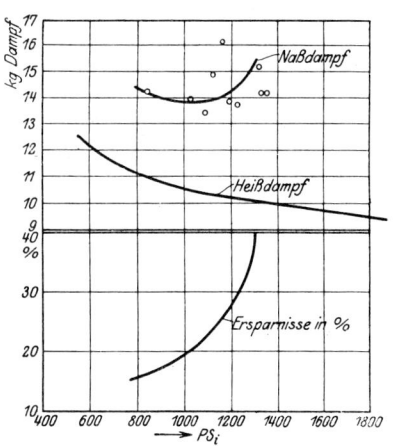

Abb. 631. Dampfverbrauch für die PS-st am Zugkraftmesser.

Auffällig ist auch der viel gleichmäßigere Dampfverbrauch der Heißdampflokomotive, besonders bei höheren Leistungen. Die Kohlenverbrauchslinien (Abb. 632) zeigen eine ähnliche Gestaltung, sie ergeben ebenfalls für die Heißdampflokomotive einen ziemlich gleichmäßigen Kohlenverbrauch für die Pferdekraftstunde am Zughaken, während sie bei der Naßdampflokomotive bei den höheren Leistungen ganz beträchtlich ansteigt.

Zur Erzielung des günstigsten Dampfverbrauchs ist stets mit dem höchstmöglichen Schieberkastendruck zu fahren. Die Drosselung, die sich durch den Überhitzer ergibt, ist daher so klein als möglich zu machen. Als zweckmäßiges Verhältnis der Länge der Überhitzerrohre zum inneren Durchmesser, das für die Drosselung des Heißdampfes in Frage kommt, hat sich beim Vergleich mit früher untersuchten Heißdampflokomotiven ein solches ergeben, wie es bei der E 6 s-Lokomotive ausgeführt ist. Es beträgt hier 465. Der Gewinn an Schieberkastendruck bedeutet besonders bei hohen Geschwindigkeiten eine ganz beträchtliche Zunahme an Zugkraft.

In Abb. 633 sind die Zugkräfte bei 20, 25 und 35 % Füllung bei verschiedenen Geschwindigkeiten aufgetragen, die obere ausgezogene Linie stellt die größte erreichbare Zugkraft dar, die durch die Kesselleistung begrenzt wird.

In Zahlentafel 111 sind die Zugkräfte und Leistungen am Zugkraftmesser Z_d sowie die Dampf- und Kohlenverbrauchszahlen hierfür und der thermische Wirkungsgrad[1]), bezogen auf die verfeuerte Kohlenmenge, eingetragen[2]).

---

[1]) Es ist der Thermische Wirkungsgrad $\eta_{th} = \dfrac{632}{B_d \cdot H} \cdot 100$, worin B_d der Kohlenverbrauch für eine Pferdekraftstunde am Zugkraftmesser und H den Heizwert der Kohle bedeutet.

[2]) In den Werten von Z_d sind enthalten die Reibung der Achslager, die rollende Reibung der Räder auf den Schienen und die Reibung des Triebwerks. In unserem Ausdruck für die effek-

Bei Betrachtung der Abb. 632 zeigt sich, daß die Heißdampflokomotive bei Leistungen bis zu 800 PS am Zughaken Kohlenersparnisse bis 12,3% aufzuweisen

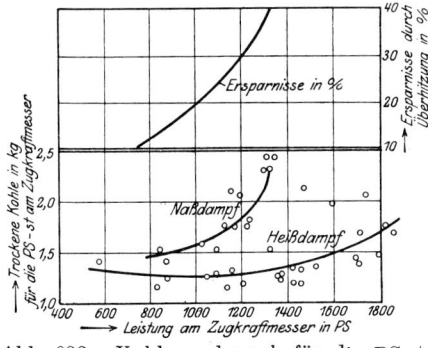

Abb. 632. Kohlenverbrauch für die PS-st am Zugkraftmesser.

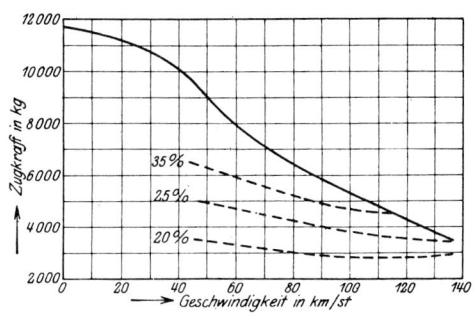

Abb. 633. Zugkräfte bei verschiedenen Füllungen und Geschwindigkeiten.

hat, die sich bei Leistungen bis 1200 PS auf rund 30% allmählich vermehren. Bis zur Höchstleistung der Naßdampflokomotive erhöht sich die Brennstoffersparnis

Zahlentafel 111.

Kohlen- und Wasserverbrauch bei verschiedenen Füllungen und Umdrehungen für die PS_z-st (am Zughaken).

Versuchs-nummer	Versuchs-bezeichnung	Zugkraft am Zugkraft-messer Z_d in kg	Leistung am Zugkraft-messer PS_d	Trockene Kohle für die PS_d-st B_d in kg	Heißdampf für die PS_d-st kg	Thermischer Wirkungs-grad d. Loko-motive %
2801	120 – 30 – F	3470	584	1,43	12,5	5,57
2818	120 – 25 – F	5020	842	1,18	10,1	6,63
2826	200 – 20 – F	3160	884	1,42	11,1	5,72
2802	120 – 30 – F	5290	891	1,26	10,8	6,30
2814	160 – 25 – F	4700	1058	1,28	9,8	6,12
2819	280 – 20 – F	2810	1100	1,29	10,5	6,08
2803	160 – 30 – F	4940	1110	1,28	10,3	6,19
2816	240 – 20 – F	3415	1152	1,17	9,3	6,69
2827	320 – 20 – F	2610	1170	2,09	11,4	3,89
2807	200 – 25 – F	4160	1171	1,32	10,3	6,04
2824	320 – 20 – F	2710	1212	2,06	11,4	3,96
2817	120 – 40 – F	7250	1218	1,22	9,4	6,44
2804	160 – 35 – F	5520	1236	1,31	10,1	6,11
2811	240 – 30 – F	3980	1341	1,53	11,0	5,20
2813	240 – 25 – F	4120	1388	1,30	9,7	6,13
2838	360 – 20 – F	2850	1437	1,35	10,1	6,03
2821	280 – 25 – F	3760	1472	1,34	10,0	5,85
2823	320 – 25 – F	3340	1493	2,12	10,7	3,71
2815	200 – 35 – F	5490	1541	1,36	9,4	5,75
2825	240 – 38 – F	4820	1618	1,99	10,4	4,10
2812	280 – 30 – F	4350	1710	1,44	9,3	5,55
2840	360 – 25 – F	3440	1730	1,69	10,0	4,80
2808	160 – 50 – F	7780	1732	1,42	9,7	5,62
2839	360 – 30 – F	3480	1755	2,06	10,0	3,45
2820	280 – 35 – F	4650	1819	1,49	9,7	5,26
2810	200 – 50 – F	6570	1842	1,75	9,5	4,54
2809	200 – 50 – F	6660	1870	1,69	9,4	4,72

tive Zugkraft Z_e, d. h. die Zugkraft am Triebradumfang, sind diese beiden ersten Werte nicht enthalten, so daß also Z_d kleiner ist als unser Z_e. Z_d ist ferner nicht die gleiche Größe, wie unser Z_z, die Zugkraft am Zughaken. In Z_z ist auch die Reibung der Laufachsen, sowie, da bei uns Z_z nur auf der Strecke festgestellt wird, der bei allen Geschwindigkeiten stark wechselnde Luftwiderstand enthalten.

dann sehr schnell bis auf 40%. Als größter Vorteil der Heißdampflokomotive muß aber ihre über 30% größere Leistungsfähigkeit angesehen werden, sie kann bis zu 1850 PS am Zughaken hergeben.

Die Wasserersparnis, Abb. 631, beträgt bei 800 PS 16%, bei 1200 etwa 28%, bei der Höchstleistung der Sattdampflokomotive von 1300 PS ist sie schon auf 35% angewachsen.

In der Zahlentafel 111 sind eine Anzahl Werte gegeben, aus denen für eine Reihe von Geschwindigkeiten bei annähernd gleichen Leistungen beider Lokomotiven die Ersparnisse der Heißdampflokomotive berechnet sind.

Bemerkenswert sind die hierin gegebenen Ersparniszahlen, die bei höheren Füllungen und Geschwindigkeiten bei der Heißdampflokomotive außerordentlich hohe Werte annehmen[1]).

3. Versuchsfahrten mit Heißdampflokomotiven, die mit dem Kleinrauchrohr-Überhitzer, Bauart W. Schmidt, ausgerüstet sind.

Bemerkenswerte Untersuchungen wurden mit der im achten Abschnitt unter Nr. 15 beschriebenen B-Straßenbahnlokomotive der Westlandschen Stoomtram-Gesellschaft angestellt, die besonders auch die gute Anwendbarkeit des Kleinrauchrohrüberhitzers für Lokomotiven, die häufig anfahren müssen, zeigen.

Die Anforderungen, die in der Ausschreibung an die Zugkraft und an die Leistungsfähigkeit der Lokomotiven gestellt waren, sind:

1. Die Lokomotive soll imstande sein, einen Zug von 111 t Bruttogewicht mit der Geschwindigkeit eines Fußgängers durch eine S-Kurve von 30 bis 35 m Halbmesser zu bewegen, nachdem der Zug kurz vor Beginn der Kurve zum Stillstand gekommen ist.
2. Die Lokomotive soll fähig sein, einen aus acht beladenen Wagen von je 10 t Ladegewicht zusammengestellten Zug mit einer Geschwindigkeit von 20 km in der Stunde auf einer 1 km langen Steigung von 1:125 zu ziehen, ohne daß der Kessel bei der Ankunft auf dem höchsten Punkt dieser Steigung erschöpft ist.
3. Die Lokomotive soll in der Lage sein, einen Zug von 163 t Bruttogewicht mit einer Geschwindigkeit von 50 km in der Stunde auf wagerechter Strecke zu befördern.

Mitte Oktober 1911, als die erste der sechs Lokomotiven zur Ablieferung gekommen war, wurden Probefahrten unternommen, um festzustellen, ob die vorstehend genannten Bedingungen erfüllt wurden. Schon bei der ersten Probe zeigte es sich, nach Angaben der Bahnleitung in der „Deutschen Straßen- und Kleinbahn-Zeitung" 1912, daß die Lokomotive eine größere Zugkraft hatte als gefordert war, weil ein Zug von 111 t Bruttogewicht selbst dann noch nach beiden Richtungen hin glatt angefahren werden konnte, wenn er in der Kurve selbst zum Stillstand kam und sämtliche Wagen die S-Kurve ausfüllten. Die zweite Probe auf der 1 km langen Steigung von 1:125 wurde mit einem Zuge von 145 t Bruttogewicht gemacht. Am Fuße der Steigung betrug die Geschwindigkeit nur 18 anstatt 20 km, während beim Erreichen des höchsten Punktes eine Geschwindigkeit von 35 km in der Stunde er-

---

[1]) Es kommt hinzu, daß in Wirklichkeit die Heißdampflokomotive noch günstiger dasteht. Bei der Fahrt auf der freien Strecke wird von der hier ermittelten Zugkraft am Zugkraftmesser noch ein Betrag in Abzug zu bringen sein, der zur Überwindung des Luftwiderstandes der Lokomotive dient. Da beide Lokomotiven gleichgebaut sind, ist anzunehmen, daß die hierzu erforderliche Leistung in beiden Fällen gleich ist. Die Heißdampflokomotive bedarf aber zur Erzeugung derselben ganz beträchtlich weniger Dampf als die Sattdampflokomotive. Die obigen Ersparnisziffern werden sich also noch weiter zugunsten der Heißdampflokomotive verschieben.

reicht war. Trotz dieser großen Beschleunigung auf der Steigung zeigte der Kessel nach Ablauf der Probe keine Erschöpfung.

Die oben unter 3. genannte Probe wurde mit einem Zuge von 163 t Bruttowagengewicht auf derselben Strecke 's Gravenzande bis Hoek van Holland vorgenommen. Die Lokomotive beförderte auch diesen Versuchszug anstandslos mit der vorgeschriebenen Geschwindigkeit von 50 km in der Stunde. Der weitere Verlauf dieser Probefahrt, wobei der schwere Zug auf der 1 km langen Steigung von 1:125 zu befördern war, vollzog sich gleichfalls ohne Schwierigkeiten. Bei Ankunft in Hoek van Holland zeigte der Kessel keine Andeutung von Erschöpfung. Auch die anderen fünf Lokomotiven erfüllten die in der Bauforderung aufgestellten Anforderungen und konnten deshalb sofort als bedingungsgemäß von der Bahnverwaltung übernommen werden.

Wie die Leistungsfähigkeit der Maschinen, so übertraf bei diesen Proben auch die gewählte neue Überhitzerbauart in ihrer Wirkung die gestellten Bedingungen und Erwartungen und zwar aus folgenden Gründen:

Die Rohre des Kleinrauchrohrüberhitzers werden, wie schon früher erwähnt, auch bei geschlossenem Regler, also auch beim Stillstand der Lokomotive, durch die Heizgase erwärmt und sind deshalb beim Öffnen des Reglers zur sofortigen Überhitzung des gelieferten Dampfes bereit.

Durch den Umstand, daß alle Rauchrohre mit Überhitzerrohren besetzt sind, wird ein schnelles Ansteigen der Dampftemperatur gewährleistet. Daß dies tatsächlich der Fall ist, zeigten schon die Werkprobefahrten mit den neuen Lokomotiven, bei denen schon kurz nach dem Anfahren Dampftemperaturen von rund 250^0 C erreicht wurden. Die Fähigkeit, den Dampf leicht auf hohe Temperatur zu überhitzen, wurde während der Beförderung des unter 2. genannten Versuchszuges einwandfrei festgestellt, wobei mit Leichtigkeit die Überhitzung bis zu 390^0 stieg.

Seit Ende Oktober 1911 versehen die beschriebenen Lokomotiven den regelmäßigen Dienst. Betriebsstörungen sind selbst im Anfang nicht vorgekommen, obwohl die Führung der Lokomotiven seinerzeit einem Lokomotivpersonal anvertraut werden mußte, dem die Bedienung von Heißdampflokomotiven gänzlich unbekannt war.

Diese schwereren Heißdampflokomotiven weisen im Dienste gegenüber den um 5 t, d. h. $33^0/_0$ leichteren älteren Naßdampflokomotiven eine Kohlenersparnis von etwa $20^0/_0$ auf.

Dieses überraschende Ergebnis mag zum Teil seine Erklärung darin finden, daß die Sattdampflokomotiven überanstrengt sind, hauptsächlich aber liegt es begründet in der Wahl des Rauchrohrüberhitzers mit voller Besetzung, der auch bei geringer Beanspruchung hoch überhitzten Dampf zu erzeugen vermag.

Gering belastete Naßdampflokomotiven zeigen immer unverhältnismäßig hohe Niederschlagsverluste und deshalb schlechten Wirkungsgrad; mit Heißdampflokomotiven dagegen läßt sich auch ein leichter Betrieb in einer für die Dampfverwertung zweckdienlichen Weise einrichten. Die Erfahrung zeigt, daß hohe Dampftemperaturen auch bei sehr leichten Zügen zu erreichen sind. Dazu ist u. a. nur erforderlich, daß die Fahrgeschwindigkeit unter Dampf zwecks besserer Anfachung des Feuers etwas größer gehalten wird als die gewöhnliche. Die betreffenden Züge brauchen durch diese höhere Geschwindigkeit nicht zu früh anzukommen, wenn die Auslaufszeiten bei den verschiedenen Haltepunkten genügend lang gewählt werden. Die Beförderung der leichten Züge in dieser Weise hat den Vorteil, daß die Überhitzung in der entsprechend kurzen Zeit der Fahrt mit geöffnetem Regler hoch genug ist, um eine wirtschaftliche Dampfleistung zu bekommen, und daß die an den Zug abgegebene größere lebendige Kraft nicht durch Bremsen vernichtet zu werden braucht, sondern zum Auslaufen des Zuges und darauf zur Zurücklegung eines beträchtlich längeren Weges ohne Dampfverbrauch nutzbar gemacht wird. Die häufige Wiederholung dieses Vorganges genügt, um Feueranfachung, Dampferzeugung und Überhitzung auf geeigneter Höhe zu erhalten. Wohl sind bei diesem Verfahren die Zylinder etwas länger der Abkühlung ausgesetzt und die Zugwiderstände auch wohl etwas höher, aber diese Nachteile sind viel kleiner als der erhebliche Vorteil der höheren Dampfleistung.

Um von der Wirkungsweise des Überhitzers während der Beförderung von fahrplanmäßigen Zügen ein Bild zu geben, sind in Tafel 54 die während der Beförderung von derartigen Zügen gemachten Aufzeichnungen über Kessel- und Schieberkastendrücke sowie Dampftemperaturen anschaulich dargestellt, im Zusammenhang mit den durchfahrenen Strecken und der Fahrzeit. Außerdem sind angegeben die Arbeitszeiten der Pumpe, die aufgeworfenen Kohlenmengen, die mittlere und die größte Geschwindigkeit, das Wagengewicht und die Anzahl der Wagenachsen. Die untere Schaulinie gibt dabei die Überhitzung des Dampfes, bezogen auf den Schieberkastendruck, an. Die wichtigsten Ergebnisse dieser Versuchsfahrt sind in Zahlentafel 112 wiedergegeben.

Zahlentafel 112.
Meßergebnisse einer Versuchsfahrt mit einer B-Straßenbahn-Heißdampf-Lokomotive mit Schmidtschem Kleinrauchrohrüberhitzer.

Nr.	Strecke	Länge	Fahrzeit Mit geöffnetem Regulator	Fahrzeit Für die ganze Strecke	Mittlere Fahrgeschwindigkeit[3]	Wagengewicht	Mittl. Temperatur des überhitzten Dampfes	Mittl. Überhitzung des Dampfes in dem Schieberkasten	Anzahl der Haltestellen unterwegs
		m	Min.	Min.	km/st	t	°C	°C	
	Hinfahrt:								
1	Haag–Loosduinen	4900	15¼	25	20,6	71,5	264	81	10
2	Loosduinen–Poeldijk	3830	7¼	9	29,6	83,1	321	148	1
3	Poeldijk–Monster Süd	3524	8	12	29,5[4]	47,7	297	123	4[6]
4	Monster Süd–'s Gravenzande	2123	4	4¼	34,0	55,7	322	148	0
5	's Gravenzande–Hoek (Wasserhahn)[1]	4312	8¾	14	28,0	55,7	315	138	4
6	Hoek(Wasserhahn)–Hoek van Holland[2]	705	1	2½	34,0	47,7	280	106	1
	Rückfahrt:								
7	Hoek van Holland–Hoek(Wasserhahn)[2]	705	2¼	3½	21,0	26,0	265	96	1
8	Hoek(Wasserhahn)–'s Gravenzande	4312	6¾	10½	41,3	44,0	310	137	3
9	's Gravenzande–Monster Süd[1]	2123	4	4¾	30,0	44,0	302	138	0
10	Monster Süd–Poeldijk	3524	7¾	9½	28,7[4]	26,0	284	137	3
11	Poeldijk–Loosduinen	3830	6½	8	32,8	50,7	292	119	1
	Strecken 1–11	33888	71,5	103	28,4	54,4[5]	295	122	28

[1] In dieser Strecke kommt eine etwa 1 km lange Steigung von 1:125 vor. Aufwärts in der Richtung nach Hoek van Holland.

[2] In dieser Strecke kommt eine in einer Krümmung gelegene und etwa 200 m lange Steigung von 1:100 vor. Aufwärts in der Richtung nach 's Gravenzande. Die Züge in dieser Richtung haben auf dieser Steigung anzufahren.

[3] Bei der Ermittlung dieser Geschwindigkeit sind von der ganzen Fahrzeit die Aufenthalte abgezogen. Außerdem ist für jedesmaliges Halten ½ Minute in Abzug gebracht.

[4] Diese Geschwindigkeit bezieht sich auf die Strecke Poeldijk–Monster Nord. Auf der Strecke Monster Nord–Monster Süd geht die Bahn durch die Hauptstraße des Dorfes und müssen die Züge langsam fahren.

[5] Bezogen auf die Fahrzeit mit geöffnetem Regulator.

[6] Hiervon ein Halt auf der Strecke Poeldijk–Monster Nord, wo die mittlere Geschwindigkeit 29,5 km/st war. (Siehe Fußnote 4.)

Die Zylinderfüllungen betrugen während der ganzen Fahrt 20%, ausgenommen in den Zeiten von 1^{27} Uhr bis 1^{35} Uhr, in der mit 30% Füllung gefahren wurde, um trotz der etwas langen Aufenthalte die vorgeschriebene Fahrzeit einzuhalten.

Zur richtigen Beurteilung der in den Schaulinien dargestellten Ergebnisse ist es noch notwendig, über die besonderen Umstände bei deren Aufnahme Näheres anzugeben.

Um möglichst zuverlässige Betriebsverhältnisse zu bekommen, wurde vorher nicht bekanntgegeben, daß bei den in Frage kommenden Zügen Aufzeichnungen gemacht werden sollten. Kurz vor der Abfahrt vom Haag wurde dann unerwartet sofort mit den Aufzeichnungen begonnen. Der Führer hatte noch wenig Erfahrung in der Bedienung der Lokomotiven dieser Gattung. Er beförderte den Zug bis Loosduinen und wurde dort durch einen anderen Beamten ersetzt, der mit der Bedienung von Heißdampflokomotiven schon etwas vertrauter war. Die Aufzeichnungen wurden absichtlich bei diesen Zügen vorgenommen, weil ihre Zusammenstellung und ihr Gewicht auf den verschiedenen Stationen geändert wird, so daß also die Wirksamkeit des Überhitzers unter stark wechselnder Beanspruchung der Lokomotiven beobachtet werden konnte. Die Witterung war sehr schlecht, denn bei sehr starkem Nordwestwind (Seitenwind) regnete es andauernd. Bei der Abfahrt vom Haag waren die Zylinder stark abgekühlt, auf dem Roste befand sich eine mäßig große Menge schon halbverbrannter Brikette und im Kessel war der Wasserstand viel höher als der normale. Außerdem war das Kesselwasser nicht ganz rein, weil die Lokomotive schon $3^1/_2$ Tage Dienst getan hatte, ohne ausgewaschen zu sein. Regel ist sonst, daß die Lokomotiven der Westlandschen Bahn nach drei Tagen Dienst kaltgestellt werden zwecks Reinigung der Kessel. Die Umstände waren also allseitig recht ungünstig, was sich auch besonders auf der Strecke Haag—Loosduinen in den aufgenommenen Ergebnissen widerspiegelt. Die Dampftemperaturen wollten nicht immer schnell ansteigen, weil beim jedesmaligen Anfahren Wasser mitgerissen wurde; selbst bei den größeren Geschwindigkeiten trat noch reichlich Wasser über und ließ die Dampftemperatur stark sinken. Trotzdem war es möglich, den 92,3 t schweren Zug, der unterwegs zehnmal halten mußte, über die 4,9 km lange Strecke fahrplanmäßig zu befördern. Die auf dieser Strecke erreichten Dampftemperaturen, wie sie aus den Schaulinien ersichtlich sind, lassen demnach die Wirksamkeit des Überhitzers nicht richtig erkennen, weil, wie gesagt, bedeutende Mengen von überschäumendem Wasser erst im Überhitzer zur Verdampfung kommen mußten. Die Temperaturen während der Weiterfahrt wurden zwar auch noch hierdurch gedrückt, aber sie zeigen doch schon besser, was der Überhitzer zu leisten vermag, nämlich genügende Überhitzung zwischen weit auseinander liegenden Belastungen zu erreichen. Auch die große Anzahl der Zwischenhaltestellen spielt bei diesem Überhitzer offenbar keine wichtige Rolle, was durch die Zahlen für den Brennmaterial- und Wasserverbrauch, soweit sie bis jetzt vorliegen, bestätigt wird.

Im großen ganzen zeigen also die so erhaltenen Ergebnisse, daß die von mancher Seite noch vor kurzem stark angezweifelte Verwendungsmöglichkeit des Heißdampfes für den Straßenbahnbetrieb nicht nur besteht, sondern dabei auch dieselben Vorteile und Ersparnisse bietet, wie sie vom Betrieb der Vollbahnen her schon lange bekannt sind.

4. Der Meßwagen der Preußischen Staatseisenbahn-Verwaltung.

Eine eingehende Beschreibung dieses Wagens gibt Herr Regierungsrat Hammer in seiner 1916 bei F. C. Glaser erschienenen Veröffentlichung über Neuerungen an Lokomotiven der preußisch-hessischen Staatseisenbahnen, die mit gütiger Erlaubnis des Verfassers hier wiedergegeben ist.

Auf die Ausbildung der Dampflokomotiven bei den preußisch-hessischen Staatseisenbahnen sind die Versuchseinrichtungen des Eisenbahn-Zentralamtes, die ständig weiter ausgebaut werden, von besonderem Einfluß gewesen. Einmal wurden für die vorhandenen Meß- und Versuchsapparate besondere Kontrolleinrichtungen geschaffen, andererseits die Apparate den Anforderungen besser angepaßt und neue beschafft. Mit diesen Meßeinrichtungen kann man heute die Lokomotiven wesentlich besser beurteilen, als es früher der Fall war. Daher ist es auch erklärlich, daß an Lokomotiven, die seit Jahren in Dienst gestellt werden, immer noch weitere Verbesserungen in baulicher und damit zugleich wirtschaftlicher Hinsicht gemacht werden können.

Es möchte zwar erscheinen, als ob mit zunehmender Vervollkommnung der Lokomotive der wirtschaftliche Nutzen von Neuerungen nicht mehr so ausschlaggebend wie früher bei Einführung der Verbundwirkung und noch mehr bei Einführung der Dampfüberhitzung in die Erscheinung treten könne. Das ist jedoch nicht der Fall. Durch die auf einwandfreien Versuchsunterlagen beruhende, mehr wissenschaftliche Behandlung der Lokomotivmaschinen, durch die besser zu überwachende Wärmeausnutzung im Kessel und im besonderen durch die Nutzbarmachung eines Teiles der im Abdampf enthaltenen Wärme zur Speisewasservorwärmung sind Erfolge erzielt worden, die den vorerwähnten ebenbürtig an die Seite gestellt werden können.

Eine durchschnittliche Kohlenersparnis aller Lokomotiven von nur 1 v. H. bringt unter Berücksichtigung der Fracht- und Veraldekosten den preußisch-hessischen Staatseisenbahnen eine jährliche Ersparnis von etwa 2 Millionen Mark ein. Erkennt man aus diesen Zahlen schon die Notwendigkeit planmäßiger Versuche, so wird ihr Wert noch dadurch vergrößert, daß bei dieser Verwaltung jährlich weit über 1000 neue Lokomotiven in Dienst gestellt werden (im Rechnungsjahr 1913 etwa 1500) und daß in diesen neuen Lokomotiven allein jährlich für mindestens 15 Millionen Mark Kohlen verfeuert werden.

Für die Beurteilung der Leistungsfähigkeit einer Lokomotive ist die genaue Messung der Zugkraft am Tenderzughaken erforderlich. Sie wird bei den preußisch-hessischen Staatseisenbahnen mit Hilfe eines Zugkraftmessers im Versuchswagen ermittelt. Dieser ist als D-Zug-Wagen gebaut und ruht auf einem zweiachsigen und einem dreiachsigen Drehgestell. Oberhalb des vorderen dreiachsigen Drehgestells befindet sich der Meßraum mit dem Hauptschreibtisch und einer Bremsprüfanlage, daneben liegt ein größerer Arbeitsraum. Von hier gelangt man durch einen Seitengang zu einem Personenabteil und einem Abteil mit einer kleinen Werkstatt, in der etwaige Ausbesserungen an den Apparaten unterwegs vorgenommen werden können.

Von einer in der Zugstange dieses Wagens eingebauten Meßdose wird mit Hilfe einer Stahlrohrmanometerfeder, wie in Abb. 634 rechts unter dem Zugkraftmanometer erkennbar, ein Schreibstift betätigt. Der Papierstreifen für die Aufzeichnungen bewegt sich hierbei proportional der Geschwindigkeit des Wagens.

Die Nachprüfung der Richtigkeit der Aufzeichnungen geschieht durch einen Wazauschen Kraftmesser [1]), der darauf beruht, daß die Formänderung eines Kontrollstabes unter dem ausgeübten Zug auf hydraulischem Wege ausgewertet wird.

Die Längenänderung eines Kontrollstabes wird bei diesem Kraftmesser auf zwei Platten übertragen, die an den Rändern fest verbunden und in der Mitte gegen die Meßflächen des Stabes gepreßt werden. Bei Belastung vergrößert sich der mit Flüssigkeit gefüllte Hohlraum zwischen den Platten; ein an den Hohlraum angeschlossener Meßzylinder wird dadurch entsprechend der Last entleert und mit Hilfe eines eingeschliffenen, durch eine Mikrometerschraube nachzuschiebenden Kolbens der Flüssigkeitsspiegel bei jeder Laststufe nach einer Marke an einem kalibrierten Glas-

---

[1]) Zeitschrift des Vereines deutscher Ingenieure 1912, S. 268 bis 270.

rohr eingestellt. Die Größe der Verschiebung des Kolbens wird wie bei den Mikrometerschrauben ermittelt. Der Apparat ist einfach zu handhaben und anzubringen.

Abb. 634. Meßtisch im Meßwagen der preußisch-hessischen Staatseisenbahnen.

Eine Nachprüfung der Richtigkeit der aufgezeichneten Zugkräfte kann mit ihm in kürzester Frist vorgenommen werden.

Die Aufzeichnungen des Zugkraftmessers wurden früher von Hand planimetriert. Diese Arbeit war umständlich und sehr zeitraubend.

Neuerdings wird hierzu ein Coradischer Präzisions-Scheibenplanimeter verwendet, das eigens für den vorliegenden Zweck gebaut wurde. Der Anbau ist in

Abb. 634 erkennbar, die Scheibe wird von der Achse des Wagens angetrieben. Gegen Verstauben wird das Planimeter durch einen übergebauten Glaskasten geschützt.

Auf dem Meßtisch ist (auf Abb. 634 links) noch ein Kasten aufgeschraubt, in dem sich versuchsweise ein Kreiselapparat zur Untersuchung der Meßwagenbewegung und der Gleisanlage befindet.

Um jederzeit erkennen zu können, wo sich der Zug auf der Strecke befindet, und besondere Anweisungen hinsichtlich Geschwindigkeit u. dgl. vom Wagen auf die Lokomotive rechtzeitig übermitteln zu können, wird am Meßtisch (vorn links auf Abb. 634) noch das Profil der für die Versuchszüge gerade benutzten Strecke angebracht, über das ein durch die Wagenachse angetriebener Zeiger dahingleitet.

Vorn rechts auf diesem Bilde ist schließlich noch ein aufzeichnender Geschwindigkeitsmesser von der Firma Mix & Genest zu erkennen. Bei diesem Messer wird in ähnlicher Weise wie bei den Geschwindigkeitsmessern der Deuta-Werke ein Magnetsystem von der Wagenachse bewegt, das eine vorgelagerte Aluminiumscheibe mitzunehmen sucht. Auf die Aluminiumscheibe wird durch zwei einander gegenüberliegende Spiralfedern eine der Drehrichtung entgegenwirkende Kraft ausgeübt. Durch die Anwendung dieser mit kleiner Vorspannung eingesetzten Spiralfedern ist erreicht, daß der Schreibstift stets auf Null zurückgeht; es ist damit allerdings ein kleiner Nachteil insofern verbunden, als bis zu einer Geschwindigkeit von etwa 10 km der Ausschlag des Schreibstiftes nicht proportional der Geschwindigkeit zunimmt. Von 10 km ab beträgt der Ausschlag für eine Zunahme der Geschwindigkeit um 1 km 1 mm.

Um die Schaulinie der Geschwindigkeit in gleicher Höhe mit der Zugkraftlinie zu erhalten, wird der Schreibstift, der auf einem kleinen Wagen ruht, jetzt mit Hilfe von Fäden (Abb. 634 gibt noch die alte Anordnung mit Zeiger wieder), die von einer kleinen Aluminiumtrommel ausgehen, an einer entsprechend angeordneten Leitschiene bewegt. Der Faden läuft über teilweise nachspannbare Rollen und bewegt gegenläufig zur Richtung der Schreibfeder einen zweiten kleinen Wagen, der als Gegengewicht ausgebildet ist, so daß Schwankungen und Seitenstöße des Wagens die Aufzeichnung nicht beeinflussen. Die Aluminiumrolle zum Antrieb des Schreibstiftes sitzt auf einer Vorgelegewelle, die mit einer Überstezung von 5:1 von der Hauptwelle angetrieben wird. Durch Einschalten dieses Vorgeleges wurde das Drehmoment und die Relativgeschwindigkeit zwischen Scheibe und Magnetfeld verfünffacht; auch ist zugleich eine gute Dämpfung erreicht worden.

Ein Abschnitt aus einem Zugkraftdiagramm ist in Abb. 635 dargestellt. Die

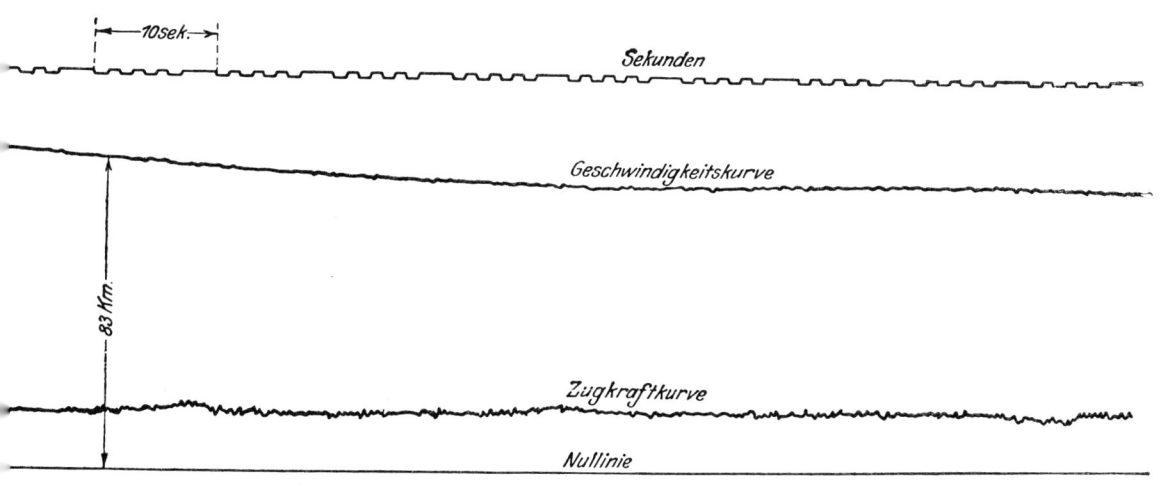

Abb. 635. Ausschnitt aus eines Zugkraftschaulinie.

Sekundenlinie wird mit Hilfe eines elektromagnetischen Zeitwegmessers erzeugt, der auf der Abb. 636, die einen Blick in das Innere des Meßwagens wiedergibt, rechts an der Seitenwand erkennbar ist. Durch das Schaltrad einer Uhr wird sekundlich ein Elektromagnet ein- und wieder ausgeschaltet, der einen Schreibstift

Abb. 636. Blick in das Innere des Meßwagens der preußisch-hessischen Staatseisenbahnen.

betätigt. Da der Papierstreifen sich in demselben Verhältnis wie die Geschwindigkeit des Zuges bewegt, so kann aus der Entfernung der Strichknicke voneinander gleichfalls noch die Geschwindigkeit auf jedem Streckenabschnitt ermittelt werden.

Zur Feststellung der Vorgänge in den Dampfzylindern der Lokomotive dienen Maihaksche Fernschreibindikatoren, die in ihrer neuen Form auch in größerer Anzahl in den Hauptwerkstätten besonders zur Einregelung der Steuerung der Vierzylinderlokomotiven Anwendung finden. Die neuesten Verbesserungen beziehen sich in erster Linie auf eine zweckmäßigere Ausführung und Anordnung der Elektromagnete für die Betätigung des Papiervorschubes und des Schreibzeuges. Die Elektromagnete sind in Metallgehäusen untergebracht und wasserdicht gelagert, so daß eine Zerstörung der Isolationen und eine Kurzschlußgefahr ausgeschlossen ist. Elektromagnetengehäuse, Trommelträger, Dampfmantel und Anschlußkonus der neuen Fernsteuer-Indikatoren sind aus einem Stück hergestellt, wodurch im Verein mit einer wesentlichen Verstärkung des Anschlußgewindes eine größere Festigkeit und Betriebssicherheit des Indikators erzielt worden ist. Abb. 637 zeigt die Einrichtung in ihrer neuen Ausführungsform.

Nicht unbedeutenden Verbesserungen ist auch der bei ortsfesten Dampfmaschinenanlagen viel verwendete Böttchersche Leistungszähler unterzogen worden, der dazu dient, die Leistung im Dampfzylinder während eines längeren Zeitraumes durch einfache Ablesung eines Zählwerkes und Multiplikation der Ablesung mit einem sich aus der Apparatekonstante und Maschinenkonstante ergebenden Faktor festzustellen. Da diese indizierten Leistungen auf der Lokomotive im allgemeinen nur gelegentlich der Aufenthalte festgestellt werden können, es aber erwünscht war, auch

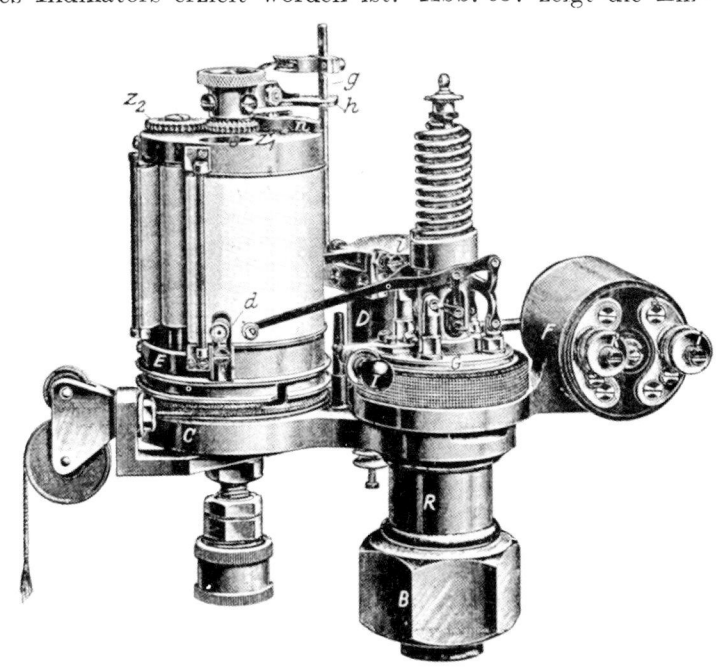

Abb. 637. Maihak Fernschreib-Indikator.

in kürzeren Abständen die mittlere Leistung zu erhalten, wurde die Aufgabe gestellt, die Leistungszähler mit einer im Versuchswagen unterzubringenden Fernablesevorrichtung zu versehen. Hierzu war es erforderlich, das Trägheitsmoment des Zählrades noch weiter zu verringern und durch Verkleinerung des Gewichtes der bewegten Massen beim Hubwechsel die schädlichen Massenwirkungen einzuschränken. Bei dem alten Leistungszähler wurde die Drehung des Zählrades von seiner Achse durch Schnecke und Schneckenrad auf eine Zählscheibe übertragen, die an ihrem Umfange mit einer Teilung für Zehner und Einer versehen war und deren Drehung im Verhältnis von 1:10 auf eine zweite Zählscheibe mit Hunderteilung übertragen wurde. Bei dieser Zählscheiben-Anordnung war es nicht möglich, bei geringen Zählerunterschieden oder bei einer kurzen Zähldauer genaue Angaben zu erhalten, weil der Unterschied in der Zählscheibenstellung für diese kurze Zähldauer zu gering war. Diesen Übelstand beseitigt die Zählscheibenanordnung bei dem neuen Leistungszähler. Bei diesem wird die infolge des kleineren Umfanges des Zählrades schon entsprechend größere Drehung zunächst im Verhältnis von 1:1 auf einen Zeiger übertragen, der die Ablesung von Hundertstel- und Zehntel-Umdrehungen des Zählrades gestattet. Die Bewegung der Zeigerachse wird dann weiter dreimal im Verhältnis von 1:10 auf eine Einer-, Zehner- und Hunderter-Zählscheibe übertragen.

Da das Zählrad eine hin und her gehende Bewegung macht und so gewissermaßen im Pilgerschritt vorwärts schreitet, wurde die Ablesung kleiner Unterschiede bei dem alten Zähler ganz bedeutend erschwert. Dieser Übelstand wurde bei der neuen Zählscheibenanordnung dadurch beseitigt, daß der Zeiger für die Ablesung der Hundertstel- und Zehntel-Umdrehungen als Schleppzeiger ausgebildet ist, der von einem Mitnehmer der sich vor- und zurückdrehenden Achse nur immer nach einer Richtung mitgenommen wird.

Durch Verwendung von naturharten Stahlzählrädern und Stahltrommelböden wurde ferner eine Abnutzung des Leistungszählers vermieden und hinsichtlich der Handhabung insofern eine Verbesserung erzielt, als das Zählergehäuse durch die Drehung eines Knopfes zwecks leichter Auswechselung der Papierstreifen nach oben geklappt werden kann. Ohne die erforderliche empfindliche Einstellung und das richtige Anzeigen des Leistungszählers zu zerstören, kann er durch Lösen einer Keilschraube von Hand leicht von dem Indikator entfernt werden, wenn mit diesem allein gearbeitet werden soll.

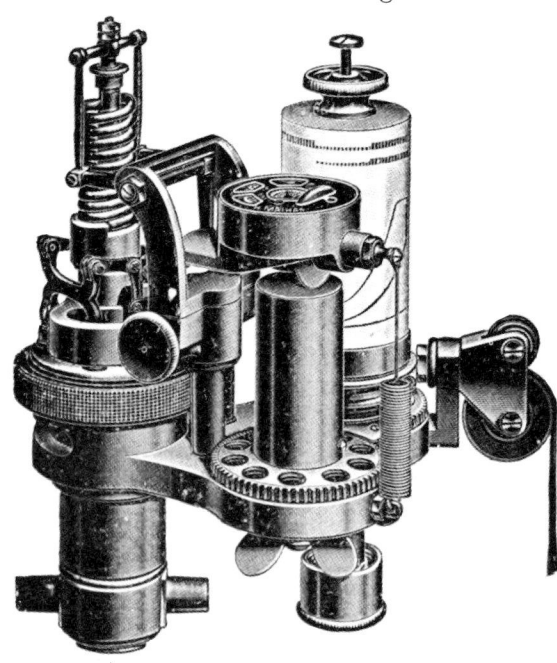

Abb. 638. Böttcherscher Leistungszähler.

Die Schwierigkeit der Schmierung der Indikatortrommel wurde schließlich bei der neuen Ausführung dadurch beseitigt, daß die Trommelachse in ihrer Längsrichtung durchbohrt und mit einer Stauferbüchse in Verbindung gebracht wurde, von der aus den Laufstellen der Trommel leicht genügende Schmiermengen zugeführt werden können.

Abb. 638 stellt den neuen Leistungszähler dar. Eine schematische Darstellung der Fernübertragung wird durch die Abb. 639 gegeben. Durch die Verbesserungen des Leistungszählers ist es der Firma Maihak möglich geworden, auch die Fernübertragung des Zählergebnisses namentlich in bezug auf Ablesemöglichkeit ge-

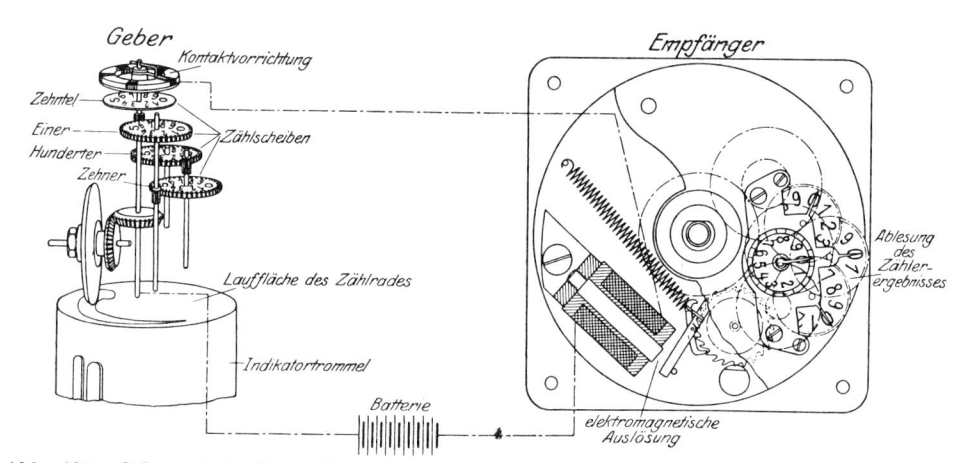

Abb. 639. Schematische Darstellung der Fernübertragung des Böttcherschen Leistungszählers.

ringer Zählerdifferenzen für kurze Strecken wesentlich zu verbessern. In Abb. 640 ist der Schaltplan für vier Böttchersche Leistungszähler mit Fernablesung wiedergegeben. Man kann also jetzt auch während der Fahrt streckenweise im Versuchswagen die indizierte Leistung der Lokomotiven feststellen.

Besondere Beachtung verdient fernerhin eine Vorrichtung mit Funkenaufzeichnung für Temperaturmessungen an Lokomotiven. Die Einrichtung war von der Firma Siemens & Halske ursprünglich zur Prüfung der Wasserumlauf- und Temperaturverhältnisse in einem Lokomotivkessel zur Verfügung gestellt worden. Da sie sich hierbei gut bewährte, ist sie mit in den Versuchswagen übernommen worden.

Mit der Meßvorrichtung können die Temperaturen in der Lokomotive (Dampf im Überhitzer, Abdampf, Rauchkammergase, Speisewasser usw.) an jeder gewünschten Stelle und gegebenenfalls selbsttätig auf einem Papierstreifen verzeichnet werden.

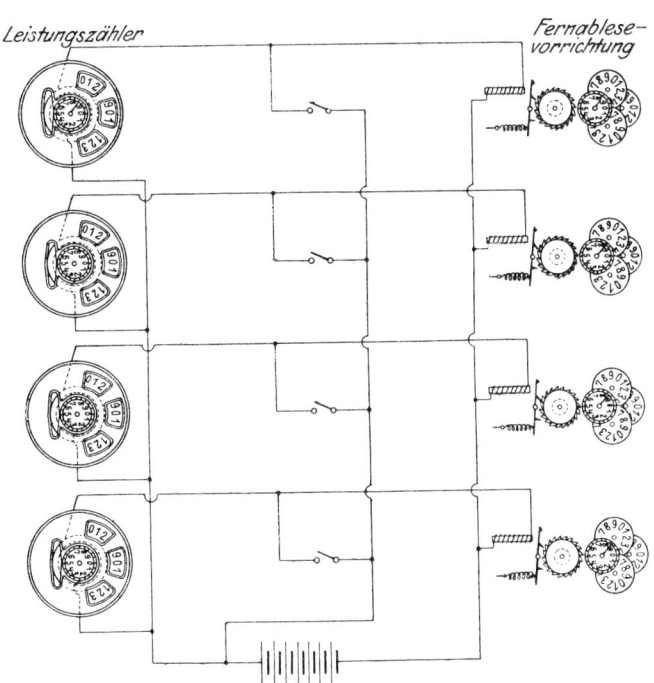

Abb. 640. Schaltplan für vier Böttchersche Leistungszähler.

Sie besteht im wesentlichen aus einer Anzahl von Quarzglas-Widerstandsthermometern und aus einem Schreibapparat, der im Meßwagen aufgestellt und durch Zuleitungskabel mit den Thermometern verbunden ist (Abb. 641).

Die Messung kann entweder derart vorgenommen werden, daß eine Anzahl (im vorliegenden Falle bis zu 16 Stück) von Thermometern mittels eines Druckkastenumschalters an den Schreibapparat angeschlossen wird, oder daß bis zu drei Thermometer selbsttätig mit ihm verbunden werden. In diesem Falle wird durch eine Schaltuhr umgeschaltet, die von der Wagenachse betätigt wird.

Die Thermometer sind Quarzglas-Widerstandsthermometer in Stahlrohrmontierung, welche mit einer Verschraubung und einem Anschlußkopf mit Anschlußklemmen versehen sind. Das eigentliche Thermometer besteht aus einer in Quarzglas eingeschmolzenen Platinspirale von bestimmtem elektrischem Leitungswiderstand, der mit zunehmender Temperatur größer, mit abnehmender geringer wird. Diese Widerstandsänderung wird dadurch zur Messung der Temperaturschwankungen benutzt, daß die Platinspirale des Thermometers als veränderlicher Brückenzweig in eine Wheatstonesche Brücke gelegt wird, in deren einem Diagonalzweig das System des Anzeigenapparates und in deren anderem eine konstante Spannung liegt. Als Meßbatterie wird eine im Wagen vorhandene Akkumulatorenbatterie von 8 Volt verwendet. Diese Spannung wird für die Messung durch Betätigung eines Regulierwiderstandes auf gleicher Höhe erhalten.

Die Aufzeichnung der einzelnen Temperaturen geht derart vor sich, daß ein Funke von der Schneide des Zeigers durch das Papier auf eine unter dem Papier liegende bogenförmige Metallschneide überspringt und dadurch die jeweilige Stellung des Zeigers entsprechend den Wärmegraden des gerade angeschalteten Thermometers auf dem Papier kennzeichnet. Die Spannung für den Funkeninduktor, welcher auf dem Anzeigeapparat angeordnet ist und einen Regulierwiderstand zur Einstellung der gewünschten Funkenstärke trägt, wird einer Batterie von 6 Volt

Abb. 641. Vorrichtung für Temperaturmessung an Lokomotiven.

entnommen. Der Funken wird bei der Messung mit Tastenschalter (bei 16 Thermometern) durch Druck auf eine besondere neben dem Anzeigeapparat angeordnete Drucktaste und bei der selbsttätigen Umschaltung von drei Thermometern (durch die Wagenachse) durch selbsttätige Kontaktgabe eingeschaltet. Der Papiervorschub im Anzeigeapparat wird durch einen Elektromagnet betätigt, welcher jedesmal nach Einschalten eines Thermometers sowohl beim Tastenschalter als auch bei der selbsttätigen Umschaltung unter Strom gesetzt wird und das Papier um ein gewisses Stück vorwärts bewegt (Abb. 642).

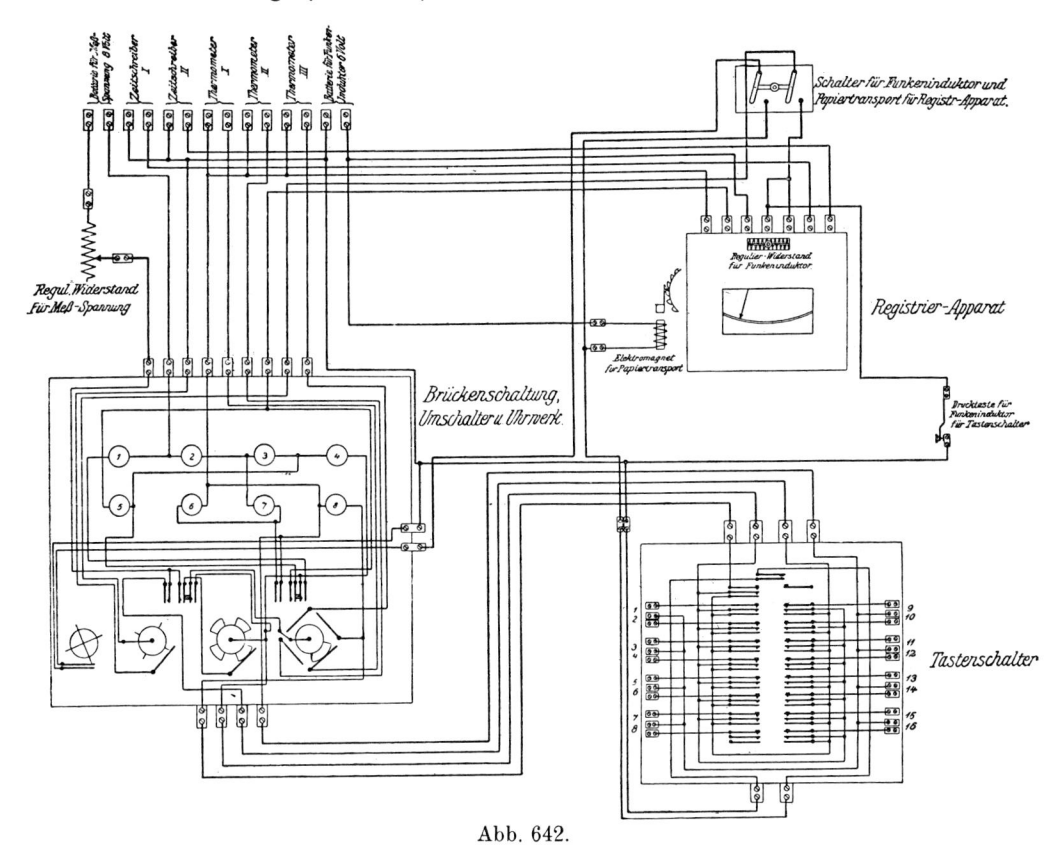

Abb. 642.

Der Anzeigeapparat trägt eine doppelte Gradeinteilung für zwei Meßbereiche und zwar von 0 bis 250⁰ und für 200 bis 600⁰. Durch Umlegen eines Kippschalters wird je nach Bedarf der eine oder der andere Meßbereich eingeschaltet. Neben diesem Schalter ist ein zweiter angeordnet, der entweder den Tastenschalter für 16 Thermometer oder die selbsttätige Umschaltung von drei Thermometern auf den Anzeigeapparat schaltet.

Der Anzeigeapparat ist zur Vermeidung heftiger Erschütterungen, in Federn hängend, in einem Kasten untergebracht, der ferner die Brückenschaltung, den Umschalter für die beiden Meßbereiche, den Umschalter für Tastenschalter und selbsttätige Umschaltung, die selbsttätige Umschaltung mit Antrieb, den Regelwiderstand für die Meßspannung, die Drucktaste für den Funkeninduktor (für Tastenschalter) sowie die Anschlußklemmen nebst Kabel für die beiden Batterien (Meß- und Induktorbatterie) und schließlich die Anschlußklemmen für den Tastenumschalter enthält. Des weiteren ist noch ein Schalter im Kasten vorgesehen, der bei Bedarf die Batterie für den Funkeninduktor ein- und ausschaltet, an welche gleichzeitig der Elektromagnet zur Betätigung des Papiervorschubes angeschlossen ist.

Beim Tastenumschalter wird durch Druck auf eine Taste des Schalters zunächst das Thermometer an die Brückenschaltung gelegt und dann die Meßbatterie in den Diagonalzweig der Brücke eingeschaltet. Der Zeiger gibt jetzt entsprechend der Temperatur einen bestimmten Ausschlag. Gleichzeitig hatte die Taste durch Zusammendrücken zweier Federn den Elektromagnet für den Papiervorschub unter

Strom gesetzt, wodurch der Papierstreifen zur Aufnahme des Zeichens vorbereitet wurde. Drückt man jetzt auf die Drucktaste für den Funkeninduktor, so gibt ein vom Zeiger durch das Papier springender Funke auf diesem die Stellung des Zeigers, d. h. die Temperatur des betr. Thermometers an. Wird nun das zweite Thermometer eingeschaltet, so schaltet sich zunächst das erste aus und beim zweiten wiederholt sich derselbe Vorgang wie beim ersten; das letzte Thermometer wird durch Druck auf eine besondere Auslösetaste abgeschaltet.

Bei der selbsttätigen Umschaltung werden drei Thermometer der Reihe nach selbsttätig eingeschaltet. Durch die von der Wagenachse angetriebene Welle wird durch auf dieser angeordnete Kontakte der Reihe nach zunächst ein Thermometer, dann die Meßbatterie, der Elektromagnet für den Papiervorschub und der Funkeninduktor eingeschaltet und in umgekehrter Reihenfolge wieder abgeschaltet. Um bei der selbsttätigen Umschaltung die Möglichkeit einer Spannungskontrolle zu haben, wird zwischen dem dritten und dem ersten Thermometer jedesmal ein sog. Prüfwiderstand eingeschaltet und registriert, der bei richtiger Meßspannung gerade den Endausschlag der Gradeinteilung bezeichnet. —

Zwecks genauerer Feststellung des Wasserverbrauches der Lokomotiven ist ferner ein Wassermesser Bauart Siemens & Halske[1]) beschafft worden, weil die Messung des Wassers im Tender mit Hilfe von Schwimmer und Meßlatte nicht vollkommen einwandfrei ist, die Stellung des Tenders im Gleis eine sehr wichtige Rolle spielt und der Verlust an Schlabber- und Spritzwasser immer besonders ermittelt werden muß. Auch für das Verwiegen und Messen des Kohlenverbrauches sind ververbesserte Einrichtungen getroffen worden.

Schließlich ist noch ein Apparat zu erwähnen, der die für die Beschleunigung der Fahrzeuge aufzuwendende Arbeit zu messen gestattet. Das hierzu eingebaute Ergometer ist von der Firma Amsler in Schaffhausen hergestellt und den bei den belgischen und bayerischen Meßwagen mit gutem Erfolg verwendeten Apparaten ähnlich. Von der belgischen Einrichtung unterscheidet es sich aber insofern, als anstatt einer verschiebbaren Trommel eine frei drehbare Kugel zur Anwendung kommt, wie sie sich beim Amslerschen Geschwindigkeitsmesser bewährt hat. Gegenüber der bayerischen Einrichtung zeichnet es außer der Beschleunigungsarbeit auch die Beschleunigungskraft in bezug auf den Weg fortlaufend auf, so daß es durch Auswertung dieser Schaulinie möglich ist, die Angaben des Arbeitsmessers nachzuprüfen.

Das Amslersche Ergometer ist in den Abb. 643 bis 645 dargestellt. Unter dem Tische, auf dem es aufgestellt ist, hängt ein (in den Abbildungen nicht sichtbares) Pendel, das in Richtung der Längsachse des Wagens bei seiner Beschleunigung oder Verzögerung ausschlägt. Zwischen den beiden Hängestangen des Pendels ist eine senkrechte Welle angeordnet, die an ihrem oberen Ende eine Rolle trägt und etwa in der Mitte einen Arm, der die eine Hängestange des Pendels umfaßt und somit bei dessen Ausschlag die oben befestigte Rolle in ihrer Drehrichtung entsprechend dem Pendelausschlag beeinflußt. Auf der Rolle ruht eine Kugel, die ihrerseits durch die auf den Abbildungen links erkennbare Rolle von der Achse des Versuchswagens mit Hilfe verschiedener Vorgelege angetrieben wird. Die im Grundriß unten erkennbare Rolle bewegt den Schreibstift. Dieser zeichnet eine Gerade auf, solange die Kugel nur durch die Antriebsrolle beeinflußt wird. Wird während der Bewegung die durch das Pendel beeinflußte Rolle gedreht, so wird dadurch die Drehung der Kugel und damit der Schreibstift betätigt. Der Unterschied der Ordinaten zwischen zwei Punkten des Linienzuges entspricht alsdann der während des entsprechenden Weges aufgewendeten Arbeit. In Abb. 645 ist noch ein Wechselgetriebe erkennbar.

---

[1]) Organ 1913, S. 338 und 339.

Prüfstände für Lokomotiven. 661

Dieses muß eingeschaltet werden, weil andernfalls die Breite des zur Verfügung stehenden Papierstreifens zur Aufzeichnung der Ausschläge nicht ausgereicht haben würde.

Abb. 643.   Abb. 644.

Durch das Wechselgetriebe wird nunmehr die Bewegungsrichtung des Schreibstiftes umgekehrt, wenn ein bestimmter Ausschlag nach der einen oder andern Seite erreicht ist. Die Schaulinie erscheint daher als Zickzacklinie.

Um die Kraftgröße, die bei Verrichtung vorstehend erwähnter Arbeit in jedem Augenblick auszunützen ist, gleichfalls im Bilde festzuhalten, ist an der oben genannten senkrechten Welle noch ein weiterer wagerechter Arm angebracht, der durch seinen Ausschlag einen Schreibstift unmittelbar bewegt. Da das Papierband proportional zum Weg angetrieben wird, kann man aus dem Linienzug für die Kraftgröße durch Planimetrieren einzelne Punkte der Arbeitskurven bestimmen und auf diese Weise die Richtigkeit der Angaben des anderen Schreibstiftes nachprüfen.

5. Prüfstände für Lokomotiven.

Ortsfeste Anlagen zum Prüfen von Lokomotiven sind zuerst in den Ver-

Abb. 645. Amslersches Ergometer.

einigten Staaten gebaut worden. Sie dienten anfänglich nur dazu, um Verbesserungen der Laufwerks- und Triebwerksteile zu erproben, ohne kostspielige, schwierig auszuführende und dabei doch unzuverlässige Streckenversuche zu diesem Zweck ausführen zu müssen. Später, als erhöhte Anforderungen an die Leistungsfähigkeit der neueren Lokomotiven gestellt wurden, vervollkommnete man die Prüfanlagen mehr und mehr, so daß auch einwandfreie Zugkraftmessungen und vor allem Kesselversuche gemacht werden konnten.

Die erste Lokomotivprüfanlage wurde von Professor Goß, damals Lehrer an der Ingenieurschule der Purdue-Universität, im Jahre 1891 entworfen und gebaut. Der Anlage in Purdue folgte bereits 1894 eine nur für zeitweisen Betrieb eingerichtete in Süd-Kankauna, Wisconsin, der Chicago- und Nord-West-Bahn gehörig, die 1895 durch eine von Quaile erbaute in den Werkstätten derselben Bahngesellschaft in Chicago ersetzt wurde. 1899 erfolgte der Bau einer Lokomotivprüfanlage im Ingenieurlaboratorium der Columbia-Universität in New York, der eine von den Baldwinwerken gestiftete Atlanticlokomotive für Versuche zur Verfügung stand. 1904 wurde die große Prüfanlage der Pennsylvania-Bahn auf der Weltausstellung in St. Louis gezeigt, die nach Schluß der Ausstellung in Altoona wieder aufgebaut wurde und dort seitdem in dauernder Benutzung steht.

1904 errichteten die Putiloffwerke in St. Petersburg eine Prüfanlage, die von den bekannten russischen Ingenieuren Goloboloff und Smirnoff stammt. 1905 endlich wurde unter Leitung von Churchward in den Werkstätten der englischen Großen Westbahn in Swindon eine Prüfanlage gebaut, die sich von den amerikanischen Anlagen durch die besondere Art der Tragachsenabbremsung unterscheidet. Als neueste Anlage ist die im Jahre 1913 fertiggestellte der Universität Illinois zu erwähnen, die zurzeit die größte Prüfanlage für Lokomotiven sein dürfte.

Die Einrichtung der in St. Louis gezeigten Prüfanlage, die sich, wie schon erwähnt, jetzt in Altoona befindet, ist von Regierungsbaumeister Gutbrod in der Zeitschrift des Vereins deutscher Ingenieure 1904, S. 1321 beschrieben worden und weiter noch ausführlicher behandelt in einem im Selbstverlage der Pennsylvania-Eisenbahn, Philadelphia, erschienenen Buche: „The Pennsylvania Railroad System at the Louisiana Purchase Exposition." Abb. 646 bis 647 stellen die Gesamtanordnung des Prüfstandes dar.

Die Triebräder der zu prüfenden Lokomotive (Abb. 648) wurden von festgelagerten Tragrädern (*i*) gestützt, deren über die Traglager (*b*) hinaus verlängerten Achsen die Bremsvorrichtung (Abb. 649 bis 650) tragen. Diese, dem Professor G. J. Alden patentierte Vorrichtung besteht im wesentlichen aus zwei auf der verlängerten Tragachswelle aufgekeilten und sich mit ihr drehenden gußeisernen Scheiben (*a*), gegen die vier festgelagerte, dünne Kupferplatten hydraulisch angepreßt werden. Die ganze Vorrichtung ist in ein feststehendes Gehäuse *c* eingebaut, dem durch eine Röhre *g* Preßwasser von veränderlicher Spannung zugeführt wird. Von der Größe des Wasserdruckes hängt die Reibungsarbeit ab.

Die tatsächliche Arbeit, die von der Lokomotive geleistet werden muß, besteht in der Überwindung des Reibungswiderstandes der Tragräder und der Bremse, wobei die im Zughaken entstehende Zugkraft durch ein Dynamometer aufgenommen und gemessen wird. Die gesamte Prüfvorrichtung besteht demnach aus drei Teilen: den Tragachsen nebst Lagern und Fundamenten, der Bremsvorrichtung nebst Rohrleitungen und der Zugvorrichtung nebst Dynamometer.

Eine in Swindon befindliche Lokomotivprüfanstalt ist in Abb. 651 bis 653 dargestellt und in der Zeitschrift des Vereins deutscher Ingenieure Nr. 18 vom 5. Mai 1906 kurz beschrieben.

Die Anlage dient dazu, bei neuen sowie bei solchen Lokomotiven, die größere Ausbesserungsarbeiten erfahren haben, Zugkräfte, Wasser- und Brennstoffverbrauch bei verschiedenen Geschwindigkeiten festzustellen und Dampfdruckschaulinien zu nehmen. Außerdem wird der Versuchsstand dazu benutzt, um die Lokomotivachslager genau einzupassen.

In einer stark ausgemauerten Grube sind unter Zwischenschaltung von Holzbalken zwecks Geräuschverminderung kräftige gußeiserne Rahmen befestigt. Auf diesen lassen sich fünf Paar Lagerböcke in der Längsrichtung verschieben, damit sie je nach der Lage der Lokomotivachsen eingestellt werden können. Die Tragräder haben einen Durchmesser von 1257 mm. An den verlängerten Achsen sind außen Bandbremsscheiben angeordnet, mittels derer die Leistung der Lokomotive ganz oder teilweise abgebremst werden kann. Alle fünf Achsen sind ferner durch

Prüfstände für Lokomotiven.   663

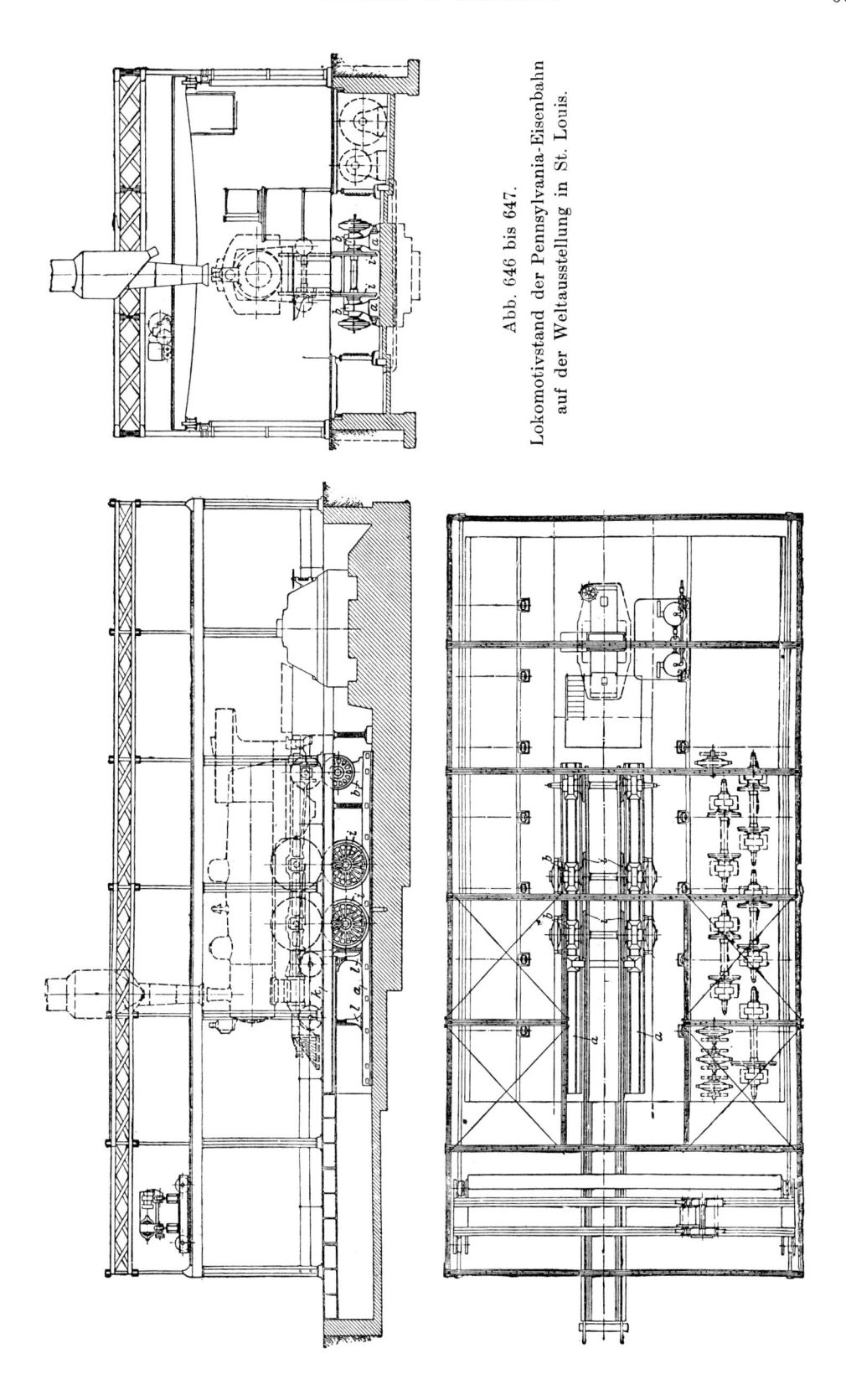

Abb. 646 bis 647.
Lokomotivstand der Pennsylvania-Eisenbahn auf der Weltausstellung in St. Louis.

Riemen miteinander verbunden, so daß sie sich beim Lauf der Lokomotive mit gleicher Umfangsgeschwindigkeit drehen und damit auch den Laufrädern die gleiche Umfangsgeschwindigkeit erteilen, wie sie die Triebräder haben. Auf diese Einrichtung wird seitens der Bahnverwaltung besonders wegen des Einlaufens der Achs-

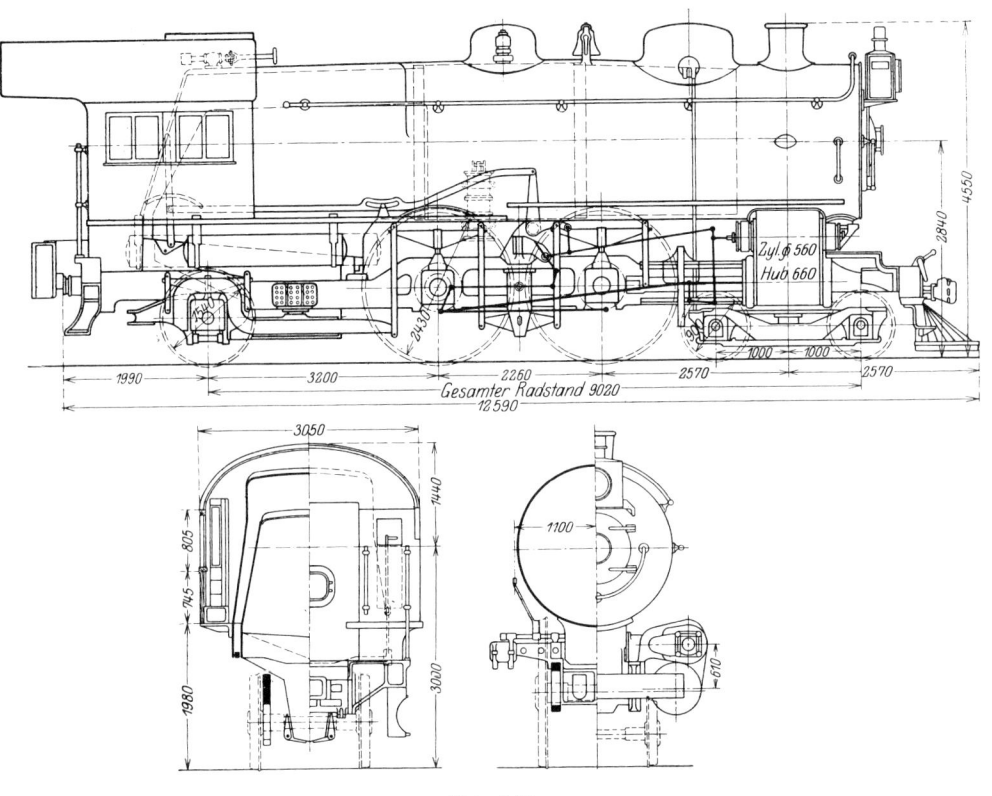

Abb. 648.

schenkel Wert gelegt. Sie erfordert eine sehr verwickelte Riemenführung durch Hilfsscheiben und Spannrollen, die durch die Verschiebbarkeit der Tragrollen bedingt wird.

Anstatt die Leistung der Lokomotive in den Bremsen nutzlos zu vernichten, kann diese auch durch die Welle a auf einen Kompressor übertragen werden, der auf dem Boden der Grube aufgestellt ist. Die erzeugte Preßluft dient zum Betriebe von Preßluft-Werkzeugen in der Lokomotivwerkstatt.

Die zu untersuchende Lokomotive wird zunächst auf eine mit Rillen zur Aufnahme der Radflansche versehene Plattform aufgefahren, die auf 16 von einem Elektromotor unter Zwischenschaltung von Kegelrädern und Spindelübersetzungen betätigten Windeböcken aufruht. Wenn die Trägräder entsprechend den Achsentfernungen der Lokomotive genau eingestellt sind, wird diese, nachdem noch der Zughaken am Dynamometer befestigt ist, auf die Trägräder heruntergelassen.

Die Bremsen werden durch eine Druckwasserpumpe betätigt, die in Abb. 652 rechts unten zu sehen ist.

Der aus dem Schornstein entweichende Rauch wird in ein entsprechend der Länge der zu untersuchenden Lokomotive verstellbares Rohr geleitet, das in eine zur Abscheidung der mitgerissenen Funken dienende Kammer führt, aus der die Abgase schließlich durch einen Schornstein ins Freie entweichen.

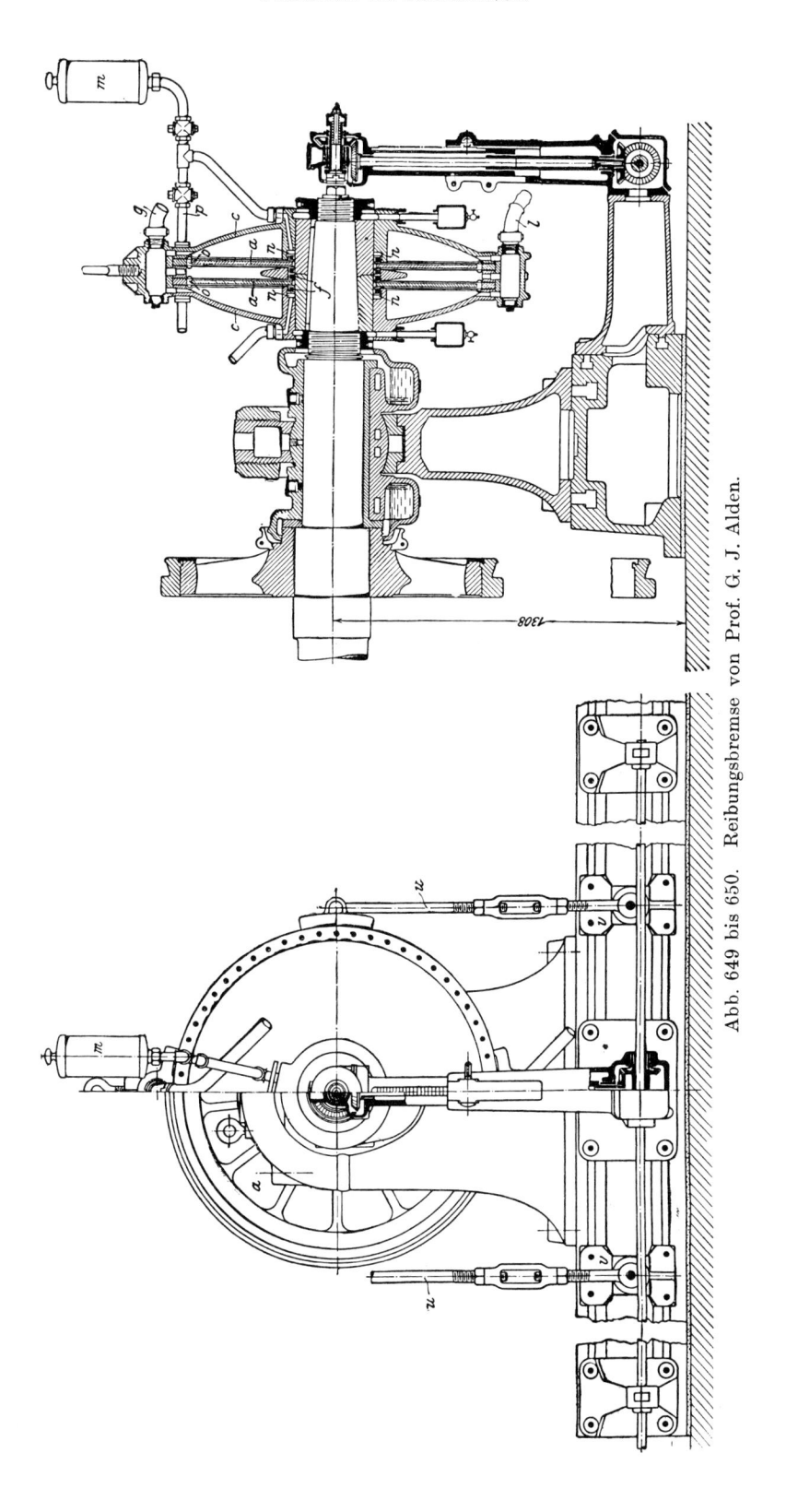

Abb. 649 bis 650. Reibungsbremse von Prof. G. J. Alden.

666 Versuche mit Heißdampflokomotiven verschiedener Eisenbahnverwaltungen.

Bei der in Abb. 654 bis 656 dargestellten Lokomotiv-Prüfanlage der Universität Illinois wird die Leistung der Lokomotive in Aldenbremsen abgebremst, die fliegend

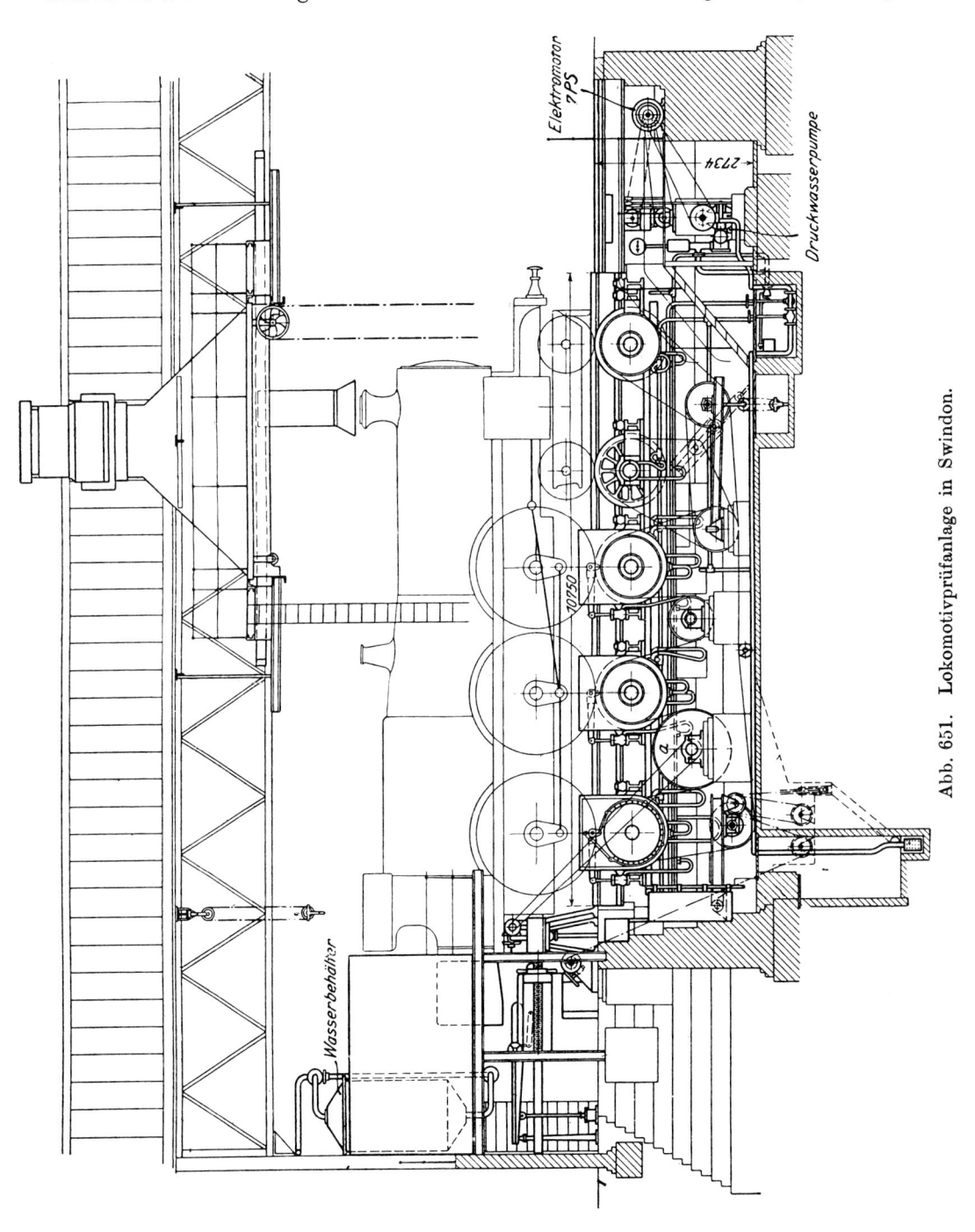

Abb. 651. Lokomotivprüfanlage in Swindon.

auf die verlängerten Achsen der Tragräder aufgesetzt sind. Diese haben 1321 mm Durchmesser und sind auf 283 mm starken Achsen befestigt. Sie können bis zu 500 Umdrehungen in der Minute machen, was einer Umfangsgeschwindigkeit von 125 km/st entspricht. Im Bedarfsfalle können aber auch Räder von 1829 mm auf die Achsen aufgesetzt werden, falls bei hohen Geschwindigkeiten Lagerschwierigkeiten entstehen sollten. Die Achsschenkelabmessungen sind 241,3 × 500,0 mm. Die unten kugelförmig ausgebildeten Lagerschalen sind nur unten angeordnet, die Schmierung erfolgt an zwei Stellen in dem Lagerdeckel. Die sehr kräftigen Lagerstühle ruhen auf gußeisernen Längsträgern, mit denen sie durch Schrauben befestigt werden können.

Die ähnlich der Abb. 649 und 650 ausgebildeten Aldenbremsen können im Drehmoment von je 2500 mkg abbremsen, was für alle Fälle genügend erscheint.

Die Längsträger sind auf einem Betonklotze befestigt, der 28,346 m lang und 3,656 m breit ist. Seine Stärke beträgt 1067 mm vorn und 1524 mm hinten. Am hinteren Ende schließt sich ein pyramidenförmig gestalteter Betonklotz an, auf dem das Dynamometer befestigt ist.

Die zu untersuchende Lokomotive wird rückwärts eingeschoben und läuft zuletzt auf den Flanschen auf innerhalb der Tragräder verlegten Schienen, die, nachdem sie an die richtige Stelle gebracht ist, gesenkt werden, so daß die Lokomotive nunmehr mit ihren Triebrädern auf den Tragrollen aufruht. Durch eine kräftige Zugstange wird sie mit dem Zugkraftmesser verbunden und in ihrer Lage festgehalten.

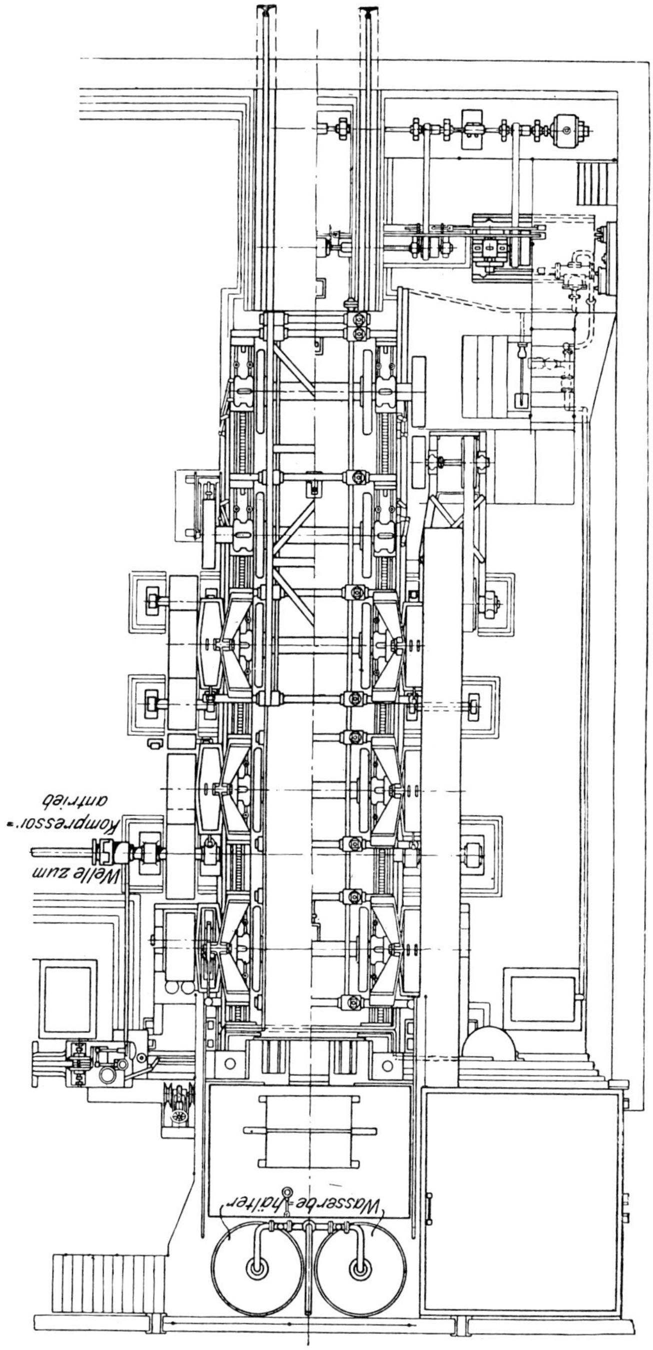

In dem Zugkraftmesser der Bauart Emery wird durch die Zugkraft der Lokomotive in einem durch eine biegsame Metallwand abgeschlossenen Gehäuse Öl

Abb. 652. Lokomotivprüfanlage in Swindon.

zusammengepreßt, dessen Druck mit der Belastung steigt und an einer Meßvorrichtung abgelesen werden kann. Die größte Belastung beträgt 56699 kg, die Meßgenauigkeit soll sehr groß sein. Die Einstellung geschieht durch ein selbständig sich verschiebendes Gewicht auf einem Hebel, die Belastung wird dabei ebenfalls selbsttätig von der Vorrichtung aufgeschrieben. Die Abmessungen des Dynamometers sowie die

Länge des Gebäudes sind genügend, um die größten Malletlokomotiven untersuchen zu können.

Große Sorgfalt wurde auf die Abführung der Rauchgase verwandt. Von dem Gedanken ausgehend, daß Sammelkammern zum Auffangen der Löscheteile, die aus dem Schornstein ausgeschleudert werden, zu große Abmessungen erhalten müssen und infolgedessen das Dach zu sehr belasten würden, hat man die Abgase durch ein Knierohr in ein neben dem Prüfstande wagerecht angeordnetes Rohr geleitet, aus dem sie durch ein Schleudergebläse in einen außerhalb des Gebäudes angeordneten Abscheider (Abb. 654) geleitet werden, in dem sich die festen Teile durch die Fliehkraft von den aus dem Schornstein entweichenden Gasen trennen. Das wagerechte Rohr von 2134 mm Durchmesser ist mit Asbest ausgekleidet, um zerstörende Wirkungen der Rauchgase zu vermeiden. Das Schleuderrad hat einen Durchmesser von 1829 mm und kann bei der größten Umdrehungszahl etwa 4000 cbm Gase in der Minute fördern. Die Verbindung zum Schornstein hat einen kleinsten Querschnitt von 2,23 qm, der Außenmantel des Abscheiders ist aus Eisenbeton hergestellt und durch Mauerwerk gegen Zerstörung von innen geschützt, außen herum ist unter Zwischenschaltung eines etwa 50 mm starken Luftmantels eine Blechverschalung angebracht. Der Schornstein selbst ist ungefüttert, die Steine sind mit säurefestem Zement vermauert.

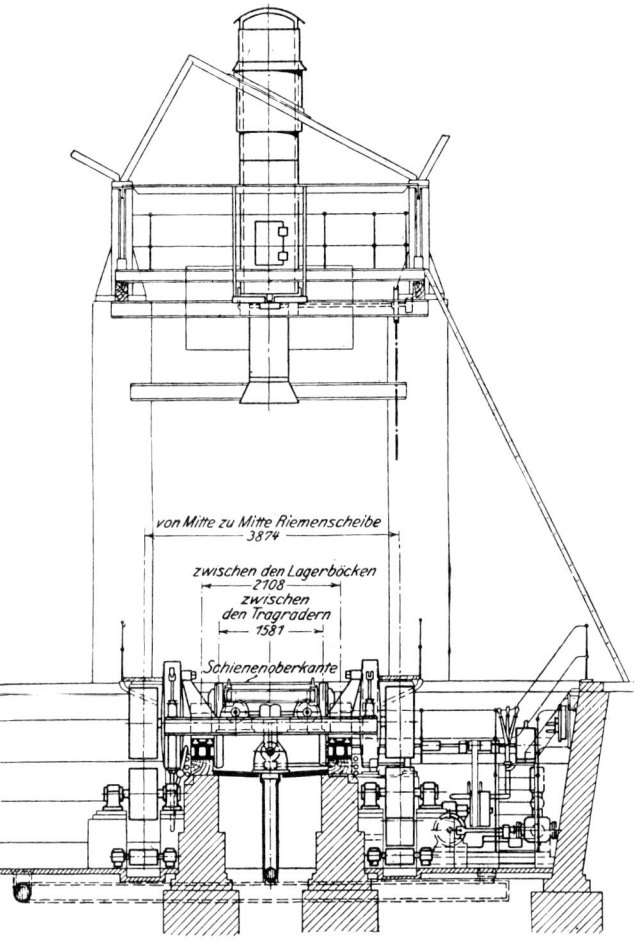

Abb. 653. Lokomotivprüfanlage in Swindon.

Das in Abb. 654 bis 656 dargestellte Gebäude ist 12,192 m breit und 25,051 m lang, es ist vollkommen feuersicher in allen Teilen gebaut, das in Eisenbeton hergestellte Dach ist in Schiefer gedeckt. Das ganze Gebäude kann von einem 10-t-Kran bestrichen werden.

Die Anlage besitzt keine eigene Lokomotive, an der Untersuchungen angestellt werden sollen, sie ist gedacht für Anstellung von Versuchen mit neuen Lokomotiven, die von den Eisenbahngesellschaften oder den Lokomotivfabriken für diesen Zweck zur Verfügung gestellt werden.

Prüfstände für Lokomotiven. 669

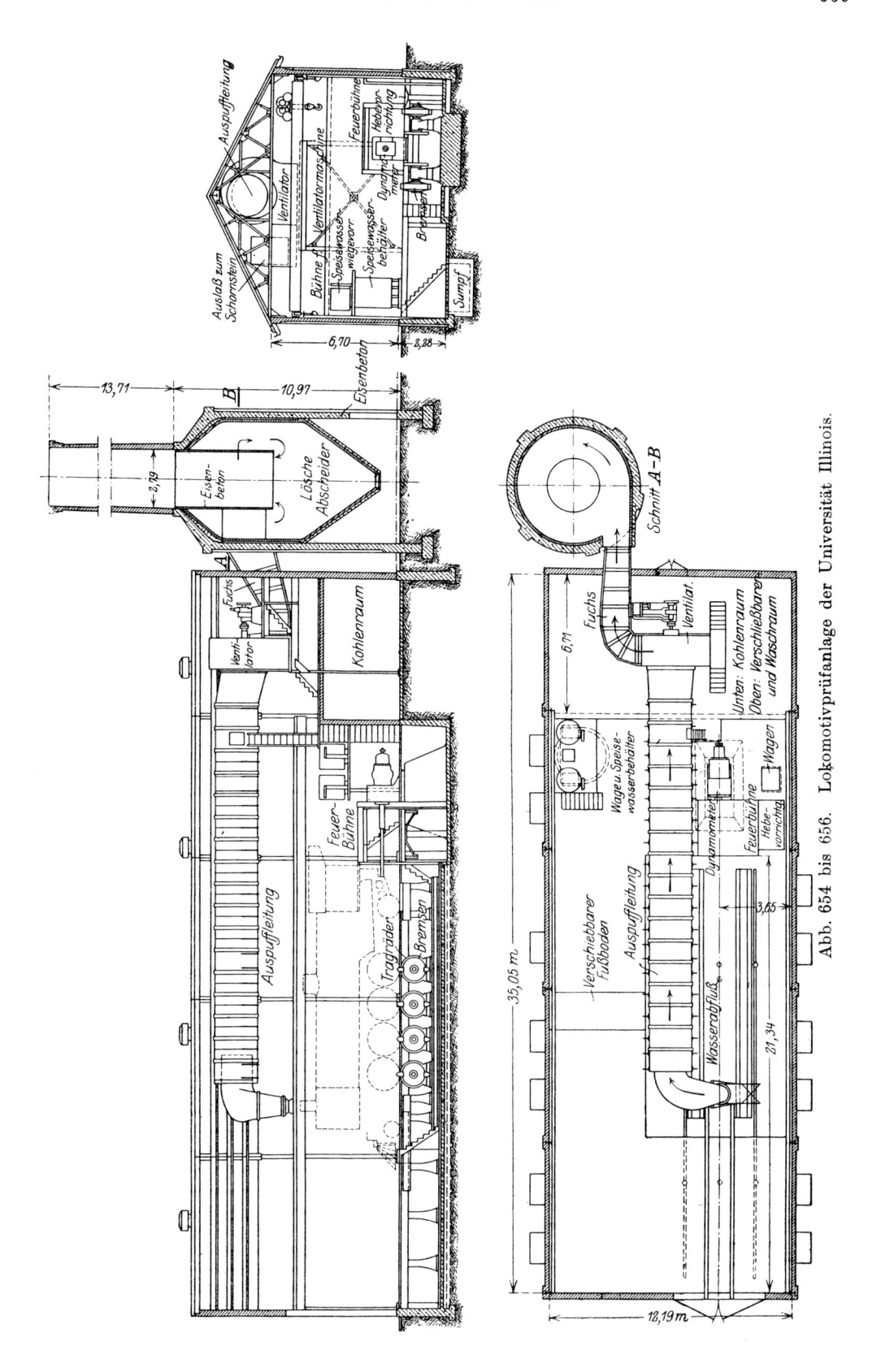

Abb. 654 bis 656. Lokomotivprüfanlage der Universität Illinois.

Elfter Abschnitt.

Gewichtsberechnung, Achsbelastungen und Einstellung der Lokomotiven in Krümmungen.

1. Zur Gewichtsberechnung.

Die Gewichtsberechnung einer Lokomotive hat neben der Bestimmung des voraussichtlichen Leer- und Dienstgewichts hauptsächlich den Zweck, die Achsdrücke, deren jeweilige Höhe durch gesetzliche Bestimmungen festgelegt ist, zu ermitteln. In einfachen Fällen und wo es nicht genau auf die Innehaltung bestimmter Grenzen ankommt, läßt sich das Gewicht der Lokomotive und die zu erwartenden Achsdrücke manchmal schätzen, in anderen Fällen hat jedoch mit dem Entwurf der Einzelteile gleichzeitig eine genaue Gewichtsberechnung stattzufinden, aus der die Achsbelastungen dann rechnerisch oder zeichnerisch zu ermitteln sind.

Bei der Gewichtsberechnung wird unterschieden zwischen nicht abgefederten und abgefederten Gewichten. Zu den ersten gehören die Radsätze, Achsbüchsen, Federn, Federstützen, Kuppelstangen, die als sich drehend angenommenen Teile der Triebstangen und Exzenterstangen, gegebenenfalls auch auf die Achsen aufgekeilte Exzenter, Drehgestelle und Drehgestelldeichseln. Alle anderen Teile, die von den Federn getragen werden, werden zu den abgefederten Teilen gerechnet. Sie werden nach den preußischen Vorschriften einheitlich in verschiedene Unterabteilungen zusammengefaßt, wobei für jeden Einzelteil das Gewicht G_x und sein Schwerpunktsabstand s_x von einer bestimmten Bezugsebene — vielfach die Stoßfläche der vorderen Puffer — festgestellt wird. Dann läßt sich der Schwerpunktsabstand der abgefederten Gewichte ΣG_0 von der angenommenen Bezugsebene s_0 ermitteln, und zwar aus der Beziehung

$$s_0 = \frac{\Sigma G_x \cdot s_x}{\Sigma G_0}.$$

Sind die unabgefederten Gewichte G_u ebenfalls nach Größe und Lage zu der Bezugsebene bekannt, so lassen sich nunmehr die Achsdrücke bestimmen, wie nachstehend unter 2. dieses Abschnittes für verschiedene Achsanordnungen untersucht werden soll. Ergibt die Rechnung, daß die angestrebten Achsdrücke nicht verwirklicht werden können, so muß eine Verschiebung der abgefederten Gewichte, wozu in erster Linie der Kessel geeignet ist, bzw. eine Änderung der Radstände vorgenommen werden.

Mit Rücksicht auf die Wichtigkeit des Gegenstandes soll am Schluß dieser Abhandlung die vollständige Gewichtsberechnung einer 2 C-Heißdampf-Schnellzuglokomotive der Preußischen Staatseisenbahn-Verwaltung nach einer Ausführung der Berliner Maschinenbau-Aktiengesellschaft vormals L. Schwartzkopff in allen Einzelheiten wiedergegeben werden. Bei dieser ist die Bestimmung der Achsdrücke zeichnerisch erfolgt, wie unter 2. dieses Abschnitts näher ausgeführt werden soll.

2. Bestimmung der Achsbelastungen bei Lokomotiven.

Durch die Gewichtsberechnung ist das Gewicht G_0 der abgefederten Bauteile und der Schwerpunktsabstand dieser von einer Bezugsebene (in der Regel der Ebene der vorderen Pufferfläche) sowie das Gewicht der nicht abgefederten Gewichtsteile gefunden. Es ist nun die Aufgabe gestellt, die Achsen so anzuordnen, daß eine Überschreitung des zulässigen Achsdruckes an keiner Stelle stattfindet. Dabei ist anzustreben, daß bei Lokomotiven, deren sämtliche Achsen gekuppelt sind, die Schienendrücke möglichst gleich ausfallen. Für Lokomotiven, die neben den Kuppelachsen noch Laufachsen aufweisen, ist die Achsanordnung so zu treffen, daß die Kuppelachsen bis an die Grenze des zulässigen Achsdruckes belastet werden, während der Rest des Gewichtes auf die Laufachsen zu verteilen ist. Die Ermittlung der hierzu erforderlichen Achslage kann in vielen Fällen rein rechnerisch erfolgen. Handelt es sich um mehrachsige Lokomotiven, die auch nicht durch Zusammenfassung einzelner Achsen mittels Ausgleichhebel auf die zweiachsige, statisch bestimmte Lokomotive zurückgeführt werden können, so findet das Clapeyronsche zeichnerische Verfahren Anwendung, das auf einfache Weise zum Ziele führt. Zunächst soll jedoch die richtige Achsanordnung mit Hilfe der Rechnung ermittelt werden.

Allgemein ist an dieser Stelle zu bemerken, daß sämtliche Achsstände bei dem rechnerischen Verfahren angenommen werden. Ermittelt wird durch die Rechnung die notwendige Entfernung s_0 der letzten Achse vom Gesamtschwerpunkt der Lokomotive. In dem Entwurf ist alsdann nachzuprüfen, ob bei der ermittelten Größe von s_0 eine Unterbringung der Achsen keine Schwierigkeiten bereitet. Gegebenenfalls ist der Gesamtschwerpunkt der Lokomotive durch Verschiebung besonders schwerer Teile wie zum Beispiel des Doms, Sandkastens, Vorwärmers, Schlammabscheiders, der Luft- und Wasserpumpen zu verändern.

A. Rechnerisches Verfahren.

1. **Zweiachsige Lokomotive.** Es bezeichnen in Abb. 657 G_0 das Gewicht der abgefederten Massen einer zweiachsigen Lokomotive, s_0 den Abstand des Schwerpunktes von der Achse II, g_1 und g_2 die nicht abgefederten auf die Achsen I und II entfallenden Gewichte, Q_1 und Q_2 die entsprechenden Achsdrücke, schließlich a die Entfernung der beiden Achsen I und II. So ist zunächst zu ermitteln, welche Anteile G_1 und G_2 des abgefederten Gewichts G_0 auf die Achsen I und II kommen. Die Momentengleichung um den Punkt II liefert folgendes Ergebnis: Es ist

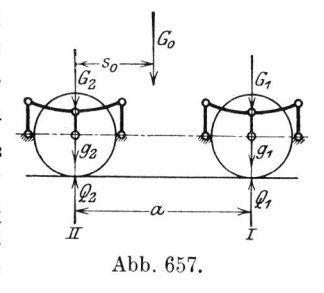

$$G_1 \cdot a = G_0 \cdot s_0,$$

somit

(1) $$G_1 = G_0 \cdot \frac{s_0}{a}.$$

Abb. 657.

Schreibt man die Drehmomente um den Punkt I an, so erhält man

$$G_2 \cdot a = G_0 (a - s_0),$$

also

(2) $$G_2 = G_0 \cdot \frac{a - s_0}{a}.$$

Um die Achsbelastungen Q_1 und Q_2 zu ermitteln, werden die Gewichtsanteile G_1 und G_2 um die nicht abgefederten Massen g_1 und g_2 vermehrt derart, daß

(3) $$Q_1 = G_1 + g_1,$$

(4) $$Q_2 = G_2 + g_2 \text{ ist.}$$

Wird nunmehr gleicher Schienendruck der beiden Achsen angestrebt, so muß sein

(5)
$$Q_1 = Q_2$$

oder mit den vorigen Gleichungen (3) und (4)

$$G_1 + g_1 = G_2 + g_2.$$

Nach Einführung der in den Gleichungen (1) und (2) gefundenen Werte von G_1 und G_2 geht diese Beziehung über in

$$G_0 \cdot \frac{s_0}{a} + g_1 = G_0 \cdot \frac{a - s_0}{a} + g_2,$$

oder

(6)
$$G_0 \cdot s_0 + a \cdot g_1 = G_0 \cdot a - G_0 \cdot s_0 + a \cdot g_2.$$

Der Achsstand a der Achsen I und II sei aus dem Entwurf angenommen. Zur Erzielung gleicher Achsbelastungen sind diese Achsen so zu verschieben, daß der Schwerpunktsabstand von der Achse II die Bedingung erfüllt

(7)
$$s_0 = a \cdot \left(\frac{G_0 + g_2 - g_1}{2 G_0} \right).$$

Die Anwendung dieser Gleichungen soll an einem Beispiel gezeigt werden. Es handelt sich um eine zweiachsige Lokomotive, deren abgefedertes Gewicht $G_0 = 22,0$ t beträgt. Das Gewicht der unabgefederten auf die Achse I kommenden Massen ist $g_1 = 2,5$ t, während an unabgefederten Massen auf die Achse II $g_2 = 3,5$ t drücken. Der Achsstand a beträgt 3,0 m. Nach Gleichung (7) ist demnach die hintere Achse so anzuordnen, daß ihre Entfernung vom Gesamtschwerpunkt der Lokomotive beträgt

$$s_0 = \frac{a(G_0 + g_2 - g_1)}{2 G_0} = 300 \frac{(22 + 3,5 - 2,5)}{44} = 300 \cdot \frac{23}{44} = 156,8 \text{ cm}.$$

2. Dreiachsige Lokomotive. Nicht ganz so einfach wie bei der soeben behandelten zweiachsigen Lokomotive liegen die Verhältnisse bei der dreiachsigen Bauart. Sind bei dieser alle Achsen derartig gelagert, daß ein Ausgleich der Belastungen zwischen zwei Achsen nicht stattfindet, so ist die Lokomotive statisch unbestimmt und eine Ermittlung der Achsdrücke ist mit den allgemeinen Gleichgewichtsbedingungen nur möglich, wenn gewisse Annahmen gemacht werden.

Meist werden aber zwei Achsen, wie auch in Abb. 658 gezeichnet, durch Ausgleichhebel zu einer Gruppe vereinigt. Diese Lokomotive ist also statisch bestimmt, sobald die Lage des gemeinsamen Unterstützungspunktes der Achsen I und II bekannt ist. In Abb. 659 sind die durch ein Ausgleichgestänge verbundenen Achsen I und II herausgezeichnet. Q_1 und Q_2 stellen die Schienendrücke, G_1 und G_2 die abgefederten, g_1 und g_2 die unabgefederten Massen dar. f bezeichnet die halbe Länge einer Feder. Es fragt sich nun, in welchem Verhältnis muß der Ausgleichhebelarm

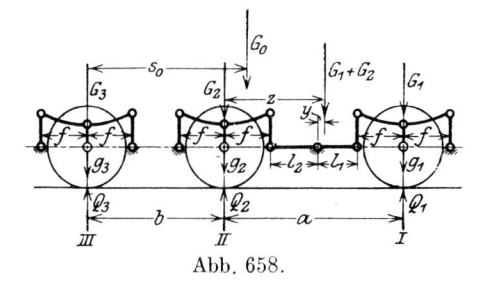

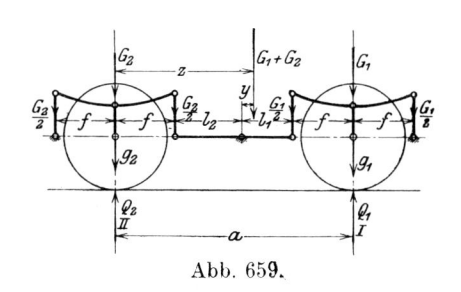

Abb. 658.

Abb. 659.

geteilt werden, wenn die Drücke Q_1 und Q_2 der Achsen I und II gleich ausfallen sollen. Es ist
$$Q_1 = G_1 + g_1$$
und
$$Q_2 = G_2 + g_2.$$

Da die Achse II bei dreiachsigen Lokomotiven meist als Triebachse ausgeführt wird, fällt das Gewicht der unabgefederten Massen g_2 bei dieser größer aus als bei Achse I. Dementsprechned muß das Gewicht der abgefederten Massen G_2 kleiner werden als G_1 bei Achse I, wenn die Bedingung gleichen Achsdruckes erfüllt werden soll. An den Enden des Ausgleichhebels greifen nach Abb. 659 die Lasten $\frac{G_1}{2}$ und $\frac{G_2}{2}$ an. Soll Gleichgewicht bestehen, so muß sein:

$$\frac{G_1}{2} \cdot l_1 = \frac{G_2}{2} \cdot l_2$$

oder

(8)
$$\frac{l_1}{l_2} = \frac{G_2}{G_1}.$$

Die Hebelarme sind also im umgekehrten Verhältnis der abgefederten Lasten zu teilen, wenn der Achsdruck der Achsen, die durch das Ausgleichgestänge verbunden sind, gleich sein soll.

Es ist nun die weitere Aufgabe gestellt, die Entfernung y des gemeinsamen Schwerpunkts der Lasten $G_1 + G_2$ von dem Drehpunkt des Ausgleichhebels zu ermitteln. Schreibt man die Momentengleichung um diesen Punkt an, so erhält man:

$$(G_1 + G_2)y - G_1(f + l_1) + G_2(f + l_2) = 0.$$

Nach dem in Gleichung (8) Gesagten ist aber

$$G_2 = G_1 \cdot \frac{l_1}{l_2}.$$

Führt man diesen Wert in obige Gleichung ein, so erhält man mit Berücksichtigung von

$$G_1 + G_2 = G_1 + G_1 \frac{l_1}{l_2},$$

$$\left(G_1 + \frac{G_1 \cdot l_1}{l_2}\right)y - G_1(f + l_1) + G_1 \cdot \frac{l_1}{l_2}(f + l_2) = 0,$$

$$y \cdot \frac{l_2 + l_1}{l_2} - \left(\frac{f + l_1}{l_2}\right)l_2 + l_1\left(\frac{f + l_2}{l_2}\right) = 0,$$

(9)
$$y = f \cdot \left(\frac{l_2 - l_1}{l_2 + l_1}\right).$$

Auf sehr einfache Weise ergibt sich die Lage des Schwerpunktes der auf den Achsen I und II ruhenden abgefederten Lasten $G_1 + G_2$, wenn man die Momentengleichung um Achse II anschreibt. Der Abstand des Schwerpunktes von dieser sei z. Alsdann ist

$$(G_1 + G_2) z = G_1 a$$

oder

(9a)
$$z = G_1 \cdot \frac{a}{G_1 + G_2}.$$

Sind G_1, G_2 und a bekannt, was meist der Fall ist, so ist z damit gefunden.

Damit ist die Lage des Schwerpunktes der Achsen *I* und *II* ermittelt und die dreiachsige Lokomotive ist auf die statisch bestimmte zweiachsige zurückgeführt.

Die Größe der Achsstände ist wieder zu wählen. Sie seien hier mit a und b bezeichnet.

Es ist
$$b + z = b + G_1 \cdot \frac{a}{G_1 + G_2}.$$

Somit erhält man die Entfernung s_0 der dritten Achse vom Gesamtschwerpunkt der Lokomotive aus der Gleichung
$$(G_1 + G_2)(b + z) = G_0 \cdot s_0,$$
danach ist

(10) $$s_0 = \left(\frac{G_1 + G_2}{G_0}\right)(b + z).$$

Beispiel: Das abgefederte Gewicht einer dreiachsigen Lokomotive ist zu $G_0 = 33{,}5$ t ermittelt. Die unabgefederten Massen wiegen bei Achse *I* $g_1 = 2{,}5$ t, bei Achse *II* $g_2 = 3{,}5$ t, bei Achse *III* $g_3 = 2{,}5$ t, so daß sich ein Gesamtgewicht $Q_0 = 42$ t ergibt. Die Belastung jeder Achse soll rund 14 t betragen. Im Entwurf wurden die Achsstände zu $a = 2{,}0$ m und $b = 1{,}4$ m angenommen. Bei einer Federlänge von $2f = 95$ cm erhält der Ausgleichhebel eine Ausdehnung von
$$L = a - 2f = 200 - 95 = 105 \text{ cm}.$$

Die Arme sind nach Gleichung (8) zu teilen im Verhältnis
$$\frac{l_1}{l_2} = \frac{G_2}{G_1} = \frac{14 - 3{,}5}{14 - 2{,}5} = \frac{10{,}5}{11{,}5}.$$

Die Lage des Schwerpunktes der abgefederten Lasten $G_1 + G_2$ ergibt sich aus Gleichung (9a). Es ist
$$z = \frac{G_1 \cdot a}{G_1 + G_2} = \frac{11{,}5 \cdot 200}{11{,}5 + 10{,}5} = \frac{11{,}5 \cdot 200}{22} = 104{,}5 \text{ cm}.$$

Für das Maß $b + z$ erhält man demnach
$$b + z = 140 + 104{,}5 = 244{,}5 \text{ cm}.$$

Nach Gleichung (10) muß der Abstand der Achse *III* vom Schwerpunkt betragen
$$s_0 = \left(\frac{G_1 + G_2}{G_0}\right)(b + z) = \frac{22 \cdot 244{,}5}{33{,}5} = 160{,}5 \text{ cm}.$$

3. **Vierachsige Lokomotive.** Bei der vierachsigen Lokomotive kann die Achsanordnung folgendermaßen erfolgen:
1. Jede der vier Achsen ist für sich durch eine Federung mit dem Rahmen verbunden.
2. Zwei Achsen sind durch Ausgleichhebel zusammengefaßt, während die beiden übrigen Achsen für sich an den Rahmen angeschlossen sind.
3. Je zwei Achsen sind mittels Ausgleichhebel zu je einer Gruppe vereinigt.

In den Fällen 1 und 2 ist die Lokomotive statisch unbestimmt gelagert. Der Fall 1, wonach jede der vier Achsen für sich mit dem Rahmen in Verbindung steht, braucht nicht erörtert zu werden, da diese Anordnung kaum zur Ausführung kommt. Der zweite Fall, der die Vereinigung zweier Achsen zu einer Gruppe vorsieht, wird bei Besprechung des Clapeyronschen Verfahrens als Beispiel angeführt werden.

Es bleibt hier also nur die dritte Anordnung zu behandeln, die durch Zusammenfassung je zweier Achsen ein statisch bestimmtes Gebilde liefert (Abb. 660).

Bei der rechnerischen Ermittlung ist wie folgt vorzugehen:

Die Achsdrücke der vier Achsen sind Q_1, Q_2, Q_3, Q_4. Sofern sämtliche Achsen gekuppelt sind, ist für jede gleicher Schienendruck anzustreben derart, daß

$$Q_1 = Q_2 = Q_3 = Q_4$$

wird.

In dem allgemeineren Falle, zum Beispiel bei der 2 B-Lokomotive, wäre nur $Q_1 = Q_2$ und $Q_3 = Q_4$. Hingegen $Q_1 + Q_2 < Q_3 + Q_4$.

Wie früher wird das nicht abgefederte Gewicht mit g_1, g_2, g_3 und g_4 bezeichnet. Da dieses an den einzelnen Achsen nicht gleich ist, so ist klar, daß auch bei D-Lokomotiven die abgefederten Gewichte G_1, G_2, G_3 und G_4 verschieden ausfallen müssen.

Die Achsstände sind in dem Entwurf angenommen zu a, b und c. Betrachtet man nunmehr zunächst die zur ersten Gruppe zusammengefaßten Achsen I und II, so ergibt sich die Länge des Ausgleichshebels bei einer Federlänge von $2f$ zu $L_1 = a - 2f$. Der Hebel ist nach Gleichung (8) zu teilen im Verhältnis

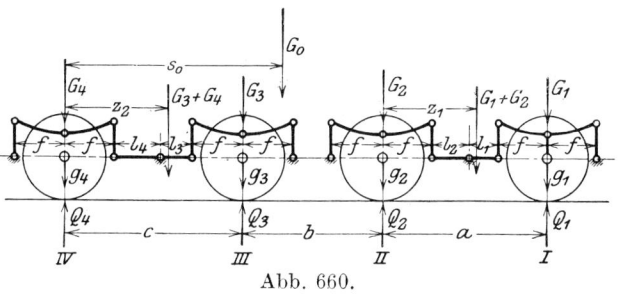

Abb. 660.

$$\frac{l_1}{l_2} = \frac{G_2}{G_1}.$$

Der Abstand z_1 des Schwerpunktes der abgefederten Lasten $G_1 + G_2$ von Achse II ist nach Gleichung (9a)

$$z_1 = \frac{G_1 \cdot a}{G_1 + G_2}.$$

Für die Achsen III und IV der zweiten Gruppe ergibt sich ganz entsprechend die Länge des Ausgleichshebels zu $L_2 = c - 2f$. Das Teilungsverhältnis ist

$$\frac{l_3}{l_4} = \frac{G_4}{G_3},$$

während der Abstand des Schwerpunktes der abgefederten Lasten $G_3 + G_4$ von Achse IV ist:

$$z_2 = \frac{G_3 \cdot c}{G_3 + G_4}.$$

Die Entfernung, in der Achse IV vom gemeinsamen Schwerpunkt der Lokomotive unterzubringen ist, erhält man aus der Momentengleichung um Achse IV. Es ist

$$G_0 \cdot s_0 = (G_1 + G_2)(z_1 + b + c) + (G_3 + G_4) \cdot z_2.$$

Danach ist

(11) $$s_0 = \frac{(G_1 + G_2)(z_1 + b + c) + (G_3 + G_4) z_2}{G_0}.$$

Beispiel: Eine vierfach gekuppelte Lokomotive hat ein abgefedertes Gewicht $G_0 = 45,5$ t. Die unabgefederten Lasten wiegen bei Achse I $g_1 = 2,0$ t, bei Achse II $g_2 = 2,5$ t, bei Achse III $g_3 = 3,5$ t, bei Achse IV $g_4 = 2,0$ t, so daß ein Gesamtgewicht der Lokomotive $Q_0 = 56$ t zustande kommt. Jede der vier Achsen soll gleichmäßig belastet werden, also einen Druck von 14 t erhalten. Dementsprechend kommen an abgefederten Lasten auf Achse I $G_1 = Q_1 - g_1 = 14 - 2,0 = 12$ t, auf Achse II $G_2 = Q_2 - g_2 = 14 - 2,5 = 11,5$ t, auf Achse III $G_3 = Q_3 - g_3 = 14 - 3,5 = 10,5$ t, auf Achse IV $G_4 = Q_4 - g_4 = 14 - 2,0 = 12$ t.

Die Achsstände sind in dem Entwurf angenommen zu $a = b = c = 1{,}5$ m. Bei einer Federlänge von $2f = 95$ cm haben die Ausgleichhebel eine Ausdehnung $L_1 = L_2 = 150 - 95 = 55$ cm. Für das Teilungsverhältnis gilt am Hebel L_1:

$$\frac{l_1}{l_2} = \frac{G_2}{G_1} = \frac{11{,}5}{12{,}0} = \frac{26{,}9}{28{,}1}.$$

Für den Hebel L_2 ist

$$\frac{l_3}{l_4} = \frac{G_4}{G_3} = \frac{12{,}0}{10{,}5} = \frac{29{,}4}{25{,}7}.$$

Die abgefederten Lasten $G_1 + G_2$ haben ihren Schwerpunkt im Abstand

$$z_1 = \frac{G_1 \cdot a}{G_1 + G_2} = \frac{12{,}0 \cdot 150}{12{,}0 + 11{,}5} = \frac{12{,}0 \cdot 150}{23{,}5} = 76{,}5 \text{ cm}$$

von Achse II, während der Schwerpunktsabstand der Lasten $G_3 + G_4$ von Achse IV ist

$$z_2 = \frac{G_3 \cdot c}{G_3 + G_4} = \frac{10{,}5 \cdot 150}{10{,}5 + 12{,}0} = \frac{10{,}5 \cdot 150}{22{,}5} = 70 \text{ cm}.$$

Für die Entfernung der Achse IV vom Gesamtschwerpunkt erhält man nach Gleichung (11)

$$s_0 = \frac{(G_1 + G_2)(z_1 + b + c) + (G_3 + G_4)z_2}{G_0} = \frac{23{,}5(76{,}5 + 150 + 150) + 22{,}5 \cdot 70}{46}$$

$$= \frac{23{,}5 \cdot 376{,}5 + 22{,}5 \cdot 70}{46} = \frac{10423}{46} = 227 \text{ cm}.$$

4. Fünfachsige Lokomotive. Bei dieser Bauart werden entweder die ersten beiden Achsen zu einer Gruppe vereinigt, die dritte Achse wird für sich gelagert, während die vierte und fünfte Achse wieder zu einer Gruppe zusammengefaßt werden. Diese Anordnung ist statisch unbestimmt. Es können aber auch drei Achsen zusammengefaßt werden. In diesem Falle erhält man zwei Achsgruppen und der Fall wird damit statisch bestimmt. (Abb. 661.)

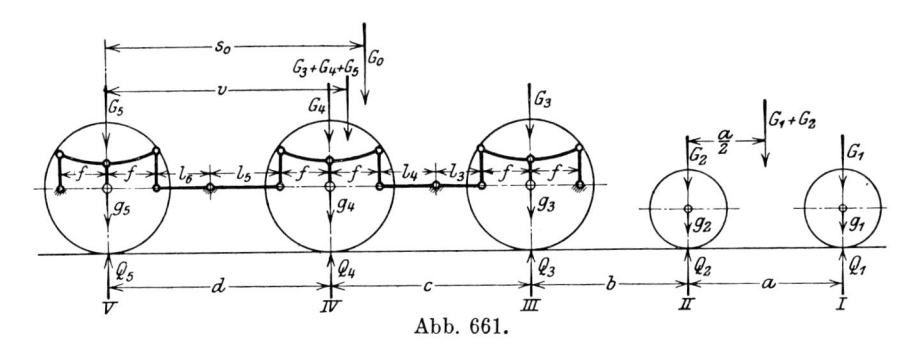

Abb. 661.

Für die Aufstellung der Formeln ist eine 2 C-Bauart herangezogen: Die Achsen I und II liegen im Drehgestell. Sie bilden die erste Gruppe. Die Achsen III, IV und V sind Kuppelachsen und durch Ausgleichhebel verbunden. Sie stellen die zweite Achsgruppe dar. Der Achsdruck der gekuppelten Achsen sei $Q_3 = Q_4 = Q_5$. Er ist nach dem früher Gesagten so groß zu wählen, als es die Vorschriften zulassen. Bezeichnet man das Gesamtgewicht der Lokomotive mit Q_0, so erhält das Drehgestell eine Belastung

$$Q_1 + Q_2 = Q_0 - (Q_3 + Q_4 + Q_5).$$

Da die unabgefederten Massen bei der ersten und zweiten Achse gleich sind, gilt auch für die abgefederten Massen
$$G_1 = Q_1 - g_1 = G_2 = Q_2 - g_2.$$

Der Unterstützungspunkt der abgefederten Massen ergibt sich bei einem Achsstand a aus der Gleichung:
$$(G_1 + G_2) u = G_1 \cdot a$$
oder, da $G_1 = G_2$ ist,
$$2 G_1 \cdot u = G_1 \cdot a$$
und
$$(12) \qquad u = \frac{a}{2}.$$

Der Schwerpunkt der abgefederten Lasten, die auf das Drehgestell wirken, liegt also in der Mitte des Drehgestells.

Es ist nunmehr die Lage des Schwerpunkts derjenigen abgefederten Lasten zu ermitteln, die auf die drei gekuppelten Achsen wirken. Die Achsdrücke dieser Achsen sind, wie schon eingangs erwähnt, gleich. Es ist also
$$Q_3 = Q_4 = Q_5.$$

Aus der Gewichtsberechnung sind die Größen der nicht abgefederten Lasten bekannt. Sie sind g_3, g_4 und g_5, so daß sich die abgefederten Gewichte errechnen zu
$$G_3 = Q_3 - g_3,$$
$$G_4 = Q_4 - g_4,$$
$$G_5 = Q_5 - g_5.$$

Die Bemessung des Ausgleichhebels zwischen Achse III und IV geschieht wie folgt: Die Länge ist
$$L_2 = c - 2f.$$

In dieser Gleichung gibt c den Achsstand an, der ebenso wie der Achsstand a, b und d aus dem Entwurf bekannt ist; $2f$ ist wieder die Länge einer Feder. Das Teilungsverhältnis des Hebels ergibt sich aus der Gleichung
$$\frac{G_3}{2} \cdot l_3 = \frac{G_4}{2} \cdot l_4 \qquad \text{zu} \qquad \frac{l_3}{l_4} = \frac{G_4}{G_3}.$$

Für den Ausgleichhebel zwischen Achse IV und Achse V gilt entsprechend
$$L_3 = d - 2f$$
und
$$\frac{l_5}{l_6} = \frac{G_5}{G_4}.$$

Zur Ermittlung des Schwerpunktes der abgefederten Lasten $G_3 + G_4 + G_5$ sei die Entfernung dieses Punktes von Achse V zu v angenommen. Die Momentengleichung um Achse V ergibt
$$(G_5 + G_4 + G_3) v = G_4 \cdot d + G_3 (d + c)$$
sonach ist
$$(13) \qquad v = \frac{G_4 \cdot d + G_3 (d + c)}{G_5 + G_4 + G_3}.$$

Schreibt man nunmehr die Momentengleichung um Achse V an, so erhält man den Abstand s_0, den diese Achse vom Gesamtschwerpunkt der Lokomotive erhalten muß. Es ist

$$G_0 \cdot s_0 = (G_1 + G_2)\left(\frac{a}{2} + b + c + d\right) + (G_3 + G_4 + G_5) \cdot v$$

oder

(14)
$$s_0 = \frac{(G_1 + G_2)\left(\frac{a}{2} + b + c + d\right) + (G_3 + G_4 + G_5)v}{G_0}$$

Beispiel: Eine 2 C-Personenzuglokomotive hat ein Gesamtgewicht $Q_0 = 73$ t. Die Kuppelachsen erhalten einen zulässigen Höchstdruck von 17 t. Es wird also $Q_3 = Q_4 = Q_5 = 17$ t. Für das Drehgestell verbleiben demnach

$$Q_1 + Q_2 = Q_0 - (Q_3 + Q_4 + Q_5) = 73 - 51 = 22 \text{ t}.$$

Die nicht abgefederten Teile wiegen bei jeder der Drehgestellachsen $g_1 = g_2 = 3000$ kg, so daß für das abgefederte Gewicht verbleibt

$$G_1 + G_2 = Q_1 + Q_2 - (g_1 + g_2) = 22 - 6 = 16 \text{ t}.$$

Der Achsstand des Drehgestells beträgt $a = 2{,}2$ m. Der Unterstützungspunkt liegt in der Mitte

Bei den Kuppelachsen ist der Achsstand $b = 1{,}57$ m, $c = 1{,}880$ m und $d = 2{,}7$ m gewählt. Bei einer Federlänge $2f = 1{,}2$ m ergibt sich die Länge der Ausgleichhebel wie folgt:

$$L_2 = c - 2f = 1{,}88 - 1{,}2 = 0{,}68 \text{ m} = 68 \text{ cm},$$
$$L_3 = d - 2f = 2{,}7 - 1{,}2 = 1{,}5 \text{ m} = 150 \text{ cm},$$

die auf die Achsen IV, V und VI entfallenden abgefederten Lasten sind, da aus der Gewichtsberechnung $g_3 = 3{,}6$ t, $g_4 = 4{,}7$ t, $g_5 = 3{,}6$ t bekannt sind,

$$G_3 = Q_3 - g_3 = 17 - 3{,}6 = 13{,}4 \text{ t},$$
$$G_4 = Q_4 - g_4 = 17 - 4{,}7 = 12{,}3 \text{ t},$$
$$G_5 = Q_5 - g_5 = 17 - 3{,}6 = 13{,}4 \text{ t}.$$

Für das Teilungsverhältnis am Ausgleichhebel L_2 erhält man

$$\frac{l_3}{l_4} = \frac{G_4}{G_3} = \frac{12{,}3}{13{,}4} = \frac{32{,}55}{35{,}75}.$$

Entsprechend ergibt sich für den Hebel L_3

$$\frac{l_5}{l_6} = \frac{G_5}{G_4} = \frac{13{,}4}{12{,}3} = \frac{78{,}2}{71{,}8}.$$

Der Schwerpunktsabstand der abgefederten Lasten G_3, G_4, G_5 von Achse V ist nach Gleichung (13):

$$v = \frac{G_4 \cdot d + G_3(d + c)}{G_5 + G_4 + G_3} = \frac{12{,}3 \cdot 2{,}7 + 13{,}4(2{,}7 + 1{,}88)}{13{,}4 + 12{,}3 + 13{,}4} = \frac{33{,}2 + 61{,}4}{39{,}1} = 242 \text{ cm}.$$

Die Achse V muß vom Gesamtschwerpunkt einen Abstand erhalten, der sich nach Gleichung (14) ermittelt zu

$$s_0 = \frac{(G_1 + G_2)\left(\frac{a}{2} + b + c + d\right) + (G_3 + G_4 + G_5)v}{G_0}$$

$$= \frac{16 \cdot 725 + 39{,}1 \cdot 242}{55{,}1} = \frac{11600 + 9462}{55{,}1} = 382 \text{ cm}.$$

5. **Sechsachsige Lokomotive.** Durch Zusammenfassung der Achsen I bis III und IV bis VI läßt sich auch bei dieser Bauart ein statisch bestimmtes Gebilde erreichen. Eine derartige Anordnung kann beispielsweise bei 1 D 1- oder 1 E-Lokomotiven in Frage kommen. Die folgenden Formeln sind unter Zugrundelegung der 1 E-Bauart abgeleitet.

Bezeichnet in Abb. 662 Q_0 das Gesamtgewicht der Lokomotive, so sind die Achsdrücke der gekuppelten Achsen wiederum so zu wählen, daß sie den höchsten

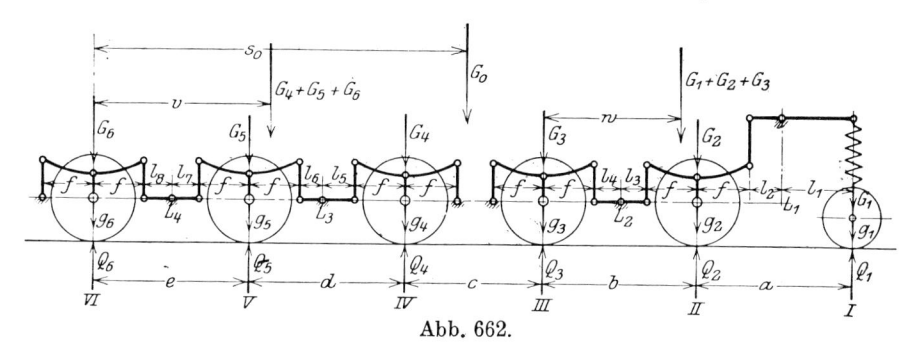

Abb. 662.

noch zulässigen Wert erreichen. Außerdem sollen die Schienendrücke der gekuppelten Achsen gleich sein. Es ist also

$$Q_2 = Q_3 = Q_4 = Q_5 = Q_6.$$

Der Achsdruck der Laufachse ist

$$Q_1 = Q_0 - (Q_2 + Q_3 + Q_4 + Q_5 + Q_6).$$

Da aus der Gewichtsberechnung die Größe der nicht abgefederten Gewichte zu g_1, g_2, g_3, g_4, g_5, und g_6 bekannt ist, so erhalten die einzelnen Achsen an abgefederten Gewichten

$$G_1 = Q_1 - g_1$$
$$G_2 = Q_2 - g_2$$
$$G_3 = Q_3 - g_3$$
$$G_4 = Q_4 - g_4$$
$$G_5 = Q_5 - g_5$$
$$G_6 = Q_6 - g_6.$$

Es sind nunmehr zunächst die Abmessungen der Ausgleichhebel für die zweite Gruppe zu ermitteln, der die Achsen IV, V und VI angehören. Die Achsen IV bis V haben eine Entfernung von d, während der Abstand V bis $VI = e$ ist. Die Länge des Ausgleichhebels L_3 zwischen den Achsen IV und V ist bei einer Federlänge $2f$

$$L_3 = d - 2f.$$

Entsprechend erhält man für den Ausgleichhebel zwischen den Achsen V und VI:

$$L_4 = e - 2f.$$

Das Teilungsverhältnis der Hebel ergibt sich aus den Momentengleichungen. Es gilt nach Abb. 662

1. für L_3

$$\frac{G_4}{2} \cdot l_5 = \frac{G_5}{2} \cdot l_6 \quad \text{oder} \quad \frac{l_5}{l_6} = \frac{G_5}{G_4},$$

2. für L_4

$$\frac{G_5}{2} \cdot l_7 = \frac{G_6}{2} \cdot l_8 \quad \text{und} \quad \frac{l_7}{l_8} = \frac{G_6}{G_5}.$$

Bezeichnet man den Schwerpunktsabstand der abgefederten Massen $G_4 + G_5 + G_6$ von Achse VI mit v, so erhält man diese Entfernung aus der Gleichung

$$(G_4 + G_5 + G_6) v = G_5 \cdot e + G_4 (d + e)$$

zu

(15)
$$v = \frac{G_5 \cdot e + G_4 (d + e)}{G_4 + G_5 + G_6}.$$

Der ersten Achsgruppe gehören die Achsen *I*, *II* und *III* an. Achse *I* ist als Laufachse ausgebildet. Sie erhält, wie in Abbildung 662 angedeutet, ihre gesamte Belastung durch den Ausgleichhebel L_1, da keine Blattfeder, sondern eine Wickelfeder vorgesehen ist. Die Achsentfernung *I* bis *II* ist in dem Entwurf als a gewählt. Somit ist die Länge des Ausgleichhebels

$$L_1 = a - f.$$

Das Teilungsverhältnis ergibt sich aus der Momentengleichung

$$G_1 \cdot l_1 = \frac{G_2}{2} \cdot l_2.$$

Es ist also

$$\frac{l_1}{l_2} = \frac{G_2}{2 G_1}.$$

Der Ausgleichhebel zwischen den Achsen *II* und *III* ist wieder wie üblich zwischen Blattfedern angeordnet. Seine Länge ist bei einem Achsstand b

$$L_2 = b - 2f$$

Das Teilungsverhältnis ermittelt sich aus

$$\frac{G_2}{2} \cdot l_3 = \frac{G_3}{2} \cdot l_4 \quad \text{zu} \quad \frac{l_3}{l_4} = \frac{G_3}{G_2}.$$

Wird der Schwerpunktsabstand der abgefederten Massen $G_1 + G_2 + G_3$ von Achse *III* mit w bezeichnet, so erhält man aus der Momentengleichung

$$(G_1 + G_2 + G_3) w = G_2 \cdot b + G_1 (a + b)$$

oder

(16) $$w = \frac{G_2 \cdot b + G_1 (a + b)}{G_1 + G_2 + G_3}.$$

Da auch der Achsstand c aus dem Entwurf bekannt ist, erhält man die Entfernung s_0 der Achse *VI* vom Gesamtschwerpunkt der Lokomotive aus der Gleichung

$$G_0 \cdot s_0 = (G_1 + G_2 + G_3)(w + c + d + e) + (G_4 + G_5 + G_6) \cdot v.$$

Es ist also

(17) $$s_0 = \frac{(G_1 + G_2 + G_3)(w + c + d + e) + (G_4 + G_5 + G_6) v}{G_0}.$$

Beispiel: Das Gesamtgewicht einer 1 E-Güterzuglokomotive beträgt $Q_0 = 99$ t. Die gekuppelten Achsen drücken durchgängig mit 17 t auf die Schienen. Es ist also

$$Q_2 = Q_3 = Q_4 = Q_5 = Q_6 = 17.$$

Der Achsdruck der Laufachse ist demnach

$$Q_1 = Q_0 - (Q_2 + Q_3 + Q_4 + Q_5 + Q_6) = 99 - 85 = 14 \text{ t}.$$

Die nicht abgefederten Lasten sind nach der Gewichtsberechnung $g_1 = 2{,}8$ t; $g_2 = 3{,}8$ t; $g_3 = 3{,}9$ t; $g_4 = 4{,}7$ t; $g_5 = 3{,}3$ t; $g_6 = 3{,}1$ t.

Für die abgefederten Lasten erhält man demnach:

$$\begin{aligned}
G_1 &= Q_1 - g_1 = 14 - 2{,}8 = 11{,}2 \text{ t}, \\
G_2 &= Q_2 - g_2 = 17 - 3{,}8 = 13{,}2 \text{ t}, \\
G_3 &= Q_3 - g_3 = 17 - 3{,}9 = 13{,}1 \text{ t}, \\
G_4 &= Q_4 - g_4 = 17 - 4{,}7 = 12{,}3 \text{ t}, \\
G_5 &= Q_5 - g_5 = 17 - 3{,}3 = 13{,}7 \text{ t}, \\
G_6 &= Q_6 - g_6 = 17 - 3{,}1 = 13{,}9 \text{ t}.
\end{aligned}$$

Die Achsstände der zweiten Achsgruppe sind $d = 150$ cm und $e = 170$ cm. Die Länge der Ausgleichhebel dieser Gruppe ist:

$$L_3 = d - 2f = 150 - 95 = 55 \text{ cm}$$

und

$$L_2 = e - 2f = 170 - 95 = 75 \text{ cm}.$$

Das Teilungsverhältnis der Hebel ist für

1. L_3:
$$\frac{l_5}{l_6} = \frac{G_5}{G_4} = \frac{13{,}7}{12{,}3} = \frac{29}{26},$$

2. L_4:
$$\frac{l_7}{l_8} = \frac{G_6}{G_5} = \frac{13{,}9}{13{,}7} = \frac{37{,}6}{37{,}1}.$$

Die Entfernung v des Achsschwerpunktes der zweiten Achsgruppe von Achse VI ist nach Gleichung (15)

$$v = \frac{G_5 \cdot e + G_4 (d+e)}{G_4 + G_5 + G_6} = \frac{13{,}7 \cdot 170 + 12{,}3 \cdot 320}{39{,}9} = \frac{6265}{39{,}9} = 156{,}8 \text{ cm}.$$

Bei der ersten Achsgruppe sind die Achsstände $a = 280$ cm und $b = 150$ cm gewählt. Der Ausgleichhebel zwischen Achse I und II hat eine Länge

$$L_1 = 280 - 47{,}5 = 232{,}5 \text{ cm}.$$

Sein Teilungsverhältnis ist

$$\frac{l_1}{l_2} = \frac{G_2}{2 G_1} = \frac{13{,}2}{2 \cdot 11{,}2} = \frac{13{,}2}{22{,}4} = \frac{86}{146{,}5}.$$

Die Länge des Ausgleichhebels L_2 ist

$$L_2 = b - 2f = 150 - 95 = 55 \text{ cm}.$$

Er ist geteilt im Verhältnis

$$\frac{l_3}{l_4} = \frac{G_3}{G_2} = \frac{13{,}1}{13{,}2} = \frac{27{,}65}{27{,}85}.$$

Der Abstand des Achsschwerpunktes der ersten Achsgruppe von Achse III ist nach Gleichung (16)

$$w = \frac{G_2 \cdot b + G_1 (a+b)}{G_1 + G_2 + G_3} = \frac{13{,}2 \cdot 150 + 11{,}2 \cdot 430}{37{,}5} = \frac{6796}{37{,}5} = 181 \text{ cm}.$$

Im Entwurf ist der Achsstand c zu 1,5 m gewählt.

Die Entfernung des Gesamtschwerpunktes der Lokomotive von Achse VI ist also nach der Gleichung (17)

$$s_0 = \frac{(G_1 + G_2 + G_3)(w + c + d + e) + (G_4 + G_5 + G_6) v}{G_0} = \frac{37{,}5 \cdot 651 + 39{,}9 \cdot 156{,}8}{77{,}4} = 396 \text{ cm}.$$

B. Das Clapeyronsche Verfahren zur Ermittlung der Achsbelastung.

Der Vorgang mit Hilfe der Rechnung ermöglicht die Feststellung derjenigen Achsstände, die für die gewünschte Belastung erforderlich sind. Die Rechnung führt aber auf einfache Art nur zum Ziel, wo es sich um statisch bestimmte Lokomotiven handelt. Bei den statisch unbestimmten Bauarten ist eine Ermittlung der mit Rücksicht auf die Belastung zweckmäßigsten Achsunterbringung überhaupt nicht möglich. In diesen Fällen sind sämtliche Achsentfernungen so festzulegen, wie sie nach dem Gesamtentwurf der Lokomotive am besten zu sein scheinen. Mit Hilfe des Clapeyronschen Verfahrens ist alsdann nachzuprüfen, welche Drücke von den einzelnen Achsen auf die Schienen übertragen werden. Ergeben sich hierbei zu große

Unterschiede in den Belastungen, so sind die Achsstände zu ändern. Der Einfluß der Änderung ist durch erneute Anwendung des Clapeyronschen Verfahrens festzustellen.

Im folgenden werden als grundlegende Bauarten besprochen werden:
1. Die dreiachsige Lokomotive mit besonderer Unterstützung an jeder Achse,
2. die vierachsige Lokomotive, bei der zwei Achsen zu einer Gruppe vereinigt sind, während die beiden übrigen Achsen unmittelbar abgefedert sind,
3. die fünfachsige Lokomotive mit je zwei zu je einer Gruppe vereinigten Achsen und einer unmittelbar gefederten Achse.

1. **Dreiachsige Lokomotive.** Bei der Anwendung des Clapeyronschen Verfahrens werden zwei Grenzfälle gebildet. In jedem dieser beiden Fälle wird die Lokomotive so betrachtet, als ob nur zwei Achsen die Last auf die Schienen übertragen, während bei der dritten Achse die Federverbindung mit dem Rahmen als gelöst angesehen wird.

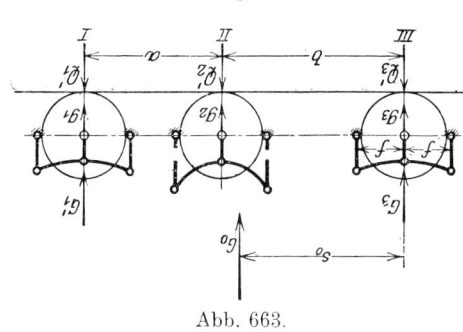

1. Grenzfall (Abb. 663).

Abb. 663.

Die Lokomotive ruht auf Achse I und III. Die Federverbindung von Achse II ist gelöst. Die Belastung der Achse I ergibt sich aus der Momentengleichung

$$G_0 \cdot s_0 = G_1' \cdot (a+b) \quad \text{zu} \quad G_1' = \frac{G_0 \cdot s_0}{a+b}.$$

Der Schienendruck an dieser Stelle ist

(18) $$Q_1' = G_1' + g_1 = \frac{G_0 \cdot s_0}{a+b} + g_1.$$

Die Achse II erhält von dem abgefederten Gewicht G_0 keinen Anteil, da ihre Verbindung gelöst ist. Auf die Schiene drückt daher an dieser Stelle nur das nicht abgefederte Gewicht g_2, so daß man erhält:

(19) $$Q_2' = g_2.$$

Der Gewichtsanteil der Achse III an dem abgefederten Gesamtgewicht läßt sich ebenfalls aus einer Momentengleichung ermitteln. Es ist

$$G_3'(a+b) = G_0(a+b-s_0) \quad \text{oder} \quad G_3' = G_0\left(\frac{a+b-s_0}{a+b}\right).$$

Der Schienendruck ist nach Hinzufügung des nicht abgefederten Gewichtes

(20) $$Q_3' = G_3' + g_3 = G_0\left(\frac{a+b-s_0}{a+b}\right) + g_3.$$

Nach Festlegung eines Maßstabes, der zweckmäßig mit 1 mm = 100 kg angenommen wird, sind die Ergebnisse der Gleichungen (18) bis (20) auf einer Grundlinie aufzutragen, und zwar der üblichen Darstellungsweise der Lokomotiven entsprechend von links nach rechts zunächst Q_3', sodann Q_2', schließlich Q_1' (Abb. 664).

Damit ist die erste Grenzbelastung ermittelt und es bleibt jetzt noch der zweite Fall zu besprechen.

2. Grenzfall (Abb. 665).

Die Lokomotive ruht auf Achse II und III. Die Federverbindung von Achse I ist gelöst. Dementsprechend erhält diese Achse auch keinen Anteil von der abgefederten Gesamtlast G_0.

Der Schienendruck ist
(21) $$Q_1'' = g_1.$$

Er entspricht also nur dem nicht abgefederten Gewicht.

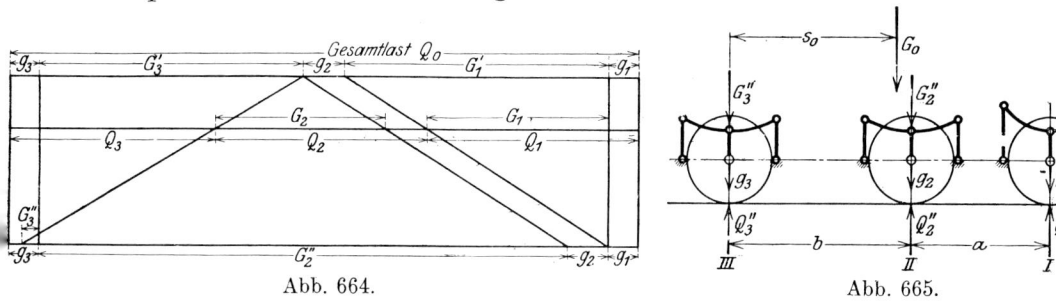

Abb. 664.

Abb. 665.

Der auf die Achse *II* entfallende Anteil des abgefederten Gewichts errechnet sich aus der Momentengleichung

$$G_0 \cdot s_0 = G_2'' \cdot b, \text{ demnach } G_2'' = \frac{G_0 \cdot s_0}{b}.$$

Der Schienendruck an dieser Stelle ist:
(22) $$Q_2'' = G_2'' + g_2 = \frac{G_0 \cdot s_0}{b} + g_2.$$

Auf Achse *III* kommt ein abgefedertes Gewicht, das aus der Gleichung

$$G_3'' \cdot b = G_0 \cdot (b - s_0)$$

sich zu

$$G_3'' = G_0 \frac{b - s_0}{b}$$

findet.

Nach Hinzufügung des unabgefederten Gewichts g_3 erhält man den Schienendruck zu:
(23) $$Q_3'' = G_3'' + g_3 = G_0 \frac{b - s_0}{b} + g_3.$$

Auch diese Ergebnisse der Gleichungen (21) bis (23) werden auf einer Grundlinie aufgetragen, die mit der Belastungsgeraden des 1. Grenzfalles gleichlaufend ist und von derselben einen beliebigen Abstand (zweckmäßig 10 cm) hat.

Verbindet man nunmehr in Abb. 664 die Anfangs- und Endpunkte entsprechender Belastungsstrecken, also Q_1' und Q_1'', Q_2' und Q_2'', Q_3' und Q_3'', so erhält man ein Bild von den zwischen den beiden Grenzfällen möglichen Belastungen.

Für den Fall der dreigekuppelten Lokomotive soll der Schienendruck bei jeder Achse möglichst gleich ausfallen. Dementsprechend ist in Abb. 664 diejenige Belastungsgerade einzuzeichnen, für die Bedingung

$$Q_1 = Q_2 = Q_3$$

möglichst zutrifft.

Sind die Achsen *I* und *II* durch Ausgleichhebel verbunden, so ist das Teilungsverhältnis der Hebelarme nach dem früher Gesagten

$$\frac{l_1}{l_2} = \frac{G_2}{G_1}.$$

Bei Anwendung des Clapeyronschen Verfahrens können die Werte G_2 und G_1 dem Schaubild entnommen werden.

Beispiel: Eine dreiachsige dreifach gekuppelte Lokomotive hat ein abgefedertes Gewicht $G_0 = 35{,}3$ t; das nicht abgefederte Gewicht beträgt bei Achse I $g_1 = 2{,}0$ t; bei Achse II $g_2 = 2{,}7$ t, bei Achse III $g_3 = 2{,}0$ t. Der Abstand der dritten Achse vom Schwerpunkt beträgt $s_0 = 170$ cm. Die Achsstände der Lokomotive sind im Entwurf zu $a = 175$ cm und $b = 165$ cm angenommen.

Die Rechnung ergibt folgende Werte:

1. Grenzfall:

(18) $$Q_1' = \frac{G_0 \cdot s_0}{a+b} + g_1 = \frac{35{,}3 \cdot 170}{340} + 2{,}0 = 19{,}65 \text{ t}.$$

(19) $$Q_2' = g_2 = 2{,}7 \text{ t}.$$

(20) $$Q_3' = G_0 \left(\frac{a+b-s_0}{a+b} \right) + g_3 = 35{,}3 \cdot \left(\frac{340-170}{340} \right) + 2{,}7 = 19{,}65 \text{ t}.$$

2. Grenzfall:

(21) $$Q_1'' = g_1 = 2{,}0 \text{ t}.$$

(22) $$Q_2'' = G_0 \cdot \frac{s_0}{b} + g_2 = 35{,}3 \cdot \frac{170}{165} + 2{,}7 = 36{,}36 + 2{,}7 = 39{,}06 \text{ t}.$$

(23) $$Q_3'' = G_0 \cdot \frac{b-s_0}{b} + g_3 = 35{,}3 \cdot \frac{-5}{165} + 2{,}0 = -1{,}07 + 2{,}0 = 0{,}93 \text{ t}.$$

Diese Ergebnisse sind zu dem Schaubild Abb. 664 zusammengefaßt. Aus diesem ist zu ersehen, daß die Belastung der ersten Achse $Q_1 = 13{,}95$ t, der zweiten Achse $Q_2 = 14{,}05$ t, der dritten Achse $Q_3 = 14{,}0$ t ist. Das Verhältnis, in dem ein zwischen den Achsen I und II anzuordnender Ausgleichhebel zu teilen wäre, ist nach Abb. 664

$$\frac{G_1}{G_2} = \frac{l_2}{l_1} = \frac{11{,}95}{11{,}35}.$$

Bei einem Achsstand $a = 175$ cm und einer Federlänge $2f = 100$ cm erhält der Hebel eine Länge

$$l = 175 - 100 = 75 \text{ cm}.$$

Dem obenstehenden Verhältnis entsprechend sind die Hebelarme mit $l_1 = 36{,}5$ cm und $l_2 = 38{,}5$ cm auszuführen.

2. **Vierachsige Lokomotive.** Bei der betrachteten Bauart sind die Achsen II und III durch Ausgleichhebel zusammengefaßt. Die Achsen I und IV werden für sich durch Federn mit dem Rahmen verbunden (Abb. 666 bis 667).

Grundsätzlich ändert sich gegenüber der dreiachsigen Bauart in bezug auf die Anwendung des Clapeyronschen Verfahrens nichts. Nur tritt an die Stelle des Schwerpunkts für die abgefederte Achslast II der dreiachsigen Lokomotive der Schwerpunkt für die abgefederten Achslasten II bis III der vierachsigen Lokomotive. Bevor die Formeln für die Grenzfälle aufgestellt werden können, ist die Lage dieses Schwerpunktes zu ermitteln.

Die vorläufige Belastung der Achsen II und III ist aus dem Gesamtgewicht der Lokomotive anzunehmen, und zwar ist $Q_2 = Q_3$ zu wählen. Da die nicht abgefederten Gewichte g_2 und g_3 aus der Gewichtsberechnung bekannt sind, können somit die Gewichtsanteile an den abgefederten Massen G_2 und G_3 ermittelt werden. Nach Gleichung (8) ist das Verhältnis der Hebelarme zu finden. Es ist:

$$\frac{G_2}{G_3} = \frac{l_3}{l_2}.$$

Die aus dem Entwurf bekannte Hebellänge ist in diesem Verhältnis zu teilen.

Der Schwerpunkt der abgefederten Achslasten *II* bis *III* liegt nach Gleichung (9) vom Drehpunkt des Hebels entfernt um die Strecke

$$y = f\left(\frac{l_3 - l_2}{l_3 + l_2}\right).$$

Für den Abstand Achsschwerpunkt *II* bis *III* bis zur Achse *IV* sei die Bezeichnung eingeführt:

$$q = c + f + l_3 + y$$

(Abb. 667), während die Entfernung Achsschwerpunkt *II* bis *III* bis zur Achse *I* mit

$$p = a + f + l_2 - y$$

benannt ist.

1. Grenzfall:

Für den ersten Grenzfall ergeben sich die Formeln wie folgt:

Die Lokomotive ist unterstützt an den Achsen *I* und *IV*. Die Verbindung des Ausgleichhebels mit dem Rahmen ist gelöst (Abb. 666).

Aus der Momentengleichung

$$G_0 \cdot s_0 = G_1'(a + b + c)$$

errechnet sich der abgefederte Gewichtsteil dieser Achse zu

$$G_1' = \frac{G_0 \cdot s_0}{a + b + c}.$$

Abb. 666.

Abb. 667.

Der Schienendruck ist nach Hinzufügung des nicht abgefederten Gewichts

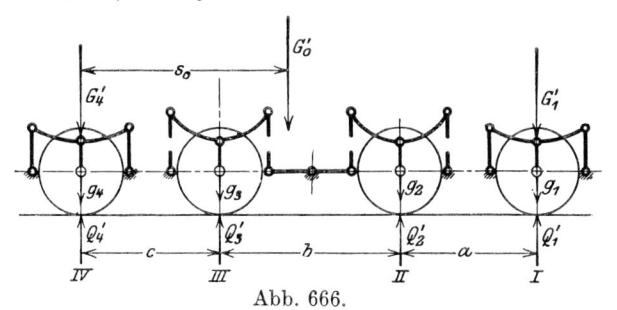

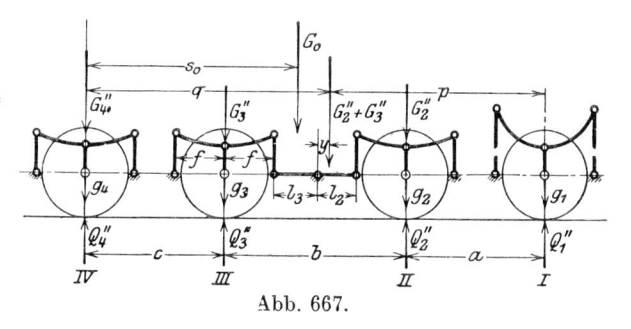

(24) $$Q_1' = G_1' + g_1 = \frac{G_0 \cdot s_0}{a + b + c} + g_1.$$

An den Achsen *II* und *III* wirken der Voraussetzung entsprechend nur die nicht abgefederten Massen. Dementsprechend sind die Achsdrücke

(25) $$Q_2' = g_2$$

und

(26) $$Q_3' = g_3.$$

Der Gewichtsanteil der Achse *IV* an abgefedertem Gewicht ist aus der Gleichung

$$G_0(a + b + c - s_0) = G_4'(a + b + c)$$

ermittelt zu

$$G_4' = G_0\left(\frac{a + b + c - s_0}{a + b + c}\right).$$

Dementsprechend ist der Schienendruck dieser Achse

(27) $$Q_4' = G_4' + g_4 = G_0\left(\frac{a + b + c - s_0}{a + b + c}\right) + g_4.$$

2. Grenzfall:

Der zweite Grenzfall ist durch Trennung der Verbindung zwischen Achse I und dem Rahmen geschaffen. Die Unterstützung erfolgt also in dem Schwerpunkt des abgefederten Gewichts der Achsen II bis III und der Achse IV (Abb. 667). Demgemäß ist der Schienendruck der Achse I

(28) $$Q_1'' = g_1.$$

Er entspricht dem nicht abgefederten Gewicht der Achse I. Nach Abb. 667 ist der Gewichtsanteil der Achsen II bis III an dem abgefederten Gewicht aus der Gleichung

$$G_0\, s_0 = (G_2'' + G_3'') \cdot q$$

ermittelt zu

$$G_2'' + G_3'' = \frac{G_0 \cdot s_0}{q}.$$

Die Schienendrücke der Achsen II und III sind demzufolge

(29) $$Q_2'' + Q_3'' = g_2 + G_2'' + G_3'' + g_3 = g_2 + \frac{G_0 \cdot s_0}{q} + g_3.$$

Auf Achse IV kommt ein abgefederter Gewichtsanteil

$$G_4'' = G_0 \left(\frac{q - s_0}{q} \right),$$

während der Schienendruck ist

(30) $$Q_4'' = G_4'' + g_4 = G_0 \left(\frac{q - s_0}{q} \right) + g_4.$$

Wie bei der dreiachsigen Lokomotive werden die Ergebnisse der Grenzfälle in dem Clapeyronschen Schaubild zusammengefaßt. Durch Versuchen findet man alsdann diejenige Belastungsgerade, bei der die Achsdrücke Q_1, Q_2, Q_3 und Q_4 sich am meisten gleichen. Für das Verhältnis der Hebelarme geben die aus dem Schaubild zu entnehmenden Gewichte G_2 und G_3 den Maßstab. Es ist festzustellen, ob das eingangs angenommene Hebelarmverhältnis dem aus dem Schaubild ermittelten entspricht.

Beispiel: Eine vierachsige vierfach gekuppelte Güterzuglokomotive hat ein Dienstgewicht $Q = 58{,}6$ t. Die Achsstände der Lokomotive sind folgende: $a = 1{,}5$ m, $b = 1{,}5$ m, $c = 1{,}75$ m. Der Abstand des Schwerpunktes von Achse IV ist $s_0 = 246$ cm. Die durch die Gewichtsberechnung gefundenen unabgefederten Gewichte betragen bei Achse I $g_1 = 2{,}45$ t, bei Achse II $g_2 = 2{,}5$ t, bei Achse III $g_3 = 3{,}5$ t, bei Achse IV $g_4 = 2{,}45$ t, so daß sich das abgefederte Gewicht errechnet zu

$$G_0 = Q_0 - (g_1 + g_2 + g_3 + g_4) = 47{,}7 \text{ t}.$$

Die Achsen II und III sind durch Ausgleichhebel verbunden. Aus dem Gesamtgewicht $Q_0 = 58{,}6$ t wird der Achsdruck der Achsen II und III vorläufig angenommen zu

$$Q_2 = Q_3 = \frac{Q_0}{4} = \frac{58{,}6}{4} = 14{,}65 \text{ t}.$$

Ermittlung des Schwerpunktes der abgefederten Gewichte der Achsen II bis IV.

Die abgefederte Last bei Achse II ist $G_2 = Q_2 - g_2 = 14{,}65 - 2{,}5 = 12{,}15$ t, bei Achse III $G_3 = Q_3 - g_3 = 14{,}65 - 3{,}5 = 11{,}15$ t. Dementsprechend sind die Hebelarme zu teilen im Verhältnis

$$\frac{l_2}{l_3} = \frac{G_3}{G_2} = \frac{11{,}15}{12{,}15}.$$

Bei einer Gesamtlänge des Hebels von 55 cm sind die Arme mit $l_3 = 28{,}7$ cm und $l_2 = 26{,}3$ cm auszuführen. Der Abstand des Schwerpunktes der abgefederten Gewichte der Achsen II bis III vom Hebeldrehpunkt ist mit der halben Federlänge $f = 47{,}5$ cm

$$y = f\left(\frac{l_3 - l_2}{l_3 + l_2}\right) = 47{,}5 \left(\frac{28{,}7 - 26{,}3}{55}\right) = 2{,}07 \text{ cm}.$$

Für das oben eingeführte Rechnungsmaß q ergibt sich

$$q = c + f + l_3 + y = 175 + 47{,}5 + 28{,}7 + 2{,}07 = 253{,}27 \text{ cm}.$$

Bei Aufstellung der Grenzbelastungen ergeben sich folgende Werte:

1. Grenzfall:

(24) $$Q_1' = \frac{G_0 \cdot s_0}{a + b + c} + g_1 = \frac{47{,}7 \cdot 246}{475} + 2{,}45 = 27{,}15 \text{ t}.$$

(25) $$Q_2' = g_2 = 2{,}5 \text{ t}.$$

(26) $$Q_3' = g_3 = 3{,}5 \text{ t}.$$

(27) $$Q_4' = G_0\left(\frac{a + b + c - s_0}{a + b + c}\right) + g_4 = \frac{47{,}7 \cdot 229}{475} + 2{,}45 = 25{,}45 \text{ t}.$$

2. Grenzfall:

(28) $$Q_1'' = g_1 = 2{,}45 \text{ t}.$$

(29) $$Q_2'' + Q_3'' = g_2 + \frac{G_0 \cdot s_0}{q} + g_3 = 2{,}5 + \frac{47{,}7 \cdot 246 + 3{,}5}{253{,}17} = 2{,}5 + 46{,}4 + 3{,}5 = 52{,}4 \text{ t}.$$

(30) $$Q_4'' = G_0 \cdot \frac{q - s_0}{q} + g_4 = \frac{47{,}7 \cdot 7{,}27}{253{,}27} + 2{,}45 = 3{,}8 \text{ t}.$$

Die Ergebnisse der Grenzfälle sind in Abb. 668 zusammengefaßt. Wie diese zeigt, sind die ermittelten Achsdrücke bei Achse I $Q_1 = 14{,}8$ t. Fast derselbe Wert ergibt sich für Achse IV. Er ist $Q_4 = 14{,}6$ t. Die gemeinsame Last der Achsen II und III ist $Q_2 + Q_3 = 29{,}3$ t. Diese verteilt sich gleichmäßig auf die beiden Achsen, so daß $Q_2 = 14{,}65$ und $Q_3 = 14{,}65$ t wird.

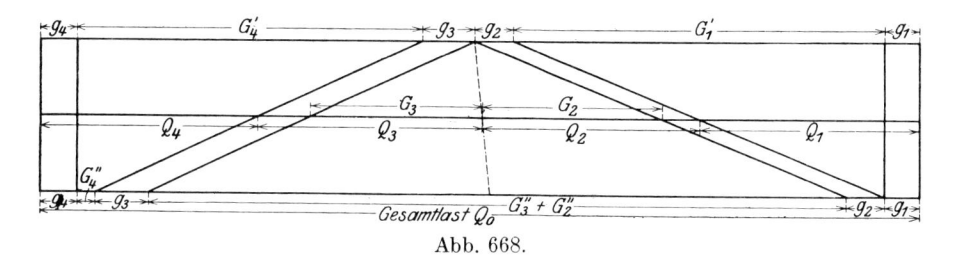

Abb. 668.

Die einpunktierte Linie deutet die Scheidung der Gesamtlast $G_2 + G_3$ in die auf die Achsen II und III entfallenden Einzellasten G_2 und G_3 an. Da die Achsbelastungen Q_2 und Q_3 aus dem Schaubild mit den Annahmen, die zu Anfang dieses Beispiels gemacht wurden, übereinstimmen, ist auch das Hebelverhältnis $\frac{l_2}{l_3} = \frac{G_3}{G_2}$ der zuerst gemachten Annahme beizubehalten.

3. **Fünfachsige Lokomotive.** Die Achsen I und II sowie IV und V sind durch Ausgleichhebel vereinigt. Es soll angenommen werden, daß die Achsen I und II in einem Drehgestell untergebracht sind. Der Unterstützungspunkt liegt in der Mitte zwischen den beiden Achsen. Die Lage des Schwerpunktes der abgefederten Gewichte der Achsen IV und V ist zu ermitteln nach vorläufiger Annahme von Q_4

688 Gewichtsberechnung, Achsbelastungen und Einstellung der Lokomotiven in Krümmungen.

und Q_5. Da die unabgefederten Gewichte g_1 bis g_5 aus der Gewichtsberechnung bekannt sind, ist der abgefederte Gewichtsanteil der Achsen IV und V

$$G_4 = Q_4 - g_4$$

und

$$G_5 = Q_5 - g_5.$$

Das Teilungsverhältnis des Ausgleichhebels ergibt sich nach Abb. 669 zu

$$\frac{l_4}{l_3} = \frac{G_4}{G_5}.$$

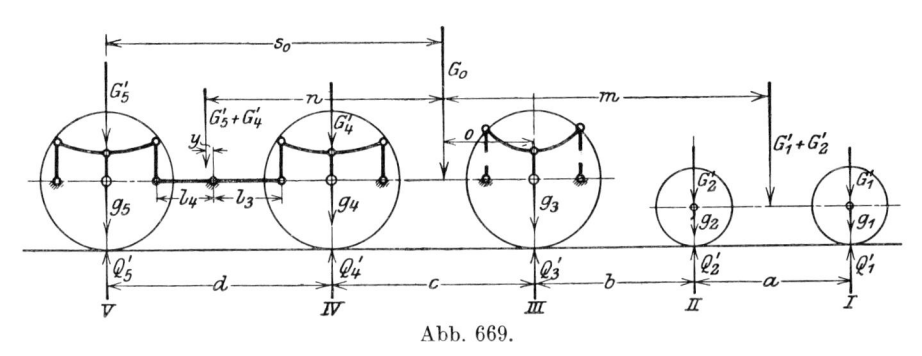

Abb. 669.

Die Entfernung des Schwerpunktes vom Hebeldrehpunkt ist mit Benützung von Gleichung (9)

$$y = f\left(\frac{l_4 - l_3}{l_4 + l_3}\right).$$

Die Entfernung des Gesamtschwerpunktes von Achse V sei s_0. Für die Rechnung sei die Entfernung Gesamtschwerpunkt bis zum Drehgestellunterstützungspunkt mit m, die Entfernung Gesamtschwerpunkt bis Achsschwerpunkt IV bis V mit n und der Abstand des Gesamtschwerpunktes von Achse III mit o bezeichnet.

1. Grenzfall:

Achse III sei gelöst (Abb. 669). Die Unterstützung der Lokomotive erfolgt in Mitte Drehgestell und im gemeinsamen Schwerpunkt der Achsen IV bis V. Der abgefederte Gewichtsanteil des Drehgestells ermittelt sich aus der Momentengleichung

$$G_0 \cdot n = (G_1' + G_2') (m + n).$$

Es ist also

$$G_1' + G_2' = \frac{G_0 \cdot n}{m + n}.$$

Nach Hinzufügung der nicht abgefederten Gewichte erhält man den Schienendruck der Achsen I und II zu

(31) $$Q_1' + Q_2' = G_1' + G_2' + g_1 + g_2 = \frac{G_0 \cdot n}{m + n} + g_1 + g_2.$$

An der Achse III drücken nur die nicht abgefederten Lasten auf die Schienen. Es ist also

(32) $$Q_3' = g_3.$$

Auf den gemeinsamen Unterstützungspunkt der Achsen IV bis V kommt ein Gewichtsanteil, der aus der Gleichung

$$(G_4' + G_5')(m + n) = G_0 \cdot m$$

errechnet wird. Es ist also
$$G_4' + G_5' = G_0 \cdot \frac{m}{m+n}.$$

Der Schienendruck ist nach Hinzufügung der nicht abgefederten Gewichte

(33) $$Q_4' + Q_5' = G_4' + G_5' + g_4 + g_5 = G_0 \cdot \frac{m}{m+n} + g_4 + g_5.$$

2. Grenzfall.

Die Verbindung des Drehgestells mit dem Rahmen sei gelöst und die Lokomotive an der Achse III und dem Schwerpunkt des abgefederten Gewichts der Achsen IV bis V unterstützt (Abb. 670). Der Schienendruck am Drehgestell ist demnach

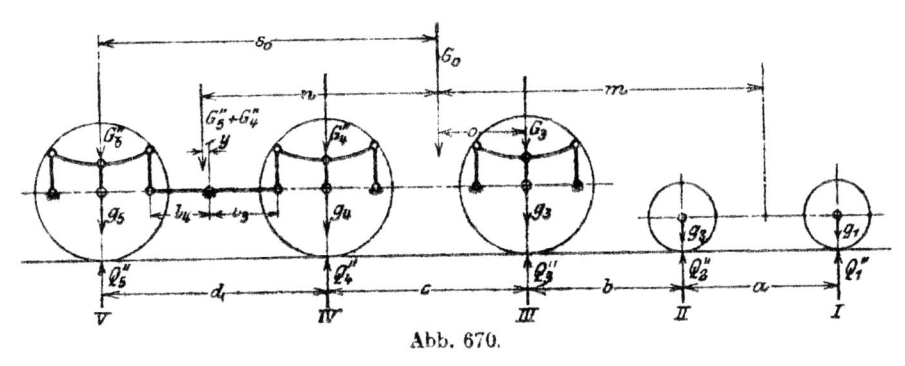

(34) $$Q_1'' + Q_2'' = g_1 + g_2.$$

Abb. 670.

Auf Achse III kommt ein abgefedertes Gewicht
$$G_3'' = G_0 \cdot \frac{n}{n+o},$$
so daß der Schienendruck beträgt

(35) $$Q_3'' = G_3'' + g_3 = \frac{G_0 \cdot n}{n+o} + g_3.$$

Der gemeinsame Schwerpunkt der abgefederten Gewichte der Achsen IV bis V erhält von der gesamten abgefederten Last einen Gewichtsanteil
$$G_4'' + G_5'' = \frac{G_0 \cdot o}{n+o}.$$

Auf die Schienen drücken an dieser Stelle

(36) $$Q_4'' + Q_5'' = G_4'' + G_5'' + g_4 + g_5 = \frac{G_0 \cdot o}{n+o} + g_4 + g_5.$$

Die Ergebnisse der Gleichungen (31) bis (36) werden wie bisher in Abb. 671 zusammengefaßt. Aus dieser ist diejenige Belastungsgerade herauszusuchen, bei der $Q_3 = \sim Q_4 = \sim Q_5$ wird. Dabei ist nachzuprüfen, ob die eingangs angenommenen Werte von Q_4 und Q_5 erreicht werden. Ferner ist festzustellen, ob das Verhältnis der Hebelarme den aus der Abb. 671 ermittelten Werten von G_4 und G_5 entspricht.

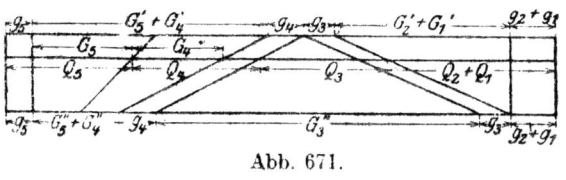

Abb. 671.

Beispiel: Eine 2 C Heißdampflokomotive hat ein Gesamtgewicht von $Q_0 = 73,5$ t. Die Achsstände der Lokomotive sind wie folgt ausgeführt: $a = 2,2$ m, $b = 1,57$ m, $c = 1,88$ m, $d = 2,7$ m, der Abstand des Schwerpunkts von Achse V ist $s_0 = 390,3$ cm.

690 Gewichtsberechnung, Achsbelastungen und Einstellung der Lokomotiven in Krümmungen.

Die unabgefederten Massen betragen für das Drehgestell
$$g_1 + g_2 = 6 \text{ t},$$
für die gekuppelten Achsen
$$g_3 = 3{,}59 \text{ t},$$
$$g_4 = 4{,}67 \text{ t},$$
$$g_5 = 3{,}62 \text{ t}.$$

Zur Ermittlung des Unterstützungspunktes der Achsen IV und V soll der Achsdruck $Q_4 = Q_5 = 17$ t angenommen werden. Das abgefederte Gewicht ist dann
$$G_4 = Q_4 - g_4 = 17 - 4{,}67 = 12{,}33 \text{ t},$$
$$G_5 = Q_5 - g_5 = 17 - 3{,}62 = 13{,}38 \text{ t}.$$

Bei einer Federlänge von
$$2f = 120 \text{ cm}$$
bleiben für den Ausgleichhebel nach Abb. 669 $L = d - 2f = 270 - 120 = 150$ cm. Bezüglich der Teilung gilt
$$\frac{l_4}{l_3} = \frac{G_4}{G_5} = \frac{12{,}33}{13{,}38} = \frac{71{,}9}{78{,}1}.$$

Der Unterstützungspunkt ist vom Drehpunkt des Hebels entfernt um das Maß
$$y = f\left(\frac{l_4 - l_3}{l_4 + l_3}\right) = 60 \cdot \frac{-6{,}2}{150} = -2{,}5 \text{ cm}.$$

Das negative Vorzeichen gibt an, daß der Unterstützungspunkt von dem Hebeldrehpunkt aus gerechnet nach der Achse V zu liegt. Für die weitere Rechnung sind die Entfernungen m, n und o zu ermitteln. Es ist

$$m = \frac{a}{2} + b + c + d - s_0 = 110 + 157 + 188 + 270 - 390{,}3 = 334{,}7 \text{ cm}.$$
$$n = s_0 - (f + l_4 + y) = 390{,}3 - (60 + 71{,}9 - 2{,}5) = 260{,}9 \text{ cm}.$$
$$o = c + d - s_0 = 188 + 270 - 390{,}3 = 67{,}7 \text{ cm}.$$

Für die Grenzbelastungen ergeben sich folgende Werte:

1. Grenzfall:
(31) $\quad Q_1' + Q_2' = \dfrac{G_0 \cdot n}{m + n} + g_1 + g_2 = \dfrac{55{,}6 \cdot 260{,}9}{334{,}7 + 260{,}9} + 6 = 24{,}3 + 6 = 30{,}3$ t.

(32) $\quad Q_3' = g_3 = 3{,}59$ t.

(33) $\quad Q_4' + Q_5' = \dfrac{G_0 \cdot m}{m + n} + g_4 + g_5 = \dfrac{55{,}6 \cdot 334{,}7}{334{,}7 + 260{,}9} + 4{,}67 + 3{,}62 = 39{,}49$ t.

2. Grenzfall:
(34) $\quad Q_1'' + Q_2'' = g_1 + g_2 = 6$ t.

(35) $\quad Q_3'' = \dfrac{G_0 \cdot n}{n + o} + g_3 = \dfrac{55{,}6 \cdot 260{,}9}{260{,}9 + 67{,}7} + 3{,}59 = 47{,}79$ t.

(36) $\quad Q_4'' + Q_5'' = \dfrac{G_0 \cdot o}{n + o} + g_4 + g_5 = \dfrac{55{,}6 \cdot 67{,}7}{260{,}9 + 67{,}7} + 4{,}67 + 3{,}62 = 19{,}74$ t.

Diese Ergebnisse bilden die Grundlage für die zeichnerische Auftragung.

Die Verteilung der Lasten G_4 und G_5 erfolgt nach der einpunktierten Geraden. Wie die eingezeichnete Belastungslinie zeigt, sind die Schienendrücke Q_4, Q_5 und Q_3 gleich. Sie betragen rund 17 t. Auf das Drehgestell kommt dabei eine Belastung von rund 22,5 t.

3. Beispiel einer Gewichtsberechnung und Lastverteilung der 2 C-Heißdampf-Personenzuglokomotive Gattung P 8

mit Drehgestellbremse, 3 reihigem Rauchröhren-Überhitzer und 24 Überhitzerelementen.

Erbaut von der Berliner Maschinenbau-Aktiengesellschaft vormals L. Schwartzkopff.

Als Bezugsebene für die Schwerpunktsabstände ist die Stoßfläche der vorderen Puffer angenommen.

Stückzahl	Gegenstand	Gewicht kg	Schwerpunktsabstand m	Moment mkg
	A. Nicht abgefederte Teile.			
	I. Laufachsen.			
2	Achsen mit Rädern	2544,0		
4	Achsbuchsen, vollständig	370,0		
2	Tragfedern mit Bunden	262,0		
4	Gehänge für Tragfedern	42,9		
2	Tragbalken, vollständig	531,1		
	Gruppe I zusammen	3750,0		
	II. Vordere Kuppelachse.			
1	Kuppelachse mit Rädern	2950,0		
2	Achsbuchsen, vollständig	308,3		
2	Federträger an den Achsbuchsen unten	31,8		
2	Tragfedern mit Bunden und Bolzen	207,4		
2×	vorderer Teil der vorderen Kuppelstangen	92,5		
	Gruppe II zusammen	3590,0		
	III. Triebachse.			
1	Triebachse mit Rädern	3520,0		
2	Achsbuchsen, vollständig	308,3		
2	Federträger an den Achsbuchsen unten	31,8		
2	Tragfedern mit Bunden und Bolzen	207,4		
2×	hinterer Teil der vorderen Kuppelstangen	181,5		
2×	vorderer Teil der hinteren Kuppelstangen	100,0		
2×	hinterer Teil der Treibstangen	291,8		
2×	hinterer Teil der Exzenterstangen	29,2		
	Gruppe III zusammen	4670,0		
	IV. Hintere Kuppelachse.			
1	Kuppelachse mit Rädern	2950,0		
2	Achsbuchsen, vollständig	308,3		
2	Federträger an den Achsbuchsen, unten	31,8		
2	Tragfedern mit Bunden und Bolzen	207,4		
2×	hinterer Teil der hinteren Kuppelstangen	122,5		
	Gruppe IV zusammen	3620,0		
	V. Abgefederte Teile des Drehgestells.			
2	Rahmenplatten mit Versteifungen	980,5		
2	Federbügel mit Druckplatten	160,9		
2	Rückstellfedern mit Bunden und Stellstangen	54,6		
8	Gleitbacken	225,1		
4	Achsgabelhalter	37,0		
	Zu übertragen	1458,1		

Stück-zahl	Gegenstand	Gewicht kg	Schwer-punkts-abstand m	Moment mkg
	Übertrag	1458,1		
1	Führung für unteres Drehzapfenlager	57,8		
4	Führungen für Federträger	145,8		
4	Querstreben	106,3		
4	Anschläge	33,0		
2	vordere Bremsgehänge mit Klötzen	76,5		
2	hintere „ „ „	94,2		
2	Halter für Bremsgehänge	61,5		
1	Doppelhebel mit Träger	23,7		
1	Traverse, hinten	43,0		
1	„ vorn	12,8		
2	Druckstangen	33,5		
1	Rückziehfeder	3,0		
1	„	2,4		
1	Bremszylinder mit Kolbenstange	62,0		
1	Luftbehälter mit Trägern	27,1		
1	Steuerventil „ „	12,6		
2	Verbindungsschläuche	2,7		
1	Satz Rohre mit Haltern	4,0		
	Gruppe V zusammen	2260,0		

B. Auf den Federn ruhende Teile.

1. Kessel.

Stück-zahl	Gegenstand	Gewicht kg	Schwer-punkts-abstand m	Moment mkg
1	Feuerbuchs-Türwand	452,0	10,335	4671,42
1	„ -Vorderwand	289,0	7,560	2184,84
2	„ -Seiten	1666,0	8,650	14410,90
1	„ -Decke	570,0	8,820	5027,40
1	hinterer Schuß mit Laschen	1636,0	6,450	10552,20
1	vorderer „ „ „	1624,0	4,150	6739,60
1	Rauchkammer-Rohrwand mit W.-E-Ring	640,0	2,975	1933,75
1	„ -Türwand	162,0	1,152	186,62
1	„ -Mantel mit W.-E.-Ring	1332,0	2,050	2730,60
1	Kupferbuchse	2415,0	8,700	21010,50
1	Domunterteil mit W.-Ring	205,7	4,017	826,30
1	Domoberteil „ „	290,0	4,017	1164,93
1	Domloch-Verstärkungsring	55,0	4,017	2209,35
1	Bodenring	459,6	9,000	4136,40
1	Feuerlochring	48,0	10,310	494,88
1157	Stehbolzen	600,0	8,700	5220,00
9	Stehbolzenhalter mit Stehbolzen	58,8	7,450	438,06
200	Deckenanker	599,7	9,900	5991,00
10	Barrenanker	107,8	7,790	839,76
6	Queranker	162,0	8,940	1550,28
1	„	42,5	7,815	332,14
2	T-Eisen an Feuerbuchs-Seiten	36,7	7,704	282,74
6	W-Eisen „ „ „	58,3	8,945	521,49
2	Versteifungen an „ -Decke	74,1	8,780	650,60
1	Versteifung „ „ -Türwand	109,8	10,100	1108,98
1	„ „ Rauchkammer-Rohrwand	131,2	3,290	431,65
4	Reinigungsluken an F.-B.-Seiten, oben	207,7	8,940	1856,84
1	„ „ „ -Decke	36,3	7,680	278,78
2	„ „ „ -Ecken, vorn, oben	24,5	7,590	185,95
2	„ „ „ „ „ unten	6,7	7,650	51,25
4	„ „ „ „ hinten	13,3	10,300	137,09
2	„ „ „ -Seiten, unten	3,9	8,955	34,92
2	„ „ „ -Hinterwand	3,9	10,335	40,31
1	„ „ R.-K.-Rohrwand	1,9	2,985	5,67
2	Kappen zum Ablenken des Speisewasser	15,0	4,310	64,65
24	Rauchrohre 125/133 ⌀	1420,0	5,330	7568,60
139	Heizrohre 45/50 ⌀	2050,0	5,340	10947,00
	Zu übertragen	5618,4		116817,45

Beispiel einer Gewichtsberechng. u. Lastverteilg. der 2 C-Heißd.-Personenzuglok. Gattg. P 8 usw. 693

Stück-zahl	Gegenstand	Gewicht kg	Schwer-punkts-abstand m	Moment mkg
	Übertrag	5618,4		116817,45
2	Flansche für Kesselspeiseventile	12,9	4,310	55,60
1	„ „ Wasserstand	4,2	10,350	43,47
4	Seitliche Feuerbuchs-Gleitstücke	77,3	8,690	671,64
2	Unterlagen für Bremsluftpumpen-Träger	18,2	6,670	121,39
1	Unterlage für Führerhaus-Versteifung	16,1	10,155	163,50
1	Ring zum Abheben des Domes	1,5	4,017	6,02
1	W-Eisen für Kesselträger	16,7	5,480	91,52
	Gruppe 1 zusammen	17765,3		117970,59
	2. Grobe Armatur.			
1	Feuertür-Grundplatte und Schutzring	46,2	10,340	477,71
1	Feuertür	110,5	10,460	1155,83
1	Rost	865,8	8,950	7748,91
1	Aschkasten, vollständig	597,3	8,700	5196,51
1	Feuerschirm	168,9	8,130	1373,16
1	Schornstein	178,3	1,862	331,99
1	Rauchkammertür	339,9	1,100	373,89
1	Traverse dazu	48,1	1,230	59,16
5	Verschlüsse zur Rauchkammertür	21,3	1,080	23,00
1	Handleiste an der „	5,3	1,010	5,35
1	Automat	85,7	2,090	179,10
2	Druckausgleichvorrichtungen	89,6	2,650	237,44
2	Fußtritte an der Feuerbuchsrückwand	4,0	10,440	41,76
2	Halter für Schlauchkupplung	22,0	11,060	243,32
1	Antrieb für Schmierpresse	16,6	10,170	168,82
2	Laternenstützen auf vorderer Pufferbohle	15,7	0,770	12,00
1	„ für Wasserstand	1,0	10,600	10,60
2	vereinigte Strahlpumpen und Manometerträger	42,2	10,115	426,85
1	Satz Flansche und Verschraubungen am Zylinder	12,8	2,650	33,92
	Gruppe 2 zusammen	2671,2		18 099,32
	3. Feine Armatur.			
1	Armaturstutzen	19,7	9,953	196,07
2	Strahlpumpen-Dampfventile	23,6	9,960	226,06
1	Kesselmanometer mit Halter und Rohr	1,7	10,080	17,14
1	Manometerhahn	0,8	10,020	8,02
1	Kontrollmanometerhahn	0,9	10,090	9,02
1	Dampfpfeife	9,4	8,780	82,53
1	Sicherheitsventil	65,3	9,215	601,74
1	Kesselspeiseventil	38,9	4,310	167,66
2	Spritzenschlauchstutzen mit Ablaßhähnen	16,2	4,410	71,44
1	Wasserstand mit Schutzglas	12,8	10,460	133,89
3	Probierhähne	5,0	10,425	52,12
1	Abflußrohr dazu	3,0	10,400	31,20
1	Kesselablaßhahn	12,7	7,430	94,36
1	Rauchkammer-Spritzhahn	1,1	4,250	4,67
1	Aschkasten- „	1,9	10,420	19,80
1	Kohlennäßhahn	4,5	10,430	46,93
1	Schmierpresse mit Träger	27,8	10,500	291,90
2	Dampfstrahlpumpen	46,0	10,120	465,52
1	Anstellhahn für Sandstreuer mit Halter	4,5	10,220	45,99
6	Zylinder-Ablaßventile	12,1	2,650	32,06
4	„ -Sicherheitsventile	17,7	2,650	46,90
2	„ -Luftsaugventile	68,1	2,650	180,46
1	Anstellhahn zur Leitung der Luftsaugventile	3,1	3,760	11,66
1	Absperrhahn „ „ „	0,7	6,410	4,49
1	Absperrhahn auf dem rechten Zylinder	1,2	2,650	3,18
1	Fernmanometer mit Leitung	5,0	6,170	30,85
1	Pyrometer „ „	5,7	6,200	35,34
	Zu übertragen	409,4		3011,04

694 Gewichtsberechnung, Achsbelastungen und Einstellung der Lokomotiven in Krümmungen.

Stückzahl	Gegenstand	Gewicht kg	Schwerpunktsabstand m	Moment mkg
	Übertrag	409,4		3011,04
2	Schlauchkupplungen	23,8	11,070	263,47
4	Ölsparer für Schieber	15,5	2,650	41,07
2	„ „ Kolben	6,4	2,650	16,96
1	Kreuzstutzen mit Hahn für Rußausblasevorrichtung	3,2	10,400	33,28
2	Düsen mit Stehbolzen, für Marcotty	5,6	10,300	57,68
1	vereinigtes Bläser- und Marcottyventil	15,1	4,017	60,66
4	Schmiergefäße für seitliche Feuerbuchsgleitstücke	7,7	8,690	66,91
1	„ „ Automat	2,2	2,350	5,17
2	„ auf „	2,4	2,065	4,96
1	Schmiergefäß für Hauptzugbolzen	1,6	10,550	16,88
1	„ „ Stoßpufferpfannen	7,4	10,935	80,92
4	Schmiergefäße mit Halter, für Treib- und vordere Kuppelachsen	25,9	6,210	160,84
2	„ „ „ für hintere Kuppelachse	18,9	10,290	194,48
2	„ „ „ für vordere Kolbenstangen-Stopfbuchsen	4,0	1,880	7,52
2	„ für Kreuzköpfe, auf Gleitstangen	3,2	3,360	10,75
2	„ „ hintere Schieberstangenführungen	16,7	3,410	56,95
2	„ „ vordere „	6,1	1,934	11,80
2	„ „ Schieberschubstangen	2,3	5,600	12,88
2	„ „ Ausgleichhebel	3,0	8,524	25,57
2	„ „ Drehgestell	12,4	3,700	45,88
	Gruppe 3 zusammen	592,8		4085,63
	4. Regler, Rohre und Rauchkammerteile.			
1	Ventilregler	108,0	3,995	431,46
1	Regler-Knierohr	70,7	3,800	268,66
1	„ -Dampfrohr mit Linsen	24,7	3,270	80,77
1	„ -Träger	12,0	3,990	47,88
1	„ -Welle mit Hebel	92,2	7,280	671,22
1	„ -Stopfbuchse	19,6	10,720	210,11
1	„ -Zug mit Stütze	23,8	10,920	259,90
1	Halter mit Lager für Reglerwelle	3,1	7,305	22,64
1	Dampftrockner	32,3	4,017	129,75
1	Überhitzer-Sammelkasten	393,0	2,780	1092,54
2	Träger dazu	23,7	2,800	66,36
1	Überhitzer-Schutzkasten	115,5	2,660	307,23
2	„ -Klappen	65,0	2,600	169,00
2	Lager mit Welle und Hebeln dazu	36,9	2,825	104,24
1	Exhaustor mit Träger	140,2	1,862	261,05
1	Funkenfänger	30,7	1,862	57,16
1	Entwässerungsstutzen am R.-K.-Boden	7,1	1,390	9,87
1	Satz Überhitzerrohre mit Flansch und Halter	1461,2	4,400	6429,28
2	Rollen mit Halter und Kette für Überhitzerklappen	15,2	1,820	27,66
1	Schutzblech am R.-K.-Boden, vorn	20,7	1,310	27,12
1	„ „ „ , hinten	12,7	2,880	36,58
1	Fußtritt an R.-K.-Tür	5,8	0,970	5,63
2	Fußtritte an R.-K.-Stirnwand	10,0	1,080	10,80
1	Laternenstütze an R.-K.-Stirnwand	2,2	1,080	2,38
1	Bläserrohr in der Rauchkammer	7,4	1,980	14,65
2	Einströmrohre mit Flanschen	77,9	2,400	186,96
2	Ausströmrohre „ „	71,8	1,950	140,01
1	Satz Thermometerhülsen	12,3	2,500	30,75
	Gruppe 4 zusammen	2895,7		11101,66
	5. Zylinder und Triebwerk.			
2	Dampfzylinder	2685,4	2.650	7116,31
2	vordere Zylinderdeckel	424,0	2,200	932,80
2	hintere „	332,7	3,090	1028,04
	Zu übertragen	3442,1		9077,15

Beispiel einer Gewichtsberechng. u. Lastverteilg. der 2C-Heißd.-Personenzuglok. Gattg. P8 usw.

Stückzahl	Gegenstand	Gewicht kg	Schwerpunktsabstand m	Moment mkg
	Übertrag	3442,1		9077,15
2	vordere Auspuffküsten	155,2	2,120	329,02
2	hintere „	128,1	3,170	406,08
2	vordere Kolbenstangen-Stopfbuchsen	79,1	1,990	157,41
2	hintere „ „	67,6	3,200	216,32
2	Schutzrohre für Kolbenstangen	11,9	1,500	17,85
2	vordere Schieberkasten-Deckel	68,5	1,970	134,94
2	hintere „ -Führungen	101,7	3,385	344,25
2	Dampfkolben mit Stangen	415,9	2,700	1122,93
2	Kreuzköpfe mit Schmiergefäßen	288,5	4,100	1182,85
2	Gleitstangen	263,0	4,030	1059,89
2×	vorderer Teil der Triebstangen	186,2	4,150	772,73
	Gruppe 5 zusammen	5207,8		14821,42
	6. Steuerung.			
2	Kolbenschieber und Buchsen	200,4	2,650	531,06
2	Schieberstangen mit Kreuzköpfen	71,6	2,860	204,78
2	Lenker	37,1	3,570	132,45
2	„ -Stangen	10,1	3,850	38,88
2	Schieberschubstangen	68,0	4,700	319,60
2	Schwingen mit Steinen	85,7	5,350	458,49
1	Steuerwelle mit Hebeln	162,9	6,070	988,80
1	Steuerungszugstange	66,5	8,235	547,63
1	Führung dazu	6,9	8,155	56,27
1	Steuerbock	82,1	10,080	827,57
1	Steuerschraube	37,1	10,150	376,56
1	Rückziehfeder	12,5	6,600	82,50
2×	vorderer Teil der Exzenterstangen	20,8	5,355	111,38
	Gruppe 6 zusammen	861,7		4675,97
	7. Rahmen und Zubehör.			
2	Hauptrahmenbleche	3600,0	5,710	20520,00
1	hintere Zugkasten-Stirnwand	191,0	11,194	2138,05
1	„ „ -Decke	207,2	10,700	2217,04
1	hinterer „ -Boden	177,8	10,750	1911,35
1	hintere „ -Vorderwand	74,8	10,270	768,20
1	Rahmenversteifung, vor Feuerbuchse	108,5	7,490	812,66
1	„ „ Treibachse	124,9	6,760	844,32
1	„ über „	231,1	6,640	1534,50
1	„ hinter vorderer Kuppelachse	149,7	5,665	848,05
1	„ über „ „	255,4	4,990	1274,45
1	„ „ Bremszylinder	162,7	4,930	802,11
1	„ hinter 2. Laufachse	139,7	4,320	603,50
1	„ über 2. „	159,3	3,695	588,61
1	„ „ 2. „	236,5	3,690	872,68
1	„ hinter Zylinder	193,3	3,060	591,50
1	„ zwischen Zylinder oben	366,7	1,900	696,73
1	„ „ „ unten	346,6	2,600	901,16
1	„ vor „	109,8	2,240	245,95
1	Pufferbohle	348,7	0,746	260,13
1	Kesselträger	75,4	5,470	412,44
1	Rauchkammerträger, vorn	148,3	1,365	202,43
2	„ , seitlich	226,7	2,180	494,21
4	W-Eisen am Rahmen, vorn	62,4	0,770	48,05
6	Gleitbacken	667,5	7,410	4946,17
2	Ausgleichhebel mit Träger	355,8	8,525	3033,19
4	Federgehänge an den Ausgleichhebeln	35,0	8,525	298,37
4	„ „ vorderer u. hinterer Kuppelachse	108,1	7,490	809,67
2	„ „ zwischen Trieb- u. vord. „	110,9	6,210	688,69
	Zu übertragen	8973,8		49364,21

696 Gewichtsberechnung, Achsbelastungen und Einstellung der Lokomotiven in Krümmungen.

Stückzahl	Gegenstand	Gewicht kg	Schwerpunktsabstand m	Moment mkg
	Übertrag	8973,8		49364,21
2	Puffer, vollständig	197,5	0,633	125,02
1	Zughaken, „	75,0	0,920	69,00
1	„ -Führung	14,7	0,630	9,26
1	Federdruckplatte für Zughakenfedern	28,7	1,720	49,36
2	Bahnräumer	118,1	0,710	83,85
1	Hauptzugbolzen	34,5	10,550	363,97
2	Führungen dazu	37,4	10,550	394,57
2	Notzugbolzen	29,0	11,050	320,45
4	Führungen dazu	49,6	11,050	548,08
2	seitliche Feuerbuchs-Gleitstücke, vorn	48,8	8,110	395,77
2	„ „ , hinten	49,1	9,260	454,67
2	Gleitstangenträger mit Lager für Schwingen und Steuerwelle	594,4	5,245	3117,63
1	große Brücke zwischen Maschine und Tender	53,5	11,260	602,41
2	kleine Brücken „ „ „ „	11,6	11,340	131,54
2	Versteifungswinkel unter Führerhaus	65,7	9,850	647,14
1	Führungsstück am F.-B.-Rücken	67,8	10,355	702,07
1	Drehzapfen für Drehgestell	62,1	2,600	161,45
1	unteres Drehzapfenlager	27,6	2,600	71,76
1/2	Hauptzugstange zwischen Lokomotive und Tender	76,5	10,550	807,07
2	halbe Notzugstangen „ „ „ „	17,3	11,050	191,16
6	Achsgabelhalter	147,3	7,370	1085,60
6	Stellkeile	181,2	7,230	1310,08
2	Tropfbleche unter Stoßpuffer	4,6	11,250	51,75
2	Anschläge für Drehgestell	33,0	3,690	121,77
2	Stoßpufferplatten	56,5	11,215	633,65
2	Fangbügel für Treibstangen	17,7	4,800	84,96
1	Fußtritt an Pufferbohle	12,5	0,710	8,87
1	„ „ „	1,9	0,630	1,20
1	„ am Zugkasten	8,7	11,220	97,61
1	Handgriff auf Pufferbohle	6,1	0,735	4,48
2	Handgriffe an „	8,5	0,600	5,10
2	Konsole am Gleitstangenträger, vorn	224,0	4,300	963,20
2	„ „ „ , hinten	212,0	6,280	1331,36
2	„ hinten	118,6	8,600	1019,96
2	Radkasten über 1. Laufachse	47,2	1,500	70,80
2	„ „ 2. „	30,4	3,620	110,05
2	„ „ hinterer Kuppelachse	131,0	10,020	1312,62
1	Sicherheitskupplung	21,4	0,485	10,38
1	Schraubenkupplung	24,0	0,485	11,64
	Gruppe 7 zusammen	11 919,3		66 845,52
	8. Führerhaus und Trittbleche.			
1	Führerhaus-Vorderwand	156,7	9,730	1512,69
2	„ -Seitenwände	222,0	10,455	2321,01
1	„ -Hinterwand	45,5	12,090	550,09
1	„ -Dach	305,9	10,920	3340,43
1	Versteifung unter Dach	74,4	11,120	827,33
1	„ „ „	18,4	10,220	188,05
1	„ an der Vorderwand	14,3	9,710	138,85
2	Eckversteifungen	8,9	11,125	99,01
2	Klappfenster in der Vorderwand	16,6	9,735	161,60
2	Drehfenster „ „	32,8	9,730	319,14
2	Seitenfenster	87,8	10,545	925,85
1	Lüftung	67,2	10,420	700,22
2	Holzversteifungen an der Vorderwand	7,4	9,740	72,08
2	„ „ den Seitenwänden	17,6	10,420	183,39
2	Sitze	41,3	11,035	455,74
2	Schutzschirme für Drehfenster	13,8	9,610	132,62
2	Schutzgläser für Seitenfenster	8,3	10,425	86,53
	Zu übertragen	1188,9		12 014,63

Beispiel einer Gewichtsberechng. u. Lastverteilg. der 2C-Heißd.-Personenzuglok. Gattg. P8 usw. 697

Stück-zahl	Gegenstand	Gewicht kg	Schwer-punkts-abstand m	Moment mkg
	Übertrag	1188,9		12014,63
2	Seitentüren	58,9	11,400	671,46
4	Rohrkragen an der Vorderwand	3,8	9,725	36,95
1	Ablegeblech im Führerhaus	3,6	9,880	35,57
2	Handstangen an Führerhaus-Seitenwand	20,7	9,900	204,93
2	” ” ” ” , hinten	11,0	11,180	122,98
2	Fußtritte ” ” -Vorderwand	9,6	9,650	92,64
1	Handgriff im Führerhaus	1,4	11,020	15,43
4	Haken zum Abheben des Führerhauses	3,8	10,420	39,60
1	Satz Abdeckbleche am Führerhaus	5,2	9,730	50,60
1	Laterne	12,3	10,630	130,75
1	Trittblech vorn, über Pufferbohle	37,9	0,980	37,14
2	Trittbleche vorn, seitlich	56,7	1,020	57,83
2	” vor Zylinder	63,0	1,820	114,66
2	” hinter Zylinder	92,0	3,600	331,20
2	” über Kuppelachse	143,5	5,280	757,68
2	” ” Triebachse	230,6	8,055	1857,48
2	” hinten	90,4	10,300	931,12
1	Satz Trittblechwinkel	285,0	6,100	1738,50
1	Bodenbelag	165,7	10,570	1751,45
	Gruppe 8 zusammen	2434,0		20992,60
	9. Bekleidung, Schilder und Sandkasten.			
1	Langkesselbekleidung	391,6	5,255	2057,86
1	Feuerbuchsbekleidung	253,1	8,950	2265,24
1	Feuerbuchsrückwandbekleidung	79,7	10,375	826,89
1	Satz Asbestmatten für Feuerbuchse	43,3	10,350	448,15
1	Dombekleidung	35,8	4,017	143,81
1	Bekleidung für Sicherheitsventil	7,2	9,215	66,35
1	” ” Automat	3,0	2,530	7,59
2	Bekleidungen für Zylinder	75,4	2,650	199,81
2	” ” Zylinderarmatur	41,0	2,650	108,65
1	Satz Asbestmatten für Zylinder	50,0	2,650	132,50
2	Bekleidungen für vorderen Zylinderdeckel	12,5	2,130	26,62
2	” ” hinteren ”	5,0	3,145	15,72
2	Rohrbekleidungen	65,8	2,120	139,50
1	Satz Abdeckbleche für Zylinderversteifungen . . .	24,2	2,650	64,13
2	Abdeckbleche für Einströmrohre	31,4	2,570	80,70
2	” ” Ausströmrohre	27,3	1,935	52,83
2	Schilder am Zylinder, für Schmierleitung	0,6	2,650	1,59
1	Kesseldruckschild	1,1	10,355	11,39
2	Nummerschilder	50,7	1,850	93,79
2	Adlerschilder	4,3	10,450	44,93
2	Gattungsschilder ·	3,3	10,450	34,48
2	Leistungsschilder	0,7	10,450	7,31
1	Geschwindigkeitsschild	0,5	10,375	5,19
1	Untersuchungsschild	0,4	10,375	4,15
2	Firmaschilder	1,3	10,450	13,58
2	Überhitzerschilder	0,8	1,850	1,48
1	Gebrauchsanweisungsschild für Überhitzer	1,0	10,375	10,37
1	Sandkasten	80,8	5,270	425,82
	Gruppe 9 zusammen	1291,8		7290,43
	10. Züge, Handleisten und Rohre.			
2	Züge für Aschkasten	27,2	9,850	267,92
1	Zug für „Marcotty-Ventil"	26,0	7,430	193,18
1	” ” Bläser	27,4	7,400	202,76
1	” ” Automat	54,8	6,400	350,72
1	” ” Rauchkammer-Spritzhahn-	30,1	7,490	225,45
1	” ” Dampfpfeife	33,6	9,750	327,60
	Zu übertragen	199,1		1567,63

698 Gewichtsberechnung, Achsbelastungen und Einstellung der Lokomotiven in Krümmungen.

Stückzahl	Gegenstand	Gewicht kg	Schwerpunktsabstand m	Moment mkg
	Übertrag	199,1		1567,63
1	Zug für Druckausgleich	96,6	4,880	471,41
1	„ „ Zylinder-Ablaßventile	94,9	5,370	509,61
2	Handleisten an der Rauchkammer	24,0	2,580	61,92
1	Dampfrohr für „Marcotty" im Dom	2,0	3,950	7,90
1	Leitung „	6,6	7,250	47,85
1	Abflußrohr vom Marcotty-Ventil	1,0	3,910	3,91
1	Leitung für Rauchkammer-Spritzung	2,3	2,800	6,44
1	Rohr „ „ „	4,4	1,280	5,63
1	Bläserleitung	2,6	2,860	7,44
1	Dampfrohr für Automat	2,9	2,300	6,67
3	Abflußrohre vom Automat	2,8	2,460	6,89
2	Aschkasten-Spritzrohre	5,7	8,850	50,44
1	Leitung dazu	4,0	9,550	38,20
2	Strahlpumpen-Dampfrohre	10,1	10,080	101,81
2	„ -Druckrohre	46,9	7,320	343,31
2	„ -Saugrohre	37,6	10,100	379,76
2	„ -Schlabberrohre	30,3	9,970	302,09
6	Schmierleitungen für Zylinder	20,0	6,200	124,00
2	Schmierrohre für Führungsstück am F.-B.-Rücken	0,6	10,385	6,23
1	Leitung für Zylinder-Luftsaugeventile	3,7	3,370	12,47
1	„ „ Sandkasten	16,1	7,450	119,94
4	Sandstreurohe	47,6	5,300	252,28
2	Abflußrohre am vorderen Auspuffkasten	4,1	1,660	6,81
2	„ „ hinteren „	3,3	3,355	11,07
6	„ vor den Ölsparern	4,2	2,650	11,13
4	„ an den Zylindern	9,8	2,650	25,97
1	„ für Wasserstand	0,7	10,375	7,26
2	„ an den Spritzenschlauchstutzen	1,2	4,430	5,32
1	Rohr für Kohlennässung	0,6	10,375	6,22
	Gruppe 10 zusammen	685,7		4507,61
	11. Luftdruckbremse (Knorr).			
1	Bremszylinder mit Kolbenstange	75,4	4,930	371,72
1	Bremswelle mit Hebeln	92,1	4,650	428,26
2	Hängelager dazu	60,3	4,650	280,39
2	Bremsgehänge mit Klötzen, vor 1. Kuppelachse	86,3	4,270	368,50
2	Träger dazu	16,7	4,270	71,31
4	Bremsgehänge mit Klötzen, zwischen Trieb- und 1. Kuppelachse	153,1	6,210	950,75
4	Träger dazu	17,3	6,210	107,43
4	Bremsgehänge mit Klötzen, zwischen Trieb- und 2. Kuppelachse	182,3	8,500	1549,55
2	Träger dazu	26,7	8,500	226,95
2	Bremsgehänge mit Klötzen, hinter 2. Kuppelachse	95,6	10,850	1037,26
2	Träger dazu	14,0	10,850	151,90
8	Anschläge für Bremsgehänge	17,1	7,970	136,29
1	Traverse vor 1. Kuppelachse	48,5	4,300	208,55
2	Traversen zwischen 1. Kuppelachse und Triebachse	86,9	6,210	539,65
2	„ „ 2. „ „ „	86,9	8,530	741,26
1	Traverse hinter 2. Kuppelachse	44,3	10,760	476,67
	Zugstangen, vorn	57,4	5,240	300,78
2	„ unter 1. Kuppelachse	8,4	4,400	36,96
2	„ „ Triebachse	51,6	7,350	379,26
2	„ „ 2. Kuppelachse	37,2	9,890	367,91
2	Stellstangen mit Ausgleichhebel, zwischen Trieb- und 1. Kuppelachse	71,4	6,220	444,11
2	Stellstangen mit Ausgleichhebel, zwischen Trieb- und 2. Kuppelachse	51,2	8,520	436,22
2	Fangbügel, vorn	7,5	4,400	33,00
2	„ zwischen Trieb- und 1. Kuppelachse	14,5	6,210	90,04
	Zu übertragen	1402,7		9734,72

Beispiel einer Gewichtsberechng. u. Lastverteilg. der 2C-Heißd.-Personenzuglok. Gattg. P 8 usw. 699

Stück-zahl	Gegenstand	Gewicht kg	Schwer-punkts-abstand m	Moment mkg
	Übertrag	1402,7		9734,72
4	Fangbügel, zwischen Trieb- und 2. Kuppelachse	25,1	8,500	213,35
2	„ hinten	11,4	10,720	122,21
2	Rückziehfedern	6,4	4,800	30,72
1	Hauptluftbehälter	197,9	6,210	1228,96
1	Luftpumpe mit Träger	406,0	6,670	2708,02
1	Dampfventil am Dom	10,9	4,020	43,82
1	Zug dazu	31,0	7,380	228,78
1	Hilfsluftbehälter mit Träger	33,9	8,075	273,74
1	Ölpumpe mit Träger	6,1	10,425	63,59
1	Leitung dazu	3,4	8,850	53,98
1	Führerbremsventil mit Träger	24,4	10,460	255,22
1	Druckregler	4,6	6,875	31,62
3	Luftdruckmesser mit Leitungen	6,7	10,020	67,13
1	Tropfbecher	8,9	10,270	91,40
1	Kupplungshahn, vorn	2,5	0,600	1,50
2	Kupplungsschläuche	6,0	5,720	34,32
1	Leerkupplung hinten	1,1	11,120	12,23
1	„ , vorn	0,6	0,465	0,28
1	Auslöseventil mit Dreiweghahn	2,4	10,690	25,66
1	„ zur Drehgestellbremse	1,8	10,925	19,66
1	Absperrhahn „	1,0	4,720	4,72
1	Dampfrohr zur Luftpumpe	8,8	5,670	49,90
1	Auspuffrohr von der Luftpumpe	30,9	2,920	90,23
3	Abflußrohre, von Druckregler und Luftpumpe	2,7	6,860	18,52
1	Satz Kupferrohre mit Halter und Schellen	2,8	6,270	17,56
1	„ Eisenrohre „ „ „ „	100,5	7,000	703,50
	Gruppe 11 zusammen	2340,5		16125,34
	12. Dampfheizung.			
1	Dampfventil	13,4	9,260	124,08
1	Zug dazu	3,5	9,960	34,86
1	Dreiweghahn mit Halter	13,8	9,990	137,86
1	Absperrhahn	6,3	0,530	3,34
1	Manometer mit Rohr	1,5	9,850	14,77
1	Rohr im Kessel	17,0	6,460	109,82
1	Satz Dampfheizungsrohre	126,4	6,300	796,32
1/2	Schlauchkupplung zwischen Maschine und Tender	8,6	10,850	93,31
	Gruppe 12 zusammen	190,5		1314,36
	13. Gaseinrichtung.			
1	Satz Hähne und Rotgußteile	1,6	7,000	11,20
1	„ Rohre	14,3	6,400	91,52
1	Laterne an der Rauchkammer	6,8	1,015	6,90
2	Laternen auf der Pufferbohle	26,0	0,770	20,02
	Gruppe 13 zusammen	48,7		129,64
	14. Spachtel und Farbe.			
	Spachtel und Farbe	170,0	6,000	1020,00
	15. Vorräte und Besatzung.			
	Wasser im Kessel 150 mm über F.-B.-Decke	5860,0	6,200	36332,00
	Kohlen auf Rost	300,0	8,660	2598,00
	Sand im Kasten	200,0	5,270	1054,00
	1 Heizer und 1 Führer	150,0	10,600	1590,00
	Gruppe 15 zusammen	6510,0		41574,00

700 Gewichtsberechnung, Achsbelastungen und Einstellung der Lokomotiven in Krümmungen.

Gruppen-Nr.	Gegenstand	Gewicht kg	Schwerpunkts-abstand m	Moment mkg
	Zusammenstellung.			
I.	2 Laufachsen, vorn	3750,0		
II.	Vordere Kuppelachse	3590,0		
III.	Triebachse	4670,0		
IV.	Hintere Kuppelachse	3620,0		
V.	Abgefederte Teile des Drehgestells	2260,0		
1.	Kessel	17 765,3		117 970,59
2.	Grobe Armatur	2671,2		18 099,32
3.	Feine "	592,8		4085,63
4.	Regler, Rohre und Rauchkammerteile	2895,7		11 101,66
5.	Zylinder und Triebwerk	5207,8		14 821,42
6.	Steuerung	861,7		4675,97
7.	Rahmen und Zubehör	11 919,3		66 845,52
8.	Führerhaus und Trittblech	2434,0		20 992,61
9.	Bekleidung, Schilder und Sandkasten	1291,8		7290,43
10.	Züge, Handleisten und Rohre	685,7		4507,61
11.	Luftdruckbremse	2340,5		16 125,44
12.	Dampfheizung	190,5		1314,36
13.	Gaseinrichtung	48,7		129,64
14.	Spachtel und Farbe	170,0		1020,00
	Leergewicht der Lokomotive	66 965,0		288 980,20
15.	Vorräte und Besatzung	6 510,0		41 574,00
	Gesamtgewicht der Lokomotive betriebsfähig	73 475,0		330 554,20

Lastverteilung der betriebsfähigen Maschine.

Der Schwerpunkt des auf den Federn der gekuppelten Achsen und auf den Gleitschuhen des Drehgestells ruhenden Gewichtes liegt von der Bezugsebene entfernt.

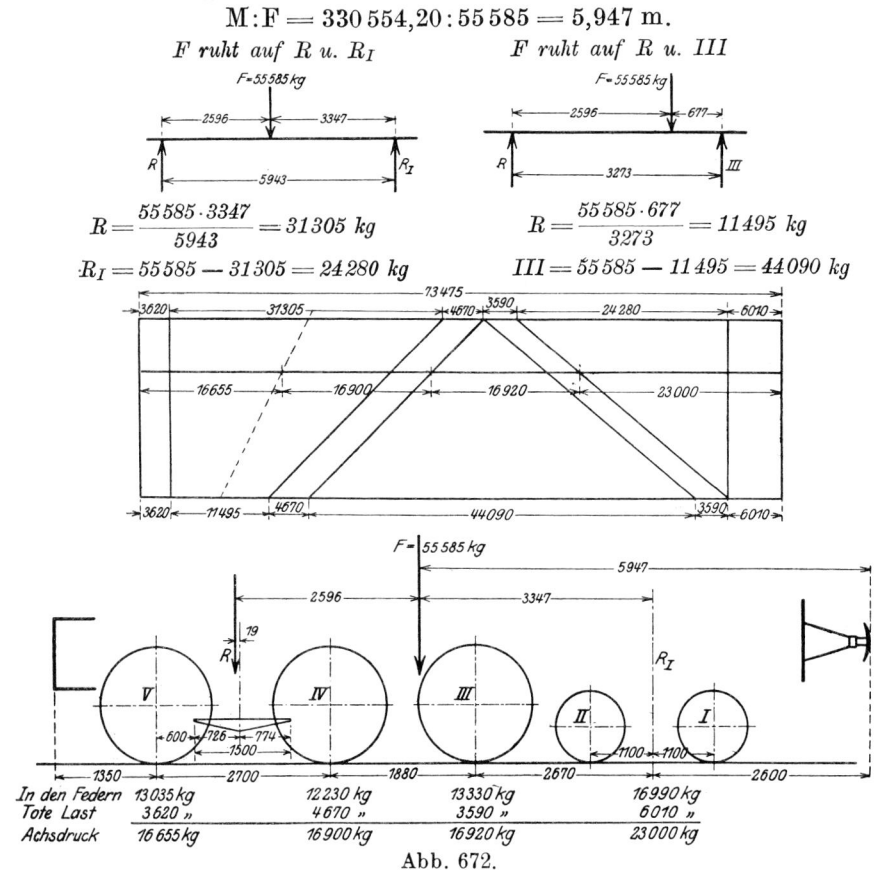

$$M:F = 330\,554{,}20 : 55\,585 = 5{,}947 \text{ m}.$$

F ruht auf R u. R_I

F ruht auf R u. III

$$R = \frac{55\,585 \cdot 3347}{5943} = 31\,305 \text{ kg}$$

$$R = \frac{55\,585 \cdot 677}{3273} = 11\,495 \text{ kg}$$

$$R_I = 55\,585 - 31\,305 = 24\,280 \text{ kg}$$

$$III = 55\,585 - 11\,495 = 44\,090 \text{ kg}$$

Abb. 672.

4. Einstellung der Lokomotiven in Krümmung und das Roysche Verfahren.

Mit der Erhöhung der Leistungsfähigkeit der Lokomotiven sind naturgemäß auch die baulichen Abmessungen immer größer geworden, so daß es bereits Schwierigkeiten bereitet, mit den zur Zeit größten Achsständen ein zwangloses Durchfahren starker Krümmungen von 180 m Halbmesser, wie sie in Hauptbahnen in Weichen auftreten, zu ermöglichen. Auf jeden Fall muß bei großen Lokomotiven die Kurvenläufigkeit schon bei dem Entwurf eingehend untersucht werden. Durch die folgenden Darstellungen sollen die Verhältnisse für verschiedene Lokomotivbauarten planmäßig klargestellt werden, so daß der Leser leicht auch für die nicht behandelten Achsanordnungen die Einstellung des Fahrzeugs in der Krümmung festzustellen in der Lage sein wird.

Fährt ein zweiachsiges Fahrzeug mit steifen Achsen durch eine Krümmung hindurch, so läuft unter allen Umständen die Vorderachse außen an, während die Hinterachse stets die Neigung hat, sich nach dem Krümmungsmittelpunkt hin einzustellen. **Diese Tatsache ist von grundlegender Bedeutung für alle folgenden Untersuchungen.**

Der Beweis hierfür ist folgender:

Denkt man sich nach Abb. 673 ein zweiachsiges Fahrzeug, beispielsweise eine Lokomotive, in einer Krümmung in der angegebenen Richtung fahrend, so wirkt die Antriebskraft P_1 in der Längsachse der Lokomotive xx. Der Punkt A der hinteren Achse muß sich nun aber in der Krümmung auf einem Kreisbogen um den Krümmungsmittelpunkt M bewegen, er erfährt dadurch in jedem Augenblick eine Bewegung in der Richtung P_2, die senkrecht zu AM steht. Damit nun Kraftrichtung und Bewegungsrichtung zusammenfallen, muß eine Kraft P_3 auftreten, die das Gleichgewicht herstellt. Diese Kraft P_3, die nach M hin gerichtet ist, sucht die Hinterachse so lange zu drehen, bis Gleichgewicht hergestellt ist, d. h. bis sie Null wird. Dies ist der Fall, wenn die Hinterachse radial steht.

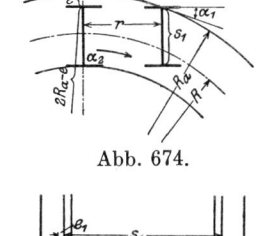

Abb. 673.

Ob sich nun die Hinterachse tatsächlich radial nach dem Krümmungsmittelpunkt einstellt, hängt außer von der Größe des Krümmungshalbmessers von dem Radstande des Fahrzeugs, dem Spiel der Achsen im Gleis und der Spurerweiterung des Gleises in der Krümmung ab.

Bezeichnet man mit r den Radstand des Fahrzeugs, mit R_a den Krümmungshalbmesser der äußeren Schiene, so kann sich die hintere Achse gerade noch radial stellen, wenn nach Abb. 674 und 675 die Entfernung s_1 zwischen den Anlaufstellen der Radflanschen vermehrt um die gesamte Spurerweiterung e gleich der Spurweite der Krümmung ist. Die Spurerweiterung e setzt sich zusammen aus dem Seitenspiel der Achsen im geraden Gleis e_1 und der Spurerweiterung e_2 in Krümmungen. Betreffs der Werte für e_1 gilt nach der Bau- und Betriebsordnung 1913 § 31e für deutsche Bahnen folgendes:

Abb. 674.

Abb. 675.

„Es sei der Spielraum der Spurkränze im Gleis von 1,435 m Spurweite, gemessen nach Verschiebung der Achse bis zum Anlauf an der einen Schiene (Gesamtverschiebung) und 10 mm außerhalb der Laufkreise mindestens 10 mm und höchstens 25 mm, und bei Mittelrädern von drei oder mehr in demselben Rahmen gelagerten Achsen, wenn sie überhaupt mit Spurkränzen versehen sind, höchstens 40 mm."

702 Gewichtsberechnung, Achsbelastungen und Einstellung der Lokomotiven in Krümmungen.

Über die Spurerweiterung e_2 sagt die BO. § 9, 2, ,,daß in Krümmungen mit einem Halbmesser von weniger als 500 m die Spurweite zu vergrößern ist, und zwar darf die Vergrößerung bei Hauptbahnen 30, bei Nebenbahnen 35 mm nicht übersteigen". Über die Abstufung der Spurerweiterung bei verschiedenen Krümmungshalbmessern gibt die Hütte XXI, Band III, S. 795, folgende Werte an:

Für R bis 800 700 600 500 400 325 250 200 150 100·m
sei e_2 3 6 9 12 15 18 21 24 27 30 mm.

Die Werte werden in Preußen für Haupt- und Nebenbahnen ausgeführt.

Die geometrische Bedingung für die radiale Stellung der Hinterachse lautet mit den Bezeichnungen der Abb. 674

$$r^2 = (2 R_a - e) \cdot e = 2 R_a \cdot e - e^2,$$

und da e^2, weil sehr klein, vernachlässigt werden kann

$$= \sim 2 R_a \cdot e,$$

d. h. die Hinterachse wird sich nach dem Krümmungsmittelpunkt hin einstellen können, wenn

$$r \leq \sqrt{2 R_a \cdot e}$$

ist. Ist $r > \sqrt{2 R_a \cdot e}$, so läuft die Hinterachse innen an, das Fahrzeug bewegt sich im ,,Spießgang" durch die Krümmung; ist $r = \sqrt{2 R_a \cdot e}$, so läuft die Hinterachse gerade innen an und steht radial; ist $r < \sqrt{2 R_a \cdot e}$, so läuft sie in radialer Stellung frei zwischen den Schienen.

In den weiteren Betrachtungen wird statt des Halbmessers R_a der äußeren Schiene mit größter Annäherung der Halbmesser der Gleiskrümmung R, bezogen auf die Gleismitte, gesetzt werden.

Die obige Bedingung für den radialen Lauf der Fahrzeuge gilt natürlich nur, wenn die Geschwindigkeit des Fahrzeugs in der Krümmung sich in solchen Grenzen hält, daß die Fliehkraft die Hinterachse nicht nach außen drängt.

Die Untersuchung der Kurvenläufigkeit wird meist nur für Krümmungen von 180 m angestellt, die stets mit so geringen Geschwindigkeiten durchfahren werden, daß die durch die Fliehkraft bewirkte Einstellung nicht in Frage kommt.

In Wirklichkeit wird nun nicht, wie in Abb. 674 angenommen ist, der Berührungspunkt der Räder mit der Schiene senkrecht unter der Achse in o liegen. Der wirkliche Berührungspunkt o' wird vielmehr, wie aus Abb. 676 und 677 hervorgeht, nach vorn um die Entfernung c verschoben sein, da der Radflansch bei der Schrägstellung der Achse zuerst anläuft. Nach Abb. 677 ist, wenn 2ϱ der Flanschdurchmesser des Rades, h die Flanschhöhe ist:

$$\varrho^2 = c^2 + (\varrho - h)^2$$

oder

$$c = \sqrt{2 \varrho h - h^2}.$$

Nach BO. 1913, § 31c soll die Höhe des Spurkranzes h höchstens 36 mm betragen. Für das übliche Maß $h = 25$ mm und $2 \varrho = 1000$ mm wird beispielsweise $c = 156$ mm, für $2 \varrho = 2000$ mm $c = 222$ mm. Bei genaueren Untersuchungen der Einstellung von Fahrzeugen in Krümmungen müßte bei den an den Schienen anlaufenden Rädern das Maß c entsprechend berücksichtigt werden; in der Regel verzichtet man jedoch darauf, da der Einfluß auf das Ergebnis nur gering ist.

Nach diesen einleitenden Bemerkungen kann nunmehr die Einstellung der Lokomotiven in Krümmungen näher untersucht werden. Es sollen Lokomotiven mit folgenden Achsanordnungen in den Kreis der Betrachtungen gezogen werden:
Lokomotiven mit

1. seitenverschieblichen Achsen (Helmholtz-Gölsdorf),
2. nach dem Krümmungsmittelpunkt sich einstellenden Endachsen (Adams- und Bissel-Achsen),
3. Drehgestellen nach Krauß und ähnliche (Zara, Flamme),
4. zweiachsigen Drehgestellen.

In den folgenden Abschnitten und zugehörigen Abbildungen bezeichne f eine feste, v eine seitenverschiebliche Achse, s die Spurweite, e die Spurerweiterung in der Krümmung und xx die Längsachse der Lokomotive.

Als Beispiel für eine Lokomotive mit seitenverschieblichen Achsen sei eine fünfachsige Maschine gewählt, bei der die zweite und vierte Achse fest, die erste, dritte und fünfte dagegen seitenverschieblich ist.

Ist die Bedingung erfüllt, daß der feste Radstand r, d. h. die Entfernung der festen Achsen II und IV voneinander kleiner oder gleich $\sqrt{2R \cdot e}$ ist, so ergibt sich die in Abb. 678 gezeichnete Stellung der Lokomotive im Gleis. Die Achsen II und IV

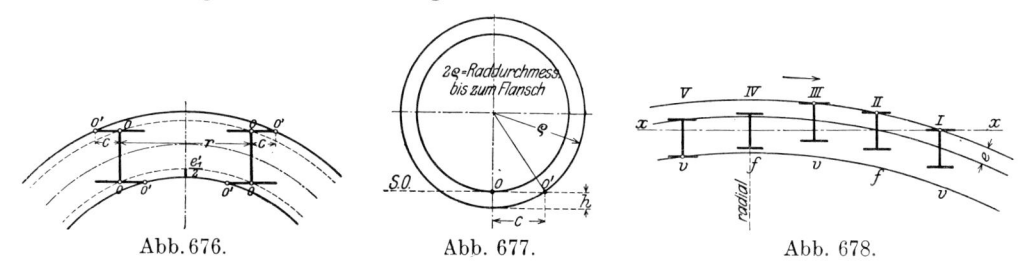

Abb. 676.   Abb. 677.   Abb. 678.

bestimmen die Lage der Hauptachse xx der Lokomotive, die sich wie ein Fahrzeug mit festen Endachsen einstellt. Die Achse II läuft außen an, Achse IV stellt sich radial. Es ist ferner ersichtlich, daß die Achse I auch außen anlaufen muß, wobei sie nach innen geschoben wird. Die Hinterachse V will bei der Einfahrt in die Krümmung in der Ebene ihrer Räder nach vorwärts weiter rollen, in diesem Bestreben wird sie schließlich innen anlaufen; die Achse III läuft ebenfalls in ihrer Radebene weiter und läuft dabei allmählich außen an. Die Richtung, nach der sich die Achse verschiebt, kann nach folgender Regel leicht ermittelt werden:

Alle Achsen, die vor dem Schnittpunkt y des Lotes vom Krümmungsmittelpunkt M auf die Längsachse xx der Lokomotive liegen, laufen nach außen hin, alle Achsen, die hinter dem Punkt y liegen, nach innen zu.

Läßt die Spurerweiterung e bzw. ein zu großer Radstand r die radiale Stellung der Achse IV nicht zu, so läuft diese innen an, Abb. 679. Bezüglich der anderen Achsen gilt genau dasselbe wie oben.

Ist nun das Spiel der seitenverschieblichen Achsen ausreichend, so laufen die Flanschen der Räder an den Schienenköpfen an, andernfalls üben die Achsen einen Druck auf den Rahmen aus, der den Anlaufdruck der benachbarten, anliegenden Räder vergrößert und auf stärkere Abnutzung

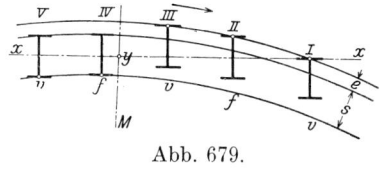

Abb. 679.

der Flanschen hinarbeitet. Aus dieser Überlegung heraus ist auch der Vorteil seitenverschieblicher Mittelachsen gegenüber festen Achsen oder solchen ohne Flanschen zu erkennen, die stets einen nach außen wirkenden Druck auf den Rahmen ausüben.

Lokomotiven mit radial einstellbaren Endachsen stellen sich so ein, daß die vordere feste Achse außen anläuft; die letzte feste Achse stellt sich nach den früheren Betrachtungen radial ein oder läuft innen an, je nach Größe des festen Radstandes. Eine vordere Laufachse läuft stets außen an, eine hintere Laufachse will als Schleppachse radial laufen.

Bei einer 1 C 1-Lokomotive z. B. ist, wie aus Abb. 680 ersichtlich ist, die Lage der Längsachse xx der Lokomotive durch die Stellung der festen Achsen II und IV festgelegt; die Achse III, die vor dem Punkt y, dem Schnittpunkt des Lotes vom Krümmungsmittelpunkt M auf die Längsachse xx der Lokomotive sich befindet, läuft nach dem Vorstehenden außen an, wenn genügend Seitenspiel vorhanden ist. (Dieses kann aus baulichen Gründen nicht mehr als 40 mm nach jeder Seite betragen.)

In der in Abb. 680 dargestellten Einstellung der 1 C 1-Lokomotive ist, wie die Anschauung zeigt, die Darstellung des Laufes einer 1 C- sowie einer C 1-Lokomotive sowohl für die Vorwärts- als auch für die Rückwärtsfahrt mit enthalten.

Etwas umständlicher gestaltet sich die Untersuchung der Einstellung von Lokomotiven mit Drehgestellen nach Krauß und ähnlichen, bei denen eine radial einstellbare Laufachse mit einer seitenverschieblichen Kuppelachse zu einem Drehgestell vereinigt sind. Bei Fahrt einer 1 C-Lokomotive mit führendem Drehgestell läuft nach Abb. 681 die radial einstellbare Vorderachse I außen an, ebenfalls die

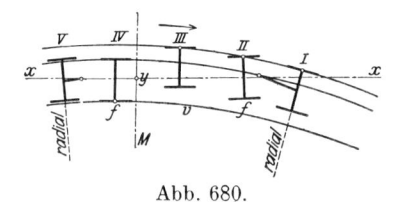

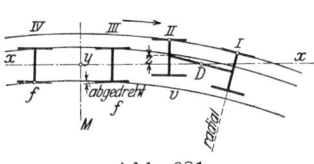

Abb. 680.   Abb. 681.

seitenverschiebliche Achse II, wenn die erforderliche Verschiebung um das Maß z möglich ist, d. h. nicht schon vorher durch einen Anschlag begrenzt wird. Hierdurch ist die Lage des Drehpunktes D des Drehgestells bestimmt, der gleichzeitig ein Punkt der Hauptachse xx der Lokomotive ist. Die letzte feste Achse IV stellt sich wie bei den vorhergehenden Fällen so ein, daß sie radial laufen will; im vorliegenden Fall wird sie innen anlaufen. Um nicht zu hohe Flanschdrücke an dem inneren Rade der festen Achse III zu erhalten, werden zweckmäßig die Flanschen dieser Achse abgedreht. (Wäre die Achse III seitenverschieblich, so würde sie außen anlaufen; da sie aber bei 1 C-Lokomotiven meist als Triebachse ausgebildet ist, wird sie in der Regel eine feste Achse sein.)

Folgen hinter der Achse IV noch weitere Achsen, so wird nach den vorstehenden Betrachtungen ihre Lage leicht zu ermitteln sein.

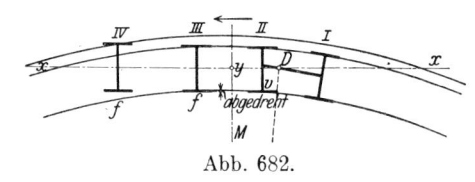

Bei der Rückwärtsfahrt einer 1 C-Lokomotive — vgl. Abb. 682 — führt die feste Achse, d. h. sie läuft außen an. Die Hauptachse der Lokomotive will sich so einstellen, daß das in D, dem Drehpunkt des Drehgestells, auf xx errichtete Lot durch M, den Krümmungsmittelpunkt, geht. In den meisten Fällen werden aber schon vor Erreichung dieser Lage die Achsen II und I innen anlaufen. In diesem Falle würde das Lot von M auf die Hauptachse xx in einem Punkte y treffen, der, in der Fahrtrichtung gesehen, vor D liegt. Die Achse III wird ebenfalls in dem angenommenen Beispiel abgedreht werden müssen.

Abb. 682.

Zweiachsige Drehgestelle haben entweder einen festen Drehpunkt, der auf der Hauptachse xx der Lokomotive liegt, oder aber der Drehpunkt ist seitenverschieblich. Die letztere Anordnung ist die üblichere und soll hier nur behandelt werden. Die Behandlung der Einstellung von Lokomotiven mit festem Drehpunkt für das Drehgestell ist einfacher und geht unmittelbar aus der folgenden Untersuchung von selbst hervor.

Nach Abb. 683 stellen sich das Drehgestell und ebenso die anderen Achsen der Lokomotive unabhängig voneinander, wie getrennte Fahrzeuge, ein, falls der erforderliche Seitenausschlag des Drehgestells z oder etwa vorhandene Anschläge bei sehr starken Krümmungen sie nicht daran hindern.

Bei der Vorwärtsfahrt läuft die Vorderachse I des Drehgestells außen an, die Hinterachse stellt sich radial, da der Radstand des Drehgestells wohl stets kleiner als $\sqrt{2 R \cdot e}$ ist. Die vordere feste Achse III der Lokomotive drängt nach außen und läuft bei genügendem Seitenspiel z des Drehzapfens außen an. Die letzte feste Achse V der Lokomotive will sich, wie in den früheren Fällen, radial stellen. Die Einstellung sonst noch vorhandener Achsen mit Seitenverschiebung ergibt sich aus ihrer Lage zu dem Punkte y. Die feste Achse IV wird im vorliegenden Beispiel so viel abgedreht, daß sie nicht mehr anläuft, da andernfalls erhebliche Flanschdrücke an der Hinterachse V auftreten würden.

Bei der Rückwärtsfahrt (Abb. 684) läuft die Achse V außen an. Die Achse III

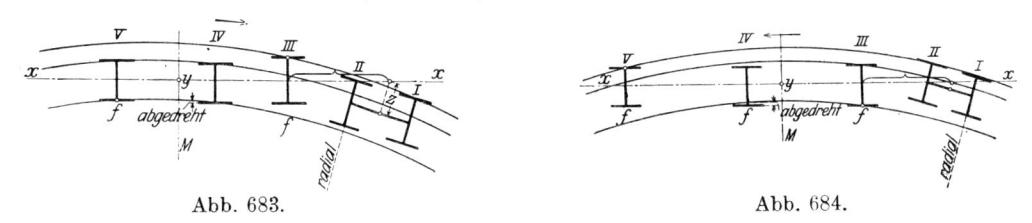

Abb. 683.
Abb. 684.

sucht sich radial zu stellen. Die Achse II des Drehgestells läuft ebenfalls außen an, Achse I stellt sich nach dem Krümmungsmittelpunkt hin ein. Die feste Achse IV wird, wie bei der Vorwärtsfahrt, zur Verminderung des Flanschdruckes der Achse III abgedreht werden.

Der zulässige größte Seitenausschlag soll nach Lotter, Handbuch regelspuriger Dampflokomotiven, höchstens 2×70 mm, wenn irgend möglich jedoch nicht mehr als 2×30 bis 2×40 mm betragen.

Nachdem im vorstehenden das Verhalten der Lokomotiven mit den verschiedensten Achsanordnungen bei der Durchfahrt durch Krümmungen erläutert worden ist, können nunmehr mit Hilfe des Royschen Verfahrens die wirklichen Ausschläge der einzelnen Achsen in einfacher Weise zeichnerisch ermittelt werden.

Durch Auftragen der in Frage kommenden Größen — der Radstände und Krümmungshalbmesser — in demselben, natürlich verkleinertem Maßstabe würde man die Ausschläge in demselben Maßstabe erhalten. Da der Halbmesser bei Hauptbahnen im Verhältnis zu den Achsausschlägen in jedem Falle aber sehr groß ist, so wird bei der aus zeichnerischen Gründen zu erfolgenden starken Verkleinerung die Genauigkeit der gesuchten Ausschläge sehr gering sein. Dieser Übelstand wird bei dem Royschen Verfahren vermieden. Die rechnerische Grundlage, auf die dieses aufgebaut ist, ist folgende:

Bezeichnet man mit r den Abstand zweier Achsen eines Fahrzeugs, das in der dargestellten Weise (Abb. 685) in einer Krümmung mit dem Halbmesser R läuft, so ist die Entfernung y des Spurkranzes der Hinterachse B von der Außenschiene zu berechnen aus der Gleichung:
$$r^2 = y(2R - y) = 2Ry - y^2.$$
Da y^2 gegenüber $2Ry$ vernachlässigt werden kann, so wird mit genügender Genauigkeit auch
$$r^2 = 2Ry$$
oder
$$y = \frac{r^2}{2R}$$

Abb 685.

sein. Nach Roy kann man diese Gleichung auch in folgender Form schreiben:

$$y = \frac{\dfrac{r^2}{n^2}}{\dfrac{2R}{n^2}} = \frac{\left(\dfrac{r}{n}\right)^2}{\dfrac{2R}{n^2}}.$$

Diese Gleichung besagt, daß der Ausschlag y in natürlicher Größe erscheint, wenn der Radstand r im Maßstabe $1:n$ und der Krümmungshalbmesser R in $1:n^2$ aufgetragen wird. Wählt man also z. B. $n = 10$, so muß man r in $1/10$ und R in $1/100$ der natürlichen Größe auftragen, um y selbst in natürlicher Größe zu erhalten. Ebenfalls erhält man sämtliche Winkel, von denen besonders der Anlaufwinkel α, Abb. 685, bemerkenswert ist, in $n$facher Vergrößerung.

Zur bequemen Auftragung wählt man zweckmäßig die Ziffern n zwischen 8 und 12,5. Man erhält damit folgende Werte für R und r:

	Maßstab n		
	8	10	12,5
Ausweichung y	1:1	1:1	1:1
Radstand r	1:8	1:10	1:12,5
Krümmungshalbmesser R	1:64	1:100	1:156,25

Bei der Auftragung des Krümmungshalbmessers R wird unter Verwendung obiger Maßstäbe in der Regel ein Kurvenlineal benutzt werden müssen; bei Verwendung eines Stangenzirkels würde dieser unhandlich groß werden. Man kann sich in diesem Falle dadurch helfen, daß man die Maßstäbe nochmals verkleinert. Man erhält dann z. B. bei einem Maßstabe $n = 10$ die Ausweichung y in halber natürlicher Größe, wenn der Radstand r in $1:20$, der Krümmungshalbmesser in $1:200$ aufgetragen wird.

Durch die Anwendung des Royschen Verfahrens ist man in der Lage, zu erkennen, ob ein Fahrzeug mit den gewählten Achsständen durch die betreffende Krümmung überhaupt hindurchfahren kann.

Bei der zeichnerischen Darstellung der Einstellung einer Lokomotive in einer Krümmung trägt man zunächst in einer Entfernung $e = e_1 + e_2$, Abb. 686, zwei Kreise mit dem Halbmesser $\dfrac{R}{n^2}$ und demselben Mittelpunkt auf, wo e_1 das Spiel der Achse im geraden Gleis und e_2 die Spurerweiterung in der Krümmung bedeutet. Die Spurerweiterung wird stets nach innen aufgetragen. Über die Größen von e_1 und e_2 sind bereits im vorstehenden die erforderlichen Angaben gemacht worden. Diese beiden Kreise stellen die inneren Fahrkanten des Gleises dar. Das Fahrzeug wird durch die Mittelachse xx dargestellt,

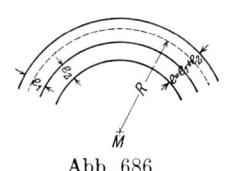

Abb. 686.

auf der die Achsenentfernungen im Maßstabe $1:n$ festgelegt sind. Die geometrischen Mittelpunkte der einzelnen Achsen müssen nun sämtlich innerhalb des gezeichneten Spielraumes liegen, wenn die Lokomotive zwanglos die Krümmung durchfahren soll. Aus dem zu Anfang besprochenen Einstellungsbestreben der Achsen läßt sich die Lage der betreffenden Achsen in dem Gleis bestimmen. Man erkennt, ob eine Achse an den Schienenköpfen anläuft, ob eine Abdrehung der Radflanschen erforderlich ist, ob eine Seitenverschiebung und in welcher Größe zweckmäßig ist, wie groß der Ausschlag von Drehgestellen und einstellbaren Achsen sein muß und welche Größe der Anschneidewinkel annimmt, der zweckmäßig stets kleiner als $3^1/_2$ bis 4^0 zu wählen ist.

Die Untersuchung der Kurvenläufigkeit ist stets für Vorwärts- und Rückwärtsgang auszuführen, mit Ausnahme der symmetrisch gebauten Lokomotiven, z. B. der B-, C-, D-, E- oder 1 B 1-, 1 C 1-, 1 D 1-, 1 E 1- oder 2 B 2-, 2 C 2- usw. Lokomotiven, bei denen die Einstellung für die Vorwärts- und Rückwärtsfahrt gleich ist; bei nicht symmetrisch gelagerten Achsen wird aber auch hier eine Untersuchung für beide Fahrtrichtungen angebracht sein.

Die Genauigkeit des Royschen Verfahrens ist für die bei regelspurigen Lokomotiven vorkommenden kleinsten Krümmungen genügend. Ein Fehler kommt durch die Vernachlässigung des quadratischen Gliedes hinein, dessen Größe sich in einfacher Weise durch Reihenentwicklung bestimmen läßt.

Nach Abb. 687 ist im Dreieck MAB

$$y = R - \sqrt{R^2 - r^2} = R - R\sqrt{1 - \frac{r^2}{R^2}}$$

$$= R - R\left(1 - \frac{1}{2}\frac{r^2}{R^2} - \frac{1}{8}\frac{r^4}{R^4} - \frac{1}{16}\frac{r^6}{R^6}\cdots\right)$$

$$= \frac{1}{2}\frac{r^2}{R} + \frac{1}{8}\frac{r^4}{R^3} + \frac{1}{16}\frac{r^6}{R^5} + \cdots,$$

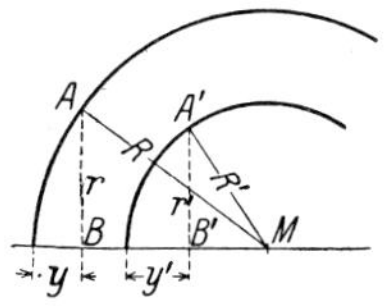

Abb. 687.

ferner im Dreieck $MA'B'$

$$y' = R' - \sqrt{R'^2 - r'^2} = R' - R'\sqrt{1 - \frac{r'^2}{R'^2}}$$

$$= R' - R'\left(1 - \frac{1}{2}\frac{r'^2}{R'^2} - \frac{1}{8}\frac{r'^4}{R'^4} - \frac{1}{16}\frac{r'^6}{R'^6} - \cdots\right)$$

$$= \frac{1}{2}\frac{r'^2}{R'} + \frac{1}{8}\frac{r'^4}{R'^3} + \frac{1}{16}\frac{r'^6}{R'^5} + \cdots.$$

Setzt man hierin $r' = \frac{r}{n}$ und $R' = \frac{R}{n^2}$, so folgt:

$$y' = \frac{1}{2}\frac{r^2}{R} + \frac{1}{8}\frac{r^4}{R^3} \cdot n^2 + \frac{1}{16}\frac{r^6}{R^5} \cdot n^4 + \cdots.$$

Vernachlässigt man die Glieder, die n in der vierten und höheren Potenzen aufweisen, so ergibt sich der Fehler des Royschen Verfahrens zu

$$f = y - y' = \frac{1}{8}\frac{r^4}{R^3}(n^2 - 1),$$

d. h. das Roysche Verfahren gibt stets zu kleine Werte.

Es ist beispielsweise für $n = 10$, $R = 180$ m und $r = 3$ m

$$f = \frac{1}{8}\frac{3^4}{180^3}(100 - 1) = \frac{81 \cdot 99}{8 \cdot 5\,352\,000} = 0{,}000\,17 \text{ m} = 0{,}17 \text{ mm},$$

also vollkommen genau genug.

Der Fehler wird erst bei kleineren Halbmessern, wie sie bei Hauptbahnen nicht mehr in Frage kommen, das Roysche Verfahren unbrauchbar machen.

Wird z. B. gewählt:
$$n = 10,\ r = 1{,}5 \text{ m},\ R = 30 \text{ m},$$
dann wird der Fehler

$$f = \frac{1}{8}\frac{1{,}5^4(100 - 1)}{30^3} = \frac{5{,}06 \cdot 99}{8 \cdot 27\,000} = 0{,}0023 \text{ m} = 2{,}3 \text{ mm}.$$

In diesem Falle ist man gezwungen, Achsstände, Halbmesser, Spiel im Gleis, Spurerweiterung in gleichem Maße, z. B. 1:10 der natürlichen Größe, aufzutragen; man erhält dann die Ausweichungen in dem gleichen Verkleinerungsmaßstabe, die Winkel dagegen in natürlicher Größe.

Zwölfter Abschnitt.

Vorschriften über den Bau und die Unterhaltung von Lokomotiven.

Für den Bau von Lokomotiven kommen bei den preußischen Staatseisenbahnen hauptsächlich die ,,Besonderen Bedingungen für die Lieferung von Lokomotiven und Tendern" sowie die ,,Vorschriften für die Beschaffung und Güteprüfung der Baustoffe" in Frage. Da beide Vorschriften für den Lokomotivbauer erheblichen allgemeineren Wert besitzen, so sind sie, soweit sie für Heißdampflokomotiven Bedeutung haben, nachstehend unter 1. und 2. wiedergegeben[1]).

Sehr wertvoll sind ferner die aus langjährigen Erfahrungen heraus sorgfältig zusammengestellten zwei Anleitungen für die Behandlung der Lokomotiven und Tender im Betriebe und in den Werkstätten, die im Jahre 1914 von der Preußisch-Hessischen Staatseisenbahn-Verwaltung herausgegeben worden sind. Auch diese beiden Anleitungen sind daher unter 3. und 4. dieses Abschnitts wiedergegeben, soweit sie Heißdampflokomotiven betreffen[2]).

1. Besondere Bedingungen für die Lieferung von Lokomotiven und Tendern.

§ 1. Bauart.

(^{1}) Für Bauart und Herstellung der Lokomotiven und Tender sind im allgemeinen die Eisenbahn-Bau- und Betriebs-Ordnung mit den ergangenen Änderungen, die Technischen Vereinbarungen des Vereins Deutscher Eisenbahnverwaltungen und die Bestimmungen, betreffend die Technische Einheit im Eisenbahnwesen maßgebend. Im besonderen werden Bauart und Herstellung durch die Musterzeichnungen für Fahrzeuge der preußisch-hessischen Staatseisenbahnen und die Werkzeichnungen der einzelnen Gattungen festgelegt.

(^{2}) Abweichungen von den Zeichnungen und von den im § 3 enthaltenen Baustoffbestimmungen sind nur mit schriftlicher Genehmigung der vertragschließenden Eisenbahnbehörde gestattet.

(^{3}) Sollten in den Zeichnungen kleinere Teile, wie Schrauben, Winkel, Schellen usw., die zur gediegenen und vollständigen Herstellung der Lokomotiven erforderlich sind, nicht angegeben sein, so ist der Unternehmer dennoch verpflichtet, diese Teile ohne besondere Vergütung zu liefern und anzubringen.

§ 2. Allgemeine Vorschriften für die Herstellung.

(^{1}) Die Lokomotiven und Tender müssen in bezug auf Genauigkeit und Gediegenheit der Arbeitsausführung den strengsten Anforderungen entsprechen. Alle Teile müssen richtig zusammengesetzt, die beweglichen leicht gangbar sein; sie dürfen nicht klemmen, zwängen oder ecken, aber auch nicht schlottern. Die Eisenteile sind vor der Zusammensetzung sorgfältig von Hammerschlag, Zunder und Schmutz zu reinigen und, wenn erforderlich, mit einem Schutzanstrich (Leinölfirnis)

---

[1]) Nach Hanomag Nachrichten, Lieferung 1, Heft 14.
[2]) Gedruckt bei H. S. Hermann in Berlin im April 1914.

zur Verhütung erneuten Rostens während der Bearbeitung oder Lagerung zu versehen.

(²) Es ist verboten, Fehler in den Baustoffen, Schweißfugen, Brandlöcher und dergl. durch Verkitten oder Verstemmen zu verdecken. Mit Zustimmung des Abnahmebeamten, die in jedem Falle besonders einzuholen ist, können ausnahmsweise kleinere Fehlstellen und Gußlöcher in dickwandigen Teilen unter sachgemäßer Anwendung von geeigneten Verfahren ausgefüllt werden.

(³) Gleiche Lokomotiv- und Tenderteile, z. B. Achsen, Achsbüchsen, Federn, Kolben, Kreuzköpfe, Trieb- und Kuppelstangen, sowie sämtliche Teile der Steuerung und der Verbindung zwischen Lokomotive und Tender müssen bei Lokomotiven derselben Gattung unter sich vertauscht werden können, ohne daß andere Nacharbeiten als das übliche Aufpassen notwendig sind.

Winkel- und Blechverbindungen.

(⁴) Die miteinander zu verbindenden Eisenteile wie Bleche, Winkeleisen, Laschen usw. müssen sorgfältig ausgerichtet, in den Stoßfugen dichtschließend gearbeitet und an den Auflagestellen genau angepaßt sein; sie dürfen nicht erst durch das Einziehen der Niete, Schrauben usw. zum Anliegen gebracht werden. Die Spuren der Bearbeitung durch Scheren, Stanzen, Meißel, Bohrer, Sauerstoffbrenner usw. an den Blechkanten sind zu beseitigen. Die Berührungsflächen aller Eisenteile, mit Ausnahme der beiderseitig bearbeiteten und der unter Dampfdruck stehenden Dichtungsflächen, sind vor dem Zusammenbau mit dünnflüssigem, wasser- und säurefreiem Leinölfirnis satt zu streichen. Die Stemmkanten der Kesselbleche sind durch Hobeln oder Fräsen und, soweit es sich um unzugängliche Stellen handelt, durch Meißeln zu bearbeiten. Die Herstellung der Stemmkanten auf Scheren ist verboten.

(⁵) Als Zwischenlagen für dünne Wasserkastenbleche dürfen mit Vorwissen des Abnahmebeamten Dichtungsmittel verwendet werden.

Warmbearbeitung und Schweißung.

(⁶) Die Bearbeitung des Flußeisens in der Blauwärme ist unbedingt zu vermeiden.

(⁷) Das Schweißen des Eisens ist mit besonderer Sorgfalt auszuführen; es darf weder Schwächungen der durchgehenden Stärke noch unganze Stellen hinterlassen. Unebenheiten und Zunder sind zu beseitigen. Beim Schweißen des Flußeisens muß die Bearbeitung der Schweißstelle durch Hämmern usw. bis zur Dunkelrotglut fortgesetzt werden, um die nachteiligen Folgen der vorhergegangenen Überhitzung aufzuheben. Die Schweißstellen sind gut auszuglühen.

(⁸) Das autogene Schweißen ist nur mit Genehmigung der Behörde zulässig.

Niet- und Schraubenlöcher.

(⁹) Niet- und Schraubenlöcher der Kesselbleche, der Rahmen, der Stab- und Formeisen dürfen nicht gestanzt werden. Falls die Löcher beim Zusammenbau nicht ganz genau übereinander liegen, sind sie bis zur völligen Deckung glatt aufzureiben. Die Lochränder müssen sowohl unter den Niet- und Schraubenköpfen als auch in den Zwischenfugen entgratet werden. Vor dem Einziehen der Niete sind die zu verbindenden Teile so fest zu verschrauben, daß ein Klaffen oder eine Veränderung ihrer Lage während des Nietens ausgeschlossen ist.

Nietungen

(¹⁰) Die Nietköpfe sind nach den Musterzeichnungen auszubilden; sie dürfen, außer an Kessel- und Wasserkastendichtungen, nicht verstemmt werden. Die Nietschäfte sind senkrecht zur Achse abzuschneiden und müssen die zugehörigen Löcher gut ausfüllen. Vor dem Einziehen sind die Niete auf die ganze Länge ihres Schaftes auf Hellrotglut zu bringen und durch Aufschlagen vom anhaftenden Glühspan zu befreien. Die langen gedrehten Niete, z. B. am Feuerbüchsboden- und Feuertürring, sind bis etwa zur Hälfte glühend zu machen. Erst nachdem der Schaft scharf in das Nietloch eingetaucht ist, darf der Schließkopf gebildet werden. Dieser soll in der Achse des Schaftes sitzen, über der ganzen Fläche dicht anliegen und ohne Falten oder Risse voll und rund ausgeprägt sein. Der Grad ist zu beseitigen, ohne daß neben den Nietköpfen schädliche Eindrücke entstehen. Bei maschineller Nietung muß der Druck auf dem Nietkopf stehen bleiben, bis der Niet die Rotwärme verloren hat.

Schrauben und Gewinde.

([11]) Die Schraubengewinde sind nach der Schraubentabelle der Musterzeichnungen anzufertigen, falls nicht abweichende Vorschriften bestehen. Das Gewinde soll voll und glatt ausgeschnitten werden, so daß die Muttern einen sanften, dabei doch festen und gleichmäßigen Gang haben und ein Andrehen von Hand noch gerade zulassen. Stellkeil- und Federspannschrauben, die Stiftschrauben zur Befestigung der Gegenkurbeln und endlich die Befestigungsschrauben für die Deckel der Stangen und Kreuzkopfschmiergefäße erhalten feineres Gewinde. Die Schraubenansätze sind an Stellkeilen und Teilen mit ähnlichen Übergangsstellen gut auszurunden. Schrauben, deren Gewinde auf der Drehbank geschnitten wird, sind am Ende des Gewindes mit einer runden, der Gewindetiefe entsprechenden Eindrehung zu versehen, in die der Drehstahl für das Gewinde auslaufen kann.

([12]) Die Enden der Schraubenbolzen sollen 1 bis 2 Gang über den Muttern vorstehen. Die Kopfflächen sind leicht ballig abzuglätten, der am Gewinde haftende Grat ist zu beseitigen. Das Kürzen der Bolzen durch Abhauen über den Muttern ist unstatthaft. In der Feuerbüchse und Rauchkammer sollen die Schrauben etwa um einen Gang gegen die Muttern zurückstehen.

([13]) Die Schraubenköpfe sollen in der Achse des Schaftes sitzen, mit diesem voll und scharfkantig aus einem Stück hergestellt und genau rechtwinklig angesetzt sein. Ebenso dürfen die Muttern weder einseitig noch schief zu den Endflächen gelocht sein. Schrauben und Muttern gleicher Art müssen in den Abmessungen übereinstimmen; sie müssen beliebig vertauscht werden können und in die zugehörigen Schlüssel passen.

([14]) Die Muttern und Schraubenköpfe sind im allgemeinen sechskantig herzustellen, die Muttern in der Regel beiderseits, die Schraubenköpfe nur oben abzufasen. Die Anlageflächen sind, nötigenfalls durch Drehen oder Fräsen, glatt und eben herzustellen, z. B. an Achsbüchsführungen, Pufferhülsen, Zylindern, gegossenen Lagern usw.

([15]) Unterlegscheiben sind außer an den vorgeschriebenen Stellen, an den durch Splintmutter gesicherten Bolzen usw., stets auch bei vorgegossenen Löchern und geneigten Auflageflächen vorzusehen. In diesem Falle müssen die Unterlegscheiben der Neigung der Fläche angepaßt werden.

([16]) Die Schrauben zur Befestigung stark beanspruchter Bauteile, z. B. der Lagerkastenführungen und Achsgabelstege, insbesondere die Zylinderbefestigungsschrauben müssen glatt gedreht und genau passend fest in ihre Löcher eingetrieben werden. Der gewindefreie Schaft dieser Bolzen soll möglichst lang gehalten werden. Die Zylinderbefestigungsschrauben müssen, ohne zu fressen, so fest eingepaßt werden, daß sie nur mit einem leichten Vorschlaghammer ein- und ausgebracht werden können.

([17]) Ganz oder halb versenkte Schraubenköpfe sollen in der Kegelfläche fest und vollständig anliegen.

(^{18}) Die Befestigungsschrauben der eisernen Handgriffe sind kurz über den Muttern abzuschneiden und etwas anzustauchen.

(^{19}) Die Muttern von Schrauben, deren unbeabsichtigtes Lösen Betriebsstörungen herbeiführen kann, sind durch Splinte unmittelbar vor den Muttern zu sichern, z. B. an der Bremse, Pufferbefestigung, an den Lagerkastenführungen, Achsgabelstegen, Anschlagknaggen, Federgehängen, Ausgleichhebeln, Fußtritten usw.

(^{20}) Bei blanken Schraubenbolzen ist das Gewinde im überragenden Teil unter Vermeidung scharfer Kanten wegzudrehen.

(^{21}) Verbindungen auf oder in Holz sind, wenn irgend angängig, durch Bolzenschrauben mit Unterlegscheiben herzustellen. Stifte oder Nägel dürfen nur zur Befestigung von Geweben verwendet werden (vgl. § 13 (^{4})).

Stiftschrauben und Deckenanker.

(^{22}) Für die Herstellung von flußeisernen Stiftschrauben und Deckenankern ist ein vorher ausgeglühter Baustoff zu verwenden.

Einsatzhärtung.

(^{23}) Nennenswerter Abnutzung unterworfene Teile aus Schweiß- oder Flußeisen, sowie die öfter zu lösenden Schraubenmuttern sind im Einsatze so zu härten, daß nach dem Nachschleifen eine mindestens 1 mm starke gehärtete Schicht verbleibt. Das Gewinde gehärteter Muttern soll weich bleiben.

Wellen, Zapfen und Bolzen.

(^{24}) Wellen, Zapfen und Bolzen müssen an den Führungsstellen glatt gedreht oder geschliffen und in die Lagerstellen schließend eingepaßt werden. Zapfen und Bolzen, die in Buchsen laufen, sowie die Buchsen müssen nach dem Härten wieder vollkommen rund geschliffen werden; erstere dürfen schließlich in ihren Führungen nicht mehr als 0,1 mm Spielraum haben. Stärkerer Abnutzung unterworfene Bolzen- und Zapfenlager sind mit gehärteten, starkwandigen Buchsen zu versehen, z. B. an Federbundgehängen, Federgehängekloben, Lagern für Ausgleichhebelbolzen usw.; bei den Augen der Bremsgestänge genügt gutes Einsetzen. Sicherungen der Gewerkbuchsen der Steuerungsteile gegen Verdrehen sind in der Regel nicht vorzusehen, doch ist, um ein Lockern zu vermeiden, auf sorgfältiges Einpassen und festes Einpressen zu achten.

Schmierung.

(^{25}) Die der Abnutzung unterliegenden Lager- und Gleitflächen müssen bequem und zweckmäßig geschmiert werden können. Die Ölrinnen sind, soweit sie nicht maschinell hergestellt werden, mit einem scharfen, schlanken Nutenmeißel nach Lehre herzustellen und an den Kanten sauber abzurunden; ihr Querschnitt und Verlauf darf nicht dem Ermessen des Arbeiters überlassen werden.

(^{26}) Die dem Dampf- oder Wasserdruck ausgesetzten Teile müssen vollkommen dicht sein.

Dichtungen.

(^{27}) Als Dichtungsstoffe sind zu verwenden: a) für Schieberkastendeckel, die nicht aufgeschliffen werden können: geriffeltes Kupferblech oder Kupferdrähte von geeigneter Querschnittsform, z. B. •—•; b) für Überhitzerrohre: Eisenringe mit Asbesteinlage; c) für alle übrigen Dichtungen: echtes Klingerit oder ein ihm gleichwertiger Stoff, über den die Eisenbahnverwaltung entscheidet, sofern nicht Linsendichtung oder Dichtung durch Aufschleifen oder Aufschaben vorgeschrieben ist, also vor allem für Reinigungsluken und Rohrverschraubungen.

(^{28}) Glattes Kupferblech, einfacher Kupferdraht und Asbest dürfen als Dichtungsstoffe nicht verwendet werden.

Rohrleitungen und Flansche.

(^{29}) Die Rohrleitungen sollen sorgfältig gebogen und gerichtet werden. Sie sind möglichst auf dem kürzesten Wege zu verlegen und durch eine ausreichende Zahl von Schellen zu befestigen, so daß sie nicht schlottern und an den Durchtrittsstellen durch Bleche usw. nicht scheuern. Am Durchtritt durch die Führerhausvorderwand sind die Rohre durch Schutzhülsen zu fassen.

(^{30}) Die Flansche und Flanschstutzen sind im allgemeinen durch Hartlöten oder Einwalzen zu befestigen. Die Flansche der Rohre, welche Heißdampf führen, sind in jedem Falle mit dem Rohre durch Einwalzen zu verbinden. Wenn eine Linsendichtung verwendet wird, so ist das Rohr an seinem Ende derart aufzuweiten, daß es die Abdichtung gegen die Linse übernimmt.

(^{31}) In die Rohrleitungen zu den Dampfmanometern sind Wassersäcke einzuschalten.

Handräder, Griffe.

(^{32}) Handräder, Handhebel, Klappen und Türen müssen so angebracht werden, daß sie sich gegenseitig in den verschiedenen Stellungen nicht behindern und daß bei ordnungsmäßiger Handhabung Verletzungen vermieden werden.

(^{33}) Die Handräder der Dampfventile im Führerhause sind mit Hartgummi, die Griffe der Speisepumpenventile, Wasserstandshähne usw. mit Holz zu überziehen.

§ 3. Baustoffe.

(^{1}) Für die Beschaffenheit und Güteprüfung der Baustoffe ist der Anhang maßgebend.

(^{2}) Soweit nicht vorgeschrieben, bleibt die Herstellungsart des Flußstahls und Flußeisens dem Unternehmer überlassen.

(^{3}) Flußeisenguß wird für die im Absatz 5 unter dieser Bezeichnung aufgeführten Bauteile von erheblicher Beanspruchung im allgemeinen zugelassen, wenn deren Herstellung durch Schmieden ungünstig ist. Danach dürfen die nachstehend unter der Gruppe g angeführten Lokomotiv- und Tenderteile ohne weiteres auch aus Flußeisen nach § 1, 1 B oder Schweißeisen nach § 1, 7aγ bestehen.

(^{4}) Dichtungslinsen, Schrauben und Muttern, die mit Heißdampf in Berührung kommen, dürfen nicht aus Kupfer oder Rotguß hergestellt werden.

(^{5}) Die Art des Baustoffes ist im allgemeinen durch diese Bedingungen bestimmt. Soweit Bauteile nachstehend überhaupt nicht oder gleiche Bauteile unter verschiedenen Baustoffen aufgeführt sind, sind die Zeichnungen maßgebend. In Zweifelsfällen ist die Entscheidung der vertragschließenden Eisenbahnbehörde einzuholen. Es sollen bestehen aus:

a) Gußeisen
^{1} nach § 1. 1a des Anhanges (Zylinderguß von 18 bis 24 kg):
Unterteile der Lokomotivachslager
Tenderachsbüchsen (vgl. g)
Stützplatten für Tenderachslager
Reglerkopf und Knierohr
Reglerventile
Einströmkreuzrohre in der Rauchkammer
Überhitzervorlagen und deren Träger
Gehäuse für Überhitzerklappen-Steuerung
Wechselventilgehäuse
Dampfzylinder mit Schieberkasten
Schieberbüchsen

Zylinder- und Schieberkastendeckel (vgl. g)
Rohre, Gehäuse und Drehschieber für den Druckausgleich
Ausströmkästen, Formstücke in Ausströmrohren und Blasrohrköpfe
Teile der Stopfbüchsen (vgl. g und i^{II})
große Abschnitte der Exzenterscheiben
Schieberstangenführungen (vgl. g)
Hauptbremszylinder;

^{II} nach § 1. 1b (Schieberguß von 12 bis 16 kg):
Dampfschieber (vgl. i^{I})
Führungsbüchsen in den Stopfbüchsen der Heißdampflokomotiven;

^{III} Sonderguß:
Ringe der Dampfkolben;

^{IV} Sonderguß:
Federringe der Kolbenschieber;

^{V} nach § 1. 1c (Maschinenguß von > 12 kg):
Federdruckplatten an Zugvorrichtungen
Stoßpufferführungen am Tenderzugkasten
Schutzringe an der Feuertüröffnung
Schornsteine
Handrad- und Spindelführung der Rauchkammertür
Steuer- und Bremswellenlager (vgl. g)
Böcke zur Führung der Steuerungszugstange (vgl. g)
Stützen der Führersitze
Ventilgehäuse für die Speisewasserleitung am Tender
große Laternenstützen auf den Kopfschwellen
Handräder (vgl. i^{II})
Gegengewichte der Sicherheitsventile, der Bremswurfhebel, der Schlauchkupplungen und Schwimmer
Futterstücke;

^{VI} nach § 1. 1d (Herdguß):
Roststäbe (vgl. e^{IV});

^{VII} nach § 1. 1f (Bremsklotzguß):
Bremsklötze.

b) **Schmiedbarer Eisenguß**

nach § 1. 2:
Gelenkbänder an Türen und Klappen, ausschl. der Rauchkammertür (vgl. f^{IV})
Schellen für Heiz- und Bremsschläuche (vgl. f^{IV})
kleinere Hebel, Griffe und Beschlagteile (vgl. f^{IV})
Tenderachsbüchsdeckel (vgl. g).

c) **Flußstahl**

^{I} nach § 1. 3a (50 bis 60 kg, 20 v. H.):
Stoßpuffer und Stoßplatten zwischen Lokomotive und Tender
Bolzen und Kuppelstangen der Kupplung mit dem Tender
Führungsstücke an den Enden der Tenderstoßfeder (vgl. d)
Bolzen der Schraubenkupplungen
Zugstangenmuffen
Drehgestellzapfen (vgl. d)

Obere Gleitplatten der Seitenauflagerung an Lokomotivdrehgestellen
Führungsplatten für die Federbügel an Tenderdrehgestellen
Kolbenkörper (vgl. d)
Kolben- und Kolbenschieberstangen
Ventilkegel für Luftsaugeventile
Kreuzköpfe (vgl. d)
Gleitbahnen (vgl. f^{II})
Steuerungsteile (vgl. f^{II} und f^{IV})
Trieb- und Kuppelstangen
Trieb- und Kuppelzapfen, soweit nicht aus Sonderstahl oder gehärtet
Gegenkurbeln
Keile aller Art und Stellkeilschrauben
Nutenfedern;

^{II} nach § 1. 3b (mind. 50 kg, für Radreifen 60 kg):
Achswellen (vgl. c^{V})
Radreifen (vgl. c^{IV});

^{III} nach § 1. 3c (65 kg, 10 v. H.):
Federn aller Art;

^{IV} nach § 1. 3e (Tiegelflußstahl von mind. 70 kg):
Radreifen, nach besonderer Vorschrift;

^{V} nach § 1. 3g (Nickelflußstahl):
Gekröpfte Achswellen (vgl. c^{II}).

d) Flußstahlguß

nach § 14 (50 bis 60 kg, 16 v. H.):
Führungsstücke an den Enden der Tenderstoßfeder (vgl. c^{I})
Drehgestellzapfen (vgl. c^{I})
seitliche Kugelzapfen, Kugelpfannen und Gleitplatten der Tenderdrehgestelle (vgl. g)
Kolbenkörper (vgl. c^{I})
Kreuzköpfe (vgl. c^{I}).

e) Flußeisen

^{I} nach § 1. 5A (34 bis 41 kg, 25 v. H.):
Rahmenhauptbleche und Kesselbleche, Kessellaschen
Bleche der Gas- und Luftbehälter
Mäntel der Sicherheitswinden
Dampfein- und -ausströmrohre einschl. der im Kessel liegenden Dampfrohre und
    aller Rohre, für die nicht Kupfer vorgeschrieben ist (vgl. auch e^{II})
Stab- und Formeisen, sofern Schweißungen erforderlich
Schwanenhalsträger des Laufachsdrehgestells (vgl. g)
Barrenrahmen;

^{II} nach § 1. 5A u. 8:
Heiz-, Rauch- und Überhitzerrohre
Leitungsrohre für die Luftdruckbremse und Dampfheizung;

^{III} nach § 1. 5 Ba (45 bis 52 kg, 20 v. H.):
Schrauben- und Sicherheitskupplungen (Bolzen und Keile vgl. c^{I})
Zughaken und Zugstangen;

^{IV} nach § 1. 5 B (37 bis 44 kg, 20 v. H.):
Sprengringe
Spaltkeile der Pufferstangensicherung

Schutzhülsen für durchgehende Kolbenstangen (vgl. h^{III})
Stab- und Formeisen, wenn Schweißungen nicht erforderlich
Roststäbe (vgl. a^{VI});
Untersätze der Queranker und der Reinigungsluken (vgl. 3, g)

^{V} nach § 1. 5 B b (37 bis 44 kg, 20 v. H.):
Grob- und Riffelbleche, ausgenommen Rahmenhaupt- und Kesselbleche;

^{VI} nach § 1. 5 B c (40 bis 50 kg):
Radkörper der Tenderradsätze, nach besonderer Vorschrift (vgl. f^{II} und g).

f) Fluß- oder Schweißeisen[1])

^{I} nach § 1. 5 A oder 7 a α:
Decken- und Queranker
Ketten, Niete und Schrauben;

^{II} nach § 1. 5 A oder 7 a γ:
Radkörper der Tenderradsätze (vgl. e^{VI} und g)
Domflanschringe
Schieberkreuzköpfe
 außerdem alle Teile, bei denen Schweißungen erforderlich sind, z. B.:
Federbunde
Federstützen und -gehänge
Feuerbüchsboden- und Türlochringe
Flanschringe an Zylinder- und Schieberkastendeckeln
Schieberahmen mit Stange
Dichtungslinsen (vgl. i^{II});
 einzusetzende Teile, wie:
Federstifte
Federbügel an Drehgestellen mit Querfedern
Stellkeile für Achslagerkasten
Schwingen
Steuerungsteile (vgl. c^I und f^{IV})
Gleitbahnen (vgl. c^I)
Zapfen und Bolzen
Buchsen (vgl. l)
Bremsgestänge (vgl. f^{IV})
Gewerkteile der Sicherheitswinden;

^{III} nach § 1. 5 B oder 7 a β:
Pufferstangen;

^{IV} nach § 1. 5 B oder 7 a γ:
Achsgabelstege
Pufferhülsen
Pufferstoßringe
Längsträger   } für Tenderdrehgestelle
Federbundstützplatten
seitliche Kesselführungen
Steuerungsteile, soweit nicht eingesetzt (vgl. c^I und f^{II})
Halter für Steuerböcke
Bremsspindel und Spindelmutter

---

[1]) Schweißeisen wird z. Zt. im Lokomotivbau nicht mehr verwendet. (Vgl. Materialvorschriften, Anmerkung zu § 1, 7.)

Bremsgestänge, soweit nicht eingesetzt (vgl. f^{II})
Schellen für Heiz- und Bremsschläuche (vgl. b)
Gelenkbänder an Türen und Klappen (vgl. b)
Hebel, Griffe und Beschlagteile (vgl. b)
Handgriffe und Stangen
Fangbügel
Leinenhalter

g) Flußeisenguß

nach § 1. 6 (37 bis 44 kg, 20 v. H.):
Radkörper der Lokomotivradsätze
Radkörper der Tenderradsätze (vgl. e^{VI} und f^{II})
Achslagerkasten der Lokomotiven
Tenderachsbüchsen und Deckel (vgl. a^{I} und b)
Achslagergehäuse für Lenkachsen
Federstift- und Federgehängeführungen
Lagerkastenführungen
Zughakenführungen
Querhäupter an beweglichen Zugvorrichtungen
Lagerstücke in den Zugkästen der Lokomotive und des Tenders
Grundplatten für die Stoßplatten am Zugkasten der Lokomotive
Ausgleichhebel (Trag- und Winkelhebel)
Anschlagknaggen
Lager, Gehäuse und Führungen für Drehzapfen
seitliche Kugelzapfen, Kugelpfannen und Gleitplatten der Tenderdrehgestelle (vgl. d)
Verbindungsstücke der Querträger an Tenderdrehgestellen
Untersätze der Queranker und der Reinigungsluken (vgl. 3, e^{IV})
hintere Kesselführungen
Vorreiber zur Rauchkammertür (vgl. b)
Zylinder- und Schieberkastendeckel (vgl. a^{I})
Deckel der eingleisigen Kreuzköpfe
Gleitbahnträger
Schieberstangenführungen
Lagerstühle für Schwingen
Lager für Ausgleichhebel, sowie für Feder- und Bremsgehänge
Steuer- und Bremswellenlager (vgl. a^{V})
Böcke zur Führung der Steuerungszugstange (vgl. a^{V})
Stützen für die kleinen Laternen
Teile der Stopfbüchsen (vgl. a^{I} und i^{II})
Rohrflansche
Schwanenhalsträger des Laufachsdrehgestells (vgl. e^{I}).

h) Kupfer

^{I} nach § 1. 9b (22 kg, 38 v. H.):
Innere Feuerbüchse;

^{II} nach § 1. 9a (23 kg, 38 v. H.):
Stehbolzen, soweit nicht ein anderer Baustoff vorgeschrieben ist (vgl. h^{IV});

^{III} nach § 1. 9b und c:
Dampf- und Wasserrohre (vgl. e^{I})
Schmier-, Abfluß- und Manometerrohre (vgl. e^{I}), sowie ungeachtet der Vorschriften
    unter e alle stark gebogenen Rohre und solche von geringer Lichtweite

Schutzhülsen für durchgehende Kolbenstangen (vgl. e^{IV})
Abdampfrohrstutzen an Sicherheitsventilen
Schwimmer und Siebe
Lukennischen in der Bekleidung der Feuerbüchse
^{IV} nach § 1. 9d (Mangankupfer von mind. 30 kg, 35 v. H.):
Stehbolzen, soweit vorgeschrieben (vgl. h^{II}).

i) Rotguß

^{I} nach § 1. 10a (Güte I):
Lagerschalen
Untere Gleitplatte der Seitenauflagerung an Lokomotivdrehgestellen
Kesselführungsleisten und -platten
große Schieber der Flachregler
Dampfschieber (vgl. a^{II})
Gleitplatten an Kreuzköpfen und Achslagerkasten
Lagerschalen für Steuerwellenlager und für Schwingenzapfen (vgl. k^{I})
Stangenlager
Muttern und Lager der Steuerschraube;

^{II} nach § 1. 10b (Güte II):
Ausrüstungsstutzen des Kessels
Futter der kleinen Reinigungsluken
Pilze der Reinigungsluken
Reinigungsschrauben
Untersätze und Kontrollhülsen der Sicherheitsventile
Feuerlöschstutzen
Fassung der Schutzvorrichtung am Wasserstand
Dampfpfeife
Reglerstopfbüchse
Hahngehäuse, Hähne und Ventile (Ausnahme vgl. a^{I})
Dichtungslinsen (vgl. f^{II})
Handräder (vgl. a^{V})
Leisten für Einteilung der Füllungsgrade
Schmiergefäße
Grund- und Einlegebüchsen
Teile der Stopfbüchsen (vgl. a^{I} und g)
Paßstücke an Exzenterstangen und Schieberschubstangen
Kapsel- und Überwurfmuttern
Schlauchverschraubungen
Schlauchmundstücke
Stopfbüchse und Zapfen der Schwimmerwellen
Einteilungsleiste für Wasserinhalt
Schilder

k) Weißmetall

^{I} nach § 1. 11a:
Eingüsse der Lokomotiv- und Tenderachslager
,,   ,,   Flachschieber aus Rotguß
,,   ,,   Stangenlager
,,   ,,   Steuerwellen- und Schwingenlager (vgl. i^{I})
,,   ,,   Exzenterringe
,,   ,,   Kreuzkopfgleitplatten
,,   ,,   Steuerungsmutter
,,   ,,   Führungsbuchsen;

II nach § 1. 11b:
Dichtungsringe der Metallstopfbüchsen.

l) Phosphorbronze, bestehend aus 83 Teilen Kupfer, 16 Teilen Zinn und 1 Teil drei- bis fünfprozentigem Phosphorkupfer:
Gewerkbuchsen der Steuerung
Ventilstangen der Injektor-Dampfventile

m) Gummischläuche
nach § 1. 14:
Bremsschläuche
Heizschläuche
Tenderschläuche
Schläuche der Kohlennäßvorrichtung.

n) Glas
nach § 1. 15:
Drehfenster in den Führerhausstirnwänden aus Spiegelglas, im übrigen Tafelglas
Windschutz- und Schiebefenster in den Führerhausseitenwänden

o) Segelleinen (Doppeldrell)
nach § 1. 17:
Überzug der Führerhausdächer
Vorhänge für den Führerstand der Tenderlokomotiven
unterer Abschluß der Türen zwischen Lokomotive und Tender.

p) Filz
nach § 1. 32:
Staubverschlußringe
Zwischenlagen zur Dämpfung von Geräuschen
Ummantelung der Dampfheizleitung.

q) Asbest
nach § 1. 33:
Wärmeschutz unter der Kesselbekleidung innerhalb des Führerhauses, an den Zylindern und an den Dampfrohren.

r) Holz
nach § 1. 35 (Kiefernholz):
Führerhausdachverschalung
Kreuze an den Führerhausseitenwänden
Leisten der Seitenwände und Fußbodenbelag im Führerhaus
Laufbretter am Kohlenkasten der Tenderlokomotiven und an der Tenderrückwand
Vorsatzbretter
Auskleidung der Kleider- und Werkzeugkästen.
   (Erlenholz):
Führerhaussitze
Beilagen in den Rohrschellen.
   (Buchenholz):
Leisten auf Führerhaustüren und Führerhaustür-Anschläge
Leisten unter den Tenderbrücken.
   (Eichenholz):
Federn in der Dachverschalung der Führerhäuser
Schiebefensterrahmen
Vor- und Unterlagklötze.

§ 4. Zulässige Maßabweichungen.

(^{1}) Die zulässigen Abweichungen von den Maßen der Zeichnungen sind nachfolgend zusammengestellt.

Lfde. Nr.	Gegenstand	Abmessung	Zulässige Abweichung mm	Bemerkungen
1	2	3	4	5
1	Achswellen	Durchmesser der Lagerstellen	± 0,1	
2	Trieb- und Kuppelzapfen einschl. Gegenkurbeln	Zapfendurchmesser Kurbellänge Kurbelwinkel (in Bogenmaß auf dem Kurbelkreis)	± 0,1 ± 0,1	Zwischen je 2 gekuppelten Achsen ist somit eine äußerste Fehlergrenze von 0,2 mm zugelassen.
3	Federn aller Art	Dicke oder Durchmesser Blattbreite	+ 0,3 ± 0,5	
4	Zughaken	Breite Vierkant des Schaftes Maulweite	+ 1	
5	Schraubenkupplung	Lichtweite des Bügels Dicke der Laschenaugen	+ 1 + 1	Für das Gewinde der Schraubenspindel und Muttern sind besondere Lehren maßgebend.
6	Dampfzylinder	Durchmesser der Bohrung	± 0,2	
7	Schieberbüchsen	Durchmesser der Bohrung	± 0,1	
8	Kolbenringe	Spiel in den Nuten	< 0,1	Federringe der Kolbenschieber. Vgl. § 12 (^{23}).
9	Kolbenstangen	Durchmesser	± 0,1	Der größte Unterschied im Durchmesser derselben Kolbenstange darf 0,02 mm nicht übersteigen.

§ 5 enthält genaue Vorschriften über die Kennzeichnung der Bauteile, Größe und Beschaffenheit der Eigentumsmerkmale, Stempel usw. Eine Wiedergabe der betr. Vorschriften dürfte sich an dieser Stelle erübrigen.

§ 6. Radsätze.

Achswellen.

(^{1}) Die Achswellen müssen aus fehlerfreien, durchweg gleichmäßig dichten Gußblöcken durch Hämmern oder Pressen ausgestreckt und unter Vermeidung scharfer Ansätze auf ihrer ganzen Oberfläche glatt abgedreht werden. Die Gußblöcke oder vorgeschmiedeten Achswellen können zum Zwecke des Glättens gewalzt werden.

(^{2}) Werden die Achswellen einzeln aus Gußblöcken geschmiedet, so muß der mittlere Blockquerschnitt wenigstens viermal so groß sein, wie derjenige der roh vorgeschmiedeten Achswelle; werden die Achswellen dagegen aus vorgewalzten Blöcken geschmiedet, so muß der mittlere Querschnitt des Gußblockes wenigstens achtmal so groß und derjenige der vorgewalzten Blöcke wenigstens doppelt so groß sein, wie der der roh vorgeschmiedeten Achswelle.

(^{3}) Die Lagerstellen der Achswellen und Zapfen sollen geschlichtet und poliert und im zylindrischen Teil auf das genaue Maß geschliffen werden. Sie müssen einen vollkommen fehlerfreien Hochglanzspiegel aufweisen. Jedes Bearbeiten mit der Feile ist verboten.

(^{4}) Die Stirnflächen der Achswellen und Zapfen sind mit Kontrollrissen zu versehen. Der Durchmesser beträgt bei den Achswellen 100 mm, bei den Trieb- und

Kuppelzapfen 60 mm und bei den Zapfen der Gegenkurbeln sowie den Triebzapfen mit Abschrägung 20 mm.

(⁵) Die Körner und Kontrollrisse sind vor dem Fertigdrehen der Achswellen genau nach Zeichnung herzustellen; nachträgliches Einbohren ist unstatthaft.

Radkörper.

(⁶) Die Radkörper der Lokomotiven sind aus Flußeisenguß, die der Tender aus Flußeisenguß, Schweiß- oder Flußeisen herzustellen. Zu Tenderradsätzen der Güterzuglokomotiven können mit Genehmigung der beschaffenden Eisenbahnbehörde auch gewalzte Radkörper verwendet werden. Die Art der Herstellung der Radkörper ist freigestellt, muß jedoch im Angebot näher bezeichnet werden.

(⁷) Die Radkörper der Lauf- und Tenderachsen müssen auf ihre Schwerpunktslage untersucht werden. Ein am Umfange der Radkörper zum Ausgleich eines etwaigen Übergewichtes anzubringendes Gewicht darf 0,5 kg nicht übersteigen.

(⁸) Die Radkörper müssen an der Auflagefläche der Reifen und an den Stirnflächen von Nabe und Felgenkranz, tunlichst auch in der Mantelfläche der Nabe, glatt abgedreht werden. Nabe und Felgenkranz sollen überall gleichmäßige Stärke haben.

(⁹) Zur Herstellung des genauen Stichmaßes sollen die als Anlauffläche für Achslager dienenden Nabenstirnflächen erst nach dem Zusammenbau der Radsätze endgültig bearbeitet werden.

(¹⁰) Die Kanten der Nabenbohrung und der Keilnut sind abzurunden, damit die Nabensitze beim Aufpressen nicht beschädigt werden.

(¹¹) Der Schwerpunkt der Radgegengewichte ist möglichst weit von der Achsmitte abzulegen. Vor der Herstellung neuer Gattungen ist eine nach vorgeschriebenem Muster aufgestellte Berechnung der Gegengewichte einzureichen.

Radreifen.

(¹²) Die Radreifen müssen aus fehlerfreien, gleichmäßig dichten Gußblöcken durch Hämmern oder Pressen und durch Walzen gefertigt werden. Sie sind nach dem Auswalzen vor rascher Abkühlung zu schützen. Beim Ausdrehen der inneren Auflageflächen der Radreifen und der Nuten für die Sprengringe sind scharfe Kanten und Ecken zu vermeiden.

(¹³) Die Radreifen sind auf die Radkörper mit einem Schrumpfmaß von 1 mm für das Meter lichten Durchmessers warm aufzuziehen und durch Sprengringe zu befestigen. Der Querschnitt der Sprengringe darf in Höhe und Stärke nach oben nicht mehr als 0,5 mm von den vorgeschriebenen Maßen abweichen. Sprengringstäbe, die verschränkt oder mit unrichtigen Winkeln gewalzt sind, dürfen nicht verwendet werden.

(¹⁴) Nach dem Einlegen der Sprengringe müssen die Reifen über den ganzen Umfang sorgfältig angerichtet werden. Dabei dürfen sie weder Risse oder Anbrücue erleiden, noch Eindrücke der zum Anrichten benutzten Werkzeuge zeigen. Die Fuge zwischen den Enden der Sprengringe soll nicht mehr als 1 mm klaffen.

(¹⁵) Die Lauf- und Stirnflächen der Radreifen dürfen erst nach dem Zusammenbau des Radsatzes auf das vorgeschriebene Maß abgedreht werden. Beide Räder eines Satzes, sowie die Räder der gekuppelten Radsätze müssen gleiche Laufkreisdurchmesser erhalten. Die Laufkreisebenen müssen von den Mitten der Achsschenkel gleich weit abstehen. Die fertigen Radsätze müssen genau rund laufen.

Aufpressen der Radkörper und Zapfen.

(¹⁶) Auf Lauf- und Tenderachswellen dürfen nur Radkörper gleicher Bauart aufgepreßt werden. Ihr Gewichtsunterschied soll 2 kg nicht übersteigen. Die an den Umfang der Radkörper bezogenen Übergewichte (vgl. Absatz 7) der zu einem

Radsatz gehörigen Räder müssen möglichst gleich groß sein, ihre Schwerpunkte in einer durch die Achsmittellinie gehenden Ebene und zwar auf der entgegengesetzten Seite der Achswelle liegen.

(17) Bei den Radkörpern der Lauf- und Tenderräder einer Achse muß jede Speiche des einen Rades mit je einer Speiche des gegenüberstehenden Rades in einer Ebene liegen.

(18) Bei Trieb- und Kuppelradsätzen eilt der rechte äußere Kurbelzapfen vor.

(19) Die Radkörper und Zapfen sind mit Wasserdruck auf- oder einzupressen. Der Druck muß spätestens nach einem Wege von 20 mm beginnen und bis zum richtigen Sitz des Rades oder Zapfens stetig und nicht zu plötzlich steigen. Der Enddruck soll zwischen 400 und 700 mm für jedes kg Durchmesser des Naben- oder Zapfensitzes betragen.

Druckmesser der Räderpressen.

(20) Die Räderpresse ist mit einem Druckmesser zu versehen, der über den Verlauf des Aufpressens für jeden Radkörper eine besondere Schaulinie aufzeichnet. Der Maßstab der Schaulinie soll wenigstens 40 mm für 100 Atm. Druck, die Geschwindigkeit des Streifens mindestens 20 mm in der Minute betragen. Der Druckmesser ist in einem mit Glastür versehenen, verschlossen zu haltenden Schrank unterzubringen.

(21) Die Schaulinien sind bis zur Beendigung der Gewährleistung für die Radsätze aufzubewahren und dem Abnahmebeamten auf Verlangen vorzulegen.

Trieb- und Kuppelzapfen.

(22) Die Kurbellängen und -winkel sind genau nachzuprüfen (vgl. § 4 und § 5 (11)). Über die dabei gefundenen Werte ist fortlaufend Buch zu führen.

Schutz der fertigen Radsätze.

(23) Vor Aufstellung der Radsätze in den Fabrikhöfen sind die Zapfen und Achsschenkel mit einem säurefreien Fettüberzug zu versehen.

§ 7. Achslagerkasten, Federn und Federaufhängung.

Achslagerkasten.

(1) Die Schenkel der Achslagerkasten der Lokomotiven sollen gleichmäßig stark und symmetrisch hergestellt werden. Die Kanten sind gut zu brechen.

(2) Die Gleitplatten müssen genau an die Anlageflächen der Achslagerkasten angepaßt, die Gleitflächen so bearbeitet werden, daß sie in gleichen Abständen von der Mittellinie der Achsbuchse liegen.

(3) Die seitlichen Führungsleisten der Gleitplatten sind an den Enden in einer Länge von je 130 mm um je 2 mm, nach unten und oben verlaufend, abzuarbeiten.

(4) Die Auflager und die Aufhängungen für die Federn müssen so bearbeitet sein, daß die wagerechte Lage der Federn gesichert ist.

Federn.

(5) Die Blattfedern sind, wenn nichts anderes bestimmt ist, aus gerippten Stahlblättern von 90 mm Breite und 13 mm Dicke herzustellen. Die einzelnen Federlagen sollen nach Kreisbögen gekrümmt und so gerichtet sein, daß sie, ohne Spannung aufeinandergelegt, gegeneinander schließen.

(6) Die Federblätter sind vor dem Zusammensetzen mit einem Gemisch von Talg und Öl einzufetten.

(7) Die Federbunde sind allseitig, besonders sorgfältig in den Berührungsflächen mit anderen Teilen zu bearbeiten.

(⁸) Die Mittelwarzen, mit welchen die einzelnen Federlagen in der Federbundachse zu versehen sind, sollen nach Abb. 688 hergestellt sein.

(⁹) Die Wickelfedern sollen gleichmäßig gewickelt und an den Auflageflächen senkrecht zur Längsachse bearbeitet sein. Sofern Aufhängeösen vorhanden sind, müssen diese genau in die Längsachse der Feder fallen.

(¹⁰) Die Federn sind nach Beseitigung des Grates sorgfältig zu härten. Mit fehlerhaften Stellen, Lang- oder Kantenrissen behaftete Federn dürfen nicht verwendet werden.

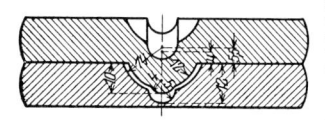

Abb. 688. Federquerschnitt.

(¹¹) Die Federn sind vor dem Einsetzen auf der Federprüfmaschine mehrfach zu belasten, damit sie sich gehörig setzen.

Federaufhängung.

(¹²) Die Federgehänge müssen parallel zur Rahmenebene, bei Querfedern senkrecht dazu schwingen. Sie sollen gleiche Abstände von Mitte Achse oder Rahmen haben und dürfen keinen einseitigen Druck auf die Achslager ausüben.

§ 8. Rahmen.

(¹) Die Rahmenbleche sollen ohne Schweißung, völlig eben und gleichmäßig stark hergestellt werden. Die Kanten sind vom Grat zu befreien und gleichmäßig zu brechen, an den Achsausschnitten stark und sorgfältig abzurunden. Die Ausrundungen an den Rahmenausschnitten müssen sanft und glatt ohne Risse oder Einkerbungen verlaufen.

(²) Die Rahmenverbindungen, Aussteifungen und Befestigungswinkel sind an den Anlageflächen der Rahmen zu bearbeiten.

Lagerkastenführungen.

(³) Die Stichmaße der Achsen müssen genau eingehalten werden. Die Lagerkastenführungen sind in die Rahmenausschnitte genau schließend und fest einzupassen. Sie sollen winkelrecht stehen und mit den senkrechten Anlageflächen für die Lagerkasten je gegenüberliegend in einer Flucht liegen. Die Führungsflächen sind abzuziehen oder zu schleifen. Die Außenflächen müssen parallel zur Längsachse sorgfältig ausgerichtet werden.

(⁴) Die Achsgabelstege müssen stramm schließend angepaßt werden.

§ 9. Zug- und Stoßvorrichtung, Kupplung mit dem Tender.

Zugvorrichtung.

(⁵) Der Zughaken ist mit dem Vierkant der Zugstange aus einem Stück herzustellen. Die Bolzenlöcher müssen genau rechtwinklig zu den Seitenflächen des Zug- und Sicherheitshakens gebohrt und ausgerundet werden. Das Vierkant des Zughakens soll auf der ganzen Länge sauber und glatt geschmiedet und nicht windschief sein. Stücke, welche diesen Anforderungen nicht entsprechen, sind kalt nachzuarbeiten.

(⁶) Die Zughakenführungen sind an den Anlageflächen und in den Führungen zu bearbeiten, die Schraubenlöcher zu bohren.

(⁷) Für die Herstellung der Schrauben- und Sicherheitskupplung ist eine besondere Musterzeichnung maßgebend. Die Teile der Kupplung müssen aus je einem Stück ohne Schweißung hergestellt, Bügel und Gehänge leicht beweglich sein.

(⁸) Das Kupplungsgewinde ist nach den vorgeschriebenen Abmessungen glatt auszuschneiden und bis in die Mitte der Spindel durchzuführen. Der Schwengelbund ist in weißwarmem Zustand unter kräftigem Druck in die Gewindegänge einzutreiben. Nach der Fertigstellung sind die Spindeln unter Vermeidung von Zunderbildung mäßig auszuglühen.

(⁵) Die Spindelmuttern sind mit den Zapfen aus einem Stück zu schmieden, warm abzusetzen, nicht aber aus dem Vollen abzudrehen. Sie sind in den Zapfen, Seiten- und Stirnflächen, die Kuppelbolzen durchweg abzudrehen.

(⁶) Die Hängeeisen und Kupplungsbügel sind durch Ausstrecken aus einem Stück zu fertigen; sie dürfen zur Herstellung der Augen nicht gestaucht werden.

(⁷) Die Keillöcher der Zugstangen dürfen nicht durch Warmlochen hergestellt werden.

(⁸) Der Spielraum für die Bewegung der Zugstange soll innerhalb des freien Spiels der Zugfedern liegen.

Stoßvorrichtung.

(⁹) Die Pufferstangen sind auf dem ganzen Umfange abzudrehen und zu schlichten.

(¹⁰) Die Köpfe der Pufferhülsen müssen an der Innenseite und an der Stirnfläche abgedreht werden; die unteren Flächen der Füße sollen sauber und glatt hergestellt sein, genau in einer Ebene liegen und mit der Mittellinie des Führungsloches einen rechten Winkel bilden. Die Füße der Pufferhülsen müssen gleichmäßig dick sein und den Befestigungsmuttern eine sichere Auflage bieten.

Kupplung mit dem Tender.

(¹¹) Die stärkeren Teile der Haupt- und Hilfskupplungen, sowie die Stoßpuffer zwischen Lokomotive und Tender dürfen weder angeschweißt noch angestaucht werden.

(¹²) Die Bolzenlöcher in den Zugkästen sollen genau gleichachsig liegen. Die zugehörigen Lagerstücke müssen festschließend in den Zugkasten eingepaßt werden.

(¹³) Die Tenderstoßfeder soll mit der verlangten Vorspannung eingesetzt werden, ohne daß die Gleitplatten der Stoßpuffer von vornherein hinterlegt zu werden brauchen.

(¹⁴) Die Länge der Stoßpuffer ist unter Berücksichtigung des Umstandes zu bemessen, daß sich die 12 lagige Feder bei 8000 kg und die 13 lagige Feder bei 9000 kg Spannung durchschnittlich um rund 25 mm durchbiegt.

(¹⁵) Etwa 100 mm über den Stoßplatten zwischen Lokomotive und Tender sind Schutzbleche anzubringen, die eine Verschmutzung der Gleitflächen der Stoßplatten verhüten.

§ 10. Kessel und Zubehör.

(¹) Der Kessel muß der Eisenbahn-Bau- und Betriebsordnung und dem Abschnitt C der Vorschriften über die Behandlung der Dampfkesselanlagen und Lokomotiven in sicherheits- und baupolizeilicher Beziehung (abgek. Kesselvorschriften) entsprechen.

Wasserdruckprobe.

(²) Die Wasserdruckprobe wird von einem Beamten der Eisenbahnverwaltung vorgenommen.

(³) Bei der Wasserdruckprobe muß der Kessel vollkommen mit Wasser gefüllt und außen von Öl, Schwitzwasser usw. gereinigt sein. Bei Kälte ist angewärmtes Wasser zu verwenden, um das Schwitzen zu verhüten. Außer der Kesselausrüstung sollen der Regler mit Welle und Stopfbüchse, das Reglerknierohr, das Verbindungsrohr im Kessel und das Einströmknierohr, bei Überhitzerkesseln auch der Sammelkasten eingebaut sein, um alle Dichtungen mitzuprüfen. Knierohr- oder Überhitzersammelkasten sind dabei nicht zu verschließen. Der Überhitzer darf bei der Wasserdruckprobe nur insoweit angeschlossen sein, als er die Untersuchung der Rauchkammerrohrwand nicht beeinträchtigt.

(⁴) Die Verschlüsse und Dichtungen des Kessels, einschließlich der durch Blindflansche ersetzten Rohranschlüsse, sollen bei der Wasserdruckprobe vollkommen dicht sein. Die Angaben des Kesselmanometers müssen mit denen des amtlichen Prüfungsmanometers übereinstimmen.

(⁵) Die Sicherheitsventile sind während der Wasserdruckprobe bei der dem Betriebsdruck des Kessels entsprechenden Federbelastung durch eine besondere abnehmbare Vorrichtung so fest zu verschrauben, daß die Ventile bei dem vorgeschriebenen Prüfdruck abdichten. Nach Beendigung der Druckprobe ist der Wasserdruck auf einige Atmosphären unter der Betriebsspannung zu ermäßigen und die Verschraubung der Ventile vorsichtig zu lösen. Nunmehr ist das Sicherheitsventil einzustellen und für die Kontrollhülse Maß zu nehmen. Die Länge der Kontrollhülse ist — auf 0,1 mm abgerundet — auf die Mantelfläche der Hülse aufzustempeln und vom Abnahmebeamten durch Adlerstempel bestätigen zu lassen.

(⁶) Kesselausrüstungsteile und Dampfeinströmrohre, die bei der Wasserdruckprobe nicht angebracht und mitgeprüft werden können, müssen mit Wasserdruck von 20 Atm. besonders auf Dichtheit untersucht werden.

(⁷) Zur Abnahme der Wasserdruckprobe dürfen nur amtliche Kontrollmanometer verwendet werden.

Dampfprobe.

(⁸) Vor dem Umkleiden und Anstreichen ist der Kessel im betriebsfähigen Zustande mit eingebauter Kontrollhülse einer Dampfprobe zu unterziehen. Hierbei sind dem Kesselwasser etwa 5 kg Soda auf jedes cbm Wasser zuzusetzen.

(⁹) Nach Beendigung der Probe darf der Kessel nur langsam abgekühlt werden. Erst wenn der Dampfdruck auf 1 bis 2 Atm. gesunken ist, soll der Kessel durch Öffnung des Ablaßhahnes zur gründlichen Reinigung von Spänen und Ölresten ausgeblasen werden. Schließlich sind die unteren Reinigungsluken zu öffnen und die etwa auf dem Bodenring oder an anderen schwer zugänglichen Stellen noch befindlichen Fremdkörper durch Auswaschen mit warmem Wasser zu entfernen.

(¹⁰) Die Nachprüfung des Kesselmanometers und der Einstellung des Sicherheitsventiles hat bei der Abnahmeuntersuchung zu erfolgen (§ 1 der Kesselvorschriften, Abschnitt C).

Herstellung des Kessels.

(¹¹) Kesselbleche, welche im Feuer bearbeitet sind, müssen vorsichtig abgekühlt, diejenigen, welche wiederholt einer stellenweisen Erhitzung ausgesetzt worden sind, nach vollendeter Formgebung sachgemäß ausgeglüht werden. Unebenheiten und Zunder, die an den Überlappungsstellen, den Zuschärfungen usw. enstehen und die Dichtigkeit nachteilig beeinflussen könnten, sind durch Feilen oder Schleifen zu entfernen.

(¹²) Die wagerechten Nähte des Rundkessels müssen in der oberen Hälfte des Umfanges, die inneren Laschen so liegen, daß kein Wasser auf den Kanten stehen bleiben kann.

(¹³) Die Kupferbleche sind an den Kümpelstellen so dick zu walzen, daß die in den Zeichnungen vorgeschriebenen Stärken im fertigen Zustande überall vorhanden sind. Falten, Beulen oder Schlagspuren, die beim Kümpeln in den Umbügen entstehen, müssen sorgfältig, jedoch ohne unnötige Schwächung der Wandstärke mit geeigneten Werkzeugen weggeschlichtet werden.

(¹⁴) Die Blechkanten des Kessels sind durchweg glatt zu bearbeiten, auch an den verdeckten Ausschnitten, z. B. am Mannloch. Die dem Angriff der Flamme ausgesetzten inneren stumpfwinkeligen Kanten der Rohr- und Türwände sind mit etwa 5 mm Halbmesser abzurunden. Hierbei darf das Kupfer nicht abgearbeitet, sondern muß rund gehämmert (angestaucht) werden. Werkzeugspuren dürfen nicht zurückbleiben.

Verstemmen.

(¹⁵) Die Blechkanten sind außen und innen zu verstemmen. Bei Maschinennietung eiserner Bleche kann von dem Verstemmen der langen Nähte im Kesselinneren abgesehen werden, wenn die Bleche gut aufliegen, d. h. wenn eine Stahlzunge von 0,1 mm Dicke nicht mehr eingeführt werden kann.

(¹⁶) Die Neigung der zu verstemmenden Kanten gegen die Normale zur Blechfläche soll 15 bis 20° betragen. Beim Verstemmen darf keinesfalls ein Unterstemmen oder Abtreiben der Blechkanten eintreten. Beim Nachstemmen dürfen Vorschlaghämmer nicht verwendet werden.

(¹⁷) Ein mäßiges Verstemmen der Nietköpfe ist zulässig. Niete, die stark undicht sind oder deren Köpfe nicht aufliegen oder nicht voll ausgebildet sind, müssen erneuert werden. Das Anstemmen derartiger Köpfe ist verboten.

(¹⁸) Durch das Verstemmen der Blechkanten und die Herstellung der Niet- und Stehbolzenköpfe dürfen die Blechflächen nicht angegriffen werden, insbesondere dürfen keine scharfen Eindrücke durch meißelartige Werkzeuge entstehen. Überstehendes Material an ganz versenkten Nieten darf nicht mit dem Meißel fortgearbeitet werden.

Dampfdom.

(¹⁹) Die Winkelringe zur Befestigung des Domoberteiles sind ohne Stoßfuge oder Überlappung aus einem Stück herzustellen und durch Aufschleifen zu dichten.

Kesselluken.

(²⁰) Die eingeschraubten Lukenuntersätze müssen im Gewinde ohne Verstemmen dichten. Die Zuhilfenahme von irgend welchen Dichtungsmitteln ist unstatthaft, doch ist ein leichtes Anstauchen des anschließenden Bleches zulässig.

Stehbolzen und Anker.

(²¹) Die Stehbolzen und Anker sind aus dem Vollen zu drehen, soweit nicht Ausnahmen zugelassen sind. Flußeiserne Anker dürfen nicht geschweißt werden.

(²²) Stehbolzen und Anker sollen zylindrisches Gewinde erhalten, das bei vollständiger Wasserfüllung des Kessels ohne Verstemmen und Anstauchen dicht halten muß. Zur Erzielung des Dichthaltens auch unter Kesseldruck dürfen die Stehbolzen und Deckenanker aufgedornt, die Queranker an den Enden leicht vernietet werden.

(²³) Nach dem Einziehen sollen die Stehbolzen an der Kupferwand gleichmäßig vorstehen; die Enden dürfen hier nicht durch Abhauen oder durch scherenartig wirkende Werkzeuge gekürzt werden. Im Wasserraum soll das Gewinde nur 1 bis 2 Gang überstehen. Die Köpfe sind unter Verwendung von Hand- oder leichten Luftdruckhämmern nach Abb. 689 auszubilden. Die Ränder der flachen, glatt geschellten inneren Köpfe müssen dicht an der Kupferwand anliegen. Am anderen Ende der Stehbolzen genügt leichtes Anstauchen.

(²⁴) Stehbolzen und Deckenanker sind an beiden Enden mit einer genau zentrischen Bohrung von 5 mm Weite zu versehen, die mindestens 10 mm über das Gewinde hinaus in den Schaft hineinreichen soll.

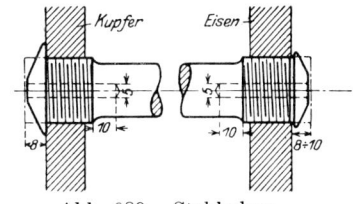

Abb. 689. Stehbolzen.

Die Bodenankerschrauben sind bis in die Ankergewinde hinein unter Belassung eines vollen Teiles von etwa 15 mm anzubohren.

(²⁵) Hohlgewalzte Stehbolzen sind am äußeren Ende zu verschließen. Werden an derselben Feuerbüchse vollgewalzte Stehbolzen verwendet, so sind diese ganz zu durchbohren und ebenfalls außen zu verschließen.

(²⁶) Die durch die Kesselwand hindurchtretenden Stiftschrauben sollen am Übergang in das Gewinde kegelförmig bearbeitet werden, damit sie an der Aussenkung der Bohrung mit abdichten.

Rohrwände.

(²⁷) Die Heiz- und Rauchrohrlöcher sind zylindrisch mit glatter Leibung herzustellen, und die Lochränder an der Wasserseite der Feuerbuchsrohrwand mit einem Halbmesser von 3 mm, im übrigen mit einem solchen von 1,5 mm sauber abzurunden.

Herrichtung der Rohre.

(²⁸) Die Heizrohre sind zum Einbau in die Rohrwände nach Abb. 690 und 691 herzurichten. Für das Einschnüren des hinteren Endes und die Herstellung einer richtig abgesetzten Brust an diesem Ende sind genau gearbeitete harte Matrizen zu verwenden. Bei Formgebung auf kaltem Wege müssen beide Enden auf mindestens 150 mm Länge ausgeglüht werden. In allen Fällen sind Zunder, Glühspan oder Rost zu beseitigen.

(²⁹) Nicht völlig gerade und an den Enden nicht ganz kreisrunde Rauchrohre sind gerade zu richten und auf schlank gedrehten Stahldornen an beiden Enden sorgfältig zu berichtigen. Auf alle Fälle müssen die Rauchrohrenden nach beendeter Formgebung vorsichtig ausgeglüht werden.

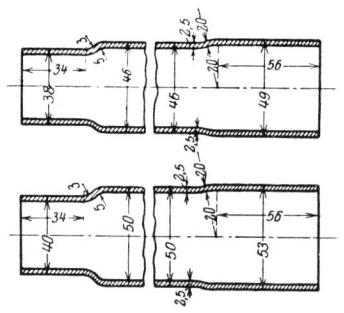

Abb. 690 und 691. Einziehung und Aufweitung der Siederohre.

(³⁰) Bei der Nachbearbeitung der Heiz- und Rauchrohre zur Herstellung einer vollkommen gleichmäßigen Wandstärke in den Sitzen durch Schleifen oder Überdrehen sind die Enden der Rohre auf gut passenden und rund laufenden schlanken Dornen aufzufüttern.

(³¹) Für die Bearbeitung des hinteren Sitzes der Rauchrohre ist Abb. 692 maßgebend. Die Rillen sind in der skizzierten scharfkantigen Form in die Rohre einzudrehen. In den Hohlkehlen der Rohreinschnürungen muß jede unnötige Schwächung der Wandungen vermieden werden.

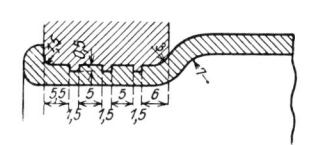

Abb. 692. Hinterer Sitz der Rauchrohre.

Einziehen der Rohre.

(³²) Beide Rohrenden müssen genau in die Rohrwandlöcher passen. Das Eintreiben in die Rohrwände ist unter kräftigem Vorhalten so lange fortzusetzen, bis die Brust der Rohre zur festen Anlage an der der hinteren Rohrwand kommt. Sodann sind die Rohre zunächst am Rauchkammer- und darauf am Feuerbüchsende einzuwalzen. Die Rohrwalze muß so weit eingeführt werden, daß das hintere Rohrende auf die ganze Länge der Einschnürung und das aufgeweitete vordere Rohrende mindestens auf die ganze Breite der Rohrwand von den Walzen bestrichen wird. Zur Schonung der Rohrwände und Rohre ist das Einwalzen nur so weit zu treiben, wie zur sicheren Dichtung gerade erforderlich ist. Die Rauchrohre sind so einzuwalzen, daß das Kupfer der Rohrwand die Rillen der Rohrsitze nahezu ausfüllt.

(³³) An der Feuerbüchsrohrwand sind die Rohrenden vorsichtig und sauber umzubörteln. Danach sind sie nochmals leicht nachzuwalzen. Die vorderen Rohrenden sind nicht zu börteln, sondern, wenn erforderlich, auf etwa 3 mm Überstand glatt zu kürzen.

(³⁴) Zum Aufwalzen der Heiz- und Rauchrohre dürfen Schlagwalzen oder Rohrwalzen, die keine zylindrische Höhlung erzeugen, nicht verwendet werden.

(³⁵) Die Rohre sind tunlichst in Gruppen mit Rohrwalzen zu dichten, die nur drei Walzenkörper enthalten und als Selbstspanner gebaut sind.

Kesselausrüstung.

(³⁶) Die durch Flansche unmittelbar an den Kessel angeschlossenen Ausrüstungsteile müssen durch mindestens vier Schrauben befestigt werden.

Speisevorrichtung.

(³⁷) Die Dampfstrahlpumpen für die Kesselspeisung müssen bei jedem Dampfdruck von 4 bis 16 Atm. sicher anziehen und arbeiten und so eingerichtet sein, daß beim Schließen des Schlabberventiles das Wasser im Tender durch die Pumpen angewärmt werden kann. Bei Erwärmung des Tenderwassers bis auf 30° C darf ihre Wirksamkeit nicht beeinträchtigt werden. Die Saugrohre der Speisepumpen sind mit stetiger Steigung und ebenso wie die Speiseleitungen selbst ohne starke Krümmungen zu verlegen.

Wasserstandzeiger.

(³⁸) An der Kesselrückwand sind drei Prüfhähne mit Auffang und Abflußrohren und ein Wasserstandsglas anzubringen. Der unterste Prüfhahn soll sich in Höhe des festgesetzten niedrigsten Wasserstandes befinden.

(³⁹) Der festgesetzte niedrigste Wasserstand ist an der Wasserstandsvorrichtung und an der Kesselrückwand deutlich erkennbar zu machen. Die obere Kante der unteren Fassung des Wasserstandsglases muß mit dem festgesetzten niedrigsten Wasserstand abschneiden.

(⁴⁰) Die Hahnkegel der Wasserstandszeiger sind ohne Hubbegrenzung herzustellen. Der Durchgangsquerschnitt der Bohrungen darf sich beim Nachschleifen nicht vermindern.

(⁴¹) Für die Wasserstandlaterne ist eine drehbare Stütze am Wasserstande anzubringen.

Sicherheitsventil.

(⁴²) Das Sicherheitsventil ist, ebenso wie der Ausrüstungsstutzen, auf der Feuerbüchsdecke an vier verlängerten Deckenankern zu befestigen. Es muß vom Führerstand aus während der Fahrt gelüftet werden können und so belastet werden, daß beide Ventile bei Eintritt der zulässigen höchsten Dampfspannung den Dampf gleichzeitig voll entweichen lassen. Die Federn des Sicherheitsventils sollen durch die dem festgesetzten höchsten Dampfdruck entsprechende Anspannung mindestens 40 mm ausgezogen werden. Das Wegschleudern der Ventile muß auch für den Fall eines Bruches an der Belastungsvorrichtung verhindert sein.

(⁴³) Der mittlere Teil des Haupthebels, die Schneiden und Gabeln dürfen nicht gestrichen oder lackiert werden, sondern sind blank zu feilen und einzufetten. Die Spitzen der konischen Stifte, die sich auf die Pilze aufsetzen, müssen gedreht oder geschliffen und dürfen nicht gefeilt werden. Neben der im § 5 (¹) angegebenen Weise sind die Teile durch Stempelung v (vorn) und h (hinten) so zu kennzeichnen, daß sie beim Zusammenbau immer wieder zweifellos in genau dieselbe Lage kommen.

Kesselmanometer.

(⁴⁴) Das Kesselmanometer soll ein Röhrenfedermanometer sein, das die Kesselspannung von dem Atmosphärendruck an bis zu dem bei der Wasserdruckprobe anzuwendenden Überdruck zuverlässig anzeigt. Auf dem Zifferblatte muß die festgesetzte höchste Dampfspannung durch eine unveränderliche, deutlich sichtbare rote Marke hervorgehoben, außerdem in großer deutlicher Schrift die Bezeichnung „Kessel", in kleinerer Schrift der Name des Herstellers und die Fabriknummer angebracht werden. Das Manometer ist so anzubringen, daß es gegen die vom Kessel ausstrahlende Hitze möglichst geschützt ist, daß es gut beobachtet werden kann und auch während der Dunkelheit beleuchtet wird. Die Leitung zum Manometer muß mit einem Wassersacke versehen sein. Der Hahn im Dampfzuführungsrohr muß durch Bleisiegelverschluß gesichert werden können.

(45) Der äußere Gehäusedurchmesser des Manometers soll 150 mm betragen. Die das Gehäuse abschließende Kappe aus Messingblech von 0,8 bis 1 mm Stärke ist außer durch Heftschrauben noch durch Bleisiegelverschluß zu sichern. Das Zifferblatt ist, gesichert gegen Verschiebung und Verdrehung, fest im Gehäuse zu lagern und mit schwarzer Einteilung in arabischen Ziffern von 10 mm Höhe auf mattweißem Grunde zu versehen. Die Hauptteilung soll von Atm. zu Atm. gehen, die Unterteilung von $1/_5$ zu $1/_5$ Atm. Der Zeiger ist aus Stahlblech herzustellen und auf die vorn konisch gedrehte Zeigerwelle mit einem leichten, kurzen Schlage aufzutreiben.

(46) Die Manometerverschraubung ist mit $^3/_8$ Zoll Gasgewinde und Überwurfmutter von 30 mm Schlüsselweite, der Gewindezapfen des Anschlußstückes mit 19 mm Durchmesser in den Spitzen und 16 Gängen auf 1 Zoll herzustellen. Federträger und Gehäuse sind mit sauber bearbeiteten Flächen zusammenzupassen und durch vier Stück $^1/_4$ Zoll starke Schrauben zu verbinden.

(47) Die hohle Feder des Manometers ist aus einem Stück von elliptischem Querschnitt herzustellen; ihre Biegung soll sich der Rundung des Gehäuses anpassen, so daß sie bei genügendem Arbeitsvermögen doch gegen Erschütterungen derart unempfindlich ist, daß ein sicheres Ablesen der Dampfspannung möglich ist. Das an den Federträger anschließende Federende ist auf eine Länge von mindestens 10 mm einzulagern, sauber zuzupassen und nach Verzinnung der Flächen mit schwerfließendem Weichlot zu verlöten. Die Feder soll einen Kreisbogen von etwa 300° umfassen.

(48) Das Manometerwerk ist auf dem frei in das Gehäuse hineinragenden Federträger sicher zu lagern und mit diesem fest zu verschrauben. Die Schilde des Werkes sollen aus Nickel oder Messingblech bestehen. Die Triebwerkswellen müssen aus Stahl bestehen und sauber polierte Zapfen aufweisen. Der Trieb der Zeigerwelle ist mit dieser aus einem Stück zu fräsen, die Zahnung des Bogens ebenfalls durch Fräsen herzustellen. Die Zugstange zwischen Feder und Zahnbogen soll gerade und durch mit Zapfen versehene Schrauben abgeschlossen werden.

Fabrikschild.

(49) Das gesetzlich vorgeschriebene Fabrikschild soll aus einer an der Kesselrückwand durch Kupferniete sichtbar angebrachten Rotgußplatte bestehen, auf der die festgesetzte höchste Dampfspannung in Atm. und kg auf 1 qcm, der Name des Kesselherstellers, die Fabriknummer und das Jahr der Anfertigung in erhaben gegossener Druckschrift angegeben sind.

Dampfpfeife.

(50) Die Lokomotive erhält eine Dampfpfeife. Die Pfeifenzugwelle ist für den Anschluß der Zugleine bei der Rückwärtsfahrt bis zur linken Seite des Führerhauses durchzuführen.

Kohlennäßrohr.

(51) An das Druckrohr der linken Speisepumpe ist innerhalb des Führerstandes ein Hahn nebst Schlauch und Mundstück zum Nässen der Kohlen und des Führerstandes einzuschalten.

Feuerlöschstutzen und Pulsometeranschluß.

(52) Sämtliche Lokomotiven sind zum Anschließen eines Schlauches für Feuerlöschzwecke mit Verschraubungen nach vorgeschriebenem Muster, die Lokomotiven ohne Dampfheizeinrichtung außerdem mit einem Pulsometeranschluß zu versehen.

Rauchkammer.

(^{53}) Die Rauchkammer muß gut abgedichtet sein. Die Abdeckplatten am Durchtritt der Dampfrohre und die Anlagefläche des Schornsteins sollen so dicht angepaßt werden, daß keine Nebenluft eindringt. Zwischenlagen von Asbest oder sonstige Dichtungsmittel sind unzulässig. Die Teilung der Befestigungsschrauben der Abdeckplatten soll nicht mehr als 50 mm betragen. Die Krümmer zur Entwässerung der Rauchkammer müssen verschließbar sein.

Tür.

(^{54}) Die Rauchkammertür muß sich in geschlossenem Zustande dicht an die Stirnwand anlegen und ist ungeachtet des Vorhandenseins von Vorreibern nachzurichten, falls sie sich bei der Probefahrt verziehen sollte. Die Tür soll sich um 90° öffnen lassen; dabei sollen beide Anschlagsknaggen gleichzeitig zur Anlage kommen. Die Türbandlöcher sind in der Richtung senkrecht zur Türfläche länglich herzustellen. Die Ringfläche der Rauchkammerstirnwand ist abzudrehen.

Einspritzer.

(^{55}) Die Vorrichtung zur Rauchkammereinspritzung soll so wirken, daß der untere Teil der Rauchkammertür und der Rauchkammerboden gekühlt wird. Die Löcher des Spritzrohres dürfen nicht durch den Teeranstrich verstopft sein.

Blasrohrkopf.

(^{56}) Die Mündung des Blasrohrkopfes muß wagerecht und genau in der Achse des Schornsteins angeordnet werden. Der Hilfsbläser ist aus starkwandigem Stahlrohr von 13 mm innerem und 27 mm äußerem Durchmesser herzustellen und gleichachsig mit dem Blasrohrkopf anzubringen. Der Steg soll von dreieckigem Querschnitt und in Richtung der Schornsteinachse schlank gehalten sein. Seine Oberfläche muß mit der Blasrohrmündung in einer Ebene liegen.

Aschkasten.

(^{57}) Der Aschkasten muß leicht abnehmbar sein und rund herum gut anliegen. Der untere Teil soll so dicht gearbeitet sein, daß flüssige Schlacke nicht ausfließen kann.

(^{58}) Die Aschkastenklappen müssen vom Führerstande aus leicht bewegt und eingestellt werden können. Am Boden des Aschkastens sind Winkeleisen anzunieten, gegen die sich die Klappen legen. Die Hebel an den Klappenwellen sollen durch Vierkant und Splint befestigt werden. Hinter jeder Aschkastenklappe ist ein drehbares Gitter aus fest eingenieteten Eisenstäben anzubringen, die so gestellt sein sollen, daß einerseits größere Schlackenstücke nicht herausfallen können, andererseits der durchtretenden Luft kein nennenswerter Widerstand entgegengesetzt wird.

(^{59}) Sofern der Luftzutritt zum Aschkasten, z. B. durch Rahmenversteifungen, Behälter usw., behindert wird, sind Lenkbleche zur besseren Führung des Luftstromes vorzusehen.

(^{60}) Der Aschkasten ist mit einer Einrichtung zu versehen, die das Einspritzen von Wasser zum Kühlen der Roststäbe und zum Löschen der glühenden Asche und Schlacke ermöglicht. Bei zweiteiligem Aschkasten müssen beide Teile bespritzt werden können.

Regler.

(^{61}) Der Regler ist im Dom sicher zu befestigen. Bei Lokomotiven mit Ventilregler ist auf dem Handhebel die Bezeichnung „Ventilregler" aufzuschlagen.

(^{62}) Der Ausschlag des Reglerhebels ist zu begrenzen; die Endstellungen sind an bequem sichtbarer Stelle durch die Buchstaben O und Z zu bezeichnen.

Vorwärmer.

(^{63}) Abdampf-Vorwärmer sind in dem vom Speisewasser durchflossenen Raum mit einem Wasserdruck zu prüfen, der den normalen Druck der zugehörigen Kessel um 5 Atm. übersteigt. Bei Vorwärmern mit zwei Wasserkammern ist der Abdampfraum einer Wasserdruckprobe mit 1 Atm. Überdruck zu unterziehen. Nach einwandfrei bestandener Druckprobe sind die Vorwärmer am äußeren Umfang der Rohrwände mit dem Abnahmestempel zu kennzeichnen. Bei Vorwärmern mit gebogenen Röhren darf an den Biegestellen der letzteren die Abweichung des Querschnitts von der Kreisform höchstens $\pm$ 0,5 mm betragen.

(^{64}) Ihre Baustoffe ergeben sich aus den Ausführungszeichnungen.

(^{65}) Die Speisepumpe der Vorwärmeeinrichtung soll gegen einen der Dampfspannung gleichen Druck bei etwa 42 Doppelhüben in der Minute eine Wassermenge von 250 Litern fördern bei annähernd ruhigem Gang der Ventile und ist auf diese Leistung mit einem Kesseldruck von mindestens 12 Atm. zu prüfen. Die Speisepumpe soll in allen Teilen so stark gebaut sein, daß sie mit einem Dampfdruck von 15 Atm. anstandslos dauernd betrieben werden kann.

§ 11. Überhitzer.

(^{1}) Die Überhitzerrohre sind vor dem Zusammenbau mit Salzsäurelösung zu beizen und mit Kalkmilch, danach mit reinem Wasser abzuspülen und später mit Druckwasser nochmals gründlich auszuwaschen.

(^{2}) Die Rohre sind ohne Sand- oder andere Füllung sorgfältig nach Lehre zu biegen; etwa anhaftende Verunreinigungen sind durch Abklopfen und Durchstoßen vollständig zu entfernen. Die Abbiegungen der Rohre nach der Rauchkammer zu dürfen erst außerhalb der Rauchröhren beginnen. Als Grenzwerte für die Abweichung des Querschnittes von der Kreisform an den Biegestellen sind $\pm$ 3 mm zugelassen.

(^{3}) Werden die Überhitzerrohre zu Rohrgruppen durch Stahlgußkrümmer verbunden, so darf das Gewinde an den Rohrenden keinesfalls aus dem Krümmer hervortreten. Die Verschraubungen sollen im Gewinde allein dicht halten. Die Wandstärken der Krümmer müssen eingehalten werden, damit der Durchgangsquerschnitt für die Rauchgase erhalten bleibt; die Stirnangüsse sind zu bearbeiten.

(^{4}) Den Rohrgruppen ist, unbeschadet ihrer Lage über Mitte Rauchrohr, im geraden Teile eine leichte Sprengung nach oben zu geben, damit sie nach dem Einbau nicht nach unten durchhängen.

(^{5}) Vor dem Einbau ist jede Rohrgruppe vollständig mit Wasser zu füllen und mit Wasserdruck von 25 Atm. zu prüfen.

(^{6}) Die Überhitzer-Dampfsammelkästen sind vor dem Einbau einem Wasserdruck zu unterwerfen, der die Kesselspannung um 5 Atm. übersteigt, und zwar ist jede Kammer für sich mit diesem Drucke zu prüfen.

(^{7}) Die Rohrgruppen sind vor dem Anbau so anzurichten, daß der Flansch am Dampfsammelkasten nicht schief anliegt, sondern durch den Bolzen genau passend und dicht angezogen wird. Die Befestigungsschrauben müssen im warmen Zustande vor und nach der Fahrt unter Dampf auf dem Fabrikhofe kräftig nachgezogen werden.

§ 12. Dampfmaschine.

Dampfzylinder.

(^{1}) Die fertig bearbeiteten Dampfzylinder sind bei aufgeschraubten Deckeln und angebautem Druckausgleich mit Wasserdruck zu prüfen. Für Hochdruckzylinder und die dem Hochdruck ausgesetzten Teile ist ein die Kesselspannung um 2 Atm. übersteigender Prüfdruck, für Niederdruckzylinder und Verbinderrohre der Kesseldruck als Prüfdruck anzuwenden. Auf Dichtheit der Trennungswände der Drehschieber für den Druckausgleich ist besonders zu achten.

(²) Die vorgeschriebene Länge der Zylinderlauffläche ist genau einzuhalten. Die Dampfkanäle müssen senkrecht in die Zylinderbohrung einmünden.

(³) Die Schiebergrundfläche für Flachschieber soll wenigstens 25 mm gegen den Boden des Schieberkastens vortreten. Die senkrecht zur Schiebergrundfläche bearbeiteten Teile der Dampfkanäle sollen mindestens 25 mm unter die Schiebergrundfläche hinabreichen, damit durch das Nacharbeiten der Schiebergrundfläche sich die Lage und Form der Dampfkanäle nicht ändert.

(⁴) An den Zylinderdeckeln ist zum Indizieren ein Anschlußstutzen von 25 mm Durchgang vorzusehen, der durch eine Verschlußschraube von 40 mm Gewindedurchmesser aus Rotguß verschlossen ist. Außerdem sind für die Sicherheitsventile der Heißdampflokomotiven besondere Stutzen vorzusehen.

(⁵) Die Sicherheitsventile an den Zylinderdeckeln sind vor der Probefahrt unter Dampfdruck zu prüfen und sollen bei der festgesetzten Dampfspannung des Kessels abblasen. Sie müssen zum Schutze gegen Überlastung durch Bleisiegelverschluß gesichert werden können; ihre Entwässerungsbohrung soll schräg nach unten verlaufen.

(⁶) Zur Entfernung des Niederschlagwassers aus den Zylindern und Schieberkästen sind Ablaßventile anzubringen, die sich mit einem Handgriff vom Führerstande aus öffnen lassen. Die Ausströmkanäle sind durch einfache Abflußrohre mit verengter Mündung nach unten zu entwässern.

Druckausgleich.

(⁷) Die Drehschieber für den Druckausgleich müssen so in die Hahngehäuse eingepaßt werden, daß sie ölsaugend hineingleiten.

(⁸) Die Stellvorrichtung für den Druckausgleich muß leicht gangbar und mit Ausgleichfeder und Endanschlägen versehen sein, so daß nur die Stellungen „ganz zu" oder „ganz offen" möglich sind. Der Abschlußstellung des Drehschiebers soll die vordere Lage der Stellstange entsprechen.

(⁹) Drehschieber, Muffe und Welle des Druckausgleichs sind durch Körner, die den richtigen Zusammenbau der Teile erleichtern, zu kennzeichnen.

(¹⁰) Schieberkasten und Dampfzylinder nebst Umlaufrohr und Drehschiebergehäuse sind vor der Probefahrt auf dem Fabrikhofe bei herausgenommenen Ablaßventilen von Spänen und Ölresten gründlich zu reinigen.

Dampfkolben.

(¹¹) Die Dampfkolben sollen auf die Kolbenstangen warm aufgezogen oder mit Wasserdruck kalt unter Verwendung von reinem Leinöl als Schmiermittel aufgepreßt werden; bei kaltem Aufpressen ist der Aufpreßdruck durch eine Schaulinie nachzuweisen und soll auf mindestens dreiviertel Länge des Kolbensitzes stetig bis auf mindestens 25 000 kg ansteigen. Die Lage des Kolbenkörpers ist durch eine Schraubenmutter zu sichern, für die das überstehende Gewinde nach Abb. 693 umzunieten ist.

(¹²) Der Kolbenkörper der Heißdampflokomotiven soll durch die Kreuzkopfbahn und die Kolbenstangenführung getragen werden. Die Stopfbüchsen sollen lediglich dichten und eine geringe Querbeweglichkeit der Stange zulassen.

(¹³) Der Kolbenkörper ist am Umfang fein zu schlichten und an Vorder- und Hinterkante stark abzurunden. Der Durchmesser soll 5 mm kleiner sein als der des Zylinders¹).

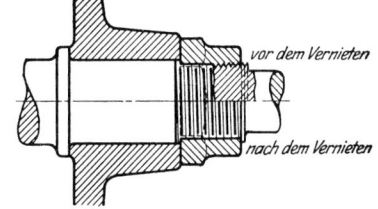

Abb. 693. Befestigung des Dampfkolbens.

---

¹) Ein Unterschied des Zylinder- und des Kolbenkörperdurchmessers von 5 mm ist nach den Erfahrungen des Verfassers etwas reichlich bemessen. Es genügen 3 mm.

(¹⁴) Zur Ermittlung der linearen schädlichen Räume muß der Dampfkolben bis unmittelbar an die Zylinderdeckel herangeschoben werden können. Grundbuchsen usw. dürfen nach innen nicht überstehen. Die vorgeschriebenen schädlichen Räume müssen in warmem Zustande vorhanden sein.

Kolbenstange.

(¹⁵) Der Kopf der Kolbenstange ist kegelförmig mit einer Seitenneigung von 1:30 herzustellen und bis zum völligen Verschwinden der Drehriefen in die Kreuzköpfe einzuschleifen. Bei fest angezogenem Kreuzkopfkeil soll an der Stirnfläche der Kolbenstange ein Spiel von wenigstens 2 mm vorhanden sein.

(¹⁶) Die Trag- und Stopfbüchsen an den Heißdampflokomotiven sind mit einem Spiel von 0,3 mm auszubohren.

Kolbenringe.

(¹⁷) Die Kolbenringe sind so einzupassen, daß die Reibung an den Nutenwänden die Federung nicht beeinträchtigt. Die Ringe dürfen nur sich selber tragen.

(¹⁸) Scharfe Kanten an den Kolbenringen, deren Ölnuten und an den Ringnuten der Kolbenkörper sind sauber zu brechen.

Kolbenschieber.

(¹⁹) Die Körper der Kolbenschieber sowie die Schieberbüchsen sind vor dem Abdrehen des letzten Spans im Glühofen vorsichtig auszuglühen.

(²⁰) Die Schieberbüchsen dürfen beim Einsetzen in die Schiebergehäuse nicht verspannt werden und sind dampfdicht einzusetzen. Bei Doppelbüchsen müssen die Laufflächen in einer Achse liegen. Die richtige Lage der Büchsen ist durch Lehrdorn zu prüfen. Die Abstände der steuernden Kanten sollen der Zeichnung genau entsprechen und die Kolbenschieber selbst so hergestellt werden, daß sie ohne weiteres untereinander ausgetauscht werden können.

(²¹) Der Durchmesser der Kolbenschieberkörper ist bei Schieberdurchmessern von 220 mm um 0,75 mm, bei den größeren Kolbenschiebern um 1 mm kleiner zu halten, als der Durchmesser der Schieberbüchsen.

Federringe der Kolbenschieber.

(²²) Die Vorder- und Hinterkanten der Schieberkörper, die Kanten der Schieberringe und Kanäle sind mit ½ mm Halbmesser abzurunden, die Kanten der Ringnuten leicht zu brechen.

(²³) Die Ringnuten und Schieberringe sind nach Lehre herzustellen. Die Breiten der Federringe sind 0,12 bis 0,15 mm kleiner, die Ringnuten 0,02 bis 0,05 mm größer zu halten, als auf der Zeichnung angegeben. Hiernach verbleibt den breitesten Ringen in den schmalsten Nuten ein Spiel von 0,14 mm und den schmalsten Ringen in den breitesten Nuten ein Spiel von 0,2 mm.

(²⁴) Die Spaltbreite der fertig eingebauten Federringe soll 1,5 mm betragen. Der Ansatz, welcher den Ring gegen Verschiebung in der Längsrichtung sichert, soll nach Abb. 694 konzentrisch zum Sicherungsstift gehalten werden und etwas zurücktreten. Die ungespannten Ringe sollen etwa 15 mm klaffen.

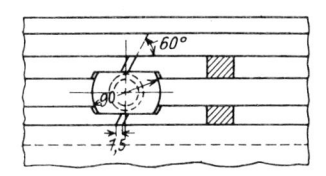

Abb. 694. Kolbenringsicherung gegen Verschieben.

Schieberkasten und Verbindermanometer.

(²⁶) Der Anschlußstutzen für das Schieberkastenmanometer soll sich bei den Zwillingslokomotiven am rechten Schieberkasten befinden.

(^{27}) Auf dem Zifferblatt des Schieberkastenmanometers ist der Betriebsdruck des Kessels, auf dem Verbindermanometer der zugehörige Druck durch einen deutlichen roten Strich hervorzuheben. Zwischen Manometerstutzen und Rohr ist eine Drosselscheibe von 0,3 mm freier Öffnung einzuschalten. Hinsichtlich des Manometers selbst gelten sinngemäß die für das Kesselmanometer gegebenen Vorschriften. Die Bezeichnung auf dem Zifferblatt lautet hier „Schieberkasten" bzw. „Verbinder".

Stangenlager.

(^{28}) Die Lagerschalen einer Stange sollen mit möglichst feinem Schlichtspan genau nach dem Durchmesser der Zapfen auf einer doppelten Stangenbohrmaschine ohne Umspannen der Stange ausgebohrt werden. Hierbei müssen die Lager mit ihren Schnittflächen zusammengepaßt und mit voller Auflagefläche in die Stangenköpfe fest eingetrieben, die Stangen selbst rechtwinklig zur Bohrachse ausgerichtet und ihre Stichmaße genau eingehalten werden.

(^{29}) Die Lagerhälften dürfen erst nach Herstellung des Ölsumpfes an den Schnittfugen und der Ölrinnen fertig aufgepaßt werden. Beim Aufpassen ist der Gebrauch der Feile zu vermeiden. Die Anwendung von Schmirgel in irgend welcher Form ist verboten.

(^{30}) Beim Aufpassen der Lagerschalen müssen die Schnittfugen dicht schließen. In diesem Zustande sollen die Stellkeile nach dem Anbau der Stangen um 3 bis 5 mm nachgelassen werden können.

(^{31}) Das Gesamtspiel der Stangenlager zwischen den Zapfenbunden soll nicht unter 2 mm betragen.

Stellkeile.

(^{32}) Die Stellkeile der Stangenlager sind mit einer Keilneigung von 1:7 und in der ganzen Breite der Stangenköpfe mit Anlagefläche herzustellen. Die Löcher für den Durchtritt der Stellkeilschraube im Stangenkopf sollen länglich sein.

Steuerung.

(^{33}) Die Leiste für die Einstellung des Füllungsgrades ist mit einer Teilung nach Zehnteln des Kolbenweges, von 0,1, bei Verbundlokomotiven von 0,2 beginnend bis zur größten Füllung vor- und rückwärts, zu versehen. Bei Verbundlokomotiven soll die Teilung auf die Füllung des Hochdruckzylinders bezogen werden.

(^{34}) Die Lager der Steuerwellen und die Steuerungsmutter sind mit Weißmetall auszugießen.

(^{35}) Soweit angängig, sind die Gewerkbolzen der Steuerung bei Außensteuerung von innen nach außen und bei Innensteuerung von außen nach innen einzustecken.

Schmierung.

(^{36}) Zum Schmieren der Zylinder und Schieber ist eine vom Führerstand aus zu bedienende Vorrichtung vorgeschriebener Bauart zu verwenden, welche so eingerichtet sein soll, daß der Öldurchfluß an jedem Anschluß für sich überwacht werden kann. Die Überfallmuttern, welche den Anschluß je eines Schmierrohres an beiden Enden vermitteln, sind mit fortlaufenden Nummern zu kennzeichnen. Diese Nummern sind auf einem nahe der Schmiervorrichtung anzubringenden Messingschilde nach Angabe der zugehörigen Schmierstellen zu erläutern.

(^{37}) Nahe den Mündungen der Schmierrohre von Schmierpumpen oder Schmierpressen sind Rückschlagventile und Prüfhähne anzubringen. Zu deren Bedienung sind in der Zylinder- und Schieberkastenbekleidung durch Klappen verschließbare Nischen vorzusehen.

(^{38}) An Stellen, an denen sichtbare, gestrichene oder lackierte Teile verschmutzt werden würden, sind Tropfnasen oder Tropfschalen anzubringen, z. B. unter den

Ölprüfhähnen der Zylinder- und Schieberkastenschmierung, unter den Schieberstangenstopfbüchsen usw.

(^{39}) Vor der Fahrt der Lokomotive sind die Schmierleitungen bei geöffnetem Regler mit Dampfdruck auf Dichtheit zu prüfen.

Fahrt unter Dampf auf dem Fabrikhofe.

(^{40}) Nach dem vollständigen Zusammenbau der Lokomotive und des Tenders soll eine Fahrt unter Dampf auf dem Fabrikhofe stattfinden. Vorher sind alle wichtigen dampfführenden Teile, namentlich die Einströmrohre, Schieberkasten und Zylinder — letztere bei herausgenommenem Schieber oder Dampfkolben — gründlich mit Kesseldampf auszublasen, die für den Betrieb erforderlichen Sicherungen anzubringen und die Bremsen einzustellen. Bei der Fahrt sind alle Teile auf richtiges Zusammenwirken, die Regler, Schieber und Kolben auf Dampfdichtheit zu prüfen und zu berichtigen. Die Dampfverteilung durch die Steuerung ist sorgfältig nachzuregeln.

§ 13. Führerhaus.

Führerhaus.

(^{1}) Das Führerhaus ist gut zu befestigen und zu versteifen. Die Seiten- und Vorderflächen sind mit flachen, hölzernen Kreuzen auszusteifen[1]).

(^{2}) An den Stößen der Versteifungswinkeleisen sind Knotenbleche anzubringen.

Dach.

(^{3}) Das Führerhausdach soll aus 25 mm starken, möglichst astfreien Brettern bestehen; die mittleren Bretter sollen 120 bis 130 mm, die beiden äußeren 200 mm breit sein. Sie sind durch Nuten und Federn von 22 mm Breite und 6 mm Stärke zu verbinden. Nuten und Federn, sowie alle zusammenzusetzenden Holzteile sind in den Berührungsflächen mehrmals mit dickflüssiger Ölfarbe zu streichen.

(^{4}) Die Decke soll dicht schließen, sauber abgehobelt, außen mit Spachtelmasse ausgefugt und darauf einmal mit guter fetter Mineralweißfarbe gestrichen werden. Nach dem Trocknen ist dicke Deckenmasse im warmen Zustande 5 mm stark aufzutragen und mit einem Stück Doppeldrell ohne Naht zu überspannen. Der Drell ist mit geeigneten Holzkrücken aufzubügeln und so fest anzudrücken, daß die Deckenmasse durch die Poren des Segeltuchs dringt. Hierauf ist der Drell um die Kanten des Daches herumzuziehen und von unten mit verzinkten Eisen- oder Messingstiften zu befestigen. Nach dem Trocknen ist ein doppelter Anstrich von Deckenmasse aufzubringen, der vor dem völligen Trocknen mit mittelfeinem Sand von gleichmäßigem Korn zu bestreuen ist.

(^{5}) Die Deckenmasse ist herzustellen aus: 43 kg Leinölfirnis, 28 kg gemahlener Kreide, je 7 kg Ocker und gebrannter Umbra, 1 kg Silberglätte und 14 kg Burgunderharz.

Fußboden.

(^{6}) Der Fußbodenbelag soll aus Kiefernholz bestehen und an seiner Unterseite mit Leisten versehen sein. Die Bohlen sind zu überblatten. Der Belag muß überall gut anschließen und im Betriebe zur Beseitigung von Schmutz usw. leicht abnehmbar sein. Er kann nach Bedarf aus mehreren Teilen zusammengesetzt werden, doch darf die sichere Lagerung hierdurch nicht beeinträchtigt werden. Vor der Feuertür ist der Belag mit einem Eisenblech in der Größe von etwa 0,7 m zu 0,5 m abzudecken. Für den nicht mit Holz belegten Fußboden ist Riffelblech zu verwenden.

---

[1]) Nach den Erfahrungen des Verfassers ist auch eine Absteifung des Führerhausdaches gegen die Feuerbüchsdecke des Kessels dicht an der Rückwand der Feuerbüchse dringend notwendig, um die nach hinten überragende Schleppe des Daches möglichst gut abzustützen. Entsprechend der Verschiebung des Stehkessels beim Anheizen und bei der Abkühlung muß natürlich auch die Befestigung des Fußes der Absteifung für das Dach auf der Feuerbuchsdecke ein Gleiten gestatten.

(⁷) Die zur Besichtigung und Schmierung der Kupplung im Fußboden oberhalb des Zugkastens ausgesparten Öffnungen sind auf dem Tender durch Klappen aus Riffelblech, auf der Lokomotive durch Klappen aus Feinblech mit ganz eingelassenen Ringen und Scharnieren abzudecken.

(⁸) Die Drehfenster des Führerhauses und die Schiebefenster in den Seitenwänden müssen mit Feststellvorrichtungen versehen sein. Die Fensterrahmen sollen im geschlossenen Zustande am Führerhausausschnitt ringsherum dicht anliegen.

(⁹) Unterhalb der vorderen Führerhausfenster sind Ablegebleche anzubringen.

§ 14. Bekleidung und Wärmeschutz.

Bekleidung.

(¹) Kessel, Zylinder und Schieberkasten, sowie die außerhalb der Rauchkammer liegenden Teile der Dampf-Ein- und -Überströmrohre (Verbinderrohre) sind einschließlich der Flansche mit in den Fugen schließenden, gut gespannten und gerichteten Mänteln aus mindestens 1,5 mm starkem Blech zu umkleiden. Die Kesselbekleidung ist auf Unterreifen aus Flacheisen zu befestigen. Um den Kessel soll ein Luftraum von mindestesn 25 mm entstehen.

(²) Die Bekleidungsmäntel müssen so am Kessel angebracht werden, daß sie leicht abgenommen und wieder befestigt werden können, auch ohne daß Führerhaus, Hähne, Ventile oder sonstige Ausrüstungsstücke entfernt zu werden brauchen.

(³) An den einspringenden Ecken für die Reinigungsluken, an der Nische für das Kesselschild usw. ist die Blechbekleidung durch Kappen aus getriebenem Blech zu schließen.

(⁴) Die Bekleidungsbleche der Zylinder und Schieberkästen sind an den Verbindungsstellen und den Ausschnitten gut abzudichten, so daß Öl und Wasser nicht eindringen kann.

(⁵) Die Bekleidung der Zylinderdeckel ist durch Kopfschrauben an den Deckelringen zu befestigen. Einkerbungen oder sonstige Schwächungen der Deckelrippen zur Befestigung der Bleche sind unstatthaft.

Wärmeschutz.

(⁶) Der in das Führerhaus hineinragende Teil der Feuerbüchse, die Zylinder- und Schieberkastenwandungen sind mit Asbestmatten zu umkleiden, die gut zugepaßt sein müssen.

(⁷) Die Asbestmatten sind durch Bandeisen oder Drahtgewebe von etwa 30 mm Maschenweite, nicht durch Holzlatten zu befestigen.

(⁸) Die Dampf-Ein- und Überströmrohre sind außerhalb des Rauchkammermantels mit Asbestmatten oder, wo sich diese schlecht anbringen lassen, mit 20 mm starker Asbestschnur zu verkleiden.

(⁹) Soweit die Dampfrohre im Führerhause bei Bedienung der Ventile, Züge usw. zu Verbrennungen des Personals Anlaß geben könnten, sind sie mit Asbestschnur zu umwickeln.

(¹⁰) Wegen des Wärmeschutzes der Dampfheizung vgl. § 19.

§ 15. Sandstreuer.

(¹) Die Lokomotiven erhalten Sandstreuer. Der Sand soll möglichst dicht vor die Räder gestreut werden.

(²) Die Abfallrohre und Schuhe der Sandstreuer sind unter Vermeidung scharfer Krümmungen möglichst gestreckt zu führen und, wenn angängig, aus einem Stück herzustellen; läßt sich die Teilung nicht vermeiden, so sind nach Vorschrift Flanschverbindungen oder Verschraubungen anzuwenden, mit Ausnahme der Verbindungen, die zum Einstellen der Sandstreuschuhe dienen. Die Rohre sollen nicht am Umlauf befestigt werden.

(³) Die Vorrichtung zum Anstellen des Sandstreuers ist auf der Führerseite nach Vorschrift anzubringen. Der Handgriff ist durch Vierkant und Stift zu befestigen.

§ 16. Tender und Wasserkasten, Werkzeug- und Kleiderkästen.

(¹) Für die Herstellung des Tenders und aller seiner Teile gelten sinngemäß die für Lokomotiven gegebenen Vorschriften.

Wasserkasten.

(²) Die Wasserkastenbleche müssen gut gespannt und gerichtet werden.

(³) Zwischen dem Wasserkasten und Untergestell sind Unterlagen anzubringen, die an den Stoßstellen der Bleche des Wasserkastens ausgespart werden müssen, so daß die über dem Rahmen liegenden Niete des Wasserkastens mit vollen Köpfen hergestellt werden können. Der Wasserkasten darf mit dem Untergestell nur durch Schrauben verbunden werden. Er muß hochgenommen werden können, ohne daß Undichtheiten entstehen.

(⁴) Der Wasserkasten ist mit einer Schwimmvorrichtung mit Zeiger und Anzeigeleiste zur Erkennung des Wasserstandes auszurüsten. Bei Tenderlokomotiven mit zwischen dem Rahmen liegenden und seitlichen Wasserkästen ist die Anzeigevorrichtung so einzurichten, daß der Wasservorrat in der jeweilig vorhandenen Menge richtig angezeigt wird.

(⁵) Der Wasserkasten soll einen vom Führerstand zugänglichen Zapfhahn erhalten, der möglichst tief, jedoch so anzubringen ist, daß der Wassereimer untergestellt werden kann. Nötigenfalls ist eine durch Klappe verschließbare Vertiefung im Fußboden dafür vorzusehen. Über dem Hahn ist ein Schutzblech anzubringen.

(⁶) Die Einmündungen der Pumpenrohre sind durch kupferne Siebe gegen das Ansaugen von Fremdkörpern zu schützen.

Werkzeug und Kleiderkästen.

(⁷) Auf den Wasserbehältern sind vorn eiserne Kästen zu befestigen, von denen einer auf der rechten Seite mit Holzverschalung und durchlochtem hölzernen Zwischenboden auszurüsten ist. Die übrigen Kästen sollen einen Zwischenboden aus Eisenblech erhalten.

(⁸) Nach Vorschrift sind besondere Kleiderkästen an den beiden Langseiten des Tenderuntergestells unterhalb des Wasserkastens vorzusehen.

(⁹) An der Rückwand des Tenders ist oberhalb der Kopfschwelle ein größerer Werkzeugkasten und an einer Seitenwand des Führerhauses ein eiserner Schrank mit Einrichtung zur Unterbringung der Schraubenschlüssel vorzusehen. Bei Tenderlokomotiven sind Werkzeug- und Kleiderkästen im Führerhause und zu beiden Seiten darunter anzubringen.

(¹⁰) Die Werkzeug- und Kleiderkästen sollen gegen Eindringen von Wasser dicht, im übrigen aber mit Luftlöchern versehen sein. Die Deckel müssen verschließbar sein und daneben mit Vorreibern und einer Handhabe zur leichteren Bedienung versehen werden. Für die Kastenschlösser jeder Lokomotive ist eine einheitliche Schlüsselform vorzusehen [vgl. § 24 (³)].

§ 17. Laternenstützen und Leinenhalter, Fußtritte und Handstangen.

Laternenstützen.

(¹) Auf den Kopfschwellen der Lokomotiven sind je 2 Stützen für die großen Signallaternen, an der Rauchkammerstirnwand eine obere Signalstütze anzubringen. Diese drei Stützen sind auch an der Hinterwand des Tenders und bei Tenderlokomotiven an der Rückwand des Führerhauses erforderlich.

Leinenhalter.

(²) Bei Tenderlokomotiven ist am Schornstein links eine Leinenführungsöse vorzusehen.

Fußtritte und Handstangen.

(³) Zum sicheren Betreten des Umlaufs sind rings um die Lokomotive Handstangen anzubringen, die in geeigneter Weise mit den Gestängen der Hahn- oder Ventilzüge vereinigt werden können.

(⁴) Die Tritthalter und Handgriffe sind nicht anzunieten, sondern durch Mutterschrauben nach § 2 (¹⁸) und (¹⁹) zu befestigen. Befestigungslappen usw. dürfen nicht angeschweißt sein.

(⁵) Fußtritte aus Riffelblech und zugehörige Handgriffe sind, außer zum Besteigen des Führerstandes, an der vorderen Kopfschwelle der Lokomotiven, weiterhin an der Rückwand der Tender und bei Tenderlokomotiven zu beiden Seiten der Kohlenkästen und an der Vorderwand der Wasserkästen anzubringen. Lokomotiven mit hochliegendem Kessel müssen außerdem Fußtritte an beiden Seiten der Kesselrückwand (oder an den Radkästen im Führerhaus), an der Rauchkammertür oder -stirnwand und zur Erleichterung des Zuganges zum Sandkasten am Langkessel erhalten.

(⁶) Bei Lokomotiven mit Tender ist an der Hinterwand des Zugkastens der Lokomotive ein Tritt zum Besteigen des Führerstandes bei abgekuppeltem Tender vorzusehen.

(⁷) Die Handstangen am Aufstieg zum Führerstande müssen blank bearbeitet werden.

(⁸) An den Kopfschwellen der Lokomotiven und Tender sind geschlossene Handgriffe für Kuppler anzuschrauben.

§ 18. Bremse.

Allgemeines.

(¹) Die Tenderlokomotiven und Tender müssen Handbremsen mit Wurfhebeln erhalten; diese schlagen beim Anziehen bei Tenderlokomotiven nach außen, bei Tendern nach innen. Die zur Beförderung von Personenzügen dienenden Lokomotiven sind außerdem nach Vorschrift mit der selbsttätigen Luftdruckbremse Bauart Knorr oder Westinghouse auszustatten. Der Einbau anderer Bremsen wird besonders bestimmt.

Höhe der Abbremsung.

(²) Bei den Lokomotiven sollen die gekuppelten Achsen bei Knorrbremse mit dem älteren Führerbremsventil bei einem Luftdruck von 7 Atm. im Bremszylinder mit 85 v. H. des auf sämtliche gekuppelte Achsen entfallenden Gewichts der betriebsfähigen Lokomotive [vgl. § 23 (³)], bei Knorrbremse mit dem neuen Führerbremsventil mit Drehschieber und bei Westinghousebremse bei einem Druck von $3^1/_2$ Atm. im Bremszylinder mit 65 bis 70 v. H. abgebremst werden. Hierbei ist bei Tenderlokomotiven nur mit halben Wasser- und Kohlenvorräten zu rechnen. Für das Abbremsen von Laufachsen ist ein Bremsdruck von 50 v. H. des auf sie entfallenden Achsdrucks zugrunde zu legen. Drehgestelle müssen stets besondere Bremszylinder erhalten.

(³) Bei den Tendern soll der Bremsdruck für Knorrbremse ohne besonderes Steuerventil und ohne Hilfsluftbehälter am Tender 85 bis 90 v. H., in allen anderen Fällen 70 v. H. des Gewichts des Tenders bei halber Wasser- und Kohlenfüllung betragen. Hierbei ist anzunehmen: Bei Knorrbremse ohne besonderes Steuerventil und ohne Hilfsluftbehälter am Tender 7 Atm., bei Knorrbremse mit besonderem Steuerventil und Hilfsluftbehälter am Tender und bei Westinghousebremse 4 Atm. im Bremszylinder.

(⁴) Bei den Lokomotiven mit Dampfbremse gelten für die Abbremsung die Vorschriften der Westinghousebremse unter Zugrundelegung des vollen Kesseldrucks am Bremskolben.

Einzelheiten.

(⁵) Die Bremsklötze sind so aufzuhängen, daß sie bei gelöster Bremse die Reifen nicht berühren. Unter den Bremsquerbalken sollen Fangbügel angeordnet werden, die durch Mutter und Splint zu befestigen sind.

(⁶) Die Hebel sind auf die Wellen, soweit nicht Herstellung aus einem Stück in Frage kommt, warm aufzuziehen, nicht aufzuschweißen, und in ihren Stellungen durch kräftige, allseitig behobelte Keile zu sichern.

(⁷) Die Bremsleitungen sind zwischen Lokomotive und Tender durch Gummischläuche zu verbinden.

(⁸) Die Freiluftrohre der Führerbremsventile sind im unteren Ende leicht trompetenartig aufzuweiten und so anzuordnen, daß sie nicht von Wasser oder Dampf aus den Strahlpumpen umspült werden.

(⁹) Die Rohre der Luftdruckbremse sind zur Entfernung von Schmutz und Glühspan nach dem Biegen mit Dampf auszublasen und mit einer Drahtbürste zu reinigen; das Durchblasen von Preßluft ist nicht genügend. Zur Feststellung, ob überall der erforderliche Querschnitt vorhanden ist, ist eine Kugel von wenig geringerem Durchmesser durch die Rohre hindurch zu rollen.

(¹⁰) Der Handhebel des Führerbremsventils der Luftdruckbremsen ist in 810 bis 830 mm Höhe über Fußboden des Führerhauses anzuordnen.

(¹¹) Um das Abreißen der an das Führerbremsventil angeschlossenen Rohrleitungen zu verhindern, sind Rohrschleifen einzubauen: a) an Lokomotiven mit Knorrbremse in die Leitung vom Hauptluftbehälter und Führerbremsventil zum Manometer und vom Hauptluftbehälter zum Luftpumpenregler; b) an Lokomotiven mit Westinghousebremse in die Leitung vom Hauptluftbehälter zum Manometer, vom Führerbremsventil zum Bremsventilluftbehälter, vom Bremsventilluftbehälter zum Manometer, vom Hauptluftbehälter zum Luftpumpenregler. Die Rohrschleifen sind wagerecht anzuordnen, damit keine Wassersäcke entstehen.

Manometer.

(¹²) Für die Manometer der Luftdruckbremse gelten sinngemäß die für das Kesselmanometer gegebenen Vorschriften. Die Bezeichnungen auf den Zifferblättern lauten hier „Hauptluftbehälter", „Leitung" bzw. „Bremszylinder".

Hauptluftbehälter.

(¹³) Die Hauptbehälter sind von dem zuständigen Abnahmebeamten mit einem Wasserdruck zu prüfen, der den festgesetzten Höchstdruck um 5 Atm. übersteigt.

Prüfung der Bremse.

(¹⁴) Die Luftdruckbremse ist mit 5 Atm. Überdruck in der Leitung und 8 Atm. Überdruck im Hauptluftbehälter zu prüfen.

§ 19. Beleuchtung und Dampfheizung.

Beleuchtung.

(¹) Die Gasbehälter sind an der Unterseite des Mantels mit einer Reinigungsöffnung mit Verschlußschraube nach Muster zu versehen. Sie sind für das Ablassen von Rückständen mit geringer Neigung nach der Reinigungsöffnung zu befestigen.

(²) Die Gasbehälter sind auf jeder Seite mit 1 Absperrventil, 1 Füllstutzen und 1 Manometer in Gehäusen mit Deckeln auszurüsten. Die Manometer dürfen nicht unmittelbar neben den Füllstutzen oder den Absperrventilen, letztere nicht dicht neben den Füllstutzen sitzen.

(^{3}) Für die Prüfung der Gasbehälter mit Wasserdruck sind die gleichen Vorschriften maßgebend wie für die Hauptluftbehälter der Bremse [vgl. § 18 (^{13})]. Der größte Betriebsüberdruck beträgt hierbei 6 Atm.

(^{4}) Die Führerhausdeckenlaterne ist unter Verwendung von hölzernen, ringförmigen Unterlagen von ebener Auflage sorgfältig zu befestigen, so daß sie während der Fahrt nicht klappert. Der zum Ausgleich der Dachrundung auf dem Führerhausdach vorzusehende Holzring ist mit Deckenleinen in Spachtelfarbe gut abzudichten.

Dampfheizung.

(^{5}) Zur Dampfheizeinrichtung der Lokomotiven und Tender gehören außer den Rohrleitungen folgende Teile: 1 Dampfentnahmeventil mit Sicherheitsventil, das auf $4^1/_2$ Atm. einzustellen ist. 1 Manometer mit roter Strichmarke bei 4 Atm. und der Bezeichnung „Heizung" auf dem Zifferblatt, 1 Dreiweghahn, der die Dampfabgabe nach vorn, nach hinten und nach beiden Richtungen gleichzeitig gestattet, je 1 Absperrhahn an den Kopfschwellen neben dem ebenen Puffer; bei Lokomotiven mit Tender: 1 Heizkupplung zwischen Lokomotive und Tender. Die Stutzen zwischen Lokomotive und Tender erhalten keine Absperrhähne.

(^{6}) Der durchgehenden Heizleitung ist bei Lokomotiven stetiges Gefälle nach den Endabsperrhähnen, bei Tendern so weit wie möglich nach hinten zu geben. Wassersäcke dürfen nicht entstehen.

(^{7}) Die lichte Weite der Heizleitungen soll 50 mm betragen.

(^{8}) Die eisernen Leitungsrohre sollen an zugänglicher Stelle durch Muffe und Gegenmuffe geteilt werden. Als Dichtung sind mit Mennige bestrichene Hanfsträhnen zu verwenden.

(^{9}) Die Dampfheizungsrohre sind außerhalb des Führerhauses, soweit sie nicht unmittelbar an der Kesselbekleidung liegen und am Tender in folgender Weise mit Wärmeschutz nach Muster zu umkleiden: Die Hauptleitungen ausschließlich der Muffenverbindungen sollen zylindrische, der Länge nach geteilte Mäntel von etwa 1 m Länge aus 3 mm starker Asbestpappe und 20 mm starkem Filz erhalten, deren Hälften durch Drahtklammern zu verbinden sind; die Mäntel sind fest mit guter, grober und dicht gewebter Leinwand, am besten mit Segeltuch, zu umhüllen und hierauf mit verzinktem Eisendraht sorgfältig abzubinden, sodaß an keiner Stelle Ausbauchungen oder Ausfaserungen der Leinwand entstehen. Schließlich ist die ganze Umhüllung mit einem Gipsüberzug abzudecken, der vor dem Anstrich gleichmäßig zu runden und zu glätten ist. In Rohrkrümmungen kann für den Wärmeschutz an Stelle der Asbestpappe Asbestschnur verwendet werden. Die Heizungsrohre innerhalb des Führerhauses und das vom Dampfentnahmeventil kommende Rohr sind mit Asbestschnur zu umwickeln. Es ist darauf zu achten, daß die Filzasbestmäntel möglichst dicht die Heizung umschließen und die Rohrabzweigungen besonders gut umhüllt werden. Die nicht zu vermeidenden Hohlräume zwischen Heizleitung und Wärmeschutzhülle sind gegen die Außenluft durch die äußere Leinenumhüllung derart abzuschließen, daß die Luft die Hohlräume nicht durchstreichen kann.

(^{10}) Die Heizeinrichtung ist auf dem Werke des Unternehmers in allen Teilen mit Dampf von 6 Atm. auf Dichtheit zu prüfen.

Anstrich. § 20. **Anstrich, Schilder und Anschriften.**

(^{1}) Mit dem Anstrich der Lokomotiven darf erst begonnen werden, nachdem die Arbeitsausführung in allen Teilen von dem Abnahmebeamten für gut befunden ist.

(^{2}) Bleche und Eisenteile sind vor dem Anstrich sorgfältig von Schmutz, Öl, Rost, Zunder usw. zu reinigen und zu trocknen. Gebeizte Teile sind zunächst in

Kalkwasser zu tauchen, um die anhaftende Säure unschädlich zu machen, darauf in reinem Wasser abzuspülen und weiterhin in kochendem Wasser zu erwärmen und dann zu trocknen.

(³) Für den Anstrich darf nur bestes Material verwendet werden; jeder einzelne Anstrich muß vollkommen trocken sein, bevor der nächste aufgebracht wird. Die Firmenschilder dürfen nicht mit angestrichen werden.

(⁴) Die oberhalb des Umlaufs, bei Tendern oberhalb des Rahmens sichtbaren Außenflächen: des Führerhauses mit den Türen und des Tenders, der Kohlen- und Wasserkästen der Tenderlokomotiven, der Bekleidungsbleche des Kessels und der Bekleidung der Zylinder- und Schieberkästen sind mit einem dunkelgrünen, die unterhalb des Umlaufs sichtbaren, außerhalb des Rahmens liegenden Flächen mit einem rotbraunen, der Umlauf selbst, das Äußere der Rauchkammer und der Schornstein, sowie die zwischen den Rahmen liegenden Flächen mit einem schwarzen Anstrich zu versehen. Die Radkörper und Tragfedern sind beiderseitig rotbraun zu streichen.

(⁵) Für den Anstrich werden Mustertafeln gegeben, auf denen auch die Ausbildung der Ecken an den abzusetzenden Flächen dargestellt ist.

(⁶) Langkessel, Dom und Feuerbüchsmantel sind außen, die Rauchkammer innen in warmem Zustande mit heißen Steinkohlenteer gut deckend zu streichen.

(⁷) Die Bekleidungsbleche sind auf der inneren Seite zweimal mit Eisenmennige zu streichen.

(⁸) Die Wasserkästen der Tenderlokomotiven und der Tender sind innen zweimal mit Eisenmennige und darauf einmal mit grauer Ölfarbe zu streichen.

(⁹) Die Bremshähne mit Hebeln sind durch einen hellroten Anstrich hervorzuheben.

(¹⁰) Die Holzteile sind mit heißem Leinölfirnis, dem etwas Ölfarbe zuzusetzen ist, und hierauf einmal mit grauer Ölfarbe zu streichen. Der Fußbodenbelag im Führerstand soll außer dem Firnisanstrich einen zweimaligen schwarzen Ölfarbenanstrich erhalten.

(¹¹) Die Innenwände des Führerhauses sollen in der oberen Hälfte zweimal holzähnlich gestrichen und alsdann oben und unten mit Lokomotivlack überzogen werden. Die Decke des Führerhauses ist nach dem Grundanstrich zweimal mit weißer Ölfarbe und endlich mit weißer Lackfarbe zu streichen.

(¹²) Die grün und rotbraun zu streichenden und die schwarz zu haltenden Flächen der Rauchkammer und des Schornsteins sind zunächst mit Zinkweiß oder Eisenmennige zu streichen und hierauf mit einem sauberen, von Unebenheiten freien Spachtelgrund zu versehen. Die grün zu streichenden Flächen sind wenigstens dreimal zu spachteln.

(¹³) Die Spachtelmasse darf beim Trocknen weder reißen noch die nachfolgenden Anstriche zu stark aufsaugen. Die zur Kennzeichnung dienenden Einstempelungen, sowie die Kontrollrisse der Radsätze müssen von Spachtelmasse frei bleiben.

(¹⁴) Nach dem Trocknen des letzten Spachtels ist mit Bimsstein zu schleifen. Nach sorgfältigem Abwaschen des Schleifschmutzes muß mit grauer Ölfarbe gestrichen, mit Spachtelkitt nachgekittet und wiederum geschliffen werden. Hierauf ist ein zweimaliger Anstrich in der vorgeschriebenen Farbe und nächstdem der erste Schleiflacküberzug vorzunehmen, der nach dem Trocknen mit fein gemahlenem Bimsstein auf Filz zu überschleifen ist.

(¹⁵) Bei den grünen Flächen müssen die Bänder der Bekleidungsbleche, sowie alle Kanten und Leisten, welche Flächen begrenzen, schwarz gestrichen werden, bevor die Flächen mit dem zweiten Lacküberzug versehen werden. Nach dem Schleifen des zweiten Lacküberzuges erfolgt das Einfassen mit 3 mm breiten hellroten Strichen. Schließlich ist der letzte Überzug mit Lokomotivlack zu geben.

(^{16}) Für die rotbraunen und die zu spachtelnden schwarzen Flächen genügt ein Schleiflacküberzug.

(^{17}) Die schwarz zu haltenden, nicht zu spachtelnden Teile erhalten einen einmaligen Anstrich mit Ölfarbe und einen Überzug von Asphaltlack, ebenso wie auch die Kohlenräume, die Innenwände des Führerhauses in der unteren Hälfte, die Bremsklötze und alle Schellen, Fußtritte, Handstangen usw. Die untere Seite des Wasserkastenbodens des Tenders und die nicht gespachtelten Außenflächen der Wasserkästen der Tenderlokomotiven sind zuvor mit einer als Ersatz für Bleimennige anerkannten Rostschutzfarbe zu streichen. Die auf dem Werk des Unterlieferers abgenommenen Hauptluft- und Gasbehälter müssen nach der Druckprobe zunächst einen Schutzanstrich von Steingrau erhalten.

(^{18}) Über die Zulassung von besonderen Lackfarben wird in jedem Falle besonders bestimmt.

(^{19}) Für das Äußere der Rauchkammer und den Schornstein kann statt des getrennten Anstrichs von Farbe und Lack auch Feuerlack verwendet werden.

(^{20}) Größere Flächen, wie namentlich die Seitenwände der Wasserkästen, sind durch Absetzen in mehrere Felder zu teilen.

(^{21}) Nach Fertigstellung der Lackierung sollen die Flächen in der Verkürzung gesehen, abgesehen von den Nietnähten, keine Wellen, Buckel oder Beulen aufweisen.

(^{22}) Vor der Absendung der Lokomotive ist die Lackierung mit kaltem Wasser abzuspülen.

§ 21. Zeichnungen.

Mit dem Antrag um Vornahme der gesetzlichen Wasserdruckprobe sind Beschreibungen und Zeichnungen des zu prüfenden Kessels in doppelter Ausfertigung mit den übrigen verlangten Nachweisen, je zu einem Heft in starkem, weißem Umschlage von 225×355 mm Größe mit schwarzem Aufdruck zusammengefaßt, einzureichen. Die Zeichnungen hierfür sollen im Maßstab 1:20 auf Pausleinwand oder festem, dauerhaft auf Leinwand aufgezogenem Papier angefertigt werden.

Die Zeichnungen sind so anzuordnen, daß der Schornstein der Lokomotive auf der rechten Seite des Beschauers liegt.

§ 22. Musterstücke.

Dem Unternehmer werden Musterstücke und Lehren vom Werkstättenamt Grunewald leihweise überlassen. Sie sind sorgfältig aufzubewahren und nicht als Werkzeuge oder Formmodelle zu benutzen; jede Änderung seitens des Lieferers ist untersagt.

Die Musterstücke sind dem zuständigen Abnahmebeamten auf Anfordern zur Prüfung und Benutzung vorzulegen.

§ 23. Gewichte.

Für die Ermittlung der Achsbelastungen im betriebsfertigen Zustande sind anzunehmen: für die Lokomotivmannschaft zusammen 150 kg, gefüllte Kohlen- und Wasserkästen, 50 kg Kohlen auf jedes qm Rostfläche, 75 kg Sand in jedem Sandkasten, eine Wasserstandhöhe von 100 mm über Feuerbüchsdecke im kalten oder von 150 mm im angeheizten Zustande des Kessels bei der festgesetzten Dampfspannung, und die Ausrüstung der Lokomotive und des Tenders mit sämtlichen Zubehörteilen an ihren regelmäßigen Aufbewahrungsorten. Lokomotiven mit Zweizylinderanordnung sind zu verwiegen: einmal in der Stellung der rechten Kurbel 45° nach vorn oben und einmal 45° nach hinten unten. Das Mittel aus beiden Wägungen stellt das Gewicht der Lokomotive dar.

§ 24. Werkzeuge und Zubehörteile.

(¹) Mit jeder Lokomotive sind Werkzeuge und Zubehörstücke in bester Beschaffenheit nach der nachstehenden Zusammenstellung abzuliefern. Für die Herstellung gelten die Musterzeichnungen.

Nr.	Benennung der Gegenstände	Anzahl	Nr.	Benennung der Gegenstände	Anzahl
1	Aschkratzen	1	38	Ölpinsel	1
2	Beile, Gewicht 1,5 kg	1	39	Ölspritzen	1
3	Bindeketten mit Haken, je 4,5 m lang, 20 mm stark	2	40	Piassavabesen	1
4	Bindestricke, je 5,5 m lang	2	41	Rohrpfropfen, mit Ansatz, 3 große und 3 kleine	6
5	Blechbehälter für Knallkapselbüchse, Vierkantschlüssel und Meldeblock	1	42	Rohrpfropfensetzer	1
6	Blechbüchsen für Dienstbücher	1	43	Rohrstemmer, kurze	2
7	„ „ Putzstoffe	1	44	Rosthaken (Feuerhaken)	1
8	„ „ Seife	1	45	Rostttäbe	6
9	„ „ Talg (4 kg Inhalt)	1	46	Schaber	2
10	Brechstangen	2	47	Schaugläser, Ersatz-, für Schmierpumpen oder -pressen	1
11	Durchschläge, Gewicht je etwa 0,25 kg	2	48	Schlackeneisen	1
12	Eimer, eiserne	1	49	Schlackenschaufeln	1
13	Federklötze, eiserne	2	50	Schlackenzangen (Rostzangen)	1
14	„ , hölzerne	2	51	Schlüssel zur Gasleitung (nur für Lokomotiven mit Gasbeleuchtung)	1
15	Feilen, Schlicht-, halbrunde, Gewicht 0,5 kg	1	52	Schlüssel zum Gasfüllhahn (nur für Lokomotiven mit Gasbeleuchtung)	1
16	Feilen, Vor-, flache, Gewicht 0,5 kg	1	53	Schlüssel, Steck-, für den Kesselablaßhahn	1
17	„ , Vor-, halbrunde, Gewicht 0,5 kg	1			
18	Fuchsschwänze	1			
19	Hämmer aus Blei oder altem Lagermetall, Gewicht 2 kg	1	54	Schraubenkupplungen mit geschlossenen Bügeln an beiden Enden	1
20	Hämmer, Hand-, Gewicht 1,5 kg	1	55	Schraubenschlüssel, gewöhnliche	1 Satz
21	„ , Vorschlag-, Gewicht 5 kg	1	56	Schraubenschlüssel, kurze, für Stopfbüchsen	2
22	Handfeger	1			
23	Handlaternen für Öl	1	57	Schraubenschlüssel für die Luftpumpe (nur für Lokomotiven mit Luftdruckbremse)	1
24	Kasten, hölzerne, für Wasserstandsgläser, mit 6 St. selbstdichtenden Wasserstandsgläsern mit unterem Flansch und 4 Stück Ersatzkugeln	1	58	Schraubenschlüssel, verstellbare	1
			59	Schraubenzieher	1
25	Knallkapselbüchse	1	60	Signalfahnen, rote	2
26	Kneifzangen, Gewicht 0,6 kg	1	61	Signallaternen, große, Tenderlokomotiven erhalten 4 Stück. Jede Laterne ist mit 1 roten Vorsteckscheibe auszurüsten	3
27	Kohlenschaufeln	2			
28	Kohlenhacken	1			
29	Kratzer für Stoffbüchsen (kommen für Lokomotiven mit Metallstopfbüchsen nicht in Frage)	2	62	Signallaternen, kleine	1
			63	Signalscheiben, aus Blech	3
30	Lokomotivwinden, Sicherheits-, Tragkraft je 12000 kg	2	64	Stemmer, gewöhnliche	2
31	Meißel, Flach-, Gewicht je 0,45 kg	2	65	Vierkantschlüssel	1
32	„ , Kreuz-, „ „ 0,6 „	1	66	Vorhängeschlösser, je mit 3 Schlüsseln, Anzahl nach Bedarf	—
33	Notbeleuchtungseinrichtung für Lichtpatronen (werden nur für Lokomotiven mit Einrichtung zur Gasbeleuchtung geliefert)	1	67	Vorlegeklötze aus Pappelholz	2
			68	Vorrichtungen zum Lösen der Kupplung (falls Kardankupplung vorhanden)	1
34	Ölkanne, Flaschen-	2	69	Windebohlen, eichene	2
35	„ große, 14 kg Inhalt	1	70	Windeklötze, eichene	2
36	„ mittlere, 4 kg Inhalt	4	71	Zugleine, 25 m lang	1
37	„ (Ölgießer), 1 kg Inhalt	1	72	Handfackel	1

(²) Die Werkzeuge und Geräte müssen zum Schutze gegen Entwendung unter Verschluß gelegt werden können.

(³) Für die Kastenschlösser der Lokomotiven und Tender [vgl. § 16 (¹⁰)] sind 3 Schlüssel mit einem Schlüsselring von 50 mm Durchmesser abzuliefern. Der Schlüsselring soll mit einer schildartigen Abflachung für das Einschlagen der Betriebsnummer der Lokomotive versehen sein.

(⁴) Die Mäntel der Sicherheitswinden sind aus einem Stück Blech herzustellen. Die Gewerkteile sind allseitig zu bearbeiten. Mit Ausnahme der aufeinander arbeitenden Flächen sind alle Teile je einmal mit Eisenmennige und gut deckender grauer Ölfarbe zu streichen. Das Gesamtgewicht einer Winde von 12000 kg Tragkraft darf 86 kg nicht überschreiten.

(⁵) Die Winden sind vor ihrer Ablieferung im Beisein des Abnahmebeamten bei ganz ausgewundener Zahnstange mit einer Probelast vom 1¼fachen der festgesetzten Tragkraft zu prüfen; sie dürfen hierbei keine Beschädigungen oder bleibende Formveränderungen erleiden.

§ 25. Ersatzkessel und Aushilfsteile.

(¹) Für die Lieferung von Ersatzkesseln und Aushilfsteilen sind diese Bedingungen sinngemäß anzuwenden.

(²) Die Anzahl und Gattung der zu liefernden Aushilfsteile wird in jedem Falle besonders bestimmt.

(³) Lokomotiv- und Tenderradsätze sind vollständig betriebsfertig mit gedrehten Reifen und dauerhaftem Grundanstrich abzuliefern, Trieb- und Kuppelradsätze einschließlich Zapfen, Exzenterscheiben oder Gegenkurbeln.

(⁴) Tragfedern sind mit aufgezogenen Bunden zu liefern; sie müssen ohne weitere Nacharbeiten zu jedem Fahrzeuge der betreffenden Gattung verwendet werden können.

(⁵) Achslagerkästen der Lokomotiven und Tenderachsbüchsen nebst Lagerschalen müssen bis auf das Aufpassen auf die Achsschenkel und das Einpassen in die Gleitbacken vollständig bearbeitet sein.

(⁶) Dampfzylinder einschließlich der befestigten und gedichteten Zylinder- und Schieberkastendeckel müssen fertig bearbeitet sein, bis auf die Fläche der Rahmenbefestigung, die jedoch vorgearbeitet sein soll. Die Löcher der Rahmenbefestigung und für die Geradführung sind nicht zu bohren.

(⁷) Die Stopfbüchsen sind bis auf die innere Bohrung vollständig bearbeitet und eingepaßt mitzuliefern.

(⁸) Die auf den Stangen befestigten Dampfkolben, sowie die Stangen selbst und die Kolbenringe sind vollständig zu bearbeiten. Der kegelförmige Teil der Kolbenstange ist nur vorgedreht und ohne Keilloch abzuliefern.

(⁹) Die Kreuzköpfe sind einschließlich der Bolzen bis auf die Gleitflächen der Futter, das Einpassen der Kolbenstange und das Bohren des Keillochs vollständig zu bearbeiten.

(¹⁰) Trieb- und Kuppelstangen sind vollständig zu bearbeiten und mit Lagerschalen und Keilen zu liefern. Die Ausbohrungen für die Zapfen sind zum Zwecke des Aufpassens mit etwas geringerem Durchmesser herzustellen.

(¹¹) Die bearbeiteten Flächen der Aushilfsteile, namentlich die Achsschenkel, Kurbeln usw., sind vor der Absendung mit einem wasserdichten und säurefreien Schutzanstrich zu versehen. Die Achsschenkel, Zapfen usw. sind außerdem durch eine Umkleidung von Holzstäben, die auf den Bunden aufliegen und durch Bandeisen zusammengehalten werden, derartig zu schützen, daß jede Beschädigung ausgeschlossen ist.

§ 26. Bauüberwachung.

(¹) Der Bau der Lokomotiven und Tender wird verwaltungsseitig in der Fabrik des Herstellers überwacht.

(²) Von dem Beginn der Arbeiten hat der Unternehmer der beschaffenden Eisenbahnbehörde so zeitig Anzeige zu erstatten, daß rechtzeitig ein Beamter zur Bauüberwachung bestimmt werden kann. Ferner ist bei der Verwaltung oder beim Abnahmebeamten rechtzeitig zu beantragen: die Abnahme der Baustoffe, die Vornahme der Wasserdruckprobe des Kessels, der Dampfzylinder, Überhitzer usw.;

die Dampfprobe des Kessels, die Abnahme der Fahrt unter Dampf auf dem Werke, die vorläufige Abnahme der versandfertigen Lokomotive unter Angabe ihrer Nummer.

(³) Auf Verlangen ist dem Abnahmebeamten die Vollendung wichtigerer Bauabschnitte in der Herstellung der Lokomotive mitzuteilen.

(⁴) Wenn der für die vertragliche Lieferung zuständige Abnahmebeamte namhaft gemacht ist, so sind alle Anträge unmittelbar an diesen zu richten.

(⁵) Der Abnahmebeamte ist jederzeit berechtigt, ihm notwendig erscheinende Baustoffprüfungen vorzunehmen, zu denen der Unternehmer Arbeitskräfte und Vorrichtungen ohne Entschädigung zur Verfügung zu stellen hat.

(⁶) Die bei den Prüfungen etwa vorgefundenen Mängel hat der Unternehmer alsbald sachgemäß nach Anordnung des Abnahmebeamten beseitigen zu lassen.

(⁷) Die Abnahme von Baustoffen oder Bauteilen auf Werken von Unterliefern ist von diesen nach vorgeschriebenem Muster unmittelbar bei dem zuständigen Abnahmebeamten sofort nach Bestellung zu beantragen. Die Bereitstellung ist diesem in jedem Einzelfalle mitzuteilen.

§ 27. Ablieferung.

(¹) Die Lokomotiven sind in lauffähigem Zustande auf dem dem Werk des Unternehmers nächstgelegenen Bahnhofe der Eisenbahnverwaltung einzuliefern. Zur Überführung an die abnehmende Eisenbahn-Werkstätte ist ein erfahrener und zuverlässiger Begleiter zu stellen, der die Schmierung der Achslager usw. zu besorgen hat.

(²) Bei der Beförderung müssen die Trieb- und Exzenterstangen abgenommen und die Kuppelstangenlager ein wenig gelockert sein.

(³) Die Spindeln der Schraubenkupplungen sind mit leicht gefettetem Graphit einzureiben.

§ 28. Abnahme.

(¹) Die Lokomotiven und Tender werden durch einen fachkundigen Vertreter des Unternehmers ohne besondere Entschädigung in der von der Eisenbahnverwaltung bestimmten Eisenbahn-Werkstätte betriebsfertig hergerichtet und durch das zuständige Werkstättenamt endgültig abgenommen. Dem Vertreter des Unternehmers wird vom Werkstättenamt eine Bescheinigung über die erfolgte Ablieferung ausgestellt.

(²) Für die von den Werkstättenämtern zur Herrichtung der Lokomotiven für die Probefahrt gestellten Hilfskräfte werden dem Unternehmer Kosten nicht in Rechnung gestellt. In den Fällen, in welchen sich nach der ersten Probefahrt Mängel an den angelieferten Lokomotiven usw. herausstellen, deren Beseitigung ein teilweises Abrüsten und Wiederzusammenbauen der Lokomotiven bedingt, hat der Unternehmer auch die hieraus entstehenden Kosten — einschließlich Generalkosten — zu tragen, zu denen auch die Kosten weiterer Probefahrten, die auf 25 M. für jede wiederholte Probefahrt festgesetzt sind, gehören.

(³) An den Probefahrten neuer Lokomotiven und Tender hat der Vertreter des Unternehmers teilzunehmen. Für Unfälle, die sich dabei ereignen sollten, haftet nach Maßgabe der gesetzlichen Bestimmungen die Eisenbahnverwaltung, jedoch hat der Unternehmer, falls der Unfall auf fehlerhafte Herstellung der Lokomotive zurückzuführen ist, die Eisenbahnverwaltung für die ihr erwachsenden Aufwendungen schadlos zu halten. Weiteren Vertretern des Unternehmers oder Privatpersonen wird von der zuständigen Eisenbahndirektion die Erlaubnis zur Mitfahrt auf der Lokomotive bei Probe- und sonstigen Fahrten auf der Lokomotive nur dann erteilt, wenn die Erstattung von Entschädigungen, die nach den gesetzlichen Bestimmungen der Eisenbahnverwaltung zur Last fallen, dieser gegenüber durch leistungsfähige Dritte übernommen worden ist.

(⁴) Finden sich bei der Abnahmeprüfung Abweichungen in der Bauart oder Mängel, so greifen die im § 30 getroffenen Bestimmungen Platz, sofern nicht überhaupt die Abnahme der Lokomotiven verweigert wird. Zurückgewiesene Lokomotiven müssen innerhalb einer von der Eisenbahnverwaltung festzusetzenden Frist durch vorschriftsmäßige ersetzt werden, widrigenfalls die anderweite Beschaffung auf Kosten des Unternehmers erfolgen kann. Im übrigen sind die allgemeinen Vertragsbedingungen für die Ausführung von Leistungen oder Lieferungen maßgebend.

(⁵) Der endgültigen Abnahme der Lokomotiven und Tender in den Eisenbahn-Werkstätten folgt die Anschrift des Haftpflichtvermerks und die Vervollständigung der Stempelung der Radsätze nach § 5 (⁴) und (⁹).

§ 29. Patent- und Musterschutzgebühren.

(¹) Etwaige Patent- oder Musterschutzgebühren hat, sofern nicht ein besonderes Abkommen getroffen ist, der Unternehmer zu tragen. Dieser hat auch die Eisenbahnverwaltung für alle Nachteile, die ihr aus einer Verletzung von Patent- oder Musterschutzrechten entstehen sollten, zu entschädigen.

§ 30. Gewährleistung.

(¹) Die in den allgemeinen Vertragsbedingungen vorgesehene Gewährleistung beginnt mit dem Tage, an dem die Abnahme durch die Eisenbahn-Werkstätte beendet ist; sie erlischt für die Lokomotive, den Tender und die Aushilfsteile ein Jahr, für die Radreifen der Lokomotiven vier Jahre, der Tender drei Jahre nach diesem Tage. Stellen sich innerhalb des ersten Jahres Mängel an den Lokomotiven oder Tendern heraus, so ist die Eisenbahnverwaltung berechtigt, die Dauer der Gewährleistung für die ganze Lokomotive oder deren Teile um ein weiteres Jahr zu verlängern.

(²) Bis zum Ablauf der Gewährungsfrist haftet der Unternehmer für die Güte seiner Arbeit und der Baustoffe einschließlich des Anstrichs und ist verpflichtet, alle Kosten für Ausbesserungen und Neubeschaffungen zu tragen, die während dieser Zeit wegen fehlerhafter Arbeiten oder mangelhafter Baustoffe notwendig werden, auch wenn die Fehler bei der Abnahme übersehen sind, falls nicht verwaltungsseitig die Vornahme der Arbeiten oder Ersatzlieferungen von ihm verlangt werden.

(³) Die Gewährleistung wird von der Eisenbahndirektion verfolgt, der die Lokomotiven und Tender überwiesen sind. Bei Meinungsverschiedenheiten wird nach den allgemeinen Vertragsbedingungen verfahren.

(⁴) Die Eisenbahnverwaltung behält sich das Recht vor, die während der Dauer der Gewährleistung festgestellten Mängel für Rechnung des Unternehmers in den eigenen Werkstätten zu beseitigen, wenn diese in jedem Einzelfalle voraussichtlich nicht mehr als 100 Mark Kosten verursachen. Einer vorherigen Mitteilung an den Unternehmer bedarf es in diesem Falle nicht.

(⁵) Die Erstattung der während der Gewährleistungsfrist schadhaft gewordenen Stücke erfolgt durch Geldausgleich, falls diese die Eisenbahnverwaltung ihren eigenen Beständen entnimmt, z. B. bei Radreifen, Zughaken, Kupplungen und deren Teilen. Dem Unternehmer wird in diesem Falle der Selbstkostenpreis der Jahreslieferung (Beschaffungspreis nebst Fracht-, Magazin- und Nebenkosten nach den Bestimmungen der Finanz-Ordnung) unter Zugrundelegung des ursprünglichen Gewichtes in Rechnung gestellt. Die schadhaften Teile übernimmt die Verwaltung unter Anrechnung des Altwertes; wünscht der Unternehmer statt dessen die Rücksendung, so geschieht diese auf seine Kosten.

(⁶) Bei größeren Nacharbeiten hat der Unternehmer binnen einer verwaltungsseitig zu setzenden Frist zu erklären, ob er die Arbeiten selbst vornehmen oder in den Werkstätten der Eisenbahnverwaltung auf seine Kosten ausführen lassen will.

Im ersteren Falle werden dem Unternehmer für die Beförderung der Fahrzeuge oder der einzelnen Teile die Frachtkosten nach der Fabrik und zurück, bei einzelnen Teilen außerdem die Kosten für die Auswechselung in Rechnung gestellt. Die Eisenbahnverwaltung kann jedoch in Ausnahmefällen verlangen, daß auch umfangreiche Nacharbeiten, die in den zur Verfügung stehenden Eisenbahn-Werkstätten ohne Beeinträchtigung ihres Betriebes nicht ausführbar sind, in der Fabrik des Unternehmers vorgenommen werden; in diesem Falle hat der Unternehmer nur die Frachtkosten für die Beförderung nach der Fabrik und für die Rückbeförderung nach der vertragsmäßigen Anlieferungsstation zu tragen.

(7) Nacharbeiten und Ersatzlieferungen sind in angemessenen, tunlichst kurzen Fristen ohne Rücksicht auf vorliegende andere Aufträge zu erledigen. Gibt der Unternehmer in der verwaltungsseitig vorgeschriebenen Frist überhaupt keine Erklärung ab, so steht es der Eisenbahnverwaltung frei, die Nacharbeiten in ihren eigenen Werkstätten oder anderweit auf Kosten des Unternehmers vornehmen zu lassen.

§ 31. Zahlungen.

(1) Auf Grund der amtlichen Bescheinigungen über die sicherheitspolizeiliche Prüfung jedes Lokomotivkessels werden dem Unternehmer Abschlagszahlungen in der halben Höhe des Wertes der Lokomotiven und Tender mit Zubehör gewährt, sofern der Wert des Kessels und der übrigen noch in Arbeit befindlichen oder schon fertigen Teile diese Höhe erreicht. Schon bei Zahlung dieser Hälfte gehen, abweichend von den allgemeinen Vertragsbedingungen, Lokomotive und Tender in das Eigentum der Verwaltung über, jedoch trägt der Unternehmer die Gefahr bis zur Ablieferung am Erfüllungsort.

(2) Der Unternehmer hat vor der Abschlagszahlung den Übergang des Eigentumes auf die Eisenbahnverwaltung schriftlich anzuerkennen und zu erklären, daß er den Besitz von Lokomotive und Tender fortan für die Eisenbahnverwaltung zum Zwecke der Vollendung der vertragsmäßigen Arbeiten ausübe. Der Restbetrag wird dem Unternehmer nach endgültiger Abnahme der Lokomotive gezahlt.

§ 32. Vertragsstrafe.

(1) Die in den allgemeinen Vertragsbedingungen vorgesehene Vertragsstrafe beträgt für jeden angefangenen Tag der Verspätung für jede Lokomotive mit Tender 15 M. und für jede Tenderlokomotive 10 M.

2. Vorschriften für die Beschaffenheit und Güteprüfung der beim Bau von Fahrzeugen zu verwendenden Baustoffe.

§ 1. Beschaffenheit.

Allgemeines.

Die Materialien für Betriebsmittel nebst Zubehör sollen in bezug auf ihre Beschaffenheit und Herstellungsweise den nachstehenden Bedingungen entsprechen.

Die Mindestbeträge der Zugfestigkeit sind so zu verstehen, daß die Versuchsstücke die angegebenen Belastungen für das qmm ihres ursprünglichen Querschnitts tragen müssen, die Mindestbeträge der Dehnung so, daß die Versuchsstücke sich um den angegebenen Bruchteil ihrer in § 2, Ziffer 4 vorgeschriebenen Meßlänge ausdehnen müssen, wobei die Messung nach erfolgtem Bruch vorzunehmen ist. Die Meßlänge soll jedoch, soweit ein anderes nicht besonders bestimmt ist, tunlichst 200 mm betragen. Die Festigkeits- und Dehnungsvorschriften sind bindend ohne Unterschied, ob das Material durch Schmieden, Pressen, Walzen oder Gießen verarbeitet wird.

1. Gußeisen.

Der Guß muß fest und dicht, an den Ecken und Kanten voll, ohne Spannung und Fehler wie Risse, Blasen usw. sein, eine glatte Oberfläche haben, auf der Bruchfläche ein feines gleichmäßiges Korn von grauer Farbe zeigen und, sofern nichts anderes verlangt wird, so weich sein, daß er sich leicht bearbeiten läßt.

Die einzelnen Gußstücke müssen genau nach den überwiesenen Modellen oder Zeichnungen sauber gegossen und durchaus frei von Formsand oder Kernmasse sein; windschiefe oder versetzte Stücke dürfen nicht geliefert werden. Angüsse und Saugköpfe sind sorgfältig zu entfernen, der Grat soll gut abgeputzt sein.

a) Zylinderguß.

Die Zugfestigkeit soll 18 bis 24 kg betragen. Zu ihrer Feststellung sind an geeigneter Stelle Probestäbe von mindestens 350 mm Länge anzugießen. Auf gleichmäßig feste und dichte Beschaffenheit der zu bearbeitenden Flächen wird besonderer Wert gelegt; harte Adern im Guß berechtigen zu dessen Zurückweisung.

b) Schieber- und Kolbenringe-Guß.

Schieber und Kolbenringe sind weicher, mit einer Zugfestigkeit für erstere von 12 bis höchstens 16 kg und für letztere von 14 bis höchstens 16 kg herzustellen. Der Guß soll vollkommen dicht und zähe sein. Harte Adern im Guß berechtigen zu dessen Zurückweisung. Fertige Kolbenringe müssen sich durch Hämmern strecken lassen.

c) Maschinenguß.

Die Zugfestigkeit soll mindestens 12 kg betragen.

d) Gewöhnlicher Eisenguß und Herdguß.

Die Zugfestigkeit soll dem Verwendungszweck entsprechen und eine bequeme Bearbeitung gestatten. Roststäbe sind aus einem Material herzustellen, das der Einwirkung des Feuers möglichst widersteht.

e) Hartguß.

Der durch Eingießen in eiserne Formen hergestellte Eisenguß mit weichem Kern ist aus geeigneten Mischungen spannungsfrei anzufertigen und muß eine Härteschicht von mindestens 5 mm Stärke besitzen. Auf der Bruchfläche soll das strahlige Gefüge der härteren Teile allmählich in das graue Korn übergehen.

f) Bremsklotzguß.

Die Bremsklötze sind aus zähem, dichtem und fehlerfreiem Stahlguß[1]) — Gußeisen mit Stahlzusatz —, der sich noch gut bohren läßt, sauber und glatt anzufertigen.

2. Schmiedbarer Eisenguß.

Der schmiedbare Eisenguß muß sich im kalten Zustande hämmern, strecken und richten lassen, ohne zu brechen. Hinsichtlich der äußeren Beschaffenheit der gegossenen Stücke gilt das beim Gußeisen (1) Gesagte.

3. Flußstahl.

Der Flußstahl soll von zäher und gleichmäßiger Beschaffenheit sein. Es werden unterschieden:

a) Saurer oder basischer Martin-, Thomas- oder Bessemerflußstahl im allgemeinen.

Die Zugfestigkeit soll mindestens 50 und höchstens 60 kg, die Dehnung mindestens 20 v. H. betragen.

---
[1]) Dieser einfache Stahlguß ist mit dem für Kreuzköpfe, Kolbenkörper usw. verwendeten „Flußstahlguß" nicht zu verwechseln.

b) **Saurer oder basischer Martin-, Thomas- oder Bessemerflußstahl für Achswellen und Radreifen.**

Die Zugfestigkeit soll mindestens 50 kg betragen, für Lokomotiv- und Tenderradreifen aus Martinstahl mindestens 60 kg. Als Maßstab für die Zähigkeit dienen Schlagproben (vergleiche § 2 unter 3c, Schlagversuche mit Radreifen). Die Radreifen müssen mit einem Schrumpfmaß von 1 mm für jedes Meter des inneren Durchmessers auf die Radgestelle aufgezogen werden können, ohne zu reißen oder Fehler zu zeigen, die dem Material oder der Herstellungsweise zur Last fallen.

c) **Saurer oder basischer Martin-, Thomas- oder Bessemerflußstahl für Blatt- und Spiralfedern.**

Die Zugfestigkeit des ungehärteten Stahls soll mindestens 65 kg, die Dehnung mindestens 10 v. H. der Zerreißlänge und die Summe aus der Zugfestigkeit und dem Doppelten der Dehnung mindestens 95 betragen. Hiernach muß beispielsweise ein Stahl von 65 kg Festigkeit mindestens 15 v. H. Dehnung und ein Stahl von 75 kg oder höherer Zugfestigkeit mindestens 10 v. H. Dehnung zeigen.

Ein gehärtetes Federblatt, das b mm breit und h mm dick ist, darf bei einer Belastung von $0{,}12\,b\,h^2$ kg und einer Entfernung der Unterstützungspunkte von 600 mm keine bleibende Durchbiegung zeigen. Der Stahl soll sich gut für Wasserhärtung eignen.

d) **Sonderstahl.**

A. Für Blattfedern.
1. Die Zugfestigkeit der mittelharten Sorte soll mindestens 85 kg, die Dehnung mindestens 12 v. H. und die Summe aus der Zugfestigkeit und dem Doppelten der Dehnung mindestens 110 betragen.
2. Die Zugfestigkeit der weicheren Sorte soll mindestens 75 kg, die Dehnung mindestens 12 v. H. und die Summe aus der Zugfestigkeit und dem Doppelten der Dehnung mindestens 105 betragen.

B. Für Wickelfedern.

Die Zugfestigkeit soll mindestens 80 kg, die Dehnung mindestens 14 v. H. und die Summe aus der Zugfestigkeit und dem Doppelten der Dehnung mindestens 110 betragen.

Die Meßlänge der Stäbe soll 200 mm betragen.

e) **Tiegelflußstahl für Radreifen.**

Das Material muß eine Zugfestigkeit von mindestens 70 kg haben. Als Maßstab für die Zähigkeit dienen Schlagproben (vergleiche § 2 unter 3c, Schlagversuche mit Radreifen).

Die Radreifen müssen mit einem Schrumpfmaß von 1 mm für jedes Meter des inneren Durchmessers auf die Radgestelle aufgezogen werden können, ohne zu reißen oder Fehler zu zeigen, die dem Material oder der Herstellungsweise zur Last fallen.

f) **Tiegelflußstahl für Zapfen.**

Das Material muß eine Zugfestigkeit von mindestens 60 kg bei einer Dehnung von 20 v. H. besitzen.

Für Zapfen aus vergütetem Chromnickelstahl wird eine Zugfestigkeit von 90 bis 100 kg auf das qmm und eine Bruchdehnung von 10 v. H. und zwar für einen Stab von 10 mm Durchmesser und 100 mm Meßlänge vorgeschrieben. Als Kerbzähigkeit wird eine Schlagarbeit von mindestens 12 mkg/qcm für einen Stab mit quadratischem Querschnitt von 3 cm Seitenlänge festgesetzt, dessen Kerb bis zur Stabmitte reicht und in einer 4 mm weiten Bohrung endigt. Die Kerbschlagprobe soll bei Triebzapfen aus der Gegenkurbel in der Längsrichtung der Gegenkurbel entnommen werden.

g) **Nickelflußstahl für Achswellen.**

Das Material für Lokomotiv-Kurbelachsen soll einen Nickelgehalt von 5 v. H. und das Material für Wellen bis 120 mm Durchmesser einen solchen vom 2 bis 3 v. H. haben, die Zugfestigkeit soll mindestens 60 kg, die Dehnung mindestens 18 v. H. und die Querschnittsverminderung mindestens 45 v. H. betragen.

4. Flußstahlguß.

Der Flußstahlguß soll zähe, dicht und durchweg von gleichmäßigem Gefüge sein.

Das Gußstück soll sauber, an den Ecken und Kanten voll sein und darf weder Risse noch Lunkerstellen zeigen. Angüsse und Saugköpfe sind sorgfältig zu entfernen. Scharfkantige Übergänge sind zu vermeiden.

Die Zugfestigkeit soll mindestens 50 und höchstens 60 kg bei einer Dehnung von mindestens 16 v. H. betragen, die auf eine Meßlänge von 100 mm bezogen werden darf.

5. Flußeisen[1]).

Die Zugfestigkeit soll 50 kg nicht übersteigen.

Das Flußeisen soll ein gleichmäßiges Gefüge besitzen, sauber in den verlangten Formen, vollkantig ausgewalzt, ohne Schiefer und Blasen sein und darf weder Kantenrisse noch unganze Stellen haben. Die vorgeschriebenen Festigkeits- und Dehnungszahlen gelten bei den flußeisernen Blechen sowohl für die Längs- als auch für die Querrichtung.

A. **Weiches Flußeisen.**

Die Bedingungen der preußischen Staatsbahn unterscheiden zwischen weichem und härteren Flußeisen, während die in Deutschland für Landdampfkessel gültigen Allgemeinen polizeilichen Bestimmungen vom 17. Dezember 1908 Flußeisen I., II. oder III. Sorte unterscheiden. Das weiche Flußeisen nach 5A stimmt in seiner Beschaffenheit genau mit dem Flußeisen I. Sorte überein. Das härtere Flußeisen nach 5 B entspricht ungefähr dem Flußeisen II. Sorte.

Weiches Flußeisen muß im Flammofen erzeugt, gut schweißbar und durch Einsetzen härtbar sein. Die Zugfestigkeit soll innerhalb der Grenzen von 34 bis 41 kg dem Verwendungszweck angepaßt sein und die Dehnung mindestens 25 v. H. betragen. Für Bleche und Nieteisen soll die Summe aus Zugfestigkeit und Dehnung mindestens 62 betragen. Außerdem muß das Material folgende Bedingungen erfüllen:

1. **Härtebiegeprobe.**

Blechstreifen von 30 bis 50 mm Breite mit abgerundeten Kanten längs und quer zur Walzrichtung, sowie Vierkant- und Rundeisen, die dunkelkirschrot angewärmt und im Wasser von etwa $+28^\circ$ C abgeschreckt sind, sollen kalt vollständig zusammen-

---

[1]) Bei Grobblechen aus Fluß- oder Schweißeisen beträgt der größte zulässige Dickenunterschied derselben Platte in mm:

bei einer Blechdicke von	5,0—6,9 mm	7,0—9,9 mm	10,0—19,9 mm	20 mm und mehr
und einer Blechbreite bis 1500 mm	1,2	1,1	1,0	0,9
„ „ „ von 1501 „ 2000 „	2,0	1,8	1,7	1,6
„ „ „ „ 2001 „ 2500 „	2,8	2,5	2,4	2,2
„ „ „ „ 2501 „ 3000 „	—	—	2,9	2,8
„ „ „ „ 3001 und mehr „	—	—	3,4	3,2

Das größte zulässige Dickenuntermaß beträgt das 0,6fache des zulässigen Dickenunterschieds. Kesselbleche dürfen dagegen die vorgeschriebene Dicke um höchstens 0,4 mm unterschreiten.

gebogen werden können, ohne auf der gezogenen Seite Anbrüche zu zeigen. Das Probestück gilt als gebrochen, wenn sich an der Biegungsstelle ein Bruch im metallischen Eisen zeigt.

2. Stauchprobe.

Ein Stück Rundeisen, dessen Länge gleich dem doppelten Durchmesser ist, soll sich im rotwarmen Zustande bis auf ein Drittel dieser Länge zusammenstauchen lassen, ohne Risse zu zeigen.

3. Ausbreitprobe.

Blechstreifen, deren Breite tunlichst das Dreifache ihrer Dicke beträgt, sowie Flach-, Vierkant-, Rund- und Winkeleisen müssen im rotwarmen Zustande mit einer nach einem Halbmesser von 15 mm abgerundeten Hammerfinne quer zur Walzrichtung mindestens auf das $1^1/_2$fache ihrer Breite ausgearbeitet werden können, ohne an den Kanten und auf der Fläche Risse zu zeigen.

4. Lochprobe.

Blechstreifen mit einem Verhältnis der Dicke zur Breite größer als 1:5, die im rotwarmen Zustande in einer Entfernung vom Rande gleich der halben Dicke des Streifens mit dem Lochstreifen vom Durchmesser gleich der Blechstärke gelocht werden, dürfen nicht aufreißen. Bei Blechstreifen über 20 mm Stärke soll der Durchmesser des Lochstempels 20 mm betragen. Dasselbe Verfahren ist bei Formeisen anzuwenden.

Bei Muttereisen muß sich ein Probestück von der Höhe gleich der Seitenlänge des Sechskants im rotwarmen Zustande mit einem Stempel von der Stärke des Kerndurchmessers des zugehörigen Schraubenbolzens lochen und auf den $1^1/_4$fachen Lochdurchmesser auftreiben lassen, ohne aufzureißen. Die zu verwendenden Dorne sollen auf je 10 mm Länge um 1 mm im Durchmesser wachsen.

5. Schweißprobe.

Zwei Versuchsstücke sollen ohne besondere Hilfsmittel leicht zusammengeschweißt werden können. Eine Trennung der Teile in der Schweißstelle darf weder im kalten noch im warmen Zustande bei irgendwelcher Beanspruchung erfolgen.

B. Härteres Flußeisen.

Die Zugfestigkeit soll mindestens 37 und höchstens 44 kg bei einer Dehnung von mindestens 20 v. H. betragen.

Die Herstellungsweise ist freigestellt mit Ausnahme des Eisens für Kupplungsteile (Absatz a). Die Schweiß- und Lochprobe fallen fort. Für die Biegeprobe genügt es, das Probestück um einen Dorn von der Stärke der halben Materialdicke um 180° zu biegen. Im übrigen soll das Material den vorstehend unter A angeführten Bedingungen entsprechen. Im einzelnen gelten folgende Vorschriften:

a) Flußeisen für Kupplungsteile.

Flußeisen für Teile der Schrauben- und Sicherheitskupplungen, sowie für Zughaken, Zugstangen und Schalenkupplungen der verstärkten Zugvorrichtungen soll basisches Martinflußeisen sein. Für Teile der Schrauben- und Sicherheitskupplungen, sowie für Zughaken und Zugstangen muß seine Festigkeit 45 bis 52 kg auf das qmm und seine Dehnung 20 v. H. betragen.

Nachsatz: Die angegebene Festigkeit und Dehnung ist nur für die verstärkten Zugvorrichtungen, welche erstmalig für die Lieferungen vom 1. Oktober 1914 bis 31. März 1915 vorgeschrieben ist, maßgebend.

Die Zugvorrichtungen bisheriger Ausführung sind nach § 1 Ziffer 5 Absatz B auszuführen.

b) **Flußeisen für Bleche.**

Die Summe aus Festigkeit und Dehnung soll mindestens 60 betragen.

c) **Flußeisen für Radscheiben.**

Die Zugfestigkeit soll 40 bis 50 kg betragen. Als Maßstab für die Zähigkeit dienen Schlagversuche (§ 2 unter 3d).

d) **Flußeisen für Preßbleche.**

Die Zugfestigkeit soll zwischen 42 und 50 kg liegen bei einer Dehnung von mindestens 16 v. H.

Für die 12 bis 15 mm starken Preßbleche der Drehgestelle amerikanischer und normaler Bauart soll die Festigkeit zwischen 40 und 48 kg liegen, bei einer Dehnung von mindestens 18 v. H.

Bei gerippten Eisenblechen (Riffel- und Warzenblechen) müssen die Rippen oder Warzen scharf und sauber ausgewalzt und mindestens 1,5 mm hoch sein.

e) **Feinbleche.**

Von Zerreißversuchen wird bei der Abnahme von Blechen von 5 mm Stärke und darunter abgesehen.

Die Feinbleche von 2,5 mm Stärke und darunter (Bekleidungsbleche) müssen besonders glatt gewalzt sein und sich kalt und in dunkelkirschrotem Zustande nach jeder Richtung hin scharf zusammenbiegen lassen, ohne Einbrüche zu bekommen. Beim Beizen dürfen sich keine Blasen oder Abblätterungen zeigen.

6. Flußeisenguß.

Es ist zu beachten, daß die Bezeichnung „Flußeisenguß" verhältnismäßig jüngeren Ursprungs ist; die älteren Vorschriften der preußischen Staatsbahn von 1899 nennen diesen Baustoff noch „Flußeisenformguß". In Deutschland werden hierfür noch verschiedene andere Bezeichnungen gebraucht. So nennen ihn z. B. die bereits in der Anmerkung zu 5 A genannten Allgemeinen polizeilichen Bestimmungen „Formflußeisen" und lassen ihn für alle Teile der Kesselwandung zu, die nicht in der ersten Feuerzone liegen. Auch unter der Bezeichnung „Formguß", „Stahlformguß" wird in Deutschland im allgemeinen dieser Baustoff verstanden. Um Verwechselungen vorzubeugen, wäre es dringend erwünscht, wenn die neue Bezeichnungsweise der preußischen Staatsbahn, die in Deutschland unterscheidet Bremsklotzguß, Flußstahlguß und Flußeisenguß, allgemein angewendet würde.

Der Flußeisenguß soll zähe, dicht und von durchweg gleichmäßigem Gefüge sein.

Das Gußstück soll sauber, an den Ecken und Kanten voll sein und darf weder Risse noch Lunkerstellen zeigen. Angüsse und Saugköpfe sind sorgfältig zu entfernen. Scharfkantige Übergänge sind zu vermeiden.

Als Maßstab für die Festigkeit und die Dehnung dienen Zerreißproben, als Maßstab für die Zähigkeit bei besonderer Form der Gußstücke (z. B. Radgestelle) Schlagproben. Die Dehnung darf auf eine ursprüngliche Länge von 100 mm gemessen werden. Ausglühen der Probestäbe ist zu unterlassen, wenn das Gebrauchsstück nicht ebenfalls ausgeglüht wird.

Die Zugfestigkeit soll mindestens 37 und höchstens 44 kg bei einer Dehnung von mindestens 20 v. H. betragen.

Für kleine Beschlagteile wird vom Nachweis der Festigkeit und Dehnung abgesehen, wenn das Material im kalten Zustande Biegungen von 30 bis 45° aushält, ohne Beschädigungen zu erleiden.

7. Schweißeisen.

Abschnitt 7 enthält Vorschriften über die Beschaffenheit und Güteprüfung von Schweißeisen. Da heute durchweg an Stelle des Schweißeisens das leicht schweißbare Flußeisen nach § 1 Ziffer 5 Absatz A verwendet wird, können die bezüglichen Vorschriften übergangen werden.

8. Siederohre und Leitungsrohre für Luftdruckbremse und Dampfheizung.

Das Material soll basisches Martinflußeisen sein, das besonders weich und gut schweißbar ist.

Die Rohre müssen nahtlos hergestellt sein, innen und außen eine glatte, fehlerfreie Oberfläche besitzen, genau kreisrund und gerade gerichtet sein, sowie überall gleichen Durchmesser haben. Abweichungen von der verlangten Wandstärke sind bis höchstens $\pm 0{,}3$ mm zulässig.

Diese Abweichungen von der verlangten Wandstärke gelten auch für die Rauchrohre der Heißdampflokomotiven.

Die Rohre sollen einem inneren Probedruck von 25 Atm. widerstehen, ohne Undichtigkeiten oder sonstige Fehler zu zeigen; ihre Enden müssen gerade und senkrecht zur Längsachse sauber abgeschnitten sein.

Die Siederohre müssen sich im kalten, unausgeglühten Zustande durch Eintreiben von Dornen um 3 mm aufweiten lassen, ohne beschädigt zu werden. Bei dem zur Befestigung im Kessel nötigen Aufdornen, Anstauchen und Umbörteln dürfen sie nicht reißen oder sonst beschädigt werden.

Die Siederohre werden außerdem folgender Härtebiegeprobe unterzogen: Es ist aus jedem zu prüfenden Rohr in der Längsrichtung ein Streifen von etwa 200 mm Länge herauszuschneiden, warm gerade zu richten und auf 40 mm Breite zu bearbeiten. Die Kanten sind leicht zu brechen. Der Streifen wird kirchsrot warm gemacht und darauf in Wasser von 28 bis 30° C abgekühlt. Hierauf muß sich der Streifen um 180° biegen und ganz zusammenschlagen lassen, ohne Risse zu zeigen.

Die Leitungsrohre für Luftdruckbremse und Dampfheizung müssen sich kalt und warm gut bearbeiten lassen, ohne daß sich hierbei Fehler zeigen; insbesondere müssen sie sich im rotglühenden Zustande — mit Sand gefüllt — um einen Dorn von der Stärke des äußeren Rohrdurchmessers bis zum rechten Winkel biegen lassen, ohne daß sich hierbei Risse oder Anbrüche zeigen.

9. Kupfer.

Das Kupfer muß von bester Güte, weder warm- noch kaltbrüchig sein und im Bruch ein dichtkörniges Gefüge zeigen. Das Kupferblech muß, wenn anderes nicht besonders bestimmt ist, überall von gleicher Stärke, glatt gewalzt oder gehämmert, gerade gerichtet, ohne schiefrige und doppelte Stellen, Risse und sonstige Fehler sein. Die Bleche müssen eine gleichartige Beschaffenheit haben. Die Kupferplatten zu Feuerbüchsen müssen so beschaffen sein, daß sich das Gewinde für Stehbolzen, auch beim Eindrehen der Schneidebohrer mittels Maschine, ohne Schwierigkeit glatt und tadellos herstellen läßt; auch bei Stangenkupfer soll sich ein scharfgeschnittenes, tadelloses Gewinde herstellen lassen. Der Lochdurchmesser des hohlgewalzten Stehbolzenkupfers soll 4 bis 5 mm betragen.

Zerreiß- und Dehnungsprobe.

Das Kupferblech über 4 mm Stärke und das Stangenkupfer müssen folgenden Anforderungen genügen:

	I Kupferblech über 4 mm Stärke	II Stangenkupfer
Geringste Zugfestigkeit für das qmm des ursprünglichen Querschnitts in kg	22	23
Geringste Dehnung vom Hundert bei der in § 2 Ziffer 4 vorgeschriebenen Meßlänge	38	38

a) Stangenkupfer.

Biegeprobe.

Ein mit Gewinde versehenes Stück Rundkupfer von einem der Verwendung entsprechenden Durchmesser und einer Länge von 180 mm soll sich im kalten Zustande mit seinen Enden zusammenbiegen lassen, ohne Anbrüche oder Langrisse im Gewinde zu zeigen.

Stauchprobe

Ein Stück Stangenkupfer von der Höhe der doppelten Stärke soll sich im kalten Zustande auf ein Drittel der Höhe zusammenstauchen lassen, ohne hierbei Risse zu erhalten.

b) Kupferblech.

Das Kupferblech bis 4 mm Stärke einschließlich muß sich kalt und warm um einen Dorn, dessen Durchmesser gleich der doppelten Blechstärke ist, bis zur Berührung der Enden zusammenbiegen lassen, ohne zu brechen.

c) Kupferrohre.

Die Kupferrohre müssen einen inneren Wasserdruck von 15 Atm., solche für Lokomotiven einen Druck von 25 Atm. aushalten, ohne undicht zu werden oder irgendwelchen Mangel zu zeigen.

Die Kupferrohre sollen sich, mit Sand ausgefüllt, im warmen Zustande, mit Kolophonium ausgefüllt, im kalten Zustande um einen Rundstab vom dreifachen Durchmesser des äußeren Rohrdurchmessers biegen lassen, ohne Risse zu bekommen.

d) Mangankupfer zu Stehbolzen.

Das Mangankupfer zu Stehbolzen soll frei von Zinn sein und 5 bis 6 v. H. Mangan enthalten. Seine Festigkeit soll mindestens 30 kg für das qmm betragen bei einer Dehnung von mindestens 35 v. H. auf 200 mm ursprüngliche Länge des Zerreißstabes.

Das Mangankupfer muß von bester Güte, weder warm- noch kaltbrüchig sein und im Bruch ein dichtes, körniges Gefüge zeigen. Auf den Stangen muß sich ein scharfgeschliffenes, tadelloses Gewinde herstellen lassen. Ein mit Gewinde versehenes Stück einer Stange von einer Länge von 180 mm und einem der Verwendung entsprechenden Durchmesser soll sich mit seinen Enden zusammenbiegen lassen, ohne Anbrüche oder Längsrisse zu zeigen.

Ein Stück der Stangen von der Höhe der doppelten Stärke soll sich auf ein Drittel der Höhe zusammenstauchen lassen, ohne hierbei Risse zu zeigen.

Die vorgeschriebenen Biege- und Stauchproben gelten sowohl für den kalten, wie auch für den warmen Zustand.

Die Warmproben sind bei einer Temperatur von 500 bis 550° C vorzunehmen, bei der der Baustoff im Dunkeln dunkelrotglühend ist.

10. Rotguß.

Der Rotguß muß dicht, zähe und von durchaus gleichmäßigem Gefüge sein.

a) Lager- und Schieberguß.

Der Rotguß für Lager und Schieber soll aus 84 Teilen Kupfer, 15 Teilen Zinn und 1 Teil Zink zusammengesetzt sein.

b) Armaturguß.

Der Rotguß für Armaturteile soll aus 85 Teilen Kupfer, 9 Teilen Zinn und 6 Teilen Zink bestehen.

Abweichungen für besondere Zwecke bedürfen der Genehmigung der Eisenbahnverwaltung.

10a. Phosphorbronze.

Die Phosphorbronze soll aus 83 v. H. Kupfer, 16 v. H. Zinn und 1 v. H. drei- bis fünfprozentigem Phosphorkupfer bestehen.

11. Weißmetall.

a) Lagermetall.

Das Weißmetall ist aus Kupfer, Antimon und Zinn in folgender Weise herzustellen: 1 kg Kupfer wird mit 2 kg Antimon (regulus) und 6 kg Zinn zusammengeschmolzen. Das Antimon wird zugesetzt, wenn das Kupfer geschmolzen ist, und wenn beide Metalle flüssig sind, das Zinn. Diese Legierung wird in dünne Platten ausgegossen und je 9 kg derselben mit 9 kg Zinn wieder zusammengeschmolzen. Das Ganze wird sodann in 15 mm starke Platten ausgegossen und ist damit zur Verwendung fertig. Größere Mengen, als vorstehend angegeben, dürfen mit einem Male nicht zusammengeschmolzen werden.

Die einzelnen Bestandteile der Legierung müssen möglichst rein sein. Antimon darf höchstens 1 v. H. Verunreinigungen und hiervon nicht mehr als 0,1 v. H. Arsen enthalten.

Die Beschaffenheit des Zinnes, das sowohl auf hüttenmännischem, als auch auf elektrolytischem Wege hergestellt sein darf, muß derjenigen einer guten, marktfähigen Ware entsprechen. Der Gesamtgehalt an Verunreinigungen darf 1 v. H., von denen mindestens 0,8 v. H. Blei, Kupfer oder Antimon sein müssen, nicht übersteigen.

b) Metall zu Stopfbüchsen.

Die preußische Staatsbahn führt unter der Hauptbezeichnung „Weißmetall" auch das Metall für Packungen an. Bei Bestellungen auf Weißmetall ist deshalb zweckmäßig stets der Verwendungszweck mit anzugeben.

Das Metall für die Dichtungsringe in den Kolben- und Schieberstangenstopfbüchsen soll aus 85 Teilen Blei und 15 Teilen Antimon bestehen.

12. Zinkblech.

Bei Zink sind 1,5 v. H. Blei und 0,1 v. H. sonstige Verunreinigungen zugelassen. Für Kupfer bestehen keine diesbezüglichen Vorschriften. Die zulässige Verunreinigung von Rot- und Weißguß sind aus obigen Angaben zu errechnen. Auf keinen Fall werden Bleibeimengungen von mehr als 1 v. H. zugelassen.

Das Zinkblech muß eine gleichmäßige Stärke, eine glatte, fehlerfreie Oberfläche besitzen und so zäh sein, daß es sich im kalten Zustande zusammenbiegen und falzen läßt, ohne zu brechen.

13. Bleiplatten.

Das Walzblei muß eine glatte, fehlerfreie Oberfläche und überall durchaus gleichmäßige Stärke besitzen.

Es darf höchstens 0,1 v. H. Verunreinigungen enthalten.

14. Gummischläuche.

Zu sämtlichen Gummischläuchen ist nur bestgeeignetes Material zu verwenden, das eine trockene Wärme von 160° C während einer Stunde aushalten soll, ohne wesentliche Veränderung in der Form zu erleiden, noch an Spannkraft zu verlieren.

Die Schläuche zur Luftdruckbremse und Dampfheizung und die Speiseschläuche sollen mindestens fünffache, kräftige Stoffeinlagen erhalten, die durch je eine Gummischicht voneinander getrennt sind. Die Speiseschläuche zwischen Lokomotive und Tender, sowie die Kohlennäßschläuche erhalten außerdem eine Drahtspirale als Einlage und die Speiseschläuche schließlich noch eine Leinwandumlage. Zu den

Drahtspiralen ist Messing- oder verzinkter Eisendraht zu verwenden. Gummi und Einlagen dürfen sich nach der Einwirkung von heißem Wasser oder Dampf nicht trennen.

Die Schläuche zur Luftdruckbremse sollen bei der Prüfung einem inneren Dampfdruck von 5 Atm. 10 Stunden lang, die Schläuche zur Dampfheizung einem inneren Dampfdruck von 5 Atm. 20 Stunden lang in schwingender Bewegung widerstehen, ohne schadhaft zu werden, ohne wesentliche Veränderungen in ihrer Form zu erleiden oder sich zu verdrehen. Bei der Prüfung werden 120 Schwingungen in der Minute bei 120 mm Hubhöhe ausgeführt.

Die Speiseschläuche sollen bei der Prüfung mit kaltem Wasser 15 Minuten lang einem inneren Druck von 10 Atm. widerstehen, ohne schadhaft zu werden.

Die Schläuche zum Anfeuchten der Kohlen sollen einem inneren Dampfdrucke von 10 Atm. 15 Minuten lang widerstehen, ohne schadhaft zu werden.

15. Glas.

Das Glas soll sorgfältig gekühlt, klar, blasenfrei, gerade gestreckt und nicht windschief sein. Abweichungen in der Stärke der einzelnen Glastafeln sind — mit Ausschluß von Spiegelglas — höchstens bis zu 0,5 mm zulässig.

a) Spiegelglas.

Das Spiegelglas muß gegossenes Glas, sauber geschliffen und poliert sein, sowie in der Durchsicht farblos erscheinen. Es soll im allgemeinen frei von Schlieren und Blasen sein. Seine Stärke soll mindestens $1/_{200}$ der Scheibenbreite, jedoch nicht unter 4 mm betragen. Abweichungen in der Stärke einer einzelnen Tafel sind nicht zulässig. Belegtes Spiegelglas soll mindestens 3 mm stark, besonders sorgfältig poliert sein und eine tadellose, haltbare Silberbelegung besitzen.

b) Tafelglas.

Das Glas soll in der Durchsicht farblos erscheinen. Die Güte soll der im Handel mit Sorte I und II rheinisch und die Stärke der im Handel als $^6/_4$ (ungefähr 3 mm) bezeichneten Glassorte entsprechen.

Die in den Bedingungen weiter noch genannten Glassorten kommen für Lokomotivlieferungen nicht in Frage.

Die Glasglocken müssen von gleichmäßiger Stärke, genau nach Zeichnung oder Lehre fehlerfrei hergestellt und sorgfältig gekühlt sein.

Das grüne und rote Glas soll im Farbentone genau mit den gegebenen Mustern übereinstimmen. Die mittlere Lichtdurchlässigkeit soll 13 v. H., bei Milchglas 25 v. H. des ungeschwächten weißen Lichtes einer Petroleumsignallaterne betragen. Abweichungen sind für rotes und grünes Glas bis $\pm$ 4 v. H., für Milchglas bis $\pm$ 10 v. H. zulässig.

Auf Anfordern werden dem Lieferer je eine Scheibe mit größter und geringster zulässiger Lichtdurchlässigkeit zugestellt. Innerhalb der durch diese gegebenen Grenzen muß die Lichtdurchlässigkeit sämtlicher angelieferter Gläser liegen.

16. Wasserstandsgläser.

Die Wasserstandsgläser müssen genau die verlangten Abmessungen haben, kreisrund, von überall gleicher Wandstärke, frei von Rissen und Blasen, sauber und senkrecht zur Längsachse abgeschnitten sein und gut verschmolzene Ränder haben. Die Gläser müssen sorgfältig gekühlt sein und schnelle Wärmeänderungen ohne Nachteil ertragen können.

17. Segeltuch.

Der Doppeldrell für Lokomotiv- und Wagendächer soll ein geköpertes Gewebe aus Flachs oder Hanf ohne Beimischung anderer Fasern wie Jute oder indischer

Hanf sein. Es soll auf 1 qcm in der Kette 9 bis 11 Doppelfäden und im Schuß 9 bis 11 zweifach gezwirnte Fäden enthalten. Das Gewicht von 1 qm muß mindestens 850 g betragen. Die Festigkeit muß in der Kette wie im Schuß mindestens 150 kg betragen.

Zur Bestimmung der Festigkeit wird ein 40 mm breiter Streifen des Gewebes, der an beiden Seiten je 5 mm freie Fadenenden hat und zwischen den Backen der Zerreißmaschine 360 mm lang ist, in einem Raume von gewöhnlicher Zimmertemperatur bei einem Feuchtigkeitsgehalt von 60 bis 65 v. H. 24 Stunden lang aufgehängt und nach Ablauf dieser Zeit zerrissen. Die aus 5 Zerreißprüfungen im Durchschnitt sich ergebende Festigkeitszahl ist maßgebend.

Eine Beimischung von Jute kann durch Behandeln der einzelnen Fäden mit einem Gemisch von gleichen Teilen 2prozentiger alkoholischer Phloroglueinlösung und rauchender Salzsäure (von spezifischem Gewicht 1,19) festgestellt werden.

Proben sind in einer Größe von mindestens 1 m im Quadrat einzureichen.

32. Filz.

Der Filz muß den gegebenen Mustern entsprechen.
a) Unterlagfilz zur Stoßverminderung und Dämpfung von Geräuschen soll ein gut gewalkter Filz sein, der gegen das Eindringen von Feuchtigkeit mit neutralem Erdölfett zu tränken ist. Bei einer Druckprobe von 10 kg auf 1 qcm darf er sich nicht mehr als 15 v. H. zusammendrücken; spätestens in einer halben Minute nach der Entlastung muß er seine ursprüngliche Stärke wieder erreichen. Der Filz darf bei einem Höchstdruck von 100 kg auf 1 qcm keinerlei Spuren von Zerstörung zeigen.
b) Filz zur Dichtung, Isolierung und Schalldämpfung soll aus Kuhhaaren gefertigt, weich und elastisch sein, ohne Binde- und Beschwerungsmittel hergestellt werden und sich nur schwierig spalten oder auseinanderziehen lassen.

33. Asbest.

Die Lieferung hat nach eingereichten Proben, die einer Brennprobe unterzogen werden, zu erfolgen.

Für Gewebe, Faser, Näh- und Steppgarn ist nur reine Asbestfaser ohne Beimischung von Baumwolle oder irgend sonstigen fremden Stoffen (bei Blauasbest auch ohne Weißasbestzusatz) zu verwenden.

Das Asbestnähgarn ist aus zwei Garnen reiner Asbestfaser mit je einer Seele von feinem Messingdraht zusammenzudrehen. Die Stärke des Nähgarns soll etwa 1,5 mm betragen.

Das aus gedrehten reinen Asbestfäden zu fertigende Asbesttuch soll ohne Zusatz von fremden Stoffen in Kette und Schuß aus zweifachem Garn, ohne Einlage, mittelfein, fest und dicht gewebt sein.

Die Asbestmatratzen sollen aus zwei Asbesttuchen mit einer Füllung von reiner Asbestfaser hergestellt sein. Die Matratzen sind, um ein Verschieben der Füllung zu verhindern, mit Asbestnähgarn zu durchsteppen. Die Entfernung der einzelnen Stiche voneinander soll bei Blauasbestmatratzen nicht mehr als 100 mm, bei Weißasbestmatratzen nicht mehr als 60 mm betragen; die Steppung ist von Hand in Form von Knoten auszuführen. Die Umnähung der Matratzen hat ebenfalls mit Asbestnähgarn und fest angezogenem Faden zu geschehen. Die zur Füllung zu verwendende Asbestfaser soll gut geöffnet (kardiert) und elastisch sein; sie darf sich nicht feucht anfühlen. Die Stärke der Matratzen, die 10 bis 70 mm betragen soll, wird gemessen bei einer Belastung von 80 kg für das qm.

Für die Asbestmatratzen zu Lokomotiven gelten die Vorschriften für die Anfertigung, Lieferung und Abnahme von Blauasbestmatratzen usf. vom Mai 1913.

34. Leder.

Sämtliche Ledersorten müssen vollständig gar durchgegerbt, gleichmäßig stark und fest, frei von Wundnarben und sonstigen Fehlstellen, sowie völlig lufttrocken sein. Das Leder darf nicht narbenbrüchig und höchstens soweit gefettet sein, als zur erforderlichen Geschmeidigkeit unbedingt notwendig ist. Jede künstliche Beschwerung des Leders ist unzulässig. Leder mit künstlich hergestellter Narbe ist von der Lieferung ausgeschlossen.

Die Lederdichtungsscheiben müssen durch Spaltmaschinen oder ähnliche Einrichtungen auf eine überall gleichmäßige Stärke gebracht werden.

35. Holz.

Das zu verwendende Holz muß im Winter gefällt und trocken, möglichst astfrei, gradfaserig, zäh, fest und ohne Risse sein. Die Bretter und Bohlen sollen gut gerade und möglichst ohne Kernröhren, auf der Flachseite nicht überspänig und nicht aus Zopfenden geschnitten sein. Das Kiefernholz darf keine tiefgehenden bläulichen Stellen zeigen, soll feinädrig und besonders fest sein und darf nur gesunde, festgewachsene Äste in mäßiger Anzahl enthalten. Das Nußbaumholz muß seiner Verwendung zu feinen, sauber auszuführenden Tischlerarbeiten entsprechend von bester Beschaffenheit, gerade gewachsen, fein und dichtfaserig sein; im polierten Zustande soll es einen seidenartig glänzenden Spiegel von brauner bis dunkelbrauner Farbe zeigen.

37. Plattendichtungsstoffe.

Die Plattendichtung muß ein fester Stoff von gleichmäßiger Stärke sein. Die Platten dürfen nach mehrmaligem Hin- und Herbiegen weder spalten, noch sich auflockern; die einzelnen zusammengeklebten Platten müssen so fest zusammenhalten, daß eine Trennung nicht eintritt.

Es muß wiederholte Benutzung des Stoffes an derselben Stelle angängig sein, ohne daß die Dichtfähigkeit leidet. Der Stoff darf in Verbindung mit Wasser oder Dampf metallische Flächen nicht angreifen.

Eine Probescheibe, zwischen zwei Platten Rotguß oder Eisenscheiben eingeklemmt, darf, nachdem sie in kaltem Zustande mäßig nachgezogen wurde und dem Durchgange von überhitztem Dampf von rund 300^0 C und etwa 9,5 Atm. Druck 10 bis 15 Minuten ausgesetzt war, bei einer Flanschenbelastung von 250 kg auf das qcm ihre Form nicht verändern. Desgleichen darf der Stoff weder seitwärts noch nach dem Innern herausgedrückt werden.

Bei einer Plattenstärke von 1,5 mm darf der Stoff nach den Versuchen höchstens 0,3 mm und bei 2,5 bis 3 mm Stärke höchstens 0,5 mm von seiner vorherigen Dicke verloren haben.

§ 2. Güteprüfungen.

1. Allgemeines.

Die Materialien werden in der Regel vor der Verwendung in der Fabrik des Unternehmers oder des Unterlieferers geprüft.

Die bedingungsgemäß befundenen Teile werden in der Regel mit dem Prüfungsstempel, bei fertigen Tragfedern auf der oberen Seite der Bunde, versehen und gelten hiermit als abgenommen und zur Verwendung geeignet. Um den Prüfungsstempel leicht auffinden zu können, ist er mit einem in die Augen fallenden weißen Ölfarbenanstrich in geeigneter Weise zu kennzeichnen.

Das zu prüfende Metall muß bis zur Entnahme der Probestäbe in ganz gleicher Weise behandelt werden, wie alle für dieselbe Lieferung bestimmten Stücke gleicher Gattung. Nach Abstempelung der Proben dürfen diese nicht mehr ausgeglüht werden. (Ausnahme für Radreifen und Bleche, vgl. § 2 unter 4.) Es sind daher auch die zur Herstellung von Güteproben von einem Beamten auszuwählenden Versuchsstücke von den zu untersuchenden Gegenständen kalt abzutrennen und kalt zu bearbeiten. Jeder Versuchsstab muß deutlich gestempelt und bezeichnet (bei Blechen besonders die Walzrichtung) und Teilen entnommen sein, die dieselben Abmessungen besitzen und in derselben Weise hergestellt und behandelt sind, wie die zur Abnahme gestellten Gegenstände.

Bei Blechen hat das Messen der Dicke mittels Schraubenlehre zu erfolgen. Die Meßpunkte müssen mindestens 40 mm vom Rande und 100 mm von den Ecken des Bleches liegen.

Die zur Verwendung kommenden Hölzer sind nach ihren Querschnittsabmessungen vollkantig zu schneiden. Der Prüfungsbeamte ist berechtigt, jedes Stück auf einer behobelten Seite zu stempeln; dieser Stempel soll bei der weiteren Bearbeitung tunlichst nicht weggearbeitet werden.

Die Eisenbahnverwaltung behält sich das Recht vor, außer den Prüfungen in den Werken des Unternehmers auch solche in ihren eigenen Werkstätten oder einer naheliegenden Fabrik vornehmen zu lassen. Ist in dem Werke des Lieferers oder Unterlieferers keine Vorrichtung zum Prüfen von Materialien vorhanden, so hat die Prüfung auf Kosten des Lieferers in einer Eisenbahnwerkstatt zu geschehen. Für die in den Eisenbahnwerkstätten vorzunehmenden Prüfungen sind die zugerichteten Probestücke, sowie die zu Zerreißversuchen ausgewählten Probestücke, letztere mit einer gleichen Anzahl unbearbeiteter Stäbe, mit denen erforderlichenfalls die Proben wiederholt werden können, frachtfrei an die bahnseitig zu bezeichnende Stelle zu senden. Sind die erstgenannten Probestücke unbearbeitet oder nicht vorschriftsmäßig bearbeitet, so erfolgt die nachträgliche Bearbeitung in der betreffenden Werkstatt auf Kosten des Lieferers.

Von den auf dem Werke des Lieferers oder Unterlieferers angestellten Proben sind die Bruch- und Probestücke auf Verlangen kostenfrei an die Verwaltung einzusenden, jedoch ist der Unternehmer nicht verpflichtet, dieselben länger als drei Wochen hierzu aufzubewahren. Für die durch die Prüfung unbrauchbar gewordenen Stücke wird keine Entschädigung gewährt.

2. Umfang der Prüfungen.

Der Prüfungsbeamte ist befugt, von je 50 Stück oder jeden angefangenen 50 Stück der Lokomotiv-, Tender- und Wagenachswellen, Radreifen, Radgestelle und sonstiger Einzelteile der Betriebsmittel, sowie von je 100 Federblättern oder jeden angefangenen 100 Stück je 1 Stück auszusuchen und nach Maßgabe der Vorschriften zu prüfen.

Über Belastungsprüfung fertiger Federn vergleiche unter § 2 Ziffer 5.

Für Tiegelstahlreifen gilt im besonderen die Vorschrift, daß von je 25 Stück oder angefangenen 25 Stück Tiegelstahlreifen ein Reifen geprüft wird. Wenn dieser den Bedingungen nicht oder nur teilweise entspricht, werden die vorgelegten 25 Stück oder angefangenen 25 Stück Tiegelstahlreifen sämtlich zurückgewiesen. Falls nach der Überzeugung des Abnahmebeamten unbedenkliche örtliche Fehler das Mißlingen der Proben herbeigeführt haben, können von diesen 25 Stück oder angefangenen 25 Stück Reifen noch 2 weitere Reifen geprüft werden. Genügt von diesen auch nur einer den Anforderungen nicht oder nur teilweise, werden alle 25 Stück oder angefangenen 25 Stück zurückgewiesen.

Die Flußeisenguß-Radgestelle sind sämtlich mit Angüssen zu versehen, aus denen Zerreißproben hergestellt werden können. Der Abnahmebeamte kann für je 10 Stück dieser Radgestelle eine Zerreißprobe vornehmen und außerdem von je 50 Stück oder angefangenen 50 Stück dieser Radgestelle eins der Schlagprobe unterziehen. Aus den einzelnen Teilen dieses letzteren können zur Prüfung der Gleichmäßigkeit des Materials weitere Proben entnommen werden.

Von je 100 Stück Stäben oder Blechen, mit Ausnahme der Kessel- und Rahmenbleche, können 3 Proben (gleicher Art) und zwar nach Möglichkeit aus den Abfallenden entnommen werden. Bei Lieferungen unter 100 Stück kann die Anzahl der Versuchsstäbe entsprechend ermäßigt werden, doch sind mindestens 2 Proben anzustellen. Von den eisernen Kessel- und Rahmenblechen, von allen Kupferblechen über 4 mm Stärke und von allen Feuerbüchsplatten dürfen von jedem Stück Proben entnommen werden. Bei diesen Blechen und bei 10 v. H. aller übrigen Bleche sind von vornherein für die Entnahme von Versuchsstäben sowohl in der Walzrichtung, als senkrecht zu derselben über die verlangte Größe hinaus Streifen von 600 mm Länge und 60 mm Breite bei eisernen Blechen und von mindestens 500 mm Länge und 50 mm Breite bei kupfernen Blechen stehen zu lassen, sofern nicht aus Ausschnitten oder Abschnitten genügend große Stücke zu den Versuchsstäben genommen werden können.

Die aus einer Schmelzung hergestellten Achswellen, Radreifen und gegossenen Radgestelle sind bis zur stattgefundenen Prüfung streng geschieden zu halten, und der Unternehmer ist verpflichtet, jederzeit anzugeben, welche Achswellen, Radreifen usw. zu einer Schmelzung gehören. Die Versuche zur Feststellung der Materialbeschaffenheit der Achswellen und Radreifen sind nicht eher vorzunehmen, als bis dem Prüfungsbeamten das Verzeichnis der Schmelzungsnummern eingehändigt ist. Entsprechen die geprüften Stücke den im § 1 gestellten Anforderungen nicht oder nur teilweise, so wird die Annahme aller zu derselben Schmelzung gehörigen Teile abgelehnt.

Gewinnt der Abnahmebeamte die Überzeugung, daß das Mißlingen der Proben auf unbedeutende örtliche Fehler zurückzuführen ist, so können aus den zur gleichen Schmelzung gehörenden Stücken zwei weitere Proben entnommen werden. Entspricht auch nur eine derselben den Anforderungen nicht, so werden alle Stücke der gleichen Schmelzung verworfen. Vor Entnahme der zweiten und dritten Probe können die sämtlichen Stücke der betreffenden Schmelzung ausgeglüht werden.

Sofern bei einem Versuche geringe Abweichungen von den vorgeschriebenen Bedingungen festgestellt werden und der Abnahmebeamte glaubt, daß Ausführungsfehler vorliegen, so ist ihm gestattet, durch nicht mehr und nicht weniger als zwei weitere Versuche festzustellen, ob das vorgelegte Material abnahmefähig ist.

Wenn bei den weiteren Prüfungen die Überzeugung von der untadelhaften Beschaffenheit der Materialien nicht gewonnen wird oder bei der Abnahme derselben anderweitige Mängel oder Fehler hervortreten, welche die nicht bedingungsgemäße Beschaffenheit erkennen lassen, so ist die Eisenbahnverwaltung berechtigt, die ganze Lieferung zurückzuweisen. Für die hieraus und nicht rechtzeitige durch Bereitstellung der zu liefernden Gegenstände entstehenden Nachteile treten die Bestimmungen der §§ 7, 10 und 12 der allgemeinen Vertragsbedingungen für die Ausführung von Leistungen oder Lieferungen in Kraft.

Zur Feststellung der Trockenheit des Holzes kann der Abnahmebeamte von je 50 Stück oder jeden angefangenen 50 Stück Gestellhölzern oder Brettern ein Stück zerschneiden, sofern diese Feststellung nicht auf andere Weise (durch Ausschnitte oder Abschnitte) angängig ist.

3. Schlagversuche.

a) Bauart des zu den Schlagversuchen zu benutzenden Fallwerks.

Das Fallwerk soll eine solche Höhe haben, daß damit ein Arbeitsmoment von 5600 mkg (Produkt aus Fallhöhe und Bärgewicht) ausgeübt werden kann.

Der Grundbau soll aus einem Mauerkörper gebildet sein, dessen Größe durch die Baugrundverhältnisse bedingt ist, dessen Höhe aber mindestens 1 m betragen muß.

Die Auflager für den zu prüfenden Körper sollen in einem auf dem Grundbau ruhenden Untersatze sicher befestigt, z. B. verkeilt werden, der aus einem Stück Gußeisen von mindestens 10000 kg Gewicht besteht.

Die Bärführungen sind aus Metall, z. B. Eisenbahnschienen, so herzustellen, daß dem Bären kein großer Spielraum verbleibt. Die Schmierung der Führung mit Graphit wird empfohlen.

Die Schwerlinie des Bärs muß in die Mittellinie der Bärführungen fallen, das Verhältnis der Führungslänge des Bärs zu der Lichtweite zwischen den Führungen soll größer als 2:1 sein.

Die Bärform ist so zu wählen, daß der Schwerpunkt der ganzen Bärmasse möglichst tief liegt.

Die Bärmasse muß aus Gußeisen, gegossenem oder geschmiedetem Stahl bestehen, sie ist mit Schwalbenschwanz und Keil im Bär zentrisch zu dessen Schwerlinie zu befestigen; durch besondere Marken soll die Erfüllung dieser Bedingung erkennbar gemacht sein. Die Hammerbahn soll nach einem Halbmesser von nicht unter 150 mm abgerundet sein. Die Auftrefflinie soll senkrecht zur Schwerlinie stehen.

Das Bärgewicht soll 1000 kg betragen; ist dies nicht angängig, so soll der Bär tunlichst 500 kg wiegen.

Die Auslösevorrichtung soll so beschaffen sein, daß sie den freien Fall des Bärs nicht beeinflußt und ein unbeabsichtigtes Herabfallen desselben möglichst verhütet.

Es ist ferner eine Einrichtung zu treffen, die das vollständige Herabfallen des durch einen Zufall in unbeabsichtigter Weise ausgelösten Bärs verhindert und die am Fallwerke beschäftigten Personen vor einer etwaigen Beschädigung schützt.

Die Höhenteilung in Metern und Dezimetern soll sich an der Gradführung des Bärs verschieben lassen und muß vom Standpunkte des Beobachters aus gut zu sehen sein.

Bei Schlagproben mit Radreifen soll die Hammerbahn auf ein unten dem Querschnitt des zu prüfenden Reifens entsprechendes, oben ebenes Aufsatzstück von höchstens 20 kg Gewicht schlagen.

Die Reifen sollen durch eine Vorrichtung in richtiger Stellung zur Aufnahme des Schlages gehalten werden.

Die Auflager für die Achswellen sollen eine halbzylindrische Form von 50 mm Halbmesser haben und außerdem sattelförmig gestaltet sein.

Es sind Einrichtungen zu treffen, durch die das Herausspringen der Achswellen und Radreifen nach erfolgtem Schlage verhindert wird; diese Einrichtungen dürfen jedoch die Formveränderung beim Schlagen nicht beeinflussen.

Der Lieferer ist verpflichtet, der die Abnahme bewirkenden Eisenbahnbehörde auf Verlangen eine Zeichnung des benutzten Fallwerks und seiner Fundierung zu übersenden und dem Abnahmebeamten Gelegenheit zu geben, sich von deren Richtigkeit zu überzeugen.

b) Schlagversuche mit Achswellen.

Die zur Prüfung gestellten Achswellen können unbearbeitet oder vorgedreht sein; sie sind bei den Versuchen auf einem Freilager von 1,5 m durch Schläge des Fallbärs, die auf die Mitte der Achswelle ausgeübt werden, zu prüfen. Lokomotivachswellen müssen unter jedesmaligem Wenden 8 Schläge von 5600 mkg, Tenderachswellen unter denselben Verhältnissen die gleiche Anzahl Schläge von 4200 mkg aushalten.

Die Durchbiegung der Achswellen soll in deren oberer Fläche gemessen werden, und zwar immer in bezug auf die ursprüngliche Entfernung der Auflagerpunkte.

Zum Messen ist bei den Achswellen eine stangenzirkelartige Vorrichtung mit einem in der Mitte angebrachten senkrecht beweglichen, mit Millimeterteilung versehenen Schieber zu benützen.

Der Wärmegrad des Probestücke ist vor der Probe festzustellen und zu vermerken.

Ein Anwärmen der Probestücks für die Schlagversuche ist nicht gestattet.

c) Schlagversuche mit Radreifen.

Den senkrecht unter das Fallwerk gestellten Radreifen sollen durch Schläge des Fallbärs, die auf die Mitte der Fallfläche gerichtet sind, die nachstehend aufgeführten Einsenkungen gegeben werden können, ohne daß die Reifen brechen oder sonstige Mängel zeigen. Das Arbeitsmoment eines Schlages soll zunächst 3000 mkg betragen und jedesmal um 500 mkg vergrößert werden, wenn die erzielte Einsenkung weniger als 10 mm beträgt. Nach jedem Schlag ist die Verminderung des senkrechten lichten Durchmessers mittels Schiebetasters, der mit Millimeterteilung zu versehen ist, zu messen und die Fallhöhe des Bärs der stattgehabten Einsenkung des Reifens entsprechend zu regeln. Der letzte Schlag kann der zu erreichenden Einsenkung angepaßt werden. Der Wärmegrad des Probestückes ist vor der Probe festzustellen und zu vermerken.

Ein Anwärmen der Probestücke für die Schlagversuche ist nicht gestattet.

1. Tender- und Wagenradreifen aus Martin-, Thomas- oder Bessemerstahl.

Die Einsenkung der Tender- und Wagenradreifen soll mindestens 12 v. H. ihres ursprünglichen inneren Durchmessers betragen.

2. Lokomotivradreifen aus Martin- oder Tiegelflußstahl.

Den Lokomotivradreifen soll eine Einsenkung gegeben werden können, die aus der Formel

$$E = \frac{D}{100} - \frac{d-65}{10}$$

zu berechnen ist. In dieser Formel bedeutet E die Einsenkung in Hundertsteln des lichten Durchmessers, D den Laufkreisdurchmesser und d die mittlere Reifenstärke im Laufkreis, letztere Maß in mm für den fertigen Zustand des Radreifens genommen.

d) Schlagversuche mit Radgestellen.

Die Radgestelle werden mit dem Felgenkranze auf Holzunterlagen wagerecht gelagert. In die Nabenbohrung wird eine aus 4 Segmentstücken bestehende Büchse geschoben, deren lichte Weite im Innern auf je 20 mm Länge um 1 mm verjüngt ist. Ein genau in die Büchse passender Stahldorn von quadratischem Querschnitt wird bei den Rädern mit einer Nabenbohrung von 145 mm durch 6, bei denen mit 130 mm Nabenbohrung (Fertigmaß) durch 5 Schläge, die nach einander die Schlagmomente von 300, 400, 500, 600, 700 und 800 mkg ergeben, in die Büchse eingetrieben. Der Dorn und die Innenflächen der Büchse sind vor der Benutzung mit Öl abzureiben und wieder trocken abzuwischen.

Nach dieser Probe dürfen die Radgestelle weder in der Nabe noch in den Speichen oder in dem Felgenkranze Sprünge oder sonstige Beschädigungen zeigen.

Es kann bei etwa einem Drittel der Probestücke die Schlagprobe bis zum Bruch fortgesetzt werden, nötigenfalls ist der Bruch bei den Achswellen und Radreifen durch Einkerbung herbeizuführen.

Ungewöhnliche Erscheinungen in der Formveränderung des Probestücks und am Bruch sind tunlichst eingehend zu untersuchen und zu vermerken.

Ein Anwärmen der Probestücke für die Schlagversuche ist nicht gestattet.

e) Schlagversuche mit Kupplungsspindeln.

Die Spindeln der Schraubenkupplungen sind nach vollständiger Fertigstellung mäßig auszuglühen, ohne daß ein Zundern eintritt. Die ausgeglühten Spindeln sind bei einem freien Auflager von 400 mm Länge einer Schlagprobe in der Weise zu unterwerfen, daß auf den Schwengelbund mit einem Zuschlaghammer so lange geschlagen wird, bis in der Mitte der Spindel eine Einsenkung von 50 mm entstanden ist. Bei dieser Einsenkung darf die Spindel an keiner Stelle einen Einbruch zeigen. Der zu den Versuchen zu benutzende Hammer muß ein Gewicht von etwa 10 kg haben. Die Schläge sind in kräftiger Weise aus etwa 1 m Höhe zu führen.

4. Zerreiß- und Dehnungsversuche.

Die runden Probestäbe sollen Durchmesser von 10, 15, 20 oder 25 mm erhalten und in ihren Formen und Abmessungen tunlichst der nachstehenden Abb. 695 entsprechen. Wenn angängig, sind jedoch im allgemeinen Probestäbe mit einem Durchmesser von 20 mm herzustellen. Bei Rundstäben ohne Einspannköpfe, die mittels Klemmbacken eingespannt werden, soll die freie Länge zwischen letzteren nach Möglichkeit dieselbe sein wie die Länge zwischen den Köpfen des abgebildeten Stabes von gleichem Durchmesser.

Die flachen Probestäbe sollen hinsichtlich ihrer Meßlänge, Gebrauchslänge und freien Länge zwischen den Stabköpfen tunlichst nachstehender Abb. 696 entsprechen.

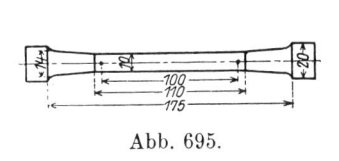

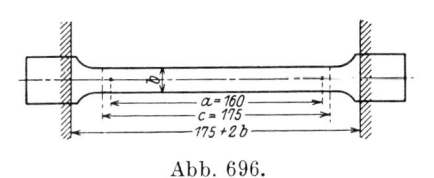

Abb. 695.   Abb. 696.

Die Gebrauchslänge (c) soll tunlichst 20 bis 40 mm Breite und einen Querschnitt von mindestens 200 qmm, wenn möglich aber von 300 qmm oder mehr erhalten.
die Meßlänge (a)
  bei Stäben von 200 bis 300 qmm Querschnitt 160 mm,
  bei Stäben mit größerem Querschnitt 200 mm

betragen. Bei Blechprobestreifen soll die Breite auf der Gebrauchslänge nicht geringer als die Blechdicke sein.

Bei Achswellen sind die Zerreißstäbe aus den durch die Schlagproben am wenigsten verbogenen Teilen, bei Radreifen aus der Mitte des Radreifenquerschnitts aus einem unter möglichst schwacher Erwärmung gerade gerichteten Stück der am wenigsten verbogenen Teile, die sich in der Regel in einem Winkel von etwa 40° gegen die Senkrechte befinden, zu entnehmen.

Probestreifen von Blechen, die durch das Abschneiden krumm geworden sind, dürfen warm gerade gerichtet werden.

Die runden Probestäbe für Achswellen, Radreifen und Radgestelle sollen Durchmesser von 20 mm, die flachen Probestäbe sollen Querschnitte von wenigstens 300 qmm erhalten und in ihren Abmessungen tunlichst den vorstehenden Abb. 695 und 696 entsprechen. Nur bei den Probestäben aus Flußstahlguß und Flußeisenguß ist es gestattet, die Dehnung auf 100 mm Länge zu messen. (Vergleiche § 1, Ziffer 4 und 6.)

Wenn ein Probestab infolge deutlich erkennbarer Bearbeitungs- oder Materialfehler oder infolge nachweisbar unrichtiger Einspannung eine ungenügende Zerreißprobe liefert, so ist letztere nicht maßgebend für die Beurteilung der Festigkeits- und Dehnungsgröße.

Wenn der Bruch außerhalb des mittleren Drittels der Gebrauchslänge stattfindet, so ist die Probe zwar für die Festigkeits-, nicht aber für die Dehnungsgröße maßgebend, sofern diese die vorgeschriebene Größe nicht erreicht. Zur richtigen Bestimmung der Dehnungsgröße ist eine neue, im mittleren Drittel zum Bruch gelangende Probe zu machen.

5. Biegeprobe.

Die normale Länge der zu den Biegeproben verwendeten Versuchsstäbe (ausgenommen gehärtete Blattfedern) soll mindestens 200 mm betragen.

Die Belastungsprüfung der fertigen Federn erfolgt mittels einer Hebelpresse. Im allgemeinen werden 5 v. H. der fertigen Federn der Belastungsprobe unterzogen; genügen diese den Bedingungen nicht oder nur teilweise, so steht es dem Abnahmebeamten frei, eine beliebige weitere Anzahl Federn dieser Probe zu unterwerfen. Die Probe soll in derselben Weise in Gehängen und unter Beanspruchungen geschehen, welche die Federn unter den Fahrzeugen erleiden.

An der Gehängevorrichtung muß während der Belastung der Neigungswinkel der Gehängeeisen abgelesen werden können.

Die Belastung der Federn muß mindestens einer Faserspannung von 100 kg und für Federn aus Tiegelflußstahl von 110 kg für das qmm entsprechen. Bei Federn aus Sonderstahl muß die Belastung mindestens einer Faserspannung von 130 kg für das qmm bei der mittelharten Sorte und von 120 kg für das qmm bei der weichen Sorte entsprechen. Nach der Entlastung dürfen die Federn keine bleibende Durchbiegung zeigen.

Hiernach würden z. B. die Probebelastungen für Tragfedern mit 13 mm starken Federblättern nach folgenden Angaben auszuführen sein:

Der Tragfeder		
Länge mm	Lagenzahl	Belastung kg
1000	10	10000
1000	9	9000
1100	9	8300
1100	8	7400
1600	10	6300
1600	9	5700
1600	8	5100
1750	8	4600
1800	14	7900
2000	13	6600
2000	12	6100
2000	11	5600
2000	10	5100
2000	9	4600
2000	8	4100

Für Federn aus Sonderstahl sind die angegebenen Belastungen um 30 bzw. 20 v. H. zu erhöhen. Bei einer wiederholten Belastung von 3500 kg unter ruhender und schwingender Last muß bei den Spiralfedern von 7,5 mm Blattstärke noch ein freies Spiel von 10 mm und bei den Spiralfedern von 10 mm Blattstärke mit 5000 kg noch ein Spiel von 15 mm verbleiben. Die Federn dürfen hierbei keinerlei Beschädigungen zeigen, auch sich durch jene Belastungen höchstens 2 mm bleibend setzen.

3. Anleitung für die Behandlung der Lokomotiven und Tender im Betrieb.

J. Behandlung der Lokomotiven und Tender vor der Fahrt.

1. Anheizen der Lokomotive.

(¹) Vor dem Anheizen der Lokomotive, deren Kessel genügend Wasser enthalten muß, sollen Aschkasten, Rost, Feuerbüchswände, Feuerschirm, Heiz-, Rauch- und Überhitzerrohre, Rauchkammer und Funkenfänger gründlich gereinigt sein und sich in betriebstüchtigem Zustand befinden.

(²) Beim Anheizen ist das Feuer tunlichst bald auf den ganzen Rost zu verteilen, damit der Zutritt kalter Luft zu den Wänden der Feuerbüchse vermieden wird. Der Rost ist so zu beschicken, daß unter möglichster Vermeidung des Qualmens rechtzeitig ein gut durchgebranntes Grundfeuer und der erforderliche Dampfdruck vorhanden sind. Der Rauchverminderer ist anzustellen.

2. Untersuchen der Lokomotive und des Tenders.

(¹) Vor Beginn der Fahrt sind Lokomotive und Tender auf ihren ordnungsmäßigen Zustand genau zu untersuchen. Hierbei sind besonders die folgenden Einrichtungen zu prüfen:

(²) Hand-, Dampf- und Luftdruckbremse sind einzeln anzuziehen bzw. anzustellen. Alsdann müssen die Bremsklötze fest an den Radreifen anliegen. Die Luftpumpe soll den Hauptluftbehälter in angemessener Zeit füllen.

(³) Der Sandstreuer ist anzustellen. Hierbei muß Sand in ausreichender Menge auf die Schienen fallen. Der Sandstreuer soll mit trockenem, gesiebtem Sand genügend gefüllt sein.

(⁴) Die Speisevorrichtungen des Kessels sind beide auf gebrauchsfähigen Zustand zu prüfen. Der Wasservorrat soll so bemessen sein, daß im Tender oder in den Wasserkästen sich auch gegen Ende der Fahrt noch eine genügend hohe Wasserschicht befindet, damit nicht Luft mit in den Kessel gelangt.

(⁵) Die Stellung der Überhitzerklappen und deren Bewegung beim Öffnen des Reglers sind an dem Zeiger des selbsttätigen Stellzeugs zu erkennen. Bei geschlossenem Regler soll sich der Zeiger in der Endstellung befinden, die den vollständigen Schluß der Überhitzerklappen kennzeichnet. Bei geöffnetem Regler sollen die Klappen die volle Öffnung für die Rauchgase freigeben, andernfalls ist durch Drehen des Handrads Abhilfe zu schaffen.

(⁶) Die Saugkörbe der Luftsaugeventile und die Federn der Sicherheitsventile an den Dampfzylindern sollen sich in sauberem Zustand befinden. Ablagerungen zwischen den Federwindungen hindern deren freies Spiel und beeinträchtigen die Wirksamkeit der Ventile.

3. Abölen der Lokomotive und des Tenders.

(¹) Bei dem Abölen der Stangenlager ist darauf zu achten, daß die Ölgefäße nicht bis an den Deckel heran gefüllt werden. Es muß vielmehr unter dem Ölgefäßdeckel ein geringer Luftraum verbleiben, da andernfalls der Druck der Außenluft das Abfließen des Öles nach dem Lager hindert.

(²) Die Teile der Kupplung zwischen Lokomotive und Tender und die Stoßpuffer einschließlich Stoßpufferführungen sind regelmäßig und ausreichend zu schmieren. Die Achslagerkasten der Tender dürfen nur bis zur Ölmarke gefüllt werden.

(³) Sichtöler, Schmierpressen oder Schmierpumpen sind nach den für ihren Gebrauch bestehenden Anweisungen, die sich auf der Lokomotive befinden müssen, regelmäßig schon nach beendeter Fahrt mit bis zur Dünnflüssigkeit erwärmtem Öl frisch zu füllen.

(⁴) Auf den Heißdampflokomotiven muß stets eine mit Heißdampföl gefüllte Kanne vorhanden sein. Diese Kanne ist mit roter Farbe zu streichen und durch ein aufgelötetes Messingschild mit der Aufschrift „Heißdampföl" zu kennzeichnen.

(⁵) Während der kalten Jahreszeit muß das für Dampfzylinder und Schieber bestimmte Öl auf dem Kessel oder in dessen Nähe dünnflüssig erhalten werden.

(⁶) Sichtöler, Schmierpressen oder Schmierpumpen sowie Ölsparer, Probierhähne und Verbindungsstellen in den Schmierleitungen sind stets sauber und dicht zu halten. Das Sieb der Füllöffnung ist öfter zu reinigen.

(⁷) Sämtliche Schmiervorrichtungen müssen so eingestellt werden, daß bei Beginn der Fahrt an den Verbrauchsstellen sofort Öl abgegeben wird. Die Handkurbel der Schmierpresse oder -pumpe, deren Gangwerk vorher geschmiert ist, ist zu diesem Zweck nach Öffnen der Probierhähne oder -schrauben in der vorgeschriebenen Richtung langsam so lange zu bewegen, bis an jeder Probierstelle Öl heraustritt. Alsdann sind die Hähne oder Schrauben zu schließen. Der Sichtöler ist rechtzeitig anzustellen.

4. Anwärmen der Dampfzylinder

(¹) Vor dem ersten Anfahren und bei kalter Jahreszeit nach längerem Halten sind die Dampfzylinder durch geringes Öffnen des Reglers mit Dampf anzuwärmen. Damit eine ausgiebige Dampfströmung erzielt wird, ist die Steuerung einige Male vor- und rückwärts voll auszulegen. Die Zylinder-Ablaßventile sind beim Anwärmen der Zylinder dauernd offen zu halten, damit das Niederschlagswasser ablaufen kann. Ist die Lokomotive mit einem Druckausgleicher ausgerüstet, so ist auch dieser offen zu halten, es sei denn, daß der durch die ebenfalls geöffneten Luftsaugeventile austretende Dampf lästig wirkt.

II. Behandlung während der Fahrt.

1. Anfahren.

(¹) Bei allen Fahrten aus dem Lokomotivschuppen ist zunächst mit ganz ausgelegter Steuerung zu fahren, damit die Gleitflächen der Schieberbüchsen oder die Schieberspiegel in der ganzen Länge bestrichen werden.

(²) Beim Anfahren mit dem Zug muß der Regler vorsichtig geöffnet werden, um Schleudern der Lokomotive und Überreißen von Wasser zu verhüten. Nach dem Anziehen der Lokomotive ist der steigenden Fahrgeschwindigkeit entsprechend die Steuerung zurückzulegen.

(³) Bei Lokomotiven mit Kolbenschiebern läßt der leichte Gang der Steuerung auch bei geöffnetem Regler zu, die Steuerung beim Anfahren in der Hand zu behalten und in jedem Augenblick eine Füllung zu geben, bei der ein Schleudern noch vermieden und doch ein möglichst kräftiges Anfahren erreicht wird.

(⁴) Tritt Schleudern der Lokomotive ein, so ist zunächst der Regler zu schließen (bei Lokomotiven mit Flachschiebern) oder die Steuerung zurückzulegen (bei Lokomotiven mit Kolbenschiebern). Der Sandstreuer darf erst benutzt werden, nachdem die Räder aufgehört haben zu schleudern.

2. Beschicken des Rostes und Regeln der Überhitzung.

(¹) Das Feuer ist bei Heißdampflokomotiven so zu regeln, daß die Überhitzung im Mittel möglichst 320° beträgt. Dies wird im allgemeinen dadurch erreicht, daß auf eine genügend hohe, gut durchgebrannte, den Rost völlig bedeckende Feuerschicht immer nur eine mäßige Anzahl von Schaufelfüllungen Kohle, und zwar nach hinten höher gestreut, aufgeworfen wird.

(²) Die Feuertür ist nicht unnötig lange zu öffnen. Es ist vielmehr nach Möglichkeit alles zu vermeiden, was eine starke oder plötzliche Wärmeänderung in der Feuerbüchse herbeiführen kann, weil sonst ein Lecken der Heiz- und Rauchrohre begünstigt wird.

(³) Steigt die Temperatur im Überhitzer auf über 350°, so müssen die Überhitzerklappen durch Drehen des Handrades so weit geschlossen werden, daß diese Temperatur nicht wesentlich überschritten wird.

(⁴) Nicht hinreichende Überhitzung bei mittlerer Lokomotivbeanspruchung entsteht bei zu hohem, qualmendem Feuer oder bei zu niedriger Feuerschicht und dadurch herbeigeführter Abkühlung der Feuergase durch zu großen Luftüberschuß, ferner bei nicht genügend gereinigtem Überhitzer.

(⁵) Ein plötzliches Zurückgehen der Überhitzung zeigt Überreißen von Wasser in den Überhitzer an. Der Regler ist in diesem Fall sofort zu schließen, und der Druckausgleicher sowie die Zylinder-Ablaßventile sind auf kurze Zeit zu öffnen. Bei schäumigem, schlammigem Kesselwasser wiederholt sich dieser Vorgang. Durch vorsichtiges Handhaben des Reglers kann dieser Übelstand während der Fahrt gemindert und nur durch öfteres Ablassen des Kesselwassers nach der Fahrt und nötigenfalls gründliches Auswaschen des Kessels behoben werden.

3. Speisen des Kessels.

(¹) Beim Speisen des Kessels ist die Feuertür möglichst geschlossen zu halten. Die Strahlpumpen sind abwechselnd und, soweit es sich vermeiden läßt, nicht gleichzeitig zu benutzen.

(²) Bei Lokomotiven mit Vorwärmern ist das Speisen des Kessels möglichst so zu regeln, daß die Kolbenpumpe allein dem Kessel die der jeweiligen Verdampfung entsprechende Wassermenge zuführt. Wird der Regler für längere Zeit geschlossen, so ist zum Speisen des Kessels die Strahlpumpe zu verwenden, da andernfalls dem Kessel ungenügend vorgewärmtes Speisewasser zugeführt wird.

4. Regler und Steuerung.

(¹) Die kleinste Füllung der Zwillinglokomotiven mit gewöhnlichen Flachschiebern oder Kolbenschiebern soll in der Regel nicht weniger als 15 v. H. betragen. Zwillinglokomotiven mit Kammerschiebern können mit beliebig kleiner Füllung gefahren werden. Bei Verbundlokomotiven mit gewöhnlichen Schiebern beträgt die untere Füllungsgrenze 25 v. H., bei solchen mit Kammerschiebern 15 v. H.

(²) Übersteigt die Leistung der Lokomotive bei diesen kleinsten Füllungen und bei vollem Schieberkastendruck noch den jeweiligen Bedarf, so ist der Dampf mittels des Reglers zu drosseln. Obwohl das Abdrosseln des Dampfes an sich unwirtschaftlich ist, wird dieser Nachteil in den vorstehenden Fällen aufgewogen durch den Vorteil des geringeren Verdichtungsdruckes in den Dampfzylindern und des ruhigeren Ganges der Lokomotive. Unter Umständen ist bei gedrosseltem Dampf sogar die Steuerung wieder so weit auszulegen, daß die Ruhe des Ganges gewahrt bleibt.

(³) Bei allen Füllungen, die größer sind als die vorgenannten kleinsten Grenzwerte, ist bei Heißdampflokomotiven in der Regel mit vollem Druck im Schieberkasten zu fahren. Bei Naßdampflokomotiven, besonders bei denen mit Zwillingswirkung, ist der Dampf mittels des Reglers etwas abzudrosseln. Durch das Drosseln wird einem Überreißen von Wasser vorgebeugt, und es wird eine mäßige Trocknung des Dampfes erreicht. Das Schieberkastenmanometer läßt jederzeit den Arbeitsdruck im Schieberkasten erkennen.

(⁴) Das Befahren längerer Gefälle unter Dampf bei geöffnetem Druckausgleicher ist für Heißdampflokomotiven verboten, da bei dieser Betriebsweise die Schieber und Kolben dauernd hohen Temperaturen ausgesetzt sind und der Schmierstoff verkrustet. Bei Naßdampflokomotiven ist zur Schonung der Schieber zweckmäßig etwas Dampf — Schmierdampf — zu geben.

5. Leerlauf.

(¹) Nach Schließen des Reglers ist die Steuerung sofort in der Fahrtrichtung so weit auszulegen, wie es mit Rücksicht auf den stoßfreien Gang der Steuerung irgend statthaft ist.

(²) Bei Lokomotiven mit Druckausgleichern und selbsttätigen Luftsaugeventilen ist der Druckausgleicher unmittelbar nach Schließen des Reglers mittels der auf der Führerseite befindlichen Handhabe zu öffnen. Sind dagegen gesteuerte Luftsaugeventile vorhanden, so ist nach dem Schließen des Reglers zunächst die Steuerung so weit als zulässig auszulegen und dann erst der Druckausgleicher zu öffnen.

(³) Das Öffnen des Druckausgleichers bei Leerlauf fördert den ruhigen und leichten Gang der Lokomotive. Das Ansaugen frischer Luft durch die geöffneten Luftsaugeventile bewirkt eine Kühlung der Schieber, verhütet das Ansaugen von Rauchgasen und trägt somit wesentlich zur guten Instandhaltung der Schieber und Kolben bei.

(⁴) Von den Vorteilen des Leerlaufs ist möglichst oft, namentlich auf Gefällstrecken, Gebrauch zu machen.

(⁵) Der Druckausgleicher darf stets erst unmittelbar vor dem Öffnen des Reglers geschlossen werden.

(⁶) Ist bei Leerlauf das Feuer stark abgebrannt, so sind bei Lokomotiven mit Luftsaugeventilen die Aschkastenklappen zu schließen, damit Funkenflug, der durch die auspuffende Luft verursacht werden kann, verhütet wird.

6. Schmiervorrichtungen.

(¹) Der Gang der Schmierpresse oder Schmierpumpe oder die Ölabgabe des Sichtölers ist sorgfältig zu überwachen. Bei eintretender Unruhe im Gang der Steuerung ist von Hand nachzuölen oder beim Sichtöler die Tropfenzahl zu vermehren.

7. Rauchkammer- und Aschkasten-Einspritzer.

(¹) Die Rauchkammer- und Aschkasten-Einspritzer sind bei längerer Fahrt sowie bei starker Beanspruchung der Lokomotive öfter auf kurze Zeit zu öffnen, damit die mit der Lösche oder Asche in Berührung kommenden Teile der Rauchkammer oder des Aschkastens nicht übermäßig erhitzt und Zündungen auf der Strecke vermieden werden.

(²) Der Rauchkammer-Einspritzer und der Bläser sind soweit angängig bei geschlossenem Regler zu gebrauchen, da andernfalls durch die Saugwirkung des Dampfes das Spritzwasser durch den Funkenfänger gerissen und ein Zusetzen der Öffnungen im Funkenfänger begünstigt wird.

8. Platzen von Heiz- oder Rauchrohren.

(¹) Platzt während der Fahrt ein Heizrohr, so ist zu versuchen, es bei niedrigem Dampfdruck mittels eines Pfropfens an seinem hinteren Ende zu verschließen. Sechs Pfropfen mit passendem Einsetzer sind zu diesem Zweck auf jeder Lokomotive mitzuführen.

(²) Das Verschließen der beiden Enden eines undichten Heizrohrs ist zu unterlassen, weil durch den im Rohre entstehenden Druck die Pfropfen herausgeschleudert und dadurch Unfälle herbeigeführt werden können.

(³) Platzt während der Fahrt ein Rauchrohr, so ist zu versuchen, den Zug bis zur nächsten Station zu befördern, andernfalls ist eine Hilfslokomotive anzufordern.

9. Behandlung entgleister Lokomotiven und Tender.

(¹) Jede entgleiste Lokomotive und jeder entgleiste Tender ist vor Wiedereinstellung in den Betrieb zu untersuchen.

(²) Bei unbedeutenden Entgleisungen hat der Lokomotivführer, wenn kein Werkmeister zur Stelle ist, eine vorläufige Untersuchung der Lokomotive und des Tenders vorzunehmen. Er darf, wenn sich hierbei keine Mängel ergeben, mit der Lokomotive leer oder mit dem Zuge vorsichtig bis zur nächsten Station fahren. Hier ist die Lokomotive durch den Betriebswerkmeister zu untersuchen. Von dem Befund der Untersuchung hängt es ab, ob die Lokomotive einer Haupt-, Neben- oder Betriebswerkstätte zugeführt werden muß.

10. Lahmlegen einer Lokomotivseite.

(¹) Ist an einer Lokomotive während der Fahrt eine derartige Beschädigung eingetreten, daß die Fortsetzung der Fahrt nur nach Außerbetriebsetzen der Dampfmaschine (Lahmlegen) einer Lokomotivseite möglich ist, so ist zunächst zu prüfen, ob die Strecke nicht durch Anfordern einer Hilfslokomotive in kürzerer Zeit frei gemacht oder der Zug schneller weiter befördert werden kann. Ergibt die Prüfung, bei der wohl zu beachten ist, daß unter ungünstigen Umständen das Lahmlegen erfahrungsgemäß viel Zeit erfordert, daß die Fahrt am zweckmäßigsten mit der einseitig lahmgelegten Zuglokomotive fortgesetzt wird, so ist folgendes zu beachten:

(²) Das Außerbetriebsetzen eines Zylinders erfordert stets das Festlegen des zugehörigen Schiebers.

(³) Der ausgeschaltete Schieber ist den nachstehenden Angaben gemäß entweder auf seine Mittellage, in welcher der Schieber die beiden Einströmkanäle zu den Zylinderenden abschließt, oder auf Durchblasen einzustellen. In letzterer Stellung, die im gewöhnlichen Betrieb niemals erreicht wird, gestattet der Schieber den Austritt des Dampfes vom Schieberkasten nach der Ausströmung des Zylinders.

a.

(⁴) Ein Schieber kommt in seine Mittellage, wenn bei Stellung der zugehörigen Triebradkurbel rechtwinklig zur Zylindermittellinie (Abb. 697) die Steuerung auf Mitte gelegt wird.

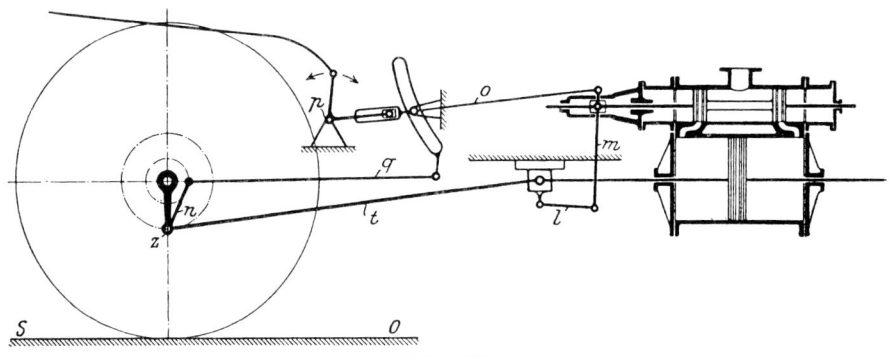

Abb. 697.

(⁵) Bei Lokomotiven mit Walschaertsteuerung (Abb. 697) läßt sich der Schieber unabhängig von der Stellung des Kurbelzapfens z annähernd in seine Mittellage bringen durch Verlegen der Steuerung auf Mitte und Einstellen des Voreilhebels m rechtwinklig zur Zylindermittellinie.

(⁶) Bei den neueren Lokomotiven mit Kolbenschiebern ist in dem hinteren Führungsende der Schieberstangen ein Körner angebracht. Wird der Schieber so weit verschoben, daß Mitte des Körners und Mitte des für die Feststellschraube in der hinteren Schieberstangenführung vorgesehenen Loches zusammenfallen, so befindet sich der Schieber in seiner Mittellage und kann in dieser mittels der Feststellschraube (vgl. IV. 5, (^{3})) gesichert werden.

(^{7}) Bei Lokomotiven mit Ventilsteuerung wird die die Ventile öffnende, mit Nocken oder Rollen versehene Stange in genau gleicher Weise in ihre Mittellage gebracht wie bei anderen Lokomotiven der Schieber. Bei dieser Stellung der Stange sind die Einlaßventile geschlossen.

b.

(^{8}) Ein Schieber wird auf Durchblasen eingestellt durch Verschieben über seine regelmäßigen äußersten Lagen hinaus entweder nach vorn oder nach hinten, soweit es die Schieberkastenbauart zuläßt. Muß der zugehörige Dampfkolben festgelegt werden, so ist in der Regel der Schieber bei innerer Einströmung nach vorn zu verschieben, damit der Dampfkolben (vgl. unter f) möglichst in seiner hinteren Endstellung festgelegt werden kann.

c.

(^{10}) Bei neueren, mit Kolbenschiebern ausgerüsteten Lokomotiven wird ein Schieber durch Anziehen einer in die Schieberstangen-Geradführung an dafür vorgesehener Stelle einzudrehende Druckschraube festgelegt.

e.

(^{12}) Bei Lokomotiven mit Walschaertsteuerung (Abb. 697) wird der Antrieb des Schiebers durch die Steuerung aufgehoben durch Abnehmen der Lenkerstange l und der Exzenter- oder Gegenkurbelstange q. Zweckmäßig wird auch die Verbindung der Schieberschubstange o mit dem Steuerwellenhebel p gelöst und die Schwinge, Schieberschubstange o und der Voreilhebel m an geeigneten Stellen festgebunden. Ist zwischen dem Voreilhebel m und dem in seiner vordersten Stellung befindlichen Kreuzkopf nicht genügend Spielraum vorhanden, so ist der Voreilhebel abzunehmen. Bei den S 10^1-Lokomotiven läßt sich ausreichender Raum zwischen Kreuzkopf und Voreilhebel schaffen durch Verschieben des Schieberstangen-Kreuzkopfes nach vorn, soweit es das Gewinde der Schieberstange zuläßt.

(^{13}) Bei neueren Lokomotiven mit Kolbenschiebern sind an den Schieberkästen Schaulöcher angebracht, die ein Nachprüfen der Schieberstellung ermöglichen. Im übrigen läßt sich die richtige Stellung eines Schiebers dadurch prüfen, daß bei geöffneten Zylinder-Ablaßventilen und geschlossenem Dampfventil des Sichtölers der Regler vorsichtig geöffnet und das Austreten des Dampfes aus den Ablaßventilen beobachtet wird.

(^{14}) Da die Schieber niemals völlig dicht halten, so sind an dem Zylinder, dessen Schieber auf Mittelstellung festgelegt ist, die Ablaßventile dauernd offen zu halten. Dies ist besonders dann erforderlich, wenn auch der Dampfkolben festgelegt ist. Ist ein Schieber auf Durchblasen festgelegt, so bleiben die Zylinder-Ablaßventile nebst ihrem Stellzeug in ordnungsmäßigem Zustand und Benutzung.

f.

(^{15}) Zwecks dauernden Offenhaltens der beiden Zylinder-Ablaßventile ist die zugehörige Hubnockenstange zu entfernen und die Zylinder-Ablaßventile sind durch Unterschlagen von passenden Holzstückchen zu öffnen. Die an die Hubnockenstange angeschlossenen sonstigen Ablaßventile bleiben geschlossen.

(^{16}) Der an neueren Lokomotiven vorhandene Druckausgleicher läßt sich mit einfachen Mitteln nicht so einstellen, daß er auf der lahmgelegten Seite der Lokomotive geöffnet ist und auf der noch im Betrieb befindlichen Seite geschlossen bleibt.

(^{17}) Das Festlegen des Dampfkolbens mit Kreuzkopf und das Abnehmen der Kurbelstange der lahmgelegten Lokomotivseite ist nur dann erforderlich, wenn diese

Teile infolge Beschädigung nicht mehr gangbar sind, oder wenn längere Wegstrecken in schneller Fahrt zurückzulegen sind.

g.

(^{18}) Beim Abnehmen der Kurbelstange t Abb. 697 ist an Lokomotiven, deren Kurbelzapfen z zwischen den Lagerstellen der Kurbelstange und der Kuppelstange keinen Bund besitzt, der Zapfen für das Kurbelstangenlager durch ein auf der Lokomotive mitgeführtes hölzernes Blindlager zu umschließen.

(^{19}) Der Kolben ist zwecks Festlegens in der Regel bis zur Berührung mit dem Zylinderdeckel nach hinten zu verschieben und in dieser Lage mit dem Kolbenspreizholz zu sichern. Ist ausnahmsweise der Kolben in seiner vordersten Lage festzustellen, so ist das Spreizholz zwischen Kreuzkopf und Gleitbalkenträger zu befestigen.

(^{27}) Bei einer Vierlinglokomotive der Gattung S 10 wird ein Innenzylinder dadurch ausgeschaltet, daß der zugehörige Innenschieber in der Mittellage (Arbeiten unter a und c) festgelegt wird, und die Bewegungsübertragung vom Außen- zum Innenschieber durch Abnehmen geeigneter Gestängeteile aufgehoben wird. Ferner sind die Arbeiten unter f und nötigenfalls unter g auszuführen. Das Ausschalten eines Außenzylinders bedingt zugleich das Ausschalten des zugehörigen Innenzylinders. Die beiden durch Hebel gekuppelten Schieber werden auf Mittelstellung (Arbeiten unter a und c) festgelegt, und die Arbeiten unter e für den Außenzylinder, unter f für beide Zylinder und nötigenfalls die unter g aufgeführten Arbeiten für einen oder beide Zylinder ausgeführt.

(^{28}) Bei einer Vierzylinder-Verbundlokomotive der Gattung S 10^1 wird ein Niederdruckzylinder dadurch ausgeschaltet, daß die zugehörige Schieberschubstange abgenommen und der Schieber nach vorn hin auf Durchblasen festgelegt wird (Arbeiten unter b); die Lokomotive arbeitet dann als Zwillingmaschine mit den beiden Hochdruckzylindern. Nötigenfalls sind die Arbeiten unter g (Kolben nach vorn!) auszuführen. Die Anfahrvorrichtung ist auf Dauerbetrieb zu stellen. Das Ausschalten eines Hochdruckzylinders bedingt zugleich das Ausschalten des zugehörigen Niederdruckzylinders. Die beiden miteinander gekuppelten Schieber werden in Mittelstellung (Arbeiten unter a und c) festgelegt; ferner die Arbeiten unter e für den Hochdruckzylinder, unter f für den Niederdruckzylinder und nötigenfalls unter g für den Niederdruckzylinder ausgeführt. Muß der Hochdruckkolben in einer seiner Endstellungen (z. B. der hinteren) nach g festgelegt werden, so ist der Hochdruckschieber nach Lösen seiner Verbindung mit dem auf Mitte festgelegten Niederdruckschieber so weit aus seiner Mittellage (nach vorn) zu verschieben, daß dem Frischdampf zum Andrücken des Kolbens an den seiner Endstellung entsprechenden (hinteren) Zylinderdeckel der zugehörige (vordere) Einströmkanal freigegeben wird. Der Schieber darf hier nicht bis zum Durchblasen verschoben werden.

(^{29}) Bei einer Drillingslokomotive der Gattung S 10^2 bedingt das Ausschalten eines Außenzylinders auch das Ausschalten des Innenzylinders. Die Verbindungen des Schiebers des Innenzylinders mit den Steuerungen der Außenzylinder werden gelöst, die Schieber der beiden Zylinder werden in ihren Mittellagen festgelegt (Arbeiten unter a und c) und die Arbeiten unter e für den ausgeschalteten Außenzylinder, unter f für beide Zylinder und nötigenfalls die unter g angegebenen Arbeiten für einen oder beide Zylinder ausgeführt. Soll der Innenzylinder außer Betrieb gesetzt werden, so werden die Verbindungen seines Schiebers mit den Steuerungen der beiden Außenzylinder gelöst und für den Innenzylinder die Arbeiten unter a, c, f und nötigenfalls unter g ausgeführt.

(^{32}) Lokomotivführer und geprüfte Heizer müssen mit den zum Lahmlegen einer Lokomotivseite erforderlichen Arbeiten vertraut sein.

III. Behandlung nach der Fahrt.

1. Entfernen der Lösche und Schlacke.

(1) Die Rauchkammer ist bei geschlossenen Aschkastenklappen und bei geschlossener Feuertür von Lösche zu reinigen, dann die Rauchkammertür zu schließen, die Feuertür zu öffnen und der Rost zu reinigen; endlich die Feuertür zu schließen, der Aschkasten zu reinigen und die Aschkastenklappen zu schließen.

Während dieser Arbeiten ist nicht zu speisen.

(2) Ist das Feuer genügend abgebrannt, so dürfen beim Ausschlacken der Feuerbüchse Roststäbe herausgenommen werden. Beim Ausschlacken ist das Feuer an die Rohrwand vorzuschieben, die Aschkastenklappen sind geschlossen zu halten, und der Bläser darf nur so schwach angestellt werden, daß Feuergase aus dem Türloch nicht austreten.

(3) Ist ein Kipprost vorhanden, so darf dieser erst niedergelassen werden, nachdem die Schlacken vom Rost losgelöst und an den Kipprost geschoben sind. Nach dem Entfernen der Schlacken muß der Kipprost sofort geschlossen und das Feuer an die Rohrwand vorgeschoben werden. Ist nach dem Ausschlacken kein Feuer mehr vorhanden, so müssen die Aschkastenklappen geschlossen werden.

2. Untersuchen der Lokomotive und des Tenders.

(1) Nach jeder Fahrt sind Lokomotive und Tender auf etwaige Anbrüche und Schäden genau zu untersuchen. Besondere Sorgfalt erfordert die Prüfung der Befestigungsschrauben, Niete und Bolzen, der Dampfzylinder, der Steuerung, der Stangenlager, der Kreuzkopf- und Kuppelstangengelenk-Bolzen, der Rahmen, Achshalter, Radsätze und der Bremse.

(2) Die Fugenbreite an den Funkenfängern aus gelochten Blechen oder aus Drahtgeflecht soll höchstens 3 mm betragen. Bei Funkenfängern aus Drahtgeflecht soll letzteres keine schadhaften Stellen enthalten. Die Rauchkammertür und die Paßstücke an den Dampfrohren sollen gut dicht halten, da andernfalls die Wirtschaftlichkeit und Leistungsfähigkeit der Lokomotive beeinträchtigt wird. Die durch undichte Stellen eintretende Luft führt überdies zu einer heftigen Verbrennung der Lösche und somit zu Beschädigungen der anliegenden Rauchkammerteile.

(3) Ein Nachlassen der Spannung der Stoßfeder zwischen Lokomotive und Tender oder ein Losesitzen der Hauptkuppelbolzen in den Augen der Zugkasten, zu großer Spielraum in der hinteren Kesselführung und ungenügendes Nachstellen der Achslagerkasten-Stellkeile bewirken unruhigen Gang der Lokomotive und starken Verschleiß.

(4) Für Abstellen etwa vorgefundener Mängel ist rechtzeitig durch Eintragen einer Meldung in das Ausbesserungsbuch zu sorgen. In eiligen Fällen ist außerdem alsbald mündlich Meldung zu erstatten.

(5) Muß die Lokomotive einer Haupt- oder Nebenwerkstätte zur Ausbesserung zugeführt werden, so sind im Ausbesserungszettel besonders solche Schäden vollzählig aufzuführen, die nur unter Dampf oder im Betrieb erkennbar sind.

IV. Arbeiten für das Instandhalten der Lokomotiven und Tender im Betrieb.

1. Reinigen der Rauch- und Heizrohre.

(1) Die Rauch- und Heizrohre müssen möglichst jeden Tag durch Ausblasen mit Preßluft oder, wo diese noch nicht vorhanden ist, mit Dampf gereinigt werden. Es eignen sich hierzu unter anderen die in den nachfolgenden Abb. 698 und 699 dargestellten Ausblasevorrichtungen[1]).

---

[1]) Es ist sehr wichtig, die harte Vierkantspitze scharf zu erhalten, damit beim Vorstoßen unter gleichzeitiger Drehung festgebrannte Zünder leicht zermalmt werden.

(²) Schlackenansätze, festgebrannte Rußteile und Brennstoffreste an den Kappen der Überhitzerelemente oder an den Börteln der Rauch- und Heizrohre sind bei jedem Auswaschen des Kessels durch vorsichtiges Abstoßen zu beseitigen.

2. Instandhalten des Kessels.

(¹) Der Kessel muß regelmäßig ausgewaschen werden. Beim Auswaschen sind sämtliche Reinigungsluken zu öffnen; sie dürfen erst wieder geschlossen werden, nachdem sich der Aufsichtsbeamte von der ordnungsmäßigen Reinigung des Kessels überzeugt hat. Bei späterem Anheizen des Kessels sind die Luken durch Anziehen der Schrauben nachzudichten.

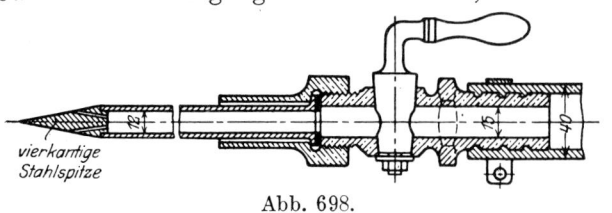

Abb. 698.

(²) Bei Verwendung harten oder chemisch gereinigten Speisewassers ist zwischen den für das Auswaschen festgesetzten Zeiten der Kesselinhalt wiederholt abzulassen, da sich das Kesselwasser mit den gelösten Salzen anreichert und alsdann die Eisenteile des Kessels zerstört und Spucken der Lokomotive bewirkt.

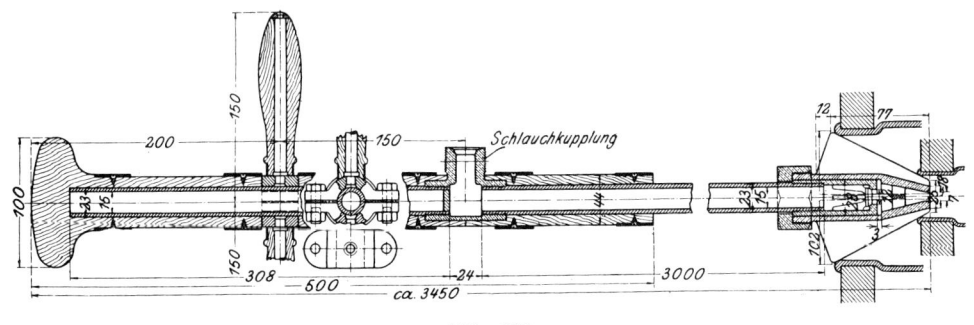

Abb. 699.

(³) Ein schnelles Ablassen des heißen Kesselwassers unter Druck ist zu vermeiden.

(⁴) Zum Auswaschen und Füllen der Lokomotivkessel soll nach Möglichkeit warmes Wasser verwendet werden. Das Auswaschen mit kaltem Wasser darf erst nach dem Abkühlen des Kessels vorgenommen werden.

(⁵) Anlagen zum Auswaschen und Füllen der Lokomotivkessel mit warmem Wasser werden empfohlen.

(⁶) Wird der Kessel nach einer Reinigung oder Ausbesserung nicht sogleich wieder mit Wasser gefüllt, so ist über der Feuertür ein großes Schild mit der Aufschrift: „Ohne Wasser" anzubringen.

(⁷) Undichtheiten an den Rauch- und Heizrohren sind möglichst bald und nicht erst, wenn das Rohrlecken einen erheblichen Umfang angenommen hat, zu beseitigen. Diese Arbeiten dürfen nach vorheriger gründlicher Reinigung der Rauch- und Heizrohre nur von geübten Arbeitern, die nötigenfalls von einer Hauptwerkstätte anzufordern sind und, wenn irgend möglich, nur bei völlig abgekühlter Feuerbüchse ausgeführt werden.

(⁸) Zum Nachdichten muß die Rohrwalze so weit in die Rohre eingeführt werden, daß das hintere Rohrende auf der ganzen Länge der Verengung und das vordere Rohrende mindestens auf der ganzen Stärke der Rohrwand von den Walzen bestrichen wird. Um ein Verdrücken der Rohrenden und der Stege zu verhüten, sind vor dem Aufwalzen eines Rohres zweckmäßig in die benachbarten Rohrenden schlanke Stahldorne leicht einzutreiben.

(⁹) Zur Schonung der Rohrwände und Rohre ist das Einwalzen nur so weit zu treiben, wie zur sicheren Dichtung gerade erforderlich ist.

(¹⁰) Übermäßiges Aufwalzen einzelner Rohre ist verboten, ebenso wie Nachdichten durch gewaltsames Eintreiben einzelner Rohrdorne.

(¹¹) Wenn Undichtheiten der Rauch- und Heizrohre durch ordnungsmäßiges Aufwalzen nicht dauernd zu beseitigen sind, so ist auf starke Ansammlung von Kesselstein an der betreffenden Stelle der Rohrwand zu schließen. Es sind alsdann so viel Heizrohre auszuwechseln, als die Beseitigung des Kesselsteins erfordert.

(¹²) Das Auswechseln schadhafter Heizrohre darf nur mit den erforderlichen Einrichtungen und durch genügend geschulte Arbeiter vorgenommen werden.

(¹³) Die Ersatzrohre sind zum Einziehen vorgerichtet von der Hauptwerkstätte zu beziehen, falls in der Betriebswerkstätte keine geeigneten Maschinen für die Bearbeitung der Rohre vorhanden sind.

(¹⁴) Sind mehr als zwei benachbarte Stehbolzen abgerissen, so müssen sie alsbald ersetzt werden.

3. Feuerschirm.

(¹) Der Feuerschirm ist öfter auf gebrauchfähigen Zustand zu untersuchen und rechtzeitig zu erneuern. Über das Einbauen der Feuerschirme siehe Lok. Werk. B. I. 7.

4. Unterhaltungsarbeiten in der Rauchkammer.

(¹) Bei jedem Auswaschen des Kessels ist der Funkenfänger abzunehmen oder aufzuklappen und die Blasrohrmündung auf Ansätze von Ruß zu untersuchen. Hat sich infolge zu reichlicher Schmierung der Kolben und Schieber ein Ansatz gebildet, so ist er zu entfernen und der Hub der Schmierpresse oder -pumpe oder die Tropfenzahl des Sichtölers ist zu verringern.

(²) Änderungen am Blasrohr, z. B. durch Einsetzen eines Ringes, eines stärkeren Steges oder durch Aufsetzen eines Hutes sind nur mit Genehmigung des Amtsvorstandes statthaft.

(³) Beim Auswaschen des Kessels sind ferner sämtliche Befestigungsschrauben der Elemente der Rauchrohrüberhitzer mittels eines Steckschlüssels auf festen Sitz zu prüfen und, wenn nötig, nachzuziehen. Hierbei ist genau zu untersuchen, ob Anzeichen des Durchblasens vorhanden sind. Verdächtige Dichtungsringe sind zu ersetzen; nach dem Anheizen müssen die zugehörigen Befestigungsschrauben wiederholt nachgezogen werden.

(⁴) Die Länge der Zugkette für die Überhitzerklappen ist so zu bemessen, daß bei ganz geöffneter Rauchkammertür alle Rauchrohre leicht zugänglich sind.

5. Dampfkolben und Schieber.

(¹) Dauernd gute Beschaffenheit der Dampfkolben und Schieber wird erzielt durch Verwendung geeigneten Kesselspeisewassers, durch richtige Behandlung der mit geeignetem Öl gefüllten Sichtöler, Schmierpressen oder -pumpen, durch Sauberhalten der Luftsaugeventile und durch genaues Befolgen der Vorschriften über den Gebrauch des Druckausgleichers und die Handhabung der Steuerung bei Leerlauf.

(²) Kolbenschieber müssen in regelmäßigen Zeitabständen ausgebaut, untersucht und gereinigt werden. Im allgemeinen hat sich hierfür ein Zeitraum von 4 bis 6 Wochen als ausreichend erwiesen. Zeigt sich bei der Untersuchung eine außergewöhnliche Verschmutzung oder Verkrustung, so sind die Dampfkolben ebenfalls zu untersuchen und zu reinigen. Vor allem ist für die Verwendung eines geeigneten Öles für Kolben und Schieber zu sorgen.

(³) Die für das Einstellen der Kolbenschieber erforderlichen Stichmaße sind in einem Kästchen zusammen mit den Feststellschrauben für die Schieberstangen und den Ersatzringen für die Kolbenschieber auf der Lokomotive mitzuführen.

(⁴) Gleichzeitig mit der Untersuchung der Kolbenschieber müssen die Ölspar- und Rückschlagventile auseinandergenommen und die Einzelteile nötigenfalls im Petroleumbad gereinigt werden.

(⁵) Die einseitige Abnutzung der Führungsbüchsen für die Kolbenstangen und der unteren Kreuzkopf-Gleitplatten darf höchstens 1 mm betragen. Nötigenfalls sind die Büchsen auszugießen und die Gleitplatten zu hinterlegen. Stark abgenutzte Teile müssen ausgewechselt werden.

(⁶) Über die zulässige Abnutzung der Kolbenschieber nebst Büchsen und Führungen siehe Lok. Werk. B. V. 2.

6. Druckausgleicher

(¹) Die Drehschieber (Küken) der Druckausgleicher oder die beweglichen Teile der mit Preßluft betriebenen Druckausgleicher sind von Zeit zu Zeit auszubauen und einschließlich der Rohre zu reinigen. Das Stellzeug ist außer auf leichte Gangbarkeit und auf richtige Lage der Anschläge noch daraufhin zu prüfen, ob der Drehschieber in den Endstellungen ganz öffnet oder ganz schließt und hierbei durch das Gegengewicht auf der Welle oder durch die Feder festgehalten wird.

(²) Die Verbindung des Stellzeugs mit der Steuerung der Luftsaugeventile soll beim Öffnen oder Schließen des Druckausgleichers zugleich das Öffnen bzw. Schließen der Luftsaugeventile herbeiführen.

7. Unterhaltungsarbeiten an einigen besonders stark beanspruchten Teilen.

(¹) Für einen vollständigen Schluß der Stangenlager ist unausgesetzt zu sorgen. Das „auf Anzug Feilen" der Lagerschalen ist verboten, weil es zu Heißlauf und Ölverschwendung führt.

(²) Die Stellkeile der Stangenlager und der Achslagerkästen müssen sachgemäß und regelmäßig nachgestellt werden. Mit besonderer Vorsicht sind die Keile der Achslagerkasten mit gehärteten Gleitflächen nachzustellen, die nur einer geringen Abnutzung unterworfen sind.

(³) Auf dauernd straffe Verbindung der Lokomotive mit dem Tender und spielfreie Verbindung des Kessels mit dem Rahmen in seitlicher Richtung ist besonders zu halten. Verschlissene Teile müssen rechtzeitig hinterlegt oder ersetzt werden.

(⁴) Der Kolbenstangenkopf darf aus dem Kreuzkopf nur mittels einer Kolbenstangenpresse entfernt werden.

8. Untersuchen der Radreifen.

(¹) Die Grenzwerte für die geringsten Abmessungen der Radreifenquerschnitte sind in § 31 der Eisenbahn-Bau- und Betriebs-Ordnung (B.O.) gesetzlich festgelegt und dürfen niemals unterschritten werden.

(²) Nach § 31 (⁵) b der B.O. muß ein Radreifen ausgewechselt werden, wenn seine Stärke, in der Ebene des Laufkreises gemessen, nur noch 25 mm beträgt.

(³) Nach § 31 (⁵) c der B.O. soll die Höhe des Spurkranzes über dem Laufkreis mindestens 25 und höchstens 36 mm betragen. Da der Spurkranzscheitel nach den Musterzeichnungen für Radsätze 28,25 mm außerhalb des Laufkreises liegt, so ergibt sich hieraus die größte zulässige Abnutzung der Radreifenlauffläche, gemessen in der Laufkreisebene und bezogen auf den Halbmesser, zu 36 — 28,25 = 7,75 mm

(⁴) Nach § 31 (⁵) d der B.O., welcher eine Mindeststärke des Spurkranzes von 20 mm vorschreibt, darf die seitliche Abnutzung bei einem Spurkranz, gemessen in wagerechter Richtung 10 mm außerhalb des Laufkreises, 31,5 — 20 = 11,5 mm und nach § 31 (^{5}) e der B.O. bei beiden Spurkränzen eines Radsatzes nicht mehr als 25 — 10 = 15 mm betragen.

(^{5}) Als Ergänzung zu diesen gesetzlichen Vorschriften ergibt sich aus den Bestimmungen des Vereinswagenübereinkommens Anlage III, A 7 bis 10a, daß ein Radreifen

a) nachgedreht werden muß, wenn
1. an seinem Spurkranz sich durch Abnutzung eine scharfe Kante gebildet hat,
2. der Radreifen in seiner Lauffläche Flachstellen oder Schlaglöcher hat,
3. der Reifen mit Querrissen oder Längsrissen behaftet ist;

b) ausgewechselt werden muß, wenn
1. der Reifen lose auf dem Radkörper sitzt oder Spuren einer seitlichen Verschiebung zeigt,
2. der Reifen gesprungen ist,
3. die unter a) 3 angeführten Mängel sich durch Abdrehen des Reifens nicht beseitigen lassen.

(^{6}) Für Lokomotiv- und Tenderradreifen wird als Maß für die größte zulässige Pfeilhöhe der flachen Stellen oder Schlaglöcher der Wert von 2 mm festgesetzt. Bei den Radreifen der Güterzuglokomotiven und deren Tender darf diese Pfeilhöhe bis auf 4 mm anwachsen, wenn die Reifen nach (^{10}) zum letzten Mal abgedreht sind.

(^{7}) Abgesehen von dem Fall, daß ein nochmaliges Abdrehen der Radreifen mit Rücksicht auf die Bestimmung unter (^{10}) nicht mehr zulässig ist, ist es aus Gründen der Wirtschaftlichkeit unzweckmäßig, die Lokomotiv- und Tenderradstreifen bis auf die nach (^{3}) und (^{4}) gesetzlich zulässigen Grenzwerte abzunutzen. Es wird daher empfohlen, die Reifen, abgesehen von den Bestimmungen unter (^{5}) und (^{6}), spätestens nachzudrehen, wenn

a) die Abnutzung an der Lauffläche, bezogen auf den Halbmesser, bei den Trieb-, Kuppel- und Laufradsätzen der Schnellzug- und Personenzuglokomotiven 5 mm, der Güterzuglokomotiven und bei den Tenderradsätzen 7 mm erreicht hat,

b) die Abnutzung an dem stärker angegriffenen Spurkranz, gemessen in wagerechter Richtung 10 mm außerhalb des Laufkreises, 5 mm erreicht hat.

(^{8}) Wenn die Radsätze einer Lokomotive oder eines Tenders aus andern als den vorstehenden Gründen ausgebaut sind, oder wenn eine Lokomotive für längere Zeit einer Werkstätte zugeführt ist, so werden bei dieser Gelegenheit die Radreifen zweckmäßig bereits nachgedreht, wenn

a) die Abnutzung zu (^{7}) a den Betrag von 3 statt 5 mm bzw. 5 statt 7 mm erreicht hat,

b) die Abnutzung zu (^{7}) b den Betrag von 3 statt 5 mm erreicht hat,

c) sich Flachstellen oder Schlaglöcher zeigen.

(^{9}) Weist bei einem Radsatz der eine Reifen im Vergleich zu dem anderen starke Abnutzung auf, so ist es bei Tender-, Lauf- und Kuppelradsätzen, sofern es die Bauart zuläßt, zweckmäßig, durch Drehen des Satzes auf Gleichmäßigkeit in der Abnutzung hinzuwirken. Auch das Vertauschen der Stellung von Tender-, Lauf- und Kuppelradsätzen kann häufig Vorteile bieten, wenn einzelne Radsätze stärker abgenutzt sind als gleichartige andere.

(^{10}) Bei stark abgenutzten Lokomotiv- und Tenderradreifen darf die Lauffläche mit Rücksicht auf den festen Sitz der Reifen und auf die Vorschrift unter (^{2})

nur so weit abgedreht werden, daß der Reifen in der Laufkreisebene gemessen noch 32 mm stark bleibt.

(¹¹) Dies Maß wird erhalten, wenn die Reifen, auf deren äußerer Stirnfläche sich neuerdings — in einer Entfernung von 1,5 + 25 = 26,5 mm außerhalb der inneren Reifenbohrung — eine dreieckige Nut als Abnutzungsmarke befindet, so weit abgedreht werden, daß die Nut gerade verschwunden ist.

(¹²) Häufig läßt sich bei dem letzten Nachdrehen des Radreifens der vorgeschriebene Querschnitt des Spurkranzes nicht voll wiederherstellen. Der Spurkranzquerschnitt ist alsdann durch Ausgleichen möglichst ähnlich der vorgeschriebenen Form zu gestalten, und zwar derart, daß der Fuß des Spurkranzes so stark wie erreichbar bleibt.

(¹³) In allen übrigen Fällen müssen beim Abdrehen der Radreifen die vorgeschriebenen Querschnitte stets voll wieder hergestellt werden.

(¹⁴) Zum letztenmal abgedrehte Radreifen, deren Stärke sich dem nach (²) zulässigen Grenzwert von 25 mm nähert, müssen im Betrieb auf festen Sitz öfter untersucht werden, insbesondere wenn die Reifen gebremst werden.

(¹⁶) Zum Nachmessen der Radreifenquerschnitte müssen in den Betriebswerkstätten geeignete Lehren vorhanden sein.

9. Fernpyrometer und Geschwindigkeitsmesser.

(¹) Die Fernpyrometer und Geschwindigkeitsmesser müssen von Zeit zu Zeit, und sobald sich Störungen bemerkbar machen, auf richtiges Anzeigen geprüft werden.

(²) Zum Prüfen der Fernpyrometer müssen die Betriebswerkstätten mit geeigneten Vorrichtungen ausgerüstet sein.

(³) Die Angaben der Geschwindigkeitsmesser werden zweckmäßig durch Messen der zum Durchfahren einer bekannten Wegstrecke erforderlichen Zeit mittels Stopfuhr nachgeprüft.

10. Ersatzstücke.

(¹) Es wird empfohlen, zum schnellen Wiederherstellen der Lokomotiven in den Betriebswerkstätten neben einem Thermoelement-Pyrometer mit Leitungskabel für jede Gattung der zugeteilten Lokomotiven folgende Ersatzstücke vorrätig zu halten:

1. Eine Anzahl von Feuerschirmsteinen.
2. Eine Anzahl von Dichtungsringen mit Asbesteinlagen für die Überhitzerelemente.
3. Eine Anzahl von Federringen für die Regelkolbenschieber von 200, 220 und 300 mm Durchmesser, fertig bearbeitet.
4. Eine Anzahl von vorderen und hinteren Führungsbüchsen für die Schieberstangen, fertig bearbeitet.
5. Einen Satz Dichtungsringe für die Dampfkolben, vorgearbeitet.
6. Eine Anzahl von Metalldichtungsringen für die Stopfbüchsen der Kolbenstangen, fertig bearbeitet.
7. Einen Satz Schraubenfedern mit Führungshülsen für die hinteren und vorderen Stopfbüchsen der Kolbenstangen, fertig bearbeitet.
8. Zwei Satz Führungsbüchsen für den vorderen Teil der Kolbenstangen, fertig bearbeitet.
9. Einen Satz Kreuzkopf-Gleitplatten, vorgearbeitet.
10. Zwei Sicherheitsventile für die Dampfzylinder nebst einer Anzahl von Schraubenfedern.
11. Zwei Ablaßventile für die Dampfzylinder nebst einer Anzahl von Ventilkegeln.

12. Einen Satz Luftsaugeventile nebst einer Anzahl von Ventilkegeln.
13. Eine Stoßfeder mit Gleitplatten.
14. Einen Satz ausreichend lang vorgesehener Stoßpuffer nebst Stoßplatten, vorgearbeitet.

4. Anleitung für die Behandlung der Lokomotiven und Tender in den Werkstätten.

A. Allgemeine Bestimmungen.

I. Abnahme und Inbetriebnahme neuer Lokomotiven und Tender.

(¹) Die neuen Lokomotiven und Tender werden nach den hierfür erlassenen Bestimmungen der „Besonderen Bedingungen für die Lieferung von Lokomotiven und Tendern", der „Eisenbahn-Bau- und Betriebs-Ordnung" (III. §§ 27 bis 36) und den „Vorschriften für die Beschaffung von Fahrzeugen" (§§ 12, 13 und 16) abgenommen.

(²) Neue Lokomotiven und Tender dürfen nicht eher in Betrieb genommen werden, als bis die Abnahmeuntersuchung vorgenommen und die Abnahmebescheinigung mit der Genehmigungsurkunde verbunden ist.

(³) Neue Lokomotiven und Tender sind kurz vor Ablauf der Haftpflicht gründlich auf Mängel zu untersuchen, die Anlaß zur Inanspruchnahme der Haftpflicht geben können. Hierbei ist der Anstrich zu prüfen.

V. Voruntersuchung ausbesserungsbedürftiger Lokomotiven und Tender.

(¹) Zur allgemeinen Ausbesserung zugeführte Lokomotiven und Tender sind stets einer Untersuchung zu unterziehen, die sich zunächst auf alle zugänglichen Bauteile zu erstrecken hat, damit der wirkliche Umfang der erforderlichen Arbeiten auch über den im Ausbesserungszettel angegebenen Hinweis hinaus ermittelt und Ersatzteile rechtzeitig bereitgehalten werden können.

(²) Alle an Lokomotiven und Tendern vorgefundenen Beschädigungen, die auf Fahrlässigkeit bei der Behandlung im Betrieb zurückzuführen sind, sowie Anzeichen von Mängeln im Betrieb sind sofort dem zuständigen Maschinenamt mitzuteilen.

VI. Behandlung entgleister Lokomotiven und Tender.

(¹) Entgleiste Lokomotiven und Tender, die einer Haupt- oder Nebenwerkstätte zugeführt werden müssen, sind stets von den Radsätzen abzuheben und genau zu untersuchen. Insbesondere sind die Radsätze zwischen Spitzen auf genaues Rundlaufen zu prüfen und die Rahmen sorgfältig nachzumessen.

B. Ausbesserung der Lokomotiven und Tender.

I. Lokomotivkessel.

1. Rauchkammer.

(¹) Schlecht angepaßte oder verbogene Paßstücke an den Durchgangsöffnungen für die Dampfrohre in den Rauchkammerwänden sind durch etwa 2 mm starke Kupferbleche zu ersetzen, die sich mit ihrem umzubörtelnden, stulpartigen Rand dichtschließend an die Rohre legen. Zur Versteifung sind die Kupferbleche auf eine Unterlage aus etwa 4 mm starkem Eisenblech, das die Rohre nicht berühren darf, aufzunieten.

(²) Die Teilung für die Befestigungsschrauben der Paßstücke soll möglichst nicht mehr als 50 mm betragen.

(³) Die Dampfeinströmrohre und Verbinderrohre sind bei jeder bahnamtlichen Untersuchung zu reinigen und mit Wasserdruck von 20 Atm. zu prüfen. Flußeiserne Rohre sind mit den Flanschen durch Einwalzen zu verbinden; die Innenfläche des aufgeweiteten Rohres ist als Dichtungsfläche für die Linse zu benutzen.

(⁴) Die Dampfeinströmrohre sind außerhalb der Rauchkammer mit dicker Asbestschnur oder Asbestmatte, die gegen Eindringen von Wasser oder Öl durch Blechmäntel geschützt ist, zu bekleiden.

(⁵) Rohre, Dichtungslinsen, Schrauben und Muttern, die mit Heißdampf in Berührung kommen, sind nicht aus Kupfer oder Rotguß, sondern aus Flußeisen herzustellen.

(⁶) Die Dampfausströmrohre und das Blasrohr müssen bei jeder allgemeinen Ausbesserung und Untersuchung der Lokomotive gründlich gereinigt werden.

(⁷) Auf eine genau gleichachsige Stellung des Blasrohrs und des Schornsteins sowie auf festen Sitz des Steges in der Blasrohrmündung ist zu halten. Die Oberfläche des nach unten hin messerartig zugeschärften Dreieckstegs muß mit der Blasrohrmündung in einer Ebene liegen.

(⁸) Verengungsringe für die Blasrohre müssen mit schlankem Übergang hergestellt werden, damit sich der austretende Dampf nicht stoßen kann.

(¹⁰) Für die Drahtsiebe der üblichen Korbfunkenfänger wird eine Maschenweite von 6 mm und eine Drahtstärke von 2.5 mm empfohlen.

(¹¹) Bei Funkenfängern aus gelochten Blechen dürfen die an den Anschlußstellen (Rauchkammertür, Ein- und Ausströmrohre) vorhandenen Spalten höchstens 3 mm breit sein. Dasselbe Maß gilt für die Fugenbreite an den Korbfunkenfängern.

2. Heizrohre und Rohrwände.

a) Herausnehmen der Heizrohre.

(¹) Schadhafte Heizrohre sind möglichst nur in den Hauptwerkstätten und Nebenwerkstätten auszuwechseln. Betriebswerkstätten, die mit den erforderlichen Einrichtungen ausgerüstet sind und genügend geschulte Arbeiter beschäftigen, können zu diesen Arbeiten herangezogen werden, sofern nur eine geringe Anzahl von Heizrohren auszuwechseln ist[1]).

(²) Beim Abbörteln und Heraustreiben der Heizrohre aus den kupfernen Rohrwänden ist mit der größten Sorgfalt zu verfahren, damit Beschädigungen der Rohrwände vermieden werden.

(³) Dampfkessel mit stark verkrusteten Heizrohren sind bei jeder geeigneten Gelegenheit gründlich zu reinigen. Zu diesem Zweck ist eine genügende Anzahl von Heizrohren, und zwar zweckmäßig in jeder zweiten oder dritten senkrechten Reihe zu entfernen. In den meisten Fällen wird diese Maßnahme auf den unteren Teil des Heizrohrbündels beschränkt werden können.

b) Ausbessern der Rohrwände.

(¹) Nach dem Entfernen der Heizrohre sind die Löcher in der Rohrwand zu berichtigen. Die Durchmesser, welche die Löcher bei der Berichtigung erhalten müssen, sind für die Bearbeitung der vorgeschuhten oder neuen Heizrohre maßgebend.

(²) Jedes Rohrloch muß mittels Reibahle oder Fräsers metallisch rein und kreis-

---

[1]) Das Entfernen der Siederohre (Heizrohre) sowie der Rauchrohre sollte in der Regel durch Abschneiden an beiden Enden mittels eines „Rohrausschneiders" geschehen, wie ihn u. a. die Hannoversche Maschinenbau-Aktien-Gesellschaft anwendet und baut.

Anleitung für die Behandlung der Lokomotiven und Tender in den Werkstätten.

rund hergestellt werden. Das Ausrunden der Löcher durch Eintreiben von Dornen ist verboten[1]).

(³) Heizrohrlöcher, deren Lichtweite nach dem Ausrunden die für die kupfernen Rohrwände üblichen Lochdurchmesser von 38 und 40 mm um mehr als 5 mm überschreitet, sind durch Einschrauben sauber gedrehter Kupferbüchsen auszufüttern. Ist die Rohrwand von beiden Seiten zugänglich, so können auch eingewalzte und beiderseits umgebörtelte Kupferbüchsen ohne Gewinde verwendet werden.

(⁴) Die Lichtweite der Kupferbüchsen ist möglichst übereinstimmend mit der Lochweite (38 und 40 mm) neuer Rohrwände, keinesfalls aber größer als diese zu bemessen.

(⁵) Die Ränder der Heizrohrlöcher sind an der Wasserseite der Feuerbüchs-Rohrwände mit einem Halbmesser von 3 mm, im übrigen mit einem solchen von 1,5 mm sauber abzurunden.

(⁶) Gebrochene, nur von einer Seite zugängliche Rohrwandstege werden zweckmäßig mittels Klammerplatten nach Abb. 700 ausgebessert. Sind die gebrochenen Stege von beiden Seiten zugänglich, so erfolgt die Ausbesserung nach Abb. 701.

c) Vorschuhen der Heizrohre.

(¹) Die aus dem Kessel entnommenen Heizrohre sind gründlich zu reinigen[2]) und an beiden Enden abzuschneiden. Rohre mit tiefen Rostnarben oder mit erheblich verringerter Wandstärke dürfen nicht wieder verwendet werden.

(²) Zum Vorschuhen der Heizrohre sind nur neue Rohrstücke von mindestens 200 mm Länge zu verwenden.

(³) Das wiederholte Vorschuhen der Heizrohre hat stets am hinteren Ende zu erfolgen.

(⁴) Um eine Verengung des Rohrinneren sowie eine Schwächung des Rohres an der Schweißstelle nach Möglichkeit zu vermeiden, empfiehlt es sich, das zu schweißende Rohrende nach Abb. 702 aufzuweiten, den Vorschuh am Anschweißende innen kegelförmig auszufräsen und beide Teile fest ineinander zu treiben.

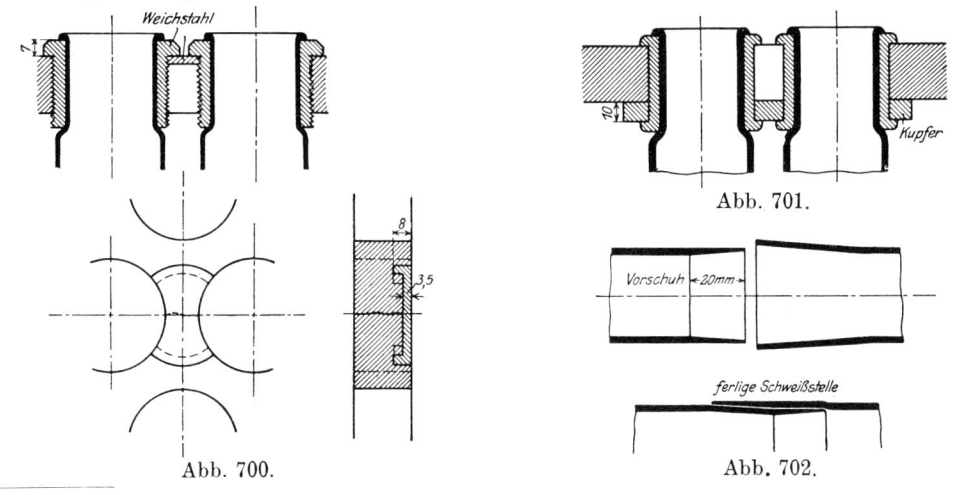

Abb. 700.

Abb. 701.

Abb. 702.

---

[1]) Ein sachgemäßes „Dornen" unter jeweiliger Umsteckung des zu dornenden Loches durch leicht eingetriebenen Stahldorn und unter sachgemäßem Vorhalten ist in vielen Fällen von hohem Wert für die Erhaltung der kupfernen Rohrwände. Sicheres Vordornen schließt ein leichtes Nacharbeiten durch Reibahlen nicht aus, sondern unterstützt es.

[2]) Die früher fast durchweg übliche Reinigung der Siederohre (Heizrohre) von dem anhaftenden Kesselstein durch Fräserköpfe wird neuerdings immer weniger angewendet. Die Reinigung in Trommeln hat viele Vorzüge. Ausführliches hierüber und über die Behandlung der Siede- und Rauchrohre überhaupt findet sich in einem sehr lesenswerten Aufsatz: „Hannomag-Maschinen für Siederohrwerkstätten" in den Hannomag-Nachrichten 1914, S. 14 bis 19, sowie „Reinigen von Kesselrohren" 1919, S. 29 u. f.

(⁵) Das Schweißen ist mit größter Sorgfalt auszuführen. Neben anderen erprobten Verfahren hat sich das Schweißen mittels der Pikalschen Schweißmaschine bewährt, mit der sich dichte, innen und außen glatte Schweißstellen ausführen lassen[1]).

(⁶) Das vorgeschuhte Heizrohr ist mit Wasserdruck von 25 Atm. zu prüfen.

---

[1]) Neuerdings ist von der Allgemeinen Elektrizitätsgesellschaft Berlin ein verbessertes Verfahren erfunden worden, durch welches die Schweißung von Siede- und Rauchrohren auf elektrischem Wege tadellos und billig erfolgen kann. Die Schweißung ist eine vorzügliche. Die Festigkeit an der Schweißstelle beträgt 98 v. H. des vollen Materials.

Bei der allbekannten elektrischen Widerstandsschweißung nach Abb. 703 werden die Schweißstücke als Widerstand in den sekundären Stromkreis eines Einphasen-Schweißtransformators von geringer Spannung und hoher Stromstärke eingeschaltet und vor Einschaltung des Stromes kräftig aneinandergepreßt und sodann der Strom eingeschaltet. Der Widerstand an der Schweißstelle setzt sich zusammen aus dem Übergangswiderstand an der Stoßstelle und dem inneren Widerstand der Schweißstücke selbst. Er verursacht ein Erglühen der beiden Enden, die schließlich unter dem Druck einer Spannvorrichtung h zusammenschweißen.

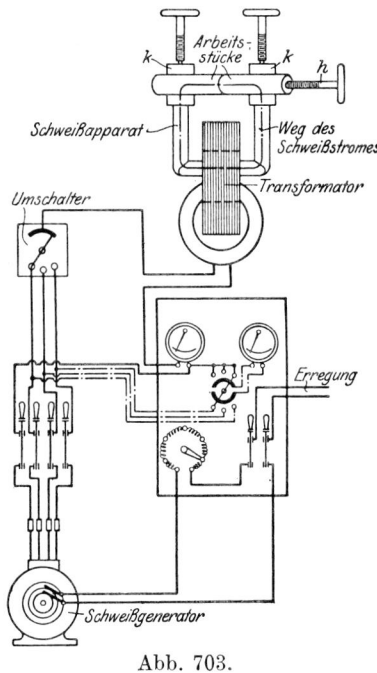

Nach dem verbesserten Verfahren der A.E.G. für stumpfes Zusammenschweißen der Siede- und Rauchrohre werden die zu schweißenden Enden, die nicht bearbeitet zu sein brauchen, ebenfalls in den sekundären Teil eines Schweißtransformators gelegt. Im Gegensatz zu dem älteren Widerstandsverfahren wird der Strom zuerst eingeschaltet und die Schweißstücke werden langsam genähert. Die Spannung im sekundären Stromkreis ist zunächst hoch, so daß an den sich zuerst berührenden Teilchen ein Lichtbogen entsteht, der ein Abbrennen derselben bewirkt. Die beiden Schweißstücke werden so schnell wie die vorstehenden Teilchen abbrennen nachgeschoben und dieses Abbrennverfahren wird so lange fortgesetzt, bis beide Rohrenden sich mit ihrem vollen Querschnitt berühren. Durch Verringern der Spannung wird dann die Stromstärke vergrößert, wodurch die Schweißhitze erzeugt wird. Sobald dieser Augenblick erreicht ist, werden die Stücke kräftig aneinandergedrückt und der Strom ausgeschaltet. Der Stromverbrauch ist gering, da z. B. zum

Abb. 703.

Schweißen eines Siederohres von 42 mm l. W. nur 10 KW bei einer Schweißdauer von 10 Sekunden benötigt werden, d. i. also $1/36$ KW/st. Die Abb. 704 und 705 zeigen das Bild einer Schweißmaschine für Siederohre und Rauchrohre. Das rechts sichtbare Handrad dient zum feinfühligen Nachschieben der abgebrannten Schweißstücke. Durch den Fußhebel kann die Stauchvorrichtung automatisch ausgelöst werden, die den Schweißdruck ausübt.

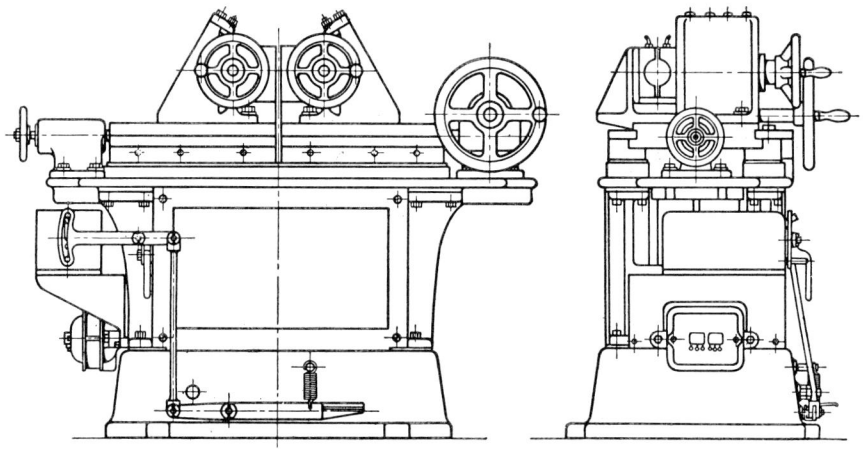

Abb. 704 und 705.

d) Verengen und Aufweiten der Heizrohre.

(¹) Die Heizrohre sind zum Einbauen in neue Rohrwände nach Abb. 690 und 691 herzurichten. Die äußeren Durchmesser am hinteren Ende dürfen die in Abb. 691 angegebenen Maße von 38 oder 40 mm um höchstens 5 mm überschreiten.

Die eingeklammerten Maße gelten für die engere Form der Rohre.

(²) Für das Verengen des Heizrohrs am hinteren Ende und das Herstellen einer richtig abgesetzten Brust an diesem Ende werden zweckmäßig genau gearbeitete, gehärtete Matrizen verwendet. Für den an der kupfernen Rohrwand anliegenden Teil der Brust sind Kröpfungshalbmesser von 3 bis höchstens 5 mm anzustreben.

(³) Bei Formgebung auf kaltem Wege müssen beide Enden auf mindestens 150 mm Länge ausgeglüht werden. In allen Fällen sind Zunder, Glühspan oder Rost zu beseitigen.

(⁴) Erfolgt das Nacharbeiten der Rohrenden auf Drehbänken oder Schleifmaschinen, so ist zur Herstellung einer gleichmäßigen Wandstärke das Rohrende zweckmäßig auf einen genau rund laufenden, schlankkegelförmigen Dorn aufzuschieben. Sorgfältig ist darauf zu achten, daß eine Schwächung des Rohres in der Hohlkehle der Brust vermieden wird.

(⁵) Die zum Einziehen fertig bearbeiteten, metallisch reinen Rohrenden sind, wenn sie längere Zeit lagern müssen, durch einen Fett- oder Ölüberzug, der vor dem Einziehen wieder entfernt werden muß, gegen Anrosten zu schützen.

e) Einziehen der Heizrohre.

(¹) Beide Rohrenden müssen stramm in die Rohrwandlöcher passen. Das Eintreiben der Rohre muß unter kräftigem Vorhalten erfolgen und ist bis zum festen Anliegen der Brust an der hinteren Rohrwand fortzusetzen. Die Rohre sind möglichst in Gruppen zunächst am Rauchkammer- und darauf am Feuerbüchsende einzuwalzen.

(²) Die Rohrwalze muß so eingeführt werden, daß das hintere Rohrende auf der ganzen Länge der Verengung und das aufgeweitete vordere Rohrende mindestens auf der ganzen Stärke der Rohrwand von den Walzen bestrichen wird. Zur Schonung der Rohrwände ist das Einwalzen nur so weit zu treiben, wie es zur sicheren Dichtung gerade erforderlich ist.

(³) Rohrwalzen, die keine genau walzenförmige Höhlung erzeugen, insbesondere Schlagwalzen, dürfen nicht verwendet werden. Die Rohrwalzen sollen nur drei Walzenkörper enthalten.

(⁴) An der Feuerbüchsrohrwand sind die Rohrenden vorsichtig und sauber umzubörteln und sodann nochmals leicht nachzuwalzen. Die vorderen Rohrenden sind nicht umzubörteln; sie dürfen bis zu 10 mm vorstehen, andernfalls sind sie zu kürzen. Sollen einzelne Rohre zur Verankerung des Kessels benutzt werden, so sind auch ihre vorderen Enden umzubörteln.

3. Rauchrohre und Rohrwände.

a) Herausnehmen der Rauchrohre.

(¹) Schadhafte Rauchrohre dürfen nur in den Haupt- und Nebenwerkstätten ausgewechselt werden.

(²) Zur Schonung der kupfernen Rohrwand muß beim Herausnehmen eines Rauchrohrs stets das hintere Ende etwa 10 mm vor der Rohrwand im Innern des Kessels abgeschnitten und der in der kupfernen Rohrwand sitzende Stummel vorsichtig entfernt werden.

(³) Wenn sich die Rauchrohre infolge Kesselsteinansatzes schwierig herausbringen lassen, so müssen sie auch hinter der vorderen Rohrwand abgeschnitten und dann, wenn möglich, durch die Öffnung für das Dampfeinströmrohr herausgebracht werden. Beträgt in älteren Rohrwänden der Durchmesser der Rauchrohrlöcher weniger als 142 mm, so ist zweckmäßig eins dieser Löcher auf diesen Durchmesser zu erweitern.

b) Ausbessern der Rohrwände.

(1) Nach dem Herausbringen der Rauchrohre und dem Entfernen der Rohrstummel aus den Löchern der kupfernen Rohrwand sind zunächst diese Löcher zu berichtigen; ihre Durchmesser sind für die Bearbeitung der vorgeschuhten oder neuen Rauchrohre maßgebend.

(2) Jedes Rohrloch muß mittels Reibahle oder Fräsers metallisch rein und kreisrund hergestellt werden. Das Ausrunden der Löcher durch Eintreiben von Dornen ist verboten.

(3) Rauchrohrlöcher, deren Lichtweite nach dem Ausrunden den für neue Rohrwände vorgeschriebenen Lochdurchmesser von 105 mm um mehr als 6 mm überschreitet, sind durch Einschrauben sauber gedrehter Kupferbüchsen von mindestens 6 mm Wandstärke auszufüttern. Hierbei ist es zweckmäßig, den inneren Durchmesser dieser Büchsen bis zu 6 mm kleiner zu halten als die Lochweite neuer Rohrwände.

(4) Die Ränder der Rauchrohrlöcher sind an der Wasserseite der Feuerbüchsrohrwand mittels Fräsers nach einem Halbmesser von 3 mm, im übrigen nach einem solchen von 1,5 mm sauber abzurunden.

c) Nacharbeiten neu gelieferter und Vorschuhen alter Rauchrohre.

(1) Die von den Röhrenwerken gelieferten Rauchrohre müssen an den Enden vor der Weiterverarbeitung sachgemäß ausgeglüht werden und langsam in Asche erkalten.

(2) Wenn nötig, müssen die neu gelieferten Rauchrohre vorher noch geradegerichtet und ihre Mündungen auf schlanken Stahldornen genau kreisrund hergerichtet werden.

(3) Das Vorschuhen alter Rauchrohre ist zweckmäßig stets am hinteren Ende vorzunehmen. Die Vorschuhe sind aus neuen Rohren herzustellen und vor dem Anschweißen mit der vorgeschriebenen Verengung zu versehen. Die Länge des Vorschuhs soll, falls das Rauchrohr zum erstenmal vorgeschuht wird, etwa 200 mm betragen.

(4) Die Enden der Rohrteile sind sauber ab- und auszufräsen und durch Überlappungsschweißung nach Abb. 702 zu verbinden. Autogen, stumpf gegeneinander geschweißte Rohre sind zulässig.

(5) Das vorgeschuhte Rauchrohr ist mit Wasserdruck von 25 Atm. zu prüfen.

d) Verengen und Aufweiten der Rauchrohre.

(1) Für die Herstellung der Brust am hinteren, eingeschnürten Rohrende eignet sich neben anderen das folgende Verfahren. Ein gehärteter Stahlstempel A wird nach Abb. 706 mit einem Führungsrohr B in das Rauchrohr eingebracht. Hierauf wird eine gehärtete Matrize C auf das Rohrende geschoben und das Rauchrohr in kaltem Zustand durch eine Wasserdruckpresse fest in die Matrize C gedrückt.

(2) Nach dem Aufweiten des vorderen Rohrendes um 9 mm und dem Richten des Rohres müssen die beiden Rohrenden, falls das Verengen und Aufweiten auf kaltem Wege vorgenommen ist, auf mindestens 150 mm Länge sachgemäß ausgeglüht werden. In allen Fällen sind Zunder, Glühspan oder Rost zu beseitigen.

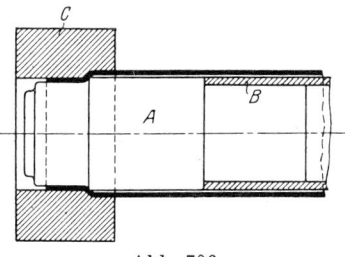

Abb. 706.

(³) Für das Abdrehen der Rauchrohrenden kann, abgesehen von anderen erprobten Einrichtungen, zu denen auch Schleifmaschinen gehören, zweckmäßig die nachstehend beschriebene Vorrichtung benutzt werden. Das eine Ende des Rauchrohrs wird auf einen mittels Flansches an der Planscheibe einer geeigneten Drehbank befestigten, aus mehreren Teilen bestehenden Dorn aufgeschoben und, mit der inneren Höhlung genau rundlaufend, durch Verstellen der Dornteile festgespannt. Das andere Rohrende wird ebenfalls genau rundlaufend etwa in offener Lünette gelagert. Die Rohrenden werden alsdann zu den Durchmessern der Rohrwandlöcher genau passend abgedreht und erhalten hierbei gleichmäßige Wandstärke. In der Hohlkehle der Rohreinschnürung, deren Krümmungshalbmesser von 3 mm genau einzuhalten ist, muß jede unnötige Schwächung der Wandung vermieden werden. Die Rillen werden mit balligem Querschnitt (Abb. 692) nach Lehre ei gedreht. Das Einwalzen der Rillen in die warm gemachten Rohrenden hat sich bewährt.

(⁴) Die zum Einziehen fertig bearbeiteten, metallisch reinen Rohrenden sind, wenn sie längere Zeit lagern müssen, durch einen Fett- oder Ölüberzug, der vor dem Einziehen wieder entfernt werden muß, gegen Anrosten zu schützen.

e) Einziehen der Rauchrohre.

(¹) Die Rauchrohre werden in genau der gleichen Weise wie die Heizrohre eingezogen.

4. Feuerbüchse.

(¹) Die Feuerbüchse und der Langkessel sind bei jeder sich bietenden Gelegenheit von Kesselstein gründlich zu reinigen.

(²) An den Deckenankern unmittelbar über der kupfernen Feuerbüchsdecke und ebenso an den in den kupfernen Wänden sitzenden Nieten bilden sich oft Ansätze von Kesselstein, die die vielfach eingetretene Abzehrung der Anker und Nietköpfe nicht erkennen lassen. Die Kesselsteinansätze sind daher stets gründlich zu entfernen und zu schwach gewordene Anker und Niete auszuwechseln.

(³) Undichte Nähte sind durch Nachstemmen der Blechkanten mittels breiten, ballig gehaltenen Stemmers zu dichten. Die Neigung der zu verstemmenden Blechkanten soll, wie in Abb. 707 angegeben, zwischen 15 und 20° liegen. Rechtwinklig abfallende Kanten müssen erst abgeschrägt werden, damit beim Verstemmen ein Unterstemmen oder Abtreiben der dichtenden Kanten verhütet wird.

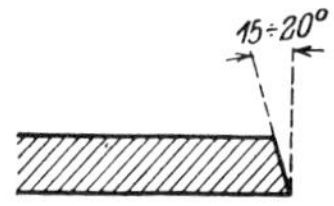

Abb. 707.

(⁴) Verbeulte Feuerbüchswände lassen mit Sicherheit auf das Vorhandensein von Kesselsteinnestern als Folge mangelhaften Auswaschens schließen. Solche Wandteile sind nach Herausnehmen der in ihnen sitzenden, abgerissenen Stehbolzen und nach gründlichem Entfernen des Kesselsteins mit Spannschrauben, Winden oder mit Setz- und leichten Vorschlaghämmern unter kräftigem Vorhalten gerade zu richten. Alsdann sind nötigenfalls die benachbarten Stehbolzen auszuwechseln.

(⁵) Läßt der Zustand der Feuerbüchswände auf starke Abzehrung schließen, so muß die Wandstärke nach Ausbohren von einigen Stehbolzen oder an Probelöchern untersucht werden. Wände, deren Stärke an einzelnen Stellen weniger als 10 mm beträgt, sind durch Aufsetzen von Flicken auszubessern oder auszuwechseln.

(⁶) Bei der Formgebung der Flicken und dem Herrichten der Wände ist darauf zu achten, daß das Wasser in ausreichendem Maße den Flicken bespülen und kühlen kann.

(⁷) Die Flicken sind auf das genaueste anzupassen und, wenn möglich, aufzunieten, andernfalls mit Flickschrauben zu befestigen, deren Teilung so eng als möglich sein soll. Sind einzelne Wandteile zu schwach, um dem Gewinde der Flickschrauben genügenden Halt zu bieten, so sind eiserne Muttern dahinter zu setzen, die durch — in die Kupferwand eindringende — Vorsprünge gegen Drehung gesichert sind. Es kann auch mit Vorteil zur Aufnahme mehrerer Flickschrauben ein hinter die Wand gesetztes, gleichzeitig als Verstärkung und als Mutter dienendes Flacheisen verwendet werden.

(⁸) Ein mit Schrauben befestigter Flicken ist vor dem Verstemmen stets durch Füllen des Kessels mit Wasser auf dichtes Anliegen zu prüfen. Hierbei darf das Wasser nicht herabrinnen, sondern höchstens in einzelnen Tropfen austreten. In ersterem Falle ist der Flicken nachzupassen. Nach dem ersten Anheizen des Kessels und nach der Probefahrt sind die Flickschrauben vorsichtig nachzuziehen.

(⁹) Abb. 708 zeigt eine ältere Ausführung eines über den abgezehrten Flansch einer Rohrwand gesetzten Flickens. Der — vielfach bis nahe an die Nietlöcher — abgezehrte Flansch findet zwischen Flicken und Seitenwand nur geringen Halt. Da zur Kühlung des Flickens ein Teil der Seitenwand hat entfernt werden müssen, so muß letztere mit ausgewechselt werden, wenn später die Rohrwand unbrauchbar geworden ist.

(¹⁰) Abb. 709 zeigt eine neuere Ausführung der Rohrwandausbesserung, bei der die dem Flicken nach Abb. 708 anhaftenden Mängel vermieden sind.

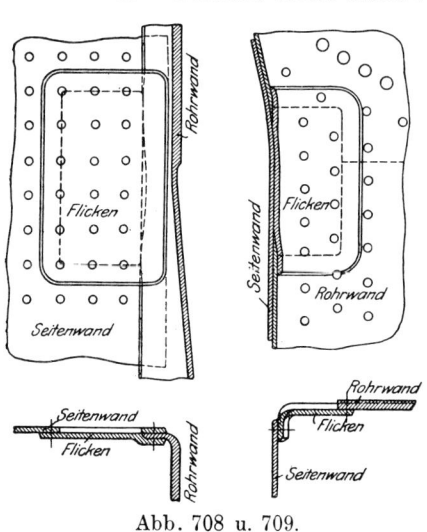

Abb. 708 u. 709.

(¹¹) Die Stehbolzen und Anker sind, falls letztere nicht durch Ausrecken vorgeschmiedet sind, aus dem Vollen zu drehen und erhalten walzenförmiges Gewinde, das bei einer zur Prüfung der Arbeitsausführung etwa vorgenommenen vollständigen Wasserfüllung des Kessels ohne Verstemmen und Anstauchen dicht halten muß. Zur Erzielung des Dichthaltens auch unter Kesseldruck können die Stehbolzen und Deckenanker aufgedornt, die Queranker an den Enden leicht vernietet werden. Zwischen den Wänden der Feuerbüchse und des Feuerbüchsmantels sind die Stehbolzen und Anker im Durchmesser nur so stark wie der Kern des Gewindes zu halten.

(¹²) Nach dem Einziehen sollen die Stehbolzen an der Kupferwand gleichmäßig um 12 mm, an der eisernen Wand um 10 mm vorstehen. Die Enden dürfen nicht durch Abhauen oder mittels scherenartig wirkender Werkzeuge gekürzt werden. Im Wasserraum soll das Gewinde um nur 1 bis 2 Gänge überstehen. Die Köpfe sind unter Verwendung von Hand- oder leichten Luftdruckhämmern nach Abb. 689 auszubilden. Die Ränder der flachen, glatt geschellten inneren Köpfe müssen dicht an der Kupferwand anliegen, am anderen Ende genügt leichtes Anstauchen.

(¹³) Stehbolzen aus vollen Rundstangen und Deckenanker sind an beiden Enden mit einer genau gleichachsigen Bohrung von 5 mm Weite zu versehen, die mindestens 10 mm über das Gewinde hinaus in den Schaft hineinreichen soll. Die in den Bodenankern sitzenden Stehbolzen sind aus hohlgewalzten Rundstangen herzustellen; ihre Höhlung ist an der Wasserseite durch einen kupfernen Stift sorgfältig zu verschließen.

(¹⁴) Hohlgewalzte Stehbolzen sind am äußeren Ende durch Beihämmern zu verschließen. Werden an derselben Feuerbüchse auch vollgewalzte Stehbolzen verwendet, so sind diese in ganzer Länge zu durchbohren und ebenfalls außen durch Beihämmern zu verschließen.

(^{15}) Die durch die Kesselwand tretenden Enden der Stiftschrauben sollen am Übergang in das Gewinde kegelförmig bearbeitet werden, damit sie an der Aussenkung der Bohrung mit abdichten.

(^{16}) Sind nach dem Ausbohren alter Stehbolzen die Löcher in den Feuerbüchswänden durch Nachschneiden des Gewindes größer geworden, so können Büchsen oder auch Stehbolzen mit dickeren Köpfen eingezogen werden. Stehbolzen mit Köpfen bis zu 60 mm Gewindedurchmesser haben sich bewährt. Erhält der Kessel eine neue kupferne Feuerbüchse, so sind alle durch Nachschneiden zu groß gewordenen Stehbolzenlöcher in dem eisernen Feuerbüchsmantel mit eisernen, nach dem Einschrauben auf beiden Seiten vernieteten Büchsen zu versehen, deren Innengewinde dem Durchmesser der ursprünglichen Stehbolzen entspricht.

5. Langkessel.

(^{1}) Die Stemmkanten der Kesselbleche sind durch Hobeln und Fräsen und, soweit es sich um unzugängliche Stellen handelt, durch Meißeln zu behandeln. Die Herstellung der Stemmkante auf Scheren ist verboten.

(^{2}) Ist die Wandstärke der Kesselbleche durch Anrosten zu sehr geschwächt, so sind Flicken aufzusetzen oder die Bleche auszuwechseln.

(^{3}) Zeigt der untere, äußere Teil der vorderen Rohrwand Anrostungen, so ist zweckmäßig ein dicht angepaßtes Schutzblech (am besten aus Kupfer) anzubringen.

(^{4}) Der obere Teil des Dampfdoms ist auf den unteren Teil dampfdicht aufzuschleifen. Das Dichten durch Zwischenlegen von metallischen Dichtungsstoffen ist nur ausnahmsweise gestattet.

(^{5}) Die Regler müssen sorgfältig eingebaut und jedesmal von einem Werkstattsbeamten auf vorschriftsmäßigen Zustand untersucht werden.

6. Wasserdruckprobe.

(^{1}) Nach jeder äußeren und inneren Untersuchung sowie nach jeder umfangreichen Ausbesserung ist der Lokomotivkessel auf etwa eintretende bleibende Formänderungen und Dichtheit mit Wasserdruck zu prüfen.

(^{2}) Die Wasserdruckprobe hat für den Lokomotivkessel mit einem Probedruck zu erfolgen, der den höchsten zulässigen Dampfüberdruck um 5 Atm. übersteigt.

(^{3}) Zur Vornahme der Wasserdruckprobe muß der Kessel nach Auslassen der Luft aus sämtlichen Luftsäcken vollkommen mit Wasser gefüllt und außen von Öl, Schwitzwasser usw. gereinigt sein. Bei warmem Wetter ist zweckmäßig angewärmtes Wasser zum Füllen zu verwenden, um das Schwitzen zu verhüten. Außer der Kesselausrüstung sollen der Regler mit Welle und Stopfbüchse, das Reglerknierohr, das Verbindungsrohr im Kessel und das Einströmknierohr, bei Überhitzerkesseln auch der vorher besonders geprüfte Sammelkasten eingebaut sein, damit alle Dichtungen mitgeprüft werden. Der Regler ist bei der Druckprobe geschlossen zu halten; das Einström-Knierohr oder der Überhitzer-Sammelkasten ist nicht zu verschließen. Andere Teile des Überhitzers dürfen nur soweit angeschlossen sein, als dadurch die Untersuchung der Rauchkammer-Rohrwand nicht beeinträchtigt wird.

(^{4}) Die Kesselwandungen müssen während der ganzen Dauer der Untersuchung dem Probedruck widerstehen, ohne eine bleibende Veränderung ihrer Form zu zeigen und ohne das Wasser bei dem höchsten Druck in anderer Form als in feinen Perlen durch die Fugen dringen zu lassen. Sämtliche Verschlüsse des Kessels müssen vollkommen dicht sein.

(^{5}) Die Angaben des Kesselmanometers müssen mit denen des amtlichen Prüfungsmanometers übereinstimmen.

(^{6}) Die Sicherheitsventile sind während der Wasserdruckprobe bei der dem Betriebsdruck des Kessels entsprechenden Federbelastung durch eine besondere, abnehmbare Vorrichtung so fest zu verschrauben, daß die Ventile bei dem vorgeschriebenen Prüfdruck abdichten. Nach Beendigung der Druckprobe ist der Wasserdruck auf einige Atmosphären unter der Betriebsspannung zu ermäßigen und die Verschraubung der Ventile vorsichtig zu lösen. Nunmehr ist das Sicherheitsventil einzustellen und für die Kontrollhülse Maß zu nehmen. Die auf Zehntel-Millimeter zu bestimmende Länge der Kontrollhülse ist auf die Mantelfläche der Hülse aufzustempeln und vom Kesselprüfer durch Abdruck des Adlerstempels zu bestätigen.

(7) Nach anstandslos verlaufener Wasserdruckprobe sind die Kupfernieten des Fabrikschildes des Kessels mit dem amtlichen Adlerstempel des Kesselprüfers zu stempeln, falls die etwa vorhandenen Abdrücke nicht mehr gut erhalten sind oder mit dem Stempel des Kesselprüfers nicht übereinstimmen.

(8) Kesselausrüstungsteile und Dampfeinström- und Verbinderrohre, die bei der Wasserdruckprobe nicht angebracht und mitgeprüft werden können, müssen besonders mit Wasserdruck von 20 Atm. auf Dichtheit untersucht werden. Über die Prüfung des Rauchrohrüberhitzers auf Dichtheit siehe B. II 1, (2) und (7).

7. Feuerschirm.

(1) Die Lokomotive muß mit dem für sie vorgeschriebenen Feuerschirm versehen werden.

(2) Die Feuerschirmträger sind an den Feuerbüchs-Seitenwänden so zu befestigen, daß eine zwanglose Ausdehnung der Tragleisten durch Wärme möglich ist. Die Stützschrauben für die Feuerschirmträger sind aus Kupfer herzustellen.

8. Dampfprobe.

(1) Nach der Wasserdruckprobe ist der Kessel einer Dampfprobe zu unterziehen.

(2) Der Kessel ist in nacktem, völlig betriebsfähigem Zustand mit eingebautem Überhitzer anzuheizen und der Dampfdruck bis auf den vollen Betriebsdruck zu steigern. Hierbei muß sich der Kessel in allen Nähten und Verschlüssen völlig dicht zeigen.

(3) Läßt die Art der Ausbesserung des Kessels vermuten, daß sich im Kessel größere Öl- und Fettrückstände befinden, so sind dem Kesselwasser etwa 5 kg Soda auf jedes Kubikmeter Wasser zuzusetzen.

(4) Während des Anheizens ist zweckmäßig das Kesselmanometer mittels eines Prüfungsmanometers auf richtiges Anzeigen in warmem Zustand vorzuprüfen und nötigenfalls später zu berichtigen.

(5) Während der Dampfprobe müssen sich die Sicherheitsventile mit eingebauter Kontrollhülse in betriebsfähigem Zustand befinden. Es ist vorzuprüfen, ob die Ventile gleichmäßig abblasen und ob die bei der Wasserdruckprobe bestimmte Länge der Kontrollhülse auch bei Dampfdruck noch richtig ist, so daß die Sicherheitsventile genau beim Erreichen der höchsten zulässigen Dampfspannung abblasen. Nötigenfalls ist die Hülse nach Beendigung der Dampfprobe zu kürzen oder durch eine längere zu ersetzen.

(6) An dem gut gereinigten warmen Kessel sind Langkessel, Dom und Feuerbüchsmantel außen, die Rauchkammer innen mit heißem Steinkohlenteer gut deckend zu streichen.

(7) Nach Beendigung der Probe darf der Kessel nur langsam abgekühlt werden. Werden im Kessel Ölrückstände oder Späne vermutet, so soll der Kessel zwecks gründlicher Reinigung durch Öffnen des Ablaßhahns ausgeblasen werden, und zwar erst dann, wenn der Dampfdruck im Kessel auf 2 bis 1 Atm. gesunken ist. Schließlich werden die unteren Reinigungsluken zu öffnen und die etwa auf dem Bodenring oder an anderen schwer zugänglichen Stellen noch befindlichen Fremdkörper durch Auswaschen (wenn möglich mit warmem Wasser) zu entfernen.

II. Rauchrohrüberhitzer.

1. Überhitzerelemente und Dampfsammelkasten.

(¹) Bei jeder Zuführung einer Lokomotive zur Werkstätte müssen sämtliche Heiz- und Rauchrohre mit Preßluft gründlich ausgeblasen und etwa an den Rohrkappen vorhandene Schlackenansätze vorsichtig abgestoßen werden. Bei jeder allgemeinen Ausbesserung müssen alle Überhitzerelemente ausgebaut und gereinigt werden. Rauhe und unebene Dichtungsflächen müssen genau rechtwinklig zur Bohrung glatt gefräst werden.

(²) Bei jeder bahnamtlichen Untersuchung muß außer den Überhitzerelementen auch der Dampfsammelkasten ausgebaut werden. Letzterer ist mit einem Wasserdruck zu prüfen, der den Kesseldruck um 5 Atm. übersteigt, und zwar ist jede Kammer für sich mit diesem Drucke zu prüfen. Die Überhitzerelemente sind mit 25 Atm. Wasserdruck zu prüfen, mit Dampf innen gründlich auszublasen und außen in noch warmem Zustand mit heißem Steinkohlenteer möglichst dünn zu streichen.

(³) Falls die Elemente nicht alsbald nach dem Ausblasen eingebaut werden, sind ihre Öffnungen zweckmäßig mittels Holzpfropfen gegen das Eindringen von Schmutz und Staub zu verschließen.

(⁴) Bei dem Einführen der Überhitzerelemente in die Rauchrohre ist für ihre richtige Lage in den Rauchrohren durch Einbauen von Abstandhaltern nach Abb. 710 zu sorgen.

(⁵) Die Überhitzerelemente sind am Dampfsammelkasten mittels eiserner oder kupferner Dichtungsringe mit Asbesteinlage zu dichten.

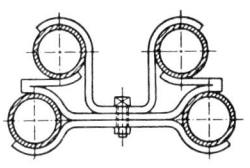

Abb. 710.

(⁶) Vor dem Anschrauben sind die Überhitzerelemente so anzurichten, daß der Flansch am Dampfsammelkasten nicht schief anliegt, sondern mittels des Bolzens genau passend dicht angezogen werden kann.

(⁷) Nach Schließen der Dampfaustrittsöffnungen des Sammelkastens sind Kessel und Überhitzer zur Feststellung der Dichtheit mit Wasser zu füllen und einem kalten Druck auszusetzen, der den Betriebsdruck des Kessels um 2 Atm. übersteigt.

2. Selbsttätiges Klappenstellzeug.

(¹) Die zum selbsttätigen Öffnen der Überhitzerklappen vorgesehene Einrichtung ist bei jeder allgemeinen Ausbesserung der Lokomotiven auf Gebrauchsfähigkeit sowie dampfdichtes Abschließen des Kolbens und der Ventile zu prüfen. Für eine sichere Schmierung des dem Einrosten ausgesetzten Dampfkolbens ist zu sorgen. Das Stellzeug ist so einzustellen, daß bei geschlossenem Regler die Überhitzerklappen völlig geschlossen sind und der Zeiger sich in seiner Endlage befindet. Bei geöffnetem Regler sollen die Klappen die volle Öffnung für die Rauchgase freigeben.

(²) Die Länge der Zugkette für die Überhitzerklappen ist so zu bemessen, daß bei ganz geöffneter Rauchkammertür alle Rauchrohre leicht zugänglich sind. Die Eisenstärke der Kette soll 8 mm betragen.

III. Vorwärmeranlage.

1. Vorwärmer.

(¹) Bei jeder bahnamtlichen Untersuchung der Lokomotiven sind die Kappen von den Rohrwänden der Vorwärmer abzunehmen und etwa in den Rohren vorhandene Ablagerungen von Kesselstein durch Abstoßen und Ausblasen der Rohre mit Dampf oder Preßluft zu entfernen.

(²) Die vom Abdampf umspülte Oberfläche der Vorwärmerrohre ist nach Bedarf mittels kochender Soda- oder Ätznatronlauge zu reinigen. Die Rohrbündel der Vorwärmer nach Bauart „Vulcan" und „Knorrbremse" werden zu diesem Zweck ausgebaut und im Laugenbad abgekocht. Bei den Vorwärmern nach Bauart „Schichau" und „Atlaswerke" wird der Dampfraum durch eine an passender Stelle sitzende Öffnung nach Verschließen der übrigen Öffnungen mit Soda- oder Ätznatronlauge gefüllt und letztere mittels Dampfes zum Kochen gebracht, der der Lauge durch ein von oben eingestecktes Rohr zugeführt wird. Das Auskochen mit Lauge und später mit Wasser ist so lange fortzusetzen, bis aus der Beschaffenheit des abgelassenen Wassers die Beseitigung aller Rückstände festgestellt ist.

(³) Bei jeder Wasserdruckprobe des Lokomotivkessels ist auch der Vorwärmer mit Wasserdruck auf Formänderung und Dichtheit zu prüfen. Der Dampfraum des Vorwärmers ist mit 1 Atm. Überdruck, der Wasserraum mit einem Drucke zu prüfen, der den Betriebsdruck des Lokomotivkessels um 5 Atm. übersteigt.

(⁴) Bei Vorwärmern mit geraden Rohren kennzeichnet sich eine Undichtheit bei der Druckprobe des Wasserraums durch Ausfließen von Wasser aus dem Abflußrohr des Dampfraums. In solchen Fällen sind die Kappen der Vorwärmer abzunehmen und es ist zu versuchen, die undichten Rohre durch Abdrücken des Dampfraums mit 1 Atm. Überdruck festzustellen. Führt dieses Verfahren nicht zum Ziele, so müssen die Vorwärmerrohre durch Wasserdruck einzeln auf Dichtheit geprüft werden. An Vorwärmern mit ausziehbaren Rohrbündeln sind undichte Rohre bei der Druckprobe des Wasserraums leicht aufzufinden.

(⁵) Schadhafte Rohre sind durch neue, mit 25 Atm. Wasserdruck geprüfte Rohre zu ersetzen.

2. Speisepumpe.

(¹) Der Dampfzylinder der Speisepumpe nach Bauart „Knorrbremse" ist mitsamt seiner Steuerung von der zweistufigen Luftpumpe der Bauart „Knorrbremse" unverändert übernommen, so daß die Behandlung beider genau die gleiche ist. Der größte Hub des Dampfventils dieser Speisepumpe ist durch einen Ansatz an der Ventilspindel auf 1,5 mm beschränkt, da bei größerer Öffnung die Pumpe in übermäßig raschen Gang kommt und eine unzulässige Steigerung des Druckes im Wasserraum des Vorwärmers sowie in den anschließenden Rohrleitungen eintritt.

IV. Dampfzylinder und Zubehör.

1. Dampfzylinder.

(¹) Die Dampfzylinder sind bei jeder größeren Ausbesserung der Lokomotive zu untersuchen. Im Innern unrunde, riefige oder sonst beschädigte Zylinder sind auszubohren, riefige Schieberspiegel sind abzurichten und bei starkem Verschleiß mit Platten zu belegen. Schadhaft gewordene Dichtungsflächen an den Zylinder- oder Schieberkastendeckeln sind dampfdicht nachzuschleifen oder abzurichten.

(²) Vor dem Zusammenbauen sind Dampfzylinder, Schiebergehäuse und Druckausgleicher mit Dampf oder Preßluft gründlich auszublasen.

(³) Die Bekleidungsbleche der Dampfzylinder sind an den Verbindungsstellen und Ausschnittkanten gut abzudichten, damit weder Wasser noch Öl unter die Bleche gelangen kann und dort von den Asbestmatten aufgesaugt wird.

(⁴) An Heißdampfzylindern sind die Asbestmatten durch Bandeisen oder durch Drahtgewebe von etwa 30 mm Maschenweite, nicht aber durch Holzlatten zu befestigen.

2. Spielräume zwischen Dampfkolben und Zylinderdeckeln.

(¹) Bei der Untersuchung der Dampfzylinder ist festzustellen, ob die vorgeschriebenen Abstände zwischen dem Dampfkolben in seinen Endstellungen und dem hinteren und vorderen Zylinderdeckel vorhanden sind.

(²) Der Dampfkolben ist bis zum Anschlag gegen die Zylinderdeckel nach hinten und vorn zu verschieben und der Stand des Kreuzkopfes in seinen Endstellungen auf dem Gleitbalken hinten und vorn anzureißen. Alsdann wird die Kurbelstange mit dem Kreuzkopf gekuppelt, die Triebradkurbel in ihre Totlagen gebracht (vgl. B. IX,2) und die zugehörigen beiden Stellungen des Kreuzkopfes auf seinem Gleitbalken angerissen. Die zwischen den beiden Rissen an jedem Ende des Gleitbalkens zu messende Entfernung gibt den lichten Abstand des Kolbens von dem hinteren und vorderen Zylinderdeckel an.

(³) Bei dieser Messung ist darauf zu achten, daß Zylinderböden, Zylinderdeckel und Kolbenkörper gründlich gereinigt sind, daß die Form der Deckel und Kolben den Zeichnungen entspricht, die Innenflächen der Deckel genügend glatt ausgeführt sind und die Grundbüchsen der Kolbenstangendichtungen nicht über die Zylinderdeckel nach innen vorstehen.

(⁴) Der lichte Abstand der Dampfkolben von den hinteren Zylinderdeckeln ist in kaltem Zustand der Lokomotive bei allen Heißdampflokomotiven um 5 mm größer zu bemessen, als der Abstand vom vorderen Zylinderdeckel.

3. Druckausgleicher.

(¹) Das Stellzeug, die Drehschieber und Umlaufrohre der Druckausgleicher sind bei jeder allgemeinen Ausbesserung und Untersuchung der Heißdampflokomotiven auf Sauberkeit und gebrauchsfähigen Zustand zu untersuchen.

(²) Die walzenförmigen Drehschieber (Küken) sollen mit einem um 0,15 mm kleineren Durchmesser in die Bohrungen der Gehäuse eingepaßt werden.

(³) Die Führung im Deckel für den Drehschieber-Mitnehmer soll keine Labyrinth-Dichtungsrillen erhalten.

(⁴) Das Gegengewicht auf der Verbindungswelle zwischen den Drehschiebern oder die Feder ist so zu befestigen, daß in den Endlagen des Stellzeugs nach beiden Richtungen hin gleichmäßig stark auf Schließen bzw. auf Öffnen der Drehschieber hingewirkt und die Zugstange an ihren Anschlägen festgehalten wird. Es ist stets zu prüfen, ob die Anschläge der Zugstange festsitzen und den Stellungen „ganz offen" und „ganz zu" entsprechen.

(⁵) Über die mit Preßluft gesteuerten Druckausgleicher siehe B. IV. 5, (⁵).

4. Sicherheitsventile.

(¹) Der mittlere Teil des Haupthebels, die Schneiden und Gabeln der Kessel-Sicherheitsventile dürfen nicht gestrichen oder lackiert werden, sondern sind blank zu feilen und einzufetten. Die Spitzen der kegelförmigen Stifte, die sich auf die Pilze aufsetzen, müssen gedreht oder geschliffen sein und dürfen nicht gefeilt werden. Gleichartige Teile sind durch Stempel v (vorn) und h (hinten) so zu kennzeichnen, daß sie beim Zusammenbauen immer wieder zweifellos in genau die gleiche Lage kommen. Die Federn der Sicherheitsventile sollen durch die dem festgesetzten höchsten Dampfdruck entsprechende Anspannung mindestens 40 mm ausgezogen werden. Gegen das Wegschleudern der Ventile für den Fall eines Bruches an der Belastungsvorrichtung müssen Vorkehrungen getroffen sein.

(²) Die Sicherheitsventile werden bei der Wasserdruckprobe und nötigenfalls nach der Dampfprobe oder vor der Probefahrt richtig eingestellt (vgl. B. I, 6 u. 8 desgl. XV, 2).

(³) Bei Eintritt der zulässigen höchsten Dampfspannung müssen beide Ventile den Dampf gleichzeitig entweichen lassen.

(⁴) Die Sicherheitsventile an den Dampfzylindern sind auf Wasserdruckpressen so einzustellen, daß sie bei einem (kalten) Drucke abblasen, der den vollen Kesseldruck um 1 Atm. übersteigt. Die Sicherheitsventile an den Verbinderkammern der

Verbundlokomotiven sind ebenfalls kalt auf Abblasen bei Eintritt der vollen Verbinderspannung einzustellen.

(⁵) Die zulässige höchste Dampfspannung im Verbinder der Verbundlokomotiven beträgt bei neueren Lokomotiven in der Regel 7 Atm.

(⁶) Damit die auf Druck beanspruchten Federn der Sicherheitsventile ein genügendes Öffnen der Ventile ermöglichen, muß sich zwischen den Federwindungen ausreichender Spielraum befinden. Erlahmte Federn müssen ausgewechselt werden. Zum Schutz gegen Überlastung sind die Ventile durch Bleisiegelverschluß zu sichern.

(⁷) Die Sicherheitsventile sind so einzuschrauben, daß Wasser oder Dampf durch die Haube unmittelbar nach unten entweichen kann und die Federwindungen zur Prüfung des freien Spielraums von außen gut sichtbar sind.

(⁸) Die Sicherheitsventile der Dampfheizung sind auf Abblasen bei 4,5 Atm. einzustellen. Der rote Strich auf dem Heizungsmanometer soll sich bei der Ziffer 4 befinden.

5. Luftsaugeventile.

(¹) Die Siebe der Luftsaugeventile sind stets zu säubern.

(²) Die Spindeln der Luftsaugeventile sollen mit einem um 0,2 mm kleineren Durchmesser in die Bohrungen der Gehäuse eingepaßt werden.

(³) Werden die Luftsaugeventile vom Stellzeug des Druckausgleichers durch Hebelverbindung unmittelbar bewegt, so ist die Verbindung derart einzustellen, daß bei geschlossenem Druckausgleicher auch die Luftsaugeventile fest verschlossen sind.

(⁴) Werden die Luftsaugeventile mit Preßluft betrieben, so ist die Lage des Anstellhahns so zu regeln, daß bei geschlossenem Druckausgleicher die Preßluft aus dem Steuerzylinder entweichen kann, und bei geöffnetem Druckausgleicher die Preßluft dem Steuerzylinder zugeführt wird.

(⁵) Werden die Luftsaugeventile und die Druckausgleicher mittels Preßluft betrieben, so bewirkt das Einlassen von Preßluft in die Steuerzylinder das gleichzeitige Öffnen und das Auslassen der Luft das Schließen beider Vorrichtungen.

V. Dampfschieber und Zubehör.

Kolbenschieber.

a) Schieberkörper und Federringe.

(¹) Die Kolbenschieber sind bei jeder, einen Zeitraum von mehreren Tagen umfassenden Ausbesserung der Lokomotiven zu untersuchen.

(²) Zu diesem Zweck ist zunächst mit dem auf der Lokomotive befindlichen Stichmaß die bisherige Einstellung der Schieber festzustellen, damit die Schieber später ohne weiteres wieder genau richtig eingebaut werden können. Die leichte Beweglichkeit der Schieber ist von Hand mittels der von den Kreuzköpfen abgekuppelten Voreilhebel der Heusingersteuerung zu prüfen.

(³) Bei dem Herausziehen der Schieber ist mit Vorsicht zu verfahren. Die herausgenommenen Schieber sind auf bereitgestellten hölzernen Böcken zu lagern.

(⁴) Weist ein Kolbenschieber keine nennenswerte Abnutzung und nur geringe Verschmutzung auf, so ist er im ganzen in ein Petroleumbad zu legen und gründlich zu reinigen. Hierbei ist besonders darauf zu achten, daß die Schieberringe wieder leicht beweglich werden.

(⁵) Zur Herstellung eines tragbaren Petroleumbads eignet sich ein mit Blech ausgefütterter Holzkasten.

(⁶) Sind die Schieberringe durch Festbrennen von Ölrückständen und Kesselstein unbeweglich geworden, so sind sie nach Lockern im Petroleumbad durch vorsichtiges Beklopfen mittels Holzhammers vom Schieberkörper zu lösen. Alsdann wird ein etwa 0,5 mm dicker, 10 bis 20 mm breiter und 160 bis 200 mm langer Stahlblechstreifen an der Fuge des Ringes unter das eine Ringende geschoben und sodann ein breiterer Streifen neben den schmalen Streifen unter das Ringende gebracht. Der schmale Blechstreifen wird am Umfang des Kolbenkörpers verschoben, so daß bei fortschreitendem Ausheben Raum zum Unterlegen des Ringes mit weiteren Blechstreifen geschaffen wird. Ist der Ring auf diese Weise völlig aus seiner Nut herausgehoben, so wird er auf den Blechunterlagen vom Schieberkörper abgezogen. Nach dem Abnehmen der Ringe sind die Schieberkörper — insbesondere in den Ringnuten — sorgfältig zu reinigen.

(8) Erweisen sich die Schieberringe nach gründlichem Reinigen noch brauchbar, so werden sie zweckmäßig mittels einer Blechhülse nach Abb. 711 wieder auf den Kolbenkörper gebracht. Die Ringe werden zunächst über den kegelförmigen auf den walzenförmigen Teil der Hülse gestreift. Alsdann wird die Hülse über den Schieberkörper bis an die leeren Nuten geschoben, und die Ringe werden nacheinander in die Nuten abgestreift.

(10) Neue Federringe sind fertig zu beziehen.

(11) Von den Lieferern werden die Breiten der Ringe 0,12 bis 0,15 mm kleiner gehalten als die Regelmaße von 6 und 7 mm. Da die Ringnuten im Schieberkörper 0,02 bis 0,05 mm breiter als die Regelmaße von 6 und 7 mm ausgeführt werden, so verbleibt den breitesten Ringen in den schmalsten Nuten ein Spiel von 0,14 mm und den schmalsten Ringen in den breitesten Nuten ein Spiel von 0,2 mm.

(12) Die Ansätze, die den Ring gegen Verdrehen sichern, sollen an der Rundung des Sicherungsstifts nach Abb. 694 anliegen, wenn die Enden des Ringes zur Berührung gebracht werden.

(13) Die ungespannten Ringe, deren äußere Kanten mit einem Halbmesser von 0,5 mm abgerundet sind, sollen in der Fuge etwa 15 mm klaffen. Die Breite der Fuge soll an den fertig eingebauten Ringen 1,5 mm betragen.

(14) Da eine Vergrößerung der Fugenbreite eine starke Zunahme der Dampflässigkeit der Federringe bewirkt, müssen in Schieberbüchsen, deren Durchmesser nach B. V. 2. b, (1) bis (4) durch Ausschleifen oder Ausbohren vergrößert ist, Ringe von größeren Durchmessern nach folgender Zusammenstellung eingebaut werden:

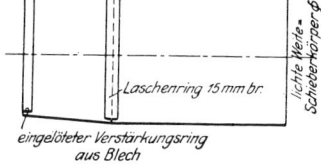

Abb. 711.

Innendurchmesser der Schieberbüchsen mm	Der Federringe			Außendurchmesser der Schieberkörper mm	Der Nuten	
	Außendurchmesser mm	Breite (gemessen in Richtung Schiebermittellinie) mm	Dicke (gemessen in Richtung Schieberdurchmessser) mm		Breite mm	Tiefe mm
200,00—201,50	200,00	6,85—6,88	7	199,00	7,02—7,05	7,00
201,50—203,00	201,50	6,85—6,88	7	199,00	7,02—7,05	7,00
203,00—204,50	203,00	6,85—6,88	7	202,00	7,02—7,05	7,00
204,50	204,50	6,85—6,88	7	202,00	7,02—7,05	7,00
220,00—221,50	220,00	5,85—5,88	8	219,00	6,02—6,05	8,00
221,50—223,00	221,50	5,85—5,88	8	219,00	6,02—6,05	8,00
223,00—224,50	223,00	5,85—5,88	8	222,00	6,02—6,05	8,00
224,50	224,50	5,85—5,88	8	222,00	6,02—6,05	8,00
300,00—301,50	300,00	6,85—6,88	11	299,00	7,02—7,05	11,25
301,50—303,00	301,50	6,85—6,88	11	299,00	7,02—7,05	11,25
303,00—304,50	303,00	6,85—6,88	11	302,00	7,02—7,05	11,25
304,50	304,50	6,85—6,88	11	302,00	7,02—7,05	11,25

(^{15}) Für jede der 3 Größen von Regelkolbenschiebern von 200, 220 und 300 mm Durchmesser sind demnach 4 nach den Durchmessern verschiedene Sorten Federringe vorrätig zu halten.

(^{16}) Federringe, deren Stärke an einzelnen Stellen um mehr als 1 mm infolge Abnutzung abgenommen hat, sind auszuwechseln.

(^{17}) Damit für die Federringe von größeren Durchmessern in den Nuten der Schieberkörper stets genügend Anlagefläche vorhanden ist, sind die Schieberkörper, deren Durchmesser bei neu gelieferten Lokomotiven 199,00 219,00 und 299,00 mm beträgt, gegen solche von 202,00, 222,00 und 302,00 mm Durchmesser auszuwechseln, sobald die ursprünglichen Durchmesser der Schieberbüchsen um 3 mm oder mehr durch Ausschleifen vergrößert sind.

(^{18}) Für jede der 3 Größen von Regelkolbenschiebern sind demnach 2 nach den Durchmessern verschiedene Sorten Schieberkörper vorrätig zu halten, deren Nuten die unter B. V. 2. a, (^{14}) angegebenen Querschnitte besitzen.

(^{19}) Hat ein Kolbenschieber auseinander genommen werden müssen, so ist stets die Schieberstange für sich zwischen Spitzen auf genaues Rundlaufen und auf spiegelglatte und walzenförmige Oberfläche der Gleitstellen zu untersuchen und nötigenfalls durch Schleifen zu berichtigen.

(^{20}) Nach dem Zusammenbauen der Kolbenschieber ist die Entfernung der steuernden Kanten voneinander mittels genauer Lehren nachzuprüfen und nötigenfalls zu berichtigen.

(^{21}) Sämtliche Kolbenschieber, die z. B. durch Anlaufstellen an den Körpern oder Stangen vermuten lassen, daß diese Teile nicht genau walzenförmig oder gleichachsig sind, müssen zwischen Spitzen auf genaues Rundlaufen untersucht und nötigenfalls berichtigt werden.

(^{22}) Rauhe Anlaufstellen am Schieberkörper dürfen nicht abgedreht, sondern müssen mit feiner Schlichtfeile geglättet werden.

b) Schieberbüchsen und Schieberstangenführungen.

(^{1}) Die Schieberbüchsen für die Regelkolbenschieber haben in neuem Zustand Durchmesser von 200,00, 220,00, und 300,00 mm.

(^{2}) Sobald die Büchsen, welche meist einseitig verschleißen, in ihrer inneren Bohrung Unterschiede im Durchmesser von mehr als 0,25 mm aufweisen, müssen sie nach Entfernen der Schmierrohre herausgenommen und ausgeschliffen werden. In die Schiebergehäuse fest eingepreßte Büchsen müssen im Gehäuse sitzend sauber ausgedreht werden.

(^{3}) Das Ausschleifen oder Ausdrehen zusammengehöriger Schieberbüchsen auf gleichen Durchmesser ist nur soweit durchzuführen, als zur Erzielung einer zusammenhängenden, walzenförmigen inneren Oberfläche in der stärker abgenutzten Büchse gerade erforderlich ist.

(^{4}) Schieberbüchsen, deren innere Bohrung um mehr als 6 mm erweitert ist, müssen ausgewechselt werden. Neue Büchsen sind fertig von den Lieferern zu beziehen.

(^{5}) Nach gründlichem Reinigen der Hohlräume im Schiebergehäuse und der losen Büchsen ist — besonders beim Einbauen von Ersatzbüchsen — zunächst zu prüfen, ob zur Ermöglichung einer zwanglosen Wärmedehnung der lose eingesetzten Büchsen ihre Durchmesser an den Einpaßstellen um 0,5 mm kleiner sind als die entsprechenden Bohrungen im Schiebergehäuse. Sind die Spielräume zu groß, so müssen die Büchsen gegen solche mit größeren Außendurchmessern ausgewechselt werden.

(^{6}) Schlechte oder schief stehende Dichtungsflächen müssen volltragend bzw. gerade stehend, sauber nachgedreht werden, damit die Büchsen dampfdicht und genau gleichachsig liegend eingebaut werden können.

(⁷) Bei dem Ausrichten der losen Schieberbüchsen auf den Schleifmaschinen und dem Ausbohren der in den Schiebergehäusen fest eingepreßt sitzenden Schieberbüchsen ist darauf zu achten, daß die innere Bohrung der Büchsen genau gleichachsig mit den äußeren Einpaßflächen bzw. den Bohrungen in den Schiebergehäusen hergestellt wird.

(⁸) Die Schieberbüchsen müssen nach dem Einbauen in die Schiebergehäuse stets auf völlig gleichachsige Lage mittels Winkellineals geprüft werden. Die Entfernungen der steuernden Kanten voneinander müssen stets mittels genauer Lehren geprüft werden.

(⁹) Nach dem Einbringen der Kolbenschieber in die Schieberbüchsen sind die Schieber mittels der Voreilhebel der Heusingersteuerung von Hand auf leichte Beweglichkeit zu prüfen.

(¹⁰) Die Schmierrohre sollen vollkommen dicht in die Schieberbüchsen eingeschraubt sein.

(¹¹) Zwischen den Schmierrohren und ihren Stopfbüchsführungen im Schiebergehäuse muß genügend Spielraum vorhanden sein, damit nicht durch Anstoßen der Rohre die gleichmäßige Druckverteilung und Dichtung zwischen den aufgeschliffenen Dichtungsflächen an den Schieberbüchsen und dem Schiebergehäuse beeinträchtigt wird.

(¹²) Damit die inneren aufgeschliffenen Dichtungsflächen zwischen Schieberbüchsen und dem Schiebergehäuse mit Sicherheit den zum dauernden Dichten erforderlichen Aufpreßdruck erhalten, muß die äußere Dichtungsfläche der Büchse gegen die des Schiebergehäuses in kaltem Zustand um etwa 0,25 mm vorstehen. Nötigenfalls ist die Büchse durch Auflegen eines Blechrings zu verlängern.

(¹³) An den äußeren Dichtungsflächen zwischen Büchsen, Schiebergehäuse und Auspuffkasten ist mit Rücksicht auf die starke Wärmeausdehnung der Büchsen dehnbarer Dichtungsstoff, z. B. Klingerit, zu verwenden. Der Dichtungsstoff muß von völlig gleichmäßiger Stärke sein und die Dichtungsflächen völlig bedecken. Die Schrauben sind gleichmäßig anzuziehen, damit die Auspuffkästen und die Deckel der Schiebergehäuse nicht schief eingebaut werden und ein Klemmen der Schieberstangen eintritt.

(¹⁴) An den in die Dampfkammern hineinreichenden Schraubenbolzen müssen die in den Kammern sitzenden Muttern und Gegenmuttern fest angezogen und durch Splinte gesichert werden.

(¹⁵) Die aus den Dampfkammern ins Freie führenden Wasserabflußrohre sollen eine Lichtweite von mindestens 13 mm besitzen, und ihre Mündung soll auf 6 mm Durchmesser verengt sein.

(¹⁶) Die Schieberkörper sollen in den Schieberbüchsen frei schwebend, mit möglichst gleichem Spiel nach allen Seiten mittels der Schieberstange allein von den beiden Führungsbüchsen in den Schieberkastendeckeln und mit dem Schieberstangen-Kreuzkopf getragen werden.

(¹⁷) Die Gleitflächen an den Schieberstangen und Kreuzkopfbahnen sind stets auf spiegelglatte, walzenförmige Oberfläche und die Führungsbüchsen und Gleitschuhe auf die Größe der Abnutzung hin zu untersuchen.

(¹⁸) Die Bohrungen neuer Feuerbüchsen sollen um 0,3 mm größer sein als die Durchmesser der Schieberstange, damit ein Klemmen infolge Wärmedehnung der Schieberstange vermieden wird. Die Bohrungen der Brillen sollen um 5 mm größer sein.

(¹⁹) Der Verschleiß der Führungsbüchsen und Gleitschuhe soll bis zur Berührung der Schieberkörper mit den Schieberbüchsen zugelassen werden; keinesfalls darf das Maß einseitiger Abnutzung 1 mm übersteigen.

(²⁰) Einseitig verschlissene Führungsbüchsen lassen sich vielfach nach Drehen um 180⁰ wieder verwenden. Anderenfalls sind die Büchsen auszugießen oder auszuwechseln.

(²¹) Die walzenförmige Höhlung der vorderen und hinteren Führungsbüchsen ist in ihrer dem Zylinder zugekehrten Hälfte durch Eindrehen von Rillen als Labyrinthdichtung auszubilden und darf keine Schmiernuten in ihrer Längsrichtung erhalten.

(²²) Abgenutzte Kreuzkopf-Gleitschuhe müssen hinterlegt oder ausgewechselt werden.

(²³) Die Schmiervorrichtungen sind stets zu reinigen und verhärtete oder verschmutzte Filzringe auszuwechseln.

VI. Dampfkolben nebst Stopf- und Führungsbüchsen.

1. Herausnehmen der Dampfkolben.

(¹) Die Dampfkolben sind bei jeder größeren Ausbesserung der Lokomotive auszubauen und nach gründlichem Reinigen zu untersuchen.

(²) Um Beschädigungen zu vermeiden, darf der Kolbenstangenkopf aus dem Kreuzkopf nur mittels einer Kolbenstangenpresse etwa nach Abb. 712 gelöst werden. Es sind Büchsen vorrätig zu halten, die genau in die kegelförmigen Bohrungen der Kreuzkopfwangen passen und den Bolzen der Presse dicht umschließen. Zur Schonung der Kolbenstange ist die Druckschraube mit einem drehbaren Schuh zu versehen oder es ist zwischen Kolbenstangenkopf und Druckschraube eine Kupferscheibe zu legen.

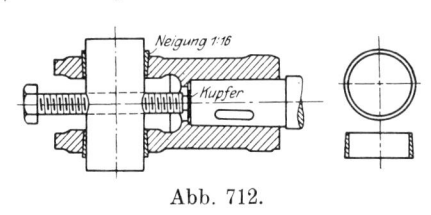

Abb. 712.

2. Kolbenkörper und Dichtungsringe.

(¹) Der Kolbenkörper soll bei den Heißdampflokomotiven im Zylinder frei schwebend mittels der Stange allein von dem Kreuzkopf und der Führungsbüchse am vorderen Zylinderdeckel getragen werden, um durch möglichst reibungsfreien Lauf geringen Verschleiß und gutes Dichthalten zu erzielen.

(²) Die Metallstopfbüchsen für die Kolbenstangen der Heißdampflokomotiven sind querbeweglich gebaut und demnach zum Tragen der Kolbenstangen nebst Kolben nicht eingerichtet. Ebensowenig darf auch die Zylinderwandung mittels der Dichtungsringe, die nur sich selbst tragen sollen, oder gar unmittelbar den Kolben mittragen. Das Einbauen von Blech- oder Bandeisenstreifen, sogenannter Kolbenträger, in die Nuten der Kolbenkörper ist verboten.

(³) Bei neueren Lokomotiven ist der Durchmesser des Kolbenkörpers mindestens 3 mm kleiner als die Zylinderbohrung. Die Mantelfläche des Kolbenkörpers ist fein zu schlichten, und die vordere und hintere Kante sind stark abzurunden, damit Rieferbildung in der Zylinderwandung und Ansetzen von Grat am Kolbenkörper selbst dann vermieden wird, wenn der Kolben sich ausnahmsweise infolge starken Verschleißes der oberen Kreuzkopf-Gleitplatte oder der vorderen Führungsbüchse zu weit gesenkt haben sollte.

(⁴) Die Dicke der Dichtungsringe beträgt bei neueren Lokomotiven 13 mm, die Tiefe der Kolbenringnuten 14,5 mm (bei einem Unterschied von 3 mm in den Durchmessern von Kolbenkörper und Zylinder). Zwischen Kolbenkörper und dem fertig eingebauten Dichtungsring befindet sich demnach ein Spielraum von 3 mm. Ist der Zylinderdurchmesser durch Ausbohren größer geworden, so ist nur der äußere Durchmesser der neuen Dichtungsringe entsprechend größer zu wählen.

(⁵) Die Kanten an den Dichtungsringen, an deren Ölnuten und an den Kolbenkörper-Ringnuten sind sauber zu brechen.

(⁶) Die Sicherungen gegen Verdrehen der Dichtungsringe in den Nuten sind sorgfältig zu befestigen, damit sie nicht überstehen oder herausfallen und die Zylinder beschädigen.

(⁷) Ausgeschlagene Nuten im Kolbenkörper dürfen nicht mit Streifen aus Kupfer oder dergl. ausgefüttert werden. Die Nuten sind vielmehr nachzudrehen, und es sind entsprechend breitere Kolbenringe in sie einzupassen. Kolbenkörper mit übermäßig ausgeschlagenen Nuten müssen abgedreht und mit nahtlosen Schrumpfringen aus Stahl versehen oder ausgewechselt werden.

(⁸) Die Dampfkolben sollen warm auf die Kolbenstangen aufgezogen und bei durchgehender Stange durch eine Mutter gesichert werden. Das überstehende Gewinde für die Mutter ist nach Abb. 693 umzunieten.

(⁹) Die Kolbenstangen sind stets auf spiegelglatten und walzenförmigen Zustand zu untersuchen und nötigenfalls, am besten durch Schleifen, wieder herzustellen. Hierbei ist das genaue Rundlaufen von Kolbenstange und Kolbenkörper zu prüfen.

3. Stopf- und Führungsbüchsen der Kolbenstangen.

(¹) Gleichzeitig mit dem Dampfkolben sind Stopf- und Führungsbüchsen auszubauen und nebst Schmiervorrichtungen zu reinigen.

(²) Nichtmetallische Packungsstoffe sollen, falls die Kolben ausgebaut sind, stets ausgewechselt werden. Verschlissene Grundringe und Brillen unbeweglicher Stopfbüchsen, die bei älteren Lokomotiven Kolbenstange und Kolbenkörper mittragen, sind auszugießen oder auszuwechseln.

(³) Die die Kolbenstangen nur abdichtenden, nicht tragenden Metallstopfbüchsen der neueren Lokomotiven sind auf genügend vorhandene Querbeweglichkeit zu untersuchen. Abgenutzte Dichtungsringe und lahme Federn sind auszuwechseln. Der Baustoff der Ringe soll aus 15 Teilen Antimon und 85 Teilen Blei bestehen.

(⁴) Führungsbüchsen für den vorderen Teil der Kolbenstange verschleißen in der Regel einseitig nach unten. Die einseitige Abnutzung darf höchstens 1 mm betragen; andernfalls sind die Büchsen auszugießen oder auszuwechseln.

(⁵) Die Bohrungen neuer Führungs- und Stopfbüchsen sollen um 0,3 mm größer sein als die Durchmesser der Kolbenstange.

VII. Kreuzköpfe, Kurbel- und Kuppelstangen.

1. Kreuzköpfe und Kreuzkopf-Gleitbalken.

(¹) Über das Lösen des Kolbenstangenkopfes aus dem Kreuzkopf siehe B. VI. 1, (²).

(²) Beim Einpassen der Kolbenstange, des Kreuzkopfkeils und -bolzens in den Kreuzkopf ist darauf zu achten, daß die Einpaßstellen entsprechend den zu übertragenden großen Kräften überall voll tragen.

(³) Der Kopf der Kolbenstange ist kegelförmig mit einer Seitenneigung von 1:30 herzustellen und bis zum völligen Verschwinden der Drehriefen in den Kreuzkopf einzuschleifen. Bei fest angezogenem Kreuzkopfkeil soll an der Stirnfläche der Kolbenstange ein Spiel von wenigstens 2 mm vorhanden sein.

(⁴) Die Neigung der aus Flußstahl herzustellenden Kreuzkopfkeile beträgt einheitlich 1:30.

(⁵) Beim Einbauen des Kreuzkopfbolzens ist darauf zu achten, daß er von Anfang an völlig fest mit seinem inneren Kegel in die Innenbacke des Kreuzkopfs gepreßt wird. Das Festsitzen des inneren Bolzenendes läßt sich durch das spätere

Anziehen der Bolzenmutter nicht mehr erreichen; durch letzteres wird wesentlich nur ein Einpressen der gesprengten, kegelförmigen Büchse und damit ein fester Sitz des äußeren Bolzenendes in der Außenbacke des Kreuzkopfes erreicht.

(6) Durch rechtzeitiges Hinterlegen oder Auswechseln der Kreuzkopf-Gleitschuhe — spätestens nach Verschleiß von 1 mm — ist dafür zu sorgen, daß Kolbenstangen und Dampfzylindermitten möglichst zusammenfallen und kippende Bewegungen des Kreuzkopfs beim Hubwechsel sich in engen Grenzen halten.

(7) Abgenutzte Flächen der Kreuzkopf-Gleitbalken müssen durch Schleifen wieder genau eben hergestellt werden. Sind sie nach dem Schleifen nicht mehr überall glashart, so sind die an ihren Kanten gut abzurundenden Balken neu zu härten und nachzuschleifen. Die Gleitbalken müssen durch Unterlegen so ausgerichtet und befestigt werden, daß ihre Gleitflächen genau gleichlaufend mit den Dampfzylinder-Mittellinien sind und rechtwinklig zu den Ebenen der Kurbelkreise liegen.

2. Kurbel- und Kuppelstangen.

(1) Die Rotgußlager der Kurbel- und Kuppelstangen der Heißdampflokomotiven erhalten allseitig durch Stege eingeschlossene Weißmetalleingüsse (Spiegel). Das Umfassen der Spiegel durch Stege verhindert ein Wegdrücken des Weißmetalls nach den Seiten hin. Ist das Weißmetall an einem heißgelaufenen Zapfen ausgeschmolzen, so ermöglichen die Rotgußstege meist noch ein für langsames Weiterfahren genügendes Umschließen des Zapfens.

(2) Zum Ausgießen der Lagerschalen darf nur Weißmetall verwendet werden, dessen richtige Zusammensetzung — 1 Teil Kupfer, 2 Teile Antimon und 15 Teile Zinn — genau bekannt ist.

(3) Die Eingußstellen der Lagerschalen werden zweckmäßig mittels Sandstrahlgebläses gereinigt und sind sodann mit reinem Zinn sorgfältig zu verzinnen. Um eine innige Verbindung mit den Lagerschalen zu erzielen, darf das Weißmetall erst dann eingegossen werden, wenn die Schalen bis zum Schmelzen des Zinns gleichmäßig durchwärmt sind.

(4) Die Lagerschalen sind mit dichtschließenden Lagerfugen und mit allseitig voll aufliegenden Flächen in die Köpfe der Kurbel- und Kuppelstangen fest einzutreiben und möglichst auf einer doppelten Stangenbohrmaschine ohne Umspannen der Stangen zu bearbeiten.

(5) Die Stangen müssen genau rechtwinklig zur Bohrachse ausgerichtet werden. Unter genauem Beachten der von der Lokomotive abgenommenen Stichmaße sind die Lagerschalen genau walzenförmig nach dem Zapfendurchmesser zu bohren. Die Schneiden der Bohrstähle sind durch Abziehen auf besten Ölsteinen stets scharf zu halten und dürfen, besonders beim letzten Schnitt, nur dünne Späne abheben.

(6) Sämtliche Stangenlager müssen zwischen den Zapfenbunden ein Gesamtspiel von mindestens 2 mm haben, damit beim Befahren von Gleiskrümmungen ein Heißlaufen an den Zapfenbunden vermieden wird.

(7) Die Formen der zur Ölverteilung in den Lagerschalen dienenden Nuten und Rinnen sind genau nach den Musterzeichnungen herzustellen; die Formgebung ist nicht dem Ermessen des Arbeiters zu überlassen. Die Nuten sind mit einem schlanken, scharfen Nutenmeißel herzustellen.

(8) Die Lager erhalten sämtlich je eine Ölrinne unter dem Schmierloch und an den Fugen.

(9) Damit das Öl nicht alsbald seitlich aus dem Lager heraustreten kann, dürfen die Rinnen und Nuten niemals bis an die Hohlkehlen der Schalen herantreten. Die Kanten aller Ölrinnen und Nuten müssen sauber abgerundet werden.

(10) Nach dem Herstellen der Schmiernuten sind die Lager mit dichter Fuge auf die Zapfen volltragend aufzupassen so zwar, daß der Stangenkopf sich von

Hand seitlich verschieben läßt. Am Kopf des Stellkeils soll ein Spielraum von 3 bis 5 mm verfügbar bleiben, um den Keil bei Heißlauf des Lagers lösen zu können.

(11) Das Aufpassen des Lagerspiegels hat mittels Schaber, nicht mittels Feilen, zu erfolgen. Das Verwenden von Schleifpulvern (Schmirgel u. dgl.) in irgend welcher Form ist verboten, da sich die feinen Schleifkörnchen in dem Weißmetall festsetzen und Abnutzung der Zapfen sowie Heißlaufen bewirken.

(12) Die Stellkeile der Stangenlager sind einheitlich mit einer Neigung von 1:7 und mit gleichmäßig tragender Anlagefläche von der vollen Breite der Stangenköpfe herzustellen.

(13) Beim Anbauen der Kurbel- und Kuppelstangen, besonders wenn ihre Lager nicht auf Stangenbohrmaschinen ausgebohrt werden konnten, ist darauf zu achten, daß die Mittellinien der Lagerbohrungen genau mit denen der Zapfen zusammenfallen. Besondere Sorgfalt ist auf das Anbauen der Kurbelstangen zu verwenden, da beim geringsten Ecken dieser Stangen Heißlaufen der Lager entsteht. Die Kurbelstange ist zunächst in den Kreuzkopf einzubauen. Alsdann ist der hintere Stangenkopf bis an seine Lagerstelle auf der Triebradkurbel anzuheben, und es ist festzustellen, ob die Tragfläche des Lagers mit der des Kurbelzapfens genau fluchtet. Der geringste Ausschlag muß durch Berichtigen der Kreuzkopf-Lagerstellen beseitigt werden.

VIII. Steuerungsgestänge.

(1) Um ein ruhiges Arbeiten der Steuerungsteile zu erzielen, ist es notwendig, der Entstehung toten Ganges im Gestänge durch genaue Arbeitsausführung und Verwendung verschleißfester Baustoffe soweit als möglich vorzubeugen.

(2) Beim Ausbessern des Steuerungsgestänges ist darauf zu achten, daß die die Schieberbewegung bestimmenden Abmessungen des Gestänges den Steuerungszeichnungen genau entsprechen.

(3) Abgenutzte Bolzen und Gewerkbüchsen des Steuerungsgestänges müssen daher rechtzeitig erneuert werden. Die Bolzen sind aus Flußeisen herzustellen und durch Einsetzen zu härten; die Büchsen sind aus Phosphorbronze anzufertigen und stramm in die Augen des Gestänges einzutreiben.

(4) Unrunde Lagerstellen und Zapfen der Steuerungswelle sind auf der Drehbank zu berichtigen; hierbei sind die Hebel der Steuerungswelle auf richtige Stellung zu prüfen. Ausgeschlagene Lager der Steuerungswellen und ausgeschlagene Steuerungsmuttern sind mit Weißmetall auszugießen und volltragend aufzupassen.

(5) Schwingen offener Bauart mit abgenutzten oder beschädigten Gleitflächen sind durch Zusammendrücken etwa mittels Wasserdruckpresse und Nachschleifen zu berichtigen. Die Lage des Krümmungsmittelpunkts der Schwinge zu dem Loch für den Anschluß der Gegenkurbel- oder Exzenterstange darf nicht geändert werden.

(6) Schwingen mit ungenügend harten und daher leicht zum Fressen neigenden Gleitflächen dürfen in diesem Zustand nicht wieder verwendet werden; sie sind vorschriftsmäßig zu härten und nachzuschleifen.

IX. Einstellen der Schieber- und Ventilsteuerungen.

1. Allgemeines über Lokomotivsteuerungen.

(2) In der Regel werden die Schieber mit ihren Stangen genau in der früheren Lage zum Steuerungsgestänge wieder eingebaut. Zur Erleichterung des Auffindens der früheren Stellung dienen Stichmaße, die bei richtigem Anschluß der Schieberstange in die in der Schieberstange und dem zugehörigen Kreuzkopf vorhandenen Körner passen müssen.

(3) Die Dampfschieber einer Lokomotive müssen neu eingestellt werden, wenn dies im Ausbesserungszettel angegeben ist, wenn Ausbesserungen an Einzelteilen der Steuerung vorgenommen sind, welche eine Änderung der Dampfverteilung ver-

muten lassen, oder wenn sich bei der Probefahrt Mängel in der Dampfverteilung ergeben haben.

(⁴) Auf das richtige Einstellen der Schieber zu den Dampfkanälen in den Schiebergehäusen beim Anschließen der Schieberstangen an das Steuerungsgestänge ist die größte Sorgfalt zu verwenden. Falsche Dampfverteilung durch die Schieber bewirkt dauernde Verluste an nutzbarer Arbeit und hat somit hohen Wasser- und Kohlenverbrauch zur Folge. Die Dampfverteilung der Lokomotivsteuerungen ist im wesentlichen richtig, wenn Voröffnungen und Füllungen vor und hinter dem Kolben bei den einzelnen, am Steuerungsbock angegebenen Füllungsstufen annähernd gleich groß sind.

(⁵) Unter „Voröffnung" und „linearem Voreilen" ist die jeweilig am Schieberspiegel oder Schieberbüchse in Millimetern gemessene Strecke zu verstehen, um die der Schieber bereits die Einströmung geöffnet hat, wenn der Dampfkolben sich in einer der Endstellungen seines Hubes befindet.

(⁶) Unter „Füllung" ist der in Hundertsteln des Kolbenhubs gemessene Weg zu verstehen, den der Dampfkolben bis zu dem Augenblick zurückgelegt hat, in dem der Schieber den Dampfzutritt ganz absperrt.

(⁷) Sind die Voröffnungen der Schieber zu klein, so erreicht die Spannung des eintretenden Arbeitsdampfs zu Beginn des Kolbenhubs nicht voll die Schieberkastenspannung, und die Ausnutzung des Dampfes wird verschlechtert. Die Dampfdruckschaulinien geben über die Größe der Voröffnung nur ungenauen Aufschluß. Ein Prüfen der Steuerungen auf richtige Voröffnungen der Schieber ist daher nur während des Einstellens der Steuerungen bei geöffneten Schiebergehäusen oder geöffneten Schaulöchern möglich.

(⁸) Gleiche Füllungen vor und hinter dem Kolben haben gleiche Arbeitsleistung zu beiden Seiten des Kolbens zur Folge. Gleiche Füllungen sowie gleichmäßige Arbeitsverteilung auf gleichartige Dampfzylinder lassen sich am genauesten feststellen mittels der an der fahrenden Lokomotive aufgenommenen Dampfdruckschaulinien, die auch über die übrigen Einzelheiten des Arbeitsvorgangs: „Vorausströmung", „Verdichtung" und „Voreinströmung" Aufschluß geben. Das Nachprüfen der Füllungen beim Einstellen der Schiebersteuerungen an der kalten Lokomotive liefert in den meisten Fällen auch genügend zuverlässige Ergebnisse. Bei einiger Übung lassen sich in einfachster Weise Unterschiede in den Füllungen an Zwillinglokomotiven und an auf Zwillingwirkung eingestellten Verbundlokomotiven durch Prüfen der Dampfschläge auf gleichmäßige Stärke feststellen. Diese Prüfung wird zweckmäßig bei langsamer Fahrt mit leicht angezogener Bremse und bei geöffneter Feuertür vorgenommen.

(⁹) Wird die Steuerung bei kalter Lokomotive eingestellt, so muß zur Erzielung gleich großer Voröffnungen und Füllungen vor und hinter dem Kolben die durch späteres Erwärmen im Betriebszustand der Lokomotive entstehende Verlängerung der Schieberstange berücksichtigt werden. Die Verlängerung (nach vorn!) beträgt 1 bis 2 mm je nach der Länge der Stange und der Wärme des Dampfes im Schieberkasten.

(¹⁰) Die in den Kurbeltotlagen oder Kolbenendstellungen vorhandenen Voröffnungen lassen sich bei Schiebern mit äußerer Einströmung des Arbeitsdampfs unmittelbar zwecks passend gestalteter (vgl. Absatz (⁹)) Fühlkloben messen, die in die Öffnungen zwischen Schieberaußenkanten und Einströmkanten der Dampfkanäle geschoben werden. Bei Kolbenschiebern mit innerer Dampfeinströmung läßt sich die Voröffnung nach Öffnen der an den meisten Schiebergehäusen vorhandenen Schaulöcher beobachten. Sind keine Schaulöcher vorhanden, so müssen am Schiebergehäuse und am Schieber Lineale angebracht werden, auf denen die steuernden Kanten der Büchsen bzw. der Schieber angerissen sind.

(¹¹) Das Prüfen der Füllungen auf Gleichheit vor und hinter dem Kolben ist nur ausnahmsweise erforderlich etwa dann, wenn der Zustand einer Steuerung das Vorhandensein größerer Unregelmäßigkeiten vermuten läßt.

(¹²) Um die Größe der Füllungen zu messen, wird an dem Kreuzkopf-Gleitbalken ein Lineal angebracht, auf dem der Hub des Dampfkolbens entsprechend den auf dem Steuerungsbock angegebenen Füllungsstufen eingeteilt ist. Eine am Kreuzkopf angebrachte Marke gestattet das Ablesen des jeweiligen Kolbenhubs für die Steuerungsstellungen, in welchen der Schieber die Einströmkanten der Dampfkanäle gerade abschließt. Falls die Einströmkanten unzugänglich sind, wie etwa bei Kolbenschiebern mit innerer Einströmung, müssen an den Schieberkästen und an den Schiebern Lineale angebracht werden, auf denen die steuernden Kanten angerissen sind.

(¹³) Gleichzeitig mit dieser Untersuchung sind die Zahlenangaben des Steuerungsbockes über die Füllungsstufen durch Vergleich mit den am Gleitbalken abgelesenen Kolbenhüben oder Füllungen auf Richtigkeit zu prüfen. Mit Ausnahme der Mittelstellung „Nullfüllung" sind in den Angaben des Steuerungsbocks (vgl. die Schieberöffnungen auf den Steuerungszeichnungen) kleine Fehler zulässig.

(¹⁴) Die bei den einzelnen Füllungsstufen aller Lokomotivsteuerungen vorhandenen kleinen Unterschiede in den Voröffnungen und Füllungen vor und hinter dem Kolben müssen gemäß den Angaben auf den Steuerungszeichnungen so ausgeglichen werden, daß für die im Betrieb am meisten angewendeten Füllungsstufen die beste Dampfverteilung durch die Schieber erreicht wird. Die Steuerung der Tenderlokomotiven muß daher sowohl für Vorwärts- als auch für Rückwärtsfahrt eine gleich gute Dampfverteilung geben. Bei Lokomotiven mit Tendern ist die Steuerung auf gute Dampfverteilung hauptsächlich für Vorwärtsfahrt einzustellen. Beim Einstellen der Steuerung der Verbundlokomotiven bleiben die für Rückwärtsfahrt auf dem Steuerungsbock nicht angegebenen Füllungsstufen von 0 bis etwa 70 v. H. unberücksichtigt.

2. Einstellen einer Triebradkurbel in ihre Totlagen.

(¹) Zum Feststellen der Voröffnungen eines Schiebers und zum Untersuchen des Steuerungsgestänges ist der Dampfkolben in die vordere und hintere Endstellung seines Hubes zu bringen, die Lokomotive also derart einzustellen, daß die Triebradkurbel sich in ihrer vorderen bzw. hinteren Totlage befindet.

(²) Bei Lokomotiven mit wagerecht liegenden Dampfzylindern wird auf der Stirnfläche — dem Spiegel — der Triebachswelle der Mittelpunkt des Kontrollkreises bestimmt und von ihm aus ein Kreis mit dem Durchmesser des unmittelbar aus dem Triebrad-Kurbelblatt heraustretenden Bundes des Triebzapfens gezeichnet. Auf den Bund wird ein Lineal gelegt, das den Kreis auf dem Achsspiegel berührt. Wird alsdann die Lokomotive, deren Triebachs-Lagerkasten sich in richtiger Höhenlage in den Rahmenausschnitten befinden müssen, auf genau wagerecht liegendem Gleis so weit verschoben, bis eine auf das Lineal gesetzte Wasserwage die wagerechte Lage des Lineals anzeigt, so befindet sich die Kurbel genau in der Totlage.

(³) Statt des Kreises und Lineals kann auch eine Rachenlehre mit Körnerspitze benutzt werden. Die Rachenweite der Lehre muß genau gleich dem Durchmesser des Triebzapfenbundes sein und die Körnerspitze in der Verlängerung der Rachenmittellinie liegen. Die Lehre wird über den Triebzapfenbund geschoben, die Körnerspitze in den Körner der Triebachswelle fest eingedrückt, und die genau wagerechte Lage der Kurbel mittels einer Wasserwage festgestellt, die auf eine mit der Rachenmittellinie genau gleichlaufende Leiste an der Lehre gesetzt ist.

(⁴) Liegen sämtliche Dampfzylinder gegen die Wagerechte geneigt, so sind auf den Achsspiegeln zwei Kreise zu zeichnen, deren Halbmesser von denen der Triebzapfenbunde um einen Betrag nach oben bzw. nach unten hin abweichen, der gleich Neigung der Dampfzylinder mal Länge der Triebradkurbeln ist. Für das Einstellen einer Kurbel in die vordere Totlage ist der größere Kreis, für das Einstellen in die hintere Totlage der kleinere Kreis zu benutzen.

(^{5}) Bei den Vierzylinderlokomotiven befindet sich die Kurbel eines Innenzylinders in ihren Totlagen, wenn die Kurbel des benachbarten Außenzylinders in ihren Totlagen steht.

(^{6}) Bei den Lokomotivbauanstalten ist zum Einstellen der Totlagen ein Verfahren üblich, bei dem das Verschieben der Lokomotive wegfällt. Der Triebradsatz wird mittels über den Schienen gelagerter, paarweise gegeneinander verspannter Tragrollen von den Schienen abgehoben. In dieser, gegenüber den Rahmen unverschiebbaren Lage wird der Radsatz durch Antreiben einer Tragrolle nach Bedarf gedreht. Die Kurbel wird nach Absatz (^{2}) bis (^{5}) je einmal vorn und hinten in ihre Totlage gebracht, und jedesmal — in gleicher Entfernung von einem an passender Stelle im Rahmenblech befindlichen Körner aus — auf dem Triebradreifen eine bestimmte Stelle mittels eines Doppelhakens mit 2 Spitzen angerissen und mit einem Körner bezeichnet. Mittels des in die Körner eingesetzten Doppelhakens lassen sich dann beide Totlagen leicht wieder feststellen

(^{7}) Um Ungenauigkeiten infolge des im Steuerungsgestänge stets vorhandenen toten Ganges auszuschalten, hat das Verschieben der Lokomotive oder das Drehen des Triebradsatzes während der einzelnen Totlageeinstellungen stets in gleichem Sinne zu erfolgen.

(^{8}) Das Eindecken von Kuppelstangen auf einen, auf dem Triebachsspiegel befindlichen Kreis mit der Kuppelstangenhöhe als Durchmesser, sowie das Eindecken der beiden — von den gegenüberliegenden, um 90^0 versetzten Triebzapfen lotrecht herabhängenden — Schnüre eines Doppellots auf einen auf dem Triebachsspiegel befindlichen Kreis mit dem Durchmesser des Triebzapfens sind ungenaue Verfahren zum Einstellen der Kurbeln in ihre Totlagen und daher nicht anzuwenden.

3. Untersuchen und Berichtigen des Gestänges der Walschaertsteuerung.

(^{1}) An den neueren Lokomotiven wird ausschließlich die Walschaert-Heusingersteuerung für den Antrieb der Schieber verwendet. Die Walschaertsteuerung hat die besondere Eigenschaft, daß sie für alle Füllungsstufen vor und hinter dem Kolben gleich große Voröffnungen gibt. Da ferner die vom Kreuzkopf und der Gegenkurbel oder dem Exzenter abgeleiteten Einzelbewegungen sich bei Lokomotiven mit nur zwei Zylindern zu einer regelmäßig verlaufenden Schieberbewegung zusammensetzen, so genügt im allgemeinen bei diesen Steuerungen ein Prüfen der Schieber auf gleiche Voröffnung bei den am Steuerungsbock angegebenen Füllungsstufen. Es ist dann auch die Dampfverteilung vor und hinter dem Kolben und die Dampfverdichtung annähernd gleichmäßig.

(^{2}) Bei den Vierzylinderlokomotiven der Gattungen S 10 und S 10^1 und den Dreizylinderlokomotiven der Gattung S 10^2, an denen für die Schieber der Innenzylinder keine gesonderte Steuerung vorgesehen ist, sondern diese Schieber an das Gestänge der Außensteuerungen angeschlossen sind, sind die Voröffnungen vor und hinter dem Kolben verschieden groß für Innen- und Außenschieber bemessen (vgl. die Angaben auf den an den Schiebergehäusen befindlichen Schildern), und sie verändern überdies ihre Größen bei den verschiedenen Füllungsstufen. Diese Unregelmäßigkeiten sind darin begründet, daß die für die Kolben der Außenzylinder günstigste Schieberbewegung nicht für die Innenzylinder verwendbar ist. Die Bewegung der Außenschieber ist deshalb absichtlich unregelmäßig gestaltet, um die Fehler in der Bewegung der Innenschieber in engeren Grenzen zu halten.

(³) Für die Untersuchung des Gestänges wird die Steuerung am Steuerungsbock auf Mitte (Nullstellung) gelegt und die von der Gegenkurbel- oder Exzenterstange abgekuppelte Schwinge von Hand bewegt. Zeigt alsdann der Schieber oder die Schieberstange keine Bewegung, so befindet sich die Mitte des Schwingensteins genau in der Drehachse der Schwinge, und die Abmessungen und Aufkeilwinkel des von der Schwinge zum Steuerungsbock führenden Gestänges sind richtig. Bei den Zweizylinder-Verbundlokomotiven der Gattungen S 3, S 5², P 3², P 4², G 4³ und G 5⁴ ist diese Prüfung des Gestänges für die Niederdrucksteuerung nicht möglich und auch nicht erforderlich. Bei Nullstellung am Steuerungsbock (für die Hochdruckseite!) gibt die Niederdrucksteuerung bereits eine geringe Füllung für Vorwärtsfahrt, die Mitte des Schwingensteins befindet sich hier also nicht in der Drehachse der Niederdruckschwinge.

(⁴) Alsdann wird die Schwinge mit der sie antreibenden Gegenkurbel- oder Exzenterstange gekuppelt und die Gegenkurbel oder das Exzenter genau auf Hubmitte eingestellt. Dies erfolgt in einfachster Weise dadurch, daß die zugehörige Triebradkurbel in eine ihrer Totlagen (vgl. B. IX, 2) gebracht wird. Bringt alsdann das Auslegen der Steuerung vor- oder rückwärts keine oder nur eine unbedeutende Bewegung des Schiebers hervor, so befindet sich die Schwinge in ihrer richtigen Stellung, nämlich in der Mitte ihres Ausschlags; die Lage der Gegenkurbel oder des Exzenters sowie die Länge der Gegenkurbel- oder Exzenterstange sind somit richtig. Diese Prüfung ist auch für die Niederdruckseite der im Absatz (³) aufgeführten Verbundlokomotiven durchzuführen.

(⁵) Führt bei dieser Probe der Schieber eine größere Bewegung aus, so liegt die Ursache hierfür entweder in einer unrichtigen Lage der Gegenkurbel oder des Exzenters oder in einer für die — gegen früher etwa durch Nachpassen der Achshalter geänderte — Lage der Triebachse in den Rahmen unrichtigen Länge der Gegenkurbel- oder Exzenterstange.

(⁶) Zur näheren Feststellung des Fehlers wird die Triebradkurbel zunächst in die hintere Totlage gebracht, die Steuerung auf Mitte gelegt und die zugehörige Lage des Schieberkreuzkopfes an passender Stelle angerissen (Marke m der Abb. 713); sodann wird die Steuerung voll ausgelegt — etwa nach vorn — und die zugehörige Lage des Schieberkreuzkopfs ebenfalls vermerkt (Marke h). Nachdem die Triebradkurbel in die vordere Totlage gebracht ist, wird bei wiederum voll nach vorn ausgelegter Steuerung die Lage des Schieberkreuzkopfs angerissen (Marke v).

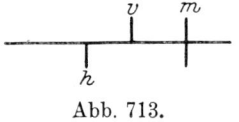

Abb. 713.

(⁷) Fallen die Marken h und v nicht zusammen, so ist die Abweichung in einer fehlerhaften Lage der Gegenkurbel oder des Exzenters begründet. Ist die Entfernung zwischen den Marken h und v nicht größer als 2 mm, so ist eine Berichtigung der Gegenkurbel oder des Exzenters nicht erforderlich, weil durch einen solchen Fehler das Einstellen des Schiebers auf gleiche Voröffnung vor und hinter dem Kolben nicht behindert, sondern nur die Größe der Voröffnung für die verschiedenen Füllungsstufen verändert wird. Ist die Entfernung zwischen den Marken h und v größer als 2 mm, so ist die Länge des Gegenkurbelblatts oder der Aufkeilwinkel des Exzenters zu berichtigen, daß der dieser Berichtigung entsprechende Weg des Schieberkreuzkopfs gleich ist der Entfernung zwischen den Marken h und v.

(⁸) Abweichungen der Marken h und v von der Marke m beruhen auf unrichtiger Länge der Gegenkurbel- oder Exzenterstange und sind durch Verlängern oder Verkürzen dieser Stange so auszugleichen, daß die Marke m mitten zwischen die Marken v und h gelangt bzw. beim Zusammenfallen der Marken h und v sich mit diesen deckt.

5. Einstellen der Schieber der Walschaertsteuerung.

(¹) Der Schieber wird zunächst so an das Steuerungsgestänge angeschlossen, daß er für eine beliebige Füllungsstufe, z. B. 40 v. H., für Vorwärtsfahrt unter Berücksichtigung der Wärmedehnung (vgl. B. IX. 1, (⁹)) vor und hinter dem Kolben gleiche Voröffnung gibt. Dieser Einstellung wird vielfach, insbesondere bei Kolbenschiebern, eine Prüfung und, wenn nötig, eine Berichtigung der Abstände der steuernden Kanten am Schieber und an der Schieberbüchse oder -spiegel voranzugehen haben.

(²) Sind an der Steuerung keine größeren Ausbesserungen vorgenommen, so ist im allgemeinen nur noch zu prüfen, ob auch bei den übrigen, am Steuerungsbock angegebenen Füllungsstufen die Voröffnungen vor und hinter dem Kolben annähernd (vgl. B. IX, 1, (¹⁴)) gleich sind. Ist letzteres der Fall, so befindet sich die Steuerung in betriebstüchtigem Zustand.

(³) Sind bei den verschiedenen Füllungsstufen größere Unterschiede in den Voröffnungen vor und hinter dem Kolben vorhanden, oder sind an der Steuerung größere Ausbesserungen vorgenommen, so muß das Gestänge nach B. IX, 2 oder 3 untersucht werden. Fallen nach dem Berichtigen bzw. bei dem Untersuchen des Gestänges die Marken v, m und h (Abb. 713) genau zusammen, so genügt es, den Schieber auf gleiche Voröffnung vor und hinter dem Kolben bei nur einer Füllungsstufe einzustellen. Fallen die vorbezeichneten Marken — innerhalb der zulässigen Grenzen von 2 mm — jedoch nicht zusammen, so müssen auch die übrigen Voröffnungen gemäß den Angaben des Absatzes (²) nachgeprüft werden.

6. Einstellen der Ventilsteuerungen.

(¹) Bei Lokomotiven mit Ventilsteuerungen der Bauart Lentz und Stumpf wird zunächst das Gestänge der Heusingersteuerung nach B. IX, 3 geprüft. Alsdann werden die Ventilspindeln in kaltem Zustand unter Benutzen der Schaulöcher so eingestellt, daß die Ventile bei den auf den Hubnocken bezeichneten Stellungen der Rollen zu den Nocken zu öffnen beginnen oder abgeschlossen haben, die Rollen also nicht mehr oder wieder frei drehbar sind.

(²) Die die Ventile öffnende, mit Nocken oder Rollen versehene Stange wird unter Berücksichtigung der Wärmedehnung so eingestellt, daß in den Totlagen der Triebradkurbel die vorbezeichneten Marken an den Hubnocken der Einlaßventile gleich weit von den durch die Mitten der Einlaßventilrollen gehenden Lotrechten entfernt sind, also die Einlaßventile gleiche Voröffnung haben. Hieran kann sich eine Einstellung auf gleiche Füllungen nach B. IX, 1, (¹¹) bis (¹³) anschließen. Das Ende der Füllungen wird daran erkannt, daß die Einlaßventilrollen wieder frei drehbar werden. Zum Schluß werden die Ventilspindeln um einen der späteren Wärmedehnung entsprechenden Betrag gekürzt.

7. Endgültiges Einstellen der Schieber- und Ventilsteuerungen unter Dampf.

(¹) Die in kaltem Zustand eingestellte Steuerung wird bei der Probefahrt unter Dampf durch Beobachten der Dampfschläge auf richtige Dampfverteilung (vgl. B. IX, (⁸)) geprüft. Bei größeren Unterschieden in den Dampfschlägen muß die Stellung der Schieber oder Ventile berichtigt werden.

(²) An Lokomotiven, bei denen infolge Wärmedehnung des Steuerungsgestänges besonders große Fehler in der Dampfverteilung verursacht werden können, oder bei denen einzelne Schieber schwierig einzustellen sind — insbesondere bei Dreizylinder- und Vierzylinderlokomotiven — werden während der Probefahrt Dampfdruck-Schaulinien aufgenommen. Auf Grund dieser Schaulinien sind die einzelnen Schieber endgültig einzustellen. Dieses Verfahren liefert die besten Ergebnisse und ist so oft, als Zeit und Umstände es gestatten, anzuwenden.

(³) Die endgültige Stellung eines Schiebers ist an neueren Lokomotiven durch Körner in Schieberstange und Kreuzkopf und ein der Körnerentfernung entsprechendes Stichmaß festzulegen, das zusammen mit den Feststellschrauben für die Schieberstangen und den Ersatzringen für die Kolbenschieber in einem Kästchen auf der Lokomotive aufzubewahren ist.

X. Rahmen, Tragfedern und Federaufhängung.

1. Rahmenverbindungen.

(¹) Bei der großen Wichtigkeit, die eine dauernd feste Verbindung der Hauptrahmen mit ihren Querverbindungen, Achshaltern und Achshalterstegen für die gute Erhaltung der ganzen Lokomotive besitzt, ist es erforderlich, alle losen Niete und Bolzen alsbald auszuwechseln. Niet- und Bolzenlöcher sind stets glatt aufzureiben und die Bolzen genau einzupassen und fest einzutreiben. An Verbindungen, bei denen warm eingezogene Niete öfter lose werden, z. B. an Kraußschen und anderen Drehgestellen, an Verstärkungsblechen und an Flicken für Rahmenplatten ist der zuvor sauber abzudrehende Niet zweckmäßig wie ein Bolzen stramm einzutreiben und sein Kopf kalt zu bilden.

(²) Wiederholt lose gewordene Befestigungsschrauben der Dampfzylinder sind durch stärkere zu ersetzen. Diese Schraubenbolzen sind besonders sorgfältig einzupassen und ihr Gewinde ist nicht länger als nötig zu halten, damit keine Anlagefläche im Bolzenloch verloren geht. Auf festen Schluß der zwischen Rahmenplatten und Befestigungsknaggen der Dampfzylinder sitzenden Paßstücke ist zu achten.

(³) Ausgeschlagene Gleitlager und Führungen des Kessels müssen rechtzeitig unterlegt oder ausgewechselt werden.

2. Tragfedern und Federaufhängung.

(¹) Die Tragfedern sind stets auf festen Sitz der Federlagen im Federbund und auf Bruchstellen zu untersuchen.

(²) Lose oder verschobene Federlagen sind auszubinden und nach Ausbessern oder Auswechseln des Federbunds zu befestigen. Federn, die sich gesetzt haben, müssen ausgebunden, die Blätter aufgerichtet, gehärtet und vor dem Zusammensetzen mit einem Gemisch von Talg und Öl eingefettet werden.

(³) Für die Herstellung einzelner Federblätter ist, wenn nichts anderes bestimmt ist, gerippter Federstahl von 90 mm Breite und 13 mm Dicke zu verwenden. Die einzelnen Federlagen sollen nach Kreisbögen gekrümmt und so gerichtet sein, daß sie — ohne Spannung aufeinandergelegt — sich in ganzer Fläche gegenseitig berühren.

(⁴) Die Mittelwarzen der einzelnen Federlagen sollen nach Abb. 688 hergestellt sein.

(⁵) Ausgebesserte Federn sind vor dem Einbauen auf der Federprüfmaschine wiederholt zu belasten.

(⁶) Ausgeschlagene Bolzenlöcher der Tragfedergehänge sind mit möglichster Erhaltung ihrer Mittelpunktslagen nachzuarbeiten oder aufzubohren. Die Bolzen sind den größeren Bohrungen entsprechend zu verstärken.

(⁷) Bedingt das Nacharbeiten eine starke Erweiterung der Löcher, so sind diese auf die ursprüngliche Weite auszubüchsen. Büchsen und Bolzen sind aus Flußeisen anzufertigen und durch Einsetzen zu härten.

(⁸) Das Gewinde der Federspannschrauben darf nicht länger sein als unbedingt nötig ist. Am äußersten Ende des Gewindeteils sind die für das Nachstellen entbehrlichen und Beschädigungen ausgesetzten Gewindegänge zu entfernen, um das Abnehmen der Muttern zu erleichtern.

(⁹) Die Federgehänge müssen gleichlaufend zur Rahmenebene, bei Querfedern senkrecht dazu schwingen. Sie sollen gleiche Abstände von Mitte Achswelle oder Rahmen haben. Die Auflager und die Aufhängungen für die Federn müssen so bearbeitet sein, daß ein Zwängen vermieden wird.

XI. Achshalter, Achslagerkasten und Achslager.

1. Achshalter.

(¹) Mit Lineal, Kreuzwinkel und Schnur ist bei jeder bahnamtlichen Untersuchung einer Lokomotive und eines Tenders — insbesondere nach Entgleisungen — zu prüfen, ob die Achshalter lotrecht stehen, ob ihre Gleitflächen rechtwinklig zu den Mittellinien der Dampfzylinder bzw. des Tenders liegen, ob sie paarweise unter sich gleichlaufend sind und ob ihre Stirnflächen auf jeder Seite in einer und derselben (bei Lokomotiven zu den Mittellinien der Dampfzylinder gleichlaufenden) Ebene liegen. Etwa vorhandene Unstimmigkeiten sind durch Nacharbeiten an den Achshaltern und deren Stellkeilen zu beseitigen.

(²) Die Stellkeile der Achslagerkasten sind zunächst so einzustellen, daß der glatt abgerichtete und geölte Lagerkasten lediglich unter der Wirkung seines Gewichts willig in seinen Führungen gleitet. Diese Stellung der Stellkeile ist anzureißen.

(³) Nach dem Unterbringen der Radsätze sind die Stellkeile um 3 mm gegen diese Marke zurückzuziehen und in dieser Stellung sorgfältig zu sichern. Das Nachlassen der Stellkeile um 3 mm ist nötig, weil sich trotz sorgfältigen Einpassens der Achshalterstege ein geringes Verziehen der Achshalter nach dem Unterbringen der Radsätze nicht vermeiden läßt.

(⁴) Nach der Probefahrt müssen sämtliche Stellkeile der Achslagerkasten auf richtigen Anzug untersucht und ihre Stellungen berichtigt werden, je nachdem in den Führungen Neigung zum Fressen oder Schlottern vorhanden ist.

2. Achslagerkasten.

(¹) Die Schenkel der Achslagerkasten der Lokomotiven sollen gleichmäßig stark und symmetrisch zur Lagermitte hergestellt werden. Die Kanten sind gut zu brechen.

(²) Die Gleitplatten müssen genau an die Anlageflächen des Achslagerkastens angepaßt werden, ihre Gleitflächen in gleichen Abständen von der Mittellinie des Achslagerkastens liegen, und der Achslagerkasten soll bei der Anfangsstellung des Stellkeiles zwischen seine Führungsflächen passen. Um bei wankender Bewegung des Rahmenbaus ein Klemmen der Achslagerkasten in ihren Führungen zu verhüten, sind die seitlichen Führungsleisten der Gleitplatten an den Enden in einer Länge von je 130 mm um je 2 mm, nach unten und oben verlaufend, abzuarbeiten.

(³) Die Löcher für die Befestigungsschrauber in den Gleitplatten sind genügend tief zu versenken, die Schraubenköpfe zu verlöten und sämtliche Kanten und Ölnutenränder gut abzurunden.

(⁴) Da eine ausgiebige Schmierung wesentlich zur guten Erhaltung der Gleitflächen an Achslagerkasten und -haltern und damit zur Milderung der Stöße während des Druckwechsels im Triebwerk beiträgt, so sind, falls für die Gleitflächen der Achslagerkasten besondere Ölgefäße fehlen, diese nachträglich — insbesondere bei schnellfahrenden Lokomotiven — anzubringen und die alten Schmierlöcher zu verschließen.

(⁵) Durch Einsetzen gehärtete Achslagerkasten und Gleitplatten an der zugehörigen Achshaltern sind bei Verschleiß durch Nachschleifen wieder herzustellen. Sind nach dem Schleifen die Gleitflächen nicht mehr überall glashart, so sind die

Achslagerkasten und Gleitplatten neu zu härten und nachzuschleifen. Zwecks Berichtigung der Achswellenlage im Rahmen sind die Gleitplatten an den Achshaltern zu hinterlegen oder die Stellkeile nachzuziehen.

3. Achslager.

(¹) Die mit Weißmetall auszugießenden Achslager sollen 3 Stege erhalten, die mit dem Achsschenkel gleichlaufend um etwa 90° gegeneinander versetzt sind. Der mittlere obere Steg ist stets mit einer Weißmetallschicht von etwa 5 mm Stärke zu verdecken.

(²) Für das Reinigen, Verzinnen, Ausgießen, Ausbohren, Nuten und Aufpassen der Achslager gelten sinngemäß die Vorschriften für das Herstellen der Stangenlager nach B. III, 2.

(³) Beim Ausbohren der Lager ist darauf zu achten, daß die Mitte der Bohrung genau in der lotrechten Mittellinie des Achslagerkastens liegt und genau gleichläuft mit den seitlichen Führungsflächen des Achslagerkastens. Das gesamte seitliche Spiel der Lager zwischen den Achsschenkelbunden soll bei den im Rahmen nicht absichtlich verschiebbar gelagerten Radsätzen 2 mm betragen.

(⁴) Die Achslager müssen auf ihrem ganzen Umfang, also auf einem Kreisbogen von 180°, voll tragend mit nur so viel Spiel aufgepaßt werden, daß die Lager auf den geölten Schenkeln sich ohne Zwängen von Hand drehen und zwischen den Bunden verschieben lassen. Die unter die Achswellenmitten hinabreichenden Lappen der Lagerschalen sind abzufasen.

(⁵) Die Spielräume zwischen den Gleitflächen der große Kräfte übertragenden Triebwerksteile, d. h. zwischen Kreuzkopfbolzen, Trieb- und Kuppelzapfen, Achsschenkeln und ihren zugehörigen Lagern, ferner zwischen Achslagerkasten und Achshaltern, sind nur ebenso groß zu halten, wie es zur Vermeidung von Heißlaufen oder Fressen unbedingt erforderlich ist. Ist auch nur an einer dieser Stellen ein zu großer Spielraum vorhanden, so wächst die Stoßwirkung beim Druckwechsel im Triebwerk ganz bedeutend und Lager und Führungen werden vorzeitig ausgeschlagen.

XII. Radsätze.

1. Achswellen, Kurbelzapfen, Radkörper und Radreifen.

(¹) Die Radsätze sind nach jedem Ausbauen zu reinigen und auf Abnutzung und Beschädigung zu untersuchen.

(²) Brüche der geraden, aus Flußstahl hergestellten Achswellen gehen gewöhnlich vom inneren Ende der Nuten für die Befestigungskeile der Räder aus. Läßt der Zustand einer Achswelle — insbesondere nach schweren Beschädigungen des Triebwerks — das Vorhandensein eines solchen Anbruchs vermuten, so ist das betreffende Rad mindestens bis zum Freilegen des Nutenendes mit Wasserdruck abzupressen. Angebrochene Achswellen aus Flußstahl sind stets auszuwechseln.

(³) Das Untersuchen der aus Nickelflußstahl hergestellten, gekröpften Lokomotiv-Triebachswellen, bei denen kleinere Anbrüche nicht unbedingt betriebsgefährlich sind, hat nach der „Anweisung zur Untersuchung der gekröpften Lokomotivtriebachsen" zu erfolgen.

(⁴) Achsschenkel sowie Trieb- und Kuppelzapfen sind stets auf genaue Walzenform und völlig glatte Oberfläche zu untersuchen. Müssen sie abgedreht oder abgeschliffen werden, so ist außerdem zu prüfen, ob nach der Bearbeitung auch noch ausreichende Stärke vorhanden sein wird.

(⁶) An heißgelaufenen Zapfen mit gehärteter Oberfläche entstehen in dieser häufig feine Risse. Diese Risse sind an sich nicht gefährlich, da sie nur teilweise durch die gehärtete Schicht gehen; sie besitzen aber sehr scharfe Kanten, die durch Abschleifen mittels Ölsteins und Petroleums zu glätten sind.

(⁷) Bei gehärteten Trieb- und Kuppelzapfen ist die Abnutzung der harten Oberfläche durch Schleifen unter möglichster Schonung des Baustoffs — mäßiger Angriff der Schleifscheibe und reichliche Wasserzufuhr — auszugleichen.

(⁸) Nach dem Abdrehen oder Schleifen müssen Schenkel und Zapfen auf Hochglanz poliert werden.

(⁹) Einzelne Brüche in den Radspeichen sind nicht unbedingt betriebsgefährlich. Die Brüche treten meistens in den kurzen, am Kurbelblatt sitzenden Speichen auf. Gebrochene Speichen werden zweckmäßig nach gehöriger keilförmiger Erweiterung des Bruchspalts autogen oder nach dem Thermitverfahren geschweißt.

(¹⁰) Die Radkörper und Zapfen sind mit Wasserdruck auf- bzw. einzupressen. Der Druck muß spätestens nach einem Wege von 20 mm beginnen und bis zum richtigen Sitz des Rades oder Zapfens stetig und nicht sprungweise steigen. Der Enddruck soll zwischen 400 und 700 kg für jedes Millimeter Durchmesser des Naben- oder Zapfensitzes betragen.

(¹¹) Bei den Radkörpern der Lauf- und Tenderräder eines Radsatzes muß jede Speiche eines Rades mit je einer Speiche des gegenüberstehenden Rades in einer Ebene liegen.

(¹²) Über das Untersuchen und Nachdrehen der Radreifen siehe zwölfter Abschnitt 3.

(¹³) Beim Neubereifen eines Rades müssen die Paßflächen am Radkörper und Radreifen glatt hergestellt sein. Beim Ausstechen der Nut für den Sprengring ist darauf zu achten, daß die Entfernung der Nut von dem schwalbenschwanzförmigen Ansatz des Radreifens genau der Felgenbreite des Radkörpers entspricht, damit die nach innen eingeknickte Fläche des Sprengrings überall zum dichten Anliegen kommt.

(¹⁴) Die Radreifen sind auf die Radkörper mit einem Schrumpfmaß von 1 mm für jedes Meter lichten Durchmessers warm aufzuziehen.

(¹⁵) Der Sprengring wird bei den harten Lokomotiv- und Tenderradreifen zweckmäßig durch Niederhämmern und nicht durch Niederwalzen der Reifennase befestigt, damit zwischen Reifen, Sprengring und Radkörper völlig dichter Schluß erzielt wird. Die Fuge zwischen den Enden des Sprengrings soll nicht mehr als 1 mm klaffen.

(¹⁶) Beide Räder eines Satzes, sowie die Räder der miteinander gekuppelten Radsätze müssen genau gleiche Laufkreisdurchmesser erhalten.

(¹⁷) Die Laufkreisebenen müssen von den Mitten der Achsschenkel gleich weit abstehen.

(¹⁸) In die äußere Stirnfläche der Lokomotiv- und Tenderradreifen ist nach Abb. 714 eine dreieckige Nut a (Abnutzungsmarke) einzudrehen, deren Halbmesser nach Abb. 714 um $25 + 1,5 = 26,5$ mm größer als der der inneren Reifenbohrung ist.

(¹⁹) Als Tag der Inbetriebnahme neu aufgezogener Lokomotiv- oder Tenderradreifen ist das Datum der Probefahrt der mit diesen Reifen ausgerüsteten Lokomotive und Tender in die äußere Stirnfläche der Radreifen nach Abb. 715 einzustempeln.

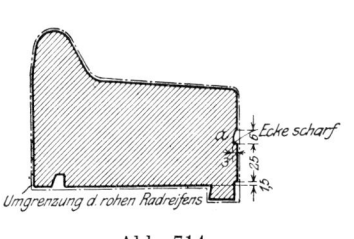

Abb. 714.

Abb. 715.

(²⁰) Besondere Sorgfalt ist auf die gute Erhaltung der Körner in den Achswellen zu verwenden, damit die Mittellinien der Achsschenkel und Reifenlaufflächen auch nach häufigerem Abdrehen der Reifen stets zusammenfallen. Beschädigte Körner sind an der Hand der Kontrollkreise wieder herzustellen.

2. Nachprüfen der Stellungen miteinander gekuppelter Kurbelzapfen.

(¹) Ist ein Trieb- oder Kuppelrad aufgepreßt worden, oder läßt der Zustand eines Trieb- oder Kuppelradsatzes — insbesondere nach schweren Beschädigungen des Triebwerks — vermuten, daß Kurbellängen und -versetzungswinkel nicht mehr genau richtig sind, so müssen diese Maße geprüft werden.

(²) Zum Prüfen der Kurbellängen und -versetzungswinkel eignen sich 2 durch je 3 Stellschrauben S (vgl. Abb. 716) wagerecht und auf gleiche Höhe aufstellbare

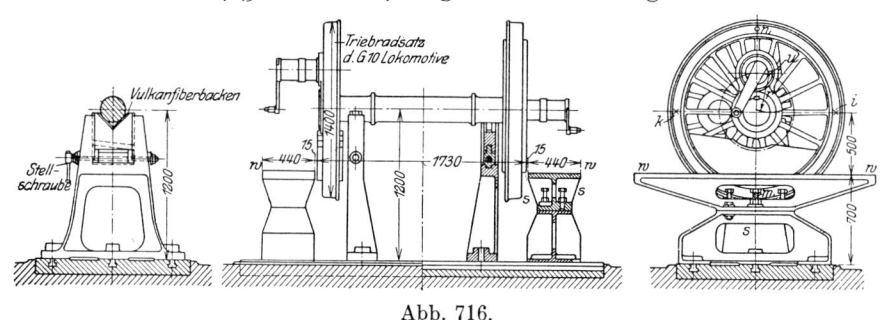

Abb. 716.

Richtplatten W, zwischen denen der Radsatz auf lotrecht verstellbaren Böcken wagerecht und frei drehbar gelagert wird¹).

(³) Der Radsatz wird zunächst durch Drehen so eingestellt, daß z. B. am rechten Rad die Mitten der Prüfkreise auf Zapfen- und Achswellenstirnfläche in gleicher Höhe über der Richtplatte W liegen; alsdann wird die durch Zapfen- und Wellenachse gehende Gerade mittels Streichmaßes auf dem rechten Radreifen angerissen und auf der äußeren Stirnfläche dieses Reifens ein zur Achswelle gleichmittiger Kreis gezeichnet. Von den Schnittpunkten m und n dieses Kreises mit der durch Achswellenmitte und Zapfenmitte gehenden Geraden aus werden durch Halbieren der Halbkreise die Punkte i und k bestimmt und durch Drehen des Radsatzes auf gleiche Höhe über der Richtplatte W eingestellt. In dieser Lage steht die rechte Kurbel genau lotrecht. Beträgt der Versetzungswinkel der Kurbeln genau 90°, so muß die linke Kurbel genau wagerecht liegen, also ein auf Mitte Prüfkreis der Achswelle links eingestelltes Streichmaß genau auf Mitte Prüfkreis des linken Kurbelzapfens zeigen.

(⁴) Zum Messen der Kurbellänge rechts wird Mitte Prüfkreis des rechten Zapfens mittels Streichmaßes auf das rechte Kurbelblatt (Körnerpunkt u) übertragen. In u wird ein Doppelhaken, dessen gehärtete Spitzen einen Abstand r gleich der Kurbellänge besitzen, eingesetzt und mit r ein Kreisbogen auf dem Achsspiegel gezeichnet. Bei richtiger Länge der Kurbel muß der Kreisbogen die mittels Streichmaßes gezogene Verbindungsgerade zwischen i und k berühren.

(⁵) Zum Messen der Kurbellänge links wird der Radsatz unter Benutzung der Punkte m und n um 90° gedreht und die Kurbellänge auf das linke Kurbelblatt genau wie am rechten Rade übertragen.

(⁶) Die Mitten der Gegenkurbelzapfen werden, wenn ein Messen der Gegenkurbelstellungen erforderlich ist, mittels Streichmaßes auf die Achswellenstirnflächen übertragen und ihre Abstände von dem Achsenkreuz der Geraden m—n und i—k auf Richtigkeit geprüft.

---
¹) Vgl. Abb. 407 und 408.

(⁷) Da größere Fehler der Längen oder der Versetzungswinkel der miteinander gekuppelten Kurbeln große Zusatzbeanspruchungen des Triebwerks zur Folge haben (die Kuppelstangen z. B. werden abwechselnd gestreckt und gestaucht), so müssen Abweichungen von mehr als $\pm$ 0,1 mm in den Kurbellängen oder -versetzungswinkeln (letztere Abweichung im Kurbelkreis gemessen) stets beseitigt werden.

(⁸) Vielfach läßt sich die richtige Kurbelstellung nur dadurch wieder herstellen, daß am fertig zusammengebauten Radsatz der fehlerhaft sitzende Zapfen ausgepreßt, das Loch in der Kurbelnabe nach Vorzeichnen auf den Richtplatten auf richtige Stellung nachgebohrt und ein neuer Zapfen mit einer dickeren Wurzel, eingepreßt wird. Über das Einpressen der Zapfen siehe B. XII. 1, (¹⁰).

XIII. Kupplung zwischen Lokomotive und Tender.

1. Vorspannung der Stoßfedern.

(¹) Bei jeder bahnamtlichen Untersuchung, im übrigen nach Bedarf, ist zu prüfen, ob der Tender mit der Lokomotive vorschriftsmäßig straff gekuppelt ist.

(²) Die Straffheit der Kupplung wird durch die Vorspannung der Stoßfeder im Tender, die — für die einzelnen Lokomotivgattungen — verschieden große Vorspannung durch die Durchbiegung der Feder nach dem Verkuppeln von Lokomotive und Tender auf wagerechtem, geradem Gleis bestimmt.

(³) Bei einer einheitlichen Stützlänge von 750 mm für sämtliche Stoßfedern beträgt die zur Erzielung der vorgeschriebenen Vorspannungen erforderliche Durchbiegung einheitlich 25 mm.

(⁴) Zum Messen der Durchbiegung der Stoßfeder werden die Stoßpuffer, deren vorläufige Länge unter Annahme einer Durchbiegung der Feder von 25 mm bestimmt ist, fest gegen die Enden der noch ungespannten Feder gedrückt, und die Stellung der Stoßpuffer zum Tenderzugkasten wird auf ihnen angerissen. Hierauf werden Lokomotive und Tender betriebsmäßig gekuppelt, also die Feder vorgespannt und die neue Stellung der Stoßpuffer angerissen. Ist die Durchbiegung kleiner als 25 mm, so sind die Puffer durch Hinterlegen von Platten zu verlängern. Ist die Durchbiegung größer als 25 mm, so sind die Puffer zu kürzen.

(⁵) Die Vorschriften für das Untersuchen und Unterhalten der Tragfedern nach B. X, 2 gelten sinngemäß auch für die Stoßfedern.

2. Alte und neue Bauart der Kupplungen.

(¹) An älteren Tendern ist die Stoßfeder unmittelbar an dem Hauptkuppelbolzen im Zugkasten befestigt. Bei dieser Bauart bewirkt der Druck der Stoßfeder lediglich ein festes Anliegen der beiden Hauptkuppelbolzen in den Augen des Hauptkuppeleisens und des einen Hauptkuppelbolzens in den Führungen des Lokomotivzugkastens. Soll daher auch die feste Kupplung des Tenders mit der Lokomotive gesichert werden, so muß der Hauptkuppelbolzen des Tenders ohne jegliches Spiel in seinen Führungen sitzen. Zum festen Einpassen ist dieser Bolzen daher genau walzenförmig (am besten durch Schleifen) herzustellen, und die Bohrungen im Tenderzugkasten sind zweckmäßig mittels Reibahle aufzureiben. Der geölte Bolzen ist stramm in die Bohrungen einzutreiben.

(²) An Tendern neuer Bauart ist die Stoßfeder nicht am Hauptkuppelbolzen befestigt, sondern im Zugkasten gesondert gelagert, so daß hier die beiden Hauptkuppelbolzen durch die Stoßfeder nicht nur fest in die Augen des Hauptkuppeleisens, sondern auch fest in ihre Führungen sowohl im Lokomotiv- als auch im Tenderzugkasten gedrückt werden.

(³) Die Schmiervorrichtungen an der Kupplung sind stets zu reinigen und gebrauchsfähig herzurichten. Die Ränder der Schmierlöcher sind ausreichend zu versenken und die Kanten der Schmiernuten gut abzurunden.

XIV. Wiegen von Lokomotiven und Tendern.

(^{1}) Das Wiegen von Lokomotiven und Tendern hat insbesondere den Zweck, den Schienendruck solcher Radsätze zu prüfen, deren richtige Belastung nicht durch Ausgleichhebel gesichert ist.

(^{2}) Unmittelbar vor dem Wiegen sind sämtliche Tragfedern sowie Führungen und Bolzen der Federaufhängung abzuklopfen, um durch Reibungswiderstände verursachte Veränderungen der Achsbelastungen möglichst zu beseitigen.

(^{3}) Für die Ermittlung der Achsbelastungen in betriebsfertigem Zustand sind anzunehmen: für die Lokomotivmannschaft zusammen 150 kg, gefüllte Kohlen- und Wasserkasten, 50 kg Kohlen für jedes Quadratmeter Rostfläche, 75 kg Sand in jedem Sandkasten, eine Wasserstandshöhe von 100 mm über Feuerbüchsdecke in kaltem oder von 150 mm in angeheiztem Kessel bei der festgesetzten Dampfspannung und die Ausrüstung der Lokomotive und des Tenders mit sämtlichen Zubehörteilen an ihren regelmäßigen Aufbewahrungsorten. Lokomotiven mit Zweizylinderanordnung sind zu wiegen: einmal in der Stellung der rechten Kurbel 45° nach vorn oben und einmal 45° nach hinten unten. Das Mittel aus beiden Wägungen gibt die gesuchten Gewichte.

XV. Probefahrt mit Lokomotiven und Tendern.

1. Allgemeines.

(^{1}) Zum Feststellen des vorschriftsmäßigen Zustands und der vollen Betriebsfähigkeit ist, abgesehen von der vorher in kaltem Zustand erfolgten Untersuchung, mit jeder neu angelieferten oder in wichtigen Teilen ausgebesserten Lokomotive und Tender vor Abgabe an den Betrieb eine Probefahrt unter eigenem Dampf vorzunehmen.

2. Behandlung der Lokomotiven und Tender vor der Fahrt.

(^{1}) Von neuen Lokomotiven und Tendern sind in der Regel 10 v. H., mindestens aber 1 Stück jeder Lieferung und Gattung von den Radsätzen abzuheben. Stellen sich bei der alsdann vorzunehmenden Untersuchung, die sich auch stets auf das Nachprüfen der Stichmaße zu erstrecken hat, Mängel heraus, so sind nach dem Ermessen des Amtsvorstands mehr und unter Umständen alle Lokomotiven und Tender hochzunehmen; dasselbe gilt von ihren Drehgestellen.

(^{2}) Neue Lokomotiven und Tender sind insbesondere auf das Vorhandensein der im Liefervertrag vorgeschriebenen Sonderausrüstungen zu untersuchen.

(^{3}) Neue Lokomotiven und Tender sind durch die Umgrenzung für Lokomotiven und Tender zu fahren.

(^{4}) Sämtliche Lokomotiven, deren Teile nach Abnutzung der Radreifen über die im § 28, Absatz 1 der Eisenbahn-Bau- und Betriebsordnung vorgeschriebene Umgrenzung hinausragen würden, müssen an den Seitenwänden des Führerhauses durch ein gleichseitiges Dreieck gekennzeichnet sein, dessen Seiten 50 mm lang sind. Das Dreieck ist nach Abb. 717 neben dem Gattungsschild anzubringen, und seine Gesamtfläche ist gelb zu streichen. Alle Lokomotiven, deren Teile im übrigen innerhalb der vorgeschriebenen Umgrenzung liegen, deren über die Umgrenzungslinie hinausragende Schornsteine jedoch durch Abnehmen der Aufsätze auf die zulässige Höhe eingeschränkt werden können (§ 28, Abs. 2 der B.O.), müssen über dem Dreieck durch einen wagerechten gelben Strich von 50 mm Länge und 10 mm Breite (vgl. Abb. 717) gekennzeichnet sein.

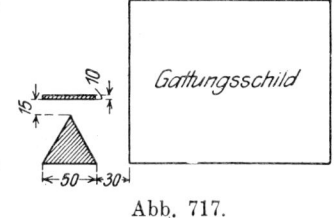

Abb. 717.

(⁵) Die Beschilderung und die Anschriften sind auf Vollständigkeit und Richtigkeit zu prüfen. Die Manometer müssen vorschriftsmäßig mit rotem Strich versehen sein.

(⁶) Die Zubehörteile sind auf Vollzähligkeit und guten Zustand zu prüfen.

(⁷) Beim Anheizen der Lokomotive ist festzustellen, ob die Angaben des Kesselmanometers mit denen des Prüfungsmanometers übereinstimmen.

(⁸) Die Länge der bei der Dampfprobe bereits vorgeprüften Kontrollhülse der Sicherheitsventile des Kessels muß so bemessen sein, daß die Ventile genau beim Erreichen der höchsten zulässigen Dampfspannung, die auf dem Kesselschild angegeben ist, abblasen. Muß die Länge der Kontrollhülse ausnahmsweise geändert werden, so kann das Aus- und Einbauen der Hülse unter Dampfdruck in kurzer Zeit zweckmäßig mit Hilfe geeigneter Spannvorrichtungen bewirkt werden. Hierzu muß das Feuer aus dem Kessel für die Zeit entfernt sein, während der die Sicherheitsventile des Kessels durch die eingebaute Spannvorrichtung außer Betrieb gesetzt sind.

(⁹) Die endgültige, auf Zehntel Millimeter zu bestimmende Länge der Kontrollhülse ist auf letztere, nötigenfalls nach Entfernen ungültig gewordener Zahlen, aufzustempeln und in die Bescheinigung über die Untersuchung einzutragen. Neben der Zahlenangabe muß sich auf der Hülse ein Abdruck des Adlerstempels des Kesselprüfers befinden.

(¹⁰) Vor Ingangsetzen der Lokomotive müssen Überhitzer, Dampfleitungsrohre, Schiebergehäuse, Dampfzylinder usw. bei angezogener Bremse, geöffnetem Druckausgleicher und geöffneten Zylinder-Ablaßventilen durch Ausblasen mit Dampf gereinigt werden.

(¹¹) Nach genügendem Durchwärmen der mit gespanntem Dampf in Berührung kommenden Teile müssen die Dichtungsschrauben auf festen Sitz geprüft und, wenn nötig, nachgezogen werden. Alsdann sind bei geschlossenem Druckausgleicher und geschlossenen Zylinder-Ablaßventilen sowie bei festangezogenen Bremsen Kessel, Überhitzer, Dampfrohrleitungen und Zylinder bei verschiedenen Stellungen der Triebradkurbeln auf Dichtheit unter vollem Kesseldruck zu prüfen und nötigenfalls undichte Stellen durch Anziehen der Schrauben oder Auswechseln der Packungen nachzudichten. Bei dieser Gelegenheit werden zweckmäßig die Sicherheitsventile der Dampfheizung und das Überhitzerklappen-Stellzeug richtig eingestellt (vgl. B. II. 2, (¹) und IV. 4, (⁸)).

(¹²) Hand-, Dampf- und Luftdruckbremse müssen einzeln auf festes Anliegen der Bremsklötze bei angezogener Bremse untersucht werden. Die Luftpumpe muß in angemessener Zeit den Hauptluftbehälter füllen. Die Dichtheit der Luftbehälter, Luftleitungen und Ventile ist nach Abstellen der Luftpumpe durch Beobachten der Manometer zu prüfen.

(¹³) Die Speisevorrichtungen des Kessels müssen beide auf Gebrauchsfähigkeit geprüft werden.

(¹⁴) Sämtliche Schmiervorrichtungen müssen so eingestellt werden, daß bei Beginn der Fahrt an den Verbrauchsstellen sofort reichlich Öl abgegeben wird. Die Handkurbel der Schmierpresse oder -pumpe, deren Gangwerk vorher geschmiert ist, ist zu diesem Zwecke nach Öffnen der Probierhähne oder -schrauben in der vorgeschriebenen Richtung langsam so lange zu bewegen, bis an jeder Probierstelle Öl heraustritt. Alsdann sind die Hähne oder Schrauben zu schließen. Der Sichtöler ist rechtzeitig anzustellen.

(¹⁵) Im übrigen müssen sämtliche Einrichtungen, die nicht während der Fahrt vom Führerhaus aus geprüft werden können, auf Gebrauchsfähigkeit bzw. Dichtheit untersucht werden, insbesondere: Druckausgleicher, Luftsaugeventile, Rauchverminderer, Bläser, Rauchkammer- und Aschkasten-Einspritzer, Dampfheizungs- und Beleuchtungsanlage.

3. Behandlung der Lokomotiven und Tender während der Fahrt.

(¹) Im Anfang der Fahrt ist zweckmäßig mit geringem Dampfdruck im Schieberkasten zu fahren, damit die Gleitflächen der Lager und Führungen nur schwach beansprucht werden und sich besser einlaufen können. Die Steuerung ist zeitweise voll auszulegen, damit die Schieberspiegel und die Gleitflächen der Schieberbüchsen in ganzer Länge bestrichen werden.

(²) Von Zeit zu Zeit muß gehalten werden und sämtliche Teile, die erfahrungsgemäß zum Heißlaufen neigen, müssen, soweit dies möglich ist, abgekühlt werden. Übermäßig warme Teile sind reichlich, gegebenenfalls mit Talg oder Heißdampföl zu schmieren und, wenn möglich, in ihren Passungen etwas zu lösen. Mängel am Steuerungsgestänge und an den Schiebern machen sich vielfach durch starkes Schlagen der Mutter am Steuerungsbock bemerkbar.

(³) Erst wenn die Probefahrt bei geringer Belastung keine Anstände ergeben hat, empfiehlt es sich, den Dampfdruck im Schieberkasten zu steigern und mit der Höchstgeschwindigkeit zu fahren. Hierbei darf sich ein Stoßen in den Führungen der Achslagerkasten und an der Kupplung zwischen Lokomotive und Tender sowie eine Bewegung des Kessels gegen den Rahmen nicht bemerkbar machen. Andernfalls müssen nach der Fahrt die Spielräume verkleinert oder die Vorspannung der Stoßfeder berichtigt werden.

(⁴) Alle Einrichtungen, die vom Führerhaus aus zugänglich sind, müssen auf gebrauchsfähigen Zustand untersucht werden, insbesondere: Kesselspeisevorrichtungen, Bremse und Sandstreuer.

(⁵) Die Richtigkeit der Dampfverteilung durch die Steuerung ist nach B. IX, 1, (⁸) und 7, (¹) und (²) durch Beobachten der Dampfschläge oder durch Aufnehmen von Dampfdruckschaulinien zu prüfen. Nötigenfalls ist die Schieberstellung zu berichtigen.

4. Behandlung der Lokomotiven und Tender nach der Fahrt.

(¹) Nach der Probefahrt müssen Lokomotive und Tender in allen zugänglichen Teilen auf vorschriftsmäßigen Zustand untersucht werden.

(²) Bei der Untersuchung ist besonders auf solche Teile zu achten, die erfahrungsgemäß sich leicht lösen, z. B. Stangenlagerschalen, Stellkeile der Achslagerkasten (vgl. B. XI. 1, (⁴)), Bremsgestänge usw.

(³) Hand-, Dampf- und Luftdruckbremse sind einzeln auf festes Anliegen der Bremsklötze bei angezogener Bremse zu untersuchen. Sind neue Bremsklötze eingebaut worden, so muß das Bremsgestänge meist nachgestellt werden. Bei angezogener Bremse sollen hängende Ausgleichhebel nahezu lotrecht stehen und wagerechte Ausgleichhebel genügenden Abstand von den Bremsquerbalken besitzen. Es ist besonders darauf zu achten, daß das Bremsgestänge auch genügendes Nachstellen zuläßt.

(⁴) Ferner sind die Dichtungsschrauben namentlich die am Überhitzer-Sammelkasten noch einmal kräftig nachzuziehen und die Dichtheit des Kessels, Überhitzers, der Rohrleitungen und Zylinder unter vollem Dampfdruck (vgl. B. XV. 2, (¹¹)) nachzuprüfen.

(⁵) Dampfschieber und Kolben werden nach Absperren des Dampfventils am Sichtöler wie folgt auf Dichthalten untersucht. Die Triebradkurbel z. B. der linken Seite einer Zwillinglokomotive wird in Hubmittenstellung gebracht, die Bremsen werden fest angezogen, die Steuerung auf Mitte gelegt, der Druckausgleicher geschlossen und die Zylinderablaßventile geöffnet. Alsdann hält der linke Schieber dicht, wenn nach Öffnen des Reglers aus dem vorderen und hinteren Ablaßventil des linken Dampfzylinders kein Dampf entweicht. Ist das Dichthalten der Schieber festgestellt, so läßt sich auch das Dichthalten der Dampfkolben prüfen, vorausgesetzt, daß der Druckausgleicher dicht hält. Der Dampfkolben einer Zwillinglokomotive hält dicht, wenn bei Totlage der zugehörigen Triebradkurbel, fest angezogenen Bremsen, auf Mitte gelegter Steuerung, geschlossenem Druckausgleicher und geöffneten Zylinderablaßventilen, an dem der Prüfung unterliegenden Zylinder nur aus einem Ablaßventil Dampf entweicht.

(6) Kolbenschieber und solche Flachschieber, deren Gleitflächen sich erstmals während der Probefahrt einlaufen konnten, sollen nach der Probefahrt ausgebaut und sämtliche Gleitflächen auf guten Zustand untersucht werden.

(7) Die Abstände der Puffer und der Bahnräumer von Schienenoberkante sind auf wagerecht liegendem Gleis nachzumessen. Hierbei sollen Tragfedern und Ausgleichhebel annähernd wagerecht stehen.

(8) Der Tag der endgültigen Übernahme neuer Radsätze sowie deren Reifen und der Tag der Inbetriebnahme neu aufgezogener Radreifen ist in die Achswellen bzw. Radreifen einzustempeln. Die Anschriften an neuen Lokomotiven und Tendern über Haftpflicht und Untersuchung sind zu ergänzen.

(9) Von jeder Lieferung und jeder Gattung neuer Lokomotiven und Tender ist das erste Stück nach der Probefahrt in leerem und in betriebsfertigem Zustand zu wiegen.

(10) Haben an der Lokomotive oder dem Tender nach der Probefahrt größere Ausbesserungen vorgenommen werden müssen, und kann für die ausgebesserten Teile, z. B. heißgelaufene Achslager, riefig gewordene Schieber usw. erfahrungsgemäß nicht volle Betriebstüchtigkeit ohne weiteres gewährleistet werden, so ist die Probefahrt zu wiederholen.

Dreizehnter Abschnitt.

Hauptabmessungen sowie Quellenangabe für sonstige bemerkenswerte Veröffentlichungen über Heißdampflokomotiven.

1. Hauptabmessungen ausgeführter Heißdampflokomotiven.

Nummer	Name der Besitzer	Zylinder-Durchmesser mm	Kolbenhub mm	Triebrad-Durchmesser mm	Kesseldruck Atm.	Rostfläche qm	Heizfläche qm	Überhitzer-Heizfläche qm	Dienstgewicht t	Reibungsgewicht t	Schrifttum	Jahr	Seite
					2 B - Zwillingslokomotiven:								
1	Paulista Eisenbahn-Ges.	560	640	1676	12,0	3,1	179,9	50,1	64,4	38,4	Garbe, 2. Aufl.	1920	458
2	Philadelphia u. Reading-Bahn	533	610	1740	14,8	7,99	140,93	23,88	78,7	54,67	Engineer. News	1914	355
3	Belgische Staatsbahn*)	500	660	1980	13,0	2,07	102,1	24,5	55,56	35,96	Lokomotive	1909	97
											Z. d. V. d. I.	1911	779
4	Holländ. Eisenb.-Gesellsch.*)	500	660	2016	10,55	2,04	82,5	23,0	48,4	29,7	Lokomotive	1910	49
5	Engl. Südost- und Chatam-Bahn*)	521	660	2032	11,25	2,09	131,17	29,64	58,37	28,14	Garbe, 2. Aufl.	1920	462
											Railway A.-Gaz.	1914	129
											Organ	1914	392
6	Preußische Staatsbahn	550	630	2100	12,0	2,3	136,89	40,32	60,69	34,5	Lokomotive	1911	6
											Glaser, Bd. 60	1907	238
											Z. d. V. d. I.	1911	778
											Garbe, 1. Aufl.	1907	442
											„ 2. „	1919	388
7	Preußische Staatsbahn†)	550	630	2100	12,0	2,3	136,89	40,32	62,0	35,0	Glaser, Bd. 68	1911	46
											Garbe, 2. Aufl.	1920	389
8	Paulista Eisenbahn-Ges.	530	660	2100	12,4	2,4	120,8	40,0	59,3	34,2	„ 2. „	1920	458
9	Englische Midland-Bahn*)	521	660	2146	11,25	1,96	108,8	28,2	54,3	36,6	Lokomotive	1914	110
											Organ	1915	264
					2 B - Verbundlokomotiven:								
1	Österreichische Staatsbahn	520/760	680	2100	15,0	3,0	118,1	27,7	56,9	29,0	Lokomotive	1908	161
											Organ	1909	9
					2 B 1 - Zwillingslokomotiven:								
1	Buffalo—Rochester- und Pitsburg-Eisenbahn	520,7	660	1829	14,0	5,05	221,0	44,5	83,0	51,5	Lokomotive	1913	272
2	Schwedische Staatsbahn*)	500	600	1880	12,0	2,6	133,0	32,8	60,2	30,9	Lokomotive	1915	160
3	Sächsische Staatsbahn	510	630	1980	12,0	2,84	171,66	47,1	69,8	32,0	„	1908	141
											Lokomotive	1913	249
4	Englische große Nordbahn	508	660	2032	14,06	2,88	128,25	26,01	71,38	38,22	„	1910	101
											Engineer	1917	518
5	Pennsylvania-Bahn	597	660	2032	14,4	5,1	265,4	67,0	108,9	60,4	Organ	1918	130
											Railway A.-Gaz.	1914	356
6	Ungarische Staatsbahn	510	680	2100	13,0	2,82	142,3	40,8	65,5	32,0	Organ	1914	416
											Lokomotive	1911	111
					2 B 1 - Vierlingslokomotiven:								
1	Rock Island-Bahn	444,5	660	1854	11,25	3,96	253,25	37,7	91,7	52,8	Lokomotive	1911	247
					2 B 1 - Vierzylinder-Verbundlokomotiven:								
1	Preußische Staatsbahn	380/580	600	1980	14,0	3,99	182,54	54,5	79,0	34,0	Lokomotive	1915	85

*) Innenzylinder. †) Gleichstromzylinder.

Nummer	Name der Besitzer	Zylinder-Durchmesser mm	Kolbenhub mm	Triebrad-Durchmesser mm	Kesseldruck Atm.	Rostfläche qm	Heizfläche qm	Überhitzer-Heizfläche qm	Dienstgewicht t	Reibungsgewicht t	Schrifttum	Jahr	Seite
	2 B 2 - Vierzylinder-Verbundlokomotiven:												
1	Bayerische Staatsbahn . . .	410/610	640	2200	14,0	4,7	214,0	38,5	81,5	32,0	Lokomotive / Garbe, 1. Aufl.	1906 / 1907	137 / 477
	C - Zwillingslokomotiven:												
1	Illinois Zentralbahn	533	660	1295	12,0	3,6	144,8	24,8	75,3	75,3	Dingler / Z. d. V. d. I.	1911 / 1911	273 / 795
2	Große Nordbahn von Irland .	457	660	1410	12,3	1,86	124,0		49,3	49,3	Engineer / Organ	1911 / 1912	411 / 286
3	Newyork-Zentralbahn . . .	533	711	1448	12,75	3,04	187,7	35,3	77,5	77,5	Lokomotive	1912	217
4	Belgische Staatsbahn *) . .	500	600	1520	13,5	2,52	96,13	21,51	52,2	52,2	Lokomotive / Glaser, Bd. 71	1918 / 1912	21 / 101
5	Englische Midland-Bahn *) .	508	660	1600	11,25	1,96	108,6	29,2	49,9	49,9	Lokomotive / Engineer	1914 / 1911	112 / 661
	1 C - Zwillingslokomotiven:												
1	Außig—Teplitzer Eisenbahn .	520	650	1440	13,0	3,3	155,3	36,72	53,4	41,0	Lokomotive / „	1912 / 1910	158 / 53
2	Österreich-Ungarische Staats-eisenbahngesellschaft . .	520	650	1460	11,5	2,7	151,7	33,5	53,4	42,0	Organ / Lokomotive	1910 / 1908	139 / 90
3	Böhmische Nordbahn . . .	500	600	1520	12,0	2,35	108,29	25,58	47,8	37,4	Lokomotive	1906	49
4	Österreich-Ungarische Staatseisenbahn-Gesellschaft . .	520	650	1560	11,5	2,7	151,7	33,5	53,6	42,0	Lokomotive	1908	90
5	Preußische Staatsbahn . . .	540	630	1600	12,0	2,35	134,9	41,9	61,8	44,5	Garbe, 1. Aufl.	1907	446
6	Chicago und West Indian-Eisenbahn	584	711	1600	12,7	4,8	210,0	47,0	87,6	75,3	Lokomotive / Organ / Schw. Bauztg.	1904 / 1919 / 1918	83 / 48 / 221
7	Rumänische Staatsbahn . .	520	650	1665	12,0	2,07	154,0	34,8	66,0	48,0	Hanomag N.	1918	13
8	Madrid—Caceras—Portugal u. Spanische Westbahn ¹) .	540	610	1670	12,0	3,7	124,4	36,0	52,0	42,83	Lokomotive	1912	227
9	London—Brighton and South Coast Railway	533	660	1676	12,0	2,31	120,3	25,9	64,6	—	Engineer / Organ	1914 / 1914	120 / 306
10	Südost und Chatam-Bahn .	483	711	1676	14,06	2,32	127,55	18,86	60,35	51,72	Engineer / Organ	1917 / 1918	287 / 162
11	Englische Nordbahn	508	660	1727	12,0	2,275	103,75	28,25	62,0	52,4	Lokomotive / Organ	1913 / 1914	199 / 160
12	Italienische Staatsbahn . . .	540	700	1850	12,0	2,46	108,3	33,5	55,38	44,28	Z. d. V. d. I. / „ / Lokomotive	1911 / 1908 / 1909	365 / 1301 / 242
	1 C - Verbundlokomotiven:												
1	Österreichische Staatsbahn .	520/740	632	1300	14,0	2,7	106,7	27,5	52,1	41,9	Lokomotive / „	1912 / 1907	25 / 227
	1 C 1 - Zwillingslokomotiven:												
1	Santa Fé-Bahn ²)	400	500	1220	12,0	1,6	85,3	23,2	36,1	24,9	Lokomotive	1911	27
2	Ungarische Staatsbahn . . .	510	650	1440	12,0	3,1	175,1	37,3	60,11	42,27	Lokomotive	1915	255
3	Brasilianische Zentralbahn .	600	660	1575	12,75	3,85	230,0		69,0	54,0	Z. d. V. d. I. / Organ	1917 / 1917	286 / 252
4	Außig—Teplitzer Bahn . . .	540	630	1620	13,0	3,67	202,4	47,6	66,0	40,5	Lokomotive	1908	1
5	Orientalische Eisenbahn . .	500	630	1640	13,0	2,8	128,0	39,0	60,8	37,8	Z. d. öst. I. u. A. V. / Organ	1916 / 1916	449 / 350
6	Deutsch-Öster. Staatsbahn .	540	680	1820	14,0	3,0	163,83	28,49	68,0	42,0	Lokomotive	1919	85
7	Russische Staatsbahnen . .	550	700	1830	13,0	3,8	187,7	46,3	67,5	46,5	Génie civil / Organ	1912 / 1913	469 / 204
8	Oldenburgische Staatsbahn .	580	630	1980	14,0	3,0	145,8	41,0	72,0	46,5	Glaser, Bd. 80 / Organ	1917 / 1917	106 / 302
	1 C 1 - Verbundlokomotiven:												
1	Österreichische Staatsbahn .	475/690	720	1614	15,0	3,0	131,7	28,1	61,2	43,0	Lokomotive / Z. d. öst. I. u. A. V.	1912 / 1912	121 / 662

*) Innenzylinder.   ¹) Spurweite 1676 mm.   ²) Schmalspur.

für sonstige bemerkenswerte Veröffentlichungen über Heißdampflokomotiven.

Nummer	Name der Besitzer	Zylinder-Durchmesser mm	Kolbenhub mm	Triebrad-Durchmesser mm	Kesseldruck Atm.	Rostfläche qm	Heizfläche qm	Überhitzer-Heizfläche qm	Dienstgewicht t	Reibungsgewicht t	Schrifttum	Jahr	Seite
	1 C 1 - Vierlingslokomotiven:												
1	Italienische Staatsbahn . . .	420	650	1850	12,0	3,5	190,4	52,4	72,9	46,5	Lokomotive	1916	233
											Engineer	1913	477
											Organ	1914	16
	1 C 1 - Vierzylinder-Verbundlokomotiven:												
1	Badische Staatsbahn	360/590	640	1700	16,0	3,75	167,0	43,0	72,0	46,0	Organ	1914	49
2	Österreichische Staatsbahn .	390/630	720	1820	15,0	4,0	190,8	51,4	71,7	43,7	Z.d.öst.I.u.A.V.	1912	662
											Lokomotive	1910	265
3	Italienische Staatsbahn . . .	360/590	650	1850	14,0	3,5	174,82	45,8	73,6	47,1	Lokomotive	1916	231
	1 C 2 - Vierzylinder-Verbundlokomotiven:												
1	Österreichische Staatsbahn .	390/660	720	2140	16,0	4,12	198,76	43,4	84,82	44,56	Lokomotive	1919	117
	2 C - Zwillingslokomotiven:												
1	Süd-Indische Bahn [1]	419	559	1448	11,25	1,49	76,04	18,08	35,87	27,41	Engineer	1913	358
											Organ	1914	49
2	Südwales-Staatsbahn	533	660	1524	10,25	2,55	142,46	31,32	36,6	45,0	Engineer	1912	498
											Organ	1913	224
3	Sächsische Staatsbahn . . .	550	600	1570	12,0	2,83	159,92	43,2	69,9	46,7	Lokomotive	1913	252
											Glaser, Bd. 68	1911	160
											Z. d. V. d. I.	1911	366
4	Kanton—Hankow-Bahn . . .	533	660	1676	11,25	2,95	265,46	37,53	72,44	51,67	Railw.A.-G., Bd.61	1916	406
											Organ	1917	136
5	Belgische Staatsbahn*) . . .	520	660	1700	14,5	2,84	145,0	33,1	70,91	51,43	Lokomotive	1918	12
											„	1909	103
											Z. d. V. d. I.	1907	1377
6	Ungarische Südbahn	550	650	1700	13,0	3,55	186,1	48,4	66,9	43,2	Lokomotive	1916	209
7	Moskau—Kasan-Eisenbahn .	575	650	1700	12,0	2,76	164,27	39,0	74,0	48,0	Organ	1908	447
8	Österreichische Staatsbahn .	540	630	1710	12,0	3,25	153,25	39,25	67,46	43,8	Lokomotive	1911	159
											Z.d.öst.I.u.A.V.	1912	662
9	Österreich. Südb.-Gesellschaft	550	650	1740	13,0	3,55	185,2	51,9	66,9	43,2	Lokomotive	1911	1
											Z.d.öst.I.u.A.V.	1912	662
10	Preußische Staatsbahn . . .	575	630	1750	12,0	2,62	149,4	58,9	75,3	50,3	Lokomotive	1915	88
											Z. d. V. d. I.	1910	846
											Garbe, 1. Aufl.	1907	447
											„ 2. „	1920	407
11	Schwedische Staatsbahn . .	590	620	1750	12,0	2,6	152,7	44,8	70,2	47,7	Lokomotive	1915	164
12	Zentralbahn von New Jersey	585	711	1752	14,0	7,55	215,0	44,5	98,0	75,0	Lokomotive	1914	60
13	St.Louis- und Südwest-Bahn .	559	711	1755	14,1	4,6	230,0	49,3	95,0	75,0	Organ	1919	48
14	Österreich-Ungarische Staats-eisenbahn-Gesellschaft . .	550	650	1820	12,0	3,1	156,9	38,4	60,5	40,05	Schw. Bauztg.	1918	221
											Lokomotive	1908	94
15	Ungarische Staatsbahn . . .	550	650	1826	12,0	3,09	152,8	34,0	64,02	43,25	Lokomotive	1913	217
16	London- und Südwest-Bahn .	533	711	1829	12,7	2,79	178,92	36,6	—	—	Organ	1914	415
17	Chicago Große West-Bahn .	660	711	1855	10,5	4,6	219,0	42,48	90,0	66,0	Lokomotive	1915	261
18	South Eastern Railway †) .	508	660	1860	11,25	2,14	169,2	50,6	72,8	54,6	Engineer	1913	412
19	Englische Nordostbahn . . .	508	660	1861	11,25	2,14	169,17	50,61	72,85	54,51	Organ	1914	49
20	Dänische Staatsbahn	570	670	1866	12,0	2,62	172,8	44,2	69,0	48,0	Lokomotive	1913	49
											Organ	1919	31
											Garbe, 2. Aufl.	1920	467
21	Sächsische Staatsbahn . . .	610	630	1885	12,0	2,84	171,66	47,10	72,7	47,7	Lokomotive	1913	250
22	Great Eastern Railway . . .	508	660	1980	12,65	2,46	151,6	26,6	65,0	44,7	Engineer	1912	621
23	Nord Brabant-Deutsche Eisenbahn-Gesellschaft*) . . .	510	660	1981	13,4	2,59	118,2	36,5	61,6	43,0	Organ	1912	362
											Lokomotive	1916	93
											Garbe, 2. Aufl.	1920	465
24	London- und Südwest-Bahn .	559	711	2007	12,65	2,79	157,02	28,61	—	—	Organ	1918	243
											Engineer	1918	28
25	Englische Große Zentral-Bahn	546	660	2057	—	2,42	220,82	40,88	76,46	57,41	Organ	1913	442

*) Innenzylinder.   †) Gleichstromzylinder.   [1] Schmalspur.

Hauptabmessungen sowie Quellenangabe

Nummer	Name der Besitzer	Zylinder-Durchmesser mm	Kolbenhub mm	Triebrad-Durchmesser mm	Kesseldruck Atm.	Rostfläche qm	Heizfläche qm	Überhitzer-Heizfläche qm	Dienstgewicht t	Reibungsgewicht t	Schrifttum	Jahr	Seite
	2 C - Vierlingslokomotiven:												
1	Niederländische Staatsbahn	400	660	1850	12,25	3,44	210,7	27,5	70,0	48,0	Lokomotive	1914	103
2	Sächsische Staatsbahn	430	630	1885	12,0	2,77	146,13	43,8	73,3	49,0	Lokomotive	1913	241
3	Niederländische Zentral-Eisenbahn-Gesellschaft	400	640	1900	12,25	3,44	210,7	27,5	71,2	48,0	Lokomotive	1914	103
4	Rumänische Staatsbahn	420	650	1900	13,0	4,0	254,4	60,6	89,0	48,0	Hanomag N.	1918	13
5	Preußische Staatsbahn	430	630	1980	14,0	2,8	153,3	61,6	80,0	50,4	Lokomotive	1915	109
											Glaser, Bd. 70	1912	2
											Z. d. V. d. I.	1911	465
											Garbe, 2. Aufl.	1920	391
6	Belgische Staatsbahn	435	610	1980	14,0	3,01	152,8	41,5	84,8	54,8	Lokomotive	1918	30
7	Belgische Staatsbahn	445	640	1980	14,0	3,18	155,31	37,8	81,3	53,3	Z. d. V. d. I.	1911	489
											Glaser, Bd. 68	1911	173
											Génie civil	1910	372
8	Französische Staatsbahn	430	640	2040	12,0	2,78	136,07	43,03	71,5	48,9	Lokomotive	1914	277
											Organ	1913	150
9	London-Nordwest-Bahn	407	660	2045	12,25	2,83	169,2	38,5	78,93	59,89	Lokomotive	1914	145
											Organ	1914	66
10	Englische Große Zentralbahn	406	660	2057	12,65	2,42	170,56	31,86	79,15	58,07	Engineer	1918	28
											Organ	1918	274
	2 C - Drillingslokomotiven:												
1	Schweizer Bundes-Bahnen	470	660	1780	12,0	2,6	135,1	37,6	66,8	45,4	Lokomotive	1908	51
											Organ	1912	230
2	Preußische Staatsbahn	500	630	1980	14,0	2,82	153,09	61,5	80,32	52,05	Lokomotive	1915	152
											Z. d. V. d. I.	1916	274
											Garbe, 2. Aufl.	1920	400
	2 C - Vierzylinder-Verbundlokomotiven:												
1	Französische Nordbahn	380/550	640	1750	16,0	2,72	164,13	40,03	70,82	51,01	Lokomotive	1914	271
2	Schweizer Bundes-Bahn	425/630	660	1780	13,0	2,6	135,1	37,6	68,9	45,7	Lokomotive	1908	49
3	Sächsische Staatsbahn	430/680	630	1885	15,0	2,75	146,26	41,0	74,5	48,1	Lokomotive	1913	244
4	Französische Westbahn	380/550	640	1940	15,0	2,75	153,5	37,5	69,7	50,0	Lokomotive	1908	210
5	Preußische Staatsbahn	400/610	660	1980	15,0	2,95	163,51	58,5	82,69	50,99	Lokomotive	1911	63
											Glaser, Bd. 74	1914	4
6	Preußische Staatsbahn	400/610	660	1980	15,0	3,12	164,68	58,5	83,95	52,04	Lokomotive	1915	151
											Glaser, Bd. 74	1914	86
											Garbe, 2. Aufl.	1920	393
7	Belgische Staatsbahn	360/620	680	1981	15,5	3,0	176,0	41,5	83,0	55,5	Lokomotive	1909	101
											Z. d. V. d. I.	1907	1379
8	Französische Ostbahn	390/590	680	2090	16,0	3,16	158,86	37,25	71,58	53,11	Lokomotive	1914	270
	2 C 1 - Zwillingslokomotiven:												
1	Sudanbahn[1]	457	610	1372	12,65	2,09	87,83	27,14	54,92	34,39	Engineer	1911	100
											Organ	1912	231
2	Holländ. Staatsbahn auf Java[1]	450	600	1500	12,0	2,3	129,0	39,0	53,0	30,0	Engineering	1911	667
											Organ	1912	158
3	Buenos Aires u. Pacific-Bahn	533	660	1702	10,55	2,51	148,36	40,41	82,52	53,49	Engineering	1911	414
4	Richmond, Fredericksburg u. Potomac-Bahn	660	711	1727	14,0	6,2	390,64	90,58	132,9	85,28	Organ	1912	231
											Railw.A.-G., Bd.59	1915	1129
5	Chesapeake—Ohio-Bahn	686	711	1752	13,0	7,48	416,7	92,3	142,0	85,2	Organ	1916	238
											Lokomotive	1916	165
6	Nashville, Chattanooga und St. Louis-Bahn	584	711	1753	13,0	4,87	268,58	55,0	99,6	65,1	Railw.A.-G., Bd.58	1915	976
											Organ	1915	361
7	Carolina, Clinchfield und Ohio-Bahn	635	762	1573	14,0	5,0	369,92	88,72	127,14	80,24	Railw.A.-G., Bd.57	1914	1005
											Organ	1917	68

[1] Schmalspur.

für sonstige bemerkenswerte Veröffentlichungen über Heißdampflokomotiven.

Nummer	Name der Besitzer	Zylinder-Durchmesser mm	Kolbenhub mm	Triebrad-Durchmesser mm	Kesseldruck Atm.	Rostfläche qm	Heizfläche qm	Überhitzer-Heizfläche qm	Dienst-gewicht t	Reibungs-gewicht t	Schrifttum	Jahr	Seite
8	Chesapeake und Ohio-Bahn	686	711	1753	13,0	7,74	416,08	92,06	133,13	86,64	Railw.A.-G., Bd.57	1914	1185
											Organ	1917	168
9	Delaware und Hudson-Bahn	610	711	1753	14,4	9,22	361,94	73,95	141,8	86,84	Railw.A.-G., Bd.57	1914	1185
10	Nashville, Chattanooga und St. Louis-Bahn	635	711	1829	12,6	6,18	355,0	78,0	117,8	75,0	Organ	1917	282
											Lokomotive	1916	45
11	Südbahn der U. S. A.	610	711	1842	13,0	5,0	284,0	48,6	106,0	64,5	Lokomotive	1914	57
12	Neu Orléans u. Texas-Pacificbahn	610	711	1842	13,0	5,0	284,0	48,6	106,5	65,0	Lokomotive	1914	57
13	Amerikan. Große Nordbahn	597	762	1854	14,8	4,95	285,76	59,46	113,94	68,36	Railw.A.-G., Bd.57	1914	1047
14	Delaware, Lackawanna und Westbahn	686	711	1854	14,0	8,48	341,87	70,6	138,57	89,5	Organ	1917	151
											Railw.A.-G., Bd.59	1915	1185
15	Atchison, Topeka und Santa Fé-Bahn	660	660	1855	14,1	6,2	413,0	91,0	131,0	78,3	Organ	1917	183
											Organ	1917	236
16	Delaware, Lackawanna und Westbahn	635	711	1855	14,0	8,8	360,0	76,0	131,0	84,3	Railw.A.-G., Bd.58	1915	793
											Organ	1916	319
											Lokomotive	1914	57
17	Chicago, Burlington u. Quincy-Bahn	686	711	1880	12,7	5,45	312,52	69,77	120,84	76,98	Railw.A.-G., Bd.57	1914	657
											Railw.A.-G., Bd.59	1915	275
											Organ	1916	53
18	Chicago und Nordwest-Bahn	635	711	1905	13,3	4,9	306,0	64,0	113,4	70,0	Lokomotive	1912	9
											Engineer	1911	28
19	Michigan-Zentralbahn	559	660	1905	14,0	5,28	308,0	62,5	112,0	70,5	Lokomotive	1914	55
20	Père Marquette-Bahn	559	711	1956	14,1	4,08	253,81	51,75	99,79	64,64	Railway A.-G.	1912	169
											Organ	1913	58
21	Union Pacific-Bahn	635	711	1956	14,06	6,54	368,44	75,71	124,06	75,52	Railw.A.-G., Bd.58	1915	781
											Organ	1917	18
22	Lehigh Valley-Bahn	635	711	1956	15,0	8,1	347,82	75,43	118,92	73,46	Railway A.-G.	1914	473
23	Amerikanische Lokomotivbau-Gesellschaft	686	711	2006	12,32	5,55	375,0	83,0	122,3	78,3	Organ	1914	347
											Lokomotive	1912	181
24	Erie-Bahn	685	711	2007	13,0	6,12	351,0	73,5	130,3	80,0	Lokomotive	1914	74
25	New York Zentralbahn	597	711	2016	14,0	5,28	318,5	70,0	122,0	78,0	Lokomotive	1912	11
26	Vandalia-Bahn	610	660	2032	14,0	5,25	340,0	70,0	118,0	75,0	Lokomotive	1914	57
27	Pennsylvania-Bahn	686	711	2032	14,4	6,5	374,9	107,2	138,3	90,7	Organ	1914	441
28	Philadelphia und Reading-Bahn	635	711	2032	14,06	8,78	271,83	60,57	124,1	80,24	Garbe, 2. Aufl.	1920	534
											Railw.A.-G., Bd.61	1916	147
											Organ	1917	32
29	Pennsylvania-Bahn	660	660	2034	14,5	5,15	342,0	78,5	132,0	85,0	Lokomotive	1918	85

2 C 1 - Vierlingslokomotiven:

Nummer	Name der Besitzer	Zylinder-Durchmesser mm	Kolbenhub mm	Triebrad-Durchmesser mm	Kesseldruck Atm.	Rostfläche qm	Heizfläche qm	Überhitzer-Heizfläche qm	Dienst-gewicht t	Reibungs-gewicht t	Schrifttum	Jahr	Seite
1	Ungarische Staatsbahn	430	660	1826	12,0	4,85	261,9	53,3	86,0	48,0	Lokomotive	1913	121
											Organ	1913	19
2	Rumänische Staatsbahn	420	650	1855	13,0	4,0	254,4	60,6	89,0	48,0	Hanomag N.	1918	13
											Organ	1914	201
3	Belgische Staatsbahn	500	660	1980	14,0	5,0	240,0	62,0	102,0	57,0	Z. d. V. d. I.	1911	549
											Engineering	1911	525
											Génie civil	1910	372
											Garbe, 2. Aufl.	1920	471
4	Italienische Staatsbahn	450	680	2030	12,0	3,5	210,0	67,0	87,3	51,0	Lokomotive	1911	129
											Organ	1912	125
5	Englische Westbahn	381	660	2045	15,75	3,86	263,8	50,5	98,8	61,0	Engineer	1912	459
											Lokomotive	1908	114

2 C 1 - Vierzylinder-Verbundlokomotiven:

Nummer	Name der Besitzer	Zylinder-Durchmesser mm	Kolbenhub mm	Triebrad-Durchmesser mm	Kesseldruck Atm.	Rostfläche qm	Heizfläche qm	Überhitzer-Heizfläche qm	Dienst-gewicht t	Reibungs-gewicht t	Schrifttum	Jahr	Seite
1	Niederländ. Staatsb. auf Java[1]	340/520	580	1600	14,0	2,7	126,2	43,0	65,3	36,7	Organ	1919	183
2	Madrid—Zaragoza—Alicante-Bahn	400/620	650	1750	16,0	4,2	195,5	53,5	84,5	48,0	Organ	1915	384
3	Spanische Nordbahn	370/570	640	1750	16,0	4,1	185,27	56,0	76,5	47,0	Lokomotive	1915	7
											Organ	1915	383
4	Württembergische Staatsbahn	420/620	612	1800	15,0	3,95	208,0	53,0	85,0	47,6	Lokomotive	1911	145

[1] Schmalspurbahn.

Garbe, Dampflokomotiven. 2. Aufl.

Nummer	Name der Besitzer	Zylinder-Durchmesser mm	Kolbenhub mm	Triebrad-Durchmesser mm	Kesseldruck Atm.	Rostfläche qm	Heizfläche qm	Überhitzer-Heizfläche qm	Dienst-gewicht t	Reibungs-gewicht t	Schrifttum	Jahr	Seite
5	Badische Staatsbahn	425/610	650	1800	16,0	4,5	208,7	50,0	88,0	48,0	Lokomotive	1908	21
											Garbe, 2. Aufl.	1920	475
6	Ungarische Staatsbahn ...	410/650	660	1826	16,0	4,85	261,9	53,8	88,4	48,0	Lokomotive	1913	121
7	Paris—Orleans-Bahn	420/640	650	1850	16,0	4,27	214,57	64,43	91,45	53,06	Glaser, Bd. 68	1911	175
											Z. d. V. d. I.	1911	551
8	Atchison, Topeka und Santa Fé-Bahn	445/737	711	1854	14,8	5,3	308,9	74,9	125,42	72,98	Génie civil	1909	145
											Organ	1914	16
											„	1914	391
9	Bayerische Staatsbahn ...	425/650	610/670	1870	15,0	4,5	218,42	50,0	88,0	48,0	Lokomotive	1908	181
10	Schwedische Staatsbahn ..	420/630	660	1880	13,0	3,6	190,3	56,7	87,8	48,0	Lokomotive	1915	57
11	Französische Südbahn ...	400/620	650	1940	16,0	4,0	214,57	64,43	91,3	54,0	„	1915	166
											Glaser, Bd. 68	1911	175
											Z. d. V. d. I.	1911	553
12	Paris—Lyon—Mittelmeer-Bahn	440/650	650	2000	16,0	4,25	201,98	64,5	92,6	55,2	Dingler	1911	257
											Organ	1914	16
											„	1914	287
											Lokomotive	1914	267
											Génie civil	1913	67
											Engineering	1913	666
13	Elsaß-Lothringen	380/600	660	2040	15,0	3,5	200,21	38,5	82,6	75,5	Lokomotive	1909	124

2 C 2 - Vierzylinder-Verbundlokomotiven:

Nummer	Name der Besitzer	Zylinder-Durchmesser mm	Kolbenhub mm	Triebrad-Durchmesser mm	Kesseldruck Atm.	Rostfläche qm	Heizfläche qm	Überhitzer-Heizfläche qm	Dienst-gewicht t	Reibungs-gewicht t	Schrifttum	Jahr	Seite
1	Französische Nordbahn ...	440/620	640/730	2037	16,0	4,28	362,3	62,0	102,0	54,0	Organ	1912	90
											Z. d. V. d. I.	1911	793

D - Zwillingslokomotiven:

Nummer	Name der Besitzer	Zylinder-Durchmesser mm	Kolbenhub mm	Triebrad-Durchmesser mm	Kesseldruck Atm.	Rostfläche qm	Heizfläche qm	Überhitzer-Heizfläche qm	Dienst-gewicht t	Reibungs-gewicht t	Schrifttum	Jahr	Seite
1	Moskau—Kasan-Bahn	575	650	1220	12,0	3,03	163,38	40,35	64,4	64,4	Z. d. V. d. I.	1909	481
2	Louisville und Nashville-Bahn	597	762	1295	11,95	4,92	221,02	48,77	99,34	99,34	Railw.A.-G., Bd.61	1916	998
											Organ	1917	252
3	Preußische Staatsbahn ...	600	660	1350	12,0	2,39	137,5	40,4	57,27	57,27	Garbe, 1. Aufl.	1907	449
											Z. d. V. d. I.	1909	481
											Lokomotive	1910	145
4	Preußische Staatsbahn ...	600	660	1350	14,0	2,63	144,42	51,88	67,93	67,93	Lokomotive	1916	1
											Glaser, Bd. 75	1914	52
											Garbe, 2. Aufl.	1920	414
5	Preußische Staatsbahn [1]) ..	600	660	1350	12,0	2,35	153,0	40,4	59,2	59,2	Organ	1912	235
											Z. d. V. d. I.	1911	979
											Lokomotive	1911	175
6	Preußische Staatsbahn [2]) ..	600	660	1350	12,0	2,3	128,5	31,5	67,86	67,86	Lokomotive	1915	213
											Glaser, Bd. 70	1912	115
											Garbe, 2. Aufl.	1920	195
7	Preußische Staatsbahn †) ..	600	660	1350	12,0	2,35	137,91	38,97	57,75	57,75	Z. d. V. d. I.	1910	2089
											Lokomotive	1910	151
											Organ	1910	320
8	Schwedische Staatsbahn ..	500	640	1388	12,0	2,08	103,3	28,0	50,0	50,0	Lokomotive	1915	170

1 D - Zwillingslokomotiven:

Nummer	Name der Besitzer	Zylinder-Durchmesser mm	Kolbenhub mm	Triebrad-Durchmesser mm	Kesseldruck Atm.	Rostfläche qm	Heizfläche qm	Überhitzer-Heizfläche qm	Dienst-gewicht t	Reibungs-gewicht t	Schrifttum	Jahr	Seite
1	Piräus—Athen—Peloponnes-Eisenb.-Gesellsch.[3]) ...	470	550	1020	11,0	2,16	116,8	36,0	45,0	38,0	Garbe, 2. Aufl.	1920	503
2	Holländ. Staatsb. auf Java[4])	485	510	1106	12,0	2,25	93,2	30,4	47,3	39,8	Lokomotive	1918	87
3	Norsk—Hoved—Jernbane in Norwegen	560	640	1250	12,0	2,62	146,8	40,2	67,2	57,2	Lokomotive	1912	116
4	Südwales-Staatsbahn	559	660	1295	10,55	2,77	167,17	32,53	69,8	62,5	Engineer	1912	498
											Organ	1913	224
5	Kanton—Hankow-Eisenbahn	559	660	1295	11,25	3,69	170,85	39,01	72,39	65,05	Railw.A.-G., Bd.61	1916	406
											Organ	1917	117
6	West Maryland-Bahn	635	762	1295	14,06	5,69	292,43	55,22	110,9	98,7	Railw.A.-G., Bd.57	1914	103
											Organ	1914	443

†) Gleichstromzylinder. [1]) Ventilsteuerung. [2]) Wasserrohrkessel. [3]) Spurweite 1000 mm. [4]) Spurweite 1067 mm.

für sonstige bemerkenswerte Veröffentlichungen über Heißdampflokomotiven.

Nummer	Name der Besitzer	Zylinder-Durchmesser mm	Kolbenhub mm	Triebrad-Durchmesser mm	Kesseldruck Atm.	Rostfläche qm	Heizfläche qm	Überhitzer-Heizfläche qm	Dienstgewicht t	Reibungsgewicht t	Schrifttum	Jahr	Seite
7	Österreichische Staatsbahn	570	632	1300	13,0	3,87	183,7	38,3	68,0	57,3	Lokomotive	1918	77
											Organ	1919	46
8	Schweizer. Bundes-Bahnen	570	640	1330	12,0	2,44	141,0	37,6	67,7	58,2	Schw. Bauztg.	1911	149
											Organ	1912	125
9	Portugiesische Staatsbahn[1]	560	630	1330	12,0	2,84	145,87	45,8	64,55	55,7	Garbe, 2. Aufl.	1920	478
10	Rumänische Staatsbahn	600	660	1350	13,0	2,89	195,56	47,73	76,06	65,45	Organ	1912	236
											Lokomotive	1911	151
11	Italienische Staatsbahn	540	700	1360	12,0	2,8	152,3	43,3	66,5	56,9	Verk.-Techn. W.	1912	381
											Dingler	1912	305
											Organ	1912	236
12	San Paolobahn in Brasilien[1]	546	660	1370	14,0	2,65	145,3	34,7	75,9	67,2	Lokomotive	1918	102
13	Smyrna—Cassaba-Bahn	530	660	1400	12,0	2,4	141,05	33,0	63,05	51,5	Garbe, 2. Aufl.	1920	481
14	Sommerset—Dorset-Bahn	533	711	1410	13,4	2,64	122,7	33,4	66,0	57,16	Engineer	1914	448
											Lokomotive	1917	4
15	Englische Midland-Bahn	533	711	1410	13,4	2,64	122,72	33,44	65,79	59,91	Engineer	1914	443
16	Amerikanische Loks für die französischen Bahnen	533	711	1422	13,4	3,04	155,67	39,01	84,33	76,2	Engineer	1917	458
											Génie civil	1917	381
											Organ	1918	99
17	Père Marquette-Bahn	635	762	1448	12,7	5,25	263,84	51,1	103,87	93,44	Railway A.-Gaz.	1912	169
18	Lake Superior und Ishpenning-Bahn	660	762	1448	13,0	5,36	338,43	78,41	121,56	107,96	Railw.A.-G., Bd.60	1916	1327
											Organ	1917	32
19	Eisenbahnen von Viktoria	559	711	1524	14,06	2,97	190,63	34,28	82,8	74,17	Organ	1919	206
20	Spanische Nordbahn[1]	610	650	1560	12,0	3,0	200,51	52,56	75,0	62,0	Lokomotive	1912	151
21	Eriesee Westbahn	685	813	1600	14,0	5,25	296,0	54,0	111,5	100,0	Lokomotive	1914	63
22	Delaware und Hudson-Eisenbahn	685	813	1600	13,7	9,3	353,0	73,0	132,9	121,3	Organ	1919	48
											Schw. Bauztg.	1918	221
23	Italien. Staatsbahn (Sizilien)*)	580	720	1630	—	3,5	—	—	71,0	58,0	Engineer	1912	655
											Organ	1913	442

1 D - Verbundlokomotiven:

1	Sächsische Staatsbahn	530/770	630	1240	15,0	3,17	154,8	42,2	72,0	60,8	Lokomotive	1913	182

1 D - Vierzylinder-Verbundlokomotiven:

1	Bayerische Staatsbahn	400/620	610/640	1270	16,0	3,3	178,9	61,7	76,0	69,0	Organ	1917	329
2	Badische Staatsbahn	395/635	640	1350	16,0	3,75	195,2	50,0	78,2	67,7	Organ	1912	43
											"	1909	27
3	Gotthardbahn	395/635	640	1350	15,0	4,07	233,15	45,0	76,4	62,2	Lokomotive	1909	133
											Z. d. V. d. I.	1908	1922
4	Paris—Lyon—Mittelmeer-Bahn	400/580	650	1500	16,0	2,98	149,75	38,63	70,74	61,2	Schw. Bauztg.	1907	235
											Lokomotive	1914	272
											Organ	1914	33
5	Französische Nordbahn	420/570	640/700	1550	16,0	3,12	212,98	45,0	82,39	72,28	Lokomotive	1914	276

1 D - Drillingslokomotiven:

1	Preußische Staatsbahn	520	660	1400	14,0	3,43	166,91	58,48	82,5	68,0	Eisenbahnbau	1920	50

1 D 1 - Zwillingslokomotiven:

1	Otavi-Eisenbahn[2]	400	450	860	12,0	1,55	83,8	22,7	33,7	26,0	Verk.-Techn. W.	1912	185
											Organ	1913	245
2	Virginia-Eisenbahn	660	813	1422	12,0	5,3	405,0	84,5	136,0	104,0	Schw. Bauztg.	1914	67
											Railway A.-Gaz.	1912	20
3	Hocking-Tal-Bahn	736	711	1422	12,0	6,2	376,0	77,5	146,0	111,0	Schw. Bauztg.	1914	67
4	Chesapeake und Ohio-Bahn	737	711	1422	12,0	6,2	373,3	77,3	141,75	109,0	Lokomotive	1914	68
5	Nashville—Chatanooga und St. Louis-Bahn	635	762	1473	12,65	6,19	353,39	78,04	119,9	93,0	Railw.A.-G., Bd.58	1915	976
											Organ	1915	361

*) Innenzylinder. [1]) Spurweite 1676 mm. [2]) Schmalspur.

Nummer	Name der Besitzer	Zylinder-Durchmesser mm	Kolbenhub mm	Triebrad-Durchmesser mm	Kesseldruck Atm.	Rostfläche qm	Heizfläche qm	Überhitzer-Heizfläche qm	Dienst-gewicht t	Reibungs-gewicht t	Schrifttum	Jahr	Seite
6	Griechenland	584	660	1524	12,0	3,22	188,67	42,55	85,05	59,78	Railw.A.-G., Bd.59	1915	1009
7	Missouri, Kansas und Texas-Bahn	673	762	1549	12,7	5,35	338,0	77,0	129,0	97,0	Organ	1916	271
											Lokomotive	1914	64
8	Pennsylvania-Bahn	686	762	1575	14,4	6,5	374,9	107,2	142,9	108,0	Railw.A.-G., Bd.57	1914	12
											Organ	1914	441
9	Missouri–Pacific-Bahn	686	762	1600	12,0	5,02	266,44	51,84	124,74	95,03	Railway A.-G.	1912	55
10	Monon Route, Chicago, Indianapolis und Louisville-Eisenbahn	711	762	1600	12,0	5,05	365,0	75,5	129,0	97,0	Organ	1912	362
											Lokomotive	1914	65
11	Grand Trunk-Eisenbahn	685	762	1600	12,25	5,25	338,0	70,0	128,0	97,0	Lokomotive	1914	64
12	New York-, Zentral- und Hudsonfluß-Bahn	635	813	1600	12,7	5,25	380,0	81,8	128,5	97,5	Lokomotive	1914	65
13	Elgin, Joliet und Ostbahn	711	762	1600	13,0	5,3	405,0	88,5	139,1	106,0	Lokomotive	1914	64
14	Seeufer- u. Michigan-Südbahn	685	762	1600	13,3	5,52	440,0	101,0	145,0	111,0	Lokomotive	1914	66
15	Delaware, Lackawanna und Westbahn	711	762	1600	12,7	5,85	450,0	102,0	142,0	107,0	Lokomotive	1914	66
16	Chicago, Rock Island und Pacific-Bahn	711	762	1600	12,7	5,85	392,0	80,0	145,0	108,0	Lokomotive	1914	65
17	Atchison, Topeka und Santa Fé-Bahn	686	813	1600	17,58	6,22	428,64	100,89	137,86	101,58	Organ	1914	182
											Engineer	1918	458
											Organ	1918	368
18	Chicago, Große Westbahn	686	762	1600	13,15	6,5	380,84	81,75	126,0	99,0	Railw.A.-G., Bd.57	1914	796
											Lokomotive	1914	65
19	Illinois-Zentralbahn	686	762	1600	12,3	6,5	377,92	101,54	128,75	99,02	Railway A.-Gaz.	1911	585
											Organ	1912	250
20	Erie-Bahn	711	813	1600	12,0	6,5	382,5	97,5	146,0	107,0	Lokomotive	1914	68
											„	1912	272
21	Amerikan. Große Nordbahn	711	813	1600	12,0	7,34	448,49	98,47	130,18	99,79	Railway A.-Gaz.	1911	1214
											Organ	1913	41
22	Delaware, Lackawanna Westbahn	711	762	1625	12,7	5,9	395,0	89,0	145,6	115,4	Organ	1919	48
23	Chicago, Burlington und Quincy-Bahn	711	813	1626	12,65	7,25	429,85	89,28	137,62	104,78	Schw. Bauztg.	1918	221
											Organ	1913	382
											Railway A.-Gaz.	1912	1045

1 D 1 - Vierzylinder-Verbundlokomotiven:

Nummer	Name der Besitzer	Zylinder-Durchmesser mm	Kolbenhub mm	Triebrad-Durchmesser mm	Kesseldruck Atm.	Rostfläche qm	Heizfläche qm	Überhitzer-Heizfläche qm	Dienst-gewicht t	Reibungs-gewicht t	Schrifttum	Jahr	Seite
1	Österreichische Staatsbahn	450/690	680	1614	15,0	4,6	191,1	49,4	86,65	58,0	Lokomotive	1914	237
											Organ	1915	328
2	Paris–Lyon–Mittelmeer-Bahn	510/720	650/700	1650	16,0	4,25	219,08	70,63	93,33	69,5	Génie civil	1914	109
											Organ	1916	304

2 D - Zwillingslokomotiven:

Nummer	Name der Besitzer	Zylinder-Durchmesser mm	Kolbenhub mm	Triebrad-Durchmesser mm	Kesseldruck Atm.	Rostfläche qm	Heizfläche qm	Überhitzer-Heizfläche qm	Dienst-gewicht t	Reibungs-gewicht t	Schrifttum	Jahr	Seite
1	Madrid–Zaragossa–Alicante-Bahn	580	660	1400	12,0	3,9	217,6	60,6	78,55	58,3	Garbe, 2. Aufl.	1920	485
2	Österreichische Südbahn	610	650	1740	14,0	4,47	217,9	75,4	84,9	58,4	Lokomotive	1915	269
3	Kaschau–Oderberg-Bahn	610	650	1740	14,0	4,47	217,9	75,4	86,17	59,96	Lokomotive	1918	201
											Organ	1919	95

2 D - Vierlingslokomotiven:

Nummer	Name der Besitzer	Zylinder-Durchmesser mm	Kolbenhub mm	Triebrad-Durchmesser mm	Kesseldruck Atm.	Rostfläche qm	Heizfläche qm	Überhitzer-Heizfläche qm	Dienst-gewicht t	Reibungs-gewicht t	Schrifttum	Jahr	Seite
1	Norwegische Staatsbahn	380	600	1330	12,0	2,7	149,2	37,8	63,18	47,28	Lokomotive	1910	275

2 D - Vierzylinder-Verbundlokomotiven:

Nummer	Name der Besitzer	Zylinder-Durchmesser mm	Kolbenhub mm	Triebrad-Durchmesser mm	Kesseldruck Atm.	Rostfläche qm	Heizfläche qm	Überhitzer-Heizfläche qm	Dienst-gewicht t	Reibungs-gewicht t	Schrifttum	Jahr	Seite
1	Spanische Nordbahn	400/620	640	1560	16,0	4,1	184,67	56,0	78,7	61,0	Lokomotive	1915	8
2	Madrid–Zaragossa–Alicante-Bahn	420/640	650	1600	16,0	4,1	201,13	57,0	79,0	60,0	Organ	1915	296
											Garbe, 2. Aufl.	1920	484

2 D 1 - Zwillingslokomotiven:

Nummer	Name der Besitzer	Zylinder-Durchmesser mm	Kolbenhub mm	Triebrad-Durchmesser mm	Kesseldruck Atm.	Rostfläche qm	Heizfläche qm	Überhitzer-Heizfläche qm	Dienst-gewicht t	Reibungs-gewicht t	Schrifttum	Jahr	Seite
1	Natalbahn[1]	610	610	1156	11,25	3,29	224,54	33,26	78,0	57,46	Railway A.-Gaz.	1911	509
											Organ	1912	158
2	Südafrikan. Staatsbahnen[1]	559	660	1219	13,0	3,35	219,0	46,8	90,94	65,4	Lokomotive	1914	73

[1]) Spurweite 1067 mm.

für sonstige bemerkenswerte Veröffentlichungen über Heißdampflokomotiven. 821

Nummer	Name der Besitzer	Zylinder-Durchmesser mm	Kolbenhub mm	Triebrad-Durchmesser mm	Kesseldruck Atm.	Rostfläche qm	Heizfläche qm	Überhitzer-Heizfläche qm	Dienstgewicht t	Reibungsgewicht t	Schrifttum	Jahr	Seite
3	Eisenbahn in Rhodesien¹)	508	660	1372	12,7	2,97	141,85	45,34	76,76	52,0	Engineer	1913	248
											Organ	1913	467
4	Südafrikan. Staatsbahnen¹)	546	711	1372	12,7	3,44	212,93	51,46	87,74	63,35	Engineer	1913	490
											Organ	1914	219
5	Chesapeake und Ohio-Bahn	736	711	1574	12,7	6,2	389,8	78,5	149,7	108,4	Schw. Bauztg.	1918	221
											Lokomotive	1914	59
6	Amerikan. Große Nordbahn	711	813	1575	12,7	7,25	421,78	99,87	147,87	98,88	Railw.A.-G., Bd.57	1914	1047
7	Chicago, Rock Island und Pacific-Eisenbahn	711	711	1752	13,0	5,81	382,9	87,8	151,0	101,5	Organ	1917	151
											Lokomotive	1915	45
											Organ	1915	344
8	Seabord Air Line	686	711	1753	13,4	5,25	345,13	80,36	143,34	95,48	Railw.A.-G., Bd.59	1915	87
											Organ	1917	152
9	Kanadische Pacific-Bahn	597	813	1778	14,06	5,54	340,67	70,6	129,73	87,09	Railw.A.-G., Bd.59	1915	862
											Organ	1917	187
10	Amerikanische Südbahn	685	711	1950	13,4	6,2	341,0	87,5	142,6	95,2	Organ	1919	48
											Schw. Bauztg.	1918	221
	E - Zwillingslokomotiven:												
1	Sächsische Staatsbahn	620	630	1240	12,0	3,29	168,58	44,0	69,6	69,6	Lokomotive	1913	184
2	Schwedische Staatsbahn	700	640	1300	12,0	3,15	196,0	58,9	84,8	84,8	Lokomotive	1913	275
											Garbe, 2. Aufl.	1920	486
3	Österreichische Südbahn	590	632	1310	14,0	3,42	150,6	29,7	69,1	69,1	Lokomotive	1914	191
4	Prinz-Heinrich-Bahn	630	650	1320	12,0	3,5	182,8	50,0	74,6	74,6	Lokomotive	1914	17
											Organ	1914	346
5	Preußische Staatsbahn	630	660	1400	12,0	2,62	149,64	53,0	71,49	71,49	Glaser, Bd. 72	1913	26
											Garbe, 1. Aufl.	1907	456
											„ 2. „	1920	417
	E - Verbundlokomotiven:												
1	Sächsische Staatsbahn	590/860	630	1240	13,0	3,29	200,6	20,82	70,6	70,6	Lokomotive	1913	185
2	Österreichische Staatsbahn	590/850	632	1258	14,0	3,42	150,2	34,0	69,4	69,4	Lokomotive	1911	73
	E - Vierzylinder-Verbundlokomotiven:												
1	Bayerische Staatsbahn	425/650	610/640	1270	16,0	3,7	206,0	47,0	77,5	77,5	Organ	1912	235
											Lokomotive	1911	217
											Z. d. V. d. I.	1911	978
	1 E - Zwillingslokomotiven:												
1	Sfax—Gaffa-Bahn in Tunis²)	540	580	1100	12,0	2,33	132,0	34,9	56,0	48,76	Lokomotive	1916	131
2	Russische Staatsbahn	635	711	1321	12,7	5,99	241,63	52,3	88,91	79,38	Railw.A.-G., Bd.59	1915	474
											Organ	1916	172
3	Bône—Guelma-Eisenbahn in Tunis	620	650	1400	12,0	2,76	144,07	41,08	73,0	65,3	Lokomotive	1916	126
											Organ	1914	584
4	Österreichische Südbahn	610	720	1450	14,0	4,47	208,3	58,3	82,22	70,1	Lokomotive	1912	241
											Z.d.öst.I.u.A.V.	1912	693
	1 E - Drillingslokomotiven:												
1	Kaiserl. Ottomanische Bahn	560	600	1250	13,0	4,5	241,35	80,88	91,29	82,57	Z. d. V. d. I.	1918	781
											Organ	1919	109
2	Preußische Staatsbahn	560	660	1400	14,0	3,28	213,94	78,48	98,8	84,9	Glaser, Bd. 78	1916	203
											Organ	1916	285
3	Preußische Staatsbahn	570	660	1400	14,0	3,9	195,0	68,4	93,0	80,0	Organ	1919	153
											Garbe, 2. Aufl.	1920	421
	1 E - Vierlingslokomotiven:												
1	Schweizer. Bundes-Bahnen	470	640	1330	13,0	3,7	221,2	57,5	85,3	75,6	Schw. Bauztg.	1914	235
											Organ	1914	417
2	Belgische Staatsbahn	500	660	1450	14,0	5,1	238,95	62,0	104,2	87,8	Lokomotive	1914	265
											„	1918	63

¹) Spurweite 1067 mm.   ²) Spurweite 1000 mm.

Nummer	Name der Besitzer	Zylinder-Durchmesser mm	Kolbenhub mm	Triebrad-Durchmesser mm	Kesseldruck Atm.	Rostfläche qm	Heizfläche qm	Überhitzer-Heizfläche qm	Dienstgewicht t	Reibungsgewicht t	Schrifttum	Jahr	Seite
						1 E - Vierzylinder-Verbundlokomotiven:							
1	Schweizer. Bundes-Bahnen . . .	470/710	640	1330	15,0	3,7	211,3	54,5	85,8	76,1	Schw. Bauztg.	1914	235
2	Österreichische Staatsbahn . .	390/630	720	1410	16,0	4,6	191,1	49,4	80,4	70,0	Organ Lokomotive	1914 1910	417 1
3	Bulgarische Staatsbahn	430/720	720	1450	15,0	4,5	201,85	50,0	83,8	70,59	„ Organ	1911 1916	201 323
4	Paris—Orléans-Bahn	460/660	620/650	1550	16,0	3,8	201,2	55,4	85,2	77,7	Lokomotive Organ Garbe, 2. Aufl.	1914 1911 1920	273 387 492
						1 E 1 - Zwillingslokomotiven:							
1	Atchison, Topeka und Santa Fé-Bahn	711	813	1448	12,0	5,44	405,69	84,54	134,22	113,3	Engineer Organ	1913 1914	167 128
2	New York, Ontario und West-bahn	711	813	1450	13,4	7,5	418,0	93,0	160,0	135,0	Railw.A.-G., Bd.60 Organ	1916 1919	887 48
3	Baltimore und Ohio-Bahn . . .	762	813	1475	14,1	8,2	517,0	124,0	184,2	152,8	Railw.A.-G., Bd.57 Organ	1914 1919	242 48
4	Chicago, Burlington und Quincy-Bahn	762	813	1524	12,25	8,16	480,0	90,0	171,0	136,0	Lokomotive Railw.A.-G., Bd.57	1914 1914	32 387
5	Denver und Rio Grande-Bahn	787	813	1600	13,71	8,18	448,9	123,46	194,37	153,09	Engineer Organ	1918 1918	82 163
6	Erie-Bahn	787	813	1600	14,06	8,81	460,7	118,37	181,89	152,18	Railw.A.-G., Bd.60 Organ	1917 1917	887 374
						1 F - Vierzylinder-Verbundlokomotiven:							
1	Württembergische Staatsbahn .	510/760	650	1350	15,0	4,2	233,0	80,0	104,5	91,3	Organ	1918	124
2	Österreichische Staatsbahn . .	450/760	680	1410	16,0	5,0	249,0	47,0	95,77	82,17	Garbe, 2. Aufl. Z. d. V. d. I. Lokomotive	1920 1911 1911	493 1783 241
						Gelenklokomotiven:							
1	C+C	Japan. Staatsbahn . .	420/650	610	1245	14,0	2,1	135,37	37,5	67,85	67,85	Garbe, 2. Aufl.	1920	513
2	C+C	Kanad. Pacific-Bahn .	4×508	660	1473	14,0	5,48	466,67	50,91	153,0	153,0	Organ	1914	16
3	1 C+C	Südafrikanische Bahn[1]	419/660	610	1080	14,0	3,72	166,0	43,0	86,5	78,0	Lokomotive Organ	1914 1914	141 362
4	1 C+C	Südafrikanische Bahn[1]	457/724	660	1156	14,0	3,95	206,0	54,0	96,5	87,0	Lokomotive Organ	1914 1914	141 362
5	1 C+C	Ungar. Staatsbahn . .	520/850	660	1440	15,0	5,09	271,2	79,7	109,36	96,94	Lokomotive Organ	1917 1917	99 388
6	1 C+C 1	Boston u. Albany-Bahn	557/984	813	1448	14,0	5,2	408,5	89,5	160,0	136,0	Lokomotive	1914	70
7	1 C+C 1	New York und Zentral-u. Hudsonfluß-Bahn	546/864	813	1448	14,0	5,25	408,11	89,77	160,6	136,8	Organ Railway A.-Gaz.	1913 1911	442 1054
8	1 C+C 1	Chesapeake und Ohio-Bahn	559/889	813	1448	15,75	6,72	470,5	84,5	193,0	162,0	Lokomotive Organ	1914 1912	70 404
9	D+D	Südküsten u. Michigan-Südbahn	660/1016	711	1295	15,5	7,52	486,33	114,73	211,34	211,34	Railway A.-Gaz. Organ	1914 1914	1335 442
10	D+D	Delaware und Hudson-Eisenb.-Gesellschaft	660/1041	711	1295	15,5	9,29	520,0	92,9	207,0	207,0	Lokomotive Organ	1914 1912	70 56
11	1 D+D	Baltimore u. Ohio-Bahn	660/1041	813	1473	14,76	8,19	542,16	131,45	220,27	209,79	Railw.A.-G., Bd.61 Organ	1916 1917	145 235

[1] Spurweite 1076 mm.

für sonstige bemerkenswerte Veröffentlichungen über Heißdampflokomotiven. 823

Nummer	Name der Besitzer	Zylinder-Durchmesser mm	Kolbenhub mm	Triebrad-Durchmesser mm	Kesseldruck Atm.	Rostfläche qm	Heizfläche qm	Überhitzer-Heizfläche qm	Dienstgewicht t	Reibungsgewicht t	Schrifttum	Jahr	Seite
12	1 D+D 1 Nashwille, Chattanooga und St. Louis-Bahn	686/1041	762	1422	14,8	7,9	504,7	117,2	212,92	195,18	Railw. A.-Gaz. Organ	1916 1917	985 52
13	1 D+D 1 Virginische Eisenbahn	.711/1118	813	1422	13,0	9,28	635,0	122,0	244,0	216,0	Lokomotive Organ Garbe, 2. Aufl.	1914 1913 1920	70 209 527
14	1 D+D 1 Amerikanische Große Nordbahn	711/1067	813	1600	14,8	7,28	598,84	127,09	204,12	190,51	Organ	1913	442
15	1 D+D+D 1 Erie-Bahn	6×/914	813	1600	14,7	8,37	636,0	147,0	386,8	345,3	Glaser, Bd. 81 Organ Lokomotive Garbe, 2. Aufl.	1917 1915 1914 1920	39 124 213 529
16	1 D+D+D 2 Virginische Eisenbahn	6×/863,5	812,8	1422	15,0	10,0	755,0	190,0	382,0	329,6	Organ Schw. Bauztg. Z. d. V. d. I.	1919 1917 1917	48 221 501
17	1 E+E 1 Atchison, Topeka und Santa Fé-Bahn	711/965	812	1448	15,8	7,62	610,4	216,0	279,0	249,0	Lokomotive Garbe, 2. Aufl.	1915 1920	240 528
	1 A - Tenderlokomotiven:												
1	Lokalbahn A.-G. München	250	400	930	12,0	0,6	28,9	7,8	18,9	11,8	Lokomotive	1908	150
2	Dampfwagen der Pilatusbahn¹)	235	300	409	12,0	0,38	16,5	3,3	13,2	—	Garbe, 2. Aufl.	1920	537
	B - Tenderlokomotiven:												
1	Tramweg—Maatschapij—Zutghen—Emmerich*)	240	300	750	14,0	0,4	13,13	6,1	14,9	14,9	Organ Garbe, 2. Aufl.	1917 1920	215 496
2	Bayerische Staatsbahn	265	2×280	990	12,0	0,83	35,5	6,5	21,0	21,0	Lokomotive	1906	141
3	Dampfwagen der bayerischen Staatsbahn	200	2×260	990	12,0	0,87	41,17	6,95	18,2 + 50 t Wg.	18,2	Lokomotive	1906	142
4	Bayerische Staatsbahn*)	305	400	1006	12,0	0,6	28,5	7,9	22,0	22,0	Lokomotive	1906	159
	1 B 1 - Tenderlokomotiven:												
1	Bayerische Staatsbahn	440	540	1546	12,0	1,7	77,0	19,2	57,0	32,0	Lokomotive	1906	156
	1 B 2 - Tenderlokomotiven:												
1	Bayerische Staatsbahn	500	560	1640	12,0	1,96	89,1	20,2	71,0	32,0	Lokomotive	1906	154
	2 B 1 - Tenderlokomotiven:												
1	Belgische Staatsbahn*)	470	610	1800	12,5	2,5	80,55	17,5	61,0	—	Glaser, Bd. 72 „ „ 57 Lokomotive	1913 1905 1918	50 35 9
2	Holländische Eisenb.-Gesellsch.*)	457	610	1803	10,55	2,04	78,6	21,0	62,3	29,6	Lokomotive	1910	51
3	North Staffordshire Railway*)	508	660	1830	11,25	1,97	94,8	24,25	—	—	Engineer Organ	1912 1912	306 427
4	London, Brighton u. South Coast Railway*)	533	660	2006	11,25	2,23	90,7	28,3	74,2	37,6	Engineer „	1909 1910	10 327
	C - Tenderlokomotiven:												
1	Straßenbahn-Gesellschaft Breskens—Maldeghem	340	370	850	12,0	0,735	30,2	14,2	21,7	17,8	Garbe, 2. Aufl.	1920	500
2	Bukowinaer Lokalbahn	400	500	987	12,0	1,3	63,8	13,5	37,0	37,0	Lokomotive	1911	39
3	Stubbeköbing, Nykobing—Nysted-Bahn in Dänemark	400	550	1100	12,0	1,15	58,08	25,8	36,25	36,25	Organ Lokomotive	1919 1918	127 192
4	Maschinenbau-Anstalt Humboldt	480	550	1100	13,0	1,34	80,9	38,2	48,3	48,3	Garbe, 2. Aufl.	1920	502
5	Bukowinaer Lokalbahn	460	540	1100	12,0	1,5	73,52	16,0	42,0	42,0	Lokomotive	1909	59
6	Dänische Staatsbahn	406	610	1251	12,0	1,33	49,9	26,2	38,14	38,14	Organ Schw. Bauztg.	1919 1918	31 52
7	Preußische Staatsbahn	500	600	1350	12,0	1,48	68,5	17,9	45,5	45,5	Garbe, 1. Aufl.	1907	451

*) Innenzylinder.   ¹) Spurweite 800 mm (Zahnbahn).

Nummer	Name der Besitzer	Zylinder-Durchmesser mm	Kolbenhub mm	Triebrad-Durchmesser mm	Kesseldruck Atm.	Rostfläche qm	Heizfläche qm	Überhitzer-Heizfläche qm	Dienstgewicht t	Reibungsgewicht t	Schrifttum	Jahr	Seite
					1 C-Tenderlokomotiven:								
1	Furka-Bahn (Zahn-Lok.)	2×420 2×560	480 540	910	14,0	1,4	66,61	17,2	42,02	35,94	Organ	1917	186
2	Preußische Staatsbahn	540	630	1500	12,0	1,75	107,81	33,4	66,32	50,83	Glaser, Bd. 76 Garbe, 1. Aufl. „ 2. „	1915 1907 1920	151 454 426
					1 C-Verbund-Tenderlokomotiven:								
1	Bayerische Lokalbahn A.-G. München	370 560	500	1090	12,0	1,3	57,73	11,95	34,9	27,0	Lokomotive	1905	3
2	Österreichische Staatsbahn	400 570	570	1100	13,0	1,42	58,9	13,5	43,4	32,6	Lokomotive	1912	265
					C 1-Tenderlokomotiven:								
1	San Miquel-Minen-Bahn[1]	350	340	680	14,0	0,875	42,1	14,23	25,5	21,0	Lokomotive	1912	138
2	Niederösterreichische Landesbahn[2]	340	400	820	13,0	1,03	48,88	8,51	27,3	22,3	Lokomotive	1910	226
3	Bayerische Staatsbahn (Zahn-Lok.)	4×460	508	1006	12,0	1,8	70,01	37,02	58,0	46,5	Garbe, 2. Aufl.	1920	536
					1 C 1-Tenderlokomotiven:								
1	Württembergische Staatsbahn	500	612	1450	12,0	1,93	109,8	34,5	69,6	43,6	Lokomotive	1911	37
2	Schweizerische Bundesbahn	520	600	1520	12,0	2,3	120,2	33,1	74,9	48,4	Schw. Bauztg. Organ	1911 1912	333 323
3	Schwedische Staatsbahn	500	580	1530	11,5	1,84	79,05	20,45	62,6	41,9	Lokomotive	1915	169
4	Sächsische Staatsbahn	550	600	1570	12,0	2,3	122,26	36,2	77,6	48,4	Lokomotive Organ	1913 1914	255 237
5	Badische Staatsbahn	540	640	1600	12,0	2,06	106,11	40,75	77,95	49,65	Lokomotive	1918	143
6	Ungarische Staatsbahn	500	650	1606	13,0	2,28	101,5	29,8	71,63	43,2	Lokomotive „ Organ	1917 1918 1918	1 41 386
					1 C 1-Verbund-Tenderlokomotiven:								
1	Österreichische Staatsbahn	450 650	720	1575	14,0	2,0	96,0	18,8	69,0	43,2	Lokomotive	1913	169
					2 C-Tenderlokomotiven:								
1	London u. Nordwest-Eisenbahn*)	508	660	1740	12,3	2,22	100,82	23,2	78,2	44,7	Engineer	1911	654
2	Preußische Staatsbahn	575	630	1750	12,0	1,85	132,53	39,7	75,74	46,3	Glaser, Bd. 70 Lokomotive	1912 1909	175 126
					2 C 1-Tenderlokomotiven:								
1	Österreichische Staatsbahn	475	720	1614	13,0	2,7	142,7	36,8	80,2	43,2	Lokomotive	1918	97
2	Österreichische Südbahn	475	720	1614	13,0	2,7	140,8	36,7	80,152	43,152	Lokomotive Organ	1915 1918	65 304
3	London u. Nordwest-Bahn	508	660	1740	12,3	2,22	100,83	23,06	78,24	44,71	Engineer Organ	1911 1912	654 210
4	Kaledonische Eisenbahn	495	660	1753	11,95	2,0	140,84	18,58	93,48	—	Engineer Organ	1918 1918	28 242
5	London, Brighton u. Südküsten-Eisenbahn	534	660	2019	11,25	2,33	141,6	31,7	87,4	56,9	Lokomotive	1912	251
					1 C 2-Tenderlokomotiven:								
1	Deli Spoorweg	390	550	1300	12,0	2,0	78,24	20,5	48,29	25,68	Lokomotive	1918	100
2	Buenos Aires—Midlandbahn	432	610	1372	10,6	1,49	75,52	19,15	57,97	—	Railw. A.-Gaz. Organ	1914 1915	19 56

*) Innenzylinder.   [1]) Spurweite 600 mm.   [2]) Spurweite 760 mm.

für sonstige bemerkenswerte Veröffentlichungen über Heißdampflokomotiven. 825

Nummer	Name der Besitzer	Zylinder-Durchmesser mm	Kolbenhub mm	Triebrad-Durchmesser mm	Kesseldruck Atm.	Rostfläche qm	Heizfläche qm	Überhitzer-Heizfläche qm	Dienst-gewicht t	Reibungs-gewicht t	Schrifttum	Jahr	Seite
3	Bayerische Staatsbahn ..	530	560	1500	13,0	2,34	146,0	35,0	92,0	48,0	Verk.-Techn.W. Organ Z. d.V. d. I.	1912 1912 1911	381 235 1015
4	Bern—Neuenburg-Bahn ..	425	640	1600	12,0	3,0	166,84	42,4	87,89	52,8	Schw. Bauztg. Organ	1913 1914	250 270
5	Südost u. Chatam-Bahn ..	483	711	1829	14,06	2,32	127,55	18,86	83,93	53,6	Engineer Organ	1917 1918	287 162

2 C 2 -Tenderlokomotiven:

1	Manila-Eisenbahn[1])	432	609	1219	11,2	1,71	89,47	23,9	64,31	32,65	Organ	1915	264
2	Holländische Staatsbahn auf Java[1])	450	550	1350	12,0	1,86	104,3	30,8	63,11	33,54	Organ Schw. Bauztg.	1919 1918	32 52
3	Grand Trunk-Bahn	533	660	1600	14,1	4,37	171,96	32,24	118,8	66,2	Railw.A.G.,Bd.58 Organ	1915 1915	629 280
4	Preußische Staatsbahn ..	560	630	1650	12,0	2,39	138,61	49,2	105,03	46,47	Glaser, Bd. 76 Garbe, 2. Aufl.	1915 1920	153 441
5	Französische Nordbahn ..	540	600	1664	12,0	2,2	131,43	30,69	86,0	48,0	Lokomotive	1913	163

2 C 2 -Vierlings-Tenderlokomotiven:

1	Belgische Staatsbahn ...	420	640	1800	12,0	3,15	139,62	30,15	122,2	55,2	Lokomotive	1918	71

D -Tenderlokomotiven:

1	Preußische Staatsbahn[2]) ..	400	400	820	13,0	1,05	38,94	17,67	32,36	32,36	Garbe, 2. Aufl.	1920	444
2	Semerang—Joana-Spoor-weg[3])	380	400	850	—	1,2	42,7	13,3	30,0	30,0	Lokomotive	1918	106
3	Schweizerische Bundes-bahnen	470	600	1230	13,0	1,5	75,9	39,5	55,7	55,7	Organ Schw. Bauztg.	1918 1918	225 173
4	Mailänder Nordbahn ...	550	600	1320	12,0	2,4	115,0	32,0	65,8	65,3	Lokomotive	1918	104

D -Verbund-Tenderlokomotiven:

1	Österreichische Staatsbahn .	440 650	570	1140	13,0	1,6	75,8	20,0	52,0	52,0	Lokomotive	1912	169

1 D -Tenderlokomotiven:

1	Österreichische Staatsbahn[1])	330	400	800	13,0	1,25	50,47	15,53	36,45	29,7	Lokomotive Organ	1912 1912	83 427

1 D 1 -Tenderlokomotiven:

1	Valdresbahn Norwegen ..	420	520	1050	12,0	1,52	71,3	17,5	46,16	32,0	Lokomotive	1915	31
2	Thunersee-Bahn	570	640	1330	12,0	2,25	141,1	41,0	82,0	60,0	Schw. Bauztg. Organ	1911 1913	257 178
3	Preußische Staatsbahn ..	600	660	1350	12,0	2,5	133,64	51,47	94,41	63,03	Glaser, Bd. 76 Organ Garbe, 2. Aufl.	1915 1916 1920	148 411 432
4	Niederländische Staatsbahn	520	660	1400	12,0	2,33	131,4	38,2	88,0	60,0	Lokomotive Garbe, 2. Aufl.	1914 1920	78 507
5	Paris—Orleans-Bahn ...	600	650	1400	12,0	2,73	200,74	37,09	92,7	—	Organ Schw. Bauztg.	1913 1912	361 82
6	Französische Ostbahn ...	550	660	1580	14,0	2,42	127,15	36,32	87,59	58,55	Lokomotive	1914	274

1 D 1 -Drillings-Tenderlokmotiven:

1	Preußische Staatsbahn ..	490	630	1350	15,0	3,65	183,4	66,0	101,0	68,0	Z. d.V. d. I.	1913	702

1 D 2 -Tenderlokomotiven:

1	Cordoba- und Nordostbahn	520	600	1200	12,0	2,8	120,7	36,0	80,6	54,0	Garbe, 2. Aufl.	1920	510

2 D -Tenderlokomotiven:

1	Französische Südbahn ...	630	640	1600	12,0	3,1	163,2	44,6	95,7	72,0	Lokomotive	1914	275

[1]) Schmalspur.   [2]) Spurweite 785 mm.   [3]) Spurweite 1067 mm.

Nummer	Name der Besitzer	Zylinder-Durchmesser mm	Kolbenhub mm	Triebrad-Durchmesser mm	Kesseldruck Atm.	Rostfläche qm	Heizfläche qm	Überhitzer-Heizfläche qm	Dienstgewicht t	Reibungsgewicht t	Schrifttum	Jahr	Seite
	D 2-Tenderlokomotiven:												
1	Niederösterreichische Landesbahn[1)	410	450	900	13,0	1,6	72,3	23,0	45,0	30,0	Lokomotive	1906	124
	2 D 2-Vierzylinder-Verbund-Tenderlokomotiven:												
1	Spanische Nordbahn . . .	400/620	640	1560	16,0	3,17	150,89	48,25	99,2	63,5	Lokomotive / Organ	1915 / 1913	9 / 357
	E-Tenderlokomotiven:												
1	Preußische Staatsbahn[2]) . .	450	450	820	13,0	1,4	49,52	21,5	40,0	40,0	Garbe, 2. Aufl.	1920	448
2	Sächsische Staatsbahn . .	620	630	1240	12,0	2,27	136,4	41,46	77,0	77,0	Lokomotive	1913	186
3	Preußische Staatsbahn . .	610	660	1350	12,0	2,25	136,47	41,4	76,6	76,6	Lokomotive / Z. d. V. d. I. / Garbe, 1. Aufl.	1907 / 1907 / 1907	205 / 1783 / 456
4	Preußische Staatsbahn . .	610	660	1350	12,0	2,25	132,93	45,3	80,82	80,82	Glaser, Bd. 76 / Lokomotive / Garbe, 2. Aufl.	1915 / 1915 / 1920	150 / 208 / 436
5	Paris—Orléans- und französische Südbahn	636	660	1350	12,0	2,7	141,3	44,2	57,0	57,0	Lokomotive / Revue gén. / Z. d. V. d. I.	1908 / 1909 / 1909	232 / 3 / 1962
	1 E-Tenderlokomotiven:												
1	Gewerkschaft Altenberg . .	640	640	1250	12,0	3,25	182,0	52,0	96,5	85,0	Garbe, 2. Aufl.	1920	488
	1˙E 1-Tenderlokomotiven:												
1	Französische Ostbahn . . .	630	660	1350	12,75	3,08	169,69	65,61	118,22	89,57	Organ / Lokomotive / Génie civ.	1917 / 1917 / 1913	266 / 37 / 225
	1 F 1-Tenderlokomotiven:												
1	Holländische Staatsbahn auf Java[3])	540	510	1102	12,0	2,6	167,5	36,0	74,6	57,0	Lokomotive / Z. d. V. d. I. / Garbe, 2. Aufl.	1912 / 1912 / 1920	211 / 1885 / 511
	Gelenklokomotiven:												
1	2 B1+1 B2 TasmanischeStaatsbahn[4]) . . .	305	508	1524	11,25	3,15	156,63	30,94	96,07	48,77	Engineering / Organ	1912 / 1913	355 / 466
2	C+C Sächs. Staatsbahn .	440/680	630	1400	15,0	2,5	127,2	40,9	92,2	92,2	Organ	1918	269
3	2 C1+1 C2 TasmanischeStaatsbahn[4]) . . .	381	559	1067	11,25	3,15	156,63	30,94	91,43	57,86	Engineering / Organ	1912 / 1913	355 / 466
4	D+D Bayer. Staatsbahn	520/800	640	1216	15,0	4,25	214,86	55,39	122,5	122,5	Lokomotive / Glaser, Bd. 74	1914 / 1914	117 / 190

[1]) Spurweite 760 mm. [2]) Spurweite 785 mm. [3]) Spurweite 1067 mm, [4]) Schmalspur.

2. Quellenangabe bemerkenswerter Veröffentlichungen über Heißdampflokomotiven
(nach dem Erscheinen der ersten Auflage dieses Werkes im Jahre 1907).

Achilles, Über das Übersetzungsverhältnis bei Dampflokomotiven. Glaser 1914, Bd. 74, S. 222.
Andrée, Der Lokomotivrahmen als starrer Balken auf federnden Stützen. Eisenbau 1916, Nr. 9.
Anger, Das deutsche Eisenbahnwesen in der Internationalen Industrie- und Gewerbeausstellung Turin 1911. Z. d. V. D. I. 1911, S. 1516, 1555, 1600, 1632, 1722.
— Erhöhung der Wirtschaftlichkeit des Zugförderungsdienstes auf Grund von Versuchen mit Lokomotiven im Betriebe der preußisch-hessischen Staatsbahnen. Organ 1911, S. 1—5, 21—24, 37—41, 55—60, 75—79, 95—99.
— Das deutsche Eisenbahnwesen auf der baltischen Ausstellung in Malmö. Z. d. V. d. I. 1915, S. 233 u. f.
Aston, Oil burning locomotives (Über die Eigenschaften des Rohöls, die Bauart der Lokomotiven, insbesondere Feuerbüchsen und Brenner. Betriebsleistungen und Betriebskosten). Engng. 1911, S. 841.
Bach, Über die Entstehung der Risse in der Rohrwand von Lokomobilen und ähnlichen Kesseln. Z. d. V. d. I. 1913, S. 461.
Bachellery, Note sur les Machines à vapeur surchauffée à dix roues accouplées de la Compagnie des Chemins de Fer du Midi. Revue générale. Juli 1909, S. 3—12.
Baum, Einiges über Dampflokomotiven. (Verbesserungen an Aschkasten, Funkenfänger, Wasserabscheider, Heißdampf-Verbundwirkung.) Verkehr-Woche 1915, S. 531.
Becher, Entlastung für Kolbenschieber. Z. d. V. d. I. 1913, S. 184.
Berg, Berechnung der Gegengewichte für die Drehmassen eines Lokomotivrades mit zwei Innen- und zwei Außenzylindern. Graphisches Verfahren zum Zusammenstellen der Einzelgewichte. Organ 1913, S. 435.
Bernard, Note sur l'entretien des tiroirs cylindriques des locomotives de la Compagnie d'Est (Über Bemessung, Einbau, Prüfung und Schmierung der Schieber). Revue générale 1912, S. 364.
Bernsdorff, Vorrichtung zum Abpressen der Kreuzköpfe. Organ 1917, S. 95—96.
Beyer, Factors in the selection of locomotives in relation to the economies of railway operation. Journ. Am. Soc. Mech. Eng. 1913, S. 3.
Bonnes, Notes sur la réparation des cylindres de locomotive. Revue générale 1913, S. 3.
Both, Die Überhitzung im modernen Lokomotivbau. Lokomotive 1907, S. 11 u. f.; 1908, S. 54 u. f.; 1909, S. 128; 1910, S. 92 u. f.; 1911, S. 251 u. f.
Brecht, Die Ausnutzung des Reibungsgewichts bei Eisenbahnfahrzeugen. E. K. u. B. 1914, S. 277.
Brislee, Combustion processes in English locomotive fire-boxes. Engng. 1908, S. 950—54.
Brückmann, Studien über Heißdampflokomotiven, entworfen und ausgeführt von der Berliner Maschinenbau A.-G. vorm. L. Schwartzkopff. Z. d. V. d. I. 1908, S. 1201 u. f.
Buschbaum, 2 B-Personenzug-Verbund-Lokomotive der oldenburgischen Staatseisenbahn mit Lentz-Ventilsteuerung, Dampftrockner und Anfahrvorrichtung der Bauart Ranafier. Organ 1909, S. 372 u. f.
Busse, Erfahrungen mit Flußeisenblechen für Lokomotivfeuerbüchsen. Z. d. V. d. I. 1916, S. 992.
— Kolbendruck-Schaulinien und Anfahrvorrichtung 2 B 1-Vierzylinder-Schnellzug-Verbund-Lokomotiven der dänischen Staatsbahnen. Organ 1909, S. 186—88.
Christiansen, Die theoretische Bedeutung der Anfahrbeschleunigung für die Leistungsfähigkeit einer Stadtschnellbahn. Glaser 1919, Bd. 85, S. 25 u. f.
Courtin, Die vierzylindrige $^3/_6$-gek. Verbund-Schnellzuglokomotive der badischen Staatsbahn. Z. d. V. d. I. 1908, S. 567.
Cowan u. Trevithick, Some offects of superheating and feed-water heating on locomotive working. Proc. Inst. Mech. Eng. 1913, S. 345.
Dalby, Characteristic dynamical diagrames for the motion of a train during the accelerating and retarding periode. Proc. Inst. Mech. Eng. 1912, III—IV, S. 877.
Dauner, Versuchsfahrten mit 2 C 1-Vierzylinder-Verbund-Heißdampf-Lokomotiven der württembergischen Staatsbahnen. Z. d. V. d. I. 1911, S. 833.
Davies, Air resistens to trains in tube tunnels (Über den Luftwiderstand von Fahrzeugen im Tunnel. Schaubilder.) Proc. Am. Soc. Eng. 1912, S. 363.
Dietz, Widerstand der Eisenbahnfahrzeuge in Gleisbogen. Glaser 1908, Bd. 62, S. 190 u. f.
Döhne, Über Druckwechsel und Stöße bei Maschinen mit Kurbeltrieb. Z. d. V. d. I. 1912, S. 836.
Donner, Neuere belgische und französische Schnellzuglokomotiven. Z. d. V. d. I. 1908, S. 1363 u. f.
Düvel, Ein neuartiger Überhitzer für lokomobile Kessel und Lokomotiven. Z. Dampfk. Maschbtr. 1912, S. 19.

Eisenbahn-Zentralamt, Berlin, Versuche mit Dampflokomotiven der Preußischen Eisenbahn-Verwaltung im Jahre 1913. Glaser 1917, Bd. 80, S. 37 u. f. Glaser 1917, Bd. 81, S. 4 u. f.
Ericson, Verhoop-Steuerung für Dampflokomotiven. Z. d. V. d. I. 1916, S. 725.
Farland, Draft arrangements on locomotives (Über den Arbeitsverlust durch Auspuff von Dampf verhältnismäßig hoher Spannung). Eng. News 1912, S. 1168.
Farmakowsky, Beitrag zur Lehre von der Dampfüberhitzung in Lokomotiven. Verkehrst. Woche 1912, S. 718 u. f.
Fekl, Untersuchung der Bedingungen für den geringsten Arbeitsverbrauch beim Bahnbetrieb. El. u. Maschinenb. 1912, S. 513 u. f.
Felsenstein, Über Heißdampflokomotiven mit ein- und zweistufiger Dehnung. Lokomotive 1907, S. 181.
Fermé, Note sur la tenue des chaudières de locomotive a voie étroite. Rev. Méc. 1909, S. 545.
Fleck, Das Verkehrswesen auf der internationalen Industrie- und Gewerbe-Ausstellung in Turin 1911. Verkehrst. Woche 1912, S. 381 u. f.
Fort u. Houlet, Note sur le surchauffeur système Churchward des locomotives du Great Western Railway. Revue générale, Aug. 1910, S. 125—31.
Fränkel, Verstärkung von Lokomotiven. Organ 1910, S. 291.
Frederking, Reinigen von Kesselrohren. Organ 1918, S. 83.
Fry, Combustion and heat balances in locomotives. Engng., 3. April 1908, S. 454—58. Engng., 10. April 1908, S. 494—98.
— The performance of a four cylinder locomotive. Engineer, 10. April 1908, S. 371—72.
— Combustion and heat absorption in locomotive boillers. Engng., 19. Febr. 1909, S. 237—39. Engng., 5. März 1909, S. 307—09.
— Some recent train resistance formulae. Engineer, 2. April 1909, S. 335—36.
— Locomotive proportions. Engineer 1911, S. 377.
— Heat balances in locomotive boilers. Engng. 1911, S. 841.
— Steam action in locomotive cylinder (Ergebnisse von Versuchen in Pennsylvanien. Dampfverbrauch und Leistung bei Satt- und Heißdampf). Engng. 1913, S. 1, 93.
— Locomotive and train acceleration (Einfaches graphisches Verfahren zum Ermitteln der verfügbaren Beschleunigungskräfte). Engineer 1913, S. 462 u. f.
Gaudy, Vierachsiger Dynamometerwagen der schweizerischen Bundesbahnen. Schweiz. Bauz. 1914, S. 41.
v. Glinski, Bewegungswiderstände von Eisenbahnwagen beim Anfahren. Lokomotive 1915, S. 199.
— Der Bewegungswiderstand der Eisenbahnfahrzeuge. Glaser 1918, Bd. 83, S. 48 u. f.
Goss, Tests of a Jacobs Shupert boiler (Vergleich mit gewöhnlicher Feuerbüchse). Engng. 1913, S. 581.
Graf, Berechnung der Deckenträger für Lokomobilfeuerbüchsen. Bayer. Rev.-Ver. 1913, S. 165, 179.
— Vor- und Nachteile der Schmelzpfropfen für Dampfkessel. Bayer. Rev.-Ver. 1912, S. 74.
Guillery, Die Heißdampflokomotive Bauart Schmidt im Auslande. Z. d. V. d. I. 1908, S. 1962.
— Die Eisenbahnbetriebsmittel auf der Brüsseler Weltausstellung. Organ 1911, S. 223 u. f.
— Das Eisenbahnverkehrswesen auf der Weltausstellung Turin 1911. Organ 1912, S. 215 u. f.
— Das Eisenbahnverkehrswesen auf der Weltausstellung in Gent. Organ 1914, S. 227 u. f.
Gutbrod, Selbsttätige Rostbeschicker auf amerikanischen Lokomotiven. Verkehrst. Woche 1912, S. 429 u. f.
Haider, Torf als Brennstoff für Lokomotiven. Glaser 1917, Bd. 81, S. 103.
Hallard, Essais d'essieux coudés à flasques évidés (système Frémont) sur le réseau des Chemins de Fer du Midi. Revue générale 1908, S. 385—90.
Hammer, Die Entwicklung des Lokomotivparks bei den preußisch-hessischen Staatseisenbahnen. Glaser 1912, Bd. 70, S. 2 u. f.
— Neuerungen an Lokomotiven der preußisch-hessischen Staatseisenbahnen. Glaser 1913, Bd. 73, S. 117, 136. Glaser 1914, Bd. 74, S. 4, 86; Bd. 75, S. 13, 49, 125. Glaser 1915, Bd. 70, S. 148, 186; Bd. 77, S. 221. Glaser 1916, Bd. 78, S. 2, 39.
— Über die Verwendung von Flußeisen zu Lokomotiv-Feuerbüchsen. Glaser 1915, Bd. 76, S. 129.
Heumann, Zum Verhalten von Eisenbahnfahrzeugen in Gleisbogen. Organ 1913, S. 104, 118, 136, 158.
— Über die Beanspruchung der Zapfen und Stangenschäfte des Triebwerks der Lokomotiven. Organ 1915, S. 109 u. f.
Holden, Note on the application of liquid fuel to the engines of the Great Eastern Railway Company. Proc. Inst. Civ. Eng. 1910/11, Bd. 3, S. 340.
Holcroft, Überblick über die bisher gebauten Dreizylinderlokomotiven. Engineer 1919, S. 473—74.
Höhn, Versuch mit Kamin und Blasrohr an Lokomotiven. Schweiz. Bauz. 1907, S. 10—12.
Höhne, Über Anfahrvorrichtungen an Drei- u. Vierzylinder-Lokomotiven. Schweiz. Bauz. 1910, S. 65—66.
Hönigsberger, Teerölfeuerung für Lokomotiven. Z. Dampfk. Maschbtr. 1910, S. 83.
Hoppe, Anfahrvorrichtungen für Lokomotiven. Glaser 1910, Bd. 78, S. 85 u. f.
Hughes, Compounding and superheating in Horwich locomotvies. Engng. 1910, S. 357 u. f.
Jacobs, Über die nutzbare Leistung von Güterzug-Lokomotiven und ihr Verhältnis zur Kolbendruckleistung. Organ 1915, S. 370 u. f.

Jahn, Die Abhängigkeit des Kohlenverbrauchs der Lokomotiven von der Zylinderleistung. Organ 1912, S. 115, 129.
— Ein Beitrag zur Lehre von den Gegengewichten der Lokomotive. Organ 1911, S. 163 u. f.
— Die geschichtliche Entwicklung der grundlegenden Anschauungen im Lokomotivbau. Glaser 1914, Bd. 74, S. 121; 1915, Bd. 76, S. 28.
— Die Lage der Stützpunkte des Lokomotivrahmens bei Verwendung von Ausgleichhebeln. Glaser 1914, Bd. 74, S. 185.
— Die Ursachen der Schlaglochbildung an Lokomotiven. Organ 1914, S. 133; 1915, S. 307.
— Über die Verwendung von Flußeisen zu Lokomotiv-Feuerbüchsen. Glaser 1915, Bd. 77, S. 5.
Johnston, A consideration of British express locomotive disign. Engineer 1913, S. 215 u. f.
Jrotschek, Einfluß der Bremswirkung auf die Feder und Schienendrücke der Lokomotive. Glaser 1918, Bd. 83, S. 38. Glaser 1919, Bd. 85, S. 9, 82.
Keller, Beanspruchung eines Lokomotivzylinderdeckels mit über die Dichtfläche frei herausragenden Schraubenflanschen. Z. d. V. d. I. 1917, S. 526.
Kempf, Berechnung der Kurbelstangen bei Lokomotiven. Glaser 1912, Bd. 11, S. 114.
— Kurvenbewegliche Tenderlokomotive für 785 mm Spur. Einstellung von Lokomotiven mit 2 und 3 beweglichen Achsen. Glaser 1913, Bd. 72, S. 222.
— Bestimmung der Leistungsgrenze für Kleinbahn- und Rangier-Lokomotiven. Glaser 1917, Bd. 81, S. 133.
— Über den Einfluß der Größe der Dampfzylinder und der Güte des Brennmaterials auf die Leistung der Lokomotiven. Glaser 1918, Bd. 83, S. 96—98.
Kittel, Flußeisenbleche für Lokomotivfeuerbüchsen. Z. d. V. d. I. 1916, S. 745.
Klug, Flußeiserne Feuerkisten. Z. d. V. d. I. 1917, S. 109.
— Die Jacobs-Shupert-Feuerkiste. Z. Dampfk. Maschbtr. 1912, S. 201.
— Über das Verdampfungsgesetz des Lokomotivkessels. Organ 1911, S. 8 u. f.
Köchy, Das Verdampfungsgesetz des Lokomotivkessels. Organ 1913, S. 177 u. f.
Kölsch, Schaulinien der Dampfverteilung bei Verbundlokomotiven. Organ 1913, S. 197 u. f.
Kraft, Feuerung mit Ölrückständen bei den rumänischen Staatsbahnen. Organ 1912, S. 219.
Krauss, Selbsttätiger Druckausgleich bei Lokomotivzylindern. Glaser 1912, S. 133.
Krisa, Herstellung von Kolbenringen. Lokomotive 1912, S. 245.
Kummer, Das Rollmaterial der schweizerischen Bundesbahnen in der Landesausstellung in Bern. Schweiz. Bauz. 1915, S. 1, 18.
— Über Drehmoment und Geschwindigkeitsverluste am Radumfang von Eisenbahnfahrzeugen. Schweiz. Bauz. 1918, S. 215—16.
Kunze, Die Kunze-Knorr-Bremse für Schnellzüge, für Personen- und Güterzüge. Glaser 1918, Bd. 82, S. 53 u. f.
Lacke, Neuere Personenzug-Lokomotiven in England. Organ, 1. Juni 1909, S. 206—10.
— 2 C-Vierzylinder-Lokomotive der Lancashire- und Yorkshire-Bahn. Organ, 1. Okt. 1910, S. 308—09.
Landsberg, Bemerkungen über den Zusammenbau der Lokomotiven. Glaser 1915, Bd. 77, S. 181.
Langrod, Mittelwerte der Geschwindigkeit, des Fahrwiderstandes und der Leistung. Organ 1914, S. 458.
— Temperaturmessung des überhitzten Dampfes. Lokomotive 1914, S. 8.
— Über die gleichmäßigste Achsbelastung bei Lokomotiven. Organ 1912, S. 221.
Lanz, Über Zugkräfte, Leistungen und Geschwindigkeiten bei Dampflokomotiven. Schweiz. Bauz. 1910, S. 103.
Lassiter, Improved methods in finishing staybolts and straight and tapered bolts as used in locomotives. Journ. Am. Soc. Mech. Eng., Juni 1910, S. 1037—45.
Liechty, Triebdrehgestelle für Lokomotiven und Wagen. Glaser 1916, Bd. 78, S. 22, 47.
— Der Funkenwurf der Lokomotiven und die Mittel zu dessen Verhütung. Glaser 1910, Bd. 66, S. 199.
Lihotzky, Über die Wahl der Hauptabmessungen von Dampflokomotiven. Z. d. österr. Ing.- u. Arch.-Ver. 1915, S. 289—92.
— Kritische Betrachtungen über das Zucken der Lokomotiven. Lokomotive 1907, S. 149, 211.
Lindemann, Das Wogen und Nicken der Lokomotive. Glaser 1907, Bd. 60, S. 2—5.
— Das Wogen und Nicken der Lokomotive unter Berücksichtigung der dämpfenden Wirkung der Federn. Glaser 1907, Bd. 61, S. 12—15.
Lindner, Verbesserung der Schwingensteuerungen für wirtschaftliche Ausnutzung hochgespannten Dampfes. Organ, 15. Sept. 1909, S. 322—27.
— Vielachsige bogenläufige Lokomotive mit lenkbaren Endachsen, Bauweise Klien-Lindner. Organ 1918, S. 268—70.
Lomonosoff u. Tschetscholt, Zur Erforschung der Lokomotivüberhitzer (Über ein Verfahren zur Messung der Temperatur an jedem beliebigen Punkte des Kessels). Z. d. V. d. I. 1912, S. 184.
Lösel, Berechnung der federnden Kolbenringe. Lokomotive 1912, S. 151 u. f.
Marshal, A locomotive valve gear. Engineer 1913, S. 647.

Märtens, Baustoffe der Kurbelzapfen für Lokomotiven. Glaser 1918, Bd. 82, S. 110.
Meineke, Die Steuerungen der Dreizylinder-Lokomotiven. Z. d. V. d. I. 1919, S. 409.
— Über die Dampferzeugung im Lokomotivkessel. Z. d. V. d. I. 1919, S. 1169.
— Neuere amerikanische Schnellzuglokomotiven. Z. d. V. d. I. 1919, S. 1155.
Messerschmidt, Über das Ausdrehen von Radreifen in Eisenbahnwerkstätten. Glaser 1913, Bd. 73, S. 197.
— Befestigung von Heizrohren bei Lokomotiven. Glaser 1919, Bd. 85, S. 58—62.
Metzeltin, Die Lokomotiven auf der Weltausstellung in Brüssel. Z. d. V. d. I. 1911, S. 290 u. f.
— Versuche mit Dampflokomotiven auf der Atchison-Topeka-Santa Fé-Bahn. Z. d. V. d., I. 1911, S. 592.
— Kleinrauchröhren-Überhitzer für Lokomotiven. Z. d. V. d. I. 1915, S. 645.
— Bau von Lokomotiven in Frankreich. Glaser 1918, Bd. 82, S. 83 u. f.
Meyer-Absberg, Gesetzmäßigkeiten in der Verdampfung der Lokomotivkessel und im Verhalten der Lokomotivzugkraft. Organ 1914, S. 432.
Miller, Results of tests on the discharge capacity of safety valves. Journ. Am. Soc. Mech. Eng. 1912, S. 227, 384.
Müller, Arbeitsleistungen beim Lokomotivbetrieb. E. K. u. B. 1916, S. 277.
Najork, Achslagerdrücke bei Dreizylinder-Lokomotiven mit um 120^0 versetzten Kurbeln. Glaser 1917, Bd. 80, S. 58 u. f.
— Gegengewichtsberechnung einer Dreizylinder-Lokomotive mit um 120^0 versetzten Kurbeln. Glaser 1915, Bd. 77, S. 149.
de Neuf, Über Brüche an Lokomotivstangen. Glaser 1919, Bd. 85, S. 79.
Nordmann, Widerstandsformeln für Eisenbahnzüge in ihrer Entwicklung. Glaser 1916, Bd. 78, S. 133 u. f.
— Deutschlands Anteil an der Entwicklung des Lokomotivbaues. Verkehrst. Woche 1915, S. 201 u. f.
Obergethmann, Zur Frage der Außen- und Innen-Einströmung bei den Schiebern der Heißdampf-Lokomotive. Organ 1910, S. 397 u. f.
— Die Lokomotiven auf der Weltausstellung in Brüssel 1910. Glaser 1911, Bd. 68, S. 75 u. f.
— Die Mechanik der Zugbewegung bei Stadtbahnen. Z. d. V. d. I. 1913, S. 702 u. f.
— Dampfverbrauch der Lokomotiven. Glaser 1908, Bd. 62, S. 228—38.
— Die Dreizylinderlokomotive und ihre Steuerung. Bewegungsverhältnisse. Berechnung der Einkropfachse. Glaser 1914, Bd. 75, S. 25.
Pfaff, Untersuchung der Dampf- und Kohlenverbrauchsziffern der Stumpfschen Gleichstrom-, der Kolbenschieber- und der Lentz-Ventillokomotive nach den Vergleichversuchen der preußisch-hessischen Staatseisenbahnverwaltung. Organ 1911, S. 295 u. f.
— Die Berechnung der Hauptabmessungen des Dampf- und des Kohlenverbrauches der Lokomotiven und die aus der Berechnungsweise folgenden Aussichten für die Möglichkeit ihrer Verbesserung und Vergrößerung der Leistung. Organ 1916, S. 193.
Pradel, Rostbeschicker für Lokomotiven. Z. Dampfk. Maschbtr. 1916, S. 187—89.
Prinz, Berechnung der Stehbolzen. Organ 1914, S. 315.
— Über das Rohrrinnen in Lokomotivkesseln. Z. österr. Ing.- u. Arch.-Ver. 1914, S. 286.
Randolph, Locomotive performance on grades of various lengths. Proc. Am. Soc. Mech. Eng. 1910, S. 645.
Raulin, Le nouveau matériel roulant des Chemins de Fer de l'Etat italien. Génie civ. 1908, S. 353 bis 59.
Rihosek, Überblick über die Entwicklung der Gebirgslokomotiven. Z. österr. Ing.- u. Arch.-Ver. 1912, S. 264.
Rosenfeld, Das Messen von Kurbelhalbmesser, der Winkel und der Stangenlängen, sowie des Radstandes der Lokomotiven. Glaser 1915, Bd. 77, S. 45.
Sanzin, Vergleich zwischen einer zwei- und einer dreifach gekuppelten Schnellzuglokomotive. Organ 1907, Heft 4, S. 67—75.
— Abgekürztes Verfahren zur Berechnung der Lokomotivleistung. Lokomotive 1909, S. 120; Verkehrst. Woche 1913, S. 549 u. f.
— Der Wirkungsgrad der Dampflokomotive. Z. österr. Ing.- u. Arch.-Ver. 2. Dez. 1910, S. 725—31.
— Die Zugförderung auf vereinigten Reibungs- und Zahnstangen-Bahnen. Verhdlgn. Ver. z. Bes. Gewerbefleiß 1912.
— Versuche über den Widerstand von Dampflokomotiven. Z. d. V. d. I. 1911, S. 1458.
— Versuchsergebnisse der 2 C-Heißdampf-Schnellzug-Lokomotive der österreichischen Staatsbahn. Lokomotive 1913, S. 193 u. f.
— Indikatorversuche an Lokomotiven. Z. österr. Ing.- u. Arch.-Ver. 1914, S. 525, 541.
— Über die Mitteilung der Versuchsergebnisse an Dampflokomotiven. Lokomotive 1913, S. 47.
— Versuche an einer Naßdampf-Zwilling-Schnellzug-Lokomotive. Forschungsarb. 1914, Heft 150/151.
— Untersuchungsverfahren für Schwingensteuerungen an Lokomotiven. Z. d. V. d. I. 1917, S. 144.
— Problem im Lokomotivbau: Einfluß der Lokomotiv-Bauart auf Zugkraft und Leistung. Schweiz. Bauztg. 1918, S. 95—96.

Sanzin, Einige Erfahrungen über Braunkohlenfeuerung im Lokomotivbetrieb. Verkehrstechnische Woche 1919, S. 281—87.
Schaper, Wirtschaftlichste Geschwindigkeiten einiger Güterzuglokomotiven. Lokomotive 1913, S. 1.
Schlöß, Über den Lauf steifachsiger Fahrzeuge durch Bahnkrümmungen. Organ 1912, S. 50.
Schmidt, Resistance of freigth trains. Journ. Am. Soc. Mech. Eng., 1910 S. 679.
Schneider, Untersuchung einer Heusinger-Steuerung mit symmetrischer Dampfverteilung. Dingler 1911, S. 449 u. f.
— Die Ausnutzung des Reibungsgewichts bei der Dampflokomotive. Dingler 1914, S. 696 u. f.
— Die Lokomotive als Dampfanlage. Bayer. Rev.-Ver. 1915, S. 1 u. f.
— Vorrichtungen zum Verhindern des Kaltspeisens der Lokomotiven. Z. d. V. d. I. 1914, S. 1056.
— Vorrichtungen zur Abdampfentnahme an Lokomotiven. Glaser 1913, Bd. 72, S. 85.
— Speisewasservorwärmung bei Lokomotiven. Z. d. V. d. I. 1913, S. 687 u. f.
— Gefahr des Kaltspeisens von Lokomotivkesseln bei Speisewasservorwärmung. Glaser 1915, Bd. 76, S. 117. Organ 1914, S. 289.
Schwarze, Die Lokomotiven auf der Mailänder Ausstellung 1906. Glaser 1907, Bd. 60, S. 238 u. f.; 1908, Bd. 63, S. 438 u. f.
Schwickart, Der Lokomotivbau auf der Internationalen Industrie- und Gewerbe-Ausstellung in Turin. Dingler 1911, S. 705 u. f.
— Ausländische Lokomotiven auf der Ausstellung in Turin 1911. Dingler 1912, S. 276 u. f.
Steffan, Über die Grenzen der 2 C-Lokomotiven. Lokomotive 1911, S. 103.
— Vanadiumstahl und seine Verwendung im amerikanischen Lokomotivbau. Lokomotive 1914, S. 47.
Stein, Berechnung der Gegengewichte und Anordnung der Zylinder bei Vierzylinderlokomotiven. Organ 1914, S. 311.
Strahl, Ist das Zucken der Lokomotive eine störende Bewegung? Glaser 1907, Bd. 61, S. 27—32.
— Die Beanspruchung der Kupplung einer Dampflokomotive. Glaser 1907, Bd. 61, S. 10—12.
— Die Anstrengung der Dampflokomotiven. Organ 1908, S. 293 u. f.
— Untersuchung und Berechnung der Blasrohre und Schornsteine von Lokomotiven. Organ 1911, S. 321 u. f.
— Belgisches Verfahren zum Prüfen von Lokomotiven. Glaser 1911, Bd. 69, S. 117.
— Berechnung der Fahrzeiten und Geschwindigkeiten von Eisenbahnzügen aus den Belastungsgrenzen der Lokomotiven. Glaser 1913, Bd. 73, S. 86 u. f.
— Verfahren zur Bestimmung der Belastungsgrenzen der Dampflokomotiven. Z. d. V. d. I. 1913, S. 326.
— Untersuchung und Berechnung der Blasrohre und Schornsteine von Lokomotiven. Z. d. V. d. I. 1913, S. 1739.
— Die Kohlenersparnis oder größere Leistungsfähigkeit der Lokomotiven durch Vorwärmung des Speisewassers. Glaser 1915, Bd. 77, S. 23, 41.
— Dampfverbrauch und die zweckmäßige Zylindergröße der Heißdampflokomotiven. Fortschritte der Technik 1917, Heft 1.
— Der Wert der Heizfläche eines Lokomotivkessels für die Verdampfung, Überhitzung und Speisewasservorwärmung. Z. d. V. d. I. 1917, S. 257 u. f.
Sussmann, Über Ölfeuerung für Lokomotiven mit besonderer Berücksichtigung der Versuche mit Teerölzusatzfeuerung. Glaser 1910, Bd. 66, S. 234.
— Über Ölfeuerung für Lokomotiven, mit besonderer Berücksichtigung der Versuche mit Teerölzusatzfeuerung bei den preußischen Staatsbahnen. Glaser 1911, Bd. 68, S. 105—114.
Taube, 2 C-Heißdampf-Personenzug-Lokomotive der Moskau-Kasan-Eisenbahn. Organ, 15. Dez. 1908, S. 447—448.
Vogl, Neuere Lokomotiven der Lokomotivfabrik J. A. Maffei. Organ, 1. Mai 1911, S. 157—60.
Weatherburn, Experiments on fixe-boxes, tubes and stays. Engineer 1912, S. 217.
— The staying of fire-boxes. Engineer 1912, S. 507, 559.
Weber u. Abt, Rack-railway of the Swiss mountain railways. Engng. 1911, S. 142.
Weiss, Heißdampflokomotive Serie B 3/4 der schweizerischen Bundesbahnen. Schweiz. Bauz., 3. Aug. 1907, S. 55—58.
— Neue Versuchslokomotiven der schweizerischen Bundesbahnen Serie A 3/5 und C 4/5. Schweiz. Bauz., 23. Jan. 1909, S. 45—49.
— Die Gleichstrom-Dampflokomotive Serie C 4/5 der schweizerischen Bundesbahnen. Schweiz. Bauz., 18. März 1911, S. 149—54.
Wells, Locomotive proportions and power. Engineer 1909, S. 628, 654.
Werle, Der E-Schieber im Lokomotivbau. Z. d. V. d. I. 1914, S. 693.
Westendorp, 2 C-Heißdampf-Vierlings-Lokomotive der Gesellschaft für den Betrieb von niederländischen Staatsbahnen. Organ 1911, S. 426—27.
Westrén-Dole, Berechnung und graphische Ermittlung der Heusinger-Steuerung für Lokomotiven. Glaser 1910, Bd. 67, S. 89.

Wielemanns, Neuere Lokomotiven der österreichischen Staatseisenbahn. Organ, 1. Jan. 1909, S. 8—11.
Willigens, Zeichnerische Darstellung der wichtigsten Hauptabmessungen von Heißdampflokomotiven. Z. Dampfk. Maschbtr. 1918, S. 161—64. Organ 1918, S. 236—38.
Whiteford, Making the Jacobs-Shupert firebox. Am. Mach. 1912, S. 629.
Wolters, Die Gleichstrom-Heißdampf-Güterzuglokomotive mit Rauchröhren-Überhitzer von Schmidt und Zylindern mit Ventilsteuerung der Bauart Stumpf. Organ 1910, S. 335 u. f.
Zarrath, Die Heißdampf-Triebwagen der württembergischen Staatseisenbahnen. Organ 1909, S. 99 u. f.
Zillgen, Ein Vergleich der zwei- und dreigekuppelten Schnellzuglokomotiven der preußisch-hessischen Staatsbahnen. Glaser 1907, Bd. 61, S. 227 u. f.
Zschimmer, Auffällige Verrostungen an den Heizrohren eines Lokomobilkessels. Erörterung der Ursachen. Einfluß des Kesselsteins. Bayer. Rev.-Ver. 1914, S. 195.
Züblin, Feststellung des Kohlen- und Wasserverbrauches bei Lokomotiven. Dingler 1911, S. 421 u. f.

Angeführte Fachzeitschriften:

1. Bayer. Rev.-Ver. = Zeitschrift des Bayerischen Revisions-Vereins.
2. Dingler = Dinglers polytechnisches Journal.
3. E. K. u. B. = Elektrische Kraftbetriebe und Bahnen.
4. El. u. Maschinenb. = Elektrotechnik und Maschinenbetriebe.
5. Glaser = Annalen für Gewerbe und Bauwesen.
6. Hanomag N. = Hanomag Nachrichten, herausgegeben von der Hannoverschen Maschinenbau A.-G. vormals Georg Egestorff.
7. Lokomotive = Lokomotive, Illustrierte Monatsfachzeitschrift für Eisenbahntechniker.
8. Organ = Organ für Fortschritte des Eisenbahnwesens.
9. Schw. Bauztg. = Schweizerische Bauzeitung.
10. Verk.-Techn. W. = Verkehrstechnische Woche und Eisenbahntechnische Zeitschrift.
11. Z. d. öst. I. u. A.-V. = Zeitschrift des österreichischen Ingenieur- und Architektenvereins.
12. Z. d. V. d. I. = Zeitschrift des Vereines deutscher Ingenieure.
13. Engineer = The Engineer.
14. Enging. = Engineering.
15. Eng. News = Engineering News.
16. Journ. Am. Mech. Erg. = Journal of the American Society of Mechanical Engineers.
17. Proc. Am. Soc. Eng. = American Society of Civil Engineers Proceedings.
18. Proc. Inst. Civ. Eng. = Minutes of Proceedings of the Institution of Civil Engineers.
19. Proc. Inst. Mech. Eng. = Institution of Mechanical Engineers. Proceeding.
20. Railway A. Gaz. = Railway Age Gazette.
21. Génie civ. = Génie civil.
22. Revue gén. = Revue générale de chemins des fer.
23. Revue Méc. = Revue de Mécanique.

Vierzehnter Abschnitt.

Nachträge und Zusammenfassung.

1. Nachträge.

Im siebenten Abschnitt Seite 421 ist die 1 E-Einheitsgüterzuglokomotive Gattung G 12 der preußischen Staatseisenbahnen beschrieben und in Tafel 10 dargestellt worden. Da die außerordentlich schwere, vielteilige und sehr teure Lokomotive in ihrem Gesamtbau, sowie in vielen Einzelheiten weder den bisherigen Gepflogenheiten der Preußischen Staatseisenbahnverwaltung, noch den Grundsätzen für den Heißdampflokomotivbau, wie sie in diesem Werke niedergelegt sind, entspricht, dürfte es von Wert sein, diese Gattung hier noch eingehender zu prüfen.

Bei der ganz ungewöhnlichen Größe der 1 E-Lokomotive soll zunächst untersucht werden, ob diese Bauart gegenüber den im Betriebe wirklich vorkommenden Anforderungen nicht über das Maß des notwendigen Gewichts, der Kesselabmessungen und anderer baulicher Einzelheiten hinausgeht, und ob nicht alle Anforderungen des allgemeinen Güterzugdienstes für absehbare Zeit bei dem nunmehr zugelassenen Achsdruck von 16 bis 17 t noch durch eine E-Güterzuglokomotive einfacher Zwillingsbauart befriedigend erfüllt werden können.

Die bisherigen Betriebserfahrungen scheinen dem vorstehend Gesagten zu entsprechen, worauf auch der Umstand hindeutet, daß an maßgebender Stelle bereits der Bau einer 1 D-Dreizylinder-Güterzuglokomotive vorgenommen worden ist.

Nach Ansicht des Verfassers leidet auch diese Ausführung an ähnlichen Mängeln, was zu erwarten war, da sie aus der 1 E-Einheitsgüterzuglokomotive entstanden ist und sich von dieser wesentlich nur durch Fortfall der 5. Kuppelachse und durch den von 16 auf 17 t erhöhten Achsdruck unterscheidet.

Auch der Umstand, daß gegenwärtig, vor der Drucklegung dieses Abschnitts, bereits der Entwurf zu einer 1 D-Zweizylinder-Güterzuglokomotive aufgestellt ist, deutet erfreulicherweise darauf hin, daß die Preußische Staatseisenbahnverwaltung gewillt zu sein scheint, den Bau der Güterzuglokomotiven wieder zu vereinfachen. Dennoch entspricht auch diese Lokomotivgattung noch lange nicht dem Grad der Einfachheit, der nicht nur möglich, sondern auch notwendig ist, und der Verfasser hält es für seine Pflicht, näher auszuführen, aus welchen Gründen er die einfache E-Zweizylinder-Güterzuglokomotive als gegebene Gattung für den allgemeinen schweren Güterzugdienst bei 16 bis 17 t Achsdruck erachten muß.

Bei Beschaffung der 1 E- und anderer neuerer Güterzuglokomotiven war und ist noch die Absicht vorherrschend, die durch Steigerung der Ladefähigkeit der Güterwagen auf 20 t bei gleichen Zuglängen wie bisher bedingten größeren Wagengewichte (Nutzlast + Eigengewicht) bis zu 1280 t Zuglast auch mit ganz erheblich gesteigerten Geschwindigkeiten zu befördern.

Die Erhöhung der Zuglasten, und demzufolge die Einstellung möglichst schwerer Güterzuglokomotiven, ist eine zur sicheren Durchführung eines wirtschaftlichen Betriebes unbedingt erforderliche Maßnahme, die auch auf dem Wege eines gesunden Fortschrittes liegt.

Von vornherein scheint zur Erzielung eines schnellen Wagenumlaufs nun nichts näher zu sein, als auch die Geschwindigkeit der Güterzüge ganz beträchtlich zu steigern. Diesem Vorhaben stehen aber schwerwiegende Bedenken gegenüber.

Vom Standpunkt eines gesunden Lokomotivbetriebes ist eine erhebliche Erhöhung der Geschwindigkeit bei großen Lasten nicht ratsam, denn wie die nachstehende Zahlentafel 113 zeigt, nimmt mit erhöhten Zuggewichten der Zugwiderstand zwar nur verhältnismäßig wenig zu, dagegen wächst bei zunehmender Geschwindigkeit die erforderliche Leistung am Zughaken bedeutend stärker.

Zahlentafel 113.
Widerstands- und Leistungszunahme bei Beförderung eines 1280-t-Zuges mit Geschwindigkeiten von 10 bis 60 km/st.

Geschwindigkeit km/st	10	20	30	40	50	60
$Ww = G_w \left[2{,}5 + \dfrac{1}{40} \left(\dfrac{V+12}{10} \right)^2 \right]$	3355	3530	3765	4065	4430	4865
Leistung am Zughaken PS_z	124	262	418	602	821	1080
PS_z-st auf 100 km Streckenlänge	1240	1310	1393	1505	1642	1800
Veränderung der PS_z-st gegenüber 30 km/st .	−153	−83	0	+112	+249	+407
Veränderung der Leistung bzw. des Brennstoffverbrauchs in %	−11	−6	0	+8	+18	+29

Hieraus ist für einen Wagenzug von 1280 t Gewicht die erhebliche Zunahme der Leistung in PS_z bei wachsender Geschwindigkeit deutlich ersichtlich. Zur Steigerung der durchschnittlichen Fahrgeschwindigkeit der Güterzüge z. B. von 30 km/st auf 40 km/st ist ein Mehraufwand an Lokomotivleistung am Zughaken von 8%, bei Steigerung auf 50 km/st sogar schon von 18% erforderlich. Wird hierbei berücksichtigt, daß diese Zahlen lediglich ein Bild für die Beförderung des Zuges auf der ebenen Strecke geben und der Mehrverbrauch in den Steigungen, in Krümmungen, sowie bei schnellerem Anfahren unberücksichtigt blieb, so ist einzusehen, daß in Wirklichkeit der Mehrverbrauch an Kohle noch wesentlich größer sein muß, als in der Zahlentafel, die nur Werte für die Wagerechte gibt, zum Ausdruck kommt. Bei dem empfindlichen Kohlenmangel, der auf viele Jahre in allen Ländern herrschen wird, sowie bei dem hohen Preis des Brennstoffes, bleibt es zwingende Notwendigkeit, hier größte Sparsamkeit zu üben.

Während nun die Vermehrung der Kosten für die Brenn- und Schmierstoffe bei Erhöhung der Geschwindigkeiten der Güterzüge sich berechnen oder annähernd schätzen lassen, entzieht sich ein noch viel wichtigeres Glied des Betriebes einer zahlenmäßigen Angabe. Es ist dies die Zunnahme des Verschleißes der Wagen und des Oberbaues bei Steigerung der Abrollgeschwindigkeit der Räder auf den Schienen. Es braucht hier nur auf die ungenügende Abfederung der schweren Wagen, die erhöhten Stöße auf die Achsbüchsen und Schienen, sowie auf die vermehrte Abnutzung der Radreifen langer Züge in Krümmungen hingewiesen zu werden, um dem kundigen Fachmann ein Bild der Zerstörung und des Mehrkostenaufwands für die Unterhaltung erscheinen zu lassen, das davor warnen muß, die Geschwindigkeit schwerster Güterzüge ohne zwingendste Notwendigkeit erheblich zu steigern.

Wohl ist es möglich, mit einer durchgehenden Luftdruckbremse, wie geplant, lange und schnellfahrende Güterzüge an sich sicherer und billiger zu meistern als bisher durch Handbetrieb möglich war. Aber auch hier werden mit erheblicher Steigerung der Fahrgeschwindigkeit unter Abkürzung der Bremswege Mehrkosten für Abnützung und Ausbesserung von Wagen und Oberbau aufzuwenden sein, die kaum noch im Verhältnis zum erwarteten Nutzen infolge vermehrter Geschwindigkeit stehen können.

Es bleibt daher fraglich, ob nicht andere Mittel zu praktisch erreichbarer Beschleunigung des Wagenumlaufs, wie Vermehrung durchgehender Güterzüge, Verbesserung der Verschiebebahnhöfe, planmäßiger Ausbau von Be- und Entladevorrichtungen für Massengüter, Verbesserung der Fahrpläne bei größter Berücksichtigung der Steigungen und Gefälle unter entsprechender Ausbildung der Blockstrecken, und andere betriebliche Maßnahmen, billiger zum Ziele führen, als eine erhebliche Steigerung der Grundgeschwindigkeit schwerster Güterzüge im allgemeinen.

Jedenfalls aber bedarf es für den schweren Güterzugdienst jetzt und in absehbarer Zeit nicht einer derartigen Erhöhung der Geschwindigkeit, daß solche Riesenlokomotiven gebaut werden müßten, wie sie die Gattung 1 E darstellt.

Bei einer Rostanstrengung von 450 kg/qm, die bei einem regelrecht gebauten Rost für eine größte Dauerleistung bei Güterzuglokomotiven noch als zulässig erachtet werden kann, ergibt sich als günstigste Fahrgeschwindigkeit, bei der die 1 E mit wirtschaftlichster Dampfausnützung arbeitet, mit $C_1 = 2300$ und einem $p_{mi} = 4{,}03$, entsprechend 14 Atm. Überdruck,

$$V' = \frac{\frac{3{,}9 \cdot 450}{1{,}15} \cdot 270}{9300} = 44{,}3 \text{ km/st}.$$

Die hier vom Verfasser vorgeschlagene E-Güterzuglokomotive verstärkter Bauart würde mit $C_1 = 2180$ und einem $p_{mi} = 3{,}8$, entsprechend nur 12 Atm. Überdruck

$$V' = \frac{\frac{3{,}1 \cdot 450}{1{,}15} \cdot 270}{8280} = 39{,}4 \text{ km/st}$$

fahren können[1]).

Würde aber die Rostanstrengung auf 550 kg/qm gesteigert, was nach Strahl und auch nach Ansicht des Verfassers bei vorübergehenden Höchstleistungen und Verbrennung von Steinkohle zulässig ist, so liegt V' sogar bei

$$\frac{\frac{3{,}9 \cdot 550}{1{,}15} \cdot 270}{9300} = 54{,}2 \text{ km/st}$$

für die 1 E und bei

$$\frac{\frac{3{,}1 \cdot 550}{1{,}15} \cdot 270}{8280} = 48{,}3 \text{ km/st}$$

für die Entwurfslokomotive.

Das sind bereits Durchschnittsgeschwindigkeiten, die für den allgemeinen schweren Güterzugdienst auf ebenen Strecken nicht mehr in Frage kommen können.

---

[1]) Wie Zahlentafel 113 zeigt, sind zur Beförderung des schwersten 1280-t-Zuges in der Ebene bei 40 km/st nur 602 PS_z erforderlich. Bei einem hoch angenommenen Kohlenverbrauch von 1,6 kg f. d. PS_z-st brauchen daher nur $602 \cdot 1{,}6 = 965$ kg Kohle, also auf 1 qm nur $\frac{965}{3{,}1} = 310$ kg verbrannt zu werden.

Wird die genannte Brennstoffmenge von 550 kg nur für kürzere Fahrten auf größten Steigungen angenommen, so würde z. B. die empfohlene E-Lokomotive bei 20 km/st und einem Kohlenverbrauch von 1,39 kg PS_i-st

$$\frac{3,1 \cdot 550}{1,39} = 1230 \, PS_i$$

leisten, entsprechend einem $\quad Z_i = 16600$ kg

oder einem $\quad Z_e = 16600 - 550 = 16050$ kg

und einer Reibungsziffer $\quad \mu = \dfrac{1}{4,98}$,

die als Grenzwert zu betrachten ist.

Diese Geschwindigkeit kann auf einer Steigung $X\,^0/_{00}$ erzielt werden, die sich errechnen läßt aus

$$Z_e = (128 + 1280)\left(2,5 + \frac{20^2}{2000} + X\,^0/_{00}\right) = 16050.$$

Es ergibt sich

$$X = 8,7\,^0/_{00} = \frac{1}{115}.$$

Die 1 E-Lokomotive kann wegen des gleichen Reibungsgewichts auch nur dieselbe, oder, wenn ihr infolge des gleichmäßigeren Drehmoments als Dreizylinder-Lokomotive eine etwas bessere Ausnutzung des Reibungsgewichts zugesprochen wird, doch nur eine ganz unwesentlich größere Zugkraft ausüben, als die E-Lokomotive mit 2 Zylindern. Dieser unter günstigen Umständen zu erzielenden höheren Zugkraft könnte bei dem größeren Rost der 1 E-Lokomotive eine geringe Vermehrung der Geschwindigkeit entsprechen, wobei es allerdings recht fraglich ist, ob bei einer zwar 3,9 qm großen, dabei aber über 1,5 m breiten, also zu kurzen Rostfläche möglich ist, auch nur vorübergehend 550 kg/qm Kohle zu verbrennen.

Jedenfalls ist der Kessel der E-Lokomotive vollkommen ausreichend, um den 1280-t-Zug auf einer Steigung 1:115 noch mit 20 km/st zu befördern, also mit einer Geschwindigkeit, die bei der dringend gebotenen Wirtschaftlichkeit schon als ein Höchstwert bezeichnet werden muß.

Es darf also als erwiesen erachtet werden, daß die Abmessungen des Kessels der vorgeschlagenen E-Lokomotive richtig bemessen sind.

Nachdem aber in den letzten Jahren das Bestreben, größere und immer größere Rostflächen bei Lokomotiven zu bauen, sich geltend gemacht hat, könnte dem Verfasser vorgehalten werden, daß die Rostfläche der in Vorschlag gebrachten Lokomotive zu klein bemessen sei. Es ist daher geboten, auf diesen Punkt noch näher einzugehen.

Vielfach herrscht die Ansicht vor, daß fast jede Vergrößerung der Rostfläche nützlich sei, weil sie zu einer Schonung der Feuerbüchse beitrage. Diese Ansicht wurde noch bestärkt, als mit Kriegsbeginn Flußeisen an Stelle von Kupfer als Baustoff für Feuerbüchsen verwendet werden mußte.

Hierbei wird außerdem zu wenig auf die Form der Rostfläche Rücksicht genommen, von der auch unmittelbar die Größe der Feuerbüchsheizfläche abhängig ist. Rostflächen bis 3,5 qm lassen sich noch als schmale, zwischen den Rahmen liegende, ausführen. Sie gewährleisten die beste Verbrennung. Eine möglichst große Feuerbüchsheizfläche ist der Schonung wegen stets anzustreben, und es wird daher von höchster Bedeutung sein, welche Form der Rostfläche die verhältnismäßig größte Feuerbüchsheizfläche ergibt.

Bei gegebener Rostfläche

$$x \cdot y = R$$

soll die Heizfläche der Feuerbüchse, Abb. 718,
$$H = 2hx + 2hy + xy$$
einen Höchstwert annehmen. Ist mit $y = \dfrac{R}{x}$

$$H = 2hx + 2h\frac{R}{x} + R$$

und wird die erste Ableitung dieser Gleichung

$$\frac{dH}{dx} = 2h - \frac{2hR}{x^2} = 0$$

gesetzt, dann ist
$$2hx^2 = 2hR,$$
$$x = \sqrt{R}$$

und
$$y = \frac{R}{\sqrt{R}} = \sqrt{R}.$$

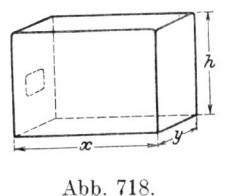

Abb. 718.

Die Größe der Feuerbüchsheizfläche erreicht demnach bei gegebener Höhe einen Grenzwert, wenn $x = y$, d. h. Länge und Breite einander gleich sind und die Rostfläche selbst ein Quadrat ist. Die zweite Ableitung der Gleichung

$$\frac{d^2H}{dx^2} = + \frac{4hR}{x^3}$$

ergibt einen positiven Wert, d. h. bei quadratischer Rostfläche wird die Feuerbüchsheizfläche ein Kleinstwert.

Je mehr die quadratische Form der Rostfläche in ein möglichst längliches Rechteck übergeführt wird, desto mehr wächst die Heizfläche der Feuerbüchse. Da nun einer Verbreiterung der Feuerbüchse in der Querrichtung aus baulichen und betrieblichen Gründen enge Grenzen gezogen sind, so bleibt nur die Anwendung der schmalen, langen Feuerbüchse übrig, um den jeweils praktischen Höchstwert der Feuerbüchsheizfläche zu erreichen. Die Abmessungen einiger ausgeführter Feuerbüchsheizflächen in Abhängigkeit von der jeweiligen Gestalt der Rostfläche, zeigt die nachstehende Zahlentafel 114.

Zahlentafel 114.
Abmessungen und Anstrengung einiger ausgeführter Feuerbüchsheizflächen preußischer Staatsbahnlokomotiven in Abhängigkeit von der jeweiligen Gestalt der Rostfläche.

	Schmale Feuerbüchsen							Breite Feuerbüchsen		
Lokomotiv-Gattung	G 8^1	P 8	G 10	S 10^2	S 10^1	S 10^1	G 12^1	G 8^3	G 12	S 9
Rostfläche qm	2,62	2,62	2,62	2,86	2,95	3,1	3,28	3,43	3,9	4,0
Feuerbüchsheizfläche H qm .	13,89	14,35	14,64	14,62	16,4	17,59	18,71	12,5	14,19	14,04
Verdampfte Wassermenge a. die Feuerbüchsheizfl. kg/st	3970	3970	3970	4330	4460	4690	4960	5190	5910	6050
Anstrengung der Feuerbüchsheizfläche kg/qm . . .	286	277	271	296	272	267	265	414	417	430
Anstrengung der Feuerbüchsheizfläche im Mittel:	276							420		

Hieraus ist ersichtlich, daß die natürliche Form der Rostfläche, die langgestreckte, schmale, wie sie die besondere Eigenart der Lokomotivfeuerungsanlage erfordert, auch der Feuerbüchsheizfläche gegenüber die günstigste ist. Vgl. das unter anderem auf Seite 175 näher Ausgeführte.

Noch übersichtlicher als in vorstehender Zahlentafel 114 tritt die Überlegenheit der langen, schmalen Feuerbüchse gegenüber der breiten Feuerbüchse in der Abb. 719 hervor. Sie zeigt in der Richtung der Schaulinien sehr anschaulich das viel stärkere Anwachsen der Feuerbüchsheizfläche mit der Größe der Rostfläche bei einer langen, gegenüber einer breiten Feuerbüchse.

Nach Strahl, Glasers Annalen für Gewerbe und Bauwesen 1915, Bd. 77, S. 27, und Fortschritte der Technik, Heft 1: „Der Dampfverbrauch und die zweckmäßige Zylindergröße der Heißdampflokomotiven, 1918", können bei Heißdampflokomotiven mit Vorwärmern der preußischen Staatsbahn mit 1 qm Rostfläche durchschnittlich 3780 kg Wasser in der Stunde verdampft werden. Rechnet man, daß 40% der ganzen Wassermenge an der Feuerbüchsheizfläche in Dampf verwandelt werden, so ergibt sich im Mittel die Anstrengung der Feuerbüchswandungen langer, schmaler Feuerbüchsen von 276 kg/qm, die Anstrengung kurzer, breiter Feuerbüchsen von 420 kg zu verdampfendes Wasser auf 1 qm.

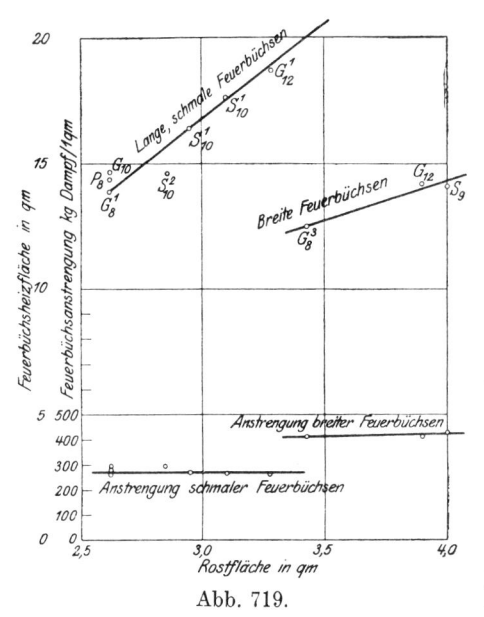

Abb. 719.

Die Beanspruchung breiter Feuerbüchsen vergrößert sich also um 52%.

Demnach dürften die Mängel, die sich an breiten Feuerbüchsen bemerkbar gemacht haben, soweit nicht unmittelbar zutage liegende Blechfehler oder die wegen zu geringer Entfernung der Feuertür von der Rohrwand eintretende kalte Luft die Ursache waren, wesentlich auch auf unzureichende Ableitung zu großer Wärmemengen im Blech zurückzuführen sein.

Die Annahme, daß breite Feuerbüchsen zur Schonung der Bleche, besonders der flußeisernen Bleche, beitragen, dürfte hiermit als hinfällig erwiesen sein. Diese Tatsache müßte beim Entwurf neuer Lokomotiven weitgehender berücksichtigt werden, als dies bisher geschehen ist.

Mit der übermäßigen Vergrößerung der Rostflächen breiter Feuerbüchsen bei neueren Lokomotiven, z. B. bei der 1 E-Einheitslokomotive Gattung G 12, hat eine Verbreiterung der Roststabkronen Schritt gehalten, so daß man bereits bei 18 mm Roststabkronenbreite angelangt ist. Der hohe Wert einer möglichst geringen Kronenbreite der Roststäbe ist bisher in manchen Fachkreisen noch nicht genügend bekannt oder gewürdigt worden, sonst dürfte die Einführung von Roststäben mit einer Kronenbreite von 18 mm unmöglich sein, und es wäre nicht denkbar, daß ernsthafte Männer sogar angeben, noch mit Roststäben von 30 mm Kronenbreite bei Lokomotivfeuerungen gute Erfahrung gemacht zu haben! —

Aus Festigkeitsgründen ist ein so klobiger Roststab nicht erklärlich. Für eine Lokomotivfeuerung ist er besonders schädlich. Nur bei einer übergroß angenommenen Gesamtrostfläche wird er zur Abdeckung der bei einem technisch einwandfreien schmalen Roststab zu groß ausfallenden freien Rostfläche geradezu notwendig. Er stellt dann allerdings das kleinere Übel dar, denn eine zu große freie Rostfläche ergibt durch den sehr schädlichen Luftüberschuß eine noch viel schlechtere Verbrennung, als sie durch einen dicken Roststab herbeigeführt wird. Einen stärkeren Beweis dafür, daß ein Rost zu groß angelegt ist, gibt es nicht, als den, daß der Roststab über das notwendigste Maß seiner Haltbarkeit verdickt werden muß, um eine übermäßige Luftzuführung abzudrosseln.

Für den Roststab einer Lokomotivfeuerung ist eben nur eine dem wichtigen Zweck genau angepaßte Ausführungsform in vorzüglichem Guß und aus bestem, feuerbeständigem Baustoff gut genug und jedes Kilogramm Eisen, das die wirklich erforderliche freie Rostfläche unnütz verringert, ist vom Übel und ein Verstoß gegen die Regeln für den Bau der ganz eigenartigen Feuerungsanlage einer Lokomotive. Über die Vorzüge eines möglichst schmalen, dafür aber entsprechend hohen Roststabes (gute Kühlung, Verhinderung der Verschlackung, gleichmäßige Verbrennung) sind u. a. auf Seite 569 ausführliche Angaben gemacht.

Bei dem Bestreben, möglichst große und breite Rostflächen anzuwenden, ist man, wie schon angedeutet, wiederholt so weit über das richtige Maß hinausgegangen, daß später im Betriebe zu dem unzulässigen Mittel gegriffen werden mußte, die Rostfläche durch Abdeckung zu verkleinern, um das Kohlenfressen und die durch kalte Luft herbeigeführten Schäden an der Feuerbüchsheizfläche möglichst herabzuziehen.

Über die Spaltweiten gilt das auf Seite 569 Gesagte, wobei anzustreben ist, daß das Verhältnis **freie Rostfläche zur bedeckten Rostfläche** angenähert 1 : 1 wird, bzw. daß **freie Rostfläche zur Gesamtrostfläche** annähernd 50 vom Hundert betragen sollte.

Abb. 720 stellt die Abnahme der freien Rostfläche in Abhängigkeit der Roststabkronenbreiten bei 10 und 13 mm Spaltbreite für 1 qm Rostfläche dar. Die Schaulinien zeigen, daß für 50 % freie Rostfläche, Stabbreiten von 9 bis 12 mm, je nach der Spaltenbreite in Frage kommen.

Erfahrungsmäßig ist für oberschlesische Kohle eine Spaltweite von 10 mm angemessen. Die Schaulinien zeigen, daß dann bei 10 mm Stabkronenbreite und 40 mm Länge der Köpfe noch eine freie Rostfläche von 45 % erreicht werden kann.

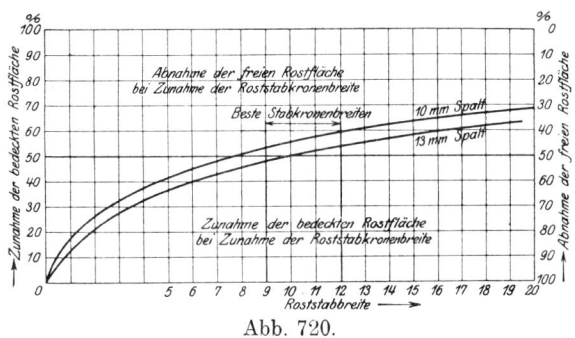

Abb. 720.

Bei Verfeuerung westfälischer Kohle wäre bei 10 mm Stab- und 13 mm Spaltbreite eine freie Rostfläche von 50 % möglich; und bei 12 mm Stabkronenbreite sind noch 46 % freie Rostfläche zu erzielen.

Als Bauregel für Lokomotivroste sollte daher nach den Erfahrungen ues Verfassers ein langer, schmaler Rost mit angenähert 50 % freier Rostfläche, d. h. mit 10 bis 12 mm breiten gußeisernen Roststäben und 10 bis 13 mm Spaltweiten, **bei möglichst kurzen Auflagerköpfen und schmalen Abstandsrippen**, je nach Korngröße und Art des Brennstoffes, ausgeführt werden.

Demgegenüber zeigt die 1 E-Einheitslokomotive eine freie Rostfläche **von nur 33 %**! Wenn diese nun zur Dampfbildung wirklich ausreicht, so muß die Gesamtoberfläche mit 3,9 qm erheblich zu groß gewählt sein. Die starken Eisenmassen des Rostes können hierbei nicht genügend gekühlt, die zuströmende Verbrennungsluft nicht ausreichend an jedes Brennstoffteilchen herangeführt werden. In der Mitte der Kronenbreite, die zum Glühen kommt, sowie über den starken unnötig langen Köpfen, backt die Schlacke zunächst leicht an und die Verschlackung schreitet von hier aus schnell vorwärts und verringert die freie Rostfläche. Vermehrt wird das Verschlacken des Feuers noch dadurch, daß bei der Mehrzahl der zu fahrenden Züge im Dauerbetrieb die Rostanstrengung einer Lokomotive schon bei mittelgroßen

Rosten leicht zu gering wird. Bei den übergroßen Rosten, wie im vorliegenden Falle, ist es dann unmöglich, eine genügend hohe Brennschicht zu halten, um ein einwandfreies, gleichmäßiges Brennen auf der ganzen Fläche zu erzielen. Die Kohlensäurebildung geht herab, außerdem entstehen Luftlöcher in der zu dünnen Brennschicht und die verminderte Verbrennungstemperatur in Verbindung mit der einströmenden kalten Luft zieht die Dampfbildung herab und Schäden an den Feuerbuchswänden und Siederohren sind außerdem unvermeidlich. Die verminderte Temperatur gestattet in den verbleibenden Brennstoffnestern nicht mehr die Bildung dünnflüssiger, leicht abtropfender (körniger) Schlacke, und es entstehen auf dem Roste die bekannten zähen Schlackenkuchen, die weiter zur Verminderung der freien Rostfläche beitragen.

Während im allgemeinen Maschinenbau schwere Guß- und Schmiedestücke möglichst durch leichtere Blechverbindungen ersetzt werden, zwingt im Lokomotivbau die Anwendung von 3 und 4 Zylindern, von dem bisher gebräuchlichen Blechrahmen zum Barrenrahmen überzugehen. Auch scheint in einzelnen Fällen der Barrenrahmen mit Rücksicht auf die angestrebte Anwendung einer breiten Feuerbüchse oder diese mit Rücksicht auf den Barrenrahmen angewendet worden zu sein.

Wohl hat neuerdings die Herstellungsweise von Barrenrahmen aus dicken, gewalzten Platten, das autogene Ausschneiden der Öffnungen für die Barren, das Fräsen und Hobeln der Schneidflächen dieser Öffnungen eine einfachere Herstellung und eine erheblichere Festigkeit gegenüber den in Amerika zusammengekeilten und geschraubten Stahlgußbarren herbeigeführt (vgl. Seite 334), es darf aber doch nicht unberücksichtigt bleiben, daß mit der notwendig bleibenden Einzelherstellung der Barren gegenüber der Paketbearbeitung der Plattenrahmenbleche unbedingt eine viel längere Herstellungsdauer verknüpft ist.

Wird also Klage geführt, daß die Arbeitsleistung der Lokomotivfabriken sich verringert, die Dauer der Herstellung somit zugenommen hat, so sollte in erster Linie für vereinfachten Bau der Hauptlokomotivteile auch wegen der schnelleren und billigeren Herstellung Sorge getragen und auch aus diesem Grunde dem Plattenrahmen gegenüber dem Barrenrahmen, wie bisher, der Vorzug gegeben werden.

Der Drillingsanordnung mit unter 120^0 versetzten Kurbeln wird nachgerühmt, daß bei Anwendung dieser Bauart eine Erhöhung der mittleren Zugkraft um etwa $6^0/_0$ möglich sein soll. Daß mit einem Drillingstriebwerk eine gleichmäßigere Drehkraftschaulinie zu erzielen ist, als mit einem Zwillingstriebwerk, dessen Kurbeln unter 90 Grad versetzt sind, soll nicht bestritten werden. Es fragt sich nur, ob der Preis, mit dem dieser Vorteil erkauft wird, ein nicht zu hoher ist.

Auf die Schwierigkeiten, die sich bei Anwendung von gekröpften Achsen an vierzylindrigen Lokomotiven ergeben haben, ist schon im fünften Abschnitt auf Seite 78 hingewiesen worden. Es bedurfte besonderer Vorschriften für die Werkstätten, um sicher zu gehen, daß die Kropfachsen der gewiß nicht übermäßig zahlreichen Vierzylinderlokomotiven die Behandlung erfuhren, die ein so empfindliches Bauglied, wie es nun einmal die gekröpften Achsen sind, erfordert. Dabei kam als Baustoff bester Chromnickelstahl zur Anwendung und die Werkstätten verfügten über einen Arbeiterstamm, dessen Leistungen nichts zu wünschen übrig ließen.

Die doppelt gekröpfte Achse für Vierzylinderlokomotiven ist ja nun wenigstens bei der preußischen Staatsbahn aufgegeben. An ihre Stelle trat die einfach gekröpfte Achse der Drillingslokomotive, die für die Herstellung günstigere Formen zeigt. Infolge des Mangels an Nickel mußte nun aber in weitgehender Weise Siemens-Martin-Stahl verwendet werden, der vergütet Eigenschaften besitzen soll, die seine Verwendung für Kropfachsen rechtfertigen könnte. Es ist erwiesen, daß ein außerordentlich hoher Prozentsatz der Chromnickelstahlachsen früher gebauter vierzylindriger Lokomotiven gebrochen ist. Es dürfte daher kaum anzunehmen sein, daß die etwas günstigere Form der Drillingsachse die Anwendung eines für einen so hochwichtigen Bauteil minderwertigen Baustoffes rechtfertigt. Auch dürften wohl schwerlich die Festigkeitseigenschaften des geprüften Probestabes mit denen der Kropfachse, die den Probestab um ein Vielfaches in ihren Abmessungen übertrifft und sich ganz anders beim Vergüten verhält, als der dünne Probestab, übereinstimmen.

Dem Vorteil der leichteren Herstellung der einfach gekröpften Achse gegenüber der doppelt gekröpften steht der erhebliche Nachteil gegenüber, der durch die bei der Drehung auftretenden starken Fliehkräfte, die in Verbindung mit dem langen Hebelarm ein sehr bedeutendes Biegungsmoment hervorrufen, entsteht. Diese Verhältnisse sind von Geheimrat Professor Obergethmann in einem in Glasers Annalen, Jahrg. 1914, Bd. 76, S. 25, erschienenen Aufsatz eingehend dargestellt worden.

Nach meinem Dafürhalten war schon mit Rücksicht auf die Kropfachse unter den obwaltenden Verhältnissen gegenüber dem Bau von Drillingslokomotiven äußerste Zurückhaltung geboten. Freilich sind, unter gewissen Annahmen, die rechnerisch zu findenden Vorteile nicht unerheblich, und es ist zu verstehen, daß bei nicht genügender Berücksichtigung der sich meist erst im Betrieb ergebenden Nachteile die Drillingslokomotive in erheblichem Umfange eingeführt werden konnte.

Auch der von den Anhängern der Drillingslokomotive angeführte Grund, daß mit dieser Bauart möglich wäre, Heißlauf der Stangenlager zu vermeiden, kann nicht voll anerkannt werden. Immer wieder ist darauf hinzuweisen, daß in Amerika fast ausschließlich Zwillingslokomotiven mit ganz erheblich größeren Zylinderabmessungen gebaut werden. Stehen die Zapfenabmessungen zu den Zylinderdurchmessern in dem richtigen Verhältnis und sind, wie dies für hochbeanspruchte Zapfen die Technik verlangen muß, diese mit glasharter, feinpolierter Oberfläche ausgeführt, so werden unsere Lokomotiven so wenig heißlaufen, wie dies in Amerika der Fall ist. Hierbei ist die gute Zugänglichkeit des Triebwerks der Zwillingslokomotive nicht hoch genug einzuschätzen. Selbst der verhältnismäßig niedrige spezifische Lagerdruck, wie er z. B. an dem Mittellager der in Abb. 487 und 488 Seite 352 dargestellten Kropfachse der Drillings-Schnellzuglokomotive der preußischen Staatsbahn auftritt, hat diese vor Warmgehen nicht geschützt. Durch eine Verlängerung des Schenkels von 140 auf 170 mm soll diesem Übelstand abgeholfen werden. Nach Ansicht des Verfassers wird aber die schwere Zugänglichkeit des Innentriebwerks stets eine erhebliche Betriebsschwierigkeit bilden, und Kropfachslager sowie Steuergestänge werden im allgemeinen niemals die Pflege erhalten, deren sie für einen einwandfreien Betrieb dringend bedürfen.

Die geringe Zugkrafterhöhung bei der Drillingslokomotive nötigt neben der Anwendung der Kropfachse zum Einbau einer dritten Dampfmaschine, die noch versteckter zwischen dem Rahmen untergebracht ist als die Innentriebwerke der Vierzylinderlokomotiven. Das Gewicht des mittleren Dampfzylinders einer Drillingslokomotive kann zu etwa 3000 kg angenommen werden, und der Preis dieses Gußstückes wird unter den heutigen Verhältnissen nicht weniger als 20 000 M. betragen. Dazu kommen die Kosten für das dritte Triebwerk und die dritte Steuerung. Die von den beiden Außentriebwerken abgeleitete Bewegung für diese Steuerung des Innenschiebers birgt schwerwiegende Nachteile. Es zeigt sich im Betriebe, daß das Innentriebwerk mehr Arbeit leistet, als die außenliegenden. Diese Erscheinung ist darauf zurückzuführen, daß das schwere Steuergestänge bei seiner Massenbeschleunigung durchfedert. Die beiden Abb. 721 u. 722, von denen die eine die Dampfdruckschaulinie eines Außenzylinders, die andere die entsprechende Dampfdruckschaulinie des Innenzylinders darstellt, zeigen die erhebliche Verschiedenheit der Arbeitsleistung eines Außen- und des Innenzylinders, die sich bei einer Versuchsfahrt mit einer 1 E-Dreizylinder-Güterzuglokomotive ergeben hat. Die Mitteldrücke betragen 2,18 bzw. 3,35 Atm. und bei einer Fahrgeschwindigkeit von 52,5 km/st sind die Leistungen eines Außentriebwerks 314 PS gegenüber 483 PS des Innentriebwerks, das somit eine Mehrleistung von 54% gegen ein Außentriebwerk aufzuweisen hat. Die Unterschiede in der Arbeitsleistung stiegen bei sehr kleinen Füllungen und hohen Fahrgeschwindigkeiten bis auf 60%. Dabei handelte es sich hier um eine neue Lokomotive, bei der die Buchsen der Steuerungsteile noch nicht ausgelaufen waren.

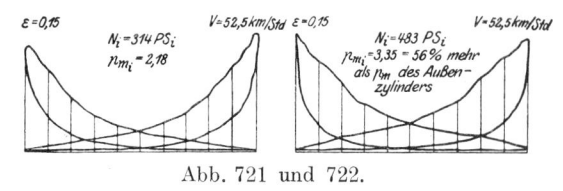

Abb. 721 und 722.

An sich mag es ziemlich gleichgültig erscheinen, ob das Innentriebwerk gegenüber dem Außentriebwerk stärker belastet ist oder nicht, soweit allein die Leistung in Frage kommt; anders steht es mit der Wirtschaftlichkeit. Bekanntlich arbeitet eine Lokomotive am wirtschaftlichsten, wenn bei einfacher Dampfdehnung der mittlere indizierte Druck im Zylinder etwa 3,6 Atm. beträgt. (Vgl. auch Strahl, Z. d. V. d. I. 1913, Bd. 57, S. 254.) Bei der Dreizylinderlokomotive mit einer Steuerung, wie sie die 1 E-Lokomotive aufweist, kann also immer nur mit einer wirtschaftlich arbeitenden Innenmaschine und zwei Außenmaschinen gefahren werden, die einen größeren Dampfverbrauch aufzuweisen haben, oder umgekehrt. Waren die Verschiedenheiten in den Mitteldrücken bei Drehzahlen von rund 200 in der Minute und Füllungen von 15% schon 54%, welche Unterschiede mögen sich da wohl in den Dampfdruckschaulinien der schnellfahrenden Lokomotiven herausstellen, bei denen Umdrehungszahlen von 300 in der Minute durchaus üblich sind? Es ist daher auch erklärlich, daß der anfänglich in den üblichen Grenzen liegende Dampfverbrauch einer Drillingslokomotive mit der Betriebsdauer verhältnismäßig stark ansteigt.

Die Drillingsanordnung hat also, im ganzen genommen, das Triebwerk der Lokomotive nur vielteiliger, schwerer und kostspieliger gemacht, und da sie in wärmetechnischer Beziehung der Zwillingsanordnung gegenüber erheblich zurückbleiben muß, kann als einziger Vorteil nur die geringe Zugkrafterhöhung durch die gleichmäßigeren Kräfte am Triebradumfang angesehen werden.

Der Einbau des schweren Innentriebwerks nötigt dabei zur Anwendung einer Laufachse, die neben ihrem Eigengewicht sowie dem Gewichtsanteil des verlängerten Rahmens hauptsächlich die durch die Anwendung der dritten Maschine entstandenen Mehrgewichte auf die Schienen zu übertragen hat. Die Anhänger der Laufachsen weisen daraufhin, daß durch deren Einbau eine wesentliche Schonung der Spurkränze der vorderen Kuppelachse herbeigeführt werde, was die Unterhaltungskosten der Lokomotive günstig beeinflussen soll. Gegenüber einer etwas geringeren Abnutzung der Spurkränze der führenden Kuppelachse steht aber die sehr erhebliche Vermehrung des toten Gewichts der Lokomotive, und die bedeutend höheren Beschaffungs-, Betriebs- und Unterhaltungskosten. Außerdem läßt sich die Abnutzung der Radreifen der führenden Kuppelachse durch Anwendung von widerstandsfähigerem Baustoff herabziehen, wie dies in Amerika mit Erfolg geschieht, und besonders bei einer E-Lokomotive läßt sich auch die erste und fünfte Achse leicht vertauschen. Der Einwand, daß die Laufachsen bei Güterzuglokomotiven zu einer Vergrößerung des Kessels nötig sei, ist gleichfalls hinfällig, denn schon bei 16 bis 17 t Achsdruck kann der Kessel in völlig genügender Größe ausgeführt werden.

Es ist dem Verfasser selbstverständlich auch nicht unbekannt, daß eine durch eine gut gebaute Laufachsenanordnung geführte Lokomotive etwas besser durch Krümmungen läuft als eine Lokomotive, die nur Kuppelachsen aufzuweisen

Nachträge.

hat. Nach meiner Überzeugung spielt aber auch hier die Geschwindigkeit, mit der die Krümmungen von der Lokomotive befahren werden, eine ganz wesentliche Rolle. Es ist immer wieder darauf hinzuweisen, daß, wie schon eingangs gezeigt, in dieser Beziehung nicht vorsichtig genug vorgegangen werden kann. Bei den Geschwindigkeiten, die bisher im Güterzugdienst üblich waren, und die auch in Zukunft aus allen angeführten Gründen niemals erheblich überschritten werden sollten, ist es nicht erforderlich, ja geradezu unrichtig, Laufachsen anzuwenden. Wesentliche Vereinfachung der Lokomotive und völlige Ausnutzung ihres Gesamtgewichts als Reibungsgewicht sollte für den Bau von Güterzuglokomotiven stets oberstes Gesetz sein.

Um augenscheinlich darzustellen, welchen Platz unter den neueren Heißdampflokomotiven die Entwurfslokomotive bezüglich der zu verwertenden Leistungsfähigkeit einnehmen würde, sind in der Zahlentafel 115 einige kennzeichnende Werte der empfohlenen E-Güterzuglokomotive mit entsprechenden Werten der stärksten Güterzug- und Personenzuglokomotiven der Preußischen Staatseisenbahnverwaltung zusammengestellt worden.

Zum Vergleich der Werte darf zunächst erinnert werden, daß erhöhter Kesseldruck ein kleineres C zur Folge haben kann, während die gleichmäßiger verlaufenden Drehkräfte der Dreizylinderlokomotiven gegenüber den Zwillingslokomotiven ein größeres C_2, also größere Zylinderabmessungen rechtfertigen.

Mit der in den letzten 12 Jahren fast stetig gesteigerten Zugkraft hat die erste Zugkraftcharakteristik C_1 der 1 E-Drillingslokomotive bei 14 Atm. Kesseldruck den Wert 2300 erreicht und die zweite Zugkraftcharakteristik ist auf 28,8 gestiegen. Nach dem Entwurf kann die einfache E-Zwillingslokomotive bei 12 Atm. Kesseldruck ein $C_1 = 2180$ und ein $C_2 = 27,2$ erhalten.

Zahlentafel 115.

Zusammenstellung einiger Kennwerte neuerer Güterzug- und Personenzuglokomotiven der preußischen Staatseisenbahnen.

	Güterzug-Lokomotiven							Personenzug-Lokomotiven				
	2 Zylinder				3 Zylinder			3 Zyl.	4 Zylinder		2 Zylinder	
Lokomotivenbauart	D	D	E	E	1-E	1-D	1-E	2-C	2-C	2-C	2-C	2-C
Gattungsbezeichnung . . .	G 8	G 8¹	G 10	Entw.-Lok.	G 12¹	G 8³	G 12	S 10²	S 10¹	S 10	P 8	Entw.-Lok.
Zylinderdurchmesser d mm	600	600	630	680	560	520	570	500	400/610	430	575	590
Kolbenhub s mm	660	660	660	660	660	660	660	630	660	630	630	660
Triebraddurchmesser D mm	1350	1350	1400	1400	1400	1400	1400	1980	1980	1980	1750	1980
Kesselüberdruck kg/qcm .	12	14	12	12	14	14	14	14	15	14	12	12
Reibungsgewicht G_r t . . .	57,27	67,85	71,72	80,0	84,88	68,0	80	52,95	51,58	51,73	50,28	51
Charakteristik $C_1 = \dfrac{d^2 s}{D}$ qcm	1760	1760	1870	2180	2220	1910	2300	1190	1240	1175	1190	1160
„ $C_2 = \dfrac{C_1}{G_r}$ qcm/t	30,8	26	26,1	27,2	26,2	28,1	28,8	22,5	24,1	22,7	23,8	22,8
Rostfläche R qm	2,39	2,62	2,62	3,1	3,28	3,43	3,9	2,86	3,1	2,82	2,62	3,1
Zylinderinhalt V Liter . .	187	187	206	240	244	210	253	186	193	183	164	180
Heizfläche H qm	137,5	144,4	149,7	164	177	166,9	194,9	153,5	164,7	153	149,4	164
$\dfrac{V}{R}$	78,2	71,4	78,6	77,4	74,5	61,2	64,8	65	62,3	64,9	62,6	58,1
$\dfrac{V}{H}$	1,036	1,03	1,038	1,046	1,038	1,026	1,03	1,021	1,017	1,02	1,01	1,01
$\dfrac{H}{R}$	57,6	55,1	57,2	52,9	54	48,7	50	53,7	53,2	54,3	57,0	52,9

Aus der Zahlentafel 115 ist ersichtlich, daß sich das Verhältnis $\dfrac{\text{Zylinderinhalt}}{\text{Rostfläche}}$ $= \dfrac{V}{R} = 77,4$ der vorgeschlagenen E-Güterzuglokomotive den für Güterzuglokomotiven erprobten Werten gut anpaßt, die nach Strahl, — vgl. Fortschritte der Technik

Heft 1, Seite 8, 1918, „Der Dampfverbrauch und die zweckmäßige Größe der Heißdampflokomotiven", — etwa 73 bis 82 betragen sollen.

Für die 1 D- und 1 E-Drillingsgüterzuglokomotive ist danach das Verhältnis $\frac{V}{R} = 61{,}2$ bzw. 64,8 entschieden zu klein bemessen. Der Wert liegt innerhalb der von Strahl für Schnellzuglokomotiven angebenen Werte von 60 bis 66. Diese Werte müssen bei schnellfahrenden Lokomotiven geringer sein, weil diese trotz der großen Raddurchmesser ganz erheblich höhere Umdrehungen in der Minute machen müssen als die schnellsten Güterzuglokomotiven. Die 1 E-Lokomotive müßte also, um wirtschaftlich zu arbeiten, mit erheblich höheren Umdrehungszahlen laufen, als die übrigen Güterzuglokomotiven und als im Güterzugbetrieb erforderlich ist. Es ist dies ein weiterer Beweis dafür, daß die Rostfläche der Lokomotive zu groß ist.

Wie bereits eingangs dieses Abschnitts ausgeführt wurde, ist die möglichste Erhöhung der Zuglasten die wichtigste Maßnahme für einen gesunden, wirtschaftlichen Eisenbahnbetrieb durch Lokomotiven. Sie wird wesentlich nur durch die Rücksicht auf die Haltbarkeit der Wagenkupplungen begrenzt, denn durch Anwendung des Heißdampfs unter Zuhilfenahme der Vorwärmung des Speisewassers und der Schlammabscheidung lassen sich innerhalb der sonst gesteckten Grenzen ohne Schwierigkeit Güter- und Personenzuglokomotiven bauen, deren Zugkraft völlig ausreicht, die jeweilig schwersten Züge sicher und wirtschaftlich zu befördern. Die Frage ist nur, mit welchen Geschwindigkeiten darf bei vermehrter Last die jeweilige Beförderung erfolgen, damit nicht der erreichte Vorteil sich durch übergroße Geschwindigkeit in das Gegenteil verkehrt.

Es gab im Eisenbahnbetriebe Zeiten, und sie scheinen noch nicht ganz überwunden zu sein, in denen nicht nur im großen Publikum mit dem Gedanken gespielt wurde, schwerste Güterzüge mit Personenzuggeschwindigkeit zu befördern und Schnellzüge mit 150 und mehr Kilometer in der Stunde dahinfliegen zu lassen.

Im Jahre 1906 war in Nürnberg eine 2 B 2-Vierzylinder-Heißdampf-Schnellzug-Verbundlokomotive ausgestellt, die von J. A. Maffei in München für die Bayerische Staatseisenbahn erbaut war. Sie erregte ganz außerordentliches Aufsehen, nicht allein wegen ihrer ungewöhnlich großen Abmessungen (die Triebräder hatten 2200 mm Durchmesser), sondern auch wegen der amtlichen Angabe, daß sie für Geschwindigkeiten von 150 km/st bestimmt sei. Diese an sich vortrefflich ausgeführte Lokomotive konnte naturgemäß im Betrieb nicht halten, was von ihr erhofft war. Verfasser schrieb damals (vgl. 1. Auflage Seite 478) anknüpfend an den Bau dieser Vierzylinder-Heißdampf-Verbund-Lokomotive über die natürlichen Grenzen des Schnellzugbetriebes was folgt:

„So verdienstlich es ist, den sich steigernden Anforderungen im Schnellzugverkehr gegenüber eine für hohe Geschwindigkeiten und große Schleppleistungen befähigte Schnellzuglokomotive neben den schon vorhandenen anzustreben, so sehr ist zu bedauern, daß hier so viel tüchtiges Wissen und Können in einer Richtung sich betätigt hat, die niemals zu dem erstrebten Ziele führen kann.

Von dem in der vorliegenden Arbeit vertretenen Standpunkt aus hat es mich, bei aller Anerkennung der Arbeit, sehr befremdet, daß bei den gegenwärtigen Erfahrungen, die mit Anwendung von hochüberhitztem Dampf gemacht worden sind, noch möglich gewesen ist, von einem Schaustück wie diese Riesenlokomotive einen wirklich gesunden Fortschritt für den Schnellzugbetrieb ernstlich zu erwarten.

Die weite Verbreitung der Vorzüge dieser Lokomotive in der Tagespresse und in Fachblättern, die geeignet ist, die Begehrlichkeit des reisenden Publikums für immer höhere Schnellzuggeschwindigkeiten anzureizen und auch in technischen

Kreisen einen wenig ersprießlichen Wettbewerb zu entfalten, macht es mir zur Pflicht, meine Meinung über zu hohe Geschwindigkeiten im Schnellzugbetrieb im allgemeinen und über die hier eingeschlagene Richtung im Lokomotivbau offen auszusprechen.

Von vornherein soll nicht bezweifelt werden, daß es mit dieser $^2/_6$ gek. Schnellzuglokomotive möglich sein könnte, eine **Höchstgeschwindigkeit von 150 km/st auf langer, wagerechter und schnurgerader, vorzüglich gebauter Strecke** mit einem Zuge von drei bis vier Schnellzugwagen von 120 bis 160 t Wagengewicht auf einige Sekunden zu erreichen. Vielleicht könnte es besonders kühnen und geschickten Führern sogar glücken, auf einem entsprechenden Gefälle diese tolle Geschwindigkeit von 150 km/st für einige, sagen wir drei Minuten, mit größter Anstrengung von Kessel und Maschine auch aufrechtzuerhalten. **Der derartig beschleunigte Zug würde dann in diesen drei Minuten 7,5 km (eine deutsche Meile) durchflogen haben, und die Luftgeschwindigkeit eines stärksten Orkans wäre somit glücklich erreicht!**

Selbstverständlich dürften hierbei solche Strecken keine Krümmungen haben, und es dürfte auch nicht das geringste Hindernis auf ihnen vorkommen, denn sonst müßte der Führer allerdings die Augen eines Falken, stählerne Nerven und außerordentliche Geistesgegenwart besitzen, um Hindernisse rechtzeitig zu erkennen, eine eiserne Ruhe unter allen Umständen zu bewahren und diesen Zug, der sich bei der Geschwindigkeit von 150 km/st erst auf etwa 2000 m Entfernung zum Stillstande bringen läßt, noch einigermaßen in der Hand zu haben.

Ernstlich frage ich, dem in weiten Kreisen zum Teil durch eine nicht genau bediente Presse verbreiteten Geschwindigkeitstaumel gegenüber, **welcher Fachmann will es wagen, nicht nur auf einer besonders ausgewählten und hergerichteten Strecke am hellen Tage bei einer wohl vorbereiteten Versuchsfahrt derartige Kunststücke für Augenblicke höchster Anspannung vereinzelt vorzuführen, sondern im regelmäßigen Schnellzugdienste der Lokomotivmannschaft zu gestatten, einen mit Reisenden besetzten Zug mit 150 km/st auch nur kurze Zeit fahren zu dürfen**

Wer jemals erhebliche Schnellfahrten auf Lokomotiven mitgemacht und am eigenen Leibe öfter erfahren hat, welcher Anspannung aller Sinnesorgane es schon bei 120 bis 130 km/st Fahrt bedarf, um noch mit der Möglichkeit der Verantwortung bei gutem Wetter Signale und Hindernisse zu erkennen und Wind und Wetter, Regen, Schnee und Staub gegenüber Herr der Lage zu bleiben, der ersehnt größere Höchstgeschwindigkeiten im regelmäßigen Zugdienst nicht herbei, überträgt nicht die meist nur mit einzelnen Fahrzeugen oder ganz leichten Zügen erreichten technischen Augenblicks-Kunstleistungen bei Versuchen auf einen geregelten und sicheren Schnellzugdienst und fordert nicht leichten Mutes von seinen Mitmenschen (hier, dem Lokomotivführer und Heizer) Leistungen, die, dauernd verantwortlich ausgeübt, **normale Menschen überspannen müssen.**

Wie gering ist die Anzahl der Fachmänner, denen es vergönnt war, bei derartigen Versuchen persönlich zu erfahren, wie schwierig es ferner ist, auch mit vorzüglichen Lokomotiven selbst bei Triebrädern von 2100 bis 2200 mm Durchmesser die Zuggeschwindigkeiten über 125 km/st (auch nur für Augenblicke) zu erhöhen.

Sobald die Zylinderfüllungen ein gewisses Höchstmaß in einem gewissen schnellen Wechsel erreichen, steigt die Luftleere in der Rauchkammer derartig an, daß das Feuer nicht mehr ruhig gehalten werden kann. Der Gegendruck erhöht sich stark und nur mit ganz unverhältnismäßig vergrößerter Anstrengung von Kessel und Maschine lassen sich alsdann noch höhere und höhere Geschwindigkeiten langsam steigend der Lokomotive abringen.

Ein erträglich wirtschaftlicher Betrieb hat damit völlig aufgehört, und die weiter erreichten Höchstgeschwindigkeiten werden nicht nur überaus teuer erkauft, sondern auch die Lokomotive wird durch die eintretende Kohlenverschleuderung und übergroße Beanspruchung aller Gangteile in kurzer Zeit für längere Fahrt untauglich gemacht.

Diese unhaltbaren Zustände bessern sich aber nicht etwa im Verhältnis einer möglichen Kessel-, Rost- und Maschinenvergrößerung, denn bei einer zweifach gekuppelten Schnellzuglokomotive verschlechtert sich beim Verlassen der einfachen $^2/_4$ Gattung mit dem Hinzufügen einer fünften und sechsten Achse die gute Art und Eignung der Lokomotive für den Schnellzugdienst sehr erheblich.

Die Eigenwiderstände nehmen stark zu, die Krümmungsbeweglichkeit, die Geschmeidigkeit und die Sicherheit in Krümmungen nimmt stark ab; die Lokomotive wird zu schwer und ist damit nicht mehr leicht in große Geschwindigkeiten zu bringen und nur mit großen Verlusten vor jeder Krümmung und jedem sonstigen Streckenhindernis abzubremsen.

Darum zurück zur größtmöglichen Einfachheit der Schnellzuglokomotive! Fort mit dem Gedanken an Geschwindigkeiten von auf Schienen rollenden Ungeheuern von 120000 bis 150000 kg Gewicht, die etwa ebensoviel Wagengewicht in noch schnellerem Fluge mit sich reißen sollen, als der beste Vogel in freier Luft fliegen kann!

Fort mit solchen Übertreibungen, denn sie führen nicht zu einem gesunden Fortschritt, sondern zu Rückschlägen. Fort aber auch mit der Modetorheit der Veröffentlichungen von unter allergünstigsten Verhältnissen bei Versuchsfahrten erreichten Höchstgeschwindigkeiten für ganz kurze, im wirtschaftlichen Leben unmögliche Schnellzüge oder gar einzelne Fahrzeuge.

Nicht nur die Öffentlichkeit wird mit solchen Ergebnissen, die in gutem Glauben verallgemeinert werden, obgleich sie für den praktischen Schnellzugdienst ganz sinnlos sind, aufgeregt, sondern auch die Fachkreise werden beunruhigt und verwirrt, und der Ehrgeiz wird zu wenig ersprießlichem Mittun aufgestachelt.

Dem Verfasser schwebt ein Fall vor, wo um eine bekannt gewordene Höchstleistung von 142 km/st, die vor einem leichten Zuge erreicht worden war, zu schlagen, mit einer ähnlichen Lokomotive eine Leerfahrt unternommen, diese ein Gefälle hinab in die äußerste Geschwindigkeit hineingetrieben und mit der gewöhnlichen Stechuhr dabei 143 km/st Geschwindigkeit für einen Augenblick festgestellt wurde. Diese Lokomotive kam zwar mit ausgeschmolzenen Lagern am Ziele an, aber sie hatte doch 143 km/st Geschwindigkeit erreicht, und in weiten Kreisen, in denen die näheren Umstände nicht bekannt sind, nahm man dann natürlich glatt an, diese betreffende Lokomotivbauart sei wirklich imstande, Schnellzüge mit Geschwindigkeiten bis 140 km/st sicher zu befördern.

Man gewöhnt sich allmählich daran, mit derartig hohen, bereits viel zu hohen Geschwindigkeiten umzuspringen, daß gegenwärtig schon ganz allgemein von 150 km/st Geschwindigkeit im Schnellzugdienste wie von einer ganz selbstverständlich bald zu erreichenden Leistung gesprochen wird, obgleich nur wenige sich einen Begriff davon machen können, was es heißt, schon eine Zuggeschwindigkeit von 120 auf 130 km/st für Augenblicke zu erhöhen.

In Wirklichkeit sollte für absehbare Zeit unter sorgfältiger Beachtung des im Lokomotivbau schon Errungenen das Hauptziel sein, dahin zu streben, die Hauptschnellzugslinien auszubauen, daß mittelschwere Schnellzüge mit etwa 100 km/st durchschnittlicher Geschwindigkeit im Flachlande sicher gefahren werden können.

Schon hierzu bedarf es gelegentlicher Höchstgeschwindigkeiten von 120 bis 130 km/st auf übersichtlicher, gerader Strecke, die ich für einen allseitig sicheren Betrieb für die äußerste Grenze halte, die für die allerschnellsten Züge schon aus Gründen der Betriebssicherheit gegenüber der menschlichen Unvollkommenheit niemals überschritten werden sollte.

Kostspielig genug wird ja auch mit den allerbesten und einfachsten Heißdampflokomotiven ein solcher Betrieb schon ausfallen, mit $^2/_6$ geb. Vierzylinder-Verbund-Lokomotiven aber wird selbst diese schon viel bescheidenere Höchstgeschwindigkeit der Schnellzüge nicht zu leisten sein.

Daß meine Ausführungen nicht blasser Furcht entsprungen sind, auch nicht einer Art von Rückständigkeit, dafür dürften die vielen Versuchsfahrten bürgen, die ich im Interesse des Fortschritts im Lokomotivbau und Betrieb, auch in der Richtung der Schnelligkeit, auf der Plattform vieler Lokomotiven stehend geleitet oder mitgemacht habe."

Die Erfahrung hat das vorstehend Gesagte für den Schnellzugsbetrieb bestätigt. Die Ausführungen behalten noch für die Gegenwart Wert und lassen sich, — allerdings bedingungsweise, — wohl auch auf zu schnelle Beförderung schwerer Güterzüge anwenden. Jedenfalls wachsen Kosten und Schwierigkeiten bei Steigerung der Geschwindigkeit schwerster Lasten nicht im einfachen Verhältnis zur Vergrößerung der Geschwindigkeit sondern ganz erheblich stärker, wie eingangs schon dargelegt wurde. Es ist also, wie nochmals betont werden soll, die größte Vorsicht bei einer Erhöhung der Geschwindigkeit schwerster Güterzüge geboten.

Vorstehende Ausführungen in ihrer Gesamtheit zusammengefaßt, lassen wohl kaum einen anderen Schluß zu, als den, daß die einfache, auf 16 bis 17 t Achsdruck verstärkte E-Zwillingslokomotive mit 12 Atm. Kesseldruck, wie sie z. B. auf Tafel 44 in den wesentlichen Bauteilen angegeben ist, die geeignetste Bauart für den allgemeinen schweren Güterzugdienst auf absehbare Zeit werden sollte.

Was für die hier vorgeschlagene E-Lokomotive als Einheitsgüterzuglokomotive gesagt ist, gilt sinngemäß auch für die aus der P8 entwickelte, im zweiten Abschnitt unter 3 empfohlene auf Tafel 5 dargestellte 2 C-Heißdampf-Zwilling-Schnellzuglokomotive. Sie kann, endlich probeweise erbaut und gründlich mit den Drillingslokomotiven in Vergleich gestellt, für absehbare Zeit die wirtschaftlichste und beste, allen Ansprüchen des schweren Schnellzugs- und Personenzugdienstes vollkommen genügende Einheits-Schnellzug- und Personenzugslokomotive werden.

Wenn in Zahlentafel 115 das Verhältnis $\frac{V}{R}$, das hauptsächlich die Zylinderdurchmesser beeinflußt, mit 58,1 etwas zu klein gegenüber der Drillings- und Vierzylinderlokomotiven erscheinen sollte, so ist zu sagen, daß zwar nichts im Wege stünde, den Zylinderdurchmesser von 590 auf 600 bzw. 610 mm zu vergrößern, womit $\frac{V}{R}$ auf 60,5 bzw. 62,5 erhöht würde, daß Verfasser aber 590 mm vorzieht.

Der Durchmesser von 590 wurde s. Z. gewählt in Rücksicht auf den geringen Eigenwiderstand einer Zwillings- gegenüber einer Mehrzylinderlokomotive und unter Berücksichtigung des Umstandes, daß s. Z. der Zylinderdurchmesser der 2 C-Personenzuglokomotive P8 von 590 auf 575 mm verkleinert worden ist.

2. Zusammenfassung.

Die wichtigsten Folgerungen, die sich aus einer vorurteilsfreien Betrachtung der in diesem Buche angeführten Tatsachen, Ansichten und Schlüsse ergeben, seien in folgenden Sätzen zusammengefaßt.

1. Unerläßlich für einen letzten gesunden Fortschritt im Lokomotivbau und -betrieb ist ein genügend starker und gut erhaltener Oberbau.

Der Eisenbahnbetrieb kann niemals die dringend notwendige Vollkommenheit erreichen, wenn die Eisenbahn, auf der sich der Betrieb abspielt, zu wünschen übrig läßt.

Der deutsche Oberbau kann im allgemeinen als genügend stark und im Durchschnitt durchaus vergleichbar mit dem amerikanischen Oberbau bezeichnet werden. Die Sorgfalt für seine Unterhaltung dürfte mindestens der anderer Länder nicht nachstehen.

Amerikanische Eisenbahnen werden schon Jahrzehnte hindurch mit Lokomotiven befahren, die Triebachsbelastungen von 25 bis 28 t aufweisen, und in neuerer Zeit sind die Achsdrücke sogar bis auf 30 t gestiegen, während in Deutschland noch immer 16 bis 17 t Triebachsdruck die schwer erkämpfte Höchstbelastung bilden! — (Vgl. u. a. die Tatsachen im sechsten Abschnitt, auch die Seiten 380ff.)

Hier kann aber, wie die Verhältnisse bisher leider lagen, nur durch einen Machtspruch der maßgebenden Gewalt der so dringend nötige Wandel zum Besseren geschaffen werden.

Da es sich für den deutschen Eisenbahnbetrieb nur um die verhältnismäßig geringe Erhöhung der Betriebachslast von 17 t bis auf rund 20 t im allgemeinen handelt, womit der deutsche, hochentwickelte Lokomotivbau zu einem letzten großen Fortschritt befähigt werden kann, und da bis zu einer umfänglicheren Wirkung dieser Freigabe Jahre vergehen müssen, so liegt tatsächlich kein erhebliches Hindernis vor, diese Freigabe eines Triebachsdrucks von im allgemeinen 20 t sofort zu bewirken. Irgendwelche Hemmnisse, die an einigen Stellen noch bestehen mögen, lassen sich zeitig genug beheben; der Lokomotivbau aber wäre endlich von der schlimmsten Fessel befreit, die besonders dem Fortschritt in der Richtung der Vereinfachung der Bauarten bisher behinderte und in manchen Fachkreisen eine gewisse Neigung zum Bau von Vielkupplern bzw. zur schädlichen Vermehrung der Achszahlen für leistungsfähige Lokomotiven überhaupt erst begünstigt hat. Unbedingt bedarf der schwerste Personen- und Schnellzugbetrieb im allgemeinen bei 20 t Triebachsdruck nicht mehr als drei, der schwerstmögliche Güterzugdienst höchstens fünf Triebachsen. Die einfache 2 C-Zwilling-Heißdampf-Schnellzuglokomotive und die gleich einfache E-Zwilling-Heißdampf-Güterzuglokomotive wären die beiden gegebenen Einheitslokomotiven für einen allen möglichen praktischen Ansprüchen genügenden Personen- und Güterzugdienst auf absehbare Zeit, auch im Wettbewerb mit elektrischen Lokomotiven.

Für Lokomotiven mit mehr als fünf Achsen überhaupt läge dann keinerlei Bedürfnis mehr vor, und der Gedanke, Personenzuglokomotiven mit mehr als 3 Triebachsen für einen auch nur einigermaßen umfänglich gedachten Personenzugdienst auszuführen, wäre dann unmöglich! — Sonderausführungen für vereinzelte und engbegrenzte außerordentliche Betriebsforderungen werden selbstverständlich von dem Gesagten nicht berührt, wohl aber ist die Erhöhung der Triebachslast für den Lokomotivbau und -betrieb von höchster Wichtigkeit.

2. Die Anwendung des Heißdampfs im Lokomotivbetriebe in Verbindung mit der Speisewasservorwärmung und Schlammabscheidung hat, von der Preußischen Staatseisenbahnverwaltung ausgehend und von dieser auch wesentlich befruchtet, ihren Siegeszug nunmehr fast durch die ganze Welt gemacht und zu Fortschritten im Lokomotivbau geführt, die in einer außerordentlichen Steigerung der Leistungsfähigkeit bei kaum noch zu überbietender Wirtschaftlichkeit sich darstellen. Nur die Erhöhung des Triebachsdrucks auf 20 t vermag nun noch einen ganz erheblichen Fortschritt nach jeder Richtung zu gewährleisten und die Gattungszahlen der Lokomotiven zu beschränken.

3. Heißdampf ist Wasserdampf, der um mindestens 100° C über seine Sättigungstemperatur überhitzt ist. Er ist im Gegensatz zu Naßdampf ein schlechter Wärmeleiter und gleicht in seinem Verhalten im Zylinder einem heißen Gase.

Zusammenfassung.

4. Heißdampfbetrieb gewährleistet bei erhöhter Wirtschaftlichkeit und unter Beibehaltung der einfachen Zwillingswirkung eine Erhöhung der Leistungsfähigkeit der Lokomotiven um etwa 40%, die bei Anwendung eines Speisewasservorwärmers noch weiter um etwa 15% gesteigert werden kann.

5. Der wesentliche Vorteil der Heißdampfanwendung beruht in der Möglichkeit der Vermeidung der Niederschlagsverluste in den Zylindern, die bei Naßdampfbetrieb schon bei mittlerer Kesselbeanspruchung durchschnittlich ein Drittel der verdampften Wassermenge betragen.

6. Die Anwendung von trockenem oder nur mäßig überhitztem Dampf bei Lokomotiven kann, obwohl vielfach versucht, wesentliche wirtschaftliche Erfolge nicht bringen.

7. Die Kohlenersparnis nimmt nicht gleichmäßig mit der Überhitzung zu; eine nennenswerte Ersparnis beginnt erst bei einer mindestens 50° betragenden Überhitzung, nimmt aber dann schneller zu und steigert sich bis zu der dauernd zulässigen Höchstdampftemperatur von 350° bis 360° C.

8. Die hauptsächlich durch den Fortfall aller Niederschlagsverluste in richtig bemessenen Zylindern einer Zwillings-Heißdampflokomotive erzielte Kohlenersparnis beträgt gegenüber gleicher Leistung und bei mittlerer Beanspruchung einer Naßdampflokomotive durchschnittlich 25% und rund 20%, wenn die Heißdampf-Zwillingslokomotive einer zwei- oder vierzylindrigen Verbundlokomotive gegenübergestellt wird. Die Wasserersparnis ist in den meisten Fällen noch beträchtlich größer.

9. Bei hoher Beanspruchung der Vergleichs-Naßdampflokomotive ergibt sich jedoch ein bedeutend größerer Mehrverbrauch dieser gegenüber der Heißdampflokomotive, weil bei der Naßdampflokomotive dann viel nutzlos erhitztes Wasser in die Zylinder mitgerissen wird.

10. Wichtiger noch als der wirtschaftliche Nutzen durch Kohlen- und Wasserersparnis ist für den Lokomotivbetrieb die durch die Heißdampfanwendung erzielte bedeutende Erhöhung der Leistungsfähigkeit der Lokomotive ohne nennenswerte Gewichtsvermehrung.

11. Heißdampflokomotivkessel können wegen ihres geringen Kohlenverbrauchs auch für die höchsten Anforderungen noch mit schmalen, tiefen Feuerbüchsen gebaut werden. Als Baustoff für Feuerbüchsen ist ohne Rücksicht auf die Beschaffungskosten, soweit irgend möglich, nur Hüttenkupfer anzuwenden. Die Roststäbe sind so schmal, wie es die Herstellung und Haltbarkeit zuläßt, auszuführen, die Spalten dagegen so breit, wie die jeweilige Art des Brennstoffes dies verlangt. Ein derartig sachgemäß gebauter, genügend schräg liegender Rost erleichtert eine gute Bedienung wesentlich und verhindert bei ordnungsmäßiger Feuerhaltung die Bildung zäher Schlacken. Bis zu etwa 3 m Länge ist daher auch die Anordnung eines Kipprostes entbehrlich. Über diese Länge hinaus kann ein kurzer, gleichfalls mit großer, freier Rostfläche gebauter Kipprost, besonders bei stark schlackendem Brennstoff, gute Dienste leisten. Von größter Bedeutung ist auch die Ausbildung des Aschkastens, der eine möglichst freie und auch für größte Beanspruchung der Lokomotive noch genügende Luftzuführung in der Richtung der Längsachse des Rostes durch die vordere Klappe hindurch zulassen muß. Vgl. auch S. 175 bis 178.

12. Durchschnittliche Dampftemperaturen von mindestens 300° C im Schieberkasten können bei den beschränkten Raumverhältnissen eines Lokomotivkessels nur erreicht werden durch Überhitzerbauarten mit vielfach unterteilten Heizflächen, die von Heizgasen von hoher Temperatur umspült werden.

13. Der Durchgang der Heizgase durch den Überhitzer sollte sich beim Leerlauf und Stillstand der Lokomotive und beim Gebrauch des Bläsers abstellen lassen, sofern nicht volle Besetzung aller Rauch- bzw. Siederohre vorliegt (Kleinrauch-

rohrüberhitzer). Die Vereinfachung, die durch Fortlassen der auf den Seiten 141 und 142 beschriebenen selbsttätigen Einrichtung zur Klappenregelung erreicht werden kann, steht in keinem guten Verhältnis zu dem schweren Schaden, der durch schnellere Abnützung und Verwerfen der Überhitzerrohre unbedingt herbeigeführt wird. Auch die dringend notwendige regelmäßige Reinigung der Überhitzerrohre wird durch das Verwerfen sehr erschwert. Hier könnte auch die Einschaltung des Ventilreglers hinter den Überhitzer gute Dienste leisten, da dann Heißdampf für den Bläser, die Pumpen und die Heizung aus der Heißdampfkammer entnommen, und somit der Überhitzer beim Stillstand und beim Leerlauf der Lokomotive durch den Dampfumlauf wirksam gekühlt werden kann.

14. Heißdampf läßt infolge seiner gasartigen Eigenschaften eine höhere Dampfgeschwindigkeit in den Dampfkanälen bzw. im Überhitzer zu, als Naßdampf. Eine ziemlich hohe Dampfgeschwindigkeit ist für die Wärmeausnutzung im Überhitzer notwendig, sie darf aber nicht soweit getrieben werden, daß der Spannungsabfall des Dampfes beim Durchfluß durch die Überhitzerrohre zu groß wird. Der Überhitzer muß daher und wegen unausbleiblicher Belegung der Rohrflächen durch Flugasche beträchtlich größer ausgeführt werden, als die übliche Berechnung ergibt.

15. Die Wärmeausnutzung im Heißdampfkessel ist mindestens eben so gut wie die in einem mäßig beanspruchten Naßdampfkessel. Bei steigender Beanspruchung nimmt der Wirkungsgrad des Naßdampfkessels jedoch schnell ab, während der des Heißdampfkessels bis zu einer hoch gelegenen Grenze zunimmt.

16. Die Leistungsfähigkeit des Überhitzers muß auch wegen der wechselnden Feuchtigkeit des Kesseldampfes und damit wechselnden Verdampfungsarbeit bedeutend größer sein, als der bloßen Erhöhung der Dampftemperatur theoretisch entsprechen würde.

17. Verdampfungszahlen können nicht als Grundlage eines Vergleichs der Wirtschaftlichkeit zweier Lokomotivkessel dienen, da der Wassergehalt des erzeugten Kesseldampfes nicht bekannt ist.

18. Die Verwendung von Kupfer, Rotguß oder Weißmetall für in Heißdampf befindliche Teile ist unzulässig, da diese Baustoffe unter der Einwirkung der hohen Temperatur schnell spröde werden bzw. aussaigern.

19. Bei Anwendung von Heißdampf genügt für einfache Dampfdehnung unter allen Umständen ein Dampfdruck im Kessel von 12 Atm., was außer zu einer erheblichen Gewichtsverminderung zur Schonung der Kessel viel beitragen wird, die viel wichtiger ist, als die geringe Vermehrung des Arbeitsvermögens von um 2 bis 3 Atm. höher gespanntem Dampf.

20. Durch Anwendung der Verbundwirkung bei Naßdampfbetrieb können die Niederschläge in den Zylindern, die bei Naßdampf-Zwillingslokomotiven etwa 35% betragen, auf etwa 20% vermindert werden. Durch Anwendung von Heißdampf aber lassen sich schon bei einfacher Dehnung alle Niederschläge in den Zylindern beseitigen.

21. Bei Verbundwirkung unter Anwendung von Heißdampf wird gegenüber Heißdampf-Zwillingswirkung nur dann auf eine kleine Dampfersparnis zu rechnen sein, wenn die Überhitzung bei allen Beanspruchungen der Verbundlokomotive so hoch gehalten werden könnte, daß auch im Niederdruckzylinder die Niederschläge gänzlich vermieden werden.

22. Eine nur mäßige Überhitzung des Hochdruckdampfes mit darauf folgender Überhitzung des Verbinderdampfes in einem Zwischenüberhitzer bringt nach Erfahrungen im ortsfesten Betriebe nicht dieselbe Wirtschaftlichkeit wie eine einmalige hohe Überhitzung des Hochdruckdampfes.

23. Die hin und her gehenden Triebwerksmassen der Zwillingslokomotiven rufen ein wirklich fühlbares Zucken so lange nicht hervor, als die Lokomotive in allen Teilen kraftschlüssig gehalten und für eine straffe und straff erhaltene Tender-

kupplung Vorsorge getroffen wird, worauf in einem geregelten Lokomotivbetrieb zur Erhaltung der Lokomotiven grundsätzlich der höchste Wert gelegt werden muß. Der Einfluß der nicht ausgeglichenen Triebwerksmassen auf den ruhigen Gang einer richtig gebauten Zwillingslokomotive wird vielfach wesentlich überschätzt wobei öfter unberücksichtigt bleibt, daß die nicht ausgeglichenen hin und her gehenden Triebwerksmassen eine Verminderung der größten, wagerechten Achslagerdrücke bewirken, was nicht zu unterschätzen ist.

24. Um beim Leerlauf der Lokomotiven zu hohe Verdichtung zu verhindern, ist eine Druckausgleichvorrichtung an den Zylindern anzubringen, die nach Schluß des Reglers die beiden Kolbenseiten in Verbindung setzt. Vgl. hierzu Seite 109 u. 767.

25. Bei den gegenwärtig geltenden und in absehbarer Zeit möglichen Höchstgeschwindigkeiten und Schleppleistungen bedarf es einer Teilung der 2 Dampfmaschinen in 3 oder 4 durchaus nicht. Der Personen- und Güterzugverkehr läßt sich mit einfachen Zweikurbelmaschinen vollkommen betriebssicher und wesentlich einfacher und wirtschaftlicher durchführen, als mit Mehrzylinderlokomotiven.

Der Barrenrahmen, dieser vorsintflutliche Lückenbüßer beim Bau von Mehrzylinderlokomotiven, kann endgültig beseitigt werden. Der leicht und schnell herstellbare, billige und kunstgerechte Plattenrahmen ist bei Zwillingslokomotiven mit schmaler Feuerbüchse stets anwendbar.

Die Laufachse der neueren Güterzuglokomotiven für den allgemeinen schweren Güterzugdienst ist nicht erforderlich, weder zum Tragen des Kessels noch aus anderen Gründen. Die ganz erheblich geringen Beschaffungs- und Unterhaltungskosten, die Vermeidung mehrerer Tonnen toten Gewichts und unnötiger Länge der Lokomotive sind unbedingte große Vorteile, die den Nutzen einer etwaigen geringeren Abnutzung der Radreifen der vorderen Kuppelachse bei weitem übertreffen.

Die Bremseinrichtung des führenden Drehgestells der Personen- und Schnellzuglokomotiven kann der Verfasser gleichfalls nicht als einen unbedingten Fortschritt ansehen. Auch hier stehen die großen Mehrkosten für ein ganz erhebliches und an dieser Stelle ganz besonders schädlich wirkendes, totes Gewicht, die kostspielige Unterhaltung, die starke Verbauung der Zugänglichkeit des Drehgestells durch die vielteilige und gedrängte Bremseinrichtung, die unter Umständen sogar Entgleisungsgefahr nicht ausschließt, in keinem gesunden Verhältnis zu der sehr geringen Vermehrung der Bremsleistung, die nur in den seltensten Betriebsfällen von nennenswertem Nutzen sein kann.

26. Der Rauchrohrüberhitzer von Schmidt hat sich in jahrelangem Betriebe als vollkommen geeignet erwiesen, hochüberhitzten Dampf in wirtschaftlicher und betriebssicherer Weise im Lokomotivkessel zu erzeugen, besonders wenn gegenüber der jeweiligen Beanspruchung der Lokomotivgattung auch die zweckmäßigste Bauart des Überhitzers gewählt worden ist, z. B. für öfteres Anfahren der Kleinrohr- oder Mittelrohrüberhitzer, die beide schnelleres Ansteigen der Überhitzung bewirken. Unbedingt müssen aber im Betriebe ausreichende Druckluftreinrichtungen vorhanden sein, und das Durchblasen, bzw. Reinigen der Rauchrohre muß — was ja auch bei gewöhnlichen Siederohren schon stets von höchstem Wert war — bei jeder Ruhepause erfolgen. Wo ortsfeste Druckluftanlagen nicht schnell genug zu erbauen sind, müssen fahrbare Luftdruckeinrichtungen beschafft und regelmäßig bedient werden.

27. Überhitzer, die die zur Verankerung der Rohrwände dienenden Siederohre in ihrer ganzen Länge oder teilweise als Überhitzerrohre benützen, sind mit Rücksicht auf die hohe vielseitige Beanspruchung dieser dünnen Rohranker betriebsgefährlich.

28. Überhitzer, bei denen der überhitzte Dampf durch den Naßdampfraum des Kessels hindurch zu den Zylindern geleitet wird, ergeben einen bedeutenden Temperaturabfall des Dampfes bis zum Eintritt in die Zylinder.

29. Abgasüberhitzer für Lokomotiven vermögen eine wirtschaftliche Überhitzung kaum zu erzielen und leiden stark unter der Verschmutzung durch Teer.

30. Ölheizung ergibt im Lokomotivbetrieb so große Vorteile, daß sie da, wo es die Preisverhältnisse zulassen, unbedingt angewendet werden sollte.

31. Durch Abdampf-Speisewasser-Vorwärmer werden Kohlenersparnisse bei Heißdampflokomotiven von etwa 15% bzgl. eine entsprechende Zunahme der Leistungsfähigkeit erzielt. Ihre Anwendung empfiehlt sich daher bei allen Lokomotiven, die nicht allzu häufig anfahren müssen. Abgasvorwärmer haben sich wegen der Teerabscheidung auf den Heizflächen im allgemeinen bisher nicht bewährt, doch scheinen neuere Bauarten den Reinigungsschwierigkeiten besser zu begegnen.

32. Zur Vermeidung des Kesselsteinansatzes haben verschiedene Bauarten von Schlammabscheidern gute Dienste geleistet und sollten möglichst allgemein angewendet werden.

33. Die Zylinder der Heißdampflokomotiven sind nach der meist gebrauchten Zugkraft zu berechnen. Beim Entwurf ist alles zu vermeiden, was zu ungleichmäßiger Ausdehnung infolge von Stoffanhäufung durch die Wärme führen kann.

34. Der schwedische Dampfkolben mit drei leichten, schmalen Kolbenringen, die nur zum Dichten dienen, aber niemals zum Tragen des Kolbenkörpers beitragen dürfen, hat sich bei Heißdampfbetrieb am besten bewährt.

35. Heißdampfbetrieb bedingt die Verwendung von metallischen und gelenkigen Kolbenstopfbüchsen, die zum Tragen der Kolbenstangen nicht benutzt werden dürfen. Die Dichtungsringe sollen durch eine lange Labyrinthdichtung vor der Einwirkung des Heißdampfes geschützt und durch die Außenluft gekühlt werden.

36. Flachschieber erweisen sich für Heißdampfbetrieb als nicht geeignet, dagegen haben sich Kolbenschieber mit innerer Einströmung unter Anwendung schmaler, federnder Dichtungsringe aus bestem Gußeisen bewährt, sofern sie im Betriebe gewissenhaft nach den gegebenen Vorschriften behandelt werden. In den letzten Jahren haben die Schwierigkeiten der Ölbeschaffung für Kolbenschieber zu so wesentlichen Verbesserungen der Lentz-Ventilsteuerung geführt, daß diese wohl wieder in Wettbewerb mit der Kolbenschiebersteuerung treten wird.

37. Die Anwendung von Kolbenschiebern erfordert die Anbringung von (vgl. auch Seite 767) Sicherheits- und Luftsaugeventilen an den Zylindern bzw. an den Einströmungsrohren.

38. Der erhöhten Leistungsfähigkeit der Heißdampflokomotiven entsprechend sind die Triebwerksteile, namentlich die Achsschenkel und Achslager, die Trieb- und Kuppelzapfen und Kreuzkopfbolzen angemessen zu verstärken.

39. Die Radsätze sind mit besonderer Sorgfalt herzustellen. Alle Kurbeln eines Radsatzes müssen durchaus gleich lang sein und an jeder Achse genau im rechten Winkel zueinander stehen. Die Achsschenkel müssen durchaus zylindrisch gedreht und geschliffen und fein poliert werden.

Die Trieb- und Kuppelachsschenkel sollten von dreiteiligen, verstellbaren Lagerschalen umfaßt werden. Eine sehr einfache Ausführungsform hat der Verfasser auf Seite 71 dargestellt.

Trieb- und Kuppelzapfen sind gleichfalls nicht nur durch Abdrehen, sondern durch genaueste, feinste Schleifarbeit fertigzustellen und hochglänzend zu polieren.

Der zu den Triebachszapfen mit gehärteten und hochpolierten Oberflächen verwendete Rohstoff muß ein an sich nicht härtbares, sehr dichtes Eisen sein, das durch ein kunstgerecht und gewissenhaft durchgeführtes, langsam verlaufendes Einsetzverfahren an der Oberfläche in feinkörnigen Stahl verwandelt wird. Vgl. auch Seite 319 u. f. Gegenkurbeln sind stets gesondert am Triebzapfen anzubringen. Vgl. Seite 325.

40. Das Aufpassen der Achslager auf die Achsschenkel, sowie der Stangenlager auf die Trieb- und Kuppelzapfen muß eine vollständige Auflage der Tragflächen herbeiführen und sorgfältig mit auf Ölsteinen abgezogenen Schabern erfolgen. Die Anwendung von Schmiergel ist zu verbieten. Ölnuten müssen in sachgemäßen Krümmungen laufend angebracht sein; die Ränder derselben sind stark und glatt abzurunden.

41. Heißdampf-Tenderlokomotiven haben infolge ihres durch den verminderten Kohlen- und Wasserverbrauch erfolgreich vergrößerten Wirkungskreises eine erhöhte Bedeutung gewonnen. Sie eignen sich, entgegen der abweichenden Ansicht in einigen Fachkreisen, sogar besonders gut auch für den Verschiebedienst.

Eine in richtigen Verhältnissen gebaute und vorschriftsmäßig gefahrene und gehaltene Heißdampflokomotive verursacht keine erhöhten Unterhaltungskosten einer entsprechend leistungsfähigen Naßdampflokomotive gegenüber.

Die Anwendung von Heißdampf im Lokomotivbetrieb bringt demnach Vorteile in vielen Richtungen, vor allem in bezug auf Leistungsfähigkeit, Wirtschaftlichkeit, Einfachheit und Einheitlichkeit der Bauarten und der Einzelteile der Lokomotive.

Namenverzeichnis.

Alden 93, 662.
Amsler 660.
Anger 827.
Artciche 255.
Atlaswerke 241.

Baker 306, 374.
Baldwin 12, 13, 299, 515, 529.
Becher 293.
Bérenger 255.
Berner 34, 113.
Bochumer Verein 321.
Boden-Ingles 213.
Bonnefond 299.
Booth 213.
v. Borries 12, 95, 302.
Borsig 296, 321, 388, 426, 458, 467, 488, 503.
Böttcher 655.
Breda, Ernesto 471.
Brinell 376.
Brotan 193.
Brown 228.
Brüggemann 360.
Buck-Jacobs 156, 259, 529.
Budde 2.
Burrows 150.
Busse 492.
Butler 210.

Caille Potonié 245.
Callendar 10, 16, 35.
Champeney 150.
Churchward 150, 662.
Clapeyron 681.
Clausius-Rankine 34.
Clench 156.
Cleveland 116.
Coale 273.
Cole 13, 144—147.
Cockerill 113, 151.
Corliss 300.
Cosmovici 213.
Couche 26, 203.
Crawford 225, 375.

Day-Kincaid 221.
Deems 338.
Deuta-Werke 357, 653.
Dicker & Werneburg 365—370.

Dickson 115.
Dragu 217.
Drummond 250.
Durand 300.

Egestorff 167, 483, 500, 511.
Emerson 149.
Emery 697.
Estrade 3.
Euler 68.

Fairly 9.
Festei 299.
Flamme 40, 470.
Fleck 2.
Frank 48.
Frémont 81.
Friedmann 362.
Fry 178.

Gaines 176, 228, 246, 374.
de Glehn 12.
Goloboloff 662.
Gölsdorf 9, 156, 258, 259.
Gooch 300.
Goß 26, 202, 223, 661.
de Grahl 181.
Grashof 35.
Graßmann 125, 308, 312.
Gutbrod 622.
Guttermuth 113.

Haberkorn 300.
Hagans 9, 168.
Hammer 650.
Hartmann 87.
Hasse 322.
Helmholtz 9.
Henschel & Sohn 3, 393, 417, 421, 473, 483, 513.
Hermiersch 322.
Heusinger 299, 307.
Heyn 257.
Hirn 35.
Hochwald 296.
Hoff 2.
Hohenzollern, A.-G. 465, 496, 507.
Holden 216.
Horsey 147.

Howard 1.
Humboldt 481, 502.

Jacob 18.
Jacobs-Shupert 199.
Jahn 88, 101.
Joy 301, 499.

Kermode 215.
Kerrs 36.
Kincaid 221.
Kirchweger 227.
Kirsch 35.
Klien-Lindner 9, 446.
Klose 165.
Knoblauch 18.
Knorr-Bremse A.-G. 236, 260, 262, 411.
Kolomna 117.
Körting 211.
Krauß 106, 536.
Krupp 321.
Kunze-Knorr 411.

Langer 181.
Lencauchez 300.
Lentz 192, 301, 588, 852.
Liebermann 272.
Lihotzky 95.
Linke-Hofmann Werke 282, 388.
Lotter 705.
v. Löw 166.

Maffei 475, 844.
Maihak 274, 656.
Mallet 9, 378, 513, 523, 527, 528, 531.
Mannesmann 320.
Marcotty 181.
Metzeltin 259.
Meyer 9.
Michalk 363.
Mitchell 518.
Mix & Genest 653.
Mollier 19.
Mühlfeld 177, 384, 524.
Müller 2, 178, 312.

Namenverzeichnis.

Nadal 300.
Najork 105.
Nicolson 35.
Noltein 120.
Notkin 150.
Nydqvist & Holm 486.

Obergethmann 51, 61, 320, 841.
Orde 215.
Orenstein & Koppel-Arthur Koppel 444. 448.

Pecz-Retjö 261.
Pielock 153.
Polonceau 300.

Ramsbottom 273.
Ranafier 168.
Regnault 15.
Richter 20.
Rieger 246.
Riot 3.
Ripper 34, 35.
Ritter 362.
Robert 192.
Robinson 138.
v. Röckl 51.
Rohrbeck 227.
Rongy 471.
Roy 701.

Saint Léonard, Société Anonyme 469.
Sanzin 20.
Sauer 246.
Seemann 36.
Seillière 3.
Schenectady Werke 521.
Schichau 10, 240, 414, 452.
Schlick 101, 105, 106.
Schmidt, Wilhelm 3, 24, 35, 109, 157, 277, 289, 495.
Schmidt & Wagner 265—268.
Schröter 20.
Schubert 105.
Schulz-Knaudt 192.
Schwartzkopff 326, 391, 407, 436, 462, 478, 691.
Schwoerer 1.
Sheedy 212, 213.
Siemens & Halske 358, 660.
Smirnoff 662.
Stach 1.
Stephan-Boltzmann 251.
Stephenson 301.
Stingl 255.
Strahl 48, 63, 91, 835, 838, 842, 843.
Street 223, 375.
Stribeck 254.
Strong 299.

Stroomann 195.
Stumpf 115, 305.
Suckow 360.
Sußmann 213.

Uhler 1.
Uniongießerei 432.
Urquhart 216.

Vauclain 13.
Vaughan 26, 147.
Verhoop 301.
Vulkan-Werke 3, 242. 388, 400, 441.

Walschaert 299, 307.
Webb 469.
Wehrenfennig 256.
Werneburg 365—370.
Westinghouse 226.
Wichert 2.
Wolters 98.
Woolf 14.
Wooten 518.
Wrede 322.

Yoerg 149.
Young 301.

Zeuner 16, 111, 312.

Sachverzeichnis.

Abdampftemperatur 239.
Abdampfvorwärmer, Berechnung 238.
Abgasüberhitzer 25, 165.
Abgasvorwärmer 197, 228.
Abmessungen der Stangen 66.
— der Steuerung (Bauart Walschaert) 307.
Abwärmeverlust 36.
Achsbelastungen 671—690.
Achsdrücke 8, 380, 585.
Achsen 345.
Achslager 71, 345.
— amerikanische 349.
— Bauart Obergethmann 345.
Achslagerdrücke 71, 347.
Achslagerführungskeil 349.
Achsschenkel 71.
Adamsachse 9.
Adiabatische Dehnung 112.
Aldenbremse 660.
Amerikanische Naßdampflok. 515.
— Heißdampflok. 524.
— Heißdampflok., Abmessungen 381.
— Lokomotivüberhitzer - Gesellschaft 372.
Anrosten der Kesselbleche 257.
Äquivalentfläche 48.
Arbeit, theoretische von 1 cbm Heißdampf 40.
Arbeitsüberschußfläche 91.
Arbeitsvorgang in den Zylinder 33.
Aschkasten 175 bis 178, 849.
Ausmauerung d. Feuerbüchse 181.
Ausnutzungsziffer 56.
Auspufftemperatur 36.
Auspuffzylinder 54.
Ausströmdeckung 308.
Ausströmkästen 277.
Automat zur Überhitzerklappenregelung 141.

Bakersteuerung 306, 374.
Barrenanker 269.
Barrenrahmen 332, 851.
— amerikanische 333.
Befestigung von Dom, Rauchkammer, Siederohre 270.

Behandlung der Lok. und Tender im Betrieb 764—777.
— in den Werkstätten 777—812.
Berechnung einer 2 C-Heißdampflokomotive 58.
Beschleunigungsdrücke 87.
Betriebsstoffverbrauch 567.
Bewegung, störende, der Lok. 84.
Blasrohr 63.
Bläserventil 186.
Blauwärme 154, 173, 254.
Bobgewichte 101, 105.
Boden-Ingles-Brenner 213.
Bodenanker 270.
Bodenring 270.
Boothbrenner 213.
Brenner 211.
— Anordnung 217.
Brenngeschwindigkeit 61, 221.
— bei Rostbeschickern 221.
Brennstoffe 181.
— Ersparnisse 229.
— flüssige 206.
— Heizwerte 209.
Buck-Jacobs-Überhitzer 25.

Charakteristik 55.
Chromnickelstahlzapfen 321.
Clapeyronsches Verfahren 681.
Corlisschieber 300.
Cosmowici-Brenner 213.

Dampf, gesättigt 15.
— überhitzt 15.
— und Massenkräfte 91.
Dampfaustrittsverluste 36.
Dampfdehnung 19.
Dampfdruck 628.
Dampfdruckschaulinien 561, 577 bis 581, 588, 612, 641.
— theoretische 39.
Dampfdüse 187.
Dampfersparnis 609.
Dampffeuchtigkeit 19.
Dampfgehalt 19.
Dampfgeschwindigkeit 27.
— im Überhitzer 143.
Dampfkammer 131.
Dampfkolben 285.

Dampfkraftwirkung 91.
Dampfmenge, verhältnismäßige 19.
Dampfsammelkasten 163.
Dampfschleier 185.
— Marcotty 187.
Dampftemperatur 36, 629.
Dampfventil zur Speisewasserpumpe 235.
Dampfverbrauch 36, 41, 642, 644.
— theoretischer für 1 PS/st. 41.
— wirklicher für 1 PS/st. 41.
Dampfwagen 537.
Dampfzerstäuber Boden - Ingles 213.
— Booth 213.
— Cosmovici 213.
— Dragu 217.
— Holden 216.
— Kermode 215.
— Körting 211.
— Orde 215.
— Sheedy 212.
— Sußmann 213.
— Urquhardt 216.
Dampfzylinder 277.
Deckenanker 268.
Dehnungsexponent 20.
Dienstvorschriften, siehe Vorschriften.
Doppelschiebersteuerungen 299.
Dragubrenner 217.
Drehen 84.
Drehgestell 341.
— Woodward 344.
Drehgestellbremse 341.
Drehkraft 98.
Drehschiebersteuerungen 300.
Dreizylinderlokomotiven 14, 98, 400.
Dreizylindersteuerung 425.
Drosseln 37, 42.
Druck, mittlerer 55.
Druckausgleich 108, 277.
Druckausgleichventil 283.
Druckausgleichvorrichtung 109.
Druckwechsel bei Leerlauf 108.
Druckzerstäuber 211.
Dynamometer, siehe Zugkraftmesser.

Sachverzeichnis.

E-Schieber 466.
Einsetzverfahren 320.
Einstellung in Krümmungen 701 bis 707.
Einzelheiten, bemerkenswerte, der Heißdampflokomotive 268.
Entropie 21.
Entwurfsfüllung 308.
Ergometer von Amsler 661.
Ermittlung der Abmessungen einer Lokomotivsteuerung 307.
Eulersche Knickformel 68.

Fahrpumpe 235.
Fernschreib-Indikator 655.
Festigkeit des Kupfers 254.
Feuchtigkeit des Dampfes 19.
Feuerbüchsdecke 270.
Feuerbüchse 171.
— Anteil an d. Verdampfung 203.
— breite 176.
— schmale 175, 268.
— trapezförmige 176.
— flußeiserne 171, 253.
— von Jacob Shupert 199.
Feuerbüchsform 175.
Feuerbüchsring 178, 270.
Feuerbüchsschirm 178.
Feuerbüchsträger 272.
Fieldrohre 25, 145.
Flachschieber 288.
Flachschlitzbrenner 211.
Flammrohre 129.
Fliehkräfte 88.
Führerhaus 340.
Führerhausschleppe 340.
Führungskeil 349.
Füllung 36.
Füllungsverluste 32, 35.

Gattungsbezeichnung 6.
Gegengewichte 101.
Gegengewichtsberechnung 72.
Gegenkurbel 319, 325, 852.
Gegenstromanordnung 24.
Gelenkkessel 205.
Gelenklokomotiven 378, 529.
Gelenkverbindung an Kesseln 206.
Geschwindigkeiten von Eisenbahnzügen 844.
Geschwindigkeitsgrenzen 846.
Geschwindigkeitsmesser 356.
Gewichtsberechnungen 670, 691 bis 700.
Gleichstromlokomotiven 115, 551, 588.
Gleichstromzylinder 389, 403, 554.
Gleitlager, siehe Feuerbüchsträger 272.
Grundsätze für den Bau von Heißdampflokomotiven 83, 847 bis 852.
Güte der Baustoffe von Fahrzeugen der P. St.-E.-V. 746—763.

Gütevorschriften für Lokomotivkessel 172.

Härtegrad 250, 255.
Hauptabmessungen 48—57, 593.
— amerikanischer Lok. 384.
Heißdampf, Begriffsbestimmung 15.
— Erzeugung von 22.
— Verhalten in den Zylindern 31.
Heißdampfkessel, Wirkungsgrad des 26, 29.
Heißdampflok. der P. St.-E.-V. 388—457.
Heizgase, Abgangstemperatur der 25.
— Austrittstemperatur aus den Siederohren 26.
— Eintrittstemperatur in die Siederohre 26.
— Führung der 24.
Heizgasregler 602.
Heizfläche 61.
Heizwert 182.
— von Rohöl 209.
— von Teeröl 209.
Heusingersteuerung 299.
Hochheizen 185.
Hochhubsicherheitsventil 275.
Hochwaldschieber 296.
Holdenbrenner 216.
Hubkurvenstange 304.
Hubvolumen 54.

Indikator 654.
— -Diagramme, siehe Dampfdruckschaulinien.
Indizierte Leistung, s. Leistung.
— Zugkraft, siehe Zugkraft.
Innere Einströmung 289.

Joy-Steuerung 301.

Kalk-Baryt 255.
— -Sodaverfahren 255.
Kardangelenk 355.
Kessel 171.
— bemerkenswerte Einzelheiten 268.
Kesselbaustoffe, Gütevorschriften in Amerika 172.
— in Preußen 174.
Kesseldauerleistung 74.
Kesseldruck 608.
Kesselleistung 74.
Kesselnietung 270.
Kesselsteinabscheider 250.
Kesselsteinbelag 252.
Kesselwirkungsgrad 28, 204, 632.
Kermodebrenner 215.
Kipprost 395.
Kipptür 185.
Klappenregelung 141.
Kleinrauchrohrüberhitzer 157.

Klien-Lindner-Achse 9, 446.
Kohlenersparnis 38, 644.
Kohlenmenge, stündlich verbrannte 61.
Kohlenverbrauch 61, 548, 607, 631, 640, 642—644, 646.
Kolben 285.
— amerikanischer 286.
Kolbenbeschleunigung 85.
Kolbendrücke 325.
Kolbenringe 286.
Kolbenschieber 289, 308.
— amerikanischer 299.
— Bauart Hochwald 296.
— der Regelbauart mit doppelter Einströmung 294.
— mit einfacher Einströmung 295.
— des Eisenbahn-Zentralamtes 598.
— mit breiten, federnden Ringen 292.
— mit festen Ringen 290.
— mit Trickkanal 293.
Kolbenstangenführung 288.
Kolbenstangenstopfbüchse 287.
Körnerdorn 324.
Körnerloch 324.
Kraftverbrauch von Lok. 45.
Kreuzkopf 330.
Kreuzkopfschmiergefäß 331.
Kreuzkopfzapfen 69, 329.
Kreuzkopfzapfendrücke 325.
Kropfachsen 78, 349.
Krümmungswiderstand 51.
Kupfer, Festigkeit 254.
Kuppelstange 326.
Kupplung, Tender- 353.
Kurbelstange 326.
Kurbelzapfen 69, 324.
Kurbelzapfen, zulässige Auflagerdrücke 325.

Lagerdruck 89.
Lagermetall 327.
Langkesselüberhitzer 3, 127.
Lastverteilung 700.
Laufwerk 332.
Leerlauf 106, 109.
Leerlaufdruckschaulinien 109, 580.
Leistungen 639.
Leistungsfähigkeit d. Heißdampflokomotiven 37, 47.
Leistungsvorschrift 58.
Leistungszähler 656.
Lentz-Steuerung 301, 588, 852.
Lieferung von Lok. und Tender 708—746.
Lokomotive, Grundsätze für den Bau 83.
Lokomotivgattungsbezeichnung 6.
Lokomotivprüfstände, siehe Prüfstand.
Lokomotivsteuerungen s. Steuerungen.

Sachverzeichnis.

Lösche 631, 634.
Luftansaugeventil 110.
Luftbedarf 183.
Luftsaugeventil 277, 284.
Luftüberschußzahl 184.
Luftwiderstand 50.
Luken 270.

Mallet-Lokomotiven 513, 521, 527, 528.
Mangankupfer 171.
Marcotty-Rauchverbrennung 185.
Maschinenleistung 45.
Massenausgleich 85, 101.
Massenbeschleunigung 85.
Massenkraft 87.
Masut 208.
Mehrzylinderlokomotiven 78.
Meßwagen der P. St.-E.-V. 650.
Mittelrauchrohrüberhitzer 164.
Mittlerer Druck 55.

Nachverdampfen 32.
Nadal-Steuerung 300.
Naßdampf, Begriffsbestimmung 15.
Naßdampflok., amerikanische 515 bis 524.
Niederschlagsverluste 31.

Oberluftzuführung 183.
Ölfeuerung 211.
Ölheizung 203, 206.
Ölpressen siehe Schmierpressen.
Ölpumpen siehe Schmierpumpen.
Ölpumpe zur Speisewasserpumpe 236.
Ölsparer 362.
Ölvorwärmer 220.
Ordebrenner 215.

Pacura 208.
Peitschenwirkung 67.
Permutitverfahren 255.
Pielock-Überhitzer 25, 153.
Plattenrahmen 332.
Popventil 273.
Prüfstand 92, 661.
Pyrometer 358.

Queranker 270.

Räder 352.
Radkörper 352.
Rahmen 332.
— Barren- 332.
— Platten- 332.
— Stahlguß 333.
Rahmenbrüche 339.
Rauchgasvorwärmer von Brown 228.
— von Gaines 246.
— von Metzeltin 249.
— von Rieger 246.
— Trewithik 246.
Rauchkammer 270.

Rauchkammergase 635—636.
Rauchkammerüberhitzer 4, 129.
Rauchrohr 142, 270.
Rauchrohrüberhitzer 4, 135.
— für kleine Kessel 138.
Rauchverbrennungseinrichtung 180.
Reibungsleistung 70.
Reibungszugkraft 45.
Reinigung der Rauch- und Siederohre 771, 851.
Reinigungsluken 270.
Rostanstrengung 61.
Rostbeschicker, selbsttätig 177, 220, 375.
— von Crawford 225.
— von Day-Kincaid 221.
— von Street 223.
Rostfläche 61, 271.
Rostpocken 257.
Roststäbe 568, 839, 849.
— Spaltweite 271, 569, 839, 849.
Roysches Verfahren 701.
Rundbrenner 214.

Sandkasten 360.
Sandstreuer 359.
Sättigungslinie 20.
Schädlicher Raum 116, 298.
Schaulinie, Zeuner- 312.
Scheibenplanimeter 652.
Schenectady-Überhitzer 144.
Schieber s. Kolbenschieber.
Schieberschaulinie 311.
Schieberstangenabdichtung 284.
Schieberstangenführung 283.
Schieberstangenstopfbüchse 284.
Schienengewichte in Amerika 382.
Schienenreibung 88.
Schlammablaßhahn 273.
Schlammablaßventil 272.
Schlammabscheider 6, 256c.
Schleppe 340.
Schlepplasten auf verschiedenen Steigungen 77.
Schleppleistung 43.
Schlickscher Massenausgleich 105.
Schlingermoment der Zwillingslokomotiven 97.
— der Drillingslokomotiven 99.
— der Vierzylinderlokomotiven 100.
Schlingern 84.
Schlingerstück 271.
— nachstellbares 272.
Schlußfolgerungen 605.
Schmiergefäße 331.
Schmierpresse von Dicker und Werneburg 365.
— von Michalk 363.
— von Ritter 362.
Schmierpumpen von De Limon und Fluhme 367.
— von Dicker u. Werneburg 367.

Schmiervorrichtungen 361.
Schornstein, Abmessungen 575.
— Berechnung 63.
Schraubenpfropfen 271.
Schwinge 318.
Seitenverschieblichkeit 9.
Sheedybrenner 213.
Sicherheitsventil, Bauart Coale 274.
— — Ramsbottom 273.
— — Maihak 274.
— zur Speisewasserpumpe 237.
Sichtöler 361.
— amerikanischer 370.
Spannung s. Kesseldruck.
Speisewasserfördervorrichtung 263.
Speisewasserpumpe 230.
Speisewasserreiniger von Buck-Jacobs 259.
— von Gölsdorf 258.
— von Knorrbremse 262.
— von Metzeltin 259.
— von Schmidt u. Wagner 260.
— von Pecz Retjö 261.
Speisewasserreinigung durch Kalkbaryt 255.
— durch Kalk-Sodaverfahren 255.
— durch Permutit 255.
Speisewasservorwärmer 6, 76, 227.
— Berechnung 238.
— Berechnung der Wärmeersparnis 229.
— Atlaswerke 241.
— Brown 228.
— Caille Potonié 245.
— Drummond 250.
— Knorrbremse A.-G. 243.
— Schichau 240.
— Vulkanwerke 242.
Spezifischer Auflagerdruck 253.
— Wärmeinhalt 18.
Sprengring 352.
Spucken 163, 255.
Stahlgußrahmen 333.
Stangen 326.
Stangenabmessungen, amerikanische 256.
Stehbolzen 63, 174, 254, 268.
Stehbolzeneisen 174.
Steigung 77.
Steigungswiderstand 50.
Stellhahn 285.
Steuerungen 299.
Steuerungsergebnisse 389, 399, 413.
Stiefelknechtplatte 270.
Stopfbüchse 277, 286.
Stopftuchdichtungsring 287.
Störende Bewegungen 84.
Stoßfugen 328.
Stoßpufferfeder 353.
Streckenlokomotiven 57.
Stroomannkessel 119.

Stumpf-Steuerung 304, 588.
Sußmann-Brenner 213.

Tangentialdruckschaulinien 91, 97, 99.
Taupunkt 22, 111.
Teeröl 209.
Temperaturen 637, 638.
Tender 452.
Tenderkupplung 353.
— amerikanischer Lokomot. 356.
— der P. St.-E.-V. 355.
Thermischer Wirkungsgrad 17.
Thermoelement 359.
Trickkammerschieber des Eisenbahn-Zentralamtes 598.
Triebachsbelastungen s. Achsdrücke.
Triebachslager, amerikanisches 348.
Triebstange 326, 329.
— gegabelt 13.
Triebwerk 275.
Triebwerkswiderstand 51.
Triebzapfen 324.
— Baustoff 321.

Überhitzer Buck-Jacobs 155.
— Churchward 150.
— Clench u. Gölsdorf 156.
— Cockerill 151.
— Cole 145.
— Egestorff 167.
— Emerson-Yoerg 149.
— Hagans 168.
— Jacobs 155.
— Klose 165.
— von Löw 166.
— Notkin 150.
— Pielock 153.
— Ranafier 168.
— Schenectady 144.
— Schmidt 127—144, 157—165.
— Vaughan u. Horsey 147.
— Dampfführung 25.
— mit besonderer Feuerung 168.
— Regeln für den Bau der 23.
— Verdampfungsarbeit 27.
Überhitzerbauarten 127, 144—168.
Überhitzerelement 136.
Überhitzerheizfläche, Größe 143.
— Lage 24.
Überhitzerklappen 141.
Überhitzerrohre 137.
Überhitzung, mäßige 114.

Vanadiumstahl 375.
Ventilregler 265, 858.
Ventilsteuerung 301, 852.
Verbrennungsgase 190.
Verbrennungskammer 178, 180.
Verbrennungsverhältnisse 630.
Verbundlokomotiven 10.
— mit mäßiger Überhitzung 111.
Verdampfungsversuch 204.
Verdampfungsziffer 29, 632.
— von Teeröl 209.
Verdichtungsverminderer 117.
Verhoop-Steuerung 301.
Verschiebelokomotiven 57.
Versuchsergebnisse 545—627.
Vierzylinder-Verbundlok.-Bauart von Borries 12.
— Cole 13.
— de Glehn 12.
— Vauclain 13.
— Woolf 14.
Volumen, spezifisches 16.
Volumenvergrößerung 17.
Vorortlokomotiven 57.
Vorschriften über Bau und Unterhaltung von Lokomotiven 708—812.
Vorspanndienst 46.
Vorwärmer 76.
— Einbau 237.
— Probedruck 239.

Walschaert-Heusingersteuerung 299.
— Berechnung 307.
Wandstärken des Kessels und der Feuerbüchse 62.
Wärme, spezifische 18.
Wärmeausnutzung 30, 636.
Wärmeaustausch in den Zylindern 33.
Wärmedurchgang durch Heizflächen 253.
— durch Überhitzerflächen 26.
Wärmedurchgangszahl 26.
Wärmeersparnis 37.
Wärmeinhalt 19, 40, 41.
Wärmeleitfähigkeit 17.
Wärmemenge zur Überhitzung 19, 631.
Wärmeübertragung in der Feuerbüchse 26.
Wärmeverbrauch 36.
Wasserbremse 93.

Wasserersparnis 38, 644.
Wasserreinigung, Kosten 256.
Wasserrohrkessel 192.
Wasserspeien 33.
Wasserumlauf 178.
Wasserverbrauch 61, 607, 640—646.
Weißmetall 287, 327.
Weißmetallspiegel 227.
Wellrohrkessel 192.
Widerstand 51.
Widerstandsformeln 48—50.
Windschneide 340.
Wirkungsgrad der Heißdampfkessel 27, 633.
— thermischer 17.
Wirtschaftlichkeit 31, 46.
Woottenkessel 518.

Zahnradantrieb 449.
Zahnradlokomotive 536.
Zapfen 319.
— amerikanische 324.
Zapfenbaustoff 321.
Zucken 84.
Zuckweg 92, 93, 95.
Zugkraft am Rahmen 89.
— bei verschiedenen Geschwindigkeiten 75, 646.
— indizierte 60.
— meistgebrauchte 48, 51.
Zugkraftberechnung 48.
Zugkraftkennwerte 55.
Zugkraftmesser 92, 667.
Zugkraftschaulinie 653.
Zugwiderstandsformeln s. Widerstandsformeln.
Zustandsgleichung 15.
Zwischendampfüberhitzer 205.
Zwischenkammer 158.
Zwischenüberhitzung 152.
Zylinder 277.
Zylinderabmessungen 30, 52.
Zylinderdeckel 277.
Zylinderdurchmesser 53.
Zylinderraumverhältnis 80.
Zylinderschmierung 278.
Zylindersicherheitsventil 282.
Zylinderstopfbüchse 287.
Zylindertemperaturen, mittlere 35.
Zylinderverhältnis bei Verbundlokomotiven 55.
Zylinderwandtemperaturen, mittlere 32, 35.